U0689270

TURING 图灵计算机科学丛书

计算机程序设计艺术

卷4B：组合算法（二）

[美] 高德纳（Donald E. Knuth）◎著

杨熊鑫 胡光 李锡涵 柳飞 ◎译

The Art of Computer Programming

Volume 4B: Combinatorial Algorithms Part II

人民邮电出版社

北京

图书在版编目（CIP）数据

计算机程序设计艺术. 卷 4. B，组合算法. 二 / (美) 高德纳（Donald E. Knuth）著；杨熊鑫等译. 北京：人民邮电出版社，2025. --（图灵计算机科学丛书）. -- ISBN 978-7-115-66633-8

I. TP311.1；TP301.6

中国版本图书馆 CIP 数据核字第 2025BR1134 号

内 容 提 要

"计算机程序设计艺术"系列是图灵奖得主高德纳倾尽心血进行的一项庞大的写作计划. 这套书被公认为计算机科学领域的权威之作，它深入阐述了程序设计和算法理论，对计算机领域的发展有着极为深远的影响. 高德纳是算法和程序设计领域的先驱者，对计算机发展史也有着深入的研究. 他在书中介绍众多理论的同时，也回顾了相关的历史和发展进程. 这些内容成为本书的一大特色. 本书是该系列的卷 4B，以 7.2.2 节开篇，讨论回溯编程，内容包括舞蹈链、精确覆盖问题、算法谜题、可满足性问题等.

本书适合从事计算机科学、计算数学等各方面工作的人员阅读，也适合高等院校相关专业的师生作为教学参考书，对于想深入理解计算机算法的读者，是一份必不可少的珍品.

◆ 著　　　[美] 高德纳（Donald E. Knuth）
　译　　　杨熊鑫　胡　光　李锡涵　柳　飞
　责任编辑　王军花
　责任印制　胡　南

◆ 人民邮电出版社出版发行　　北京市丰台区成寿寺路 11 号
　邮编　100164　　电子邮件　315@ptpress.com.cn
　网址　https://www.ptpress.com.cn
　三河市中晟雅豪印务有限公司印刷

◆ 开本：787 × 1092　1/16
　印张：38　　　　2025 年 4 月第 1 版
　字数：1259 千字　　2025 年 4 月河北第 1 次印刷

著作权合同登记号　图字：01-2023-1558 号

定价：259.80 元

读者服务热线：(010)84084456-6009　印装质量热线：(010)81055316

反盗版热线：(010)81055315

版权声明

致中国读者

Greetings from California to readers in China! I love to celebrate the fact that Computer Science is the creation of people from essentially all cultures of the world, beginning in ancient times.

This volume was even more fun to write than the previous four. So I hope that you too will enjoy it, and be inspired to add your own new ideas to the story, as our knowledge of beautiful algorithms continues to increase.

Stanford, California D. E. K.
April 2023

我在美国加利福尼亚州向中国读者问好！实质上，一直以来，计算机科学由全世界各种文化背景下的科研人员共同塑造而成. 我高度赞同这一说法.

相较之前出版的 4 卷，我在编写本卷时收获了更多乐趣，希望你读起来也会乐在其中. 并且，随着关于种种美妙算法的知识持续增长，我希望本卷还能激发出你自己的新思想，得以将所学知识融会贯通.

高德纳，美国加利福尼亚州斯坦福，2023 年 4 月

前　　言

读书应当循序渐进从头细品，切忌一时兴起，
放任自己信马由缰前看看后翻翻，浅尝辄止.
读者很可能因此悻悻然把书本束之高阁:
“内容对我而言太过艰深.”那终究错失良机，
无法享受获取新知的巨大乐趣.
——刘易斯 · 卡罗尔,《符号逻辑》(1896 年)

组合算法包含多种方法，所针对的问题可达天量规模，甚至涉及数以兆亿计的变化情形. 这些技法涵盖的知识呈几何级数爆炸式增长，需要通过好几卷书才得以阐述清楚. 我本来设想仅用一本《计算机程序设计艺术 · 卷 4》写就组合算法的内容，但鉴于上述原因，原计划演进为编写卷 4A、卷 4B 等. 本书正是该系列的第 2 卷，即卷 4A 的续篇.

我在卷 4A 的前言中解释过，爱上计算机科学不久后，我便醉心于组合算法. “……编写这种程序的技巧也特别重要，而且富有吸引力，因为只要有一个好主意，有时就可能节省几年乃至几百年的计算机时间.”

卷 4A 第 7 章一开始先简短回顾了图论，接着用稍长的篇幅讨论了“0 与 1”问题（7.1 节）. 该卷 7.2.1 节总结了“生成基本组合模式”，这是 7.2 节“生成所有可能的组合对象”的第一部分. 本卷承接前文，以 7.2.2 节开篇，讨论“回溯编程”.

“回溯”用于描述一类重要技法的主体部分，从最开始便是组合算法的关键要素. 7.2.2.1 节的篇幅接近本卷三分之一，所探讨的数据结构含有链接，会翩然起舞（舞蹈链）. 一般来说，该数据结构适用于回溯编程，对“精确覆盖”(exact cover，XC）问题则更是完美命中要害. 精确覆盖问题亦即我们熟知的“集合分划”，本质上是通过恰当选取项集的子集（这些子集又称为*选项*）来找出覆盖该项集的所有方式. 许多重要的实际应用问题正是精确覆盖问题的特例，采用舞蹈链则往往是解决这些问题的上佳之选.

在编撰本卷的过程中，我惊讶地发现，经典的精确覆盖问题可做一种直观且有意义的一般化推广，从而极大地增加重要特例的数量. 该推广问题称为“精确着色覆盖”(exact covering with colors，XCC)，它让其中某些项分别着上各种颜色. 只要涉及的颜色相容，被着色的项就能被许多不同选项（前文所述的“子集”）所覆盖.

“剧透”预警：只要运用舞蹈链，便可解决精确着色覆盖问题，跟对付精确覆盖问题一样轻松！我因此相信，虽然对精确着色覆盖问题的研究仍处于起步阶段，但其解法将注定成为重要课题，本卷也不遗余力地对其加以说明. 另外还有一类更一般化的问题，称为“多重着色覆盖”(multiple covering with colors，MCC)，其中也存在相关的解法. 通过那些解法，我们得以用*最小成本*求解精确着色覆盖问题.

假如你翻开 7.2.2.1 节的任意一页，则很可能发现其内容是在讨论某个*算法谜题*. 选择算法谜题的原因是，目前就我所知，若要在书中介绍并阐述算法及其技巧，解决算法谜题正是最佳途径. 本卷所选的算法谜题便于读者抓住要领. 虽然题目看似各不相同，但其中相当大一部分实则是精确着色覆盖问题和多重着色覆盖问题的特例. 这也恰恰印证了上述两个一般化问题具有重要意义，而且更实实在在地说明了，尽管“现实世界”中的许多问题复杂而难以解释，但套用与上述相同的思路即可迎刃而解.

作为一种新式工具，舞蹈链让我得以创作出*新的*算法谜题，并着力于其设计过程，而非单纯地阐释如何解答现有的题目. 我还尽力讨论了各类谜题的历史沿革，并对其创作者的惊人才

智致以了敬意. 我平常教授计算机的学习方法，本书恰好成了我的那些工作的副产品. 它是一份颇具价值的资料集锦，囊括了各种数学游戏：从流行的经典游戏，像“共边匹配谜题”“八皇后问题”“多联骨牌”“索玛立方”“矩形切分问题”，到令人着迷的“填字游戏”，再到近年大热的游戏，像“数独”“数回”“珍珠”和“数壹”. 对此，我感到相当高兴.

毫无疑问，编写本书的 7.2.2.1 节最让我乐在其中，当然，这几卷书的其他部分也让我自得其乐. 优秀的算法谜题让我赏心悦目. 据我所知，许多顶尖数学家和计算机科学家同样乐此不疲. 他们告诉我，正因为受到了算法谜题的启发，他们才选择了相关领域的职业.

在他那套书（《计算机程序设计艺术》）里，
高德纳总想尽可能多地收录数学游戏的材料.
——马丁 · 加德纳，《缤纷人生》（2013 年）

本卷后半部分由 7.2.2.2 节“可满足性”（Satisfiability）构成. 这一节致力于讨论计算机科学中的一个最基本的问题：给定某个布尔函数，是否存在至少一种赋值方式，将其变量置 0 或 1，使得函数的值为真? 这个问题频频出现，于是人们将其称为“SAT 问题”.

看起来，SAT 问题是形式化系统课程的抽象习题，但两者实则风马牛不相及. 在 21 世纪初出现了全新的 SAT 求解方法，其业界应用也产生了颠覆性的成果. 今天，这些被称为“SAT 求解器”（SAT solver）的解法已达到实用水平，并为现实问题不断寻求答案. 那些现实问题涉及几百万个变量，直到不久前仍然被认为是求解无望的.

SAT 问题之所以重要，主要原因是布尔代数的用途非常广泛. 几乎任何问题都能通过基本的逻辑运算公式化，而在绝大多数情况下，公式化简单且实际可行. 因此，7.2.2.2 节以 10 个典型范例起步，广泛涉及多个应用领域，而收篇则详尽列出上百个测试样例. 本书中，我对第 247 页和第 248 页情有独钟，因其展示了这些问题的各种各样的变体，而它们实际上全都是 SAT 问题的特例.

SAT 问题的进展足以成就一段佳话，它既是软件工程的重大胜利，又融合了大量优雅的数学知识. 7.2.2.2 节详细分析了这些神奇的算法如何得以实现，巨细无遗地展示了 7 个 SAT 求解器，其中较小规模的问题由算法 A 和 B 负责，而算法 W、L 和 C 则是先进的方法，达到了工业级别.（我要补充几句：今天依然有人在陆续发现新的 SAT 求解技术. 这项技术其实一直在发展，其研究亦永不止步. 目前已知最好的 SAT 算法发现于 2010 年，跟算法 W、L 和 C 同属一个类别，而我确信后者能与前者相提并论. 尽管这 3 个算法的地位不再绝对领先，但仍然出类拔萃.）

哇！迄今为止，7.2.2.1 节和 7.2.2.2 节是“计算机程序设计艺术”系列中最长的两节，尤其是 7.2.2.2 节. SAT 问题可使许多其他问题迎刃而解，它显然是个杀手级应用. 我要介绍的解法也因而略显冗长，只希望过往的忠实读者不会望而却步！本书一贯力求前后两个主题行文过渡自然，因此这两节内容难以再进行干净利落的细分，也无从拆成独立的节.（再者，我无论如何也不同意引入像 7.2.2.1.3 或 7.2.2.2.6 这种节号，那样会改动“计算机程序设计艺术”系列的既定格式.）

本书不易翻查定位，因此我在所有奇数页顶部的书眉处加上了子标题以助顺利阅读. 另外，一如既往，本卷的习题编排次序大致对应各个主题，题目出现的顺序跟正文中主题的先后顺序相符. 书中正文、习题和插图均给出了它们之间的交叉引用，因此你应很容易就三者保持思路一致. 我还把索引做得尽可能详尽.

让我“随机”挑一页举例，比如第 218 页，其大部分内容属于“蒙特卡罗算法”这一节. 你在该页所见内容会提及习题 302、303、299 和 306.[①] 于是你可猜测，蒙特卡罗算法的相关习题从 300 开始编号.（事实也正是如此，习题 306 就是“拉斯维加斯算法”的某个重要特例，下一道习题则探讨了名为“勉强倍增”的奇妙概念.）本卷内容跟计算机科学的其他领域联系紧密，充满了惊喜.

① 习题 302 在前一页的算法 W 的步骤 W5 中提及. ——编者注

与本书其他卷一样，本卷正文的某些节冠以星号（*），表示所讨论的是“高级”主题，在初次阅读时可略过.

本卷篇幅约 600 页，你或许会认为这大概是因为“附加内容”所致，但其实在编写过程中，我不得不一路“删减、删减、再删减”，很多内容并未被收入本卷，因为那些知识对读者来说早就耳熟能详. 新主题源源不断地涌现，它们很可能十分有趣，尚待深入研究，即使我穷尽一生也难以全部解决，但我也知道不可沉溺其中而无法自拔. 我从中选取了相当一部分思想概念，借以阐释问题的解决之道，希望其重要意义不会因时间流逝而消退半分.

我每周都邂逅新知识. 它们妙不可言，
正是构成《计算机程序设计艺术》的要素.
——高德纳（2008 年）

本卷绝大部分内容虽然跟前几卷讨论的话题有所关联，但独立完备、自成一体. 前几卷已涵盖了大量底层机器语言编程的细节，故本卷通常只在抽象层级阐释各种算法，不涉及任何具体的计算机. 不过，在组合算法的实现程序中，某些部分重度依赖底层语言细节，却没有在前面几卷引入；本卷涉及的这类范例全都基于 `MMIX` 计算机，它是对 `MIX` 计算机的扩充，后者由卷 1 的早期版本给出定义. `MMIX` 的细节请见《计算机程序设计艺术：`MMIX` 增补》①，其中包含 1.3.1′ 节和 1.3.2′ 节等. 这本书的英文版可免费下载，还有人实现了 `MMIX` 模拟器和汇编器，同样可供下载.

另外，本卷的示例还大量引用了一组程序集，名为斯坦福图库（The Stanford GraphBase），也可免费下载. 我鼓励你多尝试这套程序来学习组合算法，我认为那将是最高效、最让人回味的学习方法.

我认为除非写出代码，否则无从理解算法本质. 故此，为了准备本卷，我编写了近千段计算机程序. 当然，这些程序大多十分简短；只是其中好几个相当巨大，但可能有助于理解别的范例代码. 具体而言，可供读者下载的程序有 DLX1、DLX2、DLX3、DLX5、DLX6 和 DLX-PRE，分别对应 7.2.2.1 节中的算法 X、C、M、C$、Z 和 P. 伴随着 7.2.2.1 节正文的撰写，这些程序也被逐一实现. 类似地，程序 SAT0、SAT0W、SAT8、SAT9、SAT10、SAT11、SAT11K 和 SAT13 分别是 7.2.2.2 节中的算法 A、B、W、S、D、L、L′ 和 C 的等价实现. 若你无从获取 XCC 求解器或 SAT 求解器的其他版本，则可参考上列程序，它们将有助于解出许多习题. 你也可以下载 `SATexamples.tgz` 文件，它是一个程序集，负责生成数据，供正文中的 100 个测试样例用作基准测试，也适合测试许多其他程序.

在准备示例时，我使用了一些英文词汇列表，好几道习题也涉及这份数据. 如果你需要本卷相关资料，请从以下网址获取：`ituring.cn/book/3206`.

特别注记：我耗时多年准备卷 4，而近年来我常常遇到概率论的基础算法，若我有能力早在 20 世纪 60 年代就充分预见未来，便会在那时就将其编排到卷 1 的 1.2 节中. 后来我终于意识到，那些课题的发展过程又是一段精彩的故事，若拆分得支离破碎，零散穿插于各章节中，则实在可惜，它们中的大部分内容理应汇聚成独立篇章.

有鉴于此，我特意撰写了一节内容介绍概率论，用于自修或复习皆可. 本卷将它作为开篇，不编排普通章节序号，而冠以标题“重温预备数学知识”（Mathematical Preliminaries Redux）. 本卷中，涉及该节的等式和习题的引用均以“MPR”（缩写，请联想单词“improvement”）标记.

紧随“MPR”之后，7.2.2 节专门从偶数页开始，其中插图编号则以“图 68”开始. 这样处理的原因是，卷 4A 以 7.2.1 节收篇，且尾页为奇数页，而最后的插图编号为“图 67”. 我的编辑决定把第 7 章单独作为一章，尽管实体印刷本已经将其拆分成好几册.

① 有中译本，人民邮电出版社 2020 年 7 月出版. ——编者注

我要特别感谢尼古拉·贝卢霍夫、阿明·比埃尔、尼克拉斯·埃恩、玛丽恩·休尔、霍尔格·胡斯、黄炜华、斯万特·詹森、恩斯特·舒尔特-吉尔斯、乔治·西歇尔曼、菲利普·施塔佩尔和乌多·韦穆特，他们就本卷的早期书稿给出了详尽的审稿意见．我也要感谢许许多多其他热心人士，他们为本卷纠正了不少关键错误．Addison-Wesley 出版社的马克·陶布是我的编辑，他以高水平的专业素养为本书保驾护航，把它带进了 21 世纪；还有资深图书出品人朱莉·纳希尔，她兢兢业业，力保本书的出版始终维持高水准．我也要感谢托马斯·洛奇，多亏了他的维护，我的戴尔工作站得以顺畅运行．每当那台计算机的算力达到极限时，斯坦福大学信息实验室便提供额外所需的算力，我也对此感激不尽．

针对本书中的每一个错误[①]，无论是印刷错误、技术错误，还是历史知识错误，只要是第一个告诉我的人，我都乐于向其支付一笔 2.56 美元的“发现者赏金”．如果你发现我忘记将某项术语放入索引，也会获得同样的回报．并且，我为每条有价值的建议予以 32 美分的奖励，只要它能提升本书的水准．（另外，若你为书中的任何一道习题找出更优的解法，我将竭力赐予你不朽的名誉：在本书今后的重印版本中公布你的姓名．）

开卷悦读！

高德纳，美国加利福尼亚州斯坦福，2022 年 6 月

① 本书已经按照 2025 年 1 月 8 日的勘误表更正了错误．——编者注

关于参考文献的注释. 本书经常引用的若干学术期刊和会议刊物有特别的代码名称，它们出现在书后的索引中. 但是，在各种 IEEE 会刊的引用中包含一个代表会刊类别的字母代码，置于卷号前面，用粗体表示. 比如，“*IEEE Trans.* **C-35**”是指 *IEEE Transactions on Computers*, Volume 35（《IEEE 计算机会刊》，第 35 卷）. IEEE 现在不再使用原来那些简便的字母代码，其实它们并不难辨认：以前，“**EC**”代表“电子计算机”，“**IT**”代表“信息论”，“**PAMI**”代表“模式分析与机器智能”，“**SE**”代表“软件工程”，“**CAD**”则代表“集成电路和系统的计算机辅助设计”.

如“习题 7.10–00”这样的写法，表示 7.10 节中的一道还不知道题号的习题.

关于记号的注释. 对于数学概念的代数表示，简单而直观的约定始终有利于促进科学的发展，尤其是当世界上多数研究人员使用同一种符号语言的时候. 可惜在这方面，组合数学当前的事态多少有些混乱，因为同样的一些符号在不同的人群中有时代表完全不同的意义. 在比较狭窄的分支领域从事研究工作的某些专家，会在无意中引入彼此冲突的符号表示. 计算机科学——它与数学中的许多主题相互影响——应当尽可能地采用内部一致的记号来避开这种危险. 所以，我经常不得不在若干对立的方案中做出选择，虽然明知结果不会令人人满意. 凭借多年的经验和与同事之间的讨论，以及经常在不同方案之间反复试验，我尽力找出适用的记号. 我相信这些将是未来最好的记号. 在其他人尚未认同对立方案时，我们通常有可能找到可以接受的共同约定.

附录 B 给出了本书使用的所有主要记号，其中不可避免地包含一些还不够标准的记号. 如果你偶然遇见一个有些奇怪或者不好理解的公式，那么通过附录 B 大体可以找到说明我的意图的章节和段落. 不过，我仍然应该在这里举出几个例子，以期引起初次阅读本书的读者的注意.

- 十六进制常数前面冠有一个 # 符号. 比如，#123 是指 $(123)_{16}$.
- “非亏减”运算 $x \dot{-} y$ 有时被称为点减或饱和减，结果是 $\max(0, x-y)$.
- 三个数 $\{x, y, z\}$ 的中位数用 $\langle xyz \rangle$ 表示.
- “两点”记号 $(x\,.\,.\,y)$、$(x\,.\,.\,y]$、$[x\,.\,.\,y)$、$[x\,.\,.\,y]$ 用于表示区间.
- 像 $\{x\}$ 这样含单个元素的集合，在书中通常简单地用 x 表示，比如 $X \cup x$ 或 $X \setminus x$.
- 如果 n 是一个非负整数，那么在 n 的二进制表示中，取 1 的位数记为 νn. 此外，如果 $n > 0$，那么 n 最左边的 1 和最右边的 1 分别用 $2^{\lambda n}$ 和 $2^{\rho n}$ 表示. 比如，$\nu 18 = 2$，$\lambda 18 = 4$，$\rho 18 = 1$.
- 图 G 和图 H 的笛卡儿积用 $G \mathbin{\square} H$ 表示. 比如，$C_m \mathbin{\square} C_n$ 表示一个 $m \times n$ 环面，因为 C_n 表示有 n 个顶点的循环图.

习题说明

本书的习题既可用于自学，也可用于课堂练习．任何人单凭阅读而不运用获得的知识解决具体问题，进而激励自己思考所阅读的内容，就想学会一门学科，即便可能，也很困难．再者，人们大凡对亲身发现的事物才有透彻的了解．因此，习题是本书的一个重要组成部分．我力求习题的信息尽可能丰富，并且兼具趣味性和启发性．

很多书会把容易的题和很难的题随意混杂在一起．这样做有些不合适，因为读者在做题前想知道需要花多少时间，不然他们可能会跳过所有习题．理查德·贝尔曼的《动态规划》(*Dynamic Programming*) 一书就是典型的例子．这是一本很重要的开创性著作，在书中某些章后“习题和研究题”的标题下，极为平常的问题与深奥的未解难题掺杂在一起．据说有人问过贝尔曼博士，如何区分习题和研究题．他回答说：“若你能求解，它就是一道习题；否则，它就是一道研究题．”

在我们这种类型的书中，有足够理由同时收录研究题和非常容易的习题．因此，为了避免读者陷入区分的困境，我用等级编号来说明习题的难易程度．这些编号的意义如下所示．

等级　说明

00　极为容易的习题，只要理解了文中内容就能立即解答．这样的习题差不多都可以“在脑子中”形成答案．

10　简单习题，它让你思考刚阅读的材料，绝非难题．你至多花一分钟就能做完，可考虑借助笔和纸求解．

20　普通习题，它检验你对正文内容的理解程度．完全解答可能需要 15 ~ 20 分钟，甚至可能需要 25 分钟．

30　具有中等难度的较复杂习题．为了找到满意的答案，可能需要两小时以上．解题时要是开着电视机，时间甚至会更长．

40　非常困难或者耗时很长的习题，适合作为课堂教学中一个学期的设计项目．学生应当有能力在一段相当长的时间内解决问题，但解答不简单．

50　研究题，尽管有许多人尝试，但直到我写书时尚未有令人满意的解答．你若找到这类问题的答案，应该写文章发表．而且，我乐于尽快获知这些问题的解答（只要它是正确的）．

依据上述标准，其他等级的意义便清楚了．举例来说，一道等级为 *17* 的习题就比普通习题略微简单一些．等级为 *50* 的研究题，若是将来被某个读者解决了，可能会在本书以后的版本中标记为 *40*，并发布在本书的在线勘误表中．

等级编号除以 5 得到的余数，表示完成这道习题的具体工作量．因此，等级为 *24* 的习题，比等级为 *25* 的习题可能花更长的时间，不过做后一种习题需要更多的创造力．等级为 *46* 及以上的习题是开放式习题，有待进一步研究，其难度等级由尝试解决该习题的人数而定．

我力求为习题指定精确的等级编号，但这很困难，因为出题人无法确切知道别人在求解时会有多大难度；同时，每个人都会更擅长解决某些类型的问题．希望等级编号能合理地反映习题的难度，你应把它们看成一般的指导而非绝对的指标．

本书的读者具有不同程度的数学能力和素养，因此某些习题仅供喜欢数学的读者使用．如果习题涉及的数学背景大大超过了仅对算法编程感兴趣的读者的接受能力，那么等级编号前会有一个字母 *M*．如果习题的求解必须用到本书中没有详细讨论的微积分等高等数学知识，那么我会用两个字母 *HM* 标记．*HM* 记号并不一定意味着习题很难．

某些习题前有个箭头 ▶，这表示习题极具启示性，特别向读者推荐. 当然，不能期待读者或者学生做全部习题，所以我挑选出了看起来最有价值的习题.（这样做并非要贬低其他习题！）你至少应该试着解答等级 *10* 以下的所有习题，再去优先考虑箭头标出的那些较高等级的习题.

有些节的习题数量过百. 如何才可以从浩瀚题海中杀出重围？大体上，习题的编排次序遵循正文中各种思想概念的次序. 本书中，邻近的习题彼此关联、相辅相成，跟乔治·波利亚和加博尔·塞格所著的开创性练习册的编排风格一样. 每一节的压轴题通常涉及整节知识，也会引入补充性内容.

书后给出了多数习题的答案. 请慎用答案，在认真求解之前不要求助于答案，除非你确实没有时间做某道习题. 在你得出自己的答案或者做了应有的尝试之后，再看习题答案是有教益和帮助的. 书中给出的解答通常非常简短，因为我假定你已经用自己的方法认真地做了尝试，所以只概述其细节. 有时解答给出的信息比较少，不过通常会给出较多信息. 你既可能得出比书中答案更好的答案，也可能发现书中答案的错误，对此我愿闻其详. 本书的后续版本会给出改进后的答案，在适当情况下也会列出解答者的姓名.

做一道习题时，你可以利用前面习题的答案，除非明确禁止这样做. 我在标注习题等级时已经考虑到了这一点. 因此，习题 $n+1$ 的等级可能低于习题 n 的等级，尽管习题 n 的结果只是它的特例.

编号摘要：			
		00	立即回答
		10	简单（一分钟）
		20	普通（一刻钟）
▶	特别推荐	*30*	中等难度
M	面向数学读者	*40*	学期设计
HM	需要高等数学知识	*50*	研究题

习题

▶ **1.** [*00*] 等级“*M15*”的含义是什么？

2. [*10*] 教科书中的习题对于读者具有什么价值？

3. [*HM45*] 证明每个简单连通的闭合三维流形都拓扑等价于一个三维球体.

> 那些我们知道，是出自好的家庭的、
> 高尚的、有名声的、讲道理又有道德的人，
> 那些在音乐、舞蹈和体育的熏陶下长大的人，
> 我们不去尊重他们.
>
> ——阿里斯托芬，《蛙》（公元前 405 年）①

① 以上译文摘自罗念生根据古希腊文的翻译，在此表示感谢. ——译者注

请注意，我在本书中提出一些（测量和建造的）技法，建筑工匠们必能从中获益，
他们还能从我目前已出版过的，或今后将要出版的任何其他书中获益.
读完第一遍，他们会满腹疑惑，然后带着评判目光读第二遍.
到第三遍时，他们终将豁然开朗，还付诸实践.
最后，仅有少之又少的知识依然无法掌握.

——伦纳德 · 迪格斯,《一本名为构建学的书》（1556 年）

现在我幡然悔悟，不计代价和不自量力的
轻举妄动着实愚蠢．无奈为时已晚.

——丹尼尔 · 笛福,《鲁宾逊漂流记》（1719 年）

中文版审读致谢

本书作为计算机领域经典著作，翻译工作极具挑战性. 在中文版出版过程中，承蒙 19 位专家拨冗参与审读工作，他们以严谨的专业态度对译文进行了细致审读，提出了诸多建设性修改意见，使译文质量得到显著提升.

衷心感谢以下审读专家（按姓氏拼音排序）：

AhJoey、morefreeze、twed、白文超、陈翔（翔翔的学习频道）、黄小毛、林秀峰、刘郡晟、鲁伟、陆寅峰、宋海婷、王强、王维真、王伟智、吴同学、芯中有数、杨光宇、杨文颜、赵志乾.

本书虽已出版，但内容品质的提升不会终止. 译者、编辑、审读专家虽已尽力，但疏漏可能在所难免，如果大家在阅读过程中发现任何问题，欢迎将其提交到图灵社区本书的勘误处. 勘误经编辑确认之后会更正在重印书中.

目　　录

重温预备数学知识 1

不等式 3

鞅 5

从鞅得到的尾部不等式 6

应用 8

几乎必然和确乎必然的陈述 9

习题 10

第 7 章　组合查找 . . . . [4A.1]

7.2　生成所有可能的组合对象 . . . . [4A.234]

7.2.1　生成基本组合模式 . . . . [4A.234]

7.2.2　回溯编程 26

数据结构 27

沃克方法 28

排列与兰福德对 29

单词矩形 31

无逗点码 32

选择的动态排序 33

重温顺序分配 33

无逗点码问题的列表 35

行动和撤销的一般机制 36

无逗点码的回溯 38

运行时间估计 39

*估计解的个数 42

分解问题 43

历史注记 45

习题 46

7.2.2.1　舞蹈链 55

精确覆盖问题 56

副项 60

进度报告 61

数独 62

多联骨牌 67

多联立方 69

分解精确覆盖问题 70

受限颜色覆盖 73

引入重数 78

*新的舞步 81

*分析算法 X 83

*分析匹配问题 86

*保持适当的专注 88

利用局部等价性 90

*预处理选项 91
最小成本解 93
*实现最小成本截断 97
*使用 ZDD 的舞蹈链 99
总结 102
历史注记 102
习题（第 1 组） 103
习题（第 2 组） 130
习题（第 3 组） 145
7.2.2.2 可满足性 154
一个简单的例子 156
精确覆盖 157
图着色 158
因式分解整数 160
故障测试 161
学习布尔函数 165
有界模型检测 167
互斥中的应用 169
数字体层成像 173
SAT 实例——总结 175
回溯求解可满足性问题 175
惰性数据结构 177
从单元子句强制移动 179
算法的比较 181
*通过更加努力地工作来获得提速 182
*通过前瞻来获得提速 185
*更进一步的前瞻 190
随机可满足性问题 191
分析随机 2SAT 问题 195
归结法 197
*一般归结法的下界 199
使用归结的 SAT 求解 202
由冲突驱动的子句学习 203
不可满足性证书 209
*清除无用的子句 211
*刷新文字并重新开始 214
蒙特卡罗算法 215
局部引理 218
迹与板块 220
迹上的算术 221
*迹与局部引理 223
*消息传递 226
*预处理子句 230
将约束编码为子句 231

单元传播与强制 236
对称性破缺 238
保可满足性的映射 240
100 个测试样例 244
调整参数 253
利用并行化 257
简史 257
习题 260
习题答案 303
附录 A 数值表 544
附录 B 记号索引 548
附录 C 算法、定理、引理、推论和程序索引 553
附录 D 组合问题索引 554
附录 E 习题解答中谜题的答案 557
人名索引 560
索引 570

我们——或黑室——与［高德纳］有一项小协议：
他不会出版《计算机程序设计艺术》真正的第 4 卷，
而他们不会使他受到任何伤害.

——查尔斯 · 斯特罗斯，《暴行档案》（2001 年）

在这类书中，我只能建议你尽可能地
简洁明了，以符合主题的要求.

——科德 · 维舍斯（2012 年）

重温预备数学知识

本书的许多内容涉及*离散概率*，即在有限或可数无限的原子事件 ω 的集合 Ω 中，每个事件都有一个给定的概率 $\Pr(\omega)$，其中

$$0 \leqslant \Pr(\omega) \leqslant 1 \qquad \text{且} \qquad \sum_{\omega\in\Omega}\Pr(\omega) = 1. \tag{1}$$

这个集合 Ω 和函数 Pr 一起被称为“概率空间”．举例来说，Ω 可以表示一副纸牌（共 52 张纸牌）洗牌后的所有可能的排列方式，其中每一种排列的概率均为 $\Pr(\omega) = 1/52!$.

直观地说，事件是一个命题，它要么以一定的概率为真，要么以一定的概率为假．比如，它可能是“顶部的牌是一张 A”，概率为 1/13．正式地说，一个事件 A 是 Ω 的一个子集，即所有使得对应命题 A 为真的原子事件的集合；且

$$\Pr(A) \;=\; \sum_{\omega\in A}\Pr(\omega) \;=\; \sum_{\omega\in\Omega}\Pr(\omega)[\omega\in A]. \tag{2}$$

*随机变量*是一个函数，它为每个原子事件分配一个值．我们通常用大写字母表示随机变量，用小写字母表示它们可能取的值．因此，我们可以说事件 $X = x$ 的概率是 $\Pr(X = x) = \sum_{\omega\in\Omega}\Pr(\omega)[X(\omega) = x]$．在纸牌例子中，顶部的牌 T 是一个随机变量，并且有 $\Pr(T = \texttt{Q}\spadesuit) = 1/52$.（正如此处所示，我们有时会忽略小写字母的约定．）

随机变量 $X_1, \cdots, X_k$ 被称为*独立*的，前提是对于所有 $(x_1, \cdots, x_k)$ 有

$$\Pr(X_1 = x_1 \text{ 且 } \cdots \text{ 且 } X_k = x_k) \;=\; \Pr(X_1 = x_1)\cdots\Pr(X_k = x_k). \tag{3}$$

假设 F 和 S 分别表示顶部牌 T 的点数和花色，显然 F 和 S 是独立的．因此，我们有 $\Pr(T = \texttt{Q}\spadesuit) = \Pr(F = \texttt{Q})\Pr(S = \spadesuit)$．但 T 与底部牌 B 不是独立的；事实上，对于任意牌 t 和 b，我们都有 $\Pr(T = t \text{ 且 } B = b) \neq 1/52^2$.

由 n 个随机变量组成的系统被称为 *k 阶独立*的，前提是它的任意 k 个变量都是独立的．比如，对于两两（2 阶）独立，我们可以有变量 X 独立于 Y，变量 Y 独立于 Z，变量 Z 独立于 X；然而这 3 个变量不一定是独立的（参见习题 6）．同理，k 阶独立并不意味着 $(k+1)$ 阶独立．但 $(k+1)$ 阶独立可以推出 k 阶独立.

给定事件 B，当 $\Pr(B) > 0$ 时，事件 A 的*条件概率*为

$$\Pr(A \mid B) \;=\; \frac{\Pr(A\cap B)}{\Pr(B)} \;=\; \frac{\Pr(A \text{ 且 } B)}{\Pr(B)}, \tag{4}$$

否则等于 $\Pr(A)$．想象将整个空间 Ω 分成两部分：$\Omega' = B$ 和 $\Omega'' = \overline{B} = \Omega \setminus B$，其中 $\Pr(\Omega') = \Pr(B)$，$\Pr(\Omega'') = 1 - \Pr(B)$．如果 $0 < \Pr(B) < 1$，并且我们按照规则

$$\Pr{}'(\omega) = \Pr(\omega|\Omega') = \frac{\Pr(\omega)[\omega\in\Omega']}{\Pr(\Omega')}, \qquad \Pr{}''(\omega) = \Pr(\omega|\Omega'') = \frac{\Pr(\omega)[\omega\in\Omega'']}{\Pr(\Omega'')}$$

重新分配概率，就得到了新的概率空间 Ω' 和 Ω''．这让我们得以考虑一个 B 总为真的世界和另一个 B 总为假的世界．这就像在树上取两个分支，每个分支都有自己的逻辑．条件概率对于算法分析很重要，因为算法经常处于不同的状态，其中，不同的概率彼此相关．注意，我们总有

$$\Pr(A) \;=\; \Pr(A|B)\cdot\Pr(B) \;+\; \Pr(A|\overline{B})\cdot\Pr(\overline{B}). \tag{5}$$

如果随机变量 $[A_1], \cdots, [A_k]$ 是独立的，那么我们称事件 $A_1, \cdots, A_k$ 是独立的.（括号记法适用于事件作为陈述，而不仅仅是事件作为子集：若 A 为真，则 $[A]=1$，否则 $[A]=0$.）习题 20 证明了这种情况会发生，当且仅当

$$\Pr\Bigl(\bigcap_{j\in J} A_j\Bigr) \;=\; \prod_{j\in J}\Pr(A_j), \qquad \text{对于所有 } J\subseteq\{1,\cdots,k\}. \tag{6}$$

具体地说，事件 A 和 B 是独立的，当且仅当 $\Pr(A|B)=\Pr(A)$.

当随机变量 X 的值是实数或复数时，我们在 1.2.10 节中定义了它的期望值 $\mathrm{E}\,X$：

$$\mathrm{E}\,X \;=\; \sum_{\omega\in\Omega} X(\omega)\Pr(\omega) \;=\; \sum_x x\Pr(X=x), \tag{7}$$

只要这个定义在求和时对无穷多个非零值是有意义的.（求和应该是绝对收敛的.）一个简单但极其重要的情况是，当 A 是任意事件，且 $X=[A]$ 是一个二元随机变量，用于表示该事件的真值时，有

$$\mathrm{E}[A] \;=\; \sum_{\omega\in\Omega}[A](\omega)\Pr(\omega) \;=\; \sum_{\omega\in\Omega}[\omega\in A]\Pr(\omega) \;=\; \sum_{\omega\in A}\Pr(\omega) \;=\; \Pr(A). \tag{8}$$

我们还注意到，和的期望值 $\mathrm{E}(X_1+\cdots+X_k)$ 总是等于期望值之和 $(\mathrm{E}\,X_1)+\cdots+(\mathrm{E}\,X_k)$，这无关随机变量 X_j 是否独立. 此外，如果这些变量确实是独立的，那么乘积的期望值 $\mathrm{E}(X_1\cdots X_k)$ 就是期望值之积 $(\mathrm{E}\,X_1)\cdots(\mathrm{E}\,X_k)$. 在 3.3.2 节中，我们定义了协方差：

$$\mathrm{covar}(X,Y) \;=\; \mathrm{E}\bigl((X-\mathrm{E}\,X)(Y-\mathrm{E}\,Y)\bigr) \;=\; \mathrm{E}(XY)-(\mathrm{E}\,X)(\mathrm{E}\,Y), \tag{9}$$

它往往衡量了 X 和 Y 之间的依赖关系. 方差 $\mathrm{var}(X)$ 等于 $\mathrm{covar}(X,X)$，并且 (9) 中的中间公式说明了为什么当随机变量 X 只取实值时，它是非负的.

此外，所有这些期望值的概念都可以推广到条件期望：在给定任意事件 A 的条件下，当我们想在 A 为真的概率空间中进行计算时，可以考虑

$$\mathrm{E}(X\,|\,A) \;=\; \sum_{\omega\in A} X(\omega)\frac{\Pr(\omega)}{\Pr(A)} \;=\; \sum_x x\frac{\Pr(X=x \text{ 且 } A)}{\Pr(A)}. \tag{10}$$

（如果 $\Pr(A)=0$，那么我们定义 $\mathrm{E}(X\,|\,A)=\mathrm{E}\,X$.）类似于 (5)，一个十分重要的公式是

$$\begin{aligned}\mathrm{E}\,X \;&=\; \sum_y \mathrm{E}(X\mid Y=y)\,\Pr(Y=y)\\ &=\; \sum_y\sum_x x\Pr(X=x\mid Y=y)\,\Pr(Y=y).\end{aligned} \tag{11}$$

此外，还有另一种重要的条件期望：当 X 和 Y 是随机变量时，用“$\mathrm{E}(X\,|\,Y)$”表示“给定 Y 时 X 的期望值”通常会有所帮助. 使用这种记法，(11) 简化为

$$\mathrm{E}\,X \;=\; \mathrm{E}\bigl(\mathrm{E}(X\,|\,Y)\bigr). \tag{12}$$

这确实是一个非常奇妙的恒等式，很适合在给他人粗略讲解时使用，也会让外行人惊叹不已. 不过，在你理解它的含义之前，它可能会让你感到困惑.

首先，如果 Y 是一个布尔变量，那么“$\mathrm{E}(X\,|\,Y)$”看起来可能意味着“$\mathrm{E}(X\,|\,Y{=}1)$”，因此我们断言 Y 为真，就像在 (10) 中“$\mathrm{E}(X\,|\,A)$”断言 A 为真一样. 不，那种解释是错误的，完全错误. 请务必引起注意.

其次，你可能认为 $\mathrm{E}(X\,|\,Y)$ 是 Y 的一个函数. 是的，但是理解 $\mathrm{E}(X\,|\,Y)$ 的最佳方法是将其视为一个*随机变量*. 这就是为什么我们可以在 (12) 中计算它的期望值.

所有随机变量都是原子事件 ω 的函数. $\mathrm{E}(X\,|\,Y)$ 在 ω 处的值是所有满足 $Y(\omega')=Y(\omega)$ 的事件 ω' 上 $X(\omega')$ 的均值:

$$\mathrm{E}(X\,|\,Y)(\omega)=\sum_{\omega'\in\Omega}X(\omega')\Pr(\omega')[Y(\omega')=Y(\omega)]/\Pr(Y=Y(\omega)). \tag{13}$$

类似地，$\mathrm{E}(X\,|\,Y_1,\cdots,Y_r)$ 对满足 $Y_j(\omega')=Y_j(\omega)$（$1\leqslant j\leqslant r$）的事件进行平均.

假设 $X_1,\cdots,X_n$ 是二元随机变量，且受到条件 $\nu(X_1\cdots X_n)=X_1+\cdots+X_n=m$ 的约束，其中，m 和 n 是常数且 $0\leqslant m\leqslant n$；所有 $\binom{n}{m}$ 个这样的位向量 $X_1\cdots X_n$ 被假定是等可能的. 显然 $\mathrm{E}\,X_1=m/n$. 但是 $\mathrm{E}(X_2\mid X_1)$ 等于多少呢? 如果 $X_1=0$，那么 X_2 的期望值是 $m/(n-1)$；否则期望值是 $(m-1)/(n-1)$. 因此 $\mathrm{E}(X_2\mid X_1)=(m-X_1)/(n-1)$. 那么 $\mathrm{E}(X_k\mid X_1,\cdots,X_{k-1})$ 呢? 一旦你习惯了这种记法，就很容易回答这个问题了：如果 $\nu(X_1\cdots X_{k-1})=r$，那么 $X_k\cdots X_n$ 是一个满足 $\nu(X_k\cdots X_n)=m-r$ 的随机位向量. 因此在这种情况下，X_k 的均值将是 $(m-r)/(n+1-k)$. 因此，结论是

$$\mathrm{E}(X_k\,|\,X_1,\cdots,X_{k-1})\ =\ \frac{m-\nu(X_1\cdots X_{k-1})}{n+1-k},\qquad \text{对于 } 1\leqslant k\leqslant n. \tag{14}$$

等式两边的随机变量是相同的.

不等式. 在实践中，我们经常希望证明某些事件是罕见的，即它们发生的概率非常小. 相反，有时我们的目标是证明一个事件不是罕见的. 幸运的是，数学家已经设计出了几种相当简单的方法来推导概率的上界或下界，即使确切的值是未知的.

我们已经在 1.2.10 节中讨论了这类技术中最重要的一些. 用更具一般性的术语来描述，其基本思想可以表述如下：令 f 是任意非负函数，当 $x\in S$ 时有 $f(x)\geqslant s>0$. 只要 $\Pr(X\in S)$ 和 $\mathrm{E}\,f(X)$ 都存在，就有

$$\Pr(X\in S)\ \leqslant\ \mathrm{E}\,f(X)/s. \tag{15}$$

比如，$f(x)=|x|$ 给出

$$\Pr(|X|\geqslant m)\ \leqslant\ \mathrm{E}|X|/m \tag{16}$$

当 $m>0$ 时成立. 证明非常简单，因为显然有

$$\mathrm{E}\,f(X)\ \geqslant\ \Pr(X\in S)\cdot s+\Pr(X\notin S)\cdot 0. \tag{17}$$

公式 (15) 通常被称为马尔可夫不等式，因为安德雷 · 安德耶维齐 · 马尔可夫在 *Izvestiia Imp. Akad. Nauk* (6) **1** (1907), 707–716 中讨论了 $f(x)=|x|^a$ 的特殊情况. 如果令 $f(x)=(x-\mathrm{E}\,X)^2$，我们就得到了由比奈梅和切比雪夫于 19 世纪提出的著名不等式：

$$\Pr\bigl(|X-\mathrm{E}\,X|\geqslant r\bigr)\ \leqslant\ \mathrm{var}(X)/r^2. \tag{18}$$

当 $f(x)=\mathrm{e}^{ax}$ 时的情况也非常有用.

另一种基本的估计称为詹生不等式 [*Acta Mathematica* **30** (1906), 175–193]，它适用于凸函数 f. 到目前为止，我们只在习题 6.2.2–36 的“提示”中看到过它. 如果当 $p\geqslant 0$、$q\geqslant 0$ 且 $p+q=1$ 时，

$$f(px+qy)\ \leqslant\ pf(x)+qf(y)\qquad \text{对于所有 } x,y\in I, \tag{19}$$

那么我们称实值函数 f 在实数轴的区间 I 中是凸的，且 $-f$ 在 I 中是凹的. 如果 f 有二阶导数 f''，那么这个条件等价于对于所有 $x\in I$ 都有 $f''(x)\geqslant 0$. 比如，对于所有常数 a 和所有非负整数 n，函数 e^{ax} 和 x^{2n} 都是凸的；如果我们仅考虑 x 的正值，那么 $f(x)=x^n$ 对于所有整

数 n 都是凸的（特别是当 $n=-1$，即 $f(x)=1/x$ 时）．对于 $x>0$，函数 $\ln(1/x)$ 和 $x\ln x$ 也是凸的．詹生不等式表明

$$f(\mathrm{E}\,X) \leqslant \mathrm{E}\,f(X) \tag{20}$$

当 f 在区间 I 中是凸的，且随机变量 X 只取 I 中的值时成立．（参见习题 42 中的证明．）比如，当 X 为正时，我们有 $1/\mathrm{E}\,X \leqslant \mathrm{E}(1/X)$、$\ln \mathrm{E}\,X \geqslant \mathrm{E}\ln X$，以及 $(\mathrm{E}\,X)\ln \mathrm{E}\,X \leqslant \mathrm{E}(X\ln X)$，因为函数 $\ln x$ 在 $x>0$ 时是凹的．注意，当 $X=x$ 的概率为 p 且 $X=y$ 的概率为 $q=1-p$ 时，(20) 实际上就是凸性的定义 (19)．

我们接下来要介绍的两个非常有用的不等式是两个经典结果，它们适用于取值为非负整数的任意随机变量 X:

$$\Pr(X>0) \leqslant \mathrm{E}\,X; \qquad\text{（一阶矩原理）} \tag{21}$$

$$\Pr(X>0) \geqslant (\mathrm{E}\,X)^2/(\mathrm{E}\,X^2). \qquad\text{（二阶矩原理）} \tag{22}$$

(21) 显然成立，因为当 p_k 表示 $X=k$ 的概率时，左边是 $p_1+p_2+p_3+\cdots$，而右边是 $p_1+2p_2+3p_3+\cdots$．

(22) 则没那么显而易见，左边是 $p_1+p_2+p_3+\cdots$，而右边是 $(p_1+2p_2+3p_3+\cdots)^2/(p_1+4p_2+9p_3+\cdots)$．然而，正如我们在马尔可夫不等式中看到的，一旦我们发现了该原理，这个证明就会非常简单：如果 X 是非负的但不总是等于零，那么我们有

$$\begin{aligned}\mathrm{E}\,X^2 &= \mathrm{E}(X^2 \mid X>0)\Pr(X>0) + \mathrm{E}(X^2 \mid X=0)\Pr(X=0)\\ &= \mathrm{E}(X^2 \mid X>0)\Pr(X>0)\\ &\geqslant \bigl(\mathrm{E}(X \mid X>0)\bigr)^2\Pr(X>0) = (\mathrm{E}\,X)^2/\Pr(X>0).\end{aligned} \tag{23}$$

事实上，这个证明表明，即使 X 不仅限于整数值，二阶矩原理也是成立的（参见习题 46）．此外，这种论述还可以加强，以表明即使 X 可以取任意负值，只要 $\mathrm{E}\,X\geqslant 0$，(22) 仍然成立（参见习题 47）．另见习题 118.

习题 54 将 (21) 和 (22) 应用于对随机图的研究.

另一个重要的不等式适用于 $X=X_1+\cdots+X_m$ 是二元随机变量 X_j 之和的特殊情况，它是由谢尔登·马克·罗斯在较近的时期引入的［*Probability, Statistics, and Optimization* (New York: Wiley, 1994), 185–190］，他称之为“条件期望不等式”:

$$\Pr(X>0) \geqslant \sum_{j=1}^{m} \frac{\mathrm{E}\,X_j}{\mathrm{E}(X \mid X_j{=}1)}. \tag{24}$$

罗斯证明了这个不等式的右边总是至少与我们从二阶矩原理得到的 $(\mathrm{E}\,X)^2/(\mathrm{E}\,X^2)$ 的下界一样大（参见习题 50）．此外，尽管乍看起来可能更复杂，但 (24) 通常更容易计算.

举例来说，他的方法很好地适用于估计可靠性多项式 $f(p_1,\cdots,p_n)$ 的问题，其中，f 是一个单调布尔函数，p_j 表示系统的第 j 个组件“正常”的概率．我们在 7.1.4 节中观察到，当 n 相当小时，可靠性多项式可以使用 BDD 方法精确计算；但是当 f 变得复杂时，就需要进行近似．简单的例子 $f(x_1,\cdots,x_5)=x_1x_2x_3\vee x_2x_3x_4\vee x_4x_5$ 说明了罗斯的一般方法：令 $(Y_1,\cdots,Y_5)$ 是独立的二元随机变量，$\mathrm{E}\,Y_j=p_j$；令 $X=X_1+X_2+X_3$，其中 $X_1=Y_1Y_2Y_3$，$X_2=Y_2Y_3Y_4$，$X_3=Y_4Y_5$ 对应于 f 的素蕴涵元．那么有 $\Pr(X>0)=\Pr(f(Y_1,\cdots,Y_5)=1)=\mathrm{E}\,f(Y_1,\cdots,Y_5)=f(p_1,\cdots,p_5)$，因为这些 Y 是独立的．我们可以很容易地计算 (24) 中的下界：

$$\Pr(X>0) \geqslant \frac{p_1p_2p_3}{1+p_4+p_4p_5} + \frac{p_2p_3p_4}{p_1+1+p_5} + \frac{p_4p_5}{p_1p_2p_3+p_2p_3+1}. \tag{25}$$

如果每个 p_j 都是 0.9，那么这个公式给出的下界约等于 0.848，而 $(\mathrm{E}\,X)^2/(\mathrm{E}\,X^2)\approx 0.847$；真实值 $p_1p_2p_3+p_2p_3p_4+p_4p_5-p_1p_2p_3p_4-p_2p_3p_4p_5$ 等于 0.9558.

还有许多与期望值有关的重要不等式已经被发现，其中对我们在本书中的目的最重要的是习题 61 讨论的 FKG 不等式，它提供了一种简单的证明方法，用于说明某些事件是相关的，如习题 62 所示.

鞅. 一系列相关的随机变量可能很难分析，但是如果这些变量满足不变的约束条件，那么我们通常可以利用它们的结构. 具体地说，“鞅”性质（以一种经典的赌注策略命名，参见习题 67）在适用时表现得非常有用. 约瑟夫 · 利奥 · 杜布在他的开创性著作 *Stochastic Processes* (1953) 中引入了鞅，并广泛发展了其理论.

实值随机变量序列 $\langle Z_n\rangle = Z_0, Z_1, Z_2, \cdots$ 称为鞅，它满足条件

$$\mathrm{E}(Z_{n+1}\,|\,Z_0,\cdots,Z_n) \;=\; Z_n \qquad \text{对于所有 } n\geqslant 0. \tag{26}$$

（如往常一样，我们也隐含地假设期望值 $\mathrm{E}\,Z_n$ 是良定义的.）比如，当 $n=0$ 时，随机变量 $\mathrm{E}(Z_1\,|\,Z_0)$ 必须与随机变量 Z_0 相同（参见习题 63）.

图 P 说明了乔治 · 波利亚著名的“瓮模型”[弗洛里安 · 埃根伯格和乔治 · 波利亚, *Zeitschrift für angewandte Math. und Mech.* **3** (1923), 279–289]，它与一个特别有趣的鞅有关. 想象一个瓮，最初里面有两个球，一个红色，一个黑色. 反复地从瓮中随机取出一个球，然后放回去并放入一个同色的新球. 红球和黑球的数量 (r,b) 将遵循图中的路径，每个分支上都标有相应的局部概率.

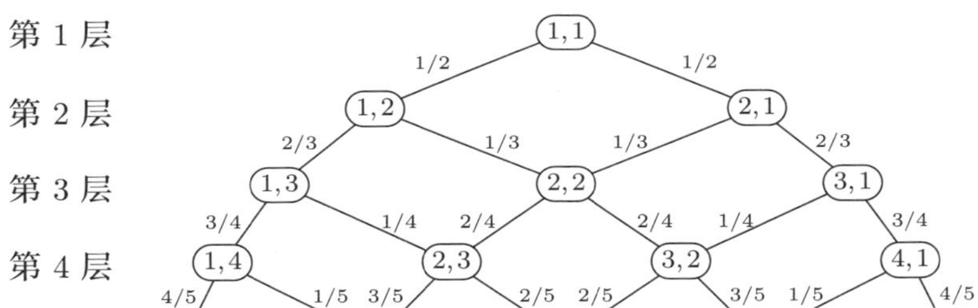

图 P 波利亚的瓮模型. 从 $(1,1)$ 到 (r,b) 的任何下行路径的概率是分支上显示的概率的乘积

可以不费吹灰之力地证明，图 P 的第 n 层上的所有 $n+1$ 个结点都以相同的概率 $1/(n+1)$ 被到达. 此外，从任何一层到下一层时选择红球的概率总是 1/2. 因此，瓮中球的变化乍看起来可能相当平淡和均匀. 但实际上，这个过程充满了惊喜，因为红色和黑色之间的任何不平衡都倾向于自我延续. 如果第一个选择的球是黑球，即从 $(1,1)$ 到 $(1,2)$，那么红球数量在未来超过黑球数量的概率仅为 $2\ln 2-1\approx 0.386$（参见习题 88）.

一种分析波利亚过程的好方法是利用红球的比例 $r/(r+b)$ 是一个鞅这一事实. 每次对瓮进行操作都会将这个比例更改为 $(r+1)/(r+b+1)$（以概率 $r/(r+b)$）或 $r/(r+b+1)$（以概率 $b/(r+b)$）. 因此，新的期望比例是 $(rb+r^2+r)/((r+b)(r+b+1)) = r/(r+b)$，与之前相同. 更正式地说，令 $X_0=1$，对于 $n>0$，令 X_n 是随机变量“[选择的第 n 个球是红球]”. 那么在图 P 的第 n 层上有 $X_0+\cdots+X_n$ 个红球和 $\overline{X}_0+\cdots+\overline{X}_n+1$ 个黑球；如果我们定义

$$Z_n = (X_0+\cdots+X_n)/(n+2), \tag{27}$$

那么序列 $\langle Z_n\rangle$ 是一个鞅.

在实践中，通常最方便的是根据辅助随机变量 $X_0, X_1, \cdots$ 定义鞅 $Z_0, Z_1, \cdots$，就像我们刚刚做的那样．如果 Z_n 是 $(X_0, \cdots, X_n)$ 的函数，那么序列 $\langle Z_n \rangle$ 被称为关于序列 $\langle X_n \rangle$ 的鞅，满足

$$\mathrm{E}(Z_{n+1} \,|\, X_0, \cdots, X_n) \;=\; Z_n \qquad \text{对于所有 } n \geqslant 0. \tag{28}$$

此外，若 Y_n 是 $(X_0, \cdots, X_n)$ 的函数且满足一个更简单的条件

$$\mathrm{E}(Y_{n+1} \,|\, X_0, \cdots, X_n) \;=\; 0 \qquad \text{对于所有 } n \geqslant 0, \tag{29}$$

我们称序列 $\langle Y_n \rangle$ 关于序列 $\langle X_n \rangle$ 是公平的．若

$$\mathrm{E}(Y_{n+1} \,|\, Y_0, \cdots, Y_n) \;=\; 0 \qquad \text{对于所有 } n \geqslant 0, \tag{30}$$

我们称 $\langle Y_n \rangle$ 是公平的．习题 77 证明了 (28) 能推出 (26)，(29) 能推出 (30)．因此，辅助序列 $\langle X_n \rangle$ 是一个定义鞅和公平序列的充分不必要条件．

每当 $\langle Z_n \rangle$ 是一个鞅时，我们就可以通过对于 $n > 0$ 令 $Y_0 = Z_0$ 和 $Y_n = Z_n - Z_{n-1}$ 来得到一个公平序列 $\langle Y_n \rangle$，因为恒等式 $\mathrm{E}(Y_{n+1} \,|\, Z_0, \cdots, Z_n) = \mathrm{E}(Z_{n+1} - Z_n \,|\, Z_0, \cdots, Z_n) = Z_n - Z_n$ 表明 $\langle Y_n \rangle$ 关于 $\langle Z_n \rangle$ 是公平的．反之，每当 $\langle Y_n \rangle$ 是公平的时，我们就可以通过令 $Z_n = Y_0 + \cdots + Y_n$ 来得到一个鞅 $\langle Z_n \rangle$，因为恒等式 $\mathrm{E}(Z_{n+1} \,|\, Y_0, \cdots, Y_n) = \mathrm{E}(Z_n + Y_{n+1} \,|\, Y_0, \cdots, Y_n) = Z_n$ 表明 $\langle Z_n \rangle$ 是关于 $\langle Y_n \rangle$ 的鞅．换言之，公平性和鞅性本质上是等价的．这些 Y 代表了无偏的"微调"，它将一个 Z 变为其后继．

构造公平序列很容易．比如，每个均值为 0 的独立随机变量序列都是公平的．如果 $\langle Y_n \rangle$ 关于 $\langle X_n \rangle$ 是公平的，那么当 $f_n(X_0, \cdots, X_{n-1})$ 几乎可以是任意函数时，由 $Y'_n = f_n(X_0, \cdots, X_{n-1})Y_n$ 定义的序列 $\langle Y'_n \rangle$ 也是公平的．（我们只需要保持 f_n 足够小，以便 $\mathrm{E}\,Y'_n$ 是良定义的．）具体地说，对所有大 n，我们可以令 $f_n(X_0, \cdots, X_{n-1}) = 0$，从而使 $\langle Z_n \rangle$ 最终不变．

函数序列 $N_n(x_0, \cdots, x_{n-1})$ 被称为停止规则，前提是其每个值要么是 0，要么是 1，且 $N_n(x_0, \cdots, x_{n-1}) = 0$ 能推出 $N_{n+1}(x_0, \cdots, x_n) = 0$．我们可以假设 $N_0 = 1$．在随机变量序列 $\langle X_n \rangle$ 的情况下，停止前的步数是随机变量

$$N \;=\; N_1(X_0) + N_2(X_0, X_1) + N_3(X_0, X_1, X_2) + \cdots. \tag{31}$$

（直观地说，$N_n(x_0, \cdots, x_{n-1})$ 表示 [值 $X_0 = x_0, \cdots, X_{n-1} = x_{n-1}$ 不会停止这个过程]．因此，这实际上更多的是关于"前进"而不是"停止"．）对于任何关于 $\langle X_n \rangle$ 的鞅 $Z_n = Y_0 + \cdots + Y_n$，如果我们将其改为 $Z'_n = Y'_0 + \cdots + Y'_n$，其中 $Y'_n = N_n(X_0, \cdots, X_{n-1})Y_n$，那么它就可以以这种策略停止．在下注时，若希望"见好就收"，则所用的停止规则是 $N_{n+1}(X_0, \cdots, X_n) = [Z'_n \leqslant 0]$，其中，$Z'_n$ 是当前的余额．

注意，如果停止规则总是在至多 m 步之后停止——换言之，如果函数 $N_m(x_0, \cdots, x_{m-1})$ 恒等于零——那么我们有 $Z'_m = Z'_N$，因为在过程停止后，Z'_n 不再改变．因此 $\mathrm{E}\,Z'_N = \mathrm{E}\,Z'_m = \mathrm{E}\,Z'_0 = \mathrm{E}\,Z_0$：当步数有限时，没有停止规则能改变鞅的期望结果．

一个名为 Ace Now 的有趣游戏展示了这个可选停止规则．拿一副纸牌，洗牌并将牌面朝下放置；然后按照以下方式逐张翻开：在看到第 n 张牌之前，你应该根据你已经观察到的牌说"停"或"发"．（如果 $n = 52$，那么你必须说"停"．）在你决定停止后，如果下一张牌是 A，那么你赢得 12 美元；否则你输掉 1 美元．在这个游戏中，最佳策略是什么？你应该等到有很大机会赢得 12 美元吗？最糟糕的策略是什么？习题 82 给出了答案．

从鞅得到的尾部不等式． 鞅的本质是期望的相等性．然而，鞅在算法分析中之所以变得重要，是因为我们可以用它来推导不等式，即证明某些事件发生的概率非常小．

为了开始研究，让我们将不等式引入到等式 (26) 中：若序列 $\langle Z_n \rangle$ 满足

$$\mathrm{E}(Z_{n+1} \mid Z_0, \cdots, Z_n) \;\geqslant\; Z_n \qquad \text{对于所有 } n \geqslant 0, \tag{32}$$

则我们称其为下鞅. 同理，如果将这个定义中的“⩾”改为“⩽”，则我们称其为上鞅.（因此，鞅既是下鞅也是上鞅.）在下鞅中，通过在 (32) 中取期望值，我们有 $\mathrm{E}\,Z_0 \leqslant \mathrm{E}\,Z_1 \leqslant \mathrm{E}\,Z_2 \leqslant \cdots$. 同理，随着 n 的增长，上鞅的期望值越来越小. 要记住下鞅和上鞅之间的区别，一种方法是记住它们的名称与你可能期望的相反.

下鞅之所以重要，主要是因为它相当常见. 实际上，如果 $\langle Z_n \rangle$ 是任何鞅，且 f 是任何凸函数，那么 $\langle f(Z_n) \rangle$ 是一个下鞅（参见习题 84）. 比如，当 $\langle Z_n \rangle$ 已知是一个鞅时，序列 $\langle |Z_n| \rangle$、$\langle \max(Z_n, c) \rangle$、$\langle Z_n^2 \rangle$ 和 $\langle \mathrm{e}^{Z_n} \rangle$ 都是下鞅. 此外，如果 Z_n 总为正，那么 $\langle Z_n^3 \rangle$、$\langle 1/Z_n \rangle$、$\langle \ln(1/Z_n) \rangle$ 和 $\langle Z_n \ln Z_n \rangle$ 等也是下鞅.

如果我们通过使用一个停止规则来修改一个下鞅，那么很容易看出，我们会得到另一个下鞅. 此外，如果该停止规则保证在 m 步内停止，那么我们将有 $\mathrm{E}\,Z_m \geqslant \mathrm{E}\,Z_N = \mathrm{E}\,Z'_N = \mathrm{E}\,Z'_m$. 因此，当步数有限时，没有停止规则能增大下鞅的期望值.

这个相对简单的观察结果有许多重要的推论. 比如，习题 86 使用它给出了所谓“极大不等式”的简单证明：若 $\langle Z_n \rangle$ 是一个非负下鞅，则

$$\Pr\bigl(\max(Z_0, Z_1, \cdots, Z_n) \geqslant x\bigr) \;\leqslant\; \mathrm{E}\,Z_n/x, \qquad \text{对于所有 } x > 0. \tag{33}$$

这个不等式有不计其数的特例. 比如，鞅 $\langle Z_n \rangle$ 满足

$$\Pr\bigl(\max(|Z_0|, |Z_1|, \cdots, |Z_n|) \geqslant x\bigr) \;\leqslant\; \mathrm{E}\,|Z_n|/x, \qquad \text{对于所有 } x > 0; \tag{34}$$

$$\Pr\bigl(\max(Z_0^2, Z_1^2, \cdots, Z_n^2) \geqslant x\bigr) \;\leqslant\; \mathrm{E}\,Z_n^2/x, \qquad \text{对于所有 } x > 0. \tag{35}$$

不等式 (35) 被称为柯尔莫哥洛夫不等式，因为安德雷 · 尼古拉那维奇 · 柯尔莫哥洛夫在 $Z_n = X_1 + \cdots + X_n$ 是满足 $\mathrm{E}\,X_k = 0$ 和 $\operatorname{var} X_k = \sigma_k^2$（$1 \leqslant k \leqslant n$）的独立随机变量之和时证明了它 [*Math. Annalen* **99** (1928), 309–311]. 在这种情况下，$\operatorname{var} Z_n = \sigma_1^2 + \cdots + \sigma_n^2 = \sigma^2$，并且该不等式可以写成

$$\Pr\bigl(|X_1| < t\sigma,\ |X_1 + X_2| < t\sigma,\ \cdots,\ |X_1 + \cdots + X_n| < t\sigma\bigr) \geqslant 1 - 1/t^2. \tag{36}$$

切比雪夫不等式只给出了 $\Pr\bigl(|X_1 + \cdots + X_n| < t\sigma\bigr) \geqslant 1 - 1/t^2$，这是一个相当弱的结果.

另一个重要的不等式适用于常见情况，即我们对进入鞅的标准表示 $Z_n = Y_0 + Y_1 + \cdots + Y_n$ 的项 $Y_1, \cdots, Y_n$ 有很好的界限. 这个不等式被称为霍夫丁-吾妻一兴不等式，命名自瓦西里 · 霍夫丁 [*J. Amer. Statistical Association* **58** (1963), 13–30] 和吾妻一兴 [*Tôhoku Math. Journal* (2) **19** (1967), 357–367]. 它的表述如下：如果 $\langle Y_n \rangle$ 是任何公平序列，且当给定 $Y_0, Y_1, \cdots, Y_{n-1}$ 时有 $a_n \leqslant Y_n \leqslant b_n$，那么

$$\Pr(Y_1 + \cdots + Y_n \geqslant x) \leqslant \mathrm{e}^{-2x^2/((b_1 - a_1)^2 + \cdots + (b_n - a_n)^2)}. \tag{37}$$

对于 $\Pr(Y_1 + \cdots + Y_n \leqslant -x)$，同样的界限也适用，因为 $-b_n \leqslant -Y_n \leqslant -a_n$；从而

$$\Pr(|Y_1 + \cdots + Y_n| \geqslant x) \leqslant 2\mathrm{e}^{-2x^2/((b_1 - a_1)^2 + \cdots + (b_n - a_n)^2)}. \tag{38}$$

习题 90 将这个结果的证明分解为了数个小步骤. 事实上，该证明甚至表明 a_n 和 b_n 可以是 $\{Y_0, \cdots, Y_{n-1}\}$ 的函数.

应用. 霍夫丁-吾妻一兴不等式在许多算法的分析中很有用，因为它适用于杜布鞅，这是约瑟夫 · 利奥 · 杜布在 *Stochastic Processes* (1953) 的第 92 页中作为例 1 特别介绍的一类非常普遍的鞅.（事实上，他在很多年前就已经考虑过它，参见 *Trans. Amer. Math. Soc.* **47** (1940), 486.）杜布鞅源自任意随机变量序列 $\langle X_n\rangle$，无论是否独立，以及任何其他随机变量 Q：我们简单地定义

$$Z_n \;=\; \mathrm{E}(Q\,|\,X_0,\cdots,X_n). \tag{39}$$

然后，正如杜布指出的那样，由此产生的序列是一个鞅（参见习题 91）. 在我们的应用中，Q 是我们希望研究的某个算法的一个方面，而变量 $X_0, X_1, \cdots$ 反映了算法的输入. 比如，在一个使用随机位的算法中，X 是那些二进制位.

考虑一个哈希算法，其中，t 个对象被放入 m 个随机列表中，第 n 个对象被放入列表 X_n 中，因此 $1\leqslant X_n\leqslant m$ 对于 $1\leqslant n\leqslant t$ 成立. 我们假设 m^t 种可能性中的每一种都是等可能的. 设 $Q(x_1,\cdots,x_t)$ 是在对象被放入列表 $x_1,\cdots,x_t$ 中之后剩余空列表的数量，并令 $Z_n=\mathrm{E}(Q\,|\,X_1,\cdots,X_n)$ 是相关的杜布鞅. 那么 $Z_0=\mathrm{E}\,Q$ 是空列表的平均数量；$Z_t=Q(X_1,\cdots,X_t)$ 是算法运行时空列表的实际数量.

这个鞅对应于怎样的公平序列？如果 $1\leqslant n\leqslant t$，那么随机变量 $Y_n=Z_n-Z_{n-1}$ 等于 $f_n(X_1,\cdots,X_n)$，其中，$f_n(x_1,\cdots,x_n)$ 是

$$\begin{aligned}\Delta(x_1,\cdots,x_t)=\sum_{x=1}^{m}\Pr(X_n=x)\big(&Q(x_1,\cdots,x_{n-1},x_n,x_{n+1},\cdots,x_t)\\&-Q(x_1,\cdots,x_{n-1},x,x_{n+1},\cdots,x_t)\big)\end{aligned} \tag{40}$$

在所有 $(x_{n+1},\cdots,x_t)$ 的 m^{t-n} 个值上取平均.

在我们的应用中，函数 $Q(x_1,\cdots,x_t)$ 具有性质

$$\big|Q(x_1,\cdots,x_{n-1},x',x_{n+1},\cdots,x_t)-Q(x_1,\cdots,x_{n-1},x,x_{n+1},\cdots,x_t)\big|\leqslant 1 \tag{41}$$

对于所有 x 和 x' 成立，因为对任何一个哈希地址的更改总是将空列表的数量增加 1、0 或 -1. 因此，对于任何固定的变量设置 $(x_1,\cdots,x_{n-1},x_{n+1},\cdots,x_t)$，我们有

$$\max_{x_n}\Delta(x_1,\cdots,x_t)\;\leqslant\;\min_{x_n}\Delta(x_1,\cdots,x_t)+1. \tag{42}$$

因此，霍夫丁-吾妻一兴不等式 (37) 允许我们得出结论

$$\Pr(Z_t-Z_0\geqslant x)\;=\;\Pr(Y_1+\cdots+Y_t\geqslant x)\;\leqslant\;\mathrm{e}^{-2x^2/t}. \tag{43}$$

此外，在这个例子中，Z_0 是 $m(m-1)^t/m^t$，因为 m^t 种可能的哈希序列中恰好有 $(m-1)^t$ 种会使任何特定列表为空. 而随机变量 Z_t 是算法运行时空列表的实际数量. 因此，我们可以将 $x=\sqrt{t\ln f(t)}$ 代入 (43)，从而证明

$$\Pr\big(Z_t\geqslant(m-1)^t/m^{t-1}+\sqrt{t\ln f(t)}\,\big)\;\leqslant\;1/f(t)^2. \tag{44}$$

同样的上界也适用于 $\Pr\big(Z_t\leqslant(m-1)^t/m^{t-1}-\sqrt{t\ln f(t)}\,\big)$.

注意，不等式 (41) 在这个分析中起到了至关重要的作用. 因此，我们用来证明 (43) 的策略通常被称为"有界差分法". 一般来说，如果函数 $Q(x_1,\cdots,x_t)$ 满足

$$\big|Q(x_1,\cdots,x_{n-1},x,x_{n+1},\cdots,x_t)-Q(x_1,\cdots,x_{n-1},x',x_{n+1},\cdots,x_t)\big|\leqslant c_n \tag{45}$$

对于所有 x 和 x' 成立，那么我们称其在坐标 n 上满足利普希茨条件. 这个术语模仿了鲁道夫 · 利普希茨在很久以前引入到泛函分析中的一个著名的约束 [*Crelle* **63** (1864), 296–308],

但只与它略微相似. 每当条件 (45) 对于与独立随机变量 $X_1, \cdots, X_t$ 的杜布鞅相关的函数 Q 成立时，我们就可以证明 $\Pr(Y_1+\cdots+Y_t \geqslant x) \leqslant \exp(-2x^2/(c_1^2+\cdots+c_t^2))$.

我们再来看一个例子，它由科林 · 麦克迪阿梅德提出 [*London Math. Soc. Lecture Notes* **141** (1989), 148–188, §8(a)]：我们再次考虑独立的整值随机变量 $X_1, \cdots, X_t$，且 $1 \leqslant X_n \leqslant m$ 对于 $1 \leqslant n \leqslant t$ 成立，但这次我们允许每个 X_n 有不同的概率分布. 此外，我们定义 $Q(x_1,\cdots,x_t)$ 为可以将大小为 $x_1, \cdots, x_t$ 的对象装箱的*最小箱数*，其中每个箱的容量为 m.

装箱问题听起来比我们刚刚解决的哈希问题要困难得多. 事实上，评估 $Q(x_1,\cdots,x_t)$ 的任务被广泛认为是 NP 完全的 [参见迈克尔 · 伦道夫 · 加里和戴维 · 斯蒂夫勒 · 约翰逊，*SICOMP* **4** (1975), 397–411]. 然而，Q 显然以 $c_n = 1$（$1 \leqslant n \leqslant t$）满足条件 (45). 因此，有界差分法告诉我们不等式 (43) 是正确的，尽管这个问题看起来很困难!

装箱问题和哈希问题之间唯一的区别是，我们对 Z_0 的值一无所知. 除了知道随机变量服从非常特殊的分布，没有人知道如何计算 $\mathrm{E}\,Q(X_1,\cdots,X_t)$. 然而——这就是鞅的魔力——我们知道，无论这个值是多少，实际的数值 Z_t 都会紧密地集中在这个均值周围.

如果所有的 X 都有相同的分布，那么值 $\beta_t = \mathrm{E}\,Q(X_1,\cdots,X_t)$ 满足 $\beta_{t+t'} \leqslant \beta_t + \beta_{t'}$，因为我们总是可以将 t 个物品和 t' 个物品分开装箱. 因此，根据次加性（参见习题 2.5–39 的答案），β_t/t 在 $t \to \infty$ 时会趋近于一个极限 β. 然而，随机试验并不会给出关于这个极限的合理界限，因为我们没有好的方法来计算函数 Q.

要是他能仅仅因鞅的美丽与宁静而欣赏它，
而不被责任与罪恶感的枷锁束缚该有多好!
——菲利斯 · 多萝西 · 詹姆斯，《遮住她的脸》（1962 年）

几乎必然和确乎必然的陈述. 依赖于整数 n 的概率通常具有当 $n \to \infty$ 时趋近于 0 或 1 的性质，使用特殊的术语有助于简化对这类现象的讨论. 如果 A_n 是一个事件，对于它有 $\lim_{n\to\infty} \Pr(A_n) = 1$，那么一种方便的表达方式是说："当 n 很大时，A_n 几乎必然发生."（实际上，如果我们已经充分明白 n 在当前讨论的背景下趋近于无穷大，通常就不会再费事地说明 n 很大.）

如果抛掷一枚公平的硬币 n 次，那么我们将发现这枚硬币几乎必然会正面朝上超过 $0.49n$ 次，但少于 $0.51n$ 次.

此外，我们有时希望用简洁的公式来表达这个概念，只写 "a.s."（表示 "almost surely"），而不是写出 "几乎必然" 这几个字. 如果 $X_1, \cdots, X_n$ 是独立的二元随机变量且均满足 $\mathrm{E}\,X_j = 1/2$，那么刚刚关于 n 次抛掷硬币的陈述可以表述为

$$0.49n < X_1 + \cdots + X_n < 0.51n \ \text{ a.s.}. \tag{46}$$

一般来说，"A_n a.s." 这样的陈述意味着 $\lim_{n\to\infty}\Pr(A_n)=1$；或者等价地说，$\lim_{n\to\infty}\Pr(\overline{A}_n)=0$. 这在渐近意义下几乎必然.

如果 A_n 和 B_n 都是几乎必然的，那么无论这些事件是否独立，组合事件 $C_n = A_n \cap B_n$ 也都是几乎必然的. 原因是，当 $n \to \infty$ 时，$\Pr(\overline{C}_n) = \Pr(\overline{A}_n \cup \overline{B}_n) \leqslant \Pr(\overline{A}_n) + \Pr(\overline{B}_n)$ 趋近于 0.

因此，要证明 (46)，我们只需要证明 $X_1+\cdots+X_n > 0.49n$ 几乎必然发生，以及 $X_1+\cdots+X_n < 0.51n$ 几乎必然发生；换言之，$\Pr(X_1+\cdots+X_n \leqslant 0.49n)$ 和 $\Pr(X_1+\cdots+X_n \geqslant 0.51n)$ 都趋近于 0. 由于正面和反面之间的对称性，这两个概率实际上是相等的，因此我们只需要证明 $p_n = \Pr(X_1+\cdots+X_n \leqslant 0.49n)$ 趋近于 0. 而这并不困难，因为我们从习题 1.2.10–21 中可以得知 $p_n \leqslant \mathrm{e}^{-0.0001n}$.

事实上，我们证明的不止于此：我们已经证明了 p_n 是*超多项式小的*，即

$$p_n \;=\; O(n^{-K}) \qquad \text{对于所有固定的数 } K. \tag{47}$$

当事件 $\overline{A}_n$ 的概率是超多项式小的时，我们说 A_n “确乎必然”发生，并使用缩写“q.s.”（表示“quite surely”）. 换言之，我们证明了

$$0.49n < X_1 + \cdots + X_n < 0.51n \ \text{q.s.}. \tag{48}$$

我们已经看到任意两个几乎必然的事件的组合也是几乎必然的；因此，任意有限个几乎必然的事件的组合也是几乎必然的. 这很好，但确乎必然的事件甚至更好：任意多项式个确乎必然的事件的组合也是确乎必然的. 如果 n^4 个人中的每一个人抛 n 枚硬币，那么他们中的每一个人确乎必然都会得到 $0.49n$ 到 $0.51n$ 个正面朝上的抛掷结果.

（在做出这样的渐近性陈述时，我们忽略了一个不便的事实，即在本例中，该断言失败的界限为 $2n^4\mathrm{e}^{-0.0001n}$，它仅在 n 大于 700 000 左右时才会变得可以忽略不计.）

习题

1. [*M21*] （非传递骰子）假设我们随机独立地投掷各面如下的 3 个非均匀骰子.

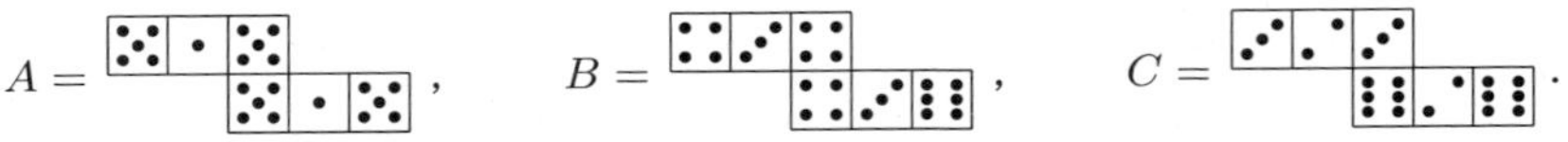

$A =$ ⚄⚀⚄ / ⚄⚀⚄，　$B =$ ⚃⚂⚃ / ⚃⚂⚅，　$C =$ ⚂⚁⚂ / ⚅⚁⚅.

(a) 证明 $\Pr(A>B) = \Pr(B>C) = \Pr(C>A) = 5/9$.

(b) 找出 $\Pr(A>B)$、$\Pr(B>C)$、$\Pr(C>A)$ 均大于 5/9 的骰子.

(c) 考虑斐波那契骰子，它们有 F_m 面，而不是只有 6 面，证明

$$\Pr(A>B) = \Pr(B>C) = F_{m-1}/F_m \quad 且 \quad \Pr(C>A) = F_{m-1}/F_m \pm 1/F_m^2.$$

2. [*M32*] 证明上题是渐近最优的，即 $\min(\Pr(A>B), \Pr(B>C), \Pr(C>A)) < 1/\phi$，无论面数如何.

3. [*22*] （沃比冈湖骰子）继续前面的习题，找到 3 个骰子，使得 $\Pr(A>\frac{1}{3}(A+B+C)) \geqslant \Pr(B>\frac{1}{3}(A+B+C)) \geqslant \Pr(C>\frac{1}{3}(A+B+C)) \geqslant 16/27$. 每个骰子的每一面都应该是 ⚀、⚁、⚂、⚃、⚄ 或 ⚅.

4. [*22*] （非传递宾果游戏）纳诺宾果游戏中的每个玩家都有一张牌，其中包含集合 $S = \{1, 2, 3, 4, 5, 6\}$ 中的 4 个排成两行的数字. 播音员以随机顺序喊出 S 的元素. 牌上横排有两个数字的第一个玩家喊“宾果！”并获胜.（当有多个人同时喊“宾果！”时，他们同时获胜.）比如，考虑以下 4 张牌：

$$A = \begin{array}{|c:c|}\hline 1 & 2 \\ \hline 3 & 5 \\ \hline\end{array}, \qquad B = \begin{array}{|c:c|}\hline 2 & 3 \\ \hline 4 & 6 \\ \hline\end{array}, \qquad C = \begin{array}{|c:c|}\hline 3 & 4 \\ \hline 1 & 5 \\ \hline\end{array}, \qquad D = \begin{array}{|c:c|}\hline 1 & 4 \\ \hline 2 & 6 \\ \hline\end{array}.$$

假设 A 与 B 比赛，播音员喊出“6、2、5、1”，则 A 获胜；序列“1、3、2”会导致平局. 可以证明：$\Pr(A 击败 B) = \frac{336}{720}$，$\Pr(B 击败 A) = \frac{312}{720}$，$\Pr(A 和 B 打成平局) = \frac{72}{720}$. 求当分别有以下数量的玩家使用这些牌时，所有可能结果的概率：(a) 2 个；(b) 3 个；(c) 4 个.

▶ **5.** [*HM22*] （托马斯 · 梅里尔 · 科弗，1989 年）人们普遍认为，较长的游戏有利于实力较强的玩家，因为它们能让玩家充分地一展拳脚.

然而，考虑一个 n 轮游戏，其中爱丽丝的得分为 $A_1 + \cdots + A_n$ 分，鲍勃的得分为 $B_1 + \cdots + B_n$ 分. 这里 $A_1, \cdots, A_n$ 都是独立同分布的随机变量，代表爱丽丝的实力；与之类似，$B_1, \cdots, B_n$ 中的每一个数都独立地代表鲍勃的实力（并且与诸 A 相互独立）. 假设爱丽丝获胜的概率为 P_n.

(a) 证明：$P_1 = 0.99$ 但 $P_{1000} < 0.0001$ 是可能的.

(b) 令 $m_k = 2^{k^3}$，$n_k = 2^{k^2+k}$，$q_k = 2^{-k^2}/D$，其中 $D = 2^{-0} + 2^{-1} + 2^{-4} + 2^{-9} + \cdots \approx 1.56447$. 假设随机变量 A 取值 $(m_0, m_2, m_4, \cdots)$ 的概率为 $(q_0, q_2, q_4, \cdots)$；否则 $A = 0$. 独立地，随机变量 B 取值 $(m_1, m_3, m_5, \cdots)$ 的概率为 $(q_1, q_3, q_5, \cdots)$；否则 $B = 0$. 请计算 $\Pr(A > B)$、$\Pr(A < B)$、$\Pr(A = B)$.

(c) 根据 (b) 中的分布，证明：当 $k \to \infty$ 时，$P_{n_k} \to [k 为偶数]$.

▶ **6.** [*M22*] 考虑随机布尔向量（或称二元向量）$X_1\cdots X_n$，其中 $n\geqslant 2$，且服从以下分布：如果 $x_1+\cdots+x_n=2$，则向量 $x_1\cdots x_n$ 出现的概率为 $1/(n-1)^2$；如果 $x_1+\cdots+x_n=0$，则向量 $x_1\cdots x_n$ 出现的概率为 $(n-2)/(2n-2)$；否则概率为 0. 证明：各分量是两两独立的（当 $i\neq j$ 时，X_i 与 X_j 相互独立）；当 $k>2$ 时，它们不是 k 阶独立的.

求一个联合分布，仅取决于 $\nu x=x_1+\cdots+x_n$，对 $k=2$ 和 $k=3$ 是 k 阶独立的，但对 $k=4$ 不是.

7. [*M30*] （恩斯特 · 舒尔特-吉尔斯，2012 年）拓展习题 6，构造一个基于 νx 的分布，该分布具有 k 阶独立性，但不具有 $(k+1)$ 阶独立性（$k\geqslant 1$）.

▶ **8.** [*M20*] 假设布尔向量 $x_1\cdots x_n$ 出现的概率为 $(2+(-1)^{\nu x})/2^{n+1}$，其中 $\nu x=x_1+\cdots+x_n$. 当 k 是多少时，这个分布是 k 阶独立的?

9. [*M20*] 求布尔向量 $x_1\cdots x_n$ 的分布，使得任意两个分量都是相关的；然而，如果我们知道任何 x_j 的值，则其余分量是 $(n-1)$ 阶独立的. *提示*：答案非常简单，你可能会感觉自己被愚弄了.

▶ **10.** [*M21*] 令 $Y_1,\cdots,Y_m$ 为独立且均匀分布的元素 $\{0,1,\cdots,p-1\}$，其中 p 是素数. 还设 $X_j=(j^m+Y_1j^{m-1}+\cdots+Y_m)\bmod p$，其中 $1\leqslant j\leqslant n$. 当 k 取何值时，X 为 k 阶独立的?

11. [*M20*] 假设 $X_1,\cdots,X_{2n}$ 是具有相同离散分布的独立随机变量，并且 α 是任意实数. 请证明：

$$\Pr\left(\left|\frac{X_1+\cdots+X_{2n}}{2n}-\alpha\right|\ \leqslant\ \left|\frac{X_1+\cdots+X_n}{n}-\alpha\right|\right)\ >\ \frac{1}{2}.$$

12. [*21*] 以下 4 个陈述中哪一个相当于 $\Pr(A\,|\,B)>\Pr(A)$ 的陈述? (i) $\Pr(B\,|\,A)>\Pr(B)$；(ii) $\Pr(A\,|\,B)>\Pr(A\,|\,\bar{B})$；(iii) $\Pr(B\,|\,A)>\Pr(B\,|\,\bar{A})$；(iv) $\Pr(\bar{A}\,|\,\bar{B})>\Pr(\bar{A}\,|\,B)$.

13. [*15*] 判断正误：如果 $\Pr(A\,|\,B)>\Pr(A)$ 且 $\Pr(B\,|\,C)>\Pr(B)$，则 $\Pr(A\,|\,C)>\Pr(A)$.

14. [*10*] （托马斯 · 贝叶斯，1763 年）证明条件概率的“链式法则”：

$$\Pr(A_1\cap\cdots\cap A_n)=\Pr(A_1)\Pr(A_2\,|\,A_1)\cdots\Pr(A_n\mid A_1\cap\cdots\cap A_{n-1}).$$

15. [*12*] 判断正误：$\Pr(A\mid B\cap C)\Pr(B\,|\,C)=\Pr(A\cap B\mid C)$.

16. [*M15*] 什么情况下有 $\Pr(A\,|\,B)=\Pr(A\cup C\mid B)$?

▶ **17.** [*15*] 在正文的纸牌示例中，计算条件概率 $\Pr(T$ 是一张 A $|\ B=$ Q♠$)$，其中 T 和 B 分别表示顶部和底部的牌.

18. [*20*] 令 M 和 m 分别表示随机变量 X 的最大值和最小值. 证明：$\operatorname{var}X\leqslant(M-\operatorname{E}X)(\operatorname{E}X-m)$.

▶ **19.** [*HM28*] 令 X 为随机非负整数，且满足 $\Pr(X=x)=1/2^{x+1}$. 假设 $X=(\cdots X_2X_1X_0)_2$ 和 $X+1=(\cdots Y_2Y_1Y_0)_2$ 采用二进制表示.

(a) $\operatorname{E}X_n$ 是多少? *提示*：用二进制表示这个数.
(b) 证明：随机变量 $\{X_0,X_1,\cdots,X_{n-1}\}$ 是独立的.
(c) 求 $S=X_0+X_1+X_2+\cdots$ 的均值和方差.
(d) 求 $R=X_0\oplus X_1\oplus X_2\oplus\cdots$ 的均值和方差.
(e) 设 $\pi=(11.p_0p_1p_2\cdots)_2$. 对于所有 $n\geqslant 0$，$X_n=p_n$ 的概率是多少?
(f) $\operatorname{E}Y_n$ 是多少? 证明：Y_0 和 Y_1 不是独立的.
(g) 求 $T=Y_0+Y_1+Y_2+\cdots$ 的均值和方差.

20. [*M18*] 令 $X_1,\cdots,X_k$ 是二元随机变量. 对于所有 $J\subseteq\{1,\cdots,k\}$，有 $\operatorname{E}(\prod_{j\in J}X_j)=\prod_{j\in J}\operatorname{E}X_j$. 证明：$X$ 是独立的.

21. [*M20*] 找到一个尽可能小的示例，其中随机变量 X 和 Y 满足 $\operatorname{covar}(X,Y)=0$，也就是 $\operatorname{E}XY=(\operatorname{E}X)(\operatorname{E}Y)$，尽管它们不是独立的.

▶ **22.** [*M20*] 使用等式 (8) 来证明“联合不等式”：

$$\Pr(A_1\cup\cdots\cup A_n)\ \leqslant\ \Pr(A_1)+\cdots+\Pr(A_n).$$

▶ **23.** [*M21*] 如果每个 X_k 都是一个独立的二元随机变量，且满足 $\mathrm{E}\,X_k = p$，那么累积二项分布 $B_{m,n}(p)$ 是指随机变量 $X_1 + \cdots + X_n \leqslant m$ 的概率. 因此容易看出 $B_{m,n}(p) = \sum_{k=0}^{m}\binom{n}{k}p^k(1-p)^{n-k}$.

证明：$B_{m,n}(p)$ 也等于 $\sum_{k=0}^{m}\binom{n-m-1+k}{k}p^k(1-p)^{n-m}$，其中 $0 \leqslant m \leqslant n$. 提示：考虑随机变量 J_1, J_2, $\cdots$，以及 T，其定义规则是，$X_j = 0$，当且仅当 j 取 T 值集合 $\{J_1, J_2, \cdots, J_T\}$ 之一，其中 $1 \leqslant J_1 < J_2 < \cdots < J_T \leqslant n$. 那么 $\Pr(T \geqslant r$ 且 $J_r = s)$ 是多少?

▶ **24.** [*HM28*] 累积二项分布还具有许多其他性质.

(a) 证明：$B_{m,n}(p) = (n-m)\binom{n}{m}\int_p^1 x^m(1-x)^{n-1-m}\mathrm{d}x$，其中 $0 \leqslant m < n$.

(b) 使用该公式来证明 $B_{m,n}(m/n) > \frac{1}{2}$，其中 $0 \leqslant m < n/2$. 提示：证明 $\int_0^{m/n} x^m(1-x)^{n-1-m}\mathrm{d}x < \int_{m/n}^1 x^m(1-x)^{n-1-m}\mathrm{d}x$.

(c) 此外，证明：当 $n/2 \leqslant m \leqslant n$ 时，$B_{m,n}(m/n) > \frac{1}{2}$.（因此，当 $p = m/n$ 且 m 为整数时，m 是 $X_1 + \cdots + X_n$ 的中位数.）

25. [*M25*] 假设 X_1, X_2, $\cdots$ 是独立的随机二元变量，均值 $\mathrm{E}\,X_k = p_k$. 令 $\left(\!\binom{n}{k}\!\right)$ 是 $X_1 + \cdots + X_n = k$ 的概率，因此 $\left(\!\binom{n}{k}\!\right) = p_n\left(\!\binom{n-1}{k-1}\!\right) + q_n\left(\!\binom{n-1}{k}\!\right) = [z^k]\,(q_1 + p_1 z)\cdots(q_n + p_n z)$，其中 $q_k = 1 - p_k$.

(a) 证明：若 $p_j \leqslant (k+1)/(n+1)$，其中 $1 \leqslant j \leqslant n$，则 $\left(\!\binom{n}{k}\!\right) \geqslant \left(\!\binom{n}{k+1}\!\right)$.

(b) 进一步证明：若 $p_j \leqslant p \leqslant k/n$，其中 $1 \leqslant j \leqslant n$，则 $\left(\!\binom{n}{k}\!\right) \leqslant \binom{n}{k}p^k q^{n-k}$.

26. [*M27*] 继续习题 25，证明：$\left(\!\binom{n}{k}\!\right)^2 \geqslant \left(\!\binom{n}{k-1}\!\right)\left(\!\binom{n}{k+1}\!\right)(1+\frac{1}{k})(1+\frac{1}{n-k})$，其中 $0 < k < n$. 提示：考虑 $r_{n,k} = \left(\!\binom{n}{k}\!\right)/\binom{n}{k}$.

27. [*M22*] 求广义累积二项分布的表达式 $\sum_{k=0}^{m}\left(\!\binom{n}{k}\!\right)$，这个表达式类似于习题 23 中的另一种公式.

28. [*HM28*] （瓦西里 · 霍夫丁，1956 年）在习题 25 中，令 $X = X_1 + \cdots + X_n$，$p_1 + \cdots + p_n = np$. 假设对于某个函数 g 有 $\mathrm{E}\,g(X) = \sum_{k=0}^{n} g(k)\left(\!\binom{n}{k}\!\right)$.

(a) 如果 g 在区间 $[0\,.\,.\,n]$ 内是凸函数，证明：$\mathrm{E}\,g(X) \leqslant \sum_{k=0}^{n} g(k)\binom{n}{k}p^k(1-p)^{n-k}$.

(b) 如果 g 不是凸函数，证明：在所有选择的 $\{p_1, \cdots, p_n\}$ 中，其中 $p_1 + \cdots + p_n = np$，$\mathrm{E}\,g(X)$ 的最大值总是可以通过一组概率来实现，其中最多有 3 个不同的值 $\{0, a, 1\}$ 出现在 p_j 中.

(c) 进一步证明：对于 $p_1 + \cdots + p_n = np \geqslant m + 1$，总有 $\sum_{k=0}^{m}\left(\!\binom{n}{k}\!\right) \leqslant B_{m,n}(p)$.

29. [*HM29*] （斯蒂芬 · 米切尔 · 塞缪尔斯，1965 年）继续习题 28，证明：对于 $np \leqslant m + 1$，总有 $B_{m,n}(p) \geqslant \bigl((1-p)(m+1)/((1-p)m+1)\bigr)^{n-m}$.

30. [*HM34*] 设 X_1, $\cdots$, X_n 为独立随机变量，其值为非负整数，其中对于所有 k 有 $\mathrm{E}X_k = 1$，并令 $p = \Pr(X_1 + \cdots + X_n \leqslant n)$.

(a) 如果每个 X_k 只取值 0 和 $n+1$，那么 p 的值是多少?

(b) 证明：在任何使 p 最小化的分布集合中，每个 X_k 只取两个整数值，即 0 和 m_k，其中 $1 \leqslant m_k \leqslant n + 1$.

(c) 进一步证明：如果每个 X_k 具有相同的二值分布，则我们有 $p > 1/\mathrm{e}$.

▶ **31.** [*M20*] 假设 A_1, $\cdots$, A_n 是随机事件. 对于每个子集 $I \subseteq \{1, \cdots, n\}$，对于 $i \in I$ 中的每个 A_i 同时发生的概率 $\Pr(\bigcap_{i\in I} A_i)$ 是 π_I. 这里的 π_I 是一个满足 $0 \leqslant \pi_I \leqslant 1$ 且 $\pi_\varnothing = 1$ 的数. 证明：任何布尔函数 f 的任何事件组合的概率 $\Pr(f([A_1], \cdots, [A_n]))$，都可以通过展开 f 的多线性可靠性多项式 $f([A_1], \cdots, [A_n])$ 并用 π_I 替换每一项 $\prod_{i\in I}[A_i]$ 来计算. 比如，$x_1 \oplus x_2 \oplus x_3$ 的可靠性多项式是 $x_1 + x_2 + x_3 - 2x_1x_2 - 2x_1x_3 - 2x_2x_3 + 4x_1x_2x_3$. 因此，$\Pr([A_1] \oplus [A_2] \oplus [A_3]) = \pi_1 + \pi_2 + \pi_3 - 2\pi_{12} - 2\pi_{13} - 2\pi_{23} + 4\pi_{123}$.（这里的“$\pi_{12}$”表示 $\pi_{\{1,2\}}$，以此类推.）

32. [*M21*] 在上题中，并不是所有的数值集合 π_I 都可以在实际概率分布中出现. 如果 $I \subseteq J$，那么我们必须有 $\pi_I \geqslant \pi_J$. π_I 的 2^n 个值合法的充要条件是什么?

33. [*M20*] 假设 X 和 Y 是二元随机变量，其联合分布由概率生成函数 $G(w, z) = \mathrm{E}(w^X z^Y) = pw + qz + rwz$ 定义，其中 $p, q, r > 0$ 且 $p + q + r = 1$. 使用正文中的定义计算条件期望 $\mathrm{E}(X\,|\,Y)$ 的概率生成函数 $\mathrm{E}(z^{\mathrm{E}(X|Y)})$.

34. [*M17*] 使用定义 (7) 和定义 (13)，写出方程 (12) 的代数证明.

▶ **35.** [*M22*] 判断正误：(a) $\mathrm{E}(\mathrm{E}(X\,|\,Y)\,|\,Y)=\mathrm{E}(X\,|\,Y)$；(b) $\mathrm{E}(\mathrm{E}(X\,|\,Y)\,|\,Z)=\mathrm{E}(X\,|\,Z)$.

36. [*M21*] 简化公式：(a) $\mathrm{E}(f(X)\,|\,X)$；(b) $\mathrm{E}(f(Y)\,\mathrm{E}(g(X)\,|\,Y))$.

▶ **37.** [*M20*] 假设 $X_1\cdots X_n$ 是 $\{1,\cdots,n\}$ 的随机排列，每个排列以 $1/n!$ 的概率发生. $\mathrm{E}(X_k\,|\,X_1,\cdots,X_{k-1})$ 是多少?

38. [*M26*] 假设 $X_1\cdots X_n$ 是长度为 n 的随机受限增长串，每个字符的概率都是 $1/\varpi_n$（见 7.2.1.5 节）. 那么 $\mathrm{E}(X_k\,|\,X_1,\cdots,X_{k-1})$ 是多少?

▶ **39.** [*HM21*] 一只母鸡下了 N 个蛋，其中 $\Pr(N=n)=\mathrm{e}^{-\mu}\mu^n/n!$ 服从泊松分布. 每个蛋以概率 p 孵化，且相互独立. 令 K 为小鸡的最终数量. 用 N、K、μ 和 p 表示 (a) $\mathrm{E}(K\,|\,N)$；(b) $\mathrm{E}\,K$；(c) $\mathrm{E}(N\,|\,K)$.

40. [*M16*] 假设 X 是一个随机变量，且满足 $X\leqslant M$. 令 m 是小于 M 的任意值. 证明：$\Pr(X>m)\geqslant(\mathrm{E}\,X-m)/(M-m)$.

41. [*HM21*] 以下哪些函数在所有实数 x 的集合中是凸函数? (a) $|x|^a$，其中 a 是常数；(b) $\sum_{k\geqslant n}x^k/k!$，其中 $n\geqslant 0$ 是整数；(c) $\mathrm{e}^{\mathrm{e}^{|x|}}$；(d) $f(x)[x\in I]+\infty[x\notin I]$，其中 f 在区间 I 内是凸函数.

42. [*HM21*] 证明詹生不等式 (20).

▶ **43.** [*M18*] 使用 (12) 和 (20) 来佐证 (20)：如果 f 在区间 I 内是凸函数，并且随机变量 X 在 I 中取值，那么 $f(\mathrm{E}\,X)\leqslant\mathrm{E}(f(\mathrm{E}(X\,|\,Y)))\leqslant\mathrm{E}\,f(X)$.

▶ **44.** [*M25*] 如果 f 在实轴上是凸函数，且 $\mathrm{E}\,X=0$，证明：当 $0\leqslant a\leqslant b$ 时，总有 $\mathrm{E}\,f(aX)\leqslant\mathrm{E}\,f(bX)$.

45. [*M18*] 从马尔可夫不等式 (15) 推导出一阶矩原理 (21).

46. [*M15*] 解释在 (23) 中为什么有 $\mathrm{E}(X^2\,|\,X>0)\geqslant(\mathrm{E}(X\,|\,X>0))^2$.

47. [*M15*] 假设 X 是随机变量且 $Y=\max(0,X)$，证明：$\mathrm{E}\,Y\geqslant\mathrm{E}\,X$ 且 $\mathrm{E}\,Y^2\leqslant\mathrm{E}\,X^2$.

▶ **48.** [*M20*] 假设 $X_1,\cdots,X_n$ 是独立随机变量，对于 $1\leqslant k\leqslant n$，满足 $\mathrm{E}\,X_k=0$ 和 $\mathrm{E}\,X_k^2=\sigma_k^2$. 切比雪夫不等式告诉我们 $\Pr(|X_1+\cdots+X_n|\geqslant a)\leqslant(\sigma_1^2+\cdots+\sigma_n^2)/a^2$. 请证明：如果 $a\geqslant 0$，那么二阶矩原理给出了更好的单边估计，即 $\Pr(X_1+\cdots+X_n\geqslant a)\leqslant(\sigma_1^2+\cdots+\sigma_n^2)/(a^2+\sigma_1^2+\cdots+\sigma_n^2)$.

49. [*M20*] 假设 X 是非负随机变量，证明：$\Pr(X=0)\leqslant(\mathrm{E}\,X^2)/(\mathrm{E}\,X)^2-1$.

▶ **50.** [*M27*] 设 $X=X_1+\cdots+X_m$ 为二元随机变量之和，其中 $\mathrm{E}\,X_j=p_j$. 令 J 独立于 X，并且在 $\{1,\cdots,m\}$ 中均匀分布.

(a) 证明：$\Pr(X>0)=\sum_{j=1}^m\mathrm{E}(X_j/X\mid X_j>0)\cdot\Pr(X_j>0)$.

(b) 因此 (24) 成立. *提示*：使用詹生不等式，其中 $f(x)=1/x$.

(c) $\Pr(X_J=1)$ 和 $\Pr(J=j\mid X_J=1)$ 是多少?

(d) 令 $t_j=\mathrm{E}(X\,|\,J=j$ 且 $X_J=1)$，证明 $\mathrm{E}\,X^2=\sum_{j=1}^m p_jt_j$.

(e) 詹生不等式现在意味着 (24) 的右端大于或等于 $(\mathrm{E}\,X)^2/(\mathrm{E}\,X^2)$.

▶ **51.** [*M21*] 展示如何使用条件期望不等式 (24) 来获得可靠性多项式值的上界，并将你的方法应用于 (25) 中的情况.

52. [*M21*] 当 $p_1=\cdots=p_n=p$ 时，不等式 (24) 为对称函数 $S_{\geqslant k}(x_1,\cdots,x_n)$ 的可靠性多项式提供了什么下界?

53. [*M20*] 使用 (24) 来获得非单调布尔函数 $f(x_1,\cdots,x_6)=x_1x_2\bar{x}_3\vee x_2x_3\bar{x}_4\vee\cdots\vee x_5x_6\bar{x}_1\vee x_6x_1\bar{x}_2$ 的可靠性多项式的下界.

▶ **54.** [*M22*] 假设在由顶点 $\{1,\cdots,n\}$ 构成的随机图中，每条边以概率 p 存在，且与其他每条边都独立. 如果 u、v、w 是不同的顶点，那么令 X_{uvw} 是一个二元随机变量（$\{u,v,w\}$ 构成一个三团）；因此 $X_{uvw}=[u\!-\!\!-v]\,[u\!-\!\!-w]\,[v\!-\!\!-w]$，$\mathrm{E}\,X_{uvw}=p^3$. 令 $X=\sum_{1\leqslant u<v<w\leqslant n}X_{uvw}$ 表示图中的总三团数量. 使用以下事实来推导图包含至少一个三团的概率的界限：(a) 一阶矩原理；(b) 二阶矩原理.

55. [*23*] 计算上题中 $n=10$ 时的上界和下界，并和 (a) $p=1/2$ 及 (b) $p=1/10$ 时的真实概率比较.

56. [*HM20*] 计算习题 54 中 $p=\lambda/n$ 且 $n\to\infty$ 时上界和下界的渐近值.

▸ **57.** [*M21*] 通过使用条件期望不等式 (24) 而不是二阶矩原理 (22) 获得习题 54(b) 中的概率下界.

58. [*M22*] 拓展习题 54，当每条边具有概率 p 时，找到 n 个顶点上的随机图具有 k-团的概率界限.

▸ **59.** [*HM30*] （四函数定理）本习题要证明一个适用于 4 个非负数列 $\langle a_n\rangle$、$\langle b_n\rangle$、$\langle c_n\rangle$、$\langle d_n\rangle$ 的不等式：

$$a_j b_k \leqslant c_{j|k}\, d_{j\&k}\ (\text{其中 } 0\leqslant j,k<\infty) \quad \text{蕴涵} \quad \sum_{j=0}^{\infty}\sum_{k=0}^{\infty} a_j b_k \leqslant \sum_{j=0}^{\infty}\sum_{k=0}^{\infty} c_j d_k. \qquad (*)$$

（如果它们不收敛，则总和将为无穷大.）尽管这个不等式乍一看可能只有少数深奥公式爱好者感兴趣，但我们会看到，它具有广泛且重要的应用.

(a) 证明 $j\geqslant 2$ 时 $a_j=b_j=c_j=d_j=0$ 的特殊情况，即

$$a_0b_0\leqslant c_0d_0,\quad a_0b_1\leqslant c_1d_0,\quad a_1b_0\leqslant c_1d_0,\quad a_1b_1\leqslant c_1d_1$$
$$\text{蕴涵}\quad (a_0+a_1)(b_0+b_1)\leqslant (c_0+c_1)(d_0+d_1).$$

等式可以在前 4 个关系中成立，但在最后一个关系中不成立吗？等式可以在最后一个关系中成立，但在前 4 个关系中不成立吗？

(b) 给定 $n>0$，假设对所有 $j\geqslant 2^n$ 有 $a_j=b_j=c_j=d_j=0$. 使用这个结果证明 $(*)$ 成立.

(c) 证明 $(*)$ 在一般情况下成立.

▸ **60.** [*M21*] $\mathcal{F}$ 是一个集族，α 是一个将集合映射到实数的函数. 令 $\alpha(\mathcal{F})=\sum_{S\in\mathcal{F}}\alpha(S)$. 假设 $\mathcal{F}$ 和 $\mathcal{G}$ 是有限集族. 非负集合函数 α、β、γ、δ 具有以下性质：

$$\text{对于所有 } S\in\mathcal{F} \text{ 和 } T\in\mathcal{G} \text{ 有 } \alpha(S)\beta(T)\ \leqslant\ \gamma(S\cup T)\,\delta(S\cap T).$$

(a) 使用习题 59 证明 $\alpha(\mathcal{F})\beta(\mathcal{G})\leqslant\gamma(\mathcal{F}\sqcup\mathcal{G})\delta(\mathcal{F}\sqcap\mathcal{G})$.

(b) 证明：对于所有的集族 $\mathcal{F}$ 和 $\mathcal{G}$，都有 $|\mathcal{F}||\mathcal{G}|\leqslant|\mathcal{F}\sqcup\mathcal{G}||\mathcal{F}\sqcap\mathcal{G}|$.

▸ **61.** [*M28*] 考虑随机集合. 假设集合 S 以概率 $\mu(S)$ 发生，其中

$$\mu(S)\geqslant 0 \ \text{ 和 } \ \mu(S)\mu(T)\leqslant\mu(S\cup T)\mu(S\cap T) \ \text{ 对于所有的集合 } S \text{ 和 } T \text{ 都成立}. \qquad (**)$$

还假设 $U=\bigcup_{\mu(S)>0}S$ 是一个有限集.

(a) 证明 FKG 不等式（以科内利斯 · 马里于斯 · 福泰因、彼得 · 威廉 · 卡斯特莱恩和让 · 吉尼布尔命名）：如果 f 和 g 是实值集合函数，则

$$\text{对于所有 } S\subseteq T \text{ 有 } f(S)\leqslant f(T) \text{ 且 } g(S)\leqslant g(T) \quad \text{蕴涵} \quad \mathrm{E}(fg)\geqslant(\mathrm{E}\,f)(\mathrm{E}\,g).$$

和往常一样，$\mathrm{E}\,f$ 代表 $\sum_S\mu(S)f(S)$. 结论也可以用 (9) 的表示法写成"$\mathrm{covar}(f,g)\geqslant 0$". 当这个条件成立时，我们说 f 和 g 是"正相关"的（更准确的说法是"非负相关"，因为 f 和 g 实际上可能是独立的）. 提示：先在 f 和 g 都是非负的特殊情况下证明这个结果.

(b) 此外，证明：

$$\text{对于所有 } S\subseteq T \text{ 有 } f(S)\geqslant f(T) \text{ 且 } g(S)\geqslant g(T) \quad \text{蕴涵} \quad \mathrm{E}(fg)\geqslant(\mathrm{E}\,f)(\mathrm{E}\,g);$$
$$\text{对于所有 } S\subseteq T \text{ 有 } f(S)\leqslant f(T) \text{ 且 } g(S)\geqslant g(T) \quad \text{蕴涵} \quad \mathrm{E}(fg)\leqslant(\mathrm{E}\,f)(\mathrm{E}\,g).$$

(c) 如果已知 $(**)$ 对于足够多的"相邻"集合对成立，则无须针对所有集合验证条件 $(**)$. 给定 μ，如果 $\mu(S)\neq 0$，则我们说集合 S 是*受支持的*. 只要满足以下 3 个条件，证明 $(**)$ 对于所有 S 和 T 都成立：(i) 如果 S 和 T 都是受支持的，则 $S\cup T$ 和 $S\cap T$ 也是受支持的；(ii) 如果 S 和 T 都是受支持的，并且 $S\subseteq T$，则 $T\setminus S$ 中的元素可以被标记为 $t_1,\cdots,t_k$，以便每个中间集合 $S\cup\{t_1,\cdots,t_j\}$ 对于 $1\leqslant j\leqslant k$ 都是受支持的；(iii) 每当 $S=R\cup s$、$T=R\cup t$ 且 $s,t\notin R$ 时，条件 $(**)$ 都成立.

(d) 给定 $0 \leqslant p_1, \cdots, p_m \leqslant 1$，$\{1, \cdots, m\}$ 子集上的多元伯努利分布 $B(p_1, \cdots, p_m)$ 为

$$\mu(S) = \Big(\prod_{j=1}^{m} p_j^{[j\in S]}\Big)\Big(\prod_{j=1}^{m} (1-p_j)^{[j\notin S]}\Big).$$

（因此每个元素 j 都以概率 p_j 独立包含在内，如习题 25 所示.）证明该分布满足 $(**)$.

(e) 描述使得 $(**)$ 成立的其他简单分布.

▶ **62.** [*M20*] 假设在有 n 个顶点的随机图 G 上选择了 $m = \binom{n}{2}$ 条边 E，其服从伯努利分布 $B(p_1, \cdots, p_m)$. 令 $f(E) = [G$ 为连通图$]$ 且 $g(E) = [G$ 为四色可着$]$. 证明 f 与 g 负相关.

63. [*M17*] 假设 Z_0 和 Z_1 是三元随机变量，且对于 $0 \leqslant a, b \leqslant 2$ 有 $\Pr(Z_0 = a$ 且 $Z_1 = b) = p_{ab}$，其中 $p_{00} + p_{01} + \cdots + p_{22} = 1$. 当 $\mathrm{E}(Z_1 \,|\, Z_0) = Z_0$ 时，关于这 9 个概率 p_{ab}，你可以说些什么?

▶ **64.** [*M22*] (a) 如果对于所有 $n \geqslant 0$ 有 $\mathrm{E}(Z_{n+1} \,|\, Z_n) = Z_n$，那么 $\langle Z_n \rangle$ 是鞅吗? (b) 如果 $\langle Z_n \rangle$ 是鞅，那么对于所有 $n \geqslant 0$ 有 $\mathrm{E}(Z_{n+1} \,|\, Z_n) = Z_n$ 吗?

65. [*M21*] 假设 $\langle Z_n \rangle$ 是任意鞅，证明任何子序列 $\langle Z_{m(n)} \rangle$ 也是鞅，其中非负整数序列 $\langle m(n) \rangle$ 满足 $m(0) < m(1) < m(2) < \cdots$.

▶ **66.** [*M22*] 寻找所有鞅 $Z_0, Z_1, \cdots$，其中每个随机变量 Z_n 只取值 $\pm n$.

67. [*M20*] 埃尔 · 多拉多的公平银行拥有一台货币机器，如果你投入 k 美元，有 1/2 的概率得到 $2k$ 美元回报，有 1/2 的概率什么也得不到. 因此，你要么赚取 k 美元，要么损失 k 美元，预期利润是 0 美元.（当然，所有这些交易都是通过电子方式完成的.）

(a) 考虑以下方案：首先投入 1 美元，如果失败，再投入 2 美元，如果仍然失败，继续投入 4 美元，然后是 8 美元，以此类推. 如果你在投入 2^n 美元后首次获胜，那么停止（并拿走 2^{n+1} 美元）. 最后你的预期净利润是多少?

(b) 继续 (a)，你预计投入机器的总金额是多少?

(c) 如果 Z_n 是你在 n 次尝试后的净利润，请证明 $\langle Z_n \rangle$ 是一个鞅.

68. [*HM23*] 当乔纳森 · 奎克（一名学生）访问埃尔 · 多拉多的公平银行时，他决定每次投入 1 美元，并在首次领先时停止.（他不急，也充分了解习题 67 中高赌注策略的危险性.）

(a) 这种更为保守的策略对应的鞅 $\langle Z_n \rangle$ 是什么?

(b) 令 N 为奎克在停止之前下注的次数. $N = n$ 的概率是多少?

(c) $N \geqslant n$ 的概率是多少?

(d) $\mathrm{E}\, N$ 是多少?

(e) $\min(Z_0, Z_1, \cdots) = -m$ 的概率是多少?（可能的“破产”情况.）

(f) 给定 $m \geqslant 0$，使得 $Z_n = -m$ 的下标 n 的期望值是多少?

69. [*M20*] 1.2.5 节讨论了从 $\{1, \cdots, n-1\}$ 的排列到 $\{1, \cdots, n\}$ 的排列的两种基本方法：“方法 1”将 n 插入到先前元素的所有可能位置中；“方法 2”将 1 到 n 中的一个数 k 放在最后的位置，并将大于或等于 k 的每个先前元素加 1.

试证明：使用任一方法，并使用遵循波利亚瓮模型概率假设的规则，可以将每个排列与图 P 中的一个结点相关联.

70. [*M25*] 推广波利亚瓮模型，从 c 个不同颜色的球开始，是否存在一个推广图 P 的鞅?

71. [*M21*] （乔治 · 波利亚）在图 P 中，给定 r、r'、b、b'，其中 $r' \geqslant r$ 且 $b' \geqslant b$，从结点 (r, b) 到结点 (r', b') 的概率是多少?

72. [*M23*] 设 X_n 为波利亚瓮的红球指示器，如正文所述. 当 $0 < n_1 < n_2 < \cdots < n_m$ 时，$\mathrm{E}(X_{n_1} X_{n_2} \cdots X_{n_m})$ 是多少?

73. [*M24*] 在波利亚瓮模型中，图 P 中的结点 $(r, n+2-r)$ 上的比率 $Z_n = r/(n+2)$ 不是唯一可定义的鞅. 比如，$r[n = r-1]$ 也是一个鞅，$r\binom{n+1}{r}/2^n$ 也是.

找到该模型最一般的鞅 $\langle Z_n\rangle$：给定任意序列 $a_0, a_1, \cdots$，证明恰好有一个合适的函数 $Z_n = f(r,n)$ 使得 $f(1,k) = a_k$.

74. [*M20*] （伯纳德·弗里德曼的瓮）与图 P 中投放相同颜色的球不同，假设我们使用相反的颜色. 那么这个过程会变成：

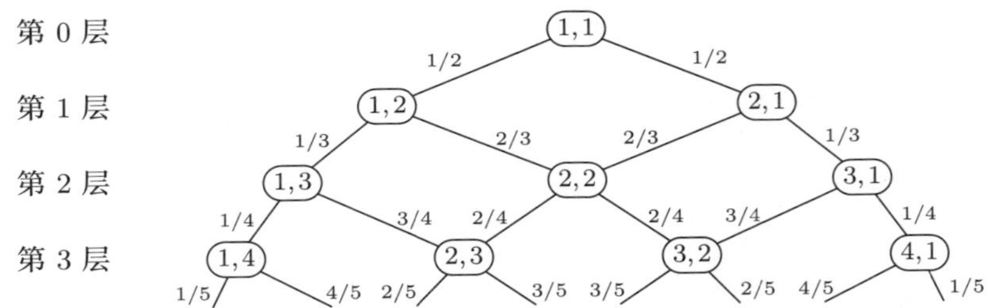

并且到达每个结点的概率变得非常不同. 这些概率分别是多少?

75. [*M25*] 为伯纳德 · 弗里德曼的瓮找到一个有趣的鞅.

76. [*M20*] 如果 $\langle Z_n\rangle$ 和 $\langle Z'_n\rangle$ 都是鞅，那么 $\langle Z_n + Z'_n\rangle$ 是鞅吗?

77. [*M21*] 证明或证伪：如果 $\langle Z_n\rangle$ 是相对于 $\langle X_n\rangle$ 的鞅，那么 $\langle Z_n\rangle$ 也是相对于自身的鞅（也就是说，$\langle Z_n\rangle$ 是鞅）.

78. [*M20*] 如果 $\mathrm{E}(V_{n+1}\,|\,V_0,\cdots,V_n) = 1$ 成立，则我们称随机变量序列 $\langle V_n\rangle$ 为“乘法公平”的序列. 证明在这种情况下，$Z_n = V_0V_1\cdots V_n$ 是一个鞅. 反之，是否每个鞅都导致一个乘法公平的序列?

79. [*M20*] （棣莫弗鞅）假设 $X_1, X_2, \cdots$ 是一系列独立的硬币投掷结果. 对于每个 n 有 $\Pr([$在第 n 次投掷中出现“正面”$]) = \Pr(X_n = 1) = p$. 证明 $Z_n = (q/p)^{2(X_1+\cdots+X_n)-n}$ 定义了一个鞅，其中 $q = 1-p$.

80. [*M20*] 对于每个公平的序列 $\langle Y_n\rangle$，试判断以下陈述的真假：(a) $\mathrm{E}(Y_3^2Y_5) = 0$；(b) $\mathrm{E}(Y_3Y_5^2) = 0$；(c) 若 $n_1 < n_2 < \cdots < n_m$，则 $\mathrm{E}(Y_{n_1}Y_{n_2}\cdots Y_{n_m}) = 0$.

81. [*M21*] 假设对于 $n \geqslant 0$ 有 $\mathrm{E}(X_{n+1}\,|\,X_0,\cdots,X_n) = X_n + X_{n-1}$，其中 $X_{-1} = 0$. 寻找系数序列 a_n 和 b_n，使得 $Z_n = a_nX_n + b_nX_{n-1}$ 成为一个鞅，其中 $Z_0 = X_0$ 且 $Z_1 = 2X_0 - X_1$.（我们称之为“斐波那契鞅”.）

▶ **82.** [*M20*] 在 Ace Now 游戏中，定义 $X_n = [$ 第 n 张牌是 A$]$，其中 $X_0 = 0$.

(a) 证明：$Z_n = (4 - X_1 - \cdots - X_n)/(52-n)$ 满足 (28)，其中 $0 \leqslant n < 52$.

(b) 因此，不论采用何种停止规则，我们都有 $\mathrm{E}\,Z_N = 1/13$.

(c) 因此，所有策略都同样好（或同样坏）. 你平均赢得 0 美元.

▶ **83.** [*HM22*] 给定一个独立非负随机变量序列 $\langle X_n\rangle$，令 $S_n = X_1 + \cdots + X_n$. 如果 $N_n(x_0,\cdots,x_{n-1})$ 是任意停止规则，并且 N 由 (31) 定义，请证明 $\mathrm{E}\,S_N = \mathrm{E}\sum_{k=1}^{N}\mathrm{E}\,X_k$.（特别是，如果对于所有 $n > 0$ 都有 $\mathrm{E}\,X_n = \mathrm{E}\,X_1$，那么我们就得到“瓦尔德方程”. 它表明 $\mathrm{E}\,S_N = (\mathrm{E}\,N)(\mathrm{E}\,X_1)$.）

84. [*HM21*] 假设 $f(x)$ 是 $a \leqslant x \leqslant b$ 范围内的凸函数，$\langle Z_n\rangle$ 是一个鞅，且对于所有 $n \geqslant 0$ 都有 $a \leqslant Z_n \leqslant b$.（可能有 $a = -\infty$ 和/或 $b = +\infty$.）

(a) 证明 $\langle f(Z_n)\rangle$ 是一个下鞅.

(b) 如果序列 $\langle Z_n\rangle$ 仅假定为下鞅，那么我们可以得到什么结论呢?

85. [*M20*] 假设在波利亚瓮（图 P）的第 n 层有 R_n 个红球和 B_n 个黑球，请证明序列 $\langle R_n/B_n\rangle$ 是一个下鞅.

▶ **86.** [*M22*] 通过构造适当的停止规则 $N_{n+1}(Z_0,\cdots,Z_n)$ 来证明 (33).

87. [*M18*] 极大不等式 (33) 对波利亚瓮在某一时刻保持红球数量是黑球数量的 3 倍的机会有什么启示?

▶ **88.** [*HM30*] 在图 P 中，令 $S = \sup Z_n$ 是 Z_n 当 $n \to \infty$ 时的最小上界.

(a) 证明：$\Pr(S > 1/2) = \ln 2 \approx 0.693$.

(b) 证明：$\Pr(S > 2/3) = \ln 3 - \pi/\sqrt{27} \approx 0.494$.

(c) 对于所有 $t \geqslant 2$，将证明结果拓展到 $\Pr(S > (t-1)/t)$. 提示：参见习题 7.2.1.6–36.

89. [*M17*] 令 $(X_1, \cdots, X_n)$ 为服从伯努利分布 $B(p_1, \cdots, p_n)$ 的随机变量，假设 c_1, $\cdots$, c_n 非负. 请用 (37) 证明：$\Pr(c_1X_1 + \cdots + c_nX_n \geqslant c_1p_1 + \cdots + c_np_n + x) \leqslant \mathrm{e}^{-2x^2/(c_1^2+\cdots+c_n^2)}$.

90. [*HM25*] 霍夫丁-吾妻一兴不等式 (37) 可以通过以下方式推导出来.

(a) 首先证明：对于所有 $t > 0$ 都有 $\Pr(Y_1 + \cdots + Y_n \geqslant x) \leqslant \mathrm{E}(\mathrm{e}^{(Y_1+\cdots+Y_n)t})/\mathrm{e}^{tx}$.

(b) 给定 $0 \leqslant p \leqslant 1$ 且 $q = 1 - p$，证明：当 $-p \leqslant y \leqslant q$ 且 $t > 0$ 时有 $\mathrm{e}^{yt} \leqslant \mathrm{e}^{f(t)} + y\mathrm{e}^{g(t)}$，其中 $f(t) = -pt + \ln(q + p\mathrm{e}^t)$ 且 $g(t) = -pt + \ln(\mathrm{e}^t - 1)$.

(c) 证明：$f(t) \leqslant t^2/8$. 提示：使用泰勒公式，即 1.2.11.3–(5).

(d) 因此，对于某个函数 $h(t)$，$a \leqslant Y \leqslant b$ 蕴涵 $\mathrm{e}^{Yt} \leqslant \mathrm{e}^{(b-a)^2t^2/8} + Yh(t)$.

(e) 令 $c = (c_1^2 + \cdots + c_n^2)/2$，其中 $c_k = b_k - a_k$. 证明：$\mathrm{E}(\mathrm{e}^{(Y_1+\cdots+Y_n)t}) \leqslant \mathrm{e}^{ct^2/4}$.

(f) 通过选择 t 的最佳值来得到 (37).

91. [*M20*] 证明杜布的一般公式 (39) 总是定义鞅.

▶ **92.** [*M20*] 当 $Q = X_m$（其中 $m > 0$ 且为固定值）时，$\langle Q_n \rangle$ 是与波利亚瓮模型 (27) 对应的杜布鞅. 计算 Q_0、Q_1、Q_2 等.

93. [*M20*] 在考虑到更一般的模型的情况下，解决正文中的哈希问题. 这个模型与装箱问题类似：对于 $1 \leqslant n \leqslant t$ 和 $1 \leqslant k \leqslant m$，每个变量 X_n 等于 k 的概率为 p_{nk}. 你会得到什么样的公式，而不是 (44)?

▶ **94.** [*M22*] 上题中在哪里使用了变量 $\{X_1, \cdots, X_t\}$ 是独立的这一事实?

95. [*M20*] 判断正误：波利亚瓮确乎必然积累了 100 多个红球.

96. [*HM22*] 令 X 表示抛掷 n 次公平硬币时观察到的正面次数. 当 $n \to \infty$ 时，确定关于 X 的以下每个陈述是几乎必然的、确乎必然的，还是两者都不是：

(i) $|X - n/2| < \sqrt{n}\ln n$； (ii) $|X - n/2| < \sqrt{n \ln n}$；

(iii) $|X - n/2| < \sqrt{n \ln\ln n}$； (iv) $|X - n/2| < \sqrt{n}$.

▶ **97.** [*HM21*] 假设有 $\lfloor n^{1+\delta} \rfloor$ 件货物被哈希到 n 个箱子中，其中 δ 是正常数. 证明：每个箱子获得的货物件数确乎必然介于 $\frac{1}{2}n^\delta$ 和 $2n^\delta$ 之间.

▶ **98.** [*M21*] 许多算法由以下形式的循环控制：

$$X \leftarrow n；\text{每当 } X > 0 \text{ 时，置 } X \leftarrow X - F(X)$$

其中，$F(X)$ 是 $[1\,..\,X]$ 范围内的随机整数. 我们假设每个整数 $F(X)$ 完全独立于任何先前生成的值，仅满足 $\mathrm{E}\,F(j) \geqslant g_j$ 的要求，其中 $0 < g_1 \leqslant g_2 \leqslant \cdots \leqslant g_n$.

证明：在平均情况下，循环置 $X \leftarrow X - F(X)$ 最多执行 $1/g_1 + 1/g_2 + \cdots + 1/g_n$ 次.（“如果一步减少了 g_n，那么第 $(1/g_n)$ 步可能会减少 1.”）

99. [*HM30*] 证明：给定 $0 < g_1 \leqslant \cdots \leqslant g_n \leqslant g_{n+1} \leqslant \cdots$，即使在 $F(X)$ 的范围为 $(-\infty\,..\,X]$ 的情况下，上题中的结果也成立.（因此 X 可能会增大.）

100. [*HM17*] 某个随机算法需要 T 步，对于 $1 \leqslant t \leqslant \infty$ 有 $\Pr(T = t) = p_t$. 证明：(a) $\lim_{m\to\infty} \mathrm{E}\min(m, T) = \mathrm{E}\,T$；(b) $\mathrm{E}\,T < \infty$ 蕴涵 $p_\infty = 0$.

101. [*HM22*] 假设 $X = X_1 + \cdots + X_m$ 是独立几何分布的随机整数之和，对于 $n \geqslant 1$ 有 $\Pr(X_k = n) = p_k(1 - p_k)^{n-1}$. 证明：对于所有 $r \geqslant 1$ 都有 $\Pr(X \geqslant r\mu) \leqslant r\mathrm{e}^{1-r}$，其中 $\mu = \mathrm{E}\,X = \sum_{k=1}^m 1/p_k$.

102. [*M20*] 科拉通过随机过程收集优惠券. 在已经拥有 $k-1$ 张优惠券后，她在尝试第 k 次时成功的概率至少是 $1/s_k$，与之前的任何一次成功或失败都无关. 证明：她几乎必然会在进行 $(s_1 + \cdots + s_m)\ln n$ 次尝试之前拥有 m 张优惠券. 对于每个 $k \leqslant m$，如果 $m = O(n^{1000})$，那么她确乎必然需要最多 $s_k \ln n \ln\ln n$ 次尝试才能获得第 k 张优惠券.

▶ **103.** [*M30*] 本习题基于三进制数字 $\{0,1,2\}$ 的两个函数：

$$f_0(x)=\max(0,x-1);\qquad f_1(x)=\min(2,x+1).$$

(a) 假设 X_1, X_2, $\cdots$, X_n 是独立均匀分布的随机二进制位序列. 对于每个 $i,j\in\{0,1,2\}$，$\Pr(f_{X_1}(f_{X_2}(\cdots(f_{X_n}(i))\cdots))=j)$ 是多少?

(b) 以下算法用于计算 $i\in\{0,1,2\}$ 时的 $f_{X_1}(f_{X_2}(\cdots(f_{X_n}(i))\cdots))$，并在这 3 个值合并为一个公共值时停止：

置 $a_0a_1a_2\leftarrow 012$ 和 $n\leftarrow 0$. 然后，当 $a_0\neq a_2$ 时，反复置 $n\leftarrow n+1$，$t_0t_1t_2\leftarrow(X_n?\ 122{:}\ 001)$，$a_0a_1a_2\leftarrow a_{t_0}a_{t_1}a_{t_2}$. 输出 a_0.

（请注意，$a_0\leqslant a_1\leqslant a_2$ 始终成立.）这个算法输出 j 的概率是多少? n 的最终值 N 的均值和方差是多少?

(c) 如果我们将“$a_{t_0}a_{t_1}a_{t_2}$”更改为“$t_{a_0}t_{a_1}t_{a_2}$”，那么类似的算法会计算 $f_{X_n}(\cdots(f_{X_2}(f_{X_1}(i)))\cdots)$. 这个算法输出 j 的概率是多少?

(d) 到底为什么 (b) 和 (c) 的结果如此不同?

(e) (c) 中的算法并没有真正使用 a_1. 因此，我们可以尝试通过巧妙地计算相反方向的函数来加速过程 (b). 考虑以下子例程，我们称其为 $\mathrm{sub}(T)$：

置 $a_0a_2\leftarrow 02$ 和 $n\leftarrow 0$. 然后，当 $n<T$ 时，反复置 $n\leftarrow n+1$，$X_n\leftarrow$ 随机二进制位，$a_0a_2\leftarrow(X_n?\ f_1(a_0)f_1(a_2){:}\ f_0(a_0)f_0(a_2))$. 若 $a_0=a_2$，输出 a_0，否则输出 -1.

那么 (b) 中的算法似乎等价于

置 $T\leftarrow 1$，$a\leftarrow -1$；当 $a<0$ 时，反复置 $T\leftarrow 2T$ 和 $a\leftarrow\mathrm{sub}(T)$；输出 a.

然而，证明这种方法无效.（随机算法可以非常微妙！）

(f) 修补 (e) 中的算法并获得 (b) 的正确替代方案.

104. [*M21*] 假设每个 X_k 等于 1 的概率为 p. 求解习题 103(b) 和习题 103(c).

▶ **105.** [*M30*] （n 循环上的随机游走）给定整数 a 和 n，其中 $0\leqslant a\leqslant n$. 令 N 为满足 $(a+(-1)^{X_1}+(-1)^{X_2}+\cdots+(-1)^{X_N})\bmod n=0$ 的最小值，其中 X_1, X_2, $\cdots$ 是独立随机二进制位序列. 求生成函数 $g_a=\sum_{k=0}^{\infty}\Pr(N=k)z^k$. N 的均值和方差是多少?

106. [*M25*] 在 d 进制而不是三进制中考虑习题 103(b) 中的算法，因此 $f_0(x)=\max(0,x-1)$ 且 $f_1(x)=\min(d-1,x+1)$. 在这种更一般的情况下，找出在首次达到 $a_0=a_1=\cdots=a_{d-1}$ 之前所需步数 N 的生成函数、均值和方差.

▶ **107.** [*M22*] （耦合）假设 X 是概率空间 Ω' 上的随机变量，Y 是另一个概率空间 Ω'' 上的随机变量，我们可以通过在一个公共的概率空间 Ω 上重新定义 X 和 Y 来一起研究它们. 给定 Ω，只要对所有的 x 和 y 都有 $\Pr(X=x)=\Pr'(X=x)$ 和 $\Pr(Y=y)=\Pr''(Y=y)$，那么关于 X 或 Y 的所有结论针对 Ω 都是有效的.

如果定义 Ω 为事件对 $\{\omega'\omega''\mid\omega'\in\Omega'\text{ 且 }\omega''\in\Omega''\}$ 的集合 $\Omega'\times\Omega''$，并且对每一对事件定义 $\Pr(\omega'\omega'')=\Pr'(\omega')\Pr''(\omega'')$，那么这种“耦合”显然是可能的. 但是耦合也可以通过许多其他方式实现.

假设 Ω' 和 Ω'' 都只包含两个事件：$\{\mathtt{Q},\mathtt{K}\}$ 和 $\{\clubsuit,\spadesuit\}$，其中 $\Pr'(\mathtt{Q})=p$，$\Pr'(\mathtt{K})=1-p$，$\Pr''(\clubsuit)=q$，$\Pr''(\spadesuit)=1-q$. 我们可以通过一个包含 4 个事件的空间 $\Omega=\{\mathtt{Q}\clubsuit,\mathtt{Q}\spadesuit,\mathtt{K}\clubsuit,\mathtt{K}\spadesuit\}$ 来将它们耦合，其中 $\Pr(\mathtt{Q}\clubsuit)=pq$，$\Pr(\mathtt{Q}\spadesuit)=p(1-q)$，$\Pr(\mathtt{K}\clubsuit)=(1-p)q$，$\Pr(\mathtt{K}\spadesuit)=(1-p)(1-q)$. 如果 $p<q$，那么可以只用 3 个事件，令 $\Pr(\mathtt{Q}\clubsuit)=p$，$\Pr(\mathtt{K}\clubsuit)=q-p$，$\Pr(\mathtt{K}\spadesuit)=1-q$. 当 $p>q$ 时，类似的方案可以省略 $\mathtt{K}\clubsuit$. 如果 $p=q$，那么我们只需要两个事件：$\mathtt{Q}\clubsuit$ 和 $\mathtt{K}\spadesuit$.

(a) 证明：如果 Ω' 和 Ω'' 都只包含 3 个事件，分别具有概率 $\{p_1,p_2,p_3\}$ 和 $\{q_1,q_2,q_3\}$，那么它们总可以在一个包含 5 个事件的空间 Ω 中进行耦合.

(b) 如果 $\{p_1,p_2,p_3\}=\{\frac{1}{12},\frac{5}{12},\frac{6}{12}\}$，$\{q_1,q_2,q_3\}=\{\frac{2}{12},\frac{3}{12},\frac{7}{12}\}$，那么 4 个事件就足够了.

(c) 但是，对于某些三事件分布，少于 5 个事件就无法耦合.

108. [*HM21*] 假定 X 和 Y 是整数值随机变量，且对于所有整数 n 都有 $\Pr'(X \geqslant n) \leqslant \Pr''(Y \geqslant n)$. 找到一种耦合方式，使得 $X \leqslant Y$ 始终成立.

109. [*M27*] 假设 X 和 Y 在一个有限的偏序集 P 中取值，而且

$$\text{对于所有 } A \subseteq P \text{ 有 } \Pr'(\text{对于某些 } a \in A \text{ 有 } X \succeq a) \leqslant \Pr''(\text{对于某些 } a \in A \text{ 有 } Y \succeq a).$$

我们将证明存在一种耦合，其中 $X \preceq Y$ 始终成立.

(a) 在简单情况下需要证明以下内容，其中 $P = \{1,2,3\}$，偏序关系为 $1 \prec 3$，$2 \prec 3$.（对于 $k \in P$，令 $p_k = \Pr'(X = k)$ 和 $q_k = \Pr''(Y = k)$. 当 $P = \{1,\cdots,n\}$ 时，耦合是一个 $n \times n$ 的非负概率矩阵 (p_{ij})，其行和为 $\sum_j p_{ij} = p_i$，列和为 $\sum_i p_{ij} = q_j$.）请与上题证明的结果比较.

(b) 证明：对于所有 $B \subseteq P$ 有 $\Pr'(\text{对于某些 } b \in B \text{ 有 } X \preceq b) \geqslant \Pr''(\text{对于某些 } b \in B \text{ 有 } Y \preceq b)$.

(c) 将 n 对事件之间的耦合视为一个网络中的流，该网络有 $2n+2$ 个结点，它们是 $\{s, x_1, \cdots, x_n, y_1, \cdots, y_n, t\}$，其中，从 s 到 x_i 有 p_i 单位的流量，从 x_i 到 y_j 有 p_{ij} 单位的流量，从 y_j 到 t 有 q_j 单位的流量. “最大流最小割定理”（见 7.5.3 节）表明，当且仅当不存在满足以下条件的子集 $I, J \subseteq \{1,\cdots,n\}$ 时，这样的流才可能存在：(i) 每条从 s 到 t 的路径都经过某条弧 $s \longrightarrow x_i$（其中 $i \in I$），或者经过某条弧 $y_j \longrightarrow t$（其中 $j \in J$）；(ii) $\sum_{i \in I} p_i + \sum_{j \in J} q_j < 1$. 使用该定理证明所需结果.

110. [*M25*] 假定 X 和 Y 的取值范围是 $\{1,\cdots,n\}$. 对于 $1 \leqslant k \leqslant n$，我们可以定义 $p_k = \Pr'(X = k)$，$q_k = \Pr''(Y = k)$，$r_k = \min(p_k, q_k)$. 在任何耦合中，$X = Y$ 的概率显然不会超过 $r = \sum_{k=1}^{n} r_k$.

(a) 证明：总是存在一个耦合，使得 $\Pr(X = Y) = r$.

(b) 能否扩展上题的结果，使我们不仅有 $\Pr(X \preceq Y) = 1$，还有 $\Pr(X = Y) = r$?

▶ **111.** [*M20*] 考虑 $\{1,\cdots,n\}$ 的 N 个排列组成的族. 如果它满足以下条件，则我们称其为最小化独立排列族：对于任意 $1 \leqslant j \leqslant k \leqslant n$ 和 $\{a_1,\cdots,a_k\} \subseteq \{1,\cdots,n\}$，恰好有 N/k 个排列 π 满足 $\min(a_1\pi, \cdots, a_k\pi) = a_j\pi$.

比如，我们通过循环移位

123456、126345、152346、152634、164235、154263、165324、164523、156342、165432

获得 $N = 60$ 个排列. 我们可以证明，这些排列组成的族 F 是 $\{1,2,3,4,5,6\}$ 的最小化独立排列族.

(a) 在 $k = 3$、$a_1 = 1$、$a_2 = 3$、$a_3 = 4$ 的情况下，验证 F 满足独立性条件.

(b) 我们从最小化独立排列族中随机选择一个 π，并将“草图” $S_A = \min_{a \in A} a\pi$ 分配给每个 $A \subseteq \{1,\cdots,n\}$. 证明：如果 A 和 B 是任意子集，则 $\Pr(S_A = S_B) = |A \cap B| \,/\, |A \cup B|$.

(c) 给定 3 个子集 A、B、C，试求 $\Pr(S_A = S_B = S_C)$.

112. [*M25*] 根据定义，对于每个 $k \leqslant n$，最小化独立排列族 F 的大小必须是 k 的倍数. 在本习题中，我们将了解如何构建这样一个具有最小可能大小的族，其大小为 $N = \operatorname{lcm}(1,2,\cdots,n)$.

基本思想是，如果将 F 的排列中超过 m 的所有元素都替换为 ∞，那么截断族仍然是最小化独立的. 这是因为，如果 $\min_{a \in A} a\pi = \infty$，那么我们可以想象最小化发生在 A 的随机元素处.（仅当 π 将 A 的所有元素都取为 ∞ 时，才会发生这种情况.）

(a) 反过来，请证明：对于大小为 $n-m$ 的每个子集 B，将 $m+1$ 等可能地插入到 B 的 $n-m$ 个位置中，其排列中的 ∞ 是在 B 中，可以将 m 截断族提升为 $(m+1)$ 截断族.

(b) 使用这个原则构建最小规模的族 F.

113. [*M25*] 尽管最小化独立排列只用最小操作定义，但最小化独立排列族实际上也是最大化独立排列族，甚至这种情况更常见.

(a) 对于任意不相交的子集 $\{a_1,\cdots,a_l\}$, $\{b\}$, $\{c_1,\cdots,c_r\} \subseteq \{1,\cdots,n\}$，令 E 表示满足 $a_i\pi < k$、$b\pi = k$、$c_j\pi > k$ 的事件. 请证明：如果从最小化独立集中随机选择 π，那么 $\Pr(E)$ 与 E 出现在从所有排列中随机选择 π 时的概率相同.（比如，当 $n \geqslant 8$ 时，总有 $\Pr(5\pi < 7, 2\pi = 7, 1\pi > 7, 8\pi > 7) = 6(n-7)(n-8)(n-4)!/n!$.）

(b) 此外，假设 $\{a_1,\cdots,a_k\}\subseteq\{1,\cdots,n\}$. 请证明：当 $1\leqslant j,r\leqslant k$ 时，$a_j\pi$ 是 $\{a_1\pi,\cdots,a_k\pi\}$ 中第 r 大元素的概率为 $1/k$.

▶ **114.** [*M28*] （“组合零点定理”）设 $f(x_1,\cdots,x_n)$ 是一个多项式，其中 $x_1^{d_1}\cdots x_n^{d_n}$ 的系数非零，每一项的次数小于或等于 $d_1+\cdots+d_n$. 给定系数域中的子集 S_1, $\cdots$, S_n，其中 $|S_j|>d_j$（$1\leqslant j\leqslant n$）. 选择独立均匀分布 X_1, $\cdots$, X_n，其中每个 $X_j\in S_j$. 证明：

$$\Pr(f(X_1,\cdots,X_n)\neq 0)\geqslant\frac{|S_1|+\cdots+|S_n|-(d_1+\cdots+d_n+n)+1}{|S_1|\cdots|S_n|}.$$

提示：见习题 4.6.1–16.

115. [*M21*] 证明：如果有 $m=p+2\lfloor r/2\rfloor+1$ 且 $n=q+2\lceil r/2\rceil+1$，则无法用 p 条水平线、q 条铅垂线、r 条斜率为 $+1$ 的对角线和 r 条斜率为 -1 的对角线完全覆盖 $m\times n$ 网格. 提示：将习题 114 应用于适当的多项式 $f(x,y)$.

116. [*HM25*] 使用习题 114 证明：如果 p 是素数，那么任何具有超过 $(p-1)n$ 条边的 n 顶点多重图 G 都包含一个非空子图，其中每个顶点的度数都是 p 的倍数.（具体地说，如果 G 的每个顶点的相邻顶点数不超过 $2p$，那么 G 包含一个 p 度正则子图. 从 v 到自身的回路将 v 的度数增加了 2.）提示：让多项式包含 G 的每条边 e 的变量 x_e.

▶ **117.** [*HM25*] 假设 X 服从二项分布 $B_n(p)$，使得 $\Pr(X=k)=\binom{n}{k}p^k(1-p)^{n-k}$，其中 $0\leqslant k\leqslant n$. 证明 $X \bmod m$ 是近似均匀分布：

$$\text{对于 } 0\leqslant r<m \text{ 有 } \left|\Pr(X\bmod m=r)-\frac{1}{m}\right|<\frac{2}{m}\sum_{j=1}^{\infty}\mathrm{e}^{-8p(1-p)j^2n/m^2}.$$

118. [*M20*] 使用二阶矩原理证明佩利-齐格蒙德不等式：

$$\text{若 } 0\leqslant x\leqslant \mathrm{E}\,X\text{，则 }\Pr(X\geqslant x)\geqslant\frac{(\mathrm{E}\,X-x)^2}{\mathrm{E}\,X^2}.$$

119. [*HM24*] 设 x 是 $[0\,..\,1]$ 范围内的一个固定值. 如果我们独立均匀地选择 $U\in[0\,..\,x]$、$V\in[x\,..\,1]$、$W\in[0\,..\,1]$，请证明中位数 $\langle UVW\rangle$ 在 $[\min(U,V,W)\,..\,\max(U,V,W)]$ 范围内均匀分布.

120. [*M20*] 考虑通过将独立均匀随机变量 U_1, U_2, $\cdots$ 依次插入一棵初始为空的树中来获得随机二叉搜索树 T_n. 令 T_{nk} 表示第 k 层上的外部结点数，定义 $T_n(z)=\sum_{k=0}^{\infty}T_{nk}z^k/(n+1)$. 证明：$Z_n=T_n(z)/g_{n+1}(z)$ 是一个鞅，其中 $g_n(z)=(2z+n-2)(2z+n-3)\cdots(2z)/n!$ 是第 n 次插入的成本的生成函数（见习题 6.2.2–6）.

▶ **121.** [*M26*] 假设 X 和 Y 是服从分布 $\Pr(X=t)=x(t)$ 和 $\Pr(Y=t)=y(t)$ 的随机变量. 我们称比值 $\rho(t)=y(t)/x(t)$（可能为无穷大）为 Y 相对于 X 的概率密度. 我们定义 X 相对于 Y 的相对熵，也被称为从 Y 到 X 的库尔贝克-莱布勒散度，公式如下：

$$D(y||x)=\mathrm{E}\big(\rho(X)\lg\rho(X)\big)=\mathrm{E}\lg\rho(Y)=\sum_t y(t)\lg\frac{y(t)}{x(t)},$$

其中，$0\lg 0$ 和 $0\lg(0/0)$ 可被理解为 0. X 相对于 Y 的相对熵可以被直观地看作用 X 近似 Y 时丢失信息的二进制位数.

(a) 假设 X 是均匀分布的随机六面骰子，Y 是灌铅骰子，其中 $\Pr(Y=⚀)=\frac{1}{5}$、$\Pr(Y=⚅)=\frac{2}{15}$（而不等于 $\frac{1}{6}$）. 计算 $D(y||x)$ 和 $D(x||y)$.

(b) 证明 $D(y||x)\geqslant 0$. 什么情况下它等于零？

(c) 如果 $p=\Pr(X\in T)$ 且 $q=\Pr(Y\in T)$，证明 $\mathrm{E}\big(\lg\rho(Y)\,|\,Y\in T\big)\geqslant\lg(q/p)$.

(d) 假设对于 m 元素集合 S 中的所有 t 都有 $x(t)=1/m$，并且仅当 $t\in S$ 时 $y(t)\neq 0$. 用熵 $H_Y=\mathrm{E}\lg(1/Y)$ 表示 $D(y||x)$（见公式 6.2.2–(18)）.

(e) 当 X 和 Y 服从任意联合分布时，令 $Z(u,v)=\Pr(X=u\text{ 且 }Y=v)$，并在假设 X 和 Y 独立的情况下令 $W(u,v)$ 为相同的概率. 我们将联合熵 $H_{X,Y}$ 定义为 H_Z，将互信息 $I_{X,Y}$ 定义为 $D(z||w)$. 证明 $H_W=H_X+H_Y$ 且 $I_{X,Y}=H_W-H_Z$.（因此 $H_{X,Y}\leqslant H_X+H_Y$，并且 $I_{X,Y}$ 测量差异.）

(f) 令 $H_{X|Y}=H_X-I_{X,Y}=H_{X,Y}-H_Y=\sum_t y(t)H_{X|t}$ 是 Y 被揭示后 X 的平均不确定性（以二进制位为单位）. 证明 $H_{X|(Y,Z)}\leqslant H_{X|Y}$.

122. [*HM24*] 继续习题 121，在以下情况下计算 $D(y||x)$ 和 $D(x||y)$:

(a) 对于 $t=0,1,2,\cdots$ 有 $x(t)=1/2^{t+1}$ 和 $y(t)=3^t/4^{t+1}$;

(b) 对于 $t\geqslant 0$ 且 $0<p<1$ 有 $x(t)=\mathrm{e}^{-np}(np)^t/t!$ 和 $y(t)=\binom{n}{t}p^t(1-p)^{n-t}$.（对于固定的 p，当 $n\to\infty$ 时，给出绝对误差为 $O(1/n)$ 的渐近答案.）

▶ **123.** [*M20*] 令 X 和 Y 如习题 121 所示. 随机变量 $Z=A?\ Y\colon X$ 服从分布 $x(t)$ 或 $y(t)$，但我们不知道 A 的真假. 如果我们相信假设 $Z=Y$ 的先验概率是 $\Pr(A)=p_k$，那么我们会假设 $z_k(t)=\Pr_k(Z=t)=p_kx(t)+(1-p_k)y(t)$. 但在看到 Z 的新值（比如 $Z=Z_k$）后，我们将根据后验概率 $p_{k+1}=\Pr(A\,|\,Z_k)$ 来相信这个假设. 证明: $D(y||x)$ 是根据 Y 的分布得到的平均“信息增益”的期望值（也就是 $\lg(p_{k+1}/(1-p_{k+1}))-\lg(p_k/(1-p_k))$）.

124. [*HM22*] （重要性抽样）在习题 121 的设置中，对于任何函数 f，我们都有 $\mathrm{E}\,f(Y)=\mathrm{E}(\rho(X)f(X))$. 因此，$\rho(t)$ 度量了 X 值 t 相对于 Y 值 t 的“重要性”. 许多情况下，生成服从近似分布 $x(t)$ 的随机变量很容易，但生成服从精确分布 $y(t)$ 的随机变量很困难. 在这种情况下，我们可以通过计算 $E_n(f)=(\rho(X_1)f(X_1)+\cdots+\rho(X_n)f(X_n))/n$ 来估计平均值 $E(f)=\mathrm{E}\,f(Y)$，其中 X_j 是独立随机变量，每个变量都服从 $x(t)$ 分布.

令 $n=c^4 2^{D(y||x)}$. 请证明，如果 $c>1$，那么估计 E_n 相对准确:

$$|E(f)-E_n(f)|\leqslant\|f\|\,(1/c+2\sqrt{\Delta_c}\,),\qquad \text{其中 }\Delta_c=\Pr(\rho(Y)>c^2 2^{D(y||x)}).$$

（这里 $\|f\|$ 表示 $(\mathrm{E}\,f(Y)^2)^{1/2}$.）反之，如果 $c<1$，那么估计就不太准确:

$$\text{对于 }0<a<1\text{ 有 }\Pr(E_n(1)\geqslant a)\leqslant c^2+(1-\Delta_c)/a,$$

这里的“1”表示常数函数 $f(y)=1$（因此 $E(1)=1$）.

▶ **125.** [*M28*] 给定非负实数序列 $\langle a_n\rangle=a_0,a_1,a_2,\cdots$，其中没有“内部零”（没有下标 $i<j<k$ 使得 $a_i>0$、$a_j=0$、$a_k>0$）. 如果对于所有 $n\geqslant 1$ 都有 $a_n^2\leqslant a_{n-1}a_{n+1}$，那么我们称其为对数凸序列; 如果对于所有 $n\geqslant 1$ 都有 $a_n^2\geqslant a_{n-1}a_{n+1}$，那么我们称其为对数凹序列.

(a) 哪些序列既是对数凸序列，又是对数凹序列?

(b) 如果序列 $\langle a_n\rangle$ 是对数凸序列或对数凹序列，那么它的“左移”$\langle a_{n+1}\rangle=a_1,a_2,a_3,\cdots$ 也是如此. 给定 c，它的“右移”$\langle a_{n-1}\rangle=c,a_0,a_1,\cdots$ 是否也如此呢?

(c) 证明: 对于对数凹序列，当 $1\leqslant m\leqslant n$ 时总有 $a_ma_n\geqslant a_{m-1}a_{n+1}$.

(d) 如果 $\langle a_n\rangle$ 和 $\langle b_n\rangle$ 是对数凸序列，证明 $\langle a_n+b_n\rangle$ 也是对数凸序列.

(e) 如果 $\langle a_n\rangle$ 和 $\langle b_n\rangle$ 是对数凸序列，证明 $\langle\sum_k\binom{n}{k}a_kb_{n-k}\rangle$ 也是对数凸序列.

(f) 如果 $\langle a_n\rangle$ 和 $\langle b_n\rangle$ 是对数凹序列，$\langle\sum_k a_kb_{n-k}\rangle$ 也是对数凹序列吗?

(g) 如果 $\langle a_n\rangle$ 和 $\langle b_n\rangle$ 是对数凹序列，$\langle\sum_k\binom{n}{k}a_kb_{n-k}\rangle$ 也是对数凹序列吗?

126. [*HM22*] 假设 $X_1,\cdots,X_n$ 是独立二元随机变量. 对于所有 k 都有 $\mathrm{E}\,X_k=m/n$，其中 $0\leqslant m\leqslant n$. 证明 $\Pr(X_1+\cdots+X_n=m)=\Omega(n^{-1/2})$.

127. [*HM30*] 如果二元向量 $\boldsymbol{x}=x_1\cdots x_n$ 满足 $\nu\boldsymbol{x}\leqslant\theta n$，其中 θ 是一个给定的阈值参数，且 $0<\theta<\frac{1}{2}$，那么我们称其为稀疏向量. 令 $S(n,\theta)$ 为稀疏向量的数量.

(a) 证明 $S(n,\theta)\leqslant 2^{H(\theta)n}$，其中 H 表示熵.

(b) 此外，证明 $S(n,\theta)$ 是 $\Omega(2^{H(\theta)n}/\sqrt{n})$ 的.

(c) 假设 $\boldsymbol{X}'$ 和 $\boldsymbol{X}''$ 是独立均匀分布的稀疏向量，$\boldsymbol{x}$ 是任意二元向量，它们的长度均为 n. 证明 $\boldsymbol{x}\oplus\boldsymbol{X}'\oplus\boldsymbol{X}''$ 确乎必然不是稀疏的.（提示: $\boldsymbol{X}'$ 和 $\boldsymbol{X}''$ 确乎必然有接近 θn 个 1. 此外，习题 126 可以用来假设 $\boldsymbol{x}\oplus\boldsymbol{X}'\oplus\boldsymbol{X}''$ 的各个二进制位是独立的.）

▶ **128.** [*HM26*] 考虑 n 个独立的处理器竞争访问共享数据库．它们完全无法相互通信，因此决定采用以下协议：在每个单位时间（称为“轮”）内，每个处理器都会独立生成一个随机均匀分布的随机数 U；如果 $U<1/n$，则 ping（尝试访问）数据库．如果只有一个处理器在 ping，那么它的尝试会成功；否则在该轮中没有处理器能够访问数据库．

(a) 在给定的一轮中，有处理器 ping 成功的概率是多少？

(b) 特定处理器平均需要等待多少轮才能成功？（给出一个渐近答案，修正为 $O(1/n)$．）

(c) 给定 ϵ 是任意正常数．证明在前 $(1+\epsilon)en\ln n$ 轮内几乎必然至少有一个处理器会成功．提示：参见习题 3.3.2–10．

(d) 也请证明它们在 $(1-\epsilon)en\ln n$ 轮内几乎必然不会全部成功．

129. [*HM28*] （一般有理求和）设 $r(x)=p(x)/q(x)$，其中 p 和 q 是多项式，$\deg(q)\geqslant\deg(p)+2$，且 q 无整数根．证明：

$$\sum_{k=-\infty}^{+\infty}\frac{p(k)}{q(k)} = -\pi\sum_{j=1}^{t}\bigl(r(z)\cot\pi z\ \text{在}\ z_j\ \text{处的留数}\bigr),$$

其中，$z_1,\cdots,z_t$ 是 q 的根．提示：证明以下事实，即当沿着 $\max(|\Re z|,|\Im z|)=M+\frac{1}{2}$ 的方形路径积分时，我们有 $\frac{1}{2\pi i}\oint r(z)\cot\pi z\,\mathrm{d}z=O(1/M)$．

使用此方法以“闭合式”计算以下和值：

$$\sum_{k=-\infty}^{+\infty}\frac{1}{(2k-1)^2};\qquad \sum_{k=-\infty}^{+\infty}\frac{1}{k^2+1};\qquad \sum_{k=-\infty}^{+\infty}\frac{1}{k^2+k+1};\qquad \sum_{k=-\infty}^{+\infty}\frac{1}{(k^2+k+1)(2k-1)}.$$

130. [*HM30*] 现代计算机应用中出现的许多概率分布具有“重尾”，与集中在均值附近的钟形曲线相反．最简单且最有用的例子——虽然这样说有点儿自相矛盾——是柯西分布，其定义为：

$$\Pr(X\leqslant x) = \frac{1}{\pi}\int_{-\infty}^{x}\frac{\mathrm{d}t}{1+t^2}.$$

(a) 如果 X 是柯西偏差，那么 $\mathrm{E}\,X$ 和 $\mathrm{E}\,X^2$ 是多少？

(b) $\Pr(|X|\leqslant 1)$、$\Pr(|X|\leqslant\sqrt{3})$ 和 $\Pr(|X|\leqslant 2+\sqrt{3})$ 是多少？

(c) 假设 U 是均匀偏差，证明 $\tan(\pi(U-1/2))$ 是柯西偏差．

(d) 请提出产生柯西偏差的其他方法．

(e) 设 $Z=pX+qY$，其中 X 和 Y 是独立柯西偏差，$p+q=1$，$p,q>0$．证明 Z 服从柯西分布．

(f) 设 $\boldsymbol{X}=(X_1,\cdots,X_n)$ 为由 n 个独立柯西偏差组成的向量，$\boldsymbol{c}=(c_1,\cdots,c_n)$ 为任意实数向量．点积 $\boldsymbol{c}\cdot\boldsymbol{X}=(c_1X_1+\cdots+c_nX_n)$ 的分布是什么？

(g) 当 X 是柯西偏差时，“特征函数” $\mathrm{E}\,\mathrm{e}^{\mathrm{i}tX}$ 是什么？

131. [*HM30*] 整数值版本的柯西分布（为方便起见，我们将其称为“整数柯西分布”）是 $\Pr(X=n)=c/(1+n^2)$，其中 $-\infty<n<+\infty$．

(a) 什么常数 c 使其成为有效的概率分布？

(b) 比较 $X+Y$ 的分布和 $2Z$ 的分布，其中 X、Y 和 Z 是独立整数柯西偏差．

▶ **132.** [*HM26*] 从装有 N 个球（其中 K 个是绿球）的瓮中取出 n 个球．

(a) 恰好取出 k 个绿球的概率 p_k 是多少？

(b) 均值、众数和方差是多少？（概率分布中的众数是一个局部最大值：$p_{k-1}\leqslant p_k\geqslant p_{k+1}$ 且 $p_k>0$．）

(c) 设 $X_j=[\text{第}\ j\ \text{个球是绿球}]$，$p_k=\Pr(X_1+\cdots+X_n=k)$．用杜布鞅建立尾部概率 $\Pr(X_1+\cdots+X_n\geqslant nK/N+x)$ 的指数小上界．

133. [*M25*] 如果所有可能的 2^t 列都出现，则我们称二进制矩阵有 t 行破碎．

(a) 证明：任何具有 m 行并且包含超过 $f(m,t)=\binom{m}{0}+\binom{m}{1}+\cdots+\binom{m}{t-1}$ 列的二进制矩阵都有 t 行破碎．

(b) 构造一个具有 m 行和 $f(m,t)$ 列的矩阵，其中没有 t 行破碎.

134. [*HM28*] （弗拉基米尔 · 瑙莫维奇 · 瓦普尼克和阿列克谢 · 雅科夫列维奇 · 契尔沃年基斯，1971 年）设 $\mathcal{A}=\{A_1,\cdots,A_n\}$ 为许多不同的事件，它们以复杂的方式相互依赖，并且可能同时引起我们的兴趣. 我们经常希望通过观察足够大的样本来了解它们的概率 $p_j=\Pr(A_j)$. 如果 $\mathcal{X}=\{X_1,\cdots,X_m\}$ 是概率空间 Ω 的子集，那么从中抽取 $\mathcal{X}$（允许放回）的概率是 $\Pr(X_1)\cdots\Pr(X_m)$.

考虑随机 $m\times n$ 二进制矩阵，其项为 $X_{ij}=[X_i\in A_j]=[$原子事件 X_i 是 A_j 的一个实例$]$. 基于样本 $\mathcal{X}$ 的经验概率 $\widehat{P}_j(\mathcal{X})$ 是 $M_j(\mathcal{X})/m$，其中 $M_j(\mathcal{X})=X_{1j}+\cdots+X_{mj}$（$1\leqslant j\leqslant n$）.

令 $E_j(\mathcal{X})=|\widehat{P}_j(\mathcal{X})-p_j|$ 是经验概率和实际概率之差. 我们希望均匀采样误差 $E(\mathcal{X})=\max_{1\leqslant j\leqslant n}E_j(\mathcal{X})$ 很小.

(a) 对于所有的 $\epsilon>0$ 和 $1\leqslant j\leqslant n$，证明 $\Pr(E_j(\mathcal{X})>\epsilon)\leqslant 1/(4\epsilon^2 m)$.

(b) 给定独立的 m 个样本 $\mathcal{X}$ 和 $\mathcal{X}'$，令 $\widehat{E}_j(\mathcal{X},\mathcal{X}')=|\widehat{P}_j(\mathcal{X})-\widehat{P}_j(\mathcal{X}')|$，证明 $\Pr(\widehat{E}_j(\mathcal{X},\mathcal{X}')>\epsilon)<2\mathrm{e}^{-2\epsilon^2 m}$. 提示：参见习题 132.

(c) 令 $\Delta_m(\mathcal{A})$ 为可以从大小为 m 的样本 $\mathcal{X}$ 获得的任意 $m\times n$ 二进制矩阵中可能出现的最大不同列数. 如果 $m\geqslant 2/\epsilon^2$，用 (a) 和 (b) 证明 $\Pr(E(\mathcal{X})>\epsilon)\leqslant 4\Delta_{2m}(\mathcal{A})\mathrm{e}^{-\epsilon^2 m/8}$.

（注意：Ω 的 d 个原子事件可以被 $\mathcal{A}$ 的事件破碎，其中 d 的最大值被称为 $\mathcal{A}$ 的瓦普尼克-契尔沃年基斯维度. 习题 133 表明，$\Delta_m(\mathcal{A})$ 具有 d 次多项式增长.）

135. [*HM30*] （巴克斯特排列）设 $P=p_1\cdots p_n$ 是 $\{1,\cdots,n\}$ 的一个排列，$P^-=q_1\cdots q_n$ 是它的逆排列. 当且仅当不存在 $0<k,l<n$ 范围内的下标 k 和 l，使得 $(q_k<l$ 且 $p_l>k$ 且 $p_{l+1}<k$ 且 $q_{k+1}>l)$ 或 $(q_{k+1}<l$ 且 $p_l<k$ 且 $p_{l+1}>k$ 且 $q_k>l)$ 成立时，这些排列称为巴克斯特排列.

如何有效地计算 n 元巴克斯特排列的数量 b_n?

136. [*HM20*] 令 $f(x)=[x>0]x\ln x$ 是作为熵公式基础的基本凸函数. 证明或证伪：如果 $0\leqslant x\leqslant y\leqslant 1$，则 $|f(y)-f(x)|\leqslant|f(y-x)|$.

137. [*HM31*] 实值随机变量 X 的中位数 m 满足 $\Pr(X\leqslant m)\geqslant\frac{1}{2}$ 且 $\Pr(X\geqslant m)\geqslant\frac{1}{2}$. 如果 X 是一个二元随机变量，期望值为 $\mathrm{E}\,X=p$，那么 1 是中位数 $\iff p\geqslant\frac{1}{2}$；0 是中位数 $\iff p\leqslant\frac{1}{2}$；介于 0 和 1 之间的值 m 是中位数 $\iff p=\frac{1}{2}$. 令 $\operatorname{med}X$ 为所有 X 的中位数的集合.

(a) 证明：对于某些实数 $\underline{m}\leqslant\overline{m}$，$\operatorname{med}X$ 总是闭区间 $[\underline{m}\,..\,\overline{m}]$.

(b) 如果 $\underline{m}<\overline{m}$，则 $\Pr(X\leqslant\underline{m})=\Pr(X\geqslant\overline{m})=\frac{1}{2}$.（在离散情况下，除了两个端点 $\underline{m}$ 和 $\overline{m}$，X 实际上永远不等于 $\operatorname{med}X$ 的任何值.）

(c) 判断正误：如果 $\Pr(X\in[x\,..\,y])\geqslant\frac{1}{2}$，则 $[x\,..\,y]\supseteq\operatorname{med}X$.

(d) 假设对于所有 c，$\mathrm{E}\,|X-c|$ 都存在，证明：当且仅当 $m\in\operatorname{med}X$ 成立时，$\mathrm{E}\,|X-m|=\min_c\mathrm{E}\,|X-c|$.

(e) 判断正误：如果 $\mu=\mathrm{E}\,X$ 且 $\sigma^2=\operatorname{var}X$ 且 $m\in\operatorname{med}X$，则 $|\mu-m|\leqslant\sigma$.

(f) 证明一个类似于詹生不等式的结论：如果 f 对于所有实数 x 都是凸函数，假设我们在 $\operatorname{med}X$ 和/或 $\operatorname{med}f(X)$ 不唯一的情况下正确解释这个公式，则有 $f(\operatorname{med}X)\leqslant\operatorname{med}f(X)$.

▶ **138.** [*M21*] （总方差定律）“真正奇妙的恒等式”(12) 通常被称为总期望定律. 它有一个更奇妙的对应物：

$$\operatorname{var}(X)\;=\;\operatorname{var}(\mathrm{E}(X\,|\,Y))+\mathrm{E}(\operatorname{var}(X\,|\,Y)).$$

意思是：“相对于任何其他随机变量 Y，随机变量 X 的总方差是其平均值的方差加上其方差的平均值.”证明它.

▶ **139.** [*HM33*] （弗兰克 · 斯皮策，1956 年）随机游走由 $S_0=0$ 和 $S_n=S_{n-1}+X_n$ 定义，其中 $n>0$. 整数值随机变量 $X_1,X_2,\cdots$ 是独立的，并且服从相同的分布. 令 $S_n^+=\max(S_n,0)$，$S_n^-=\max(-S_n,0)$，$R_n=\max(S_0,S_1,\cdots,S_n)$，$R_n^+=R_n-S_n$. 定义生成函数：

$$r_n(w,z)=\sum_{j,k}\Pr(R_n{=}j,R_n^+{=}k)w^jz^k,\qquad s_n^+(z)=\sum_k\Pr(S_n^+{=}k)z^k,\qquad s_n^-(z)=\sum_k\Pr(S_n^-{=}k)z^k.$$

证明这 3 个基本量之间存在如下显著的关系：

$$\sum_{n=0}^{\infty} r_n(w,z)t^n \;=\; \exp\Big(\sum_{n=1}^{\infty}(s_n^+(w)+s_n^-(z)-1)\frac{t^n}{n}\Big).$$

▶ **140.** [*HM34*] （平滑分析）传统上，我们通过研究算法的最坏情况或“平均”情况来分析它. 丹尼尔 · 艾伦 · 施皮尔曼和滕尚华提出了一个很好的折中方法［*JACM* **51** (2004), 385–463］：一个对手针对某种特定情况设置数据，这些数据会被某个随机过程扰动；然后，我们分析算法应用于扰动数据时的期望运行时间，考虑所有情况的最大值.

本习题的目的是对算法 1.2.10M 进行平滑分析，该算法是《计算机程序设计艺术》中第一个被分析的算法：给定一个由不同数值组成的序列 $X = x_1 \cdots x_n$. 令 $\lambda(X)$ 表示从左向右最大值的数量，也就是具有以下性质的下标 k 的数量：对于 $1 \leqslant j < k$ 有 $x_k > x_j$. 当 X 是随机排列时，我们在 1.2.10 节中证明了 $\mathrm{E}\,\lambda(X) = H_n \approx \ln n$ 和 $\mathrm{var}\,\lambda(X) = H_n - H_n^{(2)}$. 此外，$\lambda(X)$ 可以与 n 一样大.

当我们假设任意序列 $\overline{X} = \bar{x}_1 \cdots \bar{x}_n$ 受到扰动以获得 $X = x_1 \cdots x_n$ 时，一些自然模型将在 $\ln n$ 和 n 之间提供平滑过渡.

(a) 给定 $\{1,\cdots,n\}$ 的一个排列 $\overline{X}$，以概率 p（独立地）标记每个 $\bar{x}_k$；然后将标记的元素均匀排列以得到 X. 当 $\overline{X} = 12\cdots n$（使 $\lambda(\overline{X}) = n$ 成立的唯一情形）且 $0 < p < 1$ 固定时，$\mathrm{E}\,\lambda(X)$ 是多少?

(b) 继续 (a)，当 $\overline{X} = (n-m+1)\cdots n\,1\cdots(n-m)$ 且 $p = \frac{1}{2}$ 时，探索 $\mathrm{E}\,\lambda(X)$.

(c) 继续 (a) 和 (b)，对于所有 $\overline{X}$，证明 $\mathrm{E}\,\lambda(X) = O(\sqrt{(n\log n)/p})$. ①

(d) 在模型 (a) 中进行一次交换即可将 $\lambda(X)$ 从 n 减小到 1. 所以以下模型更好：对于 $1 \leqslant k \leqslant n$ 令 $0 \leqslant \bar{x}_k \leqslant 1$，置 $x_k \leftarrow \bar{x}_k + \delta_k$，其中 δ_k 在 $[-\epsilon\,..\,\epsilon]$ 内均匀随机分布. 证明：当 $\bar{x}_1 \leqslant \cdots \leqslant \bar{x}_n$ 时，$\mathrm{E}\,\lambda(X)$ 最大.

(e) 继续 (d)，证明在这个模型中，我们有 $\mathrm{E}\,\lambda(X) = O(\sqrt{n/\epsilon} + \log n)$.

141. [*M20*] （算术和几何平均不等式）当 $x_k, p_k > 0$ 时，证明：

$$\frac{p_1x_1 + p_2x_2 + \cdots + p_nx_n}{p_1 + p_2 + \cdots + p_n} \geqslant (x_1^{p_1}x_2^{p_2}\cdots x_n^{p_n})^{1/(p_1+p_2+\cdots+p_n)}.$$

（对于整数 p_k，这些是多重集合 $\{p_1\cdot x_1, p_2\cdot x_2, \cdots, p_n\cdot x_n\}$ 的均值.）

▶ **142.** [*M30*] （伦纳德 · 詹姆斯 · 罗杰斯，1887 年）令 $M_r = \mathrm{E}\,|X|^r$ 是随机变量 X 的第 r 个绝对“矩”.（如果 $r < 0$ 且 $\Pr(X{=}0) > 0$，则 $M_r = \infty$.）

(a) 假设 $q \leqslant r \leqslant s \leqslant t$ 且 $q + t = r + s$. 将比内恒等式（见习题 1.2.3–30）中的 (a_j, b_j, x_j, y_j) 取值为 $(p_j, p_jx_j^{s-q}, x_j^q, x_j^r)$，其中 p_1, p_2, $\cdots$ 是概率分布，总和为 1. 你得到涉及 M_q、M_r、M_s、M_t 的什么不等式?

(b) 从习题 141 推导出：当 $q < r < s$ 且 $M_r < \infty$ 时有 $M_q^{s-r}M_r^{q-s}M_s^{r-q} \geqslant 1$. 提示：当 p_j 和 x_j 被分别替换为 $p_jx_j^r$ 和 x_j^{s-r} 时会发生什么?

(c) 假设 $p > 1$. 利用事实 $M_{1/p} \leqslant M_1^{1/p}$ 证明赫尔德不等式：

$$\sum_{k=1}^{n} a_kb_k \leqslant \Big(\sum_{k=1}^{n} a_k^p\Big)^{\frac{1}{p}}\Big(\sum_{k=1}^{n} b_k^q\Big)^{\frac{1}{q}}, \qquad \text{其中 } \tfrac{1}{p} + \tfrac{1}{q} = 1 \text{ 且 } a_k, b_k \geqslant 0.$$

(d) 因此 $|\,\mathrm{E}\,XY| \leqslant (\mathrm{E}\,|X|^p)^{1/p}(\mathrm{E}\,|Y|^q)^{1/q}$.

143. [*M22*] 假设 $p > 1$. 用赫尔德不等式证明闵可夫斯基不等式：

$$(\mathrm{E}\,|X+Y|^p)^{1/p} \leqslant (\mathrm{E}\,|X|^p)^{1/p} + (\mathrm{E}\,|Y|^p)^{1/p}.$$

144. [*HM26*] 如果 $\mathrm{E}\,X$ 存在且有限，那么显然有 $\mathrm{E}(X - \mathrm{E}\,X) = 0$.

(a) 如果 $p \geqslant 1$ 且 $\mathrm{E}\,Y = 0$，则当 X 和 Y 独立时，$\mathrm{E}\,|X|^p \leqslant \mathrm{E}\,|X+Y|^p$.

---

① 根据 ISO 80000-2:2019 “Quantities and units — Part 2: Mathematics”，$\log_a x$ 的底数若无须注明，则可省略不写，直接写为 $\log x$. 本书采用这种写法. ——编者注

(b) 随机变量 X 的对称化为 $X^{\mathrm{sym}} = X^+ - X^-$，其中 X^+ 和 X^- 是独立随机变量，每个变量服从与 X 相同的分布. 证明：$p \geqslant 1$ 且 $\mathrm{E}\,X = 0$ 蕴涵 $\mathrm{E}\,|X|^p \leqslant \mathrm{E}\,|X^{\mathrm{sym}}|^p$.

(c) 假设 $X_1, \cdots, X_n$ 是关于 0 对称的独立随机变量，即对于 $1 \leqslant j \leqslant n$ 和所有 x 有 $\Pr(X_j = x) = \Pr(X_j = -x)$. 证明：当 $p \geqslant 2$ 时有 $\mathrm{E}\,|X_1|^p + \cdots + \mathrm{E}\,|X_n|^p \leqslant \mathrm{E}\,|X_1 + \cdots + X_n|^p$. 提示：$|x|^p + |y|^p \leqslant \frac{1}{2}(|x+y|^p + |x-y|^p)$.

(d) 现在仅假设 $X_1, \cdots, X_n$ 独立，且 $\mathrm{E}\,X_1 = \cdots = \mathrm{E}\,X_n = 0$. 证明：当 $p \geqslant 2$ 时有 $\mathrm{E}\,|X_1|^p + \cdots + \mathrm{E}\,|X_n|^p \leqslant 2^p\,\mathrm{E}\,|X_1 + \cdots + X_n|^p$.

▶ **145.** [*M20*] （辛钦不等式）设 $a_1, \cdots, a_n$ 为实数，$X_1, \cdots, X_n$ 为随机符号：每个 X_k 为 $+1$ 或 -1 的可能性相等. 证明：对于所有整数 $m \geqslant 0$ 有

$$(a_1^2 + \cdots + a_n^2)^m \;\leqslant\; \mathrm{E}\big((a_1X_1 + \cdots + a_nX_n)^{2m}\big) \;\leqslant\; (2m-1)!!\,(a_1^2 + \cdots + a_n^2)^m,$$

其中，$(2m-1)!! = \prod_{k=1}^{m}(2k-1)$ 是“半阶乘”.

146. [*M25*] （马尔钦凯维奇和齐格蒙德不等式）设 $X_1, \cdots, X_n$ 是独立随机变量，每个变量的均值为 0，但可能服从不同的分布. 证明：

$$\frac{1}{2^{2m}}\,\mathrm{E}\bigg(\Big(\sum_{k=1}^{n} X_k^2\Big)^m\bigg) \leqslant \mathrm{E}\bigg(\Big(\sum_{k=1}^{n} X_k\Big)^{2m}\bigg) \leqslant 2^{2m}(2m-1)!!\,\mathrm{E}\bigg(\Big(\sum_{k=1}^{n} X_k^2\Big)^m\bigg).$$

147. [*M34*] （罗森塔尔不等式）在习题 146 的假设下，证明：

$$\frac{1}{2^{2m}}B \leqslant \mathrm{E}\bigg(\Big(\sum_{k=1}^{n} X_k\Big)^{2m}\bigg) \leqslant 2^{m^2+2m}(2m-1)!!\,B, \qquad B = \max\bigg(\sum_{k=1}^{n}\mathrm{E}\,X_k^{2m}, \Big(\sum_{k=1}^{n}\mathrm{E}\,X_k^2\Big)^m\bigg).$$

每个人都必须在相互矛盾的模糊可能性之间做出自己的判断.

——达尔文，给尼古拉 · 亚历山德罗维奇 · 冯 · 门登的信（1879 年 6 月 5 日）

除了离开，无处可去.
除了归来，无处可回.
——本杰明 · 富兰克林 · 金,《生命的总和》(约 1893 年)

刘易斯原路溯踪返回密苏里河.
——刘易斯 · 兰塞姆 · 弗里曼,《国家地理》杂志(1928 年)

当你步入一条被封锁的合法之路时，
退一步，另求别路.
——佩里 · 梅森,《黑眼金发女郎案》(1944 年)

7.2.2 回溯编程

我们已经知道如何生成诸如元组、排列、组合、分划和树等简单的组合模式. 现在我们可以着手处理更巧妙、结构更混乱的模式. 至少从原理上来说，只要我们精心地设计搜索过程，那么我们想要的几乎任何模式都可以系统性地生成. 存在这样一种方法：它能检查为数众多的可能性中的每一个，同时优雅地从已经充分探索过的情况中退出. 罗伯特 · 约翰 · 沃克于 20 世纪 50 年代将这种方法命名为“回溯”.

我们将处理的大多数模式可以被纳入一个简单且通用的框架中：寻找满足性质 $P_n(x_1, x_2, \cdots, x_n)$ 的所有序列 $x_1x_2\cdots x_n$，其中每一项 x_k 属于一个给定的整数定义域 D_k. 最基本的回溯方法包含一种所谓“截断”性质 $P_l(x_1, \cdots, x_l)$ ($1 \leqslant l < n$) 的构造，使得

$$\text{当 } P_{l+1}(x_1, \cdots, x_{l+1}) \text{ 为真时，} P_l(x_1, \cdots, x_l) \text{ 为真；} \tag{1}$$

$$\text{当 } P_{l-1}(x_1, \cdots, x_{l-1}) \text{ 成立时，} P_l(x_1, \cdots, x_l) \text{ 易于检验.} \tag{2}$$

(我们假设 $P_0()$ 总是为真. 习题 1 表明，7.2.1 节研究的基本模式都可以被简单地表示为定义域 D_k 和截断性质 P_l 的形式.) 然后，我们可以按字典序进行如下搜索.

算法 B (基础回溯). 给定如上的定义域 D_k 和性质 P_l，该算法访问满足性质 $P_n(x_1, x_2, \cdots, x_n)$ 的所有序列 $x_1x_2\cdots x_n$.

B1. [初始化.] 置 $l \leftarrow 1$，并初始化稍后所需的数据结构.

B2. [进入第 l 层.] (此时 $P_{l-1}(x_1, \cdots, x_{l-1})$ 成立.) 若 $l > n$，访问 $x_1x_2\cdots x_n$ 并跳转至 B5. 否则置 $x_l \leftarrow \min D_l$ (D_l 中最小的元素).

B3. [尝试 x_l.] 若 $P_l(x_1, \cdots, x_l)$ 成立，更新数据结构以便于检验 P_{l+1}，置 $l \leftarrow l+1$，返回至 B2.

B4. [再尝试.] 若 $x_l \neq \max D_l$，置 x_l 为 D_l 中下一个更大的元素并返回至 B3.

B5. [回溯.] 置 $l \leftarrow l-1$. 若 $l > 0$，通过撤销最近在 B3 中所做的修改来恢复数据结构，并返回至 B4. (否则算法停止.) ▍

该算法的第一个要点在于，如果 $P_l(x_1, \cdots, x_l)$ 在步骤 B3 中为假，那么我们就不必再浪费时间尝试去添加后续的值 $x_{l+1}\cdots x_n$，从而排除潜在解空间中的很大一块区域. 第二个要点在于，尽管可能存在非常多的解，但算法需要的内存总是很少.

比如，考虑经典的 n *皇后问题*：一共有多少种在 $n \times n$ 棋盘上摆放 n 个皇后的方法，使得任意两个皇后不在同一行、同一列或同一对角线上？我们可以假设每一行都有一个皇后. 对于 $1 \leqslant k \leqslant n$，记位于第 k 行的皇后所在列为第 x_k 列. 此时每一个定义域 D_k 都为 $\{1, 2, \cdots, n\}$，$P_n(x_1, \cdots, x_n)$ 是条件

$$x_j \neq x_k \quad \text{且} \quad |x_k - x_j| \neq k - j, \qquad \text{对于 } 1 \leqslant j < k \leqslant n. \tag{3}$$

(若 $x_j = x_k$ 且 $j < k$，则两个皇后在同一列；若 $|x_k - x_j| = k - j$，则它们在同一对角线上.)

这个问题可以轻易地设置成算法 B 的形式，因为我们可以令性质 $P_l(x_1,\cdots,x_l)$ 与 (3) 具有相同的形式，但是限制在 $1\leqslant j<k\leqslant l$ 上. 条件 (1) 和条件 (2) 都是显而易见的，因为当 P_{l-1} 已知时，只需对 $k=l$ 检验 (3). 请注意，在这个例子中，$P_1(x_1)$ 始终为真.

在某些特殊情况下手动运行算法 B 是学习回溯最好的一种方法，比如 $n=4$ 的 n 皇后问题. 先置 $x_1\leftarrow 1$. 然后，当 $l=2$ 时，$P_2(1,1)$ 和 $P_2(1,2)$ 均为假，因此在尝试置 $x_2\leftarrow 3$ 之前，我们不会进入第 3 层. 不过，之后我们便受阻了，因为 $P_3(1,3,x)$ 对 $1\leqslant x\leqslant 4$ 均为假. 回溯至第 2 层，现在尝试置 $x_2\leftarrow 4$，这样我们可以置 $x_3\leftarrow 2$. 然而这样将在第 4 层再次受阻，这次我们必须回溯至第 1 层，因为在第 3 层和第 2 层已经无路可走了. 令人高兴的是，下一个选择 $x_1\leftarrow 2$ 很轻松地带来了一个解：$x_1x_2x_3x_4=2413$. 在算法终止前，我们还能找到另一个解（3142）.

算法 B 的运行过程可以被很好地可视化为一个树形结构，称为搜索树或回溯树. 举例来说，四皇后问题的回溯树仅有 17 个结点：

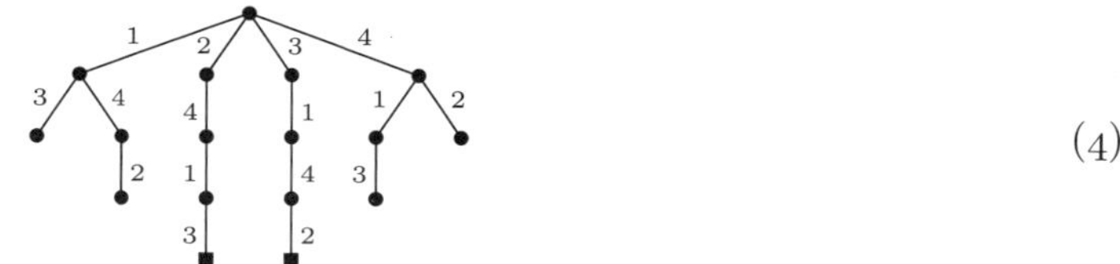

(4)

这说明步骤 B2 总共执行了 17 次. 这里将树中第 $l-1$ 层向第 l 层连出的一条边标记为 x_l.（算法中的第 l 层实际上对应于树的第 $l-1$ 层，因为我们选择使用下标 1 到 n 来表示模式，而不是此处讨论所使用的 0 到 $n-1$.）这棵树的轮廓 $(p_0,p_1,\cdots,p_n)$——每一层结点的个数——为 $(1,4,6,4,2)$，并且我们能看出解的个数 $p_n=p_4=2$.

图 68 展示了 $n=8$ 所对应的树. 这棵树有 2057 个结点，并且它的轮廓为 $(1,8,42,140,344,568,550,312,92)$. 得益于回溯带来的提前截断，我们能够在仅检查 $8^8=16\,777\,216$ 个可能序列 $x_1\cdots x_8$ 中的 0.01% 之后，就找到全部 92 个解.（8^8 也大约只是 $\binom{64}{8}=4\,426\,165\,368$ 种将 8 个皇后摆放在棋盘上的方法中的 0.38%.）

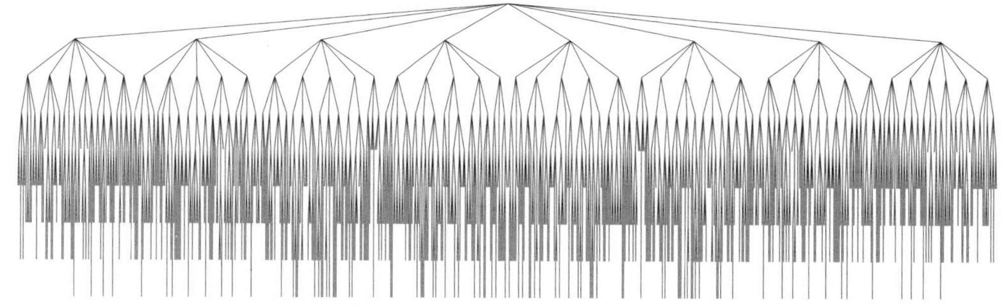

图 68 八皇后问题的回溯树

注意，在这种情况下，算法 B 的大部分时间用在第 5 层附近. 这种表现很典型：$n=16$ 个皇后的树有 1 141 190 303 个结点，轮廓为 $(1,16,210,2236,19\,688,141\,812,838\,816,3\,998\,456,15\,324\,708,46\,358\,876,108\,478\,966,193\,892\,860,260\,303\,408,253\,897\,632,171\,158\,018,72\,002\,088,14\,772\,512)$，集中在第 12 层附近.

数据结构. 在使用回溯程序时往往面临着需要检查一棵巨大的树的困扰. 因此，我们希望尽可能快地在步骤 B3 中检验性质 P_l.

为 n 皇后问题实现算法 B 的一种方法是，避免使用辅助数据结构，而简单地在步骤中进行一系列顺序比较："$x_l-x_j\in\{j-l,0,l-j\}$ 是否对某些 $j<l$ 成立?" 假设我们每次引用 x_j

时都需要访问内存，并在寄存器中给定 x_l 一个试用值. 在 $n = 16$ 时，这种实现方式会执行大约 1120 亿次内存访问，平均每个结点大约 98 次.

通过引入 3 个简单的数组，我们可以改进这个方案. 性质 P_l 本质上表明了所有 x_k 互不相等，所有 $x_k + k$ 互不相等，所有 $x_k - k$ 也互不相等. 因此，我们可以使用额外的布尔数组 $a_1 \cdots a_n$、$b_1 \cdots b_{2n-1}$ 和 $c_1 \cdots c_{2n-1}$，其中 a_j 表示"某个 $x_k = j$"，b_j 表示"某个 $x_k + k - 1 = j$"，c_j 表示"某个 $x_k - k + n = j$". 通过如下方法实现算法 B，我们可以简单地更新和恢复这些数组.

B1*. [初始化.] 置 $a_1 \cdots a_n \leftarrow 0 \cdots 0$，$b_1 \cdots b_{2n-1} \leftarrow 0 \cdots 0$，$c_1 \cdots c_{2n-1} \leftarrow 0 \cdots 0$，$l \leftarrow 1$.

B2*. [进入第 l 层.]（此时 $P_{l-1}(x_1, \cdots, x_{l-1})$ 成立.）若 $l > n$，访问 $x_1 x_2 \cdots x_n$ 并跳转至 B5*. 否则置 $t \leftarrow 1$.

B3*. [尝试 t.] 若 $a_t = 1$ 或 $b_{t+l-1} = 1$ 或 $c_{t-l+n} = 1$，跳转至 B4*. 否则置 $a_t \leftarrow 1$，$b_{t+l-1} \leftarrow 1$，$c_{t-l+n} \leftarrow 1$，$x_l \leftarrow t$，$l \leftarrow l + 1$，并返回至 B2*.

B4*. [再尝试.] 若 $t < n$，置 $t \leftarrow t + 1$ 并返回至 B3*.

B5*. [回溯.] 置 $l \leftarrow l - 1$. 若 $l > 0$，置 $t \leftarrow x_l$，$c_{t-l+n} \leftarrow 0$，$b_{t+l-1} \leftarrow 0$，$a_t \leftarrow 0$ 并返回至 B4*.（否则算法停止.） ▮

注意观察步骤 B5* 如何以逆序巧妙地撤销步骤 B3* 所做的更新. 以逆序进行恢复是回溯算法的典型特征，但这中间也存在一定的灵活性. 比如，我们也可以在 b_{t+l-1} 和 c_{t-l+n} 之前恢复 a_t，因为这些数组是相互独立的.

辅助数组 a、b、c 使得在步骤 B3* 中检验性质 P_l 变得更加容易，但我们在更新和恢复它们的时候也必须访问内存. 这样做的开销是否会大于节省的开销? 幸运的是，答案是否定的: $n = 16$ 时的内存访问次数降至大约 340 亿次，平均每个结点大约 30 次.

此外，假设 $n \leqslant 32$，在具有 64 位寄存器的计算机上，我们还可以将位向量 a、b、c 完全保存在寄存器中. 这样每个结点都只需要两次内存访问，即存储 $x_l \leftarrow t$ 时和后面获取 $t \leftarrow x_l$ 时. 但是，这样做会带来大量的寄存器内计算.

沃克方法. 20 世纪 50 年代，罗伯特 · 约翰 · 沃克在程序中用一种不同的方法组织了回溯算法. 在进入第 l 层的每个结点时，不同于令 x_l 遍历 D_l 中的所有元素，他计算并存储集合

$$S_l \leftarrow \{x \in D_l \mid P_l(x_1, \cdots, x_{l-1}, x) \text{ 成立}\}. \tag{5}$$

这种计算通常可以高效地一次性完成，而不需要逐步执行. 这是因为，某些截断性质使得步骤的组合成为可能，否则将要对每个 $x \in D_l$ 进行重复计算. 本质上，他使用了算法 B 的如下变体.

算法 W（沃克式回溯）. 给定如上的定义域 D_k 和性质 P_l，该算法访问满足性质 $P_n(x_1, x_2, \cdots, x_n)$ 的所有序列 $x_1 x_2 \cdots x_n$.

W1. [初始化.] 置 $l \leftarrow 1$，并初始化稍后所需的数据结构.

W2. [进入第 l 层.]（此时 $P_{l-1}(x_1, \cdots, x_{l-1})$ 成立.）若 $l > n$，访问 $x_1 x_2 \cdots x_n$ 并跳转至 W4. 否则计算 (5) 中的集合.

W3. [尝试前进.] 若 S_l 非空，置 $x_l \leftarrow \min S_l$. 更新数据结构，以便计算 S_{l+1}. 置 $l \leftarrow l + 1$，返回至 W2.

W4. [回溯.] 置 $l \leftarrow l - 1$. 若 $l > 0$，通过撤销在 W3 中所做的修改来恢复数据结构. 置 $S_l \leftarrow S_l \setminus x_l$，并返回至 W3.（否则算法停止.） ▮

沃克将这种方法应用在了 n 皇后问题上. 他计算了 $S_l = U \setminus A_l \setminus B_l \setminus C_l$，其中 $U = D_l = \{1, \cdots, n\}$ 且

$$A_l = \{x_j \mid 1 \leqslant j < l\},\ B_l = \{x_j + j - l \mid 1 \leqslant j < l\},\ C_l = \{x_j - j + l \mid 1 \leqslant j < l\}. \tag{6}$$

他用位向量 a、b、c 来表示这些辅助集合，它们与上面的算法 B* 中的位向量类似（但不同）. 习题 10 表明，使用 n 位数的位运算可以简单地完成 W3 中的更新；再者，W4 中不需要任何的恢复步骤. 此时，$n = 16$ 只对应 91 亿次内存访问，平均每个结点大约 8 次.

令 $Q(n)$ 为 n 皇后问题的解数. 我们有

n =	0	1	2	3	4	5	6	7	8	9	10	11	12	13	14	15	16	17
$Q(n)$ =	1	1	0	0	2	10	4	40	92	352	724	2680	14200	73712	365596	2279184	14772512	95815104

并且 $n \leqslant 11$ 时的 $Q(n)$ 值在 19 世纪就被几个人独立地计算了出来. 虽然 n 较小时相对容易计算，但当托马斯 · 邦德 · 斯普拉格在完成 $Q(11)$ 的计算之后，他在注记中写道："这是一项非常繁重的工作，它占据了几个月来我大部分的闲暇时间……我想，要想在更大的棋盘上取得结果几乎是不可能的，除非有多人合作完成."［见 *Proc. Edinburgh Math. Soc.* **17** (1899), 43–68；斯普拉格是他那个年代卓越的精算师.］尽管如此，亨德里克 · 翁嫩还是于 1910 年手动计算出了 $Q(12) = 14\,200$，这是一项惊人的壮举.［见威廉 · 阿伦斯，*Math. Unterhaltungen und Spiele* **2**, second edition (1918), 344.］

1960 年，通过使用美国加州大学洛杉矶分校的 SWAC 计算机和习题 10 中的方法，罗伯特 · 约翰 · 沃克证实了这些来之不易的结果. 沃克还计算了 $Q(13)$，但囿于当时计算机的限制，他没能继续算下去. 美国田纳西大学的迈克尔 · 戴维 · 肯尼迪于 1963 年在一台 IBM 1620 上计算 120 小时得到了 $Q(14)$. 1974 年，史蒂夫 · 雷蒙德 · 邦奇在美国伊利诺伊大学的一台 IBM System 360-75 上计算大约两小时求出了 $Q(15)$. 随后，詹姆斯 · 理查德 · 比特纳在同一台计算机上耗时 3 小时得到了 $Q(16)$，但他使用了一种改进的方法.

当然，随着计算机和算法的发展，这些结果如今几乎是唾手可得的. 同时，前沿所能计算的 n 越来越大. 但由托马斯 · 贝恩德 · 普鲁塞尔和马蒂亚斯 · 吕迪格 · 恩格尔哈特于 2016 年在德累斯顿工业大学发现的 $Q(27) = 234\,907\,967\,154\,122\,528$ 这一惊人的数值，在短时间内可能不会被超越.［见 *J. Signal Processing Systems* **88** (2017), 185–201. 这种分布式计算占用了由各种 FPGA 设备组成的动态集群 383 天. 这些设备提供了超过 7000 个定制的硬件求解器，以处理 2 024 110 796 个独立的子问题.］

排列与兰福德对. n 皇后问题的每个解 $x_1 \cdots x_n$ 都是 $\{1, \cdots, n\}$ 的一个排列，并且许多其他问题也是基于排列的. 事实上，我们已经见识过的算法 7.2.1.2X 就是一个专门为特殊类型的排列而设计的优雅的回溯程序. 当该算法开始选择 x_l 的值时，它令所有合适的元素 $\{1, 2, \cdots, n\} \setminus \{x_1, \cdots, x_{l-1}\}$ 都可以在一个链表中被方便地访问.

通过回到第 7 章开头就已经讨论过的兰福德对问题，我们可以进一步理解这种数据结构. 这个问题可以重新表述为寻找 $\{1, 2, \cdots, n\} \cup \{-1, -2, \cdots, -n\}$ 的所有排列，它满足

$$x_j = k \quad \text{则} \quad x_{j+k+1} = -k, \qquad \text{对于 } 1 \leqslant j \leqslant 2n,\ 1 \leqslant k \leqslant n. \tag{7}$$

比如，当 $n = 4$ 时存在两个解，分别为 $234\bar{2}1\bar{3}\bar{1}\bar{4}$ 和 $4131\bar{2}\bar{4}\bar{3}\bar{2}$.（为了书写方便，我们用 $\bar{1}$ 表示 -1，用 $\bar{2}$ 表示 -2，以此类推.）注意，如果 $x = x_1 x_2 \cdots x_{2n}$ 是一个解，那么它的"对偶" $-x^R = (-x_{2n}) \cdots (-x_2)(-x_1)$ 也是一个解.

有这样一个受兰福德启发的算法 7.2.1.2X 的变体，只需略微修改之前的记号，它就可以与算法 B 和算法 W 相匹配. 我们想维护指针 $p_0 p_1 \cdots p_n$，使得当选择 x_l 时，如果尚未出现在

$x_1\cdots x_{l-1}$ 中的正整数为 $k_1<k_2<\cdots<k_t$，我们有链表

$$p_0=k_1,\ p_{k_1}=k_2,\ \cdots,\ p_{k_{t-1}}=k_t,\ p_{k_t}=0. \qquad (8)$$

事实证明，这个条件是易于维持的.

算法 L（兰福德对）. 该算法使用满足 (8) 的指针 $p_0p_1\cdots p_n$ 和辅助数组 $y_1\cdots y_{2n}$，按字典序访问所有满足 (7) 的解 $x_1\cdots x_{2n}$.

L1. [初始化.] 置 $x_1\cdots x_{2n}\leftarrow 0\cdots 0$；对于 $0\leqslant k<n$，置 $p_k\leftarrow k+1$；$p_n\leftarrow 0$，$l\leftarrow 1$.

L2. [进入第 l 层.] 置 $k\leftarrow p_0$. 若 $k=0$，访问 $x_1x_2\cdots x_{2n}$ 并跳转至 L5. 否则置 $j\leftarrow 0$. 当 $x_l<0$ 时，反复置 $l\leftarrow l+1$.

L3. [尝试 $x_l=k$.]（此时我们有 $k=p_j$.）若 $l+k+1>2n$，跳转至 L5. 否则，若 $x_{l+k+1}=0$，置 $x_l\leftarrow k$，$x_{l+k+1}\leftarrow -k$，$y_l\leftarrow j$，$p_j\leftarrow p_k$，$l\leftarrow l+1$，返回至 L2.

L4. [再尝试.]（此时我们找到了所有能以 $x_1\cdots x_{l-1}k$ 开头或更小的解.）置 $j\leftarrow k$，$k\leftarrow p_j$，当 $k\neq 0$ 时返回至 L3.

L5. [回溯.] 置 $l\leftarrow l-1$. 若 $l>0$，执行以下操作：当 $x_l<0$ 时，反复置 $l\leftarrow l-1$. 然后置 $k\leftarrow x_l$，$x_l\leftarrow 0$，$x_{l+k+1}\leftarrow 0$，$j\leftarrow y_l$，$p_j\leftarrow k$，并返回至 L4. 否则终止算法. ▌

仔细研究这些步骤将揭示一切是如何很好地组合在一起的. 比如，通过置 $p_j\leftarrow p_k$，步骤 L3 从链表 (8) 中移除了 k. 同时根据 (7)，这一步置 $x_{l+k+1}\leftarrow -k$，从而随后在步骤 L2 再遇到位置 $l+k+1$ 时，我们可以直接跳过它.

算法 L 的要点在于，通过置 $p_j\leftarrow k$ 这种巧妙的方法，步骤 L5 撤销了之前的删除操作. 指针 p_k 仍然保留了指向链表中下一个元素的正确链接，因为 p_k 并没有被任何更新所干预.（想想为什么.）这是我们将在 7.2.2.1 节中探讨的所谓“舞蹈链”的萌芽.

为了绘制与算法 L 运行所对应的搜索树，我们可以像在 (4) 中所做的那样，用值为正数的 x_l 标记边，同时用负值标记结点，这些负值先前就设置好了并被步骤 L2 所略过. 比如，$n=4$ 时，对应的搜索树如下所示：

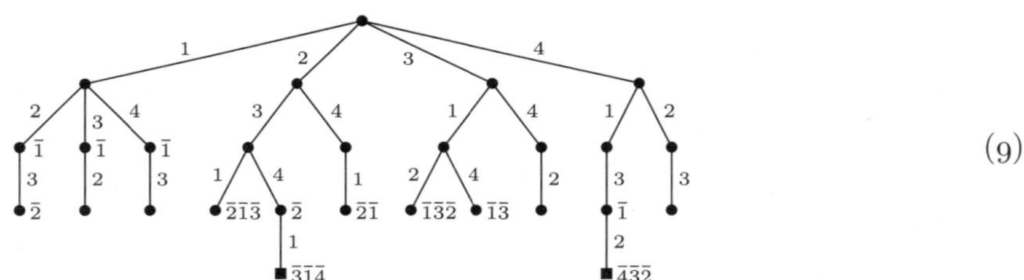

(9)

尽管所有满足要求的解都包含 $2n$ 个值 $x_1x_2\cdots x_{2n}$，但它们在树深度 n 处就出现了.

算法 L 有时一开始就会做出注定失败的选择，但直到进行后续必要探索之前，我们都难以意识到问题所在. 注意，$x_l=k$ 只可能出现在 $l+k+1\leqslant 2n$ 时. 因此，如果在 l 达到 $2n-k-1$ 时，k 还没有出现在排列中，我们就不得不选择 $x_l=k$. 比如，因为 4 必须在 $\{x_1,x_2,x_3\}$ 中出现，所以 (9) 中的分支 $12\bar{1}$ 没有再搜索下去的必要. 习题 20 介绍了如何将截断原理融入算法 L 中. 当 $n=17$ 时，这会将搜索树中的结点数量从 1.29 万亿个减少至 3300 亿个，并且会将内存访问次数从 25.0 万亿次减少至 8.1 万亿次.（由于额外的截断性质测试，每个结点的平均内存访问次数从 19.4 次增加至 24.4 次，但总体上还是有显著的减少.）

此外，通过确保不会同时考察某个解及其对偶，我们还可以“打破对称性”. 这一想法在习题 21 中得到了应用，它会将搜索树的结点数量减少至 1600 亿个，并且仅需 3.94 万亿次内存访问，平均每个结点 24.6 次.

单词矩形. 接下来让我们来看一个搜索域 D_l 大得多的问题. 一个 $m \times n$ 单词矩形是一个 n 字母单词①的数组，其每一列都是一个 m 字母单词. 比如，

```
S T A T U S
L O W E S T
U T O P I A
M A K I N G
S L E D G E
```
(10)

是一个 5×6 单词矩形，其列都属于 WORDS(5757)——斯坦福图库中所有五字母单词的集合. 为了找到这样的模式，我们可以假设第 l 列包含第 x_l 个最常见的五字母单词，其中 $1 \leqslant x_l \leqslant 5757$（$1 \leqslant l \leqslant 6$）. 因此，一共有 $5757^6 = 36\,406\,369\,848\,837\,732\,146\,649$ 种选择所有列的方法. 在 (10) 中，我们有 $x_1 \cdots x_6 = 1446\ 185\ 1021\ 2537\ 66\ 255$. 当然，这些选择中很少会产生合适的行，但回溯有望帮助我们在合理的时间内找到所有的解.

我们可以这样为算法 B 设置这个问题：将 n 字母单词存储在一棵字典树（见 6.3 节）中，每个合法单词的 l 字母前缀（$0 \leqslant l \leqslant n$）都有一个大小为 26 的字典树结点.

比如，当 $n = 6$ 时，这样的一棵字典树用 23 667 个结点表示了 15 727 个单词. 前缀 ST 对应的结点编号为 260，它的 26 个条目分别为

$$(484,0,0,0,1589,0,0,0,2609,0,0,0,0,0,1280,0,0,251,0,0,563,0,0,0,1621,0); \tag{11}$$

这表示 STA 是结点 484，STE 是结点 1589……STY 是结点 1621，并且没有以 STB, STC, $\cdots$, STX, STZ 开头的六字母单词. 长度为 $n-1$ 的前缀稍有不同. 比如，结点编号为 580 的 CORNE 的条目为

$$(3879,0,0,3878,0,0,0,0,0,0,0,9602,0,0,0,0,0,171,0,5013,0,0,0,0,0,0), \tag{12}$$

它表示 CORNEA, CORNED, CORNEL, CORNER, CORNET 在六字母单词中排名分别为 3879, 3878, 9602, 171, 5013.

假设将 x_1 和 x_2 指定为五字母列单词 SLUMS 和 TOTAL，如 (10) 所示. 那么字典树将告诉我们，下一个列单词 x_3 必须形如 $c_1c_2c_3c_4c_5$，其中 $c_1 \in \{\mathtt{A,E,I,O,R,U,Y}\}$，$c_2 \notin \{\mathtt{E,H,J,K,Y,Z}\}$，$c_3 \in \{\mathtt{E,M,O,T}\}$，$c_4 \notin \{\mathtt{A,B,O}\}$，$c_5 \in \{\mathtt{A,E,I,O,U,Y}\}$.（一共有 221 个这样的单词.）

设 $a_{l1} \cdots a_{lm}$ 是字典树结点，它对应于单词矩形问题的部分解中前 l 列的前缀. 这种辅助数组能帮助算法 B 找到所有的解，习题 24 给出了详细的解释. 事实表明，在我们的规定下，这种合法的 5×6 单词矩形恰好有 625 415 个. 习题 24 中的方法需要使用大约 19 万亿次内存访问去找到所有的解. 事实上，这棵搜索树的轮廓为

$$(1, 5757, 2\,458\,830, 360\,728\,099, 579\,940\,198, 29\,621\,728, 625\,415). \tag{13}$$

这表明在 $5757^3 = 190\,804\,533\,093$ 种 $x_1x_2x_3$ 可能的选择中，只有 360 728 099 种是六字母单词的合法前缀.

注意，步骤 B3 在搜索树的每个结点都测试了 $1 \leqslant l \leqslant n$ 的 5757 种可能，因此可以期待更加细致的处理能够显著减少习题 24 的运行时间. 如果我们为五字母单词构造一个更精巧的数据

① 每当本书中的例子使用五字母单词时，它们都取自第 7 章开头所述的 5757 个斯坦福图库单词. 其他长度的单词取自《官方英语拼字游戏玩家词典（第 4 版）》[OSPD4，*The Official SCRABBLE® Players Dictionary, fourth edition* (Hasbro, 2005)]，因为这些单词已被广泛应用于许多计算机游戏中. 根据 2007 年英国国家语料库，这类单词的排名为：首先是“the”出现了 5 405 633 次，下一个最常见的单词“of”出现的次数（3 021 525 次）约为“the”的一半. OSPD4 的列表包括 (101, 1004, 4002, 8887, 15 727, 23 958, 29 718, 29 130, 22 314, 16 161, 11 412) 个长度分别为 (2, 3, $\cdots$, 12) 的单词，其中的 (97, 771, 2451, 4474, 6910, 8852, 9205, 8225, 6626, 4642, 3061) 个在英国国家语料库中至少出现了 6 次.

结构，以便轻松遍历所有在特定位置具有特定字母的单词，那么我们可以大大改进算法，使得需要测试的平均每一层的可能数仅为

$$(5757.0,\ 1697.9,\ 844.1,\ 273.5,\ 153.5,\ 100.8); \tag{14}$$

内存访问次数减少至 1.15 万亿次．习题 25 给出了细节．习题 28 讨论了一种更快的方法．

无逗点码． 下一个例子只处理四字母单词，但这并不失乐趣．这是一个编码理论问题：找到一组四字母码字的集合，使得即使我们不在它们之间插入空格或其他分隔符，它们也可以被解码．我们可以简单地将集合中的字符串连接在一起来获取由它们形成的任何消息，例如 `likethis`．并且当我们查看任意 7 个连续的字母 $\cdots x_1x_2x_3x_4x_5x_6x_7\cdots$ 时，四字母子串 $x_1x_2x_3x_4$、$x_2x_3x_4x_5$、$x_3x_4x_5x_6$、$x_4x_5x_6x_7$ 中有且仅有一个会成为码字．另一种等价的说法是，若 $x_1x_2x_3x_4$ 和 $x_5x_6x_7x_8$ 均为码字，则 $x_2x_3x_4x_5$、$x_3x_4x_5x_6$、$x_4x_5x_6x_7$ 均不是码字．（比如，`iket` 不是码字．）这样的一个集合称为一组长度为 4 的“无逗点码”或“自同步块码”．

无逗点码由弗朗西斯 · 哈里 · 康普顿 · 克里克、约翰 · 斯坦利 · 格里菲斯和莱斯利 · 埃利亚泽 · 奥格尔引入 [*Proc. National Acad. Sci.* **43** (1957), 416–421]，并被所罗门 · 沃尔夫 · 戈龙布、巴兹尔 · 戈登和劳埃德 · 理查德 · 韦尔奇进一步研究 [*Canadian Journal of Mathematics* **10** (1958), 202–209]，他们考虑了 m 字母字母表和 n 字母单词的一般情况．当 $n = 2, 3, 5, 7, 9, 11, 13, 15$ 时，他们对所有 m 都构造了最优的无逗点码，随后还找到了 $n = 17, 19, 21, \cdots$ 时的所有最优码（见习题 37）．这里，我们仅关注 4 个字母的情况（$n = 4$），一个原因是这种情况远未被解决，但更主要的原因是寻找此类码特别有指导意义．事实上，我们的讨论将自然而然地引导我们理解对一般回溯编程很重要的几种技术．

首先，我们可以立即看到，一个无逗点码字不能是“周期性”的，即像 `dodo` 或 `gaga` 那样．这样的字符串已经出现在其自身的两个相邻副本中．因此，我们仅着眼于像 `item` 这样的非周期性字符串，它们一共有 $m^4 - m^2$ 个．其次，我们进一步注意到，如果 `item` 已经被选择了，那么我们不能再包含它的任何循环移位 `temi`、`emit`、`mite`，因为它们都在 `itemitem` 中出现．因此在我们的无逗点码中，码字的个数不能超过 $(m^4 - m^2)/4$．

比如，考虑 $m = 2$ 的二元情况，此时这个最大值为 3．我们能否从 3 个循环类

$$\begin{aligned}[0001] &= \{0001, 0010, 0100, 1000\},\\ [0011] &= \{0011, 0110, 1100, 1001\},\\ [0111] &= \{0111, 1110, 1101, 1011\}\end{aligned} \tag{15}$$

中选出 3 个 4 位“单词”，从而得到无逗点码呢？答案是肯定的：在这种情况下，一个解是简单地选择每个类中最小的单词，即 0001、0011、0111．（细心的读者会记得，我们在 7.2.1.1 节中研究了任意非周期性字符串的循环类中的最小单词．这些单词被称为*素串*，并且我们证明了素串的一些非平凡的性质．）

然而，当 $m = 3$，即存在 $(81 - 9)/4 = 18$ 个循环类时，这个技巧就失效了．在选择 0001 和 0011 之后，我们不能再包含 1112．这是因为，包含 0001 和 1112 的码不能包含 0011 和 0111．

我们可以系统地在 18 层中回溯，在 [0001] 中选择 x_1，在 [0011] 中选择 x_2，等等．并且，当我们发现 $\{x_1, x_2, \cdots, x_l\}$ 不是无逗点的时像算法 B 那样拒绝 x_l．如果 $x_1 = 0010$，那么尝试令 $x_2 = 1001$ 将导致回溯，因为 x_1 出现在了 x_2x_1 中．

采用这种朴素的策略时，我们只有在做出错误选择之后才能意识到失败，而这大有改进的空间．如果我们足够聪明的话，可能会向前看一点，甚至根本不会考虑 $x_2 = 1001$ 这一选择．

事实上，在选择了 $x_1 = 0010$ 之后，我们可以自动排除所有形如 $*001$ 的其他单词：当 $m \geqslant 3$ 时可以排除 2001，当 $m \geqslant 4$ 时还可以排除 3001.

当选择 $x_1 = 0001$ 和 $x_2 = 0011$ 时，我们可以更好地剪枝. 这时我们可以立刻排除所有形如 $1{*}{*}{*}$ 或 ${*}{*}{*}0$ 的单词，因为 $x_1 1{*}{*}{*}$ 包含了 x_2，并且 ${*}{*}{*}0x_2$ 包含了 x_1. 在 $m \geqslant 3$ 的情况下，这已经足以推断循环类 [0002]、[0021]、[0111]、[0211]、[1112] 必须分别由 0002、0021、0111、0211、2111 代表，因为这些类中的其余 3 种可能都已经被排除！

因此，我们看到了某种前瞻性机制的可取性.

选择的动态排序. 此外，我们还可以从这个例子中看到，当在算法 B 的设置下为了满足一般性质 $P_n(x_1, x_2, \cdots, x_n)$ 时，先选择 x_1，再选择 x_2，然后选择 x_3 等并不总是好的做法. 如果我们首先选择 x_5，然后转到其他 x_j，搜索树可能会小得多，这取决于所选的 x_5 的特定值. 某些排序的截断性质可能远远优于其他排序，并且树中的每个分支都可以按任何所需顺序自由地选择变量.

事实上，我们的三变量四元组无逗点码问题并没有规定 18 个循环类的任何特定的排序，而一些特定的排序可能会使搜索树较小. 因此，与其称这些选择为 $x_1, x_2, \cdots, x_{18}$，不如用各个类的名字来标识它们，即 x_{0001}, x_{0002}, x_{0011}, x_{0012}, x_{0021}, x_{0022}, x_{0102}, x_{0111}, x_{0112}, x_{0121}, x_{0122}, x_{0211}, x_{0212}, x_{0221}, x_{0222}, x_{1112}, x_{1122}, x_{1222}.（算法 7.2.1.1F 是生成这些标识的好方法.）然后，在搜索树的每个结点上，我们可以基于之前的选择而选择一个更方便的变量来进行分支. 从第 1 层令 $x_{0001} \leftarrow 0001$ 开始，我们可能在第 2 层尝试令 $x_{0011} \leftarrow 0011$，然后正如我们之前所看到的，这样做会强制地令 $x_{0002} \leftarrow 0002$，$x_{0021} \leftarrow 0021$，$x_{0111} \leftarrow 0111$，$x_{0211} \leftarrow 0211$，$x_{1112} \leftarrow 2111$，所以在第 3 层到第 7 层，我们应该进行这些强制的选择.

此外，在做完这些强制选择之后，就没有其他强制选择了. x_{0012} 只剩下两个选择，而 x_{0122} 有 3 个选择. 因此，在第 8 层时，使用 x_{0012} 进行分支可能比使用 x_{0122} 更明智.（顺带一提，除了 $m = 2$ 时，没有长度为 $(m^4 - m^2)/4$ 且满足 $x_{0001} = 0001$ 和 $x_{0011} = 0011$ 的无逗点码.）

要调整算法 B 和算法 W 以允许动态排序并不难. 我们可以给搜索树的每个结点一个“帧”，在其中记录所设置的变量和所做的选择. 这种变量和值的选择可以称为回溯程序所做的一次“行动”.

在回溯发生之后，动态排序也同样有用. 我们继续研究上面的例子，其中 $x_{0001} = 0001$，并且我们已经探索完了 $x_{0011} = 0011$ 的所有情况，不必在第一时间去尝试 x_{0011} 的其他值. 我们希望记住，在 x_{0001} 变更之前，0011 不会再被视为合法. 但是我们可以选择另外一个变量进行下一步探索，比如在第 2 层令 $x_{0002} \leftarrow 2000$. 事实上，在选择了 0001 的情况下，我们很快就能发现 $x_{0002} = 2000$ 是不可能的（见习题 39）. 第 2 层的一个更有效的选择是令 $x_{0012} \leftarrow 0012$，因为这个分支立即强制地令 $x_{0002} \leftarrow 0002$、$x_{0022} \leftarrow 0022$、$x_{0122} \leftarrow 0122$、$x_{0222} \leftarrow 0222$、$x_{1222} \leftarrow 1222$、$x_{0011} \leftarrow 1001$.

重温顺序分配. 选择进行分支的变量和值是一个微妙的权衡过程. 尽管一个好的计划可以节省许多时间，但我们不希望用在计划本身上的时间比节省的时间更多.

一方面，如果想从动态排序中获益，我们将需要高效的数据结构，这些数据结构不用我们深思熟虑就能做出正确的决策. 另一方面，每当我们分支到一个新层时，都需要更新这些精心设计的数据结构；每当我们从这一层返回时，都需要恢复它们. 算法 L 描述了一种基于链表的高效机制，但顺序分配的列表往往更让人动心，因为它们对缓存十分友好，并且对内存的访问更少.

假设我们希望用一个顺序列表来无序地存储一个项集．列表从 HEAD 指向的内存单元开始．TAIL 指向列表末尾之外的第一个内存单元．比如，

HEAD　TAIL

… | | | 3 | 9 | 1 | 4 | | | | | | | … (16)

是表示集合 $\{1,3,4,9\}$ 的一种方式．列表中现在的项数为 $\mathtt{TAIL}-\mathtt{HEAD}$．因此，当且仅当 $\mathtt{TAIL}=\mathtt{HEAD}$ 时，列表才为空．如果在知道 x 目前不在列表中的前提下，我们想向列表中插入一个新项 x，那么只需简单地置

$$\mathtt{MEM[TAIL]}\leftarrow x,\qquad \mathtt{TAIL}\leftarrow\mathtt{TAIL}+1. \tag{17}$$

相反，如果 $\mathtt{HEAD}\leqslant\mathtt{P}<\mathtt{TAIL}$，那么我们可以轻松地删去 MEM[P]：

$$\mathtt{TAIL}\leftarrow\mathtt{TAIL}-1;\qquad 若\ \mathtt{P}\neq\mathtt{TAIL}，置\ \mathtt{MEM[P]}\leftarrow\mathtt{MEM[TAIL]}. \tag{18}$$

（我们在 (17) 中默认 MEM[TAIL] 在插入新项时可用．否则，我们必须测试内存是否溢出．）

在不知道某项的 MEM 位置的情况下，我们无法从列表中删除它．为了解决这一问题，我们通常希望维护一张“反向列表”．假设所有项 x 都满足 $0\leqslant x<M$．比如，当 $M=10$ 时，(16) 变为

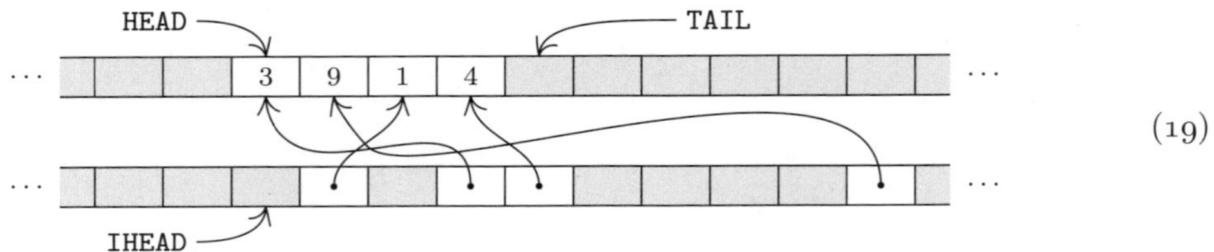

（阴影单元中的内容尚未定义）．在这种设定之下，(17) 变为

$$\mathtt{MEM[TAIL]}\leftarrow x,\qquad \mathtt{MEM[IHEAD}+x\mathtt{]}\leftarrow\mathtt{TAIL},\qquad \mathtt{TAIL}\leftarrow\mathtt{TAIL}+1, \tag{20}$$

并且 TAIL 永远不会超过 $\mathtt{HEAD}+M$．类似地，删除 x 的过程变为

$$\begin{aligned}&\mathtt{P}\leftarrow\mathtt{MEM[IHEAD}+x\mathtt{]},\qquad \mathtt{TAIL}\leftarrow\mathtt{TAIL}-1;\\&\quad 若\ \mathtt{P}\neq\mathtt{TAIL}，置\ y\leftarrow\mathtt{MEM[TAIL]}，\mathtt{MEM[P]}\leftarrow y，\mathtt{MEM[IHEAD}+y\mathtt{]}\leftarrow\mathtt{P}.\end{aligned} \tag{21}$$

比如，在从 (19) 中删除“9”后，我们将得到以下结果．

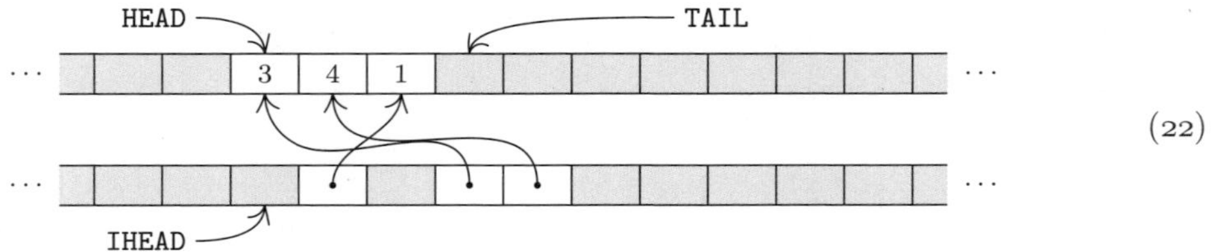

在一些更复杂的情况下，我们可能还想测试当前列表中是否存在给定的项 x．此时，我们可以在反向列表中保留更多信息．有这样一种特别有用的变体：它的以 IHEAD 开头的列表包含 $\{\mathtt{HEAD},\mathtt{HEAD}+1,\cdots,\mathtt{HEAD}+M-1\}$ 的完整排列，并且以 HEAD 开头的存储单元包含反向排列，不过只有该列表中前 $\mathtt{TAIL}-\mathtt{HEAD}$ 个元素被视为“活跃”．

比如，在 $m=3$ 的无逗点码问题中，我们可以在一开始将代表 $M=18$ 个循环类 [0001], [0002], $\cdots$, [1222] 的项放入内存单元 HEAD 到 $\mathtt{HEAD}+17$ 中．最初，它们都是活跃的，此时 $\mathtt{TAIL}=\mathtt{HEAD}+18$ 且 $\mathtt{MEM[IHEAD}+c\mathtt{]}=\mathtt{HEAD}+c$（$0\leqslant c<18$）．然后，每当我们决定从类 c

中选择一个码字时，通过使用 (21) 的强化版本，我们既能从活跃列表中删去 c，又能够维护完整排列：

$$\begin{aligned}&\texttt{P} \leftarrow \texttt{MEM[IHEAD}+c\texttt{]}, \quad \texttt{TAIL} \leftarrow \texttt{TAIL}-1;\\ &\quad \text{若 } \texttt{P} \neq \texttt{TAIL}，\text{置 } y \leftarrow \texttt{MEM[TAIL]}, \quad \texttt{MEM[TAIL]} \leftarrow c, \quad \texttt{MEM[P]} \leftarrow y,\\ &\qquad\qquad \texttt{MEM[IHEAD}+c\texttt{]} \leftarrow \texttt{TAIL}, \quad \texttt{MEM[IHEAD}+y\texttt{]} \leftarrow \texttt{P}.\end{aligned} \tag{23}$$

稍后，在回溯到我们再次希望 c 被视为活跃状态时，我们只需置 $\texttt{TAIL} \leftarrow \texttt{TAIL}+1$，因为 c 已经准备就绪！（这种数据结构技术被称为*稀疏集表示*，见普雷斯顿 · 布里格斯和琳达 · 托尔松，*ACM Letters Prog. Lang. and Syst.* **2** (1993), 59–69.）

无逗点码问题的列表. 当 $m=3$ 且仅涉及 18 个循环类时，寻找所有最大长度的四字母无逗点码并不困难. 但当 $m=4$ 时，它已经变得相当具有挑战性，因为我们必须处理 $(4^4-4^2)/4=60$ 个类. 可见，当尝试设计回溯程序时，我们需要多加考虑.

上面考虑的 $m=3$ 的例子表明，我们会反复地寻找如“还有多少形如 $02{*}{*}$ 的单词可以被选择作为码字”这种问题的答案. 面向此类查询的冗余数据结构是必要的. 幸运的是，有一种很好的方法来提供它们，即使用 (19) ~ (23) 中的顺序列表.

用下面的算法 C 搜索无逗点码的过程中，m^4 个四字母单词中的每一个都被赋予了 3 种可能状态中的一种. 如果某个单词属于当前暂定的码字集，那么该单词为*绿色*. 如果它不是当前情形的候选项——要么因为它与现有的绿色单词不兼容，要么算法已经检查完了它为绿色的情形——那么它为*红色*. 其余每个单词都为*蓝色*，它们处于不确定的状态，算法说不准会决定将其设置为红色还是绿色. 除 m^2 个周期性单词外，所有单词最初都是蓝色的，而这 m^2 个周期性单词将一直保持红色.

我们将使用希腊字母 α 代表四字母单词 x 在 m 进制下表示的整数值. 若 $m=3$ 且 x 是单词 0102，则 $\alpha=(0102)_3=11$. 单词 x 的当前状态保存在 $\texttt{MEM}[\alpha]$ 中，状态则使用内码 2（GREEN）、0（RED）或 1（BLUE）来表示.

该算法最重要的特征是，每个蓝色单词 $x=x_1x_2x_3x_4$ 都可能存在于 7 个列表中，它们分别是 $\texttt{P1}(x)$、$\texttt{P2}(x)$、$\texttt{P3}(x)$、$\texttt{S1}(x)$、$\texttt{S2}(x)$、$\texttt{S3}(x)$、$\texttt{CL}(x)$，其中

- $\texttt{P1}(x)$、$\texttt{P2}(x)$、$\texttt{P3}(x)$ 中是匹配 $x_1{*}{*}{*}$、$x_1x_2{*}{*}$、$x_1x_2x_3{*}$ 的蓝色单词；
- $\texttt{S1}(x)$、$\texttt{S2}(x)$、$\texttt{S3}(x)$ 中是匹配 ${*}{*}{*}x_4$、${*}{*}x_3x_4$、${*}x_2x_3x_4$ 的蓝色单词；
- $\texttt{CL}(x)$ 包含 $\{x_1x_2x_3x_4, x_2x_3x_4x_1, x_3x_4x_1x_2, x_4x_1x_2x_3\}$ 中的蓝色单词.

这 7 个列表在 MEM 中分别从 $\texttt{P1OFF}+p_1(\alpha)$、$\texttt{P2OFF}+p_2(\alpha)$、$\texttt{P3OFF}+p_3(\alpha)$、$\texttt{S1OFF}+s_1(\alpha)$、$\texttt{S2OFF}+s_2(\alpha)$、$\texttt{S3OFF}+s_3(\alpha)$、$\texttt{CLOFF}+4cl(\alpha)$ 开始，其中 (P1OFF, P2OFF, P3OFF, S1OFF, S2OFF, S3OFF, CLOFF) 分别等于 $(2m^4, 5m^4, 8m^4, 11m^4, 14m^4, 17m^4, 20m^4)$. 我们定义 $p_1((x_1x_2x_3x_4)_m)=(x_1000)_m$，$p_2((x_1x_2x_3x_4)_m)=(x_1x_200)_m$，$p_3((x_1x_2x_3x_4)_m)=(x_1x_2x_30)_m$；$s_1((x_1x_2x_3x_4)_m)=(x_4000)_m$，$s_2((x_1x_2x_3x_4)_m)=(x_3x_400)_m$，$s_3((x_1x_2x_3x_4)_m)=(x_2x_3x_40)_m$；最后，$cl((x_1x_2x_3x_4)_m)$ 是一个 0 到 $(m^4-m^2)/4-1$ 的整数，用以分配给每一个类. x 在这 7 个列表中出现的 MEM 位置存储在 7 个反向列表中，它们在 MEM 中分别以 $\texttt{P1OFF}-m^4+\alpha$、$\texttt{P2OFF}-m^4+\alpha$……$\texttt{CLOFF}-m^4+\alpha$ 开头. 在 (19) ~ (23) 中指示当前列表大小的 TAIL 指针分别存储在 MEM 中 $\texttt{P1OFF}+m^4+p_1(\alpha)$、$\texttt{P2OFF}+m^4+p_2(\alpha)$……$\texttt{S3OFF}+m^4+s_3(\alpha)$、$\texttt{CLOFF}+m^4+4cl(\alpha)$ 的位置上.（嚯，清楚了吗？）

表 1 展示了在 $m = 2$ 的情况下，占据 $22m^4$ 个 MEM 单元的巨大设备在计算开始时的情况. 幸运的是，它并不真的像第一眼看上去那么复杂，也没有那么庞大：毕竟，当 $m = 5$ 时，$22m^4$ 也仅为 13 750.

（仔细检查表 1 会发现 0100 和 1000 这两个单词被标记为了红色，而不是蓝色. 这是因为我们可以不失一般性地假设类 [0001] 由 0001 或 0010 表示. 通过将所有码字进行左右对称就可以覆盖其他两种情况.）

表 1　用于算法 C（$m = 2$）的列表进入第 1 层的情形

	0	1	2	3	4	5	6	7	8	9	a	b	c	d	e	f	
0	RED	BLUE	BLUE	BLUE	RED	RED	BLUE	BLUE	RED	BLUE	RED	BLUE	BLUE	BLUE	BLUE	RED	
10		20	21	22			23	24		29		2c	28	2b	2a		
20	0001	0010	0011	0110	0111				1100	1001	1110	1101	1011				P1
30	25								2d								
40		50	51	52			54	55		58		59	5c	5e	5d		
50	0001	0010	0011		0110	0111			1001	1011			1100	1110	1101		P2
60	53				56				5a				5f				
70		80	82	83			86	87		88		8a	8c	8d	8e		
80	0001		0010	0011			0110	0111	1001		1011		1100	1101	1110		P3
90	81		84		84		88		89		8b		8e		8f		
a0		b8	b0	b9			b1	bb		ba		bd	b2	bc	b3		
b0	0010	0110	1100	1110					0001	0011	1001	0111	1101	1011			S1
c0	b4								be								
d0		e4	e8	ec			e9	ed		e5		ee	e0	e6	ea		
e0	1100				0001	1001	1101		0010	0110	1110		0011	0111	1011		S2
f0	e1				e7				eb				ef				
100		112	114	116			11c	11e		113		117	118	11a	11d		
110			0001	1001	0010		0011	1011	1100		1101		0110	1110	0111		S3
120	110		114		115		118		119		11b		11e		11f		
130		140	141	144			145	148		147		14b	146	14a	149		
140	0001	0010			0011	0110	1100	1001	0111	1110	1101	1011					CL
150	142				148				14c								

此表使用十六进制表示 MEM 中的 000 到 15f 的位置.（比如，MEM[4d]=5e，见习题 41.）空白条目没有被算法用到.

在算法 C 决定如何选择下一个分支时，这些列表将大有妙用. 但是，如果列表中的一项变为绿色，那么算法 C 就不再需要该列表了. 因此，这样的列表将被声明为“已关闭”. 我们只需更新保持打开的列表，这样省去了大部分的列表维护工作. 通过将某个列表的 TAIL 指针设置为 HEAD − 1，可以将该列表表示为已关闭.

表 2 展示了在 $x = 0010$ 被选择为暂定码字之后，MEM 中的列表将如何改变. P1(x) 中的元素 $\{0001, 0010, 0011, 0110, 0111\}$ 被高效地隐藏了起来，因为它的尾指针 MEM[30] $=$ 1f $= 20 - 1$，标志着这个列表已关闭.（实际上，这些列表元素仍然出现在 MEM 位置 20 到 24 上，就像它们在表 1 中那样. 但是当任意一个形如 0∗∗∗ 的单词是绿色时，都无须再查看该列表.）

行动和撤销的一般机制. 我们几乎快要结束对算法 C 的细节讨论，然后开始搜索无逗点码，但仍然存在一个较大的问题：搜索中每一层的计算状态都涉及我们刚刚规定的所有神奇的列表，但这些列表并不小巧. 当 $m = 4$ 时，它们就占据了超过 5000 个 MEM 单元，并且它们从一层到另一层时可能发生非常显著的变化.

每当到达搜索树的一个新结点时，我们都可以给整个状态创建一个新的副本. 但这不是明智的做法，因为我们不希望每个结点都得执行数千次内存访问. 如果我们能想到一种简单的方法来仅使用 MEM 的一个实例并在搜索过程中更新和恢复列表，那么它显然会是一个更好的策略.

幸运的是，的确存在这样一种方法. 它最初由罗伯特 · 威 · 弗洛伊德在其经典论文“Nondeterministic Algorithms”[*JACM* **14** (1967), 636–644] 中提出. 弗洛伊德最初的想法需

表 2 用于算法 C（$m=2$）的列表进入第 2 层的情形

	0	1	2	3	4	5	6	7	8	9	a	b	c	d	e	f	
0	RED	RED	GREEN	BLUE	RED	RED	BLUE	BLUE	RED	RED	RED	BLUE	BLUE	BLUE	BLUE	RED	
10												29	28	2b	2a		
20									1100	1011	1110	1101					P1
30	1f								2c								
40							54	55				58	5c	5e	5d		
50					0110	0111			1011				1100	1110	1101		P2
60	4f				56				59				5f				
70							86	87				8a	8c	8d	8e		
80							0110	0111			1011		1100	1101	1110		P3
90	80		81		84		88		88		8b		8e		8f		
a0				b9				bb				b8		ba			
b0									1011	0011	1101	0111					S1
c0	af								bc								
d0				ec				ed				ee	e0	e4			
e0	1100				1101								0011	0111	1011		S2
f0	e1				e5				e7				ef				
100				116			11c	11e				117	118	11a	11d		
110							0011	1011	1100		1101		0110	1110	0111		S3
120	110		112		113		118		119		11b		11e		11f		
130				144			145	148				14b	146	14a	149		
140					0011	0110	1100		0111	1110	1101	1011					CL
150	13f				147				14c								

单词 0010 变成了绿色，因此关闭了它的 7 个列表并使 0001 变成了红色．算法 C 的逻辑同时使 1001 变成了红色．此时，0001 和 1001 已经从之前出现的开放列表中删除了（见习题 42）．

要一个特殊的编译器来生成每一个程序步骤的前向版本和后向版本．事实上，当状态的所有变化都被限制在单个 MEM 数组中时，他的想法可以大大简化．我们所需要做的只是将每个形如“$\mathtt{MEM}[a]\leftarrow v$”的赋值操作替换为稍微麻烦一些的操作

$$\text{store}(a,v):\quad \text{置 } \mathtt{UNDO}[u]\leftarrow\big(a,\mathtt{MEM}[a]\big),\quad \mathtt{MEM}[a]\leftarrow v,\quad u\leftarrow u+1,\tag{24}$$

其中，UNDO 是用来保存 (地址, 值) 的顺序栈．在应用时，我们可能会说“$\mathtt{UNDO}[u]\leftarrow(a\ll 16)+\mathtt{MEM}[a]$”，因为单元地址和值永远不会超过 16 位．当然，如果赋值的数量没有先验限制，那么我们还需要检查栈指针 u 是否会变得太大．

稍后，当要撤销 u 在达到特定值 u_0 之后对 MEM 做的所有更改时，我们只需执行操作

$$\text{unstore}(u_0):\quad \text{当 } u>u_0 \text{ 时，反复置 } u\leftarrow u-1,\quad (a,v)\leftarrow\mathtt{UNDO}[u],\quad \mathtt{MEM}[a]\leftarrow v.\tag{25}$$

在应用时，可以通过“$a\leftarrow\mathtt{UNDO}[u]\gg 16$，$v\leftarrow\mathtt{UNDO}[u]\mathbin{\&}{}^{\#}\mathtt{ffff}$”来实现出栈操作“$(a,v)\leftarrow\mathtt{UNDO}[u]$”．

“戳记”的思想通常会给这种可逆存储技术的改进带来很多好处，它是一种在编程界广为流传的思想．当同一内存地址在同一轮中多次更新时，它只会将一项压入 UNDO 栈中．

$$\begin{aligned}\text{store}(a,v):\quad &\text{若 } \mathtt{STAMP}[a]\neq\sigma\text{，置 } \mathtt{STAMP}[a]\leftarrow\sigma,\\ &\qquad\qquad \mathtt{UNDO}[u]\leftarrow\big(a,\mathtt{MEM}[a]\big),\quad u\leftarrow u+1.\\ &\text{然后置 } \mathtt{MEM}[a]\leftarrow v.\end{aligned}\tag{26}$$

STAMP 是给 MEM 中的每个地址分配一个条目的数组，初始值都为 0，σ 的初始值为 1．每当我们到达回退点时（此时栈指针将被记为 u_0，以便将来撤销时使用），通过置 $\sigma\leftarrow\sigma+1$ 来“盖上”当前时间戳．然后，(26) 将继续正确地运行．（在长时间运行的程序中，必须小心整数溢出导致 σ 变为零，见习题 43．）

注意，(24) 和 (25) 的组合会因每次赋值及其撤销操作而访问 5 次内存. (26) 和 (25) 的组合将在第一次给 MEM[a] 赋值时访问 7 次内存，但随后每次给同一地址赋值都只需访问 2 次内存. 因此，如果赋值次数超过一次，那么 (26) 更具优势.

无逗点码的回溯. 好了，我们现在已经掌握了足够的基础知识，可以着手编写一个优秀的回溯程序来生成所有无逗点的四字母码字.

下面的算法 C 还包含另一个关键思想，这是一种为无逗点回溯定制的前瞻性机制，我们称之为“抑制列表”. 抑制列表中的每一项都是一对后缀和前缀，无逗点规则禁止它们同时出现. 每个绿色单词 $x_1x_2x_3x_4$——在回溯搜索的当前分支中，最终将成为码字的单词——都会为抑制列表贡献 3 项，即

$$(*x_1x_2x_3, x_4***),\quad (**x_1x_2, x_3x_4**),\quad (***x_1, x_2x_3x_4*). \tag{27}$$

如果抑制列表中某条目的两边都有一个绿色单词，我们就走投无路了：无逗点的条件没有得到满足，我们不能再继续搜索下去. 如果一边有一个绿色单词，而另一边没有，那么我们可以将另一边的所有蓝色单词变为红色. 如果抑制列表某条目的任何一边对应于空列表，那么我们可以从抑制列表中删除该条目，因为它对结果没有任何影响.（蓝色单词变为红色或绿色，但红色单词保持红色.）

考虑表 1 向表 2 的转换. 当单词 0010 变成绿色时，抑制列表接收到它的前 3 项：

$$(*001, 0***),\quad (**00, 10**),\quad (***0, 010*).$$

第一项删除了列表 $*001$，因为 $0***$ 包含绿色单词 0010，这使得 1001 变为红色. 与之类似，最后一项删除了列表 $010*$，但当 $m = 2$ 时，该列表为空. 抑制列表现在减少至一项，即 $(**00, 10**)$. 它能起到抑制作用，因为列表 $**00$ 包含蓝色单词 1100，$10**$ 包含蓝色单词 1011.

我们在 MEM 的末尾并紧随 CL 列表之后的地方维护抑制列表. 显然，它至多包含 $3(m^4 - m^2)/4$ 个条目，而且在实际中通常非常小. 它不需要反向列表，我们将采用 (17) 和 (18) 中的简单方法. 但因为此时每个条目都占有两个单元，所以 TAIL 每次的变化量是 ±2 而不是 ±1. TAIL 的值将在关键时刻存储在 MEM 中，以便撤销对其的临时更改.

当 $m = 4$ 时，每个码字都由 4 个*四进制数字* $\{0, 1, 2, 3\}$ 组成. 这种情况特别有趣，因为李 · 拉克斯达尔通过一个早期回溯程序发现，没有无逗点码可以使用所有 60 个循环类 [0001], [0002], $\cdots$, [2333]. [见博 · 赫 · 吉格斯，*Canadian Journal of Math.* **15** (1963), 178–187.] 据说，拉克斯达尔的程序还表明至少有 3 个循环类必须被省略，并且它找到了几个合法的由 57 个单词组成的集合. 更多细节从未被公布，因为若要证明不可能有 58 个码字，需要依赖吉格斯所说的“相当耗时”的计算.

因为大小为 60 的无逗点码是不可能的，所以当某一循环类中的其他 3 个单词被排除时，我们的算法不能简单地假设剩下那个单词的选择是强制性的. 比如当 0011、0110、1100 被排除时，我们不能假设必须强制地选择 1001，我们还必须考虑无逗点码中完全没有类 [0011] 的可能性. 这样的考虑给问题带来了有趣的波折，算法 C 描述了一种解决方法.

算法 C （*四字母无逗点码*）. 给定一个大小为 $m \leqslant 7$ 的字母表和目标 g，它满足 $L - m(m - 1) \leqslant g \leqslant L$，其中 $L = (m^4 - m^2)/4$. 该算法找到所有包含 0001 或 0010 的 g 个四字母单词的无逗点码. 它使用由 $M = \lfloor 23.5m^4 \rfloor$ 个 16 位数组成的数组 MEM，以及多个辅助数组：大小为 16^3m 的 ALF、大小为 M 的 STAMP、大小为 $L + 1$ 的 X, C, S, U、大小为 L 的 FREE 和 IFREE，以及一个最大规模难以估计但足够大的 UNDO.

C1. [初始化.] 对于 $0 \leqslant a,b,c,d < m$，置 ALF$[(abcd)_{16}] \leftarrow (abcd)_m$. 对于 $0 \leqslant k < M$，置 STAMP$[k] \leftarrow 0$，并且置 $\sigma \leftarrow 0$. 将初始的前缀列表、后缀列表和类列表按照表 1 放入 MEM 中. 同时，通过置 MEM[PP] $\leftarrow$ POISON，其中 POISON $= 22m^4$ 且 PP $=$ POISON $- 1$，来创建一个空的抑制列表. 对于 $0 \leqslant k < L$，置 FREE$[k] \leftarrow$ IFREE$[k] \leftarrow k$. 然后置 $l \leftarrow 1$，$x \leftarrow$ #0001，$c \leftarrow 0$，$s \leftarrow L-g$，$f \leftarrow L$，$u \leftarrow 0$，并跳转至 C3.（变量 l 表示层数，x 表示试验的单词，c 表示 x 所属的类，s 表示“松弛量”，f 表示闲置类的个数，u 表示栈 UNDO 的大小.）

C2. [进入第 l 层.] 若 $l > L$，访问解 $x_1 \cdots x_L$ 并跳转至 C6. 否则如习题 44 所述，选择一个候选单词 x 和类 c.

C3. [尝试候选单词.] 置 U$[l] \leftarrow u$ 和 $\sigma \leftarrow \sigma + 1$. 若 $x < 0$，当 $s = 0$ 或 $l = 1$ 时跳转至 C6；否则置 $s \leftarrow s - 1$. 若 $x \geqslant 0$，如习题 45 所述，更新数据结构以使 x 变为绿色；如果出现问题，则跳转至 C5.

C4. [采取行动.] 置 X$[l] \leftarrow x$，C$[l] \leftarrow c$，S$[l] \leftarrow s$，$p \leftarrow$ IFREE$[c]$，$f \leftarrow f - 1$. 若 $p \neq f$，置 $y \leftarrow$ FREE$[f]$，FREE$[p] \leftarrow y$，IFREE$[y] \leftarrow p$，FREE$[f] \leftarrow c$，IFREE$[c] \leftarrow f$.（此即 (23).）然后，置 $l \leftarrow l + 1$ 并跳转至 C2.

C5. [再尝试.] 当 $u >$ U$[l]$ 时，反复置 $u \leftarrow u - 1$ 和 MEM[UNDO$[u] \gg 16$] $\leftarrow$ UNDO$[u]$ & #ffff.（如 (25) 所示，这些操作将恢复先前的状态.）然后，置 $\sigma \leftarrow \sigma + 1$ 并将 x 变为红色（见习题 45）. 跳转至 C2.

C6. [回溯.] 置 $l \leftarrow l - 1$，并且在 $l = 0$ 时终止. 否则置 $x \leftarrow$ X$[l]$，$c \leftarrow$ C$[l]$，$f \leftarrow f + 1$. 若 $x < 0$，重复本步骤（编码中将略过类 c）. 否则置 $s \leftarrow$ S$[l]$，并返回至 C5. ▌

习题 44 和习题 45 提供了细节说明以充实这个框架.

当 g 为 60、59、58 时，算法 C 分别仅需要 0.13、1.77、23.8 亿次内存访问来证明不存在解. 当 $g = 57$ 时，它需要大约 228 亿次内存访问来找到全部 1152 个解，见习题 47. 在各自的搜索树中大约有 14 000、240 000、3 700 000、38 000 000 个结点，其中大部分的活动发生在第 30 ± 10 层. UNDO 栈的高度不会超过 2804，并且抑制列表中的条目数不会一次性超过 12 个.

运行时间估计. 回溯程序中处处是惊喜. 有时，它会快速解答一个看似困难的问题. 但有时，它会像永动的车轮一样，试图遍历一棵无比庞大的搜索树. 有时，它又能像我们预期的那样快速地提供结果.

幸运的是，我们并非没有解决办法. 有一个简单的蒙特卡罗算法，我们通常可以通过它提前判断给定的回溯策略是否可行. 事实上，这种基于随机采样的方法可以在编写程序之前手动完成. 它可以帮助我们决定是否继续在这种方法上投入更多时间. 事实上，仅用纸和笔往往就能得到有用的截断策略和/或数据结构，它们在稍后编写程序时很有参考价值. 比如，作者在对潜在无逗点码字进行了一些简单的随机选择实验之后，开发了上述算法 C. 这些演练表明，表 1 和表 2 中的一系列列表在我们做进一步选择时非常有用.

为了说明这种方法，让我们再次考虑 n 皇后问题，如上面的算法 B* 所示. 当 $n = 8$ 时，通过检查搜索树中的几条随机路径，我们可以针对图 68 的大小得到相当不错的“大致估计”. 我们首先写下数字 $D_1 \leftarrow 8$，因为有 8 种方法可以将皇后放在第 1 行.（换言之，搜索树的根结点的度数为 8.）然后，我们使用一个随机数源——比如二进制数字 $\pi \bmod 1 = (.001001000011\cdots)_2$——来选择其中一个位置. 现在有 8 种可能的选择，所以我们看前 3 位. 我们将置 $X_1 \leftarrow 2$，因为 001 是 8 种可能性 (000, 001, $\cdots$, 111) 中的第 2 种.

给定 $X_1 = 2$，第 2 行的皇后不能进入第 1、2 或 3 列. 因此，X_2 还剩 5 种可能，我们记下 $D_2 \leftarrow 5$. π 接下来的 3 位引导我们置 $X_2 \leftarrow 5$，因为 5 是可用列 (4, 5, 6, 7, 8) 中的第 2 项，并且 001 是 (000, 001, $\cdots$, 100) 中的第 2 项. 顺带一提，如果 π 中连续出现 101、110 或 111，而不是 001，那么我们将使用 3.4.1 节中的"拒绝法"，并移至接下来的 3 位，见习题 49.

以这种方式继续置 $D_3 \leftarrow 4$，$X_3 \leftarrow 1$，然后置 $D_4 \leftarrow 3$，$X_4 \leftarrow 4$.（这里我们使用两位 00 来选择 X_3，并使用接下来的两位 00 选择 X_4.）其余的分支是强制性的：$D_5 \leftarrow 1$，$X_5 \leftarrow 7$；$D_6 \leftarrow 1$，$X_6 \leftarrow 3$；$D_7 \leftarrow 1$，$X_7 \leftarrow 6$；在进入第 8 层时，我们将受阻并发现 $D_8 \leftarrow 0$.

这一系列的随机选择如图 69(a) 所示，我们使用它们将每个皇后依次放置到一个无阴影的单元格中. 同理，图 69(b)(c)(d) 分别对应于基于 $e \bmod 1$、$\phi \bmod 1$、$\gamma \bmod 1$ 的二进制数字的选择. 我们恰好用到了 10 位的 π、20 位的 e、13 位的 ϕ 和 13 位的 γ 来生成这些例子.

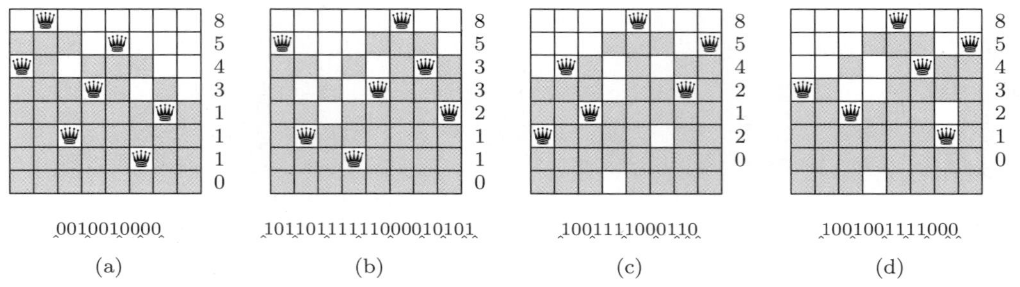

图 69　解决八皇后问题的 4 次随机尝试. 这些实验有助于估计图 68 所示的回溯树的大小. 分支的度数展示在每张图的右侧，用于采样的随机位则展示在底部. 如果单元格受到之前的行中一个或多个皇后的攻击，它们就会被灰色阴影遮盖

在这些讨论中，D_k 表示的是分支的度数，而不是值域. 我们对数字 D_1、X_1、D_2 等使用了大写字母，因为它们都是随机变量. 一旦在某层遇到 $D_l = 0$，通过隐式地假设所走的路径代表了树中根到叶的所有路径，我们就能够估算总的时间成本.

回溯程序的成本可以通过对在搜索树中每个结点上单独花费的时间求和来进行估计. 注意，第 l 层中的每个结点都可以唯一地标记为序列 $x_1 \cdots x_{l-1}$，它定义了从根到该结点的路径. 因此，我们的目标是估计所有 $c(x_1 \cdots x_{l-1})$ 的总和，其中，$c(x_1 \cdots x_{l-1})$ 是在结点 $x_1 \cdots x_{l-1}$ 处的成本.

举例来说，由搜索树 (4) 表示的四皇后问题，其成本是 17 个单独成本的总和：

$$c() + c(1) + c(13) + c(14) + c(142) + c(2) + c(24) + \cdots + c(413) + c(42). \tag{28}$$

如果用 $C(x_1 \cdots x_l)$ 表示以 $x_1 \cdots x_l$ 为根的子树的总成本，那么

$$C(x_1 \cdots x_l) = c(x_1 \cdots x_l) + C\left(x_1 \cdots x_l x_{l+1}^{(1)}\right) + \cdots + C\left(x_1 \cdots x_l x_{l+1}^{(d)}\right), \tag{29}$$

其中，在结点 $x_1 \cdots x_l$ 处对 x_{l+1} 的选择为 $\left\{x_{l+1}^{(1)}, \cdots, x_{l+1}^{(d)}\right\}$. 比如在 (4) 中，我们有 $C(1) = c(1) + C(13) + C(14)$，$C(13) = c(13)$，并且 $C() = c() + C(1) + C(2) + C(3) + C(4)$ 就是 (28) 的总成本.

在这些条件下，不难算出 $C()$ 的一个蒙特卡罗估计.

定理 E.　给定如上的 $D_1, X_1, D_2, X_2, \cdots$，回溯的总成本为

$$C() = \mathrm{E}\big(c() + D_1(c(X_1) + D_2(c(X_1X_2) + D_3(c(X_1X_2X_3) + \cdots)))\big). \tag{30}$$

证明. 若结点 $x_1\cdots x_l$ 上方的分支度数分别为 $d_1, \cdots, d_l$，那么到达它的概率为 $1/d_1\cdots d_l$. 因此，它对公式中的期望值贡献了 $d_1\cdots d_l c(x_1\cdots x_l)/d_1\cdots d_l = c(x_1\cdots x_l)$. ▌

举例来说，(4) 中的树有 6 条从根到叶的路径，并且它们分别以 1/8、1/8、1/4、1/4、1/8、1/8 的概率出现. 第一条路径对期望值贡献了 1/8 乘以 $c() + 4(c(1) + 2(c(13)))$，即 $c()/8 + c(1)/2 + c(13)$. 第二条路径贡献了 $c()/8 + c(1)/2 + c(14) + c(142)$，以此类推.

一个特殊情况是当所有 $c(x_1\cdots x_l) = 1$ 时，定理 E 告诉我们如何估计整棵树的大小. 这通常是一个关键的量.

推论 E. 给定 $D_1, D_2, \cdots$，搜索树的结点总数为

$$\mathrm{E}(1 + D_1 + D_1D_2 + \cdots) = \mathrm{E}\bigl(1 + D_1\bigl(1 + D_2(1 + D_3(1 + \cdots))\bigr)\bigr). \tag{31}$$

举例来说，图 69 使用每张 8×8 图右侧的数字 D_j 对图 68 中的树的大小进行了 4 次估计. 图 69(a) 的估计值为 $1 + 8\times\bigl(1 + 5\times\bigl(1 + 4\times(1 + 3\times(1 + 1\times(1 + 1\times(1 + 1))))\bigr)\bigr) = 2129$，其他 3 个估计值分别为 2689、1489、2609. 它们都与真实值 2057 差得不多，尽管我们不能期望总是如此幸运.

习题 53 中的细致研究表明，(31) 中的估计在八皇后问题上表现得相当好：

$$\bigl(\text{最小 } 489,\quad \text{平均 } 2057,\quad \text{最大 } 7409,\quad \text{标准差 } \sqrt{1\,146\,640} \approx 1071\bigr). \tag{32}$$

对类似的 16 皇后问题而言，其搜索树的均匀性要差一些：

$$\bigl(\text{最小 } 2\,597\,105,\quad \text{平均 } 1\,141\,190\,303,\quad \text{最大 } 131\,048\,318\,769,\quad \text{标准差} \approx 1\,234\,000\,000\bigr). \tag{33}$$

尽管如此，标准差几乎仍与平均值相同，所以我们通常能猜测到正确的数量级.（比如，10 次独立的实验分别预测有 6.32、8.66、2.37、10.27、40.06、9.82、1.43、1.40、34.02、5.10 亿个结点. 它们的平均值约为 11.95 亿.）当 $n = 64$ 时，上千次实验表明，64 皇后问题的搜索树大约有 3×10^{65} 个结点.

让我们精确地描述这一估计程序，使得我们既可以手动执行它，也可以在计算机上方便地执行它.

算法 E（估计回溯的成本）. 如算法 B 中给定定义域 D_k 和性质 P_l，还有如上的结点成本 $c(x_1\cdots x_l)$. 该算法计算量 S，它的期望值为 (30) 中的总成本 $C()$. 算法使用辅助数组 $y_0y_1\cdots$，它的大小应该大于或等于 $\max(|D_1|, \cdots, |D_n|)$.

E1. [初始化.] 置 $l \leftarrow D \leftarrow 1$，$S \leftarrow 0$，并初始化稍后所需的数据结构.

E2. [进入第 l 层.]（此时 $P_{l-1}(X_1, \cdots, X_{l-1})$ 成立.）置 $S \leftarrow S + D\cdot c(X_1\cdots X_{l-1})$. 若 $l > n$，终止算法. 否则置 $d \leftarrow 0$ 和 $x \leftarrow \min D_l$（D_l 中最小的元素）.

E3. [测试 x.] 若 $P_l(X_1, \cdots, X_{l-1}, x)$ 成立，置 $y_d \leftarrow x$ 和 $d \leftarrow d + 1$.

E4. [再尝试.] 若 $x \neq \max D_l$，置 x 为 D_l 中下一个更大的元素并返回至 E3.

E5. [选择并尝试.] 置 $D \leftarrow D\cdot d$. 若 $d = 0$，则终止算法；否则，置 $X_l \leftarrow y_I$，其中，I 是 $\{0, \cdots, d-1\}$ 中的一个随机均匀的整数. 更新数据结构以便于检验 P_{l+1}，置 $l \leftarrow l + 1$ 并跳转至 E2. ▌

虽然算法 E 看起来很像算法 B，但它从不回溯.

当然，在回溯树非常不规则的情况下，我们不能期望这种算法给出正确的估计. 尽管 S 的期望值，即 $\mathrm{E}\,S$ 确实是真实的成本，但 S 的可能值也许彼此之间差别很大.

当性质 P_l 简单到只是“$x_1 > \cdots > x_l$”并且所有定义域都是 $\{1, \cdots, n\}$ 时，会出现一种表现很差的极端情况. 不难看出，这个问题有唯一解 $x_1 \cdots x_n = n \cdots 1$. 此时，使用回溯去找到它是相当不明智的.

然而，这个略显荒谬的问题的搜索树很有意思，它正是式 7.2.1.3–(21) 中的二项树 T_n. 它的第 $l+1$ 层有 $\binom{n}{l}$ 个结点，总共有 2^n 个结点. 如果我们令所有的成本为 1，那么 S 的期望值为 $2^n = e^{n \ln 2}$. 但是习题 52 证明了 S 几乎总是比这小得多，准确地说小于 $e^{(\ln n)^2 \ln\ln n}$. 此外，当算法 E 相对于 T_n 终止时，l 的平均值仅为 $H_n + 1$. 比如，若 $n = 100$，算法终止时 $l \geqslant 20$ 的概率仅为 0.000 000 002 7，然而事实上绝大多数结点在第 51 层附近.

算法 E 有许多可改进之处. 比如，习题 54 表明步骤 E5 中的选择不需要是均匀的. 在实践中见识回溯的更多例子之后，我们将在 7.2.2.9 节中讨论改进的估计技术.

***估计解的个数.** 有时一个问题的解比我们希望生成的要多，但我们仍然想知道解的总数大概是多少. 算法 E 可以告诉我们一个近似的数. 事实上，D 最终的期望值恰好是解的总数，因为在 $D > 0$ 的情况下，算法构造的每个解 $X_1 \cdots X_l$ 都是以概率 $1/D$ 获得的. 请注意，在步骤 E2 中可以有另一个成功终止的标准，即使 l 可能仍然小于或等于 n.

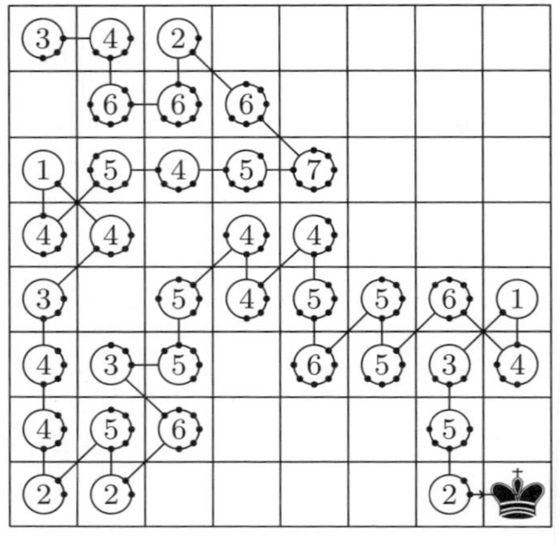

假设一个国王从棋盘的一角走到对角，且不允许重复走进已走过的格子，我们想知道这样的路径有多少条. 此处展示了一条这样的路径，它像图 69(a) 那样使用 π 的位进行随机选择. 从左上角开始，第一步有 3 种选择. 然后，在向右移动之后，第二步有 4 种选择，以此类推. 我们从不采取与目标相悖的移动. 尤其是，图中有两个移动实际上是强制性的.（习题 58 给出了一种避免致命错误的方法.）

得到这样一条特定路径的概率恰好为 $\frac{1}{3}\frac{1}{4}\frac{1}{6}\frac{1}{6}\frac{1}{2}\frac{1}{6}\frac{1}{7}\cdots\frac{1}{2} = 1/D$，其中 $D = 3 \times 4 \times 6 \times 6 \times 2 \times 6 \times 7 \times \cdots \times 2 = 1^2 \times 2^4 \times 3^4 \times 4^{10} \times 5^9 \times 6^6 \times 7^1 \approx 8.7 \times 10^{20}$. 因此我们至少可以暂时合理地猜测，大约有 10^{21} 条这样的路径.

当然，这种基于单个随机样本的猜测是站不住脚的. 但我们知道，在 N 次独立实验中，N 次猜测的平均值 $M_N = (D^{(1)} + \cdots + D^{(N)})/N$，几乎肯定会逼近正确的数值.

当 N 为多大时，我们才能对结果抱有信心呢? 散布在整张图上的每条随机路径获得的实际的 D 值往往会有所不同. 图 70 展示了当 N 从 1 到 10 000 时的代表性结果. 对于 N 的每一个值，我们可以像统计学教材所建议的那样，计算样本方差 $V_N = S_N/(N-1)$，如式 4.2.2–(16) 所示. 然后，再计算 $M_N \pm \sqrt{V_N/N}$ 这种教科书式的估计值. 在图 70 顶部的图表中表示 M_N 的黑点周围，我们以灰色表示了这些“误差线”. 序列 M_N 在 N 达到 3000 左右后稳定下来，并且接近 5×10^{25} 附近的一个值. 这比我们最初的猜测要大得多，但有很多证据支持它.

图 70 底部的图表展示了用于绘制顶部图表的 10 000 个 D 的对数分布. 这些值中几乎有一半小于 10^{20}，它们完全可以忽略不计. 大约 75% 的值小于 10^{24}. 不过，有一些值①超过了 10^{28}. 我们真的可以依赖基于这种混乱表现的结果吗? 丢弃大部分数据并几乎完全相信从相对较少的罕见事件中获得的观察结果，这样做真的正确吗?

① 事实上，图 70 中大于 10^{28} 的值有 4 个. 最大的估计值来自一条长度为 57 的路径，它约等于 2.1×10^{28}. 最小的估计值来自一条长度为 10 的路径，它等于 19 361 664.

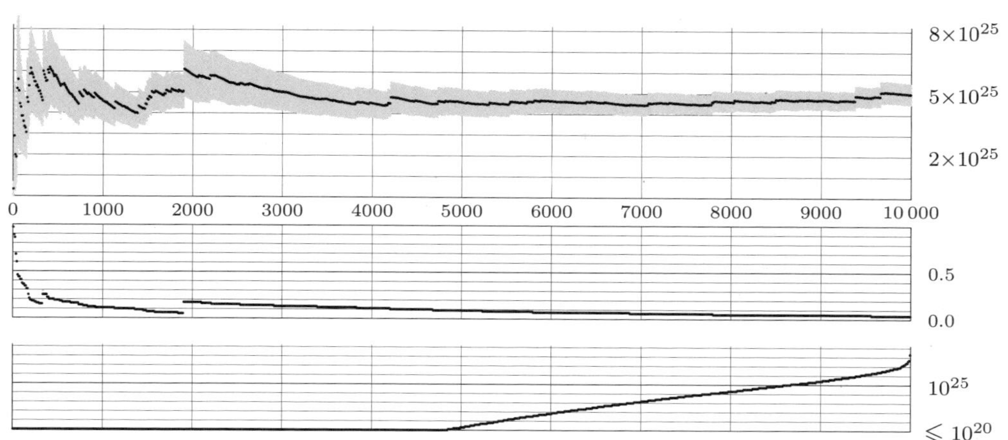

图 70 基于 10 000 次随机实验的国王路径数量估计. 中间的图表展示了式 (34) 对应的衡量标准. 底部的图表展示了单个估计值 $D^{(k)}$ 排序后的对数

当然没有问题! 习题 MPR-124 告诉了我们一些理由, 这个习题基于苏拉夫 · 查特吉和佩尔西 · 迪亚科尼斯的理论工作. 在这个习题所引用的论文中, 他们定义了一个简单的衡量标准

$$\widehat{\chi}_N \;=\; \max(D^{(1)},\cdots,D^{(N)})/(NM_N) \;=\; \frac{\max(D^{(1)},\cdots,D^{(N)})}{D^{(1)}+\cdots+D^{(N)}}, \tag{34}$$

并论证了在大多数诸如此类的实验中, 合理的策略是在 $\widehat{\chi}_N$ 变小时停止采样. (统计量 $\widehat{\chi}_N$ 的值绘制在图 70 的中间.)

此外, 对于回溯问题, 我们还可以估计解的其他性质, 而不仅仅是计算解的个数. 比如, 在随机国王路径算法终止时, lD 的期望值是这类路径的总长度. 图 70 背后的数据表明, 这个总数为 $(2.66\pm0.14)\times10^{27}$, 因此路径的平均长度约为 53. 这些样本还表明, 约 34% 的路径会穿过棋盘中心, 约 46% 会抵达右上角, 约 22% 会同时抵达左下角和右上角, 约 7% 会同时穿过中心、左下角和右上角.

事实上, 对于这个特定的问题, 我们并不需要依赖这种估计, 因为我们可以使用 7.1.4 节的 ZDD (消零二元决策图) 技术来计算真实值. (见习题 59.) 棋盘上的简单角对角国王路径的总数为 50 819 542 770 311 581 606 906 543. 对于所有的 $N\geqslant 250$, 这个值几乎都位于图 70 的误差线内 (除了 $N=1400$ 附近的短区间). 所有这些路径的总长度为 2 700 911 171 651 251 701 712 099 831, 这比我们估计的要稍长一些. 因此, 真正的平均长度约等于 53.15. 穿过中心、给定角、两个角和所有这 3 个格子的真实概率大约分别为 38.96%、50.32%、25.32% 和 9.86%.

角对角国王路径的最大长度为 63, 且具有最大长度的角对角国王路径的总数为 2 811 002 302 704 446 996 926. 如果没有额外的启发法, 算法 E 等类似方法无法很好地估计出这个数.

任意长度的角对角马路径的类似问题稍微超出了 ZDD 技术能解决的范围, 因为需要多得多的 ZDD 结点. 使用算法 E, 我们可以估计大约有 $(8.6\pm1.2)\times10^{19}$ 条这样的路径.

分解问题. 想象这样一个回溯的例子: 它等价于解决两个独立的子问题. 比如, 当我们寻找序列 $x=x_1x_2\cdots x_n$ 时, 它满足 $P_n(x_1,x_2,\cdots,x_n)=F(x_1,x_2,\cdots,x_n)$, 其中,

$$F(x_1,x_2,\cdots,x_n) \;=\; G(x_1,\cdots,x_k)\wedge H(x_{k+1},\cdots,x_n). \tag{35}$$

那么整棵回溯树的大小本质上是 G 和 H 的树大小的乘积, 即使我们使用动态排序也是如此. 此时, 直接应用 (1) 和 (2) 中的一般形式显然是不明智的. 一种更好的方法是先找到 G 的所有

解，再找到 H 的所有解，这样我们就能将计算量减少至计算两棵树的大小之和．这里实际上用到了分治的思想，我们将复合问题 (35) 分解为单独的子问题来处理．

回顾一下，我们在第 7 章开头讨论了问题分解的一个不太明显的应用，它与拉丁方阵有关：欧内斯特·蒂尔登·帕克发现 7–(7) 本质上将 7–(6) 分解为 10 个子问题，并且这些子问题的解很容易组合在一起，因此他将 7–(6) 的求解速度提高了十几个数量级．

一般而言，某个问题 F 的每个解 x 通常能推出各种更简单的问题 F_p 的解 $x^{(p)} = \phi_p(x)$，这种更简单的问题 F_p 称为 F 的“同态像”．如果幸运的话，这些更简单的问题的解可以被组合起来并“升级”为整个问题的解．因此，留意此类简化是值得的．

让我们再看另一个例子．弗雷德里克·阿尔文·肖索发明了一个迷人的谜题［美国专利第 646463 号（1900 年 4 月 3 日）］．1967 年，一位营销天才决定将这个谜题重新命名为“即刻疯狂”，从而使其风靡一时．这个谜题是取 4 个立方体，举例如下：

(36)

其中，每一面都以 4 种方式之一标记，并将它们排成一排，使所有 4 种标记都出现在顶部、底部、正面和背面．(36) 中的放置方式是不正确的，因为有两个 ♣（并且没有 ♠）在顶部．但是如果将每个立方体旋转 90°，我们就会得到一个解．

每个立方体有 24 种放置方式，因为 6 面中的任何一面都可以在顶部，我们还可以旋转 4 次，同时保持顶部不变．所以总的放置数是 $24^4 = 331\,776$．但是我们可以用一种巧妙的方法来分解这个问题，这样所有的解都可以快速地通过手算找到．［见菲力·德卡特布兰奇，*Eureka* **9** (1947), 9–11．］这个想法是，如果我们只看顶部和底部，或者只看正面和背面，那么该谜题的任何一个解都会给我们两组 $\{♣, ♢, ♡, ♠\}$．这是一个更容易解决的问题．

为此，我们可以用 3 对相反面上的标记来表示立方体．在 (36) 中，这些对分别是

$$\{♣♠, ♣♢, ♠♡\}, \quad \{♣♣, ♣♡, ♠♢\}, \quad \{♡♡, ♠♢, ♣♢\}, \quad \{♠♢, ♠♡, ♣♡\}. \qquad (37)$$

从每个立方体中选出一对相反面，共有 $3^4 = 81$ 种方法．在这 81 种方法中，哪一种会让我们得到 $\{♣, ♣, ♢, ♢, ♡, ♡, ♠, ♠\}$ 呢？通过列出立方体 (1, 2) 的 9 种可能性和 (3, 4) 的 9 种可能性，我们可以在一两分钟内得到答案．我们只找到 3 组：

$$(♣♢, ♣♡, ♠♢, ♠♡), \quad (♠♡, ♣♡, ♣♢, ♠♢), \quad (♠♡, ♠♢, ♣♢, ♣♡). \qquad (38)$$

此外还要注意，通过交换某些相反面，我们可以将解的个数“减半”，并使得 $\{♣, ♢, ♡, ♠\}$ 中的每一个都出现在一对的左边和另一对的右边．这样一来，我们可以把 (38) 改写成

$$(♢♣, ♣♡, ♠♢, ♡♠), \quad (♡♠, ♣♡, ♢♣, ♠♢), \quad (♡♠, ♠♢, ♢♣, ♣♡). \qquad (39)$$

相反面的子问题的每个解都可以被视为 2 度正则图，因为此时多重图[①]中的每个顶点都恰好有两个相邻顶点，比如 (39) 中第一个解的边是 ♢ — ♣、♣ — ♡、♠ — ♢、♡ — ♠．

“即刻疯狂”的一个解将为我们提供两个这样的 2 度正则因子，一个用于顶部和底部，一个用于正面和背面．此外，这两个因子的边均不相交：我们不能在两者中使用相同的一对面．因此，问题 (36) 只能通过 (39) 中的第 1 个和第 3 个因子来解决．

① 该多重图以 $\{♣, ♢, ♡, ♠\}$ 为顶点，它的边为 (37) 中的 12 对相反面，即如果两个标记在某个立方体中互为对立面，则在它们之间连一条边．——译者注

相反，每当有两个不相交的 2 度正则图时，我们总能根据需要使用它们来放置立方体，从而将因子“升级”为整个问题的解.

习题 67 描述了另一种问题分解方法. 为方便起见，我们可以将每个子问题视为“放宽”约束.

历史注记. 现在已经难以追溯回溯编程的起源. 许多人肯定有过类似的想法，但在计算机出现之前，人们几乎没有任何理由将它们写下来. 我们相当确定詹姆斯 · 伯努利在 17 世纪运用这样的原理成功地解决了“Tot tibi sunt dotes”问题（可排列的诗歌，见 7.2.1.7 节）. 这个问题此前吸引了很多人，但没有得到解决. 我们之所以相当确定，是因为伯努利的完整解决方案中有回溯方法的痕迹.

回溯程序的典型特征是使用现在称为深度优先搜索的方法遍历可能性树. 这是一种通用的图搜索方法，爱德华 · 卢卡斯将其归功于一位名叫特雷莫的电报工程师 [*Récréations Mathématiques* **1** (Paris: Gauthier-Villars, 1882), 47–50].

八皇后问题最早可能分别由马克斯 · 贝策尔 [*Schachzeitung* **3** (1848), 363; **4** (1849), 40] 和弗朗茨 · 瑙克 [*Illustrirte Zeitung* **14**, 361 (1 June 1850), 352; **15**, 377 (21 September 1850), 182] 独立提出. 卡尔 · 弗里德里希 · 高斯看到了后者的出版物，并为此写了几封信给他的朋友海因里希 · 克里斯蒂安 · 舒马赫. 1850 年 9 月 27 日，高斯写了一封特别有趣的信. 在信中，他解释了如何通过回溯找到所有的解——他称之为“Tatonniren”，这个词源于法语单词 tâtonner，意为“摸索”. 他还列出了反射和旋转意义下每个等价类以字典序的第一个解: 15863724, 16837425, 24683175, 25713864, 25741863, 26174835, 26831475, 27368514, 27581463, 35281746, 35841726, 36258174.

一百年后，计算机问世，人们开始用计算机来解决组合问题. 至此，将回溯描述为一种通用技术的时机已经成熟，罗伯特 · 约翰 · 沃克适逢其时 [*Proc. Symposia in Applied Math.* **10** (1960), 91–94]，他在简短注解中以面向机器的形式介绍了算法 W，并提到可以很容易地扩展该过程以找到可变长度模式 $x_1 \cdots x_n$，其中 n 不固定.

下一个里程碑是所罗门 · 沃尔夫 · 戈龙布和伦纳德 · 丹尼尔 · 鲍默特的论文 [*JACM* **12** (1965), 516–524]，他们仔细地形式化了一般的问题并给出了各种例子. 特别是，他们讨论了对最大无逗点码的搜索，并指出回溯将越来越好地为组合优化问题找到解. 他们引入了某些类型的前瞻策略，以及使用具有最少剩余选择的变量进行分支的动态排序思想.

回溯方法应用于整数规划问题时，有一些特殊的截断性质 [见埃贡 · 巴拉斯，*Operations Research* **13** (1965), 517–546]. 阿瑟 · 迈诺特 · 杰弗里昂简化并扩展了这项工作，因为过程中的许多情况未被显式地枚举出来，所以他称其为“隐式枚举”[*SIAM Rev.* **9** (1967), 178–190].

马克 · 韦尔斯的书 [*Elements of Combinatorial Computing* (1971)，第 4 章]、詹姆斯 · 理查德 · 比特纳和爱德华 · 马丁 · 莱因戈尔德的综述 [*CACM* **18** (1975), 651–656] 以及约翰 · 加施尼格的博士论文 [Report CMU-CS-79-124 (Carnegie Mellon University, 1979)，第 4 章] 中还有一些其他值得注意的关于回溯编程的早期讨论. 加施尼格引入了我们稍后将讨论的“后退标示”和“回跳”技术.

小马歇尔 · 霍尔和高德纳 [*Computers and Computing, AMM* **72**, 2, part 2, Slaught Memorial Papers No. 10 (February 1965), 21–28] 首次简明扼要地描述了回溯成本的蒙特卡罗估计. 十年后，高德纳 [*Math. Comp.* **29** (1975), 121–136] 给出了更详细的阐述. 这种方法可以被视为“重要性抽样”的特例 [见约翰 · 迈克尔 · 哈默斯利和戴维 · 克里斯托弗 · 汉斯库姆, *Monte Carlo Methods* (London: Methuen, 1964), 57–59]. 马歇尔 · 尼古拉斯 · 罗森布鲁斯和

阿里安娜·赖特·罗森布鲁斯［*J. Chemical Physics* **23** (1955), 356–359］开创了对随机自回避游走（如上文所讨论的国王路径）的研究.

回溯程序非常适合并行编程，因为搜索树的不同部分通常彼此完全独立．因此，只需少量的进程间通信，就可以在不同的计算机上探索不相交的子树．早在 1964 年，德里克·亨利·莱默就解释了如何划分问题，以便两台速度不同的计算机可以同时处理它并同时完成．他考虑的问题中，搜索树的形状是已知的（见定理 7.2.1.3L）．但是即使在更复杂的情况下，通过使用蒙特卡罗方法来估计子树大小，我们也可以实现本质类似的负载均衡．虽然近年来并行组合搜索思想得到了长足的发展，但这些技术超出了本书的讨论范围．读者可以在拉斐尔·芬克尔和乌迪·曼伯的论文［*ACM Transactions on Programming Languages and Systems* **9** (1987), 235–256］中找到对一般方法的出色介绍.

米切尔·阿列赫诺维奇、艾伦·博罗金、乔舒亚·布雷什-奥本海姆、拉塞尔·因帕利亚佐、阿夫纳·马根和托尼安·皮塔西定义了*优先分支树*．这是一种通用计算模型，他们用它严格地证明了回溯程序的能力范围［见 *Computational Complexity* **20** (2011), 679–740］.

习题

▶ **1.** [*22*] 通过给出合适的定义域 D_k 以及满足公式 (1) 和 (2) 的截断性质 $P_l(x_1,\cdots,x_l)$，解释如何将生成以下内容的任务视为回溯编程的特例：(i) n 元组；(ii) 不同项的排列；(iii) 组合；(iv) 整数分划；(v) 集合分划；(vi) 嵌套括号.

2. [*10*] 判断正误：可选择 D_1，使得 $P_1(x_1)$ 始终为真.

3. [*20*] 令 T 为树．能否定义域 D_k 和截断性质 $P_l(x_1,\cdots,x_l)$，使得 T 是算法 B 可以遍历的回溯树?

4. [*16*] 用棋盘和 8 枚代表皇后的硬币，按照算法 B 的步骤，我们可以在大概 3 小时内手动遍历图 68 中的树．想个办法，节省一半工作量.

▶ **5.** [*20*] 将算法 B 重新表述为*递归*过程 $try(l)$，通过 $try(1)$ 调用全局变量 n 和 $x_1\cdots x_n$．请思考：为什么本书作者*没有*用这种递归形式呈现算法?

6. [*20*] 给定 r，$1\leqslant r\leqslant 8$，在 8×8 棋盘上除第 r 行外放置 7 个互不攻击的皇后，共有多少种方式?

7. [*20*] （托马斯·邦德·斯普拉格，1890 年）对于 n（$n>5$）皇后问题，且 $x_1=2, x_2=n, x_{n-1}=1, x_n=n-1$，是否有解?

8. [*20*] 八皇后问题是否存在这样两个解：它们的 $x_1x_2x_3x_4x_5x_6$ 相同?

9. [*21*] $4m$ 皇后问题的解中能否有 $3m$ 个皇后在白色方格中?

▶ **10.** [*22*] 尝试用算法 W 解决 n 皇后问题．按正文中的建议，用 n 位数的位运算.

11. [*M25*] （威廉·阿伦斯，1910 年）当 $n=4$ 时，n 皇后问题的两个解都有四分之一旋转对称性：旋转 90° 后与原来一样，但反射（镜像）和原来不同.

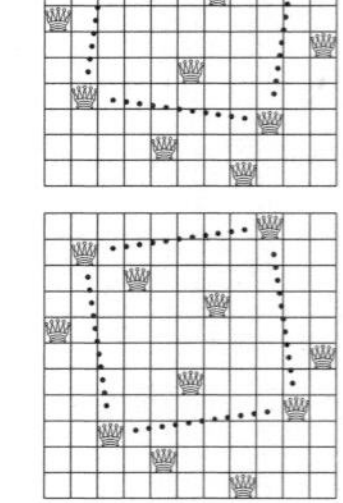

(a) n 皇后问题有自身呈反射对称的解吗?

(b) 证明：如果 $n \bmod 4\in\{2,3\}$，则不存在自身呈四分之一旋转对称的解.

(c) 有时，n 皇后问题的解中正好有 4 个皇后形成斜方形的 4 个角，如右图所示．证明：总可以通过变换斜方形的方向来得到另外的解（而其余 $n-4$ 个皇后原地不动）.

(d) 令 C_n 为 90° 对称性解的数量，并假设满足 $x_k>k$（$1\leqslant k\leqslant n/2$）的解的数量为 c_n．证明 $C_n=2^{\lfloor n/4\rfloor}c_n$.

12. [*M28*] （*环绕皇后*）将 (3) 替换为更强的条件“$x_j\neq x_k$, $(x_k-x_j) \bmod n\neq k-j$, $(x_j-x_k) \bmod n\neq k-j$”．（$n\times n$ 网格变成了环面．）证明：当且仅当 n 不能被 2 或 3 整除时，问题才有解.

13. [*M30*] 对于 $n\geqslant 0$，哪些 n 皇后问题至少有一个解?

14. [*M25*] 假设习题 12 有 $T(n)$ 个环形解，证明 $Q(mn) \geqslant Q(m)^n T(n)$.

15. [*HM44*] （梅纳赫姆 · 西姆金，2021 年）证明：当 $n \to \infty$ 时，$Q(n) \approx \sigma^n n!$，其中 $\sigma \approx 0.389\,068$.

16. [*21*] 设 $H(n)$ 为 n 只蜂王占据 $n \times n$ 蜂巢的方式数量，要求没有两只蜂王处于同一行.（比如，右图显示的是 $H(4) = 7$ 中的一种方式.）计算小 n 的 $H(n)$.

17. [*15*] 乔纳森 · 奎克（一名学生）注意到，在算法 L 中，步骤 L2 的循环可以由“当 $x_l < 0$ 时”改为“当 $x_l \neq 0$ 时”，因为 x_l 在算法的这一步不可能为正. 因此，他决定消除负号，只在步骤 L3 中置 $x_{l+k+1} \leftarrow k$. 这是一个好主意吗?

18. [*17*] 假设 $n = 4$，算法 L 已执行到步骤 L2，其中 $l = 4$ 且 $x_1x_2x_3 = 241$. 试求 $x_4x_5x_6x_7x_8$、$p_0p_1p_2p_3p_4$ 和 $y_1y_2y_3$ 的当前值.

19. [*M10*] 兰福德问题 (7) 中的定义域 D_l 是什么?

▸ **20.** [*21*] 扩展算法 L，使其在 $k \notin \{x_1, \cdots, x_{l-1}\}$ 且 $l \geqslant 2n - k - 1$ 时强制 $x_l \leftarrow k$.

▸ **21.** [*M25*] 如果 $x = x_1x_2 \cdots x_{2n}$，令 $x^D = (-x_{2n}) \cdots (-x_2)(-x_1) = -x^R$ 是它的对偶.

(a) 证明：如果 n 是奇数且 x 符合兰福德规则 (7)，则当且仅当存在某个 $k > \lfloor n/2 \rfloor$ 使得 $x_k^D = n$ 时，才有某个 $k \leqslant \lfloor n/2 \rfloor$ 使得 $x_k = n$.

(b) 当 n 为偶数时，找到一个类似的规则来区分 x 和 x^D.

(c) 修改习题 20 中的算法，以便每对对偶解 $\{x, x^D\}$ 中恰好只输出一个.

22. [*M26*] 探索“松散兰福德对”：将 (7) 中的“$j + k + 1$”替换为“$j + \lfloor 3k/2 \rfloor$”.

23. [*17*] 通常改变单词矩形中的一两个字母就能将其变成另一个单词矩形. (10) 可以变成哪些 5×6 单词矩形?

24. [*20*] 定制算法 B，使其能找到所有 5×6 单词矩形.

▸ **25.** [*25*] 给定 $1 \leqslant k \leqslant 5$ 且 $\mathtt{a} \leqslant c \leqslant \mathtt{z}$，解释如何使用正交列表，如 2.2.6 节中的图 13 所示，可以很容易访问第 k 个字符为 c 的所有五字母单词. 使用这些子列表来加速习题 24 中的算法.

26. [*21*] 你能找到 5×7、5×8、5×9、5×10 的单词矩形吗?

27. [*22*] 将习题 25 中的算法用于 6×5 而不是 5×6 的单词矩形时，(13) 和 (14) 的深度结点数和平均结点探测成本将如何变化?

▸ **28.** [*23*] 习题 24 和习题 25 用的方法是 n 级回溯，一次填充 $m \times n$ 矩阵的一列，并使用字典树来检测行中的非法前缀. 设计一种方法，执行 mn 级回溯，每级仅填充一个单元格，同时对行和列使用字典树.

29. [*20*] 是否存在包含少于 11 个不同单词的 5×6 单词矩形?

30. [*22*] 19 世纪 50 年代的英国流行一种对称词方，其列与行的单词相同. 比如，奥古斯塔斯 · 德摩根称赞过以下词方：

```
L E A V E
E L L E N
A L O N E
V E N O M
E N E M Y
```

因为它确实“有意义”！采用习题 28 中的方法，确定 5×5 对称词方的总数. 有多少属于 `WORDS(500)`?

31. [*20*] （查尔斯 · 巴贝奇，1864 年）5×5 对称词方在两条对角线上可以有有效单词吗?

32. [*22*] 《官方英语拼字游戏玩家词典（第 4 版）》[OSPD4，*The Official* SCRABBLE® *Players Dictionary, fourth edition* (Hasbro, 2005)] 支持多少个大小为 2×2, 3×3, $\cdots$ 的对称词方?

33. [*21*] 手动构建词方的猜谜者很早就发现，最简单的方法是自下而上构建. 因此，他们使用“反向词典”，其中，单词按词根顺序出现. 这种做法会加速计算机实验吗?

34. [*15*] 下列单词中符合无逗点码的最大集合是什么?

`aced` `babe` `bade` `bead` `beef` `cafe` `cede` `dada` `dead` `deaf` `face` `fade` `feed`

▸ **35.** [*22*] 假设有一张含有 m 个字母的字母表. 令 $w_1, w_2, \cdots, w_n$ 为该字母表上的四字母单词. 设计一个接受 w_j 的算法，使得 w_j 对于已接受的单词 $\{w_1, \cdots, w_{j-1}\}$ 符合无逗点码.

36. [*M22*] 含有 m 个字母的字母表上的两字母块码可以表示为有 m 个顶点的有向图 D，其中，当且仅当 ab 是码字时，有 $a \to b$.

(a) 证明：编码是无逗点码 $\iff$ D 没有长度为 3 的有向路径.

(b) 假设在有 m 个顶点的有向图中，没有长度为 r 的有向路径. 请问有多少条弧?

▸ **37.** [*M30*] （威拉德 · 劳伦斯 · 伊斯门，1965 年）对于任何字母表上的任何奇数块长度 n，以下构造过程可以优雅地产生最大长度的无逗点码. 给定一个非负整数序列 $x = x_0x_1 \cdots x_{n-1}$，这里 x 与其每个循环移位 $x_k \cdots x_{n-1}x_0 \cdots x_{k-1}$ 都不相同，其中 $0 < k < n$，该过程输出循环移位 σx，并且 σx 是无逗点码.

我们将 x 视为无限周期序列 $\langle x_n \rangle$，即对所有 $k \geqslant n$ 有 $x_k = x_{k-n}$. 每个循环移位形如 $x_kx_{k+1} \cdots x_{k+n-1}$. 最简单的非平凡例子发生在 $n = 3$ 时，这里 $x = x_0x_1x_2x_0x_1x_2x_0 \cdots$，而且我们没有 $x_0 = x_1 = x_2$. 在这种情况下，算法输出 $x_kx_{k+1}x_{k+2}$，其中 $x_k \geqslant x_{k+1} < x_{k+2}$；并且所有此类三元组的集合显然都满足无逗点码条件.

一个关键思想是将 x 视为由边界标记 b_j 划分成的 t 个子串，其中 $0 \leqslant b_0 < b_1 < \cdots < b_{t-1} < n$，并且对于 $j \geqslant t$ 有 $b_j = b_{j-t} + n$. 这样一来，子串 y_j 就是 $x_{b_j}x_{b_j+1} \cdots x_{b_{j+1}-1}$. 子串的数量 t 始终为奇数. 最初 $t = n$，并且对于所有 j 有 $b_j = j$；最终 $t = 1$，并且 $\sigma x = y_0$ 是所需的输出.

伊斯门的算法基于对相邻子串 y_{j-1} 和 y_j 的比较. 如果这两个子串的长度相同，那么我们使用字典序比较；否则，我们声明较长的子串更大.

另一个关键思想是“dips”的概念，它是 $z = z_1 \cdots z_k$ 形式的子字符串，其中 $k \geqslant 2$ 且 $z_1 \geqslant \cdots \geqslant z_{k-1} < z_k$. 容易看出，任意字符串 $y = y_0y_1 \cdots$（其中对无限多个 i 有 $y_i < y_{i+1}$）都可以分解为 dips 序列 $y = z^{(0)}z^{(1)} \cdots$，并且此分解是唯一的，举例如下：

$$3141592653589793238462643383 \cdots = 314\ 15\ 926\ 535\ 89\ 79\ 323\ 846\ 26\ 4338\ 3 \cdots.$$

此外，如果 y 是周期序列，则其分解为 dips 序列的过程最终也是周期性的，尽管某些初始因子可能不会出现在该周期中，举例如下：

$$123443550123443550123443550 \cdots = 12\ 34\ 435\ 501\ 23\ 4435\ 501\ 23\ 4435\ \cdots.$$

给定一个由上述边界标记描述的周期性非常数序列 y，其中周期长度 t 是奇数，其周期性分解将包含奇数个奇数长度的 dips 序列. 伊斯门算法的每一轮都简单地保留了那些奇数长度的 dips 序列左侧的边界点，然后将 t 重置为保留的边界点的数量. 如果 $t > 1$，则开始另一轮.

(a) 当 $n = 19$ 且 $x = 3141592653589793238$ 时，手动运行该算法.

(b) 证明轮数最多为 $\lfloor \log_3 n \rfloor$.

(c) 展示当 $n = 3^e$ 时达到此最坏情况界限的二进制串 x.

(d) 实现算法的完整细节.（出奇地短!）

(e) 解释为什么该算法会产生无逗点码.

38. [*HM28*] 伊斯门算法一轮就完成的概率是多少?（假设 x 是随机 m 进制串，长度 n 为奇数且 $n > 1$，并且 x 不等于其任何循环移位. 使用生成函数来回答.）

39. [*18*] 为什么长度为 $(m^4 - m^2)/4$ 的无逗点码不包含 0001 和 2000?

▸ **40.** [*15*] 为什么像 (16)~(23) 这样的顺序数据结构没有出现在 2.2.2 节（标题为“顺序分配”）中?

41. [*17*] 表 1 中的 (a) `MEM[4d]=5e` 和 (b) `MEM[94]=84` 有何意义?

42. [*18*] 表 2 中为什么有 (a) `MEM[f8]` = `e7` 和 (b) `MEM[ad]` = `ba`?

43. [*20*] 使用撤销方案 (26)，假设 $\sigma \leftarrow \sigma + 1$ 盖上当前时间戳导致 σ 溢出为零了. 该怎么办?

▸ **44.** [*25*] 阐明算法 C 的步骤 C2 中候选选择过程的底层实现细节. 每当更改 `MEM` 的内容时，使用 (26) 的例程 store(a, v)，并使用以下选择策略.

(a) 找出蓝色单词数 r 最少的类 c.

(b) 若 $r = 0$，置 $x \leftarrow -1$；否则置 x 为类 c 中的单词.

(c) 若 $r > 1$，则使用抑制列表找到一个 x，该 x 最大化可以在包含 x 的前缀列表或后缀列表的另一侧删除的蓝色单词的数量.

▶ **45.** [*28*] 继续习题 44，详细说明当 $x \geqslant 0$ 时步骤 C3 的细节.

(a) 当蓝色单词 x 变为红色时，应对 MEM 进行哪些更新?

(b) 当蓝色单词 x 变为绿色时，应对 MEM 进行哪些更新?

(c) 如 (b) 所示，步骤 C3 首先置 x 为绿色. 解释它如何通过更新抑制列表来完成工作.

46. [*M35*] 在 $(\sum_{d\backslash n}\mu(d)2^{n/d})/n$ 个周期类的每一类中，对于每个单词长度 n，是否存在具有一个码字的二元（$m=2$）无逗点码?

47. [*HM29*] 如果我们对字母进行排列和/或用每个码字的左右反射来替换，那么 m 个字母上的无逗点码最多相当于 $2m!$ 个这样的代码.

当 m 分别为 (a) 2、(b) 3、(c) 4 并且分别有 (a) 3、(b) 18、(c) 57 个码字时，确定 m 个字母上所有长度为 4 的非同构无逗点码.

48. [*M42*] 在 $m=5$ 个字母上找到长度为 4 的最长无逗点码.

49. [*20*] 解释如何根据显示的“随机”位确定图 69 中的选择. 比如，为什么图 69(b) 中的 X_2 被置为 1?

50. [*M15*] 解释正文的蒙特卡罗算法中的值 $\mathrm{E}(D_1\cdots D_l)$.

51. [*M22*] 与定理 E 对应的简单鞅是什么?

▶ **52.** [*HM25*] 埃尔莫使用算法 E，其中 $D_k=\{1,\cdots,n\}$，$P_l=[x_1>\cdots>x_l]$，$c=1$.

(a) 爱丽丝独立掷 n 枚硬币，其中，硬币 k 出现“正面”的概率为 $1/k$. 请判断以下叙述是否正确：她以概率 $\left[{n \atop l}\right]/n!$ 获得恰好 l 个正面.

(b) 令 $Y_1, Y_2, \cdots, Y_l$ 为硬币出现正面的次数.（因此 $Y_1=1$，而 $Y_2=2$ 的概率为 1/2.）证明 Pr(爱丽丝得到 $Y_1, Y_2, \cdots, Y_l$) = Pr(埃尔莫得到 $X_1=Y_l$, $X_2=Y_{l-1}$, $\cdots$, $X_l=Y_1$).

(c) 证明爱丽丝确乎必然最多获得 $(\ln n)(\ln\ln n)$ 个正面.

(d) 证明埃尔莫的 S 确乎必然小于 $\exp((\ln n)^2(\ln\ln n))$.

▶ **53.** [*M30*] 扩展算法 B，使其也能计算由算法 E 产生的蒙特卡罗估计 S 的最小值、最大值、均值和方差.

54. [*M21*] 我们可以使用一个有偏分布，其中 $\Pr(I=i\,|\,X_1,\cdots,X_{l-1})=p_{X_1\cdots X_{l-1}}(y_i)>0$，而不是在步骤 E5 中以概率 $1/d$ 选择每个 y_i. 应该如何修改估计 S，使其在这个一般方案中的期望值仍然是 $C()$?

55. [*M20*] 假设所有成本 $c(x_1,\cdots,x_l)$ 均为正，证明习题 54 中的有偏分布的估计 S 始终正确.

▶ **56.** [*M25*] 算法 C 中的无逗点码搜索过程实际上并不符合算法 E 的模式，因为它结合了前瞻性、动态排序、可逆存储技术，以及对基本回溯范式的其他增强技术. 如何使用蒙特卡罗方法可靠地估计它的运行时间?

57. [*HM21*] 算法 E 在终止之前可能会遵循 M 条路径 $X_1\cdots X_{l-1}$，其中，M 是回溯树的叶结点数. 假设在这些叶结点上，D 的最终值是 $D^{(1)}$, $\cdots$, $D^{(M)}$. 证明 $(D^{(1)}\cdots D^{(M)})^{1/M}\geqslant M$.

58. [*27*] 正文中的国王路径问题是在给定图中计算从顶点 s 到顶点 t 的简单路径的一般问题的特殊情况.

可以从 s 开始通过随机游走生成这样的路径. 假设我们为所有未在路径中的顶点 v 维护一张表 DIST(v)，用于表示从 v 到 t 通过未使用顶点的最短距离. 对于这样的表，我们可以简单地在每一步移动到一个顶点，其中 DIST(v) $<\infty$.

设计一种动态更新 DIST 表的方法，无须进行不必要的工作.

59. [*26*] 使用习题 7.1.4–225 中的方法，可以为棋盘上所有简单的角落到角落的国王路径构造一个具有 3 174 197 个结点的 ZDD. 解释如何使用这个 ZDD 来计算 (a) 所有路径的总长度；(b) 接触任何给定中心点和/或角落点的子集的路径数量.

▶ **60.** [*20*] 使用有偏随机游走（见习题 54），将每个非死胡同国王移动到新顶点 v 的权重设为 $1+\text{DIST}(v)^2$，而不是以相同的概率选择每一个这样的移动. 这个策略相比图 70 有改进吗?

61. [*HM26*] 设 P_n 为整数序列 $x_1\cdots x_n$ 的个数，使得 $x_1=1$ 且 $1\leqslant x_{k+1}\leqslant 2x_k$（$1\leqslant k<n$）.［前几个值是 1, 2, 6, 26, 166, 1626, $\cdots$. 这个序列是由阿瑟 · 凯莱在 *Philosophical Magazine* (4) **13** (1857), 245–248 中引入的，他证明了 P_n 将 2^n-1 的分划枚举为 2 的幂.］

(a) 证明 P_n 是高度为 n 的二叉树的轮廓数.

(b) 找到针对大 n 计算 P_n 的有效方法. 提示：考虑更一般的序列 $P_n^{(m)}$，其定义类似，但 $x_1=m$.

(c) 使用定理 E 的估计过程证明 $P_n\geqslant 2^{\binom{n}{2}}/(n-1)!$.

▸ **62.** [*22*] 假设有 4 个立方体，其中每一面被随机涂上 4 种颜色中的一种. 估计相应的“即刻疯狂”谜题有唯一解的概率. 在“分解问题”的过程中会出现多少个 2 度正则图?

63. [*20*] 找到 5 个立方体，其中每一面都有 5 种颜色中的一种，并且每种颜色至少出现 5 次，使得相应的谜题有唯一解.

64. [*24*] 假设有 5 个立方体，其面上是以下所示的大写字母图案.

通过扩展“即刻疯狂”谜题的规则，证明这些立方体可以排成一行，以便显示 4 个五字母单词.（每个单词的字母应具有一致的方向. 字母 ⊂ 和 ∪、H 和 I、N 和 Z 通过 90° 旋转相关.）

65. [*25*] 证明广义的“即刻疯狂”问题（有 n 个立方体，且其面上有 n 种颜色）是 NP 完全的，尽管 n 较小的情况相当容易.

▸ **66.** [*23*] （愚人圆盘）“旋转下面左图中的 4 块圆盘，使每条射线上的 4 个数字之和为 12.”（比如，当前有一条射线上的数字之和为 $4+3+2+4=13$.）请说明可以很好地分解这个问题，因此能轻松地通过手算解决.

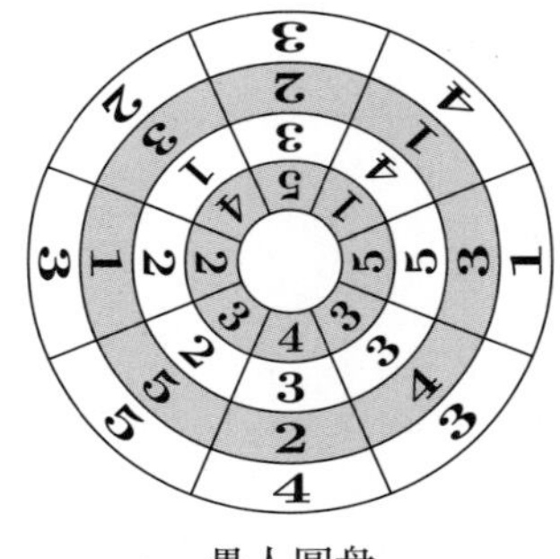

愚人圆盘

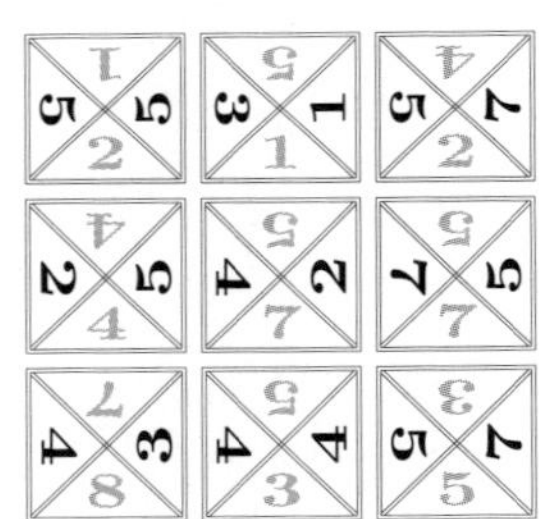

皇家水族馆十三谜题

▸ **67.** [*26*] （皇家水族馆十三谜题）“重排上面右图中的 9 张牌，可选择将其中一些旋转 180°，使得灰色数字的 6 个水平和、黑色数字的 6 个竖直和都等于 13.”（当前数字之和是 $1+5+4=10, \cdots, 7+5+7=19$.）《霍夫曼的新旧谜题》[*Hoffmann's Puzzles Old and New* (1893)] 的作者说：“解题没有捷径. 必须通过连续换位来获得正确的顺序，直到条件满足为止.”试证明他错了：“分解”问题并通过手算解决它.

▸ **68.** [*28*] （约翰 · 德勒伊特，2018 年 3 月 14 日）请在下面每个空白框中填一个数字，该数字等于该框箭头所指方向上不同数字的个数.

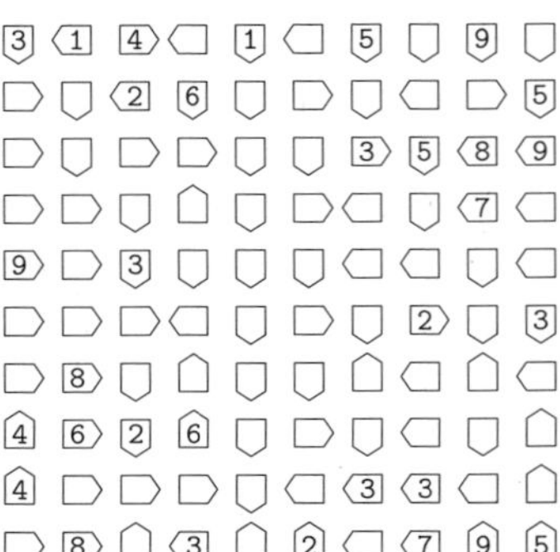

69. [*41*] 是否存在类似习题 68 这样的谜题，其中预先填入的数字线索多于 32 位圆周率数字序列①？

70. [*HM40*] （米雷耶 · 布斯凯-梅卢）考虑从 $m \times n$ 网格的左上角到右下角的自回避路径，每一步可以向上、向下或向右．如果随机生成这样的路径，像算法 E 那样在每一步做出 1 个、2 个或 3 个选择，则期望值 $\mathrm{E}\,D_{mn}$ 就是此类路径的总数 m^{n-1}．但方差要大得多：构造多项式 $P_m(z)$ 和 $Q_m(z)$，使得对 $m \geqslant 2$ 有 $G_m(z) = \sum_{n=1}^{\infty}(\mathrm{E}\,D_{mn}^2)z^n = zP_m(z)/Q_m(z)$．比如，$G_3(z) = (z+z^2)/(1-9z-6z^2) = z + 10z^2 + 96z^3 + 924z^4 + 8892z^5 + \cdots$．进一步证明 $\mathrm{E}\,D_{mn}^2 = \Theta(\rho_m^n)$，其中 $\rho_m = 2^m + O(1)$．

▶ **71.** [*M29*] （唐纳德 · 罗伊 · 伍兹，2000 年）找到使得表 666 中问卷的正确答案数量最多的所有方法．每道题的答案范围为从 (A) 到 (E)．*提示*：首先搞清楚本习题的确切含义．对于答案为 (A) 或 (B) 的以下两道“热身题”，哪个答案更合适？

1. (A) 题 2 的答案是 (B)．　　(B) 题 1 的答案是 (A)．

2. (A) 题 1 的答案是正确的．　(B) 要么题 2 的答案错误，要么题 1 的答案是 (A)，但不能两者都满足．

72. [*HM28*] 试证明：如果表 666 更改两项，即 9(E) 变为“$\in [39\,.\,.\,43]$”，15(C) 变为“$\{11\}$”，那么习题 71 的答案将令人惊讶且有些矛盾．

▶ **73.** [*30*] （无线索字谜）以下 29 个五字母单词

$$\underline{\ }_{1}\underline{\ }_{2}\underline{\ }_{3}\underline{\ }_{4}\underline{\ }_{5},\ \underline{\ }_{6}\underline{\ }_{7}\underline{\ }_{8}\underline{\ }_{9}\underline{\ }_{10},\ \underline{\ }_{11}\underline{\ }_{12}\underline{\ }_{13}\underline{\ }_{14}\underline{\ }_{15},\ \underline{\ }_{16}\underline{\ }_{17}\underline{\ }_{18}\underline{\ }_{19}\underline{\ }_{20},\ \ldots,\ \underline{\ }_{141}\underline{\ }_{142}\underline{\ }_{143}\underline{\ }_{144}\underline{\ }_{145}$$

都属于 1000 个常见单词 WORDS(1000)．它们打乱之后形成以下神秘文本：

$\underline{\ }_{30}\underline{\ }_{29}\underline{\ }_{9}$ $\underline{\ }_{140}\underline{\ }_{12}\underline{\ }_{13}\underline{\ }_{145}\underline{\ }_{90}\underline{\ }_{45}\underline{\ }_{99}$ $\underline{\ }_{26}\underline{\ }_{107}$ $\underline{\ }_{47}\underline{\ }_{84}\underline{\ }_{53}\underline{\ }_{51}\underline{\ }_{27}\underline{\ }_{133}\underline{\ }_{39}$ $\underline{\ }_{137}\underline{\ }_{139}$ $\underline{\ }_{66}\underline{\ }_{112}\underline{\ }_{69}\underline{\ }_{14}\underline{\ }_{8}\underline{\ }_{20}\underline{\ }_{91}\underline{\ }_{129}\underline{\ }_{70}$

$\underline{\ }_{16}\underline{\ }_{7}\underline{\ }_{93}\underline{\ }_{19}\underline{\ }_{85}$ $\underline{\ }_{101}\underline{\ }_{76}\underline{\ }_{78}\underline{\ }_{44}\underline{\ }_{10}\underline{\ }_{106}\underline{\ }_{60}$ $\underline{\ }_{118}\underline{\ }_{119}$ $\underline{\ }_{24}\underline{\ }_{25}\underline{\ }_{100}$ $\underline{\ }_{1}\underline{\ }_{5}\underline{\ }_{64}\underline{\ }_{11}\underline{\ }_{71}$ $\underline{\ }_{42}\underline{\ }_{122}\underline{\ }_{123}$

$\underline{\ }_{103}\underline{\ }_{104}\underline{\ }_{63}\underline{\ }_{49}\underline{\ }_{31}\underline{\ }_{121}\underline{\ }_{98}\underline{\ }_{79}\underline{\ }_{80}$ $\underline{\ }_{46}\underline{\ }_{48}$ $\underline{\ }_{134}\underline{\ }_{135}\underline{\ }_{131}$ $\underline{\ }_{143}\underline{\ }_{96}\underline{\ }_{142}\underline{\ }_{120}\underline{\ }_{50}\underline{\ }_{132}\underline{\ }_{33}\underline{\ }_{43}\underline{\ }_{34}\underline{\ }_{40}$.　$\cdots$

$\underline{\ }_{111}\underline{\ }_{97}\underline{\ }_{113}\underline{\ }_{105}\underline{\ }_{38}\underline{\ }_{102}\underline{\ }_{62}\underline{\ }_{65}\underline{\ }_{114}$ $\underline{\ }_{74}\underline{\ }_{82}\underline{\ }_{81}\underline{\ }_{83}\underline{\ }_{136}\underline{\ }_{37}\underline{\ }_{21}\underline{\ }_{61}\underline{\ }_{88}\underline{\ }_{86}\underline{\ }_{55}$ ($\underline{\ }_{32}\underline{\ }_{35}$ $\underline{\ }_{117}\underline{\ }_{116}\underline{\ }_{23}\underline{\ }_{52}$

$\underline{\ }_{56}\underline{\ }_{17}\underline{\ }_{18}\underline{\ }_{94}\underline{\ }_{67}$ $\underline{\ }_{128}\underline{\ }_{15}\underline{\ }_{57}\underline{\ }_{58}\underline{\ }_{89}$ $\underline{\ }_{87}\underline{\ }_{109}$ $\underline{\ }_{2}\underline{\ }_{4}\underline{\ }_{6}\underline{\ }_{28}\underline{\ }_{95}\underline{\ }_{3}\underline{\ }_{126}\underline{\ }_{77}\underline{\ }_{144}\underline{\ }_{54}\underline{\ }_{41}$) $\underline{\ }_{68}\underline{\ }_{115}$

$\underline{\ }_{75}\underline{\ }_{138}\underline{\ }_{73}\underline{\ }_{124}\underline{\ }_{36}\underline{\ }_{130}\underline{\ }_{127}\underline{\ }_{141}$ $\underline{\ }_{22}\underline{\ }_{92}$ $\underline{\ }_{72}\underline{\ }_{59}$ $\underline{\ }_{108}\underline{\ }_{125}\underline{\ }_{110}$.

此外，这些五字母单词的首字母 $\underline{\ }_{1}$, $\underline{\ }_{6}$, $\underline{\ }_{11}$, $\underline{\ }_{16}$, $\ldots$, $\underline{\ }_{141}$ 连起来正好是引文的出处②，引文完全由常见的英语单词组成．这段引文说的是什么？

74. [*21*] 习题 73 中的第 15 个神秘单词是“$\underline{\ }_{134}\underline{\ }_{135}\underline{\ }_{131}$”．为什么它的特殊形式使得该问题得以部分分解？

▶ **75.** [*30*] （连通子集）令 v 为图 G 的顶点，H 包含 v 且是 G 的连通子集．H 的顶点可以通过从 $v_0 \leftarrow v$ 开始以规范方式列出，然后让 $v_1, v_2, \cdots$ 成为位于 H 中的 v_0 的邻接点，接着是 v_1 的邻接点（图中没有列出），以此类推．（假设每个顶点的邻接点都按某种固定顺序列出．）

如果 G 是 3×3 网格 $P_3 \,\square\, P_3$，则其连接的五元素子集中恰好有 21 个包含左上角元素 v．假设邻接点按照顶点从上到下、从左到右排序．（标记为 ⓪, ①, ②, ③, ④ 的顶点分别表示 v_0, v_1, v_2, v_3, v_4．其他顶点不在 H 中．）规范排序如下所示．

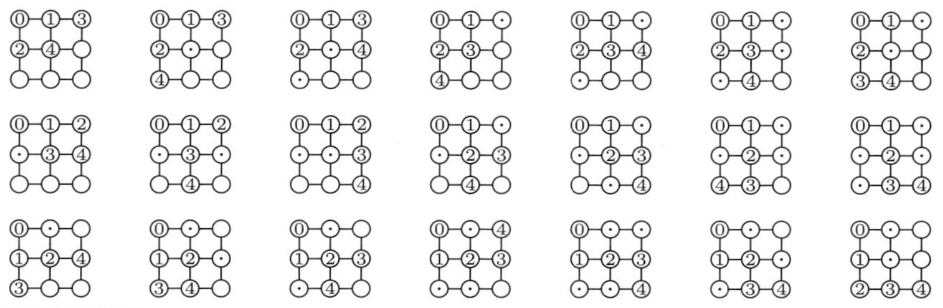

① 习题 68 中预先填入了 32 位圆周率数字序列．——译者注

② 即谁说的这些话．——译者注

表 666　20 道题（参见习题 71）

1. 第一道答案为 (A) 的题是 ______.
(A) 1　(B) 2　(C) 3　(D) 4　(E) 5

2. 与此题答案相同的下一道题是 ______.
(A) 4　(B) 6　(C) 8　(D) 10　(E) 12

3. 仅有的两道答案相同且相邻的题是 ______.
(A) 15 和 16　(B) 16 和 17　(C) 17 和 18　(D) 18 和 19　(E) 19 和 20

4. 本题答案与哪些题的答案相同?
(A) 10 和 13　(B) 14 和 16　(C) 7 和 20　(D) 1 和 15　(E) 8 和 12

5. 第 14 题的答案是 ______.
(A) 选项 (B)　(B) 选项 (E)　(C) 选项 (C)　(D) 选项 (A)　(E) 选项 (D)

6. 本题答案是 ______.
(A) 选项 (A)　(B) 选项 (B)　(C) 选项 (C)　(D) 选项 (D)　(E) 以上都不是

7. 本问卷中最常出现的答案是 ______.
(A) 选项 (A)　(B) 选项 (B)　(C) 选项 (C)　(D) 选项 (D)　(E) 选项 (E)

8. 忽略出现次数相同的答案，出现次数最少的答案是 ______.
(A) 选项 (A)　(B) 选项 (B)　(C) 选项 (C)　(D) 选项 (D)　(E) 选项 (E)

9. 所有答案正确且与本题答案相同的题的编号之和为 ______.
(A) $\in [59\,..\,62]$　(B) $\in [52\,..\,55]$　(C) $\in [44\,..\,49]$　(D) $\in [59\,..\,67]$　(E) $\in [44\,..\,53]$

10. 第 17 题的答案是 ______.
(A) 选项 (D)　(B) 选项 (B)　(C) 选项 (A)　(D) 选项 (E)　(E) 错误

11. 答案为 (D) 的题数为 ______.
(A) 2　(B) 3　(C) 4　(D) 5　(E) 6

12. *除本题外*，与本题答案相同的题数，与哪个答案的题数相同?
(A) 选项 (B)　(B) 选项 (C)　(C) 选项 (D)　(D) 选项 (E)　(E) 以上都不是

13. 答案为 (E) 的题数为 ______.
(A) 5　(B) 4　(C) 3　(D) 2　(E) 1

14. 以下次数没有答案出现过的是 ______.
(A) 2　(B) 3　(C) 4　(D) 5　(E) 以上都不是

15. 答案为 (A)、题号为奇数的题集是 ______.
(A) {7}　(B) {9}　(C) 不是 {11}　(D) {13}　(E) {15}

16. 第 8 题的答案与哪道题的答案相同?
(A) 3　(B) 2　(C) 13　(D) 18　(E) 20

17. 第 10 题的答案是 ______.
(A) 选项 (C)　(B) 选项 (D)　(C) 选项 (B)　(D) 选项 (A)　(E) 正确

18. 题号为素数且答案为元音字母的题数是 ______.
(A) 素数　(B) 平方数　(C) 奇数　(D) 偶数　(E) 零

19. 最后一道答案为 (B) 的题是 ______.
(A) 14　(B) 15　(C) 16　(D) 17　(E) 18

20. 本问卷可获得的最高分为 ______.
(A) 18　(B) 19　(C) 20　(D) 不确定　(E) 只有答错本题才能实现

给定一个以 SGB 格式表示的图（具有字段 ARCS、TIP 和 NEXT，如第 7 章开头部分所述），设计一个回溯算法，生成包含指定顶点 v 的所有 n 元素连通子集.

76. [*23*] 使用习题 75 中的算法生成给定图 G 的所有 n 元素连通子集. 对于 $1 \leqslant n \leqslant 9$ 来说，$P_n \square P_n$ 有多少个这样的子集?

77. [*M22*] 有向图 G 的 v 可达子集是顶点集 H 的非空集合，其属性是每个 $u \in H$ 都可以通过 $G|H$ 中的至少一条有向路径从 v 到达.（特别是，v 本身必须在 H 中.）

(a) 有向图 $P_3^{\rightarrow}\,\square\,P_3^{\rightarrow}$ 类似于 $P_3\,\square\,P_3$，只不过顶点之间的所有弧都指向下方或右方. 习题 75 中的 21 个连通子集中哪些也可以从 $P_3^{\rightarrow}\,\square\,P_3^{\rightarrow}$ 的左上角元素 v 到达?

(b) 判断以下表述是否正确：H 是 v 可达的，当且仅当 $G|H$ 包含以 v 为根的对偶有向生成树. （有向树具有弧 $u \longrightarrow p_u$，其中 p_u 是非根结点 u 的父结点. 在对偶有向树中，弧线相反：$p_u \longrightarrow u$. ）

(c) 判断以下表述是否正确：如果 G 是无向图，则每当有 $u \longrightarrow w$ 时就有 $w \longrightarrow u$，其 v 可达子集与包含 v 的连通子集相同.

(d) 修改习题 75 中的算法，使其在给定 n、v 和 G 的情况下生成有向图 G 的所有 n 元素 v 可达子集.

78. [*22*] 将习题 77 中的算法扩展到加权图，其中每个顶点都有一个非负权重：生成所有连通诱导子图，其总权重 w 满足 $L \leqslant w < U$.

▶ **79.** [*M30*] 本书作者和他的妻子有一架管风琴，里面有 812 根音管，音管可以演奏或静音. 因此，该管风琴可以产生 2^{812} 种声音（包括静音）. 然而，音管是由传统的管风琴控制台控制的，它只有 $56+56+32=144$ 个可以用手或脚操作的琴键或踏板，以及 20 个定义琴键和音管之间连接的开关. 因此，该管风琴实际上最多可以演奏 2^{164} 种声音. 本习题的目的是确定（对于较小的 n）n 管管风琴可以演奏多少种声音.

琴键是二进制向量 $s = s_0s_1\cdots s_{55}$ 和 $g = g_0g_1\cdots g_{55}$；踏板为 $p = p_0p_1\cdots p_{31}$；控制台开关为 $c = c_0c_1\cdots c_{19}$；音管为 $r_{i,j}$，其中 $0 \leqslant i < 16$，$0 \leqslant j < 56$. 以下是根据输入向量定义音管活动 $r_{i,j}$ 的精确规则，输入向量 s、g、p 和 c 由管风琴演奏者控制：

$$r_{i,j} = \begin{cases} c_ip_j \vee c_{i+15}p_{j-12}, & i \in \{0,1\}; \\ c_ip_j, & i \in \{2\}; \end{cases}$$

$$r_{i,j} = \begin{cases} (c_i \vee c_{i+1}[j<12])s_j^*, & i \in \{3\}; \\ c_i[j \geqslant 12]s_j^*, & i \in \{4,8\}; \\ c_is_j^*, & i \in \{5,6,7\}; \end{cases}$$

$$r_{i,j} = \begin{cases} (c_i \vee c_{i+1}[j<12])g_j^*, & i \in \{9\}; \\ c_i[j \geqslant 12]g_j^*, & i \in \{10\}; \\ c_ig_j^*, & i \in \{11,12\}; \\ (c_{13} \vee c_{14})g_j^*, & i \in \{13\}; \\ c_{14}g_j^*, & i \in \{14,15\}. \end{cases}$$

这里，$p_j = 0$（对于 $j < 0$ 或 $j \geqslant 32$）；$s_j^* = s_j \vee c_{17}g_j \vee c_{18}p_j$；$g_j^* = g_j \vee c_{19}p_j$.（用管风琴术语来说，音管阵列有 16 个“等级”，其中，等级 $\{0,1,2\}$、$\{3,\cdots,8\}$、$\{9,\cdots,15\}$ 分别构成分区 Pedal、Swell 和 Great. 等级 3 和等级 4 共享较低的 12 根音管，等级 9 和等级 10 也是如此. 等级 13、14 和 15 形成“混合物”c_{14}. 单元等级 c_{15} 和 c_{16} 扩展等级 0 和等级 1，高 12 个音符. 控制台开关 c_{17}、c_{18}、c_{19} 分别是“耦合器”Swell → Great、Swell → Pedal、Great → Pedal，它们解释了公式中的 s_j^* 和 g_j^*. ）

可演奏的声音 S 是 (i,j) 对的集合，输入向量 s、g、p、c 至少选择一个，从而有 $r_{i,j} = [(i,j)\in S]$. 比如，巴赫《D 小调托卡塔》的第一和弦是八管音 $\{(3,33),(3,45),(4,33),(4,45),(5,33),(5,45),(6,33),(6,45)\}$，当 $s_{33} = s_{45} = c_3 = c_4 = c_5 = c_6 = 1$ 并且所有其他输入均为 0 时可实现. 我们想找到可演奏声音的数量 Q_n，其中 $\|S\| = n$.

(a) 我们有 16×56 个变量 $r_{i,j}$，因为有些等级不完整，实际音管只有 812 根. 对于哪些 (i,j) 对，$r_{i,j}$ 始终为假?

(b) 判断正误：如果 $s \subseteq s'$、$g \subseteq g'$、$p \subseteq p'$、$c \subseteq c'$，则 $r \subseteq r'$.

(c) 证明：每个可演奏的声音都可以通过 $c_{17} = c_{18} = c_{19} = 0$ 实现.

(d) 如果 s_j、g_j、p_j、c_j 中只有 5 个非零，那么找到一个用 5 根音管可演奏的声音.

(e) 如果 2 管声音 $\{(i,40),(i',50)\}$ 可以演奏，那么 i 和 i' 是多少?

(f) 通过手算确定 Q_1，并解释为什么它小于 812.

(g) 通过手算确定 Q_{811}.

(h) 通过计算机程序确定 $Q_2, \cdots, Q_{10}$，并将它们与 $\binom{812}{2}, \cdots, \binom{812}{10}$ 比较.

我们手中已经掌握着几条线索，
想必其中总会有一条线索引导我们找到真相.
追随错误的方向难免会浪费一些时间，
但我们最终定能找到正确的方向.

——夏洛克 · 福尔摩斯，在《巴斯克维尔的猎犬》中（1901 年）

以下食谱绝不是从陈旧作品中
抽丝剥茧、拼凑碎片、裁剪粘贴所得的浅薄集锦，
而是一本对实践事实的真实记录……
作者付出了前无古人的心血，或许从不曾有人敢于尝试这样的挑战.
他不仅亲自烹制，更是亲口品尝了每一道菜品，
然后才将其记录在书中.

——威廉 · 基奇纳,《食谱再现：厨师的神谕》（1817 年）

正如我们希望您能从我们这里有所收获一样，
我们也从您那里学到了许多.
感谢您慷慨分享的食谱、捷径、贴士及传统.
如果没有您的帮助，那么这本书将难以完成.

——《麦考尔烹饪书》（1963 年）

> 他们的舞姿
> 如此曼妙.
> 天哪，我难以言表!
> ——哈里 · 巴里,《密西西比泥浆》(1927 年)

> 当你犯错时也别失去你的自信,
> 感谢人生这趟愉快的旅途,
> 然后振作起来，掸去身上的尘与土，重新上路.
> ——多萝西 · 菲尔兹,《振作起来》(1936 年)

7.2.2.1 舞蹈链. 回溯算法的一个主要特征是需要撤销其对数据结构所做的操作. 在本节中，我们将研究一些非常简单的链接操作技术. 利用这些技术，我们可以轻松修改数据结构和撤销对它们的修改. 我们同时将看到，这些技术有大量的实际应用.

假设我们有一个双向链表，其中每一个结点 X 都有一个前驱结点和一个后继结点，分别用 LLINK(X) 和 RLINK(X) 表示. 我们知道，从链表中删除 X 是很简单的，只需令:

$$\texttt{RLINK(LLINK(X))} \leftarrow \texttt{RLINK(X)}, \qquad \texttt{LLINK(RLINK(X))} \leftarrow \texttt{LLINK(X)}. \tag{1}$$

在这一点上，一种传统但富有智慧的做法是回收结点 X，使其可以在另一个列表中再被使用. 我们可能还想整理指针——这可以通过将 LLINK(X) 和 RLINK(X) 清理为 Λ 来实现——使得指向仍处于活跃状态的结点的散乱指针不会带来麻烦.（比如，式 2.2.5–(4) 与 (1) 相似，只是它还声明 AVAIL $\Leftarrow$ X.）相比之下，舞蹈链这种技术抵制任何进行垃圾回收的冲动. 在一个回溯程序中，我们最好让 LLINK(X) 和 RLINK(X) 保持不变. 这样一来，我们就可以简单地撤销操作 (1)，只需令:

$$\texttt{RLINK(LLINK(X))} \leftarrow \texttt{X}, \qquad \texttt{LLINK(RLINK(X))} \leftarrow \texttt{X}. \tag{2}$$

举例来说，我们可能有一个列表. 与 2.2.5–(2) 中一样，它有 4 个元素:

列表头

(3)

如果我们使用 (1) 来删除第 3 个元素，那么 (3) 将变为:

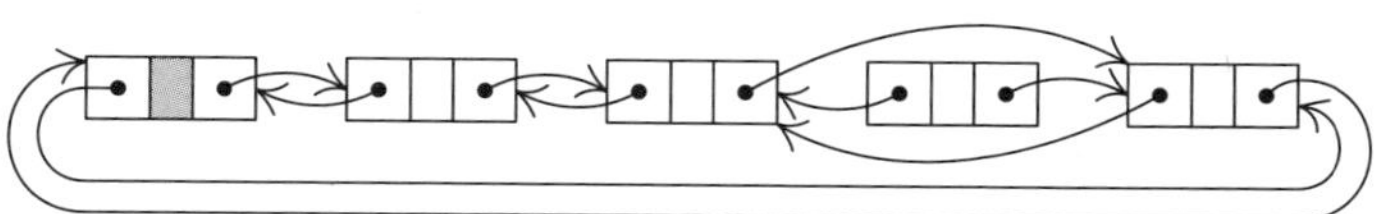

如果再删除第 2 个元素，那么我们会得到:

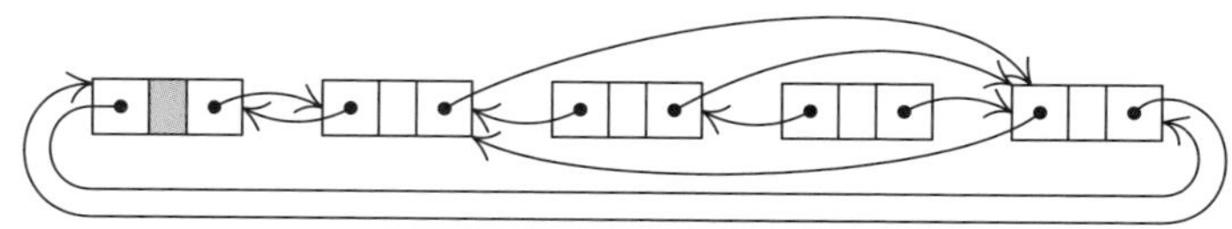

随后删除最后一个元素，接着删除第 1 个元素，最后我们将得到:

(4)

该列表现在为空，并且其中的链接变得相当杂乱（见习题 1）. 但是我们知道，如果此时进行回溯，使用 (2) 按顺序取消对元素 1、4、2、3 的删除操作，那么我们将神奇地恢复初始状态 (3). 这些指针运动背后的编排十分有趣且具有观赏性——就像编排舞蹈动作一样，它解释了为什么这种技术被称为“舞蹈链”.

精确覆盖问题. 随着回溯实例研究的深入，我们将看到众多链接愉悦而高效地“起舞”的例子. 这个想法的美妙之处或许可以在被称为*精确覆盖*的一类重要问题中最自然地体现：给定一个 $M \times N$ 矩阵 $\boldsymbol{A}$，其元素都是 0 或 1，问题是找到所有行子集，使得每一列中的和恰好为 1. 比如，考虑以下 6×7 矩阵：

$$\boldsymbol{A} = \begin{pmatrix} 0 & 0 & 1 & 0 & 1 & 0 & 0 \\ 1 & 0 & 0 & 1 & 0 & 0 & 1 \\ 0 & 1 & 1 & 0 & 0 & 1 & 0 \\ 1 & 0 & 0 & 1 & 0 & 1 & 0 \\ 0 & 1 & 0 & 0 & 0 & 0 & 1 \\ 0 & 0 & 0 & 1 & 1 & 0 & 1 \end{pmatrix} \tag{5}$$

$\boldsymbol{A}$ 的每一行对应于七元素 01 序列的一个子集. 只需思考片刻就会发现，只有一种方法可以用不相交的行覆盖所有这 7 列，即选择第 1、4、5 行. 当行数和列数非常大时，我们想教会计算机如何去解决这样的问题.

01 矩阵在组合问题中处处可见，它帮助我们理解看似不同的问题之间本质相同的关系（见习题 5）. 但是在计算机内部，我们通常不会希望将精确覆盖问题显式地表示为一个二维的位数组，因为这些矩阵往往非常稀疏：矩阵中只有为数不多的 1. 因此，我们将使用一种不同的表示，它基本上只需在数据结构中为矩阵中的每个 1 创建一个结点.

更进一步地说，我们甚至不会谈论行和列! 我们处理的一些精确覆盖问题已经涉及在它们自己的应用领域中被称为“行”和“列”的概念. 我们将使用“选项”和“项”这样的术语取而代之：每个选项都是一个项集. *精确覆盖问题的目标是找到覆盖所有项的不相交的选项.*

举例来说，我们将 (5) 视为 6 个选项，其中每个选项有 7 项. 将这些项命名为 a、b、c、d、e、f、g，则所有的选项为：

$$\text{“}c\ e\text{”};\quad \text{“}a\ d\ g\text{”};\quad \text{“}b\ c\ f\text{”};\quad \text{“}a\ d\ f\text{”};\quad \text{“}b\ g\text{”};\quad \text{“}d\ e\ g\text{”}. \tag{6}$$

每一项在第 1 个、第 4 个和第 5 个选项中恰好出现一次.

在处理精确覆盖问题时最妙的一件事情是，我们做出的每一个尝试性选择都会给我们留下一个更小的精确覆盖问题，而且通常小得多. 假设我们尝试通过选择选项“$a\ d\ g$”来覆盖 (6) 中的项 a，剩余问题仅剩下两个选项：

$$\text{“}c\ e\text{”}\quad \text{和}\quad \text{“}b\ c\ f\text{”}, \tag{7}$$

因为其他 4 个选项包含了已经被覆盖的项. 此时很容易看出 (7) 没有解，因此我们可以从 (6) 中删除选项“$a\ d\ g$”. 这样一来，对于项 a，就只剩下了一个选项，即“$a\ d\ f$”. 并且它的剩余问题

$$\text{“}c\ e\text{”}\quad \text{和}\quad \text{“}b\ g\text{”} \tag{8}$$

给我们带来了正在寻找的解.

因此，我们自然而然地想到使用一个递归算法，它基于“覆盖某项”这种简单操作：为了*覆盖项 i，我们从当前活跃选项的数据库中删除所有包含 i 的选项，同时从待覆盖项的列表中删除 i.* 这个算法非常简单.

- 选择一个需要被覆盖的项 i. 如果没有剩余的项，算法终止并成功（找到了一个解）.
- 如果没有任何活跃选项包含 i，算法终止并失败（没有这样的解）. 否则覆盖 i.　　(9)
- 对于每个刚刚删除的包含 i 的选项 O，逐个执行如下操作：
  对于 O 中的每一项 $j \neq i$，覆盖 j，然后递归地将 O 添加到剩余问题的每个解中.

（当然，正如我们将看到的，对于被覆盖的所有项，我们都必须在后面撤销覆盖．）

当具体实现这个算法并观察底层设计时，我们会发现一些有趣的细节．有一个包含所有待覆盖项的“水平”双向链表，并且每一项也有其自己的“竖直”列表，其中包含涉及该项的所有活跃选项．比如，(6) 的数据结构如下所示．

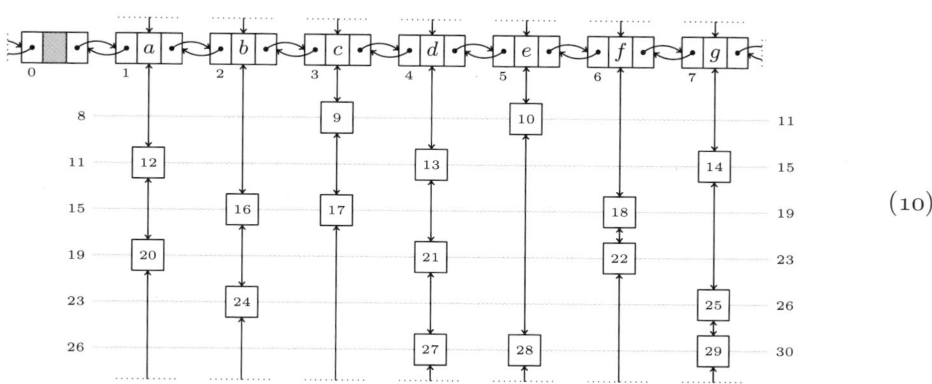

(10)

（在此图中，双向链表指针“环绕”在虚线附近．）水平双向链表具有指针 LLINK 和 RLINK，竖直列表具有指针 ULINK 和 DLINK．每个竖直列表的结点通过 TOP 字段指向它们的表头．

图 (10) 的第一行展示了水平的项列表及其关联的竖直表头的初始状态．其他行表示了 (6) 的 6 个选项，它们由竖直列表中的 16 个结点表示．这些选项隐式地形成水平列表，由浅灰色线表示．但是它们的结点不需要用指针链接在一起，因为选项的列表不会被改变．因此，我们可以通过按顺序分配它们来节省时间和空间．另外，我们的算法需要能够在两个方向上循环遍历每个选项，因此我们在选项之间插入*间隔结点*．间隔结点 x 由条件 TOP$(x) \leqslant 0$ 标识，并且

$$\begin{aligned}\texttt{ULINK}(x) &= x\text{ 之前的选项中第一个结点的地址},\\ \texttt{DLINK}(x) &= x\text{ 之后的选项中最后一个结点的地址}.\end{aligned} \tag{11}$$

这些约定描述的内部存储器布局如表 1 所示．首先是单个项的记录，这些记录有字段 NAME、LLINK 和 RLINK，其中 NAME 用于打印输出．然后是具有字段 TOP、ULINK 和 DLINK 的结点．TOP 字段在用作表头的结点中称为 LEN，因为下面的算法 X 使用这些字段来存储项列表的长度．本例中的结点 8、11、15、19、23、26、30 是间隔结点．标记为“—”的字段未被使用，可以包含任何内容．

我们现在可以更准确地说明当算法 X 要覆盖某项 i 时，计算机内存中发生了什么．

$$\text{cover}(i) = \begin{cases}\text{置 } p \leftarrow \texttt{DLINK}(i).\ \text{（像 } p\text{、}l\text{、}r \text{ 这样未声明的变量是局部变量.）}\\ \text{当 } p \neq i \text{ 时，执行 hide}(p)\text{，然后置 } p \leftarrow \texttt{DLINK}(p) \text{ 并重复.}\\ \text{置 } l \leftarrow \texttt{LLINK}(i)\text{，} r \leftarrow \texttt{RLINK}(i)\text{，}\\ \quad \texttt{RLINK}(l) \leftarrow r\text{，}\texttt{LLINK}(r) \leftarrow l.\end{cases} \tag{12}$$

$$\text{hide}(p) = \begin{cases}\text{置 } q \leftarrow p+1\text{，当 } q \neq p \text{ 时重复以下步骤：}\\ \quad\text{置 } x \leftarrow \texttt{TOP}(q)\text{，} u \leftarrow \texttt{ULINK}(q)\text{，} d \leftarrow \texttt{DLINK}(q)\text{；}\\ \quad\text{若 } x \leqslant 0\text{，置 } q \leftarrow u\text{（}q \text{ 是一个间隔结点）；}\\ \quad\text{否则置 } \texttt{DLINK}(u) \leftarrow d\text{，}\texttt{ULINK}(d) \leftarrow u\text{，}\\ \qquad \texttt{LEN}(x) \leftarrow \texttt{LEN}(x)-1\text{，} q \leftarrow q+1.\end{cases} \tag{13}$$

表 1 对应于 (6) 和 (10) 的内存初始内容

i:	0	1	2	3	4	5	6	7
NAME(i):	—	a	b	c	d	e	f	g
LLINK(i):	7	0	1	2	3	4	5	6
RLINK(i):	1	2	3	4	5	6	7	0
x:	0	1	2	3	4	5	6	7
LEN(x):	—	2	2	2	3	2	2	3
ULINK(x):	—	20	24	17	27	28	22	29
DLINK(x):	—	12	16	9	13	10	18	14
x:	8	9	10	11	12	13	14	15
TOP(x):	0	3	5	−1	1	4	7	−2
ULINK(x):	—	3	5	9	1	4	7	12
DLINK(x):	10	17	28	14	20	21	25	18
x:	16	17	18	19	20	21	22	23
TOP(x):	2	3	6	−3	1	4	6	−4
ULINK(x):	2	9	6	16	12	13	18	20
DLINK(x):	24	3	22	22	1	27	6	25
x:	24	25	26	27	28	29	30	
TOP(x):	2	7	−5	4	5	7	−6	
ULINK(x):	16	14	24	21	10	25	27	
DLINK(x):	2	29	29	4	5	7	—	

这里的要点在于，这些操作可以轻易地撤销.

$$\text{uncover}(i) = \begin{cases} \text{置 } l \leftarrow \texttt{LLINK}(i),\ r \leftarrow \texttt{RLINK}(i), \\ \quad \texttt{RLINK}(l) \leftarrow i,\ \texttt{LLINK}(r) \leftarrow i. \\ \text{置 } p \leftarrow \texttt{ULINK}(i). \\ \text{当 } p \neq i \text{ 时，执行 unhide}(p)\text{，然后置 } p \leftarrow \texttt{ULINK}(p) \text{ 并重复.} \end{cases} \tag{14}$$

$$\text{unhide}(p) = \begin{cases} \text{置 } q \leftarrow p-1\text{，当 } q \neq p \text{ 时重复以下步骤:} \\ \quad \text{置 } x \leftarrow \texttt{TOP}(q),\ u \leftarrow \texttt{ULINK}(q),\ d \leftarrow \texttt{DLINK}(q); \\ \quad \text{若 } x \leqslant 0\text{，置 } q \leftarrow d\text{（}q\text{ 是一个间隔结点）;} \\ \quad \text{否则置 } \texttt{DLINK}(u) \leftarrow q,\ \texttt{ULINK}(d) \leftarrow q, \\ \qquad \texttt{LEN}(x) \leftarrow \texttt{LEN}(x)+1,\ q \leftarrow q-1. \end{cases} \tag{15}$$

这里，我们小心地将所有操作都颠倒了过来——在 (14) 和 (15) 中使用操作 (2) 来撤销删除操作，这与我们之前在 (12) 和 (13) 中使用操作 (1) 的方式完全相反. 此外，无须进行额外的复制，我们便可在原数据结构上完成这些修改. 使用舞蹈链技术，我们在整个过程中宛若跳了一支优雅的华尔兹.

算法 X（*使用舞蹈链精确覆盖*）. 通过使用上面描述的数据结构，这个算法访问一个给定精确覆盖问题的所有解. 它还维护了一个用于回溯的结点指针列表 $x_0, x_1, \cdots, x_T$，其中 T 是一个足够大的数，以容纳部分解中每个选项的一个条目.

X1. [初始化.] 如表 1 所示，在内存中设置这个问题（见习题 8）. 同时，置 N 为项数，Z 为最后一个间隔结点的地址，并置 $l \leftarrow 0$.

X2. [进入第 l 层.] 若 $\texttt{RLINK}(0)=0$（因此所有项都被覆盖了），访问这个由 $x_0x_1\cdots x_{l-1}$ 指定的解并跳转至 X8（见习题 13）.

X3. [选择 i.] 此时项 i_1, $\cdots$, i_t 还需被覆盖，其中 $i_1=\texttt{RLINK}(0)$，$i_{j+1}=\texttt{RLINK}(i_j)$，$\texttt{RLINK}(i_t)=0$. 选择其中一个，称其为 i.（习题 9 中的 MRV 启发法在实践中通常表现优异.）

X4. [覆盖 i.] 使用 (12) 来覆盖 i，并置 $x_l \leftarrow \texttt{DLINK}(i)$.

X5. [尝试 x_l.] 若 $x_l=i$，跳转至 X7.（我们已经尝试了包含 i 的所有选项.）否则置 $p\leftarrow x_l+1$，并且，当 $p\neq x_l$ 时执行下列操作：置 $j\leftarrow\texttt{TOP}(p)$；若 $j\leqslant 0$，置 $p\leftarrow\texttt{ULINK}(p)$；否则执行 cover$(j)$ 并置 $p\leftarrow p+1$.（这覆盖了包含 x_l 的选项中不等于 i 的项.）置 $l\leftarrow l+1$，返回至 X2.

X6. [再尝试.] 置 $p\leftarrow x_l-1$，并且，当 $p\neq x_l$ 时执行下列操作：置 $j\leftarrow\texttt{TOP}(p)$，若 $j\leqslant 0$，置 $p\leftarrow\texttt{DLINK}(p)$；否则执行 uncover$(j)$ 并置 $p\leftarrow p-1$.（通过使用 X5 中的相反顺序，这样做撤销了对包含 x_l 的选项中不等于 i 的项的覆盖.）置 $i\leftarrow\texttt{TOP}(x_l)$，$x_l\leftarrow\texttt{DLINK}(x_l)$，并返回至 X5.

X7. [回溯.] 使用 (14) 撤销对 i 的覆盖.

X8. [离开第 l 层.] 当 $l=0$ 时，算法终止. 否则置 $l\leftarrow l-1$ 并跳转至 X6. ▮

为了感受这个富有启发性的算法中的“舞步”，强烈建议读者立即做做习题 11，是的，就现在！当程序终止时，所有链接都将恢复到它们最初的设置.

在本节中，我们将看到算法 X 和类似算法的大量应用. 为了兑现第 7 章第 2 页[①]的承诺，我们首先看如何使用舞蹈链来高效地求解兰福德对问题.

兰福德对问题的任务是将 $2n$ 个数 $\{1,1,2,2,\cdots,n,n\}$ 放入 $2n$ 个空位 $s_1s_2\cdots s_{2n}$ 中，使得恰好有 i 个数出现在两个 i 之间. 这个问题可以很好地用精确覆盖的形式来表示：我们考虑 i 的 n 个值和 $2n$ 个空位 s_j 作为要覆盖的项. 可用于放置两个 i 的选项是：

$$\text{“}i\ s_j\ s_k\text{”},\qquad \text{对于 } 1\leqslant j<k\leqslant 2n,\quad k=i+j+1,\quad 1\leqslant i\leqslant n. \tag{16}$$

比如，当 $n=3$ 时，它们是：

$$\text{“}1\,s_1\,s_3\text{”}\ \text{“}1\,s_2\,s_4\text{”}\ \text{“}1\,s_3\,s_5\text{”}\ \text{“}1\,s_4\,s_6\text{”}\ \text{“}2\,s_1\,s_4\text{”}\ \text{“}2\,s_2\,s_5\text{”}\ \text{“}2\,s_3\,s_6\text{”}\ \text{“}3\,s_1\,s_5\text{”}\ \text{“}3\,s_2\,s_6\text{”}. \tag{17}$$

精确覆盖所有项等价于放置每对数并填充每个空位. 算法 X 可以快速确定 (17) 只有两个解：

$$\text{“}3\,s_1\,s_5\text{”}\ \text{“}2\,s_3\,s_6\text{”}\ \text{“}1\,s_2\,s_4\text{”}\quad \text{和}\quad \text{“}3\,s_2\,s_6\text{”}\ \text{“}2\,s_1\,s_4\text{”}\ \text{“}1\,s_3\,s_5\text{”},$$

分别对应于放置方案 312132 和 231213. 注意，这两种方案互为镜像. 习题 15 展示了如何通过删除 (16) 中的一些选项来减少一半工作量并消除这种对称性.

在这种改变下，当 $n=16$ 时，一共有 326 721 800 个解，算法 X 需要大约 1.13 万亿次内存访问才能找到全部的解. 这相当不错——每个解只需要大约 3460 次内存访问. 这都得益于链接的快速“舞动”.

当然，我们已经在 7.2.2 节开头附近见过了一个专门为兰福德对问题设计的回溯程序，即算法 7.2.2L. 在使用了习题 7.2.2–21 中的强化技巧之后，它可以更快地处理 $n=16$ 的情况——能够在大约 4000 亿次内存访问后完成搜索. 令人欣慰的是，算法 X 中的通用机制并没有远落后于最佳的定制方法.

---

① 此处是指《计算机程序设计艺术 卷 4A：组合算法（一）》的第 2 页.——译者注

副项. 经典的 n 皇后问题是否也可以表述为精确覆盖问题？当然可以！但是这个构造方式并不那么显而易见. 与我们在 7.2.2–(3) 中设置问题的方式不同（当时为了简化问题，我们考虑在棋盘的每行中选择一个位置放置一个皇后），现在每次进行必要的选择时，我们都平等地考虑行和列.

有 n^2 个用于放置皇后的选项，我们希望每一行和每一列都恰好有一个皇后. 此外，我们希望每条对角线上至多有一个皇后. 更准确地说，令 x_{ij} 是表示有一个皇后在第 i 行第 j 列的布尔变量，我们希望有：

$$\sum_{i=1}^{n} x_{ij} = 1 \quad \text{对于 } 1 \leqslant j \leqslant n; \qquad \sum_{j=1}^{n} x_{ij} = 1 \quad \text{对于 } 1 \leqslant i \leqslant n; \tag{18}$$

$$\sum \bigl\{ x_{ij} \bigm| 1 \leqslant i, j \leqslant n,\ i+j=s \bigr\} \leqslant 1 \quad \text{对于 } 1 < s \leqslant 2n; \tag{19}$$

$$\sum \bigl\{ x_{ij} \bigm| 1 \leqslant i, j \leqslant n,\ i-j=d \bigr\} \leqslant 1 \quad \text{对于 } -n < d < n. \tag{20}$$

通过引入取值为 0 或 1 的“松弛变量” $u_2, \cdots, u_{2n}, v_{-n+1}, \cdots, v_{n-1}$，我们可以将 (19) 和 (20) 中的不等式转换为等式：

$$\sum \bigl\{ x_{ij} \bigm| 1 \leqslant i, j \leqslant n,\ i+j=s \bigr\} + u_s = 1 \quad \text{对于 } 1 < s \leqslant 2n; \tag{21}$$

$$\sum \bigl\{ x_{ij} \bigm| 1 \leqslant i, j \leqslant n,\ i-j=d \bigr\} + v_d = 1 \quad \text{对于 } -n < d < n. \tag{22}$$

因此不难看出，n 皇后问题等价于寻找 n^2+4n-2 个布尔变量 x_{ij}, u_s, v_d 的问题，并使得这些变量的某些子集的和为 1，如 (18)、(21) 和 (22) 所示.

这本质上是一个精确覆盖问题，其选项对应于布尔变量，其项对应于子集. 这些项为 r_i、c_j、a_s 和 b_d，分别表示第 i 行、第 j 列、第 s 条上对角线和第 d 条下对角线. 放置皇后的选项为“$r_i\ c_j\ a_{i+j}\ b_{i-j}$”，还有一些简单的选项“$a_s$”和“$b_d$”来表示松弛条件.

比如，当 $n=4$ 时，这 n^2 个放置选项为：

$$\begin{array}{llll}
\text{“}r_1\ c_1\ a_2\ b_0\text{”;} & \text{“}r_2\ c_1\ a_3\ b_1\text{”;} & \text{“}r_3\ c_1\ a_4\ b_2\text{”;} & \text{“}r_4\ c_1\ a_5\ b_3\text{”;} \\
\text{“}r_1\ c_2\ a_3\ b_{-1}\text{”;} & \text{“}r_2\ c_2\ a_4\ b_0\text{”;} & \text{“}r_3\ c_2\ a_5\ b_1\text{”;} & \text{“}r_4\ c_2\ a_6\ b_2\text{”;} \\
\text{“}r_1\ c_3\ a_4\ b_{-2}\text{”;} & \text{“}r_2\ c_3\ a_5\ b_{-1}\text{”;} & \text{“}r_3\ c_3\ a_6\ b_0\text{”;} & \text{“}r_4\ c_3\ a_7\ b_1\text{”;} \\
\text{“}r_1\ c_4\ a_5\ b_{-3}\text{”;} & \text{“}r_2\ c_4\ a_6\ b_{-2}\text{”;} & \text{“}r_3\ c_4\ a_7\ b_{-1}\text{”;} & \text{“}r_4\ c_4\ a_8\ b_0\text{”.}
\end{array} \tag{23}$$

同时，$4n-2$ 个松弛选项（它们恰好包含每项一次）为：

$$\text{“}a_2\text{”; “}a_3\text{”; “}a_4\text{”; “}a_5\text{”; “}a_6\text{”; “}a_7\text{”; “}a_8\text{”; “}b_{-3}\text{”; “}b_{-2}\text{”; “}b_{-1}\text{”; “}b_0\text{”; “}b_1\text{”; “}b_2\text{”; “}b_3\text{”.} \tag{24}$$

算法 X 可以轻松解决这个小问题，但它对松弛选项的处理略显笨拙（见习题 16）.

然而，仔细观察就会发现，只需对算法 X 稍作改动，我们就能够完全避免松弛选项！我们可以将一个精确覆盖问题的项分为两类：必须恰好被覆盖一次的主项和至多被覆盖一次的副项. 如果我们简单地修改步骤 X1，使得只有主项出现在活跃列表中，那么一切都将如魔法般顺利进行.（想想为什么.）事实上，习题 8 的答案给出了对步骤 X1 的必要修改.

副项在应用中往往非常有用. 因此，让我们重新定义精确覆盖问题，将它们考虑在内：从此以后，我们将假设一个精确覆盖问题包含 N 个不同的项，其中有 N_1 个主项和 $N_2 = N - N_1$ 个副项. 问题由一系列选项定义，每个选项都是某些项构成的子集. 每个选项必须至少包含一个主项. 我们的目标是找到所有选项的子集，使得它们包含每个主项恰好一次，并且包含每个副项至多一次.

（仅由副项构成的选项被排除在这个新定义之外，因为它们永远不会被改进的算法 X 选择. 如果你出于某种原因不喜欢这条规则，那么总是可以继续使用松弛选项. 习题 19 讨论了另一个有趣的替代方案.）

主项在算法 X 的活跃列表中出现的顺序会对运行时间产生重大影响．这是因为，习题 9 对步骤 X3 的实现将选择第一个长度最小的项．如果我们以自然序 $r_1, c_1, r_2, c_2, \cdots, r_n, c_n$ 考虑 n 皇后问题的主项，那么在尝试将皇后放置在底部和右侧之前，我们通常会将皇后放置在顶部和左侧．相比之下，如果我们使用风琴管序 $r_{\lfloor n/2\rfloor+1}, c_{\lfloor n/2\rfloor+1}, r_{\lfloor n/2\rfloor}, c_{\lfloor n/2\rfloor}, r_{\lfloor n/2\rfloor+2}, c_{\lfloor n/2\rfloor+2}, r_{\lfloor n/2\rfloor-1}, c_{\lfloor n/2\rfloor-1}, \cdots, (r_1$ 或 $r_n), (c_1$ 或 $c_n)$，那么皇后会被首先放在中心．在那里，她们可以更有效地剪枝剩余的可能．比如，以自然序找到全部 14 772 512 种放置 16 个皇后的方法所需的时间是 76 Gμ（十亿次内存访问），但以风琴管序的话，所需时间仅为 40 Gμ．

如果我们使用算法 7.2.2W 和高效的位运算来处理这个问题，所需的运行时间是 9 Gμ．这个算法经过了特殊的调整，但通用舞蹈链技术的运行时间仅约为它的 5 倍．此外，我们在此处使用的设置使我们能够解决更多其他的问题，而这些问题在使用普通回溯技术时并不容易解决．比如，我们可以将解限制为 $2+4l$ 条最长对角线上都包含皇后，只需对于 $|n+1-s|\leqslant l$ 和 $|d|\leqslant l$，令 a_s 和 b_d 为主项即可．（当 $n=16$ 且 $l=4$ 时，有 18 048 个这样的解，可以以风琴管序在 2.7 Gμ 的时间内找到它们．）

我们还可以使用副项来消除对称性，这样大多数解只能被找到 1 次而不是 8 次（见习题 22 和习题 23）．核心思想是使用一种*配对排序*的技巧，它在许多其他情况下也同样适用．考虑如下 $2m$ 个选项：

$$\alpha_j = \text{“}a\ x_0\ \cdots\ x_{j-1}\text{”} \quad \text{和} \quad \beta_j = \text{“}b\ x_j\text{”} \qquad \text{对于 } 0\leqslant j<m, \tag{25}$$

其中，a 和 b 是主项，$x_0, x_1, \cdots, x_{m-1}$ 是副项．举例来说，当 $m=4$ 时，这些选项为：

$$\begin{aligned}
&\alpha_0 = \text{“}a\text{”}; && \beta_0 = \text{“}b\ x_0\text{”};\\
&\alpha_1 = \text{“}a\ x_0\text{”}; && \beta_1 = \text{“}b\ x_1\text{”};\\
&\alpha_2 = \text{“}a\ x_0\ x_1\text{”}; && \beta_2 = \text{“}b\ x_2\text{”};\\
&\alpha_3 = \text{“}a\ x_0\ x_1\ x_2\text{”}; && \beta_3 = \text{“}b\ x_3\text{”}.
\end{aligned}$$

不难看出，恰好有 $\binom{m+1}{2}$ 种方法可以覆盖 a 和 b，即选择满足 $0\leqslant j\leqslant k<m$ 的 α_j 和 β_k．这是因为，如果我们选择 α_j，那么副项 x_0 到 x_{j-1} 排除了选项 $\beta_0, \cdots, \beta_{j-1}$．

这个构造方式总共包括在 α 选项中的 $\binom{m+1}{2}$ 个条目和在 β 选项中的 $2m$ 个条目．但习题 20 表明，可以在 α 和 β 中仅使用 $O(m\log m)$ 个条目来实现配对排序．举例来说，当 $m=4$ 时，它会产生如下简洁的模式：

$$\begin{aligned}
&\alpha_0 = \text{“}a\text{”}; && \beta_0 = \text{“}b\ y_1\ y_2\text{”};\\
&\alpha_1 = \text{“}a\ y_1\text{”}; && \beta_1 = \text{“}b\ y_2\text{”};\\
&\alpha_2 = \text{“}a\ y_2\text{”}; && \beta_2 = \text{“}b\ y_3\text{”};\\
&\alpha_3 = \text{“}a\ y_3\ y_2\text{”}; && \beta_3 = \text{“}b\text{”}.
\end{aligned} \tag{26}$$

进度报告． 算法 X 的许多应用需要相当长的时间，尤其是当我们使用它来解决一些开拓性的棘手问题时．因此，我们不想只是单纯地启动程序，然后在等待时祈祷它能尽快完成．我们真的很想在它运行时看看表现如何．它可能还要运行多少小时？是不是快要完成一半了？

对步骤 X2 稍作修改即可减轻这种担忧．在该步骤的开始，即每当进入搜索树的一个新结点时，我们都可以测试累计运行时间 T 是否超过了某个阈值 Θ，该阈值的初始值设为 Δ．如果 $T\geqslant\Theta$，我们就输出进度报告并置 $\Theta\leftarrow\Theta+\Delta$．（因此，若 $\Delta=\infty$，我们不会得到任何报告；若 $\Delta=0$，我们会在每个结点处都得到报告．）

作者的实验程序以内存访问次数来衡量运行时间，因此他得到的结果与机器无关．他通常令 $\Delta=10\,\text{G}\mu$．他的程序主要有两种展示进度的格式，分别为长格式和短格式．根据习题 12，长格式能够展示搜索过程中当前状态的完整信息. 比如，下面是程序在寻找上述 16 皇后问题的所有解时展示的第一份进度报告：

```
Current state (level 15):
 r8 c3 ab ba (4 of 16)
 c8 a8 bn r0 (1 of 13)
 r7 cb ai bj (7 of 10)
 r6 c4 aa bd (2 of 7)
   . . .
 3480159 solutions, 10000000071 mems, and max level 16 so far.
```

（计算机内部对项的编码与我们使用的约定不同. 比如，r8 c3 ab ba 代表我们所说的“r_9 c_4 a_{13} b_5”. 第 0 层的第 1 个选择是覆盖项 r8，这意味着将一个皇后放入第 9 行. 包含该项的 16 个选项中，第 4 个将其放在第 4 列中. 然后在第 1 层，我们尝试用 13 种方法中的第 1 种来覆盖项 c8，这意味着将一个皇后放入第 9 列，以此类推. 在每层中，正在尝试的选项中最左侧的项是在步骤 X3 中选择的用于分支的项. ）

短格式则是默认格式，它为每个状态只生成一行报告：

```
10000000071mu: 3480159 sols, 4g 1d 7a 27 36 24 23 13 12 12 22 12 ... .19048
20000000111mu: 6604373 sols, 7g cd 6a 88 36 35 44 44 24 11 12 22 .43074
30000000052mu: 9487419 sols, bg cd 9a 68 37 35 24 13 12 12 .68205
40000000586mu: 12890124 sols, fg 6d aa 68 46 35 23 33 23 .90370
Altogether 14772512 solutions, 62296+45565990457 mems, 193032021 nodes.
```

双字符代码用于指示当前在树中的位置，比如 4g 表示 16 个分支中的第 4 个，1d 表示 13 个分支中的第 1 个，等等. 通过观察这些稳步增加的代码——它们妙趣横生——我们可以监视程序的进度.

短格式中的每一行在结尾处都会估计已经检查了搜索树的多少，这种估计假定搜索树结构相当一致. 比如，.19048 意味着我们大约检查了搜索树的 19%. 如果我们现在位于第 l 层，且正工作在 t_l 个选择中的第 c_l 个上，那么这个数由以下的公式计算得出：

$$\frac{c_0-1}{t_0}+\frac{c_1-1}{t_0t_1}+\cdots+\frac{c_l-1}{t_0t_1\cdots t_l}+\frac{1}{2t_0t_1\cdots t_l}. \tag{27}$$

数独. 一个“数独方块”是一个 9×9 阵列，它被分为 3×3 的宫并用数字 $\{1,2,3,4,5,6,7,8,9\}$ 填充，使得：

- 每一行都包含每个数字 $\{1,2,3,4,5,6,7,8,9\}$ 恰好一次；
- 每一列都包含每个数字 $\{1,2,3,4,5,6,7,8,9\}$ 恰好一次；
- 每一宫都包含每个数字 $\{1,2,3,4,5,6,7,8,9\}$ 恰好一次.

（由于每行、每列和每宫中恰好有 9 个单元格，因此上面的“恰好一次”都可以替换为“至少一次”或“至多一次”. ）举例来说，下面是 3 个高度对称的数独方块：

(a)

1	2	3	4	5	6	7	8	9
4	5	6	7	8	9	1	2	3
7	8	9	1	2	3	4	5	6
2	3	4	5	6	7	8	9	1
5	6	7	8	9	1	2	3	4
8	9	1	2	3	4	5	6	7
3	4	5	6	7	8	9	1	2
6	7	8	9	1	2	3	4	5
9	1	2	3	4	5	6	7	8

(b)

1	2	3	4	5	6	7	8	9
4	5	6	7	8	9	1	2	3
7	8	9	1	2	3	4	5	6
2	3	1	5	6	4	8	9	7
5	6	4	8	9	7	2	3	1
8	9	7	2	3	1	5	6	4
3	1	2	6	4	5	9	7	8
6	4	5	9	7	8	3	1	2
9	7	8	3	1	2	6	4	5

(c)

1	2	3	4	5	6	7	8	9
5	6	4	8	9	7	2	3	1
9	7	8	3	1	2	6	4	5
6	4	5	9	7	8	3	1	2
7	8	9	1	2	3	4	5	6
2	3	1	5	6	4	8	9	7
8	9	7	2	3	1	5	6	4
3	1	2	6	4	5	9	7	8
4	5	6	7	8	9	1	2	3

(28)

当方块中仅有部分数字被指定时，通过填充空白单元格来完成它通常是一个令人着迷的挑战. 霍华德 · 加恩斯以这个想法为基础设计了一系列他称之为“数字填空”的谜题，并首次发表于

Dell Pencil Puzzles & Word Games #16 (May 1979), 6. 这个概念很快传播到日本，尼科利公司于 1984 年将其命名为“Sudoku”（数独，“Unmarried Numbers”），最终风靡一时. 2005 年初，很多主流报纸纷纷开始刊登每日数独谜题. 到了今天，数独已经成为有史以来最受欢迎的一种娱乐活动.

每个数独谜题都对应一个形式特别漂亮的精确覆盖问题. 考虑以下 3 个实例：

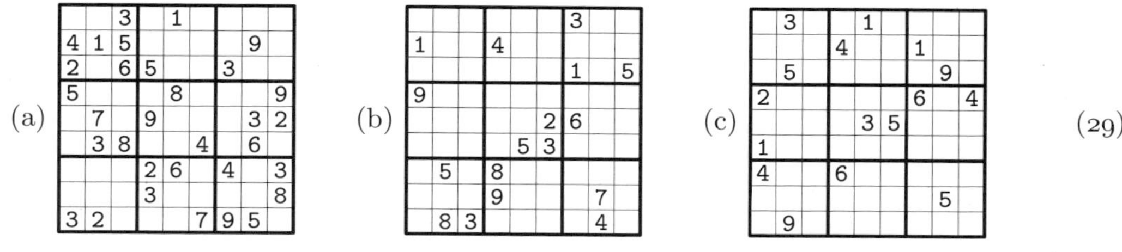

(29)

(29a) 中的线索与 π 的前 32 位相符，但是 (29b) 和 (29c) 中的线索与 π 并不同. 为方便起见，我们将行、列、宫编号为 0 到 8. 这样一来，每个数独方块 $S = (s_{ij})$ 自然对应于一个精确覆盖问题的解. 这个精确覆盖问题的 $9 \times 9 \times 9 = 729$ 个选项为：

$$\text{“}p_{ij}\ r_{ik}\ c_{jk}\ b_{xk}\text{”} \quad 对于\ 0 \leqslant i, j < 9,\ 1 \leqslant k \leqslant 9\ 且\ x = 3\lfloor i/3 \rfloor + \lfloor j/3 \rfloor, \qquad (30)$$

其中，$4 \times 9 \times 9 = 324$ 项为 p_{ij}, r_{ik}, c_{jk}, b_{xk}. 原因是，当且仅当 $s_{ij} = k$ 时，(30) 中参数为 (i, j, k) 的选项才会被选择. 项 p_{ij} 必须恰好被填充单元格 (i, j) 的 9 个选项之一覆盖，项 r_{ik} 必须恰好被将 k 放在第 i 行的 9 个选项之一覆盖……项 b_{xk} 必须恰好被将 k 放在第 x 宫的 9 个选项之一覆盖. 清楚了吗?

要找到包含给定部分线索的所有数独方块，我们只需删除所有已经被覆盖的项 p_{ij}, r_{ik}, c_{jk}, b_{xk}，以及所有包含任一这些项的选项. 比如，(29a) 对应于一个有 $4 \times (81 - 32) = 196$ 项的精确覆盖问题. 这些项为 $p_{00}, p_{01}, p_{03}, \cdots, r_{02}, r_{04}, r_{05}, \cdots, c_{01}, c_{06}, c_{07}, \cdots, b_{07}, b_{08}, b_{09}, \cdots$. 它有 146 个选项，从“$p_{00}\ r_{07}\ c_{07}\ b_{07}$”开始，到“$p_{88}\ r_{86}\ c_{86}\ b_{86}$”结束. 这些选项可以通过在图中展示未排除的值来可视化：

	0	1	2	3	4	5	6	7	8
0	789	89	**3**	4678	**1**	2689	25678	2478	4567
1	**4**	**1**	**5**	678	237	2368	2678	**9**	67
2	**2**	89	**6**	**5**	479	89	**3**	1478	147
3	**5**	46	124	167	**8**	1236	17	147	**9**
4	16	**7**	14	**9**	5	156	158	**3**	**2**
5	19	**3**	**8**	17	257	**4**	157	**6**	157
6	1789	589	179	**2**	**6**	1589	**4**	17	**3**
7	1679	4569	1479	**3**	459	159	1267	127	**8**
8	**3**	**2**	14	148	4	**7**	**9**	**5**	16

(31)

举例来说，项 p_{00} 的活跃列表中有值 $\{7, 8, 9\}$ 的选项，项 r_{02} 的活跃列表中有列 $\{5, 6, 7\}$ 的选项，项 c_{01} 的活跃列表中有行 $\{4, 5, 6, 7\}$ 的选项，以此类推.（事实上，数独专家在工作时往往会直接或间接地想到这样的图表.）

啊哈！看看中间那个孤独的“₅”. p_{44} 只剩下了一个选项，所以我们可以将“₅”升级为“5”，从而擦除出现在第 4 行、第 4 列或第 4 宫中的其他“₅”. 这种操作叫作“强制唯一余数”.

> 我写这个主题的动机之一是为了证明
> 我浪费在解数独上的惊人时间的合理性.
> ——布莱恩 · 海耶斯,《美国科学家》(2006 年)

单元格 (8,4) 中还有另一个唯一余数. 将它从"₄"升级为"4"会在单元格 (7,4) 和 (8,2) 中产生唯一余数. 实际上, 如果项 p_{ij} 已在步骤 X1 中放在首位, 那么算法 X 将欢快地完全使用强制唯一余数进行下去. 这样一来, 我们会立即得到 (29a) 的一个完整的解.

当然, 数独谜题并不总是这么容易解决. 举例来说, (29b) 只有 17 条线索, 而不是 32 条. 这使得出现唯一余数的可能性降低. (谜题 (29b) 来自戈登 · 罗伊尔的线上收藏. 他的收藏中大约有 50 000 个仅含有 17 条线索的数独谜题, 它们在本质上都是不同的. 尽管线索很少, 但它们都有唯一解. 罗伊尔的收藏似乎接近完备了: 现在每当一个数独狂热爱好者遇到一个仅含有 17 条线索的数独谜题时, 这个谜题几乎总是与罗伊尔收藏中的某一个相同.)

由加里 · 麦奎尔指导并于 2012 年完成的大规模计算机计算表明, 每个存在唯一解的数独谜题都必须至少包含 17 条线索. 我们将在 7.2.3 节中看到, 恰好存在 5 472 730 538 个非同构的数独方块. 麦奎尔的程序检查了它们中的每一个, 并发现只有相对较少的含有 16 条线索的子集可能成功——大约有 16 000 个子集在最初的筛选中幸存下来, 但最终它们也被证明失败了. 凭借一种经过高度优化的位运算算法, 对于每个数独方块, 我们都可以在 3.6 秒内得出这些结论. [见加里 · 麦奎尔、巴斯蒂安 · 图格曼和吉尔斯 · 西瓦里奥, *Experimental Mathematics* **23** (2014), 190–217.]

类似于 (31), 数独谜题 (29b) 的 17 条线索将让我们得到如下图表:

	0	1	2	3	4	5	6	7	8
0	245678	2479	2456789	12567	126789	156789	**3**	2689	246789
1	**1**	23679	256789	**4**	236789	56789	2789	2689	26789
2	234678	234679	246789	2367	236789	6789	**1**	2689	**5**
3	**9**	123467	1245678	167	14678	14678	24578	12358	123478
4	34578	1347	14578	17	14789	**2**	**6**	13589	134789
5	24678	12467	124678	167	**5**	**3**	24789	1289	124789
6	2467	**5**	124679	**8**	123467	1467	29	12369	12369
7	246	1246	1246	**9**	12346	1456	258	**7**	12368
8	267	**8**	**3**	12567	1267	1567	259	**4**	1269

(32)

它还剩下 307 个选项——比之前的两倍还多. 另外, 正如我们猜测的那样, 它没有唯一余数. 但是如果仔细观察, 我们会发现, 它还是有一些强制性的选择. 比如, 第 3 列仅包含一个"₃", 因此我们可以将它升级为"3", 这将擦除第 2 行和第 1 宫中的所有其他的"₃". 这种操作叫作"强制排除".

同理, (32) 中的第 2 宫仅包含一个"₄", 还存在另外两个排除 (见习题 47). 这些强制性选择将导致其他排除的出现, 唯一余数也很快随之出现. 但是在进行了 16 次强制性选择之后, 再没有其他唾手可得的选择了:

	0	1	2	3	4	5	6	7	8
0	5	679	678	2	1678	16789	3	689	4
1	1	3	2678	4	678	5	78	2689	2679
2	24678	24679	24678	3	678	6789	1	2689	5
3	9	12467	1245678	167	14678	14678	478	12358	1237
4	3	147	14578	17	9	2	6	158	17
5	24678	12467	124678	167	5	3	478	1289	1279
6	467	5	9	8	1467	1467	2	136	136
7	246	1246	1246	9	3	146	5	7	8
8	67	8	3	5	2	167	9	4	16

(33)

算法 X 可以容易地从 (32) 中推导出 (33)，因为只要项 p_{ij}、r_{ik}、c_{jk} 或 b_{xk} 只剩下一个选项，它就会发现“排除”和“唯一余数”，并且它的数据结构很容易随着链接的“舞蹈”而变化. 但是当到达状态 (33) 时，算法将使用二路分支，在这种情况下首先查看 p_{16} 为“7”的情况，然后回溯，再考虑“8”的情况.

实际上，人类数独专家可能瞥一眼 (33) 就会注意到有一种更明智的方法，因为 (33) 包含一个“显性数对”：单元格 (4,3) 和 (4,8) 包含相同的两个选择，因此我们可以删除第 4 行其他地方出现的“1”和“7”，这将在第 1 列中产生一个唯一余数“4”. 习题 49 详细探讨了这种高阶推理方法.

涉及数对甚至三元组的奇妙逻辑可能更适合地球人，但简单的回溯对计算机来说效果已经很好了. 事实上，算法 X 在探索一棵仅有 89 个结点的搜索树后就找到了 (29b) 的解，其中前 16 个结点搜索至 (33).（它在步骤 X1 中花费了大约 25 万次内存访问来初始化数据结构，然后又花费了 5 万次内存访问来完成搜索. 如果它在步骤 X3 中尝试寻找更复杂的模式，则需要更多的时间.）下面是它找到的解：

```
c33 b13 p23 r23 (1 of 1)
r13 c13 b03 p11 (1 of 1)
   . . .
c42 b72 p84 r82 (1 of 1)
p16 r18 c68 b28 (2 of 2)
b27 p18 r17 c87 (1 of 1)
   . . .
p85 r81 c51 b71 (1 of 1)
```

在它为第 1 行的第 6 列选择了正确的值之后，其余的都是强制性选择.

实际上，几乎在所有已知的数独谜题中，舞蹈链方法都能以惊人的速度走向胜利. 作者自 2005 年以来从世界各地的报纸、杂志、书籍和网页上收集了几十个典型的例子，并随后将它们提交给算法 X，结果发现，它们中大约 70% 可以完全通过基于“唯一余数”或“排除”的强制性选择来求解，尽管人们用“恶魔般”“残忍”“折磨人”等词来描述其中许多谜题. 其中只有 10% 的搜索树超过了 100 个结点，并且没有一棵树的结点超过 282 个（见习题 52）.

考虑算法的强制性选择仅来自“唯一余数”（虽然这会削弱算法的能力）是很有趣的，因为这是人们最容易做出的推理. 假设我们将项 r_{ik}、c_{jk} 和 b_{xk} 看作副项，只留下 p_{ij} 作为主项.（换句话说，问题将要求每个 k 在每一行、每一列和每一宫中最多出现一次，但不会显式地要求每个 k 都应该被覆盖.）此时，谜题 (29b) 的搜索树将增长到惊人的 41 877 个结点.

最后，谜题 (29c) 呢？因为它只有 16 条线索，所以我们知道它不可能有唯一解．但是这 16 条线索仅包含 9 个数字中的 7 个，因此我们无法区分 7 和 8．算法 X 用一棵有 129 个结点的搜索树推导出 (29c) 只有两个解．（当然，这两者本质上是一样的，它们可以通过交换操作 $7 \leftrightarrow 8$ 来彼此转换．）

谜题家在传统数独的基础上发明了许多有趣的变体，下面的习题将讨论其中的几个．它们中名列前茅的是“锯齿数独”（也称为“几何数独”“多联骨牌数独”“波浪数独”等），它的每一宫都有不同的形状，而不是简单的 3×3 方块，举例如下：

(a) 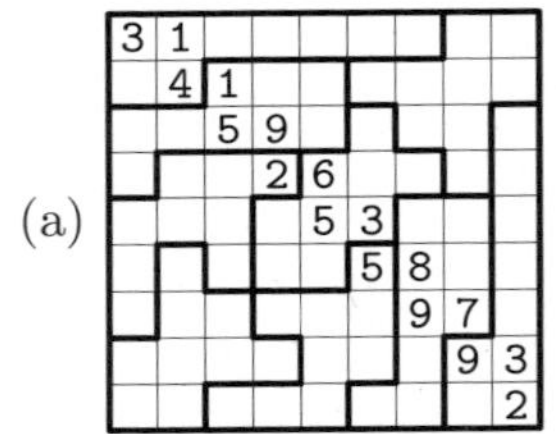 (b) 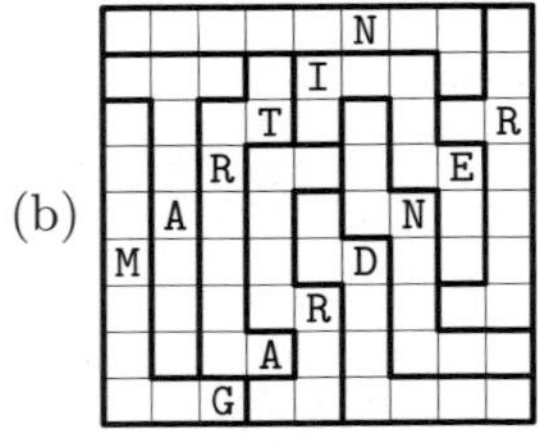 (c) 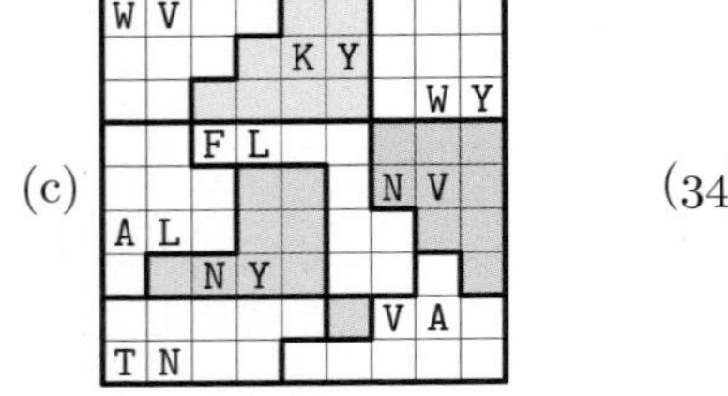 (34)

谜题 (34a) 是作者于 2017 年在鲍勃 · 哈里斯的帮助下设计的．可以看到，第 0 行只有两个地方可以放置“4”，因为第 1 行中已经有了一个“4”．与 (30) 一样，这个谜题同样可以转换为精确覆盖问题，只不过现在 x 是关于 i 和 j 的更复杂的函数．类似地，哈里斯的经典谜题 (34b) [*Mathematical Wizardry for a Gardner* (2009), 55–57] 要求我们将 9 个字母 {G, R, A, N, D, T, I, M, E} 放入每一行、每一列和每个形状不规则的宫中．我们再次应用 (30)，不同的是，现在 k 的值表示字母而不是数字．（提示：因为第 2 列在某处需要一个“A”，所以单元格 $(0, 2)$ 必须包含“A”．）谜题 (34c)——美国锯齿数独——是托马斯 · 斯奈德于 2006 年设计并发布在网上的一个杰作．它巧妙地使用了形如美国各大州的宫，这些州包括西弗吉尼亚州、肯塔基州、怀俄明州、阿拉巴马州、佛罗里达州、内华达州、田纳西州、纽约州（包含长岛）和弗吉尼亚州．而且，它给出的线索对应于各州的邮政编码（见习题 59）．

锯齿数独由约瑟夫 · 马克 · 汤普森发明，他从 1996 年开始以“拉丁方阵”的名字开始发布此类谜题 [*GAMES World of Puzzles*, #14 (July 1996), 51, 67]．那时他还没有听说过数独．他的谜题相对于普通数独的优势之一是，它们可以是任何大小，而不一定是 9×9 的．比如，他的第一个例子是 6×6 的．

这类谜题的解实际上有一段相当有趣的前史：将数学应用于农业的先驱沃尔特 · 贝伦斯于 1956 年写了一篇很有影响力的论文 [*Zeitschrift für landwirtschaftliches Versuchs- und Untersuchungswesen* **2** (1956), 176–193]，并在其中提出在用各种肥料处理过的作物的实验研究中使用这种模式．他展示了数十种设计，从 4×4 方块到 10×10 方块，包括以下例子：

(a)

1	5	4	2	3
2	4	3	5	1
3	1	2	4	5
4	3	5	1	2
5	2	1	3	4

(b)

1	3	8	7	9	5	2
2	6	9	5	3	8	4
3	8	2	4	6	7	1
4	7	6	9	1	3	8
5	1	3	8	7	6	9
6	9	7	1	4	2	6
7	5	4	2	8	9	6
8	2	1	3	5	4	7
9	4	5	6	2	1	3

(c)

1	5	8	6	4	3	9	7	2
2	6	9	5	7	8	1	3	4
3	7	4	1	9	2	5	6	8
4	9	2	8	6	7	3	1	5
5	3	7	4	2	1	6	8	9
6	8	1	3	5	9	2	4	7
7	2	6	9	1	4	8	5	3
8	4	5	2	3	6	7	9	1
9	1	3	7	8	5	4	2	6

(35)

注意，贝伦斯的 (35b) 实际上是 9×7 的，因此它的行不能展示全部 9 种可能，他只要求在任何行或列中都没有重复的施肥编号．另外，他的 (35c) 实际上是一个普通的数独布局，这是已知最早出现在出版物中的数独解．根据弗兰茨 · 拉格尔的建议，贝伦斯将这些设计称为“公平”拉丁方阵或拉丁矩形，因为它们将土地平均分配给经过 n 种肥料处理的作物（每一个不规则的宫中放置 n 种肥料处理的作物）．

他的所有设计都将矩形划分为连通的区域，每个区域都有 n 个单元格. 我们接下来将看到，这个想法也有着属于自己的一段波澜壮阔的历史，这个过程中诞生了迷人的组合模式和游戏.

多联骨牌. 根据所罗门 · 沃尔夫 · 戈龙布 [*AMM* **61** (1954), 675–682] 的建议，有 n 个格子的车连通区域①通常称为 n *联骨牌*. 当 $n = 1, 2, 3, \cdots$ 时，戈龙布定义了单联骨牌、双联骨牌（多米诺骨牌）、三联骨牌、四联骨牌、五联骨牌、六联骨牌，等等. 当未指定 n 时，戈龙布将这样的区域称为*多联骨牌*.

在 7.1.4–(130) 中，我们已经见识过了一些小型多联骨牌及它们与精确覆盖间的关系. 显然，双联骨牌只有一种可能的形状. 但是三联骨牌有两种截然不同的形状，一种是“直的”（1×3），另一种是“弯的”（占据了 2×2 正方形中的 3 个单元格）. 同样，四联骨牌可以分为 5 种类型.（在看习题 274 之前，你能画出全部 5 种类型吗？《俄罗斯方块》® 的玩家应该可以轻松做到这一点.）

最有趣的多联骨牌几乎可以肯定是*五联骨牌*，它有 12 种形状. 这 12 种形状已成为许多人的“朋友”，因为它们可以以相当多的方式优雅地组合在一起. 由做工精细的硬木或色彩艳丽的塑料制成的五联骨牌套装很容易以合理的价格买到. 每个家庭都应该至少拥有一套这样的套装. 尽管“虚拟”的五联骨牌可以很容易地在计算机应用程序中进行操作，但没有什么可以替代手工排列这些令人愉快的骨牌所带来的迷人触感. 此外，我们还将看到，五联骨牌可以教给我们很多关于组合计算的知识.

> [这些块] 如果安装在纸板上，
> 将成为家里永恒的娱乐源泉.
> ——亨利 · 欧内斯特 · 迪德尼,《坎特伯雷谜题》（1907 年）

> 哪些以 -o 结尾的英语名词的复数形式加 -s，哪些加 -es?
> 如果感觉这个词仍是外来词，就用 -s;
> 而如果它已完全融入英语，就用 -es.
> 因此，有 echoes、potatoes、tomatoes、dingoes、embargoes 等，
> 而意大利音乐术语则是 altos、bassos、cantos、pianos、solos 等，
> 还有 tangos、armadillos 等西班牙词.
> 我曾拥有“*Pentomino(-es)*”的商标，但我现在更愿意
> 让这些词语作为我对公共领域的语言的贡献.
> ——所罗门 · 沃尔夫 · 戈龙布，写给高德纳的信（1994 年 2 月 16 日）

对于 12 块五联骨牌，我们可能会尝试做的第一件事就是将它们装入一个矩形盒子中，盒子的大小可以是 6×10、5×12、4×15 或 3×20. 前 3 个任务相当简单，但是 3×20 的盒子颇具挑战. 戈龙布在 1954 年的文章中提出了这个问题，但没有给出任何答案. 那时他并不知道弗兰斯 · 汉森早在很多年前就已经在一本鲜为人知的出版物中 [*The Problemist: Fairy Chess Supplement* **2**, 12 and 13 (June and August, 1935), problem 1844] 给出了解：

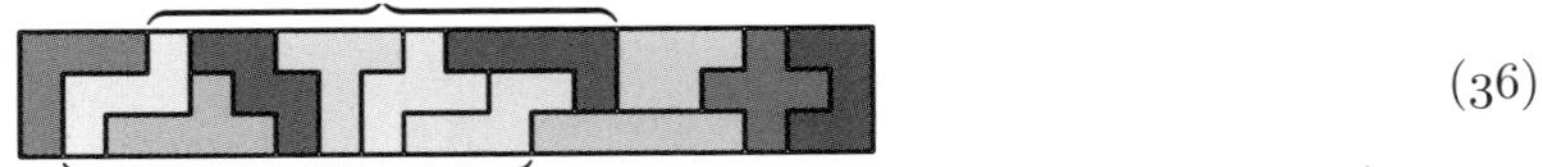

(36)

事实上，汉森观察到括号中的部分“也可以旋转 180°，以给出唯一一个其他可能的解”.

这个问题及许多其他类似的问题可以很好地表述为精确覆盖的形式. 但在这样做之前，我们需要为各种五联骨牌形状命名. 大家应该都同意，以下 7 种五联骨牌形状可以以字母表中连续的 7 个字母命名：

① 之所以将这种区域称为车连通（rookwise-connected）区域，是因为在国际象棋棋盘上，放置在这个区域中任何一个单元格上的车都可以在有限步内移动到该区域中其他的单元格上. ——译者注

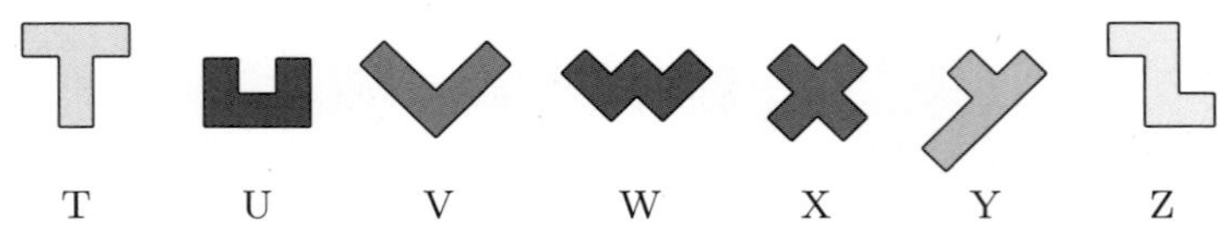

但是其他 5 种形状有两种命名方式：

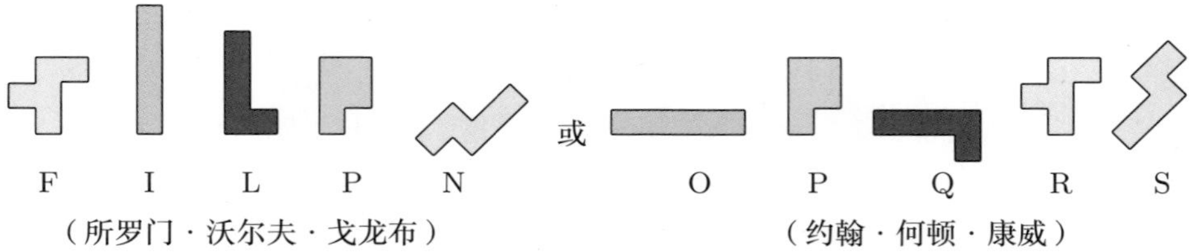

（所罗门 · 沃尔夫 · 戈龙布） （约翰 · 何顿 · 康威）

戈龙布偏向于联想到“菲律宾人”（Filipino）这个词，而康威更偏向于将 12 种五联骨牌形状映射到从 O 到 Z 这 12 个连续字母上．这里我们将使用康威的方案，因为它在计算机程序中的效果往往更好．

3×20 的五联骨牌填充问题是放置五联骨牌，使得 $\{\mathtt{O},\mathtt{P},\cdots,\mathtt{Z}\}$ 中的每块恰好被覆盖一次，并且每个格子 ij（$0\leqslant i<3$，$0\leqslant j<20$）也被覆盖一次．因此，一共有 $12+3\times 20=72$ 项，并且每一种放置每一块五联骨牌的方法都有一个对应的选项，即

“O 00 01 02 03 04”

⋯

“O 2f 2g 2h 2i 2j”

“P 00 01 02 10 11” (37)

⋯

“Z 0j 1h 1i 1j 2h”

我们扩展十六进制的记号，使得“数字”$(\mathtt{a},\mathtt{b},\cdots,\mathtt{j})$ 分别表示 $(10,11,\cdots,19)$．在这个列表中，(O, P, ⋯, Z) 分别贡献了 (48, 220, 136, 144, 136, 72, 110, 72, 72, 18, 136, 72) 个选项，总共是 1236 个．习题 266 解释了如何为此类问题生成所有选项．

当用算法 X 来求解 (37) 时，我们将找到 8 个解，因为汉森的每种解法都可以通过水平和（或）竖直翻转来得到．我们可以通过坚持让五联骨牌 V 以“Γ 型”出现来消除这种对称性（就像它在 (36) 中那样），即只保留 72 个选项中的 18 个．（你知道为什么吗？思考一下．）如果没有这种简化，一棵有 32 644 个结点的搜索树会在 1 亿 4600 万次内存访问后找到 8 个解．有了这种简化，一棵有 21 805 个结点的搜索树会在 1 亿 300 万次内存访问后找到 2 个解．

仔细观察就会发现，我们实际上可以做得更好．比如，“V 09 0a 0b 19 29”是 V 的 Γ 型选项之一，它表示：

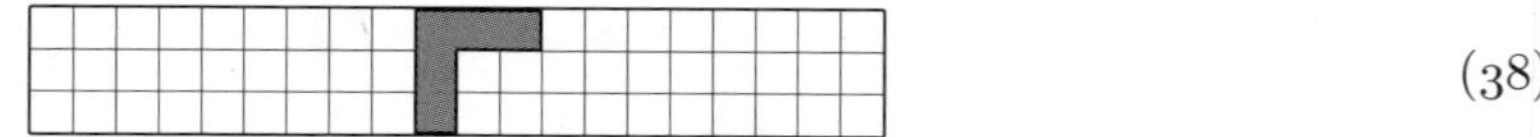
(38)

但是这个位置永远不能使用，因为它要求我们将某些五联骨牌放置在 V 左边的 27 个格子中．其他块的许多选项同样无法使用，因为（如 (38)）它们将隔离出一个面积不是 5 的倍数的区域．

事实上，如果我们删除所有此类选项，那么原来的 1236 个可能的选项只剩下了 728 个，它们分别包括 (48, 156, 132, 28, 128, 16, 44, 16, 12, 4, 128, 16) 个 (O, P, ⋯, Z) 的位置．在删除 V 的幸存位置中使其成为非“Γ 型”的 12 个之后，我们将得到 716 个选项．当算法 X 应用于这个简化后的集合时，搜索树的结点数减少到 1243，寻找所有解仅需进行 450 万次内存访问．

（还有一个稍好一些的方法来消除对称性：与其坚持让 V 看起来像“Γ”，不如坚持让 X 位于左半边并且 Z 没有被“翻转”. 这意味着 (V, X, Z) 有 (16, 2, 8) 种潜在位置，而不是 (4, 4, 16) 种. 这样生成的搜索树只有 1128 个结点，运行时间为 4.0 Mμ. ）

注意，我们可以从这个问题的弱化形式开始：我们可以仅要求在覆盖每个格子 ij 的同时，至多使用每一块五联骨牌一次. 这本质上是在说块名 {O,P,···,Z} 是副项而不是主项. 那么 (37) 中的 1236 个选项的初始集合对应一棵有 61 851 个结点的搜索树和 291 Mμ 的运行时间. 对应地，我们也可以将块名作为主项，将格子名作为副项. 这会产生一棵有 1 086 521 921 个结点的树，运行时间为 2.94 Tμ! 然而，考虑通过舍弃 (38) 等情况获得简化的 716 个选项时，出现了我们意想不到的反转：块名作为副项产生 19 306 个结点（68 Mμ），格子名作为副项产生 11 656 个结点（37 Mμ）.

在早期的计算中，五联骨牌问题是组合计算的一种实用的基准. 直到很久以后，程序员才拥有奢侈的大容量随机存取存储器. 因此，像舞蹈链这样明确列出和操纵超过 1000 个选项的技术在当时是不可想象的. 相反，每块的选项都是根据需要实时生成的，并且没有任何动机在回溯时使用各种神奇的启发法. 搜索的每个分支基本上都是基于已有的方法来覆盖第一个尚未被占用的格子 ij.

我们可以通过在没有 MRV 启发法的情况下运行算法 X，并在步骤 X3 中简单地置 $i \leftarrow$ RLINK(0)，来模拟这些传统方法的行为. 有趣的现象出现了：如果按自然序考虑格子 ij——首先是 00，接着是 01, ···, 0j，然后是 10, ···，最后是 $2j$——搜索树有 15 亿个结点.（00有 29 种覆盖方式. 如果我们选择“00 01 02 03 04 O”，那么有 49 种方式覆盖 05. 以此类推. ）但是，如果我们考虑 20×3 的问题而不是 3×20 的，那么格子 ij（$0 \leqslant i < 20$ 且 $0 \leqslant j < 3$）按顺序 00, 01, 02, 10, ···, 2j 处理时，搜索树只有 71 191 个结点，很快就可以找到全部 8 个解.（这种加速主要是由于有更好的“专注点”，我们将在后面进行讨论. ）我们再次看到，问题设置的微小变化可能会产生巨大的影响.

这些早期程序中最好的是经过高度调整的、用汇编语言编写的那些程序，它们还巧妙地使用了宏指令. 因此，就内存而言，它们在较小的问题上优于算法 X. [见约翰 · 乔治 · 弗莱彻，*CACM* **8**, 10 (October 1965), cover and 621–623；尼古拉斯 · 戈维特 · 德布鲁因，*FGbook* pages 465–466.] 但随着问题规模变得越来越大，MRV 启发法最终会取得胜利.

习题 268 ~ 323 讨论了用五联骨牌和类似的平面形状构造模式时出现的许多有趣和颇具启发性的问题，其中一些问题着实太大——超出了计算机目前的计算能力.

多联立方. 如果你认为二维形状很有趣，那么你可能会更喜欢三维形状. *多联立方*是由一个或多个 $1 \times 1 \times 1$ 立方体面对面连接而成的固体. 我们称它们为单联立方、双联立方、三联立方、四联立方、五联立方等. 但当它们由 n 个立方体组成时，我们不称它们为“n 联立方”，因为数学家将这个术语留给了 n 维空间中的对象.

当 $n = 4$ 时，新的情况出现了. 在二维的情形下，我们很自然地将四联骨牌“ ”与其镜像“ ”视为相同，因为我们可以简单地将它翻转过来. 但是四联立方“ ”与其镜像“ ”明显不同，因为在不进入四维空间的情况下，我们不能将一个变成另一个. 这种与其镜像不同的多联立方称为*手性*多联立方. “手性”是开尔文勋爵于 1893 年研究手性分子时创造的一个词.

最简单的多联立方是*长方体*——也被那些喜欢长名字的人称为“矩状平行六面体”——就像大小为 $l \times m \times n$ 的砖块. 但是考虑非长方体的形状更有趣. 皮特 · 海因于 1933 年注意到它们中最小的 7 个，即

1: 弯型　　2: L 型　　3: T 型　　4: 斜型　　5: 左拧型　　6: 右拧型　　7: 爪型　　(39)

可以放在一起形成一个 $3 \times 3 \times 3$ 的大立方体. 他非常喜欢这些小块，并称它们为*索玛*. 注意，前 4 块本质上是二维的，而其他 3 块本质上是三维的. 拧型都是手性的.

马丁 · 加德纳在 *Scientific American* **199**, 3 (September 1958), 182–188 中描绘了索玛立方的乐趣所在，因此它很快就广受欢迎：帕克兄弟开始销售制作精良的套装 SOMA®，并附赠海因编写的说明书. 该套装仅在美国就售出了超过 200 万套.

使用最少数量且形式简单的块……
实验和计算表明，用 7 块组成的集合
可以构造出与用 27 个独立的立方体
构造出的几何图形数量大致相同的几何图形.
——皮特 · 海因，英国专利说明书 420 349（1934 年）

与在拼五联骨牌时所做的类似，将这 7 块拼成立方体的任务很容易表述为精确覆盖问题. 但是这次我们需要考虑 24 次三维旋转，而不是 8 次二维旋转和（或）三维反射. 因此，我们将使用习题 324 而不是习题 266 来生成问题的选项. 现在一共有 688 个选项，它们包含 34 项，分别为 1, 2, ···, 7, 000, 001, ···, 222. 举例来说，第一个选项

“1　000　001　010”　　(40)

表示放置弯型的 144 种潜在方法之一.

算法 X 只需要 4 亿 700 万次内存访问就可以找到该问题的所有 11 520 个解. 此外，我们可以通过利用对称性来节省大部分时间：每个解都可以旋转成一个唯一的规范解，其中“L 型”的块没有被旋转. 因此，我们可以将这块限制为 6 种摆放方式，即 (000, 010, 020, 100), (001, 011, 021, 101), ···, (102, 112, 122, 202)——所有都可以通过平移得到. 这种限制移除了 $138 = \frac{23}{24} \times 144$ 个选项，并且现在算法找到 480 个规范解只需要 2000 万次内存访问.（这些规范解形成了 240 个镜像对.）

分解精确覆盖问题. 事实上，通过巧妙地*分解*索玛立方问题，我们可以将它进一步简化，使得所有解都可以在合理的时间内通过手算找到.

首先我们观察到，一个精确覆盖问题的任意解都很自然地成为无数其他问题的解. 回到最初的 $m \times n$ 矩阵 $\boldsymbol{A} = (a_{ij})$ 的形式，我们的目标是找到所有每列之和均为 1 的行集合，即找到所有布尔向量 $x_1 \cdots x_m$，使得 $\sum_{i=1}^{m} x_i a_{ij} = 1$（$1 \leqslant j \leqslant n$）. 因此，如果我们令 $b_i = \alpha_1 a_{i1} + \cdots + \alpha_n a_{in}$（$1 \leqslant i \leqslant m$），其中 $(\alpha_1, \cdots, \alpha_n)$ 是一个代表系数的 n 元组，那么向量 $x_1 \cdots x_m$ 将满足 $\sum_{i=1}^{m} x_i b_i = \alpha_1 + \cdots + \alpha_n$. 通过巧妙地选择这些系数 α_i，我们可以得到许多关于 $x_1 \cdots x_m$ 的信息.

比如，再次考虑 (5) 中的 6×7 矩阵 $\boldsymbol{A}$，并且令 $\alpha_1 = \cdots = \alpha_7 = 1$. $\boldsymbol{A}$ 的每一行之和都是 2 或 3，因此我们每一次都会覆盖 7 列中的 2 列或 3 列. 不用知道 $\boldsymbol{A}$ 更具体的结构，我们已经可以立即推断出，只有一种方法可以得到总数 7，即选择 $2 + 2 + 3$. 我们进一步注意到，只有第 1 行和第 5 行的和为 2，所以我们*必须*选择它们.

现在考虑一个更有趣的挑战：“用 21 块直型三联骨牌和 1 块单联骨牌覆盖棋盘上的 64 个格子.”这个问题对应于一个大矩阵，它有 $96 + 64$ 行和 $1 + 64$ 列:

$$
\begin{array}{c}
\texttt{M}\ 00\ 01\ 02\ 03\ 04\ 05\ 06\ 07\ 10\ 11\ 12\ 13\ 14\ 15\ 16\ 17\ 20\ 21\ 22\ 23\ 24\qquad 74\ 75\ 76\ 77\\
\begin{pmatrix}
0&1&1&1&0&0&0&0&0&0&0&0&0&0&0&0&0&0&0&0&0&0&\cdots&0&0&0&0\\
0&1&0&0&0&0&0&0&0&1&0&0&0&0&0&0&0&1&0&0&0&0&\cdots&0&0&0&0\\
0&0&1&1&1&0&0&0&0&0&0&0&0&0&0&0&0&0&0&0&0&0&\cdots&0&0&0&0\\
0&0&1&0&0&0&0&0&0&0&1&0&0&0&0&0&0&0&1&0&0&0&\cdots&0&0&0&0\\
&&\cdot&\cdot&\cdot&\cdot&\cdot&\cdot&\cdot&\cdot&\cdot&\cdot&\cdot&\cdot&\cdot&\cdot&\cdot&\cdot&\cdot&\cdot&\cdot&\cdot&\cdot&\cdot&&&\\
0&0&0&0&0&0&0&0&0&0&0&0&0&0&0&0&0&0&0&0&0&0&\cdots&0&1&1&1\\
1&1&0&0&0&0&0&0&0&0&0&0&0&0&0&0&0&0&0&0&0&0&\cdots&0&0&0&0\\
1&0&1&0&0&0&0&0&0&0&0&0&0&0&0&0&0&0&0&0&0&0&\cdots&0&0&0&0\\
&&\cdot&\cdot&\cdot&\cdot&\cdot&\cdot&\cdot&\cdot&\cdot&\cdot&\cdot&\cdot&\cdot&\cdot&\cdot&\cdot&\cdot&\cdot&\cdot&\cdot&\cdot&\cdot&&&\\
1&0&0&0&0&0&0&0&0&0&0&0&0&0&0&0&0&0&0&0&0&0&\cdots&0&0&0&1
\end{pmatrix}
\end{array}
\qquad (41)
$$

其中，前 96 行表示放置三联骨牌的所有可能方式，而剩余 64 行表示放置单联骨牌的所有可能方式. 列 ij 表示格子 (i,j)，列 M 表示单联骨牌.

被直型三联骨牌覆盖的 3 个格子 (i,j)，其 $(i-j) \bmod 3$ 的值总是不同. 因此，如果我们将 (41) 中满足 $(i-j) \bmod 3 = 0$ 的 22 列相加，前 96 行中每一行都得到 1，在剩余 64 行中得到 0 或 1. 我们想在所选行中得到全部的 22 个 1，因此单联骨牌必须放入一个满足 $i \equiv j \pmod 3$ 的格子 (i,j).

使用 $i+j$ 而不是 $i-j$ 的类似论证表明，单联骨牌也必须放入一个满足 $i+j \equiv 1 \pmod 3$ 的格子. 因此 $i \equiv j \equiv 2$. 至此，我们证明了 (i,j) 只有 4 种可能，即 $(2,2)$, $(2,5)$, $(5,2)$, $(5,5)$.（戈龙布在他 1954 年介绍多联骨牌的论文中指出了这一观察结果，他的思路是使用 3 种颜色给棋盘的格子“着色”. 可以把这种“着色”的论证看作一般的分解方法的特例.）

证明 (38) 是一个不可能的五联骨牌放置方式也可以被视为分解的一个例子. 如果选择了 (38)，则剩余问题对应矩阵的每个剩余行在前 27 列中的和总是 0 或 5. 因此，我们无法从这些行中凑出 27 来.

现在考虑一个三维问题 [扬 · 斯洛托贝尔和威廉 · 格拉茨玛，*Cubics* (1970), 108–109]：能否将 6 个 $1 \times 2 \times 2$ 长方体装入一个 $3 \times 3 \times 3$ 盒子中？这个问题是选择 36×27 矩阵

$$
\begin{array}{c}
000\ 001\ 002\ 010\ 011\ 012\ 020\ 021\ 022\ 100\ 101\ 102\ 110\ 111\ 112\ 120\ 121\ 122\ 200\ 201\ 202\ 210\ 211\ 212\ 220\ 221\ 222\\
\begin{pmatrix}
1&1&0&1&1&0&0&0&0&0&0&0&0&0&0&0&0&0&0&0&0&0&0&0&0&0&0\\
1&1&0&0&0&0&0&0&0&1&1&0&0&0&0&0&0&0&0&0&0&0&0&0&0&0&0\\
1&0&0&1&0&0&0&0&0&1&0&0&1&0&0&0&0&0&0&0&0&0&0&0&0&0&0\\
0&1&1&0&1&1&0&0&0&0&0&0&0&0&0&0&0&0&0&0&0&0&0&0&0&0&0\\
0&1&1&0&0&0&0&0&0&0&1&1&0&0&0&0&0&0&0&0&0&0&0&0&0&0&0\\
0&1&0&0&1&0&0&0&0&0&1&0&0&1&0&0&0&0&0&0&0&0&0&0&0&0&0\\
0&0&1&0&0&1&0&0&0&0&0&1&0&0&1&0&0&0&0&0&0&0&0&0&0&0&0\\
&&&\cdot&\cdot&\cdot&\cdot&\cdot&\cdot&\cdot&\cdot&\cdot&\cdot&\cdot&\cdot&\cdot&\cdot&\cdot&\cdot&\cdot&\cdot&\cdot&\cdot&\cdot&\cdot&&\\
0&0&0&0&0&0&0&0&0&0&0&0&0&0&0&0&0&0&0&0&0&0&1&1&0&1&1
\end{pmatrix}
\end{array}
\qquad (42)
$$

的 6 行，使得所有列的和都小于或等于 1.

一个 $3 \times 3 \times 3$ 立方体的 27 个单位立方体 (i,j,k) 可以被分为 4 类，具体取决于其坐标中有多少个中间值 1.

$$
\begin{array}{ll}
\text{角立方体没有 } 1. & \left(\binom{3}{0}2^3 = 8 \text{ 种.}\right)\\
\text{边立方体有 } 1 \text{ 个 } 1. & \left(\binom{3}{1}2^2 = 12 \text{ 种.}\right)\\
\text{面立方体有 } 2 \text{ 个 } 1. & \left(\binom{3}{2}2^1 = 6 \text{ 种.}\right)\\
\text{中心立方体有 } 3 \text{ 个 } 1. & \left(\binom{3}{3}2^0 = 1 \text{ 种.}\right)
\end{array}
\qquad (43)
$$

并且每个单位立方体在对称下都保持其所属的类.

想象在 (42) 的右侧放置新的 4 列 v, e, f, c，分别表示角立方体、边立方体、面立方体和中心立方体的数量. 那么有 24 行有 $(v,e,f,c)=(1,2,1,0)$，其余 12 行有 $(v,e,f,c)=(0,1,2,1)$. 假设我们选择前者中的 a 行和后者中的 b 行，这个分解告诉我们必须有：

$$a\geqslant 0,\ \ b\geqslant 0,\ \ a+b=6,\ \ a\leqslant 8,\ \ 2a+b\leqslant 12,\ \ a+2b\leqslant 6,\ \ b\leqslant 1. \tag{44}$$

这足以证明 $b=0$ 且 $a=6$，从而找到放置这 6 个长方体的唯一方法.

（暂且不管推导出这个结论的简单代数计算，我们用一种令人印象更深刻的方法来解释这个论证："因为每个 $1\times2\times2$ 长方体至少占据一个面立方体，所以它们必须放在不同的面上."）

在理解了这些例子之后，我们现在已准备好将分解应用到索玛立方上. (39) 中第 1 块至第 7 块可能的 (v,e,f,c) 值如下所示.

第 1 块： $(0,1,1,1)$, $(0,0,2,1)$, $(0,1,2,0)$, $(0,2,1,0)$, $(1,1,1,0)$, $(1,2,0,0)$.
第 2 块： $(0,1,2,1)$, $(0,2,2,0)$, $(1,2,1,0)$, $(2,2,0,0)$.
第 3 块： $(0,0,3,1)$, $(0,2,1,1)$, $(0,3,1,0)$, $(2,1,1,0)$.
第 4 块： $(0,1,2,1)$, $(1,2,1,0)$. (45)
第 5 块： $(0,1,2,1)$, $(0,2,2,0)$, $(1,1,1,1)$, $(1,2,1,0)$.
第 6 块： $(0,1,2,1)$, $(0,2,2,0)$, $(1,1,1,1)$, $(1,2,1,0)$.
第 7 块： $(0,2,1,1)$, $(0,0,3,1)$, $(1,1,2,0)$, $(1,3,0,0)$.

（这实际上比我们需要的信息多得多，但列出来也没有什么坏处.）

只看 v 的总数，我们必须有

$$(0\text{ 或 }1)+(0\text{、}1\text{ 或 }2)+(0\text{ 或 }2)+(0\text{ 或 }1)+(0\text{ 或 }1)+(0\text{ 或 }1)+(0\text{ 或 }1)\ =\ 8,$$

并且实现它的唯一方法是通过

$$(0\text{ 或 }1)+(1\text{ 或 }2)+2+(0\text{ 或 }1)+(0\text{ 或 }1)+(0\text{ 或 }1)+(0\text{ 或 }1)\ =\ 8,$$

从而消除了第 2 块和第 3 块的几个选项. 更准确地说，第 2 块必须至少覆盖一个角立方体，第 3 块必须沿某条边放置.

接下来看 $v+f$ 的总和——如果我们将所有单位立方体交替着为黑色和白色（角立方体着为黑色），则它们是"黑色"立方体，我们还必须有

$$(1\text{ 或 }2)+2+3+2+2+2+(1\text{ 或 }3)\ =\ 14,$$

并且实现它的唯一方法是在第 1 块中取 2，在第 7 块中取 1，即第 1 块必须占据两个黑色立方体，而第 7 块必须只占据一个.

至此，我们从以 (40) 开头的列表中删去了 688 个选项中的 200 个. 而且我们还知道第 1、2、4、5、6、7 块中恰好有 5 个占据了尽可能多的角立方体. 这项额外的信息也可以被编码. 为此，我们将引入 13 个新的主项

`*`, `1+`, `1-`, `2+`, `2-`, `4+`, `4-`, `5+`, `5-`, `6+`, `6-`, `7+`, `7-` (46)

和 6 个新的选项

“* 1+ 2- 4- 5- 6- 7-”
“* 1- 2+ 4- 5- 6- 7-”
“* 1- 2- 4+ 5- 6- 7-”
“* 1- 2- 4- 5+ 6- 7-” (47)
“* 1- 2- 4- 5- 6+ 7-”
“* 1- 2- 4- 5- 6- 7+”

并将 p+ 或 p- 添加到第 p 块的每个选项中，以分别表示是否占据尽可能多的角立方体. 现在这组用于解决索玛立方问题的新选项共有 $6+488$ 个，它包括如下几种典型例子：

“1 000 001 011 1+”
“1 001 011 101 1-”
“2 000 001 002 010 2+”
“2 000 001 011 021 2-”
“3 000 001 002 011”
“4 000 001 011 012 4+”
“4 001 011 111 121 4-”
“5 000 001 010 110 5+”
“5 001 010 011 101 5-”
“6 000 001 010 101 6+”
“6 001 010 011 110 6-”
“7 000 001 010 100 7+”
“7 001 010 011 111 7-”

和以前一样，算法 X 能找到 11 520 个解，但现在它只需要 1 亿 800 万次内存访问就可以做到这一点. 每个新选项至少在 21 个解中被使用，因此我们已经“抽干”了原始选项集中所有多余的“脂肪”. [这种对索玛立方富有指导性的分析由迈克尔 · 约翰 · 蒂里安 · 盖伊、理查德 · 肯尼思 · 盖伊和约翰 · 何顿 · 康威于 1961 年提出. 见伯利坎普、康威和盖伊，*Winning Ways*, second edition (2004), 845–847.]

为了使用对称性来减少解的个数，我们可以强制令第 3 块占据单位立方体 $\{000, 001, 002, 011\}$（从而省下了一个因子 24）. 再者，我们还可以删除第 7 块所有使用 $k=2$ 的单位立方体 ijk 的选项（又省下了一个因子 2）. 从剩下的 455 个选项中，算法 X 只需要 200 万次内存访问来生成全部 240 个本质上不同的解.

这 7 块索玛立方的用途非常广泛，其他小型多联立方也是如此. 习题 324 ~ 350 探讨了它们的一些精彩的性质，同时给出了一些历史文献.

受限颜色覆盖. 休息一下！ 在进一步阅读之前，请花一两分钟解决图 71 中的“单词搜索”谜题. 像这样相对没有思考难度的谜题提供了一种轻松的方式来提高你的单词识别能力. 你可以很容易地解决它——比如，从 8 个方向分别查看矩阵——它的解见图 72. 在本节中，我们的目标不是讨论如何解决此类谜题，相反，我们将考虑如何创造它们. 这 27 个名字中总共出现了 184 个字符. 以仅占用 135 个单元格且 8 个方向混合的方式将它们放入矩阵中绝非易事. 如何以合理的效率做到这一点呢?

图 71 找到数学家的名字①：

在右侧的 15×15 矩阵中出现的名字周围画上椭圆，阅读的方向可以是向前、向后、向上、向下或沿任何对角线方向. 完成后，剩余的字母将形成一条隐藏消息.（该问题的解在图 72 中.）

```
ABEL       HENSEL     MELLIN
BERTRAND   HERMITE    MINKOWSKI
BOREL      HILBERT    NETTO
CANTOR     HURWITZ    PERRON
CATALAN    JENSEN     RUNGE
FROBENIUS  KIRCHHOFF  STERN
GLAISHER   KNOPP      STIELTJES
GRAM       LANDAU     SYLVESTER
HADAMARD   MARKOFF    WEIERSTRASS
```

```
O T H E S C A T A L A N D A U
T S E A P U S T H O R S R O F
T L S E E A Y R R L Y H A P A
E P E A R E L R G O U E M S I
N N A R R C V L T R T A A M A
I T H U O T E K W I A N D E M
L A N T N B S I M I C M A A W
L G D N A R T R E B L I H C E
E R E C I Z E C E P T N E D Y
M E A R S H R H L I P K A T H
E J E N S E N H R I E O N E T
H S U I N E B O R F E W N A R
T M A R K O F F O F C S O K M
P L U T E R P F R O E K G R A
G M M I N S E J T L E I T S G
```

为此，我们将通过引入*颜色编码*来扩展精确覆盖的概念. 假设矩阵中的每个单元格 ij 都用 $\{$A,$\cdots$,Z$\}$ 中的一个字母来“着色”. 那么创造这样一个谜题本质上就是从大量选项中进行选择.

```
“ABEL 00:A 01:B 02:E 03:L”
“ABEL 00:A 10:B 20:E 30:L”
“ABEL 00:A 11:B 22:E 33:L”
“ABEL 00:L 01:E 02:B 03:A”                                        (48)
    . . . . .
“WEIERSTRASS e4:S e5:S e6:A e7:R e8:T e9:S ea:R eb:E ec:I ed:E ee:W”
```

它们满足以下条件：

(i) 必须为 27 位数学家中的每一位恰好选择一个选项；

(ii) 所选的选项必须为 15×15 个单元格 ij 中的每一个提供一致的颜色.

还有一些非正式约束：名字之间最好有许多共用的字母并混合不同的方向，这样能使谜题富有变化，也许还能带来一些惊喜. 但是条件 (i) 和 (ii) 是计算机要考虑的重要标准，这些辅助的非正式约束最好在人工指导下以交互方式进行处理.

请注意，颜色约束 (ii) 与名称约束 (i) 大相径庭. 我们允许使用不同的选项来指定同一单元格的颜色，只要这些指定不相互冲突即可.

因此，让我们定义一个新问题：*精确着色覆盖*，或简称为 XCC. 和以前一样，我们给定一个项集，其中有 N_1 个主项，另有 $N - N_1$ 个副项. 同时，我们给定 M 个选项，其中的每一个至少包含一个主项. 新的规则是给每个选项的副项分配一种*颜色*. 新任务是找到选项的所有选择，使得：

(i) 每个主项恰好出现一次；

(ii) 每个副项至多被分配一种颜色.

主项是必需的，副项是可选的.

颜色分配用冒号表示. 比如，(48) 中的 `00:A` 表示将颜色 `A` 分配给副项 `00`. 当一个选项的副项后面没有冒号时，它会被隐式地分配唯一的颜色，该颜色与任何其他选项的颜色都不匹配.

① 期刊 *Acta Mathematica* 在庆祝创刊 21 周年时，出版了一份特刊 [*Table Générale des Tomes 1–35*, edited by Marcel Riesz (Uppsala: 1913), 179 pp]. 它包含该期刊已发表的所有论文的完整列表，以及所有作者的肖像和小传. 图 71 提到的 27 位是在《计算机程序设计艺术》前三卷中被提到的那些，除了像 MITTAG-LEFFLER 或 POINCARÉ 这种名字中包含特殊字符的数学家.

图 72 隐藏数学家谜题（图 71）的解. 注意，最中心的字母 R 出现在了 6 个名字中：

BERTRAND
GLAISHER
HERMITE
HILBERT
KIRCHHOFF
WEIERSTRASS

它左边的 T 出现了 5 次.

剩余的字母连起来是说：

> These authors of early papers in *Acta Mathematica* were cited years later in *The Art of Computer Programming.*

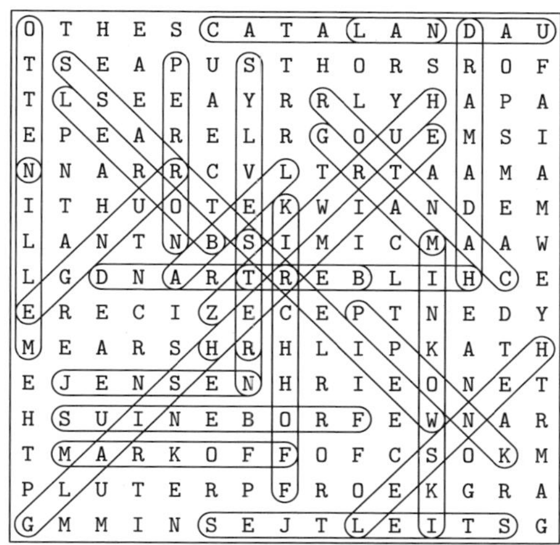

因此，到目前为止我们一直在研究的原始精确覆盖问题只是 XCC 问题的特例（尽管并没有提到着色），其副项没有被明确分配颜色，但不能被包含在多个选项中.

大量的组合问题可以轻易地在 XCC 的框架下表示出来. 而且好消息是，舞蹈链技术可以很好地解决此类问题. 事实上，我们将看到，只需对算法 X 进行一些小的扩展，就可以解决这个更一般的问题.

算法 X 的结点只有 3 个字段：TOP、ULINK 和 DLINK. 现在，我们添加第 4 个字段 COLOR：当该结点表示一个已被显式分配颜色 c 的项时，此字段设置为正值 c. 考虑以下很简单的问题，其中包含 3 个主项 $\{\text{p},\text{q},\text{r}\}$ 和两个副项 $\{\text{x},\text{y}\}$. 选项为：

```
“p  q  x  y:A”;
“p  r  x:A  y”;
“p  x:B”;                 (49)
“q  x:A”;
“r  y:B”.
```

在扩展表 1 的记号之后，表 2 展示了这个问题在内存中的表示方式. 注意，当未指定颜色时，COLOR $=0$. 头结点（如本例中的结点 $1\sim5$）的 COLOR 字段不需要初始化，因为除了在打印输出时，它们从不会被检查（见习题 12 的答案）. 间隔结点（结点 6、11、16、19、22、25）的 COLOR 字段并不重要，但它们必须是非负数.

容易看出如何使用这些 COLOR 字段来获得所需的效果：当一个选项被选中时，我们通过高效地删除所有颜色冲突的选项来“纯化”它包含的任何副项. 不过，这会导致一个细微的问题，因为我们不想浪费时间来纯化一个已经被剔除的列表. 技巧是在已知具有正确颜色的每个结点 x 中置 COLOR$(x)\leftarrow -1$，已经隐藏的结点除外.

为了结合颜色约束，我们想升级 (12) 和 (13) 中的原始操作 cover(i) 和 hide(p)，以及 (14) 和 (15) 中与它们相辅相成的 uncover(i) 和 unhide(p). 这些修改很简单：

cover$'(i)$ 与 (12) 中的 cover(i) 类似，但它调用 hide$'(p)$ 而不是 hide(p)； (50)

hide$'(p)$ 与 (13) 中的 hide(p) 类似，但它当 COLOR$(q)<0$ 时忽略结点 q； (51)

uncover$'(i)$ 与 (14) 中的 uncover(i) 类似，但它调用 unhide$'(p)$ 而不是 unhide(p)； (52)

unhide$'(p)$ 与 (15) 中的 unhide(p) 类似，但它当 COLOR$(q)<0$ 时忽略结点 q. (53)

表 2 对应于 (49) 的内存初始内容

i:	0	1	2	3	4	5	6
NAME(i):	—	p	q	r	x	y	—
LLINK(i):	3	0	1	2	6	4	5
RLINK(i):	1	2	3	0	5	6	4
x:	0	1	2	3	4	5	6
LEN(x),TOP(x):	—	3	2	2	4	3	0
ULINK(x):	—	17	20	23	21	24	—
DLINK(x):	—	7	8	13	9	10	10
COLOR(x):	—	—	—	—	—	—	0
x:	7	8	9	10	11	12	13
TOP(x):	1	2	4	5	−1	1	3
ULINK(x):	1	2	4	5	7	7	3
DLINK(x):	12	20	14	15	15	17	23
COLOR(x):	0	0	0	A	0	0	0
x:	14	15	16	17	18	19	20
TOP(x):	4	5	−2	1	4	−3	2
ULINK(x):	9	10	12	12	14	17	8
DLINK(x):	18	24	18	1	21	21	2
COLOR(x):	A	0	0	0	B	0	0
x:	21	22	23	24	25		
TOP(x):	4	−4	3	5	−5		
ULINK(x):	18	20	13	15	23		
DLINK(x):	4	24	3	5	—		
COLOR(x):	A	0	0	B	0		

我们还为添加了着色机制之后的算法引入了两种新的操作及其逆操作.

$$\text{commit}(p,j)=\begin{cases}\text{若 COLOR}(p)=0\text{，执行 cover}'(j);\\ \text{若 COLOR}(p)>0\text{，执行 purify}(p).\end{cases}\tag{54}$$

$$\text{purify}(p)=\begin{cases}\text{置 } c\leftarrow\text{COLOR}(p)\text{，}i\leftarrow\text{TOP}(p)\text{，COLOR}(i)\leftarrow c\text{，}q\leftarrow\text{DLINK}(i).\\ \text{当 } q\neq i \text{ 时，执行如下操作并置 } q\leftarrow\text{DLINK}(q)\text{:}\\ \quad\text{若 COLOR}(q)=c\text{，置 COLOR}(q)\leftarrow -1;\\ \quad\text{否则执行 hide}'(q).\end{cases}\tag{55}$$

$$\text{uncommit}(p,j)=\begin{cases}\text{若 COLOR}(p)=0\text{，执行 uncover}'(j);\\ \text{若 COLOR}(p)>0\text{，执行 unpurify}(p).\end{cases}\tag{56}$$

$$\text{unpurify}(p)=\begin{cases}\text{置 } c\leftarrow\text{COLOR}(p)\text{，}i\leftarrow\text{TOP}(p)\text{，}q\leftarrow\text{ULINK}(i).\\ \text{当 } q\neq i \text{ 时，执行如下操作并置 } q\leftarrow\text{ULINK}(q)\text{:}\\ \quad\text{若 COLOR}(q)<0\text{，置 COLOR}(q)\leftarrow c;\\ \quad\text{否则执行 unhide}'(q).\end{cases}\tag{57}$$

除此之外，算法 C 几乎和算法 X 一模一样.

算法 C （*精确着色覆盖*）. 该算法使用与算法 X 一样的记号约定访问一个给定 XCC 问题的所有解.

C1. [初始化.] 如表 2 所示，在内存中设置这个问题（见习题 8）. 同时，置 N 为项数，Z 为最后一个间隔结点的地址，并置 $l \leftarrow 0$.

C2. [进入第 l 层.] 若 $\texttt{RLINK}(0) = 0$（因此所有项都被覆盖了），访问这个由 $x_0 x_1 \cdots x_{l-1}$ 指定的解并跳转至 C8（见习题 13）.

C3. [选择 i.] 此时项 i_1, $\cdots$, i_t 还需被覆盖，其中 $i_1 = \texttt{RLINK}(0)$，$i_{j+1} = \texttt{RLINK}(i_j)$，$\texttt{RLINK}(i_t) = 0$. 选择其中一个，称其为 i.（习题 9 中的 MRV 启发法在实践中通常表现优异.）

C4. [覆盖 i.] 使用 (50) 来覆盖 i，并置 $x_l \leftarrow \texttt{DLINK}(i)$.

C5. [尝试 x_l.] 若 $x_l = i$，跳转至 C7.（我们已经尝试了包含 i 的所有选项.）否则置 $p \leftarrow x_l + 1$，并且，当 $p \neq x_l$ 时执行下列操作：置 $j \leftarrow \texttt{TOP}(p)$，若 $j \leqslant 0$，置 $p \leftarrow \texttt{ULINK}(p)$；否则执行 $\mathrm{commit}(p, j)$ 并置 $p \leftarrow p + 1$.（这交付了包含 x_l 的选项中不等于 i 的项.）置 $l \leftarrow l + 1$，返回至 C2.

C6. [再尝试.] 置 $p \leftarrow x_l - 1$，并且，当 $p \neq x_l$ 时执行下列操作：置 $j \leftarrow \texttt{TOP}(p)$，若 $j \leqslant 0$，置 $p \leftarrow \texttt{DLINK}(p)$；否则执行 $\mathrm{uncommit}(p, j)$ 并置 $p \leftarrow p - 1$.（通过使用与 C5 中相反的顺序，这样做撤销了包含 x_l 的选项中不等于 i 的项的交付.）置 $i \leftarrow \texttt{TOP}(x_l)$，$x_l \leftarrow \texttt{DLINK}(x_l)$，并返回至 C5.

C7. [回溯.] 使用 (52) 撤销对 i 的覆盖.

C8. [离开第 l 层.] 当 $l = 0$ 时，算法终止. 否则置 $l \leftarrow l - 1$ 并跳转至 C6. ▮

算法 C 可以直接应用于我们在前面几节中讨论过的几个问题. 比如，它可以轻易地生成单词矩形及具有更复杂结构的有趣单词模式（见习题 87～93）. 我们也可以用它来找到所有的德布鲁因圈，以及它们的二维对应物（见习题 94～97）. 精确覆盖选项所具有的普遍性也能更方便我们对特殊的应用施加额外的约束. 此外，算法 C 还有助于我们在 2.3.4.3 节中研究的四分形平铺的实验（见习题 120 和习题 121）.

伟大的组合学家珀西 · 亚历山大 · 麦克马洪引入了多个色彩缤纷的几何图案系列，他一生都为这些图案而着迷. 比如，在与朱利安 · 罗伯特 · 约翰 · 乔斯林合写的英国专利第 3927 号（1892 年）中，他考虑了 24 种三角形，它们可以用 4 种颜色的边制成，如下所示：

(58)

他还展示了两种方式，将它们排列成一个六边形，使得在相邻的边有相同的颜色，并且在外边界只有一种颜色：

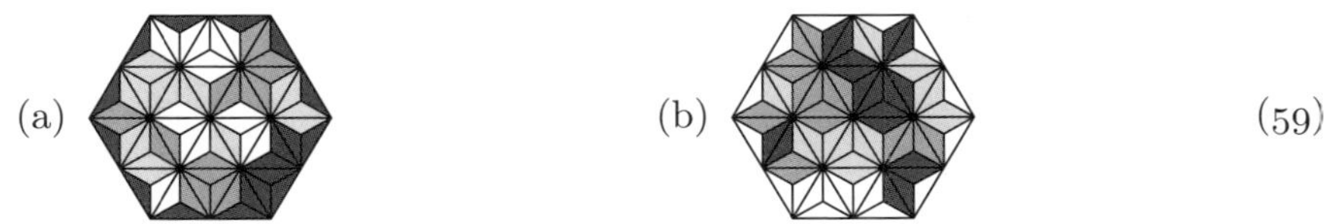

(59)

注意，像 (58) 中的 和 这样的手性对被认为是不同的. 麦克马洪的“瓷砖”可以旋转，但不能“翻转”.

> 四种合适的颜色是黑、白、红和蓝，
> 因为它们在夜间很容易区分.
>
> ——珀西 · 亚历山大 · 麦克马洪，《新数学消遣》（1921 年）

我们假设边界是全白的，如图案 (59b) 所示．有数百万种方法可以满足这个条件．但是每个本质上不同的解都被计数了 72 次，因为六边形在旋转和反射下有 12 种对称，并且剩余 3 种颜色可以用 $3! = 6$ 种方式排列．我们可以通过固定全白三角形的位置来消除六边形的对称性（见习题 119）．并且，我们可以使用算法 C 的一种有趣的扩展来消除颜色的对称性．在选项关于 d 种颜色对称时，这样做可以将解的数量减少到 $1/d!$（见习题 122）．这样一来，所有的解——你能猜出有多少吗?——实际上只需要花费 4.5 Gμ 的计算时间就可以找到（见习题 126）.

麦克马洪还研究了这些三角形的许多其他匹配问题，以及基于正方形、六边形和其他形状的类似平铺问题．他还考虑了彩色立方体的三维排列，这些立方体应该在接触面相匹配．习题 127 ~ 148 专门用于解决这项工作中出现的一些引人入胜的问题.

引入重数. 现在，我们已经从众多例子中看到，扩展了算法 X 的算法 C 能解决任意 XCC 问题，其用途十分广泛．事实上，从某种意义上说，每个约束满足问题都是 XCC 问题的特例（见习题 100）.

我们还可以进一步扩展算法 C，同样无须进行任何实质性的改变，使其远远超出精确覆盖的原始概念．举例来说，让我们考虑罗伯特 · 温赖特的“鹧鸪谜题”（1981 年）．它的灵感来自一个众所周知的事实，即前 n 个立方数的和是一个完全平方数:

$$1^3 + 2^3 + \cdots + n^3 \ = \ N^2, \quad \text{其中 } N = 1 + 2 + \cdots + n. \tag{60}$$

温赖特想知道这种关系是否可以从几何上得到验证，即通过取一个大小为 1×1 的正方形、两个大小为 2×2 的正方形……n 个大小为 $n \times n$ 的正方形，并将它们全部打包成一个大小为 $N \times N$ 的大正方形.（我们从习题 1.2.1–8 中知道，$4k$ 个大小为 $k \times k$ 的正方形可以打包成一个 $2N \times 2N$ 的正方形．但是温赖特希望更进一步地证明 (60).）他证明了当 $2 \leqslant n \leqslant 5$ 时，这个任务不可能完成．但当 $n = 12$ 时，他找到了一个完美的打包方案．因此，他联想到了《圣诞节的十二天》，并相应地命名了这个谜题（见习题 154）.

鹧鸪谜题很容易用选项来表示，其中包含 n 项 $\#k$ ($1 \leqslant k \leqslant n$)，以及 N^2 项 ij ($0 \leqslant i,j < N$)．与我们在 (37) 中为五联骨牌所构造的选项相似，对于 $1 \leqslant k \leqslant n$ 且 $0 \leqslant i,j \leqslant N-k$，鹧鸪谜题的选项为:

$$\text{“}\#k\ ij\ i(j{+}1)\ \cdots\ i(j{+}k{-}1)\ (i{+}1)j\ (i{+}1)(j{+}1)\ \cdots\ (i{+}k{-}1)(j{+}k{-}1)\text{”}. \tag{61}$$

（恰好有 $(N+1-k)^2$ 个选项包含 $\#k$，其中每个选项包含 $1+k^2$ 项.）比如，当 $n=2$ 时，全部选项为:

“#1 00” “#1 01” “#1 02” “#1 10” “#1 11” “#1 12” “#1 20” “#1 21” “#1 22”

“#2 00 01 10 11” “#2 01 02 11 12” “#2 10 11 20 21” “#2 11 12 21 22”.

与之前一样，我们想覆盖 N^2 个单元格 ij 恰好一次．但有一点不同：我们现在想覆盖主项 $\#k$ 恰好 k 次，而不仅仅是一次.

这是一个相当大的差异．但在下面的算法 M 中，我们将看到舞蹈链可以很好地解决这个问题．比如，该算法可以表明鹧鸪谜题对于 $n=6$ 或 $n=7$ 没有完美的方案．但当 $n=8$ 时，算法 M 惊奇地找到了数以千计的解，举例如下.

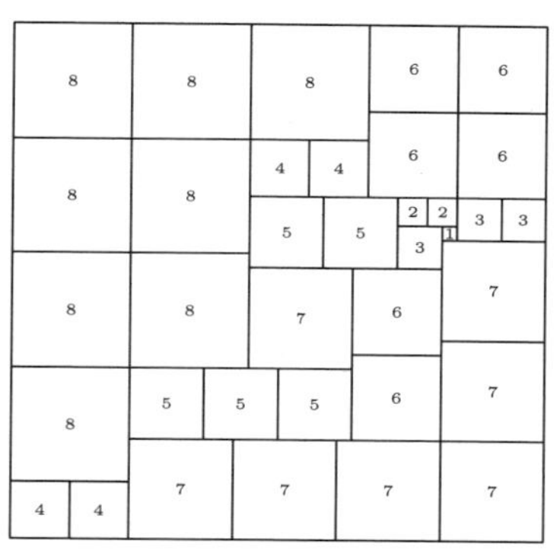
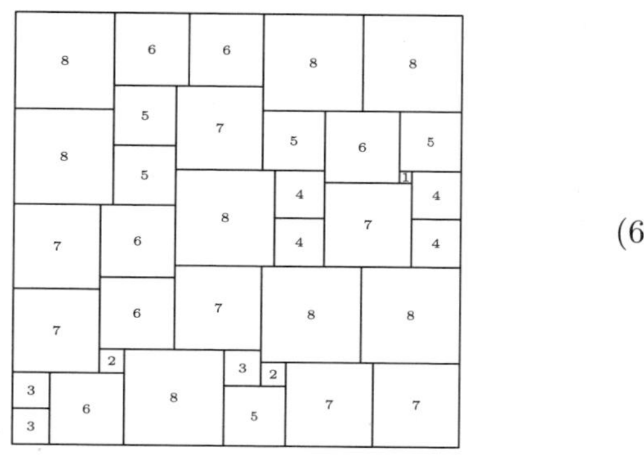
(62)

在本节开头附近，当第一次定义精确覆盖问题时，我们考虑了像 (5) 那样的 $M \times N$ 的 01 矩阵. 在这种矩阵描述下，精确覆盖问题的目标是找到和为 $11 \cdots 1$ 的所有行子集. 算法 M 要做的更多：它将找到和为 $v_1 v_2 \cdots v_N$ 的所有行子集，其中 $v_1 v_2 \cdots v_N$ 是任何想要的重数向量.

事实上，允许使用区间 $[u_j \,..\, v_j]$ 来描述重数的话，算法 M 的能力还能进一步提升. 它能够解决一般的 MCC 问题，即多重着色覆盖问题，其定义如下：它有 N 项，其中 N_1 个是主项，$N - N_1$ 个是副项. 每一个主项 j（$1 \leqslant j \leqslant N_1$）都分配有一个表示允许重数的区间 $[u_j \,..\, v_j]$，其中 $0 \leqslant u_j \leqslant v_j$ 且 $v_j > 0$. 还有 M 个选项，其中每一个都至少包含一个主项. 给每个选项的副项分配一种颜色，"空白"颜色代表一种在其他任何地方都没有出现的独特颜色. 任务是找到选项的所有子集，使得

(i) 每个主项 j 至少出现 u_j 次，并且至多出现 v_j 次；

(ii) 每个副项至多被分配一种颜色.

因此每个 XCC 问题都是一个 MCC 问题在 $u_j = v_j = 1$ 时的特例.

MCC 问题已经相当广泛！比如，当 $u_j = 1$ 且 $v_j = M$ 并且没有副项时，这是经典的非精确*覆盖问题*，这里我们只要求每项出现在*至少*一个选项中. 7.2.2.6 节这一整节都将关注这类覆盖问题.

在正式介绍算法 M 之前，让我们先将注意力集中在 MCC 问题的更多例子上. 首先，我们可以解决温赖特的鹧鸪谜题的改进版本："对于 $1 \leqslant k \leqslant n$，将至多 k 个大小为 $k \times k$ 的正方形不重叠地打包为一个 $N \times N$ 的大正方形，使得 N^2 个单元格尽可能多地被覆盖."（和之前一样，$N = 1 + 2 + \cdots + n$.）由 (62) 可知，当 $n = 8$ 时，我们可以覆盖整个大正方形. n 较小的情况则是另一回事. 当 $2 \leqslant n \leqslant 5$ 时，我们很容易手动找到解：

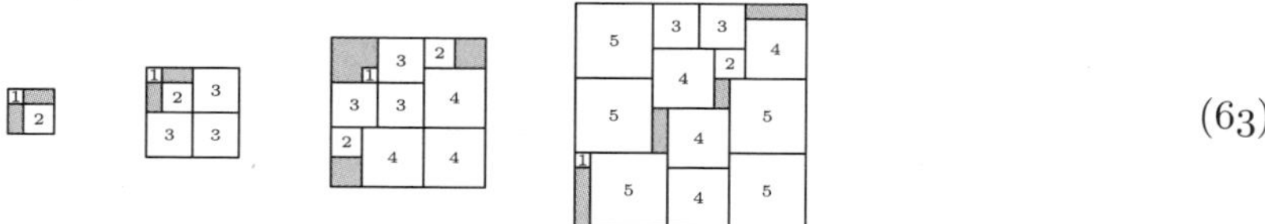
(63)

并且为了证明 $n = 5$ 的每个方案必须至少留下 13 个空置单元格，我们可以用算法 M 证明 MCC 问题 (61) 在项 #1, #2, #3 分别被赋予重数 $[0 \,..\, 13]$, $[0 \,..\, 2]$, $[0 \,..\, 3]$（而不是 1, 2, 3）时没有解. 习题 157 给出了当 $n = 6$ 和 $n = 7$ 时的最优构造，从而解决了鹧鸪谜题所有较小的情况.

接下来，让我们考虑一个类型完全不同的 MCC 问题："放置 m 个皇后，使得它们控制 $n \times n$ 棋盘的所有单元格."（经典的五皇后问题——应该与之前考虑过的五皇后问题区分开来——是 $m = 5$ 且 $n = 8$ 的特殊情况.）习题 7.1.4–241 讨论了这个问题的历史，它最早于 1863 年出现在德耶尼施的一本精彩的书中.

我们可以从 MCC 的角度来解决这个问题：引入 n^2+1 个主项，即满足 $0 \leqslant i,j < n$ 的 ij 和一个特殊项 #，以及 n^2 个选项：

$$\text{“}\# \ ij\ i_1j_1\ i_2j_2 \cdots i_tj_t\text{”} \quad 对于\ 0 \leqslant i,j < n, \tag{64}$$

其中，$i_1j_1, i_2j_2, \cdots, i_tj_t$ 是能被 ij 中的皇后攻击的单元格．每个单元格 ij 都被分配了重数 $[1\,..\,m]$．项 # 的重数为 m．

在这种规范之下，算法 M 很容易找到五皇后问题的全部 4860 个解，需要进行 130 亿次内存访问．比如，一开始有 22 种方法覆盖单元格 00．如果将皇后放在这里，那么将有 22 种方法覆盖单元格 17，以此类推．在放置了 3 个皇后之后，每一步的分支数都有迅速下降的趋势．

(64) 中的 MCC 设置的妙处在于，我们可以通过对规范进行简单的更改来解决许多相关问题．比如，通过仅保留满足 $1 \leqslant i,j \leqslant 6$ 的 36 个选项，我们可以找到 284 个没有在棋盘边缘放置皇后的解．或者通过删除满足 $2 \leqslant i,j \leqslant 5$ 的 16 个选项，我们会发现恰好有 880 个解没有将皇后放在靠近中间的位置．恰好有 88 个解避开了中间的两行两列．恰好有 200 个解将所有 5 个皇后放在“黑格”（$i+j$ 为偶数）中．恰好有 90 个解避开了左上象限和右下象限．恰好有 2 个解将所有 5 个皇后放在棋盘的上半部分．（你能找到它们吗？）

通过将底行的重数从 $[1\,..\,5]$ 更改为 1，我们得到 18 个解，其中该行中的每个单元格只被攻击一次．或者，通过将中心的 16 个单元格的重数更改为 $[2\,..\,5]$，我们可以得到 48 个解，其中靠近中心的每个单元格至少被攻击两次．将所有单元格的重数更改为 $[1\,..\,4]$，我们可以将解数从 4860 减少至 3248；将它们全部更改为 $[1\,..\,3]$ 则将解数减少至 96．习题 161 演示了几种不太明显的可能情况．

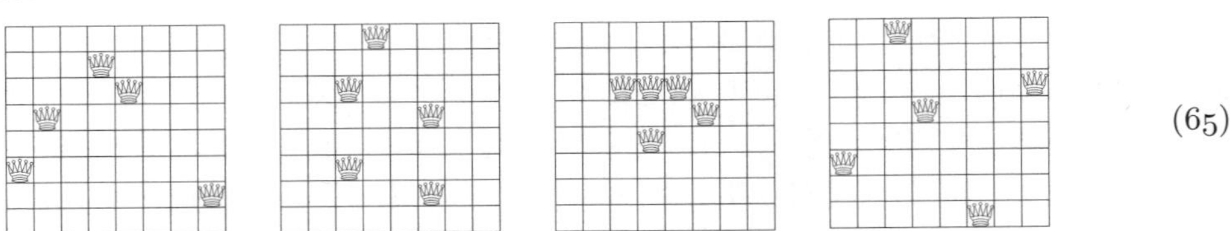

(65)

到目前为止，我们看到的 MCC 问题实例仅包含主项．副项及其颜色约束增加了新的维度并极大地扩展了应用范围．考虑我们在 7.2.2 节中简要研究过的单词矩形．下面这个 4×5 单词矩形仅使用了字母表中的 9 个字母：

```
L A B E L
A B I D E
S L A I N
T E S T S
```

我们能找到一个只包含常用词并且只使用 8 个字母的单词矩形吗？（更准确地说，是否存在这样一个单词矩形，其列选自最常见的 1000 个四字母英语单词，其行属于 WORDS(2000)——斯坦福图库的精选集合？）

答案是肯定的．事实上一共有 6 个这样的解：

```
S T R U T   E A S E D   W A D E D   R A D A R   L L A M A   S C A R S
T E A S E   A G I L E   A R E N A   A R E N A   E A G E R   C O C O A
E A T E N   S E N S E   S E E D S   S E A T S   S T E A M   A R R A Y
P R E S S   E D G E D   H A R S H   H A R S H   T E S T S   R E E D S
```
(66)

找到它们的一种方法是设置一个 MCC 问题，其主项是 $A_0, A_1, A_2, A_3, D_0, D_1, D_2, D_3, D_4$, #A, #B, $\cdots$, #Z, #．除了 # 的重数为 8，其他主项的重数都为 1．此外，还有副项 A, B, $\cdots$, Z 和 ij（$0 \leqslant i < 4$ 且 $0 \leqslant j < 5$）．字母的计数由 2×26 个短选项处理：

“#A A:0”“#A A:1 #”　“#B B:0”“#B B:1 #”　$\cdots$　“#Z Z:0”“#Z Z:1 #”．　(67)

然后，每个合法的五字母单词 $c_1c_2c_3c_4c_5$ 产生 4 个选项："A_i $i0$:c_1 $i1$:c_2 $i2$:c_3 $i3$:c_4 $i4$:c_5 c_1:1 c_2:1 c_3:1 c_4:1 c_5:1"（$0 \leqslant i < 4$）. 每个合法的四字母单词 $c_1c_2c_3c_4$ 产生 5 个选项："D_j $0j$:c_1 $1j$:c_2 $2j$:c_3 $3j$:c_4 c_1:1 c_2:1 c_3:1 c_4:1"（$0 \leqslant j < 5$，在一个单词中出现多次的字母只列出一次）.

举例来说，为 (66) 中的第一个解选择的一个选项为"A_3 30:P 31:R 32:E 33:S 34:S P:1 R:1 E:1 S:1". 它强制令"#P P:1 #""#R R:1 #""#E E:1 #""#S S:1 #"也被选中，因此贡献了 4 个包含 # 的选项.

顺带一提，当把算法 M 应用于这些选项时，使用习题 10 及其答案中讨论的"非敏锐偏好启发法"是非常重要的. 否则，该算法将在尝试实际单词之前不明智地在项 #A, $\cdots$, #Z 上进行二路分支. 在这种情况下，D_0 上的 1000 路分支比 #Q 上的二路分支要好得多.

***新的舞步.** 为了实现重数，我们需要以一种新的方式更新数据结构. 假设某个主项 p 有 5 个可用选项，并假设它们分别以结点 a、b、c、d、e 表示. 则 p 的活跃选项竖直列表有以下链接：

x:	p	a	b	c	d	e
ULINK(x):	e	p	a	b	c	d
DLINK(x):	a	b	c	d	e	p

(68)

如果 p 的重数为 3，则有 $\binom{5}{3} = 10$ 种方法可以从 5 个选项中选择 3 个. 但我们并不想创建一个十路分支！相反，算法 M 的每个分支仅选择出现在解中的第一个选项. 然后，它递归地简化问题. 在简化后的问题中，p 的列表较短，我们将从中选择另外两个选项. 由于我们必须选择 a、b 或 c 作为第一个选项，因此算法将从一个三路分支开始. 如果 b 被作为第一个选项，那么简化问题将要求从 $\{c, d, e\}$ 中选择两个选项.

该算法将递归地找到简化问题的所有解. 但它不一定会从同一项 p 上再次分支，因为此时某个其他项 q 可能变得更重要. 比如，选择 b 之后赋予的颜色可能使 LEN(q) $\leqslant 1$. [选择 b 也可能导致 c、d 和（或）e 不合法.]

要点在于，在为原始问题中的 p 选择了 3 个选项中的第一个之后，我们并不会像在算法 X 和算法 C 中那样"覆盖"p. p 与简化问题中的所有其他活跃项的地位仍然平等，因此我们需要相应地修改 (68).

在存在重数的情况下，通过从项列表中删除一个选项来简化问题的操作称为"调整"该选项. 比如，在算法选择 b 作为 p 的第一个选项之后，它会同时调整 a 和 b. 这个操作看起来很简单：

$$\text{tweak}(x,p) \;=\; \begin{cases} \text{执行 hide}'(x) \text{ 并置 } d \leftarrow \texttt{DLINK}(x)\text{，}\texttt{DLINK}(p) \leftarrow d\text{，} \\ \texttt{ULINK}(d) \leftarrow p\text{，}\texttt{LEN}(p) \leftarrow \texttt{LEN}(p) - 1. \end{cases} \tag{69}$$

（见 (51). 只有当 $x = \texttt{DLINK}(p)$ 且 $p = \texttt{ULINK}(x)$ 时，我们才会使用 tweak(x, p). ）注意，调整 x 所做的工作比隐藏 x 多，但比覆盖 p 少.

最终该算法将分别尝试把 a、b 和 c 作为 p 的第一个选项，而且它会回溯并撤销调整操作. 操作 tweak(a, p)、tweak(b, p)、tweak(c, p) 将破坏 (68) 中的大部分原始 ULINK：

x:	p	a	b	c	d	e
ULINK(x):	e	p	p	p	p	d
DLINK(x):	d	b	c	d	e	p

(70)

遗憾的是，这些残留数据不足以让我们恢复原始状态，因为我们已经失去了对结点 a 的跟踪. 但是如果我们在一开始就记录了 a 的值，那么情况就会好得多，因为指向结点 a 的指针连同 (70) 中的 DLINK 现在将带领我们依次找到结点 b、c、d.

该算法维护数组 FT[l]，以保存在第 l 层“首次调整”的位置．并且，它在其链接操作库中添加了一个新的操作——“撤销调整”：

$$\text{untweak}(l) \;=\; \begin{cases} \text{置 } a \leftarrow \texttt{FT}[l]\text{，} p \leftarrow \big(a \leqslant N?\ a\text{: } \texttt{TOP}(a)\big)\text{，} x \leftarrow a\text{，} y \leftarrow p\text{;} \\ \text{置 } z \leftarrow \texttt{DLINK}(p)\text{，} \texttt{DLINK}(p) \leftarrow x\text{，} k \leftarrow 0\text{;} \\ \text{当 } x \neq z \text{ 时，反复置 } \texttt{ULINK}(x) \leftarrow y \text{ 和 } k \leftarrow k+1\text{，} \\ \qquad \text{执行 unhide}'(x)\text{，并置 } y \leftarrow x\text{，} x \leftarrow \texttt{DLINK}(x)\text{;} \\ \text{最终置 } \texttt{ULINK}(z) \leftarrow y \text{ 和 } \texttt{LEN}(p) \leftarrow \texttt{LEN}(p) + k. \end{cases} \tag{71}$$

（见习题 163．该计算依赖于我们在习题 2(a) 中证明的一个令人惊讶的事实，即撤销隐藏操作可以按照与隐藏操作相同的顺序安全地完成．）

当指定的重数是一个区间而不是单个数字时，我们可以使用相同的机制．假设上例中的项 p 需要出现在 2、3 或 4 个选项中，而不一定恰好出现在 3 个选项中．那么算法选择的第一个选项必须是 a、b、c 或 d．并且简化后的问题要求 p 在剩余的 1、2 或 3 个选项中出现．在 a、b、c 和 d 都被调整和探索之后，算法最终将采取撤销调整操作．

同理，如果 p 的重数已被指定为 0、1 或 2，则算法将依次调整 a 到 e 中的每一个．在最终撤销调整并回溯之前，它还将遍历删去 p 的所有选项后的所有解．

但是，当 p 的重数被指定为 0 或 1 时，会出现一种特殊情况．在这种情况下，我们不能在选择选项 a 之后再选择选项 b、c、d 或 e．因此，像算法 C 一样调用 cover$'(p)$ 很重要，而不是一次隐藏一个选项．（见 (50)．）然后，调整 p 的各个选项，将它们从活跃列表中一个一个地删除．此时的调整使用特殊操作 tweak$'(x,p)$，它类似于 (69) 中的 tweak(x,p)，只不过省略了操作 hide$'(x)$，因为当 p 被覆盖时，隐藏已经完成．最后，算法通过调用 untweak$'(l)$ 得出结果．它类似于 (71) 中的 untweak(l)，不同的是，它省略了 unhide$'(x)$，并且它在恢复 LEN(p) 后调用 uncover$'(p)$．

现在万事俱备，只欠东风．我们还需要一种方法来表示数据结构中的重数，然后就可以开始编写算法 M 了．为此，我们给每个主项增添两个新字段——SLACK 和 BOUND．假设 p 所需的重数在区间 $[u\,..\,v]$ 中，其中 $0 \leqslant u \leqslant v$ 且 $v \neq 0$．（算法 X 和算法 C 对应于 $u = v = 1$ 的情况．）我们在算法开始时置

$$\texttt{SLACK}(p) \;\leftarrow\; v-u, \qquad \texttt{BOUND}(p) \;\leftarrow\; v. \tag{72}$$

SLACK(p) 的值永远不会改变．但是 BOUND(p) 的值会随着我们不断简化问题而动态减小，因此我们永远不会为 p 选择比其当前 BOUND(p) 更多的选项．

算法 M（*多重着色覆盖*）．　通过扩展算法 X 和算法 C，本算法访问一个给定 MCC 问题的所有解．

M1. ［初始化．］如算法 C 的步骤 C1 中那样在内存中设置问题，并加上重数说明 (72)．同时置 N 为项数，N_1 为主项数，Z 为最后一个间隔结点的地址，并且置 $l \leftarrow 0$．

M2. ［进入第 l 层．］若 RLINK(0) $= 0$（因此所有项都被覆盖了），访问由 $x_0x_1\cdots x_{l-1}$ 指定的解并跳转至 M9．（见习题 164．）

M3. ［选择 i．］此时项 $i_1, \cdots, i_t$ 还需被覆盖，其中，$i_1 = \texttt{RLINK}(0)$，$i_{j+1} = \texttt{RLINK}(i_j)$，$\texttt{RLINK}(i_t) = 0$．选择其中一个，并称它为 i．（习题 9 中的 MRV 启发法在实践中通常表现优异．）如果分支度数 θ_i 为 0（见习题 166），跳转至 M9．

M4. ［准备在 i 上分支．］置 $x_l \leftarrow \texttt{DLINK}(i)$ 和 $\texttt{BOUND}(i) \leftarrow \texttt{BOUND}(i) - 1$．若 BOUND($i$) 现在等于 0，使用 (50) 来覆盖 i．若 $\texttt{BOUND}(i) \neq 0$ 或 $\texttt{SLACK}(i) \neq 0$，置 $\texttt{FT}[l] \leftarrow x_l$．

M5. [可能调整 x_l.] 当 `BOUND(`i`)` $=$ `SLACK(`i`)` $= 0$ 时，若 $x_l \neq i$，跳转至 M6；若 $x_l = i$，跳转至 M8.（这种情况类似于算法 C.）否则若 `LEN(`i`)` $\leqslant$ `BOUND(`i`)` $-$ `SLACK(`i`)`，跳转至 M8（列表 i 太短了）. 否则若 $x_l \neq i$，调用 tweak(x_l, i)（见 (69)），或在 `BOUND(`i`)` $= 0$ 时调用 tweak$'(x_l, i)$. 否则在 `BOUND(`i`)` $\neq 0$ 时，置 $p \leftarrow$ `LLINK(`i`)`，$q \leftarrow$ `RLINK(`i`)`，`RLINK(`p`)` $\leftarrow q$，`LLINK(`q`)` $\leftarrow p$.

M6. [尝试 x_l.] 若 $x_l \neq i$，置 $p \leftarrow x_l + 1$. 当 $p \neq x_l$ 时执行下列操作：置 $j \leftarrow$ `TOP(`p`)`；若 $j \leqslant 0$，置 $p \leftarrow$ `ULINK(`p`)`；否则若 $j \leqslant N_1$，置 `BOUND(`j`)` $\leftarrow$ `BOUND(`j`)` $- 1$ 和 $p \leftarrow p + 1$. 若此时 `BOUND(`j`)` $= 0$，则调用 cover$'(j)$；否则调用 commit(p, j) 并置 $p \leftarrow p + 1$.（这个循环覆盖或交付包含 x_l 的选项中不等于 i 的项.）置 $l \leftarrow l + 1$，返回至 M2.

M7. [再尝试.] 置 $p \leftarrow x_l - 1$，并且当 $p \neq x_l$ 时执行下列操作：置 $j \leftarrow$ `TOP(`p`)`，若 $j \leqslant 0$，置 $p \leftarrow$ `DLINK(`p`)`；否则若 $j \leqslant N_1$，置 `BOUND(`j`)` $\leftarrow$ `BOUND(`j`)` $+ 1$ 和 $p \leftarrow p - 1$. 若此时 `BOUND(`j`)` $= 1$，则调用 uncover$'(j)$；否则调用 uncommit(p, j) 并置 $p \leftarrow p - 1$.（这个循环使用相反的顺序撤销了包含 x_l 的选项中不等于 i 的项的覆盖或交付.）置 $x_l \leftarrow$ `DLINK(`x_l`)`，并返回至 M5.

M8. [恢复 i.] 若 `BOUND(`i`)` $=$ `SLACK(`i`)` $= 0$，使用 (52) 撤销对 i 的覆盖. 否则调用 untweak(l)（见 (71)），或在 `BOUND(`i`)` $= 0$ 时调用 untweak$'(l)$. 置 `BOUND(`i`)` $\leftarrow$ `BOUND(`i`)` $+ 1$.

M9. [离开第 l 层.] 当 $l = 0$ 时，算法终止. 否则置 $l \leftarrow l - 1$. 若 $x_l \leqslant N$，置 $i \leftarrow x_l$，$p \leftarrow$ `LLINK(`i`)`，$q \leftarrow$ `RLINK(`i`)`，`RLINK(`p`)` $\leftarrow$ `LLINK(`q`)` $\leftarrow i$，并返回至 M8.（这使得 i 重新变为活跃项.）否则置 $i \leftarrow$ `TOP(`x_l`)` 并返回至 M7. ▌

***分析算法 X.** 现在让我们进行定量分析，看看可以证明关于算法运行时间的什么结果.

为简单起见，我们将忽略颜色约束并仅着眼于算法 X. 它能找到精确覆盖问题的所有解，其中问题是由像 (5) 那样的 $M \times N$ 的 01 矩阵 $\boldsymbol{A}$ 指定的.

我们假设问题是严格的，即矩阵中没有两行是相同的且没有两列是相同的. 这是因为，如果有多行（列）相同，那么我们只需要保留其中一行（列）. 并且我们可以很容易地将原始问题 $\boldsymbol{A}$ 的所有解与简化问题 $\boldsymbol{A}'$ 的解建立联系（见习题 179）.

我们的首要目标是找到搜索树中结点数的上界，并将其作为 $\boldsymbol{A}$ 中行数（选项数）的函数. 这个上界呈指数增长，因为精确覆盖问题的解通常很多很多. 但我们将看到，它实际上不可能极大.

为此，我们将定义末日函数 $D(n)$. 当算法 X 在步骤 X3 中使用 MRV 启发法时，它将具有以下属性：对于每个具有 n 个选项的严格精确覆盖问题，搜索树最多有 $D(n)$ 个结点.

搜索树有一个标有原始矩阵 $\boldsymbol{A}$ 的根结点，其他结点被递归定义：当第 l 层的结点标有一个子问题且步骤 X3 为该子问题生成 t 路分支时，该结点有 t 棵子树. 对于 x_l 的 t 个不同选择，每棵子树的根都标有一个简化问题. 这个简化问题是步骤 X4 已经覆盖了项 i 并且步骤 X5 已经选择性地覆盖了一个或多个其他项 j 之后余留的问题.

比如，以下是 $\boldsymbol{A}$ 为 (5) 中的矩阵时的完整搜索树：

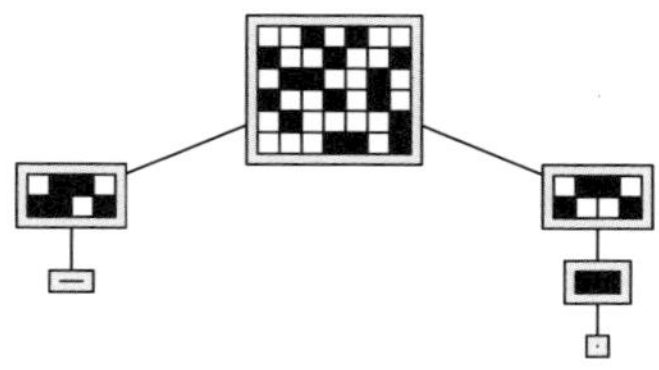

（图中的每个矩阵和子矩阵都用浅灰色边框框了起来．左下角的结点表示一个 0×1 子矩阵，算法在此处不得不回溯，因为它无法覆盖剩余的列．右下角的结点表示一个 0×0 子矩阵，它恰好是其上方的 2×2 问题的解．）尽管算法 X 没有这样做，但如果我们愿意，就可以通过消除重复的列来简化所有子矩阵．这样一来，我们在搜索树的每个结点处都会得到严格精确覆盖问题：

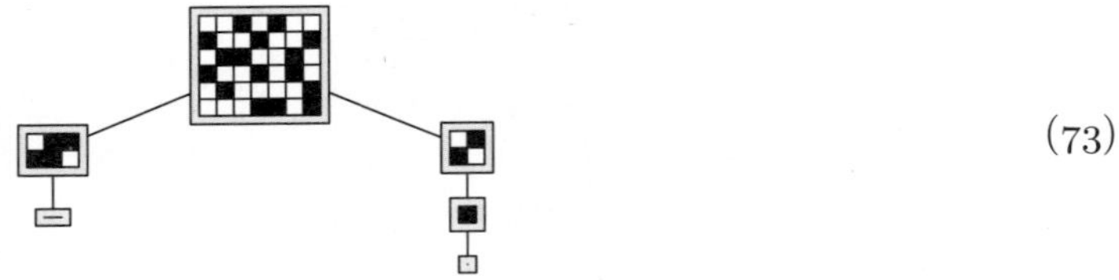

(73)

t 路分支意味着矩阵 $\boldsymbol{A}$ 具有某种特殊的结构．我们知道存在一些列，比如 $i_1=i$，恰好在 t 行中的值为 1，比如 $o_1,\cdots,o_t$，并且每列至少包含 t 个 1．对于 $1\leqslant p\leqslant t$，当我们在行 o_p 上分支时，定义第 p 棵子树的简化问题将保留 $\boldsymbol{A}$ 中除与 o_p 相交的 s_p 行之外的所有行．同时我们可以对行进行排序，使得 $s_1\leqslant\cdots\leqslant s_t$．比如，在 (73) 中，我们有 $t=2$ 和 $s_1=s_2=4$．

这样排序之后有一个好的性质：总是存在唯一的索引 $0\leqslant t'\leqslant t$，使得

$$s_p = t+p-1, \qquad \text{对于 } 1\leqslant p\leqslant t'. \tag{74}$$

即，要么 $s_1>t$ 且 $t'=0$；要么 $s_1=t$ 且 $t'=1$ 且 $t=1$ 和 $s_2>t+1$ 中任一成立；要么 $s_1=t$ 且 $s_2=t+1$ 且 $t'=2$ 且 $t=2$ 和 $s_3>t+2$ 中任一成立……要么 $s_1=t$ 且 $s_2=t+1$……且 $s_t=2t-1$ 且 $t'=t$．

假设 $t=4$ 且 $s_1=4$，我们必须证明 $s_2\geqslant 5$．由于 $s_1=4$，行 o_1 不与除 $\{o_1,\cdots,o_t\}$ 之外的任何行相交，因此，选项 o_1 由单项"i_1"组成．选项 o_2 必须至少包含两项"$i_1\ i_2\ \cdots$"，否则问题不严格．这个新项至少出现在 4 个选项中，但其中一个与 o_1 不同．因此，选项 o_2 至少与 5 个选项（包括它本身）相交．证毕．

习题 180 证明，如果 $t=4$ 且 $s_1=4$ 且 $s_2=5$，则 $s_3\geqslant 6$．事实上，它还给出了更多证明．如果 $t=t'=4$，则如 (74) 所要求的那样，有 $(s_1,s_2,s_3,s_4)=(4,5,6,7)$，同时习题 180 还证明了选项 o_5,o_6,o_7 的形式特别简单：

$$\begin{aligned}o_1 = \text{“}i_1\text{”};\quad o_2 = \text{“}i_1\ i_2\text{”};\quad o_3 = \text{“}i_1\ i_2\ i_3\text{”};\quad o_4 = \text{“}i_1\ i_2\ i_3\ i_4\text{”};\\ o_5 = \text{“}i_2\ i_3\ i_4\cdots\text{”};\quad o_6 = \text{“}i_3\ i_4\cdots\text{”};\quad o_7 = \text{“}i_4\cdots\text{”}.\end{aligned} \tag{75}$$

好了，我们现在可以着手构造之前所说的末日函数 $D(n)$ 了．它的初始值非常简单：

$$D(0) = D(1) = 1. \tag{76}$$

出于便利，当 $n<0$ 时，我们令 $D(n)=-\infty$．当 $n\geqslant 2$ 时，它的定义为

$$D(n)=\max\bigl\{d(n,t,t')\bigm| 1\leqslant t<n \text{ 且 } 0\leqslant t'\leqslant t\bigr\}, \tag{77}$$

其中，$d(n,t,t')$ 是拥有 n 个选项的所有严格精确覆盖问题的搜索树大小的上界，其 (74) 中的参数为 t 和 t'．我们可以用下面这个界来处理 $t'=0$ 的情况：

$$d(n,t,0) = 1+t\cdot D(n-t-1), \tag{78}$$

因为这种情况下的搜索树是一个 t 路分支：

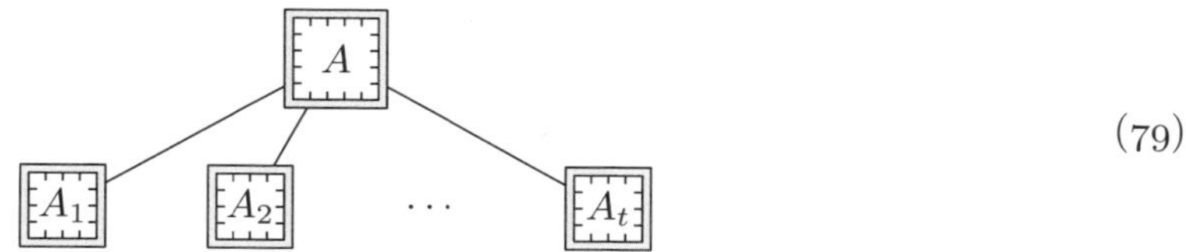

(79)

每个子问题 A_p 至多有 $n-t-1$ 个选项.

$t'>0$ 的公式更复杂，也不太显然：

$$d(n,t,t') = t'+t'\cdot D(n-t-t'+1)+(t-t')\cdot D(n-t-t'-1), \quad \text{对于 } 1\leqslant t'\leqslant t. \tag{80}$$

习题 180 中的结构理论可以证明它是正确的，使用的事实是，前 $t'-1$ 个分支中的每一个后都紧跟一个一路分支. 比如，当 $t=5$ 且 $t'=3$ 时，搜索树如下所示：

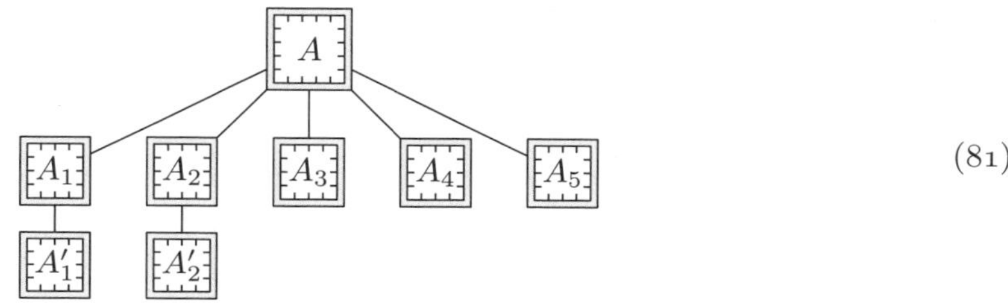

(81)

这里，A'_1 是在 A_1 中覆盖 i_2 的唯一途径，而 A'_2 是在 A_2 中覆盖 i_3 的唯一途径. 严格问题 A'_1、A'_2 和 A_3 至多有 $n-7$ 个选项；A_4 和 A_5 至多有 $n-9$ 个选项. 因此，(81) 至多有 $3+3D(n-7)+2D(n-9)$ 个结点.

通过一个简单的计算机程序，我们结合 (76)、(78) 和 (80) 可以得到以下结果：

n	0	1	2	3	4	5	6	7	8	9	10	11	12	13	14	15	16	17	18	19	20	21
$D(n)$	1	1	2	4	5	6	10	13	17	22	31	41	53	69	94	125	165	213	283	377	501	661

并且事实表明，对于 $n\geqslant 19$，只有当 $t=4$ 且 $t'=0$ 时，才能够达到最大值. 因此，对于所有足够大的 n，我们有 $D(n)=1+4D(n-5)$. 事实上，习题 181 展示了一个简单的公式，可以精确地表示 $D(n)$.

定理 E. 拥有 n 个选项的严格精确覆盖问题的搜索树至多有 $O(4^{n/5})=O(1.31951^n)$ 个结点，且至少有 $\Omega(7^{n/8})=\Omega(1.27537^n)$ 个结点.

证明. 对上界的证明见习题 181，对下界的证明见习题 182 中的一系列问题. ▮

（戴维 · 爱泼斯坦将这个定理作为生日礼物送给了作者.）

到目前为止，我们只简单地分析了算法 X 的搜索树中的结点数. 但是有些结点的成本可能比其他结点更高，因为它们可能会从当前活跃列表中删除异常多的选项.

因此，让我们深入研究算法 X 对其数据结构进行的*更新*次数，即它使用操作 (1) 从双向链表中删除元素的次数.（这也是它使用操作 (2) 来恢复一个元素的次数.）更准确地说，更新次数等于 cover(i) 被调用的次数加上 hide(p) 置 `LEN(x)` ← `LEN(x)` − 1 的次数.（见 (12) 和 (13).）算法 X 的总运行时间（以内存访问次数衡量）通常大约是其更新次数的 13 倍.

分析算法在解决“极端”精确覆盖问题时所做的更新次数是有指导意义的，这些问题具有 n 项和 2^n-1 个选项. 在所有精确覆盖问题中，这类问题具有最多的解和最多的数据，因为所有项的每个非空子集都是一个选项. 这些极端问题的解恰好是*集合分划*——将项划分为

非相交块的 ϖ_n 种可能方法，我们在 7.2.1.5 节中研究过这个问题. 比如，当 $n=3$ 时，选项为“1”“2”“1 2”“3”“1 3”“2 3”“1 2 3”，并且有 $\varpi_3=5$ 个解：“1”“2”“3”；“1”“2 3”；“1 2”“3”；“1 3”“2”；“1 2 3”.

任何给定的项都可以用 2^{n-1} 种方式覆盖. 如果用大小为 k 的选项覆盖它，我们就会在剩余的 $n-k$ 项上再次得到一个极端问题. 因此，算法 X 会进行 2^{n-1} 次从第 0 层到第 1 层的尝试，之后它便递归地调用自己. 无论在步骤 X3 中使用什么策略来选择一项进行分支，我们都将算法 X 在第 0 层执行的更新次数记为 v_n. 因此，它总共进行了 x_n 次更新，其中，

$$x_n \;=\; v_n+\binom{n-1}{0}x_{n-1}+\binom{n-1}{1}x_{n-2}+\cdots+\binom{n-1}{n-1}x_0. \tag{82}$$

这个递归式的解是 $x_0=v_0$，$x_1=v_0+v_1$，$x_2=2v_0+v_1+v_2$. 一般来说，$x_n=\sum_{k=0}^{n}a_{nk}v_k$，其中，矩阵 (a_{nk}) 为

$$\begin{pmatrix} 1&0&0&0&0&0&0&\cdots\\ 1&1&0&0&0&0&0&\cdots\\ 2&1&1&0&0&0&0&\cdots\\ 5&3&1&1&0&0&0&\cdots\\ 15&9&4&1&1&0&0&\cdots\\ 52&31&14&5&1&1&0&\cdots\\ 203&121&54&20&6&1&1&\cdots\\ \cdot&\cdot&\cdot&\cdot&\cdot&\cdot&\cdot& \end{pmatrix} = \begin{pmatrix} 1&0&0&0&0&0&0&\cdots\\ -1&1&0&0&0&0&0&\cdots\\ -1&-1&1&0&0&0&0&\cdots\\ -1&-2&-1&1&0&0&0&\cdots\\ -1&-3&-3&-1&1&0&0&\cdots\\ -1&-4&-6&-4&-1&1&0&\cdots\\ -1&-5&-10&-10&-5&-1&1&\cdots\\ \cdot&\cdot&\cdot&\cdot&\cdot&\cdot&\cdot& \end{pmatrix}^{-1} \tag{83}$$

行和列从 0 开始编号. 最左列中的数 a_{n0} 是我们熟悉的贝尔数 ϖ_n，它们在 $v_n=\delta_{n0}$ 时可以解出 (82). 贝尔数枚举搜索树中的叶结点数. 当 $v_n=\delta_{n1}$ 时，下一列中的数 a_{n1} 可以解出 (82)，它们被称为古尔德数 $\hat{\varpi}_n$. 当分划的块按其最小元素排序时，它们枚举最后一个块或“尾部”是单元集的分划. 一般来说，$k>0$ 时，a_{nk} 是尾部为 k 元集的分划个数.［见亨利 · 沃兹沃斯 · 古尔德和乔斯林 · 奎坦斯，*Applicable Analysis and Discrete Mathematics* **1** (2007), 371–385.］

习题 186 证明了第 0 层的实际更新次数为

$$v_n \;=\; \big((9n-27)4^n-(8n-32)3^n+(36n-36)2^n+72-41\delta_{n0}\big)/72; \tag{84}$$

同时，习题 187 利用序列 $\langle a_{nk}\rangle$ 之间的关系来证明

$$x_n \;=\; 22\varpi_n+12\hat{\varpi}_n-(\tfrac{2}{3}n-1)3^n-\tfrac{5}{2}n2^n-12n-5-12\delta_{n1}-18\delta_{n0}. \tag{85}$$

在渐进意义下，$\hat{\varpi}_n/\varpi_n$ 快速收敛到“欧拉-冈珀茨常数”

$$\hat{g}=\int_0^\infty\frac{\mathrm{e}^{-x}\mathrm{d}x}{1+x}=0.59634\,73623\,23194\,07434\,10784\,99369\,27937\,60742- \tag{86}$$

（见习题 189）. 因此，$x_n\approx(22+12\hat{g})\varpi_n\approx 29.156\varpi_n$，并且我们证明了算法 X 对极端精确覆盖问题的每个解平均执行大约 29.156 次更新. 这令人鼓舞：人们可能会怀疑处理平均长度为 $n/2$ 的 2^n 个选项所需列表操作的成本会更高，但舞蹈链方法在 7.2.1.5 节中的高度定制的方法的常数因子范围内解决了集合分划问题.

***分析匹配问题.** 最简单的精确覆盖问题是那些选项包含的项不太多的问题. 比如，所谓 X2C 问题（“用 2 元集精确覆盖”）是每个选项恰好有 2 项的特殊情况，X3C 问题的每个选项则恰好有 3 项，以此类推. 我们已经在 (30) 中看到的数独就是一个 X4C 问题.

让我们研究最简单的情况，即 X2C 问题. 尽管很简单，但我们会看到这种问题实际上包括许多有趣的例子. 每个 X2C 问题显然都对应于一个图 G，图中的顶点 v 对应于项，边 u — v

是选项中一起出现的项对. 在这种对应关系下，X2C 问题是经典的完美匹配问题，即寻找恰好包含每个顶点一次的边集.

我们将在 7.5.5 节中研究解决完美匹配问题的高效算法. 但是，在本节中，我们将讨论一个有趣的问题：通用算法 X 与专为图匹配而开发的定制算法相比效果如何?

假设 G 是完全图 K_{2q+1}. 换句话说，假设有 $n = 2q+1$ 项 $\{0,1,\cdots,2q\}$，并且有 $m = \binom{2q+1}{2} = (2q+1)q$ 个选项“$i\ j$”（$0 \leqslant i < j \leqslant 2q$）. 这个问题显然无解，因为我们不能用 2 元集覆盖奇数个点. 但是算法 X 并不知道这一点（除非我们通过适当地分解问题来给它提示）. 因此，看看算法 X 在放弃这个问题之前会运行多长时间是很有趣的.

事实上，这个分析非常简单：无论在步骤 X3 中选择什么项 i，算法都会很好地分成 $2q$ 个分支，每个分支对应一个选项“$i\ j$”，其中 $j \neq i$. 而这些分支中的每一个都将等同于剩余 $2q-1$ 项的匹配问题. 事实上，剩下的选项将等同于完全图 K_{2q-1}. 因此，搜索树在第 1 层有 $2q$ 个结点，在第 2 层有 $(2q)(2q-2)$ 个结点……在第 q 层有 $(2q)(2q-2)\cdots(2) = 2^q q!$ 个结点. 回溯将发生在靠后的结点处. 这些结点是叶结点，它们表明图 K_1 中不存在匹配.

这个过程具体需要多长时间? 更细致的研究（见习题 193）表明，对数据结构的总更新次数将满足以下递推关系：

$$U(2q+1) \;=\; 1+2q+4q^2+2qU(2q-1), \quad \text{对于 } q>0; \qquad U(1)=1. \tag{87}$$

因此，算法 X 发现 K_{2q+1} 没有完美匹配所需的更新次数小于叶结点数的 8.244 倍（见习题 194）.

当把算法 X 应用于完全图 K_{2q} 时，我们会欣喜地发现这个问题有解，而且有很多. 事实上，很容易看出 K_{2q} 恰好有 $(2q-1)(2q-3)\cdots(3)(1) = (2q)!/(2^q q!)$ 个完美匹配. 比如，K_8 有 $7\times5\times3\times1 = 105$ 个完美匹配. 这种情况下的总更新次数满足类似于 (87) 的递推关系：

$$U(2q) \;=\; 1-2q+4q^2+(2q-1)U(2q-2), \quad \text{对于 } q>0; \qquad U(0)=0. \tag{88}$$

习题 194 证明，每次找到一个匹配所需的更新次数少于 10.054 次.

基于这些事实，我们可以知道将算法 X 应用于下图时会发生什么：

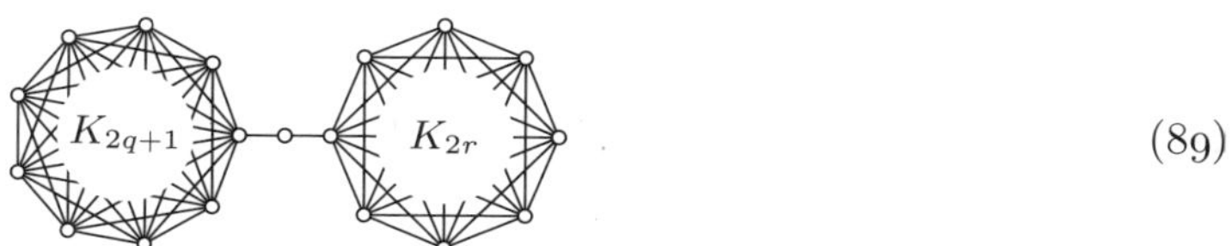

(89)

（该图有 $2q+2r+2$ 个顶点）. 习题 195 中的结果既具有启发性又有点儿奇怪.

二维匹配问题——也称为二部图匹配问题，简称为 2DM 问题——是 X2C 问题的特例，其中，项集 $\{X_1,\cdots,X_n\}$ 和 $\{Y_1,\cdots,Y_n\}$ 不相交，且每个选项都形如“$X_j\ Y_k$”. 高维匹配问题的定义类似. 事实上，数独就是 4DM 问题的一个例子.

为了完善我们对匹配问题的分析，考虑*有界排列问题*：“给定一个正整数序列 $a_1\cdots a_n$，找到 $\{1,\cdots,n\}$ 的所有排列 $p_1\cdots p_n$，使得对于 $1\leqslant j\leqslant n$ 有 $p_j \leqslant a_j$.” 我们可以假设 $a_1\leqslant\cdots\leqslant a_n$，因为 $p_1\cdots p_n$ 是一个排列. 我们也可以假设 $a_j \geqslant j$，否则该问题无解. 我们还可以不失一般性地假设 $a_n \leqslant n$. 容易看出，这是一个 2DM 问题，它一共有 $a_1+\cdots+a_n$ 个选项，即“$X_j\ Y_k$”（$1\leqslant j\leqslant n$ 且 $1\leqslant k\leqslant a_j$）.

假设我们首先在 X_1 上分支. 容易看出，a_1 个子问题中的每一个本质上都是一个有界排列问题，只需把 n 减 1，并将 $a_1\cdots a_n$ 替换为 $(a_2-1)\cdots(a_n-1)$ 即可. 因此，我们可以使用递归分析，并会再次发现舞蹈链算法的效果相当好. 如果对于 $1\leqslant j\leqslant n$ 有 $a_j=\min(j+1,n)$，则一共有 2^{n-1} 个解. 算法 X 找到每个解仅需大约 12 次更新. 如果对于 $1\leqslant j\leqslant n$ 有 $a_j=\min(2j,n)$，

则一共有 $\lfloor\frac{n+1}{2}\rfloor!\lfloor\frac{n+2}{2}\rfloor!$ 个解. 算法 X 找到每个解仅需 $4e-1\approx 9.87$ 次更新. 更具体的分析见习题 196.

***保持适当的专注.** 有时回溯算法试图同时解决多个不太相关的问题，因而浪费很多时间. 考虑一个 2DM 问题，它有 7 项 $\{0,1,\cdots,6\}$ 和如下 13 个选项:

$$\text{“0 1” “0 2” “1 4” “1 5” “1 6” “2 4” “2 5” “2 6” “3 4” “3 5” “3 6” “4 5” “4 6”.} \qquad (90)$$

使用 MRV 启发法的算法 X 将先在项 0 上分支，选择“0 1”或“0 2”. 然后，它将进行一个三路分支. 在隐式地遍历以下具有 19 个结点的搜索树之后，它最终会得出无解的结论.

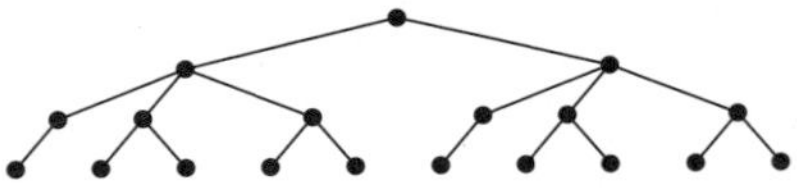

(91)

如果取 (90) 的 n 个独立副本，那么我们会得到一个注意力分散的极端例子. 此时有 $7n$ 项 $\{k0,k1,\cdots,k6\}$ 和 $13n$ 个选项“$k0\ k1$”“$k0\ k2$”……“$k4\ k6$”，其中 $0\leqslant k<n$. 算法将依次从 00, 10, $\cdots$, $(n-1)0$ 上的二路分支开始. 在对于每个产生的子问题进行三路分支之后，它会发现得到的 2^n 个子问题中的每一个都无解，且搜索树在算法得到无解的结论之前将有 $10\times 2^n-1$ 个结点. 相比之下，如果我们不用 MRV 启发法，而是以某种方式强迫算法专注于 (90) 的第一个副本（$k=0$ 的情况），那么它仅在 19 个结点中回溯后就会发现无解.

同理，考虑一个项为 $\{0,1,\cdots,5\}$ 的简单精确覆盖问题. 它的选项为

$$\text{“0 1” “0 2” “1 3 4” “1 3 5” “1 4 5” “2 3 4” “2 3 4 5” “2 4 5” “3 4” “3 5” “4 5”.} \qquad (92)$$

这个问题的搜索树有 9 个结点，且只有一个解:

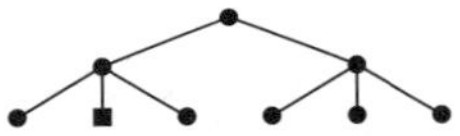

(93)

取 (92) 的 n 个独立副本将得到一个具有唯一解的精确覆盖问题，其搜索树在算法 X 和 MRV 下具有 $8\times 2^n-7$ 个结点. 但是，如果该算法能够一次专注于一个问题，它就能通过使用仅有 $8n+1$ 个结点的搜索树来找到这个解.

从实际的角度来看，我们必须承认，只有当 n 大于 30 时，这些注意力分散的例子中的指数才令人担忧. 当 n 很小时，2^n 对于现代计算机来说并不可怕. 尽管如此，我们还是可以看到，这种专注的方法可以带来显著的优势. 因此，当实际输入由两个独立的问题组成时，研究算法 X 及其同类算法的一般行为大有裨益.

在正式讨论之前，我们先精确定义搜索树. 给定一个 $m\times n$ 的 01 矩阵 $\boldsymbol{A}$，当 $n=0$ 时，其对应的精确覆盖问题的搜索树 T 是一个解结点“$\blacksquare$”; 否则 T 是

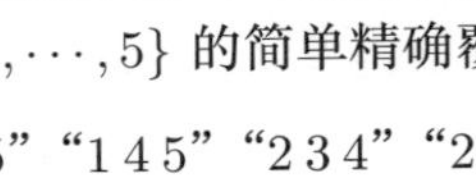

$$T_1\quad T_2\quad \ldots\quad T_d, \qquad d\geqslant 0, \qquad (94)$$

其中，在步骤 X3 中选择的用于分支的项有 d 个选项，并且 T_k 是删除第 k 个选项中的项后简化问题的搜索树.（使用 MRV 启发法时，d 是所有活跃项列表的最小长度. 我们选择具有此 d 值的最左边的项.）

当我们尝试解决的精确覆盖问题可以由 $\boldsymbol{A}$ 和 $\boldsymbol{A}'$ 给出的两个独立的问题组合得到时，它对应于直和 $\boldsymbol{A}\oplus\boldsymbol{A}'$ 给出的问题（见式 7-(40)）. 在 MRV 启发法中，如果 T 和 T' 分别是 $\boldsymbol{A}$ 和 $\boldsymbol{A}'$ 对应的搜索树，那么我们将 $\boldsymbol{A}\oplus\boldsymbol{A}'$ 的搜索树写作 $T\oplus T'$.（该树仅依赖于 T 和 T'，而不依赖于 $\boldsymbol{A}$ 和 $\boldsymbol{A}'$ 的任何其他性质.）如果 T 或 T' 只是一个解结点，那么规则很简单:

$$T\oplus\blacksquare=T;\qquad \blacksquare\oplus T'=T'. \qquad (95)$$

否则 T 和 T' 将形如 (94)，并且我们有：

$$T \oplus T' = \begin{cases} \overbrace{T_1 \oplus T' \quad T_2 \oplus T' \quad \ldots \quad T_d \oplus T'}^{\bullet}, & \text{如果 } d \leqslant d'; \\ \overbrace{T \oplus T_1' \quad T \oplus T_2' \quad \ldots \quad T \oplus T_{d'}'}^{\bullet}, & \text{如果 } d > d'. \end{cases} \tag{96}$$

亲爱的读者，在继续阅读之前，请完成习题 202. 它非常简单并且将帮助你理解 $T \oplus T'$ 的定义. 你还将看到 $T \oplus T'$ 的每个结点都与一个有序对 $\alpha\alpha'$ 相关联，其中，α 和 α' 分别是 T 和 T' 的结点. 这些有序对是 $T \oplus T'$ 结构的关键：如果 α 和 α' 出现在其所在树的第 $l > 0$ 层和第 $l' > 0$ 层，那么它们可以分别从各自的根通过路径 $\alpha_0 — \alpha_1 — \cdots — \alpha_l = \alpha$ 和 $\alpha_0' — \alpha_1' — \cdots — \alpha_{l'}' = \alpha'$ 到达，则 $\alpha\alpha'$ 在 $T \oplus T'$ 中的父结点是 $\alpha_{l-1}\alpha'$ 或 $\alpha\alpha_{l'-1}'$. 因此，对于 $0 \leqslant k \leqslant l$，$\alpha$ 在 T 中的每个祖先 α_k 都出现在 $T \oplus T'$ 中 $\alpha\alpha'$ 的某些祖先 $\alpha_k\alpha_{k'}'$（$0 \leqslant k' \leqslant l'$）中.

令 $\deg(\alpha)$ 为结点 α 在搜索树中的子结点数. 当 α 为解结点时，我们定义 $\deg(\alpha) = \infty$.（等价地说，$\deg(\alpha)$ 是对应于结点 α 的子问题中的所有活跃项列表的最小长度. 如果 α 是一个解，则没有活跃项，因此最小长度是无穷.）当 α 的度数大于它所有祖先的度数时，我们称 α 为*支配结点*. 根结点总是支配结点，每个解结点也是如此. 举例来说，(91) 中有 3 个支配结点，而 (93) 中有 4 个.

在这些规范之下，习题 205 证明了一个关于直和的重要事实.

引理 D. *$T \oplus T'$ 的每个结点对应于 T 和 T' 中结点的有序对 $\alpha\alpha'$，其中，α 和 α' 中至少一个是支配结点.* ▌

从保持专注的角度来看，引理 D 是个好消息，因为实际出现的搜索树的支配结点往往相对较少. 在这种情况下，因为 $T \oplus T'$ 不是太大，所以 MRV 启发法可以设法使搜索更好地集中注意力. 举例来说，兰福德对和 n 皇后问题的搜索树都是"最小支配"的：只有它们的根结点和解结点是支配结点，其他结点的分支度数不会变得更大.

现在让我们看一个更自然的例子. 图 73 展示了一种令人惊叹的方法，将 45 块五联骨牌 Y 装入 15×15 正方形中.［这种平铺方法由珍妮弗·哈塞尔格罗夫于 1973 年首次发现. 在她提出该方法之前，人们仅知道一些偶数面积的矩形的完美五联骨牌 Y 平铺. 她的程序首先排除了奇数面积中小于 225 的所有矩形，以及 9×25 的情况，然后发现了 15×15 的解. 见 *JRM* **7** (1974), 229.］注意图 73 中的前 8 块五联骨牌，即标记为 0 到 7 的那些. 它们被放置在 4 个角中或 4 个角的旁边——这危险地暗示算法可能试图一次解决 4 个独立的问题！幸运的是，随后的选择能够让算法保持专注，因为难以填充的单元格几乎总是在最近的活动中不断被弹出. 只有在图中所示的解中放置标记为 8、b、e、g、h 和 C 的五联骨牌时才需要五路分支.

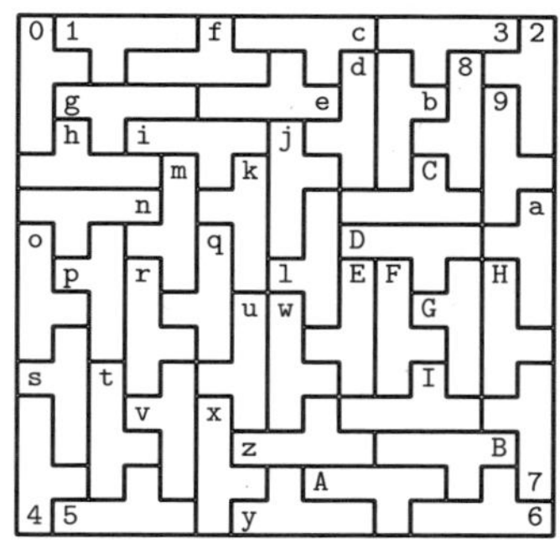

图 73 一个 15×15 正方形可以用五联骨牌 Y 平铺，方法是设置一个精确覆盖问题，其中每个单元格有一项，并且一个 Y 的每个摆放位置都有一个选项.（为了消除八重对称性，我们只允许 40 个选项中的 5 个占据中心单元格.）此处展示的算法 X 的第一个解是通过在填充单元格 0, 1, $\cdots$, 9, a, $\cdots$, z, A, $\cdots$, I 的可能方式上做连续分支找到的

有时可以通过根据名称显式地偏向于某些项来保持专注，见习题 10 中的敏锐偏好启发法.

习题 207 讨论了另一种方法，即对算法 X 的实验性修改. 它试图通过允许用户指定最近活动的重要性来增强图 73 中的关注. 这种想法很有趣，但到目前为止，它还没有带来任何令人惊喜的改善.

利用局部等价性. 仔细观察图 73 会发现另一个经常出现在精确覆盖问题中的现象：标记为 8 和 b 且靠近右上角的骨牌呈 H 形，因此可以通过左右反射来产生另一个有效的平铺. 事实上，图中还有其他 3 个这样的 H. 因此，图 73 实际上代表了该问题的 $2^4 = 16$ 个解，不过这些解是局部等价的.

事实表明，图 73 中的 15×15 平铺问题恰好有 212 个互不一致的解，每个解都可以通过旋转和（或）反射来形成一组 8 个本质相同的解，并且其中每一个解都至少包含两个 H. 算法 X 只需要 92 Gμ 就可以找到它们. 但是利用这种 H 等价性，我们可以做得更好：对精确覆盖问题的选项稍加扩展将产生每个 H 仅具有两种形式之一的解——每个 ⌶ 也是如此，即将 H 旋转 90°（见习题 208）. 修改后的问题只有 16 个解. 算法仅用 26 Gμ 就可以找到它们，并且可以简洁地表示全部 212 个解.

一般来说，一个精确覆盖问题可能包含 4 个选项 α、β、α'、β'，其中，α 和 β 不相交，α' 和 β' 不相交，并且

$$\alpha + \beta \;=\; \alpha' + \beta'. \tag{97}$$

（这里的 + 就像 ∪ 一样：当选项是 01 矩阵的行时，它代表二元向量相加.）在这种情况下，我们称 $(\alpha, \beta; \alpha', \beta')$ 是*双对*. 当 $(\alpha, \beta; \alpha', \beta')$ 是双对时，通过每个包含 α 和 β 的解，我们都能得到另一个包含 α' 和 β' 的解，反之亦然. 因此，如果排除其中一个备选方案，我们就可以仅考虑一半这样的解. 这很容易做到：要排除所有同时包含 α' 和 β' 的情况，我们只需引入一个新的副项，并将它添加到选项 α' 和 β' 中.

为了进一步说明这个想法，让我们将其应用于无解的简单问题 (90). 该问题中有很多双对，但我们只考虑其中的两个：

$$(\text{“0 1”}, \text{“2 4”}; \text{“0 2”}, \text{“1 4”}) \quad 和 \quad (\text{“0 1”}, \text{“2 5”}; \text{“0 2”}, \text{“1 5”}). \tag{98}$$

为了避免包含“0 1”和“2 4”的解以及包含“0 2”和“1 5”的解，我们引入副项 A 和 B，并将 (90) 中的 4 个选项扩展为

$$\text{“0 1 A”} \qquad \text{“0 2 B”} \qquad \text{“1 5 B”} \qquad \text{“2 4 A”}. \tag{99}$$

搜索树 (91) 简化如下：

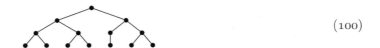

(100)

并且之前的专注问题消失了.

但是 (98) 中的两个双对都包含选项“0 1”和“0 2”. 你可能会问：为什么可以偏向于重叠的双对中不同的那一半？如果我们允许自己对这些相互影响的双对做出如此武断的决策，这难道不是“作茧自缚”吗？

这是个好问题. 的确，错误的决定会带来一些麻烦. 考虑完全二部图 $K_{3,3}$ 上的完美匹配问题. 我们可以将它编码为一个 X2C 问题，其中 9 个选项“$x\,X$”表示 $x \in \{\mathtt{x},\mathtt{y},\mathtt{z}\}$ 和 $X \in \{\mathtt{X},\mathtt{Y},\mathtt{Z}\}$.（$K_{n,n}$ 上的完美匹配问题等价于寻找 n 个元素的排列，因此 $K_{3,3}$ 有 $3! = 6$ 个完美匹配.）

完美匹配问题中的每个双对（“t u”，“v w”；“t w”，“u v”）等价于给定图中的四环 t — u — v — w — t，并且如果我们不允许选择下列 6 个双对的右半部分：

（“x Y”， “y X”； “x X”， “y Y”） （“x Y”， “y Z”； “x Z”， “y Y”）
（“y Y”， “z X”； “y X”， “z Y”） （“y Y”， “z Z”； “y Z”， “z Y”）
（“z Y”， “x X”； “z X”， “x Y”） （“z Y”， “x Z”； “z Z”， “x Y”）

那么我们将得到 9 个无解的选项：

“x X A” “y X B” “z X C”
“x Y C D” “y Y A E” “z Y B F” (101)
“x Z E” “y Z F” “z Z D”.

然而幸运的是，我们总有一种安全且简单的方法来处理它们. 我们可以为所有选项分配任意（但固定）的顺序. 然后，如果对于每个双对 $(\alpha,\beta;\alpha',\beta')$，我们总是选择包含 $\min(\alpha,\beta,\alpha',\beta')$ 的一半，那么这种选择将是一致的.

更准确地说，我们可以用规范形式表示每个双对：

$$(\alpha,\beta;\alpha',\beta') \qquad \alpha<\beta,\ \alpha<\alpha',\ \alpha'<\beta', \tag{102}$$

用以表示选项的任意固定排序. 一个精确覆盖的解对应一个这样的规范双对集合，如果其选项不包括该集合中任何双对的 α' 和 β'，则我们称这个解为*强解*.

定理 S. *若精确覆盖问题有一个解，则它有一个强解.*

证明. 每个解 Σ 都对应一个二元向量 $x=x_1\cdots x_M$，其中，$x_j=[$选项 j 在 Σ 中$]$. 如果 Σ 不是强解，那么对于给定的一个规范双对集合，它至少违反其中一个双对，记为 $(\alpha,\beta;\alpha',\beta')$. 因此，存在下标 j,k,j',k'（$j<k$，$j<j'$，$j'<k'$），使得 $\alpha,\beta,\alpha',\beta'$ 分别是第 j,k,j',k' 个选项，并且使得 $x_{j'}=x_{k'}=1$. 由 (97)，$x_j=x_k=0$. 我们可以通过置 $x'_j\leftarrow x'_k\leftarrow 1$ 和 $x'_{j'}\leftarrow x'_{k'}\leftarrow 0$ 来得到另一个解 Σ'，其余 $x'_i=x_i$. 这个向量 x' 在字典序上大于 x. 因此，通过重复这个过程，我们最终会得到一个强解. ▌

特别是，对于双对 (98)，我们可以同时排除“0 1”和“2 4”并同时排除“0 2”和“1 5”，因为我们可以选择一个顺序，使得选项“1 4”和“2 5”在其他选项“0 1”“0 2”“1 5”“2 4”之前.

另一种在相互影响的双对中做出一致选择的简便方法是基于对主项的排序，而不是对选项的排序（见习题 212）.

将该理论应用于完全图 K_{2q+1} 的完美匹配问题很有趣. 我们在 (87) 中表明，算法 X 需要相当长的时间——$\Omega(2^q q!)$ 次内存访问——才能发现该问题无解. 好在双对伸出了援手.

事实上，K_{2q+1} 有很多双对，即有 $\Theta(q^4)$ 个. 使用自然序对这 $\binom{2q+1}{2}$ 个选项排序得到“0 1” < “0 2” < ⋯ < “$(2q-1)$ $2q$” 之后，我们可以直接将定理 S 应用于这个问题：通过仅使用 $\Theta(q^3)$ 个双对，算法在 $\Theta(q^4)$ 次内存访问后解决了这个问题. 一种更聪明的选项排序方式允许算法仅使用 $\Theta(q^2)$ 个精心挑选的双对在 $\Theta(q^2)$ 次内存访问后解决它. 事实上，搜索树可以缩小到只有 $2q+1$ 个结点——这是最优的！习题 215 中有更详细的解释.

***预处理选项.** 有时，XCC 问题的输入可以被大大简化，因为我们可以消除它的许多选项和（或）项. “预处理”的一般思想——将一个组合问题转化为一个等价但可能更简单的组合问题——是一个重要的范式. 出于我们稍后将讨论的一些原因，它通常被称为*核化*.

下面的算法 P 就是一个很好的例子. 它的输入是算法 X 或算法 C 可接受的任何项和选项的序列，输出是另一个具有相同数量的解的此类序列. 如果需要，新问题的任何解都可以转换为原始问题的解.

该算法只基于两个通用原则，并重复使用它们，直到它们不再适用：

- 如果一个选项阻塞了对某个主项的所有使用，则可以删除该选项；
- 如果某个主项总是强迫一项出现，则可以删除该项.

更准确地说，令 o 是通用选项“$i_1\ i_2[:c_2]\ \cdots\ i_t[:c_t]$”，其中，$i_1$ 是主项，其他 $t-1$ 项可能有颜色约束. 当算法 C 处理选项 o 时，它在步骤 C4 中覆盖 i_1 并在步骤 C5 中交付其他项，从而删除所有与 o 不兼容的选项. 如果这个过程导致某个主项 p 失去了它最后剩下的选项，那么我们说 p 被 o“阻塞”了. 在这种情况下，o 是无用的，我们可以删除它. 比如，“$d\ e\ g$”可以从 (6) 中删除，因为它阻塞了 a；“$1\ s_4\ s_6$”可以从 (17) 中删除，因为它阻塞了 s_3；“$1\ s_1\ s_3$”和“$2\ s_2\ s_5$”也可以被删除，因为它们阻塞了 s_4.

这就是上面提到的第一个原则. 删除项的原则与删除选项的原则类似，但在应用时更具戏剧性：设 p 是一个主项，并假设 p 的每个选项都包含了某个其他项 i 的未着色实例. 在这种情况下，我们说 p“强迫”i. 我们可以删除项 i，因为 p 必须包含在每个解中并且它带有 i. 比如，(6) 中的 a 强迫 d，因此我们可以删除项 d，将第 2 个和第 4 个选项分别缩短为“$a\ g$”和“$a\ f$”.

阻塞和强迫这两个原则绝不能完全预处理一个精确覆盖问题. 比如，它们无法发现 (38) 在五联骨牌问题中是无用选项这一事实，也无法发现我们通过分解索玛立方问题推导出的简化方法（见 (46) 之前的讨论）. 习题 219 讨论了另一种舍弃多余选项的方法.

事实上，一个“完美且完整”的预处理器能够识别任何最多只有一个解的问题. 我们无法指望实现这一点，所以必须适可而止. 我们仅考虑使用阻塞和强迫的简化方法，因为这些变换可以在多项式时间内完成，并且再也没有其他显而易见的简化方法了.

算法 P 使用与算法 C 相同的数据结构，系统地遍历给定的项和选项，然后发现所有如上所述的简化方法. 它循环遍历所有项 i，首先通过研究当 i 被覆盖时会发生什么来尝试删除 i. 如果失败，它会研究当以 i 开头的选项被交付时会发生什么. 它需要对之前的 cover 操作和 hide 操作进行一些小的改动（与 (12)~(15) 和 (50)~(53) 比较）.

$$\text{cover}''(i)=\begin{cases}\text{置 } p\leftarrow \texttt{DLINK}(i)\text{. 当 } p\neq i \text{ 时，}\\ \quad\text{除非 } \texttt{COLOR}(p)\neq 0\text{，否则执行 hide}''(p)\text{，}\\ \quad\text{然后置 } p\leftarrow\texttt{DLINK}(p)\text{ 并反复.}\end{cases}\tag{103}$$

$$\text{hide}''(p)=\begin{cases}\text{执行 hide}(p)\text{；每当 }\texttt{LEN}(x)\text{ 被置为 } 0\\ \quad\text{且 } x\leqslant N_1\text{ 时，同时置 } S\leftarrow x.\end{cases}\tag{104}$$

$$\text{uncover}''(i)=\begin{cases}\text{置 } p\leftarrow \texttt{ULINK}(i)\text{. 当 } p\neq i \text{ 时，}\\ \quad\text{除非 } \texttt{COLOR}(p)\neq 0\text{，否则执行 unhide}(p)\text{，}\\ \quad\text{然后置 } p\leftarrow\texttt{ULINK}(p)\text{ 并反复.}\end{cases}\tag{105}$$

算法 P（预处理精确覆盖问题）. 本算法简化一个给定的 XCC 问题，直到不存在阻塞或强迫的实例. 它使用算法 C 中的数据结构，以及新的全局变量 C 和 S.

P1. [初始化.] 如算法 C 的步骤 C1，在内存中设置这个问题.（再次置 N 为项数，且其中 N_1 个为主项.）同时置 $C\leftarrow 1$. 如果存在项 $i\leqslant N_1$ 满足 $\texttt{LEN}(i)=0$，则跳转至 P9.

P2. [开始一轮循环.] 若 $C=0$，跳转至 P10. 否则置 $C\leftarrow 0$ 和 $i\leftarrow 1$.

P3. [项 i 是否活跃？] 若 $i=N$，返回至 P2. 否则若 $\texttt{LEN}(i)=0$，跳转至 P8.

P4. [覆盖 i.] 置 $S\leftarrow 0$. 使用 (103) 来覆盖 i. 当 $S\neq 0$ 时，跳转至 P7，否则置 $x\leftarrow\texttt{DLINK}(i)$.

P5. [尝试 x.] 如果 x 不是其选项的最左边的剩余结点，或者如果 $\texttt{COLOR}(x)\neq 0$，则跳转至 P6. 否则用习题 220 中的方法测试这个选项是否阻塞了某个主项. 如果是，置 $C\leftarrow 1$，$\texttt{TOP}(x)\leftarrow S$，$S\leftarrow x$.

P6. [再尝试.] 置 $x \leftarrow$ DLINK(x). 若 $x \neq i$，返回至 P5. 否则使用 (105) 撤销对 i 的覆盖. 用习题 221 中的方法删除在步骤 P5 中入栈的所有选项，并跳转至 P8.

P7. [移除项 i.] 撤销对项 i（它被主项 S 所强迫）的覆盖. 然后用习题 222 中的方法删除或缩短每一个使用项 i 的选项. 最后置 $C \leftarrow 1$，DLINK(i) $\leftarrow$ ULINK(i) $\leftarrow i$，LEN(i) $\leftarrow 0$.

P8. [循环 i.] 置 $i \leftarrow i+1$ 并返回至 P3.

P9. [失败.] 置 $N \leftarrow 1$ 并删除所有选项（这个问题无解）.

P10. [结束.] 输出简化问题，其项是那些 LEN(i) > 0 或 $i = N = 1$ 的项，并终止算法（见习题 223）. ▌

算法 P 的效率如何？好吧，有时它不停地运行，最后却发现没有什么可以简化的. 比如，当 $n > 5$ 时，n 个兰福德对的选项 (16) 不包含阻塞或强迫的实例. 当 $n > 3$ 时，n 皇后问题的选项也不包含阻塞或强迫的实例. 这些问题中都没有“多余的脂肪”. 在麦克马洪的三角问题（习题 126）中，算法 P 只需要 2000 万次内存访问就可以删除 1537 个选项中的 576 个. 但它删除的选项并不重要，因为不管有没有它们，算法 C 遍历的搜索树都是完全相同的.

当我们尝试将五联骨牌装入一个 6×10 盒子时，确实获得了 10% 的提升（见习题 271）：在没有预处理的情况下，算法 X 需要 4.11 Gμ 来发现该任务的所有 2339 个解. 但是算法 P 只需要 0.19 Gμ 就可以删除 2032 个选项中的 235 个，之后算法 X 在 3.52 Gμ 后找到相同的 2339 个解，所以总时间缩短到 3.71 Gμ. 将单侧五联骨牌装入一个 6×15 盒子中的类似问题有更大的收益：没有预处理时，它有 3308 个选项，需要 15.5 Tμ 来处理它们. 但经过预处理——仅需 260 Mμ——只剩下 3157 个选项，运行时间缩短至 13.1 Tμ.

算法 P 为这些五联骨牌发现的简化方法只涉及阻塞（见习题 225）. 但是在图 73 所示的五联骨牌 Y 问题中出现了更微妙的简化方法. 比如，在那个问题中，单元格 20 被单元格 10 所强迫；在第 2 轮中，单元格 00 被单元格 22 所强迫. 在第 4 轮中，单元格 61 被选项“50 51 52 53 62”所阻塞——这是一个令人惊讶的发现！然而可惜的是，这些巧妙的简化方法对整体运行时间的影响并不大.

在习题 114 的问题中，预处理才真正凸显了它的优势，这个问题要求所有数独解在沿其主对角线反射时是自等价的. 在这种情况下，算法 P 的输入为包含 585 个主项和 90 个副项的 5410 个选项，其中涉及复杂的颜色约束. 算法 P 迅速将它们简化为仅包含 506 个主项和 90 个副项的 2426 个选项. 而算法 C 只需要 287 Gμ 来处理简化后的选项并找到了 30 258 432 个解. 这速度大约是没有简化的情况下所需的 2162 Gμ 的 7.5 倍.

因此，预处理就像一张彩票：它可能会赢得大奖，也可能会浪费时间. 我们可以通过分配固定预算来对冲我们的赌注，比如，通过决定允许算法 P 最多运行一分钟左右. 它的数据结构在步骤 P3 开始时处于“安全”状态. 因此，如果不想让算法完整运行，那么我们可以从那里直接跳到步骤 P10.

当然，预处理也可以应用于在较长计算过程中出现的子问题. 仔细平衡不同的策略可能是解决棘手问题的关键.

最小成本解. 我们一直在研究的许多精确覆盖问题只有很少的解，甚至根本没有解. 在这种情况下，我们的乐趣在于发现这些珍如拱璧的解. 但是在其他许多情况下，这类问题的解非常多. 对于这些问题，在假设所有的解都有价值的前提下，我们之前的关注点是如何最小化找到每个解所需的时间.

一种新的视角是为问题的每个选项都分配一个非负的*成本*. 此时，寻求最小成本解就变成了一个很自然的问题. 理想情况下，我们希望不用检查很多高成本的解，毕竟它们基本上毫无用处，但一个低成本的解对我们来说可能是非常有用的.

幸运的是，我们可以用一种相当简单的方法来修改算法，使得它们能很快地找到最小成本解. 在了解修改细节之前，我们先研究几个具体的例子，这对我们的理解很有帮助.

让我们从这个角度考虑兰福德对的问题. 我们在第 7 章一开始就观察到，存在 $2L_{16}=653\,443\,600$ 种方法可以将 32 个数 $\{1,1,2,2,\cdots,16,16\}$ 放入数组 $a_1a_2\cdots a_{32}$ 中，使得对于任意 $1\leqslant i\leqslant 16$ 都恰好有 i 个条目位于出现的两个 i 之间. 并且 7–(3) 中的兰福德对，即

$$2\;3\;4\;2\;1\;3\;1\;4\;16\;13\;15\;5\;14\;7\;9\;6\;11\;5\;12\;10\;8\;7\;6\;13\;9\;16\;15\;14\;11\;8\;10\;12, \qquad (106)$$

是使得和 $\Sigma_1=\sum_{k=1}^{32}ka_k$ 最大的 12 016 个解中的一个. 相反，这个解的反转，即

$$12\;10\;8\;11\;14\;15\;16\;9\;13\;6\;7\;8\;10\;12\;5\;11\;6\;9\;7\;14\;5\;15\;13\;16\;4\;1\;3\;1\;2\;4\;3\;2, \qquad (107)$$

是使得 Σ_1 最小的 12 016 个解中的一个. 根据上面的 (16)，我们注意到，兰福德对是一个简单精确覆盖问题的解，其选项“i s_j s_k”表示 $a_j=i$ 且 $a_k=i$. 因此，如果我们给选项“i s_j s_k”赋予成本 $\$(ji+ki)$，则最小成本解恰好是最小化 Σ_1 的兰福德对（见习题 226）.

当然，最小化总成本的一种方法是访问所有解并计算每个的成本和. 但有一种更好的方法：算法 X 的最小成本变体——我们称之为算法 X$，它能找到一个成本为 \$3708 的解，并在 600 亿次内存访问的计算后证明它的最小性. 这比使用普通的算法 X 至少快了 36 倍. 算法 X 需要 2.2 万亿次内存访问来遍历整个解集.

此外，算法 X$ 的能力并不止于此. 对于任何给定的 K，它实际上会计算成本最低的 K 个解. 如果我们令 $K=12\,500$，它只需 700 亿次内存访问就可以发现成本为 \$3708 的 12 016 个解且次低成本的解刚好有 484 个（它们的成本为 \$3720）.

当我们尝试最小化 $\Sigma_2=\sum_{k=1}^{32}k^2a_k$ 而不是 Σ_1 时，情况就更好了. 算法 X$ 只需要 28 $\mathrm{G}\mu$ 就可以证明 Σ_2 的最小值为 \$68 880. 更好的是，它仅需 10 $\mathrm{G}\mu$ 就可以得到 $\sum_{k=1}^{32}ka_k^2$ 的最小值为 \$37 552. 唯一满足这个最小值的解是

$$16\;14\;15\;9\;6\;13\;5\;7\;12\;10\;11\;6\;5\;9\;8\;7\;14\;16\;15\;13\;10\;12\;11\;8\;4\;1\;3\;1\;2\;4\;3\;2. \qquad (108)$$

神奇的是，它还同时最小化了 Σ_1 和 Σ_2（见习题 229）.

另一个经典的组合问题——16 皇后问题——提供了另一个有启发性的例子. 我们从之前的讨论中知道，在 16×16 棋盘上放置 16 个互不攻击的皇后有 14 772 512 种方法. 我们也知道，当我们给定如 (23) 中的选项时，算法 X 需要大约 40 $\mathrm{G}\mu$ 来访问它们中的每一个.

假设在单元格 (i,j) 中放置皇后的成本是该单元格到棋盘中心的距离.（如果我们用 1 ~ 16 来给行和列编号，则距离为 $d(i,j)=\sqrt{(i-17/2)^2+(j-17/2)^2}$. 它的值在 $d(8,8)=1/\sqrt{2}$ 和 $d(1,1)=15/\sqrt{2}$ 之间变化.）我们希望尽可能将皇后集中在中心附近，但由于每行和每列都必须有一个皇后，因此其中许多皇后必须位于或靠近边缘.

图 74a 展示了如何最小化总成本——事实上，这个解在旋转和对称的意义下是唯一的. 图 74b 和图 74c 展示了使成本最大化的解.（奇怪的是，这两个解可以通过反射中间 8 行来相互转换，而不改变前 4 行或后 4 行.）算法 X$ 在 $K=9$ 时发现并证明了这些解的最优性，其中，图 74a 用了 3.7 $\mathrm{G}\mu$，图 74b 和图 74c 则用了 0.8 $\mathrm{G}\mu$.

将算法 X 转换为算法 X$ 时所做的修改也能将算法 C 转换为算法 C$. 因此，我们可以找到 XCC 问题的最小成本解，这远远超出了普通的精确覆盖问题的范围.

考虑一个现在看来易于处理的简单问题：将 10 个 5 位素数放入 5×5 矩阵的行和列中，使得它们的乘积尽可能小.（每个 5 位素数是 10 007 和 99 991 之间的 8363 个素数之一.）下面的“素数方块”完全由小于 30 000 的素数组成：

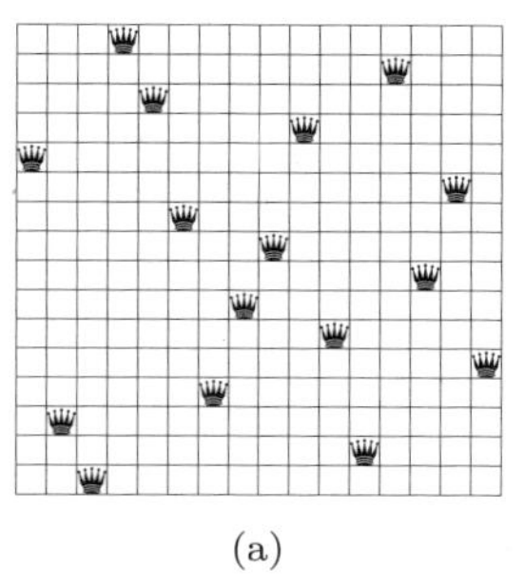
(a)

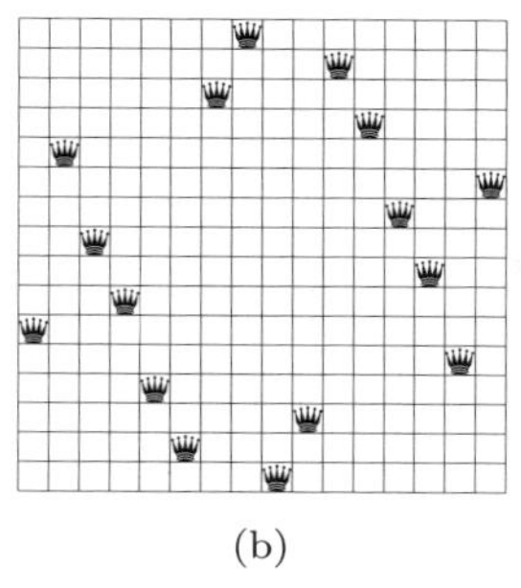
(b)

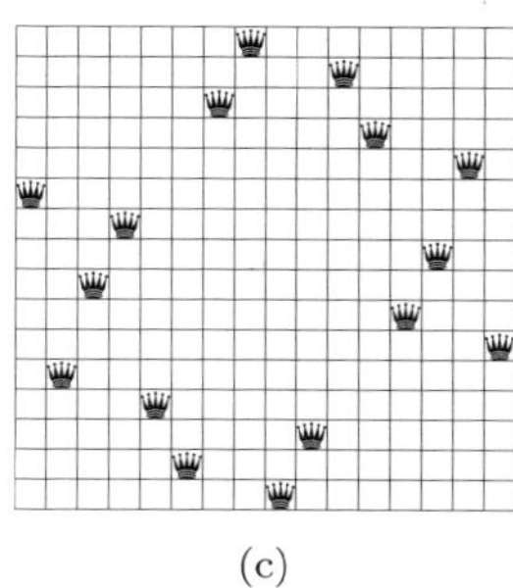
(c)

图 74 16 皇后问题的最优解. (a) 中的所有皇后尽可能靠近中心，(b) 和 (c) 中的所有皇后尽可能远离中心

$$\begin{bmatrix} 2\,1\,2\,1\,1 \\ 2\,0\,1\,0\,1 \\ 1\,1\,0\,0\,3 \\ 1\,1\,0\,6\,9 \\ 1\,1\,1\,1\,3 \end{bmatrix} \tag{109}$$

要将它设置为 XCC 问题，我们引入 10 个主项 $\{a_1,a_2,a_3,a_4,a_5\}$ 和 $\{d_1,d_2,d_3,d_4,d_5\}$ 来分别代表“横向”和“纵向”，同时引入代表矩阵单元格的 25 个副项 ij（$1\leqslant i,j\leqslant 5$），以及 8363 个额外的副项 $p_1p_2p_3p_4p_5$，其中，每一个代表符合条件的素数 $p=p_1p_2p_3p_4p_5$. 将 p 放在第 i 行或第 j 列的选项是：

$$\begin{aligned} &\text{“}a_i\quad i1{:}p_1\quad i2{:}p_2\quad i3{:}p_3\quad i4{:}p_4\quad i5{:}p_5\quad p_1p_2p_3p_4p_5\text{”};\\ &\text{“}d_j\quad 1j{:}p_1\quad 2j{:}p_2\quad 3j{:}p_3\quad 4j{:}p_4\quad 5j{:}p_5\quad p_1p_2p_3p_4p_5\text{”}. \end{aligned} \tag{110}$$

比如，选项“a_4 41:1 42:1 43:0 44:6 45:9 11069”表示 (109) 中的素数 11 069.

预处理对这个例子很有帮助，因为在 a_1 和 d_1 中可用的素数不得包含 0. 此外，在 a_5 和 d_5 中可用的素数必须仅包含数字 $\{1,3,7,9\}$. 算法 P 在没有被告知任何关于数论的额外信息的前提下，自己就发现了这些事实. 它将 (110) 的 83 630 个选项减少到只有 62 900 个. 这些简化为选择分支项提供了有用的线索.

习题 86 中的蒙特卡罗估计告诉我们，大约有 6×10^{14} 种方法可以将 10 个素数放入 5×5 矩阵中——这个数过于庞大. 我们可能并不需要如此多的解，但要决定对哪些解的检查可以被安全地略过不是一件简单的事.

为了最小化素数的乘积，我们将给 (110) 中的每个选项赋予成本 $\$(\ln p)$.（这样做的合理性由乘积的对数是因子的对数之和保证.）更准确地说，因为算法 C$ 希望所有成本都是整数，所以我们将使用成本 $\$\lfloor C\ln p\rfloor$，其中，$C$ 大到可以忽略截断误差，但又不足以导致算术溢出.

每个解的成本与其转置相同. 因此，我们可以通过要求算法 C$ 计算 $K=10$ 个成本最低的解来得到最好的 5 个素数方块，每个解出现两次. 它们分别为（成本最低的在最左边）：

$$\begin{bmatrix} 1\,1\,1\,1\,3 \\ 1\,0\,1\,0\,3 \\ 1\,1\,0\,0\,3 \\ 3\,1\,7\,6\,9 \\ 1\,1\,1\,7\,1 \end{bmatrix} \begin{bmatrix} 1\,1\,1\,1\,3 \\ 1\,0\,1\,0\,3 \\ 1\,1\,0\,0\,3 \\ 3\,1\,7\,7\,1 \\ 1\,1\,1\,9\,7 \end{bmatrix} \begin{bmatrix} 1\,1\,1\,1\,3 \\ 1\,0\,0\,0\,7 \\ 1\,1\,0\,0\,3 \\ 3\,1\,6\,9\,9 \\ 1\,1\,1\,1\,7 \end{bmatrix} \begin{bmatrix} 1\,1\,1\,1\,3 \\ 1\,0\,0\,0\,7 \\ 1\,1\,0\,0\,3 \\ 3\,1\,6\,6\,3 \\ 1\,1\,1\,7\,7 \end{bmatrix} \begin{bmatrix} 1\,1\,1\,1\,3 \\ 1\,0\,0\,0\,7 \\ 1\,1\,0\,0\,3 \\ 3\,1\,6\,6\,3 \\ 1\,1\,1\,9\,7 \end{bmatrix}. \tag{111}$$

运行时间为 440 Gμ，如果没有预处理，则为 1270 Gμ. 可见，在预处理上花费的 280 Gμ 得到了回报. 但是 5 个成本最高的解，

$$\begin{bmatrix} 9\,9\,9\,8\,9 \\ 8\,8\,9\,9\,7 \\ 9\,8\,6\,8\,9 \\ 9\,9\,7\,9\,3 \\ 9\,9\,9\,9\,1 \end{bmatrix} \begin{bmatrix} 9\,9\,9\,8\,9 \\ 8\,9\,8\,9\,9 \\ 9\,6\,7\,9\,9 \\ 9\,8\,7\,3\,7 \\ 9\,9\,9\,9\,1 \end{bmatrix} \begin{bmatrix} 9\,9\,9\,8\,9 \\ 8\,8\,9\,9\,7 \\ 9\,8\,8\,9\,7 \\ 9\,9\,5\,7\,1 \\ 9\,9\,9\,7\,1 \end{bmatrix} \begin{bmatrix} 9\,9\,9\,8\,9 \\ 8\,8\,9\,9\,7 \\ 9\,8\,8\,9\,7 \\ 9\,9\,5\,8\,1 \\ 9\,9\,9\,9\,1 \end{bmatrix} \begin{bmatrix} 9\,9\,9\,8\,9 \\ 8\,8\,9\,9\,7 \\ 9\,8\,8\,9\,7 \\ 9\,9\,5\,7\,7 \\ 9\,9\,9\,7\,1 \end{bmatrix} \tag{112}$$

（成本最高的在最右边），可以在 22 Gμ 中找到，并且无须预处理.

现在让我们从纯粹的数学问题转向一些更典型的现实场景. 美国的 48 个接壤州定义一个有趣的平面图，它能够为我们提供各种有启发性的例子：

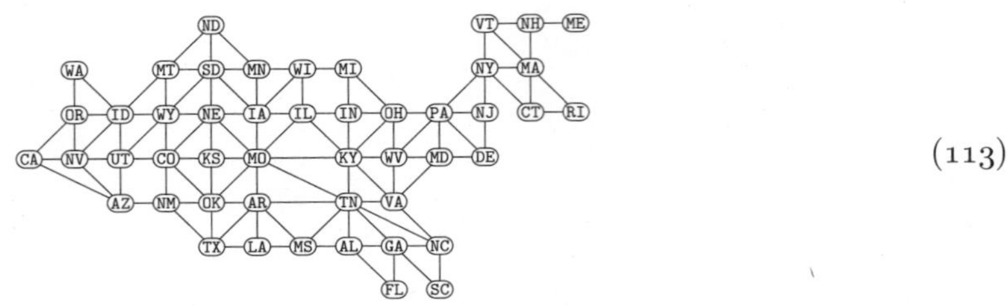

(113)

设该图为图 G，它有 48 个顶点和 105 条边. 假设我们想把它分成 8 个连通子图，每个子图有 6 个顶点. 需要至少移除多少条边?

习题 7.2.2–76 已经告诉我们如何列出所有包含 6 个州的连通子图，一共有 11 505 个. 这为有 48 项的精确覆盖问题提供了 11 505 个选项. 这个问题的解恰好是我们感兴趣的划分方式. 解的总数为 4 536 539. 算法 X 在 8070 亿次内存访问后找到了所有这些解.

但是使用算法 X$^\$$ 可以让我们做得更好. 每个诱导子图 $G\,|\,U$ 都有一个*外部成本*，即从 U 到不在 U 中的顶点的边数. 当我们通过删除边来分解图时，每一条这样的边都会导致剩余的两个分量的外部成本. 因此，被删除边的数量恰好是外部成本总和的一半. 如果我们将外部成本赋给每个选项，则最佳分划对应精确覆盖问题的最小成本解. 举例来说，以下是 11 505 个选项之一:

“ND SD NE KS OK TX” (114)

并且我们为该选项赋予了成本 \$19.

算法 X$^\$$ 只需 3.2 Gμ 就会发现最优解的成本为 \$72. 因此，我们仅通过删除 36 条边就能得到想要的分划.

在看答案之前，让我们再多多观察一下这个问题，因为我们还没有找到解决它的最佳方法. 仔细观察会发现选项 (114) 是不可用的，因为事实上它永远不会出现在任何解中：它将图分成两部分，左边有 11 个州，右边有 31 个州.（我们在 (38) 中也遇到了类似的情况.）事实上，我们能够证明 11 505 个选项中有 4961 个是不可用的，而且原因基本相同. 比如，缅因州（ME）属于 25 个 6 阶连通子图. 但我们可以很容易地看到，让 ME 进入最终分划的唯一方法是将它与新英格兰的其他 5 个州（NH、VT、MA、CT、RI）分为一组. 习题 242 解释了如何快速检测和排除无用的选项.

简化后的问题一共有 6544 个选项. 算法 X 可以在 327 Gμ 后求解它，算法 X$^\$$ 则可以在 1046 Mμ 后求解它.

本质上相同的方法也能很好地将图划分为 6 个 8 阶连通团簇. 这次简化后，该精确覆盖问题有 40 520 个选项，共 4 177 616 个解. 但是算法 X$^\$$ 只需要不到 2 Gμ 来确定最小成本为 \$54.

下面分别是 8×6 和 6×8 的最佳分划的例子：

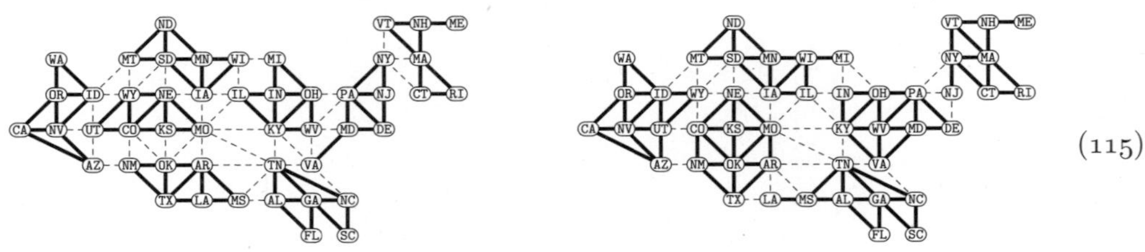

(115)

事实上，这两种情况的最优解可以通过以下方式实现：左边的情况中，可以交换 VA 和 WV 的隶属关系；右边的情况中，可以使用更复杂的循环交换（MI NE LA VA）.

考虑不同类型的问题也能带给我们一些启发，比如使用人口普查数据并根据每个州的人口对 G 进行划分. 举例来说，我们可以尝试找到 8 个连通团簇，每个团簇包含的人数几乎相同. 2010 年，48 个州的官方总人口 P 为 306 084 180. 我们希望每个团簇代表 $P/8$，或者尽可能接近 $P/8$. 这样，每个团簇大约有 3800 万人.

对于任何给定的下界 L 和上界 U，习题 242 中的算法将找到人口 x 满足 $L \leqslant x < U$ 的所有连通子图. 如果我们取 $L > \lfloor P/9 \rfloor$（大约 3400 万）和 $U \leqslant \lceil P/7 \rceil$（大约 4400 万），那么这些候选子图将定义一个精确覆盖问题，它的每个解都恰好包括 8 个选项，因为 $9x > P$ 且 $7x < P$.

该算法证明了 G 包含 1 926 811 个满足人口介于 [34 009 354 . . 43 726 312) 的连通子图. 此外，它剪掉了其中的 1 571 057 个，剩下 355 754 个. 但这还是有点儿太夸张了. 好在这个问题有足够的灵活性，我们可以预期最后的解中只包含人口非常接近 3800 万的选项. 因此，我们不妨将每个选项的人口限制在 [37 000 000 . . 39 000 000) 这个范围内. 这样一来，就只有 34 111 个选项，它们应该足以解决我们的问题.

好吧，虽然这看上去很有道理，但可惜的是，它并不起作用：这 34 111 个选项没有解，因为算法 X 不能用它们来覆盖 NY（纽约州）. 注意，NY 是 G 的一个关节点. 纽约州的人口约为 1940 万，新英格兰的 6 个州的总人口约为 1430 万. 无论哪个选项覆盖纽约州，它都最好也覆盖新英格兰，否则新英格兰将不能被覆盖. 这样一来，该选项就包含了 3370 万人（$1940 + 1430 = 3370$）. 纽约州的其他接壤州是新泽西州（880 万）和宾夕法尼亚州（1270 万），添加其中任何一个都将使选项的总人口超过 4200 万.

因此，我们显然无法用人口接近 3800 万的团簇来覆盖纽约州. 要么人口偏少一点儿（纽约州加新英格兰），要么人口偏多一点儿（再加上新泽西州）. 我们将这两个选项与其他 34 111 个放在一起.

这个问题与我们一直在讨论的其他问题完全不同，因为它的选项在大小上差别很大. 一个选项包含人口最多（3730 万）的州 CA（加利福尼亚州）. 其他某些选项则包含多达 15 个州，它们几乎横跨从 DE 到 NV 的整个大陆.

现在我们将成本 $\$(x^2)$ 赋给人口为 x 的每个选项，因为此时最小成本解将同时最小化方差 $(x_1-P/8)^2+\cdots+(x_8-P/8)^2$（见习题 243）. 这样设置的效果很好，算法 X$ 只需要 33 亿次内存访问就可以找到下面的最优解. 同时，不包含纽约州的 7 个选项的人口都介于 3730 万和 3810 万之间.

对分成 6 个人口均等的团簇的类似问题使用类似的分析可以在 1.1 Gμ 之内找到最小成本解，其 6 个团簇的人口都在 [50 650 000 . . 51 150 000] 这个范围内. 下面给出了这两个解，每个顶点的面积与其人口成正比：

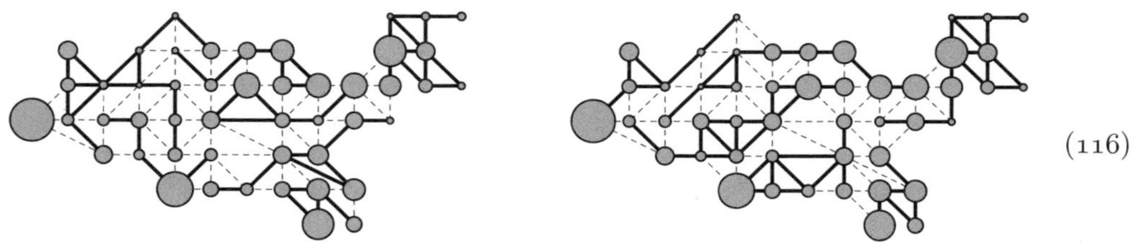

(116)

在这两种情况下，解都是唯一的.（事实上，它们的解都很奇怪. 像这样的分划只能由计算机来构造，很难人为构造出来. 习题 246 讨论了不那么奇怪的近似解.）

***实现最小成本截断.** 现在我们已经了解了需要算法 X$ 和算法 C$ 的很多原因. 但是我们究竟如何通过扩展算法 X 和算法 C 来得到它们呢? 下面仅就算法 C$ 给出详细的描述.

算法 C$ 的任务是找到 K 个最小成本解. 更准确地说，它能找到 K 个成本尽可能小的解. 注意，不同的解可能具有相同的成本. 让我们想象一下，如果一个问题恰好有 10 个解，并且按照算法 C 发现它们的顺序，它们的成本是 \$3, \$1, \$4, \$1, \$5, \$9, \$2, \$6, \$5, \$3. 算法 C$ 在找

到 K 个解之前与算法 C 没有任何区别，因为这 K 个解可能是最优解. 然而，在找到 K 个解之后，情况变得复杂起来：只有当该解优于已知的 K 个最优解之一时，它才会接受新的解. 因此，如果 $K=3$，则接受解的成本分别为 \$3, \$1, \$4, \$1, \$2. 算法 C\$ 不会找到其他 5 个解.

为了实现这种操作，我们维护 BEST 表，其中包含迄今为止已知的 K 个最小成本. 该表基于“堆排序”，且

$$\texttt{BEST}[\lfloor j/2\rfloor] \geqslant \texttt{BEST}[j] \qquad \text{对于 } 1 \leqslant \lfloor j/2\rfloor < j \leqslant K \tag{117}$$

（见式 5.2.3–(3)）. BEST[1] 是最小的 K 个成本中的最大值，我们称之为*截断值* T. 算法 C\$ 将拒绝任何成本为 T 或更高的解. 最初，BEST[j] $=\infty$（$1\leqslant j\leqslant K$）. 然后，每个新的成本为 $c<T$ 的解都将如算法 5.2.3H 中那样被“筛选”到 BEST 表中. 因此，如果 $K=3$，上例中的截断值分别为 $\infty, \infty, 4, 3, 3, 3, 2, 2, 2, 2$. 如果 $K=4$，它们分别为 $\infty, \infty, \infty, 4, 4, 4, 3, 3, 3, 3$.

算法 C\$ 给每个结点添加一个 COST 字段，使得每个结点比以前大 64 位. 步骤 C1\$ 在属于该选项的每个结点中存储它的成本，并假设所有成本均为非负整数.

步骤 C1\$ 创建的每个选项列表中的成本是*排好序的*，即只要 x 和 y 都不是头结点，就有：

$$\texttt{COST}(x) \leqslant \texttt{COST}(y) \qquad \text{若 } y = \texttt{DLINK}(x). \tag{118}$$

因此，如果 p 是主项并且属于 t 个选项，那么我们有 $\texttt{COST}(x_1) \leqslant \texttt{COST}(x_2) \leqslant \cdots \leqslant \texttt{COST}(x_t)$，其中，$x_1=\texttt{DLINK}(p)$，$x_{j+1}=\texttt{DLINK}(x_j)$（$1\leqslant j<t$），并且 $p=\texttt{DLINK}(x_t)$. 这将允许我们忽略那些因成本太高而不能加入到最小成本解中的选项.

为此，我们通过加入*阈值*参数 ϑ 来扩展覆盖、纯化、撤销覆盖和撤销纯化的基本操作（见 (50)～(57)）：算法 C\$ 中的循环现在是“当 $q\neq i$ 且 $\texttt{COST}(q)<\vartheta$ 时”，而不是简单的“当 $q\neq i$ 时”. 我们还更改了撤销覆盖操作和撤销纯化操作，使得它们现在向下使用 DLINK，而不是向上使用 ULINK. 此外，随着 q 的增大，我们从左到右执行 (15) 中的撤销隐藏操作，就像执行 (13) 中的隐藏操作一样.（这些约定显然有违我们最初保证舞蹈链的正确性所依据的规则. 但幸运的是，习题 2 中的理论证明了它们的合理性.）

在搜索的第 l 层，算法 C\$ 构造了一个部分解，它由结点 $x_0\cdots x_{l-1}$ 表示的 l 个选项组成. 令 C_l 为它们的总成本. 在步骤 C4\$ 中，我们置 $x_l\leftarrow\texttt{DLINK}(i)$，然后使用阈值 $\vartheta_0=T-C_l-\texttt{COST}(x_l)$ 覆盖项 i（选择的项 i 应使得 $\vartheta_0>0$）. 如果 ϑ_0 相当小，那么覆盖过程的速度将比之前更快，因为算法不会白费力气去隐藏不可能出现在可接受解中的选项. 我们需要记住 ϑ_0 的值，这样回溯时就能使用相同的阈值. 因此，步骤 C4\$ 置 THO[l] $\leftarrow\vartheta_0$，步骤 C7\$ 使用 THO[l] 作为撤销覆盖项 i 所用的阈值，其中，THO 是一个辅助数组.

截断值 T 随着计算的进行而减小. 因此，步骤 C5\$ 中用于覆盖和纯化的阈值 $\vartheta=T-C_l-\texttt{COST}(x_l)$ 每次都可能不同. 如果 $\vartheta\leqslant 0$，那么算法应直接从步骤 C5\$ 跳转到步骤 C7\$. 否则它会在该步骤中置 TH[l] $\leftarrow\vartheta$ 并使用 TH[l] 在步骤 C6\$ 中进行撤销，其中，TH 是另一个辅助数组.

步骤 C3\$（它选择要在第 l 层分支的项）是至关重要的. 如果一些主项没有选项，或者连其成本最低的选项的成本都太高，以至于它不能得出比我们已经找到的更好的解，则算法应立即从步骤 C3\$ 跳转到步骤 C8\$. 否则，有很多选择选项的策略值得研究，这里只讨论作者在实验中使用的方法：与 MRV 启发法类似，通过选择具有最少的较低成本选项的项 i 可以得到不错的结果. 在权衡之下，作者选择了一项 i，使得其成本最低选项的成本*最高*.（该项迟早必须被覆盖，因此免不了要付出那么多成本. 如果最大化失败概率，那么我们可能更有机会快速抵达截断点.）习题 248 给出了完整的细节.

算法 C\$ 的许多应用独具特色，这使得我们能很快地剪掉搜索树中效果不佳的分支. 这种剪枝的速度远超迄今为止所讨论的截断方法. 比如，“素数方块”问题中的每个选项都恰好有一个

主项（见 (110)）．在这种情况下，由 (118) 可知，通过扩展 $x_0 \cdots x_{l-1}$ 而得到的每个解的成本至少为

$$C_l + \texttt{COST(DLINK(}i_1\texttt{))} + \cdots + \texttt{COST(DLINK(}i_t\texttt{))}, \tag{119}$$

其中，$i_1, \cdots, i_t$ 是仍然活跃的主项．如果这个和大于或等于 T，那么算法可以立即从步骤 C3$ 跳转到步骤 C8$．

与此类似，在 n 皇后问题中，每个选项都恰好有两个主项：一个形如 R_i，另一个形如 C_j．因此活跃项 $i_1, \cdots, i_t$ 中分别包含 $t/2$ 个形如 R_i 的项和形如 C_j 的项．令 C_R 和 C_C 为 $\sum \texttt{COST(DLINK(}i_j\texttt{))}$，即分别对两种项的成本求和．如果 $C_l + C_\mathrm{R}$ 或 $C_l + C_\mathrm{C}$ 中的任何一个大于或等于 T，那么算法可以直接从步骤 C3$ 跳转到 C8$．

在我们考虑的美国接壤州的第一个问题中，每个选项都恰好有 6 项（见 (114)）．因此，活跃项的数量 t 始终是 6 的倍数．习题 249 提供了一个很好的算法来找到 $t/6$ 个未来选项的最小成本和．算法 C$ 的步骤 C3$ 使用该方法找到提前截断点．

兰福德对问题的选项包含 3 项，其中一项是数字．五联骨牌问题的选项包含 6 项，其中一项是块名．在这两种情况下，算法 C$ 都可以通过组合上面提到的策略来为提前截断点找到合适的下界（见习题 250）．

最后，算法 C$ 使用了另一项重要技术：它通过预处理成本来提高竞争力．注意，如果 p 是主项，并且包含 p 的每个选项的成本都大于或等于 c，那么我们可以将这些选项的成本都降低 c．这样做不会更改最小成本解集．我们之所以能够这样做，是因为 p 在每个解中恰好出现一次．我们可以将 c 视为不可避免的税款或“附加费”，必须“预先”支付．

一般来说，有很多方法可以在不改变根本问题的情况下预处理成本．经过适当转换的成本可以帮助算法的启发式方法做出更明智的选择．习题 247 给出了作者在前面讨论的实验中用于步骤 C1$ 的简便方法．

***使用 ZDD 的舞蹈链．** 正如我们在 7.1.4 节中讨论的那样，算法 X 在步骤 X2 中访问的解可以自然地以决策树的形式表示．考虑用 4 块多米诺骨牌覆盖 3×3 正方形的 8 个单元格的问题，其中不考虑角落处的单元格 22．它的决策树如下：

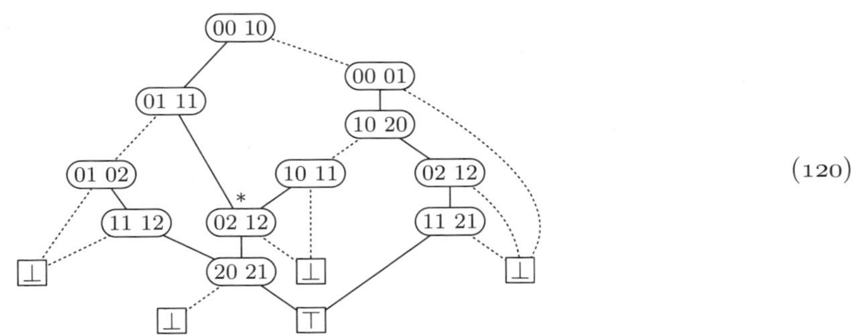

(120)

这张图使用标准的 ZDD 约定：每个分支结点命名一个选项．实线表示该选项被采纳，而虚线表示该选项未被采纳．终止结点 ⊥ 和 ⊤ 分别表示失败和成功．这个问题有 4 个解，分别对应从根到 ⊤ 的 4 条路径．

我们在 7.1.4 节中已经见识过，ZDD 很容易被处理，并且一个小小的 ZDD 有时就可以表示很多的解．幸运的话，我们可以通过仅生成一个恰当的 ZDD 来解决问题，而不必逐个访问所有的解，这样可以节省大量的时间和精力．

当相同的子问题重复出现时，这种方法的优越性就体现了出来．比如，(120) 中的两个分支在标记为“$*$”的结点处汇集在一起．之所以发生这种情况，是因为放置两块多米诺骨牌

“00 10”和“01 11”后的剩余问题与放置“00 01”和“10 11”后的剩余问题相同.“我们见过这种情况并且已经处理过了.”因此，如果我们已经构建了一个子 ZDD 来记住我们所做的事情，就不必再重复之前的行为.（如前所述，这两对多米诺骨牌的放置方法形成了一个“双对”，但 ZDD 的思想更为通用和强大.）

让我们更仔细地看看背后的细节. (120) 求解的精确覆盖问题有 8 项：00、01、10、02、11、20、12、21，它们表示要覆盖的单元格. 该问题还有以下 10 个选项，表示多米诺骨牌放置方法：

$$\begin{matrix} 1\colon 00\ 01 & 3\colon 01\ 02 & 5\colon 02\ 12 & 7\colon 10\ 20 & 9\colon 11\ 21 \\ 2\colon 00\ 10 & 4\colon 01\ 11 & 6\colon 10\ 11 & 8\colon 11\ 12 & 10\colon 20\ 21 \end{matrix} \tag{121}$$

ZDD (120) 在内部表示为一系列分支指令：

$$\begin{matrix} I_{12}=(\bar{2}?\,8\colon 11) & I_9=(\bar{8}?\,0\colon 2) & I_6=(\bar{5}?\,0\colon 5) & \\ I_{11}=(\bar{4}?\,10\colon 3) & I_8=(\bar{1}?\,0\colon 7) & I_5=(\bar{9}?\,0\colon 1) & I_3=(\bar{5}?\,0\colon 2) \\ I_{10}=(\bar{3}?\,0\colon 9) & I_7=(\bar{7}?\,4\colon 6) & I_4=(\bar{6}?\,0\colon 3) & I_2=(\overline{10}?\,0\colon 1) \end{matrix} \tag{122}$$

其中，0 和 1 分别表示 $\perp$ 和 $\top$（见 7.1.4–(8) 中的例子）. “如果我们不选择选项 2，则转到指令 I_8；如果我们选择它，则继续执行指令 I_{11}.”

只需对算法 X 做一点儿修改，即可将它从访问所有解的方法转换为 ZDD 构造器. 事实上，颜色约束也可以做相应的处理.

算法 Z（*使用 ZDD 的舞蹈链*）. 给定一个如算法 C 中的 XCC 问题，本算法为满足它的选项集输出一个 ZDD. ZDD 指令 $\{I_2,\cdots,I_s\}$ 形如 (122) 所示的 $(\bar{o}_j?\ l_j\colon h_j)$，其中 I_s 是根.（但是，如果问题没有解，则算法终止时，$s=1$，并且根为 0.）通过由签名 S[j] 和 ZDD 指针 Z[j] 组成的“备忘录缓存”，扩展算法 C 的数据结构. 算法 C 中用于选择的表 $x_0x_1\cdots$ 加入了两张新的辅助表 $m_0m_1\cdots$ 和 $z_0z_1\cdots$，它们由当前层级 l 索引.

Z1. [初始化.] 如算法 C 的步骤 C1 所示，在内存中设置这个问题（见习题 8）. 同时置 N 为项数，置 Z 为最后一个间隔结点的地址，并置 $l\leftarrow 0$，S[0] $\leftarrow 0$，Z[0] $\leftarrow 1$，$m\leftarrow 1$，$s\leftarrow 1$.

Z2. [进入第 l 层.] 形成一个表示当前子问题的“签名”σ（见下文）. 如果对于某个 t 有 $\sigma=$ S[t]（这称为“缓存命中”），置 $\zeta\leftarrow$ Z[t] 并跳转至 Z8. 否则置 S[m] $\leftarrow\sigma$，$m_l\leftarrow m$，$z_l\leftarrow 0$，$m\leftarrow m+1$.

Z3. [选择 i.] 此时，和在算法 C 的步骤 C3 中一样，项 $i_1,\cdots,i_t$ 还需要被覆盖. 选择一项，称它为 i.

Z4. [覆盖 i.] 使用 (12) 来覆盖 i，并置 $x_l\leftarrow$ DLINK(i).

Z5. [尝试 x_l.] 若 $x_l=i$，跳转至 Z7. 否则置 $p\leftarrow x_l+1$，并当 $p\neq x_l$ 时执行下列操作：置 $j\leftarrow$ TOP(p)；若 $j\leqslant 0$，置 $p\leftarrow$ ULINK(p)，否则执行 commit(p,j) 并置 $p\leftarrow p+1$. 置 $l\leftarrow l+1$，并返回至 Z2.

Z6. [再尝试.] 置 $p\leftarrow x_l-1$，并当 $p\neq x_l$ 时执行下列操作：置 $j\leftarrow$ TOP(p)；若 $j\leqslant 0$，置 $o\leftarrow 1-j$ 且 $p\leftarrow$ DLINK(p)，否则执行 uncommit(p,j) 并置 $p\leftarrow p-1$. 若 $\zeta\neq 0$，置 $s\leftarrow s+1$，输出 $I_s=(\bar{o}?\ z_l\colon\zeta)$ 并置 $z_l\leftarrow s$. 置 $i\leftarrow$ TOP(x_l) 且 $x_l\leftarrow$ DLINK(x_l)，并返回至 Z5.

Z7. [回溯.] 使用 (14) 撤销对 i 的覆盖. 然后置 Z[m_l] $\leftarrow z_l$ 且 $\zeta\leftarrow z_l$.

Z8. [离开第 l 层.] 当 $l=0$ 时，算法终止. 否则置 $l\leftarrow l-1$ 并返回至 Z6. ▮

重要提示：步骤 Z5 中的 commit 操作和步骤 Z6 中的 uncommit 操作应该能修改 (54) ~ (57)，方法是调用 cover(j)、hide(q)、uncover(j)、unhide(q)，而不是调用 cover$'(j)$、hide$'(q)$、uncover$'(j)$、unhide$'(q)$. 这些变化导致算法 Z 的每一步都与算法 C 中相应的步骤略有不同（但只有步骤 Z2 发生了本质性变化）.

习题 253 表明，进一步修改算法 Z 可以使其计算解数，而不是（或不只是）输出 ZDD.

算法 Z 成功的关键是在步骤 Z2 中计算的*签名*. 如果没有副项，那么这个计算操作很容易：签名 σ 只是一个长度为 N 的位向量，如果项 i 仍处于活跃状态，那么位置 i 处的值为 1. 但是，在存在副项的情况下，计算方法会更巧妙一些. 习题 254 中有更详细的讨论.

分析特殊情况会带来一些启发. 假设我们要求算法 Z 找到完全图 K_N 的完美匹配. 这个问题有 N 个主项 $\{1,\cdots,N\}$ 和 $\binom{N}{2}$ 个选项 “$j\ k$”（$1\leqslant j<k\leqslant N$）. 由 (87) 之前的讨论可知，不管算法在步骤 Z3 中做出的选择如何，每个项列表在第 l 层都恰好有 $N-1-2l$ 个选项. 如果算法总是选择最小的未覆盖项，则步骤 Z2 恰好在第 l 层上计算 $\binom{N-l}{l}$ 个不同的签名，即项 $\{1,\cdots,l\}$ 被覆盖且项 $\{l+1,\cdots,N\}$ 中 l 个被覆盖的签名. 因此，缓存条目的总数为 $\sum_{l=0}^{N}\binom{N-l}{l}=F_{N+1}$——一个斐波那契数（见习题 1.2.8–16）. 此外，因为步骤 Z3 和 Z4 被执行 $\binom{N-l}{l}$ 次，所以步骤 Z5 和 Z6 中的主循环在第 l 层被执行 $(N-1-2l)\binom{N-l}{l}$ 次.

事实上，当 N 为偶数时，为 K_N 的所有完美匹配输出的 ZDD 恰好有 $\sum_{l=0}^{N}(N-1-2l)\binom{N-l}{l}+2$ 个结点，大约为 $\frac{N}{5}F_{N+1}$. 习题 255 表明计算此 ZDD 所需的总运行时间为 $\Theta(N^2F_N)=\Theta(N^2\phi^N)$. 当 N 为奇数且 ZDD 只有一个结点 $\bot$ 时，同样的估计也成立. 这远少于算法 X 所需的时间，即 $\Theta\big((N/\mathrm{e})^{N/2}\big)$.

更具体地说，算法 X 在大约 3.6 亿次内存访问后计算出了 K_{16} 的 2 027 025 个完美匹配，使用大约 6 KB 的内存. 算法 Z 只需要大约 200 万次内存访问就能将这些完美匹配表示为一个具有 10 228 个结点的 ZDD，但它使用 2.5 MB 的内存. 对于 K_{32}，它有 191 898 783 962 510 625 个完美匹配，此时差异更为显著：算法 X 耗费约 34 艾次内存访问和 25 KB；要生成具有 4800 万个结点的 ZDD，算法 Z 耗费约 160 亿次内存访问和 85 MB.

这个例子说明了几个要点：(1) 算法 Z 可以大大减少算法 X（或算法 C）的运行时间，以空间换时间；(2) 对于无解的问题，如 K_{2q+1} 的匹配，算法 Z 也可以实现同样的改进；(3) ZDD 输出的结点数可能远远超过算法 Z 的缓存中的备忘条目数.

让我们仔细看看 ZDD. $N=8$ 时的输出如下所示：

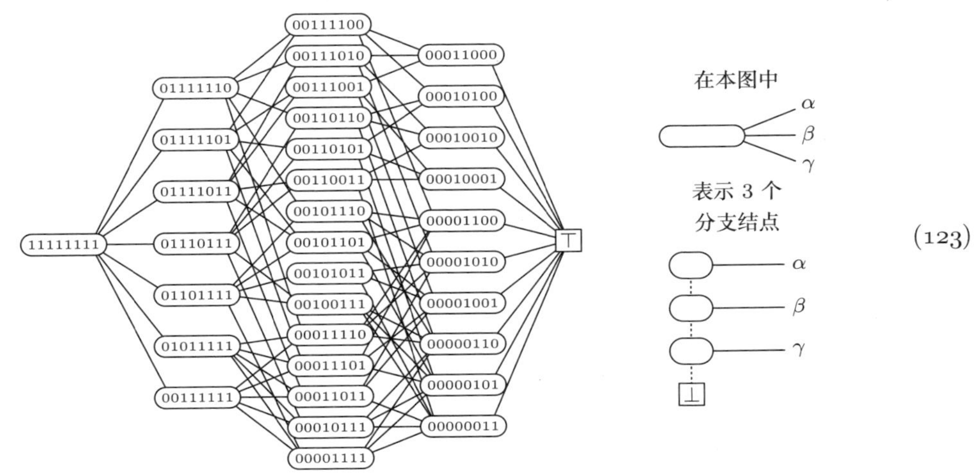

(123)

比如，(00101101) 表示签名 00101101 的结点.

一个签名表示一个子问题. 如果该子问题至少有一个解，则完整问题的 ZDD 将有一个指明子问题的所有解的子 ZDD. 并且如果签名在缓存中的位置是 S[t]，那么对应子 ZDD 的根将在步骤 Z7 结束时被存储到 Z[t] 中.

如 (123) 所示，这个子 ZDD 有一个非常特殊的结构. 假设我们在处理签名 σ 时在项 i 上分支，并假设为项 i 的列表中的选项 $o_1, o_2, \cdots, o_k$ 找到了解. 然后，我们将有以 $\zeta_1, \zeta_2, \cdots, \zeta_k$ 为根的子 ZDD，它们分别与签名为 $\sigma \setminus o_1, \sigma \setminus o_2, \cdots, \sigma \setminus o_k$ 的子问题相关联. 步骤 Z3 ~ Z6 的净效应是为 σ 构造一个子 ZDD，它必须以 k 个条件指令开始:

$$o_k?\ \zeta_k\colon\ \cdots\ o_2?\ \zeta_2\colon o_1?\ \zeta_1\colon \bot. \tag{124}$$

（因为 ZDD 是自下而上构造的，所以首先测试 o_k.）

举例来说，(123) 中的 (00101101) 是覆盖 $\{3,5,6,8\}$ 这一子问题的子 ZDD 所对应的根. 我们在项 3 上进行分支，其列表有 3 个选项“3 5”“3 6”“3 8”. 输出的 3 个分支指令为:

$$I_\theta = (\overline{3\ 5}?\ 0\colon \gamma) \quad I_\eta = (\overline{3\ 6}?\ \theta\colon \beta) \quad I_\zeta = (\overline{3\ 8}?\ \eta\colon \alpha)$$

这里，γ、β、α 分别是签名 00000101、00001001、00001100 的子 ZDD. 00101101 的子 ZDD 从 ζ 开始.

因此，(123) 描绘了一个具有 $1\times 7 + 7\times 5 + 15\times 3 + 10\times 1 + 2 = 99$ 个结点的 ZDD. 注意，虚线链接总是指向 $\bot$ 或一个“不可见”的结点，该结点是如 (124) 的分支链中的 $k-1$ 个子结点之一. 每个不可见的结点都只有一个父结点. 但是每一个成功的签名都有一个可见结点，而且一个可见结点可能有多个父结点.

习题 256 ~ 262 还讨论了一些例子. 在这些例子中，算法 Z 相比算法 X（以及涉及着色时的算法 C）有显著改进. 我们还可以给出许多其他类似的例子. 但是我们在大多数例子中所考虑的精确覆盖问题*没有*大量相同的子问题，因此它们从备忘录缓存中获益甚微.

再次考虑我们的老朋友——兰福德对问题. 算法 X 需要 15 Gμ 来得出当 $n = 14$ 时没有解，算法 Z 将此略微减少到 11 Gμ. 算法 X 需要 1153 Gμ 来列出当 $n = 16$ 时的 326 721 800 个解，算法 Z 则需要 450 Gμ 来计算出这些解，还需要 20 GB 的内存，并产生有 5 亿个结点的 ZDD.

尽管算法 Z 确实经常能加速求解过程，但它不是 n 皇后问题或单词打包问题的首选方法. 习题 263 研究了一些典型的例子.

总结. 在本节开头，我们观察到链表的一些简单性质可以提高回溯效率，特别是在应用于精确覆盖（XC）问题时. 然后我们注意到，不只是匹配问题，各种各样的组合问题都可以被看作精确覆盖问题的特例.

然而，最重要的“亮点”是*颜色编码*能够扩展经典精确覆盖问题这一重要事实. 一般的 XCC 问题——“精确着色覆盖”问题——有着非常多的应用. 下面的习题展示了数十个很有启发性的问题. 这些问题可以很自然地用“选项”来描述，其中涉及可能以某些方式着色或不着色的“项”. 我们已经讨论了算法 X（用于 XC 问题）和算法 C（用于 XCC 问题），这些算法基本上大同小异.

此外，我们还看到了如何在几个方向上扩展算法 C: 算法 M 处理一般的 MCC 问题，它允许用不同范围的重数覆盖项. 算法 C$ 给每个选项赋予一个成本，并找到总成本最小的 XCC 解. 算法 Z 将 XCC 解生成为 ZDD，它可以通过其他方式来进行操作和优化.

历史注记. (2) 的基本思想由一松宏和野下浩平 [*Information Processing Letters* **8** (1979), 174–175] 引入，他们将其应用于 n 皇后问题. 算法 7.2.1.2X 由杰弗里 · 索登 · 罗尔于 1983 年发表，它可以被看作舞蹈链的简化版本，适用于单链表就足够的情况.（事实上，正如罗尔所观察到的，n 皇后问题就属于这种情况.）作者为了向查尔斯·安东尼·理查德·霍尔致敬，在 *Millennial Perspectives in Computer Science* (2000), 187–214 中给出了将它扩展到一般的精确覆盖问题的形式（如上面的算法 X），同时还给出了大量例子.（该论文随后在 *FGbook* 的第 38 章中进行了补充和更正.）他最初的程序被称为 DLX，其中使用了比 (10) 更复杂的数据结构，包括一些具有四向链接的结点.

高德纳在 2000 年 11 月将算法 X 扩展为算法 C，同时考虑了二维德布鲁因序列的问题. 2004 年 8 月，当考虑将各种尺寸的砖块装入盒子中时，他给出了算法 M 的一个特例，其中，所有的重数都是固定的. 当前形式的算法 M 是于 2017 年 1 月研发的，此前他研究了黄炜华在 2007 年独立编写的算法 X 的推广.

最早用于求解精确覆盖问题的计算机程序分别由约翰·富兰克林·皮尔斯 [*Management Science* **15** (1968), 191–209] 以及罗伯特·肖恩·加芬克尔和乔治·莱恩·内姆豪瑟 [*Operations Research* **17** (1969), 848–856] 独立研发. 它们都为每个给定的选项赋予了一个成本，并且目标是获得最小成本解而不是任意解. 这两种算法很相似，尽管它们使用不同的方式来剪枝非最优的选择：根据预先计算的固定顺序选择要分支的项，并将选项表示为位向量. 选项不会从项列表中被删除，但如果它的位与先前选择的项相交，那么它将反复被拒绝.（*注意*：运筹学文献在传统上颠倒了行和列在 (5) 所示的矩阵中的角色. 对该领域的研究人员来说，项是行，选项是列，即使位向量看起来更像行.）

“使用 ZDD 的舞蹈链”概念由西野正彬、安田宜仁、凑真一和永田昌明在 *AAAI Conference on Artificial Intelligence* **31** (2017), 868–874 中提出. 他们介绍了算法 Z 的特例，其中，所有项都是主项.

显然，求解 XCC 问题的历史仍处于起步阶段，还有更多的工作需要完成. 比如，许多应用将受益于改进选择项进行分支的方法，尤其是在算法 M 的步骤 M3 中. 但是到目前为止，只有少数策略被探索过. 保持良好的“专注”很重要. 此外，如习题 343 所示，“分解”技术可以显著减少效果不佳的分支.

算法 M 也值得扩展为算法 M$，也许还可以输出 ZDD. 要进一步扩展，我们可以允许每个选项的每一项都具有对应的权重.（这样一来，类似于 (5) 中的关联矩阵将不仅仅由 0 和 1 组成.）

我们可以期待看到 XCC 求解技术的更多后续进展.

习题（第 1 组）

▶ **1.** [*M25*] 一个包含 n 个元素的双向链表，其头结点位于 0 地址处. 起始时，$\mathtt{LLINK}(k) = k-1$ 和 $\mathtt{RLINK}(k-1) = k$ 对于 $1 \leqslant k \leqslant n$ 成立. 此外，$\mathtt{LLINK}(0) = n$ 且 $\mathtt{RLINK}(n) = 0$，如 (3) 所示. 当我们使用操作 (1) 删除元素 $a_1, a_2, \cdots, a_n$ 后，其中，$a_1a_2\cdots a_n$ 是 $\{1, 2, \cdots, n\}$ 的一个排列，链表将为空，并且链路将如 (4) 中所示交错混合在一起.

(a) 证明当通过算法 6.2.2T 将键 $a_n, \cdots, a_2, a_1$（逆序）插入到初始为空的二叉搜索树中时，LLINK 和 RLINK 的最终设置可以用该二叉搜索树来描述.

(b) 如果排列 $a_1a_2\cdots a_n$ 和 $b_1b_2\cdots b_n$ 在删除后都产生相同的 LLINK 值和 RLINK 值，那么它们等价. 对于给定的 n 值，会产生多少个不同的等价类?

(c) 有多少个等价类只包含一个排列?

2. [*M30*] 继续习题 1，我们知道如果使用 (2) 来撤销删除元素 $a_n, \cdots, a_2, a_1$，反转删除顺序，那么可以恢复原始列表.

(a) 证明：如果我们使用未反转的顺序 $a_1, a_2, \cdots, a_n$ 来撤销删除，那么*也可以*恢复原始列表.

(b) 如果我们以*任何*顺序撤销删除元素，原始列表是否会恢复?

(c) 如果只删除 k 个元素，比如 $a_1, \cdots, a_k$，然后按照完全相同的顺序 $a_1, \cdots, a_k$ 恢复它们，那么是否总能恢复列表?

3. [*20*] 一个 $m \times n$ 矩阵，假定要精确覆盖，可以被看作 m 个未知数的 n 个联立方程的集合. 比如，(5) 等价于:

$$x_2 + x_4 = x_3 + x_5 = x_1 + x_3 = x_2 + x_4 + x_6 = x_1 + x_6 = x_3 + x_4 = x_2 + x_5 + x_6 = 1,$$

其中，每个 $x_k =$ [选择行 k] 为 0 或 1.

(a) 这 7 个方程的通解是什么?

(b) 为什么这种解决精确覆盖问题的方法在实践中几乎没有用?

4. [*M20*] 给定图 G，构造一个矩阵，其中每个顶点 v 对应一行，每条边 e 对应一列. 将值 [e 连接到 v] 放入行 v 的列 e 中. 这个“关联矩阵”的精确覆盖代表什么?

5. [*18*] 在许多可以用 01 矩阵来表达的组合问题中，一些最重要的问题涉及*集族*：矩阵的列代表给定全集的元素，行则代表该全集的子集. 精确覆盖问题就是将该全集划分为这样的子集. 在几何背景下，精确覆盖通常被称为*平铺*.

等价地说，我们可以使用超图术语，谈论由顶点（列）组成的超边（行）. 这样一来，精确覆盖问题就是要找到一个完美匹配，也称为完美填充，即一组不重叠且覆盖每个顶点的超边.

此类问题通常具有*对偶性*，当我们转置输入矩阵的行和列时就会出现这种问题. 使用超图术语的话，精确覆盖问题的对偶是什么?

6. [*15*] 如果精确覆盖问题有 N 项和 M 个选项，并且所有选项的总长度为 L，则算法 X 使用的数据结构中有多少个结点?

7. [*16*] 在表 1 中，为什么 TOP(23) = −4? 为什么 DLINK(23) = 25?

8. [*22*] 设计一种算法来设置精确覆盖问题的初始内存内容，如算法 X 所需并如表 1 所示. 算法的输入应由一系列具有以下格式的行组成:

- 第一行列出所有项的名称;
- 其余每一行指定特定选项的项，每行一个选项.

9. [*18*] 解释如何在步骤 X3 中对 LEN(i) 最小的项 i 进行分支. 如果多项具有该最小长度，则 i 本身也应该是最小的. [这种选择通常称为“最小余值”(MRV) 启发法.]

10. [*20*] 在某些应用中，习题 9 中的 MRV 启发法可能会导致搜索偏离正轨，因为某些主项具有短列表，但有关理想选择的信息很少. 修改习题 9 的答案，以便仅当项 p 的名称不以字符“#”开头时，才会选择该项，条件是 LEN(p) $\leqslant 1$ 或不存在其他选择.（这个策略称为“敏锐偏好”启发法.）

▸ **11.** [*19*] 在步骤 X3 中使用习题 9 和表 1 中的输入手动执行算法 X，直到首次到达步骤 X7. 此时的内存内容是什么?

▸ **12.** [*21*] 设计一种算法，打印与给定结点 x 关联的选项，对选项进行循环排序，以使 TOP(x) 成为其第一项. 还打印该选项在该项的垂直列表中的位置.（如果表 1 中 $x = 21$，那么你的算法应打印“d f a”并说明它是项 d 的列表中 3 个选项中的第 2 个选项.）

13. [*16*] 当算法 X 在步骤 X2 中找到解时，我们如何利用 $x_0x_1 \cdots x_{l-1}$ 的值来确定那个解是什么?

▸ **14.** [*20*] （*家庭匹配问题*）在一个圆桌上，有 n 对夫妇，要求男女交替坐，并且夫妇不能相邻，有多少种方式?

(a) 假设女性已经坐好，令空着的座位为 $(S_0, S_1, \cdots, S_{n-1})$. 令 M_j 表示座位 S_j 和 $S_{(j+1) \bmod n}$ 之间的女性的丈夫. 将家庭匹配问题表示为一个精确覆盖问题，其中的项为 S_j 和 M_j.

(b) 使用算法 X 找到 $n \leqslant 10$ 的解. 对于每个解，使用 MRV 启发法和不使用 MRV 启发法分别需要多少次内存访问?

15. [*20*] 在 (16) 中的选项两次给出兰福德对问题的每个解，因为任何解的左右反转也是一个解. 证明：如果移除其中一些选项，那么我们将只能得到一半的解；其他的将是所找到的解的翻转.

16. [*16*] (23) 和 (24) 中提出的四皇后问题的解是什么？算法 X 的搜索树的前 4 层采用哪些分支？

17. [*16*] 重复习题 16，但将 a_j 和 b_j 视为副项并省略松弛选项 (24)．按 $r_3, c_3, r_2, c_2, r_4, c_4, r_1, c_1$ 的顺序考虑主项．

18. [*10*] 如果 e、f 和 g 是副项，则 (6) 的解是什么？

▶ **19.** [*21*] 修改算法 X，使其不需要选项中存在任何主项．有效的解不应包含任何纯粹的次要选项，但它必须与每个此类选项相交．（如果 (6) 中只有 a 和 b 是主项，那么唯一有效的解是选择选项“$a\ d\ g$”和“$b\ c\ f$”．）

▶ **20.** [*25*] 将 (26) 推广到选项的配对排序 $(\alpha_0,\cdots,\alpha_{m-1};\beta_0,\cdots,\beta_{m-1})$，每个选项最多使用 $\lceil\lg m\rceil$ 个副项 $y_1,\cdots,y_{m-1}$．提示：考虑二进制表示，并在每个 α 和 β 中使用 y_j 最多 $2^{\rho j}$ 次．

21. [*22*] 将习题 20 扩展到 km 个选项 α_j^i 的 k 向排序，其中，$1\leqslant i\leqslant k$ 且 $0\leqslant j<m$．解应为 $(\alpha_{j_1}^1,\cdots,\alpha_{j_k}^k)$，其中，$0\leqslant j_1\leqslant\cdots\leqslant j_k<m$．同样，在每个选项中最多包含 $\lceil\lg m\rceil$ 个副项．

▶ **22.** [*28*] 大多数 n 皇后问题的解是不对称的，因此当旋转和（或）反射时会产生其他 7 个解．在以下每种情况下，使用成对编码将解的数量减少到原来的 1/8．

(a) 两条对角线上都没有皇后，且 n 为奇数．

(b) 两条对角线中只有一条包含皇后．

(c) 两条对角线上有两个皇后．

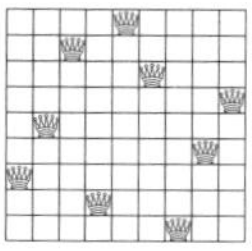

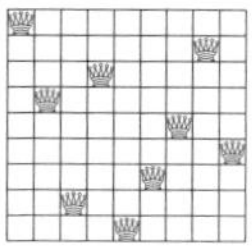

23. [*28*] 在习题 22 未涵盖的其余情况中，使用成对编码将解的数量减少到接近原来的 1/8．

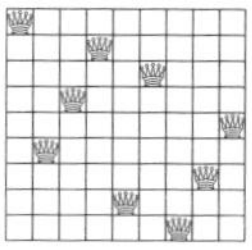

(a) 两条对角线上都没有皇后，且 n 为偶数．

(b) 皇后位于棋盘中央，且 n 为奇数．

24. [*20*] 使用算法 X，找到所有在旋转 (a) 180° 和 (b) 90° 后保持不变的 n 皇后问题的解．

25. [*20*] 通过设置一个精确覆盖问题，并使用算法 X 解决它，证明皇后图 Q_8（见习题 7.1.4–241）不能用 8 种颜色着色．

26. [*21*] 使用 8 个颜色为 0 的皇后和 7 个颜色为 1 到 8 的皇后，可以通过多少种方式“平衡”地对皇后图 Q_8 进行着色？

27. [*22*] 巧妙地将副项引入选项 (16) 中，这样就能得到兰福德问题的平面解（见习题 7–8）．

28. [*M22*] 针对正文中的估计完成率公式 (27)，对于哪些整数 $c_0, t_0, c_1, t_1, \cdots, c_l, t_l$（其中 $1\leqslant c_j\leqslant t_j$）能够得到值 (a) 1/2 和 (b) 1/3？

▶ **29.** [*26*] 令 T 为任意树．构建无解的精确覆盖问题的 01 矩阵，其中 T 是算法 X 使用 MRV 启发法遍历的回溯树．（每当遇到步骤 X3 时，唯一项应具有最小 LEN 值．）当 $T=$ 时，说明你的构造．

30. [*25*] 继续习题 29．令 T 为一棵树，在其中，某些叶结点已被区分出来并指定为“解”．所有这些树都可以作为算法 X 中的回溯树吗？

31. [*M21*] 在活动列表中，算法 X 的运行时间取决于主项的顺序和选项顺序．请解释如何随机化算法，才可以 (a) 在步骤 X1 之后，每个项列表都按随机顺序排列；(b) 步骤 X3 在具有最小 LEN 值的项中能随机选择．

32. [*M21*] 具有 M 个选项的精确覆盖问题的解可以被视为一个二进制向量 $x=x_1\cdots x_M$，其中，$x_k=[$选择选项 $k]$．两个解 x 和 x' 之间的距离可以被定义为汉明距离 $d(x,x')=\nu(x\oplus x')$，即 x 和 x' 不同的位置的数量．这个问题的差异度是其解之间的最小距离．（如果最多只有一个解，则差异度为 ∞．）

(a) 是否有可能实现差异度 1？

(b) 是否有可能实现差异度 2？

(c) 是否有可能实现差异度 3？

(d) 证明：均匀精确覆盖问题的解之间的距离始终是偶数．（均匀精确覆盖问题是指每个选项具有相同数量的项的问题．）

(e) 应用程序中出现的大多数精确覆盖问题至少是准均匀的．从某种意义上说，它们具有主项的非空子集，使得当仅限于这些项时问题是均匀的．（比如，每个多联骨牌填充问题或多联立方填充问题都是准均匀的，因为每个选项都指定了恰好一个块名．）此类问题可以有奇数距离吗？

33. [*M16*] 给定一个由 01 矩阵 $\boldsymbol{A}$ 指定的精确覆盖问题，请构造一个精确覆盖问题 $\boldsymbol{A}'$，其解的数量比 $\boldsymbol{A}$ 多一个.（因此，确定至少有一个解的精确覆盖问题具有多个解是 NP 困难的.）假设 $\boldsymbol{A}$ 不包含全零行.

34. [*M25*] 给定习题 33 中的精确覆盖问题 $\boldsymbol{A}$，构造一个精确覆盖问题 $\boldsymbol{A}'$，使得 (i) $\boldsymbol{A}'$ 的每列中最多有 3 个 1；(ii) $\boldsymbol{A}'$ 和 $\boldsymbol{A}$ 具有数量完全相同的解.

35. [*M21*] 继续习题 34. 构建每列恰好有 3 个 1 的 $\boldsymbol{A}'$.

▸ **36.** [*25*] 令 $i_k = \texttt{TOP}(x_k)$ 为在算法 X 的第 k 层发生分支的项. 修改该算法，使其找到 $i_0x_0i_1x_1i_2x_2\cdots$ 按字典序最小的解.（只需在步骤 X3 中置 $i \leftarrow \texttt{RLINK(0)}$ 即可轻松完成此操作. 但有一种更快的方法，即使用 MRV 启发法.）

32 皇后问题在字典序中的第一个解是什么?

37. [*M46*] （尼尔 · 斯隆，2016 年）令 $\langle q_n\rangle$ 表示 ∞ 皇后问题在字典序中最小的解.（这个序列开始于

$$1, 3, 5, 2, 4, 9, 11, 13, 15, 6, 8, 19, 7, 22, 10, 25, 27, 29, 31, 12, 14, 35, 37, 39, 41, 16, 18, 45, \cdots,$$

而且它显然有奇怪的规律性和不规则性.）

(a) 证明：每个正整数都出现在序列中.

(b) 证明：q_n 是 $n\phi + O(1)$ 或 $n/\phi + O(1)$.

▸ **38.** [*M25*] 设计一种有效的方法来计算习题 37 中的序列 $\langle q_n\rangle$.

▸ **39.** [*M21*] 试验由 n 项上的 m 个随机选项定义的精确覆盖问题.（每个选项都是独立生成的，允许重复.）

(a) 使用固定的概率 p 来决定项 i 是否包含在任何给定选项中.

(b) 让每个选项都是 r 个不同项的随机样本.

▸ **40.** [*21*] 如果我们只想计算精确覆盖问题的解的数量，而不实际构建它们，那么基于位操作而不是列表处理的另一种完全不同的方法偶尔会很有用.

以下朴素算法说明了这个思想：我们有一个由 0 和 1 组成的 $m \times n$ 矩阵，表示为 n 位向量 $\boldsymbol{r}_1, \cdots, \boldsymbol{r}_m$. 该算法使用一个（可能巨大的）包含对 (s_j, c_j) 的数据库，其中，s_j 是表示一组项的 n 位数，c_j 是表示覆盖该集合的方式数的正整数. 令 p 是表示主项的 n 位掩码.

N1. [初始化.] 置 $N \leftarrow 1$，$s_1 \leftarrow 0$，$c_1 \leftarrow 1$，$k \leftarrow 1$.

N2. [完成?] 如果 $k > m$，则终止；答案是 $\sum_{j=1}^{N} c_j[s_j \mathbin{\&} p = p]$.

N3. [尽可能附加 $\boldsymbol{r}_k$.] 置 $t \leftarrow \boldsymbol{r}_k$. 对于 $N \geqslant j \geqslant 1$，如果 $s_j \mathbin{\&} t = 0$，则将 $(s_j + t, c_j)$ 插入数据库（见下文）.

N4. [在 k 上循环.] 置 $k \leftarrow k + 1$ 并返回至 N2. ▌

要插入 (s, c)，有两种情况：如果对于某个已经存在的 (s_i, c_i) 有 $s = s_i$，则我们只需置 $c_i \leftarrow c_i + c$；否则，我们置 $N \leftarrow N + 1$，$s_N \leftarrow s$，$c_N \leftarrow c$.

证明该算法可以通过使用以下技巧得到显著改进：置 $u_k \leftarrow \boldsymbol{r}_k \mathbin{\&} \bar{f}_k$，其中，$f_k = \boldsymbol{r}_{k+1} \mid \cdots \mid \boldsymbol{r}_m$ 是所有未来行的按位或. 如果 $u_k \neq 0$，那么我们可以从数据库中删除 s_j 不包含 $u_k \mathbin{\&} p$ 的任何条目. 我们还可以利用 u_k 的非主项来进一步压缩数据库.

41. [*25*] 实现上一道习题的改进算法，并将其应用于 n 皇后问题时的运行时间与算法 X 的运行时间进行比较.

42. [*M21*] 请解释如何扩展习题 40 的方法，并给出所有解，而不是简单地计算数量.

43. [*M20*] 给出 (28) 中数独方格的条目 a_{ij}、b_{ij}、c_{ij} 的公式.

44. [*M04*] 数独谜题的线索是否可能是 π 的前 33 位数字?（见 (29a).）

45. [*14*] 列出算法 X 解决 (29a) 的唯一余数移动序列.（如果可能存在多个这样的 p_{ij}，则在每一步选择最小的 ij.）

46. [*19*] 列出图表 (31) 中存在的所有隐藏的单步数独步骤.

47. [*19*] 在将“3”放置在单元格 (2,3) 中之后，(32) 中存在哪些隐藏的单步移动?

▶ **48.** [*24*] 图表 (33) 本质上绘制了行与列的关系．证明相同的数据可以绘制为 (a) 行与值；(b) 值与列．

▶ **49.** [*24*] 精确覆盖问题的任何解，也将解决通过移除一些项而获得的“宽松”子问题．比如，我们可以通过移除所有的 c_{jk} 和 b_{xk}，以及 $i \neq i_0$ 时的 r_{ik} 来简化数独问题 (30)．然后，我们将得到一个子问题，其中每个选项仅包含两项，即某些对 (j,k) 的“$p_{i_0j}\ r_{i_0k}$”．换句话说，我们得到了一个二维匹配问题．

每当一个数独选项包含“$p_{i_0j}\ r_{i_0k}$”时，请考虑包含 u_j —— v_k 的二部图．比如，(33) 中 $i_0 = 4$ 的图如右下所示．要获得该图的完美匹配，必须将 u_3 和 u_8 与 v_7 或 v_1 相匹配，因此可以删除从其他 u 到这些 v 的边；这在第 i_0 行被称为“裸对”．对偶而言，v_5 和 v_8 必须与 u_2 或 u_7 匹配，因此可以删除从其他 v 到这些 u 的边；这在第 i_0 行被称为“隐对”．

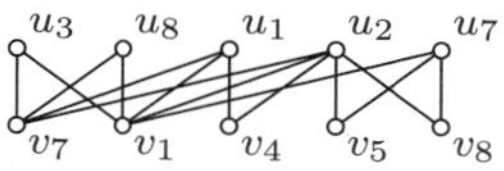

一般来说，如果 u 的相邻顶点仅包含 v 中的 q，则 u 中的 q 形成*裸露 q 元组*；如果 v 的相邻顶点仅包含 u 中的 q，则 v 中的 q 形成*隐藏 q 元组*．

(a) 这些定义是针对行给出的．证明裸露 q 元组和隐藏 q 元组也可以针对列和宫定义．

(b) 证明如果二部图的每个部分都有 r 个顶点，则当且仅当它具有裸露 $(r-q)$ 元组时，它才具有隐藏 q 元组．

(c) 找出 (33) 的所有裸露 q 元组和隐藏 q 元组．它们排除了哪些选项？

(d) 考虑删除项 p_{ij} 和 b_{xk}，以及 $k \neq k_0$ 时的所有 r_{ik} 和 c_{jk}．这是否会导致 (33) 进一步减小？

50. [*20*] 有多少个唯一可解的 17 线索谜题包含 (29c) 中的 16 条线索？

51. [*22*] 有多少种方法可以完成 (29c)，以便每一行、每一列和每一宫都包含多重集 $\{1,2,3,4,5,6,7,7,9\}$ 的排列？

52. [*40*] 尝试找到一个对于算法 X 来说尽可能困难的数独谜题．

53. [*M26*] 数独初学者可能想从一个被称为*四宫数独*的迷你变体开始入门．它的特点是由 4×4 正方形组成，分为 4 个 2×2 小方块．

(a) 证明：每个唯一可解的四宫数独问题至少有 4 条线索．

(b) 如果我们可以通过以保留宫的方式排列行和列，或者通过 $90°$ 旋转，又或者通过排列数字来从一个问题转向另一个问题，则两个四宫数独问题是等价的．证明：恰好有 13 个本质上不同的四线索四宫数独问题具有唯一解．

▶ **54.** [*35*] （*最少线索*）数独谜题 (29a) 包含的线索多于使数独有唯一解所需的线索．（比如，最后的“95”可以省略．）找到这 32 条线索的所有子集 X，使得给定 X，解是唯一的；但同时满足对于每个 $x \in X$，给定 $X \setminus x$ 的解不唯一．

55. [*34*] （加里 · 麦奎尔）证明在任何唯一答案为 (28a) 的数独谜题中，都至少需要 18 条线索．找到 18 条线索就够了．*提示*：前 3 行出现的 9 个 $\{1,4,7\}$ 中至少有两个属于线索．

同理，找到一组最小的线索，使其唯一答案是 (28b)．

56. [*47*] 最小数独谜题中的线索数量最多是多少？

57. [*22*] 每个数独的解最多有 27 个横向三元组和 27 个纵向三元组，即出现在宫的单行或单列内的 3 位数字集合．比如，(28a) 有 9 个横向三元组 $\{1,2,3\}$, $\{2,3,4\}$, $\cdots$, $\{9,1,2\}$ 和 3 个纵向三元组 $\{1,4,7\}$, $\{2,5,8\}$, $\{3,6,9\}$；(28b) 各只有 3 个．(29a) 的解有 26 个横向三元组和 23 个纵向三元组．$\{3,6,8\}$ 横向出现一次，纵向出现两次．

令 T 为 27 个三元组 $\{\{\mathtt{A},\mathtt{B},\mathtt{C}\} \mid \mathtt{A} \in \{1,2,3\}, \mathtt{B} \in \{4,5,6\}, \mathtt{C} \in \{7,8,9\}\}$．找出所有横向三元组和纵向三元组都等于 T 的数独解．

▶ **58.** [*22*] （阿德里亚努斯 · 托恩和阿里 · 范德韦特林，2019 年）查找所有数独解，其中，1s, 2s, $\cdots$, 7s 也能解决九皇后问题．

59. [*20*] 求解 (34) 中的锯齿数独．算法 X 的搜索树有多大？

60. [*20*] （*益智数独 ABC*）完成以下六联骨牌.

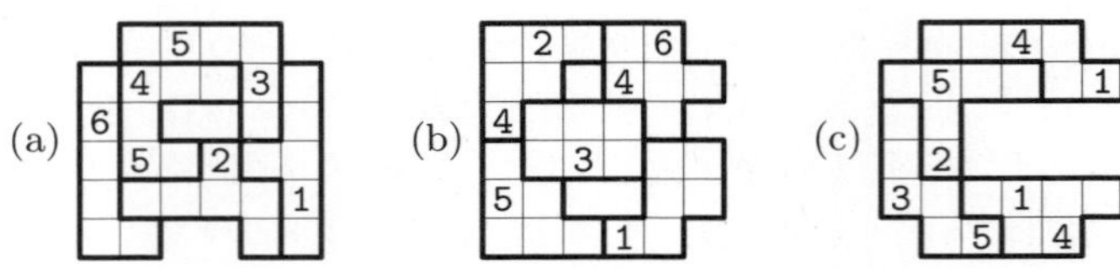

61. [*21*] 将贝伦斯的 5×5 的公平设计 (35a) 转化为锯齿数独谜题，只保留其中 25 个条目中的 5 个，并擦除其他.

▸ **62.** [*34*] 对于 $n \leqslant 7$，生成 $n \times n$ 正方形可以用 n 块非直型 n 联骨牌填充的所有方式.（这些是正方形锯齿数独中的宫的可能排列方式.）有多少种是对称的？*提示*：见习题 7.2.2–76.

63. [*29*] 有多少种方式将贝伦斯的 9×9 阵列 (35c) 视为一个公平拉丁方？（换句话说，将该正方形分解为 9 个大小为 9 的宫，每一宫都有完整的“彩虹”$\{1,2,3,4,5,6,7,8,9\}$，其中没有任何一宫只是一整行或一整列. 这样的分解方式有多少种？）

64. [*23*] （*无线索锯齿数独*）如果一个锯齿数独谜题的解只由单行或单列的条目唯一确定，那么它可以被称为“无线索锯齿数独”，因为这样的线索只为出现的 n 个单独的符号分配名称. 比如，右图显示了奥丽尔 · 马克西姆在 2000 年发现并第一个发布的此类谜题.

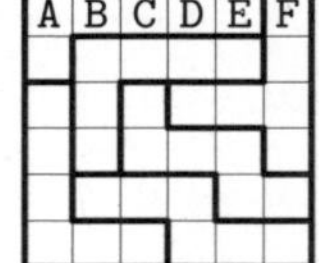

(a) 寻找阶数 $n \leqslant 6$ 的所有无线索锯齿数独.

(b) 证明这样的锯齿数独对于所有 $n \geqslant 4$ 的阶数都存在.

65. [*24*] 找出以下锯齿数独示例的唯一解.

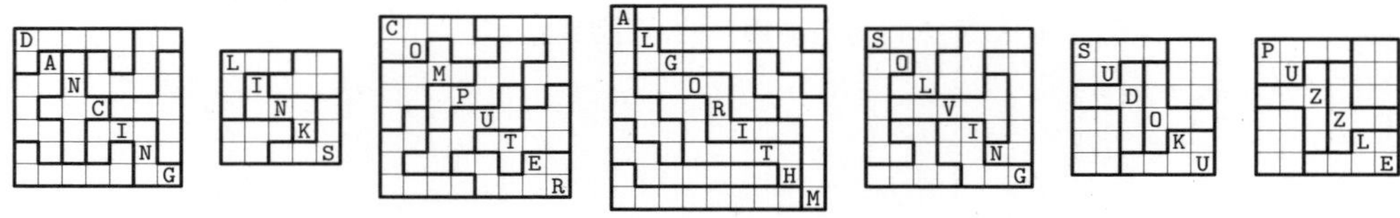

▸ **66.** [*30*] 将以下 9 张卡片排列成 3×3 阵列，从而定义具有唯一解的数独谜题.（不要旋转它们.）

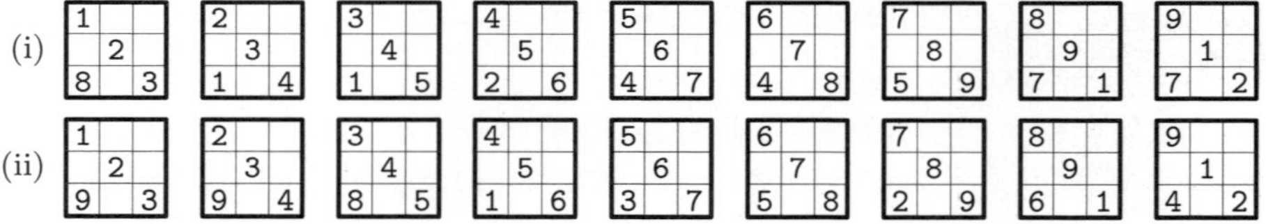

▸ **67.** [*22*] 我们可以通过添加 4 个（阴影）宫来将普通数独扩展为超级数独，其中需要出现完整的“彩虹”$\{1,2,3,4,5,6,7,8,9\}$.

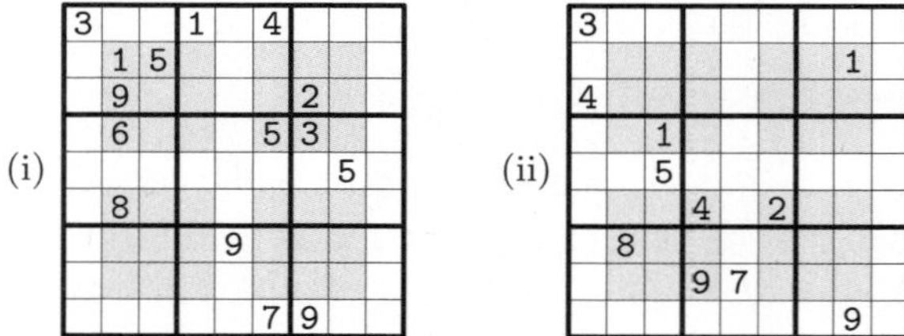

（此类谜题由彼得 · 里梅斯泰于 2005 年推出，被许多报纸报道.）

(a) 证明超级数独解实际上有 18 个彩虹宫，而不止 13 个.

(b) 通过扩展 (30)，利用该观察结果高效地求解超级数独谜题.

(c) 该观察结果对求解 (i) 和 (ii) 有多大帮助？

(d) 判断正误：如果接触其 4 个角的 4 个 4×4 块同时旋转 180°，同时翻转中间半行和中间半列（保持中心固定），则解仍然是超级数独解.

68. [*28*] 如果多联骨牌包含位于同一行或同一列的任意两个单元格之间的所有单元格，则该多联骨牌被称为凸多联骨牌.（当且仅当它的边缘与其最小边界框相同时，才会发生这种情况，因为每行和每列贡献 2.）比如，除了“U”，(36) 中的所有五联骨牌都是凸多联骨牌.

(a) 对于 $n \leqslant 7$，生成将 n 块凸 n 联骨牌填充到 $n \times n$ 宫中的所有方法.

(b) 当 9 块凸九联骨牌都小到足以放入 4×4 宫时，有多少种方法可以将它们装入 9×9 宫?（需要考虑对称性.）

▸ **69.** [*30*] 图 (i) 显示了比特王国的 81 个社区，它们分别属于 9 个选区. 每个社区中的选民要么是大端（B），要么是小端（L）. 以多数票为基础，每个选区在比特王国的议会中都有一名代表.

注意，每个选区都有 5 个 L 和 4 个 B，因此议会是 100% 小端. 大家都认为这不公平. 因此，你被聘为计算机顾问，负责重新划分选区.

一个富有的大人物私下里提出，如果你能为他一方获得尽可能大的好处，那么他会付给你一卡车钱. 你可以如图 (ii) 所示对选区进行不公正的划分，从而获得 7 个大端席位. 但这种不公平性太明显了.

(i)

B	B	L	B	L	L	L	L	B
L	L	L	B	L	L	L	B	L
B	B	L	B	L	B	B	L	B
L	L	L	L	L	L	L	L	L
B	B	B	L	L	B	L	L	B
L	B	L	B	B	B	B	B	B
B	B	L	B	B	B	B	B	L
L	B	L	L	L	L	B	L	L
L	L	B	L	L	B	B	L	L

(ii)

B	B	L	B	L	L	L	L	B
L	L	L	B	L	L	L	B	L
B	B	L	B	L	B	B	L	B
L	L	L	L	L	L	L	L	L
B	B	B	L	L	B	L	L	B
L	B	L	B	B	B	B	B	B
B	B	L	B	B	B	B	B	L
L	B	L	L	L	L	B	L	L
L	L	B	L	L	B	B	L	L

证明在 9 个选区中，B 实际上可以获得 7 次胜利，并且这些选区相当不错地尊重了比特王国的本地社区，因为每个选区都是适合 4×4 正方形的凸多联骨牌（见习题 68）.

70. [*21*] 多米诺萨①是一款单人纸牌游戏. 你需要“洗”28 块双六多米诺骨牌 , , $\cdots$, , 并将它们随机放置到 7×8 的框架中. 然后，记下每个单元格中的点数，将牌收起来，并尝试仅根据 7×8 矩阵来重建它们的位置. 比如，

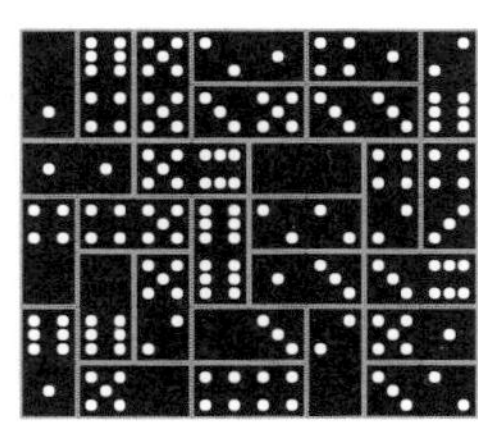

产生矩阵

$$\begin{pmatrix} 0&6&5&2&1&4&1&2\\ 1&4&5&3&5&3&3&6\\ 1&1&5&6&0&0&4&4\\ 4&4&5&6&2&2&2&3\\ 0&0&5&6&1&3&3&6\\ 6&6&2&0&3&2&5&1\\ 1&5&0&4&4&0&3&2 \end{pmatrix}.$$

(a) 证明：多米诺骨牌的另一种摆放方式也能产生相同的矩阵.

(b) 什么样的多米诺骨牌摆放方式可以得到以下矩阵?

$$\begin{pmatrix} 3&3&6&5&1&5&1&5\\ 6&5&6&1&2&3&2&4\\ 2&4&3&3&3&6&2&0\\ 4&1&6&1&4&4&6&0\\ 3&0&3&0&1&1&4&4\\ 2&6&2&5&0&5&0&0\\ 2&5&0&5&4&2&1&6 \end{pmatrix}$$

▸ **71.** [*20*] 证明：多米诺萨重建是 3DM（三维匹配问题）的一个特例.

72. [*M22*] 生成多米诺萨的随机实例，并估计获得具有唯一解的 7×8 矩阵的概率. 使用两种随机性模型：(i) 每个矩阵的元素是多重集 $\{8 \times 0, 8 \times 1, \cdots, 8 \times 6\}$ 的排列，其可能性相同；(ii) 从多米诺骨牌随机洗牌中获得的每个矩阵的可能性相同.

① 多米诺萨（dominosa）诞生于 19 世纪的欧洲，以著名的多米诺骨牌游戏为基础. ——编者注

73. [*46*] 多米诺萨实例的最大解数是多少?

74. [*22*] (迈克尔 · 凯勒, 1987 年) 是否存在唯一可解的多米诺萨矩阵, 其中, 每块多米诺骨牌在 3 个或 4 个位置与矩阵中的两个相邻单元相匹配?

▸ **75.** [*M24*] 一个摸索是由一个集合 G 和一个二元运算 $\circ$ 组成的, 其中, 对于所有 $x \in G$ 和 $y \in G$ 满足恒等式 $x \circ (y \circ x) = y$.

(a) 证明恒等式 $(x \circ y) \circ x = y$ 在每个摸索中也成立.

(b) 以下哪一个"乘法表"定义了对 $\{0,1,2,3\}$ 的摸索?

0123	0321	0132	0231	0312
1032	3210	1023	3102	2130
2301	2103	3210	1320	3021
3210	1032	2301	2013	1203

(在第一个示例中, $x \circ y = x \oplus y$. 在第二个示例中, $x \circ y = (-x-y) \bmod 4$. 最后两个示例对于某些函数 f 有 $x \circ y = x \oplus f(x \oplus y)$.)

(c) 对于所有 n, 构造一个元素为 $\{0,1,\cdots,n-1\}$ 的摸索.

(d) 考虑精确覆盖问题, 其中有 n^2 项 xy ($0 \leqslant x,y < n$) 和以下 $n+(n^3-n)/3$ 个选项:

(i) "xx", 其中 $0 \leqslant x < n$;

(ii) "xx xy yx", 其中 $0 \leqslant x < y < n$;

(iii) "xy yz zx", 其中 $0 \leqslant x < y,z < n$.

证明它的解与元素 $\{0,1,\cdots,n-1\}$ 上的摸索乘法表相对应.

(e) 如果 $x \circ x = x$, 则摸索的元素 x 是幂等的. 如果 k 个元素是幂等的, 而 $n-k$ 个不是, 证明 $k \equiv n^2$ (mod 3).

76. [*21*] 修改习题 75(d) 中的精确覆盖问题, 以便找到以下乘法表: (a) 所有幂等的摸索, 即对于所有 x 都有 $x \circ x = x$; (b) 所有可交换的摸索, 即对于所有 x 和 y 都有 $x \circ y = y \circ x$; (c) 所有具有单位元 0 的摸索, 即对于所有 x 都有 $x \circ 0 = 0 \circ x = x$.

77. [*M21*] 给定图 G 和 H, 它们都有 n 个顶点. 使用算法 X 来判断 G 是否与 H 的子图同构. (如果是, 那么我们说 G 嵌入到 H 中.)

78. [*16*] 证明: 很容易将图 71 中 27 位数学家的名字填充到一个 12×15 矩阵中, 且所有名字从左到右读都是正确的. (当然, 这将是一个可怕的单词搜索谜题.)

79. [*M20*] 当全部列出时, (48) 总共有多少个选项?

80. [*19*] 在步骤 C3 中使用习题 9 和表 2 中的输入手动执行算法 C, 直到首次找到解. 此时, 内存中的内容是什么?

81. [*21*] 判断正误: 没有颜色分配的精确覆盖问题在算法 X 和算法 C 上具有完全相同的运行时间.

82. [*21*] 判断正误: 当 $x > N_1$ 时, 可以通过不在隐藏操作或取消隐藏操作中更新 LEN 字段来保存算法 X 和算法 C 中的内存引用.

▸ **83.** [*20*] 算法 C 可以通过以下奇怪的方式进行扩展: 令 p 为首先覆盖的主项, 并假设有 k 种方法来覆盖它. 进一步假设 p 的第 j 个选项以副项 s_j 结尾, 其中, $\{s_1,\cdots,s_k\}$ 是不同的. 修改算法, 以便每当解包含 p 的第 j 个选项时, 项 $\{s_1,\cdots,s_{j-1}\}$ 都未被覆盖. (换句话说, 修改后的算法将在更大的实例上模拟未修改算法的行为, 其中, p 的第 j 个选项包含所有 $s_1, s_2, \cdots, s_j$.)

▸ **84.** [*25*] 将 XCC 问题的选项编号为 1 到 M. 极小极大解是最大选项数尽可能小的解. 解释如何修改算法 C, 以便它确定所有极小极大解 (忽略任何已知比已找到的解更差的解).

85. [*22*] 改进习题 84 中的算法, 使其产生恰好一个极小极大解——当然, 除非根本没有解.

▸ **86.** [*M25*] 修改算法 C, 而不是找到给定 XCC 问题的所有解. 它使用定理 7.2.2E 给出解的数量并给出找到它们所需时间的蒙特卡罗估计. (因此, 修改后的算法对于算法 C 来说就像算法 7.2.2E 对于算法 7.2.2B 一样.)

87. [*20*] *双重词方*是一个 $n \times n$ 数组，其行和列包含 $2n$ 个不同的单词．将此问题编码为 XCC 问题．你能否通过不生成先前解的转置来节省一个因子 2？算法 C 能否与习题 7.2.2–28 中的算法（专门为处理此类问题而设计）竞争？

88. [*21*] 与找到*所有*双重词方相比，我们通常更感兴趣的是找到*最好*的一个，即只使用非常常见的单词．比如，事实证明，一个双重词方可以由 `WORDS(1720)` 中的单词组成，但无法由 `WORDS(1719)` 中的单词组成．证明通过舞蹈链，很容易找到最小的 W，使得 `WORDS(`W`)` 支持双重词方．

89. [*24*] 相对于《官方英语拼字游戏玩家词典》，根据习题 88 的定义，尺寸为 $2 \times 2, 3 \times 3, \cdots, 7 \times 7$ 的最佳双重词方是什么？（习题 7.2.2–32 考虑了对称词方的类似问题．）

▶ **90.** [*22*] 周期为 p 的*单词楼梯*是单词的循环排列，逐步偏移，包含横向和向下的 $2p$ 个不同的单词．它有左、右两种形式：

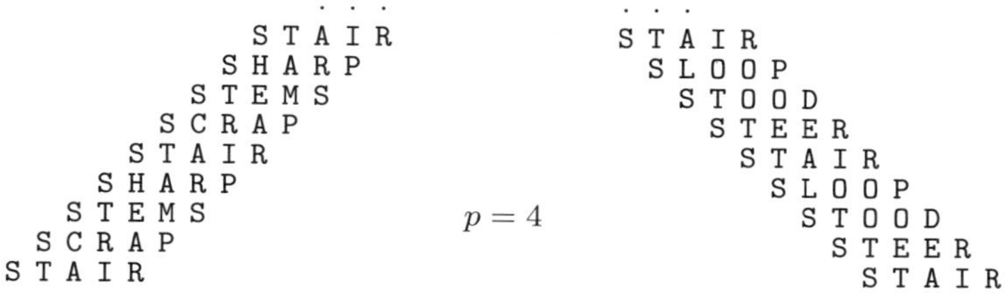

在习题 88 的意义上，对于 $1 \leqslant p \leqslant 10$，最好的五字母单词楼梯是什么？*提示*：通过假设第一个单词是最常见的，可以节省一个因子 $2p$．

91. [*40*] 对于给定的 W，找到最大的 p，使得 `WORDS(`W`)` 支持周期为 p 的单词楼梯．（每个 W 有两个问题，检查 {左，右} 的词梯．）

92. [*24*] 一些 p 单词循环定义了具有 $3p$ 个不同单词的*双向单词楼梯*：

```
                ...    ...
           RAPID       RAPID
          RATED         RATED
         LACES           LACES
        ROBES             ROBES
       RAPID               RAPID
      RATED                 RATED
     LACES      p = 4        LACES
    ROBES                     ROBES
   RAPID                       RAPID
   ...                           ...
```

对于 $1 \leqslant p \leqslant 10$，最好的五字母双向单词楼梯是什么？

93. [*22*] $3p$ 个单词的另一种周期性排列，也许比习题 92 中的排列更好．此处所示为 $p = 3$，我们可以沿对角线向上或向下以及横向阅读它们．对于 $1 \leqslant p \leqslant 10$，这种排列最好的五字母示例是什么？（注意存在 $2p$ 路对称性．）

```
  ...
SLANT (FLINT)
FLUNK (BLANK)
BLINK (SLUNK)
SLANT (FLINT)
FLUNK
BLINK (SLINK)
SLANT (FLANK)
FLUNK (BLUNT)
  ...   (SLINK)
```

94. [*20*] （爱德华·卢卡斯）找到一个二进制循环 $(x_0x_1 \cdots x_{15})$，其中，对于 $0 \leqslant k < 16$，16 个四元组 $x_kx_{(k+1) \bmod 16}x_{(k+3) \bmod 16}x_{(k+4) \bmod 16}$ 是不同的．

▶ **95.** [*20*] 给定 $0 \leqslant p < q \leqslant n$，解释如何使用颜色约束和算法 C 找到 0 和 1 的所有循环 $(x_0x_1 \cdots x_{m-1})$，其中，$m = \sum_{k=p}^{q} \binom{n}{k}$，并且循环有以下性质：$m$ 个二元向量 $\{x_0x_1 \cdots x_{n-1}, x_1x_2 \cdots x_n, \cdots, x_{m-1}x_0 \cdots x_{n-2}\}$ 彼此不同且权重在 p 和 q 之间．（换句话说，在循环中，所有具有 $p \leqslant \nu y \leqslant q$ 的 n 位二元向量 $y = y_1 \cdots y_n$ 仅出现一次．我们在 7.2.1.1 节中研究了特殊情况下的*德布鲁因圈*，其中，$p = 0$ 且 $q = n$．）

比如，当 $n = 7$、$p = 0$、$q = 3$ 时，循环

$$(0000000100000110000010100010110001001010100100110010001101010000111)$$

展示了所有大多数为 0 的二进制七元组．当 $n = 7$、$p = 3$、$q = 4$ 时，循环

$$(0000111000101100011010010101011010100110011011001011100100111010001111)$$

展示了由具有 4 个 0 和 4 个 1 的八元组去掉第一位得到的所有七元组．

当 (n, p, q) 为 $(7, 0, 3)$ 或 $(7, 3, 4)$ 时，到底存在多少个循环？算法 C 需要多长时间才能找到它们？

96. [*M20*] 找到一个 8×8 二元环面，其中有 64 个不同的 2×3 子矩形.

97. [*M21*] 找到所有对称的 $9{\times}9$ 外环面 $D = (d_{i,j})$，其中，对称是指 $d_{(i+3) \bmod 9, (j+3) \bmod 9} = (d_{i,j}+1) \bmod 3$（见习题 7.2.1.1–109）.

98. [*25*] 证明：受限颜色精确覆盖问题是 NP 完全问题，即使每个选项只包含两项也是如此.

99. [*20*] 判断正误：每个 XCC 问题都可以重新表述为具有相同解且选项数相同的普通精确覆盖问题.

▸ **100.** [*20*] 一般约束满足问题（CSP）是指找到满足给定约束系统 $C_1, \cdots, C_m$ 的所有 n 元组 $x_1 \cdots x_n$ 的任务，其中，每个约束由变量 $\{x_1, \cdots, x_n\}$ 的非空子集上的关系定义.

比如，一元约束是形为 $x_k \in D_k$ 的关系；二元约束是形为 $(x_j, x_k) \in D_{jk}$ 的关系；三元约束是形为 $(x_i, x_j, x_k) \in D_{ijk}$ 的关系，以此类推.

(a) 找出所有满足条件 $0 \leqslant x_1 \leqslant x_2 \leqslant x_3 \leqslant x_4 \leqslant x_5 \leqslant 2$ 和 $x_1 + x_3 + x_5 = 3$ 的 $x_1x_2x_3x_4x_5$.

(b) 将 (a) 部分的问题表述为 XCC 问题.

(c) 解释如何将任何 CSP 表述为 XCC 问题.

▸ **101.** [*25*]（斑马谜题）将以下查询表述为 XCC 问题：5 个人，来自 5 个国家，从事 5 种职业，拥有 5 种宠物，喝 5 种饮料，住在一排 5 栋不同颜色的房子里.

- 英国人住在一栋红房子里.
- 黄房子里住着一位外交官.
- 挪威人住在最左边的房子里.
- 喝牛奶的人住在中间的房子里.
- 白房子就在绿房子的左边.
- 挪威人住在蓝房子旁边.
- 马住在外交官旁边.
- 画家来自日本.
- 咖啡爱好者的房子是绿色的.
- 狗的主人来自西班牙.
- 小提琴手喝橙汁.
- 乌克兰人喝茶.
- 雕塑家饲养蜗牛.
- 护士住在狐狸旁边.

谁训练斑马，谁更喜欢喝白开水？

▸ **102.** [*25*] 解释如何使用算法 C 找到日本箭头谜题的所有解（见习题 7.2.2–68）.

▸ **103.** [*M28*] 西方“平均律”体系中的音高是指对于某个整数 n，其频率为每秒 $440 \cdot 2^{n/12}$ 周期的音符. 这种音符的音级是 $n \bmod 12$. 12 个可能的音级中，有 7 个通常用字母指定：

$$0 = \mathrm{A}, \quad 2 = \mathrm{B}, \quad 3 = \mathrm{C}, \quad 5 = \mathrm{D}, \quad 7 = \mathrm{E}, \quad 8 = \mathrm{F}, \quad 10 = \mathrm{G}.$$

其他类通过附加升号（♯）或降号（♭）来命名，向上或向下加 1. 因此，$1 = \mathrm{A}\sharp = \mathrm{B}\flat, 4 = \mathrm{C}\sharp = \mathrm{D}\flat, \cdots, 11 = \mathrm{G}\sharp = \mathrm{A}\flat$.

阿诺德 · 舍恩伯格推广了一种被他称为 12 音列的作曲技术，这只是 12 个音级的排列. 比如，他的学生阿尔班 · 伯格就以

这一主题为特色（这是 12 音列 8 7 3 0 10 5 11 4 6 9 1 2）创作了《抒情组曲》（1926 年）的第一乐章，以及他在 1925 年写的另一首作品.

一般来说，我们可以认为 n 音列 $x = x_0x_1 \cdots x_{n-1}$ 是 $\{0, 1, \cdots, n-1\}$ 的一个排列. 两个 n 音列 x 和 x' 被认为是等价的，前提是它们仅通过换位不同，也就是说，对于某个 d 和 $0 \leqslant k < n$ 有 $x'_k = (x_k + d) \bmod n$. 因此，不同的 n 音列的数量正好是 $(n-1)!$.

(a) 伯格的上述 12 音列还有一个附加属性，即相邻音符之间的音程 $(x_k - x_{k-1}) \bmod n$ 为 $\{1, \cdots, n-1\}$. 证明：仅当 n 为偶数且 $x_{n-1} = (x_0 + n/2) \bmod n$ 时，n 音列才能具有此全音程属性.

(b) 使用算法 C 查找具有全音程属性的 n 音列. 当 $2 \leqslant n \leqslant 12$ 时，会出现多少个不等价解？

(c) 任何全音程 n 音列都很容易引出其他几个音列. 如果 $x = x_0x_1\cdots x_{n-1}$ 是解，则其反转 $x^R = x_{n-1}\cdots x_1x_0$ 也是解. 每当 $c\perp n$ 时，$cx = (cx_0 \bmod n)(cx_1 \bmod n)\cdots(cx_{n-1} \bmod n)$ 也是如此. 证明：当 $x_k - x_{k-1} = \pm n/2$ 时，循环移位 $x^Q = x_k\cdots x_{n-1}x_0\cdots x_{k-1}$ 也是解.

(d) 判断正误：在 (c) 部分中，我们始终有 $x^{RQ} = x^{QR}$.

(e) 上图所示的阿尔班 · 伯格的 12 音列是对称的，因为它等价于 x^R. 其他类型的对称也是可能的. 比如，音列 $x = 0\,1\,3\,7\,2\,5\,11\,10\,8\,4\,9\,6$ 等价于 $-x^Q$. 对于 $n \leqslant 12$，存在多少个对称全音程 n 音列?

104. [*M28*] 假设 $n+1=p$ 是素数. 给定 n 音列 $x = x_0x_1\cdots x_{n-1}$，每当 k 不是 p 的倍数时，定义 $y_k = x_{(k-1) \bmod p}$，并令 $x^{(r)} = y_ry_{2r}\cdots y_{nr}$ 为由“x 的每第 r 个元素”组成的 n 音列（如果 x_n 为空）. 比如，当 $n=12$ 时，x 的每第 5 个元素就是序列 $x^{(5)} = x_4x_9x_1x_6x_{11}x_3x_8x_0x_5x_{10}x_2x_7$.

如果 n 音列等价于 $1\leqslant r\leqslant n$ 的 $x^{(r)}$，则该音列称为*完美音列*. 比如，令人惊叹的 12 音列 $0\,1\,4\,2\,9\,5\,11\,3\,8\,10\,7\,6$ 是完美音列.

(a) 证明：完美 n 音列具有全音程属性.

(b) 证明：完美 n 音列也满足 $x \equiv x^R$.

105. [*22*] 使用图 71 和图 72 的“单词搜索谜题”约定，证明单词 ONE, TWO, THREE, FOUR, FIVE, SIX, SEVEN, EIGHT, NINE, TEN, ELEVEN, TWELVE 可以装入 6×6 正方形中，而保留一个单元格不变.

106. [*22*] 将两份 ONE, TWO, THREE, FOUR, FIVE 装入一个 5×5 正方形中.

▶ **107.** [*25*] 将以下尽可能多的单词装入 9×9 数组，同时满足单词搜索和数独的规则.

```
ACRE   COMPARE    CORPORATE   MACRO   MOTET       ROAM
ART    COMPUTER   CROP        META    PARAMETER   TAME
```

▶ **108.** [*32*] 美国前 44 任总统有 38 个不同的姓氏：ADAMS, ARTHUR, BUCHANAN, BUSH, CARTER, CLEVELAND, CLINTON, COOLIDGE, EISENHOWER, FILLMORE, FORD, GARFIELD, GRANT, HARDING, HARRISON, HAYES, HOOVER, JACKSON, JEFFERSON, JOHNSON, KENNEDY, LINCOLN, MADISON, MCKINLEY, MONROE, NIXON, OBAMA, PIERCE, POLK, REAGAN, ROOSEVELT, TAFT, TAYLOR, TRUMAN, TYLER, VANBUREN, WASHINGTON, WILSON.

(a) 使用单词搜索约定并要求所有单词通过重叠连接起来，可以将所有这些姓氏打包到的最小正方形有多大?

(b) 在相同条件下，最小的*矩形*有多大?

▶ **109.** [*28*] “填字谜题”是在以下条件下将一组给定的单词填入一个矩形中的挑战：(i) 所有单词都必须横向或向下阅读，就像纵横字谜一样；(ii) 字母不相邻，除非它们属于给定单词之一；(iii) 这些单词是车连通的；(iv) 仅当一个垂直且另一个水平时，单词才会重叠. 如右图所示，在条件 (i) 和 (ii) 下，可以将 11 个单词 ZERO, ONE, $\cdots$, TEN 放入一个 8×8 正方形中；但这样做不满足条件 (iii)，因为存在 3 个组成部分.

```
THREE F
W    SIX
ONE   V
    SEVEN
 Z      I
 EIGHT  N
 R   E  E
FOUR N
```

请解释如何将填字谜题游戏编码为 XCC 问题. 使用你的编码找到上述问题的正确解. 在条件 (i)、(ii) 和 (iii) 下，这 11 个单词是否适合较小的矩形?

110. [*30*] 包含美国前 44 位总统的姓氏的最小填字谜题方块是什么?（使用习题 108 中的姓氏，但将 VANBUREN 更改为 VAN BUREN.）

111. [*21*] 寻找恰好包含以下单词的所有 8×8 纵横填字谜题图表：(a) 12 个三字母单词、12 个四字母单词和 4 个五字母单词；(b) 12 个五字母单词、8 个二字母单词和 4 个八字母单词. 它们不应该包含其他长度的单词.（纵横填字谜题图表是黑白网格，如习题 1.3.2–23 中的那些.）

▶ **112.** [*28*] 巴西流行一种名为 Torto（“弯曲”）的字谜游戏，玩家需要在给定的 6×3 字母数组中找到尽可能多的可以通过不相交国王路径追踪的单词. 比如，THE, MATURE, ART, OF, COMPUTER, PROGRAMMING 中的每个单词都可以在此处显示的数组中找到.

```
OCG
FMN
MIP
AUR
TRO
EHG
```

(a) 该数组是否包含其他由 8 个或更多字母组成的常见单词?

(b) 创建一个 6×3 数组，其中包含 TORTO, WORDS, SOLVER 和许多其他有趣的由 5 个或更多字母组成的英语单词.（发挥你的想象力.）

(c) 是否可以将 ONE, TWO, THREE, $\cdots$, EIGHT, NINE, TEN 填充到 Torto 数组中?

▶ **113.** [*21*] “字母方块”是一个立方体，其 6 面都标有字母. 能否找到由 5 个字母方块构成的集合，从而拼写出 25 个单词 TREES, NODES, STACK, AVAIL, FIRST, RIGHT, ORDER, LISTS, GIVEN, LINKS, QUEUE, GRAPH, TIMES, BLOCK, VALUE, TABLE, FIELD, EMPTY, ABOVE, POINT, THREE, UNTIL, HENCE, QUITE, DEQUE?（这些单词中的每一个在第 2 章中都出现了至少 50 次.）

114. [*M25*] 设 α 为一个 9×9 数组的单元格的排列，它可以将任何数独解转换为另一个数独解. 如果存在 $\{1,2,\cdots,9\}$ 的排列 π，使得对于 $0\leqslant i,j<9$ 有 $s_{(ij)\alpha}=s_{ij}\pi$，则我们说 α 是数独解 $S=(s_{ij})$ 的自同构. 比如，将 ij 变为 $(ij)\alpha=ji$（通常称为*转置*）的排列是 (28b) 相对于排列 $\pi=(24)(37)(68)$ 的自同构，但它不是 (28a) 或 (28c) 的自同构.

证明：通过定义一个适当的 XCC 问题，算法 C 可以用于找到具有给定自同构 α 的所有数独解.

有多少个数独解的转置是其自同构?

115. [*M25*] 继续习题 114，有多少个*超级数独*的解具有以下类型的自同构? (a) 转置；(b) 习题 67(d) 的变换；(c) 90° 旋转；(d) (b) 和 (c) 两者都有.

▶ **116.** [*M25*] 给定顶点 V 上的图 G，让 $\mu(G)$ 通过以下方式获得：(i) 添加新的顶点 $V'=\{v'\mid v\in V\}$，其中，当 $u — v$ 时 $u' — v$；(ii) 添加另一个顶点 w，其中，对于所有 $v'\in V'$ 有 $w — v'$.（如果 G 有 m 条边和 n 个顶点，则 $\mu(G)$ 有 $3m+n$ 条边和 $2n+1$ 个顶点.）通过置 $M_2=K_2$ 和 $M_{c+1}=\mu(M_c)$，为所有 $c\geqslant 2$ 定义*梅切尔斯基图* M_c，它们有 $\frac{7}{18}3^c-\frac{3}{4}2^c+\frac{1}{2}$ 条边和 $\frac{3}{4}2^c-1$ 个顶点：

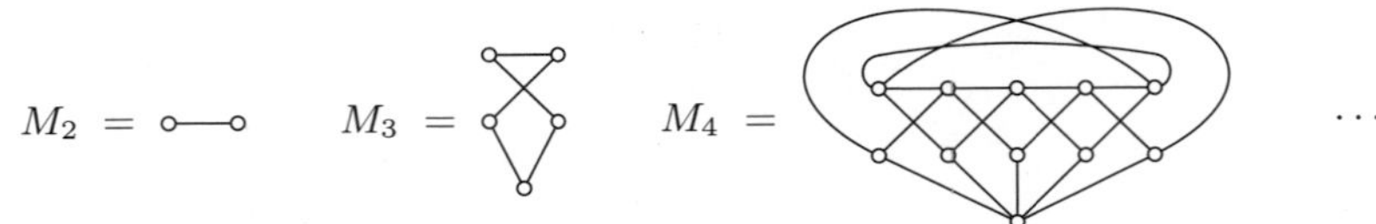

(a) 证明：每个 M_c 都不包含三角形（不包含子图 K_3）.

(b) 证明：色数 $\chi(M_c)=c$.

(c) 证明：每个 M_c 实际上是“χ 临界图”：删除任何边都会减小 χ.

▶ **117.** [*24*]（*图着色*）假设我们想使用 d 种颜色找到标记图 G 的顶点的所有可能的方式，相邻的顶点应具有不同的颜色.

(a) 将该问题表述为精确覆盖问题，每个顶点有一个主项，每条边有 d 个副项.

(b) 有时，G 的边可以通过给出团系族 $\{C_1,\cdots,C_r\}$ 来方便地指定，其中，每个 C_j 是顶点的子集；那么有 $u — v$，当且仅当对于某个 j 有 $u\in C_j$ 且 $v\in C_j$.（比如，皇后图 Q_8 的 728 条边可以仅由 $8+8+13+13=42$ 个团来指定——每行、每列和每条对角线对应一个团.）修改 (a) 的构造，使得仅有 rd 个副项.

(c) Q_8 有多少种 9 着色方法?（比较方法 (a) 和方法 (b).）

(d) 由于颜色之间的对称性，使用 k 种颜色的着色问题的每个解都会获得 $d^{\underline{k}}=d(d-1)\cdots(d-k+1)$ 次. 使用习题 122 中的对称性破缺技术修改 (a) 和 (b)，使得每个本质上不同的解仅获得一次.

(e) 对于 $2\leqslant c\leqslant 5$，梅切尔斯基图 M_c 可以有多少种方式进行 c 着色?

(f) 对于 $2\leqslant c\leqslant 5$，使用算法 C 验证 M_c 不能被 $c-1$ 着色.

(g) 对于 $2\leqslant c\leqslant 5$，在随机移除一条边后，尝试对 M_c 进行 $c-1$ 着色.

118. [*21*]（*超图着色*）用 4 种颜色给棋盘的 64 个方格着色，使得颜色相同的 3 个方格不位于任何斜着的直线上.

119. [*21*] 证明将麦克马洪的 24 个三角形 (58) 放入全白边框的六边形问题的所有解都可以旋转和反射，使得全白三角形具有它在(59b) 中占据的位置. *提示*：分解精确覆盖问题.

120. [*M29*] 2.3.4.3 节讨论了王浩的“四分形平铺”，这些图块是每一边具有指定颜色的正方形. 找出整个平面可以用来自以下四分形类型家族的图块填充的所有方法，始终匹配相邻图块接触边缘的颜色 [见 *Scientific American* **231**, 5 (Nov. 1965), 103, 106].

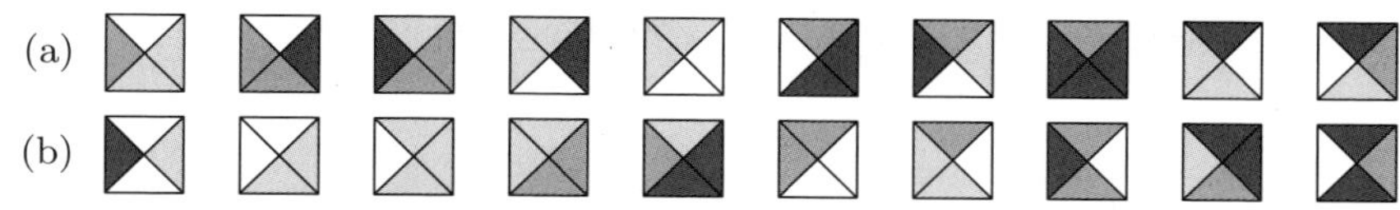

（四分形平铺不得旋转或翻转.）提示：算法 C 会有所帮助.

▶ **121.** [*M29*] 习题 2.3.4.3–5 讨论了 92 种能够平铺平面的四分形类型，并证明了这些平铺中没有一个是环形的（周期性）.

(a) 证明：习题中称为 βUS 的图块不能成为任何无限平铺的一部分. 实际上，当 $m,n \geqslant 4$ 时，它只能出现在 $m \times n$ 数组的 $n+1$ 个单元格中.

(b) 证明：对于所有 $k \geqslant 1$，存在唯一的 $(2^k-1)\times(2^k-1)$ 平铺，其中，中间的图块为 δRD.（因此，根据无限性引理，整个平面有唯一平铺，其中，δRD 位于原点.）

(c) 同样，证明对于所有 $k \geqslant 3$，存在 (2, 2, 3, 57) 个尺寸为 $(2^k-1)\times(2^k-1)$ 的平铺，其中，中间的图块分别是 $(\delta RU, \delta LD, \delta LU, \delta SU)$.

(d) 以 $(\delta RU, \delta LD, \delta LU, \delta SU)$ 为原点的无限平铺有多少个?

▶ **122.** [*28*] 扩展算法 C，以便当输入选项在 d 种颜色值方面完全对称且每个解都至少包含这些颜色值时，只找到 $1/d!$ 的解. 假设这些值是 $\{v, v+1, \cdots, v+d-1\}$，而所有其他颜色的值都小于 v. 提示：修改算法以确保它总是首先分配颜色 v，然后分配颜色 $v+1$，以此类推.

123. [*M20*] 将习题 122 中的算法应用于以下带有参数 m 和 n 的示例问题：有 n 个主项 p_k 和 n 个副项 q_k，其中 $1 \leqslant k \leqslant n$；有 mn 个选项“$p_k\ q_k{:}j$”，其中 $1 \leqslant j \leqslant m$ 且 $1 \leqslant k \leqslant n$.（此问题的解是将 $\{1, \cdots, n\}$ 映射到 $\{1, \cdots, m\}$，也可以看作将 $\{1, \cdots, n\}$ 划分为标有 $\{1, \cdots, m\}$ 的部分的映射.）算法 C 显然会找到 $m^n = {n \brace 1}m^{\underline{1}} + {n \brace 2}m^{\underline{2}} + \cdots + {n \brace m}m^{\underline{m}}$ 个解. 但修改后的算法只找到“未标记”的分划，其数量为 ${n \brace 1} + {n \brace 2} + \cdots + {n \brace m}$.

▶ **124.** [*M22*] 设计一个坐标系来表示等边三角形在如 (59) 的图案中的位置，还需表示它们之间的边缘.

125. [*M20*] 假设有 s 个三角形，当其中每一个都被放大 k 倍（k 为整数）时，我们得到 sk^2 个三角形. 使用习题 124 中的坐标系，根据原始坐标描述这些三角形的坐标.

126. [*23*] 使用基于习题 124 中的坐标系的一组合适的项和选项，通过应用算法 C 找到麦克马洪问题 (59) 的所有解. 使用习题 122 中的改进算法可以节省多少时间?

127. [*M28*] 有 4^{12} 种方法可以指定类似于 (59) 中的六边形的边框颜色，其中哪些方法可以使所有 24 个三角形的颜色都匹配?

▶ **128.** [*25*] 麦克马洪的 11 个三角形 (58) 只涉及前 3 种颜色（不包括黑色）. 将它们排列成一个美观的图案，从而在复制后可铺满整个平面.

▶ **129.** [*M34*] 用麦克马洪三角形可以制作出的最美丽的图案是那些吸引人的对称图案. 这种对称性可以有两种：强对称性（除了颜色的排列，旋转或反射不会改变图案）或弱对称性（旋转或反射会保留“色块”，即不同颜色之间的边界）.

强对称性： 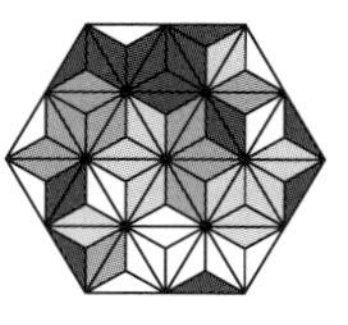 弱对称性： 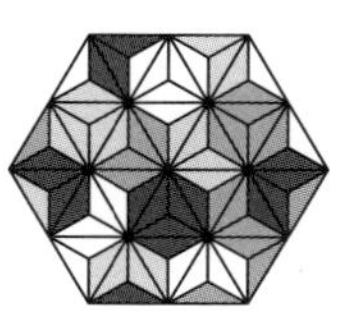

在一个六边形中，到底有多少种本质上不同的对称图案?

130. [*21*] 将麦克马洪三角形 (58) 分为 3 组，每组有 8 个，每个都可以放在一个八面体的面上，并且边缘颜色相匹配.

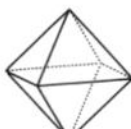

131. [*28*] （珀西·亚历山大·麦克马洪，1921 年）与 (58) 中使用的彩色图块（它生成 (59)）不同，我们可以用另外两种方式将 24 个三角形组成六边形：

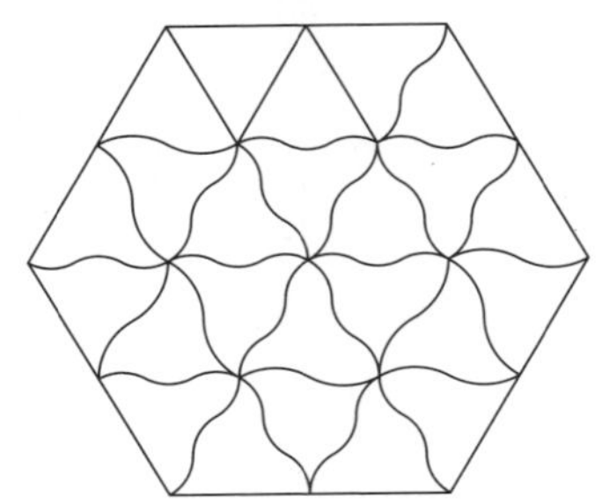

以上左图显示了一个“锯齿谜题”，其碎片有 4 种边．以上右图显示了“三重三联骨牌”，每条边有 0 个、1 个、2 个或 3 个点；相邻的三联骨牌总共应该有 3 个相遇点．

(a) 锯齿谜题可以用多少种方法拼成六边形？（所有图块都是白色的．）

(b) 具有这种边缘点图案的三联骨牌排列有多少种？

132. [*40*] （韦德·爱德华·菲尔波特，1971 年）有一个类似于 (58) 的集合，其中有 $4624 = 68^2$ 块拼图，但使用了 24 种颜色，而不是 4 种．它们能否组成一个边长为 68，边界颜色相同，并且内部相同的等边三角形？

133. [*21*] （珀西·亚历山大·麦克马洪，1921 年）如果我们仅使用 3 种颜色，则可以构造 24 种方形图块，类似于 (58) 的三角形图块．它们可以排列成右图所示的 4×6 矩形，带有全白边框．有多少种方法可以做到这一点？

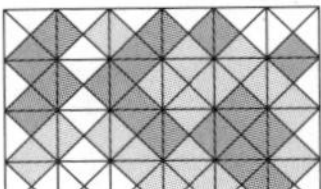

134. [*23*] 习题 133 中图案的非白色区域形成多联骨牌（旋转 45°）．事实上，较浅的颜色有一种 S 五联骨牌，而较深的颜色有 P 和 V．在所有解中，12 种五联骨牌中的每一种出现的频率是多少？

135. [*23*] （哈里·纳尔逊，1970 年）证明习题 133 中的麦克马洪方块可以用来包裹 $2 \times 2 \times 2$ 立方体的表面，使相邻的表面颜色相同．

▶ **136.** [*HM28*] （约翰·何顿·康威，1958 年）如果我们不区分旋转和反射，则可以通过 12 种方法用 $\{0, 1, 2, 3, 4\}$ 来标记五边形的边：

用这些图块覆盖十二面体，匹配边上的数字．（允许使用镜像．）

137. [*22*] 一个名为 Drive Ya Nuts 的热门拼图游戏使用 7 个“六角螺母”，上面装饰有数字 $\{1, 2, 3, 4, 5, 6\}$ 的排列．目标是按照右图所示的方式排列它们，使边上的数字相匹配．

(a) 使用这 7 个“螺母”，证明该谜题具有唯一解．（注意：“螺母”的反射不行！）

(b) 这 7 个“螺母”能以标签数字之和为 7（$\{1,6\}$、$\{2,5\}$ 或 $\{3,4\}$）的方式组成相同的形状吗？

(c) 要使用 $\{1, 2, 3, 4, 5, 6\}$ 装饰“六角螺母”，有 $5! = 120$ 种方式．如果随机选择 7 个“六角螺母”，根据匹配条件 (a)，它们定义一个具有唯一解的谜题的概率是多少？

(d) 找到 7 个“六角螺母”，使谜题在匹配条件 (a) 和 (b) 下都有唯一解．

138. [*25*] （正面和反面）麦克马洪遗漏了以下 24 种方形图块：

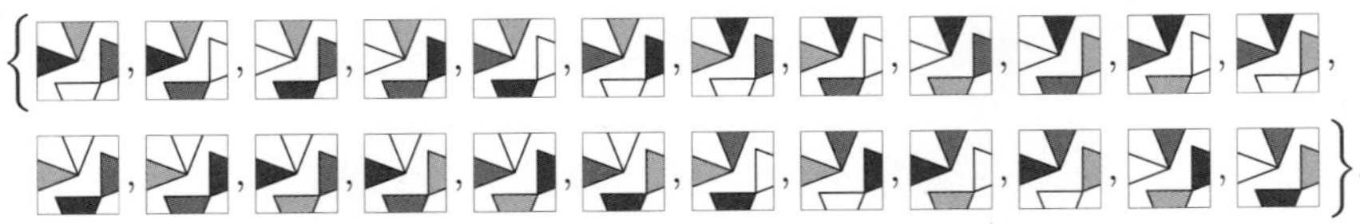

它们每个都展示了两个三角形的“正面”和“反面”，使用 4 种颜色呈现了所有可能的排列，其中，三角形的正面对着反面．这些图块可以旋转，但不能翻转．我们可以按许多方式正确匹配它们，举例如下：

或

，

其中，4×6 排列可以铺满整个平面；5×5 的排列中有一个特殊的“小丑”图块位于中间，它包含所有 4 个正面．

(a) 有多少个 4×6 排列可以铺满平面？（考虑对称性．）

(b) 注意，5×5 排列的顶部、底部、左侧和右侧的半块与中间的正面相匹配．这样的排列有多少是可能的？

(c) 设计一个 5×5 排列，将平面与上面所示的 5×5 图案结合起来．提示：使用“反小丑”图块，其中包含所有 4 个反面．

139. [*M25*] 通过在习题 138 中选择 9 个图块，用其他插图代替三角形重新绘制，制作出人类规模的谜题，然后进行 3×3 排列，使正面与反面正确匹配．

(a) 9 个图块的 $\binom{24}{9}$ 种选择中，有多少种会产生本质上不同的谜题？

(b) 这些谜题中，有多少个恰好有 k 个解（$k=0, 1, 2, \cdots$）？

140. [*29*] （查尔斯·达德利·兰福德，1959 年）麦克马洪为其图块的边着色，但我们可以为顶点着色．举例来说，我们可以通过组合 (58) 的 24 个顶点颜色，来制作两个平行四边形或一个梯形：

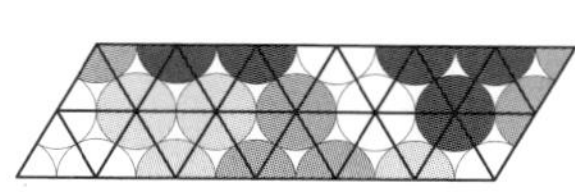
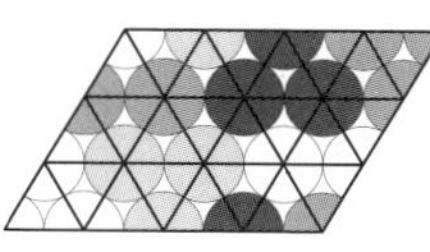

这种排列比基于边匹配的排列要少得多，因为边仅涉及两个图块，但顶点可能涉及多达 6 个．

(a) 这些形状可以有多少种本质上不同的组合方式？

(b) 第一个平行四边形是“直六联三角形” 的放大版本，尺寸加倍．其他 11 个按比例放大的六联三角形形状中，有多少个可以用兰福德图块组合而成？（见习题 125 和习题 309．）

(c) 7 个四六形中的每一个都会产生一个由 24 个三角形组成的有趣形状（见习题 316）．兰福德图块在这些形状中表现如何？

141. [*24*] 结合习题 133 和习题 140，我们还可以将麦克马洪的 24 个三色方块改编为顶点相同，而不是边缘相同．以下是值得注意的解．

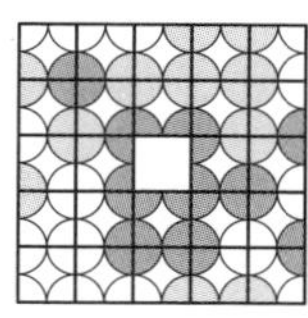
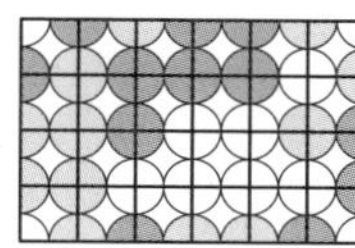
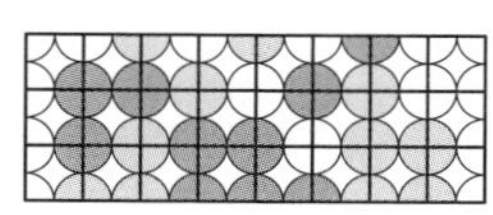

(a) 有多少种本质上不同的方式可以将这 24 个方块正确地装入这些尺寸的矩形中，并在 5×5 正方形的中间留下一个洞？

(b) 讨论如何用这样的解去平铺平面．

▶ **142.** [*23*]（兹德拉夫科 · 齐夫科维奇，2008 年）如果我们用 24 个八边形替换麦克马洪的 24 个正方形，那么可以统一边匹配和顶点匹配.

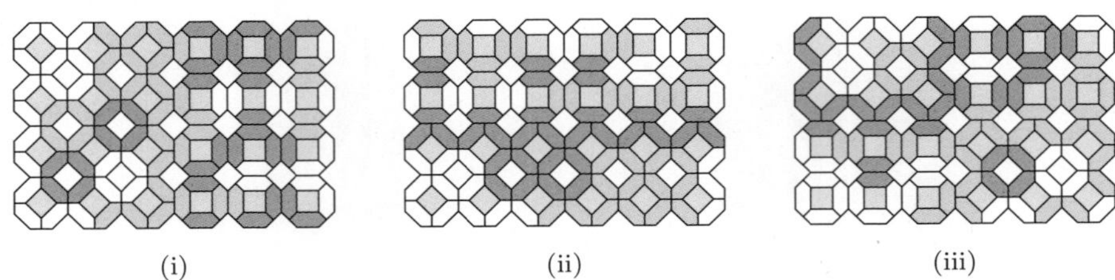

(i)　(ii)　(iii)

在以上所示的 4×6 排列中，顶点匹配发生在 (i) 的左半部分、(ii) 的下半部分、(iii) 的左上象限和右下象限，边匹配则发生在其余位置.（当八边形的中心是“◇”时顶点匹配，当八边形的中心是“□”时边匹配.）有多少个 4×6 排列分别满足 (i)、(ii)、(iii)?

▶ **143.** [*M25*] 斯坦福图库中的图 $simplex(n,a,b,c,0,0,0)$ 是截断的三角形网格，包括所有满足 $x+y+z=n$、$0\leqslant x\leqslant a$、$0\leqslant y\leqslant b$、$0\leqslant z\leqslant c$ 的顶点 xyz. 如果它们的坐标最多相差 1，则两个顶点是相邻的. 边界边总是定义一个凸多边形. 比如，$simplex(7,7,5,3,0,0,0)$ 如右图所示.

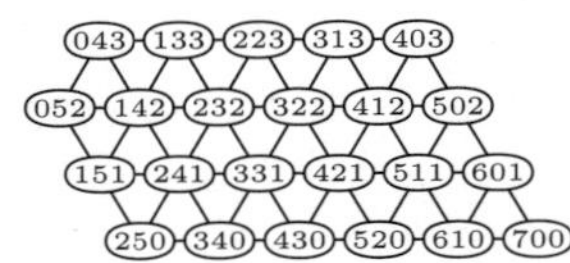

(a) 习题 140 中的三个形状对应哪些 *simplex* 图?

(b) (a) 中的示例有 24 个内三角形，但 $simplex(7,7,5,3,0,0,0)$ 有 29 个. 能否用 24 个边相连的三角形组成任何其他凸多边形?

(c) 给定 N，设计一个有效算法，列出所有可能的凸多边形，这些凸多边形由恰好 N 个三角形组成. 提示：三角形网格中的每个凸多边形都可以用其边界路径 $x_0x_1x_2x_3x_4x_5$ 中的 6 个数值来描述. 对于 $k=0,1,\cdots,5$，该路径沿方向 $(60k)^\circ$ 移动 x_k 步. 比如，$simplex(7,7,5,3,0,0,0)$ 的边界路径为 503412.

(d) 三角形网格中的每个凸多边形都可以用一个 *simplex* 图来描述吗?

144. [*24*] 习题 142 的思想也适用于三角形和六边形，这使我们能够与另一组 24 个图块进行顶点匹配和边匹配.

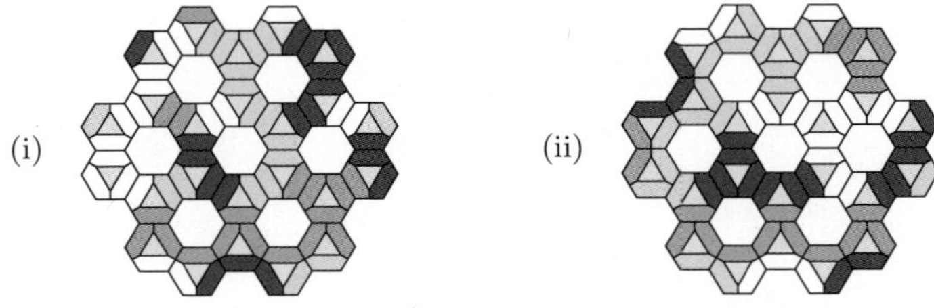

(i)　(ii)

在这里，图 (i) 下部 5 个图块以及图 (ii) 左上 5 个图块和下部 5 个图块符合顶点匹配，其余位置符合边匹配. 在约束条件 (i) 和约束条件 (ii) 下，这 24 个小六边形可以通过多少种方式组成大六边形?

▶ **145.** [*M20*] 对于许多涉及 $l\times m\times n$ 长方体的问题，我们不仅需要良好地表示其 lmn 个单元，还需要良好地表示其 $(l{+}1)(m{+}1)(n{+}1)$ 个顶点、$l(m{+}1)(n{+}1)+(l{+}1)m(n{+}1)+(l{+}1)(m{+}1)n$ 条边和 $lm(n{+}1)+l(m{+}1)n+(l{+}1)mn$ 个面. 证明通过一种便捷的方法，我们可以使用范围为 $0\leqslant x\leqslant 2l$、$0\leqslant y\leqslant 2m$、$0\leqslant z\leqslant 2n$ 的整数坐标 (x,y,z) 来实现此目标.

▶ **146.** [*M30*] 在一个立方体的面上绘制颜色 $\{\mathtt{a},\mathtt{b},\mathtt{c},\mathtt{d},\mathtt{e},\mathtt{f}\}$ 有 30 种方法:

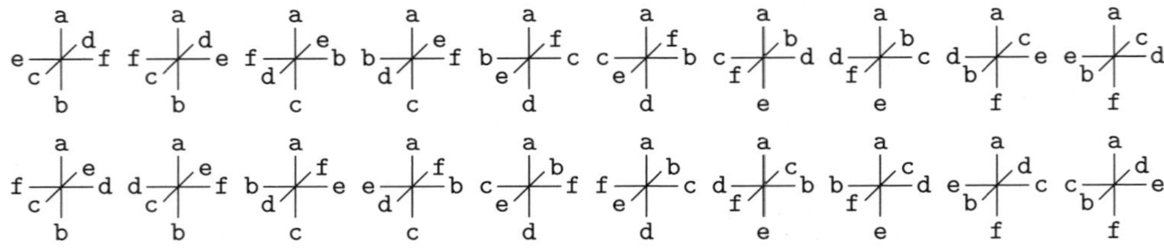

（如果 a 在顶面，那么底面颜色有 5 种选择，然后剩下的 4 种颜色可以通过 6 种循环排列.）以下展示一种将 6 个不同颜色的立方体排成一排的方法，使得它们的顶面、底面、前面和后面的颜色各不相同（就像“即刻疯狂”谜题游戏中的那样），并且相邻的立方体在它们共享的一面上的颜色匹配：

$(*)$

(a) 解释为什么任何此类排列的左侧和右侧也具有相同的颜色.

(b) 发明一种方法来为每个立方体命名，以使其与其他 29 个区分开.

(c) 有多少种类似 $(*)$ 的本质上不同的排列?

(d) 可以将所有 30 个立方体同时用于创建 5 种这样的排列吗?

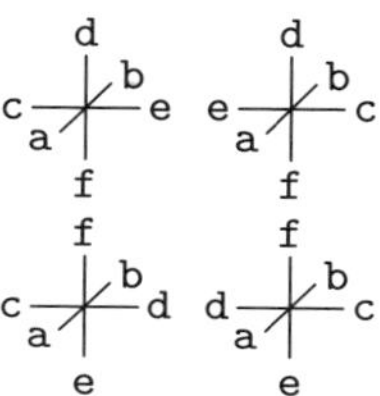

147. [*30*] 通过组装其中 $l \times m \times n$ 个立方体，可以使用习题 146 中的 30 个立方体来制作各种不同尺寸的长方体砖块. 这些砖块的每个外部面都是纯色的，并且每个内部面都有匹配的颜色. 比如，每个立方体可以与其镜像相结合，形成一个 $1 \times 1 \times 2$ 砖块. 然后，两个这样的砖块可以连接在一起，形成一个 $1 \times 2 \times 2$ 砖块. 这个砖块在前面有 a，后面有 b，左右有 c，顶部有 d，底部有 e.

(a) 将所有 30 个立方体组装成尺寸为 $2 \times 3 \times 5$ 的精美砖块.

(b) 编制一份目录，列出所有可以被制作且本质上不同的砖块.

148. [*24*] 找出所有面被涂成颜色 a、b 或 c 的立方体，要求相对的两个面的颜色不同. 然后，将它们排列成一个对称的形状（在接触的地方颜色相同）.

149. [*M22*] （*顶点着色的四面体*）*simplex*$(3,3,3,3,3,0,0)$ 是一个边长为 3、有 20 个顶点的四面体. 它有 60 条边，来自 10 个单位四面体.

因为镜面反射是不同的，所以有 10 种方法可以用 5 种颜色 $\{a,b,c,d,e\}$ 中的 4 种颜色为单位四面体的顶点着色. 如果要求每个顶点的颜色都匹配，那么这 10 个着色的四面体可以被放入 *simplex*$(3,3,3,3,3,0,0)$ 中吗?

150. [*23*] 这是一个 19 世纪的经典谜题游戏，也是此类谜题游戏中的第一个：“排列所有的拼图以填满正方形……以便所有链条链接在一起，形成无尽的链条. 链条可以是任何形状，只要它们全都链接在一起，且所有的拼图都被使用. 这个谜题有多种解法.”

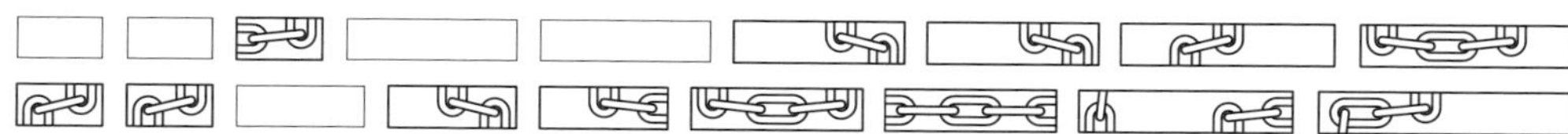

（所需的正方形尺寸是 8×8.）请问到底有多少种解法?

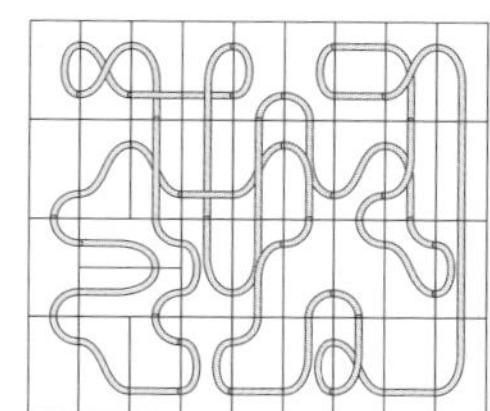

▶ **151.** [*30*] （*路径多米诺骨牌*）多米诺骨牌在其边界上有 6 个自然的连接点，我们可以在那里绘制一部分路径，将其连接到相邻的多米诺骨牌. 因此，可以在上面绘制 $\binom{6}{2} = 15$ 种可能的部分路径. 然而，只有 9 种带有一条子路径的多米诺骨牌图案，因为在 $180°$ 旋转下，15 种可能性减少到 6 对，再加上有中心对称性的 3 种图案. 类似地，有 27 种多米诺骨牌图案包含两条部分路径（路径可能交叉）. 右图所示的 8×9 排列展示了所有 36 种可能性. 请注意，它的路径是哈密顿圈，由单一的环路组成.

(a) 在本例的图中，只有两块多米诺骨牌是横向放置的. 找到具有单一环路的 8×9 排列，其中有 18 块横向多米诺骨牌和 18 块纵向多米诺骨牌.

(b) 类似地，找到横向多米诺骨牌最多的排列.

152. [*30*] 完整的路径多米诺骨牌集合还包括另外 12 种图案:

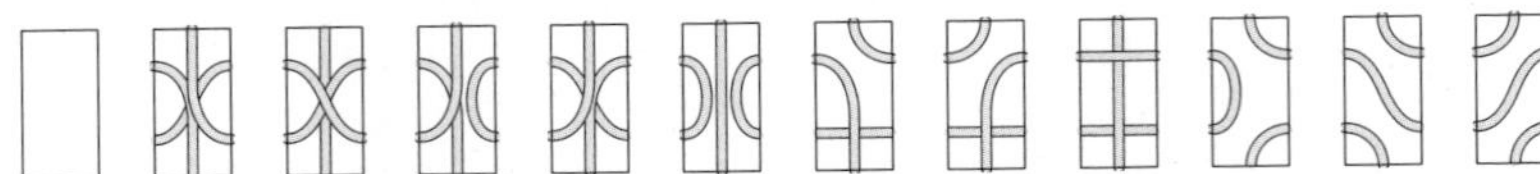

将所有 48 个排列成 8×12 阵列，形成单一环路.

153. [*25*] 以下是 6 块路径多米诺骨牌，加上“开始”块和“停止”块:

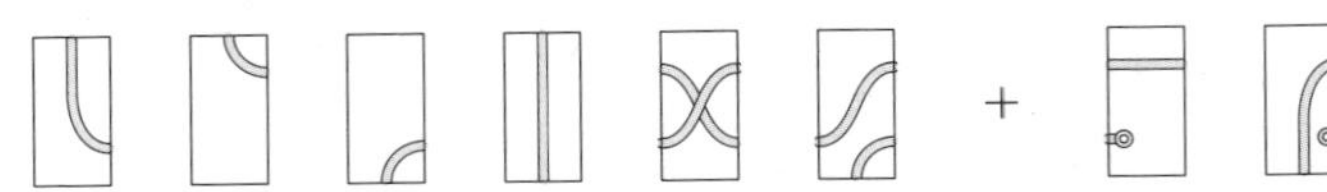

(a) 将它们排列成 4×5 阵列，从而定义从“开始”到“停止”的路径.

(b) 如果每块骨牌都包含一条子路径和一个终点，那么有多少种“开始”块或“停止”块?

(c) 设计一个拼图游戏，采用类似于 (a) 的 8 块骨牌，它涉及 4 块双子路径多米诺骨牌，而不止两块.（你的拼图游戏应该有唯一解.）

154. [*M30*] （科林 · 雷蒙德 · 约翰 · 辛格尔顿，1996 年）在圣诞节的 12 天过后，唱着流行圣诞颂歌的人从他或她的心上人那里收到了 12 只梨树上的鹧鸪、11 对蜂鸟……再加上 1 套 12 名敲鼓的鼓手. 因此，一个“真实”的鹧鸪谜题应该尝试将大小为 $k \times k$ 的 $(n+1-k)$ 个正方形（其中 $1 \leqslant k \leqslant n$）装入一个内含 $P(n) = n \times 1^2 + (n-1) \times 2^2 + \cdots + 1 \times n^2$ 个单元格的盒子. 对于 n 的哪些值，$P(n)$ 是一个完全平方数?

155. [*20*] 当 $n = 6$ 时，“真实”的鹧鸪谜题有一个平方解.

(a) 在这种情况下到底有多少个解?

(b) 鹧鸪填充的亲和力得分是两个相同尺寸的正方形边界上的内部边数.（在 (62) 中，得分为 165 和 67.）(a) 的哪些解具有最高和最低的亲和力得分?

▶ **156.** [*30*] 直接回溯法可以解决 $n = 8$ 的鹧鸪谜题，方法是利用位操作技术将一个部分填充的 36×36 正方形以仅 36 个八字节的方式表示，而不是将其视为庞大的 MCC 问题 (61)，并应用高度通用的求解器，如算法 M. 比较这两种方法. 这个鹧鸪谜题有多少个本质上不同的解?

157. [*22*] 将 (63) 扩展到 n 等于 6 和 7，完成对“小鹧鸪”的研究.

158. [*23*] 当 $2 \leqslant n \leqslant 7$ 时，鹧鸪谜题的另一种变体是寻找包含 k 个大小为 $k \times k$ 的非重叠正方形的最小矩形区域，其中 $1 \leqslant k \leqslant n$. 比如，以下分别是当 n 等于 2、3 和 4 时的解:

（要证明 $n = 4$ 的最优性，必须证明大小为 6×17、8×13、5×21 和 7×15 的矩形太小了.）当 n 等于 5、6 和 7 时，请求解这个谜题.

▶ **159.** [*21*] 为了加速解决五皇后问题，请找到一种方法，通过使用正方形的对称性来修改 (64) 中的项和选项.

160. [*21*] 五皇后问题对应一个有趣的图，其中，顶点是 4860 个解. 当我们可以通过移动一个皇后从一个解 u 到另一个解 v 时，连接方式为 $u —— v$. 该图有多少个连通分量? 图中是否有一个“巨型”连通分量?

▶ **161.** [*23*] 文献中有 3 个突出的受限皇后控制问题:

(i) 每个解中的任意两个皇后都不互相攻击;

(ii) 解中的每个皇后都会受到至少一个其他皇后的攻击;

(iii) 解中的皇后形成一个团.

((65) 中的第 3 个和第 4 个示例分别是类型 (ii) 和 (i) 的实例.)

解释如何将上述每个变体表示为 MCC 问题，类似于 (64). 每种类型在五皇后问题中各有多少个解?

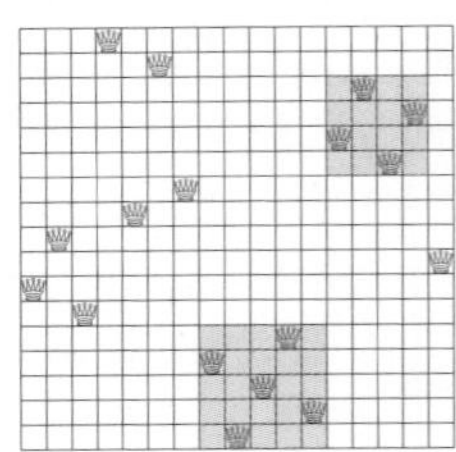

162. [*24*] 令 $\mathcal{Q}_n$ 为包含 n 个互不攻击的皇后的 $n \times n$ 数组. 有时，$\mathcal{Q}_n$ 包含 $\mathcal{Q}_m$，其中 $m < n$. 比如，$\mathcal{Q}_5$ 的 10 种情况有 8 种包含 $\mathcal{Q}_4$，而这里所示的 $\mathcal{Q}_{17}$ 包含 $\mathcal{Q}_4$ 和 $\mathcal{Q}_5$.

要使得 $\mathcal{Q}_n$ 包含 (a) 2 个 $\mathcal{Q}_4$、(b) 3 个 $\mathcal{Q}_4$、(c) 4 个 $\mathcal{Q}_4$、(d) 5 个 $\mathcal{Q}_4$、(e) 2 个 $\mathcal{Q}_5$、(f) 3 个 $\mathcal{Q}_5$、(g) 4 个 $\mathcal{Q}_5$、(h) 2 个 $\mathcal{Q}_6$、(i) 3 个 $\mathcal{Q}_6$，n 最小是多少?

163. [*20*] 解释 (71) 中设置 p 的特殊规则.

164. [*17*] 当算法 M 在步骤 M2 中找到一个解 $x_0x_1\cdots x_{l-1}$ 时，某些结点 x_j 可能表示一些主项将不再出现在更多的选项中. 通过修改习题 13 的答案来解释如何处理这种“空”情况.

165. [*M30*] 考虑一个 MCC 问题，在该问题中，我们必须选择 4 个选项中的 2 个来覆盖第 1 项，以及 7 个选项中的 5 个来覆盖第 2 项. 这些选项不相互作用.

(a) 如果我们首先在第 1 项上分支，然后在第 2 项上分支，那么搜索树的大小是多少？首先在第 2 项上分支，然后在第 1 项上分支是否会更好？

(b) 将 (a) 推广到以下情况：第 1 项需要 $p+d$ 个选项中的 p 个来覆盖，而第 2 项需要 $q+d$ 个选项中的 q 个来覆盖，其中，$q>p$ 且 $d>0$.

166. [*21*] 将习题 9 的答案扩展到在算法 M 中出现的更一般的情况.

(a) 设 θ_p 为如果选择主项 p 进行分支，则在搜索树的当前位置将探索的不同选择的数量. 将 θ_p 表示为 LEN(p)、SLACK(p) 和 BOUND(p) 的函数.

(b) 假设 $\theta_p=\theta_{p'}$ 且 SLACK(p) = SLACK(p') = 0，但 LEN(p) < LEN(p'). 基于习题 165，我们应该选择在 p 上分支还是在 p' 上分支？

167. [*24*] 令 M_p 为涉及给定 MCC 问题中主项 p 的选项数量，并假设 p 的重数具有上界 $v_p \geqslant M_p$. 该上界的精确值是否会影响算法 M 的行为？（换句话说，$v_p=\infty$ 是否会导致与 $v_p=M_p$ 相同的运行时间？）

▶ **168.** [*15*] 在 MCC 问题中，可能存在选项 α 的两个*相同的*副本，其中的项允许出现多次. 在这种情况下，我们可能希望仅当第一个副本也存在时，α 的第二个副本才能出现在解中. 如何才能做到这一点？

▶ **169.** [*22*] 令 G 为具有 n 个顶点的图. 将查找所有 t 元素独立集的问题表述为具有 $1+n$ 项和 n 个选项的 MCC 问题.

170. [*22*] 继续习题 169，生成 G 的所有 t 元素核——它的最大独立集.（你的表述现在需要额外的项和选项.）

▶ **171.** [*35*] 用 10 个五字母单词标记彼得森图的顶点. 当且仅当它们的标签具有一个共同字母时，顶点才相邻.

▶ **172.** [*29*] 图 G 中的*蛇形路径*上有一组顶点 U，其中，诱导图 $G|U$ 是一条路径.（因此，存在起始/终止顶点 $s\in U$ 和 $t\in U$，其中，每个顶点在 U 中都恰好有一个相邻顶点；U 的其他每个顶点在 U 中都恰好有两个相邻顶点；并且 $G|U$ 是连通的.）

比如，令 $G=P_4\boxtimes P_4$ 是国王在 4×4 棋盘上移动的图. 右图所示的国王集合并*不是* G 中的蛇形路径，但如果我们把角落里的国王移走，它就变成了一条蛇形路径.

	♚	♚	♚
♚			♚
		♚	
		♚	

(a) 使用算法 M 找到 8×8 棋盘上的所有最长蛇形路径，其中，G 是所有以下情况下的图：(i) 国王移动；(ii) 马移动；(iii) 象移动；(iv) 车移动；(v) 皇后移动.

(b) 与蛇形路径类似，*蛇形循环*是一个顶点集，其中，$G|U$ 是一个循环.（换句话说，该诱导图是连通的并且是 2 度正则图.）对于上述 5 种棋子，最长的蛇形循环是怎样的？

▶ **173.** [*30*] （*马数独和象数独*）图 (i) 显示了 27 个马棋子，排列成每行 3 个，每列 3 个，每个 3×3 宫中也有 3 个. 每个马棋子都被标上与其相邻的马棋子的数量. 图 (ii) 显示了其中的 8 个马棋子，其他 19 个马棋子的位置可以从这些推导出来. 图 (iii) 和图 (iv) 是类似的，但是用象代替马：图 (iii) 解决了图 (iv) 的难题.

(i)

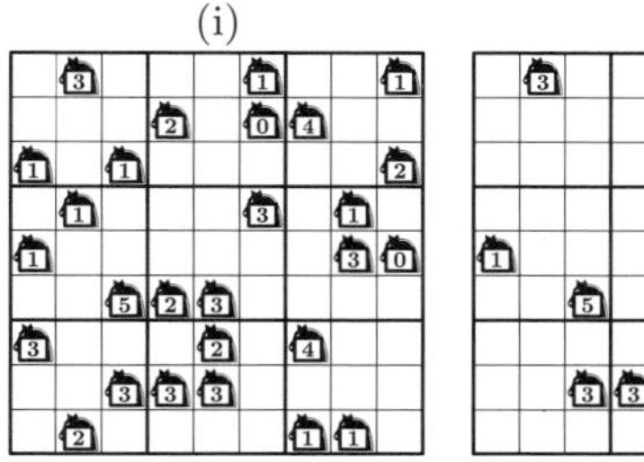

(ii)

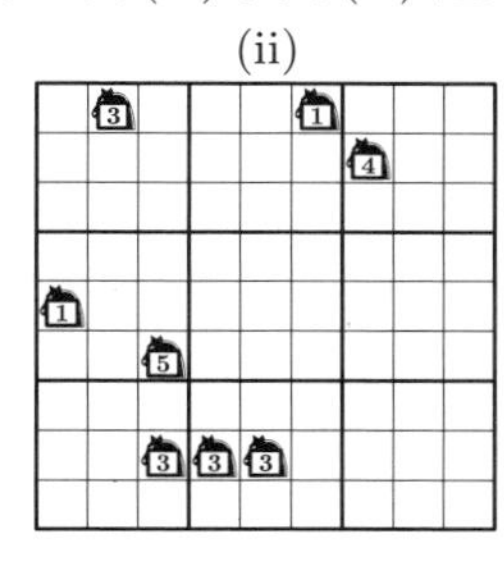

(iii)

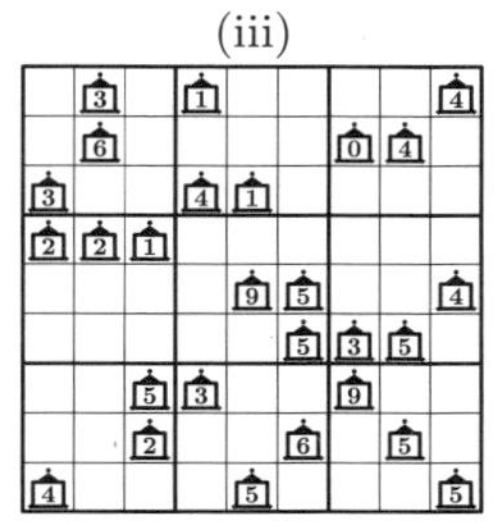

(iv)

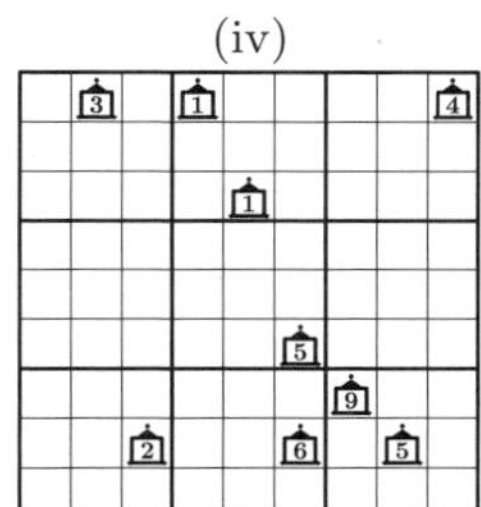

(a) 解释如何使用算法 M 来找到此类图的所有补全方式.

(b) 找到以下谜题的唯一解.

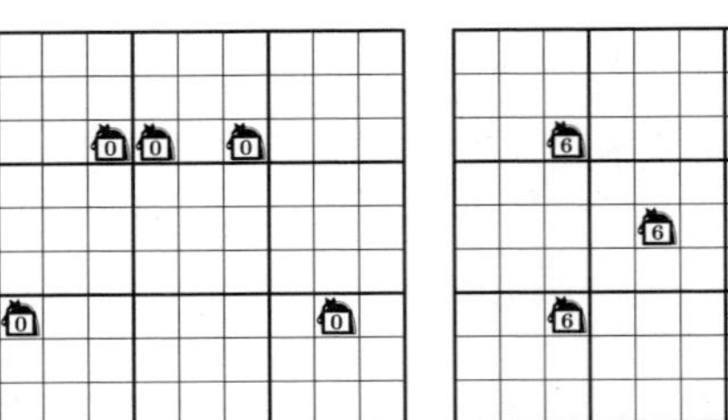
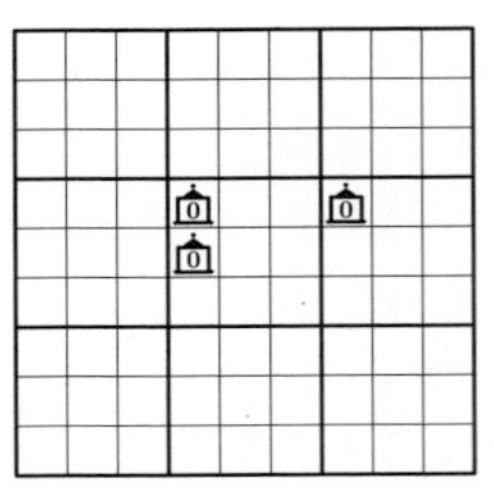
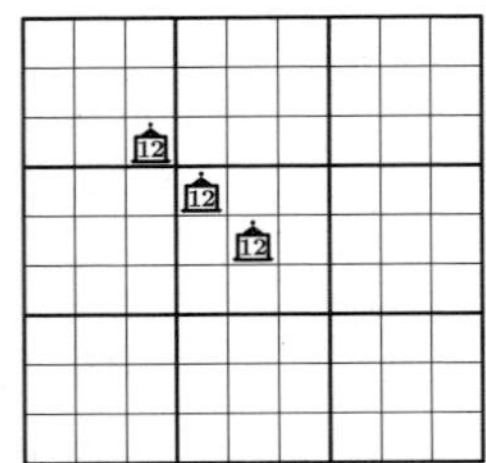

(c) 编写像 (b) 那样的谜题，其中，所有线索都具有相同的数字标签．尝试使用尽可能少的线索．

(d) 构建一个只有 3 条线索且具有唯一解的马数独谜题．

174. [*35*] （尼古拉·贝卢霍夫，2019 年）找到一个带有 9 个已标记马棋子的唯一可解数独谜题，并且在将这些马更改为象时，它仍然保持唯一可解．

▶ **175.** [*M22*] 给定一个由 0 和 1 组成的 $M\times N$ 矩阵 $\boldsymbol{A}=(a_{ij})$，解释如何找到所有向量 $\boldsymbol{x}=(x_1\cdots x_M)$，其中，对于 $1\leqslant i\leqslant M$ 有 $0\leqslant x_i\leqslant r_i$，使得 $\boldsymbol{xA}=(y_1\cdots y_N)$，其中，对于 $1\leqslant j\leqslant N$ 有 $u_j\leqslant y_j\leqslant v_j$．（通过允许第 i 个选项最多重复 r_i 次来扩展 MCC 问题．）

▶ **176.** [*M25*] 给定一个由 0、1 和 2 组成的 $M\times N$ 矩阵 $\boldsymbol{A}=(a_{ij})$，通过将任务表述为 MCC 问题，请解释如何使其行的所有子集在每列中的总和恰好为下列值：(a) 2；(b) 3；(c) 4；(d) 11.

177. [*M21*] 算法 7.2.1.5M 生成多重集$\{n_1\cdot x_1,\cdots,n_m\cdot x_m\}$ 的 $p(n_1,\cdots,n_m)$ 个分划．考虑特殊情况，其中，$n_1=\cdots=n_s=1$、$n_{s+1}=\cdots=n_{s+t}=2$ 且 $s+t=m$.

(a) 基于前两道习题，使用算法 M 生成这些分划．

(b) 同时生成 $q(n_1,\cdots,n_m)$ 个多重集．

178. [*M22*] （整数的因数分解）使用算法 M 找出 360 的所有因数分解表达式 $n_1\times n_2\times\cdots\times n_t$，其中，(a) $1<n_1<\cdots<n_t$；(b) $2\leqslant n_1\leqslant\cdots\leqslant n_t$.

179. [*15*] 通过删除重复的行和列，矩阵 $\boldsymbol{A}$ 可被简化为 $\boldsymbol{A}'$：

$$\boldsymbol{A}=\begin{pmatrix}1&0&0&0&0&0\\0&1&1&1&0&0\\1&1&0&1&1&1\\0&1&1&1&0&0\\0&0&0&0&1&1\\0&0&0&0&1&1\\1&0&1&0&0&0\\0&1&0&1&1&1\\1&1&1&1&0&0\end{pmatrix}\qquad\boldsymbol{A}'=\begin{pmatrix}1&0&0&0\\0&1&1&0\\1&1&0&1\\0&0&0&1\\1&0&1&0\\0&1&0&1\\1&1&1&0\end{pmatrix}$$

从 $\boldsymbol{A}'$ 的精确覆盖中导出 $\boldsymbol{A}$ 的精确覆盖．

▶ **180.** [*M28*] （戴维·爱泼斯坦，2008 年）证明：对于严格的精确覆盖问题，其中，参数是 $1\leqslant t'\leqslant t$，如 (74) 所定义，问题包含 t' 项 $i_1,\cdots,i_{t'}$，以及 $t+t'-1$ 个选项：

$$o_p=\text{“}i_1\ \cdots\ i_p\text{”，对于 }1\leqslant p\leqslant t'；\qquad o_{p+q}=\text{“}\cdots\ i_{t'}\ \cdots\text{”，对于 }1\leqslant q<t.$$

此外，对于 $1\leqslant r\leqslant t'$，当且仅当 $1\leqslant q<t-r-t'$ 时有 $i_r\in o_{p+q}$.

181. [*M20*] 寻找常数 c_r，使得对于 $n\geqslant 3$ 且 $0\leqslant r<5$ 有 $D(5n+r)=4^nc_r-\frac{1}{3}$.

182. [*21*] （戴维·爱泼斯坦，2008 年）找到一个有 8 个选项的严格精确覆盖问题，其搜索树包含 16 个结点和 7 个解．

183. [*46*] 令 $\widehat{D}(n)$ 是算法 X 的搜索树中的最大结点数，涵盖所有具有 n 个选项的严格精确覆盖问题．$\limsup_{n\to\infty}\widehat{D}(n)^{1/n}$ 是多少？

▶ **184.** [*M22*] 假设 $0\leqslant t\leqslant\varpi_n$．是否存在具有 n 项且恰好有 t 个解的严格精确覆盖问题？（考虑 $n=9$ 且 $t=10\,000$ 的情形．）

185. [*M23*] 对于具有 N_1 个主项和 N_2 个副项的严格精确覆盖问题，最多有多少个解?

186. [*M24*] 当给定算法 X 的 n 阶极端问题时，考虑 $l=0$ 的情形.

(a) 当在步骤 X4 中覆盖 i 时，u_n 会执行多少次更新?

(b) 当包含 x_0 的选项的大小为 k 时，它在步骤 X5 中执行多少次?

(c) 推导出 (84).

187. [*HM29*] 令 $X(z)=\sum_n x_n z^n/n!$ 生成 (82) 中的序列 $\langle x_n\rangle$.

(a) 用 (84) 证明 $X(z)=\mathrm{e}^{\mathrm{e}^z}\int_0^z((2t-1)\mathrm{e}^{4t}-(t-1)\mathrm{e}^{3t}+2t\mathrm{e}^{2t}+\mathrm{e}^t)\mathrm{e}^{-\mathrm{e}^t}\mathrm{d}t$.

(b) 令 $T_{r,s}(z)=\mathrm{e}^{\mathrm{e}^z}\int_0^z t^r\mathrm{e}^{st}\mathrm{e}^{-\mathrm{e}^t}\mathrm{d}t$. 证明 $T_{r,0}(z)/r!$ 生成 (83) 中的 $\langle a_{n,r+1}\rangle$.

(c) 证明 $T_{r,0}(z)=(T_{r+1,1}(z)+z^{r+1})/(r+1)$；更进一步，证明当 $s>0$ 时，

$$T_{r,s}(z)=\left(\sum_{k=0}^{r}\frac{(-1)^k r^{\underline{k}}}{s^{k+1}}(T_{r-k,s+1}(z)+z^{r-k}\mathrm{e}^{sz})\right)-\frac{(-1)^r r!}{s^{r+1}}\mathrm{e}^{\mathrm{e}^z-1}.$$

(d) 证明根据上述结论可知 $X(z)=22\mathrm{e}^{\mathrm{e}^z-1}+12T_{0,0}(z)-(2z-1)\mathrm{e}^{3z}-5z\mathrm{e}^{2z}-(12z+5)\mathrm{e}^z-12z-18$.

▶ **188.** [*M21*] 证明古尔德数 $\langle\varpi_n\rangle=\langle 0,1,1,3,9,31,121,523,2469,\cdots\rangle$ 可以通过形成类似于皮尔斯三角形 7.2.1.5–(12) 的数值三角形来快速计算:

$$\begin{array}{cccccc} 0 \\ 1 & 1 \\ 3 & 2 & 1 \\ 9 & 6 & 4 & 3 \\ 31 & 22 & 16 & 12 & 9 \\ 121 & 90 & 68 & 52 & 40 & 31 \end{array}$$

这里，第 n 行的项 $\widehat{\varpi}_{n1},\widehat{\varpi}_{n2},\cdots,\widehat{\varpi}_{nn}$ 服从简单递归:

$$\text{如果 } 1\leqslant k<n \text{ 则 } \widehat{\varpi}_{nk}=\widehat{\varpi}_{(n-1)k}+\widehat{\varpi}_{n(k+1)};\qquad \text{如果 } n>2 \text{ 则 } \widehat{\varpi}_{nn}=\widehat{\varpi}_{(n-1)1}.$$

初始条件为 $\widehat{\varpi}_{11}=0$ 且 $\widehat{\varpi}_{22}=1$. 提示：给出 $\widehat{\varpi}_{nk}$ 的组合解释.

189. [*HM34*] 令 $\rho_n=\widehat{\varpi}_n-\hat{g}\varpi_n$（参见 (86)）. 通过将鞍点法应用于 $R(z)=\sum_n\rho_n z^n/n!=\mathrm{e}^{\mathrm{e}^z}\int_z^\infty \mathrm{e}^{-\mathrm{e}^t}\mathrm{d}t$，我们可以证明 $|\rho_n|=O(\mathrm{e}^{-n/\ln^2 n}\varpi_n)$. 此处的想法是，证明当 $z=\xi\mathrm{e}^{\mathrm{i}\theta}$ 时 $|R(z)|$ 相当小，其中 $\xi\mathrm{e}^\xi=n$，如 7.2.1.5–(24) 所示.

(a) 当 $z=x+\mathrm{i}y$ 时，用 x 和 y 表达 $|\mathrm{e}^{\mathrm{e}^z}|$ 和 $|\mathrm{e}^{-\mathrm{e}^z}|$.

(b) 如果 $0\leqslant\theta\leqslant\frac{\pi}{2}$，$y=\xi\sin\theta\leqslant\frac{3}{2}$，$0<c_1<\cos\frac{3}{2}$，证明 $|R(\xi\mathrm{e}^{\mathrm{i}\theta})|=O(\exp(\mathrm{e}^\xi-c_1\mathrm{e}^\xi))$.

(c) 如果 $0\leqslant\theta\leqslant\frac{\pi}{2}$，$y=\xi\sin\theta\geqslant\frac{3}{2}$，$0<c_2<\frac{9}{8}$，证明 $|R(\xi\mathrm{e}^{\mathrm{i}\theta})|=O(\exp(\mathrm{e}^\xi-c_2\mathrm{e}^\xi/\xi))$.

(d) 最后，证明 $\rho_{n-1}/\varpi_{n-1}=O(\mathrm{e}^{-n/\ln^2 n})$.

190. [*HM46*] 研究习题 189 中残差量 $\rho_n=\widehat{\varpi}_n-\hat{g}\varpi_n$ 的符号.

191. [*HM22*] 已知随机集排列的尾部长度具有概率分布，其生成函数为 $G(z)=\int_0^\infty \mathrm{e}^{-x}(1+x)^z\mathrm{d}x-1=\sum_{k=1}^\infty \hat{g}_k z^k$.（这个分布中的前几个概率是

$$(\hat{g}_1,\hat{g}_2,\cdots,\hat{g}_9)\approx(0.59635,0.26597,0.09678,0.03009,0.00823,0.00202,0.00045,0.00009,0.00002),$$

见习题 189 的答案.）平均长度是多少? 方差是多少?

192. [*HM29*] 当 n 很大时，$\hat{g}_n$ 的渐近值是多少?

193. [*M21*] 为什么 (87) 和 (88) 在完全图中计算匹配时会计算更新次数?

194. [*HM23*] 考虑形如 $X(t+1)=a_t+tX(t-1)$ 的递推关系. 举例来说，$a_t=1$ 产生搜索树中用于匹配 K_{t+1} 的结点总数.

(a) 证明 $1+2q+(2q)(2q-2)+\cdots+(2q)(2q-2)\cdots(2)=\lfloor \mathrm{e}^{1/2}2^q q!\rfloor$.

(b) 找到 $1+(2q-1)+(2q-1)(2q-3)+\cdots+(2q-1)(2q-3)\cdots(3)(1)$ 的类似“闭合式”. 提示：利用事实 $\mathrm{e}^x\,\mathrm{erf}(\sqrt{x})=\sum_{n\geqslant 0}x^{n+1/2}/(n+1/2)!$.

(c) 对方程 (87) 的解 $U(2q+1)$ 进行估计，误差控制在 $O(1)$ 内.

(d) 同样，为方程 (88) 的解 $U(2q)$ 给出一个良好的近似值.

▸ **195.** [*M22*] 当查找图 (89) 的所有完美匹配时，算法 X 执行了大约多少次更新操作?

▸ **196.** [*M29*] 在给定由 $a_1\cdots a_n$ 定义的有界排列问题的情况下，考虑由 $b_1\cdots b_n$ 定义的对偶问题，其中，b_k 是满足 $1\leqslant j\leqslant n$ 和 $a_j\geqslant n+1-k$ 的 j 的数量.（换句话说，$b_n\cdots b_1$ 是整数分划 $a_n\cdots a_1$ 的共轭，如 7.2.1.4 节所述.）

(a) 当 $n=9$ 且 $a_1\cdots a_9=246677889$ 时，对偶问题是什么?

(b) 证明对偶问题的解本质上是解原问题的排列的*逆排列*.

(c) 如果算法 X 从项 X_1 上的 a_1 路分支开始，那么在准备其搜索树深度 1 的子问题时，它会执行多少次更新?

(d) 给定 $a_1\cdots a_n$，有界排列问题有多少个解?

(e) 假设算法始终在搜索树深度 $j-1$ 处的 X_j 上分支，给出计算更新总数的公式.

(f) 假设对于 $1\leqslant j\leqslant n$ 有 $a_j=n$（*所有的排列*），求解 (e) 中的公式.

(g) 假设对于 $1\leqslant j\leqslant n$ 有 $a_j=\min(j+1,n)$，求解 (e) 中的公式.

(h) 假设对于 $1\leqslant j\leqslant n$ 有 $a_j=\min(2j,n)$，求解 (e) 中的公式.

(i) 证明 (e) 中的假设并不总是成立. 在一般情况下，如何正确计算更新总数?

197. [*M25*] 设 $P(a_1,\cdots,a_n)$ 表示解决了 $a_1\cdots a_n$ 的有界排列问题的所有排列 $p_1\cdots p_n$ 的集合，其中，$a_1\leqslant a_2\leqslant\cdots\leqslant a_n$ 且 $a_j\geqslant j$.

(a) 证明 $P(a_1,\cdots,a_n)=\{(nt_n)\cdots(2t_2)(1t_1)\mid$ 对于 $1\leqslant j\leqslant n$ 有 $j\leqslant t_j\leqslant a_n\}$.

(b) 证明 $P(a_1,\cdots,a_n)=\{\sigma_{nt_n}\cdots\sigma_{2t_2}\,\sigma_{1t_1}\mid$ 对于 $1\leqslant j\leqslant n$ 有 $j\leqslant t_j\leqslant a_n\}$，其中，$\sigma_{st}$ 是 $(t+1-s)$-循环 $(t\;t{-}1\;\cdots\;s{+}1\;s)$.

(c) 令 $C(p)$ 为排列 p 中的循环的数量，同时令 $I(p)$ 为逆排列的数量. 找到生成函数

$$C(a_1,\cdots,a_n)=\sum_{p\in P(a_1,\cdots,a_n)}z^{C(p)}\qquad 和\qquad I(a_1,\cdots,a_n)=\sum_{p\in P(a_1,\cdots,a_n)}z^{I(p)}.$$

198. [*M25*] 令 $\pi_{rs}=\Pr(p_r=s)$，其中，p 是 $P(a_1,\cdots,a_n)$ 的随机元素.

(a) 当 $n=9$ 且 $a_1a_2\cdots a_9=255667999$ 时，计算这些概率.

(b) 如果 $r<r'$ 且 $s<s'$，证明：当 $\pi_{rs'}\pi_{r's'}\neq 0$ 时有 $\pi_{rs}/\pi_{rs'}=\pi_{r's}/\pi_{r's'}$.

199. [*M25*] 分析算法 X 在选项为"$a_i\;b_j\;c_k$"的三维匹配问题上的行为，其中，$1\leqslant i,j\leqslant n$ 且 $1\leqslant k\leqslant(i\leqslant m?\;m-1{:}\;n)$.

▸ **200.** [*HM25*]（安德烈亚斯 · 比约克隆德，2010 年）我们可以使用多项式代数而不是回溯来判断给定的三维匹配问题是否可解. 设项为 $\{a_1,\cdots,a_n\}$、$\{b_1,\cdots,b_n\}$、$\{c_1,\cdots,c_n\}$，并为每个选项分配一个符号变量. 如果 X 是 C 的任何子集，则令 $Q(X)$ 为 $n\times n$ 矩阵，其第 i 行第 j 列元素是所有选项"$a_i\;b_j\;c_k$"的变量之和，其中，$c_k\notin X$.

假设 $n=3$. 7 个选项 t:"$a_1\;b_1\;c_2$"、u:"$a_1\;b_2\;c_1$"、v:"$a_2\;b_3\;c_2$"、w:"$a_2\;b_3\;c_3$"、x:"$a_3\;b_1\;c_3$"、y:"$a_3\;b_2\;c_1$"、z:"$a_3\;b_2\;c_2$"产生了以下矩阵:

$$\begin{array}{ccccccccc}
X= & \varnothing & \{c_3\} & \{c_2\} & \{c_2,c_3\} & \{c_1\} & \{c_1,c_3\} & \{c_1,c_2\}\\
Q(X)= & \begin{pmatrix}t&u&0\\0&0&v{+}w\\x&y{+}z&0\end{pmatrix} & \begin{pmatrix}t&u&0\\0&0&v\\0&y{+}z&0\end{pmatrix} & \begin{pmatrix}0&u&0\\0&0&w\\x&y&0\end{pmatrix} & \begin{pmatrix}0&u&0\\0&0&0\\0&y&0\end{pmatrix} & \begin{pmatrix}t&0&0\\0&0&v{+}w\\x&z&0\end{pmatrix} & \begin{pmatrix}t&0&0\\0&0&v\\0&z&0\end{pmatrix} & \begin{pmatrix}0&0&0\\0&0&w\\x&0&0\end{pmatrix}
\end{array}$$

（并且 $Q(C)$ 始终为零）. $Q(\varnothing)$ 的行列式是 $u(v{+}w)x-t(v{+}w)(y{+}z)$.

(a) 如果给定问题有 r 个解，证明多项式

$$S\;=\;\sum_{X\subset C}(-1)^{|X|}\det Q(X)$$

是 r 个单项式的总和，每个单项式的系数为 ±1.（在本例中，它是 $uvx - twy$.）提示：考虑所有可能选项都存在的情况.

(b) 利用这一事实设计一个随机算法，从而在 $O(2^n n^4)$ 步内判断是否存在匹配.

▶ **201.** [*M30*] 考虑一个具有 $3n$ 个选项的二部图匹配问题. 选项为"X_j Y_k"，其中，$1 \leqslant j,k \leqslant n$ 且 $(j-k) \bmod n \in \{0,1,n-1\}$.（假设 $n \geqslant 3$.）

(a) 请描述这个问题的一个明显的等价问题.

(b) 这个问题有多少种解法?

(c) 如果项按照 $X_1, Y_1, \cdots, X_n, Y_n$ 的顺序排列，而且在步骤 X3 中使用了习题 9 中的方法，那么算法 X 在找到所有解时会进行多少次更新?

202. [*13*] 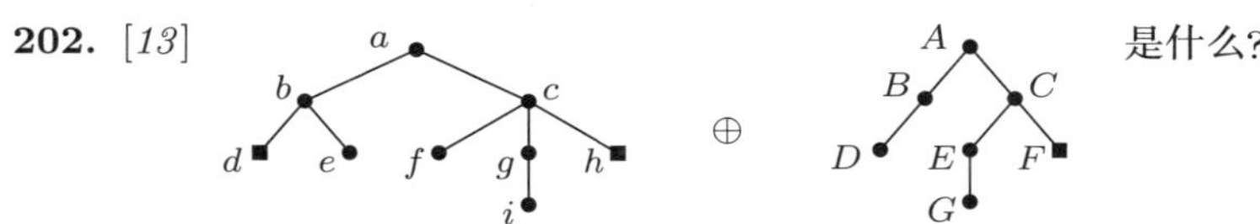

是什么?

203. [*M15*] 等式 (95) 表明针对搜索树的二元运算 $T \oplus T'$ 有一个单位元"■". 该运算是否遵循 (a) 结合律和 (b) 交换律?

204. [*M25*] 判断正误：当且仅当 α 在 T 中占优势并且 α' 在 T' 中占优势时，结点 $\alpha\alpha'$ 在 $T \oplus T'$ 中占优势. 提示：用 $\deg(\alpha)$ 和 $\deg(\alpha')$ 来表示 $\deg(\alpha\alpha')$.

205. [*M28*] 证明关于 $T \oplus T'$ 结构的引理 D.

206. [*20*] 证明：如果 T 是最小支配树，并且 $\deg(\mathrm{root}(T)) \leqslant \deg(\mathrm{root}(T'))$，那么容易描述树 $T \oplus T'$.

207. [*35*] 我们将在稍后重点讨论的 SAT 求解器，即算法 7.2.2.2C，通过计算"活跃度得分"来保持专注. 该分数衡量数据结构的最新变化. 类似的思想可以应用于算法 X，方法是计算得分

$$\alpha_i = \rho^{t_1} + \rho^{t_2} + \cdots, \qquad \text{对于每一项 } i,$$

其中，ρ（通常为 0.9）是用户指定的阻尼因子，i 的活跃选项列表在时间 $t-t_1, t-t_2, \cdots$ 上被修改. 这里，t 表示当前"时间"，由某种易用时钟测得. 当步骤 X3 选择用于分支的项时，根据习题 9 中的 MRV 启发法对 i 评分. 评分为 $\lambda_i = \mathtt{LEN}(i)$，新的启发法将其替换如下：

$$\lambda_i' = \begin{cases} \lambda_i, & \text{如果 } \lambda_i \leqslant 1; \\ 1 + \lambda_i/(1+\mu\alpha_i), & \text{如果 } \lambda_i \geqslant 2. \end{cases}$$

这里，μ 是用户指定的另一个参数. 如果 $\mu = 0$，则像以前一样做出决策；但是 μ 值越来越大，会导致对最近活跃的项给予越来越多的关注，即使它们具有较大程度的分支.

(a) 假设 $\alpha_i = 1$，$\alpha_j = 1/2$，$\mu = 1$. 如果 $\mathtt{LEN}(i) = \mathtt{LEN}(j) + 1$ 且 $0 \leqslant \mathtt{LEN}(j) \leqslant 4$，那么哪个项更可取，$i$ 还是 j?

(b) 对算法 X 的哪些修改将实现该方案?

(c) 当应用于示例问题 (90) 和 (92) 的 n 个独立副本时，为了避免指数增长，ρ 和 μ 的值应该是多少?

(d) 在应用于图 73 所示的五联骨牌 Y 问题时，这种方法能否节省时间?

▶ **208.** [*21*] 修改图 73 所示的精确覆盖问题，使得"H"或"⌶"中出现的五联骨牌 Y 都不会被翻转. 提示：为了防止标记为 8 和 b 的翻转 Y 同时出现，请使用选项"1c 2c 3c 4c 3b $V_{1\mathtt{b}}$"和"1a 2a 3a 4a 2b $V_{1\mathtt{b}}$"，其中，$V_{1\mathtt{b}}$ 是副项.

209. [*20*] 通过考虑 (92) 的两个双对，以 (100) 改进 (91) 的方式改进搜索树 (93).

210. [*21*] 一个"三位一体"$(\alpha,\beta,\gamma;\alpha',\beta',\gamma')$ 类似于双对，但 (97) 被替换为 $\alpha+\beta+\gamma = \alpha'+\beta'+\gamma'$. 我们如何修改精确覆盖问题，以排除所有同时包含选项 α'、β' 和 γ' 的解?

211. [*20*] 兰福德对问题的文本表述中的选项是否有双对? n 皇后问题怎么样? 数独呢?

▶ **212.** [*M21*] 假定精确覆盖问题的主项已经过线性排序. 如果所有 4 个选项中的最小项出现在 α 和 α' 中, 并且当选项 α 和 α' 的项按升序排列时, 选项 α 按字典序小于选项 α', 那么我们可以说双对 $(\alpha,\beta;\alpha',\beta')$ 是规范的.

(a) 证明定理 S 适用于符合规范性定义的强精确覆盖. 提示: 证明它是文本定义的特例.

(b) 这样的排序是否证明我们在 (99) 中所做的选择是合理的?

213. [*M21*] 如果 π 和 π' 是同一个集合的两个分划, 且 π 的受限增长字符串按字典序小于 π' 的受限增长字符串, 则我们说 $\pi < \pi'$. 设 $(\alpha,\beta;\alpha',\beta')$ 是符合习题 212 所述的规范双对. 令 π 是项的一个分划, α 和 β 是其中的两个部分; 同时令 π' 是相同的分划, 但用 α' 和 β' 分别替代 α 和 β. 那么 $\pi < \pi'$ 吗?

▶ **214.** [*21*] 在定理 S 的假设下, 如何根据所有强解找到精确覆盖问题的所有解?

▶ **215.** [*M30*] 完全图 K_{2q+1} 上的完美匹配问题是具有 $2q+1$ 个主项 $\{0,\cdots,2q\}$ 和 $\binom{2q+1}{2}$ 个选项 "$i\ j$" ($0 \leqslant i < j \leqslant 2q$) 的 X2C 问题.

(a) 这个问题中有多少个双对?

(b) 如果存在规范双对 $(\alpha,\beta;\alpha',\beta')$, 其中, $\alpha' =$ "$i\ j$" 且 $\beta' =$ "$k\ l$", 则我们称 (i,j,k,l) 被排除. 试证明: 无论选项的顺序如何, 被排除的四元组数量都是双对数量的 2/3.

(c) 当选项按字典序排列时, 哪些四元组被排除?

(d) 我们通过为每个被排除的四元组引入一个副项 (i,j,k,l), 并将其附加到选项 "$i\ j$" 和 "$k\ l$" 中来减少搜索量. 描述对 (c) 中的四元组执行此操作时的搜索树.

(e) 证明: 仅需 $\Theta(q^3)$ 个被排除的四元组就足以获得该搜索树.

(f) 巧妙地排列选项, 使搜索树只有 $2q+1$ 个结点.

(g) 需要多少个被排除的四元组才足以获得该搜索树?

216. [*25*] 继续习题 215, 对通过以下两种方式获得的搜索树进行实验: (i) 选项随机排序; (ii) 仅使用该排序排除的 m 个四元组 (再次随机选择).

217. [*M32*] 五联骨牌的双对 $(\alpha,\beta;\alpha',\beta')$ 如下所示:

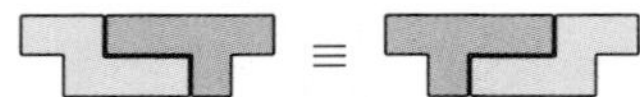

两块五联骨牌以两种方式占据 10 个单元格. 在这个例子中, 我们可以写成 $\alpha = \mathrm{S}+00+01+11+12+13$, $\beta = \mathrm{Y}+02+03+04+05+14$, $\alpha' = \mathrm{S}+04+05+12+13+14$, $\beta' = \mathrm{Y}+00+01+02+03+11$. 因此有 $\alpha+\beta = \alpha'+\beta'$, 如 (97) 所示.

编制一个完整目录, 列出所有可能的五联骨牌双对. 证明 12 块五联骨牌中的每一块都至少在一个这样的双对中. (很难在没有任何遗漏的情况下手动完成此操作. 一个好方法是利用方程 $\alpha-\alpha' = -(\beta-\beta')$: 首先分别找出每一块五联骨牌的所有增量值 $\pm(\alpha-\alpha')$; 然后研究其中多块五联骨牌共享的所有增量值. 比如, 五联骨牌 S 和五联骨牌 Y 的增量值中都有 $00+01-04-05+11-14$.)

▶ **218.** [*20*] 在算法 P 的 "强制" 定义中, 为什么 i 必须是未着色的?

219. [*20*] 假设 p 和 q 是 XCC 问题的主项, 并且包含 p 或 q 的每个选项都包含 i 或 j (或两者) 的未着色实例, 其中, i 和 j 是其他项. 然而, p 和 q 永远不会出现在同一个选项中. 证明: 每个包含 i 或 j 的选项 (但既不包含 p 也不包含 q) 都可以在不改变问题的情况下被删除.

220. [*28*] 算法 P 的步骤 P5 需要模拟算法 C 的步骤 C5, 看看某个主项是否会失去所有选项. 详细描述需要执行的步骤.

221. [*23*] 在步骤 P5 中检查了以项 i 开头的所有选项后, 我们发现被阻塞的选项会出现在一个栈中, 从 S 开始. 解释如何删除它们. 注意: 当某个选项消失时, 问题可能会变得不可解.

222. [*22*] 在步骤 P7 中删除项 i 之前, 应通过将相应结点更改为间隔结点来将其从包含 S 的每个选项中删除. 所有涉及 i 但不涉及 S 的选项也应被删除. 阐明此过程的底层细节.

223. [*20*] 实现算法 P 的输出阶段 (步骤 P10).

▶ **224.** [*M21*] 使用 $O(n)$ 个选项构造一个精确覆盖问题, 使算法 P 执行 n 轮归约操作 (执行 n 次步骤 P2).

225. [*21*] 为什么算法 P 在 6×10 五联骨牌问题中删除了 235 个选项，而在“单边” 6×15 问题中只删除了 151 个选项？

226. [*M20*] 假设 $a_1\cdots a_{2n}$ 是兰福德对. 令 $a'_k=a_{2n+1-k}$，使得 $a'_1\cdots a'_{2n}$ 是 $a_1\cdots a_{2n}$ 的逆. 以下总和之间是否存在明显的关系？

$$\Sigma_1=\sum_{k=1}^{2n}ka_k,\quad \Sigma'_1=\sum_{k=1}^{2n}ka'_k,\quad \Sigma_2=\sum_{k=1}^{2n}k^2a_k,\quad \Sigma'_2=\sum_{k=1}^{2n}k^2a'_k.$$

类似的总和 $S=\sum_{k=1}^{2n}ka_k^2$ 和 $S'=\sum_{k=1}^{2n}k(a'_k)^2$ 又如何呢？

227. [*10*] 为最小化 (a) Σ_2 和 (b) S，应该为选项 (16) 分配多少成本？

228. [*M30*] 使 Σ_2 最小化的 $n=16$ 的兰福德对恰好是使 Σ_1 最小化的 12016 个配对. 它们的逆正是使 Σ_2 和 Σ_1 最大化的 12016 个配对. 这是否令人惊讶？或者说，有什么值得注意的地方吗？

▶ **229.** [*25*] 当 $n=16$ 时，兰福德对中按字典序最小和最大的是哪些？

230. [*20*] 解释在图 74 所示的问题中，如何使用算法 X$ （最小化选项成本总和）来最大化该总和.

231. [*21*] 通过在下面的网格中填入四字母单词和五字母单词（这些单词都属于 (a) 1000 (b) 2000 (c) 3000 个最常见的具有这么多字母的英语单词），你可以在类似于 SCRABBLE® 英语拼字游戏的游戏中获得的最高分数是多少？

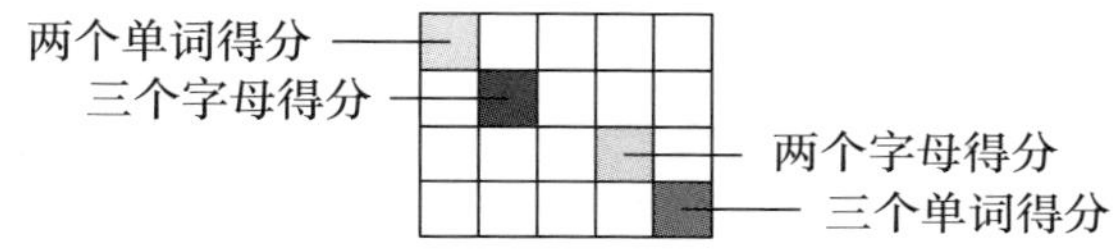

比如，`WATCH|AGILE|RADAR|TREND` 的分数为 $26+10+7+18+14+9+5+7+24$ 分.

232. [*20*] 提供给算法 X$ 的成本必须是非负整数，但图 74 所示的 16 皇后问题中的 $d(i,j)$ 从来都不是整数. 是否可以使用 $\$\lfloor d(i,j)\rfloor$ 代替 $\$d(i,j)$ 来计算在单元格 (i,j) 中放置皇后的成本？

233. [*20*] 最小化和最大化 16 皇后距离的乘积，而不是求和.

234. [*M20*] 当在单元格 (i,j) 中放置皇后的成本为 $\$d(i,j)^2$（到中心距离的平方）时，$n$ 个互不攻击的皇后的最小放置成本是多少？

▶ **235.** [*21*] 使用（整数）成本 $\$4d(i,j)^4$ 解决图 74 的问题.

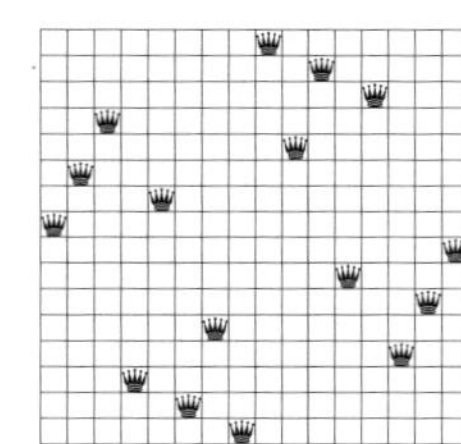

▶ **236.** [*M41*] 当在单元格 (i,j) 中放置皇后的成本为 $\$d(i,j)^N$ 时，对于越来越大的 N 值，n 皇后问题的最小成本解最终会收敛到固定模式. “终极”解非常有吸引力——确实，这一系列解可以说是所有解中最漂亮的！比如，此处所示的 $n=16$ 的情况，实际上可以通过手算发现，只需专心思考一小会儿即可. 请注意，它是双重对称的，并且非常“圆润”.

对尽可能多的 n 找到这样的最佳放置位置（非手算）.

▶ **237.** [*M21*] 判断正误：正文中的素数方块问题的两个解不可能具有相同的乘积，除非它们互为转置.

238. [*24*] 对于 $3\leqslant n\leqslant7$，找到填充了不同的 3 位素数和 n 位素数的 $3\times n$ 数组，其具有最小和最大的乘积.

▶ **239.** [*M27*] 给定 $\{1,\cdots,n\}$ 的子集族 $\{S_1,\cdots,S_m\}$ 以及正权重 $(w_1,\cdots,w_m)$，最优集合覆盖问题要求用 S_j 的并集以最小权重来覆盖 $\{1,\cdots,n\}$. 将此问题构造为适合用算法 X$ 求解的最优精确覆盖问题. 提示：最大化那些没有参与覆盖的集合的权重.

240. [*16*] 在美国分区问题中，哪些可用的六状态选项包括 `MT` 和 `TX`？

241. [*21*] 算法 P 的预处理步骤是否删除了无用的选项 (114)？

▶ **242.** [*M23*] 扩展习题 7.2.2–78 中的算法，使其仅访问不会切断其大小不是 $[L\,..\,U)$ 中的整数之和的连通区域的子图.

243. [*M20*] 假设 XCC 问题的每一项 i 都被赋予*权重* w_i，并且该问题的每个解都恰好包含 d 个选项．如果每个选项的成本为 $\$(x^2)$，其中，$x$ 是选项权重的总和，则证明对于任何给定的实数 r，每个最小成本解都可以最小化 $\sum_{k=1}^{d}(x_k-r)^2$.

244. [*M21*] 有向图 G 的诱导子图 $G\,|\,U$ 具有*内部成本*，其定义为 U 中不相邻的有序顶点对的数量．比如，选项 (114) 的内部成本为 20．这是无向图的 6 个连通顶点的最大值．

考虑任意精确覆盖问题，其项是 G 的顶点，并且其选项都恰好包含 t 项．判断正误：最小化内部成本总和的解也会最小化外部成本总和，外部成本的定义见正文．

245. [*23*] 通过添加与 MD 和 VA 相邻的第 49 个顶点 DC 来增强美国地图．将该图划分为 7 个连通分量：(a) 大小全都为 7，删除尽可能少的边；(b) 任意大小，尽可能实现人口均等．

246. [*22*] (116) 中的左图分区有一个奇怪的分量，它将 AZ 与 ND 和 OK 连接起来，而不经过 NM、CO 或 UT．如果我们保留相同的选项，但最小化外部成本而不是人口的平方，会获得看起来更合理的解吗？（也就是说，在左边，我们会考虑人口为 [37 . . 39] 百万的 34 111 个选项，加上两个选项，其中包括纽约州、新英格兰，可能还包括新泽西州．右边示例的选项将再次是人口为 [50.5 . . 51.5] 百万的连通子集．）

如果考虑最小化*内部*成本呢？内部成本的定义见习题 244.

247. [*23*] 实现步骤 C1\$，当算法 C 被扩展为算法 C\$ 时，该步骤取代步骤 C1．如有必要，可以修改给定的选项成本，方法是为每个主项分配“税款”，并通过其项的税款总和来减少每个选项的成本．这些新成本应该是非负的．每个主项都应该至少属于一个成本现在为零的选项．请务必遵守条件 (118).

248. [*22*] 在步骤 C3\$ 中令 $\vartheta=T-C_l$，其中，T 是当前截断阈值，C_l 是小于 l 的级别上当前部分解的成本．解释如何选择可能属于成本小于 ϑ 的最少选项的活跃项 i．不要花时间进行完整的搜索，而是保守地假设存在 LEN(i) 个这样的项，前提是验证项 i 至少有 L 个这样的项，其中，L 是一个参数.

249. [*21*] 假设有包含 dk 个成本的集合，其中，$0\leqslant c_1\leqslant c_2\leqslant\cdots\leqslant c_{dk}$．如果 $c_k+c_{2k}+\cdots+c_{dk}\geqslant\theta$，则它被认为是不良的．设计一种“在线算法”，当以任意顺序逐一获悉成本时，该算法可以尽快识别出不良集合．

假设 $d=6$，$k=2$，$\theta=16$．如果成本按 $(3,1,4,1,5,9,2,6,5,3,5,8)$ 的顺序出现，则你的算法应该在看到 2 后终止．

250. [*21*] 算法 C\$ 的用户可以提供秘诀以加速计算，方法如下：(i) 指定字符集 Z，使得 Z 中的每个元素恰好是每个选项中一个主项的第一个字符；(ii) 指定一个大于零的数 z，每个选项恰好包含 z 个主项，其名称*不*以 Z 中的字符开头．（比如，数独选项 (30) 中的 $Z=\{p,r,c,b\}$；选项 (110) 中的 $z=1$．在兰福德对的选项 (16) 中，我们可以将每个数值项 i 的名称更改为“!i”，然后令 $Z=\{!\}$ 和 $z=2$．）解释如何使用这些秘诀在步骤 C3\$ 开始时提供早期截断测试，如正文所述．

251. [*18*] 如果给定的问题是可解的，那么算法 Z 何时第一次发现这个事实?

▶ **252.** [*20*] 如果步骤 Z3 只选择最左边的项 $i_1=$ RLINK(0) 而不使用 MRV 启发法，则算法 Z 根据选项 (121) 生成 ZDD (120)．如果使用习题 9 中的方法，那么我们将获得什么 ZDD?

▶ **253.** [*21*] 扩展算法 Z，使其报告解的总数．

▶ **254.** [*28*] 算法 Z 在步骤 Z2 中计算出的签名 σ 应该完全描述当前的子问题．它包含每个主项的一位，指示该项是否仍然需要被覆盖．

(a) 解释为什么对于有颜色的副项来说，一位是不够的．

(b) 提出一种计算 σ 的好方法．

(c) 算法 C 使用 (50) ~ (57) 中的操作 hide′ 和 unhide′，以避免对副项的结点中的内存进行不必要的访问．解释为什么算法 Z 不希望使用这些优化．*提示*：算法 Z 需要知道副项的选项列表是否为空．

(d) 当项 i 的列表被纯化时，其错误颜色的选项将被从其他列表中删除．但它们仍保留在列表 i 上，以便以后不被纯化．那么算法 Z 如何知道列表 i 何时不再与当前子问题相关呢?

255. [*HM29*] 以斐波那契数的形式表达算法 Z 在查找 K_N 的完美匹配时进行更新的确切次数，以及生成的 ZDD 结点的确切数量．*提示*：参见习题 193.

▶ **256.** [*M23*] 当算法 Z 被要求找到“奇异”图 (89) 的所有完美匹配时，它的表现如何？

▶ **257.** [*21*] 算法 Z 如何解决具有 n 项和 2^n-1 个选项的“极端”精确覆盖问题？（参见 (82) 前面的讨论．）

(a) 什么样的签名在步骤 Z2 中形成？

(b) 当 $n=4$ 时，仿照 (123) 绘制示意图 ZDD.

258. [*HM21*] 在前述极端问题中，算法 Z 执行了多少次更新？

259. [*M25*] 习题 196 分析了算法 X 在由 $a_1\cdots a_n$ 定义的有界排列问题上的表现．当 $a_1a_2\cdots a_{n-1}a_n$ 是 (a) $n\,n\cdots n\,n$（有 $n!$ 个解）或 (b) $2\,3\cdots n\,n$（有 2^{n-1} 个解）时，通过确定备忘条目和 ZDD 结点的数量以及更新次数，证明算法 Z 的速度要快得多．假定项按顺序为 $X_1, X_2, \cdots, X_n, Y_1, Y_2, \cdots, Y_n$.

260. [*M21*] 习题 14 和习题 201 是与在圆桌上选择座位相关的二部图匹配问题．针对这些问题对算法 Z 进行实证测试，并证明它可以在线性时间内解决后者（尽管解的数量呈指数级增长）.

▶ **261.** [*23*] 设 G 是具有源顶点 S 和汇顶点 T 的有向无环图.

(a) 使用算法 C（或算法 Z）查找从 S 到 T 的 m 条顶点不相交路径的所有集合.

(b) 假设 $1\leqslant k\leqslant m$．给定 s_k 和 t_k，查找从 s_k 到 t_k 的所有此类路径集合.

(c) 应用 (a) 来查找所有 $n-1$ 条不相交路径．这些路径在北边或东边进入 $n\times n$ 正方形，通过南边和（或）西边的台阶前进，并在南边或西边退出，避开拐角．（下图是一个随机 16×16 示例．）

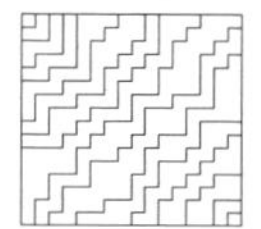

(d) 应用 (b) 来查找所有顶点不相交、向下的八马路径．这些路径从图的顶行开始，并以相反的顺序在底行结束.

▶ **262.** [*M23*] 算法 Z 的优点之一是 ZDD 允许我们生成均匀随机的解．（参见 7.1.4–(13) 后面的注释．）

(a) 确定算法 Z 为 S_n 的所有多米诺骨牌平铺集合输出的 ZDD 结点数，其中，S_n 是从 $16\times n$ 矩形的每个角删除边 7 的直角三角形后获得的形状：

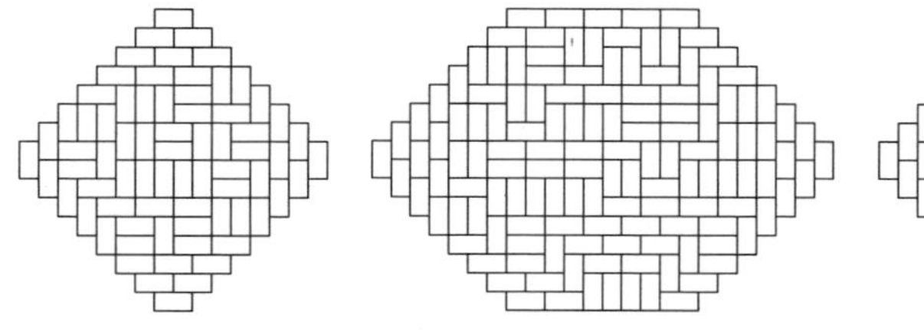

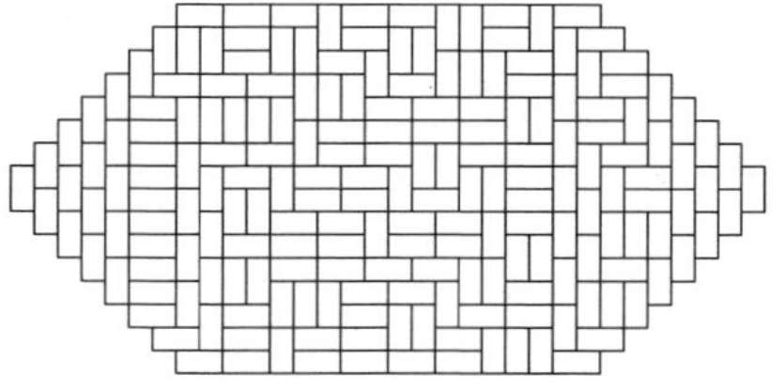

S_{16}（8 阶阿兹特克菱形）有多少种镶嵌方式？S_{32} 呢？

(b) 确定 T_n 的所有菱形平铺系列的 ZDD 结点数——网格 *simplex* $(n+16, n+8, 16, n+8, 0, 0, 0)$，边为六边形 $(8, 8, n, 8, 8, n)$.

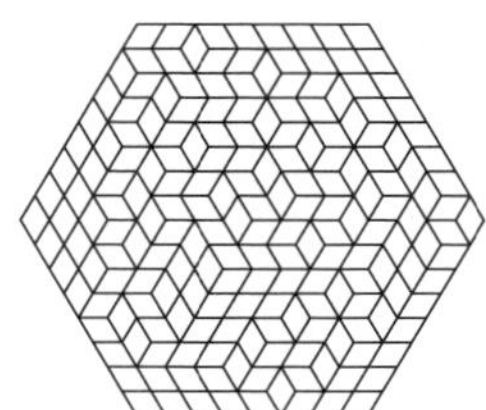

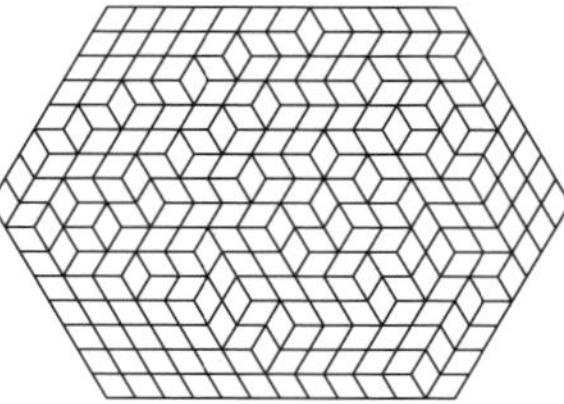

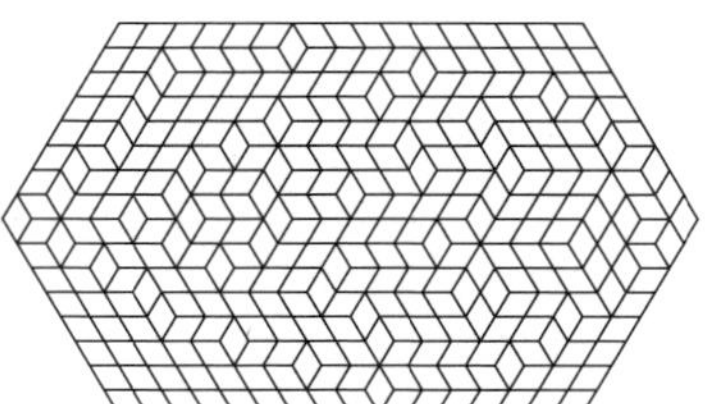

263. [*24*] 比较算法 C 和算法 Z 在以下问题中的时间需求和空间需求：(a) 16 皇后问题；(b) 五联骨牌问题，如习题 271 和习题 274 所示；(c) 麦克马洪的三角问题，如习题 126 所示；(d) 习题 95 中的广义德布鲁因序列问题；(e) 习题 90 中的“正确的单词楼梯”问题；(f) 习题 105 中的 6×6“单词搜索”问题；(g) 习题 431 中的数和谜题.

264. [*M21*] 假设步骤 Z3 总是选择第一个活跃项 $i=$ `RLINK(0)`，而不使用 MRV 启发法，除非其他某个活跃项有 `LEN`$(i)=0$. 证明算法 Z 将输出一个有序 ZDD.

▶ **265.** [*22*] 如果所有项都是主项，那么证明算法 Z 永远不会产生相同的 ZDD 结点 $(\bar{o}_i?\,l_i\colon h_i)=(\bar{o}_j?\,l_j\colon h_j)$，其中 $i\neq j$，但是副项可能会重复.

习题（第 2 组）

成千上万迷人的娱乐性问题都基于多联骨牌及其多形近亲（多联立方、多菱形、多六形、多棒等）. 以下习题探讨这些经典难题中的“精华”，以及最近才被发现的一些宝藏.

在大多数情况下，习题的目的是找到一种发现所有解的好方法，通常是通过设置适当的精确覆盖问题，无须花费大量时间即可解决.

▶ **266.** [*25*] 绘制一个实用程序的设计草图，该程序将创建一组选项. 通过这些选项，精确覆盖求解器将用一组给定的多联骨牌填充给定的形状.

267. [*18*] 使用康威的块名，将 5 块五联骨牌放入形状 中，以便从左到右阅读时，它们可以拼出一个常见的英语单词.

▶ **268.** [*21*] 有 1010 种方法可以将 12 块五联骨牌装入 5×12 盒子中（不包括反射）. 要使用算法 X 找到所有这些方法，怎么做比较好?

269. [*21*] 在这 1010 种方法中，有多少可以分解为 $5\times k$ 和 $5\times(12-k)$?

270. [*21*] 在不把镜像反射算作不同的情况下，可以用多少种方法将 11 块非直型五联骨牌装入 5×11 盒子中?（巧妙地减少对称性.）

271. [*20*] 将 12 块五联骨牌装入 6×10 盒子的方法有 2339 种，这还不包括反射. 要使用算法 X 找到所有这些方法，怎么做比较好?

272. [*23*] 继续习题 271，解释如何找到特殊类型的填充方法:

(a) 可分解为 $6\times k$ 和 $6\times(10-k)$;

(b) 所有 12 块五联骨牌都接触外边界;

(c) 除了 V，其他所有五联骨牌都触及该边界;

(d) 与 (c) 相同，但用其他 11 块五联骨牌中的每一块代替 V;

(e) 接触外边界的五联骨牌的数量最少;

(f) 以阿瑟 · 克拉克的描述为特征的方法，如下所述. 也就是说，五联骨牌 X 应该只接触 F（又名 R）、N（又名 S）、U 和 V，而不接触其他五联骨牌.

他非常轻柔地将钛合金十字架
放回五联骨牌 F、N、U 和 V 之间的位置.
——阿瑟 · 克拉克,《帝国地球》（1976 年）

273. [*25*] 所有 12 块五联骨牌只能通过两种方式放入 3×20 盒子中，如 (36) 所示.

(a) 有多少种方法可以将其中 11 块放入那个盒子中?

(b) (a) 有多少个解，使得 5 个孔在国王方向上不相邻?

(c) 11 块五联骨牌可以有多少种方法装入 3×19 盒子中?

274. [*21*] 四联骨牌有以下 5 种:

其中每一种可以用多少种本质上不同的方法与 12 块五联骨牌一起放入一个 8×8 正方形?

275. [*21*] 如果将 8×8 棋盘切成 13 块，代表 12 块五联骨牌和 1 块四联骨牌，则某些五联骨牌的黑色单元格将多于白色单元格. 能否以下述方式做到这一点：U、V、W、X、Y、Z 中的黑色单元格占多数，而其他则不然?

276. [*18*] 基于 5 块四联骨牌设计一个漂亮、简单的平铺图案.

277. [*25*] 有多少种 6×10 五联骨牌填充方法具有*强三色性*？也就是说，每块五联骨牌都可以涂成红色、白色或蓝色，这样相同颜色的五联骨牌不会相互接触，即使在角上也不会.

▶ **278.** [*32*] 使用习题 217 中的双对来减少 6×10 五联骨牌填充方法的数量，仅列出强解（见定理 S）. 这样做节省了多少时间？

279. [*40*] （赫伯特 · 本杰明，1948 年）证明 12 块五联骨牌可以包裹一个大小为 $\sqrt{10}\times\sqrt{10}\times\sqrt{10}$ 的立方体. 下面展示了这样一个立方体的正面和背面，该立方体由作者的妻子于 1993 年用 12 种彩色织物制成.

（照片由埃克托尔 · 加西亚-莫利纳提供.）

要实现这样的立方体并最大限度地减少拐角处的不良扭曲，最佳方法是什么？

▶ **280.** [*M26*] 将 12 块五联骨牌排列成宽度为 4 的默比乌斯带. 该图案应该"合法"：每条直线都必须与某块五联骨牌相交.

▶ **281.** [*20*] $(2n+1)\times(2n+1)$ 棋盘的白色单元格带有黑色的角，它所形成的有趣图形被称为 n 阶*阿兹特克菱形*；黑色单元格则形成 $n+1/2$ 阶阿兹特克菱形. 比如，11/2 阶和 13/2 阶的阿兹特克菱形如下所示：

(i) 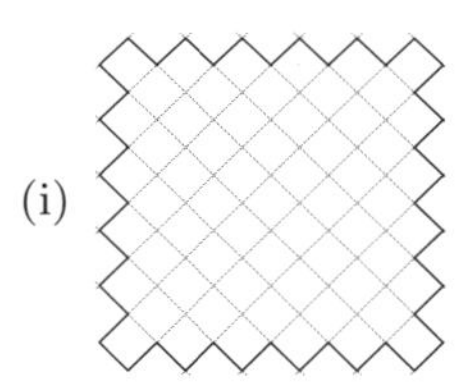
(ii) 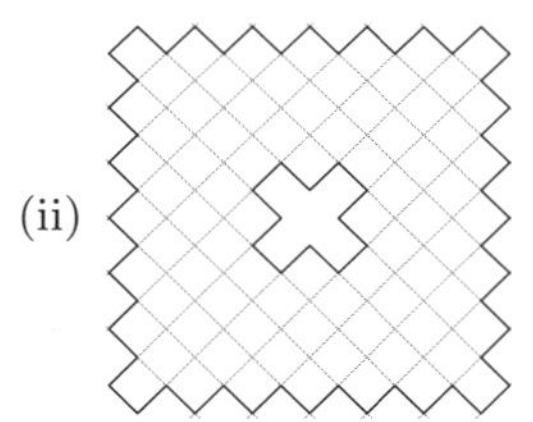

只不过 (ii) 具有 3/2 阶"孔". 因此，(i) 有 61 个单元格，(ii) 有 80 个单元格.

(a) 找到用 12 块五联骨牌和 1 块单联骨牌填满 (i) 的所有方法.

(b) 找到用 12 块五联骨牌和 5 块四联骨牌填满 (ii) 的所有方法.

通过避免产生彼此对称的解来加快该过程.

▶ **282.** [*22*] （克雷格 · 卡普兰）多联骨牌有时会被自身不重叠的副本包围，形成*栅栏*：接触多联骨牌的每个单元格（即使在角上）都是栅栏的一部分；相反，栅栏的每一块都接触内部的多联骨牌. 此外，这些块不得封闭任何未被占据的"孔".

为 12 块五联骨牌中的每一块分别找到 (a) 最小和 (b) 最大的栅栏（其中一些图案是独特的，而且非常漂亮）.

283. [*22*] 解决习题 282，并找到满足习题 7.1.4–215 中的*榻榻米*条件的栅栏：图块的 4 条边不应在任何"十字路口"处相交.

▶ **284.** [*27*] 所罗门 · 沃尔夫 · 戈龙布于 1965 年发现，在 5×5 正方形中，只有一种放置两块五联骨牌的方法会挡住所有其他五联骨牌.

将 (a) {O, P, U, V} 和 (b) {P, R, T, U} 放入 7×7 正方形中，使得其余 8 块都无法放入剩余空间.

285. [*21*] （托马斯 · 奥贝恩，1961 年）*单侧五联骨牌*是指在不允许翻转骨牌的情况下可能出现的 18 种五联骨牌：

请注意，现在有两个版本的 P、Q、R、S、Y 和 Z.

这 18 块单侧五联骨牌可以以多少种方式被放进矩形中？

286. [*21*] 如果将 12 块五联骨牌放入一个 6×10 盒子中，而不翻转任何骨牌，那么会产生 64（$2^6=64$）个问题，具体取决于单侧五联骨牌的方向. 在这 64 个问题中，(a) 哪一个有最少的解？(b) 哪一个有最多的解？

▶ **287.** [*23*] 一位公主让你用五联骨牌填满一个 $m\times n$ 盒子. 如果你用骨牌 c 覆盖了单元格 (i,j)，那么她会奖励你 $\$c\times(ni+j)$，其中，$c=(1,2,\cdots,12)$ 分别代表骨牌 $(\mathrm{O},\mathrm{P},\cdots,\mathrm{Z})$.（价值最高的填充方法将“最接近字母表顺序”.）

使用算法 X$^\$$ 在填满尺寸分别为 4×15、5×12、6×10、10×6、12×5、15×4 的盒子时最大化你的奖励金额，同时考虑公主指定的 9×9 盒子中的子集. 该子集是圆形的，你只需要覆盖距离中心点为 $1\sim\sqrt{18}$ 的 60 个单元格. 算法 X$^\$$ 的运行时间与算法 X 找到所有解所花的时间相比如何？

288. [*21*] 同样，将单侧五联骨牌以最优方式装入 9×10 盒子和 10×9 盒子中.

▶ **289.** [*29*] （*五联骨牌的五联骨牌*）通过将其单位单元格替换为 (a) 3×4 矩形 (b) 4×3 矩形，放大 3×20 五联骨牌填充方法 (36). 用 12 套完整的五联骨牌（每套有 12 块五联骨牌），每个原始的五联骨牌区域使用一套，有多少种方式可以将得到的 720 个单元格形状装满？

(c) 还可以将下面包含 720 个单元格的形状分割成 3×20 的区域，每个区域为包含 12 个单元格的近似*正方形*. 我们通过将每个灰色单元格分配给相邻的区域来完成.（此形状已叠加在以 $\sqrt{12}\times\sqrt{12}$ 网格为基础的区域上. 这些区域是*标准正方形*.）最小化 60 个结果区域的总周长，并尝试获得一个对称的解.

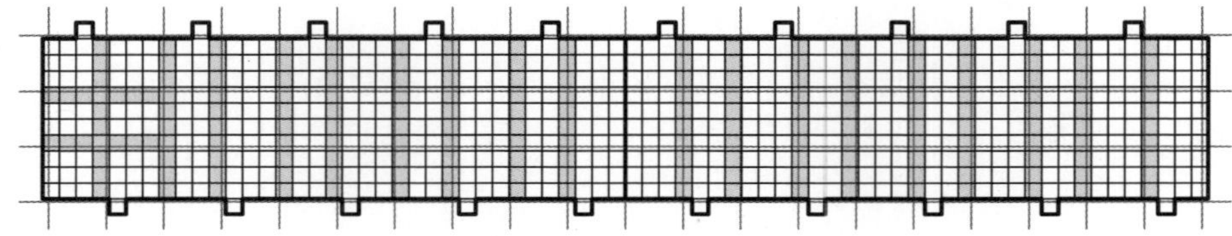

利用你的分区来呈现 (36) 的一个放大版本，再次使用 12 套完整的五联骨牌.

290. [*21*] 当四联骨牌既带有方格图案又是单侧的时（见习题 275 和习题 285），会产生 10 种可能的骨牌块. 要用这 10 种骨牌块填满一个矩形，有多少种方式？

291. [*24*] （*每日一谜*）使用 2 块三联骨牌、5 块四联骨牌和 3 块五联骨牌，可以覆盖下面一对图示中的 12 个“月份”中的 11 个和 31 个“日期”中的 30 个，从而显示出当前的月份和日期.

I	II	III	IV
V	VI	VII	VIII
IX	X	XI	XII

1	2	3	4	5	6	7
8	9	10	11	12	13	14
15	16	17	18	19	20	21
22	23	24	25	26	27	28
29	30	31				

在 3 块五联骨牌的 $\binom{12}{3}$ 组中，哪一组总是允许这样做？

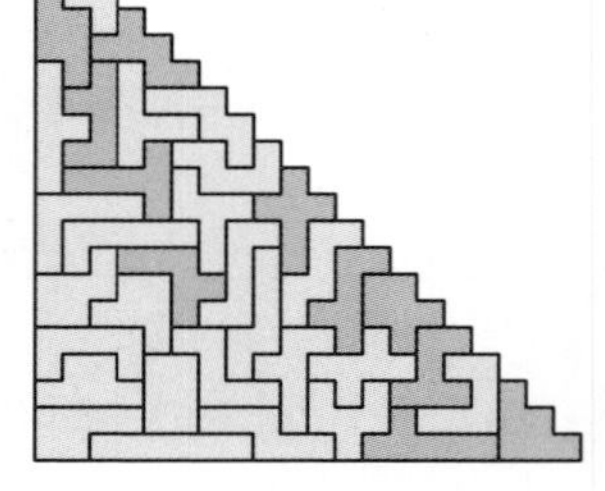

292. [*20*] 有 35 种*六联骨牌*，最早由谜题大师赫伯特 · 本杰明于 1934 年列举出来. 那年圣诞节，他决定向第一个能把它们放入 14×15 矩形的人提供 10 先令，不过他不确定有人能做到. 最终，奖金被弗朗兹 · 卡德纳获得，但并非如预期的那样：卡德纳证明了实际上六联骨牌*不能*被装进*任何*矩形中！尽管如此，本杰明仍继续研究它们，最终发现它们可以很好地适应右图所示的三角形.

证明卡德纳定理. *提示*：见习题 275.

293. [*24*] （弗兰斯 · 汉森，1947 年）$35=1^2+3^2+5^2$ 这个事实表明，我们可以将六联骨牌装入 3 个盒子中（这些盒子代表同一种六联骨牌形状的 3 个尺寸），如下所示：

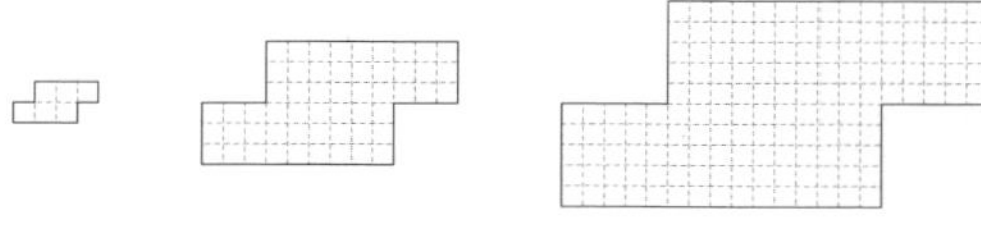

哪些六联骨牌可以这样做?

▶ **294.** [*30*] 证明 35 种六联骨牌可以被分成 5 个“城堡”:

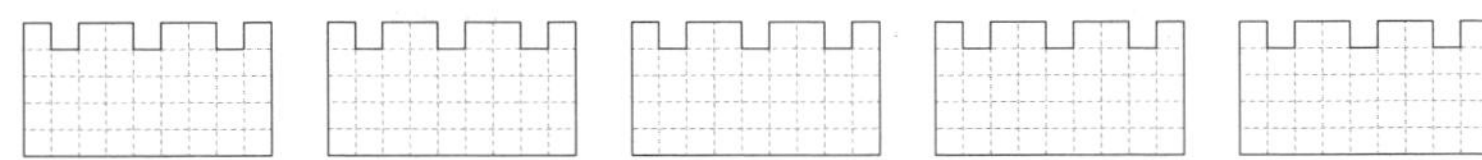

有多少种方法可以做到这一点?

295. [*41*] 对于哪些 m 值，六联骨牌可以被装入这样的盒子中?

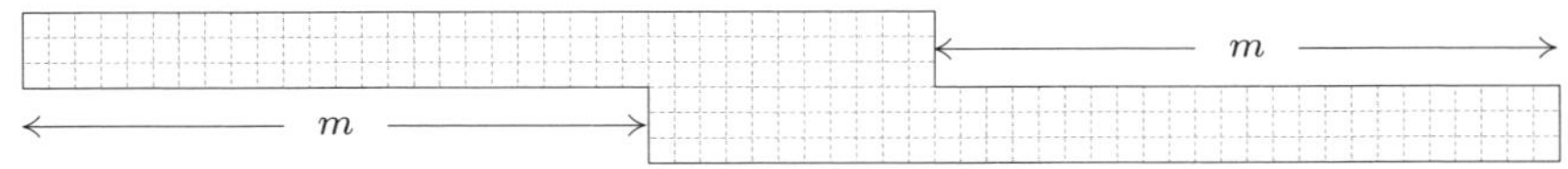

296. [*41*] 也许最好的六联骨牌填充方法是使用带有 15 个孔的 5×45 矩形:

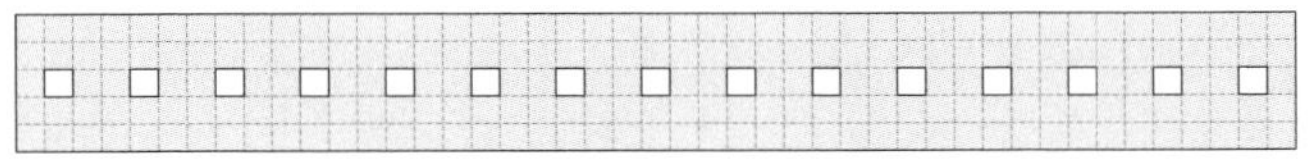

沃尔特 · 斯特德于 1954 年提出了这种方法. 有多少种方式可以用 35 块六联骨牌填满该矩形?

297. [*24*] （彼得 · 托尔比恩，1989 年）35 块六联骨牌可以被装入 6 个 6×6 正方形中吗?

▶ **298.** [*22*] 有多少种方式可以将 12 块五联骨牌放入一个 8×10 矩形中，同时留下 5 个四联骨牌形状的孔?（这些孔不应接触边界，也不应彼此互相接触，甚至在角上也是如此. 右图显示了一个示例.）解释如何将这个谜题编码为一个 XCC 问题.

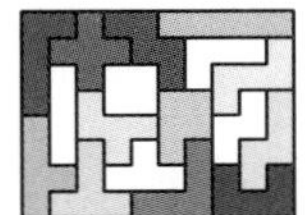

299. [*39*] 如果可能的话，解决类似习题 298 的问题，即 5×54 矩形中有 35 块六联骨牌，并留下 12 个五联骨牌形状的孔.

▶ **300.** [*24*] 在一个 10×10 正方形中，有多少种方式可以排列 12 块五联骨牌，使得每一行和每一列恰好填充 6 个单元格? 假设我们还有以下要求: (a) 两条对角线上的单元格都完全为空; (b) 两条对角线上的单元格都完全填充; (c) 设计真的很有趣.

301. [*25*] 以下是将 12 块五联骨牌放入 5×5 正方形的一种方式，将行 (1, 2, 3, 4, 5) 的单元格恰好覆盖 (2, 3, 2, 3, 2) 次:

QY	SX	ST	ST	RT
QXY	XYZ	RXZ	RST	RSV
QY	XZ	UW	RT	UV
QYZ	QWZ	UVW	PUV	PUV
OW	OW	OP	OP	OP

(a) 有多少种这样的放置方式是可能的呢?

(b) 假设我们在进行上述排列时先放置 O，然后放置 P，接着放置 Q……最后放置 Z. 那么 Z 在 W 的上方，W 在 V 的上方，V 在 U的上方，U 在 P 的上方，P 在 O 的上方. 也就是说，这些五联骨牌被叠成 6 层. 证明不同的放置顺序只需要 4 层.

(c) 找到一个只需要 3 层的解决方案.

(d) 找到一个无法仅用 4 层实现的解决方案.

302. [*26*] 如果一块 n 联骨牌可以被放入一个 $(\sqrt{n}+1)\times(\sqrt{n}+1)$ 方框中，那么我们称其为“小”的; 如果它不包含 2×2 四联骨牌，那么我们称其为“纤细”的. 比如，五联骨牌 O、Q、S、Y 不是小的; P 不是纤细的.

(a) 有多少种九联骨牌既是小的又是纤细的?

(b) 将 9 块不同的小而纤细的九联骨牌放入一个 9×9 方框中.

(c) 以 (b) 的解为基础，创建一个具有唯一解的锯齿数独谜题. 谜题的线索应该是 π 的前几位数字.

▶ **303.** [*HM35*] *平行四边形多联骨牌*，或简称为“平行骨牌”，是一种边缘由两条路径组成的多联骨牌，每条路径仅向北和（或）向东行进.（等效地说，它也可以称为“楼梯形多边形”“斜杨表”或“斜费勒斯板”，是两个表格或分划之间的差异，详见 5.1.4 节和 7.2.1.4 节.）比如，有 5 种平行骨牌，其边缘路径的长度为 4：

NNNE ENNN ； NNEE ENEN ； NNEE EENN ； NENE EENN ； NEEE EEEN .

(a) 找到一个一一对应关系，将具有 m 个叶结点和 n 个结点的有序树集合映射到宽度为 m、高度为 $n-m$ 的平行骨牌集合.

(b) 研究生成函数 $G(w,x,y)=\sum_{平行骨牌} w^{面积}x^{宽度}y^{高度}$.

(c) 证明：宽度与高度之和为 n 的平行骨牌的总面积为 4^{n-2}.

(d) (c) 表明，我们也许能够将所有这些平行骨牌放入 $2^{n-2}\times 2^{n-2}$ 正方形，而不需要旋转它们或翻转它们. 当 $n=3$ 或 $n=4$ 时，我们显然无法做到这一点；但当 $n=5$ 或 $n=6$ 时可能吗？

304. [*M25*] 证明：判断 n 块给定的多联骨牌（每块都适合 $\Theta(\log n)\times\Theta(\log n)$ 正方形）是否可以精确地打包成一个正方形是一个 NP 完全问题.

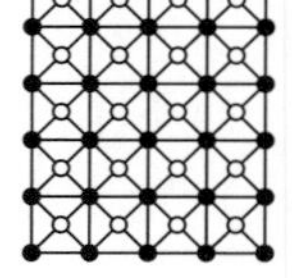

305. [*28*] 当正方形网格缩放 $1/\sqrt{2}$ 并旋转 45° 时，我们可以将其一半顶点放在原始顶点的顶部；其他“奇数”顶点对应于原始正方形单元格的中心.

利用这个想法，我们可以将区域 1 的小多米诺骨牌黏在区域 2 的普通多米诺骨牌的部分上，从而获得 10 块双层骨牌，称为*风车多米诺骨牌*.

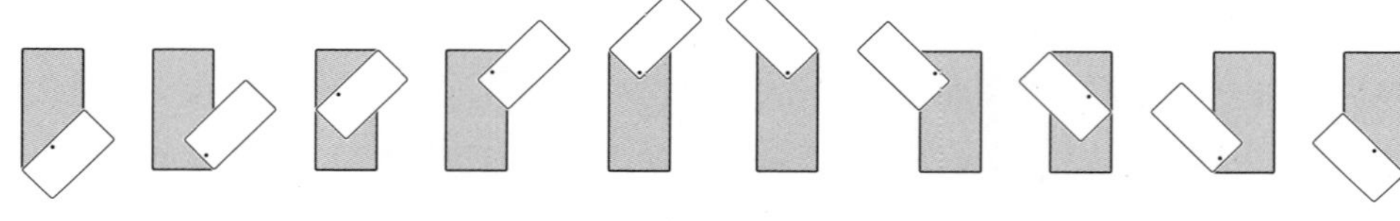

(a) 排列 4 块风车多米诺骨牌，使上层像风车.

(b) 将所有 10 块风车多米诺骨牌放入 4×5 盒子中，不要重叠.

(c) 同样，将它们全部放入 2×10 盒子中.

(d) 放置它们，使上层填充 $(4/\sqrt{2})\times(5/\sqrt{2})$ 矩形.

(e) 同样，使上层填充 $(2/\sqrt{2})\times(10/\sqrt{2})$ 矩形.

在 (a)~(e) 的每种情况中，使用算法 X 计算可能的放置总数. 还要查看输出并选择特别令人满意的排列.

▶ **306.** [*32*] （谢尔盖 · 格拉巴尔丘克，1996 年）有多少种方式可以排列这 10 块风车多米诺骨牌，使得 20 个大方格定义了一个蛇形循环，即类似于习题 172(b) 中的情况，并且 20 个小方格也满足相同的条件？（举例来说，类似下面的排列满足蛇形条件但不满足另一个条件.）

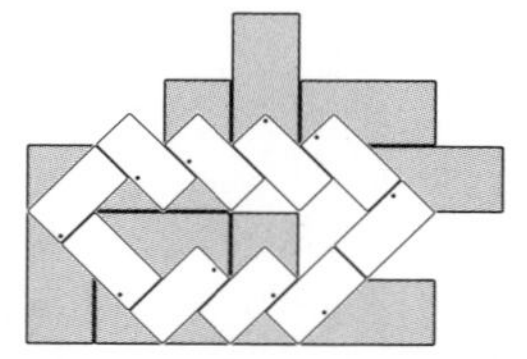

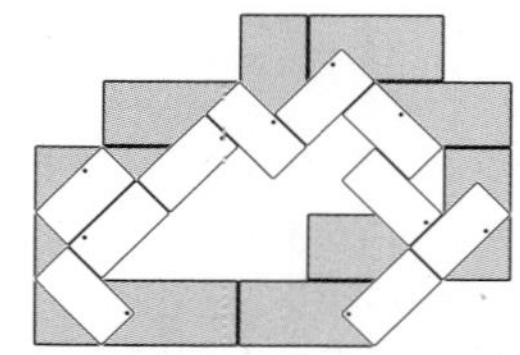

307. [*M21*] 如果一个 $(3m+1)\times(3n+2)$ 盒子里装着 $3mn+2m+n$ 块直型三联骨牌和一块多米诺骨牌，那么多米诺骨牌必须放在哪里？

308. [*22*] *多菱形*是在三角形网格中的一组相连的三角形，灵感来自菱形 ◇——就像多联骨牌是在方形网格中的一组相连的方块，灵感来自多米诺骨牌 ⊟. 多菱形包括单菱形、菱形、三菱形等.

(a) 使用习题 124 中的坐标系将习题 266 扩展到三角形网格. 每个三菱形在三角形网格中有多少种基本放置方式？

(b) 找到将五菱形拼成凸多边形的所有方法（见习题 143）.

(c) 同样，找到将*单侧*五菱形拼成凸多边形的所有方法.

309. [*24*] 六联三角形特别有吸引力，它们像五联骨牌一样有 12 种．字母名称由康威建议，如下所示．

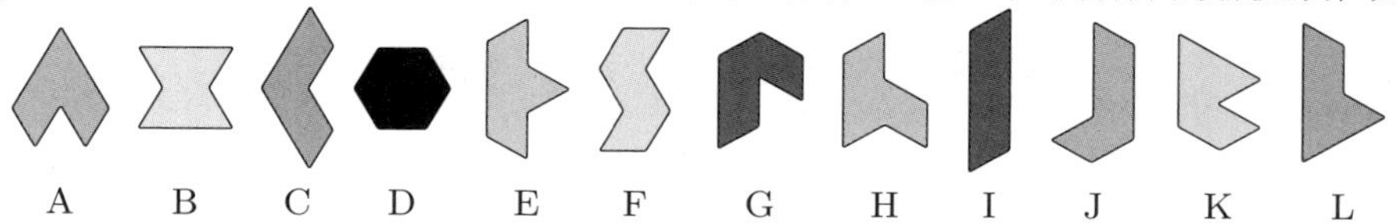

(a) 它们有多少种基本放置方式？

(b) 有多少种方式将它们拼成凸多边形，就像习题 308 中那样？

310. [*23*] 要将 12 种六联三角形不重叠地放入下图所示的形式中，m 的最小值是多少？

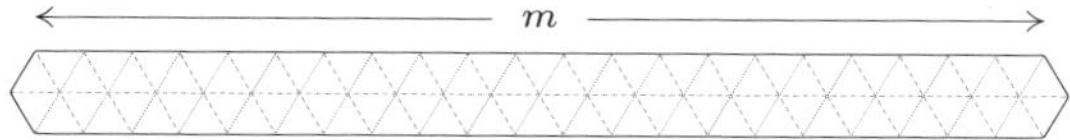

找到一种合适的方式将它们放在最小的盒子里．

▶ **311.** [*30*] （六联三角形壁纸）将 12 种六联三角形放入含有 N 个三角形的区域中，使得 (i) 该区域的移位副本填充平面；(ii) 由此产生的无限图案的六联三角形不互相接触，即使在顶点处也是如此；(iii) N 是最小值．

312. [*22*] 可以折叠以下形状以覆盖八面体的面：

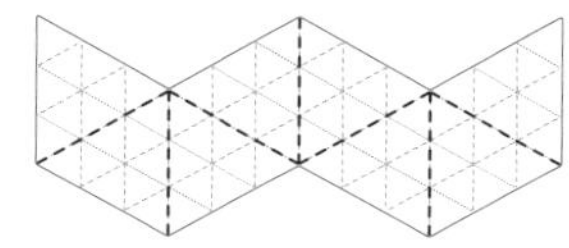

用六联三角形进行填充，使它们尽可能少地穿过折叠边缘．

▶ **313.** [*29*] （六联三角形的六联三角形）这里展示的“旋涡”是一个有趣的十二菱形，它以一种非常美丽的方式铺砌在平面上．

如果将六联三角形的每个三角形 △ 替换为旋涡，则用完整的六联三角形集合填充得到的包含 72 个三角形的形状可以以多少种方式进行填充？（习题 289 讨论了五联骨牌的类似问题．）

还可以考虑使用“翻转旋转”，即每次旋转的左右反射．

▶ **314.** [*28*] （乔治 · 西歇尔曼，2008 年）4 个五菱形可以用来制作两个形状相同的十菱形吗？将这个问题表述为精确覆盖问题．

315. [*20*] 多六形是通过将六边形的边缘粘贴在一起而形成的连接形状，就像多联骨牌由正方形制成，多菱形由三角形制成．比如，有一个单六形和一个双六形，但有 3 个三六形．化学家从 19 世纪开始研究多六形，并将较小的命名为：

苯 = ；　　萘 = ；

蒽 = ，　菲 = ，　萉 = ；　　等等．

（6 个碳原子的基团可以以近乎平面的方式键合在一起，形成六边形长链，并附有氢原子．但多六形和多环芳烃之间的对应关系并不完全相同．）

用类似笛卡儿坐标的方式表示无限网格中的各个六边形，其中，$\bar{1}=-1$，$\bar{2}=-2$，以此类推．

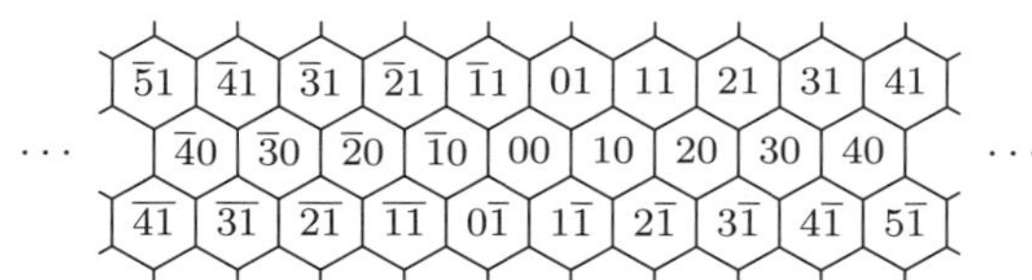

扩展习题 266 和习题 308(a)，解释如何在给定多六形单元格在该网格中的坐标的情况下找到多六形的基本位置．

316. [*20*] 证明整套三六形和四六形可以很好地包装在由 37 个同心六边形组成的花瓣形中．可以通过多少种方式来实现？

317. [*22*] （四六形的四六形）如果将四六形中的每个六边形替换为由 7 个六边形组成的花瓣形，那么我们会得到一个二十八六形. 这个放大的形状可以用 7 个不同的四六形以多少种方式填充?（见习题 289 和习题 313.）

▶ **318.** [*20*] 假设 T 网格是所有六边形 xy 的集合，其中，$x \not\equiv y$ (modulo 3)：

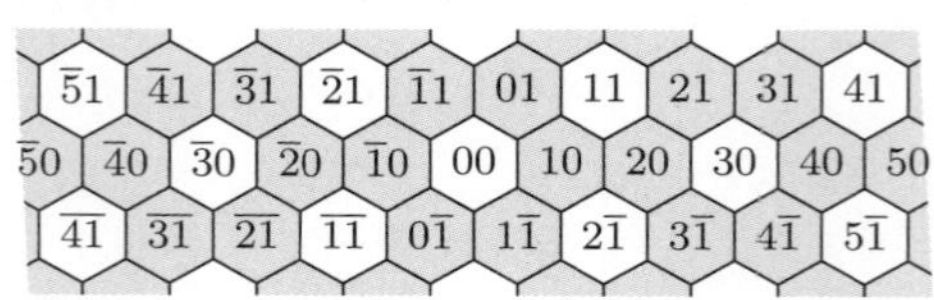

证明 T 网格的六边形与无限三角网格的三角形之间存在一一对应关系，其中，每个多菱形对应一个多六形.（因此，多菱形研究是多六形研究的一个特例!）提示：习题 124 讨论了表示三角形的坐标系.

319. [*21*] 在多联骨牌、多菱形和多六形之后，下一个最流行的多形是多弯块，最初由斯坦利 · 科林斯于 1961 年提出. 这些形状是通过在其边缘附加等腰直角三角形来获得的，比如有 3 个二弯块：{□, ▱, △}. 注意，任何 n 弯块在被放大 $\sqrt{2}$ 倍后，都对应一个 $2n$ 弯块.

14 个四弯块可以通过与六菱形的粗略相似之处来命名：

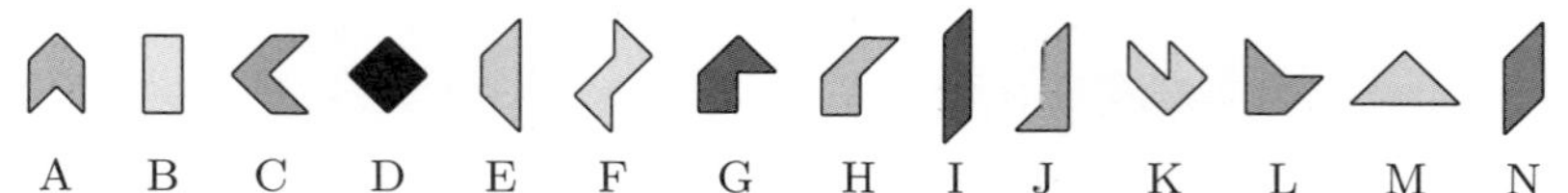

证明：对多弯块的研究可以归结为研究（稍微泛化的）多联骨牌，就像习题 318 将多菱形研究归结为多六形研究一样.

▶ **320.** [*M28*] 解释如何枚举所有的凸 N 弯块. 有多少个凸五十六弯块可以被这 14 个四弯块填充?

321. [*24*] （托马斯 · 奥贝恩，1962 年）8 个单侧四弯块及其镜像可以通过多少种方式形成一个正方形?

322. [*23*] 多棒为我们提供了另一个有趣的形状系列，可以以有趣的方式加以组合. n 棒是通过在网格点附近将 n 条水平和（或）竖直单位线段连接在一起而形成的. 比如，有两根二棒和 5 根三棒；当然，只有一根单棒. 它们在右图中以白色显示，周围环绕着 16 根黑色四棒.

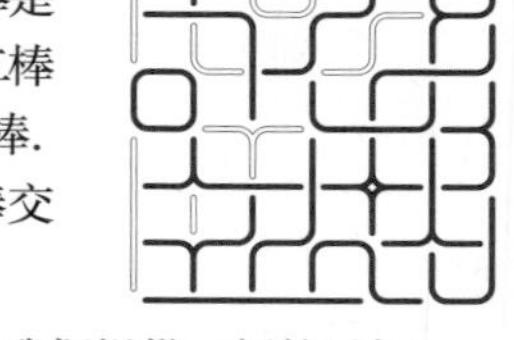

多棒给多形谜题再添波折，因为当我们将它们装入容器时，不允许不同的多棒交叉. 将习题 266 扩展到多棒，以便算法 X 处理它们.

323. [*M25*] 我们已经看到了多联骨牌、多菱形、多六形、多棒等各种多形，它们都为我们提供了新的见解. 事实上，人们还研究了许多其他多形家族. 让我们最后来看看多斜形，这是一个相对较新的家族，似乎值得进一步探索. 多斜形是当我们以棋盘格的方式交替连接正方形和菱形时产生的形状. 比如，以下是 10 个四斜形：

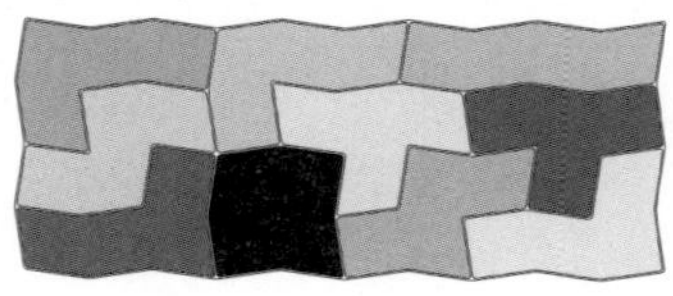

有两种单斜形、一种双斜形和 5 种三斜形.

(a) 解释如何绘制这种倾斜的像素图.

(b) 证明：就像多弯块一样，多斜形可以归结为多联骨牌.

(c) 四斜形可以以多少种方式组成一个斜向矩形呢?

▶ **324.** [*20*] 将习题 266 扩展到三维. 7 个索玛块中的每一个都有多少个基本位置?

325. [*27*] 索玛图的顶点是索玛立方问题的 240 个解，其中 u — v，当且仅当 u 可以通过改变最多 3 块的位置从 v 的等价物中获得. 强索玛图类似，但只有当两块从一个到另一个之间发生变化时，它才具有 u — v.

(a) 索玛图的度数序列是什么?

(b) 它们有多少个连通分量，又有多少个双连通分量?

▶ **326.** [*M25*] 使用"分解"技术来证明图 75 中的 W 型墙无法构建.

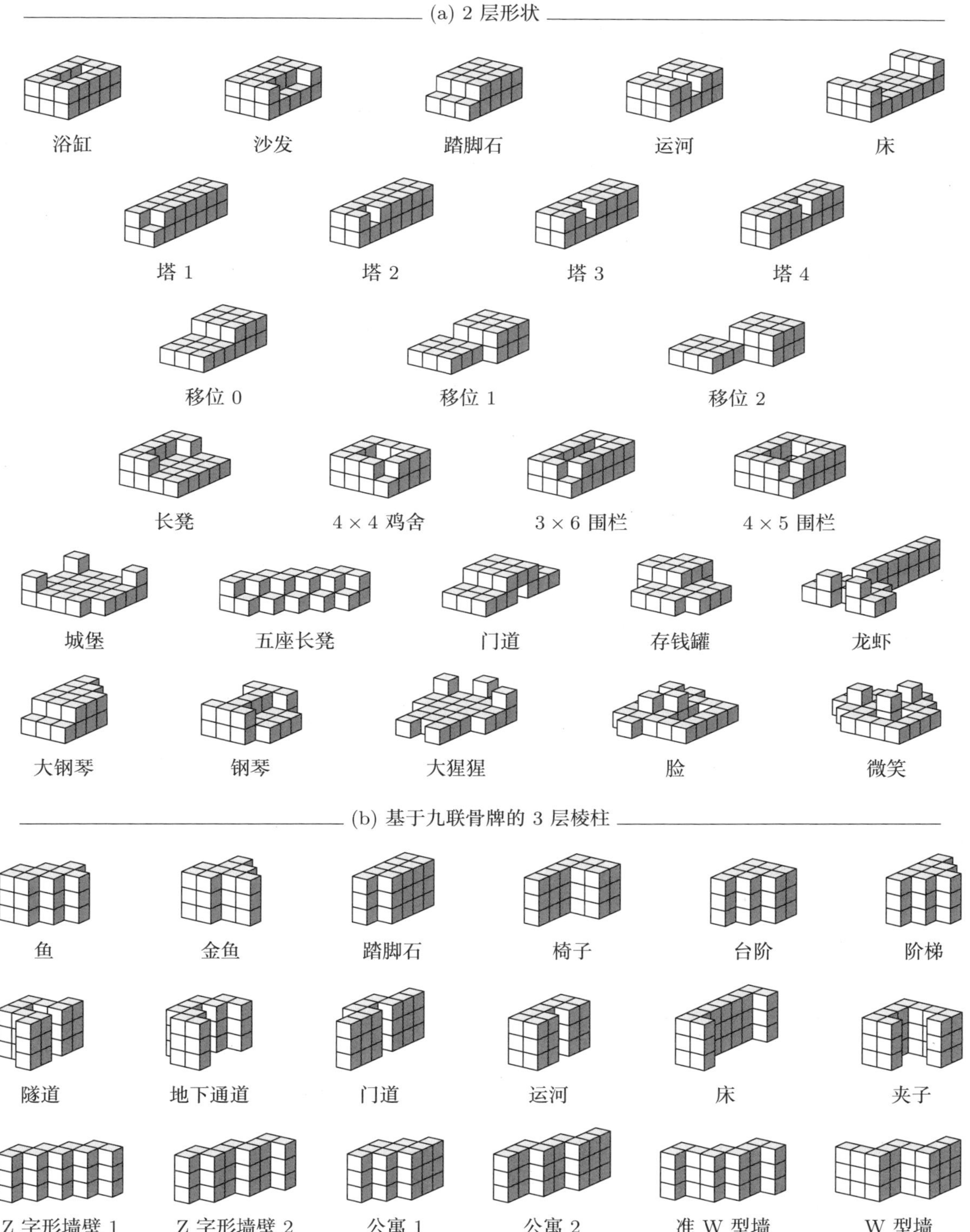

图 75 包含 27 个小立方体且值得注意的多联立方．除了 W 型墙，它们都可以使用 7 个索玛块构建．许多结构在侧倾或倒置时也是稳定的（见习题 326～334）

327. [*24*] 图 75(a) 显示了可以用 7 个索玛块构建的许多“低层”(2 层)形状. 哪一个最难(解最少)? 哪一个最简单? 对于图 75(b) 中的 3 层棱柱形状, 回答相同的问题.

▶ **328.** [*M23*] 概括图 75 中的前 4 个例子, 研究通过从 $3 \times 5 \times 2$ 盒子中删除 3 个立方体可获得的所有形状的集合. (右图显示了两个例子.) 有多少种本质上不同的形状是可能的? 哪种形状最简单? 哪种形状最难?

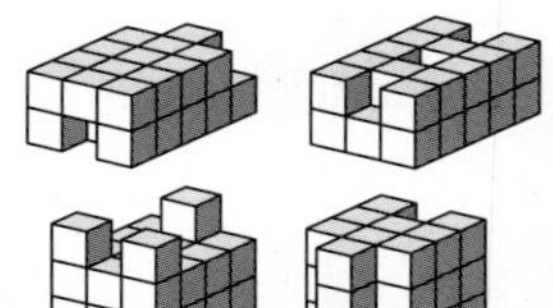

329. [*22*] 同理, 考虑以下情况: (a) 所有由一个 $3 \times 4 \times 3$ 盒子组成、顶层只有 3 个小立方体的形状; (b) 所有适合 $3 \times 4 \times 3$ 盒子的 3 层棱柱形状.

330. [*25*] 在 1285 种九联骨牌中, 有多少种定义了可以由索玛块实现的棱柱形状? 这些装箱问题是否有唯一解?

331. [*M40*] 对皮特 · 海因的信念进行实证检验, 即使用 7 个索玛块可以实现的形状数量大约等于含有 27 个小立方体的多联立方的数量.

332. [*20*] (本杰明 · 施瓦茨, 1969 年) 证明索玛块可以制作看起来拥有超过 27 个小立方体的形状, 因为其中有隐藏在内部或底部的孔:

楼梯　　阁楼　　金字塔

这 3 种特殊形状可以以多少种方式构建?

333. [*22*] 证明用 7 个索玛块也可以构建像下面这样的结构:

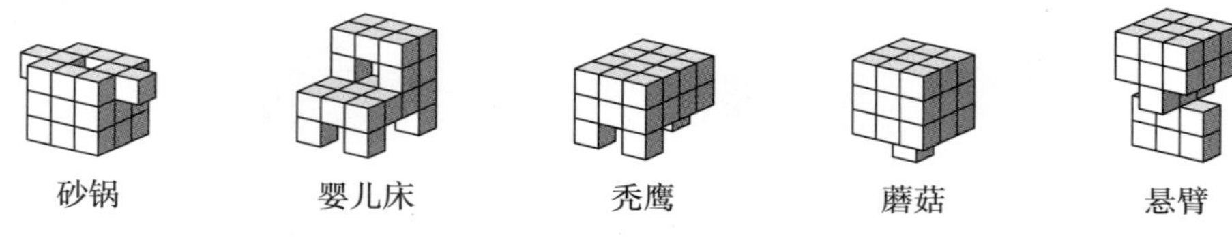

砂锅　　婴儿床　　秃鹰　　蘑菇　　悬臂

这些结构在重力作用下是“自支撑”的. (你可能需要在顶部放置一本小书.)

▶ **334.** [*M32*] 如果只坚持要求这些结构在正面视图中看起来真实(就像好莱坞电影中的立面一样), 那么我们可以构建不可能的结构. 为以下结构寻找所有视觉上正确的解.

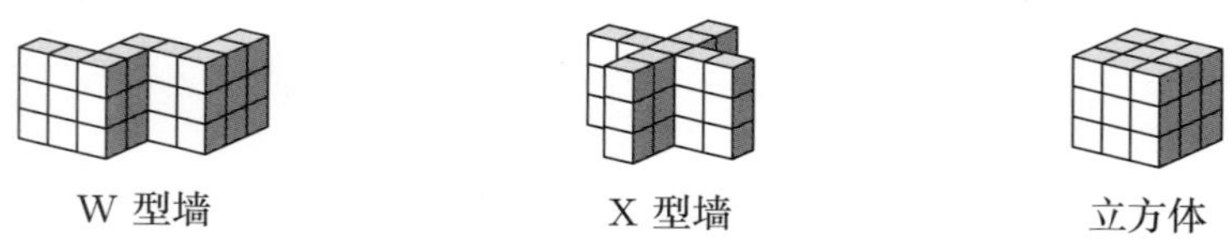

W 型墙　　X 型墙　　立方体

(要解决这道习题, 你需要知道这里的插图使用了从三维到二维的非等距投影 $(x, y, z) \mapsto (30x - 42y, 14x + 10y + 45z)u$, 其中, u 是比例因子.) 必须使用所有 7 个索玛块.

335. [*30*] 多联立方拼图的最早已知示例是 19 世纪末由法国的夏尔 · 瓦蒂利亚克斯制造的“恶魔立方体”, 它包含大小为 $2, 3, \cdots, 7$ 的 6 个平板拼块.

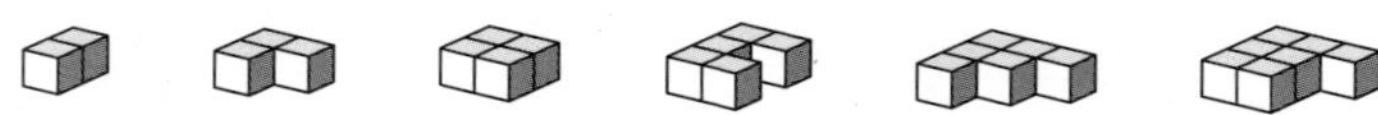

(a) 要用这些拼块组成一个 $3 \times 3 \times 3$ 立方体, 有多少种方式?

(b) 假设 6 个多联立方的大小分别为 $2, 3, \cdots, 7$, 它们可以仅以一种方式组成一个立方体吗?

336. [*21*] (L-bert 大厅) 拿两个小立方体并在每个上面钻 3 个孔; 然后将它们黏合在一起, 并连接一个实心小立方体和一个暗榫, 如右图所示. 证明: 仅有一种方式将 9 个这样的部件装进一个 $3\times3\times3$ 盒子中.

337. [*29*] （安格斯 · 莱弗里，1989 年）设计一种拼图，它由 9 个弯曲的三联立方组成，其面的正方形要么是空白的，要么涂有红色或绿色的斑点. 目标是以两种方式将这些部件组装成一个 $3\times3\times3$ 立方体：(i) 没有可见的绿色斑点，红色斑点与右图中的左侧骰子匹配；(ii) 没有可见的红色斑点，绿色斑点与右图中的右侧骰子匹配.

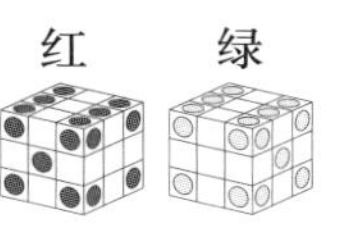

338. [*22*] 证明正好有 8 种四联立方——尺寸为 4 的多联立方. 考虑到重力，它们可以构成以下哪种形状？有多少种可能的解？

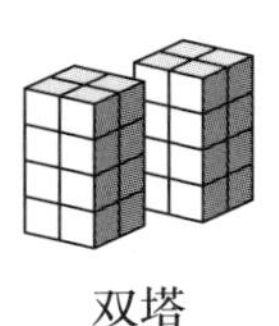

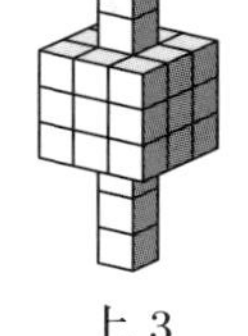

双塔　双爪　大炮　上 3　上 4　上 5

339. [*25*] 369 种八联骨牌中，有多少种定义了可由四联立方实现的 4 层棱柱？这些问题是否有唯一解？

340. [*30*] 有 29 种五联立方，它们可以方便地用单字母代码来标识：

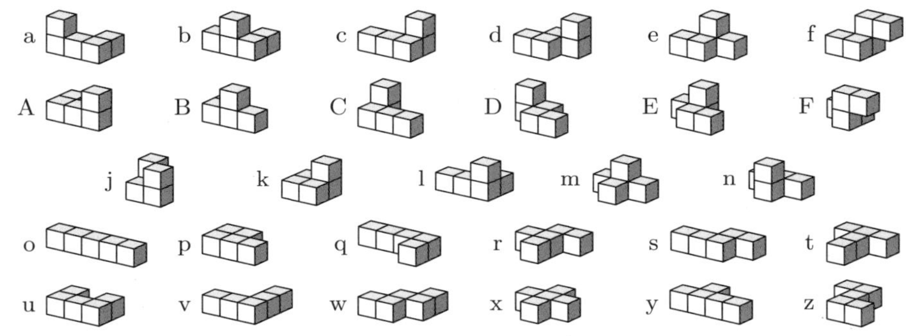

o 到 z 这些块被称为实心五联骨牌或平面五联立方.

(a) a, b, c, d, e, f, A, B, C, D, E, F, j, k, l, $\cdots$, z 的镜像是什么？

(b) 实心五联骨牌可以用多少种方式装入 $a\times b\times c$ 长方体？

(c) 哪些“自然”的五联立方（选择 25 种）能够填满 $5\times5\times5$ 立方体？

▶ **341.** [*25*] 完整的 29 种五联立方可以构建各种优雅的结构，其中包括一个特别惊人的示例，称为“道勒盒子”. 这个 $7\times7\times5$ 容器最早由罗伯特 · 道勒于 1979 年提出，它由 5 个平坦的板块构建而成. 然而，只有 12 种五联立方能够平放在表面，其他 17 种必须以某种方式嵌入到边缘和角落中.

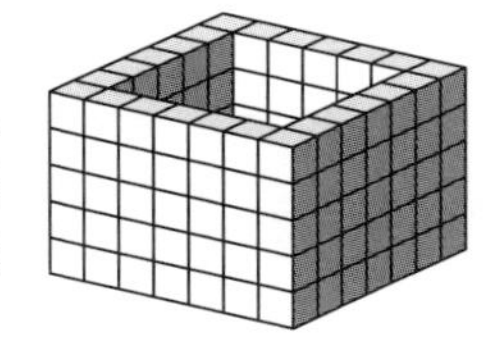

尽管存在这些困难，但道勒盒子有如此多的解，以至于我们实际上可以对其构造进一步施加许多条件，如下所述.

(a) 以这样的方式构建道勒盒子，使得手性块 a, b, c, d, e, f 及其镜像 A, B, C, D, E, F 都出现在水平镜像对称位置.

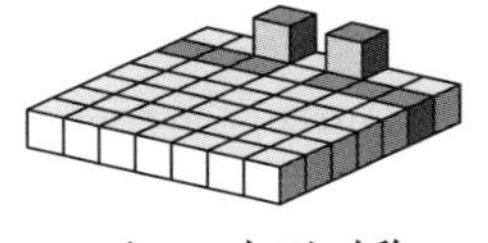

c 和 C 水平对称

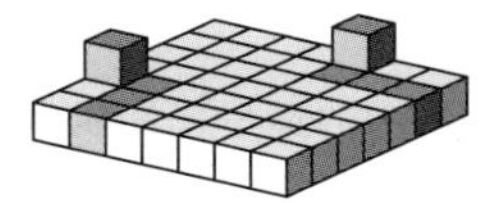

c 和 C 对角对称

(b) 或者，使手性块及其镜像符合对角镜像对称.

(c) 又或者，将块 x 放在中心，并用 4 个全等的块（每个块有 7 个五联立方）构建剩余的结构.

342. [*25*] 利用一个有趣的事实，即 $3^4+4^3=29\times5$，我们还可以用 29 种五联立方构建右图所示的形状. 但算法 X 需要很长时间才能告诉我们如何构建它，除非我们很幸运，因为可能性空间是巨大的. 我们怎样才能快速找到解？

343. [*40*] （托尔斯滕 · 西尔克，1995 年）对于 12 种五联骨牌形状中的每一种，使用不同的五联立方构建尽可能高的塔，使其墙壁竖直，且所有楼层都具有给定的形状. *提示*：明智的分解将显著加速求解过程.

344. [*20*] 要用 25 块实心五联骨牌 Y（见图 73）填满一个 $5\times5\times5$ 立方体，有多少种方式？讨论如何去除这个问题的 48 种对称性.

345. [*20*] 将 12 个 U 形十二联立方装入一个 $4\times6\times6$ 盒子中，不要让它们中的任何两个形成一个“十”字形状.

346. [*M30*] (l,m,n) *三腿支架*是一个包含 $l+m+n+1$ 个立方体的簇，其中有长度分别为 l、m 和 n 的三条“腿”连接到一个拐角的立方体，就像右图显示的 $(1,2,3)$ 三腿支架一样. “支架”是当三腿支架连接到一个位于拐角的块时的特殊情况：

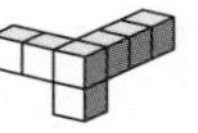

$$(l,m,n)\cup\{(l',m,n)\mid 0\leqslant l'<l\}\cup\{(l,m',n)\mid 0\leqslant m'<m\}\cup\{(l,m,n')\mid 0\leqslant n'<n\}.$$

(a) 证明：对于所有 $m,n\geqslant 0$，非重叠 $(1,m,n)$ 三腿支架的平移副本能够填满三维空间，而无须旋转或反射. *提示*：将 N^2 个副本打包成 $N\times N\times N$ 环面，其中，$N=m+n+2$.

(b) 证明：可以用平移的 $(2,2,2)$ 三腿支架填充三维空间的 7/9.

(c) 证明：可以用平移的 $(3,3,3)$ 三腿支架填充三维空间的至少 65/108.

(d) 令 $r(l,m,n)$ 为 $l\times m\times n$ 长方体中可容纳的最大支架数量. 证明：可以用平移的 (l,m,n) 三腿支架填充三维空间的至少 $(1+l+m+n)r(l,m,n)/(4lmn)$.

(e) 使用算法 M 计算 $r(l,m,n)$，其中，$4\leqslant l\leqslant m\leqslant n\leqslant 6$.

▶ **347.** [*M21*] （尼古拉斯 · 戈维特 · 德布鲁因，1961 年）证明：仅当 k 是 l、m 或 n 的因数时，$l\times m\times n$ 盒子才能用 $1\times1\times k$ 砖块填满.（因此，只有 a、b、c 都满足这个条件，才能用 $a\times b\times c$ 砖块填满.）

348. [*M41*] 找出可以装进 $l\times m\times n$ 盒子的“标准块”（$1\times2\times4$）的最大数量，留下尽可能少的空单元格.

▶ **349.** [*M27*] （迪安 · 霍夫曼）证明：27 块尺寸为 $a\times b\times c$ 的砖块总是可以拼成一个 $s\times s\times s$ 立方体，其中，$s=a+b+c$. 但如果 $s/4<a<b<c$，则 28 块就装不下了.

350. [*22*] 28 块尺寸为 $3\times4\times5$ 的砖块可以拼成一个 $12\times12\times12$ 立方体吗？

351. [*M46*] 5^5 个尺寸为 $a\times b\times c\times d\times e$ 的超立方体是否总能装入一个尺寸为 $(a+b+c+d+e)\times\cdots\times(a+b+c+d+e)$ 的五维超立方体？

352. [*21*] 有多少种方法可以把 12 块五联骨牌塞进 $2\times2\times3\times5$ 盒子？

353. [*20*] *弱多联立方*是一组立方体，它们通过共同的棱松散地连接在一起，而不一定通过共同的面. 换句话说，当立方体的中心相距不超过 $\sqrt{2}$ 个单位时，我们认为它们是相邻的；每个立方体最多可以有 18 个相邻立方体. 找到所有尺寸为 3 的弱多联立方，并将它们装入一个对称的容器中.

▶ **354.** [*M30*] *多球*是一组相互连接的球形单元格，属于“面心立方晶格”，这是两种以最高效率包装炮弹（或橘子）的主要方法之一. 这个晶格可以被方便地看作所有四组整数 (w,x,y,z) 的集合 S，其中，$w+x+y+z=0$. S 的每个单元格有 12 个相邻单元格，通过在一个坐标上加 1 并在另一个坐标上减 1 得到.

用两种方式来看待 S 是有指导意义的，即通过将它切成具有常数 $x+y+z$（因此是常数 $-w$）或常数 $y+z$（因此是常数 $-(w+x)$）的平面层：

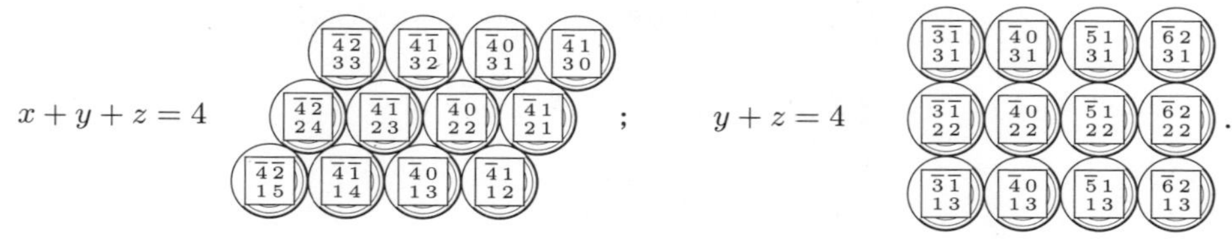

（这里，$\boxed{\begin{smallmatrix}w\,x\\ y\,z\end{smallmatrix}}$ 表示 (w,x,y,z).）如果包括上面和下面的层，则我们得到：

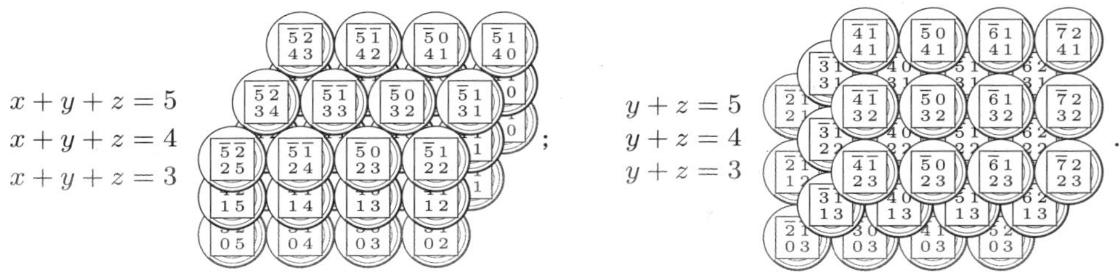

每个球体都位于其下面的 3 个或 4 个球体之间的间隙中．在上图左边的“六边形层”中，(w,x,y,z) 位于 $(w+3,x-1,y-1,z-1)$ 的正上方，但不与之接触；在上图右边的“四边形层”中，(w,x,y,z) 位于 $(w+1,x+1,y-1,z-1)$ 的正上方，但不与之接触．

(a) 证明：每块多联骨牌和每个多六形都可以被视为一个多球：

(b) 证明：反之，每个平面多球看起来要么是多联骨牌，要么是多六形．

(c) 每个多球 $\{(w_1,x_1,y_1,z_1),\cdots,(w_n,x_n,y_n,z_n)\}$ 都有唯一的基本位置 $\{(w'_1,x'_1,y'_1,z'_1),\cdots,(w'_n,x'_n,y'_n,z'_n)\}$，通过从每个 (w_k,x_k,y_k,z_k) 中减去 (w',x',y',z') 获得，其中，$x'=\min\{x_1,\cdots,x_n\}$，$y'=\min\{y_1,\cdots,y_n\}$，$z'=\min\{z_1,\cdots,z_n\}$，$w'+x'+y'+z'=0$．证明 $x'_k+y'_k+z'_k<n$．

(d) 与多联立方一样，如果在三维空间中，v 的基本位置也是 v' 旋转的基本位置，那么我们说多球 v 和 v' 是等价的．（“手性”多球的反射不被认为是等价的．）正式地说，S 绕通过原点的直线的旋转是一个正交 4×4 矩阵，其行列式为 1，并保持 $w+x+y+z$．找到以下矩阵：(i) 将六边形层旋转 120°；(ii) 将四边形层旋转 90°．

(e) 平面多球等价于它的反射，因为我们可以绕其平面中的一条线旋转 180°．找到合适的 4×4 矩阵，通过它，我们可以合法地反射多球，使其等价于 (i) 多联骨牌；(ii) 多六形．

(f) 证明：将一个多球带入另一个多球的每次旋转都可以作为 (d) 和 (e) 中所示矩阵的乘积获得．

355. [*25*] 习题 354 中的理论允许我们用 3 个整数坐标 xyz 表示多球单元格，因为 x、y 和 z 在基本位置中是非负的．另一个变量 w 是多余的（但值得记住），它总是等于 $-x-y-z$．

(a) 要寻找给定多球 $\{x_1y_1z_1,x_2y_2z_2,\cdots,x_ny_nz_n\}$ 的所有基本位置，有什么好方法？提示：使用习题 354 来调整习题 324 中的方法．

(b) 三维空间中的任意 3 个点位于一个平面上．习题 354(b) 告诉我们只有 4 个三球：一块三联骨牌，两个三六形，还有一个两者都是：

弯三球　　直三球（葱）　　葩　　菲

它们的基本位置是什么？

(c) 根据习题 354(c)，四球的每个基本位置都出现在 SGB 图 *simplex* $(3,3,3,3,3,0,0)$ 中．使用习题 7.2.2–75 找到该图的所有四元素连通子集，并识别所有不同的四球．每个四球在图中出现几次？

356. [*23*] 多球谜题通常涉及 3 种形状的构造．

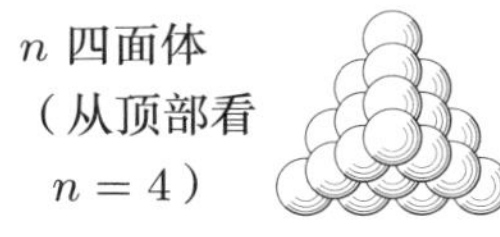

n 四面体（从顶部看 $n=4$）

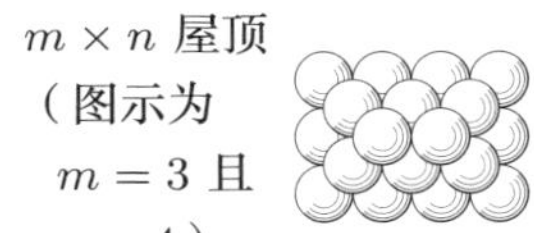

$m\times n$ 屋顶（图示为 $m=3$ 且 $n=4$）

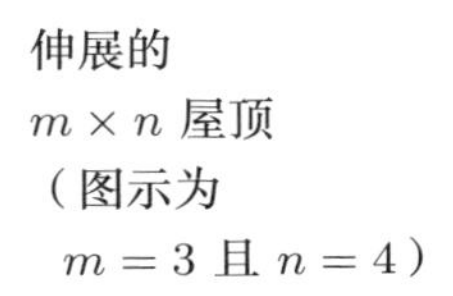

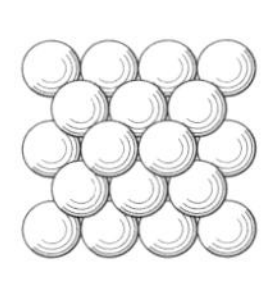

伸展的 $m\times n$ 屋顶（图示为 $m=3$ 且 $n=4$）

（$n\times n$ 屋顶或伸展的 $n\times n$ 屋顶分别被称为“n 金字塔”或“伸展的 n 金字塔”．）

(a) 通过指定合适的基本位置来定义这些配置．

(b) 图中所示的每个形状均由 20 个球体组成，伸展的 4×3 屋顶也是如此. 找到足以构建这些形状的所有 5 个*四球*的多重集.

(c) 四金字塔和伸展的四金字塔包含 30 个球体. 10 个*三球*的哪些多重集能够构建它们?

(d) *截塔八面体*代表 $\{1,2,3,4\}$ 的所有排列，它是 S 的一个值得注意的 24 单元子集（见习题 5.1.1–10）. 6 个四球的哪些多重集可以构建它?

357. [*M40*] 研究“多平台”，这是一组截塔八面体，可以通过将相邻的面（正方形或六边形）粘贴在一起来构建.

358. [*HM41*] 研究“多六球”，它是*六边形紧密堆积*中的球体连接集.（这种排列方式与习题 354 中的不同，因为六边形层中的每个球体都直接位于其下方 2 层而不是 3 层的球体上方.）

359. [*29*] 尼克 · 巴克斯特在 2014 年国际拼图大会上设计了一个看似简单、实则难度极高的“方形剖分”谜题，要求将以下 9 块拼图平放在 65×65 正方形中.

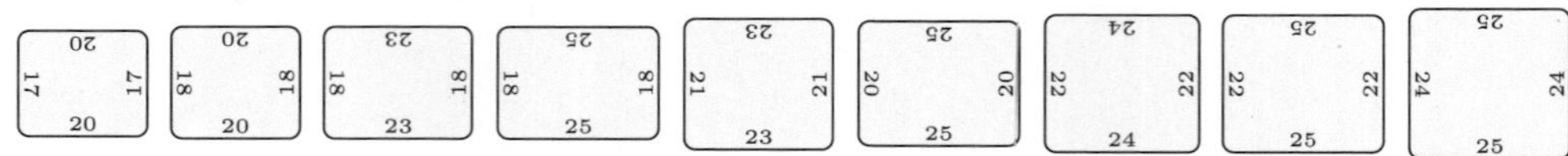

容易验证 $17\times 20+18\times 20+\cdots+24\times 25=65^2$，然而这似乎没什么用！请在算法 X 的帮助下解决他的难题.

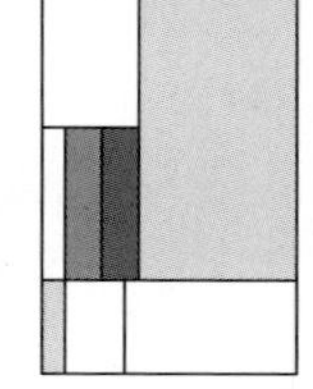

▶ **360.** [*20*] 下一组习题致力于将矩形分解为更小的矩形，如此处所示的蒙德里安图案. 要约简这种图案，我们需要在必要时伸缩它，使其适合 $m\times n$ 网格，每个竖直坐标 $\{0,1,\cdots,m\}$ 用于至少一个水平边界，每个水平坐标 $\{0,1,\cdots,n\}$ 用于至少一个竖直边界. 比如，所示图案约简为 ，其中，$m=3$ 且 $n=5$.（注意，原始矩形不需要具有合理的宽度或高度.）

如果一个图案约简后不变，则该图案被称为*约简图案*. 设计一个精确覆盖问题，在给定 m 和 n 的情况下，算法 M 将通过该问题发现 $m\times n$ 矩形的所有约简分解. 当 $(m,n)=(3,5)$ 时，可能有多少个这样的分解?

361. [*M25*] 约简的 $m\times n$ 图案中，子矩形的最大数量显然为 mn. 最小数量是多少?

362. [*10*] 如果约简图案的每个子矩形 $[a\mathinner{..}b)\times[c\mathinner{..}d)$ 满足 $(a,b)\neq(0,m)$ 且 $(c,d)\neq(0,n)$，换句话说，如果没有子矩形“完全贯穿”，那么我们称它为*严格约简图案*. 修改习题 360 中的构造，使其只产生严格约简解. 有多少 3×5 图案被严格约简了?

363. [*20*] 如果不能将矩形分解为两个或更多个矩形，则称为*合法矩形分解*. 比如， 不是合法的，因为在第 2 行和第 3 行之间有一条断层线.（容易看出，每个约简合法图案都是严格约简图案，除非 $m=n=1$.）修改习题 360 中的构造，使其仅产生合法解. 有多少个约简的 3×5 图案是合法的?

364. [*23*] 判断正误：除了简单的情况 (m,n) 为 $(1,3)$ 或 $(3,1)$，由 1×3 三联骨牌组成的每个合法 $m\times n$ 矩形都是约简的.

365. [*22*] （*杂色剖分*）许多有趣的 $m\times n$ 矩形分解涉及严格约简图案，其子矩形 $[a_i\mathinner{..}b_i)\times[c_i\mathinner{..}d_i)$ 满足额外的条件：

$$\text{当 } i\neq j \text{ 时，}\qquad (a_i,b_i)\neq(a_j,b_j)\quad\text{且}\quad(c_i,d_i)\neq(c_j,d_j).$$

因此，没有两个子矩形会被同一对水平线或竖直线切断. 最小的此类“杂色剖分”是 3×3 风车状结构： 和 . 它们被认为本质上是相同的，因为它们是彼此的镜像. 有 8 个本质上不同的 $4\times n$ 杂色矩形，即

，；，，，，，.

在旋转和反射下，两个 4×4 矩形都可以用 8 种方式绘制. 同理，大多数 4×5 杂色矩形可以用 4 种方式绘制. 但后两者只有两种形式，因为它们在 180° 旋转下是对称的.（如果我们交换中间的两个 x 坐标，那么最后两个实际上是等价的.）

设计一个精确覆盖问题，使得通过该问题，算法 M 将能够在给定 m 和 n 的情况下发现 $m\times n$ 矩形的所有杂色剖分.（当 $m=n=4$ 时，该算法应该找到 $8+8$ 个解；当 $m=4$ 且 $n=5$ 时，该算法应该找到 $4+4+4+4+2+2$ 个解.）

▶ **366.** [*25*] 通过利用对称性将解的数量减少一半来改进习题 365 中的构造.（当 $m=4$ 且 $n=4$ 时，现在会有 $4+4$ 个解；当 $m=4$ 且 $n=5$ 时，会有 $2+2+2+2+1+1$ 个解.）提示：杂色剖分永远不与其左右反射相同，因此我们不需要同时考虑两者.

367. [*20*] 杂色剖分的*阶数*是指它包含的子矩形的数量. 没有阶数为 6 的杂色剖分. 然而，对于所有 $m>3$，可以证明：阶数为 $2m-1$ 的杂色剖分有 $m\times m$ 个，阶数为 $2m$ 的杂色剖分有 $m\times(m+1)$ 个.

368. [*M21*] （赫尔穆特 · 波斯特尔，2017 年）证明：只有当 $n<2t/3$ 时，阶数为 t 的 $m\times n$ 杂色剖分才存在. 提示：考虑相邻的子矩形.

369. [*21*] $m\times n$ 杂色剖分的阶数必须小于 $\binom{m+1}{2}$，因为只允许有 $\binom{m+1}{2}-1$ 个间隔 $[a_i\,.\,.\,b_i)$. 对于 m 为 5、6 和 7 的情况，$m\times n$ 杂色剖分实际上可以达到的最大阶数是多少?

▶ **370.** [*23*] 解释如何通过修改习题 366 中的构造来生成具有 180° 旋转对称性的所有 $m\times n$ 杂色剖分，就像习题 365 中的最后两个示例一样.（换句话说，如果 $[a\,.\,.\,b)\times[c\,.\,.\,d)$ 是杂色剖分的一个子矩形，那么它的补集 $[m-b\,.\,.\,m-a)\times[n-d\,.\,.\,n-c)$ 也必须是其中的一个子矩形，可能是同一个.）有多少个这样的 8×16 杂色剖分?

371. [*24*] 当 $m=n$ 时，可以实现更多的对称性（就像习题 365 中的风车状结构）.

(a) 解释如何生成具有 90° 旋转对称性的所有 $n\times n$ 杂色剖分. 这意味着 $[a\,.\,.\,b)\times[c\,.\,.\,d)$ 导致 $[c\,.\,.\,d)\times[n{-}b\,.\,.\,n{-}a)$.

(b) 解释如何生成关于两条对角线反射对称的所有 $n\times n$ 杂色剖分. 这意味着 $[a\,.\,.\,b)\times[c\,.\,.\,d)$ 导致 $[c\,.\,.\,d)\times[a\,.\,.\,b)$ 和 $[n{-}d\,.\,.\,n{-}c)\times[n{-}b\,.\,.\,n{-}a)$，因此也有 $[n{-}b\,.\,.\,n{-}a)\times[n{-}d\,.\,.\,n{-}c)$.

(c) 若要使 (b) 型对称解存在，n 最小是多少?

▶ **372.** [*M35*] （*楼面图*）如果矩形分解满足榻榻米条件——“没有 4 个矩形相遇”——那么它通常被称为*楼面图*，它的子矩形被称为*房间*. 划分房间的线段被称为*边界*. 当房间 r 与边界 s 相邻时，会出现 4 种可能性：$s\downarrow r$、$r\to s$、$r\downarrow s$ 或 $s\to r$，分别表示 r 的上边界、右边界、下边界或左边界是 s 的一部分.

举例来说，以下楼面图有 10 个房间 $\{\mathrm{A},\mathrm{B},\cdots,\mathrm{J}\}$、$7+6$ 个边界 $\{h_0,\cdots,h_6,v_0,\cdots,v_5\}$，以及以下邻接：$h_0\downarrow\mathrm{A}\downarrow h_3\downarrow\mathrm{D}\downarrow h_5\downarrow\mathrm{E}\downarrow h_6$，$h_0\downarrow\mathrm{B}\downarrow h_1\downarrow\mathrm{C}\downarrow h_3\downarrow\mathrm{F}\downarrow h_6$，$h_1\downarrow\mathrm{G}\downarrow h_2\downarrow\mathrm{H}\downarrow h_4\downarrow\mathrm{I}\downarrow h_6$，$h_2\downarrow\mathrm{J}\downarrow h_6$；$v_0\to\mathrm{A}\to v_1\to\mathrm{B}\to v_5$，$v_1\to\mathrm{C}\to v_3\to\mathrm{H}\to v_4$，$v_0\to\mathrm{D}\to v_2\to\mathrm{F}\to v_3\to\mathrm{G}\to v_5$，$v_0\to\mathrm{E}\to v_2$，$v_3\to\mathrm{I}\to v_4\to\mathrm{J}\to v_5$.

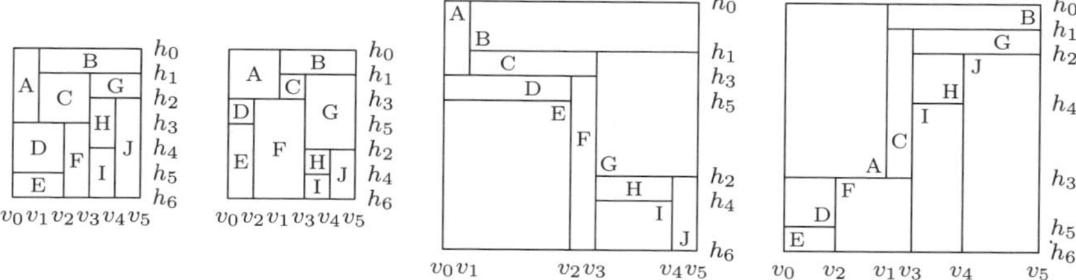

具有相同邻接关系的两张楼面图被认为是等价的. 因此，以上 4 张楼面图本质上是相同的，尽管它们看起来截然不同. 特别是，房间 C 不需要与房间 D 重叠，我们只需要 $\mathrm{C}\downarrow h_3\downarrow\mathrm{D}$.

(a) 对于 $k>0$，令 $r\Downarrow r'$ 表示 $r=r_0\downarrow s_0\downarrow r_1\downarrow\cdots\downarrow s_{k-1}\downarrow r_k=r'$；以类似的方式定义 $r\Rightarrow r'$. 当 $r\neq r'$ 时，证明 $[r\Downarrow r']+[r\Rightarrow r']+[r'\Downarrow r]+[r'\Rightarrow r]=1$. 提示：如上图所示，每张楼面图都具有唯一的对角线和反对角线等效形式.

(b) *孪生树*是一种数据结构，其结点 x 具有 4 个指针字段：`L0`(x)、`R0`(x)、`L1`(x)、`R1`(x). 它在结点上定义两棵二叉树 T_0 和 T_1，其中，T_θ 以 `ROOT`θ 为根并具有子链接 (`L`θ,`R`θ). 这两棵树满足：对于 $1<k\leqslant n$ 有 $\mathrm{inorder}(T_0)=\mathrm{inorder}(T_1)=x_1\cdots x_n$，$\mathtt{L0}(x_k)=\Lambda\iff\mathtt{L1}(x_k)\neq\Lambda$；对于 $1\leqslant k<n$ 有 $\mathtt{R0}(x_k)=\Lambda\iff\mathtt{R1}(x_k)\neq\Lambda$.

对于每个房间 r，如果 r 的左上角是交点 ⊤，则置 $\mathtt{L0}(r)\leftarrow\Lambda$ 和 $\mathtt{L1}(r)\leftarrow r'$，其中，$r'$ 是该角落中与 r 相对的房间；否则颠倒 `L0` 和 `L1` 的角色. 同理，如果 r 的右下角是交点 ⊣，则置 $\mathtt{R0}(r)\leftarrow\Lambda$ 和 $\mathtt{R1}(r)\leftarrow r'$，否则反之.（在最角落使用 $r'=\Lambda$.）也将 `ROOT0` 和 `ROOT1` 分别置为左下和右上的房间. 证明已创建一棵孪生树，方便表示该楼面图.

373. [*26*] t 阶“完美分解矩形”是指将一个矩形合法剖分为 t 个子矩形 $[a_i\,..\,b_i)\times[c_i\,..\,d_i)$，使得 $2t$ 维 $b_1-a_1, d_1-c_1, \cdots, b_t-a_t, d_t-c_t$ 不同．比如，可以将 5 个尺寸分别为 1×2、3×7、4×6、5×10、8×9 的矩形组合起来，形成右图所示的 13×13 完美分解正方形．具有整数维度的 5 阶、6 阶、7 阶、8 阶、9 阶和 10 阶*最小*完美分解正方形是怎样的?

374. [*M28*] t 阶“不可比剖分”是指将一个矩形分解为 t 个子矩形，其中没有一个子矩形可以容纳另一个子矩形．换句话说，如果子矩形的高度和宽度分别为 $h_1\times w_1, \cdots, h_t\times w_t$，那么当 $i\neq j$ 时，既不满足“$h_i\leqslant h_j$ 且 $w_i\leqslant w_j$”也不满足“$h_i\leqslant w_j$ 且 $w_i\leqslant h_j$”．

(a) 判断正误：不可比剖分能被完美分解．

(b) 判断正误：不可比剖分的约简结果是杂色的．

(c) 判断正误：不可比剖分的约简结果不可能是风车状的．

(d) 证明：每个阶数小于或等于 7 的不可比剖分都约简为习题 365 中的第一个 4×4 杂色剖分；它的 7 个区域可以如图所示进行标记，其中，$h_7<h_6<\cdots<h_2<h_1$ 且 $w_1<w_2<\cdots<w_6<w_7$．

(e) 假设一个不可比剖分的约简结果是 $m\times n$，并且假设它的区域已经被标记为 $\{1,\cdots,t\}$．那么存在一些数 $x_1,\cdots,x_n,y_1,\cdots,y_m$，使得宽度是 x 值的总和，高度是 y 值的总和．（比如，在 (d) 中，我们有 $w_2=x_1$，$h_2=y_1+y_2+y_3$，$w_7=x_2+x_3+x_4$，$h_7=y_1$，等等．）证明这样的剖分存在，其中满足条件 $w_1<w_2<\cdots<w_t$，当且仅当线性不等式 $w_1<w_2<\cdots<w_t$ 有一个正解 $(x_1,\cdots,x_n)$，并且线性不等式 $h_1>h_2>\cdots>h_t$ 有一个正解 $(y_1,\cdots,y_m)$．

375. [*M29*] 在所有不可比 (a) 7 阶剖分和 (b) 8 阶剖分中，仅限于整数大小，找到具有最小半周长（高度加宽度）的矩形．还要找到具有不可比整数剖分的最小可能的*正方形*．*提示*：证明有 2^t 种可能的方法来混合 h 和 w，保持它们的顺序；并找出每种情况的最小半周长．

▶ **376.** [*M25*] 找出 7 个面积为 1/7 的*不同*矩形，使其可以拼成一个面积为 1 的正方形，并证明答案是唯一的．

377. [*M28*] 如果 $w=w'$，那么我们可以将两个尺寸分别为 $h\times w$ 和 $h'\times w'$ 的矩形*连接起来*，形成一个尺寸为 $(h+h')\times w$ 的大矩形；如果 $h=h'$，则形成一个尺寸为 $h\times(w+w')$ 的大矩形．

(a) 给定一组矩形的形状集合 S，令 $\Lambda(S)$ 为可以通过重复串联 S 的元素组成的所有形状的集合．描述 $\Lambda(\{1{\times}2, 3{\times}1\})$．

(b) 找到最小的集合 $S\subseteq T$，使得 $T\subseteq\Lambda(S)$，其中，$T=\{h{\times}w \mid 1<h<w\}$．

(c) 满足 $\Lambda(S)=\{h{\times}w \mid h,w>1 \text{ 且 } hw \bmod 8=0\}$ 的最小的集合 S 是什么?

(d) 给定 m 和 n，解决满足 $\Lambda(S)=\{h{\times}w \mid h,w>m \text{ 且 } hw \bmod n=0\}$ 的问题 (c)．

▶ **378.** [*M30*] （*有限基定理*）继续习题 377，证明任何矩形形状集合 T 都包含一个有限子集 S，使得 $T\subseteq\Lambda(S)$．

▶ **379.** [*23*] 五联骨牌 Q 的副本可以填充哪些 $h\times w$ 矩形? *提示*：利用前一道习题，找到所有此类矩形的有限基就足够了．

380. [*35*] 针对五联骨牌 Y 求解习题 379．

381. [*20*] 证明对于所有足够大的 n，可以使用 $3n$ 个*不相连*的形状“□ □□ □”来填充 $12\times n$ 矩形．

▶ **382.** [*18*] 有一种自然的方法可以将杂色剖分的思想扩展到三维，即通过将 $l\times m\times n$ 长方体细分成子长方体 $[a_i\,..\,b_i)\times[c_i\,..\,d_i)\times[e_i\,..\,f_i)$．这些子长方体在三个维度上的区间 $[a_i\,..\,b_i)$、$[c_i\,..\,d_i)$ 和 $[e_i\,..\,f_i)$ 均不重复．

举例来说，斯科特·金发现了一个引人注目的杂色 $7\times7\times7$ 立方体，它由 23 个单独的块组成，这里展示了其中 11 个块（其中两个隐藏在其他的后面）．通过将这些块的镜像适当地放置在前面，并在中心放置一个 $1\times1\times1$ 立方体，即可获得完整的立方体．

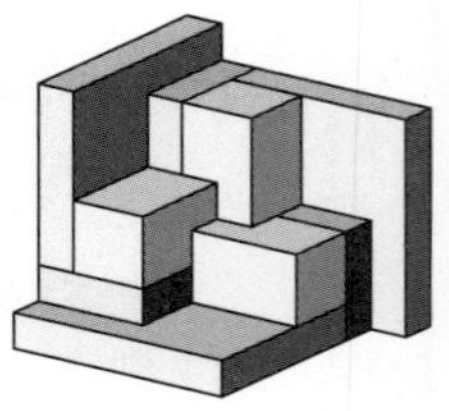

通过研究右图，证明金的构造可以由坐标区间 $[a_i\,..\,b_i)\times[c_i\,..\,d_i)\times[e_i\,..\,f_i)$ 来定义，其中，对于 $1\leqslant i\leqslant 23$ 有 $0\leqslant a_i,b_i,c_i,d_i,e_i,f_i\leqslant 7$．并且这个模式在变换 $xyz\mapsto\bar{y}\bar{z}\bar{x}$ 下是对称的．换句话说，如果 $[a\,..\,b)\times[c\,..\,d)\times[e\,..\,f)$ 是其中一个子长方体，那么 $[7-d\,..\,7-c)\times[7-f\,..\,7-e)\times[7-b\,..\,7-a)$ 也是一个子长方体．

383. [*29*] 使用习题 382 构造一个 $92 \times 92 \times 92$ 完美分解立方体，它由 23 个具有 69 个不同整数维度的子长方体组成（见习题 373）.

384. [*24*] 通过推广习题 365 和习题 366，解释如何使用算法 M 找到 $l \times m \times n$ 长方体的每个杂色剖分. *注意*：在三维情况下，习题 362 的严格条件“$(a_i, b_i) \neq (0, m)$ 且 $(c_i, d_i) \neq (0, n)$”应改为：

$$[(a_i, b_i) = (0, l)] + [(c_i, d_i) = (0, m)] + [(e_i, f_i) = (0, n)] \leqslant 1.$$

当 $l = m = n = 7$ 时，结果是什么?

385. [*M36*] （赫尔穆特 · 波斯特尔，2017 年）可以通过将一个杂色长方体重复嵌套在另一个杂色长方体中来构造任意大的杂色长方体（见习题 367 的答案）. 如果一个杂色长方体不包含嵌套的杂色子长方体，则我们称其为*原始长方体*.

大小为 $l \times m \times n$ 的杂色原始长方体仅在 $l = m = n = 7$ 时存在吗?

▸ **386.** [*M34*] 多联骨牌可以有 8 种类型的对称性：

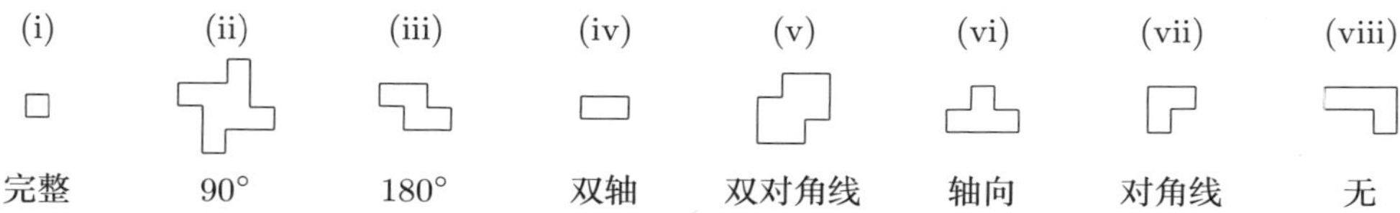

情况 (i) 通常称为 8 重对称性；情况 (iii) 通常称为中心对称性；情况 (vi) 通常称为左右对称性；情况 (ii)、(iv)、(v) 是 4 重对称性；情况 (ii) 和 (iii) 是旋转对称性；情况 (iv) ~ (vii) 是反射对称性. 在每种情况下，这里都显示了该对称性类型的 n 联骨牌，其中，n 是最小值.

多菱形或多六形可以具有多少种对称性类型? 请举例给出每种类型的 n 菱形和 n 六形，其中，n 是最小值.

▸ **387.** [*M36*] 继续习题 386，一个多联立方可以有多少种对称性类型? 使用最小数量的立方体给出每种类型的示例.（注意，镜面反射对于多联立方来说不是合法的对称性：左拧 $\neq$ 右拧!）

习题（第 3 组）

近年来，一些有趣的逻辑谜题变得流行起来，如不等式谜题（futoshiki）、贤贤谜题（kenken）、珍珠谜题（masyu）、数回谜题（slitherlink），以及数和谜题（kakuro）. 下面的习题即以这些谜题为基础. 和数独谜题一样，这些谜题通常涉及隐藏的模式，其中只有部分信息是已知的. 一般来说，这些习题的重点在于构建一个适当的精确覆盖问题，并利用这个精确覆盖问题来解决谜题，或创造新的谜题.

▸ **388.** [*21*] 不等式谜题的目标是在只提供两类提示的情况下，推导出一个拉丁方阵[1]内所有空位中的数字. 这两类提示分别是：“强线索”指直接提供某个空位中的数字；“弱线索”指提供相邻空位之间的大于关系. 空位中数字的范围是从 1 到 n，n 通常取 5，如下面的例子所示：

```
     □ □ □ □ □          □>□ □ □ 2          3 □ □ □<□
             ∧
     □>□ □>□ □          □ □ □ □ □          □ 1 □ □ □
                            ∧   ∨
(a)  □ □ □ □ □ ;   (b)  □ □<□>□ □ ;   (c)  □ □ 4 □ □ .
         ∨                  ∨
     □ □<□ □ □          □ □ □ □ □          □ □ □ 1 □
       ∨                        ∧
     □<□ □ □ □          □ 4<□ □ □          □ □<□ □ 5
```

请使用类似于求解数独的方式，手动求解上述问题.

389. [*20*] 请概述一个简单的算法，当一个空位属于弱线索的一部分时，通过反复使用“若 $a \leqslant x < y \leqslant b$，则意味着 $x \leqslant b-1$ 且 $y \geqslant a+1$”这一规则，为每个这样的空位找到简单的下界和上界.（你的算法不应试图给出可能的最佳上下界，那会直接解开这个谜题! 但是，你的算法应该能够推导出习题 388 中谜题 (a) 的 5 个空位的值，以及谜题 (b) 的空位 (4, 2) 的值.）

[1] 拉丁方阵（Latin square）是一种 $n \times n$ 方阵. 在这种 $n \times n$ 方阵中，恰好有 n 种元素，每一种元素在同一行或同一列中只出现一次. ——译者注

▸ **390.** [*21*] 请证明所有不等式谜题都是精确覆盖问题的特例，并请进一步证明每个这样的谜题都至少可用以下两种方法来表述为精确覆盖问题：

(a) 使用类似于 (25) 或 (26) 的*配对排序技巧*，对弱线索进行编码；

(b) 使用*颜色约束*，将不等式谜题表述为可用算法 C 求解的 XCC 问题.

391. [*20*] 如果一个不等式谜题有唯一解，那么这个谜题就是有效的. 请使用算法 X 生成所有可能的 5×5 拉丁方阵，并解释为什么除非有至少一条强线索，否则这些生成的拉丁方阵中，有很大一部分无法成为有效不等式谜题的解.

▸ **392.** [*25*] 有 $2^6\binom{40}{6}=245\,656\,320$ 种方法来构造一个有 6 条弱线索而没有强线索的 5×5 不等式谜题. 这些谜题中 (a) 有多少个是有效的？(b) 有多少个是无解的？(c) 有多少个的解法不止一种？通过考虑 (a)、(b) 和 (c) 中至少有一条“长路径” $p<q<r<s<t$（类似习题 388(a) 中的路径）的谜题数量，来改善之前的结果. 请为每种情况举一个例子.

393. [*25*] 有 $5^6\binom{25}{6}=2\,767\,187\,500$ 种方法来构造一个有 6 条强线索而没有弱线索的 5×5 不等式谜题. 这些谜题中 (a) 有多少个是有效的？(b) 有多少个是无解的？(c) 有多少个的解法不止一种？请为每种情况举一个例子.

394. [*29*] 证明：每个只有 5 条线索（强线索、弱线索或两者的混合）的 5×5 不等式谜题都至少有 4 种解法. 哪些谜题恰好仅具有这个最少的解法数量？

395. [*25*] 在习题 391 的基础上，找到一个 5×5 拉丁方阵. 对于这个方阵，除非给出至少 3 条强线索，否则它不可能是一个有效的不等式谜题的解.

▸ **396.** [*25*] 请在习题 388(c) 的启发下，构造一个有效的 9×9 不等式谜题，其对角线依次包含强线索 (3, 1, 4, 1, 5, 9, 2, 6, 5). 除此之外，这个谜题的每条线索都应该是弱线索“$<$”，而不是“$>$”“$\wedge$”“$\vee$”.

▸ **397.** [*30*] （*拯救绵羊*）给定一个网格，其中的一些单元格被绵羊占据. 本谜题的目标是建造一个栅栏，将所有的绵羊都挡在栅栏的同一侧. 栅栏的起点和终点都必须处于网格的边缘，并且栅栏必须沿着网格线铺设，且不能经过任何一点两次. 此外，*每只绵羊所在的单元格都需要有恰好两条边是栅栏的一部分*. 以 5×5 网格为例：

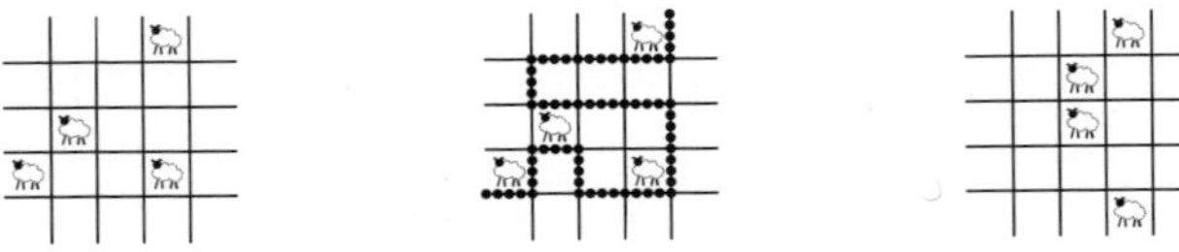

上面左图中的 4 只绵羊只能用中间图所示的栅栏来“拯救”. 了解原因后，你就可以拯救右图中的 4 只绵羊了.

(a) 通过证明每个解都满足某个 XCC 问题，来解释如何通过算法 C 帮助解决这样的谜题. *提示*：想象一下用 0 或 1 给每个方格“着色”，1 表示该方格在栅栏有绵羊的那一侧.

(b) 设计一个有趣的 8×8 谜题. 该谜题有唯一解，且最多有 10 只绵羊.

398. [*23*] （贤贤谜题 ®）对于一个空位数字范围为 $\{1,2,\cdots,n\}$ 的秘密拉丁方阵来说，其空位中的数字通常可以通过算术方法推导出来. 贤贤谜题给出了每个“笼子”中数字的和、差、积或商，其中，“笼子”是用粗线框出的一组单元格，如下面的例子所示：

(a)

3−		14+	15×	
9×				2÷
6+		5+		
	3−		5+	
5		7+		

；(b)

34560×				3−
	5÷			
				10+
3+	9+			
		2	1−	

；(c)

3−		14+	15×	
9×			2÷	6+
	5			
3−			5+	
8×		9+		

.

（当运算符为“−”或“÷”时，对应的笼子必须只有两个单元格. 只包含一个单元格的笼子直接给出了其中的数字，没有任何运算，因此解是显而易见的.）

这里的笼子看起来很像锯齿数独中的盒子（见 (34)），但事实上规则完全不同：同一个笼子中的两个数字只要属于不同的行和列，就可以相等. 比如，谜题 (a) 中的“9×”只能通过将 3 个数字 $\{1,3,3\}$ 相乘来实现. 因此，只有一种方法可以填满这个笼子.

手动解出谜题 (a)、(b) 和 (c)，并证明其中一个谜题实际上不是有效谜题.

▶ **399.** [*23*] 如何用算法 X 求得贤贤谜题的所有解?

400. [*21*] 贤贤谜题中的很多线索往往是多余的，因为一个笼子里的数字可能可以完全通过其他笼子的线索来确定. 比如，对于谜题 398(a) 的线索，其实可以省略其中的任何一条，而不会产生新的解.

找出这 11 条线索所组成的集合中，足以确定唯一拉丁方阵的所有子集.

401. [*22*] 找出所有 4×4 贤贤谜题，这些贤贤谜题的唯一解是右图所示的拉丁方阵，且其所有的笼子都由两个单元格组成. 此外，对于这 8 个笼子的线索，应当恰好是 +、−、×、÷ 四种运算每种各两个.

1234
2143
4312
3421

402. [*24*] 解出以下 12×12 贤贤谜题，其空位中的数为从 1 到 C 的十六进制数.

包含 5 个单元格的笼子有乘法线索，与 12 种五联骨牌的名称有关，如下所示.

O，9240×
P，5184×
Q，3168×
R，720×
S，15840×
T，19800×
U，10560×
V，4032×
W，1620×
X，5040×
Y，576×
Z，17248×

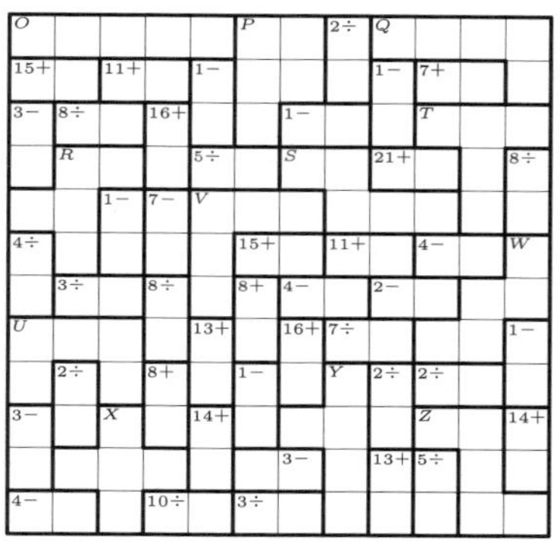

▶ **403.** [*31*] 受习题 398(a) 和习题 398(c) 的启发，请构造一个有效的 9×9 贤贤谜题，其线索恰好与 π 的小数部分匹配，且匹配的位数越多越好.

▶ **404.** [*25*] （嗨达图谜题®）嗨达图（hidato）谜题的解是一个 $m \times n$ 矩阵，其单元格中的数是 $\{1, 2, \cdots, mn\}$ 的排列组合. 对于包含数 k 和 $k+1$ 的两个单元格（$1 \leqslant k < mn$），它们应当在水平、竖直或对角线方向相邻（换句话说，一个嗨达图谜题的解是国际象棋中的国王在 $m \times n$ 棋盘上移动的哈密顿路径）. 嗨达图谜题是这些数的一个子集，且这些数唯一地决定了其他单元格中的数. 解题者应该根据给定的线索重现整条路径.

	3	14	1
5	9		
		8	

(i)

	3	14	1
	4	2	
5	9		
		8	

(ii)

	3	14	1
4		2	
5	9		
6		8	

(iii)

16	3	14	1
4	15	2	13
5	9	10	12
6	7	8	11

(iv)

考虑上面的 4×4 谜题 (i). 只有一处可以放“2”. 接着，“4”有两个选择，但是其中一个挡住了左上角的单元格（见 (ii)），所以我们必须选择另一个. 同样，“6”也不能挡住任何一个角. 因此，必须按照 (iii) 来填上数. 由此，剩余的空单元格就很容易填写了，我们从而得到谜题的解 (iv).

请解释如何对这些谜题进行编码，以便用算法 C 求解.

405. [*21*] 习题 404 需要一个子例程来确定，对于给定图中的给定顶点 v，长度为 $1, 2, \cdots, L$ 的所有简单路径的终点. 这个问题是 NP 困难的，但请简述一种算法，它能在图很小、L 也很小的情况下很好地解决问题.

406. [*16*] 说明为什么下面的嗨达图谜题并不像初看起来那么难.

19	52	53	54	4	62	63	64
20							1
21							60
41							59
31							58
32							9
33							10
35	34	37	28	27	26	11	12

▸ **407.** [*20*] 下面是一个奇特的 4×8 矩阵，可以对应于 52 个嗨达图谜题的解：

22							12
	29		26	16	8	3	

通过增加一条线索，将其改造成一个有效的嗨达图谜题.

408. [*28*] （尼古拉 · 贝卢霍夫）构造一些 6×6 嗨达图谜题，分别满足：(a) 最多有 5 条线索；(b) 有至少 18 条线索，且所有线索都是必要的.

▸ **409.** [*30*] 一个 10×10 嗨达图谜题的前 10 条线索可以是圆周率 π 的前 20 位数字吗?

410. [*22*] （*数回谜题*）另一类令人上瘾的谜题是在给定的图中寻找封闭路径，即“环路”. 合法的环路必须满足一定的限制条件. 比如，数回谜题对于其矩形网格中的一些特定的单元格，规定了单元格的 4 条边中被环路的边所围绕的边的数量，如下图 (i) 所示.

解开谜题 (i) 的第一步是注意哪些地方的边是绝对不存在的，哪些地方的边是绝对存在的. 标有 0 的单元格不仅禁止了任何紧邻着这个单元格的边出现，还因为环路不能走进死胡同，而禁止了另外一些边的出现. 反之，标有 3 的单元格则迫使路径经过左上角，即图 (ii) 所示的情况.

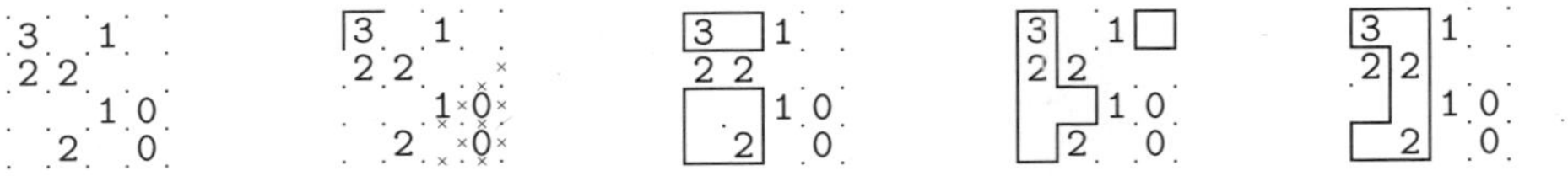

```
3 . 1 .
2 2 . .
. . 1 0
. 2 . 0
```

(i)　　(ii)　　(iii)　　(iv)　　(v)

通过一些试验，我们可以知道哪一条边必须与靠下的标有 1 的单元格紧邻. 我们不能像图 (iii) 或图 (iv) 中那样产生两个环路. 于是，好极了，本谜题有唯一解，即图 (v).

下面的 5×5 数回谜题中，哪些是有效的? 请解答.

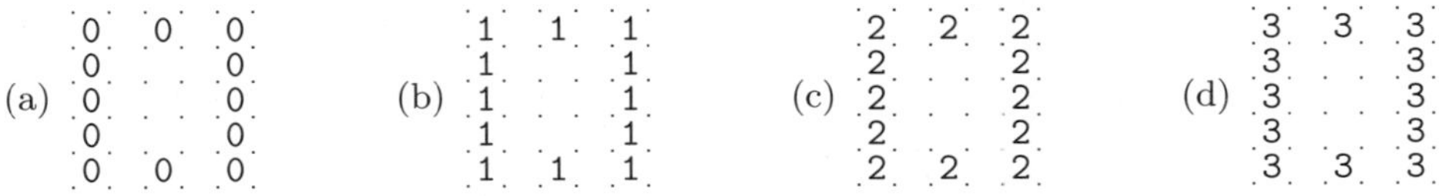

(a)
```
0 . 0 . 0
0 . . . 0
0 . . . 0
0 . . . 0
0 . 0 . 0
```

(b)
```
1 . 1 . 1
1 . . . 1
1 . . . 1
1 . . . 1
1 . 1 . 1
```

(c)
```
2 . 2 . 2
2 . . . 2
2 . . . 2
2 . . . 2
2 . 2 . 2
```

(d)
```
3 . 3 . 3
3 . . . 3
3 . . . 3
3 . . . 3
3 . 3 . 3
```

411. [*20*] 判断正误：在每个单元格中都给出数字线索的数回谜题最多只有一个解. *提示*：考虑 2×2 的情形.

▸ **412.** [*22*] 一个数回谜题的“弱解”是一组服从数字约束的边，且这组边接触网格的每个顶点两次或零次，但这些边可以形成任意多的环路. 比如，习题 410 中的图 (i) 有 6 个弱解，其中，3 个如习题 410 中的图 (iii)、图 (iv) 和图 (v) 所示.

通过构造一个合适的 XCC 问题，证明有一种好的方法，可以得到给定数回谜题的所有弱解. *提示*：将边视为由以顶点为中心的方片构成，并使用习题 133 的答案中给出的“偶数/奇数坐标”方法.

▸ **413.** [*30*] 解释如何修改算法 C，使习题 412 的构造只产生包含一个环路的真正解. 修改后的这个算法应该不只适用于数回谜题，而且也适用于珍珠谜题和其他旨在发现环路的谜题.

414. [*25*] 习题 413 的“可能的最强”答案会导致修改后的算法 C 在当前边的颜色选择与任何一个环路不相容时立即回溯．通过研究算法在右边谜题中的行为，证明该答案中的算法并不是最强的．

```

1 0
  2   3
      3 0

```

▶ **415.** [*M33*] 恰好有 $5\times(2^{25}-1)$ 个 5×5 数回谜题是“同质”的，因为这些谜题的所有线索都是相同的数字 $d\in\{0,1,2,3,4\}$．（见习题 410(a)～410(d)．）在这些谜题中，有多少个是有效谜题？对于 d 的每个取值，在不包含冗余线索的谜题中，最小和最大的线索数分别是多少？

416. [*M30*] 对于每个 $d\in\{0,1,2,3,4\}$，构建有效的 $n\times n$ 数回谜题，其非空线索都等于 d，且这种构建方式对无限多的 n 都成立．

417. [*M46*] （尼古拉 · 贝卢霍夫，2018 年）习题 410(a, b, d) 展示了 3 个同质的数回谜题．这些谜题都是有效的，且它们的非空线索具有完全相同的模式．是否存在无限多像这样的方阵谜题的三元组？

418. [*M29*] 对于所有 $0\leqslant i<m$ 和 $0\leqslant j<n$，如果一个 $m\times n$ 数回谜题的单元格 (i,j) 和 $(m-1-i,n-1-j)$ 都为空或都不为空，则称该数回谜题是*对称的*．（许多基于网格的谜题遵守这一不成文的规则．）

(a) 因为 25 个单元格中的每个单元格都可以包含“0”“1”“2”“3”“4”或“ ”，所以我们有 $6^{25}\approx 2.8\times 10^{19}$ 个 5×5 数回谜题．这些谜题中有多少是对称的？

(b) 题 (a) 中的对称谜题有多少是有效的？

(c) 在这些有效的谜题中，有多少是*最小的*？我们将最小谜题定义为：删除任何位于 (i,j) 和 $(4-i,4-j)$ 的非空线索，都会使解变得不唯一．

(d) 一个有效的 5×5 对称谜题的最小线索数是多少？

(e) 最小 5×5 对称谜题的最大线索数是多少？

419. [*30*] 下面的对称数回谜题隐藏了什么惊喜？

```
    2   1 1 1       1   1   1
    2         0 1       0 1     1 2
      2 1       2   1   2   1 1   1
2   2       2 2 1   1   2
3   0   0     2     1 2   0 0 0   0
        1     1   0     1   0
            2 0   1   1 1 0

        2 1 1   0   1 1
      1   1     0   1     0
0   0 2 1   1 0     1     0   0   0
          2   0   1 1 1         0   0
0   2 1   1   0   1       1 0
0 1     1 1       1 1         0
      1   1   0       1 2 1   0
```

420. [*M22*] 考虑一个 $m\times n$ 数回谜题，m 和 n 都是奇数，且其值为 2 的线索构成以下图案：

```
2   2   2   2   2   2   2

2   2   2   2   2   2   2

2   2   2   2   2   2   2
```

（可能还有其他线索）．试证明：如果 $m \bmod 4 = n \bmod 4 = 1$，则该谜题无解．

▶ **421.** [*20*] （*珍珠谜题*）和数回谜题一样，珍珠谜题也隐藏着一个由直线段组成的环路，但有两个重要的不同点．首先，环路穿过网格中单元格的*中心*，而不是沿着单元格的边缘．其次，该谜题不涉及任何数字，线索完全来自视觉和几何图案．

线索以圆圈的形式出现，环路必须经过这些圆圈：(i) 路径必须在经过每一个黑色圆圈时*转弯* 90°，但必须*直行*通过转弯之前和之后的两个相邻的单元格；(ii) 路径必须在经过每一个白色圆圈时*不转弯* 90°，但不能直行通过这个不转弯的路径前后的两个相邻单元格．（因此，路径必须在其中一个或两个单元格处转弯．每条线索至少包含一个转弯和一段直行．）

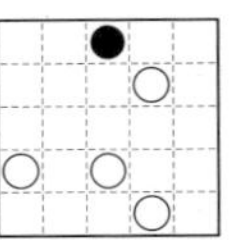

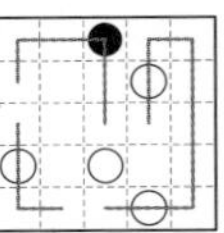

考虑右图所示的 5×5 珍珠谜题，其中，02 单元格中有黑色圆圈线索，而 13、30、32 和 43 单元格中有白色圆圈线索. 显然，环路必须以某种顺序包括子路径 20 — 30 — 40 — 41 和 42 — 43 — 44 — 34. 因为黑色圆圈线索的缘故，这个环路还必须包括 00 — 01 — 02 — 12 — 22 或 04 — 03 — 02 — 12 — 22；但后一种选择是不可能的，因为这条子路径无法直接穿过 13 中的白色圆圈线索. 由此，我们必须选 10 — 00 — 01 — 02 — 12 — 22 和 23 — 13 — 03 — 04 — 14 — 24 — 34.（我们不能选 24 — 23，因为这会使循环提前结束.）接下来的路径就水到渠成了.

证明：本谜题中的一条线索实际上是冗余的. 但是，如果移除其他 4 条线索中的任何一条，都会产生其他解.

422. [*21*] 调整习题 412 的解，证明任何给定珍珠谜题的“弱解”都是一个易于构建的 XCC 问题的解.

▶ **423.** [*M25*] $m\times n$ 珍珠谜题的解中，有 $(m-1)n+m(n-1)$ 条可能的边. 对于每条可能的边 e，令 x_e 为布尔变量“[e 存在]”. 我们在习题 422 中构建的 XCC 问题实质上是对这些变量的一系列约束.

请解释如何利用珍珠谜题所具有的以下特殊性质，大幅改进这种构造：对于包含一条线索的单元格，令 N、S、E 和 W 分别为从这个单元格出发的边. 如果线索是黑色圆圈，那么我们有 $N=\sim S$ 和 $E=\sim W$；如果线索是白色圆圈，那么我们有 $N=S$、$E=W$ 和 $E=\sim N$.（因此，每条线索的独立自变量个数都至少减少了 2.）

▶ **424.** [*36*] 全面研究 6×6 珍珠谜题，并收集你认为特别有趣的统计数据. 比如，在全部 $3^{36}\approx1.5\times10^{17}$ 种谜题中，有多少种放置白色圆圈或黑色圆圈的方法可以得到有效谜题？哪些有效谜题的线索最少？哪些有效谜题的线索最多？哪些有效谜题的环路最短？哪些有效谜题的环路最长？哪些有效谜题只有白色圆圈线索，或只有黑色圆圈线索？在这些谜题中，有多少是最小的，即没有一条线索可以被移除而不产生新的解？

在 $2^{36}\approx6.9\times10^{10}$ 种仅包含白色圆圈线索的谜题中，有多少种是有效的？如果是仅包含黑色圆圈线索呢？当白色圆圈线索和黑色圆圈线索互换时，有多少谜题仍然有效？你认为哪种 6×6 珍珠谜题最难解？

425. [*28*] 一个珍珠谜题的解由 5 种“方块”组成：“⊖”“◕”“⊟”“⌐”和空白方块. 在右图所示的 3×3 谜题中，上述每种非空白类型的方块都有两块.

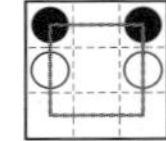

寻找一些 4×4、5×5、6×6 的谜题，这些谜题有唯一解，且恰好对于每种非空白类型的方块都包含 k 块. 对于每个可能的 k 都做此尝试.

▶ **426.** [*31*] 请将下图 (i) 中的每条“●”线索改为“○”线索或“●”线索，从而得到一个有效的珍珠谜题.

(i) 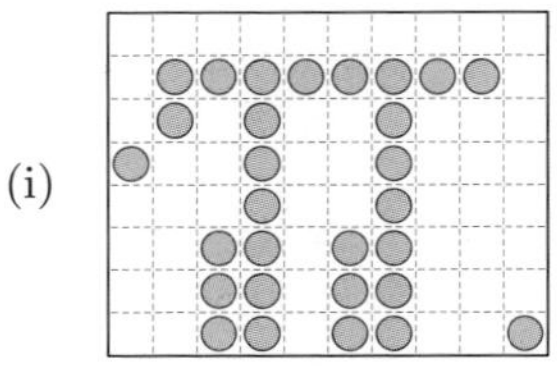

(ii) 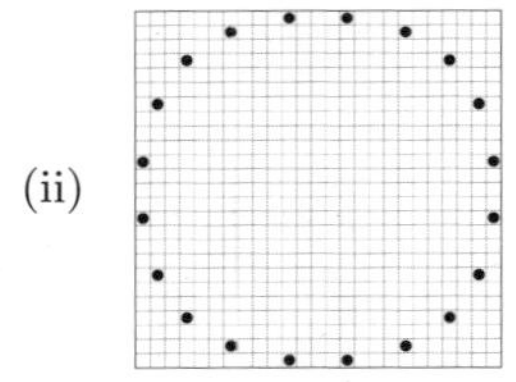

▶ **427.** [*25*] 在上图 (ii) 的基础上，通过仅添加白色圆圈线索，设计一个 25×25 珍珠谜题. 你添加的所有线索都应该保持上图图案的八重对称性.

428. [*M28*] 对于无限多的 n，构造一个包含 $O(n)$ 条线索的有效 $n\times n$ 珍珠谜题，要求环路经过所有 4 个角上的单元格，同时还要求，该谜题的所有线索都是 (a) 黑色圆圈；(b) 白色圆圈.

429. [*21*] 三角形网格中的封闭路径可能会有“急转弯”，其方向的改变幅度为 120°；或有“缓转弯”，其方向的改变幅度为 60°，或两者兼而有之. 因此，三角形珍珠谜题有 3 种线索：“●”表示急转弯；“●”表示缓转弯；“○”表示不转弯.

(a) 求解下面同质的三角形珍珠谜题.

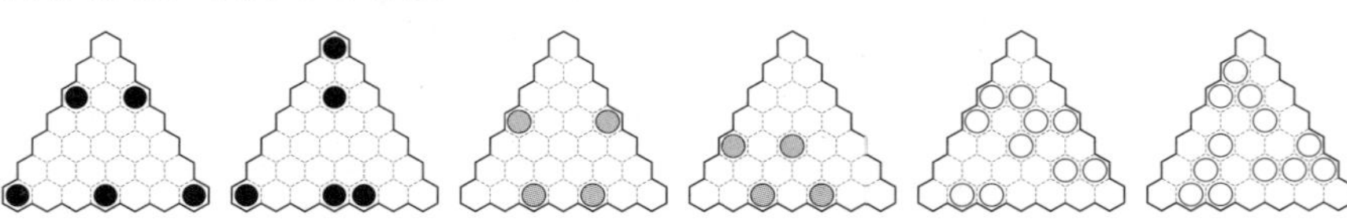

(b) 下面的三角形珍珠谜题显然是不可能解出的. 然而，请证明：如果将颜色 {○，◎，●} 进行适当的重新排列，则这些谜题是可解的.

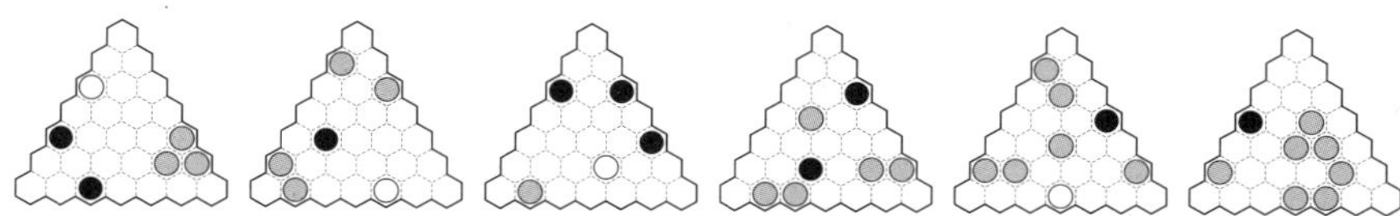

▶ **430.** [*26*] (*数和谜题*) 数和谜题类似于纵横填字游戏，只不过数和谜题的“单词”是由两个或更多个非零数字 $\{1,2,\cdots,9\}$ 组成的块，而不是字符串或字母. 每个数字块中的数字必须是不重复的，这些数字的总和就是谜题的线索. 每一个需要填的单元格都属于一个横向块和一个纵向块.

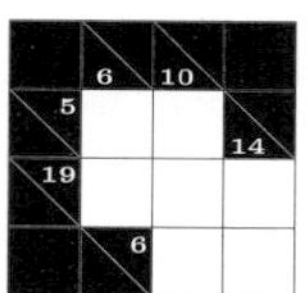

比如，右图中的小型数和谜题只有 3 个横向块和 3 个纵向块. 请注意，每个块的左侧或上方都标明了对应横向块和纵向块所需的总和. 因此，第一个横向块中需填的两个数字的和应为 5，这样就有 4 种可能性：14、23、32、41. 第一个纵向块中数字的和应为 6，同样有 4 种可能性，即 15、24、42、51（因为 33 是违反规则的）. 第二个横向块有 3 个数字，总和应为 19，这使得其受到的约束要少得多. 事实上，有 30 种方法可以得到总和为 19 的 3 个非重复数字，即 $\{2,8,9\}$、$\{3,7,9\}$、$\{4,6,9\}$、$\{4,7,8\}$ 或 $\{5,6,8\}$ 的排列.

(a) 解出这个谜题. *提示*：右下角只有一种可能性.

(b) 概述一个简单的方法，建一张表格，对于 $2 \leqslant k \leqslant 9$ 和 $2 \leqslant n \leqslant 45$，列出所有合适的、总和为 n 的 k 个数字. 当 n 和 k 取多少的时候组合数最多？*提示*：使用位运算.

(c) *广义数和谜题*是一种与此相关的谜题，其中，每个长度为 k 的块都有一组指定的组合，这些组合从 $\binom{9}{k}$ 种可能的组合数（不考虑总和限制）中选取. 假设之前的小型数和谜题的 3 个横向块必须分别填入：$\{1,3\}$、$\{3,5\}$ 或 $\{5,7\}$ 的排列；$\{1,3,5\}$、$\{1,7,9\}$、$\{2,4,6\}$、$\{6,8,9\}$ 或 $\{7,8,9\}$ 的排列；$\{2,4\}$、$\{4,6\}$ 或 $\{6,8\}$ 的排列. 同时要求 3 个纵向块也是如此. 请找出该谜题的唯一解.

(d) 将数和谜题表述成 XCC 问题很容易，就像我们在习题 87 中对“词方”谜题所做的那样，只需为每个可能的块的位置提供一个选项即可. 但这可能会使问题的规模变得巨大. 比如，很长的块在数和谜题中并不罕见，每个包含 9 个数字的块将有 $9! = 362\,880$ 种可能的选项. 证明广义数和谜题可以被高效地表述为 XCC 问题.

▶ **431.** [*30*] 数和谜题的发明者是加拿大曼尼托巴省的雅各布 · 尤尔特 · 芬克（他总是称自己的这一谜题为“十字和”），他在《戴尔官方纵横字谜》(*Dell Official Crossword Puzzles*) 1950 年八九月合刊第 50 页和第 66 页发表了以下谜题：

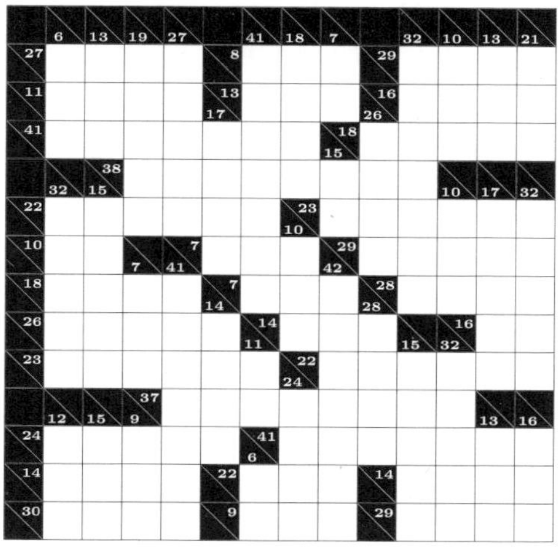

■	6\	13\	19\	27\	■	41\	18\	7\	■	32\	10\	13\	21\
\27					\8				\29				
\11					17\13				26\16				
\41								15\18					
■	32\	15\38									10\	17\	32\
\22							10\23						
\10			7\	41\7				42\29					
\18					14\7				28\28				
\26						11\14				15\	32\16		
\23							24\22						
■	12\	15\	9\37									13\	16\
\24						6\41							
\14					\22				\14				
\30					\9				\29				

这个谜题中有许多巧妙的构造，但遗憾的是，他没有意识到这个谜题的解不止一个. 找到所有的解，并通过修复这个谜题的一些原始线索来使其变得有效.

▶ **432.** [*M25*] 我们不能简单地通过随机填空，并把得到的和作为约束条件来生成新的数和谜题，因为绝大多数可行的和会产生非唯一解. 使用基于实验的方法验证下列通用图示：

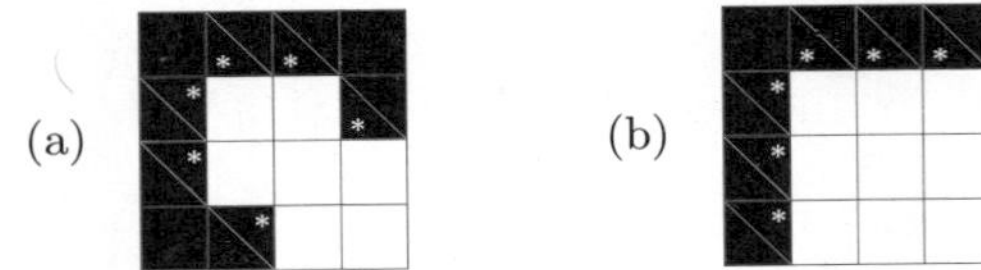

在每种情况下，确定填满空单元格的确切方法数，其中任何一行或一列都不能有重复的数字. 此外，确定在这些填满了空的图示中，有多少个可以通过它们的横向块或纵向块的和来唯一地重构出来. 同时考虑对称性.

433. [*26*] 在以下小型数和谜题中，有 6 个横向块或纵向块的和的线索是不确定的：

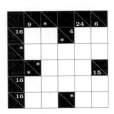

你能通过多少种方法指定这些不确定的和，从而获得有效的谜题?

434. [*30*] 9×9 网格可以构成多少种数和谜题? (每一行和每一列都应包含至少一个由空单元格组成的块，但最上面一行和最左边一列必须是全黑的. 所有横向块或纵向块的长度必须大于或等于 2. 空单元格无须全部相连.) 横向块或纵向块最多有多少?

435. [*31*] 设计一个矩形的数和谜题，上方的图块是 31、41、59、26、53、58、97（π 的前 14 位）.

▶ **436.** [*20*] （*数壹谜题*）最后，让我们以一个完全不同的组合挑战，来为我们的谜题大杂烩画上句号. 数壹（hitori，意为“独自”）谜题是一个 $m \times n$ 数组，我们需要将其中的部分元素划掉，直到满足以下 3 个条件为止：

(i) 每一行和每一列都不包含重复元素；
(ii) 相邻的元素不能被同时划掉；
(iii) 剩下的元素是车连通的.

考虑 4×5 单词矩形 (α). 有 16 种方式可以满足条件 (i) 和条件 (ii)，例如 (β) 和 (γ)；但只有 (δ) 也满足条件 (iii).

(α)

S	K	I	F	F
I	N	N	E	R
T	I	T	L	E
S	T	O	L	E

被划掉的单元格用黑色表示，其他单元格则用白色表示. 在解数壹谜题时，圈出一个肯定会是白色的单元格是很有帮助的. 首先，我们可以圈出所有的“种子”单元格. 这种单元格在其所在的行或列中，与其他任何元素都不相同.

比如，谜题 (α) 有 8 个种子. 如果我们决定涂黑一个单元格，则可以立即圈出与它相邻的单元格（因为这些相邻的单元格不可能也是黑色的）. 因此，举例来说，我们不应该划掉单元格 $(2,4)$ 中的 E，这会导致我们需要圈出单元格 $(2,3)$ 中的 L，从而迫使其他包含 L 的单元格被涂黑，最终导致角落中的 E 被孤立，如 (β) 所示.

种子的具体取值对于这个谜题来说并不重要. 这个取值可以被任何其他符号所替代，只要这个符号与其所在行和列中的其他符号不同.

和之前一样，如果一个数壹谜题只有一个解，那么这个谜题就是有效的. 请解释为什么 (a) 一个有效的数壹谜题只有一个种子全为白色的解；(b) 这个种子全为白色的解是有效的，当且仅当该解中所有与黑色单元格不相邻的单元格都是白色单元格集合的“关节点”，即去除这些单元格会使白色单元格不连通.（参见 (δ) 中的 $(3,1)$ 和 $(3,2)$.）

▶ **437.** [*21*] 一个数壹谜题的*弱解*是指所有种子都是白色单元格，并且习题 436 中的条件 (i) 和条件 (ii) 都成立的解. 给定一个数壹谜题，请定义一个 XCC 问题，使得该问题的解正是数壹谜题的弱解.

438. [*30*] 解释如何修改算法 C，使其在给出习题 437 的答案中构造的 XCC 问题时，只产生满足连通性条件 (iii) 的解. *提示*：参见习题 413，同时考虑可达性.

439. [*M20*] 设 G 是顶点集为 V 的图. G 的*数壹覆盖*是集合 $U \subseteq V$，使得 (i) $G|U$ 是连通的；(ii) 若 $v \notin U$ 且 $u — v$，则 $u \in U$；(iii) 若 $u \in U$ 且对于所有 $u — v$ 都有 $v \in U$，则 $G|(U \setminus u)$ 不连通.

(a) 用标准图论术语描述数壹覆盖.

(b) 证明：一个有效数壹谜题的解是 $P_m \square P_n$ 的数壹覆盖.

440. [*21*] 判断正误：如果字母 A 在有效数壹谜题的第一行恰好出现两次，那么该谜题的解中将恰好保留其中的一个.

441. [*18*] 描述每一个大小为 $1 \times n$ 且字母表由 d 个字母组成的有效数壹谜题.

▶ **442.** [*M33*] 对于 $1 \leqslant m \leqslant n \leqslant 9$，列举出 $P_m \square P_n$ 的所有数壹覆盖.

▶ **443.** [*M30*] 证明：$m \times n$ 数壹谜题最多有 $(mn+2)/3$ 个黑色单元格.

444. [*M27*] 一个有效的 $n \times n$ 数壹谜题中，不同种类的元素个数能否少于 $2n/3$ 个？请仅使用元素 $\{0, 1, \cdots, 2k\}$，构建一个大小为 $3k \times 3k$ 的有效谜题.

▶ **445.** [*M22*] 构建一个没有种子的有效数壹谜题非常困难. 事实上，对于 $n \leqslant 9$，除了 $n = 6$，没有 $n \times n$ 的例子能做到这一点. 不过，确实存在不少无种子 6×6 数壹谜题.

考虑下面 5 个数壹覆盖. 请计算出每一个覆盖中，以白色单元格和黑色单元格为解、无种子的有效谜题的确切数量. *提示*：在某些情况下，答案为零.

(i) 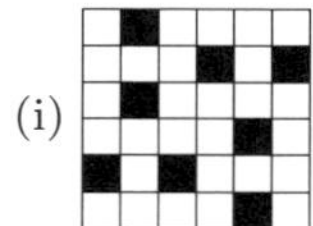　(ii) 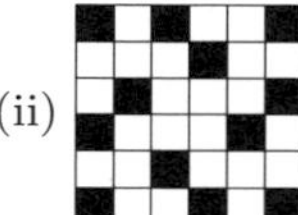　(iii) 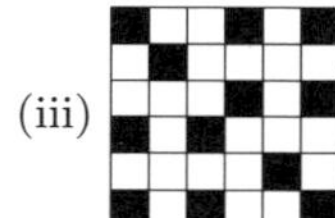　(iv) 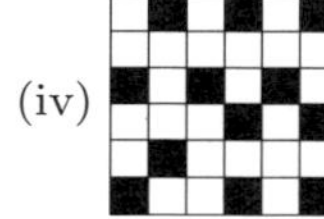　(v) 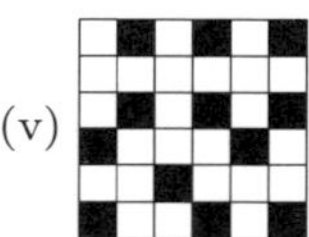

▶ **446.** [*24*] 众所周知，e 的数值 2.718 281 828 459 045 ⋯ 有一种奇特的重复模式. 事实上，前 25 个数字定义了一个有效的 5×5 数壹谜题. 一个包含十进制数位的随机 5×5 数组具有这种性质的概率是多少？如果换成八进制数位或十六进制数位呢？

447. [*22*] （约翰 · 德勒伊特）是否存在任何 $m > 1$ 和 $n > 1$，使得 π 的前 mn 位数字定义了一个有效的 $m \times n$ 数壹谜题？

448. [*22*] 在由 WORDS(3000) 组成的 31 344 个双重词方中，是否有可以组成有效数壹谜题的？（见习题 87.）

449. [*40*] （*隐藏的金块*）约翰 · 德勒伊特在 2017 年注意到，乔治 · 奥威尔在小说《一九八四》（第二部分第 9 章）中包含了一个有效的数壹谜题：

B	E	I	N	G	I	N	A	M	I
N	O	R	I	T	Y	E	V	E	N
A	M	I	N	O	R	I	T	Y	O
F	O	N	E	D	I	D	N	O	T
M	A	K	E	Y	O	U	M	A	D

荷马、莎士比亚、托尔斯泰等作家是否也在无意中创造了数壹谜题？

450. [*22*] 使用算法 X 解决 7.2.1.7 节中的“Tot tibi sunt dotes”（可排列的诗歌）问题.

我们应当彰显游戏的地位.

——苏宇瑞，《数学的力量：让我们成为更好的人》（2017 年）

他只从低级的和感官上的事物获得满足感，
或沉溺于恶之趣味中.
——戴维 · 休谟,《怀疑论者》(1742 年)

我无法得到丝毫……
——米克 · 贾格尔和基思 · 理查兹,《满足》(1965 年)

7.2.2.2 可满足性. 现在我们考虑计算机科学中的一个最基本的问题：给定一个布尔公式 $F(x_1,\cdots,x_n)$，并有一种形如 OR 的 AND 的“合取范式”来表示，我们能否通过给 F 的变量赋值使得 $F(x_1,\cdots,x_n)=1$ 来“满足”它？比如，公式

$$F(x_1,x_2,x_3)=(x_1\vee\bar{x}_2)\wedge(x_2\vee x_3)\wedge(\bar{x}_1\vee\bar{x}_3)\wedge(\bar{x}_1\vee\bar{x}_2\vee x_3) \tag{1}$$

在 $x_1x_2x_3=001$ 时满足. 但是如果我们将这个解排除，即定义

$$G(x_1,x_2,x_3)=F(x_1,x_2,x_3)\wedge(x_1\vee x_2\vee\bar{x}_3), \tag{2}$$

那么 G 是不可满足的：没有可以满足它的赋值.

7.1.1 节讨论了一个令人尴尬的事实，即没有人能够想出一种高效的算法来求解一般的可满足性问题. 也就是说，没有算法能够在 $N^{O(1)}$ 步内判断大小为 N 的任何给定公式的可满足性. 事实上，著名的未解问题“P 是否等于 NP”等价于询问这样的算法是否存在. 我们将在 7.9 节中看到，可满足性是每个 NP 完全问题的起源. ①

不过，近年来的巨大技术突破已经产生了一些非常好的方法来求解可满足性问题. 现在，算法的效率是 20 世纪的人们所难以想象的. 这些所谓“SAT 求解器”能够相对轻松地处理涉及数百万个变量的工业级问题，并且它们对许多研究和开发领域产生了深远的影响，一个典型的例子是计算机辅助验证. 在本节中，我们将研究现代 SAT 求解器最基础的原理.

首先，让我们更精确地定义问题并简化使用的记号，以便我们的讨论与我们将考虑的算法一样高效. 在本节中，我们将处理*变量*，它可以是任何合适集合中的元素. 虽然变量通常用如 (1) 中的 x_1, x_2, x_3, $\cdots$ 表示，但也可以用任何其他符号来表示，例如 a, b, c 甚至 d'''_{74}. 事实上，我们经常使用数字 1, 2, 3, $\cdots$ 来表示变量. 在许多情况下，只写 j 而不写 x_j 会更方便，因为如果我们不写那么多 x 就可以节省更多的时间和空间. 因此，在下面的许多讨论中，“2”和“x_2”将表示相同的意思.

*文字*是变量或变量的补. 换言之，如果 v 是一个变量，则 v 和 $\bar{v}$ 都是文字. 如果某个问题中有 n 个可能的变量，那么它有 $2n$ 个可能的文字. 如果 l 是文字 $\bar{x}_2$，或写作 $\bar{2}$，那么 l 的补 $\bar{l}$ 是 x_2，也写作 2.

① 目前很少有人相信 P = NP [见 *SIGACT News* **43**, 2 (June 2012), 53–77]. 换言之，几乎所有研究过该主题的人都认为可满足性不能在多项式时间内判定. 然而，本书的作者认为 $N^{O(1)}$ 的算法确实存在，但它们是不可知的. 这可能是因为几乎所有的多项式时间算法都太复杂，以至于它们超出了人类的理解范围，并且永远无法在现实世界中的计算机上编程. 存在性并不等价于具象化.

对应于文字 l 的变量用 $|l|$ 表示. 因此，对于每个变量 v，我们都有 $|v|=|\bar{v}|=v$. 有时我们用 $\pm v$ 来表示一个文字是 v 或 $\bar{v}$. 我们也可以用 σv 表示这样的文字，其中，σ 为 ± 1. 若 $|l|=l$，则称文字 l 为*正*；否则若 $|l|=\bar{l}$，则称文字 l 为*负*.

对于两个文字 l 和 l'，若 $l \neq l'$，则称它们是*不同的*. 若 $|l| \neq |l'|$，则称它们是*严格不同的*. 对于一个文字集合 $\{l_1,\cdots,l_k\}$，若对于任意 $1 \leqslant i < j \leqslant k$ 有 $|l_i| \neq |l_j|$，则称该文字集合是严格不同的.

与其他所有好问题一样，可满足性问题也可以用许多等价的方式来理解；从不同角度处理问题时，从一种观点切换到另一种观点往往会带来很大的便利. 式 (1) 是子句的 AND，其中，每个子句都是文字的 OR. 但我们不妨将每个子句简单地视为一个文字集合，将公式视为一个子句集. 又因为"x_j"与"j"相同，所以式 (1) 变为：

$$F \;=\; \bigl\{\{1,\bar{2}\},\{2,3\},\{\bar{1},\bar{3}\},\{\bar{1},\bar{2},3\}\bigr\}.$$

此外，我们也不必麻烦地用大括号和逗号来表示子句，而可以直接简单地列出每个子句的文字. 使用这种简写形式，我们可以更好地理解 (1) 和 (2) 的实质：

$$F=\{1\bar{2},23,\bar{1}\bar{3},\bar{1}\bar{2}3\}, \qquad G=F\cup\{12\bar{3}\}. \tag{3}$$

这里，F 是 4 个子句的集合，G 是 5 个子句的集合.

在这种表示下，可满足性问题等价于*覆盖问题*，它类似于我们在 7.2.2.1 节中考虑的精确覆盖问题：令

$$T_n=\bigl\{\{x_1,\bar{x}_1\},\{x_2,\bar{x}_2\},\cdots,\{x_n,\bar{x}_n\}\bigr\}=\{1\bar{1},2\bar{2},\cdots,n\bar{n}\}. \tag{4}$$

"给定一个集合 $F=\{C_1,\cdots,C_m\}$，其中，每个 C_i 都是一个子句且都由基于变量 $\{x_1,\cdots,x_n\}$ 的文字组成. 找到一个包含 n 个文字的集合 L'覆盖' $F\cup T_n$，这意味着每个子句都应当至少包含 L 中的一个元素."比如，$L=\{\bar{1},\bar{2},3\}$ 同时覆盖了 (3) 中的集合 F 和集合 T_3. 因此 F 是可满足的. 集合 G 被 $\{1,\bar{1},2\}$、$\{1,\bar{1},3\}$……或 $\{\bar{2},3,\bar{3}\}$ 覆盖，但它们都不能覆盖 T_3，所以 G 是不可满足的.

类似地，子句族 F 是可满足的，当且仅当它可以被一个*严格不同*的文字集 L 所覆盖.

假设 F' 是任意一个对 F 中某个或某些变量取补而得到的公式. 显然，当且仅当 F 是可满足的时，F' 才是可满足的. 如果在 (3) 中用 $\bar{1}$ 替换 1，并用 $\bar{2}$ 替换 2，那么我们得到：

$$F'=\{\bar{1}2,\bar{2}3,1\bar{3},123\}, \qquad G'=F'\cup\{\bar{1}\bar{2}\bar{3}\}.$$

在这种情况下，F' 是*平凡*可满足的，因为它的每个子句都包含一个正文字：这种公式都可以通过简单地令 L 为所有正文字的集合来满足. 因此，可满足性问题与切换符号（或"极性"）使得没有全负子句的问题相同.

回顾 (1) 中的布尔公式，对等式两边求补，我们可以得到另一个与可满足性问题等价的问题. 根据德摩根定律 7.1.1–(11) 和 7.1.1–(12)，我们有：

$$\overline{F}(x_1,x_2,x_3)=(\bar{x}_1\wedge x_2)\vee(\bar{x}_2\wedge\bar{x}_3)\vee(x_1\wedge x_3)\vee(x_1\wedge x_2\wedge\bar{x}_3); \tag{5}$$

并且 F 不可满足 $\iff F=0 \iff \overline{F}=1 \iff \overline{F}$ 是重言式. 因此 F 是可满足的，当且仅当 $\overline{F}$ 不是重言式：重言式问题和可满足性问题本质上是相同的.[①]

鉴于可满足性问题的重要性，我们将其简称为 SAT. 当问题的实例如 (1) 一样没有长度大于 3 的子句时，我们称之为 3SAT. 一般来说，kSAT 是没有子句包含超过 k 个文字的可满足性问题.

① 严格来说，重言式问题是 coNP 完全的，而可满足性问题是 NP 完全的. 见 7.9 节.

长度为 1 的子句称为单元子句或一元子句. 同理，二元子句的长度为 2. 然后是三元子句、四元子句，等等. 空子句或零元子句的长度为 0，用 ϵ 表示，它总是不可满足的. 短子句在 SAT 算法中非常重要，因为它们通常比长子句更容易处理. 但长子句也不一定就不好，有时它们可能比短子句更容易满足.

当考虑子句长度时，我们会遇到一个微小的技术问题：(1) 中的二元子句 $(x_1 \vee \bar{x}_2)$ 等价于三元子句 $(x_1 \vee x_1 \vee \bar{x}_2)$ 和 $(x_1 \vee \bar{x}_2 \vee \bar{x}_2)$ 及更长的子句 $(x_1 \vee x_1 \vee x_1 \vee \bar{x}_2)$ 等. 所以我们可以将其视为长度大于或等于 2 的任意子句. 但是当我们将子句视为文字集合而不是文字的 OR 时，我们通常会排除像 $11\bar{2}$ 或 $1\bar{2}\bar{2}$ 这样的多重集合. 一方面，从这个意义上说，二元子句不是三元子句的特例. 另一方面，每个二元子句 $(x \vee y)$ 都可以用两个三元子句 $(x \vee y \vee z) \wedge (x \vee y \vee \bar{z})$ 代替，其中，z 是另一个变量. 并且每个 k 元子句等价于两个 $(k+1)$ 元子句的 AND. 因此如果愿意的话，可以假设 kSAT 只处理"k 元子句"，即长度恰好为 k 的子句.

对于某个变量 v，如果一个子句既包含 v 又包含 $\bar{v}$，那么它是重言式（总是可满足的）. 重言式子句可以用 $\wp$ 表示（见习题 7.1.4–222）. 它不影响可满足性问题的结果，所以我们通常假设输入给 SAT 求解算法的子句由严格不同的文字组成.

在 7.1.1 节中简要讨论 3SAT 问题时，我们给出了式 7.1.1–(32)——"3CNF 中最短的有趣公式". 使用新记法的话，它由以下 8 个不可满足的子句组成：

$$R = \{12\bar{3}, 23\bar{4}, 341, 4\bar{1}2, \bar{1}\bar{2}3, \bar{2}\bar{3}4, \bar{3}\bar{4}\bar{1}, \bar{4}1\bar{2}\}. \tag{6}$$

这个集合是一个很好的小规模测试样例，因此我们会在下面经常引用它.（字母 R 意在提醒我们，它基于罗纳德 · 林恩 · 李维斯特的结合区组设计 6.5–(13).）R 的前 7 个子句，即

$$R' = \{12\bar{3}, 23\bar{4}, 341, 4\bar{1}2, \bar{1}\bar{2}3, \bar{2}\bar{3}4, \bar{3}\bar{4}\bar{1}\}, \tag{7}$$

也是一个很好的测试样例. 它只能通过选择被省略的那个子句中的 3 个文字的补码来满足，即 $\{4, \bar{1}, 2\}$. 更准确地说，文字 4、$\bar{1}$ 和 2 对于覆盖 R' 来说是充分必要的，然后我们可以任意地在解中添加 3 或者 $\bar{3}$. 注意，(6) 在文字的循环排列 $1 \to 2 \to 3 \to 4 \to \bar{1} \to \bar{2} \to \bar{3} \to \bar{4} \to 1$ 的意义下是对称的. 因此，省略 (6) 中的任意子句都将得到与 (7) 等价的可满足性问题.

一个简单的例子. SAT 求解器的重要性在于，各种各样的问题都可以很容易地用布尔逻辑表示为合取范式. 下面我们将考虑的这个小谜题将引出一系列具有启发性的问题：找到一个二进制序列 $x_1 \cdots x_8$，使得它既没有 3 个等间距的 0，也没有 3 个等间距的 1. 比如，序列 01001011 几乎满足要求，但是 x_2、x_5 和 x_8 是等间距的 1.

如果尝试通过按字典序手动回溯所有 8 位序列来解决这个谜题，那么我们会看到 $x_1x_2 = 00$ 迫使 $x_3 = 1$. 然后，$x_1x_2x_3x_4x_5x_6x_7 = 0010011$ 让我们无法再选择 x_8. 再经过一两分钟的手动计算，我们不难发现这个谜题只有 6 个解，即

$$00110011,\ 01011010,\ 01100110,\ 10011001,\ 10100101,\ 11001100. \tag{8}$$

而且很容易看出，这些解都不能扩展为合适的长度为 9 的二进制序列. 我们可以得出这样的结论：每个二进制序列 $x_1 \cdots x_9$ 一定包含 3 个等间距的 0 或 3 个等间距的 1.

注意，条件 $x_2x_5x_8 \neq 111$ 与布尔子句 $(\bar{x}_2 \vee \bar{x}_5 \vee \bar{x}_8)$（$\bar{2}\bar{5}\bar{8}$）相同. 同理，$x_2x_5x_8 \neq 000$ 与 258 相同. 因此，我们刚刚验证了以下 32 个子句不可满足：

$$\begin{gathered} 123, 234, \cdots, 789, 135, 246, \cdots, 579, 147, 258, 369, 159, \\ \bar{1}\bar{2}\bar{3}, \bar{2}\bar{3}\bar{4}, \cdots, \bar{7}\bar{8}\bar{9}, \bar{1}\bar{3}\bar{5}, \bar{2}\bar{4}\bar{6}, \cdots, \bar{5}\bar{7}\bar{9}, \bar{1}\bar{4}\bar{7}, \bar{2}\bar{5}\bar{8}, \bar{3}\bar{6}\bar{9}, \bar{1}\bar{5}\bar{9}. \end{gathered} \tag{9}$$

这个结果是一个特例. 我们可以得出适用于任何给定的正整数 j 和 k 的一般性结论：如果 n 足够大，那么每个二进制序列 $x_1\cdots x_n$ 都包含 j 个等间距的 0 或 k 个等间距的 1（或两者都包含）. 为了纪念巴特尔·伦德特·范德瓦尔登，我们将满足条件的最小的 n 记为 $W(j,k)$. 事实上，他证明了一个更一般的结果（见习题 2.3.4.3–6）：如果 n 足够大，并且 $k_0,\cdots,k_{b-1}$ 是正整数，那么每个 b 进制序列 $x_1\cdots x_n$ 都包含 k_a 个等间距的数位 a（$0\leqslant a<b$）. 我们将满足条件的最小的 n 记为 $W(k_0,\cdots,k_{b-1})$.

当 $j,k,n>0$ 时，我们相应地定义如下子句集：

$$\begin{aligned} waerden(j,k;n) = &\big\{(x_i\vee x_{i+d}\vee\cdots\vee x_{i+(j-1)d})\;\big|\;1\leqslant i\leqslant n-(j{-}1)d,\ d\geqslant 1\big\}\\ &\cup\big\{(\bar{x}_i\vee \bar{x}_{i+d}\vee\cdots\vee \bar{x}_{i+(k-1)d})\;\big|\;1\leqslant i\leqslant n-(k{-}1)d,\ d\geqslant 1\big\}. \end{aligned} \tag{10}$$

(9) 中的 32 个子句是 $waerden(3,3;9)$. 一般来说，$waerden(j,k;n)$ 是 SAT 的一个有趣实例，当且仅当 $n<W(j,k)$ 时，它才是可满足的.

显然 $W(1,k)=k$ 且 $W(2,k)=2k-[k$ 为偶数$]$. 但是当 j 和 k 大于 2 时，$W(j,k)$ 比较变幻莫测. 我们已经看到 $W(3,3)=9$，目前已知的其他非平凡值如下：

$k=$	3	4	5	6	7	8	9	10	11	12	13	14	15	16	17	18	19
$W(3,k)=$	9	18	22	32	46	58	77	97	114	135	160	186	218	238	279	312	349
$W(4,k)=$	18	35	55	73	109	146	309	?	?	?	?	?	?	?	?	?	?
$W(5,k)=$	22	55	178	206	260	?	?	?	?	?	?	?	?	?	?	?	?
$W(6,k)=$	32	73	206	1132	?	?	?	?	?	?	?	?	?	?	?	?	?

瓦茨拉夫·赫瓦塔尔开创了对 $W(j,k)$ 的研究，并计算了满足 $j+k\leqslant 9$ 的 $W(j,k)$ 和 $W(3,7)$ [*Combinatorial Structures and Their Applications* (1970), 31–33]. 此表中大部分较大的数值由最先进的 SAT 求解器计算得出 [见米哈尔·考里尔和杰罗姆·拉尔森·保罗，*Experimental Math.* **17** (2008), 53–61；米哈尔·考里尔，*Integers* **12** (2012), A46:1–A46:13]. 表中 $j=3$ 的条目表明，当 $k>4$ 时，我们可能有 $W(3,k)<k^2$，但事实并非如此：SAT 求解器也可用于建立下界：

$k=$	20	21	22	23	24	25	26	27	28	29	30
$W(3,k)\geqslant$	389	416	464	516	593	656	727	770	827	868	903

（事实上，这可能是 k 在这个范围内的真实值）. [见坦巴尔·艾哈迈德、奥利弗·库尔曼和亨特·斯内维利，*Discrete Applied Math.* **174** (2014), 27–51.]

注意，$waerden(j,k;n)$ 中每个子句的文字都具有相同的符号：它们要么都为正，要么都为负. 这种“单调性”是否会使 SAT 问题变得更容易? 遗憾的是，答案是不能：习题 10 证明了任意子句集都可以转换为等价的单调子句集.

精确覆盖. 我们在 7.2.2.1 节中用“舞蹈链”求解的精确覆盖问题可以很容易地被重新表述为 SAT 的实例并传递给 SAT 求解器. 比如，让我们再次考虑兰福德对问题——将两个 1、两个 2……两个 n 放入 $2n$ 个空位中，使得对任意 k，恰好有 k 个数出现在两个 k 之间. $n=3$ 时对应的精确覆盖问题有 9 项和 8 个选项（见 7.2.2.1–(17)）：

$$\text{“}d_1\,s_1\,s_3\text{”}\ \text{“}d_1\,s_2\,s_4\text{”}\ \text{“}d_1\,s_3\,s_5\text{”}\ \text{“}d_1\,s_4\,s_6\text{”}\ \text{“}d_2\,s_1\,s_4\text{”}\ \text{“}d_2\,s_2\,s_5\text{”}\ \text{“}d_2\,s_3\,s_6\text{”}\ \text{“}d_3\,s_1\,s_5\text{”}. \tag{11}$$

项分别是 d_i（$1\leqslant i\leqslant 3$）和 s_j（$1\leqslant j\leqslant 6$），选项“$d_i\,s_j\,s_k$”表示数字 i 被放置在空位 j 和 k 中. 由于左右对称性，我们可以忽略选项“$d_3\,s_2\,s_6$”.

我们要选择 (11) 中的某些选项，使得每一项只出现一次. 令布尔变量 x_j（$1 \leqslant j \leqslant 8$）表示“选择选项 j”，那么问题等价于满足 9 个约束条件：

$$S_1(x_1,x_2,x_3,x_4) \wedge S_1(x_5,x_6,x_7) \wedge S_1(x_8) \wedge S_1(x_1,x_5,x_8) \wedge S_1(x_2,x_6) \\ \wedge S_1(x_1,x_3,x_7) \wedge S_1(x_2,x_4,x_5) \wedge S_1(x_3,x_6,x_8) \wedge S_1(x_4,x_7), \qquad (12)$$

每个约束条件对应于一项.（与往常一样，这里的 $S_1(y_1,\cdots,y_p)$ 表示对称函数 $[y_1+\cdots+y_p=1]$.）比如，必须有 $x_5+x_6+x_7=1$，因为项 d_2 出现在 (11) 的选项 5、6、7 中.

要将对称布尔函数 S_1 表示为 OR 的 AND，最简单的一种方法是使用 $1+\binom{p}{2}$ 个子句：

$$S_1(y_1,\cdots,y_p) = (y_1 \vee \cdots \vee y_p) \wedge \bigwedge_{1\leqslant j<k\leqslant p} (\bar{y}_j \vee \bar{y}_k). \qquad (13)$$

这表示“至少有一个 y 为真，但是没有两个同时为真”. 这样一来，我们便可以将 (12) 简写为：

$$\{1234, \bar{1}\bar{2}, \bar{1}\bar{3}, \bar{1}\bar{4}, \bar{2}\bar{3}, \bar{2}\bar{4}, \bar{3}\bar{4}, 567, \bar{5}\bar{6}, \bar{5}\bar{7}, \bar{6}\bar{7}, 8, 158, \bar{1}\bar{5}, \bar{1}\bar{8}, \bar{5}\bar{8}, 26, \bar{2}\bar{6}, \\ 137, \bar{1}\bar{3}, \bar{1}\bar{7}, \bar{3}\bar{7}, 245, \bar{2}\bar{4}, \bar{2}\bar{5}, \bar{4}\bar{5}, 368, \bar{3}\bar{6}, \bar{3}\bar{8}, \bar{6}\bar{8}, 47, \bar{4}\bar{7}\}. \qquad (14)$$

我们称这些子句为 *langford*(3).（注意，实际上只有 30 个子句是不同的，因为 $\bar{1}\bar{3}$ 和 $\bar{2}\bar{4}$ 出现了两次.）习题 13 定义了 *langford*(n). 我们从习题 7–1 中知道，*langford*(n) 是可满足的 $\Longleftrightarrow$ $n \bmod 4$ 等于 0 或 3.

首先，由 (14) 中的单元子句 8，我们立即知道 $x_8=1$. 接着，由二元子句 $\bar{1}\bar{8}$、$\bar{5}\bar{8}$、$\bar{3}\bar{8}$、$\bar{6}\bar{8}$，有 $x_1=x_5=x_3=x_6=0$. 然后，从三元子句 137，我们能推出 $x_7=1$. 最后，有 $x_4=0$（根据 $\bar{4}\bar{7}$）和 $x_2=1$（根据 1234）. 现在，(11) 中的选项 8、7、2 给出了我们想要的兰福德对 3 1 2 1 3 2.

顺带一提，函数 $S_1(y_1,y_2,y_3,y_4,y_5)$ 也可以表示为：

$$(y_1 \vee y_2 \vee y_3 \vee y_4 \vee y_5) \wedge (\bar{y}_1 \vee \bar{y}_2) \wedge (\bar{y}_1 \vee \bar{y}_3) \wedge (\bar{y}_1 \vee \bar{t}) \\ \wedge (\bar{y}_2 \vee \bar{y}_3) \wedge (\bar{y}_2 \vee \bar{t}) \wedge (\bar{y}_3 \vee \bar{t}) \wedge (t \vee \bar{y}_4) \wedge (t \vee \bar{y}_5) \wedge (\bar{y}_4 \vee \bar{y}_5),$$

其中，t 是一个新变量. 一般来说，当 p 更大时，可以仅使用 $3p-5$ 个而不是 $\binom{p}{2}+1$ 个子句来表示 $S_1(y_1,\cdots,y_p)$，方法是引入 $\lfloor (p-3)/2 \rfloor$ 个新变量，习题 12 中有更详细的解释. 当使用这种编码方式表示 n 阶兰福德对时，我们将生成的子句集称为 *langford*$'(n)$.

SAT 求解器在处理子句集 *langford*(n) 或 *langford*$'(n)$ 时能做得更好吗？敬请期待，答案稍后揭晓.

图着色. 使用至多 d 种颜色给图着色，这一经典问题给 SAT 求解器带来了丰富的基准实例. 如果图有 n 个顶点 V，那么对于 $v \in V$ 和 $1 \leqslant j \leqslant d$，我们可以引入 nd 个变量 v_j 来表示顶点 v 着有颜色 j. 最后得到的子句非常简单：

$$(v_1 \vee v_2 \vee \cdots \vee v_d), \quad \text{对于 } v \in V \ \ (\text{“每个顶点至少着一种颜色”}); \qquad (15)$$

$$(\bar{u}_j \vee \bar{v}_j), \quad \text{对于 } u \text{——} v \text{ 且 } 1 \leqslant j \leqslant d \ \ (\text{“相邻顶点的颜色不同”}). \qquad (16)$$

我们还可以添加 $n\binom{d}{2}$ 个额外的所谓排除子句：

$$(\bar{v}_i \vee \bar{v}_j), \quad \text{对于 } v \in V \text{ 且 } 1 \leqslant i < j \leqslant d \ \ (\text{“每个顶点至多着一种颜色”}); \qquad (17)$$

但它们不是必需的，因为有不止一种颜色的顶点是可以接受的. 事实上，如果我们能找到 $v_1=v_2=1$ 的解，那么反而可能是一件好事，因为它提供了两种合法的方法来为顶点 v 着色（见习题 14）.

1975 年，马丁 · 加德纳在 *Scientific American* **232**, 4 (April 1975), 126–130 中称，对图 76 所示的平面图进行正确着色需要 5 种颜色，从而推翻了长期以来的四色猜想，震惊了世界. [在同一专栏中，他还引用了其他几个据称发现于 1974 年的“事实”：(i) $e^{\pi\sqrt{163}}$ 是一个整数；(ii) 将兵移动到王车侧的第 4 格（“h4”）是国际象棋中获胜的第一步；(iii) 狭义相对论中存在致命的错误；(iv) 列奥纳多 · 达 · 芬奇发明了抽水马桶；(v) 罗伯特 · 里普夫发明了一种完全由精神能量驱动的电动机. 成千上万的读者没有注意到这些是愚人节笑话！]

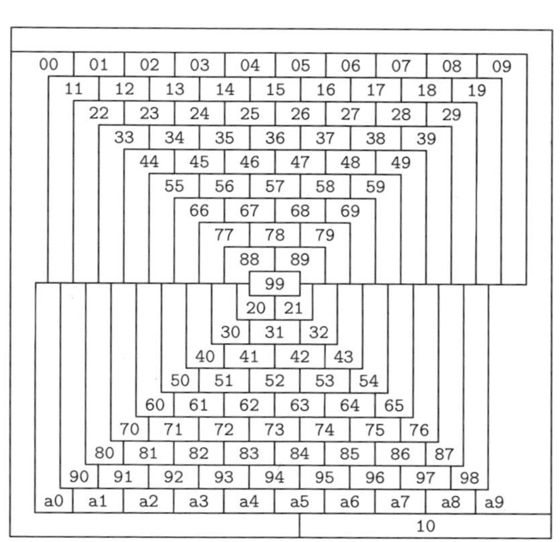

图 76 10 阶麦格雷戈图. 这幅“地图”的每个区域都由一个两位十六进制编码标识. 你能用 4 种颜色给区域着色，并且不给两个相邻区域着上相同的颜色吗?

图 76 中的“地图”实际上可以用 4 种颜色着色. 挑战一下：在查看习题 18 的答案之前，找到一种合适的方法来解决这个四着色问题. 事实上，如第 7 节所述，四色猜想在 1976 年成为四色定理. 幸运的是，这个结果在 1975 年 4 月还不为人所知，否则这张有趣的图可能永远不会出现在出版物中了. 麦格雷戈图有 110 个顶点（区域）和 324 条边（区域之间的邻接关系）. 因此 (15) 和 (16) 产生了 440 个变量上的 $110 + 1296 = 1406$ 个子句，现代 SAT 求解器可以快速求解这个问题.

我们还可以进一步求解那些手动求解极其困难的问题. 比如，我们可以通过添加约束条件来限制着上特定颜色的区域的数量. 兰德尔 · 布赖恩特于 2010 年利用这个想法发现图 76 存在一个只使用其中某种颜色 7 次的四着色解决方案（见习题 17）. 事实上，他的着色方案是唯一的，并且它引出了一种显式方法来对所有 n（$n \geqslant 3$）阶麦格雷戈图进行四着色（见习题 18）.

这些额外约束条件可以通过多种方式生成. 比如，我们可以添加 $\binom{110}{8}$ 个子句，每个子句对应于 8 个区域的着色方案，指定这 8 个区域没有全部着上颜色 1. 但是最好放弃这个想法，因为 $\binom{110}{8} = 409\,705\,619\,895$. 即使限制在 8 个区域的 74 792 876 790 个独立集合中，也有过多的子句需要处理.

卡斯滕 · 辛兹 [*LNCS* **3709** (2005), 827–831] 发现了一种面向 SAT 的有趣方法来确保 $x_1 + \cdots + x_n$ 至多为 r，这种方法在 n 和 r 相当大时效果很好. 他的方法对 $1 \leqslant j \leqslant n-r$ 和 $1 \leqslant k \leqslant r$ 引入了 $(n-r)r$ 个新变量 s_j^k. 如果 F 是任意一个可满足性问题，并且添加 $(n-r-1)r + (n-r)(r+1)$ 个子句：

$$(\bar{s}_j^k \vee s_{j+1}^k), \qquad \text{对于 } 1 \leqslant j < n-r \text{ 且 } 1 \leqslant k \leqslant r, \tag{18}$$

$$(\bar{x}_{j+k} \vee \bar{s}_j^k \vee s_j^{k+1}), \qquad \text{对于 } 1 \leqslant j \leqslant n-r \text{ 且 } 0 \leqslant k \leqslant r, \tag{19}$$

其中，当 $k=0$ 时忽略 $\bar{s}_j^k$，当 $k=r$ 时忽略 s_j^{k+1}，那么新的子句集是可满足的，当且仅当 F 是可满足的且 $x_1+\cdots+x_n\leqslant r$（见习题 26）. 使用这种方法，通过引入 721 个新变量并添加 1538 个子句，我们可以限制麦格雷戈图的红色区域至多为 7 个.

奥利维耶 · 巴约和雅辛 · 布夫哈德 [*LNCS* **2833** (2003), 108–122] 提出了另一种方法来达到相同的目的，而且取得了更好的效果. 他们的方法描述起来比较困难，但很容易实现：考虑一棵完全二叉树，它有编号为 1 到 $n-1$ 的 $n-1$ 个内部结点，另有编号为 n 到 $2n-1$ 的 n 个叶结点. 对于 $1\leqslant k<n$，结点 k 的子结点为 $2k$ 和 $2k+1$（见 2.3.4.5–(5)）. 我们引入新的变量 b_j^k（$1<k<n$，$1\leqslant j\leqslant t_k$），其中，$t_k$ 是 r 和结点 k 下方的叶结点数这两者中的较小值. 如习题 27 所解释的，下面的子句能够完成这项工作：

$$(\bar{b}_i^{2k}\vee\bar{b}_j^{2k+1}\vee b_{i+j}^k),\quad 对于\ 0\leqslant i\leqslant t_{2k},\ 0\leqslant j\leqslant t_{2k+1},\ 1\leqslant i+j\leqslant t_k+1,\ 1<k<n; \tag{20}$$

$$(\bar{b}_i^2\vee\bar{b}_j^3),\quad 对于\ 0\leqslant i\leqslant t_2,\ 0\leqslant j\leqslant t_3,\ i+j=r+1. \tag{21}$$

在这些公式中，对于 $n\leqslant k<2n$，我们令 $t_k=1$ 且 $b_1^k=x_{k-n+1}$. 文字 $\bar{b}_0^k$ 和 $b_{t_k+1}^k$ 都将被省略. 将 (20) 和 (21) 应用于麦格雷戈图，其中，$n=110$ 且 $r=7$，我们将仅得到 399 个新变量上的 1216 个新子句.

当我们想确保 $x_1+\cdots+x_n$ 至少为 r 时，这种想法同样适用，因为等式 $S_{\geqslant r}(x_1,\cdots,x_n)=S_{\leqslant n-r}(\bar{x}_1,\cdots,\bar{x}_n)$ 成立. 习题 30 考虑了相等的情况，即约束条件是 $x_1+\cdots+x_n=r$ 的情况. 我们将在下面讨论此类基数约束条件的其他编码方式.

因式分解整数. 下面我们将讨论别具一格的一系列 SAT 问题的实例. 给定一个 $(m+n)$ 位二进制整数 $z=(z_{m+n}\cdots z_2z_1)_2$，是否存在整数 $x=(x_m\cdots x_1)_2$ 和 $y=(y_n\cdots y_1)_2$，使得 $z=x\times y$？比如，当 z 给定时，若 $m=2$ 且 $n=3$，我们想逆转以下二进制乘法：

$$\begin{array}{rrrrr} & & y_3 & y_2 & y_1\\ & \times & & x_2 & x_1\\ \hline & & a_3 & a_2 & a_1\\ & b_3 & b_2 & b_1 & \\ \hline c_3 & c_2 & c_1 & & \\ \hline z_5 & z_4 & z_3 & z_2 & z_1 \end{array}\qquad \begin{aligned}(a_3a_2a_1)_2&=(y_3y_2y_1)_2\times x_1\\ (b_3b_2b_1)_2&=(y_3y_2y_1)_2\times x_2\end{aligned}\qquad \begin{aligned}z_1&=a_1\\ (c_1z_2)_2&=a_2+b_1\\ (c_2z_3)_2&=a_3+b_2+c_1\\ (c_3z_4)_2&=b_3+c_2\\ z_5&=c_3\end{aligned} \tag{22}$$

当 $z=21=(10101)_2$ 时，这个问题是可满足的，因为存在合适的二进制数位 $x_1, x_2, y_1, y_2, y_3, a_1, a_2, a_3, b_1, b_2, b_3, c_1, c_2, c_3$ 满足这些方程式. 但当 $z=19=(10011)_2$ 时，这个问题是不可满足的.

像 (22) 这样的算术运算可以轻易地用子句来表示，然后提交给 SAT 求解器：首先构造一条布尔链来指定计算，然后以子句的形式对链的每个步骤进行编码. 如果用 z_1 表示 a_1 且用 z_5 表示 c_3，那么一条这样的链如下：

$$\begin{array}{llllll} z_1\leftarrow x_1\wedge y_1, & b_1\leftarrow x_2\wedge y_1, & z_2\leftarrow a_2\oplus b_1, & s\leftarrow a_3\oplus b_2, & z_3\leftarrow s\oplus c_1, & z_4\leftarrow b_3\oplus c_2,\\ a_2\leftarrow x_1\wedge y_2, & b_2\leftarrow x_2\wedge y_2, & c_1\leftarrow a_2\wedge b_1, & p\leftarrow a_3\wedge b_2, & q\leftarrow s\wedge c_1, & z_5\leftarrow b_3\wedge c_2,\\ a_3\leftarrow x_1\wedge y_3, & b_3\leftarrow x_2\wedge y_3, & & & c_2\leftarrow p\vee q, & \end{array} \tag{23}$$

使用“全加器”计算 c_2z_3 并使用“半加器”计算 c_1z_2 和 c_3z_4（见 7.1.2–(23) 和 7.1.2–(24)）. 这条链等价于 49 个子句：

$$(x_1\vee\bar{z}_1)\wedge(y_1\vee\bar{z}_1)\wedge(\bar{x}_1\vee\bar{y}_1\vee z_1)\wedge\cdots\wedge(\bar{b}_3\vee\bar{c}_2\vee\bar{z}_4)\wedge(b_3\vee\bar{z}_5)\wedge(c_2\vee\bar{z}_5)\wedge(\bar{b}_3\vee\bar{c}_2\vee z_5).$$

它由如下的简单规则来展开基本计算而得：

$$
\begin{aligned}
&t \leftarrow u \wedge v \text{ 变为 } (u \vee \bar{t}) \wedge (v \vee \bar{t}) \wedge (\bar{u} \vee \bar{v} \vee t);\\
&t \leftarrow u \vee v \text{ 变为 } (\bar{u} \vee t) \wedge (\bar{v} \vee t) \wedge (u \vee v \vee \bar{t});\\
&t \leftarrow u \oplus v \text{ 变为 } (\bar{u} \vee v \vee t) \wedge (u \vee \bar{v} \vee t) \wedge (u \vee v \vee \bar{t}) \wedge (\bar{u} \vee \bar{v} \vee \bar{t}).
\end{aligned}
\tag{24}
$$

当 $z = (10101)_2$ 时，为了完成对应因式分解问题的规范，我们只需再添加 5 个单元子句 $(z_5) \wedge (\bar{z}_4) \wedge (z_3) \wedge (\bar{z}_2) \wedge (z_1)$.

逻辑学家很早就知道，计算步骤可以轻易地表示为子句的合取．像 (24) 这样的规则现在被称为*切廷编码*，以格雷戈里 · 切廷（1966 年）的姓氏命名．使用 $49+5$ 个子句表示一个小的五位因式分解问题似乎并不高效．但我们很快就会看到，m 位乘 n 位的因式分解对应的可满足性问题中的变量少于 $6mn$ 个，子句少于 $20mn$ 个且子句长度均不超过 3.

> 即使系统中有成百上千个公式，
> 它也可以“一点一点”地转化为合取范式，
> 而不使用任何“相乘”.
> ——马丁 · 戴维斯和希拉里 · 帕特南（1958 年）

假设 $m \leqslant n$. 为乘法设置布尔链最简单的方法可以追溯到约翰 · 纳皮尔［*Rabdologiæ* (Edinburgh, 1617), 137–143］，并由路易吉 · 达达现代化［*Alta Frequenza* **34** (1964), 349–356］：首先，我们将所有 mn 个乘积 $x_i \wedge y_j$ 计算出来，并将每一位放入 $bin[i+j]$ 中．它是 $m+n$ 个计数位之一，用于存放在二进制下特定 2 的幂次位上需要相加的位．此时这些计数位中分别包含 $(0, 1, 2, \cdots, m, m, \cdots, m, \cdots, 2, 1)$ 位，其中，“m”在中间出现了 $n-m+1$ 次．现在我们观察 $bin[k]$，其中，$k = 2, 3, \cdots$. 如果 $bin[k]$ 只包含一位 b，那么我们只需置 $z_{k-1} \leftarrow b$. 如果它包含两位 $\{b, b'\}$，那么我们使用一个半加器来计算 $z_{k-1} \leftarrow b \oplus b'$ 和 $c \leftarrow b \wedge b'$，并且将进位 c 放入 $bin[k+1]$ 中．否则当 $bin[k]$ 包含 $t \geqslant 3$ 位时，选择其中任意 3 个，例如 $\{b, b', b''\}$，然后将它们从这个计数位中移除．使用全加器计算 $r \leftarrow b \oplus b' \oplus b''$ 和 $c \leftarrow \langle bb'b'' \rangle$，使得 $b + b' + b'' = r + 2c$. 然后，我们将 r 放入 $bin[k]$ 中，并将 c 放入 $bin[k+1]$ 中．这样 t 将减 2，因此最终我们可以计算出 z_{k-1}. 习题 41 精确量化了涉及的所有计算.

这种将乘法编码为子句的方法非常灵活，因为只要存在 4 位或者更多位，我们就可以从 $bin[k]$ 中选择任意 3 位．我们可以使用先进先出策略，总是从“后面”选择位并将它们的和放在“前面”；也可以采用后进先出策略，它本质上是将 $bin[k]$ 视为栈而不是队列；还可以随机选择位，看看随机性是否会让 SAT 求解器变得更巧妙．在本节后面的部分，我们将通过分别调用 $factor\_fifo(m, n, z)$、$factor\_lifo(m, n, z)$ 或 $factor\_rand(m, n, z, s)$ 来引用表示因式分解问题的子句，其中，s 是用于生成它们的随机数生成器种子.

令人难以置信的是，我们可以在不使用任何数论知识的前提下对整数进行因式分解！我们既没有使用最大公约数、费马定理等，也没有给求解器提供太多线索，而仅提供了一堆基本的布尔运算式．这些式子几乎是在位级别上盲目操作的．然而，我们仍然能够找到因子.

当然，我们不能指望这种方法能够与 4.5.4 节中复杂的分解算法媲美．但是因式分解问题确实证明了子句具有相当广泛的通用性．并且，它的子句可以与*其他*约束条件相结合．这些约束条件远远超越了我们之前研究过的任何问题.

故障测试. 当在“现实世界”中制造计算机芯片时，可能错误百出．因此，长期以来，工程师一直对构建测试模式以检查特定电路的有效性感兴趣．假设除一个逻辑原件外，其他所有逻辑原件在某块芯片上都正常运行．坏原件的信号是固定的：它的输出是恒定的，即无论输入如何变化，输出总是相同的．这种故障称为*单点固定故障*.

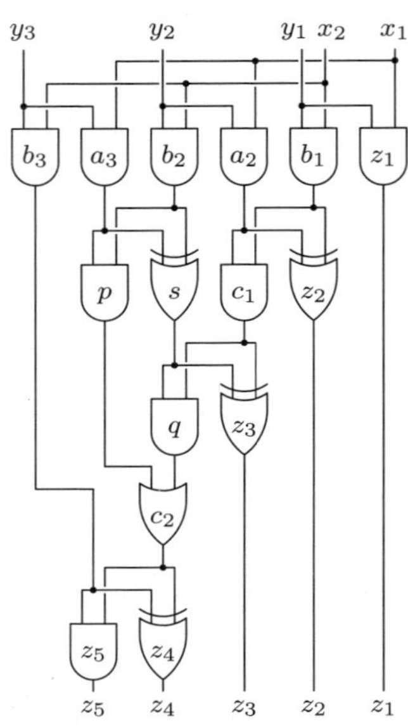

图 77　对应于 (23) 的电路

图 77 详细描绘了一个典型的数字电路：它将 (23) 中的 15 个布尔运算实现为从 5 个输入 $y_3y_2y_1x_2x_1$ 产生 5 个输出 $z_5z_4z_3z_2z_1$ 的网络．除了具有 15 个将两个输入转换为一个输出的 AND 门、OR 门和 XOR 门，它还有 15 个“扇出”门（由连接点处的点表示）．每个扇出门将一个输入拆分为两个输出．因此，它包含 50 个可能不同的逻辑信号——每条内部“导线”各一个．习题 47 表明，具有 m 个输出、n 个输入和 g 个常规“2 到 1”门的电路有 $g+m-n$ 个扇出门和 $3g+2m-n$ 条导线．一个有 w 条导线的电路有 $2w$ 种可能的单点固定故障，其中，w 种故障是某条导线上的信号固定为 0，另外 w 种故障是某条导线上的信号固定为 1．

假设最多存在一个固定故障．表 1 展示了当图 77 中的 50 条导线被某个特定输入序列激活时可能出现的 101 种情况．以 OK 开头的列展示了布尔链的正确行为（它很好地将 $x=3$ 乘以 $y=6$ 并得到 $z=18$）——我们将它们称为“默认”值，因为它们是正确的结果．其他 100 列展示了 50 条导线中只有一条导线的信号错误时的情况．比如，b_2^1 下面的两列说明了当从 b_2 门扇出最右边

表 1　当 $x_2x_1=11$ 且 $y_3y_2y_1=110$ 时，图 77 中的单点固定故障

	OK	x_1	x_1^1	x_1^2	x_1^3	x_1^4	x_2	x_2^1	x_2^2	x_2^3	x_2^4	y_1	y_1^1	y_1^2	y_2	y_2^1	y_2^2	y_3	y_3^1	y_3^2	z_1	a_2	a_2^1	a_2^2	a_3	a_3^1	a_3^2	b_1	b_1^1	b_1^2	b_2	b_2^1	b_2^2	b_3	b_3^1	b_3^2	z_2	c_1	c_1^1	c_1^2	s	s^1	s^2	p	z_3	q	c_2	c_2^1	c_2^2	z_4	z_5
$x_1\leftarrow$input	1	**01**	11	11	11	11	11	11	11	11	11	11	11	11	11	11	11	11	11	11	11	11	11	11	11	11	11	11	11	11	11	11	11	11	11	11	11	11	11	11	11	11	11	11	11	11	11	11	11	11	11
$x_1^1\leftarrow x_1$	1	01	**01**	11	11	11	11	11	11	11	11	11	11	11	11	11	11	11	11	11	11	11	11	11	11	11	11	11	11	11	11	11	11	11	11	11	11	11	11	11	11	11	11	11	11	11	11	11	11	11	11
$x_1^2\leftarrow x_1$	1	01	11	**01**	11	11	11	11	11	11	11	11	11	11	11	11	11	11	11	11	11	11	11	11	11	11	11	11	11	11	11	11	11	11	11	11	11	11	11	11	11	11	11	11	11	11	11	11	11	11	11
$x_1^3\leftarrow x_1^1$	1	01	01	11	**01**	11	11	11	11	11	11	11	11	11	11	11	11	11	11	11	11	11	11	11	11	11	11	11	11	11	11	11	11	11	11	11	11	11	11	11	11	11	11	11	11	11	11	11	11	11	11
$x_1^4\leftarrow x_1^1$	1	01	01	11	11	**01**	11	11	11	11	11	11	11	11	11	11	11	11	11	11	11	11	11	11	11	11	11	11	11	11	11	11	11	11	11	11	11	11	11	11	11	11	11	11	11	11	11	11	11	11	11
$x_2\leftarrow$input	1	11	11	11	11	11	**01**	11	11	11	11	11	11	11	11	11	11	11	11	11	11	11	11	11	11	11	11	11	11	11	11	11	11	11	11	11	11	11	11	11	11	11	11	11	11	11	11	11	11	11	11
$x_2^1\leftarrow x_2$	1	11	11	11	11	11	01	**01**	11	11	11	11	11	11	11	11	11	11	11	11	11	11	11	11	11	11	11	11	11	11	11	11	11	11	11	11	11	11	11	11	11	11	11	11	11	11	11	11	11	11	11
$x_2^2\leftarrow x_2$	1	11	11	11	11	11	01	11	**01**	11	11	11	11	11	11	11	11	11	11	11	11	11	11	11	11	11	11	11	11	11	11	11	11	11	11	11	11	11	11	11	11	11	11	11	11	11	11	11	11	11	11
$x_2^3\leftarrow x_2^1$	1	11	11	11	11	11	01	01	11	**01**	11	11	11	11	11	11	11	11	11	11	11	11	11	11	11	11	11	11	11	11	11	11	11	11	11	11	11	11	11	11	11	11	11	11	11	11	11	11	11	11	11
$x_2^4\leftarrow x_2^1$	1	11	11	11	11	11	01	01	11	11	**01**	11	11	11	11	11	11	11	11	11	11	11	11	11	11	11	11	11	11	11	11	11	11	11	11	11	11	11	11	11	11	11	11	11	11	11	11	11	11	11	11
$y_1\leftarrow$input	0	00	00	00	00	00	00	00	00	00	00	**01**	00	00	00	00	00	00	00	00	00	00	00	00	00	00	00	00	00	00	00	00	00	00	00	00	00	00	00	00	00	00	00	00	00	00	00	00	00	00	00
$y_1^1\leftarrow y_1$	0	00	00	00	00	00	00	00	00	00	00	01	**01**	00	00	00	00	00	00	00	00	00	00	00	00	00	00	00	00	00	00	00	00	00	00	00	00	00	00	00	00	00	00	00	00	00	00	00	00	00	00
$y_1^2\leftarrow y_1$	0	00	00	00	00	00	00	00	00	00	00	01	00	**01**	00	00	00	00	00	00	00	00	00	00	00	00	00	00	00	00	00	00	00	00	00	00	00	00	00	00	00	00	00	00	00	00	00	00	00	00	00
$y_2\leftarrow$input	1	11	11	11	11	11	11	11	11	11	11	11	11	11	**01**	11	11	11	11	11	11	11	11	11	11	11	11	11	11	11	11	11	11	11	11	11	11	11	11	11	11	11	11	11	11	11	11	11	11	11	11
$y_2^1\leftarrow y_2$	1	11	11	11	11	11	11	11	11	11	11	11	11	11	01	**01**	11	11	11	11	11	11	11	11	11	11	11	11	11	11	11	11	11	11	11	11	11	11	11	11	11	11	11	11	11	11	11	11	11	11	11
$y_2^2\leftarrow y_2$	1	11	11	11	11	11	11	11	11	11	11	11	11	11	01	11	**01**	11	11	11	11	11	11	11	11	11	11	11	11	11	11	11	11	11	11	11	11	11	11	11	11	11	11	11	11	11	11	11	11	11	11
$y_3\leftarrow$input	1	11	11	11	11	11	11	11	11	11	11	11	11	11	11	11	11	**01**	11	11	11	11	11	11	11	11	11	11	11	11	11	11	11	11	11	11	11	11	11	11	11	11	11	11	11	11	11	11	11	11	11
$y_3^1\leftarrow y_3$	1	11	11	11	11	11	11	11	11	11	11	11	11	11	11	11	11	01	**01**	11	11	11	11	11	11	11	11	11	11	11	11	11	11	11	11	11	11	11	11	11	11	11	11	11	11	11	11	11	11	11	11
$y_3^2\leftarrow y_3$	1	11	11	11	11	11	11	11	11	11	11	11	11	11	11	11	11	01	11	**01**	11	11	11	11	11	11	11	11	11	11	11	11	11	11	11	11	11	11	11	11	11	11	11	11	11	11	11	11	11	11	11
$z_1\leftarrow x_1^2\wedge y_1^1$	0	00	00	00	00	00	00	00	00	00	00	01	01	00	00	00	00	00	00	00	**01**	00	00	00	00	00	00	00	00	00	00	00	00	00	00	00	00	00	00	00	00	00	00	00	00	00	00	00	00	00	00
$a_2\leftarrow x_1^3\wedge y_2^1$	1	01	01	11	01	11	11	11	11	11	11	11	11	11	01	01	11	11	11	11	11	**01**	11	11	11	11	11	11	11	11	11	11	11	11	11	11	11	11	11	11	11	11	11	11	11	11	11	11	11	11	11
$a_2^1\leftarrow a_2$	1	01	01	11	01	11	11	11	11	11	11	11	11	11	01	01	11	11	11	11	11	01	**01**	11	11	11	11	11	11	11	11	11	11	11	11	11	11	11	11	11	11	11	11	11	11	11	11	11	11	11	11
$a_2^2\leftarrow a_2$	1	01	01	11	01	11	11	11	11	11	11	11	11	11	01	01	11	11	11	11	11	01	11	**01**	11	11	11	11	11	11	11	11	11	11	11	11	11	11	11	11	11	11	11	11	11	11	11	11	11	11	11
$a_3\leftarrow x_1^4\wedge y_3^1$	1	01	01	11	11	01	11	11	11	11	11	11	11	11	11	11	11	01	01	11	11	11	11	11	**01**	11	11	11	11	11	11	11	11	11	11	11	11	11	11	11	11	11	11	11	11	11	11	11	11	11	11
$a_3^1\leftarrow a_3$	1	01	01	11	11	01	11	11	11	11	11	11	11	11	11	11	11	01	01	11	11	11	11	11	01	**01**	11	11	11	11	11	11	11	11	11	11	11	11	11	11	11	11	11	11	11	11	11	11	11	11	11
$a_3^2\leftarrow a_3$	1	01	01	11	11	01	11	11	11	11	11	11	11	11	11	11	11	01	01	11	11	11	11	11	01	11	**01**	11	11	11	11	11	11	11	11	11	11	11	11	11	11	11	11	11	11	11	11	11	11	11	11
$b_1\leftarrow x_2^2\wedge y_1^2$	0	00	00	00	00	00	00	00	00	00	00	01	00	01	00	00	00	00	00	00	00	00	00	00	00	00	00	**01**	00	00	00	00	00	00	00	00	00	00	00	00	00	00	00	00	00	00	00	00	00	00	00
$b_1^1\leftarrow b_1$	0	00	00	00	00	00	00	00	00	00	00	01	00	01	00	00	00	00	00	00	00	00	00	00	00	00	00	01	**01**	00	00	00	00	00	00	00	00	00	00	00	00	00	00	00	00	00	00	00	00	00	00
$b_1^2\leftarrow b_1$	0	00	00	00	00	00	00	00	00	00	00	01	00	01	00	00	00	00	00	00	00	00	00	00	00	00	00	01	00	**01**	00	00	00	00	00	00	00	00	00	00	00	00	00	00	00	00	00	00	00	00	00
$b_2\leftarrow x_2^3\wedge y_2^2$	1	11	11	11	11	11	01	01	11	01	11	11	11	11	01	11	01	11	11	11	11	11	11	11	11	11	11	11	11	11	**01**	11	11	11	11	11	11	11	11	11	11	11	11	11	11	11	11	11	11	11	11
$b_2^1\leftarrow b_2$	1	11	11	11	11	11	01	01	11	01	11	11	11	11	01	11	01	11	11	11	11	11	11	11	11	11	11	11	11	11	01	**01**	11	11	11	11	11	11	11	11	11	11	11	11	11	11	11	11	11	11	11
$b_2^2\leftarrow b_2$	1	11	11	11	11	11	01	01	11	01	11	11	11	11	01	11	01	11	11	11	11	11	11	11	11	11	11	11	11	11	01	11	**01**	11	11	11	11	11	11	11	11	11	11	11	11	11	11	11	11	11	11
$b_3\leftarrow x_2^4\wedge y_3^2$	1	11	11	11	11	11	01	01	11	11	01	11	11	11	11	11	11	01	11	01	11	11	11	11	11	11	11	11	11	11	11	11	11	**01**	11	11	11	11	11	11	11	11	11	11	11	11	11	11	11	11	11
$b_3^1\leftarrow b_3$	1	11	11	11	11	11	01	01	11	11	01	11	11	11	11	11	11	01	11	01	11	11	11	11	11	11	11	11	11	11	11	11	11	01	**01**	11	11	11	11	11	11	11	11	11	11	11	11	11	11	11	11
$b_3^2\leftarrow b_3$	1	11	11	11	11	11	01	01	11	11	01	11	11	11	11	11	11	01	11	01	11	11	11	11	11	11	11	11	11	11	11	11	11	01	11	**01**	11	11	11	11	11	11	11	11	11	11	11	11	11	11	11
$z_2\leftarrow a_2^1\oplus b_1^1$	1	01	01	11	01	11	11	11	11	11	11	10	11	10	01	01	11	11	11	11	11	01	01	11	11	11	11	10	10	11	11	11	11	11	11	11	**01**	11	11	11	11	11	11	11	11	11	11	11	11	11	11
$c_1\leftarrow a_2^2\wedge b_1^2$	0	00	00	00	00	00	00	00	00	00	00	01	00	01	00	00	00	00	00	00	00	00	00	00	00	00	00	01	00	01	00	00	00	00	00	00	00	**01**	00	00	00	00	00	00	00	00	00	00	00	00	00
$c_1^1\leftarrow c_1$	0	00	00	00	00	00	00	00	00	00	00	01	00	01	00	00	00	00	00	00	00	00	00	00	00	00	00	01	00	01	00	00	00	00	00	00	00	01	**01**	00	00	00	00	00	00	00	00	00	00	00	00
$c_1^2\leftarrow c_1$	0	00	00	00	00	00	00	00	00	00	00	01	00	01	00	00	00	00	00	00	00	00	00	00	00	00	00	01	00	01	00	00	00	00	00	00	00	01	00	**01**	00	00	00	00	00	00	00	00	00	00	00
$s\leftarrow a_3^1\oplus b_2^1$	0	10	10	00	00	10	10	10	00	10	00	00	00	00	10	00	10	10	10	00	00	00	00	00	10	10	00	00	00	00	10	10	00	00	00	00	00	00	00	00	**01**	00	00	00	00	00	00	00	00	00	00
$s^1\leftarrow s$	0	10	10	00	00	10	10	10	00	10	00	00	00	00	10	00	10	10	10	00	00	00	00	00	10	10	00	00	00	00	10	10	00	00	00	00	00	00	00	00	01	**01**	00	00	00	00	00	00	00	00	00
$s^2\leftarrow s$	0	10	10	00	00	10	10	10	00	10	00	00	00	00	10	00	10	10	10	00	00	00	00	00	10	10	00	00	00	00	10	10	00	00	00	00	00	00	00	00	01	00	**01**	00	00	00	00	00	00	00	00
$p\leftarrow a_3^2\wedge b_2^2$	1	01	01	11	11	01	01	01	11	01	11	11	11	11	01	11	01	01	01	11	11	11	11	11	01	11	01	11	11	11	01	11	01	11	11	11	11	11	11	11	11	11	11	**01**	11	11	11	11	11	11	11
$z_3\leftarrow s^1\oplus c_1^1$	0	10	10	00	00	10	10	10	00	10	00	01	00	01	10	00	10	10	10	00	00	00	00	00	10	10	00	01	00	01	10	10	00	00	00	00	00	01	01	00	01	01	00	00	**01**	00	00	00	00	00	00
$q\leftarrow s^2\wedge c_1^2$	0	00	00	00	00	00	00	00	00	00	00	00	00	00	00	00	00	00	00	00	00	00	00	00	00	00	00	00	00	00	00	00	00	00	00	00	00	00	00	00	00	00	00	00	00	**01**	00	00	00	00	00
$c_2\leftarrow p\vee q$	1	01	01	11	11	01	01	01	11	01	11	11	11	11	01	11	01	01	01	11	11	11	11	11	01	11	01	11	11	11	01	11	01	11	11	11	11	11	11	11	11	11	11	01	11	11	**01**	11	11	11	11
$c_2^1\leftarrow c_2$	1	01	01	11	11	01	01	01	11	01	11	11	11	11	01	11	01	01	01	11	11	11	11	11	01	11	01	11	11	11	01	11	01	11	11	11	11	11	11	11	11	11	11	01	11	11	01	**01**	11	11	11
$c_2^2\leftarrow c_2$	1	01	01	11	11	01	01	01	11	01	11	11	11	11	01	11	01	01	01	11	11	11	11	11	01	11	01	11	11	11	01	11	01	11	11	11	11	11	11	11	11	11	11	01	11	11	01	11	**01**	11	11
$z_4\leftarrow b_3^1\oplus c_2^1$	0	10	10	00	00	10	00	00	00	10	10	00	00	00	10	00	10	00	10	10	00	00	00	00	10	00	10	00	00	00	10	00	10	10	10	00	00	00	00	00	00	00	00	10	00	00	10	10	00	**01**	00
$z_5\leftarrow b_3^2\wedge c_2^2$	1	01	01	11	11	01	01	01	11	01	01	11	11	11	01	11	01	01	01	01	11	11	11	11	01	11	01	11	11	11	01	11	01	01	11	01	11	11	11	11	11	11	11	01	11	11	01	11	01	11	**01**

的导线固定为 0 或 1 时的结果．除了粗体值被故障所强制，其余每一行都是从前面的行或输入中按位计算而得的．当粗体值与默认值一致时，其整列都是正确的，否则错误可能会传播．粗体对角线上方的所有值都与默认值一致．

如果想测试有 n 个输入和 m 个输出的芯片，那么我们可以将测试模式应用于输入并观察它输出了什么．比如，仔细检查会发现，当 q 固定为 1 时，表 1 所考虑的模式没有检测到错误，即使 q 应该为 0．这是因为，尽管存在该错误，但是所有 5 个输出位 $z_5z_4z_3z_2z_1$ 都是正确的．事实上，因为在这个例子中 $p=1$，所以 $c_2 \leftarrow p \vee q$ 的值不受错误的 q 的影响．与之类似，因为 $y_1^1=0$，故障"x_1^2 固定为 0"不会传播到 $z_1 \leftarrow x_1^2 \wedge y_1^1$．这个特定的测试模式总共只能发现 44 个故障，而不是 50 个．

显然，所有相关的可复现故障，无论是单一故障还是复杂故障，都可以通过测试所有 2^n 种可能的模式来发现．但除非 n 很小，否则这将难如登天．幸运的是，故障测试并不是无望的，因为如果我们有足够的测试模式来检测所有可检测的单点固定故障，那么在实践中通常会获得令人满意的结果．习题 49 表明，仅用 5 个模式就足以以此标准测试图 77 中的电路．

令人惊讶的是，习题 49 中的详细分析还表明，故障"s^2 固定为 1"无法被检测．事实上，只有当 $c_1^2=1$ 时，错误的 s^2 才能传播到错误的 q，并且这迫使 $x_1=x_2=y_1=y_2=1$．因此，只剩下两种可能，但是 $y_3=0$ 和 $y_3=1$ 都不能检测到故障．我们可以通过去掉门 q 来简化电路，并将"$q \leftarrow s \wedge c_1$ 且 $c_2 \leftarrow p \vee q$"替换为"$c_2 \leftarrow p \vee c_1$"以使链 (23) 变得更短．

当然，图 77 所示的只是一个很小的电路，仅用于介绍单点固定故障的概念．实际计算机中的大规模电路需要更多的测试模式，我们将看到 SAT 求解器同样有助于找到它们．考虑通用乘法器电路 $prod(m,n)$，它是斯坦福图库的一部分．它将 m 位数 x 乘以 n 位数 y，得到 $(m+n)$ 位乘积 z．此外，它还是延迟时间为 $O(\log(m+n))$ 的"并行乘法器"．它比上面考虑的 $factor\_fifo$ 等方法更适合硬件设计，因为这些电路需要 $\Omega(m+n)$ 的时间来进行传播．

让我们尝试找到能够排除 $prod(32,32)$ 中所有单点固定故障的测试模式．$prod(32,32)$ 是一个深度为 33 的电路，它具有 64 个输入、64 个输出、3660 个 AND 门、1203 个 OR 门、2145 个 XOR 门，因此有 7008 个扇出门和 21 088 条导线．如何保护它免受 42 176 种故障影响呢？

在构造子句来完成这项任务之前，我们应该意识到大多数单点固定故障可以轻易通过随机选择一些模式来检测，因为故障通常会造成很大的麻烦并且难以被忽略．事实上，随机选择 $x=$ #3243F6A8 和 $y=$ #885A308D 已经消除了 14 733 种情况．此外，$(x,y)=$ (#2B7E1516, #28AED2A6) 又消除了 6918 种情况．我们可以继续这样做，因为表 1 中的位运算可以快速进行．从图 77 中较小乘法器得到的经验表明，如果对输入加以偏好，即以 0.9 而不是 0.5 的概率选择每一位为 1，那么我们将得到更有效的测试（见习题 49）．100 万次这样的随机输入将生成 243 种模式，这些模式能够检测出除 140 种故障之外的所有故障．

在得到 $42\,176-140=42\,036$ 个唾手可得的结果之后，我们剩下的工作基本上就是在规模为 2^{64} 的大海中捞出 140 根针．这就是 SAT 求解器的用武之地．考虑为图 77 中的"q 固定为 0"寻找测试模式这个类似但更简单的问题．我们可以使用从 (23) 导出的 49 个子句 F 来表示正常工作的电路．同时，我们可以假设相应的子句集 F' 表示故障计算，它使用"带撇"变量 z_1', a_2', $\cdots$, z_5'．因此，F' 从 $(x_1 \vee \bar{z}_1') \wedge (y_1 \vee \bar{z}_1')$ 开始并以 $(\bar{b}_3' \vee \bar{c}_2' \vee z_5')$ 结束．它类似于 F，除了 (23) 中表示 $q' \leftarrow s' \wedge c_1'$ 的子句被简单地改为 $\bar{q}'$（意味着 q' 固定为 0）．这样一来，F 和 F' 的子句连同一些声明 $z_1 \neq z_1' \cdots\cdots z_5 \neq z_5'$ 的子句能被变量满足，仅当 $(y_3y_2y_1)_2 \times (x_2x_1)_2$ 是一个适用于给定故障的测试模式．

F' 的构造显然可以简化，因为 z_1' 和 z_1 是相同的. 任何与正确值不同的信号都必须位于唯一故障的“下游”. 我们称一条导线*受损*，当且仅当它是发生故障的导线或者它至少有一条受损的输入导线. 我们只为受损导线 g 引入新变量 g'. 因此，在我们的例子中，将 F 扩展为故障电路所需的子句集 F' 仅为 $\bar{q}'$ 和对应于 $c_2' \leftarrow p \vee q'$、$z_4' \leftarrow b_3 \oplus c_2'$、$z_5' \leftarrow b_3 \wedge c_2'$ 的子句.

此外，测试模式所检测到的任何故障都必须有一条从故障到输出的*活跃路径*. 此路径上的所有导线都必须携带错误信号. 因此，特雷西 · 拉腊比 [*IEEE Trans.* **CAD-11** (1992), 4–15] 决定为每条受损导线额外引入“带井号”的变量 $g^\sharp$，这意味着 g 位于该活跃路径上. 只要 g 位于这条路径上，子句

$$(\bar{g}^\sharp \vee g \vee g') \wedge (\bar{g}^\sharp \vee \bar{g} \vee \bar{g}') \tag{25}$$

就能保证 $g \neq g'$. 此外，只要 g 是一个 AND 门、OR 门或 XOR 门且有受损输入 v，我们就有 $(\bar{v}^\sharp \vee g^\sharp)$. 在这方面，扇出门处理起来略微需要些技巧：当导线 g^1 和 g^2 从受损导线 g 扇出时，我们需要变量 $g^{1\sharp}$、$g^{2\sharp}$ 和 $g^\sharp$. 然后，我们引入子句

$$(\bar{g}^\sharp \vee g^{1\sharp} \vee g^{2\sharp}) \tag{26}$$

来表示活跃路径至少采用其中一个分支.

根据这些规则，我们在例子中增加了新变量 $q^\sharp$、$c_2^\sharp$、$c_2^{1\sharp}$、$c_2^{2\sharp}$、$z_4^\sharp$、$z_5^\sharp$，以及新子句

$$(\bar{q}^\sharp \vee q \vee q') \wedge (\bar{q}^\sharp \vee \bar{q} \vee \bar{q}') \wedge (\bar{q}^\sharp \vee c_2^\sharp) \wedge (\bar{c}_2^\sharp \vee c_2 \vee c_2') \wedge (\bar{c}_2^\sharp \vee \bar{c}_2 \vee \bar{c}_2') \wedge (\bar{c}_2^\sharp \vee c_2^{1\sharp} \vee c_2^{2\sharp}) \wedge$$
$$(\bar{c}_2^{1\sharp} \vee z_4^\sharp) \wedge (\bar{z}_4^\sharp \vee z_4 \vee z_4') \wedge (\bar{z}_4^\sharp \vee \bar{z}_4 \vee \bar{z}_4') \wedge (\bar{c}_2^{2\sharp} \vee z_5^\sharp) \wedge (\bar{z}_5^\sharp \vee z_5 \vee z_5') \wedge (\bar{z}_5^\sharp \vee \bar{z}_5 \vee \bar{z}_5').$$

活跃路径从 q 开始，所以我们加入单元子句 $(q^\sharp)$；活跃路径结束于受损输出，所以再加入子句 $(z_4^\sharp \vee z_5^\sharp)$. 由此产生的子句集可以为该故障找到测试模式，当且仅当故障是可检测的. 拉腊比发现这类活跃路径变量为 SAT 求解器提供了重要线索并显著加快了求解过程.

现在回到大规模电路 $prod(32,32)$，剩下 140 个难以检测的故障之一是“W_{21}^{26} 固定为 1”，其中，W_{21}^{26} 表示从斯坦福图库程序 GB_GATES 的 §75 中的 OR 门 W_{21} 扇出的第 26 条额外导线. W_{21}^{26} 是该程序的 §80 中的门 $b_{40}^{40} \leftarrow d_{40}^{19} \wedge W_{21}^{26}$ 的输入. 该故障的测试模式可以通过 7082 个变量上的 23 194 个子句来表示（其中只有 4 个变量“带撇”，且有 4 个变量“带井号”）. 幸运的是，作者在实验中很快找到了解 $(x,y) = (\#7F13FEDD, \#5FE57FFE)$. 并且这个模式还消除了 13 种其他情况，所以现在的目标是“减去 14 后剩下的 126 种情况”.

下一个要处理的故障是“$A_5^{36,2}$ 固定为 1”，其中，$A_5^{36,2}$ 是从 GB_GATES 的 §72 中的 AND 门 A_5^{36} 扇出的第 2 条额外导线（$R_{11}^{36} \leftarrow A_5^{36,2} \wedge R_1^{35,2}$ 的一个输入）. 这个故障对应于 8342 个变量上的 26 131 个子句. 但 SAT 求解器快速查看了这些子句，并几乎立即判定它们是*不可满足的*. 因此，这个故障是不可检测的，从而可以通过置 $R_{11}^{36} \leftarrow R_1^{35,2}$ 来简化电路 $prod(32,32)$. 事实上，仔细观察就会发现，存在对应于布尔方程

$$x = y \wedge z, \quad y = v \wedge w, \quad z = t \wedge u, \quad u = v \oplus w$$

的子句（其中，$t = R_{13}^{44}$，$u = A_{58}^{45}$，$v = R_4^{44}$，$w = A_{14}^{45}$，$x = R_{23}^{46}$，$y = R_{13}^{45}$，$z = R_{19}^{45}$）. 这些子句*迫使* $x = 0$. 因此，发现未解决的故障还包括 R_{23}^{46}、$R_{23}^{46,1}$ 和 $R_{23}^{46,2}$ 固定为 0 也就不足为奇了. 140 个未被随机输入检测到的故障中，有 26 个被证明是*绝对*无法检测到的，其中只有一个，即“Q_{26}^{46} 固定为 0”的不可检测性需要一些复杂的证明.

在待处理清单上仍有 $126 - 26 = 100$ 个故障，它们中的一些对于 SAT 求解器来说很有挑战性. 因此，在等待求解器运行时，作者抽空观察了一些之前找到的解，他注意到那些模式本身正在形成一种模式！不出所料，从固定故障的角度来看，这个庞大而复杂的电路的两端实际上

有一个相当简单的结构．此时，数论派上了用场：因式分解 #87FBC059 × #F0F87817 = $2^{63}-1$ 解决了许多颇为棘手的故障．当 32 位数相乘时，它们中的一些发生的概率小于 2^{-34}．此外，作者已经知晓四十余年的"奥里弗耶"分解 $(2^{31}-2^{16}+1)\times(2^{31}+2^{16}+1)=2^{62}+1$（见式 4.5.4–(15)）解决了剩下的绝大部分故障．

最终结论（见习题 51）是，并行乘法电路 $prod(32,32)$ 的所有 42 150 个可检测的单点固定故障可以用最多 196 个精心选择的测试模式来检测．

学习布尔函数． 有时我们会得到一个计算布尔函数 $f(x_1,\cdots,x_N)$ 的"黑盒"．我们没法一探其中的究竟，但这个函数其实可能很简单．通过为 $x=x_1\cdots x_N$ 插入各种值，我们可以观察"黑盒"的表现并可能学习到其中隐藏的规则．比如，一个拥有 $N=20$ 个布尔变量的未知函数的可能取值如表 2 所示，其中列出了 $f(x)=1$ 的 16 种情况和 $f(x)=0$ 的 16 种情况．

表 2　某个未知函数的取值

$f(x)=1$ 的情况	$f(x)=0$ 的情况
$x_1 x_2 x_3 x_4 x_5 x_6 x_7 x_8 x_9$ ⋯ x_{20}	$x_1 x_2 x_3 x_4 x_5 x_6 x_7 x_8 x_9$ ⋯ x_{20}
1 1 0 0 1 0 0 1 0 0 0 0 1 1 1 1 1 1 0 1	1 0 1 0 1 1 0 1 1 1 1 1 1 0 0 0 0 1 0 1
1 0 1 0 1 0 1 0 0 0 1 0 0 0 1 0 0 0 0 1	0 1 0 0 0 1 0 1 1 0 0 0 1 0 1 0 0 0 1 0
0 1 1 0 1 0 0 0 1 1 0 0 0 0 1 0 0 0 1 1	1 0 1 1 1 0 1 1 0 1 0 0 1 0 1 0 1 0 0 1
0 1 0 0 1 1 0 0 0 1 0 0 1 1 0 0 0 1 1 0	1 0 1 0 1 0 1 0 1 1 1 1 1 1 0 1 1 1 0 0
0 1 1 0 0 0 1 0 1 0 0 0 1 0 1 1 1 0 0 0	0 1 0 1 0 1 1 0 0 0 1 0 0 0 0 0 0 0 1 0
0 0 0 0 1 1 0 1 1 1 0 0 0 0 0 1 1 1 0 0	0 1 1 1 0 0 1 1 1 1 0 1 0 0 1 1 1 1 0 0
1 1 0 1 0 0 0 1 0 0 1 0 1 0 0 1 0 0 0 0	1 1 1 1 0 0 0 1 1 1 0 1 1 0 0 0 1 0 1 1
0 0 1 0 0 1 0 0 1 1 1 0 0 0 0 0 1 0 0 0	1 0 0 1 1 1 0 0 0 1 0 1 1 0 0 0 0 0 1 1
1 0 0 0 1 0 1 0 0 1 1 0 0 1 1 1 1 1 0 0	1 1 0 0 1 1 1 0 0 0 1 0 1 1 0 1 0 0 1 1
1 1 0 0 0 1 1 1 0 1 0 0 0 0 0 0 0 0 1 0	0 1 1 0 1 0 0 1 0 1 0 1 1 0 1 0 1 0 0 1
0 0 0 0 1 0 1 1 1 0 1 1 1 1 1 0 1 0 1 0	1 1 1 0 0 0 0 1 0 0 1 1 0 1 1 0 0 1 0 0
0 1 1 0 0 0 1 1 1 0 1 1 0 0 0 1 0 0 1 1	0 0 0 1 0 0 0 1 0 1 0 0 0 1 1 0 0 1 0 0
1 0 0 1 1 0 1 1 0 0 1 0 0 0 1 0 0 1 0 1	0 0 1 1 0 0 1 1 1 1 1 1 1 0 1 1 1 1 0 0
0 0 0 1 0 1 0 0 1 0 1 0 0 0 0 0 1 0 0 0	1 1 0 0 1 0 0 1 0 0 1 1 1 0 0 1 1 1 0 1
0 1 1 1 1 0 0 1 1 0 0 0 1 1 1 0 0 0 1 1	1 1 0 0 1 1 1 0 0 0 1 0 0 1 0 0 1 0 0 1
0 1 0 0 0 0 0 0 0 1 0 0 1 1 0 1 1 1 0 1	1 0 1 1 0 0 1 1 1 1 1 0 1 1 1 1 1 0 0 1

如果假设这个函数有一个项数不多的 DNF（析取范式），那么我们立即就会看到，这样的假设可以很容易地被表示为可满足性问题．当作者构造对应于表 2 的子句并将它们输入给 SAT 求解器时，他几乎立即找到所有数据都满足的一个非常简单的公式：

$$f(x_1,\cdots,x_{20})=\bar{x}_2\bar{x}_3\bar{x}_{10}\vee\bar{x}_6\bar{x}_{10}\bar{x}_{12}\vee x_8\bar{x}_{13}\bar{x}_{15}\vee\bar{x}_8x_{10}\bar{x}_{12}. \tag{27}$$

该公式是通过在 $2MN$ 个变量 $p_{i,j}$ 和 $q_{i,j}$（$1\leqslant i\leqslant M$ 且 $1\leqslant j\leqslant N$）上构造子句发现的，其中，M 是 DNF 中允许的最大项数（此处 $M=4$）．这些变量分别表示：

$$p_{i,j}\ =\ [\text{项 } i \text{ 包含 } x_j],\qquad q_{i,j}\ =\ [\text{项 } i \text{ 包含 } \bar{x}_j]. \tag{28}$$

如果函数在 P 个指定点处取值为 1，那么对于 $1\leqslant i\leqslant M$ 和 $1\leqslant k\leqslant P$，我们还为每个这样的点上的每一项引入辅助变量 $z_{i,k}$．

在表 2 中有 $f(1,1,0,0,\cdots,1)=1$，通过构造子句

$$(z_{1,1}\vee z_{2,1}\vee\cdots\vee z_{M,1}) \tag{29}$$

和对于 $1\leqslant i\leqslant M$ 的子句

$$(\bar{z}_{i,1}\vee\bar{q}_{i,1})\wedge(\bar{z}_{i,1}\vee\bar{q}_{i,2})\wedge(\bar{z}_{i,1}\vee\bar{p}_{i,3})\wedge(\bar{z}_{i,1}\vee\bar{p}_{i,4})\wedge\cdots\wedge(\bar{z}_{i,1}\vee\bar{q}_{i,20}), \tag{30}$$

我们可以很好地表示这个要求. 解释一下，(29) 表示 DNF 中至少有一项必须取值为真；(30) 表示，如果项 i 在点 $1100\cdots1$ 处为真，那么它不能包含 $\bar{x}_1$、$\bar{x}_2$、x_3、x_4……或 $\bar{x}_{20}$.

在表 2 中还有 $f(1,0,1,0,\cdots,1)=0$. 这个要求对应于子句

$$(q_{i,1}\vee p_{i,2}\vee q_{i,3}\vee p_{i,4}\vee\cdots\vee q_{i,20}),\qquad 1\leqslant i\leqslant M. \tag{31}$$

（DNF 的每一项在给定点处都必须为零. 因此对于每个 i，项 i 必须包含 $\bar{x}_1$、x_2、$\bar{x}_3$、x_4……或 $\bar{x}_{20}$.）

一般来说，$f(x)=1$ 的每种情况都会产生一个如 (29) 中的长度为 M 的子句，再加上 MN 个如 (30) 中的长度为 2 的子句. $f(x)=0$ 的每种情况都会产生 M 个如 (31) 中的长度为 N 的子句. 在 (30) 和 (31) 中，当给定点中 $x_j=1$ 时，使用 $q_{i,j}$；而当 $x_j=0$ 时，使用 $p_{i,j}$. 这种构造归功于阿尼尔 · 普拉巴卡尔 · 卡马特、纳伦德拉 · 克里希纳 · 卡马卡尔、卡贾玛莱 · 高伯拉斯瓦米 · 罗摩克里希南和毛里齐奥 · 吉列尔梅 · 德卡瓦略 · 雷森迪 [*Mathematical Programming* **57** (1992), 215–238]，他们提供了大量例子. 在表 2 中，$M=4$，$N=20$，$P=16$，它总共生成了 224 个变量上的 1360 个子句，总长度为 3904. SAT 求解器找到 $p_{1,1}=q_{1,1}=p_{1,2}=0$, $q_{1,2}=1$, $\cdots$ 的解，从而得到了 (27).

出于 (27) 的简单性，SAT 求解器似乎已经洞悉了未知函数 $f(x)$ 的真实性质. 所有 32 次都与正确值相同的机会只有 2^{32} 中的 1 次而已，因此我们似乎有压倒性的证据支持这个式子.

但其实不然：这种推理是错误的. 表 2 中的数实际上以完全不同的方式呈现，因此当 $f(x)$ 的变量 x 取任何其他值时，式 (27) 作为 $f(x)$ 的预测基本上没有可信度！（见习题 53.）这种谬误来源于这样一个事实，即 20 个变量的短 DNF 布尔函数并不罕见，它们的数量远远超过 2^{32} 个.

德特勒夫 · 摩根斯顿找到了一个更简单的公式，它也符合表 2：

$$f(x_1,\cdots,x_{20}) \;=\; \bar{x}_4x_{10}\bar{x}_{12}\vee\bar{x}_6\bar{x}_{10}\bar{x}_{12}\vee x_9\bar{x}_{10}x_{11}.$$

但事实上，它与习题 53 中展示的“真实”f 的差距比 (27) 更大.

当*确实*知道未知函数 $f(x)$ 有一个最多包含 M 项的 DNF（尽管除此之外，我们对它一无所知）时，子句 (29) ~ (31) 提供了一种发现这些项的好方法. 但前提是我们还有一个充分大且无偏的“训练集”，它由观测值组成.

假设 (27) *就是*表 2 中的函数. 如果只在 32 个随机点 x 处检查 $f(x)$，那么我们没有足够的数据来判断结果是否正确. 但是，使用 100 个随机训练点几乎总能找到正确的解 (27). 这种计算通常涉及 344 个变量上的 3942 个子句. 但计算速度很快，只需要大约 1 亿次内存访问.

作者在一次实验中使用包含 100 个元素的训练集，然后得到了以下式子：

$$\hat{f}(x_1,\cdots,x_{20})=\bar{x}_2\bar{x}_3\bar{x}_{10}\vee x_3\bar{x}_6\bar{x}_{10}\bar{x}_{12}\vee x_8\bar{x}_{13}\bar{x}_{15}\vee\bar{x}_8x_{10}\bar{x}_{12}. \tag{32}$$

它已经接近于真实函数但并不完全精确.（习题 59 证明了 $\hat{f}(x)$ 等于 $f(x)$ 的概率大于 97%.）对该例子的进一步研究表明，只需另外 9 个训练点就足以唯一地推导出 $f(x)$，从而获得 100% 的置信度（见习题 61）.

有界模型检测. 在实践中，SAT 求解器的一些最重要的应用与硬件或软件的验证有关，因为设计人员通常希望确保特定的实现能够正确地满足其规格要求.

一种典型的设计通常可以建模为布尔向量 $\boldsymbol{X}=x_1\cdots x_n$ 之间的*转移关系*，该向量表示系统的可能状态. 如果时刻 $t+1$ 的状态 $\boldsymbol{X}'$ 紧随在时刻 t 的状态 $\boldsymbol{X}$ 之后，那么我们将这种情况写作 $\boldsymbol{X}\to\boldsymbol{X}'$. 一般来说，我们的任务是研究状态转移的序列

$$\boldsymbol{X}_0\to\boldsymbol{X}_1\to\boldsymbol{X}_2\to\cdots\to\boldsymbol{X}_r, \tag{33}$$

并判断是否存在具有一些特殊属性的序列. 比如，我们不希望存在 $\boldsymbol{X}_0$ 是"初始状态"且 $\boldsymbol{X}_r$ 是"错误状态"的序列，否则设计中就会出现漏洞.

像这样的问题很容易表示为可满足性问题：每个状态 $\boldsymbol{X}_t$ 是布尔变量 $x_{t1}\cdots x_{tn}$ 的向量，并且每个转移关系可以由一组必须被满足的 m 个子句 $T(\boldsymbol{X}_t,\boldsymbol{X}_{t+1})$ 表示. 这些子句 $T(\boldsymbol{X},\boldsymbol{X}')$ 包含 $2n$ 个变量 $\{x_1,\cdots,x_n,x_1',\cdots,x_n'\}$，以及可能被用于使用子句形式表示布尔公式的 q 个辅助变量 $\{y_1,\cdots,y_q\}$，正如我们在 (24) 中使用切廷编码所做的那样. 那么序列 (33) 的存在性等价于如下 mr 个子句的可满足性：

$$T(\boldsymbol{X}_0,\boldsymbol{X}_1)\wedge T(\boldsymbol{X}_1,\boldsymbol{X}_2)\wedge\cdots\wedge T(\boldsymbol{X}_{r-1},\boldsymbol{X}_r), \tag{34}$$

它们基于 $n(r+1)+qr$ 个变量 $\{x_{tj}\mid 0\leqslant t\leqslant r,\ 1\leqslant j\leqslant n\}\cup\{y_{tk}\mid 0\leqslant t<r,\ 1\leqslant k\leqslant q\}$. 通过使用变量 x_{tj} 表示状态 $\boldsymbol{X}_t$，使用变量 y_{tk} 表示 $T(\boldsymbol{X}_t,\boldsymbol{X}_{t+1})$ 中的辅助变量，我们本质上已经将序列 (33)"展开"为 r 个转移关系副本. 现在可以添加其他子句来表示对初始状态 $\boldsymbol{X}_0$ 和（或）最终状态 $\boldsymbol{X}_r$ 的约束条件，以及我们想对序列施加的任何其他条件.

这种通用的设置称为"有界模型检测"，因为我们使用它来检测模型的性质（一种转移关系），并且只考虑具有有界转移数 r 的序列.

康威发明的有趣的*生命游戏*提供了一组特别有启发性的例子，这些例子可以说明有界模型检测的基本原理. 这个游戏的状态 $\boldsymbol{X}$ 是二维位图，对应于活（1）或死（0）的方形细胞矩阵. 每幅位图 $\boldsymbol{X}$ 都有唯一的后继 $\boldsymbol{X}'$，由一个简单的 3×3 元胞自动机的动作决定：假设细胞有 8 个邻居 $\{x_{\rm NW},x_{\rm N},x_{\rm NE},x_{\rm W},x_{\rm E},x_{\rm SW},x_{\rm S},x_{\rm SE}\}$，令 $\nu=x_{\rm NW}+x_{\rm N}+x_{\rm NE}+x_{\rm W}+x_{\rm E}+x_{\rm SW}+x_{\rm S}+x_{\rm SE}$ 是在时刻 t 还活着的邻居的数量. 那么 x 在时刻 $t+1$ 活着，当且仅当 $\nu=3$，或 $\nu=2$ 且 x 在时刻 t 还活着. 等价地说，对每个细胞 x，有如下转移规则：

$$x' = [2<x_{\rm NW}+x_{\rm N}+x_{\rm NE}+x_{\rm W}+\tfrac{1}{2}x+x_{\rm E}+x_{\rm SW}+x_{\rm S}+x_{\rm SE}<4]. \tag{35}$$

（图 78 给出了例子，其中，活细胞为黑色.）

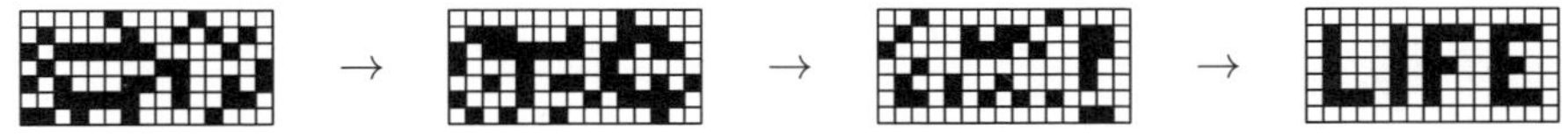

图 78　康威的规则 (35) 定义了这 3 个连续的转移

康威将生命游戏称为"无玩家游戏"，因为它不涉及任何策略：一旦设置了初始状态 $\boldsymbol{X}_0$，所有后续状态 $\boldsymbol{X}_1$, $\boldsymbol{X}_2$, $\cdots$ 就完全确定了. 然而，尽管规则十分简单，他也证明了生命游戏本质上是极其复杂和不可预测的，并超出了人类的理解范围，因为它具有相当程度的普遍性：*对于每一个有限、离散、确定性的系统，无论它多么复杂，都可以被某些具有有限初始状态* $\boldsymbol{X}_0$ *的生命游戏正确地模拟*. ［见伯利坎普、康威和盖伊，*Winning Ways* (2004)，第 25 章.］

在习题 7.1.4–160～7.1.4–162 中，我们已经见识过了一些使用 BDD 方法可能存在的令人惊奇的生命游戏历程. 生命游戏的许多其他方面可以用 SAT 方法进行探索，因为 SAT 求解器通常可

以处理更多的变量. 比如，图 78 就是通过为每个状态 $\boldsymbol{X}_0$、$\boldsymbol{X}_1$、$\boldsymbol{X}_2$、$\boldsymbol{X}_3$ 使用 $7\times 15=105$ 个变量后发现的. $\boldsymbol{X}_3$ 的值显然是预先确定的，但是必须还要计算其余 $105\times 3=315$ 个变量，而 BDD 无法处理如此多的变量. 此外，我们还引入了额外的变量以确保初始状态 $\boldsymbol{X}_0$ 具有尽可能少的活细胞.

图 78 背后更详细的故事是：由于生命游戏是二维的，因此我们使用变量 x_{ij} 而不是 x_j 来表示单个细胞的状态，并使用 x_{tij} 而不是 x_{tj} 来表示细胞在时刻 t 的状态. 我们通常假设给定有限区域之外的所有细胞的 $x_{tij}=0$，尽管转移规则 (35) 可以允许任意远处的细胞随着生命游戏的进行而变为活细胞. 在图 78 中的任何时刻，该区域都被指定为 7×15 矩形. 此外，在边界上有 3 个连续活细胞的状态是被禁止的，这样“框外”的细胞就不会被激活.

虽然可以在不引入额外变量的情况下对转移 $T(\boldsymbol{X}_t,\boldsymbol{X}_{t+1})$ 进行编码，但是为此我们需要为不在边界上的每个细胞引入 190 个相当长的子句. 有一个更好的方法，即基于上面 (20) 和 (21) 中的二叉树方法，它只需要大约 63 个长度小于或等于 3 的子句，以及每个细胞大约 14 个辅助变量. 这种方法（见习题 65）利用了许多中间计算可以共享这一事实. 比如，细胞 x 和 $x_{\rm W}$ 有 4 个共同的邻居 $\{x_{\rm NW},x_{\rm N},x_{\rm SW},x_{\rm S}\}$，所以我们只需要计算 $x_{\rm NW}+x_{\rm N}+x_{\rm SW}+x_{\rm S}$ 一次，而不是两次.

与使得 $\boldsymbol{X}_4=$ **LIFE** 的四步序列 $\boldsymbol{X}_0\to\boldsymbol{X}_1\to\boldsymbol{X}_2\to\boldsymbol{X}_3\to\boldsymbol{X}_4$ 对应的子句在不超出 7×15 矩形的情况下被证明是不可满足的.（尽管需要检查基于 9000 个变量的大约 34 000 个子句，但使用下面的算法 C 只需 100 亿次内存访问的计算就可以确定这个事实！）因此为了准备图 78，下一步是尝试 $\boldsymbol{X}_3=$ **LIFE**. 这次试验成功了. 附加了允许 $\boldsymbol{X}_0$ 至多有 39 个活细胞的子句后，我们得到了所示的解，成本约为 170 亿次内存访问. 并且该解是最优解，因为进一步的运行（花费 120 亿次内存访问）证明，不存在 $\boldsymbol{X}_0$ 至多有 38 个活细胞的解.

让我们花些时间看看棋盘（一个 8×8 网格）上可能出现的一些模式. 人类永远只能考虑 2^{64} 种可能状态中的一小部分. 因此，我们可以相当确定，即使是在如此小的网格上，“生命游戏爱好者”也还没有探索完所有存在的有趣配置.

寻找一系列有趣的生命游戏转移的一个好方法是断言没有细胞存活超过连续 4 个步骤. 因此，我们定义*流动*生命游戏路径为一系列转移 $\boldsymbol{X}_0\to\boldsymbol{X}_1\to\cdots\to\boldsymbol{X}_r$ 且具有如下附加性质：

$$(\bar{x}_{tij}\vee\bar{x}_{(t+1)ij}\vee\bar{x}_{(t+2)ij}\vee\bar{x}_{(t+3)ij}\vee\bar{x}_{(t+4)ij}),\qquad \text{对于 } 0\leqslant t\leqslant r-4. \tag{36}$$

为了避免平凡的解，我们还坚持令 $\boldsymbol{X}_r$ 没有完全死掉. 如果我们在棋盘上应用规则 (36)，同时只有当 $1\leqslant i,j\leqslant 8$ 时才允许 x_{tij} 存活，并且进一步的条件是每一代最多有 5 个细胞存活，那么 SAT 求解器可以快速地发现一些有趣的流动路径，举例如下：

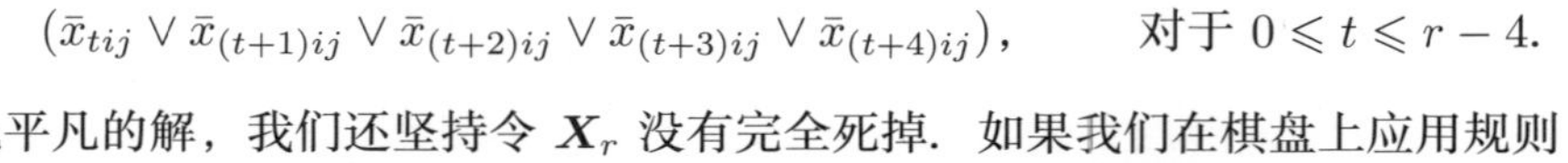

$$\to\ \to\ \to\ \to\ \to\ \to\ \to\ \to\ \to\cdots. \tag{37}$$

它在离开棋盘之前持续了很长一段时间. 事实上，这个五细胞“生物”是理查德 · 肯尼思 · 盖伊著名的*滑翔机*（1970 年），它在这条路径上优雅地移动. 滑翔机无疑是生命游戏宇宙中最有趣的小“生物”. 它沿对角线移动，每 4 步后重新创建一个自身移动后的副本.

如果我们将每次的细胞数限制为 $\{6,7,8,9,10\}$ 而不是 $\{1,2,3,4,5\}$，也会出现有趣的流动路径. 比如，下面是作者的求解器首先解出的一些长度 $r=8$ 的路径：

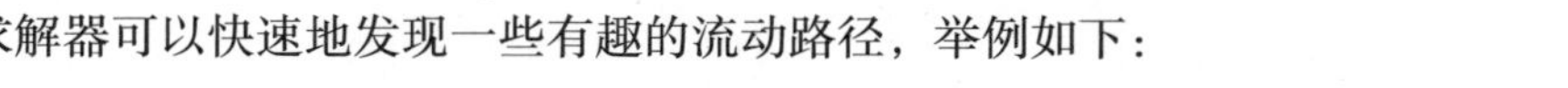

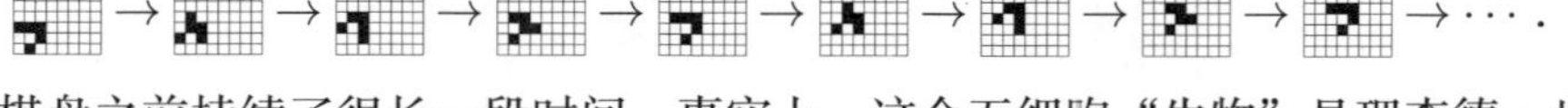

$\to\ \to\ \to\ \to\ \to\ \to\ \to\ \to$;

$\to\ \to\ \to\ \to\ \to\ \to\ \to\ \to$;

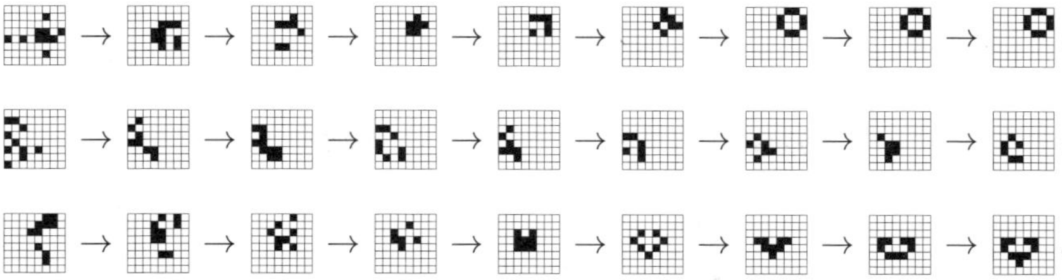

→ → → → → → → → ;

→ → → → → → → → ;

→ → → → → → → → .

这些路径说明了这样一个事实，即在生命游戏以确定性方式演化时，可以获得对称性，但永远不会失去对称性. 在这个过程中产生了许多奇妙的设计. 在每个序列中，下一幅位图 $\boldsymbol{X}_9$ 将打破我们的基本规则：在第一个和最后一个例子中，$\boldsymbol{X}_8$ 之后的细胞数立即增长到 12，但在倒数第二个例子中减少到 5. 并且，另外两个例子中的路径变得不再流动. 事实上，我们在第 2 个例子中有 $\boldsymbol{X}_5 = \boldsymbol{X}_7$，因此 $\boldsymbol{X}_6 = \boldsymbol{X}_8$，$\boldsymbol{X}_7 = \boldsymbol{X}_9$，以此类推. 这种重复模式被称为周期为 2 的振荡器. 第 3 个例子以周期为 1 的振荡器结束，称为“静止生命”.

这些路径的终点是什么？第一个例子变得静止，因为 $\boldsymbol{X}_{69} = \boldsymbol{X}_{70}$. 第 4 个变得相当静止，因为 $\boldsymbol{X}_{12} = 0$！第 5 个是这组例子中最迷人的，因为它持续产生越来越精致的爱心形状，然后继续“翩然起舞”和“闪闪发光”，直到最后从时刻 177 开始以周期为 2“闪烁”. 因此它的成员 $\boldsymbol{X}_2$ 到 $\boldsymbol{X}_7$ 有资格成为“长寿者”. 马丁 · 加德纳将长寿者定义为“细胞数小于 10 且在 50 代内不会变得稳定的生命模式”. （一个重复模式——如滑翔机或振荡器——被视为稳定. ）

SAT 求解器对于长寿者的研究基本束手无策，因为状态空间变得太大了. 但是当我们想探索生命游戏的许多其他方面时，它们非常有帮助，习题 66 ~ 85 讨论了一些值得注意的例子. 在继续之前，我们将考虑一个更有启发性的例子，即“吞噬者”. 考虑如下形式的生命游戏路径：

$$\boldsymbol{X}_0 = \quad \to \quad \to \quad \to \quad \to \quad \to \quad = \boldsymbol{X}_5, \tag{38}$$

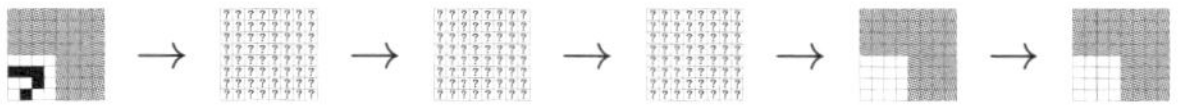

其中，灰色细胞形成一个静止生命，$\boldsymbol{X}_1$、$\boldsymbol{X}_2$、$\boldsymbol{X}_3$ 的细胞未知. 因此，$\boldsymbol{X}_4 = \boldsymbol{X}_5$ 且 $\boldsymbol{X}_0 = \boldsymbol{X}_5 +$ 滑翔机. 此外，我们要求静止生命 $\boldsymbol{X}_5$ 不与滑翔机的父项 相互影响，见习题 77. 这里的想法是，如果滑翔机碰巧滑入这个特定的静止生命，它就会被吞噬，而静止生命将迅速自我重建，就好像什么都没发生过一样.

算法 C 几乎瞬间（好吧，在大约 1 亿次内存访问之后）发现以下路径：

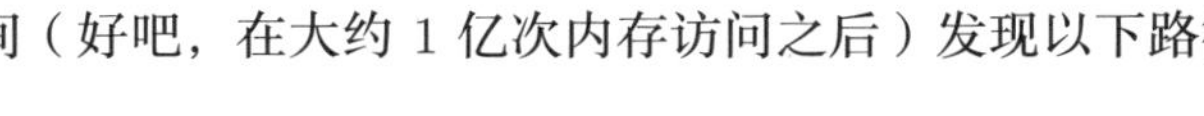

$$\to \quad \to \quad \to \quad \to \quad \to \quad . \tag{39}$$

这是拉尔夫 · 威廉 · 高斯珀于 1971 年首次观察到的四步吞噬者.

互斥中的应用. 现在让我们看看有界模型检测如何帮助我们证明算法正确（或不正确）. 当我们考虑需要同步并发行为的并行进程时，一些最具挑战性的验证问题出现了. 为了便于讨论，我们可以讲一个关于爱丽丝和鲍勃的小故事以简化问题.

爱丽丝和鲍勃是普通朋友，他们合租一套公寓. 他们有一间特别的共有房间：当其中一人在这间有两扇门的临界房间里时，他们不希望对方在场. 此外，同为忙碌的人，他们不想在不必要的时候打扰对方. 因此，他们同意使用一盏指示灯来控制对房间的访问，这盏灯可以打开或关闭.

他们尝试的第一个协议可以用对称算法来表示.

A0. 可能跳转至 A1.	B0. 可能跳转至 B1.	
A1. 若 l 则跳转至 A1，否则跳转至 A2.	B1. 若 l 则跳转至 B1，否则跳转至 B2.	
A2. 置 $l \leftarrow 1$，跳转至 A3.	B2. 置 $l \leftarrow 1$，跳转至 B3.	(40)
A3. 临界，跳转至 A4.	B3. 临界，跳转至 B4.	
A4. 置 $l \leftarrow 0$，跳转至 A0.	B4. 置 $l \leftarrow 0$，跳转至 B0.	

在任何时刻，爱丽丝都处于 5 种状态 $\{\mathrm{A0,A1,A2,A3,A4}\}$ 之一，她的程序规则显示了状态可能如何变化. 当处于状态 A0 时，她对临界房间不感兴趣；但当她确实希望使用它时，她会跳转至 A1. 她在处于状态 A3 时成功使用了临界房间. 类似的讨论同样适用于鲍勃. 当指示灯亮起（$l=1$）时，他们会一直等待，直到对方离开房间并将灯重新关闭（$l=0$）.

爱丽丝和鲍勃不一定以相同的速度改变状态. 但只有在处于“可能”状态 A0 或 B0 时，他们才有可能被耽搁. 更准确地说，我们通过将每个相关场景转换为离散的状态转移序列来对这一情景进行建模. 在每个时刻 $t=0,1,2,\cdots$ 时，爱丽丝或鲍勃（但不是同时）都将执行与其当前状态对应的命令，从而可能在时刻 $t+1$ 变为不同的状态. 这种选择具有不确定性.

我们在程序中只需研究 (40) 中说明的 4 种基本命令：(1) 可能跳转至 s；(2) 临界，跳转至 s；(3) 置 $v \leftarrow b$，跳转至 s；(4) 若 v 则跳转至 s_1，否则跳转至 s_0. 这里 s 表示状态名，v 表示一个共享布尔变量，b 为 0 或 1.

遗憾的是，爱丽丝和鲍勃很快就发现协议 (40) 是不可靠的：有一天，在他们中的任何一个都没有打开指示灯之前，爱丽丝从 A1 跳转至 A2，鲍勃从 B1 跳转至 B2. 然后，他们就尴尬地见面了（A3 和 B3）.

如果像 (33) 所示的那样将 (40) 中的状态转移表示为用于有界模型检测的子句，然后应用 SAT 求解器，那么他们本可以提前发现这个问题. 在这种情况下，对应于时刻 t 的向量 X_t 由编码每个当前状态的布尔变量及 l 的当前值组成. 比如，我们可以设置 11 个变量 $\mathrm{A0}_t$, $\mathrm{A1}_t$, $\mathrm{A2}_t$, $\mathrm{A3}_t$, $\mathrm{A4}_t$, $\mathrm{B0}_t$, $\mathrm{B1}_t$, $\mathrm{B2}_t$, $\mathrm{B3}_t$, $\mathrm{B4}_t$, l_t，以及 10 个二元排除子句 $(\overline{\mathrm{A0}_t} \vee \overline{\mathrm{A1}_t})$, $(\overline{\mathrm{A0}_t} \vee \overline{\mathrm{A2}_t})$, $\cdots$, $(\overline{\mathrm{A3}_t} \vee \overline{\mathrm{A4}_t})$ 以确保爱丽丝至多处于一个状态，鲍勃也有类似的 10 个子句. 还有一个变量 $@_t$，它的真值取决于爱丽丝或鲍勃是否在时刻 t 执行了他们的程序步骤.（若 $@_t=1$，我们说爱丽丝被“碰撞”；若 $@_t=0$，则鲍勃被“碰撞”.）

假设我们从以下单元子句定义的初始状态 $\boldsymbol{X}_0$ 开始：

$$\mathrm{A0}_0 \wedge \overline{\mathrm{A1}_0} \wedge \overline{\mathrm{A2}_0} \wedge \overline{\mathrm{A3}_0} \wedge \overline{\mathrm{A4}_0} \wedge \mathrm{B0}_0 \wedge \overline{\mathrm{B1}_0} \wedge \overline{\mathrm{B2}_0} \wedge \overline{\mathrm{B3}_0} \wedge \overline{\mathrm{B4}_0} \wedge \bar{l}_0. \tag{41}$$

以下对于 $0 \leqslant t < r$ 的子句（在习题 87 中讨论）将模拟 (40) 定义的每个合法场景的前 r 个步骤：

$$\begin{array}{lll}
(@_t \vee \overline{\mathrm{A0}_t} \vee \mathrm{A0}_{t+1}) & (\overline{@_t} \vee \overline{\mathrm{A0}_t} \vee \mathrm{A0}_{t+1} \vee \mathrm{A1}_{t+1}) & (@_t \vee \overline{\mathrm{B0}_t} \vee \mathrm{B0}_{t+1} \vee \mathrm{B1}_{t+1}) \\
(@_t \vee \overline{\mathrm{A1}_t} \vee \mathrm{A1}_{t+1}) & (\overline{@_t} \vee \overline{\mathrm{A1}_t} \vee \bar{l}_t \vee \mathrm{A1}_{t+1}) & (@_t \vee \overline{\mathrm{B1}_t} \vee \bar{l}_t \vee \mathrm{B1}_{t+1}) \\
(@_t \vee \overline{\mathrm{A2}_t} \vee \mathrm{A2}_{t+1}) & (\overline{@_t} \vee \overline{\mathrm{A1}_t} \vee l_t \vee \mathrm{A2}_{t+1}) & (@_t \vee \overline{\mathrm{B1}_t} \vee l_t \vee \mathrm{B2}_{t+1}) \\
(@_t \vee \overline{\mathrm{A3}_t} \vee \mathrm{A3}_{t+1}) & (\overline{@_t} \vee \overline{\mathrm{A2}_t} \vee \mathrm{A3}_{t+1}) & (@_t \vee \overline{\mathrm{B2}_t} \vee \mathrm{B3}_{t+1}) \\
(@_t \vee \overline{\mathrm{A4}_t} \vee \mathrm{A4}_{t+1}) & (\overline{@_t} \vee \overline{\mathrm{A2}_t} \vee l_{t+1}) & (@_t \vee \overline{\mathrm{B2}_t} \vee l_{t+1}) \\
(\overline{@_t} \vee \overline{\mathrm{B0}_t} \vee \mathrm{B0}_{t+1}) & (\overline{@_t} \vee \overline{\mathrm{A3}_t} \vee \mathrm{A4}_{t+1}) & (@_t \vee \overline{\mathrm{B3}_t} \vee \mathrm{B4}_{t+1}) \\
(\overline{@_t} \vee \overline{\mathrm{B1}_t} \vee \mathrm{B1}_{t+1}) & (\overline{@_t} \vee \overline{\mathrm{A4}_t} \vee \mathrm{A0}_{t+1}) & (@_t \vee \overline{\mathrm{B4}_t} \vee \mathrm{B0}_{t+1}) \\
(\overline{@_t} \vee \overline{\mathrm{B2}_t} \vee \mathrm{B2}_{t+1}) & (\overline{@_t} \vee \overline{\mathrm{A4}_t} \vee \bar{l}_{t+1}) & (@_t \vee \overline{\mathrm{B4}_t} \vee \bar{l}_{t+1}) \\
(\overline{@_t} \vee \overline{\mathrm{B3}_t} \vee \mathrm{B3}_{t+1}) & (\overline{@_t} \vee l_t \vee \mathrm{A2}_t \vee \mathrm{A4}_t \vee \bar{l}_{t+1}) & (@_t \vee l_t \vee \mathrm{B2}_t \vee \mathrm{B4}_t \vee \bar{l}_{t+1}) \\
(\overline{@_t} \vee \overline{\mathrm{B4}_t} \vee \mathrm{B4}_{t+1}) & (\overline{@_t} \vee \bar{l}_t \vee \mathrm{A2}_t \vee \mathrm{A4}_t \vee l_{t+1}) & (@_t \vee \bar{l}_t \vee \mathrm{B2}_t \vee \mathrm{B4}_t \vee l_{t+1})
\end{array} \tag{42}$$

如果我们现在添加单元子句 ($A3_r$) 和 ($B3_r$)，那么最终这些 $11+12r$ 个变量上的 $13+50r$ 个子句在 $r=6$ 时很容易被满足，从而证明了临界房间确实可能被共同占用.（顺带一提，若用互斥协议的标准术语，我们会说“两个线程同时执行一个临界区”. 但我们将继续室友的比喻.）

让我们从头再来，一个修改 (40) 的想法是仅在 $l=1$ 时让爱丽丝使用房间，仅在 $l=0$ 时让鲍勃使用房间.

A0. 可能跳转至 A1.	B0. 可能跳转至 B1.	
A1. 若 l 则跳转至 A2，否则跳转至 A1.	B1. 若 l 则跳转至 B1，否则跳转至 B2.	
A2. 临界，跳转至 A3.	B2. 临界，跳转至 B3.	(43)
A3. 置 $l \leftarrow 0$，跳转至 A0.	B3. 置 $l \leftarrow 1$，跳转至 B0.	

$r=100$ 时的计算机测试表明相应的子句是不可满足的，因此 (43) 显然能保证互斥.

但是 (43) 也是不可行的，因为它付出了一些难以接受的代价：在鲍勃使用完房间前，爱丽丝不能使用房间 k 次！因此我们放弃这个方案.

安装另一盏灯，使得每个人都可以控制其中一盏灯，怎么样？

A0. 可能跳转至 A1.	B0. 可能跳转至 B1.	
A1. 若 b 则跳转至 A1，否则跳转至 A2.	B1. 若 a 则跳转至 B1，否则跳转至 B2.	
A2. 置 $a \leftarrow 1$，跳转至 A3.	B2. 置 $b \leftarrow 1$，跳转至 B3.	(44)
A3. 临界，跳转至 A4.	B3. 临界，跳转至 B4.	
A4. 置 $a \leftarrow 0$，跳转至 A0.	B4. 置 $b \leftarrow 0$，跳转至 B0.	

这样也不好，它与 (40) 存在相同的缺陷. 但也许我们可以巧妙地调换步骤 1 和步骤 2 的顺序.

A0. 可能跳转至 A1.	B0. 可能跳转至 B1.	
A1. 置 $a \leftarrow 1$，跳转至 A2.	B1. 置 $b \leftarrow 1$，跳转至 B2.	
A2. 若 b 则跳转至 A2，否则跳转至 A3.	B2. 若 a 则跳转至 B2，否则跳转至 B3.	(45)
A3. 临界，跳转至 A4.	B3. 临界，跳转至 B4.	
A4. 置 $a \leftarrow 0$，跳转至 A0.	B4. 置 $b \leftarrow 0$，跳转至 B0.	

习题 95 轻易地证明了这个协议的确实现了互斥.

然而，现在出现了一个新问题，即所谓“死锁”或“活锁”问题. 爱丽丝和鲍勃可能同时分别进入状态 A2 和 B2，之后他们陷入了一种尴尬的境地——每个人都在等待另一个人进入临界房间.

在这种情况下，他们可以同意以某种方式“重启”. 但这样做治标不治本，他们想寻找一个确实能解决问题的好方法. 在这条道路上，他们并不孤单：多年来，许多人在与这个巧妙得令人惊讶的问题作斗争. 下面的习题给出了几种解决方案（它们各有优劣）. 艾兹赫尔 · 迪杰斯特拉在他开创性的讲义 *Cooperating Sequential Processes* [Technological University Eindhoven (September 1965), §2.1] 中提出了一种极具启发性的方法来改进 (45).

A0. 可能跳转至 A1.	B0. 可能跳转至 B1.	
A1. 置 $a \leftarrow 1$，跳转至 A2.	B1. 置 $b \leftarrow 1$，跳转至 B2.	
A2. 若 b 则跳转至 A3，否则跳转至 A4.	B2. 若 a 则跳转至 B3，否则跳转至 B4.	
A3. 置 $a \leftarrow 0$，跳转至 A1.	B3. 置 $b \leftarrow 0$，跳转至 B1.	(46)
A4. 临界，跳转至 A5.	B4. 临界，跳转至 B5.	
A5. 置 $a \leftarrow 0$，跳转至 A0.	B5. 置 $b \leftarrow 0$，跳转至 B0.	

但他意识到这也不能令人满意，因为它允许这样一种场景，即爱丽丝可能永远等待而鲍勃反复使用临界房间.（事实上，如果爱丽丝和鲍勃分别处于状态 A1 和 B2，那么爱丽丝可能会先

到 A2、A3，然后回到 A1，而鲍勃则可以跑遍 B4、B5、B0、B1，然后回到 B2. 最终他们又分别回到了最初的场景，但爱丽丝没有任何进展.）

这种问题称为“饥饿”，它也可以通过有界模型检测来检测. 基本思想（见习题 91）是，饥饿发生的充分必要条件是存在转移循环：

$$\boldsymbol{X}_0 \to \boldsymbol{X}_1 \to \cdots \to \boldsymbol{X}_p \to \boldsymbol{X}_{p+1} \to \cdots \to \boldsymbol{X}_r = \boldsymbol{X}_p, \tag{47}$$

使得 (i) 爱丽丝和鲍勃在循环中至少分别被碰撞一次；(ii) 至少一人在循环中从不处于“可能”状态或“临界”状态. 这些条件很容易编码成子句，因为我们可以识别时刻 r 的变量和时刻 p 的变量，并且可以添加子句

$$(\overline{@_p} \vee \overline{@_{p+1}} \vee \cdots \vee \overline{@_{r-1}}) \ \wedge \ (@_p \vee @_{p+1} \vee \cdots \vee @_{r-1}) \tag{48}$$

来保证 (i). 条件 (ii) 只需添加一些单元子句，比如，检验爱丽丝在 (46) 中是否会饥饿的相关子句为 $\overline{\mathrm{A0}_p} \wedge \overline{\mathrm{A0}_{p+1}} \wedge \cdots \wedge \overline{\mathrm{A0}_{r-1}} \wedge \overline{\mathrm{A4}_p} \wedge \overline{\mathrm{A4}_{p+1}} \wedge \cdots \wedge \overline{\mathrm{A4}_{r-1}}$.

(43)、(45) 和 (46) 的缺陷都可以看作饥饿的特例，因为使用它们时，(47) 和 (48) 都是可满足的（见习题 90）. 因此，我们可以使用有界模型检测来找到任何不令人满意的互斥协议的反例，方法是建立爱丽丝和鲍勃都在临界房间的场景，或者建立可行的饥饿循环 (47).

当然，我们也想从另一个角度来考虑. 比如，即使一个协议在 $r = 100$ 时没有反例，我们也仍然不知道它是否真的可靠——可能只有当 r 非常大时才存在反例. 幸运的是，有一些方法可以获得 r 的合理上界，使得有界模型检测可用于证明正确性与不正确性. 比如，我们可以验证爱丽丝和鲍勃问题的已知最简单的正确解决方案，这个协议由加里 · 林恩 · 彼得森提出 [*Information Proc. Letters* **12** (1981), 115–116]. 他注意到，实际上巧妙地组合 (43) 和 (45) 就足够了.

A0. 可能跳转至 A1.	B0. 可能跳转至 B1.	
A1. 置 $a \leftarrow 1$，跳转至 A2.	B1. 置 $b \leftarrow 1$，跳转至 B2.	
A2. 置 $l \leftarrow 0$，跳转至 A3.	B2. 置 $l \leftarrow 1$，跳转至 B3.	
A3. 若 b 则跳转至 A4，否则跳转至 A5.	B3. 若 a 则跳转至 B4，否则跳转至 B5.	(49)
A4. 若 l 则跳转至 A5，否则跳转至 A3.	B4. 若 l 则跳转至 B3，否则跳转至 B5.	
A5. 临界，跳转至 A6.	B5. 临界，跳转至 B6.	
A6. 置 $a \leftarrow 0$，跳转至 A0.	B6. 置 $b \leftarrow 0$，跳转至 B0.	

现在有 3 盏信号灯（a、b、l）——一盏由爱丽丝控制，一盏由鲍勃控制，一盏两者都可以切换.

为了证明状态 A5 和 B5 不能同时发生，我们可以观察到最短的反例不会将任何状态重复两次. 换言之，它将是一条简单转移路径 (33). 因此，我们可以假设 r 至多是状态总数. 同时，(49) 有 $7 \times 7 \times 2 \times 2 \times 2 = 392$ 个状态，这是一个有限的上界. 对于一个好的 SAT 求解器来说，这个特定的问题不是不能解决，但我们可以做得更好. 比如，设计当且仅当存在长度小于或等于 r 的简单路径时才可满足的子句并不困难（见习题 92），并且在这种特殊情况下，最长的简单路径也只有 54 步.

事实上，可以通过使用*不变量*这一重要概念来做得更好. 我们在 1.2.1 节中已经见识过这个概念，并且它将在本套丛书中反复出现. 不变量断言是大多数正确性证明的关键，因此它对有界模型检测同样有所帮助也就不足为奇了. 正式地说，假设 $\Phi(\boldsymbol{X})$ 是状态向量 $\boldsymbol{X}$ 的一个布尔函数，若对于任何状态转移 $\boldsymbol{X} \to \boldsymbol{X}'$，$\Phi(\boldsymbol{X})$ 蕴涵 $\Phi(\boldsymbol{X}')$，我们称 Φ 是不变量. 比如，不难看出以下子句对于 (49) 是不变量：

$$\begin{aligned}\Phi(\boldsymbol{X}) \ = \ & (\mathrm{A0} \vee \mathrm{A1} \vee \mathrm{A2} \vee \mathrm{A3} \vee \mathrm{A4} \vee \mathrm{A5} \vee \mathrm{A6}) \wedge (\mathrm{B0} \vee \mathrm{B1} \vee \mathrm{B2} \vee \mathrm{B3} \vee \mathrm{B4} \vee \mathrm{B5} \vee \mathrm{B6}) \\ & \wedge (\overline{\mathrm{A0}} \vee \bar{a}) \wedge (\overline{\mathrm{A1}} \vee \bar{a}) \wedge (\overline{\mathrm{A2}} \vee a) \wedge (\overline{\mathrm{A3}} \vee a) \wedge (\overline{\mathrm{A4}} \vee a) \wedge (\overline{\mathrm{A5}} \vee a) \wedge (\overline{\mathrm{A6}} \vee a)\end{aligned}$$

$$\wedge\,(\overline{\mathrm{B0}}\vee\bar{b})\wedge(\overline{\mathrm{B1}}\vee\bar{b})\wedge(\overline{\mathrm{B2}}\vee b)\wedge(\overline{\mathrm{B3}}\vee b)\wedge(\overline{\mathrm{B4}}\vee b)\wedge(\overline{\mathrm{B5}}\vee b)\wedge(\overline{\mathrm{B6}}\vee b).\tag{50}$$

（子句 $\overline{\mathrm{A0}}\vee\bar{a}$ 表示当爱丽丝处于状态 A0 时 $a=0$，其他子句同理.）我们可以使用 SAT 求解器来证明它是不变量，即通过证明子句

$$\Phi(\boldsymbol{X})\ \wedge\ (\boldsymbol{X}\to\boldsymbol{X}')\ \wedge\ \neg\Phi(\boldsymbol{X}')\tag{51}$$

是不可满足的. 此外，$\Phi(\boldsymbol{X}_0)$ 对于初始状态 $\boldsymbol{X}_0$ 成立，因为 $\neg\Phi(\boldsymbol{X}_0)$ 是不可满足的（见习题 93）. 因此，通过归纳法可以证明 $\Phi(\boldsymbol{X}_t)$ 对于所有 $t\geqslant 0$ 都成立. 我们可以将这些有用的子句添加到所有的公式中.

不变量 (50) 将状态总数减少了 1/4. 真正的关键是子句

$$(\boldsymbol{X}_0\to\boldsymbol{X}_1\to\cdots\to\boldsymbol{X}_r)\wedge\Phi(\boldsymbol{X}_0)\wedge\Phi(\boldsymbol{X}_1)\wedge\cdots\wedge\Phi(\boldsymbol{X}_r)\wedge\mathrm{A5}_r\wedge\mathrm{B5}_r,\tag{52}$$

其中，$\boldsymbol{X}_0$ 不必是初始状态. 当 $r=3$ 时，它被证明是不可满足的. 换言之，在不违反不变量的前提下，无法从坏的状态返回超过两步. 我们可以得出结论：仅需考虑长度为 2 的路径就可以对 (49) 的互斥进行验证. 此外，类似的想法（习题 98）表明 (49) 不会产生饥饿.

告诫：虽然 (49) 是服从爱丽丝和鲍勃的基本规则的正确互斥协议，但它不能在大多数现代计算机上安全使用，除非特别注意同步高速缓存和写缓冲区. 原因是，硬件设计者会使用各种技巧来提高速度，这些技巧可能允许一个进程在时刻 $t+1$ 发现 $a=0$，即使另一个进程在时刻 t 置 $a\leftarrow 1$. 我们通过假设被莱斯利·兰波特称为*顺序一致性*的并行计算模型［*IEEE Trans.* **C-28** (1979), 690–691］开发了上述算法.

数字体层成像. 另一组适合 SAT 求解器解决的具有吸引力的问题来自对给出部分信息的二元图像的研究. 考虑图 79，它以新的视角展示了 7.1.3 节中的“柴郡猫”. 这张图是一个 $m\times n$ 的布尔变量矩阵 $(x_{i,j})$，其中，行数 $m=25$，列数 $n=30$：左上角元素 $x_{1,1}$ 为 0，代表白色；$x_{1,24}=1$ 对应于第一行中的唯一黑色像素. 我们给定行和 $r_i=\sum_{j=1}^{n}x_{i,j}$（$1\leqslant i\leqslant m$）与列和 $c_j=\sum_{i=1}^{m}x_{i,j}$（$1\leqslant j\leqslant n$），以及 45° 对角线方向的两组和，即

$$a_d=\sum_{i+j=d+1}x_{i,j}\quad 和\quad b_d=\sum_{i-j=d-n}x_{i,j}\quad(0<d<m+n).\tag{53}$$

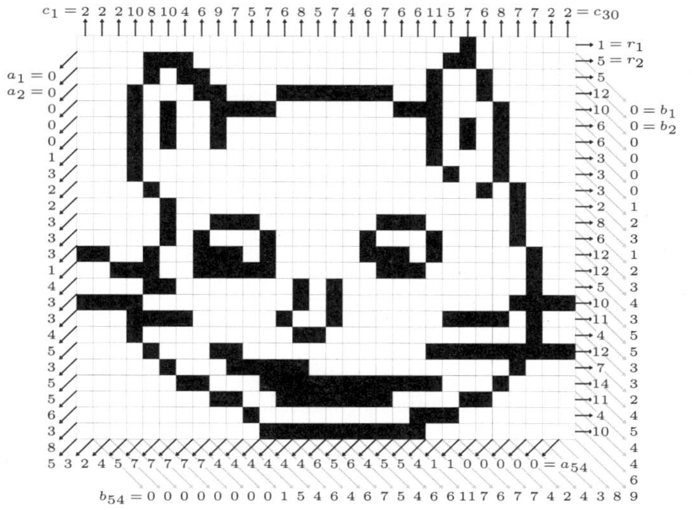

图 79　一个黑白像素矩阵及其行和 r_i、列和 c_j 以及对角线和 a_d、b_d

从这些和 r_i、c_j、a_d、b_d 可以在多大程度上重建这样的图像？较小的例子通常由这些类似 X 射线的投影唯一确定（见习题 103）．但是像素图像的离散性使得重建问题比相应的连续问题困难得多，因为在连续问题中，可以从许多不同角度获得投影．比如，经典的八皇后问题——将 8 个互不攻击的皇后放在棋盘上——等价于解决一个 8×8 数字体层成像问题，其约束条件为 $r_i = 1$、$c_j = 1$、$a_d \leqslant 1$ 和 $b_d \leqslant 1$.

图 79 的约束条件似乎非常严格，因此我们可以期望大多数像素 $x_{i,j}$ 能由给定的和唯一确定．比如，$a_1 = \cdots = a_5 = 0$ 这一事实告诉我们，所有满足 $i + j \leqslant 6$ 的 $x_{i,j} = 0$．并且在图像的所有 4 个角都可以进行类似的推导．“草率估计”表明，我们得到了 150 多个和，其中大多数占用了 5 位，因此我们有大约 $150 \times 5 = 750$ 位数据，我们希望从中重建 $25 \times 30 = 750$ 个像素 $x_{i,j}$．然而，事实上，这个问题有数十亿个解（见图 80），其中大部分不像猫！习题 106 提供了一个不太粗略的估计，它表明解数如此之大并不令人惊讶.

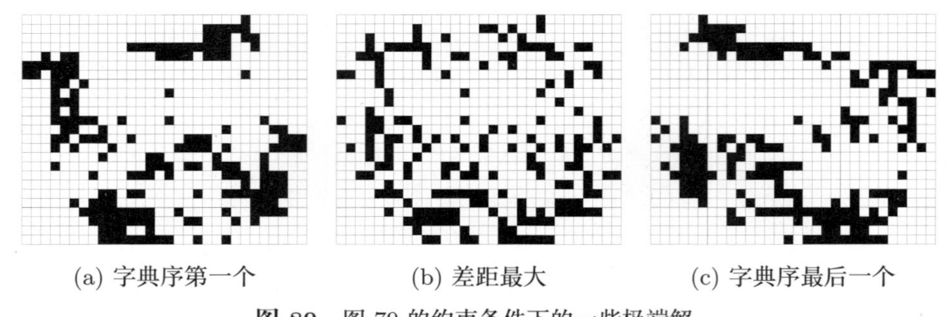

(a) 字典序第一个　　(b) 差距最大　　(c) 字典序最后一个

图 80　图 79 的约束条件下的一些极端解

如图 79 之类的数字体层成像问题很容易表示为需要被满足的子句序列，因为每个单独的约束条件是我们已经在 (18) ~ (21) 中考虑过的基数约束条件的特例．这个问题不同于我们一直在讨论的其他 SAT 实例，这主要是因为它完全由基数约束条件组成：这是一个求解 750 个变量 $x_{i,j}$ 上的 $25 + 30 + 54 + 54 = 163$ 个联立线性方程的问题，其中，每个变量必须为 0 或 1．因此，它本质上是*整数规划*（IP）的实例，而不是可满足性问题（SAT）的实例．巴约和布夫哈德之所以设计子句 (20) 和 (21)，正是因为他们想将 SAT 求解器应用于数字体层成像，而不是应用 IP 求解器．在图 79 所示的例子中，他们的方法大约产生了 9000 个变量上的 40 000 个子句，总共包含约 100 000 个文字.

图 80(b) 展示了与图 79 差距最大的解．它在线性方程组的所有 0 或 1 的解中最小化了对应于黑色像素的 182 个变量的和 $x_{1,24}+x_{2,5}+x_{2,6}+\cdots+x_{25,21}$．如果使用线性规划来最小化 $0 \leqslant x_{i,j} \leqslant 1$ 的和，而*不要求*变量是整数，那么我们几乎可以立即发现在这种宽松条件下的最小值约为 31.38．因此，每张黑白图像必然至少有 32 个与图 79 相同的黑色像素．此外，图 80(b)——可以通过 CPLEX 等广泛使用的 IP 求解器在几秒内计算出来——确实达到了这个最小值．相比之下，截至 2013 年，即使被告知存在 32 个相同黑色像素的解，最先进的 SAT 求解器也很难找到这样的图像.

图 80(a) 和图 80(c) 同样与当前最先进的 SAT 求解技术密切相关：它们代表数百个单独的 SAT 实例，其中，前 k 个变量被设置为特定的已知值，我们尝试分别令下一个变量为 0 或 1 来找到解．在计算图 80(c) 的第 6 行和第 7 行时出现的几个子问题非常具有挑战性，不过仍然可以在几小时内得到解决．此外，还有对应于不同种类的字典序的类似问题，它们显然都超出了现代 SAT 求解方法的能力范围．然而，IP 求解器可以轻松解决这些问题（见习题 109 和习题 111）.

如果提供有关图像的更多信息，那么我们能够唯一地重建它的机会自然会增加．假设额外计算 r'_i、c'_j、a'_d 和 b'_d，它们表示每行、每列和每条对角线上持续出现 1 的次数．（我们有 $r'_1 = 1$，

$r'_2 = 2$，$r'_3 = 4$，等等.）凭借这些额外的数据，我们可以证明图 79 是唯一的解，因为可以构造一组合适的子句，然后证明它是不可满足的. 习题 117 解释了一种修改 (20) 和 (21) 的方法，使得它们提供基于持续出现 1 的次数的约束. 此外，更具体的约束也不难被表示，比如断言“第 4 列包含相应长度 $(6,1,3)$ 的黑色像素”可以表示为子句序列，见习题 438.

SAT 实例——总结. 我们现在已经看到了许多令人信服的证据，它们能说明简单的布尔子句——文字 OR 的 AND——非常通用. 除此之外，我们还使用它们来编码图着色、整数因式分解、硬件故障测试、机器学习、模型检测和体层成像等问题. 事实上，7.9 节将证明 3SAT 是 NP 完全问题的“典型代表”：NP 类包含所有规模为 N 的答案可以在 $N^{O(1)}$ 步内验证的判定问题，任何一个 NP 问题都可以被等价地转化为 3SAT 问题的实例，而不会显著增加问题的规模.

回溯求解可满足性问题. 很好，我们已经见识了各种亟待解决的重要 SAT 实例，它们令人眼花缭乱，但又引人入胜. 我们应该如何求解它们?

任何至少包含一个变量的 SAT 实例都可以通过选择一个变量并将其置为 0 或 1 来系统地求解. 任何一种选择都将得到一个更小的 SAT 实例. 我们可以继续选择下一个变量，直到要么得到一个空实例（它是平凡可满足的，因为没有子句需要被满足），要么得到一个包含空子句的实例. 在后一种情况下，我们必须倒退并重新考虑之前的某个选择，然后再以相同的方式继续，直到我们成功或穷尽了所有可能.

再次考虑 (1) 中的公式 F. 如果我们令 $x_1 = 0$，那么 F 简化为 $\bar{x}_2 \wedge (x_2 \vee x_3)$，因为第一个子句 $(x_1 \vee \bar{x}_2)$ 失去了 x_1，而后两个子句因包含 $\bar{x}_1$ 而被满足. 为方便起见，我们将这个简化问题写为：

$$F\,|\,\bar{x}_1 \;=\; \bar{x}_2 \wedge (x_2 \vee x_3). \tag{54}$$

同理，如果令 $x_1 = 1$，那么我们可以得到以下简化问题：

$$F\,|\,x_1 \;=\; (x_2 \vee x_3) \wedge \bar{x}_3 \wedge (\bar{x}_2 \vee x_3). \tag{55}$$

F 是可满足的，当且仅当 (54) 或 (55) 是可满足的.

一般来说，如果 F 是任意一个子句集且 l 是任意一个文字，则 $F\,|\,l$（读作“给定 l 的 F”或“以 l 为条件的 F”）是一个从 F 得到的简化子句集. 它通过以下操作得到：

- 删除包含 l 的每个子句；
- 从每个包含 $\bar{l}$ 的子句中删除 $\bar{l}$.

以上条件操作是可交换的，因为当 $l' \neq \bar{l}$ 时，$F\,|\,l\,|\,l' = F\,|\,l'\,|\,l$. 如果 $L = \{l_1, \cdots, l_k\}$ 是任意一个严格不同的文字集，那么我们也可以记 $F\,|\,L = F\,|\,l_1\,|\cdots|\,l_k$. 使用这些术语，我们可以这样说：$F$ 是可满足的，当且仅当存在某个 L 使得 $F\,|\,L = \varnothing$，因为当 $F\,|\,L = \varnothing$ 时，L 中的文字满足 F 的每个子句.

因此，上述 SAT 系统求解策略的框架可以表述为如下递归过程 $B(F)$. 当 F 不可满足时，它返回特殊值 $\perp$，否则它返回满足 F 的集合 L.

$$B(F) = \begin{cases} \text{若 } F = \varnothing\text{，返回 } \varnothing.\text{（}F\text{ 是平凡可满足的.）} \\ \text{否则，若 } \epsilon \in F\text{，返回 } \perp.\text{（}F\text{ 是不可满足的.）} \\ \text{否则，令 } l \text{ 为 } F \text{ 中的一个文字并置 } L \leftarrow B(F\,|\,l). \\ \text{若 } L \neq \perp\text{，返回 } L \cup l.\text{ 否则置 } L \leftarrow B(F\,|\,\bar{l}). \\ \text{若 } L \neq \perp\text{，返回 } L \cup \bar{l}.\text{ 否则返回 } \perp. \end{cases} \tag{56}$$

让我们尝试通过将其转换为较底层的高效代码来完善这个抽象的算法. 根据回溯经验, 我们知道设计一个合适的数据结构至关重要. 在知道 F 是子句集且 l 是文字时, 它让我们能够快速从 F 到 $F|l$, 然后在必要时再次回到 F. 具体地说, 我们想找到一种好方法来查找所有包含给定文字的子句.

基于处理精确覆盖问题的经验, 我们知道组合使用顺序结构和链接结构可以达到这个目的: 我们可以将每个子句表示为一组*单元格*, 其中, 每个单元格 p 包含文字 $l=\mathtt{L}(p)$, 以及一个双向链表中的指针 $\mathtt{F}(p)$ 和 $\mathtt{B}(p)$, 它们指向包含 l 的其他单元格. 我们还需要用 $\mathtt{C}(p)$ 表示 p 所属子句的编号. 子句 C_i 的单元格将连续地位于 $\mathtt{START}(i)+j$, 其中, $0\leqslant j<\mathtt{SIZE}(i)$.

一种简便的方法是用整数 $2k$ 和 $2k+1$ 来表示包含变量 x_k 的文字 x_k 和 $\bar{x}_k$. 有了这个约定, 我们有:

$$\bar{l}=l\oplus 1 \qquad 且 \qquad |l|=x_{l\gg 1}. \tag{57}$$

对 (56) 的实现将假设变量是 $x_1, x_2, \cdots, x_n$, 因此 $2n$ 个可能文字将在 $2\leqslant l\leqslant 2n+1$ 的范围内.

单元格 0 到 $2n+1$ 将留作特殊用途: 单元格 l 是包含 l 的单元格列表的表头. 此外, 如果 l 是一个其值尚未确定的文字, 那么 $\mathtt{C}(l)$ 是该列表的长度, 即包含 l 的当前活跃子句的数量.

举例来说, 在这些规定下, (7) 中的 $m=7$ 个三元子句 R' 可以在内部使用 $2n+2+3m=31$ 个单元格表示, 如下所示:

$p=$	0	1	2	3	4	5	6	7	8	9	10	11	12	13	14	15	16	17	18	19	20	21	22	23	24	25	26	27	28	29	30
$\mathtt{L}(p)=$	–	–	–	–	–	–	–	–	–	–	9	7	3	8	7	5	6	5	3	8	4	3	8	6	2	9	6	4	7	4	2
$\mathtt{F}(p)=$	–	–	30	21	29	17	26	28	22	25	9	7	3	8	11	5	6	15	12	13	4	18	19	16	2	10	23	20	14	27	24
$\mathtt{B}(p)=$	–	–	24	12	20	15	16	11	13	10	25	14	18	19	28	17	23	5	21	22	27	3	8	26	30	9	6	29	7	4	2
$\mathtt{C}(p)=$	–	–	2	3	3	2	3	3	3	2	7	7	7	6	6	6	5	5	5	4	4	4	3	3	3	2	2	2	1	1	1

每个子句的文字以递减顺序出现. 比如, 单元格 19 到 21 中的文字 $\mathtt{L}(p)=(8,4,3)$ 表示子句 $x_4\vee x_2\vee\bar{x}_1$, 它表示第 4 个子句, 即 (7) 中的 "$4\bar{1}2$". 这种排序非常有用, 因为我们总是选择最小的未设置变量作为 (56) 中的 l 或 $\bar{l}$. 而 l 或 $\bar{l}$ 将始终出现在其子句的右侧, 因此我们可以通过简单地更改相关的 SIZE 字段来将其删除或放回原处.

在这个例子中, 对于 $1\leqslant i\leqslant 7$, 这些子句分别有 $\mathtt{START}(i)=31-3i$. 并且, 当计算开始时, $\mathtt{SIZE}(i)=3$.

算法 A (*回溯求解可满足性问题*). 给定 $n>0$ 个布尔变量 $x_1\cdots x_n$ 上的非空子句 $C_1\wedge\cdots\wedge C_m$. 本算法能找到并仅在这些子句可满足时找到解. 它在行动数组 $m_1\cdots m_n$ 中记录其当前进度, 下文将解释其含义.

A1. [初始化.] 置 $a\leftarrow m$ 和 $d\leftarrow 1$. (a 表示活跃子句的个数, d 表示隐式搜索树的深度加 1.)

A2. [选择.] 置 $l\leftarrow 2d$. 若 $\mathtt{C}(l)\leqslant\mathtt{C}(l+1)$, 置 $l\leftarrow l+1$. 然后, 置 $m_d\leftarrow(l\,\&\,1)+4[\mathtt{C}(l\oplus 1)=0]$. (见下文.) 若 $\mathtt{C}(l)=a$, 算法成功地终止.

A3. [移除 $\bar{l}$.] 从所有活跃子句中删除 $\bar{l}$. 但是, 若这将使得一个子句为空, 跳转至 A5. (因为我们令 l 为真, 所以可以忽略 $\bar{l}$.)

A4. [抑制包含 l 的子句.] 抑制所有包含 l 的子句. (这些子句现在已经被满足了.) 然后, 置 $a\leftarrow a-\mathtt{C}(l)$, $d\leftarrow d+1$, 并返回至 A2.

A5. [再尝试.] 若 $m_d<2$, 置 $m_d\leftarrow 3-m_d$, $l\leftarrow 2d+(m_d\,\&\,1)$, 并返回至 A3.

A6. [回溯.] 当 $d=1$ 时, 算法失败地终止 (这些子句不可满足). 否则置 $d\leftarrow d-1$, $l\leftarrow 2d+(m_d\,\&\,1)$.

A7. [激活包含 l 的子句.] 置 $a \leftarrow a + \mathtt{C}(l)$，并激活所有包含 l 的子句.（这些子句现在是未被满足的，因为 l 不再为真.）

A8. [撤销移除 $\bar{l}$.] 在所有包含 $\bar{l}$ 的活跃子句中恢复 $\bar{l}$，然后返回至 A5. ▌

（要了解在步骤 A3 和 A4 中更新数据结构及在 A7 和 A8 中恢复它们所需的底层列表处理操作，详见习题 121.）

算法 A 的行动代码 m_j 是 0 到 5 的整数，它将算法进程的状态编码如下：

- $m_j = 0$ 表示我们正在尝试 $x_j = 1$ 并且还未尝试 $x_j = 0$；
- $m_j = 1$ 表示我们正在尝试 $x_j = 0$ 并且还未尝试 $x_j = 1$；
- $m_j = 2$ 表示我们正在尝试 $x_j = 1$ 并且 $x_j = 0$ 已经失败；
- $m_j = 3$ 表示我们正在尝试 $x_j = 0$ 并且 $x_j = 1$ 已经失败；
- $m_j = 4$ 表示我们正在尝试 $x_j = 1$ 并且 $\bar{x}_j$ 没有出现；
- $m_j = 5$ 表示我们正在尝试 $x_j = 0$ 并且 x_j 没有出现.

行动代码 4 和 5 指的是所谓“纯文字”：如果没有子句包含文字 $\bar{l}$，我们就不会因为假设 l 为真而出错.

举例来说，当算法 A 应用于 (7) 时，它通过依次置 $m_1m_2m_3m_4 = 1014$ 来找到解. 这个解是 $x_1x_2x_3x_4 = 0101$. 但当给定不可满足的子句 (6) 时，在算法 A 放弃之前，步骤 A2 中的连续编码串 $m_1 \cdots m_d$ 是：

$$1, 11, 110, 1131, 121, 1211, 1221, 21, 211, 2111, 2121, 221, 2221. \tag{58}$$

（见图 81.）

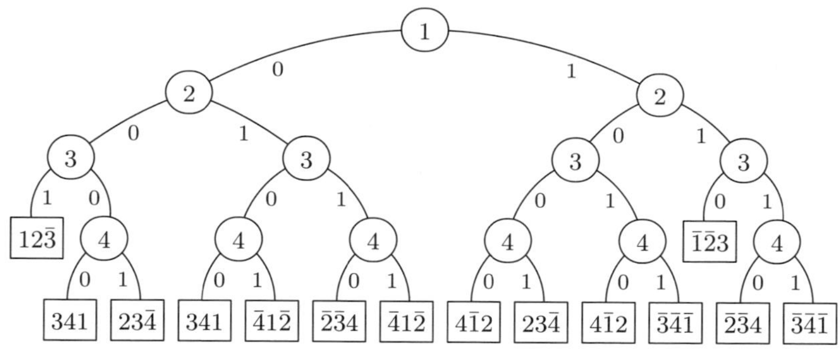

图 81 当应用于 (6) 中给出的 8 个不可满足的子句 R 时，算法 A 隐式遍历的搜索树. 分支结点标有被测试的变量，叶结点标有导致矛盾的子句

不时地显示当前字符串 $m_1 \cdots m_d$ 非常有帮助，因为这样做可以方便地显示算法的进度. 这个字符串按字典序递增. 事实上，随着 2 和 3 逐渐向左移动，出现了一些有趣的模式.（请亲自尝试一下！）

当算法在步骤 A2 中成功终止时，通过对 $1 \leqslant j \leqslant d$ 置 $x_j \leftarrow 1 \oplus (m_j \,\&\, 1)$ 可以从行动数组中读取满足条件的赋值. 算法 A 在找到一个解后就会终止. 找到所有解的方法见习题 122.

惰性数据结构. 事实上，作为算法 A 背后的双向链表机制的一种替代方案，我们可以使用由辛西娅 · 安 · 布朗与小保罗 · 沃尔顿 · 珀德姆 [*IEEE Trans.* **PAMI-4** (1982), 309–316] 发现的更简单的方案，他们引入了监视文字的概念. 他们观察到，无须知道包含给定文字的所有子句，因为在任何特定时刻，每个子句中实际上只有一个文字起决定性作用.

具体想法如下：当我们处理子句 $F|L$ 时，出现在 L 中的变量的值已知，但其他变量的值未知. 比如，在算法 A 中，当 $j \leqslant d$ 时，变量 x_j 隐式地已知为真或为假；但当 $j > d$ 时，其值未知. 这种情况称为*部分赋值*. 如果一个子句集中没有一个子句完全由为假的文字组成，那么我们称部分赋值与该子句集*一致*. SAT 的算法通常只处理一致部分赋值，其目标是通过逐步消除未知值来将它们转换为一致*总赋值*.

因此，一致部分赋值中的每个子句都至少有一个非假文字. 并且我们可以调整数据，使得当子句在内存中表示时，这样的文字首先出现. 当存在许多非假文字时，只有其中的一个被指定为子句的“监视者”. 当一个监视文字变为假时，我们可以将另一个非假文字交换到它的位置上，除非该子句已简化为一个单元子句，即大小为 1 的子句.

使用这种方案，我们只需要为每个文字 l 维护一个相对较短的列表，即当前监视 l 的所有子句的列表 W_l. 这个列表可以使用单链接. 因此，每个子句只需要一个链接，并且总共只有 $2n+m$ 个链接，而不是算法 A 规定的每个单元格都需要两个链接.

此外，这个想法最妙的地方在于*回溯时不需要对监视列表进行更新*. 回溯操作永远不会使一个非假文字变为假，因为它只会将值从已知变为未知. 可能出于这个原因，基于监视文字的数据结构被称为*惰性数据结构*——与算法 A 的“热切”数据结构形成对比.

让我们从惰性数据结构的角度重新设计算法 A. 每个单元格 p 的新数据结构只有一个字段 L(p)；其他字段 F(p)、B(p)、C(p) 不再是必需的，我们也不再需要 $2n+2$ 个特殊单元格. 和之前一样，我们将顺序表示子句. 对于 $1 \leqslant j \leqslant m$，$C_j$ 的文字从 START(j) 开始. 监视文字将是 START(j) 中的文字. 此外，新字段 LINK(j) 表示具有相同监视文字的其他子句的编号（如果 C_j 是最后一个这样的子句，则其值为 0）. 此外，新算法也不需要 SIZE(j). 相反，在适当定义 START(0) 的前提下，我们可以假设 C_j 的最后一个文字位于位置 START($j-1$) $-$ 1.

最后得到的程序非常简洁精练. 它肯定是最简单的 SAT 求解器，并且对于所有中等规模的问题来说都是高效的.

算法 B（*监视求解可满足性问题*）. 给定 $n>0$ 个布尔变量 $x_1 \cdots x_n$ 上的非空子句 $C_1 \wedge \cdots \wedge C_m$. 本算法能找到并仅在这些子句可满足时找到解. 它在行动数组 $m_1 \cdots m_n$ 中记录其当前进度，下文将解释其含义.

B1. [初始化.] 置 $d \leftarrow 1$.

B2. [庆祝或选择.] 若 $d > n$，算法成功地终止. 否则置 $m_d \leftarrow [W_{2d}=0$ 或 $W_{2d+1} \neq 0]$ 和 $l \leftarrow 2d + m_d$.

B3. [尽可能移除 $\bar{l}$.] 对于所有使得 $\bar{l}$ 在 C_j 中为监视文字的 j，监视 C_j 的另一文字. 如果这不可行，那么跳转至 B5（见习题 124）.

B4. [前进.] 置 $W_{\bar{l}} \leftarrow 0$，$d \leftarrow d+1$，并返回至 B2.

B5. [再尝试.] 若 $m_d < 2$，置 $m_d \leftarrow 3 - m_d$，$l \leftarrow 2d + (m_d \,\&\, 1)$，并返回至 B3.

B6. [回溯.] 当 $d = 1$ 时，算法失败地终止（这些子句不可满足）. 否则置 $d \leftarrow d-1$ 并返回至 B5. ▌

强烈建议读者完成习题 124，它详细说明了步骤 B3 中所需的底层操作. 这些操作基本上完成了算法 B 需要做的所有事情.

该算法不使用行动代码 4 和 5，因为惰性数据结构没有足够的信息来识别纯文字. 幸运的是，纯文字在实践中相对不是那么重要：借助于纯文字这种捷径的问题通常也可以在没有它的情况下快速得到解决.

请注意，步骤 A2 和 B2 使用不同的标准来决定是先在搜索树的每个分支处尝试 $x_d = 1$ 还是 $x_d = 0$. 算法 A 选择满足最多子句的备选项. 如果 $\bar{l}$ 的监视列表为空但 l 的监视列表不为空，那么算法 B 选择使 l 为真而不是 $\bar{l}$.（监视 $\bar{l}$ 的所有子句都必须更改，但包含 l 的子句已经满足.）在平局的情况下，两种算法都置 $m_d \leftarrow 1$，对应于 $x_d = 0$. 原因是，人为设计的 SAT 实例的解往往主要由为假的文字组成.

从单元子句强制移动. 算法 B 的简单逻辑适用于许多规模不太大的问题. 但它坚持先赋值 x_1，然后赋值 x_2，以此类推. 这使得它在许多其他问题上效率很低，因为它没有充分利用单元子句. 单元子句 (l) 迫使 l 为真. 因此，只要存在单元子句，就不需要二路分支. 此外，单元子句并不罕见：经验表明，它在实践中几乎无处不在，因此实际的搜索树往往只涉及几十个分支结点，而不是数千或数百万个.

单元子句的重要性已经在第一个 SAT 求解器的计算机实现中得到了验证. 该求解器由马丁 · 戴维斯、乔治 · 洛格曼和唐纳德 · 洛夫兰设计 [*CACM* **5** (1962), 394–397]，它基于戴维斯早先与希拉里 · 帕特南 [*JACM* **7** (1960), 201–215] 构思的想法. 他们引入了一种新的机制来扩展算法 A. 这种机制能识别子句大小何时减少到 1，或包含一个文字的不可满足子句的数量何时变为 0. 在这些情况下，他们将变量放入一个“就绪列表”中，并在进行任何进一步的二路分支之前赋予这些变量固定值. 最终的程序相当复杂. 事实上，那时的计算机内存非常有限，他们通过将搜索树当前结点的所有数据写入磁带来实现分支，然后在必要时通过从最近写入的磁带记录中恢复数据来回溯. 这 4 位作者的姓氏被用于命名术语“DPLL 算法”，它通常泛指通过部分赋值和回溯来求解 SAT 问题的算法.

在前面引用的论文中，布朗和珀德姆表明可以像算法 B 中那样使用监视文字更简单地检测单元子句. 我们可以通过引入索引 $h_1 \cdots h_n$ 来扩充该算法的数据结构，使得在深度 d 时赋值的变量是 x_{h_d} 而不是 x_d. 此外，我们可以将监视列表不为空且尚未赋值的变量排列成一个循环列表，称之为“活跃环”，并检查其中的任何变量当前是否在某个单元子句中. 只有当遍历整个环都没有找到任何这样的单元子句时，我们才求助于二路分支.

比如，让我们考虑 (9) 中 *waerden*(3, 3; 9) 的 32 个不可满足子句. 活跃环最初是 (1 2 3 4 5 6 7)，因为 8、$\bar{8}$、9、$\bar{9}$ 没有在任何子句中被监视. 目前还没有单元子句. 下面的算法将决定首先尝试 $\bar{1}$. 然后，它会将子句 123、135、147、159 分别更改为 213、315、417、519，使得没有子句监视为假的文字 1. 活跃环变为 (2 3 4 5 6 7)，并且下一个选择是 $\bar{2}$，从而 213、234、246、258 分别变为 312、324、426、528. 现在，通过使用活跃环 (3 4 5 6 7) 可以检测到单元子句“3”（因为 1 和 2 在“312”中为假）. 这进一步促成了一些变化. 计算的前几步可以总结如下：

活跃环	$x_1x_2x_3x_4x_5x_6x_7x_8x_9$	单元子句	选择	改变的子句
(1 2 3 4 5 6 7)	- - - - - - - - -		$\bar{1}$	213, 315, 417, 519
(2 3 4 5 6 7)	0 - - - - - - - -		$\bar{2}$	312, 324, 426, 528
(3 4 5 6 7)	0 0 - - - - - - -	3	3	$\bar{4}3\bar{5}, \bar{5}3\bar{7}, \bar{6}3\bar{9}$
(4 5 6 7)	0 0 1 - - - - - -		$\bar{4}$	624, 714, 546, 648
(5 6 7)	0 0 1 0 - - - - -	6	6	$\bar{9}3\bar{6}, \bar{7}6\bar{8}$
(9 7 5)	0 0 1 0 - 1 - - -	$\bar{9}$	$\bar{9}$	
(7 5)	0 0 1 0 - 1 - - 0	7	7	$\bar{8}6\bar{7}, \bar{8}7\bar{9}$
(8 5)	0 0 1 0 - 1 1 - 0	$\bar{8}$	$\bar{8}$	
(5)	0 0 1 0 - 1 1 0 0	$5, \bar{5}$	回溯	
(6 9 7 8 5)	0 0 1 - - - - - -		4	$\bar{5}3\bar{4}, \bar{5}4\bar{6}, \bar{6}4\bar{8}$

(59)

(69785) 0 0 1 1 - - - - - $\bar{5}$ $\bar{5}$ 456, 825, 915, 657, 759

当 6 被找到时，7 也是一个单元子句，但是算法还没有发现它，因为首先测试的是变量 x_6. 在找到 6 之后，活跃环首先变为 (7 5)，因为从循环的意义上 5 在 6 之后. 同时，我们想在查看 5 之前先查看 7，而不是再次访问几乎相同的子句. 选择 6 后，在左侧插入 9，因为 $\bar{9}$ 的监视列表此时变为非空. 回溯后，变量 8、7、9、6 被连续插入左侧，因为它们的取值不再被强制了.

下面的算法通过为每个变量提供 NEXT 字段来表示活跃环，其中，$x_{\texttt{NEXT}(k)}$ 是 x_k 的后继. 通过“头”指针 h 和“尾”指针 t 分别从左右两侧访问环，其中，$h = \texttt{NEXT}(t)$. 但当环为空时，则 $t = 0$ 且 h 无定义.

算法 D（*循环 DPLL 求解可满足性问题*）. 给定 $n > 0$ 个布尔变量 $x_1 \cdots x_n$ 上的非空子句 $C_1 \wedge \cdots \wedge C_m$，它们以如上解释的惰性数据结构和一个活跃环表示. 本算法能找到并仅在这些子句可满足时找到解. 它在索引数组 $h_1 \cdots h_n$ 和行动数组 $m_0 \cdots m_n$ 中记录其当前进度，后者的含义在下文中解释.

D1. [初始化.] 置 $m_0 \leftarrow d \leftarrow h \leftarrow t \leftarrow 0$，并且当 $k = n, n-1, \cdots, 1$ 时执行如下操作：置 $x_k \leftarrow -1$（表示一个未设置值）；如果 $W_{2k} \neq 0$ 或 $W_{2k+1} \neq 0$，置 $\texttt{NEXT}(k) \leftarrow h$，$h \leftarrow k$，且当 $t = 0$ 时也置 $t \leftarrow k$. 最后，若 $t \neq 0$，通过置 $\texttt{NEXT}(t) \leftarrow h$ 来完成活跃环.

D2. [成功?] $t = 0$ 时终止算法（所有子句都被满足）. 否则置 $k \leftarrow t$.

D3. [寻找单元子句.] 置 $h \leftarrow \texttt{NEXT}(k)$ 并使用习题 129 中的子例程计算 $f \leftarrow [2h$ 是单元子句$] + 2[2h+1$ 是单元子句$]$. 若 $f = 3$，跳转至 D7. 若 f 为 1 或 2，置 $m_{d+1} \leftarrow f + 3$，$t \leftarrow k$，并跳转至 D5. 否则，若 $h \neq t$，置 $k \leftarrow h$，并重复此步骤.

D4. [二路分支.] 置 $h \leftarrow \texttt{NEXT}(t)$ 和 $m_{d+1} \leftarrow [W_{2h} = 0$ 或 $W_{2h+1} \neq 0]$.

D5. [前进.] 置 $d \leftarrow d + 1$，$h_d \leftarrow k \leftarrow h$. 若 $t = k$，置 $t \leftarrow 0$；否则通过置 $\texttt{NEXT}(t) \leftarrow h \leftarrow \texttt{NEXT}(k)$ 来从活跃环中删去变量 k.

D6. [更新监视.] 置 $b \leftarrow (m_d + 1) \bmod 2$，$x_k \leftarrow b$，并清空 $\bar{x}_k$ 的监视列表（见习题 130）. 返回至 D2.

D7. [回溯.] 置 $t \leftarrow k$. 当 $m_d \geqslant 2$ 时，置 $k \leftarrow h_d$，$x_k \leftarrow -1$；若 $W_{2k} \neq 0$ 或 $W_{2k+1} \neq 0$，置 $\texttt{NEXT}(k) \leftarrow h$，$h \leftarrow k$，$\texttt{NEXT}(t) \leftarrow h$；并且置 $d \leftarrow d - 1$.

D8. [失败?] 若 $d > 0$，置 $m_d \leftarrow 3 - m_d$，$k \leftarrow h_d$，并返回至 D6. 否则终止算法（因为这些子句是不可满足的）. ▌

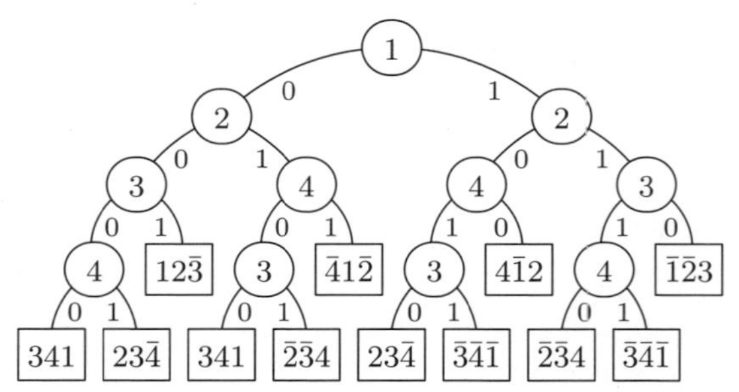

图 82 当应用于 (6) 中给出的 8 个不可满足的子句 R 时，算法 D 隐式遍历的搜索树. 分支结点标有被测试的变量，叶结点标有导致矛盾的子句. 当一个分支结点的右子结点是叶结点时，左分支被一个条件单元子句所强制

该算法的行动代码与之前的略有不同：

- $m_j = 0$ 表示我们正在尝试 $x_{h_j} = 1$ 并且还未尝试 $x_{h_j} = 0$；
- $m_j = 1$ 表示我们正在尝试 $x_{h_j} = 0$ 并且还未尝试 $x_{h_j} = 1$；
- $m_j = 2$ 表示我们正在尝试 $x_{h_j} = 1$ 并且 $x_{h_j} = 0$ 已经失败；
- $m_j = 3$ 表示我们正在尝试 $x_{h_j} = 0$ 并且 $x_{h_j} = 1$ 已经失败；
- $m_j = 4$ 表示我们正在尝试 $x_{h_j} = 1$，因为它被一个单元子句所强制；
- $m_j = 5$ 表示我们正在尝试 $x_{h_j} = 0$，因为它被一个单元子句所强制.

和前面一样，隐式搜索树中二路分支结点的个数就是 m_j 被设置为 0 或 1 的次数.

算法的比较. 我们刚刚看到了 3 个基本的 SAT 求解器. 它们的实际效果如何？在研究更多的算法之后，本节稍后会给出详细的性能统计数据. 但现在对算法 A、B、D 进行简要的定量研究可以提供一些具体事实，这使得我们能在进一步研究前校准预期.

考虑 *langford*(n)，即兰福德对问题. 该问题是一个典型的 SAT 实例，并且在计算过程中会出现许多单元子句. 比如，当将算法 D 应用于 *langford*(5) 时，它将达到一个状态，此时的行动代码为

$$m_1 m_2 \cdots m_d \;=\; 1255555555555555114545545, \tag{6o}$$

它表明在大量的强制移动（4 或 5）中仅有 4 个二路分支（1 或 2）. 因此，我们认为算法 D 会优于算法 A 和算法 B，因为后两者都不利用单元子句.

果然，算法 D（略微）胜出了，即使是在像 *langford*(5) 这样只有 213 个子句、480 个单元格、28 个变量的小例子上也是如此. 详细的数据如下所示.

算法 A：5379 + 108 952 次内存访问，10 552 字节，705 个结点.
算法 B：1206 + 30 789 次内存访问，4320 字节，771 个结点.
算法 D：1417 + 28 372 次内存访问，4589 字节，11 个结点.

（“5379 + 108 952 次内存访问”是指在算法开始执行之前，初始化数据结构时进行了 5379 次内存访问，然后算法本身访问了八字节内存 108 952 次.）注意，在这个例子中，算法 B 比算法 A 快 3 倍多，尽管它进行了 771 次二路分支而不是 705 次. 算法 A 需要的结点更少，因为它能够识别纯文字. 但是算法 B 在每个结点上做的工作要少得多. 算法 D 在每个结点上都做了大量的工作，但仍然领先，因为它的决策选择将搜索树减少到仅有 11 个结点.

当我们考虑规模更大的问题时，这些差异会变得更加明显. 比如，*langford*(9) 有 1722 个子句、3702 个单元格、104 个变量. 详细的数据如下所示.

算法 A：332.0 兆次内存访问，77 216 字节，1 405 230 个结点.
算法 B：53.4 兆次内存访问，31 104 字节，1 654 352 个结点.
算法 D：23.4 兆次内存访问，32 057 字节，6093 个结点.

langford(13) 有 5875 个子句、12 356 个单元格、228 个变量. 详细的数据如下所示.

算法 A：2699.1 吉次内存访问，253.9 千字节，8.7 吉个结点.
算法 B：305.2 吉次内存访问，101.9 千字节，10.6 吉个结点.
算法 D：71.7 吉次内存访问，104.0 千字节，14.0 兆个结点.

数学家会记得，在第 7 章的开头，我们使用基本的推理证明了 *langford*$(4k+1)$ 对所有 k 的不可满足性. 显然，即使对相当小的 k，SAT 求解器也很难发现这个事实. 我们在这里使用该问题作为基准测试，但原因不是我们推荐用蛮力来取代数学！这种不可满足性实际上增强了它作为基准的实用性，因为在不可满足的实例上，针对可满足性问题的算法可以更容易地进行

比较：当子句可满足时，性能会出现一些极端变化，因为解完全可以凭运气找到．不过，我们不妨看看当这 3 个算法应用于可满足的问题 $langford(16)$ 时会发生什么．结果表明，解决它“毫不费力”．它有 11 494 个子句、23 948 个单元格和 352 个变量．详细的数据如下所示．

算法 A： 11 262.6 兆次内存访问，489.2 千字节，28.8 兆个结点．

算法 B： 932.1 兆次内存访问，196.2 千字节，40.9 兆个结点．

算法 D： 4.9 兆次内存访问，199.4 千字节，167 个结点．

基于 $langford$ 数据，算法 D 无疑是迄今为止我们最喜欢的算法．但它绝非万灵药，因为它在其他问题上输给了轻量级算法 B．比如，$waerden(3,10;97)$ 有 2779 个不可满足的子句、11 662 个单元格和 97 个变量．详细的数据如下所示．

算法 A： 150.9 吉次内存访问，212.8 千字节，106.7114 兆个结点．

算法 B： 6.2 吉次内存访问，71.2 千字节，106.7116 兆个结点．

算法 D： 1430.4 吉次内存访问，72.1 千字节，102.7 兆个结点．

$waerden(3,10;96)$ 有 2721 个可满足的子句、11 418 个单元格和 96 个变量．详细的数据如下所示．

算法 A： 96.9 兆次内存访问，208.3 千字节，7.29 万个结点．

算法 B： 12.4 兆次内存访问，69.8 千字节，20.77 万个结点．

算法 D： 57 962.8 兆次内存访问，70.6 千字节，444.77 万个结点．

在这些情况下，单元子句不会大幅缩小搜索树，因此我们没有理由在每个结点上花费过多的时间．

***通过更加努力地工作来获得提速．**算法 A、算法 B 和算法 D 对于一些小规模的问题来说是不错的，但它们无法真正处理之前例子中出现的较大 SAT 实例．如果我们愿意做更多的工作并开发更精细的算法，那么是有可能显著提升算法性能的．

数学家通常力求得到漂亮、简短、优雅的定理证明．同样，计算机科学家也通常追求漂亮、简短、优雅的步骤序列，从而快速解决问题．但是有些问题不能用短程序高效解决，正如有些定理并没有短证明．

因此，让我们采取一种新的态度，至少暂时采取这样的态度，即大胆地在 SAT 问题中使用大量代码：让我们看看在大规模问题中阻碍算法 D 的瓶颈，并尝试设计新的方法来简化计算，即使最后的程序可能大不止十倍．在本小节中，我们将研究一种高级 SAT 求解器，即算法 L，它在许多重要问题上的性能高出算法 D 多个数量级．该算法不能仅用寥寥几行来描述．但事实上，它由一些相互协作的程序组成，而这些程序各自都很漂亮、简短、优雅且易于理解．

算法 L 的第一个重要组成部分是改进的单元子句传播机制．算法 D 在步骤 D3 中只需要几行代码就可以发现未知变量的值是否已被先前的赋值强制；但该机制并不是特别快，因为它基于惰性数据结构的间接推断．我们可以通过专门设计用于快速识别强制值的“热切”数据结构来改善算法，因为在实践中，新赋值的高速传播对于后续的推理结果来说非常重要．

当文字 l 出现在其他文字均变为假的子句 C 中时，即当前赋值的文字集 L 已将 C 化简为单元子句 $C\,|\,L=(l)$ 时，l 被强制为真．这种单元子句源于二元子句的简化．因此，算法 L 会追踪与当前子问题 $F\,|\,L$ 相关的二元子句 $(u\vee v)$．对于每个文字 l，该信息保存在所谓“二元蕴涵表” BIMP(l) 中，它是其他一些文字 l' 的列表．这些文字的真值是由 l 的真值推导出来的．事实上，算法 L 不像算法 A、算法 B 和算法 D 那样简单地将二元子句包含在整个给定子句的列表中，而是以易于使用的方式直接存储 $(u\vee v)$ 的相关信息，即通过列出 BIMP($\bar v$) 中的 u 和 BIMP($\bar u$) 中的 v．$2n$ 个表 BIMP(l) 中的每一个都在内部表示成长度为 BSIZE(l) 的顺序列表，内存通过伙伴系统动态分配（见习题 134）．

二元子句又是由三元子句产生的. 为简单起见，算法 L 假设所有子句的长度都小于或等于 3，因为每个一般的 SAT 实例都可以很容易地转换为 3SAT 形式（见习题 28）. 并且为了追求速度，算法 L 使用“三元蕴涵表”表示三元子句. 它类似于“二元蕴涵表”：每个文字 l 都有一个长度为 TSIZE(l) 的顺序列表 TIMP(l)，由对子 $p_1=(u_1,v_1)$、$p_2=(u_2,v_2)$……组成，表示 l 为真时每个 $(u_i\vee v_i)$ 将成为相关的二元子句. 如果 $(u\vee v\vee w)$ 是三元子句，那么 3 个对子 $p=(v,w)$、$p'=(w,u)$、$p''=(u,v)$ 将分别出现在列表 TIMP($\bar{u}$)、TIMP($\bar{v}$)、TIMP($\bar{w}$) 中. 此外，这 3 个对子循环链接在一起：

$$\texttt{LINK}(p)=p',\qquad \texttt{LINK}(p')=p'',\qquad \texttt{LINK}(p'')=p. \tag{61}$$

因为算法 L 在计算过程中不会生成新的三元子句，所以可以在输入子句时一次性为“三元蕴涵表”分配内存. 然而，可以在这些连续的表中调换个别的对子 p，使得当前包含 u 的活跃三元子句总是出现在为 TIMP($\bar{u}$) 分配的前 TSIZE($\bar{u}$) 个位置中.

让我们再次考虑 $waerden(3,3;9)$ 的三元子句 (9). 由于最开始没有二元子句，因此所有的 BIMP 表都为空. 每个三元子句出现在 3 个 TIMP 表中. 在搜索树的第 0 层，我们可能会令 $x_5=0$，并由 TIMP($\bar{5}$) 得知我们获得了 8 个二元子句，即 $\{13,19,28,34,37,46,67,79\}$. 这些新的二元子句由 BIMP 表中的 16 个条目表示. 比如，BIMP($\bar{3}$) 现在是 $\{1,4,7\}$. 此外，我们希望所有包含 5 或 $\bar{5}$ 的 TIMP 对子变为非活跃状态，因为包含 5 的三元子句弱于新的二元子句，并且包含 $\bar{5}$ 的三元子句现在已经被满足（见习题 136）.

与上面的 (57) 一样，我们假设给定公式的变量从 1 到 n 编号，并且我们在内部用数字 $2k$ 和 $2k+1$ 分别表示文字 k 和 $\bar{k}$. 然而，算法 L 引入了一个新的想法，它允许变量具有不同的*真值度*［参见玛丽恩 · 休尔、马克 · 杜富尔、乔里斯 · 范茨维滕和汉斯 · 范马伦，*LNCS* **3542** (2005), 345–359］：如果 VAL[k] $=D$，我们称 x_k 以度数 D 为真；如果 VAL[k] $=D+1$，则称 x_k 以度数 D 为假，其中，D 是任意偶数.

在计算机中，度数的最高值通常为 $2^{32}-2$，称为 RT，表示“真实真值”. 度数的次高值，通常为 $2^{32}-4$，称为 NT，表示“近似真值”. 然后是 PT $=2^{32}-6$，表示“典型真值”. 较低的度数 PT -2, PT -4, $\cdots$, 2 也是有用的. 我们称文字 l *在语境 T 中固定*，当且仅当 VAL[$|l|$] $\geqslant T$；若还有 VAL[$|l|$] & 1 $=l\,\&\,1$，则称它*固定为真*；若它的补 $\bar{l}$ 固定为真，则称它*固定为假*.

假设 VAL[2] $=$ RT $+1$ 且 VAL[7] $=$ PT，因此 x_2“真实为假”，而 x_7“典型为真”. 然后，在内部由 $l=14$ 表示的文字“7”在语境 PT 中固定为真，但 l 在语境 NT 或 RT 中不固定. 在内部由 $l=5$ 表示的文字“$\bar{2}$”在所有语境中都固定为真.

算法 L 使用顺序栈 $R_0, R_1, \cdots$ 来记录已接收值的文字的名称. 当前栈大小 E 满足 $0\leqslant E\leqslant n$. 在这些数据结构的帮助下，我们可以使用一个简单的广度优先搜索程序来高速地传播语境 T 中文字的二元子句：

置 $H\leftarrow E$；考虑 l；
当 $H<E$ 时反复置 $l\leftarrow R_H$ 和 $H\leftarrow H+1$，并且 (62)
对于 BIMP(l) 中的所有 l' 考虑 l'.

“考虑 l”是指：“如果 l 在语境 T 中固定为真，什么也不做；如果 l 在语境 T 中固定为假，跳转至 CONFLICT；否则置 VAL[$|l|$] $\leftarrow T+(l\,\&\,1)$，$R_E\leftarrow l$，$E\leftarrow E+1$.”名为 CONFLICT 的步骤是可变的.

随着计算的进行，一个文字的 BIMP 表可能会反复增长. 但是我们可以通过简单地将 BSIZE(l) 重置为做出错误决策之前的值来消除这些决策的影响. 每当我们开始新一轮的决策时，一个特殊变量 ISTAMP 就会增大，并且每个文字 l 都有其私有戳记 IST(l). 每当 BSIZE(l) 即将

增大时，我们检查 IST(l) 是否等于 ISTAMP．如果二者不相等，置

$$\texttt{IST}(l) \leftarrow \texttt{ISTAMP},\quad \texttt{ISTACK}[I] \leftarrow \big(l, \texttt{BSIZE}(l)\big),\quad I \leftarrow I+1. \tag{63}$$

这样在回溯时，ISTACK 中的条目使得我们可以很容易地更新 BIMP 表（见算法 L 中的步骤 L13）．

我们现在几乎已经准备好给出算法 L 的详细步骤，除了还需要引入其数据结构库的另一个成员：数组 VAR，它包含 $\{1,\cdots,n\}$ 的排列，其中，VAR$[k]=x$，当且仅当 INX$[x]=k$．此外，VAR$[k]$ 是一个“自由变量”——在语境 RT 中不固定——当且仅当 $0\leqslant k<N$．这种设置让我们可以方便地跟踪当前的自由变量：通过将变量调换到自由列表的末尾并减小 N 来固定一个变量（见习题 137），然后通过简单地增大 N 来使它自由，而无须调换．

算法 L（带有前瞻机制的 DPLL 求解可满足性问题）． 给定 $n>0$ 个布尔变量 $x_1\cdots x_n$ 上的长度小于或等于 3 的非空子句 $C_1\wedge\cdots\wedge C_m$．本算法能找到并仅在这些子句可满足时找到解．我们将在文中讨论该算法采用的一系列相辅相成的数据结构．

L1.［初始化.］将所有二元子句记录在 BIMP 数组中，并且将所有三元子句记录在 TIMP 数组中．令 U 为单元子句中不同变量的数量．如果两个单元子句相互矛盾，则算法失败地终止，否则将所有不同的单元文字记录在 FORCE$[k]$（$0\leqslant k<U$）中．对于 $0\leqslant k<n$，置 VAR$[k]\leftarrow k+1$ 和 INX$[k+1]\leftarrow k$．还置 $d\leftarrow F\leftarrow I\leftarrow$ ISTAMP $\leftarrow 0$．（d 表示深度，F 表示固定变量，I 表示 ISTACK 的大小．）

L2.［新结点.］置 BRANCH$[d]\leftarrow -1$．如果 $U=0$，调用下面的算法 X（它以前瞻机制进行简化并收集有关如何进行下一个分支的数据）．如果算法 X 发现所有子句都已满足，则本算法成功地终止；如果算法 X 发现冲突，则跳转至 L15；如果 $U>0$，则跳转至 L5．

L3.［选择 l.］选择一个适合的文字进行分支（见习题 168）．如果 $l=0$，置 $d\leftarrow d+1$ 并返回至 L2．否则置 DEC$[d]\leftarrow l$，BACKF$[d]\leftarrow F$，BACKI$[d]\leftarrow I$，BRANCH$[d]\leftarrow 0$．

L4.［尝试 l.］置 $U\leftarrow 1$，FORCE[0] $\leftarrow l$．

L5.［接受近似真值.］置 $T\leftarrow$ NT，$G\leftarrow E\leftarrow F$，ISTAMP $\leftarrow$ ISTAMP $+1$，CONFLICT $\leftarrow$ L11．对 $l\leftarrow$ FORCE[0]$,\cdots,l\leftarrow$ FORCE$[U-1]$ 执行二元子句传播程序 (62)，然后置 $U\leftarrow 0$．

L6.［选择近似为真的 L.］（此时栈中的文字 R_k 对于 $0\leqslant k<G$ 是真实真值，对于 $G\leqslant k<E$ 是近似真值．我们希望它们变为真实真值．）如果 $G=E$，跳转至 L10．否则置 $L\leftarrow R_G$，$G\leftarrow G+1$．

L7.［将 L 提升为真实为真.］置 $X\leftarrow|L|$ 和 VAL$[X]\leftarrow$ RT $+L\,\&\,1$．从自由列表和所有 TIMP 对子中删除变量 X（见习题 137）．对 TIMP(L) 中的所有对子 (u,v) 执行步骤 L8，然后返回至 L6．

L8.［考虑 $u\vee v$.］（我们已经推断出 u 或 v 必须为真．这时出现了 5 种情况．）如果 u 或 v 固定为真（在语境 $T=$ NT 中），什么也不做．如果 u 和 v 都固定为假，则转到 CONFLICT．如果 u 固定为假但 v 不固定，对 $l\leftarrow v$ 执行 (62)．如果 v 固定为假但 u 不固定，对 $l\leftarrow u$ 执行 (62)．如果 u 和 v 都不固定，则执行步骤 L9．

L9.［开发 $u\vee v$.］如果 $\bar v\in$ BIMP$(\bar u)$，对 $l\leftarrow u$ 执行 (62)（因为根据 $\bar u$ 能同时推导出 v 和 $\bar v$）．否则，若 $v\in$ BIMP$(\bar u)$，什么也不做（因为我们已经有子句 $u\vee v$ 了）．若 $\bar u\in$ BIMP$(\bar v)$，对 $l\leftarrow v$ 执行 (62)．否则将 v 添加到 BIMP$(\bar u)$ 中并将 u 添加到 BIMP$(\bar v)$ 中．（对 BIMP 的每次更改都意味着可能会调用 (63)．习题 139 解释了如何通过被称为“补偿归结”的进一步推导来改进此步骤．）

L10. [接受真实真值.] 置 $F \leftarrow E$. 如果 BRANCH[d] $\geqslant 0$，置 $d \leftarrow d+1$ 并返回至 L2. 否则，若 $d > 0$ 则返回至 L3，若 $d = 0$ 则返回至 L2.

L11. [撤销对近似真值的固定.] 当 $E > G$ 时，置 $E \leftarrow E - 1$ 和 VAL[$|R_E|$] $\leftarrow 0$.

L12. [撤销对真实真值的固定.] 当 $E > F$ 时，执行以下操作：置 $E \leftarrow E - 1$ 和 $X \leftarrow |R_E|$；重新激活包含 X 的 TIMP 对子并将 X 存储到自由列表中（见习题 137）；置 VAL[X] $\leftarrow 0$.

L13. [恢复 BIMP.] 如果 BRANCH[d] $\geqslant 0$，则在 $I >$ BACKI[d] 时重复执行以下操作：置 $I \leftarrow I - 1$ 和 BSIZE(l) $\leftarrow s$，其中，ISTACK[I] $= (l, s)$.

L14. [再尝试?]（我们发现 DEC[d] 不起作用.）如果 BRANCH[d] $= 0$，置 $l \leftarrow$ DEC[d]，DEC[d] $\leftarrow l \leftarrow \bar{l}$，BRANCH[$d$] $\leftarrow 1$，然后返回至 L4.

L15. [回溯.] 如果 $d = 0$，则算法失败地终止. 否则置 $d \leftarrow d - 1$，$E \leftarrow F$，$F \leftarrow$ BACKF[d]，并返回至 L12. ▮

习题 143 扩展了该算法，使其可以处理任意大小的子句.

***通过前瞻来获得提速.** 算法 L 尚不完整，因为步骤 L2 在选择一个文字进行分支之前依赖于一个尚未指定的“算法 X”. 如果我们使用最简单的算法 X，即在恰好位于当前自由变量列表首位的文字上分支，那么 (62) 和 (63) 中用于传播强制移动的简化方法将使算法 L 的运行速度大约是算法 D 的 3 倍. 这是不可忽略的改进. 但是使用更复杂的算法 X，我们通常可以在处理大规模问题时将速度至少提高 10 倍.

下面是一些典型的实验统计数据：

问题	算法 D	算法 L^0	算法 L^+
$waerden(3,10;97)$	1430 吉次内存访问， 103 兆个结点	391 吉次内存访问， 31 兆个结点	772 兆次内存访问， 4672 个结点
$langford(13)$	71.7 吉次内存访问， 14.0 兆个结点	21.5 吉次内存访问， 10.9 兆个结点	45.7 吉次内存访问， 94.4 万个结点
$rand(3,420,100,0)$	184 兆次内存访问， 3.4 万个结点	34 兆次内存访问， 7489 个结点	62.6 万次内存访问， 19 个结点

算法 L^0 代表使用最简单的算法 X 的算法 L，算法 L^+ 则使用我们将讨论的所有前瞻启发法. 前两个问题涉及相当大的子句，因此它们使用习题 143 中的扩展算法 L. 第 3 个问题由 100 个变量上的 420 个随机三元子句组成.（顺便说一下，算法 B 需要 80.1 万亿次内存访问和一棵有 4.50 万亿个结点的搜索树，以表明这些子句是不可满足的.）

这个例子蕴涵的道理是，如果我们可以将树的大小缩小为原来的 1/1000，那么在大型搜索树的每个结点上进行 100 倍的计算是明智的.

如何区分适合分支的变量和不适合分支的变量呢？我们将考虑以下三步法：

- 预选，识别看上去还不错的候选自由变量；
- 嵌套，允许候选文字共享隐含的计算；
- 探索，检查假设决策的直接后果.

在执行这些步骤时，算法 X 可能会发现矛盾（在这种情况下，算法 L 将在步骤 L15 中重新进行）；或者前瞻过程可能会发现有几个自由文字被强制为真（在这种情况下，它们将被放在 FORCE 数组的前 U 个位置）. 通过探索，我们甚至可能会发现一种满足所有子句的方法（在这种情况下，算法 L 将终止. 这是一种很好的情况）. 因此，算法 X 的功能远不止选择一个好的变量来进行分支.

下面这种推荐的算法 X 基于玛丽恩 · 休尔提出的被称为 march 的前瞻求解器，它是 2013 年推出的世界上最好的一种求解器.

第一阶段，即预选，在概念上是最简单的，不过它也包含一些“含糊的说明”，因为它依赖于一些必然不稳定的假设. 假设有 N 个自由变量. 经验表明，我们通常能够为每个文字 l 获得不错的启发式得分 $h(l)$，表示令该文字为真相对于当前问题规模所能带来的简化程度. 这种得分近似满足联立非线性方程：

$$h(l) = 0.1 + \alpha \sum_{\substack{u \in \mathtt{BIMP}(l) \\ u\text{ 没有固定}}} \hat{h}(u) + \sum_{(u,v) \in \mathtt{TIMP}(l)} \hat{h}(u)\hat{h}(v). \tag{64}$$

这里的 α 是一个神奇的常数，通常为 3.5. $\hat{h}(l)$ 为 $h(l)$ 的倍数，使得 $\sum_l \hat{h}(l) = 2N$ 是自由文字的总数.（换句话说，等号右侧的 h 得分被“归一化”，使得它们的平均值为 1.）

通过令

$$h'(l) = 0.1 + \alpha \sum_{\substack{u \in \mathtt{BIMP}(l) \\ u\text{ 没有固定}}} \frac{h(u)}{h_{\text{ave}}} + \sum_{(u,v) \in \mathtt{TIMP}(l)} \frac{h(u)}{h_{\text{ave}}}\frac{h(v)}{h_{\text{ave}}}, \quad h_{\text{ave}} = \frac{1}{2N}\sum_l h(l), \tag{65}$$

任何给定的得分集 $h(l)$ 都可用于得到一个细化的得分集 $h'(l)$. 在搜索树的根附近，当 $d \leqslant 1$ 时，我们从对所有 l 的 $h(l) = 1$ 开始，然后将其细化 5 次（这里的 5 次仅为举例）. 在更深的层上，我们从父结点的 $h(l)$ 值开始，并对它们进行一次细化. 习题 145 包含一个例子.

我们已经计算了所有自由文字 l 的 $h(l)$，但是没有时间去探索全部. 下一步是为 $0 \leqslant j < C$ 选择自由变量 CAND[j]，其中，C 不太大. 我们将坚持候选自由变量的数量不超过

$$C_{\max} \;=\; \max(C_0, C_1/d), \tag{66}$$

并使用通常为 $C_0 = 30$ 且 $C_1 = 600$ 的截断参数（见习题 148）.

我们首先将自由变量分成*参与者*和*新手*两类. *参与者*是这样一种变量 x 或 $\bar{x}$：它们在搜索树中当前位置的上方某个结点中已经扮演过步骤 L8 中 u 或 v 的角色. *新手*则是非参与者的自由变量. 当 $d = 0$ 时，每个变量都是新手，因为我们此时在树的根部. 但其他时候通常至少有一个参与者. 我们希望尽可能只对参与者进行分支，以便在回溯时保持专注.

如果即使仅考虑参与者也有太多的潜在候选变量，那么我们可以通过选择具有最大综合得分 $h(x)h(\bar{x})$ 的变量 x 来筛选列表. 下面的步骤 X3 描述了一种相当快速的方法来选出所需的 $C \leqslant C_{\max}$ 个候选变量.

现在，对于我们选择复查的 $2C$ 个文字 $l = $ CAND[j] 或 $l = \neg$CAND[j]，可以使用一个简单的前瞻算法来更准确地计算启发式得分 $H(l)$. 原理是通过模仿步骤 L4 ~ L9（至少是第一近似值）来模拟如果 l 用于分支会发生什么：像精确算法一样传播单元文字，但是每当到达步骤 L9 中修改 BIMP 表的那部分时，我们并不真正进行这样的修改；我们只是注意到在 l 上进行一个分支意味着 $u \vee v$，并且考虑该潜在新子句的值为 $h(u)h(v)$. 然后，启发式得分 $H(l)$ 被定义为所有这样的子句权重的总和：

$$H(l) = \sum \bigl\{ h(u)h(v) \bigm| \text{在 L4 中断言 } l \text{ 会导致在 L9 中断言 } u \vee v \bigr\}. \tag{67}$$

举例来说，(9) 中的 $waerden(3,3;9)$ 问题在搜索树的根部有 9 个候选变量 $\{1,2,\cdots,9\}$，习题 145 旨在粗略地求出它们的启发式得分 $h(l)$. 结果表明，更具识别能力的启发式得分 $H(l)$ 为：

$$H(1) = h(\bar{2})h(\bar{3}) + h(\bar{3})h(\bar{5}) + h(\bar{4})h(\bar{7}) + h(\bar{5})h(\bar{9}) \approx 168.6;$$
$$H(2) = h(\bar{1})h(\bar{3}) + h(\bar{3})h(\bar{4}) + h(\bar{4})h(\bar{6}) + h(\bar{5})h(\bar{8}) \approx 157.3;$$
$$H(3) = h(\bar{1})h(\bar{2}) + h(\bar{2})h(\bar{4}) + h(\bar{4})h(\bar{5}) + \cdots + h(\bar{6})h(\bar{9}) \approx 233.4;$$
$$H(4) = h(\bar{2})h(\bar{3}) + h(\bar{3})h(\bar{5}) + h(\bar{5})h(\bar{6}) + \cdots + h(\bar{1})h(\bar{7}) \approx 231.8;$$
$$H(5) = h(\bar{3})h(\bar{4}) + h(\bar{4})h(\bar{6}) + h(\bar{6})h(\bar{7}) + \cdots + h(\bar{1})h(\bar{9}) \approx 284.0.$$

这个问题是对称的，所以我们还有 $H(6) = H(\bar{6}) = H(4) = H(\bar{4})$，等等. 根据这个估计，用于分支的最佳文字是 5 或 $\bar{5}$.

假设我们将 x_5 置为假并继续向前看简化的问题，其中，$d = 1$. 此时有 8 个候选变量，即 $\{1, 2, 3, 4, 6, 7, 8, 9\}$. 它们现在也通过二元蕴涵关系相互关联，比如原始子句“357”已简化为“37”. 事实上，因为有 $\bar{3} \longrightarrow 7$ 等，所以 BIMP 现在定义了以下依赖图：

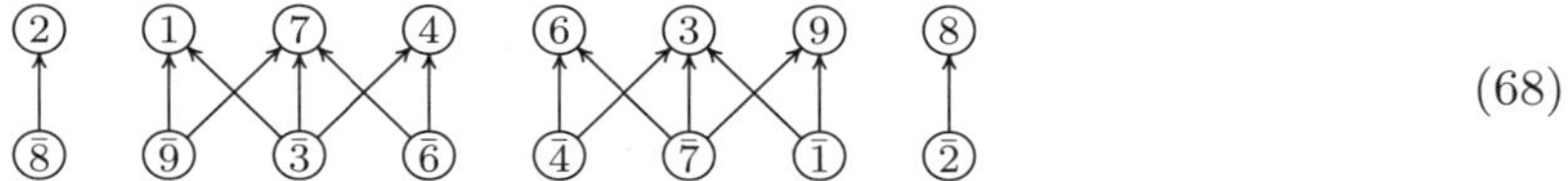

(68)

一般来说，这 $2C$ 个候选文字将定义一个有向依赖图，其结构提供了关于当前子问题的重要线索. 比如，我们可以使用塔扬算法来寻找该有向图的强连通分量，如定理 7.1.1K 之后的说明所提到的. 如果某个强连通分量包括 l 和 $\bar{l}$，则当前子问题是不可满足的. 否则，同一分量中的两个文字被约束为具有相同的值. 因此，我们将从 $S \leqslant 2C$ 个强连通分量中分别选择一个文字，并将这些选择用作前瞻机制的实际候选文字.

继续我们的例子，此处可以使用一个巧妙的技巧来避免冗余计算，即提取有向依赖图的子森林：

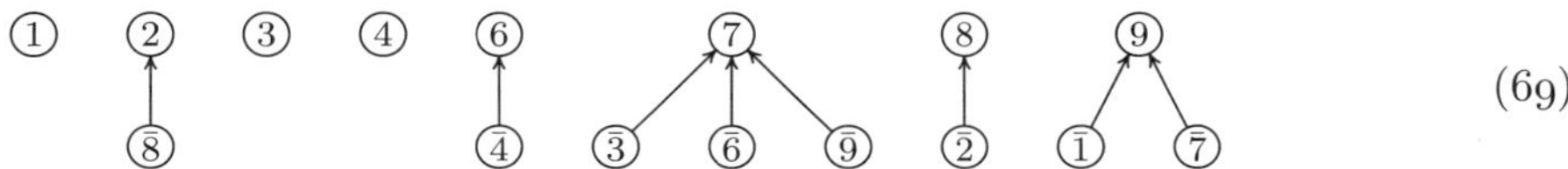

(69)

关系 $\bar{8} \longrightarrow 2$ 意味着断言文字“2”之后发生的任何事情也将在断言“$\bar{8}$”之后发生. 因此，我们在研究“$\bar{8}$”时不需要重复研究“2”时的那些步骤. 同样，该层次结构中的其他每个从属文字“$\bar{1}$”, $\cdots$,“$\bar{9}$”都继承了其父结点的断言. 塔扬算法实际上用相对较少的额外工作就能生成这样的子森林.

森林的嵌套结构也与数据结构中的“真值度”完美契合，前提是，我们按照子森林的先序遍历访问 S 个候选文字，并且按照后序遍历中其位置的两倍对每个文字依次断言其真值度. 比如，(69) 变成如下排列，我们称之为“前瞻森林”：

先序	1	2	$\bar{8}$	3	4	6	$\bar{4}$	7	$\bar{3}$	$\bar{6}$	$\bar{9}$	8	$\bar{2}$	9	$\bar{1}$	$\bar{7}$
2×后序	2	6	4	8	10	14	12	22	16	18	20	26	24	32	28	30.

(70)

当 $l \leftarrow 1$ 且 $T \leftarrow 2$ 时，对步骤 L4~L9 的模拟使得 x_1 的真值度为 2（我们称其为“以 2 固定”或“以 2 为真”）. 同时计算得分 $H(1) \leftarrow h(\bar{2})h(\bar{3}) + h(\bar{4})h(\bar{7})$，但如果下面的算法 Y 没有被激活，则不会产生其他活动. 模拟 $l \leftarrow 2$ 且 $T \leftarrow 6$ 则以 6 固定 2，并计算得分 $H(2) \leftarrow h(\bar{1})h(\bar{3}) + h(\bar{3})h(\bar{4}) + h(\bar{4})h(\bar{6})$. 在此过程中，$x_1$ 的值未知，因为它小于 T. 当 $l \leftarrow \bar{8}$ 且 $T \leftarrow 4$ 时，有趣的事情发生了：现在以 4 固定 $\bar{8}$，我们仍然能够看到 x_2 为真，因为 $6 > T$. 因此，可以通过继承 $H(2)$ 并置 $H(\bar{8}) \leftarrow H(2) + h(4)h(6) + h(6)h(7) + h(7)h(9)$ 来节省一些计算.

当我们置 $l \leftarrow \bar{4}$ 和 $T \leftarrow 12$ 时，真正的行动在几步后开始取得突破. 然后，因为 $\bar{4} \longrightarrow 3$，(62) 不仅会以 12 固定 $\bar{4}$，还会以 12 固定 3；而 3 以 12 为真将很快促使我们以 $u = \bar{6}$ 和 $v = \bar{9}$ 模拟步骤 L8. 啊哈：因为 6 以 14 为真，所以我们以 12 固定 $\bar{9}$. 然后，我们也以 12 固定文

字 7、1……最后得到矛盾．这个矛盾表明，在 $\bar{4}$ 上进行分支将导致冲突．因此，如果当前的子句是可满足的，那么文字 4 必须为真．

一旦算法 X 在进行前瞻模拟时学习到某个文字 l 必须为真，正如上面这个例子所示，它就会将 l 放到 FORCE 列表中，并令 l 典型为真（在语境 PT 中为真）．一个典型为真的文字将在这轮前瞻中保持固定为真，因为所有相关的值都小于 PT．稍后，算法 L 将把典型为真提升到近似为真，最终提升到真实为真——除非出现矛盾．（在 $waerden(3,3;9)$ 中，确实会出现这样的矛盾，见习题 150．）

为什么在 (70) 中，先序遍历和后序遍历的组合如此神奇呢？这是因为森林的一个基本性质，就像我们在习题 2.3.2–20 中所指出的那样：如果 u 和 v 是森林的结点，则当且仅当 u 在先序遍历中先于 v 并在后序遍历中后于 v 时，u 才是 v 的真祖先．此外，当我们以这种方式预先查看候选文字时，R 栈中保持着一个重要的不变关系，即随着我们从底部向顶部移动，真值度永远不会增大：

$$\texttt{VAL}[|R_{j-1}|] \mid 1 \;\geqslant\; \texttt{VAL}[|R_j|], \qquad \text{对于 } 1 \leqslant j < E. \tag{71}$$

真实真值在底部出现，然后是近似真值，接着是典型真值等．比如，在上述问题的某个时刻，栈中包含 7 个文字：

$$\begin{array}{rcccccccc} j & = & 0 & 1 & 2 & 3 & 4 & 5 & 6 \\ R_j & = & \bar{5} & 6 & \bar{4} & 3 & \bar{9} & 7 & 1 \\ \texttt{VAL}[|R_j|] & = & \texttt{RT}{+}1 & 14 & 13 & 12 & 13 & 12 & 12 \end{array}.$$

一个结论是，真值的当前可见性与从三元子句中清除为假的文字的递归结构相匹配．

算法 X 的第二阶段，在候选文字的预选之后，被称为“嵌套”，因为它构建了类似于 (70) 的前瞻森林．更精确地说，它对 $0 \leqslant j < S$ 构建了一个文字序列 LL[j] 和相应的真值度偏移量 LO[j]．它还设置了 PARENT 指针，以更直接地指示森林结构．比如，对于 (69)，我们将有 PARENT($\bar{8}$) $= 2$ 和 PARENT(2) $= \Lambda$．

第三阶段的“探索”开始真正的工作．它使用前瞻森林来计算候选文字的启发式得分 $H(l)$，同时（如果幸运的话）发现强制赋值的文字．

探索阶段的核心是基于步骤 L5、L6 和 L8 的广度优先搜索．该程序传播度数为 T 的真值，并计算 w，即因在 l 上分支而生成的新二元子句的权重．

$$\begin{aligned} &\text{置 } l_0 \leftarrow l，i \leftarrow w \leftarrow 0，G \leftarrow E \leftarrow F \text{ 并执行 (62)；} \\ &\text{当 } G < E \text{ 时，反复执行：置 } L \leftarrow R_G，G \leftarrow G+1，\text{并且} \\ &\qquad \text{对于 TIMP}(L) \text{ 中的所有 } (u,v) \text{ 考虑 } (u,v)； \\ &\text{对于 } 0 \leqslant k < i，\text{生成新的二元子句 } (\bar{l}_0 \vee W_k). \end{aligned} \tag{72}$$

“考虑 (u,v)”的意思是：“如果 u 或 v（在语境 T 中）是固定的，则什么也不做；如果 u 和 v 都固定为假，则跳转至 CONFLICT；如果 u 固定为假但 v 不固定，则置 $W_i \leftarrow v$，$i \leftarrow i+1$，并执行 (62)，同时置 $l \leftarrow v$；如果 v 固定为假但 u 不固定，则置 $W_i \leftarrow u$，$i \leftarrow i+1$，并执行 (62)，同时置 $l \leftarrow u$；如果 u 和 v 都不固定，则置 $w \leftarrow w + h(u)h(v)$．”

解释：形如 $\bar{L} \vee u \vee v$ 的三元子句被称为“意外收获”．由于 l_0 固定为真，因此 L 固定为真且 u 固定为假．这样的子句很好，因为它们意味着在当前子问题中必须满足二元子句 $\bar{l}_0 \vee v$．意外收获被记录在栈 W 中，并在 (72) 的末尾被添加到 BIMP 数据库中．

探索阶段还利用了一个重要的事实，称为*自治原则*．它推广了上面与算法 A 有关的讨论中所述的“纯文字”的概念．对于 SAT 问题 F，“自治集合”是一个严格不同的文字集合

$A=\{a_1,\cdots,a_t\}$，它使得 F 中的每个子句都包含 A 中的至少一个文字或不包含 $\overline{A}=\{\bar{a}_1,\cdots,\bar{a}_t\}$ 中的任何文字. 换言之，取 A 中的文字可以满足 A 或 $\overline{A}$“触及”的每个子句.

自治集合是一个自给自足的系统. 每当 A 是自治集合时，我们都可以不失一般性地假设它的所有文字实际上都为真. 如果 F 是可满足的，则未触及的子句是可满足的，而 A 告诉我们如何满足触及的子句. 以下算法的步骤 X9 表明，当采用前瞻机制时，我们可以轻松地检测出某些自治集合.

算法 X（算法 L 的前瞻机制）. 本算法在算法 L 的步骤 L2 中被调用，它使用算法 L 的数据结构及自己的数组来探索当前子问题的性质. 本算法发现 $U\geqslant 0$ 个强制赋值的文字，并将它们放入 FORCE 数组中. 它以以下三种方式之一终止：(i) 满足所有子句；(ii) 找到矛盾；(iii) 计算启发式得分 $H(l)$，这将使步骤 L3 得以选择一个适合用于分支的文字. 若是以方式 (iii) 终止，它也可能发现新的二元子句.

X1. [是否满足？] 如果 $F=n$，则算法成功地终止（没有变量是自由的）.

X2. [粗略计算启发式得分.] 置 $N=n-F$. 对于每个自由文字 l，置 VAL[l] $\leftarrow 0$，并使用 (65) 粗略地计算一个得分 $h(l)$.

X3. [预选候选文字.] 将当前为参与者的自由变量的个数记为 C，并将它们放入 CAND 数组中. 若 $C=0$，则置 $C\leftarrow N$，并将所有自由变量放入 CAND 数组中；如果所有子句都得到满足，那么算法成功地终止（见习题 152）. 给 CAND 中的每个变量 x 评分：$r(x)=h(x)h(\bar{x})$. 然后，当 $C>2C_{\max}$（见 (66)）时，删除 CAND 中所有评分低于平均评分的元素；但是如果实际上没有删除任何元素，则终止此循环. 最后，若 $C>C_{\max}$，则通过仅保留评分靠前的候选文字来将 C 减小到 $C_{\max}$（见习题 153）.

X4. [嵌套候选文字.] 构建前瞻森林，并使用 LL[j] 和 LO[j]（$0\leqslant j<S$）以及 PARENT 指针表示（见习题 155）.

X5. [准备探索.] 置 $U'\leftarrow j'\leftarrow$ BASE $\leftarrow j\leftarrow 0$ 和 CONFLICT $\leftarrow$ X13.

X6. [选择 l 用于前瞻.] 置 $l\leftarrow$ LL[j] 和 $T\leftarrow$ BASE + LO[j]. 置 $H(l)\leftarrow H(\texttt{PARENT}(l))$，其中，$H(\Lambda)=0$. 如果 l 在语境 T 中不固定，那么跳转至 X8. 否则，如果 l 固定为假但不是典型为假，那么以 $l\leftarrow\bar{l}$ 执行步骤 X12.

X7. [移至下一个.] 如果 $U>U'$，置 $U'\leftarrow U$ 和 $j'\leftarrow j$. 然后，置 $j\leftarrow j+1$. 如果 $j=S$，置 $j\leftarrow 0$ 和 BASE $\leftarrow$ BASE $+2S$. 如果 $j=j'$，或者 $j=0$ 且 BASE $+2S\geqslant$ PT（注意溢出），那么算法正常终止. 否则返回至 X6.

X8. [计算更精确的启发式得分.] 执行 (72). 如果 $w>0$，置 $H(l_0)\leftarrow H(l_0)+w$ 并跳转至 X10.

X9. [开发自治集合.] 如果 $H(l_0)=0$，以 $l\leftarrow l_0$ 执行步骤 X12. 否则，生成新的二元子句 $l_0\vee\neg\texttt{PARENT}(l_0)$.（习题 166 解释了原因.）

X10. [选择性地进一步前瞻.] 执行下面的算法 Y.

X11. [开发必要的赋值.] 对于所有固定为真但不是典型为真的 $l\in\texttt{BIMP}(\bar{l}_0)$，执行步骤 X12. 然后，返回至 X7（见习题 167）.

X12. [强制 l.] 置 FORCE[U] $\leftarrow l$，$U\leftarrow U+1$，$T'\leftarrow T$，并且以 $T\leftarrow$ PT 执行 (72). 然后，置 $T\leftarrow T'$.（此步骤是一个子例程，供其他步骤使用.）

X13. [从冲突中恢复.] 如果 $T < \mathtt{PT}$，以 $l \leftarrow \bar{l}_0$ 执行步骤 X12，并返回至 X7. 否则，算法以矛盾终止. ▌

注意，在步骤 X5 ~ X7 中，该算法循环地穿过森林，继续向前查找，直到完成一次遍历且其中没有发现新的强制文字. 如果需要，真值的 BASE 地址将继续增长，但我们不允许它变得太接近 PT.

***更进一步的前瞻.** 如果向前看一步是个好主意，那么或许向前看两步会更好. 当然，这中间存在一些隐患，因为我们的数据结构已经不堪重负. 此外，双重前瞻可能会花费太多时间. 尽管如此，在许多问题上，我们仍然有办法提高算法 L 的运行速度.

算法 X 考虑了假设某个文字 l_0 为真的直接后果. 在步骤 X10 中启动的算法 Y 更深入地探究了假设另一个文字 $\hat{l}_0$ 也为真的情况，其目标是检测提前终止的分支，从而让我们能够发现关于 l_0 的新推论，甚至得出 l_0 必须为假的结论.

为了达到这个目的，算法 Y 监视在当前语境 T 和一个在步骤 Y2 中定义的称为“双重真值”的真值度 DT 之间的真值空间. 该区域的大小由参数 Y 确定，通常小于 10. 同样的前瞻森林用于给出低于 DT 的相对真值度. 双重真值不如典型真值 PT 可信，但在假设 l_0 为真的情况下，在 DT 级别固定的文字被认为是“条件为真”(Dtrue) 或“条件为假”(Dfalse).

回顾 $waerden(3,3;9)$ 的例子，上面已经描述过的情况是基于未进行双重前瞻的假设的. 实际上，在置 $H(1)$ 为 $h(\bar{2})h(\bar{3}) + h(\bar{4})h(\bar{7})$ 后，算法 Y 通常会继续进行更多操作. 因为 $S = 8$，所以假设 $Y = 8$，此时 DT 的值将被置为 130. 文字 1 将变为条件为真. 然后将以 6 固定 2；由于子句 $\bar{1}2\bar{3}$，这将以 6 固定 $\bar{3}$. 然后，$\bar{3}$ 将以 6 固定 4 和 7，这与 $\bar{1}4\bar{7}$ 矛盾，导致 2 变为条件为假. 其他文字也很快会变成条件为真或条件为假，从而导致矛盾. 这个矛盾将允许算法 Y 在算法 X 开始在文字 2 前瞻之前，就将文字 1 设为典型为假.

双重前瞻的主循环类似于 (72)，但更简单，因为我们离现实更远了.

$$
\begin{aligned}
&\text{置 } \hat{l}_0 \leftarrow l \text{ 和 } G \leftarrow E \leftarrow F\text{；执行 (62)；}\\
&\text{当 } G < E \text{ 时，反复执行：置 } L \leftarrow R_G\text{，} G \leftarrow G+1\text{，并且}\\
&\quad\quad \text{对于 } \mathtt{TIMP}(L) \text{ 中的所有 } (u,v) \text{ 考虑 } (u,v).
\end{aligned}
\tag{73}
$$

现在“考虑 (u,v)”的意思是：“如果 u 或 v（在语境 T 中）固定为真，或者 u 和 v 都没有被固定，那么什么也不做；如果 u 和 v 都固定为假，跳转至 CONFLICT；如果 u 固定为假但 v 没有被固定，以 $l \leftarrow v$ 执行 (62)；如果 v 固定为假但 u 没有被固定，以 $l \leftarrow u$ 执行 (62).”

由于双重前瞻的代价很高，因此我们只想在它大概率会有帮助时才尝试使用它，即当 $H(l_0)$ 足够大时. 但是，多大才算足够大? 适当的阈值取决于正在解决的问题：有些子句集可以通过双重前瞻更快地得到处理，而其他一些则不受影响. 玛丽恩 · 休尔和汉斯 · 范马伦 [*LNCS* **4501** (2007), 258–271] 提出了一个优雅的反馈机制，它可以根据正在处理的问题的特征自动调整：令 τ 是一个“触发器”，初始值为 0. 步骤 Y1 只在 $H(l_0) > \tau$ 时允许双重前瞻；否则，τ 会减小到 $\beta\tau$，其中，β 是一个阻尼因子（通常为 0.999），以便使双重前瞻更具吸引力. 如果双重前瞻没有发现让 l_0 典型为假的矛盾，那么步骤 Y6 会将触发器的值增大到 $H(l_0)$.

算法 Y（算法 X 的双重前瞻）. 本算法在步骤 X10 中被调用，它使用相同的（和一些额外的）数据结构来进行更深入的前瞻. 参数 β 和 Y 如上所述. 初始时，对所有 l，$\mathtt{DFAIL}(l) = 0$.

Y1. [筛选.] 如果 $\mathtt{DFAIL}(l_0) = \mathtt{ISTAMP}$ 或 $T + 2S(Y+1) > \mathtt{PT}$，终止算法. 否则，如果 $H(l_0) \leqslant \tau$，置 $\tau \leftarrow \beta\tau$ 并终止算法.

Y2. [初始化.] 置 $\mathtt{BASE} \leftarrow T - 2$，$\mathtt{LBASE} \leftarrow \mathtt{BASE} + 2S\cdot Y$，$\mathtt{DT} \leftarrow \mathtt{LBASE} + \mathtt{LO}[j]$，$i \leftarrow \hat{\jmath}' \leftarrow \hat{\jmath} \leftarrow 0$，$E \leftarrow F$，$\mathtt{CONFLICT} \leftarrow \mathrm{Y8}$. 以 $l \leftarrow l_0$ 和 $T \leftarrow \mathtt{DT}$ 执行 (62).

Y3. [选择 l 进行双重前瞻.] 置 $l \leftarrow$ `LL[ĵ]` 和 $T \leftarrow$ `BASE` $+$ `LO[ĵ]`. 如果 l 在语境 T 中没有固定，跳转至 Y5. 否则，如果 l 固定为假但不是条件为假，以 $l \leftarrow \bar{l}$ 执行步骤 Y7.

Y4. [移至下一个.] 置 $\hat{\jmath} \leftarrow \hat{\jmath}+1$. 如果 $\hat{\jmath} = S$，置 $\hat{\jmath} \leftarrow 0$ 和 `BASE` $\leftarrow$ `BASE` $+ 2S$. 如果 $\hat{\jmath}' = \hat{\jmath}$，或者 $\hat{\jmath} = 0$ 且 `BASE` $=$ `LBASE`，跳转至 Y6. 否则返回至 Y3.

Y5. [前瞻.] 执行 (73) 并返回至 Y4（如果没有冲突出现）.

Y6. [结束.] 对于 $0 \leqslant k < i$，生成新的二元子句 $(\bar{l}_0 \vee W_k)$. 然后，置 `BASE` $\leftarrow$ `LBASE`，$T \leftarrow$ `DT`，$\tau \leftarrow H(l_0)$，`DFAIL`$(l_0) \leftarrow$ `ISTAMP`，`CONFLICT` $\leftarrow$ X13，并终止算法.

Y7. [同时假设 l.] 置 $\hat{\jmath}' \leftarrow \hat{\jmath}$，$T' \leftarrow T$，并以 $T \leftarrow$ `DT` 执行 (73). 然后，置 $T \leftarrow T'$，$W_i \leftarrow \hat{l}_0$，$i \leftarrow i+1$（本步骤是一个子例程）.

Y8. [从冲突中恢复.] 如果 $T <$ `DT`，以 $l \leftarrow \neg$`LL[ĵ]` 执行步骤 Y7，然后返回至 Y4. 否则置 `BASE` $\leftarrow$ `LBASE`，`CONFLICT` $\leftarrow$ X13，退出至 X13. ▮

使用一些定量的统计数据有助于落实这些算法：当算法 L 应用于 $rand(3, 2062, 500, 314)$（一个具有 500 个变量和 2062 个随机三元子句的问题）时，它在进行了 684 433 234 661 次内存访问并构建了一棵有 9 530 489 个结点的搜索树后证明了其不可满足性. 习题 173 解释了如果禁用算法的各个部分会发生什么情况. 我们将讨论的其他 SAT 求解器都无法在合理的时间内处理如此大的随机问题.

随机可满足性问题. 我们似乎没有简单的方法在随机条件下分析可满足性问题. 事实上，以下这个基本问题是著名的未解决问题："对于 n 个变量上的 3SAT 随机子句，我们平均需要考虑多少个随机子句才能使它们无法全部满足？"

从实际角度来看，这个问题与我们研究排序算法或搜索算法时遇到的类似问题不太相关，因为现实中的 3SAT 实例往往具有高度非随机性的子句. 在组合算法中，与随机之间的偏差通常会对运行时间产生巨大的影响，而排序和搜索的方法通常与预期相差不大. 因此，过于关注随机性可能会产生一些误导. 但是，随机 SAT 子句作为一个优美、简洁的模型，可以帮助我们深入了解布尔领域的情况. 此外，这些数学问题本身也具有极大的研究价值. 幸运的是，很多基本理论实际上是非常基础且易于理解的. 因此，我们可以深入研究它们.

习题 180 表明，当变量数不超过 5 时，我们可以*精确*地分析随机可满足性问题. 我们可以从这个简单问题开始，因为 5 个变量的"微小"情况足以揭示更大的图景. 当每个子句有 n 个变量和 k 个文字时，包含 k 个不同变量的可能子句数 N 显然为 $2^k\binom{n}{k}$：选择变量的方式有 $\binom{n}{k}$ 种，并且有 2^k 种方式考虑是否对变量取补. 因此我们可以得到，有 5 个变量的 3SAT 问题中有 $N = 2^3\binom{5}{3} = 80$ 个可能的子句.

将从这些子句中任选 m 个，它们是可满足的概率记为 q_m，即 $q_m = Q_m/\binom{N}{m}$，其中，Q_m 是从 N 个子句中选择 m 个使得至少有一个布尔向量 $\boldsymbol{x} = x_1 \cdots x_n$ 能够满足这些子句的方案数. 图 83 展示了当 $k = 3$ 且 $n = 5$ 时的概率. 假设我们逐个收到不同的随机子句. 根据图 83，收到 20 个子句后，仍有超过 77% 的机会能够满足它们，因为 $q_{20} \approx 0.776$. 但是当我们收到 80 个子句中的 30 个后，可满足的机会降至 $q_{30} \approx 0.179$；再收到 10 个后，q_m 就会降至 $q_{40} \approx 0.016$.

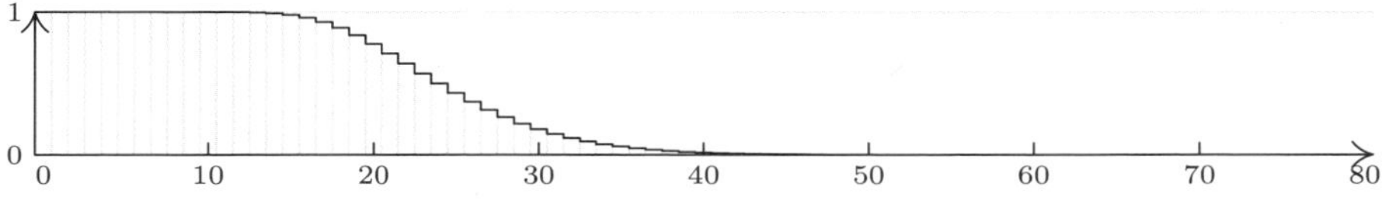

图 83 在有 5 个变量的 3SAT 问题中，q_m 是 m 个不同的子句同时可满足的概率，其中，$0 \leqslant m \leqslant 80$

似乎对于 $m<15$ 有 $q_m=1$，对于 $m>55$ 有 $q_m=0$. 但是，由于 (6)，q_8 实际上小于 1. 习题 179 给出了确切的值. 而 q_{70} 大于 0，因为 $Q_{70}=32$. 实际上，每个布尔向量 $\boldsymbol{x}$ 恰好满足 $(2^k-1)\binom{n}{k}=(1-2^{-k})N$ 个可能的 k-子句. 因此，有 5 个变量时可以找到 70 个可满足的 3-子句并不奇怪. 当然，在随机情况下，这些子句几乎永远不会是先收到的前 70 个子句. q_{70} 的实际值为 $32/1\,646\,492\,110\,120\approx 2\times 10^{-11}$.

图 84 从另一个角度描绘了同样的过程：它展示了一组随机选择的 m 个子句可以被满足的方案数. 这个值记为 T_m，它是一个随机变量，其均值用黑线表示，周围的灰色区域表示均值加减标准差. 比如，T_0 始终为 32，T_1 始终为 28；但是 T_2 可以是 24、25 或 26，它们的概率分别为 $(2200,480,480)/3160$. 因此，当 $m=2$ 时，均值约等于 24.5，标准差约等于 0.743.

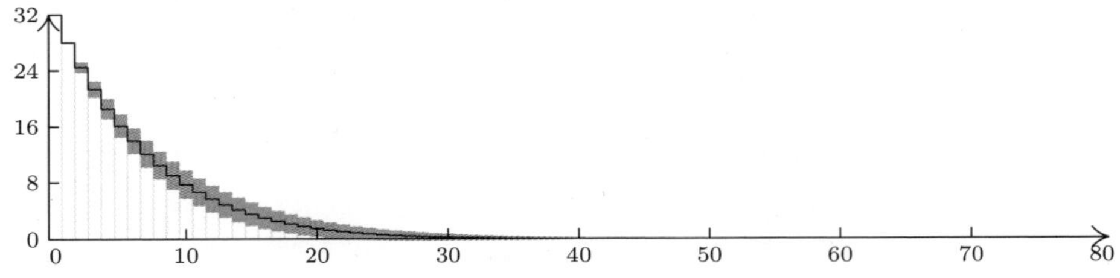

图 84 在有 5 个变量的 3SAT 问题中，当 m 个不同的子句同时可满足时，记同时满足这些子句的不同布尔向量 $\boldsymbol{x}$ 的总数是 T_m，其中，$0\leqslant m\leqslant 80$

当 $m=20$ 时，我们从图 83 中知道 T_{20} 大于 0 的概率超过 77%；然而，图 84 显示 $T_{20}\approx 1.47\pm 1.17$.（这里的记号 $\mu\pm\sigma$ 表示均值 μ 和标准差 σ.）事实上，20 个随机子句有超过 33% 的概率是唯一可满足的，即 $T_{20}=1$；而 $T_{20}>4$ 的概率仅为 0.013. 随着子句的增加，可满足性变得越来越小：当有 30 个子句时，$T_{30}\approx 0.20\pm 0.45$；实际上，$T_{30}<2$ 的概率高达 98%——虽然如果提供子句的人对我们足够友好，T_{30} 可能会高达 11. 在达到 40 个子句时，$T_{40}>1$ 的概率不到 1/4700. 图 85 展示了 $T_m=1$ 的概率随着 m 的变化而变化的情况.

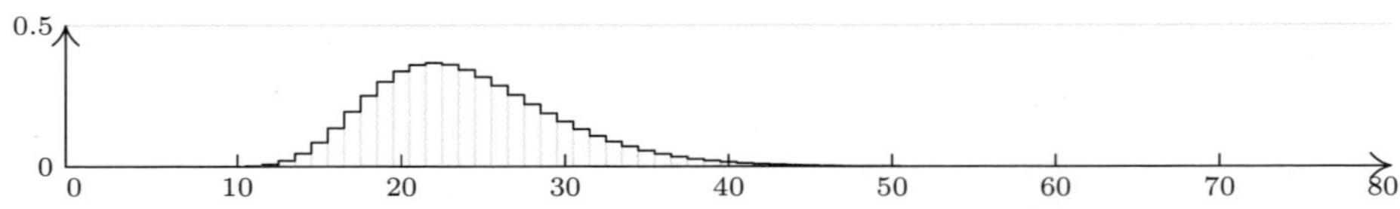

图 85 $\Pr(T_m=1)$，即在有 5 个变量的 3SAT 问题中 m 个不同的子句唯一可满足的概率，其中，$0\leqslant m\leqslant 80$

令 P 是第一次无法满足所有子句时已经收到的子句数. 因此，$P=m$ 的概率为 p_m，其中，$p_m=q_{m-1}-q_m$，是 $m-1$ 个随机子句可满足但 m 个子句不可满足的概率. 这些概率如图 86 所示. 图 85 和图 86 看起来大致相同，这是否令你惊讶?（见习题 183.）

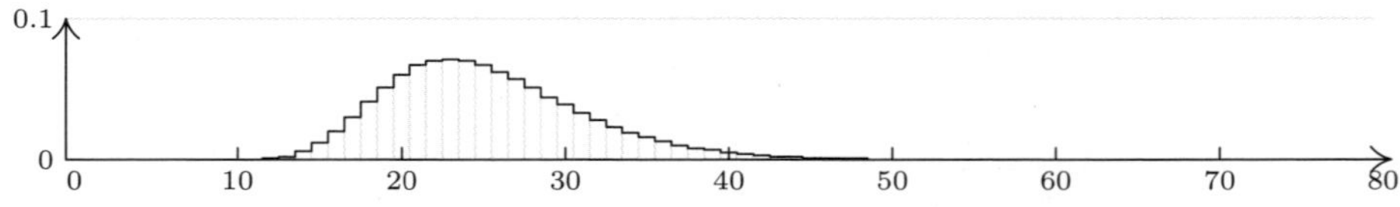

图 86 停止时间概率 p_m，即在有 5 个变量的 3SAT 问题中 m 个不同的子句恰好变得不可满足的概率，其中，$0\leqslant m\leqslant 80$

根据定义，我们期望的“停止时间” $\mathrm{E}\,P$ 等于 $\sum_m mp_m$. 通过使用分部求和技巧（见习题 1.2.7–10），我们可以轻松地看出，可以通过对图 83 中的概率求和来计算它：

$$\mathrm{E}\,P \;=\; \sum_m q_m. \tag{74}$$

P 的方差，即 $\mathrm{E}(P-\mathrm{E}\,P)^2=(\mathrm{E}\,P^2)-(\mathrm{E}\,P)^2$，也有一个使用 q 的简单表达式，因为

$$\mathrm{E}\,P^2 \;=\; \sum_m (2m+1)q_m. \tag{75}$$

在图 83 和图 86 中，我们有 $\mathrm{E}\,P\approx 25.22$，且方差 ≈ 35.73.

到目前为止，我们一直在关注 3SAT 问题，但是相同的思想也适用于其他子句大小为 k 的 kSAT 问题. 图 87 展示了当 $n=5$ 且 $1\leqslant k\leqslant 4$ 时概率的精确结果. 较大 k 值会给出更容易满足的子句，因此它们会增加停止时间. 对于 5 个变量，随机 1SAT、2SAT、3SAT 和 4SAT 的典型停止时间分别为 4.06 ± 1.19、11.60 ± 3.04、25.22 ± 5.98 和 43.39 ± 7.62. 一般来说，如果 $P_{k,n}$ 是 n 个变量上的 kSAT 问题的停止时间，那么我们定义其期望值为：

$$S_{k,n} \;=\; \mathrm{E}\,P_{k,n}. \tag{76}$$

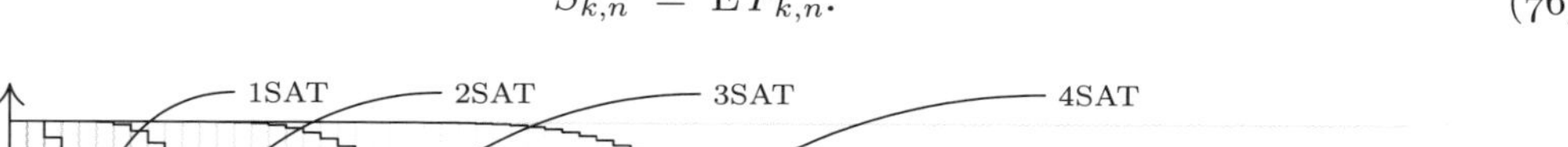

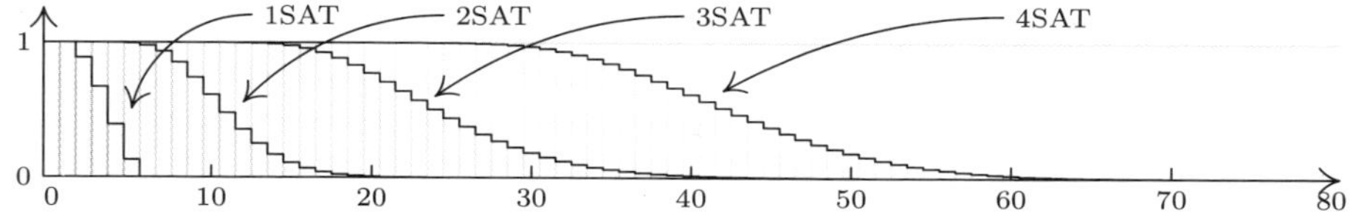

图 87 将图 83 扩展到其他大小的子句

到目前为止，我们的讨论还受到另一种限制：我们一直假设向 SAT 求解器提供 m 个不同子句以进行求解. 然而，在实际操作中，通过允许重复来生成子句要容易得多，这样每个子句的选择都不依赖于任何过去的选择. 换言之，有一种更自然的方法来处理随机可满足性问题，即假设在 m 步之后，可能有 N^m 个等概率子句的有序序列，而不是有 $\binom{N}{m}$ 个等概率子句的集合.

设 $\hat{q}_m$ 为 m 个随机子句 $C_1\wedge\cdots\wedge C_m$ 能够满足的概率，其中，每个 C_j 是从有 n 个变量的 kSAT 问题中的 $N=2^k\binom{n}{k}$ 个可能性中随机选择的. 图 88 展示了这些概率在 $k=3$ 且 $n=5$ 时的值. 注意，我们总是有 $\hat{q}_m\geqslant q_m$. 显然，如果 N 很大而 m 很小，那么 $\hat{q}_m$ 将非常接近 q_m，因为在这种情况下，重复子句不太可能出现. 然而我们必须记住，q_N 始终为零，而 $\hat{q}_m$ 永不为零. 此外，6.4 节讨论的“生日悖论”提醒我们，重复子句并不像我们预期的那样罕见. 当问题规模较小时，如图 88 所示的情况，$\hat{q}_m$ 与 q_m 之间的偏差尤为显著.

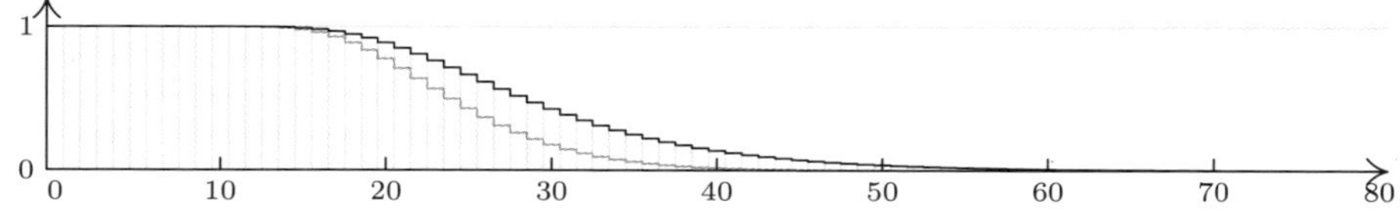

图 88 有 5 个变量的随机 3SAT 问题（子句以替换方式进行采样）. 概率 $\hat{q}_m$ 用黑线表示；图 83 中较小的概率 q_m 用灰色表示

任何时候，我们都可以从概率 q_t 和 N 的值直接计算出 $\hat{q}_m$（见习题 184）：

$$\hat{q}_m \;=\; \sum_{t=0}^{N} \left\{ {m \atop t} \right\} t!\, q_t \binom{N}{t} \Big/ N^m. \tag{77}$$

还有类似于 (74) 和 (75) 的一些简单得令人惊讶的公式可用于计算停止时间 $\widehat{P}$，其中，$\hat{p}_m = \hat{q}_{m-1} - \hat{q}_m$，如习题 186 所示：

$$\mathrm{E}\,\widehat{P} = \sum_{m=0}^{N-1} \frac{N}{N-m}\, q_m\,; \tag{78}$$

$$\mathrm{E}\,\widehat{P}^2 = \sum_{m=0}^{N-1} \frac{N}{N-m}\, q_m \left(1 + 2\left(\frac{N}{N-1} + \cdots + \frac{N}{N-m}\right)\right). \tag{79}$$

这些公式证明，如果在 m/N 较大时 q_m 较小，那么 $\widehat{P}$ 的期望行为非常像 P. 在 $k=3$ 且 $n=5$ 的情况下，典型的停止时间 $\widehat{P} = 30.58 \pm 9.56$ 显然比 P 的停止时间要大得多；但我们主要关心的是 n 很大且 $\hat{q}_m$ 与 q_m 本质上难以区分的情况. 为了表明概率 $\hat{q}_m$ 不仅取决于 m，还取决于 k 和 n，我们从现在起将其记为 $S_k(m,n)$：

$$S_k(m,n) = \Pr(k\text{SAT 问题的 } m \text{ 个随机子句是可满足的}), \tag{80}$$

其中，这 m 个子句“以替换方式进行采样”（这些子句无须彼此不同）. 我们可以轻松生成适当的伪随机子句 $\mathit{rand}(k,m,n,\mathit{seed})$.

当 $n>5$ 时，似乎难以求得精确的公式，但我们可以进行实验测试. 举例来说，巴特 · 塞尔曼、戴维 · 杰弗里 · 米切尔和赫克托 · 约瑟夫 · 莱韦斯克在随机 3SAT 问题上进行了广泛的实验 [*Artificial Intelligence* **81** (1996), 17–29]. 他们的结果表明，当子句数超过大约 $4.27n$ 时，它们可满足的概率会急剧下降. 随着 n 的增长，这种“相变”现象会变得更加明显（见图 89）.

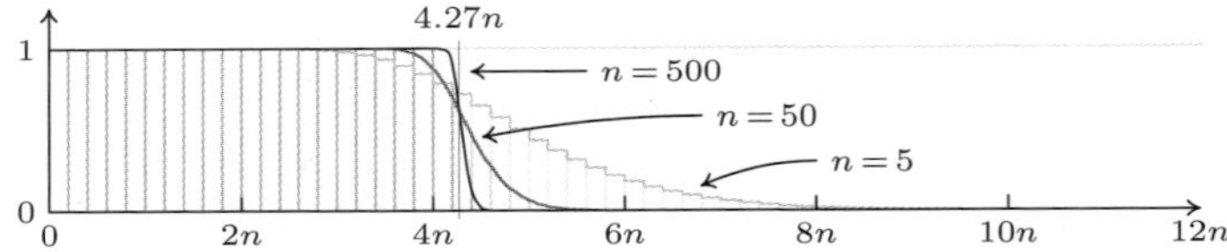

图 89　实验数据表明，如果 n 足够大，那么当子句数超过 $\alpha_3 n$ 时，随机 3SAT 问题很快就会变得不可满足

随机 kSAT 问题也会出现类似的现象. 这一现象已经引发了大量的研究，这些研究都旨在估计所谓*可满足性阈值*：

$$\alpha_k \;=\; \lim_{n\to\infty} S_{k,n}/n. \tag{81}$$

事实上，我们可以通过使用实验观察到的 α_k 的估计值，然后生成大约 $\alpha_k n$ 个随机 k-子句来获得相当困难的 kSAT 问题. 如果 n 很大，那么子句数为 $4.3n$ 的随机 3SAT 问题的运行时间通常比子句数为 $4n$ 或 $4.6n$ 时大几个数量级.（而在极少数实例中，比如我们有 $3.9n$ 个子句恰好不可满足，那么问题就会变得更加困难.）

然而，严格来说，至今没有人能够证明对于所有的 k 都确实存在这样的常数 α_k. 虽然实验给出了强有力的证据，但是对于 $k=3$ 的严格证明目前只确定了以下范围：

$$\liminf_{n\to\infty} S_{3,n}/n \geqslant 3.52\,; \qquad \limsup_{n\to\infty} S_{3,n}/n \leqslant 4.49. \tag{82}$$

[见穆罕默德 · 哈吉贾希和格雷戈里 · 布雷特 · 索尔金，arXiv:math/0310193 [math.CO] (2003), 8 页；亚历克西斯 · 康斯坦丁 · 卡波里斯、莱夫泰里斯 · 基鲁西斯和埃夫西米澳斯 · 乔治 · 拉拉斯，*Random Struct. & Alg.* **28** (2006), 444–480；约瑟夫 · 迪亚兹、莱夫泰里斯 · 基鲁西斯、迪特尔 · 米切和泽维尔 · 佩雷斯-吉梅内斯，*Theoretical Comp. Sci.* **410** (2009), 2920–2934.]

埃胡德 · 弗里德古特给出了一个“尖锐阈值”的结果 [*J. American Math. Soc.* **12** (1999), 1017–1045, 1053–1054]. 更具体地说，他证明了对于 $k \geqslant 2$，存在函数 $\alpha_k(n)$ 满足

$$\lim_{n\to\infty} S_k\big(\lfloor(\alpha_k(n)-\epsilon)n\rfloor, n\big) = 1, \qquad \lim_{n\to\infty} S_k\big(\lfloor(\alpha_k(n)+\epsilon)n\rfloor, n\big) = 0, \tag{83}$$

其中，ϵ 是一个任意正数. 但是这些函数可能不会接近一个极限. 它们可能像我们在 5.2.2–(47) 中遇到的“摆动函数”一样周期性地波动.

基于将在下面讨论的“调查传播”技术的启发法，我们目前对于 α_3 的最佳估计是 $\alpha_3 = 4.266\,75 \pm 0.000\,15$ [斯蒂芬 · 梅尔滕斯、马克 · 梅扎德和里卡尔多 · 泽基纳，*Random Structures & Algorithms* **28** (2006), 340–373]. 同理，我们似乎可以合理地认为 $\alpha_4 \approx 9.931$，$\alpha_5 \approx 21.12$，$\alpha_6 \approx 43.37$，$\alpha_7 \approx 87.79$. α 的增长为 $\Theta(2^k)$（见习题 195）. 当 k 足够大时，它们是常数 [见丁剑、艾伦 · 斯莱和孙妮克，*STOC* **47** (2015), 59–68].

分析随机 2SAT 问题. 尽管没有人知道如何证明随机 3SAT 问题在子句数达到约 $4.27n$ 时几乎总是变得不可满足，但是对于 2SAT 问题有一个好的答案：可满足性阈值 α_2 等于 1. 举例来说，当作者首次尝试使用 1000 个有 100 万个变量的随机 2SAT 问题时，有 999 个问题在子句数为 960 000 时是可满足的，而当子句数增加到 1 040 000 时，所有问题都变得不可满足. 图 90 展示了这种转变随着 n 的增大变得更加显著.

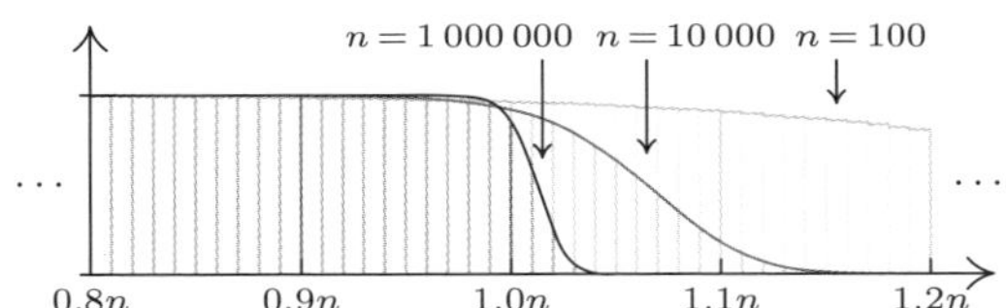

图 90　使用大约 n 个随机子句的 2SAT 问题在实验中可满足的概率（当 $n=100$ 时，该概率直到生成约 180 个子句后才变得可以忽略）

瓦茨拉夫 · 赫瓦塔尔和布鲁斯 · 里德在 1991 年发现 $S_{2,n} \approx n$ 这个事实 [*FOCS* **33** (1992), 620–627]，安德烈亚斯 · 格特和瓦茨拉夫 · 费尔南德斯 · 德拉维加也大约在同一时间独立得到了相同的结果 [*J. Comp. Syst. Sci.* **53** (1996), 469–486；*Theor. Comp. Sci.* **265** (2001), 131–146].

研究这种现象是有指导意义的，因为它依赖于刻画所有 2SAT 实例的有向图的性质. 此外，下面的证明提供了“一阶矩原理”MPR–(21) 和“二阶矩原理”MPR–(22) 的出色示例. 掌握了这些原理，我们就可以推导出 2SAT 问题的阈值.

定理 C.　令 c 是一个常数，那么

$$\lim_{n\to\infty} S_2\big(\lfloor cn\rfloor, n\big) = \begin{cases} 1, & 若\ c<1; \\ 0, & 若\ c>1. \end{cases} \tag{84}$$

证明.　每个 2SAT 问题都对应着一个针对其文字的有向蕴涵图. 对于每个子句 $l \vee l'$，图中有弧 $\bar{l} \longrightarrow l'$ 和 $\bar{l}' \longrightarrow l$. 我们从定理 7.1.1K 中得知，一个 2SAT 子句集是可满足的，当且仅当它的有向蕴涵图的所有强连通分量都不包含某个变量 x 和它的补 $\bar{x}$. 该有向图有 $2m = 2\lfloor cn\rfloor$ 段弧和 $2n$ 个顶点. 如果它是一个随机有向图，那么根据卡普的某些著名的定理（我们将在 7.4.4 节中研究），当 $c<1$ 时，从任何给定顶点只能到达 $O(\log n)$ 个顶点；但是当 $c>1$ 时，存在大小为 $\Omega(n)$ 的唯一“巨型强连通分量”.

然而随机 2SAT 问题对应的有向图不是真正的随机图，因为它的弧是成对出现的，即 $u \longrightarrow v$ 和 $\bar{v} \longrightarrow \bar{u}$. 但是我们从直觉上可以预期，类似的行为也将适用于只有部分随机的有向图. 比如，当作者以 $n = 1\,000\,000$ 和 $m = 0.99n$ 生成随机 2SAT 问题时，得到的有向图只有两个强连通分量的互补对包含的顶点数大于 1，它们的大小分别为 2, 2 和 7, 7. 因此，这些子句很容易被满

足．添加另外的 $0.01n$ 个子句并没有增加非平凡强连通分量的数量，问题仍然是可满足的．但是，另一次采用 $m = n = 1\,000\,000$ 的实验产生了一个大小为 420 的强连通分量，包含 210 个变量和它们的补．这个问题是不可满足的．

基于对底层结构的类似直觉，赫瓦塔尔和里德引入了以下“陷阱与蛇”的方法来证明定理 C：假设一条 s 链是任何由 s 个严格不同的文字组成的序列；因此，有 $2^s n^{\underline{s}}$ 条可能的 s 链．每条 s 链 C 对应于子句

$$(\bar{l}_1 \vee l_2),\ (\bar{l}_2 \vee l_3),\ \cdots,\ (\bar{l}_{s-1} \vee l_s),\tag{85}$$

它们反过来对应于有向图中的两条路径，即

$$l_1 \longrightarrow l_2 \longrightarrow l_3 \longrightarrow \cdots \longrightarrow l_s \quad 和 \quad \bar{l}_s \longrightarrow \cdots \longrightarrow \bar{l}_3 \longrightarrow \bar{l}_2 \longrightarrow \bar{l}_1.\tag{86}$$

一个 s 陷阱 $(C;t,u)$ 由一条 s 链 C 及两个索引 t 和 u 组成，其中，$1 < t \leqslant s$ 且 $1 \leqslant |u| < s$．它确定了 (85) 中的子句以及

$$(l_t \vee l_1) \qquad 和 \qquad (\bar{l}_s \vee l_u)\,(若\ u > 0),\ (\bar{l}_s \vee \bar{l}_{-u})\,(若\ u < 0),\tag{87}$$

来表示 $\bar{l}_t \longrightarrow l_1$ 以及 $l_s \longrightarrow l_{|u|}$ 或 $l_s \longrightarrow \bar{l}_{|u|}$．有 $2^{s+1}(s-1)^2 n^{\underline{s}}$ 个可能的 s 陷阱．它们的子句很少同时出现．

习题 200 解释了如何使用这些定义来证明当 $c < 1$ 时定理 C 成立．首先，我们要证明每个不可满足的 2SAT 公式都包含至少一个陷阱的所有子句．然后，如果我们定义二元随机变量

$$X(C;t,u) \;=\; [(C;t,u)\ 中的所有子句都出现],\tag{88}$$

那么我们可以比较容易地证明，每条 s 链 C 的陷阱都是不太可能的：

$$\mathrm{E}\,X(C;t,u) \;\leqslant\; m^{s+1}/\bigl(2n(n-1)\bigr)^{s+1}.\tag{89}$$

最后，令 X 为 $X(C;t,u)$ 对所有陷阱的总和．由 1.2.9–(20)，我们得到

$$\mathrm{E}\,X = \sum \mathrm{E}\,X(C;t,u) \leqslant \sum_{s\geqslant 0} 2^{s+1}s(s-1)n^s\left(\frac{m}{2n(n-1)}\right)^{s+1} = \frac{2}{n}\left(\frac{m}{n-1-m}\right)^3.$$

事实上，这个公式建立了 (84) 的一个更强的形式，因为它表明当 $m = n - n^{3/4} > cn$ 时，$\mathrm{E}\,X$ 只有 $O(n^{-1/4})$．因此，我们由一阶矩原理可知：

$$S_2\bigl(\lfloor n - n^{3/4}\rfloor, n\bigr) \;\geqslant\; \Pr(X = 0) \;=\; 1 - \Pr(X > 0) \;\geqslant\; 1 - O(n^{-1/4}).\tag{90}$$

定理 C 的另一半可以通过使用 t 蛇的概念来证明，它是 $(2t-1)$ 陷阱的特例 $(C;t,-t)$．换言之，对于任何链 $(l_1,\cdots,l_t,\cdots,l_{2t-1})$，其中，$s = 2t-1$ 且 l_t 在中间，t 蛇会生成子句 (85) 以及 $(l_t \vee l_1)$ 和 $(\bar{l}_s \vee \bar{l}_t)$．比如，当 $t = 5$ 且 $(l_1,\cdots,l_{2t-1}) = (x_1,\cdots,x_9)$ 时，$2t = 10$ 个子句为

$$51,\ \bar{1}2,\ \bar{2}3,\ \bar{3}4,\ \bar{4}5,\ \bar{5}6,\ \bar{6}7,\ \bar{7}8,\ \bar{8}9,\ \bar{9}\bar{5},$$

它们对应 20 条弧，绕成一个右图所示的强连通分量．我们将证明，当 (84) 中的 $c > 1$ 时，该有向图几乎总是包含这样的妨碍可满足性的障碍．

给定一条 $(2t-1)$ 链 C，其中的参数 t 将在后面选择，令

$$X_C \;=\; [(C;t,-t)\ 中的每个子句恰好出现一次].\tag{91}$$

期望值 $\mathrm{E}\,X_C$ 显然为 $f(2t)$，其中，

$$f(r)=m^{\underline{r}}\big(2n(n-1)-r\big)^{m-r}/\big(2n(n-1)\big)^m \tag{92}$$

是 r 个特定子句分别出现一次的概率．由于有

$$f(r)=\Big(\frac{m}{2n(n-1)}\Big)^r\Big(1+O\Big(\frac{r^2}{m}\Big)+O\Big(\frac{rm}{n^2}\Big)\Big), \tag{93}$$

因此，当 $n\to\infty$ 时，如果 $m=\Theta(n)$，那么相对误差将为 $O(t^2/n)$．

现在令 $X=\sum X_C$，即对于所有 $R=2^{2t-1}n^{\underline{2t-1}}$ 个可能的 t 蛇 C 求和．因此，$\mathrm{E}\,X=Rf(2t)$．我们想使用二阶矩原理来证明 $\Pr(X>0)$ 非常接近 1．也就是说，我们想证明期望值 $\mathrm{E}\,X^2=\mathrm{E}\big(\sum_C X_C\big)\big(\sum_D X_D\big)=\sum_C\sum_D \mathrm{E}\,X_CX_D$ 很小．一个关键的观察结果是：

$$\text{如果 } C \text{ 和 } D \text{ 恰好有 } r \text{ 个共有子句，则 } \mathrm{E}\,X_CX_D=f(4t-r). \tag{94}$$

令 p_r 为随机选择的 t 蛇与固定的蛇 $(x_1,\cdots,x_{2t-1})$ 恰好有 r 个子句相同的概率，则以下等式成立：

$$\frac{\mathrm{E}\,X^2}{(\mathrm{E}\,X)^2}=\frac{R^2\sum_{r=0}^{2t}p_rf(4t-r)}{R^2f(2t)^2}=\sum_{r=0}^{2t}p_r\frac{f(4t-r)}{f(2t)^2}=\sum_{r=0}^{2t}p_r\Big(\frac{2n(n-1)}{m}\Big)^r\Big(1+O\Big(\frac{t^2}{n}\Big)\Big). \tag{95}$$

通过研究蛇之间的交集（见习题 201），可以证明：

$$(2n)^rp_r\ =\ O(t^4/n)+O(t)[r\geqslant t]+O(n)[r=2t],\qquad \text{对于 } 1\leqslant r\leqslant 2t. \tag{96}$$

最后，如习题 202 所解释的，我们可以选择 $t=\lfloor n^{1/5}\rfloor$ 和 $m=\lfloor n+n^{5/6}\rfloor$，以推导出当 $c>1$ 时 (84) 更精确的形式：

$$S_2\big(\lfloor n+n^{5/6}\rfloor,n\big)\ =\ O(n^{-1/30}). \tag{97}$$

（深吸一口气．）定理 C 得证． ▌

贝拉·博洛巴什、克里斯蒂安·博尔格斯、珍妮弗·图尔·蔡斯、金正汉和戴维·布鲁斯·威尔逊在 *Random Structures & Algorithms* **18** (2001), 201–256 中推导出了更精确的结果．比如，他们证明了以下等式：

$$S_2\big(\lfloor n-n^{3/4}\rfloor,n\big)=\exp\big(-\Theta(n^{-1/4})\big);\quad S_2\big(\lfloor n+n^{3/4}\rfloor,n\big)=\exp\big(-\Theta(n^{1/4})\big). \tag{98}$$

归结法． 算法 A、B、D 和 L 的回溯过程与一种称为*归结*的逻辑证明过程密切相关．从一组称为“公理”的子句开始，我们可以根据一个简单的规则从这个给定的集合中推导出新的子句：每当子句集中同时存在 $x\vee A'$ 和 $\bar{x}\vee A''$ 时，我们可以推导出“归结式”子句 $A=A'\vee A''$，记为 $(x\vee A')\diamond(\bar{x}\vee A'')$（见习题 218 和习题 219）．

一个*归结证明*由一个有向无环图构成，其顶点以如下方式标记上子句：(i) 每个源顶点都标有一个公理；(ii) 其他每个顶点的入度为 2；(iii) 如果顶点 v 的前驱是 v' 和 v''，那么给 v 标上 $C(v)=C(v')\diamond C(v'')$．

当这样构造的有向无环图有一个标记为 A 的汇点时，我们称其为“A 的归结证明”；如果 A 是空子句，则该有向无环图也称为“归结否证”．

通过复制所有出度大于 1 的顶点，我们可以将归结证明的有向无环图扩展为二叉树．如果这棵树从根结点到叶结点的任何路径都不会使用相同的变量两次来形成归结式子句，那么我们称它是*正则*的．比如，图 91 是一棵正则归结树，它否证了李维斯特不可满足的公理 (6)．该树中的所有弧都指向上方．

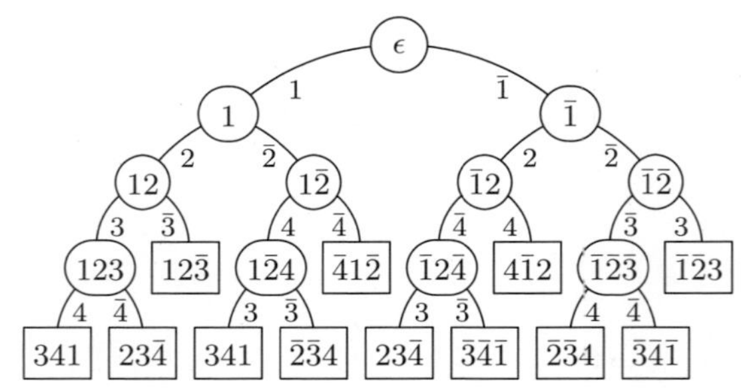

图 91　通过归结不一致公式 (6) 可以推导出 ϵ

注意，图 91 与第 180 页的图 82 本质上相同．通过图 82 所示的回溯树，算法 D 发现公式 (6) 不可满足．事实上，这种相似性并非巧合：每棵记录算法 D 在一组不可满足的公式上的行为的回溯树都对应于一棵可以证明这些公理不可满足的正则归结树，除非算法 D 进行了不必要的分支．（如果算法尝试置 $x \leftarrow 0$ 和 $x \leftarrow 1$ 而没有使用它们的结论来发现不可满足的公理子集，就会发生不必要的分支．）反之，每棵正则否证树都对应于一系列选择．通过这些选择，基于回溯的 SAT 求解器可以证明子句的不可满足性．

这种对应关系背后的原因并不难理解．假设需要尝试 x 的两个值才能证明不可满足性．当在回溯树的某个分支中置 $x \leftarrow 0$ 时，我们将原始子句 F 替换为 $F\,|\,\bar{x}$，如 (54) 所示．关键在于，我们能够从 $F\,|\,\bar{x}$ 归结证明空子句，当且仅当我们在不对 x 进行归结的情况下可以从 F 中归结证明 x（见习题 224）．同理，置 $x \leftarrow 1$ 对应于将子句从 F 变为 $F\,|\,x$．

因此，如果 F 是一个不一致的子句集且没有短的否证树，那么算法 D 不能在短时间内得出这些子句是不可满足的结论．即使是使用增强的前瞻算法 L 也同样无法快速得出结论．

拉塞尔 · 因帕利亚佐和帕维尔 · 普德拉克 [*SODA* **11** (2000), 128–136] 引入了一种诱人的*证明者-延迟者游戏*，它可以相对容易地证明某类不可满足的子句的否证树较大．证明者选择一个变量 x，然后延迟者回答 $x \leftarrow 0$、$x \leftarrow 1$ 或 $x \leftarrow *$．在最后一种情况下，证明者可以决定 x 的值，但是延迟者得 1 分．当当前的赋值使至少一个子句为假时，游戏结束．如果延迟者有一种策略可以保证至少获得 m 分，那么习题 226 表明，每棵否证树至少有 2^m 个叶结点，从而必须至少进行 $2^m - 1$ 次归结．这意味着每个基于回溯的求解器都需要 $\Omega(2^m)$ 次操作来证明这些子句是不可满足的．

举例来说，我们可以将该游戏应用于以下有趣的子句：

$$(\bar{x}_{jj}), \qquad \text{对于 } 1 \leqslant j \leqslant m; \tag{99}$$

$$(\bar{x}_{ij} \vee \bar{x}_{jk} \vee x_{ik}), \qquad \text{对于 } 1 \leqslant i,j,k \leqslant m; \tag{100}$$

$$(x_{j1} \vee x_{j2} \vee \cdots \vee x_{jm}), \qquad \text{对于 } 1 \leqslant j \leqslant m. \tag{101}$$

这些子句中有 m^2 个变量 x_{jk}，其中，$1 \leqslant j,k \leqslant m$，我们可以将其视为二元关系 $j \prec k$ 的关联矩阵．这样一来，(99) 就表示该关系是非自反的，而 (100) 表示该关系是传递的．因此，(99) 和 (100) 等价于 $j \prec k$ 是一个*偏序关系*．最后，(101) 表示，对于每个 j，都存在一个 k 使得 $j \prec k$．因此，这些子句描述的是 $\{1,\cdots,m\}$ 上存在一个不含最大元素的偏序关系，而且它们不能全部被满足．

然而，如果我们扮演延迟者并使用马西莫 · 劳里亚所建议的策略，那么总是可以获得 $m-1$ 分．这个策略具体如下：我们在每一步都维护一个小型有序集 S；初始状态下，$S = \varnothing$，当得分为 s 时，$S = \{j_1,\cdots,j_s\}$．假设证明者查询 x_{jk}，且 $s < m-2$．如果 $j = k$，则我们自然地回答

$x_{jk} \leftarrow 0$. 否则，若 $j \notin S$ 且 $k \notin S$，则回答 $x_{jk} \leftarrow *$；然后置 $s \leftarrow s+1$，并根据证明者指定的 $x_{jk} \leftarrow 1$ 或 $x_{jk} \leftarrow 0$ 分别置 $j_s \leftarrow j$ 或 $j_s \leftarrow k$. 否则，若 $j \in S$ 且 $k \notin S$，则回答 $x_{jk} \leftarrow 1$；若 $j \notin S$ 且 $k \in S$，则回答 $x_{jk} \leftarrow 0$. 最后，若 $j = j_a \in S$ 且 $k = j_b \in S$，则回答 $x_{jk} \leftarrow [a<b]$. 这些回答始终满足 (99) 和 (100). 并且直到延迟者得分为 $s = m-2$ 且被查询之前，(101) 中的任何子句都不会变为假. 然后，回答 $x_{jk} \leftarrow *$ 会再得 1 分. 至此，我们已经证明了以下定理.

定理 R. *子句 (99)、(100)、(101) 的任何否证树都至少需要 $2^{m-1}-1$ 次归结.* ▌

此外，这些子句有一个大小为 $O(m^3)$ 的否证有向无环图. 令 I_j 和 T_{ijk} 分别表示非自反公理 (99) 和传递公理 (100)；让 $M_{jk} = x_{j1} \vee \cdots \vee x_{jk}$，从而使 (101) 为 M_{jm}. 然后我们有

$$M_{im} \diamond T_{imk} \;=\; M_{i(m-1)} \vee \bar{x}_{mk}, \qquad \text{对于 } 1 \leqslant i,k < m. \tag{102}$$

我们称这个新的子句为 M'_{imk}. 现在我们可以推导出，对于 $1 \leqslant j < m$ 有

$$M_{j(m-1)} \;=\; \Big(\Big(\cdots\Big(\big(M_{mm} \diamond M'_{jm1}\big) \diamond M'_{jm2}\Big) \diamond \cdots\Big) \diamond M'_{jm(m-1)}\Big) \diamond I_m.$$

因此，这 $(m-1)^2 + (m-1)m$ 次归结本质上将 m 减小至 $m-1$. 最终，我们可以推导出 M_{11}，从而得到 $M_{11} \diamond I_1 = \epsilon$. [这种优雅的否证归功于贡纳尔 · 斯托尔马克，*Acta Informatica* **33** (1996), 277–280.]

值得一提的是，我们刚刚从 M_{mm} 得到 $M_{j(m-1)}$ 的方法是一个有用的一般公式的特例，这种公式被称为*超归结*，它通过对 r 进行归纳可以很容易地得到证明：

$$\Big(\cdots\Big(\big(C_0 \vee x_1 \vee \cdots \vee x_r\big) \diamond \big(C_1 \vee \bar{x}_1\big)\Big) \diamond \cdots\Big) \diamond \big(C_r \vee \bar{x}_r\big) = C_0 \vee C_1 \vee \cdots \vee C_r. \tag{103}$$

***一般归结法的下界.** 让我们稍微转换一下视角：从现在开始，不将归结证明视为有向图，而是将其视为一条形如"直线"的*归结链*，类似于 4.6.3 节中的加法链和 7.1.2 节中的布尔链. 一条基于 m 条公理 $C_1, \cdots, C_m$ 的归结链附加了额外的子句 $C_{m+1}, \cdots, C_{m+r}$，每个额外子句都由链中的两个前驱子句归结而得. 正式地说，我们有

$$C_i \;=\; C_{j(i)} \diamond C_{k(i)}, \qquad \text{对于 } m+1 \leqslant i \leqslant m+r, \tag{104}$$

其中，$1 \leqslant j(i) < i$ 且 $1 \leqslant k(i) < i$. 如果 $C_{m+r} = \epsilon$，则我们说这是一条 $C_1, \cdots, C_m$ 的*否证链*. 举例来说，图 91 中的树可以为公理 (6) 推导出否证链

$$12\bar{3}, 23\bar{4}, 341, 4\bar{1}2, \bar{1}\bar{2}3, \bar{2}\bar{3}4, \bar{3}\bar{4}\bar{1}, \bar{4}1\bar{2}, 123, 1\bar{2}4, \bar{1}2\bar{4}, \bar{1}\bar{2}\bar{3}, 12, 1\bar{2}, \bar{1}2, \bar{1}\bar{2}, 1, \bar{1}, \epsilon.$$

此外，还有许多其他否证这些公理的方法，例如

$$12\bar{3}, 23\bar{4}, 341, 4\bar{1}2, \bar{1}\bar{2}3, \bar{2}\bar{3}4, \bar{3}\bar{4}\bar{1}, \bar{4}1\bar{2}, 1\bar{2}\bar{3}, 1\bar{3}, 14, \bar{3}4, 24, 2\bar{4}, 2, \bar{1}3, \bar{3}4, 1\bar{4}, \bar{3}, 1, \bar{1}, \epsilon. \tag{105}$$

这条链与图 91 中的链非常不同，但它也许更好：虽然它多了 3 步，但在得到"$1\bar{2}\bar{3}$"之后，它构造的子句都非常短.

我们很快就会看到，如果想要短链，那么短子句是至关重要的. 当我们试图证明某些易于理解的公理族在本质上比 (99)、(100) 和 (101) 更困难时，即它们不能用多项式长度的链来否证时，这一事实将变得非常重要.

考虑大家所熟知的"鸽巢原理"，即 $m+1$ 只鸽子无法容纳在 m 个巢中（一个巢只能容纳一只鸽子）. 如果 x_{jk} 表示鸽子 j 占据巢 k，其中，$0 \leqslant j \leqslant m$ 且 $1 \leqslant k \leqslant m$，则相关的不可满足的子句为：

$$(x_{j1} \vee x_{j2} \vee \cdots \vee x_{jm}), \qquad \text{对于 } 0 \leqslant j \leqslant m; \tag{106}$$

$$(\bar{x}_{ik} \vee \bar{x}_{jk}), \qquad \text{对于 } 0 \leqslant i < j \leqslant m \text{ 且 } 1 \leqslant k \leqslant m. \tag{107}$$

（“每只鸽子都有一个巢，但没有一个巢能容纳超过一只鸽子.”）这些子句在 20 世纪 80 年代提升了“鸽巢原理”的知名度，当时阿明 · 哈肯 [*Theoretical Computer Science* **39** (1985), 297–308] 证明了这些子句没有短的否证链. 他的结果首次证明了任意一组子句在一般情况下通过归结是难解的.

必然有两人头发数量相同.

——让 · 阿皮尔 · 昂泽莱,《娱乐数学》(1624 年)

哈肯的原始证明相当复杂. 人们后来发现了其他更简单的证明方法，其中最重要的是伊莱 · 本-萨松和阿维 · 维格德森的方法 [*JACM* **48** (2001), 149–169]. 该方法基于子句长度并适用于许多其他的公理集. 如果 α 是任意一个子句序列，我们称其宽度为 $w(\alpha)$，表示其最长子句的长度. 此外，如果 $\alpha_0=(C_1,\cdots,C_m)$，那么我们将 α_0 的所有否证链 $\alpha=(C_1,\cdots,C_{m+r})$ 中 $w(\alpha)$ 的最小值记为 $w(\alpha_0\vdash\epsilon)$，并将这些链中长度 r 的最小值记为 $\|\alpha_0\vdash\epsilon\|$. 下述引理是使用本-萨松和维格德森的策略证明下界的关键.

引理 B. 对于 $n\geqslant w(\alpha_0)^2$ 个变量的子句，有 $\|\alpha_0\vdash\epsilon\|\geqslant e^{(w(\alpha_0\vdash\epsilon)-1)^2/(8n)}-2$.

因此，如果 $w(\alpha_0)=O(1)$ 且 $w(\alpha_0\vdash\epsilon)=\Omega(n)$，那么存在指数级增长.

证明. 设 $\alpha=(C_1,\cdots,C_{m+r})$ 是 α_0 的一条使得 $r=\|\alpha_0\vdash\epsilon\|$ 的否证链. 如果一个子句的长度大于或等于 W，则我们将其称为“胖子句”，其中，$W\geqslant w(\alpha_0)$ 是一个待定参数. 如果 $\alpha\setminus\alpha_0$ 包含 f 个胖子句，则这些子句至少包含 Wf 个文字. 因此，存在某个文字 l，它至少出现在其中的 $Wf/(2n)$ 个子句中.

现在，通过将每个子句 C_j 替换为 $C_j|l$ 得到的链 $\alpha|l$ 是 $\alpha_0|l$ 的否证，它最多包含 $\lfloor\rho f\rfloor$ 个胖子句，其中，$\rho=1-W/(2n)$.（如果 $l\in C_j$，那么子句 $C_j|l$ 是重言式 $\wp$，相当于不存在.）

假设 $f<\rho^{-b}$，其中，b 是某个整数. 通过对 b 和所有子句的总长度进行归纳，我们将证明存在 α_0 的否证 β，使得 $w(\beta)\leqslant W+b$. 因为 $W\geqslant w(\alpha_0)$，所以当 $b=0$ 时，该断言成立. 当 $b>0$ 且如上选择 l 时，存在 $\alpha_0|l$ 的否证 β_0，使得 $w(\beta_0)\leqslant W+b-1$，这是因为 $\rho f<\rho^{1-b}$ 且 $\alpha|l$ 是 $\alpha_0|l$ 的否证. 然后，我们可以通过将 $\bar{l}$ 恰当地插入 β_0 的子句中来得到一条归结链 β_1，使得它可以从 α_0 推导出 $\bar{l}$. 此外，还有一条简单的链 β_2，它可以从 α_0 和 $\bar{l}$ 推导出 $\alpha_0|\bar{l}$ 的子句. 因为 $\alpha|\bar{l}$ 否证了 $\alpha_0|\bar{l}$，所以根据归纳法，存在 $\alpha_0|\bar{l}$ 的否证 β_3，使得 $w(\beta_3)\leqslant W+b$. 因此，组合 $\beta=\{\beta_1,\beta_2,\beta_3\}$ 可以否证 α_0，并且下式成立：

$$w(\beta)=\max(w(\beta_0)+1,w(\beta_2),w(\beta_3))\leqslant\max(W+b,w(\alpha_0),W+b)=W+b.$$

最后，习题 238 选择了合适的 W，使得我们能够得到声称的界. ▮

“鸽子公理”太宽泛而无法直接应用引理 B. 但是本-萨松和维格德森观察到，这些公理的一个简化版本（只包含 5SAT 子句的版本）已经是难解的.

注意，我们可以认为变量 x_{jk} 表示顶点集 $A=\{a_0,\cdots,a_m\}$ 和 $B=\{b_1,\cdots,b_m\}$ 构成的二部图中 a_j 和 b_k 之间是否存在一条边. 条件 (106) 表示每个 a_j 的度数大于或等于 1，而条件 (107) 表示每个 b_k 的度数小于或等于 1. 但是，对于这些顶点，存在二部图 G_0，其中，每个 a_j 的度数小于或等于 5. 它满足以下强扩张条件：

$$\text{每个满足 } |A'|\leqslant m/3000 \text{ 的子集 } A'\subseteq A \text{ 在 } G_0 \text{ 中都满足 } |\partial A'|\geqslant|A'|. \tag{108}$$

这里，$\partial A'$ 表示 A' 在二部图中的边界，即恰好只有一个邻居在 A' 中的所有 b_k 的集合.

习题 240 给出了 G_0 非构造性的存在性证明. 给定这样的图 G_0，我们可以为其制定一个受限鸽巢原理. 如果我们还要求每当在 G_0 中 $a_j\not\!-\!\!-\,b_k$ 时有 $\bar{x}_{jk}$，那么鸽巢子句是不可满足的.

令 $\alpha(G_0)$ 表示公理 (106) 和 (107) 在所有这样的文字 $\bar{x}_{jk}$ 的条件下得到的结果子句. 那么 $w(\alpha(G_0)) \leqslant 5$，并且至多有 $5m+5$ 个未指定的变量 x_{jk}. 引理 B 告诉我们，如果可以证明所有 $\alpha(G_0)$ 的否证链都具有宽度 $\Omega(m)$，那么它们都具有长度 $\exp\Omega(m)$. 哈肯定理断言，(106) 和 (107) 的所有否证链也同样具有长度 $\exp\Omega(m)$，因为任何短否证都可以在以 $\bar{x}_{jk}$ 为条件后推导出 $\alpha(G_0)$ 的短否证.

下面的结果为我们的论证画上了一个圆满的句号.

定理 B. 受限鸽巢公理 $\alpha(G_0)$ 具有否证宽度

$$w(\alpha(G_0) \vdash \epsilon) \geqslant m/6000. \tag{109}$$

证明. 通过定义

$$\mu(C) = \min\{|A'| \mid A' \subseteq A \text{ 且 } \alpha(A') \vdash C\}, \tag{110}$$

可以为每个子句 C 分配一个复杂度度量. $\alpha(A')$ 是关于 $a_j \in A'$ 的“鸽子公理”(106) 及所有“巢穴公理”(107) 的集合；$\alpha(A') \vdash C$ 表示子句 C 可以仅通过这些公理的归结来证明. 如果 C 是一条“鸽子公理”，因为我们可以令 $A' = \{a_j\}$，那么由定义不难得到 $\mu(C)=1$. 如果 C 是一条“巢穴公理”，那么显然有 $\mu(C)=0$. 同时，我们还可以利用次加性：

$$\mu(C' \diamond C'') \;\leqslant\; \mu(C') + \mu(C''), \tag{111}$$

因为如果 C' 由 $\alpha(A')$ 得到且 C'' 由 $\alpha(A'')$ 得到，那么 $C' \diamond C''$ 的证明至多需要公理 $\alpha(A') \cup \alpha(A'')$.

我们可以假设 $m \geqslant 6000$. 由于强扩张条件 (108)，我们必须有 $\mu(\epsilon) > m/3000$（见习题 241）. 因此，$\alpha(G_0)$ 的每个否证都必须包含一个子句 C，使得 $m/6000 \leqslant \mu(C) < m/3000$. 事实上，由 (111) 可知，第一个满足 $\mu(C_j) \geqslant m/6000$ 的子句 C_j 就满足此条件.

令 A' 是一个满足 $|A'| = \mu(C)$ 和 $\alpha(A') \vdash C$ 的顶点集. 同时令 b_k 为 $\partial A'$ 中的任一元素，并且 a_j 是它在 A' 中的唯一邻居. 因为 $|A' \setminus a_j| < \mu(C)$，所以一定存在一个变量的赋值可以满足 $\alpha(A' \setminus a_j)$ 中的所有公理，但是使得 C 为假并且 j 的“鸽子公理”为假. 该赋值将 $A' \setminus a_j$ 中的每只鸽子放入一个巢中，并且不会将任何两只鸽子放入同一个巢中.

现在，对于任意 $a_{j'} \in A$，假设 C 不包含形如 $x_{j'k}$ 或 $\bar{x}_{j'k}$ 的文字. 然后，我们可以对所有 j' 置 $x_{j'k} \leftarrow 0$，这样不会使得 $\alpha(A' \setminus a_j)$ 中的任意公理为假；并且我们还可以通过置 $x_{jk} \leftarrow 1$ 来使得 $\alpha(\{a_j\})$ 的公理为真. 但是这种赋值更改会使 C 为假，从而与我们的假设 $\alpha(A') \vdash C$ 矛盾. 因此，对于每个 $b_k \in \partial A'$，C 都包含某些 $\pm x_{j'k}$，并且必须有 $w(C) \geqslant |\partial A'| \geqslant m/6000$. ▮

对于固定的 α，当 $n \to \infty$ 时，几乎对于有 n 个变量和 $\lfloor \alpha n \rfloor$ 个子句的所有随机 3SAT 实例，都能使用类似的证明确定否证宽度的线性下界，因此可以得到否证长度的指数下界（见习题 243）. 这个结果由瓦茨拉夫 · 赫瓦塔尔和安德烈 · 塞迈雷迪证明 [*JACM* **35** (1988), 759–768].

历史注记：约翰 · 艾伦 · 鲁宾逊在 *JACM* **12** (1965), 23–41 中引入了更一般的基于一阶逻辑的归结证明. [它也等价于格哈德 · 根岑的“序列割规则”，见 *Mathematische Zeitschrift* **39** (1935), 176–210, III.1.21.] 受到鲁宾逊论文的启发，格雷戈里 · 切廷开发了第一种非平凡的技术来证明否证长度的下界，这种技术基于习题 245 中所考虑的不可满足的图公理. 他在 1966 年的讲义发表于什特克洛夫数学研究所数学研讨会（1968 年）的第 8 卷中，见阿纳托尔 · 奥莱西耶维奇 · 斯利森科的英译版 [*Studies in Constructive Mathematics and Mathematical Logic*, part 2 (1970), 115–125].

切廷指出，有一种简单的方法可以绕过他为图问题所证明的下界，即引入新的证明步骤：给定任何一组公理 F，我们可以引入一个在 F 中没有出现过的新变量 z，并添加 3 个新子句 $G=\{xz,yz,\bar{x}\bar{y}\bar{z}\}$，其中，$x$ 和 y 是 F 中的任意文字．显然，F 是可满足的，当且仅当 $F\cup G$ 是可满足的，因为 G 本质上表示 $z=\text{NAND}(x,y)$．以这种方式添加新变量有些类似于在证明定理时使用引理，或者在计算机程序中引入备忘录缓存．

他这种被称为*扩展归结*的方法比纯归结快得多．举例来说，它允许鸽巢子句 (106) 和 (107) 在仅 $O(m^4)$ 步内被否证（见习题 237）．但对于某些其他类型的问题，如随机 3SAT 问题，它似乎没有太大帮助．不过，谁又知道呢？

使用归结的 SAT 求解． 归结这一概念同时提供了一种求解可满足性问题的替代方法．我们可以用它来消除变量：如果 F 是 n 个变量上的任何一组子句，并且 x 是其中的一个变量，那么我们可以构造一个由另外 $n-1$ 个变量组成的子句集 F'，使得 F 是可满足的，当且仅当 F' 是可满足的．原理很简单，即对每个形如 $x\vee A'$ 的子句与每个形如 $\bar{x}\vee A''$ 的子句进行归结，然后删除这些子句．

考虑以下包含 4 个变量的 6 个子句：

$$1234,\quad 1\bar{2},\quad \bar{1}\bar{2}\bar{3},\quad \bar{1}3,\quad 2\bar{3},\quad 3\bar{4}. \tag{112}$$

我们可以通过归结 $1234\diamond 3\bar{4}=123$ 来消除变量 x_4．然后，我们可以通过将 123 和 $\bar{1}3$ 与 $\bar{1}\bar{2}\bar{3}$ 和 $2\bar{3}$ 相归结来消除 x_3：

$$123\diamond\bar{1}\bar{2}\bar{3}=\wp,\qquad 123\diamond 2\bar{3}=12,\qquad \bar{1}3\diamond\bar{1}\bar{2}\bar{3}=\bar{1}\bar{2},\qquad \bar{1}3\diamond 2\bar{3}=\bar{1}2.$$

现在，舍弃重言式 $\wp$ 后，我们还剩下 $\{12,1\bar{2},\bar{1}2,\bar{1}\bar{2}\}$．消除 x_2 得到 $\{1,\bar{1}\}$，然后消除 x_1 得到 $\{\epsilon\}$．因此，(112) 是不可满足的．

这种方法最早由爱德华·沃尔特·萨姆森和罗尔夫·卡尔·米勒于 1955 年提出，用于手动计算小规模问题．但是，为什么它是有效的呢？我们至少有两种方法来理解其中的原因．首先，很容易看出，只要 F 是可满足的，那么 F' 就是可满足的．这是因为，每当 C' 和 C'' 都为真时，$C'\diamond C''$ 就为真．反之，如果 F' 可以通过其他 $n-1$ 个变量的某些赋值满足，那么这个赋值必须要么满足所有形如 $x\vee A'$ 的子句的 A'，要么满足所有形如 $\bar{x}\vee A''$ 的子句的 A''．（否则，如果某些 A' 和 A'' 同时没有被满足，那么 F' 中的子句 $A'\vee A''$ 为假．）因此，$x\leftarrow 0$ 和 $x\leftarrow 1$ 中至少有一个会满足 F．

其次，我们注意到，它对应于消除一个存在量词（见习题 248）．

假设 F 中有 p 个子句包含 x，并有 q 个子句包含 $\bar{x}$．那么，在最坏情况下，消除 x 至多会带来 pq 个新子句．因此，只要 $pq\leqslant p+q$，即 $(p-1)(q-1)\leqslant 1$，F' 中的子句就不会多于 F．当 $p=0$ 或 $q=0$ 时，这个条件显然成立．事实上，在算法 A 中出现这种情况时，我们称 x 为“纯文字”．当 $p=1$ 或 $q=1$ 时，甚至当 $p=q=2$ 时，该条件也成立．

此外，我们并不总会得到 pq 个新子句．有些归结结果可能会是重言式，正如上面的例子所示；还有些归结结果可能会包含已有的子句．（如果 $C\subseteq C'$，即子句 C 中的每个文字都出现在子句 C' 中，则我们称 C *包含于* C'．在这种情况下，我们可以安全地删除 C'．）而且，有些归结结果可能也会包含于已有的子句．

因此，反复消除变量并不总是会导致子句数量激增．但在最坏情况下，这样做可能非常低效．

1972 年 1 月，在使用归结法求解 SAT 问题时，斯蒂芬·库克在多伦多大学向他的学生展示了一种相当不同的方法．这个被他称为“方法 I”的优雅程序，本质上是通过按需进行归结来学习新的子句．

算法 I（通过子句学习求解可满足性问题）．给定 n 个布尔变量 $x_1\cdots x_n$ 上的 m 个非空子句 $C_1\wedge\cdots\wedge C_m$．本算法要么证明它们的不可满足性，要么找到严格不同的文字 $l_1\cdots l_n$ 满足所有子句．在这个过程中，可能会通过归结生成新的子句（并且 m 将增大）．

I1.［初始化.］置 $d\leftarrow 0$.

I2.［前进.］如果 $d=n$，那么算法成功地终止（文字 $\{l_1,\cdots,l_d\}$ 满足 $\{C_1,\cdots,C_m\}$）．否则，置 $d\leftarrow d+1$，并令 l_d 是与 $l_1,\cdots,l_{d-1}$ 严格不同的一个文字．

I3.［寻找为假的 C_i.］如果 $\{l_1,\cdots,l_d\}$ 没有使 $C_1,\cdots,C_m$ 中的任何一个为假，那么返回至 I2．否则，令 C_i 为一个为假的子句．

I4.［寻找为假的 C_j.］（此时我们有 $\bar{l}_d\in C_i\subseteq\{\bar{l}_1,\cdots,\bar{l}_d\}$，但是没有子句包含于 $\{\bar{l}_1,\cdots,\bar{l}_{d-1}\}$.）置 $l_d\leftarrow\bar{l}_d$．如果 $\{l_1,\cdots,l_d\}$ 没有使 $C_1,\cdots,C_m$ 中的任何一个为假，那么返回至 I2．否则，令 $\bar{l}_d\in C_j\subseteq\{\bar{l}_1,\cdots,\bar{l}_d\}$.

I5.［归结.］置 $m\leftarrow m+1$，$C_m\leftarrow C_i\diamond C_j$．如果 C_m 为空，那么算法失败地终止．否则，置 $d\leftarrow\max\{t\mid\bar{l}_t\in C_m\}$，$i\leftarrow m$，并返回至 I4. ▮

在步骤 I5 中，因为 $C_i\diamond C_j\subseteq\{\bar{l}_1,\cdots,\bar{l}_{d-1}\}$，新的子句 C_m 不会包含任何之前的子句 C_k（$k<m$）．因此，没有子句会被重复生成，从而算法必将终止．

在步骤 I2、I3 和 I4 中，我们有意地模糊了“令”这个字的使用：可以在步骤 I2 中选择任意可用的文字 l_d，在步骤 I3 和 I4 中选择任意为假的子句 C_i 和 C_j，而不会使该方法失效．因此，算法 I 实际上代表一系列算法，取决于使用何种启发法来进行这些选择．

比如，库克提出了如下方法（“方法 IA”）来选择步骤 I2 中的 l_d：选择在当前具有最少的未指定文字的未满足子句集中出现得最频繁的文字．当这一规则应用于 (112) 的 6 个子句时，它将置 $l_1\leftarrow 3$，$l_2\leftarrow 2$，$l_3\leftarrow 1$；然后步骤 I3 将找到 $C_i=\bar{1}\bar{2}\bar{3}$ 为假．因此，步骤 I4 将置 $l_3\leftarrow\bar{1}$，并找到 $C_j=1\bar{2}$ 为假．步骤 I5 将学习到 $C_7=\bar{2}\bar{3}$（后续步骤见习题 249）．

库克引入算法 I 时的主要兴趣是最小化归结步骤的数量，他并没有特别关注最小化运行时间．罗伯特·艾伦·雷克豪的后续实验［Ph.D. thesis (Univ. Toronto, 1976), 81–84］表明，的确可以使用这种方法找到相对较短的归结证明．此外，习题 251 证明了算法 I 可以在多项式时间内处理反最大元素子句 (99)~(101)．因此，它的表现优于所有基于回溯的算法（见定理 R）．

然而，当算法 I 应用于大规模问题时，它往往会因为有许多新子句而填满内存，并且没有一种有效处理这些子句的方法．因此，从实践角度看，库克的方法似乎并不重要，并且它已经保持未发表状态超过 40 年了．

由冲突驱动的子句学习. 算法 I 说明了一个事实，即不成功的文字选择可以引导我们发现有价值的新子句，从而增进我们对问题特征的了解．当这个想法在 20 世纪 90 年代从另一个角度被重新发现时，它产生了革命性的影响：许多包含成千上万甚至百万个变量的重要工业级 SAT 实例突然第一次变得可解了．

这些新方法通常被称为 CDCL 求解器，因为它们基于“由冲突驱动的子句学习”（conflict driven clause learning，CDCL），而不是基于经典的回溯．尽管 CDCL 求解器与我们已经看到的 DPLL 算法有许多相似之处，但是它们仍然有许多不同之处，我们最好从头理解这些不同之处．CDCL 求解器不是像图 82 所示的那样隐式地探索搜索树，而是基于一条由严格不同的文字组成的路径 $L_0L_1\cdots L_{F-1}$，并且它不会使任何子句变为假．我们可以从 $F=0$（空路径）开始．随着计算的进行，我们的任务是扩展当前的路径，直到 $F=n$，从而解决问题，或者通过学习到空子句为真来证明不存在解．

假设有一个形如 $l \vee \bar{a}_1 \vee \cdots \vee \bar{a}_k$ 的子句 c，其中，a_1 到 a_k 在路径中，但 l 不在. 在路径中的文字被暂时假定为真，并且 c 必须被满足，因此 l 被强制为真. 在这种情况下，我们将 l 添加到当前的路径中，并称 c 为它的“理由”.（这个操作与之前算法中被称为“单元传播”的操作等价. 那些算法在文字 $\bar{a}_1, \cdots, \bar{a}_k$ 变为假时高效地删除了它们，从而使 l 成为一个“单元子句”. 但现在这种新视角将保持每个子句 c 的完整性，并让我们知道它的所有文字.）如果它的补 $\bar{l}$ 已经在路径中，则会发生冲突，因为 l 不能同时为真和为假. 但现在假设没有冲突发生，因此可以通过置 $L_F \leftarrow l$ 和 $F \leftarrow F+1$ 合法地将 l 附加到路径中.

如果不存在这样的强制子句且 $F < n$，则我们可以以某种启发法选择一个不同的新文字，并将它及其“理由”Λ 添加到当前的路径中. 这些文字称为*决策*. 它们将路径分成一系列*决策层*，其边界可以由索引序列 $0 = i_0 \leqslant i_1 < i_2 < i_3 < \cdots$ 表示；文字 L_t 属于第 d 层，当且仅当 $i_d \leqslant t < i_{d+1}$. 在路径开头的第 0 层是特殊的：它包含所有被长度为 1 的子句所强制的文字（如果存在这样的子句）. 任何这样的文字总是无条件为真. 其他每一层都恰好以一个决策开始.

考虑 (9) 中的问题 $waerden(3,3;9)$. 路径中的前几项可能如下所示：

t	L_t	层	理由	
0	$\bar{6}$	1	Λ	（一个决策）
1	$\bar{9}$	2	Λ	（一个决策）
2	3	2	396	（子句 369 的重排）
3	$\bar{4}$	3	Λ	（一个决策）
4	5	3	546	（子句 456 的重排）
5	8	3	846	（子句 468 的重排）
6	2	3	246	
7	$\bar{7}$	3	$\bar{7}\bar{5}\bar{3}$	（子句 $\bar{3}\bar{5}\bar{7}$ 的重排）
8	$\bar{2}$	3	$\bar{2}\bar{5}\bar{8}$	（一个冲突！）

(113)

其中一共做出了 3 个决策，它们分别在 $i_1 = 0$、$i_2 = 1$、$i_3 = 3$ 时开启了新层. 出于我们很快会看到的一些原因，许多子句都经过了重排. 最终因为传播导致了 2 和 $\bar{2}$ 都被强制，从而产生了冲突.（事实上，我们并不认为 L_8 是路径的一部分，因为它与 L_6 矛盾.）

如果文字 l 的理由包含文字 $\bar{l}'$，则我们称“l 直接依赖于 l'”；如果存在一条由 l 到 l_1，一直到 $l_k = l'$ 的一个或多个直接依赖关系的链，则我们简称“l 依赖于 l'”. 比如，在 (113) 中，5 直接依赖于 $\bar{4}$ 和 $\bar{6}$，$\bar{2}$ 直接依赖于 5 和 8，因此 $\bar{2}$ 依赖于 $\bar{6}$.

请注意，一个文字只能依赖于路径中在它之前的文字. 此外，每个在第 d 层（$d > 0$）被强制的文字 l 都直接依赖于在同一层中的某个*其他*文字；否则 l 在之前的某一层中已被强制. 因此，l 必然依赖于第 d 个决策.

需要“理由”的原因是，我们需要处理冲突. 我们将看到，每个冲突都让我们能够构造一个新的子句 c，使得每当现有子句是可满足的时，c 必须为真，尽管 c 本身不包含任何现有子句. 因此，我们可以通过将 c 添加到现有子句中来“学习”它，然后可以再次尝试. 这个学习过程不能永无止境地进行下去，因为只有有限个可能的子句. 我们迟早都能找到一个解或者学习到空子句. 当然，这种情况越早发生越好.

一个在决策层 d 上的冲突子句 c 形如 $\bar{l} \vee \bar{a}_1 \vee \cdots \vee \bar{a}_k$，其中，$l$ 和所有的 a 都在路径中；此外，l 和至少一个 a_i 属于第 d 层. 我们可以假设，在 c 的所有文字中，l 位于路径中最靠右的位置. 因此，l 不可能是第 d 个决策，从而它有一个理由，记为 $l \vee \bar{a}'_1 \vee \cdots \vee \bar{a}'_{k'}$. 归结这个理由和 c 可以得到子句 $c' = \bar{a}_1 \vee \cdots \vee \bar{a}_k \vee \bar{a}'_1 \vee \cdots \vee \bar{a}'_{k'}$，它至少包含一个属于第 d 层的文字.

如果存在多个这样的文字，那么 c' 本身是一个冲突子句；我们可以置 $c \leftarrow c'$ 并重复这个过程. 最终，我们一定能得到一个新的子句 c'，它形如 $\bar{l}' \vee \bar{b}_1 \vee \cdots \vee \bar{b}_r$，其中，$l'$ 在第 d 层上，并且 b_1 到 b_r 在较低的层上.

正如我们所期望的，这样的 c' 是可学习的，因为它不包含任何现有子句.（否则 c' 的每个子子句和 c' 本身都会给我们提供一些较低层上的强制性结果.）现在我们可以删除路径中大于 d' 的层，其中，d' 是 b_1 到 b_r 中的最大层；并且——这也是最关键的——我们可以将 $\bar{l}'$ 添加到第 d' 层的末尾，并将 c' 作为其理由. 现在，强制过程在第 d' 层上恢复，就好像学习到的子句一直存在一样.

举例来说，在 (113) 中的冲突后，初始冲突子句是 $c = \bar{2}\bar{5}\bar{8}$，即 $\bar{x}_2 \vee \bar{x}_5 \vee \bar{x}_8$ 的简写形式；而路径中最靠右的文字的补是 2，因为 5 和 8 出现在它之前. 因此，我们用 2 的理由 246 与 c 归结，得到 $c' = 4\bar{5}6\bar{8}$. 这个新子句包含来自第 3 层的 3 个文字的补，即 $\bar{4}$、5 和 8，因此它仍是一个冲突子句. 我们用 8 的理由与它归结，得到 $c' = 4\bar{5}6$. c' 仍是一个冲突子句. 但是，用 5 的理由与这个冲突子句归结得到的结果是 $c' = 46$. 由于当前文字在路径中第 3 层的只有 $\bar{4}$，因此这是一个为假的子句. 很好——我们学习到了 “46”：在 $waerden(3,3;9)$ 的每个解中，x_4 或 x_6 必须为真.

因此，(113) 的后续步骤如下所示：

t	L_t	层	理由	
0	$\bar{6}$	1	Λ	（一个决策）
1	4	1	46	（新学习到的子句）

(114)

并且下一步是开启一个新的第 2 层，因为没有更多的强制选择了.

注意，以前的第 2 层消失了. 我们已经学习到了不需要在决策变量 x_9 上进行分支，因为 $\bar{6}$ 已经强制了 4. 这种对普通回溯规则的改进通常称为“回跳”，因为我们已经跳回到可以被视为冲突根本原因的一层.

习题 253 探讨了 (114) 的一种可能的延续. 亲爱的读者，请现在跳转到它. 顺带一提，我们在这个例子中学习到的子句“46”包含以前决策 $\bar{4}$ 和 $\bar{6}$ 的补码；但是，习题 255 表明，新学习到的子句可能根本不包含任何决策变量.

从冲突中构造学习子句的过程并不像看起来那么困难，因为我们可以通过一种高效的方法执行所有必要的归结步骤. 假设初始冲突子句是 $\bar{l} \vee \bar{a}_1 \vee \cdots \vee \bar{a}_k$. 然后，我们为每个文字 a_i 打上唯一的戳记 s；并且如果 a_i 是在第 d' 层（$0 < d' < d$）上获得其值的文字，我们还将 $\bar{a}_i$ 插入到一个辅助数组中，该数组最终将保存文字 $\bar{b}_1, \cdots, \bar{b}_r$. 我们同时为 l 打上戳记，并为已有戳记的第 d 层文字计数. 接着，我们通过路径反复回溯，直到到达一个戳记等于 s 的文字 L_t. 如果此时计数器的值大于 1 且 L_t 的理由是 $L_t \vee \bar{a}'_1 \vee \cdots \vee \bar{a}'_{k'}$，那么我们观察每个 a'_i，给它打上戳记；如果它还未戳上 s，那么将其放入 b 数组中. 最终，未归结的文字数量将减少到 1. 这时，我们学习到的子句就是 $\bar{L}_t \vee \bar{b}_1 \vee \cdots \vee \bar{b}_r$.

即使我们一开始要求解的问题的子句相当小，这些新的子句也可能会变得相当大. 比如，表 3 展示了一个中等规模问题的典型行为. 它显示了在将 CDCL 求解器应用于 $waerden(3,10;97)$ 的 2779 个子句后，生成的路径的开头部分. 在这个过程中，它大约已经学习到了 10 000 个子句.（回顾一下，这个问题试图找到一个二进制向量 $x_1x_2\cdots x_{97}$，使得它没有 3 个等间距的 0 且没有 10 个等间距的 1.）表中的第 18 层刚由决策 $L_{44} = \overline{57}$ 开启. 这个决策将触发更多文字的设置，如 $15, 49, 61, 68, 77, 78, 87, \overline{96}, \cdots$，最终在尝试设置 L_{67} 时得到冲突. 这个冲突子句的长度为 22：

$$53\ 27\ 36\ \overline{70}\ \overline{35}\ 37\ \overline{69}\ \overline{21}\ 46\ \overline{28}\ \overline{56}\ \overline{65}\ \overline{60}\ 50\ \overline{64}\ \overline{24}\ \overline{42}\ \overline{73}\ \overline{63}\ \overline{33}\ \overline{51}\ 57\,. \tag{115}$$

（它的文字按其补在路径中出现的顺序排列.）在看到如此庞大的一个子句时，我们可能会质疑是否真的要“学习”这样一个晦涩的事实!

表 3　一个中等规模问题的典型行为

t	L_t	层	理由	t	L_t	层	理由	t	L_t	层	理由
0	$\overline{53}$	1	Λ	15	70	11	70 36 53	30	08	15	08 46 27
1	55	2	Λ	16	35	12	Λ	31	65	15	65 46 27
2	44	3	Λ	17	39	13	Λ	32	60	15	60 46 53
3	54	4	Λ	18	$\overline{37}$	14	Λ	33	$\overline{50}$	15	**
4	43	5	Λ	19	38	14	38 37 36	34	64	15	64 50 36
5	30	6	Λ	20	47	14	47 37 27	35	22	15	22 50 36
6	34	7	Λ	21	17	14	17 37 27	36	24	15	24 50 37
7	45	8	Λ	22	32	14	32 37 27	37	42	15	42 50 46
8	40	9	Λ	23	69	14	69 37 53	38	48	15	48 50 46
9	$\overline{27}$	10	Λ	24	21	14	21 37 53	39	73	15	73 50 27
10	79	10	79 53 27	25	$\overline{46}$	15	Λ	40	04	15	04 50 27
11	01	10	01 27 53	26	28	15	28 46 37	41	63	15	63 50 37
12	$\overline{36}$	11	Λ	27	41	15	41 46 36	42	33	16	Λ
13	18	11	18 36 27	28	26	15	26 46 36	43	51	17	Λ
14	19	11	19 36 53	29	56	15	56 46 36	44	$\overline{57}$	18	Λ

（** 表示之前学习到的子句 $\overline{50}\,\overline{26}\,27\,\overline{30}\,\overline{32}\,\overline{35}\,\overline{38}\,\overline{40}\,\overline{41}\,\overline{44}\,\overline{45}\,\overline{47}\,\overline{50}\,\overline{55}\,\overline{60}\,\overline{65}\,\overline{70}$.）

仔细观察，我们会发现 (115) 中的许多文字是冗余的. 比如，我们可以安全地删除 $\overline{70}$，因为它的理由是“70 36 53”；而 36 和 53 都已经出现在了 (115) 中，因此 (115) $\diamond$ (70 36 53) 可以去除 $\overline{70}$. 实际上，在这个例子中，超过一半的文字是多余的. (115) 可以简化为一个更短、更好记的子句:

$$53\,27\,36\,\overline{35}\,37\,46\,50\,\overline{33}\,\overline{51}\,57\,. \tag{116}$$

习题 257 解释了如何发现这样的简化，这在实践中相当重要. 比如，简化之前，在证明 *waerden* (3, 10; 97) 不可满足时学习到的子句的平均长度为 19.9，而在简化之后仅为 11.2. 简化使算法的运行速度提高了大约 33%.

CDCL 求解器的大部分计算时间用在了单元传播上. 因此，我们需要知道一个文字的值何时被之前的赋值所强制，而且我们希望能尽可能快地知道这一信息. 算法 D 所用的“惰性数据结构”在处理长子句时非常适用，我们只需将其扩展，使得每个子句现在有两个监视文字而不是一个. 如果我们知道一个子句的前两个文字都不为假，那么在其中一个变为假之前，我们都不需要查看该子句，即使该子句中的其他文字可能会暂时在真、假和未定义这 3 个状态之间反复变动. 当一个监视文字变为假时，我们会尝试将其与一个不为假的文字交换，以便代替它进行监视. 传播或冲突只有在所有剩余文字都为假时才会产生.

在下面的算法 C 中，子句使用如下数据结构进行表示：一个名为 MEM 的单片数组，假设其足够大，能够容纳所有子句中的所有文字及控制信息. 每个子句 $c = l_0 \vee l_1 \vee \cdots \vee l_{k-1}$（$k > 1$）由其在 MEM 中的起始位置表示. 对于 $0 \leqslant j < k$，有 $\mathtt{MEM}[c+j] = l_j$. 它的两个监视文字是 l_0 和 l_1，其大小 k 存储在 $\mathtt{MEM}[c-1]$ 中. $k = 1$ 的单元子句的处理方式不同：它们出现在路径的第 0 层，而不是在 MEM 中.

我们可以区分学习到的子句 c 与初始子句，因为前者具有相对较大的数，满足 $\mathtt{MINL} \leqslant c < \mathtt{MAXL}$. 最初，MAXL 等于 MINL，即 MEM 中可用于学习到的子句的最小单元格；然后，随着新子

句被添加到库中，MAXL 会增大. 我们会定期对学习到的子句集进行剪枝，使得不那么理想的子句不会占用内存并拖慢速度. 关于子句 c 的额外信息保存在 MEM$[c-4]$ 和 MEM$[c-5]$ 中，以帮助进行回收过程（见下文）.

对于 $1 \leqslant k \leqslant n$，文字 x_k 和 $\bar{x}_k$ 在内部分别由数字 $2k$ 和 $2k+1$ 表示，如上文中的 (57) 所示. 这 $2n$ 个文字中的每一个 l 都有一个列表指针 W_l，它指向包含以 l 为监视文字的子句链表的表头. 如果不存在这样的子句，那么有 $W_l = 0$；但如果 $W_l = c > 0$，则"监视列表"的下一个链接将根据 l 的值存储在不同的内存位置. 具体而言，如果 $l = l_0$，那么下一个链接将存储在 MEM$[c-2]$ 中；如果 $l = l_1$，那么下一个链接将存储在 MEM$[c-3]$ 中.［见阿明 · 比埃尔, *Journal on Satisfiability, Boolean Modeling and Comp.* **4** (2008), 75–97.］

举例来说，在表示 $waerden(3,3;9)$ 的子句 (9) 时，MEM 的前几个单元格可能包含以下数据：

$$i = 0\ 1\ 2\ 3\ 4\ 5\ 6\ 7\ 8\ 9\ 10\ 11\ 12\ 13\ 14\ 15\ 16\ 17\ \cdots$$

$$\texttt{MEM}[i] = 9\ 45\ 3\ 2\ 4\ 6\ 15\ 51\ 3\ 4\ 6\ 8\ 21\ 45\ 3\ 6\ 8\ 10\ \cdots$$

（子句 3 是"123"，子句 9 是"234"，子句 15 是"345"……子句 45 是"135"，子句 51 是"246"……文字 x_1、x_2、x_3、x_4 的监视列表分别从 $W_2 = 3$、$W_4 = 3$、$W_6 = 9$、$W_8 = 15$ 开始.）

算法 C 的其他主要的数据结构关注变量，而不是子句. 对于 $1 \leqslant k \leqslant n$ 的每个变量 x_k 都有 6 个属性 S(k)、VAL(k)、OVAL(k)、TLOC(k)、HLOC(k) 和 ACT(k). S(k) 是在子句生成过程中使用的"戳记". 如果 x_k 和 $\bar{x}_k$ 都不在当前的路径中，那么 VAL$(k) = -1$，且我们称 x_k 及其两个文字是"自由"的. 但是，如果 $L_t = l$ 是路径中第 d 层的一个文字，那么我们有

$$\texttt{VAL}(|l|) = 2d + (l \mathbin{\&} 1) \quad \text{且} \quad \texttt{TLOC}(|l|) = t, \qquad \text{其中 } |l| = l \gg 1, \tag{117}$$

并且我们称 l "为真"和 $\bar{l}$ "为假". 因此，一个给定的文字 l 为假，当且仅当 VAL$(|l|)$ 非负且 VAL$(|l|) + l$ 为奇数. 在大多数情况下，监视文字不为假，但是这个规则也有例外（见习题 265）. 文字 l 的当前值的"理由"保存在变量 R_l 中.

属性 ACT(k) 和 HLOC(k) 告诉算法如何选择下一个决策变量. 每个变量 x_k 都有一个活跃度得分 ACT(k)，用于启发式地估计它用于分支的可取性. 所有自由变量及可能的其他变量都存储在一个名为 HEAP 的数组中. 当 HEAP 数组包含 h 个元素时，它的排列为：

$$\texttt{ACT(HEAP}[j]) \leqslant \texttt{ACT(HEAP}[(j-1) \gg 1]), \qquad \text{对于 } 0 < j < h \tag{118}$$

（见 5.2.3 节）. 因此，如果 HEAP[0] 是自由的，那么它总是具有最大活跃度的自由变量. 也就是说，当路径开启新的一层时，将选择该变量来进行决策.

活跃度得分有助于算法专注于最近的冲突. 假设我们已经归结了 $M = 100$ 个冲突，因此学习到了 100 个子句. 进一步假设在归结编号为 3、47、95、99 和 100 的冲突时，我们对 x_j 或 $\bar{x}_j$ 进行了戳记；但在归结编号为 41、87、94、95、96 和 97 的冲突时，我们对 x_k 或 $\bar{x}_k$ 进行了戳记. 我们可以通过计算

$$\texttt{ACT}(j) = \rho^0 + \rho^1 + \rho^5 + \rho^{53} + \rho^{97}, \qquad \texttt{ACT}(k) = \rho^3 + \rho^4 + \rho^5 + \rho^6 + \rho^{13} + \rho^{59}$$

来表示它们的活跃度，其中，ρ 是阻尼因子（比如 $\rho = 0.95$），因为 $100-100 = 0$，$100-99 = 1$，$100-95 = 5$……$100-41 = 59$. 在本例中，除非 ρ 小于约 0.8744，否则我们将认为 j 不如 k 活跃.

为了根据这个度量来更新活跃度得分，每当发生新的冲突时，我们都需要进行相当多的重复计算：将所有 n 个旧得分乘以 ρ，然后将每个新戳记的变量的活跃度增加 1. 有一个更好的方法，即计算 $\rho^{-M} = \rho^{-100}$ 乘以上面的得分：

$$\texttt{ACT}(j) = \rho^{-3} + \rho^{-47} + \rho^{-95} + \rho^{-99} + \rho^{-100}, \quad \texttt{ACT}(k) = \rho^{-41} + \cdots + \rho^{-96} + \rho^{-97}.$$

这种由尼克拉斯・埃恩提出的经过缩放的得分为我们提供了关于每个变量相对活跃度的相同信息，并且它们很容易更新，因为在归结冲突时，我们只需要对每个戳记的变量进行一次加法运算.

唯一的问题是，新的得分可能会变得非常大，因为当冲突数量 M 变得很大时，ρ^{-M} 可能导致浮点溢出. 一种补救方法是，当任何变量的得分超过 10^{100} 时，将它除以 10^{100}. HEAP 不需要改变，因为 (118) 仍然成立.

在算法运行过程中，变量 DEL 保存当前缩放因子 ρ^{-M}. 每当重新缩放时，所有活跃度得分都会被除以 10^{100}.

最后，OVAL(k) 的奇偶性用于控制步骤 C6 中每个新决策的极性. 尽管存在一些其他可能的初始化方案，但是算法 C 首先简单地令每个 OVAL(k) 为奇数. 之后，每当 x_k 离开路径并变为自由时，置 OVAL(k) $\leftarrow$ VAL(k). 这种方法由丹尼尔・弗罗斯特和丽娜・德克特 [*AAAI Conf.* **12** (1994), 301–306] 以及克诺特・皮帕兹里萨瓦和阿德南・达尔维什 [*LNCS* **4501** (2007), 294–299] 所推荐，因为经验表明，最近强制的极性往往仍是好的. 这种技术称为“黏滞”“进度保存”或“相位保存”.

算法 C 基于一个称为 Chaff 的开创性 CDCL 求解器框架，以及由尼克拉斯・埃恩和尼克拉斯・瑟伦松开发的 Chaff 的早期衍生物 MiniSAT [*LNCS* **2919** (2004), 502–518].

算法 C （CDCL 求解可满足性问题）. 给定 n 个布尔变量上的一组子句. 当且仅当这组子句可满足时，本算法找到一个解 $L_0L_1\cdots L_{n-1}$，同时根据原始子句发现 M 个新子句. 在发现了 $M_{\rm p}$ 个新子句后，算法会从内存中清除其中的一些，并重置 $M_{\rm p}$；在发现了其中 $M_{\rm f}$ 个子句后，它会刷新部分路径，重置 $M_{\rm f}$ 并重新开始.（清除和刷新的细节将在后面讨论.）

C1. [初始化.] 置 VAL(k) $\leftarrow$ OVAL(k) $\leftarrow$ TLOC(k) $\leftarrow -1$、ACT(k) $\leftarrow$ S(k) $\leftarrow 0$、$R_{2k} \leftarrow R_{2k+1} \leftarrow \Lambda$、HLOC($k$) $\leftarrow p_k-1$，并对于 $1\leqslant k\leqslant n$ 置 HEAP[p_k-1] $\leftarrow k$，其中，$p_1\cdots p_n$ 是 $\{1,\cdots,n\}$ 的一个随机排列. 然后如上所述地将子句放入 MEM 和监视列表中. 将不同的单元子句放入 $L_0L_1\cdots L_{F-1}$. 如果存在矛盾子句 (l) 和 $(\bar l)$，则失败地终止. 令 MINL 和 MAXL 是 MEM 中第一个可用的位置（见习题 260）. 置 $i_0\leftarrow d\leftarrow s\leftarrow M\leftarrow G\leftarrow 0$、$h\leftarrow n$、DEL $\leftarrow 1$.

C2. [该层是否完成?]（路径 $L_0\cdots L_{F-1}$ 现在包含所有被 $L_0\cdots L_{G-1}$ 强制的文字.）如果 $G=F$，跳转至 C5.

C3. [增大 G.] 置 $l\leftarrow L_G$、$G\leftarrow G+1$. 然后对 $\bar l$ 的监视列表中的所有 c 执行步骤 C4，除非该步骤检测到一个冲突且跳转至 C7. 如果没有冲突，则返回至 C2（见习题 261）.

C4. [c 是否强制一个单元子句?] 令 $l_0l_1\cdots l_{k-1}$ 为子句 c 的所有文字，其中，$l_1=\bar l$.（如有必要，执行交换操作 $l_0\leftrightarrow l_1$.）如果 l_0 为真，那么什么也不做. 否则，寻找一个不为假的文字 l_j（$1<j<k$）. 如果找到了这样的文字，就将 c 移入 l_j 的监视列表. 但是，如果 $l_2,\cdots,l_{k-1}$ 全为假，且 l_0 也为假，则跳转至 C7. 如果 l_0 是自由的，那么通过置 $L_F\leftarrow l_0$、TLOC($|l_0|$) $\leftarrow F$、VAL($|l_0|$) $\leftarrow 2d+(l_0\mathbin{\&}1)$、$R_{l_0}\leftarrow c$、$F\leftarrow F+1$，使它为真.

C5. [新层?] 如果 $F=n$，成功地终止. 否则，如果 $M\geqslant M_{\rm p}$，准备清除多余的子句（见下文）. 如果 $M\geqslant M_{\rm f}$，以如下所述的方式刷新文字并返回至 C2. 否则置 $d\leftarrow d+1$、$i_d\leftarrow F$.

C6. [进行一个决策.] 置 $k\leftarrow$ HEAP[0] 并从堆中删除 k（见习题 262 和习题 266）. 如果 VAL(k) $\geqslant 0$，那么重复此步骤. 否则，置 $l\leftarrow 2k+($OVAL(k) $\&\ 1)$、VAL(k) $\leftarrow 2d+($OVAL(k) $\&\ 1)$、$L_F\leftarrow l$、TLOC($|l|$) $\leftarrow F$、$R_l\leftarrow\Lambda$、$F\leftarrow F+1$.（此时 $F=G+1$.）返回至 C3.

C7. [归结一个冲突.] 如果 $d=0$，失败地终止. 否则，以如上所述的方式使用这个冲突子句 c 构造一个新子句 $\bar{l}'\vee\bar{b}_1\vee\cdots\vee\bar{b}_r$. 对于此过程中所有被戳记的 l，置 $\mathtt{ACT}(|l|)\leftarrow\mathtt{ACT}(|l|)+\mathtt{DEL}$；同时置 d' 为 $\{b_1,\cdots,b_r\}$ 在路径中出现的最大层数.（见习题 263. 增大 ACT($|l|$) 可能会同时改变 HEAP.）

C8. [回跳.] 当 $F>i_{d'+1}$ 时，反复执行以下操作：置 $F\leftarrow F-1$、$l\leftarrow L_F$、$k\leftarrow|l|$、$\mathtt{OVAL}(k)\leftarrow\mathtt{VAL}(k)$、$\mathtt{VAL}(k)\leftarrow-1$、$R_l\leftarrow\Lambda$；如果 $\mathtt{HLOC}(|l|)<0$，那么将 k 插入 HEAP 中（见习题 262）. 然后，置 $G\leftarrow F$、$d\leftarrow d'$.

C9. [学习.] 如果 $d>0$，那么置 $c\leftarrow\mathtt{MAXL}$，将新子句存储到 MEM 的位置 c 处，并将 MAXL 增大至 MEM 中下一个可用的位置（习题 263 给出了完整细节）. 置 $M\leftarrow M+1$、$L_F\leftarrow\bar{l}'$、$\mathtt{VAL}(|l'|)\leftarrow 2d+(\bar{l}'\,\&\,1)$、$\mathtt{TLOC}(|l'|)\leftarrow F$、$R_{l'}\leftarrow c$、$F\leftarrow F+1$、$\mathtt{DEL}\leftarrow\mathtt{DEL}/\rho$，并返回至 C3. ▮

习题 260～263 使用更基本的低级步骤详细地说明了针对这个算法中数据结构的高级操作. 习题 266～271 讨论了下述实验中所做的简单改进.

现实检测：虽然稍后才会给出有关算法 C 在各种问题上的表现的详细统计数据，但我们不妨现在来看几个典型行为的例子，从而理解该算法在实践中的工作方式. 随机选择使该算法的运行时间比算法 A、B、D 或 L 更不稳定. 我们的运气总是时好时坏.

就表 3 中的中等规模问题 *waerden*(3, 10; 97)（97 个变量和 2779 个子句）而言，算法 C 进行了 9 次测试运行，并在进行了 2.5 亿到 3 亿次内存访问之后确定了不可满足性. 中位数为 272 Mμ.（这比我们之前最好的算法 L 快了两倍以上.）平均做出的决策次数，即在步骤 C6 中执行 $L_F\leftarrow l$ 的次数，约为 63 000 次；相比之下，算法 L 的步骤 L3 有 1701 个“结点”，而算法 A、B、D 有 1 亿个结点. 算法 C 学习了约 53 000 个子句，平均大小为 11.5 个文字（在简化前约为 19.9 个文字）.

实际上，算法 C 往往会显著地提高问题求解速度. 比如，图 92 展示了它如何迅速求解一系列基于“花状蛇鲨图”的三着色问题. 习题 176 定义了 *fsnark*(q)，一个由包含 $18q$ 个变量的 $42q+3$ 个不可满足子句组成的有趣问题. 在 *fsnark*(q) 上，算法 A、B、D 和 L 的运行时间与 2^q 成比例，因此远远超出了图中的范围——当 $q=19$ 时，内存访问次数已经超过 10 亿次. 但是算法 C 在相同的时间内成功处理了 $q=99$ 的情况（因此取得了 24 个数量级的优势）. 不过，对于图 92 中明显的线性增长，目前还没有令人满意的理论解释.

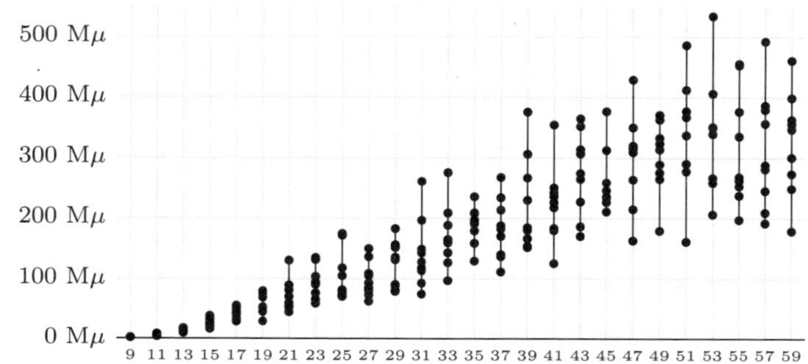

图 92　当 q 为奇数时，无法使用 3 种颜色为花状蛇鲨图 J_q 的边着色. 算法 C 能够以惊人的速度证明这一点：在每个 q 值处都显示了 9 次试验的计算时间（以百万次内存访问为单位）

不可满足性证书. 当 SAT 求解器报告给定实例是可满足的时候，它还会生成一组不同的文字，我们从中可以轻松检查每个子句是否可满足. 但是，如果它的报告是负面的——UNSAT——我们对这种说法的真实性有多大把握？也许实现中存在细微的错误，毕竟这类大型且复杂的程序很容易出错，计算机硬件也不是完美的. 因此，一个负面的答案可能会让程序员和用户都不满足，就像它声称这个问题是不可满足的一样.

我们已经了解到，通过构建一个归结否证，即一系列以空子句 ϵ 结尾的归结步骤（如图 91 所示），我们可以严格证明不可满足性. 但是，构建这样的否证相当于构建巨大的有向无环图.

我们可以更简洁地描述不可满足性. 如果有 $C_t=\epsilon$，并且

$$F\wedge C_1\wedge\cdots\wedge C_{i-1}\wedge\overline{C}_i\vdash_1\epsilon,\qquad 对于\ 1\leqslant i\leqslant t,\tag{119}$$

则我们称子句序列 $(C_1,C_2,\cdots,C_t)$ 是子句集 F 的*不可满足性证书*. “$G\vdash_1\epsilon$”中的下标 1 表示子句集 G 通过*单元传播*得到矛盾；并且，如果 C_i 是子句 $(a_1\vee\cdots\vee a_k)$，那么 $\overline{C}_i$ 是单元子句合取 $(\bar{a}_1)\wedge\cdots\wedge(\bar{a}_k)$ 的简写形式.

比如，令 $F=R$ 为李维斯特子句 (6)，它在图 91 中被证明是不可满足的. 那么 $(12,1,2,\epsilon)$ 是它的一个不可满足性证书，原因如下：

$$\begin{aligned}
&R\wedge\bar{1}\wedge\bar{2}\vdash_1\bar{3}\vdash_1\bar{4}\vdash_1\epsilon &&（使用\ 12\bar{3}、23\bar{4}、341）;\\
&R\wedge 12\wedge\bar{1}\vdash_1 2\vdash_1\bar{4}\vdash_1\bar{3}\vdash_1\epsilon &&（使用\ 12、\bar{4}1\bar{2}、\bar{2}\bar{3}4、341）;\\
&R\wedge 12\wedge 1\wedge\bar{2}\vdash_1 4\vdash_1 3\vdash_1\epsilon &&（使用\ 4\bar{1}2、23\bar{4}、\bar{3}4\bar{1}）;\\
&R\wedge 12\wedge 1\wedge 2\vdash_1 3\vdash_1 4\vdash_1\epsilon &&（使用\ \bar{1}\bar{2}3、\bar{2}\bar{3}4、\bar{3}\bar{4}\bar{1}）.
\end{aligned}$$

不可满足性证书提供了令人信服的证明，因为 (119) 意味着每当 $F, C_1,\cdots,C_{i-1}$ 为真时，C_i 都必须为真. 而且，对于任意给定的子句集 G，很容易检查 $G\vdash_1\epsilon$，因为一切都是强制的，并且没有涉及选择. 单元传播类似于顺水推舟，因此即使不信任生成证书的 CDCL 求解器，我们也可以相当确定单元传播已经正确实现了.

尤金 · 戈德堡和雅科夫 · 诺维科夫［*Proceedings of DATE: Design, Automation and Test in Europe* **6**,1 (2003), 886–891］指出，CDCL 求解器实际上会在其运行过程中自然生成这样的证书.

定理 G.　*如果算法 C 不成功地终止，那么它已学习到的子句序列* $(C_1,C_2,\cdots,C_t)$ *是不可满足性证书.*

证明.　只需证明，每当算法 C 已经学习到子句 $C'=\bar{l}'\vee\bar{b}_1\vee\cdots\vee\bar{b}_r$ 时，如果我们将单元子句 $(l')\wedge(b_1)\wedge\cdots\wedge(b_r)$ 加入到算法已经知道的子句中，那么单元传播会推导出 ϵ. 关键在于，C' 本质上是由重复的归结步骤得到的：

$$C'=\bigl(\cdots((C\diamond R_{l_1})\diamond R_{l_2})\diamond\cdots\bigr)\diamond R_{l_s},\tag{120}$$

其中，C 是原始冲突子句，并且 $R_{l_1}, R_{l_2},\cdots, R_{l_s}$ 是步骤 C7 中构造 C' 时被移除的每个文字的理由. 更准确地说，我们有 $C=A_0$ 和 $R_{l_i}=l_i\vee A_i$，其中，$A_0\cup A_1\cup\cdots\cup A_s$ 中的所有文字为假（它们的补都出现在了路径中）. 并且，以下式子成立：

$$\begin{aligned}
&\bar{l}_i\in A_0\cup\cdots\cup A_{i-1},\quad 对于\ 1\leqslant i\leqslant s;\\
&A_0\cup A_1\cup\cdots\cup A_s=\{\bar{l}',\bar{l}_1,\cdots,\bar{l}_s,\bar{b}_1,\cdots,\bar{b}_r\}.
\end{aligned}\tag{121}$$

因此，已知的子句加上 $b_1,\cdots,b_r$ 和 l'，将会使用子句 R_{l_s} 强制 l_s，并且会使用 $R_{l_{s-1}}$ 强制 l_{s-1}，以此类推. ▌

证明中的单元文字按照逆序 $l_s, l_{s-1},\cdots, l_1$ 从 (120) 中的归结步骤进行传播，因此这个证书检查过程被称为“反向单元传播”［见艾伦 · 范格尔德，*Proc. Int. Symp. on Artificial Intelligence and Math.* **10** (2008), 9 pages, online as ISAIM2008］.

请注意，定理 G 的证明并没有声称反向单元传播将重构算法 C 学习子句的精确推理. 在典型情况下，通常存在许多由 $\vdash_1$ 建立的到 ϵ 的路径. 我们仅仅展示的是，每个可从单个冲突中学习的子句都意味着至少存在一条这样的路径.

在运行算法 C 期间学习到的许多子句是“瞎猜”的，我们最后发现它们指向了无用的方向. 因此，定理 G 中的证书通常比实际证明不可满足性所需的要长. 比如，当否证 $waerden(3,10;97)$ 时，算法 C 学习了约 53 000 个子句；当否证 $fsnark(99)$ 时，算法 C 学习了约 135 000 个子句；但是这些子句中实际会在后续步骤中被用到的，前者少于 50 000 个，后者少于 47 000 个. 习题 284 解释了如何在检查其有效性的同时缩短不可满足性证书的长度.

然而，一个意想不到的困难出现了：我们可能会花费比生成证书更多的时间来验证它！比如，$waerden(3,10;97)$ 的证书发现需要 2.72 亿次内存访问，但直接用单元传播来检查它所需的时间实际上相当于 22 亿次内存访问. 事实上，在更大的问题中，这种差异会变得更加显著，因为用于检查的简单程序必须在内存中保留所有子句. 如果有 100 万个活跃子句，那么就会有 200 万个文字被监视；因此，对每个文字的更改都需要对数据结构进行多次更新.

解决这个问题的方法是为证书检查器提供额外的提示. 正如我们将看到的，算法 C *不会*在内存中保留所有学习到的子句；它会系统地清除学习子句集合，使其总数保持在合理的范围内. 在这种情况下，它还可以通知证书检查器已清除的子句将不再与证明相关.

进一步的改进还有助于带注释的证书适应更强的证明规则，例如切廷的扩展归结和基于广义自治的技术［见内森 · 韦茨勒、玛丽恩 · 休尔和小沃伦 · 阿尔瓦 · 亨特，*LNCS* **8561** (2014), 422–429］.

事实上，每当一组子句具有不可满足性证书时，算法 C 的一种变体会找到一个不太长的证书（见习题 386）.

***清除无用的子句.** 当经历数千次冲突后，算法 C 已经学习到了数千个新子句. 新子句通过引导我们远离徒劳的路径来指导搜索，但同时会减缓传播过程，因为我们需要监视这些新子句.

我们已经看到证书通常可以被缩短. 因此，我们知道许多学习到的子句可能永远不再需要. 出于这个原因，算法 C 通过对已经积累的子句进行排名，来定期尝试清除那些看起来有害的子句.

> 我认为一个人的大脑原本就像一座小小的空阁楼，
> 你必须按自己的选择来存放家具……熟练的工匠
> 在选择放进他的大脑阁楼里的东西时非常小心.
> ……不要错误地认为那个小房间的墙壁具有弹性
> 并且可以无限扩张……因此，最重要的是，
> 不要让无用的事实挤走有用的事实.
> ——夏洛克 · 福尔摩斯，摘自《血字的研究》（1887 年）

算法 C 一旦学习到 $M \geqslant M_{\mathrm{p}}$ 个子句并达到相对稳定的状态（步骤 C5），就会启动一个特殊的子句细化过程. 为了更具体地讨论这些问题，让我们继续使用示例 $waerden(3,10;97)$. 如果 M_{p} 太大，以至于没有子句被丢弃，那么一次典型运行将学习大约 48 000 个子句并进行大约 8 亿次内存访问的计算，才能证明不可满足性. 但如果 $M_{\mathrm{p}} = 10\,000$，那么它将学习大约 50 000 个子句，并将内存访问次数降至约 5 亿次. 在后一种情况下，内存中存储的学习到的子句总数很少超过 10 000 个.

我们假设 $M_{\mathrm{p}} = 10\,000$，并仔细查看作者的前几次实验中发生了什么. 算法 C 在学习了 10 002 个子句后暂停以勘察情况. 然而此时，由于习题 271 中讨论的子句丢弃机制，这 10 002 个子句中只有 6252 个实际存在于内存中. 有些子句的长度为 2，最大子句长度为 24，中位数为 11. 以下是完整的频数分布：

2 9 49 126 216 371 542 719 882 1094 661 540 414 269 176 111 35 20 10 3 1 1 1.

短子句往往更有用，因为它们更容易快速简化为单元子句.

如果一个学习到的子句是路径上某个文字的理由，那么它就不能被清除. 在我们的例子中，6252 个子句中有 12 个属于这种情况. 比如，子句"$\overline{30}\ \overline{33}\ \overline{39}\ 41\ \overline{42}\ \overline{45}\ 46\ \overline{48}\ \overline{54}\ \overline{57}$"被学习后，文字 $\overline{30}$ 出现在路径的第 10 层，并且我们可能在未来的归结步骤中用到它.

清除过程将尝试删除至少一半现有的学习到的子句，使得至多只剩下 3126 个. 由于 12 个受理由束缚的子句不能被清除，因此我们希望忘记其他 6240 个子句中的 3114 个. 我们应该清除哪些子句呢?

在尝试了许多启发式方法后，人们发现实践中最成功的方法基于吉勒 · 奥德马尔和洛朗 · 西蒙所称的"文字块距离"[见 *Proc. Int. Joint Conference on Artificial Intelligence* **21** (2009), 399–404]. 他们观察到，路径的每一层都可以被视为一个由一些或多或少相关的变量组成的块. 如果长子句的文字全部位于一层或两层中，而短子句的文字属于三层或更多层，则长子句可能比短子句更有用.

假设一个子句 $C = l_1 \vee \cdots \vee l_r$ 的所有文字都出现在路径中，且为正值 l_j 或负值 $\bar{l}_j$. 我们可以按照层对它们进行分类，使得只有 $p+q$ 层得以表示，其中，p 层至少包含一个正值 l_j，而另外 q 层只包含负值 $\bar{l}_j$. 这样一来，(p,q) 是 C 关于路径的签名，$p+q$ 是文字块距离. 比如，在作者的测试运行中，从 $waerden(3,10;97)$ 中学习到的第一个子句是:

$$\overline{11}\ \overline{16}\ \overline{21}\ \overline{26}\ \overline{36}\ \overline{46}\ \overline{51}\ 61\ 66\ 91. \tag{122}$$

稍后，在为了清除子句而给它们排名时，这些文字的值和路径层由 VAL(11), VAL(16), ···, VAL(91) 指定，它们分别为:

$$20\ 21\ 21\ 21\ 20\ 15\ 16\ 8\ 14\ 20.$$

因此，61 在第 $8 \gg 1 = 4$ 层上为真；$\overline{46}$ 和 66 在第 $15 \gg 1 = 14 \gg 1 = 7$ 层上为真；$\overline{51}$ 在第 8 层上为假；其他文字在第 10 层上既有真又有假. 因此，(122) 在当前路径上具有 $p = 3$ 和 $q = 1$.

如果 C 具有签名 (p,q) 且 C' 具有签名 (p',q')，其中，$p \leqslant p'$、$q \leqslant q'$、$(p,q) \neq (p',q')$，那么我们可以预期 C 比 C' 更有可能益于将来的传播. 当 $p+q = p'+q'$ 且 $p < p'$ 时，这一结论也是合理的，因为至少在来自 $p+1$ 层的文字改变符号之前，C' 不会强制任何事情. 从 $waerden(3,10;97)$ 获得的详细数据验证了我们的直觉判断:

$$\begin{pmatrix} 0 & 4 & 17 & 22 & 30 & 54 & 67 & 99 & 17 \\ 17 & 81 & 191 & 395 & 360 & 404 & 438 & 66 & 6 \\ 63 & 232 & 463 & 536 & 521 & 386 & 117 & 6 & 0 \\ 52 & 243 & 291 & 298 & 308 & 112 & 22 & 0 & 0 \\ 18 & 59 & 86 & 77 & 53 & 7 & 0 & 0 & 0 \\ 0 & 8 & 3 & 10 & 0 & 0 & 0 & 0 & 0 \\ 0 & 0 & 1 & 0 & 0 & 0 & 0 & 0 & 0 \end{pmatrix} \quad \begin{pmatrix} 0 & 1 & 9 & 15 & 21 & 16 & 15 & 3 & 0 \\ 7 & 26 & 74 & 107 & 82 & 57 & 16 & 1 & 0 \\ 20 & 74 & 104 & 86 & 61 & 21 & 9 & 0 & 0 \\ 13 & 40 & 37 & 16 & 14 & 4 & 0 & 0 & 0 \\ 6 & 10 & 9 & 4 & 1 & 1 & 0 & 0 & 0 \\ 0 & 1 & 1 & 0 & 0 & 0 & 0 & 0 & 0 \\ 0 & 0 & 0 & 0 & 0 & 0 & 0 & 0 & 0 \end{pmatrix}$$

左侧的矩阵显示了 6240 个合格子句中有多少具有给定的签名 (p,q)，其中，$1 \leqslant p \leqslant 7$ 且 $0 \leqslant q \leqslant 8$；右侧的矩阵显示了如果没有删除任何子句，有多少个将来会用于归结冲突. 比如，有 $p = q = 3$ 的 536 个子句，但事实证明只有其中的 86 个是有用的. 这些数据在图 93 中以图形方式呈现，其中，灰色矩形的面积对应于左侧矩阵，被黑色矩形覆盖的面积对应于右侧矩阵. 我们不能预测未来，但我们知道，小的 (p,q) 倾向于增大黑色矩形面积和灰色矩形面积的比率.

敏锐的读者会想知道如何找到这样的签名. 这是可以理解的，因为我们无法为所有子句计算签名，直到所有变量都出现在路径中——而这种情况直到所有子句都被满足时才会发生! 答

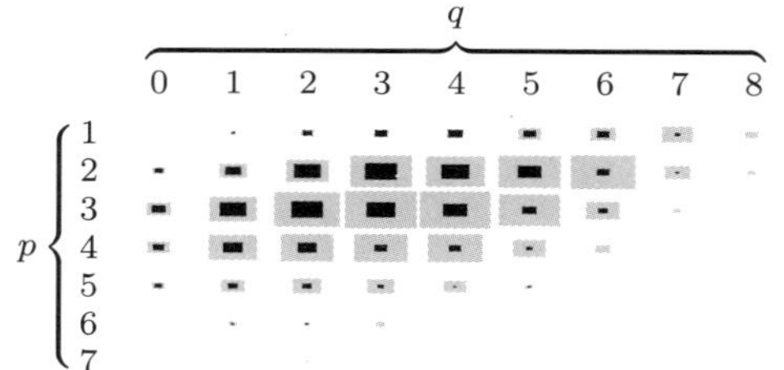

图 93　具有 p 个正层和 q 个全负层的子句. 灰色区域表示永远不会再次使用的子句. 遗憾的是，没有简单的方法区分灰色区域和黑色区域

案［见亚历山德拉 · 沃尔蒂耶娃和法希姆 · 巴克斯，*LNCS* **7317** (2012), 30–43］是，通过仅对算法 C 的常规行为略加修改，完全有可能进行“完全运行”，使得每个变量都被分配一个值：相较于立即归结冲突和回跳，我们可以在每次冲突之后继续运行，直到所有传播停止，并且可以继续以同样的方式构建路径，直到每个变量都存在于某一层中. 冲突可能出现在不同的层中，但我们可以稍后再归结它们，并且那时再学习新的子句. 与此同时，完整的路径使我们能够基于 VAL 字段计算签名. 在回跳之后，VAL 字段进入 OVAL 字段，因此每个块中的变量往往会保持它们之间的关系.

作者实现的算法 C 会给每个子句 c 分配一个 8 位的值：

$$\texttt{RANGE}(c) \;\leftarrow\; \min\bigl(\lfloor 16(p+\alpha q)\rfloor, 255\bigr), \tag{123}$$

其中，α 是一个满足 $0 \leqslant \alpha \leqslant 1$ 的参数. 如果 c 是某个文字在路径中的理由，那么我们同时置 $\texttt{RANGE}(c) \leftarrow 0$；如果 c 在第 0 层被满足了，则置 $\texttt{RANGE}(c) \leftarrow 256$. 如果有 m_j 个满足 $\texttt{RANGE}(c) = j$ 的子句，并且如果我们想在内存中保留至多 T 个子句，那么我们找到最大的 j（$j \leqslant 256$），使得它满足以下式子：

$$s_j \;=\; m_0 + m_1 + \cdots + m_{j-1} \;\leqslant\; T. \tag{124}$$

然后，我们保留所有满足 $\texttt{RANGE}(c) < j$ 的子句，以及 $T - s_j$ 个满足 $\texttt{RANGE}(c) = j$ 的“制胜子句”（除非 $j = 256$）. 当 α 的值相对较大时，例如 $\alpha = \frac{15}{16} = 0.9375$，这个规则实际上尽可能保留文字块距离小的子句；对于固定的 $p + q$，它会优先考虑小的 p.

假设 $\alpha = \frac{15}{16}$ 且使用图 93 中的数据，当 $q \leqslant (5,4,3,2,0)$ 时，我们分别保留满足 $p = (1,2,3,4,5)$ 的子句. 这带来了 $s_{95} = 12 + 3069$ 个子句，距离目标 $T = 3126$ 仅差 45 个. 因此，我们还要从满足 $\texttt{RANGE}(c) = 95$ 且 $(p,q) = (5,1)$ 的 59 个子句中选择 45 个制胜子句.

制胜子句可以通过使用辅助启发式“子句活跃度”$\texttt{ACT}(c)$ 来完成. 子句活跃度类似于变量的活跃度得分，但更容易维护. 假设子句 c 已被用于归结编号为 3、47、95、99 和 100 的冲突，那么以下式子成立：

$$\texttt{ACT}(c) \;=\; \varrho^{-3} + \varrho^{-47} + \varrho^{-95} + \varrho^{-99} + \varrho^{-100}. \tag{125}$$

阻尼因子 ϱ（通常为 0.999）与用于变量活跃度的因子 ρ 彼此独立. 在图 93 的情况下，如果将满足 $(p,q) = (5,1)$ 的 59 个子句按 ACT 得分递增排序，那么灰色和黑色的图案如下所示：

因此，如果保留活跃度最高的 45 个子句，那么我们将得到 10 个最终有用的子句中的 8 个（子句活跃度不是完美的预测器，但它通常比这个例子所示的更好）.

习题 287 和习题 288 展示了依照这个思路进行子句清除的完整细节. 还剩下一个问题：完成一次清除后，我们应该何时安排下一次清除？通过使用参数 $\Delta_{\rm p}$ 和 $\delta_{\rm p}$，我们可以得到答案. 初始状态下，$M_{\rm p} = \Delta_{\rm p}$；然后在每次清除后，我们置 $\Delta_{\rm p} \leftarrow \Delta_{\rm p} + \delta_{\rm p}$ 和 $M_{\rm p} \leftarrow M_{\rm p} + \Delta_{\rm p}$.

如果 $\Delta_p = 10\,000$ 且 $\delta_p = 100$，那么清除将在大约学习到 10000, 20100, 30300, 40600, $\cdots$, $k\Delta_p + \binom{k}{2}\delta_p, \cdots$ 个子句后发生．在第 k 轮清除开始时的子句数大约为 $20\,000+200k = 2\Delta_p + 2k\delta_p$（见习题 289）.

以上讨论基于问题 $waerden(3,10;97)$，这是一个相当简单的问题．当应用于更大的问题时，算法 C 能从子句清除中获得更显著的收益．比如，问题 $waerden(3,13;160)$ 只比 $waerden(3,10;97)$ 略大．使用 $\Delta_p = 10\,000$ 和 $\delta_p = 100$，算法在 1320 亿次内存访问后运行结束，其间它学习了 950 万个子句并且仅占用了 50.3 万个 MEM 单元．如果不进行清除，在学习了仅 710 万个子句后，该算法就能证明不可满足性，但是会多付出数十倍的代价：4.307 万亿次内存访问和 1.02 亿个 MEM 单元.

***刷新文字并重新开始.** 算法 C 在步骤 C5 中打断自身．这样做不仅是为了清除子句，还是为了“刷新文字”．这些被刷新的文字可能不是在搜索路径中决策的最佳选择．解决一个困难的可满足性问题需要一种微妙的平衡：我们不想陷入搜索空间的错误部分，但也不想“因噎废食”而浪费努力的成果．皮特·范德塔克、安东尼奥·拉莫斯和玛丽恩·休尔［*J. Satisfiability, Bool. Modeling and Comp.* **7** (2011), 133–138］发现了一个不错的折中方案．他们设计了一种有用的方法，通过关注活跃度得分 ACT(k) 的趋势来定期更新路径.

为了描述他们的方法，让我们回顾表 3．在学习了子句 (116) 之后，算法 C 将通过在第 17 层中置 $L_{44} \leftarrow 57$ 来更新路径．这将强制 $L_{45} \leftarrow \overline{66}$，因为 39, 42, $\cdots$, 63 都已为真；此外，正文字 6, 58, 82, 86, 95, 96 也将以某种顺序加入路径．然后，步骤 C5 可能会介入以建议我们应该考虑当前已赋值的部分或全部 $F = 52$ 个文字.

在第 1, 2, 3, $\cdots$, 17 层中，决策文字 $\overline{53}$, 55, 44, $\cdots$, 51 是被选择的，因为它们在各自所在的层开始时具有当前最大的活跃度得分．但是，活跃度得分会不断更新，因此旧的得分可能与当前的得分相去甚远．比如，在学习 (116) 的过程中，我们刚刚增大了 ACT(53), ACT(27), ACT(36), ACT(70), $\cdots$，见 (115)．因此，前 17 个决策中有一些很有可能看起来不再那么明智，因为这些文字没有参与最近的任何冲突.

令 x_k 是当前不存在于路径中的具有最大 ACT(k) 的变量．这样的 k 很容易找到（见习题 290）．现在，作为一个思想实验，考虑一下如果我们此时回到第 0 层并重新开始会发生什么．回顾一下，我们的相位保存策略要求在变量变为未赋值状态之前，即在置 VAL(j) $\leftarrow -1$ 之前置 OVAL(j) $\leftarrow$ VAL(j).

如果我们现在以 $d \leftarrow 1$ 从步骤 C6 重新开始，那么所有活跃度得分超过 ACT(k) 的变量都将接收到它们之前的值（尽管不一定以相同的顺序），因为对应的文字将作为决策或强制传播进入路径．历史将在某种程度上重演，因为旧的赋值不会引起任何冲突，并且相位被保存了下来.

因此，我们可以通过重复使用路径并仅回到当前活跃度得分显著改变情况的首层，来避免大部分此类反复的取消赋值和重新赋值：

置 $d' \leftarrow 0$．当 ACT($|L_{i_{d'+1}}|$) $\geqslant$ ACT(k) 时，反复置 $d' \leftarrow d'+1$.
然后，如果 $d' < d$，则跳回第 d' 层.　　(126)

这就是所谓“文字刷新”技术，因为它会删除第 $d'+1$ 到 d 层上的文字并保留其他文字的赋值．它有效地将搜索重定向到新的区域，而不像完全重启那样激进.

举例来说，在表 3 中，ACT(49) 可能超过了所有未赋值变量的活跃度得分；它也可能超过第 15 层上的决策文字 $\overline{46}$ 的活跃度得分 ACT(46)．如果之前的 14 个决策导向的活跃度得分 ACT(53), ACT(55), $\cdots$, ACT(37) 都大于或等于 ACT(49)，那么我们将清空所有在第 $d' = 14$ 层之上的文字 $L_{25}, L_{26}, \cdots$，并开始新的第 15 层.

注意，除了 $\overline{46}$，某些被刷新的文字实际上可能具有所有文字中最大的活跃度得分. 在这种情况下，它们将在 49 出现之前重新插入. 然而最终，文字 49 将在新的冲突出现之前开启新层（见习题 291）.

一方面，经验表明，刷新确实颇有裨益. 但另一方面，如果它导致我们放弃一条成功的“进攻路线”，那么它反而可能有害. 当求解器运行良好且学习了许多有用的子句时，我们不想通过搞乱它来破坏它的计划. 阿明 · 比埃尔引入了一个有用的统计量，称为*灵活性*. 它通常与在任何给定时刻进行刷新的可取性有关. 他的想法［*LNCS* **4996** (2008), 28–33］非常简单：维护一个称为 AGILITY 的 32 位整型变量，其初始值为零. 每当一个文字 l 在步骤 C4、C6 或 C9 中被放置在路径中时，我们将通过置

$$\texttt{AGILITY} \leftarrow \texttt{AGILITY} - (\texttt{AGILITY} \gg 13) + \big(((\texttt{OVAL}(|l|) - \texttt{VAL}(|l|))\ \&\ 1) \ll 19\big) \tag{127}$$

更新灵活性. 换言之，这本质上是将分数 $\texttt{AGILITY}/2^{32}$ 乘以 $1-\delta$，如果 l 的新极性与其以前的极性不同，那么再加上 δ，其中，$\delta = 2^{-13} \approx 0.0001$. 高灵活性意味着最近的传播大多在翻转变量的值并尝试新的可能性；低灵活性则意味着算法基本上停滞不前，白白浪费时间.

有了灵活性的概念，我们终于可以描述算法 C 在步骤 C5 中发现 $M \geqslant M_{\rm f}$ 时做了什么. 首先，$M_{\rm f}$ 被重置为 $M + \Delta_{\rm f}$，其中，$\Delta_{\rm f}$ 是由“勉强倍增”数列 $\langle 1, 1, 2, 1, 1, 2, 4, 1, \cdots\rangle$ 决定的 2 的幂次. 该数列将在下面和习题 293 中讨论. 然后，根据 $\Delta_{\rm f}$ 的不同，按照表 4 将灵活性与阈值进行比较.（表中的参数 ψ 可以根据想刷新文字的多少而增大或减小.）如果灵活性足够小，则找到 x_k 并执行 (126). 如果灵活性很大或 $d' = d$，则不会发生任何改变；否则 (126) 将使用步骤 C8 中的操作来刷新一些文字.

表 4 刷新还是不刷新?

当置 $M_{\rm f} \leftarrow M + \Delta_{\rm f}$ 时，令 $a = \texttt{AGILITY}/2^{32}$，同时令 $\psi = 1/6$ 且 $\theta = 17/16$.

若 $\Delta_{\rm f}$ 等于	且 a 满足以下条件则刷新	若 $\Delta_{\rm f}$ 等于	且 a 满足以下条件则刷新	若 $\Delta_{\rm f}$ 等于	且 a 满足以下条件则刷新
1	$a \leqslant \psi \approx 0.17$	32	$a \leqslant \theta^5\psi \approx 0.23$	1024	$a \leqslant \theta^{10}\psi \approx 0.31$
2	$a \leqslant \theta\psi \approx 0.18$	64	$a \leqslant \theta^6\psi \approx 0.24$	2048	$a \leqslant \theta^{11}\psi \approx 0.32$
4	$a \leqslant \theta^2\psi \approx 0.19$	128	$a \leqslant \theta^7\psi \approx 0.25$	4096	$a \leqslant \theta^{12}\psi \approx 0.34$
8	$a \leqslant \theta^3\psi \approx 0.20$	256	$a \leqslant \theta^8\psi \approx 0.27$	8192	$a \leqslant \theta^{13}\psi \approx 0.37$
16	$a \leqslant \theta^4\psi \approx 0.21$	512	$a \leqslant \theta^9\psi \approx 0.29$	16 384	$a \leqslant \theta^{14}\psi \approx 0.39$

蒙特卡罗算法. 现在，让我们转向一种完全不同的求解可满足性问题的方法. 这种完全基于启发法和随机法的方法通常被称为*随机局部搜索*. 这种方法在日常实践中被广泛使用，即便它们没有成功保证. 最简单的此类可满足性求解技术是由顾钧［*SIGART Bulletin* **3**, 1 (January 1992), 8–12］和赫里斯托斯 · 帕帕季米特里乌将其作为更一般研究的副产品［*FOCS* **32** (1991), 163–169］而引入的：

> “从任意真值赋值开始. 当存在不可满足的子句时，
> 选择任意一个子句，并随机翻转其中的一个文字.”

一些程序员以类似的方式随意调试代码. 我们知道这种“盲目”的更改是不可取的，因为这样做通常会引入新的错误. 然而，这种思想在应用于可满足性问题时确实是有价值的，因此我们将其形式化为算法.

算法 P（*随机游走求解可满足性问题*）. 给定 n 个布尔变量 $x_1 \cdots x_n$ 上的 m 个非空子句 $C_1 \wedge \cdots \wedge C_m$. 本算法要么找到一个解，要么在进行 N 次试验后不成功而终止.

P1. [初始化.] 随机给 $x_1 \cdots x_n$ 赋布尔值. 置 $j \leftarrow 0$、$s \leftarrow 0$、$t \leftarrow 0$.（我们知道，在进行 t 次翻转后，有 s 个子句被满足.）

P2. [成功?] 若 $s = m$，算法以解 $x_1 \cdots x_n$ 成功地终止. 否则，置 $j \leftarrow (j \bmod m) + 1$. 若子句 C_j 被 $x_1 \cdots x_n$ 满足，置 $s \leftarrow s + 1$ 并重复本步骤.

P3. [完成?] 若 $t = N$，算法失败地终止.

P4. [翻转一位.] 令 C_j 为 $(l_1 \vee \cdots \vee l_k)$. 随机选择一个下标 $i \in \{1, \cdots, k\}$，并更改变量 $|l_i|$，使得文字 l_i 变为真. 置 $s \leftarrow 1$、$t \leftarrow t + 1$，并返回至 P2. ▌

假设给定 (7) 中的 7 个子句 R'. 因此，$m = 7$ 且 $n = 4$，并且它有两个解 01∗1. 在这种情况下，每个非解赋值都违背了唯一一个子句. 比如，1100 违背了子句 $\bar{1}\bar{2}3$，因此步骤 P4 以相同的概率将 1100 更改为 0100、1000 或 1110，但其中只有一个更接近解. 更精确的分析（见习题 294）表明，算法 P 在平均进行 8.25 次翻转后会找到一个解. 这与对全部 $2^n = 16$ 种可能性进行穷举搜索的方法相比改进不大. 但是，这样一个小例子并不能说明当 n 很大时会发生什么.

帕帕季米特里乌注意到，算法 P 应用于 2SAT 问题是相当高效的，因为在这种情况下，几乎每次翻转都有一半的概率取得进展. 几年后，乌韦 · 舍宁 [*Algorithmica* **32** (2002), 615–623] 发现，即使在 3SAT 问题的实例中，该算法的表现仍然好得出奇，不过当 $k > 2$ 时，在步骤 P4 中翻转往往会“误入歧途”.

定理 U. 如果给定的子句集可满足，并且每个子句至多有 3 个文字，那么在至多 n 次翻转后，算法 P 将以 $\Omega\big((3/4)^n/n\big)$ 的概率成功.

证明. 通过必要时补足变量，可以假设 $0 \cdots 0$ 是一个解. 在这个假设下，每个子句都至少有一个文字为负. 设 $X_t = x_1 + \cdots + x_n$ 表示在进行 t 次翻转后 1 的数量. 每次翻转会使 X_t 加 1 或减 1，并且我们要证明存在一个非平凡的机会使得 X_t 变为 0. 在步骤 P1 之后，随机变量 X_0 等于 q 的概率为 $\binom{n}{q}/2^n$.

一个包含 3 个负文字的子句对算法 P 来说是个好消息，因为只有当 3 个变量均为 1 时，它才会被违背. 在这种情况下，每次翻转总会减小 X_t. 与此类似，具有两个负文字与一个正文字的违背子句将调用一个以 2/3 的概率减小 X_t 的翻转. 最坏情况下，一个子句只有一个负文字. 遗憾的是，据我们所知，每个子句都可能遇到这种最坏情况.

与依赖于子句模式的 X_t 相比，研究另一个随机变量 Y_t 要容易得多，其定义如下：初始时 $Y_0 = X_0$；但是，只有在步骤 P4 翻转下标最小的负文字时才有 $Y_{t+1} = Y_t - 1$，否则 $Y_{t+1} = Y_t + 1$. 举例来说，在处理违背子句 $x_3 \vee \bar{x}_5 \vee \bar{x}_8$ 后，在 3 种可能情况下，我们有 $X_{t+1} = X_t + (+1, -1, -1)$，但是 $Y_{t+1} = Y_t + (+1, -1, +1)$. 此外，如果子句中不足 3 个文字，我们通过只允许 Y_{t+1} 以 1/3 的概率成为 $Y_t - 1$ 来进一步惩罚 Y_{t+1}.（比如，在处理违背子句 $x_4 \vee \bar{x}_6$ 后，当翻转 x_6 时，只有 2/3 的概率将 Y_{t+1} 设置为 $Y_t - 1$，否则 $Y_{t+1} = Y_t + 1$.）

显然，对于所有的 t 都有 $X_t \leqslant Y_t$. 因此，在进行 t 次翻转后，$\Pr(X_t = 0) \geqslant \Pr(Y_t = 0)$. 根据我们的定义，很容易计算 $\Pr(Y_t = 0)$，因为 Y_t 不依赖于当前子句 j:

$$\text{当 } Y_t > 0 \text{ 时，} \Pr(Y_{t+1} = Y_t - 1) = 1/3 \text{ 且 } \Pr(Y_{t+1} = Y_t + 1) = 2/3.$$

事实上，7.2.1.6 节讨论的随机游走理论告诉了我们如何计数从 $Y_0 = q$ 开始并以 $Y_t = 0$ 结束的情况. 假设在这个过程中，Y_t 增大了 p 次且减小了 $p + q$ 次，并且在 $0 \leqslant t < 2p + q$ 时保持为正. 这个数就是 7.2.1.6–(23) 中的“选票数”:

$$C_{p,p+q-1} \;=\; \frac{q}{2p+q}\binom{2p+q}{p}. \tag{128}$$

因此，$Y_0=q$ 且当 $t=2p+q$ 时首次出现 $Y_t=0$ 的概率恰好为：

$$f(p,q)\ =\ \frac{1}{2^n}\binom{n}{q}\frac{q}{2p+q}\binom{2p+q}{p}\Big(\frac{1}{3}\Big)^{p+q}\Big(\frac{2}{3}\Big)^{p}. \qquad (129)$$

每个 p 和 q 的值都为算法 P 的成功概率提供了一个下界. 习题 296 表明，通过选择 $p=q\approx n/3$，我们可以得到定理 U 所述的结果. ▌

定理 U 看似毫无意义，因为当 $N=n$ 时，它预测算法 P 仅以指数级下降的小概率成功. 但是如果起初没有成功，我们可以通过使用不同的随机选择来重复执行算法 P. 对于足够大的 K，如果我们重复执行 $Kn(4/3)^n$ 次，几乎一定能找到解，除非这些子句不能同时被满足.

事实更是如此，因为定理 U 的证明没有充分发挥 (129) 的作用. 习题 297 以一种尤具启发性的方式进行了进一步的分析，并证明了一个更精确的结果.

推论 W. 当算法 P 被应用于一个包含 $N=2n$ 个文字的可满足三元子句集 $K(4/3)^n$ 次后，它成功的概率大于 $1-e^{-K/2}$. ▌

如果子句 $C_1\wedge\cdots\wedge C_m$ 是不可满足的，那么算法 P 永远无法确定这个事实. 但是，如果将算法 P 重复 $100(4/3)^n$ 次后还是没有找到解，那么根据推论 W，这些子句可满足的概率非常小（小于 10^{-21}）. 因此，在这种情况下，我们可以大胆地猜测解不存在.

因此，尽管算法 P 在拥有 2^n 个二进制向量的巨大空间中随机游走，但它还是有着惊人的优势，即使“闭着眼睛”也有很大可能找到解. 我们可以想象，如果能设计出一些较好的随机游走算法，“睁大眼睛”前进，那么可能会得到更好的结果. 许多人尝试了各种策略，试图在每个翻转步骤中做出明智的选择，其中最简单且最好的一种改进算法称为 WalkSAT，它由巴特 · 塞尔曼、亨利 · 考茨和布拉姆 · 科恩 [*Nat. Conf. Artificial Intelligence* **12** (1994), 337–343] 设计.

算法 W (WalkSAT). 给定 n 个布尔变量 $x_1\cdots x_n$ 上的 m 个非空子句 $C_1\wedge\cdots\wedge C_m$ 和一个“非贪婪”参数 p. 本算法要么找到一个解，要么在进行 N 次试验后不成功而终止. 它使用辅助数组 $c_1\cdots c_n$、$f_0\cdots f_{m-1}$、$k_1\cdots k_m$、$w_1\cdots w_m$.

W1. [初始化.] 随机给 $x_1\cdots x_n$ 赋布尔值，同时置 $r\leftarrow t\leftarrow 0$、$c_1\cdots c_n\leftarrow 0\cdots 0$. 然后，对于 $1\leqslant j\leqslant m$，置 k_j 为 C_j 中为真的文字数；并且，若 $k_j=0$，置 $f_r\leftarrow j$、$w_j\leftarrow r$、$r\leftarrow r+1$；或者，若 $k_j=1$ 且 C_j 中唯一为真的文字是 x_i 或 $\bar{x}_i$，置 $c_i\leftarrow c_i+1$.（现在 r 是不可满足子句的数量，f 数组列出了这些子句. c_i 表示变量 x_i 的“成本”或“中断计数”，即翻转 x_i 后，额外变为假的子句的数量.）

W2. [完成?] 若 $r=0$，算法以解 $x_1\cdots x_n$ 成功地终止. 否则，若 $t=N$，算法失败地终止.

W3. [选择 j.] 置 $j\leftarrow f_q$，其中，q 随机均匀采样自 $\{0,1,\cdots,r-1\}$.（换言之，同等考虑每个不可满足的子句，从中随机选择一个子句 C_j. 习题 3.4.1–3 讨论了计算 q 的最佳方法.）令子句 C_j 为 $(l_1\vee\cdots\vee l_k)$.

W4. [选择 l.] 令 c 为文字 $\{l_1,\cdots,l_k\}$ 中的最小成本. 若 $c=0$，或者 $c\geqslant 1$ 且 $U\geqslant p$（U 为 $[0\,..\,1)$ 上的均匀随机变量），从所有成本为 c 的文字中随机选出 l.（我们称之为“贪心”选择，因为翻转 l 将使新的假子句数最小化.）否则，从 $\{l_1,\cdots,l_k\}$ 中随机选择 l.

W5. [翻转 l.] 改变变量 $|l|$ 的值，并更新 r、$c_1\cdots c_n$、$f_0\cdots f_{r-1}$、$k_1\cdots k_m$、$w_1\cdots w_m$，以与这个新值一致.（习题 302 解释了如何通过修改数据结构来高效地实现步骤 W4 和 W5.）置 $t\leftarrow t+1$ 并返回至 W2. ▌

如果我们尝试使用算法 W 来满足 (7) 中的 7 个子句，像之前使用算法 P 一样，那么选择 $x_1x_2x_3x_4 = 0110$ 将违背 $\bar{2}\bar{3}4$. 在这种情况下，$c_1c_2c_3c_4$ 为 0110. 因此，步骤 W4 将选择翻转 x_4，我们将得到解 0111（见习题 303）.

注意，步骤 W3 只关注变量的值需要改变的子句. 此外，出现在最不可满足子句中的文字最有可能出现在被选择的子句 C_j 中.

如果不能进行无成本的翻转，那么步骤 W4 将以概率 p 进行非贪心选择. 这种策略可以使得算法不会卡在一个无法进行贪心选择且不可满足的区域中. 由西莫 · 塞茨、米科 · 阿拉瓦和佩卡 · 奥尔波宁 [*J. Statistical Mechanics* (June 2005), P06006:1–27] 进行的大量实验表明，当处理大规模随机 3SAT 问题并且 $N = \infty$ 时，p 的最佳选择是 0.57. 比如，置 p 为此值，对于 $m = 4.2n$ 个随机三文字子句，算法 W 的运行效果非常好：当 $n = 10^4$ 时，往往不到 $10\,000n$ 次翻转后就能找到解；当 $10^5 \leqslant n \leqslant 10^6$ 时，不到 $2500n$ 次翻转后就能找到解.

那么参数 N 呢？我们应该将其设为 $2n$（针对算法 P 求解 3SAT 问题的建议），还是设为 n^2（习题 299 中针对求解 2SAT 问题的建议），或者设为 $2500n$（刚刚在算法 W 中求解 3SAT 问题时使用的值）等其他值呢？当我们使用像 WalkSAT 这样的算法时，其行为可能会根据随机选择和数据的未知特性而产生巨大差异. 因此，明智的做法通常是"及时止损"并重新使用全新的随机数模式.

习题 306 证明，这样的算法总是存在一个最优截断值 $N = N^*$，当算法在每次失败后重新启动时，它将成功所需的期望时间最小化. 有时，$N^* = \infty$ 是最好的选择，这意味着我们应该始终继续前进；在其他情况下，N^* 则非常小.

但是 N^* 仅存在于理论中，并且理论要求我们完全了解算法的行为. 在实践中，我们通常很少了解（甚至根本不了解）如何最好地设置 N. 幸运的是，仍然有一种有效的方法可以采用，即使用迈克尔 · 卢比、阿利斯泰尔 · 辛克莱和戴维 · 朱克曼 [*Information Proc. Letters* **47** (1993), 173–180] 引入的"勉强倍增"的概念. 他们定义了一个有趣的数列：

$$S_1, S_2, \cdots = 1,1,2,1,1,2,4,1,1,2,1,1,2,4,8,1,1,2,1,1,2,4,1,1,2,\cdots. \tag{130}$$

这个数列的元素都是 2 的幂. 此外，如果数值 S_n 已经出现了偶数次，那么 $S_{n+1} = 2S_n$；否则，$S_{n+1} = 1$. 生成该数列的一种简便方法是，使用两个整数 (u,v)，从 $(u_1,v_1) = (1,1)$ 开始，然后令

$$(u_{n+1}, v_{n+1}) = \big(u_n \,\&\, {-u_n} = v_n?\ (u_n+1, 1)\colon (u_n, 2v_n)\big). \tag{131}$$

这些连续的数对为 $(1,1), (2,1), (2,2), (3,1), (4,1), (4,2), (4,4), (5,1), \cdots$. 对于所有的 $n \geqslant 1$，令 $S_n = v_n$.

勉强倍增策略是指，以 $N = cS_1, cS_2, cS_3, \cdots$ 反复运行算法 W，直到成功为止，其中，c 是某个常数. 习题 308 证明，以这种方式得到的期望运行时间 X 最多超过最优运行时间 $O(\log X)$ 倍. 除了数列 $\langle S_n \rangle$，还有一些数列也具有这样的性质，并且它们的效果有时还会更好（见习题 311）. 最好的策略可能是使用 $\langle cS_n \rangle$，其中，c 代表我们对 N^* 的最佳猜测. 这种方式可以在 c 太小时起到保险作用.

局部引理. 我们通常可以通过一种非构造性证明技巧确定特定组合模式的存在. 这种由保罗 · 埃尔德什倡导的方法被称为"概率性方法". 如果我们可以证明在某个概率空间中有 $\Pr(X) > 0$，那么 X 至少在某种情况下为真. 比如，埃尔德什 [*Bull. Amer. Math. Soc.* **53** (1947), 292–294] 观察到，如果给定的自然数 n 和 k 满足

$$\binom{n}{k} < 2^{k(k-1)/2-1}, \tag{132}$$

那么存在一个有 n 个顶点的图 G，使得 G 和 $\overline{G}$ 都不包含 k-团. 如果我们随机考虑图 G，其 $\binom{n}{2}$ 条边中任意一条出现的概率为 $1/2$，并且 U 是 G 中 k 个顶点的任意子图，那么 $G\,|\,U$ 或 $\overline{G}\,|\,U$ 是完全图的概率显然为 $2/2^{k(k-1)/2}$. 因此，对于 $\binom{n}{k}$ 个子图 U 中的任意一个，该事件不发生的概率至少为 $1-\binom{n}{k}2^{1-k(k-1)/2}$. 这个概率大于零，所以这样的图 G 必然存在.

上述证明没有给出任何显式的构造. 但它表明，在进行至多 $1/\bigl(1-\binom{n}{k}2^{1-k(k-1)/2}\bigr)$ 次随机试验后，我们可以找到满足要求的图. 一般来说，如果 n 和 k 足够小，那么我们可以在合理的时间内测试全部 $\binom{n}{k}$ 个子图.

这些事件相互依赖，从而导致概率计算变得更加复杂. 举例来说，若图的某部分存在一个团，那么与该团有共同顶点的其他团存在的可能性会受到影响. 但是这种相互依赖性往往是高度局部化的，因此“疏远”的事件之间本质上是相互独立的. 早在 20 世纪 70 年代，拉斯洛 · 洛瓦斯就提出了一个重要的方法来处理这样的情况. 这个方法以“局部引理”而闻名，因为它被用来证明了许多其他的定理. 局部引理第一次在埃尔德什和洛瓦斯的论文 [*Infinite and Finite Sets, Colloquia Math. Soc. János Bolyai* **10** (1975), 609–627] 的第 616 ~ 617 页作为一个引理出现，随后被拓展为“非平衡”版本 [保罗 · 埃尔德什和乔尔 · 斯潘塞，*Discrete Applied Math.* **30** (1991), 151–154]. 它可以表述如下.

引理 L. 令 $A_1,\cdots,A_m$ 是某个概率空间中的事件. 令 G 是以 $\{1,\cdots,m\}$ 为顶点集的图. 令 $(p_1,\cdots,p_m)$ 为满足以下条件的实数：

$$\text{对于任意 } k\geqslant 0 \text{ 和 } i\not\!-\!\!-\, j_1,\cdots,i\not\!-\!\!-\, j_k\text{，有 } \Pr(A_i\,|\,\overline{A}_{j_1}\cap\cdots\cap\overline{A}_{j_k})\leqslant p_i. \qquad (133)$$

那么对属于特定集合 $\mathcal{R}(G)$ 的任意 $(p_1,\cdots,p_m)$，$\Pr(\overline{A}_1\cap\cdots\cap\overline{A}_m)>0$ 均成立. ▮

在应用时，我们将 A_j 视为“不良”事件，即那些干扰我们找到目标组合对象的不利条件. 图 G 被称为“非平衡依赖图”. 这个名字是对洛瓦斯提出的原始形式中的“依赖图”的拓展，因为原始形式中的“$=p_i$”这一严格相等条件在 (133) 中被替换为了“$\leqslant p_i$”.

给定 (133)，下面进一步讨论保证可以同时避免所有不良事件的概率边界集合 $\mathcal{R}(G)$. 如果 G 是完全图 K_m，那么 (133) 可以简化为 $\Pr(A_i)\leqslant p_i$，此时 $\mathcal{R}(G)$ 显然为 $\{(p_1,\cdots,p_m)\mid(p_1,\cdots,p_m)\geqslant(0,\cdots,0)$ 且 $p_1+\cdots+p_m<1\}$，这是可能的最小 $\mathcal{R}(G)$. 在另一种极端情况下，如果 G 是空图 $\overline{K_m}$，那么我们得到 $\{(p_1,\cdots,p_m)\mid$ 对于 $1\leqslant j\leqslant m$ 有 $0\leqslant p_j<1\}$，这是可能的最大 $\mathcal{R}(G)$. 向 G 中添加边会使 $\mathcal{R}(G)$ 变小. 注意，如果 $(p_1,\cdots,p_m)\in\mathcal{R}(G)$，并且对于 $1\leqslant j\leqslant m$ 有 $0\leqslant p_j'\leqslant p_j$，那么 $(p_1',\cdots,p_m')\in\mathcal{R}(G)$.

洛瓦斯发现了一个优美的局部条件，它足以使引理 L 获得广泛的应用 [见乔尔 · 斯潘塞，*Discrete Math.* **20** (1977), 69–76].

定理 L. 若存在 $0\leqslant\theta_1,\cdots,\theta_m<1$ 满足

$$p_i=\theta_i\prod_{i-j\,\in\,G}(1-\theta_j), \qquad (134)$$

那么有 $(p_1,\cdots,p_m)\in\mathcal{R}(G)$.

证明. 习题 344(e) 证明了 $\Pr(\overline{A}_1\cap\cdots\cap\overline{A}_m)\geqslant(1-\theta_1)\cdots(1-\theta_m)$. ▮

稍后我们会看到，詹姆斯 · 贝格海姆 · 希勒 [*Combinatorica* **5** (1985), 241–245] 随后对所有图 G 精确地确定了 $\mathcal{R}(G)$ 的最大范围，并确立了以下重要特例.

定理 J. 假设 G 中每个顶点的度数都小于或等于 d，其中 $d>1$，那么当 $p\leqslant(d-1)^{d-1}/d^d$ 时，概率向量 $(p,\cdots,p)$ 在 $\mathcal{R}(G)$ 中.

证明. 见习题 317 中有趣的归纳证明. ▮

当 $p \leqslant 1/(ed)$ 时，这个关于 p 的条件必定成立（见习题 319）.

进一步的研究带来了令人惊喜的重要结果：局部引理仅证明了目标组合模式的存在性（尽管它们可能十分稀少），但罗宾 · 莫泽和加博尔 · 陶尔多什 [*JACM* **57** (2010), 11:1–11:15] 发现，我们可以使用一种简单得难以置信且与 WalkSAT 类似的算法来高效地计算出一个避开所有不良事件 A_j 的模式.

算法 M （*局部重采样*）. 给定依赖于 n 个布尔变量 $\{x_1, \cdots, x_n\}$ 的 m 个事件 $\{A_1, \cdots, A_m\}$，本算法要么找到一个向量 $x_1 \cdots x_n$，使得没有事件为真，要么一直循环. 我们假设 A_j 是关于某个给定子集 $\Xi_j \subseteq \{1, \cdots, n\}$ 的变量 $\{x_k \mid k \in \Xi_j\}$ 的函数. 当本算法给 x_k 赋值时，它以概率 ξ_k 置 $x_k \leftarrow 1$，并以概率 $1-\xi_k$ 置 $x_k \leftarrow 0$，其中，ξ_k 是另一个给定的参数.

M1. [初始化.] 对于 $1 \leqslant k \leqslant n$，置 $x_k \leftarrow [U < \xi_k]$，其中，$U$ 在 $[0\,..\,1)$ 上均匀分布.

M2. [选择 j.] 置 j 是任意为真的事件 A_j 的下标. 若不存在这样的 j，则说明我们已经找到一个解 $x_1 \cdots x_n$. 算法成功地终止.

M3. [从 A_j 重采样.] 对每个 $k \in \Xi_j$，置 $x_k \leftarrow [U < \xi_k]$，其中，$U$ 在 $[0\,..\,1)$ 上均匀分布. 返回至 M2. ▮

[为方便起见，我们仅给出了算法 M 关于二元变量 x_k 的形式. 当每个 x_k 服从在任意一组值上的离散概率分布（可能对于每个 k 不同）时，这种思想同样适用.]

为了将这个算法与局部引理联系起来，我们假设当事件 A_i 所依赖的变量服从给定分布时，A_i 发生的概率小于或等于 p_i. 如果 A_i 是事件"$x_3 \neq x_5$"，那么 p_i 必须至少为 $\xi_3(1-\xi_5) + (1-\xi_3)\xi_5$.

同时，我们假设存在以 $\{1, \cdots, m\}$ 为顶点集的图 G，使得 (133) 成立，并且当 $i \neq j$ 且 $\Xi_i \cap \Xi_j \neq \varnothing$ 时，有 $i — j$. 这样一来，G 是 $\{A_1, \cdots, A_m\}$ 的一个合适的依赖图，因为事件 $A_{j_1}, \cdots, A_{j_k}$ 在 $i \not— j_1, \cdots, i \not— j_k$ 时不可能影响到 A_i.（这些事件与 A_i 没有共同的变量.）有时，我们也可以通过将 G 定义为非平衡依赖图来减少边数，见习题 351.

对于任意给定的事件，算法 M 能否成功全凭运气. 但只要局部引理的条件满足，它的成功就能得到保证.

定理 M. 如果 (133) 以满足定理 L 中的条件 (134) 的概率成立，那么平均来说，至多对 A_j 执行 $\theta_j/(1-\theta_j)$ 次步骤 M3.

证明. 习题 352 表明，这个结果是下面将进行的更具一般性的分析的推论. θ_j 通常非常小，因此定理 M 给出了一个不错的上界. ▮

迹与板块. 要理解算法 M 为何如此高效，最佳方法是从"迹"这一代数角度来看待它. 迹论是数学中的一个美妙的领域. 利用迹论，人们发现了一些深刻结果的简单证明. 迹论的基本思想首先由皮埃尔 · 卡蒂埃和多米尼克 · 福阿塔 [*Lecture Notes in Math.* **85** (1969)] 提出，然后由罗伯特 · 凯勒 [*JACM* **20** (1973), 514–537, 696–710] 和安东尼 · 马祖尔凯维奇 ["Concurrent program schemes and their interpretations," DAIMI Report PB 78 (Aarhus University, July 1977)] 从另一个角度独立发展. 热拉尔 · 维耶诺 [*Lecture Notes in Math.* **1234** (1985), 321–350] 取得了重要进展，他提出了迹论的许多广泛的应用，并解释了如何轻易地在他所称的"板块堆"中将这一理论可视化.

迹论研究的是变量不一定可交换的代数乘积．因此，它在字符串研究（比如，$acbbaca$ 与 $baccaab$ 是完全不同的）和普通可交换代数的研究（比如，这两个例子都相当于 $aaabbcc = a^3b^2c^2$）之间架起了一座桥梁．每对相邻的字母 $\{a, b\}$ 要么是可交换的，即 $ab = ba$；要么是冲突的，即 ab 与 ba 不同．如果我们指定 a 与 c 可交换，但 b 与 a 和 c 都冲突，那么 $acbbaca$ 等于 $cabbaac$，总共有 6 种变体．同理，有 10 种等价的方法来写 $baccaab$．

正式地说，*迹*是字符串的一个等价类，这些字符串可以通过反复交换不冲突的相邻字母对来相互转换．我们不必为等价类的存在而烦恼，而是可以用等价字符串中的任何一个来表示迹，就像我们不区分分数 1/2 和 3/6 一样．

如果图的顶点表示不同的字母，并且我们规定当且仅当两个字母在图中相邻时发生冲突，那么该图将定义针对这些字母的一族迹．比如，路径图 $a — b — c$ 对应于上面描述的规则．该图对应的不同的迹为：

$$\epsilon, a, b, c, aa, ab, ac, ba, bb, bc, cb, cc, aaa, aab, \cdots, ccb, ccc, aaaa, \cdots \qquad (135)$$

我们先按长度再按字典序列出它们．（注意，ca 不在其中，因为 ac 已经出现过．）完全图 K_n 表示没有字母可交换，此时迹与字符串相同；空图 $\overline{K_n}$ 表示所有字母都可相互交换，此时迹与单项式相同．如果我们使用路径 $a — b — c — d — e — f$ 来定义冲突，那么迹 $bcebafdc$ 和 $efbcdbca$ 是相同的．

维耶诺观察到，如果我们将字母视为占据"领土"的"板块"，那么这种部分可交换性实际上是我们熟知的概念．两个板块冲突，当且仅当它们的领土重叠；两个板块可交换，当且仅当它们的领土不相交．一个迹对应于从左到右将板块堆叠在一起，让每个新板块"掉落"，直到它停在地面上或另一个板块上．在后一种情况下，它必须停在最近与之冲突的板块上．他称这样的配置为*堆垛*（法语为 empilement）．

更准确地说，为每个板块 a 分配某个全集的非空子集 $T(a)$．我们说 a 与 b 冲突，当且仅当 $T(a) \cap T(b) \neq \varnothing$．如果我们令

$$T(a) = \{1, 2\}，T(b) = \{2, 3\}，T(c) = \{3, 4\}，T(d) = \{4, 5\}，T(e) = \{5, 6\}，T(f) = \{6, 7\}，$$

那么就会产生约束条件 $a — b — c — d — e — f$．这样一来，迹 $bcebafdc$ 和 $efbcdbca$ 都有如下堆垛：

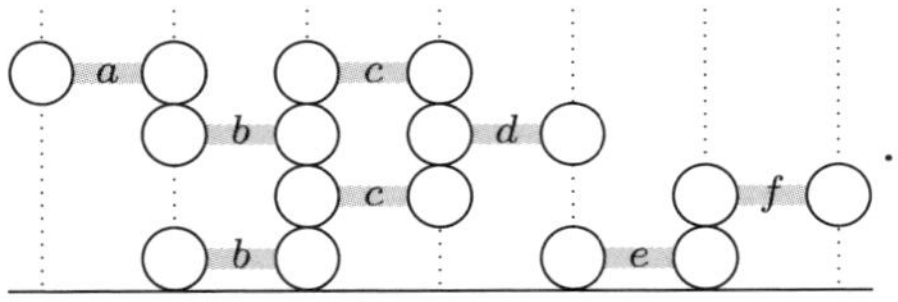

(136)

（玩过《俄罗斯方块》的读者会立刻理解这样的图是如何形成的，不过迹论中的板块与《俄罗斯方块》中的方块组件不同，因为它们只占据一个水平层．此外，每种板块总是落在完全相同的位置，并且板块的领土 $T(a)$ 可能会有"洞"——它不需要是连通的．）

两个迹相同，当且仅当它们具有相同的堆垛．事实上，该图隐式定义了出现板块的偏序关系．表示任意给定迹的不同字符串的数量等于该偏序的拓扑排序的数量（见习题 324）．

每个迹都有一个*长度*，记为 $|\alpha|$，表示其中任意一个等价字符串的字母个数．它还有一个*高度*，记为 $h(\alpha)$，表示其堆垛的层数．举例来说，$|bcebafdc| = 8$，$h(bcebafdc) = 4$．

迹上的算术． 为了将迹相乘，我们只需将它们连接起来．如果 $\alpha = bcebafdc$ 是对应于 (136) 的迹，那么 $\alpha\alpha^R = bcebafdccdfabecb$ 具有如下堆垛：

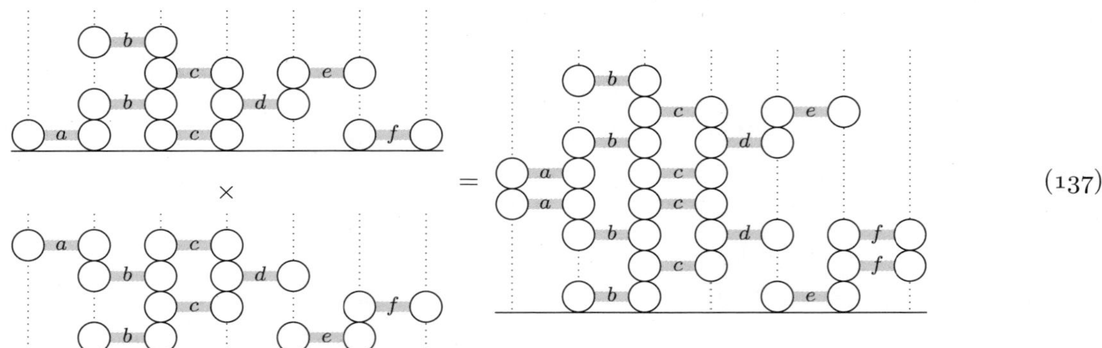

(137)

习题 327 中的算法精确地将这个过程形式化. 稍加思考可知，$|\alpha\beta| = |\alpha|+|\beta|$，$h(\alpha\beta) \leqslant h(\alpha)+h(\beta)$，$h(\alpha\alpha^R) = 2h(\alpha)$.

在给定 $\alpha\beta$ 和 β 的情况下，迹也是可除的，即可以唯一地确定 $\alpha = (\alpha\beta)/\beta$. 我们只需从堆垛的顶部开始，逐个从 $\alpha\beta$ 的板块中删除 β 的板块. 同理，$\beta = \alpha \setminus (\alpha\beta)$ 的值也可以根据迹 α 和 $\alpha\beta$ 计算出来（见习题 328 和习题 329）.

注意，我们可以将 (136) 和 (137) 这样的图旋转 90°，让板块向*左*而不是向下“掉落”.（我们在 5.3.4 节的图 50 中也使用了从左到右的方法来达到类似的目的.）或者，我们可以让它们向上或向右滚动. 不同的方向有时更自然，这取决于我们想做什么.

我们还可以对迹进行加减运算，从而得到由部分可交换变量组成的多项式. 这些多项式可以按正常方式相乘，例如 $(\alpha+\beta)(\gamma-\delta) = \alpha\gamma - \alpha\delta + \beta\gamma - \beta\delta$. 事实上，我们甚至可以（至少在形式上）使用*无限和*：属于图 $a — b — c$ 的所有迹的生成函数为：

$$1 + a + b + c + aa + ab + ac + ba + bb + bc + cb + cc + aaa + \cdots + ccc + aaaa + \cdots. \qquad (138)$$

（我们现在使用 1 来表示空字符串，而不是 (135) 中的 ϵ.）

无限和 (138) 实际上可以用闭式表示：它等于

$$\frac{1}{1-a-b-c+ac} = 1 + (a+b+c-ac) + (a+b+c-ac)^2 + \cdots. \qquad (139)$$

该等式不仅在变量可交换时正确，而且在迹代数（变量只有在不冲突时才可交换）中也是正确的.

卡蒂埃和福阿塔在 1969 年的原著中表明，对于*任意图*，通过推广 (139)，其所有迹之和可以用一种非常简单的方式表示. 对图 G 定义迹 α 的*默比乌斯函数*，它遵循如下规则：

$$\mu_G(\alpha) = \begin{cases} 0, & \text{如果 } h_G(\alpha) > 1; \\ (-1)^{|\alpha|}, & \text{其他.} \end{cases} \qquad (140)$$

（这与我们在习题 4.5.2–10 中定义的经典的整数默比乌斯函数 $\mu(n)$ 类似.）然后，图 G 的*默比乌斯级数*被定义为

$$M_G = \sum_{\alpha} \mu_G(\alpha)\alpha, \qquad (141)$$

其中，求和是对所有迹求和. 当 G 有限时，这个求和是一个多项式，因为它对于 G 中每个顶点的独立集恰好包含一个非零项. 我们可以称它为*默比乌斯多项式*. 举例来说，当 G 是路径 $a — b — c$ 时，我们有 $M_G = 1 - a - b - c + ac$，即 (139) 的分母. 卡蒂埃和福阿塔对 (139) 的推广有一个非常简单的证明.

定理 F. *对于任意图 G，所有迹之和的生成函数 T_G 的值为 $1/M_G$.*

证明. 我们想证明，在部分可交换的迹代数中有 $M_G T_G = 1$. 这个无穷积是 $\sum_{\alpha,\beta}\mu_G(\alpha)\alpha\beta = \sum_\gamma \sum_{\alpha,\beta}\mu_G(\alpha)\gamma[\gamma=\alpha\beta]$.

因此，我们想证明当 γ 非空时，对于将 $\gamma=\alpha\beta$ 因式分解为迹 α 和 β 的乘积的所有方式，$\mu_G(\alpha)$ 的总和为零.

这是容易证明的. 假设字母以任意方式排序. 令 a 是 γ 的堆垛底层中最小的字母. 我们可以仅关注 α 由独立（可交换）字母（板块）组成的情况，因为否则 $\mu_G(\alpha)=0$. 现在，对于迹 α'，如果 $\alpha = a\alpha'$ 成立，令 $\beta' = a\beta$；否则 $\beta = a\beta'$ 一定对于某个迹 β' 成立，此时令 $\alpha' = a\alpha$. 在两种情况下，都有 $\alpha\beta = \alpha'\beta'$、$(\alpha')'=\alpha$、$(\beta')'=\beta$、$\mu_G(\alpha)+\mu_G(\alpha')=0$. 因此，可以将 γ 所有可能的因式分解配对成可以在求和中相互抵消的组合. ∎

任何图的默比乌斯级数都可以由以下公式递归地计算：

$$M_G \;=\; M_{G\setminus a} - aM_{G\setminus a^*}, \qquad a^* = \{a\}\cup\{b \mid a \,\text{—}\, b\}, \tag{142}$$

其中，a 是 G 的任何字母（顶点），因为当 I 独立时，我们有 $a\notin I$ 或 $a\in I$. 如果 G 是路径 $a\text{—}b\text{—}c\text{—}d\text{—}e\text{—}f$，那么 $G\setminus a^* = G\mid\{c,d,e,f\}$ 是路径 $c\text{—}d\text{—}e\text{—}f$. 在这种情况下，反复使用 (142) 可以推导出：

$$\begin{aligned} M_G \;=\; & 1-a-b-c-d-e-f+ac+ad+ae+af \\ & +bd+be+bf+ce+cf+df-ace-acf-adf-bdf. \end{aligned} \tag{143}$$

因为 M_G 是一个多项式，所以我们可以通过将其写成 $M_G(a,b,c,d,e,f)$ 来表示它对变量的依赖关系. 注意，M_G 始终是多重线性的（对于每个变量都是线性的），并且有 $M_{G\setminus a}(b,c,d,e,f) = M_G(0,b,c,d,e,f)$.

在应用中，我们经常希望将多项式中的每个字母替换为单个变量，比如 z，并将多项式写成 $M_G(z)$. 这样一来，(143) 中的多项式变为 $M_G(z) = 1-6z+10z^2-4z^3$. 并且由定理 F 可知，关于 G 的长度为 n 的迹的数量为 $[z^n]\,1/(1-6z+10z^2-4z^3) = \frac{1}{4}(2+\sqrt{2})^{n+2}+\frac{1}{4}(2-\sqrt{2})^{n+2}-2^{n+1}$.

虽然 (142) 是一个用于计算 M_G 的简单递推式，但是当 G 是庞大且复杂的图时，我们无法断言 M_G 是容易计算的. 事实上，M_G 的次数是 G 中最大独立集的大小，而确定该数属于 NP 困难问题. 另外，也存在许多类型的图，例如区间图和森林. 对于这些图，可以在线性时间内计算 M_G.

令 α 是任意迹. 表示它的字符串中可能出现在开头的字母被称为 α 的*源*. 源是 α 的堆垛底层中的板块，也称为它的最小板块. 可能出现在最后的字母被称为 α 的*汇*，即它的最大板块. 只有一个源的迹被称为*圆锥*. 在这种情况下，所有板块最终都由底部的单个板块支撑. 只有一个汇的迹被称为*角锥*. 维耶诺在他的讲义中证明了定理 F 的一个不错的推广：

$$M_{G\setminus A}/M_G \text{ 是源都包含在 } A \text{ 中的所有迹之和}. \tag{144}$$

（定理 F 是一个特例，即 A 为所有顶点的集合，见习题 338.）特别是，以 a 为唯一源的圆锥由以下公式生成：

$$M_{G\setminus a}/M_G - 1 \;=\; aM_{G\setminus a^*}/M_G. \tag{145}$$

***迹与局部引理.** 现在我们已经准备好讨论迹论为何与局部引理密切相关了. 如果 G 是以 $\{1,\cdots,m\}$ 为顶点集的任意图，那么我们称 $\mathcal{R}(G)$ 是所有满足如下条件的非负向量 $(p_1,\cdots,p_m)$ 的集合：当对于 $1\leqslant j\leqslant m$ 有 $0\leqslant p'_j\leqslant p_j$ 时，$M_G(p'_1,\cdots,p'_m)>0$. $\mathcal{R}(G)$ 的这个定义与引理 L 给出的隐式定义是一致的，因为詹姆斯 · 贝格海姆 · 希勒发现了以下特性.

定理 S. 在满足引理 L 中的条件 (133) 的情况下，若 $(p_1,\cdots,p_m)\in\mathcal{R}(G)$ 成立，则有：

$$\Pr(\overline{A}_1\cap\cdots\cap\overline{A}_m)\geqslant M_G(p_1,\cdots,p_m)>0. \tag{146}$$

反之，如果 $(p_1,\cdots,p_m)\notin\mathcal{R}(G)$，那么存在事件 $B_1,\cdots,B_m$，使得

$$\text{当 } k\geqslant 0 \text{ 且 } i \not\frown j_1,\cdots,i\not\frown j_k \text{ 时，有}\Pr(B_i\mid \overline{B}_{j_1}\cap\cdots\cap\overline{B}_{j_k}) \;=\; p_i, \tag{147}$$

且 $\Pr(\overline{B}_1\cap\cdots\cap\overline{B}_m)=0$.

证明. 习题 344 证明，当 $(p_1,\cdots,p_m)\in\mathcal{R}(G)$ 时，存在事件 $B_1,\cdots,B_m$ 的唯一分布，使得这些事件满足 (147) 且

$$\Pr\Bigl(\bigcap_{j\in J}\overline{A}_j\Bigr)\;\geqslant\;\Pr\Bigl(\bigcap_{j\in J}\overline{B}_j\Bigr)\;=\;M_G\bigl(p_1[1\in J],\cdots,p_m[m\in J]\bigr) \tag{148}$$

对任意子集 $J\subseteq\{1,\cdots,m\}$ 都成立. 在这种“极端”的最坏分布中，当 G 中有 i — j 时，有 $\Pr(B_i\cap B_j)=0$. 习题 345 证明了其逆命题. ▮

给定一个概率向量 $(p_1,\cdots,p_m)$，令

$$M_G^*(z)=M_G(p_1z,\cdots,p_mz). \tag{149}$$

定理 F 告诉我们，在幂级数 $1/M_G^*(z)$ 中，z^n 的系数是 G 的所有长度为 n 的迹之和. 由于这个系数非负，因此根据普林斯海姆定理（见习题 348），我们知道当 $z<1+\delta$ 时，幂级数收敛，其中，$1+\delta$ 是多项式方程 $M_G^*(z)=0$ 的最小实根. δ 被称为 $(p_1,\cdots,p_m)$ 关于 G 的松弛量.

不难看出，当且仅当松弛量为正时，$(p_1,\cdots,p_m)\in\mathcal{R}(G)$ 成立. 这是因为，如果 $\delta\leqslant 0$，那么满足 $p'_j=(1+\delta)p_j$ 的概率向量 $(p'_1,\cdots,p'_m)$ 使得 $M_G=0$. 但是如果 $\delta>0$，那么当 $z=1$ 时，幂级数收敛. 并且（因为它表示所有迹之和）它也在任意一个 p_j 减小时收敛于正数 $1/M_G$. 因此，根据定义，$(p_1,\cdots,p_m)$ 属于 $\mathcal{R}(G)$. 事实上，这个论断表明，当 $(p_1,\cdots,p_m)\in\mathcal{R}(G)$ 成立时，我们可以将概率增大到 $((1+\epsilon)p_1,\cdots,(1+\epsilon)p_m)$. 只要 $\epsilon<\delta$，它们就仍属于 $\mathcal{R}(G)$.

现在让我们回顾算法 M. 假设步骤 M3 尝试连续消除的不良事件 A_j 是 $X_1,X_2,\cdots,X_N$，其中，N 是步骤 M3 被执行的总次数（N 可能等于 ∞）. 为了证明算法 M 是高效的，我们将证明随机变量 N 在独立均匀偏差 U 的概率空间中具有很小的期望值. 这些偏差出现在步骤 M1 和步骤 M3 中. 主要的思想是，$X_1X_2\cdots X_N$ 本质上是潜在图的一个迹，因此我们可以将其视为一个板块的堆垛.

一些简单而具体的例子将有助于发展我们的直觉. 我们将考虑两种情况. 在这两种情况下，都有 $m=6$ 个事件 A,B,C,D,E,F 和 $n=7$ 个变量 $x_1\cdots x_7$. 每个变量都是一个随机比特. 因此在算法中，$\xi_1=\cdots=\xi_7=1/2$. 事件 A 依赖于 x_1x_2，事件 B 依赖于 x_2x_3……事件 F 依赖于 x_6x_7. 此外，每个事件发生的概率都是 1/4. 在情况 1 中，当其子字符串为“10”时，每个事件都为真. 因此，所有事件都为假，当且仅当 $x_1\cdots x_7$ 是排好序的，即 $x_1\leqslant x_2\leqslant\cdots\leqslant x_7$. 在情况 2 中，当其子字符串为“11”时，每个事件都为真. 因此，所有事件都为假，当且仅当 $x_1\cdots x_7$ 没有两个连续的 1.

当我们将算法 M 应用于这两种情况时会发生什么？一个可能的情形是，步骤 M3 被执行 $N=8$ 次，其中，$X_1X_2\cdots X_8=BCEBAFDC$. 然后对比特 $x_1\cdots x_7$ 的实际更改可能为：

情况 1						情况 2				
1	1	1	1	0		1	1	1	1	1
1	1	1	0	0		1	1	1	1	0
0	1	0	1	0		1	1	1	1	0
0	0	1	0	0		1	1	1	1	1
1	0	0	0	0		1	1	1	0	0
0	1	1	1	1		1	1	1	1	1
0	0	1	1	1		1	1	0	0	0

(150)

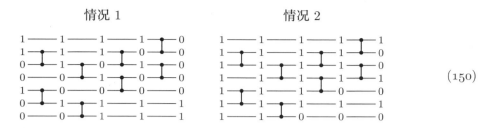

（在这些图中从上到下读取 $x_1 \cdots x_7$，并从左到右扫描．每个模块 ┇ 表示“将左侧的两个错误比特替换为右侧的两个随机比特”．在这样的例子中，任何有效的解 $x_1 \cdots x_7$ 都可以被放置在最右侧，模块左侧的所有值则都是强制的．）

注意，这些图就像堆垛 (136) 一样，只是它们被旋转了 90°．从 (136) 可知，相同的图也适用于 *EFBCDBCA* 和 *BCEBAFDC* 的情形，因为它们作为迹是相同的．嗯……其实不完全如此．事实上，如果我们按照当前的写法执行算法 M，那么 *EFBCDBCA* 在算法 M 中给出的结果与 *BCEBAFDC* 并不完全相同．但是，如果我们为每个变量 x_k 使用单独的独立随机数流 U_k，那么结果将是相同的．因此，在随机事件的概率空间中，我们可以合法地将等价的迹等同起来．

事实上，当应用于情况 1 时，算法的运行速度比应用于情况 2 时要快得多．为什么会这样呢？就随机数而言，(150) 所示的两幅图都具有相同的概率，即 $(1/2)^7(1/4)^8$．并且，情况 1 的每幅图在情况 2 中都有对应的图．因此，我们不能通过图的数量来区分这两种情况．真正的区别在于，在情况 1 的步骤 M2 中，我们永远不会有两个可选择的事件，除非它们不相交且可以按任意顺序处理．相比之下，在情况 2 中，我们几乎在每一步都会被大量需要消灭的事件所淹没．因此，(150) 右图所示的情形实际上几乎是不可能的．为什么算法会选择先修正 B，然后修正 C，而不是 A 呢？无论在步骤 M2 中使用什么方法，我们都会发现，在存在竞争选择的情况下，任意特定事件将在下一步被处理的可能性都会降低，因此情况 2 的图出现的频率会比严格的概率要低（见习题 353）．

因此，算法 M 的运行时间的最坏情况上界来自类似情况 1 的情形．一般来说，在算法 M 运行时，(150) 中的堆垛 *BCEBAFDC* 出现的概率至多为 *bcebafdc*，其中，我们用 a 表示事件 A 的概率上界（当 A 是 A_i 时，在 (133) 中用 p_i 表示）；$B, \cdots, F$ 的情况类似，分别用 $b, \cdots, f$ 表示．原因是，如果对应堆垛的层由变量集 Ξ_j 间的依赖关系定义，那么 *bcebafdc* 显然是由算法设置的独立随机变量 x_k 产生的那些事件的概率．即使在同一层中的事件是相互依赖的（通过共享变量），但如果它们不是非平衡依赖的（如习题 351 所示），这样的事件也是正相关的．因此，习题 MPR–61 中的 FKG 不等式表明（它适用于算法 M 的伯努利分布变量），*bcebafdc* 是一个上界．此外，步骤 M2 实际选择 B、C、E、B、A、F、D 和 C 进行处理的概率至多为 1．

因此，当有 $(p_1, \cdots, p_m) \in \mathcal{R}(G)$ 时，算法 M 在应用于事件 $B_1, \cdots, B_m$ 时的运行时间达到最大值．这些事件具有习题 344 中的极端分布 (148)．事实上，我们可以为这些极端事件写出运行时间的生成函数：

$$\sum_{N \geqslant 0} \Pr(\text{运行在 } B_1, \cdots, B_m \text{ 上的算法 M 进行了 } N \text{ 次重采样}) z^N = \frac{M_G^*(1)}{M_G^*(z)}, \qquad (151)$$

其中，$M_G^*(z)$ 如 (149) 定义，因为 $1/M_G^*(z)$ 中 z^N 的系数是所有长度为 N 的迹的概率之和．定理 F 描述了 $1/M_G^*(1)$ 关于变量 p_i 的“形式”幂级数的含义．我们证明了它，而没有考虑这些变量得到数值时，无限和是否收敛．但是，当有 $(p_1, \cdots, p_m) \in \mathcal{R}(G)$ 时，该级数确实是收敛的（它甚至有一个正“松弛量”）．

这能推导出迦叶波 · 科利帕卡和马里奥 · 塞盖迪的如下定理 [*STOC* **43** (2011), 235–243]．

定理 K. 如果有 $(p_1,\cdots,p_m)\in\mathcal{R}(G)$，那么算法 M 平均重采样 Ξ_j 至多 E_j 次：

$$E_j \;=\; p_j M_{G\setminus A_j^*}(p_1,\cdots,p_m)/M_G(p_1,\cdots,p_m). \tag{152}$$

特别是，步骤 M3 的期望迭代次数至多为 $E_1+\cdots+E_m\leqslant m/\delta$，其中，$\delta$ 是 $(p_1,\cdots,p_m)$ 的松弛量.

证明. 极端分布 $B_1,\cdots,B_m$ 将重采样 Ξ_j 的次数最大化，并且在极端情况下，该数的生成函数为：

$$\frac{M_G(p_1,\cdots,p_{j-1},p_j,p_{j+1},\cdots,p_m)}{M_G(p_1,\cdots,p_{j-1},p_jz,p_{j+1},\cdots,p_m)}. \tag{153}$$

对 z 求导，然后置 $z\leftarrow 1$，得到 (152). 这是因为由 (141) 可知，分母的导数是 $-p_jM_{G\setminus A_j^*}(p_1,\cdots,p_m)$.

习题 355 给出了 $E_1+\cdots+E_m$ 上界的证明. ▌

***消息传递.** 研究统计力学的物理学家已经发展出一套大相径庭的方法来将随机化应用于求解可满足性问题. 这套方法基于他们对粒子相互作用的大规模系统行为研究的经验. 从他们的角度来看，最好将取值为 0 或 1 的布尔变量集合视为具有正或负“自旋”的粒子集合. 这些粒子相互影响并根据局部的引力和斥力改变它们的自旋，这类似于磁性定律. 可满足性问题可以被表示为一个关于自旋的联合概率分布，当自旋满足尽可能多的子句时能恰好得到最小“能量”状态.

本质上，他们的方法相当于考虑一个二分结构，其中每个变量都与一个或多个子句相连，每个子句也都与一个或多个变量相连. 我们可以将变量和子句都视为活跃的智能体，它们在这个社交网络中不断地向邻居发送消息. 一个变量可能会告诉它的子句，“我认为我应该为真”；但是可能有几个子句会回答，“我真的希望你为假”. 通过仔细平衡这些消息，局部相互作用可以传播并积累越来越多关于远程连接的知识，并且通常会收敛于整个网络都相当满意的状态.

一种被称为*调查传播*的特定消息传递策略 [阿尔弗雷多 · 布朗斯坦、马克 · 梅扎德和里卡尔多 · 泽基纳，*Random Structures & Algorithms* **27** (2005), 201–226] 在不可满足性阈值之前的“难”区域内求解随机可满足性问题方面表现出惊人的优越性.

令 C 是一个子句且 l 是它的一个文字. “调查消息” $\eta_{C\to l}$ 是介于 0 和 1 之间的分数，表示 C 需要 l 为真的紧迫程度. 如果 $\eta_{C\to l}=1$，那么 l 为真是必需的，否则 C 将为假；但是如果 $\eta_{C\to l}=0$，那么子句 C 根本不担心变量 $|l|$ 的值会如何. 初始状态下，我们将每个 $\eta_{C\to l}$ 设置为完全随机的分数.

我们将考虑原始调查传播方法的扩展 [乔尔 · 查瓦斯、西里尔 · 弗特勒纳、马克 · 梅扎德和里卡尔多 · 泽基纳，*J. Statistical Mechanics* (November 2005), P11016:1–25；阿尔弗雷多 · 布朗斯坦和里卡尔多 · 泽基纳，*Physical Review Letters* **96** (27 January 2006), 030201:1–4]. 该扩展方法为每个文字 l 引入了额外的“强化消息” η_l. 这些新消息表示对 l 产生的外部作用力并都被初始化为零. 它们通过强化已被证明极具成效的决策来帮助集中网络活动.

假设 v 是只出现在 3 个子句中的变量：在 A 和 B 中为正，在 C 中为负. 这个变量将通过使用以下公式计算两个“灵活性系数” π_v 和 $\pi_{\bar v}$ 来响应传入它的消息 $\eta_{A\to v}$、$\eta_{B\to v}$、$\eta_{C\to\bar v}$、η_v 和 $\eta_{\bar v}$：

$$\pi_v=(1-\eta_v)(1-\eta_{A\to v})(1-\eta_{B\to v}),\qquad \pi_{\bar v}=(1-\eta_{\bar v})(1-\eta_{C\to\bar v}).$$

如果 $\eta_v=\eta_{\bar v}=0$ 且 $\eta_{A\to v}=\eta_{B\to v}=\eta_{C\to\bar v}=2/3$，那么 $\pi_v=1/9$ 且 $\pi_{\bar v}=1/3$. π 与 η 本质上是对偶的，因为高紧迫性对应低灵活性，反之亦然. 对于每个文字的一般公式是：

$$\pi_l \;=\; (1-\eta_l)\prod_{l\in C}(1-\eta_{C\to l}). \tag{154}$$

调查传播使用这些系数来估计变量倾向 1（真）、0（假）或 $*$（通配）的程度，方法是计算以下 3 个数：

$$p=\frac{(1-\pi_v)\pi_{\bar v}}{\pi_v+\pi_{\bar v}-\pi_v\pi_{\bar v}},\qquad q=\frac{(1-\pi_{\bar v})\pi_v}{\pi_v+\pi_{\bar v}-\pi_v\pi_{\bar v}},\qquad r=\frac{\pi_v\pi_{\bar v}}{\pi_v+\pi_{\bar v}-\pi_v\pi_{\bar v}}. \tag{155}$$

$p+q+r=1$. (p,q,r) 称为 v 的"场"，分别表示真、假、通配. 在上面的例子中，场为 $(8/11,2/11,1/11)$，表明 v 可能被赋值为 1. 但是，如果 $\eta_{A\to v}$ 和 $\eta_{B\to v}$ 仅为 1/3 而不是 2/3，那么场将变为 $(5/17,8/17,4/17)$. 我们可能希望 $v=0$ 以满足子句 C. 图 94 显示了常数 $p-q$ 作为 π_v 和 $\pi_{\bar v}$ 的函数的图像，最具决定性的情况（$|p-q|\approx 1$）发生在右下角和左上角.

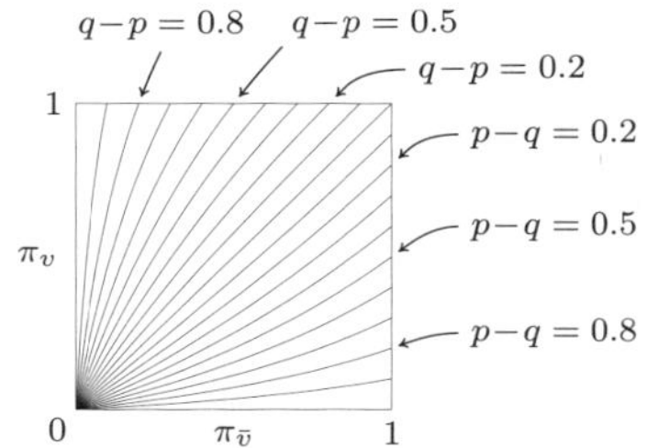

图 94　变量"场"中的常数偏差线

如果 $\pi_v=\pi_{\bar v}=0$，那么完全没有灵活性：变量 v 既被要求为真又被要求为假. 在这种情况下，场没有良好的定义. 调查传播方法不希望这种情况发生.

在每个文字 l 计算出其灵活性之后，包含 l 或 $\bar l$ 的子句可以使用 π_l 和 $\pi_{\bar l}$ 来改善其调查消息. 比如，假设 C 是子句 $u\vee\bar v\vee w$. 它将分别用消息

$$\eta'_{C\to u}=\gamma_{\bar v\to C}\gamma_{w\to C}\qquad \eta'_{C\to\bar v}=\gamma_{u\to C}\gamma_{w\to C}\qquad \eta'_{C\to w}=\gamma_{u\to C}\gamma_{\bar v\to C}$$

替换之前的消息 $\eta_{C\to u}$、$\eta_{C\to\bar v}$、$\eta_{C\to w}$，其中，每个 $\gamma_{l\to C}$ 都是从文字 l 接收到的"偏置消息".

$$\gamma_{l\to C}\;=\;\frac{(1-\pi_{\bar l})\pi_l/(1-\eta_{C\to l})}{\pi_{\bar l}+(1-\pi_{\bar l})\pi_l/(1-\eta_{C\to l})} \tag{156}$$

它反映了 l 在除 C 之外的子句中为假的倾向. 一般来说，我们有

$$\eta'_{C\to l}\;=\;\Bigl(\prod_{l'\in C}\gamma_{l'\to C}\Bigr)\Big/\gamma_{l\to C}. \tag{157}$$

（为避免公式 (156) 和 (157) 中的除零运算，我们必须使用适当的约定，见习题 359.）

通过使用以下公式，我们还可以对每个文字 l 周期性计算新的强化消息 η'_l：

$$\eta'_l\;=\;\frac{\kappa(\pi_{\bar l}\dot-\pi_l)}{\pi_l+\pi_{\bar l}-\pi_l\pi_{\bar l}}. \tag{158}$$

这里，$x\dot-y$ 表示 $\max(x-y,0)$，κ 是由算法指定的强化参数. 注意，只有在 $\eta'_{\bar l}=0$ 时，才有 $\eta'_l>0$.

举例来说，当我们想满足 (7) 中的 7 个子句时，可能会传递以下消息：

l_1	l_2	l_3	$\eta_{C\to l_1}$	$\eta_{C\to l_2}$	$\eta_{C\to l_3}$	$\gamma_{l_1\to C}$	$\gamma_{l_2\to C}$	$\gamma_{l_3\to C}$
1	2	$\bar 3$	0	0	0	3/5	0	0
$\bar 1$	$\bar 2$	3	1/5	0	0	0	3/5	1/3
2	3	$\bar 4$	1/5	0	0	0	1/3	3/5
$\bar 2$	$\bar 3$	4	0	0	0	3/5	0	0
1	3	4	0	0	1/5	3/5	1/3	0
$\bar 1$	$\bar 3$	$\bar 4$	0	0	0	0	0	3/5
$\bar 1$	2	4	0	0	0	0	0	0

l	π_l	η_l
1	1	0
$\bar 1$	2/5	1/2
2	2/5	1/2
$\bar 2$	1	0
3	1	0
$\bar 3$	2/3	1/3
4	2/5	1/2
$\bar 4$	1	0

(159)

（回顾一下，这些子句的解只有 $\bar{1}234$ 和 $\bar{1}2\bar{3}4$.）在这种情况下，读者可以验证，(159) 中的消息构成了一个“不动点”：η 消息确定 π；反之，如果强化消息 η_l 保持不变，那么我们对所有子句 C 和所有文字 l 都有 $\eta'_{C\to l} = \eta_{C\to l}$.

习题 361 证明，对于可满足子句集的每个解，都会产生联立方程 (154)、(156)、(157) 的一个不动点，并且它具有性质 $\eta_l =$ [在解中 l 为真].

然而，使用这种消息传递策略的实验表明，仅将其用于初步筛选即可获得最佳结果，其目标是发现那些取值最关键的变量. 我们不需要进一步传递消息，直到每个子句都完全满足. 一旦我们为最敏感的变量分配了适当的值，剩下的问题通常就可以通过其他算法（如 WalkSAT）轻松解决.

使用各种协议可以交换调查消息、强化消息和偏置消息. 下面的程序包含卡洛 · 巴尔达西在 2012 年准备的一个实现中的两个想法：(1) 强化强度 κ 从零开始，但指数级地接近 1；(2) 根据当前变量场中的 $\max(p,q,r)$ 是 p、q 或 r，它们在每次强化后将分别被评估为 1、0 或 $*$. 如果每个子句至少有一个文字为真或 $*$，那么即使一些调查仍在变动，消息传递也将停止.

算法 S（*消息传递*）. 给定 n 个变量上的 m 个非空子句. 本算法试图以一种使得仍未满足的子句相对容易满足的方式为大多数变量赋值. 它为每个文字 l 维护浮点数组 π_l 和 η_l，并为每个子句 C 和每个 $l \in C$ 维护 $\eta_{C\to l}$. 它还有几个参数：ρ（强化的阻尼因子）、N_0 和 N（分别为迭代次数的最小值和最大值）、ϵ（收敛容忍误差）和 ψ（置信水平）.

S1. [初始化.] 对于所有文字 l，置 $\eta_l \leftarrow \pi_l \leftarrow 0$. 对于所有子句 C 和 $l \in C$，置 $\eta_{C\to l} \leftarrow U$，其中，$U$ 在 $[0\,..\,1)$ 上随机均匀取值. 同时置 $i \leftarrow 0$ 和 $\phi \leftarrow 1$.

S2. [完成?] 若 $i \geqslant N$，不成功地终止. 若 i 是偶数或 $i < N_0$，跳转至 S5.

S3. [强化.] 置 $\phi \leftarrow \rho\phi$ 和 $\kappa \leftarrow 1-\phi$. 对于所有文字 l，用 (158) 将 η_l 替换为 η'_l；但若 $\pi_l = \pi_{\bar{l}} = 0$，不成功地终止.

S4. [测试伪可满足性.] 若至少存在一个子句，其文字 l 在 $\pi_{\bar{l}} < \pi_l$ 且 $\pi_{\bar{l}} < \frac{1}{2}$ 时几乎全部为假（见习题 358），跳转至 S5. 否则，愉快地跳转至 S8.

S5. [计算 π 数组.] 用 (154) 计算每一个 π_l，见习题 359.

S6. [更新调查.] 置 $\delta \leftarrow 0$. 对于所有子句 C 和 $l \in C$，用 (157) 计算 $\eta'_{C\to l}$，并置 $\delta \leftarrow \max(\delta, |\eta'_{C\to l} - \eta_{C\to l}|)$ 和 $\eta_{C\to l} \leftarrow \eta'_{C\to l}$.

S7. [在 i 上循环.] 若 $\delta \geqslant \epsilon$，置 $i \leftarrow i+1$ 并返回至 S2.

S8. [简化问题.] 为每个其场满足 $|p-q| \geqslant \psi$ 的变量赋予一个值（具体细节见习题 362）. ▌

计算经验，或者说试错，为我们提供了参数选取建议. 默认值 $\rho = 0.995$、$N_0 = 5$、$N = 1000$、$\epsilon = 0.01$、$\psi = 0.50$ 似乎为中等规模的问题提供了一个不错的起点. 比如，当作者首次尝试求解一个有 42 000 个子句和 10 000 个变量的随机 3SAT 问题时，它们表现得不错：当 $i = 143$ 时，这些子句是伪可满足的（尽管 $\delta \approx 0.43$ 仍然相当大）；然后步骤 S8 固定了 8282 个具有高偏差场的变量的值，单元传播又为另外 57 个变量赋了值. 这个过程只需要访问内存大约 2.18 亿次. 简化后的问题在 1464 个变量上有 1526 个 2-子句和 196 个 3-子句（因为不再需要其他变量）. 在额外进行 42 000 次内存访问后，WalkSAT 的 626 个步骤完美解决了这个问题. 相比之下，当直接使用 WalkSAT 求解原始问题（使用 $p = 0.57$）时，它需要用至少 3100 万个步骤在进行 34 亿次内存访问后才能找到解.

类似地，当首次将调查传播应用于一个在 $n = 10^6$ 个变量上有 $m = 4.2n$ 个子句的随机 3SAT 问题时，作者取得了巨大的成功：仅在 328 亿次内存访问后就有超过 800 000 个变量被消除，WalkSAT 只需进行 850 万次内存访问就能解决剩余的子句．相比之下，单纯使用 WalkSAT 需要进行 2370 亿次内存访问才能执行 21 亿个步骤．

事实证明，在 100 万个变量上有 4 250 000 个子句的问题将更具挑战性．这多出的 50 000 个子句使问题远远超出了 WalkSAT 的求解能力，并且算法 S 也无法使用默认参数成功求解．然而，令 $\rho = 0.9999$ 和 $N_0 = 9$ 可以适当地减缓强化过程，并给我们一些启示．考虑以下矩阵：

$$\begin{pmatrix}
3988 & 3651 & 3071 & 2339 & 1741 & 1338 & 946 & 702 & 508 & 329 \\
5649 & 5408 & 4304 & 3349 & 2541 & 2052 & 1448 & 1050 & 666 & 510 \\
8497 & 7965 & 6386 & 4918 & 3897 & 3012 & 2248 & 1508 & 1075 & 718 \\
11\,807 & 11\,005 & 8812 & 7019 & 5328 & 4135 & 3117 & 2171 & 1475 & 1063 \\
15\,814 & 14\,789 & 11\,726 & 9134 & 7188 & 5425 & 4121 & 3024 & 2039 & 1372 \\
20\,437 & 19\,342 & 15\,604 & 12\,183 & 9397 & 7263 & 5165 & 3791 & 2603 & 1781 \\
26\,455 & 24\,545 & 19\,917 & 15\,807 & 12\,043 & 9161 & 6820 & 5019 & 3381 & 2263 \\
33\,203 & 31\,153 & 25\,052 & 19\,644 & 15\,587 & 11\,802 & 8865 & 6309 & 4417 & 2919 \\
39\,962 & 38\,097 & 31\,060 & 24\,826 & 18\,943 & 14\,707 & 10\,993 & 7924 & 5225 & 3637 \\
40\,731 & 40\,426 & 32\,716 & 26\,561 & 20\,557 & 15\,739 & 11\,634 & 8327 & 5591 & 4035
\end{pmatrix}$$

它展示了 $\pi_{\bar{v}}$ 与 π_v 的分布（见图 94）．举例来说，左上角的“3988”表示 100 万个变量中有 3988 个变量的 $\pi_{\bar{v}}$ 在 0.0 和 0.1 之间，π_v 在 0.9 和 1.0 之间．这个分布是在经过 110 次迭代后将 δ 减小到约为 0.0098 之后出现的，这非常糟糕——只有很少一部分变量具有有意义的偏置．因此，另一次运行将 ϵ 减小到 0.001，但在迭代 1000 次后仍没有收敛．最终，在 $\epsilon = 0.001$ 且 $N = 2000$ 的情况下，在 $i = 1373$ 时出现了伪可满足性．这时出现了很好的分布：

$$\begin{pmatrix}
406\,678 & 1946 & 1045 & 979 & 842 & 714 & 687 & 803 & 1298 & 167\,649 \\
338 & 2 & 2 & 3 & 0 & 3 & 1 & 4 & 2 & 1289 \\
156 & 1 & 0 & 0 & 0 & 1 & 0 & 2 & 1 & 875 \\
118 & 4 & 0 & 0 & 0 & 0 & 0 & 0 & 1 & 743 \\
99 & 0 & 0 & 0 & 0 & 0 & 0 & 1 & 0 & 663 \\
62 & 0 & 0 & 0 & 0 & 0 & 1 & 0 & 3 & 810 \\
41 & 0 & 0 & 0 & 0 & 0 & 0 & 0 & 0 & 1015 \\
55 & 0 & 0 & 0 & 1 & 0 & 1 & 1 & 0 & 1139 \\
63 & 0 & 0 & 1 & 0 & 0 & 0 & 1 & 2 & 1949 \\
116 & 61 & 72 & 41 & 61 & 103 & 120 & 162 & 327 & 406\,839
\end{pmatrix}$$

（尽管现在 $\delta \approx 1$！）做出这些改进后，现在偏置非常明显，但并非完全可靠．必须增大 ψ 参数，以避免在传播简化问题的单元文字时出现矛盾．最终，当 $\psi = 0.99$ 时，我们可以成功设置超过 800 000 个变量，并在 2100 亿次内存访问之内（其中包括使用 WalkSAT 来完成工作的 2100 万次内存访问）找到一个解．

若步骤 S8 允许回溯并在出现问题时重置偏置较小的变量，我们可以获得更好的结果［拉斐尔·马里诺、乔治·帕里西和费德里科·里奇-特森吉，*Nature Communications* **7**, 12996 (2016), 1–8］．

使用调查传播并不能保证成功．但当成功时，它可能是解决某些棘手问题的唯一已知方法．

算法 S 可以被看作贝叶斯网络研究中使用的“信念传播”消息的扩展［朱迪亚·珀尔，*Probabilistic Reasoning in Intelligent Systems* (1988)，第 4 章］．它本质上从基于 $\{0,1\}$ 的布尔逻辑转向了基于 $\{0,1,*\}$ 的三值逻辑．实际上，汉斯·阿尔布雷希特·贝特和鲁道夫·恩斯特·佩尔斯［*Proc. Royal Society of London* **A150** (1935), 552–575］以及罗伯特·格雷·加拉格［*IRE Transactions* **IT-8** (1962), 21–28］早已考虑过类似的消息传递启发法．更多信息见马克·梅扎德和安德里亚·蒙塔纳里，*Information, Physics, and Computation* (2009)，第 14 ～ 22 章．

***预处理子句.** 如果 SAT 求解算法的输入被变换为一个等价但更简单的子句集，那么算法通常可以更快地运行. 这些变换和简化通常需要数据结构的支持，而这些数据结构对于求解器的主要工作来说可能并不适合，因此最好单独考虑它们.

当然，我们可以将预处理器和求解器组合成一个单独的程序. 并且，如果我们到达要清理和重新开始的阶段，那么可以将“预处理”技术再次应用于已学习的新子句. 在后一种情况下，这些简化被称为*内处理*. 但是，解释基本思想最简单的方法是假设我们只想预处理一个给定的子句集 F. 我们的目标是得到更好的子句集 F'，它是可满足的，当且仅当 F 是可满足的.

我们将预处理视为一系列基本变换：

$$F \;=\; F_0 \to F_1 \to \cdots \to F_r \;=\; F', \tag{160}$$

其中，每个步骤 $F_j \to F_{j+1}$ 都“下降”，这意味着它要么消除一个变量而不增加子句的数量，要么保留所有变量但减少子句中文字的数量. 目前有许多已知的下降变换. 我们可以尝试按某种顺序使用我们储备的每个技巧，直到它们都不能再产生任何进展为止.

有时，通过获得一个要么平凡可满足（$\varnothing$）要么平凡不可满足（包含 ϵ）的子句集 F'，我们能够*求解*给定的问题. 但是，除非 F 本来就易于处理，否则我们可能不会那么幸运，因为我们只会考虑相当简单的下降变换.

然而，在讨论特定的变换之前，让我们考虑最终阶段：假设 F 具有 n 个变量且 F' 具有 $n' < n$ 个变量. 在将子句集 F' 输入 SAT 求解器并得到解 $x'_1 \cdots x'_{n'}$ 后，我们如何将其转换为原始问题 F 的完整解 $x_1 \cdots x_n$ 呢? 具体方法如下：对于消除变量 x_k 的每个变换 $F_j \to F_{j+1}$，我们将指定一个*页予规则*①（因为它可以逆转预处理的效果）. 针对消除的页予规则是赋值操作 $l \leftarrow E$，其中，l 是 x_k 或 $\bar{x}_k$，E 是一个只包含未被消除变量的布尔表达式. 我们通过给 x_k 赋予一个当且仅当 E 为真时使得 l 为真的值来撤销消除的效果.

假设两个变换将 x 和 y 消除，并采用以下页予规则：

$$\bar{x} \leftarrow \bar{y} \vee z, \qquad y \leftarrow 1.$$

为了从右往左撤销这些消除操作，我们可以先令 y 为真，然后置 $x \leftarrow \bar{z}$.

随着预处理器发现如何消除变量，它可以立即将相应的页予规则写入一个文件中，以便这些规则不占用内存空间. 之后，给定一个简化解 $x'_1 \cdots x'_{n'}$，后处理器可以按*相反的*顺序读取该文件并提供未简化的解 $x_1 \cdots x_n$.

变换 1. 单元条件. 如果存在一个单元子句 (l)，那么我们可以将 F 替换为 $F|l$ 并使用页予规则 $l \leftarrow 1$. 这个基本简化将由大多数求解器自然进行；但在预处理器中，它甚至可能更重要，因为它经常促成一些求解器不能轻易发现的进一步变换. 相反，预处理器中的其他变换可能促成单元条件，从而继续下去.

单元条件的一个结果是，除非 F' 是平凡不可满足的子句集，否则 F' 的所有子句的长度至少都为 2.

变换 2. 包含. 如果子句 C 中的每个文字都出现在另一个子句 C' 中，那么我们可以删除 C'. 特别是，重复的子句将被丢弃. 此时不需要页予规则，因为没有变量被消除.

变换 3. 自包含. 如果子句 C 中除 $\bar{x}$ 之外的每个文字都出现在另一个子句 C' 中，且 C' 包含 x，那么我们可以从 C' 中删除 x，因为 $C' \setminus x = C \diamond C'$. 换言之，$C$ 几乎包含于 C' 时，即

① 即 erp rule，它是“预”（pre-）处理规则的逆操作. 高德纳在命名时，将 pre 反转过来，即 erp. 这里采取类似的命名方法，将“预”字的偏旁部首反转，即“页予”. ——译者注

使没有实际删除 C'，我们也至少可以*加强* C'. 同样，这里也不需要页予规则. [约翰 · 艾伦 · 鲁宾逊在 *JACM* **12** (1965), 39 中将自包含称为“替换原则”.]

习题 374 讨论了可以以合理的效率发现包含和自包含的数据结构和算法.

变换 4. 下降归结. 假设 x 只出现在子句 $C_1, \cdots, C_p$ 中且 $\bar{x}$ 只出现在 $C'_1, \cdots, C'_q$ 中. 我们已经观察到（见 (112)），如果我们用 pq 个子句 $\{C_i \diamond C'_j \mid 1 \leqslant i \leqslant p, 1 \leqslant j \leqslant q\}$ 替换这 $p+q$ 个子句，那么变量 x 可以被消除. 相应的页予规则（见习题 367）如下所述：

$$\text{要么}\ \ \bar{x} \leftarrow \bigwedge_{i=1}^{p}(C_i \setminus x), \qquad \text{要么}\ \ x \leftarrow \bigwedge_{j=1}^{q}(C'_j \setminus \bar{x}). \tag{161}$$

每个变量都可以用这种方式消除，但这也可能造成子句泛滥. 我们可以通过限制只处理“下降”情况来防止这种泛滥发生，即限制新子句的数量不能超过旧子句的数量. 如我们在 (112) 后面看到的那样，条件 $pq \leqslant p+q$ 等价于 $(p-1)(q-1) \leqslant 1$. 在这种情况下，变量总是被移除. 但即使 pq 很大，由于重言式或包含关系的存在，新子句的数量可能也很少. 此外，尼克拉斯 · 埃恩和阿明 · 比埃尔在预处理方面撰写了一篇重要的论文 [*LNCS* **3569** (2005), 61–75]，其中介绍了许多可以省略 pq 个潜在子句的特殊情况，见习题 369. 因此，预处理器通常在 $\min(p,q) \leqslant 10$ 时尝试通过归结法消除变量，并仅在产生的归结式超过 $p+q$ 个时放弃.

虽然还有许多其他可能的变换，但以上列出的 4 种在实践中被证明是最有效的. 比如，我们可以查找*失败文字*. 如果假设某个文字 l 为真（$F \wedge (l) \vdash_1 \epsilon$）导致单元传播产生矛盾，则我们可以假设 l 为假 [因为单元子句 $(\bar{l})$ 是可证明的（见 (119)）]. 算法 Y 的前瞻机制就利用了这一点和与之相关的其他几点. 算法 C 通常可以轻松地找到失败文字，因为这是其归结冲突机制的自然产物. 习题 378 ~ 384 讨论了其他一些用于预处理的技术.

有时候，预处理会带来显著的成功. 比如，当 $m = 50$ 时，通过变换 1–4 就可以证明习题 228 中的反最大元素子句不可满足，而且只需进行大约 4 亿次内存访问即可完成. 但是，当 $m = 14$ 时，算法 C 解决未经变换的问题需要进行 30 亿次内存访问；而当 $m = 15$ 时，算法 C 需要 11 Gμ；在 m 增大到 20 之前，算法 C 就彻底失败了.

与上文中的图 78 有关的一个更典型的例子是：证明没有到 **LIFE** 的一条包含 8725 个变量、33 769 个子句和 84 041 个文字的 4 步路径，算法 C 需要进行大约 60 亿次内存访问来证明这些子句是不可满足的. 预处理只需进行不到 1000 *万次*内存访问即可将该问题减少到仅有 3263 个变量、19 778 个子句和 56 552 个文字. 然后，算法 C 只需额外 5 Gμ 的工作来处理它们.

另外，预处理可能需要太长时间，或者可能产生比原始问题更难处理的子句. 对于*范德瓦尔登问题*或*兰福德问题*，预处理毫无用武之地.（更多例子将在下面讨论.）

将约束编码为子句. 一些问题（如 $waerden(j,k;n)$）天生就是布尔型的，并且基本上以原汁原味的 OR 的 AND 形式给出. 但在大多数情况下，我们可以以许多不同的方式使用子句来表示组合问题. 它们并不是显而易见的，并且选择特定的编码可能会对 SAT 求解器产生答案的速度产生巨大的影响. 因此，问题编码的艺术与设计可满足性算法的艺术一样重要.

在对 SAT 实例的研究中，我们已经介绍了许多有趣的编码方式. 并且出于布尔代数惊人的通用性，新的应用经常会启发更多的想法. 事实上，求解每个问题起初似乎都需要特殊技巧，但我们将看到几个可以遵循的通用原则.

一个通用原则是，不同的求解器往往偏向于不同的编码方式：即使一个编码方式对于某个算法来说是好的，对另一个算法来说也不一定好.

考虑至多为一约束 $y_1 + \cdots + y_p \leqslant 1$，它广泛出现在许多应用之中. 要实施该约束，一种显然的方法是声明 $\binom{p}{2}$ 个二元子句 $(\bar{y}_i \vee \bar{y}_j)$（$1 \leqslant i < j \leqslant p$），这样 $y_i = y_j = 1$ 就被禁止了. 但

是当 p 很大时，这些子句将变得难以处理. 习题 12 中由玛丽恩 · 休尔提出的替代编码方法可以通过引入一些辅助变量 $a_1, \cdots, a_{\lfloor(p-3)/2\rfloor}$，在 $p \geqslant 3$ 时仅使用 $3p-6$ 个二元约束来完成相同的工作. 因此，当通过 (12)、(13) 和 (14) 为兰福德问题制定子句时，我们考虑了两种变体. 它们分别被称为 $langford(n)$ 和 $langford'(n)$，前者使用至多为一约束，而后者使用休尔提出的方法. 此外，习题 7.1.1–55(b) 以另一种方式编码了至多为一约束. 这种方式使用相同数量的二元子句，但辅助变量大约多出一倍. 我们将以这种方式得到的子句集称为 $langford''(n)$.

在引入 $langford(n)$ 和 $langford'(n)$ 时，我们还没有准备讨论哪种编码方式在实践中更好，因为那时还没有研究任何 SAT 求解算法. 但现在我们已经准备好揭晓答案了. 答案是："视情况而定." 有时 $langford'(n)$ 胜过 $langford(n)$，有时它也会败下阵来. 但它似乎总是比 $langford''(n)$ 好. 下面是一些典型的统计数据，其中，运行时间按百万次内存访问（Mμ）或千次内存访问（Kμ）四舍五入：

	变量数	子句数	算法 D	算法 L	算法 C	
$langford(9)$	104	1722	23 Mμ	16 Mμ	15 Mμ	(UNSAT)
$langford'(9)$	213	801	82 Mμ	16 Mμ	21 Mμ	(UNSAT)
$langford''(9)$	335	801	139 Mμ	20 Mμ	24 Mμ	(UNSAT)
$langford(13)$	228	5875	71 685 Mμ	45 744 Mμ	295 571 Mμ	(UNSAT)
$langford'(13)$	502	1857	492 992 Mμ	38 589 Mμ	677 815 Mμ	(UNSAT)
$langford''(13)$	795	1857	950 719 Mμ	46 398 Mμ	792 757 Mμ	(UNSAT)
$langford(16)$	352	11 494	5 Mμ	52 Mμ	301 Kμ	(SAT)
$langford'(16)$	796	2928	12 Mμ	31 Mμ	418 Kμ	(SAT)
$langford''(16)$	1264	2928	20 Mμ	38 Mμ	510 Kμ	(SAT)
$langford(64)$	6016	869 650	（庞大）	（更大）	35 Mμ	(SAT)
$langford'(64)$	14 704	53 184	（更庞大）	（大）	73 Mμ	(SAT)
$langford''(64)$	23 488	53 184	（最庞大）	（最大）	304 Mμ	(SAT)

算法 D 更偏向于 $langford(n)$ 而不是 $langford'(n)$，因为它的单元传播表现得不太高效. 擅长单元传播的算法 L 更偏向于 $langford'(n)$. 算法 C 也擅长单元传播，但它的表现有些古怪：它更偏向于 $langford(n)$，并且在可满足的实例上找到一个解的速度陡然上升；但由于某些原因，在 $n \geqslant 10$ 的不可满足的实例上，它的运行速度非常慢.

另一个通用原则是，短编码——即具有较少变量和（或）较少子句的编码——并不一定比长编码更好. 比如，我们经常需要使用布尔变量来编码变量 x 的值，而该变量实际上可以取 $d > 2$ 个值，即 $0 \leqslant x < d$. 在这种情况下，一种自然的想法是使用二进制表示 $x = (x_{l-1} \cdots x_0)_2$，其中，$l = \lceil \lg d \rceil$，然后基于独立的比特 x_j 来构造子句. 但是，除非 d 很大，否则这种被称为*对数编码*的表示方式在许多情况下表现得出乎意料地不佳. 使用*直接编码*通常要好得多，即使用 d 个二进制变量 $x_0, x_1, \cdots, x_{d-1}$，其中，$x_j = [x = j]$. 而*顺序编码*甚至可以表现得更好，即使用 $d-1$ 个二进制变量 $x^1, \cdots, x^{d-1}$，其中，$x^j = [x \geqslant j]$. 这种编码由詹姆斯 · 梅尔顿 · 克劳福德和安德鲁 · 贝尔 · 贝克于 1994 年引入 [*AAAI Conf.* **12** (1994), 1092–1097]. 事实上，习题 408 介绍了一个重要的应用，其中，即使 d 为 1000 甚至更大，顺序编码也是最佳选择. 顺序编码指数大于对数编码，但它在这个应用中胜出，因为它允许 SAT 求解器通过单元传播快速推导结果.

图着色问题非常好地展示了这一原理. 在本节之初，我们尝试了用 d 种颜色给图着色. 最初，我们使用直接表示法 (15) 对每个顶点的颜色进行编码，但实际上我们也可以使用二进制来表示这些颜色. 此外，我们还可以使用顺序编码，尽管就本问题而言，颜色的数值顺序并不重要. 习题 391 展示了 3 种使用对数编码的方法来强制相邻顶点具有不同的颜色. 习题 395 则解释了使用顺序编码处理图着色问题是相对容易的. 对于直接编码，有 4 种处理方式，即 (a) 使用至多为一约束排除子句 (17) 来确保每个顶点只能有一种颜色；(b) 通过省略这些子句，允许存在多值（多颜色）顶点；(c) 通过省略 (17) 并强制每个颜色类成为一个核，如习题 14 的答案所建议的那样，来鼓励出现多颜色顶点；(d) 使用 (17)，但用所谓“支持”子句替代“既判”子句 (16)，如习题 399 所解释的那样.

这 8 种方法可以通过尝试在棋盘上布置 64 个有颜色的皇后来进行比较，以确保同一颜色的皇后不会出现在同一行、同一列或同一对角线上. 用 9 种颜色可以完成这个任务，但用 8 种颜色则不行. 根据对称性，我们可以预设顶行所有皇后的颜色.

编码	颜色数	变量数	子句数	算法 L	算法 C	
单值	8	512	7688	3333 Mμ	9813 Mμ	(UNSAT)
多值	8	512	5896	1330 Mμ	11 997 Mμ	(UNSAT)
核	8	512	6408	4196 Mμ	12 601 Mμ	(UNSAT)
支持子句	8	512	13 512	16 796 Mμ	20 990 Mμ	(UNSAT)
log(a)	8	2376	5120	（极大）	20 577 Mμ	(UNSAT)
log(b)	8	192	5848	（庞大）	15 033 Mμ	(UNSAT)
log(c)	8	192	5848	（庞大）	15 033 Mμ	(UNSAT)
顺序	8	448	6215	43 615 Mμ	5122 Mμ	(UNSAT)
单值	9	576	8928	2907 Mμ	464 Mμ	(SAT)
多值	9	576	6624	104 Mμ	401 Mμ	(SAT)
核	9	576	7200	93 Mμ	87 Mμ	(SAT)
支持子句	9	576	15 480	2103 Mμ	613 Mμ	(SAT)
log(a)	9	3168	6776	（巨大）	1761 Mμ	(SAT)
log(b)	9	256	6776	（非常大）	1107 Mμ	(SAT)
log(c)	9	256	6584	（极其巨大）	555 Mμ	(SAT)
顺序	9	512	7008	（大得可怕）	213 Mμ	(SAT)

（这里显示的每个运行时间都是 9 次运行的中位数，使用不同的随机种子进行.）从这些数据可以清楚地看出，对于算法 L 来说，对数编码完全不适合；即使是顺序编码，也会使该算法的启发法变得低效. 但是，就大多数直接编码方式而言，算法 L 胜过算法 C. 另外，顺序编码非常适合算法 C，尤其是在不可满足的困难情况下.

而研究并没有结束. 田岛宏史 [M.S. thesis, Kobe University (2008)] 和田村直之注意到，顺序编码还具有另一个特性，使得它在图着色中胜过其他编码方式：图中的每个由顶点集 $\{v_1, \cdots, v_k\}$ 组成的 k-团都允许我们为 d-着色问题中的子句附加两个额外的“提示子句”：

$$(\bar{v}_1^{d-k+1} \vee \cdots \vee \bar{v}_k^{d-k+1}) \wedge (v_1^{k-1} \vee \cdots \vee v_k^{k-1}), \tag{162}$$

因为团中的某个顶点必须着有颜色 $\leqslant d-k$，而另一个顶点必须着有颜色 $\geqslant k-1$. 通过这些附加子句，使用算法 L 证明八着色问题不可满足的运行时间大幅降低至仅为 60 Mμ，而使用算法 C 则仅用 13 Mμ. 甚至通过*两次*应用这个想法，我们可以将运行时间缩减至仅为 2 Mμ（见习题 396）.

顺序编码还具有其他一些不错的性质，因此值得更仔细地研究. 当我们对于 $1 \leqslant j < d$ 使用二进制变量 $x^j = [x \geqslant j]$ 来表示 $0 \leqslant x < d$ 范围内的值 x 时，我们总是有：

$$x = x^1 + x^2 + \cdots + x^{d-1}. \tag{163}$$

因此，顺序编码通常被称为*一元表示*. 公理子句

$$(\bar{x}^{j+1} \vee x^j) \qquad 对于\ 1 \leqslant j < d-1 \tag{164}$$

总是被包括在内，因为它们表示对于每个 j，$x \geqslant j+1$ 蕴涵 $x \geqslant j$. 这些子句将所有的 1 放置在左侧，将所有的 0 放置在右侧. 当 $d=2$ 时，一元表示简化为与 x 本身相等的 1 比特编码；当 $d=3$ 时，它是一个 2 比特编码，其中，00、10 和 11 分别表示 0、1 和 2.

在求解问题的过程中，我们可能不知道 x 的单元编码的所有比特 x^j. 但是，假设我们知道 $x^3=1$ 和 $x^7=0$，那么我们知道 x 属于区间 $[3\,..\,7)$.

假设我们知道 x 的一元表示. 那么，我们无须进行任何计算就可以知道 $y=x+a$ 的一元表示，其中，a 是一个常数，因为 $y^j=x^{j-a}$. 同理，$z=a-x$ 等价于 $z^j=\bar{x}^{a+1-j}$；$w=\lfloor x/a \rfloor$ 等价于 $w^j=x^{aj}$. 在这样的公式中，处理超出边界的上标是很容易的，因为当 $i \leqslant 0$ 时，$x^i=1$；当 $i \geqslant d$ 时，$x^i=0$. 特例 $\bar{x}=d-1-x$ 是通过对 $\bar{x}^1 \cdots \bar{x}^{j-1}$ 进行左右镜像翻转得到的：

$$(d-1-x)^j \;=\; (\bar{x})^j \;=\overline{x^{d-j}}. \tag{165}$$

如果我们对两个独立变量 x 和 y 使用顺序编码，其中 $0 \leqslant x, y < d$，那么再编码额外的关系 $x \leqslant y+a$ 同样很容易实现：

$$x-y \leqslant a \quad \Longleftrightarrow \quad x \leqslant y+a \quad \Longleftrightarrow \quad \bigwedge_{j=\max(0,a+1)}^{\min(d-1,d+a)} (\bar{x}^j \vee y^{j-a}). \tag{166}$$

同理，我们可以使用类似的方法为 $x+y$ 设置界限：

$$x+y \leqslant a \iff x \leqslant \bar{y}+a+1-d \iff \bigwedge_{j=\max(0,a+2-d)}^{\min(d-1,a+1)} (\bar{x}^j \vee \bar{y}^{a+1-j}); \tag{167}$$

$$x+y \geqslant a \iff \bar{x} \leqslant y-a-1+d \iff \bigwedge_{j=\max(1,a+1-d)}^{\min(d,a)} (x^j \vee y^{a+1-j}). \tag{168}$$

实际上，习题 405 表明，当 a, b, c 是常数时，可以使用至多 d 个二进制子句来强制满足一般的条件 $ax+by \leqslant c$. 因此，任何一组这样的关系都是一个 2SAT 问题，因为每个约束最多包含两个变量.

只要 d 不太大，我们也可以轻松处理 3 个或更多顺序编码变量之间的关系. 比如，条件 $x+y \leqslant z$ 和 $x+y \geqslant z$ 可以用长度小于或等于 3 的 $O(d \log d)$ 个子句来表示（见习题 407）. 原则上，任意线性不等式都可以这样表示. 但是，当问题本质上是数值问题时，我们不应该期望 SAT 求解器能与代数方法相媲美.

在组合问题的编码中，另一个非常重要的约束是*字典序*关系. 给定两个位向量 $x_1 \cdots x_n$ 和 $y_1 \cdots y_n$，我们希望将条件 $(x_1 \cdots x_n)_2 \leqslant (y_1 \cdots y_n)_2$ 编码为子句的合取. 幸运的是，有一种简洁的方法可以通过只使用包含 $n-1$ 个辅助变量 $a_1, \cdots, a_{n-1}$ 的 $3n-2$ 个三元子句来实现：

$$\bigwedge_{k=1}^{n-1} \big((\bar{x}_k \vee y_k \vee \bar{a}_{k-1}) \wedge (\bar{x}_k \vee a_k \vee \bar{a}_{k-1}) \wedge (y_k \vee a_k \vee \bar{a}_{k-1})\big) \wedge (\bar{x}_n \vee y_n \vee \bar{a}_{n-1}), \tag{169}$$

其中，$\bar{a}_0$ 将被省略. 比如，子句

$$(\bar{x}_1 \vee y_1) \wedge (\bar{x}_1 \vee a_1) \wedge (y_1 \vee a_1) \wedge (\bar{x}_2 \vee y_2 \vee \bar{a}_1) \wedge (\bar{x}_2 \vee a_2 \vee \bar{a}_1) \wedge (y_2 \vee a_2 \vee \bar{a}_1) \wedge (\bar{x}_3 \vee y_3 \vee \bar{a}_2)$$

表示 $x_1x_2x_3 \leqslant y_1y_2y_3$. 对于*严格*比较 $x_1 \cdots x_n < y_1 \cdots y_n$，可以使用相同的公式，但需要将最后一项 $(\bar{x}_n \vee y_n \vee \bar{a}_{n-1})$ 替换为 $(\bar{x}_n \vee \bar{a}_{n-1}) \wedge (y_n \vee \bar{a}_{n-1})$. 这些公式是通过考虑当将 $(\bar{x}_1 \cdots \bar{x}_n)_2 + (1\ 或\ 0)$ 与 $(y_1 \cdots y_n)_2$ 相加时产生的进位情况而得出的（见习题 415）.

布尔变量 $x_1,\cdots,x_n$ 的约束的一般编码问题是找到一个子句族 F，当且仅当给定布尔函数 $f(x_1,\cdots,x_n)$ 为真时，F 是可满足的．除非 f 可以直接用简短的 CNF 表达，否则我们通常会将辅助变量 $a_1,\cdots,a_m$ 引入 F 的子句中．因此，编码问题就是要找到一个“好”的子句族 F，使得我们有：

$$f(x_1,\cdots,x_n)=1 \iff \exists a_1\cdots\exists a_m \bigwedge_{C\in F} C, \tag{170}$$

其中，每个 C 都是关于变量 $\{a_1,\cdots,a_m,x_1,\cdots,x_n\}$ 的一个子句．原则上，变量 $a_1,\cdots,a_m$ 可以通过 (112) 所示的归结法被消除．这样一来，我们就可以得到关于 f 的 CNF——尽管该 CNF 可能非常庞大（见习题 248）.

如果存在一个简单的电路来计算 f，那么根据 (24) 和习题 42，我们知道存在一个同样简单的“切廷编码”F，其中，每个门电路对应一个辅助变量．假设我们要编码条件 $x_1\cdots x_n\neq y_1\cdots y_n$．函数 $f(x_1,\cdots,x_n,y_1,\cdots,y_n)$ 的最短 CNF 需要 2^n 个子句（见习题 413）．但是，存在一个只有 $n+1$ 个门电路（布尔链）的简单电路：

$$a_1\leftarrow x_1\oplus y_1,\quad \cdots,\quad a_n\leftarrow x_n\oplus y_n,\quad f\leftarrow a_1\vee\cdots\vee a_n.$$

使用 (24)，我们可以得到 $4n$ 个子句：

$$\bigwedge_{j=1}^{n}\bigl((\bar{x}_j\vee y_j\vee a_j)\wedge(x_j\vee\bar{y}_j\vee a_j)\wedge(x_j\vee y_j\vee\bar{a}_j)\wedge(\bar{x}_j\vee\bar{y}_j\vee\bar{a}_j)\bigr), \tag{171}$$

再加上 $(a_1\vee\cdots\vee a_n)$，可以作为 $x_1\cdots x_n\neq y_1\cdots y_n$ 的表示.

但这有点儿大材小用了．戴维·艾伦·普莱斯特德和史蒂文·芬·格林鲍姆指出 [*Journal of Symbolic Computation* **2** (1986), 293–304]，在这种情况下，我们通常可以避免大约一半的子句．实际上，(171) 中只有 $2n$ 个子句是必要的（且充分的），即那些包含 $\bar{a}_j$ 的子句：

$$\bigwedge_{j=1}^{n}\bigl((x_j\vee y_j\vee\bar{a}_j)\wedge(\bar{x}_j\vee\bar{y}_j\vee\bar{a}_j)\bigr). \tag{172}$$

其他子句被“阻塞”（见习题 378），并且没有用处．因此，检查切廷编码中是否真的需要所有子句是不错的做法．习题 416 展示了另一个有趣的例子.

当 f 具有小的 BDD 时，以及更一般地说，当 f 可以通过短的分支程序计算时，都可以实现高效的编码．回想一下 7.1.1–(22) 介绍的“π 函数”的示例．我们在 7.1.2–(6) 中观察到，它可以写成 $\bigl(((x_2\wedge\bar{x}_4)\oplus\bar{x}_3)\wedge\bar{x}_1\bigr)\oplus x_2$．因此，它具有如下包含 12 个子句的切廷编码：

$$(x_2\vee\bar{a}_1)\wedge(\bar{x}_4\vee\bar{a}_1)\wedge(\bar{x}_2\vee x_4\vee a_1)\wedge(x_3\vee a_1\vee a_2)\wedge(\bar{x}_3\vee\bar{a}_1\vee a_2)\wedge(\bar{x}_3\vee a_1\vee\bar{a}_2)$$
$$\wedge(x_3\vee\bar{a}_1\vee\bar{a}_2)\wedge(\bar{x}_1\vee\bar{a}_3)\wedge(a_2\vee\bar{a}_3)\wedge(x_1\vee\bar{a}_2\vee a_3)\wedge(x_2\vee a_3)\wedge(\bar{x}_2\vee\bar{a}_3).$$

同时，π 函数有一个短的分支程序 7.1.4–(8)，即

$$I_8=(\bar{1}?\,7{:}\,6), I_7=(\bar{2}?\,5{:}\,4), I_6=(\bar{2}?\,0{:}\,1), I_5=(\bar{3}?\,1{:}\,0),$$
$$I_4=(\bar{3}?\,3{:}\,2), I_3=(\bar{4}?\,1{:}\,0), I_2=(\bar{4}?\,0{:}\,1),$$

其中，指令 $(\bar{v}?\,l{:}\,h)$ 的意思是“如果 $x_v=0$，则跳转到 I_l，否则跳转到 I_h”，但 I_0 和 I_1 分别无条件产生值 0 和 1．我们可以将任何这样的分支程序转换为一系列子句，做法是将 $I_j=(\bar{v}?\,l{:}\,h)$ 转换为

$$(\bar{a}_j\vee x_v\vee a_l)\ \wedge\ (\bar{a}_j\vee\bar{x}_v\vee a_h), \tag{173}$$

其中，a_0 将被省略，并且任何包含 a_1 的子句都将被删除. 我们也将省略 $\bar{a}_t$，其中，I_t 是第一条指令. 在这个例子中，$t=8$.（这些简化相当于断言单元子句 $(\bar{a}_0)\wedge(a_1)\wedge(a_t)$.）因此，上面的分支程序产生了以下 10 个子句：

$$(x_1\vee a_7)\wedge(\bar{x}_1\vee a_6)\wedge(\bar{a}_7\vee x_2\vee a_5)\wedge(\bar{a}_7\vee \bar{x}_2\vee a_4)\wedge(\bar{a}_6\vee x_2)$$
$$\wedge(\bar{a}_5\vee \bar{x}_3)\wedge(\bar{a}_4\vee x_3\vee a_3)\wedge(\bar{a}_4\vee \bar{x}_3\vee a_2)\wedge(\bar{a}_3\vee \bar{x}_4)\wedge(\bar{a}_2\vee x_4).$$

我们可以轻松地消除 a_6, a_5, a_3, a_2，从而得到包含 6 个子句的等价形式：

$$(x_1\vee a_7)\wedge(\bar{x}_1\vee x_2)\wedge(\bar{a}_7\vee x_2\vee \bar{x}_3)\wedge(\bar{a}_7\vee \bar{x}_2\vee a_4)\wedge(\bar{a}_4\vee x_3\vee \bar{x}_4)\wedge(\bar{a}_4\vee \bar{x}_3\vee x_4).$$

使用预处理器，我们可以进一步把它简化为包含 4 个子句的 CNF：

$$(\bar{x}_1\vee x_2)\wedge(x_2\vee \bar{x}_3)\wedge(x_1\vee \bar{x}_2\vee x_3\vee \bar{x}_4)\wedge(x_1\vee \bar{x}_3\vee x_4). \tag{174}$$

这正是出现在习题 7.1.1–19 中的公式.

习题 417 解释了为什么这种转换方案是合法的. 这种方法适用于任何分支程序：变量 x 可以以任何顺序进行测试——也就是说，不需要像 BDD 中那样递减 v；此外，一个变量也可以被测试多次.

单元传播与强制. 编码的有效性很大程度上取决于编码如何避免对变量进行不良的部分赋值. 当我们试图编码一个布尔条件 $f(x_1,x_2,\cdots,x_n)$ 时，如果暂定的赋值 $x_1\leftarrow 1$ 和 $x_2\leftarrow 0$ 导致 f 为假，那么无论 x_3 到 x_n 的值如何，我们都希望求解器能够毫不犹豫地推断出这个事实，理想情况下是通过在断言 x_1 和 $\bar{x}_2$ 后进行单元传播. 对于像算法 C 这样的 CDCL 求解器，快速识别冲突意味着学习到的子句相对较短，这也是一种进展. 更好的情况是，在断言 x_1 后，单元传播已经强制 x_2 为真；并且在断言 $\bar{x}_2$ 后，单元传播也会强制 $\bar{x}_1$.

这两种情况并不等价. 考虑子句集 $F=(\bar{x}_1\vee x_3)\wedge(\bar{x}_1\vee x_2\vee \bar{x}_3)$. 若使用符号 $F\vdash_1 l$ 表示 F 通过单元传播得到 l，则有 $F\,|\,x_1\vdash_1 x_2$，但 $F\,|\,\bar{x}_2\not\vdash_1 \bar{x}_1$. 对于子句集 $G=(\bar{x}_1\vee x_2\vee x_3)\wedge(\bar{x}_1\vee x_2\vee \bar{x}_3)$，我们有 $G\,|\,x_1\,|\,\bar{x}_2\vdash_1 \epsilon$（见式 (119)），但 $G\,|\,x_1\not\vdash_1 x_2$ 且 $G\,|\,\bar{x}_2\not\vdash_1 \bar{x}_1$.

现在考虑仅包含 3 个变量的简单至多为一约束：$f(x_1,x_2,x_3)=[x_1+x_2+x_3\leqslant 1]$. 我们可以尝试按照上述方法有条不紊地表示 f，无论是通过构建 f 的电路还是构建 f 的 BDD. 第一种方法（见习题 420）可以推导出：

$$F=(x_1\vee \bar{x}_2\vee a_1)\wedge(\bar{x}_1\vee x_2\vee a_1)\wedge(x_1\vee x_2\vee \bar{a}_1)\wedge(\bar{x}_1\vee \bar{x}_2)\wedge(\bar{x}_3\vee \bar{a}_1). \tag{175}$$

第二种方法（见习题 421）会产生稍微不同的解：

$$G=(x_1\vee a_4)\wedge(\bar{x}_1\vee a_3)\wedge(\bar{a}_4\vee \bar{x}_2\vee a_2)\wedge(\bar{a}_3\vee x_2\vee a_2)\wedge(\bar{a}_3\vee \bar{x}_2)\wedge(\bar{a}_2\vee \bar{x}_3). \tag{176}$$

但是，实际上这两种方法都不是很好，因为 $F\,|\,x_3\not\vdash_1 \bar{x}_1$ 且 $G\,|\,x_3\not\vdash_1 \bar{x}_1$. 更好的方法是使用从 (18) 和 (19) 的一般方案中得到的编码，在 $n=3$ 且 $r=1$ 时可得

$$S=(\bar{a}_1\vee a_2)\wedge(\bar{x}_1\vee a_1)\wedge(\bar{x}_2\vee a_2)\wedge(\bar{x}_2\vee \bar{a}_1)\wedge(\bar{x}_3\vee \bar{a}_2), \tag{177}$$

其中，a_1 和 a_2 分别表示 s_1^1 和 s_2^1；或者从 (20) 和 (21) 得到的表示

$$B=(\bar{x}_3\vee a_1)\wedge(\bar{x}_2\vee a_1)\wedge(\bar{x}_2\vee \bar{x}_3)\wedge(\bar{a}_1\vee \bar{x}_1), \tag{178}$$

其中，a_1 表示 b_1^2. 使用 (177) 或 (178)，当 $i\neq j$ 时，我们通过单元传播有 $S\,|\,x_i\vdash_1 \bar{x}_j$ 和 $B\,|\,x_i\vdash_1 \bar{x}_j$. 当然，对于这个特定的 f，因为 n 很小，所以最好的编码方式是显而易见的：

$$O=(\bar{x}_1\vee \bar{x}_2)\wedge(\bar{x}_1\vee \bar{x}_3)\wedge(\bar{x}_2\vee \bar{x}_3). \tag{179}$$

假设 $f(x_1,\cdots,x_n)$ 是由子句集 F 表示的布尔函数，且可能包含辅助变量 $\{a_1,\cdots,a_m\}$，就像 (170) 中那样. 如果有

$$F|L \vdash l \qquad \text{蕴涵} \qquad F|L \vdash_1 l, \tag{180}$$

其中，$L\cup l$ 是包含于 $\{x_1,\cdots,x_n,\bar{x}_1,\cdots,\bar{x}_n\}$ 中的一组严格不同的文字，则我们称 F 是强制表示. 换句话说，如果由 L 表示的部分赋值在逻辑上能推导出某个其他文字 l 为真，那么我们坚持认为，仅通过单元传播就应该能够从 $F|L$ 中推导出 l. 辅助变量 $\{a_1,\cdots,a_m\}$ 不受此要求的限制；只有主变量 $\{x_1,\cdots,x_n\}$ 之间的潜在强制关系才应该在发生时容易被识别.

（技术要点：如果 $F|L\vdash\epsilon$，意味着 $F|L$ 是不可满足的，那么我们隐式地有 $F|L\vdash l$ 对于所有文字 l 都成立. 在这种情况下，(180) 表明 $F|L\vdash_1 l$ 和 $F|L\vdash_1 \bar{l}$ 同时成立，因此可以仅通过单元传播证明 $F|L$ 不可满足.）

我们已经看到 (177) 和 (178) 中的子句集 S 和 B 对于约束 $[x_1+x_2+x_3\leqslant 1]$ 是强制的，但 (175) 和 (176) 中的子句集 F 和 G 不是. 实际上，推导出 (177) 的子句集 (18) 和 (19) 对于一般的基数约束 $[x_1+\cdots+x_n\leqslant r]$ 总是强制的；推导出 (178) 的子句集 (20) 和 (21) 也是如此（见习题 429 和习题 430）. 此外，一般的至多为一约束 $[x_1+\cdots+x_n\leqslant 1]$ 可以使用休尔的 $3(n-2)$ 个二元子句和 $\lfloor(n-3)/2\rfloor$ 个辅助变量（见习题 12），或约 $n\lg n$ 个二元子句和仅 $\lceil\lg n\rceil$ 个辅助变量（见习题 394）来更有效地表示，并且这两种表示都是强制的.

通常，我们乐于尽快知道某个变量的值是否已经被其他值强制，因为一个大规模问题的变量通常同时参与许多约束. 如果我们知道 x 在约束 f 中不能为 0，那么如果 x 同时出现在 f 和另一个约束 g 中，通常可以得出某个其他变量 y 在约束 g 中不能为 1 的结论，从而得到很多反馈.

另外，使用一个大规模的强制表示 F 可能比使用一个小规模但是不强制的表示 G 更糟糕，因为额外的子句会增加 SAT 求解器的工作难度. 这种权衡是非常微妙的，而且很难提前预测.

每个布尔约束 $f(x_1,\cdots,x_n)$ 都至少有一种不包含辅助变量的强制表示. 事实上，不难看出，f 的合取素式 F——f 的所有素子句的 AND——是强制的.

较小的表示通常也是强制的，即便并没有辅助变量. 比如，简单的约束 $[x_1\geqslant x_2\geqslant\cdots\geqslant x_n]$ 有 $\binom{n}{2}$ 个素子句，即对于 $1\leqslant j<k\leqslant n$，有 $(x_j\vee\bar{x}_k)$；但它们中只有 $n-1$ 个，即当 $k=j+1$ 时 (164) 中所示的那些，是强制的充分必要条件. 习题 424 提供了另一个比较随意的例子.

在最坏情况下，即使引入辅助变量，某些约束的所有强制表示也全都很大（见习题 428）. 但是，习题 431 ~ 441 讨论了许多有用且具有启发性的强制表示例子，这些例子使用了相对较少的子句.

然而，在定义 (180) 中，我们忽略了一个有趣的技术细节：一个狡猾的人实际上可能构造出一个在实践中完全无用的表示 F，即使它满足强制的所有条件. 比如，令 $G(a_1,\cdots,a_m)$ 是一组可满足的子句，但只有在将辅助变量 a_j 设置为极难找到的值时才可满足. 这样一来，我们可能有 $f(x_1)=x_1$ 和 $F=(x_1)\wedge G(a_1,\cdots,a_m)$. 定义 (180) 的这个缺陷最初由马修 · 格温和奥利弗 · 库尔曼指出［arXiv:1406.7398 [cs.CC] (2014), 67 页］，他们还追溯了这个主题的历史.

为了避免这样的问题，我们隐式地假设 F 是 f 的一个诚实表示. 具体来说，假设 L 是完全描述约束 $f(x_1,\cdots,x_n)=1$ 的解 $x_1\cdots x_n$ 的 n 个文字的集合，则使用习题 444 中的 SLUR 算法必须很容易满足子句集 $F|L$. 该算法的效率很高，因为它不会回溯. 习题 439 ~ 444 中的所有例子都通过了这个诚实测试. 事实上，只要 F 的每个子句至多包含一个为负的辅助变量，它就可以自动通过这个测试.

有些作者建议，如果可能的话，SAT 求解器应该仅在主变量 x_j 上分支，而不在辅助变量 a_j 上分支. 但是马蒂 · 贾维萨洛和伊尔卡 · 涅梅拉的大量研究［*LNCS* **4741** (2007), 348–363;

J. Algorithms **63** (2008), 90–113] 表明，在使用算法 C 时，这样的限制并不可取，甚至可能会严重降低算法 C 的执行速度.

对称性破缺. 有时候，通过利用对称性，我们可以极大地提高算法的执行速度. 考虑将 $m+1$ 只鸽子放到 m 个巢穴中的子句集 (106) 和 (107). 我们已经在引理 B 和定理 B 中看到，算法 C 和其他与归结有关的方法无法在执行关于 m 指数级增长的步骤之前证明这些子句的不可满足性. 然而，从鸽子的角度来看，这些子句是对称的；同样，从巢穴的角度来看，它们也是对称的：如果 π 是 $\{0,1,\cdots,m\}$ 的任意排列，而 ρ 是 $\{1,2,\cdots,m\}$ 的任意排列，那么对于 $0\leqslant j\leqslant m$ 和 $1\leqslant k\leqslant m$，变换 $x_{jk}\mapsto x_{(j\pi)(k\rho)}$ 保持子句集 (106) 和 (107) 不变. 因此，鸽巢问题有 $(m+1)!\,m!$ 种对称形式.

我们将在下面证明，巢穴的对称性使我们可以安全地假设巢穴占用向量按字典序排序，即

$$x_{0k}x_{1k}\cdots x_{mk}\leqslant x_{0(k+1)}x_{1(k+1)}\cdots x_{m(k+1)},\qquad \text{对于 } 1\leqslant k<m. \tag{181}$$

这些约束保持可满足性，而且我们从 (169) 中知道，它们可以轻易地表示为子句. 如果没有这些额外子句的帮助，那么当 $m=7$ 时，算法 C 的运行时间为 1900 万次内存访问；当 $m=8$ 时，运行时间增加到 177 Mμ，然后对于 $m=9$ 和 $m=10$，运行时间分别增加到 35 亿次内存访问和 86 Gμ. 但使用 (181)，同样的算法仅在 100 万次内存访问后就可以证明 $m=10$ 的不可满足性；对于 $m=20$ 和 $m=30$，分别只需要 284 Mμ 和 3.6 Gμ.

当我们对鸽子占用向量进行排序时，结果甚至更好：

$$x_{j1}x_{j2}\cdots x_{jm}\leqslant x_{(j+1)1}x_{(j+1)2}\cdots x_{(j+1)m},\qquad \text{对于 } 0\leqslant j<m. \tag{182}$$

在将这些约束添加到 (106) 和 (107) 中后，算法 C 可以在仅进行 6.9 万次内存访问后成功处理 $m=10$ 的情况. 它在处理 $m=100$ 的情况时甚至只需要 133 Mμ. 这一显著的改进仅通过向原始的 m^2+m 个变量及 (106) 和 (107) 中的 $(m+1)+(m^3+m^2)/2$ 个子句中添加 m^2-m 个新变量和 $3m^2-2m$ 个新子句来实现.（此外，对 (182) 的推理并没有使用数学中的鸽巢原理来瞒天过海.）

实际上还不止如此. 列对称性（见习题 498）还表明，可以添加 $\binom{m}{2}$ 个简单的二元子句

$$(x_{(j-1)j}\vee \bar{x}_{(j-1)k})\quad \text{对于 } 1\leqslant j<k\leqslant m \tag{183}$$

到 (106) 和 (107) 中，而不是 (182). 这个原则在一般情况下相当弱，却特别适合鸽子：它将 $m=100$ 的运行时间降低到仅 2100 万次内存访问，并且它根本不需要任何辅助变量！

当然，(106) 和 (107) 的地位从未令人怀疑. 出于简洁性，这些子句仅作为基础. 同时，它们表明存在许多对称性破缺策略. 现在我们转向一个更有趣的问题，它本质上和鸽巢问题具有相同的对称性，但是将鸽子和巢穴的角色分别改为“点”和“线”. 考虑一个包含 m 个点和 n 条线的集合，其中每条线是点的子集；要求任何两个点都不会同时出现在多于一条线上.（等价地说，任何两条线都不得在多于一个点处相交.）这样的配置被称为*无四方*，因为它等价于一个 $m\times n$ 二进制矩阵 (x_{ij})，其中不包含“四方”，即由 1 组成的 2×2 子矩阵. 元素 x_{ij} 表示点 i 在线 j 上. 无四方矩阵显然由 $\binom{m}{2}\binom{n}{2}$ 个子句所描述：

$$(\bar{x}_{ij}\vee\bar{x}_{ij'}\vee\bar{x}_{i'j}\vee\bar{x}_{i'j'}),\qquad \text{对于 } 1\leqslant i<i'\leqslant m \text{ 且 } 1\leqslant j<j'\leqslant n. \tag{184}$$

一个大小为 $m\times n$ 的无四方矩阵中，最多可以有多少个 1？［当 $m=n$ 时，卡齐米日 · 扎兰凯维奇在 *Colloquium Mathematicæ* **2** (1951), 301 中提出了这个问题，并考虑了如何避开更一般的由 1 组成的子矩阵. ］我们记这个值为 $Z(m,n)-1$；那么 $Z(m,n)$ 是使得每个具有 r 个非零元素的 $m\times n$ 矩阵都包含一个四方的最小 r 值.

事实上，我们已经遇到过这个问题的例子，只不过它当时是以一种间接形式出现的．如习题 448 所示，存在一个包含 v 个对象的施泰纳三元系，当且仅当 v 为奇数且存在一个 $m=v$、$n=v(v-1)/6$、$r=v(v-1)/2$ 的无四方矩阵．其他组合分块设计也具有类似的特征．

表 5 展示了小规模情况下 $Z(m,n)$ 的取值．这些值是通过精细的组合推理发现的，没有使用计算机辅助．因此，当 SAT 求解器与真正的智能相比时，它们的表现将具有启发性．

表 5 $Z(m,n)$，即当 (184) 不可满足时 1 的最少数量

	$n=2$	3	4	5	6	7	8	9	10	11	12	13	14	15	16	17	18	19	20	21	22	23	24	25	26	27
$m=2$:	4	5	6	7	8	9	10	11	12	13	14	15	16	17	18	19	20	21	22	23	24	25	26	27	28	29
$m=3$:	5	7	8	9	10	11	12	13	14	15	16	17	18	19	20	21	22	23	24	25	26	27	28	29	30	31
$m=4$:	6	8	10	11	13	14	15	16	17	18	19	20	21	22	23	24	25	26	27	28	29	30	31	32	33	34
$m=5$:	7	9	11	13	15	16	18	19	21	22	23	24	25	26	27	28	29	30	31	32	33	34	35	36	37	38
$m=6$:	8	10	13	15	17	19	20	22	23	25	26	28	29	31	32	33	34	35	36	37	38	39	40	41	42	43
$m=7$:	9	11	14	16	19	22	23	25	26	28	29	31	32	34	35	37	38	40	41	43	44	45	46	47	48	49
$m=8$:	10	12	15	18	20	23	25	27	29	31	33	34	36	37	39	40	42	43	45	46	48	49	51	52	54	55
$m=9$:	11	13	16	19	22	25	27	30	32	34	37	38	40	41	43	44	46	47	49	50	52	53	55	56	58	59
$m=10$:	12	14	17	21	23	26	29	32	35	37	40	41	43	45	47	48	50	52	53	55	56	58	59	61	62	64
$m=11$:	13	15	18	22	25	28	31	34	37	40	43	45	46	48	51	52	54	56	58	60	61	63	64	66	67	69
$m=12$:	14	16	19	23	26	29	33	37	40	43	46	49	50	52	54	56	58	61	62	64	66	67	69	71	73	74
$m=13$:	15	17	20	24	28	31	34	38	41	45	49	53	54	56	58	60	62	65	67	68	80	72	74	76	79	80
$m=14$:	16	18	21	25	29	32	36	40	43	46	50	54	57	59	61	64	66	69	71	73	74	76	79	81	83	85
$m=15$:	17	19	22	26	31	34	37	41	45	48	52	56	59	62	65	68	70	73	76	78	79	81	83	86	87	89
$m=16$:	18	20	23	27	32	35	39	43	47	51	54	58	61	65	68	71	74	77	81	82	84	86	88	91	92	94

［参考文献：理查德 · 肯尼思 · 盖伊，*Theory of Graphs*, Tihany 1966，由埃尔德什和卡托纳编辑 (Academic Press, 1968), 119–150；理查德 · 诺瓦科夫斯基，博士论文 (Univ. of Calgary, 1978), 202. ］

第一个有趣的情况是 $m=n=8$：我们可以在棋盘上放置 24 个标记而不形成四方，但是 $Z(8,8)=25$ 个标记太多了．如果我们只将基数约束 $\sum_{i=1}^{m}\sum_{j=1}^{n}x_{ij}\geqslant r$ 添加到 (184) 中，那么当 $m=n=8$ 且 $r=24$ 时，算法 C 将快速找到一个解．但是当 $r=25$ 时，它会停滞不前，最后需要进行大约 10 万亿次内存访问来证明不可满足性．

幸运的是，我们可以利用 $m!\,n!$ 种对称性．这些对称性对行和列进行排列而不影响四方．习题 495 表明，这些对称性允许我们添加字典约束

$$x_{i1}x_{i2}\cdots x_{in}\geqslant x_{(i+1)1}x_{(i+1)2}\cdots x_{(i+1)n},\qquad \text{对于 } 1\leqslant i<m;\tag{185}$$

$$x_{1j}x_{2j}\cdots x_{mj}\geqslant x_{1(j+1)}x_{2(j+1)}\cdots x_{m(j+1)},\qquad \text{对于 } 1\leqslant j<n.\tag{186}$$

（也可以使用 $\leqslant$ 代替 $\geqslant$ 来表示递增顺序，但是结果表明递减顺序更好，见习题 497.）现在证明 $r=25$ 的不可满足性所需的运行时间大幅缩短，仅约 5000 万次内存访问．如果将字典约束缩短为仅考虑行或列的前 4 个元素，而不是所有 8 个元素，则运行时间可以进一步缩短至 48 Mμ.

(185) 和 (186) 的约束在可满足性问题中也很有用．下面不考虑 $m=n=8$ 的简单情况，而是考虑 $m=n=13$ 且 $r=52$ 的情况．在这种情况下，它们可以帮助算法 C 在大约 2000 亿次内存访问内找到一个解；而在没有它们帮助的情况下，算法 C 需要超过 18 万亿次内存访问才能找到一个解（见习题 449）.

保可满足性的映射. 让我们继续讨论关于对称性破缺的理论. 事实上，我们将做更一般的讨论：对称性是保持结构性质的*排列*，而我们将考虑任意*映射*. 映射比排列更普适，因为它无须可逆. 如果 $x = x_1 \cdots x_n$ 是可满足性问题的任意一个潜在解，那么我们的理论基于映射 $x \mapsto x\tau = x'_1 \cdots x'_n$ 的变换 τ. 每当 x 是一个解时，$x\tau$ 也必须是一个解.

换言之，如果 F 是 n 个变量上的子句族，并且如果 $f(x) = [x \text{ 满足 } F]$，那么我们对所有满足 $f(x) \leqslant f(x\tau)$ 的映射 τ 感兴趣. 这样的映射通常被称为解之间的*自同态*.① 如果一个自同态 τ 事实上是一个排列，则它被称为*自同构*. 因此，如果问题有 K 个解，而总共有 $N = 2^n$ 种可能性，那么映射的总数是 N^N；自同态的总数是 $K^K N^{N-K}$；自同构的总数是 $K!\,(N-K)!$.

注意，我们并不要求 $f(x)$ 必须恰好等于 $f(x\tau)$. 自同态可以将非解映射为解，而只有 $K^K(N-K)^{N-K}$ 个映射具有这种更强的性质. 另外，自同构*总是*满足 $f(x) = f(x\tau)$，见习题 454.

下面随意考虑一个 $n = 4$ 的映射的例子：

```
                                  1100↘       ↺                       ↺        0111↘    ↺
0001→0010→0100→1111→1101→0000→0011      1011→1010→0101→0110(→1010)    1001→1000←1110
```
(187)

习题 455 和习题 456 讨论了这个映射的潜在自同态.

一般情况下，映射中存在一个或多个*环*，环中的每个元素都是指向它的有向树的根结点. 比如，(187) 中的环有 (0011)、(1010 0101 0110) 和 (1000).

通常有几个自同态 $\tau_1, \tau_2, \cdots, \tau_p$ 是已知的. 在这种情况下，可以想象具有 2^n 个顶点的有向图，其中，每个顶点 x 和其后继顶点 $x\tau_1, x\tau_2, \cdots, x\tau_p$ 之间连有弧. 该有向图具有一个或多个*汇分量*，它们是"无法逃脱"的强连通分量 Y：如果 $x \in Y$ 成立，那么 $x\tau_k \in Y$ 对于 $1 \leqslant k \leqslant p$ 也成立.（在每个 τ_k 都是自同构的特殊情况下，汇分量通常被称为自同构群的*轨道*.）当 $p = 1$ 时，汇分量等同于环.

子句集 F 是可满足的，当且仅当至少存在一个 x 使得 $f(x) = 1$. 这样的一个 x 将导致至少存在一个汇分量 Y，其中的所有元素都满足 $f(y) = 1$. 因此，只需在每个汇分量 Y 中检查一个元素 y，并判断 $f(y)$ 是否等于 1，就足以验证可满足性.

让我们考虑一个简单的问题，它基于 $m \times n$ 矩阵 $\boldsymbol{X} = (x_{ij})$ 的扫描线，即任意 $t \times t$ 子矩阵的对角线和的最大值：

$$\text{sweep}(\boldsymbol{X}) = \max_{\substack{1 \leqslant i_1 < i_2 < \cdots < i_t \leqslant m \\ 1 \leqslant j_1 < j_2 < \cdots < j_t \leqslant n}} (x_{i_1 j_1} + x_{i_2 j_2} + \cdots + x_{i_t j_t}). \tag{188}$$

当 $\boldsymbol{X}$ 为二元矩阵时，sweep($\boldsymbol{X}$) 是 $\boldsymbol{X}$ 中通过 1 且向右下方向的最长路径的长度. 给定 m、n、k 和 r，我们可以使用可满足性来判断是否存在矩阵，使得 $\text{sweep}(\boldsymbol{X}) \leqslant k$ 且 $\sum_{i=1}^{m}\sum_{j=1}^{n} x_{ij} \geqslant r$. 习题 460 展示了适用的子句. 右侧显示了 $m = n = 10$、$k = 3$ 和 $r = 51$ 的解：它有 51 个 1，但其中没有任何 4 个位于单调向右下方向的路径上.

```
0000111111
0000100011
0000100111
0001101101
0111111001
1111100001
1010000011
1010000010
1110111110
1111100000
```

这个问题有 2^{mn} 个候选矩阵 $\boldsymbol{X}$. 通过对小的 m 和 n 进行实验，我们能发现几个可以应用于这些候选矩阵的自同态，并且它们不会增长扫描线.

- τ_1：如果 $x_{ij} = 1$ 且 $x_{i(j+1)} = 0$，并且 $x_{i'j} = 0$ 对于 $1 \leqslant i' < i$ 成立，那么我们可以置 $x_{ij} \leftarrow 0$ 且 $x_{i(j+1)} \leftarrow 1$.
- τ_2：如果 $x_{ij} = 1$ 且 $x_{(i+1)j} = 0$，并且 $x_{ij'} = 0$ 对于 $1 \leqslant j' < j$ 成立，那么我们可以置 $x_{ij} \leftarrow 0$ 且 $x_{(i+1)j} \leftarrow 1$.
- τ_3：如果第 $\{i, i+1\}$ 行和第 $\{j, j+1\}$ 列的 2×2 子矩阵为 $\substack{11\\10}$，那么我们可以将其变为 $\substack{01\\11}$.

---

① 这个词确实有些拗口. 但是说"自同态"比说"保可满足性的变换"要简单，而且它可以给人们留下更深刻的印象. 在某些特殊情况下，几位研究者也使用了"条件对称性"这个术语.

这些变换在习题 462 中得到了验证. 它们有时适用于不同的 i 和 j. 比如，τ_3 可用于改变示例解中的任意 8 个 2×2 子矩阵. 在这种情况下，我们可以任意做决定，比如选择字典序最小的 i 和 j.

在编码这个问题的子句中，除了 x_{ij} 还有辅助变量. 但是，当针对自同态进行推理时，我们可以忽略这些辅助变量.

每个自同态要么保持 $\boldsymbol{X}$ 不变，要么将其替换为一个字典序较小的矩阵. $\{\tau_1,\tau_2,\tau_3\}$ 的汇分量由这 3 个变换共同的不动点矩阵 $\boldsymbol{X}$ 组成. 因此，我们可以附加额外的子句来声明 τ_1、τ_2 或 τ_3 都不适用. 比如，通过以下子句可以排除变换 τ_3：

$$\bigwedge_{i=1}^{m-1}\bigwedge_{j=1}^{n-1}(\bar{x}_{ij}\vee\bar{x}_{i(j+1)}\vee\bar{x}_{(i+1)j}\vee x_{(i+1)(j+1)}). \tag{189}$$

这些子句声明子矩阵 $\begin{smallmatrix}11\\10\end{smallmatrix}$ 不会出现. 对于 τ_1 和 τ_2，子句可能稍微复杂一些（见习题 461）.

一方面，这些额外的子句在可满足实例中给出了有趣的答案，不过从运行时间的角度来看，它们并没有真正的帮助. 另一方面，当问题不可满足时，它们非常成功.

举例来说，我们可以在没有自同态的情况下证明，$m=n=10$、$k=3$、$r=52$ 的情况是不可能出现的，因此对于 $r=51$ 的任何解都是最优的. 在进行大约 160 亿次内存访问后，算法 C 证明了这一点. 添加关于 τ_1 和 τ_2 的子句，但不添加关于 τ_3 的子句，会将运行时间增加到 $23\,\mathrm{G}\mu$；只添加关于 τ_3 的子句而没有 τ_1 或 τ_2 时，则将运行时间缩短到 $6\,\mathrm{G}\mu$. 然而，当我们同时使用这 3 个自同态时，证明不可满足性所需的运行时间仅为 350 万次内存访问，加速超过 4500 倍.

更好的是，$\{\tau_1,\tau_2,\tau_3\}$ 的不动点实际上具有极其简单的形式（见习题 463），我们可以从中轻松地手动确定答案，而无须在计算机上运行. 计算机实验帮助我们猜测了这个结果. 但是，一旦证明了它，我们就一次性处理了无限多个情况. 理论和实践是相辅相成的.

另一个有趣的例子是测试给定的图是否存在完美匹配，即一组非重叠的边，且这组边恰好与每个顶点相连. 在 7.5.1 节和 7.5.5 节中，我们将讨论针对这个问题的高效算法. 现在，不妨看看一个简单的 SAT 求解器能否与这些方法媲美.

完美匹配可以很容易地表示为一个 SAT 问题，其中的变量被称为 uv，每条边 u — v 对应一个变量. uv 和 vu 是相同的. 当图中包含一个四环 v_0 — v_1 — v_2 — v_3 — v_0 时，我们既可以选择将它的两条边 $\{v_0v_1,v_2v_3\}$ 包含在匹配中，也可以选择将 $\{v_1v_2,v_3v_0\}$ 包含在匹配中. 因此，存在一个自同态，它表示“若 $v_0v_1=v_2v_3=1$（因此 $v_1v_2=v_3v_0=0$），置 $v_0v_1\leftarrow v_2v_3\leftarrow 0$ 和 $v_1v_2\leftarrow v_3v_0\leftarrow 1$”.

我们可以进一步推广这个想法：以任意方式给定边的全序，对于每条边 uv，考虑所有以 uv 作为最大边的四环. 换言之，我们考虑所有形如 u — v — u' — v' — u 的环，其中，vu'、$u'v'$、$v'u$ 在全序中都小于 uv. 如果存在这样的环，那么任意选择其中一个，并令 τ_{uv} 为下面两个自同态中的一个.

τ_{uv}^-：“若 $uv=u'v'=1$，置 $uv\leftarrow u'v'\leftarrow 0$ 和 $vu'\leftarrow v'u\leftarrow 1$.”

τ_{uv}^+：“若 $vu'=v'u=1$，置 $uv\leftarrow u'v'\leftarrow 1$ 和 $vu'\leftarrow v'u\leftarrow 0$.”

对于每个 uv，要么指定 τ_{uv}^-，要么指定 τ_{uv}^+. 习题 465 证明，在任意这样一族自同态的汇分量中存在完美匹配，当且仅当它是所有自同态的不动点. 因此，我们只需搜索不动点即可.

考虑用多米诺骨牌覆盖一个 $m\times n$ 棋盘. 这个问题等价于在网格图 $P_m\,\square\,P_n$ 中寻找一个完美匹配. 该图有 mn 个顶点 (i,j)，其中有 $m(n-1)$ 条“水平”边 h_{ij} 从 (i,j) 到 $(i,j+1)$，以及 $(m-1)n$ 条“竖直”边 v_{ij} 从 (i,j) 到 $(i+1,j)$. 它恰好有 $(m-1)(n-1)$ 个四环. 如果我们按从左到右的顺序对边进行编号，那么任意两个四环的最大边都不相同. 因此，我们可以

构造 $(m-1)(n-1)$ 个自同态．在每个自同态中，我们可以自由决定一个特定的环是由两块水平多米诺骨牌还是由两块竖直多米诺骨牌来填充．

让我们规定当 $i+j$ 为奇数时，可以同时使用 h_{ij} 和 $h_{(i+1)j}$；当 $i+j$ 为偶数时，可以同时使用 v_{ij} 和 $v_{i(j+1)}$．当 $m=n=4$ 时，共有 9 个自同态：

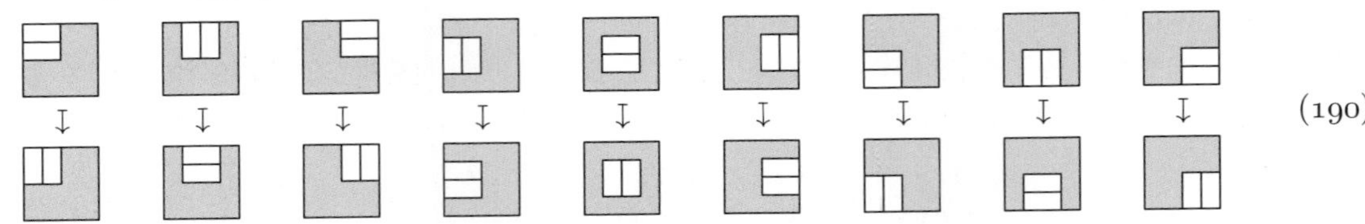

(190)

不难看出，只有一个 4×4 多米诺骨牌覆盖方式在这 9 个自同态下都不变．事实上，这个解对于所有的 m 和 n 都是唯一的（见习题 466）．

著名的“残缺棋盘”问题要求在去掉两个对角单元格的情况下用多米诺骨牌覆盖棋盘．由习题 7.1.4–213 可知，当 m 和 n 都为偶数时，这个问题是不可满足的．然而，SAT 求解器无法仅从子句中快速发现这个事实，因为存在许多近似求解方式，见 7.1.4–(130) 后面的讨论．[事实上，斯特凡 · 丹切夫和索伦 · 里斯在 *FOCS* **42** (2001), 220–229 中证明了这些子句的每个归结否证都需要 $2^{\Omega(n)}$ 个步骤．]

当算法 C 面对大小为 6×6, 8×8, 10×10, $\cdots$, 16×16 的残缺棋盘时，它分别需要约 $55\,\mathrm{K}\mu$, $1.4\,\mathrm{M}\mu$, $31\,\mathrm{M}\mu$, $668\,\mathrm{M}\mu$, $16.5\,\mathrm{G}\mu$, $0.91\,\mathrm{T}\mu$（万亿次内存访问）来证明不可满足性．然而，以 (190) 为代表的偶–奇自同态拯救了我们：它们极大地缩小了搜索空间，将相应的运行时间分别缩短到仅需 $15\,\mathrm{K}\mu$, $60\,\mathrm{K}\mu$, $135\,\mathrm{K}\mu$, $250\,\mathrm{K}\mu$, $470\,\mathrm{K}\mu$, $690\,\mathrm{K}\mu$（千次内存访问）．它们甚至可以在少于 $4.2\,\mathrm{G}\mu$ 的计算量下验证 256×256 残缺多米诺骨牌覆盖问题的不可满足性，并呈现大约 $O(n^3)$ 的增长率．

自同态还可以通过另一种重要方式来提高求解 SAT 问题的速度，如下所述．

定理 E.　令 $p_1p_2\cdots p_n$ 是 $\{1,2,\cdots,n\}$ 的任意排列．如果布尔函数 $f(x_1,x_2,\cdots,x_n)$ 是可满足的，那么它有一个解，使得对于 f 的每个将 $x_1x_2\cdots x_n$ 映射到 $x_1'x_2'\cdots x_n'$ 的自同态，都有 $x_{p_1}x_{p_2}\cdots x_{p_n}$ 在字典序上小于或等于 $x'_{p_1}x'_{p_2}\cdots x'_{p_n}$．

证明．　f 的字典序最小的解具有这个性质．　▌

也许我们不应该称之为“定理”，因为由自同态总是将解映射到解这一事实显然可以得出这一推论．但它值得被记住并被赋予重要的地位，因为我们将看到它具有许多有用的用途．

定理 E 很有价值，至少在潜在意义上如此，因为每个布尔函数都有大量的自同态（见习题 457）．然而，我们有一个疑虑：在求解问题之前，我们几乎从不知道这些自同态中的任何一个！尽管如此，每当我们确实偶然知道数不清的非平凡自同态中的某一个存在时，就可以添加缩小搜索空间的子句．如果存在解，就一定存在一个“字典序最小”的解，满足 $x_1x_2\cdots x_n\leqslant x_1'x_2'\cdots x_n'$．

让定理 E 略微黯然失色的第二个难点是，大多数自同态太过复杂，以至于无法简洁地表示为子句．我们真正想要的是简单明了的自同态，以便字典序排序也同样简单．

幸运的是，这样的自同态通常是存在的．事实上，它们通常是自同构——问题的对称性——由变量的带符号排列定义．带符号排列表示对变量进行排列和（或）取补的操作．比如，带符号排列 $\bar{4}13\bar{2}$ 表示映射 $(x_1,x_2,x_3,x_4)\mapsto(x_{\bar{4}},x_1,x_3,x_{\bar{2}})=(\bar{x}_4,x_1,x_3,\bar{x}_2)$．这个操作以比 (187) 更常规的方式转换状态：

0000 → 1001 → 0101 → 0000　0001 ↺　0010 → 1011 → 0111 → 0010　0011 ↺　0100 → 1000 → 1101 → 0100　1100 ↺　0110 → 1010 → 1111 → 0110　1110 ↺　(191)

如果 σ 将文字 u 映射到 v，那么我们将其写作 $u\sigma = v$. 在这种情况下，σ 也将 $\bar{u}$ 映射到 $\bar{v}$. 因此，我们总是有 $\bar{u}\sigma = \overline{u\sigma}$. 我们还用 $x\sigma$ 表示将 σ 应用于文字序列 x 的结果. 比如，$(x_1, x_2, x_3, x_4)\sigma = (\bar{x}_4, x_1, x_3, \bar{x}_2)$. 这个映射是 $f(x)$ 的对称或自同构，当且仅当对于所有 x 都有 $f(x) = f(x\sigma)$. 习题 474 和习题 475 讨论了这种对称性的基本性质，也见习题 7.2.1.2–20.

注意，带符号排列可以被视为对 $2n$ 个文字 $\{x_1, \cdots, x_n, \bar{x}_1, \cdots, \bar{x}_n\}$ 的无符号排列，因此它可以写成环的乘积. 比如，对称 $\bar{4}13\bar{2}$ 对应于环 $(1\bar{4}\bar{2})(\bar{1}4\bar{2})(3)(\bar{3})$. 我们可以通过按照正常方式将这些环相乘来将带符号排列相乘，就像在 1.3.3 节中那样.

对称 σ 和 τ 的乘积 $\sigma\tau$ 总是对称. 因此，如果 σ 是任意对称，那么它的幂 σ^2、σ^3 等也是对称. 如果 $\sigma, \sigma^2, \cdots, \sigma^r$ 互不相同且 σ^r 是单位元，那么我们称 σ 的阶为 r. 阶为 1 或 2 的带符号排列被称为带符号对合. 这个重要的特殊情况只有当 σ 是自身的逆元（$\sigma^2 = 1$）时才会出现.

显然，处理 $2n$ 个文字的排列要比处理 $x_1 \cdots x_n$ 的 2^n 个状态的排列容易得多. 带符号排列 σ 的主要优势在于，我们可以测试 σ 是否保持可满足性问题中子句族 F 的可满足性. 如果是，那么我们可以确定当 σ 作用于所有 2^n 个状态时，它也是一个自同构（见习题 492）.

让我们回到之前经常讨论的 $waerden(3, 10; 97)$ 的例子，即将 $x_1x_2 \cdots x_{97}$ 映射到 $x_{97}x_{96} \cdots x_1$. 如果我们不打破这种对称性，那么算法 C 通常在大约 530 Mμ 的计算后会验证不可满足性. 现在根据定理 E，我们还可以断言 $x_1x_2x_3 \leqslant x_{97}x_{96}x_{95}$. 但是，这个破坏对称性的断言实际上并没有什么帮助，因为 x_1 对 x_{97} 的影响很小. 幸运的是，定理 E 允许我们选择任何排列 $p_1p_2 \cdots p_n$ 来进行字典序比较. 比如，我们可以断言 $x_{48}x_{47}x_{46} \cdots \leqslant x_{50}x_{51}x_{52} \cdots$，前提是我们不要求 $x_1x_2x_3 \cdots \leqslant x_{97}x_{96}x_{95} \cdots$（必须使用一个固定的全局排序，但自同态可以是任意的）.

即使是简单的断言 $x_{48} \leqslant x_{50}$，即子句 $\overline{48}\,50$，也可以将运行时间缩短到约 410 Mμ，因为这个新子句与现有的子句 46 48 50, 48 49 50, 48 50 52 结合得很好，并且产生了有所帮助的二元子句 46 50, 49 50, 50 52. 如果我们进一步断言 $x_{48}x_{47} \leqslant x_{50}x_{51}$，则运行时间将进一步缩短到 345 M$\mu$. 接下来的步骤 $x_{48}x_{47}x_{46} \leqslant x_{50}x_{51}x_{52}, \cdots, x_{48}x_{47}x_{46}x_{45}x_{44}x_{43} \leqslant x_{50}x_{51}x_{52}x_{53}x_{54}x_{55}$ 将运行时间分别缩短到 290 Mμ、260 Mμ、235 Mμ、220 Mμ. 通过利用单个反射对称性，我们就节省了一半以上的运行时间！只需要 16 个简单的额外子句，即

$$\overline{48}\,50,\ \overline{48}\,a_1,\ 50\,a_1,\ \overline{47}\,51\,\bar{a}_1,\ \overline{47}\,a_2\,\bar{a}_1,\ 51\,a_2\,\bar{a}_1,\ \overline{46}\,52\,\bar{a}_2,\ \cdots, \overline{43}\,55\,\bar{a}_5,$$

就可以通过使用 (169) 中的字典序编码来获得这种加速.

当然，世间好物不坚牢，我们现在已经达到了收益递减的点：进一步断言 $x_{48}x_{47} \cdots x_{42} \leqslant x_{50}x_{51} \cdots x_{56}$ 的子句对于 $waerden(3, 10; 97)$ 问题来说适得其反.

当 σ 是具有相对较少二环的带符号对合时，会出现一种奇妙的简化. 假设 $\sigma = 5\bar{3}\bar{2}41\bar{6}\bar{9}\bar{8}\bar{7}$，以环的形式表示为 $(15)(\bar{1}\bar{5})(2\bar{3})(\bar{2}3)(4)(\bar{4})(6\bar{6})(7\bar{9})(\bar{7}9)(8\bar{8})$. 字典序关系 $x = x_1 \cdots x_9 \leqslant x'_1 \cdots x'_9 = x\sigma$ 成立，当且仅当 $x_1x_2x_6 \leqslant x_5\bar{x}_3\bar{x}_6$. 一旦我们仔细观察，就会发现背后的原因是显而易见的［见法迪 · 艾哈迈德 · 阿卢尔、阿尔蒂 · 拉马尼、伊戈尔 · 列昂尼多维奇 · 马尔可夫和卡雷姆 · 艾哈迈德 · 萨卡拉，*IEEE Trans.* **CAD-22** (2003), 1117–1137, §III.C］：在这种情况下，关系 $x_1 \cdots x_9 \leqslant x'_1 \cdots x'_9$ 意味着"$x_1 \leqslant x_5$；若 $x_1 = x_5$，则 $x_2 \leqslant \bar{x}_3$；若 $x_1 = x_5$ 且 $x_2 = \bar{x}_3$，则 $x_3 \leqslant \bar{x}_2$；若 $x_1 = x_5$、$x_2 = \bar{x}_3$ 且 $x_3 = \bar{x}_2$，则 $x_4 \leqslant x_4$；若 $x_1 = x_5$、$x_2 = \bar{x}_3$、$x_3 = \bar{x}_2$ 且 $x_4 = x_4$，则 $x_5 \leqslant x_1$；若 $x_1 = x_5$、$x_2 = \bar{x}_3$、$x_3 = \bar{x}_2$、$x_4 = x_4$ 且 $x_5 = x_1$，则 $x_6 \leqslant \bar{x}_6$；若 $x_1 = x_5$、$x_2 = \bar{x}_3$、$x_3 = \bar{x}_2$、$x_4 = x_4$、$x_5 = x_1$ 且 $x_6 = \bar{x}_6$，则我们就完成了". 使用这种扩展的描述，这种简化是显然的.

一般而言，通过这种推理，我们可以将定理 E 改进如下.

推论 E. 令 $p_1p_2\cdots p_n$ 是 $\{1,2,\cdots,n\}$ 的任意排列. 对于子句集 F 的每个带符号对合 σ，我们可以将 σ 以环的形式写为

$$(p_{i_1}\pm p_{j_1})(\bar{p}_{i_1}\mp p_{j_1})(p_{i_2}\pm p_{j_2})(\bar{p}_{i_2}\mp p_{j_2})\cdots(p_{i_t}\pm p_{j_t})(\bar{p}_{i_t}\mp p_{j_t}), \tag{192}$$

其中，$i_1\leqslant j_1, i_2\leqslant j_2, \cdots, i_t\leqslant j_t, i_1<i_2<\cdots<i_t$，并且当 $i_k=j_k$ 时忽略 $(\bar{p}_{i_k}\mp p_{j_k})$. 我们可以在 F 中添加子句来断言字典序关系 $x_{p_{i_1}}x_{p_{i_2}}\cdots x_{p_{i_q}}\leqslant x_{\pm p_{j_1}}x_{\pm p_{j_2}}\cdots x_{\pm p_{j_q}}$，其中，$q=t$ 或者 q 是满足 $i_k=j_k$ 的最小 k. ▌

在一般情况下，当 σ 是普通的无符号对合时，这里的所有符号都可以消除. 我们只需断言 $x_{p_{i_1}}\cdots x_{p_{i_t}}\leqslant x_{p_{j_1}}\cdots x_{p_{j_t}}$.

这个对合原理验证了我们在鸽巢原理和无四方矩阵问题中使用的所有对称性破缺技巧，见习题 495 中讨论的细节.

通过添加子句来破坏对称性的想法最早由让-弗朗索瓦 · 普吉特 [*LNCS* **689** (1993), 350–361] 提出，之后由詹姆斯 · 克劳福德、马修 · 金斯伯格、尤金 · 卢克斯和阿米达布 · 罗伊 [*Int. Conf. Knowledge Representation and Reasoning* **5** (1998), 148–159] 进行了研究，他们只考虑了无符号排列. 此外，他们还试图使用算法从输入的子句中发现对称性. 然而经验表明，了解底层问题结构的人几乎总能更好地发现有用的对称性.

实际上，这些对称性往往是“语义上的”而不是“语法上的”. 也就是说，它们是底层布尔函数的对称性，而不是子句本身的对称性. 举例来说，在关于无四方矩阵的扎兰凯维奇问题中，我们添加了高效的基数子句来确保 $\sum x_{ij}\geqslant r$. 这个条件在行列交换下是对称的，但子句本身不是对称的.

在这方面，还值得提到*活动扳手原则*：如果再加上一个类似于 $(x_{01}\vee x_{11}\vee \bar{x}_{22})$ 的子句，那么我们用来快速证明鸽巢原理子句不可满足的所有技术就会变得无用. 该子句将破坏对称性!

我们得出结论：可以从 F 中删除子句，直到获得可以添加对称性破缺子句 S 的子句集 F_0. 如果 $F=F_0\cup F_1$，并且如果 F_0 是可满足的 $\Longleftrightarrow F_0\cup S$ 是可满足的，那么 $F_0\cup S\vdash\epsilon \Longrightarrow F\vdash\epsilon$.

100 个测试样例. 现在，我们迎来了这个漫长故事的高潮：观察 SAT 求解器在面对 100 个适度具有挑战性的可满足性问题实例时的表现. 接下来两页总结的 100 组子句来自各种应用领域，其中许多在本节开始时进行了讨论，而其他一些则出现在下面的习题中.

每个测试样例都有一个编号，由一个字母和一个数字组成. 表 6 描述了每个问题并显示了包含的变量、子句和文字的确切数量. 比如，问题 A1 的描述以 2043|24772|55195|U 结尾. 这意味着 A1 由 2043 个变量上的 24 772 个子句组成，总共有 55 195 个文字，并且这些子句是不可满足的. 此外，由于 24772 被下划线标记，因此 A1 的所有子句的长度都不超过 3.

当然，我们不能仅通过计数变量、子句和文字来区分困难的问题和简单的问题. 子句极具捕获逻辑关系的灵活性，这意味着不同的子句集可能导致截然不同的现象. 图 95 展示了 10 张富有启发性的“变量交互图”，其中，每个变量由一个球表示，当两个变量至少在一个子句中同时出现时，它们就会被连接起来. [某些边的颜色比其他边更深，见习题 506. 关于这种三维可视化且以彩色呈现的更多示例，见卡斯滕 · 辛兹，*Journal of Automated Reasoning* **39** (2007), 219–243.]

我们不能期望单一的 SAT 求解器在众多类型的问题上都表现出色. 此外，表 6 中的 100 个测试样例几乎都超出了我们最初使用的简单算法的能力范围：除了最简单的例子（L1、L2、L5、P3、P4 和 X2），算法 A、B 和 D 求解其余测试样例中的任何一个都需要超过 500 亿次内存访问的计算. 算法 L 是算法 D 的改进版本，但它在求解大多数问题时也存在诸多困难. 另外，算法 C 的表现可圈可点. 它在少于 10 Gμ 的时间内解决了给定问题中的 79 个.

表 6 100 个测试样例的内容摘要

A1. 寻找满足 $\nu x = 27$ 的 $x = x_1x_2\cdots x_{99}$ 且没有 3 个间距相等的 1（见习题 31）. 2043|24772|55195|U

A2. 如 A1 所述，但寻找 $x = x_1x_2\cdots x_{100}$. 2071|25197|56147|S

B1. 用 49 块多米诺骨牌覆盖一块残缺的 10×10 棋盘，不使用额外子句来破坏对称性. 176|572|1300|U

B2. 与 B1 类似，但使用 71 块多米诺骨牌和 12×12 棋盘. 260|856|1948|U

C1. 寻找一条 8 步的布尔链来计算 $(z_2z_1z_0)_2 = x_1 + x_2 + x_3 + x_4$（见习题 479(a)）. 384|16944|66336|U

C2. 寻找一条 7 步的布尔链来计算习题 481(b) 中的改进全加器 z_1，z_2，z_3. 469|26637|100063|U

C3. 如 C2 所述，但使用 8 个步骤. 572|33675|134868|S

C4. 寻找一条 9 步的布尔链来计算习题 480(b) 中模 3 加法问题中的 z_l 和 z_r. 678|45098|183834|S

C5. 在习题 392 的迪德尼谜题 (*iv*) 中，将 A 与 A，$\cdots$，J 与 J 连接. 1980|22518|70356|S

C6. 如 C5 所述，但将第 8 行的 J 从第 4 列移至第 5 列. 1980|22518|70356|U

C7. 给定长度为 200 的满足与某个串 x 的距离小于或等于 r_j 且随机生成的二元串 s_1，$\cdots$，s_{50}，寻找 x（见习题 502）. 65719|577368|1659623|S

C8. 给定受生物数据启发且长度为 500 的二元串 s_1，$\cdots$，s_{40}，寻找与它们的距离都小于或等于 42 的一个串. 123540|909120|2569360|U

C9. 如 C8 所述，但距离小于或等于 43. 124100|926200|2620160|S

D1. 满足 *factor_fifo*(18, 19, 111111111111)（见习题 41）. 1940|6374|16498|U

D2. 如 D1 所述，但满足 *factor_lifo*. 1940|6374|16498|U

D3. 如 D1 所述，但使用 (19, 19, 111111111111). 2052|6745|17461|S

D4. 如 D2 所述，但使用 (19, 19, 111111111111). 2052|6745|17461|S

D5. 求解 $(x_1\cdots x_9)_2 \times (y_1\cdots y_9)_2 \neq (x_1\cdots x_9)_2 \times (y_1\cdots y_9)_2$，使用同一达达乘法电路的两个副本. 864|2791|7236|U

E0. 寻找埃尔德什差异模式 $x_1\cdots x_{500}$（见习题 482）. 1603|9157|27469|S

E1. 如 E0 所述，但寻找 $x_1\cdots x_{750}$. 2556|14949|44845|S

E2. 如 E0 所述，但寻找 $x_1\cdots x_{1000}$. 3546|21035|63103|S

F1. 满足 *fsnark*(99)（见习题 176）. 1782|4161|8913|U

F2. 如 F1 所述，但不要子句 $(\bar{e}_{1,3} \vee \bar{f}_{99,3}) \wedge (\bar{f}_{1,1} \vee \bar{e}_{2,1})$. 1782|4159|8909|S

G1. 使用习题 486 的答案中“最难赢发牌”赢得延迟绑定纸牌. 1242|22617|65593|S

G2. 如 G1 所述，但使用“最难不可赢发牌”. 1242|22612|65588|U

G3. 为 *prod*(16, 32) 中的故障“B^{43}_{43} 卡在 0”寻找一个测试模式. 3498|11337|29097|S

G4. 如 G3 所述，但针对故障“$D^{13,9}_{34}$ 卡在 0”. 3502|11349|29127|S

G5. 寻找一个能如图 78 一样得到 $\boldsymbol{X}_3 =$ **LIFE** 的 7×15 矩阵 $\boldsymbol{X}_0$，并且它至多有 38 个活细胞. 7150|28508|71873|U

G6. 如 G5 所述，但至多有 39 个活细胞. 7152|28536|71956|S

G7. 如 G5 所述，但 $\boldsymbol{X}_4 =$ **LIFE** 且 $\boldsymbol{X}_0$ 可以是任意的. 8725|33769|84041|U

G8. 在生命游戏中寻找一个构型来证明 $f^*(7,7) = 28$（见习题 83）. 97909|401836|1020174|S

K0. 使用直接编码 (15) 和 (16)，用 8 种颜色为 8×8 皇后图着色，同时强制最顶行的所有顶点的颜色. 512|5896|12168|U

K1. 如 K0 所述，但同时使用排除子句 (17). 512|7688|15752|U

K2. 如 K1 所述，但使用内核子句而不是 (17)（见习题 14 的答案）. 512|6408|24328|U

K3. 如 K1 所述，但使用支持子句而不是 (16)（见习题 399）. 512|13512|97288|U

K4. 如 K1 所述，但对颜色使用顺序编码. 448|6215|21159|U

K5. 如 K4 所述，但添加提示子句 (162). 448|6299|21663|U

K6. 如 K5 所述，但使用双重团提示（见习题 396）. 896|8559|27927|U

K7. 如 K1 所述，但使用习题 391(a) 中的对数编码. 2376|5120|15312|U

K8. 如 K1 所述，但使用习题 391(b) 中的对数编码. 192|5848|34968|U

L1. 满足 *langford*(10). 130|2437|5204|U

L2. 满足 *langford*$'$(10). 273|1020|2370|U

L3. 满足 *langford*(13). 228|5875|12356|U

L4. 满足 *langford*$'$(13). 502|1857|4320|U

L5. 满足 *langford*(32). 1472|102922|210068|S

L6. 满足 *langford*$'$(32). 3512|12768|29760|S

L7. 满足 *langford*(64). 6016|869650|1756964|S

L8. 满足 *langford*$'$(64). 14704|53184|124032|S

M1. 用 4 种颜色为 10 阶麦格雷戈图（图 76）着色，通过基数约束 (18) 和 (19) 来限制一种颜色至多使用 6 次. 1064|2752|6244|U

M2. 如 M1 所述，但通过 (20) 和 (21). 814|2502|5744|U

M3. 如 M1 所述，但至多 7 次. 1161|2944|6726|S

M4. 如 M2 所述，但至多 7 次. 864|2647|6226|S

M5. 如 M4 所述，但阶数为 16 且至多 11 次. 2256|7801|18756|U

M6. 如 M5 所述，但至多 12 次. 2288|8080|19564|S

M7. 用 4 种颜色为 9 阶麦格雷戈图着色，并且至少有 18 个区域被双重着色（见习题 19）. 952|4539|13875|S

M8. 如 M7 所述，但至少有 19 个区域. 952|4540|13877|U

N1. 在 100×100 棋盘上放置 100 个互不攻击的皇后. 10000|1151800|2313400|S

O1. 在 1058 单位时间内使用 8 台机器和 8 个作业求解随机开店调度问题. 50846|557823|1621693|U

O2. 如 O1 所述，但在 1059 单位时间内. 50901|558534|1623771|S

P0. 满足 $m = 20$ 的 (99)、(100) 和 (101)，从而得到大小为 20 且没有最大元素的偏序集. 400|7260|22080|U

P1. 如 P0 所述，但 $m = 14$ 且只用习题 228 中的子句. 196|847|2667|U

P2. 如 P0 所述，但 $m = 12$ 且只用习题 229 中的子句. 144|530|1674|U

P3. 如 P2 所述，但忽略子句 $(\bar{x}_{31} \vee \bar{x}_{16} \vee x_{36})$. 144|529|1671|S

P4. 如 P3 所述，但 $m = 20$. 400|2509|7827|S

Q0. 如 K0 所述，但用 9 种颜色. 576|6624|13688|S

Q1. 如 K1 所述，但用 9 种颜色. 576|8928|18296|S

Q2. 如 K2 所述，但用 9 种颜色. 576|7200|27368|S

Q3. 如 K3 所述，但用 9 种颜色. 576|15480|123128|S

Q4. 如 K4 所述，但用 9 种颜色. 512|7008|24200|S

Q5. 如 K5 所述，但用 9 种颜色. 512|7092|24704|S

Q6. 如 K6 所述，但用 9 种颜色. 1024|9672|31864|S

Q7. 如 K7 所述，但用 9 种颜色. 3168|6776|20800|S

Q8. 如 K8 所述，但用 9 种颜色. 256|6776|52832|S

Q9. 如 Q8 所述，但使用习题 391(c) 中的对数编码. 256|6584|42256|S

R1. 满足 $rand(3, 1061, 250, 314159)$. 250|1061|3183|S

R2. 满足 $rand(3, 1062, 250, 314159)$. 250|1062|3186|U

S1. 在 $\{x_1, \cdots, x_{20}\}$ 上寻找一个与 (27) 不同但在 108 个随机训练点上与其一致的四项析取范式. 356|4229|16596|S

S2. 如 S1 所述，但使用 109 个点. 360|4310|16760|U

S3. 寻找拥有 9 个元素的排序网络，它以比较器 [1:6][2:7][3:8][4:9] 开始并以另外 5 个并行轮结束（见习题 64）. 5175|85768|255421|U

S4. 如 S1 所述，但以另外 6 个并行轮结束. 6444|107800|326164|S

T1. 寻找一个 24×100 榻榻米平铺来拼写出如习题 118 中的 TATAMI. 2874|10527|26112|S

T2. 如 T1 所述，但采用 24×106 且 I 应当有衬线. 3048|11177|27724|U

T3. 求解习题 389 中的 TAOCP 问题且只使用 4 次马移动. 3752|12069|27548|U

T4. 如 T3 所述，但使用 5 次马移动. 3756|12086|27598|S

T5. 寻找图 80(c) 第 5 行第 18 列中的像素，这是柴郡猫问题字典序上的最后一个解. 8837|39954|100314|S

T6. 如 T5 所述，但寻找第 19 列. 8837|39955|100315|U

T7. 求解柴郡猫问题的游程计数扩展（见习题 117）. 25734|65670|167263|S

T8. 如 T7 所述，但找一个和图 79 不同的解. 25734|65671|167749|U

W1. 满足 $waerden(3, 10; 97)$. 97|2779|11662|U

W2. 满足 $waerden(3, 13; 159)$. 159|7216|31398|S

W3. 满足 $waerden(5, 5; 177)$. 177|7656|38280|S

W4. 满足 $waerden(5, 5; 178)$. 178|7744|38720|U

X1. 证明"轮流"协议 (43) 可以实现至少 100 步的互斥. 1010|3612|10614|U

X2. 证明习题 101 中四比特协议的类似于 (50) 的断言 Φ 是不变的. 129|354|926|U

X3. 在 X2 的 Φ 假设下，证明鲍勃不会饥饿超过 36 步. 1652|10552|28971|U

X4. 在 X2 的 Φ 假设下，证明存在四比特协议的一条简单的 36 步路径. 22199|50264|130404|S

X5. 如 X4 所述，但有 37 步. 23388|52822|137034|U

X6. 如 X1 所述，但使用彼得森协议 (49) 而不是 (43). 2218|8020|23222|U

X7. 证明使用协议 (49) 时存在一条简单的 54 步路径. 26450|56312|147572|S

X8. 如 X7 所述，但有 55 步. 27407|58317|152807|U

因此，表 6 中的测试样例虽然棘手，但它们是可以解决的. 几乎所有这些问题都可以在当今已知的方法下在至多两分钟内得到解决.

完整且详细的信息可以在作者网站上的 `SATexamples.tgz` 文件中找到，其中包括许多大大小小的相关问题.

这 100 个测试样例中恰好有 50 个是可满足的. 因此，我们自然想知道算法 W（WalkSAT）能否很好地处理这些样例. 答案是，算法 W 有时候表现得非常出色，特别是在问题 C7、C9、L5、L7、M3、M4、M6、P3、P4、Q0、Q1、R1、S1 上，它通常优于我们讨论过的所有其他算法. 特别是在作者进行的测试中，当 $N = 50n$ 且 $p = 0.4$ 时，它仅用了 $1\,\mathrm{M}\mu$ 的时间就解决了 S1，而次优算法（算法 C）需要 $25\,\mathrm{M}\mu$；在 M3 上，它以 $15\,\mathrm{M}\mu$ 击败了算法 C 的 $83\,\mathrm{M}\mu$；在 Q0 上，它以 $83\,\mathrm{M}\mu$ 击败了算法 L 的 $104\,\mathrm{M}\mu$；在 Q1 上，它以 $95\,\mathrm{M}\mu$ 击败了算法 C 的 $464\,\mathrm{M}\mu$；在 C7 上，它以惊人的 $104\,\mathrm{M}\mu$ 击败了算法 C 的 $7036\,\mathrm{M}\mu$. 这是一个惊人的结果. WalkSAT 在问题 N1 上也表现出了相当强的竞争力. 但在其他所有情况下，它都远远不及作为首选的方法. 因此，在接下来的讨论中，我们将只考虑算法 L 和算法 C.①

① 事实上，算法 L 有两个变体，因为当存在长度大于或等于 4 的子句时，必须使用习题 143 中的替代启发式方法进行前瞻. 即使给定子句全是三元子句，我们也可以使用习题 143，但经验表明这样做可能会损失至少 2 倍的性能. 因此，我们引用算法 L 时隐含地假设只在必要时才使用习题 143.

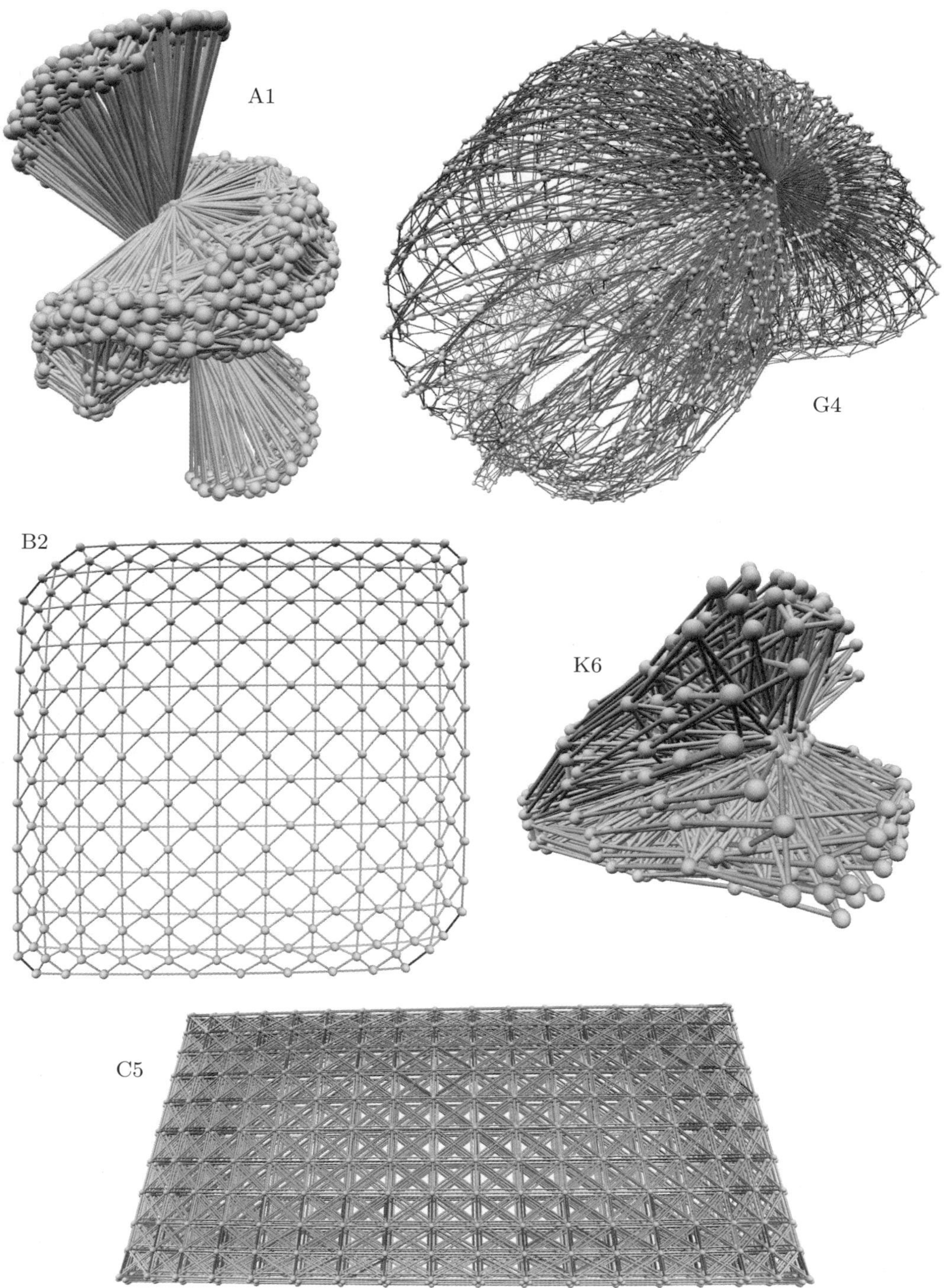
A1
G4
B2
K6
C5

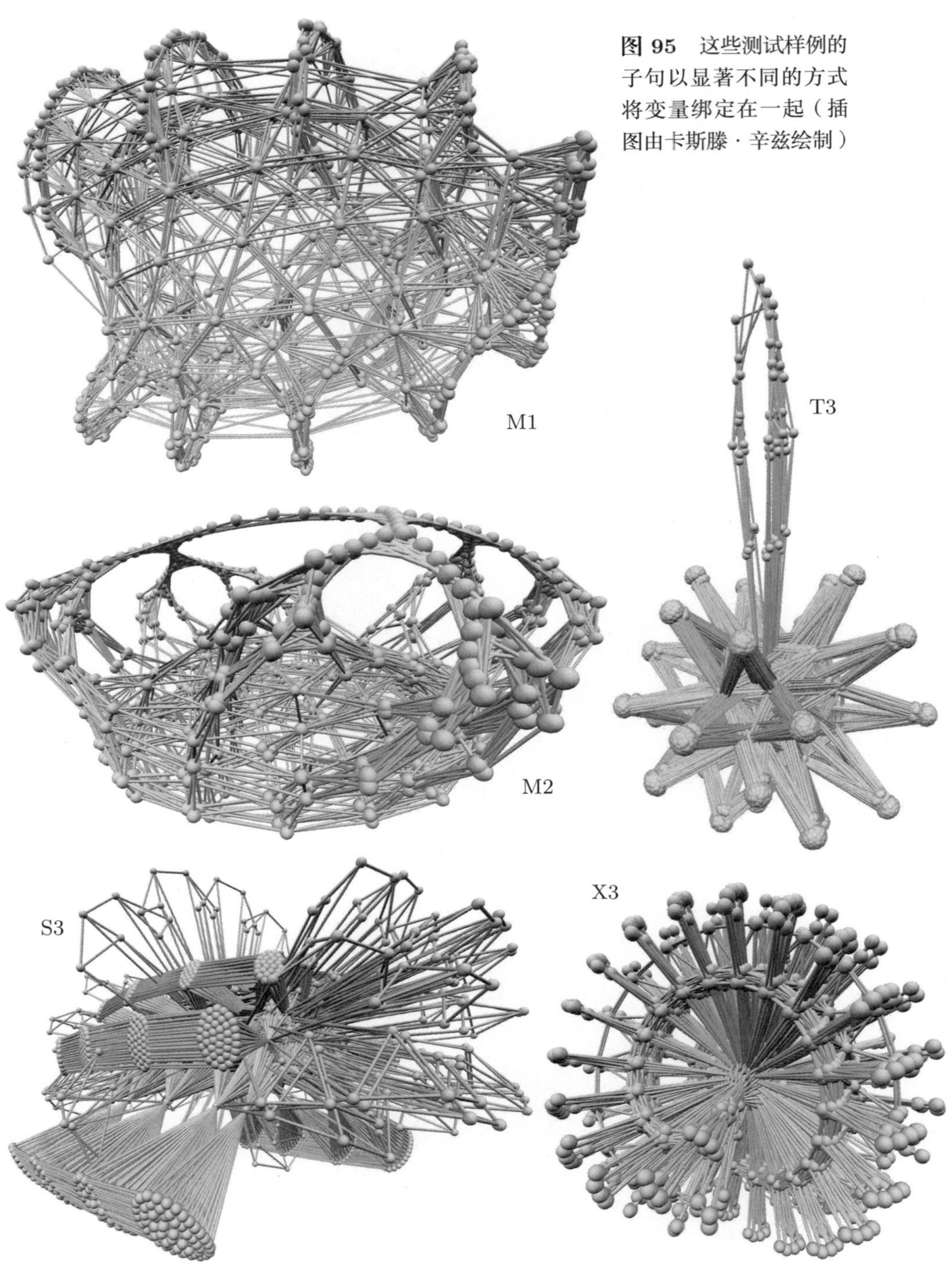

图 95 这些测试样例的子句以显著不同的方式将变量绑定在一起（插图由卡斯滕·辛兹绘制）

前瞻算法（如算法 L）何时能胜过子句学习算法（如算法 C）？图 96 展示了它们在 100 个测试样例上的比较情况：纵轴表示每个问题使用算法 C 的运行时间，横轴表示使用算法 L 的运行时间. 可见，对于出现在虚线上方的问题，算法 L 将取胜.（这条虚线是“波浪形”的，因为时间并没有按比例绘制：第 k 个最短运行时间显示为距离页面左侧或底部的 k 个单位.）

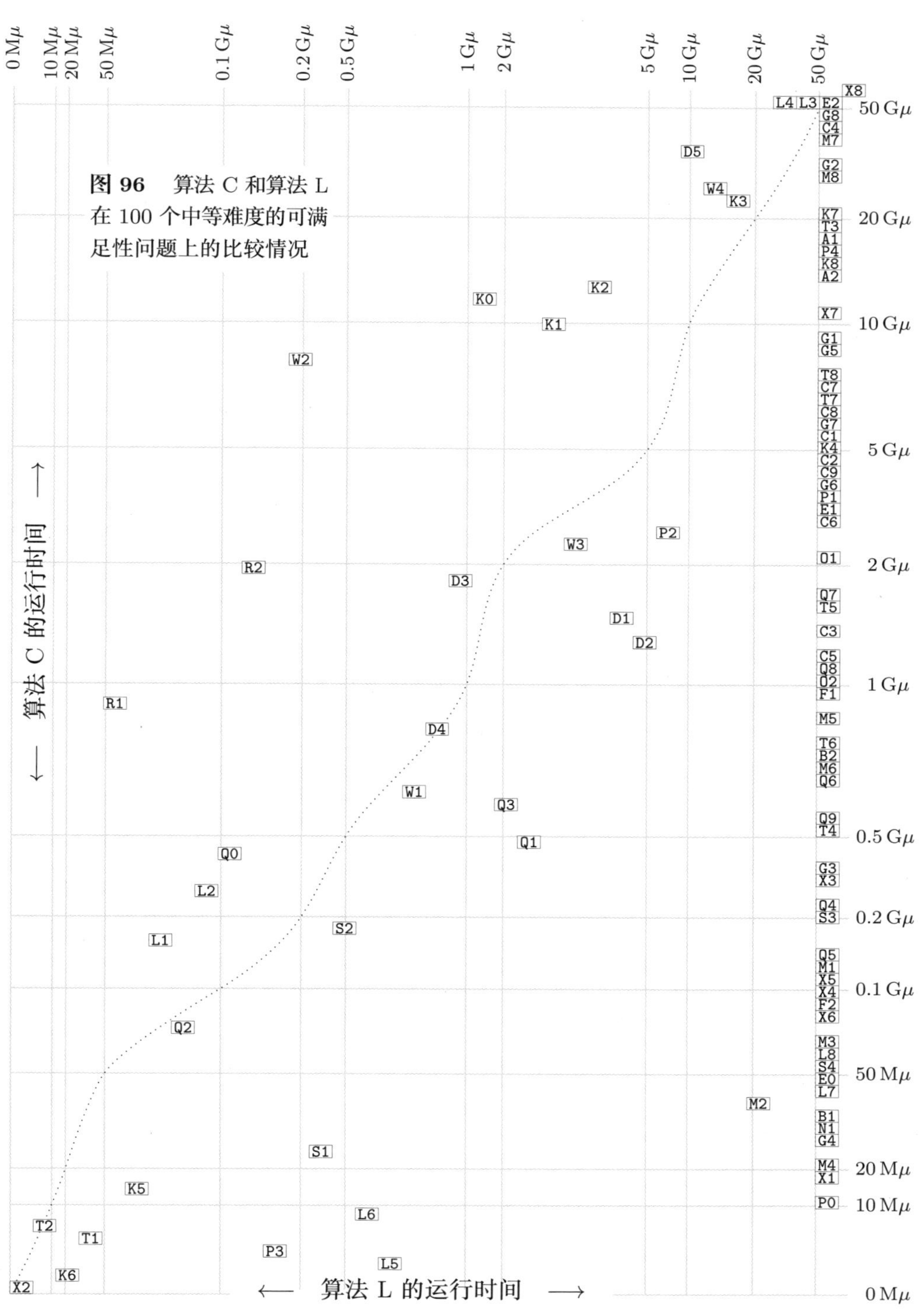

图 96 算法 C 和算法 L 在 100 个中等难度的可满足性问题上的比较情况

在必要时，所有这些实验都在 50 Gμ 之后被中止，因为完全求解许多问题可能需要花费几个世纪的时间. 图 96 的右侧显示了算法 L 超时的测试样例，算法 C 很难解决的测试样例则显示在顶部. 只有 E2 和 X8 是两种算法都无法在指定的截断时间内处理的过于困难的问题.

算法 L 是确定性的：它不使用随机变量. 然而，略加修改（见习题 505）就可以使它具有随机性，因为输入可以像算法 C 那样进行调整. 我们可以假设这个改变已经被应用. 这样一来，算法 L 和算法 C 都具有可变的运行时间. 它们能在某些运行中更快地找到解或证明不可满足性，就像我们在图 92 中已经看到算法 C 所做的那样.

为了抵消这种随机性，图 96 中的每个运行时间都是 9 次独立实验的中位数. 图 97 显示了使用算法 C 获得的所有 9×100 个实验运行时间并按中位数的大小排序. 我们可以看到，许多问题具有近乎恒定的表现. 事实上，在 38 个样例中，max/min 小于 2. 但是，在这些实验中，有 10 个样例表现出高度不稳定性，即 max/min > 100. 问题 P4 某次仅经过 32.3 万次内存访问之后就已经得到解决，而另一次运行则持续了 3390 亿次内存访问！

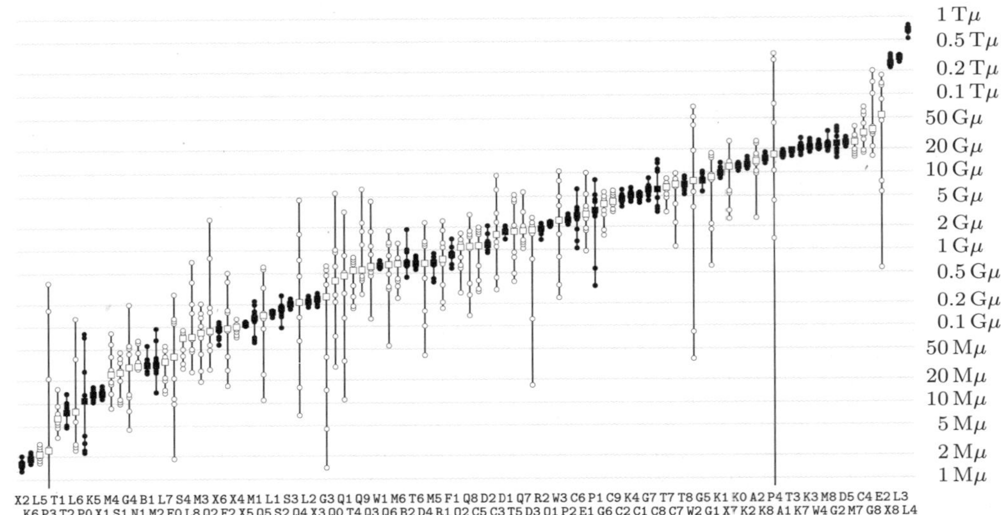

图 97　算法 C 的 9 次随机运行的时间，按中位数排序

（不可满足的情况用实心点或方块表示；可满足的情况为空心）

大家可能会期望可满足的问题（如 P4）比不可满足的问题更容易从幸运猜测中获益. 实验结果强烈支持这一假设：在 max/min > 30 的 21 个问题中，除了 P0，所有其他问题都是可满足的；而在 max/min < 1.7 的 32 个问题中，所有问题都是不可满足的. 大家可能还期望在这种问题中，平均运行时间（算术平均数）超过中位数运行时间，因为坏的情况可能会显著恶化平均时间，尽管它可能是罕见的. 然而，在 30 个样例中，平均数实际上小于中位数. 这些样例在可满足和不可满足之间分布相当.

中位数是一个很好的度量指标，因为即使偶尔出现超时，它仍然具有意义. 它也是公平的，因为我们通常能够达到中位数时间或获得更好的结果.

我们应该指出，这些时间比较中排除了输入和输出的时间. 每个可满足性问题应该在计算机的内存中以一个简单的子句列表的形式出现，然后才开始计算内存使用量. 我们考虑初始化数据结构和求解的成本，但在实际输出解之前就停止计数.

在表 6 和图 96 中，一些测试样例代表了同一个问题的不同编码方式. 比如，问题 K0 ~ K8 都证明了 8×8 皇后图无法用 8 种颜色着色. 同理，问题 Q0 ~ Q9 都表明 9 种颜色就足够了.

在考虑备用的编码时，我们已经讨论过这些例子，并且注意到最佳解 K6 和 Q5 是通过使用扩展顺序编码和算法 C 获得的．因此，算法 L 在问题 K0、K1、K2 和 K3 上击败算法 C 这一事实显得无足轻重．这些问题在实践中不会出现．

问题 L5 和 L6 比较了处理至多为一约束的不同方法．对于算法 L 来说，L6 稍微好一些，但算法 C 更偏向于 L5．M1 和 M2 比较了处理更一般的基数约束的不同方法．结果证明 M2 更好，不过对于算法 C 来说，这两个问题都很容易解决，但对于算法 L 来说都比较困难．

注意，算法 L 在处理像 R1 和 R2 这样的随机问题时表现出色，并且在不可满足随机 3SAT 问题的规模变得更大时，它的优势更为明显．前瞻方法在像 W1 ~ W4 这样的 *waerden* 问题中也取得了成功．

像 L3 和 L4 这样的不可满足兰福德问题确实是算法 C 的"眼中钉"，尽管它们对于算法 L 来说并不那么糟糕．即使是世界上最快的 CDCL 求解器 Treengeling，在 2013 年时，也无法在学习 267 亿个子句之前否证 *langford*(17) 的子句．即使使用一个由 24 台计算机组成的集群，这个过程也需要超过一周的时间．相比之下，习题 7.2.2–21 中的回溯方法在少于 $4\,\mathrm{T}\mu$ 的时间内就能证明不可满足性——只需在一块 2013 年的老式 CPU 上运行大约 50 分钟．

我们已经讨论了算法 L 战胜算法 C 的所有情况，除了 D5，而 D5 实际上有点儿令人震惊！它是一个本质上很简单的问题，硬件设计师称之为"合并器"：想象两个相同的电路，它们用于计算某个函数 $f(x_1,\cdots,x_n)$．一个电路由门 $g_1,\cdots,g_m$ 组成，另一个电路由对应的门 $g_1',\cdots,g_m'$ 组成，它们全都表示为 (24) 中的形式．问题是找到 $x_1\cdots x_n$，使得最终结果 g_m 和 g_m' 不相同．它显然是不可满足的．此外，有一种明显的方法可以否证它，即通过逐步学习子句 $(\bar g_1\vee g_1')$、$(\bar g_1'\vee g_1)$、$(\bar g_2\vee g_2')$、$(\bar g_2'\vee g_2)$ 等．因此从理论上讲，算法 C 几乎肯定可以在多项式时间内完成任务（见习题 386）．但在实践中，除非引入特殊的技术来帮助它发现同构的门电路，否则该算法只有在进行大量尝试之后才能发现这些子句．

因此，算法 C 的确有一两个致命缺点．但是在大多数测试样例中，它是绝对的首选方法．我们可以期望它在日常工作中遇到的大多数可满足性问题中起到主要作用．因此，我们有必要详细了解它的行为，而不仅仅关注它以内存访问次数来衡量的总成本．

表 7 总结了主要的统计数据，再次按运行时间中位数的顺序列出了所有测试样例（不包括输入和输出）．每个运行时间实际上分为两部分，即 $x+y$，其中，x 是步骤 C1 中初始化数据结构的时间，y 是其他步骤的时间，两者都以百万次内存访问为单位进行舍入．比如，样例 L5 中位数处理时间的准确值为用于初始化的 $1\,484\,489\,\mu$ 和用于求解的 $655\,728\,\mu$．这在表 7 中的第 3 行显示为 $1{+}1\,\mathrm{M}\mu$．除非有许多子句（比如 N1），否则初始化时间通常可以忽略不计．

表 7　算法 C 在 100 个测试样例上的表现

名称	运行时间	字节数	单元数	结点数	学习子句数	大小	平凡	丢弃	包含	刷新	可满足?
X2	0+2 Mμ	57 K	9 K	2 K	1 K	32.0 → 12.0	50%	6%	1%	30	U
K6	0+2 Mμ	314 K	46 K	1 K	0 K	15.8 → 11.8	22%	4%	3%	6	U
L5	1+1 Mμ	1841 K	210 K	0 K	0 K	146.1 → 38.4	51%	23%	0%	0	S
P3	0+2 Mμ	96 K	19 K	2 K	1 K	18.4 → 12.6	4%	11%	1%	45	S
T1	0+6 Mμ	541 K	35 K	3 K	1 K	7.4 → 6.8	3%	2%	6%	9	S
T2	0+7 Mμ	574 K	37 K	4 K	1 K	7.2 → 6.8	1%	2%	4%	6	U
L6	0+8 Mμ	672 K	39 K	1 K	0 K	195.9 → 67.8	86%	0%	0%	0	S
P0	0+11 Mμ	376 K	81 K	8 K	4 K	17.8 → 14.7	3%	10%	10%	28	U
K5	0+13 Mμ	294 K	55 K	3 K	2 K	18.6 → 12.4	33%	1%	1%	14	U
X1	0+13 Mμ	284 K	38 K	29 K	4 K	6.3 → 5.8	0%	3%	8%	53	U
M4	0+24 Mμ	308 K	47 K	6 K	4 K	20.5 → 16.3	14%	2%	1%	3	S
S1	0+25 Mμ	366 K	72 K	9 K	4 K	34.0 → 26.7	22%	4%	1%	14	S
G4	0+29 Mμ	759 K	76 K	3 K	2 K	37.1 → 24.2	26%	0%	0%	1	S
N1	16+14 Mμ	19 644 K	2314 K	41 K	0 K	629.3 → 291.7	44%	6%	0%	15	S
B1	0+31 Mμ	251 K	55 K	10 K	7 K	13.5 → 11.3	3%	5%	4%	14	U

表 7　算法 C 在 100 个测试样例上的表现（续 1）

名称	运行时间	字节数	单元数	结点数	学习子句数	大小	平凡	丢弃	包含	刷新	可满足?
M2	0+32 Mμ	326 K	53 K	7 K	5 K	18.2 → 12.8	20%	1%	1%	6	U
L7	12+23 Mμ	14 695 K	1758 K	2 K	1 K	411.2 → 107.6	66%	4%	0%	0	S
E0	0+40 Mμ	571 K	95 K	5 K	3 K	30.2 → 19.3	14%	11%	0%	6	S
S4	1+69 Mμ	3291 K	600 K	6 K	2 K	17.2 → 12.6	19%	1%	1%	8	S
L8	1+72 Mμ	3047 K	224 K	3 K	2 K	547.9 → 169.1	87%	0%	0%	0	S
M3	0+83 Mμ	493 K	84 K	13 K	9 K	28.4 → 19.2	31%	0%	1%	1	S
Q2	0+87 Mμ	885 K	190 K	11 K	8 K	61.7 → 45.8	36%	0%	0%	11	S
X6	0+93 Mμ	775 K	122 K	86 K	17 K	13.5 → 11.4	0%	3%	3%	32	U
F2	0+95 Mμ	714 K	118 K	42 K	22 K	14.3 → 13.1	0%	2%	4%	5	S
X4	1+98 Mμ	3560 K	158 K	24 K	3 K	16.2 → 11.4	9%	2%	3%	623	S
X5	1+106 Mμ	3747 K	166 K	23 K	3 K	16.5 → 11.0	11%	3%	3%	726	U
M1	0+131 Mμ	483 K	84 K	16 K	12 K	23.2 → 13.4	33%	1%	0%	1	U
Q5	0+143 Mμ	708 K	157 K	13 K	11 K	28.8 → 23.6	21%	2%	2%	6	S
L1	0+157 Mμ	597 K	139 K	21 K	18 K	36.7 → 19.0	60%	3%	0%	30	U
S2	0+176 Mμ	722 K	161 K	29 K	17 K	37.5 → 27.5	33%	3%	1%	8	U
S3	1+201 Mμ	2624 K	471 K	12 K	6 K	14.5 → 9.8	21%	1%	2%	1	U
Q4	0+213 Mμ	781 K	175 K	19 K	16 K	29.2 → 23.3	25%	3%	1%	6	S
L2	0+216 Mμ	588 K	136 K	23 K	20 K	36.2 → 17.4	75%	1%	0%	6	U
X3	0+235 Mμ	1000 K	191 K	61 K	25 K	37.7 → 19.3	34%	1%	2%	14	U
G3	0+251 Mμ	1035 K	145 K	12 K	9 K	57.9 → 28.1	42%	1%	0%	0	S
Q0	0+401 Mμ	1493 K	342 K	37 K	28 K	63.3 → 40.0	50%	0%	0%	14	S
Q1	0+464 Mμ	1516 K	343 K	41 K	33 K	63.0 → 41.0	45%	0%	0%	14	S
T4	0+546 Mμ	2716 K	544 K	202 K	18 K	218.3 → 61.5	83%	1%	0%	3018	S
Q9	0+555 Mμ	1409 K	343 K	152 K	71 K	26.7 → 20.6	3%	5%	2%	99	S
Q3	0+613 Mμ	1883 K	448 K	27 K	22 K	60.1 → 40.3	41%	1%	1%	7	S
W1	0+626 Mμ	848 K	208 K	71 K	63 K	20.8 → 13.4	5%	14%	1%	28	U
Q6	0+646 Mμ	1211 K	266 K	40 K	35 K	30.4 → 23.2	30%	1%	1%	2	S
M6	0+660 Mμ	1378 K	266 K	80 K	52 K	34.0 → 22.2	33%	1%	1%	59	S
B2	0+668 Mμ	906 K	216 K	96 K	75 K	17.1 → 13.2	4%	5%	2%	16	U
T6	1+668 Mμ	2355 K	291 K	34 K	25 K	41.4 → 19.1	57%	0%	1%	11	U
D4	0+669 Mμ	1009 K	186 K	35 K	28 K	55.7 → 15.9	70%	0%	0%	2	S
M5	0+677 Mμ	1183 K	219 K	73 K	48 K	32.6 → 20.2	37%	1%	1%	139	U
R1	0+756 Mμ	913 K	220 K	87 K	74 K	17.3 → 12.4	3%	8%	0%	9	S
F1	0+859 Mμ	1485 K	311 K	218 K	135 K	17.6 → 15.1	1%	3%	3%	6	U
O2	7+1069 Mμ	18 951 K	3144 K	3 K	2 K	17.0 → 9.5	35%	0%	0%	1	S
Q8	0+1107 Mμ	1786 K	437 K	184 K	109 K	29.4 → 20.2	6%	6%	1%	109	S
C5	0+1127 Mμ	1987 K	419 K	159 K	104 K	24.4 → 16.5	12%	2%	1%	776	S
D2	0+1159 Mμ	962 K	177 K	54 K	45 K	51.8 → 11.5	73%	0%	0%	2	U
C3	0+1578 Mμ	2375 K	571 K	190 K	96 K	49.7 → 23.4	39%	3%	2%	11	S
D1	0+1707 Mμ	1172 K	230 K	76 K	62 K	45.1 → 11.6	73%	0%	0%	2	U
T5	1+1735 Mμ	3658 K	617 K	80 K	59 K	72.5 → 40.9	50%	0%	0%	43	S
Q7	0+1761 Mμ	2055 K	419 K	515 K	118 K	33.9 → 20.3	9%	7%	0%	12	S
D3	0+1807 Mμ	1283 K	254 K	77 K	64 K	57.3 → 14.0	80%	0%	0%	1	S
R2	0+1886 Mμ	1220 K	296 K	173 K	149 K	17.0 → 11.8	3%	9%	0%	14	U
O1	7+2212 Mμ	18 928 K	3140 K	5 K	3 K	17.3 → 8.9	39%	0%	0%	4	U
W3	0+2422 Mμ	1819 K	448 K	191 K	174 K	19.3 → 15.5	2%	12%	1%	18	S
P2	0+2435 Mμ	2039 K	504 K	378 K	301 K	20.9 → 13.7	3%	11%	1%	45	U
C6	0+2792 Mμ	2551 K	560 K	305 K	217 K	27.0 → 17.0	20%	2%	1%	492	U
E1	0+2902 Mμ	2116 K	453 K	180 K	144 K	38.0 → 20.5	21%	18%	0%	2	S
P1	0+3280 Mμ	2726 K	674 K	819 K	549 K	18.2 → 14.4	0%	9%	3%	45	U
G6	1+3941 Mμ	3523 K	647 K	380 K	253 K	31.0 → 17.8	31%	0%	0%	0	S
C9	13+4220 Mμ	35 486 K	4923 K	116 K	32 K	11.8 → 9.9	5%	1%	1%	4986	S
C2	0+4625 Mμ	2942 K	712 K	442 K	255 K	46.1 → 18.8	42%	4%	1%	15	U
K4	0+5122 Mμ	1858 K	446 K	267 K	241 K	19.6 → 13.7	19%	2%	1%	5	U
C1	0+5178 Mμ	2532 K	613 K	510 K	311 K	48.9 → 17.0	48%	6%	1%	20	U
G7	1+6070 Mμ	4227 K	771 K	546 K	369 K	32.5 → 17.6	35%	0%	0%	0	U
C8	13+6081 Mμ	35 014 K	4823 K	151 K	58 K	15.3 → 10.7	15%	1%	1%	8067	U
T7	1+6467 Mμ	5428 K	544 K	333 K	108 K	26.8 → 15.3	32%	1%	1%	14 565	S
C7	8+7029 Mμ	20 971 K	3174 K	908 K	32 K	9.5 → 8.4	0%	3%	0%	4965	S
T8	1+7046 Mμ	5322 K	517 K	356 K	117 K	26.9 → 15.0	33%	0%	1%	15 026	U
W2	0+7785 Mμ	3561 K	884 K	501 K	432 K	34.7 → 21.3	13%	17%	1%	28	S
G5	1+7799 Mμ	4312 K	844 K	642 K	446 K	33.4 → 17.4	39%	0%	0%	0	U
G1	0+8681 Mμ	5052 K	1221 K	631 K	350 K	61.1 → 34.1	38%	1%	2%	55	S
K1	0+9813 Mμ	2864 K	685 K	405 K	360 K	36.2 → 18.4	53%	2%	0%	13	U
X7	1+11 857 Mμ	6235 K	697 K	1955 K	224 K	40.6 → 23.7	35%	0%	1%	31 174	S
K0	0+11 997 Mμ	3034 K	731 K	493 K	421 K	35.6 → 19.4	45%	2%	0%	14	U
K2	0+12 601 Mμ	3028 K	729 K	500 K	427 K	34.8 → 18.0	46%	2%	0%	12	U
A2	0+13 947 Mμ	3766 K	843 K	645 K	585 K	34.4 → 15.9	32%	1%	0%	0	S
K8	0+15 033 Mμ	2748 K	680 K	821 K	699 K	21.2 → 13.1	8%	15%	1%	93	U
P4	0+16 907 Mμ	6936 K	1721 K	1676 K	1314 K	36.5 → 24.0	5%	11%	1%	33	S

表 7 算法 C 在 100 个测试样例上的表现（续 2）

名称	运行时间	字节数	单元数	结点数	学习子句数	大小	平凡	丢弃	包含	刷新	可满足?
A1	0+17 073 Mμ	3647 K	815 K	763 K	701 K	$30.7\to14.7$	29%	2%	0%	0	U
T3	0+19 266 Mμ	10 034 K	2373 K	2663 K	323 K	$291.8\to72.9$	86%	1%	0%	34 265	U
K7	0+20 577 Mμ	3168 K	721 K	1286 K	828 K	$23.3\to13.5$	9%	15%	0%	9	U
K3	0+20 990 Mμ	3593 K	878 K	453 K	407 K	$36.7\to19.0$	55%	2%	0%	6	U
W4	0+21 295 Mμ	3362 K	834 K	977 K	899 K	$19.0\to14.1$	4%	15%	0%	21	U
M8	0+22 281 Mμ	4105 K	994 K	992 K	785 K	$37.3\to20.5$	43%	1%	1%	6	U
G2	0+23 424 Mμ	6910 K	1685 K	1198 K	701 K	$68.8\to34.3$	47%	1%	1%	120	U
D5	0+24 141 Mμ	3232 K	779 K	787 K	654 K	$63.5\to13.4$	78%	0%	0%	2	U
M7	0+24 435 Mμ	4438 K	1077 K	1047 K	819 K	$40.6\to23.3$	42%	1%	1%	6	S
C4	1+31 898 Mμ	8541 K	2108 K	1883 K	1148 K	$60.6\to25.7$	42%	4%	1%	12	S
G8	7+35 174 Mμ	24 854 K	2992 K	4350 K	1101 K	$48.0\to34.7$	9%	0%	0%	1523	S
E2	0+53 739 Mμ	5454 K	1258 K	2020 K	1658 K	$41.5\to20.8$	25%	21%	0%	3	S
X8	2+248 789 Mμ	12 814 K	2311 K	17 005 K	3145 K	$56.4\to22.5$	63%	0%	0%	330 557	U
L3	0+295 571 Mμ	19 653 K	4894 K	7402 K	6886 K	$70.7\to31.0$	63%	8%	0%	30	U
L4	0+677 815 Mμ	22 733 K	5664 K	8545 K	7931 K	$78.6\to35.4$	86%	0%	0%	5	U

问题 L5 的中位数运行还为数据分配了 1 841 372 字节的内存. 这个总数包括 MEM 数组中的 210 361 个单元分配的空间，每个单元占用 4 字节，以及如 VAL、OVAL、HEAP 等的其他数组. 这里考虑的实现方式将未学习的二元子句存储在单独的 BIMP 表中，正如习题 267 的答案所解释的那样.

在 L5 的这次运行中，算法 C 在隐式遍历了一棵具有 138 个“结点”的搜索树后找到了一个解. 结点数或“决策”数是算法中步骤 C6 跳转至步骤 C3 的次数. 在表 7 中，它显示为 0 K，因为结点数、字节数和单元数都舍入到最近的千位.

结点数总是大于或等于学习子句数. 学习子句数是在第 $d>0$ 层上检测到的冲突数（见步骤 C7）. 在问题 L5 中，学习子句数仅为 84，因此表 7 中再次显示为 0 K. 这 84 个子句的平均长度为 $r+1=146.1$. 习题 257 的简化过程将这个平均长度缩短到仅为 38.4. 然而，得到的简化子句仍然比较长，因此我们有时会使用习题 269 中讨论的平凡子句进行替代. 这种替代发生了 43 次（51%）. 此外，使用习题 271 中的方法可以立即丢弃 19 个学习子句（23%）. 这些百分比分别显示在表格的“平凡”列和“丢弃”列中.

有时，就像在问题 D1 ~ D5 中一样，大部分学习子句被平凡子句替代. 另外，100 个测试样例中有 27 个有着少于 10% 的平凡子句. 表 7 还表明，有 26 个测试样例的丢弃率大于或等于 5%. “包含”列指的是通过习题 270 的技术“动态包含”的学习子句的百分比. 这种优化较为罕见，但发生的频率足够高，也值得一提.

尽管表 7 反映了测试样例的变幻莫测，但与此同时我们仍然可以观察到一些有趣的趋势. 比如，结点数自然与学习子句数相关，而且这两个统计量往往随着总运行时间的增加而增长. 但也有明显的例外：两个离群样本 O1 和 O2 由于数据量过于庞大，它们的每个学习子句的内存使用次数率非常高.

表 7 的倒数第二列列出了在从当前路径中刷新无效文字后，算法 C 决定重启的次数. 这个统计量并不仅仅表示步骤 C5 发现 $M \geqslant M_f$ 的次数，还取决于当前的灵活性水平（见 (127)）和表 4 中的参数 ψ. 一些问题（比如 A1 和 A2）具有非常高的灵活性，它们在完全没有重启的情况下就能成功求解；但另一个问题 T4 需要重启 3000 多次之后才能通过 5 亿次内存访问左右完成.

表 7 中没有显示“清除”（回收阶段）的次数，但可以根据学习子句数进行相应的估计（见习题 508）. 积极的清除策略使得内存单元的总数保持在相对较小的范围内.

调整参数. 表 7 表明在这些实验中，对于算法 C 来说最难的问题 L4 替换平凡子句的比例高达 86%，但只进行了 5 次重启. 如果针对兰福德问题实例专门调整参数，那么或许可以更快地求解这个测试样例.

上述实验实现的算法 C 具有 10 个主要参数，可供使用者在每次运行时进行调整：

- α，子句 RANGE 得分中 p 和 q 之间的权衡系数（见式 (123)）；
- ρ，变量 ACT 得分中的阻尼因子（见 (118) 的后文）；
- ϱ，子句 ACT 得分中的阻尼因子（见式 (125)）；
- Δ_p，净化阈值 M_p 的初始值（见 (125) 的后文）；
- δ_p，净化阈值 M_p 的渐增量（见 (125) 的后文）；
- τ，偏向平凡子句的阈值（见习题 269 的答案）；
- w，在重启之后进行的完整“热身”运行次数（见习题 287 的答案）；
- p，随机选择一个决策变量的概率（见习题 266）；
- P，OVAL(k) 最初为偶数的概率；
- ψ，刷新的灵活性阈值（见表 4）.

这些参数的初始值最初来自作者仅凭直觉的猜测：

$$\alpha=0.2,\quad \rho=0.95,\quad \varrho=0.999,\quad \Delta_\mathrm{p}=20\,000,\quad \delta_\mathrm{p}=500,$$
$$\tau=1,\quad w=0,\quad p=0.02,\quad P=0,\quad \psi=0.166\,667. \tag{193}$$

由于这些默认值给出了相当不错的结果，因此作者满意地使用了它们数个月（尽管没有充分的证据证明它们无法改进）. 在汇总了表 6 中的 100 个测试样例之后，作者认为是时候决定是推荐默认值 (193) 还是找到一组更好的参数值了.

针对广泛的用例进行参数优化是一项艰巨的任务，不仅因为不同 SAT 实例之间存在显著差异，还因为在求解特定实例时由于随机选择而产生可变性. 当运行时间非常不稳定时，我们很难确定参数的变化是有益还是有害的. 图 97 表明，即使将 10 个参数都固定，仅改变随机数种子也会出现戏剧性的变化！此外，这 10 个参数并不是完全独立的. 比如，增大 ρ 可能是一件好事，但只有在其他 9 个参数也适当地进行修改时它才有效. 如何在不花费大量时间和金钱的情况下推荐一组默认值呢？

幸运的是，由于学习理论的进步，我们有一种摆脱这个困境的方法. 弗兰克 · 胡特、霍尔格 · 亨德里克 · 胡斯、凯文 · 莱顿-布朗和托马斯 · 斯图茨勒开发了一个名为 ParamILS 的工具，专门用于进行这种调整 [*J. Artificial Intelligence Research* **36** (2009), 267–306]. 这个名称中的 ILS 代表“迭代式局部搜索”. 基本思想是从一个具有代表性的训练集开始（该训练集包含一些不太难的问题），并使用与 WalkSAT 类似的一种复杂改进在 10 维参数空间中进行随机游走. 然后，在训练步骤中发现的最佳参数将在训练集之外的更困难的问题上进行评估.

2015 年 3 月，胡斯帮助作者使用 ParamILS 调整了算法 C. 我们得到的参数产生了图 97、表 7 以及上下文中讨论的许多其他运行时数值. 我们的训练集由 17 个问题组成. 这些问题在使用原始参数 (193) 时通常计算成本不到 200 Mμ，包括 {K5, K6, M2, M4, N1, S1, S4, X4, X6} 及 {A1, C2, C3, D1, D2, D3, D4, K0} 的简化版本. 比如，对于问题 A1 的向量 $x_1\cdots x_{100}$，我们只考虑长度较短的向量 $\boldsymbol{x}=x_1\cdots x_{62}$，其中 $\nu\boldsymbol{x}=20$；对于 D1 和 D2，我们寻找 31415926 的 13 比特因子；对于 K0，我们尝试对 SGB 图 jean 进行九着色.

我们使用 ParamILS 进行了 10 次独立的训练，并得到了 10 个潜在的参数设置 $(\alpha_i,\rho_i,\cdots,\psi_i)$. 我们在原始的 17 个基准测试及更难的 25 个基准测试上对它们进行了评估：{F1, F2, S2, S3, T4, X5}，以及 {A1, A2, A2, C7, C7, D3, D4, F1, F2, G1, G1, G2, G2, G8, K0, O1, O2, Q0, Q2} 的简化变体. 对于这 10 个候选的参数设置中的每一个，我们依次使用随机种子 $\{1,2,\cdots,25\}$ 运行了这 17 + 25 个问题. 最终，获胜者产生了. 在这个实验中，总运行时间最短的参数设置 $(\alpha,\rho,\cdots,\psi)$ 为：

$$\alpha = 0.4, \quad \rho = 0.9, \quad \varrho = 0.9995, \quad \Delta_{\mathrm{p}} = 1000, \quad \delta_{\mathrm{p}} = 500,$$
$$\tau = 10, \quad w = 0, \quad p = 0.02, \quad P = 0.5, \quad \psi = 0.05. \qquad (194)$$

它们已经成为了通用的默认值.

通过调整参数，我们实际上获得了多大的提升呢？图 98 比较了 100 个测试样例在调整前后的运行时间. 图中显示，绝大多数测试样例（77 个）现在运行得更快，它们位于从 $(1\,\mathrm{M}\mu, 1\,\mathrm{M}\mu)$ 到 $(1\,\mathrm{T}\mu, 1\,\mathrm{T}\mu)$ 的虚线右侧. 一半的测试样例获得了超过 1.455 倍的加速；更有 27 个测试样例现在的运行速度是之前的两倍以上.

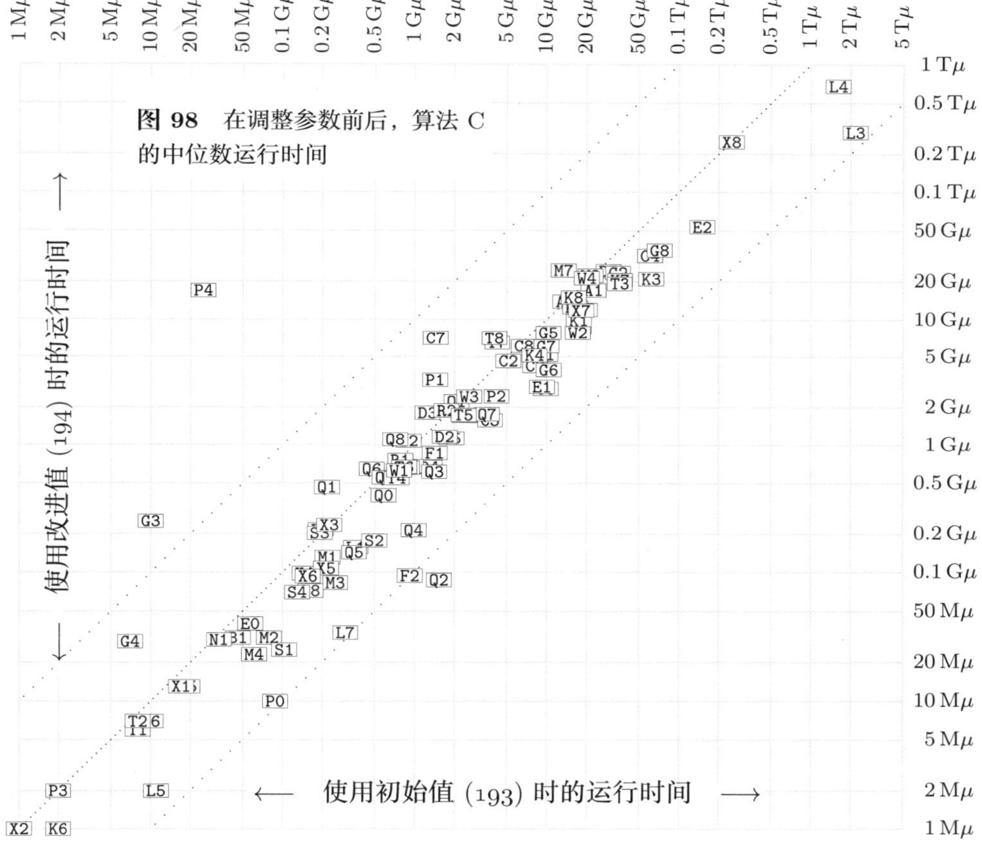

图 98 在调整参数前后，算法 C 的中位数运行时间

当然，凡事皆有例外. 测试样例 P4 的行为变得非常糟糕，几乎慢了近 3 个数量级！实际上，我们在图 97 中就看到，该测试样例的运行时间异常不稳定. 习题 511 进一步讨论了 P4 的特殊性.

另一个主要的 SAT 求解器，即算法 L，也有参数，特别是以下这些：

- α，启发式得分中的魔法权衡系数（见式 (64)）；
- β，双重前瞻触发器的阻尼因子（见步骤 Y1）；
- γ，启发式得分中每个文字的子句权重（见习题 175）；
- ε，启发式得分中的偏移量（见习题 146 的答案）；
- Θ，启发式得分的最大阈值（见习题 145 的答案）；
- Y，双重前瞻的最大深度（见步骤 Y1）.

ParamILS 建议使用以下默认值. 结果如图 96 所示：

$$\alpha = 3.5,\quad \beta = 0.999\,8,\quad \gamma = 0.2,\quad \varepsilon = 0.001,\quad \Theta = 20.0,\quad Y = 1. \qquad (195)$$

回到图 98. 注意，从 (193) 到 (194) 的变化极大地阻碍了测试样例 G3 和 G4，它们由测试模式生成. 显然，这样的子句集具有特殊的性质，使它们更偏向于某种特定的参数设置. 我们最初引入参数的主要原因就是为了允许对不同类型的子句进行调整.

除了寻找能够在广泛应用中都获得良好结果的 $(\alpha, \rho, \cdots, \psi)$ 值，我们显然还可以使用像 ParamILS 这样的系统来寻找适合特定问题的参数. 事实上，这项任务更容易完成. 比如，胡斯和作者想找到 10 个参数的设置，使得算法 C 在形如 $waerden(3, k; n)$ 的问题上表现最佳. 通过仅基于简单的训练样例 $waerden(3, 9; 77)$ 和 $waerden(3, 10; 95)$，这一对 ParamILS 运行建议使用如下参数：

$$\alpha = 0.5,\quad \rho = 0.999\,5,\quad \varrho = 0.99,\quad \Delta_{\rm p} = 100,\quad \delta_{\rm p} = 10,$$
$$\tau = 10,\quad w = 8,\quad p = 0.01,\quad P = 0.5,\quad \psi = 0.15. \qquad (196)$$

这组参数确实表现得非常好. 图 99 显示了 $7 \leqslant k \leqslant 14$ 的细节，并且对于 k 和 n 的每个选择都进行了 9 次独立的样本运行. 每个不可满足的实例都有 $n = W(3, k)$，如 (10) 之后的列表所示；每个可满足的实例都有 $n = W(3, k) - 1$. 在图 99 中，我们为使用默认参数 (194) 的最快运行与使用 *waerden* 定制参数 (196) 的最快运行进行了配对；同样，我们也为从第二快到最慢的运行分别进行了配对. 注意，可满足实例所需的时间往往不可预测，正如图 97 所示. 尽管新的参数 (196) 只是通过对两个简单实例进行仔细研究找到的，但当应用于更困难的类似问题时，这些参数显然能够大幅节约时间.（习题 512 提供了另一个有启发性的例子.）

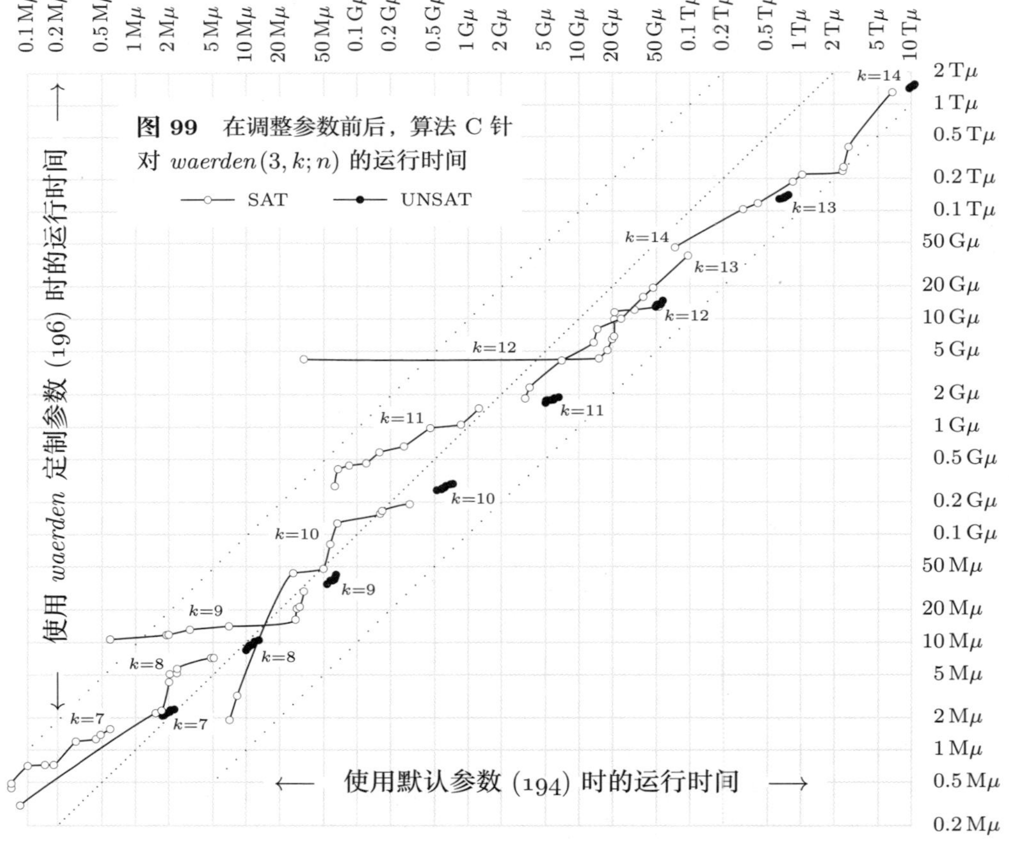

图 99　在调整参数前后，算法 C 针对 $waerden(3, k; n)$ 的运行时间

利用并行化. 截至目前，我们几乎将重点完全放在串行算法上，但我们应该意识到，真正困难的 SAT 问题实例最好通过并行方法来解决.

使用回溯求解的问题通常可以轻松地分解为划分解空间的一些子问题. 如果有 16 个可用的处理器，那么我们可以将它们分配给独立的 SAT 实例，其中，变量 $x_1x_2x_3x_4$ 被强制等于 0000, 0001, $\cdots$, 1111.

然而，这种简单的分解往往并非最佳策略. 有时，16 种情况中只有一种真正具有挑战性. 有时，一些处理器比其他处理器慢. 有时，几个处理器将学习到其他处理器应该知道的新子句. 此外，问题分解不一定只发生在搜索树的根部. 仔细的负载均衡和信息共享会取得更好的效果. 开创性系统 PSATO 展示了如何应对这些挑战 [张瀚涛、玛丽亚 · 保拉 · 博纳奇纳和项洁, *Journal of Symbolic Computation* **21** (1996), 543–560].

还有一种更简单的方法值得一提：我们可以启动许多不同的求解器，或者同一求解器的许多副本，但是使用不同的随机数来源. 一旦其中一个完成了求解，我们就可以终止其他求解器.

目前最好的并行化 SAT 求解器基于“分块而治之”的范式，它将由冲突驱动的子句学习与选择用于划分分支变量的前瞻技术相结合 [玛丽恩 · 休尔、奥利弗 · 库尔曼、西尔特 · 维林加和阿明 · 比埃尔, *LNCS* **7261** (2012), 50–65]. 特别是对于 *waerden* 问题来说，这种方法非常优秀.

今天被证实是我关于逻辑的工作的一个新纪元.
……我想将其称为“谱系法”.
——查尔斯 · 勒特威奇 · 道奇森，日记（1894 年 7 月 16 日）

说明一个陈述是重言式的方法，
只有如往常一样为该陈述构建一张表，
并观察主联结词下的列
是否完全由“*T*”组成.
——威拉德 · 冯 · 奥曼 · 奎因,《数理逻辑》（1940 年）

简史. 经典的三段论“所有人都会死；苏格拉底是一个人；因此苏格拉底会死”表明，*归结*的概念非常古老：

$$\bar{\text{人}} \vee \text{会死}\,; \quad \bar{\text{苏格拉底}} \vee \text{人}\,; \quad \therefore \bar{\text{苏格拉底}} \vee \text{会死}\,.$$

当然，直到布尔及其 19 世纪的追随者将数学引入这一主题，才出现了代数证明，即当 x、y 和 z 是任意布尔表达式时，$(\neg x \vee y) \wedge (\neg z \vee x)$ 蕴涵 $(\neg z \vee y)$. 在归结方面，贡献最为突出的可能是查尔斯 · 勒特威奇 · 道奇森，他在生命的最后几年里致力于研究可以手动分析的复杂推理链理论. 他于 1896 年以笔名路易斯 · 卡罗尔出版了 *Symbolic Logic, Part I.* 这本书面向小孩子和大孩子们，其中的 VII.II.§3 节解释和说明了如何通过归结消除变量. 这种方法被道奇森称为划线法.

当道奇森在 1898 年年初意外去世时，他几乎快要完成的 *Symbolic Logic, Part II* 手稿遗失了，直到 1977 年威廉 · 沃伦 · 巴特利三世才将其重新找回. *Part II* 包含一些惊人的新颖想法，特别是其中的树方法，如果早些重现世间，它将彻底改变机械定理证明的历史. 在这种方法中，道奇森以非常清晰且有趣的方式详细记录了他构建的本质上与图 82 类似的搜索树，然后通过归结将其转化为证明. 与使用递归深度优先方法的算法 D 中的回溯不同，他采用了广度优先方法：从根结点开始，尽可能利用单元子句，并在必要时在二元（甚至三元）子句上进行分支，逐层填充所有未完成的分支，希望能够重复使用计算结果.

20 世纪的逻辑学家采取了不同的方法. 他们基本上将可满足性问题作为其等价的对偶形式——重言式问题——来处理，即判定一个布尔公式是否始终为真. 但他们认为重言式检查是平凡的，因为只需查看真值表就可以在有限步骤内解决这个问题. 逻辑学家对那些在有限时间内被证明无法解决的问题更感兴趣，比如停机问题，即算法是否终止的问题. 没有人因为 n 变量函数的真值表长度为 2^n 而感到困扰，即使当 n 相当小时，这个长度甚至超过了宇宙的大小.

在 1937 年，阿奇 · 布莱克开创了对析取范式的实践计算. 他引入了两个蕴涵式的“共识”，即两个子句的归结式的对偶. 然而，布莱克的工作很快石沉大海. 爱德华 · 沃尔特 · 萨姆森和伯顿 · 埃弗雷特 · 米尔斯，以及威拉德 · 冯 · 奥曼 · 奎因（后者的研究是独立的）在 20 世纪 50 年代重新发现了共识操作，见习题 7.1.1–31.

下一个重要的进展来自爱德华 · 沃尔特 · 萨姆森和罗尔夫 · 卡尔 · 米勒［Report AFCRC-TR-55-118 (Cambridge, Mass.: Air Force Cambridge Research Center, 1955), 16 页］，他们提出了一种利用共识逐个消除变量的算法来解决重言式问题. 因此，他们的算法等价于逐步使用归结来消除变量解决 SAT 问题. 为了演示他们的算法，萨姆森和米勒将其应用于上面提到的不可满足子句 (112).

此外，马丁 · 戴维斯和希拉里 · 帕特南开始研究可满足性问题. 与主要关注合成高效电路的萨姆森、米尔斯和米勒不同，他们的动机是寻找一阶逻辑中的公式推导算法. 戴维斯和帕特南撰写了一份未发表的 62 页报告“Feasible computational methods in the propositional calculus”（Rensselaer Polytechnic Institute, October 1958）. 在这份报告中，他们考虑了各种方法，比如去除单元子句和纯文字，以及“情况分析”——关于子问题 $F|x$ 和 $F|\bar{x}$ 的回溯. 作为情况分析的替代方案，他们还讨论了通过归结消除变量 x. 他们最终发表的成果［*JACM* **7** (1960), 201–215］主要关注手动计算，并省略了情况分析，而选择了归结. 然而，当后来与乔治 · 洛格曼和唐纳德 · 洛夫兰共同在计算机上实现该过程时［*CACM* **5** (1962), 394–397］，他们根据对内存需求的考虑发现，通过不同情况的回溯方法更有效.［见戴维斯在 *Handbook of Automated Reasoning* (2001), 3–15 中对这些发展的汇总.］

然而，这些早期的工作实际上并没有引起许多人对可满足性问题的关注. 相反，10 年过去了，SAT 这个词才变得流行起来. 转折出现在 1971 年，当时斯蒂芬 · 亚瑟 · 库克证明了可满足性问题是解决 NP 完全问题的关键：他证明了在非确定性多项式时间内求解判定问题的任何算法都可以有效地表示为需要满足的三元子句的合取式.［见 *STOC* **3** (1971), 151–158. 我们将在 7.9 节中研究 NP 完全性.］因此，如果我们能够设计出一个合适的算法来解决单个问题，即 3SAT 问题，那么许多极其重要的问题可以迅速得到解决. 而解决 3SAT 问题似乎简单得有些荒谬.

在库克的论文发表后的一年里，普遍的乐观情绪很快被一个无情的事实所取代，即 3SAT 问题可能并不那么容易解决. 当问题规模增大时，在小规模下看起来有希望的想法并不能很好地扩展. 因此，对可满足性问题的研究主要集中在理论领域，与编程实践无关，除了偶尔有人将 SAT 作为回溯算法行为的简单模型进行研究. 这些研究由艾伦 · 特里 · 戈德堡、小保罗 · 沃尔顿 · 珀德姆、辛西娅 · 安 · 布朗、约翰 · 文森特 · 佛朗哥等人开创，见习题 213 ~ 216. 有关这类问题的后续进展的综述，见小保罗 · 沃尔顿 · 珀德姆和尼尔 · 黑文，*SICOMP* **26** (1997), 456–483.

20 世纪 90 年代初，SAT 求解技术的最新水平在 1992 年举办的一场国际编程竞赛中得到了很好的体现［迈克尔 · 布罗和汉斯 · 克莱内 · 比宁，*Bulletin EATCS* **49** (February 1993), 143–151］. 在该竞赛中获胜的程序可以看作从算法 A 演变到算法 L 的过程中的第一个成功的前瞻求解器. 马克斯 · 伯姆赢得了金牌，他的方法是通过基于字典序最大的 $(H_1(x),\cdots,H_n(x))$ 来选择下一个分支变量，其中，

$$H_k(x)=h_k(x)+h_k(\bar{x})+\min\bigl(h_k(x),h_k(\bar{x})\bigr),\quad h_k(x)=\bigl|\{C\in F\mid x\in C,|C|=k\}\bigr|.$$

［马克斯 · 伯姆和埃瓦尔德 · 斯佩肯梅尔，*Ann. Math. Artif. Intelligence* **17** (1996), 381–400. 安托万 · 劳齐于 1988 年独立提出了一个类似的分支准则，见 *Revue d'intelligence artificielle* **2**

(1988), 41–60.] 银牌得主是赫尔曼 · 斯塔姆，他利用依赖有向图的强连通分量来缩小每个分支结点的搜索范围.

从此，用于解决可满足性问题的算法开始飞速发展. 1992 年的基准问题是随机选择的，但是 1993 年的 DIMACS 实现挑战赛还包括大量结构化的 SAT 实例. 该“挑战赛”的主要目的不是选出冠军，而是让 100 多位研究者聚集在一起进行为期 3 天的研讨会. 他们可以在会上比较和分享结果. 如今看来，当时的一种被称为 C-SAT 的复杂前瞻求解器取得了最好的整体表现，该求解器引入了对候选文字的一阶影响进行详细探索的技术 [奥利维尔 · 杜波依斯、帕斯卡 · 安德烈、雅辛 · 布夫哈德和雅克 · 卡利雅，*DIMACS* **26** (1996), 415–436]. 催生算法 L 的进一步改进出现在乔恩 · 威廉 · 弗里曼的博士论文（宾夕法尼亚大学，1995 年）和李初民的工作中，后者引入了双重前瞻机制 [*Information Processing Letters* **71** (1999), 75–80]. 加权二元启发式 (6_7) 由奥利维尔 · 杜波依斯和吉尔斯 · 德肯提出 [*Proc. International Joint Conference on Artificial Intelligence* **17** (2001), 248–253].

与此同时，算法 C 的基本思想也开始逐渐形成. 马修 · 金斯伯格 [*J. Artificial Intelligence Research* **1** (1993), 25–46] 表明，在为每个变量记住最多两个学习子句的情况下，可以实现高效的回跳. 1995 年，若昂 · 保罗 · 马克斯-席尔瓦在由卡雷姆 · 艾哈迈德 · 萨卡拉指导的毕业论文中发现了如何将单元传播冲突转化为在“唯一蕴涵点”学习的一个或多个子句，从而发掘了回跳至不影响冲突的过往决策的潜力 [*IEEE Trans.* **C48** (1999), 506–521]. 小罗伯托 · 哈维尔 · 巴亚多和罗伯特 · 卡尔 · 施拉格也独立开发了类似的方法 [*AAAI Conf.* **14** (1997), 203–208]. 他们只考虑了包含当前决策文字的新子句的特殊情况，但引入了一种在一个文字被强制翻转其值时清除学习子句的技术. 这些新方法在与工业应用相关的基准问题上显著提高了求解速度.

快速 SAT 求解器的存在，加之贡纳尔 · 斯托尔马克关于将逻辑应用于计算机设计的新思路 [见瑞典专利第 467076 号（1992 年）]，引领阿明 · 比埃尔、亚历山德罗 · 西马蒂、埃德蒙 · 克拉克和朱允山引入了有界模型检测技术 [*LNCS* **1579** (1999), 193–207]. 可满足性技术也被用于求解人工智能领域中的经典规划问题 [亨利 · 考茨和巴特 · 塞尔曼，*Proc. European Conf. Artificial Intelligence* **10** (1992), 359–363]. 设计师现在可以验证规模更大的模型. 这种验证超出了 BDD 方法的能力范围.

一个名为 Chaff 的求解器取得了重大突破 [马修 · 沃尔特 · 莫斯科维奇、康纳 · 弗朗西斯 · 马迪根、赵颖、张霖涛和沙德 · 马利克，*ACM/IEEE Design Automation Conf.* **38** (2001), 530–535]. 它具有两个特别值得注意的创新：一是 VSIDS（变量状态独立衰减和启发法），这是一种出人意料地有效的决策文字选择方法，它在重启时也表现良好，并且为之后取代它的算法 C 中更好的 ACT 启发法提供了启示；二是惰性数据结构，每个子句有两个监视文字，这使得对于大型学习子句来说，单元传播速度更快. 早些时候由张瀚涛和马克 · 斯蒂克尔引入的一种类似的监视方案 [*J. Automated Reasoning* **24** (2000), 277–296] 的缺点在于，在回溯时需要进行撤销更新.

这些令人兴奋的进展促进了国际 SAT 竞赛的复兴. 自 2002 年以来，该竞赛每年都会举行. 2002 年的冠军是尤金 · 戈德堡和雅科夫 · 诺维科夫开发的 BerkMin，它在 *Discrete Applied Mathematics* **155** (2007), 1549–1561 中有很好的描述. 年复一年，这项具有挑战性的竞赛持续推动着 SAT 求解技术的进展. 截至 2010 年，在 2010 年的计算机上使用 2002 年和 2010 年的程序，在给定的时间内可以解决的基准问题数量相比于 2002 年增加了一倍以上 [马蒂 · 贾维萨洛、丹尼尔 · 勒贝尔、奥利维耶 · 鲁塞尔和洛朗 · 西蒙，*AI Magazine* **33**, 1 (Spring 2012), 89–94].

2007 年的总冠军是 SATzilla. 事实上，它并不是一个单独的 SAT 求解器，而是一个知道如何针对任意给定的实例智能地选择*其他*求解器的程序. SATzilla 首先花几秒计算问题的基本特征：每个子句中文字的分布，每个文字在子句中的分布，变量的正负出现次数的平衡，与霍恩子句的接近程度，等等. 它可以快速采样以估计在级别 1、4、16、64、256 上发生了多少个单元传播，以及在发生冲突之前需要多少个决策. 基于这些数及对其他求解器在前一年基准测试中的性能的经验，SATzilla 被训练为选择最有可能成功的算法. 这种“组合式”的方法能够很好地调整自己以适应完全不同的子句集的特性，因此自那以后一直在国际竞赛中占主导地位. 当然，组合式求解器依赖于独立发明、没有错误、真正的求解器. 这些求解器在特定类别的问题上表现出色. 当然，竞赛的获胜者可能并不是实践中最好的系统. [徐林、弗兰克 · 胡特、霍尔格 · 亨德里克 · 胡斯和凯文 · 莱顿-布朗，*J. Artificial Intelligence Research* **32** (2008), 565–606；*LNCS* **7317** (2012), 228–241；*CACM* **57**, 5 (May 2014), 98–107.]

关于算法细节以及关于预处理和编码等重要相关技术的历史注记，我们已经在上面描述算法和技术时进行了讨论.

一个被反复提及的主题似乎是 SAT 求解器的行为充满了意外：一些最重要的改进是出于错误的原因引入的，而且我们对其理论的理解仍然远远不够.

（未来的突破可能来自“变量学习”，正如切廷提出的扩展归结思想所建议的：就像子句学习增大了子句数 m 一样，我们可能会找到增大变量数 n 的好方法. 这个领域似乎远未被完全探索. ）

习题

1. [*10*] (a) 最短的可满足的子句集是什么? (b) 最短的不可满足的子句集是什么?

2. [*20*] 前往遥远的平卡斯星球的旅行者报告称，那里所有健康的土著都热爱舞蹈，除非他们是懒惰的. 懒惰的非舞者会感到快乐，而健康的舞者也会感到快乐. 快乐的非舞者是健康的，但是那些既懒惰又健康的土著并不快乐. 虽然不快乐和不健康的土著总是懒惰的，但是懒惰的舞者是健康的. 根据这些报告，我们可以得到关于平卡斯星人的什么结论?

3. [*M21*] $waerden(j,k;n)$ 中恰好有多少个子句?

4. [*22*] 说明即使至多移除 (9) 中 $waerden(3,3;9)$ 的 32 个约束条件中的 4 个，它仍是不可满足的.

5. [*HM47*] 当 $k\to\infty$ 时，确定 $W(3,k)$ 的渐进表现.

▶ **6.** [*HM37*] 使用局部引理来证明 $W(3,k)=\Omega(k^2/(\log k)^3)$.

7. [*21*] 能否满足子句集 $\{(x_i\vee x_{i+2^d}\vee x_{i+2^{d+1}})\mid 1\leqslant i\leqslant n-2^{d+1}, d\geqslant 0\}\cup\{(\bar{x}_i\vee\bar{x}_{i+2^d}\vee\bar{x}_{i+2^{d+1}})\mid 1\leqslant i\leqslant n-2^{d+1}, d\geqslant 0\}$?

▶ **8.** [*20*] 定义子句 $waerden(k_0,k_1,\cdots,k_{b-1};n)$，使得其是可满足的，当且仅当 $n<W(k_0,k_1,\cdots,k_{b-1})$.

9. [*24*] 对于所有 $k\geqslant 0$，确定 $W(2,2,k)$ 的值. 提示：考虑 $k \bmod 6$.

▶ **10.** [*21*] 证明：每个具有 m 个子句和 n 个变量的可满足性问题都可以转化为一个等价的具有 $m+n$ 个子句和 $2n$ 个变量的单调问题，其中，前 m 个子句仅包含负文字，而后 n 个子句是由两个正文字构成的二元子句.

11. [*27*] （马克 · 齐梅尔松，1994 年）证明：子句集为 $\{C_1,\cdots,C_m\}$ 且变量集为 $\{1,\cdots,n\}$ 的 3SAT 问题可以规约为一个大小为 $10m$ 的三维匹配问题，其中包含以下精心设计的三元组.

每个子句 C_j 对应于 3×10 个顶点，即对于每个 $l\in C_j$，有 lj、$\bar{l}j$、$|l|j'$ 和 $|l|j''$，以及 wj、xj、yj 和 zj，还有 $j'k$ 和 $j''k$，其中 $1\leqslant k\leqslant 7$. 如果 i 或 $\bar{\imath}$ 出现在 t 个子句 $C_{j_1},\cdots,C_{j_t}$ 中，那么会有 t 个“真”三元组 $\{ij_k, ij'_k, ij''_k\}$ 和 t 个“假”三元组 $\{\bar{\imath}j_k, ij'_k, ij''_{1+(k \bmod t)}\}$，其中 $1\leqslant k\leqslant t$. 每个子句 $C_j=(l_1\vee l_2\vee l_3)$ 还会生成 3 个“可满足性”三元组 $\{\bar{l}_1j, j'1, j''1\}$、$\{\bar{l}_2j, j'1, j''2\}$、$\{\bar{l}_3j, j'1, j''3\}$；6 个“填充”三元组 $\{l_1j, j'2, j''1\}$、$\{\bar{l}_1j, j'3, j''1\}$、$\{l_2j, j'4, j''2\}$、$\{\bar{l}_2j, j'5, j''2\}$、$\{l_3j, j'6, j''3\}$、$\{\bar{l}_3j, j'7, j''3\}$；以及 12 个“小工具”三元组 $\{wj, j'2, j''4\}$、$\{wj, j'4, j''4\}$、$\{wj, j'6, j''4\}$、$\{xj, j'2, j''5\}$、$\{xj, j'5, j''5\}$、$\{xj, j'7, j''5\}$、$\{yj, j'3, j''6\}$、$\{yj, j'4, j''6\}$、$\{yj, j'7, j''6\}$、$\{zj, j'3, j''7\}$、$\{zj, j'5, j''7\}$、$\{zj, j'6, j''7\}$. 因此总共有 $27m$ 个三元组.

比如，从李维斯特的可满足性问题 (6) 中可以得到一个包含 240 个顶点的 216 个三元组的三维匹配问题；包含顶点 18 和 $\bar{1}8$ 的三元组有 $\{18, 18', 18''\}$、$\{\bar{1}8, 18', 11''\}$、$\{\bar{1}8, 8'1, 8''2\}$、$\{18, 8'4, 8''2\}$、$\{\bar{1}8, 8'5, 8''2\}$.

12. [*21*] （玛丽恩 · 休尔）利用如下等式来简化 (13)：

$$S_{\leqslant 1}(y_1, \cdots, y_p) \;=\; \exists t\,(S_{\leqslant 1}(y_1, \cdots, y_j, t) \wedge S_{\leqslant 1}(\bar{t}, y_{j+1}, \cdots, y_p)).$$

13. [*24*] 习题 7.2.2.1–15 定义了一个对应于 n 阶兰福德对的精确覆盖问题.

(a) 当 $n = 4$ 时，与 (12) 类似的约束条件是什么?

(b) 证明：每当使用 (13) 将精确覆盖问题转换为子句时，都存在一种简单的方法来避免如 (14) 中的重复的二元子句.

(c) 描述相应的子句 *langford*(4) 和 *langford*$'$(4).

14. [*22*] 解释为什么子句 (17) 可能有助于 SAT 求解器对图进行着色.

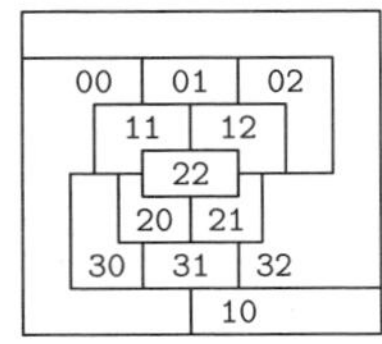

15. [*24*] 通过比较图 76 中的 10 阶麦格雷戈图和此处展示的 3 阶麦格雷戈图，给出 n（$n \geqslant 3$）阶麦格雷戈图的顶点和边的精确定义. 该图中有多少个顶点和多少条边（用 n 的函数表示）?

16. [*21*] 麦格雷戈图是否有大小为 4 的团?

17. [*26*] 令 $f(n)$ 和 $g(n)$ 分别表示 r 的最小值和最大值，使得 n 阶麦格雷戈图可以被四着色且某种颜色恰好出现 r 次. 使用 SAT 求解器为 $f(n)$ 和 $g(n)$ 找到尽可能多的值.

▶ **18.** [*28*] 通过检查习题 17 中找到的着色方案，显式地定义一种方法来对阶数为任意 n 的麦格雷戈图进行四着色，以确保其中一种颜色至多被使用 $\frac{5}{6}n$ 次. 提示：该构造取决于 $n \bmod 6$ 的值.

▶ **19.** [*29*] 继续习题 17，令 $h(n)$ 表示可以同时着上两种颜色的最大区域数（不使用子句 (17)）. 研究 $h(n)$.

20. [*40*] 麦格雷戈图（图 76）有多少种四着色方案?

21. [*22*] 使用 SAT 求解器为图 76 中的图找到一个最小的核.

22. [*20*] 用最少的颜色对图 $\overline{C_5 \boxtimes C_5}$ 进行着色.（图中的两个顶点可以着上相同的颜色，当且仅当它们在 5×5 环面上相距一个国王移动.）

23. [*20*] 当 $n = 7$ 且 $r = 4$ 时，比较子句 (18) 和 (19) 与 (20) 和 (21).

▶ **24.** [*M34*] 在上题中，我们可以去掉包含纯文字 b_1^2 的两个子句，由 (20) 和 (21) 得到的子句可以简化.

(a) 证明：当 $r > n/2$ 时，b_1^2 在 (20) 和 (21) 中总是纯文字.

(b) 证明：当 $r < n/2$ 时，b_1^2 在某些情况下也可能是纯文字.

(c) 当 r 达到最大值 $n - 1$ 时，由 (20) 和 (21) 得到的子句有许多纯文字 b_j^k. 此外，移除这些纯文字会使其他文字成为纯文字. 在这种情况下，移除所有纯文字后还剩下多少个子句?

(d) 证明：有 $n \geqslant 2$ 个叶结点的完全二叉树可以由有 n' 和 $n'' = n - n'$ 个叶结点的完全二叉树得到，其中，n' 或 n'' 是 2 的幂.

(e) 令 $a(n, r)$ 和 $c(n, r)$ 分别表示在从 (20) 和 (21) 中移除所有纯辅助文字后剩余辅助变量 b_j^k 的数量和子句的总数. 那么 $a(2^k, 2^{k-1})$ 和 $c(2^k, 2^{k-1})$ 分别等于多少?

(f) 证明：对于 $n'' \leqslant r \leqslant n'$，有 $a(n, r) = a(n, n'') = a(n, n')$，且这个共同值是 $\max_{1 \leqslant r < n} a(n, r)$. 此外，$a(n, r) = a(n, n - r)$；如果 $r \leqslant n/2$，那么 $c(n, r) \geqslant c(n, n - r)$.

25. [*21*] 证明：当 $r = 2$ 时，(18) ~ (19) 和 (20) ~ (21) 同样有效.

26. [*22*] 证明：辛兹的子句 (18) 和 (19) 迫使基数约束 $x_1 + \cdots + x_n \leqslant r$ 成立. 提示：证明当 $x_1 + \cdots + x_{j+k-1} \geqslant k$ 时，可以推出 $s_j^k = 1$.

27. [*20*] 类似地，证明巴约和布夫哈德的 (20) 和 (21) 的正确性. 提示：当结点 k 下方的叶结点包含 j 个或更多个 1 时，可以推出 $b_j^k = 1$.

▶ **28.** [*20*] 当我们想确保 $x_1+\cdots+x_n\geqslant 1$ 时，(18) 和 (19) 得到的子句是什么?（这种特殊情况将任意子句转换为 3SAT 子句.）

▶ **29.** [*20*] 与单个约束 $x_1+\cdots+x_n\leqslant r$ 不同，假设我们希望对 $1\leqslant i\leqslant n$ 施加一系列约束 $x_1+\cdots+x_i\leqslant r_i$，是否可以通过添加额外的子句和辅助变量来实现这一点?

▶ **30.** [*22*] 如果像 (18) 和 (19) 中那样使用辅助变量 s_j^k 来确保 $x_1+\cdots+x_n\leqslant r$，同时使用 $s_j'^k$ 来确保 $\bar{x}_1+\cdots+\bar{x}_n\leqslant n-r$，那么说明我们可以通过令 $s_k'^j=\overline{s_j^k}$（$1\leqslant j\leqslant n-r$，$1\leqslant k\leqslant r$）来统一它们. 是否可以类似地统一 (20) 和 (21)?

▶ **31.** [*28*] 设 $F_t(r)$ 是最小的 n，使得存在一个位向量 $x_1\cdots x_n$，满足 $x_1+\cdots+x_n=r$ 且没有 t 个等间距的 1. 比如，$F_3(12)=30$，因为存在唯一解 101100011010000000010110001101. 讨论如何在 SAT 求解器的帮助下高效计算 $F_t(r)$.

32. [*15*] 一个*列表着色方案*是一个图着色方案，其中，每个顶点 v 的颜色属于给定的集合 $L(v)$. 将列表着色表示为一个 SAT 问题.

33. [*21*] 图的双重着色是指赋予每个顶点两种颜色，使相邻的顶点没有共同的颜色. 同理，q 重着色将 q 种颜色赋予每个顶点. 使用尽可能少的颜色，找出循环图 $C_5, C_7, C_9, \cdots$ 的双重着色和三重着色.

34. [*HM26*] 图 G 的*分数着色数* $\chi^*(G)$ 被定义为使得 G 有使用 p 种颜色的 q 重着色的最小比值 p/q.

(a) 证明 $\chi^*(G)\leqslant\chi(G)$，并证明在麦格雷戈图中等号成立.

(b) 设 $S_1, \cdots, S_N$ 是 G 中顶点的所有独立子集. 证明：

$$\chi^*(G) = \min_{\lambda_1,\cdots,\lambda_N\geqslant 0}\{\lambda_1+\cdots+\lambda_N \mid \text{对于所有顶点 } v,\ \textstyle\sum_{j=1}^N \lambda_j[v\in S_j]=1\}.$$

（这是一个分数精确覆盖问题.）

(c) 循环图 C_n 的分数着色数 $\chi^*(C_n)$ 是多少?

(d) 考虑用以下贪心算法对图 G 进行着色：置 $k\leftarrow 0$ 和 $G_0\leftarrow G$；当 G_k 非空时，置 $k\leftarrow k+1$ 和 $G_k\leftarrow G_{k-1}\setminus C_k$，其中，$C_k$ 是 G_{k-1} 的一个最大独立集. 证明 $k\leqslant H_{\alpha(G)}\chi^*(G)$，其中，$\alpha(G)$ 是 G 的最大独立集的大小；因此 $\chi(G)/\chi^*(G)\leqslant H_{\alpha(G)}=O(\log n)$. *提示*：如果 $v\in C_i$，则令 $t_v=1/|C_i|$，并证明每当 S 是一个独立集时，有 $\sum_{v\in S}t_v\leqslant H_{|S|}$.

35. [*22*] 当 G 是以下图时，确定 $\chi^*(G)$：(a) 美国接壤州的图（参见 7.2.2.1–(113)）；(b) 习题 22 中的图.

▶ **36.** [*22*] 图的*无线电着色*，也称为 $L(2,1)$ 标记，是一种对图的顶点进行整数着色的方法，使得当 u — v 时，u 和 v 的颜色至少相差 2；当 u 和 v 有一个公共邻居时，u 和 v 的颜色至少相差 1.（这个概念由弗雷德 · 罗伯茨于 1988 年引入，其动机是解决无线电发射器分配信道的问题，以避免来自“相近”发射器的干扰，并且避免来自“十分相近”的发射器的强干扰.）找出麦格雷戈图（图 76）的一个无线电着色方案，其中只使用了 16 种连续的颜色.

37. [*20*] 为美国接壤州的图 7.2.2.1–(113) 找到一个最优的无线电着色方案.

38. [*M25*] 需要多少种连续的颜色才能对以下情况进行无线电着色? (a) $n\times n$ 方形网格 $P_n\,\square\,P_n$；(b) 顶点 $\{(x,y,z)\mid x,y,z\geqslant 0,\ x+y+z=n\}$ 形成的且每条边上有 $n+1$ 个顶点的三角形网格.

39. [*M46*] 为某些 $n>6$ 的 n 立方体找到最优的无线电着色方案.

40. [*01*] 当 z 是素数时，因数分解问题 (22) 是不可满足的吗?

41. [*M21*] 对于 $2\leqslant m\leqslant n$，确定在使用达达的方案进行 m 位数和 n 位数的乘法时，所需的布尔运算 $\wedge$、$\vee$、$\oplus$ 的数量.

42. [*21*] 类似于 (24)，可以为三元运算设计类似的切廷编码，而无须引入除被编码函数的变量之外的任何额外变量. 通过直接对全加器的基本运算 $x\leftarrow t\oplus u\oplus v$ 和 $y\leftarrow\langle tuv\rangle$ 进行编码，而不是通过 $\oplus$、$\wedge$ 和 $\vee$ 的组合来说明这一原理.

▶ **43.** [*21*] 对于哪些整数 $n\geqslant 2$，存在奇回文二进制数 $x=(x_n\cdots x_1)_2=(x_1\cdots x_n)_2$ 和 $y=(y_n\cdots y_1)_2=(y_1\cdots y_n)_2$，使得它们的乘积 $xy=(z_{2n}\cdots z_1)_2=(z_1\cdots z_{2n})_2$ 也是回文的?

▶ **44.** [*30*] （最多的 1）在所有 32 位二进制数 x 和 y 的乘法中，找出 $\nu x+\nu y+\nu(xy)$ 可能的最大值，即为 1 的位的总数.

45. [*20*] 指定迫使 $(z_t\cdots z_1)_2$ 为一个完全平方数的子句.

46. [*30*] 找出小于 2^{100} 的最大二进制回文完全平方数.

▶ **47.** [*20*] 假设图 77 所示的电路有 m 个输出和 n 个输入，其中，g 个门将两个信号转换为一个信号，h 个门将一个信号转换为两个信号. 通过两种表达导线总数的方式，找出 g 和 h 之间的关系.

48. [*20*] 这里展示的小电路有 3 个输入、3 个 XOR 门、1 个扇出门、8 条导线和 1 个输出. 8 种测试模式 pqr 中的每一种分别能检测出哪些单点固定故障?

49. [*24*] 编写一个程序，确定图 77 中的电路的 100 个单点固定故障中，哪些故障能被 32 种可能的输入模式中的每一种检测出来. 同时找出发现每个故障的所有最小测试模式集合（除非有故障是不可检测的）.

50. [*24*] 通过描述图 77 中的故障“x_2^1 固定为 1”所对应的测试模式的子句来展示拉腊比的方法如何表示固定故障.（这是从 x_2 分出并输入到 x_2^3 和 x_2^4，然后到 b_2 和 b_3 的导线，见表 1.）

51. [*40*] 研究 SAT 求解器在找到一小组测试模式以检测电路 $prod(32,32)$ 的所有可检测的单点固定故障时的行为. 对于这个大规模电路，能否“自动”（不依赖于数论）发现一组完整的测试模式?

52. [*15*] 当考虑表 2 左侧的第二种情况，即 $f(1,0,1,0,\cdots,1)=1$ 时，(29) 和 (30) 对应的子句是什么?

▶ **53.** [*M20*] 表 2 中的数显然不是随机的. 你能看出为什么吗?

▶ **54.** [*23*] 使用上题中的规则扩展表 2. 当 M 分别为 3、4、5 时，需要多少行才能使 $f(x)$ 无法用 M 项的 DNF 表示?

55. [*21*] 找到一个类似于 (27) 的方程，它与表 2 一致，并且其中每个变量都取补.（因此得到的函数是单调递减的.）

▶ **56.** [*22*] 方程 (27) 展示了一个与表 2 匹配的函数，它仅依赖于 20 个变量中的 8 个. 使用 SAT 求解器来说明事实上可以找到一个适当的 f，它仅依赖于 5 个 x_j.

▶ **57.** [*29*] 将上题与 7.1.2 节中的方法相结合，说明表 2 具有一个函数 f，它可以仅用 6 个布尔运算来计算.

▶ **58.** [*20*] 讨论在 (29)、(30) 和 (31) 中添加子句 $\bar{p}_{i,j}\vee\bar{q}_{i,j}$.

59. [*M20*] 精确计算 (32) 中的 $\hat{f}(x)$ 与 (27) 中的 $f(x)$ 不相等的概率.

60. [*24*] 使用大小为 32 和 64 的训练集来针对从 (27) 中学习 $f(x)$ 的问题进行实验. 使用 SAT 求解器找到一个猜测函数 $\hat{f}(x)$；然后使用 BDD 方法来确定对于随机 x，这个 $\hat{f}(x)$ 与 $f(x)$ 不相等的概率.

61. [*20*] 解释如何测试何时通过 (29) ~ (31) 从训练集生成的一组子句只能由 (27) 中的函数 $f(x)$ 满足.

62. [*23*] 尝试使用 N 位的训练集 $x^{(0)}, x^{(1)}, x^{(2)},\cdots$ 来学习一个秘密的小 DNF 函数，其中，$x^{(0)}$ 是随机的，但对于 $k>0$，$x^{(k)}\oplus x^{(k-1)}$ 的每一位都有概率 p 为 1.（因此，如果 p 很小，那么连续的数据点将倾向于彼此接近.）在实践中，这样的集合是否比 $p=1/2$ 时产生的纯随机集合更高效?

▶ **63.** [*20*] 给定一个 n 元素网络 $\alpha=[i_1:j_1][i_2:j_2]\cdots[i_r:j_r]$，如 5.3.4 节的习题中所定义，解释如何使用 SAT 求解器来测试 α 是否是一个排序网络. 提示：使用定理 5.3.4Z.

64. [*26*] 一个 n 元素排序网络的精确最小时间 $\hat{T}(n)$ 是一个著名的未解问题，并且 $\hat{T}(9)=7$ 这一事实是于 1987 年通过在一台克雷 2 号超级计算机上运行一个高度优化的程序数小时后首次得到的.

说明现在可以在不到一秒的时间内使用 SAT 求解器证明这一结果.

▶ **65.** [*28*] 描述生命游戏转移函数 (35) 编码为子句的方式.

(a) 仅使用变量 x'_{ij} 和 x_{ij}.

(b) 使用类似于巴约和布夫哈德的编码 (20) ~ (21) 的辅助变量，并如正文所述，共享相邻细胞的中间结果.

66. [*24*] 使用 SAT 求解器找到与图 78 相对应的短序列，其中 (a) $\boldsymbol{X}_1=$ LIFE；(b) $\boldsymbol{X}_2=$ LIFE. 在每种情况下，$\boldsymbol{X}_0$ 都应具有尽可能少的活细胞.

67. [*24*] 找到一条流动棋盘路径 $\boldsymbol{X}_0 \to \boldsymbol{X}_1 \to \cdots \to \boldsymbol{X}_{21}$，使得每个 $\boldsymbol{X}_t$ 中至多有 5 个活细胞.（(37) 中的滑翔机在 $\boldsymbol{X}_{20}$ 后离开棋盘.）$\boldsymbol{X}_{22}$ 的情况又如何?

68. [*41*] 找到一条最长的流动路径，其中始终有 6 ~ 10 个细胞存活.

69. [*23*] 找到 4×4 棋盘上所有的 (a) 静止生命和 (b) 周期大于 1 的振荡器.

70. [*21*] 振荡器的活细胞被分为*转子*（变化的细胞）和*定子*（始终存活的细胞）.

(a) 说明转子不能仅仅是一个单独的细胞.

(b) 找到一个最小的振荡器例子，其转子为 ▭ ↔ ▬.

(c) 类似地，找到周期为 3 的振荡器的最小例子，其转子具有以下形式：⊞ → ▚ → ▙ → ⊞；▙ → ▃ → ▙ → ▘；▙ → ▖ → ▚ → ▙.

▸ **71.** [*22*] 在寻找方形网格上的生命游戏转移序列时，因为网格具有 8 种对称性，所以非对称解将以 8 种形式出现. 此外，如果 r 是周期的长度，那么非对称周期解将以 $8r$ 种形式出现.

解释如何添加更多的子句，以使本质上等价的解只出现一次：只有“规范形式”才能满足这些子句.

72. [*28*] 因为生命游戏似乎本质上是二元的，所以周期为 3 的振荡器特别有趣.

(a) 最小的这种振荡器是什么（就有界边框而言）?

(b) 找到大小为 $9 \times n$ 和 $10 \times n$ 且周期为 3 的振荡器，其中，n 为奇数，它们具有四重对称性：这些模式在左右反射和（或）上下反射后保持不变.（这样的模式不仅看上去比较悦目，而且更容易找到，因为我们只需要考虑约四分之一的变量.）

(c) 在大小为 15×15、15×16 和 16×16 的网格上，具有四重对称性且周期为 3 的振荡器中，哪一个具有最多的活细胞?

(d) 此处所示的周期为 3 的振荡器具有另一种四向对称性，因为它在旋转 90° 后保持不变.（它由罗伯特 · 温赖特于 1972 年发现，他称之为“蛇舞”，因为其定子包含 4 条“蛇”.）在大小为 15×15 和 16×16 的网格上，具有 90° 对称性且周期为 3 的振荡器中，哪一个具有最多的活细胞?

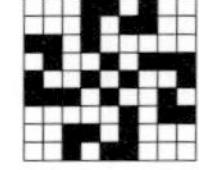

▸ **73.** [*21*] （*流动触发器*）周期为 2 的振荡器被称为*触发器*，流动触发器的生命游戏模式特别吸引人：每个细胞要么是空的（在任意时刻 t 死亡），要么是类型 A（在 t 为偶数时存活），要么是类型 B（在 t 为奇数时存活）. 每个非空细胞 (i) 恰好有 3 个另一种类型的相邻细胞，并且 (ii) 与它类型相同的相邻细胞不会恰好有 2 个或 3 个.

(a) 流动触发器的空细胞也满足一个特殊条件. 它是什么?

(b) 在 8×8 网格上找到一个流动触发器，使得其最上面一行为 BA ABAB.

(c) 对于不同的 m 和 n，在 $m \times n$ 环面上找到流动触发器.（因此，如果无限复制，那么每一个都将用无限流动触发器铺满平面.）*提示*：一个解没有任何空细胞；另一个解则有像棋盘一样的空细胞.

74. [*M28*] 继续上题，证明有限流动触发器的任意非空细胞都不会有多于一个相同类型的相邻细胞.（这一事实将大大加快寻找有限流动触发器的速度.）两个类型 A 的细胞对角相邻吗?

75. [*M22*] （斯蒂芬 · 西尔弗，2000 年）证明：周期 p 大于或等于 3 的有限流动振荡器必然有一些细胞在周期内存活多次.

76. [*41*] 构造一个周期为 3 的流动振荡器.

77. [*20*] 在 (38) 中，“步骤 $\boldsymbol{X}_{-1}$”在 $\boldsymbol{X}_0$ 之前，它的滑翔机配置为 ▚，而不是 ▜. 对于静止生命 $\boldsymbol{X}_5$，什么样的条件可以确保状态 $\boldsymbol{X}_0$ 确实能被达到?（我们不希望消化过早开始.）

78. [*21*] 对于某个 n，在 $7 \times n$ 网格上（而不是在 8×8 网格上）找到 (38) 中四步吞噬者问题的一个解.

79. [*23*] 在 (39) 中，如果滑翔机遇到与其相位相反的吞噬者（▛ 而不是 ▜），会发生什么?

80. [*21*] 为了解决上题中的问题，找到一个关于对角线对称的吞噬者，使得它可以同时吞噬 ▛ 和 ▜.（你需要比 8×8 更大的网格，并且需要等待更长时间来消化.）

81. [*21*] 康威发现了引人注目的“宇宙飞船”，其中，$\boldsymbol{X}_4$ 是 $\boldsymbol{X}_0$ 向上移动 2 个单位的结果：

$$X_0 = \quad \to \quad \to \quad \to \quad \to \quad = \boldsymbol{X}_4.$$

是否存在一个左右对称的静止生命，可以吞噬这样的宇宙飞船？

▶ **82.** [*22*] （*光速*）想象在一个无限平面上的生命游戏，除了左下象限中的细胞，其他所有细胞在时刻 0 都是死的．更确切地说，假设对于所有 $t \geqslant 0$ 和所有整数 $-\infty < i, j < +\infty$，我们定义了 $\boldsymbol{X}_t = (x_{tij})$，并且当 $i > 0$ 或 $j > 0$ 时有 $x_{0ij} = 0$.

(a) 证明：当 $0 \leqslant t < \max(i, j)$ 时，$x_{tij} = 0$.

(b) 进一步证明：当 $0 \leqslant -i \leqslant j$ 且 $0 \leqslant t < i + 2j$ 时，$x_{tij} = 0$.

(c) 如果 $i \geqslant 0$ 且 $j \geqslant 0$，那么当 $0 \leqslant t < 2i + 2j$ 时，$x_{tij} = 0$．*提示*：如果当 $i \geqslant -j$ 时有 $x_{tij} = 0$，那么证明当 $i > -j$ 时有 $x_{tij} = 0$.

83. [*21*] 根据上题，如果所有初始生命都被限制在平面的左下象限中，那么细胞 (i, j) 变为活细胞的最早可能时间至少为

$$f(i, j) = i[i \geqslant 0] + j[j \geqslant 0] + (i + j)[i + j \geqslant 0].$$

比如，当 $|i| \leqslant 5$ 且 $|j| \leqslant 5$ 时，$f(i, j)$ 的值如右侧所示.

5	6	7	8	9	10	12	14	16	18	20
4	4	5	6	7	8	10	12	14	16	18
3	3	3	4	5	6	8	10	12	14	16
2	2	2	2	3	4	6	8	10	12	14
1	1	1	1	1	2	4	6	8	10	12
0	0	0	0	0	0	2	4	6	8	10
0	0	0	0	0	0	1	3	5	7	9
0	0	0	0	0	0	1	2	4	6	8
0	0	0	0	0	0	1	2	3	5	7
0	0	0	0	0	0	1	2	3	4	6
0	0	0	0	0	0	1	2	3	4	5

对于这样的初始状态，设 $f^*(i, j)$ 是细胞 (i, j) 变为活细胞的实际最小时间．设计一组子句，通过这些子句，SAT 求解器可以在给定 i_0 和 j_0 的情况下，测试 $f^*(i_0, j_0) = f(i_0, j_0)$ 是否成立．（这样的子句可用于有趣的基准测试．）

84. [*33*] 当 $j > 0$ 时，证明在以下情况下 $f^*(i, j) = f(i, j)$：(a) $i = j$、$i = j + 1$ 和 $i = j - 1$；(b) $i = 0$ 和 $i = -1$；(c) $i = 1 - j$；(d) $i = j - 2$；(e) $i = -2$.

▶ **85.** [*39*] 在生命游戏中，*伊甸园*是一个没有前驱的状态.

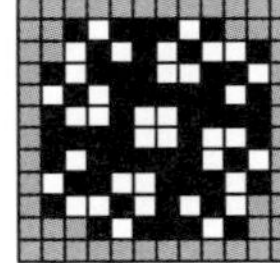

(a) 如果这里展示的 92 个细胞的模式出现在位图 $\boldsymbol{X}$ 内的任何位置，那么可以验证 $\boldsymbol{X}$ 是一个伊甸园．（灰色细胞既可以是死的，也可以是活的．）

(b) 这个“孤儿”模式是目前已知的最小模式，并且是在 SAT 求解器的帮助下发现的．你能想象它是如何被发现的吗？

86. [*M23*] 一张随机的 10×10 位图在生命游戏中平均有多少个前驱？

87. [*21*] 解释为什么子句 (42) 表示了爱丽丝和鲍勃的程序 (40)，并给出一个将这样的程序转换为等价子句集的通用方法.

88. [*18*] 对于 $0 \leqslant t < 6$，满足条件 (41) 和 (42)，并增加 20×6 个二元子句来排除多重状态，以及“尴尬”单元子句 $(\mathrm{A3}_6) \wedge (\mathrm{B3}_6)$.

89. [*21*] 下面给出了一个于 1966 年被推荐使用的互斥协议．它能够正常工作吗？

A0. 可能跳转至 A1.	B0. 可能跳转至 B1.
A1. 置 $a \leftarrow 1$，跳转至 A2.	B1. 置 $b \leftarrow 1$，跳转至 B2.
A2. 若 l 则跳转至 A3，否则跳转至 A5.	B2. 若 l 则跳转至 B5，否则跳转至 B3.
A3. 若 b 则跳转至 A3，否则跳转至 A4.	B3. 若 a 则跳转至 B3，否则跳转至 B4.
A4. 置 $l \leftarrow 0$，跳转至 A2.	B4. 置 $l \leftarrow 1$，跳转至 B2.
A5. 临界，跳转至 A6.	B5. 临界，跳转至 B6.
A6. 置 $a \leftarrow 0$，跳转至 A0.	B6. 置 $b \leftarrow 0$，跳转至 B0.

90. [*20*] 通过满足 (47) 和 (48)，证明 (43)、(45) 和 (46) 会导致饥饿.

91. [*M21*] 正式而言，爱丽丝被认为“饥饿”，前提是存在 (i) 从初始状态 $\boldsymbol{X}_0$ 开始的无限转移序列 $\boldsymbol{X}_0 \to \boldsymbol{X}_1 \to \cdots$ 和 (ii) 一个无限次改变的无限布尔“碰撞”序列 $@_0, @_1, \cdots$，使得 (iii) 爱丽丝只有有限次处于“可能”状态或“临界”状态．证明：这种情况可能发生，当且仅当存在正文中讨论的饥饿循环 (47).

92. [*20*] 提出 $O(r^2)$ 个子句，用于判断互斥协议是否允许一条由不同状态组成的路径 $\boldsymbol{X}_0 \to \boldsymbol{X}_1 \to \cdots \to \boldsymbol{X}_r$.

93. [*20*] 在 (51) 中，对应于项 $\neg\Phi(\boldsymbol{X}')$ 的子句是什么？

▶ **94.** [*21*] 假设我们知道，对于 $0 \leqslant r \leqslant k$，$(\boldsymbol{X}_0 \to \boldsymbol{X}_1 \to \cdots \to \boldsymbol{X}_r) \wedge \neg\Phi(\boldsymbol{X}_r)$ 是不可满足的. 什么子句将保证 Φ 是不变量？（$k=1$ 的情况即 (51).）

95. [*20*] 使用类似 (50) 的不变量，证明 (45) 和 (46) 达成了互斥.

96. [*22*] 当 $r=2$ 时，找到 (52) 的所有解. 此外，如果去掉包含 Φ 的子句，通过找到一个由不同状态 $\boldsymbol{X}_0, \boldsymbol{X}_1, \cdots, \boldsymbol{X}_r$ 组成且 r 远大于 2 的解来说明不变量大有裨益.

97. [*20*] 在彼得森的协议 (49) 中，状态 A6 和状态 B6 是否可以同时出现？

▶ **98.** [*M23*] 本习题旨在证明不存在饥饿循环 (47).

(a) 如果一个状态循环中的某个人从未被碰撞，那么我们称其为“纯”的；如果没有状态重复，那么我们称其为“简单”的. 证明：最短的非纯循环（如果存在的话），要么是简单的，要么由两个共享一个公共状态的简单纯循环组成.

(b) 如果爱丽丝在协议 (49) 中因某个循环而饥饿，那么我们可以得知她在循环中从未处于状态 A0 或状态 A5. 证明她也不能处于 A1、A2 或 A6.

(c) 构造子句来测试是否存在状态 $\boldsymbol{X}_0 \to \boldsymbol{X}_1 \to \cdots \to \boldsymbol{X}_r$（$\boldsymbol{X}_0$ 是任意的），使得 $(\boldsymbol{X}_0\boldsymbol{X}_1\cdots\boldsymbol{X}_{k-1})$ 对于某个 $k \leqslant r$ 而言是一个饥饿循环.

(d) 因此，我们可以得出结论：(49) 不会导致饥饿，而且不需要太多额外的工作.

99. [*25*] 西奥多勒斯 · 德克尔于 1965 年设计了第一个正确的互斥协议.

A0. 可能跳转至 A1.	B0. 可能跳转至 B1.
A1. 置 $a \leftarrow 1$，跳转至 A2.	B1. 置 $b \leftarrow 1$，跳转至 B2.
A2. 若 b 则跳转至 A3，否则跳转至 A6.	B2. 若 a 则跳转至 B3，否则跳转至 B6.
A3. 若 l 则跳转至 A4，否则跳转至 A2.	B3. 若 l 则跳转至 B2，否则跳转至 B4.
A4. 置 $a \leftarrow 0$，跳转至 A5.	B4. 置 $b \leftarrow 0$，跳转至 B5.
A5. 若 l 则跳转至 A5，否则跳转至 A1.	B5. 若 l 则跳转至 B1，否则跳转至 B5.
A6. 临界，跳转至 A7.	B6. 临界，跳转至 B7.
A7. 置 $l \leftarrow 1$，跳转至 A8.	B7. 置 $l \leftarrow 0$，跳转至 B8.
A8. 置 $a \leftarrow 0$，跳转至 A0.	B8. 置 $b \leftarrow 0$，跳转至 B0.

使用有界模型检测来验证该互斥协议的正确性.

100. [*22*] 说明以下协议可能导致一方饥饿，而另一方则不会.

	B0. 可能跳转至 B1.
A0. 可能跳转至 A1.	B1. 置 $b \leftarrow 1$，跳转至 B2.
A1. 置 $a \leftarrow 1$，跳转至 A2.	B2. 若 a 则跳转至 B3，否则跳转至 B5.
A2. 若 b 则跳转至 A2，否则跳转至 A3.	B3. 置 $b \leftarrow 0$，跳转至 B4.
A3. 临界，跳转至 A4.	B4. 若 a 则跳转至 B4，否则跳转至 B1.
A4. 置 $a \leftarrow 0$，跳转至 A0.	B5. 临界，跳转至 B6.
	B6. 置 $b \leftarrow 0$，跳转至 B0.

▶ **101.** [*31*] 协议 (49) 有一个潜在的缺陷，那就是爱丽丝和鲍勃可能同时尝试设置 l 的值. 设计一个互斥协议，使得他们每个人控制对方可见的两个二元信号. *提示*：可以在另一个协议中使用上题中的方法.

102. [*22*] 如果存在爱丽丝在鲍勃尝试读取某个变量的同时设置该变量的情况，那么我们可能希望考虑一个更严格的模型. 在该模型中，鲍勃以非确定性的方式看到 0 或 1.（如果鲍勃在爱丽丝进行下一步之前查看 k 次，那么他或许会看到 2^k 种可能的位序列.）解释如何通过修改习题 87 中的子句来处理这种“闪烁”变量的模型.

103. [*18*] （*手动完成本习题，它相当有趣！*）找到 7×21 图像，其体层成像和为 $(r_1, \cdots, r_7) = (1,0,13,6,12,7,19)$；$(c_1, \cdots, c_{21}) = (4,3,3,4,1,6,1,3,3,3,5,1,1,5,1,5,1,5,1,1,1)$；$(a_1, \cdots, a_{27}) = (0,0,1,$

2, 2, 3, 2, 3, 3, 2, 3, 3, 4, 3, 2, 3, 3, 3, 4, 3, 2, 2, 1, 1, 1, 1, 1)；$(b_1,\cdots,b_{27})=(0,0,0,0,0,1,3,3,4,3,2,2,2,3,3,4,2,3,3,3,3,3,4,3,2,1,1)$.

104. [*M21*] 哪些 m 和 n 可以使得 $a_d=b_d=1$ 的数字体层成像问题对于 $0<d<m+n$ 是可满足的？（等价地说，什么时候可以在 $m\times n$ 棋盘上放置 $m+n-1$ 个互不攻击的象？）

▸ **105.** [*M28*] 若一个元素为 $\{-1,0,+1\}$ 的矩阵满足其行和、列和以及对角线和都是零，则我们称它是体层成像平衡的. 显然，两个二元矩阵 $\boldsymbol{X}=(x_{ij})$ 和 $\boldsymbol{X}'=(x'_{ij})$ 具有相同的行和、列和以及对角线和，当且仅当 $\boldsymbol{X}-\boldsymbol{X}'$ 是体层成像平衡的.

(a) 假设 m 行 n 列且 $+1$ 出现了 t 次的 $\boldsymbol{Y}$ 是体层成像平衡的. 有多少 $m\times n$ 二元矩阵 $\boldsymbol{X}$ 和 $\boldsymbol{X}'$ 满足 $\boldsymbol{X}-\boldsymbol{X}'=\boldsymbol{Y}$?

(b) 用子句来表示“$\boldsymbol{Y}$ 是体层成像平衡的”这一条件，其中，值 $\{-1,0,+1\}$ 分别用 2 位编码 $\{10,00,01\}$ 表示.

(c) 当 $m,n\leqslant 8$ 时，计算 $T(m,n)$，即体层成像平衡矩阵的数量.

(d) 有多少个这样的矩阵满足 $+1$ 恰好出现 4 次?

(e) 一个 $2n\times 2n$ 体层成像平衡矩阵中最多可以有多少个 $+1$？

(f) 判断正误：$+1$ 的位置决定了 -1 的位置.

106. [*M20*] 假设这些和中的每一个都可以独立地等于其可能的任意值，为可能输入给 25×30 数字体层成像问题的数据集 $\{r_i,c_j,a_d,b_d\}$ 的数目确定一个宽松的上界. 这个上界比之 2^{750} 如何?

▸ **107.** [*22*] 莫桑比克伊尼扬巴内地区的汤加文化的编篮工艺师创造了一种诱人的周期性设计，它被称为“吉帕齐图案”，如下所示：

（注意，这里将普通的像素网格旋转了 45°）. 正式地说，一个周期为 p 且宽度为 n 的吉帕齐图案是一个 $p\times n$ 二元矩阵 $(x_{i,j})$，其中，$x_{i,1}=x_{i,n}=1$ 对于 $1\leqslant i\leqslant p$ 成立. 矩阵的第 i 行在实际图案中要向右移动 $i-1$ 个位置. 上面的例子中，$p=6$ 且 $n=13$，它对应的矩阵的第一行是 1111101111101. 像之前一样，这样的图案有行和 $r_i=\sum_{j=1}^{n}x_{i,j}$（$1\leqslant i\leqslant p$）与列和 $c_j=\sum_{i=1}^{p}x_{i,j}$（$1\leqslant j\leqslant n$）. 与 (53) 类似，它还有

$$a_d=\sum_{i+j\equiv d\,(\mathrm{mod}\,p)}x_{i,j},\quad 1\leqslant d\leqslant p;\qquad b_d=\sum_{2i+j\equiv d\,(\mathrm{mod}\,2p)}x_{i,j},\quad 1\leqslant d\leqslant 2p.$$

(a) 在示例图案中，体层成像参数 r_i、c_j、a_d 和 b_d 分别是多少?

(b) 是否存在其他的吉帕齐图案与之具有相同的参数?

108. [*23*] 在上题中，列和 c_j 的设计有些刻意，因为它们只计数了一条无限长的线中的一小部分黑色像素. 如果我们以不同的角度旋转网格，就可以获得无限的周期性图案，其中，图 79 的 4 个方向中的每一个上都只会遇到有限多个像素.

通过将下图中的每个灰色像素改为白色或黑色，设计一个周期为 6 的图案，其中，平行线的方向上总是具有相等的体层成像投影.

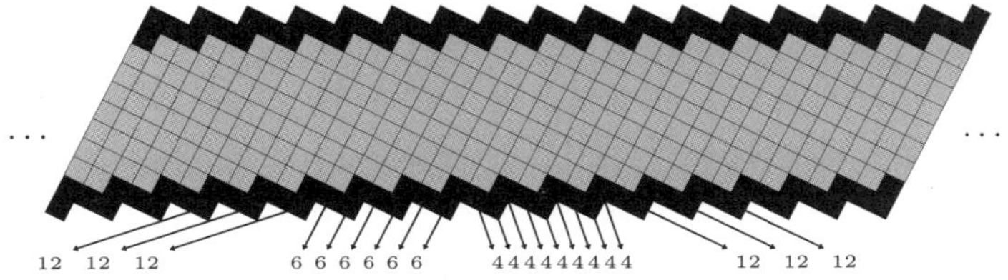

▸ **109.** [*20*] 解释如何通过反复使用 SAT 求解器来找到可满足性问题的最小字典序解 $x_1\cdots x_n$.（参见图 80(a).）

110. [*19*] $waerden(3,10;96)$ 的第一个字典序解和最后一个字典序解分别是什么?

111. [*40*] 图 80 中的“柴郡猫”问题的第一个字典序解和最后一个字典序解基于从上到下且从左到右的像素排序. 尝试其他的像素排序方式，比如尝试从下到上且从右到左.

112. [*46*] 图 79 所示的体层成像问题有多少个解?

▶ **113.** [*30*] 证明：即使边缘和 r、c、a、b 是二元的，数字体层成像问题也是 NP 完全的. 给定 0–1 取值的 $r_i=\sum_j x_{ij}$、$c_j=\sum_i x_{ij}$、$a_d=\sum_{i+j=d+1} x_{ij}$ 和 $b_d=\sum_{i-j=d-n} x_{ij}$，一个用于判断是否存在 $n\times n$ 像素图像 (x_{ij}) 的高效算法也可以用来解决习题 212(a) 中的二元张量列联问题.

114. [*27*] 给定的矩形网格的每个单元格 (i,j) 要么包含一个地雷（$x_{i,j}=1$），要么是安全的（$x_{i,j}=0$）. 在扫雷游戏中，你将通过探测你希望安全的位置来识别所有隐藏的地雷：如果你决定探测一个 $x_{i,j}=1$ 的单元格，地雷就会爆炸，你就会死亡（至少在虚拟世界中）. 但是如果 $x_{i,j}=0$，你会得到相邻单元格中的地雷数量 $n_{i,j}$，其中 $0\leqslant n_{i,j}\leqslant 8$，并且你还活着，从而可以继续探测. 通过仔细考虑这些数字线索，你通常可以继续进行完全安全的探测，最终触及每个没有地雷的单元格.

假设隐藏的地雷恰好与 25 × 30 柴郡猫图案（图 79）相匹配，并且你从右上角开始探测. 那个单元格是安全的，并且你可以得知 $n_{1,30}=0$. 因此，你可以安全地探测 (1,30) 的 3 个相邻单元格. 继续这样的探测，你很快会得到下图中的状态 (α)，它描绘了 $1\leqslant i\leqslant 9$ 和 $21\leqslant j\leqslant 30$ 的单元格 (i,j) 的信息；未探测的单元格显示为灰色，否则会在单元格中显示 $n_{i,j}$ 的值. 从这些数据中很容易推断出 $x_{1,24}=x_{2,24}=x_{3,25}=x_{4,25}=\cdots=x_{9,26}=1$. 你不会想探索这些地方，所以可以用“X”标记这些单元格；又因为 $n_{3,24}=n_{5,25}=4$，所以可以得到状态 (β). 进一步向下到第 17 行，然后向左和向上，不费吹灰之力就可以得到状态 (γ).（注意，这个过程类似于数字体层成像，因为你试图从关于部分和的信息中重建一个二元矩阵.）

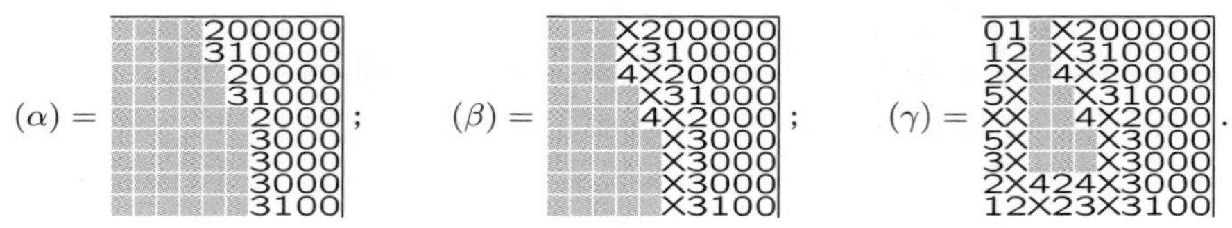

(a) 现在，请为 (γ) 中剩余的 13 个灰色单元格找到安全的探测方法.

(b) 如果你事先得知 (i) $x_{1,1}=0$、(ii) $x_{1,30}=0$、(iii) $x_{25,1}=0$、(iv) $x_{25,30}=0$、(v) 4 个角都是安全的，那么在不进行任何不安全的猜测的前提下，能恰好揭示多少关于柴郡猫的信息? 提示：SAT 求解器会有所帮助.

115. [*25*] 在一个 9 × 9 扫雷游戏中，有 10 个随机放置的地雷. 通过实验估计第一次猜测后可以完全通过安全探测来获胜的概率.

116. [*22*] 寻找生命游戏触发器的例子，其中，$\boldsymbol{X}$ 和 $\boldsymbol{X}'$ 在体层成像的意义上是相等的.

117. [*23*] 给定一个序列 $x=x_1\cdots x_n$，定义 $\nu^{(2)}x=x_1x_2+x_2x_3+\cdots+x_{n-1}x_n$.（级数相关系数 3.3.2–(23) 中出现了类似的求和.）

(a) 证明：当 x 是一个二进制序列时，x 中 1 的连续段数可以用 νx 和 $\nu^{(2)}x$ 表示.

(b) 解释如何通过修改巴约和布夫哈德的基数约束 (20) ~ (21)，将条件 $\nu^{(2)}x\leqslant r$ 编码为一组子句.

(c) 同理，编码条件 $\nu^{(2)}x\geqslant r$.

118. [*20*] 榻榻米平铺是指用多米诺骨牌进行覆盖，使得其中没有 3 块骨牌共享一个角.

（注意， 是不被允许的，但是 是可以的．）解释如何使用 SAT 求解器来找到一个榻榻米平铺，从而覆盖给定的像素集，除非不存在这样的平铺．

119. [*18*] 令 $F = waerden(3,3;9)$ 是 (9) 中的 32 个子句．哪个文字 l 会使得简化后的公式 $F\,|\,l$ 最小？展示得到的子句．

120. [*M20*] 判断正误：如果 $\overline{L} = \{\bar{l} \mid l \in L\}$，那么 $F\,|\,L = \{C \setminus \overline{L} \mid C \in F$ 且 $C \cap L = \varnothing\}$．

121. [*21*] 通过扩展算法 A 中的步骤 A3、A4、A7 和 A8 的高阶描述，详细说明数据结构中链接字段的更改．

▶ **122.** [*21*] 修改算法 A，使其找到子句的所有可满足赋值．

123. [*17*] 当算法 B 或算法 D 开始处理 (7) 中的 7 个子句 R' 时，展示其内部数据结构 `L`、`START` 和 `LINK` 的内容．

▶ **124.** [*21*] 详细说明算法 B 中的步骤 B3 概述的底层链接字段操作．

▶ **125.** [*20*] 修改算法 B，使其找到子句的所有可满足赋值．

126. [*20*] 将 (59) 中的计算再多进行一步．

127. [*17*] 在 (59) 概述的计算中，回溯发生之前和之后分别对应于哪些移动代码 $m_1 \cdots m_d$？

128. [*19*] 使用类似 (59) 的格式，描述算法 D 如何证明李维斯特的子句 (6) 不可满足的完整计算过程．（参见图 82．）

129. [*20*] 在算法 D 的语境下，设计一个子例程：给定一个文字 l，若 l 在某个其他文字全部为假的子句中被监视，则返回 1，否则返回 0．

130. [*22*] 在步骤 D6 中，"清空 $\bar{x}_k$ 的监视列表"需要哪些底层列表处理操作？

▶ **131.** [*30*] 在算法 D 没有找到任何单元子句而退出步骤 D3 后，它已经检查了每个自由变量的监视列表．因此，它可以以很小的额外成本计算出这些监视列表的长度．这些长度信息可以用来更明智地选择在步骤 D4 中用于分支的变量．尝试使用不同的此类分支启发法进行实验．

▶ **132.** [*22*] 由定理 7.1.1K 可知，每个 2SAT 问题都可以在线性时间内得到解决．是否存在一系列 2SAT 子句，使得算法 D 需要指数时间来求解它们？

▶ **133.** [*25*] 像图 82 这样的回溯树的大小可能会因为每个结点处的分支变量选择而大相径庭．

(a) 找到 $waerden(3,3;9)$ 的一棵具有最少结点的回溯树．

(b) 对于该问题，最大的回溯树是什么？

134. [*22*] 算法 L 使用的 `BIMP` 表是大小动态变化的顺序列表．一种诱人的实现方式是，开始时每个列表的容量为 4（此处仅举例）；然后当一个列表需要变大时，可以将其容量加倍．

使伙伴系统（算法 2.5R）适应这种情况．（在回溯时，缩小的列表不需要释放其内存，因为它们可能稍后会再次增长．）

▶ **135.** [*16*] 在给定可满足性问题的"有向蕴涵图"中，`BIMP`(l) 中的文字 l' 是那些满足 $l \longrightarrow l'$ 的文字 l'．对于给定的 l，如何轻松地找到所有满足 $l'' \longrightarrow l$ 的文字 l''？

136. [*15*] 假设我们处于决策层 $d = 0$ 上，在 x_5 关于 $waerden(3,3;9)$ 的子句 (9) 被设为零之前和之后，`TIMP`$(\bar{3})$ 中会有哪些对？

137. [*24*] 详细描述 (a) 从自由列表和 `TIMP` 表的所有对中移除变量 X（算法 L 的步骤 L7），以及 (b) 之后再次恢复它（步骤 L12）的过程．数据结构的确切变化是怎样的？

▶ **138.** [*20*] 在算法 L 的步骤 L9 中，如果恰好同时有 $\bar{v} \in$ `BIMP`$(\bar{u})$ 和 $\bar{u} \in$ `BIMP`$(\bar{v})$，会发生什么？

139. [*25*] （补偿归结）如果 $w \in$ `BIMP`(v)，那么二元子句 $u \vee v$ 蕴涵了二元子句 $u \vee w$，因为我们可以用 $\bar{v} \vee w$ 对 $u \vee v$ 进行归结．因此，通过将所有这样的 w 和 v 附加到 `BIMP`$(\bar{u})$ 中，步骤 L9 可以进一步利用每个新的二元子句．讨论如何高效地实现这一点．

140. [*21*] 在算法 L 中，数组 FORCE、BRANCH、BACKF 和 BACKI 显然永远不会包含超过 n 项. ISTACK 的最大可能规模是否存在一个相当小的上界?

141. [*18*] 算法 L 可能会频繁增大 ISTAMP，以至于它可能超出 IST(l) 字段. (63) 的机制如何避免在这种情况下出现错误?

142. [*24*] 算法 A、B、D 可以通过展示一系列行动代码 $m_1 \cdots m_d$（如 (58) 和 (60)）来显示它们的当前进展，但是算法 L 没有这样的代码. 证明类似的序列 $m_1 \cdots m_F$ 在需要时可以在步骤 L2 中打印出来. 使用算法 D 的代码，但是需要扩展它们：如果 R_{j-1} 的取值由算法 X 强制或因为在输入中是单元子句而被强制为真（或为假），则 m_j 等于 6（或 7）.

▶ **143.** [*30*] 修改算法 L，使其适用于任意大小的非空子句. 如果子句的大小大于 2，则我们称其为*大子句*. 我们不再使用 TIMP 表，而用 KINX 表和 CINX 表来表示每个大子句：每个文字 l 都有一个大子句编号的顺序列表 KINX(l)，每个大子句 c 都有一个文字的顺序列表 CINX(c)；c 在 KINX(l) 中，当且仅当 l 在 CINX(c) 中. 当前包含 l 的活跃子句的个数由 KSIZE(l) 表示，当前在 c 中的活跃文字的个数由 CSIZE(c) 表示.

144. [*15*] 判断正误：如果 l 不出现在任何子句中，那么在 (65) 中有 $h'(l) = 0.1$.

145. [*23*] 对于 $waerden(3,3;9)$ 中的 18 个文字 l，从 $h(l) = 1$ 开始，使用 (65) 与 32 个三元子句 (9) 计算出 $h'(l), h''(l), \cdots$ 这些逐步改进的估计值. 然后，假设 x_5 已经被置为假，如同习题 136 中那样，并且已经将得到的二元子句 13、19、28、34、37、46、67、79 包含在 BIMP 表中. 对于深度 d 为 1 时剩下的 16 个文字做同样的工作.

146. [*25*] 在算法 L 被扩展到如同习题 143 中的非三元子句时，为 (64) 和 (65) 提出一个替代方案（力求简单）.

147. [*05*] 使用默认的 C_0 和 C_1，计算 (66) 中的 $C_{\max}$ 在 d 分别为 0、1、10、20、30 时的值.

148. [*21*] 式 (66) 通过一个依赖于当前深度 d 而不依赖于自由变量总数的公式来限制候选者的最大数量. 在具有任意变量数的问题中都使用这一相同的截断值. 为什么这是一个合理的策略?

▶ **149.** [*26*] 设计一个数据结构，使得可以方便地判断给定变量 x 是否是算法 L 中的一个“参与者”.

150. [*24*] 继续正文中对 $waerden(3,3;9)$ 的前瞻的讨论：在文字 4 已经典型为真之后，当 $l \leftarrow 7$ 且 $T \leftarrow 22$（见 (70)）时，深度 $d = 1$ 处会发生什么?（假设没有完成任何双重前瞻.）

▶ **151.** [*26*] 有向依赖图 (68) 有 16 条弧，其中只有 8 条被子森林 (69) 所捕获. 证明：不再使用 (70)，我们可以列出文字 l 并给出它们的偏移量 $o(l)$，使得 u 在列表中出现在 v 之前且满足 $o(u) > o(v)$，当且仅当 (68) 中有 $v \longrightarrow u$. 因此，我们可以通过真值度来捕获所有 16 个依赖关系.

152. [*22*] 构造一个 3SAT 实例，使得在步骤 X3 中没有找到任何自由“参与者”，但是所有子句都被满足. 同时描述一种高效验证满足的方法.

153. [*17*] 在步骤 X3 中，如果 $C > C_{\max}$，如何有效地清除不需要的候选者?

154. [*20*] 假设我们只用 4 个候选变量 $\{a,b,c,d\}$ 进行前瞻，并且它们与 3 个二元子句 $(a\vee\bar{b}) \wedge (a\vee\bar{c}) \wedge (c\vee\bar{d})$ 相关. 类似于 (69) 和 (70)，找到一个子森林和一个真值度序列，以便进行前瞻.

155. [*32*] 概述一种在步骤 X4 中构造前瞻森林的高效方法.

156. [*05*] 为什么纯文字是自治的一个特例?

157. [*10*] 给出一个不是纯文字的自治的例子.

158. [*15*] 如果 l 是一个纯文字，算法 X 会发现它吗?

159. [*M17*] 判断正误：(a) A 是 F 的自治，当且仅当 $F\,|\,A \subseteq F$；(b) 如果 A 是 F 的自治且 $A' \subseteq A$，那么 $A \setminus A'$ 也是 $F\,|\,A'$ 的自治.

160. [*18*]（*黑白原理*）考虑一个规则. 根据这个规则，文字被涂成白色、黑色或灰色，且满足 l 是白色的，当且仅当 $\bar{l}$ 是黑色的.（比如，我们可以说 l 是白色的，前提是包含它的子句比包含 $\bar{l}$ 的少.）

(a) 假设 F 中包含白色文字的每个子句也包含黑色文字. 证明：F 是可满足的，当且仅当它的全灰子句是可满足的.

(b) 解释为什么这个比喻是描述自治概念的另一种方式.

▶ **161.** [*21*] （黑蓝原理）现在考虑将文字涂成白色、黑色、橙色、蓝色或灰色，使得 l 是白色的，当且仅当 $\bar{l}$ 是黑色的；l 是橙色的，当且仅当 $\bar{l}$ 是蓝色的.（因此 l 是灰色的，当且仅当 $\bar{l}$ 是灰色的.）此外，假设 F 是一个子句集，其中，包含白色文字的每个子句也包含黑色文字或蓝色文字（或两者都包含）. 令 $A=\{a_1,\cdots,a_p\}$ 为黑色文字，$L=\{l_1,\cdots,l_q\}$ 为蓝色文字. 同时令 F' 为通过向 F 添加 p 个额外子句 $(\bar{l}_1\vee\cdots\vee\bar{l}_q\vee a_j)$（$1\leqslant j\leqslant p$）而得到的子句集.

(a) 证明：F 是可满足的，当且仅当 F' 是可满足的.

(b) 在 $p=1$ 的情况下，重述并简化该结果.

(c) 在 $q=1$ 的情况下，重述并简化该结果.

(d) 在 $p=q=1$ 的情况下，重述并简化该结果.（在这种特殊情况下，$(\bar{l}\vee a)$ 被称为阻塞二元子句.）

162. [*21*] 设计一种高效的方法来发现给定 kSAT 问题 F 的所有 (a) 阻塞二元子句 $(\bar{l}\vee a)$ 和 (b) 大小为 2 的自治 $A=\{a,a'\}$.

▶ **163.** [*M25*] 证明：以下递归程序 $R(F)$ 可以求解任意 n 变量的 3SAT 问题 F，且最多执行 $O(\phi^n)$ 次步骤 R1、R2 或 R3.

R1. [检查简单情况.] 若 $F=\varnothing$，返回真. 若 $\varnothing\in F$，返回假. 否则，令 $\{l_1,\cdots,l_s\}\in F$ 为规模最小的子句，其长度为 s.

R2. [检查自治.] 若 $s=1$ 或 $\{l_s\}$ 是一个自治，置 $F\leftarrow F\,|\,l_s$ 并返回至 R1. 否则，若 $\{\bar{l}_s,l_{s-1}\}$ 是一个自治，置 $F\leftarrow F\,|\,\bar{l}_s,l_{s-1}$ 并返回至 R1.

R3. [递归.] 若 $R(F\,|\,l_s)$ 为真，返回真. 否则，置 $F\leftarrow F\,|\,\bar{l}_s$ 和 $s\leftarrow s-1$，并返回至 R2. ▌

164. [*M30*] 继续习题 163，给出当 F 是 kSAT 问题时的运行时间上界.

▶ **165.** [*26*] 设计一个算法来找到给定 F 的最大正自治 A，即只包含正文字的自治. 提示：先尝试找出子句 $\{12\bar{3},12\bar{5},\bar{1}\bar{3}\bar{4},13\bar{6},1\bar{4}5,156,\bar{2}35,2\bar{4}6,345,\bar{3}56\}$ 的最大正自治.

166. [*30*] 证明步骤 X9 的合理性. 提示：证明在执行 (72) 后，若 $w=0$，则可以构造一个自治.

▶ **167.** [*21*] 证明步骤 X11 的合理性，以及在步骤 X6 中使用 X12 的合理性.

168. [*26*] 基于算法 X 在步骤 L2 中得到的启发式得分 $H(l)$，提出一种在步骤 L3 中选择分支文字 l 的方法. 提示：经验表明，使 $H(l)$ 和 $H(\bar{l})$ 都较大是不错的选择.

▶ **169.** [*HM30*] （坦巴尔 · 艾哈迈德和奥利弗 · 库尔曼）在某些问题中，当在步骤 L3 中选择的分支变量为使 $\tau(H(l),H(\bar{l}))$ 最小的变量时，我们得到了一些出色的结果，其中，$\tau(a,b)$ 是满足 $\tau^{-a}+\tau^{-b}=1$ 的正解（比如 $\tau(1,2)=\phi\approx1.62$ 和 $\tau(\sqrt{2},\sqrt{2})=2^{1/\sqrt{2}}\approx1.63$，因此我们更喜欢 $(1,2)$ 而不是 $(\sqrt{2},\sqrt{2})$）. 给定一组正数对 (a_1,b_1), $\cdots$, (a_s,b_s)，如何有效地确定使得 $\tau(a_j,b_j)$ 最小的下标 j，而不需要计算对数?

170. [*25*] （玛丽恩 · 休尔，2013 年）证明算法 L 可以在线性时间内求解 2SAT 问题.

171. [*20*] 算法 Y 中的 `DFAIL` 的目的是什么?

172. [*21*] 解释为什么在步骤 Y2 中的 `DT` 公式中出现了“+`LO[`j`]`”.

173. [*40*] 使用算法 L 的一种实现来对随机 3SAT 问题进行实验，例如 $rand(3,2062,500,314)$. 研究以下因素的影响：(i) 禁用双重前瞻；(ii) 通过更改 X7 和 Y4 中 $j=S$ 和 $\hat{\jmath}=S$ 的情况来禁用“卷绕”，以便它们分别简单地跳转至 X6 和 Y3；(iii) 通过让所有候选文字具有空的 `PARENT` 来禁用前瞻森林；(iv) 在步骤 L9 中禁用补偿归结；(v) 在 (72) 中禁用“意外收获”；(vi) 在 L3 中随机分支到一个自由候选文字 l，而不是像习题 168 那样使用 H 得分；(vii) 完全禁用所有前瞻，如“算法 L^0”中那样.

174. [*15*] 在上题中，如何简单地实现 (i)?

175. [*32*] 当算法 L 如习题 143 中那样扩展到非三元子句时，算法 X 和算法 Y 应该如何改变？［不使用 (64) 和 (65) 来计算预选的启发式得分，而使用习题 146 的答案中的简单公式. 同时，不在 (67) 中使用 $h(u)h(v)$ 来估计将被简化到二元的三元子句的权重，而是考虑一个大小 $s \geqslant 2$ 的模拟简化子句的权重为 $K_s \approx \gamma^{s-2}$，其中，γ 是一个常数（通常为 0.2）.］

176. [*M25*] 花状蛇鲨图 J_q 是立方图，它有 $4q$ 个顶点 t_j、u_j、v_j、w_j，和 $6q$ 条边 $t_j — t_{j+1}$、$t_j — u_j$、$u_j — v_j$、$u_j — w_j$、$v_j — w_{j+1}$、$w_j — v_{j+1}$，其中 $1 \leqslant j \leqslant q$ 并且下标模 q. 比如，下面给出了 J_5 及其线图 $L(J_5)$：

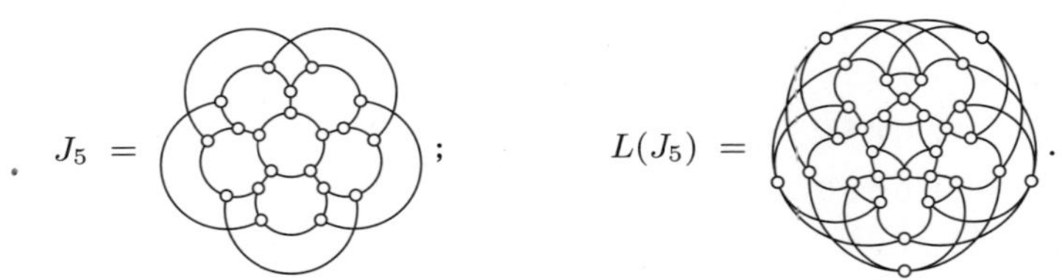

(a) 对于 $1 \leqslant j \leqslant q$，给 J_q 的边标记 a_j、b_j、c_j、d_j、e_j 和 f_j.（因此 a_j 表示 $t_j — t_{j+1}$，b_j 表示 $t_j — u_j$，以此类推.）$L(J_q)$ 的边是什么？

(b) 当 q 为偶数时，证明 $\chi(J_q) = 2$ 且 $\chi(L(J_q)) = 3$.

(c) 当 q 为奇数时，证明 $\chi(J_q) = 3$ 且 $\chi(L(J_q)) = 4$. 注记：设 $fsnark(q)$ 表示对应于三着色 $L(J_q)$ 的子句 (15) 和 (16)，以及 $(b_{1,1}) \wedge (c_{1,2}) \wedge (d_{1,3})$，以将 (b_1, c_1, d_1) 的颜色设置为 $(1,2,3)$. 这些子句对于 SAT 求解器来说是优秀的基准测试.

177. [*HM26*] 令 I_q 为花状蛇鲨线图 $L(J_q)$ 的独立集的个数. 计算 $1 \leqslant q \leqslant 8$ 时的 I_q，并确定其渐近增长率.

▶ **178.** [*M23*] 当算法 B 遇到习题 176 中的不可满足子句 $fsnark(q)$ 时（q 为奇数），其运行速度在极大程度上取决于变量的顺序. 试证明，当按照以下顺序考虑变量时，算法的运行时间为 $\Theta(2^q)$：

$$a_{1,1}a_{1,2}a_{1,3}b_{1,1}b_{1,2}b_{1,3}c_{1,1}c_{1,2}c_{1,3}d_{1,1}d_{1,2}d_{1,3}e_{1,1}e_{1,2}e_{1,3}f_{1,1}f_{1,2}f_{1,3}a_{2,1}a_{2,2}a_{2,3}\cdots.$$

但当考虑以下的顺序时，需要多得多的时间：

$$a_{1,1}b_{1,1}c_{1,1}d_{1,1}e_{1,1}f_{1,1}a_{2,1}b_{2,1}c_{2,1}d_{2,1}e_{2,1}f_{2,1}\cdots a_{q,1}b_{q,1}c_{q,1}d_{q,1}e_{q,1}f_{q,1}a_{1,2}b_{1,2}c_{1,2}\cdots.$$

179. [*25*] 证明：有 4380 种方法可以用 8 个四元素子立方体填充五元素立方体的 32 个单元格. 比如，在 7.1.1–(29) 的记法下，一种方法是使用子立方体 000∗∗, 001∗∗, ⋯, 111∗∗；一种更有趣的方法是用

0∗0∗0,　1∗0∗0,　∗∗001,　∗∗110,　∗010∗,　∗110∗,　0∗∗11,　1∗∗11.

利用这个事实，我们能得到关于图 83 中 q_8 的值的什么信息？

▶ **180.** [*25*] 解释如何使用 BDD 来计算图 83 背后的数值 Q_m. $\max_{0 \leqslant m \leqslant 80} Q_m$ 等于多少？

▶ **181.** [*25*] 扩展上一道习题中的想法，使得可以确定图 84 中的概率分布 T_m.

182. [*M16*] 对于图 84 中的哪些 m，T_m 为常数？

183. [*M30*] 讨论图 85 和图 86 之间的关系.

184. [*M20*] 为什么 (77) 刻画了 $\hat{q}_m$ 和 q_m 之间的关系？

185. [*M20*] 用 (77) 证明 $\hat{q}_m \geqslant q_m$ 这一直觉上显然成立的事实.

186. [*M21*] 用 (77) 将 $\sum_m \hat{q}_m$ 和 $\sum_m (2m+1)\hat{q}_m$ 分别化简为 (78) 和 (79).

187. [*M20*] 分析 $k = n$ 时的随机可满足性：$S_{n,n}$ 和 $\widehat{S}_{n,n}$ 分别等于多少？

▶ **188.** [*HM25*] 分析随机 1SAT 问题，即 $k = 1$ 的情况：$S_{1,n}$ 和 $\widehat{S}_{1,n}$ 分别等于多少？

189. [*27*] 将 BDD 方法应用于有 50 个变量的随机 3SAT 问题. 随着 m 的增长，将 m 个不同子句 AND 在一起后的近似 BDD 大小为多少？

190. [*M20*] 构造一个不能用 3CNF 表示的四变量布尔函数.（不能使用辅助变量，只能出现 x_1、x_2、x_3 和 x_4.）

191. [*M25*] 有多少个四变量布尔函数可以表示为 3CNF 的形式?

▸ **192.** [*HM21*] 当有 N 个等可能的子句时，建模可满足性的另一种方法是研究 $S(p)$，即每个子句独立地以概率 p 出现的可满足的概率.

(a) 用 $Q_m=\binom{N}{m}q_m$ 来表示 $S(p)$.

(b) 为每个子句分配一个 $[0\,..\,1)$ 内的均匀随机数. 对于 $0\leqslant t\leqslant N$，在时刻 t 时，考虑所有分配值小于 t/N 的子句（当 N 很大时，将选择约 t 个子句）. 证明 $\overline{S}_{k,n}=\int_0^N S_{k,n}(t/N)\,\mathrm{d}t$，即所选子句保持可满足的期望时间，与 (76) 中的可满足性阈值 $S_{k,n}$ 非常接近.

193. [*HM48*] 确定随机 3SAT 问题的可满足性阈值 (81). $\liminf_{n\to\infty}S_{3,n}/n=\limsup_{n\to\infty}S_{3,n}/n$ 是否成立? 若成立，这个极限约等于 4.2667 吗?

194. [*HM49*] 若 $\alpha<\liminf_{n\to\infty}S_{3,n}/n$，是否存在一个多项式时间算法能对某些 $\delta>0$，以大于或等于 δ 的概率满足 $\lfloor\alpha n\rfloor$ 个随机 3SAT 子句?

195. [*HM21*]（约翰·佛朗哥和马尔温·波尔，1983 年）使用一阶矩原理 MPR–(21) 证明 $\lfloor(2^k\ln 2)n\rfloor$ 个随机 kSAT 子句几乎总是不可满足的. 提示：令 $X=\sum_x[x\text{ 满足所有子句}]$，求和是对所有 2^n 个位向量 $\boldsymbol{x}=x_1\cdots x_n$ 进行的.

▸ **196.** [*HM25*]（戴维·布鲁斯·威尔逊）若可满足性问题的一个子句包含一个或多个未出现在任何其他子句中的变量，则我们称该子句是“容易”的. 证明：一个有 $m=\lfloor\alpha n\rfloor$ 个随机子句的 kSAT 问题将以 $1-O(n^{-2\epsilon})$ 的概率包含 $(1-(1-\mathrm{e}^{-k\alpha})^k)m+O(n^{1/2+\epsilon})$ 个容易子句.（比如，在阈值附近的随机 3SAT 问题的 $4.27n$ 个子句中，大约有 $0.000035n$ 个是容易的.）

197. [*HM21*] 若 $a,b,A,B>0$，证明商式 $q(a,b,A,B,n)=\binom{(a+b)n}{an}\binom{(A+B)n}{An}/\binom{(a+b+A+B)n}{(a+A)n}$ 在 $n\to\infty$ 时为 $O(n^{-1/2})$.

▸ **198.** [*HM30*] 用习题 196 和习题 197 来说明图 89 中的相变并非十分突兀：若 $S_3(m,n)>\frac{2}{3}$ 且 $S_3(m',n)<\frac{1}{3}$，证明 $m'=m+\Omega(\sqrt{n})$.

199. [*M21*] 令 $p(t,m,N)$ 为 t 个指定字母在一张 N 字母表上的一个随机 m 字母单词中每个至少出现一次的概率.

(a) 证明 $p(t,m,N)\leqslant m^{\underline{t}}/N^t$.

(b) 推导出精确公式 $p(t,m,N)=\sum_k\binom{t}{k}(-1)^k(N-k)^m/N^m$.

(c) 继续推导：$p(t,m,N)/t!=\left\{{t\atop t}\right\}\binom{m}{t}/N^t-\left\{{t+1\atop t}\right\}\binom{m}{t+1}/N^{t+1}+\left\{{t+2\atop t}\right\}\binom{m}{t+2}/N^{t+2}-\cdots$.

▸ **200.** [*M21*] 完成正文中对 (84) 的证明（当 $c<1$ 时）.

(a) 证明每个不可满足的 2SAT 公式都包含一个陷阱所对应的子句.

(b) 相反，一个陷阱所对应的子句总是不可满足的吗?

(c) 验证不等式 (89). 提示：参见习题 199.

201. [*HM29*] 由链 $(l_1,\cdots,l_{2t-1})$ 指定的 t 蛇子句可以写为 $(\bar{l}_i\vee l_{i+1})$（$0\leqslant i<2t$），其中，$l_0=\bar{l}_t$ 且下标进行 mod $2t$ 处理.

(a) 描述所有通过设置两个 l 使得 $(\bar{x}_1\vee x_2)$ 成为这 $2t$ 个子句之一的方法.

(b) 同理，通过设置 3 个 l 来得到 $(\bar{x}_1\vee x_2)$ 和 $(\bar{x}_2\vee x_3)$.

(c) 设置 3 个 l 来同时得到 $(\bar{x}_0\vee x_1)$ 和 $(\bar{x}_{t-1}\vee x_t)$. 这里，$\bar{x}_0\equiv x_t$ 且 $t>2$.

(d) 如何通过设置 t 个 l 来得到子句 $(\bar{x}_i\vee x_{i+1})$（$0\leqslant i<t$）?

(e) 一般地说，令 $N(q,r)$ 是选择 r 个标准子句 $(\bar{x}_i\vee x_{i+1})$ 的方法数，其中，这些子句恰好包含变量 $\{x_1,\cdots,x_{2t-1}\}$ 中的 q 个，并设置 $\{l_1,\cdots,l_{2t-1}\}$ 中 q 个的值以得到 r 个选中的子句. 计算 $N(2,1)$.

(f) 同理，计算 $N(3,2)$、$N(t,t)$ 和 $N(2t-1,2t)$.

(g) 证明 (95) 中的概率 $p_r\leqslant\sum_q N(q,r)/(2^q n^{\underline{q}})$.

(h) 因此，不等式 (96) 是正确的.

202. [*HM21*] 本习题详述了正文中对 $c>1$ 的定理 C 的证明.

(a) 解释式 (93) 的右侧.

(b) 为什么 (97) 可以由(95)、(96) 以及所述 t 和 m 的选择得到?

▶ **203.** [*HM33*] （许可和李未，2000 年）从 n 个图着色子句 (15) 以及可选的 $n\binom{d}{2}$ 个排除子句 (17)开始，考虑使用随机生成的二元子句，而不再使用 (16). 有 mq 个随机二元子句，每个子句由 q 个子句的 m 个独立集而得，其中，每个这样的集合都通过选择不同的顶点 u 和 v，然后选择 q 个不同的二元子句 $(\bar{u}_i \vee \bar{v}_j)$（$1 \leqslant i,j \leqslant d$）而得.（因此，随机子句的不同可能序列数正好为 $\left(\binom{n}{2}\binom{d^2}{q}\right)^m$，并且每个序列都是等可能的.）这种子句生成方法被称为“RB 模型”，它推广了随机 2SAT，即随机 2SAT 是其 $d=2$ 且 $q=1$ 的特例.

假设 $d=n^\alpha$ 和 $q=pd^2$，其中，我们要求 $\frac{1}{2}<\alpha<1$ 且 $0 \leqslant p \leqslant \frac{1}{2}$. 同时令 $m=rn\ln d$. 对于这个参数范围，我们将证明存在一个尖锐可满足性阈值：当 $n \to \infty$ 时，若 $r\ln(1-p)+1<0$，则这些子句确乎必然是不可满足的；但若 $r\ln(1-p)+1>0$，则它们几乎必然是可满足的.

令 $X(j_1,\cdots,j_n)=[$每当第 i 个变量 v 满足 $v_{j_i}=1$ 时，所有子句都被满足$]$，这里 $1 \leqslant j_1,\cdots,j_n \leqslant d$. 同时令 $X=\sum_{1\leqslant j_1,\cdots,j_n \leqslant d} X(j_1,\cdots,j_n)$. 那么 $X=0$，当且仅当这些子句是不可满足的.

(a) 使用一阶矩原理证明：当 $r\ln(1-p)+1<0$ 时，$X=0$ 确乎必然成立.

(b) 假设颜色 $\{j_1,\cdots,j_n\}$ 中恰好有 s 个等于 1，为 $p_s=\Pr(X(j_1,\cdots,j_n)=1\,|\,X(1,\cdots,1)=1)$ 找到一个公式.

(c) 如果

$$\text{当 } n\to\infty \text{ 时有 } \sum_{s=0}^{n}\binom{n}{s}\left(\frac{1}{d}\right)^s\left(1-\frac{1}{d}\right)^{n-s}\left(1+\frac{p}{1-p}\frac{s^2}{n^2}\right)^m \to 1,$$

使用 (b) 和条件期望不等式 MPR–(24) 来证明 $X>0$ 几乎必然成立.

(d) 用 t_s 表示该和中关于 s 的项，证明 $\sum_{s=0}^{3n/d} t_s \approx 1$.

(e) 假设 $r\ln(1-p)+1=\epsilon>0$，其中 ϵ 很小. 证明随着 s 从 0 增长到 n，项 t_s 首先增大，然后减小，接着增大，最后再次减小. 提示：考虑比值 $x_s=t_{s+1}/t_s$.

(f) 最后，证明 t_s 对于 $3n/d \leqslant s \leqslant n$ 呈指数级小.

▶ **204.** [*28*] 图 89 可能表明，当子句数小于 $2n$ 时，n 变量 3SAT 问题总是较为容易的. 然而，我们将证明，n 个变量上的任意一组 m 个三元子句都可以系统地转换为 $N=O(m)$ 个变量上的另一组三元子句，并且其中没有一个变量出现超过 4 次. 转换后的问题与原始问题具有相同的解数. 因此，它并没有相对简单，尽管它最多有（至多 $4N$ 个文字上的）$\frac{4}{3}N$ 个子句.

(a) 首先在 $3m$ 个新变量上用 m 个新子句 $(X_1 \vee X_2 \vee X_3), \cdots, (X_{3m-2} \vee X_{3m-1} \vee X_{3m})$ 替换原来的 m 个子句，并说明如何添加 $3m$ 个大小为 2 的子句，使得得到的 $4m$ 个子句具有与原始子句完全相同的解数.

(b) 构造具有唯一解的三元子句，并且满足没有变量出现超过 4 次.

(c) 使用 (a) 和 (b) 来证明上述关于 N 个变量的结果.

205. [*26*] 若 F 和 F' 是两个子句集，令 $F \sqcup F'$ 表示通过如下操作从 $F \cup F'$ 得到的任意一个集合：引入一个新变量 x，将 F 的一个或多个子句 C 替换为 $x \vee C$，并将 F' 的一个或多个子句 C' 替换为 $\bar{x} \vee C'$. 那么每当 F 和 F' 都不可满足时，$F \sqcup F'$ 也是不可满足的. 比如，若 $F=\{\epsilon\}$ 且 $F'=\{1,\bar{1}\}$，则 $F \sqcup F'$ 可能是 $\{2,1\bar{2},\bar{1}\bar{2}\}$、$\{2,1,\bar{1}\bar{2}\}$ 或 $\{2,1\bar{2},\bar{1}\}$.

(a) 构造 15 个变量上的 16 个不可满足的三元子句，其中，每个变量至多出现 4 次.

(b) 构造一个不可满足的 4SAT 问题，其中，每个变量至多出现 5 次.

206. [*M22*] 如果一个子句集本身是不可满足的，但如果删去其中任意一个子句，得到的子句集将变得可满足，那么我们称该子句集是*最小不可满足的*. 试说明，如果 F 和 F' 没有共同的变量，那么 $F \sqcup F'$ 是最小不可满足的，当且仅当 F 和 F' 是最小不可满足的.

207. [*25*] $\{1,\bar{1},2,\bar{2},3,\bar{3},4,\bar{4}\}$ 中的每个文字在 (6) 中不可满足的 8 个子句中恰好出现 3 次. 用 15 个变量构造一个不可满足的 3SAT 问题，使得 30 个文字中的每一个都恰好出现*两次*. 提示：考虑 $\{\bar{1}2,\bar{2}3,\bar{3}1,123,\bar{1}\bar{2}\bar{3}\}$.

208. [*25*] 通过习题 204(a) 和习题 207，说明任何 3SAT 问题都可以转换为一组等价的三元子句，其中，每个文字都只出现两次.

209. [*25*] （克雷格 · 阿龙 · 托维）证明每个没有变量出现超过 k 次的 kSAT 公式都是可满足的.（因此，当 $k=3$ 和 $k=4$ 时，习题 204 ~ 208 中出现次数的要求不能再低了.）提示：使用二部图匹配理论.

210. [*M36*] 当 k 很大时，前面习题中的结果可以得到改进. 使用局部引理来说明，每个变量至多出现 13 次的所有 7SAT 问题都是可满足的.

211. [*30*] （罗伯特 · 怀利 · 欧文和马克 · 杰勒姆，1994 年）使用习题 208 将 3SAT 问题简化为对形如 $K_N \mathbin{\square} K_3$ 的网格图进行列表着色的问题.（因此后一个问题，也称为拉丁矩形构造，是 NP 完全的.）

212. [*32*] 继续前面的习题，我们将把网格列表着色问题简化为另一个有趣的问题，它被称为部分拉丁方构造. 给定 3 个 $n\times n$ 二元矩阵 (r_{ik})、(c_{jk})、(p_{ij})，任务是构造一个 $n\times n$ 数组 (X_{ij})，使得当 $p_{ij}=0$ 时 X_{ij} 为空，否则 $X_{ij}=k$ 对于某个满足 $r_{ik}=c_{jk}=1$ 的 k 成立；此外，每行每列中的非空元素必须不同.

(a) 证明这个问题关于 3 个坐标是对称的：它等价于构造一个 $n\times n\times n$ 二元张量 (x_{ijk})，使得 $x_{*jk}=c_{jk}$、$x_{i*k}=r_{ik}$ 和 $x_{ij*}=p_{ij}$ 对于 $1\leqslant i,j,k\leqslant n$ 成立，其中，“$*$”表示将下标从 1 到 n 求和.（因此，在给定 n^2 个行和、n^2 个列和以及 n^2 个堆和的条件下，这个问题也被称为二元 $n\times n\times n$ 列联问题.）

(b) 该问题存在解的一个必要条件是 $c_{*k}=r_{*k}$、$c_{j*}=p_{*j}$ 且 $r_{i*}=p_{i*}$. 举一个小例子来说明这个条件不是充分的.

(c) 如果 $M<N$，将 $K_M \mathbin{\square} K_N$ 列表着色问题简化为 $K_N \mathbin{\square} K_N$ 列表着色问题.

(d) 最后，解释如何将 $K_N \mathbin{\square} K_N$ 列表着色问题简化为构造一个 $n\times n$ 部分拉丁方的问题，其中 $n=N+\sum_{I,J}|L(I,J)|$. 提示：不要考虑整数 $1\leqslant i,j,k\leqslant n$，而是让 i、j、k 在一个 n 元素集合上取值. 对于 i 和 j 的大部分值，定义 $p_{ij}=0$；同时对于所有 i 和 k，令 $r_{ik}=c_{ik}$.

▶ **213.** [*M20*] 根据第 5 章中对排序算法的分析经验，如果我们假设在 m 个独立子句的每一个中，文字 x_j 和 $\bar{x}_j$ 出现的概率分别为 p 和 q，其中，p 和 q 与 $1\leqslant j\leqslant n$ 无关且满足 $p+q\leqslant 1$，那么随机可满足性问题可能会得到很好的建模. 当 p 和 q 为常数时，为什么这在 $n\to\infty$ 的意义下不是一个有趣的模型？提示：在给定二元向量 $b_1\cdots b_n$ 的条件下，$x_1\cdots x_n=b_1\cdots b_n$ 满足所有子句的概率是多少？

214. [*HM38*] 尽管上一道习题中的随机模型并不能教会我们如何求解 SAT 问题，但它确实引出了一些有趣的数学问题：设 $0<p<1$ 并考虑递推关系式

$$T_0=0;\qquad T_n=n+2\sum_{k=0}^{n-1}\binom{n}{k}p^k(1-p)^{n-k}T_k,\qquad \text{对于 } n>0.$$

(a) 找出一个由 $T(z)=\sum_{n=0}^{\infty}T_nz^n/n!$ 满足的函数关系.

(b) 推导出 $T(z)=ze^z\sum_{m=0}^{\infty}(2p)^m\prod_{k=0}^{m-1}(1-e^{-p^k(1-p)z})$.

(c) 因此，如果 $p\neq 1/2$，那么我们可以使用梅林变换（如 5.2.2–(50) 中的推导）来证明，$T_n=C_pn^{\alpha}(1+\delta(n)+O(1/n))+n/(1-2p)$，其中 $\alpha=1/\lg(1/p)$，C_p 是一个常数，δ 是一个小“摆动”且满足 $\delta(n)=\delta(pn)$.

▶ **215.** [*HM28*] 当使用简单的回溯程序来寻找 n 个变量上的 m 个独立子句的随机 3SAT 问题的所有解时，搜索树的期望轮廓为多少？（对于每个部分解 $x_1\cdots x_l$，其第 l 层上都有一个不与任何子句相矛盾的结点.）计算 $m=200$ 且 $n=50$ 所对应的这些值. 同时，对于某个固定的 α，当 $m=\alpha n$ 时，估计整棵树随着 $n\to\infty$ 的大小.

216. [*HM38*] （小保罗 · 沃尔顿 · 珀德姆和辛西娅 · 安 · 布朗）将上一道习题扩展到更复杂的回溯，其中，所有由单元子句强制的选择都必须在二路分支之前完成.（然而，这里并没有利用“纯文字规则”，因为它并没有找到所有的解.）证明当 $m=200$ 且 $n=50$ 时，树的期望大小会大大减小.（只需证明上界.）

217. [*20*] 判断正误：若 A 和 B 是同时可满足的任意子句，且 l 是任意一个文字，则子句 $C=(A\cup B)\setminus\{l,\bar{l}\}$ 同样是可满足的.（这里，我们将 A、B、C 视为文字的集合，而不是文字的析取.）

218. [*20*] 将公式 $(x \vee A) \wedge (\bar{x} \vee B)$ 表示为三元操作 $u?\,v\!:w$ 的形式.

▶ **219.** [*M20*] 为归结操作 $C = C' \diamond C''$ 给出一个更一般的定义，该定义需要满足：(i) 当 $C' = x \vee A'$ 且 $C'' = \bar{x} \vee A''$ 时，它与正文中的定义一致；(ii) 适用于任意子句 C' 和 C''；(iii) $C' \wedge C''$ 蕴涵 $C' \diamond C''$.

220. [*M24*] 如果 $C' = \wp$，或者 $C' \neq \wp$ 且 C 的每个文字都出现在 C' 中，那么我们称子句 C 包含于子句 C'，写作 $C \subseteq C'$.

(a) 判断正误：$C \subseteq C'$ 且 $C' \subseteq C''$ 蕴涵 $C \subseteq C''$.

(b) 判断正误：$(C \vee \alpha) \diamond (C' \vee \alpha') \subseteq (C \diamond C') \vee \alpha \vee \alpha'$，其中，$\diamond$ 如习题 219 中定义.

(c) 判断正误：$C' \subseteq C''$ 蕴涵 $C \diamond C' \subseteq C \diamond C''$.

(d) 记号 $C_1, \cdots, C_m \vdash C$ 表示存在一条归结链 $C_1, \cdots, C_{m+r}$，使得 $C_{m+r} \subseteq C$，其中 $r \geqslant 0$. 证明：即使 C 不能通过连续的归结 (104) 从 $\{C_1, \cdots, C_m\}$ 而得，$C_1, \cdots, C_m \vdash C$ 也仍然有可能成立.

(e) 证明：如果 $C_1 \subseteq C_1', \cdots, C_m \subseteq C_m'$，且 $C_1', \cdots, C_m' \vdash C$，那么 $C_1, \cdots, C_m \vdash C$.

(f) 此外，证明 $C_1, \cdots, C_m \vdash C$ 蕴涵 $C_1 \vee \alpha_1, \cdots, C_m \vee \alpha_m \vdash C \vee \alpha_1 \vee \cdots \vee \alpha_m$.

221. [*16*] 当将算法 A 应用于不可满足子句 $\{12, 2, \bar{2}\}$ 时，画出被隐式遍历的类似于图 81 的搜索树. 解释为什么它不像图 91 那样对应一个归结否证.

222. [*M30*] （奥利弗 · 库尔曼，2000 年）证明：对于可满足性问题 F 中的每个子句 C，存在一个自治集合满足 C，当且仅当 C 不能作为 F 的任何归结否证的源结点的标签.

223. [*HM40*] 步骤 X9 推导出了一个无法通过归结得出的二元子句（参见习题 166）. 证明：尽管如此，算法 L 在不可满足输入上的运行时间仍然永远不会小于最短树状否证的长度.

224. [*M20*] 给定一棵否证公理 $F \,|\, \bar{x}$ 的归结树，说明如何构建一棵相同大小的归结树，它要么否证公理 F，要么可以在无须对变量 x 进行归结的前提下从 F 推导出子句 $\{x\}$.

▶ **225.** [*M31*] （格雷戈里 · 萨穆埃洛维奇 · 切廷，1996 年）令 T 是任意一棵可以否证公理集合 F 的归结树，说明如何将其转换为一棵可以否证 F 的正则归结树 T_r，其中，T_r 不大于 T.

226. [*M20*] 若 α 是否证树中的一个结点，则令 $C(\alpha)$ 为其标签，用 $\|\alpha\|$ 表示其子树的叶结点数. 证明：给定一棵有 N 个叶结点的否证树，只要延迟者在证明者-延迟者游戏中得到 s 分，证明者就能找到一个满足 $\|\alpha\| \leqslant N/2^s$ 的结点，使得当前赋值使 $C(\alpha)$ 为假.

227. [*M27*] 给定一棵扩展二叉树，习题 7.2.1.6–124 解释了如何用其霍顿-斯特勒数标记每个结点. 比如，图 91 中深度 2 处的结点标记为 1，因为它们的子结点的标签为 1 和 0；根结点的标记为 3.

证明：在一组不可满足的子句 F 上进行证明者-延迟者游戏时，延迟者能够保证获得的最高分数等于 F 的树状否证中根结点最小可能的霍顿-斯特勒标签.

▶ **228.** [*M21*] 斯托尔马克对 (99) ~ (101) 的否证实际上是在没有使用全部公理的情况下就得到了 ϵ！试说明只有大约 1/3 的子句对于不可满足性来说是充分的.

▶ **229.** [*M21*] 继续习题 228，同样证明子句集 (99)、(100′) 和 (101) 是不可满足的，其中，(100′) 表示将 (100) 限制在 $i \leqslant k$ 且 $j < k$ 的情况下.

230. [*M22*] 证明上题中满足 $i \neq j$ 的子句形成了一个最小不可满足子句集：删除其中任何一个子句都会留下一个可满足的剩余部分.

231. [*M30*] （塞缪尔 · 巴斯）使用一条长度为 $O(m^3)$ 的否证链来否证习题 229 中的子句. 提示：推导出满足 $1 \leqslant i \leqslant j \leqslant m$ 的子句 $G_{ij} = (x_{ij} \vee x_{i(j+1)} \vee \cdots \vee x_{im})$.

▶ **232.** [*M28*] 证明习题 176 中的子句 $fsnark(q)$ 可以通过树状归结在 $O(q^6)$ 步内否证.

233. [*16*] 通过展示 $9 \leqslant i \leqslant 22$ 时的 $j(i)$ 和 $k(i)$，解释为什么 (105) 满足 (104).

234. [*20*] 证明：对于任何试图否证鸽巢子句 (106) 和 (107) 的证明者来说，延迟者至少可以得到 m 分.

▶ **235.** [*30*] 用一条长度为 $m(m+3)2^{m-2}$ 的链来否证那些鸽巢子句.

236. [*48*] 上题中的链是否已经尽可能短了?

▶ **237.** [*28*] 证明：如果使用扩展归结技巧来添加新子句，那么只需使用多项式步就足以否证鸽巢子句 (106) 和 (107).

238. [*HM21*] 完成引理 B 的证明. 提示：当 $W = b$ 时，令 $r \leqslant \rho^{-b}$.

▶ **239.** [*M21*] n 个变量上的哪些子句 α_0 使得 $\|\alpha_0 \vdash \epsilon\|$ 尽可能大？

▶ **240.** [*HM23*] 随机均匀地选取整数 $f_{ij} \in \{1, \cdots, m\}$，其中，$1 \leqslant i \leqslant 5$ 且 $0 \leqslant j \leqslant m$. 令 G_0 为二部图，存在边 $a_j — b_k$，当且仅当 $k \in \{f_{1j}, \cdots, f_{5j}\}$. 证明 $\Pr(G_0$ 满足强扩张条件 $(108)) \geqslant 1/2$.

241. [*20*] 证明在定理 B 的受限鸽巢约束 G_0 下，任意一个由至多 $m/3000$ 只鸽子组成的集合都可以被匹配到不同的巢穴中.

242. [*M20*] 鸽巢子句 (106) 和 (107) 分别等价于尝试用 m 种颜色对完全图 K_{m+1} 进行着色时出现的子句 (15) 和 (16).

假设我们进一步包含对应于 (17) 的公理，即

$$(\bar{x}_{jk} \vee \bar{x}_{jk'}), \qquad \text{对于 } 0 \leqslant j \leqslant m \text{ 且 } 1 \leqslant k < k' \leqslant m.$$

定理 B 是否仍然成立，或者这些添加的公理能否减小否证宽度？

243. [*HM31*] （伊莱 · 本-萨松和阿维 · 维格德森）令 F 为一组 n 个变量上的 $\lfloor \alpha n \rfloor$ 个随机 3SAT 子句，其中，$\alpha > 1/\mathrm{e}$ 是一个给定的常数. 对于这些变量上的任意子句 C，定义 $\mu(C) = \min\{\,|F'| \mid F' \subseteq F$ 且 $F' \vdash C\}$. 同时用 $V(F')$ 表示出现在给定子句族 F' 中的变量.

(a) 证明：当 $F' \subseteq F$ 且 $|F'| \leqslant n/(2\alpha\mathrm{e}^2)$ 时，$|V(F')| \geqslant |F'|$ 几乎必然成立.

(b) 因此，以下事实几乎必然成立：要么 F 是可满足的，要么 $\mu(\epsilon) > n/(2\alpha\mathrm{e}^2)$.

(c) 令 $n' = n/(1000000\alpha^4)$，并假设 $n' \geqslant 2$. 证明：当 $F' \subseteq F$ 且 $n'/2 \leqslant |F'| < n'$ 时，$2|V(F')| - 3|F'| \geqslant n'/4$ 确乎必然成立.

(d) 因此，以下事实几乎必然成立：要么 F 是可满足的，要么 $w(F \vdash \epsilon) \geqslant n'/4$.

244. [*M20*] 若 A 是一个变量集，则令 $[A]^0$ 和 $[A]^1$ 分别表示可由 A 形成的所有具有偶数个和奇数个负文字的子句集；每个子句都应包含所有的变量.（比如，$[\{1,2,3\}]^1 = \{12\bar{3}, 1\bar{2}3, \bar{1}23, \bar{1}\bar{2}\bar{3}\}$.）若 A 和 B 不相交，请用 $[A]^0$、$[A]^1$、$[B]^0$、$[B]^1$ 来表示 $[A \cup B]^0$.

▶ **245.** [*M27*] 假设 G 是一个连通图，其顶点 $v \in V$ 均已被标记为 0 或 1，其中，所有标签的和为奇数. 我们将在变量集 e_{uv} 上构造子句，每个子句对应于 G 中的一条边 $u — v$. 对于每个 $v \in V$，公理为 $\alpha(v) = [E(v)]^{l(v) \oplus 1}$（参见习题 244），其中，$E(v) = \{e_{uv} \mid u — v\}$ 且 $l(v)$ 是 v 的标签.

比如，下图的顶点 1 显示为黑点，以表示 $l(1) = 1$；而其他顶点则显示为白点，以表示 $l(2) = \cdots = l(6) = 0$. 该图及其公理为

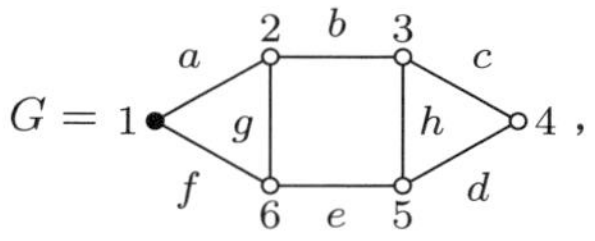

$$\begin{aligned} &\alpha(1) = \{af, \bar{a}\bar{f}\}, && \alpha(4) = \{c\bar{d}, \bar{c}d\}, \\ &\alpha(2) = \{ab\bar{g}, a\bar{b}g, \bar{a}bg, \bar{a}\bar{b}\bar{g}\}, && \alpha(5) = \{de\bar{h}, d\bar{e}h, \bar{d}eh, \bar{d}\bar{e}\bar{h}\}, \\ &\alpha(3) = \{bc\bar{h}, b\bar{c}h, \bar{b}ch, \bar{b}\bar{c}\bar{h}\}, && \alpha(6) = \{ef\bar{g}, e\bar{f}g, \bar{e}fg, \bar{e}\bar{f}\bar{g}\}. \end{aligned}$$

注意，当 v 在 G 中有 $d > 0$ 个相邻顶点时，集合 $\alpha(v)$ 由大小为 d 的 2^{d-1} 个子句组成. 此外，$\alpha(v)$ 的公理全部被满足，当且仅当

$$\bigoplus_{e_{uv} \in E(v)} e_{uv} = l(v).$$

如果我们对所有顶点 v 在模 2 的意义下求和，那么左边将等于 0，因为每条边 e_{uv} 恰好出现两次（一次在 $E(u)$ 中，一次在 $E(v)$ 中）. 但右边将等于 1. 因此子句 $\alpha(G) = \bigcup_v \alpha(v)$ 是不可满足的.

(a) 本例中的公理 $\alpha(G) \,|\, b$ 和 $\alpha(G) \,|\, \bar{b}$ 将变为 $\alpha(G')$ 和 $\alpha(G'')$，其中，$G' =$ 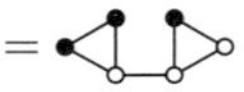 且 $G'' =$ 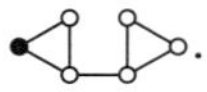. 解释一般情况下会发生什么.

(b) 对于每个包含变量 e_{uv} 的子句 C，令 $\mu(C) = \min\{\,|V'| \mid V' \subseteq V$ 且 $\bigcup_{v \in V'} \alpha(v) \vdash C\}$. 证明对于每个公理 $C \in \alpha(G)$ 有 $\mu(C) = 1$. $\mu(\epsilon)$ 等于多少？

(c) 若 $V' \subseteq V$，令 $\partial V' = \{e_{uv} \mid u \in V'$ 且 $v \notin V'\}$. 证明：如果 $\bigcup_{v\in V'} \alpha(v) \vdash C$ 且 $|V'| = \mu(C)$，那么 $\partial V'$ 中的每个变量都在 C 中出现.

(d) 对于 m 个顶点 V 上的非二部立方拉马努金图 G，其每个顶点有 3 条边 v — $v\rho$、v — $v\sigma$ 和 v — $v\tau$，其中，ρ、σ 和 τ 是满足以下性质的排列：(i) $\rho = \rho^-$ 且 $\tau = \sigma^-$；(ii) G 是连通的；(iii) 若 V' 是大小为 s 的任意顶点子集，且若 V' 和 $V \setminus V'$ 之间有 t 条边，则有 $s/(s+t) \leqslant (s/m+8)/9$. 证明 $w(\alpha(G) \vdash \epsilon) > m/78$.

▶ **246.** [*M28*] （格雷戈里 · 萨穆埃洛维奇 · 切廷）给定有 m 条边和 n 个顶点的标记图 G，以及 N 个如上题所述的不可满足子句 $\alpha(G)$，解释如何使用 $O(mn+N)$ 步扩展归结来否证这些子句.

247. [*18*] 忽略"$1\bar{2}$"，对 (112) 中 6 个子句的其余 5 个应用变量消除.

248. [*M20*] 正式地说，SAT 是计算量化公式

$$\exists x_1 \cdots \exists x_{n-1} \exists x_n F(x_1, \cdots, x_{n-1}, x_n)$$

的问题，其中，F 是一个以 CNF 形式给出的布尔函数，即子句的合取. 解释如何在简化问题

$$\exists x_1 \cdots \exists x_{n-1} F'(x_1, \cdots, x_{n-1}),\ F'(x_1, \cdots, x_{n-1}) = F(x_1, \cdots, x_{n-1}, 0) \vee F(x_1, \cdots, x_{n-1}, 1)$$

中，将 F 的 CNF 转换为 F' 的 CNF.

249. [*18*] 使用库克的方法 IA 将算法 I 应用于 (112).

250. [*25*] 由于 (7) 中的子句 R' 是可满足的，因此算法 I 可能无须到达步骤 I4 就能找到解. 但是，请尝试在步骤 I2、I3 和 I4 中做出选择，使得算法花费尽可能长的时间找到解.

▶ **251.** [*30*] 证明：如果能在步骤 I2、I3 和 I4 中做出富有洞察力的合适选择，那么算法 I 可以在 $O(m^3)$ 次归结后证明反最大元素子句 (99) ~ (101) 的不可满足性.

252. [*M26*] 能否通过反复执行变量消除和包含在多项式时间内证明 (99) ~ (101) 的不可满足性?

▶ **253.** [*18*] 如果 (114) 之后的决策为"5"，那么接下来学到的两个子句是什么?

254. [*16*] 给定二元子句 $\{12, \bar{1}3, 2\bar{3}, \bar{2}\bar{4}, \bar{3}4\}$，如果 CDCL 求解器首先判定 1 为真，那么它将先学习到什么子句?

▶ **255.** [*20*] 构造一个具有三元子句的可满足性问题，在该问题中，以第 1、2、3 层上的决策文字"1""2""3"启动的 CDCL 求解器将在第 3 层发生冲突后学习到子句"45".

256. [*20*] 如何才能轻松地学到表 3 中的子句"**"?

▶ **257.** [*30*] （尼克拉斯 · 瑟伦松）对于给定子句 c 和当前路径，若 l 在该路径中且要么 (i) l 在第 0 层上定义，要么 (ii) l 不是决策文字，并且 l 的理由中的每个为假的文字都在 c 中或者是（递归）多余的，那么我们称文字 $\bar{l}$ 是冗余的.（这个定义比 (115) 简化为 (116) 的特殊情况更强，因为 $\bar{l}$ 本身不必属于 c.）比如，若 $c = (\bar{l}' \vee \bar{b}_1 \vee \bar{b}_2 \vee \bar{b}_3 \vee \bar{b}_4)$，则令 b_4 的理由为 $(b_4 \vee \bar{b}_1 \vee \bar{a}_1)$，其中，$a_1$ 的理由是 $(a_1 \vee \bar{b}_2 \vee \bar{a}_2)$，且 a_2 的理由是 $(a_2 \vee \bar{b}_1 \vee \bar{b}_3)$. 那么 $\bar{b}_4$ 就是冗余的，因为 $\bar{a}_2$ 和 $\bar{a}_1$ 都是冗余的.

(a) 假设 $c = (\bar{l}' \vee \bar{b}_1 \vee \cdots \vee \bar{b}_r)$ 是一个新学到的子句. 证明：如果 $\bar{b}_j \in c$ 是冗余的，那么存在其他某个 $\bar{b}_i \in c$ 在与 $\bar{b}_j$ 相同的路径层级上变为假.

(b) 设计一种有效的算法，用以发现新学到的给定子句 $c = (\bar{l}' \vee \bar{b}_1 \vee \cdots \vee \bar{b}_r)$ 中所有的冗余文字 $\bar{b}_i$. 提示：使用戳记.

258. [*21*] 算法 C 的路径中的非决策文字 l 始终具有理由 $R_l = (l_0 \vee l_1 \vee \cdots \vee l_{k-1})$，其中，$l_0 = l$ 且 $\bar{l}_1, \cdots, \bar{l}_{k-1}$ 在路径中位于 l 之前. 此外，算法在查看 l_1 的监视列表时发现了此子句. 判断正误：$\bar{l}_2, \cdots, \bar{l}_{k-1}$ 在路径中位于 $\bar{l}_1$ 之前. 提示：考虑表 3 及其后续内容.

259. [*M20*] 对于接近 0 或 1 的 ρ 值，ACT(j) 是否可以超过 ACT(k)，但这对于全部的 ρ 不成立?

260. [*18*] 详细描述步骤 C1 中 MEM、监视列表和路径的设置.

261. [*21*] 算法 C 的主循环是步骤 C3 和步骤 C4 的单元传播过程. 描述在这些步骤中要进行的链接调整等的底层细节.

262. [*20*] 步骤 C6 ~ C8 中堆发生改变背后的底层操作是什么?

263. [*21*] 写出步骤 C7 构造新子句以及步骤 C9 将其放入算法 C 的数据结构中的具体细节.

264. [*20*] 提出一种方法，它使得算法 C 能像算法 A、B、D 和 L 一样，通过显示行动代码来指示运行进度（参见习题 142）.

265. [*21*] 描述在算法 C 的执行过程中，子句 c 的监视文字 l_0 和（或）l_1 会变为假的几种情况.

266. [*20*] 为了避免陷入困境，CDCL 求解器通常被设计为能以小概率 p（例如 $p=0.02$）做出随机决策，而不是始终选择具有最大活跃度的变量. 如何改变步骤 C6 来适应这个策略?

▶ **267.** [*25*] SAT 实例通常包含大量的二元子句. 这些子句可以由算法 L 的单元传播循环 (62) 有效处理，但不能由算法 C 的步骤 C3 中的相应循环处理.（监视文字技术处理长子句得心应手，但在处理短子句时捉襟见肘.）当二元子句很多时，可以使用哪些额外的数据结构来加速算法 C 的内部循环?

268. [*21*] 当算法 C 在路径的第 0 层处使一个文字为假时，我们可以将其从所有子句中删除. 如果我们"热切"地这样做，这种更新可能需要很长时间；但有一个惰性的解决方法：如果我们在寻找要监视的新文字时碰巧在步骤 C3 中遇到持续为假的文字，我们就可以删除它（参见习题 261）.

解释如何调整 MEM 的数据结构规定，以便在原处完成此类删除，而无须将子句从一个位置复制到另一个位置.

269. [*23*] 假设算法 C 在选择了决策文字 $u_1, u_2, \cdots, u_d$ 后，在路径的第 d 层上遇到了冲突. 这时，如果给定子句可满足，那么平凡子句 $(\bar{l}' \vee \bar{u}_1 \vee \cdots \vee \bar{u}_{d'})$ 必定为真，其中，l' 和 d' 如步骤 C7 中定义.

(a) 证明：如果我们从步骤 C7 中获得的子句 $(\bar{l}' \vee \bar{b}_1 \vee \cdots \vee \bar{b}_r)$ 开始，然后用零个或多个已知子句以某种方式对其进行归结，那么总能得到一个包含平凡子句的子句.

(b) 有时，如 (115) 中所示，步骤 C9 中要学习的子句比平凡子句长得多. 构造一个示例，其中，$d=3$、$d'=1$ 且 $r=10$，但 $\bar{b}_1, \cdots, \bar{b}_r$ 均不是冗余的，如习题 257 中所述.

(c) 提出一种相应改进算法 C 的方法.

270. [*25*] （*动态包含*）在步骤 C7 中，用理由 R_l 归结后立即出现的中间子句偶尔会等于较短的子句 $R_l \setminus l$. 在这种情况下，我们有机会通过从中删除 l 来加强该子句，从而使其在未来更有用.

(a) 构造一个示例，使得在归结单个冲突时，可以以这种方式分别包含两个子句. 被包含的子句应同时包含路径中当前层级赋值的两个文字以及来自较低层级的一个文字.

(b) 说明通过修改习题 263 的答案中的步骤，可以轻易地识别此类机会并高效地加强此类子句.

▶ **271.** [*25*] 学习子句序列 $C_1, C_2, \cdots$ 通常包括 C_i 包含其直接前驱 C_{i-1} 的情况. 在这种情况下，我们不妨丢弃C_{i-1}（它出现在 MEM的最末尾），并将 C_i 存储在其位置，除非 C_{i-1} 仍然被用作路径上某个文字的理由.（比如，算法 C 通常会从 $waerden(3,10;97)$ 中学习到 52 000 个子句，其中有超过 8600 个子句可以通过这种方式丢弃. 这类删除不同于习题 270 中的"动态包含"，因为被包含的 C_{i-1} 只包含其原始冲突层级中的一个文字；此外，学习子句通常已经通过习题 257 中的程序得到了显著的简化，除非它们是平凡子句.）

设计一种高效的方法来发现何时可以安全地丢弃 C_{i-1}.

272. [*30*] 用下面的想法进行实验：$waerden(j,k;n)$ 的子句在反射下是对称的，也就是说，如果我们对于 $1 \leqslant k \leqslant n$ 将 x_k 替换为 $x_k^{\mathrm{R}} = x_{n+1-k}$，那么它们整体上保持不变. 因此，每当算法 C 学习到一个子句 $C = (\bar{l}' \vee \bar{b}_1 \vee \cdots \vee \bar{b}_r)$ 时，它也可以学习到反射子句 $C^{\mathrm{R}} = (\bar{l}'^{\mathrm{R}} \vee \bar{b}_1^{\mathrm{R}} \vee \cdots \vee \bar{b}_r^{\mathrm{R}})$.

273. [*27*] 从 $waerden(j,k;n)$ 中学到的子句 C 对 $waerden(j,k;n')$ 也有效，其中 $n' > n$；并且通过对 C 的每个文字加上 i 得到的子句 $C+i$ 也是有效的，其中 $1 \leqslant i \leqslant n'-n$. 比如，从 $waerden(3,3;7)$ 得到的"35"允许我们将子句 35、46、57 添加至 $waerden(3,3;9)$.

(a) 利用此想法加速范德瓦尔登数的计算.

(b) 解释如何将它应用于有界模型检测.

274. [*35*] 算法 C 在注意到某个子句迫使 l 为真时，立即设置 l 的“理由”. 在实践中，在这之后通常还会遇到其他迫使 l 为真的子句；但算法 C 会忽略它们，即使其中一个可能是“更好的理由”.（比如，另一个迫使子句可能明显更短.）探讨一种修改算法 C 的方法来改进非决策文字的理由.

▶ **275.** [*22*] 结合习题 109 的思想，修改算法 C，使其能够找到可满足性问题的最小字典序解.

276. [*M15*] 判断正误：如果 F 是一族子句且 L 是一组严格不同的文字，那么 $F \wedge L \vdash_1 \epsilon$ 成立，当且仅当 $(F\,|\,L) \vdash_1 \epsilon$ 成立.

277. [*M18*] 如果 $(C_1, \cdots, C_t)$ 是 F 的一个不可满足性证书，且 F 的所有子句的长度均大于或等于 2，证明存在某个 C_i 是单元子句.

278. [*22*] 为 $waerden(3,3;9)$ 找到一个六步不可满足性证书.

279. [*M20*] 判断正误：每个不可满足的 2SAT 问题都有一个证书“(l, ϵ)”.

▶ **280.** [*M26*] 问题 $cook(j,k)$ 包含 $\{1, \cdots, n\}$ 上的所有 $\binom{n}{j}$ 个正 j-子句和 $\binom{n}{k}$ 个负 k-子句，其中 $n = j + k - 1$. 比如，$cook(2,3)$ 为

$$\{12, 13, 14, 23, 24, 34, \bar{1}\bar{2}\bar{3}, \bar{1}\bar{2}\bar{4}, \bar{1}\bar{3}\bar{4}, \bar{2}\bar{3}\bar{4}\}.$$

(a) 为什么这些子句是不可满足的？

(b) 为 $cook(j,k)$ 找到一个全正的证书且其长度为 $\binom{n-1}{j-1}$.

(c) 证明：事实上，如果 $M_{\rm p} = M_{\rm f} = \infty$（无清除或刷新），那么算法 C 在证明 $cook(j,k)$ 的不可满足性时，总是恰好能够学习到 $\binom{n-1}{j-1}$ 个子句.

281. [*21*] 构造一个否证 (99)、(100) 和 (101) 的不可满足性证书.

▶ **282.** [*M33*] 当 $q \geqslant 3$ 为奇数时，使用 $O(q)$ 个长度小于或等于 4 的子句，为习题 176 中的子句 $fsnark(q)$ 构造一个不可满足性证书. 提示：包括子句 $(\bar{a}_{j,p} \vee \bar{e}_{j,p})$、$(\bar{a}_{j,p} \vee \bar{f}_{j,p})$、$(\bar{e}_{j,p} \vee \bar{f}_{j,p})$ 和 $(a_{j,p} \vee e_{j,p} \vee f_{j,p})$，其中，$1 \leqslant j \leqslant q$ 且 $1 \leqslant p \leqslant 3$.

283. [*HM46*] 算法 C 能否在线性时间内求解花状蛇鲨问题？更准确地说，令 $p_q(M)$ 为算法在访问 MEM 最多 M 次的情况下否证 $fsnark(q)$ 的概率，是否存在常数 N，使得 $p_q(Nq) > \frac{1}{2}$ 对于所有 q 成立？

284. [*23*] 给定 F 和 $(C_1, \cdots, C_t)$，一个证书检查程序通过验证 F 和子句 $C_1, \cdots, C_{i-1}$ 在由单元文字 $\overline{C}_i$ 而得时是否会强制出现冲突，来测试条件 (119). 在执行此操作时，它可以标记 $F \cup \{C_1, \cdots, C_{i-1}\}$ 中那些在强制过程中简化为单元的子句，从而 C_i 的真值不依赖于任何未标记子句的真值.

实际上，F 中的许多子句根本不会被标记，因此即便我们忽略它们，F 仍然是不可满足的. 此外，许多子句 C_i 在验证其任何后继子句 $\{C_{i+1}, \cdots, C_t\}$ 时都不会被标记；这样的子句 C_i 不需要被验证，我们也不需要标记它们所依赖的任何子句.

因此，我们可以通过向后检查证书来节省工作量. 首先标记最后一个子句 C_t，它是 ϵ，并且总是需要验证. 然后，对于 $i = t, t-1, \cdots$，仅当 C_i 已被标记时才检查它.

单元传播可以独立完成，而无须记录导致任何文字 l 被强制的“理由” R_l. 然而，许多强制文字实际上并没有导致冲突发生，我们不想标记任何不是真正相关的子句.

解释如何像算法 C 一样使用理由，使得只有当子句实际参与标记子句 C_i 的证明时，验证程序才会标记这些子句.

285. [*19*] 使用图 93 中的数据，我们在正文中观察到当 $\alpha = \frac{15}{16}$ 时，式 (124) 给出了 $j = 95$、$s_j = 3081$ 和 $m_j = 59$. 当 (a) $\alpha = \frac{9}{16}$ (b) $\alpha = \frac{1}{2}$ (c) $\alpha = \frac{7}{16}$ 时，j、s_j 和 m_j 分别等于多少？此外，还可以通过计算“黑色”子句（那些满足 $0 < \texttt{RANGE}(c) < j$ 的被证实有用的子句）的数量 b_j 来比较不同 α 的有效性.

286. [*M24*] 图 93 中的哪种签名保留选择是最佳的？“最佳”的意思是，在满足条件 $\sum a_{pq}x_{pq} \leqslant 3114$、$x_{pq} \in \{0,1\}$ 和 $x_{pq} \geqslant x_{p'q'}$（$1 \leqslant p \leqslant p' \leqslant 7$ 且 $0 \leqslant q \leqslant q' \leqslant 8$）的情况下，最大化 $\sum b_{pq}x_{pq}$. 此处，a_{pq} 和 b_{pq} 分别是灰色子句和黑色子句中具有签名 (p,q) 的区域，如文中矩阵所示.（这是“偏序背包问题”的一个特例.）

287. [*25*] 需要对算法 C 进行哪些更改才能使其完成“完全运行”，并能从该运行期间出现的所有冲突中学习子句？

288. [*28*] 详细说明计算 RANGE 值的细节，然后在清除过程中压缩已学习子句的数据库.

289. [*M20*] 假设在学习了 $k\Delta+\binom{k}{2}\delta$ 个子句之后，第 k 轮清除从内存中的 y_k 个子句开始，并且清除过程会删除这些子句中的 $\frac{1}{2}y_k$ 个. 为 y_k 找一个作为 k 的函数的闭合式.

290. [*17*] 解释如何找到 x_k，即用于刷新文字的具有最大活跃度的未赋值变量. 提示：它位于 HEAP 数组中.

291. [*20*] 在正文中假设将表 3 刷新回第 15 层的情景中，为什么 49 很快就会出现在路径上，而不是 $\overline{49}$?

292. [*M21*] 重复执行 (127) 后，AGILITY 能变得多大?

293. [*21*] 详细说明在决定是否刷新时将 $M_{\rm f}$ 更新为 $M+\Delta_{\rm f}$ 的细节. 同时计算表 4 中指定的灵活性阈值. 提示：参见 (131).

294. [*HM21*] 对于每个二元向量 $\boldsymbol{\alpha}=x_1x_2x_3x_4$，找到生成函数 $g_{\boldsymbol{\alpha}}(z)=\sum_{j=0}^{\infty}p_{\boldsymbol{\alpha},j}z^j$，其中，$p_{\boldsymbol{\alpha},j}$ 是算法 P 给定步骤 P1 中的初始值 $\boldsymbol{\alpha}$ 后，在进行恰好 j 次翻转后求解 (7) 的 7 个子句的概率. 此外，推导出找到一个解所需步骤数的均值和方差.

295. [*M23*] 算法 P 找到解的速度通常比推论 W 预测的要快得多. 不过，说明某些 3SAT 子句确实需要 $\Omega((4/3)^n)$ 次试验.

296. [*HM20*] 通过（近似地）最大化 (129) 中的 $f(p,q)$ 来完成定理 U 的证明. 提示：考虑 $f(p+1,q)/f(p,q)$.

▶ **297.** [*HM26*] （埃莫 · 韦尔茨尔）在定理 U 的证明中，令 $G_q(z)=\sum_p C_{p,p+q-1}(z/3)^{p+q}(2z/3)^p$ 为当 $Y_0=q$ 时停止时刻 $t=2p+q$ 的生成函数.

(a) 使用 7.2.1.6 节中的公式，为 $G_q(z)$ 找到一个闭合式.

(b) 解释为什么 $G_q(1)$ 小于 1.

(c) 估计并解释 $G_q'(1)/G_q(1)$.

(d) 使用马尔可夫不等式来对某些 $t\leqslant N$ 界定 $Y_t=0$ 的概率.

(e) 说明推论 W 可由这个分析而得.

298. [*HM22*] 将定理 U 和推论 W 推广到每个子句最多有 k 个文字的情况，其中 $k\geqslant 3$.

299. [*HM23*] 继续前面的习题，探究 $k=2$ 的情况.

▶ **300.** [*25*] 修改算法 P，使得它可以通过位运算来实现，从而同时运行（比如）64 次独立试验.

▶ **301.** [*25*] 讨论如何在 MMIX 上高效地实现习题 300 中的算法.

302. [*26*] 通过补充计算机应做的底层细节，扩展正文中对步骤 W4 和步骤 W5 的高级描述.

303. [*HM20*] 用算法 W 代替算法 P 来解答习题 294.

304. [*HM34*] 考虑具有 $n(n-1)$ 个子句 $(\bar{x}_j\vee x_k)$（其中 $j\neq k$）的 2SAT 问题. 找到算法 P 和算法 W 所进行的翻转次数的生成函数. 提示：习题 1.2.6–68 和 MPR–105 有助于找到精确的公式.

▶ **305.** [*HM29*] 在上题中再添加一个子句 $(\bar{x}_1\vee\bar{x}_2)$，并求出 $n=4$ 时对应的生成函数. 此时，若算法 W 中的 $p=0$ 会发生什么?

▶ **306.** [*HM32*] （卢比、辛克莱和朱克曼，1993 年）考虑一个成败均有可能的“拉斯维加斯算法”：它在第 t 步成功的概率为 p_t，失败的概率为 $p_\infty<1$. 令 $q_t=p_1+p_2+\cdots+p_t$ 和 $E_t=p_1+2p_2+\cdots+tp_t$；若 $p_\infty>0$，则令 $E_\infty=\infty$，否则令 $E_\infty=\sum_t tp_t$.（后一个求和结果可能等于 ∞.）

(a) 假设只要算法的前 N 步没有成功，我们就中止并重启算法. 证明：如果 $q_N>0$，那么这一策略将在平均执行 $l(N)<\infty$ 步后成功. $l(N)$ 等于多少?

(b) 假设 $1\leqslant m\leqslant n$，当 $p_m=\frac{m}{n}$、$p_\infty=\frac{n-m}{n}$ 且其余 $p_t=0$ 时计算 $l(N)$.

(c) 给定均匀分布，即 $p_t=\frac{1}{n}$（$1\leqslant t\leqslant n$），此时 $l(N)$ 等于多少?

(d) 找到所有使得 $l(N)=l(1)$ 对任意 $N\geqslant 1$ 成立的概率分布.

(e) 找到所有使得 $l(N)=l(n)$ 对任意 $N\geqslant n$ 成立的概率分布.

(f) 找到所有使得 $q_{n+1}=1$ 且 $l(n)\leqslant l(n+1)$ 成立的概率分布.

(g) 找到所有使得 $q_3=1$ 且 $l(1)<l(3)<l(2)$ 成立的概率分布.

(h) 令 $l=\inf_{N\geqslant 1} l(N)$，并且令 N^* 为满足 $l(N^*)=l$ 的最小正整数，若不存在这样的整数，则为 ∞. 证明 $N^*=\infty$ 能推出 $l=E_\infty<\infty$.

(i) 给定 $n\geqslant 0$，求概率分布 $p_t=[t>n]/((t-n)(t+1-n))$ 的 N^*.

(j) 构造一个简单的概率分布，使得 $N^*=\infty$.

(k) 令 $L=\min_{t\geqslant 1} t/q_t$. 证明 $l\leqslant L\leqslant 2l-1$.

307. [*HM28*] 继续习题 306，考虑由无限正整数序列 $(N_1,N_2,\cdots)$ 定义的更一般的策略："置 $j\leftarrow 0$；然后，在尚未成功时，置 $j\leftarrow j+1$ 并以截止参数 N_j 运行算法."

(a) 解释如何计算 $\mathrm{E}\,X$，其中，X 是该策略成功之前运行的步数.

(b) 设 $T_j=N_1+\cdots+N_j$. 证明：如果对所有 j 有 $q_{N_j}>0$，那么 $\mathrm{E}\,X=\sum_{j=1}^{\infty}\Pr(T_{j-1}<X\leqslant T_j)\,l(N_j)$.

(c) 因此，固定策略 $(N^*,N^*,\cdots)$ 是最优的：$\mathrm{E}\,X\geqslant l(N^*)=l$.

(d) 给定 n，习题 306(b) 定义了 n 个简单的概率分布 $p^{(m)}$，其中 $l(N^*)=n$，但 $N^*=m$ 的值各不相同. 证明：任何序列 $(N_1,N_2,\cdots)$ 至少在其中的一个 $p^{(m)}$ 上满足 $\mathrm{E}\,X>\frac{1}{4}nH_n-\frac{1}{2}n=\frac{1}{4}lH_l-\frac{1}{2}l$. 提示：考虑最小的 r，使得对于每个 m，运行 r 次试验就足够的概率大于或等于 $\frac{1}{2}$；证明 $\{N_1,\cdots,N_r\}$ 中大于或等于 m 的元素不少于 $n/(2m)$ 个.

308. [*M29*] 本习题探索"勉强倍增"序列 (130) 的性质.

(a) 给定 $a\geqslant 0$，使得 $S_n=2^a$ 的最小 n 等于多少?

(b) 证明 $\{n\mid S_n=1\}=\{2k+1-\nu k\mid k\geqslant 0\}$；因此生成函数 $\sum_n z^n[S_n=1]$ 等于无限积 $z(1+z)(1+z^3)(1+z^7)(1+z^{15})\cdots$.

(c) 为 $\{n\mid S_n=2^a\}$ 和 $\sum_n z^n[S_n=2^a]$ 寻找相似的表达式.

(d) 令 $\Sigma(a,b,k)=\sum_{n=1}^{r(a,b,k)} S_n$，其中，$S_{r(a,b,k)}$ 是 2^a 在 $\langle S_n\rangle$ 中的第 2^bk 次出现. 比如，$\Sigma(1,0,3)=S_1+\cdots+S_{10}=16$. 使用闭合式来计算 $\Sigma(a,b,1)$.

(e) 证明：对于所有 $k\geqslant 1$ 均有 $\Sigma(a,b,k{+}1)-\Sigma(a,b,k)\leqslant(a+b+2k-1)2^{a+b}$.

(f) 给定习题 306(k) 中的任意一个概率分布，令 $a=\lceil\lg t\rceil$ 且 $b=\lceil\lg 1/q_t\rceil$，其中 $t/q_t=L$；因此 $L\leqslant 2^{a+b}<4L$. 证明：如果使用习题 307 中的策略且 $N_j=S_j$，那么

$$\mathrm{E}\,X\leqslant\Sigma(a,b,1)+\sum_{k\geqslant 1}Q^k\bigl(\Sigma(a,b,k{+}1)-\Sigma(a,b,k)\bigr),\qquad \text{其中 } Q=(1-q_{2^a})^{2^b}.$$

(g) 因此，对于每个概率分布，$\langle S_n\rangle$ 给出 $\mathrm{E}\,X<13l\lg l+49l$.

309. [*20*] 习题 293 解释了如何将勉强倍增序列与算法 C 相结合. 算法 C 是一个拉斯维加斯算法吗?

310. [*M25*] 解释如何计算"勉强斐波那契数列"

$$1,1,2,1,2,3,1,1,2,3,5,1,1,2,1,2,3,5,8,1,1,2,1,2,3,1,1,2,3,5,8,13,1,\cdots,$$

它有点儿类似于 (130) 并且如习题 308 中一样有用，但其元素是斐波那契数而不是 2 的幂.

311. [*21*] 使用习题 307 中的方法以及习题 308 中的序列 $\langle S_n\rangle$ 和习题 310 中的序列 $\langle S'_n\rangle$，计算当 $n=l=100$ 时习题 306(b) 中的 100 个概率分布的 $\mathrm{E}\,X$ 近似值. 同时考虑更容易生成的"尺倍增"序列 $\langle R_n\rangle$，其中 $R_n=n\,\&\,{-n}=2^{\rho n}$. 哪个序列最好?

312. [*HM24*] 当将勉强倍增应用于习题 306(b) 中定义的概率分布时，令 $T(m,n)=\mathrm{E}\,X$. 用习题 308(c) 中的生成函数表示 $T(m,n)$.

▶ **313.** [*22*] 当 C_j 中存在无成本文字时，算法 W 总会翻转该文字，而不考虑其参数 p. 表明这种翻转总会减少未满足子句的数量 r；但它可能会*增加* x 到最近解的距离.

▶ **314.** [*36*] （霍尔格 · 亨德里克 · 胡斯，1998 年）如果给定的子句是可满足的且 $p>0$，是否存在一个初始 x 使得算法 W 总会永远循环?

315. [*M18*] 当 $d=1$ 时，定理 J 中的 p 等于多少?

316. [*HM20*] 定理 J 是定理 L 的推论吗?

▶ **317.** [*M26*] 在 (133) 的假设下，当 $p_i=p=(d-1)^{d-1}/d^d$（$1\leqslant i\leqslant m$）且 G 中每个顶点的度数至多为 $d>1$ 时，令 $\alpha(G)=\Pr(\overline{A}_1\cap\cdots\cap\overline{A}_m)$. 通过对 m 进行归纳证明 $\alpha(G)>0$. 此外，当 v 的度数小于 d 时，证明 $\alpha(G)>\frac{d-1}{d}\alpha(G\setminus v)$.

318. [*HM33*]（詹姆斯 · 贝格海姆 · 希勒）证明定理 J 是此类可能结果中最好的：如果 $p>(d-1)^{d-1}/d^d$ 且 $d>1$，那么存在一个最大度数为 d 的图 G，使得 $(p,\cdots,p)\notin\mathcal{R}(G)$. *提示*：考虑完全 t 叉树，其中 $t=d-1$.

319. [*HM20*] 证明 $pde<1$ 蕴涵 $p\leqslant(d-1)^{d-1}/d^d$.

320. [*M24*] 给定一个非平衡依赖图 G，其*发生阈值*$\rho(G)$ 是使得当每个事件发生的概率为 p 时可能不能避免所有事件的最小的 p. 比如，路径图 P_3 的默比乌斯多项式是 $1-p_1-p_2-p_3+p_1p_3$；所以其发生阈值等于 ϕ^{-2}，即使得 $1-3p+p^2\leqslant 0$ 的最小的 p.

(a) 证明 P_m 的发生阈值等于 $1/(4\cos^2\frac{\pi}{m+2})$.

(b) 循环图 C_m 的发生阈值等于多少?

321. [*M24*] 假设 4 个随机事件 A、B、C、D 发生的概率均为 p，其中，$\{A,C\}$ 独立且 $\{B,D\}$ 独立. 根据习题 320(b) 中 $m=4$ 的情况，只要 $p\geqslant(2-\sqrt{2})/2\approx 0.293$，就存在 (A,B,C,D) 的一个联合分布，使得至少有一个事件总会发生. 当 $p=3/10$ 时，构造一个这样的分布.

▶ **322.** [*HM35*]（迦叶波 · 科利帕卡和马里奥 · 塞盖迪，2011 年）出人意料的是，上题在算法 M 的设定下是*无解*的！假设我们有独立随机变量 (W,X,Y,Z)，使得 A 依赖于 W 和 X，B 依赖于 X 和 Y，C 依赖于 Y 和 Z，D 依赖于 Z 和 W. W 等于 j 的概率为 w_j（j 为任意整数）；X、Y 和 Z 也类似. 本习题将证明，即使当 p 等于 0.333 时，约束 $\overline{A}\cap\overline{B}\cap\overline{C}\cap\overline{D}$ 也总是可满足的.

(a) 以一种简便的方式表示概率 $\Pr(\overline{A}\cap\overline{B}\cap\overline{C}\cap\overline{D})$.

(b) 假设存在 W、X、Y、Z 的一个分布，使得 $\Pr(A)=\Pr(B)=\Pr(C)=\Pr(D)=p$ 且 $\Pr(\overline{A}\cap\overline{B}\cap\overline{C}\cap\overline{D})=0$. 说明存在满足以下条件的 10 个值：

$$\begin{aligned}
0\leqslant a,b,c,d,a',b',c',d'\leqslant 1,&\qquad 0<\mu,\nu<1,\\
\mu a+(1-\mu)a'\leqslant p,&\qquad \mu b+(1-\mu)b'\leqslant p,\\
\nu c+(1-\nu)c'\leqslant p,&\qquad \nu d+(1-\nu)d'\leqslant p,\\
a+d\geqslant 1\text{ 或 }b+c\geqslant 1,&\qquad a+d'\geqslant 1\text{ 或 }b+c'\geqslant 1,\\
a'+d\geqslant 1\text{ 或 }b'+c\geqslant 1,&\qquad a'+d'\geqslant 1\text{ 或 }b'+c'\geqslant 1.
\end{aligned}$$

(c) 当 $p=1/3$ 时，找到这些约束的所有解.

(d) 将这些解转换为分布，使得 $\Pr(\overline{A}\cap\overline{B}\cap\overline{C}\cap\overline{D})=0$.

323. [*10*] 列表 (135) 中 ccb 之前的迹是什么?

▶ **324.** [*22*] 给定图 G 的一个迹 $\alpha=x_1x_2\cdots x_n$，解释如何使用算法 7.2.1.2V 找到所有等价于 α 的字符串 β. 有多少个字符串能得到 (136)?

▶ **325.** [*20*] 图 G 的一个*无环定向*是指给它的每条边指定方向，使得得到的有向图没有有向环. 证明：作为顶点*排列*（每个顶点恰好出现一次）的 G 的迹的个数等于 G 的无环定向的个数.

326. [*20*] 判断正误：如果 α 和 β 是迹且 $\alpha=\beta$，那么 $\alpha^R=\beta^R$.（参见 (137).）

▶ **327.** [*22*] 当冲突由某个全集 U 中的领土集 $T(a)$ 定义时，设计一个算法计算两个迹 α 和 β 的乘积. 假设 U 很小（比如 $|U|\leqslant 64$），因此可以使用位运算来表示这些领土.

328. [*20*] 继续习题 327，设计一个算法来计算 α/β. 更精确地说，如果 β 是 α 的一个右因子，即 $\alpha=\gamma\beta$ 对于某个迹 γ 成立，那么该算法应该计算出 γ；否则，它应该报告 β *不是*一个右因子.

329. [*21*] 同理，设计一个算法来计算 $\alpha\setminus\beta$ 或报告 α 不是 β 的一个左因子.

▶ **330.** [*21*] 给定任何图 G，解释如何为其顶点 a 定义领土集 $T(a)$，使得 $a=b$ 或 $a \mathrel{-\!\!-} b$，当且仅当 $T(a)\cap T(b)\neq\varnothing$.（因此迹可以总是被建模为板块的堆垛.）在什么情况下能如文中的例子 (136) 一样，做到 $|T(a)|=2$ 对所有 a 成立?

331. [*M20*] 在不允许任何变量可相互交换的情况下，展开 (139) 的右侧会发生什么?

332. [*20*] 当一个迹由其字典序最小的字符串表示时，在该字符串中没有字母后跟一个可与它交换的较小字母.（比如，因为我们可以通过将 ca 变为 ac 来得到一个等价却更小的字符串，所以在 (135) 中没有 a 跟在 c 后面.）

反之，给定任何一个有序字母集，其中的一些字母是可交换的，考虑所有没有字母后跟可与它交换的较小字母的字符串. 每个这样的字符串都是它的对应迹中字典序最小的吗?

▶ **333.** [*M20*] （卡利茨、斯科维尔和沃恩，1976 年）设 D 为 $\{1,\cdots,m\}$ 上的有向图，令 A 为所有使得 $j_i \longrightarrow j_{i+1}$ 在 D 中对 $1\leqslant i<n$ 成立的字符串 $a_{j_1}\cdots a_{j_n}$ 的集合. 与此类似，令 B 为所有使得 $j_i \not\longrightarrow j_{i+1}$ 在 D 中对 $1\leqslant i<n$ 成立的字符串 $a_{j_1}\cdots a_{j_n}$ 的集合. 证明

$$\sum_{\alpha\in A}\alpha \;=\; 1\Big/\sum_{\beta\in B}(-1)^{|\beta|}\beta \;=\; \sum_{k\geqslant 0}\Big(1-\sum_{\beta\in B}(-1)^{|\beta|}\beta\Big)^k$$

是一个关于不可交换变量 $\{a_1,\cdots,a_m\}$ 的恒等式.（比如，当 $m=2$ 时，我们有

$$1+a+b+ab+ba+aba+bab+\cdots=\sum_{k\geqslant 0}(a+b-aa-bb+aaa+bbb-\cdots)^k,$$

$1\not\longrightarrow 1$，$1\longrightarrow 2$，$2\longrightarrow 1$，$2\not\longrightarrow 2$.）

▶ **334.** [*25*] 对于字母表 $\{1,\cdots,m\}$ 上一个给定的图，设计一个算法来生成与之对应的长度为 n 的所有迹，每个迹用其字典序最小的字符串表示.

335. [*HM26*] 假设 G 的顶点可以排序为 $x<y<z$ 且 $x \mathrel{\not\!\!-\!\!-} y$ 和 $y \mathrel{\not\!\!-\!\!-} z$ 能推出 $x \mathrel{\not\!\!-\!\!-} z$，证明默比乌斯级数 M_G 可以表示为一个行列式. 比如，

$$\text{若}\quad G=\begin{matrix}a & b\\ c & d\\ e & f\end{matrix}\quad\text{则}\quad M_G=\det\begin{pmatrix}1-a & -b & -c & 0 & 0 & 0\\ -a & 1-b & 0 & -d & 0 & 0\\ -a & -b & 1-c & -d & -e & 0\\ -a & -b & -c & 1-d & 0 & -f\\ -a & -b & -c & -d & 1-e & -f\\ -a & -b & -c & -d & -e & 1-f\end{pmatrix}.$$

▶ **336.** [*M20*] 如果不同顶点上的图 G 和图 H 的默比乌斯级数分别为 M_G 和 M_H，那么 (a) $G\oplus H$ 的默比乌斯级数等于什么? (b) $G \mathrel{-\!\!-} H$ 的默比乌斯级数等于什么?

337. [*M20*] 假设我们由如下方式从图 G 获得图 G'：用由顶点 $\{a_1,\cdots,a_k\}$ 构成的团来替换某个顶点 a，然后将 a_j（$1\leqslant j\leqslant k$）与 a 的每个相邻顶点相连. 描述 $M_{G'}$ 与 M_G 之间的关系.

338. [*M21*] 对源约束的迹，证明维耶诺的一般性恒等式 (144).

▶ **339.** [*HM26*] （热拉尔 · 维耶诺）本习题探索了如何将迹分解为角锥.

(a) 一个给定迹 $\alpha=x_1\cdots x_n$ 的每个字母 x_j 都位于唯一一个角锥 β_j 的顶部，使得 β_j 是 α 的一个左因子. 比如，在 (136) 的迹 $bcebafdc$ 中，角锥 $\beta_1,\cdots,\beta_8$ 分别是 b、bc、e、bcb、$bcba$、ef、$bced$ 和 $bcebdc$. 直观解释如何从 α 的堆垛中找到这些角锥左因子.

(b) 一个标号迹是给迹的字母分配不同的数字标号. 比如，$abca$ 可能会变为 $a_4b_7c_6a_3$. 一个标号角锥是要求角锥顶部元素拥有最小标号的特例. 证明每个标号迹都可以唯一地分解为标号角锥，使得其顶部的标号按升序排列.（比如，$b_6c_2e_4b_7a_8f_5d_1c_3=b_6c_2e_4d_1\cdot b_7a_8c_3\cdot f_5$.）

(c) 假设有 t_n 个长度为 n 的迹和 p_n 个角锥，从而有 $T_n=n!\,t_n$ 个标号迹和 $P_n=(n-1)!\,p_n$ 个标号角锥（因为只需考虑标号的相对大小）. 令 $T(z)=\sum_{n\geqslant 0}T_nz^n/n!$ 且 $P(z)=\sum_{n\geqslant 1}P_nz^n/n!$，证明长度为 n 且在 (b) 中的分解恰好包含 l 个角锥的标号迹有 $n!\,[z^n]\,P(z)^l/l!$ 个.

(d) 从而 $T(z) = e^{P(z)}$.

(e) 因此（这是重点!），$\ln M_G(z) = -\sum_{n\geqslant 1} p_n z^n/n$.

▶ **340.** [*M20*] 如果我们为每个循环排列 σ 分配一个权重 $w(\sigma)$，那么每个排列 π 都有一个权重 $w(\pi)$，它是其所有环权重的乘积. 比如，若 $\pi = \binom{1\,2\,3\,4\,5\,6\,7}{3\,1\,4\,2\,7\,6\,5} = (1\,3\,4\,2)(5\,7)(6)$，则 $w(\pi) = w((1\,3\,4\,2))w((5\,7))w((6))$.

集合 S 的*排列多项式*是 S 的所有排列的 $w(\pi)$ 之和. 给定任意 $n\times n$ 矩阵 $\boldsymbol{A} = (a_{ij})$，说明可以合适地定义环权重，使得 $\{1,\cdots,n\}$ 的排列多项式是 $\boldsymbol{A}$ 的行列式.

341. [*M25*] 集合 S 的对合多项式是排列多项式的一个特例，其中，一环 (j) 的环权重形如 $w_{jj}x$，二环 $(i\,j)$ 的环权重形如 $-w_{ij}$，其他的 $w(\sigma)=0$. 比如，$\{1,2,3,4\}$ 的对合多项式为 $w_{11}w_{22}w_{33}w_{44}x^4 - w_{11}w_{22}w_{34}x^2 - w_{11}w_{23}w_{44}x^2 - w_{11}w_{24}w_{33}x^2 - w_{12}w_{33}w_{44}x^2 - w_{13}w_{22}w_{44}x^2 - w_{14}w_{22}w_{33}x^2 + w_{12}w_{34} + w_{13}w_{24} + w_{14}w_{23}$.

证明：若 $w_{ij} > 0$ 对 $1\leqslant i\leqslant j\leqslant n$ 成立，则 $\{1,\cdots,n\}$ 的对合多项式有 n 个不同的实根. *提示*：同时说明，若 $\{1,\cdots,n-1\}$ 对应的根为 $q_1 < \cdots < q_{n-1}$，则 $\{1,\cdots,n\}$ 对应的根 r_k 满足 $r_1 < q_1 < r_2 < \cdots < q_{n-1} < r_n$.

342. [*HM25*] （卡蒂埃和福阿塔，1969 年）令 G_n 为这样一个图：其顶点是 $\{1,\cdots,n\}$ 的子集的 $\sum_{k=1}^{n}\binom{n}{k}(k-1)!$ 个循环排列，当 σ 和 τ 相交时，$\sigma — \tau$. 比如，G_3 的顶点是 (1)、(2)、(3)、(12)、(13)、(23)、(123)、(132)；并且除了 $(1) \not— (2)$、$(1) \not— (3)$、$(1) \not— (23)$、$(2) \not— (3)$、$(2) \not— (13)$、$(12) \not— (3)$，其余顶点彼此相邻. 为 M_{G_n} 和 $n\times n$ 矩阵的特征多项式寻找一个优美的关系.

▶ **343.** [*M25*] 假设 G 是任意余图，证明：$(p_1,\cdots,p_m)\in\mathcal{R}(G)$，当且仅当 $M_G(p_1,\cdots,p_m)>0$. 构造一个非余图，使得该论断不成立.

344. [*M33*] 如定理 S 中给定图 G，令 $B_1,\cdots,B_m$ 具有习题 MPR–31 中的联合概率分布，其中，若 I 包含不同顶点 $\{i,j\}$ 且满足 $i — j$，$\pi_I = 0$；否则 $\pi_I = \prod_{i\in I} p_i$.

(a) 假设 $(p_1,\cdots,p_m)\in\mathcal{R}(G)$，说明这个分布是合法的（见习题 MPR–32）.

(b) 说明这个“极端分布”也满足条件 (147).

(c) 令 $\beta(G) = \Pr(\overline{B}_1\cap\cdots\cap\overline{B}_m)$. 若 $J\subseteq\{1,\cdots,m\}$，用 M_G 来表示 $\beta(G\mid J)$.

(d) 如习题 317 中定义 $\alpha(G)$，其中，事件 A_j 满足 (133) 且概率 $(p_1,\cdots,p_m)\in\mathcal{R}(G)$，证明 $\alpha(G\mid J)\geqslant\beta(G\mid J)$ 对所有 $J\subseteq\{1,\cdots,m\}$ 成立.

(e) 若 p_i 满足 (134)，证明 $\beta(G|J)\geqslant\prod_{j\in J}(1-\theta_j)$.

345. [*M30*] 当 $(p_1,\cdots,p_m)\notin\mathcal{R}(G)$ 时，构造满足 (147) 的不可避免事件.

▶ **346.** [*HM28*] 将 (142) 写为 $M_G = M_{G\setminus a}(1 - aK_{a,G})$，其中 $K_{a,G} = M_{G\setminus a^*}/M_{G\setminus a}$.

(a) 假设 $(p_1,\cdots,p_m)\in\mathcal{R}(G)$，证明 $K_{a,G}$ 关于其所有参数都是单调的：如果 $p_1,\cdots,p_m$ 中的任何一个减小，它都不会增大.

(b) 利用这一事实来设计一个算法. 给定一个图 G 和概率 $(p_1,\cdots,p_m)$，该算法可以计算 $M_G(p_1,\cdots,p_m)$ 并判断 $(p_1,\cdots,p_m)\in\mathcal{R}(G)$ 是否成立. 以习题 335 中的图 $G = P_3\,\square\,P_2$ 为例来描述你的算法.

▶ **347.** [*M28*] 若图中没有诱导环 C_k（$k>3$），则我们称该图为*弦图*. 等价地说（见 7.4.2 节），图是弦图，当且仅当其边可以由某棵树的诱导连通子图的领土集 $T(a)$ 定义. 比如，区间图和森林都是弦图.

(a) 若图的顶点能以某个森林结点的方式排列，满足以下条件，则我们称该图为*树序图*.

$$a — b \text{ 蕴涵 } a\succ b \text{ 或 } b\succ a;\qquad a\succ b\succ c \text{ 且 } a — c \text{ 蕴涵 } a — b. \qquad (*)$$

（这里，“$a\succ b$”表示在森林中 a 是 b 的一个真祖先.）证明每个树序图都是弦图.

(b) 反之，证明每个弦图都可以被调整为树序图.

(c) 证明：如果当 $a\succ b$ 时，a 会在 b 之前被消除，那么上题中的算法应用于树序图时会变得非常简单.

(d) 因此，当 G 是弦图时，定理 L 可以被大大加强：若 G 关于 $\succ$ 是树序的，概率向量 $(p_1,\cdots,p_m)$ 属于 $\mathcal{R}(G)$，当且仅当存在 $0\leqslant\theta_1,\cdots,\theta_m<1$，使得

$$p_i = \theta_i \prod_{i — j\in G,\ i\succ j}(1-\theta_j).$$

348. [*HM26*] （阿尔弗雷德·普林斯海姆，1894 年）证明：满足以下条件的任何幂级数 $f(z)=\sum_{n=0}^{\infty}a_nz^n$ 在 $z=\rho$ 处都有一个奇点，系数 $a_n\geqslant 0$ 且收敛半径 ρ 满足 $0<\rho<\infty$.

▶ **349.** [*M24*] 在正文中考虑的两个例子中（参见 (150)），精确地分析算法 M：对于每个二元向量 $\boldsymbol{x}=x_1\cdots x_7$，计算生成函数 $g_{\boldsymbol{x}}(z)=\sum_t p_{\boldsymbol{x},t}z^t$，其中，$p_{\boldsymbol{x},t}$ 是在步骤 M1 产生 $\boldsymbol{x}$ 后步骤 M3 恰好被执行 t 次的概率. 假设步骤 M2 总是选择最小的 j 值.（因此 (150) 中的“情况 2”不会发生.）

在情况 1 中和情况 2 中，分别计算运行时间的均值和方差.

▶ **350.** [*HM26*] （韦斯利·佩格登）假设算法 M 应用于 $m=n+1$ 个事件：

$$A_j=x_j\quad 对于\ 1\leqslant j\leqslant n;\qquad A_m=x_1\vee\cdots\vee x_n.$$

因此当其他 A_j 中的任何一个为真时，A_m 为真；我们从而可以通过永远不置 $j\leftarrow m$ 来实现步骤 M2. 或者，我们可以每当可行时就决定置 $j\leftarrow m$. 当算法的参数 ξ_k 分别为以下值时，令 $(N_{\rm i},N_{\rm ii},N_{\rm iii},N_{\rm iv},N_{\rm v})$ 为执行重采样的次数：(i) $1/2$；(ii) $1/(2n)$；(iii) $1/2^n$；(iv) $1/(n+k)$；(v) $1/(n+k)^2$.

(a) 如果 j 从不等于 m，求每个 N 的渐近均值和方差.

(b) 如果 j 从不小于 m，求每个 N 的渐近均值和方差.

(c) 令 G 是顶点为 $\{1,\cdots,n+1\}$ 且边为 j — $(n+1)$（$1\leqslant j\leqslant n$）的图，同时令 $p_j=\Pr(A_j)$. $(p_1,\cdots,p_{n+1})\in\mathcal{R}(G)$ 对于这 5 个 ξ_k 的选择中的哪些成立?

▶ **351.** [*25*] 如果令 A_j 为事件“C_j 不被满足”，那么局部引理可以应用于 n 个变量上的 m 个子句的可满足性问题. 依赖图 G 有 i — j，当且仅当两个子句 C_i 和 C_j 至少有一个共同变量. 假设每个 x_k 以概率 ξ_k 为真且与其他 x 独立，如果 C_i 等于 $(x_3\vee\bar{x}_5\vee x_6)$，那么当 $p_i\geqslant(1-\xi_3)\xi_5(1-\xi_6)$ 时 (133) 成立.

但是，如果 C_j 等于 $(\bar{x}_2\vee x_3\vee x_7)$，那么即使我们不规定 i — j，条件 (133) 仍然成立. 变量 x_3 出现在两个子句中，但是 C_j 被满足对 C_i 从来都不是坏消息. 只有当 C_i 和 C_j 是一对“可归结”子句时，即某个变量在一个子句中为正而在另一个子句中为负时，我们才需要在条件 (133) 中要求 i — j.

将这种推理推广到算法 M 中更一般的设定下，其中，我们有依赖于变量 Ξ_j 的任意事件 A_j：定义一个非平衡依赖图 G，使得即使在某些情况下 $\Xi_i\cap\Xi_j\neq\varnothing$ 却有 i —/— j 时，(133) 仍然成立.

352. [*M21*] 证明：当 (134) 成立时，在(152) 中有 $E_j\leqslant\theta_j/(1-\theta_j)$.

353. [*M21*] 考虑算法 M 的情况 1 和情况 2，如 (150) 所示.

(a) 有多少个可能的解 $x_1\cdots x_n$?（从 $n=7$ 推广到任意的 n.）

(b) 定理 S 预测了多少个解?

(c) 证明：在情况 2 中，非平衡依赖图比依赖图小得多. 当使用较小的图时，能预测多少个解?

354. [*HM20*] 证明：算法 M 中重采样步骤的期望次数 $\mathrm{E}\,N$ 最多为 $-M_G^{*\prime}(1)/M_G^*(1)$.

355. [*HM21*] 在 (152) 中，证明：当 $(p_1,\cdots,p_m)$ 有正的松弛量 δ 时，我们有 $E_j\leqslant 1/\delta$. 提示：考虑用 $p_j+\delta p_j$ 替换 p_j.

▶ **356.** [*M33*] （团局部引理）设 G 是 $\{1,\cdots,m\}$ 上的图，$G\,|\,U_1$, $\cdots$, $G\,|\,U_t$ 是覆盖 G 的所有边的团. 为每个 U_j 的顶点赋值 $\theta_{ij}\geqslant 0$，使得 $\Sigma_j=\sum_{i\in U_j}\theta_{ij}<1$. 假设

$$\Pr(A_i)=p_i\leqslant\theta_{ij}\prod_{k\neq j,\,i\in U_k}(1+\theta_{ik}-\Sigma_k)\quad 每当\ 1\leqslant i\leqslant m\ 且\ i\in U_j\ 时.$$

(a) 证明 $(p_1,\cdots,p_m)\in\mathcal{R}(G)$. 提示：令 $\overline{A}_S$ 表示 $\bigcap_{i\in S}\overline{A}_i$，证明

$$\Pr(A_i\mid\overline{A}_S)\ \leqslant\ \theta_{ij}\quad 每当\ 1\leqslant i\leqslant m\ 且\ i\in U_j\ 且\ S\cap U_j=\varnothing\ 时.$$

(b) 在 (152) 中，E_i 最多为 $\min_{i — j\in G}\theta_{ij}/(1-\Sigma_j)$.（参见定理 M 和定理 S.）

(c) 通过如下方式改进定理 L：如果 $0\leqslant\theta_j<\frac{1}{2}$，那么 $(p_1,\cdots,p_m)\in\mathcal{R}(G)$，其中，

$$p_i\ =\ \theta_i\Bigl(\prod_{i — j\in G}(1-\theta_j)\Bigr)\Big/\max_{i — j\in G}(1-\theta_j).$$

▶ **357.** [*M20*] 在 (155) 中，令 $x=\pi_{\bar{v}}$ 和 $y=\pi_v$，并假设变量 v 的场为 (p,q,r). 将 x 和 y 表示为关于 p、q 和 r 的函数.

358. [*M20*] 继续习题 357，证明：$r=\max(p,q,r)$，当且仅当 $x,y\geqslant\frac{1}{2}$.

359. [*20*] 实际上，方程 (156) 和 (157) 应该分别写成

$$\gamma_{l\to C} \;=\; \frac{(1-\pi_{\bar{l}})(1-\eta_l)\prod_{l\in C'\neq C}(1-\eta_{C\to l})}{\pi_{\bar{l}}+(1-\pi_{\bar{l}})(1-\eta_l)\prod_{l\in C'\neq C}(1-\eta_{C\to l})} \quad \text{和} \quad \eta'_{C\to l} \;=\; \prod_{C\ni l'\neq l}\gamma_{l'\to C}$$

以避免除以零. 提出一种有效的方法来实现这些计算.

360. [*M23*] 给定 $\pi_1=\pi_{\bar{2}}=\pi_{\bar{4}}=1$，找到 (159) 中所示的七子句系统的所有不动点. 同时假设 $\eta_l\eta_{\bar{l}}=0$ 对所有 l 成立.

▶ **361.** [*M22*] 假设每个 $\eta_{C\to l}$ 和每个 η_l 都等于 0 或 1，描述等式 (154)、(156) 和 (157) 的所有不动点 $\eta_{C\to l}=\eta'_{C\to l}$.

362. [*20*] 详细说明完成算法 S 的步骤 S8 需要进行的计算.

▶ **363.** [*M30*] （部分赋值的格）如果可满足性问题变量的一个部分赋值是一致的且不能被单元传播扩展，那么我们称该部分赋值为稳定的（或“有效的”）. 换言之，它是稳定的，当且仅当没有子句完全为假，或除最多一个未赋值文字之外完全为假. 如果一个部分赋值的变量 x_k 出现在一个子句中，其中，$\pm x_k$ 为真但所有其他文字均为假（从而它的值存在一个“理由”），那么我们称该变量为受限的.

一个 n 变量问题的 3^n 个部分赋值可以表示为字母表 $\{0,1,*\}$ 上的字符串 $x=x_1\cdots x_n$，或由严格不同的文字组成的集合 L. 比如，字符串 $x=*1{*}01*$ 对应于集合 $L=\{2,\bar{4},5\}$. 若除了 $x_k=*$ 且 $x'_k\in\{0,1\}$，x' 与 x 相等，则写作 $x\prec x'$；等价地说，若 $L'=L\cup k$ 或 $L'=L\cup\bar{k}$，则写作 $L\prec L'$. 此外，$x\sqsubseteq x'$ 表示存在 $t\geqslant 0$ 个稳定的部分赋值 $x^{(j)}$，使得

$$x \;=\; x^{(0)}\prec x^{(1)}\prec\cdots\prec x^{(t)} \;=\; x'.$$

令 $p_1,\cdots,p_n,q_1,\cdots,q_n$ 为概率，其中 $p_k+q_k=1$（$1\leqslant k\leqslant n$）. 若部分赋值 x 是不稳定的，则定义其权重 $W(x)$ 等于 0，否则

$$W(x)=\prod\{p_k\mid x_k=*\}\cdot\prod\{q_k\mid x_k\neq *\text{ 且 }x_k\text{ 是不受限的}\}.$$

[埃利萨 · 马内瓦、埃尔哈南 · 莫塞尔和马丁 · 詹姆斯 · 温赖特在 *JACM* **54** (2007), 17:1–17:41 中研究了部分赋值的一般消息传递算法. 这些部分赋值按和它们权重成正比的概率分布. 在 $p_1=\cdots=p_n=p$ 的情况下，他们证明了调查传播（算法 S）对应于 $p\to 1$ 的极限.]

(a) 判断正误：在算法 C 的步骤 C5 中，由当前路径上的文字指定的部分赋值是稳定的.

(b) (1) 中的子句 F 对应的权重 $W(x)$ 等于多少？

(c) 令 x 是一个稳定部分赋值，且 $x_k=1$；并通过置 $x'_k\leftarrow 0$ 和 $x''_k\leftarrow *$ 来从 x 得到 x' 和 x''. 判断正误：x_k 在 x 中是不受限的，当且仅当 (i) x' 是一致的；(ii) x' 是稳定的；(iii) x'' 是稳定的.

(d) 假设只有一个子句 $123=(x_1\vee x_2\vee x_3)$，找到所有满足 $L\sqsubseteq\{1,\bar{2},\bar{3}\}$ 的集合 L.

(e) 当只有一个子句 $123=(x_1\vee x_2\vee x_3)$ 时，这些权重等于多少？

(f) 寻找子句，使得满足 $L\sqsubseteq\{1,2,3,4,5\}$ 的集合 L 为 $\varnothing$、$\{4\}$、$\{5\}$、$\{1,4\}$、$\{2,5\}$、$\{4,5\}$、$\{1,4,5\}$、$\{2,4,5\}$、$\{3,4,5\}$、$\{1,3,4,5\}$、$\{2,3,4,5\}$、$\{1,2,3,4,5\}$.

(g) 令 $\mathcal{L}$ 为一个关于交集封闭的集族，其元素为 $\{1,\cdots,n\}$ 的子集，且满足 $L\in\mathcal{L}$ 能推出存在 $L^{(j)}\in\mathcal{L}$，使得 $L=L^{(0)}\prec L^{(1)}\prec\cdots\prec L^{(t)}=\{1,\cdots,n\}$ 成立.（当 $n=5$ 时，在 (f) 中的集合形成了一个这样的集族.）构造明确霍恩子句，使得 $L\in\mathcal{L}$，当且仅当 $L\sqsubseteq\{1,\cdots,n\}$.

(h) 判断正误：如果 L、L' 和 L'' 是稳定的，且 $L'\prec L$，$L''\prec L$，那么 $L'\cap L''$ 是稳定的.

(i) 假设 $L'\sqsubseteq L$ 且 $L''\sqsubseteq L$，证明 $L'\cap L''\sqsubseteq L$.

(j) 证明：对于稳定的 x，有 $\sum_{x'\sqsubseteq x}W(x')=\prod\{p_k\mid x_k=*\}$.

▶ **364.** [*M21*] *覆盖赋值*是一种稳定部分赋值，其中的每个已赋值变量都是受限的. *核赋值*是一个满足 $L \sqsubseteq L'$ 的覆盖赋值 L，其中，L' 是某个全赋值.

(a) 判断正误：空部分赋值 $L = \varnothing$ 总是覆盖赋值.

(b) 找到 (1) 中子句 F 的所有覆盖赋值和核赋值.

(c) 找到 (7) 中子句 R' 的所有覆盖赋值和核赋值.

(d) 证明每个可满足赋值 L' 都有唯一的核.

(e) 可满足赋值可以构成一个图，两个赋值是相邻的，当且仅当它们只相差一个互补的文字. 这个图的连通分量称为团簇. 证明每个团簇中的元素都有相同的核.

(f) 如果 L' 和 L'' 有相同的核，那么它们是否属于同一个团簇?

365. [*M27*] 证明子句 *waerden*$(3,3;n)$ 对于所有充分大的 n 都有一个非平凡（非空）的覆盖赋值（尽管它们是不可满足的）.

▶ **366.** [*18*] 预处理 (7) 中的子句 R'. 这样做生成了哪些页予规则?

▶ **367.** [*20*] 验证通过归结消除的页予规则 (161) 的合理性.

368. [*16*] 证明包含和下降归结可以推出单元条件：任何执行变换 2 和变换 4 的预处理器也会执行变换 1.

▶ **369.** [*21*] （尼克拉斯 · 埃恩和阿明 · 比埃尔）假设 l 只出现在子句 $C_1, \cdots, C_p$ 中，同时 $\bar{l}$ 只出现在子句 $C'_1, \cdots, C'_q$ 中，其中，$C_1 = (l \vee l_1 \vee \cdots \vee l_r)$ 且 $C'_j = (\bar{l} \vee \bar{l}_j)$（$1 \leqslant j \leqslant r$）. 证明我们可以通过如下方式消除 $|l|$：使用页予规则 $\bar{l} \leftarrow (l_1 \vee \cdots \vee l_r)$ 并用 $(p-2)r+q$ 个其他子句替换这 $p+q$ 个子句，即

$$\{C_1 \diamond C'_j \mid r < j \leqslant q\} \ \cup\ \{C_i \diamond C'_j \mid 1 < i \leqslant p,\ 1 \leqslant j \leqslant r\}.$$

（$r=1$ 时的情况尤其重要. 在许多应用中，比如在故障测试、体层成像和有关扩展了图 78 的“四步生命游戏”问题中，超过一半的变量消除允许这种简化.）

370. [*20*] 即使不使用习题 369，通过归结得到的子句也可能过于复杂. 假设变量 x 只出现在子句 $(x \vee a) \wedge (x \vee \bar{a} \vee c) \wedge (\bar{x} \vee b) \wedge (\bar{x} \vee \bar{b} \vee \bar{c})$ 中. 归结会将这 4 个子句替换为另外 3 个子句：$(a \vee b) \wedge (a \vee \bar{b} \vee \bar{c}) \wedge (\bar{a} \vee b \vee c)$. 然而，可以证明在这种特殊情况下，只需*两个*子句，而且它们都是*二元*的.

371. [*24*] 通过反复使用变换 1 ~ 4 进行预处理，并利用习题 369，证明 *waerden*$(3,3;9)$ 的 32 个子句 (9) 是不可满足的.

372. [*30*] 寻找一个“小”的子句集，它不能完全由变换 1 ~ 4 和习题 369 解决.

373. [*25*] 习题 228 的答案定义了 m^2 个变量上的 $2m + \sum_{j=1}^{m}(j-1)^2 \approx m^3/3$ 个子句，它们足以否证反极大元素公理 (99) ~ (101). 根据定理 R，算法 L 需要指数时间来处理这些子句；实验表明，这些子句对算法 C 也是坏消息. 然而，通过变换 1 ~ 4 进行预处理后，可以很快证明它们是不可满足的.

▶ **374.** [*32*] 设计用于在 SAT 预处理器中高效表示子句的数据结构. 同时设计算法用于以下场景：(a) 关于变量 x，对子句 C 和 C' 进行归结；(b) 找出所有被给定子句 C 包含的子句 C'；(c) 找出所有被给定子句 C 和文字 $\bar{x} \in C$ 自包含的子句 C'.

375. [*21*] 给定 $|l|$，如何通过使用（并略微扩展）习题 374 中的数据结构来高效地测试习题 369 中的特殊情况是否适用?

▶ **376.** [*36*] 在预处理器找到简化当前子句集的变换后，它应该试着进一步简化.（参见 (160).）通过使用（并略微扩展）习题 374 中的数据结构，提出一些方法来避免不必要的重复性工作.

377. [*22*] （弗吉尼亚 · 瓦西列夫斯卡 · 威廉斯）假设 G 是一个有 n 个顶点和 m 条边的图，构造一个包含 $3n$ 个变量和 $6m$ 个子句的 2SAT 问题 F，使得 G 包含一个三角形（三团），当且仅当 F 有一个失败文字.

378. [*20*] （*阻塞子句消除*）我们称子句 $C = (l \vee l_1 \vee \cdots \vee l_q)$ 被文字 l 阻塞，前提是每个包含 $\bar{l}$ 的子句也包含 $\bar{l}_1$ 或……或 $\bar{l}_q$. 习题 161(b) 证明了，子句 C 可以被移除而不会改变问题的不可满足性. 证明这个变换需要一条页予规则，尽管它不会消除任何变量. 什么样的页予规则可以奏效?

▶ **379.** [*20*] （阻塞自包含）考虑子句 $(a \vee b \vee c \vee d)$，并假设每个包含 $\bar{a}$ 但不包含 $\bar{b}$ 和 $\bar{c}$ 的子句也包含 d. 证明我们可以将子句缩短为 $(a \vee b \vee c)$ 而不影响可满足性. 它是否需要一条页予规则?

380. [*21*] 有时我们可以反向使用自包含. 如果每个将 $(l_1 \vee \cdots \vee l_{j-1})$ 替换为 $(l_1 \vee \cdots \vee l_j)$（$3 < j \leqslant k$）的中间替换都是合理的，那么我们可以将子句 $(l_1 \vee l_2 \vee l_3)$ 弱化为 $(l_1 \vee \cdots \vee l_k)$. 然后，足够幸运的话，子句 $(l_1 \vee \cdots \vee l_k)$ 会弱到足以被消除；从而，在这种情况下，我们可以消除 $(l_1 \vee l_2 \vee l_3)$.

(a) 证明：如果伴随着额外的子句 $(a \vee b \vee \bar{d})$、$(a \vee d \vee e)$、$(b \vee d \vee \bar{e})$，那么可以消除 $(a \vee b \vee c)$.

(b) 证明：如果伴随着 $(a \vee b \vee \bar{d})$、$(a \vee \bar{c} \vee \bar{d})$、$(b \vee d \vee \bar{e})$、$(b \vee \bar{c} \vee \bar{e})$，并且没有其他子句包含 $\bar{c}$，那么可以消除 $(a \vee b \vee c)$.

(c) 如果需要的话，这些消除需要怎样的页予规则?

381. [*22*] 结合习题 379 和习题 380，证明：如果没有其他包含负文字的子句，那么

$$(\bar{x}_1 \vee x_2) \wedge (\bar{x}_2 \vee x_3) \wedge \cdots \wedge (\bar{x}_{n-1} \vee x_n) \wedge (\bar{x}_n \vee x_1)$$

中的任意一个子句都可以被移除. 描述相应的页予规则.

382. [*30*] 尽管前面习题中的技术很难在计算上应用，但可以证明基于有向依赖图的前瞻森林能够有效地发现一些简化.

▶ **383.** [*23*] （内处理）SAT 求解器可以将当前子句数据库划分为两部分：硬子句集 Φ 和软子句集 Ψ. 最初 Ψ 为空，而 Φ 是所有输入子句的集合 F. 随后允许以下 4 种类型的变化.

- **学习**. 我们可以添加一个新的软子句 C，前提是每当 $\Phi \cup \Psi$ 可满足时，$\Phi \cup \Psi \cup C$ 也可满足.
- **遗忘**. 我们可以丢弃（清除）任何软子句.
- **硬化**. 我们可以重分类任何软子句并将其归为硬子句.
- **软化**. 我们可以重分类任何硬子句 C 并将其归为软子句，前提是每当 $\Phi \setminus C$ 可满足时，Φ 也可满足. 在这种情况下，我们还应输出任何必要的页予规则. 这些规则会改变变量的设置，使得 $\Phi \setminus C$ 的任意一个解都成为 Φ 的一个解.

(a) 证明：在任意这样的过程中，F 可满足 $\Longleftrightarrow$ Φ 可满足 $\Longleftrightarrow$ $\Phi \cup \Psi$ 可满足.

(b) 此外，给定 Φ 的任意一个解，我们可以通过逆序应用页予规则来得到 F 的解.

(c) 以下情况存在什么问题? 从一个硬子句 (x) 开始，没有软子句. 使用页予规则 $x \leftarrow 1$ 将 (x) 重分类为软子句，然后添加一个新的软子句 $(\bar{x})$.

(d) 如果 C 对 Φ 是可确认的（参见习题 385），那么我们可以安全地学习 C 吗?

(e) 如果 C 对 $\Phi \setminus C$ 是可确认的，那么我们可以安全地遗忘 C 吗?

(f) 在什么情况下，可以合法地丢弃一个被另一个（硬或软）子句所包含的（硬或软）子句?

(g) 在什么情况下允许自包含?

(h) 解释如何消除包含特定变量 x 的所有子句.

(i) 证明：在切廷扩展归结的概念中，如果 z 是一个新变量，那么我们可以安全地学习 3 个新的软子句 $(x \vee z)$、$(y \vee z)$、$(\bar{x} \vee \bar{y} \vee \bar{z})$.

384. [*25*] 继续前面的习题，证明：我们总是可以安全地遗忘任何包含文字 l 的子句 C，只要每当 $C' \in \Phi$ 包含 $\bar{l}$ 时，有 $C \diamond C'$ 对 $\Phi \setminus C$ 是可确认的. 对应的合适的页予规则应该是什么?

385. [*22*] 若 $F \wedge \overline{C} \vdash_1 \epsilon$，则我们称子句 C 对子句集 F 是可确认的，如 (119) 所示. 若 C 是非空的且 $F \wedge \overline{C \setminus l} \vdash_1 l$ 对 C 中的每个 l 都成立，或者 C 是空的且 $F \vdash_1 \epsilon$，则我们称其被 F 吸收.（显然，F 的每个子句都被 F 吸收.）

(a) 判断正误：若 C 被 F 吸收，那么它对 F 是可确认的.

(b) 对于 (7) 中的 R'，$\{\bar{1}, \bar{1}2, \bar{1}23\}$ 中哪一个由其蕴涵、对其可确认或被其吸收?

(c) 假设 C 对 F 是可确认的，且 F 的所有子句都被 F' 吸收，证明 C 对 F' 是可确认的.

(d) 假设 C 被 F 吸收，且 F 的所有子句都被 F' 吸收，证明 C 被 F' 吸收.

▶ **386.** [*M31*] 令算法 $\mathrm{C_0}$ 是算法 C 的一个变体，它 (i) 随机做出所有决策；(ii) 不会遗忘学到的子句；(iii) 每当学到一个新子句时就重启.（因此，步骤 C5 忽略 M_{p} 和 M_{f}；步骤 C6 从当前未赋值的 $2(n-F)$ 个文字中均匀随机选择 l；步骤 C8 在 $F>i_1$ 时回跳，而不再是在 $F>i_{d'+1}$ 时；在步骤 C9 以 $d>0$ 存储了一个新子句后，它只是简单地置 $d\leftarrow 0$ 并返回至 C5. 不再使用数据结构 `HEAP`、`HLOC`、`OVAL`、`ACT`.）我们将证明算法 $\mathrm{C_0}$ 仍然非常强大.

在本习题的剩余部分，F 表示算法 $\mathrm{C_0}$ 所知的子句集，它包括原始子句和学习子句；特别是，F 的单元子句将是路径上最靠前的文字 $L_0,L_1,\cdots,L_{i_1-1}$. 如果 C 是任意子句且 $l\in C$，我们定义

$$\mathrm{score}(F,C,l)=\begin{cases}\infty, & 若\ F\wedge\overline{C\setminus l}\vdash_1 l;\\ |\{l'\mid F\wedge\overline{C\setminus l}\vdash_1 l'\}|, & 其他.\end{cases}$$

因此，如果没有发生冲突，那么 $\mathrm{score}(F,C,l)$ 表示在 $\overline{C}\setminus\bar{l}$ 的所有非强制决策后路径上文字的总数. 我们称算法 $\mathrm{C_0}$ 为 C 和 l 执行了一个“有用轮”，若 (i) 每个决策文字都属于 $\overline{C}$；(ii) 只有当 $\overline{C}$ 的其他元素已在路径上时，才选择 $\bar{l}$ 作为决策文字.

(a) 令 C 对 F 是可确认的，并假设 $\mathrm{score}(F,C,l)<\infty$ 对于 C 中的某个 l 成立. 证明：如果 F' 表示 F 与在关于 C 和 l 的一个有用轮上学到的子句，那么 $\mathrm{score}(F',C,l)>\mathrm{score}(F,C,l)$.

(b) 此外，在一个无用轮后，$\mathrm{score}(F',C,l)\geqslant\mathrm{score}(F,C,l)$.

(c) 因此，在至多 $|C|n$ 个有用轮后，C 将被已知子句集 F' 吸收.

(d) 若 $|C|=k$，证明 $\Pr(有用轮)\geqslant(k-1)!/(2n)^k\geqslant 1/(4n^k)$.

(e) 因此，根据习题 385(c)，如果存在一个对于 n 个变量的子句族 F 的不可满足性证书 $(C_1,\cdots,C_t)$，那么算法 $\mathrm{C_0}$ 平均将在学习 $\mu\leqslant 4\sum_{i=1}^{t}|C_i|n^{1+|C_i|}$ 个子句后证明 F 的不可满足性.（并且根据习题 MPR–102，它将确乎必然需要学习至多 $\mu n\ln n$ 个子句.）

▶ **387.** [*21*] 若 G 的每个顶点 v 对应于 G' 的一个不同的顶点 v'，且 G 中有 u — v，当且仅当 G' 中有 u' — v'，则我们称 G 被嵌入到 G' 中. 解释如何构造子句，使得它们是可满足的，当且仅当 G 能被嵌入到 G' 中.

388. [*20*] 说明判定给定图 G 是否 (a) 包含一个 k 团，(b) 可以进行 k 着色，(c) 包含一个哈密顿圈，都可以被视为图嵌入问题.

▶ **389.** [*22*] 在这张 4×4 图中，除了从 `N` 到 `G` 的最后一步，可以通过只使用国王移动和马移动来走出短语“`THE␣ART␣OF␣COMPUTER␣PROGRAMMING`”.

重新排列字母，使得可以走出整个短语.

N	T	E	F
H	I	R	␣
U	P	O	A
M	M	C	G

▶ **390.** [*23*] 令 G 是具有顶点集 V、边集 E 的图，其中，$|E|=m$，$|V|=n$，且 $s,t\in V$.

(a) 构造 $O(kn)$ 个子句，使得对于给定 k，它们是可满足的，当且仅当存在从 s 到 t 的长度不超过 k 的路径.

(b) 构造 $O(m)$ 个子句，使得它们是可满足的，当且仅当至少存在一条从 s 到 t 的路径.

(c) 构造 $O(n^2)$ 个子句，使得它们是可满足的，当且仅当 G 是连通的.

(d) 构造 $O(km)$ 个子句，使得对于给定 k，它们是不可满足的，当且仅当存在从 s 到 t 的长度不超过 k 的路径.

(e) 构造 $O(m)$ 个子句，使得它们是不可满足的，当且仅当至少存在一条从 s 到 t 的路径.

(f) 构造 $O(m)$ 个子句，使得它们是不可满足的，当且仅当 G 是连通的.（在稀疏图中，这种构造比 (c) 要好许多.）

391. [*M25*] 两个整数变量的值满足 $0\leqslant x,y<d$，它们将分别被表示为 l 位的量 $x_{l-1}\cdots x_0$ 和 $y_{l-1}\cdots y_0$，其中 $l=\lceil\lg d\rceil$. 指定 3 种方式来编码关系 $x\neq y$.

(a) 令 $x=(x_{l-1}\cdots x_0)_2$ 和 $y=(y_{l-1}\cdots y_0)_2$；并且编码要求 $(x_{l-1}\cdots x_0)_2<d$，$(y_{l-1}\cdots y_0)_2<d$，以及通过引入 l 个辅助变量上的 $2l+1$ 个额外子句来确保 $x\neq y$.

(b) 类似于 (a)，但使用 d 个（而不是 $2l+1$ 个）额外子句，并且没有使用辅助变量.

(c) 所有位模式 $x_{l-1}\cdots x_0$ 和 $y_{l-1}\cdots y_0$ 均有效，但某些值可能有两种模式. 这种编码有 d 个子句，没有使用辅助变量.

392. [*22*] 下面这些图中的空白处可以用字母填充，使得同一字母出现的所有地方都是车连通的.

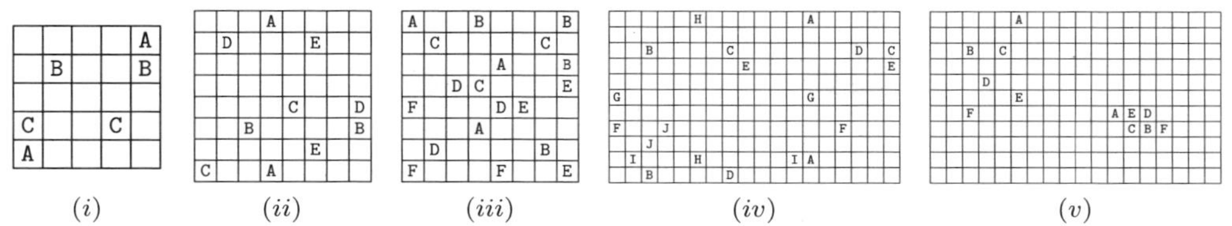

(*i*) (*ii*) (*iii*) (*iv*) (*v*)

(a) 演示如何完成它们.（谜题 (*i*) 很简单；其他谜题则不那么容易.）

(b) 用类似的方法解决以下谜题——但是利用国王连通性.

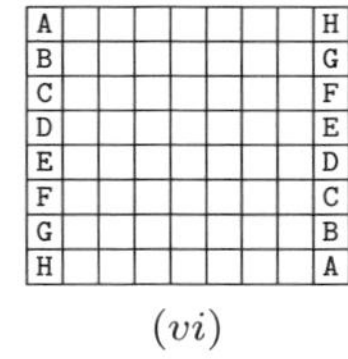

(*vi*)

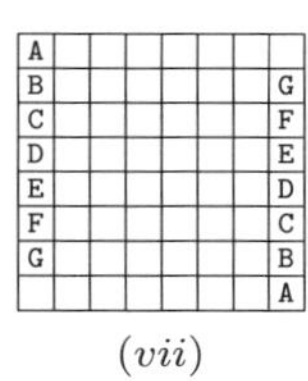

(*vii*)

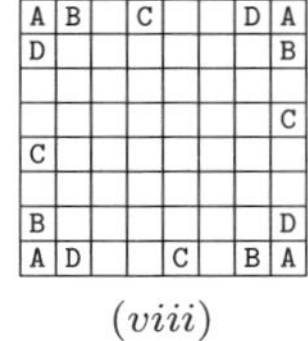

(*viii*)

(c) 构造子句，使得 SAT 求解器可以解决更一般的此类谜题：给定图 G 和不相交的顶点集 $T_1, T_2, \cdots, T_t$，一个解应该展示出不相交的连通顶点集 $S_1, S_2, \cdots, S_t$，其中，$T_j \subseteq S_j$ 对 $1 \leqslant j \leqslant t$ 成立.

393. [*25*] （托马斯 · 雷纳 · 道森，1911 年）证明在所附国际象棋图中，每个白色棋子都可以通过一条不与其他路径相交的路径捕获对应的黑色棋子. 如何利用 SAT 来帮助解决这个问题?

394. [*25*] 一种编码至多为一约束 $S_{\leqslant 1}(y_1, \cdots, y_p)$ 的方法是引入 $l = \lceil \lg p \rceil$ 个辅助变量，以及下面的 $nl + n - 2^l$ 个子句：

$$(\bar{y}_j \vee (-1)^{b_t} a_t) \quad \text{对于 } 1 \leqslant j \leqslant p \text{ 和 } 1 \leqslant t \leqslant q = \lfloor \lg(2p-j) \rfloor \text{，其中 } 2p - j = (1b_1 \cdots b_q)_2.$$

这些子句本质上是在 y_j 成为真时“广播” j 的值. 比如，当 $p = 3$ 时，对应的子句为 $(\bar{y}_1 \vee a_1) \wedge (\bar{y}_1 \vee \bar{a}_2) \wedge (\bar{y}_2 \vee a_1) \wedge (\bar{y}_2 \vee a_2) \wedge (\bar{y}_3 \vee \bar{a}_1)$.

当 $p \geqslant 7$ 时，将这种编码应用于兰福德问题，并用它替换 (13) 进行实验.

395. [*20*] 如果我们想使用顺序编码来解决图着色问题，那么应该用什么子句来替换 (15)、(16) 和 (17)?

▶ **396.** [*23*] （双重团提示）如果 x 为 $\{0, 1, \cdots, d-1\}$ 中的某一个值，那么我们可以通过两种顺序来对其进行二进制表示：令 $x^j = [x \geqslant j]$ 和 $\hat{x}^j = [x\pi \geqslant j]$ $(1 \leqslant j < d)$，其中，π 是任意给定的排列. 如果 $d = 4$ 且 $(0\pi, 1\pi, 2\pi, 3\pi) = (2, 3, 0, 1)$，则 0、1、2 和 3 的 $x^1x^2x^3{:}\hat{x}^1\hat{x}^2\hat{x}^3$ 表示分别为 000:110、100:111、110:000 和 111:100. 每当顶点 $\{v_1, \cdots, v_k\}$ 构成一个 k 团时，这种双重排序使我们能够通过不仅包含 (162) 的提示，还有

$$(\overline{\hat{v}_1^{d-k+1}} \vee \cdots \vee \overline{\hat{v}_k^{d-k+1}}) \wedge (\hat{v}_1^{k-1} \vee \cdots \vee \hat{v}_k^{k-1})$$

来编码图着色问题.

解释如何为这种编码构造子句，并尝试在排列为逆管风琴排列，即当 $(0\pi, 1\pi, 2\pi, 3\pi, 4\pi, \cdots) = (0, d{-}1, 1, d{-}2, 2, \cdots)$ 时，对 $n \times n$ 皇后图进行着色.

▶ **397.** [*22*] （田村直之，2014 年）假设 $x_0, x_1, \cdots, x_{p-1}$ 是整数变量且取值范围为 $0 \leqslant x_i < d$，它们由布尔变量 $x_i^j = [x_i \geqslant j]$ 以顺序编码表示，其中，$0 \leqslant i < p$ 且 $1 \leqslant j < d$. 证明全异约束，即“$x_i \neq x_j$ 对 $0 \leqslant i < j < p$ 成立”，可以通过引入取值范围为 $0 \leqslant y_j < p$ 的辅助整数变量 $y_0, y_1, \cdots, y_{d-1}$ 来很好地编码，这些辅助变量由布尔变量 $y_j^i = [y_j \geqslant i]$ 以顺序编码表示，其中，$1 \leqslant i < p$ 且 $0 \leqslant j < d$；并设计子句来迫使条件 $x_i = j \implies y_j = i$ 成立. 此外，还可以给出类似于 (162) 的提示.

398. [*18*] 继续习题 397，当 $x_0, \cdots, x_{p-1}$ 以直接编码表示时，如何恰当地迫使全异约束成立?

▶ **399.** [*23*] 如果变量 u 和 v 的取值范围为 $\{1, \cdots, d\}$，那么可以自然地使用至少为一子句 (15) 和至多为一子句 (17)，将它们直接编码为序列 $u_1 \cdots u_d$ 和 $v_1 \cdots v_d$，其中，$u_i = [u = i]$ 且 $v_j = [v = j]$. 一个二元约束会告诉我们哪些 (i, j) 对是合法的. 比如，图着色约束表示当 i 和 j 是某个图中相邻顶点的颜色时，$i \neq j$.

指定这种约束的一种方法是为所有非法对 (i,j) 断言一个既判子句 $(\bar{u}_i \vee \bar{v}_j)$，就像我们在 (16) 中对图着色所做的那样. 但还有另一种通用的方法：我们可以断言支持子句

$$\bigwedge_{i=1}^{d}\Bigl(\bar{u}_i \vee \bigvee\{v_j \mid (i,j)\ \text{是合法的}\}\Bigr) \wedge \bigwedge_{j=1}^{d}\Bigl(\bar{v}_j \vee \bigvee\{u_i \mid (i,j)\ \text{是合法的}\}\Bigr).$$

当 u 和 v 相邻时，d 种颜色的图着色问题可以由如 $(\bar{u}_3 \vee v_1 \vee v_2 \vee v_4 \vee \cdots \vee v_d)$ 之类的子句来表示.

(a) 假设 d^2 对 (i,j) 中有 t 对是合法的. 需要多少既判子句？需要多少支持子句？

(b) 证明支持子句总是至少与既判子句一样强，这是因为，在给定二元变量 $\{u_1,\cdots,u_d,v_1,\cdots,v_d\}$ 的任意部分赋值下，既判子句在单元传播下的所有推论也是支持子句在单元传播下的推论.

(c) 相反，在图着色约束的情况下，既判子句也至少与支持子句一样强（因此它们同样强）.

(d) 然而，可以构造一个二元约束，其中，支持子句严格强于既判子句.

400. [*25*] 通过分别将既判子句与支持子句应用于 n 皇后问题来进行实验，并使用算法 L、C 和 W 进行比较.

401. [*16*] 若 x 的一元表示为 $x^1x^2\cdots x^{d-1}$，求 (a) $y=\lceil x/2\rceil$ 和 (b) $z=\lfloor(x+1)/3\rfloor$ 的一元表示.

402. [*18*] 若 x 的一元表示为 $x^1x^2\cdots x^{d-1}$，对 x 是 (a) 偶数和 (b) 奇数的情况进行编码.

403. [*20*] 假设 x, y, z 以顺序编码表示，其中 $0\leqslant x,y,z<d$. 将以下约束编码为子句：(a) $\min(x,y)\leqslant z$；(b) $\max(x,y)\leqslant z$；(c) $\min(x,y)\geqslant z$；(d) $\max(x,y)\geqslant z$.

▶ **404.** [*21*] 继续习题 403，对于给定的常数 $a\geqslant 1$，使用 $d+1-a$ 个长度小于或等于 4 的子句且不使用辅助变量来编码条件 $|x-y|\geqslant a$.

▶ **405.** [*M23*] 本习题将对约束 $ax+by\leqslant c$ 进行编码，其中，a, b, c 是整数常数，假设 x, y 的取值范围为 $[0\,..\,d)$ 且顺序编码.

(a) 证明只需考虑 $a,b,c>0$ 的情况.

(b) 为特例 $13x-8y\leqslant 7$ 且 $d=8$ 给出适当的编码.

(c) 为特例 $13x-8y\geqslant 1$ 且 $d=8$ 给出适当的编码.

(d) 指定一个适用于一般 a, b, c, d 的编码.

406. [*M24*] 顺序编码 (a) $xy\leqslant a$ 和 (b) $xy\geqslant a$，其中，a 是一个整数常数.

▶ **407.** [*M22*] 如果 x, y, z 以顺序编码表示，其中，$0\leqslant x,y<d$ 且 $0\leqslant z<2d-1$，那么子句

$$\bigwedge_{k=1}^{2d-2}\ \bigwedge_{j=\max(0,k+1-d)}^{k} (\bar{x}^j \vee \bar{y}^{k-j} \vee z^k)$$

是可满足的，当且仅当 $x+y\leqslant z$. 这是 (20) 背后的基本思想. 编码此关系的另一种方法是引入新的顺序编码变量 u 和 v，并为关系 $\lfloor x/2\rfloor+\lfloor y/2\rfloor\leqslant u$ 和 $\lceil x/2\rceil+\lceil y/2\rceil\leqslant v$ 构造子句，对小于 $\lceil d/2\rceil$ 和 $\lfloor d/2\rfloor+1$ 的数递归地使用该方法. 然后这项工作可以通过如下方式完成：令 $z^1=v^1$，$z^{2d-2}=v^d$（d 为偶数）或 u^{d-1}（d 为奇数），同时添加子句

$$(\bar{u}^j \vee z^{2j}) \wedge (\bar{v}^{j+1} \vee z^{2j}) \wedge (\bar{u}^j \vee \bar{v}^{j+1} \vee z^{2j+1}),\qquad \text{对于 } 1\leqslant j\leqslant d-2.$$

(a) 解释为什么这种替代方法是有效的.

(b) d 取什么值的时候，这种方法产生的子句更少？

(c) 为关系 $x+y\geqslant z$ 设计类似的方法.

▶ **408.** [*25*] （开放车间调度）考虑一个由 m 台机器和 n 个作业组成的系统，以及一个 $m\times n$ 的非负整数权重矩阵 $\boldsymbol{W}=(w_{ij})$，它表示作业 j 需要机器 i 上的连续时间量.

开放车间调度问题旨在寻求一种在 t 单位时间内完成所有作业的方法，使得不会同时将两个作业分配给同一台机器，也不会同时将两台机器分配给同一作业. 我们希望最小化 t，它被称为调度的“加工周期”.

假设 $m=n=3$ 且 $\boldsymbol{W}=\binom{703}{\substack{172\\235}}$. 一个“贪心”算法，即重复填充字典序最小的时隙 (t,i,j)，使得 $w_{ij}>0$ 但机器 i 和作业 j 在时刻 t 未被调度，可以实现如下加工周期为 12 的调度.

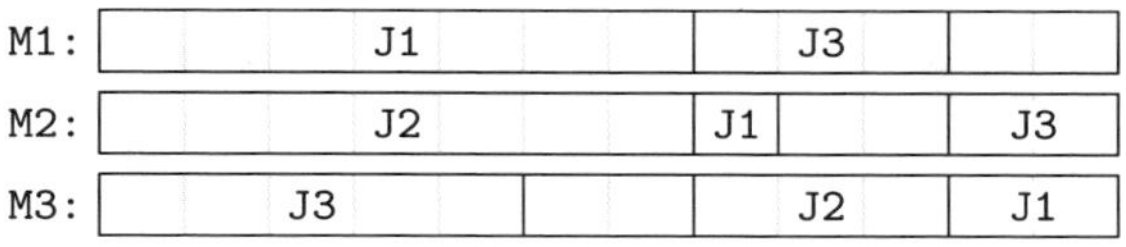

```
M1: |            J1             |     J3      |        |
M2: |            J2             | J1 |        |   J3   |
M3: |        J3         |       |     J2      |   J1   |
```

(a) 12 是这个 $\boldsymbol{W}$ 的最优加工周期吗?

(b) 证明贪心算法总是产生一个加工周期小于 $(\max_{i=1}^{m}\sum_{j=1}^{n}w_{ij})+(\max_{j=1}^{n}\sum_{i=1}^{m}w_{ij})$ 的调度，除非 $\boldsymbol{W}$ 的所有元素均为零.

(c) 当 $w_{ij}>0$ 时，假设机器 i 在时刻 s_{ij} 开始处理作业 j. 为了实现加工周期为 t 的调度，这些启动时刻应满足什么条件?

(d) 证明对这些 s_{ij} 进行*顺序编码*可以产生能很好地表示任何开放车间调度问题的 SAT 子句.

(e) 令 $\lfloor\boldsymbol{W}/k\rfloor$ 为将 $\boldsymbol{W}$ 的每个元素 w_{ij} 替换为 $\lfloor w_{ij}/k\rfloor$ 而得到的矩阵. 证明：如果关于 $\lfloor\boldsymbol{W}/k\rfloor$ 和 t 的开放车间调度问题不可满足，那么关于 $\boldsymbol{W}$ 和 kt 的开放车间调度问题也不可满足.

▶ **409.** [*M26*] 继续习题 408，找出以下情况的最佳加工周期.

(a) $m=3$，$n=3r+1$；$w_{1j}=w_{2(r+j)}=w_{3(2r+j)}=a_j$（$1\leqslant j\leqslant r$）；$w_{1n}=w_{2n}=w_{3n}=\lfloor(a_1+\cdots+a_r)/2\rfloor$；否则 $w_{ij}=0$.（正整数 a_j 是给定的.）

(b) $m=4$，$n=r+2$；$w_{1j}=(r+1)a_j$，$w_{2j}=1$（$1\leqslant j\leqslant r$）；$w_{2(n-1)}=w_{2n}=(r+1)\lfloor(a_1+\cdots+a_r)/2\rfloor$；$w_{3(n-1)}=w_{4n}=w_{2n}+r$；否则 $w_{ij}=0$.

(c) $m=n$；$w_{jj}=n-2$，$w_{jn}=w_{nj}=1$（$1\leqslant j<n$）；否则 $w_{ij}=0$.

(d) $m=2$；$w_{1j}=a_j$，$w_{2j}=b_j$（$1\leqslant j\leqslant n$），其中，$a_1+\cdots+a_n=b_1+\cdots+b_n=s$ 且 $a_j+b_j\leqslant s$（$1\leqslant j\leqslant n$）.

410. [*24*] 当 x 和 y 被*对数编码*分别表示为 3 位整数 $x=(x_2x_1x_0)_2$ 和 $y=(y_2y_1y_0)_2$ 时，给出编码约束 $13x-8y\leqslant 7$ 所使用的子句.（与习题 405(b) 进行比较.）

▶ **411.** [*25*] 如果 $x=(x_m\cdots x_1)_2$、$y=(y_n\cdots y_1)_2$ 和 $z=(z_{m+n}\cdots z_1)_2$ 分别表示二进制数，文中解释了如何通过纳皮尔-达达乘法使用少于 $20mn$ 个子句对关系 $xy=z$ 进行编码. 解释如何使用少于 $9mn$ 个和 $11mn$ 个子句分别对关系 $xy\leqslant z$ 和 $xy\geqslant z$ 进行编码.

412. [*40*] 通过使用 d 基表示来编码稍大的数字并进行实验，其中，每个数位都使用顺序编码.

413. [*M22*] 找到函数 $(x_1\oplus y_1)\vee\cdots\vee(x_n\oplus y_n)$ 的所有 CNF 公式.

414. [*M20*] 当 (169) 中的辅助变量 $a_1,\cdots,a_{n-1}$ 由归结消除后，还剩下多少个子句?

▶ **415.** [*M22*] 将 (169) 推广至 d 元向量上的字典序编码，$(x_1\cdots x_n)_d\leqslant(y_1\cdots y_n)_d$，其中，每个 $x_k=x_k^1+\cdots+x_k^{d-1}$ 和 $y_k=y_k^1+\cdots+y_k^{d-1}$ 都使用顺序编码. 如何修改你的构造来编码*严格*关系 $x_1\cdots x_n<y_1\cdots y_n$?

416. [*20*] 使用 $2m+2n+1$ 个子句和 $n+1$ 个辅助变量编码条件“如果 $x_1\cdots x_n=y_1\cdots y_n$，则 $u_1\cdots u_m=v_1\cdots v_m$”. 提示：(172) 提供了 $2n$ 个子句.

417. [*21*] 继续习题 42，三元复用运算“$s\leftarrow t?\,u\!:\!v$”的切廷编码是什么? 使用它来证明通过 (173) 翻译分支程序的正确性.

418. [*23*] 使用分支程序来构造子句，使得它们是可满足的，当且仅当 (x_{ij}) 是一个 $m\times n$ 布尔矩阵，其行满足隐加权位函数 h_n 且其列满足补函数 $\bar{h}_m$. 换言之，

$$r_i=\sum_{j=1}^{n}x_{ij},\quad c_j=\sum_{i=1}^{m}x_{ij},\quad \text{且}\ x_{ir_i}=1,\quad x_{c_jj}=0,\quad \text{假设}\ x_{i0}=x_{0j}=0.$$

419. [*M21*] 如果 $m,n\geqslant 3$，（手动）找出习题 418 中问题的所有解，使得 (a) $\sum x_{ij}=m+1$（最小值）；(b) $\sum x_{ij}=mn-n-1$（最大值）.

420. [*18*] 要求 $c = c' = 0$，从如下布尔链中机械地（“不假思索地”）推导出 (175)：$s \leftarrow x_1 \oplus x_2$，$c \leftarrow x_1 \wedge x_2$，$t \leftarrow s \oplus x_3$，$c' \leftarrow s \wedge x_3$.

421. [*18*] 从 I_5 开始，从如下分支程序中机械地推导出 (176)：$I_5 = (\bar{1}?\,4{:}\,3)$，$I_4 = (\bar{2}?\,1{:}\,2)$，$I_3 = (\bar{2}?\,2{:}\,0)$，$I_2 = (\bar{3}?\,1{:}\,0)$.

422. [*11*] 当附加子句 (x_1) 或 (x_2) 被添加到 (a) (175) 中的 F 或 (b) (176) 中的 G 时，单元传播会推导出什么样的结果?

423. [*22*] 满足 (180) 这样的条件但将 l 替换为 ϵ 的表示 F 可以称为“弱强制”. 习题 422 表明 (175) 和 (176) 都是弱强制. 由 (173)，是否每个函数的 BDD 都定义了一个弱强制编码?

▶ **424.** [*20*] π 函数的对偶具有素子句 $\{\bar{1}2\bar{3}, \bar{1}3\bar{4}, 2\bar{3}\bar{4}, 234, 12\}$（参见 7.1.1–(30)）. 在强制表示中，可以省略其中任何一个子句吗?

425. [*18*] 恰好仅有一个正文字的子句称为明确霍恩子句. 算法 7.1.1C 可以计算此类子句的“核”. 如果 F 由明确霍恩子句组成，证明 x 在核中，当且仅当 $F \vdash_1 x$，当且仅当 $F \wedge (\bar{x}) \vdash_1 \epsilon$.

▶ **426.** [*M20*] 假设 F 是一组子句，其如 (170) 一般，使用辅助变量 $\{a_1, \cdots, a_m\}$ 表示 $f(x_1, \cdots, x_n)$，其中 $m > 0$. 令 G 为变量 a_m 被消除后产生的子句，如 (112).

(a) 判断正误：如果 F 是强制的，那么 G 也是强制的.

(b) 判断正误：如果 F 不是强制的，那么 G 也不是强制的.

427. [*M30*] 给出一个函数 $f(x_1, \cdots, x_n)$，对于它，每个不使用辅助变量的强制子句集的大小为 $\Omega(3^n/n^2)$，尽管当引入辅助变量时，f 实际上可由多项式个强制子句表示. 提示：参见习题 7.1.1–116.

428. [*M27*] 顶点集 $\{1, \cdots, n\}$ 上的通用图 G 可以由 $\binom{n}{2}$ 个布尔变量 $X = \{x_{ij} \mid 1 \leqslant i < j \leqslant n\}$ 来表征，其中 $x_{ij} = [i \text{---} j \text{ 于 } G]$. 因此，$G$ 的性质可以被视为相应的布尔函数 $f(X)$.

(a) 令 $f_{nd}(X) = [\chi(G) \leqslant d]$. 换言之，$f_{nd}$ 为真，当且仅当 G 有一个 d 着色方案. 通过使用辅助变量 $Z = \{z_{jk} \mid 1 \leqslant j \leqslant n,\ 1 \leqslant k \leqslant d\}$（$z_{jk}$ 表示“顶点 j 着有颜色 k”），构造表示函数 $f_{nd}(X) \vee y$ 的子句 F_{nd}.

(b) 令 G_{nd} 是布尔函数 $F_{nd}(X, y, Z)$ 的一个强制表示，并假设 G_{nd} 在 N 个变量上有 M 个子句.（这 N 个变量应当包括 F_{nd} 的 $\binom{n}{2} + 1 + nd$ 个变量及任意数量的额外辅助变量.）给定 G_{nd} 的子句，解释如何为函数 $\bar{f}_{nd}$ 构造成本为 $O(MN^2)$ 的单调布尔链（参见习题 7.1.2–84）.

注记：诺加 · 阿隆和拉维 · 博帕纳在 *Combinatorica* **7** (1987)，1–22 中证明了，当 $d+1 = \lfloor (n/\lg n)^{2/3}/4 \rfloor$ 时，该函数的每条单调链的长度均为 $\exp \Omega((n/\log n)^{1/3})$. 因此 M 和 N 不能同时为多项式大小.

429. [*22*] 证明巴约和布夫哈德的子句 (20) 和 (21) 是强制的：如果任意 r 个 x 被令为 1，那么单元传播将迫使所有其他 x 为 0.

430. [*25*] 同理，证明辛兹的子句 (18) 和 (19) 是强制的.

▶ **431.** [*20*] 为关系 $x_1 + \cdots + x_m \leqslant y_1 + \cdots + y_n$ 构造高效的强制子句.

432. [*24*] 习题 404 中给出了关系 $|x - y| \geqslant a$ 的子句. 它们是强制的吗?

▶ **433.** [*25*] (169) 中的字典序约束子句是强制的吗?

434. [*21*] 令 L_l 为由正则表达式 $0^*1^l0^*$ 定义的语言；换言之，二进制串 $x_1 \cdots x_n$ 属于 L_l，当且仅当它的构成为：以零个或多个 0 开始，接着是恰好 l 个 1，然后是零个或多个 0.

(a) 解释为什么以下子句是可满足的，当且仅当 $x_1 \cdots x_n \in L_l$：(i) 对于 $1 \leqslant k \leqslant n$，有 $(\bar{p}_k \vee \bar{x}_k)$、$(\bar{p}_k \vee p_{k-1})$ 和 $(\bar{p}_{k-1} \vee x_k \vee p_k)$，以及 (p_0)；(ii) 对于 $1 \leqslant k \leqslant n$，有 $(\bar{q}_k \vee \bar{x}_k)$、$(\bar{q}_k \vee q_{k+1})$ 和 $(\bar{q}_{k+1} \vee x_k \vee q_k)$，以及 (q_{n+1})；(iii) 对于 $1 \leqslant k \leqslant n+1-l$，有 $(\bar{r}_k \vee p_{k-1}) \wedge \bigwedge_{0 \leqslant d < l} (\bar{r}_k \vee x_{k+d}) \wedge (\bar{r}_k \vee q_{k+l})$，以及 $(r_1 \vee \cdots \vee r_{n+1-l})$.

(b) 证明这些子句在 $l = 1$ 时是强制的，但在 $l = 2$ 时不是.

▶ **435.** [*28*] 给定 $l \geqslant 2$，构造一组 $O(n \log l)$ 个子句，使得它们刻画了习题 434 中的语言 L_l 并且是强制的.

436. [*M32*] （非确定性有限状态自动机）字母表 A 上的正则语言 L 可以用以下众所周知的方式定义：设 Q 为有限个"状态"的集合，$I \subseteq Q$ 和 $O \subseteq Q$ 分别为指定的"输入状态"和"输出状态"．另外，设 $T \subseteq Q \times A \times Q$ 为一组"转移规则"．那么字符串 $x_1 \cdots x_n$ 属于 L，当且仅当存在状态序列 $q_0, q_1, \cdots, q_n$，使得 $q_0 \in I$，有 $(q_{k-1}, x_k, q_k) \in T$（$1 \leqslant k \leqslant n$），以及 $q_n \in O$.

在这种定义下，当 $A = \{0,1\}$ 时，使用辅助变量构造子句，使得它们是可满足的，当且仅当 $x_1 \cdots x_n \in L$．这些子句应当是强制的，并且它们的数量最多为 $O(n|T|)$.

比如，写出习题 434 中的语言 $L_2 = 0^*1^20^*$ 对应的子句.

437. [*M21*] 将习题 436 扩展到 A 具有两个以上字母的一般情况.

438. [*21*] 构造一组强制子句，使得它们是可满足的，当且仅当给定的二进制字符串 $x_1 \cdots x_n$ 包含恰好 t 个 1 的连续段，且它们的长度从左到右为 $(l_1, l_2, \cdots, l_t)$.（等价地说，字符串 $x_1 \cdots x_n$ 应当属于由正则表达式 $0^*1^{l_1}0^+1^{l_2}0^+ \cdots 0^+1^{l_t}0^*$ 定义的语言.）

▸ **439.** [*30*] 为约束 $x_1 + \cdots + x_n = t$ 且没有两个连续的 1 的情况找到高效的强制子句.（这是前一道习题 $l_1 = \cdots = l_t = 1$ 的特例，但可以为它设计一个简单得多的构造.）

440. [*M33*] 将习题 436 扩展到上下文无关语言，它可以由集合 $S \subseteq N$ 以及生成规则 U 和 W 用以下众所周知的方式定义: $U \subseteq \{P \to a \mid P \in N,\ a \in A\}$ 且 $W \subseteq \{P \to QR \mid P, Q, R \in N\}$，其中，$N$ 是一组"非终结符"．一个字符串 $x_1 \cdots x_n$（其中每个 $x_j \in A$）属于该语言，当且仅当它可以由某个非终结符 $P \in S$ 生成.

441. [*M35*] 证明任何阈值函数 $f(x_1, \cdots, x_n) = [w_1x_1 + \cdots + w_nx_n \geqslant t]$ 都有一个强制表示，其规模是关于 $\log|w_1| + \cdots + \log|w_n|$ 的多项式.

▸ **442.** [*M27*] 单元传播关系 $\vdash_1$ 可以推广为 k 阶传播关系 $\vdash_k$，其定义如下：设 F 为一子句族，l 为一个文字．如果 $(l_1, l_2, \cdots, l_p)$ 是一个文字序列，我们记 $L_q^- = \{l_1, \cdots, l_{q-1}, \bar{l}_q\}$（$1 \leqslant q \leqslant p$）．然后

$$F \vdash_0 l \iff \epsilon \in F;$$

$$F \vdash_{k+1} l \iff F\,|\,L_1^- \vdash_k \epsilon,\ F\,|\,L_2^- \vdash_k \epsilon,\ \cdots,\ F\,|\,L_p^- \vdash_k \epsilon$$

对于某些严格不同的文字 $l_1, l_2, \cdots, l_p$，其中 $l_p = l$;

$$F \vdash_k \epsilon \iff F \vdash_k l \text{ 且 } F \vdash_k \bar{l} \text{ 对于某个文字 } l.$$

(a) 根据这个定义验证 $\vdash_1$ 对应于单元传播.

(b) 用"失败文字"的概念简要描述 $\vdash_2$.

(c) 证明：对于所有文字 l，$F \vdash_k \epsilon$ 或 $F \vdash_k \bar{l}$ 能推出 $F\,|\,l \vdash_k \epsilon$；并且对于所有 $k \geqslant 0$，$F \vdash_k \epsilon$ 能推出 $F \vdash_{k+1} \epsilon$.

(d) 判断正误：$F \vdash_k l$ 能推出 $F \vdash_{k+1} l$.

(e) 设 $L_k(F) = \{l \mid F \vdash_k l\}$．对于(7)中出现的 R' 和 $k \geqslant 0$，$L_k(R')$ 是什么?

(f) 给定 $k \geqslant 1$，当 F 有 n 个变量上的 m 个子句时，说明如何在 $O(n^{2k-1}m)$ 步内计算 $L_k(F)$ 和 $F\,|\,L_k(F)$.

443. [*M24*] （困难性层次）继续上一道习题，如果子句族 F 满足以下性质，则我们称该子句族属于 UC_k 类:

$$F\,|\,L \vdash \epsilon \text{ 蕴涵 } F\,|\,L \vdash_k \epsilon \qquad \text{对于所有严格不同的文字集 } L.$$

（"每当一个部分赋值导致不可满足的子句时，这种不一致性都可以通过 k 阶传播检测到."）如果 F 满足以下性质，则我们称其属于 PC_k 类:

$$F\,|\,L \vdash l \text{ 蕴涵 } F\,|\,L \vdash_k l \qquad \text{对于所有严格不同的文字集 } L \cup l.$$

(a) 证明 $\mathrm{PC}_0 \subset \mathrm{UC}_0 \subset \mathrm{PC}_1 \subset \mathrm{UC}_1 \subset \mathrm{PC}_2 \subset \mathrm{UC}_2 \subset \cdots$，其中，集合包含均是严格的（每个类都包含于但不等于其后继类）.

(b) 描述所有属于最小类 PC_0 的子句族 F.

(c) 给出第二小的类 UC_0 中的一个有趣例子.

(d) 判断正误：若 F 包含 n 个变量，则 $F \in \mathrm{PC}_n$.

(e) 判断正误：若 F 包含 n 个变量，则 $F \in \mathrm{UC}_{n-1}$.

(f) (7) 中的子句 R' 在这个层次结构中位于哪里?

444. [*M26*] 下面的单一前瞻单元归结算法简称为 SLUR，它根据给定的子句集 F 是可满足的、不可满足的或超出其通过简单传播来决定的能力来分别返回“sat”“unsat”或“maybe”.

E1. [传播.] 若 $F \vdash_1 \epsilon$，终止（“unsat”）. 否则置 $F \leftarrow F \mid \{l \mid F \vdash_1 l\}$.

E2. [满足?] 若 $F = \varnothing$，终止（“sat”）. 否则令 l 为 F 中的任意一个文字.

E3. [前瞻并传播.] 若 $F \mid l \not\vdash_1 \epsilon$，置 $F \leftarrow F \mid l \mid \{l' \mid F \mid l \vdash_1 l'\}$ 并返回至 E2. 若 $F \mid \bar{l} \not\vdash_1 \epsilon$，置 $F \leftarrow F \mid \bar{l} \mid \{l' \mid F \mid \bar{l} \vdash_1 l'\}$ 并返回至 E2. 否则终止（“maybe”）. ▌

注意，在 E2 后不管提交的是 l 还是 $\bar{l}$，该算法都不会进行回溯.

(a) 假设 F 由（可能重命名的）霍恩子句组成（见习题 7.1.1–55），证明无论在步骤 E2 中如何选择 l，SLUR 都不会返回“maybe”.

(b) 找到 4 个关于 3 个变量的子句 F，使得 SLUR 总是返回“sat”，尽管 F *不是*一组可能重命名的霍恩子句.

(c) 证明 SLUR 永远不会返回“maybe”，当且仅当 $F \in \mathrm{UC}_1$ 时（参见习题 443）.

(d) 解释如何在关于子句总长度的线性时间内实现 SLUR.

▶ **445.** [*22*] 当分别使用 (a) (181)、(b) (182)、(c) (183) 补充 (106) 和 (107) 的鸽巢子句时，为其寻找一个简短的不可满足性证书.

446. [*M10*] 在 $K_{m,n}$ 中，满足围长大于或等于 6 的子图的最大边数是多少?（用 $Z(m,n)$ 表示你的答案.）

▶ **447.** [*22*] 确定 $K_{8,8}$ 的围长为 8 的子图的最大边数.

448. [*M25*] 当 m 为奇数且 $n = m(m-1)/6$ 时，$Z(m,n)$ 等于多少? *提示*：参见 6.5–(16).

449. [*21*] 对于 $8 \leqslant n \leqslant 16$，分别构造一个 $n \times n$ 无四方矩阵，使其包含最大数量的 1 并满足字典序约束 (185) 和 (186).

450. [*25*] 证明本质上只存在一个 10×10 无四方点线系统，其中有 34 次重合. *提示*：首先证明每条线必须包含 3 个点或 4 个点，因此每个点必须属于 3 条线或 4 条线.

▶ **451.** [*28*] 找到一种方法，用 3 种颜色给 10×10 棋盘着色，使得没有矩形的 4 个角颜色相同. 进一步证明，每个这样的“非色性矩形”棋盘的颜色分布是 $\{34, 34, 32\}$，而不是 $\{34, 33, 33\}$. 但是，可以证明，如果去掉棋盘上的任何一个方格，就存在一个每种颜色 33 个方格的着色方案构成一个非色性矩形.

452. [*34*] 在 18×18 棋盘上找到一个用 4 种颜色的非色性矩形.

453. [*M23*] 若 $m \times n$ 矩阵 $\boldsymbol{X} = (x_{ij})$ 有行下标 $R \subseteq \{1, \cdots, m\}$ 和列下标 $C \subseteq \{1, \cdots, n\}$，使得 $0 < |R| + |C| < m + n$，且每当“$i \in R$ 且 $j \notin C$”或“$i \notin R$ 且 $j \in C$”时 $x_{ij} = 0$，则称其为可分解的. 如果 $[u_i — v_j] = [x_{ij} \neq 0]$，那么它表示了 $\{u_1, \cdots, u_m\}$ 和 $\{v_1, \cdots, v_n\}$ 之间的一个二部图.

(a) 证明 $\boldsymbol{X}$ 是不可分解的，当且仅当其二部图是连通的.

(b) 考虑 $m' \times n'$ 矩阵 $\boldsymbol{X}'$ 和 $m'' \times n''$ 矩阵 $\boldsymbol{X}''$，它们的直和 $\boldsymbol{X}' \oplus \boldsymbol{X}''$ 是一个 $(m' + m'') \times (n' + n'')$“块对角”矩阵 $\boldsymbol{X}$，其左上角是 $\boldsymbol{X}'$，右下角是 $\boldsymbol{X}''$，其他位置均为零（参见 7–(40)）. 判断正误：如果 $\boldsymbol{X}'$ 和 $\boldsymbol{X}''$ 的行列是非负的且如 (185) 和 (186) 那样按字典序排列，那么 $\boldsymbol{X}$ 的行列也是非负的且按字典序排列.

(c) 考虑任意一个非负矩阵 $\boldsymbol{X}$，其行列按字典序不增排列，如 (185) 和 (186)所示. 判断正误：$\boldsymbol{X}$ 是可分解的，当且仅当 $\boldsymbol{X}$ 是较小矩阵 $\boldsymbol{X}'$ 和 $\boldsymbol{X}''$ 的直和.

454. [*15*] 假设 τ 是 f 的解的一个自同态，证明对于每个循环元素 x（每个位于 τ 的循环中的元素），都有 $f(x) = f(x\tau)$.

455. [*M20*] 假设我们知道 (187) 是 $\{x_1,x_2,x_3,x_4\}$ 上某些给定子句 F 的一个自同态. 我们能否确定 F 是可满足的，当且仅当 $F\wedge C$ 是可满足的，其中，(a) $C=\bar{1}2\bar{4}$，即 $C=(\bar{x}_1\vee x_2\vee\bar{x}_4)$；(b) $C=23\bar{4}$；(c) $C=123$；(d) $C=1\bar{3}4$？

456. [*M21*] 对于多少个函数 $f(x_1,x_2,x_3,x_4)$，(187) 是一个自同态？

457. [*HM19*] 证明每个布尔函数 $f(x_1,x_2,x_3,x_4)$ 都有超过 51 千万亿个自同态，并且 n 变量函数有超过 $2^{2^n(n-1)}$ 个自同态.

458. [*20*] 通过移除自治来简化子句可以被视为对自同态的利用，解释其中的原因.

▸ **459.** [*20*] 令 $\boldsymbol{X}_{ij}$ 表示由 $\boldsymbol{X}$ 的前 i 行和前 j 列组成的子矩阵. 证明 $\mathrm{sweep}(\boldsymbol{X}_{ij})$ 满足一个简单的递推关系，从而可以轻松计算 $\mathrm{sweep}(\boldsymbol{X})=\mathrm{sweep}(\boldsymbol{X}_{mn})$.

460. [*21*] 给定 m、n、k 和 r，构造子句，使得它们被 $m\times n$ 二元矩阵 $\boldsymbol{X}=(x_{ij})$ 满足，当且仅当 $\mathrm{sweep}(\boldsymbol{X})\leqslant k$ 且 $\sum_{i,j}x_{ij}\geqslant r$.

461. [*20*] 附加哪些子句可以排除 τ_1 和 τ_2 的非不动点？

462. [*M22*] 解释为什么 τ_1、τ_2 和 τ_3 可以在扫描线问题中保可满足性.

▸ **463.** [*M21*] 证明 $\boldsymbol{X}$ 是 τ_1、τ_2 和 τ_3 的不动点，当且仅当其行列是不减的. 因此，对于所有扫描为 k 的二元矩阵，$\nu\boldsymbol{X}=\sum_{i,j}x_{ij}$ 的最大值是 m、n 和 k 的一个简单函数.

▸ **464.** [*M25*] 变换 τ_1 和 τ_2 不会改变正文中所示的 10×10 矩阵. 证明它们永远不会改变任意扫描为 3 且满足 $\nu\boldsymbol{X}=51$ 的 10×10 矩阵.

465. [*M21*] 证明正文中关于完美匹配问题的联立自同态规则的合理性：任意完美匹配都必将导致一个被每个 τ_{uv} 固定的完美匹配.

466. [*M23*] 证明当 mn 为偶数时，正文中 $m\times n$ 多米诺覆盖的偶-奇规则 (190) 有且仅有一个不动点.

467. [*20*] 通过移除右上角和左下角的单元格，对 7×8 和 8×7 的棋盘进行切割. 哪种多米诺覆盖被所有类似于 (190) 的偶-奇自同态固定？

468. [*20*] 对残缺棋盘问题进行实验，其中，偶-奇自同态被修改为 (a) 它们对所有 i 和 j 使用相同的规则；(b) 它们分别在水平方向和竖直方向上做出随机独立的选择.

▸ **469.** [*M25*] 为下面这个事实找到一个不可满足性证书 $(C_1,C_2,\cdots,C_t)$：一个 8×8 棋盘减去单元格 $(1,8)$ 和 $(8,1)$ 后，它不能被所有偶-奇自同态固定的多米诺骨牌 h_{ij} 和 v_{ij} 完全覆盖. 每个 C_k（$1\leqslant k<t$）都应该是单个正文字.（因此，这个问题的子句属于习题 443 的层次结构中相对简单的 PC_2.）

▸ **470.** [*M22*] 另一类自同态，对于每个四环一个，也可以用于完美匹配问题：令顶点（而不是边）以某种方式全排序. 每个四环可以写成 $v_0 — v_1 — v_2 — v_3 — v_0$，其中，$v_0>v_1>v_3$ 且 $v_0>v_2$；通过置 $v_0v_1\leftarrow v_2v_3\leftarrow 0$ 和 $v_1v_2\leftarrow v_3v_0\leftarrow 1$，相应的自同态改变了任意满足 $v_0v_1=v_2v_3=1$ 的解. 证明每个完美匹配都会得到所有此类变换的一个不动点.

471. [*16*] 当图是 K_{2n} 时，找到习题 470 中映射的所有不动点.

472. [*M25*] 证明多米诺覆盖问题中的偶-奇自同态，如 (190)，可以被视为习题 470 中自同态的实例.

▸ **473.** [*M23*] 将习题 470 推广到习题 245 中切廷图奇偶问题不可满足子句的自同态.

474. [*M20*] 一个带符号排列 σ 是 $f(x)$ 的一种对称性，当且仅当对所有 x 都有 $f(x)=f(x\sigma)$；它是一种反对称性，当且仅当对所有 x 都有 $f(x)=\bar{f}(x\sigma)$.

(a) n 个元素有多少种可能的带符号排列？

(b) 将 $75\bar{1}\bar{4}\bar{2}6\bar{3}$ 写作环的形式，作为 $\{1,\cdots,7,\bar{1},\cdots,\bar{7}\}$ 的无符号排列.

(c) 有多少个四元函数 f 使得 $\bar{4}13\bar{2}$ 是一种对称性？

(d) 有多少个四元函数 f 使得 $\bar{4}13\bar{2}$ 是一种反对称性？

(e) 有多少个 $f(x_1,\cdots,x_7)$ 使得 $75\bar{1}\bar{4}\bar{2}6\bar{3}$ 是一种对称性或反对称性？

475. [*M22*] 继续习题 474，若一个布尔函数唯一的对称性是恒等性，则我们称它为非对称的；若它是非对称的且没有反对称性，那么它是完全非对称的.

(a) 如果 f 是完全非对称的，那么在置换变量、取反变量和（或）取反函数的操作下，有多少个函数等价于 f?

(b) 根据 (a) 和 7.1.1–(95)，函数 $(x \vee y) \wedge (x \oplus z)$ 不是完全非对称的. 它的非平凡对称性是什么?

(c) 证明：如果 f 不是非对称的，那么它有一个素数 p 阶的自同构.

(d) 证明：如果 $(uvw)(\bar{u}\bar{v}\bar{w})$ 是 f 的对称性，那么 $(uv)(\bar{u}\bar{v})$ 也是一种对称性.

(e) 假设 f 有形如 $(uvwxy)(\bar{u}\bar{v}\bar{w}\bar{x}\bar{y})$ 的对称性，给出一个类似的陈述.

(f) 可以得出结论：如果 $n \leqslant 5$，那么布尔函数 $f(x_1, \cdots, x_n)$ 是完全非对称的，当且仅当不存在标号对合是 f 的对称性或反对称性.

(g) 然而，当 $n = 6$ 时，可以构造一个该结论的反例.

476. [*M23*] 对于 $n \leqslant 5$，找到 n 元布尔函数，它们是 (a) 非对称的但不是完全非对称的；(b) 完全非对称的. 此外，在所有符合条件的函数中，你找到的函数应该是最容易计算的（在具有尽可能小的布尔链的意义下）. 提示：结合习题 475 和习题 477.

▸ **477.** [*23*] （最优布尔计算）构造子句，使得它们是可满足的，当且仅当存在一条 r 步的常规布尔链，它能计算 n 个变量上的 m 个给定函数 $g_1, \cdots, g_m$.（如果 $n = 3$ 且 $g_1 = \langle x_1x_2x_3 \rangle$，$g_2 = x_1 \oplus x_2 \oplus x_3$，那么，当 r 为 4 和 5 时，这样的子句使得 SAT 求解器能够发现最小成本的“全加器”，参见 7.1.2–(1) 和 7.1.2–(22).）提示：表示每个真值表的每一位.

▸ **478.** [*23*] 提出破缺习题 477 中子句对称性的方法.

▸ **479.** [*25*] 使用 SAT 技术为以下问题找到最优电路.

(a) 当 $x_1 + x_2 + x_3 + x_4 = (z_2z_1z_0)_2$ 时，计算 z_2、z_1 和 z_0（参见 7.1.2–(27)）.

(b) 当 $x_1 + x_2 + x_3 + x_4 + x_5 = (z_2z_1z_0)_2$ 时，计算 z_2、z_1 和 z_0.

(c) 计算关于 $\{x_1, x_2, x_3\}$ 的所有 4 个对称函数 S_0、S_1、S_2、S_3.

(d) 计算关于 $\{x_1, x_2, x_3, x_4\}$ 的所有 5 个对称函数 S_0、S_1、S_2、S_3、S_4.

(e) 计算对称函数 $S_3(x_1, x_2, x_3, x_4, x_5, x_6)$.

(f) 计算对称函数 $S_{0,4}(x_1, \cdots, x_6) = [(x_1 + \cdots + x_6) \bmod 4 = 0]$.

(g) 计算关于 $\{x_1, x_2, x_3\}$ 的所有 8 个最小项（参见 7.1.2–(30)）.

480. [*25*] 假设值 0、1、2 由两位编码 $x_lx_r = 00$、01 和 $1*$ 表示，其中，10 和 11 都表示 2.（参见式 7.1.3–(120).）

(a) 找到模 3 加法的最优电路：$z_lz_r = (x_lx_r + y_ly_r) \bmod 3$.

(b) 找到计算 $z_lz_r = (x_1 + x_2 + x_3 + y_ly_r) \bmod 3$ 的最优电路.

(c) 得出结论：$[x_1 + \cdots + x_n \equiv a\ (\text{modulo } 3)]$ 可以在 $3n$ 步内计算.

▸ **481.** [*28*] 一个有序位对 xy 可以由另一个有序位对 $[\![xy]\!] = (x \oplus y)\,y$ 编码，而不会丢失信息，因为 $[\![xy]\!] = uv$ 能推出 $[\![uv]\!] = xy$.

(a) 找到计算 $([\![zz']\!])_2 = x_1 + x_2 + x_3$ 的最优电路.

(b) 令 $\nu[\![uv]\!] = (u \oplus v) + v$，注意 $\nu[\![00]\!] = 0$、$\nu[\![01]\!] = 2$、$\nu[\![1*]\!] = 1$. 给定 $x_1 \cdots x_5$，找到计算 $z_1z_2z_3$ 的最优电路，使得 $\nu[\![x_1x_2]\!] + \nu[\![x_3x_4]\!] + x_5 = 2\nu[\![z_1z_2]\!] + z_3$.

(c) 使用该电路，通过归纳证明“位叠加和”$(z_{\lfloor \lg n \rfloor} \cdots z_1z_0)_2 = x_1 + x_2 + \cdots + x_n$ 总是可以用少于 $4.5n$ 个门来计算.

▸ **482.** [*26*] （埃尔德什差异模式）对于二进制序列 $y_1 \cdots y_t$，如果 $\left|\sum_{j=1}^{k}(2y_j - 1)\right| \leqslant 2$ 对于 $1 \leqslant k \leqslant t$ 都成立，那么我们称其为强平衡的.

(a) 说明只需要对奇数 $k \geqslant 3$ 检查这种平衡条件.

(b) 描述一种可以有效地表征强平衡序列的子句.

(c) 构造子句，使得它们被 $x_1x_2 \cdots x_n$ 满足，当且仅当 $x_dx_{2d} \cdots x_{\lfloor n/d \rfloor d}$ 对于 $1 \leqslant d \leqslant n$ 是强平衡的.

483. [*21*] 在表 6 所示的着色问题中，通过将固定颜色分配给每个图中较大的团，颜色之间的对称将被打破. 但是许多图中可能并没有较大的团，因此需要另一种策略. 给定顶点的一个顺序 $v_1v_2\cdots v_n$，解释如何使用适当的子句来编码“受限增长串”原则（参见 7.2.1.5 节）：v_j 的颜色至多只能比分配给 $\{v_1,\cdots,v_{j-1}\}$ 的最大颜色大一.（特别地，v_1 总是着有颜色 1.）

通过将此方案应用于习题 7.2.2.1–116 中的米切尔斯基图来进行实验.

484. [*22*] （图淬火）一个顶点为 $(v_1,\cdots,v_n)$ 的图被称为“可淬火”的，如果 (i) $n=1$；或者 (ii) 存在一个 k，使得 $v_k — v_{k+1}$ 且 $(v_1,\cdots,v_{k-1},v_{k+1},\cdots,v_n)$ 上的图可以被淬火；又或者 (iii) 存在一个 l，使得 $v_l — v_{l+3}$ 且 $(v_1,\cdots,v_{l-1},v_{l+3},v_{l+1},v_{l+2},v_{l+4},\cdots,v_n)$ 上的图可以被淬火.

(a) 找到含有 4 个元素的图，其中，尽管 $v_3 \not— v_4$，但它是可淬火的.

(b) 构造子句，使得它们是可满足的，当且仅当给定的图是可淬火的. 提示：对于这个模型检测问题，使用以下 3 种变量：$x_{t,i,j} = [$在时刻 t 有 $v_i — v_j]$（$1 \leqslant i < j \leqslant n-t$）；$q_{t,k} = [$类型 (ii) 淬火行动进入时刻 $t+1]$；$s_{t,l} = [$类型 (iii) 淬火行动进入时刻 $t+1]$.

▶ **485.** [*23*] 有时，上一道习题中的连续变换是可交换的：$q_{t,k}$ 和 $q_{t+1,k+1}$ 的效果与 $q_{t,k+2}$ 和 $q_{t+1,k}$ 相同. 说明如何在这种情况下通过只允许两种可能性中的一种来破缺对称性.

486. [*21*] （延迟绑定纸牌）洗一副牌并发出 18 张牌，然后尝试使用一系列“捕获”将一堆放置在另一堆之上，最后将这 18 堆减少为一堆. 一堆只能捕获其左边紧邻它的或与它相隔两堆的堆. 此外，只有在捕获堆的顶牌与被捕获堆的顶牌的花色或点数相同时，才允许捕获. 比如，考虑以下发牌：

J♡ 5♡ 10♣ 8♢ J♣ A♣ K♠ A♡ 4♣ 8♠ 5♠ 5♢ 2♢ 10♠ A♠ 6♡ 3♡ 10♢

一开始，有 11 种可能的捕获方式，包括 5♡ × J♡、A♣ ×× 10♣ 和 5♢ × 5♠. 然后一些捕获会使其他捕获成为可能，例如 8♠ ×× K♠ ×× 8♢.

如果必须尽快从左到右“贪心”地进行捕获，那么这个游戏与名为“虚度年华”的经典单人游戏的前 18 个步骤相同，我们最终会得到 5 堆 [参见 *Dick's Games of Patience* (1883), 50–52]. 但如果巧妙地保留决策，直到所有 18 张牌都发完，我们就能做得更好.

说明从当前的状态可以取胜，但第一步不能是 A♣ × J♣.

▶ **487.** [*27*] 棋盘上放置 8 个皇后的方法有 $\binom{64}{8} = 4\,426\,165\,368$ 种. 很久以前，威廉 · 哈里 · 特顿询问过哪种方法会导致最大数量的空方格保持不受攻击. [参见沃尔特 · 威廉 · 劳斯 · 鲍尔，*Mathematical Recreations and Problems*, third edition (London: Macmillan, 1896), 109–110.]

图中的每个顶点子集 S 都有 3 个边界集合，定义如下：

$$\partial S = \text{所有恰好有一个端点在 } S \text{ 中的边的集合;}$$
$$\partial_{\text{out}} S = \text{所有} \notin S \text{ 且至少有一个邻居} \in S \text{ 的顶点的集合;}$$
$$\partial_{\text{in}} S = \text{所有} \in S \text{ 且至少有一个邻居} \notin S \text{ 的顶点的集合.}$$

在皇后图 Q_8（习题 7.1.4–241）中，找出所有八元素集合 S 上的 ∂S、$\partial_{\text{out}} S$ 和 $\partial_{\text{in}} S$ 的最小和最大的大小. 哪个集合回答了特顿的问题?

▶ **488.** [*24*] （和平皇后军队）通过设计适当的子句集并应用算法 C，证明 9 个白皇后组成的军队和 9 个黑皇后组成的军队可以在棋盘上共存而不互相攻击，但 10 个皇后组成的军队不能共存. 同时检查破缺对称性的影响.（这个问题有 16 种对称性，因为我们可以交换颜色和/或旋转和/或反射棋盘.）对于 $n \leqslant 11$，在 $n \times n$ 棋盘上共存的皇后军队可以有多大?

489. [*M21*] 为 n 个元素的带符号对合数 T_n 找到一个递归公式.

▶ **490.** [*15*] 当 $p_1p_2\cdots p_n$ 是任意带符号排列时，定理 E 是否仍然成立?

▶ **491.** [*22*] 带符号排列 $234\bar{1}$ 是 (6) 中的不可满足子句 R 的一个自同构. 这一事实能如何帮助我们验证它们的不可满足性?

492. [*M20*] 令 τ 是变量 $\{x_1,\cdots,x_n\}$ 的一个带符号映射. 比如，带符号映射 $\bar{4}13\bar{3}$ 表示运算 $(x_1,x_2,x_3,x_4) \mapsto (x_{\bar{4}},x_1,x_3,x_{\bar{3}}) = (\bar{x}_4,x_1,x_3,\bar{x}_3)$. 得到的某些文字可能会重复；或者两个文字可能会互补，得到一个重言式. 比如，当 $\tau = \bar{4}13\bar{3}$ 时，我们有 $(123)\tau = \bar{4}13$、$(13\bar{4})\tau = \bar{4}3$、$(1\bar{3}\bar{4})\tau = \wp$.

如果对于任意 $C \in F$，$C\tau$ 都被 F 中的某个子句所包含，那么我们称子句族 F 关于带符号映射 τ 是“封闭”的．证明：在这种情况下，τ 是 F 的一个自同态．

493. [*20*] 问题 $waerden(3,3;9)$ 有 4 种对称性，因为我们可以反射和（或）取补所有变量．如何通过添加子句来破缺这些对称性，从而加快不可满足性的证明？

494. [*21*] 证明：如果 $(uvw)(\bar{u}\bar{v}\bar{w})$ 是某些子句 F 的一种对称性，那么我们就可以破缺对称性，就好像 $(uv)(\bar{u}\bar{v})$、$(uw)(\bar{u}\bar{w})$ 和 $(vw)(\bar{v}\bar{w})$ 也是对称性一样．如果 $i<j<k$ 且 $(ijk)(\bar{i}\bar{j}\bar{k})$ 是一种对称性，那么我们可以根据全局排序 $p_1\cdots p_n = 1\cdots n$ 断言 $(\bar{x}_i \vee x_j) \wedge (\bar{x}_j \vee x_k)$．当对称性是 (i) $(ij\bar{k})(\bar{i}\bar{j}k)$、(ii) $(i\bar{j}k)(\bar{i}j\bar{k})$、(iii) $(i\bar{j}\bar{k})(\bar{i}jk)$ 时，对应的二元子句是什么？

495. [*M22*] 每当我们处理大小为 $m \times n$ 的问题，且其中的变量 x_{ij} 具有行列对称性时，使用推论 E 来详细说明如何证明断言 (185) 和 (186) 的子句的合理性．（换言之，我们假设 $x_{ij} \mapsto x_{(i\pi)(j\rho)}$ 是关于 $\{1,\cdots,m\}$ 的所有排列 π 和 $\{1,\cdots,n\}$ 的所有排列 ρ 的自同构．）

▶ **496.** [*M20*] 布鲁图斯 · 库克罗普斯 · 达尔进行了如下推理：“鸽巢子句具有行列对称性．因此，我们可以假设行从上到下按字典序递增，列从右到左按字典序递增．因此，很容易看出这个问题是不可满足的．”他是正确的吗？

497. [*22*] 使用 BDD 方法来确定行列都按字典序不减的 8×8 二元矩阵的数量．对于 $r=24$、$r=25$、$r=64-25=39$ 和 $r=64-24=40$，它们中有多少个恰好有 r 个 1？

498. [*22*] 证明将对称性破缺子句 (183) 添加到鸽巢子句中是合理的．

499. [*21*] 在鸽巢问题中，是否可以将子句 (183) 与强制字典行列序的子句一起包含在内？

500. [*16*] 早慧的学生乔纳森 · 霍雷肖 · 奎克决定扩展活动扳手原则．他认为如果 $F_0 \cup S \vdash l$，那么原始子句 F 可以用 $F|l$ 来替换．但他很快意识到了自己的错误．这个错误是什么？

501. [*22*] 马丁 · 加德纳在 *Scientific American* **235**, 4 (October 1976), 134–137 中引入了一个有趣的皇后放置问题：“在一个 $m \times n$ 棋盘上放置 r 个皇后，使得 (i) 没有 3 个皇后在同一行、同一列或同一对角线上；(ii) 不违背规则 (i) 的前提下，没有空方块可以被占据；(iii) r 尽可能小．”构造子句，使得它们是可满足的，当且仅当存在一个至多有 r 个皇后且满足条件 (i) 和 (ii) 的解．（我们在习题 7.1.4–242 中曾讨论过类似的问题．）

502. [*16*] （*最近字符串*）给定长度为 n 的二元字符串 $s_1,\cdots,s_m$ 和阈值参数 $r_1,\cdots,r_m$，构造子句，使得它们可由 $x=x_1\cdots x_n$ 满足，当且仅当 x 与 s_j 在至多 r_j 个位置上不同（$1 \leqslant j \leqslant m$）．

503. [*M20*] （*覆盖字符串*）给定与习题 502 中相同的 s_j 和 r_j，证明每个长度为 n 的字符串都与某个 s_j 相差 r_j 位之内，当且仅当最近字符串问题在参数 $r'_j = n-1-r_j$ 下无解．

▶ **504.** [*M21*] 习题 502 中的问题可以通过以下方式被证明是 NP 完全的．

(a) 令 w_j 是长度为 $2n$ 的字符串（$1 \leqslant j \leqslant n$），它除了第 $2j-1$ 位和第 $2j$ 位为 1，其余位置均为 0；并令 $w_{n+j} = \bar{w}_j$．描述所有长度为 $2n$ 的二元字符串，这些字符串与 $w_1,\cdots,w_{2n}$ 中的每一个不同的位数至多为 n．

(b) 给定一个子句 $(l_1 \vee l_2 \vee l_3)$，其中，$l_1,l_2,l_3 \in \{x_1,\cdots,x_n,\bar{x}_1,\cdots,\bar{x}_n\}$ 为严格不同的文字；令 y 是一个长度为 $2n$ 的字符串，若某个 l_i 等于 $\bar{x}_k$，则其第 $2k-1$ 位为 1，若某个 l_i 等于 x_k，则其第 $2k$ 位为 1，其余位置均为 0．满足 (a) 的字符串与 y 有多少位不同？

(c) 给定一个具有 m 个子句和 n 个变量的 3SAT 问题 F，使用 (a) 和 (b) 构造长度为 $2n$ 的字符串 $s_1,\cdots,s_{m+2n}$，使得 F 是可满足的，当且仅当最近字符串问题在参数 $r_j = n+[j>2n]$ 下是可满足的．

(d) 通过展示与 (6) 和 (7) 中简单 3SAT 问题 R 和 R' 对应的最近字符串问题来说明你在 (c) 中的构造．

505. [*21*] 像步骤 C1 中随机初始化 `HEAP` 一样，现在我们通过在步骤 L1 中随机初始化 `VAR` 的初始顺序，来使算法 L 成为非确定性算法．修改后的算法表现如何？以表 6 中的问题 D3、K0 和 W2 为例进行实验．

506. [*22*] 一族子句的*加权变量交互图*有对应于每个变量的顶点并且在顶点 u 和 v 之间的权重为 $\sum 2/(|c|(|c|-1))$，其中，求和是对所有同时包含 $\pm u$ 和 $\pm v$ 的子句 c 进行求和．图 95 通过加深权重大的边的颜色来间接地指示了这些权重．

(a) 判断正误：所有边的权重之和等于子句的总数.

(b) 解释为什么测试样例 B2 的图中恰好有 6 条权重为 2 的边. 该图中其他边的权重是多少？

▶ **507.** [*21*] （玛丽恩 · 休尔）解释为什么“意外收获”（见 (72)）有助于算法 L 处理 D5 等合并器问题.

508. [*M20*] 根据表 7，算法 C 在学习了约 323 000 个子句后证明了问题 T3 是不可满足的. 在这个过程中，步骤 C7 大约进入了多少次清除阶段？

509. [*20*] 调整算法 C 的参数时使用的几个“训练集”任务取自表 6 中的 100 个测试样例. 为什么这没有导致“过拟合”问题（选择与训练集密切相关的参数）？

510. [*18*] 当数据点 A1, A2, ···, X8 在图 98 中逐一绘制时，由于重叠，它们有时会覆盖先前绘制的部分点. 哪些测试样例被 (a) T2、(b) X6、(c) X7 部分覆盖了？

511. [*22*] 表 6 中的问题 P4 是一组奇怪的子句，它会导致算法 C 在图 97 和图 98 中表现出极端行为；并且还会导致算法 L 在图 96 中“超时”.

(a) 文中的预处理算法需要大约 150 万次内存访问来将 400 个变量上的 2509 个子句转换为 339 个变量上的 2414 个子句. 通过实验表明算法 L 能够迅速求解这 2414 个子句.

(b) 算法 C 在这些预处理后的子句上的效率如何？

(c) 在进行预处理前后，WalkSAT 在 P4 上分别表现得怎么样？

512. [*29*] 寻找算法 C 的参数，使得当 $n = 500$ 时，它可以快速找到一个埃尔德什差异模式 $x_1x_2\cdots x_n$.（这是表 6 中的问题 E0.）然后，当 n 等于 400、500、600……1100、1160 和 1161 时，比较使用你的参数和 (194) 的参数分别进行 9 次随机运行时的运行时间.

513. [*24*] 寻找为算法 L 调整的参数，使其适用于 $rand(3, m, n, seed)$.

514. [*24*] 对于表 6 中的问题，正文中引用的算法 W 的时间取自 9 次运行的中位数. 这 9 次运行使用参数 $p = 0.4$ 和 $N = 50n$，并在必要的时候从头开始重启，直到找到一个解. 这些参数能胜任大多数情况，除非算法 W 的确不适合这项任务. 但是问题 C9 使用 $p = 0.6$ 和 $N = 2500n$ 的求解速度更快（943 Mμ 与 9.1 Gμ）.

找到使问题 C9 的性能接近最优的 p 和 N/n 的值.

▶ **515.** [*23*] （困难数独）指定 SAT 子句，使得数独谜题的设计者可以满足以下规范：(i) 对于 $1 \leqslant i, j \leqslant 9$，如果谜题的单元格 (i, j) 是空白的，那么 $(10-i, 10-j)$ 也是空白的；(ii) 每行、每列和每宫都至少包含一个空白单元格（“宫”指的是数独的 9 个特殊 3×3 子矩阵之一）；(iii) 没有一个宫包含全空白行或全空白列；(iv) 每个空白单元格至少有两种填充方式，而不会与同一行、列或宫中的非空白单元格冲突；(v) 如果某行、某列或某宫中还没有包含 k，那么在该行、列或宫中至少有两个位置可以放置 k，而不会发生冲突；(vi) 如果解中有一个形如 $\substack{k\,l\\l\,k}$ 的 2×2 子矩阵，那么这 4 个单元格不能全为空白.

（条件 (i) 是“经典”数独谜题的一个特征. 条件 (iv) 和 (v) 确保相应的精确覆盖问题没有强制移动，见 7.2.2.1 节. 条件 (vi) 排除了具有非唯一解的常见情况.）

516. [*M49*] 证明或证否强指数时间假设：“如果 $\tau < 2$，那么存在一个整数 k，使得不存在随机算法能在 τ^n 步内求解每个 kSAT 问题，其中，n 是变量的数量.”

517. [*25*] 给定子句 $C_1, \cdots, C_m$，每个子句一个可满足性问题询问是否存在布尔赋值 $x_1\cdots x_n$，使得每个子句都被唯一一个文字满足. 换言之，我们要求解联立方程 $\Sigma C_j = 1$，其中 $1 \leqslant j \leqslant m$，$\Sigma C$ 是子句 C 中文字之和.

(a) 通过将 3SAT 问题简化为它，证明这个问题是 NP 完全的.

(b) 证明这个问题反过来可以简化为它的特殊情况“三选一可满足性问题”，其中，每个给定子句都要求是三元的.

518. [*M32*] 给定一个具有 m 个子句和 n 个变量的 3SAT 问题，我们将构造一个 $(6m+n)\times(6m+n)$ 整数矩阵 $\boldsymbol{M}$，使得其积和式 per $\boldsymbol{M}$ 等于零，当且仅当这些子句不可满足. 比如，可解问题 (7) 对应于此处所示的 46×46 矩阵；每个阴影方块代表一个固定对应于某个子句的 6×6 矩阵 $\boldsymbol{A}$.

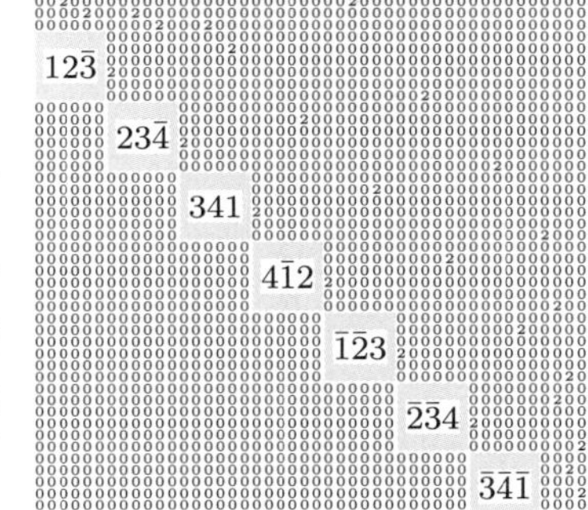

每个 $\boldsymbol{A}$ 在第 1、3、5 列有 3 个 “输入”，在第 2、4、6 行有 3 个 “输出”. 前 n 行和后 n 列对应于变量. 在 $\boldsymbol{A}$ 之外，所有元素都等于 0 或 2；按照类似于本节中几个算法的数据结构的方案，这些 2 将变量与子句联系起来：令 I_{ij} 和 O_{ij} 分别表示子句 i 的第 j 个输入和输出，其中，$1 \leqslant i \leqslant m$ 且 $1 \leqslant j \leqslant 3$. 如果文字 l 出现在 $t \geqslant 0$ 个子句 $i_1 < \cdots < i_t$ 中，且分别作为元素 $j_1, \cdots, j_t$，那么我们将在第 $O_{i_k j_k}$ 行的第 $I_{i_{k+1} j_{k+1}}$ 列中放置一个 “2”，其中 $0 \leqslant k \leqslant t$.（这里，$O_{i_0 j}$ 是第 $|l|$ 行，$I_{i_{t+1} j}$ 是第 $6m+|l|$ 列.）

(a) 寻找一个 6×6 矩阵 $\boldsymbol{A} = (a_{ij})$，其元素为 0、1 或 -1，使得

$$\operatorname{per}\begin{pmatrix} a_{11} & a_{12} & a_{13} & a_{14} & a_{15} & a_{16} \\ a_{21}{+}2p & a_{22} & a_{23}{+}2q & a_{24} & a_{25}{+}2r & a_{26} \\ a_{31} & a_{32} & a_{33} & a_{34} & a_{35} & a_{36} \\ a_{41}{+}2u & a_{42} & a_{43}{+}2v & a_{44} & a_{45}{+}2w & a_{46} \\ a_{51} & a_{52} & a_{53} & a_{54} & a_{55} & a_{56} \\ a_{61}{+}2x & a_{62} & a_{63}{+}2y & a_{64} & a_{65}{+}2z & a_{66} \end{pmatrix} = 16\left(\operatorname{per}\begin{pmatrix} p{+}1 & q & r \\ u & v{+}1 & w \\ x & y & z{+}1 \end{pmatrix} - 1\right).$$

提示：有一个满足大量对称性的解.

(b) 在 $\boldsymbol{M}$ 的哪些行和哪些列中，“2” 出现了两次？一次？从未出现？

(c) 当 3SAT 问题恰好有 s 个解时，得出 $\operatorname{per}\boldsymbol{M} = 2^{4m+n}s$.

519. [*20*] 表 7 表明，在因数分解竞赛中，*factor_fifo* 和 *factor_lifo* 难分伯仲. *factor_rand*$(m, n, z, 314159)$ 的性能与它们相比如何？

▶ **520.** [*24*] 每个 SAT 实例都可以自然地对应一个整数规划可行性问题：如果可能的话，找到整数 $x_1, \cdots, x_n$，使得它们满足线性不等式 $0 \leqslant x_j \leqslant 1$（$1 \leqslant j \leqslant n$）以及

$$l_1 + l_2 + \cdots + l_k \geqslant 1 \qquad \text{对于每个子句 } C = (l_1 \vee l_2 \vee \cdots \vee l_k).$$

比如，对应于子句 $(x_1 \vee \bar{x}_3 \vee \bar{x}_4 \vee x_7)$ 的不等式是 $x_1 + (1-x_3) + (1-x_4) + x_7 \geqslant 1$，即 $x_1 - x_3 - x_4 + x_7 \geqslant -1$.

基于高维几何中的 “切平面” 技术，研究人员开发了许多复杂的 IP 求解器，用于求解一般的整数线性不等式组. 因此，作为 SAT 求解器的一种替代方案，我们可以通过使用这种通用软件来求解任何可满足性问题.

研究可用的最佳 IP 求解器在表 6 中的 100 组子句上的性能，并将其与表 7 中算法 C 的性能进行比较.

521. [*30*] 使用以下想法进行实验，它比文中描述的子句清除方法简单得多：“以概率 p_k 遗忘一个长度为 k 的学习子句.” $p_1 \geqslant p_2 \geqslant p_3 \geqslant \cdots$ 是一个可调整的概率序列.

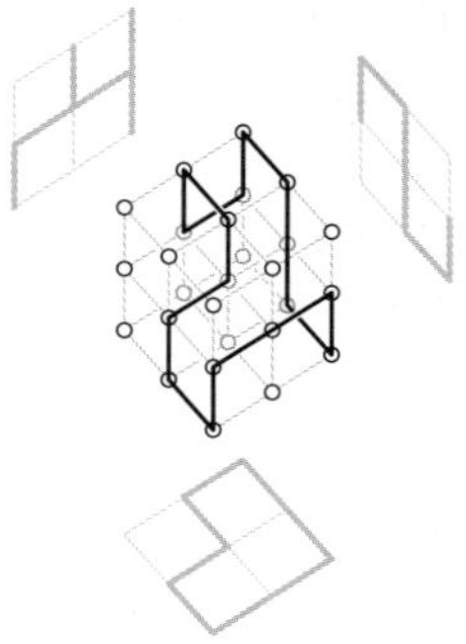

▶ **522.** [*26*] （无环阴影）此处展示了立方体 $P_3 \,\square\, P_3 \,\square\, P_3$ 内的一条循环路径，以及当它在每个坐标平面上进行投影时出现的 3 个 “阴影”. 注意，底部的阴影包含一个环，但其他两个阴影则没有. 这个立方体是否包含一个环，使得 3 个阴影均没有环？使用 SAT 技术找出答案.

523. [*30*] 证明：对于任意的 m 或 n，图 $P_m \,\square\, P_n \,\square\, P_2$ 中不存在拥有无环阴影的环.

▶ **524.** [*22*] 找到立方体 $P_3 \,\square\, P_3 \,\square\, P_3$ 所有拥有无环阴影的哈密顿路径.

▶ **525.** [*40*] 找到你能找到的最困难的 3SAT 问题，它至多有 100 个变量.

526. [*M25*] （戴维 · 斯蒂夫勒 · 约翰逊，1974 年）如果 F 有 m 个大小均大于或等于 k 的子句，证明存在某些赋值，使得至多有 $m/2^k$ 个子句不被满足.

请看，我再次以辛勤的努力，
重整了这小小的结构，
修复了其中一些有缺陷的部分，
并新增了一些段落内容.
——塞缪尔 · 丹尼尔，《曾经发表的一些小作品》（1607 年）

习题答案

非是障目不见月，
原是心盲未识云.
——吉尔伯特 · 基思 · 切斯特顿，《布朗神父的谣言》(1935 年)

习题说明

1. 对有数学基础的读者来说，这些是难度适中的问题.

2. 它们有助于教会你如何提出好问题.

3. 见亨利 · 庞加莱，*Rendiconti del Circolo Matematico di Palermo* **18** (1904), 45–110；R. H. 宾，*Annals of Math.* (2) **68** (1958), 17–37；格里戈里 · 佩雷尔曼，arXiv:math/0211159 [math.DG] (2002), 共 39 页，0303109 and 0307245 [math.DG] (2003), 共 22+7 页.

重温预备数学知识

1. (a) 在 36 种情况中，A 在 $5+0+5+5+0+5$ 种情况下击败 B；B 在 $4+2+4+4+2+4$ 种情况下击败 C；C 在 $2+2+2+6+2+6$ 种情况下击败 A.

(b) 要使每一面不超过 6 个点，唯一的解是：

$A=$, $B=$, $C=$.

(c) $A=\{F_{m-2}\times 1, F_{m-1}\times 4\}$，$B=\{F_m\times 3\}$，$C=\{F_{m-1}\times 2, F_{m-2}\times 5\}$，从而有 $\Pr(C>A)=F_{m-2}F_{m+1}/F_m^2$，并且我们有 $F_{m-2}F_{m+1}=F_{m-1}F_m-(-1)^m$. [同样，当有 n 面且 $A=\{\lfloor n/\phi^2\rfloor\times 1, \lceil n/\phi\rceil\times 4\}$ 时，概率是 $1/\phi-O(1/n)$. 见小理查德 · 普雷斯顿 · 萨维奇，*AMM* **101** (1994), 429–436. 乔 · 比勒、葛立恒和艾尔弗雷德 · 黑尔斯探索了非传递骰子的其他性质，见 *AMM* **125** (2018), 387–399；另见迈克尔 · 珀塞尔，*AMM* **130** (2023), 421–436.]

2. 设 $\Pr(A>B)=\mathcal{A}$，$\Pr(B>C)=\mathcal{B}$，$\Pr(C>A)=\mathcal{C}$. 我们可以假设没有 x 出现在超过一个骰子上；如果出现，那么我们可以用 $x+\epsilon$ 替换 A 中的 x，用 $x-\epsilon$ 替换 C 中的 x (其中，ϵ 足够小)，而不会减小 $\mathcal{A}$、$\mathcal{B}$ 或 $\mathcal{C}$. 因此，我们可以按非递减顺序列出这些面元素，并将每个面元素替换为其骰子的名称. 比如，上题的答案 (b) 得到了 $CBBBAAAAACCCCCBBBA$. 显然，在这种最佳布局中，永远不会出现 AB、BC 和 CA：BA 总是优于 AB.

假设序列是 $C^{c_1}B^{b_1}A^{a_1}\cdots C^{c_k}B^{b_k}A^{a_k}$，其中，$c_i>0$ ($1\leqslant i\leqslant k$) 且 $b_i,a_i>0$ ($1\leqslant i<k$). 令 $\alpha_i=a_i/(a_1+\cdots+a_k)$，$\beta_i=b_i/(b_1+\cdots+b_k)$，$\gamma_i=c_i/(c_1+\cdots+c_k)$. 然后，我们有 $\mathcal{A}=\alpha_1\beta_1+\alpha_2(\beta_1+\beta_2)+\cdots$，$\mathcal{B}=\beta_1\gamma_1+\beta_2(\gamma_1+\gamma_2)+\cdots$，$\mathcal{C}=\gamma_2\alpha_1+\gamma_3(\alpha_1+\alpha_2)+\cdots$. 我们将证明，当 α、β 和 γ 是非负实数时，$\min(\mathcal{A},\mathcal{B},\mathcal{C})\leqslant 1/\phi$；当它们是有理数时，$\min(\mathcal{A},\mathcal{B},\mathcal{C})<1/\phi$.

重点在于，我们可以假设 $k\leqslant 2$ 且 $\alpha_2=0$. 否则，以下变换会得到更短的序列而不减小 $\mathcal{A}$、$\mathcal{B}$ 或 $\mathcal{C}$：

$$\gamma_2'=\lambda\gamma_2,\quad \gamma_1'=\gamma_1+\gamma_2-\gamma_2',\quad \beta_2'=\lambda\beta_2,\quad \beta_1'=\beta_1+\beta_2-\beta_2',\quad \alpha_1'=\alpha_1/\lambda,\quad \alpha_2'=\alpha_1+\alpha_2-\alpha_1'.$$

事实上，$\mathcal{A}'=\mathcal{A}$，$\mathcal{C}'=\mathcal{C}$ 且 $\mathcal{B}'-\mathcal{B}=(1-\lambda)(\beta_1-\lambda\beta_2)\gamma_2$. 我们可以按照如下方法选择 λ.

情况 1：$\beta_1\geqslant\beta_2$. 选择 $\lambda=\alpha_1/(\alpha_1+\alpha_2)$，使得 $\alpha_2'=0$.

情况 2：$\beta_1<\beta_2$ 且 $\gamma_1/\gamma_2\leqslant\beta_1/\beta_2$. 选择 $\lambda=1+\gamma_1/\gamma_2$，使得 $\gamma_1'=0$.

情况 3：$\beta_1<\beta_2$ 且 $\gamma_1/\gamma_2>\beta_1/\beta_2$. 选择 $\lambda=1+\beta_1/\beta_2$，使得 $\beta_1'=0$.

最终，我们有 $\mathcal{A}=\beta_1$，$\mathcal{B}=1-\beta_1\gamma_2$，$\mathcal{C}=\gamma_2$. 它们都不大于 $1/\phi$.

[与此类似，对于 n 个骰子，渐近最优概率 p_n 满足 $p_n=\alpha_2^{(n)}=1-\alpha_1^{(n-1)}\alpha_2^{(n)}=\cdots=1-\alpha_1^{(2)}\alpha_2^{(3)}=\alpha_1^{(2)}$. 可以证明 $f_n(1-p_n)=0$，其中，$f_{n+1}(x)=f_n(x)-xf_{n-1}(x)$，$f_0(x)=1$，$f_1(x)=1-x$. 这样一来，$f_n(x^2)$ 便可表示为切比雪夫多项式 $x^{n+1}U_{n+1}(\frac{1}{2x})$，并且我们有 $p_n=1-1/(4\cos^2\pi/(n+2))$. 见扎尔曼 · 乌西斯金，*Annals of Mathematical Statistics* **35** (1964), 857–862；斯坦尼斯拉夫 · 特雷布拉，*Zastosowania Matematyki* **8** (1965), 143–156；安杰伊 · 科米萨尔斯基，*AMM* **128** (2021), 423–434.]

3. 利用蛮力法（编程）可以找到 8 个解，其中最简单的是：

$$A = \quad, \qquad B = C = \quad.$$

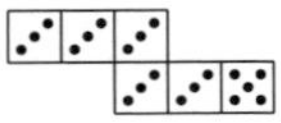

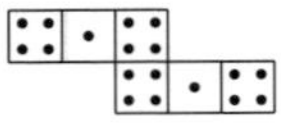

它们各自的概率分别为 $\frac{17}{27}$、$\frac{16}{27}$、$\frac{16}{27}$. [如果也允许 ，那么以下是唯一解：

$$A = \quad, \qquad B = \quad, \qquad C = \quad.$$

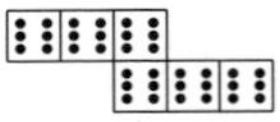

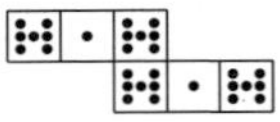

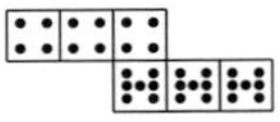

它具有这样的性质：每次投掷恰好有一个骰子低于平均值，两个骰子高于平均值，A、B、C 中的每一个骰子低于平均值的可能性相同；因此所有 3 个概率都等于 2/3. 见豪尔赫 · 莫拉莱达和戴维 · 杰弗里 · 斯托克，*College Mathematics Journal* **43** (2012), 152–159.]

4. (a) 排列 (1 2 3 4)(5 6) 将使 $A \to B \to C \to D \to A$. 因此，$B$ 对 C 就像 A 对 B，以此类推. 此外，我们还有 $\Pr(A$ 击败 $C) = \Pr(C$ 击败 $A) = \Pr(B$ 击败 $D) = \Pr(D$ 击败 $B) = \frac{288}{720}$；$\Pr(A$ 和 C 打成平局 $) = \Pr(B$ 和 D 打成平局 $) = \frac{144}{720}$.

(b) 由对称性，不妨设玩家是 A、B、C. 那么获胜者是 $(A, B, C, AB, AC, BC, ABC)$ 的概率分别是 $(168, 216, 168, 48, 72, 36, 12)/720$.

(c) 获胜者是 $(A, AB, AC, ABC, ABCD)$ 的概率分别是 $(120, 24, 48, 12, 0)/720$.

5. (a) 如果 $A_k = 1001$ 以 0.99 的概率成立，否则 $A_k = 0$，但始终有 $B_k = 1000$，则 $P_{1000} = 0.99^{1000} \approx 0.000\,043$.（此例给出了可能的最小 P_{1000}，因为 $\Pr((A_1 - B_1) + \cdots + (A_n - B_n) > 0) \geqslant \Pr([A_1 > B_1] \cdots [A_n > B_n]) = P_1^n$.）

(b) 令 $E = q_0 + q_2 + q_4 + \cdots \approx 0.679\,15$ 是 $B = 0$ 的概率. 则 $\Pr(A > B) = \sum_{k=0}^{\infty} q_{2k}(E + \sum_{j=0}^{k-1} q_{2j+1}) \approx 0.474\,02$；$\Pr(A < B) = \sum_{k=0}^{\infty} q_{2k+1}(1 - E + \sum_{j=0}^{k} q_{2j}) \approx 0.308\,07$；$\Pr(A = B) = \Pr(A = B = 0) = E(1 - E) \approx 0.217\,90$ 也是 $AB > 0$ 的概率.

(c) 在前 n_k 轮中，爱丽丝或鲍勃的得分超过 m_k 的概率至多为 $n_k(q_{k+1} + q_{k+2} + \cdots) = O(2^{-k})$；他俩的得分均未超过 m_k 的概率为 $(1 - q_k)^{n_k} < \exp(-q_k n_k) = \exp(-2^k/D)$. 当 $k > 1$ 时，$m_k > n_k m_{k-1}$ 也同样如此. 因此，随着 $k \to \infty$，当 k 为偶数时，爱丽丝确乎必然获胜，但当 k 为奇数时，爱丽丝会输. [*The American Statistician* **43** (1989), 277–278.]

6. $X_j = 1$ 的概率显然为 $p_1 = 1/(n-1)$. 因此，$X_j = 0$ 的概率为 $p_0 = (n-2)/(n-1)$. 当 $i < j$ 时，$X_i = X_j = 1$ 的概率为 p_1^2. 因此（见习题 20），(X_i, X_j) 将等于 $(0, 1)$、$(1, 0)$ 或 $(0, 0)$，且正确概率分别为 $p_0 p_1$、$p_1 p_0$、$p_0 p_0$. 但当 $i < j < k$ 时，$X_i = X_j = X_k = 1$ 的概率为 0.

对于 3 阶独立，令 $\Pr(X_1 \cdots X_n = x_1 \cdots x_n) = a_{x_1 + \cdots + x_n}/(n-2)^3$，其中，$a_0 = 2\binom{n-2}{3}$，$a_1 = \binom{n-2}{2}$，$a_3 = 1$，其余 $a_j = 0$.

7. 令 $f_m(n) = \sum_{j=0}^{m} \binom{n}{j}(-1)^j(n+1-m)^{m-j}$，并通过 $a_j = f_{k-j}(n-j)$ 定义概率，如习题 6 的答案所示.（具体地说，我们有 $f_0(n) = 1$，$f_1(n) = 0$，$f_2(n) = \binom{n-1}{2}$，$f_3(n) = 2\binom{n-2}{3}$，$f_4(n) = 3\binom{n-3}{4} + \binom{n-3}{2}^2$.）因为恒等式 $\sum_j \binom{n}{j} f_{m-j}(n-j) = (n+1-m)^m$，如果我们能证明对于 $n \geqslant m$ 有 $f_m(n) \geqslant 0$，则这个定义是有效的.

为了证明这个不等式，舒尔特-吉尔斯指出（参见《具体数学》式 (5.19)），$f_m(n) = \sum_{k=0}^{m} \binom{m-n}{k}(n-m)^{m-k} = \sum_{k=0}^{m} \binom{n-m-1+k}{k}(-1)^k(n-m)^{m-k}$. 这些项能很好地配对，以产生 $\sum_{k=0}^{m-1} k\binom{n-m-1+k}{k+1}(n-m)^{m-k-1}[k$ 为偶数$] + \binom{n-1}{m}[m$ 为偶数$]$.

8. 如果 $0 < k < n$，则 k 个分量具有任何特定设置的概率为 $1/2^k$，因为其余分量具有偶校验的次数与奇校验的次数一样多. 因此存在 $(n-1)$ 阶独立性，但不存在 n 阶独立性.

9. 将概率 1/2 赋予 $0 \cdots 0$ 和 $1 \cdots 1$；所有其他向量的概率均为 0.

10. 如果 $n > p$，那么我们有 $X_{p+1} = X_1$，所以不存在独立性. 否则，如果 $m < n \leqslant p$，则存在 m 阶独立性，因为任何 m 个向量 $(\mathbf{1}, \boldsymbol{j}, \cdots, \boldsymbol{j}^{m-1})$ 都是模 p 线性独立的（它们是范德蒙德矩阵的列，见习

题 1.2.3–37）；但 X 是 $(m+1)$ 阶相关的，因为 m 次多项式不能有 $m+1$ 个不同的根．如果 $m \geqslant n$ 且 $n \leqslant p$，则完全独立．

在这个构造中，我们可以使用任何有限域，而不仅仅是对模 p 进行操作．

11. 我们可以假设 $n=1$，因为 $(X_1+\cdots+X_n)/n$ 和 $(X_{n+1}+\cdots+X_{2n})/n$ 是服从相同离散分布的独立随机变量．则 $\Pr(|X_1+X_2-2\alpha| \leqslant 2|X_1-\alpha|) \geqslant \Pr(|X_1-\alpha|+|X_2-\alpha| \leqslant 2|X_1-\alpha|) = \Pr(|X_2-\alpha| \leqslant |X_1-\alpha|) = (1+\Pr(X_1=X_2))/2 > 1/2$．［该题由托马斯・梅里尔・科弗建议．］

12. 令 $w=\Pr(A\text{ 且 }B)$，$x=\Pr(A\text{ 且 }\bar{B})$，$y=\Pr(\bar{A}\text{ 且 }B)$，$z=\Pr(\bar{A}\text{ 且 }\bar{B})$．所有 5 个陈述都等价于 $wz>xy$，或者等价于 $\left|\begin{smallmatrix} w & x \\ y & z \end{smallmatrix}\right| > 0$，又或者等价于“$A$ 和 B 严格正相关”（见习题 61）．［该题由埃万耶洛斯・乔治亚迪斯建议．］

13. 在很多情况下是错误的．比如，取 $\Pr(\bar{A}\text{ 且 }\bar{B}\text{ 且 }\bar{C}) = \Pr(\bar{A}\text{ 且 }B\text{ 且 }\bar{C}) = 0$，$\Pr(A\text{ 且 }B\text{ 且 }C)=2/7$，所有其他联合概率取 $1/7$．

14. 对 n 归纳．［*Philosophical Transactions* **53** (1763), 370–418，命题 6 的证明．］

15. 如果 $\Pr(C)>0$，那么这就是以 C 为条件的链式法则．但如果 $\Pr(C)=0$，则根据我们的约定，它不成立，除非 A 和 B 是独立的．

16. 当且仅当 $\Pr(\overline{A}\cap B\cap C) = 0 \neq \Pr(B)$ 或 $\Pr(\overline{A}\cap C)=0$．

17. 4/51，因为除了 Q♠，有 4 张牌是 A．

18. 由于 $(M-X)(X-m) \geqslant 0$，我们有 $(M\,\mathrm{E}\,X)-(\mathrm{E}\,X^2)+(m\,\mathrm{E}\,X)-mM \geqslant 0$．［关于一般情形，见钱德勒・戴维斯和拉金德拉・巴蒂亚，*AMM* **107** (2000), 353–356．］

19. (a) 对于 $n=0, 1, 2, \cdots$，$\Pr(X_n=1)=\mathrm{E}\,X_n$ 的二进制值分别为 $(0.0101010101010101\cdots)_2$，$(0.0011001100110011\cdots)_2$，$(0.0000111100001111\cdots)_2$，$\cdots$．因此，它们是“幻掩码”7.1.3–(47) 的补码反射．答案是 $(2^{2^n}-1)/(2^{2^{n+1}}-1) = 1/(2^{2^n}+1)$．

(b) $\Pr(X_0X_1\cdots X_{n-1} = x_0x_1\cdots x_{n-1}) = 2^{(\bar{x}_{n-1}\cdots\bar{x}_1\bar{x}_0)_2}/(2^{2^n}-1)$ 可以通过与幻掩码进行与操作和取补操作来“读取”．［要了解相关理论，请参见尤金・卢卡奇，*Characteristic Functions* (1960), 119．］

(c) 因为 $\Pr(S=\infty)=0$，所以无限和 S 是明确定义的．它的期望 $\mathrm{E}\,S=\sum_{n=0}^{\infty} 1/(2^{2^n}+1) \approx 0.596\,06$ 对应于习题 7.1.3–41(c) 的答案中 $z=1/2$ 的情形．由于独立性，$\mathrm{var}(S)=\sum_{n=0}^{\infty}\mathrm{var}(X_n) = \sum_{n=0}^{\infty} 2^{2^n}/(2^{2^n}+1)^2 \approx 0.441\,48$．

(d) 奇偶数 $\mathrm{E}\,R = (0.0110100110010110\cdots)_2$ 的十进制值为

$$0.41245\,40336\,40107\,59778\,33613\,68258\,45528\,30895-,$$

并且可以被证明等于 $\frac{1}{2}-\frac{1}{4}P$，其中，$P=\prod_{k=0}^{\infty}(1-1/2^{2^k})$［拉尔夫・威廉・高斯珀和理查德・施罗皮尔，麻省理工学院人工智能实验室备忘录 239（1972 年 2 月 29 日），Hack 122］，这是超越数［库尔特・马勒，*Mathematische Annalen* **101** (1929), 342–366; **103** (1930), 532］.（此外，事实证明 $1/P-1/2=\sum_{k=0}^{\infty} 1/\prod_{j=0}^{k-1}(2^{2^j}-1)$．）由于 R 是二进制的，因此有 $\mathrm{var}(R)=(\mathrm{E}\,R)(1-\mathrm{E}\,R) \approx 0.242\,336$．

(e) 零（因为 π 是无理数，所以 $p_0+p_1+\cdots=\infty$）．然而，如果我们问欧拉常数 γ 而不是 π 的类似问题，则没人知道答案．

(f) $\mathrm{E}\,Y_n = 2\,\mathrm{E}\,X_n$．实际上，对于任何无限串 $x_0x_1x_2\cdots$，$\Pr(Y_0Y_1Y_2\cdots = x_0x_1x_2\cdots)$ 都等于 $2\Pr(X_0X_1X_2\cdots = x_0x_1x_2\cdots) \bmod 1$，因为我们将二进制表示向左移动一位（并丢弃任何进位）．因此，特别地，当 $m\neq n$ 时有 $\mathrm{E}\,Y_mY_n = 2\,\mathrm{E}\,X_mX_n = \frac{1}{2}\mathrm{E}\,Y_m\,\mathrm{E}\,Y_n$；$Y_m$ 和 Y_n 呈负相关，因为 $\mathrm{covar}(Y_m,Y_n) = -\frac{1}{2}\mathrm{E}\,Y_m\,\mathrm{E}\,Y_n$．

(g) 显然 $\mathrm{E}\,T=2\,\mathrm{E}\,S$．因为对于所有 m 和 n 有 $\mathrm{E}\,Y_mY_n = 2\,\mathrm{E}\,X_mX_n$，所以 $\mathrm{E}\,T^2 = 2\,\mathrm{E}\,S^2$．因此 $\mathrm{var}(T) = 2(\mathrm{var}(S)+(\mathrm{E}\,S)^2)-(2\,\mathrm{E}\,S)^2 = 2\,\mathrm{var}(S)-2(\mathrm{E}\,S)^2 \approx 0.172\,37$．

20. 令 $p_j=\mathrm{E}\,X_j$．举例来说，我们必须证明：当 $k\geqslant 4$ 时有 $\mathrm{E}(X_1(1-X_2)(1-X_3)X_4) = p_1(1-p_2)(1-p_3)p_4$．但这是 $\mathrm{E}(X_1X_4 - X_1X_2X_4 - X_1X_3X_4 + X_1X_2X_3X_4) = p_1p_4 - p_1p_2p_4 - p_1p_3p_4 + p_1p_2p_3p_4$．

21. 从上题我们知道它们不能同时为二进制数．令 X 为二进制数，Y 为三进制数，以概率 1/5 取以下各值：$(0,0)$、$(0,2)$、$(1,0)$、$(1,1)$、$(1,2)$．则 $\mathrm{E}\,XY = \mathrm{E}\,X = 3/5$ 且 $\mathrm{E}\,Y = 1$；$\Pr(X=0)\Pr(Y=1) = 2/25 \neq 0$.

22. 由 (8) 我们有 $\Pr(A_1 \cup \cdots \cup A_n) = \mathrm{E}\,[A_1 \cup \cdots \cup A_n] = \mathrm{E}\max([A_1], \cdots, [A_n]) \leqslant \mathrm{E}([A_1] + \cdots + [A_n]) = \mathrm{E}[A_1] + \cdots + \mathrm{E}[A_n] = \Pr(A_1) + \cdots + \Pr(A_n)$.

23. 因为提示中给出的概率是 $\Pr(X_s = 0$ 且 $X_1 + \cdots + X_{s-1} = s-r)$，所以它等于 $\binom{s-1}{s-r}p^{s-r}(1-p)^r$. 要获得 $B_{m,n}(p)$，请针对 $r = n-m$ 和 $n-m \leqslant s \leqslant n$ 求和.［有关代数证明而不是概率/组合证明，请参阅《具体数学》习题 8.17.］

24. (a) $B_{m,n}(x) = \sum_{k=0}^{m}\binom{n}{k}x^k(1-x)^{n-k}$ 的导数是

$$\begin{aligned}B'_{m,n}(x) &= \sum_{k=1}^{m}\binom{n}{k}kx^{k-1}(1-x)^{n-k} - \sum_{k=0}^{m}\binom{n}{k}(n-k)x^k(1-x)^{n-1-k}\\ &= n\left(\sum_{k=0}^{m-1}\binom{n-1}{k}x^k(1-x)^{n-1-k} - \sum_{k=0}^{m}\binom{n-1}{k}x^k(1-x)^{n-1-k}\right)\\ &= -n\binom{n-1}{m}x^m(1-x)^{n-1-m}.\end{aligned}$$

［见卡尔 · 皮尔逊，*Biometrika* **16** (1924), 202–203.］

(b) 提示说的是，当 $0 \leqslant a \leqslant b$ 时有 $\int_0^{a/(a+b+1)} x^a(1-x)^b\mathrm{d}x < \int_{a/(a+b+1)}^1 x^a(1-x)^b\mathrm{d}x$，我们将证明 $1 - B_{m,n}(m/n) < B_{m,n}(m/n)$. 如果 $a > 0$，那么因为我们有 $\int_0^{a/(a+b+1)} < \int_0^{a/(a+b)} \leqslant \int_{a/(a+b)}^1 < \int_{a/(a+b+1)}^1$，所以仅需证明 $\int_0^{a/(a+b)} x^a(1-x)^b\mathrm{d}x \leqslant \int_{a/(a+b)}^1 x^a(1-x)^b\mathrm{d}x$. 令 $x = (a-\epsilon)/(a+b)$. 我们观察到当 $0 \leqslant \epsilon \leqslant a$ 时，$(a-\epsilon)^a(b+\epsilon)^b \leqslant (a+\epsilon)^a(b-\epsilon)^b$，这是因为数量

$$\left(\frac{a-\epsilon}{a+\epsilon}\right)^a = \mathrm{e}^{a(\ln(1-\epsilon/a)-\ln(1+\epsilon/a))} = \exp\left(-2\epsilon\left(1 + \frac{\epsilon^2}{3a^2} + \frac{\epsilon^4}{5a^4} + \cdots\right)\right)$$

当 a 增大时是非递减的.

(c) 令 $t_k = \binom{n}{k}m^k(n-m)^{n-k}$. 当 $m \geqslant n/2$ 时，因为对于 $1 \leqslant d \leqslant n-m$ 有 $t_{m+d} < t_{m+1-d}$，所以我们可以证明 $1 - B_{m,n}(m/n) = \sum_{k>m} t_k/n^n < B_{m,n}(m/n) = \sum_{k=0}^{m} t_k/n^n$. 如果 $r_d = t_{m+d}/t_{m+1-d}$，则我们有 $r_1 = m/(m+1) < 1$；又因为 $((m+1)^2 - d^2)(n-m)^2 - ((n-m)^2 - d^2)m^2 = (2m+1)(n-m)^2 + (2m-n)nd^2$，我们还有

$$\frac{r_{d+1}}{r_d} = \frac{(n-m+d)(n-m-d)m^2}{(m+1+d)(m+1-d)(n-m)^2} < 1.$$

［彼得 · 诺伊曼在 *Wissenschaftliche Zeitschrift der Technischen Universität Dresden* **15** (1966), 223–226 中证明，m 是中位数. (c) 部分的论证来自尼克 · 洛德，发表于 *The Mathematical Gazette* **94** (2010), 331–332. 另请参见斯万特 · 詹森，*Statistics and Probability Letters* **171** (2021) 109020，共 10 页.］

25. (a) $\left(\binom{n}{k}\right) - \left(\binom{n}{k+1}\right)$ 是 $\sum p_I q_J(q_t/(n-k) - p_t/(k+1))$，将 $\{1, \cdots, n\}$ 的所有分区求和，对不相交的集合 $I \cup J \cup \{t\}$，其中，$|I| = k$，$|J| = n-k-1$，$p_I = \prod_{i\in I} p_i$，$q_J = \prod_{j\in J} q_j$. 并且 $q_t/(n-k) - p_t/(k+1) \geqslant 0 \iff p_t \leqslant (k+1)/(n+1)$.

(b) 给定 $p_1, \cdots, p_{n-1}$，由于 (a)，数量 $\left(\binom{n}{k}\right)$ 在 $p_n = p$ 时最大化. 相同的论点对称地适用于所有下标 j.

26. 不等式等价于 $r_{n,k}^2 \geqslant r_{n,k-1}r_{n,k+1}$. 在牛顿的《通用算术》(*Arithmetica Universalis*, 1707) 第 242 ~245 页中，这一点在没有证明的情况下得到了陈述，多年后最终被西尔维斯特证明［*Proc. London Math. Soc.* **1** (1865), 1–16］. 我们有 $nr_{n,k} = kp_n r_{n-1,k-1} + (n-k)q_n r_{n-1,k}$，因此 $n^2(r_{n,k}^2 - r_{n,k-1}r_{n,k+1}) = (p_n r_{n-1,k-1} - q_n r_{n-1,k})^2 + (k^2-1)p_n^2 A + (k-1)(n-1-k)p_n q_n B + ((n-k)^2-1)q_n^2 C$，其中，$A = r_{n-1,k-1}^2 - r_{n-1,k-2}r_{n-1,k}$，$B = r_{n-1,k-1}r_{n-1,k} - r_{n-1,k-2}r_{n-1,k+1}$，$C = r_{n-1,k}^2 - r_{n-1,k-1}r_{n-1,k+1}$. A、B、C 非负，对 n 归纳即得.

27. $\sum_{k=0}^{m}\left(\!\binom{n}{k}\!\right)=\sum_{k=0}^{m}\left(\!\binom{n-m-1+k}{k}\!\right)(1-p_{n-m+k})$，与之前的论证相同.

28. (a) $\left(\!\binom{n}{k}\!\right)=\left(\!\binom{n-2}{k}\!\right)A+\left(\!\binom{n-2}{k-1}\!\right)B+\left(\!\binom{n-2}{k-2}\!\right)C$ 且 $\mathrm{E}\,g(X)=\sum_{k=0}^{n-2}\left(\!\binom{n-2}{k}\!\right)h_k$，其中，$A=(1-p_{n-1})(1-p_n)$，$C=p_{n-1}p_n$，$B=1-A-C$，$h_k=Ag(k)+Bg(k+1)+Cg(k+2)$. 如果诸 p_j 不全相等，那么我们可以假设 $p_{n-1}<p<p_n$. 令 $p'_{n-1}=p_{n-1}+\epsilon$ 和 $p'_n=p_n-\epsilon$，其中，$\epsilon=\min(p_n-p,p-p_{n-1})$. 分别改变 A、B、C 为 $A'=A+\delta$、$B'=B-2\delta$、$C'=C+\delta$，其中，$\delta=(p_n-p)(p-p_{n-1})$. 因此，$h_k$ 变为 $h'_k=h_k+\delta\big(g(k)-2g(k+1)+g(k+2)\big)$. 将 $x=k$ 和 $y=k+2$ 代入 (19) 得出，凸函数满足 $g(k)-2g(k+1)+g(k+2)\geqslant 0$. 因此，我们可以对诸 p 进行排列并重复此变换，直到对于 $1\leqslant j\leqslant n$ 有 $p_j=p$.

(b) 假设 $\mathrm{E}\,g(X)$ 达到最大值，且诸 p 中有 r 个为 0、s 个为 1. 令 a 满足 $(n-r-s)a+s=np$，并假设 $0<p_{n-1}<a<p_n<1$. 如同在 (a) 部分中，对一些系数 α、β、γ，我们可以这样写：$\mathrm{E}\,g(X)=\alpha A+\beta B+\gamma C$.

如果 $\alpha-2\beta+\gamma>0$，则 (a) 中的变换（但用 a 代替 p）将增大 $\mathrm{E}\,g(X)$. 如果 $\alpha-2\beta+\gamma<0$，则使用 $\delta=-\min(p_{n-1},1-p_n)$，我们可以通过类似的变换来增大它. 因此 $\alpha-2\beta+\gamma=0$. 我们可以重复 (a) 的变换，直到每个 p_j 都是 0、1 或 a.

(c) 由于当 $s>m$ 时有 $\sum_{k=0}^{m}\left(\!\binom{n}{k}\!\right)=0$，我们可以假设 $s\leqslant m$，因此 $r+s<n$. 对于函数 $g(k)=[0\leqslant k\leqslant m]$，我们有 $\alpha-2\beta+\gamma=\left(\!\binom{n-2}{m}\!\right)-\left(\!\binom{n-2}{m-1}\!\right)$. 如果 $\{p_1,\cdots,p_n\}$ 的选择是最佳的，则该差值不可能为正；特别是不可能有 $s=m$. 如果 $r>0$，那么我们可以置 $p_{n-1}=0$ 和 $p_n=a$，使得 $\left(\!\binom{n-2}{m}\!\right)=\binom{n-r-s-1}{m-s}a^{m-s}(1-a)^{n-r-1-m}$ 且 $\left(\!\binom{n-2}{m-1}\!\right)=\binom{n-r-s-1}{m-1-s}a^{m-1-s}(1-a)^{n-r-m}$. 但是比率 $\left(\!\binom{n-2}{m}\!\right)/\left(\!\binom{n-2}{m-1}\!\right)=(n-r-m)a/((m-s)(1-a))$ 超过 1. 因此 $r=0$.

同理，如果 $s>0$，那么我们可以置 $(p_{n-1},p_n)=(a,1)$，得到比率 $\left(\!\binom{n-2}{m}\!\right)/\left(\!\binom{n-2}{m-1}\!\right)=(n-1-m)a/((m-s+1)(1-a))\geqslant 1$. 在此情形中，$\left(\!\binom{n-2}{m}\!\right)=\left(\!\binom{n-2}{m-1}\!\right)$，当且仅当 $np=m+1$；我们可以在不改变 $\mathrm{E}\,g(X)$ 的情况下进行变换，直到 $s=0$ 且 $p_j=p$.

［*参考文献*：*Annals of Mathematical Statistics* **27** (1956), 713–721. 系数 $\left(\!\binom{n}{k}\!\right)$ 还有许多其他重要属性，参见习题 7.2.1.5–63 和詹姆斯 · 皮特曼在 *J. Combinatorial Theory* **A77** (1997), 279–303 中的综述.］

29. 当 m 为 0 或 n 时，结果很明显；当 $m=n-1$ 时有直接证明：因为 $p-np^n+(n-1)p^{n+1}=p(1-p)(1+p+\cdots+p^{n-1}-p^{n-1}n)\geqslant 0$，所以 $B_{n-1,n}(p)=1-p^n\geqslant(1-p)n/((1-p)n+p)$. 当 p 为 0 或 1 时，结果也很明显.

如果 $p=(m+1)/n$，那么我们有 $R_{m,n}(p)=((1-p)(m+1)/((1-p)m+1))^{n-m}=((n-m-1)/(n-m))^{n-m}$. 因此，如果 $m>0$ 且 $\hat{p}=m/(n-1)$，那么我们可以应用习题 28(c)，代入 $p_1=\cdots=p_{n-1}=\hat{p}$ 和 $p_n=1$：

$$B_{m,n}(p)\geqslant\sum_{k=0}^{m}\left(\!\binom{n}{k}\!\right)=\sum_{k=0}^{m}\binom{n-1}{k-1}\hat{p}^{k-1}(1-\hat{p})^{n-k}=B_{m-1,n-1}(\hat{p}).$$

当 $1\leqslant m<n-1$ 时，设 $Q_{m,n}(p)=B_{m,n}(p)-R_{m,n}(p)$. 导数

$$Q'_{m,n}(p)=(n-m)\binom{n}{m}(1-p)^{n-m-1}(A-F(p))/((1-p)m+1)^{n-m+1},$$

其中，$A=(m+1)^{n-m}/\binom{n}{m}>1$ 且 $F(p)=p^m((1-p)m+1)^{n-m+1}$，在 $p=0$ 时开始为正，最终变为负，但在 $p=1$ 时再次为正.（请注意，$F(0)=0$，并且 $F(p)$ 急剧增大，直到 $p=(m+1)/(n+1)$；然后减小到 $F(1)=1$.）事实表明 $Q_{m,n}(\frac{m+1}{n})\geqslant 0=Q_{m,n}(0)=Q_{m,n}(1)$ 现在完成证明，因为 $Q'_{m,n}(p)$ 仅在 $[0\,.\,.\,\frac{m+1}{n}]$ 更改一次符号.［*Annals of Mathematical Statistics* **36** (1965), 1272–1278.］

30. (a) $\Pr(X_k=0)=n/(n+1)$，因此 $p=n^n/(n+1)^n>1/\mathrm{e}\approx 0.368$.

(b)（由约翰 · 汉考克 · 埃尔顿解答）令 $p_{km}=\Pr(X_k=m)$. 假设对于 $1\leqslant k<n$，这些概率是固定的，并令 $x_m=p_{nm}$. 那么 $x_0=x_2+2x_3+3x_4+\cdots$. 我们想在非负变量 x_1, x_2, $\cdots$ 中最小化 $p=\sum_{m=1}^{\infty}(A_m+(m-1)A_0)x_m$，其中，$A_m=\Pr(X_1+\cdots+X_{n-1}\leqslant n-m)$，受条件 $\sum_{m=1}^{\infty}mx_m=1$ 限制. 由于 p 的所有系数均为非负数，因此当对于 $m\geqslant 1$（除了一个值 $m=m_n$）所有 x_m 均为零时，即可实现最小值，该值可最小化 $(A_m+(m-1)A_0)/m$. 并且，因为只要 $m>n$ 就有 $A_m=0$，所以 $m_n\leqslant n+1$. 同理，m_1, $\cdots$, m_{n-1} 也存在.

(c)（由恩斯特 · 舒尔特-吉尔斯解答）令 $m_1=\cdots=m_n=t\leqslant n+1$，我们希望最小化 $B_{\lfloor n/t\rfloor,n}(1/t)$. 因为我们可以在算术几何平均不等式 $x^{n-m}\leqslant((n-m)x+m)^n/n^n$ 中置 $x=((1-p)m+1)/((1-p)(m+1))$，所以习题 29 中的塞缪尔斯不等式意味着：

$$\text{对于 } p\leqslant\frac{m+1}{n} \text{ 有 } B_{m,n}(p)\geqslant\Bigl(1-\frac{1}{f(m,n,p)+1}\Bigr)^n\text{，其中，}\quad f(m,n,p)=\frac{(m+1)(1-p)n}{(n-m)p}.$$

现在我们有 $1/t\leqslant(\lfloor n/t\rfloor+1)/(n+1)$ 和 $f(\lfloor n/t\rfloor,n,1/t)\geqslant n$，因此有 $B_{\lfloor n/t\rfloor,n}(1/t)\geqslant n^n/(n+1)^n$.

［彼得 · 温克勒在 *CACM* **52**, 8 (August 2009), 104–105 中将此称为"口香糖机问题". 约翰 · 汉考克 · 埃尔顿已经验证，当 $n\leqslant 20$ 时，(a) 中的联合分布是最佳的，参见 arXiv:0908.3528 [math.PR] (2009)，共 7 页. 这些分布实际上是否对所有 n 最小化了 p? 乌里尔 · 法伊格更普遍地推测，只要 $X_1,\cdots,X_n$ 是独立的非负随机变量且 $\mathrm{E}\,X_k\leqslant 1$，我们就有 $\Pr(X_1+\cdots+X_n<n+1/(\mathrm{e}-1))\geqslant 1/\mathrm{e}$，参见 *SICOMP* **35** (2006), 964–984. ］

31. 因为 $\Pr(f([A_1],\cdots,[A_n]))=\mathrm{E}\,f([A_1],\cdots,[A_n])$，所以这个结果是立竿见影的. 但是对于习题 32，更详细、更低层次的证明会更有帮助.

假设 $n=4$. 可靠性多项式是 f 最小项的可靠性多项式之和. 这足以证明结果对于像这样的函数是正确的：$x_1\wedge\bar{x}_2\wedge\bar{x}_3\wedge x_4=x_1(1-x_2)(1-x_3)x_4$. 很明显，$\Pr(A_1\cap\overline{A}_2\cap\overline{A}_3\cap A_4)=\Pr(A_1\cap\overline{A}_2\cap A_4)-\Pr(A_1\cap\overline{A}_2\cap A_3\cap A_4)=\pi_{14}-\pi_{124}-\pi_{134}+\pi_{1234}$.（参见习题 7.1.1–12，也请回忆容斥原理.）

32. 上题答案中的 2^n 个小项概率必须都是非负的，并且它们的和必须为 1. 我们已经规定 $\pi_\varnothing=1$，所以和为 1 的条件自动满足.（习题中所述的条件 $I\subseteq J$ 是必要条件，但不是充分条件. 比如，π_{12} 必须大于或等于 $\pi_1+\pi_2-1$.）

33. 三个事件 $(X,Y)=(1,0)$, $(0,1)$, $(1,1)$ 发生的概率分别为 p, q, r. 在这些情况下，$\mathrm{E}(X\,|\,Y)$ 的值分别为 1, $r/(q+r)$, $r/(q+r)$. 因此答案是 $pz+(q+r)z^{r/(q+r)}$.（这个例子说明了为什么在条件随机变量的研究中不使用单变量生成函数，例如 $\mathrm{E}(X\,|\,Y)$. 但是我们确实有简单公式 $\mathrm{E}(X\,|\,Y\!=\!k)=([z^k]\,\frac{\partial}{\partial w}G(1,z))/([z^k]\,G(1,z))$.）

34. 右侧是

$$\begin{aligned}\sum_\omega \mathrm{E}(X\,|\,Y)\Pr(\omega)&=\sum_\omega\Pr(\omega)\sum_{\omega'}X(\omega')\Pr(\omega')[Y(\omega')=Y(\omega)]/\Pr(Y=Y(\omega))\\&=\sum_\omega\Pr(\omega)\sum_{\omega'}X(\omega')\Pr(\omega')[Y(\omega')=Y(\omega)]/\Pr(Y=Y(\omega'))\\&=\sum_{\omega'}X(\omega')\Pr(\omega')\sum_{\omega}\Pr(\omega)[Y(\omega)=Y(\omega')]/\Pr(Y=Y(\omega')).\end{aligned}$$

35. (b) 部分是错误的. 如果 X 和 Y 是独立的随机位并且 $Z=X$，那么我们有 $\mathrm{E}(X\,|\,Y)=\frac12$ 并且 $\mathrm{E}(\frac12\,|\,Z)=\frac12\neq X=\mathrm{E}(X\,|\,Z)$. 代替 (b) 的正确公式是：

$$\mathrm{E}\bigl(\mathrm{E}(X\,|\,Y,Z)\,|\,Z\bigr)\;=\;\mathrm{E}(X\,|\,Z).\qquad(*)$$

这是由 Z 决定的概率空间中的 (12)，它是习题 91 的关键恒等式. (a) 部分是正确的，因为它是 $(*)$ 在 $Y=Z$ 时的情况.

36. (a) $f(X)$; (b) $\mathrm{E}(f(Y)g(X))$，推广 (12). 证明：$\mathrm{E}(f(Y)\,\mathrm{E}(g(X)\mid Y))=\sum_y f(y)\,\mathrm{E}(g(X)\mid Y=y)\Pr(Y=y)=\sum_{x,y}f(y)g(x)\Pr(X=x,Y=y)=\mathrm{E}(f(Y)g(X))$.

37. 如果值是 $X_1,\cdots,X_{k-1}$，那么 X_k 的值同样可能是 $\{1,\cdots,n\}\setminus\{X_1,\cdots,X_{k-1}\}$ 中的任何 $n+1-k$ 个值之一. 因此它的平均值是 $(1+\cdots+n-X_1-\cdots-X_{k-1})/(n+1-k)$. 我们的结论是 $\mathrm{E}(X_k\,|\,X_1,\cdots,X_{k-1})=(n(n+1)/2-X_1-\cdots-X_{k-1})/(n+1-k)$.（顺便说一句，序列 Z_0, Z_1, $\cdots$，对于 $0\leqslant j<n$ 定义为 $Z_j=(n+j)X_1+(n+j-2)X_2+\cdots+(n-j)X_{j+1}-(j+1)n(n+1)/2$，对于 $j\geqslant n$ 定义为 $Z_j=Z_{n-1}$，因此该序列是鞅.）

38. 令 $t_{m,n}$ 为以 $01\cdots(m-1)$ 开头、长度为 $m+n$ 的受限增长串的数量.（这是 $\{1,\cdots,m+n\}$ 的集合分划数，其中，每个 $\{1,\cdots,m\}$ 出现在不同的块中.）生成函数 $\sum_{n\geqslant 0} t_{m,n}z^n/n!$ 原来是 $\exp(\mathrm{e}^z-1+mz)$；因此 $t_{m,n}=\sum_k \varpi_k\binom{n}{k}m^{n-k}$.

假设 $M=\max(X_1,\cdots,X_{k-1})+1$. 那么，对于 $0\leqslant j<M$ 有 $\Pr(X_k=j)=t_{M,n-k}/t_{M,n+1-k}$，对于 $j=M$ 有 $t_{M+1,n-k}/t_{M,n+1-k}$. 因此 $\mathrm{E}(X_k\,|\,X_0,\cdots,X_{k-1})=\left(\binom{M}{2}t_{M,n-k}+Mt_{M+1,n-k}\right)/t_{M,n+1-k}$.

39. (a) 由于 $\mathrm{E}(K\,|\,N=n)=pn$，我们得到 $\mathrm{E}(K\,|\,N)=pN$.

(b) 因此 $\mathrm{E}\,K=\mathrm{E}(\mathrm{E}(K\,|\,N))=\mathrm{E}\,pN=p\mu$.

(c) 令 $p_{nk}=\Pr(N=n,K=k)=(\mathrm{e}^{-\mu}\mu^n/n!)\times\binom{n}{k}p^k(1-p)^{n-k}=(\mathrm{e}^{-\mu}\mu^k p^k/k!)\times f(n-k)$，其中，$f(n)=(1-p)^n\mu^n/n!$. 那么 $\mathrm{E}(N\,|\,K=k)=\sum_n np_{nk}/\sum_n p_{nk}$. 由于 $nf(n-k)=kf(n-k)+(n-k)f(n-k)$ 且 $nf(n)=(1-p)\mu f(n-1)$，答案是 $k+(1-p)\mu$，从而有 $\mathrm{E}(N\,|\,K)=K+(1-p)\mu$.［杰弗里 · 理查德 · 格里梅特和戴维 · 罗伯特 · 斯特扎克，*Probability and Random Processes* (Oxford: 1982), 3.7 节.］

40. 如果 $p=\Pr(X>m)$，那么显然有 $\mathrm{E}\,X\leqslant(1-p)m+pM$.（通过取 $S=\{x\mid x\leqslant m\}$，$f(x)=M-x$，$s=M-m$，我们也可以从 (15) 中得到这个结果.）

41. (a) 当 $a\geqslant 1$ 或 $a=0$ 时为凸，否则既不凸也不凹.（但是，如果我们仅考虑 x 的正值，则当 $0<a<1$ 时，x^a 是凹的；当 $a<0$ 时，x^a 是凸的.）(b) 当 n 为偶数或 $n=1$ 时为凸，否则既不凸也不凹.（根据 1.2.11.3–(5)，这个函数是 $\int_0^x t^{n-1}\mathrm{e}^{x-t}\mathrm{d}t/(n-1)!$. 因此当 $n\geqslant 3$ 且为奇数时，$f''(x)/x>0$.）(c) 凸.（事实上，只要 $f(z)$ 具有非负系数的幂级数，且对所有 z 收敛，$f(|x|)$ 就是凸的.）(d) 凸，当然前提是我们允许 f 在定义 (19) 中无限大.

42. 通过对 n 进行归纳，我们可以证明，如习题 6.2.2–36 所示，当 $p_1,\cdots,p_n\geqslant 0$ 且 $p_1+\cdots+p_n=1$ 时，$f(p_1x_1+\cdots+p_nx_n)\leqslant p_1f(x_1)+\cdots+p_nf(x_n)$. 通过取 $n\to\infty$，我们可以得到一般结果.（量 $p_1x_1+\cdots+p_nx_n$ 称为 $\{x_1,\cdots,x_n\}$ 的“凸组合”；同理，$\mathrm{E}\,X$ 是 X 值的凸组合. 詹生实际上通过仅假设 (19) 的 $p=q=\frac{1}{2}$ 这种情况开始了他的研究.）

43. $f(\mathrm{E}\,X)=f(\mathrm{E}(\mathrm{E}(X\,|\,Y)))\leqslant\mathrm{E}(f(\mathrm{E}(X\,|\,Y)))\leqslant\mathrm{E}(\mathrm{E}\,f(X)\,|\,Y)=\mathrm{E}\,f(X)$.［谢尔登 · 马克 · 罗斯，*Probability Models for Computer Science* (2002)，引理 3.2.1.］

44. 对于任何固定的 x，函数 $f(xy)$ 在 y 上都是凸函数. 因此，$g(y)=\mathrm{E}\,f(Xy)$ 在 y 上是凸的：它是凸函数的凸组合. 根据 (20)，我们还有 $g(y)\geqslant f(\mathrm{E}\,Xy)=f(0)=g(0)$. 因此，根据 g 的凸性，$0\leqslant a\leqslant b$ 意味着 $g(0)\leqslant g(a)\leqslant g(b)$.［斯蒂芬 · 博伊德和利芬 · 范登贝格，*Convex Optimization* (2004)，习题 3.10.］

45. $\Pr(X>0)=\Pr(|X|\geqslant 1)$. 在 (16) 中置 $m=1$.

46. 因为平方函数是凸函数，所以由詹生不等式可知，在任何概率分布中都有 $\mathrm{E}\,X^2\geqslant(\mathrm{E}\,X)^2$. 因为 $\mathrm{E}\,X^2-(\mathrm{E}\,X)^2=\mathrm{E}(X-\mathrm{E}\,X)^2$，我们也可以直接证明.

47. 我们总是有 $Y\geqslant X$ 且 $Y^2\leqslant X^2$.（因此，由 (22) 得出，当 $\mathrm{E}\,X\geqslant 0$ 时有 $\Pr(X>0)=\Pr(Y>0)\geqslant(\mathrm{E}\,Y)^2/(\mathrm{E}\,Y^2)\geqslant(\mathrm{E}\,X)^2/(\mathrm{E}\,X^2)$.）

48. 由习题 47 得出 $\Pr(a-X_1-\cdots-X_n>0)\geqslant a^2/(a^2+\sigma_1^2+\cdots+\sigma_n^2)$. ［这也被称为切比雪夫不等式. 参见 *J. Math. Pures et Appl.* (2) **19** (1874), 157–160. 在 $n=1$ 的特殊情况下，它等价于“坎泰利不等式”：

$$\text{对于 } a\geqslant 0 \text{ 有 } \Pr(X\geqslant\mathrm{E}\,X+a)\ \leqslant\ \mathrm{var}(X)/(\mathrm{var}(X)+a^2).$$

参见 *Atti del Congresso Internazionale dei Matematici* **6** (Bologna: 1928), 47–59, §6–§7.］

49. $\Pr(X=0)=1-\Pr(X>0)\leqslant(\mathrm{E}\,X^2-(\mathrm{E}\,X)^2)/\mathrm{E}\,X^2\leqslant(\mathrm{E}\,X^2-(\mathrm{E}\,X)^2)/(\mathrm{E}\,X)^2=(\mathrm{E}\,X^2)/(\mathrm{E}\,X)^2-1$.（一些作者称这个不等式为“二阶矩原理”，但它严格弱于 (22).）

50. (a) 如果 $X_j>0$，令 $Y_j=X_j/X$，否则令 $Y_j=0$. 那么 $Y_1+\cdots+Y_m=[X>0]$. 因此有 $\Pr(X>0)=\sum_{j=1}^m\mathrm{E}\,Y_j$，并且 $\mathrm{E}\,Y_j=\mathrm{E}(X_j/X\mid X_j>0)\cdot\Pr(X_j>0)$.［该恒等式仅要求 $X_j\geqslant 0$，它是初等的但又是非线性的，因此显然多年来未被发现. 参见戴维 · 奥尔德斯，*Discrete Math.* **76** (1989), 168.］

(b) 由于 $X_j \in \{0,1\}$，我们有 $\Pr(X_j > 0) = \mathrm{E}\,X_j = p_j$；并且 $\mathrm{E}(X_j/X \mid X_j{>}0) = \mathrm{E}(X_j/X \mid X_j{=}1) = \mathrm{E}(1/X \,|\, X_j{=}1) \geqslant 1/\mathrm{E}(X \,|\, X_j{=}1)$.

(c) $\Pr(X_J = 1) = \sum_{j=1}^m \Pr(J = j$ 且 $X_j = 1) = \sum_{j=1}^m p_j/m = \mathrm{E}\,X/m$. 因此 $\Pr(J{=}j \,|\, X_J{=}1) = \Pr(J{=}j$ 且 $X_j{=}1)/\Pr(X_J{=}1) = (p_j/m)/(\mathrm{E}\,X/m) = p_j/\mathrm{E}\,X$.

(d) 由于 J 是独立的，因此我们有 $t_j = \mathrm{E}(X \,|\, J = j$ 且 $X_j = 1) = \mathrm{E}(X \,|\, X_j = 1)$.

(e) 右边是 $(\mathrm{E}\,X)\sum_{j=1}^m (p_j/\mathrm{E}\,X)/t_j \geqslant (\mathrm{E}\,X)/\sum_{j=1}^m (p_j/\mathrm{E}\,X)t_j$.

51. 设 $q_j = 1 - p_j$. 如果 $g(q_1,\cdots,q_m) = 1 - f(p_1,\cdots,p_m)$ 是 f 的对偶，则 g 的下界给出了 f 的上界. 举例来说，若 f 是 $x_1x_2x_3 \vee x_2x_3x_4 \vee x_4x_5$，则 $\bar f$ 是 $\bar x_1\bar x_4 + \bar x_2\bar x_4 + \bar x_3\bar x_4 + \bar x_2\bar x_5 + \bar x_3\bar x_5$. 因此，不等式 (24) 给出 $g(q_1,\cdots,q_5) \geqslant q_1q_4/(1+q_2+q_3+q_2q_5+q_3q_5) + q_2q_4/(q_1+1+q_3+q_5+q_3q_5) + q_3q_4/(q_1+q_2+1+q_2q_5+q_5) + q_2q_5/(q_1q_4+q_4+q_3q_4+1+q_3) + q_3q_5/(q_1q_4+q_2q_4+q_4+q_2+1)$. 具体地说，$g(0.1,\cdots,0.1) > 0.039$ 且 $f(0.9,\cdots,0.9) < 0.961$.

52. $\binom{n}{k}p^k/\sum_{j=0}^k \binom{k}{j}\binom{n-k}{j}p^j$.

53. $f(p_1,\cdots,p_6) \geqslant p_1p_2(1-p_3)/(1+p_4p_5(1-p_6)) + \cdots + p_6p_1(1-p_2)/(1+p_3p_4(1-p_5))$. 应用此方法时不需要单调性，也不需要蕴涵元是素数. 当蕴涵元不相交时，结果是精确的.

54. (a) 因为对所有的 $u < v < w$ 都有 $\mathrm{E}\,X_{uvw} = p^3$，所以 $\Pr(X > 0) \leqslant \mathrm{E}\,X = \binom{n}{3}p^3$.

(b) $\Pr(X > 0) \geqslant (\mathrm{E}\,X)^2/(\mathrm{E}\,X^2)$，其中，分子是 (a) 的平方，分母可以表示为 $\binom{n}{3}p^3 + 12\binom{n}{4}p^5 + 30\binom{n}{5}p^6 + 20\binom{n}{6}p^6$. 比如，$X^2$ 的展开式包含形如 $X_{uvw}X_{uvw'}$ 的 12 项，其中，$u < v < w < w'$. 这些项中的每一项都有期望值 p^5.

55. 一个与包含 $\binom{10}{2} = 45$ 个变量的布尔函数相对应的 BDD 大约有 140 万个结点. 它让我们能够准确评估真实概率 $(1-p)^{45}G(p/(1-p))$，其中，$G(z)$ 是相应的生成函数（参见习题 7.1.4–25）. 结果是：(a) $30/37 \approx 0.811 < 35\,165\,158\,461\,687/2^{45} \approx 0.999 < 15$；(b) $10/109 \approx 0.092 < 4\,180\,246\,784\,470\,862\,526\,910\,349\,589\,019\,919\,032\,987\,399/(4 \times 10^{43}) \approx 0.105 < 0.12$.

56. 上界为 $\mu = \lambda^3/6$；下界为该值除以 $1 + \mu$.［精确的渐近值可以利用容斥原理及其“分组”性质获得，如式 7.2.1.4–(48) 所示；结果是 $1 - \mathrm{e}^{-\mu}$. 参见保罗 · 埃尔德什和奥尔弗雷德 · 雷尼，*Magyar Tudományos Akadémia Mat. Kut. Int. Közl.* **5** (1960), 17–61, §3. ］

57. 为了计算 $\mathrm{E}(X \,|\, X_{uvw} = 1)$，我们在 $u' < v' < w'$ 的所有 $\binom{n}{3}$ 个选择上对 $\Pr(X_{u'v'w'} \,|\, X_{uvw} = 1)$ 求和. 如果 $\{u', v', w'\} \cap \{u, v, w\}$ 有 t 个元素，则此概率为 $p^{3-t(t-1)/2}$. 这有 $\binom{3}{t}\binom{n-3}{3-t}$ 种情形. 因此我们得到：

$$\Pr(X > 0) \geqslant \binom{n}{3}p^3/\left(\binom{n-3}{3}p^3 + 3\binom{n-3}{2}p^3 + 3\binom{n-3}{1}p^2 + \binom{n-3}{0}p^0\right).$$

（在这个问题中，使用任一不等式得到的下界结果都相同，但在这里的推导更简单.）

58. $\Pr(X > 0) \leqslant \binom{n}{k}p^{k(k-1)/2}$. 使用上题答案中的条件期望不等式，下界是上界除以 $\sum_{t=0}^k \binom{k}{t}\binom{n-k}{k-t} p^{k(k-1)/2-t(t-1)/2}$.

59. (a) 只需证明 $a_0b_1 + a_1b_0 \leqslant c_0d_1 + c_1d_0$ 即可. 关键是 $c_1d_0(c_0d_1 + c_1d_0 - a_0b_1 - a_1b_0) = (c_1d_0 - a_0b_1)(c_1d_0 - a_1b_0) + (c_0c_1d_0d_1 - a_0a_1b_0b_1)$. 因此，当 $c_1d_0 \neq 0$ 时结果成立；如果 $c_1d_0 = 0$，则 $a_0b_1 + a_1b_0 = 0$.

当 $a_0 = b_0 = d_0 = 0$ 并且其他变量为 1 时，所有 4 个假设都成立，但结论是 $1 \leqslant 2$. 相反，当 $b_1 = c_1 = 2$ 并且其他变量为 1 时，我们有 $a_1b_0 < c_1d_0$，但仅得出 $6 \leqslant 6$ 的结论.

(b) 当 $l = 0$ 和 $l = 1$ 时，令 $A_l = \sum\{a_{2j+l} \mid 0 \leqslant j < 2^{n-1}\}$；同理，用 $b_{2j+l}, c_{2j+l}, d_{2j+l}$ 分别定义 B_l, C_l, D_l. 通过对 n 进行归纳，对于 $j \bmod 2 = l$ 和 $k \bmod 2 = m$ 的假设证明 $A_lB_m \leqslant C_{l|m}D_{l\&m}$. 因此，根据 (a)，我们得到所需的不等式 $(A_0 + A_1)(B_0 + B_1) \leqslant (C_0 + C_1)(D_0 + D_1)$.［这个结果归功于鲁道夫 · 阿尔斯韦德和戴维 · 戴金，他们在 *Zeitschrift für Wahrscheinlichkeitstheorie und verwandte Gebiete* **43** (1978) 第 183～185 页使用下题中的术语陈述了这个结果. ］

(c) 现在令 $A_n = a_0 + \cdots + a_{2^n-1}$，并以类似的方式定义 B_n, C_n, D_n. 如果 $A_\infty B_\infty > C_\infty D_\infty$，那么对于某个 n 有 $A_nB_n > C_\infty D_\infty$. 但是 $C_\infty D_\infty \geqslant C_nD_n$，这与 (b) 相反.

［事实上，还有更多情况是正确的：对于所有的 n，我们有 $\sum_{\nu j+\nu k=n} a_j b_k \leqslant \sum_{\nu j+\nu k=n} c_j d_k$. 参见安德斯 · 比约纳，*Combinatorica* **31** (2011), 151–164；德梅特雷斯 · 赫里斯托菲季斯，arXiv:0909.5137 [math.CO] (2009)，共 6 页. ］

60. (a) 我们可以将每个集合视为非负整数的子集. 令 $\overline{\alpha}(S)=\alpha(S)[S\in\mathcal{F}]$，$\overline{\beta}(S)=\beta(S)[S\in\mathcal{G}]$，$\overline{\gamma}(S)=\gamma(S)[S\in\mathcal{F}\sqcup\mathcal{G}]$，$\overline{\delta}(S)=\delta(S)[S\in\mathcal{F}\sqcap\mathcal{G}]$；则 $\overline{\alpha}(\wp)=\alpha(\mathcal{F})$，$\overline{\beta}(\wp)=\beta(\mathcal{G})$，$\overline{\gamma}(\wp)=\gamma(\mathcal{F}\sqcup\mathcal{G})$，$\overline{\delta}(\wp)=\delta(\mathcal{F}\sqcap\mathcal{G})$，其中，$\wp$ 是所有可能子集的集合. 由于任何非负整数集合 S 都可以按照通常的方式编码为二进制数 $s=\sum_{j\in S}2^j$，因此，如果我们令 $a_s=\overline{\alpha}(S)$，$b_s=\overline{\beta}(S)$，$c_s=\overline{\gamma}(S)$，$d_s=\overline{\delta}(S)$，则期望的结果可以从四函数定理得出.

(b) 对于所有集合 S，令 $\alpha(S)=\beta(S)=\gamma(S)=\delta(S)=1$.

61. (a) 在提示所述情况下，可以令 $\alpha(S)=f(S)\mu(S)$，$\beta(S)=g(S)\mu(S)$，$\gamma(S)=f(S)g(S)\mu(S)$，$\delta(S)=\mu(S)$；从四函数定理得出结论. 在一般情况下，我们有 $\mathrm{E}(fg)-\mathrm{E}(f)\,\mathrm{E}(g)=\mathrm{E}(\hat{f}\hat{g})-\mathrm{E}(\hat{f})\,\mathrm{E}(\hat{g})$，其中，$\hat{f}(S)=f(S)-f(\varnothing)$ 且 $\hat{g}(S)=g(S)-g(\varnothing)$，所以结论成立. ［参见 *Commun. Math. Physics* **22** (1971), 89–103. ］

(b) 对于所有实数 θ 和 ϕ，将 $f(S)$ 更改为 $\theta f(S)$，将 $g(S)$ 更改为 $\phi g(S)$，会使得 $\mathrm{E}(fg)-\mathrm{E}(f)\,\mathrm{E}(g)$ 变为 $\theta\phi(\mathrm{E}(fg)-\mathrm{E}(f)\,\mathrm{E}(g))$.

(c) 如果集合 S 和 T 是受支持的，那么交集 $R=S\cap T$ 和并集 $U=S\cup T$ 也是受支持的. 此外，我们可以将 S 表示为 $S=R\cup\{s_1,\cdots,s_k\}$，将 T 表示为 $T=R\cup\{t_1,\cdots,t_l\}$，其中，对于 $0\leqslant i\leqslant k$ 和 $0\leqslant j\leqslant l$，集合 $S_i=R\cup\{s_1,\cdots,s_i\}$ 和 $T_j=R\cup\{t_1,\cdots,t_j\}$ 是受支持的，它们的并集 $U_{i,j}=S_i\cup T_j$ 也是受支持的. 我们根据 (iii) 知道，当 $0\leqslant i<k$ 且 $0\leqslant j<l$ 时有 $\mu(U_{i+1,j})/\mu(U_{i,j})\leqslant\mu(U_{i+1,j+1})/\mu(U_{i,j+1})$. 对于 $0\leqslant i<k$，将这些不等式相乘，我们得到 $\mu(U_{k,j})/\mu(U_{0,j})\leqslant\mu(U_{k,j+1})/\mu(U_{0,j+1})$. 因此，我们有 $\mu(S)/\mu(R)=\mu(U_{k,0})/\mu(U_{0,0})\leqslant\mu(U_{k,l})/\mu(U_{0,l})=\mu(U)/\mu(T)$.

(d) 实际上，因为 $[j\in S]+[j\in T]=[j\in S\cup T]+[j\in S\cap T]$，所以等式成立.（注意：这种分布的随机变量经常被混淆地称为“泊松试验”. 这个术语与习题 39 中完全不同的泊松分布冲突.）

(e) 在以下例子中选择常数 c，使得 $\sum_S\mu(S)=1$. 在每种情况下，受支持的集合都是 $U=\{1,\cdots,m\}$ 的子集. (i) 令 $\mu(S)=cr_1r_2\cdots r_{|S|}$，其中，$0<r_1\leqslant\cdots\leqslant r_m$. (ii) 当 $S=\{1,\cdots,j\}$ 且 $1\leqslant j\leqslant m$ 时，令 $\mu(S)=cp_j$，否则令 $\mu(S)=0$.（如果在这种情况下有 $p_1=\cdots=p_m$，则 FKG 不等式约化为习题 1.2.3–31 中的切比雪夫单调不等式.）(iii) 令

$$\mu(S)\ =\ c\mu_1(S\cap U_1)\mu_2(S\cap U_2)\cdots\mu_k(S\cap U_k),$$

其中，每个 μ_j 是满足 (**) 的 $U_j\subseteq U$ 的子集上的分布. 子全集 U_1，$\cdots$，U_k 不必是不相交的. (iv) 令 $\mu(S)=ce^{-f(S)}$，其中，f 是 U 的受支持子集上的子模集函数：每当 $f(S)$ 和 $f(T)$ 被定义时，有 $f(S\cup T)+f(S\cap T)\leqslant f(S)+f(T)$.（参见 7.6 节.）

62. 布尔函数本质上是值为 0 或 1 的集合函数. 一般来说，在伯努利分布或满足习题 61 条件的任何其他分布下，FKG 不等式意味着任何单调增的布尔函数与任何其他单调增的布尔函数之间存在正相关性，但与任何单调减的布尔函数之间存在负相关性. 在这种情况下，f 是单调增的，但 g 是单调减的：增加一条边不会断开图；删除一条边不会使四可着色失效.

（注意，当 f 是一个布尔函数时，$\mathrm{E}\,f$ 表示在给定分布下 f 为真的概率. 在这种情况下，$\mathrm{covar}(f,g)\leqslant 0$ 的事实相当于说在给定 g 的条件下，条件概率 $\Pr(f\mid g)$ 是小于或等于 $\Pr(f)$ 的.）

63. 如果 ω 是事件“$Z_0=a$ 且 $Z_1=b$”，那么我们有 $Z_0(\omega)=a$ 和 $\mathrm{E}(Z_1\,|\,Z_0)(\omega)=(p_{a1}+2p_{a2})/(p_{a0}+p_{a1}+p_{a2})$. 因此，$p_{01}=p_{02}=p_{20}=p_{21}=0$，$p_{10}=p_{12}$. 这些条件是 $\mathrm{E}(Z_1\,|\,Z_0)=Z_0$ 的充分必要条件.

64. (a) 否. 考虑仅由 3 个事件 $(Z_0,Z_1,Z_2)=(0,0,-2),(1,0,2),(1,2,2)$ 组成的概率空间，每个事件的概率为 1/3. 将这些事件称为 a,b,c. 那么 $\mathrm{E}(Z_1\,|\,Z_0)(a)=0=Z_0(a)$；$\mathrm{E}(Z_1\,|\,Z_0)(b,c)=\frac{1}{2}(0{+}2)=Z_0(b,c)$；$\mathrm{E}(Z_2\,|\,Z_1)(a,b)=\frac{1}{2}(-2+2)=Z_1(a,b)$；$\mathrm{E}(Z_2\,|\,Z_1)(c)=2=Z_1(c)$. 但是 $\mathrm{E}(Z_2\,|\,Z_0,Z_1)(a)=-2\neq Z_1(a)$.

(b) 是. 对于所有固定的 $(z_0,\cdots,z_n)$，我们有 $\sum_{z_{n+1}}(z_{n+1}-z_n)\Pr(Z_0=z_0,\cdots,Z_{n+1}=z_{n+1})=0$. 求和得到 $\sum_{z_{n+1}}(z_{n+1}-z_n)\Pr(Z_n=z_n,Z_{n+1}=z_{n+1})=0$.

65. 首先要观察到，对于任何 $k<n$ 有 $\mathrm{E}(Z_{n+1}\,|\,Z_0,\cdots,Z_k)=\mathrm{E}(\mathrm{E}(Z_{n+1}\,|\,Z_0,\cdots,Z_n)\,|\,Z_0,\cdots,Z_k)=\mathrm{E}(Z_n\,|\,Z_0,\cdots,Z_k)$. 因此，对于所有 $n\geqslant 0$ 都有 $\mathrm{E}(Z_{m(n+1)}\,|\,Z_0,\cdots,Z_{m(n)})=Z_{m(n)}$. 就像上题中那样，我们有 $\mathrm{E}(Z_{m(n+1)}\,|\,Z_{m(0)},\cdots,Z_{m(n)})=Z_{m(n)}$.

66. 我们需要指定 $\{Z_0,\cdots,Z_n\}$ 的联合分布，不难看出只有一个解. 当 σ_1, $\cdots$, σ_n 分别为 ±1 时，令 $p(\sigma_1,\cdots,\sigma_n)=\Pr(Z_1=\sigma_1,\cdots,Z_n=\sigma_n n)$. 根据鞅定律 $p(\sigma_1\cdots\sigma_n 1)(n+1)-p(\sigma_1\cdots\sigma_n\bar{1})(n+1)=\sigma_n p(\sigma_1\cdots\sigma_n)n=\sigma_n(p(\sigma_1\cdots\sigma_n 1)+p(\sigma_1\cdots\sigma_n\bar{1}))n$，有 $p(\sigma_1\cdots\sigma_{n+1})/p(\sigma_1\cdots\sigma_n)=(1+2n[\sigma_n\sigma_{n+1}>0])/(2n+2)$. 因此，我们发现 $\Pr(Z_1=z_1,\cdots,Z_n=z_n)=(\prod_{k=1}^{n-1}(1+2k[z_k z_{k+1}>0]))/(2^n n!)$. 举例来说，当 $n=3$ 时，8 种可能情况 $z_1z_2z_3=123$, $12\bar{3}$, $\cdots$, $\bar{1}\bar{2}\bar{3}$ 的概率分别为 $(15,3,1,5,5,1,3,15)/48$.

67. (a) 你“总是”（概率为 1）赚 $2^{n+1}-(1+2+\cdots+2^n)=1$ 美元.

(b) 你的总投入为 $X=X_0+X_1+\cdots$ 美元，其中，$X_n=2^n$ 的概率为 2^{-n}，否则 $X_n=0$. 因此 $\mathrm{E}\,X_n=1$，而 $\mathrm{E}\,X=\mathrm{E}\,X_0+\mathrm{E}\,X_1+\cdots=\infty$.

(c) 令 $\langle T_n\rangle$ 为均匀随机位的序列. 定义公平序列 $Y_n=(-1)^{T_n}2^nT_0\cdots T_{n-1}$. 如果没有第 n 次下注，则定义 $Y_n=0$. 那么 $Z_n=Y_0+\cdots+Y_n$.

［著名冒险家卡萨诺瓦在 1754 年因使用这种策略而损失了一大笔财富，他在自传 *Histoire de ma vie* 中将该策略称为“鞅”（the martingale）. 类似的投注方案曾被尼古拉斯 · 伯努利提出（参见皮埃尔 · 雷蒙 · 德蒙莫尔，*Essay d'Analyse sur les Jeux de Hazard*，第 2 版，1713 年，第 402 页）；他的堂弟丹尼尔 · 伯努利研究了 (a) 和 (b) 的疑团. 丹尼尔在 *Commentarii Academiæ Scientiarum Imperialis Petropolitanæ* **5** (1731) 第 175～192 页发表的重要论文使得这种情景被称为“圣彼得堡悖论”. ］

68. (a) 现在有 $Z_n=Y_1+\cdots+Y_n$，其中，$Y_n=(-1)^{T_n}[N\geqslant n]$. 我们再次有 $\Pr(Z_N=1)=1$.

(b) 如果第一次下注输了，他必须赢得 2 美元，所以生成函数 $g(z)$ 等于 $z(1+g(z)^2)/2$. 因此 $g(z)=(1-\sqrt{1-z^2})/z$；所需的概率是 $[z^n]\,g(z)=C_{(n-1)/2}[n\text{为奇数}]/2^n$，其中，$C_k$ 是卡塔兰数 $\binom{2k}{k}/(k+1)$.

(c) $\Pr(N\geqslant n)=[z^n]\,(1-zg(z))/(1-z)=[z^n]\,(1+z)/\sqrt{1-z^2}=\binom{2\lfloor n/2\rfloor}{\lfloor n/2\rfloor}/2^{\lfloor n/2\rfloor}$.

(d) $\mathrm{E}\,N=g'(1)=\infty$.（这也是 $\sum_{n=1}^{\infty}\Pr(N\geqslant n)$，其中，$\Pr(N\geqslant n)\sim 1/\sqrt{\pi n}$.）

(e) 对于所有 $n\geqslant 0$，令 $p_m=\Pr(Z_n\geqslant -m)$. 显然 $p_0=1/2$，对于 $m>0$ 有 $p_m=(1+p_{m-1}p_m)/2$；这个递推关系的解为 $p_m=(m+1)/(m+2)$. 因此答案是 $1/((m+1)(m+2))$. 这是另一个具有无穷均值的概率分布.

(f) 被击中 $-m$ 次的生成函数 $g_m(z)$ 满足 $g_0(z)=z/(2-z)$，且对于 $m>0$ 有 $g_m(z)=(1+g_{m-1}(z)g_m(z))/2$. 因此，对于 $m\geqslant 0$ 有 $g_m(z)=h_m(z)/h_{m+1}(z)$，其中，$h_m(z)=2m-(2m-1)z$，且 $g'_m(1)=2$. ［一个具有有限均值的分布！详见威廉 · 费勒，*An Introduction to Probability Theory and Its Applications* **2**，第 2 版，1971 年，12.2 节. ］

69. n 个元素的每个排列对应于瓮中 $n+1$ 个球的配置. 对于方法 1，对应的“红球”的个数就是元素 1 的位置；对于方法 2，它是位置 1 中的值. 比如，对于方法 1，我们将 3124 放入结点 (2,3)，而对于方法 2，放入 (3,2).（事实上，方法 1 和方法 2 构造了彼此反转的排列.）

70. 从根结点开始使用排列 $12\cdots(c-1)$，并使用上题中的方法 1 生成所有 $n!/(c-1)!$ 个排列，其中，这些元素保持原有的顺序. 对于 $1\leqslant j<c$，在位置 P_j 处为 j 的排列表示颜色为 j 的球有 P_j-P_{j-1} 个，其中，$P_0=0$ 且 $P_c=n+1$. 如果 $c=3$，那么排列 3142 对应于结点 (2,2,1). 对于 $n=c, c+1, \cdots$，得到的元组 $(A_1,\cdots,A_c)/(n+1)$ 形成一个鞅，在将 $n+1$ 分解为 c 个正整数部分的所有 $\binom{n}{c-1}$ 个复合中（对于每个 n）均匀分布.

［当开头有 r 个红球和 b 个黑球时，我们还可以使用此设置来处理波利亚的双色模型：想象有 $r+b$ 种颜色，然后将其中的前 r 个识别为红色. 戴维 · 布莱克韦尔和戴维 · 肯德尔在 *J. Applied Probability* **1** (1964) 第 284～296 页首先研究了该模型. ］

71. 如果 $m=r'-r$ 且 $n=b'-b$，那么我们必须向右移动 m 次，向左移动 n 次. 有 $\binom{m+n}{n}$ 条这样的路径. 因为这个分数的分子按某种顺序是 $r\cdot(r+1)\cdot\cdots\cdot(r'-1)\cdot b\cdot(b+1)\cdot\cdots\cdot(b'-1)=r^{\overline{m}}b^{\overline{n}}$，分母是 $(r+b)\cdot(r+b+1)\cdot\cdots\cdot(r'+b'-1)=(r+b)^{\overline{m+n}}$，所以每条路径出现的概率相同.

答案是 $\binom{m+n}{n}r^{\overline{m}}b^{\overline{n}}/(r+b)^{\overline{m+n}}$，当 $r=b=1$ 时可化简为 $1/(r'+b'-1)$.

72. 因为到达 (r,b) 的所有路径具有相同的概率，所以这个期望值与 $\mathrm{E}(X_1X_2\cdots X_m)$ 相同，显然是 $1/(m+1)$.（因此，这些 X 值之间的相关性非常高：如果它们是独立的，那么这个期望值将是 $1/2^m$. 请注意，事件 $(X_2=1,X_5=0,X_6=1)$ 的概率是 $\mathrm{E}(X_2(1-X_5)X_6)=1/3-1/4$.）

［奥拉夫 · 卡伦贝格在著作 *Probabilistic Symmetries and Invariance Principles* (2005) 中对这种可交换随机变量的深远影响进行了调查.］

73. $f(r,n)=r\binom{n+1}{r}\sum_k\binom{r-1}{k}(-1)^kq_{n+1-r+k}$，其中，$q_k=a_k/(k+1)$，对 r 进行归纳.

74. 以概率 $\left\langle {n \atop r-1} \right\rangle/n!$ 到达第 n 层的结点 $(r,n+2-r)$，与欧拉数成比例（参见 5.1.3 节）.（事实上，我们可以使用习题 69 中的方法 1，将恰有 r 个运行的 $\{1,\cdots,n+1\}$ 的排列与该结点关联起来.）

参考文献：*Communications on Pure and Applied Mathematics* **2** (1949), 59–70.

75. 与之前一样，设 $R_n=X_0+\cdots+X_n$ 为第 n 层红球的数量. 现在我们有 $\mathrm{E}(X_{n+1}\,|\,X_0,\cdots,X_n)=1-R_n/(n+2)$. 因此 $\mathrm{E}(R_{n+1}\,|\,R_n)=(n+1)R_n/(n+2)+1$，并且，$Z_n=(n+1)R_n-(n+2)(n+1)/2$ 的定义是一个自然的选择.

76. 不是. 比如，令 $Z_0=X$，$Z_0'=Y$，$Z_1=Z_1'=X+Y$，其中，X 和 Y 是独立的，且 $\mathrm{E}\,X=\mathrm{E}\,Y=0$. 那么 $\mathrm{E}(Z_1\,|\,Z_0)=Z_0$ 且 $\mathrm{E}(Z_1'\,|\,Z_0')=Z_0'$，但是 $\mathrm{E}(Z_1+Z_1'\,|\,Z_0+Z_0')=2(Z_0+Z_0')$.（但是，如果 $\langle Z_n\rangle$ 和 $\langle Z_n'\rangle$ 都是关于某个共同序列 $\langle X_n\rangle$ 的鞅，那么 $\langle Z_n+Z_n'\rangle$ 也是.）

77. $\mathrm{E}(Z_{n+1}\mid Z_0,\cdots,Z_n)=\mathrm{E}(\mathrm{E}(Z_{n+1}\mid Z_0,\cdots,Z_n,X_0,\cdots,X_n)\mid Z_0,\cdots,Z_n)$，这等于 $\mathrm{E}(\mathrm{E}(Z_{n+1}\mid X_0,\cdots,X_n)\,|\,Z_0,\cdots,Z_n)$，因为 Z_n 是 X_0，$\cdots$，X_n 的函数. 它等于 $\mathrm{E}(Z_n\,|\,Z_0,\cdots,Z_n)=Z_n$.（此外，$\langle Z_n\rangle$ 是关于（比如说）常数序列的鞅，但不是关于每个序列的鞅.）

类似的证明表明，任何相对于 $\langle X_n\rangle$ 公平的序列 $\langle Y_n\rangle$，也相对于其自身公平.

78. $\mathrm{E}(Z_{n+1}\,|\,V_0,\cdots,V_n)=\mathrm{E}(Z_nV_{n+1}\,|\,V_0,\cdots,V_n)=Z_n$.

反过来也成立，我们定义 $V_0=Z_0$，对于 $n>0$ 定义 $V_n=Z_n/Z_{n-1}$，前提是 $Z_{n-1}=0$ 蕴涵 $Z_n=0$. 对于这种情况，我们定义 $V_n=1$.

79. $Z_n=V_0V_1\cdots V_n$，其中，$V_0=1$. 对于 $n>0$ 的每个 V_n，其独立地等于 q/p（概率为 p）或者等于 p/q（概率为 q）. 因为 $\mathrm{E}\,V_n=q+p=1$，所以 $\langle V_n\rangle$ 是乘法公平的.［参见亚伯拉罕 · 棣莫弗，*The Doctrine of Chances* (1718), 102–154.］

80. (a) 真. 事实上，对于任何函数 f_n 都有 $\mathrm{E}(f_n(Y_0\cdots Y_{n-1})Y_n)=0$.

(b) 假. 如果 $Y_3>0$，令 $Y_5=\pm1$，否则令 $Y_5=0$.（因此公平序列的排列不必是公平的. 但是，如果诸 Y 独立且均值为零，则该陈述为真.）

(c) 如果 $n_1=0$ 且 $m=1$（或者，如果 $m=0$），则为假；否则为真.（满足 $\mathrm{E}((Y_{n_1}-\mathrm{E}\,Y_{n_1})\cdots(Y_{n_m}-\mathrm{E}\,Y_{n_m}))=\mathrm{E}(Y_{n_1}-\mathrm{E}\,Y_{n_1})\cdots\mathrm{E}(Y_{n_m}-\mathrm{E}\,Y_{n_m})$ 的序列称为*完全不相关的序列*. 对于所有 n 有 $\mathrm{E}\,Y_n=0$ 的序列，并不总是公平的；但公平的序列总是完全不相关的.）

81. 假设可以从 Z_0，$\cdots$，Z_n 推导出 X_0，$\cdots$，X_n，那么对于 $n\geqslant1$，我们有 $a_nX_n+b_nX_{n-1}=Z_n=\mathrm{E}(Z_{n+1}\mid Z_0,\cdots,Z_n)=\mathrm{E}(a_{n+1}X_{n+1}+b_{n+1}X_n\mid X_0,\cdots,X_n)=a_{n+1}(X_n+X_{n-1})+b_{n+1}X_n$. 因此 $a_{n+1}=b_n$，$b_{n+1}=a_n-a_{n+1}=b_{n-1}-b_n$；通过归纳，我们有 $a_n=F_{-n-1}$，$b_n=F_{-n-2}$，从而验证假设.

［参见詹姆斯 · 比福德 · 麦奎因，*Annals of Probability* **1** (1973), 263–271.］

82. (a) $Z_n=A_n/C_n$，其中，$A_n=4-X_1-\cdots-X_n$ 是 A 的数量，C_n 是在你看过 n 张牌后剩余的牌的数量. 因此 $\mathrm{E}\,Z_{n+1}=(A_n/C_n)(A_n-1)/(C_n-1)+(1-A_n/C_n)A_n/(C_n-1)=A_n/C_n$.（在波利亚瓮模型的每个推广中，第 n 步添加了 k_n 个所选颜色的球，红色/(红色 + 黑色) 始终是鞅，即使 k_n 为负，只要有足够的所选颜色的球保持颜色不变. 本题表示 $k_n=-1$ 的情况.）

(b) 这是有限时间鞅中的可选停止规则.

(c) $Z_N = A_N/C_N$ 表示下一张牌是 A 的概率. [“Ace Now” 是罗伯特 · 康奈利的游戏 “Say Red” 的一个变体，参见 *Pallbearers Review* **9** (1974), 702.]

83. $Z_n = \sum_{k=1}^{n}(X_n - \mathrm{E}\,X_n)$ 是一个鞅. 对于任意 m，我们可以研究它的有界停止规则 $N'_n(x_0,\cdots,x_{n-1}) = [n<m]\cdot N_n(x_0,\cdots,x_{n-1})$. 但斯万特 · 詹森建议直接计算，从公式 $S_N = \sum_{n=1}^{\infty} X_n[N\geqslant n]$ 开始，其中，N 可能是 ∞：我们有 $\mathrm{E}(X_n[N\geqslant n]) = (\mathrm{E}\,X_n)(\mathrm{E}[N\geqslant n])$，因为 $[N\geqslant n]$ 是 $\{X_0,\cdots,X_{n-1}\}$ 的函数，所以它独立于 X_n. 并且，由于 $X_n\geqslant 0$，我们有 $\mathrm{E}\,S_N = \sum_{n=1}^{\infty}\mathrm{E}(X_n[N\geqslant n]) = \sum_{n=1}^{\infty}(\mathrm{E}\,X_n)\,\mathrm{E}[N\geqslant n] = \sum_{n=1}^{\infty}\mathrm{E}((\mathrm{E}\,X_n)[N\geqslant n]) = \mathrm{E}\sum_{n=1}^{\infty}(\mathrm{E}\,X_n)[N\geqslant n]$，这是 $\mathrm{E}\sum_{n=1}^{N}\mathrm{E}\,X_n$.（这个等式可能是 “$\infty=\infty$”.）

[瓦尔德最初的论文发表在 *Annals of Mathematical Statistics* **15** (1944) 第 283～296 页，**16** (1945) 第 287～293 页. 该论文解决了一个略有不同的问题，并取得了更多的证明.]

84. (a) 根据詹生不等式，我们有 $f(Z_n) = f(\mathrm{E}(Z_{n+1}\,|\,Z_0,\cdots,Z_n)) \leqslant \mathrm{E}(f(Z_{n+1})\,|\,Z_0,\cdots,Z_n)$. 而后者是 $\mathrm{E}(f(Z_{n+1})\,|\,f(Z_0),\cdots,f(Z_n))$，如习题 77 的答案所示. [顺便说一句，戴维 · 吉拉特已经证明，对于某些鞅 $\langle Z_n\rangle$，每个非负下鞅都是 $\langle |Z_n|\rangle$，参见 *Annals of Probability* **5** (1977), 475–481.]

(b) 我们再次得到一个下鞅，前提是对于 $a\leqslant x\leqslant y\leqslant b$，我们还有 $f(x)\leqslant f(y)$. [参见约瑟夫 · 利奥 · 杜布，*Stochastic Processes* (1953), 295–296.]

85. 这是因为，根据 (27)，$\langle B_n/(R_n+B_n)\rangle = \langle 1 - R_n/(R_n+B_n)\rangle$ 是鞅；并且，因为 $f(x)=1/x$ 对于正 x 是凸的，所以根据习题 84，$\langle (R_n+B_n)/B_n\rangle = \langle R_n/B_n+1\rangle$ 是下鞅.（也可以给出直接证明.）

86. 规则 $N_{n+1}(Z_0,\cdots,Z_n) = [\max(Z_0,\cdots,Z_n) < x$ 且 $n+1<m]$ 是有界的. 如果 $\max(Z_0,\cdots,Z_{m-1}) < x$，则我们有 $Z_N < x$，其中，N 由 (31) 定义；与此类似，如果 $\max(Z_0,\cdots,Z_{m-1})\geqslant x$，则 $Z_N\geqslant x$. 因此，根据马尔可夫不等式，$\Pr(\max(Z_0,\cdots,Z_n)\geqslant x)\leqslant(\mathrm{E}\,Z_N)/x$，且在下鞅中有 $\mathrm{E}\,Z_N\leqslant\mathrm{E}\,Z_n$.

87. 这是 Z_n 变为 3/4 的概率，也是 $\Pr(\max(Z_0,\cdots,Z_n)\geqslant 3/4)$. 但对于所有 n 有 $\mathrm{E}\,Z_n = 1/2$，因此根据 (33) 可知，它至多为 $(1/2)/(3/4) = 2/3$.

（我们可以按照下面的习题来计算精确值. 结果是 $\sum_{k=0}^{\infty}\frac{2}{(4k+2)(4k+3)} = \frac{1}{2}H_{3/4} - \frac{1}{2}H_{1/2} + \frac{1}{3} = \frac{1}{4}\pi - \frac{1}{2}\ln 2 \approx 0.439$.）

88. (a) 当且仅当红球多于黑球时，$S>1/2$. 由于当且仅当该过程经过结点 $(2,1), (3,2), (4,3), \cdots$ 之一时才会发生这种情况，因此所需的概率为 $p_1+p_2+\cdots$，其中，p_k 是结点 $(k+1,k)$ 在任何 $(j+1,j)$ 之前被命中的概率（$j<k$）.

从根到 $(k+1,k)$ 的所有路径都是同等可能的. 满足要求的路径等价于 7.2.1.6–(28) 中的路径. 因此，我们可以使用式 7.2.1.6–(23) 证明 $p_k = 1/(2k-1) - 1/(2k)$；而 $1 - 1/2 + 1/3 - 1/4 + \cdots = \ln 2$.

(b, c) 如果 p_k 是在任何先前结点 $((t-1)j+1,j)$ 之前命中结点 $((t-1)k+1,k)$ 的概率，则使用 t 元选票数 $C_{pq}^{(t)}$ 进行类似计算，得出 $p_k = (t-1)(1/(tk-1) - 1/(tk))$. 则我们有 $\sum_{k=1}^{\infty}p_k = 1-(1-1/t)H_{1-1/t}$（参见附录 A）.

注：因为 S 总是大于或等于 1/2，所以我们有 $\Pr(S=1/2) = 1-\ln 2$. 但是，因为上界可能是 2/3（即使从未达到值 2/3），所以我们不能说 $\Pr(S\geqslant 2/3)$ 是经过 $(2,1), (4,2), (6,3)$ 等的概率之和. 这些情况发生的概率为 $\pi/\sqrt{27}$；因此 $\Pr(S=2/3)\geqslant 2\pi/\sqrt{27}-\ln 3\approx 0.111$. 因为我们通过仅在离散空间中定义概率来避免测度论的复杂性，所以确定 $\Pr(S=2/3)$ 的精确值超出了本书的范围；根据定义，我们不能将 S 这样的极限量视为随机变量. 但对于任何给定的 n 和 x，我们可以为 $\max(Z_0,Z_1,\cdots,Z_n)>x$ 的事件分配一个概率，并且可以推断出此类概率的界限.

在更深入的方法的帮助下，恩斯特 · 舒尔特-吉尔斯和沃尔夫冈 · 斯塔杰证明了在 n 步内几乎必然达到极值. 因此 $\Pr(S=2/3) = 2\pi/\sqrt{27}-\ln 3$. 事实上，因为只有有理数是可达到的，所以 $\Pr(S$ 是有理数$) = 1$；并且 $\Pr(S=(t-1)/t) = (2-3/t)H_{1-1/t} - (1-2/t)H_{1-2/t} - (t-2)/(t-1)$. [参见 *J. Applied Prob.* **52** (2015), 180–190.]

89. 置 $Y_n = c_n(X_n-p_n)$，$a_n = -c_np_n$，$b_n = c_n(1-p_n)$.（顺便说一句，当 $c_1=\cdots=c_n=1$ 时，习题 1.2.10–22 给出了一个形式完全不同的上界.）

90. (a) 对 $\Pr(e^{(Y_1+\cdots+Y_n)t} \geqslant e^{tx})$ 应用马尔可夫不等式.

(b) 因为函数 e^{yt} 是凸函数，所以 $e^{yt} \leqslant e^{-pt}(q-y) + e^{qt}(y+p) = e^{f(t)} + ye^{g(t)}$.

(c) 我们有 $f'(t) = -p + pe^t/(q+pe^t)$ 和 $f''(t) = pqe^t/(q+pe^t)^2$，因此 $f(0) = f'(0) = 0$. 并且 $f''(t) \leqslant 1/4$，这是因为 q 和 pe^t 的几何平均值 $(pqe^t)^{1/2}$ 小于或等于算术平均值 $(q+pe^t)/2$.

(d) 置 $c = b - a$，$p = -a/c$，$q = b/c$，$Y = Y/c$，$t = ct$，$h(t) = e^{g(ct)}/c$.

(e) 因为 $\langle Y_n \rangle$ 是公平的，在 $E((e^{c_1^2t^2/4} + Y_1h_1(t)) \cdots (e^{c_n^2t^2/4} + Y_nh_n(t)))$ 中涉及 $h_k(t)$ 的项全部被删除，所以只剩下常数项 $e^{ct^2/4}$.

(f) 令 $t = 2x/c$，使得 $ct^2/4 - xt = -x^2/c$.

91. $E(Z_{n+1} \mid X_0, \cdots, X_n) = E(E(Q \mid X_0, \cdots, X_n, X_{n+1}) \mid X_0, \cdots, X_n)$，根据习题 35 的答案中的公式 (∗)，这等于 $E(Q \mid X_0, \cdots, X_n)$. 应用习题 77.

92. $Q_0 = E\,X_m = 1/2$. 如果 $n < m$，那么我们有 $Q_n = E(X_m \mid X_0, \cdots, X_n)$，这与 $E(X_{n+1} \mid X_0, \cdots, X_n)$ 相同（参见习题 72）；而这是 $(1 + X_1 + \cdots + X_n)/(n+2)$，这与 (27) 中的 Z_n 相同. 然而，如果 $n \geqslant m$，那么我们有 $Q_n = X_m$.

93. 一切都与之前完全相同，只是我们必须用广义期望值 $\sum_{k=1}^{m}\prod_{n=1}^{t}(1-p_{nk})$ 替换 $(m-1)^t/m^{t-1}$.

94. 如果诸 X 的值是相互依赖的，那么杜布鞅仍然是良好定义的；但是，当我们将其公平序列写成 $\Delta(x_1, \cdots, x_t)$ 的平均值时，就不再存在像 (40) 那样的简洁公式. 在任何具有形式 $\sum_x p_x(Q(\cdots x_n \cdots) - Q(\cdots x \cdots))$ 的 Δ 公式中，$\Pr(X_n = x_n, X_{n+1} = x_{n+1}, \cdots)/(\Pr(X_n = x_n)\Pr(X_{n+1} = x_{n+1}, \cdots))$ 都必须等于 $\sum_x p_x$，所以它必须独立于 x_n. 因此不能使用 (41).

95. 错误. 在第 n 层只有一个红球的概率是 $1/(n+1) = \Omega(n^{-1})$. 但是几乎必然有超过 100 个红球，因为这种情况的概率为 $(n-99)/(n+1)$.

96. 根据习题 1.2.10–21，其中，ϵn 等于 $|X - n/2|$ 的上界，我们知道 (i) 是确乎必然的，并且 (i)、(ii)、(iii) 是几乎必然的. 为了证明 (iv) 不是几乎必然的，我们可以使用斯特林逼近来证明，当 $k = \sqrt{n}$ 时，有 $\binom{n}{n/2 \pm k}/2^n = \Theta(n^{-1/2})$；因此 $\Pr(|X| < \sqrt{n}) = \Theta(1)$. 类似的计算表明，(ii) 不是确乎必然的.

97. 我们只需要证明只有一个箱子确乎必然收到这么多物品. 任何特定箱子中出现的物品数量 H 的概率生成函数是 $G(z) = ((n-1+z)/n)^N$，其中，$N = \lfloor n^{1+\delta} \rfloor$. 如果 $r = \frac{1}{2}n^\delta$，由 1.2.10–(24) 我们有

$$\Pr(H \leqslant r) \leqslant \left(\frac{1}{2}\right)^{-r} G\left(\frac{1}{2}\right) = 2^r\left(1 - \frac{1}{2n}\right)^{\lfloor 2nr \rfloor} \leqslant 2^r\left(1 - \frac{1}{2n}\right)^{2nr-1} \leqslant 2^{r+1}e^{-r}.$$

如果 $r = 2n^\delta$，由 1.2.10–(25) 我们有

$$\Pr(H \geqslant r) \leqslant 2^{-r}G(2) = 2^{-r}\left(1 + \frac{1}{n}\right)^{\lfloor nr/2 \rfloor} \leqslant 2^{-r}\left(1 + \frac{1}{n}\right)^{nr/2} \leqslant 2^{-r}e^{r/2}.$$

两者都呈指数级小.［参见高德纳、穆特瓦尼和皮特尔，*Random Structures & Algorithms* **1** (1990), 1–14，引理 1.］

98. 令 $E_n = E\,R$，其中，R 是归约步骤的次数. 假设 $F(n) = k$ 的概率为 p_k，其中，$\sum_{k=1}^{n} p_k = 1$ 且 $\sum_{k=1}^{n} kp_k = g \geqslant g_n$.（一般来说，每次计算 $F(n)$ 时，$p_1, \cdots, p_n$ 和 g 的值可能不同.）

令 $\Sigma_a^b = \sum_{j=a}^{b} 1/g_j$. 显然有 $E_0 = 0$. 而且，如果 $n > 0$，那么我们通过归纳得到

$$\begin{aligned} E_n = 1 + \sum_{k=1}^{n} p_k E_{n-k} \leqslant 1 + \sum_{k=1}^{n} p_k \Sigma_1^{n-k} &= 1 + \sum_{k=1}^{n} p_k(\Sigma_1^n - \Sigma_{n-k+1}^n) \\ &= \Sigma_1^n + 1 - \sum_{k=1}^{n} p_k \Sigma_{n-k+1}^n \leqslant \Sigma_1^n + 1 - \sum_{k=1}^{n} p_k \frac{k}{g_n} \leqslant \Sigma_1^n. \end{aligned}$$

［参见理查德·曼宁·卡普、埃利泽·厄珀法尔和阿维·维格德森，*J. Comp. and Syst. Sci.* **36** (1988), 252.］

99. 如果我们要计算从 $k = -\infty$ 到 n 的总和，并且当 $a > b$ 时定义 $\Sigma_a^b = -\sum_{j=b+1}^{a-1} 1/g_j$，那么只要归纳是合理的，同样的证明也适用.（比如，该定义给出 $-\Sigma_{n+3}^n = 1/g_{n+1} + 1/g_{n+2} \leqslant 2/g_n$.）

通过对 m 进行归纳，对于所有 $m,n\geqslant 0$ 有 $E_{m,n}\leqslant \Sigma_1^n$，其中，$E_{m,n}=\mathrm{E}\min(m,R)$，这确实是一个证明. 的确，我们有 $E_{0,n}=E_{m+1,0}=0$；并且，当 $n>0$ 时有 $E_{m+1,n}=1+\sum_{k=-\infty}^{n}p_kE_{m,n-k}$. [该题是穆特瓦尼和拉加万 1995 年的著作 *Randomized Algorithms* 中的习题 1.6. 作为此证明的推论，斯万特 · 詹森观察到随机变量 $Z_m=\Sigma_1^{X_m}+\min(m,R)$ 是一个上鞅，其中，X_m 是 m 次迭代后 X 的值.]

100. (a) $\sum_{k=1}^{m}kp_k\leqslant \mathrm{E}\min(m,T)=p_1+2p_2+\cdots+mp_m+mp_{m+1}+\cdots+mp_\infty\leqslant \mathrm{E}\,T$.

(b) 对于所有的 m 有 $\mathrm{E}\min(m,T)\geqslant mp_\infty$.（我们假设 $\infty\cdot p=(p>0?\ \infty\colon 0)$.）

101. （由斯万特 · 詹森解答）如果 $0<t<\min(p_1,\cdots,p_m)=p$，那么因为 $\mathrm{e}^{-t}-1>-t$，我们有 $\mathrm{E}\,\mathrm{e}^{tX}=\prod_{k=1}^{m}\mathrm{E}\,\mathrm{e}^{tX_k}=\prod_{k=1}^{m}p_k/(\mathrm{e}^{-t}-1+p_k)<\prod_{k=1}^{m}p_k/(p_k-t)$. 置 $t=\theta/\mu$，我们注意到有 $p_k\ln(1-t/p_k)\geqslant p\ln(1-t/p)\geqslant \frac{1}{\mu}\ln(1-t\mu)=\frac{t}{\theta}\ln(1-\theta)$. 因此，根据 1.2.10–(25)，我们有 $\Pr(X\geqslant r\mu)\leqslant \mathrm{e}^{-rt\mu}\prod_{k=1}^{m}p_k/(p_k-t)=\exp(-r\theta-\sum_{k=1}^{m}\ln(1-t/p_k))\leqslant \exp(-r\theta-\sum_{k=1}^{m}(t/p_k)(\ln(1-\theta))/\theta)=\exp(-r\theta-\ln(1-\theta))$. 选择 $\theta=(r-1)/r$ 以获得所需的界 $r\mathrm{e}^{1-r}$.（因为 $\Pr(X\geqslant r/p)=(1-p)^{\lceil r/p\rceil-1}\approx \mathrm{e}^{-r}$，当 $m=1$ 且 p 很小时，该界几乎是尖锐的.）

102. 应用习题 101，其中，$\mu\leqslant s_1+\cdots+s_m$ 且 $r=\ln n$，我们得到了 $(s_1+\cdots+s_m)r$ 次试验不足的概率为 $O(n^{-1}\log n)$. 如果 $r=f(n)\ln n$，其中，$f(n)$ 是任意随着 $n\to\infty$ 而无界递增的函数，那么 s_kr 次试验未获得优惠券 k 的概率是超多项式小的. 同样，任意多项式个这类失败中发生任何一个的概率也是超多项式小的.

103. (a) 递推式 $p_{0ij}=[i=j]$ 和 $p_{(n+1)ij}=\sum_{k=0}^{2}p_{nik}([f_0(k)=j]+[f_1(k)=j])/2$ 导出的生成函数 $g_{ij}=\sum_{n=0}^{\infty}p_{nij}z^n$ 满足 $g_{i0}=[i=0]+(g_{i0}+g_{i1})z/2$，$g_{i1}=[i=1]+(g_{i0}+g_{i2})z/2$，$g_{i2}=[i=2]+(g_{i1}+g_{i2})z/2$. 根据解 $g_{i0}=A+B+C$，$g_{i1}=A-2B$，$g_{i2}=A+B-C$，$A=\frac{1}{3}/(1-z)$，$B=\frac{1}{6}(1-3[i=1])/(1+z/2)$，$C=\frac{1}{2}([i=0]-[i=2])/(1-z/2)$，我们得出的结论是概率为 $\frac{1}{3}+O(2^{-n})$；事实上它总是 $\lfloor 2^n/3\rfloor/2^n$ 或 $\lceil 2^n/3\rceil/2^n$. 当且仅当 $i\neq j$ 且 n 为偶数，或 $i+j=2$ 且 n 为奇数时，前者才会发生.

(b) 令 $g_{012}=\frac{z}{2}(g_{001}+g_{112})$，$g_{001}=\frac{z}{2}([j=0]+g_{011})$，以此类推. 它们产生生成函数 $g_{012}=([j\neq 1]+[j=1]z)z^2/(4-z^2)$. 因此，每个 j 出现的概率为 1/3，N 的生成函数为 $z^2/(2-z)$；均值为 3，方差为 2.

(c) 现在 $g_{001}=\frac{z}{2}([j=0]+g_{112})$. 输出永远不会是 1；0 和 2 的可能性相同；N 的分布与之前相同.

(d) 函数组合不可交换，因此停止标准不同：在第二种情况下，除非前一步有 000 或 222，否则 111 不会发生. 关键的区别在于，在不停止的情况下，过程 (b) 会在合并时固定；随着 n 的增大，过程 (c) 继续改变 $a_0a_1a_2$（尽管所有 3 个值保持相等）.

(e) 如果 T 是偶数，那么 $\mathrm{sub}(T)$ 返回 $(-1,0,1,2)$，概率为 $(2,(2^T-1)/3,(2^T-4)/3,(2^T-1)/3)/2^T$. 因此，(b) 的假想替代方案将以概率 $\frac{1}{4}+\frac{5}{32}+\frac{85}{4096}+\cdots=\frac{1}{3}\sum_{k=1}^{\infty}2^{k+1}(2^{2^k}-1)/2^{2^{k+1}}\approx 0.427$（不是 1/3）输出 0.

(f) 将子过程 $\mathrm{sub}(T)$ 修改为使用一致的位 $X_T,X_{T-1},\cdots,X_1$，而不是每次生成新的随机位 X. 这样做可以忠实地模拟 (b) 的方法.（通过在适当的时候为适当的随机数生成器仔细地重新设置种子，可以实现必要的一致性.）

[(f) 所用的技术在单调蒙特卡罗模拟中被称为“与过去的耦合”. 它可用于生成许多重要类型的均匀随机对象，并且当存在数千或数百万种可能状态（而不是只有 3 种）时，它的运行速度比方法 (b) 快得多. 参见詹姆斯 · 加里 · 普罗普和戴维 · 布鲁斯 · 威尔逊，*Random Structures & Algorithms* **9** (1996), 223–252.]

104. 设 $q=1-p$. 在 (b) 中输出 $(0,1,2)$ 的概率为 $(q^2,2pq,p^2)$；在 (c) 中输出 $(0,1,2)$ 的概率为 $(p^2+pq^2,0,q^2+qp^2)$. 在这两种情况下，N 的生成函数为 $(1-pq(2-z))z^2/(1-pqz^2)$，均值为 $3/(1-pq)-1$，方差为 $(5-2pq)pq/(1-pq)^2$.

105. 我们有 $g_0=1$，并且对于 $0<a<n/2$ 有 $g_a=z(g_{a-1}+g_{a+1})/2$.

如果 $n=2m$ 是偶数，那么对于 $0\leqslant a\leqslant m$，令 $g_a=z^at_{m-a}/t_m$. 由 $t_0=t_1=1$ 和 $t_{k+1}=2t_k-z^2t_{k-1}$ 定义的多项式 t_k 可以满足要求，因为它们使得 $g_m=zg_{m-1}$. 生成函数 $T(w)=\sum_{m=0}^{\infty}t_mw^m=(1-w)/(1-2w+w^2z^2)$ 现在表明，对 z 微分后，我们有 $t'_m(1)=-m(m-1)$ 和 $t''_m(1)=(m^2-5m+$

$3)m(m-1)/3$；从而 $t_m''(1)+t_m'(1)-t_m'(1)^2=\frac{2}{3}(m^2-m^4)$. 因此，给定 a，均值和方差分别为 $a-(m-a)(m-a-1)+m(m-1)=a(n-a)$ 和 $\frac{2}{3}((m-a)^2-(m-a)^4-m^2+m^4)=\frac{1}{3}((n-a)^2+a^2-2)a(n-a)$.

当 $n=2m-1$ 时，对于 $0\leqslant a\leqslant m$，我们可以写 $g_a=z^a u_{m-a}/u_m$，其中，$u_{m+1}=2u_m-z^2u_{m-1}$. 在这种情况下，我们希望 $u_0=1$ 且 $u_1=z$，因此 $g_m=g_{m-1}$. 从 $U(w)=\sum_{m=0}^{\infty}u_m w^m=(1+(z-2)w)/(1-2w+w^2z^2)$，我们推断 $u_m'(1)=-m(m-2)$ 和 $u_m''(1)=m(m-1)(m^2-7m+7)/3$. 由此可见，同样在这种情况下，游走步数的均值为 $a(n-a)$，方差为 $\frac{1}{3}((n-a)^2+a^2-2)a(n-a)$.

（在这个分析中，多项式 t_m 和 u_m 是经过伪装的经典切比雪夫多项式的相关形式，其定义为：$T_m(\cos\theta)=\cos m\theta$，$U_m(\cos\theta)=\sin(m+1)\theta/\sin\theta$. 我们也写为 $V_m(\cos\theta)=\cos(m-\frac{1}{2})\theta/\cos\frac{1}{2}\theta$. 则 $V_m(x)=(2-1/x)T_m(x)+(1/x-1)U_m(x)$. 我们有 $t_m=z^mT_m(1/z)$，$u_m=z^mV_m(1/z)$.）

106. 在合并之前，数组 $a_0a_1\cdots a_{d-1}$ 总是具有形式 $a^r(a+1)\cdots(b-1)b^s$，其中，$0\leqslant a<b<d$，$r>0$，$s>0$，满足 $r+s+b-a=d+1$. 最初时，$a=0$，$b=d-1$，$r=s=1$. 当 $r+s=t$ 时，算法的行为类似于在 t 循环上的随机游走，就像前面的习题中那样，起始点为 $a=1$. 令 G_t 为该问题的生成函数，其均值为 $t-1$，方差为 $2\binom{t}{3}$. 那么这个问题有生成函数 $G_2G_3\cdots G_d$；所以它的均值是 $\sum_{k=2}^{d}(k-1)=\binom{d}{2}$，方差是 $\sum_{k=2}^{d}2\binom{k}{3}=2\binom{d+1}{4}$.

107. (a) 如果可以对概率重新编号，使得 $p_1\leqslant q_1$ 且 $p_2\leqslant q_2$，那么因为 $p_3=(q_1-p_1)+(q_2-p_2)+q_3$，$\Omega$ 的 5 个事件可以分别具有概率 p_1、p_2、q_1-p_1、q_2-p_2 和 q_3. 但是，如果这不起作用，那么我们可以假设 $p_1<q_1\leqslant q_2\leqslant q_3<p_2\leqslant p_3$. 那么 p_1、q_1-p_1、$p_1+p_2-q_1$、p_3-q_3 和 q_3 都是非负的.

(b) 给出 Ω 事件的概率为 $\frac{1}{12}$、$\frac{2}{12}$、$\frac{3}{12}$、$\frac{6}{12}$.

(c) 比如，令 $p_1=\frac{1}{9}$，$p_2=p_3=\frac{4}{9}$，$q_1=q_2=q_3=\frac{1}{3}$.

108. 令 $p_k=\Pr'(X=k)$ 和 $q_k=\Pr''(Y=k)$. 集合 $\bigcup_n\{\sum_{k\leqslant n}p_k,\sum_{k\leqslant n}q_k\}$ 将单位区间 $[0\,..\,1)$ 划分为可数个子区间，我们将其视为原子事件 ω 的集合 Ω. 当且仅当 $\omega\subseteq[\sum_{k<n}p_k\,..\,\sum_{k\leqslant n}p_k)$，令 $X(\omega)=n$；类似的定义适用于 $Y(\omega)$. 对于所有 ω 都有 $X(\omega)\leqslant Y(\omega)$.

109. (a) 我们已知 $p_1+p_3\leqslant q_1+q_3$，$p_2+p_3\leqslant q_2+q_3$，$p_3\leqslant q_3$.（我们还知道 $0\leqslant 0$ 和 $p_1+p_2+p_3\leqslant q_1+q_2+q_3$，但这些不等式始终成立.）因为 $1\not\preceq 2$，$2\not\preceq 1$，$3\not\preceq 1$，$3\not\preceq 2$，我们必须找到一个耦合，使得 $p_{12}=p_{21}=p_{31}=p_{32}=0$. 在前一道习题中，已知 $p_2+p_3\leqslant q_2+q_3$ 和 $p_3\leqslant q_3$，我们需要找到一个耦合，使得 $p_{21}=p_{31}=p_{32}=0$.

(b) 令 $A^{\uparrow}=\{x\mid$ 对于某些 $a\in A$ 有 $x\succeq a\}$，$B^{\downarrow}=\{x\mid$ 对于某些 $b\in B$ 有 $x\preceq b\}$. 我们已知对于所有 A 有 $\Pr'(X\in A^{\uparrow})\leqslant\Pr''(Y\in A^{\uparrow})$. 假设 $A=\{1,\cdots,n\}\setminus B^{\downarrow}$，因此 $\Pr'(X\in B^{\downarrow})=1-\Pr'(X\in A)$. 因为 $A=A^{\uparrow}$，即得所需结论.

(c) 当 $i\not\preceq j$ 时，从网络中删除所有弧 $x_i\longrightarrow x_j$. 那么阻塞对 (I,J) 具有以下属性：$i\preceq j$ 蕴涵 $i\in I$ 或 $j\in J$. 令 $A=\{x\mid$ 对于某些 $a\notin J$ 有 $x\preceq a\}$，$B=\{1,\cdots,n\}\setminus A$. 那么 $A\subseteq I$，$B\subseteq J$，$B=B^{\downarrow}$. 因此 $\sum_{i\in I}p_i+\sum_{j\in J}q_j\geqslant\sum_{i\in A}p_i+\sum_{j\in B}q_j\geqslant\sum_{i\in A}q_i+\sum_{j\in B}q_j=1$.

[参见库尔特·纳夫罗茨基，*Mathematische Nachrichten* **24** (1962), 193–200；福尔克尔·施特拉森，*Annals of Mathematical Statistics* **36** (1965), 423–439.]

110. (a) 如果 $r=1$，那么结论是平凡的. 否则，考虑概率分布 $p_k'=(p_k-r_k)/(1-r)$ 和 $q_k'=(q_k-r_k)/(1-r)$；使用耦合 $p_{ij}=(1-r)p_i'q_j'+r_j[i=j]$. [参见沃尔夫冈·德布林，*Revue mathématique de l'Union Interbalkanique* **2** (1938), 77–105；罗兰·利沃维奇·多布鲁申，*Teoriya Veroyatnosteĭ i ee Primeneniia͡* **15** (1970), 469–497.]

(b) 是的，因为 (p',q') 分布满足该习题的假设.

111. (a) 以下是 60 个三元组 $1\pi\,3\pi\,4\pi$，最小值以**粗体**显示.

134 **1**63 **1**23 **1**26 **1**42 **1**42 **1**53 **1**45 **1**63 **1**54 **2**45 **2**34 5**3**4 56**3** 6**2**3 5**2**6 63**2** 65**2** 5**3**4 64**3**

356 6**4**5 **2**46 **2**34 4**3**5 46**3** 5**2**4 4**2**3 64**2** 53**2** 46**1** 35**1** 36**1** 64**1** 25**1** 23**1** 34**1** 53**1** 32**1** 42**1**

5**1**2 4**1**2 4**1**5 3**1**5 3**1**6 6**1**5 2**1**6 2**1**6 4**1**5 3**1**6 6**2**3 5**2**6 65**2** 45**2** 56**4** **3**54 **4**65 **3**64 **2**56 **2**65

(b) S_A 和 S_B 都位于 $A \cup B$ 中. $A \cup B$ 中的每个元素都有相同的可能性具有最小值 $a\pi$，其中，恰好有 $|A \cap B|$ 个元素的草图具有该值.

(c) $|A \cap B \cap C|/|A \cup B \cup C|$.

注：比率 $|A \cap B|/|A \cup B|$ 是一种有用的相似性度量，称为“雅卡尔指数”，因为保罗 · 雅卡尔根据每个地方所见的植物物种的集合 [*Bulletin de la Société Vaudoise des Sciences Naturelles* **37** (1901), 249] 在比较不同的瑞士生态站时使用了它. 今天，它通常用于根据每个页面中特定词汇的集合，对网页之间的相似性进行排名.

安德烈 · 扎里 · 布罗德尔在 1997 年引入了最小化独立性. 他使用了 $n = 2^{64}$，并采用了一种方法来识别典型网页上的大约 1000 个词 A. 通过计算（比如说，每个页面的独立草图 $S_1(A), \cdots, S_{100}(A)$）满足 $S_j(A) = S_j(B)$ 的 j 的数量，他提供了雅卡尔指数的高度可靠且快速可计算的估计. 在实践中，当 n 很大时，完全的最小化独立家族是不可能的，但相关的理论已经产生了效果良好的近似“最小哈希”算法. 参见安德烈 · 扎里 · 布罗德尔、摩西 · 沙里卡尔、艾伦 · 迈克尔 · 弗里兹、米夏埃尔 · 米岑马赫，*J. Computer and System Sciences* **60** (2000), 630–659. 还请参见克塔 · 穆尔穆莱独立做的相关工作，*Algorithmica* **16** (1996), 450–463.

112. (a) 这样的规则能够妥善地解决平局，前提是 B 中包含 ∞ 的 π 的数量是 $n-m$ 的倍数. 每个 B 可以有自己的规则.

(b) 事实上，像在习题 111 中那样，我们可以生成这样的排列族，其排列都是通过循环移位从 $N/n = d$ 的“种子”中获得的. 从 $m = 1$ 开始，并使用包含 $N = \mathrm{lcm}(1, 2, \cdots, n)$ 个部分排列的表格，其中，$1 \leqslant i \leqslant N$ 且 $1 \leqslant j \leqslant n$ 的条目 π_{ij} 完全为空白，除了对于每对 ij 有 $\pi_{ij} = 1$，其中，$(j-1)d < i \leqslant jd$ 且 $1 \leqslant j \leqslant n$. 比如，当 $n = 4$ 时，初始表格

1␣␣␣ 1␣␣␣ 1␣␣␣ ␣1␣␣ ␣1␣␣ ␣1␣␣ ␣␣1␣ ␣␣1␣ ␣␣1␣ ␣␣␣1 ␣␣␣1 ␣␣␣1

表示 $N = 12$ 个截断排列，其中 $m = 1$. 接下来我们将插入一些 2.

设 A 是大小为 $n-m$ 的子集，在某个 π 中全为空白. 每个 A 出现的频率相同（如均匀探测，见 6.4 节）. 因此，这样的 π 的数量是 $N/\binom{n}{n-m}$. 幸运的是，这是 $n-m$ 的倍数，因为根据习题 1.2.6–48 可知，$N/((n-m)\binom{n}{n-m}) = N\sum_{k=0}^{m}(-1)^k\binom{m}{k}/(n-m+k)$.

首先，取 $n-m$ 个这样的 π，并在它们内部的不同位置插入 $m+1$. 然后，如果可能的话，找到另一个这样的 A，并重复这个过程，直到没有大小为 $n-m$ 的空白子集为止. 最后，置 $m \leftarrow m+1$，并以相同的方式继续，直到 $m = n$.

不难看出，插入可以使 $\pi_j, \pi_{d+j}, \cdots, \pi_{(n-1)d+j}$ 保持为彼此的循环移位. 当 $n = 4$ 时，诸 2 基本上是强制的：

12␣␣ 1␣2␣ 1␣␣2 ␣12␣ ␣1␣2 21␣␣ ␣␣12 2␣1␣ ␣21␣ 2␣␣1 ␣2␣1 ␣␣21

但是有两种方法可以用 $A = \{3, 4\}$ 填充这两种情况：

123␣ 1␣2␣ 13␣2 ␣123 ␣1␣2 21␣3 3␣12 2␣1␣ ␣213 23␣1 ␣2␣1 3␣21
12␣3 1␣2␣ 13␣2 312␣ ␣1␣2 213␣ ␣312 2␣1␣ ␣213 2␣31 ␣2␣1 3␣21

采用第一种方法会产生两种填充 $A = \{2, 4\}$ 的方法：

123␣ 132␣ 13␣2 ␣123 ␣132 21␣3 3␣12 2␣13 ␣213 23␣1 32␣1 3␣21
123␣ 1␣23 13␣2 ␣123 31␣2 21␣3 3␣12 231␣ ␣213 23␣1 ␣231 3␣21

这里，A 是其自身的循环移位，但始终可以保持一致的放置方式.

[参见武井由智、伊东利哉、筱崎隆宏，*IEICE Transactions on Fundamentals* **E83-A** (2000), 646–655, 747–755.]

113. (a) 如果 $l \geqslant k$ 或 $r > n-k$，则概率为零. 否则，如果可以在 $l = k-1$ 且 $r = n-k$ 时的“完整”情况下证明它，则可得所需结果. 这是因为，我们可以对所有方式的完整情况的概率求和，以指定哪些无约束元素小于 k，哪些大于 k.

为了证明完整情况，我们可以假设对于 $1 \leqslant i \leqslant l = k-1$ 和 $1 \leqslant j \leqslant r = n-k$ 有 $a_i = i$，$b = k$，$c_j = k+j$. 通过使用容斥原理，我们可以计算这个概率，因为我们知道，当 $A = \{k, \cdots, n\} \cup B$ 且 B 包含小于 k 的 t 个元素时，$\Pr(\min_{a \in A} a\pi = k\pi) = 1/(n-k+t) = P_B$. 如果 $k=4$，则满足条件 $4\pi = 4$ 且 $\{1\pi, 2\pi, 3\pi\} = \{1,2,3\}$ 的概率为 $P_\varnothing - P_{\{1\}} - P_{\{2\}} - P_{\{3\}} + P_{\{1,2\}} + P_{\{1,3\}} + P_{\{2,3\}} - P_{\{1,2,3\}}$；对于真正随机的 π，这些概率中的每一个都是正确的.

(b) 这个事件是类型 (a) 的完全事件的不相交并集. [参见安德烈 · 扎里 · 布罗德尔和米夏埃尔 · 米岑马赫，*Random Structures & Algorithms* **18** (2001), 18–30.]

注：函数 $\psi(n) = \ln(\mathrm{lcm}(1,2,\cdots,n)) = \sum_{p^k \leqslant n} [p\text{ 是素数}] \ln p$ 是由帕夫努季 · 利沃维奇 · 切比雪夫引入的 [参见 *J. de mathématiques pures et appliquées* **17** (1852), 366–390]，切比雪夫证明了它是 $\Theta(n)$. 夏尔-让 · 德拉瓦莱普桑 [*Annales de la Société Scientifique de Bruxelles* **20** (1896), 183–256] 的改进表明，对于某个正常数 C，实际上有 $\psi(n) = n + O(ne^{-C\sqrt{\log n}})$. 因此 $\mathrm{lcm}(1,2,\cdots,n)$ 大致与 e^n 一样增长，当 n 很大时，我们不能指望生成最小化独立排列的列表；对于 $19 \leqslant n \leqslant 22$，这样一个列表的长度已经是 232 792 560.

114. 首先假设对所有 j 有 $|S_j| = d_j + 1$，并令 $g_j(x) = \prod_{s \in S_j}(x-s)$. 我们可以将 $x_j^{d_j+1}$ 更换为 $x_j^{d_j+1} - g_j(x_j)$，当 $x_j \in S_j$ 时不会改变 $f(x_1, \cdots, x_n)$ 的值. 重复执行此操作，直到 f 的每一项在每个变量 x_j 中的度小于或等于 d_j 为止. 根据习题 4.6.1–16，这样做将产生一个在 $S_1 \times \cdots \times S_n$ 中至少有一个非根的多项式. [参见诺加 · 阿隆，*Combinatorics, Probab. and Comput.* **8** (1999), 7–29.]

一般而言，如果至多有 $|S_1| + \cdots + |S_n| - (d_1 + \cdots + d_n + n)$ 个非根，那么我们可以逐个（或一次多个）将它们消除，方法是从满足 $|S_j| > d_j + 1$ 的任意 S_j 中移除一个元素. 矛盾.

（当集合 S_j 很大时，这种不等式还意味着更强的下界. 如果 $d_1 = \cdots = d_n = d$ 且 $|S_j| \geqslant s$，其中，$s = d + 1 + \lceil d/(n-1) \rceil$，那么我们可以减小每个 $|S_j|$ 到 s 并增大右侧. 有关进一步的渐近改进，请参见贝拉 · 博洛巴什，*Extremal Graph Theory* (1978)，6.2 节和 6.3 节. ）

115. 用 (x,y) 表示第 x 行第 y 列的顶点. 如果可以覆盖所有点，那么对于所有的 $1 \leqslant x \leqslant m$ 和 $1 \leqslant y \leqslant n$，以及一些选取的 a_j、b_j、c_j、d_j，我们有 $f(x,y) = \prod_{j=1}^{p}(x-a_j)\prod_{j=1}^{q}(y-b_j)\prod_{j=1}^{r}(x+y+c_j)(x-y+d_j) = 0$. 但 f 的度为 $p+q+2r = m+n-2$，且 $x^{m-1}y^{n-1}$ 的系数为 $\pm\binom{r}{\lfloor r/2 \rfloor} \neq 0$.

116. 对于每个顶点 v，令 $g_v = \sum\{x_e \mid v \in e\}$. 如果边 e 是从 v 到自身的环，则包括 x_e 两次. 使用 $f = \prod_v(1 - g_v^{p-1}) - \prod_e(1-x_e)$，对每个 $S_j = \{0,1\}$ 应用零点定理，采用模 p 算术. 因为第一个乘积的次数为 $(p-1)n < m$，所以这个多项式的次数为 m，即边和变量的数量；而 $\prod_e x_e$ 的系数为 $(-1)^m \neq 0$. 因此，存在一个使得 $f(x)$ 非零的解 x. 因为对于所有的 v 都有 $g_v(x) \bmod p = 0$，所以在这个解中，所有满足 $x_e = 1$ 的边组成的子图是非空的，并且满足所需的条件.

[如果我们认为一个循环仅对次数贡献 1，则该证明也有效. 参见诺加 · 阿隆、什穆埃尔 · 弗里德兰和吉尔 · 卡莱，*J. Combinatorial Theory* **B37** (1984), 79–91.]

117. 如果 $\omega = e^{2\pi i/m}$，那么我们有 $\mathrm{E}\,\omega^{jX} = \sum_{k=0}^{n}\binom{n}{k}p^k(1-p)^{n-k}\omega^{jk} = (\omega^j p + 1 - p)^n$. 此外，还有 $|\omega^j p + 1 - p|^2 = p^2 + (1-p)^2 + p(1-p)(\omega^j + \omega^{-j}) = 1 - 4p(1-p)\sin^2(\pi j/m)$. 现在，对于 $0 \leqslant t \leqslant 1/2$ 有 $\sin \pi t \geqslant 2t$. 因此，如果 $0 \leqslant j \leqslant m/2$，则有 $|\omega^j p + 1 - p|^2 \leqslant 1 - 16p(1-p)j^2/m^2 \leqslant \exp(-16p(1-p)j^2/m^2)$；如果 $m/2 \leqslant j \leqslant m$，则有 $\sin(\pi j/m) = \sin(\pi(m-j)/m)$. 因此 $\sum_{j=1}^{m-1}|\mathrm{E}\,\omega^{jX}| \leqslant 2\sum_{j=1}^{m-1}\exp(-8p(1-p)j^2 n/m^2)$.

因为 $\Pr(X \bmod m = r) = \frac{1}{m}\sum_{j=0}^{m-1}\omega^{-jr}\,\mathrm{E}\,\omega^{jX}$，即得所需结论. [参见斯万特 · 詹森和高德纳，*Random Structures & Algorithms* **10** (1997), 130–131.]

118. 事实上，代入 $Y = X - x$ 的 (22) 产生更多（我们也应用习题 47）：

$$\Pr(X \geqslant x) \geqslant \Pr(X > x) \geqslant \frac{(\mathrm{E}\,X - x)^2}{\mathrm{E}(X-x)^2} = \frac{(\mathrm{E}\,X - x)^2}{\mathrm{E}\,X^2 - x(2\,\mathrm{E}\,X - x)} \geqslant \frac{(\mathrm{E}\,X - x)^2}{\mathrm{E}\,X^2 - x\,\mathrm{E}\,X} \geqslant \frac{(\mathrm{E}\,X - x)^2}{\mathrm{E}\,X^2 - x^2}.$$

将这个结果归因于佩利和齐格蒙德有些可疑. 然而，他们确实写了一系列重要论文 [*Proc. Cambridge Philosophical Society* **26** (1930), 337–357, 458–474; **28** (1932), 190–205]，其中，相关的不等式出现在引理 19 的证明中.

119. 令 $f(x,t)=\Pr(U\leqslant V\leqslant W$ 且 $V\leqslant(1-t)U+tW)$，$g(x,t)=\Pr(U\leqslant W\leqslant V$ 且 $W\leqslant(1-t)U+tV)$，$h(x,t)=\Pr(W\leqslant U\leqslant V$ 且 $U\leqslant(1-t)W+tV)$. 我们要证明 $f(x,t)+g(x,t)+h(x,t)=t$. 注意，如果 $\overline{U}=1-U$，$\overline{V}=1-V$，$\overline{W}=1-W$，则我们有 $\Pr(W\leqslant U\leqslant V$ 且 $U\geqslant(1-t)W+tV)=\Pr(\overline{V}\leqslant\overline{U}\leqslant\overline{W}$ 且 $\overline{U}\leqslant t\overline{V}+(1-t)\overline{W})$. 因此 $\frac{x}{2}-h(x,t)=f(1-x,1-t)$，并且我们可以假设 $t\leqslant x$.

显然 $g(x,t)=\int_0^x\frac{\mathrm{d}u}{x}\int_x^1\frac{\mathrm{d}v}{1-x}t(v-u)=\frac{t}{2}$. 并且 $t\leqslant x$ 意味着：

$$f(x,t)=\int_{(x-t)/(1-t)}^{x}\tfrac{\mathrm{d}u}{x}\int_x^{(1-t)u+t}\tfrac{\mathrm{d}v}{1-x}\,(1-(v-(1-t)u)/t)=t^2(1-x)^2/(6(1-t)x);$$

$$h(x,t)=\int_x^1\tfrac{\mathrm{d}v}{1-x}\Big(\int_0^{vt}\tfrac{\mathrm{d}u}{x}\,u+\int_{vt}^{x}\tfrac{\mathrm{d}u}{x}\,\tfrac{t}{1-t}(v-u)\Big)=\tfrac{t}{2}-f(x,t).$$

陶马什 · 特尔保伊没有进行这种复杂的计算，而是找到了一个更简单的证明. 设 $A=\min(U,V,W)$，$M=\langle UVW\rangle$，$Z=\max(U,V,W)$. 那么，给定 A 和 Z，M 的条件分布是 3 个分布的混合：$A=U$，$Z=V$，M 在 $[A\,.\,.\,Z]$ 中是均匀的；或 $A=U$，$Z=W$，M 在 $[x\,.\,.\,Z]$ 中是均匀的；或 $A=W$，$Z=V$，M 在 $[A\,.\,.\,x]$ 中是均匀的.（这 3 种情况发生的概率分别为 $(Z-A,Z-x,x-A)/(2Z-2A)$，但我们不需要知道这个细节.）M 的总体分布是所有 $A\leqslant x$ 和 $Z\geqslant x$ 上的条件均匀分布的平均值，因此是均匀的.

[参见斯坦尼斯拉夫 · 沃尔科夫，*Random Structures & Algorithms* **43** (2013), 115–130，定理 5.]

120. 参见琼 · 哈沃尔-哈塔卜，*Random Structures & Algorithms* **19** (2001), 112–127.

121. (a) $D(y||x)=\frac{1}{5}\lg\frac{6}{5}+\frac{2}{15}\lg\frac{4}{5}\approx0.0097$；$D(x||y)=\frac{1}{6}\lg\frac{5}{6}+\frac{1}{6}\lg\frac{5}{4}\approx0.0098$.

(b) 由詹生不等式 (20)，我们有 $\mathrm{E}(\rho(X)\lg\rho(X))\geqslant(\mathrm{E}\,\rho(X))\lg\mathrm{E}\,\rho(X)$；并且 $\mathrm{E}\,\rho(X)=\sum_t y(t)=1$，取对数的计算结果为 0.

关于零的问题是本题的难点. 我们需要观察到，函数 $f(x)=x\lg x$ 是严格凸函数，这意味着只有当 $x=y$ 时，(19) 中的等式才成立. 因此，对于正随机变量 Z，只有当 Z 是常数时才有 $(\mathrm{E}\,Z)\lg\mathrm{E}\,Z=\mathrm{E}(Z\lg Z)$. 因此，当且仅当对于所有 t 有 $x(t)=y(t)$ 时，才有 $D(y||x)=0$.

(c) 令 $\hat{x}(t)=x(t)/p$ 和 $\hat{y}(t)=y(t)/q$ 分别是 T 内 X 和 Y 的分布. 那么我们有 $0\leqslant D(\hat{y}||\hat{x})=\sum_{t\in T}\hat{y}(t)\lg(\hat{y}(t)/\hat{x}(t))=\mathrm{E}(\lg\rho(Y)\,|\,Y\in T)+\lg(p/q)$.

(d) $D(y||x)=(\mathrm{E}\lg m)-H_Y=\lg m-H_Y$.（因此，根据 (b)，任何此类随机变量 Y 的最大熵都为 $\lg m$，只有在均匀分布的情况下才能实现. 直观地说，H_Y 是当 Y 被揭示时我们学到的位数.）

(e) 因为 $\sum_v z(u,v)=x(u)$ 且 $\sum_u z(u,v)=y(v)$，所以 $I_{X,Y}=-H_Z-\sum_{u,v}z(u,v)(\lg x(u)+\lg y(v))=-H_Z+\sum_u x(u)\lg(1/x(u))+\sum_v y(v)\lg(1/y(v))$.

(f) 关于 Y 的条件 $I_{X,Z}=H_X+H_Z-H_{X,Z}$ 给出 $0\leqslant I_{(X,Z)|Y}=H_{X|Y}+H_{Z|Y}-H_{(X,Z)|Y}=H_{X|Y}+(H_{Y,Z}-H_Y)-(H_{X,Y,Z}-H_Y)$.

122. (a) $D(y||x)=\sum_{t=0}^{\infty}(3^t/4^{t+1})\lg(3^t/2^{t+1})=\lg\frac{27}{16}\approx0.755$；$D(x||y)=\lg\frac{4}{3}\approx0.415$.

(b) 令 $q=1-p$ 和 $t=pn+u\sqrt{n}$. 则我们有：

$$y(t)=\frac{\mathrm{e}^{-u^2/(2pq)}}{\sqrt{2\pi pqn}}\exp\left(\left(\frac{u}{2q}-\frac{u}{2p}+\frac{u^3}{6p^2}-\frac{u^3}{6q^2}\right)\frac{1}{\sqrt{n}}+O\Big(\frac{1}{n}\Big)\right);$$

$$\ln\rho(t)=-\frac{u^2}{2q}-\frac{1}{2}\ln q+\left(\frac{u}{2q}-\frac{u^3}{6q^2}\right)\frac{1}{\sqrt{n}}+O\Big(\frac{1}{n}\Big).$$

通过限制 $|u|\leqslant n^{\epsilon}$ 并交换尾部（参见 7.2.1.5–(20)），我们得到

$$\begin{aligned}D(y||x)&=\frac{1}{\sqrt{2\pi pqn}}\int_{-\infty}^{+\infty}\mathrm{e}^{-u^2/(2pq)}\Big(-\frac{u^2}{2q\ln 2}-\frac{1}{2}\lg q\Big)\,\mathrm{d}u\sqrt{n}+O\Big(\frac{1}{n}\Big)\\&=\frac{1}{2\ln 2}\Big(\ln\frac{1}{1-p}-p\Big)+O\Big(\frac{1}{n}\Big).\end{aligned}$$

因为 $x(n+1)>0$ 而 $y(n+1)=0$，所以在这种情况下，$D(x||y)$ 显然为 $+\infty$.

123. 因为 $p_{k+1}=p_k y(t)/z_k(t)$，我们有 $\rho(t)=(1-p_k)p_{k+1}/(p_k(1-p_{k+1}))$.［这种关系促使所罗门 · 库尔贝克和理查德 · 阿瑟 · 莱布勒在 *Annals of Mathematical Statistics* **22** (1951) 第 79 ~ 86 页定义了 $D(y||x)$.］

124. 令 $m = c^2 2^{D(y\|x)}$ 且 $g(t) = f(t)[\rho(t) \leqslant m]$；因此，除了概率 Δ_c，有 $g(t) = f(t)$. 我们有 $|E(f) - E_n(f)| = (E(f) - E(g)) + |E(g) - E_n(g)| + (E_n(f) - E_n(g))$. 因为 $f(t) - g(t) = f(t)[\rho(t) > m]$，柯西-施瓦茨不等式（习题 1.2.3–30）意味着第一个和最后一个以 $\|f\| \sqrt{\Delta_c}$ 为界.

现在我们有 $\operatorname{var}(\rho(X)g(X)) \leqslant \mathrm{E}(\rho(X)^2 g(X)^2) \leqslant m\,\mathrm{E}(\rho(X)f(X)^2) = m\,\mathrm{E}(f(Y)^2) = m\|f\|^2$. 因此 $(E(g) - E_n(g))^2 = \operatorname{var} E_n(g) = \operatorname{var}(\rho(X)g(X))/n \leqslant \|f\|^2/c^2$.

现在考虑 $c < 1$ 的情况. 根据马尔可夫不等式，我们有 $\Pr(\rho(X) > m) \leqslant (\mathrm{E}\,\rho(X))/m = 1/m$. 我们还有 $\mathrm{E}(\rho(X)[\rho(X) \leqslant m]) = \mathrm{E}[\rho(Y) \leqslant m] = 1 - \Delta_c$. 因此，$\Pr(E_n(1) \geqslant a) \leqslant \Pr(\max_{1 \leqslant k \leqslant n} \rho(X_k) > m) + \Pr(\sum_{k=1}^n \rho(X_k)[\rho(X_k) \leqslant m] \geqslant na) \leqslant n/m + \mathrm{E}(\sum_{k=1}^n \rho(X_k)[\rho(X_k) \leqslant m])/(na) = c^2 + (1 - \Delta_c)/a$.

［参见苏拉夫 · 查特吉和佩尔西 · 迪亚科尼斯，*Annals of Applied Prob.* **28** (2018), 1099–1135. ］

125. (a) 我们从 $a_n^2 = a_{n-1}a_{n+1}$ 推导出，对于某些 $c \geqslant 0$ 和 $x \geqslant 0$ 有 $a_n = cx^n$.

(b) 它仍然是对数凸的 $\iff ca_1 \geqslant a_0^2$；它仍然是对数凹的 $\iff ca_1 \leqslant a_0^2$.（后一个条件在重要情况 $c = 0$ 时始终成立.）

(c) 如果 $a_{m-1}a_{n+1} > 0$，那么因为不存在内部零，所以我们有 $a_m/a_{m-1} \geqslant a_{m+1}/a_m \geqslant \cdots \geqslant a_{n+1}/a_n$.（对于对数凸序列，也有类似的结果.）

(d) 如果 $xz \geqslant y^2$ 且 $XZ \geqslant Y^2$ 且 $x, y, z, X, Y, Z > 0$，那么我们有 $(x + X)(z + Z) - (y + Y)^2 \geqslant (x + X)(y^2/x + Y^2/X) - (y + Y)^2 = (x/X)(Y - Xy/x)^2 \geqslant 0$.［参见刘丽和王毅，*Advances in Applied Mathematics* **39** (2007), 455. ］

(e) 令 $c_n = \sum_k \binom{n}{k} a_k b_{n-k}$. 显然 $c_1^2 \leqslant c_0 c_2$. 并且 $c_n = \sum_k \binom{n-1}{k} a_{n-1-k} b_{k+1} + \sum_k \binom{n-1}{k} a_{k+1} b_{n-1-k}$，因此我们可以应用 (c)，并将移位序列对 n 进行归纳.［参见哈罗德 · 达文波特和乔治 · 波利亚，*Canadian Journal of Mathematics* **1** (1949), 2–3. ］

(f) 是的. 当 $k < 0$ 时，令 $a_k = b_k = 0$，并令 $c_n = \sum_k a_k b_{n-k}$. 则我们有

$$c_n^2 - c_{n-1}c_{n+1} = \sum_{0 \leqslant j \leqslant k} (a_j a_k - a_{j-1} a_{k+1})(b_{n-j} b_{n-k} - b_{n+1-j} b_{n-1-k}).$$

这是 $m = 2$ 时的比内-柯西恒等式（见习题 1.2.3–46）.

(g) 是的，但似乎需要更复杂的证明. 我们有 $c_n = t_{00}$，$c_{n+1} = t_{01} + t_{10}$，$c_{n+2} = t_{02} + 2t_{11} + t_{20}$，其中，$t_{ij} = \sum_k \binom{n}{k} a_{k+i} b_{n-k+j}$；因此 $c_{n+1}^2 - c_n c_{n+2} = (t_{01}^2 - t_{00}t_{02}) + (t_{10}^2 - t_{00}t_{20}) + 2(t_{01}t_{10} - t_{00}t_{11})$. 我们将证明括号内的每一项都是非负的.

令 $b'_j = \binom{n}{j} b_j$. 那么序列 $\langle b'_j \rangle$ 是对数凹的；t_{i0} 是序列 $\sum_k a_k b'_{n-k}$ 的第 $(n + i)$ 项. 根据 (f)，这是对数凹函数. 因此 $t_{10}^2 \geqslant t_{00}t_{20}$. 类似的论证表明 $t_{01}^2 \geqslant t_{00}t_{02}$. 最后，根据矩阵乘积 $\boldsymbol{T} = \boldsymbol{AXB}$，其中，$A_{ij} = a_{i+j}$，$X_{ij} = \binom{n}{j}[i + j = n]$，$B_{ij} = b_{i+j}$，比内和柯西给出了恒等式

$$t_{01}t_{10} - t_{00}t_{11} = \sum_{p<q} \binom{n}{p}\binom{n}{q} (a_{p+1}a_q - a_p a_{q+1})(b_{n-p}b_{n-q+1} - b_{n-p+1}b_{n-q}).$$

［参见戴维 · 威廉 · 沃尔克普，*Journal of Applied Probability* **13** (1976), 79–80. ］

126. 所述概率为 $p_m = \binom{n}{m} m^m (n - m)^{n-m}/n^n$. 我们有 $p_m/p_{m+1} = f_m/f_{n-m-1}$，其中，$f_m = (m/(m + 1))^m$. 由于 $f_0 > f_1 > \cdots$，因此最小值出现在 $m = \lfloor n/2 \rfloor$ 时. 根据习题 1.2.11.2–9，我们有 $p_{\lfloor n/2 \rfloor} = (1 + O(1/n))/\sqrt{\pi n/2}$.

127. (a) 由尾部不等式 1.2.10–(24) 得出，对于 $0 < \boldsymbol{x} \leqslant 1$，随机二元向量有 $\Pr(\boldsymbol{X}_1 + \cdots + \boldsymbol{X}_n \leqslant \theta n) \leqslant \boldsymbol{x}^{-\theta n}((1 + \boldsymbol{x})/2)^n$. 置 $\boldsymbol{x} = \theta/(1 - \theta)$ 并乘以 2^n.

(b) 根据 1.2.11.2–(18)，我们有 $\lg \binom{n}{\lfloor \theta n \rfloor} = H(\theta)n - \lg \sqrt{2\pi\theta(1 - \theta)n} + O(1/n)$.

(c) 令 $p_{m'm''} = \Pr(\boldsymbol{x} \oplus \boldsymbol{X}' \oplus \boldsymbol{X}''$ 是稀疏的且 $\nu\boldsymbol{X}' = m'$ 且 $\nu\boldsymbol{X}'' = m'')$. 我们将使用几种富有教益的方法来证明每一个 $p_{m'm''}$ 是指数级小的.

首先，令 $\epsilon = \theta(1 - 2\theta)/3$. 因为 $\Pr(\nu\boldsymbol{X}' \leqslant (\theta - \epsilon)n) = O(\sqrt{n}\, 2^{(H(\theta-\epsilon)-H(\theta))n})$ 呈指数级小，所以我们可以假设 $(\theta - \epsilon)n < m', m'' \leqslant \theta n$.

其次，令 $\boldsymbol{Y}'$ 和 $\boldsymbol{Y}''$ 为随机二元向量，其各位独立为 1 的概率分别为 m'/n 和 m''/n. 当 $\boldsymbol{x}$ 有一个 0 位时，$\boldsymbol{x}\oplus\boldsymbol{Y}'\oplus\boldsymbol{Y}''$ 的每一位为 1 的概率为 $m'/n(1-m''/n)+(1-m'/n)m''/n\geqslant 2(\theta-\epsilon)(1-\theta)\geqslant\theta+\epsilon$；当 $\boldsymbol{x}$ 有一个 1 位时，概率为 $(m'/n)(m''/n)+(1-m'/n)(1-m''/n)\geqslant(\theta-\epsilon)^2+(1-\theta)^2\geqslant\theta+\epsilon$. 因此，根据尾部不等式，我们有 $\Pr(\boldsymbol{x}\oplus\boldsymbol{Y}'\oplus\boldsymbol{Y}''$ 是稀疏的$)\leqslant\alpha^n$，其中，$\alpha=(1+\epsilon/\theta)^\theta(1-\epsilon/(1-\theta))^{1-\theta}$. 因为 $\alpha<1$，所以这是指数级小的.

最后，令 $\boldsymbol{Z}'$ 和 $\boldsymbol{Z}''$ 分别表示满足 $\nu\boldsymbol{Z}'=m'$ 和 $\nu\boldsymbol{Z}''=m''$ 的独立随机位向量. 则我们有 $p_{m'm''}=(\binom{n}{m'}\binom{n}{m''})/S(n,\theta)^2)P_{m'm''}$，其中，$P_{m'm''}$ 是"$\boldsymbol{x}\oplus\boldsymbol{Z}'\oplus\boldsymbol{Z}''$ 是稀疏的"的概率. 那么，根据习题 126，$\Pr(\boldsymbol{x}\oplus\boldsymbol{Y}'\oplus\boldsymbol{Y}''$ 是稀疏的$)\geqslant\Pr(\boldsymbol{x}\oplus\boldsymbol{Y}'\oplus\boldsymbol{Y}''$ 是稀疏的且 $\nu\boldsymbol{Y}'=m'$ 且 $\nu\boldsymbol{Y}''=m'')=\Omega(P_{m'm''}/n)$.（研究这个论断.）

［文卡特桑 · 古鲁斯瓦米、约翰 · 霍斯塔德和苏瓦斯季克 · 科帕蒂在 *IEEE Trans.* **IT-57** (2011) 第 718 ~ 725 页使用了这一结果，以证明存在有效的线性可列表解码码.］

128. (a) $\Pr(k\text{ pings})=\binom{n}{k}(\frac{1}{n})^k(1-\frac{1}{n})^{n-k}$ 是二项分布，因此 $\Pr(1\text{ ping})=(1-\frac{1}{n})^{n-1}$.

(b) 等待 T 轮，其中，$\Pr(T=k)=(1-p)^{k-1}p$ 具有参数为 $p=\frac{1}{n}(1-\frac{1}{n})^{n-1}$ 的几何分布. 因此，举例来说，根据习题 3.4.1–17，我们有 $\mathrm{E}\,T=1/p=n^n/(n-1)^{n-1}=(n-1)\exp(n\ln(1/(1-1/n)))=\mathrm{e}n-\frac{1}{2}\mathrm{e}+O(1/n)$.（标准差 $\mathrm{e}n-\frac{1}{2}\mathrm{e}-\frac{1}{2}+O(1/n)$ 与均值大致相同.）

(c) 该习题中的提示建议我们研究"优惠券收集者的分布"：如果每盒麦片随机包含 n 张不同优惠券中的一张，那么我们必须购买多少盒才能获得所有优惠券？该分布的生成函数是

$$C(z)=\frac{nz}{n}\,\frac{(n-1)z}{n-z}\cdots\frac{z}{n-(n-1)z}=\frac{n}{n/z-0}\,\frac{n-1}{n/z-1}\cdots\frac{1}{n/z-(n-1)}=\binom{n/z}{n}^{-1}.$$

这是因为，在我们已经获得 k 张优惠券之后，获得下一张优惠券所需的时间是具有生成函数 $(n-k)z/(n-kz)$ 的几何分布.

令 B 为购买的盒数. 由上尾部不等式 1.2.10–(25) 可知，$\Pr(B\geqslant(1+\epsilon)n\ln n)\leqslant(n/(n-1/2))^{-(1+\epsilon)n\ln n}C(n/(n-1/2))$. 根据习题 1.2.6–47，这是

$$\frac{\mathrm{e}^{(1+\epsilon)n\ln n\ln(1-1/(2n))}}{\binom{n-1/2}{n}}=\frac{\mathrm{e}^{-\frac{1+\epsilon}{2}\ln n+O\left(\frac{\log n}{n}\right)}4^n}{\binom{2n}{n}}=\sqrt{\pi}\,n^{-\epsilon/2}\left(1+O\Big(\frac{\log n}{n}\Big)\right).$$

因此 B 几乎必然小于 $(1+\epsilon)n\ln n$.

现在令 S 为 $r=\lfloor(1+\epsilon)\mathrm{e}n\ln n\rfloor$ 轮中成功访问的次数. 那么，根据 (a)，S 相当于抛掷 r 次成功概率为 $p=(1-\frac{1}{n})^{n-1}=1/\mathrm{e}+O(1/n)$ 的有偏硬币. 所以 S 服从二项分布，并且，根据习题 1.2.10–22(b)，$\Pr(S\leqslant(1-\epsilon/2)rp)\leqslant\mathrm{e}^{-\epsilon^2rp/8}$. 这个论证证明了 S 确乎必然大于 $(1-\epsilon/2)rp=(1+\epsilon/2-\epsilon^2/2)n\ln n+O(\log n)$.

因此，搜集优惠券的 S 次尝试几乎必然成功.

(d) 应用类似于 (c) 的论证，代之以 $\epsilon\mapsto-\epsilon$ 和 $n-1/2\mapsto n+1/2$.

［该习题基于乔恩 · 克莱因伯格和埃娃 · 陶尔多什的书 *Algorithm Design* (Addison–Wesley, 2006) 13.1 节中分析的一个协议. 有关具有相关（但不同）模型的最优争用解决方案，请参见乌里尔 · 法伊格和扬 · 冯德拉克的论文，详见 *Theory of Computing* **6** (2010), 247–290 的 3.1 节.］

129. 因为 $|\cot\pi z|\leqslant(\mathrm{e}^\pi+1)/(\mathrm{e}^\pi-1)$ 和 $|r(z)|=O(1/M^2)$ 在积分路径上，所以该习题提示所述结论成立. 对于所有整数 k，除了在 k 处的简单极点，函数 $\pi\cot\pi z$ 没有有限奇点. 此外，它的每个极点的留数都是 1. 因此 $\sum_{k=-\infty}^{+\infty}r(k)+\sum_{j=1}^{t}\big(r(z)\pi\cot\pi z$ 在 z_j 处的留数$\big)=\lim_{M\to+\infty}O(1/M)=0$.

设这些和值为 S_1、S_2、S_3、S_4. 因为 $(\cot\pi z)/(2z-1)^2$ 在 $1/2$ 处的留数为 $-\pi/4$，所以我们有 $S_1=\pi^2/4$. 因为 $(\cot\pi z)/(z^2+1)$ 在 $\pm\mathrm{i}$ 处的留数为 $-(\coth\pi)/2$，所以 $S_2=\pi\coth\pi$. 同理，$(\cot\pi z)/(z^2+z+1)$ 在 $(-1\pm\mathrm{i}\sqrt{3})/2$ 处的留数为 $-\alpha$，其中，$\alpha=\tanh(\sqrt{3}\pi/2)/\sqrt{3}$；因此 $S_3=2\pi\alpha$. 最后，$(\cot\pi z)/((z^2+z+1)(2z-1))$ 在其极点的留数为 $\frac{2}{7}\alpha(1\pm\mathrm{i}\sqrt{3}/2)$ 和 0；因此 $S_4=-\frac{2}{7}S_3$.（事后看来，我们可以通过注意到以下事实来解释这种"巧合"：$7/((k^2+k+1)(2k-1))=\frac{4}{2k-1}-\frac{2k+3}{k^2+k+1}$，而且 $\sum_{k=-n}^{n+1}\frac{1}{2k-1}=\sum_{k=-n}^{n-1}\frac{2k+1}{k^2+k+1}=0$.）

130. (a) 显然 $\mathrm{E}\,X^2=\frac{1}{\pi}\int_{-\infty}^{+\infty}t^2\mathrm{d}t/(1+t^2)>\frac{2}{\pi}\int_{1}^{+\infty}\mathrm{d}t$，所以 $\mathrm{E}\,X^2=+\infty$. 但是 $\mathrm{E}\,X=\frac{1}{\pi}\int_{-\infty}^{+\infty}t\,\mathrm{d}t/(1+t^2)=\frac{1}{2\pi}(\ln(1+\infty^2)-\ln(1+(-\infty)^2))=\infty-\infty$ 是未定义的. 因此 X 没有均值（虽然它确实有中位数 0）.

(b) 1/2、2/3 和 5/6. 这是因为，当 $x\geqslant 0$ 时有 $\Pr(|X|\leqslant x)=\frac{1}{\pi}\int_{-x}^{x}\frac{\mathrm{d}t}{1+t^2}=\frac{2}{\pi}\arctan x$.

(c) 这直接源于以下事实：$\Pr(X\leqslant x)=(\arctan x)/\pi+1/2$.

(d) 在算法 3.4.1P 的步骤 P4 中，V_1/V_2 是一个随机正切值，因此它是一个柯西偏差. 此外，根据支持该算法的理论，V_1/V_2 是独立正态偏差的比率. 因此，当 X 和 Y 是独立正态变量时，$Z\leftarrow X/Y$ 是柯西分布. 柯西分布也是自由度为 1 的学生 t 分布；生成它的 3.4.1 节的方法计算的是 $Z\leftarrow X/|Y|$.

(e) 我们有 $z\leqslant Z\leqslant z+\mathrm{d}z\iff(z-qY)/p\leqslant X\leqslant(z+\mathrm{d}z-qY)/p$. 因此

$$\Pr(z\leqslant Z\leqslant z+\mathrm{d}z\text{ 且 }y\leqslant Y\leqslant y+\mathrm{d}y)\ =\ \frac{1}{\pi}\frac{\mathrm{d}z}{p}\frac{1}{(1+(z-qy/p)^2)}\frac{1}{\pi}\frac{\mathrm{d}y}{1+y^2}.$$

我们想对 $-\infty<y<+\infty$ 计算这个积分. 被积函数在 $y=\pm\mathrm{i}$ 和 $y=(z\pm\mathrm{i}p)/q$ 处有极点. 并且，当 $|y|=M$ 时，它是 $O(1/M^4)$ 的. 因此，我们可以沿着半圆路径进行积分，即对于 $-M\leqslant t\leqslant M$ 取 $y=t$，然后对于 $0\leqslant t\leqslant\pi$ 取 $y=Me^{\mathrm{i}t}$，得到如下结果：

$$\int_{-\infty}^{+\infty}\frac{\mathrm{d}y}{(p^2+(z-qy)^2)(1+y^2)}=2\pi\mathrm{i}((\text{在 i 处的留数})+(\text{在 }\tfrac{z+p\mathrm{i}}{q}\text{ 处的留数}))=\frac{1}{p(1+z^2)}.$$

因此可得所需结论 $\Pr(z\leqslant Z\leqslant z+\mathrm{d}z)=\frac{1}{\pi}\mathrm{d}z/(1+z^2)$.

通过归纳（参见习题 42 的答案），我们可以得知，独立柯西偏差的任何凸组合都是柯西偏差. 特别是，n 个独立柯西偏差的平均值不会比单个偏差更集中；“大数定律”并不总是成立. [西梅翁 · 德尼 · 泊松在 *Connaissance des Tems pour l'an 1827* (1824) 第 273 ~ 302 页证明了这个特殊情况. 该分布以奥古斯丁 · 路易 · 柯西（而不是泊松）命名. 这是因为，柯西发表了 7 篇有关它的笔记（每周一篇！），从而澄清了相关问题：*Comptes Rendus Acad. Sci.* **37** (Paris, 1853), 64–68, ···, 381–385.]

(f) 根据 (e)，$c\cdot\boldsymbol{X}$ 是 $|c_1|+\cdots+|c_n|=\|c\|_1$ 倍的柯西偏差. [这个事实在数据降维和数据流方面有重要应用，参见彼得 · 因迪克，*JACM* **53** (2006), 307–323.]

(g) 如果 $t\geqslant 0$，因为当 $|z|=M$ 时，被积函数是 $O(1/M^2)$ 的，利用 $e^{\mathrm{i}tz}/(1+z^2)$ 在 $z=\mathrm{i}$ 处的留数以及第 (e) 部分的半圆路径，我们得到 e^{-t}. 如果 $t\leqslant 0$，我们可以沿相反方向积分，得到 e^{+t}. 因此，答案是 $e^{-|t|}$.

131. (a) 根据习题 129，$c=1/(\pi\coth\pi)$.（注意，$\coth\pi\approx 1.0037$ 几乎等于 1.）

(b) 当 $n\neq 0$ 时，有些令人惊讶的是，习题 129 的方法告诉我们，$\sum_{k=-\infty}^{+\infty}1/((1+k^2)(1+(n-k)^2))=(2\pi\coth\pi)/(n^2+4)$. 因此 $\Pr(X+Y=n)=2c/(n^2+4)$. 当 n 为偶数时，这正好是 $\frac{1}{2}\Pr(2Z=n)$.

当 $n=0$ 时，存在一个双极点，计算更为棘手. $\Pr(X+Y\neq 0)=\sum_{n=1}^{\infty}\frac{4c}{n^2+4}=c(\pi\coth 2\pi-\frac{1}{2})\approx 0.837\,717$ 更容易计算. 因此 $\Pr(X+Y=0)\approx 0.162\,283$.

132. (a) $\binom{K}{k}\binom{N-K}{n-k}/\binom{N}{n}$.（因此，概率生成函数 $g(z)=\sum_k p_k z^k$ 是超几何函数 $\binom{N-K}{n}F\bigl({-K,-N\atop N-K-n+1}\big|z\bigr)/\binom{N}{n}$，参见式 1.2.6–(39).）

(b) $g'(1)=nK/N$；$\{\lfloor((n+1)(K+1)-1)/(N+2)\rfloor,\lfloor(n+1)(K+1))/(N+2)\rfloor\}$；$n(N-n)(N-K)/(N^3-N^2)$.（注意 $g''(1)=n(n-1)K(K-1)/(N(N-1))$.）

(c) 假设 $Q=X_1+\cdots+X_n$ 且 $Z_m=\mathrm{E}(Q\mid X_1,\cdots,X_m)$. 则我们有 $Z_m=(K-X_1-\cdots-X_m)(n-m)/(N-m)+X_1+\cdots+X_m$. 对于 $1\leqslant m\leqslant n$，相应的公平序列为 $Y_m=Z_m-Z_{m-1}=\Delta_m(X_1+\cdots+X_{m-1}-K)+c_mX_m$，其中，$c_m=(N-n)/(N-m)$，$\Delta_m=c_m-c_{m-1}$. 当给定 $\{X_1,\cdots,X_{m-1}\}$ 并且 X_m 变化时，Y_m 最多变化 c_m. 因此，(37) 告诉我们，$\Pr(Q\geqslant nK/N+x)=\Pr(Z_n-Z_0\geqslant x)=\Pr(Y_1+\cdots+Y_n\geqslant x)\leqslant e^{-2x^2/(c_1^2+\cdots+c_n^2)}\leqslant e^{-2x^2/n}$.

133. (a) 根据对 m 的归纳：假设 $m>1$，且没有 t 行被破坏. 丢弃重复的列，并使剩余列中的 $2b$ 列具有一个“伙伴”，其底行中的位是补充的. 令 a 列没有“伙伴”. 然后，根据归纳假设，前 $m-1$ 行包含 $a+b\leqslant f(m-1,t)$ 列，并且 $b\leqslant f(m-1,t-1)$. 因此，有 $a+2b\leqslant f(m-1,t)+f(m-1,t-1)=f(m,t)$ 列.

(b) 比如，令这些列都是长度为 m 的向量，最多有 $t-1$ 个 1.

[参见诺伯特 · 索尔，*Journal of Combinatorial Theory* **A13** (1972), 145–147.]

134. (a) 因为方差为 $p_j(1-p_j) \leqslant 1/4$，所以使用切比雪夫不等式 (18).

(b) 考虑我们可能以相同的概率从相同的 $2m$ 个原子事件中获得两个样本 $(\mathcal{X},\mathcal{X}')$ 的 $\binom{2m}{m}$ 种方式. 如果 A_j 出现 $K = M_j(\mathcal{X}) + M_j(\mathcal{X}')$ 次，则有：

$$\Pr(\widehat{E}_j(\mathcal{X},\mathcal{X}') > \epsilon) = \Pr\Bigl(\sum\bigl\{\tbinom{K}{k}\tbinom{2m-K}{m-k}/\tbinom{2m}{m} \bigm| |k-K/2| > \epsilon m\bigr\}\Bigr) \leqslant 2\mathrm{e}^{-2(\epsilon m)^2/m}.$$

(c) $\Delta_{2m}(\mathcal{A})\Pr(\widehat{E}_j(\mathcal{X},\mathcal{X}') > \epsilon/2) \geqslant \Pr(\max_j \widehat{E}_j(\mathcal{X},\mathcal{X}') \geqslant \epsilon/2$ 且 $E(\mathcal{X}) > \epsilon) \geqslant \Pr(E_j(\mathcal{X}') \leqslant \epsilon/2$ 且 $E_j(\mathcal{X}) > \epsilon$ 且 $E(\mathcal{X}) > \epsilon) \geqslant \frac{1}{2}\Pr(E_j(\mathcal{X}) > \epsilon$ 且 $E(\mathcal{X}) > \epsilon)$.

[参见 *Teoriya Veroyatnosteĭ i ee Primeneniia͡* **16** (1971), 264–279.]

135. （请注意，最小的非巴克斯特排列是 3142 及其逆排列 2413. ）

如果 P 是巴克斯特排列，则 $P^R = p_n \cdots p_1$ 和 $P^C = \bar{p}_1 \cdots \bar{p}_n$ 也是巴克斯特排列，其中，$\bar{x} = n + 1 - x$. 因此，通过删除 n 得到的排列 $P \setminus n$ 也是巴克斯特排列；同样，如果 $x = p_n$ 或 $x = 1$ 或 $x = p_1$，那么通过删除 x 并将超过 x 的每个元素减 1 得到的排列 $P \setminus x$ 也是巴克斯特排列.（比如，考虑从 P^- 中删除 n 的情况. ）

让我们看一下通过将 $n+1$ 插入一个含有 n 个元素的巴克斯特排列中所得到的 $n+1$ 个排列. 比如，当 $n = 8$ 且 $P = 21836745$ 时，得到的 9 个扩展排列分别是 921836745、291836745、219836745、218936745、218396745、218369745、218367945、218367495、218367459，其中，只有 4 个不满足巴克斯特排列的性质，即 291836745、218396745、218369745 和 218367495. 我们很快发现了一个通用规则：只有当 $n+1$ 被放置在从左向右的最大值之前或在从右向左的最大值之后时，它才能够以巴克斯特方式插入.（在我们的例子中，从左向右的最大值是 2 和 8；从右向左的最大值是 5、7 和 8. ）

定义 $B_n(i,j,k)$ 为恰好有 $i+1$ 个从左向右的最大值、$j+1$ 个从左向右的最小值、k 个上升和 $n-k$ 个下降且含有 $n+1$ 个元素的巴克斯特排列的数量. 这样的排列对应于具有 $n+1$ 个房间的楼面图，其中有 $i+1$ 个房间与框架底部相接，$j+1$ 个房间与框架左侧相接，$k+2$ 个铅直边界，以及 $n-k+2$ 个水平边界（参见习题 7.2.2.1–372）. 上述推理对于非负的 i、j、k、n 有一个有趣的递推关系：

$$B_0(i,j,k) = [i\!=\!j\!=\!k\!=\!0], \quad B_{n+1}(i\!+\!1,j\!+\!1,k) = \sum_{i'>i} B_n(i',j,k) + \sum_{j'>j} B_n(i,j',k\!-\!1).$$

并且 $i + j \leqslant n$ 的解可以表示为二项式系数的行列式：

$$B_n(i,j,k) = \det\begin{pmatrix} \binom{n-j-1}{k-1} & \binom{n}{k-1} & \binom{n-i-1}{n-k+1} \\ \binom{n-j-1}{k} & \binom{n}{k} & \binom{n-i-1}{n-k} \\ \binom{n-j-1}{k+1} & \binom{n}{k+1} & \binom{n-i-1}{n-k-1} \end{pmatrix}, \quad \text{除非}\ \begin{cases} i = 0\ \text{且}\ j = n \\ \quad\text{或者} \\ i = n\ \text{且}\ j = 0. \end{cases}$$

现在，对于恰好有 k 个上升且含有 n 个元素的巴克斯特排列的数量，对 i 和 j 求和可以得到更简单的公式：

$$b_n(k) = t_{n+1}(k+1)/t_{n+1}(1), \qquad \text{其中，}\ t_n(k) = \tbinom{n}{k-1}\tbinom{n}{k}\tbinom{n}{k+1}.$$

由于 $k \approx n/2$ 的项主导总和 $b_n = \sum_k b_n(k)$，因此我们获得渐近值

$$b_n = \frac{8^{n+2}}{\sqrt{12}\pi n^4}\Bigl(1 - \frac{22}{3n} + O\left(n^{-2}\right)\Bigr).$$

这归功于安德鲁 · 迈克尔 · 奥德林奇科. [参见格伦 · 巴克斯特，*Proc. American Math. Soc.* **15** (1964), 851–855；钟金芳蓉、葛立恒、小弗纳 · 埃米尔 · 霍格特和马克 · 克莱曼，*Journal of Combinatorial Theory* **A24** (1978), 382–394；威廉 · 马丁 · 博伊斯，*Houston J. Math.* **7** (1981), 175–189；塞尔日 · 迪吕克和奥利维耶 · 吉贝尔，*Discrete Math.* **180** (1998), 143–156.] 理查德 · 劳伦斯 · 奥勒顿发现了递推关系式 $(n+2)(n+3)b_n = (7n^2+7n-2)b_{n-1} + 8(n-1)(n-2)b_{n-2}$，其中 $b_0 = 1$，并且发现了闭合式 $b_n = F\bigl({1-n,-n,-1-n \atop 2,3} \bigm| -1\bigr)$. 开头几项为 $(b_0, b_1, \cdots) = (1, 1, 2, 6, 22, 92, 422, 2074, 10\,754, 58\,202, \cdots)$.

136. 当 $y \leqslant x + \frac{1}{2}$ 时结论成立. 这是因为，当 x 从 0 增大到 $1-t$ 时，$f(x+t) - f(x)$ 从 $f(t)$ 增大到 $-f(1-t)$. 但是，当 $x < \frac{1}{2}$ 且 $y = 1$ 时，这个结论不成立.

137. (a) 集合 $U=\{x\mid \Pr(X\leqslant x)\geqslant \frac12\}$ 和 $L=\{x\mid \Pr(X<x)\leqslant \frac12\}$ 都是区间. 令 $\underline{m}=\inf U$ 和 $\overline{m}=\sup L$，则 $U\cap L=[\underline{m}\,..\,\overline{m}]$. 因为分布函数 $\Pr(X\leqslant x)$ 是右连续的，所以 $\underline{m}\in U$；同理，因为 $\Pr(X<x)$ 是左连续的，所以 $\overline{m}\in L$. 我们还有 $\underline{m}\leqslant\overline{m}$；如果 $\overline{m}<x<\underline{m}$，则 $\Pr(X\leqslant x)<\frac12<\Pr(X<x)$.

(b) 如果 $\underline{m}<\overline{m}$，则 $\Pr(X\leqslant\underline{m})\leqslant\Pr(X<\overline{m})=1-\Pr(X\geqslant\overline{m})\leqslant\frac12\leqslant\Pr(X\leqslant\underline{m})$.

(c) $\Pr(X\leqslant y)\geqslant\frac12$ 蕴涵 $y\geqslant\underline{m}$；$\Pr(X<x)\leqslant\frac12$ 蕴涵 $x\leqslant\overline{m}$；因此，如果 $\underline{m}=\overline{m}$，则结论为真. 但我们可能有 $x>\underline{m}$ 或 $y<\overline{m}$.

(d) 假设 $m\in\operatorname{med}X$ 且 $c<m$.（当 $c>m$ 时，类似的论证也适用.）令 $\Delta x=|x-c|-|x-m|$. 如果 $x\geqslant m$，则我们有 $\Delta x=m-c$. 如果 $x<m$，则我们有 $\Delta x=c-m+2(x\dot{-}c)$；从而 $\mathrm{E}(\Delta X\mid X<m)\geqslant c-m$. 因此 $\mathrm{E}(\Delta X)\geqslant(c-m)\Pr(X<m)+(m-c)\Pr(X\geqslant m)=(m-c)(2\Pr(X\geqslant m)-1)\geqslant 0$. 当且仅当 $\Pr(X\geqslant m)=\frac12$ 且 $\Pr(c<X<m)=0$ 时，等式才成立；后者与 $\Pr(X\leqslant c)=\Pr(X<m)$ 相同. [参见米夏埃尔 · 米岑马赫和埃利泽 · 厄珀法尔，*Probability and Computing* (2017)，定理 3.9.]

(e) 根据习题 48 的答案中的坎泰利不等式，结论成立. 如果 $m\geqslant\mu$，则 $\frac12\leqslant\Pr(X\geqslant m)\leqslant\sigma^2/(\sigma^2+(m-\mu)^2)$. 如果 $m\leqslant\mu$，则 $\frac12\leqslant\Pr(-X\geqslant -m)\leqslant\sigma^2/(\sigma^2+(\mu-m)^2)$.

(f) 如果对于所有的 t，$I_t=\{x\mid f(x)\leqslant t\}$ 都是连通且闭合的，则称 f 为“C 函数”. 每一个凸函数都是 C 函数. 这是因为，如果 $a\in I_t$ 且 $b\in I_t$，那么对于 $0\leqslant p\leqslant 1$，我们有 $pa+(1-p)b\in I_t$；并且，由于 f 是连续的，因此 I_t 是闭合的.（也有一些相当古怪的 C 函数，如 $f(x)=(x<0?\ 3\colon x<1?\ 2-x\colon x\leqslant 2?\ x-1\colon x\leqslant 3?\ \sqrt{x}\colon\ x)$.）

给定一个 C 函数 f 和一个随机变量 X，设 $\operatorname{med}X=[\underline{m}\,..\,\overline{m}]$ 和 $\operatorname{med}f(X)=[\underline{M}\,..\,\overline{M}]$. 如果 $\underline{M}\leqslant M\leqslant\overline{M}$，则 I_M 为闭区间，且 $\Pr(X\in I_M)=\Pr(f(X)\leqslant M)\geqslant\frac12$. 因此，根据 (c)，我们有 $f(\underline{m})\leqslant M$ 或 $f(\overline{m})\leqslant M$.（如果 $f(x)=-x$，则我们有 $\underline{m}=-\overline{M}$ 和 $\overline{m}=-\underline{M}$.）[参见米兰 · 梅克莱，*Statistics & Probability Letters* **71** (2005), 277–281.]

138. 在 Y 为常数的概率空间切片中工作，(根据定义) 我们有 $\operatorname{var}(X\mid Y)=\mathrm{E}(X^2\mid Y)-(\mathrm{E}(X\mid Y))^2$ 和 $\operatorname{var}(\mathrm{E}(X\mid Y))=\mathrm{E}(\mathrm{E}(X\mid Y))^2-(\mathrm{E}(\mathrm{E}(X\mid Y)))^2$. 因此 $\mathrm{E}(\operatorname{var}(X\mid Y))=\mathrm{E}(\mathrm{E}(X^2\mid Y))-\mathrm{E}(\mathrm{E}(X\mid Y))^2$. 复杂项 $\mathrm{E}(\mathrm{E}(X\mid Y))^2$ 巧合地抵消，得到 $\operatorname{var}(\mathrm{E}(X\mid Y))+\mathrm{E}(\operatorname{var}(X\mid Y))=\mathrm{E}(\mathrm{E}(X^2\mid Y))-(\mathrm{E}(\mathrm{E}(X\mid Y)))^2=\mathrm{E}\,X^2-(\mathrm{E}\,X)^2$. [请参阅《具体数学》第 423 ~ 425 页.]

139. 令 $x(z)=\sum_k\Pr(X_n=k)z^k$，$g_n(w,z)=\sum_{j,k}\Pr(R_n=j,S_n=k)w^jz^k$，$h_n(w,z)=\sum_{j,k}\Pr(S_n^+=j,S_n=k)w^jz^k$. 这些生成函数涉及 k 的负值，因此我们将它们视为“形式级数”. 我们将证明 $g=h$，其中，

$$g=\sum_{n=0}^{\infty}g_n(w,z)t^n \qquad \text{且} \qquad h=\exp\Bigl(\sum_{n=1}^{\infty}h_n(w,z)\frac{t^n}{n}\Bigr).$$

因为 $g_n(w,z)=r_n(wz,z^{-1})$ 和 $h_n(w,z)=s_n^+(wz)+s_n^-(z^{-1})-1$，所以这就足够了.

令 X 为将形式级数乘以 $x(z)$ 的运算，并令 P 为将 w^jz^k 替换为 $w^{\max(j,k)}z^k$ 的运算. 请注意 $h_n(w,z)=P(x(z)^n)$；此外，我们还有 $g_0(w,z)=1$，对于 $n>0$ 有 $g_n(w,z)=PXg_{n-1}$. 由此可知，g 是满足 $g=1+tPXg$ 的唯一形式级数. 为了完成证明，我们有 $(1-tX)h=\exp((1-P)\ln(1-tx(z)))=1+\sum_{n=1}^{\infty}((1-P)\ln(1-tx(z)))^n/n!$，因此 $h-tPXh=P((1-tX)h)=1$. [参见詹姆斯 · 古特维利希 · 文德尔，*Proc. Amer. Math. Soc.* **9** (1958), 905–908.]

140. (a) 令 $q=1-p$. 根据定理 1.2.7A，仍保持最大的标记元素的预期数量为 $\sum_k\binom{n}{k}p^kq^{n-k}H_k=H_n+\ln p+O(q^n/n)$. 对此，我们添加 $\sum_{m=1}^n t_m$，其中，$t_m=\Pr(x_m$ 未标记且仍然是最大值$)=\sum_{j,k}\binom{m-1}{j}\binom{n-m}{k}p^{j+k}q^{n-j-k}/\binom{j+k}{j}$.（比如，$t_1=q$；$t_2=q^2+(q-q^n)/(n-1)$；$t_m=t_{n+1-m}$.）恒等式 $\sum_k\binom{n}{k}p^kq^{n-k}/\binom{k+j}{j}=\bigl(1-\sum_{k=0}^{j-1}\binom{n+j}{k}p^kq^{n+j-k}\bigr)/\bigl(p^j\binom{n+j}{j}\bigr)$ 表明，对于固定的 m 有 $t_m=\sum_{j=0}^{m-1}q^{m-j}(m-1)^{\underline{j}}/(n-m+j)^{\underline{j}}+O(q^n/n)$. 对 m 求和，交换尾部，得到 $t_1+\cdots+t_n=2q/p+O(q^n/n)$. [关于该结果以及 (b) 和 (c) 的结果，参见西里尔 · 邦德里耶、勒内 · 贝耶和库尔特 · 梅尔霍恩，*LNCS* **2747** (2003), 198–207.]

(b) 设 $m=\lfloor\sqrt{n}\rfloor$. 如果对前 m 个元素中的 a 个进行了标记，并且对后 $n-m$ 个元素中的 b 个进行了标记，则所有 a 都离开前 m 个位置的概率为 $q=b^{\underline{a}}/(a+b)^{\underline{a}}>((b-a)/b)^a$. 在这种情况下，$\lambda(X)\geqslant m-a$.

确乎必然有 $a \leqslant \frac{3}{4}m$ 和 $b \geqslant \frac{1}{4}n+m$. 因此，$q \geqslant \exp(a\ln(1-a/b)) \geqslant \exp(-a^2/(b-a)) \geqslant \exp(-9/4)$ 且 $\lambda(X)=\Omega(\sqrt{n})$.

(c) 令 $m=\lfloor\sqrt{8(n/p)\ln n}\rfloor$ 并忽略所有的 x_k，其中，$k \leqslant m$ 或 $x_k \geqslant n-m$. 最多会忽略 $2m$ 个最大值. 标记的元素中最多约有 $\ln pn$ 个是最大值. 如果 x_k 既没有被忽略也没有被标记，那么它是一个最大值的概率为 $O(1/n)$. 原因是，确乎必然最多有 $2pn$ 个被标记的元素，其中，至少有 $pm/2$ 个在 x_k 之前，至少有 $pm/2$ 个在 x_k 之后.

(d) 如果 $\bar{x}_k > \bar{x}_{k+1}$，那么交换 $\bar{x}_k \leftrightarrow \bar{x}_{k+1}$ 和 $\delta_k \leftrightarrow \delta_{k+1}$ 不会减小 $\mathrm{E}\,\lambda(X)$.

(e) 令 $m=\lfloor\sqrt{\epsilon n}\rfloor$ 和 $\Delta_k=\bar{x}_k-\bar{x}_{k-m}$，其中，对于 $k<0$ 有 $\bar{x}_k=0$. 如果 x_k 是最大值，则我们有 $(*)$ $\epsilon<\Delta_k+\delta_k$，或者 $(**)$ $\epsilon \geqslant \Delta_k+\delta_k>\max\{\delta_{k-1},\cdots,\delta_{k-m}\}$. 可以证明 $\Pr(*) \leqslant \Pr(**)$，因此 $\Pr(x_k$ 是最大值$) \leqslant \Delta_k/(2\epsilon)+1/(m+1)+1/k$. 对 k 求和.

参见瓦伦丁娜 · 达梅罗、博多 · 曼泰、弗里德黑尔姆 · 迈尔 · 奥夫 · 德海德、哈拉尔德 · 拉克、克里斯蒂安 · 沙伊德勒、克里斯蒂安 · 佐勒和蒂尔 · 坦陶，*ACM Transactions on Algorithms* **8** (2012), 30:1–30:28，其中还证明了匹配的下界. 他们证明了，如果每个 δ_k 都是标准差为 σ 的正态偏差，则有 $\mathrm{E}\,\lambda(X)=O\big(\log n(1+\sigma^{-1}\sqrt{\log n}\,)\big)$.

141. 我们可以假设 $p_1+\cdots+p_n=1$. 则 $\mathrm{e}^{\ln(\mathrm{E}\,X)} \geqslant \mathrm{e}^{\mathrm{E}\ln X}$（ln 是凹函数）.

142. (a) 令 $p_j=\Pr(|X|{=}x_j)$. 由于每项之差 $M_qM_t-M_rM_s=\sum_{j<k}p_jp_kx_j^qx_k^q(x_k^{s-q}-x_j^{s-q})(x_k^{r-q}-x_j^{r-q})$ 非负，因此我们有 $M_qM_t \geqslant M_rM_s$.

(b) 题中的提示给出了 $(M_s/M_r)^{M_r/(s-r)} \geqslant x_1^{p_1x_1^r}\cdots x_n^{p_nx_n^r}$. 反转不等式（因为 $q<r$），我们有 $(M_q/M_r)^{M_r/(q-r)} \leqslant x_1^{p_1x_1^r}\cdots x_n^{p_nx_n^r}$. 取第 M_r 个根.

(c) 当 (b) 中的 $(q,r,s)=(0,1/p,1)$ 时，题中的"事实"成立. 令 $c=1/\sum b_k^q$，并且置 $p_k=cb_k^q$，$x_k=a_k^p/b_k^q$. 则 $M_{1/p}=c\sum a_kb_k$，$M_1=c\sum a_k^p$.（当 $0<p<1$ 且 $q<0$ 时，同样的关系式成立，但是将 $\leqslant$ 改为 $\geqslant$，并且禁止 $b_k=0$.）

(d) $|\mathrm{E}\,XY| \leqslant \mathrm{E}(|X|\,|Y|)=\sum_{i,j}p_{ij}^{1/p+1/q}x_iy_j \leqslant (\mathrm{E}\,|X|^p)^{1/p}(\mathrm{E}\,|Y|^q)^{1/q}$，其中，$p_{ij}=\Pr(|X|{=}x_i$ 且 $|Y|{=}y_j)$ 是 $|X|$ 和 $|Y|$ 的联合分布.

历史注记：这个不等式和詹生不等式是相互演变的. 事实上，对于 $0<r<1$ 有 $\mathrm{E}\,|X|^r \leqslant (\mathrm{E}\,|X|)^r$，对于 r 的其他数值有 $\mathrm{E}\,|X|^r \geqslant (\mathrm{E}\,|X|)^r$. 雷诺和迪阿梅尔在 *Problèmes et développemens* (Paris: 1823) 第 155 页中已经暗示了这一点. 罗杰斯在 *Messenger of Math.* **17** (1887) 第 145 ~ 150 页发表了他的贡献（含有一些印刷错误）. 这激发了奥托 · 赫尔德［*Göttinger Nachrichten* (1889), 38–47］证明 (20) 对于所有满足 $f''(x) \geqslant 0$ 的 f 成立，并得到罗杰斯的恒等式作为推论. 在哈代、利特尔伍德和波利亚的著作 *Inequalities* (1934) 第 2 章中有许多相关结果的详细论述. 如果对于 $1 \leqslant i \leqslant m$ 和 $1 \leqslant j \leqslant n$ 有 $p_j, a_{ij} \geqslant 0$，其中 $\sum p_j=1$，他们的定理 11 指出：

$$\sum_{i=1}^{m}\left(\prod_{j=1}^{n}a_{ij}^{p_j}\right) \leqslant \prod_{j=1}^{n}\left(\sum_{i=1}^{m}a_{ij}\right)^{p_j}.$$

（$n=2$，$p_1=\frac{1}{p}$，$p_2=\frac{1}{q}$ 的特殊情形就是 (c).）

143. 令 $M=(\mathrm{E}(|X|+|Y|)^p)^{1/p}=\big(\sum_{i,j}(p_{ij}(x_i+y_j)^p)\big)^{1/p}$，其中，$p_{ij}$ 如习题 142(d) 的答案中所定义. 则我们有 $M=\Sigma(x)+\Sigma(y)$，其中，$\Sigma(x)=\sum_{i,j}p_{ij}x_i(x_i+y_j)^{p-1}/M^{p-1}=\sum_{i,j}(p_{ij}^{1/p}x_i)(p_{ij}^{1/p}(x_i+y_j))^{p-1}/M^{p-1} \leqslant \big(\sum_{i,j}p_{ij}x_i^p\big)^{1/p}\big(\sum_{i,j}(p_{ij}(x_i+y_j)^p)\big)^{1/q}/M^{p-1}=(\mathrm{E}\,|X|^p)^{1/p}$. 求出和式 $\Sigma(y)$.［参见赫尔曼 · 闵可夫斯基，*Geometrie der Zahlen* (Leipzig, 1896), §40(I).］

144. (a) 根据凸性，$|x|^p=|\mathrm{E}(x+Y)|^p \leqslant \mathrm{E}\,|x+Y|^p$ 对于任意 x 成立. 对两边取期望.

(b) 根据 (a)，我们有 $\mathrm{E}\,|X|^p=\mathrm{E}\,|X^+|^p \leqslant \mathrm{E}\,|X^+-X^-|^p$.

(c) 因为对于 $0 \leqslant x \leqslant 1$ 有 $(1+x)^p+(1-x)^p-2x^p \geqslant 2$，所以题中的提示成立. 因此，当 $\mathrm{E}\,|X+Y|^p=\mathrm{E}\,|X-Y|^p$ 时有 $\mathrm{E}\,|X|^p+\mathrm{E}\,|Y|^p \leqslant \mathrm{E}\,|X+Y|^p$. 现在对 n 进行归纳.［参见詹姆斯 · 安德鲁 · 克拉克森，*Trans. Amer. Math. Soc.* **40** (1936), 396–414.］

(d) $\mathrm{E}\,|X_1|^p+\cdots+\mathrm{E}\,|X_n|^p \leqslant \mathrm{E}\,|X_1^{\mathrm{sym}}|^p+\cdots+\mathrm{E}\,|X_n^{\mathrm{sym}}|^p \leqslant \mathrm{E}\,|X_1^{\mathrm{sym}}+\cdots+X_n^{\mathrm{sym}}|^p=\mathrm{E}|(X_1^++\cdots+X_n^+)-(X_1^-+\cdots+X_n^-)|^p \leqslant \mathrm{E}(2^{p-1}|X_1^++\cdots+X_n^+|^p)+\mathrm{E}(2^{p-1}|-(X_1^-+\cdots+X_n^-)|^p)=2^p\,\mathrm{E}\,|X_1+$

$\cdots + X_n|^p$. [参见艾伦 · 格特，*Probability: A Graduate Course* (Springer, 2013)，定理 3.6.1. 我们利用了 $|x+y|^p \leqslant 2^{p-1}(|x|^p + |y|^p)$ 这一事实，因为映射 $x \mapsto |x|^p$ 是凸的，前述事实对于 $p \geqslant 1$ 确实成立.]

145. 根据多项式定理，即式 1.2.6–(42)，我们有 $(a_1^2 + \cdots + a_n^2)^m = \sum_{k_1,\cdots,k_n} c(k_1,\cdots,k_n) a_1^{2k_1} \cdots a_n^{2k_n}$，其中，$c(k_1,\cdots,k_n) = \binom{m}{k_1,\cdots,k_n}$. 当每个 k_j 都是偶数时，我们有 $\mathrm{E}((a_1X_1 + \cdots + a_nX_n)^{2m}) = \sum_{k_1,\cdots,k_n} c'(k_1,\cdots,k_n) a_1^{k_1} \cdots a_n^{k_n}$，其中，$c'(k_1,\cdots,k_n) = \binom{2m}{k_1,\cdots,k_n}$，否则 $c'(k_1,\cdots,k_n) = 0$. 并且 $c'(2k_1,\cdots,2k_n)/c(k_1,\cdots,k_n) = (2m-1)!!/\prod_{j=1}^m (2k_j - 1)!!$. [参见亚历山大 · 辛钦，*Math. Zeitschrift* **18** (1923), 109–116.] 更一般地说，对于所有 $p \geqslant 2$ 有

$$(a_1^2 + \cdots + a_n^2)^{p/2} \leqslant \mathrm{E}\,|a_1X_1 + \cdots + a_nX_n|^p \leqslant 2^{p/2}\pi^{-1/2}\Gamma\bigl(\tfrac{p+1}{2}\bigr)\,(a_1^2 + \cdots + a_n^2)^{p/2}.$$

[参见乌费 · 哈格吕普，*Studia Mathematica* **70** (1981–1982), 231–283.]

146. 对于每个二元向量 $\boldsymbol{t} = t_1 \cdots t_n$，令 $T_n(\boldsymbol{t}) = \sum_{k=1}^n (-1)^{t_k} X_k$. 我们还令 $S_n = \sum_{k=1}^n X_k$，$S_n^{\mathrm{sym}} = \sum_{k=1}^n X_k^{\mathrm{sym}}$，$T_n^{\mathrm{sym}}(\boldsymbol{t}) = \sum_{k=1}^n (-1)^{t_k} X_k^{\mathrm{sym}}$. 根据习题 144，对于所有 $\boldsymbol{t}$，我们有

$$\begin{aligned}2^{-2m}\,\mathrm{E}\,T_n(\boldsymbol{t})^{2m} &\leqslant 2^{-2m}\,\mathrm{E}\,T_n^{\mathrm{sym}}(\boldsymbol{t})^{2m} = 2^{-2m}\,\mathrm{E}(S_n^{\mathrm{sym}})^{2m} \leqslant \mathrm{E}\,S_n^{2m}\\ &\leqslant \mathrm{E}(S_n^{\mathrm{sym}})^{2m} = \mathrm{E}\,T_n^{\mathrm{sym}}(\boldsymbol{t})^{2m} \leqslant 2^{2m}\,\mathrm{E}\,T_n(\boldsymbol{t})^{2m}.\end{aligned}$$

这是因为 S_n^{sym} 和 $T_n^{\mathrm{sym}}(\boldsymbol{t})$ 具有相同的分布. 习题 145 告诉我们，对于所有原子值序列 $x_1 \cdots x_n$ 有

$$\Bigl(\sum_{k=1}^n x_k^2\Bigr)^m \leqslant \frac{1}{2^n}\sum_{\boldsymbol{t}}\Bigl(\sum_{k=1}^n (-1)^{t_k} x_k\Bigr)^{2m} \leqslant (2m-1)!!\Bigl(\sum_{k=1}^n x_k^2\Bigr)^m.$$

取期望即得所需结果. [参见 *Fundamenta Mathematicæ* **29** (1937), 60–90；*Studia Mathematica* **7** (1938), 104–120.]

147. 这是前面几道习题的应用，参见艾伦 · 格特，*Probability* (2013)，定理 3.9.1. [另见哈斯克尔 · 保罗 · 罗森塔尔，*Israel J. Mathematics* **8** (1970), 273–303.]

至于卷 4，嗯，我正在往前推进，
但这是最艰难的.
——高德纳，给迈克尔 · 弗朗兹 · 约德的信（1973 年 11 月 19 日）

7.2.2 节

1. 尽管可能存在多种可行的定义方式，但以下的定义方式可能是最好的：(i) D_k 是任意的（但希望是有限的），而 P_l 始终为真；(ii) $D_k = \{1, 2, \cdots, n\}$ 且 $P_l =$ “$x_j \neq x_k$，其中 $1 \leqslant j < k \leqslant l$”；(iii) 对于从 N 件物品中选出 n 件的组合，$D_k = \{1, \cdots, N+1-k\}$ 且 $P_l =$ “$x_1 > \cdots > x_l$”；(iv) $D_k = \{0, 1, \cdots, \lfloor n/k \rfloor\}$，$P_l =$ “$x_1 \geqslant \cdots \geqslant x_l$ 且 $n-(n-l)x_l \leqslant x_1 + \cdots + x_l \leqslant n$”；(v) 对于受限增长串，$D_k = \{0, \cdots, k-1\}$ 且 $P_l =$ “$x_{j+1} \leqslant 1 + \max(x_1, \cdots, x_j)$，其中 $1 \leqslant j < l$”；(vi) 对于左括号的索引（见 7.2.1.6–(8)），$D_k = \{1, \cdots, 2k-1\}$ 且 $P_l =$ “$x_1 < \cdots < x_l$”.

2. 正确.（如果不成立的话，则置 $D_1 \leftarrow D_1 \cap \{x \mid P_1(x)\}$.）

3. 令 $D_k = \{1, \cdots,$ 第 $k-1$ 层的最大度数$\}$，并令 $P_l(x_1, \cdots, x_l) =$ “$x_1. \cdots .x_l$ 是树 T 的杜威十进制记法①中的一个标签”（见 2.3 节）.

4. 我们可以限制 D_1 为 $\{1, 2, 3, 4\}$，因为对于每个解 $x_1 \cdots x_8$，其反射 $(9-x_1)\cdots(9-x_8)$ 也是一个解.（海因里希 · 克里斯蒂安 · 舒马赫在 1850 年 9 月 24 日给卡尔 · 弗里德里希 · 高斯的信中提出了这一观点.）注意，图 68 是左右对称的.

5. $try(l) =$ “如果 $l > n$，则访问 $x_1 \cdots x_n$. 否则，对于所有 $x_l \leftarrow \min D_l, \min D_l + 1, \cdots, \max D_l$，如果 $P_l(x_1, \cdots, x_l)$ 为真，则调用 $try(l+1)$.”

这种表述很优雅，对于简单的问题也适用. 但这种表述并没有提供任何线索来表明为什么它被称为“回溯”. 对于需要执行数十亿次内循环的重要问题，这种方式产生的代码也不够高效. 我们将看到，高效回溯的关键在于提供良好的方法，来对数据结构进行更新和回撤更新，从而加快对属性 P_l 的测试速度. 递归的开销可能会妨碍我们的工作，而算法 B 的实际迭代结构也并不难掌握.

6. 从 (3) 中排除包括 $j = r$ 或 $k = r$ 的情况，可以分别得到 (312, 396, 430, 458, 458, 430, 396, 312) 个解.（将第 r 行和第 r 列都排除的话，则只有 (40, 46, 42, 80, 80, 42, 46, 40) 个解.）

7. 是的，对于所有 $n > 16$ 的情况都几乎必然，其中之一是 $x_1x_2\cdots x_{17} =$ 2 17 12 10 7 14 3 5 9 13 15 4 11 8 6 1 16. [见 *Proc. Edinburgh Math. Soc.* **8** (1890), 43 及图 52.] 当 $n = 27$ 时，普鲁塞尔和恩格尔哈特找到了 34 651 355 392 个解.

8. 是的：(42736815, 42736851)；因此也有 (57263148, 57263184). ②

9. 是的，至少 $m = 4$ 的时候成立. 比如，$x_1 \cdots x_{16} =$ 5 8 13 16 3 7 15 11 6 2 10 14 1 4 9 12. 当 $m = 5$ 时无解，但当 $m = 6$ 时，7 10 13 20 17 24 3 6 23 11 16 21 4 9 14 2 19 22 1 8 5 12 15 18 是一组解. [对于所有 $m \geqslant 4$，当 m 为偶数时就有解吗? 卡尔 · 德耶尼施在 *Traité des applications de l'analyse mathématique au jeu des échecs* **2** (1862), 132–133 中注意到，所有八皇后问题的解中，每种颜色的格子都有 4 个皇后. 他证明了白色格子里的皇后数量必须是偶数，因为 $\sum_{k=1}^{4m}(x_k + k)$ 是偶数.]

10. 令位向量 $\boldsymbol{a}_l, \boldsymbol{b}_l, \boldsymbol{c}_l$ 表示 (6) 中集合的“有用”元素，其中，$\boldsymbol{a}_l = \sum\{2^{\boldsymbol{x}-1} \mid \boldsymbol{x} \in A_l\}$，$\boldsymbol{b}_l = \sum\{2^{\boldsymbol{x}-1} \mid \boldsymbol{x} \in B_l \cap [1\,..\,n]\}$，$\boldsymbol{c}_l = \sum\{2^{\boldsymbol{x}-1} \mid \boldsymbol{x} \in C_l \cap [1\,..\,n]\}$. 则步骤 W2 置位向量 $\boldsymbol{s}_l \leftarrow \mu \,\&\, \bar{\boldsymbol{a}}_l \,\&\, \bar{\boldsymbol{b}}_l \,\&\, \bar{\boldsymbol{c}}_l$，其中，$\mu$ 是掩码 $2^n - 1$.

在步骤 W3 中，我们可以置 $\boldsymbol{t} \leftarrow \boldsymbol{s}_l \,\&\, (-\boldsymbol{s}_l)$，$\boldsymbol{a}_{l+1} \leftarrow \boldsymbol{a}_l + \boldsymbol{t}$，$\boldsymbol{b}_{l+1} \leftarrow (\boldsymbol{b}_l + \boldsymbol{t}) \gg 1$，$\boldsymbol{c}_{l+1} \leftarrow ((\boldsymbol{c}_l + \boldsymbol{t}) \ll 1) \,\&\, \mu$；而且此时置 $\boldsymbol{s}_l \leftarrow \boldsymbol{s}_l - \boldsymbol{t}$ 也很方便，而无须将其推迟到步骤 W4.

（无须将 $\boldsymbol{x}_l$ 存储在内存中，甚至不需要在步骤 W3 中将 $\boldsymbol{x}_l$ 作为 $[1\,..\,n]$ 中的整数计算出来，因为当找到解时，$\boldsymbol{x}_l$ 可以从 $\boldsymbol{a}_l - \boldsymbol{a}_{l-1}$ 中推导出来.）

11. (a) 只有当 $n = 1$ 时可以，因为反射对称的皇后可以互相攻击.

(b) 不在棋盘中央的皇后必须 4 个一组.

(c) 在两种情况下，4 个皇后都占据了相同的行、列和对角线.

---

① 杜威十进制记法是一种使用书中小节编号的方式，对树中的每一个结点进行编号，从而表示整棵树的方法. 如果本书全书的目录是一棵树，则本节作为该树的一个结点，其标签为“7.2.2”. ——译者注

② 见习题 4 的答案. ——译者注

(d) 对于每个计入 c_n 的解，我们可以独立地倾斜（或不倾斜）$\lfloor n/4 \rfloor$ 个四元组中的每一组. [*Mathematische Unterhaltungen und Spiele* **1**, second edition (Leipzig: Teubner, 1910), 249–258.]

12. 对于不同的 x_k 有 $\sum_{k=1}^{n}(x_k+k)=2\binom{n+1}{2}\equiv 0$ (modulo n). 如果 $(x_k+k) \bmod n$ 也是不同的，则上述的和也恒等于 $\binom{n+1}{2}$，但当 n 是偶数时，这无法成立.

让我们更进一步，现在假设 $(x_k-k) \bmod n$ 是不同的. 那么我们有 $\sum_{k=1}^{n}(x_k+k)^2 \equiv \sum_{k=1}^{n}(x_k-k)^2 \equiv \sum_{k=1}^{n} k^2 = n(n+1)(2n+1)/6$. 我们还有 $\sum_{k=1}^{n}(x_k+k)^2+\sum_{k=1}^{n}(x_k-k)^2 = 4n(n+1)(2n+1)/6 \equiv 2n/3$. 当 n 是 3 的倍数时，这不可能成立. [见威廉 · 阿伦斯，*Mathematische Unterhaltungen und Spiele* **2**, second edition (1918), 364–366，其中，乔治 · 波利亚引用了阿道夫 · 赫维茨的一个更普遍的结果. 这个结果适用于其他斜度的环绕状对角线.]

反之，如果 n 不能被 2 或 3 整除，则我们可以令 $x_n=n$ 且 $x_k=(2k) \bmod n$，其中 $1\leqslant k<n$. [规则 $x_k=(3k) \bmod n$ 也有效. 见爱德华 · 卢卡斯，*Récréations Mathématiques* **1** (1882), 84–86.]

13. 显然，$(n+1)$ 皇后问题存在棋盘角上有皇后的解，当且仅当 n 皇后问题存在一个主对角线上没有皇后的解. 因此，根据前一道习题的答案，当 $n \bmod 6 \in \{0,1,4,5\}$ 时一定有解.

当 $n \bmod 6 \in \{2,4\}$ 时，热罗姆 · 弗拉内尔 [L'*Intermédiaire des Mathématiciens* **1** (1894), 140–141] 发现了另一个不错的解法：令 $x_k=(n/2+2k-3[2k\leqslant n]) \bmod n+1$，其中 $1\leqslant k\leqslant n$. 在这种设定下，我们会发现 $x_k-x_j=\pm(k-j)$，其中 $1\leqslant j<k\leqslant n$. 这意味着 $(1$ 或 $3)(k-j)+(0$ 或 $3)\equiv 0$ (modulo n)，因此 $k-j=n-(1$ 或 $3)$. 但 $x_1, x_2, x_3, x_{n-2}, x_{n-1}, x_n$ 的值不会产生皇后相互攻击的情况，除非 $n=2$.

弗拉内尔的解的对角线是空的，因此也为 $n \bmod 6 \in \{3,5\}$ 提供了解. 我们得出结论：只有当 $n=2$ 和 $n=3$ 时是不可能的.

[对于 $n>3$，更复杂的构造早先由埃米尔 · 保尔斯在 *Deutsche Schachzeitung* **29** (1874), 129–134, 257–267 中给出. 保尔斯还解释了原则上如何通过逐层构建树来找到所有解（没有使用回溯法）.]

14. 对于 $1\leqslant j\leqslant n$，令 $x_1^{(j)}\cdots x_m^{(j)}$ 为 m 皇后问题的解，$y_1\cdots y_n$ 为 n 环面皇后问题的解. 那么 $X_{(i-1)n+j}=(x_i^{(j)}-1)n+y_j$（其中 $1\leqslant i\leqslant m$ 且 $1\leqslant j\leqslant n$）是 mn 皇后问题的解. [见伊戈尔 · 里温、伊兰 · 瓦尔迪和保罗 · 齐默尔曼，*AMM* **101** (1994), 629–639，定理 2.]

15. 更确切地说，存在一个常数 $\sigma=\mathrm{e}^{1-\alpha}$，使得对于任何固定的 ϵ（$0<\epsilon<\sigma$），当 n 足够大时，$Q(n)/n!$ 确乎必然在 $((1-\epsilon)\sigma)^n$ 与 $((1+\epsilon)\sigma)^n$ 之间. 事实上，一个巧妙的分析 [arXiv:2107.13460 [math.CO] (2021)，51 页] 表明，所有解的平均值接近一个迷人的概率分布. 帕尔特 · 诺贝尔、A. 阿格拉沃尔和斯蒂芬 · 博伊德精确地计算出了 α. [*Optimization Letters* **17** (2023), 1229–1240.]

16. 让第 k 行的皇后在格子 k 中，那么我们就有了一个"松弛"的 n 皇后问题，使得 (3) 中的 $|x_k-x_j|$ 变为 x_k-x_j. 因此，我们可以忽略算法 B* 或习题 10 中的向量 $\boldsymbol{b}$. 我们得到以下结果.

n =	0	1	2	3	4	5	6	7	8	9	10	11	12	13	14
$H(n)$ =	1	1	1	3	7	23	83	405	2113	12 657	82 297	596 483	4 698 655	40 071 743	367 854 835

[见尼古拉斯 · 卡夫纳和伊恩 · 万利斯，*Discr. Appl. Math.* **158** (2010), 136–146，表 2.]

17. 到了步骤 L5 时，这会失败得一塌糊涂. 负号标记了之前做出的决定，是回溯的关键标记.

18. $x_4\cdots x_8=\bar{2}\bar{1}0\bar{4}0$，$p_0\cdots p_4=33300$，$y_1y_2y_3=130$.（如果 $x_i\leqslant 0$，则算法永远不会检查 y_i，因此 $y_4\cdots y_8$ 的当前状态无关紧要. 但因为过去的历史，y_4y_5 恰好是 20，y_6、y_7 和 y_8 还没有被计算到.）

19. 我们可以说 D_l 是 $\{-n,\cdots,-2,-1,1,2,\cdots,n\}$ 或 $\{k \mid k\neq 0$ 且 $2-l\leqslant k\leqslant 2n-l-1\}$，或者任何介于两者之间的集合.（但这一观察结果并不十分有用.）

20. 首先，我们添加一个布尔数组 $a_1\cdots a_n$，其中，a_k 表示"k 已出现"，如算法 B* 中所示. 在步骤 L1 中，这个数组的值是 $0\cdots 0$. 我们在步骤 L3 中置 $a_k\leftarrow 1$，在步骤 L5 中置 $a_k\leftarrow 0$.

步骤 L2 中的循环变为："每当 $x_l<0$ 时，如果 $l\geqslant n-1$ 且 $a_{2n-l-1}=0$，则转到 L5，否则置 $l\leftarrow l+1$."在步骤 L3 中找到 $l+k+1\leqslant 2n$ 之后，在测试 x_{l+k+1} 为 0 之前，插入："如果 $l\geqslant n-1$ 且 $a_{2n-l-1}=0$，则每当 $l+k+1\neq 2n$ 时，置 $j\leftarrow k$ 和 $k\leftarrow p_k$."

21. (a) 在任何解中，$x_k = n \iff x_{k+n+1} = -n \iff x^D_{n-k} = n$.

(b) $x_k = n-1$ 对于某个 $k \leqslant n/2$ 成立，当且仅当 $x^D_k = n-1$ 对于某个 $k > n/2$ 成立.

(c) 令 $n' = n - [n \text{ 是偶数}]$. 将修改后的步骤 L2 中的"$l \geqslant n-1$ 且 $a_{2n-l-1} = 0$"改为"($l = \lfloor n/2 \rfloor$ 且 $a_{n'} = 0$) 或 ($l \geqslant n-1$ 且 $a_{2n-l-1} = 0$)". 在步骤 L3 的另一处插入内容之前插入以下内容："如果 $l = \lfloor n/2 \rfloor$ 且 $a_{n'} = 0$，则每当 $k \neq n'$ 时，置 $j \leftarrow k$ 和 $k \leftarrow p_k$." 在步骤 L5 中，当 n 为偶数时，需要以下微妙的细节：如果 $l = \lfloor n/2 \rfloor$ 且 $k = n'$，则跳转到步骤 L5 而不是 L4.

22. 对于 $n = 1$ 和 $n = 2$，解 $1\bar{1}$ 和 $21\bar{1}\bar{2}$ 是自对偶的. 对于 $n = 4$ 和 $n = 5$，解为 $431\bar{1}2\bar{3}\bar{4}\bar{2}$, $245\bar{2}3\bar{1}\bar{1}\bar{4}3\bar{5}$, $451\bar{1}23\bar{4}\bar{2}\bar{5}\bar{3}$ 及其对偶. 对于 $n = 1, 2, \cdots$，解的总个数分别为 1, 1, 0, 2, 4, 20, 0, 156, 516, 2008, 0, 52 536, 297 800, 1 767 792, 0, 75 678 864, $\cdots$. 可以通过奇偶性论证得到，当 $n \bmod 4 = 3$ 时没有解.

算法 L 只需做一些显然的改动即可. 要使用类似习题 21 的高效方法计算解，可在 $n \bmod 4 = (0,1,2,3)$ 时，使用 $n' = n - (0,1,2,0)$，并用"$l = \lfloor n/4 \rfloor + (0,1,2,1)$"替换"$l = \lfloor n/2 \rfloor$". 同时，使用"$l \geqslant \lceil n/2 \rceil$ 且 $a_{\lfloor (4n+2-2l)/3 \rfloor} = 0$"替换"$l \geqslant n-1$ 且 $a_{2n-l-1} = 0$". $n = 15$ 的情况已被证明是无解的，证明过程使用了 3.97 亿个结点和 99.3 亿次内存访问.

23. `slums` → `sluff`, `slump`, `slurs`, `slurp` 或 `sluts`; (`slums`, `total`) → (`slams`, `tonal`).

24. 在步骤 B1 中构建由五字母单词构成的列表和由六字母单词构成的字典树，同时置 $a_{01}a_{02}a_{03}a_{04}a_{05} \leftarrow 00000$. 在步骤 B2 中使用 $\min D_l = 1$，在步骤 B4 中使用 $\max D_l = 5757$. 为了在步骤 B3 中测试 P_l，若单词 x_l 是 $c_1c_2c_3c_4c_5$，则构建 $a_{l1}\cdots a_{l5}$，其中 $a_{lk} = trie[a_{(l-1)k}, c_k]$，$1 \leqslant k \leqslant 5$. 如果任何 a_{lk} 为零，则跳转到 B4.

25. 有 5×26 个单链表，通过指针 h_{kc} 访问，所有链表的初始值都为零. 第 x 个单词 $c_{x1}c_{x2}c_{x3}c_{x4}c_{x5}$（其中 $1 \leqslant x \leqslant 5757$）属于 5 个链表，并有 5 个指针 $l_{x1}l_{x2}l_{x3}l_{x4}l_{x5}$. 为了将其插入，对于 $1 \leqslant k \leqslant 5$，置 $l_{xk} \leftarrow h_{kc_{xk}}$、$h_{kc_{xk}} \leftarrow x$ 和 $s_{kc_{xk}} \leftarrow s_{kc_{xk}} + 1$.（因此，$s_{kc}$ 将成为从 h_{kc} 出发的链表长度.）

我们可以对字典树的每个结点存储一个"签名" $\sum_{c=1}^{26} 2^{c-1}[trie[a,c] \neq 0]$. 比如，根据 (11)，结点 260 的签名是 $2^0 + 2^4 + 2^8 + 2^{14} + 2^{17} + 2^{20} + 2^{24} = \#1124111$. 这里，$\mathtt{A} \leftrightarrow 1, \cdots, \mathtt{Z} \leftrightarrow 26$.

步骤 B2 和 B4 中，需要遍历所有在位置 z 处与给定签名 y 匹配的单词 x. 现可采取以下方式进行：(i) 置 $i \leftarrow 0$；(ii) 每当 $2^i \mathbin{\&} y = 0$ 时，置 $i \leftarrow i+1$；(iii) 置 $x \leftarrow h_{z(i+1)}$，如果 $x = 0$ 则转到 (vi)；(iv) 访问 x；(v) 置 $x \leftarrow l_{xz}$，如果 $x \neq 0$ 则转到 (iv)；(vi) 置 $i \leftarrow i+1$，如果 $2^i \leqslant y$ 则转到 (ii).

令 $trie[a,0]$ 为结点 a 的签名. 我们在步骤 B2 中选择 z 和 $y = trie[a_{(l-1)z}, 0]$，从而使得要访问的结点数 $\sum_{c=1}^{26} s_{zc}[2^{c-1} \mathbin{\&} y \neq 0]$ 是最小的，其中 $1 \leqslant z \leqslant 5$. 比如，如 (10) 所示，当 $l = 3$、$x_1 = 1446$、$x_2 = 185$ 时，对于 $z = 1$，和为 $s_{11} + s_{15} + s_{19} + s_{1(15)} + s_{1(18)} + s_{1(21)} + s_{1(25)} = 296 + 129 + 74 + 108 + 268 + 75 + 47 = 997$. 而对于 $z = 2, 3, 4, 5$，这个和分别为 4722, 1370, 5057, 1646. 因此，我们选择 $z = 1$ 和 $y = \#1124111$. 这使得对于 x_3 只需检查 997 个单词，而不是 5757 个.

y_l 和 z_l 的值被保留下来，以便在回溯时使用.（在实际操作中，我们在做大多数运算时会将 x, y, z 的值保存在寄存器中. 然后在步骤 B3 中，我们在增量操作 $l \leftarrow l+1$ 之前，置 $x_l \leftarrow x$、$y_l \leftarrow y$、$z_l \leftarrow z$；在步骤 B5 中，我们置 $x \leftarrow x_l$、$y \leftarrow y_l$、$z \leftarrow z_l$. 我们在如上遍历子序列时，也将 i 保存在寄存器中. 该值在步骤 B5 中得到恢复，方法是将其置为单词 x 的第 z 个字母减去 'A'.）

26. 以下是作者最喜欢的 5×7 单词矩形和 5×8 单词矩形，以及仅有的 5×9 单词矩形：

```
SMASHES   GRANDEST   PASTELIST   VARISTORS
PARTIAL   RENOUNCE   ACCIDENCE   AGENTIVAL
IMMENSE   EPISODES   MORTGAGOR   COELOMATE
EMERGED   BASEMENT   PROREFORM   UNDELETED
SADNESS   EYESORES   ANDESYTES   OYSTERERS
```

根据我们的基本规则，不存在 5×10 单词矩形.

27. (1, 15 727, 8 072 679, 630 967 290, 90 962 081, 625 415) 和 (15 727.0, 4321.6, 1749.7, 450.4, 286.0). 总时间约为 18.3 万亿次内存访问.

28. 为 m 字母单词构建一棵单独的字典树. 但是，与 (11) 中那样使用结点大小为 26 的字典树相比，更好的方式是将该字典树转换为省略 0 的压缩表示. 比如，(12) 中前缀结点"CORNE"的压缩表示由 5 个

连续存储的对 (“T”, 5013), (“R”, 171), (“L”, 9602), (“D”, 3878), (“A”, 3879) 构成，并以 (0,0) 结束. 同理，每个有 c 个后代的较短前缀表示由 c 个形如 (字符, 链接) 的连续的对构成，然后用 (0,0) 表示结点的结束. 现在，即可非常方便地进行步骤 B3 和 B4.

第 l 层对应于行 $i_l = 1 + (l-1) \bmod m$ 和列 $j_l = 1 + \lfloor (l-1)/m \rfloor$. 为了进行回溯，我们将如前所述的 n 字典树指针 a_{i_l,j_l} 连同索引 x_l 存储在压缩的 m 字典树中.

马尔科姆 · 麦基尔罗伊在 1975 年使用了这种方法（见习题 32 的答案）. 该方法找到所有 5×6 单词矩形所需的运行时间仅为 4 千亿次内存访问. 找到“转置”的 6×5 单词矩形所需的运行时间则稍短（3.8 千亿次内存访问）. 注意，访问压缩字典树中的每个 (字符, 链接) 对只需要一次内存访问.

29. 是的，在 625 415 个解中，正好有 1618 个解包含重复的单词，举例如下.

```
ACCESS   ASSERT   BEGGED   MAGMAS   TRADES
MOOLAH   JAILER   REALER   ONLINE   REVISE
IMMUNE   UGLIFY   ARTERY   DIOXIN   OTIOSE
NEEDED   GEODES   WIENIE   ASSESS   TRADES
OTTERS   ASSERT   LESSER   LESSEE   HONEST
```

30. 横向和纵向都使用单一的压缩字典树，使得算法非常漂亮，只需要 120 Mμ 就能找到全部 541 968 个解. 德摩根的例子并不在其中，因为按照我们的惯例，“ELLEN”这个专有名称并不能算作一个单词. 但一些词方可能是“有意义的”，至少在诗意上是这样:

```
BLAST   WEEKS   TRADE   SAFER   ADMIT   YARDS
LUNCH   EVENT   RULED   AGILE   DRONE   APART
ANGER   EERIE   ALONG   FIXES   MOVES   RADII
SCENE   KNIFE   DENSE   ELECT   INEPT   DRILL
THREE   STEEL   EDGES   RESTS   TESTS   STILL
```

只有 6 个解属于限制性的词表 WORDS(500)，事实上，其中 3 个属于 WORDS(372)，即 **ASS|*IGHT|AGREE|SHEEP|STEPS，*** 是 CLL 或 GLL 或 GRR.（而 *** = GRL 给出了一个 WORDS(372) 中的，非对称的 5×5 词方. 在 WORDS(5757) 中一共有 $(1\,787\,056 - 541\,968)/2 = 622\,544$ 个非对称词方.）

31. 是的，27 个. 注意，从东北到西南的对角线上的词必须是 WORDS(5757) 中的 18 个回文词中的一个，这大大方便了搜索. “SCABS|CANAL|ANGLE|BALED|SLEDS”包含最常见的词，其属于 WORDS(3025).［见巴贝奇的 *Passages from The Life of a Philosopher* (London: 1864) 第 18 章的结尾.］

32. 有 (717, 120 386, 2 784 632, 6 571 160, 1 117 161, 13 077, 6) 个解，其大小分别为 $2\times 2, \cdots, 8\times 8$，没有比它们更大的解了. 每一个大小对应的运行所需的计算量都少于 60 亿次内存访问. 使用尽可能常见的单词构成的解的示例如下:

```
                                          NEREIDES
                                 CURTAIL  ETERNISE
                         ESTATE  UTERINE  RELOCATE
                  HEART  SLAVES  REVERTS  EROTIZED
TO  ITS  AWAY     ERROR  TALENT  TREBLES  INCITERS
OF  THE  WERE     ARGUE  AVENUE  AIRLINE  DIAZEPAM
    SEE  AREA     ROUTE  TENURE  INTENSE  ESTERASE
         YEAR     TREES  ESTEEM  LESSEES  SEEDSMEN
```

在这些单词所在的词表中，“极小化极大稀有度”的数值排名如下：TO = 2，SEE = 25，AREA = 86，ERROR = 438，ESTEEM = 1607，TREBLES = 5696，ETERNISE = 23 623.

［词方可以追溯到几千年前. “SATOR|AREPO|TENET|OPERA|ROTAS”是一个著名的 5×5 词方，它出现在包括庞贝古城遗址在内的许多地方. 这一词方实际上具有四重对称性. 但是 6×6 词方一直不为人所知，直到美国驻马耳他前领事威廉 · 温思罗普在 *Notes & Queries* (2) **8** (2 July 1859) 第 8 页发表“CIRCLE|ICARUS|RAREST|CREATE|LUSTRE|ESTEEM”. 他声称自己由此“化圆为方”.（如果有人告诉他不要使用 Icarus 这样的专有名称，那么他可以采用“CIRCLE|INURES|RUDEST|CREASE|LESSER|ESTERS”.）］

对于这类练习，我们可以得出这样的结论:
四个字母根本不算什么；五个字母太简单了，
除非组合有意义，否则没什么值得注意的；
六个字母，无论用什么方法，都是值得尊敬的；
而七个字母将是巨大的成就.

——奥古斯塔斯 · 德摩根,《释疑》（1859 年 9 月 3 日）

亨利 · 迪德尼构建了几个 7×7 的例子，并将其用于巧妙的谜题中，首先是“PALATED|ANEMONE|LEVANTS|AMASSES|TONSIRE|ENTERER|DESSERT”[*The Weekly Dispatch* (25 October and 8 November 1896)] 和“BOASTER|OBSCENE|ASSERTS|SCEPTRE|TERTIAN|ENTRANT|RESENTS”[*The Weekly Dispatch* (21 November and 5 December 1897)]. 多年后，他特别高兴地发现了“NESTLES|ENTRANT|STRANGE|TRAITOR|LANTERN|ENGORGE|STERNER”[*Strand* **55** (1918), 488；**56** (1919), 74；*The World's Best Word Puzzles* (1925), Puzzles 142 and 145]. 马尔科姆 · 道格拉斯 · 麦基尔罗伊是第一个将计算机应用于这一任务的人 [*Word Ways* **8** (1975), 195–197]，他发现了“WRESTLE|RENEWAL|ENPLANE|SELFDOM|TWADDLE|LANOLIN|ELEMENT”等 52 个例子. 然后，他转向了更困难的双重词方问题，这种词方是不对称的，包含 $2n$ 个彼此不同的单词. 他找到了 117 个双重词方，如 *Word Ways* **9** (1976), 80–84 中的“REPAST|AVESTA|CIRCUS|INSECT|SCONCE|MENTOR”.（他的实验设定允许使用专有名称，但避免使用复数和其他派生词形式.）

有关词方和单词立方体的精彩历史，包括随后的计算机发展，以及使用大型字典对 10×10 正方形的广泛搜索，见罗斯 · 埃克勒，*Making the Alphabet Dance* (New York: St. Martin's Griffin, 1997), 188–203；*Tribute to a Mathemagician* (A K Peters, 2005), 85–91.

33. 从下到上、从右到左的工作方式，与单词反转后的从上到下、从左到右的工作方式等价. 这种想法确实可以缩小尝试的范围，但遗憾的是，这也会使程序运行得更慢. 举例来说，对于习题 28 的答案，6×5 的计算涉及六字母单词的具有 6347 个结点的字典树，以及五字母单词的具有 63 060 个结点的压缩字典树. 当我们反转单词时，这两棵字典树的大小分别下降到 5188 和 56 064，但运行时间从 380 Gμ 增加到 825 Gμ.

34. 去掉 face 和（显而易见的）dada，剩下的 11 个就可以了.

35. 建立表 p_i, p'_{ij}, p''_{ijk}, s_i, s'_{ij}, s''_{ijk}，其中 $0 \leqslant i,j,k < m$，表中每个元素都能存储一个三进制数，且初始化为 0. 同时，建立表 x_0, x_1, $\cdots$ 以保存暂时接受的单词. 首先置 $g \leftarrow 0$，然后对每个输入 $w_j = abcd$（其中 $0 \leqslant a,b,c,d < m$）置 $x_g \leftarrow abcd$，并执行以下操作：置$p_a \leftarrow p_a \dot{+} 1$、$p'_{ab} \leftarrow p'_{ab} \dot{+} 1$、$p''_{abc} \leftarrow p''_{abc} \dot{+} 1$、$s_d \leftarrow s_d \dot{+} 1$、$s'_{cd} \leftarrow s'_{cd} \dot{+} 1$、$s''_{bcd} \leftarrow s''_{bcd} \dot{+} 1$，其中，$x \dot{+} y = \min(2, x+y)$ 表示饱和[①]三进制加法. 最后，若 $s_{a'}p''_{b'c'd'} + s'_{a'b'}p'_{c'd'} + s''_{a'b'c'}p_{d'} = 0$ 对于所有 $x_k = a'b'c'd'$ 成立，其中 $0 \leqslant k \leqslant g$，则置 $g \leftarrow g+1$，否则拒绝 w_j，并置 $p_a \leftarrow p_a - 1$、$p'_{ab} \leftarrow p'_{ab} - 1$、$p''_{abc} \leftarrow p''_{abc} - 1$、$s_d \leftarrow s_d - 1$、$s'_{cd} \leftarrow s'_{cd} - 1$、$s''_{bcd} \leftarrow s''_{bcd} - 1$.

36. (a) 单词 bc 出现在消息 $abcd$ 中，当且仅当 $a \to b$、$b \to c$ 且 $c \to d$.

(b) 对于 $0 \leqslant k < r$，如果从结点 v 出发的最长路径的长度为 k，则将结点 v 归入类别 k 中. 给定任意这样的划分，我们可以将从类别 k 的结点出发，到类别 $j < k$ 中的结点结束的所有弧纳入考虑，而不会增加路径长度. 因此，问题的关键在于找到 $\sum_{0 \leqslant j<k<r} p_j p_k$ 的最大值，其中 $p_0 + p_1 + \cdots + p_{r-1} = m$. 令 $p_j = \lfloor (m+j)/r \rfloor$ 就能达到这个目的（见习题 7.2.1.4–68(a)）. 当 $r = 3$ 时，该最大值简化为 $\lfloor m^2/3 \rfloor$.

37. (a) 周期因子 15 926 535 89 79 323 8314，依次从边界点 3, 5, 8, 11, 13, 15, 18（然后 $3 + 19 = 22$，等等）开始. 因此，第一轮保留边界 5、8 和 15. 第二轮的串 $y_0 = 926$, $y_1 = 5358979$, $y_2 = 323831415$ 的长度不同，因此不需要进行字典序比较. 答案是 $y_2 y_0 y_1 = x_{15} \cdots x_{33}$.

(b) 每个子串至少由上一轮的 3 个子串组成.

(c) 令 $a_0 = 0$，$b_0 = 1$，$a_{e+1} = a_e a_e b_e$，$b_{e+1} = b_e a_e b_e$. 当 $n = 3^e$ 时使用 a_e 或 b_e.

(d) 我们使用辅助子程序“less(i)”，返回 $[y_{i-1} < y_i]$，给定 $i > 0$：如果 $b_i - b_{i-1} \neq b_{i+1} - b_i$，返回 $[b_i - b_{i-1} < b_{i+1} - b_i]$. 否则对于 $j = 0, 1, \cdots$，每当 $b_i + j < b_{i+1}$ 时，如果 $x_{b_{i-1}+j} \neq x_{b_i+j}$，则返回 $[x_{b_{i-1}+j} < x_{b_i+j}]$. 否则返回 0.

该算法的难点在于如何舍弃非周期性的初始因子. 秘诀在于令 i_0 为满足 $y_{i-3} \geqslant y_{i-2} < y_{i-1}$ 的最小索引，这样我们就能确定一个以 y_i 开头的因子.

O1. [初始化.] 对于 $n \leqslant j < 2n$ 置 $x_j \leftarrow x_{j-n}$，对于 $0 \leqslant j < 2n$ 置 $b_j \leftarrow j$，并且置 $t \leftarrow n$.

① 饱和（saturation）运算指当运算结果大于某上限或小于某下限时，其运算结果为该上限或下限.——译者注

O2. [开始一轮循环.] 置 $t' \leftarrow 0$. 找出最小的 $i > 0$，使得 $\mathrm{less}(i) = 0$. 然后找出最小的 $j \geqslant i+2$，使得 $\mathrm{less}(j-1) = 1$ 且 $j \leqslant t+2$.（如果没有这样的 j，则报错：输入的 x 等于其循环移位中的一个.）置 $i \leftarrow i_0 \leftarrow j \bmod t$.（现在这个周期的一个 dip 从 i_0 开始.）

O3. [找出下一个因子.] 找出最小的 $j \geqslant i+2$，使得 $\mathrm{less}(j-1) = 1$. 如果 $j-i$ 是偶数，则跳转至 O5.

O4. [记录边界.] 如果 $i < t$，则置 $b'_{t'} \leftarrow b_i$；否则对于 $t' \geqslant k > 0$ 置 $b'_k \leftarrow b'_{k-1}$，并且置 $b'_0 \leftarrow b_{i-t}$. 最后置 $t' \leftarrow t'+1$.

O5. [这轮循环是否结束?] 如果 $j < i_0 + t$，则置 $i \leftarrow j$ 并返回至 O3. 否则，如果 $t' = 1$，则终止；σx 从项 $x_{b'_0}$ 开始. 否则对于 $0 \leqslant k < t$ 置 $t \leftarrow t'$ 和 $b_k \leftarrow b'_k$，以及对于 $k \geqslant t$，每当 $b_{k-t} < 2n$ 时，置 $b_k \leftarrow b_{k-t} + n$. 返回至 O2. ▮

(e) 令超级 dip 为一个奇数长度的 dip，其后是零个或多个偶数长度的 dip. 任何以奇数长度的 dip 开始的无限序列 y 都有唯一的超级 dip 分解. 反过来，对于更高层次的可以被分解为 dip 的串，这些超级 dip 又可以被视为原子组件. 算法 O 的结果 σx 是一个无限周期序列，该序列可以在越来越高的层级上被重复分解为由超级 dip 组成的无限周期序列，直到成为常量序列.

注意，σx 的第一个 dip 在算法中于 i_0 处结束，因为其长度不为 2. 由此，我们可以通过以下观察来证明无逗点性，即如果码字 $\sigma x''$ 出现在两个码字拼接而成的 $\sigma x \sigma x'$ 中，那么其超级 dip 因子也是这两个码字的超级 dip 因子. 如果 σx、$\sigma x'$ 或 $\sigma x''$ 中的任何一个是超级 dip，则产生矛盾. 否则，同样的观察也适用于下一级的超级 dip 因子. [伊斯门最初的算法与此基本相同，但表述方式更为复杂，见 *IEEE Trans.* **IT-11** (1965), 263–267. 罗伯特 · 朔尔茨随后发现了一种有趣且完全不同的方法来定义由算法 O 生成的码字集，见 *IEEE Trans.* **IT-15** (1969), 300–306.]

38. 设 $f_k(m)$ 是长度为 k 的 dip 的数量，其中 $m > z_1$ 且 $z_k < m$. 这样的满足 $z_{k-1} = j$ 的序列数量为 $(m-j-1)\binom{m-j+k-3}{k-2} = (k-1)\binom{m-j+k-3}{k-1}$. 对 $0 \leqslant j < m$ 求和得到 $f_k(m) = (k-1)\binom{m+k-2}{k}$. 因此 $F_m(z) = \sum_{k=0}^{\infty} f_k(m) z^k = (mz-1)/(1-z)^m$.（在这些公式中，$f_0(m) = -1$. 这一点非常有用！）

算法 O 在一轮内完成，当且仅当 x 的一些循环移位是超级 dip. 因此，在一轮中完成的非周期性 x 的数量为 $n[z^n]G_m(z)$，其中

$$G_m(z) = \frac{F_m(-z) - F_m(z)}{F_m(-z) + F_m(z)} = \frac{(1+mz)(1-z)^m - (1-mz)(1+z)^m}{(1+mz)(1-z)^m + (1-mz)(1+z)^m}.$$

要得到所述概率，可将其除以 $\sum_{d \backslash n} \mu(d) m^{n/d}$，即非周期性 x 的数量.（见公式 7.2.1.1–(60). 对于 $n = 3$, 5, 7, 9，这些概率分别为 1, 1, 1, $1 - 3/\binom{m^3-1}{3}$.）

39. 如果是这样的话，其不可能包含 0011、0110、1100 或 1001.

40. 那一节考虑了栈和队列的表示方法，但没有考虑无序集. 这是因为，在过去，大块的顺序存储器要么不存在，要么非常昂贵. 对于可变大小的集合来说，链表是唯一合适的选择，因为链表可以更轻松地容纳在有限的高速内存中.

41. (a) 满足 $\alpha = \mathtt{d}$（1101）的蓝色单词 x 出现在列表 `P2` 的 `5e` 位置.

(b) 列表 `P3` 对于形如 010∗ 的单词是空的.（0100 和 0101 都是红色的.）

42. (a) 列表 `S2` 对于 0010 已关闭（因此 0110 和 1110 被隐藏）.

(b) 当 1001 变为红色时，单词 1101 移动到其在列表 `S1` 中的先前位置.（之前 1011 移动到了 0001 的先前位置.）

43. 在这种情况下（当然这很少发生），可以安全地将 `STAMP` 的所有元素置为 0 并置 $\sigma \leftarrow 1$.（千万不要为了省一行代码而将所有 `STAMP` 元素都置为 -1 而留下 $\sigma = 0$ 不管. 当 σ 的值为 -1 时可能会失败！）

44. (a) 置 $r \leftarrow 5$. 对于 $k \leftarrow 0, 1, \cdots, f-1$ 置 $t \leftarrow \mathtt{FREE}[k]$ 和 $j \leftarrow \mathtt{MEM}[\mathtt{CLOFF}+4t+m^4] - (\mathtt{CLOFF}+4t)$，然后如果 $j < r$ 则置 $r \leftarrow j$ 和 $c \leftarrow t$；如果 $r = 0$ 则跳出循环.

(b) 如果 $r > 0$ 则置 $x \leftarrow \mathtt{MEM}[\mathtt{CLOFF} + 4cl(\mathtt{ALF}[x])]$.

(c) 如果 $r > 1$ 则置 $q \leftarrow 0$、$p' \leftarrow \mathtt{MEM}[\mathtt{PP}]$，以及 $p \leftarrow \mathtt{POISON}$. 每当 $p < p'$ 时，执行以下步骤：置 $y \leftarrow \mathtt{MEM}[p]$、$z \leftarrow \mathtt{MEM}[p+1]$、$y' \leftarrow \mathtt{MEM}[y+m^4]$、$z' \leftarrow \mathtt{MEM}[z+m^4]$.（这里 y 和 z 指向前缀或后缀

列表的头部，y' 和 z' 则指向尾部.）如果 $y = y'$ 或 $z = z'$，则将元素 p 从抑制列表中删去. 这意味着，如 (18) 所述，置 $p' \leftarrow p' - 2$，且如果 $p \neq p'$，则执行 store(p, MEM[p']) 和 store($p+1$, MEM[$p'+1$]). 否则置 $p \leftarrow p + 2$；如果 $y' - y \geqslant z' - z$ 且 $y' - y > q$，则置 $q \leftarrow y' - y$ 和 $x \leftarrow$ MEM[z]；如果 $y' - y < z' - z$ 且 $z' - z > q$，则置 $q \leftarrow z' - z$ 和 $x \leftarrow$ MEM[y]. 最后，在 p 等于 p' 后，执行 store(PP, p') 并置 $c \leftarrow cl$(ALF[x]).（实验表明，这种"最大杀死"策略在 $r > 1$ 时略优于一个仅基于 r 的选择策略.）

45. (a) 首先，有一个例程 rem(α, δ, o)，它遵循 (21) 的方案，从列表中删除一项：置 $p \leftarrow \delta + o$ 和 $q \leftarrow$ MEM[$p + m^4$] $- 1$. 如果 $q \geqslant p$（意味着列表 p 没有关闭或被杀死），则执行 store($p + m^4, q$)，且置 $t \leftarrow$ MEM[$\alpha + o - m^4$]；如果 $t \neq q$，则也置 $y \leftarrow$ MEM[q]，执行 store(t, y)，并执行 store(ALF[y] $+ o - m^4, t$).

现在，为了使 x 变红，我们置 $\alpha \leftarrow$ ALF[x] 并执行 store(α, RED). 然后，执行 rem($\alpha, p_1(\alpha)$, P1OFF), rem($\alpha, p_2(\alpha)$, P2OFF), $\cdots$, rem($\alpha, s_3(\alpha)$, S3OFF), rem($\alpha, 4cl(\alpha)$, CLOFF).

(b) 一个简单的例程 close(δ, o) 关闭列表 $\delta + o$：置 $p \leftarrow \delta + o$ 和 $q \leftarrow$ MEM[$p + m^4$]；如果 $q \neq p - 1$，则执行 store($p + m^4, p - 1$).

现在，为了使 x 变绿，我们置 $\alpha \leftarrow$ ALF[x]，并执行 store(α, GREEN)，然后执行 close($p_1(\alpha)$, P1OFF), close($p_2(\alpha)$, P2OFF), $\cdots$, close($s_3(\alpha)$, S3OFF), close($4cl(\alpha)$, CLOFF). 最后，对于 $p \leqslant r < q$（使用我们在"close"例程中使用的 p 和 q），如果 MEM[r] $\neq x$，则将 MEM[r] 变红.

(c) 首先置 $p' \leftarrow$ MEM[PP] $+ 6$，并执行 store($p' - 6, p_1(\alpha)$ + S1OFF), store($p' - 5, s_3(\alpha)$ + P3OFF), store($p' - 4, p_2(\alpha)$ + S2OFF), store($p' - 3, s_2(\alpha)$ + P2OFF), store($p' - 2, p_3(\alpha)$ + S3OFF), store($p' - 1, s_1(\alpha)$ + P1OFF). 这样就为抑制列表增加了 3 项 (27).

然后置 $p \leftarrow$ POISON，并且每当 $p < p'$ 时执行以下操作：按照习题 44(c) 的答案所示的方法置 y, z, y', z' 的值，并当 $y = y'$ 或 $z = z'$ 时删除抑制元素 p. 如果 $y' < y$ 且 $z' < z$，则跳转到 C5（存在抑制后缀-前缀对）. 如果 $y' > y$ 且 $z' > z$，则置 $p \leftarrow p + 2$. 如果 $y' < y$ 且 $z' > z$，则执行 store($z + m^4, z$)，对于 $z \leqslant r < z'$ 将 MEM[r] 变红，并删除抑制项 p. 否则（如果 $y' > y$ 且 $z' < z$）执行 store($y + m^4, y$)，对于 $y \leqslant r < y'$ 将 MEM[r] 变红，并删除抑制项 p.

最后，在 p 等于 p' 之后，执行 store(PP, p').

46. 习题 37 明确展示了当 n 为奇数时的所有这样的编码. 关于这一主题的最早的论文给出了当 $n = 2$, 4, 6, 8 时的解. 仁保洋二后来找到了当 $n = 10$ 时的解，但未能解决 $n = 12$ 的情况 [*IEEE Trans.* **IT-19** (1973), 580–581].

这个问题很容易用 CNF 编码，并交给 SAT 求解器求解. $n = 10$ 的情况涉及 990 个变量和 860 万个子句，可以由算法 7.2.2.2C 在 105 亿次内存访问内求解. $n = 12$ 的情况涉及 4020 个变量和 1.75 亿个子句. 在将其分成 7 个独立子问题后（通过附加互斥的单元子句），该算法在约 86 万亿次内存访问的计算后，证明了该问题不可满足.

所以答案是否定的. 但我们可以得到接近的解. 阿龙 · 温莎在 2021 年用 SAT 求解器发现了一个二元无逗点码，其包含除 [000011001011] 以外的每个周期类的代表.

47. (a) 大小为 3、长度为 4 的二元无逗点码有 28 个. 算法 C 产生其中的一半，因为其假定周期类 [0001] 由 0001 或 0010 表示. 它们构成 8 个等价类，其中两个在互补-反射运算下是对称的；代表项是 {0001, 0011, 0111} 和 {0010, 0011, 1011}. 其他 6 个的代表项是 {0001, 0110, 0111 或 1110}, {0001, 1001, 1011 或 1101}, {0001, 1100, 1101}, {0010, 0011, 1101}.

(b) 算法 C 产生 144 个解中的一半，形成 12 个等价类，其中 8 个等价类由 {0001, 0002, 1001, 1002, 1102, 2001, 2002, 2011, 2012, 2102, 2112, 2122 或 2212} 和 ({0102, 1011, 1012} 或 {2010, 1101, 2101}) 和 ({1202, 2202, 2111} 或 {2021, 2022, 1112}) 表示；4 个等价类由 {0001, 0020, 0021, 0022, 1001, 1020, 1021, 1022, 1121 或 1211, 1201, 1202, 1221, 2001, 2201, 2202} 和 ({1011, 1012, 2221} 或 {1101, 2101, 1222}) 表示.

(c) 算法 C 产生 2304 个解中的一半，形成 48 个等价类. 有 12 个等价类具有省略了循环类 [0123]、[0103]、[1213] 的唯一代表项，其中之一是编码 {0010, 0020, 0030, 0110, 0112, 0113, 0120, 0121, 0122, 0130, 0131, 0132, 0133, 0210, 0212, 0213, 0220, 0222, 0230, 0310, 0312, 0313, 0320, 0322, 0330, 0332, 0333, 1110, 1112, 1113, 2010, 2030, 2110, 2112, 2113, 2210, 2212, 2213, 2230, 2310, 2312, 2313, 2320,

2322, 2330, 2332, 2333, 3110, 3112, 3113, 3210, 3212, 3213, 3230, 3310, 3312, 3313}. 其他每个等价类都有两个省略了循环类 [0123]、[0103]、[0121] 的代表项，其中之一是编码 {0001, 0002, 0003, 0201, 0203, 1001, 1002, 1003, 1011, 1013, 1021, 1022, 1023, 1031, 1032, 1033, 1201, 1203, 1211, 1213, 1221, 1223, 1231, 1232, 1233, 1311, 1321, 1323, 1331, 2001, 2002, 2003, 2021, 2022, 2023, 2201, 2203, 2221, 2223, 3001, 3002, 3003, 3011, 3013, 3021, 3022, 3023, 3031, 3032, 3033, 3201, 3203, 3221, 3223, 3321, 3323, 3331} 及其在反射和 (01)(23) 下的同构像.

48. 算法 C 没有快到能解决这个问题. 但阿龙 · 温莎在 2021 年使用 SAT 求解器找到了一个大小为 $139 = (5^4 - 5^2)/4 - 11$ 的编码，并证明不存在大小为 140 的编码.（他还很快发现，当 $n = 6$ 时，最优的三元无逗点码包含 $(3^6 - 3^3 - 3^2 + 3^1)/6 - 3 = 113$ 个码字.）见 *Journal of Automated Reasoning* **67** (2023), 12:1–12:10.

49. 3 位序列 101, 111, 110 在看到 000 之前就被剔除了. 一般来说，要从 q 种可能性中进行均匀随机选择，正文建议查看接着的 t 位 $b_1 \cdots b_t$，其中 $t = \lceil \lg q \rceil$. 如果 $(b_1 \cdots b_t)_2 < q$，我们选择 $(b_1 \cdots b_t)_2 + 1$；否则，我们拒绝 $b_1 \cdots b_t$ 并再试一次.［当 $q \leqslant 4$ 时，这种简单方法是最佳的，而当 q 为其他值时，最佳可能的运行时间使用多于一半的位数. 但对于 $q = 5$，有只需使用 $3\frac{1}{3}$ 位，而不是 $4\frac{4}{5}$ 位的更好方案. 而对于 $q = 6$，一个随机位可以简化为 $q = 3$ 的情况. 见高德纳和姚期智，*Algorithms and Complexity*，约瑟夫 · 特劳布编辑 (Academic Press, 1976), 357–428, §2.］

50. 这是搜索树第 $l + 1$ 层（深度为 l）的结点数.（因此，我们可以对搜索树进行大致估算. 注意，在算法 E 的步骤 E2 中，$D = D_1 \cdots D_{l-1}$.）

51. $Z_0 = C()$，$Z_{l+1} = c() + D_1 c(X_1) + D_1 D_2 c(X_1 X_2) + \cdots + D_1 \cdots D_l c(X_1 \cdots X_l) + D_1 \cdots D_{l+1} C(X_1 \cdots X_{l+1})$.

52. (a) 正确：生成函数为 $z(z+1)\cdots(z+n-1)/n!$，见公式 1.2.10–(9).

(b) 假设 $Y_1 Y_2 \cdots Y_l = 1457$ 且 $n = 9$，爱丽丝的概率是 $\frac{1}{1}\frac{1}{2}\frac{2}{3}\frac{1}{4}\frac{1}{5}\frac{5}{6}\frac{1}{7}\frac{7}{8}\frac{8}{9} = \frac{1}{3}\frac{1}{4}\frac{1}{6}\frac{1}{9}$. 埃尔莫得到 $X_1 X_2 \cdots X_l = 7541$ 的概率为 $\frac{1}{9}\frac{1}{6}\frac{1}{4}\frac{1}{3}$.

(c) 上尾部不等式（见习题 1.2.10–22，其中 $\mu = H_n$）告诉我们，$\Pr(l \geqslant (\ln n)(\ln\ln n)) \leqslant \exp(-(\ln n)(\ln\ln n)(\ln\ln\ln n) + O(\ln n)(\ln\ln n))$.

(d) 如果 $k \leqslant n/3$，那么我们有 $\sum_{j=0}^{k}\binom{n}{j} \leqslant 2\binom{n}{k}$. 根据习题 1.2.6–67，前 $(\ln n)(\ln\ln n)$ 层的结点数最多为 $2(ne/((\ln n)(\ln\ln n)))^{(\ln n)(\ln\ln n)}$.

53. 主要思路是引入类似于 (29) 的递推公式：

$$m(x_1 \cdots x_l) = c(x_1 \cdots x_l) + \min\bigl(m(x_1 \cdots x_l x_{l+1}^{(1)})d, \ldots, m(x_1 \cdots x_l x_{l+1}^{(d)})d\bigr);$$
$$M(x_1 \cdots x_l) = c(x_1 \cdots x_l) + \max\bigl(M(x_1 \cdots x_l x_{l+1}^{(1)})d, \ldots, M(x_1 \cdots x_l x_{l+1}^{(d)})d\bigr);$$
$$\widehat{C}(x_1 \cdots x_l) = c(x_1 \cdots x_l)^2 + \sum_{i=1}^{d}\bigl(\widehat{C}(x_1 \cdots x_l x_{l+1}^{(i)})d + 2c(x_1 \cdots x_l)C(x_1 \cdots x_l x_{l+1}^{(i)})\bigr).$$

这些值可以通过辅助数组 MIN、MAX、KIDS、COST、CHAT 计算，具体如下.

在步骤 B2 开始时，置 MIN[l] $\leftarrow \infty$ 和 MAX[l] $\leftarrow$ KIDS[l] $\leftarrow$ COST[l] $\leftarrow$ CHAT[l] $\leftarrow 0$. 在步骤 B3 中的 $l \leftarrow l + 1$ 之前，置 KIDS[l] $\leftarrow$ KIDS[l] $+ 1$.

在步骤 B5 开始时，置 $m \leftarrow c(x_1 \cdots x_{l-1})+$KIDS[$l$]$\times$MIN[$l$]、$M \leftarrow c(x_1 \cdots x_{l-1})+$KIDS[$l$]$\times$MAX[$l$]、$C \leftarrow c(x_1 \cdots x_{l-1}) +$ COST[l]、$\widehat{C} \leftarrow c(x_1 \cdots x_{l-1})^2 +$ KIDS[l] $\times$ CHAT[l] $+ 2 \times$ COST[l]. 然后，当 $l \leftarrow l-1$ 为正值后，置 MIN[l] $\leftarrow \min(m,$MIN[l]$)$、MAX[l] $\leftarrow \max(M,$MAX[l]$)$、COST[l] $\leftarrow$ COST[l]$+C$、CHAT[l] $\leftarrow$ CHAT[l] $+ \widehat{C}$. 但当 l 在步骤 B5 中变为零时，返回值 m、M、C、$\widehat{C} - C^2$.

54. 令 $p(i) = p_{X_1 \cdots X_{l-1}}(y_i)$，然后简单地将 $D \leftarrow Dd$ 改为 $D \leftarrow D/p(I)$. 那么，到达结点 $x_1 \cdots x_l$ 的概率为 $\Pi(x_1 \cdots x_l) = p(x_1)p_{x_1}(x_2)\cdots p_{x_1 \cdots x_l}(x_l)$，且 $c(x_1 \cdots x_l)$ 在 S 中的权重为 $1/\Pi(x_1 \cdots x_l)$. 定理 E 的证明和之前一样. 注意，$p(I)$ 是采取分支 I 的后验概率.

（习题 53 的答案中的公式现在应使用“$/p(i)$”而不是“d”. 同时，该算法应作适当修改，不再需要 KIDS 数组.）

55. 令 $p_{X_1\cdots X_{l-1}}(y_i)=C(x_1\cdots x_{l-1}y_i)/(C(x_1\cdots x_{l-1})-c(x_1\cdots x_{l-1}))$.（当然，在知道这些理想概率的精确值之前，我们通常需要知道树的成本，因此我们在实践中无法实现零方差. 但是这个解的形式说明了哪种偏差有可能减小方差.）

56. 前瞻性、动态排序和可逆存储技术的影响都可以通过每个结点上精心设计的成本函数来轻松捕捉到. 但在步骤 C2 上有本质区别，因为在步骤 C5 回撤了一个先前选择的影响之后，不同的码字类可以在同一结点（有着相同的祖先 $x_1\cdots x_{l-1}$）被选择，从而进行分支. 层 l 永远不会超过 $L+1$，但事实上，搜索树包括了隐含的分支层. 这些层被隐式地包含在单个结点中.

因此，最好将算法 C 的搜索树视为*二元*分支序列：x 是否应该是码字之一？[至少在习题 44 的答案中的"最大杀死"策略选择了分支变量 x 时是这样的. 但如果 $r>1$ 且抑制列表为空，则 r 路分支是合理的（或者当松弛变量为正数时，也可以是 $(r+1)$ 路分支），因为 r 将减小 1，并且在已探索过 x 后，会选择同样的类 c.]

如果选中 x 是因为排除了许多可能的码字，那么我们可能应该像习题 54 那样偏重分支概率，给"是"分支分配较小的权重，因为包含 x 的分支不太可能产生大的子树.

57. 令 $p_k=1/D^{(k)}$ 是算法 E 在第 k 个叶结点处终止的概率. 那么 $\sum_{k=1}^{M}(1/M)\lg(1/(Mp_k))$ 是库尔贝克-莱布勒散度[①] $D(q\|p)$，其中，q 是均匀分布（见习题 MPR–121）. 因此 $\frac{1}{M}\sum_{k=1}^{M}\lg D^{(k)}\geqslant\lg M$.（本习题的结果在任何概率分布中都基本成立.）

58. 令 ∞ 是任何一个大于或等于 n 的值. 当顶点 v 成为路径的一部分时，我们将执行一个两阶段算法. 第一阶段识别 DIST 必须改变的所有"脏"顶点. 这些顶点 u 的所有通向 t 的路径都要经过顶点 v. 这还会形成一个"资源"顶点队列. 这些顶点不是"脏"的，但与"脏"顶点相邻. 第二阶段更新所有仍与 t 相连的"脏"顶点的 DIST. 每个顶点除了 DIST 外，还有字段 LINK 和 STAMP.

在第一阶段，置 $d\leftarrow$ DIST(v)、DIST(v) $\leftarrow\infty+1$、R $\leftarrow\Lambda$、T $\leftarrow v$、LINK(v) $\leftarrow\Lambda$，然后每当 T $\neq\Lambda$ 时执行以下操作：(*) 置 $u\leftarrow$ T 和 T $\leftarrow$ S $\leftarrow\Lambda$. 对于每个 w — u，如果 DIST(w) $<d$ 则什么也不做（只有当 $u=v$ 时会如此）；如果 DIST(w) $\geqslant\infty$ 则什么也不做（w 已消失或已知为"脏"顶点）；如果 DIST(w) $=d$ 则将 w 置为资源顶点（见下文）；否则 DIST(w) $=d+1$. 如果 w 在距离 d 以内没有相邻顶点，则 w 是"脏"顶点：置 LINK(w) $\leftarrow$ T、DIST(w) $\leftarrow\infty$、T $\leftarrow w$. 否则，将 w 置为资源顶点（见下文）. 然后置 $u\leftarrow$ LINK(u)，并当 $u\neq\Lambda$ 时返回 (*).

资源队列将从 R 开始. 我们将为每个资源顶点打上 v 的标记，这样就不会在队列中重复添加任何资源顶点. 为了在 DIST(w) $=d$ 时将 w 置为资源顶点，可执行以下操作（除非 $u=v$ 或 STAMP(w) $=v$）：置 STAMP(w) $\leftarrow v$；如果 R $=\Lambda$ 则置 R $\leftarrow$ RT $\leftarrow w$；否则置 LINK(RT) $\leftarrow w$ 和 RT $\leftarrow w$. 要在 DIST(w) $=d+1$ 且 $u\neq v$ 且 STAMP(w) $\neq v$ 时将 w 置为资源顶点，则通过下面的方法将其放入栈 S：置 STAMP(w) $\leftarrow v$；如果 S $=\Lambda$ 则置 S $\leftarrow$ SB $\leftarrow w$，否则置 LINK(w) $\leftarrow$ S 和 S $\leftarrow w$.

最后，当 $u=\Lambda$ 时，我们将 S 附加到 R 的尾部：如果 S $=\Lambda$ 则无须做任何事；否则，如果 R $=\Lambda$ 则置 R $\leftarrow$ S 和 RT $\leftarrow$ SB；但如果 R $\neq\Lambda$ 则置 LINK(RT) $\leftarrow$ S 和 RT $\leftarrow$ SB.（这些小技巧使资源队列按 DIST 排序.）

第二阶段运作如下：如果 R $=\Lambda$ 则无须做任何事. 否则我们置 LINK(RT) $\leftarrow\Lambda$ 和 S $\leftarrow\Lambda$，并且每当 R $\neq\Lambda$ 或 S $\neq\Lambda$ 时执行以下操作：(i) 如果 S $=\Lambda$ 则置 $d\leftarrow$ DIST(R)，否则置 $u\leftarrow$ S、$d\leftarrow$ DIST(u)、S $\leftarrow\Lambda$，每当 $u\neq\Lambda$ 时更新 u 的相邻顶点并置 $u\leftarrow$ LINK(u)；(ii) 每当 R $\neq\Lambda$ 且 DIST(R) $=d$ 时置 $u\leftarrow$ R 和 R $\leftarrow$ LINK(u) 并更新 u 的相邻顶点. 在这两种情况下，"更新 u 的相邻顶点"表示检查所有 w — u，如果 DIST(w) $=\infty$ 则置 DIST(w) $\leftarrow d+1$、STAMP(w) $\leftarrow v$、LINK(w) $\leftarrow$ S、S $\leftarrow w$.（这能行！）

59. (a) 计算生成函数 $g(z)$（见习题 7.1.4–209），然后计算 $g'(1)$.

(b) 令 (A,B,C) 分别表示经过中心点、东北角点、西南角点的路径. 对每个结点递归计算 8 个计数变量 $(c_0,\cdots,c_7)$，其中，c_j 为满足 $j=4[\pi\in A]+2[\pi\in B]+[\pi\in C]$ 的路径 π 的数量. 在汇点 $\boxed{\top}$，我们有 $c_0=1$ 和 $c_1=\cdots=c_7=0$. 其他结点的形式为 $x=(\bar{e}?\ x_l\colon x_h)$，其中，$e$ 是一条边. 两条边穿过中心点并影响 A；三条边影响 B 和 C. 设这些边的类型分别是 4、2、1，其他边的类型为 0. 假设 x_l

① Kullback–Leibler divergence，常缩写为 KL 散度.——译者注

和 x_h 的计数变量分别为 $(c'_0,\cdots,c'_7)$ 和 $(c''_0,\cdots,c''_7)$，且 e 的类型为 t. 那么，结点 x 的计数变量 c_j 为 $c'_j+[t=0]c''_j+[t\,\&\,j\neq 0](c''_j+c''_{j-t})$.

（这个过程会在根结点产生以下精确的“维恩图”集合计数：$c_0=|\overline{A}\cap\overline{B}\cap\overline{C}|=765368538488901964809160 4$；$c_1=c_2=|\overline{A}\cap\overline{B}\cap C|=|\overline{A}\cap B\cap\overline{C}|=7755019053779199171839134$；$c_3=|\overline{A}\cap B\cap C|=7857706970503366819944024$；$c_4=|A\cap\overline{B}\cap\overline{C}|=4888524166534573765995071$；$c_5=c_6=|A\cap\overline{B}\cap C|=|A\cap B\cap\overline{C}|=4949318991771252110605148$；$c_7=|A\cap B\cap C|=5010950157283718807987280$.）

60. 是的，路径不那么混乱，估算结果也更好.

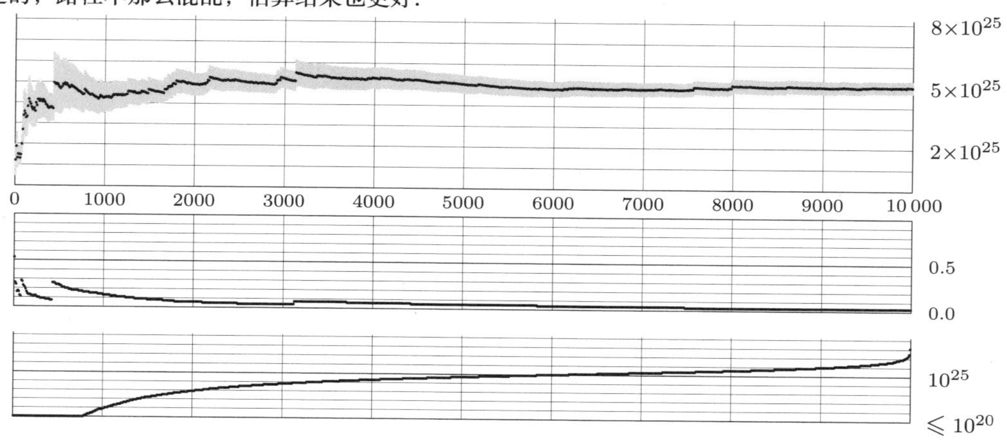

61. (a) 令 x_k 为与根结点距离为 $k-1$ 的结点的数量.

(b) 令 $Q_n^{(m)}=P_n^{(1)}+\cdots+P_n^{(m)}$，则我们有联合递推式 $P_1^{(m)}=1$，$P_{n+1}^{(m)}=Q_n^{(2m)}$；特别地，$Q_1^{(m)}=m$. 当 $n\geqslant 2$ 时，我们有 $Q_n^{(m)}=\sum_{k=1}^{n}a_{nk}\binom{m}{k}$ 对于特定常数 a_{nk} 成立. 这些常数可以通过如下方式计算：首先对于 $1\leqslant k\leqslant n$ 置 $t_k\leftarrow P_n^{(k)}$；然后对于 $k=2,\cdots,n$ 置 $t_n\leftarrow t_n-t_{n-1},\cdots,t_k\leftarrow t_k-t_{k-1}$；最后对于 $1\leqslant k\leqslant n$ 置 $a_{nk}\leftarrow t_k$. 举例来说，$a_{21}=a_{22}=2$，$a_{31}=6$，$a_{32}=14$，$a_{33}=8$. 数 $P_n^{(m)}$ 有 $O(n^2+n\log m)$ 位，因此这种方法需要 $O(n^5)$ 次位运算来计算 P_n.

(c) $P_n^{(m)}$ 对应于满足 $X_1=m$、$D_k=2X_k$、$X_{k+1}=\lceil 2U_kX_k\rceil$ 的随机路径，其中，每个 U_k 是独立的均匀偏差. 因此，$P_n^{(m)}=\mathrm{E}(D_1\cdots D_{n-1})$ 是一棵无限树在第 n 层的结点数. 根据数学归纳法，我们得到 $X_{k+1}\geqslant 2^kU_1\cdots U_km$，因此 $P_n^{(m)}\geqslant \mathrm{E}(2^{\binom{n}{2}}U_1^{n-2}U_2^{n-3}\cdots U_{n-2}^{1}m^{n-1})=2^{\binom{n}{2}}m^{n-1}/(n-1)!$.

[马修·库克和迈克尔·克勒贝尔在 *Electronic Journal of Combinatorics* **7** (2000), #R44, 1–16 中讨论过类似序列. 另见库尔特·马勒在 *J. London Math. Society* **15** (1940), 115–123 中提出的二元分区的渐近公式，其中表明 $\lg P_n=\binom{n}{2}-\lg(n-1)!+\binom{\lg n}{2}+O(1)$.]

62. 随机试验表明，2 度正则图的预期数目约为 3.115，不相交的对的数量为 (0, 1, ⋯, 9, ⩾10)，分别约为百分之 (74.4, 4.3, 8.7, 1.3, 6.2, 0.2, 1.5, 0.1, 2.0, 0.0, 12.2). 如果将立方体限制在每种颜色至少出现 5 次的情况下，那么这些数值将分别变为约 4.89 和 (37.3, 6.6, 17.5, 4.1, 16.3, 0.9, 5.3, 0.3, 6.7, 0.2, 5.0).

然而，“唯一解”的概念很棘手，因为一个具有 k 个循环的 2 度正则图能产生 2^k 种方式来放置立方体. 如果满足以下两个条件，那么我们称一个立方体集合有强唯一解：(i) 其具有唯一的不相交 2 度正则图对；(ii) 这对 2 度正则图中的每一个都是 n 循环. 在第一个条件下，这种集合出现的概率只有 0.3%，而在第二个条件下概率为 0.4%.

[诺曼·格里奇曼在 *Mathematics Magazine* **44** (1971), 243–252 中指出，具有 4 个立方体和 4 种颜色的谜题正好有 434 种“类型”的解.]

63. 很容易随机找到这样的例子，就像前一道习题的答案的第二部分，因为强唯一集合出现的概率约为 0.5%（而弱唯一集合出现的概率约为 8.4%）. 比如，由相对的面组成的对可能是 $(12,13,34)$, $(02,03,14)$, $(01,14,24)$, $(04,13,23)$, $(01,12,34)$.

（顺带一提，如果我们要求每种颜色都正好出现 6 次，那么每个至少有一个解的立方体集合就会至少有 3 个解，因为“隐藏”的对可以有 3 种选择.）

64. 每个立方体可以有 16 种摆放方式，为所有 4 个可见单词提供合法的字母.（一个表面只包含 {C, H, I, N, O, U, X, Z} 的立方体可以有 24 种摆放方式. 包含类似于 B|ᐅ|D 图案的立方体则根本无法摆放.）我们可以限制第一个立方体只有两种摆放方式，因此有 $2 \times 16 \times 16 \times 16 \times 16 = 131\,072$ 种不改变顺序的摆放方式，其中，只有 6144 种是“兼容”的，即在同一个单词中，不会同时出现正确方向的字母和上下颠倒的字母.

这 6144 种兼容的摆放方式中，每一种都可以按 $5! = 120$ 种方式重新排序，其中一种摆放方式在重新排序前的单词是 GRHTI, NCICY, OƏꓤWN, INNՈO，从而得到唯一解.（还有一个部分解，4 个单词中有 3 个合法单词. 还有 39 种方法可以得到两个合法单词，其中一种方法是 UNTIL 与 HOURS 相邻，还有几种方法是 SYRUP 与 ECHOS 相对.）

65. 爱德华 · 罗伯逊和伊恩 · 芒罗在 *Utilitas Mathematica* **13** (1978), 99–116 中将精确覆盖问题简化为这一问题.

66. 将射线分别称为 N, NE, E, SE, S, SW, W, NW；将圆盘从内到外分别称为 1, 2, 3, 4. 我们可以保持圆盘 1 不变，而射线 N, S, E, W 的总和必须是 48. 这个总和即（圆盘 1 上的）16 加上（圆盘 2 上的）13 或 10 加上（圆盘 3 上的）8 或 13 加上（圆盘 4 上的）11 或 14. 因此，为了使总和为 48，既可以如图所示，也可以在此基础上将圆盘 2 和圆盘 4 顺时针旋转 45°.（或者我们也可以将任一圆盘旋转 90°，因为这不会改变所需的总和.）

接下来，通过可选的 90° 旋转，我们必须使射线 $\mathrm{N} + \mathrm{S}$ 上的数字总和等于 24. 在上面的第一种解法中，这一总和是 9 加 6（或 7）加 4（或 4）加 7（或 4），因此永远不会是 24. 但在另一种解法中，总和是 9 加 4（或 6）加 4（或 4）加 5（或 9）. 因此，我们必须将圆盘 2 顺时针旋转 90°，也可能将圆盘 3 做相同的旋转. 然而，对圆盘 3 进行 90° 旋转会使 $\mathrm{NE} + \mathrm{SW}$ 的和等于 25，所以我们不能移动它.

最后，要使射线 NE 上的数字之和为 12，通过选择旋转 180°，我们得到 1 加 2（或 5）加 1（或 5）加 3（或 4）. 我们必须移动圆盘 3 和圆盘 4. 好极了：这样一来，8 条射线上的数字都正确了. 两次分解将 8^3 次尝试降低到 $2^3 + 2^3 + 2^3$ 次.

[见乔治 · 厄恩斯特和迈克尔 · 戈尔茨坦，*JACM* **29** (1982), 1–23. 此类谜题可以追溯到 19 世纪，斯洛克姆和博特曼斯在 *New Book of Puzzles* (1992) 第 28 页中展示了 3 个早期的谜题，其中一个谜题有 6 个圆环和 6 条射线，可以将 6^5 次尝试分解为 $2^5 + 3^5$ 次，而五射线谜题则无法分解.]

67. 将这些牌分别称为 **1525**, **5113**, ⋯, **3755**. 第一个观察结果是，所有 12 个和都必须是奇数，因此我们可以先求解 mod 2 后的问题. 为此，我们可以称这些牌为 **1101**, **1111**, ⋯, **1111**. 现在只有 3 张牌在旋转时会发生变化，即 **1101**, **0100**, **1100**（分别是 **1525**, **4542**, **7384** mod 2 后的映像）.

第二个观察结果是，通过旋转行和/或列，和/或旋转所有 9 张牌，每种解法都可以产生 $6 \times 6 \times 2$ 种解. 因此，我们可以假设左上角的牌是 **0011** (**8473**). 那么 **0100** (**4542**)（可能旋转为 **0001** (**4245**)）必须在第 1 列，以保持左边两个黑色和的奇偶性. 我们可以假设这张牌在第 2 行. 事实上，从 13 mod 2 变到 13 之后，我们发现这张牌*必须*进行旋转. 因此左下角的牌必须是 **4725**、**7755** 或 **3755**.

同理，我们可以发现 **1101** (**1525**)（可能旋转为 **0111** (**2515**)）必须在第 1 行. 我们可以把这张牌放在第 2 列. 这张牌必须旋转，且右上角的牌必须是 **3454** 或 **3755**. 这样，只剩下 6 种情况需要考虑，于是我们很快就能得到答案：**8473**, **2515**, **3454**；**4245**, **2547**, **7452**；**7755**, **1351**, **5537**.

68. 一般来说，如果对于一个有向图的所有顶点 v，v 的标签是 $\{w \mid v \longrightarrow w\}$ 中不同标签的个数，则我们说这个图的顶点标签是*稳定的*. 给定部分标签，我们希望找到能扩展这部分标签的所有稳定标签. 我们可以假设没有顶点是汇点.

令 $\Lambda(v)$ 是一组数字，这组数字包含了 v 的所有可能的标签，从而解决了这个扩展问题. 初始时，如果 v 的标签应该为 d，则 $\Lambda(v) = \{d\}$，否则 $\Lambda(v) = \{1, \cdots, d^+(v)\}$. 这些集合可以方便地表示为二进制数 $L(v) = \sum\{2^{k-1} \mid k \in \Lambda(v)\}$. 我们的目标是将每个 $L(v)$ 缩减为 1 比特的数. 一个名为 refine(v) 的巧妙的回溯例程在这方面很有帮助.

令 $v_0=v$，令 $v_1,\cdots,v_n$ 为 v 的后继，令 $a_j=L(v_j)$. 按照算法 B 的流程，我们令 $x_l\subseteq a_l$ 是 1 比特的数，只有当 $2^{\nu s_l-1}\subseteq g_l$ 时才在步骤 B3 被接受，其中，$s_l=x_1\mid\cdots\mid x_l$ 且目标集 g_l 定义为 $g_n=a_0$，$g_l=(g_{l+1}\mid g_{l+1}\gg 1)\mathbin{\&}(2^l-1)$. 我们从所有 $b_j\leftarrow 0$ 开始，然后在访问一个解 $x_1\cdots x_n$ 时，我们对于 $1\leqslant j\leqslant n$ 置 $b_j\leftarrow b_j\mid x_j$，并置 $b_0\leftarrow b_0\mid 2^{\nu s_n-1}$. 找到所有解后，对于所有 j，我们将有 $b_j\subseteq a_j$，且只要 $b_j\neq a_j$，我们就可以约简 $L(v_j)\leftarrow b_j$.

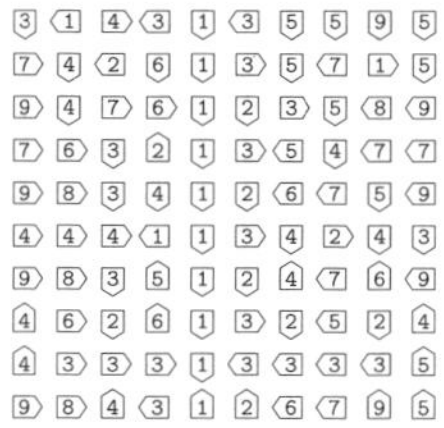

我们一轮一轮地进行操作，在第 1 轮中细化所有顶点，在之后的各轮中只细化参数 a_j 发生变化的顶点. 在每一轮中，我们首先细化乘积 $(\nu a_1)\cdots(\nu a_n)$ 最小的顶点，因为这些顶点具有最少的潜在解 $x_1\cdots x_n$. 这种方法并不能保证一定成功，但幸运的是，经过 6 轮 301 次改进后，该方法确实解决了前述问题. [这样的“日本箭头谜题”由夏原正典在 *Puzuraa* **128** (July 1992) 第 75 页中提出.]

69. （重点是，π 的第 33 位数字是 0. ）2023 年 3 月 14 日，赫尔曼 · 冈萨雷斯-莫里斯通过发布此处显示的谜题来应对这一挑战. 该谜题实际上显示了所请求的 35 位数字. （答案可以在附录 E 中找到. ）

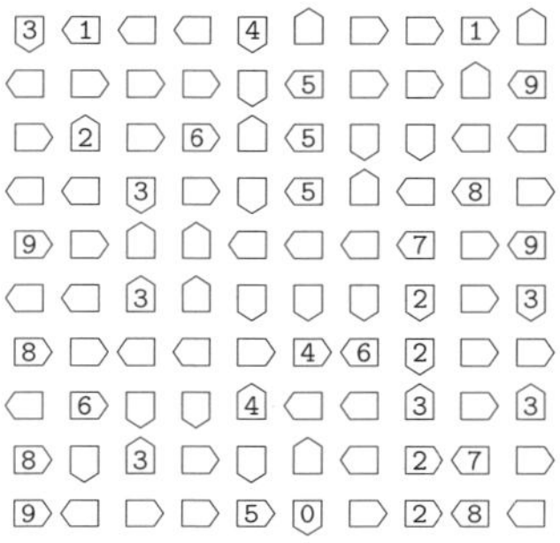

是否也可能存在这样一个谜题，它的空白框对称地位于中心，就像习题 68 中那样?

70. 一项极富启发性的分析 [*Combinatorics, Probability and Computing* **23** (2014), 725–748] 得出了递推关系 $P_m=(5+9z)P_{m-2}-4P_{m-4}$ 和 $Q_m=(5+9z)Q_{m-2}-4Q_{m-4}$，其中 $m\geqslant 6$，初始值为 $(P_2,P_3,P_4,P_5)=(1,1+z,1+3z,1+10z+9z^2)$，$(Q_2,Q_3,Q_4,Q_5)=(1-4z,1-9z-6z^2,1-19z-18z^2,1-36z-99z^2-54z^3)$. 分母 $Q_m(z)$ 的根全部为实数，其中正好有一个是正根，即 $1/\rho_m$.

71. 假设有 n 个问题，每个问题的答案都位于给定的集合 S 中. 一名学生提供一份答案列表 $\boldsymbol{\alpha}=a_1\cdots a_n$，其中每个 $a_j\in S$. 一名评分者提供一个布尔向量 $\boldsymbol{\beta}=x_1\cdots x_n$. 对于每个 $j\in\{1,\cdots,n\}$ 和 $s\in S$，有一个布尔函数 $f_{js}(\boldsymbol{\alpha},\boldsymbol{\beta})$. 已评分答案列表 $(\boldsymbol{\alpha},\boldsymbol{\beta})$ 是有效的，当且仅当 $F(\boldsymbol{\alpha},\boldsymbol{\beta})$ 为真，其中

$$F(\boldsymbol{\alpha},\boldsymbol{\beta})=F(a_1\cdots a_n,x_1\cdots x_n)=\bigwedge_{j=1}^{n}\bigwedge_{s\in S}([a_j=s]\ \Rightarrow\ x_j\equiv f_{js}(\boldsymbol{\alpha},\boldsymbol{\beta})).$$

最高分是 $x_1+\cdots+x_n$ 在所有有效的已评分答案列表 $(\boldsymbol{\alpha},\boldsymbol{\beta})$ 中的最大值. 当且仅当 $F(\boldsymbol{\alpha},1\cdots1)$ 成立时才能得到满分.

因此，在热身题中，我们有 $n=2$，$S=\{\mathrm{A},\mathrm{B}\}$；$f_{1\mathrm{A}}=[a_2=\mathrm{B}]$；$f_{1\mathrm{B}}=[a_1=\mathrm{A}]$；$f_{2\mathrm{A}}=x_1$；$f_{2\mathrm{B}}=\bar{x}_2\oplus[a_1=\mathrm{A}]$. 4 份可能的答案列表如下所示.

$$\begin{aligned}
&\mathrm{AA}\!:\quad F=(x_1\equiv[\mathrm{A}=\mathrm{B}])\wedge(x_2\equiv x_1)\\
&\mathrm{AB}\!:\quad F=(x_1\equiv[\mathrm{B}=\mathrm{B}])\wedge(x_2\equiv\bar{x}_2\oplus[\mathrm{A}=\mathrm{A}])\\
&\mathrm{BA}\!:\quad F=(x_1\equiv[\mathrm{B}=\mathrm{A}])\wedge(x_2\equiv x_1)\\
&\mathrm{BB}\!:\quad F=(x_1\equiv[\mathrm{B}=\mathrm{A}])\wedge(x_2\equiv\bar{x}_2\oplus[\mathrm{B}=\mathrm{A}])
\end{aligned}$$

因此 AA 和 BA 必须评分为 00，AB 可以评分为 10 或 11，而 BB 则没有有效评分. 只有 AB 可以达到最高分 2 分，但也不保证一定能得到 2 分.

举例来说，在表 666 中，我们可以看到 $f_{1\mathrm{C}}=[a_2\neq\mathrm{A}]\wedge[a_3=\mathrm{A}]$；$f_{4\mathrm{D}}=[a_1=\mathrm{D}]\wedge[a_{15}=\mathrm{D}]$；$f_{12\mathrm{A}}=[\Sigma_\mathrm{A}-1=\Sigma_\mathrm{B}]$，其中 $\Sigma_s=\sum_{1\leqslant j\leqslant 20}[a_j=s]$. 有趣的是，$f_{14\mathrm{E}}=[\{\Sigma_\mathrm{A},\cdots,\Sigma_\mathrm{E}\}=\{2,3,4,5,6\}]$.

除了习题 72 将进一步讨论的 20D 和 20E，其他情况的布尔函数都类似（尽管往往更复杂）.

请注意，必须丢弃同时包含 10E 和 17E 的答案列表：我们无法对这种答案列表进行评分，因为 10E 说“$x_{10}\equiv\bar{x}_{17}$”，而 17E 说“$x_{17}\equiv x_{10}$”.

通过适当的回溯编程，我们可以首先证明不可能得到满分. 事实上，如果我们按 (3, 15, 20, 19, 2, 1, 17, 10, 5, 4, 16, 11, 13, 14, 7, 18, 6, 8, 12, 9) 的顺序来考虑答案，则可以迅速排除很多情况. 假设 $a_3=\mathrm{C}$. 那么我们必须有 $a_1\neq a_2\neq\cdots\neq a_{16}\neq a_{17}=a_{18}\neq a_{19}\neq a_{20}$，并且通常可以提前截断.（我们可能会到达一个结点，在这个结点上，问题 5, 6, 7, 8, 9 的答案的剩余选择分别是 $\{\mathrm{C},\mathrm{D}\}$, $\{\mathrm{A},\mathrm{C}\}$, $\{\mathrm{B},\mathrm{D}\}$,

$\{\mathrm{A,B,E}\}$, $\{\mathrm{B,C,D}\}$. 那么，如果问题 8 的答案被强制设为 B，则问题 7 的答案只能是 D，因此问题 6 的答案也被强制设为 A. 问题 9 的答案也不再可能是 B. ）一个有启发性的小型传播算法会在搜索树的每个结点上很好地进行这样的推导. 另外，像 7, 8, 9 这样的难题最好不要用复杂的机制来处理，而最好是等初步选中所有 20 个答案之后，且只在能够简单快捷地进行检查的情况下，才检查这类难题. 通过这种方式，作者的程序只探索了 52 859 个结点，进行了 340 万次内存访问，就证明了不可能得到满分.

接下来的任务是尝试 19 分的情况，这可以通过断言“只有 x_j 为假”来进行. 在 $1 \leqslant j \leqslant 18$ 的情况下，基于很少的运算就可以证明这是不可能的（当然，尤其是 $j=6$ 的情况）. 最难的情况是 $j=15$，但也只需要 56 个结点和不到 5000 次内存访问. 但随后，我们找到了 3 个解：当 $j=19$ 时有一个解（18.5 万个结点，1100 万次内存访问），当 $j=20$ 时有两个解（13.1 万个结点，800 万次内存访问）.

1	2	3	4	5	6	7	8	9	10	11	12	13	14	15	16	17	18	19	20	
D	C	E	A	B	E	B	C	E	A	B	E	A	E	D	B	D	A	b	B	(i)
A	E	D	C	A	B	C	D	C	A	C	E	D	B	C	A	D	A	A	c	(ii)
D	C	E	A	B	A	D	C	D	A	E	D	A	E	D	B	D	B	E	e	(iii)

（错误答案以小写字母表示. 前两个解确定了 20B 为真且 20E 为假. ）

72. 现在只有一个答案列表的得分大于或等于 19，即 (iii). 但这是自相矛盾的——因为其声称 20E 为假，所以最高分不可能是 19.

当习题 71 的答案中的全局函数 F 在一个或多个局部函数 f_{js} 中递归使用时，确实有可能出现矛盾的情况. 让我们通过以下示例，来探索一下递归领域. 这个示例包含两个问题和两个字母，如下所示.

1. (A) 问题 1 的答案不正确. (B) 问题 2 的答案不正确.

2. (A) 有些答案无法得到前后一致的评分. (B) 没有答案能得满分.

这里，我们有 $f_{1\mathrm{A}}=\bar{x}_1$；$f_{1\mathrm{B}}=\bar{x}_2$；$f_{2\mathrm{A}}=\exists a_1\exists a_2\forall x_1\forall x_2\neg F(a_1a_2,x_1x_2)$；$f_{2\mathrm{B}}=\forall a_1\forall a_2\neg F(a_1a_2,11)$.（由 $\exists a$ 或 $\forall a$ 量化的公式展开为 $|S|$ 项，而 $\exists x$ 或 $\forall x$ 则展开为两项. 比如，当 $S=\{\mathrm{A,B}\}$ 时，$\exists a\forall x g(a,x)=(g(\mathrm{A},0)\wedge g(\mathrm{A},1))\vee(g(\mathrm{B},0)\wedge g(\mathrm{B},1))$. ）有时展开动作是未定义的，因为其具有一个以上的“不动点”，但在下列情况下，会因为 $f_{2\mathrm{A}}$ 为真而没有问题：答案 AA 不能评分，因为 1A 意味着 $x_1\equiv\bar{x}_1$. 同样，$f_{2\mathrm{B}}$ 为真，因为 BA 和 BB 都意味着 $x_1\equiv\bar{x}_2$. 因此，无论是 BA 还是 BB，我们都能得到最高分 1，得分为 01.

另外，简单的单题单字母问卷“**1.** (A) 最高分是 1”的最高分是*不确定的*，因为在这种情况下，$f_{1\mathrm{A}}=F(\mathrm{A},1)$. 我们发现，如果 $F(\mathrm{A},1)=0$，那么只有 $(\mathrm{A},0)$ 是一个有效的评分，所以唯一可能的得分是 0. 同理，如果 $F(\mathrm{A},1)=1$，则唯一可能的得分是 1.

好吧，假设修改后的表 666 的最高得分是 m. 我们知道 $m<19$，因此 (iii) 不是一个有效的评分. 由此可知 20E 为真，这意味着每一个分数为 m 的有效评分列表中的 x_{20} 都为假. 于是我们可以得出结论 $m=18$，因为有以下两种解法（只有这两种解法可能使得 20C 为假）：

1	2	3	4	5	6	7	8	9	10	11	12	13	14	15	16	17	18	19	20
B	A	d	A	B	E	D	C	D	A	E	D	A	E	D	E	D	B	E	c
A	E	D	C	A	B	C	D	C	A	C	E	D	B	a	C	D	A	A	c

但等等，如果 $m=18$，那么我们可以通过让 20A 为真和两个错误答案来获得 18 分，使用（比如说）

1	2	3	4	5	6	7	8	9	10	11	12	13	14	15	16	17	18	19	20
D	e	D	A	B	E	D	e	C	A	E	D	A	E	D	B	D	C	C	A

或 47 个其他的答案列表. 这与 $m=18$ *矛盾*，因为 x_{20} 为真.

故事结束了吗？不，这个论点暗含了一个假设，即 20D 为假. 如果 m 是不确定的呢？那就会出现一个新的解

1	2	3	4	5	6	7	8	9	10	11	12	13	14	15	16	17	18	19	20
D	C	E	A	B	E	D	C	E	A	E	B	A	E	D	B	D	A	d	D

得 19 分. 根据 (iii)，可以得出 $m=19$. 如果 m 是确定的，那么我们已经证明 m 实际上不能得到前后一致的定义；但如果 m 是不确定的，则它肯定等于 19.

第 20 题旨在制造困难. [:-)]
——唐纳德 · 伍兹(2001 年)

73. 29 个单词 spark, often, lucky, other, month, ought, names, water, games, offer, lying, opens, magic, brick, lamps, empty, organ, noise, after, raise, drink, draft, backs, among, under, match, earth, roofs, topic [①]产生了这句话: "The success or failure of backtrack often depends on the skill and ingenuity of the programmer. ··· Backtrack programming (as many other types of programming) is somewhat of an art." [②]——所罗门 · 沃尔夫 · 戈龙布、伦纳德 · 丹尼尔 · 鲍默特.

利用启发式猜测, 基于英语知识及其常见的双字母单词和三字母单词, 这个解可以通过交互性的方式找到. 但是, 知道常用英语单词的计算机能否在不理解其含义的情况下发现这个解呢?

我们可以把这个问题形式化地表述如下: 令 $w_1, \cdots, w_{29}$ 是 WORDS(1000) 中的未知单词, 令 $q_1, \cdots, q_{29}$ 为引文中的未知单词.(巧合的是, 这两种情况都有 29 个单词.)我们可以将 q 限制为在英国国家语料库(British National Corpus)中出现 32 次或以上的单词. 这样, 对于 (2, 3, ···, 11) 字母的单词就分别有 (85, 562, 1863, 3199, 4650, 5631, 5417, 4724, 3657, 2448) 种选择. 特别地, 我们为五字母单词 q_7, q_{11}, q_{21}, q_{22} 提供了 3199 种可能性, 因为我们并不要求这些单词位于 WORDS(1000) 中. 是否存在单词 w_i 和 q_j 的唯一组合, 能满足给定的乱序约束呢?

这是一个具有挑战性的问题. 或许令人意外, 但答案竟然是否定的. 事实上, 以下句子是作者的计算机找到的第一个解: "The success or failure of backtrack often depends on roe skill and ingenuity at the programmer. ··· Backtrack programming (as lacy offal types of programming) as somewhat al an art."(在 OSPD4[③]中, "al" 是印度桑树的名字; 在 BNC[④]中, "al" 出现了 3515 次, 大多出现在不恰当的语境中, 不过这个语料库其实不太好用.)总共有 720 个解满足所述的限制条件, 这些解与"真相"的差异仅限于最多 5 个字母的单词.

乱序字谜(anacrostic puzzle)也有其他名称, 例如"双重十字"(double-crostics). 这个谜题是由汉娜 · 金斯利于 1933 年发明的. 见埃德温 · 斯皮格尔塔尔, *Proceedings of the Eastern Joint Computer Conference* **18** (1960), 39–56, 其中介绍了在 IBM 704 计算机上解题的早期有趣尝试——没有使用回溯.

74. 对于 $\underset{131}{\_}\,\underset{132}{\_}\,\underset{133}{\_}\,\underset{134}{\_}\,\underset{135}{\_}$, 我们不需要考虑 1000 种可能性, 而只需考虑 43 种字母对 xy, 使得单词 $cxyab$ 在 WORDS(1000) 中, 且 abc 是一个常见的三字母单词.(在 ab, ag, ···, ve 这些字母对中, 只有 ar 能产生解. 事实上, 可以将 720 个解分为 3 组, 每组 240 个, 分别对应于为 $\underset{131}{\_}\,\underset{132}{\_}\,\underset{133}{\_}\,\underset{134}{\_}\,\underset{135}{\_}$ 选择填入 earth、harsh 或 large 的情况.)类似但不这么夸张的约简也出现在 $\underset{137}{\_}\,\underset{139}{\_}$, $\underset{118}{\_}\,\underset{119}{\_}$, $\underset{46}{\_}\,\underset{48}{\_}$, $\underset{32}{\_}\,\underset{35}{\_}$ 中.

75. 以下算法在表示每个顶点时, 使用整数应用字段 TAG(u) 来表示每个顶点 u 已被"标记"的次数. 操作"标记 u"和"取消标记 u"分别表示为 TAG(u) ← TAG(u) + 1 和 TAG(u) ← TAG(u) − 1. 在 21 个示例中, 显示为"⊙"的顶点的 TAG 字段不为零, 表示算法决定不将它们包含在这个特定的连通子集 H 中.

在第 l 层, 使用状态变量 v_l(一个顶点)、i_l(一个索引)和 a_l(一条弧), 其中 $0 \leqslant l < n$. 我们假设 $n > 1$.

R1. [初始化.] 对所有顶点 u 置 TAG(u) ← 0, 然后置 $v_0 \leftarrow v$、$i \leftarrow i_0 \leftarrow 0$、$a \leftarrow a_0 \leftarrow$ ARCS(v)、TAG(v) ← 1、$l \leftarrow 1$, 并跳转至 R4.

R2. [进入第 l 层.](此时 $i = i_{l-1}$, $v = v_i$, 且 $a = a_{l-1}$ 是一条从 v 到 v_{l-1} 的弧.)如果 $l = n$, 访问解 $v_0 v_1 \cdots v_{n-1}$ 并置 $l \leftarrow n - 1$.

R3. [向前移动 a.] 置 $a \leftarrow$ NEXT(a), 即 v 的下一个相邻顶点.

---

① 这些单词最常用的意思分别为: 火花、经常、幸运、其他、月份、应该、名字、水、游戏、提供、躺着、打开、魔法、砖块、灯、空、器官、噪声、之后、提高、饮料、草稿、背面、当中、下面、匹配、地球、屋顶、主题. ——译者注

② 回溯的成败往往取决于程序员的技巧和智慧……回溯编程(与许多其他类型的编程一样)在某种程度上是一门艺术. ——译者注

③ 即"Official Scrabble Players Dictionary"(《官方英语拼字游戏玩家词典(第 4 版)》). "Scrabble"是一种流行的拼字游戏, 且有官方锦标赛举办. ——译者注

④ 即上文中的"British National Corpus"(英国国家语料库). ——译者注

R4. [这一层是否已结束?] 如果 $a \neq \Lambda$，则跳转至 R5. 如果 $i = l - 1$，则跳转至 R6. 否则置 $i \leftarrow i+1$、$v \leftarrow v_i$、$a \leftarrow \texttt{ARCS}(v)$.

R5. [尝试 a.] 置 $u \leftarrow \texttt{TIP}(a)$ 并标记 u. 如果 $\texttt{TAG}(u) > 1$，则返回至 R3. 否则置 $i_l \leftarrow i$、$a_l \leftarrow a$、$v_l \leftarrow u$、$l \leftarrow l+1$，并跳转至 R2.

R6. [回溯.] 置 $l \leftarrow l - 1$. 如果 $l = 0$，则终止算法，否则置 $i \leftarrow i_l$ 和 $v \leftarrow v_i$. 对于 $l \geqslant k > i$ 取消标记 v_k 的所有相邻顶点. 然后置 $a \leftarrow \texttt{NEXT}(a_l)$；每当 $a \neq \Lambda$ 时，取消标记 $\texttt{TIP}(a)$ 并置 $a \leftarrow \texttt{NEXT}(a)$. 最后置 $a \leftarrow a_l$ 并返回至 R3. ▌

这个具有启发性的算法与算法 B 的传统结构有细微差别. 它在步骤 R6 中没有将 $\texttt{TIP}(a_l)$ 取消标记. 在重新考虑一些先前的决定之前，我们既不会将该顶点取消标记，也不会重新选择该顶点.

76. 令图 G 有 N 个顶点. 对于 $1 \leqslant k \leqslant N$，对图 G 的第 k 个顶点 v 执行算法 R，但在步骤 R1 中应当标记前 $k-1$ 个顶点，以将这些顶点排除在外.（你需要让其在 $n = 1$ 时也能工作. 一个巧妙的捷径是：如果我们在算法 R 终止之后将 $v = v_0$ 的所有相邻顶点取消标记，那么净效果将是只标记 v.）

当 n 较小时，n 联骨牌放置数 1, 4, 22, 113, 571, 2816, 13 616, 64 678, 302 574 几乎可以立即算出.（n 较大的情况将在 7.2.3 节中讨论.）

77. (a) 除了第 13 个和第 18 个连通子集需要向上或向左移动，其他的都可以.

(b) 正确. 如果 $u \in H$ 且 $u \neq v$，则令 p_u 是 H 中的任何一个比 v 近一步的结点.

(c) 同样正确：有向生成树也是普通生成树.

(d) 同样的算法也可以运行，只是步骤 R4 在置 $a \leftarrow \texttt{ARCS}(v)$ 之后必须返回到其自身.（我们无法再确定 $\texttt{ARCS}(v) \neq \Lambda$.）

78. 扩展算法 R，如果 $\texttt{WT}(v) \geqslant U$，则立即终止算法，否则访问单个解 v. 同时在步骤 R1 中置 $w \leftarrow \texttt{WT}(v)$. 将步骤 R2 和步骤 R5 分别替换为 R2′ 和 R5′.

R2′. [进入第 l 层.] 如果 $w \geqslant L$，则访问解 $v_0v_1\cdots v_{l-1}$.

R5′. [尝试 a.] 置 $u \leftarrow \texttt{TIP}(a)$ 并标记 u. 如果 $\texttt{TAG}(u) > 1$ 或 $w + \texttt{WT}(u) \geqslant U$，则返回至 R3. 否则置 $i_l \leftarrow i$、$a_l \leftarrow a$、$v_l \leftarrow u$、$w \leftarrow w + \texttt{WT}(u)$、$l \leftarrow l+1$，并跳转至 R2.

在步骤 R6 中，在置 $i \leftarrow i_l$ 之前，置 $w \leftarrow w - \texttt{WT}(v_l)$.

79. (a) 对于 $j \geqslant 44$ 有 $(0,j)$ 和 $(1,j)$；对于 $j \geqslant 32$ 有 $(2,j)$；对于 $j < 12$ 有 $(4,j)$、$(8,j)$、$(10,j)$.

(b) 正确，每个布尔函数 $r_{i,j}$ 显然是单调的.

(c) 可以通过以演奏 s_j^* 和 g_j^* 取代 s_j 和 g_j 来模拟“耦合器”（就像管风琴师有助手一样）. 因此，该问题可以分解为独立子问题 Pedal、Swell 和 Great：令 Pedal、Swell 和 Great 各有 P_n、S_n、G_n 种可演奏的声音，并定义 $P(z) = \sum_n P_n z^n$、$S(z) = \sum_n S_n z^n$、$G(z) = \sum_n G_n z^n$；则 $Q(z) = \sum_n Q_n z^n$ 是卷积 $P(z)S(z)G(z)$.

(d) $p_0 = p_{12} = c_0 = c_1 = c_{15} = 1$ 给出 $(0,0)$, $(0,12)$, $(0,24)$, $(1,0)$, $(1,12)$；$s_0 = s_{19} = s_{28} = c_3 = c_4 = 1$ 给出（优美的）$(3,0)$, $(3,19)$, $(3,28)$, $(4,19)$, $(4,28)$；等等.

(e) 当且仅当 $i \in \{2,14,15\}$ 或 $i' \in \{0,1,2,14,15\}$ 或 $(i \neq i'$ 或 $3 \leqslant i,i' \leqslant 8$ 或 $9 \leqslant i,i' \leqslant 15)$ 时不可演奏.

(f) $Q_1 = 812 - 112 = 700$，因为我们不可能在没有 $(13,j)$ 时有 $(14,j)$ 或 $(15,j)$.

(g) $Q_{811} = 12$ 种声音只缺一个音管：对于 $12 \leqslant j < 24$，除 p_j 外，所有输入均为 1，只有 $r_{2,j}$ 为 0.（幸好没有足够的风压来实际演奏这个声音.）

(h) 利用截断的单调性 (b)，可以编写蛮力回溯程序，以对数值较小的情况进行检查，并列出实际的声音. 但计算 P_n、S_n、G_n 和 Q_n 的最佳方法是使用生成函数.

举例来说，令 $G(z) = G_0(z) + G_1(z) + \cdots + G_{63}(z)$，其中，对于 $k = (c_{14}c_{13}c_{12}c_{11}c_{10}c_9)_2$，$G_k(z)$ 对于给定的控制台开关设置枚举所有声音，其中不包括已被 $G_j(z)$（$j < k$）枚举过的声音. 那么 $G_0(z) = 1$；如果 $c_{13}c_{14} = 1$ 则 $G_k(z) = 0$；否则当 $c_{10} = 0$ 时，$G_k(z) = f(c_9 + c_{11} + c_{12} + c_{13} + 3c_{14})$，当 $c_{10} = 1$

时，$G_k(z)=g(c_9+1+c_{11}+c_{12}+c_{13}+3c_{14},1+c_{11}+c_{12}+c_{13}+3c_{14})$，其中

$$f(n)=(1+z^n)^{56}-1,\qquad g(m,n)=(1+z^n)^{12}((1+z^m)^{44}-1).$$

因此 $G(z)=1+268z+8146z^2+139\,452z^3+\cdots+178\,087\,336\,020z^{10}+\cdots+12z^{374}+z^{380}$.

同理，如果 $S(z)=\sum_{k=0}^{63}S_k(z)$ 且 $k=(c_8c_7c_6c_5c_4c_3)_2$，那么我们有 $S_0(z)=1$ 和 $S_{32}(z)=(1+z)^{44}-1$；否则当 $c_4=c_8=0$ 时 $S_k(z)=f(c_3+c_5+c_6+c_7)$，当 $c_4+c_8>0$ 时 $S_k(z)=g(c_3+c_4+c_5+c_6+c_7+c_8,\max(c_3,c_4)+c_5+c_6+c_7)$. 因此 $S(z)=1+312z+9312z^2+155\,720z^3+\cdots+180\,657\,383\,126z^{10}+\cdots+12z^{308}+z^{312}$.（奇怪的是，当 $1\leqslant n\leqslant 107$ 时，我们有 $S_n>G_n$.）

对于 $k=(c_{16}c_{15}c_2c_1c_0)_2$，$P(z)=\sum_{k=0}^{31}P_k(z)$ 的生成函数更棘手一些. 令 $h(w,z)=(1+3wz^2+2w^2z^3+w^2z^4+w^3z^4)^8((1+2wz^2+w^2z^3)^4-1)$. 那么 $P_{31}(z)=h(z,z^2)$，且当 $0<k<31$ 时有 3 种主要情况：如果 $c_0c_{15}=c_1c_{16}=0$，那么如果 $c_0+c_1+c_2=0$ 则 $P_k(z)=(1+z^{c_{15}+c_{16}})^{32}-(1+z^{c_{15}+c_{16}})^{20}$，否则 $P_k(z)=(1+z^{c_0+c_1+c_2+c_{15}+c_{16}})^{32}-1$；如果 $c_0=c_{15}$、$c_1=c_{16}$、$c_2=0$，那么 $P_k(z)=q(z^{c_0+c_1})$，

$$q(z)=(1+3z^2+2z^3+z^4)^8(1+2z^2+z^3)^4-2(1+2z^2+z^3)^8(1+z^2)^4+(1+z^2)^8;$$

否则我们有 $P_k(z)=h(z^{c_0+c_1+c_2+c_{15}+c_{16}-2},z)$. 因此 $P(z)=1+120z+2336z^2+22\,848z^3+\cdots+324\,113\,168z^{10}+\cdots+8z^{119}+z^{120}$，$Q(z)=1+700z+173\,010z^2+18\,838\,948z^3+1\,054\,376\,915z^4+38\,386\,611\,728z^5+1\,039\,287\,557\,076z^6+22\,560\,539\,157\,160z^7+410\,723\,052\,356\,833z^8+6\,457\,608\,682\,396\,156z^9+89\,490\,036\,797\,524\,716z^{10}+\cdots+12z^{811}+z^{812}$. 因此 $(Q_2/\binom{812}{2},\cdots,Q_{10}/\binom{812}{10})\approx(0.5,\,0.2,\,0.06,\,0.01,\,0.003,\,0.000\,5,\,0.000\,09,\,0.000\,02,\,0.000\,003)$.

佩尔博士曾说，在解决问题时，
主要的事情是恰当地陈述问题：
这需要出色的直觉和逻辑，以及代数.
这是因为只要问题陈述得当，它就会自行解决：
……通过这种方式，人们不会纠缠他们的概念，也不会犯错误.
——约翰 · 奥布里,《年轻绅士的教育理念》(约 1684 年)

7.2.2.1 节

1. (a) 首先注意到，算法 6.2.2T 具有自己的 LLINK 字段和 RLINK 字段，分别用于表示左子结点和右子结点. 它们不应与双向链表的链接混淆. 在所有删除操作完成后，LLINK(k) 将是 k 的最大搜索树祖先，其值小于 k；RLINK(k) 将是 k 的最小祖先，其值大于 k；但是，如果不存在这样的祖先，那么链接将为 0.（比如，在 6.2.2 节的图 10 中，RLINK(LEO) 将是 PISCES，而 LLINK(AQUARIUS) 将是链表头.）

(b) 有 $C_n=\binom{2n}{n}\frac{1}{n+1}$ 个等价类（卡塔兰数），每个等价类对应一棵二叉树.

(c) 每个等价类的大小是由关系 $k \prec$ LLINK(k) 和 $k \prec$ RLINK(k) 生成的偏序的拓扑排序数量. 这个数量仅在高度为 n 的 2^{n-1} 棵“退化”树中等于 1（参见习题 6.2.2–5）.

2. (a) （由娄星亮解答）我们可以证明，当 a_k 未被删除时，LLINK(a_k) $= a_k - 1$ 且 RLINK(a_k) $= (a_k+1) \bmod (n+1)$. 因此，这将 RLINK($a_k - 1$) 和 LLINK($(a_k+1) \bmod (n+1)$) 设置为正确的值 a_k.（如果 $a_k - 1$ 没有在 a_k 之前被删除，LLINK(a_k) 从未改变. 否则，对 k 的归纳可得，当 $a_k - 1$ 未被删除时，LLINK(a_k) 变为 $a_k - 1$. 类似的论证也适用于 RLINK.）请注意，每个 LLINK 和 RLINK 仅被重置一次，不过 LLINK(1) 和 RLINK(n) 仍保持为 0.

（建议程序员非常谨慎地利用这个惊人的事实，因为在过程中，列表会变得不规范，只有在最后才完全重建.）

(b) 否. 比如，删除 1、2、3；然后撤销删除 1、3、2.

(c) 是. 论证 (a) 适用于受影响元素的每个最大区间.

3. (a) $(x_1,\cdots,x_6) = (1,0,0,1,1,0)$.（通常线性方程的解并不总是 0 或 1. 比如，方程 $x_1 + x_2 = x_2 + x_3 = x_1 + x_3 = 1$ 说明 $x_1 = x_2 = x_3 = \frac{1}{2}$. 因此，相应的精确覆盖问题是无解的.）

(b) 在实践中，m 远大于 n. 例 (5) 只是一个“玩具问题”. 我们从 n 个联立方程中能够期望达到的最好结果是用其他 $m-n$ 个变量来表达 n 个变量. 这就留下了 2^{m-n} 种情况要尝试.

4. 如果 G 是二部图，则精确覆盖是选择一个部分的顶点时所用的方法.（因此，如果 G 有 k 个分量，则有 2^k 个解.）否则就没有解.（算法 X 会很快发现这一事实，不过算法 7B 更快.）

5. 给定一个超图，找到一组恰好命中每条超边一次的顶点.（在普通图中，这是习题 4 的场景.）

与此类似，所谓命中集问题与顶点覆盖问题是对偶的.

6. 头结点从 1 到 N 编号，后面是 L 个普通结点和 $M+1$ 个间隔结点. 因此，最终的结点 Z 编号为 $L+M+N+1$.（水平项列表还有 $N+1$ 条记录，但这些“记录”并不是真正的“结点”.）

7. 结点 23 是一个间隔结点；“-4”表示它遵循第 4 个选项.（任何非正数都可以，但这种约定有助于调试.）选项 5 在结点 25 处结束.

8. （在 (24) 之后的文本中引入的副项也按以下步骤处理. 此类项应出现在第一行列出所有主项之后，并通过一些标记将它们分开.）

I1. [读入第一行.] 置 $N_1 \leftarrow -1$ 和 $i \leftarrow 0$. 然后，对于第一行上的每个项名 α，置 $i \leftarrow i+1$、NAME(i) $\leftarrow \alpha$、LLINK(i) $\leftarrow i-1$、RLINK($i-1$) $\leftarrow i$. 如果 α 是第一个副项的名称，则还要置 $N_1 \leftarrow i-1$. [在实践中，α 被限制为至多（比如说）8 个字符. 如果对于某些 $j<i$ 有 $\alpha =$ NAME(j)，则应报告错误.]

I2. [完成水平列表.] 置 $N \leftarrow i$. 如果 $N_1 < 0$（没有副项），则置 $N_1 \leftarrow N$. 然后置 LLINK($N+1$) $\leftarrow N$、RLINK(N) $\leftarrow N+1$、LLINK(N_1+1) $\leftarrow N+1$、RLINK($N+1$) $\leftarrow N_1+1$、LLINK(0) $\leftarrow N_1$、RLINK(N_1) $\leftarrow 0$.（如果存在任何活跃的副项，则可以从记录 $N+1$ 中访问.）

I3. [准备选项.] 对于 $1 \leqslant i \leqslant N$，置 LEN($i$) $\leftarrow 0$ 和 ULINK(i) $\leftarrow$ DLINK(i) $\leftarrow i$.（这些是 N 个项列表的头结点，最初为空.）然后置 $M \leftarrow 0$、$p \leftarrow N+1$、TOP(p) $\leftarrow 0$.（结点 p 是第一个间隔结点.）

I4. [读入一个选项.] 如果没有剩余输入，则以 $Z \leftarrow p$ 终止. 否则，让输入的下一行包含项名称 $\alpha_1 \cdots \alpha_k$，并且对于 $1 \leqslant j \leqslant k$ 执行以下操作：使用第 6 章中的算法找到索引 i_j，使得 $\mathtt{NAME}(i_j) = \alpha_j$.（如果不成功，则报告错误. 如果在同一个选项中多次出现了相同的项名称，则也要报错，因为重复可能会导致算法 X 失败. ）置 $\mathtt{LEN}(i_j) \leftarrow \mathtt{LEN}(i_j)+1$、$q \leftarrow \mathtt{ULINK}(i_j)$、$\mathtt{ULINK}(p+j) \leftarrow q$、$\mathtt{DLINK}(q) \leftarrow p+j$、$\mathtt{DLINK}(p+j) \leftarrow i_j$、$\mathtt{ULINK}(i_j) \leftarrow p+j$、$\mathtt{TOP}(p+j) \leftarrow i_j$.

I5. [完成一个选项.] 置 $M \leftarrow M+1$、$\mathtt{DLINK}(p) \leftarrow p+k$、$p \leftarrow p+k+1$、$\mathtt{TOP}(p) \leftarrow -M$、$\mathtt{ULINK}(p) \leftarrow p-k$，并返回至步骤 I4.（结点 p 是下一个间隔结点. ） ▌

9. 置 $\theta \leftarrow \infty$ 和 $p \leftarrow \mathtt{RLINK}(0)$. 当 $p \neq 0$ 时，反复执行以下操作：置 $\lambda \leftarrow \mathtt{LEN}(p)$；如果 $\lambda<\theta$，则置 $\theta \leftarrow \lambda$ 和 $i \leftarrow p$；然后置 $p \leftarrow \mathtt{RLINK}(p)$.（如果 $\theta = 0$，则可以立即退出循环. ）

10. 如果 $\mathtt{LEN}(p) > 1$ 且 $\mathtt{NAME}(p)$ 不以“#”开头，则置 $\lambda \leftarrow M + \mathtt{LEN}(p)$ 而不是 $\mathtt{LEN}(p)$.（与此类似，“非敏锐偏好”启发法有利于非敏锐项. ）

11. 项 a 在第 0 层被选中，尝试选项 $x_0 = 12$,“$a\ d\ g$”，并导致 (7). 然后，在第 1 层选择项 b，尝试 $x_1 = 16$,“$b\ c\ f$”. 因此，当剩余的项 e 在第 2 层被选中时，它在其列表中没有选项，需要进行回溯. 以下是当前的内存内容，与表 1 相比发生了相当大的变化.

i:	0	1	2	3	4	5	6	7
NAME(i):	—	a	b	c	d	e	f	g
LLINK(i):	0	0	0	0	3	0	5	6
RLINK(i):	0	2	3	5	5	0	0	0
x:	0	1	2	3	4	5	6	7
LEN(x):	—	2	1	1	1	0	0	1
ULINK(x):	—	20	16	9	27	5	6	25
DLINK(x):	—	12	16	9	27	5	6	25
x:	8	9	10	11	12	13	14	15
TOP(x):	0	3	5	−1	1	4	7	−2
ULINK(x):	—	3	5	9	1	4	7	12
DLINK(x):	10	3	5	14	20	21	25	18
x:	16	17	18	19	20	21	22	23
TOP(x):	2	3	6	−3	1	4	6	−4
ULINK(x):	2	9	6	16	12	4	18	20
DLINK(x):	2	3	6	22	1	27	6	25
x:	24	25	26	27	28	29	30	
TOP(x):	2	7	−5	4	5	7	−6	
ULINK(x):	16	7	24	4	10	25	27	
DLINK(x):	2	7	29	4	5	7	—	

12. 如果 $x \leqslant N$ 或 $x > Z$ 或 $\mathtt{TOP}(x) \leqslant 0$，则报告 x 超出范围. 否则，置 $q \leftarrow x$，并反复执行“打印‘$\mathtt{NAME}(\mathtt{TOP}(q))$’并置 $q \leftarrow q+1$；如果 $\mathtt{TOP}(q) \leqslant 0$，则置 $q \leftarrow \mathtt{ULINK}(q)$”，直到 $q = x$. 然后置 $i \leftarrow \mathtt{TOP}(x)$、$q \leftarrow \mathtt{DLINK}(i)$、$k \leftarrow 1$. 当 $q \neq x$ 且 $q \neq i$ 时，反复置 $q \leftarrow \mathtt{DLINK}(q)$ 和 $k \leftarrow k+1$. 如果 $q \neq i$，则报告包含 x 的选项是项 i 的列表中的“$\mathtt{LEN}(i)$ 中的第 k 项”；否则报告它不在该列表中.

（算法 C 将算法 X 扩展到有颜色的情形. 如果 $\mathtt{COLOR}(q) \neq 0$，则还要打印“:c”，其中，如果 $\mathtt{COLOR}(q) > 0$，那么 $c = \mathtt{COLOR}(q)$，否则 $c = \mathtt{COLOR}(\mathtt{TOP}(q))$. ）

13. 对于 $0 \leqslant j < l$，结点 x_j 是解中某个选项的一部分. 通过置 $r \leftarrow x_j$，然后反复执行 $r \leftarrow r+1$，直到 $\mathtt{TOP}(r) < 0$，我们将确切知道该选项是什么：它的选项编号为 $-\mathtt{TOP}(r)$，始于结点 $\mathtt{ULINK}(r)$.（算法 X 的许多应用有自定义的输出例程，将 $x_0 \cdots x_{l-1}$ 转换为适当的格式，直接呈现为数独解或装箱方式等. ）

习题 12 解释了如何提供进一步的信息，不仅标识 x_j 的选项，还显示其在搜索树中的位置.

14. (a) 选项为“S_jM_k”，它适用于所有 $0 \leqslant j,k < n$，除了 $j = k$ 或 $j = (k+1) \bmod n$.

(b) 有 $(u_3, \cdots, u_{10}) = (1, 2, 13, 80, 579, 4738, 43\,387, 439\,792)$ 种解法. 对于 $n = 10$，使用（或不使用）MRV 启发法，每种解法的运行时间约为 180（或 275）次内存访问.

[这个问题有着丰富的历史：爱德华·卢卡斯在他的著作 *Théorie des Nombres* (1891) 第 215 页和第 491~495 页中提出并命名了它. 然而，彼得·格思里·泰特提出了一个等价的问题，并由阿瑟·凯莱和托马斯·缪尔解决，参见 *Trans. Royal Soc. Edinburgh* **28** (1877) 第 159 页，*Proc. Royal Soc. Edinburgh* **9** (1878) 第 338~342 页和第 382~391 页，**11** (1880) 第 187~190 页. 特别是，缪尔找到了递推关系

$$\text{对于 } n>1 \text{ 有 } (n-1)u_{n+1}=(n^2-1)u_n+(n+1)u_{n-1}+(-1)^n\cdot 4.$$

显然 $u_2=0$. 仔细考虑初始值会发现，选择 $u_0=1$ 和 $u_1=-1$ 给出了数学上清晰的表达式，例如显式公式

$$u_n=\sum_{k=0}^{n}(-1)^k\frac{2n}{2n-k}\binom{2n-k}{k}(n-k)!.$$

（参见雅克·图沙尔，*Comptes Rendus Acad. Sci.* **198** (Paris, 1934), 631–633；欧文·卡普兰斯基，*Bull. Amer. Math. Soc.* **49** (1943), 784–785.）这个公式的第 k 项也可以写成 $n!\sum_j(-1)^{j+k}2^{k-2j}/((k-2j)!\,j!\,(n-1)^{\underline{j}})$. 因此，我们得到了下面这个奇特的恒等式：

$$\frac{u_n}{n!}=\sum_{j=0}^{n/2}\frac{(-1)^j}{j!}\frac{T_{n-2j}}{(n-1)^{\underline{j}}}=T_n-\frac{T_{n-1}}{n-1}+\frac{T_{n-2}/2!}{(n-1)(n-2)}-\frac{T_{n-3}/3!}{(n-1)(n-2)(n-3)}+\cdots,$$

其中，$T_n=\sum_{k=0}^{n}(-2)^k/k!$ 是 e^{-2} 的幂级数的前 $n+1$ 项之和. 因此，家庭数满足有趣的渐近公式：对于所有固定的 $k\geqslant 0$ 有

$$u_n=\frac{n!}{\mathrm{e}^2}\Big(1-\frac{1}{n-1}+\frac{1/2!}{(n-1)(n-2)}+\cdots+\frac{(-1)^k/k!}{(n-1)\cdots(n-k)}+O(n^{-k-1})\Big).$$

这是由欧文·卡普兰斯基和约翰·赖尔登发现的（*Scripta Mathematica* **12** (1946), 113–124）. 事实上，马克斯·怀曼和利奥·莫泽证明了，对于 $0\leqslant k<n$，该级数的和与 u_n 之间的差小于 1/2（*Canadian J. Math.* **10** (1958), 468–480）. 除此之外，他们还找到了指数生成函数 $\sum_n u_nz^n/n!$ 的复杂表达式. 普通生成函数 $\sum_n u_nz^n$ 的形式出奇地美丽，为 $((1-z)/(1+z))F(z/(1+z)^2)$，其中 $F(z)=\sum_{n\geqslant 0}n!z^n$. 参见菲利普·弗拉若莱和罗伯特·塞奇威克，*Analytic Combinatorics* (2009), 368–372.]

15. 省略满足条件 $i=n-[n\text{ 为偶数}]$ 且 $j>n/2$ 的选项.

（其他解决方案也是可能的. 比如，我们可以省略满足条件 $i=1$ 且 $j\geqslant n$ 的选项. 这样做将省略 $n-1$ 个选项，而不仅仅是 $\lfloor n/2\rfloor$ 个选项. 然而，结果表明，建议的规则使得算法 X 的运行速度提高了约 10%.）

16. 两个解是 “r_1 c_2 a_3 b_{-1}” “r_2 c_4 a_6 b_{-2}” “r_3 c_1 a_4 b_2” “r_4 c_3 a_7 b_1” “a_2” “a_5” “a_8” “b_{-3}” “b_0” “b_3”；“r_1 c_3 a_4 b_{-2}” “r_2 c_1 a_3 b_1” “r_3 c_4 a_7 b_{-1}” “r_4 c_2 a_6 b_2” “a_2” “a_5” “a_8” “b_{-3}” “b_0” “b_3”. 在顶层，MRV 启发法导致算法 X 首先在松弛变量 a_2、a_8、b_{-3}、b_3 上分支，每个变量最多有两种可能性.（这实际上是解决四皇后问题的一种相当奇怪的方法.）

17. 首先在 r_3 上分支，有 4 个选项. 如果 “r_3 c_1 a_4 b_2”，对于 c_2、c_3、r_2 依次只有一个选项，因此我们得到第一个解：“r_3 c_1 a_4 b_2” “r_1 c_2 a_3 b_{-1}” “r_4 c_3 a_7 b_1” “r_2 c_4 a_6 b_{-2}”. 如果 “r_3 c_2 a_5 b_1”，c_3 被强制确定，则 r_2 无法被覆盖. 如果 “r_3 c_3 a_6 b_0”，r_2 被强制确定，则 c_2 无法被覆盖. 如果 “r_3 c_4 a_7 b_{-1}”，我们轻松地得到第二个解：“r_3 c_4 a_7 b_{-1}” “r_1 c_3 a_4 b_{-2}” “r_2 c_1 a_3 b_1” “r_4 c_2 a_6 b_2”.（这是一种不错的方法.）

18. “c e” “a d f” “b g”（和以前一样）和 “b c f” “a d g”（新）.

19. 当在步骤 X2 中覆盖了所有主项时，仅在对所有活跃的副项（从 `RLINK`$(N+1)$ 访问的项）都有 `LEN`$(i)=0$ 时，才接受解决方案.（这个算法被称为“副项死亡”算法，因为它检查所有纯副项是否已经被主项覆盖淘汰.）

20. 对于 $1\leqslant k<m$，置 $t\leftarrow k\,\&\,(-k)$；对于 $k\leqslant j<\min(m,k+t)$，将副项 y_k 包含在选项 α_j 中；对于 $k-t\leqslant j<k$，将副项 y_k 包含在选项 β_j 中.

同样，为了设置选项 α_j，请包含 a 并置 $t\leftarrow j$；当 $t>0$ 时，反复执行包含 y_t 并置 $t\leftarrow t\,\&\,(t-1)$. 为了设置选项 β_j，请包含 b 并置 $t\leftarrow -1-j$；当 $t>-m$ 时，反复执行包含 y_{-t} 并置 $t\leftarrow t\,\&\,(t-1)$.

如果 $j>k$，则选项 α_j 和 β_k 都包含 $y_{j\&-2^{\lfloor\lg(j-k)\rfloor}}$.

21. 选项 α_j^i 将包含主项 a_i. 只需进行 $k-1$ 次成对排序，使用副项 y_k^i 确保 $j_k \leqslant j_{k+1}$. 如果 m 是 2 的幂，那么对于 $1<i<k$ 的每个选项，它们都恰好具有 $\lg m$ 个副项. 如果 $m=4$ 且 $k>2$，则选项 α_j^2 是“$a_2\ y_1^1\ y_2^1$”“$a_2\ y_2^1\ y_1^2$”“$a_2\ y_3^1\ y_2^2$”“$a_2\ y_3^2\ y_2^2$”.

（作者试图通过添加额外的副项来排除满足 $i'<i-1$ 或 $i'>i+1$ 的选项 $\alpha^{i'}$，结果证明这不是一个好主意.）

当然，这种方法无法与 7.2.1.3 节中的快速组合生成方法媲美. 比如，当 $m=20$ 且 $k=8$ 时，它需要 1.1 Gμ 来生成 $\binom{27}{8}=2\,220\,075$ 种覆盖，每个解需要大约 500 次内存访问.

22. (a) 令 $n'=\lfloor n/2\rfloor+1$. 通过旋转/反射，我们可以假设第 n' 列（中间列）的皇后在第 i 行，而第 n' 行的皇后在第 j 列，其中 $1\leqslant i<j<n'$. 通过以下步骤，我们得到一个合适的精确覆盖问题：对于 $i=j$ 或 $i+j=n+1$ 省略选项 $o(i,j)=$“$r_i\ c_j\ a_{i+j}\ b_{i-j}$”；同时，当 $j=n'$ 时，对于 $i>j$ 省略 $o(i,j)$；当 $i=n'$ 时，对于 $j>i$ 省略 $o(i,j)$；当 $(i,j)=(n'-1,n')$ 或 $(n',1)$ 时省略 $o(i,j)$. 然后添加额外的副项. 对于 $0\leqslant k<m=n'-2$，强制 $\alpha_k=o(k+1,n')$ 和 $\beta_k=o(n',k+2)$ 之间的成对排序.

(b) 现在我们假设一个皇后在位置 (j,j)，其中 $1\leqslant j<n'$，并且第 n 行中的皇后比第 n 列中的皇后更靠近右下角. 因此，我们省略了当 $i+j=n+1$ 或 $i=j\geqslant n'$ 或 $(i,j)=(n,2)$ 或 $(i,j)=(n-1,n)$ 时的选项 $o(i,j)$；我们将项 b_0 设为主项；并且对于 $0\leqslant k<m=n-3$，令 $\alpha_k=o(n,n-k-1)$，$\beta_k=o(n-k-2,n)$.

(c) 这一次我们希望皇后位于 (i,i) 和 $(j,n+1-j)$，其中 $1\leqslant i<j<n'$. 我们将 a_{n+1} 和 b_0 提升为主项；当 $i=j\geqslant n'-1$ 或 $i=n+1-j\geqslant n'$ 或 $(i,j)=(1,n)$ 时省略 $o(i,j)$；并且对于 $0\leqslant k<m=n'-2$，令 $\alpha_k=o(k+1,k+1)$，$\beta_k=o(k+2,n-k-1)$.

在情况 (a) 中，对于 $n=(5,7,\cdots,17)$ 有 $(0,0,1,8,260,9709,371\,590)$ 个解；算法 X 处理 $n=17$ 的情况耗时 3.4 Gμ.（在情况 (b) 中，对于 $n=(5,6,\cdots,16)$ 有 $(0,0,1,4,14,21,109,500,2453,14\,498,89\,639,568\,849)$ 个解；$n=16$ 的成本为 6.0 Gμ. 在情况 (c) 中，有 $(1,0,3,6,24,68,191,1180,5944,29\,761,171\,778,1\,220\,908)$ 个解；$n=16$ 的成本为 5.5 Gμ.）

23. (a) 考虑位于第 1 行第 a 列、第 n 列第 b 行、第 n 行第 $\bar{c}$ 列和第 1 列第 $\bar{d}$ 行的皇后，其中 $\bar{x}=n+1-x$.（因为没有皇后位于角落，所以这 4 个皇后是不同的. 还要注意，$\bar{a}$、$\bar{b}$、$\bar{c}$、$\bar{d}$ 都不能等于 a.）重复进行旋转和（或）反射将把这些数值从 (a,b,c,d) 变为

$$(b,c,d,a),\ (c,d,a,b),\ (d,a,b,c),\ (\bar{d},\bar{c},\bar{b},\bar{a}),\ (\bar{c},\bar{b},\bar{a},\bar{d}),\ (\bar{b},\bar{a},\bar{d},\bar{c}),\ (\bar{a},\bar{d},\bar{c},\bar{b}).$$

这 8 个四元组通常是不同的. 在这种情况下，我们可以通过消除除其中一个以外的所有四元组来节省 7/8 的时间. 总有一个解满足 $a\leqslant b,c,d<\bar{a}$；并且这些不等式可以通过把第 1 行的选项与第 n 列、第 n 行、第 1 列的相应选项同时进行 3 个配对比较来强制执行. 比如，当 $n=16$ 时，对应于 $a=1$ 的选项是“$r_1\ c_2\ a_3\ b_{-1}$”“$r_2\ c_{16}\ a_{18}\ b_{-14}\ x_1\ x_2\ x_4$”“$r_{15}\ c_{16}\ a_{31}\ b_{-1}\ x_1\ x_2\ x_4$”“$r_{16}\ c_2\ a_{18}\ b_{14}\ y_1\ y_2\ y_4$”“$r_{16}\ c_{14}\ a_{30}\ b_2\ y_1\ y_2\ y_4$”“$r_2\ c_1\ a_3\ b_1\ z_1\ z_2\ z_4$”“$r_{15}\ c_1\ a_{16}\ b_{14}\ z_1\ z_2\ z_4$”.（这里 $m=n/2-1=7$.）

经过这个改变，$n=16$ 时的解的数量从 454 376 减少到 64 374（比率约为 7.06），运行时间从 4.3 Gμ 减少到 1.2 Gμ（比率约为 3.58）.

[作者进行了具有进一步限制的实验，只有在以下情况下才允许有解：(i) $a<b,c,d$；(ii) $a=b<c,d$；(iii) $a=b=c<d$；(iv) $a=b=c=d$；(v) $a=c<b,d$. 对应 $a<n/2-1$ 的每个值有 5 个选项，并且 m 为 6 而不为 7. 解的数量减少到 59 648，但运行时间增加到 1.9 Gμ. 因此，我们已经达到了收益递减的点.（完全规范的简化将产生 57 188 个解，但这相当困难.）]

(b) 因为中央的皇后空出了所有其他对角线的格子，所以这种情况与 (a) 几乎相同. 要求 $a\leqslant b,c,d<\bar{a}$ 将 $n=17$ 时的解的数量从 4 067 152 减少到 577 732（比率约为 7.04），运行时间减少到 3.2 Gμ（比率约为 4.50）.

24. 我们简单地将兼容的选项组合成 (a) 对子、(b) 四元组，在 n 为奇数时强制在中心放置一个皇后. 比如，当 $n=4$ 时，我们将 (23) 替换为 (a)“$r_1\ c_2\ a_3\ b_{-1}\ r_4\ c_3\ a_7\ b_1$”“$r_1\ c_3\ a_4\ b_{-2}\ r_4\ c_2\ a_6\ b_2$”“$r_2\ c_1\ a_3\ b_1\ r_3\ c_4\ a_7\ b_{-1}$”“$r_2\ c_4\ a_6\ b_{-2}\ r_3\ c_1\ a_4\ b_2$”；(b)“$r_1\ c_2\ a_3\ b_{-1}\ r_2\ c_4\ a_6\ b_{-2}\ r_4\ c_3\ a_7\ b_1\ r_3\ c_1\ a_4\ b_2$”“$r_2\ c_1\ a_3\ b_1\ r_3\ c_4\ a_7\ b_{-1}\ r_1\ c_3\ a_4\ b_{-2}\ r_4\ c_2\ a_6\ b_2$”. 当 $n=5$ 时，选项为 (a)“$r_1\ c_2\ a_3\ b_{-1}\ r_5\ c_4$

$a_9\ b_1$”“$r_1\ c_4\ a_5\ b_{-3}\ r_5\ c_2\ a_7\ b_3$”“$r_2\ c_1\ a_3\ b_1\ r_4\ c_5\ a_9\ b_{-1}$”“$r_2\ c_5\ a_7\ b_{-3}\ r_4\ c_1\ a_5\ b_3$”“$r_3\ c_3\ a_6\ b_0$”；(b)“$r_1\ c_2\ a_3\ b_{-1}\ r_2\ c_5\ a_7\ b_{-3}\ r_5\ c_4\ a_9\ b_1\ r_4\ c_1\ a_5\ b_3$”“$r_2\ c_1\ a_3\ b_1\ r_1\ c_4\ a_5\ b_{-3}\ r_4\ c_5\ a_9\ b_{-1}\ r_5\ c_2\ a_7\ b_3$”“$r_3\ c_3\ a_6\ b_0$”.

n 皇后问题的解要么是不对称的（旋转 180° 会改变），要么是单对称的（旋转 90° 会改变，但旋转 180° 不会改变），要么是双重对称的（旋转 90° 不会改变）. 设 $Q_{\rm a}(n)$、$Q_{\rm s}(n)$、$Q_{\rm d}(n)$ 分别为这些解的数量，则当 $n>1$ 时，有 $Q(n)=8Q_{\rm a}(n)+4Q_{\rm s}(n)+2Q_{\rm d}(n)$. 此外，(a) 有 $4Q_{\rm s}(n)+2Q_{\rm d}(n)$ 个解，(b) 有 $2Q_{\rm d}(n)$ 个解. 因此，我们可以通过计算解的数量来确定各个值. 对于较小的 n，我们得到以下结果.

n	=	4	5	6	7	8	9	10	11	12	13	14	15	16	17
$Q_{\rm a}(n)$	=	0	1	0	4	11	42	89	329	1765	9197	45 647	284 743	1 846 189	11 975 869
$Q_{\rm s}(n)$	=	0	0	1	2	1	4	3	12	18	32	105	310	734	2006
$Q_{\rm d}(n)$	=	1	1	0	0	0	0	0	0	4	4	0	0	32	64

通过简单地排除包含 $\{r_1,c_k\}$（$k\geqslant\lceil n/2\rceil$）的选项，我们可以将 (a) 的解减少一半. 通过简单地排除包含 $\{r_j,c_k\}$（$j<\lceil n/2\rceil$ 和 $k\geqslant\lceil n/2\rceil$）的选项，我们可以将 (b) 的解减少 $1/2^{\lfloor n/4\rfloor}$. 通过这些简化，计算 $Q_{\rm d}(16)$ 只需要 70 Kμ. 计算 $Q_{\rm s}(16)$ 只需要 5 Mμ. 仅需要 20 Mμ 即可确定 $Q_{\rm d}(32)=2^7\times1589$.

25. 有 64 项，每项代表棋盘上的一个格子. 让它们有 92 个选项，分别对应八皇后问题的 92 个解（见图 68）. 每个选项命名了 64 项中的 8 项. 因此，八着色等同于解决这个精确覆盖问题. 算法 X 只需要 25 000 次内存访问和一棵含有 7 个结点的搜索树来证明这样的任务是不可能的.［事实上，没有 7 个解可以是不相交的，因为每个解至少与 20 个格子中的 3 个相邻. 这 20 个格子分别是 13、14、15、16、22、27、31、38、41、48、51、58、61、68、72、77、83、84、85、86. 参见索罗尔德 · 戈塞特，*Messenger of Mathematics* **44** (1914), 48. 然而，亨利 · 迪德尼找到了占据除两个格子外所有格子的图解方法，见 *Tit-Bits* **32** (11 September 1897), 439；**33** (2 October 1897), 3.］

```
12345678
78563412
46718235
23854167
84236751
51672384
67481523
 512784
```

26. 这是一个包含 $92+312+396+\cdots+312=3284$ 个选项的精确覆盖问题（参见习题 7.2.2–6）. 算法 X 需要大约 3.2×10^7 次内存访问来找到所示的解，以及约 1.3 Tμ 来找到所有 11 092 个解.

```
07348652
18650437
75421860
26835071
34072186
52183704
80564213
61207345
```

27. 设 u_{jh} 和 d_{jh} 为对于 $1\leqslant j\leqslant 2n$ 和 $1\leqslant h\leqslant\lceil n/2\rceil$ 的副项. 把小工具

$$u_{j1}\ u_{j2}\ \cdots\ u_{j\lceil i/2\rceil}\ u_{(j+1)\lceil i/2\rceil}\ \cdots\ u_{k\lceil i/2\rceil}\ \cdots\ u_{k2}\ u_{k1}$$

插入到每个选项 (16) 中. 此外，追加类似的选项，但将“u”更改为“d”，除非 $i=n$.（我们将多次获得平面图“分裂”的解. 一个这样的例子是 12 10 8 6 4 11 9 7 5 4 6 8 10 12 5 7 9 11 3 1 2 1 3 2.）

28. (a) 用 $\rho(c_0,t_0;\cdots;c_l,t_l)$ 表示该公式. 请注意，如果 $c'_j=t_j+1-c_j$，那么我们有 $\rho(c_0,t_0;\cdots;c_l,t_l)+\rho(c'_0,t_0;\cdots;c'_l,t_l)=1$. 因此，当且仅当对于所有 j 有 $c'_j=c_j$（$t_j=2c_j-1$）时，完成率才为 1/2.

(b) 比率 $\rho(c_0,t_0;\cdots;c_l,t_l)$ 从不具有奇数分母. 这是因为，当 q 和 p' 为奇数且 q' 为偶数时，$p/q+p'/q'$ 总是具有偶数分母. 但是，因为 $\rho(2,4;\cdots;2,4)=1/3+1/(24\times4^l)$，结果可以任意接近于 1/3.

29. 如果树 T 只有一个根结点，则设置为一列，无行. 否则，让 T 具有 $d\geqslant1$ 棵子树 T_1, $\cdots$, T_d，并假设我们已经为每个 T_j 构建了具有行 R_j 和列 C_j 的矩阵. 令 $C=C_1\cup\cdots\cup C_d$. 对于树 T，矩阵是通过添加三列 $\{0,1,2\}$ 和以下新行得到的：(i) 0 1 2 和 $C\setminus C_j$ 的所有列，其中 $1\leqslant j\leqslant d$；(ii) j 和 C 的所有列，其中 $j\in\{0,1\}$. 比如，示例树的矩阵具有 15 列和 14 行.

```
011111000000000
101111000000000
110111000000000
111100000000000
111010000000000
000000011111000
000000101111000
000000110111000
000000111100000
000000111010000
000000111111111
111111000000111
111111111111100
111111111111010
```

30. 是的，假设允许重复的选项. 使用先前的构造；但是，如果 T 只是标记为解的根结点，则没有行也没有列.（如果没有重复选项，那么两个解结点不能是兄弟结点.）

31. (a) 在习题 8 的答案的步骤 I4 中，将 $p+j$ 插入到 i_j 的列表的第 r 个位置，而不是放在底部，其中，r 在 1 和 LEN(i_j) 之间均匀分布.

(b) 在习题 9 的答案中，当 $\lambda<\theta$ 时也置 $r\leftarrow1$；当 $\lambda=\theta$ 时置 $r\leftarrow r+1$，并以 $1/r$ 的概率改变 $i\leftarrow p$.

32. (a) 否，否则就会存在一个没有主项的选项.

(b) 是，但前提是有两个选项具有相同的主项.

(c) 是，但前提是有两个选项的并集也是一个选项，并且仅限于主项.

(d) $x=1$ 且 $x'=0$ 的地方数 j，必须与 $x=0$ 且 $x'=1$ 的地方数相同. 如果 A 在每个选项中恰好有 k 个主项，那么总共以不同方式覆盖了 jk 个主项.

(e) 距离仍然必须是偶数，因为每个解也解决了受限问题，这是均匀的.（因此，求解准均匀精确覆盖问题的解之间的半距离 $d(x,x')/2$ 也是有意义的. 在多形填充问题中，半距离是被不同方式填充的方块的数量.）

33.（由松井知己解答）在矩阵 $\boldsymbol{A}$ 的左侧添加一列，全部为 0. 然后在底部添加长度为 $n+1$ 的两行：$10\cdots0$ 和 $11\cdots1$. 这个 $(m+2)\times(n+1)$ 矩阵 $\boldsymbol{A}'$ 有一个只选择最后一行的解. 所有其他解选择倒数第二行，以及求解 $\boldsymbol{A}$ 的行.

34.（由松井知己解答）假设第一列中的所有 1 出现在前 t 行，其中 $t>3$. 在左侧添加两列，并在底部添加长度为 $n+2$ 的两行：$1100\cdots0$ 和 $1010\cdots0$. 对于 $1\leqslant k\leqslant t$，如果第 k 行是 $1\alpha_k$，那么将其替换为以下之一：如果 $k\leqslant t/2$，则替换为 $010\alpha_k$；如果 $k>t/2$，则替换为 $001\alpha_k$. 在剩余的第 $t+1$ 至 m 行的左侧插入 00.

这种构造可以重复进行（通过适当的行列置换），直到没有列的总和超过 3. 如果原始的列和为 $(c_1,\cdots,c_n)$，则新的 $\boldsymbol{A}'$ 比 $\boldsymbol{A}$ 多了 $2T$ 行和 $2T$ 列，其中 $T=\sum_{j=1}^{n}(c_j\dot{-}3)$.

一个结果是，即使限制在所有行和列的和最多为 3 的情况下，精确覆盖问题仍然是 NP 完全的.

然而，请注意，这种构造掩盖了 $\boldsymbol{A}$ 的结构，在实践中并不实用：它本质上破坏了 MRV 启发法. 原因是，对求解器而言，所有和为 2 的列看起来都一样好！

35. 取一个列和为 $(c_1,\cdots,c_n)$ 的矩阵，其中 $c_j\leqslant3$，扩展它，在右侧添加 3 列 0. 然后添加以下 4 行：$(x_1,\cdots,x_n,0,1,1)$、$(y_1,\cdots,y_n,1,0,1)$、$(z_1,\cdots,z_n,1,1,0)$、$(0,\cdots,0,1,1,1)$，其中，$x_j=[c_j<3]$，$y_j=[c_j<2]$，$z_j=[c_j<1]$. 在任何解中，都必须选择底行.

36. 以下修改（也适用于算法 C）将按字典序找到所有解. 如果我们只想要第一个解，则可以提前终止算法.

在步骤 X1 中置 $\mathtt{LL}\leftarrow0$.（我们将使用 MRV 启发法，但仅限于大于 LL 的层.）

如果在步骤 X2 中，$\mathtt{RLINK}(0)=0$ 且 $l=\mathtt{LL}+1$，则照常访问当前解. 否则，置 $\mathtt{LL}\leftarrow\mathtt{LL}+1$，并且当 $l>\mathtt{LL}$ 时反复执行以下操作（因为按字典序未找到当前解）：置 $l\leftarrow l-1$ 和 $i\leftarrow\mathtt{TOP}(x_l)$；撤销对包含 x_l 的选项中不等于 i 的项的覆盖（如步骤 X6 所示）；撤销对 i 的覆盖（如步骤 X7 所示）.

在步骤 X3 中，如果 $l=\mathtt{LL}$，那么仅置 $i\leftarrow\mathtt{RLINK}(0)$. 否则，可以使用习题 9 中的方法.

在步骤 X8 中置 $l\leftarrow l-1$ 后，如果 $l<\mathtt{LL}$，则置 $\mathtt{LL}\leftarrow l$.

为了获得 n 皇后问题的最小字典序解，确保前 n 项为 r_1, r_2, $\cdots$, r_n.（其他主项 c_j 可以以任意顺序跟随.）在 4.2 Gμ 后找到对于 $n=32$ 的第一个解，皇后分别位于以下各列：1、3、5、2、4、9、11、13、15、6、18、24、26、30、25、31、28、32、27、29、16、19、10、8、17、12、21、7、14、23、20、22.（如果没有使用 MRV 启发法，则计算需要 35.6 Gμ.）

[$n=48$ 的类似问题已经相当困难. 该问题最初由沃尔弗拉姆 · 舒伯特解决. 目前对于较大的 n，人们已经通过整数规划的复杂方法获得了最佳结果：在 2017 年 11 月，马泰奥 · 菲斯凯蒂和多梅尼科 · 萨尔瓦尼首次解决了 $n=56$ 和 $n>56$ 的许多情况，尽管 $n=62$ 的情况仍未得到解决. 参见 arXiv:1907.08246 [cs.DS] (2019)，共 14 页. 也可以查看 OEIS A141843 以获取最新进展.]

37. (a) 如果 $i\leqslant0$ 或 $j\leqslant0$，令 $a_{i,j}=0$；否则令

$$a_{i,j}=\operatorname{mex}(\{a_{i,j-k}\mid k>0\}\cup\{a_{i-k,j}\mid k>0\}\cup\{a_{i-k,j-k}\mid k>0\}\cup\{a_{i+k,j-k}\mid k>0\}),$$

其中，“mex” 在习题 7.1.3–8 中定义. 不难验证 $a_{i,q_i}=1$，并且对于 $n\geqslant1$，序列 $\langle a_{i,n}\rangle$ 和 $\langle a_{n,j}\rangle$ 都是正整数的排列.（参见 OEIS A065188 和亚历克 · 琼斯的 A269526.）

(b) 下面的习题为这个猜想提供了有力的经验证据. 在整个平面上，可以分析类似的螺旋序列，参见弗雷德里克 · 米歇尔 · 德金、杰弗里 · 沙利特和尼尔 · 斯隆，*Electronic J. Combinatorics* **27** (2020), #P1.52, 1–27.

38. 以下方法的灵感来自式 7.2.2–(6) 和前面的习题，它使用了二元向量 $\boldsymbol{a}$、$\boldsymbol{b}$、$\boldsymbol{c}$，其中 $\boldsymbol{c}$ 具有正负下标.

G1. [初始化.] 置 $r\leftarrow0$、$s\leftarrow1$、$t\leftarrow0$、$n\leftarrow0$.（对于 $1\leqslant k\leqslant n$，我们已经计算了 q_k.）

G2. [对于 $q_n \leqslant n$ 尝试.](此时对于 $1 \leqslant k < s$ 有 $a_k = 1$，并且 $a_s = 0$；对于 $-r < k \leqslant t$ 有 $c_k = 1$，并且 $c_{-r} = c_{t+1} = 0$；每个向量都包含 n 个 1.)置 $n \leftarrow n+1$ 和 $k \leftarrow s$.

G3. [找到了?] 如果 $k > n - r$，则跳转至 G4. 否则，如果 $a_k = b_{k+n} = c_{k-n} = 0$，则跳转至 G5. 否则，置 $k \leftarrow k+1$ 并重复此步骤.

G4. [使 $q_n > n$.] 置 $t \leftarrow t+1$、$q_n \leftarrow n+t$、$a_{n+t} \leftarrow b_{2n+t} \leftarrow c_t \leftarrow 1$，并返回至 G2.

G5. [使 $q_n \leqslant n$.] 置 $q_n \leftarrow k$ 和 $a_k \leftarrow b_{k+n} \leftarrow c_{k-n} \leftarrow 1$. 如果 $k = s$，则重复置 $s \leftarrow s+1$，直到 $a_s = 0$. 如果 $k = n - r$，则重复置 $r \leftarrow r+1$，直到 $c_{-r} = 0$. 返回至 G2. ▌

在步骤 G2 中，我们有 $s \approx n - r \approx t \approx n/\phi$. 因此，运行时间极短. 实际上，根据经验，对于每个 n，计算 q_n 的过程最多需要对位向量进行 19 次访问(平均约为 5.726 次访问). 习题 37 的结果非常接近：

$$(q_{999\,999\,997}, \cdots, q_{1\,000\,000\,004}) = (618\,033\,989, 1\,618\,033\,985, 618\,033\,988,$$
$$1\,618\,033\,988, 1\,618\,033\,990, 1\,618\,033\,992, 1\,618\,033\,994, 618\,033\,991).$$

此外，对于所有的 n 很可能有 $q_n \in [n/\phi - 3\,.\,.\,n/\phi + 5] \cup [n\phi - 2\,.\,.\,n\phi + 1]$.

39. (a) 以概率 $(1-p)^n$ 不会选择任何项；因为选项不能为空，所以在这种情况下，我们必须重新启动子句生成器. 给定 $m = 500$，$n = 100$，$p = 0.05$，进行 10 次随机试验，分别得到 (444, 51, 138, 29, 0, 227, 26, 108, 2, 84) 个解. 每个解的成本约为 10^8 次内存访问.

尽管本习题并没有要求进行数学分析，我们仍然可以通过计算给定选项子集是精确覆盖的概率，然后对所有子集求和，来推导出期望解的数量的公式. 如果子集有 k 项，并且每个选项中的每一项都以概率 p 存在，那么这个概率是 $(kp(1-p)^{k-1})^n$. 然而，我们已经排除了空选项. 结果表明，真实的概率 $f(n,p,k)$ 是 $k!\left\{{n \atop k}\right\}(p(1-p)^{k-1})^n/(1-(1-p)^n)^k$. 当 $(m,n,p) = (500, 100, 0.05)$ 时，如果公式不正确，那么总和 $\sum_k \binom{m}{k} f(n,p,k)$ 约为 3736.96；如果公式正确，则总和约为 297.041.

(当 $n \to \infty$ 时，对于固定的 α 和 r，罗宾 · 佩曼特尔和鲍里斯 · 皮特尔在未发表的笔记中各自独立导出了 $m = \alpha n$ 和 $p = r/n$ 的渐近结果. 使用此随机模型的算法 X 的行为不容易分析，但由于递归结构，分析或许是可以实现的.)

(b) 这种情况具有完全不同的行为. 首先，显然 n 必须是 r 的倍数. 其次，在 $n = 100$ 和 $r = 5$ 时，因为方便的小选项不存在，所以要获得哪怕一个解，我们也需要更多的选项.

证明：将集合划分为 20 个大小为 5 的子集，集合分划的总数为 $P = 100!/(20! \times 5!^{20}) \approx 10^{98}$；可能的选项总数是 $N = \binom{100}{5} = 75\,287\,520$. 任何特定集合分划为解的概率是，在进行有放回的 m 次随机抽样中恰好出现了给定的 20 个选项的概率，即 $g(N,m,20) = \sum_k \binom{20}{k}(-1)^k(N-k)^m/N^m = \sum_t \left\{{m \atop t}\right\} t! \binom{N-20}{t-20}/N^m$. 如果 m 不是非常大，那么这几乎与无放回抽样的概率相同，即 $\binom{N-20}{m-20}/\binom{N}{m} \approx (m/N)^{20}$. 当 $m = (500, 1000, 1500)$ 时，期望的解数分别为 $P\,g(N,m,20) \approx (0.000\,002, 2.41, 8500)$.

40. 对于 $m \geqslant k > 1$，置 $f_m \leftarrow 0$ 和 $f_{k-1} \leftarrow f_k \mid r_k$. u_k 的位代表最后一次被更改的项.

令 $u_k = u' + u''$，其中 $u' = u_k \,\&\, p$. 如果在步骤 N4 的开始有 $u_k \neq 0$，那么我们按以下方式压缩数据库：对于 $N \geqslant j \geqslant 1$，如果 $s_j \,\&\, u' \neq u'$，删除 (s_j, c_j)；否则，如果 $s_j \,\&\, u'' \neq 0$，删除 (s_j, c_j) 并且插入 $((s_j \,\&\, \bar{u}_k) \mid u', c_j)$.

要删除 (s_j, c_j)，请置 $(s_j, c_j) \leftarrow (s_N, c_N)$ 和 $N \leftarrow N - 1$.

当这个改进的算法在步骤 N2 终止时，我们总是有 $N \leqslant 1$. 此外，如果我们令 $p_k = r_1 \mid \cdots \mid r_{k-1}$，那么 N 的大小永远不会超过 2^{ν_k}，其中 $\nu_k = \nu\langle p_k r_k f_k \rangle$ 是“边界”的大小(参见习题 7.1.4–55).

[在 n 皇后问题的特殊情况下，将其表示为如 (23) 中的精确覆盖问题，该算法归功于伊戈尔 · 里温、拉明 · 扎比和约翰 · 兰平，*Inf. Proc. Letters* **41** (1992), 253–256. 他们证明了 n 皇后问题的边界永远不会超过 $3n$ 项.]

41. 作者在使用一棵带有随机搜索键的三重链接二叉搜索树作为数据库时取得了相当不错的结果.(注意，用于删除的交换算法难以正确实现.)然而，该实现仅限于矩阵列数最多为 64 的精确覆盖问题. 因此，只有在 $n < 12$ 时，它才能通过 (23) 解决 n 皇后问题. 当 $n = 11$ 时，数据库达到了最大规模，

即 75 009，运行时间约为 2.5×10^7 次内存访问．但是，算法 X 明显更好：它仅需要约 12.5 Mμ 即可找到所有 $Q(11)=2680$ 个解．

理论上，当 $n\to\infty$ 时，该方法只需要大约 2^{3n} 个步骤，乘以 n 的一个小多项式函数．回溯算法（例如算法 X）显式枚举每个解，其运行速度可能会渐进变慢（参见习题 7.2.2–15）．但在实践中，广度优先的方法需要太多的空间．

此外，该方法在习题 7.2.2–16 中的 n 蜂王问题上确实击败了算法 X：当 $n=11$ 时，其数据库增长到 364 864 个条目；它仅用 30 Mμ 计算出 $H(11)=596\,483$，而算法 X 需要 440 Mμ．

42. 对于 s_j 的解集可以表示为正则表达式 α_j，而不是通过其大小 c_j 表示．在步骤 N3 中，不是插入 (s_j+t,c_j)，而是插入 $\alpha_j k$．如果在插入 (s,α) 时，已经存在 (s_i,α_i)，其中 $s_i=s$，则改变 $\alpha_i\leftarrow\alpha_i\cup\alpha$．（作为另一种选择，如果只想要一个解，那么我们可以将单个解附加到数据库中的每个 s_j．）

43. 设 $i=(i_1i_0)_3$ 和 $j=(j_1j_0)_3$；那么单元格 (i,j) 属于方块 $(i_1j_1)_3$．从数学角度来看，考虑矩阵 $a'_{ij}=a_{ij}-1$、$b'_{ij}=b_{ij}-1$、$c'_{ij}=c_{ij}-1$ 更加清晰，这是 $\{0,\cdots,8\}$ 上有趣的二元运算符的“乘法表”．我们有 $a'_{ij}=((i_0i_1)_3+j)\bmod 9$；$b'_{ij}=((i_0+j_1)\bmod 3,(i_1+j_0)\bmod 3)_3$；$c'_{ij}=((i_0+i_1+j_1)\bmod 3,(i_0-i_1+j_0)\bmod 3)_3$．（此外，后两个运算符是“同痕”的：当 $(i_1,i_0)_3\pi=(i_1,(i_0+i_1)\bmod 3)_3$ 时有 $c'_{ij}=b'_{(i\pi)(j\pi^-)}\pi$．）

［1895 年的一份巴黎报纸上出现了类似 (28c) 的图案，它与幻方有关．但这份报纸没有提到其 3×3 子方块的任何性质，那只是一个纯属巧合的数独解法．参见克里斯蒂安 · 博耶，*Math. Intelligencer* **29**, 2 (2007), 63.］

44. 否．第 33 位数字是 0.［线索是 π 的前 32 位数字的数独谜题最早由约翰 · 德勒伊特于 2007 年构建．此外，如果我们还要求两条主对角线上的元素不同，π 的前 22 位数字实际上可以排列成一个圆圈，从而得到有唯一解的数独谜题．请参见阿德 · 托恩和阿里 · 范德韦特林，*Exotische Sudoku's* (2016), 144.］

45. 步骤 X3 按照以下顺序选择：p_{44}，p_{84}，p_{74}，p_{24}，p_{54}，p_{14}，p_{82}，p_{42}，p_{31}，p_{32}，p_{40}，p_{45}，p_{46}，p_{50}，p_{72}，p_{60}，p_{00}，p_{62}，p_{61}，p_{65}，p_{35}，p_{67}，p_{70}，p_{71}，p_{75}，p_{83}，p_{13}，p_{03}，p_{18}，p_{16}，p_{07}，p_{01}，p_{05}，p_{15}，p_{21}，p_{25}，p_{76}，p_{36}，p_{33}，p_{37}，p_{27}，p_{28}，p_{53}，p_{56}，p_{06}，p_{08}，p_{58}，p_{77}，p_{88}．

46. 当算法 X 开始解决谜题 (29a) 时，项 p_{44}, p_{84}, r_{33}, r_{44}, r_{48}, r_{52}, r_{59}, r_{86}, r_{88}, c_{22}, c_{43}, b_{07}, b_{32}, b_{39}, b_{43}, b_{54}, b_{58} 的列表长度为 1．步骤 X3 将在步骤 X1 中首先放置的项上分支．（作者的数独设置程序在该步骤中按照 p、r、c、b 的顺序进行．）

47. r_{13}、c_{03}、b_{03}、b_{24}、b_{49}、b_{69}．后 3 个已经隐藏在 (32) 中．

48. 在情况 (a) 中，我们列出可用的列；在情况 (b) 中，我们列出可用的行．

(a)

	1	2	3	4	5	6	7	8	9
0	45	3	6	8	0	12457	1245	2457	157
1	0	278	1	3	5	2478	2468	2467	78
2	6	0127	3	012	8	012457	01245	02457	157
3	1234578	1278	78	12456	27	12345	1234568	24567	0
4	12378	5	0	12	27	6	1238	27	4
5	12378	01278	5	0126	6	0123	012368	0267	78
6	4578	6	78	045	1	04578	045	3	2
7	125	012	4	0125	6	0125	7	8	3
8	58	4	2	7	3	058	05	1	6

(b)

	0	1	2	3	4	5	6	7	8
1	1	3457	3457	345	036	03678	2	3456	34568
2	257	2357	12357	0	8	4	6	1235	135
3	4	1	8	2	7	5	0	36	36
4	2567	23457	23457	1	36	367	35	8	0
5	0	6	34	8	5	1	7	34	2
6	25678	02357	012357	35	01236	023678	4	0126	168
7	2568	02345	012345	345	01236	02368	135	7	1345
8	25	8	012345	6	0123	023	135	012345	7
9	3	02	6	7	4	02	8	0125	15

（请注意，“隐藏”的单数和对子等在此表示中变为“裸露”．将宫与值相关联的类似图也是可能的；但它们更棘手，因为宫格与行或列不正交．）

49. (a) 对于列，删除所有的 r_{ik} 和 b_{xk}，以及满足 $j\neq j_0$ 的 c_{jk}；当一个选项包含“$p_{ij_0}\ c_{j_0k}$”时，执行 u_j — v_k．对于宫，删除所有的 r_{ik} 和 c_{jk}，以及满足 $x\neq x_0$ 的 b_{xk}；当一个选项包含“$p_{(3\lfloor x_0/3\rfloor+\lfloor j/3\rfloor)(3(x\bmod 3)+(j\bmod 3))}\ b_{x_0k}$”时，执行 u_j — v_k．

(b) 隐藏 q 元组的 $n-q$ 个非邻居（例如 $\{u_3,u_8,u_1\}$）是“裸露”的.

(c) 通过 (b)，只需列出那些裸露的选项（且仅对于其中 $q<r$ 的情况）. 让我们用 ijk 表示 (30) 中的选项. 在第 4 行中，我们找到了裸露的二元组 $\{u_3,u_8\}$，因此我们可以删除选项 411、417、421、427、471；还有裸露的三元组 $\{u_1,u_3,u_8\}$，因此我们还可以删除选项 424. 在列中没有裸露的情况. 在宫格 4 中，裸露的三元组 $\{u_0,u_3,u_6\}$ 允许删除选项 341、346、347、351、356、357.

(d) 如果存在包含“$r_{ik_0}\ c_{jk_0}$”的选项，则记为 u_i — v_j. 当 $k_0=9$ 时，存在裸露的二元组 $\{u_1,u_5\}$，因此我们可以删除选项 079 和 279.

[人们已经提出了许多其他简化方法. 比如，(33) 在宫格 4 中有一个“指向对”：由于“4”和“8”必须占据第 3 行的这个宫格，因此我们可以删除选项 314、324、328、364、368、378. 经典参考文献包括以下早期教程：韦恩 · 古尔德的 *The Times Su Doku Book 1* (2005)；迈克尔 · 梅珀姆的 *Solving Sudoku* (2005). 丹尼斯 · 贝尔蒂尔在 *Pattern-Based Constraint Satisfaction and Logic Puzzles* (2012) 中发展了一套综合理论，适用于许多其他问题.]

50. 因为 (29c) 只有两个解，所以这样的谜题必须在 18 个位置之一添加 7 或 8. 因此，有 36 个解（18 个同构对）.

9	3	4	5	1	7		6	
7	6	2	4	9	3	1	7	5
7	5	1	7			4	9	3
2	7	5	9	7	1	6	3	4
6	4	9		3	5		1	
1	7	3				5		9
4	1	7	6	5	9	3		
3	2	7	1			9	5	6
5	9	6	3			7	4	1

51. 我们可以使用算法 M 解决这个问题，方法是使用 $k\neq 8$ 的选项 (30)，对 r_{i7}、c_{j7}、b_{x7} 的每项赋予重数 2. 有 6 个解，而且所有这些解都扩展了所示的部分解. 当我们将一半的 7 更改为 8 时，只有一个产生数独方格.

52. （由菲利普 · 施塔佩尔解答）声称是“世界上最难的数独”谜题不断出现在在线论坛中. 通过使用算法 X 评估搜索树大小，近 27 000 个这样极难的谜题中，最难的在此以规范形式展示. 它的随机化搜索树大小为 $24\,400\pm 1900$（这对于数独来说非常大），其平均运行时间约为 12 Mμ.

1	2		3			4		
5			4			1		
				2			6	
7								
			7				3	1
				5	4	7		
4			5			3		
	8							
		9		4				

53. (a) 每个四宫数独的解都等价于两个特殊解 A 或 B 之一（顺带一提，它们分别具有 32 个和 16 个自同构，自同构的定义见习题 114）. 除非在 C 的每个区域 {A, B, C, D} 中至少有一条线索，否则我们无法唯一确定这两个解中的任何一个.

$A=$

1	2	3	4
3	4	1	2
2	1	4	3
4	3	2	1

$B=$

1	2	3	4
3	4	2	1
2	1	4	3
4	3	1	2

$C=$

A	A	B	B
C	C	D	D
A	A	B	B
C	C	D	D

(b) 对于 A 和 B 各自而言，只有 4 条线索的 $4^4=256$ 个集合符合 (a) 的条件. 我们可以全部测试它们. 通过自同构进行减少后，A 剩下两组，B 剩下 11 组.

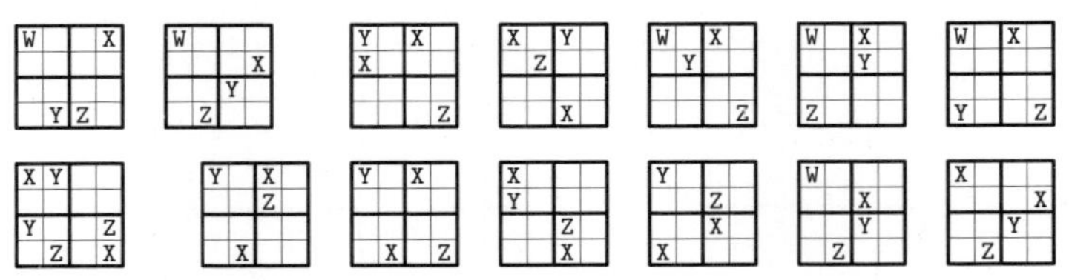

（还有 22 个本质上不同的四宫数独谜题，其中包含 5 条无冗余的线索，以及一个带有 6 条线索的独特谜题. 后者由 A 解决，如上面左下方所示. 它不能省略一条线索，否则在 C 或 C^{T} 中会出现空区域. 这些结果是由埃德 · 罗素在 2006 年发现的. ）

54. 比如，逐个移除线索表明，所给 32 条线索中，只有 10 条实际上是必不可少的. 找到所有最小 X 的最佳策略可能是按基数递减的顺序检查候选集：假设 $W\subseteq X$，并假设先前的测试已经表明，对于给定的 X，解是唯一的，但对于任何 $w\in W$，给定 $X\setminus w$，解不是唯一的. 因此，如果 $W=X$，则 X 是最小的. 否则，令 $X\setminus W=\{x_1,\cdots,x_t\}$，并对每个 i 测试 $X\setminus x_i$. 假设当且仅当 $i>p$ 时解是唯一的. 然后，我们安排 $t-p$ 个候选对 $(W\cup\{x_1,\cdots,x_p\},X\setminus x_i)$，其中 $p<i\leqslant t$，以在下一轮中处理. 通过适当缓存先前的结果，我们可以避免对相同的线索子集进行多次测试. 此外，我们可以轻松修改算法 X，以便在发现单个不想要的解后立即回溯.

通过这种方式，我们找到了全部 777 个最小子集，涉及对算法 X 的 15 441 次调用，但总共只需约 1.5×10^9 次内存访问. 我们总共检查了 $(1,22,200,978,2780,4609,4249,1950,373,22)$ 个候选对，这些检查分别在第 $(32,31,\cdots,23)$ 轮进行；找到恰好 $(8,154,387,206,22)$ 个解，其大小分别为 $(27,26,25,24,23)$. 下面展示的字典序最后 23 条线索的子集，实际上是一个相当棘手的谜题，其搜索树包含 220 个结点.

（令 $f(x_1,\cdots,x_{32})$ 是单调布尔函数“[给定满足 $x_j=1$ 的线索时，解是唯一的]”. 该问题本质上要求找出 f 的素蕴涵元.）

(29a)

				1				
4	1						9	
		6	5					
5				8				9
	7						3	2
	3	8			4			
			2	6		4		
			3					8
3					7		5	

(28a)

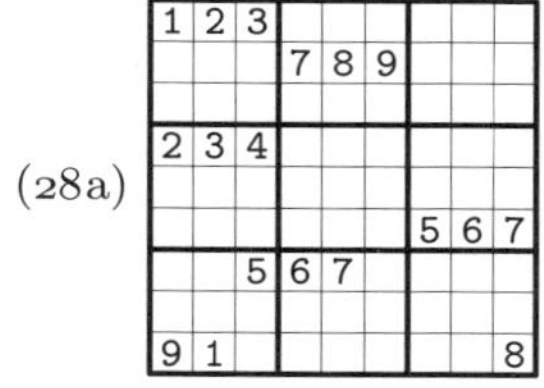

(28b)

1					6		8	
	5					1		
		9				4		
	3		5					7
				9				
8					1			
							7	
6	4				8			2
			3					5

55. 如果这 9 个出现位置中只有一个被指定，那么其他 8 个总是可以重新排列成另一个解. 整张图表可以被划分为 9 个互不相交的九元素集合，它们都具有相同的性质，因此至少需要 2×9 条线索.

这一论证证明了所有包含 18 条线索的特征描述必须具有非常特殊的形式. 上述有趣的解法构成了一个特别令人满意的谜题（作者在 SAT 求解器的帮助下找到了它，详见 7.2.2.2 节）.

相同的论证表明，(28b) 至少需要 18 条线索. 但这一次，相应的 SAT 实例是不可满足的. 此外，任何包含 19 条线索的解都必须在 9 个关键组的一个中有 3 条线索；相关的 SAT 实例要在可以重新排列成新解的最多 18 个单元的 2043 个子集中的每一个中至少有一条线索，也是不可满足的（在 177 Mμ 内证明）. 但是，哇，这种特殊结构确实导致了包含 20 条线索的示例，就像上面的那个一样.

（通过习题 43 的答案中的同痕运算，对于 (28b) 的构造也适用于 (28c).）

56. （我们假设一个合格的数独谜题只有一个解.）如右图所示，一个包含 40 条无冗余线索的示例，是由姆拉登·多布里切夫在 2014 年检查大量情况后首次发现的.（顺带一提，这个谜题的解没有自同构.）含有 41 条无冗余线索的示例将是一个大惊喜.

	1	2		3	4	5	6	7
	3	4	5		6	1	8	2
		1		5	8	2		6
		8	6					1
	2				7		5	
		3	7		5		2	8
	8			6		7		
2		7		8	3	6	1	5

57. 每个宫格只有 $2\times3!\times3!\times3!\times3!=2592$ 种可能性. 因此，我们可以构建一个精确覆盖问题，它有 9×2592 个选项，每个选项都表示一个宫、9 个行列对、3 个横向三元组和 3 个纵向三元组. 由于对称性，我们可以假设宫 0 只有一个选项，即“b_0 r_{01} c_{01} r_{04} c_{14} r_{07} c_{27} r_{18} c_{08} r_{12} c_{12} r_{15} c_{25} r_{26} c_{06} r_{29} c_{19} r_{23} c_{23} h_{147} h_{258} h_{369} v_{168} v_{249} v_{357}”. 此外，第 0 行可以被限制为 `1472AB3CD`，其中，$\{$`A,C`$\}=\{5,6\}$ 且 $\{$`B,D`$\}=\{8,9\}$. 这将选项的数量减少到 16 417；算法 X 在 $(58+54)$Mμ 内迅速找到了 864 个解.

阿德里亚努斯·托恩和阿里·范德韦特林首先发现这些解，请参见托恩的著作 *Sudoku Patterns* (2019) 的 2.7 节. 在数独解保持行和列的排列不变的情况下，所有 864 个解都是同构的. 以下是最好的一个解.

1	4	7	2	5	9	3	6	8
8	2	5	7	3	6	9	1	4
6	9	3	4	8	1	5	7	2
2	6	9	3	4	8	1	5	7
7	3	4	9	1	5	8	2	6
5	8	1	6	7	2	4	9	3
3	5	8	1	6	7	2	4	9
9	1	6	8	2	4	7	3	5
4	7	2	5	9	3	6	8	1

对角相邻的宫之间有显著的内部对称性

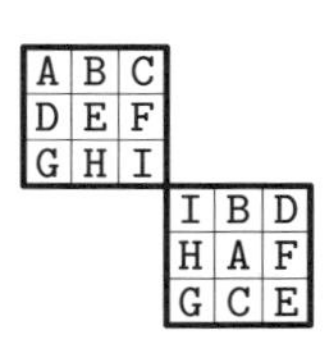

58. 使用标准的 729 个数独选项 (30)；当 $k\leqslant7$ 时，还包括选项 (i,j,k) 中的皇后项“$a'_{(i+j)k}$ $b'_{(i-j)k}$”. 此外，为了避免获得每个解 $7!\times2!=10\,080$ 次，强制设置第 0 行，对于 $0\leqslant j<9$ 添加一个新的主项“$*$”和新的副项“$*_j$”，以及对于 $0\leqslant p<q<9$ 且 $p+q<9$，添加 20 个选项“$*$ $*_0{:}f(0,p,q)$ $\cdots$ $*_8{:}f(8,p,q)$”，其中 $f(j,p,q)=(j=p?\ 8{:}\ j=q?\ 9{:}\ 1+j-[j>p]-[j>q])$. 在选项 $(0,j,k)$ 中包含“$*_j{:}k$”. 在 3 Gμ 内找到仅有的 4 个解是中心对称的，并在转置下缩减为只有两个解.（请参见附录 E，以及托恩的著作 *Sudoku Patterns* (2019) 的 3.4 节.）

59. 当步骤 X1 中的诸 p 先于诸 r 先于诸 c 先于诸 b 时，树的大小分别为 1105、910 和 122.

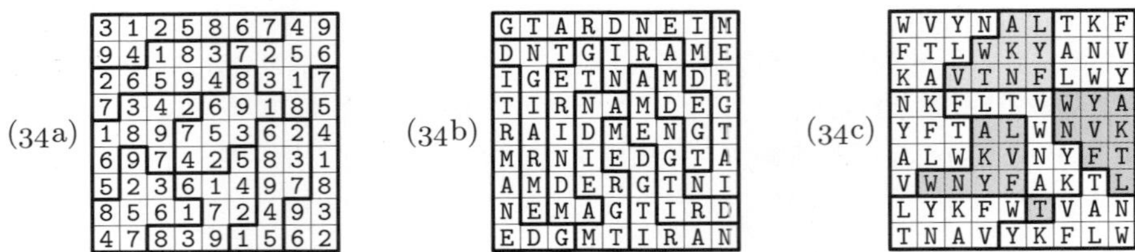

60. 使用选项 (30)，当第 i 行或第 j 列包含的单元格少于 6 个时，项 r_{ik} 和 c_{jk} 应为副项. 手动解决谜题很有趣，但必要时，算法 X 将遍历大小为 23、26 和 16 的搜索树来查找答案.

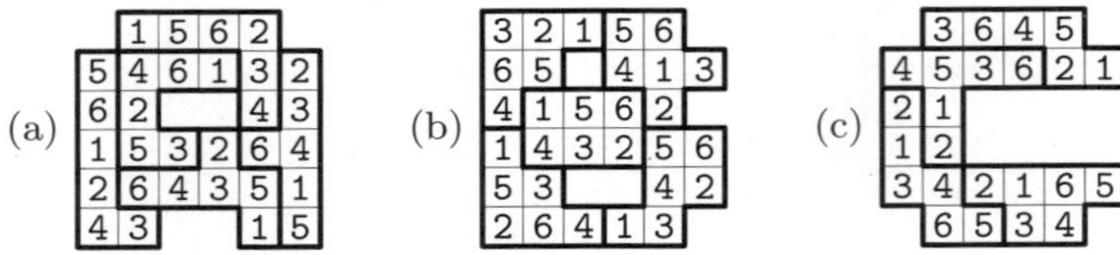

[这是由谢尔盖 · 格拉巴尔丘克和彼得 · 格拉巴尔丘克在马丁 · 加德纳的 100 岁生日（2014 年 10 月 21 日）时宣布的 26 个精美谜题中的第一个.]

61. 在保留 5 条线索的 $\binom{25}{5} = 53\,130$ 种方式中，正好有 1315 种方式会导致唯一解，其中 175 种涉及所有 5 个数字. 按字典序排在最前面的是图 A–2(a).

62. 按该题提示操作. 通过检查 v_{n-1} 和 v_0，可以在步骤 R2 中轻松拒绝不需要的直 n 联骨牌. 这样做会快速生成 $(16, 105, 561, 2804, 13\,602)$ 个宫格选项，其中 $n = (3, 4, 5, 6, 7)$，可以将其输入算法 X 以获得拼图图案.

$n = 3$ 的情况没有图案. 但 $n = 4$ 的情况有 33 个图案，在旋转和（或）反射下分为 8 个等价类：

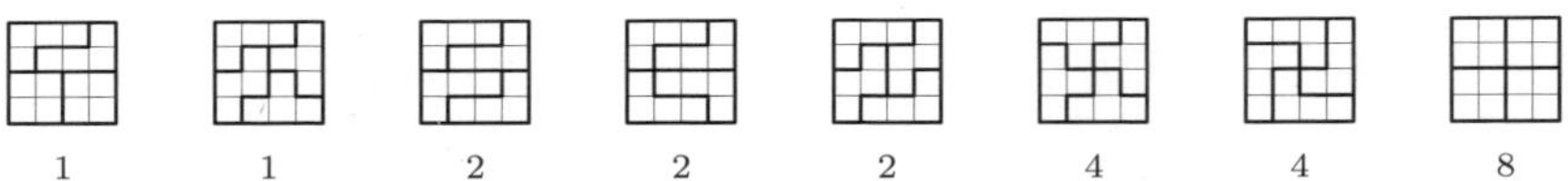

（每个图案下面显示的是对称性的数量. 注意，$8/1 + 8/1 + 8/2 + 8/2 + 8/2 + 8/4 + 8/4 + 8/8 = 33$）. $n = 5$ 的情况有 266 个等价类，代表着总共 $256 \times (8/1) + 7 \times (8/2) + 3 \times (8/4) = 2082$ 个图案；$n = 6$ 的情况有 40 237 个等价类，代表着总共 $39\,791 \times (8/1) + 439 \times (8/2) + 7 \times (8/4) = 320\,098$ 个图案.

在 $n = 7$ 的情况下，计算变得更为复杂. 使用算法 X 生成 132 418 528 个拼图图案，需要大约 1.9 Tμ 的时间. 这些图案包括 16 550 986 个没有对称性的类，以及 2660 个具有一种非平凡对称性的类. 后者分解为在 180° 旋转下对称的 2265 个类、在水平反射下对称的 354 个类，以及在对角线反射下对称的 41 个类. 以下是一些典型的对称例子.

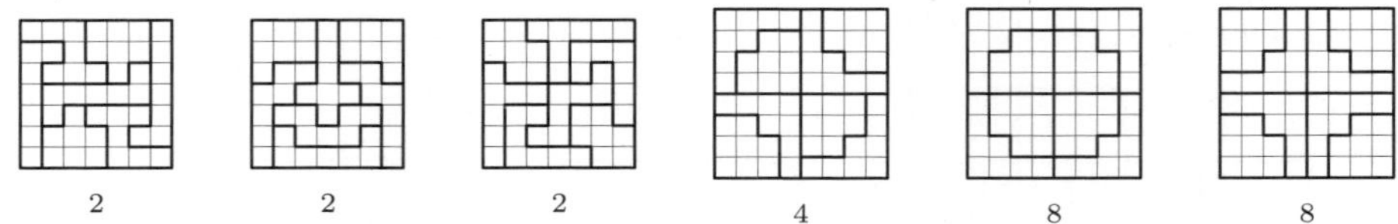

[对于稍大一些的 n 值，生成所有对称解并不难. 在上面显示的 $n = 8$ 的 3 个类中，有超过两种对称性. 而在 $n = 9$ 的情况下，除了标准数独宫格，还有两个图案具有 8 重对称性：参见图 A–2(b) 和 图 A–2(c)，后者可能被称为风车数独. 有关 $n = 8$ 和 $n = 9$ 的完整计数（允许使用直 n 联骨牌），请参见鲍勃 · 哈里斯 2010 年在 G4G9 上提交的预印本 “Counting nonomino tilings”.]

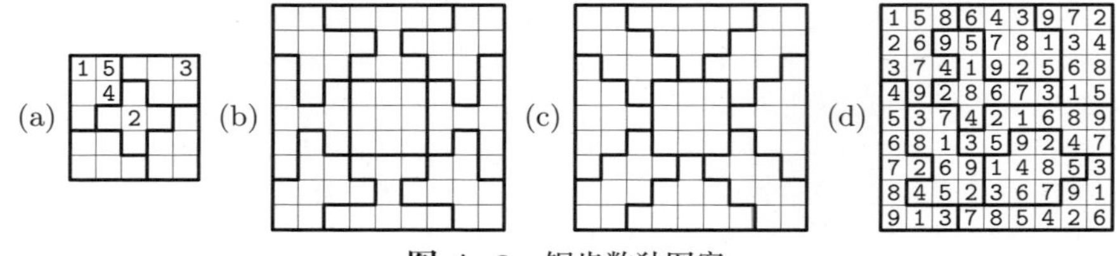

图 A–2 锯齿数独图案

63. 对习题 7.2.2–76 进行简单修改，可以生成具有所需彩虹特性的 3173 个宫. 通过对这 3173 个选项进行精确覆盖问题的计算（经过 1.2 Gμ 的计算），结果显示这些宫可以以 98 556 种方式进行装箱. 如果我们将选项限制在那 3164 个不是数独宫的选项中，那么装箱方式的数量减少到 42 669，其中 24 533 个是合法的. 图 A–2(d) 是一个合法的例子.

64. (a) 当 $n=4$ 时，习题 62 的答案中的 8 个类之一（第 2 个）没有解；另一个类（第 5 个）是无线索的. 当 $n=5$ 时，266 个类中有 8 个没有解；6 个是无线索的. 当 $n=6$ 时，40 237 个类中有 1966 个是无解的，28 个是无线索的.

{ 马克西姆的原始难题出现在《芝加哥地区门萨通讯》上 [*ChiMe* **MM**, 3 (March 2000), 15]. 算法 X 通过一棵含有 40 个结点的搜索树解决了这个问题. 但如果他把 ABCDEF 放在下一行，那么搜索树的大小将达到 215. }

(b)（由鲍勃 · 哈里斯解答）对于 $n=4$ 的无线索拼图可推广到所有更大的 n，比如，$n=7$ 的情况如下所示：首先 $a=3$；因此 $b=3$……从而有 $f=3$. 然后 $g=4$；因此 $h=4$……从而有 $l=4$. 以此类推. 最后，我们知道在哪里放置诸 2 和诸 1.（这个证明表明，对于大于 3 的奇数 n 值，总存在一个 $n\times n$ 无线索拼图数独，其线索完全位于主对角线上. 是否也有适用于偶数 n 值的通用构造方法呢？习题 65 给出了一个 8×8 例子.）

1	2	3	4	5	6	7
			a	g		
				b	h	
					c	i
k						d
f	l					
	e	j				

65. [作者在习题 62 和习题 64 的帮助下设计了这些谜题. 类似的谜题已经被詹姆斯 · 亨利构思出来，详见 *Math. Intelligencer* **38**, 1 (2016), 76–77.]

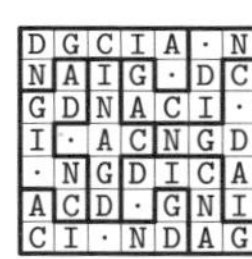
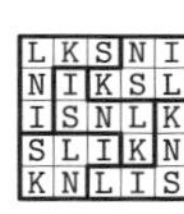

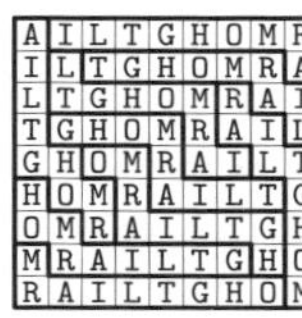

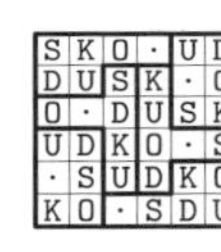
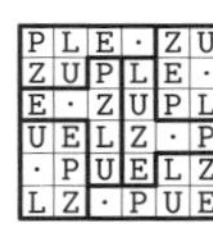

66.（这样的谜题对于人类来说可能太难，但对于算法 C 来说则不然.）通过添加“ij:k”来扩展 729 个选项 (30)，其中，ij 是满足 $0\leqslant i,j<9$ 的新副项. 另外添加 18 个新的主项 k（$1\leqslant k\leqslant 9$）和 s_j（$0\leqslant j<9$），其中，k 表示卡 k，s_j 表示 3×3 数组中的一个槽. 每项 k 有 9 个选项，用于放置它的 9 个槽位. 比如，项 2 的选项为“2 s_0 00:2 11:3 22:4 20:1”“2 s_1 03:2 14:3 25:4 23:1” $\cdots$ “2 s_8 66:2 77:3 88:4 86:1”.

将卡放入插槽的方法有 9! 种. 实际上只有 $9!/(3!\,3!)=10\,080$ 种方法是不同的，原因是行和列可以独立排列，而不改变数独解的数量. 假设卡 c_j 插入插槽 s_j 中；那么，我们可以不失一般性地假设 $c_0=1$ 且 $c_4=\min(c_4,c_5,c_7,c_8)$.（为了合并这些约束，为卡 1 只提供一个选项，为卡 2 ~ 9 只提供 8 个选项；使用 (26) 等排序技巧来确保 $c_4<c_5$、$c_4<c_7$、$c_4<c_8$.）

这样一来，谜题 (i) 只有一个解，而且仅当 $c_0\cdots c_8=192435768$ 时才有解.（该解具有 6 个自同构，自同构的定义见习题 114.）当 $c_0\cdots c_8=149523786$ 时，谜题 (ii) 有唯一解. 当槽位排列为 149325687 时，它还有 10 个数独解. 因此，我们不能使用那种排列.

67. (a)（由安德里斯 · 埃弗特 · 布劳沃解答）这 4 个新宫格也迫使 aaaaaaaaa, $\cdots$, eeeeeeeee 成为彩虹.

e	a	a	a	e	b	b	b	e
c				c				c
c				c				c
c				c				c
e	a	a	a	e	b	b	b	e
d				d				d
d				d				d
d				d				d
e	a	a	a	e	b	b	b	e

(i)

3	2	7	1	5	4	8	6	9
6	1	5	8	2	9	4	7	3
8	9	4	3	7	6	2	1	5
9	6	2	7	1	5	3	8	4
7	4	3	9	8	2	1	5	6
5	8	1	4	6	3	7	9	2
1	3	6	2	9	8	5	4	7
4	7	9	5	3	1	6	2	8
2	5	8	6	4	7	9	3	1

(ii)

3	1	6	8	9	4	7	2	5
5	7	8	3	2	6	4	1	9
4	2	9	5	1	7	3	8	6
7	4	1	6	3	9	2	5	8
2	9	5	7	8	1	6	3	4
8	6	3	4	5	2	9	7	1
9	8	7	1	4	3	5	6	2
6	5	2	9	7	8	1	4	3
1	3	4	2	6	5	8	9	7

(b) 对于 $0\leqslant y<9$ 和 $1\leqslant k\leqslant 9$，引入新的主项 b'_{yk}. 假定 τ 是排列 (03)(12)(58)(67)，对于 $y=3\lfloor i\tau/3\rfloor+\lfloor j\tau/3\rfloor$，将 b'_{yk} 添加到选项 (30) 中.

(c) 由于仅在 $y\in\{0,2,6,8\}$ 时考虑项 b'_{yk}，因此对于 (i)，算法 X 的搜索树从 77 个结点增长到 231 个结点；对于 (ii)，算法 X 的搜索树从 151 个结点增长到 708 个结点.

（谜题 (ii) 是布劳沃构建的一个有 11 条线索的示例的变体. 对于超级数独，所需的最小线索数是未知的.）

(d) 正确.（这是 (b) 中的排列 τ，应用于行和列.）

68. (a) 一个简单的回溯程序生成所有凸 n 联骨牌，其顶部单元格位于第 0 行，最左侧单元格位于第 0 列.［对于 $1 \leqslant n \leqslant 7$，这个问题分别有 (1, 2, 6, 19, 59, 176, 502) 个解；关于生成函数，参见米雷耶 · 布斯凯-梅卢和让-马克 · 费杜，*Discrete Math.* **137** (1995), 53–75.］将结果 (1, 4, 22, 113, 523, 2196, 8438) 放入 $n \times n$ 盒子中会产生精确覆盖问题，如习题 62 的答案所示. 考虑到对称性，当 $n = 2$ 时，我们找到 $1 \times (8/4) = 2$ 个图案；当 $n = 3$ 时，有 $1 \times (8/1) + 1 \times (8/4) = 10$ 个图案；当 $n = 4$ 时，有 $10 \times (8/1) + 7 \times (8/2) + 4 \times (8/4) + 1 \times (8/8) = 117$ 个图案；当 $n = 5$ 时，有 $355\times(8/1)+15\times(8/2)+4\times(8/4) = 2908$ 个图案；当 $n = 6$ 时，有 $20\,154\times(8/1)+342\times(8/2)+8\times(8/4) = 162\,616$ 个图案；当 $n = 7$ 时，有 $2\,272\,821 \times (8/1) + 1181 \times (8/2) + 5 \times (8/4) = 18\,187\,302$ 个图案.（习题 62 有不同的结果，因为它不允许使用直 n 联骨牌.）

(b) 有 325 块这样的九联骨牌与第 0 行和第 0 列相接，导致了 12 097 种放置方式，以及 $1\,014\,148 \times (8/1) + 119 \times (8/2) + 24 \times (8/4) + 1 \times (8/8) = 8\,113\,709$ 个图案. 如果我们排除 3×3 九联骨牌和它的 49 种放置方式，那么图案数量会减少到 $675\,797 \times (8/1) = 5\,406\,376$.

（凸多联骨牌由克拉尔纳和李维斯特提出，见习题 303 的答案.）

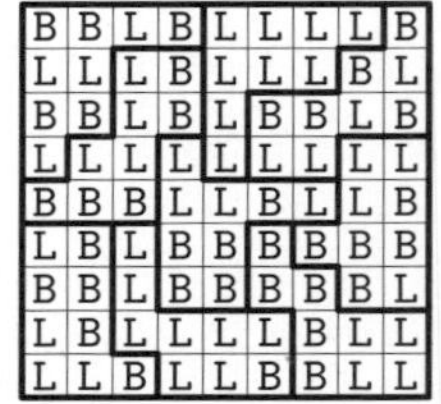

69. 假设“N_k”是一个合适的九联骨牌布局，有 k 个 B 和 $9-k$ 个 L. 只有两种情况让 B 获得 7 次胜利：1 个 N_6、6 个 N_5、2 个 N_0；7 个 N_5、1 个 N_1、1 个 N_0. 对于给定的投票模式，选项 N_6, N_5, N_1, N_0 分别有 $(1467, 2362, 163, 2)$ 个. 算法 M 提供所需的多重性. 经过 12 Mμ 的计算，我们发现第一种情况没有解，但第二种情况有 60 个解，其中之一如右图所示.

（当然，作者并不推荐这样的秘密协议. 重点是，不公平的选区划分很容易实现，但很难被检测. 事实上，对于 1000 个随机选民模式的测试，每个模式在 9 个标准的 3×3 区划中都有 5/4 的分布，其中包括 696 种情况，可以通过只使用适应 5×5 的凸九联骨牌来将其选区划分为 7 个大端区块. 有 8 种情况还可以实现 4×4 的适配.）

［使用现实数据的类似研究可以追溯到罗伯特 · 肖恩 · 加芬克尔的博士论文 *Optimal Political Districting*（巴尔的摩：约翰斯 · 霍普金斯大学，1968 年）.］

70. 在 (a) 中，有 4 块发生变化；在 (b) 中，解是唯一的.

(a) 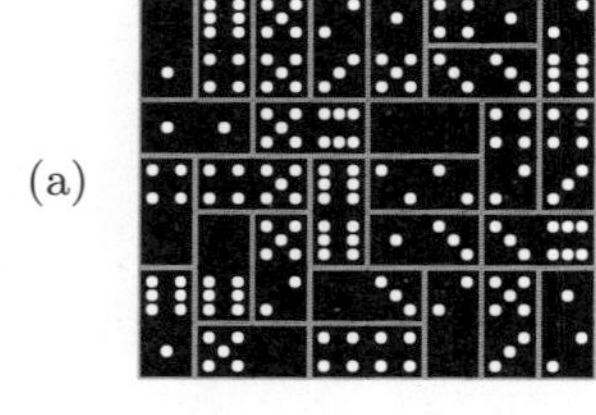　(b) 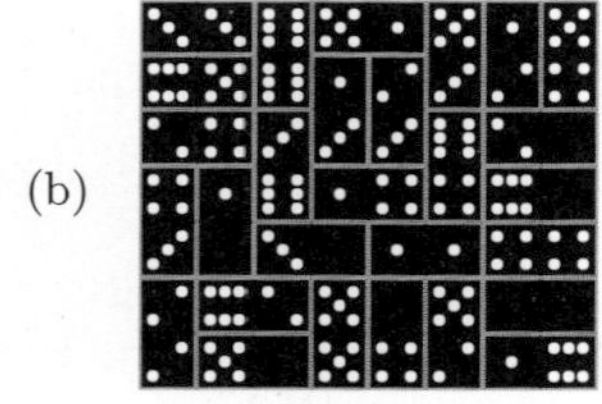

请注意，当多米诺骨牌纵向放置时，斑点图案 、 和 会发生旋转. 这些视觉线索本应消除 (a) 的歧义，但在矩阵中并没有显示出来.

｛多米诺萨是由奥斯卡 · 萨穆埃尔 · 阿德勒发明的［帝国专利第 71539 号（1893 年）. 请参见他与弗里茨 · 雅恩合著的小册子 *Sperr-Domino und Dominosa* (1912), 23–64］. 早期，爱德华 · 卢卡斯和亨利 · 德拉努瓦也研究过类似的“夸德里尔①牌戏”问题. 请参见卢卡斯的 *Récréations Mathématiques* **2** (1883), 52–63；韦德 · 菲尔波特，*JRM* **4** (1971), 229–243.｝

71. 定义 28 个顶点 Dxy，其中 $0 \leqslant x \leqslant y \leqslant 6$；定义 28 个顶点 ij，其中 $0 \leqslant i < 7$，$0 \leqslant j < 8$，并且 $i + j$ 为偶数；还定义 28 个类似的顶点 ij，其中 $i + j$ 为奇数. 该匹配问题包含 49 个形式为 $\{\mathrm{D}xy, ij, i(j{+}1)\}$ 的三元组，其中 $0 \leqslant i, j < 7$，以及 48 个形式为 $\{\mathrm{D}xy, ij, (i{+}1)j\}$ 的三元组，其中 $0 \leqslant i < 6$ 且 $0 \leqslant j < 8$，对应潜在的横向或纵向放置方式. 比如，对于习题 70(a)，三元组包括 $\{\mathrm{D}06, 00, 01\}$, $\{\mathrm{D}56, 01, 02\}$, $\cdots$, $\{\mathrm{D}23, 66, 67\}$；$\{\mathrm{D}01, 00, 10\}$, $\{\mathrm{D}46, 01, 11\}$, $\cdots$, $\{\mathrm{D}12, 57, 67\}$.

① 夸德里尔（quadrille）是一款四人用 40 张纸牌玩的游戏，在 18 世纪和 19 世纪流行于法国和英国. ——编者注

72. 模型 (i) 有 $M = 56!/8!^7 \approx 4.10 \times 10^{42}$ 种概率相等的情况；模型 (ii) 有 $N = 1\,292\,697 \times 28! \times 2^{21} \approx 8.27 \times 10^{41}$ 种，因为有 1 292 697 种方法将 28 块多米诺骨牌放入一个 7×8 框架中（算法 X 将快速列出所有可能的情况）. 因此，模型 (i) 中每次尝试的预期解数为 $N/M \approx 0.201$.

对模型 (i) 进行一万次随机试验，给出 216 种情况至少有一个解，其中 26 种情况有唯一解. 解的总数 $\sum x$ 为 2256；$\sum x^2 = 95\,918$ 表明存在一个重尾分布，其经验标准差约为 3.1. 总运行时间约为 250 Mμ.

对模型 (ii) 进行一万次随机试验，随机选择预先计算的 1 292 697 种填充方法，给出 106 种情况有唯一解；一种情况有 2652 个解！这里，$\sum x = 508\,506$ 且 $\sum x^2 = 144\,119\,964$，表明每次试验的经验均值约为 51 个解，标准差约为 109. 总运行时间约为 650 Mμ.

73. 从 06151146/66611014/56132144/55326224/53632022/34300525/33040054 中，我们得到 807 752 个解，这是目前的记录. 这个数组是赫尔曼 · 冈萨雷斯-莫里斯于 2023 年根据迈克尔 · 凯勒之前的研究发现的，它具有令人惊讶的特性，即每个候选位置至少出现在 35 082 个解中！

74. 获取候选数组的一种方法是构思一个 MCC 问题：给定习题 72 的答案中的 1 292 697 个匹配结果之一，让选项为“P_{uv} xy t_u:x t_v:y”“P_{uv} xy t_u:y t_v:x”，其中，uv 在匹配结果中，以及“Q_{uv} D_{xy} t_u:x t_v:y”“Q_{uv} D_{xy} t_u:y t_v:x”，其中，uv 不在匹配结果中；这里 $0 \leqslant x \leqslant y \leqslant 6$，当 $x = y$ 时省略重复选项. 给每个 D_{xy} 赋予重数 3. 此外，添加 28 个额外选项“# D_{xy}”，其中，# 的重数为 15（因为 15 对 xy 应该只有两次虚假出现）.

为了好玩，作者为匹配选择了一个榻榻米平铺（参见习题 7.1.4–215），并在应用算法 M 的非敏锐变体时，通过类似习题 31 中的随机化方法，每 70 Mμ 左右获得一个候选数组. 令人惊讶的是，前 10 000 个候选数组产生了 2731 个解，其中最难的解是 15133034/21446115/22056105/65460423/22465553/61102332/63600044，它的搜索树有 572 个结点.

75. (a) $(x \circ y) \circ x = (x \circ y) \circ (y \circ (x \circ y)) = y$.

(b) 这 5 个表都是合法的.（最后两个是摸索表，因为在每种情况下，对于 $0 \leqslant t < 4$ 都有 $f(t+f(t)) = t$. 如果我们交换任意两个元素，那么它们是同构的. 如果我们交换 $1 \leftrightarrow 2$，则第 3 个与第 2 个同构. 有 18 个阶数为 4 的摸索表，其中有 (4, 12, 2) 个与习题中显示的第 1 个、第 3 个和最后一个表同构.）

(c) 比如，令 $x \circ y = (-x - y) \bmod n$.（更一般地说，如果 G 是任意群，且 $\alpha \in G$ 满足 $\alpha^2 = 1$，那么我们可以令 $x \circ y = \alpha x^- \alpha y^- \alpha$. 如果 G 是交换群，且 $\alpha \in G$ 是任意的，那么我们可以令 $x \circ y = x^- y^- \alpha$.）

(d) 对于精确覆盖类型 (i) 的每个选项，定义 $x \circ x = x$；对于类型 (ii) 的每个选项，定义 $x \circ x = y$，$x \circ y = y \circ x = x$；对于类型 (iii) 的每个选项，定义 $x \circ y = z$，$y \circ z = x$，$z \circ x = y$. 反过来，每个摸索表都会以这种方式产生精确覆盖.

(e) 这样的摸索涵盖了 n^2 项，其 k 个选项的大小为 1，所有其他选项的大小为 3.［弗兰克 · 欧内斯特 · 本内特在 *Discrete Mathematics* **24** (1978) 第 139 ~ 146 页中证明，对于所有满足 $0 \leqslant k \leqslant n$ 且 $k \equiv n^2 \pmod 3$ 的 k，除了 $k = n = 6$，这种摸索都存在.］

注意：恒等式 $x \circ (y \circ x) = y$ 似乎首次由恩斯特 · 施勒德在 *Math. Annalen* **10** (1876) 第 289 ~ 317 页中考虑过［参见第 306 页中的“(C_0)”］，但他没有深入研究. 1968 年，在加州理工学院数学专业大二学生的一个班上，作者定义了摸索，并要求学生通过与群论的类比来发现和证明尽可能多的定理. 这个想法旨在“摸索结果”. 在现代官方术语中，用于描述摸索（grope）这一概念的是在英文中真正难以发音的半对称拟群（semisymmetric quasigroup）. 詹姆斯 · 韦尔登 · 坎农在 *Bull. Amer. Math. Soc.* **84** (1978) 第 832 ~ 866 页中把一种完全不同的“摸索”引入了拓扑流形理论.

76. (a) 消除 xx 的 n 项；仅使用类型 (iii) 的 $2\binom{n}{3}$ 个选项，其中 $y \neq z$.（幂等摸索等同于“门德尔松三元组”，它是 $n(n-1)/3$ 个三循环 (xyz) 的族，包括不同元素的每个有序对.）在 *Computers in Number Theory* (New York: Academic Press, 1971) 第 323 ~ 338 页中，内森 · 索尔 · 门德尔松证明了，对于除 $n = 6$ 外的所有 $n \not\equiv 2 \pmod 3$，此类系统都存在.

(b) 仅使用 $\binom{n+1}{2}$ 项 xy，其中 $0 \leqslant x \leqslant y < n$；用“$xx$ xy”和“xy yy”替换类型 (ii) 的选项，其中 $0 \leqslant x < y < n$；用“xy xz yz”替换类型 (iii) 的选项，其中 $0 \leqslant x < y < z < n$.（施勒德的“$(C_1)$”和“$(C_2)$”这样的系统被称为全对称拟群，参见舍曼 · 科帕尔德 · 斯坦，*Trans. Amer. Math. Soc.* **85** (1957), 228–256, §8. 如果是幂等的，则它们等同于施泰纳三元系.）

(c) 省略 $x=0$ 或 $y=0$ 的项. 仅使用类型 (iii) 的 $2\binom{n-1}{3}$ 个选项，其中，$1 \leqslant x < y, z < n$ 且 $y \neq z$.（事实上，这样的系统等同于在元素 $\{1, \cdots, n-1\}$ 上的幂等摸索.）

77. 对于 G 和 H 中的每个顶点，使用主项 v 和 v'；对于 G 中的每对边 e 和 e' 以及 H 的补集中的每对非边 e 和 e'，使用副项 ee'. 共有 n^2 个选项，即 “$v\ v' \bigcup_{e(v),e'(v')} e(v)e'(v')$”，其中，$e(v)$ 的变化范围是 G 中的所有边 $v — u$，而 $e'(v')$ 的变化范围是 H 中的所有非边 $v' \not— u'$.（该题的解是顶点的一对一匹配 $v \longleftrightarrow v'$，使得 $u — v$ 蕴涵 $u' — v'$.）

78. 比如，CATALANDAUBOREL, GRAMARKOFFKNOPP, ABELWEIERSTRASS, BERTRANDHERMITE, CANTORFROBENIUS, GLAISHERHURWITZ, HADAMARDHILBERT, HENSELKIRCHHOFF, JENSENSYLVESTER, MELLINSTIELTJES, NETTORUNGESTERN, MINKOWSKIPERRON.

79. 在一个 $n \times n$ 单词搜索数组中，每个 k 字母单词会生成 $(n+1-k) \times n \times 4$ 个纵向/横向选项和 $(n+1-k)^2 \times 4$ 个对角线选项. 因此答案是 $(2, 5, 6, 5, 3, 5, 0, 1) \cdot (1296, 1144, 1000, 864, 736, 616, 504, 400) = 24\,320$.

80. 项 q 在第 0 层被选择，尝试选项 $x_0 = 8$，“q x y:A p”. 我们首先覆盖 q，然后覆盖 x，接着将 y 纯化为颜色 A，并覆盖 p；但在第 1 层，我们发现项 r 的列表是空的. 因此，我们回溯：取消覆盖 p，取消纯化 y，取消覆盖 x，然后尝试选项 $x_0 = 20$，“q x:A”，因此将 x 纯化为颜色 A. 这次在第 1 层，我们尝试 $x_1 = 12$，“p r x:A y”. 这导致我们首先覆盖 p，然后覆盖 r，接着（由于 x 已经纯化）覆盖 y. 在第 2 层，我们发现找到了一个解. 以下是内存中的内容.

i:	0	1	2	3	4	5	6
NAME(i):	—	p	q	r	x	y	—
LLINK(i):	0	0	1	0	6	4	4
RLINK(i):	0	3	3	0	6	6	4
x:	0	1	2	3	4	5	6
LEN(x), TOP(x):	—	1	2	1	2	0	0
ULINK(x):	—	12	20	23	18	5	—
DLINK(x):	—	12	8	23	14	5	10
COLOR(x):	—	—	—	—	—	—	0
x:	7	8	9	10	11	12	13
TOP(x):	1	2	4	5	−1	1	3
ULINK(x):	1	2	4	5	7	1	3
DLINK(x):	12	20	14	15	15	1	23
COLOR(x):	0	0	0	A	0	0	0
x:	14	15	16	17	18	19	20
TOP(x):	4	5	−2	1	4	−3	2
ULINK(x):	4	5	12	12	14	17	8
DLINK(x):	18	24	18	1	4	21	2
COLOR(x):	−1	0	0	0	B	0	0
x:	21	22	23	24	25		
TOP(x):	4	−4	3	5	−5		
ULINK(x):	18	20	3	5	23		
DLINK(x):	4	24	3	5	—		
COLOR(x):	A	0	0	B	0		

81. 如果 TOP 和 COLOR 存储在同一个八字节中（以便只需读取其中一个就能读取两者），那么这几乎正确. 唯一的区别在于处理输入时，因为算法 X 没有 COLOR 字段需要初始化，而算法 C 则将其归零.

82. 正确. 副项的 LEN 字段不影响计算.

83. 在步骤 C6 因 $l=0$ 而置 $i \leftarrow$ TOP(x_0) 之前，令结点 x 为 x_0 的选项右侧的间隔符，并置 $j \leftarrow$ TOP($x-1$). 如果 $j > N_1$（x_0 的选项以副项 j 结束），并且 COLOR($x-1$) $= 0$，则执行 cover(j).

84. 让 CUTOFF（初始值为 ∞）指向迄今为止找到的最佳解的末尾的间隔符．我们所做的基本上就是移除所有大于 CUTOFF 的结点，不再进一步考虑它们．

每当找到一个解时，让结点 PP 成为选项末尾的间隔符，其中 $x_k = \max(x_0, \cdots, x_{l-1})$．如果 PP $\neq$ CUTOFF，则置 CUTOFF $\leftarrow$ PP，并且对于 $0 \leqslant k < l$，从 TOP(x_k) 的列表中移除所有大于 CUTOFF 的结点（由于列表已排序，因此这很容易实现）．极小极大解遵循对 CUTOFF 的最后更改．

开始子例程 uncover$'(i)$ 时，从项 i 的列表中移除所有大于 CUTOFF 的结点．在 unhide$'(p)$ 中置 $d \leftarrow$ DLINK(q) 后，如果 $d >$ CUTOFF，则置 DLINK$(q) \leftarrow d \leftarrow x$．对子例程 unpurify$(p)$ 也进行相同的修改．

微妙的一点：假设我们正在取消覆盖项 i 并遇到一个应该恢复到项 j 的选项"$i\ j \cdots$"；假设该选项对于项 j 的原始后继"$j\ a \cdots$"位于截断以下．我们知道"$j\ a \cdots$"至少包含一个主项，并且在改变截断之前，每个主项都已被覆盖．因此"$j\ a \cdots$"*没有*被恢复，我们无须担心将其移除．我们只需按照上述说明更正 DLINK 即可．

85. 现在令 CUTOFF 为紧邻已知最佳解前的间隔符．在重置 CUTOFF 时，回溯到第 $k-1$ 层，其中，x_k 最大化 $\{x_0, \cdots, x_{l-1}\}$．

86. 以下步骤还估算了搜索树的轮廓．运行时间以"更新"和"清理"为单位进行估计．用户指定一个随机种子和所需的试验次数．最终的估算结果是每次试验中（无偏）估算结果的平均值．这里我们仅说明如何进行一次试验．

在步骤 C1 中，也置 $D \leftarrow 1$．

在步骤 C2 中，估计搜索树在第 l 层有 D 个结点．如果 RLINK$(0) = 0$，也估计有 D 个解．

在步骤 C3 中，令 θ 为所选项 i 的列表中的选项数量．如果 $\theta = 0$，则估计有 0 个解，并跳转至 C7．

在步骤 C4 结束时，令 k 在 $[0\,..\,\theta-1]$ 上均匀地随机取值；然后置 $x_l \leftarrow$ DLINK(x_l)，执行 k 次．

在步骤 C5 结束时，紧邻置 $l \leftarrow l+1$ 前，假设刚刚进行了 U 次更新和 C 次清理．（"更新"发生在"cover"置 LLINK(r) 或"hide"置 ULINK(d) 时．"清理"发生在"commit"调用"purify"或"purify"置 COLOR$(q) \leftarrow -1$ 时．）估计第 l 层进行 $D(U' + \theta \cdot U)$ 次更新和 DC 次清理，其中，U' 是刚刚在步骤 C4 中完成的更新次数．然后置 $D \leftarrow \theta \cdot D$．

步骤 C6 现在应该什么都不做．步骤 C7 和步骤 C8 保持不变．

在算法终止时，所有数据结构将已被恢复到其原始状态，准备进行另一次随机试验．这些步骤将估计每一层的结点数、更新数和清理数．将这些估计数相加，以得到结点数、更新数和清理数的总估计数．

87. 使用 $2n$ 个主项 a_i 和 d_j 分别表示"横向"和"纵向"的单词，以及 n^2 个副项 ij 表示各个单元格．同时，使用 W 个副项 w，每个副项对应一个合法单词．XCC 问题有 $2Wn$ 个选项，即"$a_i\ i1{:}c_1 \cdots in{:}c_n\ c_1 \cdots c_n$"和"$d_j\ 1j{:}c_1 \cdots nj{:}c_n\ c_1 \cdots c_n$"，其中 $1 \leqslant i, j \leqslant n$，以及每个合法单词 $c_1 \cdots c_n$．（参见 (110)．）

我们可以引入 W 个额外的副项 w@，并在每个 a_1 和 d_1 的选项的右侧附加 $c_1 \cdots c_n$@，避免同时存在一个解及其转置．那么，算法 C 在习题 83 中的变体永远不会选择单词 d_1，表明它已经尝试过 a_1．（想一想．）

但这种结构并不是舞蹈链的胜利，因为它会导致大量数据进出活动结构．比如，对于 WORDS(5757) 的五字母单词，它正确地找到了所有 323 264 个双重词方，但运行时间是 15 万亿次内存访问！习题 7.2.2–28 的算法要快得多，它只需要 460 亿次内存访问就可以发现所有 1 787 056 个不受限制的词方．在这些解中很容易识别出双重词方．

88. 可以进行二分查找，尝试不同的 W 值．但最佳方法是使用习题 87 中的构造方法，结合算法 C 在习题 84 中的极小极大变体．当最常见的单词选项首先出现时，这种方法的效果非常好．

确实，这种方法找到了双重词方"BLAST|EARTH|ANGER|SCOPE|TENSE"，并在仅 64 Gμ 的时间内证明它是最佳的，几乎与习题 7.2.2–28 中的专门方法一样快．（该词方在其第 3 列包含 ARGON，它在最常见的五字母单词中排在第 1720 位；次优的词方使用 PEERS，排在第 1800 位．）

89. 习题 88 中的“极小极大”方法分别在 200 Kμ、15 Mμ、450 Mμ、25 Gμ、25.6 Tμ 的时间内找到了

IS	MAY	SHOW	START	CHESTS	HERTZES
TO	AGE	NONE	THREE	LUSTRE	OPERATE
	NOT	OPEN	ROOFS	OBTAIN	MIMICAL
		WEST	ASSET	ARENAS	ACERATE
			PEERS	CIRCLE	GENETIC
				ASSESS	ENDMOST
					RESENTS

中的前 5 个词方. 它在寻找最佳的 6×6 词方时遇到了困难，原因是搜索中切断的单词太少；而在 24 000 个七字母单词中，它表现得非常糟糕，原因是这些单词只产生了 7 个极端奇特的解. 对于这些长度，最好舍弃通过习题 7.2.2–28 的方法在 4.6 Tμ 和 8.7 Tμ 内找到的 2 038 753 个和 14 513 个无限制的词方.

90. XCC 问题的处理效果很好，如习题 88 的答案所示：最终单词有 $2p$ 个主项 a_i 和 d_i，以及用于单元格和潜在单词的 $pn+W$ 个副项 ij 和 w，其中，$0\leqslant i<p$ 且 $1\leqslant j\leqslant n$. 横向的 Wp 个选项是“a_i $i1{:}c_1$ $i2{:}c_2$ $\cdots$ $in{:}c_n$ $c_1\cdots c_n$”. 纵向的 Wp 个选项是“d_i $i1{:}c_1$ $((i+1)\bmod p)2{:}c_2$ $\cdots$ $((i+n-1)\bmod p)n{:}c_n$ $c_1\cdots c_n$”，适用于左倾斜词梯；“d_i $i1{:}c_n$ $((i+1)\bmod p)2{:}c_{n-1}$ $\cdots$ $((i+n-1)\bmod p)n{:}c_1$ $c_1\cdots c_n$”，适用于右倾斜词梯. 在习题 83 中对算法 C 的修改节省了 $2p$ 的因子；而习题 84 中的极小极大变体迅速找到了最优解.

对于 $p=1$，没有左倾斜词梯，因为我们需要两个不同的单词. 对于 $2\leqslant p\leqslant 10$ 的左倾斜词梯，获胜者是：“WRITE|WHOLE”“MAKES|LIVED|WAXES”“THERE|SHARE|WHOLE|WHOSE”“STOOD|THANK|SHARE|SHIPS|STORE”“WHERE|SHEEP|SMALL|STILL|WHOLE|SHARE”“MAKES|BASED|TIRED|WORKS|LANDS|LIVES|GIVES”“WATER|MAKES|LOVED|GIVEN|LAKES|BASED|NOTES|TONES”“WHERE|SHEET|STILL|SHALL|WHITE|SHAPE|STARS|WHOLE|SHORE”“THERE|SHOES|SHIRT|STONE|SHOOK|START|WHILE|SHELL|STEEL|SHARP”. 它们都属于 WORDS(500)，只不过对于 $p=8$，需要 WORDS(504) 来包含单词 NOTED.

对于右倾斜词梯，获胜者有更多的种类：“SPOTS”“STALL|SPIES”“STOOD|HOLES|LEAPS”“MIXED|TEARS|SLEPT|SALAD”“YEARS|STEAM|SALES|MARKS|DRIED”“STEPS|SEALS|DRAWS|KNOTS|TRAPS|DROPS”“TRIED|FEARS|SLIPS|SEAMS|DRAWS|ERECT|TEARS”“YEARS|STOPS|HOOKS|FRIED|TEARS|SLANT|SWORD|SWEEP”“START|SPEAR|SALES|TESTS|STEER|SPEAK|SKIES|SLEPT|SPORT”“YEARS|STOCK|HORNS|FUELS|BEETS|SPEED|TEARS|PLANT|SWORD|SWEEP”. 除了 p 为 2 或 3，它们都属于 WORDS(1300).

［与左倾斜词梯等效的排列在美国被引入，名为“鲜花力量”（Flower Power），由威廉 · 肖茨在 *Classic Crossword Puzzles* (Penny Press, February 1976) 中提出，基于 *La Settimana Enigmistica* 中的意大利字谜“同心十字”（Incroci Concentrici）. 随后不久，在 *GAMES* 杂志上，当 $p=16$ 时，他称它们为“花瓣推进器”（Petal Pushers），通常基于六字母单词，偶尔会延伸到七字母单词. 与右倾斜的种类相比，左倾斜词梯更常见，原因是后者将单词末尾与单词开头的字母统计量混合在一起. ］

91. 考虑所有可能出现在右倾斜词梯中的五字母单词的核 $c_1\cdots c_{14}$，如右图所示. 仅在给定的单词集合满足以下条件时才会出现这样的核：存在字母 $x_1\cdots x_{12}$，使得 $x_3x_4x_5c_2c_3$、$c_4c_5c_6c_7c_8$、$c_9c_{10}c_{11}c_{12}x_6$、$c_{13}c_{14}x_7x_8x_9$、$x_1x_2x_5c_5c_9$、$c_1c_2c_6c_{10}c_{13}$、$c_3c_7c_{11}c_{14}x_{10}$、$c_8c_{12}x_7x_{11}x_{12}$ 都在该集合中. 因此，很容易构建一个 XCC 问题以找到核的多重集，然后我们可以提取出一组不同的核.

$$\begin{array}{cccccccc}
 & & x_1 & & & & & \\
 & & x_2 & c_1 & & & & \\
x_3 & x_4 & x_5 & c_2 & c_3 & & & \\
 & c_4 & c_5 & c_6 & c_7 & c_8 & & \\
 & & c_9 & c_{10} & c_{11} & c_{12} & x_6 & \\
 & & & c_{13} & c_{14} & x_7 & x_8 & x_9 \\
 & & & & x_{10} & x_{11} & & \\
 & & & & & x_{12} & &
\end{array}$$

构造有向图，其弧为核，其顶点为当核 $c_1\cdots c_{14}$ 被视为转移

$$c_1c_2c_3c_4c_5c_6c_7c_9c_{10}\ \rightarrow\ c_3c_7c_8c_9c_{10}c_{11}c_{12}c_{13}c_{14}$$

时出现的九元组. 这个转移会为词梯贡献两个单词：$c_4c_5c_6c_7c_8$ 和 $c_1c_2c_6c_{10}c_{13}$. 确实，周期为 p 的右倾斜词梯恰好是该有向图中的 p 循环，其中 $2p$ 个单词是不同的.

现在我们可以解决这个问题，前提是图不太大. 比如，WORDS(1000) 导致一个有 180 524 条弧和 96 677 个顶点的有向图. 由于只关心这个（非常稀疏的）有向图的有向循环，因此我们可以通过仅查看最大的诱导子图来大幅简化它，其中，每个顶点都具有正入度和正出度.（习题 7.1.4–234 进行了类似的简化.）哇，那个子图只有 30 个顶点和 34 条弧！因此，它是完全可以理解的. 我们迅速得出结论：属于

WORDS(1000) 的最长右倾斜词梯具有 $p=5$. 我们在习题 90 的答案中直接找到了这个词梯，它对应于循环

SEDYEARST → DRSSTEASA → SAMSALEMA → MESMARKDR → SKSDRIEYE → SEDYEARST.

类似的方法也适用于左倾斜词梯，但核配置从左到右反射. 转移贡献的单词是 $c_8c_7c_6c_5c_4$ 和 $c_1c_2c_6c_{10}c_{13}$. WORDS(500) 的有向图原来有 136 771 条弧和 74 568 个顶点；这次在简化后，剩下 6280 个顶点和 13 677 条弧. 因为每个循环都属于一个强连通分量，所以将图分解成强连通分量使任务变得更简单. 不过，我们仍然卡在一个具有 6150 个顶点和 12 050 条弧的巨大分量中.

解决方法是按照以下步骤重复简化当前子图：找到一个出度为 1 的顶点 v；回溯以发现一条简单路径，从 v 开始，该路径只贡献不同的单词；如果没有这样的路径（通常情况下是没有的，并且搜索通常会很快终止），则从图中移除 v 并再次简化它.

使用这种方法，可以快速显示 WORDS(500) 中最佳左倾斜词梯的周期长度为 36："SHARE|SPENT|SPEED|WHEAT|THANK|CHILD|SHELL|SHORE|STORE|STOOD|CHART|GLORY|FLOWS|CLASS|NOISE|GAMES|TIMES|MOVES|BONES|WAVES|GASES|FIXED|TIRED|FEELS|WALLS|WORLD|ROOMS|WORDS|DOORS|PARTY|WANTS|WHICH|WHERE|SHOES|STILL|STATE"，以及 36 个其他向下的单词. 顺便说一句，GLORY 和 FLOWS 的排位分别为 496 和 498，因此它们正好进入 WORDS(500).

较大的 W 值，可能导致 WORDS(W) 中出现相当长的周期. 发现这样的 W 值并不容易，但搜索无疑会很有启发性.

92. 使用 $3p$ 个主项 a_i、b_i、d_i 作为最终的单词；使用 $pn+2W$ 个副项 ij、w、w@ 分别表示单元格和潜在单词，其中，$0\leqslant i<p$ 且 $1\leqslant j\leqslant n$（与习题 90 的答案中的类似）. 横向的 Wp 个选项为"a_i $i1{:}c_1$ $i2{:}c_2$ $\cdots$ $in{:}c_n$ $c_1\cdots c_n$ $c_1\cdots c_n$@". 纵向的每一种方式有 $2Wp$ 个选项，分别为"b_i $i1{:}c_1$ $((i+1)\bmod p)2{:}c_2$ $\cdots$ $((i+n-1)\bmod p)n{:}c_n$ $c_1\cdots c_n$"和"d_i $i1{:}c_n$ $((i+1)\bmod p)2{:}c_{n-1}$ $\cdots$ $((i+n-1)\bmod p)n{:}c_1$ $c_1\cdots c_n$". a_i 选项右侧的项 w@ 帮助我们节省了一个因子 p.

使用算法 C（修改版）. 我们不能让 p 为 1. 然后是"SPEND|SPIES""WAVES|LINED|LEPER""LOOPS|POUTS|TROTS|TOONS""SPOOL|STROP|STAID|SNORT|SNOOT""DIMES|MULES|RIPER|SIRED|AIDED|FINED""MILES|LINTS|CARES|LAMED|PIPED|SANER|LIVER""SUPER|ROVED|TILED|LICIT|CODED|ROPED|TIMED|DOMED""FORTH|LURES|MIRES|POLLS|SLATS|SPOTS|SOAPS|PLOTS|LOOTS""TIMES|FUROR|RUNES|MIMED|CAPED|PACED|LAVER|FINES|LIMED|MIRES".（$p\geqslant 8$ 时需要进行长时间计算.）

93. 现在 $p\leqslant 2$ 是不可能的. 类似前面的构建方式再次使我们能够节省一个因子 p.（还有顶部/底部的对称性，但利用起来会稍微困难一些.）例子相对容易找到，获胜者是："MILES|GALLS|BULLS""FIRES|PONDS|WALKS|LOCKS""LIVES|FIRED|DIKES|WAVED|TIRES""BIRDS|MARKS|POLES|WAVES|WINES|FONTS""LIKED|WARES|MINES|WINDS|MALES|LOVES|FIVES""WAXES|SITES|MINED|BOXES|CAVES|TALES|WIRED|MALES""CENTS|HOLDS|BOILS|BALLS|MALES|WINES|FINDS|LORDS|CARES""LOOKS|ROADS|BEATS|BEADS|HOLDS|COOLS|FOLKS|WINES|GASES|BOLTS".［1975 年，哈里 · 马修斯引入了此类模式，他给出四字母示例"TINE|SALE|MALE|VINE". 参见哈里 · 马修斯和阿拉斯泰尔 · 布罗奇，*Oulipo Compendium* (London: Atlas, 1998), 180–181. ］

94. 构建一个 XCC 问题，包含满足 $0\leqslant k<16$ 的主项 k、p_k 和副项 x_k，以及满足 $0\leqslant j,k<16$（其中 $j=(abcd)_2$）的选项"j p_k $x_k{:}a$ $x_{(k+1)\bmod 16}{:}b$ $x_{(k+3)\bmod 16}{:}c$ $x_{(k+4)\bmod 16}{:}d$". 解（0000011010111011）基本上是唯一的（除了循环排列、反射和互补）.［参见卡米耶 · 弗莱 · 圣马里，L'*Intermédiaire des Mathématiciens* **3** (1896), 155–161. ］

95. 使用 $2m$ 个主项 a_k、b_k 和 m 个副项 x_k，其中 $0\leqslant k<m$. 定义大小为 $2+n$ 的 m^2 个选项，即"a_j b_k $x_j{:}t_1$ $x_{(j+1)\bmod m}{:}t_2$ $\cdots$ $x_{(j+n-1)\bmod m}{:}t_n$"，其中，$t_1t_2\cdots t_n$ 是我们感兴趣的第 k 个二元向量. 然而，通过省略 $j=0$ 且 $k>0$ 的选项和 $j>0$ 且 $k=0$ 的选项，可以节省一个因子 m.

情形 (7,0,3) 有 137 216 个解，耗时 8.5×10^9 次内存访问；情形 (7,3,4) 有 41 280 个解，耗时 3.2×10^9 次内存访问.［我们可以将项 b_k 设置为副项而非主项. 这会使搜索树稍微变大. 但实际上，这样做可以节省一些时间，因为 MRV 启发法导致在 a_j 上进行分支并保持良好的焦点；当 b_k 不是主项时，计

算该启发法的时间较短．另一种选择是将项 a_k 设置为副项（甚至完全省略它们，效果相同）．但那将是一场灾难！举例来说，因为失去了焦点，情形 $(7,0,3)$ 的运行时间将增加到近 50 万亿次内存访问．］

7.2.1 节讨论了其他可以用类似方法处理的“通用循环”．

```
00000110
00010111
11001010
10001110
11111001
11101000
00110101
01110001
```

96. 实际上有 80 个解，其中，底部 4 行是顶部 4 行的补集．（这个问题扩展了习题 7.2.1.1–109 中的“外环面”概念．也可以考虑不是矩形的窗口．比如，填充由 5 个单元格构成的十字形的 32 种方法可以与偏移量为 $(4,\pm4)$ 的广义环的 32 个位置对应，参见习题 7–137．）

97. 使用主项 jk、p_{jk} 和副项 $d_{j,k}$，其中，$0\leqslant j<3$ 且 $0\leqslant k<9$．对于每个 $0\leqslant i,j<3$ 和 $0\leqslant k,k'<9$，有以下 3 个选项：“$jk\ p_{j'k'}\ d_{j',k'}{:}i\ d_{j',k'+1}{:}(i+a)\ d_{j'+1,k'}{:}(i+b)\ d_{j'+1,k'+1}{:}(i+c)$”，其中 $0\leqslant j'\leqslant 1$，以及“$jk\ p_{2k'}\ d_{2,k'}{:}i\ d_{2,k'+1}{:}(i+a)\ d_{0,k'-3}{:}(i+b-1)\ d_{0,k'-2}{:}(i+c-1)$”，其中 $9j+k=(abc)_3$；涉及 i 的求和是模 3 进行的，涉及 k' 的求和是模 9 进行的．我们可以假设 00 与 p_{00} 配对．这样一来，我们有 $2\times2898=5796$ 个解 D，且所有解都满足 $D\neq D^{\mathrm{T}}$．

98. 给定一个 3SAT 问题，它具有子句 $(l_{i1}\vee l_{i2}\vee l_{i3})$（$1\leqslant i\leqslant m$），其中 $l_{ij}\in\{x_1,\bar{x}_1,\cdots,x_n,\bar{x}_n\}$．构造一个 XCC 问题，它具有 $3m$ 个主项 ij（$1\leqslant i\leqslant m$，$1\leqslant j\leqslant 3$）和 n 个副项 x_k（$1\leqslant k\leqslant n$）．它有以下 $6m$ 个选项：(i)“$i1\ i2$”“$i2\ i3$”“$i3\ i1$”；(ii) 若 $l_{ij}=x_k$ 则“$ij\ x_k{:}1$”，若 $l_{ij}=\bar{x}_k$ 则“$ij\ x_k{:}0$”．当且仅当给定的子句可满足时，该问题才有解．

99. 正确，但可能包含更多的副项和更长的选项：设 x 是在某个 XCC 问题 A 中分配了颜色的副项；设 O 是 x 出现的选项．通过删除项 x 并为在 A 中 x 获得不同颜色的每个 $o,p\in O$ 添加新的副项 $x_{\{o,p\}}$，将 A 替换为新问题 A'．对于每个 $o\in O$，将 o 中的项 x 替换为适用的所有 $x_{\{o,p\}}$ 的集合．如果 A' 仍然涉及颜色，那么以类似的方式将其替换为 A''，直到所有颜色消失．

100. (a) 有 5 个解：00112、00122、01112、01122、11111．

(b) 假设有 5 个主项 $\{\#1,\#2,\#3,\#4,\#5\}$ 和 5 个副项 $\{x_1,x_2,x_3,x_4,x_5\}$．项 #1 强制二元约束 $x_1\leqslant x_2$，具有选项“$\#1\ x_1{:}0\ x_2{:}0$”“$\#1\ x_1{:}0\ x_2{:}1$”“$\#1\ x_1{:}0\ x_2{:}2$”“$\#1\ x_1{:}1\ x_2{:}1$”“$\#1\ x_1{:}1\ x_2{:}2$”“$\#1\ x_1{:}2\ x_2{:}2$”．对于 #2、#3 和 #4 的类似选项将强制约束 $x_2\leqslant x_3$、$x_3\leqslant x_4$ 和 $x_4\leqslant x_5$．最后，选项“$\#5\ x_1{:}0\ x_3{:}1\ x_5{:}2$”“$\#5\ x_1{:}0\ x_3{:}2\ x_5{:}1$”“$\#5\ x_1{:}1\ x_3{:}0\ x_5{:}2$”“$\#5\ x_1{:}1\ x_3{:}1\ x_5{:}1$”“$\#5\ x_1{:}1\ x_3{:}2\ x_5{:}0$”“$\#5\ x_1{:}2\ x_3{:}0\ x_5{:}1$”“$\#5\ x_1{:}2\ x_3{:}1\ x_5{:}0$”将强制三元约束 $x_1+x_3+x_5=3$．

(c) 使用主项 $\#j$，其中 $1\leqslant j\leqslant m$，每个约束使用一个，并使用副项 x_k，其中 $1\leqslant k\leqslant n$，每个变量使用一个．如果约束 C_j 涉及 d 个变量 $x_{i_1},\cdots,x_{i_d}$，那么为每个合法的 d 元组 $(a_1,\cdots,a_d)$ 包含选项“$\#j\ x_{i_1}{:}a_1\ \cdots\ x_{i_d}{:}a_d$”．

（当然，这种构造对于所有的 CSP 实例来说并不高效．此外，我们通常可以找到更好的方法来将特定的 CSP 编码为 XCC 实例，原因是这种方法在每个选项中只使用一个主项．但是，这种构造背后的思想是在构思特定问题时的一种有用的思维工具．）

101. 请注意，最后一句话暗示了两条进一步的线索：

• 有人训练斑马；　　• 有人更喜欢喝白开水．

设对于 $1\leqslant k\leqslant 16$ 存在主项 $\#k$，每条线索对应一个．对于 $0\leqslant j<5$，令 5×5 个副项 N_j、J_j、P_j、D_j、C_j 分别代表与房主 j 相关的国籍、职业、宠物、饮料和颜色．对于线索 (1, $\cdots$, 16)，分别有 (5, 5, 5, 5, 1, 5, 1, 5, 4, 5, 8, 5, 8, 8, 5, 5) 个选项，举例如下：对于 $0\leqslant j<5$ 有“#1 N_j: 英国 C_j: 红色”“#5 N_0: 挪威”；对于 $0\leqslant i<4$ 有“#9 C_i: 白色 C_{i+1}: 绿色”；对于 $0\leqslant i<4$ 有“#14 J_i: 护士 P_{i+1}: 狐狸”“#14 P_i: 狐狸 J_{i+1}: 护士”；对于 $0\leqslant j<5$ 有“#15 P_j: 斑马”．

更复杂的公式通过引入 5×5 个附加副项来表示 N_j、J_j、P_j、D_j、C_j 的逆，从而强制执行冗余的“全异”约束．比如，#1 的选项将变为“#1 N_j: 英国 $N^-_{\text{英国}}{:}j$ C_j: 红色 $C^-_{\text{红色}}{:}j$”．（有了这些附加项，算法 C 将立即从 #5 和 #11 推断出 C_1: 蓝色；但如果没有它们，#5 不会立即禁止 N_1: 挪威．它们将搜索树的结点数从 112 减少到 32．然而，它们在搜索过程中节省的时间勉强弥补了在步骤 C1 中消耗的额外时间．）

仅有逆关系是不够的．比如说，它们不会禁止 $N^-_{\text{英国}}=N^-_{\text{日本}}$．

[这个如今著名的谜题的作者身份不详. 它首次被公开发表在 *Life International* **35** (17 December 1962) 第 95 页上，当时是以香烟而不是职业为题材.]

102. 就像在习题 7.2.2–68 的答案中一样，让我们找到给定部分标记有向图的所有稳定扩展. 同时，让我们考虑到汇点. 我们可以假设每个出度 $d \leqslant 1$ 的顶点都被标记为 d. 以下 XCC 公式是基于里卡尔多 · 比当古的思想构建的.

令 Δ 为最大出度. 对于 $0 \leqslant d \leqslant \Delta$ 和所有顶点 v，引入主项 H_v、I_v、E_{vd} 和副项 v、h_{vd}、i_{vd}. 顶点 v 的颜色将是 $\lambda(v)$，即 v 的标签；h_{vd} 的颜色表示布尔量"[v 看见 d]"，意为对于某个满足 $v \longrightarrow w$ 的 w 有 $\lambda(w) = d$；i_{vd} 的颜色表示"$[\lambda(v) = d]$". 关于 H_v 的选项为"H_v $v{:}d$ $\bigcup_{k=0}^{\Delta}\{h_{vk}{:}e_k\}$"，其中 $e_0 + \cdots + e_\Delta = d$. 关于 I_v 的选项为"I_v $v{:}d$ $\bigcup_{k=0}^{\Delta}\{i_{vk}{:}[k=d]\}$ $\bigcup_{u\longrightarrow v}\{h_{ud}{:}1\}$". 关于 E_{vd} 的选项，对于 $1 \leqslant k \leqslant d^+(v)$ 是"E_{vd} $h_{vd}{:}1$ $i_{w_kd}{:}1$ $\bigcup_{j=1}^{k-1}\{i_{w_jd}{:}0\}$"，当 $v \longrightarrow w_1, \cdots, v \longrightarrow w_{d^+(v)}$ 时是"E_{vd} $h_{vd}{:}0$ $\bigcup_{j=1}^{d^+(v)}\{i_{w_jd}{:}0\}$". 举例来说，在习题 7.2.2–68 中，如果谜题的顶点被命名为 00, $\cdots$, 99，那么其唯一解的一些选项是"H_{00} 00:3 h_{000}:0 h_{001}:0 h_{002}:0 h_{003}:0 h_{004}:1 h_{005}:0 h_{006}:0 h_{007}:1 h_{008}:0 h_{009}:1""I_{00} 00:3 i_{000}:0 $\cdots$ i_{002}:0 i_{003}:1 i_{004}:0 $\cdots$ i_{009}:0 h_{013}:1 h_{033}:1 h_{053}:1 h_{703}:1 h_{803}:1""E_{004} h_{004}:1 i_{104}:0 $\cdots$ i_{404}:0 i_{504}:1".

当然，许多选项可以大大简化，因为根据给定的标签，许多数量是已知的. 当 $\lambda(v)$ 给定时，我们知道 i_{vd} 的颜色；在给定的谜题中，当 v 看见 d 时，我们知道 h_{vd} 的颜色. 当 v 被标记时，我们不需要 I_v；当已知 v 看见 d 时，我们甚至不需要 E_{vd}. 如果 v 的出度为 d 并且已经看见某个标签两次，那么我们知道 i_{vd} 为 0. 在圆周率日谜题中，这样的简化将 1200 + 1831 项上的 60 000 个选项减少到 880 + 1216 项上的 11 351 个选项. 这仍然很多，算法 C 需要 135 Mμ 将它们输入，然后另外用 25 Mμ 找到解并证明其唯一性.（习题 7.2.2–68 的答案中经过高度优化的方法仅需要 7 Mμ 来证明唯一性. 但该方法仅解决一小类问题. 这些问题碰巧可以很好地简化.）

比当古指出，当两个箭头指向同一方向时，可以进一步加速.（在圆周率日谜题中，这发生了 123 次.）一般而言，如果 $v \longrightarrow w$ 蕴涵 $u \longrightarrow w$，则必有 $\lambda(u) \geqslant \lambda(v)$；而通过引入一个新的主项变量，使得其选项允许 u 和 v 仅具有适当颜色的组合，我们可以实现这个条件.

103. (a) 一个全音程的音列总是有 $x_{n-1} = (x_0 + 1 + \cdots + (n-1)) \bmod n = (x_0 + n(n-1)/2) \bmod n = (x_0 + [n\,\text{为偶数}]\,n/2) \bmod n$.

(b) 设 j、p_j、d_k、q_k 为主项，x_j 为副项，其中，$0 \leqslant j < n$ 且 $1 \leqslant k < n$. 存在一个选项"j p_t $x_j{:}t$"，其中 $0 \leqslant j,t < n$，当"$j = 0$ 且 $t \neq 0$"或"$j = n-1$ 且 $t \neq n/2$"时省略. 还有一个选项"d_k q_t $x_{t-1}{:}i$ $x_t{:}(i+k) \bmod n$"，其中，$1 \leqslant k,t < n$ 且 $0 \leqslant i < n$. 然后，音列及其音程是排列.

对于 $n = (2, 4, 6, 8, 10, 12)$，存在 (1, 2, 4, 24, 288, 3856) 个解. [对于 $n = 12$，首次计算出值的是德里克 · 亨利 · 莱默，*Proc. Canadian Math. Congress* **4** (1959), 171–173；对于 $n < 12$，首次计算出值的是埃德加 · 纳尔逊 · 吉尔伯特，*SIAM Review* **7** (1965), 189–198.]

对于更大的 n，算法 C 完全无法与直接的回溯算法竞争，后者使用算法 7.2.1.2X 来找到 $n-1$ 个区间的所有适当排列. 该算法仅需 100 Mμ 即可在 $n = 14$ 时找到所有 89 328 个解，而算法 C 需要 107 Gμ! 通过回溯算法，我们可以在 4.7 Gμ 内生成 $n = 16$ 时的所有 2 755 968 个解，并在 281 Gμ 内生成 $n = 18$ 时的所有 103 653 120 个解.

(c) 在 x^Q 中，相邻类别之间的间隔与 x 中的间隔相同，只是将 $x_k - x_{k-1}$ 替换为 $x_0 - x_{n-1}$. 而我们知道 $x_0 - x_{n-1} = \pm n/2$.

(d) 正确，两者都是 $x_{k-1} \cdots x_0 x_{n-1} \cdots x_k$.（我们还有 $(cx)^R = c(x^R)$ 和 $(cx)^Q = c(x^Q)$.）

(e) 当 $n = 2$ 时，解具有所有可能的对称性；当 $n = 4$ 时，两个解 x 均等同于 x^R、$-x^Q$ 和 $-x^{QR}$. 但是对于 $n > 4$，我们可以证明除了它本身，x 最多等同于 $4\varphi(n)$ 行中的一行，即 cx、cx^R、cx^Q 或 cx^{QR}. 显然，当 $c \neq 1$ 时，我们不能有 $x \equiv cx$. 一个基本但非平凡的证明还表明，$x \equiv cx^R$ 蕴涵 $c \bmod n = 1$；$x \equiv cx^Q$ 蕴涵 $c \bmod n = n-1$；$x \equiv cx^{QR}$ 蕴涵 $c \bmod n = n/2+1$ 且 $n \bmod 8 = 4$.（参见理查德 · 斯通发表在 *AMM* 上的文章.）吉尔伯特错误地认为，后一种情况没有解，但他忽略了 12 音列，如 0 3 9 1 2 4 11 8 7 5 10 6、0 1 4 9 3 11 10 8 5 7 2 6、0 1 8 11 10 3 9 5 7 4 2 6，此时 $x \equiv 7x^{QR}$. 同样，20 音列 0 1 3 11 2 19 13 9 12 7 14 18 4 17 16 8 6 15 5 10 满足 $x \equiv 11x^{QR}$.

无论如何，(c) 的变换将解分为具有对称性时的大小为 $2\varphi(n)$ 的簇，以及没有对称性时的大小为 $4\varphi(n)$ 的簇．吉尔伯特列举了 $n < 12$ 时的对称性情况；当 $n = 12$ 时，罗伯特 · 莫里斯和丹尼尔 · 斯塔尔也进行了列举［*J. Music Theory* **18** (1974), 364–389］．对于 $n = (6, 8, 10, 12, 14, 16, 18)$，具有 $x \equiv x^R$ 的簇的数量分别为 (1, 1, 6, 22, 48, 232, 1872)；具有 $x \equiv -x^Q$ 的簇的数量分别为 (0, 0, 2, 15, 0, 0, 1346)；此外，$n = 12$ 有 15 个满足 $x \equiv 7x^{QR}$ 的情形.

104. (a) 我们可以假设 $x_0 = 0$．存在一个常数 c_r，使得对于 $1 \leqslant k \leqslant n$ 有 $y_{kr} \equiv x_{k-1} + c_r \pmod n$．因此，$y_r = x_{r-1} \equiv c_r$；$y_{r^2} = x_{(r^2-1) \bmod p} \equiv x_{r-1} + c_r \equiv 2c_r$；$y_{r^3} = x_{(r^3-1) \bmod p} \equiv x_{(r^2-1) \bmod p} + c_r \equiv 3c_r$；等等．令 r 是模 p 的原根，使得 $\{r \bmod p, \cdots, r^n \bmod p\} = \{1, \cdots, p-1\}$，并令 $R = r^d$，其中 $c_r d \bmod n = 1$．那么，我们证明了对于 $1 \leqslant k \leqslant n$ 有 $R^{x_{(r^k-1) \bmod p}} \equiv (r^k \bmod p) \pmod p$，也就是 $R^{x_{k-1}} \equiv k$.

现在假设 $x_k - x_{k-1} \equiv x_l - x_{l-1} \pmod n$．那么 $R^{x_k} R^{x_{l-1}} \equiv R^{x_{k-1}} R^{x_l} \pmod p$，从而有 $(k+1)l \equiv k(l+1) \pmod p$，因此 $k = l$.

(b) $x^{(n)} = x^R$.（参见习题 103 的答案提到的莱默和吉尔伯特的论文.）

105. 只有 5 个解，后两个因不相连而存在缺陷.

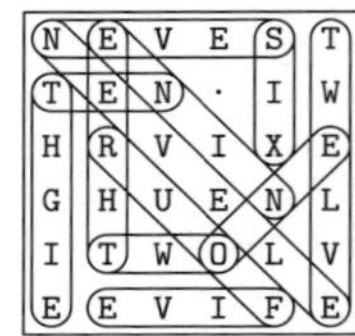

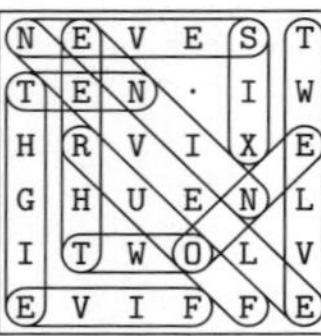

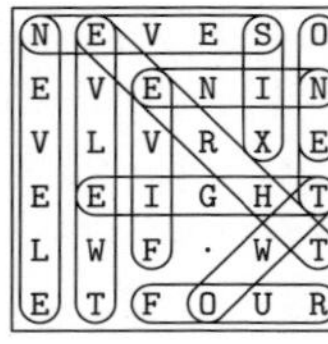

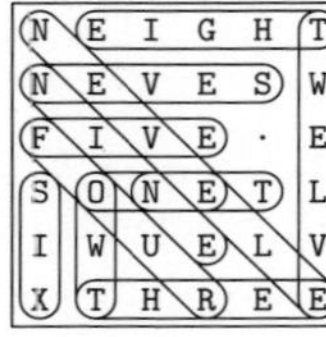

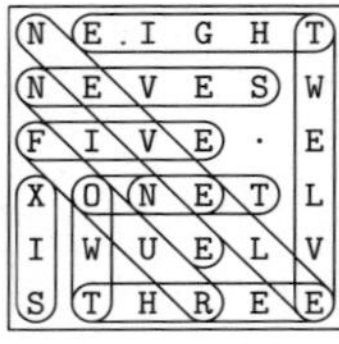

历史注记：已知最早的单词搜索谜题是由巴西的恩里克 · 拉莫斯创作的，名为“同行”（Viajando），发表于 *Almanaque de Seleções Recreativas* (1966) 第 43 页．类似的谜题在美国由诺曼 · 埃德洛 · 吉巴特于 1968 年独立发明．加拿大的约 · 韦莱在 1970 年开发了“妙词”（Wonderword），该游戏将未使用的字母加以利用.

106. 当将算法 C 推广到允许非单位项和（类似于算法 M）时，它仅需要 2.4×10^7 次内存访问来证明恰好存在 8 个解．这些解都可以通过右图所示的两个解旋转而得.

107. 为了装入 w 个给定的单词，使用主项 $\{Pij, Ric, Cic, Bic, \#k \mid 1 \leqslant i,j \leqslant 9, 1 \leqslant k \leqslant w,\ c \in \{\mathtt{A,C,E,M,O,P,R,T,U}\}\}$ 和副项 $\{ij \mid 1 \leqslant i,j \leqslant 9\}$．有 729 个选项“$Pij$ Ric Cjc Bbc $ij{:}c$”，其中 $b = 3\lfloor (i-1)/3 \rfloor + \lceil j/3 \rceil$，以及对于一个 l 字母单词 $c_1 \cdots c_l$ 放入单元格 $(i_1, j_1), \cdots, (i_l, j_l)$ 中的每个位置的选项“$\#k$ $i_1 j_1{:}c_1$ $\cdots$ $i_l j_l{:}c_l$”．此外，在该算法的步骤 C3 中，使用敏锐偏好启发法（参见习题 10）是很重要的.

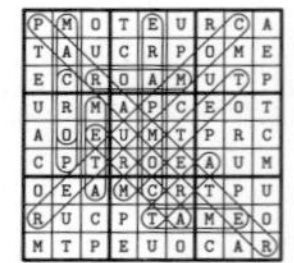

简要运行后可以确定，不能同时放置 COMPUTER 和 CORPORATE．但是，除 CORPORATE 外的所有单词都可以组合在一起．算法仅在 7.3×10^6 次内存访问后就找到了右图所示的（唯一）解，其中大部分时间只是用于输入问题．［本习题受到了黄炜华和斯奈德的著作 *Sudoku Masterpieces* (2010) 中的一个谜题的启发.］

108. (a, b) 作者认为的最优解（但未证明）如下所示．在这两种情况下，以及在图 71 中，我们采用了交互式方法：在手工战略性地放置最长单词之后，算法 C 将其他单词很好地组合在一起.

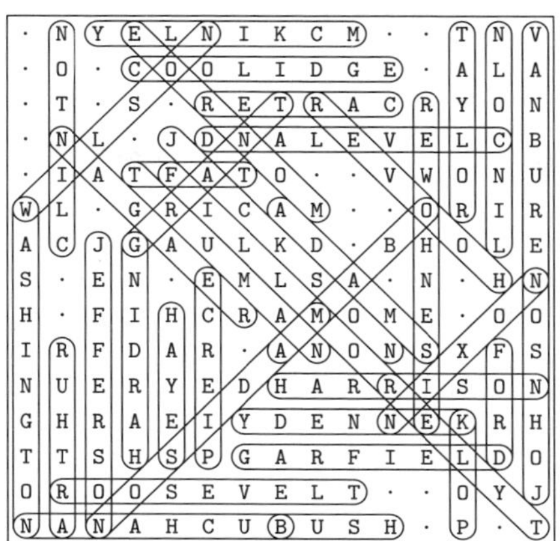

```
P I E R C E I S E N H O W E R U H T R A H A R D I N G A R F I E L D N A L E V E L C T
O B A M A D I S O N O S L I W A S H I N G T O N O S I R R A H O O V E R E A G A N A F
L I N C O L N O S K C A J E F F E R S O N E R U B N A V A D A M S E Y A H S U B F O ·
K E N N E D Y E L N I K C M O N R O E J O H N S O N O X I N A N A H C U B R E T R A C
F I L L M O R E L Y T A Y L O R O O S E V E L T R U M A N O T N I L C O O L I D G E ·
```

[(b) 的解采用了伦纳德 · 戈登的一个想法，他成功地用少一列的方式将第 1 ~ 42 任美国总统的姓氏放了进去. 参见艾伯特 · 罗斯 · 埃克勒，*Word Ways* **27** (1994) 第 147 页；也见第 252 页，在那里，OBAMA 奇迹般地适合戈登的 15×15 解！]

109. 为了放置给定的 w 个单词，使用 $w + m(n-1) + (m-1)n$ 个主项 $\{\#k \mid 1 \leqslant k \leqslant w\}$ 和 $\{\mathrm{H}ij, \mathrm{V}ij \mid 1 \leqslant i \leqslant m,\ 1 \leqslant j \leqslant n\}$，但省略 H$in$ 和 Vmj. 这里，Hij 表示单元格 (i,j) 和 $(i,j+1)$ 之间的边，Vij 类似. 还有 $2mn$ 个副项 $\{ij, ij' \mid 1 \leqslant i \leqslant m,\ 1 \leqslant j \leqslant n\}$. 将第 k 个单词 $c_1 \cdots c_l$ 横向放置在单元格 $(i,j+1), \cdots, (i,j+l)$ 中的每一种方式都产生一个选项

$$\text{“}\#k\ ij{:}.\ ij'{:}0\ i(j{+}1){:}c_1\ i(j{+}1)'{:}1\ \mathrm{H}i(j{+}1)\ i(j{+}2){:}c_2\ i(j{+}2)'{:}1\ \mathrm{H}i(j{+}2)\ \cdots$$
$$\mathrm{H}i(j{+}l{-}1)\ i(j{+}l){:}c_l\ i(j{+}l)'{:}1\ i(j{+}l{+}1){:}.\ i(j{+}l{+}1)'{:}0\text{”},$$

其中包含 $3l+4$ 项，但当 $j=0$ 时省略“$ij{:}.\ ij'{:}0$”，当 $j+l=n$ 时省略“$i(j{+}l{+}1){:}.\ i(j{+}l{+}1)'{:}0$”. 每种纵向放置方式类似. 如果 ZERO 是单词 #1，则

$$\text{“}\#1\ 11{:}\mathrm{Z}\ 11'{:}1\ \mathrm{V}11\ 21{:}\mathrm{E}\ 21'{:}1\ \mathrm{V}21\ 31{:}\mathrm{R}\ 31'{:}1\ \mathrm{V}31\ 41{:}\mathrm{O}\ 41'{:}1\ 51{:}.\ 51'{:}0\text{”} \qquad (*)$$

是 ZERO 的第一个纵向放置选项. 然而，当 $m = n$ 时，我们通过省略单词 #1 的所有纵向放置选项来节省 1/2 的时间.

为了强制执行棘手的条件 (ii)，我们也包含 $3m(n-1) + 3(m-1)n$ 个选项：

“Hij ij':0 $i(j{+}1)'$:1 ij:.”	“Vij ij':0 $(i{+}1)j'$:1 ij:.”
“Hij ij':1 $i(j{+}1)'$:0 $i(j{+}1)$:.”	“Vij ij':1 $(i{+}1)j'$:0 $(i{+}1)j$:.”
“Hij ij':0 $i(j{+}1)'$:0 ij:. $i(j{+}1)$:.”	“Vij ij':0 $(i{+}1)j'$:0 ij:. $(i{+}1)j$:.”

因为每条边必须遇到要穿越它的单词或接触到它的空格，所以这种构造很有效.（谨防一个小差错：对于 Hij 和 Vij，谜题的一个有效解可能在“空白”区域有几个可兼容的选择.）

重要提示：与习题 107 的答案一样，此处应使用敏锐偏好启发法，原因是它可以大幅提高速度.

我们的 11 单词示例的 XCC 问题有 1192 个选项、123 + 128 项、9127 个解，耗时 23 Gμ. 但只有 20 个解是连通的，它们仅产生 3 种单词放置方式，如下图中的 3 个正方形所示. 稍小的 7×9 矩形也有 3 种有效的放置方式. 能够满足 (i) 和 (ii) 的最小矩形尺寸是 5×11；该放置方式是唯一的，但它有两个组成部分.

```
   F  F      F TWO     FIVE      E T        F SIX F T
ZERO SIX     ONE  S  TWO  I     FIVE  SIX   ONE  EIGHT
 I U  V      U NINE    U  G      G NINE     U V T V R T
 G R TEN   ZERO   V  ZERO H      H    V F   R E E E E W
 H   H I    I  F  E     N TEN    TWO ZERO     NINE ZERO
 TWO R N    G SIX N  SEVEN  I      N  N U
   N E E    H  V     I      N   THREE   R
  SEVEN     THREE    X  THREE
```

假设总长度为 s 的单词有 w 个. 阿龙 · 温莎建议为 $1 \leqslant i \leqslant m$ 和 $1 \leqslant j \leqslant n$ 添加选项“E ij:. ij':0”，其中，E 是一个代表空单元格的新主项. 那么，E 的数量在区间 $[mn - s + w - 1 \mathinner{.\,.} mn]$ 内的 MCC 问题的所有解要么是连通的，要么包含一个循环.

有一种更快的方法来保证整个搜索过程中的连通性，而不是生成 (i) 和 (ii) 的所有解并丢弃非连通解，但它需要对算法 C 进行重大修改. 只要不强制使用 H 或 V，我们就可以列出与单词 #1 连接的所有活跃选项，并且不小于之前可能做出的选择. 然后，我们对它们进行分支，而不是对某一项进行分支. 如果使用上面的 (∗) 放置 ZERO，则会强制使用 H00、H20 和 V30. 下一个决定是在与 ZERO 重叠的位置放置 EIGHT 或 ONE.（但是，最好按照长度递减的顺序对单词进行排序，比如 #1 是 EIGHT，#11 是 ONE.）我们鼓励有兴趣的读者找出有指导意义的细节. 因为它专注于 3 个连通解，所以此方法仅需 630 Mμ 即可解决示例问题.

110. 2017 年，加里 · 麦克唐纳发现了以下这个非凡的 20×20 解：

```
WILSON TAFT       P
     I A O C JOHNSON
     X Y R L E    L
T H COOLIDGE F A  K
REAGAN O   V F R
U R R  ROOSEVELT
M R T B  B L R HAYES
A I E U  ADAMS U  I
N S R C  M N O R  S
  O   H HARDING   E
  N   A O      GRANT
F   MONROE J      H
I     A V WASHINGTON
L MCKINLEY C   A  W
L  L    R  K PIERCE
MADISON  BUSH  F  R
O  N       O   I
R  TYLER VAN BUREN
E  O           L
 LINCOLN   KENNEDY
```

尽管没有已知的证明，但 19×19 肯定是不可能的. 伦纳德 · 戈登曾将第 1～42 任美国总统的姓氏放入一个 18×22 矩形中 [*Word Ways* **27** (1994), 63].

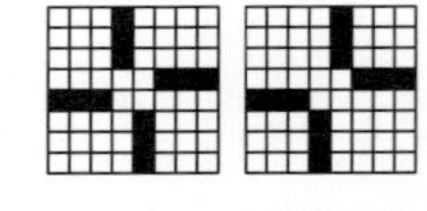

111. (a) 按照习题 109 的答案中的方式设置一个 XCC 问题，但只使用 3 个单词 AAA、AAAA、AAAAA；然后调整重复项并应用算法 M. 右图显示了两个本质上不同的答案，其中一个是不连通的，因此不合适.

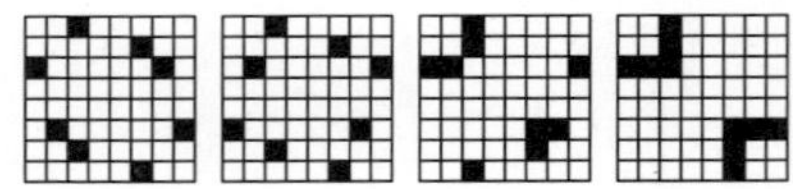

(b) 同理，我们找到了 4 个本质上不同的答案，其中只有两个是合适的，如右图所示. 算法 M 轻松处理了情况 (b)，耗时 5 Gμ. 但它没有聪明地探索情况 (a) 的可能性空间，而且花费了 550 Gμ.

112. (a) 是的：IMMATURE、MATURING、COMMUTER、GROUPING、TROUPING、AUTHORING、THRUMMING. 使用一个简单的回溯程序即可迅速判断任何给定字母串是否存在.

```
CGN
NIK
LAS
VOD
ERT
TOW
```

(b) 让我们也加入 DANCING 和 LINKS. 然后，我们从 WORDS(5757) 中获得一个包含 24 个单词的数组（如 LOVER、ROSIN、SALVO、TOADS、TROVE），还有 ASKING、DOSING、LOSING、ORDAIN、SAILOR、SIGNAL、SILVER，以及 LANCING、LOANING、SOAKING，甚至 ORTOLAN.（注意，TORTO 以两种方式出现.）

要找到这样的数组，可以按照里卡尔多 · 比当古的建议，让单词 k 为 $c_0 \cdots c_{t-1}$，并引入主项 W_{kl}（其中 $1 \leqslant l < t$）表示 $c_{l-1}c_l$ 的放置方式. 对于数组的每个单元格 u，让 X_u 成为副项，用某个字母对其着色. 当 c_l 在单元格 u 中时，通过分配颜色 u 给 P_{kl} 并分配颜色 l 给 Q_{ku}，来表示单词 k 的国王路径，其中，P_{kl} 和 Q_{ku} 是额外的副项. 对于每个内部顶点 v 还有副项 D_{kv}. 如果按行编号单元格和顶点，那么上述示例中为 DANCING 和 LINKS 选择的两个选项分别是“W_{03} X_3:N X_0:C P_{02}:3 P_{03}:0 Q_{03}:2 Q_{00}:3”和“W_{12} X_4:I X_2:N P_{11}:4 P_{12}:2 Q_{14}:1 Q_{12}:2 D_{11}”. 后者中的“D_{11}”将阻止单词 1 在单元格 2 和 4 之间再走一步.

当 $l=\lfloor t_0/2\rfloor$ 时，比如说通过限制 $c_{l-1}c_l$ 放置在单词 0 中，我们可以节省近 4 倍的因子，使得 c_{l-1} 位于左上象限且 c_l 不在最右列. 那么 W_{0l} 只有 26 个选项，而不是通常的 94 个选项.

事实证明，包含 `DANCING`、`LINKS`、`TORTO`、`WORDS`、`SOLVER` 的本质上不同的 Torto 数组恰好有 10 个；包含 `THE`、`ART`、`OF`、`COMPUTER`、`PROGRAMMING` 的本质上不同的 Torto 数组恰好有 1444 个. 算法 C 分别在 713 Gμ 和 126 Gμ 内找到了它们.

(c) 是的，有 140 种方式（但我们不能添加 `ELEVEN`）. 同理，我们可以用 553 种方式组合 `ZERO`、`ONE`……`EIGHT`. 而我们可以用 72 853 种方式组合 `FIRST`……`SIXTH`，有时甚至无须使用超过 18 个单元格中的 16 个.（这些计算耗时 (16, 5, 1.5) Tμ. 在这些数组中隐藏了一些有趣的单词，你能发现它们吗？请参阅附录 E.）

F X N	F S X	Y T E
S I N	Z I E	F H X
G E V	G E V	F I T
H R E	H R N	O R S
U T N	T O U	U D E
F O W	W N F	N O C

[“Torto”这个名称于 1977 年被里约热内卢的 Coquetel/Ediouro 公司注册为商标，当年在 *Coquetel Total* 杂志的第一期上出现了一个示例. 每月谜题仍然定期出现在 Coquetel 的杂志 *Desafio Cérebro* 上. 比当古在 2011 年提出了根据给定的必需单词列表构建 Torto 数组的问题.]

113. 首先，我们可以通过解决一个包含 25 个主项 `TREES`, $\cdots$, `DEQUE`（每个主项的重数为 $[1\,..\,26]$）及一个重数为 $[0\,..\,6]$ 的主项 # 的 MCC 问题，找到所有包含 6 个或更少字母且可能在这样一个块上的字母集. 共有 22 个选项，从“`# ABOVE AVAIL GRAPH STACK TABLE VALUE`”到“`# EMPTY`”，每个选项对应一个潜在的字母（列出包含该字母的所有单词）. 这个覆盖问题有 3223 个解，耗时 4 Mμ. 这些解按字母顺序排列，从 {A, B, C, D, E, I} 到 {E, L, R, T} 再到 {L, N, R, T, U, V}.

然后，我们构建一个 XCC 问题，它包含 25 个主项 `TREES`, $\cdots$, `DEQUE` 和 5 个主项 $1, \cdots, 5$，以及 5×22 个副项 $\mathtt{A}_j, \cdots, \mathtt{Y}_j$，其中 $1\leqslant j\leqslant 5$. 每个单词对应其字母排列的每一种可能性都有一个选项（参见算法 7.2.1.2L），显示它需要哪些字母以及这些字母对应哪个块.（比如，`QUEUE` 有 30 个选项，从“`QUEUE` $\mathtt{E}_1$:1 $\mathtt{E}_2$:1 $\mathtt{Q}_3$:1 $\mathtt{U}_4$:1 $\mathtt{U}_5$:1”开始，表示块 1 应该有一个 `E`，块 5 应该有一个 `U`，以此类推.）通过仅提供一个单词（例如 `FIRST`）的 120 个选项中的一个来打破对称性. 3223 个潜在字母集中的每一个都有 5 个大小为 23 的选项，准确显示了如果块 j 使用该集合，则哪些字母存在. 比如，对于 {A, B, C, D, E, I}，5 个选项分别为“j $\mathtt{A}_j$:1 $\cdots$ $\mathtt{E}_j$:1 $\mathtt{F}_j$:0 $\cdots$ $\mathtt{I}_j$:1 $\cdots$ $\mathtt{Y}_j$:0”，其中 $1\leqslant j\leqslant 5$. 总共有 18 486 个选项，总长度为 403 357. 算法 C 在 202 Gμ 内解出了它们.

对于这些单词，5 个块必须分别是 {E, F, G, L, O, S}、{C, E, I, R, U, Y}、{A, L, M, N, Q, R}、{A, B, E, P, S, T}、{D, H, K, T, U, V}.（因为 `TIMES`、`TREES` 和 `VALUE` 中的每个都可以用这些块以两种方式之一组成，所以该 XCC 问题实际上有 8 个解.）

[本习题基于爱德华兹 · 列克斯廷什的一个想法. 他意识到一个名为卡斯塔单词（Castawords）的经典谜题可以扩展到长度为 5 的单词.]

114. （彼得 · 韦格尔改进了答案）除了 (30) 的主项 p_{ij}、r_{ik}、c_{jk}、b_{xk}，引入 u_k 和 v_l 用于定义置换. 同时引入副项 π_k 以记录置换，并引入 ij 以记录单元格 (i,j) 处的值. 置换由满足 $1\leqslant k,l\leqslant 9$ 的 81 个选项“u_k v_l $\pi_k{:}l$”来定义. 还有其他 $9^4=6561$ 个选项，分别对应棋盘上每个单元格 (i,j) 和应用 α 前后的每对值 (k,l). 如果 $(ij)\alpha=i'j'$，则令 $x'=3\lfloor i'/3\rfloor+\lfloor j'/3\rfloor$. 这样一来，选项 (i,j,k,l) 通常为“$p_{i'j'}$ $r_{i'l}$ $c_{j'l}$ $b_{x'l}$ $ij{:}k$ $i'j'{:}l$ $\pi_k{:}l$”. 然而，如果 $i'=i$ 且 $j'=j$，则该选项缩短为“p_{ij} r_{ik} c_{jk} b_{xk} $ij{:}k$ $\pi_k{:}k$”；当 $k\neq l$ 时，该选项被省略. 当 $i=0$ 且 $k\neq j+1$，或 $i'=0$ 且 $l\neq j'+1$，或 $i>0$ 且 $k=j+1$，或 $i'>0$ 且 $l=j'+1$ 时，选项 (i,j,k,l) 也被省略，以便在顶行强制出现“`123456789`”.

使用那个顶行和 $\alpha=$ 转置，算法 C 通过执行 1.71×10^{11} 次内存访问生成了 30 258 432 个解.（这些解首次由埃德 · 罗素在 2005 年列举.）

115. 类似的方法适用，但需要额外的项 b'_{yk}，就像习题 67(b) 的答案中一样. 解的数量分别为：(a) 7784；(b) 16 384；(c) 372；(d) 32. 以下是 (a) 和 (d) 的示例，后者带有标签 {0, $\cdots$, 7, *}，以阐明其结构.（枚举 (a)、(b)、(c) 首次由巴斯琴 · 米歇尔在 2007 年进行.）

(a)

1	2	3	4	5	6	7	8	9
9	7	4	3	1	8	5	6	2
8	5	6	9	7	2	1	3	4
5	8	2	1	3	9	4	7	6
4	1	7	8	6	5	2	9	3
6	3	9	2	4	7	8	5	1
7	4	1	5	9	3	6	2	8
3	6	8	7	2	4	9	1	5
2	9	5	6	8	1	3	4	7

(d)

7	0	2	5	1	3	*	4	6
5	3	6	*	7	4	2	0	1
*	1	4	2	0	6	7	5	3
2	5	7	0	6	1	3	*	4
0	4	3	7	*	5	1	6	2
6	*	1	3	4	2	5	7	0
1	7	5	4	2	0	6	3	*
3	2	0	6	5	*	4	1	7
4	6	*	1	3	7	0	2	5

116. (a) 因为 $u' \not\!\!- v'$，所以 $\mu(G)$ 中的任何三角形都必须在 G 中.

(b) 假设 $\mu(G)$ 可以用某个着色函数 α 进行 c 着色，其中 $\alpha(w) = c$. 如果对于任何 $v \in V$ 有 $\alpha(v) = c$，则将其更改为 $\alpha(v')$. 这将得到 G 的 $(c-1)$ 着色.［因此，含有 n 个顶点的无三角形图的色数可以达到 $\Omega(\log n)$. 可以无构造地证明，无三角形图的色数实际上可以达到 $\Omega(n/\log n)^{1/2}$；但目前已知的用于大 n 的显式构造方法只能实现 $\Omega(n^{1/3})$. 参见诺加·阿隆，*Electronic J. Combinatorics* **1** (1994), #R12, 1–8.］

(c) 如果 G 是 χ 临界的，那么 $\mu(G)$ 也是：选择 $e \in E$，并假设 α 是 $G \setminus e$ 的 $(c-1)$ 着色. 然后，我们以多种方式得到 $\mu(G)$ 除一条边外的所有边的 c 着色：(i) 对于所有 $v \in V$ 置 $\alpha(v') \leftarrow c$，并置 $\alpha(w) \leftarrow 1$；(ii) 选择 $u \in e$，并置 $\alpha(u) \leftarrow \alpha(w) \leftarrow c$. 在更改 $\alpha(u)$ 之前或之后，对于所有 $v \in V$ 也置 $\alpha(v') = \alpha(v)$. 如果要移除 $\mu(G)$ 的一条边（它也在 G 中），请使用 (i)；否则使用 (ii).

［参见简·梅切尔斯基，*Colloquium Mathematicum* **3** (1955), 161–162；霍斯特·萨克斯，*Einführung in die Theorie der endlichen Graphen* (1970), §V.5.］

117. (a) 使用习题 (b) 的答案，其中，每个团由单条边组成.

(b) 每个顶点 v 有满足 $1 \leqslant j \leqslant d$ 的 d 个选项“$v\ c_{1j} \cdots c_{kj}$”，其中包含 v 的团为 $\{c_1, \cdots, c_k\}$.

(c) 通过固定顶行皇后的颜色，我们节省了 $9! = 362\,880$ 的因子. 然后，通过算法 X 在 8.3 Tμ 的时间内使用方法 (a) 找到 262 164 个解，但使用方法 (b) 仅需 0.6 Tμ.

(d) 将“v':j”插入 v 的第 j 个选项，其中 v' 是副项.（这将方法 (a) 在 (c) 中的运行时间减少到 5.0 Tμ，而不需要固定任何颜色.）

(e) 利用 (d) 节省 $c!$ 的因子，我们得到了 $(2! \times 1, 3! \times 5, 4! \times 520, 5! \times 23\,713\,820)$ 个解，大约需要 $(600, 4000, 130\,000, 4\,100\,000\,000)$ 次内存访问.（通过结合习题 86 和习题 122，可以对更大的情况进行蒙特卡罗估计. 通过拒绝涉及非法纯化的选项，可以确定每一层的真实分支因子. 似乎 M_6 可以以大约 $6! \times 2.0 \times 10^{17}$ 种方式实现六着色.）

(f) 现在 (d) 节省了 $(c-1)!$ 的因子，尽管它无解；运行时间大致为 $(100, 600, 5000, 300\,000)$ 次内存访问.（但是对于五着色 M_6，它需要 45 Tμ!）

(g) 有 $(1! \times 1, 2! \times 1, 3! \times (5$ 或 $7), 4! \times (1432, 1544, 1600, 2200, 2492, 2680, 3744, 4602$ 或 $6640))$ 种这样的着色方案，具体取决于删除哪条边.

118. 通常情况下，可以通过前面习题中的构造找到超图的着色方案，但要使用算法 M，并为每条大小为 r 的超边赋予重数 $[0\,.\,.\,(r-1)]$. 然而，在这种情况下，存在 380 个大小为 16 的独立集合（参见习题 7.1.4–242）. 我们可以将它们简单地用作具有 64 项的精确覆盖问题的选项. 有 4 个解，它们具有一种奇特的对称性，以至于只有两个是“本质上不同”的：其中一个如右图所示，另一个通过保持 A 和 C 不变但交换 B 和 D 而得到.

A	B	C	D	C	D	A	B
B	D	B	D	C	A	C	A
C	B	A	C	D	B	A	D
D	D	A	B	A	B	C	C
A	A	D	C	D	C	B	B
B	C	D	B	A	C	D	A
C	A	C	A	B	D	B	D
D	C	B	A	B	A	D	C

119. 每个解中恰好有 3 条内部边是白色的. 所有白色块的其他放置方式都会定义这 3 条边. 这样就没有办法放置所有 3 个有两个白色块的部分.

120. (a) 将类型命名为 0, 1, ⋯, 9，并使用算法 C 找到将给定类型放置在 5×5 数组中心的所有方式. 分别有 $(16, 8, 19, 8, 8, 8, 10, 8, 16, 24)$ 种方式. 对于给定类型的所有解的交集表明

```
?????   0490?   ?????   68568   21721   32032   2032?   49049   0320?   17217
?????   2032?   ??0??   0490?   ?6856   17217   ?217?   0320?   21721   68568
??0??,  ?217?,  ??2??,  2032?,  9049?,  68568,  8568?,  21721,  ?6856,  049??
??2??   8568?   ?????   ?217?   320??   049??   490??   ?6856   9049?   20???
?????   490??   ?????   8568?   172??   20???   032??   9049?   320??   ?2???
```

是在任何无限平铺中，给定类型附近强制出现的相应邻域. 因此，每个这样的平铺至少包含一个 5. 如果我们将 5 放置在原点，那么整个平面上的所有内容都将被强制确定. 这个结果是习题 7–137 中的一个环面，它具有大小为 12 的周期性超平铺.

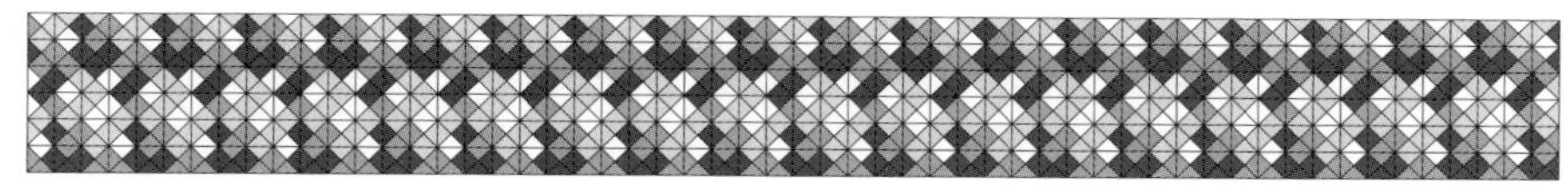

(b) 同理，也有唯一的平铺，这次是 13 个单元格的超平铺.

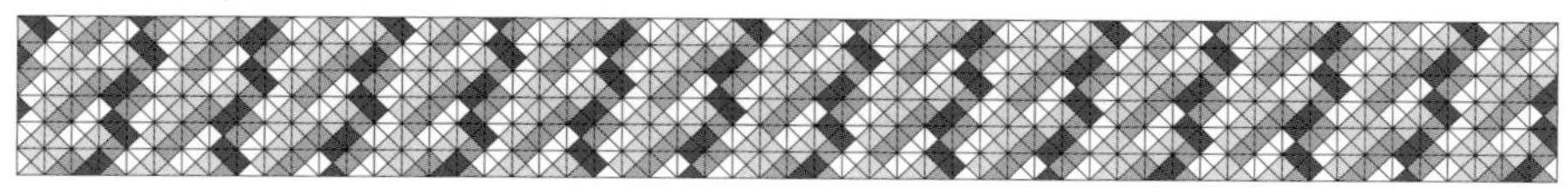

121. (a) 2017 年，马雷克 · 季布雷茨注意到没有以 βUS 出现在右下角的 2×2 解；同理，没有以 βUS 出现在左下角的 3×4 解. 因此，βUS 只能出现在顶行，或者出现在次顶行的左侧.

(b) 当 $k=1$ 时，设 (A_k, B_k, C_k, D_k) 是由 $(\alpha a, \alpha b, \alpha c, \alpha d)$ 定义的 $(2^k{-}1)\times(2^k{-}1)$ 平铺，否则，将 $(\delta Na, \delta Nb, \delta Nc, \delta Nd)$ 放置在中间，并像习题 2.3.4.3–5 的答案中那样在角落放置 A_{k-1}, B_{k-1}, C_{k-1}, D_{k-1}. 在此请求的唯一平铺中，δRD 位于中间，而 D_{k-1}, C_{k-1}, B_{k-1}, A_{k-1} 位于角落.

(c) 有了 δRU 位于中间，另一种解法是在角落放置 C_{k-1}, D_{k-1}, A_{k-1}, B_{k-1}. 有了 δLD，另一种解法是在角落放置 B_{k-1}, A_{k-1}, D_{k-1}, C_{k-1}. 这两个解都适用于 δLU 和 δSU. 而且，δSU 还有 54 种额外解法，其中在左上角有 C_{k-2}. 它们在第 2^{k-2} 行中间使用 $\delta\{\{L,P,S,T\}\{J,U\},RU\}$，并在第 $3\times 2^{k-2}$ 行中间独立使用 $\delta\{L,K,P,R,S,T\}U$.

(d) 每种情况只有一个得以保留. 就像在 (b) 中一样，它的 4 个象限分别是 D_∞、C_∞、B_∞、A_∞.

[其他 86 种类型中的每一种都出现在 A_6 中，因此在足够大的平铺中都会出现. 顺便说一下，“龙序列”(见习题 4.5.3–41 的答案) 出现在 A_∞、B_∞、C_∞、D_∞ 的边缘颜色中.]

122. 新全局变量 Θ 的初始值为 v，它是当前的“颜色阈值”. 除了有 NAME、LLINK 和 RLINK 这些字段，每项还有一个新的字段 CTH. 在主项中，该字段通常为零，不过如下所述，它在步骤 C3 中有一个特殊的用途. 在副项中，CTH 将被用于撤销对 Θ 的更改.

在纯化程序 (55) 中，紧邻“$i\leftarrow$ TOP(p)”之后插入“CTH$(i)\leftarrow\Theta$；如果 $c=\Theta$，置 $\Theta\leftarrow\Theta+1$”. 在撤销纯化程序 (57) 中，紧邻“$i\leftarrow$ TOP(p)”之后插入“$\Theta\leftarrow$ CTH(i)”. 修改提交程序 (54)，使其在 COLOR$(p)>\Theta$ 的情况下跳转到撤销提交程序 (56) 的末尾，而不更改 j 或 p.（效果是避免提交任何选项. 该选项将使颜色值大于 Θ，方法是从步骤 C5 跳转到步骤 C6 中的适当位置. ①）

最后，更改步骤 C3，以便它永远不会选择满足 CTH$(i)>\Theta$ 的项 i. 如果没有可选择的项，则该步骤应转到 C8.（这个机制禁止在尚未验证所有大于或等于 Θ 的颜色之间的完全对称性的主项上进行分支. 习题 126 提供了一个例子.）

123. 比如说，当 $m=4$ 且 $n=10$ 时，算法 C 花费 4.9×10^7 次内存访问产生 1 048 576 个解. 修改后的算法（我们置 $v=1$）花费 2×10^6 次内存访问产生 43 947 个解.（请注意，值向量 $q_1\cdots q_n$ 等同于 7.2.1.5–(4) 中的受限增长串 $a_1\cdots a_n$，其中 $q_k=a_k+1$.）

124. 设 (x,y) 表示一个 Δ 三角形，而 $(x,y)'$ 表示紧邻其右侧的 ∇ 三角形.（将一个正方形单元格 (x,y) 通过其主对角线细分为右三角形，然后以 $\sqrt{3}/2$ 倾斜和纵轴缩放.）比如，一个 $m\times n$ 平行四边形在笛卡儿方向上有 $2mn$ 个三角形 (x,y) 和 $(x,y)'$，其中，$0\leqslant x<m$ 且 $0\leqslant y<n$. $2{\times}3$ 的情况如右图所示.

三角形 (x,y) 的边界边可以方便地表示为 /xy、\\$xy$ 和 -xy. 那么 $(x,y)'$ 的边界边为 /$(x{+}1)y$、\\$xy$ 和 -$x(y{+}1)$.

（具有 3 个坐标的“重心”替代方案也很有趣，因为它更对称：在对应关系 $(x,y)\leftrightarrow(x,y,2-x-y)$ 和 $(x,y)'\leftrightarrow(x,y,1-x-y)$ 下，每个三角形对应于一个有序整数三元组 (x,y,z)，使得 $x+y+z$ 等于 1

① 回溯程序经常遇到这样的情况，其中允许甚至希望跳转到循环的中间位置. 请参阅作者的论文《带有 **go to** 语句的结构化程序设计》中的例 6c 和例 7a，发表于 *Computing Surveys* **6** (1974) 第 261 ~ 301 页.

或 2. 然后，12 个对称性是 $\{x,y,z\}$ 的 6 个排列，可以选择在 (x,y,z) 和 $(\bar{x},\bar{y},\bar{z})=(1-x,1-y,1-z)$ 之间进行翻转.）

［我们可以使用“重心偶数/奇数坐标”，灵感来自习题 145. 这些坐标是满足 $|x+y+z|\leqslant 1$ 的有序三元组 (x,y,z). x、y、z 为奇数的情形代表三角形，其中 $(x,y)\leftrightarrow(2x-1,2y-1,3-2x-2y)$，$(x,y)'\leftrightarrow(2x-1,2y-1,1-2x-2y)$. x、y、z 为偶数的情形代表顶点. 仅有一个偶数坐标的情形代表边（两个相邻三角形的平均值）. 两个偶数坐标的情形可以代表有向边.］

125. 每个原始三角形 (x,y) 或 $(x,y)'$ 扩展到形如 $(kx+p,kx+q)$ 或 $(kx+p',kx+q')'$ 的 k^2 个三角形，其中 $0\leqslant p,q,p',q'<k$. 从 (x,y) 获得的三角形满足 $p+q<k$ 和 $p'+q'<k-1$（分别有 $\binom{k+1}{2}$ 个和 $\binom{k}{2}$ 个）. 其他的来自 $(x,y)'$.

126. 假设有 24 个主项 01', 02, 02', $\cdots$, 32，代表三角形；还有 24 个主项 aaa, aab, $\cdots$, ddd，代表图块；另有 42 个副项 \01, -02, /02, $\cdots$, /41，代表边. 共有 24×64 个选项“01' aaa -02:a /11:a \01:a”“01' aab -02:a /11:a \01:b”“01' aab -02:a /11:b \01:a”……“32 ddd -32:d /32:d \32:d”——每种方式都对应一种放置图块的方式. 最后，为了强制边界条件，添加另一个主项“*”和另一个选项“* -20:a -30:a /40:a $\cdots$ \10:a”.

算法 C 在进行了 340 Gμ 的计算后找到了 11 853 792 个解，其中包括每个独特解的 72 个不同版本，因此实际上只有 164 636 个解（直到托比 · 戈特弗里德在 2001 年计算出来之前，这个数值都是未知的）.

利用习题 119，我们可以删除除“20 aaa -20:a /20:a \20:a”之外的 aaa 的所有选项. 然后，算法 C 找到 $11\,853\,792/12=987\,816$ 个解，用时 25 Gμ.

此外，利用习题 122（其中 $v=$ b），并且在 $\Theta=$ e 之前不允许步骤 C3 在图块名称上分支（因为在三角形位置方面存在完全对称性，但在图块名称方面不存在），算法找到每个独特解仅一次，用时 6.9 Gμ.

最后，只要 $\Theta\geqslant$ c，我们就可以允许在 aab 上进行分支，并且一般来说，只要 Θ 超过其名称中的所有颜色，就可以在片段名称上进行分支. 这将运行时间减少至 4.5 Gμ.

（麦克马洪特别设计了模式 (59b)，以包括中央的所有 3 个非白色纯色三角形. 如果将它们固定在这些位置，那么未经修改的算法 C 可以迅速找到 2138 个解. 如果将这 3 个三角形固定在位置 {11', 21', 12'} 而不是 {12, 21, 22}，则也有 2670 个解.）

127. 每种颜色在三角形中出现在 $(3\times 24)/4=18$ 个位置. 当它在解的内部出现 k 次时，在边界上出现 $18-2k$ 次. 在边界上没有颜色出现奇数次. 这留下 2 099 200 种可能性.

所有这 2 099 200 种情形实际上都是可以完成的.（麦克马洪如果知道这一点肯定会很高兴！）因为存在 576 种对称性（循环移位和/或反射和/或颜色的排列），所以通过使用 7.2.3 节的方法，情形数可以减少到仅为 4054. 算法 7.2.2E 的蒙特卡罗过程不仅在每种情形下找到了解，而且找到了大量的解. 实际上，我们可以确信，每个全偶数但非恒定边界规范的解都比纯白边界的解多 4 倍以上.

（更准确地说，纯白边界 000000000000 有 11 853 792 个解，未经对称性减少；接下来的最小边界 000000000011 有 48 620 416 个解；再下一个最小边界 000000000101 有 49 941 040 个解，以此类推. 在绝大多数情况下，有超过 1 亿个解，但可能从未超过 5 亿个. 顺便说一下，001022021121 是唯一恰好具有 3 个自同构的有效颜色模式.）

128. 我们可以将它们打包进习题 124 的答案中从 2×3 平行四边形中删除三角形 $(2,1)'$ 得到的 11 个三角形的区域，以使边缘颜色满足 -00 = -20、/01 = /30、-02 = -12. 有 1032 种方式可以做到这一点，其中之一如右图所示. 这产生了一个“超平铺”，与其 180° 旋转相结合，可以很好地铺满平面.

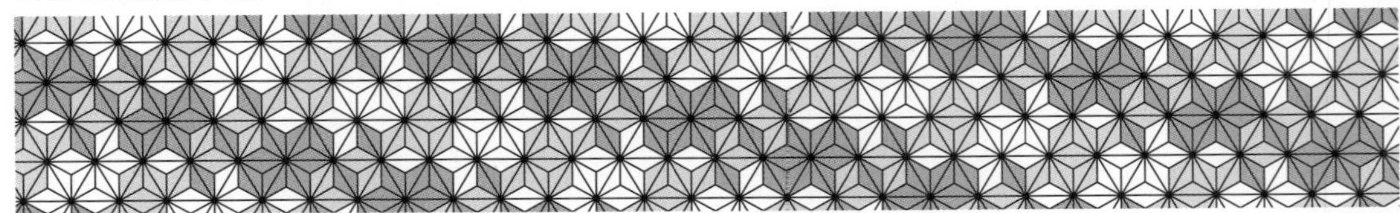

129. 首先考虑旋转对称性. 由于有 4 个单色图块，因此仅适用 180° 旋转. 为了生成所有强解，假设旋转改变了 a $\leftrightarrow$ d 和 b $\leftrightarrow$ c，并将习题 126 的答案中的选项组合成对，例如“02 abc -02:a /02:b \02:c

31' bdc -32:d /41:c \31:b". 由此产生的 768 个选项有 68 024 064 个解（用时约 0.5 Tμ），但其中许多解本质上是相同的（可以通过旋转、反射和/或颜色排列彼此获得）.

为本质上不同的模式计数有些棘手，可以通过区分 6 种类型的解来获得规范表示：(1) 02 aaa（因此为 31' ddd）和 03 bbb（因此为 30' ccc），以及 /12:a 或 /12:c（如果我们反射并交换 a ↔ b 和 c ↔ d，那么情形 /12:b 或 /12:d 与这些等效）；(2) 02 aaa 和 23 bbb（或等效的 03' bbb）；(3) 02 aaa、13' bbb，以及 \03:a 或 \03:c；(4) 02 aaa，以及 bbb 在 12、12'、22、22' 或 13 中；(5) 13 aaa、02' bbb，以及 \12:a 或 \12:c；(6) 13 aaa 和 12 bbb. 每种类型都很简单，分别产生 80 768 + 164 964 + 77 660 + 819 832 + 88 772 + 185 172 = 1 417 168 个解.

（请注意，强对称性的图示实际上平铺平面而不旋转. 也就是说，它有 -04 = -20、-14 = -30、/03 = /41……\10 = \32. 恰好有 40 208 个本质上不同的解满足这个附加条件.）

要生成弱解，请为每个三角形 (x,y) 或 $(x,y)'$ 引入新的副项 b_{xy} 和 b'_{xy}，其中 $y>1$，表示三角形内的颜色变化. 典型选项现在为"02 aad -02:a /02:a \02:d b02:5""02 aad -02:a /02:d \02:a b02:3""02 aad -02:d /02:a \02:a b02:6""02 abc -02:a /02:b \02:c b02:7""31' bdc -32:c /41:b \31:d b02:7""31' ccd -32:c /41:c \31:d b02:5". 我们可以假设 ddd 与 aaa 相对，ccc 与 bbb 相对. 算法 C 生成每个弱解两次，生成每个强解一次. 这 6 种类型总共产生 24 516 + 45 818 + 22 202 + 341 301 + 44 690 + 130 676 = 609 203 个弱解.

现在转向六边形的反射，有两种本质上不同的可能性：上下反射保留 4 条边的值，但所有三角形都会改变；左右反射保留 4 个三角形和两条边的值. 因此，强反射对称性是不可能的.（在第一种情况下，所有三角形都会改变，因此所有颜色都会改变. 在第二种情况下，必须固定两种颜色. 颜色 a 和 d 固定，但 b ↔ c. 8 个三角形 aaa、aad、abc、acb、bcd、bdc、dda、ddd 必须固定.）

可以像以前一样假定上下反射下的弱对称性，将 aaa 转换为 ddd，将 bbb 转换为 ccc. 同样有 6 种类型：[1] 02' aaa、22' bbb、-13:a 或 -13:c；[2] 02' aaa、bbb 在 12'、03'、13、13' 或 23 中；[3] 12' aaa、bbb 在 03 或 03' 中；[4] 03 aaa、23 bbb、-13:a 或 -13:c；[5] 03 aaa、bbb 在 13 或 13' 中；[6] 03' aaa、13' bbb、-13:a 或 -13:c. 令人惊讶的是，有些位置是"特殊"的：它们具有强旋转对称性及弱上下对称性. 算法 C（生成特殊的一次，其他的两次）分别产生 (88, 0, 0, 98, 0, 75) + 2(1108, 12 827, 8086, 3253, 12 145, 4189) 个解. 以下是 88 + 98 + 75 = 261 个特殊布局的示例，它们分别同时属于类型 [1] 和 (5)、[4] 和 (3)、[6] 和 (1)：

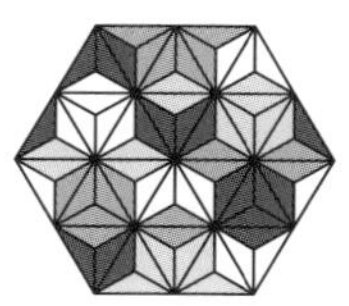 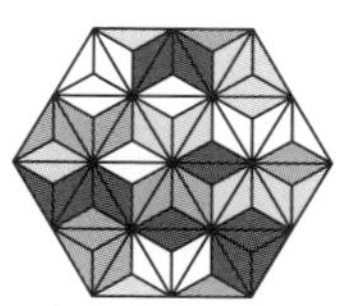 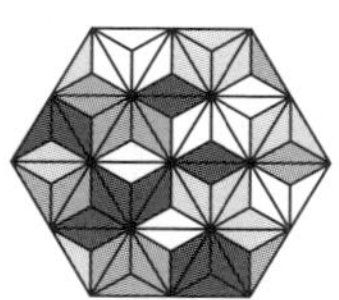

弱左右对称性类似，但现在有一些固定的三角形. 如果 aaa 被固定，那么假设 ddd 也被固定，会出现 3 种这样的类型，共有 46 975 + 35 375 + 25 261 = 107 611 个解. 否则，假设 ddd 与 aaa 相对. 这种情况下，6 种类型产生 (75, 0, 98, 0, 0, 88) 个强对称和 (3711, 56 706, 5889, 60 297, 38 311, 9093) 个非强对称的解. 因此，总共有 281 618 个本质上不同的具有左右对称性的弱摆放方式，其中 194 个还具有上下对称性.

[凯特 · 琼斯首次发现具有强对称性和弱对称性的摆放方式. 她在 1991 年的 Multimatch® III 用户手册中介绍了它们. 这是一套设计精美的三角形平铺.]

130. 对于八面体而言，最好的坐标系可能是将面编号为 000、001……111（二进制表示），并使顶点为 {0**, 1**, *0*, *1*, **0, **1}，边为 $\{xy*, x*y, *xy\}$，其中 $x,y\in\{0,1\}$. 构建 512 个选项"000 aaa *00:a 0*0:a 00*:a""000 aab *00:a 0*0:b 00*:a""000 aab *00:b 0*0:a 00*:a"……面名称 000……111 为主项，图块名称 aaa……ddd 为副项. 算法 C 迅速找到 2 723 472 个解，其中包括 45 356 个不同的八元素集合. 这 45 356 个集合反过来又成为算法 X（或算法 C）的新选项，有 24 个图块名称主项. 现在我们得到 1 615 452 个解，这些是所需的分划.

当然，存在许多对称性，我们将在 7.2.3 节中研究如何区分非同构代表．以下是最有趣的一个解：

 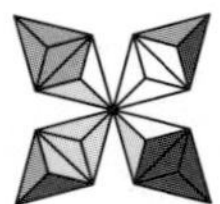 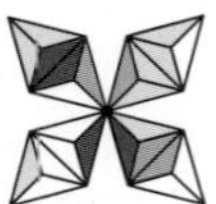

它有 4 种颜色交换对称性，并且所有纯色三角形都在一个八面体上．

131. (a) 每个三角形边缘都可以是 a（直线）、b（波浪）、c（隆起）或 d（凹陷）．我们可以按照习题 126 的答案中的方式设置选项和项，唯一不同的是，边匹配条件现在是 a ↦ a、b ↦ b、c ↦ d、d ↦ c．为了获得正确匹配，▽ 三角形的选项应该说明相邻边的颜色，如“`01' abc -02:a /11:b \01:d`”．

每个解都对应 24 个等价解．这是因为，我们通过旋转六边形获得 6 的倍数，通过交换隆起和凹陷获得 2 的倍数，再通过反射获得另外 2 的倍数（因为当一块翻转时，波浪变成反波浪，所以反射有些棘手．然而，每个反射的块都有自己的反块，从而产生所需的反解）．因此，我们可以强制 aaa 处于位置 02．像习题 126 的答案中一样对称地处理 c 和 d（其中 $v = \texttt{c}$），得到恰好 2 231 724 个规范解，运行时间仅为 3.0×10^{10} 次内存访问．

［卡登企业（Kadon Enterprises）以特里福利亚（Trifolia）® 的名称制造了这个拼图．］

(b) 令 c 和 d 分别表示 0 个位置和 3 个位置，以便容易对称地处理它们．类似的设置现在有伙伴关系 a ↦ b、b ↦ a、c ↦ d、d ↦ c，因此一个选项是“`01' abc -02:b /11:a \01:d`”．在方向 / 和 \ 上的边界颜色是 a；在方向 - 上的边界颜色是 b．这个问题的解通常形成 8 个一组（而不是 24 个一组）：我们可以交换 c ↔ d，左右反射，上下反射，或者旋转 180°；后两者与交换 a ↔ b 相结合．在不尝试去除任何对称性的情况下，我们得到 3 419 736 176 个解，用时 2.06×10^{13} 次内存访问．

左右反射总是会产生一个不同的解，无论我们是否交换 c ↔ d（因为至少有 8 块会保持不变，而只有 4 个放置它们的位置）．但是所示的例子表明，一些解在 180° 旋转下是固定的．我们可以通过添加 15 个新的主项（如“#/23”）和 15×4 个新的选项（如“#/23 /23:x /20:x”，其中 $x \in \{\texttt{a},\texttt{b},\texttt{c},\texttt{d}\}$）来找到它们．总共有 18 656 个解具有这种对称性．这些情况形成了 4 个一组，而不是 8 个一组．类似地，169 368 种情形具有上下对称性．根据伯恩赛德引理，本质上不同的解的总数是 $(3\,419\,736\,176 + 18\,656 + 169\,368)/8 = 427\,490\,525$．

为了使所有这些计算的速度翻倍，在习题 122 中取 $v = \texttt{c}$．

132. 彼得 · 埃瑟于 2002 年 4 月最早解决了这个挑战性问题，并做了在线展示．［参见 *JRM* **9** (1977), 209．使用奈杰尔 · 保罗 · 斯马特在 *The Algorithmic Resolution of Diophantine Equations* (1998) 中发现的高级方法可以证明，满足丢番图方程 $d + d(d-1) + d(d-1)(d-2)/3 = m^2$ 的解仅有 $d = 1$、2、24．］

133. 这个问题类似于习题 126，但要简单得多，原因是正方形比三角形更容易处理．有 24×81 个选项“`00 aaaa h00:a v10:a h01:a v00:a`”……“`53 ccba h53:a v63:c h54:c v53:b`”，其中，hxy 和 vxy 分别表示正方形之间的横向边和纵向边．删除边界上非 a 的选项；同时将 aaaa 限制为 4 个边界位置；通过使 b 和 c 等效（在习题 122 中取 $v = \texttt{b}$）又节省了一个因子 2．最终得到 13 328 个解，用时 15 Gμ．

［如今，为它们计数变得很容易，但这个问题的历史曾经颇为曲折！托马斯 · 奥贝恩在 1961 年 2 月 2 日的 *New Scientist* **9** 第 288～289 页做手工分析时，遗漏了放置内部白边的 20 种可能方式中的两种．几年后，解决麦克马洪正方形的解数问题可能是斯坦福人工智能实验室有记录以来的第一次大规模计算．在一次为期 40 小时的计算机运行中，加里 · 费尔德曼找到了 12 261 种摆放方式（参见 1964 年 1 月 16 日的 *Stanford AI Project* 第 12 号备忘录，共 8 页）．这个数值一直被认为是正确的，直到 1977 年 5 月，阿根廷的伊拉里奥 · 费尔南德斯 · 朗才获得了真实值．］

与用 xy 表示正方形和用 {hxy, vxy} 表示边不同，使用“偶数/奇数坐标”更为方便（参见习题 145）．在这种坐标系中，一对奇数 $(2x+1)(2y+1)$ 表示一个正方形，相邻两个正方形之间的边则用它们的中点表示．比如，上述 24×81 个选项将采用以下形式：

“`11 aaaa 01:a 12:a 21:a 10:a`”……“`b7 ccba a7:a b8:c c7:c b6:b`”．

这样的坐标在反射和旋转下更易处理．

134. (O, P, Q, ⋯, Z) 分别出现了 (0, 1672, 22, 729, 402, 61, 36, 48, 174, 259, 242, 0) 次，有时在同一个解中可能出现两次. 一个解包含由 4 块五联骨牌组成的形状.

［凯特·琼斯在 1991 年的 Multimatch® I 用户手册中提出了这样的问题.］

135. 实际上，解的总数是巨大的. 蒙特卡罗估计预测，对于任何固定放置的 `aaaa`、`bbbb`、`cccc`，解的数量约为 9×10^8，前提是它们并非明显不可能. 因此，施加额外的条件是很自然的. 下面这个优雅的包装以循环排列颜色，并在方块的每条边上都有纯色！哈里·纳尔逊、费德里科·芬克和曼努埃尔·里苏埃尼奥的研究表明，存在 61 个这样的解，详见韦德·菲尔波特的论文 *JRM* **7** (1974), 266–275. 参见习题 145 的答案，其中介绍了一种在内部表示这个问题时有用的偶数/奇数坐标系.

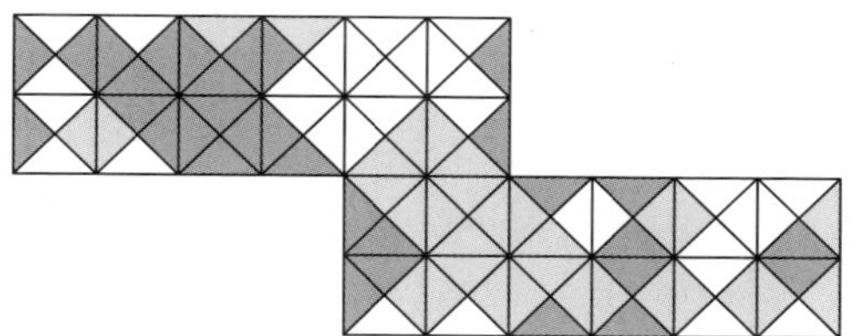

［在放置类似于麦克马洪图块的图块时，将对称多面体的表面包裹起来是避免尴尬边界条件的一种好方法. 达里奥·乌里在 1993 年设计了 39 个这样的问题，同时提出了巧妙的机械框架来构建结果. 比如，这里展示了一个菱形三十面体（30 个菱形）和一个星形十二面体（60 个等腰三角形），基于将 { 红, 绿, 蓝, 黄, 黑 } 中的不同颜色放在边缘的所有可能方式. 可以在线查阅他的报告 "Tessere di Mac Mahon su superfici tridimensionali".］

136. 主要挑战是找到一种好方法来表示十二面体的面和边. 也许最好的方法是用二十面体的顶点来表示面，三维坐标为 $(0,(-1)^b\phi,(-1)^c)\sigma^a$，其中 $(x,y,z)\sigma=(z,x,y)$. 对于 $0\leqslant a<3$ 且 $0\leqslant b,c<2$，令 abc 代表该面. 一个面与其 5 个最近的邻面相邻. 我们可以将 abc 和 $a'b'c'$ 之间的边表示为中点 $(abc+a'b'c')/2$. 这 30 个中点有两种形式，要么是 $ab=(0,(-1)^b\phi,0)\sigma^a$，要么是 $abcd=\frac{1}{2}((-1)^b,(-1)^c\phi,(-1)^d\phi^2)\sigma^a$. 现在可以照常构建相应的 XCC 问题，每个面有 120 个选项. 比如，面 `201` 的典型选项是 "`201 01243 20:3 1100:0 2001:1 2101:2 1110:4`".

我们可以强制第一个图块默认位于特定位置. 算法 C 仅需 9×10^6 次内存访问来解决所产生的问题，得到 60 个解.

当然，许多解是等效的. 有 120 个变换可以保留如上所述的十二面体和二十面体，由 3 个反射矩阵和 2 个正交矩阵生成：

$$\boldsymbol{D}_0=\begin{pmatrix}-1&0&0\\0&+1&0\\0&0&+1\end{pmatrix}\qquad\boldsymbol{D}_1=\begin{pmatrix}+1&0&0\\0&-1&0\\0&0&+1\end{pmatrix}\qquad\boldsymbol{D}_2=\begin{pmatrix}+1&0&0\\0&+1&0\\0&0&-1\end{pmatrix}$$

$$\boldsymbol{P}=\begin{pmatrix}0&0&1\\1&0&0\\0&1&0\end{pmatrix}\qquad\boldsymbol{Q}=\frac{1}{2}\begin{pmatrix}1&-\phi&1/\phi\\\phi&1/\phi&-1\\1/\phi&1&\phi\end{pmatrix}$$

应用这些变换的任何组合，并重新映射颜色以符合默认位置，都会得到一个等效解. 事实证明，正如康威亲手发现的那样，只有 3 个不等价的解，分别具有 4 个、6 个和 12 个自同构（因此在算法 C 的输出中分别出现 30 次、20 次和 10 次）.

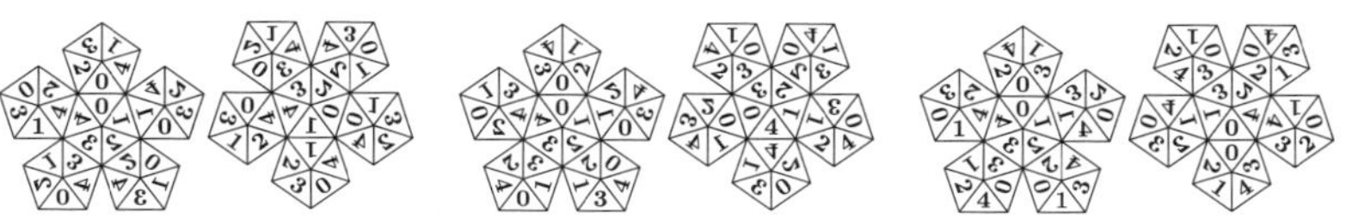

［参见迈克尔·罗杰·布思罗伊德和约翰·何顿·康威，Eureka: *The Archimedeans' Journal* **22** (1959), 15–17, 22–23. 康威将它们命名为"五角星十二面体".］

137. (a) 这是算法 C 的一个简单应用，有 $14+12$ 项和 $7\times(1+6\times6)=259$ 个选项.（通过巧妙的推理，我们也可以使用大小为 15 的搜索树来手动构建它.）

(b) 不能. 算法 C 再次很快给出了答案.

(c) 数千次随机试验表明，在 $\binom{120}{7}$ 种选择中，约 93% 无解；约 5% 只有一个解；约 1% 有两个解；剩下 1% 有 3 个或更多解.

(d) 大约有 0.4% 的情形有效，如示例所示. *历史注记*：1970 年，米尔顿 · 布拉德利公司推出“Drive Ya Nuts”拼图. 遗憾的是，发明者的名字已被遗忘. 在此之前，有一个难度更高的拼图谜题，由 3 个同心环中的 19 个六角形组成，称为超级多姆拼图 [霍勒斯 · 海兹，英国专利第 149473 号（1920 年 8 月 19 日）]，以及几个类似的谜题 [霍勒斯 · 海兹和弗朗西斯 · 雷金纳德 · 比曼 · 怀特豪斯，英国专利第 173588 号（1921 年 12 月 29 日）；乔治 · 亨利 · 哈斯韦尔，美国专利第 1558165 号（1925 年 10 月 20 日）]. 它们采用了两种边缘匹配规则.

138. (a) 我们可以将图块命名为 ABcd, ABdc, ACbd, ⋯, DCba. 假设 ABcd 位于左上角，直接应用算法 C（包含 2118 个选项，涉及 $48+48$ 项）可以在 1.3×10^{10} 次内存访问后输出 42 680 个解. 然而，与其他此类问题一样，这些输出包括许多本质上相同的解. 通过将任何单元格移动到左上角位置和（或）横向翻转和（或）纵向翻转，然后重新映射颜色，可以关联多达 96 个等效解. 比如，给定的示例有 6 个自同构：我们可以将其右移两列，然后映射 $A\mapsto C\mapsto D\mapsto A$ 和 $a\mapsto c\mapsto d\mapsto a$；我们还可以将其下移两行，左右反射，然后执行 $A\leftrightarrow D$ 和 $a\leftrightarrow d$. 因此，它在总共 42 680 种情形中贡献了 $96/6=16$ 种. 总共有 (79, 531, 5, 351, 6, 68, 12, 4) 种情形，分别为 (1, 2, 3, 4, 6, 8, 12, 24) 个自同构，因此有 $79+531+5+351+6+68+12+4=1056$ 个本质上不同的解. 如下所示的一个解具有 24 种对称性 [如果我们右移 1 且下移 2，和（或）横向反射或纵向反射，那么它会保持不变].

(b) 现在，算法 C 给出了涉及 $49+60$ 项的 1089 个选项，并且很快找到了 6 个解——通过转置相关的 3 个不同对，每个解在 90° 旋转下对称，所有的正面和反面都在相同的位置.

(c) 取 (b) 中的任意 3 个解，上下翻转，交换正反面，并执行 $B\leftrightarrow D$ 和 $b\leftrightarrow d$. 比如，给定解的对偶如下所示. 以棋盘方式交替使用全正面和全反面，可以得到无数个平铺.

（这些图块据信起源于 1990 年的一款“超级正反面”拼图，由霍华德 · 斯威夫特设计并限量生产.）

139. (a) 如果一个集合可以通过重新映射颜色、反射所有元素和（或）交换正反面从另一个集合获得，那么这两个包含 9 个元素的集合本质上是相同的. 举例来说，有 $4!\times2\times2=96$ 种不同的九元素集合等同于集合

$(*)$

通过考虑规范形式，如在习题 138(a) 中所示，我们找到了 14 124 个等价类，其中 $(13\,157, 882, 7, 78)$ 个分别具有大小 $(96/1, 96/2, 96/3, 96/4)$.

(b) 确切地说，有 (9666, 1883, 1051, 537, 380, 213, 147, 68, 60, 27, 29, 9, 24, 4, 8, 2, 5, 4, 1, 1, 1, 1, 1, 1, 0, 0, 0, 1) 个类别，分别有 $(0, 1, 2, \cdots, 27)$ 个解，其中 27 个解的惊人情形由上面的 $(*)$ 表示. 在 1883 个谜

题中，两个具有唯一解的谜题特别有趣，原因是它们具有 4 个自同构：

在每种情况下，我们都可以翻转棋子和（或）交换正反面，然后重新映射颜色以获得原始图块.

［这个问题首先由雅克·豪布里希在 1996 年解决，他只考虑了重新映射颜色（因此他有 54 498 个等价类）. 豪布里希收集了来自世界各地的 435 个不等价的谜题. 这些谜题由 9 个图块组成，两个正面相对于两个反面，但其中只有 17 个谜题的所有图块都不同，并且每个图块上的所有 4 个物体都不同. 比如，通常存在至少一个如 ABcb 的图块. 他收藏的第一个“纯” HHtt 拼图是由赫克·洛斯公司于 1974 年制作的. ］

140. (a) 通过将 $v = \mathtt{a}$ 应用于习题 122，我们可以节省 4! 的因子. 然后，算法 C 分别给出 (10, 5, 6) 个解. 然而，真正的数值是 (5, 3, 3). 这是因为，形状是对称的，而且中间的解具有额外的对称性：如果我们旋转 180° 并重新排列颜色，那么它将保持不变.

(b) 、、 的放大版本是不可能的. 但我们有

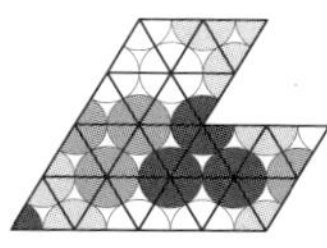

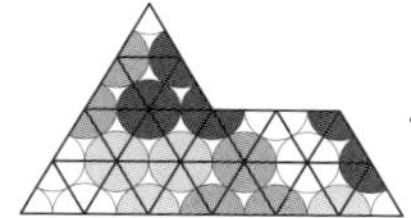

它们分别有 (4, 4, 3) 个解；其他 5 个有唯一解：

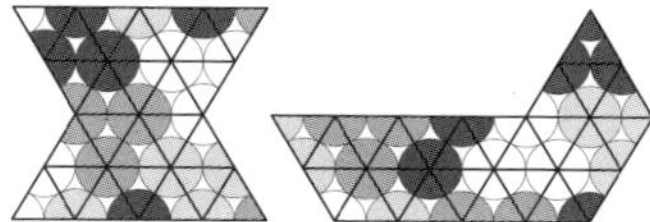
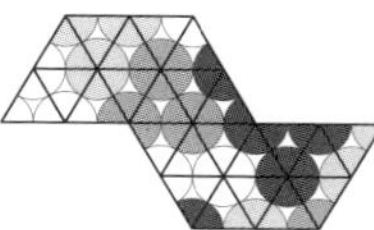
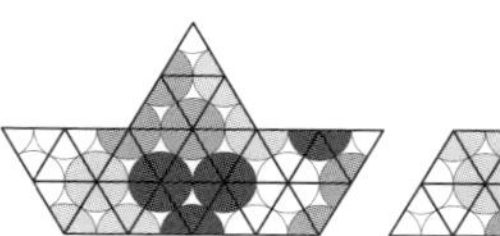

(c) 这些形状分别有 (7, 9, 48, 2, 23, 28, 18) 个解，并且较容易处理. “波浪”形状有 6 个具有中心对称性的解，“条形”形状则有 4 个.

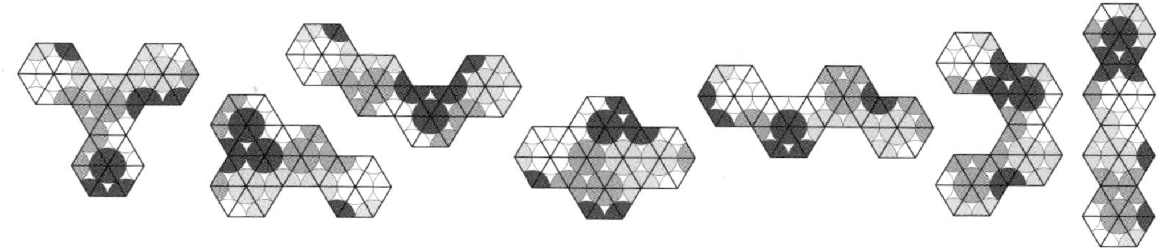

［顶点着色三角形由马克·奥迪耶命名为“特丽克尔”（Trioker）拼图，参见法国专利第 1582023 号（1968 年）、美国专利第 3608906 号（1971 年），以及马克·奥迪耶与伊夫·鲁塞尔于 1976 年合著的书 *Surprenant Triangles*. 它们也作为 Multimatch® IV 拼图销售. ］

141. (a) 利用习题 122（其中 $v = \mathtt{a}$），分别得到 (138 248, 49 336, 147 708) 个解，用时 $(1390, 330, 720) \times 10^9$ 次内存访问. 然后分别除以 (8, 4, 4)，以消除棋盘的对称性，得到本质上不同的 (17 281, 12 334, 36 927) 个解. ［1998 年、1999 年和 2002 年，托比·戈特弗里德首次计算出这些数值. 1970 年，斯科尔-莫尔公司以“细枝末节”（Nitty Gritty）的名称出售 5×5 版本的拼图. 自从看到这款拼图以来，戈特弗里德就产生了兴趣. 尽管有很多解，但手工解决极其困难. 连兰福德本人也无法解决 3×8 情形. ］

4×6 情形的 12 334 个解包括 180 个左右两侧颜色匹配的解. 因此，这些图案中的每一个都平铺一个“圆柱”；180 个通过旋转圆柱形成 30 个六元素族，彼此等效. 同样，3×8 情形的 36 927 个解中，1536 个是圆柱形状的，形成 192 个八元素族. 所示示例是左右两侧具有相同纯色的 42 个解之一.

(b) 任何解都可以与其镜像反射和其 180° 旋转（反射的反射）结合使用来铺设平面.

17 281 个解包括孔被单一颜色包围的 209 个解，其中 6 个解的两侧具有匹配的颜色．所示的平面将与其配合平面一起平铺，这是通过执行 b ↔ c 获得的．

所示的 4×6 示例是唯一解，其中两对相对边产生完全相同的颜色分划（受限增长串 0121120 和 01220）．因此，它也会将平面与其 b ↔ c 配合平铺在一起．

［带有不完整图块组的顶点匹配方块首次出现在埃德温 · 拉热特 · 瑟斯顿设计的谜题中，见美国专利第 487797 号（1892 年）和第 490689 号（1893 年）．］

142. 包含八边形的正方形单元格之间的每个边界现在有两个副项来接收颜色．比如，算法 C 的典型选项现在是“10 aabc a_{10}:a r_{10}:a l_{11}:b a_{11}:b b_{21}:c l_{21}:c r_{20}:a b_{20}:a”，其中，a_{xy}、b_{xy}、l_{xy} 和 r_{xy} 分别表示点 (x, y) 上方、下方、左侧和右侧的半边．再次利用习题 122（其中 $v =$ a），在情况 (i), (ii), (iii) 中，解的数量分别为 $2 \times (132\,046\,861, 1\,658\,603, 119\,599)$，用时 $(2607, 10\,223, 77) \times 10^9$ 次内存访问．情况 (i) 包含 $2 \times (193\,920, 10\,512, 96)$ 个圆柱，其中颜色上下匹配、左右匹配、两者都匹配；96 个“环形”示例的其中之一如图所示．情况 (ii) 包含 2×5980 个左右匹配的圆柱．情况 (iii) 没有圆柱示例．

［因为相邻的八边形可以在不在正方形网格中的情况下匹配，所以还会出现许多其他可能性．卡登企业（Kadon Enterprises）提供了一些吸引人的拼图套装，称为“多丽丝”（Doris）®．］

143. (a) *simplex*$(8, 6, 8, 2, 0, 0, 0)$；*simplex*$(7, 4, 7, 3, 0, 0, 0)$；*simplex*$(5, 5, 5, 4, 0, 0, 0)$．

(b, c) 非负整数 $x_0x_1x_2x_3x_4x_5$ 定义了这样一个多边形，当且仅当边界路径回到起点，也就是 $x_0 + x_1 = x_3 + x_4$ 且 $x_1 + x_2 = x_4 + x_5$．旋转 60° 将 $x_0x_1x_2x_3x_4x_5$ 替换为 $x_5x_0x_1x_2x_3x_4$；左右反射将 $x_0x_1x_2x_3x_4x_5$ 替换为 $x_0x_5x_4x_3x_2x_1$．因此，我们通过坚持 $x_0 \geqslant x_3 \geqslant x_5 \geqslant x_1$ 得到了一个规范形式：每个满足 $a \geqslant b \geqslant c \geqslant d$ 的非负整数序列 (a, b, c, d) 都定义了唯一的凸三角形多边形的边界 $x_0x_1x_2x_3x_4x_5$，其中，$x_0 = a$，$x_1 = d$，$x_2 = a - b + c$，$x_3 = b$，$x_4 = a - b + d$，$x_5 = c$．此外，该多边形恰好包含 $N = (a + c + d)^2 - b^2 - c^2 - d^2$ 个三角形．

给定 N，以下算法访问所有相关的 (a, b, c, d)．对于 $c = 0, 1, \cdots$，当 $2c^2 \leqslant N$ 时，反复执行以下操作：对于 $d = 0, 1, \cdots$，当 $d \leqslant c$ 且 $2c(c + 2d) \leqslant N$ 时，反复令 $x = N + c^2 + d^2$．如果 $x \bmod 4 \neq 2$，那么对于满足 $q \equiv x/q \pmod 2$ 且 $q^2 \leqslant x$ 的 x 的每个因子 q，置 $a \leftarrow (x/q + q)/2 - c - d$ 和 $b \leftarrow (x/q - q)/2$．如果 $a \geqslant b$ 且 $b \geqslant c$，则访问 (a, b, c, d)．

当 $N = 24$ 时，该算法访问 6 个 (a, b, c, d)，即 $(7, 5, 0, 0)$、$(5, 1, 0, 0)$、$(12, 12, 1, 0)$、$(6, 6, 2, 0)$、$(2, 2, 2, 2)$、$(4, 4, 3, 0)$．第 4 个、第 6 个和第 2 个是习题 140 的形状．其他 3 个不能用兰福德的 24 个图块正确平铺．

［参见 OEIS 序列 A096004，由保罗 · 博丁顿于 2004 年贡献．］

(d) 可以．一种方法是 *simplex*$(a + c + d, a + c, a + d, a - b + c + d, 0, 0, 0)$．

144. 因为在不同模式之间过渡需要纯色，所以限制条件很严格．算法 C（其中 $v =$ a，如在习题 142 的答案中那样）快速找到了 (ii) 的 2×102 个解．但出乎意料的是，在情况 (i) 中出现了许多排列；算法 C 找到了其中的 $2 \times 37\,586\,004$ 个，但速度不够快（6.43×10^{14} 次内存访问）．

（这些图块提出了许多有趣的问题．假设我们限制考虑用 24 个小六边形制作一个大六边形．有 2^{24} 种方法来指定每个位置是否应该在顶点处或边缘处匹配．但实际上这些规范中很少有可实现的．可实现的可以很好地表征吗？）

145. 假设 $0 \leqslant i \leqslant l$，$0 \leqslant j \leqslant m$，$0 \leqslant k \leqslant n$．令 $(2i, 2j, 2k)$ 表示顶点 (i, j, k)；令 $(u + v)/2$ 表示相邻顶点 u 和 v 之间的边；令 $(a+b)/2$ 表示包含平行边 a 和 b 的面；令 $(e+f)/2$ 表示包含平行面 e 和 f 的单元格．因此，当其分别具有 0、1、2 或 3 个奇数坐标时，三元组 (x, y, z) 分别表示顶点、边、面或单元格．

比如，$(2i, 2j{+}1, 2k)$ 表示顶点 (i, j, k) 和 $(i, j{+}1, k)$ 之间的边；$(2i{+}1, 2j, 2k{+}1)$ 表示其顶点为 (i, j, k)、$(i{+}1, j, k)$、$(i, j, k{+}1)$、$(i{+}1, j, k{+}1)$ 的面；$(2i{+}1, 2j{+}1, 2k{+}1)$ 表示其 8 个顶点为 $(i + (0 \text{ 或 } 1), j + (0 \text{ 或 } 1), k + (0 \text{ 或 } 1))$ 的单元格．

请注意，$(a + b)/2$ 表示相邻平行边 a 和 b 之间的顶点；$(e + f)/2$ 表示相邻平行面 e 和 f 之间的边；$(p + q)/2$ 表示相邻单元格 p 和 q 之间的面．

（我们可以在二维情形中使用类似约定，作为习题 109 的答案等情况下“H”项和“V”项的替代方案．）

146. (a) 每种颜色在“可见”面上出现 4 次，在“隐藏”面上最多出现两次. 因此，这 5 种邻接关系解释了 5 种颜色的全部 6 次出现.

(b) 将 {a, b, c, d, e, f} 的每个分划分为 3 对 $\{u,u'\}$、$\{v,v'\}$、$\{w,w'\}$，有两个手性立方体，其中，u 和 u' 相对，v 和 v' 相对，w 和 w' 相对. 对颜色进行排序，使得 $u<u'$，$u<v$，$v<v'$，$v<w$，$v<w'$，有 30 种方法可以做到这一点. 名为 $uu'vv'ww'$ 的立方体可以放置为 u 在上，u' 在下，v 在前，v' 在后，w 在左，w' 在右. 比如，(∗) 中的立方体被命名为 aebfcd、acbfde、acbdef、afbdec、abcedf、aebcfd.

(c) 通过指定 $6\times30\times24$ 个选项，每个选项分别对应每个立方体位置、立方体名称和立方体放置方式，我们可以为算法 C 进行这样的设置. 有 6 个主项对应位置；有 30 个副项对应名称；有 4×6 个主项 u_c、d_c、f_c 和 b_c，分别对应顶部、底部、前部和后部的颜色，其中 $c\in\{\mathtt{a,b,c,d,e,f}\}$；还有 6 个副项 h_k，对应位置 k 和 $k+1$ 之间的隐藏颜色. 比如，(∗) 中最左边的立方体对应选项“1 aebfcd $u_{\mathtt{a}}$ $d_{\mathtt{e}}$ $f_{\mathtt{b}}$ $b_{\mathtt{f}}$ h_0:c h_1:d”.

如果我们只保留位置 1 的一个选项（从而减少 1/720），那么有 2176 个解. 然而，因为有 16 种可能的旋转/反射，以及 6 种循环排列（随后重新映射最左边立方体的颜色），所以每个解都可能与其他 95 个解等效. 比如，所示解有 12 个这样的自同构. 进一步研究表明，只有 33 个解是“本质上不同的”，其中，(17, 9, 3, 1, 3) 个解分别有 (1, 2, 4, 6, 12) 个自同构.

(d) 可以，这有很多种方式. 在不固定最左边立方体的情况下得到 720×2176 个解，涉及 15 500 个不同的六元组立方体. 这些六元组是选项的精确覆盖问题，有 163 088 368 个解.

［这个问题是马丁 · 加德纳在 *Scientific American* **204**, 3 (March 1961) 第 168 ~ 174 页中提出的（远在“即刻疯狂”狂潮之前），他在 *Scientific American* **235**, 3 (September 1978) 第 26 页中将其扩展到问题 (c). 1981 年，佐尔坦 · 佩尔热为问题 (d) 找到了一个涉及 5 种对称排列的解，请参见加德纳的书 *Fractal Music, Hypercards, and More* (1992) 第 97 页. ］

147. (a) 习题 145 的“偶数/奇数坐标”非常适合表示立方体位置以及它们之间的面. 比如，习题中所示的 $1\times2\times2$ 砖块中的颜色可以很好地由以下 $3\times5\times5$ 数组表示：

```
[.....]  [.d.d.]  [.....]
[.a.a.]  [c.e.c]  [.b.b.]
[.....]  [.f.f.]  [.....]
[.a.a.]  [c.d.c]  [.b.b.]
[.....]  [.e.e.]  [.....]
```

其中，项 $(0,1,1)=\mathtt{a}$，项 $(1,0,1)=\mathtt{d}$，项 $(1,1,0)=\mathtt{c}$……项 $(2,3,3)=\mathtt{b}$. 此例中，位置 $(1,1,1)$、$(1,1,3)$、$(1,3,1)$、$(1,3,3)$ 的立方体分别具有名称 abcedf、abcefd、abcdfe、abcdef. 与之类似，$l\times m\times n$ 砖块的颜色由 $(2l+1)\times(2m+1)\times(2n+1)$ 张量表示. 以下张量代表一块“宏伟的砖块”：

```
[...........]  [.c.c.c.c.c.]  [...........]  [.c.c.c.c.c.]  [...........]
[.a.a.a.a.a.]  [b.f.d.f.d.b]  [.d.b.e.e.e.]  [b.f.d.b.f.b]  [.a.a.a.a.a.]
[...........]  [.e.e.b.b.f.]  [...........]  [.e.e.f.d.d.]  [...........]
[.a.a.a.a.a.]  [b.c.d.f.e.b]  [.d.b.c.c.c.]  [b.c.d.e.f.b]  [.a.a.a.a.a.]
[...........]  [.f.f.e.d.d.]  [...........]  [.f.f.b.b.e.]  [...........]
[.a.a.a.a.a.]  [b.e.d.b.e.b]  [.d.b.f.f.f.]  [b.e.d.e.d.b]  [.a.a.a.a.a.]
[...........]  [.c.c.c.c.c.]  [...........]  [.c.c.c.c.c.]  [...........]
```

其表面分别涂有 a、b、c（各两次）.

(b) 对于立方体位置有 lmn 个主项 $(2i+1)(2j+1)(2k+1)$，对于立方体名称有 30 个副项，对于立方体面有 $lm(n+1)+l(m+1)n+(l+1)mn$ 个副项 xyz，其中 $0\leqslant x\leqslant 2l$，$0\leqslant y\leqslant 2m$，$0\leqslant z\leqslant 2n$，$(x \bmod 2)+(y \bmod 2)+(z \bmod 2)=2$. 比如，解 (a) 中位置 135 的选项为“135 acbefd 035:a 125:b 134:d 136:f 145:e 235:c”. 我们还引入 6 个主项来强制执行有关砖块面的纯色规则. 每个主项都有 6 个选项，分别对应每种颜色 c. 比如，顶面的选项为“top 101:c 103:c 105:c 107:c 109:c 301:c 303:c 305:c 307:c 309:c”. 如果我们删除除位置 111 的 720 个选项之外的所有选项，则解的数量将减少 1/720.

事实证明，在每个解中，砖块的面颜色具有一个有趣的特性：重复的面颜色仅出现在平行的相对面上. 比如，$1\times2\times2$ 砖块具有面颜色 ab × cc × de；(a) 中的 $2\times3\times5$ 砖块具有颜色 aa × bb × cc.

砖块被认为与通过旋转、反射和（或）颜色排列从其获得的任何其他砖块本质上相同．上述 $1\times2\times2$ 砖块有 8 个自同构，比如，我们可以反射顶部 $\leftrightarrow$ 底部并交换 d $\leftrightarrow$ e．上述 $2\times3\times5$ 砖块有 2 个自同构：非平凡的一个反射了前部 $\leftrightarrow$ 后部、顶部 $\leftrightarrow$ 底部、e $\leftrightarrow$ f．

还有另一种 $1\times2\times2$ 砖块，其面颜色为 ab $\times$ cd $\times$ ef．它有 16 个自同构．因此，当 $(l,m,n)=(1,2,2)$ 时，在算法 C 找到的 3 个解中，它只出现一次．另外两个解彼此等同．

有一种唯一的 $1\times2\times3$ 砖块，很容易手动找到．它的面颜色是 ab $\times$ cc $\times$ dd，有 8 个自同构．（显然，仅当 $mn\leqslant6$ 时才可能存在 $1\times m\times n$ 砖块．）

$2\times2\times2$ 砖块格外有趣．这是因为，麦克马洪本人及其朋友朱利安 · 罗伯特 · 约翰 · 乔斯林在 1892 年的英国专利第 8275 号中引入 6 种面颜色的 30 个六色立方体时考虑了这种情况．他们观察到，可以选择任何一个“原型”立方体，并通过组装其他 8 个立方体将其复制成两倍大小．这可以通过两种方式完成，实际上是使用相同的 8 个立方体．但这两个解是同构的，有 24 种方式．［参见 *Proc. London Math. Soc.* **24** (1893), 145–155．他们的 8 块立方体拼图以“美宝乐”（Mayblox）之名销售．］

格哈德 · 科瓦莱夫斯基在 *Alte und neue mathematische Spiele* (1930) 第 14～19 页中找到了一个 $2\times2\times2$ 砖块，面颜色为 aa $\times$ bb $\times$ cd．费迪南德 · 温特在 *Mac Mahons Problem: Das Spiel der 30 bunten Würfel* (1933) 第 67～87 页中找到了另一个，面颜色为 aa$\times$bc$\times$de．还有第 4 个解，它具有温特的面颜色：

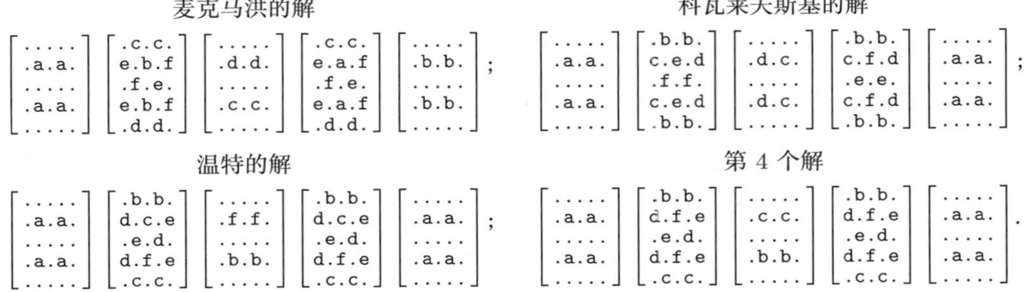

这些解分别有 $(24,8,4,8)$ 个自同构．因此，对于 $l=m=n=2$ 的情况，算法 C 找到了 $48/24+48/8+48/4+48/8=26$ 个解．

更大规模的情形可能有更引人注目的解，但我们在这里只能提供一个简要总结．对于具有特定面颜色的 $l\times m\times n$ 砖块的每种可行情形，我们列出了具有 $(1,2,4,8)$ 个自同构的不同解的数量．情形 $2\times2\times3$：aa$\times$bb$\times$cc，$(0,0,1,0)$；aa$\times$bc$\times$dd，$(0,2,6,1)$；aa$\times$bc$\times$de，$(0,1,6,0)$；ab$\times$cd$\times$ee，$(0,1,2,0)$；ab$\times$cd$\times$ef，$(0,0,2,0)$．情形 $2\times2\times4$：aa$\times$bb$\times$cc，$(0,0,1,0)$；aa$\times$bb$\times$cd，$(0,0,1,0)$；aa$\times$bc$\times$dd，$(0,3,4,2)$；aa$\times$bc$\times$de，$(0,11,14,2)$；ab$\times$cd$\times$ee，$(0,2,2,3)$；ab$\times$cd$\times$ef，$(0,1,1,1)$．情形 $2\times2\times5$：aa$\times$bc$\times$dd，$(0,5,4,0)$；aa$\times$bc$\times$de，$(0,18,9,0)$；ab$\times$cd$\times$ee，$(0,0,1,0)$；ab$\times$cd$\times$ef，$(0,2,5,1)$．情形 $2\times3\times3$：aa$\times$bb$\times$cc，$(2,15,4,0)$；aa$\times$bb$\times$cd，$(4,8,1,0)$；aa$\times$bc$\times$de，$(1,4,1,2)$．情形 $2\times3\times4$：aa$\times$bb$\times$cd，$(6,8,1,0)$；aa$\times$bc$\times$de，$(0,6,0,0)$；ab$\times$cc$\times$dd，$(0,4,2,0)$；ab$\times$cc$\times$de，$(0,2,0,0)$；ab$\times$cd$\times$ee，$(0,2,0,0)$；ab$\times$cd$\times$ef，$(0,7,0,0)$．情形 $2\times3\times5$：aa$\times$bb$\times$cc，$(0,2,0,0)$．

（显然，缺少 $l=m=n=3$ 的情形．没有 $3\times3\times3$ 砖块，但可以接近：没有一个角的 $3\times3\times3$ 砖块可以由 30 个中的 26 个制成；没有中间的立方体和它上面那一个，可以由 30 个中的 25 个制成．）

148. 有 11 个这样的立方体，它们可以以多种令人愉快的方式搭配．

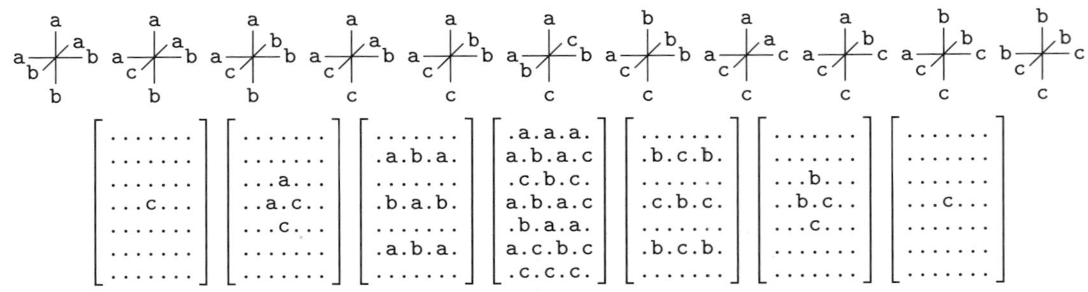

149. 用非负的重心坐标 $wxyz$ 标记顶点，其中 $w+x+y+z=3$. 同时，用重心坐标 $stuv$ 标记 10 个单位四面体，其中 $s+t+u+v=2$. 那么，四面体 $stuv$ 的顶点 $wxyz$ 为 $stuv+\{1000,0100,0010,0001\}$. 引入 10 个主项 $stuv$ 表示四面体，再加上 10 个 abcd, abdc, abce, adec, $\cdots$, bcde, bced 表示不同的着色方案. 同时引入 20 个副项 $wxyz$ 表示顶点.

然后，合适的顶点颜色是有 1200 个选项“$stuv\ \alpha\ v_1{:}p_1\ \cdots\ v_4{:}p_4$”的 XCC 问题的解，其中，$\alpha$ 是一种着色方案，$v_1v_2v_3v_4$ 是 $stuv$ 的顶点，$p_1p_2p_3p_4$ 是 α 的颜色的偶排列. 耐人寻味的是，这个问题有 2880 个解（算法在 500 Mμ 内找到它们）——在存在 $5!\,4!=2880$ 个自同构的情况下，它们都等同于下面的解.

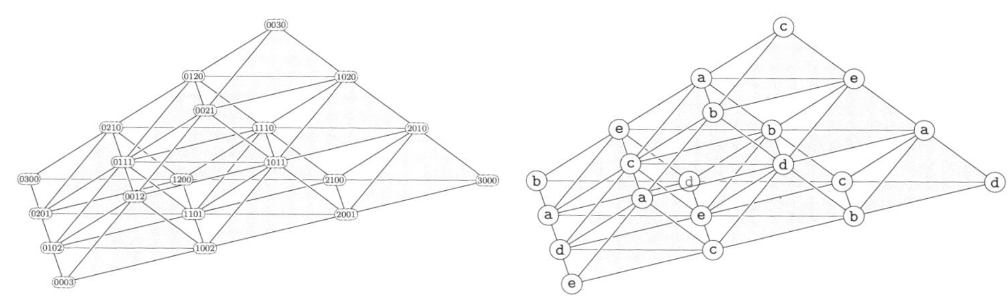

（2015 年，贾里德 · 麦库姆提出这个问题，由亚普 · 舍尔普胡伊斯解决.）

150. 请注意，有 14 块不同的拼图，其中成对的拼图有 4 对. 因此，我们使用算法 M，14 个主项用于拼图，64 个主项用于单元格. 我们还引入副项用于单元格之间的边，颜色表示是否存在链接. 最后两块拼图显然必须相邻，因此我们可以将它们合并成一个大小为 11 的“超级拼图”；然后，相邻单元格之间的所有接口都是相同的. 我们可以通过强制“超级拼图”处于 18 个位置之一来消除对称性.

我们找到了 43 个解，用时 7 Gμ. 以下是一些典型示例：

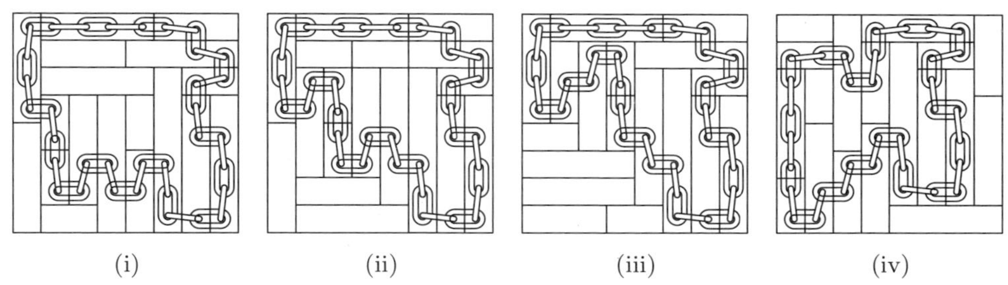

(i) (ii) (iii) (iv)

解 (i) 出现在霍夫曼的 *Puzzles Old and New* 中，即谜题 3–18. 解 (iii) 在左下象限大部分留空，解 (iv) 在最右列整列留空. 如果我们忽略空白块，则链接形成 8 条路径，全长 34. 在 43 个解中，路径 (i)、(ii)、(iii)、(iv) 分别是第 1、15、9、3 个.（无尽链条拼图大约于 1887 年由里森制造公司发行.）

151. (a) 关键思想是从分解这个问题开始，只考虑相邻多米诺骨牌之间的边缘匹配任务，忽略循环的细节.

应用算法 M，使用主项 1 ~ 9 和 a ~ i，用于不同的开关模式的附着点，以及每个要覆盖的单元格的主项 ij（$0\leqslant i<8$，$0\leqslant j<9$），还有两个特殊的主项 H 和 V. 有 $63+64$ 个副项 h_{ij} 和 v_{ij}，用于指示内部附着点的路径/无路径. 典型的选项包括：

$$\text{“a 10 11 } v_{12}{:}1\ h_{21}{:}1\ h_{20}{:}1,\ h_{10}{:}0\ h_{11}{:}1\text{ H”}$$

$$\text{“a 11 21 } h_{11}{:}0\ v_{12}{:}0\ v_{22}{:}1,\ h_{31}{:}1\ v_{21}{:}1\ v_{11}{:}1\text{ V”}$$

目标是找到一个精确覆盖，其中，模式 1 ~ 9 的重数为 1，模式 a ~ i 的重数为 3，H 和 V 的重数为 18.（总共有数百万个解.）

一旦完成该任务，我们就需要分配实际的多米诺骨牌，其子路径共同定义单个循环. 一个（不平凡的）程序，与算法 X 和习题 413 在结构上有很多共同点，它将在几微秒内找到这样的分配方式（尽管实际编写该程序可能需要一整天的时间）.

(b) 现在 H 和 V 的重数应该分别为 32 和 4.（此外，通过省略奇数高度的纵向放置方式，我们可以为算法 M 节省大约一半的运行时间.）该算法找到了 6420 个解，然后立即找到了合适的多米诺骨牌分配方式.

（这 36 种路径多米诺骨牌由小爱德华 · 佩格在 1999 年最早研究，并在同年稍后由罗杰 · 菲利普斯首次放置在一个单一循环的 8×9 数组中.）

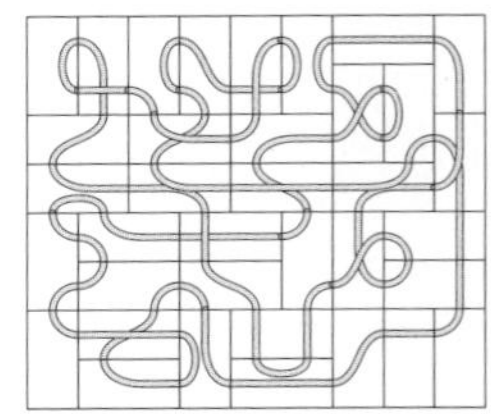
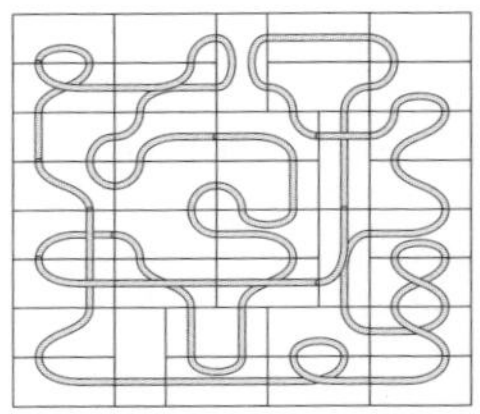
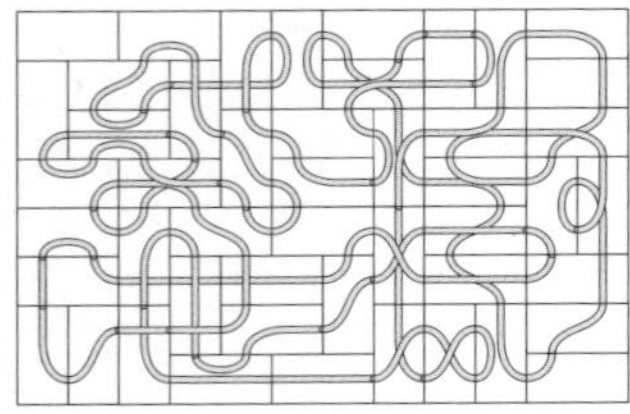

152. 这个（分解）问题与上题类似，但多了一个重数为 11 的模式 j，以及一个重数为 1 的空白模式，但没有 H 或 V. 找到解需要运气. 作者运用算法 M 成功解出了它，用时 35.1 Tμ.

（请注意，48 种路径多米诺骨牌中恰好有 32 种无交叉. 因此，我们不可避免地想尝试将它们放置在棋盘上，以形成单一的无交叉环. 遗憾的是，算法 M 告诉我们相应的分解问题没有解，即使使用多个环，这样的任务也是不可能完成的. 然而，使用这 32 种骨牌肯定可以做一些有趣的事情.）

153. (a) 如果我们添加一块重数为 4 的空白单联骨牌，算法 M 很快就能验证以下解的唯一性.（像这样的“线条拼图”是比尔 · 达拉发明的. 他的一些巧妙的设计是由二元艺术公司在 1994 年和 1999 年创作的.）

(b) 有 30 个图案，每种模式对应 3 种三连接点选择.

(c) 对于随机选择的 $(2,2,4)$ 集合和 $(2,3,4)$ 个不同连接点的试验，通常根本没有解决方案. 但作者的前 1000 次试验之一是合适的，它产生了一个很好的谜题，其解如右图所示.

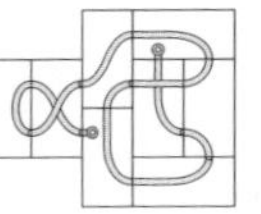
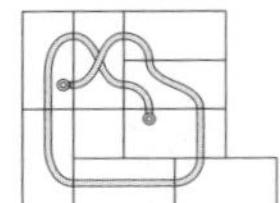

154. $P(n)=n(n+1)^2(n+2)/12=m^2$ 的整数解涉及完全平方数 u^2 和 v^2，其中 $v^2\approx 3u^2$. 如果 $|v^2-3u^2|$ 足够小，那么 v/u 必定收敛于连分数 $\sqrt{3}=1+/\!/1,2,1,2,1,2,1,2,\cdots/\!/$（参见习题 4.5.3–42）.

追求这个想法，令 $\theta=2+\sqrt{3}$，$\hat{\theta}=2-\sqrt{3}$，$\langle a_n\rangle=\langle(\theta^n+\hat{\theta}^n)/2\rangle=\langle 1,2,7,26,97,\cdots\rangle$，$\langle b_n\rangle=\langle(\theta^n-\hat{\theta}^n)/(2\sqrt{3})\rangle=\langle 0,1,4,15,56,\cdots\rangle$. 注意，$a_n^2=3b_n^2+1$；$(a_n+3b_n)^2=3(a_n+b_n)^2-2$. 我们发现，当且仅当对于某些 m 有 $n=6b_m^2$（因此 $n=0,6,96,1350,18\,816,\cdots$）或对于某些 m 有 $n=(a_m+3b_m)^2$（因此 $n=1,25,361,5041,70\,225,\cdots$）时，$P(n)$ 才是一个完全平方数.

[参见罗伯特 · 温赖特，*Puzzlers' Tribute* (A K Peters, 2002), 277–281；还有埃里克 · 弗里德曼在 `erich-friedman.github.io/mathmagic/0607.html` 上的综述.]

155. (a) 算法 M 找到了 8×7571 个解，用时 60 Gμ.

(b) 最大解为 35（不容易找到），最小解为 5.（该习题是由罗伯特 · 里德建议的，他在 2000 年手动找到了最小解.）

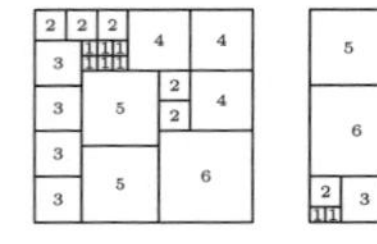
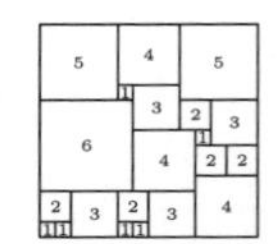

156. 在回溯的第 l 层，对顶部未填充行的最左侧未填充单元格进行所有可能的分支. 尽管没有使用 MRV 启发法，但该方法仅需要 2.0×10^{12} 次内存访问（而且内存占用量极小）就能找到 18 656 个解. 搜索树有 61 636 037 366 个结点.

通过消除对称性，我们可以节省 1/8 的计算量：1×1 正方形可局限于单元格 (i,j) 内，其中，$i<18$ 且 $j\geqslant 35-i$. 此外，如果 (i,j) 位于对角线上（$j=35-i$），那么 1×1 正方形的上下文必须是 ┬┴ 或 ┴┬，并且我们可以坚持使用前者. 现在我们找到了 2332 个解（以及 6 975 499 717 个结点），用时仅为 2.35×10^{11} 次内存访问.

相比之下，对于 $n=8$ 的 MCC 问题 (6_1)，当我们限制 #1 的选项为 $i<18$ 且 $j\geqslant 35-i$ 时，有 1304 项和 7367 个选项，总长 205 753. 需要 4.906×10^{14} 次内存访问才能找到 2566 个解. 因为这 2566 个解中的 468 个在位置 (i,j) 上有 #1，其中 $j=35-i$，所以后处理操作可将该数值减少到 2332.

我们的结论是，舞蹈链方法绝不是解决此鹧鸪问题的首选方法. 使用按位运算的直接回溯法快了 2000 倍以上！事实上，我们可能会认为自己很幸运，“只”支付了 2000 倍的成本惩罚，原因是 (6_1) 中的 #8 的 841 个选项中的每一个都为双向链表贡献了 65 个结点. 这种更新和恢复让舞者们异常忙碌.

[*历史注记*：比尔 · 卡特勒在 1996 年首次找到了 $n=8$ 时的 2332 个解，他使用了上述回溯法的改进版本. 当时的人们尚不知道存在 $n<11$ 的解，尽管温赖特在 1981 年就知道如何解 $12\leqslant n\leqslant 15$ 的情形，而且查尔斯 · 亨利 · 杰普森和斯蒂芬 · 埃亨在 *Crux Mathematicorum* **19** (1993) 第 189 ~ 191 页中为 $11\leqslant n\leqslant 33$ 提出了构造. 对于所有 $n>7$，这个谜题肯定有解，但目前尚无证明.]

157. 使用算法 M 很容易证明不存在完美打包，但是习题 156 的回溯法更好地表明，除一个 2×2 之外，我们无法打包. 该回溯法还表明，除以下两个之外我们都可以打包.

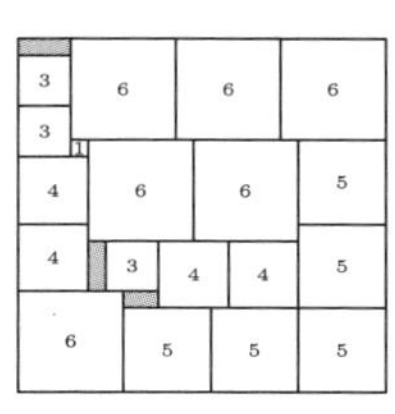

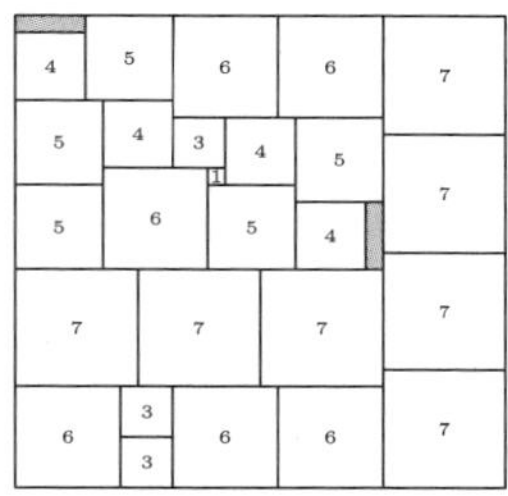

158. 如习题 156 所示，可以通过按位回溯证明以下解是最佳的.

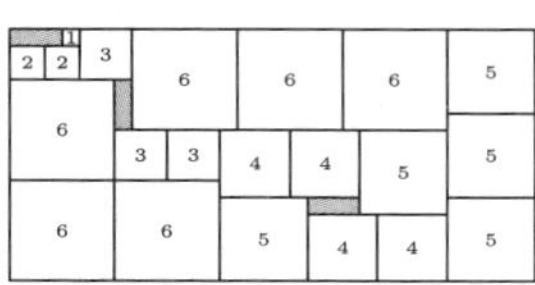

159. 将 # 替换为代表象限的 4 个主项 $\#_0$、$\#_1$、$\#_2$、$\#_3$，并在 (64) 中使用 $\#_{2\lfloor i/4\rfloor+\lfloor j/4\rfloor}$ 代替 #. 然后将问题划分为 10 种情形，其中 $\#_0\#_1\#_2\#_3$ 的重数 $m_0m_1m_2m_3$ 分别为 (2012, 2111, 2120, 3002, 3011, 3020, 3110, 4010, 4001, 5000).（省略包含重数为 0 的 $\#_k$ 的选项.）这些情况产生 (134, 884, 33, 23, 34, 1, 16, 0, 22, 0) 个解，用时 (95, 348, 60, 23, 75, 8, 19, 2, 10, 0)$\times 10^6$ 次内存访问.（请注意，$4\times 134+4\times 884+8\times 33+4\times 23+8\times 34+8\times 1+4\times 16+8\times 0+4\times 22+4\times 0=4860$.）运行时间减少了 1/20.

[对于较大的 n 值，我们可以将单元格分为 9 个区域：8 个卦限，加上包含对角线的特殊区域（如果 n 为奇数，则为中间的行、列）.]

160. 共有 589 个分量，其中有 388 个孤立顶点和一个大小为 3804 的巨型分量. 另外 200 个分量的大小范围为 2 ~ 12.（比如，(65) 中的前 3 个解属于巨型分量；其他解属于大小为 8 的分量.）

161. 一般来说，考虑寻找图 G 的所有 m 顶点支配集的问题. $n\times n$ 的 m 皇后问题是一种特殊情形，其中，G 是 n 阶皇后图. 那么，选项 (64) 的形式为“$\#\ v\ v_1\ \cdots\ v_t$”，其中，$\{v_1,\cdots,v_t\}$ 是与 v 相邻的顶点，# 是重数为 m 的特殊主项.

变体 (i) 相当于要求所有大小为 m 的核（所有最大独立集）. 对于图 G 中的每条边，令其有一个副项 e. 那么选项是“$\#\ v\ v_1\ \cdots\ v_t\ e_1\ \cdots\ e_t$”，其中，$e_j$ 是 v 和 v_j 之间的边. 一个 8×8 棋盘有大小为 5 的 $8\times 91=728$ 个核.（它还有大小分别为 6、7、8 的 6912、2456、92 个核，参见习题 7.1.4–241(a).）

对于变体 (ii)，我们简单地将 v 的选项缩短为“$\#\ v_1\ \cdots\ v_t$”. 那么，必须有另一选项覆盖 v. 满足 (ii) 的五皇后问题的解恰好有 352 个.

变体 (iii) 似乎更难以表达. 对于每个顶点 v，令其有一个副项 $\hat{v}$. 那么，选择 v 的选项可以是“$\#\ v\ \hat{v}{:}1\ v_1\ \cdots\ v_t\ \hat{u}_1{:}0\ \cdots\ \hat{u}_s{:}0$”，其中，$\{u_1,\cdots,u_s\}=V\setminus\{v,v_1,\cdots,v_t\}$ 是与 v 不相邻的顶点的集合. 8×8 棋盘有 20 个大小为 5 的团占优者.

[威廉 · 阿伦斯在 1910 年的经典著作 *Mathematische Unterhaltungen und Spiele* 第 10 章是对皇后占优问题早期研究的出色综述.]

162. 将这些问题构建为 MCC 问题，方法是从 n 皇后问题的普通选项开始（参见 (23)），然后添加额外选项，如“$\#\ r_j\ c_{k+1}\ a_{j+k+1}\ b_{j-k-1}\ r_{j+1}\ c_{k+3}\ a_{j+k+4}\ b_{j-k-2}\ r_{j+2}\ c_k\ a_{j+k+2}\ b_{j-k+2}\ r_{j+3}\ c_{k+2}\ a_{j+k+5}$

b_{j-k+1}”，表示一个被包含的 $\mathcal{Q}_4$，其中 $1 \leqslant j, k \leqslant n-3$. 这里的 # 是一个给定所需重数的新主项，并且我们将使用敏锐偏好启发法.

(a) 15. 事实上，我们可以在 $\mathcal{Q}_{15}$ 中得到不相交的 $\mathcal{Q}_4$ 和 $\mathcal{Q}_5$.

(b, c) 17. 在中心放一个皇后，制造一个风车！[参见阿伦斯 (1910) 第 258 页.]

(d) 22，见下图. 算法 M 在 1.50×10^8 次内存访问后证明 $n = 21$ 不可能.

(e) 16. 有 4 个本质上不同的解.

(f) 19，见下图. 算法仅用不到 200 Mμ 就证明了 $n = 18$ 太小了.

(g) 20. 一旦知道这一点，算法 X 就将在 2 Mμ 内找到所有 18 个解.

(h) 22. 有 28 个本质上不同的解.

(i) 25，见下图.（在 1.80×10^8 次内存访问后，我们得知 $n = 24$ 不行.）

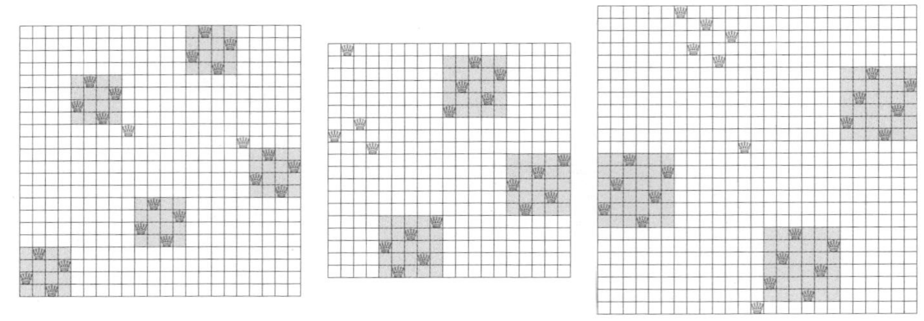

163. 有时，算法 M 被调用，以从空列表中选择零项或多项. 然后，它置 FT[l] $\leftarrow i$ 和 $x_l \leftarrow i$，其中，i 是列表为空的项；但是步骤 M5 实际上并不对任何内容进行微调. 在 (71) 中的特殊规则确保在我们回溯时，步骤 M8 实际上并不取消任何微调.

164. 如果 $x_j \leqslant N$，则结点 x_j 是项 x_j 的标头. 对于这样的 j 没有其他选择.

（一个良好的实现还将扩展习题 12 的答案，以便识别搜索树中每个 x_j 的相对位置. 为此，可以在步骤 M3 的末尾添加一个新数组 SCORE，置 SCORE[l] $\leftarrow \theta_i$ 和 FT[l] $\leftarrow 0$. 在打印解的第 j 步 x_j 时，如果 FT[j] $= 0$，则使用习题 12 的旧答案. 否则，按如下方式修改该答案：如果 $x \leqslant N$ 且“$x =$ FT[j] 或 $x =$ TOP(FT[j])”，则打印“null NAME(x)”；否则像以前一样打印选项 x. 最后，循环执行 $i \leftarrow 0$，$q \leftarrow$ FT[j] 而不是 $i \leftarrow$ TOP(x)，$q \leftarrow$ DLINK(i)；报告“SCORE[j] 的 k”而不是“LEN(i) 的 k”.）

165. (a) 为了覆盖 4 个中的 2 个，我们在根结点有 3 个选择，然后在下一层有 3 个、2 个或 1 个选择，因此在层 (0, 1, 2) 上有 (1, 3, 6) 种情形. 为了覆盖 7 个中的 5 个，层 $(0, 1, \cdots, 5)$ 上有 (1, 3, 6, 10, 15, 21) 种情形. 因此，以项 1 开始的搜索轮廓是 $(1, 3, 6, 6 \times 3, 6 \times 6, 6 \times 10, 6 \times 15, 6 \times 21)$. 另一种方式更好：$(1, 3, 6, 10, 15, 21, 21 \times 3, 21 \times 6)$.

(b) 对于项 1，轮廓为 $(a_0, a_1, \cdots, a_p, a_pa_1, \cdots, a_pa_q)$，其中 $a_j = \binom{j+d}{d}$. 我们应该首先在项 2 上进行分支，因为 $a_{p+1} < a_pa_1, a_{p+2} < a_pa_2, \cdots, a_q < a_pa_{q-p}, a_qa_1 < a_pa_{q-p+1}, \cdots, a_qa_{p-1} < a_pa_{q-1}$.（之所以出现这些不等式，是因为序列 $\langle a_j \rangle$ 是强对数凹的：对于所有 $j \geqslant 1$，它满足条件 $a_j^2 > a_{j-1}a_{j+1}$. 参见习题 MPR–125.）

166. (a) “点减”运算 $x \dot{-} y = \max(x-y, 0)$ 在这种情况下非常适用：

$$\theta_p \;=\; (\texttt{LEN}(p)+1) \dot{-} (\texttt{BOUND}(p) \dot{-} \texttt{SLACK}(p)).$$

(b) 最好在 p' 上分支（尽管这可能违反直觉）.

（作者对步骤 M3 的实现通过首选具有较小 SLACK 的项，然后在 SLACK 相等时首选较长 LEN 来解决冲突. 因此，他的 MRV 将习题 9 的答案替换为以下内容：置 $\theta \leftarrow \infty$ 和 $p \leftarrow$ RLINK(0). 当 $p \neq 0$ 时，反复执行以下操作：置 $\lambda \leftarrow \theta_p$；如果 $\lambda < \theta$ 或“$\lambda = \theta$ 且 SLACK(p) $<$ SLACK(i)”或“$\lambda = \theta$ 且 SLACK(p) $=$ SLACK(i) 且 LEN(p) $>$ LEN(i)”，则置 $\theta \leftarrow \lambda$ 和 $i \leftarrow p$；然后置 $p \leftarrow$ RLINK(p).）

167. 步骤 M3 没有精确定义. 因此, 对 v_p 的任何更改都可能影响其行为. 但是, 让我们假设步骤 M3 的实现方式与习题 166 中一样.

即便如此, 仍可能存在差异. 如果没有选项, 就会出现一个小差异: 具有重数 $[0\,..\,1]$ 的主项将在步骤 M4 中被覆盖而变为非活跃状态; 对于重数 $[0\,..\,2]$, 它将在步骤 M5 结束时变为非活跃状态.

也可能存在更显著的差异. 假设只有一个选项 a 和一个主项. 如果 a 的重数为 1, 我们就像在算法 X 中那样简单地覆盖 a. 但如果 a 的重数是 $[1\,..\,2]$, 那么我们将进行一些微调和撤销操作, 甚至进入新的一层, 在那里采取一个空分支.

然而, 差异不会变得更大. 设 $\mathtt{BOUND}_0(p)$ 和 $\mathtt{BOUND}_1(p)$ 分别表示当上限 v_p 被指定为 M_p 和 $M_p+\delta$ 时 $\mathtt{BOUND}(p)$ 的值. 如果选择相同的选项, 那么在整个算法中, 我们将始终有 $\mathtt{BOUND}_1(p)=\mathtt{BOUND}_0(p)+\delta$. 这是因为, 每当算法通过移除一个选项递归地减小问题时, $\mathtt{BOUND}(p)$都会得到适当调整. 我们还有 $\mathtt{SLACK}_1(p)=\mathtt{SLACK}_0(p)+\delta$. 然后, 可以通过对计算的归纳证明, 我们确实选择了相同的选项(可能有不同程度的微调).

任何两个大于或等于 M_p+2 的 v_p 值都将完全相等.

168. 引入一个新主项“!”和一个新副项“+”. 用“! +:0”“! α”“α +:1”来替换 α 的两份副本. (同理, 引入“!!”和“++”后, α 的 3 份副本可以替换为“! +:0”“! α”“!! ++:0”“!! α +:1”“α ++:1”.)

169. 让每个顶点都有一个主项 # 和一个副项. 同时, 让每个顶点 v 都有一个选项“# v v_1:0 $\cdots$ v_d:0”, 其中, $v_1 \sim v_d$ 是 v 的相邻顶点. 最后, 让 # 具有重数 t. (请注意, 此结构中的副项要么用 0 着色, 要么根本不着色!)

170. 为每个顶点引入主项 !v, 并给它 $d+1$ 个选项: “# !v v:1 v_1:0 $\cdots$ v_d:0”“!v v:0 v_1:1”“!v v:0 v_1:0 v_2:1”……“!v v:0 v_1:0 $\cdots$ v_{d-1}:0 v_d:1”.

171. 假设有 10 个主项 v, 其中 $0 \leqslant v < 10$. 此外, 对于每条边 $u — v$, 有 15 个主项 $\#uv$, 其中边为 0 — 1 — 2 — 3 — 4 — 0、0 — 5、1 — 6、2 — 7、3 — 8、4 — 9、5 — 7 — 9 — 6 — 8 — 5. 对于 $0 \leqslant v < 10$, 有 26×10 个副项 $\mathtt{a}_v \sim \mathtt{z}_v$; 对于 $u \not— v$, 有 26×30 个副项 $\mathtt{a}_{uv} \sim \mathtt{z}_{uv}$; 对于(比如说) WORDS(1000) 中的每个单词, 有副项 w. 对于每条边, 有 26 个选项“$\#uv$ $\mathtt{a}_u$:1 $\mathtt{a}_v$:1”~“$\#uv$ $\mathtt{z}_u$:1 $\mathtt{z}_v$:1”. 对于每个单词, 有 10 个选项. 比如, 顶点 0 处为 added 添加的选项为“0 $\mathtt{a}_0$:1 $\mathtt{b}_0$:0 $\mathtt{c}_0$:0 $\mathtt{d}_0$:1 $\mathtt{e}_0$:1 $\mathtt{f}_0$:0 $\cdots$ $\mathtt{z}_0$:0 $\mathtt{a}_{02}$ $\mathtt{a}_{03}$ $\mathtt{a}_{06}$ $\mathtt{a}_{07}$ $\mathtt{a}_{08}$ $\mathtt{a}_{09}$ $\mathtt{d}_{02}$ $\cdots$ $\mathtt{e}_{09}$ added”.

因为彼得森图有 120 个自同构, 而 $\#uv$ 选项可能应用不止一次, 所以每个解至少会得到 120 次. 但是可以通过引入额外的副项来进行成对排序, 或者通过修改算法 C 以首先选择 0、1 和 3 的标签来破坏对称性(参见习题 122).

WORDS(834) 中有两个解, 即 muddy, thumb, books, knock, ended, apply, fifth, grass, civil, (refer 或 fewer).

172. 与习题 170 的答案类似的结构会生成针对未测试连接性的较弱问题的所有解. 从算法 M 的输出中删除未连接的解很容易. 首先考虑循环: 对于每个主项 !v, 有 $1+\binom{d}{2}$ 个选项, 即“!v v:0”和“# !v v:1 v_1:a_1 $\cdots$ v_d:a_d”, 其中, $a_1 \cdots a_d$ 是满足 $a_1+\cdots+a_d=2$ 的二元向量. 我们可以安全地省略 $v_i — v_j$ 和 $a_i=a_j=1$ 的选项, 因为它们会强制形成一个三角形. 对于路径问题, 起始顶点应该有 d 个选项, 其中, $a_1+\cdots+a_d=1$ 而不是 2. 对于所有与起始顶点不相邻的其他顶点, 应有额外的 d 个选项“# E !v v:1 v_1:a_1 $\cdots$ v_d:a_d”, 其中, $a_1+\cdots+a_d=1$, E 是一个表示结束顶点的新主项.

(a) 当将 # 的重数设置为 $l+1$ 时, 就会得到长度为 l 的路径.

第 1 步, 我们考虑范围限制在从角落单元格 $(0,0)$ 开始的路径. 每条本质上不同的路径都会出现两次——关于对角线反射. (i) 从给定角落开始, 有 16 条蛇形国王路径, 长度为 31, 在 270 Gμ 内找到, 其中一条如下图所示, 它也终止于一个角落. 因此, 它出现了 4 次, 而不是两次——每个方向两次. 这些路径是最佳的, 因为我们可以将棋盘划分为 16 个 2×2 子方格, 每个子方格最多可以包含两个国王. (ii) 单次运行, 将 # 的重数设置为 $[32\,..\,33]$, 足以在 58 Gμ 内找到 13 个长度为 31 的马解, 同时表明长度为 32 是不可能的. 最引人注目的解之一如下所示. (iii) 对于象, 我们应该首先消除所有错误奇偶性的方格, 因为它们无法连接到起点. 然后, 只需 54 Mμ 即可找到长度为 12 的 32 个解. (手算证明 $n\times n$ 棋盘恰好有

2^{n-3} 个长度为 $2n-4$ 的象解．当 n 为偶数时，这并不困难．）(iv) 车解更容易手动枚举：有 $(n-1)!^2$ 个，因为我们在步骤 $2k-1$ 和 $2k$ 处总是有 $n-k$ 个选择．（如果我们强制第一步向下移动，那么算法 M 将在 365 Gμ 内找到 $7!^2 = 25\,401\,600$ 个解，同时还生成 21 488 110 个断开连接的冒名顶替者．）但是，在这些解中，$(n-2)!^2-(n-2)!$ 个解被计算两次，因为它们从一个角落到另一个角落并且没有对称性．因此，有 $25\,401\,600 - 517\,680/2 = 25\,142\,760$ 个长度为 14 的车解．(v) 最后，虽然有 10 422 个选项，总长度为 281 934，但有 134 个长度为 11 的皇后解——在 9.4 Gμ 内被发现并被证明是最优的．此处显示了占据对角的唯一解．（你可能会喜欢寻找一条唯一的 11 步路径，该路径从仅移动一个对角线步开始缓慢向前．）

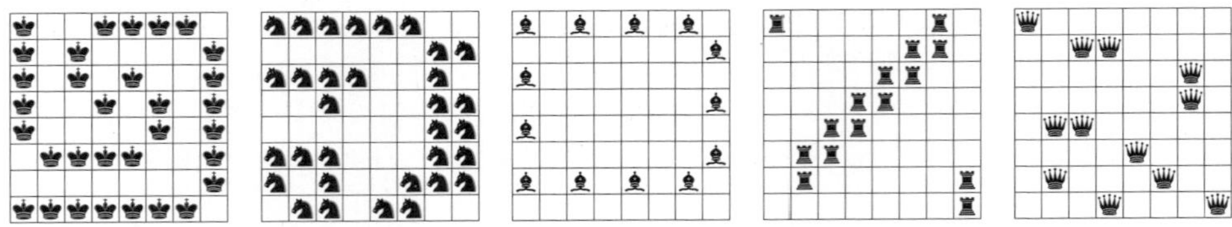

第 2 步，我们考虑从单元格 $(0,1)$ 开始并且不在角落结束的路径．(i) 没有这样的解有 32 个国王（在 166 Gμ 内证明）．(ii) 然而，马带来了一个大惊喜：有唯一的一条长度为 33 的路径被双重计数（在 43 Gμ 内发现）．(iii) 象路径的长度不能是 12，除非它们开始或结束于角落．(iv) 当车第一次向下移动时，有 $N=(n-1)!^2-2(n-2)!^2$ 个解，而当车第一次横向移动时，有 N 个解．在这些解中，$2(n-2)!^2$ 个结束于 $(1,n-1)$ 并等价于那些结束于 $(n-2,0)$ 的解；$(n-2)!^2$ 个结束于 $(n-1,n-2)$ 并通过中心对称性被双重计数；$(n-2)!^2-(n-2)!$ 个结束于 $(1,0)$ 并通过转置被双重计数；$(n-2)!^2-(n-2)!$ 个结束于 $(n-2,n-1)$ 并通过双重转置被双重计数．因此，当 $n=8$ 时，有 $2(n-1)!^2-9(n-2)!^2+2(n-2)! = 46\,139\,040$ 个等价类．(v) 另一个惊喜迎接我们，即一条长度为 12 的唯一皇后路径！

第 3 步，我们考虑从单元格 $(0,2)$ 开始且不以已考虑的 12 种单元格结束的路径．以此类推，还有 7 种情况．当然，车的数量变得越来越多．我们将忽略它．没想到，还有一条最长皇后路径．所有这些计算都很快，国王需要的时间最长（170 Gμ）．

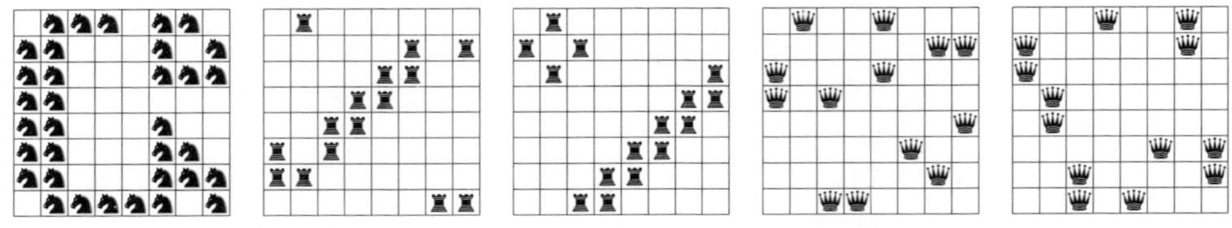

(b) 循环是类似的，但对称性变得更加棘手．(i) 国王的 6 个 31 循环是不对称的，因此它们在反射和（或）旋转时各出现 8 次．(ii) 但马的 4 个 32 循环中包括两个与它们的转置相等，以及一个（如下所示）具有中心对称性．(iii,v) 象有 72 个 12 循环，皇后有 5 个 13 循环，全部都是不对称的．

(iv) 另外，车有大量的 16 循环，其中一些（如图所示的这个）甚至在对任意对角线进行反射时都具有 4 重对称性．车的每个蛇形 16 循环都可以唯一地表示为 $(p_0q_0\ p_0q_1\ p_1q_1\ p_1q_2\ \cdots\ p_7q_7\ p_7q_0)$，其中，$p_0p_1\cdots p_7$ 和 $q_0q_1\cdots q_7$ 是 $\{0,1,\cdots,7\}$ 的排列，$p_0=0$ 且 $q_0<q_1$．因此，如果不考虑对称性，则有 $8!^2/16 = 101\,606\,400$ 个．当且仅当对于某些 k 和所有 j 有 $p_j = q_{(k-j) \bmod 8}$ 时，该循环等价于其转置．这样的情况共有 $8!/2 = 20\,160$ 个．当且仅当对于 $0 \leqslant j < 4$ 有 $p_j + p_{4+j} = q_j + q_{4+j} = 7$ 时，它相当于 180° 旋转．这样的情况共有 $6\times4\times2\times8\times6\times4\times2/2 = 9216$ 个．在 $6\times4\times2\times8/2 = 192$ 种情况下，两者都等效．因此，根据伯恩赛德引理，车循环有 $(101\,606\,400+0+9216+0+20\,160+0+20\,160+0)/8 = 12\,706\,992$ 个等价类．

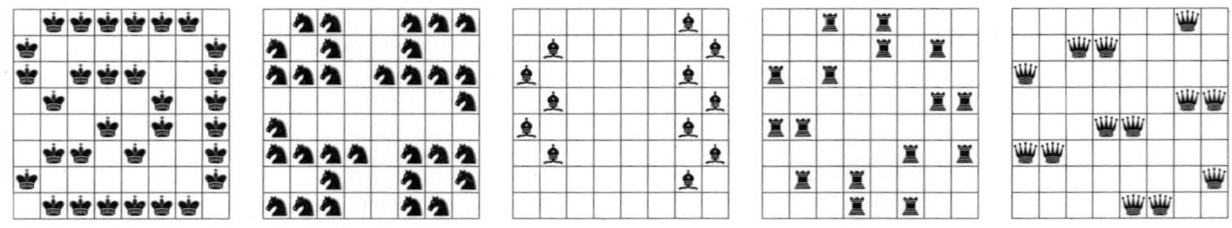

[托马斯 · 道森在 *L'Echiquier* (2) **2** (1930), 1085；**3** (1931), 1150 中提出了马的这个问题，并展示了长度为 31 的示例路径和长度为 32 的示例循环．科内利斯 · 费尔贝克在 *Elsevier's Weekly* (June 1971)

中提出了“最大化皇后数量，使得每个皇后都被正好两个其他皇后攻击”的问题. 如果我们允许同一行中有多个皇后，并认为第 1 个不攻击第 3 个，那么实际上可以有 14 个皇后（参见彼得 · 托尔比恩，*Cubism For Fun* **17** (1991), 19）. 术语“蛇箱”是由威廉 · 考茨在 *IRE Trans.* **EC-7** (1958), 177–180 中创造的，用于描述 G 是 n 立方体的情况. 现今通常使用术语“箱中线圈”来表示蛇形循环.]

2008 年，亚历山大 · 查波瓦洛夫和马克西姆 · 查波瓦洛夫提出了一道数学奥林匹克题目，即求 $n=100$ 时，$n\times n$ 蛇王路径的最大长度. 贝卢霍夫已经证明，这种最长路径可被完全表征. 当 n 为偶数时，它与螺旋有关；当 n 为奇数时，它与邮票折叠有关. 当 $n\geqslant 6$ 为偶数时，恰好有 $2n+(n \bmod 4)/2$ 条这样的路径在对称性下是不同的，并且它们都从一个角开始. 此外，当 $n\geqslant 8$ 且 n 是 4 的倍数时，恰好有 6 个蛇王*循环*，其长度为 $n^2/2-1$. 通过另一种论证，贝卢霍夫还证明了在 $m\times n$ 棋盘上，马的最长蛇形路径和循环的长度为 $mn/2-O(m+n)$.［参见 *Enumerative Combinatorics and Applications* **3:2** (2023), #S2R16, 1–23. ］

173. (a) 如果线索 k 是距离单元格 (i,j) 的（马或象）移动，则写下“k — ij”. 对于每一行、列和宫，计算定额 r_i、c_j、b_x，它们等于给定线索中已经存在的棋子数量与 3 的差值. 还要计算每个线索 k 的定额 p_k，它等于标签减去已经占据的相邻单元格的数量. 如果任何定额为负数，则没有解.

如果宫 x 的单元格 (i,j) 已被占据，或者 $r_i=0$ 或 $c_j=0$ 或 $b_x=0$，又或者对于某些 k — ij 有 $p_k=0$，那么我们称 (i,j) 为*已知单元格*. 为每一行、列、宫或具有正定额的线索引入主项 R_i, C_j, B_x, P_k，其重数分别为 r_i, c_j, b_x, p_k. 每个未知单元格有一个选项，即“$R_i\ C_j\ B_x \bigcup\{P_k \mid k — ij\}$”.

(b, c, d) 见图 A–3. 标签大于或等于 6 的马数独谜题，以及标签为 0、10、12 的象数独谜题，均出自尼古拉 · 贝卢霍夫之手；其他谜题主要出自菲利普 · 施塔佩尔（如果线索少于 5 条，则是最小的）. 解可在附录 E 中找到.

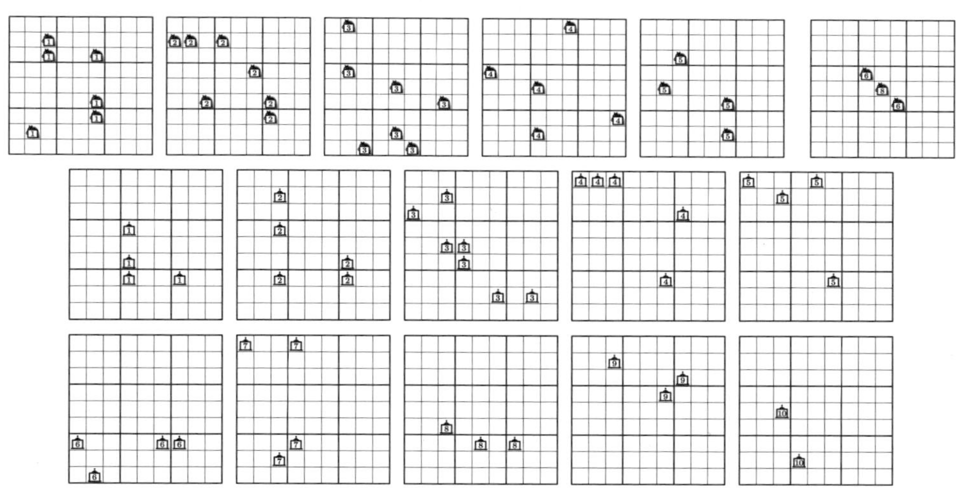

图 A–3　马和象数独谜题图库

［这些数独的变体由戴维 · 纳钦设计，首次发表于 *MAA Focus* **38**, 6 (Dec. 2018/Jan. 2019), 36. ］

174. 贝卢霍夫的卓越解是通过 SAT 求解器获得的，也是一对“彩虹谜题”——每个可能的马标签正好出现一次！

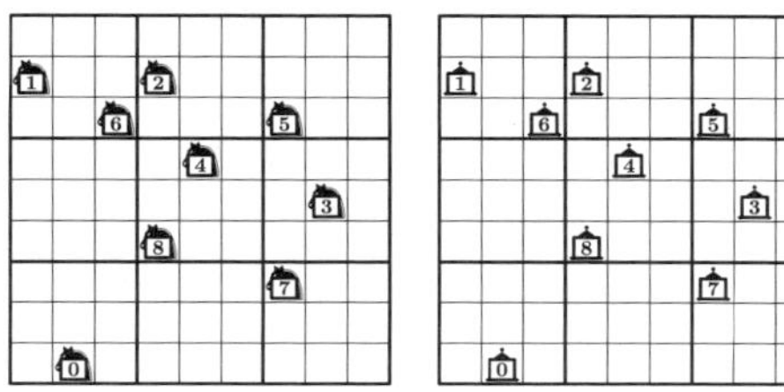

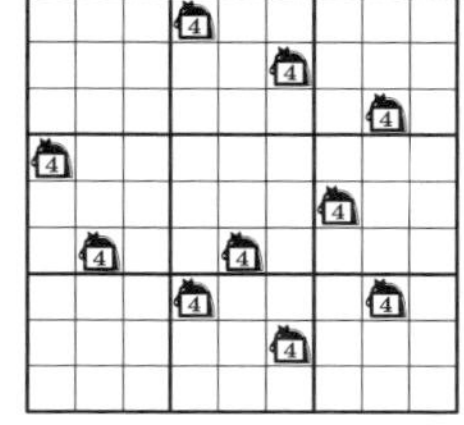

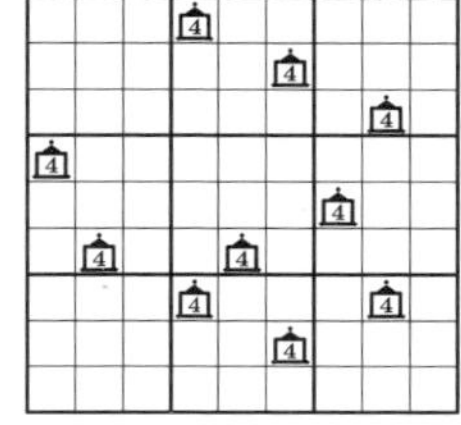

（这里还显示了他的 10 线索谜题，其中所有标签都是相同的. ）

175. 我们可以允许选项 α 被重复两次，只需用 3 个选项"$\alpha\ x$""$\#\ x$""$\#\ \alpha$"替换它，其中，# 是一个新的主项，x 是一个新的副项.（如果 α 包含未着色的副项 $y_1, \cdots, y_s$，那么我们应该首先将它们替换为 $y_1{:}c, \cdots, y_s{:}c$，其中，c 是新颜色.）

通常情况下，如果 α 是第 i 个选项且 $r_i = r+1 > 1$，则用 $2r+1$ 个选项"$\alpha\ x_{1i}$""$\#_{1i}\ x_{1i}$""$\#_{1i}\ \alpha\ x_{2i}$""$\#_{2i}\ x_{2i}$""$\#_{2i}\ \alpha\ x_{3i}$"……"$\#_{ri}\ x_{ri}$""$\#_{ri}\ \alpha$"替换 α，其中，$\#_{ti}$ 和 x_{ti} 分别是新的主项和副项.

176. (a) 引入 $3N$ 项 $\{A_j, B_j, \#_j \mid 1 \leqslant j \leqslant N\}$，用于构建 M 个选项 $\{A_j \mid a_{ij} \geqslant 1\} \cup \{B_j \mid a_{ij} = 2\}$，其中 $1 \leqslant i \leqslant M$.（比如，对于行 $(2, 1, 0, 2, 0, \cdots)$，选项为"$A_1\ B_1\ A_2\ A_4\ B_4$".）再添加 $2N$ 个额外选项"$\#_j\ A_j$""$\#_j\ B_j$"，其中 $1 \leqslant j \leqslant N$. 使用算法 M，并为 $(A_j, B_j, \#_j)$ 设置重数为 $(2,1,1)$.

(b) 相同的构建方法适用，但重数为 $(3,1,1)$.

(c) 现在使用 $4N$ 个主项 $\{A_j, B_j, \#_j, \#'_j\}$ 和 N 个副项 x_j. 将 $2N$ 个特殊选项更改为"$\#_j\ A_j$""$\#_j\ B_j\ x_j$""$\#'_j\ A_j\ x_j$""$\#'_j\ B_j$"，其中 $1 \leqslant j \leqslant N$. 使用重数 $(4,2,1,1)$.

(d) 使用 $7N$ 个主项 $\{A_j, B_j, \#_{1j}, \cdots, \#_{5j}\}$ 和 $4N$ 个副项 $\{x_{1j}, x_{2j}, x_{3j}, x_{4j}\}$，特殊选项为"$\#_{1j}\ A_j$""$\#_{1j}\ B_j\ x_{1j}$""$\#_{2j}\ A_j\ x_{1j}$""$\#_{2j}\ B_j\ x_{2j}$"……"$\#_{5j}\ A_j\ x_{4j}$""$\#_{5j}\ B_j$"，重数为 $(11,5,1,1,1,1,1)$.

177. (a) 具有 $0 \leqslant a_i \leqslant 1$ 和 $0 \leqslant b_i \leqslant 2$ 的 2^s3^t-1 个非零向量 $a_1 \cdots a_s b_1 \cdots b_t$ 形成矩阵 $\boldsymbol{A}$ 的行. 通过习题 175 的答案，允许重复 $a_i = 0$ 和 $b_i \neq 2$ 的 2^t-1 行；通过习题 176 的答案对 2 进行编码. 这导致了 $s+3t+2^t-1$ 个主项和 2^t-1 个副项，总共有 $2^s3^t-1+2t+2(2^t-1)$ 个选项.（当 $s=t=5$ 时，有 91 914 202 个多分区. 算法 M 以每个解大约 1300 次内存访问的速率生成它们. 这只比专用算法 7.2.1.5M 慢大约 1/7.）

(b) 这个问题更容易，因为我们不允许两次使用同一个选项. 这使我们剩下 $s+3t$ 个主项和 2^s3^t-1+2t 个选项.

（习题 7.2.1.5–73 枚举了 (a) 的解数 $P(s,t)$. 相同的论证给出了 (b) 的解数 $Q(s,t)$ 的类似递归：

$$Q(s,0) = \varpi_s; \qquad 2Q(s,t+1) \;=\; Q(s+2,t) + Q(s+1,t) - \sum_k \binom{n}{k} Q(s,k).$$

举例来说，根据以上公式，人们很快就发现 $Q(5,5) = 75\,114\,998$.）

178. (a) 由于 $360 = 2^3 \times 3^2 \times 5$，我们首先需要将习题 176 扩展到 0, 1, 2, 3 的矩阵. 可以通过使用项 A_j, B_j, C_j 来对选项 i 中的 $a_{ij} = 3$ 进行编码. 为了确保该列中的总数为 3，让 $\#_j$ 和 $\#'_j$ 成为新的主项，并为 $(A_j, B_j, C_j, \#_j, \#'_j)$ 赋予重数 $(3,1,1,1,1)$；也让 x_j 成为副项. 这样一来，特殊选项"$\#_j\ A_j$""$\#_j\ B_j\ x_j$""$\#'_j\ A_j\ x_j$""$\#'_j\ C_j$"将修复所有问题.

这使得 MCC 问题有 29 个选项、$9+1$ 项和 34 个解.

(b) 现在利用习题 175，使得因子 3 和 2×3 的选项最多重复两次，并允许因子 2 的选项最多重复 3 次. 现在，MCC 问题有 37 个选项、$13+5$ 项和 52 个解. [这些解最初由约翰 · 沃利斯研究，参见习题 7.2.1.7–28.]

179. 从 $1000+0110+0001$ 中，我们得到 4 个解：$100000+\{011100, 011100\}+\{000011, 000011\}$；从 $1110+0001$ 中，我们得到两个解：$111100+\{000011, 000011\}$；从 $1010+0101$ 中，我们得到 $101000+010111$.

180. 正文表明当 $t=4$ 且 $t' \geqslant 1$ 时，$o_1 =$"i_1"且存在 i_2 和 o_5. 延续这个例子，如果 $s_2 = 5$ 以便 $t' \geqslant 2$，那么选项 o_2 仅与 $\{o_1, \cdots, o_5\}$ 相交. 因此 $o_2 =$"$i_1\ i_2$"，且 i_2 不能出现在超过 4 个选项中. 因此，它必须出现在 $\{o_2, o_3, o_4, o_5\}$ 中.

此外，由于我们不能有 $o_3 = o_2$，因此 o_3 必须是"$i_1\ i_2\ i_3 \cdots$"，表示存在第 3 项 i_3. 因此，必然存在一个选项 $o_6 =$"$i_2\ i_3 \cdots$"，以此类推.

181. 根据正文中的初始值，有 $(c_0, c_1, c_2, c_3, c_4) = (188, 248, 320, 425, 566)/96$.

182. 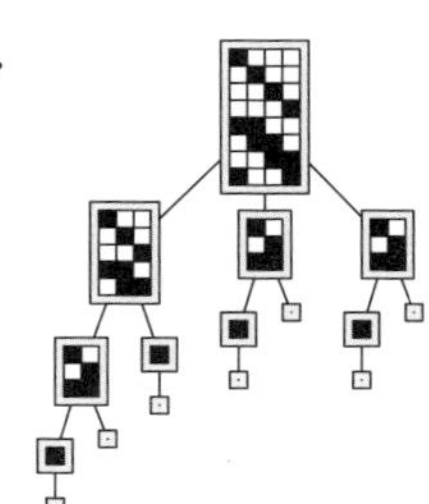

（为了建立定理 E 中的下界，在项的互不相交的四元组上复制这个问题 n 次．这将产生 7^n 个解，在一棵搜索树中有 $(5\cdot 7^n-3)/2$ 个结点．注意，在这种构造中，分支因子永远不会大于 3.）

183. 比如，是否经常可以将分支因子 t 设置为 4?

184. 是的．如果可以写出 $t=a_{n-1}\varpi_{n-1}+a_{n-2}\varpi_{n-2}+\cdots+a_0\varpi_0$，其中，对于 $0\leqslant j<n$ 有 $0\leqslant a_j\leqslant\binom{n-1}{j}$，那么我们可以通过让选项包括以下子集来解决这个问题：(i) $\{1,\cdots,n-1\}$ 的所有 $2^{n-1}-1$ 个子集；(ii) $\{1,\cdots,n\}$ 的恰好 a_j 个子集，其大小为 $n-j$ 且包含 n.

要以这种形式写出 t，假设 $t=\binom{n-1}{n-1}\varpi_{n-1}+\cdots+\binom{n-1}{n-k+1}\varpi_{n-k+1}+a_{n-k}\varpi_{n-k}+t'$，其中，$0\leqslant a_{n-k}<\binom{n-1}{n-k}$ 且 $0\leqslant t'<\varpi_{n-k}$．然后，通过归纳法，我们可以写出 $t'=a_{n-k-1}\varpi_{n-1-k}+\cdots+a_0\varpi_0$，其中，$0\leqslant a_j\leqslant\binom{n-k-1}{j}\leqslant\binom{n-1}{j}$.

比如，$10\,000=1\times4140+6\times877+(1\times203+7\times52+2\times15+(0\times5+(0\times2+(1\times1))))$.

185. 当有最多的选项时，我们会得到最多的解，即 $2^{N_1+N_2}-2^{N_2}$ 个子集，它们并不完全是副项．那么解就是最多包含一个完全副项块的集合分划．当我们考虑它们的受限增长串时，这种集合分划的数量是 $\sum_m\left\{{N_1\atop m}\right\}(m+1)^{N_2}$.（请参阅 OEIS 序列 A113547，以了解这些数的其他解释.）

186. (a) i 的列表由所有包含 i 的 2^{n-1} 个子集组成．因此，对于大小为 k 的选项 p，有 $\binom{n-1}{k-1}$ 个操作 hide(p)，且 $u_n=1+\sum_k\binom{n-1}{k-1}(k-1)=(n-1)2^{n-2}+1$.

(b) 列表变得更短，因此算法进行 $u_{n-1}+\cdots+u_{n-(k-1)}$ 次更新.

(c) 求和 $u_n+\sum_k\binom{n-1}{k-1}(s_{n-1}-s_{n-k})$，其中，$s_n=\sum_{k=1}^n u_k=(n-2)2^{n-1}+n+1$．比如，$(v_0,v_1,\cdots,v_5)=(0,1,3,12,57,294)$；$(x_0,x_1,\cdots,x_5)=(0,1,4,18,90,484)$.

187. (a) 我们有 $X'(z)=\sum_n x_{n+1}z^n/n!=V'(z)+\mathrm{e}^zX(z)$，其中，$V(z)=\sum_n v_nz^n/n!$．给定函数求解该微分方程并有 $X(0)=0$.

(b) 同理，我们有 $T'_{r,s}(z)=\mathrm{e}^zT_{r,s}(z)+z^r$ 且 $T_{r,s}(0)=0$.

(c) 分部积分.

(d) 比如，根据 (c) 有 $T_{1,3}(z)=4\mathrm{e}^{\mathrm{e}^z-1}+2T_{0,0}(z)-z\mathrm{e}^{2z}-(2z+1)\mathrm{e}^z-2z-3$.

188. 通过数学归纳法，$\widehat{\varpi}_{nk}$ 是 n 个元素、单尾部集合分划（等价关系）的数量，其中，$n>1$ 且 $1\not\equiv2,\cdots,1\not\equiv k$.（如果我们知道 $\{1,2,3,4,5\}$ 的 22 个单尾部集合分划有 $1\not\equiv2$，并且 $\{1,2,3,4\}$ 的 6 个这样的分划有 $1\not\equiv2$，那么 $\{1,2,3,4,5\}$ 的 6 个单尾部集合分划必定有 $1\not\equiv2$ 且 $1\equiv3$，因此其中 16 个有 $1\not\equiv2$ 且 $1\not\equiv3$.）因此对于所有 $n\geqslant1$ 有 $\widehat{\varpi}_{nn}=\widehat{\varpi}_{n-1}$.

[利奥 · 莫泽在 1968 年研究了这个三角形阵列并发现了生成函数 $\sum_n\widehat{\varpi}_nz^n/n!=\mathrm{e}^{\mathrm{e}^z}\int_0^z\mathrm{e}^{-\mathrm{e}^t}\mathrm{d}t$．他向理查德 · 肯尼思 · 盖伊展示了他的结果，盖伊又告诉了尼尔 · 斯隆，参见 OEIS 序列 A046936 和 A298804．如果我们从对角线上的“0, 0, 1”而不是“0, 1”开始，就会得到古尔德的 $\langle a_{n2}\rangle=\langle0,0,1,1,4,14,54,233,\cdots\rangle$.]

189. (a) $|\mathrm{e}^{\mathrm{e}^z}|=|\mathrm{e}^{\mathrm{e}^x\cos y+\mathrm{i}\mathrm{e}^x\sin y}|=\exp(\mathrm{e}^x\cos y)$；$|\mathrm{e}^{-\mathrm{e}^z}|=\exp(\mathrm{e}^{-x}\cos y)$.

(b) $|\int_0^\theta\exp(-\mathrm{e}^{x\mathrm{i}\mathrm{e}^{\mathrm{i}\phi}})\,\mathrm{d}(\xi\mathrm{e}^{\mathrm{i}\phi})+\int_\xi^\infty\mathrm{e}^{-\mathrm{e}^t}\mathrm{d}t|=O(\xi\exp(-\mathrm{e}^x\cos y))+O(\exp(-\mathrm{e}^\xi))$；$|\mathrm{e}^{\mathrm{e}^z}|=O(\exp(\mathrm{e}^\xi))$；并且我们有 $x=\xi\cos\theta\geqslant\xi-2.25/\xi$，$\cos y\geqslant\cos\frac32$.

(c) 我们有 $\int_z^\infty\mathrm{e}^{-\mathrm{e}^t}\mathrm{d}t=\int_0^\infty\mathrm{e}^{-\mathrm{e}^t}\mathrm{d}t-\int_0^1\mathrm{e}^{-\mathrm{e}^{uz}}\mathrm{d}(uz)=\hat g/3-I$．对于 $0\leqslant u\leqslant1$，令 $\max|\mathrm{e}^{\mathrm{e}^{uz}}|$ 是 $\exp(-\mathrm{e}^{u_0x}\cos u_0y)$．如果 $\cos u_0y\geqslant0$，那么我们有 $|I|=O(\xi)$．如果 $\cos y-\cos u_0y\leqslant1$，那么我们有 $|\mathrm{e}^{\mathrm{e}^z}I|\leqslant\xi\exp(\mathrm{e}^x\cos y-\mathrm{e}^{u_0x}\cos u_0y)\leqslant\xi\exp(\mathrm{e}^x\cos y-\mathrm{e}^x\cos u_0y)\leqslant\xi\exp(\mathrm{e}^x)$．否则，我们使用更精细的论证：由于 $\cos(a-b)-\cos(a+b)=2(\sin a)(\sin b)$，我们有 $|\sin\frac{u_0-1}{2}y|=\frac12|(\cos y-\cos u_0y)/\sin\frac{u_0+1}{2}y|\geqslant\frac12$，因此 $u_0\leqslant1-\pi/(3y)$．在这个范围内，$u_0x\leqslant x-\frac{\pi}{3}x/y=\xi\cos\theta-\frac{\pi}{3}\cot\theta\leqslant\xi-c\xi^{1/3}+O(1)$，其中，$c^3=\frac38\pi^2$.

现在，所需的界限在每种情况下都成立，因为 $x=\xi\sqrt{1-\sin^2\theta}\leqslant\xi-9/(8\xi)$.

(d) 如果 $\frac{\pi}{2} \leqslant \theta \leqslant \pi$，那么有 $|e^{e^z}|\exp(-e^{u_0 x}\cos u_0 y) = O(1)$. 由于 $\rho_{n-1}/(n-1)! = \frac{1}{2\pi i}\oint R(z)\,dz/z^n$，并且由于根据 7.2.1.5–(26) 有 $\varpi_{n-1}/(n-1)! = \Theta(e^{e^\xi}/(\xi^{n-1}\sqrt{\xi n}))$，因此对于所有 $c_2 < \frac{9}{8}$ 有 $|\rho_{n-1}/\varpi_{n-1}| = O(\sqrt{\xi n}\exp(-c_2 e^\xi/\xi))$. 并且 $-e^\xi/\xi = -n/\xi^2 < -n/\ln^2 n$.

［这些结果以及更多的内容，是由瓦拉 · 阿萨克利、奥布雷 · 布莱谢、夏洛特 · 布伦南、阿诺德 · 克诺普夫马赫、陶菲克 · 曼苏尔和斯蒂芬 · 瓦格纳在 *J. Math. Analysis and Applic.* **416** (2014), 672–682 中证明的. 特别是，对于所有 $k > 0$，他们证明了 a_{nk}/ϖ_n 迅速趋于常数 $\hat{g}_k = \int_0^\infty t^{k-1}e^{1-e^t}\,dt/k! = \int_0^\infty e^{-x}\ln^k(1+x)\,dx/k!$. ］

*历史注记：*当莱昂哈德 · 欧拉计算常数 $\hat{g}$ 时，他认为这个值可以赋予发散级数 $\sum_{n=0}^\infty(-1)^n n!$［*Novi Comment. Acad. Sci. Pet.* **5** (1754), 205–237］. 本杰明 · 冈珀茨虽然不知道常数 $\hat{g}$ 的确切值，但他研究了概率分布 $F(x) = 1 - a^{1-b^x}$，其中，$a, b > 0$ 且 $x \geqslant 0$［*Philos. Trans.* **115** (1825), 513–585］. 他的名字与 $\hat{g}$ 相关联，因为举例来说，他的分布中具有 $a = e$ 的随机变量有 $\mathrm{E}\,X = \hat{g}/\ln b$.

190. 根据经验，这些符号本质上是周期性的，但随着 n 的增长，周期长度缓慢增加. 比如，对于 $4000 \leqslant n \leqslant 4100$，符号为 $+^2-^4+^4-^5+^4-^4+^5-^4+^4-^5+^4-^4+^4-^5+^4-^4+^5-^4+^4-^5+^4-^4+^4-^5$. 对于 $1 \leqslant k \leqslant n \leqslant 100$，量 $\widehat{\varpi}_{nk} - \hat{g}\varpi_{nk}$ 显示有趣的标志图案，如右图所示（见习题 188）. 复杂变量显然在这里以某种方式相互作用.

191. 均值为 $G'(1) = 1 + \hat{g}$；方差为 $G''(1) + G'(1) - G'(1)^2 = 2\hat{g}_2 + \hat{g} - \hat{g}^2 \approx 0.773$.（顺便说一下，$G(z)$ 也可以写成 $e\Gamma(1+z) - \sum_{k=1}^\infty(-1)^k ez/((k+z)k!)$.）

192. 像在 7.2.1.5–(24) 中那样，令 $\xi e^\xi = n$. 那么，当 $x = e^\xi - 1 + t$ 且 t 很小时，我们有 $e^{-x}(\ln(1+x))^n \approx A\exp(-(1+\xi)t^2/(2n))$，其中，$A = \exp(n\ln\xi + 1 - e^\xi)$. 交换尾部并在 $-\infty < t < +\infty$ 上积分得出 $\hat{g}_n \sim A\sqrt{2\pi n/(1+\xi)}/n!$.

193. 在第 0 层，当给定完全图 K_{t+1} 时，算法在步骤 X4 中覆盖 i 时进行 $t+1$ 次更新，并在步骤 X5 中覆盖 j 的每个 t 值时进行 t 次更新. 因此 $U(t+1) = 1 + t + t^2 + tU(t-1)$.

194. (a) 一般情况下，我们有 $X(2q+1) = (2q)(2q-2)\cdots(2)(a_0 + a_2/2 + a_4/(2\times4) + \cdots + a_{2q}/(2\times4\times\cdots\times(2q))) = 2^q q!S - R$，其中，$S = \sum_{n\geqslant0} a_{2n}/(2^n n!)$ 且 $R = a_{2q+2}/(2q+2) + a_{2q+4}/((2q+2)\times(2q+4)) + \cdots$. 因此，当 $a_t = 1$ 时，我们有 $S = e^{1/2}$ 且 $0 < R < 1$.［迈克尔 · 绍莫什于 1999 年注意到了这一结果，参见 OEIS 序列 A010844. ］

(b) 一般情况下，$X(2q) = ((2q)!/(2^q q!))S - R$，其中，$S = X(0) + a_1 + a_3/3 + a_5/(3\times5) + a_7/(3\times5\times7) + \cdots$ 且 $R = a_{2q+1}/(2q+1) + a_{2q+3}/((2q+1)(2q+3)) + \cdots$. 当 $a_t = X(0) = 1$ 时，$S - 1 = 1 + 1/3 + 1/(3\times5) + \cdots = e^{1/2}\operatorname{erf}(\sqrt{1/2})/((\frac{1}{2})^{1/2}(\frac{1}{2})!)$ 且 $0 < R < 1$. 因此答案为 $\lfloor(1 + \sqrt{e\pi/2}\operatorname{erf}(\sqrt{1/2}))(2q)!/(2^q q!)\rfloor$.

(c) $2^q q!C - 2q + O(1)$，其中，$C = \sum_{n\geqslant0}(1 + 2n + 4n^2)/(2^n n!) = 5e^{1/2} \approx 8.243\,61$.

(d) $((2q)!/(2^q q!))C' - 2q + O(1)$，其中，$C' = 3 + 5\sqrt{e\pi/2}\operatorname{erf}(\sqrt{1/2}) \approx 10.053\,43$.

195. 假设 $q, r > 1$，并且 v 是度数为 2 的唯一顶点. 该算法尝试将 v 与其左侧的顶点匹配. 这留下了一个独立匹配 K_{2q} 和 K_{2r} 的问题. 如果 $q \leqslant r$，则 K_{2q} 的每个匹配都会启动 K_{2r} 的匹配计算；否则，K_{2r} 的每个匹配都会启动 K_{2q} 的匹配计算. 因此该阶段的运行时间将是每个解的 C' 次更新的时间，其中，C' 是习题 194(d) 的答案中的常数. 共有 $(2q)!(2r)!/(2^q q!\,2^r r!)$ 个解.

该算法还会尝试将 v 与其右侧的顶点匹配. 这留下了一个独立匹配 K_{2q+1} 和 K_{2r-1} 的问题，并且该问题没有解. 该阶段的运行时间将是 C 乘以 $\min(2^q q!, 2^{r-1}(r-1)!)$，其中，$C$ 是习题 194(c) 的答案中的常数.（有趣的是，与其他阶段相比，该阶段的运行时间实际上可以忽略不计.）

196. (a) $b_1\cdots b_9 = 135778899$.（画出二部图，并将其旋转 180°.）

(b) 对于 $1 \leqslant k \leqslant n$，令 $\bar{k} = n + 1 - k$. 当且仅当"$Y_{\bar{j}}\ X_{\bar{k}}$"是一个原始选项时，"$X_j\ Y_k$"是一个对偶选项；当且仅当 $\bar{q}_n\cdots\bar{q}_1$ 是一个对偶解时，$q_1\cdots q_n$ 是一个原始解的逆.

(c) $1 + a_1(n+1)$，因为对于 $1 \leqslant k \leqslant a_1$，每个 Y_k 出现在 n 个选项中.

(d) $a_1(a_2-1)(a_3-2)\cdots(a_n-n+1)$.（因此这个数必须等于 $b_1(b_2-1)(b_3-2)\cdots(b_n-n+1)$. 这不是一个显而易见的事实！）

(e) 令 $\Pi_j = \prod_{i=1}^{j}(a_i - i + 1)$. 根据 (c)，答案是 $1 + (\sum_{j=1}^{n}(n+3-j)\Pi_j) - \Pi_n$.

(f) $1 + (\sum_{j=1}^{n}(n+3-j)n^{\underline{j}}) - n! \approx (4\mathrm{e}-1)n!$（$K_{n,n}$ 的完美匹配）.

(g) $6 \times 2^n - 2n - 7$，因为对于 $1 \leqslant j < n$ 有 $\Pi_j = 2^j$ 且 $\Pi_n = 2^{n-1}$.

(h) 现在 $\Pi_n = \lfloor \frac{n+1}{2} \rfloor ! \lfloor \frac{n+2}{2} \rfloor !$，因此更新总数除以 Π_n 等于 $6+4/1!+5/2!+\cdots+O(n^2/(n/2)!) \approx 4\mathrm{e}-1$.

(i) 如果 $b_1 < a_1$，则第一个分支在 Y_n 上，而不是在 X_1 上. $1 + b_1(n+1)$ 次更新是在根层次进行的.（(a) 中的示例问题先在 Y_9 上分支，然后在 X_2 上分支，接着在 Y_8 上分支，以此类推.）

197. (a, b) 数学归纳法. 事实上，σ_{st} 可以是接受 $s \mapsto t$ 且不增加任何其他元素的任何排列.

(c) $C(a_1, \cdots, a_n) = \prod_{j=1}^{n}(z + a_j - j)$，因为根据 (a)，当且仅当 $t_j = j$ 时，我们才能在该乘积表示中获得一个循环. 根据 (b)，$I(a_1, \cdots, a_n) = \prod_{j=1}^{n}(1 + z + \cdots + z^{a_j - j})$.［见习题 7.2.1.5–29；另见莫里斯 · 德沃金，*J. Combinatorial Theory* **B71** (1997), 17–53.］

198. (a) 如果 $s > a_r$，我们有 $\pi_{rs} = 0$. 否则，令 q 是满足 $a_j \geqslant s$ 的最小的 j，那么 $q \leqslant r$. 对于 $P(a_1, \cdots, a_n)$ 中具有 $p_r = s$ 的每个排列都对应于 $P(a'_1, \cdots, a'_{r-1}, a'_{r+1}, \cdots, a'_n)$ 中的一个，其中，$a'_j = a_j - [j \geqslant q]$. 因此 $(a_r + 1 - r)\pi_{rs} = \prod_{j=q}^{r-1}(a_j - j)/(a_j + 1 - j)$.

(b) 当 $s' > s$ 时，我们有 $q' \geqslant q$. 因此，如果 $\pi_{rs'} > 0$，那么对于所有 $r \geqslant q'$，我们有 $\pi_{rs}/\pi_{rs'} = \prod_{j=q}^{q'-1}(a_j - j)/(a_j + 1 - j)$.（在这种情况下，我们称参数 r 和 s 是"准独立"的.）

$$\begin{pmatrix} \frac{1}{2} & \frac{1}{2} & 0 & 0 & 0 & 0 & 0 & 0 & 0 \\ \frac{1}{8} & \frac{1}{8} & \frac{1}{4} & \frac{1}{4} & \frac{1}{4} & 0 & 0 & 0 & 0 \\ \frac{1}{8} & \frac{1}{8} & \frac{1}{4} & \frac{1}{4} & \frac{1}{4} & 0 & 0 & 0 & 0 \\ \frac{1}{12} & \frac{1}{12} & \frac{1}{6} & \frac{1}{6} & \frac{1}{6} & \frac{1}{3} & 0 & 0 & 0 \\ \frac{1}{12} & \frac{1}{12} & \frac{1}{6} & \frac{1}{6} & \frac{1}{6} & \frac{1}{3} & 0 & 0 & 0 \\ \frac{1}{24} & \frac{1}{24} & \frac{1}{12} & \frac{1}{12} & \frac{1}{12} & \frac{1}{6} & \frac{1}{2} & 0 & 0 \\ \frac{1}{72} & \frac{1}{72} & \frac{1}{36} & \frac{1}{36} & \frac{1}{36} & \frac{1}{18} & \frac{1}{6} & \frac{1}{3} & \frac{1}{3} \\ \frac{1}{72} & \frac{1}{72} & \frac{1}{36} & \frac{1}{36} & \frac{1}{36} & \frac{1}{18} & \frac{1}{6} & \frac{1}{3} & \frac{1}{3} \\ \frac{1}{72} & \frac{1}{72} & \frac{1}{36} & \frac{1}{36} & \frac{1}{36} & \frac{1}{18} & \frac{1}{6} & \frac{1}{3} & \frac{1}{3} \end{pmatrix}$$

199. 根据对称性假设有 $m \leqslant \lceil n/2 \rceil$. 根据 MRV 启发法，不难看出，对于 $l < m$，第 l 层的每个分支都在满足 $i \leqslant m$ 的某个 a_i 上，并且恰好有 $(n-l)(m-1-l)$ 个后代. 因此，第 l 层有 $n^{\underline{l}}(m-1)^{\underline{l}}$ 个结点. 当 $m \approx n/2$ 很大时，结点总数为 $\Theta((n-2)!)$，并且没有解.

200. (a) 在所有 n^3 个选项都存在时，行列式 $\det Q(X) = \sum \mathrm{sign}(p) v_{1p_1q_1} \cdots v_{np_nq_n}$ 对所有排列 $p = p_1 \cdots p_n$ 和所有 n 元组 $q = q_1 \cdots q_n$ 进行求和，其中 $q_j \notin X$. 对 $(-1)^{|X|} \det Q(X)$ 求和得到 $\sum \mathrm{sign}(p) v_{1p_1q_1} \cdots v_{np_nq_n}$，其中，$p$ 和 q 均为排列.（这实质上是容斥原理的一种应用.）如果选项"$a_i\ b_j\ c_k$"不存在，则置 $v_{ijk} \leftarrow 0$.

(b) 为 M 个给定的选项中的每一个分配一个在 $[0\,.\,.\,p)$ 范围内的随机整数，其中，p 是大于 $2M$ 的素数，并计算 $s = S \bmod p$. 如果 $s \neq 0$，则 S 是非零的. 根据习题 4.6.1–16，如果 $s = 0$，则 S 是非零的概率小于 $1 - (1-1/p)^M < M/p < 1/2$，因为 S 在每个变量中都是线性的. 重复 r 次将以小于 2^{-r} 的概率失败.

［在实际应用中，2^n 往往是一个过大的估计值，因为许多行列式显然为零. 如果 $Q(X)$ 有一整行或一整列都是零，那么对于所有 $X' \supseteq X$，$Q(X')$ 也是如此. 这种方法在无解的例子上表现得很出色，比如习题 199 中的那些. 比约克隆德的论文 *STACS* **27** (2010), 95–106 包含了更一般的结果.］

201. (a) "在一个圆桌上有 n 个人，有多少种座位安排方式不需要任何人向左或向右移动超过一个位置?"

(b) 两种解决方案中每个人都移动，再加上 L_n（卢卡斯数）种解决方案，其中至少有一个人保持在原座位上.

(c) 一个有趣的递归结构得出了答案 $5L_{n+2} + 10n - 33$.（在进行步骤 X3 时，这种分析依赖于使用给定的排序方式来打破当多个列表具有最小长度时的平局.）

202.

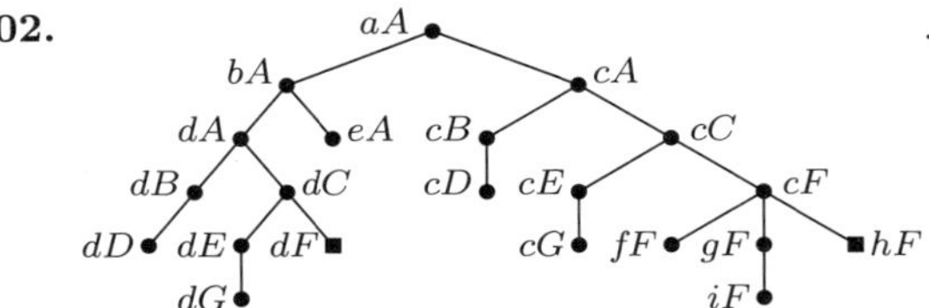

203. (a) 是. $T \oplus T' \oplus T''$ 是对应于 $A \oplus A' \oplus A''$ 的搜索树.

(b) 否. $= \oplus \neq \oplus =$.

204. 根据 $T \oplus T'$ 的定义，我们有 $\mathrm{subtree}(\alpha\alpha') = \mathrm{subtree}(\alpha) \oplus \mathrm{subtree}(\alpha')$. 因此 $\deg(\alpha\alpha') = \min(\deg(\alpha), \deg(\alpha'))$.

设 $\text{ancestors}(\alpha) = \{\alpha_0, \cdots, \alpha_l\}$ 且 $\text{ancestors}(\alpha') = \{\alpha'_0, \cdots, \alpha'_{l'}\}$. 假设 $\alpha\alpha'$ 在 $T \oplus T'$ 和 $\deg(\alpha\alpha') = d$ 中占优势. 如果 $0 \leqslant k < l$，则 $\alpha\alpha'$ 的某个祖先 $\alpha_k\alpha'_{k'}$ 有 $\deg(\alpha_k) = \deg(\alpha_k\alpha'_{k'}) < d$，因此 α 占优势. 同理，α' 占优势.

我们已经证明了“仅当”的部分，但反过来是不成立的：$\oplus$ $=$.

205. 第一个陈述很容易从定义中得出（见习题 202）. 假设 $\alpha\alpha' = \alpha_l\alpha'_{l'} \in T \oplus T'$，正如习题 204 的答案所述，其中，$\alpha$ 和 α' 均不占优势，并且 $l + l'$ 是最小的. 然后有 $l > 0$ 且 $l' > 0$，因为 α_0 和 α'_0 占优势.

假设 $\alpha\alpha'$ 的父级是 $\alpha\alpha'_{l'-1}$. 由于 $\alpha'_{l'-1}$ 占优势，而 α_l 不占优势，因此存在一个 $k < l$ 使得 $\deg(\alpha_k) = \max(\deg(\alpha_0), \cdots, \deg(\alpha_l))$，进而存在一个最大值 $k' < l'$ 使得 $\alpha_k\alpha'_{k'}$ 是 $\alpha\alpha'$ 的祖先. 因此，$\deg(\alpha'_{k'}) \leqslant \deg(\alpha'_{l'-1}) < \deg(\alpha)$，并且 $\alpha_k\alpha'_{k'+1}$ 也是一个祖先. 但是 $\alpha_k\alpha'_{l'}$ 不是祖先. 矛盾.

当 $\alpha\alpha'$ 的父级是 $\alpha_{l-1}\alpha'$ 时也会出现类似的矛盾.

206. 将 T 的每个解结点替换为 T' 的副本.

207. (a) 如果 $\lambda_j = 4$，那么我们现在更倾向于选择 i 上的五路分支，因为 $\lambda'_i = 7/2 < 11/3 = \lambda'_j$. 如果 $\lambda_j = 3$，则我们更倾向于 $\min(i, j)$，因为 $\lambda'_i = 3 = \lambda'_j$. 如果 $\lambda_j = 2$，那么我们更倾向于选择 j 上的二路分支而不是 i 上的三路分支. 如果 λ_j 等于 1 或 0，则我们当然更倾向于 j.

(b) 在每个项结点中新增两个字段：`ACT` 和 `STAMP`，初始值为零.（如果 `ACT` 是短浮点数而 `STAMP` 是半字，则它们可以共享一个全字.）全局变量 `TIME` 用作“方便的时钟”. 另一个全局变量 `BUMP`（短浮点数，初始值为 10^{-32}）表示我们增加活跃度得分的量. 每当 i 被覆盖或取消覆盖，或者 $\texttt{LEN}(i)$ 发生变化时，我们检查是否有 $\texttt{STAMP}(i) = \texttt{TIME}$. 如果不是，则置 $\texttt{ACT}(i) \leftarrow \texttt{ACT}(i) + \texttt{BUMP}$ 和 $\texttt{STAMP}(i) \leftarrow \texttt{TIME}$.

在步骤 X4、X5、X6 和 X7 的开始，“时钟”前进. 这意味着 $\texttt{TIME} \leftarrow (\texttt{TIME} + 1) \bmod 2^{32}$，以及 $\texttt{BUMP} \leftarrow \texttt{BUMP}/\rho$.（此外，如果 $\texttt{BUMP} \geqslant 10^{29}$，我们将 `BUMP` 和所有 `ACT` 字段都除以 10^{64}，以避免溢出. 我们限制 ρ 最大为 0.999，以确保每个 α_i 最大为 1000.）

这些改变使我们能够将步骤 X3（见习题 9 的答案）中的 λ 的定义替换为 $\lambda \leftarrow (\texttt{LEN}(p) \leqslant 1?\ \texttt{LEN}(p)\colon 1 + \texttt{LEN}(p)/(1 + \mu\texttt{ACT}(p)/\texttt{BUMP}))$.

(c) 首先考虑 (90). 在 00 上分支并尝试选项“00 01”之后，我们有 $\alpha_{00} = \alpha_{02} = \rho$，$\alpha_{01} = 1 + \rho$，$\alpha_{04} = \alpha_{05} = \alpha_{06} = 1$，其他 α 为零. 我们希望 $\lambda'_{05} = 1 + 3/(1 + \mu\alpha_{05})$ 小于 $\lambda'_{10} = 1 + 2$，即 $\mu > 1/2$. 后来，在尝试选项“00 02”之后，我们有 $\alpha_{05} > 1$ 和 $\alpha_{06} > 1$；再次不选择项 01.

问题 (92) 更棘手. 在尝试“00 01”之后，非零的 α 为 $\alpha_{00} = \alpha_{02} = \rho$，$\alpha_{01} = 1 + \rho$，$\alpha_{03} = \alpha_{04} = \alpha_{05} = 1$. 如果 $\mu > 1/(2\rho)$，我们将更倾向于选择 02 上的三路分支而不是 20 上的二路分支；如果 $\mu > 1$，我们甚至会更倾向于选择 04（或 05）上的四路分支而不是那个二路分支. 在任何一种情况下，我们在开始解决问题 1 之前都会解决问题 0. 只有在解决问题 1 之后，我们才会着手解决问题 2，以此类推.（此外，在回溯时将没有动力再次上升. 实际上，由于其高活跃度得分，我们将在项 $k3$ 上执行四路分支.）

(d) 常规的算法 X 在 92 Gμ 内找到了所有的 212 个解，并使用了一棵含有 5.4×10^7 个结点的搜索树. 通过这种修改，如果我们置 $\mu = 1/8$ 和 $\rho = 0.99$，则算法能在 51 Gμ 内找到这些解，并使用一棵含有 2.6×10^7 个结点的搜索树.（当 $\mu = 1/2$ 且 $\rho = 0.9$ 时，耗时为 62 Gμ. 在长时间运行中，α 得分往往趋近 $1/(1 - \rho)$. 因此，ρ 的增大通常意味着 μ 的减小.）

208. 原始问题具有主项 ij，其中 $\texttt{0} \leqslant i, j \leqslant \texttt{e}$，并且对于所有在范围内的单元格 $ij + \delta$，都有 8 种选项“$\{ij + \delta \mid \delta \in S_k\}$”，其中，$S_0 = \{01, 11, 21, 31, 10\}$，$S_1 = \{00, 01, 02, 03, 11\}$，$S_2 = \{00, 10, 20, 30, 21\}$，$S_3 = \{10, 11, 12, 13, 02\}$，$S_4 = \{01, 11, 21, 31, 20\}$，$S_5 = \{00, 01, 02, 03, 12\}$，$S_6 = \{00, 10, 20, 30, 11\}$，$S_7 = \{10, 11, 12, 13, 01\}$. 涉及中心单元格 77 的选项仅来自 S_0.

修改后的问题添加了副项 V_{ij} 和 H_{ji}，其中，$\texttt{0} \leqslant i \leqslant \texttt{b}$，$\texttt{1} \leqslant j \leqslant \texttt{d}$. 它将 V_{ij}，$H_{(i+1)j}$，$V_{i(j+1)}$，H_{ij} 分别插入与 S_4, S_5, S_6, S_7 相关的选项中.

（这个问题的 16 个解代表 $2^2 + 2^4 + 2^5 + 2^2 + 2^3 + 2^2 + 2^5 + 2^3 + 2^5 + 2^3 + 2^2 + 2^4 + 2^3 + 2^4 + 2^2 + 2^4 = 212$ 个原始解. 我们很幸运，这些解中没有一个包含 77 的“H”.）

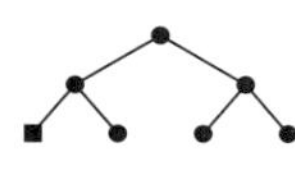

209. 通过从二元组（“0 1”“2 3 4”; “0 2”“1 3 4”）和（“0 1”“2 4 5”; “0 2”“1 4 5”）中获得的修改后的选项“0 1 A”“0 2 B”“1 4 5 B”“2 3 4 A”，我们得到了右图所示的平衡搜索树.

210. 添加一个新的主项 #A，并将其重数设置为 $[0\,..\,2]$. 将它插入选项 α', β', γ' 中. 然后使用算法 M 的非敏锐偏好变体.

211. 没有双对.（但是兰福德对有“三位一体”，而且所有三者都有“四位一体”.）

212. (a) 首先按照它们的最小项对选项进行排序，其次在具有相同最小项的选项中按字典序排序.

(b) 是的. 比如，我们可以让 $1 < 2$ 且 $1 < 4 < 0 < 5$.

213. 是的，前提是我们将字符串的合适前缀视为在字典序上大于该字符串（与字典的传统约定相反）. 否则，当 α 是 α' 的前缀时，该条件不成立（尽管习题 212 仍然有效）.

假设 α 和 β 的项分别由 π 的受限增长串 $\mathrm{rgs}(\pi)$ 中的数字 j 和 k 表示. 这样一来，j 也表示 $\mathrm{rgs}(\pi')$ 中的 α'，并且直到 j 第一次出现为止，两个字符串都将相等.

设 β' 由 $\mathrm{rgs}(\pi')$ 中的 k' 表示，那么 $k' > j$. 考虑 $\mathrm{rgs}(\pi)$ 与 $\mathrm{rgs}(\pi')$ 中最左侧的不同数字. 如果该数字是 $\mathrm{rgs}(\pi)$ 中的 j，则在 $\mathrm{rgs}(\pi')$ 中是 k'. 否则，该数字就是 $\mathrm{rgs}(\pi)$ 中的 k，但在 $\mathrm{rgs}(\pi')$ 中是 j. 并且，α 是 α' 的前缀.

214. 我们可以通过反复反转在定理 S 的证明中的构造来找到所有简化为给定强解 Σ_0 的解 Σ. 为此，我们会用一切可能的方法将所有规范双对中联合出现的 α 和 β 替换为 α' 和 β'.（这是一个可达性问题：在给定汇点的情况下找到有向无环图的所有结点.）

注意，不同的强解可以导致相同的非强解. 比如，在带有选项 {xX, xY, yX, yY, yZ, zY, zZ} 的 2DM 问题中（uv 代表“u v”），我们可能有规范双对 (yX, xY; yY, xX), (yZ, zY; yY, zZ). 强解集合 {xY, yX, zZ} 和 {xX, yZ, zY} 都导致非强解 {xX, yY, zZ}.（然而，在同样的问题中，我们也可以使双对 (yX, xY; yY, xX), (yY, zZ; yZ, zY) 规范化，那么就只会有一个强解.）

215. (a) 这是四环的数量，即 $3\binom{2q+1}{4}$：4 个顶点 i、j、k、l（$i<j<k<l$）可以形成 3 个四环，其中，j、k 或 l 中的任意一个位于 i 的对面.

(b) 为方便起见，用 ij 表示选项，而不是用“i j”. 如果 $i<j<k<l$，则我们排除 (i,j,k,l)，除非 $\min(ij,ik,il,jk,jl,kl)$ 为 ij 或 kl. 我们排除 (i,k,j,l)，除非 $\min(ij,ik,il,jk,jl,kl)$ 为 ik 或 jl. 我们排除 (i,l,j,k)，除非 $\min(ij,ik,il,jk,jl,kl)$ 为 il 或 jk. 因此，3 种可能性中，恰好有两种被排除.

(c) 当 $i<j<k<l$ 时，它们分别是 (i,k,j,l) 和 (i,l,j,k).

(d) 根结点有 $2q$ 个子结点，根据 0 进行分支. 除了分支“0 1”，它们全部是叶结点. 该分支有 $2q-2$ 个子结点，除了分支“2 3”，其他所有结点都是叶结点. 以此类推，在第 l（$l>0$）层上有 $2(q-l)$ 个结点.

(e) 只使用 (i,j,k,l)，其中，$k=i+1<\min(j,l)$ 且 i 为偶数.

(f) 首先放置“1 $2q$”，然后放置“2 $2q{-}1$”……接着放置“q $q{+}1$”，最后放置其他选项. 当在根结点上以“0 k”进行分支，其中 $1 \leqslant k \leqslant 2q$ 时，对于项 $2q+1-k$ 将不再有其他选项.

(g) 对于所有 $l \notin \{0,k,2q+1-k\}$，排除“0 k”和“$2q+1-k$ l”.（总共有 $(2q)(2q-2)$ 种情况.）（是否可以动态地为选项排序?）

216. 就规模而言，该搜索树几乎总是比习题 215(c) 的答案中的搜索树要小，实际上后者在每一层上都会遇到最坏情况. 但它似乎很少会小于最坏情况大小的一半.（作者通过研究随机生成的具有异常小的树的示例发现了习题 215(f) 的答案中的技巧.）

算法 X 需要 540 Gμ 来证明 K_{21} 没有完美匹配. 它有潜在的 $2\binom{21}{4}=11\,970$ 个可排除的四元组，我们可以使用算法 3.4.2S 来仅采样其中的 m 个. 这样一来，对于 $m=(2000,4000,6000,8000,10\,000)$，运行时间分别减少为大约 (40 G$\mu$, 1.6 G$\mu$, 145 M$\mu$, 31 M$\mu$, 12 M$\mu$).

217. 每个 $\Delta\alpha-\alpha'$ 都有 k 个正项和 k 个负项. 我们可以假设 $1 \leqslant k \leqslant 4$. 此外，只需使用“标准化”的 Δ. 在字典序中，它在旋转、反射和否定下是最小的. 五联骨牌 (O, P, $\cdots$, Z) 有 (10, 64, 81, 73, 78,

25, 23, 24, 22, 3, 78, 24) 个标准化的 Δ，其中 (1, 7, 3, 3, 2, 0, 1, 0, 1, 0, 4, 0) 个有 $k=1$. 两个 Δ 由 4 种五联骨牌共享：$00+01-23-33$ (Q, S, W, Z); $00-02$ (P, Q, R, Y). 11 个 Δ 由 3 种五联骨牌共享.

共享 Δ 是必要条件，但不是充分条件. 如果 $\alpha-\alpha'=\beta'-\beta$，那么我们仍然需要填充未冲突的取消项. 比如，$00-23$ 是 Q 和 W 共有的，但它并不产生一个双对. 此外（尽管习题没有说明这一点），我们不希望 10 个单元格的区域有一个空洞. $\Delta 00+01-12-22$ 是 P、U 和 Y 共有的，但只有 PY 形成一个有用的双对. Δ 可以以多种方式出现：从 $00+01+02+03-20-21-22-23$，我们可以用 10 或 13 得到 Q，并用 11 或 12 得到 Y. 对称性（去除空洞后）只产生 1 个双对，而不是 4 个.

完整的目录有 34 个本质上不同的条目，其中 18 个具有包含 10 个单元格的左右对称形状：

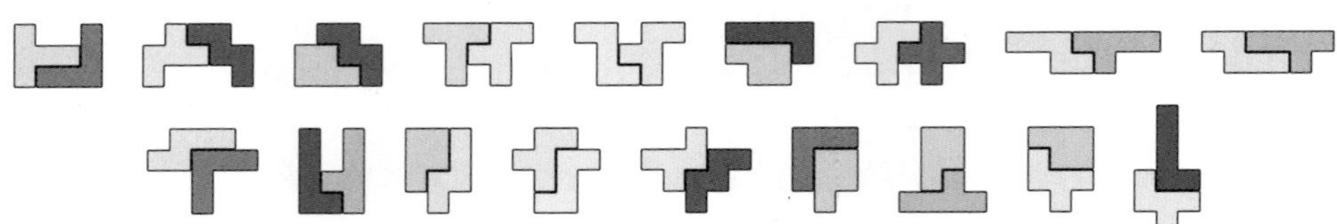

14 个具有转置对称性：

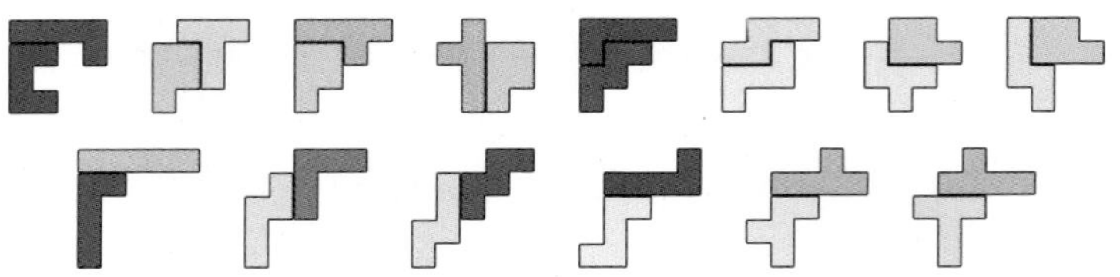

另外两个特别有趣，因为它们是不对称的：

≡　　≡

（当旋转和反射时，这两个条目各自产生 8 个变体，而不仅仅是 4 个. 见杰弗里·查尔斯·珀西·米勒，Eureka：*The Archimedeans' Journal* **23** (1960), 14–15.）

218. 如果涉及 p 的选项仅有“p i:0”和“p i:1”，我们就无法排除项 i.［但如果它们都涉及 i:0（仅举个例子），我们就可以排除它. 算法 P 并不会做到这一点.］

219. 如果选项 o 包含 i，但既不包含 p 也不包含 q，那么它只能与另外两个包含 $\{p,q\}$ 的选项 $\{o',o''\}$ 一起出现在一个解中. 但是，o' 和 o'' 必须都包含 j.（这个论点类似于数独传说中的“裸对”. 我们可能很想更进一步，同时排除项 i 和 j. 但这样做可能增加解的数量.）

220. 让选项为“$i_1\ i_2[{:}c_2]\ \cdots\ i_t[{:}c_t]$”. 我们已经覆盖了由结点 x 表示的项 $i=i_1$. 结点 $x+1, x+2, \cdots$ 表示其他项，可能包含在缩短此选项时插入的间隔结点（见习题 222）. 我们希望了解 $i_2, \cdots, i_t$ 是否被确认，并判断是否会导致对于某个主项 $p\notin\{i_2,\cdots,i_t\}$，LEN($p$) 变为 0. 棘手的部分在于确保 $p\notin\{i_2,\cdots,i_t\}$. 为了实现这一点，我们对于 $1<j\leqslant t$ 置 COLOR(i_j) $\leftarrow x$.（详细操作：置 $p\leftarrow x+1$；每当 $p>x$ 时，置 $j\leftarrow$ TOP(p)，并且如果 $j\leqslant 0$，则置 $p\leftarrow$ ULINK(p)，否则置 COLOR(j) $\leftarrow x$ 和 $p\leftarrow p+1$.）

然后，我们对该选项进行第 2 遍扫描：置 $p\leftarrow x+1$. 每当 $p>x$ 时，置 $j\leftarrow$ TOP(p)，并且如果 $j\leqslant 0$，则置 $p\leftarrow$ ULINK(p)，否则执行 commit$'(p,j)$ 并置 $p\leftarrow p+1$. 这里的 commit$'(p,j)$ 模仿了 (54)：置 $c\leftarrow$ COLOR(p) 和 $q\leftarrow$ DLINK(j)；每当 $q\neq j$ 时，除非 COLOR(q) $=c>0$，否则执行 hide$'''(q)$，然后置 $q\leftarrow$ DLINK(q). hide$'''(p)$ 就像 hide(p) 一样，但是对于某些 $y\leqslant N_1$，当 COLOR(y) $\neq x$ 且 LEN(y) 变为 0 时，它会检测到阻塞.

最后，第 3 遍扫描撤销我们的更改：置 $p\leftarrow x-1$. 每当 $p\neq x$ 时，置 $j\leftarrow$ TOP(p)，并且如果 $j\leqslant 0$，则置 $p\leftarrow$ DLINK(p)，否则执行 uncommit$'(p,j)$ 并置 $p\leftarrow p-1$. 这里的 uncommit$'(p,j)$ 以明显的方式撤销 commit$'(p,j)$.

一旦检测到阻塞，就可以立即从提交切换到撤销提交，方法是通过跳转到循环的中间位置（见习题 122 的答案）.

221. 每当 $S > 0$ 时，置 $x \leftarrow S$、$S \leftarrow \texttt{TOP}(x)$、$\texttt{TOP}(x) \leftarrow i$，并执行以下操作：置 $q \leftarrow x$；每当 $q \geqslant x$ 时，置 $j \leftarrow \texttt{TOP}(q)$，并且如果 $j \leqslant 0$，则置 $q \leftarrow \texttt{ULINK}(q)$；否则，如果 $j \leqslant N_1$ 且 $\texttt{LEN}(j) = 1$，则跳转至 P9；否则，置 $u \leftarrow \texttt{ULINK}(q)$、$d \leftarrow \texttt{DLINK}(q)$、$\texttt{ULINK}(d) \leftarrow u$、$\texttt{DLINK}(u) \leftarrow d$、$\texttt{LEN}(j) \leftarrow \texttt{LEN}(j) - 1$、$q \leftarrow q + 1$.

222. 置 $p \leftarrow \texttt{DLINK}(i)$. 每当 $p \neq i$ 时，执行以下操作：置 $p' \leftarrow \texttt{DLINK}(p)$ 和 $q \leftarrow p + 1$. 每当 $q \neq p$ 时，置 $j \leftarrow \texttt{TOP}(q)$，并且如果 $j \leqslant 0$，则置 $q \leftarrow \texttt{ULINK}(q)$；如果 $j = S$，则退出此循环；否则，置 $q \leftarrow q + 1$. 然后，如果 $q \neq p$，则置 $\texttt{ULINK}(p) \leftarrow p + 1$、$\texttt{DLINK}(p) \leftarrow p - 1$、$\texttt{TOP}(p) \leftarrow 0$（从而创建一个间隔结点）；否则，置 $q \leftarrow p + 1$，并执行习题 221 的答案中的循环，条件是每当 $q \neq p$（而不是 $q \geqslant x$）时. 最后置 $p \leftarrow p'$.

223. 根据习题 8 的约定，我们首先声明简化问题的项：对于 $1 \leqslant i \leqslant N$，如果 $i = N_1 + 1$，则输出副项的区分标志；如果 $\texttt{LEN}(i) > 0$ 或 $i = N = 1$，则输出项 i 的名称. 然后，输出其余选项：对于 $1 \leqslant i \leqslant N$，如果 $\texttt{LEN}(i) > 0$，置 $p \leftarrow \texttt{DLINK}(i)$. 每当 $p \neq i$ 时，执行以下操作：置 $q \leftarrow p - 1$，并且每当 $\texttt{DLINK}(q) = q - 1$ 时，置 $q \leftarrow q - 1$. 如果 $\texttt{TOP}(q) \leqslant 0$（因此 i 是在间隔结点 q 之后的选项中幸存的最左边的项），则按照下面的说明输出该选项. 然后置 $p \leftarrow \texttt{DLINK}(p)$，并重复此过程.

为了输出跟随结点 q 的（可能缩短过的）选项，置 $q \leftarrow q + 1$；然后，每当 $\texttt{TOP}(q) \geqslant 0$ 时，如果 $\texttt{TOP}(q) > 0$ 则输出项 $\texttt{TOP}(q)$ 的名称，如果 $\texttt{COLOR}(q) = c > 0$ 则后跟 $:c$，并置 $q \leftarrow q + 1$.（此后，$-\texttt{TOP}(q)$ 是原始输入中相应选项的编号.）

224. 使用 $3n - 3$ 项 $p_1, x_1, i_1, \cdots, p_{n-1}, x_{n-1}, i_{n-1}$（按此顺序），以及选项“$i_{n-k}\ p_k\ x_k$”“$i_{n-k}\ p_k\ x_{k+1}$”“$i_{n-k}\ x_k$”“$i_{n-k}\ p_{k+1}$”，对于 $1 \leqslant k < n - 1$，还有“$i_1\ p_{n-1}\ x_{n-1}$”“$i_1\ x_{n-1}$”. 在第 k 轮中，对于 $1 \leqslant k < n$，项 i_{n-k} 由 p_k 强制执行.

225. “Z 01 02 11 20 21”和“U 30 31 41 50 51”等选项显然是无用的，因为它们切断的区域少于 5 个单元格. 在更大的问题中，我们会丢弃更多这类选项，但这仅仅是因为有一个图形 U. “O 10 11 12 13 14”等 8 个选项是无用的，因为它们阻塞了一个角单元格.

较小的问题还有许多类似“P 02 12 13 22 23”的选项，结果证明它们是无用的，因为它们阻塞了图形 X.（为了打破对称性，该图形只被限制在 8 个位置上. 在较大的问题中，它有更高的自由度，不能在那里被阻塞.）第 2 轮还发现，像“O 22 23 24 25 26”这样的选项会阻塞 X，因为第 1 轮已经禁用了 X 的 8 个选择之一.

226. 由于 $\Sigma_1' = \sum_{k=1}^{2n}(2n + 1 - k)a_k$，显然 $\Sigma_1 + \Sigma_1' = (2n + 1)\sum_{k=1}^{2n} a_k = (2n + 1)(n + 1)n$. 同理，$S + S' = (2n + 1)\sum_{k=1}^{2n} a_k^2 = (2n + 1)^2(n + 1)n/3$.

关系 $\Sigma_2' - (2n + 1)\Sigma_1' = \Sigma_2 - (2n + 1)\Sigma_1$ 对任何序列 $a_1 \cdots a_{2n}$ 都成立.

227. (a) $\$(ij^2 + ik^2)$. (b) $\$(i^2 j + i^2 k)$.（对于大的 C，$\$(C - ij^2 - ik^2)$ 将最大化 Σ_2.）

228. 嗯，这确实让作者感到惊讶. 直觉上，我们期望小 $\Sigma_1 = \sum k a_k$ 与小 $\Sigma_2 = \sum k^2 a_k$ 相关，但远没有那么好. 出于神秘的原因，Σ_1 相同的兰福德对往往有相同的 Σ_2，反之亦然.

这并不总是正确的. 举例来说，28623574368541 71 和 35743865417126 82 有相同的 Σ_1，但 Σ_2 不同；1517489511410763829326 1110 和 1416710459116875231029 3811 有相同的 Σ_2，但 Σ_1 不同. 不过这样的例外很罕见. 当 $n = 7$ 时，具有 $\Sigma_1 = 444$ 的 4 个兰福德对与具有 $\Sigma_2 = 4440$ 的 4 个兰福德对相同；具有较大值 $\Sigma_1 = 448$ 的 6 个兰福德对与具有小于 4440 的 $\Sigma_2 = 4424$ 的 6 个兰福德对相同. 这是怎么回事?

兰福德对的特殊性质确实使我们能够证明某些奇怪的事实. 比如，令 j_k 为 k 第一次出现时的索引. 它另一次出现在 $j_k + k + 1$ 处，因此 $\sum_{k=1}^{n} j_k = (3n - 1)n/4$. 还有 $\sum_{k=1}^{n} j_k^2 = (4n^2 - 1)n/3 - \frac{1}{2}\Sigma_1$.

229. 这些兰福德对可以通过算法 7.2.2L（或其逆序变体）找到. 但我们也可以通过舞蹈链使用习题 85 中的算法 X（或算法 C）的敏锐极小化极大变体来找到它们：当 $j' < j$ 时，或者当 $j' = j$ 且 $i' < i$（对于按字典序最大的值）或 $i < i'$（对于按字典序最小的值）时，按照“$i\ s_j\ s_k$”在“$i'\ s_{j'}\ s_{k'}$”之前的顺序，排列选项 (16). 然后重复以下步骤：(i) 使用极小化极大算法填充最小的未确定插槽 s_j；(ii) 将最小覆盖 s_j 的选项移到列表的最前面，并删除涉及 s_j 的所有其他选项.

因此，我们用 16 个这样的步骤找到了 1 2 1 3 2 4 8 3 12 13 4 10 14 15 16 8 9 6 11 5 7 12 10 13 6 5 9 14 7 15 11 16. 所有这些步骤都很容易（并且大部分步骤所需的时间不到 110 Kμ），除了将 8 放置在 s_7 中（4.5 Mμ）和将 12 放置在 s_9 中（500 Kμ）. 总时间（6 Mμ）包括在步骤 X1 中输入数据的 465 Kμ. 放置了 8 项后，只剩下 12 个解，因此在完成前改变策略会略快一些.（这个兰福德对中有 $\Sigma_1 = \$5240$，$\Sigma_2 = \$119\,192$，$S = \$60\,324$. 这些成本有点儿高，但不算极端的情况.）

按字典序最大的值是 (108). 这部分解释了为什么它如此"非凡". 它能以相同的方式在不到 2 Mμ 的时间内获得.

230. 假设精确覆盖问题的所有解都包含相同数量的选项，记为 d.（在图 74 所示的例子中，$d = 16$.）然后，我们可以用互补成本 $\$(C - c)$ 替换每个成本 $\$c$，其中 C 足够大，使其为非负. 用互补成本解决问题，再从 Cd 中减去其总成本.（可以方便地实现算法 X$^\$$ 的一个特殊版本，使其能够自动执行此操作，并对中间结果和最终结果的呈现进行适当修改.）

231. (a) MAPLE ARRAY SMOKE TYPES（\$139）　(b) HAPPY EXILE ALLOW PELTS（\$176）　(c) JAMBS EQUIP TUMOR SASSY 或 MAGMA EQUIP OUNCE WAKED（\$197）

```
(a) MAPLE            (b) HAPPY            (c) JAMBS      MAGMA
    ARRAY   ($139)       EXILE   ($176)       EQUIP  或  EQUIP   ($197)
    SMOKE                ALLOW                TUMOR      OUNCE
    TYPES                PELTS                SASSY      WAKED
```

算法 X$^\$$ 分别需要 6 Gμ、80 Gμ 和 483 Gμ 才能找到它们；算法 X 则分别需要 5 Gμ、95 Gμ 和 781 Gμ 来访问所有解. 这些解分别有 27 个、8017 个和 310 077 个.（7.2.2 节中基于字典树的方法要快得多：它们分别只需要 12 Mμ、628 Mμ 和 13 Gμ.）

232. 否. 算法 X$^\$$ 找到了 96 个最小成本为 \$84 的解. 但是根据这个度量，图 74(a) 中的真实解实际上花费了 \$86. 16 个舍入误差（每个误差都可能使结果变化近 \$1）使一切都变得无效.（因此，作者在制作图 74 时使用了 $\$\lfloor 2^{32}d(i,j)\rfloor$. 这样做是安全的，因为前 8 个解与第 9 个解之间的距离大于 16——实际上远大于 16，尽管只有 17 的差异就足以令人信服.）

233. 使用成本 $\$\lfloor 2^{32}\ln d(i,j)\rfloor$，我们得到相同的答案（但更快：1.2 G$\mu$ + 0.2 Gμ）.

234. 按照这个标准，每次放置 n 个非攻击皇后（或车）都会花费如下成本：

$$\sum_{k=1}^{n}\big((k-c)^2 + (p_k - c)^2\big) = 2\sum_{k=1}^{n}(k-c)^2 = \frac{n(n^2-1)}{6}, \qquad \text{其中 } c = (n+1)/2.$$

235. 现在角色发生了逆转：与中心相比，我们对边缘更感兴趣，而且计算最小值比计算最大值更容易. 最小成本为 \$127 760，有 4 种对称的实现方式. 因此，我们必须取 $K = 17$，而不取 $K = 9$. 这个计算过程只花费了 1.3 Gμ.（下面的两个例子有不同的距离集，但巧合地产生了相同的总成本.）获得最大成本 \$187 760 只有一种方式，可通过取 $K = 9$ 在 9.7 Gμ 内发现.

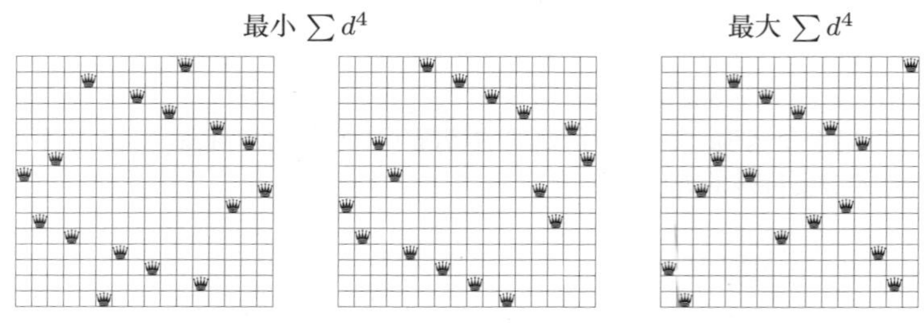

236. 这个想法首先是最小化最长距离，然后以所有可能的方式在该距离处放置一个皇后，以最小化次长距离，以此类推. 换句话说，如果选项按照成本的非递减顺序排列，这几乎就像是在迭代地搜索按字典序排列的极小化极大解，正如在习题 229 的答案中那样.

然而，有一个问题：许多选项具有相同的成本. 以不同的方式对成本相同的选项进行排序可能导致截然不同的字典序最小解. 假设有 4 个选项："1"表示 \$1，"2"表示 \$2，"1 3"表示 \$3，"2 3"表示 \$3. 按照这个顺序，极小化极大解排除了最后一个选项，成本为 $3^N + 2^N$. 这并不是最优解.

解决方法是给每个选项添加一个主项来描述其成本，并通过指定具有最高成本的皇后的数量，迭代地使用算法 M，使其成本尽可能低，直到问题没有解．以下是放置 n 个皇后的最佳方式，其中，n 分别为 17、18 和 19：

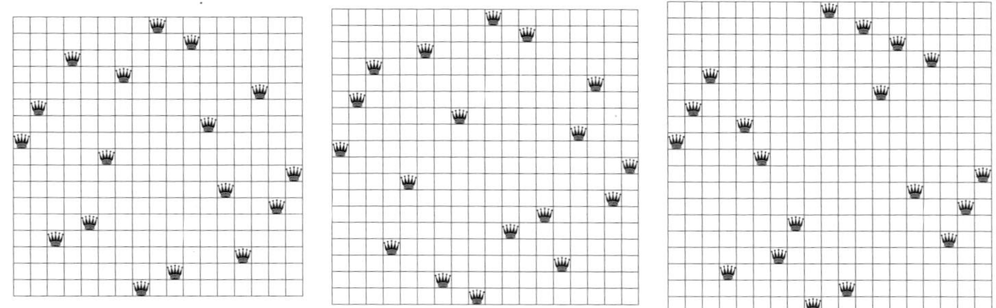

作者能够在一个下午使用基于舞蹈链的方法达到 $n=47$．但他知道，对于像 n 皇后问题这样的“线性”应用，整数规划明显更快（见习题 36 的答案）．因此，他寻求马泰奥·菲斯凯蒂的帮助．果然，马泰奥能够显著扩展结果．比如，以下是 n 分别为 32、64 和 128 时的最佳放置方式：

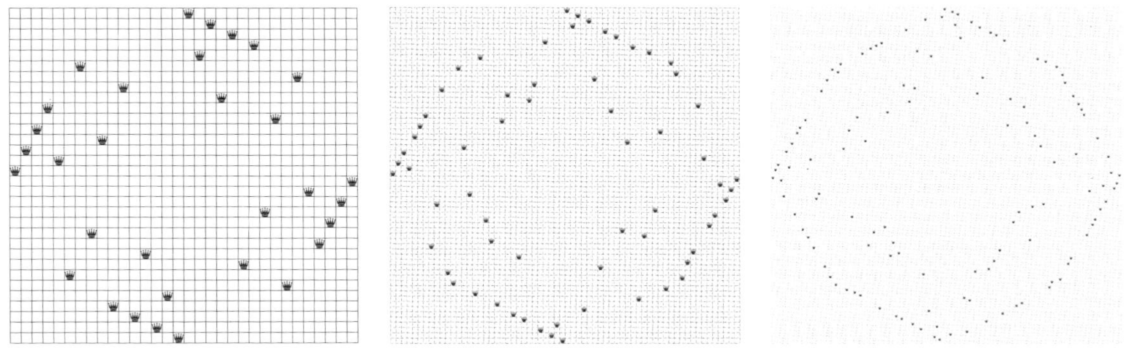

皇后的最佳放置方式似乎仅在 n 为 1、4、5、16 和 32 时才具有旋转对称性．但是 n 为 64 和 128 时的解确实分别有 2^6 个和 2^{12} 个等价解，因为它们分别包含 6 个和 12 个习题 7.2.2–11(c) 所示的“斜方形”．

（极限行为可能直到 N 很大时才会显现．比如，当 $n=16$ 且 $N=20$ 时，最优解并非所示的对称解．放置皇后的位置为 8 11 4 7 5 12 1 16 14 2 15 10 3 13 6 9，其总成本约为 2.08×10^{21}，优于约为 2.09×10^{21} 的总成本．极限形状被证明仅在 $N\geqslant21$ 时才是最优解．）

237. 错误．比如，这里展示的方案是约 30 亿个解中最小的一个，它满足 $02\equiv20$，$03\equiv30$，$12\equiv21$，$13\equiv31$，$42\equiv24$，$43\equiv34$．
$$\begin{bmatrix}1&2&1&1&3\\1&1&0&0&3\\1&0&1&0&3\\1&0&3&6&9\\3&1&3&9&1\end{bmatrix}$$

238. $$\begin{bmatrix}1&1&3\\3&0&7\\1&3&9\end{bmatrix}\begin{bmatrix}2&1&1&1\\1&0&3&1\\1&1&9&3\end{bmatrix}\begin{bmatrix}2&1&2&1&1\\1&0&3&0&1\\1&1&3&9&3\end{bmatrix}\begin{bmatrix}1&1&1&2&1&1\\1&0&0&1&0&3\\3&3&1&1&7&1\end{bmatrix}\begin{bmatrix}1&1&1&1&2&1&1\\1&0&0&0&4&0&3\\3&1&9&3&1&7&1\end{bmatrix};$$
$$\begin{bmatrix}9&9&7\\7&8&7\\7&3&3\end{bmatrix}\begin{bmatrix}8&9&9&9\\8&6&9&9\\7&7&1&7\end{bmatrix}\begin{bmatrix}9&8&9&9&9\\9&8&8&9&7\\7&7&3&1&7\end{bmatrix}\begin{bmatrix}9&8&9&9&9&9\\9&8&8&5&7&9\\7&7&3&3&7&1\end{bmatrix}\begin{bmatrix}9&8&9&9&9&9&9\\9&8&6&8&5&9&7\\7&7&7&3&3&1&7\end{bmatrix}.$$
$n=7$ 的问题有 1 759 244 个选项．在没有预处理的情况下，它们可以在 20 Gμ 内得到解决．然而，对于 $n\geqslant8$ 的问题，我们将需要特殊的方法．

239. 对于 $1\leqslant k\leqslant n$ 以及所有满足 $k\in S_j$ 的 j，引入主项 k 和 jk．当 $S_j=\{k_1,\cdots,k_t\}$ 时，存在一个成本为 w_j 的选项“$jk_1\ \cdots\ jk_t$”，以及 t 个具有“无穷小”成本 ϵ^j 的选项“$k_i\ jk_i$”，其中 $1\leqslant i\leqslant t$；同时还有 t 个成本为 0 的“松弛”选项“jk_i”．

假设覆盖 1 的集合只有 S_1, S_2, S_3, S_4，并且假设最优的集合覆盖使用了 S_2 和 S_4，但没有使用 S_1 或 S_3．那么，这个精确覆盖问题的最大成本解将使用成本为 w_1 的选项“11 $\cdots$”、成本为 w_3 的选项“31 $\cdots$”、成本为 ϵ^2 的选项“1 21”，以及成本为 0 的选项“41”（因为使用“21”和“1 41”的替代方案具有较小的附加成本 $0+\epsilon^4$）．

［见米歇尔·贡德朗和米歇尔·米努，*Graphs and Algorithms* (1984)，习题 10.35．当找到 k 个最佳解而不是单个最佳解时，因 ϵ 被设置为零而变得相同的所有解应仅计数一次．］

240. 添加 {WY,CO,NM} 和 ID、UT 或 AZ 中的任一项；或者添加 {ID,UT,CO,OK}；又或者添加 {SD,MO} 和 {IA,OK} 或 {NE,AR} 中的任一组（当作者提出这个问题时，他感到很惊讶）.

241. 不，尽管它确实找到了少于 6 个顶点的区域被切断的情况. 第 1 轮发现新英格兰可以缩小为单独的一项；第 2 轮能够删除“LA AR TN VA MD PA”等选项. 我们总共删除了 3983 个选项和 5 项，代价是 8 Gμ.

242. 在步骤 R2′ 中访问解之前，使用深度优先搜索来查找残差图的连通分量. 如果任何此类分量的大小为 d（其中 $d < L \cdot \lceil d/(U-1) \rceil$），则拒绝这个解.

243. 令 $W = w_1 + \cdots + w_n$ 是所有权重的总和. 我们有 $\sum_{k=1}^{d}(x_k - r)^2 = \sum_{k=1}^{d} x_k^2 - 2rW + r^2 d$，因为在精确覆盖问题中有 $\sum_{k=1}^{d} x_k = W$.

244. 正确. 设图 G 有 m 条边和 n 个顶点. 具有 k 条边连接同一选项内顶点的解的总内部成本为 $n(t-1) - 2k$，总外部成本为 $2(m-k)$.

（但习题 246 的答案表明，对于大小不同的选项，这可能会失败.）

245. 对于 (a)，习题 242 给出了 42 498 − 25 230 = 17 268 个大小为 7 的选项. 最小成本为 \$58，可在 101 Mμ 内找到. 对于 (b)，有 1 176 310 − 1 116 759 = 59 551 个人口在 [43 . . 45] 百万之间的选项. 在下面显示的最优解中（该解可在 7.7 Gμ 内找到），所有人口都在 [43.51 . . 44.24] 百万之间.

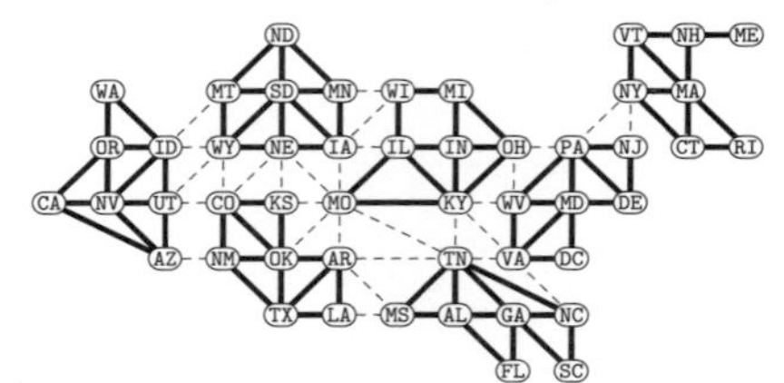

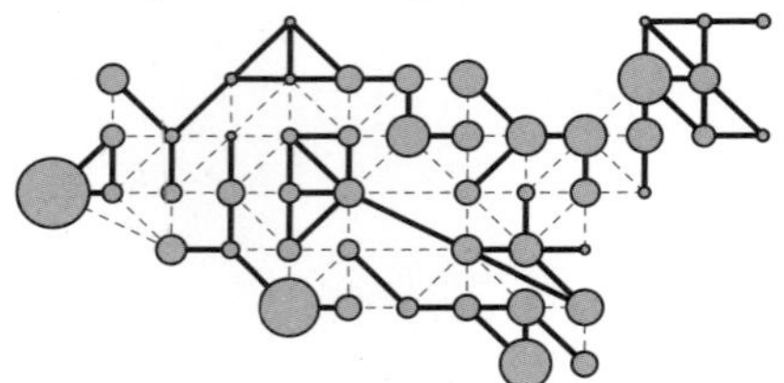

246. 最小外部成本（\$90 和 \$74，分别在 612 Mμ 和 11 Mμ 内找到）如下所示：

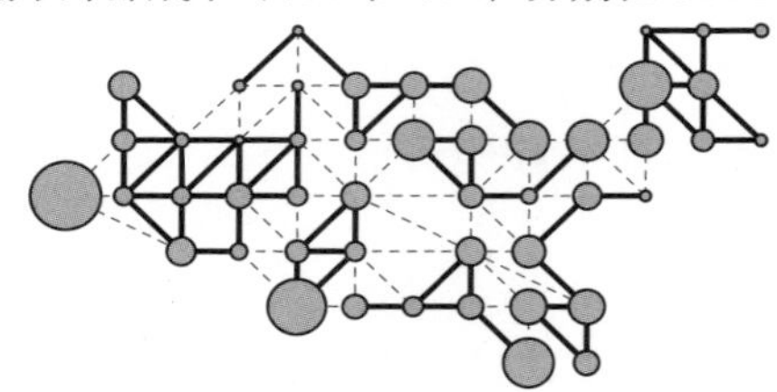
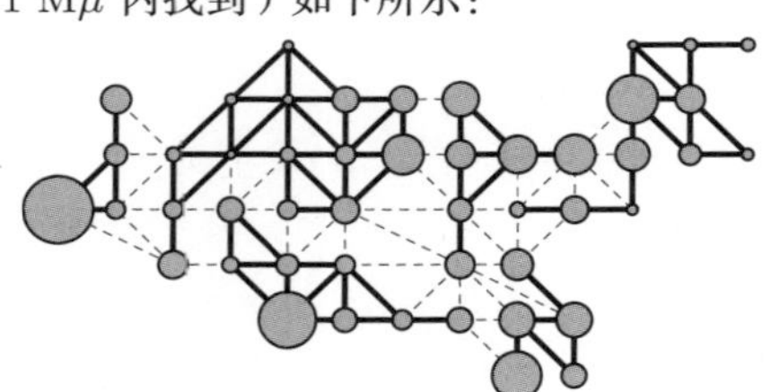

最小内部成本（\$176 和 \$230，分别在 1700 Mμ 和 100 Mμ 内找到）如下所示.

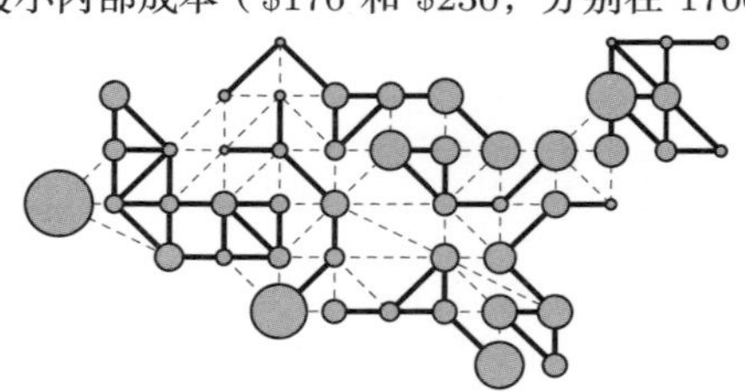
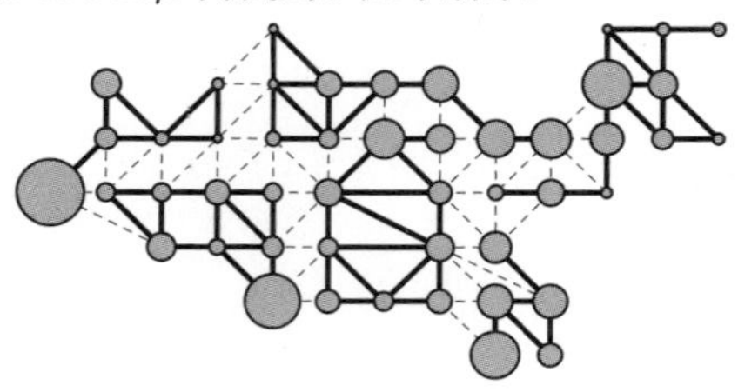

247. 使用习题 8 的答案中的程序进行原始数据输入，但在步骤 I5 开始时，对于 $p < j \leqslant p + k$，还要置 COST(j) ← ⟨当前选项的成本⟩.

然后，通过对 $k = 1, 2, \cdots, n$ 进行如下操作来“贪婪”地分配税款：如果项 k 没有选项，则终止，问题无解. 否则，令 c 为 k 的选项的最小成本，并置 COST(k) ← c. 这是对 k 的税款. 如果 $c > 0$，则从 k 的列表中的每个选项的成本中减去 c. 这将影响这些选项的所有结点.

（修改后的成本将在内部使用. 但向用户报告的所有结果都应以原始成本为基础，通过加回税款来表达.）

在分配完所有税款后，按照选项的（新）成本对其进行排序.（为此，可以使用习题 5.2.4–12 的“自然列表合并排序”. 间隔结点中的 COST 字段充当链接，效果很好.）

最后，通过按成本顺序重新插入所有结点来实现 (118).

[税款可以以许多其他方式进行评估. 通常，我们寻找实数 $u_1, \cdots, u_n$，使得对于 $1 \leqslant j \leqslant m$ 有 $c_j \geqslant \sum\{u_i \mid \text{选项 } j \text{ 中的项 } i\}$，其中 $u_1 + \cdots + u_n$ 最大. 这是一个线性规划问题，恰好对应于

最小化 $c_1x_1+\cdots+c_mx_m$ 的（分数）精确覆盖问题，使得 $x_1,\cdots,x_m\geqslant 0$，并且对于 $1\leqslant i\leqslant n$ 有 $\sum\{x_j\mid$ 选项 j 中的项 $i\}=1$. 通过线性规划求解器找到的"最优"税收方案可能使算法 C$ 在高度非线性的 XCC 问题上比上述贪婪方案快很多. 然而，尚无人对此进行仔细的测试. 见米歇尔 · 贡德朗和让-路易 · 洛里埃，*Revue Française d'Automatique, Informatique et Recherche Opérationnelle* **8**, V-1 (1974), 27–40.]

248. 置 $t\leftarrow\infty$、$c\leftarrow 0$、$j\leftarrow$ RLINK(0). 每当 $j>0$ 时，执行以下操作：置 $p\leftarrow$ DLINK(j) 和 $c'\leftarrow$ COST(p). 如果 $p=j$ 或 $c'\geqslant\vartheta$，则跳转至 C8$. 否则，置 $s\leftarrow 1$ 和 $p\leftarrow$ DLINK(p)，并按以下方式循环：如果 $p=j$ 或 COST(p) $\geqslant\vartheta$，则退出循环；如果 $s=t$，则置 $s\leftarrow s+1$ 并退出；如果 $s\geqslant L$，则置 $s\leftarrow$ LEN(j) 并退出；否则，置 $s\leftarrow s+1$ 和 $p\leftarrow$ DLINK(p) 并继续. 退出循环后，如果 $s<t$ 或"$s=t$ 且 $c<c'$"，则置 $t\leftarrow s$、$i\leftarrow j$、$c\leftarrow c'$. 最后，置 $j\leftarrow$ RLINK(j).

（作者使用了 $L=10$. 他考虑过进行完全搜索，从而避免在 (13)、(15) 等处频繁更新 LEN，但最终发现这不是一个好主意.）

249. 在看过 t 个成本之后，我们只知道剩下的 $dk-t$ 个成本是非负的. 下面的算法将传入的成本排序到缓冲区 $b_0b_1\cdots b_{dk-1}$ 的最右侧位置，并保持可能的最佳下界 l：置 $l\leftarrow t\leftarrow 0$. 当看到一个新的成本 c 时，置 $p\leftarrow t$、$y\leftarrow 0$、$r\leftarrow 1$，并且每当 $rp>0$ 时置 $x\leftarrow b_{dk-p}$. 如果 $c\leqslant x$，置 $r\leftarrow 0$. 否则，如果 $p\bmod k=0$，置 $l\leftarrow l+x-y$；置 $y\leftarrow b_{dk-p-1}\leftarrow x$ 和 $p\leftarrow p-1$. 在 $rp=0$ 后，置 $b_{dk-p-1}\leftarrow c$ 和 $t\leftarrow t+1$；如果 $p\bmod k=0$，置 $l\leftarrow l+c-y$. 如果 $l\geqslant\theta$ 则停止.

250. 为 Z 中的每个字符保留一个单独的累加器，如果存在 z，则保留另一个累加器. 检查每个活跃项 i：如果 NAME(i) 以 Z 的字符开头，那么将 COST(DLINK(i)) 添加到相应的累加器中. 否则，如果 $z=1$，则将该成本添加到 z 的累加器中；如果 $z>1$，则使用习题 249 中的方法来累加由 z 分隔的成本. 如果任何一个累加器的值变得大于或等于 $T-C_l$，则跳转至 C8$.

（当给出 Z 或 z 的提示时，步骤 C1$ 应验证它们是否合法.）

251. 当所有项都被覆盖后，步骤 Z2 将看到在步骤 Z1 中初始化的签名 S[0] $=0$. Z[0] $=1$ 是"成功"结点 ⊤.

252.

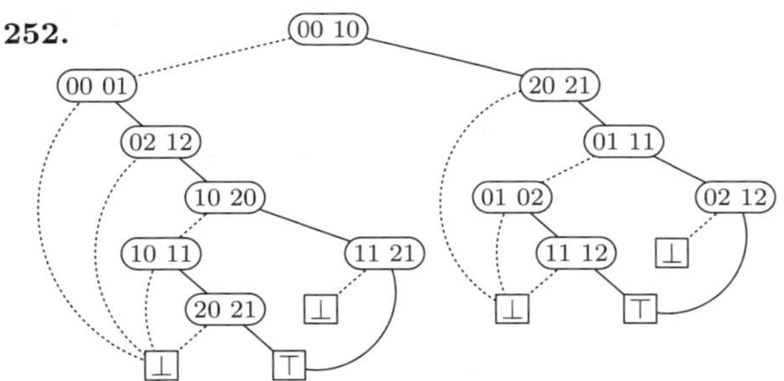

注意，这个自由 ZDD 并非有序的，因为"02 12"在左分支中出现在"20 21"之上，而在右分支中则出现在"20 21"之下. 见习题 264.

253. 引入一个全局变量 COUNT；另引入辅助变量 $c_0c_1\cdots$，由当前层 l 索引；还要引入整数变量 C[t]，由缓存位置 t 索引. 在步骤 Z1 中，置 COUNT $\leftarrow 0$ 和 C[0] $\leftarrow 1$. 如果在步骤 Z2 中发生缓存命中，则置 COUNT $\leftarrow$ COUNT $+$ C[t]；否则置 $c_l\leftarrow$ COUNT. 在步骤 Z7 中，置 C[m_l] $\leftarrow$ COUNT $-\,c_l$.

254. (a) 如果选项包括项 i 的 d 种颜色，那么一个子问题就有 $d+2$ 种情况：要么项 i 不出现在任何剩余选项中，要么它的列表尚未被纯化，要么它的列表已经被纯化为特定的颜色. 因此，我们为签名中的 i 保留 $\lceil\lg(d+2)\rceil$ 位. 如果 $d=4$，那么这 3 位将包含代码 000, 001, 010, 011, 100, 101 中的一个.

（为了识别相关情况，在算法 Z 的版本中，(55) 中的 purify 操作应在 i 的头结点中置 COLOR(i) $\leftarrow c$；(57) 中的 unpurify 操作应置 COLOR(i) $\leftarrow 0$；并且步骤 Z1 应置 COLOR(i) $\leftarrow 0$. 该初始化步骤还应重新映射 i 的颜色，以便它们在内部显示为 $1, 2, \cdots, d$.）

(b) 在大型问题中，σ 将占用多个全字. 为每个项 i 添加一个新字段 SIG(i)，它是指向 CODE 表的索引，并添加一个新字段 WD(i). 如果 LEN(i) $\neq 0$，则项 i 将向 σ 的全字 WD(i) 贡献 CODE[SIG(i) $+$ COLOR(i)].

（如果在步骤 Z2 中使用哈希法进行缓存查找，那么 CODE 表也可以包含随机位，从而更方便地计算一个良好的哈希函数.）

(c) 如果列表已被纯化，那么 hide$'(p)$ 操作不会从列表 TOP(q) 中移除结点 q. 但是，如果 TOP(q) 包含在签名中，那么即使子问题实际上不依赖于那些颜色，我们也*永远不会*对具有不同颜色的解获得缓存命中. 因此，我们需要知道副项何时在其列表中没有活跃选项.

(d) 技巧在于减小 LEN(i)，同时仍保留列表 i 上的结点. 如果 LEN(i) 变为零，那么当 i 是副项时，我们可以将其从活跃副项列表中移除（其头部为 $N+1$，见习题 8 的答案）.

（我们还可以在 hide 例程中使用这个技巧：让 hide$''''(p)$ 类似于 hide(p)，只是当 COLOR$(q)<0$ 时，DLINK(u) 和 ULINK(d)保持不变；LEN(x) 正常减小.）当然，unpurify 和 unhide$''''$ 应该分别撤销 purify 和 hide$''''$.

需要通过一些精巧的操作来避免两次停用副项，并在撤销纯化时在恰当的时机重新激活它.（作者的实现暂时将 LEN 置为 -1.）

255. 令 $V_n=\sum_{k=0}^{n}(n-1-2k)\binom{n-k}{k}$，$W_n=\sum_{k=0}^{n}(1+(n-1-2k)+(n-1-2k)^2)\binom{n-k}{k}$. 利用事实 $\sum_{k=0}^{n}\binom{k}{r}\binom{n-k}{k}=[z^n]\,z^{2r}/(1-z-z^2)^{r+1}$，我们获得闭合式 $V_n=((n-5)F_{n+1}+2(n+1)F_n)/5$ 和 $W_n=((5n^2+7n+25)F_{n+1}-6(n+1)F_n)/25$（见 1.2.8–(17) 的推导）. 当 N 为偶数时，算法 Z 执行 W_N-1 次更新，并输出具有 V_N+2 个结点的 ZDD. 当 N 为奇数时，它执行 W_N 次更新并输出平凡的 ZDD $\bot$.

256. 令 $T(N)$、$Z(N)$ 和 $C(N)$ 分别表示 K_N 所需的时间、ZDD 大小和缓存大小. 通过公式 (89)，该算法首先花费 $T(2q)+T(2r)$ 的时间来创建大小为 $Z(2q)+Z(2r)$ 的 ZDD. 然后，它花费 $\min(T(2q+1),T(2r-1))$ 的时间来得知不再需要更多的 ZDD 结点. 缓存大小为 $C(2q)+C(2r)+\min(C(2q+1),C(2r-1))$.

257. (a) 有 $2^{n-1}+1$ 个签名：$11\cdots1$ 以及所有以 0 开头的 n 位字符串.

(b)

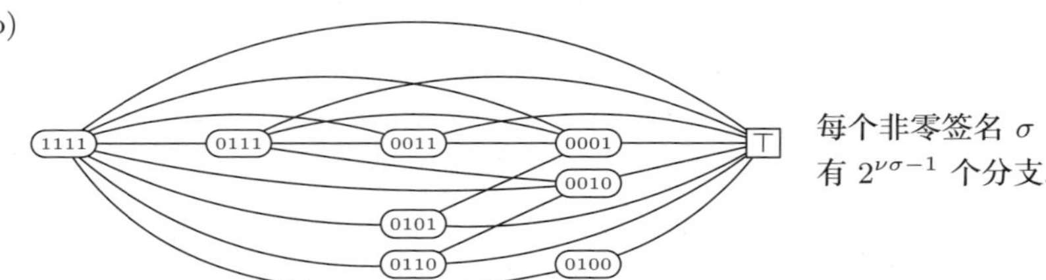

每个非零签名 σ 有 $2^{\nu\sigma-1}$ 个分支.

258. 见 (84). 现在 $V_n=v_n+\sum_{k=1}^{n-1}\binom{n-1}{k}v_k=((72n-342)5^n+(375n-875)4^n+600\cdot3^n+1800n2^n+1550)/3600$.（比如，$V_{16}=40\,454\,337\,297$，$\varpi_{16}=10\,480\,142\,147$.）

259. (a) 在层 l 的签名为 $\{X_{l+1},\cdots,X_n\}$，再加上 $\{Y_1,\cdots,Y_n\}$ 的所有 $\binom{n}{l}$ 个 l 元素子集. 因此共有 2^n 个签名；还有 $2+\sum_{l=0}^{n}(n-l)\binom{n}{l}=n2^{n-1}+2$ 个 ZDD 结点. 需要进行 $((n^2+3n+4)2^n-4)/4$ 次更新.

(b) 现在签名为 $\{X_{l+1},\cdots,X_n\}$ 加上 $\{Y_1,\cdots,Y_{l+1}\}$ 的 l 元素子集. 因此我们得到 $\binom{n}{2}+1$ 个缓存备忘录、n^2+2 个 ZDD 结点和 $(2n^3+15n^2+n)/6$ 次更新.

260. 这个家庭匹配问题有大约 $n!/\mathrm{e}^2$ 个解，导致出乎意料的运行时间：我们似乎得到大约 $n^{3/2}\rho^n$ 阶的更新，其中 $\rho\approx3.1$；但在步骤 Z3 中不使用 MRV 启发法时，对于 $n\geqslant13$，我们可以获得更好的结果. 此时运行时间可能是 $\Theta(ne^n)$，尽管 ZDD 大小显然以 $n\rho^n$ 增长，其中 $\rho\approx2.56$.

另一个问题有 L_n+2 个解，它只需要 $6n+9$ 个备忘录、$8n-9$ 个 ZDD 结点和 $34n-58$ 次更新.

261. (a) 为每个顶点 v 引入主项 v^- 和 v^+，表示通过 v 的可能性. 但对于 $v\in S$，省略 v^-；对于 $v\in T$，省略 v^+. 还引入副项 v，其颜色（如果非零）表示路径编号. 对于 $1\leqslant k\leqslant m$ 和每条弧 $u\longrightarrow v$，主要选项为“u^+ v^- $u{:}k$ $v{:}k$”. 还有其他一些选项“v^- $v{:}0$”适用于所有 $v\notin S$，“v^+ $v{:}0$”适用于所有 $v\notin T$.

此外，我们需要一种方法对每条路径进行规范编号，这样我们就不会得到 $m!$ 个等价解.（习题 122 的方法不适用于算法 Z.）如果 $S=\{s_1,\cdots,s_p\}$，则引入主项 x_k 和副项 y_k，其中 $1\leqslant k\leqslant p$. 它们具有以下选项：“x_k $s_k{:}0$ $y_{k-1}{:}j$ $y_k{:}j$”和“x_k $s_k{:}(j+1)$ $y_{k-1}{:}j$ $y_k{:}(j+1)$”，其中，$1\leqslant k\leqslant p$ 且 $0\leqslant j<k$.（当 $k=1$ 时，省略项 $y_{k-1}{:}j$；省略 $y_p\neq m$ 的选项.）

许多选项可能永远不会被使用. 算法 P 能够轻松删除它们.

(b) 如有必要，从图 G 中删除不可达的顶点和不可达的弧，使得唯一的源顶点和汇顶点分别是 $S=\{s_1,\cdots,s_m\}$ 和 $T=\{t_1,\cdots,t_m\}$. 然后使用项 v^-、v^+、v 以及 (a) 中的主要选项，但省略任何指定 $s_j{:}k$ 或 $t_j{:}k$（其中 $j\neq k$）的选项.

(c) 这是一个巧妙的问题，因为每条路径都正好包含对角线上的一个顶点. 因此，该问题可以整齐地分解为两个独立的子问题. 对于 $0\leqslant i\leqslant j\leqslant n$ 且 $(i,j)\notin\{(0,0),(0,n),(n,n)\}$，在具有顶点 (i,j) 以及弧 $(i,j)\longrightarrow(i+1,j)$ 和 $(i,j)\longrightarrow(i,j-1)$ 的有向图中，找到从 $S=\{(0,1),\cdots,(0,n-1),(1,n),\cdots,(n-1,n)\}$ 到 $T=\{(1,1),\cdots,(n-1,n-1)\}$ 且顶点不相交的 $n-1$ 条路径就足够了.

如果这个问题有 P_n 个解，由具有 M_n 个结点的 ZDD Z 给出，则原始问题有 P_n^2 个解，由具有 $2M_n$ 个结点的 ZDD Z'' 给出. 我们通过将 Z 中的 $\top$ 替换为 Z' 的根来获得 Z''，其中，Z' 指定 Z 的路径的反射.

算法 Z 只需 70 亿次内存访问就能找到 $P_{16}=992\,340\,657\,705\,109\,416$ 和 $M_{16}=3\,803\,972$.（事实上，已知 $P_n=\prod_{1\leqslant i\leqslant j\leqslant k\leqslant n}(i+j+k-1)/(i+j+k-2)$，即完全对称的平面划分的数量. 尼古拉 · 贝卢霍夫发现了一种很好的方法，将 6 个三角形图表以万花筒的方式粘在一起，从而建立了一一对应的关系，将这些路径与类似于习题 262(b) 中的对称菱形平铺联系起来.）

(d) 一共有 47 356 个解. 算法 C 在 278 Gμ 内找到了它们（无预处理）；但在算法 P 去除冗余选项后，它仅需 760 Mμ. 相比之下，算法 Z 在 92 Gμ 内处理问题，使用 7 吉字节的备忘录缓存内存（无预处理）；在有预处理的情况下，它需要 940 Mμ 和 90 兆字节. 因此，算法 Z 对问题 (d) 不理想，但对问题 (c) 是必不可少的.

262. (a) 主项（S_n 的单元格）的顺序是关键的：按行排序（从左到右，从上到下）会导致指数级增长；但按列排序（从上到下，从左到右）会产生线性的 ZDD 大小，并且有 $\Theta(n^2)$ 的运行时间.

此外，当 $n\geqslant 18$ 时，结果表明最好不要使用 MRV 启发法. 对于所有 $n\geqslant 30$，ZDD 结点的数量为 $154\,440n-2\,655\,855$. 对于 $n=32$，算法仅需 2.2 Gμ. 通过习题 7.1.4–208，对于 S_{16} 有 $68\,719\,476\,736=(\sqrt{2}\,)^{72}$ 个解；对于 S_{32} 有 $152\,326\,556\,015\,596\,771\,390\,830\,202\,722\,034\,115\,329\approx 1.552^{200}$ 个解.

[m 阶阿兹特克菱形恰好有 $2^{m(m+1)/2}$ 个多米诺骨牌平铺. 此外，当 $m\to\infty$ 时，角落里的多米诺骨牌确乎必然对齐，但半径为 $m/\sqrt{2}$ 的"北极圈"内除外. 见威廉 · 约库什、詹姆斯 · 加里 · 普罗普和彼得 · 肖尔，arXiv:math/9801068 [math.CO] (1995)，共 46 页；亨利 · 科恩、诺姆 · 埃尔基斯和詹姆斯 · 加里 · 普罗普，*Duke Math. J.* **85** (1996), 117–166. 另见迪特尔 · 格伦辛、英格沃 · 卡尔森和汉斯-克里斯蒂安 · 扎普，*Philos. Mag.* **A41** (1980), 777–781.]

[在这里考虑的更一般的 S_{mn} 平铺更神秘，其中，我们用 $2m$ 替换 16，用 $m-1$ 替换 7. 米哈伊 · 丘库观察到 $R_{(2m)(n-2m)}\subseteq S_{mn}\subseteq R_{(2m)(n+2m)}$，其中，$R_{kn}$ 是 $k\times n$ 矩形；此外，$R_{(2m)(n+2m)}\setminus S_{mn}$ 和 $S_{mn}\setminus R_{(2m)(n-2m)}$ 是可平铺的. 理查德 · 斯坦利在 *Discrete Applied Math.* **12** (1985), 81–87 中证明了，对于固定的 m，当 $n\to\infty$ 时，$R_{(2m)n}$ 有 $\sim a_{2m}\mu_{2m}^{n+1}$ 个平铺，其中，

$$a_k=\frac{(1+\sqrt{2})^{k+1}-(1-\sqrt{2})^{k+1}}{2\sqrt{2}},\qquad \mu_{2m}=\prod_{j=1}^{m}\Bigl(\cos\theta_j+\sqrt{1+\cos^2\theta_j}\Bigr),\qquad \theta_j=\frac{j\pi}{2m+1}.$$

因此，在该极限下，S_{mn} 有 $\Theta(\mu_{2m}^n)$ 个平铺. 但如果 $m=\alpha n$ 且 $n\to\infty$，那么多米诺骨牌往往会被冻结的极限"北极曲线"仍有待发现.]

顺带一提，达纳 · 兰德尔发现了多米诺骨牌平铺和顶点不相交的路径之间的美妙联系（未发表）.

路径 A:

路径 B:

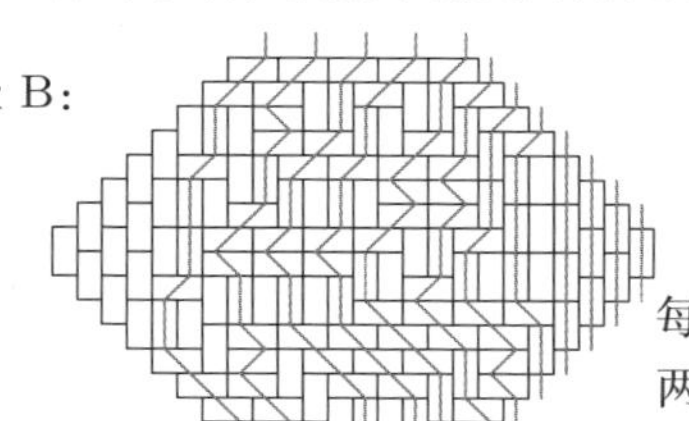

每块竖直的多米诺骨牌都有路径 A 或路径 B.

每块水平的多米诺骨牌都有两种路径，且路径彼此交叉.

(b) 在这种情况下，如果对于 $0\leqslant x<n+8$、$0\leqslant y<16$ 和 $x+y\geqslant 8$ 使用项 (x,y)，对于 $0\leqslant x<n+8$、$0\leqslant y<16$ 和 $7\leqslant x+y<n+15$ 使用项 $(x,y)'$，则习题 124 的答案中的三角形坐标

产生线性增长. 选项是 "(x,y) (x',y')", 其中 $(x',y')=(x,y)-\{(0,0),(0,1),(1,0)\}$, 并且两项都存在. 对于所有 $n\geqslant 7$, ZDD 的大小 (不使用 MRV) 为 $257\,400n-1\,210\,061$.

可以用菱形平铺的凸三角形区域恰好具有相同数量的 Δ 和 ∇. 这些区域是具有边长 (l,m,n,l,m,n) 的广义六边形 T_{lmn}, 其中 $l,m,n\geqslant 0$. 这些平铺等价于适合 $l\times m\times n$ 盒子的平面划分. 事实上, 你可以 "看到" 这种等价性, 因为这些图表类似于填充到盒子角落的立方体. (戴维 · 克拉尔纳在 20 世纪 70 年代发现了这一点, 但没有发表.) 因此 T_n 的每个平铺在行 (1, 2, $\cdots$, 15) 中分别具有 (1, 2, $\cdots$, 8, 7, $\cdots$, 1) 个竖直的菱形, 总共 64 个. 而且, 这些出现是嵌套的. 比如, 中间的图表对应于此处显示的逆平面划分. (见习题 5.1.4–36, 由此可知广义六边形 T_{lmn} 恰好具有 $\Pi_{lmn}=\prod_{i=1}^{l}\prod_{j=1}^{m}\prod_{k=1}^{n}(i+j+k-1)/(i+j+k-2)$ 个平铺. 特别是, 我们有 $\Pi_{888}=5\,055\,160\,684\,040\,254\,910\,720$, $\Pi_{88(16)}=2\,065\,715\,788\,914\,012\,182\,693\,991\,725\,390\,625$.)

```
00012457
1134569c
12368abc
25789bbc
4578accc
459aaccc
569aaccc
bbbbcccc
```

[在 *New York J. of Math.* **4** (1998), 137–165 中, 亨利 · 科恩、迈克尔 · 拉森和詹姆斯 · 加里 · 普罗普研究了当 l、m 和 n 以恒定比例接近无穷大时 T_{lmn} 的随机平铺, 并推测它们确乎必然 "冻结" 在最大的封闭椭圆之外. 另见锡德里克 · 布蒂利耶在 *Annals of Probability* **37** (2009), 107–142 中给出的更一般的结果.]

263.

	参数	解	项	选项	算法 C 时间	空间	算法 Z 时间	空间	ZDD
(a)	风琴管序	14 772 512	$32+58$	256	40 Gμ	23 KB	55 Gμ	4.1 GB	56M
(b)	6×10	2339	$72+0$	2032	4.1 Gμ	230 KB	3.1 Gμ	23 MB	11K
(b)	8×8, 方形	16 146	$77+1$	2327	20 Gμ	264 KB	14 Gμ	101 MB	59K
(b)	8×8, 直线	24 600	$77+1$	2358	36 Gμ	267 KB	26 Gμ	177 MB	93K
(b)	8×8, 斜	23 619	$77+1$	2446	28 Gμ	275 KB	20 Gμ	137 MB	84K
(b)	8×8, L 型	60 608	$77+1$	2614	68 Gμ	291 KB	44 Gμ	276 MB	183K
(b)	8×8, T 型	25 943	$77+1$	2446	35 Gμ	275 KB	25 Gμ	166 MB	92K
(c)	aaa 放置	987 816	$49+42$	1514	25 Gμ	149 KB	18 Gμ	646 MB	2.2M
(d)	$(7,0,3)$	137 216	$64+128$	3970	8.5 Gμ	642 KB	1.7 Gμ	20 MB	210K
(d)	$(7,3,4)$	41 280	$70+140$	4762	3.2 Gμ	769 KB	1.0 Gμ	13 MB	122K
(e)	p=6, WORDS(1200)	1	$12+1230$	14 400	17 Gμ	2 MB	25 Gμ	91 MB	14
(f)	对称性破缺	44*	$12+36$	1188	1.3 Gμ	110 KB	0.9 Gμ	10 MB	186
(g)	未修改	18	$1165+66$	4889	202 Gμ	509 MB	234 Gμ	8.9 GB	2049
(g)	已修改	1	$1187+66$	5143	380 Gμ	537 MB	424 Gμ	15 GB	336
(g)	已预处理	18	$446+66$	666	223 Mμ	66 KB	1.8 Mμ	136 KB	574

* 包括接触所有单元格的解

264. 令主项是线性有序的, 并且令 $r(o)$ 表示选项 o 中最小的主项. 如果 $(\bar{o}?\ l{:}\ h)$ 是一个 ZDD 结点, 则根在 h 的子 ZDD 中的每个选项 o' 都满足 $r(o')>r(o)$, 因为 o 覆盖了 $r(o)$, 而较小的项已经被覆盖. 此外, 如果 $l\neq 0$, 则结点 l 中的选项 o' 满足 $r(o')=r(o)$; 并且在输入中, o' 在 o 之前.

因此, 如果我们使用一个稳定的排序算法按照 $r(o)$ 递减的顺序对选项进行排序, 那么 ZDD 将遵循这个顺序的逆序. (这一结果由西野正彬、安田宜仁、凑真一和永田昌明在他们的原始论文中证明. 遗憾的是, 除了在类似于习题 262 的特殊情况下, 该算法在没有 MRV 的情况下速度通常太慢.)

265. 在任何给定的 ZDD 结点下面的每个解都覆盖相同的主项. 如果所有项都是主项, 那么没有两个可见结点具有相同的签名. 并且每个可见结点下方链中的结点都是不同的, 因为它们在不同的选项上分支.

现在假设我们有 3 个主项 $\{p,q,r\}$ 和 1 个副项 s, 其选项为 "p" "$p\ r$" "$p\ s$" "$q\ r$" "$q\ s$". 如果不使用 MRV, 那么我们将在 p 上分支. 选择 1, "p", 导致一个带有签名 0111 的子问题, 输出为 $I_2=(\overline{q\,r}?\ 0{:}\ 1)$, $I_3=(\bar{p}?\ 0{:}\ 2)$. 选择 2, "$p\ r$", 导致一个带有签名 0101 的子问题, 输出为 $I_4=(\overline{q\,s}?\ 0{:}\ 1)$, $I_5=(\overline{p\,r}?\ 3{:}\ 4)$. 选择 3, "$p\ s$", 导致一个带有签名 0110 的子问题, 输出为 $I_6=(\overline{q\,r}?\ 0{:}\ 1)$, $I_7=(\overline{p\,s}?\ 5{:}\ 6)$. 并且 $I_6=I_2$.

类似的示例用项 $\{q_1,q_2,q_3,r_1,r_2,r_3\}$ 代替 $\{q,r\}$, 有 23 个选项 "p" "$p\ r_i$" "$p\ s$" "$q_i\ q_j$" "$r_i\ r_j$" "$q_i\ r_i$" "$q_i\ r_j$" "$q_j\ r_i$" "$q_i\ s$", 其中 $1\leqslant i<j\leqslant 3$. 当 MRV 指定选择时, 示例失败.

266. 将给定的形状指定为一组整数对 (x,y). 这些整数对可以在输入中逐一列出，但接受更紧凑的规范更为方便. 比如，作者用于准备本书示例的实用程序被设计为接受类 UNIX 规范，例如“`[14-7]2 5[0-3]`”，表示 8 对 $\{(1,2),(4,2),(5,2),(6,2),(7,2),(5,0),(5,1),(5,3)\}$.（注意，如果指定了多次，那么一对只被包含一次.）范围 $0 \leqslant x,y < 62$ 在几乎所有情况下都足够，这些整数被编码为单个“扩展的十六进制数字”`0`, `1`, $\cdots$, `9`, `a`, `b`, $\cdots$, `z`, `A`, `B`, $\cdots$, `Z`. 规范“`[1-3][1-k]`”是定义一个 3×20 矩形的一种方式.

同样，每块给定的多联骨牌都是通过说明其块名称和可能占据的典型位置集 T 来指定的. 这些位置 (x,y) 使用与形状相同的约定来指定，它们不必在该形状内.

该程序通过旋转和（或）反射位置集 T 中的元素来计算*基本位置*. 第一个基本位置是平移的集合 $T_0 = T-(x_{\min},y_{\min})$，其坐标是非负的且尽可能小. 然后，它对每个现有的基本位置反复应用一个基本变换，要么是 $(x,y) \mapsto (y,x_{\max}-x)$，要么是 $(x,y) \mapsto (y,x)$，直到没有进一步的位置产生为止.（当将每个基本位置表示为排序过的打包整数列表 $(x \ll 16)+y$ 时，该过程变得简单.）比如，直型三联骨牌的典型位置可以被指定为“`1[1-3]`”；它将有两个基本位置：$\{(0,0),(0,1),(0,2)\}$ 和 $\{(0,0),(1,0),(2,0)\}$.

在消化输入规范后，程序定义了精确覆盖问题的项. 这些项包括：(i) 块名称；(ii) 给定形状的单元格 xy.

最后，它定义了选项：对于每个块 p、p 的每个基本位置 T'、每个偏移量 (δ_x,δ_y)（使得 $T'+(\delta_x,\delta_y)$ 完全位于给定的形状内），都有一个选项命名了项 $\{p\} \cup \{(x+\delta_x,y+\delta_y) \mid (x,y) \in T'\}$.

（考虑到特殊情况，该程序的输出通常是手工编辑的. 比如，某些项可能会从主项变为副项；某些选项可能会被消除以破坏对称性. 作者的实现还允许指定带有颜色控件的副项，以及包含此类控件的基本位置.）

历史注记：早期的多联骨牌装箱算法未能意识到待覆盖的单元格与待覆盖的块本质上是统一的. 它们对单元格的处理方式与对块的处理方式相当不同. 关于“纯”精确覆盖问题中单元格和块都是主项的事实，最早是在与索玛立方相关的研究中被克里斯托夫 · 彼得-奥思 [*Discrete Mathematics* **57** (1985), 105–121] 注意到的. 布兰科 · 格林鲍姆和杰弗里 · 谢泼德在《平铺与图案》(1987 年）中将待平移（但不进行旋转或镜像）的图块的基本位置称为“方面”.

267. RUSTY.（利 · 默瑟在 1960 年向马丁 · 加德纳提出了类似的问题.）

268. 就像正文中考虑的 3×20 的例子一样，我们可以构建一个包含 $12+60$ 项的精确覆盖问题，并为每个可能的位置提供选项. 分别给出康威命名法中的各个部分 (O, P, $\cdots$, Z) 的选项为 (52, 292, 232, 240, 232, 120, 146, 120, 120, 30, 232, 120)，因此总共有 1936 个选项.

为了减少对称性，我们可以坚持要求 X 出现在左上角. 这样一来它只贡献了 10 个选项，而不是 30 个. 但是，当 X 位于中间行的中间时，算法仍然会计算一些解两次. 为了防止出现这种情况，我们可以添加一个*副项*“s”：将“s”添加到对应于那些居中出现的 5 个选项中；还将“s”添加到对应于 Z 翻转的 60 个选项中.

如果没有这些改变，那么算法 X 将使用 10.04 Gμ 来找到 4040 个解；而通过这些改变，它只需 2.93 Gμ 来找到 1010 个解.

在五联骨牌问题中打破对称性的这种方法归功于达纳 · 斯科特 [Technical Report No. 1 (Princeton University Dept. of Electrical Engineering, 10 June 1958)]. 另一种打破对称性的方法是允许 X 出现在任何位置，但将 W 限制在其 30 个*未旋转*的位置. 这几乎同样有效：2.96 Gμ.

269. 有一种独特的方式将 P, Q, R, U, X 装入一个 5×5 正方形中，并将其他 7 块装入一个 5×7 矩形中（见下文）. 通过独立的反射和对正方形的旋转，我们得到了 1010 种方式中的 16 种. 还有一种独特的方式将 P, R, U 装入一个 5×3 矩形中，并将其他块装入一个 5×9 矩形中（由里斯 · 费尔贝恩于 1967 年注意到），又额外得到了 8 种方式. 此外，有一种独特的方式将 O, Q, T, W, Y, Z 装入一个 5×6 矩形中，另有两种方式通过双对装入其他块，总共又得到了 16 种方式.（这些成对的 5×6 模式显然是由朱尔斯 · 佩斯蒂奥首次注意到的，见习题 286 的答案.）最后，下一道习题中的装箱方式总共给我们提供了 264 个可分解的 5×12 矩形.

（与此类似，克里斯托弗尔 · 布坎普发现 S, V, T, Y 能以唯一方式被装入一个 4×5 矩形中，而其他 8 块能以 5 种方式被装入一个 4×10 矩形中，从而占 4×15 矩形的 368 种装箱方式中的 40 种. 见 *JRM* **3** (1970), 125.）

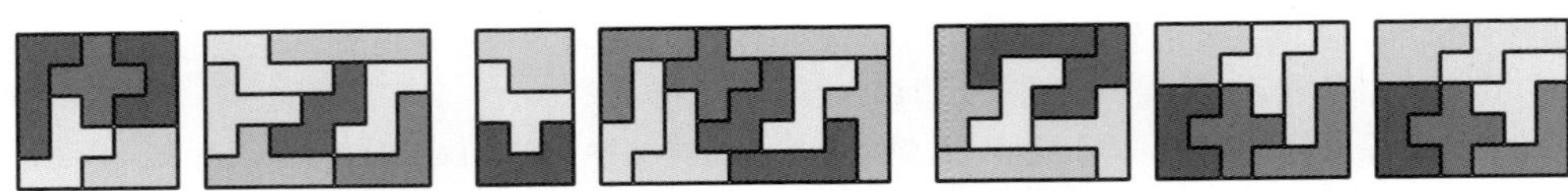

270. 没有减少对称性时，算法在 1.24 Gμ 内找到了 448 个解. 但我们可以将 X 限制在左上角，就像习题 268 的答案中那样，在中间行或中间列（但不是同时）居中时，用“s”标记其位置. 同样，将“s”附加到翻转的 Z 的后面. 最后，当 X 处于正中心时，我们附加另一个副项“c”，并将“c”附加到 W 的 90° 旋转位置. 在 0.35 Gμ 后，算法找到了 112 个解.

或者我们可以让 X 不受限制，但将 W 的位置数量减少到原来的 1/4. 这更容易做到（尽管不是那么明智），并且算法在 0.44 Gμ 内找到了这 112 个解.

顺带一提，实际上不存在任何 X 处于正中心的解.

271. 类似于习题 268 中的精确覆盖问题有 12 + 60 项和 (56, 304, 248, 256, 248, 128, 152, 128, 128, 32, 248, 128) 个选项. 没有减少对称性时，经过 16.42 Gμ 的计算后，算法找到了 9356 个解. 但是，如果我们坚持让 X 的中心位于左上象限，那么通过删除除 8 个位置之外的所有位置，我们只需 4.11 Gμ 就可以得到 2339 个解.（在这种情况下，限制 W 旋转的替代方案并不那么有效：5.56 Gμ.）这些解首先由科林 · 哈塞尔格罗夫和珍妮弗 · 哈塞尔格罗夫列举 [Eureka: *The Archimedeans' Journal* **23** (1960), 16–18].

272. (a) 显然，只有 $k = 5$ 是可行的. 所有这样的填充都可以通过删除跨越“切割线”的覆盖问题的所有选项来获得. 这样一来，最初的 2032 个选项剩下 1507 个. 算法经过 104 Mμ 的计算后得到 16 个解.（这 16 个解实际上就是我们在习题 269 的答案中已经看到的两个 5×6 分解.）

(b) 现在我们删除不接触边界的布局的 763 个选项，并在 100 Mμ 后仅获得以下两个解.（托尼 · 波茨首先注意到了这一结果，并于 1960 年 2 月 9 日将其发给了马丁 · 加德纳.）

(c) 通过 1237 个布局/选项，现在可以在 83 Mμ 之后找到唯一的解.

(d) 对于五联骨牌 (O, P, Q, $\cdots$, Z) 分别有 (0, 9, 3, 47, 16, 8, 3, 1, 30, 22, 5, 11) 个解.（I/O 五联骨牌可以通过其他五联骨牌以 11 种方式“框起来”，但所有这些排列都至少包含另一块内部五联骨牌.）

(e) 尽管可以用 7 块五联骨牌以多种方式覆盖所有边界单元格，但没有一种方法能形成整体解. 因此，最小值是 8；2339 个解中有 207 个实现了这一目标. 为了找到它们，我们不妨生成并验证所有 2339 个解.

(f) 这个问题存在歧义：如果我们愿意允许 X 在角落接触其他块，但不在边上接触，那么有 25 个解（其中 8 个恰好是问题 (a) 的解）. 在这些解中，X 也会接触到外边界.（阿瑟 · 克拉克的书的封面和扉页展示了 X 不接触边界的一种布局，但它并不能解决这个问题：使用戈龙布的块名称，X 与 I 接触于一条边，X 与 P 接触于一点.）还有两种布局，其中，X 的边仅接触 F、N、U 和边界，而不接触 V.

另外，如果我们只允许 F, N, U, V 接触 X 的角点，那么只有 6 个解，其中一个如下所示. X 接触到了短边，似乎最符合引文的描述. 这 6 个解可以在 47 Mμ 内找到，方法是引入 60 个副项，作为棋盘的一种“上层”：X 的所有位置占据了正常的 5 个下层单元格，再加上最多 16 个与它们相接触的上层单元格；F, N, U, V 的所有位置保持不变；其他 7 块的所有位置都占据了下层和上层. 这很好地阻止它们接触 X.

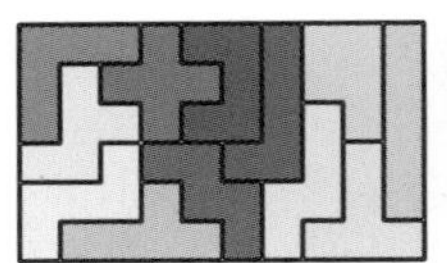 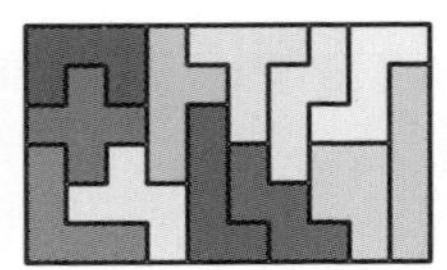 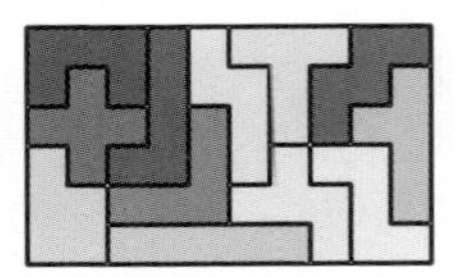 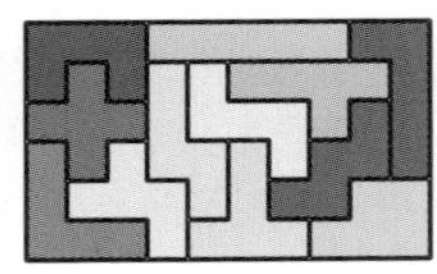

273. (a) 我们可以将它视为 12 个独立的精确覆盖问题，每次省略一块五联骨牌. 但更有趣的是同时考虑所有情况，通过以下方式给一块五联骨牌“免费通行证”：添加一个新的主项“#”，以及 12 个新选项“`# O`”“`# P`”……“`# Z`”. 60 项 ij 被降级为副项.

为了消除对称性，删除形状 V 的 3/4 选项；同时，将其新选项设为“`# V s`”，并在形状 W 的 3/4 选项中添加新副项“s”. 这样一共有 1194 个选项，涉及 13 个主项和 61 个副项.

如果算法 X 首先在 # 上分支，那么效果相当于单独运行 12 次. 搜索树有 79 亿个结点，运行时间为 16.8 万亿次内存访问. 但如果我们使用非敏锐偏好启发法（见习题 10 的答案），那么该算法能够通过做出几个子情况共有的决策来节省一些时间. 搜索树有 73 亿个结点，运行时间为 15.1 万亿次内存访问. 当然，两种方法都会给出相同的答案，而且值很大：118 034 464.

(b) 现在保持项 ij 为主项，但引入 60 个新副项 ij'. 有 60 个新选项 "$ij\ ij'\ (i{+}1)j'\ i(j{+}1)'\ (i{+}1)(j{+}1)'$"，其中，当 $i=2$ 或 $j=19$ 时，我们分别省略包含 $(i{+}1)$ 或 $(j{+}1)$ 的项. 该问题有 1254 个选项，涉及 73 个主项和 61 个副项. 搜索树（采用不推荐的 # 分支）约有 9.5 亿个结点；在大约 1.5 万亿次内存访问的计算后，算法找到了 4 527 002 个解.

一个相关但简单得多的问题是要求在每一列对 {1,2}, {5,6}, {9,a}, {d,e}, {h,i} 中恰好出现一个孔的情况下进行填充. 该问题有 1224 个选项、78 + 1 项、2000 万个结点. 算法需要 730 亿次内存访问来找到 23 642 个解，以下是其中一个解.

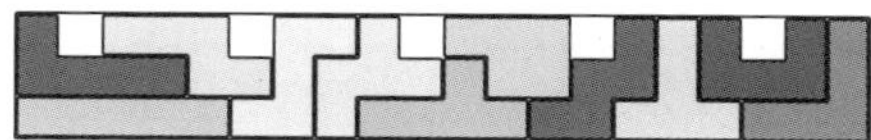 

(c) 采用 (a) 中的算法产生 1127 个选项、13 + 58 项、11.3 亿个结点、26 830 亿次内存访问，并有 22 237 个解（其中值得注意的一个解如上图所示）.

274. 将 X 限制在 5 个本质上不同的位置. 如果 X 在对角线上，那么还可以通过使用副项"s"来保持 Z 未翻转，就像习题 268 的答案中那样. 算法分别在 (20.3, 36.3, 28.0, 68.3, 35.2) Gμ 内发现了 (16 146, 24 600, 23 619, 60 608, 25 943) 个解.

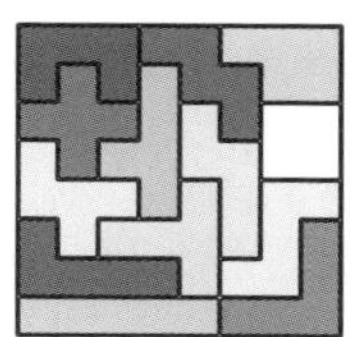 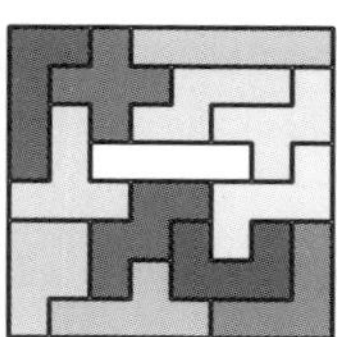 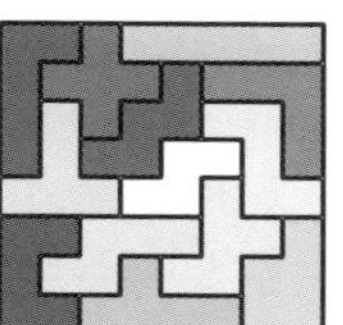  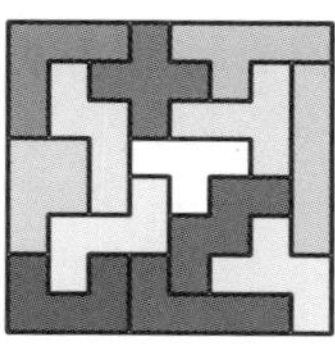

在每种情况下，四联骨牌可以放置在不直接切断一个或两个方块区域的任何位置.（这 12 块五联骨牌首次出现在亨利 · 迪德尼于 1907 年出版的 *The Canterbury Puzzles* 中. 他的谜题 #74，"破碎的棋盘"，呈现了上面显示的第一个解，其中，方块被分为黑白相间的格子. 如果进一步限制每块骨牌不能翻转，并具有奇偶性的条件，那么可以将解的数量减少到仅为 4，并且这些解可以在 120 Mμ 内找到.）

迈克尔 · 里德在 *JRM* **26** (1994), 153–154 中描述了*无法*用五联骨牌填充的包含 60 个元素的棋盘子集的特征.

已知最早的多联骨牌谜题出现在彼得 · 卡特尔的 *Verzeichniß von sämmtlichen Waaren* (Berlin, 1785), #11 中：4 块 Z 型五联骨牌和 4 块 L 型四联骨牌可以拼成一个 6 × 6 正方形.

275. 能，以 7 种本质上不同的方式. 为了消除对称性，我们可以使 O 竖直并将 X 放在右半部分.（五联骨牌共有 $6\times2+5\times3+4=31$ 个黑色方格，因此四联骨牌*必须*是 ⊤.）

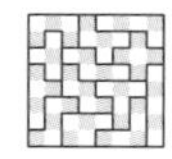

276. 这些形状无法被放置在一个矩形内. 但我们可以使用超砖来制作无限的条带 ⋯ ⋯. [见布兰科 · 格林鲍姆和杰弗里 · 谢泼德，*Tilings and Patterns* (1987), 508.] 我们还可以使用像这样的超砖来平铺平面，甚至使用广义环面，例如（见习题 7–137）. 那种超砖是由乔治 · 西歇尔曼在 2009 年用来制作四联骨牌壁纸的.

277. 这 2339 个解中包含 563 个满足"榻榻米"条件的解：没有 4 个图块会在任何一点相遇. 这 563 个解中的每一个都导致一个简单的 12 顶点图着色问题. 比如，7.2.2.2 节中的 SAT 方法通常最多需要 3000 次内存访问来决定每种情况.

我们发现恰好有 94 个解具有三色性，其中包括习题 272(b) 的第 2 个解. 以下是 3 个解，其中，W、X、Y、Z 都具有相同的颜色.

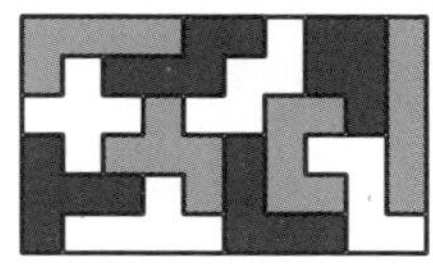 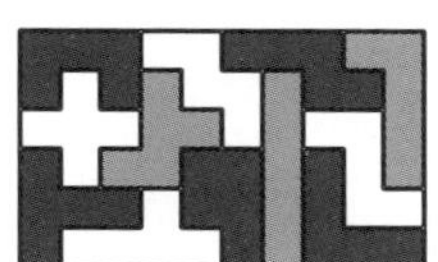 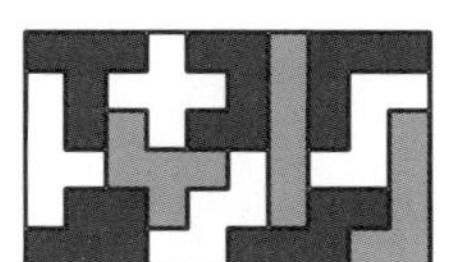

278. 习题 271 的答案中的 2339 个解将 X 限制在左上象限. 我们必须小心，不要包含可能将 X 交换出该区域的双对. 一种方法（见习题 212）是对项进行排序：首先放置 X，然后是其他块名称，最后是从 00 到 59 的名称. 所有涉及 X 的交换都会将其向上或向左移动.

现在，目录的 34 个双对导致了精确覆盖问题，其主项和选项与以前相同，但有 2804 个新的副项. 它们将解的数量限制为 1523 个，但运行时间增加到 4.26 Gμ.

[定理 S 的证明思想产生了一个有趣的有向无环图，它有 2339 个顶点和 937 条弧. 此外，它有 1528 个源顶点、1523 个汇顶点和 939 个孤立顶点（既是源顶点又是汇顶点）. 如果我们忽略弧的方向，则该图有 1499 个分量，其中最大的尺寸为 10. 该分量包含下面最左边的解，它属于 4 个双对. 还有两个尺寸为 8 的分量，它们具有 3 个不重叠的双对. 最右边的解属于尺寸为 6 的分量. 如果允许 X 向下移动，那么该分量的尺寸将增长到 8.]

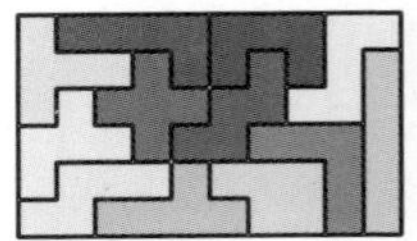 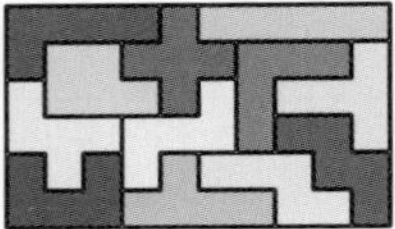 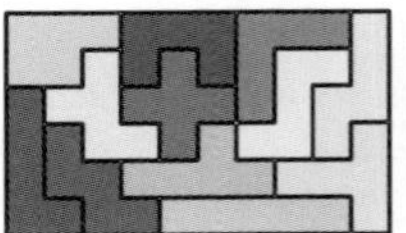 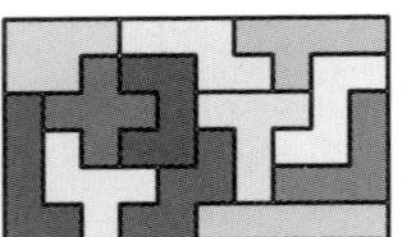

279. 也可以包裹两个大小为 $\sqrt{5}\times\sqrt{5}\times\sqrt{5}$ 的立方体，如弗兰斯 · 汉森所示，见 *Fairy Chess Review* **6** (1947–1948)，问题 7124 和问题 7591. 完整的讨论参见 *FGbook*, 685–689.

280. （注意，宽度 3 是不可能的，因为 V 的每种合法放置方式都需要宽度 4 或更大. ）我们可以用通常的方式为 4×19 矩形设置精确覆盖问题. 但是当 $0\leqslant x<4$ 且 $0\leqslant y<5$ 时，我们使单元格 $(x,y+15)$ 与 $(3-x,y)$ 相同，本质上是在图案开始环绕时进行半扭转. 有 60 种对称性，需要小心才能正确去除它们. 最简单的方法是将 X 固定在一个位置，而 W 最多旋转 90°.

这个精确覆盖问题有 850 个解，其中 502 个是合法的. 以下是 29 个具有强三色性的解中的一个，其末端连接之前和之后的情况如下所示.

 顶部： 底部：

281. 两个形状都具有 8 重对称性，因此我们可以通过将 X 放置在北偏西北象限内（仅举个例子），节省近 8 倍的计算量. 如果 X 因此落在对角线上，或者在中间列上，那么我们可以通过引入类似于习题 270 的答案中的副项“s”来要求 Z 不翻转. 此外，如果 X 出现在正中心——这仅对形状 (i) 可能——我们使用类似于该答案中的“c”来禁止 W 的任何旋转.

因此我们找到：(a) 10 种方法，用时 3.5 Gμ；(b) 7302 种方法，用时 353 Gμ. 举例如下：

, ; 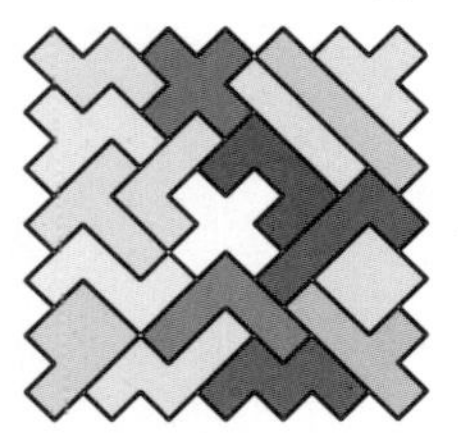.

事实证明，单联骨牌必须出现在角落或角落附近，如图所示. [1958 年，哈里 · 霍金斯告诉了马丁 · 加德纳形状 (i) 中带有单联骨牌在角落的第 1 个解. 另一类型的第 1 个解由詹姆斯 · 林登在 *Recreational Mathematics Magazine* #6 (December 1961), 22 中发表. 形状 (ii) 早就由格奥尔格 · 富伦多夫在 *The Problemist: Fairy Chess Supplement* **2**, 17 and 18 (April and June, 1936) 问题 2410 中引入并解决.]

282. 设置这样的精确覆盖问题很容易：接触多联骨牌的单元格是主项，而其他单元格是副项，并且选项仅限于包含至少一个主项的位置. 后处理可以去除包含孔的伪解. (a) 的典型答案是：

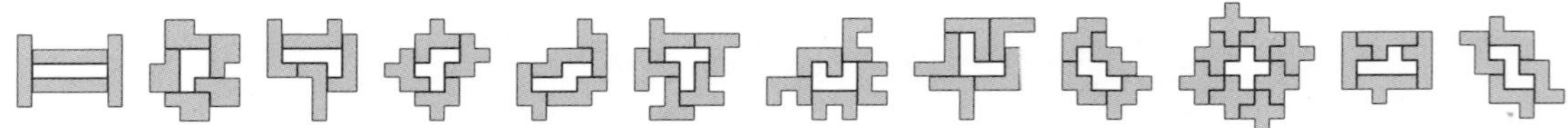

分别代表 (9, 2153, 37, 2, 17, 28, 18, 10, 9, 2, 4, 1) 个情形. (b) 的典型答案是:

分别代表 (16, 642, 1, 469, 551, 18, 24, 6, 4, 2, 162, 1) 个情形. 剔除 (0, 0, 16 387 236, 398 495, 2 503 512, 665, 600, 11 456, 0, 0, 449 139, 5379) 个有孔的情形后, 栅栏总数分别为 (3120, 1 015 033, 8 660 380, 284 697, 1 623 023, 486, 150, 2914, 15 707, 2, 456 676, 2074). [见 *MAA Focus* **36**, 3 (June/July 2016), 26; **36**, 4 (August/September 2016), 33.] 当然, 我们也可以使用其他形状为一种形状制作栅栏. 比如, 有一种用 12 个 P 来围住 Z 的巧妙方法, 还有只用 3 个副本来围住一块五联骨牌的唯一方法.

283. 习题 282(a) 的答案中的小栅栏已经满足这个条件——除了 X, 它没有榻榻米栅栏. 习题 282(b) 的答案中的 T 和 U 的大栅栏也不错. 但其他 9 个栅栏不能再那么大了.

(通过为每个内部点 ij 引入副项 $/ij$, 可以将榻榻米条件纳入精确覆盖问题. 将此项添加到每个在 ij 处具有凸角并占据东北方单元格或西南方单元格位置的选项中. 然而, 对于本习题, 最好在进行去除孔的后处理之前, 将榻榻米条件直接应用于每个普通解.)

284. 这个问题可以轻松地通过习题 19 中的"副项死亡"算法解决, 只需将 4 个指定的块名称作为仅有的主项. 对于 (a) 和 (b), 答案都是唯一的. [见马丁 · 加德纳, *Scientific American* **213**, 4 (October 1965), 96–102, 以了解关于更大棋盘上最小阻塞配置的戈龙布猜想.]

285. 本习题涉及 3×30、5×18、6×15、9×10 的矩形, 为精确覆盖问题提供了 4 个越来越困难的基准, 分别有 (46, 686 628, 2 567 183, 10 440 433) 个解. 对称性可以像习题 270 的答案中那样被打破. 3×30 的情况首次由珍妮弗 · 哈塞尔格罗夫解决; 9×10 的摆放方式首次由阿尔弗雷德 · 瓦塞尔曼和帕特里克 · 厄斯特高独立枚举. [见 *New Scientist* **12** (1962), 260–261; 另见琼 · 梅乌斯, *JRM* **6** (1973), 215–220 和 *FGbook*, 455, 468–469.] 为了找到它们, 算法 X 需要 (0.006, 5.234, 15.576, 63.386) 万亿次内存访问.

286. 现在, 仅当通过 180° 旋转相关时, 两个解才等效. 因此, 平均每个问题有 $2\times2339/64=73.093\,75$ 个解. 最小 (42) 和最大 (136) 的解计数出现在以下情形中.

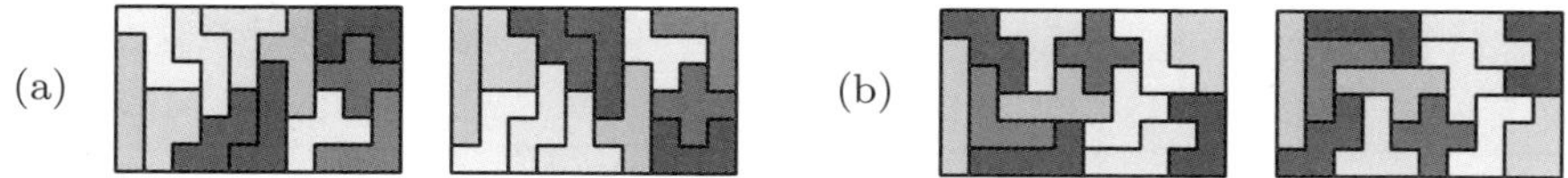

[朱尔斯 · 佩斯蒂奥在美国专利第 2900190 号 (1959 年, 1956 年提交) 中指出, 这 64 个问题将赋予他的五联骨牌谜题"无限的生命力和实用性".]

287. 定义 $c=(12,11,\cdots,1)$ 用于分配成本给每个选项的骨牌 $(\mathrm{O},\mathrm{P},\cdots,\mathrm{Z})$. 当已知每个选项包含一块骨牌和 5 个单元格时, 算法 X$^\$$ 分别在 (1.5, 3.4, 3.3, 2.9, 3.2, 1.4, 1.1) Gμ 内找到解.

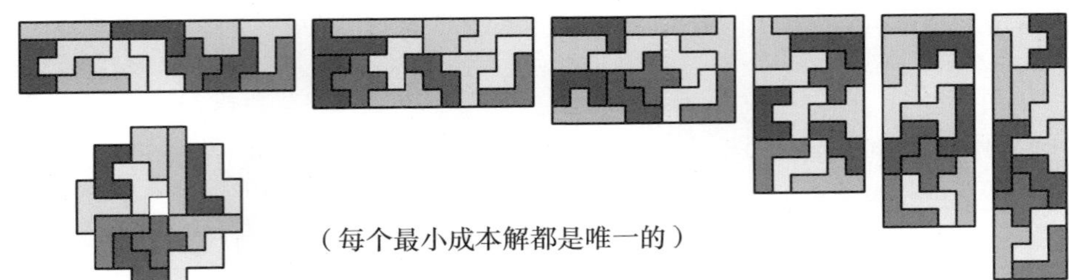

（每个最小成本解都是唯一的）

算法 X 相应的运行时间为 (3.7, 10.0, 16.4, 16.4, 10.0, 3.7, 2.0) Gμ.（然而，当应用算法 X 时，我们可以减少对称性，然后在找到解时计算 4 个或 8 个反射或旋转的值. 这通常会更快.）

288. 在有效地消除对称性后，算法 X 需要 63 Tμ 来遍历所有本质上不同的解. 然而，算法 X$^\$$ 更胜一筹，它分别在 28.9 Tμ 和 25.1 Tμ 的时间内发现了以下仅有的两个最优解.

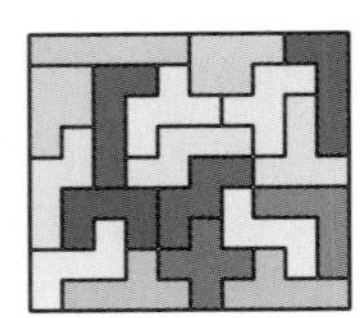 

289. (a) $8 \times 2422 \times 85 \times 263 \times 95 \times 224 \times 262 \times 226 \times 228 \times 96 \times 105 \times 174$ 个解之一如图 A–4 所示.（要防止相同形状的五联骨牌相互接触并不难.）

(b) 现在有 $1472 \times 5915 \times 596 \times 251 \times 542 \times 204 \times 170 \times 226 \times 228 \times 96 \times 651 \times 316$ 个解.

(c) 中线左侧的前 7 列只能通过使用所有的 72 个单元格形成 6 个含 12 个单元格的区域. 因此，该问题可以恰好分解为 10 个形式为 (i) 的独立问题. 该问题有 7712 个具有 6 个连通区域的解. 算法 X$^\$$ 需要一棵仅包含 622 个结点的搜索树来确定只有 11 个最小周长解，其中 3 个是对称的，最美观的解在 (ii) 中展示（而其中两个解，如 (iii)，最大化了总周长）.

(i) = 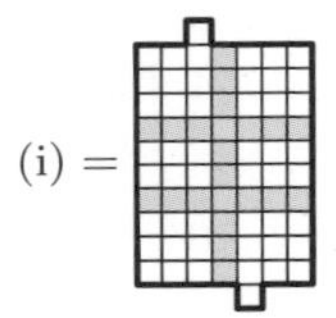　(ii) = 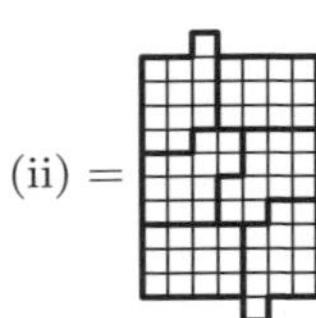　(iii) = 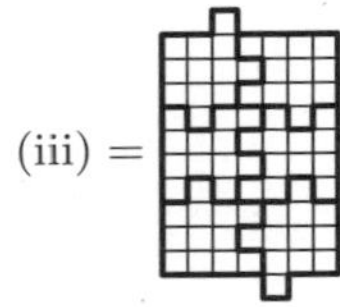

遗憾的是，基于 (ii)，(36) 不能扩展成含 720 个单元格的所需形状，因为放大的 Q 不能被填充. 但是 (36) 的另一种形式确实可以导致 $16 \times 2139 \times 6 \times 97 \times 259 \times 111 \times 44 \times 64 \times 79 \times 12 \times 17 \times 111$ 个解，其中之一如图 A–4 所示.

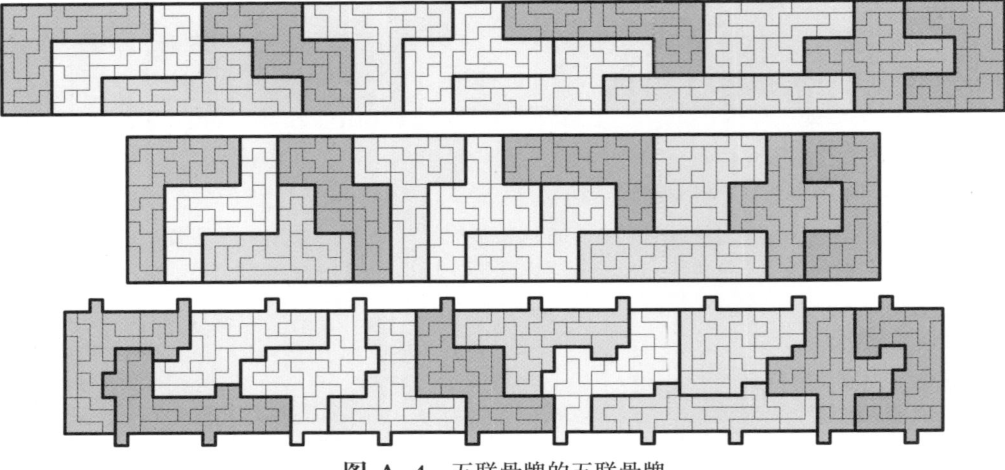

图 A–4　五联骨牌的五联骨牌

290. 无法填充 2×20 矩形；有 4×66 种方式填充 4×10 矩形；有 4×84 种方式填充 5×8 矩形. 没有一个解是对称的. [见理查德 · 肯尼思 · 盖伊，*Nabla* **7** (1960), 99–101.]

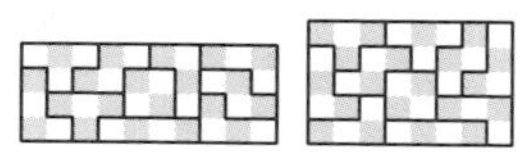

291. 1 月、4 月、9 月和 12 月的谜题是等价的，因此只需解决 $4 \times 31 = 124$ 个谜题，而不是 366 个. 220 个五联骨牌三元组中，只有 53 个不合适：首先排除所有包含 X 的 55 个，以及所有是 $\{O, R, S, W, Z\}$ 的子集的 10 个；然后恢复 $P\{O, Q, S, T, U, V, Y\}X$ 和 ORS, OSW, RSW；最后排除 RTZ 和 TWZ. 在剩下的 167 个三元组中，PQV 是最容易的：每个 PQV 谜题都至少有 1778 个解. 最难的是 QTX，平均每天只能有大约 33 个解.（这个谜题是由马塞尔 · 吉伦于 2018 年设计的，他在 2018 年国际拼图大会上使用五联骨牌 R, U, W 制作了这个谜题.）

292. 大多数六联骨牌在棋盘的任何“棋盘格”中会有 3 个黑色单元格和 3 个白色单元格，而其中 11 个（在图中显示为深灰色）将有二到四的分裂. 因此，黑色单元格的总数将始终是 94 到 116（含）的偶数. 但含 210 个单元格的矩形始终恰好包含 105 个黑色单元格. [见 *The Problemist: Fairy Chess Supplement* **2**, 9–10 (1934–1935), 92, 104–105；*Fairy Chess Review* **3**, 4–5 (1937)，问题 2622.]

相反，本杰明的三角形具有 $1 + 3 + 5 + \cdots + 19 = 10^2 = 100$ 个同奇偶单元格和 $\binom{21}{2} - 10^2 = 110$ 个异奇偶单元格. 它可以用 35 块六联骨牌以许多方式填充，可能不容易精确计数.

293. 习题 292 的答案中的奇偶性考虑因素告诉我们，这仅适用于“不平衡”的六联骨牌，例如所示的一个. 事实上，算法 X 很容易找到所有 11 个问题的解，数量多得难以计数. 以下是一个例子.

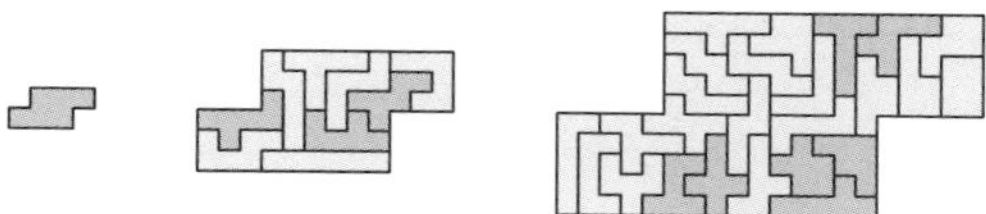

[见 *Fairy Chess Review* **6** (April 1947) through **7** (June 1949)，问题 7252, 7326, 7388, 7460, 7592, 7728, 7794, 7865, 7940, 7995, 8080. 另见类似的问题 7092.]

294. 每个城堡必须包含奇数块不平衡的六联骨牌（见习题 292 的答案）. 因此，我们可以首先找到能装入城堡的所有含 7 块六联骨牌的集合：这相当于解决 $\binom{11}{1} + \binom{11}{3} + \binom{11}{5} + \binom{11}{7} = 968$ 个精确覆盖问题，每种不平衡元素的潜在选择都有一个. 每一个这样的问题都相当简单. 24 块平衡的六联骨牌提供副项，而城堡单元格和选定的不平衡元素是主项. 通过这种方式，我们仅需要中等的计算量就获得了 39 411 个含 7 块六联骨牌的合适集合.

这给我们提供了另一个精确覆盖问题，涉及 35 项和 39 411 个选项. 这个次级问题实际上恰好有 1201 个解（在仅 115 Gμ 内找到），其中，每个解至少对应一个所需的整体填充方式. 以下是一个解：

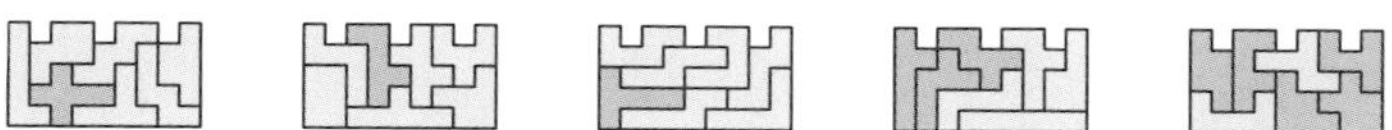

在这个例子中，最右侧城堡的两块六联骨牌可以竖直翻转；当然，每个城堡的所有内容都可以独立地水平翻转. 因此，从六联骨牌的这个特定划分中，我们得到了 64 种填充方式（通过排列城堡，也许能得到 $64 \times 5!$ 种），但其中只有两种是“真正”不同的. 考虑到重复，总共有 1803 种“真正”不同的填充方式.

[弗兰斯 · 汉森发现了第一种将六联骨牌包装成 5 个相等形状的方法，以 为容器，见 *Fairy Chess Review* **8** (1952–1953)，问题 9442. 他的容器能容纳 123 189 个含 7 块六联骨牌的集合，并且 9 298 602 个划分可被分为 5 组，而不仅是 1201. 容器 甚至可以进行更多的填充，其中有 202 289 个合适的集合和 3 767 481 163 个划分.]

1965 年，莫里斯 · 波瓦将所有六联骨牌装入 形状的容器中，使用 7 组，每组 5 个，见 *The Games and Puzzles Journal* **2** (1996), 206.

295. 根据习题 292，m 必须是奇数，并且小于 35. 弗兰斯 · 汉森在 *Fairy Chess Review* **7** (1950) 的问题 8556 中提出了这个问题. 他给出了 $m = 19$ 时的解：

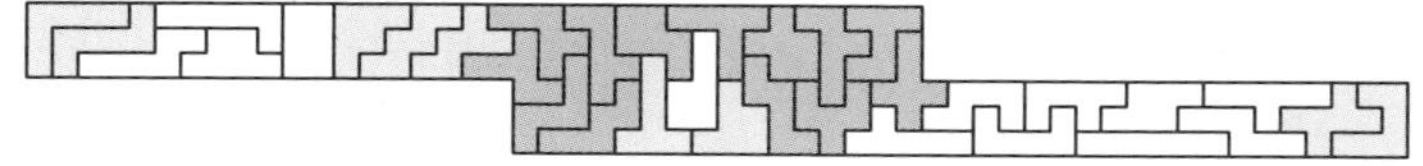

并且声称 19 是最大值，但没有提供证明. 上图中的 13 块深灰色六联骨牌不能放置在任何“臂”中，因此它们必须放在中心位置.（中灰色表示在“臂”中有奇偶性限制的骨牌.）因此我们不能有 $m \geqslant 25$.

当 $m = 23$ 时，有 39 种放置所有难填的六联骨牌的方式，举例如下：

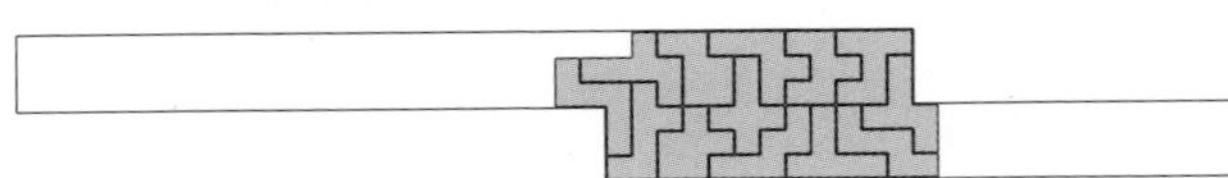

然而，这些都不能与其他 22 块一起完成，因此 $m \leqslant 21$.

当 $m = 21$ 时，可以以 791 792 种方式放置难填的六联骨牌，而不会产生大小不是 6 的倍数的区域，也不会产生多个与特定六联骨牌匹配的区域. 这 791 792 种方式有 69 507 个本质上不同的“足迹”，其中绝大多数足迹似乎是不可能填充的. 但是在 2016 年，乔治 · 西歇尔曼找到了以下非凡的填充方式：

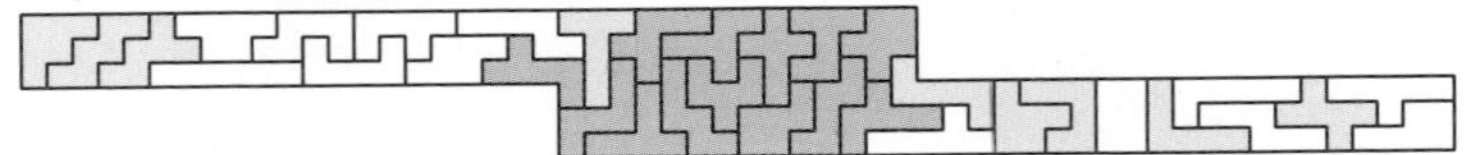

他不仅解决了 $m = 21$ 的问题，而且还通过简单的修改得到了 $m = 19, 17, 15, 11, 9, 7, 5, 3$ 时的解. 此外，西歇尔曼还找到了 $m = 13$ 和 $m = 1$ 时的解.

296. 斯特德的原始解给出了令人非常愉快的三色设计.

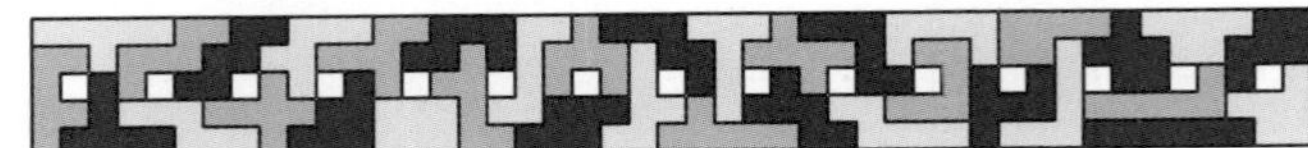

[见 *Fairy Chess Review* **9** (1954), 2–4；另见 *FGbook*, 659–662.]

这个问题最好通过动态规划技术（见 7.7 节）解决，而不是使用算法 X，因为许多子问题是等效的.

297. 是的，事实上有很多种方式，应该添加更多的条件. 托尔比恩最初的探索，即在一个正方形中留下一个六联骨牌形状的“孔”，结果是不可能的. 但有一个不错的替代方案：我们可以添加两块三联骨牌.

阿里 · 范德韦特林在 1991 年证明了恰好有 13 710 组六联骨牌（每组 6 块）能够放入一个正方形中. [见 *JRM* **23** (1991), 304–305.] 类似地，当补充两块占据两个黑色单元格的三联骨牌时，恰好有 34 527 组六联骨牌（每组 5 块）能够放入一个正方形中. 因此，我们面临着一个二次覆盖问题，它有 35 个主项和 48 237 个选项，正如习题 294 的答案所述. 该问题有 163 个解（可在 3 Tμ 内找到）.

另一个替代方案也是范德韦特林提出的，即对称放置 6 个空单元格. 他还能够添加一块单联骨牌和一块五联骨牌：与五联骨牌 (O, P, $\cdots$, Z) 相关的二次覆盖问题有 (94, 475, 1099, 0, 0, 2, 181, 522, 0, 0, 183, 0) 个解.

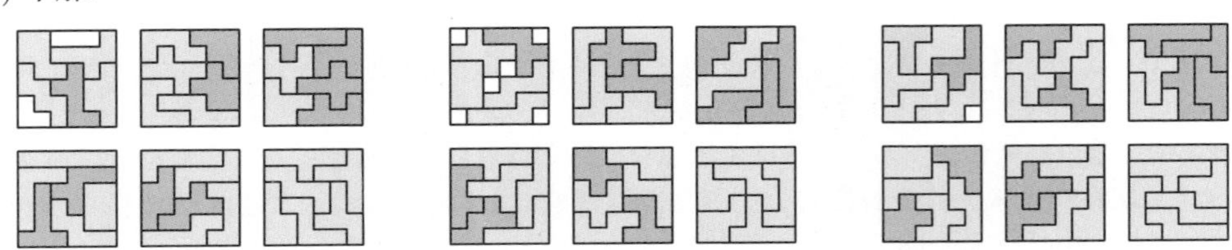

298. 如习题 266 所示，对于 $0 \leqslant x < 8$ 且 $0 \leqslant y < 10$，为五联骨牌在单元格 xy 中创建选项，同时对于 $1 \leqslant x < 7$ 且 $1 \leqslant y < 9$，为四联骨牌在单元格 xy 中创建选项. 在后一种选项中，还要包括在四联骨牌中的所有单元格 xy 的项 xy':0，以及所有与四联骨牌相邻的其他单元格 xy 的项 xy':1，其中，项 xy' 对于 $0 \leqslant x < 8$ 且 $0 \leqslant y < 10$ 是副项. 我们还可以假设五联骨牌 X 的中心位于左上角. 算法在进行了 1.5 Tμ 的计算后找到了 168 个解.（另一种使四联骨牌不相邻的方法是为网格的顶点引入副项. 然而，由于在习题 266 的旋转下，它们的行为不同，因此这些项更难实现.）

[赫伯特 · 本杰明等人在 *Fairy Chess Review* 中探索了在矩形中放置四联骨牌和五联骨牌的许多问题，这些探索早在其前身 *The Problemist: Fairy Chess Supplement* **2**, 16 (February 1936) 的问题 2171 中就已经开始了. 但这个问题似乎是新的，它受到了迈克尔 · 凯勒在 *World Game Review* **9** (1989), 3 中的 15×18 五联骨牌 + 六联骨牌的构造的启发. 另见彼得 · 托尔比恩在 *Cubism For Fun* **25**, part 1 (1990), 11 中对所有 n 联骨牌（其中 $1 \leqslant n \leqslant 6$）进行 13×23 填充的优雅解法.]

299. 彼得 · 托尔比恩和琼 · 梅乌斯 [*JRM* **32** (2003), 78–79] 展示了大小为 6×45、9×30、10×27、15×18 的矩形的解. 直觉告诉我们，对于这种情况，也应该有很多解. 但彼得 · 埃瑟令人惊讶地证明了，将 35 块六联骨牌放入 5×54 矩形时不会占据所有 114 个边界单元格. 事实上，在对这些块进行适当编号的情况下，它们最多可以单独占据 $(6, 5, 5, 4, 4, 4, 3, 3, 3, 3, 3, 3, 3, 2, 2, 2, 2, 2, 2, 2, 2, 1, 1, 5+x_{24}, 4+x_{25}, 4+x_{26}, 4+x_{27}, 3+x_{28}, 3+x_{29}, 3+x_{30}, 2+x_{31}, 2+x_{32}, 4+2x_{33}, 3+2x_{34}, 3+2x_{35})$ 个边界单元格，其中，仅当块 k 位于角落时，$x_k=1$. 由于只有 4 个角，因此我们最多可以占据 $6+5+\cdots+4+3+3+(1+2+2+2)=114$ 个边界单元格，但前提是 $x_{33}=x_{34}=x_{35}=1$. 遗憾的是，最后 3 块（▭, ▭, ▭）不能同时占据角落.

300. 按照通常的方式创建选项（见习题 266），但也包括 100 个新的选项“xy Rx Cy”，其中 $0\leqslant x,y<10$. 然后使用算法 M，为每个 Rx 和 Cy 分配重数 4. 通过将 X 限制在左上角并强制让 O 水平来消除对称性. (a) 下图展示了 31 个解之一（在 12 Gμ 内找到）. (b) 这种情况有 5347 个解（在 4.6 Tμ 内找到）. 如果我们还要求填充所有位于对角线上方的单元格，则解将变得唯一（见下文）. (c) 阿里 · 范德韦特林注意到，与其关注对角线，不如要求空白空间是对称的. 比如，有 1094 个解（在 19.2 Tμ 内找到）的空白空间在对角线上是对称的，其中 3 个（下面展示了一个）也相对接近（92%）于中心对称（在 180° 旋转下）.

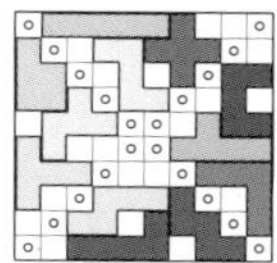 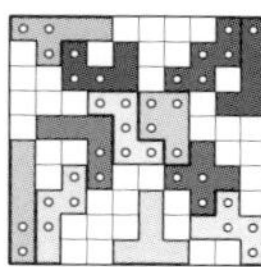 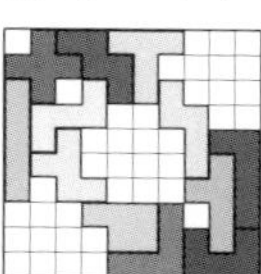 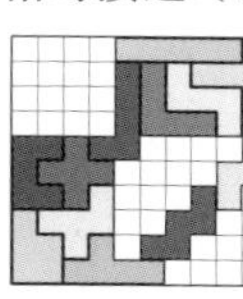 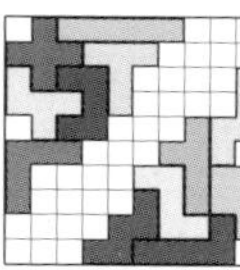 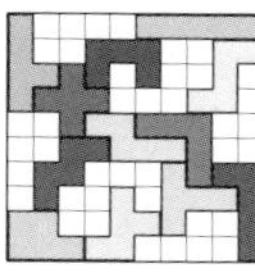

另外 3 个与上面的第 4 个例子类似，它们在角落留下一个 4×4 空位. 此外，还有 98 个解（在 3.2 Tμ 内找到）的空白空间具有 100% 的中心对称性，其中一个解在两块五联骨牌之间有一条大的“护城河”，另一个解有相连的五联骨牌，且具有尺寸至少为 6 的孔.

此外，范德韦特林报告说，他“偶然”发现了一个解，其 10×10 区域的 4 个 5×5 象限中的每一个都恰好包含 3 块五联骨牌. 事实上，我们很容易将这个额外条件添加到 MCC 公式中：我们省略了跨越象限边界的选项，将新项 Q_t 附加给第 t 象限中的每个选项，并为每个 Q_t 赋予重数 3. 事实证明，算法 M 在 23 Tμ 内找到了 1 124 352 个不等价的解.

但是，范德韦特林还发现了一类更有趣的解：他完全用各异的“幽灵”五联骨牌填满了所有空位.

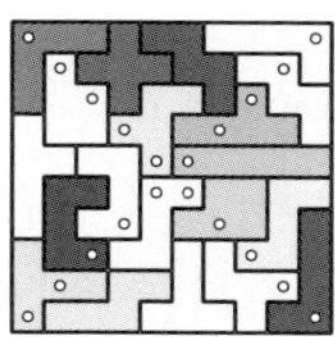  

为了获得这样引人注目的解，请使用主项 #xy, !xy, #Rx, #Cy，其中 $0\leqslant x,y<10$，以及 O, P, $\cdots$, Z；还请使用副项 xy 以及 O′, P′, $\cdots$, Z′. 项 #Rx 和 #Cy 的重数为 4. 为五联骨牌的每个位置指定两个选项，比如对于角落的 V，两个选项是“V !00 00:1 !01 01:1 !02 02:1 !10 10:1 !20 20:1”和“V′ !00 00:0 !01 01:0 !02 02:0 !10 10:0 !20 20:0”，后者代表在那个位置的“幽灵”. 对于 $0\leqslant x,y<10$，还指定 200 个额外选项，即“#xy #Rx #Cy xy:0”和“#xy xy:1”. 然后，采用非敏锐偏好启发法的算法 M 将做出明智选择. 令人惊奇的是，有 357 个解，通过有 320 亿个结点的搜索树在 322 万亿次内存访问后找到. 以上第 1 个解是 6 个解之一，它恰好覆盖每条主对角线的 6 个单元格，回答了阿德 · 托恩提出的问题. 第 2 个解是两个解之一，其中，T, U, V, W, X, Y, Z 这 7 块“被明确命名的五联骨牌”都是“幽灵”. 第 3 个解是关于 5×5 象限的两个解之一.（注意：埃里克 · 弗里德曼在 2007 年 5 月的“月度问题”中提出了一个类似的问题，但使用了相同的多联骨牌.）

301. (a) 当我们为单元项指定所需的重数时，算法 M 会生成 $4\times13\,330$ 个解. 举例来说，通过限制 `W` 仅使用其 1/4 个选项，我们可以消除反射对称性.

(b) 考虑由顶点 `O`, `P`, $\cdots$, `Z` 组成的冲突图，其定义是当它们出现在相同的单元格中时被声明为相邻. 我们可以在图上到达的层数不超过 d，当且仅当可以用不超过 d 种颜色对图进行着色. 对于给定的排列，其冲突图具有四团 {`Q`, `X`, `Y`, `Z`}. 因此，它不能被 3 种颜色着色.

(c, d) 像算法 7.2.2.2D 这样的 SAT 求解器能够迅速确定，对于 13 330 个不同解的冲突图中，恰好有 (587, 12 550, 193) 的色数分别为 (3, 4, 5). 下面的第 1 个例子可以唯一地使用 3 种颜色进行着色：`OVYZ|PRWX|QSTU`；第 2 个例子具有团 {Q, R, S, W, Y}.

OU	XY	UW	WZ	SZ
OUX	UXY	UXY	SWZ	SVW
OT	XY	RZ	SZ	VW
ORT	RTY	RTV	PSV	PQV
OT	QR	PQ	PQ	PQ

QY	QR	TU	TX	TU
RSY	QRY	RUX	UTX	UVX
SY	QW	RW	TX	VZ
SWY	QSW	PVZ	PVZ	PVZ
OW	OS	OZ	OP	OP

302. (a) 有 94 个（但其中 16 个有内部“孔”，不能在 (b) 中使用）.

(b) 这两个解通过旋转其中的 4 块而相关联.

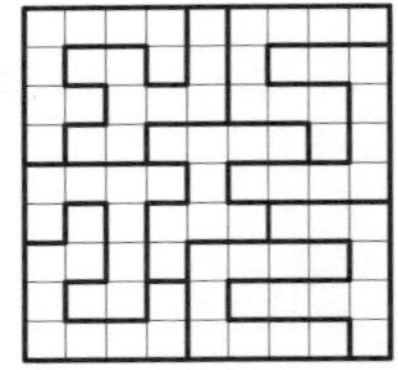

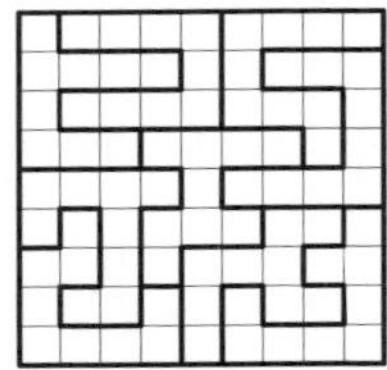

3	1	4	·	·	·	·	·	·
·	·	1	5	9	2	6	·	·
·	·	·	·	·	·	·	·	5
·	3	·	·	·	·	·	·	·
5	8	·	·	·	·	·	·	9
·	·	7	·	·	·	9	3	2
·	·	·	·	·	3	8	·	·
·	·	·	4	·	·	·	·	6
2	·	·	·	·	6	·	·	4

(c) 可以使用 16 个不同的锯齿数独图，其中第 1 个与上述示例中的 π 协同工作，其他可能也是如此. [附录 E 包含答案. 本习题由爱德华 · 蒂默曼斯提出，见 *Cubism For Fun* **85** (2011), 4–9.]

303. (a) 将树表示为嵌套括号的序列 $a_0a_1\cdots a_{2n-1}$. 这样一来，a_0 将与 a_{2n-1} 匹配. 相应平行四边形的左边界是通过将每个“(”映射为 N 或 E（具体取决于其后紧接着的是“(”还是“)”）来获得的. 类似地，右边界是通过将每个“)”映射为 N 或 E（具体取决于其前面紧接着的是“)”还是“(”）来获得的. 如果我们取 7.2.1.6–(1)并用额外的一对括号将其括起来，那么相应的平行四边形如 (d) 中所示.

(b) 级数 $wxy + w^2(xy^2 + x^2y) + w^3(xy^3 + 2x^2y^2 + x^3y) + \cdots$ 可以被写为 $wxyH(w, wx, wy)$，其中，$H(w, x, y) = 1/(1 - x - y - G(w, x, y))$ 生成对应于位置 x, y, G 的“原子”序列，并置的边界路径具有各自的形式 $^{\rm E}_{\rm E}$, $^{\rm N}_{\rm N}$ 或 $^{\rm N}_{\rm E}\langle$内部$\rangle^{\rm E}_{\rm N}$. 因此，通过相应边界点之间的对角线计算该区域的面积.（在 (a) 的例子中，面积为 $1 + 1 + 1 + 1 + 2 + 2 + 2 + 2 + 2 + 2 + 2 + 2 + 2 + 1 + 1$；有一个“外部”$G$，其 H 为 $yxyGy$，还有一个“内部”G，其 H 为 $xyyxyxxy$.）因此，我们可以将 G 写成一个连分数：

$$G(w, x, y) = wxy/(1 - wx - wy - w^3xy/(1 - w^2x - w^2y - w^5xy/(\cdots))).$$

（另一种完全不同的形式也是可能的，即 $G(w, x, y) = x\frac{J_1(w,x,y)}{J_0(w,x,y)}$，其中，

$$J_0(w, x, y) = \sum_{n=0}^{\infty} \frac{(-1)^n y^n w^{n(n+1)/2}}{(1 - w)(1 - w^2)\cdots(1 - w^n)(1 - xw)(1 - xw^2)\cdots(1 - xw^n)};$$

$$J_1(w, x, y) = \sum_{n=1}^{\infty} \frac{(-1)^{n-1} y^n w^{n(n+1)/2}}{(1 - w)(1 - w^2)\cdots(1 - w^{n-1})(1 - xw)(1 - xw^2)\cdots(1 - xw^n)}.$$

这种形式是通过水平切片导出的，它掩盖了 x 和 y 之间的对称性.）

(c) 令 $G(w, z) = G(w, z, z)$. 我们想要 $[z^n]\,G'(1, z)$，其中，微分是针对第 1 个参数的. 由 (b) 中的公式可知 $G(1, z) = z(C(z) - 1)$，其中，$C(z) = (1 - \sqrt{1-4z})/(2z)$ 生成卡塔兰数. 偏导数 $\partial/\partial w$ 和 $\partial/\partial z$ 则给出 $G'(1, z) = z^2/(1-4z)$ 和 $G_{,}(1, z) = 1/\sqrt{1-4z} - 1$.

(d) 这个问题有 4 种对称性，因为我们可以关于任意对角线进行反射. 当 $n = 5$ 时，算法 X 找到了 801×4 个解，其中有 129×4 个满足榻榻米条件，而 16×4 个具有强三色性.（在这种情况下，可以通过副项轻松执行榻榻米条件，因为我们只需要规定一个平行骨牌的右上角不与另一个的左下角匹配.）当 $n = 6$ 时，有大量的解. 所有的树形结构/平行骨牌都以一种吸引人的紧凑图案一起呈现.

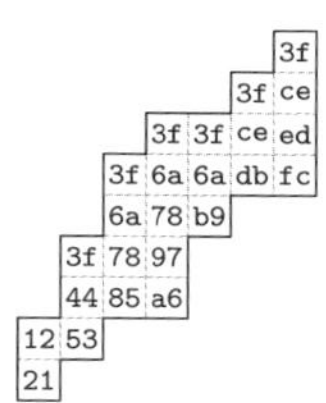

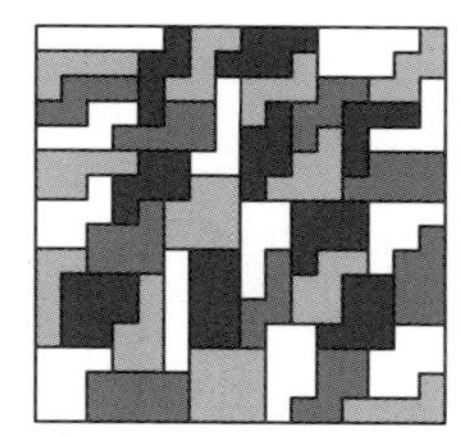

[参考文献：杰克 · 莱文，*Scripta Mathematica* **24** (1959), 335–338；戴维 · 克拉尔纳和罗纳德 · 林恩 · 李维斯特，*Discrete Math.* **8** (1974), 31–40；爱德华 · 本德，*Discrete Math.* **8** (1974), 219–226；伊恩 · 古尔登和戴维 · 杰克逊，*Combinatorial Enumeration* (New York: Wiley, 1983)，习题 5.5.2；马里-皮埃尔 · 德莱斯特和热拉尔 · 维耶诺，*Theoretical Comp. Sci.* **34** (1984), 169–206；温文杜、路易斯 · 夏皮罗和道格拉斯 · 罗杰斯，*AMM* **104** (1997), 926–931；菲利普 · 弗拉若莱和罗伯特 · 塞奇威克，*Analytic Combinatorics* (2009), 660–662.]

304. 埃里克 · 德迈纳和马丁 · 德迈纳在 *Graphs and Combinatorics* **23** (2007), Supplement, 195–208 中证明了一些其他相关问题的 NP 完全性，比如将给定大小 $\{1\times x_1,\cdots,1\times x_n\}$ 的箱子精确地装入给定的矩形中.

305. "偶数/奇数坐标"方案（见习题 133 的答案和习题 145）非常有效地表示风车多米诺骨牌占据的空间：通过有序对 $(2i+1)(2j+1)$ 对第 i 行第 j 列的大正方形进行编码；通过它们之间的中点对重叠两个相邻大正方形的小倾斜正方形进行编码. 比如，15 是第 0 行第 2 列的大正方形；25 是小倾斜正方形，其顶部和底部分别是 15 和 35 的底部和顶部的 1/4. 大正方形的面积为 4；小倾斜正方形的面积为 2；每个正方形的编码指定了其中心点的坐标. 在 $m\times n$ 矩形框中，相关的坐标 xy 满足 $0<x<2n$ 且 $0<y<2m$，其中，x 和 y 是不同时为偶数的整数.

因此，最左边的风车多米诺骨牌的可能位置是 $\{13,15,12,23\}+(2k,2l)$、$\{33,53,23,32\}+(2k,2l)$、$\{33,31,34,23\}+(2k,2l)$ 或 $\{31,11,41,32\}+(2k,2l)$，其中，k 和 l 是非负整数.

(a) 两种情况：我们可以使用 5×5 盒子，并要求每个选项的小正方形是 {34,45}、{47,56}、{76,65} 或 {63,54}；或者使用 6×6 盒子，并且这些小正方形的坐标偏移 11. 如果我们将最左边的部分称为"0"，则它的 5×5 选项是"0 35 37 34 45""0 57 77 47 56""0 53 33 63 54""0 75 73 76 65". 5×5 问题有 4×183 个解，分为 4 组，通过 90° 旋转相关；同理，6×6 问题有 4×209 个解. 反射给出另外 $4\times 183+4\times 209$ 个解. 有 $8+5$ 类等价解，其中一些如下所示. 它们的大正方形形成对称形状，其中，最后两个看起来相同，但使用了不同的块.

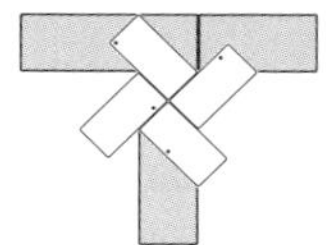 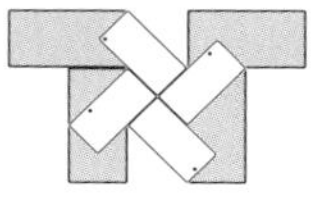 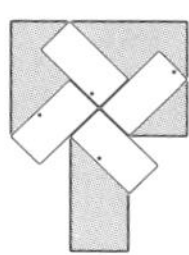 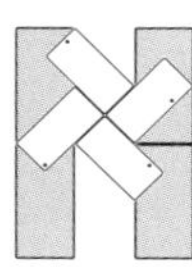 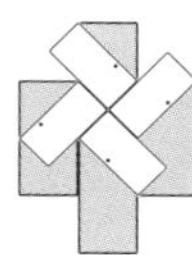 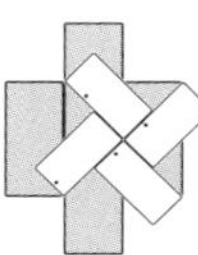 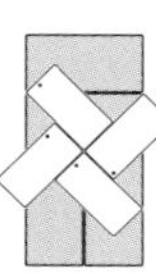 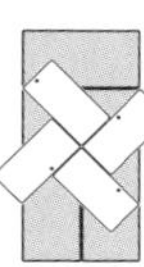

(b) 算法 X 快速找到了 $501\,484=2\times 4+4\times 125\,369$ 个解，其中包括 4 个反射对称类和 125 369 个非对称类. 以下展示了对称类之一和 164 个非对称类之一，其小正方形至少形成对称形状.

(c) 这 $288=2\times 4+4\times 70$ 个解包括 4 个对称类（如图所示）和 70 个没有对称性的解.

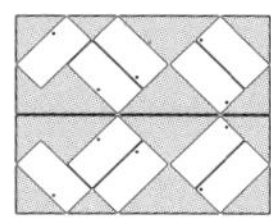 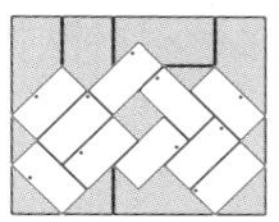 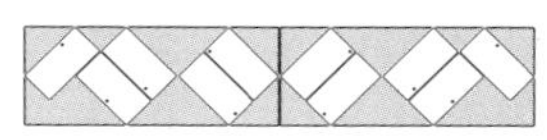

(d) 我们可以将这个问题设置为一个 7×7 问题，其中，小正方形形成一个矩形，其角点为 {47,74,8b,b8}. 它有 2×2696 个解，全部都是非对称的，其中有 2×95 个适合放在一个 5×5 的框内，而 2×3 个有形成对称形状的大正方形.

(e) 现在有两种可能性：我们可能有一个 8×8 的框，其中，小正方形位于矩形内，其角点为 {34,43,cd,dc}；或者我们可能有一个 9×9 的框，其中，小正方形被限制在矩形 {45,54,de,ed} 内. 第 1 种情况有 $69\,120=2\times 4+4\times 17\,278$ 个解，其中 4 个具有反射对称性；而第 2 种情况有惊人的 $157\,398=2\times 75+4\times 39\,312$ 个解，其中有 75 个类别在镜像下保持不变. 两种类型的对称解如下所示.

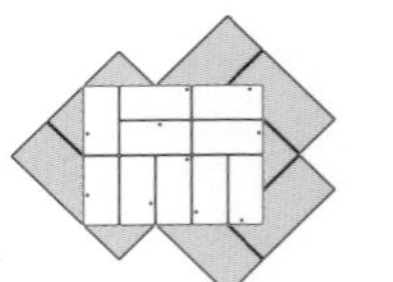 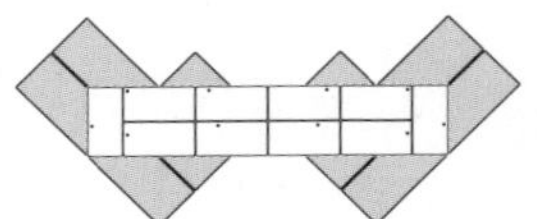 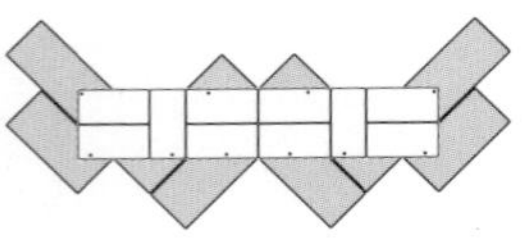

306. 引入项 0~9 以及 xy，就像上一道习题的答案中那样，同时引入 pxy 和 #xy. 再次强调，x 和 y 不同时为偶数. 但现在我们将范围扩展到 $0 \leqslant x \leqslant 2n$ 且 $0 \leqslant y \leqslant 2m$，允许小方块跨越边界. 这里的 p$xy$ 和 #xy 是主项，而 xy 是副项. 第 1 种类型的选项，如"0 p35 35:1 p37 37:1 p34 34:1 p45 45:1"，指定了一块的位置. 第 2 种类型的选项，"pxy xy:0"，允许方块 xy 为空. 第 3 种类型的选项强制执行大方块的蛇形条件. 这种类型的选项要么是"#xy xy:0"，要么是"#xy xy:1 $(x{-}2)y$:a $(x{+}2)y$:b $x(y{-}2)$:c $x(y{+}2)$:d"，其中，a, b, c, d 是满足 $a+b+c+d=2$ 的二元变量，且 x 和 y 均为奇数. 第 4 种类型的选项强制执行小方块的蛇形条件. 这种类型的选项要么是"#xy xy:0"，要么是"#xy xy:1 $(x{-}1)(y{-}1)$:a $(x{-}1)(y{+}1)$:b $(x{+}1)(y{-}1)$:c $(x{+}1)(y{+}1)$:d"，其中，$x+y$ 为奇数. 应该使用非敏锐偏好分支（见习题 10）.

遗憾的是，这些选项产生了大量包含 4 循环的伪解. 通过使用算法 M 并引入一个新的主项 #$x'y'$，其重数为 $[0\,..\,3]$，可以排除大方块以给定的 $x'y'$ 为中点的 4 循环.（注意，x' 和 y' 都是偶数.）将这个主项附加到以"#xy xy:1"开头的类型 3 的每个选项中，其中，xy 是接触点 $x'y'$ 的 4 个方块之一. 同理，可以通过引入新的主项 #xy! 来消除小方块的 4 循环，其中，$x+y$ 为偶数.

每个包含 20 个大方块的蛇形循环都可以适应大小为 3×9、4×8、5×7 或 6×6 的盒子. 算法 M 分别在这 4 种情况下找到了 $(0, 0, 4\times10, 8\times10)$ 个解，但其中 $(0, 0, 4\times1, 8\times8)$ 个解是伪解，因为它们的小正方形形成不相交的循环，而不是单个 20 循环. 因此，有 11 个本质上不同的解. 下面显示了 4 个示例. [中间的两个示例显示两个大方块在一个角接触. 蛇形循环的定义允许这种情况发生，但是这 11 个解中有 5 个没有这种"缺陷". 见 *Cubism For Fun* **41** (October 1996), 30–32.]

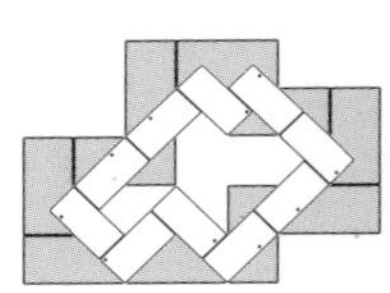 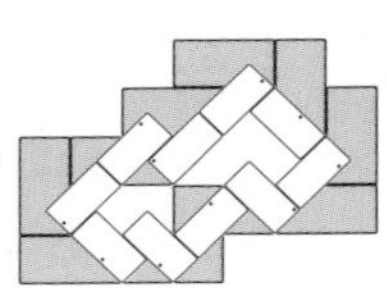 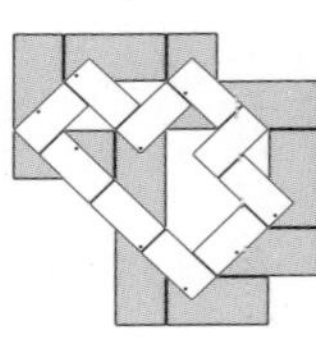 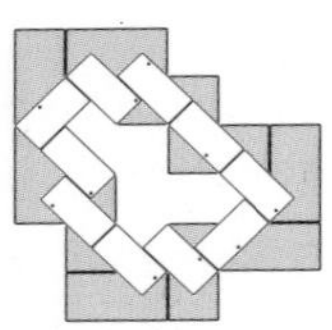

307. 通过使用余数 $(i-j) \bmod 3$ 和 $(i+j) \bmod 3$ 的方法进行"分解"，我们可以看到多米诺骨牌必须放入相邻的单元格中，其中，$(i-j) \bmod 3 \neq 1$ 且 $(i+j) \bmod 3 \neq 2$. 这意味着答案要么是 $\{(3i,3j),(3i,3j+1)\}$，要么是 $\{(3i+1,3j+2),(3i+2,3j+2)\}$. 反之，将多米诺骨牌放入这些单元格对中的任何一个后，我们很容易插入直型三联骨牌.

308. (a) 现在，每个形状都有形式为 (x,y) 和 $(x,y)'$ 的整数对. 一种基本变换，即 60° 旋转，使得 $(x,y) \mapsto (x+y,-x)'$ 且 $(x,y)' \mapsto (x+y+1,-x)$；然后，应该调整形状中的三角形，以使所有坐标都是非负的，并且尽可能小. 另一种基本变换是反射，它直接使得 $(x,y) \mapsto (y,x)$ 且 $(x,y)' \mapsto (y,x)'$.

为方便起见，让我们用 xy 来表示 (x,y). 一个三菱形是大小为 2 的三角形. 它有两种基本放置方式，即 $\{00,01,10,00'\}$ 和 $\{01',10',11',11\}$. 另一个三菱形是"直的"，即 $\{00,00',10,10'\}$，它有 6 种基本放置方式（其中 3 种，比如 $\{00,00',01,01'\}$，涉及反射. 因此，该三菱形有两个单侧版本）. 剩下的三菱形是"弯曲的"，即 $\{00',01,10,10'\}$，也就是一个六边形减去一个菱形. 它的 6 种基本放置方式都是通过旋转获得的.

(b) 有 4 个凸二十菱形，它们在习题 143 的表示法中被参数化为 $(6,4,0,0)$、$(10,10,1,0)$、$(4,2,1,0)$、$(5,5,2,0)$. 但是只有 $(4,2,1,0)$ 可以用 4 个五菱形来填充——实际上有两种方式，相差一个双对.

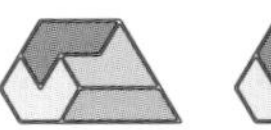  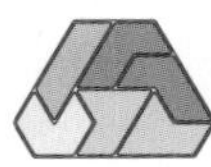  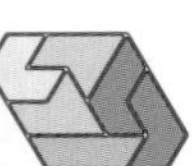

(c) 凸三十菱形 $(15,15,1,0)$ 和 $(7,7,1,1)$ 无法填充. 但 $(4,2,1,1)$、$(5,5,3,0)$、$(3,3,3,1)$ 分别有 23 个、7 个、8 个解.

309. (a) (A, $\cdots$, L) 分别有 (6, 3, 6, 1, 6, 6, 12, 12, 6, 12, 12, 12) 种放置方式.

[这些六联三角形还被赋予了形象的名称：A＝ 龙虾（或心形）；B＝ 蝴蝶（或线轴）；C＝ 人字形（或蝙蝠）；D＝ 六边形；E＝ 皇冠（或小船）；F＝ 蛇形（或波浪）；G＝ 钩子（或鞋子）；H＝ 路标（或手枪、飞机）；I＝ 棒形（或长菱形）；J＝ 钩形（或高尔夫球杆、勺子）；K＝ 游艇（或阶梯）；L＝ 狮身人面像（或漏斗）.]

(b) 六联三角形 K 和 L 很特殊，因为它们包含 4 个三角形（Δ 或 ∇）和两个另一种三角形（∇ 或 Δ）. 其他六联三角形是平衡的，每种都有 3 个.

根据习题 143，有 11 个凸多边形是七十二菱形，其中，$(36,36,1,0)$、$(19,17,0,0)$、$(18,18,2,0)$ 和 $(12,12,3,0)$ 这 4 个高度小于 4 的多边形是无解的. $(9,3,0,0)$ 也是无解的，因为其高度不平衡，高度差为 6. 其他 6 个是可解的，如下所示.

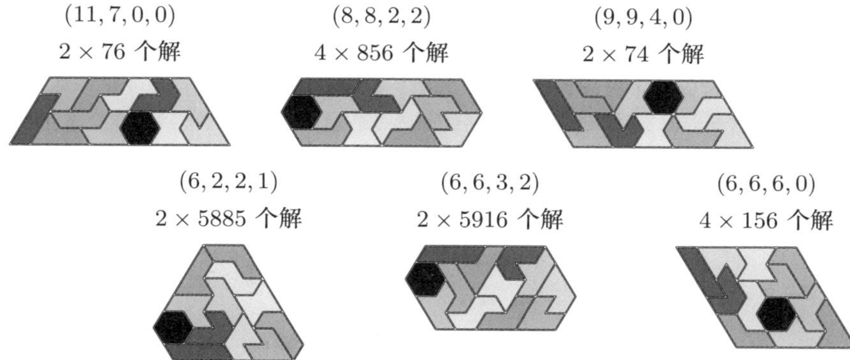

形状 $(6,2,2,1)$ 的高度差为 4. 因此，我们可以将 K 和 L 限制在其原先适合位置的大约一半位置上. 由此，查找所有解（不考虑对称性）的运行时间从 16.8 Gμ 减少到 13.5 Gμ. 奇偶性理论在这里起到了帮助作用，但作用并没有预期的那么大.

单侧六联三角形（包括 F 到 L 的“翻转”版本，总共 19 个）怎么样呢？有 6 个凸多边形，由 $6 \times 19 = 114$ 个三角形组成. 高度较小的块 $(57,57,1,0)$、$(28,28,1,1)$、$(19,19,3,0)$ 是无解的. 形状 $(13,9,1,0)$ 有 1 687 429 个解（由算法 X 在 11 Tμ 内找到）. 形状 $(8,8,3,3)$ 有 4 790 046 个解（在 103 Tμ 内找到）. 形状 $(9,5,2,1)$ 有 17 244 919 个解（在 98 Tμ 内找到）.

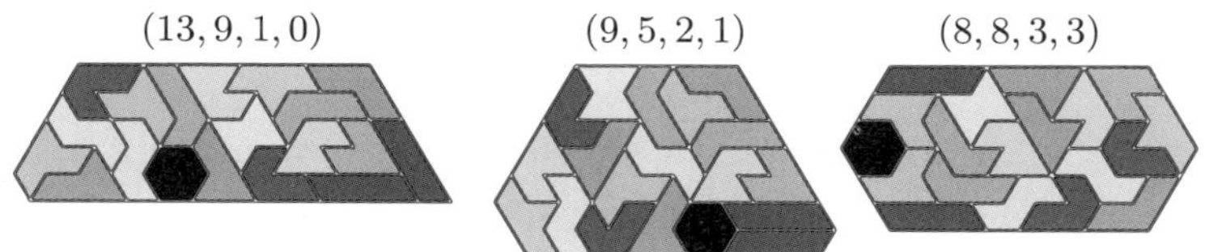

历史注记：托马斯 · 斯克鲁钦在美国专利第 895114 号（1908 年）中描述了一个早期的谜题，基于将大小为 3 ～ 7 的多菱形组装成一个大的等边三角形. 完整的六联三角形集合可能是由查尔斯 · 刘易斯首次发现的，他在 1958 年 4 月向 *American Mathematical Monthly* 提交了一篇关于它们的论文. 他的论文被认为不值得发表，但一份副本保存在马丁 · 加德纳的档案中，刘易斯曾向加德纳发送过一份预印本.（刘易斯受到了加德纳在 1957 年 12 月关于多联骨牌的阐述的启发.）刘易斯将他的图块命名为*六联形*，并表示它们属于“多联形”家族. 该家族始于 1 个单联形、1 个双联形、1 个三联形、3 个四联形和 4 个五联形. 他了解奇偶性规则，并展示了一种将所有 12 个六联形装入 6×6 菱形的方式.

其他人在几年后独立提出了类似的想法. 托马斯 · 奥贝恩首先在 1960 年给理查德 · 肯尼思 · 盖伊的信件中，然后在 *New Scientist* [**12** (1961), 261, 316–317, 379, 706–707] 受欢迎的每周专栏中首次创造了“多菱形”和“六联三角形”这两个名词，让语言纯粹主义者倍感失望. 他提出了一个引人入胜的问题，即如何将单侧六联三角形装入由 19 个六边形（12 个在外围、6 个在中间、1 个在中心）组成的花瓣形状中，详情见 *FGbook* 第 452 ～ 455 页. 马丁 · 加德纳在 *Scientific American* **211**, 6 (December 1964), 123–130 中写到了这个主题. 六联三角形很快就在日本、德国、美国以及其他地方以愉悦人心的拼图形式销售. 24 个七菱形也有很多爱好者，但它们超出了本书的范围.

关于六联三角形的最早论文主要考虑了如平行四边形之类的标准形状，或者明显非凸的形状．上面的多边形 $(6,2,2,1)$，即“尿布”，可能首次出现在苏联杂志 *Nauka i Zhizn'* #6 (1969), 146 和 #7 (1969), 101 上的问题 130 中．迈克尔 · 比勒在 HAKMEM (M.I.T. A.I. Laboratory, 1972), Hack 112 中列举了它的解法．多边形 $(6,6,3,2)$ 似乎尚未在印刷品中出现，尽管它比其他形状有更多的解法．

310. 容器容纳了 $4m+2$ 个三角形．当 $m=18$ 时不可行，因此我们需要至少 6 个空单元格．作者喜欢的方式是将它们限制为互相分开的“齿”．

311. 针对 N 必须至少为 190，赫尔穆特 · 波斯特尔找到了一个漂亮的证明：用包含一个六边形的七菱形替换六联三角形 A, G, K．这样得到的 12 块包含 75 个三角形．通过在所有边缘附加四分之一大小的三角形来扩大它们．这样做增加了 91 个梯形和 163 个四分之一三角形．后者必须至少占据 $91+(163-91)/3=115$ 个三角形，因为我们无法在不使用梯形的情况下填充一个三角形．

习题 7–137 解释了如何获得由 95 个菱形组成的许多广义环面．因此，我们可以通过选择 $(a,b,c,d)=(11,-4,-1,9)$ 来使重复的图案尽可能成为正方形，就像下面的解一样．令人惊讶的是，这样的排列方式有 321 530 种，每一种都代表着当七菱形变回 $\{A,G,K\}$ 时的 24 个解．所展示的例子是仅有的 1768 个解之一，其中 3 个“女性”吸引了 3 个相邻的“男性”．

［五联骨牌壁纸的最小区域有 143 个单元格．见阿德里亚努斯 · 托恩和阿里 · 范德韦特林，*Facets of Pentominoes* (2018), 95．］

312. 阿德里安 · 斯特鲁伊克用六联三角形包裹八面体，并于 1964 年向马丁 · 加德纳展示．沃尔特 · 斯特德于 1970 年提出了一个有吸引力的解（未出版），如下所示：

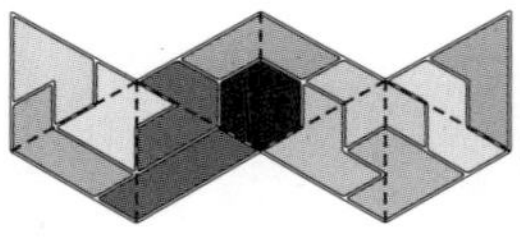

它不使任何一块在超过两处弯曲．（顺带一提，泰吉 · 诺滕布姆在 1967 年展示了如何用 4 个五菱形包裹二十面体．）

313. (A, ⋯, L) 的旋转版本分别可以用 $(13, 2\times 2, 10, 6\times 55, 19, 2\times 10, 9, 10, 2\times 10, 18, 6, 20)$ 种方式装箱．但是，如果旋转方向翻转，那么单侧的块会导致不同的形状，(F, G, ⋯, L) 的相应计数变为 $(2\times 6, 7, 8, 2\times 0, 25, 7, 8)$．以下是将习题 310 的答案中的图案放大 $\sqrt{12}$ 倍后的结果．

［本习题中的旋涡是 n 旋涡中 $n=3$ 时的情形．当 $n\geqslant 2$ 时，n 旋涡具有 n^2+3 个三角形．1936 年，毛里茨 · 埃舍尔访问了阿尔罕布拉宫，并看到了与旋涡密铺相关的图案．受到启发，他随后进一步发展了这个图案，见 *The World of M. C. Escher* (1971), plates 84 and 199．］

314. 为了用两对多菱形（或多联骨牌等）$\{a,b\}$ 和 $\{c,d\}$ 制作相同的形状，选择一个由 n 个单元格组成的区域 A，使得它适合任何解. 使用 4 个主项 $\{a,b,c,d\}$ 和 $6n$ 个副项 0α, 1α, $a\alpha$, $b\alpha$, $c\alpha$, $d\alpha$，其中，α 代表每个单元格. 对于 A 中的每种放置方式"$a\ \alpha_1 \cdots \alpha_s$"，以及 2^s 个序列 $q_1 \cdots q_s$（其中 $q_k \in \{c,d\}$）中的每一个，创建选项"$a\ 0\alpha_1\ q_1\alpha_1 \cdots 0\alpha_s\ q_s\alpha_s\ a\beta_1 \cdots a\beta_{n-s}$"，其中 $\{\beta_1,\cdots,\beta_{n-s}\} = A\setminus\{\alpha_1,\cdots,\alpha_s\}$. 还为 b, c, d 的每种放置方式创建类似的选项，将 $(0,a,c,d)$ 的角色分别替换为 $(0,b,c,d)$、$(1,c,a,b)$、$(1,d,a,b)$.

选择 $\{a,b,c,d\}$ 中的一个（如果可能的话选择单侧的），并将其限制在单一位置上. 对于五菱形问题，作者选择了包含一个四面体的块 a，并将其放置在一个七十菱形 A 的中心. 取决于将哪块称作块 b，有 3 种情况，它们产生 3 个巨大的精确覆盖问题，每个问题有 15 300 个长度为 76 的选项（因此总长度约为 120 万）. 然而，算法 X 在最多 1.5 Gμ 的时间内解决了每个问题，其中包括用 0.3 Gμ 的时间来加载数据.

正如西歇尔曼观察到的那样，答案是唯一的. ［见小爱德华 · 佩格的博客. 所罗门 · 沃尔夫 · 戈龙布在 *Recreational Math. Mag.* #5 (October 1961), 3–12 中曾经证明，12 种五联骨牌可以分成 3 组，每组 4 种且是一致的配对组. ］

315. 按照习题 308 的答案继续操作，但只需让 $(x,y) \mapsto (x+y,-x)$. 忽视 $(x,y)'$.

（六边形还有一个偶数/奇数坐标系，其中，六边形 xy 用 $(2x+1,2y+1)$ 表示，相邻六边形之间的边通过它们的平均值表示. 然后，60° 旋转使得 $(x,y) \mapsto (x+y-1, x_{\max}-x+1)$. ）

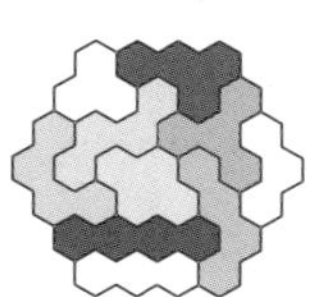

316. 有 $12\times 12\,290$ 个解，手动找到一个并不难.（第一批解由托马斯 · 马洛和埃莉诺 · 施瓦茨在 1966 年分别独立发现；解的总数由野下浩平在 1974 年找到. ）这里展示的例子是"最大程度分离"的三六形.（7 个四六形可以以 2×9 种方式填满长菱形 $\{xy \mid 0 \leqslant x < 4,\ 0 \leqslant y < 7\}$，并以 2×5 种方式填满斜三角形 $\{xy \mid 0 \leqslant x < 7,\ x \leqslant y < 7\}$，但它们无法填满三角形 $\{xy \mid 0 \leqslant x < 7,\ 0 \leqslant y < 7-x\}$. ）

317. 放大的"长条形""波浪"和"螺旋桨"无法填充. 但是，"蜜蜂""弓形""靴子"和"蠕虫"可以分别以 2×2 种、1 种、10 种和 4 种方式填充，如下所示.

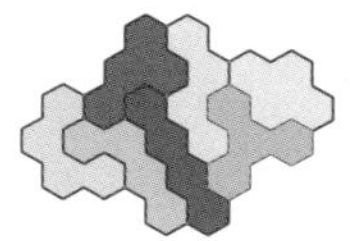 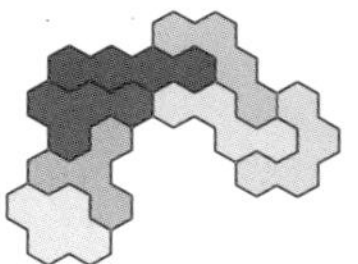 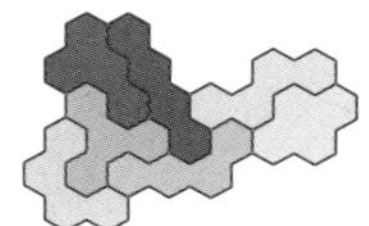 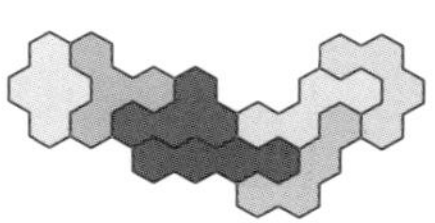

［这个问题由埃莉诺 · 施瓦茨和杰拉尔德 · 埃德加分别于 1966 年和 1967 年独立提出，并向马丁 · 加德纳展示了他们的解. 埃德加指出，花瓣形实际上可以以两种方式填充——放在一起时从左到右稍微上升或下降. 因此，3 个单侧四六形形成了不同的放大形状. 对于"靴子"和"蠕虫"，这两者中只有一个是可填充的；对于"波浪"，这两者都是不可能的. 轻微的倾斜解释了拉尔夫 · 威廉 · 高斯珀的"流蛇"分形的一些显著特性，见马丁 · 加德纳，*Scientific Amer.* **235**, 6 (December 1976), 124–128, 133；安德鲁 · 文斯，*SIAM J. Discrete Math.* **6** (1993), 501–521. ］

318. T 网格中的"孔"对应于无限三角网格的顶点；而 T 网格中的每个六边形都正好位于这些顶点组成的三角形之一中. 更正式地说，我们可以让

$$\Delta\ (x,y) \leftrightarrow \text{六边形}\ (x-y, x+2y+1); \qquad \nabla\ (x,y)' \leftrightarrow \text{六边形}\ (x-y, x+2y+2).$$

相邻的三角形对应于相邻的六边形. 六联六边形如下所示.

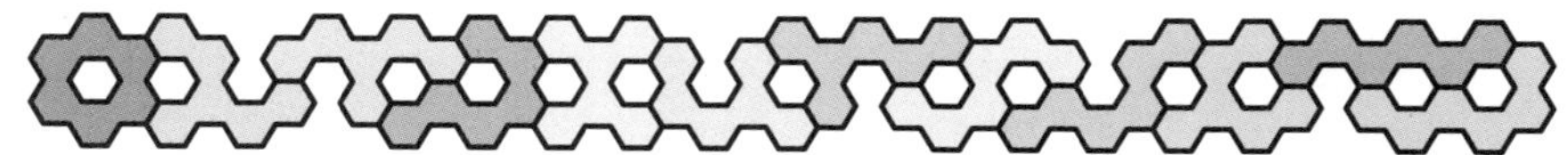

319. 一种方法是用 3×3 数组替换每个方格，用 $\substack{\text{ooo}\\\text{xoo}\\\text{oxo}}$, $\substack{\text{oxo}\\\text{xoo}\\\text{ooo}}$, $\substack{\text{oxo}\\\text{oox}\\\text{ooo}}$, $\substack{\text{ooo}\\\text{oox}\\\text{oxo}}$ 代表 ◺, ◸, ◹, ◿. 但它只使用了 9 个像素中的 4 个. 一种更紧凑的方案能够在每 8 个像素中使用 4 个：我们将这些块旋转 45°，然后用 $\substack{\text{xo}\\\text{xo}}$, $\substack{\text{xx}\\\text{oo}}$, $\substack{\text{ox}\\\text{ox}}$, $\substack{\text{oo}\\\text{xx}}$ 代表 ◁, △, ▷, ▽，并通过 $\substack{\text{oo}\\\text{oo}}$ 隔开. 比如，有 14 个四弯块，它们可以采用以下形式：

```
·AA·    BB··    ·C···    ·DD·    E····    F·····    ·GG
·AA·    BB··    ·C···    D··D    E····    F··FF·    G··
A··A    ··BB    C····    D··D    ·EE··    ·FF··F    G··
A··A    ··BB    C··CC    ·DD·    ·EE··    ·····F    ·GG
                ·CC··            ···EE              ·GG
```

```
··HH··    II··II··    JJ··JJ·    ·K··    ····L    ··MM··    NN····
HH··HH    ··II··II    ··JJ··J    ·K··    LL··L    ··MM··    ··NN··
····HH                ······J    K··K    ··LL·    MM··MM    ··NN··
                                 K··K    ··LL·              ····NN
                                 ·KK·
```

这种方案在 H 网格上建立了 n 弯块与 $2n$ 联骨牌之间的一一对应关系，其中，H 网格是所有像素 (x,y) 的集合，满足 $\lfloor x/2\rfloor+\lfloor y/2\rfloor$ 为偶数.（每块 $2n$ 联骨牌是国王连通的，它实际上由 n 块双联骨牌组成.）

严格来说，让我们将每个正方形单元格通过对角线划分为 4 个部分. 然后，每个 n 弯块占据 $2n$ 个部分；而在多弯块坐标中，单元格 (x,y) 的 (北, 东, 南, 西) 部分，分别对应于 H 网格的单元格 $(2x-2y,2x+2y)+((0,1),(1,1),(1,0),(0,0))$.

[在第一次看到 H 网格版本的四弯块之后，作者有一种愚蠢但无法抗拒的冲动，想将它们装入一个 10×12 盒子中，将其中 7 个放在 H 网格中，另外 7 个放在补充的 H 网格中，两边留下 8 个空像素. 这相当于将四弯块放入能容纳 29 个半方块的特定框架的两层中. 结果作者发现，有 8×305 种方法可以做到这一点（通过算法 X 在 10 Gμ 内找到）. 以下是例子：

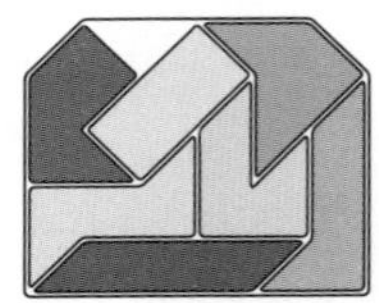

```
·DD··MMLLMM·
DGGDCBBMMLLN
DGGDCBBMMLLN
GDDBBCHKLNNJ
GCCBBCHKLNNJ
·GGCCFKHNKJE
·FFAAFKHNKJE
FAAFFHHKKEEJ
FAAIIHHIIEEJ
·IIAAIIEEJJ·
```

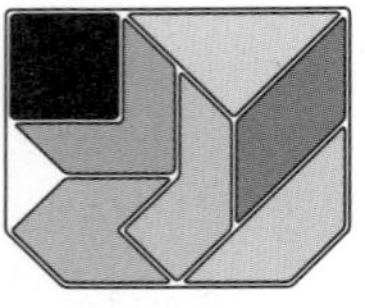

如今，多弯块经常被称为“多巧块”，这是基于它们与 18 世纪中国古典七巧板的联系. 托马斯 · 奥贝恩在 *New Scientist* **13** (18 January 1962), 158–159 中介绍了多弯块.]

320. 每个凸多弯块都可以用 6 个或多或少独立的参数来描述：我们从一个 $m\times n$ 矩形开始，然后分别在左下角、右下角、右上角和左上角切割大小为 a、b、c、d 的三角形，其中，$a+b\leqslant n$，$b+c\leqslant m$，$c+d\leqslant n$，$d+a\leqslant m$. 半方块的数量为 $N=2mn-a^2-b^2-c^2-d^2$. 为了避免重复，我们要求 $m\leqslant n$，并且要求 (a,b,c,d) 按字典序大于或等于 (b,a,d,c), (c,d,a,b), (d,c,b,a). 此外，如果 $m=n$，则这个四元组 (a,b,c,d) 按字典序还应大于或等于 (a,d,c,b), (b,c,d,a), (c,b,a,d), (d,a,b,c).

当 $m<n$ 时，可达到的最小正面积为 $2m(n-m)$ 个半方块；当 $m=n$ 时，最小正面积为 $2n-1$ 个半方块. 因此，我们必须有 $n\leqslant (N+2)/2$，而且可以通过有限次的回溯来实现.

当 $N=56$ 时，有 63 个解，但是其中大多数是不成立的，因为托马斯 · 奥贝恩在 1962 年注意到一个重要的性质：恰好有 5 个四弯块（$\{\mathrm{E,G,J,K,L}\}$）在每个方向上有奇数条未配对的 $\sqrt{2}$ 边. 这意味着 $a+c$（以及 $b+d$）必须是奇数.

这 63 个解中只有 10 个通过了这个额外的测试，其中，$(1\times 29;1,1,0,0)$ 和 $(3\times 11;3,1,0,0)$ 不可行. 但其他 8 个是可实现的：

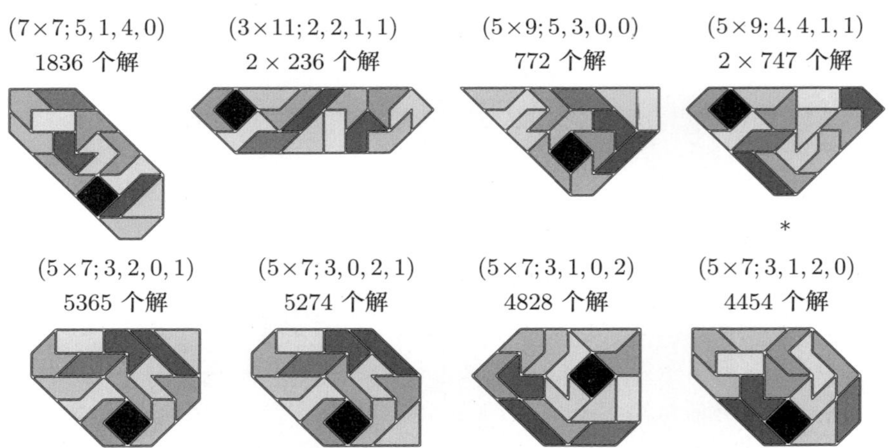

$(7\times 7;5,1,4,0)$ 1836 个解　$(3\times 11;2,2,1,1)$ 2×236 个解　$(5\times 9;5,3,0,0)$ 772 个解　$(5\times 9;4,4,1,1)$ 2×747 个解 *

$(5\times 7;3,2,0,1)$ 5365 个解　$(5\times 7;3,0,2,1)$ 5274 个解　$(5\times 7;3,1,0,2)$ 4828 个解　$(5\times 7;3,1,2,0)$ 4454 个解

其中，大部分已于 1965 年被埃里克 · 安利破解. 亨利 · 皮乔托在 1989 年发现了“*”.

[这个组合问题最早由王福春和熊全治研究，见 *AMM* **49** (1942), 596–599. 他们证明了有 20 个凸十六弯块. 一般的凸 N 弯块的总数是 OEIS 序列 A245676，由伊莱 · 福克斯-爱泼斯坦在 2014 年贡献.]

321. 在 1967 年 3 月 12 日致马丁 · 加德纳的信中，托马斯 · 奥贝恩表示他已经知道了 13 个解，并得到了多位读者的帮助. “这些就是全部吗?” 答案是肯定的：总数确实是 13. 这里展示的解通过巧妙的重新排列，可以得到其他 3 个解.

322. (i) 我们可以通过 3 倍放大将多棒约化为（不连通的）多联骨牌：将方形网格的顶点 ij 对应到像素 $(3i)(3j)$，并将邻接顶点之间的线段 ij — $i'j'$ 对应到 $(3i)(3j)$ 和 $(3i')(3j')$ 之间的两个像素. 位置只能在两条平行线段接触的内部像素处相交. 我们可以通过将这样的像素设置为副项来避免相交.

比如，对于示例中的 6×6 阵列，我们使用满足 $0 \leqslant x, y \leqslant 18$ 且 x 或 y 是 3 的倍数的像素 xy；如果 x 和 y 都能被 3 整除，那么项 xy 是副项. T 型四棒的一个选项是“04 05 07 08 16 26 36 46 56”；V 型四棒的一个选项是“34 35 36 37 38 49 59 69 79 89”. 副项 36 确保这些选项不会同时被选择.

(ii) 不同于通过 3 倍放大，我们可以通过 2 倍放大，就像在偶数/奇数坐标系中那样，将顶点 ij 对应到像素 $(2i)(2j)$，并将线段 ij — $i'j'$ 对应到像素 $(i+i')(j+j')$. 6×6 的示例涉及主项 xy，其中，$0 \leqslant x, y \leqslant 12$ 且 $x+y$ 为奇数，以及 x 和 y 都是偶数的副项 xy. 在这个方案中，T 型四棒和 V 型四棒的选项分别变为“03 05 14 24 34”和“23 24 25 36 46 56”. 现在是副项 24 阻止它们相互作用.

方案 (i) 可以直接用来解答习题 266. 方案 (ii) 几乎快了一倍. 但是，为了不让习题 266 发生奇数位移，必须对其进行修改.（比如，在方案 (ii) 中，O 型四棒和 X 型四棒只有一个基本位置，分别为“01 10 12 21”和“12 21 23 32”. 如果进行 11 位移，那么 O 将变成 X，反之亦然.）因此，在修改后的习题 266 的答案中，90° 旋转必须被重新定义为 $(x, y) \mapsto (y, x_{\max} + (x_{\max} \mathbin{\&} 1) - x)$，同时 δ_x 和 δ_y 必须是偶数.

［多棒由布赖恩 · 巴韦尔在 *JRM* **22** (1990), 165–175 中命名和探索. 实际上，赫伯特 · 本杰明和托马斯 · 道森在 20 世纪 40 年代就已经研究过它们，他们已经知道如何将 $n \leqslant 4$ 的块放入 6×6 网格中. 见乔治 · 杰利斯，*JRM* **29** (1998), 140–142. 另见 *FGbook*, 457–472.］

323. (a) 举例来说，普通方形网格的顶点 (m, n) 可以倾斜为

$$(m,n)' = (m - (n \bmod 2)\epsilon, n - (m \bmod 2)\epsilon), \qquad \text{其中 } \epsilon \text{ 是倾斜度}.$$

注意，倾斜网格的每个方格都经过顺时针“旋转”或逆时针“旋转”.

(b) 每个正方形都可以用 5 像素的十字形表示. 每个菱形都可以用 3 像素的对角线表示. 比如，下面是四斜形的像素等价形式：

```
                      k · · · · · ·    · · l · · · ·    q · · Q ·    · S s · · · ·
· I · · i I · · i     · k · · · · ·    · l · · · · ·    · q Q Q Q    S S S s · · ·
I I I i I I I i ·     · K k · k K ·    l L l · · L ·    · Q q Q q    · S · S s · s
· I i · · I i · ·     K K K k K K K    L L L l L L L    Q Q Q q ·    · · S S S s ·
                      · K k · · K ·    · L · · l L ·    · Q q · ·    · · · S s · ·

· · t T · · t     · · u U · · u     v · · V v · ·     · · · Y · · ·     · · · Z · · z
· t T T T t ·     · u U U U u ·     · v V V V v ·     · · Y Y Y · ·     · · Z Z Z z ·
t · t T t · ·     u · · U u U ·     · · v V · V v     · Y y Y · Y ·     · Z z Z z · ·
· · · t · · ·     · · · · U U U     · · · · V V V     Y Y Y y Y Y Y     Z Z Z z · · ·
· · · · t · ·     · · · · · U ·     · · · · · V ·     · Y · · y Y ·     · Z · · z · ·
```

（小写字母仅用于表示菱形以提高清晰度. 所有像素要么“在内”，要么“在外”. 这些形状只有在正方形和菱形正确交替时才能拼合在一起.）

(c) 在这个示例中，4×10 框架有 486 个解；类似的 5×8 框架有 572 个解. 这些解是由布伦丹 · 欧文在 2000 年首次列举出来的. 将这些形状拼合到 2×21 框架中有 3648 种方式，但 2×20 框架太紧了，无法拼合.

然而，这些计数可以被 2 整除，因为这个问题的解是成对出现的. 考虑由 10 块*无偏斜*四联骨牌构成的排列，它包含一块方形四联骨牌、一块直四联骨牌、两块斜四联骨牌、两块 T 型四联骨牌和 4 块 L 型四联骨牌. 这个排列可以有 4 种偏斜方式，因为我们对于哪些单元格应该是菱形有两种选择，对于旋转有两种选择；只有当生成的 10 个四斜形都不同时才会成为一个有效的偏斜解. 改变一个有效解的旋转总是会得到另一个有效解，其中，K ↔ L, S ↔ Z, U ↔ V 互相交换. 因此，每个解都有一个对偶解，它看起来可能很不同，却是明确定义的.

比如，4×10 矩形问题的 486 个解恰好对应 226 个在反射下不同的无偏斜排列，其中 17 个实际上产生了两个对偶的偏斜解，并且正方形和菱形的角色发生了颠倒．以下是这样一个示例：

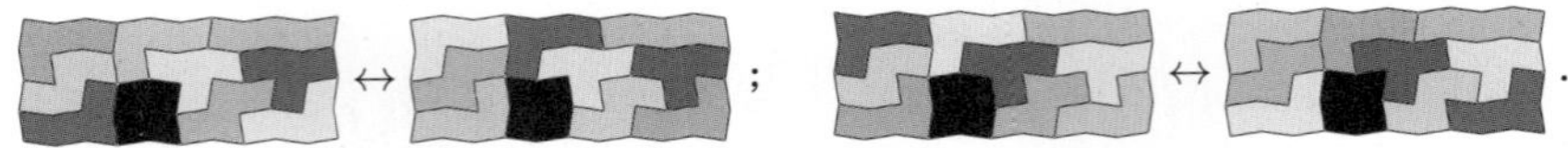

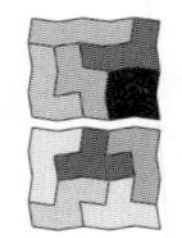

［迈克尔·凯勒在 1993 年为多斜形命名，并找到了一种将四斜形装入两个 4×5 框架中的方法，从而同时解决了 4×10 和 5×8 的矩形问题．（见 *World Game Review* **12** (1994), 12. 该问题只有 24 个解．）对于三维情况的推广有待研究．］

参考资料：你可以在许多优秀且插图精美的网站上找到多斜形，特别是戴维·古杰、彼得·埃瑟、乔治·西歇尔曼、安德鲁·克拉克、阿巴罗斯和利维奥·祖卡的网站①．特别是，阿巴罗斯的“Squaring the Hexagon”页面讨论了将一种多形简化为另一种多形的多种方法．另见小爱德华·佩格在 *Tribute to a Mathemagician* (2005), 119–125 中的一章．

324. 相同的思想适用于 3 个坐标而不是两个，并且具有基本变换 $(x,y,z)\mapsto(y,x_{\max}-x,z)$ 和 $(x,y,z)\mapsto(y,z,x)$.

(1, 2, ⋯, 7) 分别有 (12, 24, 12, 12, 12, 12, 8) 个基本位置，导致具有 144+144+72+72+96+96+64 个选项的 $3\times3\times3$ 问题．

325. 想要仅通过考虑正文建议的限制 T 型四联骨牌和爪型四联立方的 240 个解来计算索玛图是一种诱人但错误的做法．这些特殊解之间的成对半距离将忽略许多实际的邻接关系．要判断 $u — v$ 是否成立，必须将 u 与和 v 等价的 48 个解进行比较．

(a) 强索玛图具有顶点度数 $7^1 6^7 5^{19} 4^{31} 3^{59} 2^{63} 1^{45} 0^{15}$．因此，一个“平均”解有 $(1\times7+7\times6+\cdots+15\times0)/240\approx2.57$ 个强邻居．（度数为 7 的唯一顶点具有从底部到顶部的逐层结构 $\begin{smallmatrix}333&114&174\\534&674&772\\552&652&662\end{smallmatrix}$．）该图中的 $\begin{smallmatrix}333&614&664\\534&114&762\\552&752&772\end{smallmatrix}$ 和 $\begin{smallmatrix}333&614&662\\534&114&762\\554&752&772\end{smallmatrix}$ 之间有两条边，所以它实际上是多重图．只有 $\begin{smallmatrix}333&412&115\\436&452&755\\466&762&772\end{smallmatrix}$ 和 $\begin{smallmatrix}333&412&112\\436&455&752\\466&765&772\end{smallmatrix}$ 包含两段式子结构．

完整的索玛图具有顶点度数 $21^2 18^1 16^9 15^{13} 14^{10} 13^{16} 12^{17} 11^{12} 10^{16} 9^{28} 8^{26} 7^{25} 6^{26} 5^{16} 4^{17} 3^3 2^1 1^1 0^1$，平均度数约为 9.14．（唯一的孤立顶点是 $\begin{smallmatrix}333&455&115\\432&466&715\\462&762&772\end{smallmatrix}$．唯一的悬挂顶点是 $\begin{smallmatrix}333&755&771\\435&465&711\\222&462&466\end{smallmatrix}$．该图的重复边有 14 个实例．）

(b) 索玛图只有两个分量，即孤立顶点和其他 239 个顶点．后者仅有 3 个双连通分量，即悬挂顶点、其相邻顶点以及其他 237 个顶点．该图的直径为 8（如果我们使用边长 2 和 3，则直径为 21）.

强索玛图具有更稀疏和更复杂的结构．除了 15 个孤立顶点，还有 25 个分量，大小分别为 $\{8\times2,6\times3,4,3\times5,2\times6,7,8,11,16,118\}$．使用 7.4.1.2 节的算法，大分量可被分解为 9 个双连通分量（一个大小为 2，7 个大小为 1，其他的大小为 109）；16 个顶点分量可被分解为 7 个；以此类推，对于非孤立顶点总共有 58 个双连通分量．

（我们还可以考虑具有 480 个顶点的“物理”索玛图，并认为解在旋转下是等效的，但在反射下不是．没有重复的边．度序列为 $7^2 6^{14}\cdots0^{30}$ 和 $21^4 18^2\cdots0^2$，是之前的两倍．）

［索玛图最初由理查德·盖伊、约翰·康威和迈克尔·盖伊在没有计算机帮助的情况下构建．它出现在伯利坎普、康威和盖伊所著的 *Winning Ways* 的第 910 ~ 913 页上，其中显示了所有强连接，并提供了足够的其他连接以确定近连接性．在那张插图中，每个顶点都被赋予了一个代码名称．比如，(a) 中提到的 7 个特殊解分别具有代码名称 B5f、W4e、W2f、R7d、LR7g、YR3a、R3c.］

326. 设立方体坐标为 $51z, 41z, 31z, 32z, 33z, 23z, 13z, 14z, 15z$，其中 $z\in\{1,2,3\}$．用简化矩阵 $\boldsymbol{A}'$ 替换精确覆盖问题的矩阵 $\boldsymbol{A}$，$\boldsymbol{A}'$ 只包含项 (1,2,3,4,5,6,7,S)，其中，S 是矩阵 $\boldsymbol{A}$ 中满足 $x\times y\times z$ 为奇数的所有项 xyz 的和．$\boldsymbol{A}$ 的任何解都产生具有项的和 (1,1,1,1,1,1,1,10) 的 $\boldsymbol{A}'$ 的解．然而这是不可能的，因为 (1, ⋯, 7) 的 S 计数最多为 (1, 2, 2, 1, 1, 1, 1)．［见习题 333 的答案中马丁·加德纳的参考资料．］

327. (a) 忽略对称性约简，解的数量为：4×5 围栏（2）、大猩猩（2）、微笑（2）、3×6 围栏（4）、脸（4）、龙虾（4）、城堡（6）、长凳（16）、床（24）、门道（28）、存钱罐（80）、五座长凳（104）、钢琴（128）、移位 2（132）、4×4 鸡舍（266）、移位 1（284）、浴缸（316）、移位 0（408）、大钢琴（526）、塔 4（552）、塔 3（924）、运河（1176）、塔 2（1266）、沙发（1438）、塔 1（1520）、踏脚石

① 网址详见随书文件包：`ituring.cn/book/3206`.——编者注

（2718）. 因此，4×5 围栏、大猩猩和微笑是并列最难的，而踏脚石是最简单的.（浴缸、运河、床和门道各有 4 种对称性；沙发、踏脚石、塔 4、移位 0、长凳、4×4 鸡舍、城堡、五座长凳、存钱罐、龙虾、钢琴、大猩猩、脸和微笑各有两种对称性. 要获得本质上不同的解的数量，请除以对称性数量.）

(b) 注意，踏脚石、运河、床和门道也出现在 (a) 中. 解的数量为：W 型墙（0）、准 W 型墙（12）、床（24）、公寓 2（28）、门道（28）、夹子（40）、隧道（52）、Z 字形墙壁 2（52）、Z 字形墙壁 1（92）、地下通道（132）、椅子（260）、阶梯（328）、鱼（332）、公寓 1（488）、金鱼（608）、运河（1176）、台阶（2346）、踏脚石（2718）. 因此，“准 W 型墙”是所有可能形状中最难的. 注意，踏脚石、椅子、台阶和 Z 字形墙壁 2 各有两种对称性，而图 75(b) 中的其他形状都有 4 种对称性. $3\times3\times3$ 立方体有 48 种对称性，可能是用索玛块制作的最简单的形状.

[皮特 · 海因本人在其原始专利中公布了塔 1、移位 2、台阶和 Z 字形墙壁 1，他还在帕克兄弟的小册子中包括了浴缸、床、运河、城堡、椅子、台阶、阶梯、踏脚石、移位 1、五座长凳、隧道、W 型墙和两套公寓. 帕克兄弟于 1970 年和 1971 年发行了 4 期 *The SOMA® Addict*，将新构造归功于诺布尔 · 卡尔森（鱼、龙虾）、查伦 · 霍尔夫人（钢琴、夹子、地下通道）、杰拉尔德 · 希尔（塔 2 ~ 4）、克雷格 · 肯沃西（金鱼）、约翰 · 摩根（钢琴、脸、大猩猩、微笑）、里克 · 默里（大钢琴）、丹 · 斯迈利（门道、Z 字形墙壁 2）. 西维 · 法里于 1977 年出版了一本名为 *Somacubes* 的小册子，其中包含 100 多个索玛立方问题的解，包括长凳、沙发和存钱罐.]

328. 通过消除对称性，有 (a) 421 种情况，两层都省略了立方体；(b) 129 种情况仅在一层上省略了立方体. 除了省略的立方体断开角单元格的一种情况，所有这些都是可能的. 类型 (a) 中最简单的省略了 {000, 001, 200}，有 3599 个解；最难的省略了 {100, 111, 120}，有 2×45 个解. 类型 (b) 中最简单的省略了 {000, 040, 200}，有 3050 个解；最难的省略了 {100, 110, 140}，有 2×45 个解.（所示的两个示例分别有 2×821 个和 4×68 个解. 早期的索玛求解器似乎忽略了它们.）

329. (a) 60 种情况都很简单. 最简单的情况有 3497 个解，并在顶层使用 {002, 012, 102}；最难的情况有 268 个解并使用 {002, 112, 202}.

(b) 60 种情况中有 16 种是不连通的. 另有 3 种也是不可能的，即省略 $\{01z, 13z, 21z\}$、$\{10z, 11z, 12z\}$ 或 $\{10z, 11z, 13z\}$ 的情况. 最简单的情况有 3554 个解，省略 $\{00z, 01z, 23z\}$；最难的情况只有 8 个解，省略 $\{00z, 12z, 13z\}$.

（所示的两个示例分别有 2×132 个和 2×270 个解.）

330. 1999 年，索雷夫 · 邦德加德和考特尼 · 麦克法伦发现除了 216 种情况，其余都是可实现的. 以下 5 种情况有唯一解.

   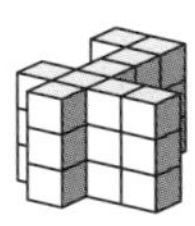 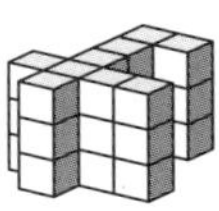

331. 每个多联立方都有一个最小外接包围盒，它与所有 6 个面都接触. 如果这个盒子的大小 $a\times b\times c$ 不太大，那么我们可以以一种简单的方式均匀地随机生成这样的多联立方：首先选择 abc 个可能的小立方体中的 27 个；然后，如果这个选择不接触所有的面，则重新选择；如果这个选择不连通，则也重新选择.

举例来说，当 $a=b=c=4$ 时，大约 99.98% 的选择会接触所有的面，而其中大约 0.1% 的选择是连通的. 这意味着大约 $0.001\binom{64}{27}\approx8\times10^{14}$ 个由 27 个小立方体组成的多联立方有一个 $4\times4\times4$ 外接包围盒，其中，大约有 5.8% 可以用 7 个索玛块构建.

但大多数相关的多联立方有更大的外接包围盒. 在这种情况下，解决问题的可能性就会下降. 比如，约有 6.2×10^{18} 种情况的外接包围盒为 $4\times5\times5$；约有 3.3×10^{18} 种情况的外接包围盒为 $3\times5\times7$；约有 1.5×10^{17} 种情况的外接包围盒为 $2\times7\times7$，其中只有 1% 左右的情况是可以解决的.

7.2.3 节将讨论按大小对多联立方进行枚举.

332. 阁楼和金字塔的每个可能被占用或未被占用的内部位置都可以被视为相应的精确覆盖问题中的副项. 我们获得了楼梯的 2×10 个解；（底部、中部）有孔的阁楼有 $(223, 8\times286)$ 个解；金字塔有 2×32 个解，其中 2×2 个的所有 3 个孔都位于对角线上，2×3 个没有相邻的孔.

333. 完整模拟重力将非常复杂，因为通过上方和（或）侧面的相邻物体可以防止方块倾斜. 如果假设合理的摩擦系数和顶部辅助重量，那么我们可以简化定义稳定性，即只有当至少有一个立方体紧邻于地板或稳定的方块上方时，该方块才被认为是稳定的.

给定的形状可以分别以 2×202、2×21、2×270、8×223、2×122 种方式进行构建，其中，2×202、2×8、2×53、8×1、2×6 种方式是稳定的. 从底层到顶层，$\substack{4\cdot\cdot7\\ \cdot\cdot\cdot\cdot\\ 3\cdot\cdot6}\ \substack{4477\\ 5567\\ 3366}\ \substack{54\cdot\cdot\\ 5\cdot\cdot\cdot\\ 31\cdot\cdot}\ \substack{22\cdot\cdot\\ 21\cdot\cdot\\ 21\cdot\cdot}$ 构成了一张相当稳定的婴儿床；一只脆弱的秃鹰来自 $\substack{2\cdot\cdot\cdot\\ \cdot\cdot\cdot7\\ 3\cdot\cdot\cdot}\ \substack{2447\\ 3177\\ 3566}\ \substack{2244\\ 1156\\ 3556}$；一朵精致的蘑菇来自 $\substack{\cdot\cdot\cdot\\ \cdot7\cdot\\ \cdot\cdot\cdot}\ \substack{572\\ 577\\ 466}\ \substack{552\\ 3\cdot6\\ 446}\ \substack{322\\ 311\\ 341}$；一条精致的悬臂来自 $\substack{\cdot\cdot\cdot\\ 222\\ \cdot\cdot\cdot}\ \substack{\cdot\cdot\cdot\\ 255\\ \cdot\cdot\cdot}\ \substack{\cdot5\cdot\\ \cdot5\cdot\\ \cdot7\cdot}\ \substack{634\\ 674\\ 177}\ \substack{333\\ 664\\ 114}$. 作者珍爱的一套斯克约德 · 斯克耶恩的索玛作品由红木制成，于 1967 年购买，其中包括一个小方形底座，可以很好地固定蘑菇和悬臂. 秃鹰需要在顶部放一本书.

［砂锅和婴儿床分别归功于威廉 · 库斯特斯和约翰 · 摩根. 蘑菇是空心的，与本杰明 · 施瓦茨的阁楼相同，但是颠倒放置. 约翰 · 康威注意到，这样放置后，它就有了唯一的稳定解. 见马丁 · 加德纳，*Knotted Doughnuts* (1986), Chapter 3. ］

334. 墙壁后面有无限多个小立方体，但我们只需考虑那些距离 v 个可见立方体最多 $27-v$ 的隐藏立方体. 比如，W 型墙有 $v=25$. 如果我们使用习题 326 的答案中的坐标，那么两个不可见的立方体是 $\{332,331\}$. 我们可以在距离 1 的位置使用 $\{241,242,251,252,331,332,421,422,521,522\}$ 中的任意一个，并在距离 2 的位置使用 $\{341,342,351,352,431,432,531,532,621,622\}$ 中的任意一个.（正文所述的投影没有左右对称性.）X 型墙类似，但 $v=19$，并且在距离 1 ~ 7 的位置可能有 (9, 7, 6, 3, 3, 2, 1) 个隐藏的立方体（忽略像 450 这样在距离 2 不可见但“在地下”的情况）.

使用可选立方体的副项，我们必须检查精确覆盖问题的每个解，并拒绝那些不连通或违反习题 333 的重力约束的解. 这些基本规则为 W 型墙提供 282 个解，并为 X 型墙提供 612 个解. 立方体本身的解数多达 1 130 634.（这些解分别填充了 33 组、275 组和 13 842 组立方体.）以下是一些形状更奇特的示例，如从后面和下面看到的：

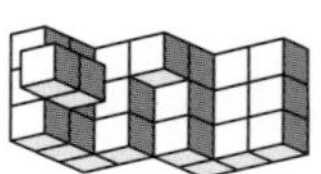
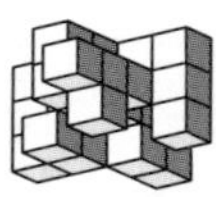
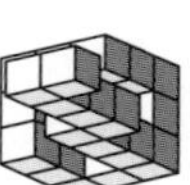

如果我们允许隐藏的“地下”立方体存在，那么还有 10 种令人惊讶的方法来制作立方体立面：非凡的结构 $\substack{\cdot\cdot\cdot\cdot\cdot\\ \cdot\cdot\cdot\cdot\cdot\\ \cdot\cdot\cdot55}\ \substack{446\cdot\cdot\\ 7\cdot65\cdot\\ 2\cdot\cdot5\cdot}\ \substack{744\cdot\cdot\\ 7766\cdot\\ 2\cdot\cdot\cdot\cdot}\ \substack{333\cdot\cdot\\ 231\cdot\cdot\\ 211\cdot\cdot}$ 将整个立方体提高到地板上方一层，并且根据习题 333 的标准，它的重心是稳定的. 但遗憾的是，即使只在上面放一本厚书，它也会散架.

［这个虚假正面的想法最初是由让 · 保罗 · 弗朗西永首创的，他在 *The SOMA® Addict* **2**, 1 (spring 1971) 中宣布了虚假 W 型墙的构造. ］

335. (a) 13 个解中，每个解都有 48 种等价的排列方式. 为了消除对称性，将第 7 块水平放置，可以选择 (i) 在底部或 (ii) 在中间. 在情况 (ii) 中，像习题 268 的答案中那样，添加副项“s”，并为第 6 块的所有与底部接触更多（相较于接触顶部而言）的排列方式添加“s”. 运行时间为 400 Kμ.

［这个谜题是霍夫曼的 *Puzzles Old and New* (1893) 中的 3–39 号题目. 另一个具有历史重要性的 $3\times3\times3$ 多联立方切割谜题，“米库辛斯基立方体”，由雨果 · 斯泰因豪斯在他的 *Mathematical Snapshots* (1950) 中描述. 这个谜题由索玛立方的 L 型和两个扭转块组成，加上习题 340 中的五联立方 B、C 和 f. 它有 24 种对称性和两个解. ］

(b) 是的，大约在 1995 年，迈克尔 · 里德发现了这个非凡的集合：

这也使得 $9\times3\times1$ 是唯一的. 乔治 · 西歇尔曼在 2016 年对所有相关的扁平多联骨牌进行了详尽的分析，并准确地找到了 320 个对于 $3\times3\times3$ 来说是唯一的集合，其中 19 个对于 $9\times3\times1$ 来说也是唯一的. 事实上，这 19 个集合中的一个，

是人们长期追寻的 $3\times3\times3$ 立方体分解的“圣杯”：它的块不仅具有平面性和双重唯一性，而且它们还是嵌套的. 还有进藤欣也的一款“新恶魔立方体”（1995 年）：

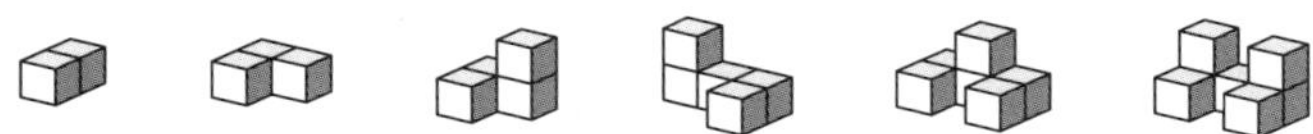

注意，它有 24 种对称性，而不是 48 种.

336.（由彼得 · 韦格尔解答）我们可以用 3 个小立方体和一个暗榫来模拟这样一个部件，其中，暗榫不允许与实心小立方体具有相同的坐标：对于 $0 \leqslant x, y, z < 3$，设有 27 个主项 $C(x, y, z)$ 和 27 个副项 $D(x, y, z)$，分别表示小立方体和暗榫. 通过平移和旋转原型部件“$C(0,1,0)\ C(1,1,0)\ C(0,0,0)\ D(0,0,0)\ D(0,0,1)$”，可以得到 $2 \times 2 \times 2 \times 24 = 192$ 种选择.（换句话说，我们认为实心小立方体本质上与被暗榫占据的钻孔小立方体是一样的.）

算法 X 只需要 50 万次内存访问来发现 24 个解，这些解在旋转下都是等价的. 一个解的立方体位置如下：$\substack{112\\917\\977}\ \substack{322\\388\\986}\ \substack{344\\546\\556}$. 暗榫的位置如下：$\substack{100\\997\\000}\ \substack{124\\527\\080}\ \substack{334\\566\\080}$.

我们的模型有一个令人惊讶的推论，由这个非凡谜题的设计者罗纳尔 · 金特-布鲁恩希尔斯指出：可以在每个实心立方体上钻两个垂直于暗榫的孔，而不会破坏解的唯一性. [*Cubism For Fun* **75** (2008), 16–19; **77** (2008), 13–18.]

337. 让我们像在习题 145 中那样使用偶数/奇数坐标，使得每个最终面的坐标有一个在 $\{0, 6\}$ 中，有两个在 $\{1, 3, 5\}$ 中. 一个目标在面 330, 105, 501, 015, 033, 051, 611, 615, 651, 655, 161, 165, 363, 561, 565, 116, 136, 156, 516, 536, 556 上有红点. 另一个目标在这 21 个面中的 19 个上有绿点，但是 033 被 303 取代，363 被 633 取代.（为简单起见，我们将忽略其他设置. 放置点数的方式有 16 种，而不止两种.）

红 绿

9 块弯曲的三联立方可以以 5328 种方式放入一个 $3 \times 3 \times 3$ 立方体中.（它们会根据旋转和反射分为 111 个大小为 48 的等价类，但这个事实在这里不相关.）取任何一个这样的解，并用红色解将其 54 个外部面涂色. 然后看看是否可以重新排列它的部分以给出绿色解.

注意，每块弯曲的三联立方都有 14 个方形面；但是两个“内部”面最终不可见. 该填充方式将指定 12 个可能面中的 2 ~ 7 个，使得 5 ~ 10 个面没有限制. 总共，我们会有 21 个面被指定为红色，33 个面被指定为空白，还有 54 个面是自由的.

结果发现，5328 个红色解中，有 371 个可以重新排列成为绿色解；事实上，其中一种情况可以得到 6048 个不同的绿色解. 而且有 52 个红色解 + 绿色解的组合，其中有 18 个面未指定，比如这样：

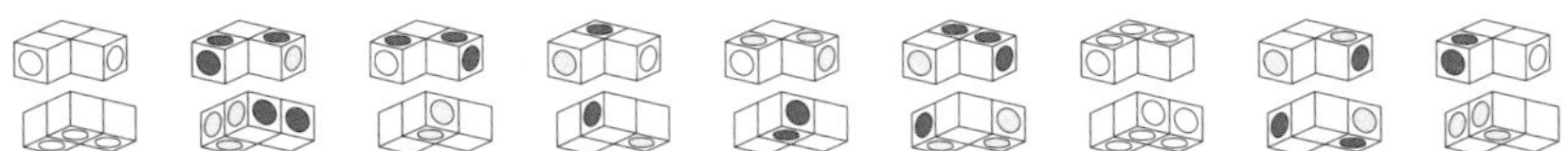

对于这 18 个面，我们可以自由地放置任何我们喜欢的东西——可以给出虚假线索的红点或绿点，或者隐藏一个让解谜者挑战的第 3 种图案.

[霍夫曼的 *Puzzles Old and New* (1893), No. 3–17 中的经典“斑点谜题”，由伊莱亚斯 · 沃尔夫父子铅笔公司发行，用直三联立方组装成单个骰子. 莱弗里优雅的“双骰谜题”来自 1990 年的五角谜题.]

338. 直四联立方 和正方形四联立方 与 (39) 中的大小为 4 的索玛块一起组成完整的套装.

我们可以固定 T 型块在双塔上的位置，节约了 32 倍因子；结果产生 40 个解，其中每一个的 T 型块只需旋转一次. 因此一共有 5 个不同的解，总计为 256×5.

双爪有 6×63 个解. 但是大炮有 4×1 个解，基本上只能以一种方式形成.（*提示*：两次旋转都在炮管中.）

“上 3”没有解. 但是，“上 4”和“上 5”都各自有 8×218 个解（通过颠倒它们的方式相关联）. 从重力角度看，对于“上 5”，218 个解中的 4 个是稳定的；对于“上 4”，稳定的解是唯一的，并且与那 4 个解无关.

参考文献：琼 · 梅乌斯，*JRM* **6** (1973), 257–265；芦ヶ原伸之，*Puzzle World No. 1* (San Jose: Ishi Press International, 1992), 36–38.

339. 除了 48 个，其他都是可以实现的. 唯一可实现的“最难”的情况，，有 2×2 个解. “最简单”的情况是 $2 \times 4 \times 4$ 长方体，它有 $11\,120 = 16 \times 695$ 个解.

340. (a) A, B, C, D, E, F, a, b, c, d, e, f, j, k, l, ···, z. [有些难以理解为什么镜像不会改变“l”. 实际上，塞雷娜 · 贝斯利曾经在专利申请中声称有 30 种不同类型的五联立方. 请参阅美国专利第 3065970 号（1962 年），其中，图 22 和图 23 展示了同一部件，只不过略有变化.]

历史注记：理查德 · 弗伦奇在 *Fairy Chess Review* **4** (1940) 的问题 3930 中首次展示了，如果将镜像视为相同，那么五联立方有 23 种不同的形态. 弗兰斯 · 汉森等人在 *Fairy Chess Review* **6** (1948), 141–142 中确定了五联立方的完整数量是 29 种；汉森还数出了 $35 + 77 = 112$ 种镜像不等价的六联立方. 六联立方（166 种）和七联立方（1023 种）的完整数量是不久之后由约翰 · 尼曼、安德鲁 · 贝利和理查德 · 弗伦奇首次在 *Fairy Chess Review* **7** (1948), 8, 16, 48 中确定的.

(b) 当然，我们已经考虑过 $1 \times 3 \times 20$、$1 \times 4 \times 15$、$1 \times 5 \times 12$ 和 $1 \times 6 \times 10$ 的长方体. $2 \times 3 \times 10$ 和 $2 \times 5 \times 6$ 的长方体可以通过限制 X 在底部左上方来处理，有时也可限制 Z，如在习题 268 和习题 270 的答案中那样. 我们分别得到 12 个解（在 350 Mμ 内）和 264 个解（在 2.5 Gμ 内）.

$3 \times 4 \times 5$ 长方体更为困难. 在没有对称性破缺的情况下，我们在约 200 Gμ 内得到 3940×8 个解. 为了更好地改进，我们注意到 O 可以出现在 4 个本质上不同的位置. 通过 4 次独立运行，我们可以在 $35.7 + 10.0 + 4.5 + 7.1 \approx 57$ Gμ 内找到 $5430/2 + 1348/4 + 716/2 + 2120/4 = 3940$ 个解.

[丹尼森 · 尼克松和弗兰斯 · 汉森在 *Fairy Chess Review* **6** (1948) 的问题 7560 和第 142 页中首次证明了实心五联骨牌可以填满这些长方体的事实. 精确枚举由克里斯托弗尔 · 布坎普于 1967 年首次进行，见 *J. Combinatorial Theory* **7** (1969), 278–280 和 *Indagationes Math.* **81** (1978), 177–186.]

(c) 几乎任何由 25 块五联立方组成的子集都可能完成这个任务. 但是，一个特别好的子集是通过简单地省略 o、q、s 和 y 得到的，即那些无法适合 $3 \times 3 \times 3$ 盒子的子集. 理查德 · 盖伊在 *Nabla* **7** (1960), 150 中提出了这个子集，不过他当时无法填充一个 $5 \times 5 \times 5$ 立方体. 约瑟夫 · 多里也独立地产生了同样的想法，他将“多里立方体”这个名称注册为商标 [*U.S. Trademark 1,041,392* (1976)].

构建这样一个立方体的一种有趣方法是使用形状为 P、Q、R、U 和 X 的五联骨牌组成 5 层的棱柱，其中使用的五联立方分别是 $\{a, e, j, m, w\}$, $\{f, k, l, p, r\}$, $\{A, d, D, E, n\}$, $\{c, C, F, u, v\}$, $\{b, B, t, x, z\}$；然后使用习题 269 的答案中的填充方法. 这个解可以通过算法 X 进行非常短的 6 次运行来找到，总耗时仅为 3 亿次内存访问.

托尔斯滕 · 西尔克提出的另一种好方法更对称：有 70 486 种方式可以将五联立方分成 5 组，每组 5 种. 这使我们能够在中心构建一根 X 棱柱（五联立方 x 在顶部），其周围有 4 根 P 棱柱.

我们也可以使用 5 个长方体来组装一个多里立方体，它们分别是一个 $1 \times 3 \times 5$ 长方体、一个 $2 \times 2 \times 5$ 长方体和 3 个 $2 \times 3 \times 5$ 长方体. 事实上，还有数不胜数的其他组装方法.

341. (a) 构建一个精确覆盖问题，要求 a 和 A、b 和 B……f 和 F 处于对称位置. 此类由 10 个立方体组成的“超级块”分别有 $(86, 112, 172, 112, 52, 26)$ 种放置方式. 此外，作者决定强制块 m 位于顶墙的中间，从而立即找到了解. 因此，块 x 被放置在正中心，作为附加的理想约束. 这样一来正好有 20 个解；下面的 n、o 和 u 也处于镜像对称位置.

(b) 现在，这些超级块有 $(59, 84, 120, 82, 42, 20)$ 种放置方式. 作者还乐观地要求 j、k 和 m 围绕对角线对称，其中，m 位于西北角. 接着，作者进行了一次漫长而看似无果的计算（34.3 万亿次内存访问），但所幸，在最后一刻发现了两个密切相关的解.

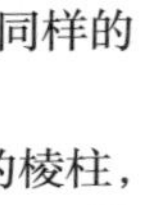

(c) 该计算由托尔斯滕 · 西尔克完成 [见 *Cubism For Fun* **27** (1991), 15]，速度要快得多：如图所示的四分之一盒子可以用 7 块非 x 五联立方以 55 356 种方式组合而成，用时 1.3 Gμ. 与习题 294 的答案类似，这产生了一个新的精确覆盖问题，它有 33 412 个不同的选项.

随后，又经过了 11.8 Gμ 的计算，我们得到了 7 个适合的将其划分为 4 个七元素集合的方式之一，如下所示. [另见 *Cubism For Fun* **49** (1999), 26.]

(a) (b) (c)

342. 与前一道习题一样，关键是通过要求特定形式的解来大大缩小搜索空间.（这样的解并不罕见，因为五联立方有非常多的形状.）在这里，我们可以将给定的形状分成 4 个部分：3 个大小为 3^3+2^3 的模块，需要用 7 块五联立方来填充，还有一个大小为 $4^3-3\times2^3$ 的模块，需要用 8 块五联立方来填充．第一个问题有 13 587 963 个解，用 240 Gμ 的时间找到；它们涉及 737 695 个不同的七元素集合．较大的问题有 15 840 个解，用 400 Mμ 找到，涉及 2074 个八元素集合．精确覆盖这些集合将得到 1 132 127 589 个合适的分区，其中第一个找到的分区，{a, A, b, c, j, q, t, y}, {B, C, d, D, e, k, o}, {E, f, l, n, r, v, x}, {F, m, p, s, u, w, z}，效果很好.（我们只需要一个分区，所以不需要为较小的问题计算超过 1000 个解.）

五联立方乐翻天：自 20 世纪 70 年代初以来，埃克哈德 · 昆泽尔和西维 · 法里各自出版了包含数百个已解决的五联立方问题的小册子.

343. 我们可以使用各种有启发性的方法来推断最高的塔的高度 $(h_{\rm O}, h_{\rm P}, \cdots, h_{\rm Z})$ = (12, 29, 28, 28, 29, 25, 26, 23, 24, 17, 28, 27)：情况 O 很简单．西维 · 法里在 *Pentacubes*, 5th edition (1981) 的图 78 中发表了 P 的完美塔．容易证明 $h_{\rm W}\leqslant 24$，因为 r、t、v、x、z 无法放置.

分解得出了大部分上界．假设 R 的塔的单元格为 $\{00k, 01k, 11k, 12k, 21k \mid 1\leqslant k\leqslant h\}$，并在精确覆盖矩阵中添加新的“权重”列，表示所有项/列 $00k$ 和 $12k$ 的总和.（因此选项“y 122 113 123 124 125”的权重为 4.）通过不相交的选项/行的精确覆盖将使新列的总和为 $2h$．但五联立方 (a, A, $\cdots$, f, F, j, k, $\cdots$, z) 的最大权重分别为 (1, 1, 1, 1, 3, 3, 3, 3, 2, 2, 2, 2, 2, 2, 1, 1, 3, 5, 3, 4, 2, 3, 0, 3, 0, 0, 0, 4, 0)．它们的总和为 57，因此 $h_{\rm R}\leqslant 57/2<29$.

类似的论证证明 $h_{\rm U}<27$，$h_{\rm V}<24$，$h_{\rm X}<18$，$h_{\rm Z}<28$．但是情况 T 更复杂．让我们引入权重列 $(100\times00k)+(100\times02k)+(10\times11k)+(101\times21k)$，并计算 29 个最大权重 (312, 312, 310, 310, 311, 311, 221, 221, 210, 210, 220, 220, 220, 210, 211, 210, 310, 505, 323, 414, 300, 323, 400, 400, 400, 300, 200, 414, 400)．最大的 27 个权重之和为 8296，小于 311×27；因此 $h_{\rm T}<27$．如果 $h_{\rm T}=26$，那么进一步研究表明，我们必须排除 x 和 {e, E, k, m} 中的两个．此外，每个块必须使用最大权重的选项，只有 c 和 C 应使用权重 310．这些限制大大缩小了搜索范围．算法 X 能在 11 Tμ 内证明 $h_{\rm T}<26$（算法 M 能在 7.6 Tμ 内证明）.

证明 $h_{\rm Q}<29$ 很难，证明 $h_{\rm Y}<29$ 更难．但是在这两种情况下，适当的加权因式分解都使计算变得可行.

这些权重也极大地加快了对最高塔的成功搜索．下面是一些最难找到的塔（在第一个塔的顶部添加“s”）.

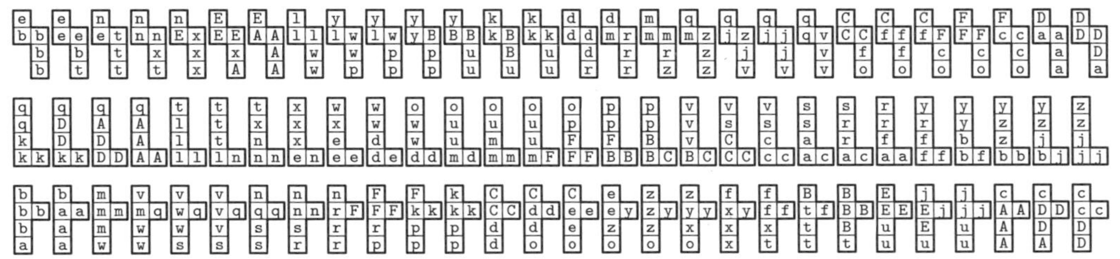

344. 将占据中心单元格的位置从 72 个减少到 3 个. 该问题有 2528 个解，通过算法 X 可在 25 Gμ 内找到. 这些解形成了 1264 个镜像对称的组合. [见克里斯托弗尔 · 布坎普和戴维 · 克拉尔纳，*JRM* **3** (1970), 10–26.]

345. 偶数/奇数坐标的一个变体具有很好的效果：让各个块填充 13 个单元格，如 $(x,y,z)+\{(\pm1,\pm1,\pm3),(1,\pm1,\pm1)\}$，其中，$xyz$ 是奇数，并且满足 $0\leqslant x,y\leqslant 10$ 且 $0\leqslant z\leqslant 6$ 的项 (x,y,z) 对于 x,y,z 是偶数为主项，对于 x,y,z 是奇数为副项. 该解是唯一的.（这款拼图的商品名为"Vier Farben Block"，由西奥多勒斯 · 吉林克于 2004 年设计.）

```
001122 001122 001122 001122
001122 888899 888899 001122
334444 834894 83b89b 33bbbb
334444 a34a94 a3ba9b 33bbbb
556677 aaaa99 aaaa99 556677
556677 556677 556677 556677
```

346. (a) 通过 $(0,1,1)$ 的倍数的偏移量，可以得到 N 个不相交的三腿支架，其拐角位于环面的第 0 层，填充了该层除（可能是断开的）对角线之外的所有单元格，并且还填充了第 1 层上这样一条对角线上的所有单元格. 我们可以通过适当地放置 N 个拐角位于第 $N-1$ 层的三腿支架来填补第 0 层的空洞，以此类推.

(b) 以下是一种将它们装入一个 $3\times6\times6$ 环面的方法，其中有 12 个三腿支架.（7/9 是否最优？）

```
012600    066678    0..6..
112371    917778    .1..7.
222348    9a2888    ..2..8
933345    9ab399    9..3..
0a4445    aab64a    .a..4.
01b555    bbb675    ..b..5
```

(c) 在一个 $6\times6\times6$ 环面上放置 13 个三腿支架，其拐角位于以下位置：$(0,0,0)$, $(0,1,1)$, $(0,2,2)$, $(1,1,3)$, $(1,2,4)$, $(2,3,2)$, $(2,4,4)$, $(3,3,3)$, $(3,4,5)$, $(4,4,0)$, $(4,5,1)$, $(5,0,5)$, $(5,5,3)$.

(d) 在一个 $2l\times2m\times2n$ 环面上，可以将 $2r(l,m,n)$ 个不重叠的三腿支架放置在拐角位置，其中包括原始位置的三腿支架拐角，以及位置 $(0,0,0)$ 和 (l,m,n).

(e) 通过一个主项 # 以及 lmn 个副项 xyz，外加"# 123 023 103 113 120 121 122"等选项（每个拐角一个选项，其中 $0\leqslant x<l$，$0\leqslant y<m$，$0\leqslant z<n$），我们可以通过给予 # 重数 t 来找到具有 t 个拐角的解. 此外，我们可以通过让项 000 和 $(l-1)(m-1)(n-1)$ 成为主项来节省时间，因为这两个拐角默认存在. 通过这种方法，我们求出 $444\mapsto 8$, $445\mapsto 9$, $446\mapsto 9$, $455\mapsto 10$, $456\mapsto 10$, $466\mapsto 12$, $555\mapsto 11$, $556\mapsto 12$, $566\mapsto 13$, $666\mapsto 14$.（算法 M 可以在 253 Gμ 内确定 $r(6,6,6)<15$，尽管它对于修剪搜索的启发法相当弱. 但是 SAT 求解器算法 7.2.2.2C 仅用 2 Gμ 就解决了这个问题；它还可以在 169 Gμ 内确定 $r(7,7,7)=19$，而算法 M 对于该任务来说是无望的.）

注记：舍曼 · 斯坦在 *IEEE Trans.* **IT-30** (1984), 356–363 中发起了对三腿支架（实际上是一种"半十字"的 n 维推广）的研究；另见他与威廉 · 哈梅克合作的论文第 364 ~ 368 页. 他们证明了函数 $r(n)=r(n,n,n)$ 为 $\Omega(n^{1.516})$，并且 $r(l,n,n)/n$ 在 $n\to\infty$ 时接近极限. 初始值 $(r(1),\cdots,r(9))=(1,2,5,8,11,14,19,23,28)$ 是由克里斯托弗 · 摩根在 2000 年沃里克大学的一个本科生项目中发现的；另见尚多尔 · 绍博，*Ann. Univ. Sci. Budapestinensis, Sect. Computatorica* **41** (2013), 307–322. 通过大量的计算，帕特里克 · 厄斯特高和安蒂 · 珀莱宁证明了 $r(10)=32$ 和（令人惊讶的）$r(11)=38$ [*Discrete and Computational Geometry* **61** (2019), 271–284]. 另见亚历山大 · 蒂斯金，*Discrete Math.* **307** (2007), 1973–1981. 除其他事项外，他还证明了 $r(12)\geqslant 43$，$r(n)=\Omega(n^{1.534})$，$r(n)=O(n^2/(\log n)^{1/15})$.

347. 斯坦利 · 瓦贡在 *AMM* **94**, (1987), 601–617 中给出了 14 个证明. [关于推广，见理查德 · 鲍尔和 T. S. 迈克尔，*Math. Magazine* **79** (2006), 14–30.]

348. 见弗兰克 · 巴恩斯的完整解，*Discrete Math.* **133** (1994), 55–78.

349. 令 $t=s/4$. 在包含 m 个砖块的填充方式中，每个砖块都至少包含 27 个"特殊点"$\{(it,jt,kt)\mid 0<i,j,k<4\}$ 之一，因为 a、b 和 c 都大于 t. 因此 $m\leqslant 27$.

当 $m=27$ 时，每条"特殊线"l_{*jk}, l_{i*k}, l_{ij*} 的两个坐标都固定，将完全被填充，因为砖块在这些线上共占据了 $27(a+b+c)$ 个空间单位. 特殊线还与砖块相交，形成每个长度为 a, b, c 的 27 段. 因此，每条特殊线都有每种长度的一段.

因此，我们需要解决具有主项 p_{ijk}, l_{*jk}, l_{i*k}, l_{ij*} 和副项 x_{ijk}, y_{ijk}, z_{ijk}，以及诸如"p_{ijk} $x_{ijk}{:}\pi_1$ $y_{ijk}{:}\pi_2$ $z_{ijk}{:}\pi_3$"和"l_{i*k} $y_{i1k}{:}\pi_1$ $y_{i2k}{:}\pi_2$ $y_{i3k}{:}\pi_3$"之类的选项的 XCC 问题，其中，$\pi_1\pi_2\pi_3$ 是 $\{a,b,c\}$ 的排列. 当我们固定 p_{111} 的 6 个选项之一时，该问题有 7712 个解.

当 $(a,b,c)=(2,3,4)$ 时，这些解中只有 168 个（在立方体的 48 种对称性下的 21 个等价类中）实际上正确填充. 可以证明，这 21 个解可以解决任意 (a,b,c) 的霍夫曼问题. 比如，以下是"自对偶"的唯一解——当 $a\leftrightarrow c$ 时与其自身同构.

[见霍夫曼在 *The Mathematical Gardner* (1981), 212–225 中的论述.]

350. 使用 28 个 $3\times4\times5$ 砖块实例和 48 个单一方块的实例来设置算法 M. 我们可以省略所有砖块离面 1 单位或 2 单位但不在面上的选项，因为这些解中的砖块可以向外移动. 我们还可以将一个砖块放置在角落 $(0,0,0)$ 处. 此外，一个空的角落意味着至少有 27 个方块在那里，因此我们不必在除 $(11,11,11)$ 之外的任何角落上放置方块. 这个问题有 715 个大小为 61 的选项和 1721 个大小为 2 的选项，并且有 112 个解，可在 440 Gμ 内找到.（作者在 2004 年的第一次尝试用时更长.）

这里有 3 种解的形式：(i) 将 7 个砖块填入 $5\times7\times12$ 的空间中，将其中 4 个组成风车形状（见习题 365），形成一个 $2\times2\times12$ 的空洞；(ii) 将 12 个砖块填入 $5\times12\times12$ 的空间中，再添加一个由 4 个 $5\times7\times7$ 风车形成的风车，其中每个风车又由 4 个 $3\times4\times5$ 砖块组成；(iii) 以一种奇特的方式组装砖块，其中包括两个 $5\times7\times7$ 砖块.

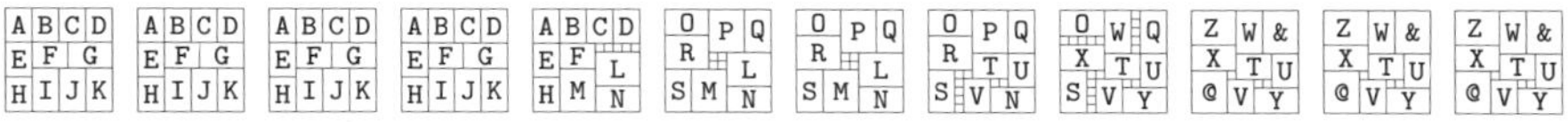

类型 (i)、(ii)、(iii) 提供了 $6+10+4$ 个非同构解.（乔治 · 米勒用三色面砖制作的拼图被称为"完美包装"，因为 28 是一个完美数①.）

351. 推广习题 349 时，霍夫曼观察到，这样的构造将产生一种很好的几何方法来证明不等式 $(abcde)^{1/5}\leqslant(a+b+c+d+e)/5$.

352. 无. 但是任何 11 块"超固体五联骨牌"都可以很容易地被挤进去.

比如，

```
Q X W W .   T S S S U   S S Z R U   Q Q Q Q .
X X X W W   T T T . U   Z Z Z R R   O O O O O
. X P P W   T P P P U   Z Y R R U   Y Y Y Y .
```

是填充除 V 之外所有块的一种方法.

353. 一共有 9 个（包括一对镜像）. 它们可以以 48×8789 种方式填充成一个 $3\times3\times3$ 立方体，例如 $\substack{000\\112\\123}\,\Big|\,\substack{434\\523\\567}\,\Big|\,\substack{548\\786\\876}$. [见约根 · 洛乌，丹麦专利第 126840 号（1973 年）.]

354. (a) 让多联骨牌的方格 (x,y) 对应于 $(-x,x,y,-y)$. 让习题 315 所示的多六形的方格 (x,y) 对应于 $(0,x,y,-x-y)$.

(b) 当且仅当其相邻单元格之间的差异位于一个平面内时，多球才是平面的. 每个差异的形式为 $e_{ij}=e_i-e_j$，其中 $e_1=(1,0,0,0)$，$\cdots$，$e_4=(0,0,0,1)$. 三个这样的差异不能线性独立，且位于一个平面上；线性相关的情况涉及多联骨牌和（或）多六形.

(c) 每个连通图都至少有一个顶点，使得删除它不会使图变得不连通. 因此，结果可以通过对 n 进行归纳得出.

(d) 一个正交矩阵仅当它的行和与列和为 1 时，才能固定 $w+x+y+z$. 下面的矩阵 (i) $\boldsymbol{T}$ 和 (ii) $\boldsymbol{R}$ 分别绕 $x=y=z$ 旋转 120° 和绕 $(x=y)\wedge(w=z)$ 旋转 90°.

$$\boldsymbol{T}=\begin{pmatrix}1&0&0&0\\0&0&1&0\\0&0&0&1\\0&1&0&0\end{pmatrix};\quad \boldsymbol{R}=\frac{1}{2}\begin{pmatrix}1&-1&1&1\\1&1&1&-1\\-1&1&1&1\\1&1&-1&1\end{pmatrix};\quad \boldsymbol{R}^2=\begin{pmatrix}0&0&0&1\\0&0&1&0\\0&1&0&0\\1&0&0&0\end{pmatrix};\quad \boldsymbol{H}=\frac{1}{6}\begin{pmatrix}5&-1&-1&3\\-1&-1&5&3\\-1&5&-1&3\\3&3&3&-3\end{pmatrix}.$$

(e) 上面的矩阵 (i) $\boldsymbol{R}^2$ 和 (ii) $\boldsymbol{H}$ 分别绕 $(x=y)\wedge(w=z)$ 和 $(x=y)\wedge(w=3z-2x)$ 旋转 180°. 因此，当 $z=0$ 时，可以使用矩阵 $\boldsymbol{H}$.

(f) 假设 $V'=\{v_1',\cdots,v_n'\}$ 由 $V=\{v_1,\cdots,v_n\}\subset S$ 旋转而得，其中 $v_k=(w_k,x_k,y_k,z_k)$，$v_k'^{\mathrm{T}}=(w_k',x_k',y_k',z_k')^{\mathrm{T}}=Qv_k^{\mathrm{T}}$，$v_1=v_1'=(0,0,0,0)$ 且 $v_2=e_{12}=(1,-1,0,0)$. 矩阵 $\boldsymbol{Q}=(q_{ij})$ 是正交的，其行和、列和以及行列式为 1. 通过对 v' 的坐标和 $\boldsymbol{Q}$ 的行应用偶排列，我们可以不失一般性地假设

① 完美数（perfect number），又称完全数，是一些特殊的自然数，它的所有真因子的和恰好等于它本身. ——编者注

$v_2' = e_{12} = v_2$. 因此 $q_{k1} = q_{k2} + \delta_{k1} - \delta_{k2}$ 且 $q_{11} = q_{22}$. 如果 $\boldsymbol{Q} \neq \boldsymbol{I}$，那么对于某些 p, q, i, j, i', j' 且 $i < j$，我们有 $v_p - v_q = e_{ij} \neq e_{i'j'} = v_p' - v_q'$. 通过正交性，$e_{12} \cdot e_{ij} = e_{12} \cdot e_{i'j'} \in \{-1, 0, +1\}$.

如果 $e_{12} \cdot e_{ij} = 1$，那么根据 (i, j, i', j') 的不同，有 6 种情况：$(1,3,1,4)$ 意味着 $\boldsymbol{Q} = \boldsymbol{TH}$；$(1,4,1,3)$ 意味着 $\boldsymbol{Q} = \boldsymbol{HT}^2$；$(1,3,4,2)$ 意味着 $\boldsymbol{Q} = \boldsymbol{T}^2\boldsymbol{RT}$ 或 $\boldsymbol{THR}^3\boldsymbol{T}^2$；$(1,4,3,2)$ 意味着 $\boldsymbol{Q} = \boldsymbol{T}^2\boldsymbol{RT}$ 或 $\boldsymbol{HR}$；$(1,3,3,2)$ 和 $(1,4,4,2)$ 是不可能的.

如果 $e_{12} \cdot e_{ij} = 0$，那么我们有 $(i, j, i', j') = (3, 4, 4, 3)$，并且 $\boldsymbol{Q}$ 被迫为 $\boldsymbol{TR}$. 最后，当 $e_{12} \cdot e_{ij} = -1$ 时的情况 (i, j, i', j') 与当 $e_{12} \cdot e_{ij} = +1$ 时的情况 (i, j, j', i') 相同.

注意：一些作者将 S 表示为整数三元组 (X, Y, Z)，其中 $X + Y + Z$ 是偶数. 阿达马变换提供了这些表示之间的同构：如果 $-2\boldsymbol{M}$ 是 7.2.1.1–(21) 中左上角的 4×4 子矩阵，那么我们有 $\boldsymbol{M}^2 = \boldsymbol{I}$，$\det \boldsymbol{M} = 1$，并且 $\boldsymbol{M}$ 使得 $(-x-y-z, x, y, z) \mapsto (0, x+z, y+z, x+y) = (0, X, Y, Z)$.

355. (a) 将给定的多球通过减去 $(x_{\min}, y_{\min}, z_{\min})$ 进行标准化，得到其基本位置. 然后，对于每个基本位置 P，形成最多 3 个其他位置，直到不能再形成为止：(i) 用 yzx 替换每个 xyz；(ii) 对于某个较大的 t，用 $(x+y+z)(t-z)(t-x)$ 替换每个 xyz，然后标准化；(iii) 如果 P 的每个单元格中有 $z = 0$，则将每个 $xy0$ 替换为 $yx0$.

[习题 354 的答案提到的 (X, Y, Z) 表示方法暗示了“多枣”——乔治 · 西歇尔曼称之为*边连接立方体*的集合，这些立方体彼此之间没有面对面接触. 变换 (iii) 不适用于多枣；因此有 5 个三枣和 28 个四枣. 多枣也等同于“多桼”——菱形十二面体的连接集合，它们是面心立方晶格的沃罗诺伊区域. 见斯图尔特 · 科芬，*The Puzzling World of Polyhedral Dissection* (1990)，图 167.]

(b) 葩有 8 个基本位置，按字典序分别是 {000, 001, 010}, {000, 001, 100}, {000, 010, 100}, {001, 010, 011}, {001, 010, 100}, {001, 100, 101}, {010, 100, 110}, {011, 101, 110}. 直三球有 6 个基本位置，分别是 {000, 001, 002}, {000, 010, 020}, {000, 100, 200}, {002, 011, 020}, {002, 101, 200}, {020, 110, 200}. 弯三球有 12 个基本位置，从 {001, 010, 101} 到 {011, 100, 110}. 菲有 24 个基本位置，从 {000, 001, 011} 到 {020, 101, 110}.

(c) 有 853 个连通子集，其中包含 475 个不同的基本位置.（每个基本位置在 $\max(x+y+z) = (1, 2, 3)$ 时分别出现 $(10, 4, 1)$ 次.）它们形成了 25 个不同的四球，其中 5 个来自四联骨牌，还有 6 个来自四六形的额外平面部分，以及 4 个非平面非手性部分和 5 对手性部分：

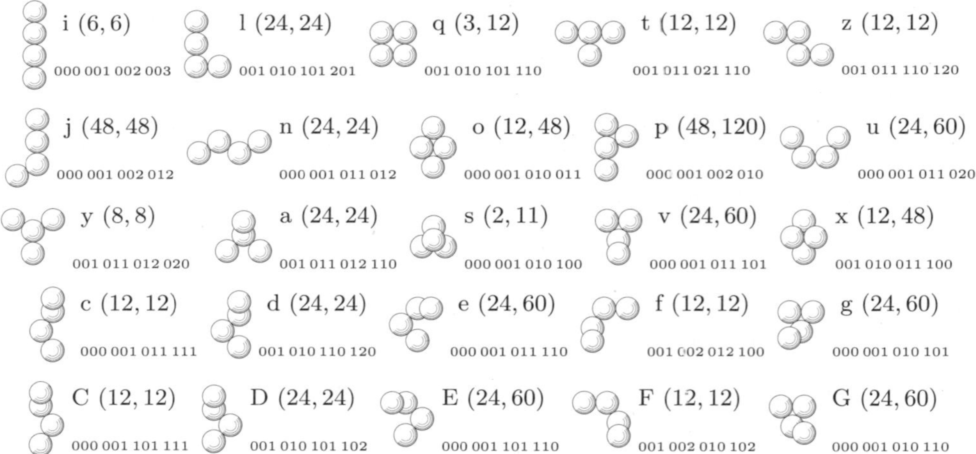

每个部分都被赋予了一个标识字母. 上图显示了基本位置的数量、在 *simplex*(3, 3, 3, 3, 3, 0, 0) 中出现的次数，以及字典序中最小的基本位置. 注意，j 和 p 有 48 个基本位置，而多联立方最多只能有 48 个. s 是 *simplex*(1, 1, 1, 1, 1, 0, 0)，一个具有 4 个等距离球体的四面体. x 可能是最令人着迷的.

[四球首先由泷泽清列举. 然后，托尔斯滕 · 西尔克列举了更大尺寸的非平面多球. 见伯恩哈德 · 维佐克，*Cubism For Fun* **25**, part 3 (1990), 10–17；乔治 · 贝尔，*Cubism For Fun* **81** (2010), 18–23; OEIS A038174.]

356. (a) n 四面体与 $simplex(n-1,n-1,n-1,n-1,n-1,0,0)$ 相同，它具有基本位置 $\{xyz \mid x,y,z \geqslant 0,\ x+y+z<n\}$；有 $\binom{n+2}{3}$ 个单元格.（它还有另一个基本位置，即 $\{(n-1-x)(n-1-y)(n-1-z) \mid x,y,z \geqslant 0,\ x+y+z<n\}$.）

$m \times n$ 屋顶的 12 个基本位置之一是 $\{x(y+k)(m-1-y) \mid k \geqslant 0,\ 0 \leqslant x < n-k,\ 0 \leqslant y < m-k\}$. 如果 $m \leqslant n$，则有 $m(m+1)(3n-m+1)/6$ 个单元格.

伸展的 $m \times n$ 屋顶基于将面心立方晶格切片为恒定的 $y-z$ 层.（每个单元格在其自己的层上有两个邻居，在每个相邻层上有 4 个邻居，以及两层之外的两个邻居.）它的 12 个基本位置之一是 $\{(x+m-1-y)(y+k)y \mid k \geqslant 0,\ 0 \leqslant x < n-k,\ 0 \leqslant y < m-k\}$.

(b) 我们将这 4 种形状分别称为 T_4、$R_{3\times4}$、$S_{3\times4}$ 和 $S_{4\times3}$. 以下是统计数据：

形状	总数	所有平面	混合		所有非平面	
	多重集（集合）	（平衡）	（平衡）	（手性）	（平衡）	（手性）
T_4	2952(1211)	174(34)	308(115)	2442(1062)	2(0)	26(0)
$R_{3\times4}$	11531(6274)	372(69)	1250(583)	9818(5608)	3(0)	88(14)
$S_{3\times4}$	1184(480)	51(6)	108(48)	1014(426)	1(0)	10(0)
$S_{4\times3}$	266(52)	2(0)	27(8)	234(44)	1(0)	2(0)

比如，{j, j, p, p, t} 是可以组合成 T_4 的 5 个平面块的 174 个多重集之一.［事实上，这个解是唯一的，而且 {j, j, p, p, t} 还唯一解决了 $R_{3\times4}$ 和 $S_{3\times4}$. 乔治 · 贝尔基于这个事实设计了优雅的三重悖论拼图. 见 *Cubism For Fun* **94** (2014), 10–13.］在这 174 种情况中，有 34 种是由 5 个不同的块组成的. 比如，{n, o, p, u, y} 是仅有的包含"螺旋桨"y 的 7 种多重集合之一.

还有许多其他由 5 个平面块和非平面块组成的合适集合，其中 115 个（如 {g, G, i, s, x}）对于反射是封闭的. 这个集合有 24 个本质上相同的解. 另外的 1062 个形成了 531 个镜像对（如 {d, e, f, G, i} 和 {D, E, F, g, i}）；手性集的每个解都有 12 个等价解，而不是 24 个.

如果我们给每块分配重数 [0 . . 5]，那么算法 M 可以快速发现所有这样的解. 在没有消除对称性的情况下，有 (88 927, 77 783, 3440, 996) 个解分别对应于 (T_4, $R_{3\times4}$, $S_{3\times4}$, $S_{4\times3}$)，它们可以在 (840, 607, 48, 13) Mμ 内找到.

6 个多重集——3 个镜像对——实际上能够组成*所有* 4 种形状. 这些多功能的组合是 {e, g, g, p, p} 和 {E, G, G, p, p}、{g, j, p, p, p} 和 {G, j, p, p, p}、{g, p, p, p, p} 和 {G, p, p, p, p}.

有一种明显但有趣的方法，可以使用纯粹多重集 {s, s, s, s, s} 来拼成 T_4. 仅有的另一个合适的纯粹多重集是 {p, p, p, p, p}，它可以形成 T_4 和 $R_{3\times4}$，以及沃尔夫冈 · 施奈德在 1995 年提到的许多其他形状.

（2×7 屋顶也有 20 个单元格. 因此，我们可能需要考虑其他统计数据：

$R_{2\times7}$	3940(1628)	608(116)	1296(512)	1970(1000)	14(0)	52(0)
$S_{2\times7}$	426(84)	58(4)	48(20)	306(60)	2(0)	12(0)
$S_{7\times2}$	4(0)	0(0)	0(0)	0(0)	2(0)	2(0)

细长的 $S_{7\times2}$ 只有两种拼法，都是以 x 为中心，周围是 g 或 G. 集合 {i, j, n, o, p} 既能拼成 $S_{2\times7}$ 和 $S_{7\times2}$，也能拼成 T_4.）

(c) 根据两个最远单元格之间距离的平方，将三球命名为 1, 2, 3, 4. 因此，习题 355 中的块是 2, 4, 1, 3. 金字塔 P_4 可以由 296 个这样的多重集构建，其中许多允许大量的解.（比如，10 个多重集中的每一个都包含 {1, 1, 2, 2, 3, 3, 4, 4}，得出超过 30 000 个解；{1, 1, 2, 2, 2, 3, 3, 4, 4, 4} 得出超过 120 000 个解.）最有趣的是具有唯一解的情况（{2, 2, 4, 4, 4, 4, 4, 4, 4, 4}‡, {1, 1, 1, 4, 4, 4, 4, 4, 4, 4}, {1, 2, 2, 2, 2, 2, 2, 2, 2, 2}），或者只有两个解的情况（{2, 2, 2, 2, 2, 2, 2, 2, 2, 2}†, {1, 1, 3, 3, 3, 3, 3, 3, 3, 3}, {2, 4, 4, 4, 4, 4, 4, 4, 4, 4}‡）. † 由伦纳德 · 戈登于 1986 年指出；‡ 由约瑟夫 · 贝克尔于 2009 年指出. 伸展的金字塔 S_4 有 213 个这样的多重集，所有这些多重集也可以构成 P_4. {1, 1, 1, 3, 4, 4, 4, 4, 4, 4} 和 {1, 3, 3, 3, 3, 3, 3, 3, 4, 4} 出现唯一解；{3, 3, 3, 3, 3, 3, 3, 3, 4, 4} 几乎也是如此.

历史注记：第一款多面体拼图可能是在 1967 年由皮特 · 海因版权所有的“金字神秘”．当他的索玛立方体变得流行时，“金字神秘”就出现了．“金字神秘”有 6 块 $\{1,1,3,4,\mathrm{o},\mathrm{p}\}$．海因知道它可以组成 T_4，以及 T_3 的两个副本和几个平面图案．一个未知起源的类似拼图叫作库格尔金字塔，可能在之前就已被创建了，因为伯恩哈德 · 维佐克在 1968 年就见过它．库格尔金字塔的块 $\{1,3,4,4,\mathrm{o},\mathrm{p}\}$ 稍有不同．使用金字神秘或库格尔金字塔，可以拼成 T_4、T_3+T_3、$R_{3\times4}$、$R_{2\times7}$、$S_{2\times7}$；而使用未经考虑的块 $\{1,2,3,4,\mathrm{o},\mathrm{p}\}$，还可以拼成 $S_{3\times4}$，但不能拼成 T_3+T_3．第一款将多联骨牌类型的多球与多六形类型的多球（以一种不明显的可能性）混合的拼图是由桑垣焕和竹中贞夫设计的四分形，见 *Sugaku Seminar* **11**, 7 (July 1972), cover, 34–38 和美国专利第 3837652 号（1974 年）．该专利描述了如何使用双球和三球拼成 P_3，以及如何使用平面四球 $\{\mathrm{i},\mathrm{j},\mathrm{l},\mathrm{n},\mathrm{o},\mathrm{p},\mathrm{q},\mathrm{t},\mathrm{u},\mathrm{y},\mathrm{z}\}$ 拼成 44 球八面体 $P_4P_3^R$．在早期，人们并不知道伸展的屋顶和金字塔是可能的．它们首次由伦纳德 · 戈登在他的 WARP-30 拼图（Kadon Enterprises，1986 年）中引入．

(d) 唯一的基本位置是 $\{xyz \mid x,y,z\in\{0,1,2,3\}, x\neq y\neq z\neq x\}$．统计数据是 95(0) 5(0) 13(0) 70(0) 3(0) 4(0)．只有块 a, c, d, q, u 适合这个形状．下面是使用 $\{\mathrm{a},\mathrm{a},\mathrm{c},\mathrm{d},\mathrm{u},\mathrm{u}\}$、$\{\mathrm{c},\mathrm{c},\mathrm{c},\mathrm{C},\mathrm{C},\mathrm{C}\}$ 或 $\{\mathrm{u},\mathrm{u},\mathrm{u},\mathrm{u},\mathrm{u},\mathrm{u}\}$ 拼成它的方法．

```
a_2a_2   a_1  a_2    a_1a_1             C_2c_3   C_2  c_3    C_2c_3             u_5u_3  u_1  u_3    u_3u_3
c   a_2  c    u_2          a_1u_1 ;    c_1  C_3 c_1    C_3          C_2c_3 ;   u_5  u_6 u_1    u_6          u_2u_2
 d d           c    u_2  c   u_1 ,      C_1c_2        c_1   C_3 c_1  C_3 ,      u_5u_5         u_1    u_6 u_1  u_2
       d u_2   d  u_2  u_1u_1                 C_1c_2  C_1  c_2  C_1c_2                  u_4u_4   u_4  u_6   u_4u_2
```

（注意，$\{\mathrm{q},\mathrm{q},\mathrm{q},\mathrm{q},\mathrm{q},\mathrm{q}\}$ 是平凡解．）这是一个中空物体，不能自立．

357. 截塔八面体是体心立方晶格的沃罗诺伊区域，比面心立方晶格更宽松：可以表示为所有满足 $x \bmod 2 = y \bmod 2 = z \bmod 2$ 的整数三元组 (x,y,z) 的集合．两个中心为这样的点的截塔八面体是相邻的，当且仅当这些点之间的距离为 $\sqrt{3}$（8 个邻居，通过六边形面相接）或 2（6 个邻居，通过正方形面相接）．有 2 个双平台、6 个三平台和 44 个四平台，其中有 9 个手性对．[见马克 · 欧文和马修 · 理查兹，*Eureka* **47** (1987), 53–58.]

可以按照习题 324 中的方法找到基本位置，只不过我们必须置 $(x,y,z)\mapsto(y,2\lceil x_{\max}\rceil-x,z)$．此外，每个基本位置应该进行归一化处理，如果需要的话，可以添加 $(\pm1,\pm1,\pm1)$，以使 $x_{\min}+y_{\min}+z_{\min}\leqslant 1$．

[还可以考虑进一步截断，只留下直径相对的六边形面之间的 4 根小六边形棱柱的并集．这将产生一个名为“多锥”的多面体子族，由乔治 · 西歇尔曼命名和编号：相邻的锥，其中心相距 $\sqrt{3}$，会在棱柱交汇处粘在一起．多锥家族有 1 个单锥、1 个双锥、3 个三锥和 14 个四锥（包括 2 个手性对）．三锥分别具有 (4, 12, 12) 个基本位置；四锥分别具有 (4, 6, 6, 8, 12, 12, 12, 12, 24, $\cdots$, 24) 个基本位置．]

358. 这种迷人的堆砌比其他堆砌要困难得多．比如，有 6 种不同的三六球，它们具有各自的角度 (60°, 90°, $\arccos(-1/3)\approx109.5°$, 120°, $\arccos(-5/6)\approx146.4°$, 180°) 和各自的最大平方距离 (1, 2, 8/3, 3, 11/3, 4)．乔治 · 贝尔发现了一种在面心立方晶格中表示放大的多六球的便捷方法：考虑 S 的子集 $\widehat{S}$，其元素具有特殊形式 $\alpha j+\beta k+\gamma_l$，其中，$j$, k, l 是整数，$\alpha=(0,3,-3,0)$，$\beta=(0,0,3,-3)$，$\gamma_{2l}=(6l,-2l,-2l,-2l)$，$\gamma_{2l+1}=(6l+3,-3-2l,-2l,-2l)$．如果 $\widehat{S}$ 的两个单元格之间的距离是 $\sqrt{18}$，则它们被视为相邻．因此，在第 l 层，每个单元格 v 具有 6 个相邻单元格 $v\pm\{(0,3,-3,0),(0,0,3,-3),(0,-3,0,3)\}$；在第 $l+1$ 层，有 3 个相邻单元格 $v+A[l\text{ 是偶数}]+B[l\text{ 是奇数}]$，其中，$A=\{(3,-3,0,0),(3,0,-3,0),(3,0,0,-3)\}$ 且 $B=\{(3,1,-2,-2),(3,-2,1,-2),(3,-2,-2,1)\}$；在第 $l-1$ 层，有 3 个相邻单元格 $v-A[l\text{ 是奇数}]-B[l\text{ 是偶数}]$．

所有的四球都是四六球，因为它们最多可以装入两层．但是许多五球（例如五联骨牌 T 平面五球）不是五六球．当且仅当多联骨牌适合一个 $2\times k$ 盒子时，存在多联骨牌多六球：$\{(0,0,3k,-3k),(-3,-1,2+3k,2-3k)\}$ 的连通子集是可以的．

习题 354 的答案中的矩阵 $\boldsymbol{T}$ 和 $\boldsymbol{R}^2\boldsymbol{H}\boldsymbol{R}^2$ 由 $\widehat{S}$ 旋转而得．因此，我们可以按照习题 355 的答案中的方式获得等价的基本位置，将每个 xyz 替换为 yzx 或 $(y+\frac{2}{3}w)(x+\frac{2}{3}w)(z+\frac{2}{3}w)$，其中 $w=-x-y-z$．通过添加或减去 666 或 $3\bar{3}0$ 或 $03\bar{3}$ 或 $\bar{3}03$ 来使位置标准化．但是分析仍然不完整：是否需要进一步转换基本位置？对于 $n=4$, 5, $\cdots$，可能存在多少个 n 六球？[见 *Cubism For Fun* **106** (2018), 24–29.]

359. 首先我们意识到，正方形的每条边至少必须与 3 个方块接触. 因此，方块实际上必须形成一个 3×3 的排列. 任何正确的放置方式也会导致将大小为 $(17-k)\times(20-k)$, $\cdots$, $(24-k)\times(25-k)$ 的 9 个块放置到一个 $(65-3k)\times(65-3k)$ 盒子中. 然而遗憾的是，如果我们尝试，比如令 $k=16$，算法 X 很快就会得到矛盾.

但是，嗯，仔细一看，我们发现这些块具有圆角. 实际上，恰好有足够的空间让这些块彼此靠得足够近，以至于如果它们真的是矩形，就会在一个角落产生 1×1 重叠.

因此，我们可以选取 $k=13$，并制作大小为 4×7, $\cdots$, 11×12 的 9 个块，由矩形减去它们的角所组成. 这些块可以像多联骨牌一样（见习题 266）被装进一个 26×26 正方形中，但是由于外包矩形的个别单元格不需要被覆盖，因此这些单元格被视为副项.（嗯，与角相邻的 8 个单元格可以被视为主项.）我们可以通过坚持使 9×11 的块出现在左上方，其长边水平放置，来节省 8 倍因子.

算法 X 在执行 6200 亿次内存访问后解决了这个问题. 它找到了 43 个解，其中大多数是不可用的，因为缺失的角使得这些块过于灵活. 唯一正确的解很容易辨认，因为在一个位置上的矩形之间的 1×1 重叠必须通过在另一个位置上的矩形之间的 1×1 空单元格来补偿. 通过这种方式形成的十字形图案（类似于五联骨牌 X）只出现在 43 个解中的一个中.

360. 假设有 mn 个主项 p_{ij}，其中 $0\leqslant i<m$ 且 $0\leqslant j<n$，每个单元格应该被覆盖且仅被覆盖一次. 另假设有 m 个主项 x_i（$0\leqslant i<m$），以及 n 个主项 y_j（$0\leqslant j<n$）. 精确覆盖问题具有 $\binom{m+1}{2}\binom{n+1}{2}$ 个选项，每个子矩形 $[a\,..\,b)\times[c\,..\,d)$（其中 $0\leqslant a<b\leqslant m$ 且 $0\leqslant c<d\leqslant n$）对应一个选项. 子矩形的选项包含 $2+(b-a)(d-c)$ 项，即 x_a, y_c，以及 p_{ij}（其中 $a\leqslant i<b$ 且 $c\leqslant j<d$）. 当我们坚持要求每个 x_i 被覆盖 $[1\,..\,n]$ 次且每个 y_j 被覆盖 $[1\,..\,m]$ 次时，解对应于约简分解.（我们可以通过省略 x_0 和 y_0 来节省一些时间.）

算法在 18 Mμ 内发现 3×5 问题有 20 165 个解. 它们分别包括 (1071, 3816, 5940, 5266, 2874, 976, 199, 22, 1) 种情况，分别具有 (7, 8, $\cdots$, 15) 个子矩形.

［见塞西尔 · 布洛克，*Environment and Planning* **B6** (1979), 155–190，以了解所有约简分解为最多 7 个子矩形的完整目录.］

361. 最小值为 $m+n-1$. 证明（通过数学归纳法）：当 $m=1$ 或 $n=1$ 时，结果是显而易见的. 否则，分解为 t 个子矩形，其中 k 个（$k\geqslant1$）必须被限制在第 n 列. 在这 k 个子矩形中，如果有两个是相邻的，那么我们可以将它们组合起来. 由此产生的 $t-1$ 阶分解可简化为 $(m-1)\times n$ 或 $m\times n$，因此 $t-1\geqslant(m-1)+n-1$. 如果它们都不相邻，则前 $n-1$ 列约简为 $m\times(n-1)$. 因此 $t\geqslant m+(n-1)-1+k$.

仔细检查这个证明可知，当且仅当其边界边缘形成 $m-1$ 条水平线和 $n-1$ 条彼此不交叉的竖直线时，约简分解才具有最小阶 t.（特别是满足“榻榻米条件”，见习题 7.1.4–215.）见克里斯托弗 · 厄尔，*Environment and Planning* **B5** (1978), 179–187.

362. 只需删除有问题的子矩形，这样覆盖问题就只有 $\left(\binom{m+1}{2}-1\right)\left(\binom{n+1}{2}-1\right)$ 个选项. 现在，算法在 11 Mμ 内找到 3×5 问题的 13 731 个解，并且它们分别包括 (410, 1974, 3830, 3968, 2432, 900, 194, 22, 1) 种情况，分别具有 (7, 8, $\cdots$, 15) 个子矩形.

363. 引入额外的主项 X_i（其中 $0<i<m$），要求被覆盖 $[1\,..\,n-1]$ 次，以及 Y_j（其中 $0<j<n$），要求被覆盖 $[1\,..\,m-1]$ 次. 然后将项 X_i（其中 $a<i<b$）和 Y_j（其中 $c<j<d$）添加到子矩形 $[a\,..\,b)\times[c\,..\,d)$ 的约束条件中.

现在 3×5 问题只有 216 个解，找到它们花费了 190 万次内存访问. 这些解包括 (66, 106, 44) 个实例，分别包含 (7, 8, 9) 个子矩形. 只有两个解在左右反射下是对称的，它们是 和其上下镜像.

364. 我们可以从精确覆盖问题中删除非三联骨牌的选项，从而获得所有约简的合法三联骨牌平铺方案. 如果还删除对 x_i 和 y_j 的约束，并且要求 X_i 和 Y_j 分别被覆盖 $[1\,..\,n]$ 次和 $[1\,..\,m]$ 次，而不是 $[1\,..\,n-1]$ 次和 $[1\,..\,m-1]$ 次，我们就可以得到所有 $m\times n$ 合法三联骨牌平铺方案.

已知这样的非平凡平铺方案存在的充分必要条件是 $m,n\geqslant7$ 且 mn 为 3 的倍数.［见卡尔 · 谢勒，*JRM* **13** (1980), 4–6；葛立恒，*The Mathematical Gardner* (1981), 120–126.］因此，我们按照 mn 的顺序来看最小的情况：当 $(m,n)=(7,9)$, $(8,9)$, $(9,9)$, $(7,12)$, $(9,10)$ 时，我们分别得到 $(32,32)$, $(48,48)$,

$(16,16)$, $(706,1026)$, $(1080,1336)$ 个解. 因此，该断言是错误的. 一个最小的反例如右图所示.

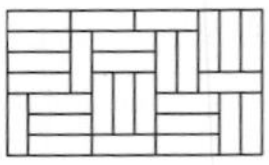

365. 通过引入 $\binom{m+1}{2}+\binom{n+1}{2}-2$ 个副项 x_{ab} 和 y_{cd} 来扩展习题 362 的答案中的精确覆盖问题，其中 $0\leqslant a<b\leqslant m$ 且 $0\leqslant c<d\leqslant n$，$(a,b)\neq(0,m)$，$(c,d)\neq(0,n)$. 将项 x_{ab} 和 y_{cd} 包含在子矩形 $[a\,..\,b)\times[c\,..\,d)$ 的选项中. 此外，对 x_i 覆盖 $[1\,..\,m-i]$ 次，而不是 $[1\,..\,n]$ 次；对 y_j 覆盖 $[1\,..\,n-j]$ 次.

366. 按照提示，因为 $[a\,..\,b)\times[0\,..\,d)$ 不能与其左右反射 $[a\,..\,b)\times[n-d\,..\,n)$ 共存，所以我们可以去掉一半的解.

考虑 $(m,n)=(7,7)$ 的情况. 每个解将包括 x_{67} 和某个 y_{cd}. 如果 y_{cd} 是 y_{46}，那么左右反射将产生一个等价的解，其中 y_{cd} 是 y_{13}. 因此，我们禁止选项 $(a,b,c,d)=(6,7,4,6)$. 同理，当 $7-d<c$ 时，我们禁止选项 $(a,b,c,d)=(6,7,c,d)$.

当 $c+d=7$ 时，反射不会改变底行矩形，因此我们没有打破所有的对称性. 但是，我们可以通过同时考虑顶行矩形（x_{01} 与某个 $y_{c'd'}$ 同时出现的选项）来完成这项工作. 让我们引入新的副项 t_1, t_2, t_3，并将 t_c 包含在具有 x_{67} 和 $y_{c(7-c)}$ 的选项中. 然后，我们将 t_1, t_2, t_3 包含在具有 x_{01} 和 $y_{c'd'}$ 的选项中，其中 $c'+d'>7$. 我们还将 t_1 添加到具有 x_{01} 和 y_{25} 的选项中；将 t_1 和 t_2 同时添加到具有 x_{01} 和 y_{34} 的选项中. 这样做非常有效，因为没有解可以同时满足 $c=c'$ 和 $d=d'$.

一般来说，我们引入新的副项 t_c，其中 $1\leqslant c<n/2$，并且我们禁止满足 $c+d>n$ 的选项 $x_{(m-1)m}$ y_{cd}. 我们将 t_c 放入包含 $x_{(m-1)m}$ $y_{c(n-c)}$ 的选项中；将 t_1 到 $t_{\lfloor(n-1)/2\rfloor}$ 放入包含 x_{01} $y_{c'd'}$ 的选项中，其中 $c'+d'>n$；将 t_1 到 $t_{c'-1}$ 放入包含 x_{01} $y_{c'(n-c')}$ 的选项中.（仔细思考一下这个规则.）

比如，当 $m=n=7$ 时，现在有 717 个选项，而不是 729 个；有 57 个副项，而不是 54 个. 现在，我们仅需 132 亿次内存访问就找到了 352 546 个解，而不是在执行 264 亿次内存访问后得到 705 092 个解. 搜索树现在只有 780 万个结点，而不是 1570 万个.

（有人可能认为上述做法也会打破上下对称性. 但这是错误的：一旦在打破左右对称性时将注意力集中在底行，我们就失去了顶部和底部之间的所有对称性.）

367. 对于任何 t 阶 $m\times n$ 剖分，我们将其包裹在两个 $1\times(m+1)$ 图块和两个 $1\times(n+1)$ 图块中，从而获得两个 $t+4$ 阶 $(m+2)\times(n+2)$ 剖分. 因此，通过数学归纳法和习题 365 中的例子，以及一个 10 阶 5×6 的例子，我们得到了这个结论，其中有 8 个对称的实例，其中之一如右图所示.（这种构造是合法的，也是“紧凑”的：根据习题 361，每个 $m\times n$ 剖分的阶数至少为 $m+n-1$.）

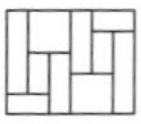

赫尔穆特 · 波斯特尔观察到，我们一般可以通过对杂色剖分的任何子矩形进行杂色剖分（注意不要重复任何内部边界坐标）并简化结果来创建嵌套的杂色剖分. 比如，右图显示了将风车嵌套在第 2 个杂色 4×4 矩形中的 $2\times(6+3+3+3+1+9+3)=56$ 种方法之一.

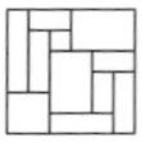

368. 给定 k，满足 $c=k$ 或 $d=k$ 的子矩形 $[a\,..\,b)\times[c\,..\,d)$ 的数量，当 $k\in\{0,n\}$ 时大于或等于 2，当 $0<k<n$ 时大于或等于 3. 因此 $2t\geqslant 2+3(n-1)+2$.

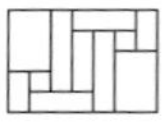

369. 所有 214 个 5×7 杂色剖分的阶数都是 11，远远低于 $\binom{6}{2}-1=14$. 并且，没有大小为 5×8、5×9 或 5×10 的剖分. 然而，令人惊讶的是，696 个大小为 6×12 的剖分中，有 424 个具有最佳阶数 20，并且也存在具有最佳阶数 27 的 7×17 剖分. 这里展示了这些显著模式的示例.［除了小 n，$m=7$ 的情况仍未得到充分探索. 比如，7×17 杂色剖分的总数未知. 根据习题 368，不存在 7×18 剖分. 如果我们将注意力限制在对称剖分上，则 $5\leqslant m\leqslant 8$ 的最大阶数为 11（5×7）；19（6×11）；25（7×15）；33（8×21）.］

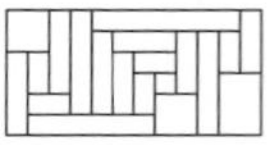

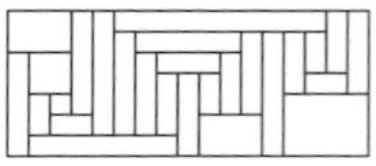

370. 基本思想是尽可能将互补选项组合成单个选项. 以下是更准确的表述. (i) 如果 $a+b=m$ 且 $c+d=n$，那么我们照常保留该选项. 它是自互补的. (ii) 如果 $a+b=m$ 或 $c+d=n$，则拒绝该选项. 合并将是非杂色的. (iii) 如果 $a+b>m$，则拒绝该选项. 我们已经考虑过它的互补选项. (iv) 如果 $b=1$ 且 $c+d<n$，则拒绝该选项. 它的互补选项是非法的. (v) 如果 $b>m/2$、$c<n/2$ 且 $d>n/2$，则拒绝该选项. 它与其互补选项相交. (vi) 否则将选项与其互补选项合并. 比如，当 $(m,n)=(4,5)$ 且 $(a,b,c,d)=(1,3,2,3)$ 时，出现情况 (i)；如习题 366 的答案所示，选项是“x_1 y_2 p_{12} p_{22} x_{13} y_{23}”. 当 $(a,b,c,d)=(1,3,0,1)$ 时，出现情况 (ii). 当 $(a,b)=(2,3)$ 时，出现情况 (iii). 当 $(a,b,c,d)=(0,1,0,1)$ 时，出现情况 (iv)；互补选项 $(3,4,4,5)$ 不是习题 366 的答案中的有效子矩形. 当 $(a,b,c,d)=(1,3,1,3)$ 时，出现情况 (v)；单元格 p_{22} 和 p_{23} 也出现在互补选项 $(1,3,2,4)$ 中. 当 $(a,b,c,d)=(0,1,4,5)$ 时，出

现情况 (vi)；合并选项是“$x_0\ y_4\ p_{04}\ x_{01}\ y_{45}\ t_1\ t_2$”和“$x_3\ y_0\ p_{30}\ x_{34}\ y_{01}$”的并集.（正如习题 360 的答案所建议的那样，我们实际上省略了 x_0 和 y_0.）

8×16 有 (6703, 1984, 10 132, 1621, 47) 个解，阶数分别为 (26, ⋯, 30).

371. (a) 我们再次按照习题 370 的答案中的方式合并兼容的选项. 但是现在 $(a,b,c,d)\to(c,d,n-b,n-a)\to(n-b,n-c,n-b,n-a)\to(n-b,n-a,c,d)$，所以通常我们必须合并 4 个选项，而不是两个. 规则如下：如果 $a=n-1$ 且 $c+d>n$，或者 $c=n-1$ 且 $a+b<n$，或者 $b=1$ 且 $c+d<n$，或者 $d=1$ 且 $a+b>n$，则拒绝；如果 (a,b,c,d) 在字典序上大于其 3 个后继中的任何一个，也要拒绝；但是如果 $(a,b,c,d)=(c,d,n-b,n-a)$，则接受而不合并；否则，如果 $b>c$ 且 $b+d>n$，或者 $b,d>n/2$ 且 $c<n/2$，则因为交集而拒绝；如果 $a+b=n$ 且 $c+d=n$，也要因为杂色条件而拒绝；否则将 4 个选项合并为一个.

比如，当 $n=4$ 且 $(a,b,c,d)=(0,1,2,4)$ 时，合并后的选项是“$x_0\ y_2\ p_{02}\ p_{03}\ x_{01}\ y_{24}\ t_1\ x_2\ y_3\ p_{23}\ p_{33}\ x_{24}\ y_{34}\ x_3\ y_0\ p_{30}\ p_{31}\ x_{34}\ y_{24}\ p_{00}\ p_{10}\ x_{02}\ y_{01}$”，除 x_0 和 y_0 以外都包含在内. 需要注意的是，在合并 $a=c$、$b=d$、$a=n-d$ 或 $b=n-c$ 的情况下，不要重复包含项 x_i 或 y_j.

(b) 由于双对角线对称性，可能出现 $(a,b,c,d)=(c,d,a,b)$，但 $(a,b,c,d)\neq(n-d,n-c,n-b,n-a)$，或者反之. 因此，有时我们会合并两个选项，有时会合并 4 个选项，而有时会接受但不合并. 具体来说，如果 $a=n-1$ 且 $c+d>n$，或者 $c=n-1$ 且 $a+b>n$，或者 $b=1$ 且 $c+d<n$，或者 $d=1$ 且 $a+b<n$，则拒绝；如果 (a,b,c,d) 在字典序上大于其 3 个后继中的任何一个，也要拒绝；但是如果 $a=c=n-d=n-b$，则接受而不合并；如果 $b>c$、$b>n-d$、$a+b=n$ 或 $c+d=n$，则拒绝；否则将 2 个或 4 个选项合并为一个.

当 $n=4$ 时的例子有：“$x_1\ y_1\ p_{11}\ p_{12}\ p_{21}\ p_{22}\ x_{13}\ y_{13}$”“$x_0\ y_3\ p_{03}\ x_{01}\ y_{34}\ t_1\ x_3\ y_0\ p_{30}\ x_{34}\ y_{01}$”“$x_0\ y_2\ p_{02}\ x_{34}\ y_{23}\ t_1\ x_1\ y_3\ p_{13}\ x_{12}\ y_{34}\ x_3\ y_1\ p_{31}\ x_{34}\ y_{12}\ x_2\ y_0\ p_{20}\ x_{23}\ y_{01}$”. 再次省略 x_0 和 y_0.

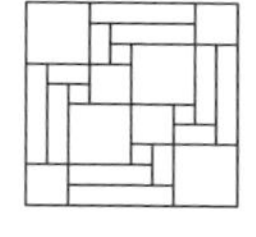

(c) $n=10$，唯一解如右图所示.（对于 $n=(10, 11, \cdots, 16)$，这种图案的总数为 (1, 0, 3, 6, 28, 20, 354). 算法仅需 5.6 亿次内存访问就能找到 16×16 问题的所有 354 个解. 它们的阶数分别为 34、36 和 38 ~ 44. 此外，具有对称性 (a) 的 $n\times n$ 杂色剖分的数量，对于 $n=(3, 4, 5, \cdots, 16)$，分别为 (1, 0, 2, 2, 8, 18, 66, 220, 1024, 4178, 21 890, 102 351, 598 756, 3 275 503). 当 $n=16$ 时，算法 M 需要 3.3 万亿次内存访问. 这些图案的阶数为 $4k$ 和 $4k+1$，其中 $k=8, 9, \cdots, 13$.）

372. (a) 这个事实和下面提到的其他事实可以通过对房间数量进行归纳来证明：如果左上房间的右下角是一个 ⊥ 连接点，那么我们可以通过将其右边界向左移动来“压平”和删除该房间；否则，我们可以将其底边界向上移动. 所有的楼面图都可以通过反转这个压平过程来构建.

设房间按照对角线顺序为 $r_1\cdots r_n$，按照反对角线顺序为 $r_{p_1}\cdots r_{p_n}$（从左到右）. 那么有 $r_i\Downarrow r_j \iff i<j$ 且 i 在排列 $p=p_1\cdots p_n$ 中紧跟 j；$r_i\Rightarrow r_j\iff i<j$ 且 i 在 p 中直接位于 j 之前. 水平边界的数量等于 p 中下降的次数加 2. 竖直边界的数量等于上升的次数加 2.

(b) 以下是示例的孪生树结构. 注意，它的向左和向右的链是与边界相邻的房间的有序序列.

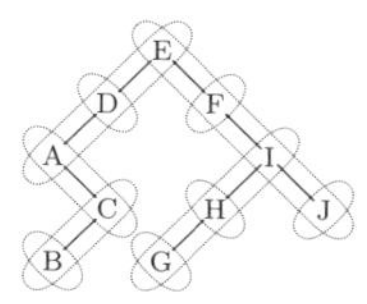

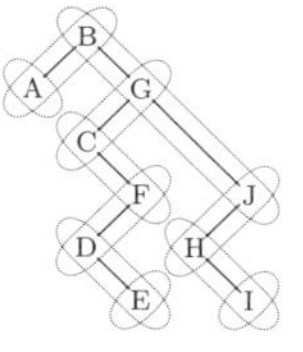

每棵孪生树的结构都以一个非常简单的方式产生：设 $p=p_1p_2\cdots p_n$ 是 $\{1,2,\cdots,n\}$ 的任意排列，将 $p_1, p_2, \cdots, p_n$ 插入一棵初始为空的二叉树中，得到 T_0；同理，通过插入 $p_n, \cdots, p_2, p_1$ 来获得 T_1. 这些树可以在线性时间内构建（见习题 6.2.2–50）. 容易看出，它们是孪生树，都具有中序遍历 $12\cdots n$. 虽然不同的排列可以产生相同的孪生树，但只有巴克斯特排列（见习题 MPR–135）可以这样做，而且它可以从孪生树中以线性时间计算而得. 因此，楼面图、孪生树和巴克斯特排列之间存在良好的一一对应关系.

[楼面图在 VLSI 布局中很重要，其中，房间对应于模块，边界对应于通道. 孪生树是由塞尔日 · 迪吕克和奥利维耶 · 吉贝尔在 *Discrete Math.* **157** (1996), 91–106 中引入的，纯粹是出于他们的组合兴趣，然后被姚波、陈宏宇、陈中宽和葛立恒应用于楼面图，见 *ACM Trans. Design Aut. Electronic Syst.* **8**

(2003), 55–80. 另见约翰逊 · 哈特，*Int. J. Comp. Inf. Sciences* **9** (1980), 307–321；村田洋、藤吉邦洋、渡辺知己和梶谷洋司，*Proc. Asia and South Pacific Design Aut. Conf.* **2** (1997), 625–633；埃亚勒 · 阿克曼、吉尔 · 巴雷奎特和罗恩 · 平特，*Discrete Applied Mathematics* **154** (2006), 1674–1684；以及作者的程序 FLOORPLAN-TO-TWINTREE、TWINTREE-TO-BAXTER、BAXTER-TO-FLOORPLAN，可在线获取（2021 年）.]

373. 完美分解矩形的约简是一种杂色剖分. 因此，我们可以通过“撤销约简”所有杂色剖分来找到所有完美分解矩形.

比如，5 阶杂色剖分的唯一形式是 3×3 风车. 因此，整数维 5 阶 $m \times n$ 完美分解矩形是方程组 $x_1 + x_2 + x_3 = m$, $y_1 + y_2 + y_3 = n$ 的正整数解，使得 x_1, x_2, x_3, $x_1 + x_2$, $x_2 + x_3$, y_1, y_2, y_3, $y_1 + y_2$, $y_2 + y_3$ 这 10 个值是不同的. 这些方程可以轻松地分解为两个简单的回溯问题，一个针对 m，一个针对 n. 每个问题生成一个五元素集合 $\{x_1, x_2, x_3, x_1 + x_2, x_2 + x_3\}$ 的列表. 然后，我们寻找两个子问题的所有不相交解对. 通过这种方式，我们很快地发现当 $m = n = 11$ 时，方程组只有两个本质上不同的解，即 $(x_1, x_2, x_3) = (1, 7, 3)$ 和 $(y_1, y_2, y_3) = (2, 4, 5)$ 或 $(5, 4, 2)$. 因此，5 阶完美分解正方形的最小尺寸是 11×11，而且有两个这样的正方形（如下图所示）. 它们由马丁 · 范赫托格在 1979 年 5 月向马丁 · 加德纳报告.（顺便说一句，12×12 正方形也可以被完美分解. ）

6 阶没有解. 7 阶、8 阶、9 阶、10 阶的解分别来自大小为 4×4、4×5、5×5、5×6 的杂色剖分. 通过查看所有解，我们发现最小的 $n \times n$ 正方形分别对应 $n = 18, 21, 24, 28$. 这里显示的每个 t 阶解都使用了尺寸为 $\{1, 2, \cdots, 2t\}$ 的矩形，但在 $t = 9$ 的情况下除外：存在唯一的 9 阶 24×24 完美分解正方形，它使用了尺寸为 $\{1, 2, \cdots, 17, 19\}$ 的矩形.

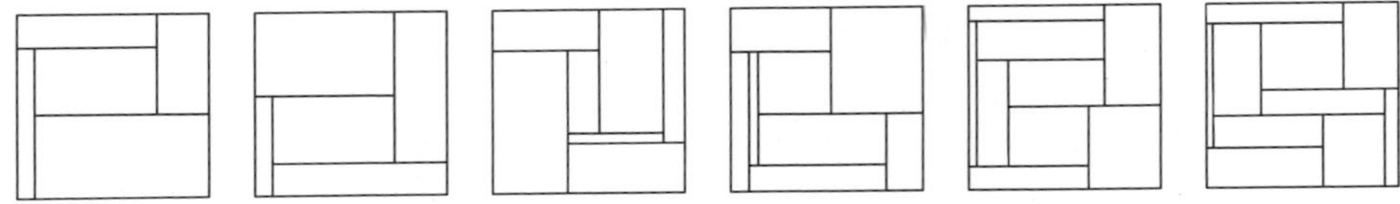

[威廉 · 卡特勒在 *JRM* **12** (1979), 104–111 中介绍了完美分解矩形.]

374. (a) 错误（但接近）. 令各个维度是 $z_1, \cdots, z_{2t}$，其中 $z_1 \leqslant \cdots \leqslant z_{2t}$. 然后，我们有 $\{w_1, h_1\} = \{z_1, z_{2t}\}$, $\{w_2, h_2\} = \{z_2, z_{2t-1}\}$, $\cdots$, $\{w_t, h_t\} = \{z_t, z_{t+1}\}$. 因此，$z_1 < \cdots < z_t \leqslant z_{t+1} < \cdots < z_{2t}$. 但 $z_t = z_{t+1}$ 是可能的.

(b) 错误（但接近）. 如果约简后的矩形是 $m \times n$ 的，则其中一个子矩形可以是 $1 \times n$ 或 $m \times 1$ 的；一个杂色剖分必须是严格约简的.

(c) 正确. 如右图所示，给矩形标记 $\{a, b, c, d, e\}$. 然后有一个矛盾：$w_b > w_d \iff w_e > w_c \iff h_e < h_c \iff h_d < h_b \iff w_b < w_d$.

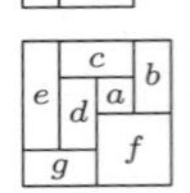

(d) 阶数不能是 6，因为约简后的形状将变成风车加上一个 1×3 子矩形，并且 (c) 的论证仍然适用. 因此阶数必须是 7，并且我们必须证明习题 365 的第二个剖分是行不通的. 如右图所示，将其区域标记为 $\{a, \cdots, g\}$，我们有 $h_d > h_a$；因此 $w_a > w_d$. 同样，$h_e > h_b$，所以 $w_b > w_e$. 糟糕：$w_f > w_g$ 且 $h_f > h_g$.

在习题 365 中的其他 4×4 杂色剖分中，我们显然有

$$w_4 < w_5, \quad w_4 < w_6, \quad w_6 < w_7, \quad h_4 < h_3, \quad h_3 < h_1, \quad h_4 < h_2.$$

因此，$h_4 > h_5$，$h_4 > h_6$，$h_6 > h_7$，$w_4 > w_3$，$w_3 > w_1$，$w_4 > w_2$. 现在，$h_5 < h_6 \iff w_5 > w_6 \iff w_2 > w_3 \iff h_2 < h_3 \iff h_6 + h_7 < h_5$. 因此，$h_5 < h_6$ 意味着 $h_5 > h_6$. 我们必须有 $h_5 > h_6$，因此也有 $h_2 > h_3$. 最终有 $h_2 < h_1$，因为 $h_7 < h_5$.

(e) 该条件显然是必要的. 反之，给定任何这样的解对，对于所有足够大的 α，矩形 $w_1 \times \alpha h_1, \cdots, w_t \times \alpha h_t$ 都是不可比的.

（许多问题仍未得到解答：确定给定的杂色剖分是否支持不可比剖分，这是否是 NP 难的？是否存在这样的杂色剖分，它支持具有两个不同排列标签的不可比剖分？对称的杂色剖分是否可以支持不可比剖分？）

375. (a) 根据习题 374(d)，宽度和高度必须满足：

$$w_5 = w_2 + w_4, \qquad w_6 = w_3 + w_4, \qquad w_7 = w_1 + w_3 + w_4;$$
$$h_3 = h_4 + h_5, \qquad h_2 = h_4 + h_6 + h_7, \qquad h_1 = h_4 + h_5 + h_6.$$

为了证明这个提示，请考虑习题 374(a) 的答案. 对于 $1 \leqslant j \leqslant t$ 的每个 z_j 可以是 h 或 w；z_{2t+1-j} 则相反. 所以有 2^t 种方法可以将 h 和 w 混在一起.

假设所有 h 都在前，即 $h_7 < \cdots < h_1 \leqslant w_1 < \cdots < w_7$：

$$1 \leqslant h_7, \quad h_7+1 \leqslant h_6, \quad h_6+1 \leqslant h_5, \quad h_5+1 \leqslant h_4, \quad h_4+1 \leqslant h_4+h_5,$$
$$h_4+h_5+1 \leqslant h_4+h_6+h_7, \quad h_4+h_6+h_7+1 \leqslant h_4+h_5+h_6,$$
$$h_4+h_5+h_6 \leqslant w_1, \quad w_1+1 \leqslant w_2, \quad w_2+1 \leqslant w_3, \quad w_3+1 \leqslant w_4,$$
$$w_4+1 \leqslant w_2+w_4, \quad w_2+w_4+1 \leqslant w_3+w_4, \quad w_3+w_4+1 \leqslant w_1+w_3+w_4.$$

在这种情况下，最小半周长是 $w_1+w_2+w_3+w_4+h_7+h_6+h_5+h_4$ 的最小值，但须满足以上不等式. 容易看出，最小值是 68，当 $h_7=2$、$h_6=3$、$h_5=4$、$h_4=5$、$w_1=12$、$w_2=13$、$w_3=14$、$w_4=15$ 时达到.

还要考虑交替情况，其中 $w_1 < h_7 < w_2 < h_6 < w_3 < h_5 < w_4 \leqslant h_4 < w_2+w_4 < h_4+h_5 < w_3+w_4 < h_4+h_6+h_7 < w_1+w_3+w_4 < h_4+h_5+h_6$. 事实证明，这种情况是不可行的.（实际上，任何满足 $h_6 < w_3 < h_5$ 的情况都需要满足 $h_4+h_5 < w_3+w_4$，因此需要 $h_4 < w_4$.）128 种情况中，只有 52 种是可行的.

128 个子问题中的每一个都是线性规划的经典示例，一个良好的线性规划求解器几乎瞬间就能解决它. 对于有 7 个子矩形的情况，其最小半周长为 35，在 $w_1 < w_2 < w_3 < h_7 < h_6 < h_5 < h_4 \leqslant w_4 < w_5 < w_6 < w_7 < h_3 < h_2 < h_1$（或 $w_4 \leftrightarrow h_4$ 的相同情况下）的情况下通过设置 $w_1=1$、$w_2=2$、$w_3=3$、$h_7=4$、$h_6=5$、$h_5=6$、$h_4=w_4=7$ 来唯一地获得. 次优情况的半周长为 43. 在某种情况下，可实现的最佳半周长为 103.

为了找到最小的正方形，我们只需将约束条件 $w_1+w_2+w_3+w_4 = h_7+h_6+h_5+h_4$ 添加到每个子问题中. 现在 128 个中只有 4 个是可行的. 最小的边长为 34，仅在 $(w_1,w_2,w_3,w_4,h_7,h_6,h_5,h_4) = (3,7,10,14,6,8,9,11)$ 的情况下出现.

(b) 在有 8 个子矩形的情况下，约简图案是 4×5 图案. 我们可以在 4×4 图案或其转置图案的右侧放置一个 4×1 列；或者我们可以使用习题 365 中的前两个 4×5 图案之一.（其他 6 个图案可以用类似于习题 374 的答案中的论证排除.）带标记的图如下：

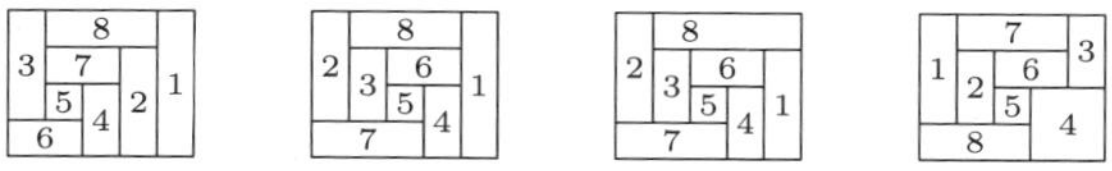

对于以上每一个选择，有 256 个简单的子问题要考虑. 最佳半周长分别为 (44, 44, 44, 56)；最佳的正方形尺寸分别为——并且令人惊讶的是——(27, 36, 35, 35).（当有 8 个子矩形时，我们可以剖分一个比有 7 个子矩形时小得多的正方形. 此外，没有更小的正方形能以整数的方式进行完全剖分，因为 9 个子矩形太多了.）得到边长为 44 的正方形的一种方法是在第 3 张图中使用 $(w_1,w_2,w_3,w_4,w_5,h_8,h_7,h_6,h_5) = (4,5,6,7,8,1,2,3,8)$. 而得到边长为 27 的正方形的唯一方法是在第 1 张图中使用 $(w_1,w_2,w_3,w_4,w_5,h_8,h_7,h_6,h_5) = (1,3,5,7,11,4,6,8,9)$.

这些线性规划问题通常有整数解，但有时则没有. 比如，在 $h_8 < h_7 < w_1 < h_6 < w_2 < w_3 < w_4 < h_5$ 的情况下，第 2 张图的最优解是 97/2，当 $(w_1,w_2,w_3,w_4,w_5,h_8,h_7,h_6,h_5) = (7,11,13,15,17,3,5,9,17)/2$ 时可以实现. 如果仅限整数解，则最小值增大到 52，通过 $(w_1,w_2,w_3,w_4,w_5,h_8,h_7,h_6,h_5) = (4,6,7,8,9,1,3,5,9)$ 实现.

[不可比剖分的理论由姚期智、爱德华 · 马丁 · 莱因戈尔德和乔治 · 桑兹在 *JRM* **8** (1976), 112–119 中发展. 关于三维的推广，见查尔斯 · 亨利 · 杰普森，*Mathematics Magazine* **59** (1986), 283–292.]

376. 这是一个适用于习题 374(d) 的不可比剖分. 我们首先置 $b=x=1$ 来尝试解方程组 $a(x+y+z) = bx = c(w+x) = d(w+x+y) = (a+b)w = (b+c)y = (b+c+d)z = 1$. 我们依次得到 $c = 1/(w+1)$，$a = (1-w)/w$，$y = (w+1)/(w+2)$，$d = (w+2)/((w+1)(w+3))$，$z = (w+1)(w+3)/((w+2)(w+4))$.

因此 $x+y+z-1/a=(2w+3)(2w^2+6w-5)/((w-1)(w+2)(w+4))$，我们必须满足 $2w^2+6w=5$. 这个二次方程的正根是 $w=(\surd-3)/2$，其中 $\surd=\sqrt{19}$.

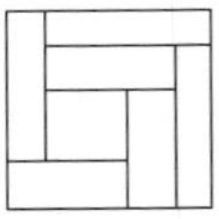

将矩形 $(a+b+c+d)\times(w+x+y+z)$ 分解为 7 个面积为 1 的不同矩形后，我们进行归一化处理，将 (a,b,c,d) 除以 $a+b+c+d=\frac{7}{15}(\surd+1)$，并将 (w,x,y,z) 除以 $w+x+y+z=\frac{5}{6}(\surd-1)$. 这产生了所需的平铺（如右图所示），矩形的大小为：$\frac{1}{14}(7-\surd)\times\frac{1}{15}(7+\surd)$, $\frac{5}{42}(-1+\surd)\times\frac{1}{15}(1+\surd)$, $\frac{5}{21}\times\frac{3}{5}$, $\frac{1}{21}(8-\surd)\times\frac{1}{15}(8+\surd)$, $\frac{1}{21}(8+\surd)\times\frac{1}{15}(8-\surd)$, $\frac{5}{42}(1+\surd)\times\frac{1}{15}(-1+\surd)$, $\frac{1}{14}(7+\surd)\times\frac{1}{15}(7-\surd)$.

［见威廉默默斯・努伊，*AMM* **81** (1974), 665–666. 为了得到 8 个面积为 1/8 的矩形，我们可以将其中一个的大小缩小 7/8 并附加一个 $(1/8)\times 1$ 矩形. 为了得到 9 个面积为 1/9 的矩形，我们可以将另一个矩形的大小缩小 8/9 并附加一个狭长的 $(1/9)\times 1$ 矩形，以此类推. 八矩形问题还有另外两个解，由习题 375(b) 中的第 3 个和第 4 个 4×5 图案支持. ］

377. (a) 我们可以得到 $h\times w$，除非 w 是奇数且 h 不是 3 的倍数. 这是因为，如果 w 是偶数，那么我们可以连接 $w/2$ 个大小为 $h\times 2$ 的实例；如果 h 是 3 的倍数，那么我们可以连接 $h/3$ 个大小为 $3\times w$ 的实例；否则，我们无法使用连接来使 w 作为两个偶数的和，或者 h 作为两个 3 的倍数的和.

(b) 形状 2×3, 2×4, 2×5, 3×4, 3×5, 3×6, 3×7 是必要且充分的.（并且 $\Lambda(S)=\{h\times w \mid h>1, w>3\}\cup\{2h\times 3\mid h\geqslant 1\}$.）

(c) $S=\{2\times 4, 3\times 8, 4\times 2, 8\times 3\}$.

(d) 当且仅当对于某些 a 有 $h=an'$ 且满足 $\lfloor m/n'\rfloor<a<2\lfloor m/n'\rfloor+2$ 以及对于某些 b 有 $w=bn''$ 且满足 $\lfloor m/n''\rfloor<b<2\lfloor m/n''\rfloor+2$ 时，$h\times w\in S$，其中 $n'=n/\gcd(n,w)$ 且 $n''=n/\gcd(n,h)$.

378. 首先考虑一维模拟：如果 A 是一组正整数，那么 $\Lambda(A)$ 表示由 A 中的一个或多个元素相加得到的整数. 我们可以证明，任何一组正整数 B 都有一个有限子集 A，使得 $B\subseteq\Lambda(A)$. 如果 B 为空集，那么没有什么需要证明的；否则令 $b=\min(B)$. 令 q_r 是 B 中满足 $q_r \bmod b=r$ 的最小元素，其中 $0\leqslant r<b$. 如果不存在这样的元素，则让 q_r 未定义. 那么 B 中的每个元素都可以表示为 q_r 加上 $q_0=b$ 的倍数.

因此，在二维平面中，存在一个有限集合 $X=\{h_1\times w_1,\cdots,h_t\times w_t\}\subseteq T$，使得 T 中的每个元素的宽度都在 $\Lambda(X^*)$ 中，其中，$X^*=\{w_1,\cdots,w_t\}$ 是 X 中的宽度集合. 令 $p=h_1\cdots h_t$ 为 X 中所有高度的乘积. 那么当 $h\times w\in T$ 时，必有 $p\times w\in\Lambda(X)$.

对于 $0\leqslant r<p$，令 T_r 表示 T 中满足 $h \bmod p=r$ 的元素 $h\times w$ 的集合，令 Q_r 是 T_r 的一个有限子集，使得 T_r 中的每个元素的宽度都在 $\Lambda(Q_r^*)$ 中. 令 q 是任何 Q_r 中元素的最大高度. 注意，如果 $h\times w\in T$ 且 $h>q$ 且 $h'\times w'\in Q_{h \bmod p}$，则由于 $p\times w'\in\Lambda(X)$ 且 $h-h'$ 是 p 的正倍数，我们有 $h\times w'\in\Lambda(X\cup Q_r)$. 因此 $h\times w\in\Lambda(\{h\times w'\mid h'\times w'\in Q_r\})\subseteq\Lambda(X\cup Q_r)$.

最后，对于 $1\leqslant i\leqslant q$，令 T_i' 是 T 中满足 $h=i$ 的元素 $h\times w$，令 P_i 是 T_i' 的一个有限子集，使得 T_i' 中的每个元素的宽度都在 $\Lambda(P_i^*)$ 中. 那么 T 中的每个元素都属于 $\Lambda(X\cup Q_0\cup\cdots\cup Q_{p-1}\cup P_1\cup\cdots\cup P_q)$.

［这个论点可以扩展到任意维度. 见尼古拉斯・戈维特・德布鲁因和戴维・克拉尔纳，*Philips Research Reports* **30** (1975), 337*–343*；迈克尔・里德，*J. Combinatorial Theory* **A111** (2005), 89–105. ］

379. 显然可以进行 2×5 填充. 因此，基包含 2×5（和 5×2）. 对于 $w>2$，只有当 $5\times(w-2)$ 填充成立时才可以进行 $5\times w$ 填充. 当 $h=3$ 时显然是不可能的.

当 $h=7$ 时，情况更有趣：通过合并可以得到 7×10 的解，而 7×15 有 80 个容易找到的不同解. 因此，基包含 7×15 和 15×7.

这个基是完备的：我们已经证明了如果 h 不是 5 的倍数，那么只要 w 是 5 的倍数，$h\times w$ 就是可能的，除非 $h=1$ 或 $h=3$ 或"h 是奇数且 $w=5$". 如果 h 和 w 都是 5 的倍数，那么 $h\times w$ 是可能的，除非 h 或 w 等于 5 且另一个是奇数.［见威廉・马歇尔，*J. Combinatorial Theory* **A77** (1997), 181–192; 迈克尔・里德，*J. Combinatorial Theory* **A80** (1997), 106–123. ］

380. 最小基包含 15×15（见图 73）加上 39 对 $\{h\times w, w\times h\}$，其中 $(h,w)\in\{(5,10), (9,20), (9,30), (9,45), (9,55), (10,14), (10,16), (10,23), (10,27), (11,20), (11,30), (11,35), (11,45), (12,50), (12,55), (12,60), (12,65), (12,70), (12,75), (12,80), (12,85), (12,90), (12,95), (13,20), (13,30), (13,35), (13,45), (14,15), (15,16), (15,17), (15,19), (15,21), (15,22), (15,23), (17,20), (17,25), (18,25), (18,35),$

(22,25)}. { 这个问题有悠久的历史，最早可以追溯到戴维 · 克拉尔纳的发现，他发现 10 块单侧五联骨牌 Y 可以唯一地填充 5×10 盒子 [*Fibonacci Quarterly* **3** (1965), 20]. 克拉尔纳最终手动找到了 39 个基本对中的 14 个，包括难以找到的情况 (12, 80). 其他 9 种情况 $(12, w)$ 是由詹姆斯 · 比特纳 [*JRM* **7** (1974), 276–278] 找到的，他使用了一个在 h 远小于 w 时比算法 X 更快的边界转换方法. 完整的集合是在 1992 年由托尔斯滕 · 西尔克（未发表）确定的，然后由朱利安 · 福格尔、马克 · 戈尔登贝格和刘江枫 [*Mathematics and Informatics Quarterly* **11** (2001), 133–137] 独立发现. }

381. 算法 X 可以快速找到 $n = 7, 11, 12, 13, 15, 16, 17$ 的示例，因此对于所有 $n \geqslant 11$ 都是可能的. [约翰 · 凯利在 *AMM* **73** (1966), 468 中发现了 $n = 7$ 的情况. *所有可填充的矩形都是由这个基产生的吗?*]

382. 在图示中，设背角为点 777，并使用 "*abcdef*" 代替 $[a\,..\,b) \times [c\,..\,d) \times [e\,..\,f)$. 子立方体为 670517 (270601) 176705 (012706) 051767 (060127), 561547 (260312) 475615 (122603) 154756 (031226), 351446 (361324) 463514 (243613) 144635 (132436), 575757 (020202), 454545 (232323)——括号中的数表示 11 个镜像——加上中心立方体 343434. 注意，除了 $[0\,..\,4)$, $[1\,..\,6)$, $[2\,..\,5)$, $[3\,..\,7)$, $[0\,..\,7)$，每个维度都使用了所有 28 个可能的区间.

> 我从一个中央立方体开始，向外构建整个过程，
> 一直凝视希尔伯特《几何与想象力》中的正二十四胞体.
> ——斯科特 · 金，致马丁 · 加德纳的信（1975 年 12 月）

383. （由赫尔穆特 · 波斯特尔解答）我们可以使用七元组 $(2, 10, 27, 17, 11, 20, 5)$, $(1, 14, 18, 8, 21, 24, 6)$, $(3, 19, 16, 7, 34, 9, 4)$ 来 "还原" 第 1 个、第 2 个、第 3 个坐标. 比如，子立方体 670517 变为 $5 \times (1{+}14{+}18{+}8{+}21) \times (19{+}16{+}7{+}34{+}9{+}4)$. 将一个 $92 \times 92 \times 92$ 立方体切割成 $1 \times 70 \times 87$, $2 \times 77 \times 88$, $3 \times 80 \times 86$, $4 \times 67 \times 91$, $5 \times 62 \times 89$, $6 \times 79 \times 90$, $7 \times 8 \times 17$, $9 \times 51 \times 65$, $10 \times 38 \times 71$, $11 \times 21 \times 34$, $12 \times 15 \times 22$, $13 \times 25 \times 30$, $14 \times 39 \times 66$, $16 \times 18 \times 27$, $19 \times 33 \times 75$, $20 \times 47 \times 61$, $23 \times 32 \times 48$, $24 \times 36 \times 76$, $26 \times 37 \times 50$, $28 \times 40 \times 43$, $29 \times 31 \times 42$, $35 \times 44 \times 53$, $41 \times 45 \times 54$ 等大小的块. 这个结果构成一个非常难解的谜题.

如何发现这些神奇的七元组呢? 像习题 374 那样的穷举搜索是不可能的. 波斯特尔首先寻找能在 "普遍" 范围 $[13\,..\,23]$ 和 $[29\,..\,39]$ 中产生非常少维度的七元组. 如果幸运的话，大量的其他七元组将不会在 23 个相关小计中产生冲突；再次幸运的话，其中一些将不会相互冲突.

（波斯特尔还证明了 $91 \times 91 \times 91$ 分解是不可能的.）

384. 习题 365 的答案中的精确覆盖问题可以很容易地扩展到三维：每个可行子立方体 $[a\,..\,b) \times [c\,..\,d) \times [e\,..\,f)$ 的选项都有 $6 + (b-a)(d-c)(f-e)$ 项，即 $x_a\ y_c\ z_e\ x_{ab}\ y_{cd}\ z_{ef}$ 以及被覆盖的单元格 p_{ijk}.

就像在习题 366 中那样，我们可以做得更好：这个答案中的大部分改进在三维情况下也可以实现，只需要我们简单地省略 $a = l - 1$ 且 $c + d > m$ 或 $e + f > n$ 的情况. 此外，如果 $m = n$，那么我们可以省略 $(e, f) < (c, d)$ 的情况.

在没有进行这些省略的情况下，算法 M 处理 $l = m = n = 7$ 的情况需要 98 万亿次内存访问，产生 2432 个解. 而在进行省略后，运行时间减少到 43 万亿次内存访问，并找到 397 个解.

（$7 \times 7 \times 7$ 问题可以根据立方体的 6 个可见面上出现的图案分解为子问题. 这些图案可以被简化为 5×5 风车，只需花费大约 40 Mμ 的时间即可发现所有 152 种可能性. 此外，这些可能性在立方体的 48 种对称性下可简化为仅 5 种情况. 然后，可以通过将 5×5 约简图案嵌入到 7×7 未约简图案中来解决每种情况，考虑与顶点 000 相邻的 3 个面的 $15^3 = 3375$ 种可能性. 大多数这些可能性可以立即被排除. 因此，算法 C 可以在约 70 Gμ 的时间内解决这 5 种情况，从而使得总运行时间约为 350 Gμ. 然而，作者付出了两天的努力才获得这 120 倍的增速.）

所有 3 种方法都显示，在同构的前提下，$7 \times 7 \times 7$ 杂色立方体可能存在恰好 56 种剖分方式. 这 56 种剖分方式中，每一种都恰好由 23 个长方体组成，其中有 9 种在映射 $xyz \mapsto (7-x)(7-y)(7-z)$ 下对称，并且其中 9 种之一，也就是习题 382 中的那种，有 6 种自同构.

[这些运行结果确认并稍微扩展了威廉 · 卡特勒在 *JRM* **12** (1979), 104–111 中的工作. 他的计算机程序在将搜索限制为恰好有 23 个长方体的解时，找出了恰好 56 种可能性.]

385. 不，有无限多个．比如，波斯特尔通过将斯科特 · 金的 $7\times7\times7$ 立方体及其镜像拼接在一起，在接合处对几个垂直于拼接面的平面进行微调和约简，构造出了一个原始的 $11\times11\times13$ 长方体．

386. 可能的 12 种对称性可以表示为 $\{0,1,2,3,4,5\}$ 的排列，定义为 $x\mapsto(ax+b)\bmod 6$，其中 $a=\pm1$ 且 $0\leqslant b<6$；根据 a 的符号，我们用 b 或 $\bar{b}$ 表示该排列．根据存在的自同构，有 10 个对称性类别：(i) 全部 12 种；(ii) $\{0,\bar{0},2,\bar{2},4,\bar{4}\}$；(iii) $\{0,\bar{1},2,\bar{3},4,\bar{5}\}$；(iv) $\{0,1,2,3,4,5\}$；(v) $\{0,3,\bar{0},\bar{3}\}$ 或 $\{0,3,\bar{2},\bar{5}\}$ 或 $\{0,3,\bar{4},\bar{1}\}$；(vi) $\{0,2,4\}$；(vii) $\{0,3\}$；(viii) $\{0,\bar{0}\}$或$\{0,\bar{2}\}$或$\{0,\bar{4}\}$；(ix) $\{0,\bar{1}\}$或$\{0,\bar{3}\}$或$\{0,\bar{5}\}$；(x) $\{0\}$．

(i) 完全　(ii) 三轴-a　(iii) 三轴-b　(iv) 60°　(v) 双轴　(vi) 120°　(vii) 180°　(viii) 轴向-a　(ix) 轴向-b　(x) 无

(i) 完全　(ii) 三轴-a　(iii) 三轴-b　(iv) 60°　(v) 双轴　(vi) 120°　(vii) 180°　(viii) 轴向-a　(ix) 轴向-b　(x) 无

（类别 (ii) 和 (iii) 与 (viii) 和 (ix) 取决于镜像是左右还是上下．注意，当存在 k 种自同构时，有 $12/k$ 个基本位置．）

387. 24 种潜在的对称性 S 可以表示为 $\{\pm1,\pm2,\pm3\}$ 的带符号排列，意味着坐标被排列和（或）互补．使用习题 7.2.1.2–20 的答案中的符号，它们是 123, $1\bar{2}\bar{3}$, $\bar{1}2\bar{3}$, $\cdots$, $\overline{321}$，其中排列的逆序数加上互补数是偶数．

每种对称性都是关于通过原点的某条直线的三维旋转．（在一块多联立方经过其中一种对称性的旋转之后，如果需要，我们应该将结果进行平移，使其回到原始位置．）比如，$\bar{1}32$ 得到 $(x,y,z)\mapsto(c-x,z,y)$；它是绕对角线 $x=c/2$, $y=z$ 进行 180° 旋转的．当 $c=0$ 时，它是弯曲的三联立方 $\{000,001,010\}$ 的对称性；当 $c=1$ 时，它是左拧四联立方 $\{000,001,100,110\}$ 的对称性．

通过构建布尔函数的 BDD，可以轻松找到该群的所有子群．这个布尔函数的 24 个变量是潜在对称性．实际上，任何集合 S 的所有符合给定二元运算 $\star$ 的封闭子集都是方程 $\bigwedge_{x,y\in S}(\neg x\vee\neg y\vee(x\star y))$ 的解．在这种情况下，得到的 BDD（在 2.5 Mμ 内找到）有 197 个结点，并且准确描述了 30 个子群．

如果存在某个 $t\in S$ 使得 $T'=t^{-}Tt$，则称两个子群 T 和 T' 是*共轭的*．这些子群被认为是等价的，因为它们相当于从不同的方向观察对象．根据这个等价关系，子群的不同共轭类被称为“对称性类型”，一共有 11 个，如下所示．

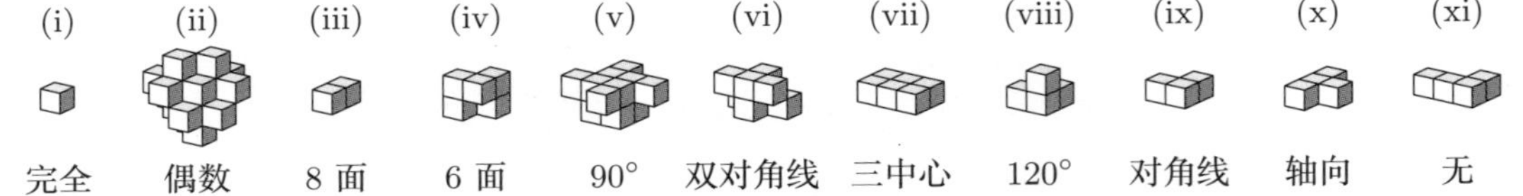

类型 (ii) 包含 12 种排列是偶数的对称性．有这些对称性且没有其他对称性的最小的多联立方——因此它只有两个基本位置——包含 20 个小立方体，其中 12 个环绕在一个由 8 个小立方体组成的核心周围．类型 (iv) 对 3 个坐标的每个排列都有一种对称性．类型 (iii)、(v)、(vi)、(vii)、(ix)、(x)、(xi) 对应于正方形的 8 种对称类型，其中通过“将正方形翻转到对面”实现反射．在这种解释中，双轴对称性变为三中心对称性，因为它对应于关于每个坐标轴的中心对称性．之前被称为“180°”的类型现在从另外两个轴的任意一个是相同的，都被视为“轴对称”．[这 12 个例子中许多有反射对称性，但这些并不计入其中．当允许反射时，在 48 个超八面体对称性的完整集合下，有 33 种对称类型，由威廉 · 伦农在 *Graph Theory and Computing* (Academic Press, 1972), 101–108 中精美地呈现．伦农还在第 87 ~ 100 页展示了多六形的 10 种对称类型．]

388. 谜题 (a) 中的 4 条弱线索组成了一条有向路径，它等价于 5 条强线索 (1, 2, 3, 4, 5)．然后，第 1 列和第 2 列[①]中的空位可以使用“排除”（hidden single）技巧来确定，单元格 (4, 2) 的值可以使用“唯一余

① 此处行、列从 0 开始计数．如果从 1 开始计数，则为第 2 列和第 3 列．——译者注

数”（naked single）技巧来确定[1]. 由此，我们无须对不同可能性进行分支探索，就能成功解开谜题. 谜题 (b) 的“唯一余数”位于单元格 $(4,2)$. 顺带一提，我们注意到，最中央的单元格即使比其 4 个相邻单元格的每一个都大，也不一定就是 5. 然后，单元格 $(4,4)$ 也是“唯一余数”，以此类推. 同样，整个推理过程都是唯一确定的，无须分支. 谜题 (c) 从“排除”技巧开始，首先将整个谜题中 3 个缺失的数字 1 分别放置在合适的空位中，然后将数字 5 放在第 0 行的合适位置. 当我们将单元格 $(4,2)$ 的数字确定后，其余的空位就都迎刃而解了.

(a)
```
4   5   1   3   2
                ∧
5 > 4   2 > 1   3
3   1   5   2   4
        ∨
2   3 < 4   5   1
    ∨
1 < 2   3   4   5
```

(b)
```
3 > 1   4   5   2
2   3   1   4   5
        ∧       ∨
5   2 < 3 > 1   4
        ∨
4   5   2   3   1
                ∧
1   4 < 5   2   3
```

(c)
```
3   5   1   2 < 4
4   1   5   3   2
2   3   4   5   1
5   4   2   1   3
1   2 < 3   4   5
```

［*历史注记*：不等式谜题是由浅尾仁彦发明的，他称之为 Dainarism（“大于”），见 *Puzzle Communication Nikoli* **92** (September 2000). ］

389. 一般来说，给定一个有向图，我们为每个顶点 v 都赋予一个整数标签 $l(v)$. 这个标签满足 $l(v) \geqslant a(v)$，其中，下界 $a(v)$ 是给定的. 我们可以对这些标签进行如下改进：对于满足 $d^+(v) > 0$ 的每个顶点，将 v 压入栈 S（$v \Rightarrow S$），其中，栈 S 初始为空. 然后，当 S 为非空时，重复执行下列操作：从栈 S 中弹出顶点 v（$S \Rightarrow v$），并对于每个满足 $v \longrightarrow w$ 和 $a(w) \leqslant a(v)$ 的顶点 w，置 $a(w) \leftarrow a(v)+1$；如果 $d^+(w) > 0$，则将 w 压入栈中（$w \Rightarrow S$）.

类似的算法还可以改进给定的一组上界值 $b(v)$. 对于不等式谜题，我们在应用这些算法时会初始设定 $a(v)=1$ 和 $b(v)=n$，除非有强线索指定了 v 的整数标签时，才设定 $a(v)=b(v)=l$.（*注意*：这种方法并不足以证明谜题 (b) 的最中央的空位必须填 3 或比 3 更大的数字，但该方法仍然非常有用.）

390. 在 (a) 和 (b) 两种情况中，我们都使用 p_{ij}、r_{ik} 和 c_{jk} 作为主项，其中，$0 \leqslant i,j < n$，$1 \leqslant k \leqslant n$. 这与我们在数独中的操作是一致的. 与 (30) 类似，对于每一个 (i,j) 和 $k \in [a_{ij} \,.\,.\, b_{ij}]$，我们都设定一个选项，其中，上下界 a_{ij} 和 b_{ij} 的计算方法可见习题 389（除了 k 被强线索所排除的情况）.

(a) 假设有 w 条弱线索，其中，第 t 条弱线索是 $l(i_tj_t) < l(i'_tj'_t)$. 我们引入 $(n-3)w$ 个副项 g_{td}，其中，$1 < d < n-1$，$1 \leqslant t \leqslant w$. 不那么正式地说，这里的每一项表示 $l(i_tj_t) > d$ 和 $d \geqslant l(i'_tj'_t)$，因此我们不希望同一项出现两次[2]. 我们在每个对应于第 i 行第 j 列且 $d < k$ 的选项中，以及对应于第 i' 行第 j' 列且 $d \geqslant k$ 的选项中包含副项 g_{td}.

举例来说，在谜题 388(b) 中，单元格 $(0,0)$ 和 $(0,1)$ 所对应的选项分别是“$p_{00}\ r_{03}\ c_{03}\ g_{13}$”“$p_{00}\ r_{04}\ c_{04}$”“$p_{00}\ r_{05}\ c_{05}$”和“$p_{01}\ r_{01}\ c_{11}$”“$p_{01}\ r_{02}\ c_{12}$”“$p_{01}\ r_{03}\ c_{13}\ g_{12}$”.（当 $(i,j,k)=(0,0,2)$ 或 $(0,1,4)$ 时不设置对应的选项.）该谜题中还包含一个选项“$p_{22}\ r_{23}\ c_{23}\ g_{23}\ g_{33}\ g_{43}\ g_{53}$”.

(b) 引入 w 个主项 g_t 和 $3n^2$ 个副项 P_{ij}、R_{ik}、C_{jk}. 主项 p_{ij}、r_{ik} 和 c_{jk} 对应的选项是“$p_{ij}\ r_{ik}\ c_{jk}\ P_{ij}{:}k\ R_{ik}{:}j\ C_{jk}{:}i$”，其中，$0 \leqslant i,j < n$，$a_{ij} \leqslant k \leqslant b_{ij}$. 主项 g_t 对应的选项是“$g_t\ P_{i_tj_t}{:}k\ P_{i'_tj'_t}{:}k'\ R_{i_tk}{:}j_t\ R_{i'_tk'}{:}j'_t\ C_{j_tk}{:}i_t\ C_{j'_tk'}{:}i'_t$”，其中 $k < k'$，且 k 和 k' 在由 $l(i_tj_t)$ 和 $l(i'_tj'_t)$ 设定的上下界内.

经验表明，表述 (a) 明显优于表述 (b).

391. 如习题 390 的答案所述，给定 $5\times5\times5$ 个选项“$p_{ij}\ r_{ik}\ c_{jk}$”的情况下，算法 X 只需要执行 230 兆次内存访问就能生成 $161\,280 = 5! \times 4! \times 56$ 个解.［欧拉在他关于拉丁方阵的重要论文 *Verhandelingen Genootschap Wetenschappen Vlissingen* **9** (1782), 85–239, §148 中列举了这些解，尽管他当时已经几乎失明.］每个 5×5 拉丁方阵都有 40 对相邻元素，从而形成一个由 40 个不等号组成的串. 我们可以对

① 单元格 (4, 2) 即最后一行处于中间位置的空位. 由于其所在的行出现了 1, 2，其所在的列出现了 4, 5，故此处根据“唯一余数”技巧，只能填写 3.——译者注

② 如果同一项 g_{td} 在两个选项中出现，则说明存在一个 d 同时满足 $l(i_tj_t) > d$ 和 $d \geqslant l(i'_tj'_t)$，即 $l(i_tj_t) > l(i'_tj'_t)$. 这与弱线索 $l(i_tj_t) < l(i'_tj'_t)$ 不符，因此这两个选项不应当同时选中. 通过这种副项设置方式，我们保证了不会出现 $l(i_tj_t) > l(i'_tj'_t)$ 的情况，同时主项已经保证不会出现 $l(i_tj_t) = l(i'_tj'_t)$，所以最终可以保证 $l(i_tj_t) < l(i'_tj'_t)$.
——译者注

这 161 280 个串进行排序．实际上只有 115 262 个互不相同的串，且只有 82 148 个仅出现过一次．其他 79 132 个串仅凭弱线索是无法唯一确定对应的拉丁方阵的．

392. 以下是所发现的每种类型的首个例子，以及例子的总数量：

(a) 有唯一解		(b) 无解		(c) 有多个解	
（有长路径）	（无长路径）	（有长路径）	（无长路径）	（有长路径）	（无长路径）
2976	4000	369 404	405 636	1 888 424	242 985 880

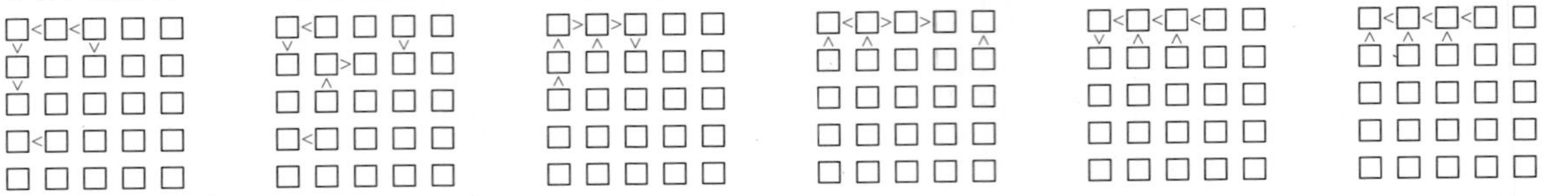

（更详细的计数显示，有 (369 404, 2976, 4216, 3584, $\cdots$, 80) 种情况具有至少一条长路径，且分别有 (0, 1, 2, 3, $\cdots$, 1344) 个解；有 (405 636, 4000, 4400, 1888, $\cdots$, 72) 种情况不含长路径，且分别具有 (0, 1, 2, 3, $\cdots$, 24 128) 个解．）下面的例 (i) 通过使用 6 条特别没用的线索，从而使得这个例子具有最多的解法．

当然，最有趣的情况是那些有效的谜题．它们属于旋转和（或）反射，和（或）互补下的等价类．因此，一个等价类往往有 16 个例子，这些例子均等价于其中的任何一个例子．然而，有 46 个等价类，每个类里只有 8 个成员，在转置对称下是自对偶的，其中，26 个类有长路径（如下面的 (ii)、(iii) 和 (iv)），18 个类没有长路径（如 (v)、(vi) 和 (vii)）．因此，存在 $(173+26)+(241+18)=458$ 个有效、本质上不同、由 6 条弱线索组成的不等式谜题．然而，若考虑保留所有线索的行列顺序变换，则其中许多谜题实质上也是相同的．最难的对称谜题的例子可能是 (vii)，因为若通过习题 390 的方法来求解此谜题，则需要一棵含有 374 个结点的搜索树．（然而，聪明的解题者会立即推断出，一个对称谜题的所有对角元素必须都是 3!）

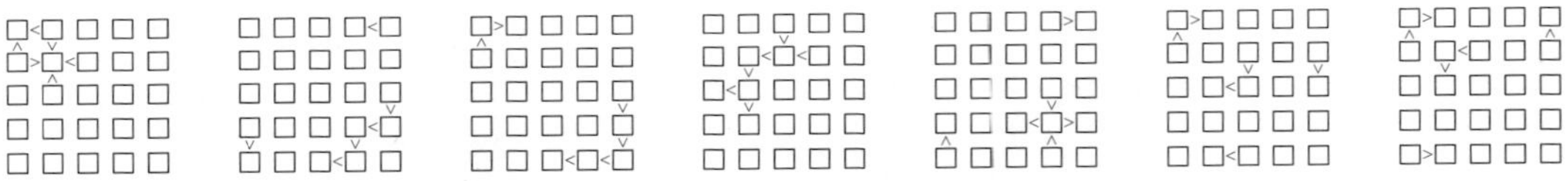

(i)　　(ii)　　(iii)　　(iv)　　(v)　　(vi)　　(vii)

393. 对于 $5^6=15\,625$ 种标记 6 个单元格的方法，若只考虑受限增长串（见 7.2.1.5 节），则可以将其简化为 $\varpi_6=203$ 个串．当一个串有 k 个不同的标记时，将该串的结果乘以 $5^{\underline{k}}$．（事实上，203 个串中只有 202 个与本问题相关，因为最后一个串 (123456) 将乘以 $5^{\underline{6}}=0$，所以永远不会被用到．）在每个具有 5 个单元格的子集中，我们找到了 (1 877 807 500, 864 000, 0, 0, 1 296 000, 10 368 000, $\cdots$, 144 000) 种情况，它们分别具有 (0, 1, 2, 3, 4, 5, $\cdots$, 336) 个解．

0 个解　　1 个解　　4 个解　　5 个解　　336 个解　　336 个解

通过对行、列和标签进行独立的顺序变换，就可以从所示例子中获得每个具有唯一解的情况．（事实上，$864\,000=5!^3/2$．）

394. 令强线索的数量为 h，弱线索的数量为 $k=5-h$．在 $h=(1,2,3)$ 时，有 4 个解的情况分别只有 (144, 2016, 2880) 种．每种这样的情况下，都有两行及两列是完全没有线索的，从而可以通过交换这两行和（或）这两列来产生 4 个解．与习题 392 的答案一样，大多数情况属于在旋转、移位和（或）互补条件下等价的 16 个谜题类别．但是当 $h=3$ 时，有 30 个大小为 8 的等价类具有转置对称性（见下面的 (iii) 和 (iv)）；还有 6 个大小为 8 的自对偶类（见 (v)）．因此，具有 5 条线索和 4 个解，且相互不等价的不等式谜题共有 $9+126+(36+162)=333$ 个．

(i) (ii) (iii) (iv) (v) (vi)

（本习题的灵感来自丹·卡茨于 2012 年 1 月在数学联席会议上的演讲．他指出，对于所有 $0 \leqslant h \leqslant 6$，存在满足 $h+k=6$ 的有效谜题．事实上，我们可以从习题 392 的答案中的例 (iv) 开始，不停地从序列 (5, 1, 5, 1, 4, 2) 中依次插入一条线索，同时去掉一个不等号．）

［目前已知当 $n \leqslant 8$ 时，唯一确定一个 $n \times n$ 拉丁方阵所需的最小强线索数为 $\lfloor n^2/4 \rfloor$．参见理查德·比恩，arXiv:math/0403005 [math.CO] (2004)．］

395. 令 L 是习题 394 的答案中的谜题 (vi) 的解．（如果思路卡住了，请参阅附录 E．）除了 L，还有另外 15 个拉丁方阵具有相同的、由 40 个不等号组成的串．唯一能将 L 与这另外 15 个拉丁方阵区分开来的方法，是在边界上的行或列中至少给出一条线索 2 或 3，在边界上的行或列中至少给出一条线索 4 或 5，以及在单元格 $\{(1,1),(1,3),(3,1),(3,3)\}$ 中至少给出一条线索 4 或 5.

396. 下面是一个满足条件的谜题，由算法 P + X 在 90 Mμ 内生成（见附录 E）.

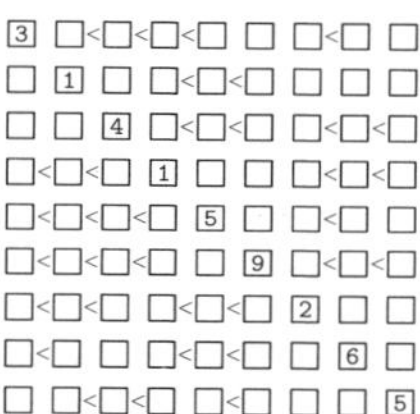

397. (a) 设网格大小为 $m \times n$．设置 $(m+1)(n+1)-4$ 个主项表示“端点”，记为 ij，其中，$0 \leqslant i \leqslant m$，$0 \leqslant j \leqslant n$，且 $[i=0]+[i=m]+[j=0]+[j=n] \leqslant 1$；并设置“绵羊”主项，记为 s_{ij}，表示一只绵羊在单元格 ij 中．设置主项“起点-终点”，记为 + 和 −．设置 mn 个副项 x_{ij}，其中，$0 \leqslant i < m$，$0 \leqslant j < n$，每个单元格一个．设置 3 种选项，如下所述．(i) $14(m-1)(n-1)$ 个“结点”选项“$ij\ x_{(i-1)(j-1)}{:}a\ x_{(i-1)j}{:}b\ x_{ij}{:}c\ x_{i(j-1)}{:}d$”，其中，$0 < i < m$，$0 < j < n$，$0 \leqslant a,b,c,d \leqslant 1$，且满足“$a=b$ 或 $b=c$ 或 $c=d$”．(ii) $2m+2n-4$ 个“边界”选项，典型例子为“02 $x_{01}{:}0\ x_{02}{:}0$”“02 $x_{01}{:}0\ x_{02}{:}1$ −”“02 $x_{01}{:}1\ x_{02}{:}0$ +”“02 $x_{01}{:}1\ x_{02}{:}1$”，其中，$0 \leqslant i \leqslant m$，$0 \leqslant j \leqslant n$，且 $[i=0]+[i=m]+[j=0]+[j=n]=1$．相邻的边界单元格，如 x_{01} 和 x_{02} 等，按顺时针顺序排列．（比如，当 $n=5$ 时，右侧边界的选项之一是“35 $x_{24}{:}0\ x_{34}{:}1$ −”；左侧边界的选项之一是“20 $x_{20}{:}1\ x_{10}{:}0$ +”．）(iii) 每只绵羊最多有 6 个“绵羊”选项“$s_{ij}\ x_{ij}{:}1\ x_{(i-1)j}{:}a\ x_{i(j+1)}{:}b\ x_{(i+1)j}{:}c\ x_{i(j-1)}{:}d$”，其中 $a+b+c+d=2$．如果副项 x 对应的单元格位于网格外，则省略该选项，在这种情况下，其值假定为 1．比如，在示例谜题中，最上面的绵羊只有 3 个选项，即“$s_{03}\ x_{03}{:}1\ x_{04}{:}b\ x_{13}{:}c\ x_{02}{:}d$”，其中 $b+c+d=1$.

最右侧例题的 XCC 问题有 5 个解：

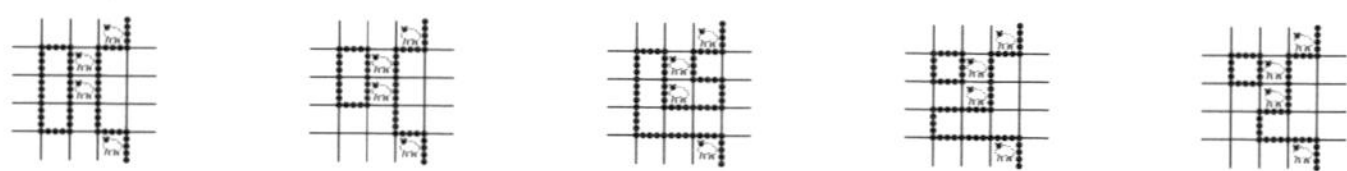

为了去除其中不符合规则的解，我们从“+”出发，沿着栅栏一路走到“−”．只有当整条路径经过了所有相邻单元格之间的颜色转换时，我们才接受这个解.

(b) 如果把 k 只绵羊置于长度为 k 的网格对角线上，那么我们会得到唯一解，但是这个谜题太平凡，不够“有趣”．随机试验表明，大约每一万个配置中有一个能产生合适的谜题．下面的前 3 个例子就是作者通过随机试验找到的．第 4 个例子则是手动设计的．以下所有的谜题都可以手动解开.

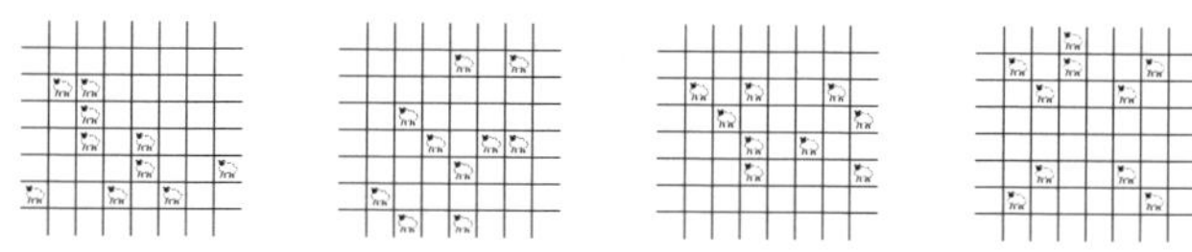

［爱娃玛丽 · 奥尔森发明了这个游戏. 参见詹姆斯 · 亨利，*Math. Intelligencer* **40**, 1 (2018), 69–70. ］

398. (c) 中第 0 行和第 4 行的空格可以用两种方法填上 3 和 5.

(a)

3− 1	4	14+ 2	15× 3	5
9× 3	1	5	2	2÷ 4
6+ 4	3	5+ 1	5	2
2	3− 5	4	5+ 1	3
5 5	2	7+ 3	4	1

(b)

34560× 4	2	3	1	3− 5
3	5÷ 1	5	4	2
5	3	4	2	10+ 1
3+ 2	9+ 4	1	5	3
1	5	2 2	1− 3	4

(c)

3− 4	1	14+ 2	15×	
9× 1	3	5	2÷ 2	6+ 4
3	5 5	4	1	2
3− 5	2	3	5+ 4	1
8× 2	4	9+ 1		

［宫本哲也于 2004 年发明了“贤贤谜题”，作为一种教学辅助工具. 另外，所有运算都是乘法、所有笼子都是矩形的特例，则由矢野龙王于 *Puzzle Communication Nikoli* **92** (September 2000) 中发表. ］

399. （由彼得 · 韦格尔解答）令 r_{ik} 和 c_{jk} 为主项，其中，$0 \leqslant i,j < n$，$1 \leqslant k \leqslant n$. 此外，如果有 w 个笼子，则引入主项 g_t，其中 $1 \leqslant t \leqslant w$. 进一步地说，对于没有线索的笼子，为其每个单元格 ij 引入主项 p_{ij}. 每个这样的 p_{ij} 都设置 n 个选项“$p_{ij}\ r_{ik}\ c_{jk}$”，其中 $1 \leqslant k \leqslant n$. 最后，令 C_t 是第 t 个笼子对应的单元格，并为每个将标签 $l(i_t, j_t)$ 分配给单元格 C_t 的可行方案设置选项

$$“g_t \bigcup \{r_{il(i_t,j_t)},\ c_{jl(i_t,j_t)}\}”.$$

比如，在谜题 398(a) 的第 3 个笼子中，有两个标签可以满足该笼子的线索“15×”，即 $l(0,3) = 3$ 和 $l(0,4) = 5$ 或 $l(0,3) = 5$ 和 $l(0,4) = 3$. 因此，g_3 对应的两个选项是“$g_3\ r_{03}\ c_{33}\ r_{05}\ c_{45}$”和“$g_3\ r_{05}\ c_{35}\ r_{03}\ c_{43}$”. 对于这个谜题，线索为“9×”的笼子只有一个选项：“$g_4\ r_{13}\ c_{03}\ r_{11}\ c_{11}\ r_{23}\ c_{13}$”.

为只有一个单元格的笼子设置选项很简单，对于有两个单元格的笼子来说也很容易. 而对于更大的笼子，其选项则可以通过直接的回溯算法列出：我们可以用位向量来表示每一行和每一列中未选择的标签，就像在算法 7.2.2B* 中表示皇后问题中未选择的值一样. 在给定部分标签的情况下，对最终的和或积进行简单的上下界约束，就能获得令人满意的剪枝效果，类似于步骤 B3*，基于 7.1.3 节的函数 λ 和 ρ. 谜题 398(b) 中包含 10 个单元格，线索为“34560×”的笼子有 288 个选项，每个选项有 31 项. 链接将围绕这些项欢快地舞动.

（顺带一提，这种表述并不要求笼子里的单元格是相连的. ）

400. 算法 X 几乎可以瞬间解决这 2048 个问题，并发现其中正好有 499 个问题是唯一可解的. 给定 (5, 6, $\cdots$, 11) 条线索，其对应的唯一可解的谜题数量分别为 (14, 103, 184, 134, 52, 11, 1). 比如，即使只给出 5 个笼子的线索“15×”“6+”“3−”“5+”“5”，这个问题也是唯一可解的！确切地说，这 499 个谜题中，有 (14, 41, 6) 个谜题分别有 (5, 6, 7) 条*最小*线索. 最小线索谜题对应于相关单调布尔函数的素蕴涵元.

类似的方法也适用于谜题 398(b). 我们可以在*不知道*“34560×”或“2”这两条线索的情况下得到该谜题的唯一解——尽管读者在解题时可能会大量使用这些线索. （另外，这个谜题的线索“9+”不能省略. ）

401. 用多米诺骨牌覆盖 4 × 4 棋盘有 36 种方式，但其中几乎所有的方式都不合适. 比如，若笼子以 ▦ 方式布局，则无法定义一个有效的贤贤谜题，因为任何解的中间几个笼子都可以交换，从而得到另一个解. 没有两块多米诺骨牌能以 $\substack{ab\\ba}$ 的方式覆盖一个 2 × 2 区域. 因此，我们只剩下 ▦ 和它的转置这两种笼子布局可选.

对于一个给定的笼子布局，若每种类型[①]的线索各两条，则有 $8!/2!^4 = 2520$ 种方案. 由于 ÷ 不能应用于 {2,3} 或 {3,4} 上，因此其中很多方案显然是不可行的. 事实证明，这些贤贤谜题的方案中，有 (0, 1, 2, 4) 个解的方案分别有 (1620, 847, 52, 1) 种. 值得注意的例子有

2÷		12×	
2−	5+		1−
	3÷		
12×		3+	

和

2÷		12×	
2−	5+		5+
	2−		
12×		2÷	

，

其中，第一个是“最难”的，因为在这种方案下，通过习题 399 构建的搜索树的结点最多（有 12 个）. 第二个例子则存在 4 个解.

① 即 +、−、×、÷ 四种运算. ——译者注

402.（这道题的谜底列在习题 403 的答案之后）作者在设计这个谜题时首先设计了笼子，然后通过习题 86 随机生成了若干拉丁方阵，直到找到一个具有唯一解的拉丁方阵为止. 然后将多米诺线索随机排列 10 次，最后选出这 10 个谜题中最难的一个.

习题 399 的答案中的构造给出了一个有 9186 个选项、342 项、总计 107 388 个元素的 XC 问题. 对于五联骨牌 (O, P, $\cdots$, Z)，分别有 (720, 684, 744, 1310, 990, 360, 792, 708, 568, 1200, 606, 30) 个选项. 使用算法 P 进行预处理，可以将选项数量分别减少到 (486, 231, 60, 957, 852, 186, 360, 572, 175, 765, 477, 22). 总体来说，预处理后的问题有 5528 个选项和 324 项，元素总数为 62 914. 对于算法 P 而言，找到解并证明其唯一性所需的总时间为 2.5 Gμ；对于算法 X 而言则需 11 Gμ，搜索树有 82.9 万个结点.（如果不进行预处理，算法 X 将需要 27.4 Gμ，其搜索树将有 180 万个结点. 是否有人能手动解出这个谜题呢?）

403. 菲利普 · 施塔佩尔推导出了如下令人惊叹的谜题，完美匹配了 π 的小数点后 42 位. 习题 399 的答案中的构造在这个特定问题上彻底失败了，因为这里与线索“64+”对应的庞大笼子有 354 896 640 个选项. 不过，我们可以绕过这个问题，只需将第 4 行额外看作一个没有线索的笼子，然后从这个笼子的总和中减去 $1+2+\cdots+9=45$ 即可（一个拉丁方阵由其任意 $n-1$ 行决定）. 接下来，算法 X 就能轻松解决这个问题，成本仅为 292 Mμ（173 875 个选项，200 项，共计 2 766 956 个元素），其搜索树只有 194 个结点（见附录 E）.

O B	A	7	6	2	*P* 4	9	2÷ 5	*Q* 3	8	1	C
15+ 7	8	11+ 9	2	1− 5	1	C	A	1− 6	7+ 3	4	B
3− 2	8÷ 1	8	16+ 9	6	C	1− 4	3	7	*T* B	5	A
5	*R* 4	6	7	5÷ A	2	*S* B	8	21+ C	9	3	8÷ 1
3	2	1− A	7− B	*V* 7	6	1	9	5	4	C	8
4÷ 1	5	B	4	C	15+ 7	8	11+ 2	9	4− 6	A	*W* 3
4	3÷ 9	3	8÷ 1	8	8+ 5	4− 7	B	2− A	C	6	2
U C	B	2	8	13+ 4	3	16+ A	7÷ 7	1	5	9	1− 6
A	2÷ 3	4	8+ 5	9	1− B	6	*Y* C	2÷ 8	2÷ 1	2	7
3− 9	6	*X* C	3	14+ B	A	2	1	4	*Z* 7	8	14+ 5
6	7	1	C	3	8	3− 5	4	13+ 2	5÷ A	B	9
4− 8	C	5	10÷ A	1	3÷ 9	3	6	B	2	7	4

3	14×		15+		9	2÷		6
5	35+	8		9+		7	9+	
32×					384×			
				6		2−		64+
	3−		38+					
				32×	7	9	50×	
28+	8+		4		19+			
				7		16×		

404. 这种谜题可以定义在任何有 N 个顶点的图 G 上，其中的一些顶点标有 $\{1,2,\cdots,N\}$ 中的元素. 问题是如何将这种标记以各种可能的方式扩展为完整的哈密顿路径. 我们想象一个额外的顶点 ∞ 与其他顶点相邻. 这样一来，G 中的哈密顿路径等价于 $G\cup\infty$ 中的哈密顿圈，其中，顶点 ∞ 插在路径的第一个顶点和最后一个顶点之间.

对于 $1\leqslant k\leqslant N$，令 v_k 是标有 k 的顶点. 如果没有这样的顶点，则有 $v_k=\Lambda$. 又令 $v_0=v_{N+1}=\infty$. 我们定义的 XCC 问题有两种主项: (i) 对于所有无标记的顶点 v，设立主项 $-v$ 和 $+v$; (ii) 对于 $0\leqslant k\leqslant N$，当 $v_k\neq\Lambda$ 且 $v_{k+1}\neq\Lambda$ 时设立主项 s_k. 我们还为所有无标记的 v 设立副项 p_v，为所有未使用的标签 k 设立副项 q_k.（因此，这个例子中有 35 个主项 $\{-00, +00, -10, +10, -11, \cdots, +33, s_1, \cdots, s_7, s_9, \cdots, s_{16}\}$ 和 20 个副项 $\{p_{00}, \cdots, p_{33}, q_2, q_4, \cdots, q_{15}, q_{16}\}$.）对于 s_k，设立选项“s_k $-u$ p_u:k q_k:u $+v$ p_v:k+1 q_{k+1}:v”，表示所有顶点对 u — v. 它们对于 u 满足 $u=v_k$，或 u 可能被标记为 k；且对于 v 满足 $v=v_{k+1}$，或 v 可能被标记为 $k+1$. 但是，如果 $u=v_k$，则我们省略 $-u$ p_u:k q_k:u；如果 $v=v_{k+1}$，则我们省略 $+v$ p_v:k+1 q_{k+1}:v. 比如，这个 4×4 小型问题包含以下 4 个选项:

“s_3 +11 p_{11}:4 q_4:11”　　“s_6 −31 p_{31}:6 q_6:31 +30 p_{30}:7 q_7:30”

“s_4 −10 p_{10}:4 q_4:10”　　“s_6 −30 p_{30}:6 q_6:30 +31 p_{31}:7 q_7:31”.

下面两个选项会出现在解中，但上面两个选项不会出现. 我们使用颜色标记副项，这样相互依赖的选项就能正确连接起来.

假设 $l<k<r$ 且 $v_l\neq\Lambda$，$v_{l+1}=\cdots=v_k=\cdots=v_{r-1}=\Lambda$，$v_r\neq\Lambda$. 更确切地说，上述说明中的语句“$u$ 可能被标记为 k”是指存在一条长度为 $k-l$ 且从 v_l 到 u 的简单路径和一条长度为 $r-k$ 且从 u 到 v_r 的简单路径.（这是 u 被标记为 k 的必要条件，但不是充分条件. 不过，就我们的目的而言，这已经足够了.）长度为 1 的简单路径等同于邻接. 长度大于 1 的简单路径可以用之后习题中的算法

来确定．但如果该算法耗时过长，那么我们可以假设存在这样的一条简单路径，然后放心地继续下去．$\min(k-l, r-k)$ 的值通常很小．

（吉奥拉·贝内德克于 2005 年发明了嗨达图谜题，并于 2008 年开始发表例子．后来，基于其他路径的类似谜题层出不穷，但国王走法 $P_m \boxtimes P_n$ 具有特殊的吸引力，因为它们可以相互交叉．）

405. 对于 $l = 0, 1, \cdots, L$，找到由满足特定条件的所有 (S, w) 构成的集合 $\mathcal{S}_l$．这个条件是至少有一条从 v 到 w 的简单路径经过 $S \cup v$ 中的顶点，其中，S 是一个有 l 个元素的集合．显然 $\mathcal{S}_0 = \{(\varnothing, v)\}$，且 $\mathcal{S}_{l+1} = \{(S \cup w, w) \mid w \mathrel{—} u$ 且对于某个 $(S, u) \in \mathcal{S}_l$ 而言 $w \notin S\}$．

如果从 v 出发，在 l 步内最多能到达 58 个顶点 w，那么我们可以用一个全字来表示每对 (S, w)，其中，w 用 6 位表示，S 用 58 位表示．这些全字可以存储在两个栈中，交替地位于一个顺序列表的下端和上端．

406. 从 12 到 19 的走法是唯一的①，还有其他几条对角线的走法也类似．因此，除了 42 和 51 之间的空位，所有其他位置都可以很快被填满．啊哈！

407. 使用习题 404 中的方法，算法 C 很快就找到了 52 个解（150 万次内存访问），其中，只有一个谜题的第 3 行第 3 列中有“18”．这一线索使得谜题的解具有很好的对称性（见附录 E）．（我们也可以将“27”放在单元格 (2, 4) 中，或者将“18”放在单元格 (4, 3) 中，又或者将“17”放在单元格 (4, 4) 中．但是这样做就会破坏谜题呈现出的微笑图案．）

408. (a)

					6
28					
11			24		33

(b)

	2		6		10
1		5		9	
23	21			13	
24		19	17		14
	25		30		36
26		29		35	

这个有 19 条线索的谜题由赫尔曼·冈萨雷斯-莫里斯设计．（答案见附录 E．对 6 × 6 嗨达图谜题而言，5 和 19 是可行的最佳选择吗？）

		31					41		
59			26			53			
	58				97	93			
23		84						50	
	21			100				49	
19			67		81		89		47
18		68				79	3		
									9
				77					

409. 可以！［手动解开这个谜题极其困难，不过确实有人解出来过．算法 C 能在 330 Mμ 内求得唯一解，其搜索树有 161 612 个结点．（如果你放弃了，可以在附录 E 中找到答案．）一个像这样的“派达图谜题②”之所以能被构造出来，是因为 10×10 嗨达图谜题的解非常多．事实上，10×10 国王走法的实际数量为 721 833 220 650 131 890 343 295 654 587 745 095 696．如 7.1.4 节所述，这可以通过 ZDD 技术来确定．］

410. 谜题 (a)、(b) 和 (d) 都有唯一解．值得注意的是，(b) 中的所有 12 条线索都是必不可少的．但是 (c) 有 40 个解，其中有两个解的环路没有碰到任何一个角．

(a)

(b) 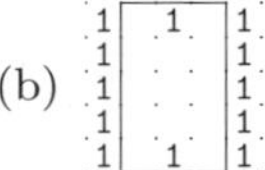

(c) 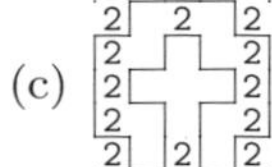

(d) 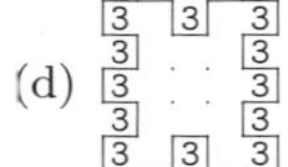

(x) 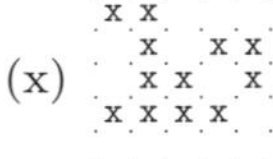

关于模式 (x)，顺带一提，当 x = 0, 1, 2 时有唯一解，但当 x = 3 时则无解．

［*历史注记*：数回是由尼科利公司的编辑金元信彦发明的．他结合了矢田礼人和汤泽一之的谜题理念．见 *Puzzle Communication Nikoli* **26** (June 1989)．］

411. 错误．比如，$\begin{smallmatrix}3&2\\2&3\end{smallmatrix}$ 就有两个解．｛但这种情况有点儿神秘．大小为 5 × 5 的数回谜题有 93 种情况，其中有 3 种尽管具有八重对称性，却有两个环路．下面这个 6 × 6 谜题有 4 个环路，你能找到它们吗？（见附录 E．）尼古拉·贝卢霍夫［arXiv:2308.08798 [math.CO] (2023), 28 页］证明，如果 $m+1$ 和 $n+1$ 互素，那么给出所有线索的 $m \times n$ 数回谜题不可能有一个以上的解．对于所有 $k > 0$，他同时发现了 $(4k+3)(4k+3)$ 个给出所有线索的例子，可以得到恰好 3 个环路．目前还不清楚是否可能存在恰好有 5 个环路的情况．｝

---

① 12 在右下角，19 在左上角．只有沿着从右下到左上的对角线依次填写 13, 14, ⋯ 才能使 18 与 19 相邻．——译者注

② 派达图谜题（pidato puzzle）这个名称是由嗨达图谜题（hidato puzzle）的发明者吉奥拉·贝内德克建议的．这里的“派”（pi）是指圆周率 π．——编者注

```
1 2 2 2 1    3 2 2 2 3    3 2 2 2 3    3 2 2 2 2 2
2 1 0 1 2    2 1 1 1 2    2 3 2 3 2    2 2 2 2 3 2
2 0 0 0 2    2 1 0 1 2    2 2 0 2 2    2 2 2 2 2 2
2 1 0 1 2    2 1 1 1 2    2 3 2 3 2    2 2 2 2 2 2
1 2 2 2 1    3 2 2 2 3    3 2 2 2 3    2 3 2 2 2 2
                                       2 2 2 2 2 3
```

412. 对于一个 $m \times n$ 网格，使用以下的表示会带来便利：设立 $(2m+1)(2n+1)$ 个以 xy 表示的对，$0 \leqslant x \leqslant 2m$ 且 $0 \leqslant y \leqslant 2n$. (i) 如果 x 和 y 都是偶数，则 xy 代表一个顶点；(ii) 如果 x 和 y 都是奇数，则 xy 代表一个单元格；(iii) 如果 $x+y$ 为奇数，则 xy 代表一条边. 相邻两个顶点之间的边就是它们的中点. 一个单元格的 4 条边可以通过将这个单元格的坐标加上 $(\pm 1, 0)$ 和 $(0, \pm 1)$ 来得到.

要获得平面图上任何数回谜题的弱解，需要为每个顶点引入一个主项，为每一面引入一个主项（其中指定了边的数量），并为每条边引入一个副项. 每个度为 d 的顶点 v 均有 $1+\binom{d}{2}$ 个选项，即“$v\ e_1{:}x_1 \cdots e_d{:}x_d$”，其中，$x_j \in \{0,1\}$，$x_1+\cdots+x_d=0$ 或 2. 每个度为 d 且路径中应有 k 条边的面 f 有 $\binom{d}{k}$ 个选项，即“$f\ e_1{:}x_1 \cdots e_d{:}x_d$”，其中，$x_j \in \{0,1\}$，$x_1+\cdots+x_d=k$.

比如，习题 410(i) 的图中，顶点 00 的选项是“00 01:1 10:1”和“00 01:0 10:0”. 单元格 11 的选项是“11 01:1 10:1 12:1 21:0”“11 01:1 10:1 12:0 21:1”“11 01:1 10:0 12:1 21:1”“11 01:0 10:1 12:1 21:1”.

这种构造为谜题 410(a)～410(d) 分别产生了 (2, 2, 104, 2) 个弱解.（在 (a)、(b)、(d) 中，我们可以删除或插入环绕中央单元格且经过 4 条边的环路.）

413. （该答案由罗里 · 莫利纳里简化）让项的每条记录包括两个新字段 `U` 和 `V`. 表示边 u — v 的副项的字段 `U` 和 `V` 分别指向主项 u 和 v. 表示顶点 v 的主项的字段 `U` 和 `V` 则分别被重命名为 `MATE` 和 `INNER`. 在 v 首次成为某条边的端点之前，`MATE`(v) 为零；当 v 成为某条边的端点之后，`MATE`(v) 将指向包含这条边的路径片段的另一个端点. 当 v 位于一条路径的片段内时，`INNER`(v) 为非零值.

我们引入两个新的全局变量：全局变量 `F` 是当前的路径片段数量；全局变量 `E` 是将路径闭合为环路的边，或者如果没有环路则为零.

假设两条边目前的颜色是 1，比如 v_1 — v_2 和 v_3 — v_4，那么我们置 `MATE`(v_1) ← v_2、`MATE`(v_2) ← v_1、`MATE`(v_3) ← v_4、`MATE`(v_4) ← v_3、`F` ← 2. 如果现在 v_2 — v_5 加入战局，则我们置 `MATE`(v_5) ← v_1、`MATE`(v_1) ← v_5、`INNER`(v_2) ← 1，但 `MATE`(v_2) 不变. 之后若有连向 v_2 的边则会被拒绝.

当调用“purify”过程 (55) 给新的边 i 赋予颜色 1 时，若 `E` 不为 0，则该操作会被拒绝，因为路径已经闭合为环路了. 此外，当 `E` = 0 时，若 `U`(i) 和 `V`(i) 是伙伴关系且 `F` ≠ 1，则不应该选取边 i，因为这会使该路径闭合为环路，且不与其他路径相连. 另外，如果 `F` = 1，则将闭合环路，也置 `E` ← i.

当我们需要调用“unpurify”过程时，所有这些操作都可以很方便地撤销. 比如，当我们要使边 i 失去颜色 1，且 u = `U`(i)、v = `V`(i) 时，如果 v = `MATE`(u)，那么当 i = `E` 时，我们置 `E` ← 0（断开环路）；当 i ≠ `E` 时，我们置 `MATE`(u) ← `MATE`(v) ← 0 和 `F` ← `F` − 1. 如果 `MATE`(u) ≠ `MATE`(v)，那么我们置 `MATE(MATE`(u)`)` ← u、`MATE(MATE`(v)`)` ← v、`INNER`(u) ← `INNER`(v) ← 0、`F` ← `F` + 1. `MATE`(u) = `MATE`(v) 的情况也很简单.

注意：必须修改算法 P，使其在用于预处理算法 C 的这一扩展形式时，永远不会丢弃重复的项.

414. 如右图所示，在若干确定的走法之后，第 1 行顶点和第 2 行顶点之间只有两条边是未确定的. 最强的算法会知道这两条边要么都存在，要么都不存在.（事实上，真正的最强算法会在选择了第 0 行和第 1 行顶点之间或内部的任何一条边后，立即强制上述的两条边都存在.）

```
1 0
  2   3
      3 0
```

一般来说，考虑由原始顶点集 V 和所有当前未确定的边组成的图 G. 令 X 是 V 的任意真子集，则无论是否连通，任何环路在 X 和 $V \setminus X$ 之间都将包含偶数条边. 因此，任何大小为 2 的割集都会强制使得两条未确定的边之间产生关系. 因此，一种可以动态维护 G 的最小割集的算法（见 7.5.3 节）将是有帮助的.

415. 我们可以使用 7.1.4 节中的 ZDD 技术来列出 $P_6 \,\square\, P_6$ 中的所有环路，而不是去求解数以百万计的谜题. 这里共有 1 222 363 个环路. 设一个环路的“签名”是由 25 条线索（每个单元格周围的边数）组成的完整序列. 结果发现有 93 对环路具有相同的签名（见习题 411）. 这 186 个环路不可能是任何一个 5×5 数回谜题的解. 设 S 是由 1 222 270 个不同签名组成的集合，并设 S' 是大小为 1 222 177 的子集，且包含具有 25 条线索的有效谜题.

假设 $s' \in S'$ 有 $t > 0$ 个单元格等于数字 d. 并且，对于 $s \in S$，令 $p(s, s')$ 是二元"投影向量" $x_1 \cdots x_t$，其中，当且仅当对于 s' 的第 k 个数字为 d 的单元格，s 在相同位置的单元格数字也为 d 时，$x_k = 1$. 如果 $d = 1$，那么右图所示的签名 s 和 s' 满足 $t = 10$ 和 $p(s, s') = 1011101111$. 构造集合 $P(s') = \{p(s, s') \mid s \neq s'\}$. 于是，当且仅当 $11 \cdots 1 \notin P(s')$ 时，所有线索都限制为数字 d 的 s' 是一个有效谜题. 更进一步地说，这其中包含的有效谜题正是那些其投影不包含在 $P(s')$ 的任何元素内的谜题.（如果我们将 $P(s')$ 看作一个集族，那么用习题 7.1.4-236 的符号表示的话，这些投影就是 $\wp \nearrow P(s')$ 的元素.）我们可以用如算法 7.1.3R 这样的可达性算法找到这些向量及其中最小的向量.

$$s = \begin{array}{ccccc} 2&1&2&3&1\\ 2&1&3&1&1\\ 2&1&2&3&3\\ 1&1&0&1&1\\ 1&2&1&1&2 \end{array} \qquad s' = \begin{array}{ccccc} 2&2&2&3&1\\ 2&2&1&1&1\\ 2&1&1&2&3\\ 2&3&2&1&1\\ 2&2&1&1&2 \end{array}$$

这样一来，当 $d = (0, 1, 2, 3, 4)$ 时，我们就能分别准确地发现 (9 310 695, 833 269, 242 772, 35 940, 25) 个有效谜题，其中分别有 (27 335, 227 152, 11 740, 17 427, 25) 个谜题没有冗余的线索. 在这样的无冗余同质谜题中，最小线索数分别为 (7, 8, 11, 4, 1)；而最大线索数分别为 (12, 14, 18, 10, 1). 许多极端情况下的小谜题很有趣.

（见附录 E，其中，含有线索 1 的数量最少的谜题即是基于上述签名 s' 的两个谜题之一.）

416. 当然，$d = 4$ 的情况是平凡的. $d = 0$ 的情况也是平凡的，但这种情况下的稀疏构造很有趣. 下面的谜题可以推广到所有 n，其中 $(n + d) \bmod 4 = 1$.

（答案见附录 E.）尼古拉 · 贝卢霍夫找到了 d 等于 2 和 3 时的上述构建方式，并提出了一个有趣的最佳密度问题：设 $\underline{\beta(d)} = \liminf_{n\to\infty} \|S\|/n^2$ 且 $\overline{\beta(d)} = \limsup_{n\to\infty} \|S\|/n^2$，其中，$S$ 包含所有 $n \times n$ 且只包含线索 d 的有效数回谜题，$\|S\|$ 表示线索的数量. 显然当 $d = 3$ 时有 $\|S\| \leqslant n^2/2$，因为没有 2×2 子棋盘可以包含两个以上的 3. 此外，当 $d = 0$ 时有 $\|S\| \geqslant n^2/4 - O(n)$. 为了仅保留一个环路，我们必须从 $2n(n+1)$ 条边中消除至少 $n^2 + 2n$ 条边. 每个 0 最多可以消除 4 条边. 如果 $n > 5$，我们可以通过在左上角放置一个合适的 4×6 图案，来获得一个只有 14 个 1 的有效谜题. 类似地，当 $n > 3$ 时，也有一个只包含 4 个 3 的有效谜题. 因此这些构造证明了 $\overline{\beta(0)} = \overline{\beta(1)} = \overline{\beta(2)} = 1$；$\overline{\beta(3)} = 1/2$；$\underline{\beta(1)} = \underline{\beta(3)} = \underline{\beta(4)} = \overline{\beta(4)} = 0$；$\underline{\beta(0)} = 1/4$.

神秘的情况 $\underline{\beta(2)}$ 目前还是未知的. 贝卢霍夫证明了这个值最多是 $\frac{11}{16}$. 他在 $n = 4k$ 时进行了构造，$n = 12$ 的情况如右图所示. 帕尔默 · 梅班在 8×8 棋盘上构建了这个只有 24 条线索且只包含线索 2 的谜题.

417. 在习题 416 的答案中，如果去掉 $d = 3$ 的模式最上面一行中的一条线索，则它也适用于 $d = 0$. 当在 $d = 1$ 的情况下尝试这种模式时，会获得迷人的图案. 贝卢霍夫迄今为止给出的最大例子是 30×30，通过移除第 0 行第 26 列的线索 1 来获得.（这种谜题对于习题 413 的答案中的算法来说是非常难以处理的，但是 SAT 求解器能轻松应对.）

418. (a) $6 \times 26^{12} \approx 5.7 \times 10^{17}$，来自中心单元格和 12 个互补对.

(b, c, d, e) 与习题 415 的答案一样，我们定义投影 $p(s, s') = x_1 \cdots x_{13}$，其中 $x_k = 1$，当且仅当 s 和 s' 在第 k 个互补对相匹配（或当 $k = 13$ 时在中心单元格匹配）. 由此，我们总共得到 2 692 250 947 个谜题，其中，199 470 026 个是最小谜题. 包含 (1, 2, 3, 4, 5, 6, 7, 8, $\cdots$, 19, 20) 条线索的最小谜题分别有 (1, 24, 0, 7, 42, 1648, 13 428, 257 105, $\cdots$, 184, 8) 个. 下面是一些选出的样例.

419. 在设计这个谜题时，作者首先确定了所需环路的签名（见习题 415 的答案），然后删除了几对中心相对的线索（这个过程或多或少是随机的），直到没有多余的对为止. 习题 412 的构造在最终线索集合的 $404 + 573$ 项上产生了 2267 个选项，算法 P 只需 17 Mμ 即可删除其中的 1246 个选项. 然后，习题 413 的算法求得了这个谜题的解，并证明了它的唯一性. 这个过程花费了 5.5 Gμ 的计算量，并构建了具有 1500 万个结点的搜索树. （这是预处理的又一重大胜利：否则，该算法将需要 37 Tμ 的计算量，以及具有 780 亿个结点的搜索树！）*参考文献*：高德纳，*Computer Modern Typefaces* (Addison–Wesley, 1986), 158–159.

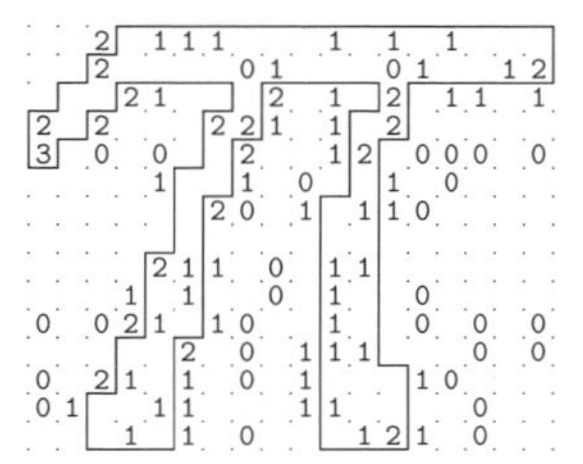

420. （由帕尔默 · 梅班解答）在任何解中，每个单元格要么在环路内部，要么在环路外部. 引理：每一条线索 2 恰好有两个相邻的单元格在环路内部. （这是因为，如果线索 2 在环路外部，那么与其两条边相对的相邻单元格就在环路内，否则与其两条*未被选中的*边相对的相邻单元格在环路内. ）设 S 是与线索 2 相邻的所有单元格构成的集合. 将谜题中的每条线索 2 用红色和蓝色交替着色，则 S 中的每个单元格正好是一个红色 2 和一个蓝色 2 的邻居. 特别是，对于每个在 S 中的*环路内的*单元格也是如此. 因此，根据引理，红色单元格和蓝色单元格的数量相等. 但这与 $m \bmod 4 = n \bmod 4 = 1$ 矛盾.

（这道习题归功于尼古拉 · 贝卢霍夫. 他观察到，当 m 为奇数且 $n \bmod 4 = 3$ 时存在大量的解. ）

421.

［*历史注记*：珍珠谜题是由矢野龙王和阿濑光宙发明的，其中，矢野龙王开发了仅有白色圆圈的版本，阿濑光宙则加入了黑色圆圈. 见 *Puzzle Communication Nikoli* **84** (April 1999); **90** (March 2000). ］

422. 现在我们使用 $(2m-1)(2n-1)$ 个以 xy 表示的对，其中，$0 \leqslant x \leqslant 2m-1$，$0 \leqslant y \leqslant 2n-1$. 单元格 (i,j) 对应于 $x = 2i$ 和 $y = 2j$（一个"顶点"），线索 (i,j) 对应于 $x = 2i+1$ 和 $y = 2j+1$. 边的表示方式与之前一样，我们使用相同的选项来确保解中的每个顶点都与 0 条或 2 条边接触. 与习题 412 的答案相比，唯一的关键变动是对线索的处理，因为珍珠谜题的线索与数回谜题不同.

一个黑色的珍珠谜题线索 (i,j) 有 4 个选项，分别对应西北、东北、西南和东南这 4 个方向. 比如，西北方向的选项是

$$\text{“}C(i,j)\ N(i,j){:}1\ NN(i,j){:}1\ W(i,j){:}1\ WW(i,j){:}1\text{”},$$

其中，$C(i,j) = (2i{+}1)(2j{+}1)$，$N(i,j) = C(i,j) - 21$，$NN(i,j) = C(i,j) - 41$，$W(i,j) = C(i,j) - 12$，$WW(i,j) = C(i,j) - 14$. $N(i,j)$ 是单元格 (i,j) 和单元格 $(i-1,j)$ 之间的边. 在棋盘外的边的"颜色"为 0，因此当 $i \leqslant 1$ 或 $j \leqslant 1$ 时的选项被忽略.

一个白色的珍珠谜题线索 (i,j) 有 6 个选项，3 个是南北方向，3 个是东西方向. 东西方向的 3 个选项是

$$\text{“}C(i,j)\ E(i,j){:}1\ EE(i,j){:}0\ W(i,j){:}1\ WW(i,j){:}0\text{”}$$

$$\text{“}C(i,j)\ E(i,j){:}1\ EE(i,j){:}0\ W(i,j){:}1\ WW(i,j){:}1\text{”}$$

$$\text{“}C(i,j)\ E(i,j){:}1\ EE(i,j){:}1\ W(i,j){:}1\ WW(i,j){:}0\text{”}.$$

我们再次省略会将棋盘外的边设置为 1 的选项. 棋盘外的边对应的项若颜色设置为 0，则也会被删掉.

比如，在习题 421 的谜题中，黑色圆圈线索的选项为"15 14:1 34:1 03:1 01:1""15 14:1 34:1 05:1 07:1". 最下面一行的白色圆圈线索的选项为"97 87:1 85:1 83:0""97 87:1 85:1 83:1". 这个谜题共有 15 个线索选项，以及 119 个顶点选项"00 01:1 10:1""00 01:0 10:0""02 01:1 03:1 12:0"……"88 78:0 87:0".

423. 获得每类等价变量的代表值，比如，通过在算法 2.3.3E 的基础上调整来获得. 计算结果可能会显示某些变量是常量，也可能产生矛盾——如果在棋盘角落的格子中有一条白色线索，那这个珍珠谜题就无解了.

关于习题 422 的答案的顶点选项，现在可以将所有给出线索的顶点所对应的选项删除. 线索所对应的选项也可以合并，从而使得等价变量不会同时出现，常量也会被消除. 当然，每个试图将一个变量设置为“真”和“假”的选项都会被删除.

比如，习题 421 中的变量 14、50、70、85 和 87 必为真，变量 61 和 76 必为假. 我们可以去掉变量 05、16、27、36、54、65 和 74，因为 $05 = \sim 03$，$16 = 36 = \sim 25$，$27 = 25$，$54 = 74 = \sim 63$，$65 = 63$. 由此，黑色圆圈线索的选项变为“15 01:1 03:1 34:1”“15 03:0 07:1 34:1”. 最下面一行白色圆圈线索的选项变为“97 83:0”“97 83:1”.

告诫：这些简化是非常好的，但它们会扰乱习题 413 的答案中检测环路唯一性的机制，因为该答案使用项结点的几个字段作为其数据结构的关键元素. 为了让这个算法有效，我们必须添加一个特殊的选项，它包含所有应该消除的顶点对应的项和常量的边对应的项. 这个选项在示例中是“04 26 60 64 86 87:1 85:1 76:0 50:1 70:1 61:0 14:1”. 我们还需要成对的选项，比如“#25 16:1 36:1 27:0 25:0”和“#25 16:0 36:0 27:1 25:1”，以保持等价类中的所有变量同步.

即使是像习题 426 中的 8×10 小型谜题，上述方法也能达到 10 倍的加速.

424. 与习题 415 的答案一样，我们可以从 1 222 363 个有可能是解的环路开始. 但是这一次，环路的“签名”是它所支撑的最大线索集合. 结果表明，这样的签名最多有 24 条线索. 事实上，只有图 A–5 中的谜题 (i) 及其旋转或反射达到了这一最大值.（而对于另一个极端，尽管有 64 个环路的长度达到了 28，但其签名完全是空的.）

令 S 是 905 472 个不同签名的集合，并令 S' 是包含 93 859 个签名的子集，其中的每个签名都不包含（或不等于）任何其他环路的签名. 这些是可以解出 6×6 有效谜题的环路的签名. 如果 $s' \in S'$ 有 t 条线索，我们就为 $s \in S$ 定义投影向量 $\boldsymbol{p}(s, s') = x_1 \cdots x_t$，其中，若 s' 在第 j 个单元格有线索时，s 在同样的位置也有线索，则 $x_j = 1$. 比如，当 s' 是图 A–5 中的谜题 (i) 而 s 为其转置时，投影向量 $\boldsymbol{p}(s, s')$ 为 000011000011101110110011.

构造集合 $P(s') = \{\boldsymbol{p}(s, s') \mid s \neq s'\}$. 我们知道 $11 \cdots 1 \notin P(s')$，因为 s' 不被其他任何签名所支配. 此外，以 s' 的环路作为解的有效谜题正是那些线索不包含在 $P(s')$ 的任何元素中的谜题. 我们可以通过类似算法 7.1.3R 的可达性计算找到这样的谜题及最小谜题，其运行时间为 $O(2^t)$. 比如，(i) 的环路是 8 924 555 个谜题的解，其中，(ii) 和 (iii) 等 4 个谜题是最小谜题，它们仅有 4 条线索. (iv) 等 3 个谜题也是最小谜题，不过有 11 条线索.

S' 中的绝大多数元素远远少于 24 条线索. 因此，我们不难确定正好有 1 166 086 477 个有效的 6×6 珍珠谜题，其中有 4 366 185 个是最小谜题. 对于这些最小谜题，有 (80, 1212, 26 188, 207 570, $\cdots$, 106) 个分别具有 (3, 4, 5, 6, $\cdots$, 12) 条线索，其中一个具有 3 条线索的谜题是谜题 (v)，这个谜题同时是环路最短的谜题. 谜题 (vi) 有 12 条线索，这个谜题同时是环路最长——具有哈密顿圈——的谜题.（一个哈密顿圈实际上只需要 4 条线索就可以完成，见谜题 (xvii).）

这些有效谜题包括 5 571 407 个只包含白色圆圈线索的谜题和 4820 个只包含黑色圆圈线索的谜题. 白色圆圈线索可以产生 22 032 015 种图案，而黑色圆圈线索只能产生 39 140 种. 有 37 472 个 6×6 谜题可以“翻转”，当黑白互换时仍然有效. 这个数量是惊人的. 如果我们只考虑最小谜题，这些数字就会变成：574 815 个只包含白色圆圈线索的谜题，1914 个只包含黑色圆圈线索的谜题，2 522 171 个由白色圆圈线索产生的图案，22 494 个由黑色圆圈线索产生的图案，712 个可翻转谜题. 后者包括许多有趣而奇妙的谜题对，如 (vii)–(viii)、(ix)–(x)、(xi)–(xii)，以及自对偶的例子，如 (xiii)、(xiv)、(xv)、(xvi). 有 49 个实质不同的 6×6 可翻转谜题. [匿名博客 `uramasyu.blog80.fc2.com/` 发布了相当多的可翻转谜题，自 2006 年以来，每隔几天就会更新.]

作者认为谜题 (vi) 可能是最难的 6×6 谜题，不过通过习题 423 产生的搜索树只有 212 个结点（通过习题 422 产生的搜索树有 1001 个结点）.

425. 一个 k 阶“平衡”$n \times n$ 珍珠谜题的解，显然需要满足 $2 \leqslant k \leqslant \lfloor n^2/4 \rfloor$. 当 $n \leqslant 6$ 时，所有满足上述条件的 k 都可以找到对应的解，除了 k 为上界 $\lfloor n^2/4 \rfloor$ 时不行. 当 $k = 2$ 时，对于所有 $n \geqslant 3$ 的情况都存在解；当 $k = 3$ 时，对于所有 $n \geqslant 4$ 的情况都存在解；当 $k = 4$ 时，何文轩推导出对于所有 $n \geqslant 5$ 的情况都存在解；当 $5 \leqslant k \leqslant 10$ 时，吴峻恒也已推导出解.（见图 A–5 中的 (xviii) ~ (xxiv).）

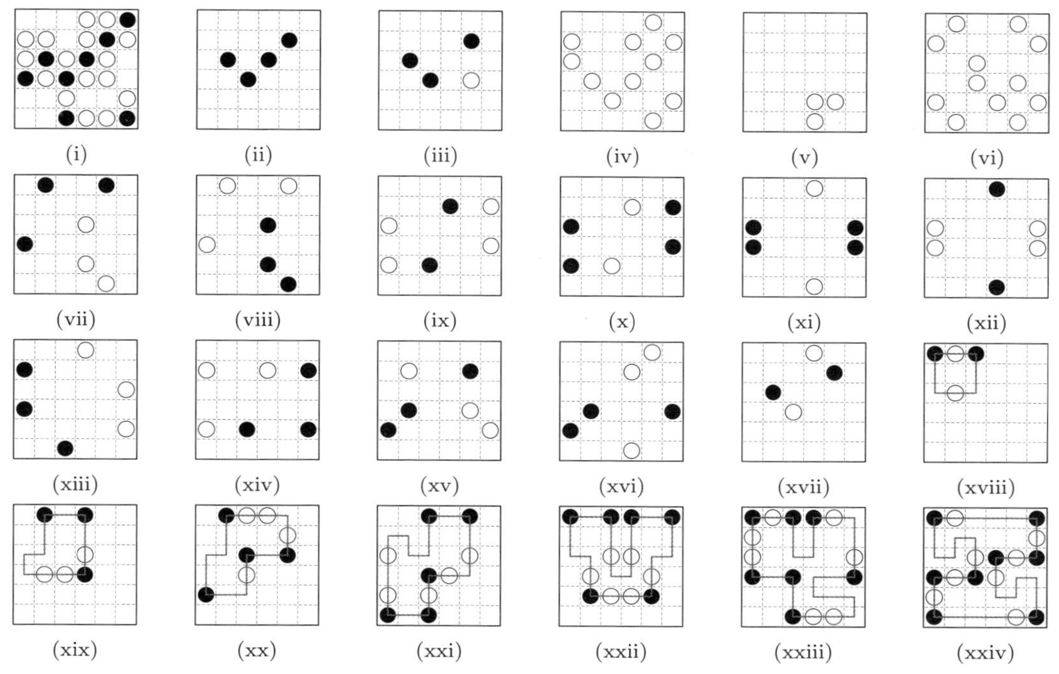

图 A–5 有趣的 6×6 珍珠谜题图集

426. 显然，角落里的线索一定是“●”. 这就给我们留下了 2^{28} 种待考虑的可能性. 由于某些局部模式是不可能出现的，因此这其中许多可能性会被立即排除（比如，不可能出现 3 个连续的“●”）. 考虑 $x_0x_1\cdots x_{27}$ 的布尔函数，当 $x_j = 1$ 时线索为“●”，当 $x_j = 0$ 时线索为“○”，当且仅当图中谜题至少有一个解时，这个布尔函数为真. 我们可以很容易地验证，当有 x_0x_1 或 x_1x_3 或 $x_0\bar{x}_1x_4$……或 $\bar{x}_3\bar{x}_4\bar{x}_5$ 或 x_6x_7 或 $\bar{x}_7\bar{x}_8\bar{x}_{10}\bar{x}_{11}$ 时，该谜题是无解的. 并且，当将 x_j 替换为 x_{j+12} 时，我们还可以排除一些极端情况，如 $\bar{x}_1x_{26}$.

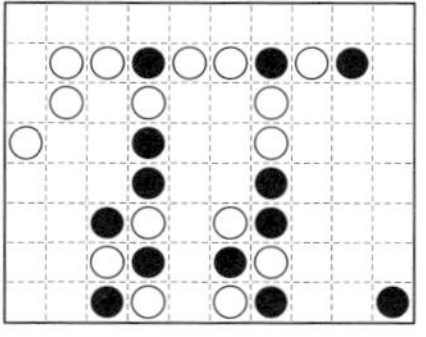

在收集了几十个这样的“不良”布局后，作者应用了 BDD 技术：只需进行不到 100 万次内存访问就足以生成一个大小为 715 的 BDD，其显示出正好有 10 239 个向量 $x_0x_1\cdots x_{27}$ 尚未被排除. 习题 423 中的珍珠谜题求解器毫不费力地解出了这些谜题，平均每个问题所构建的搜索树的结点数为 3. 结果显示有 (10 232, 1, 1, 1, 4) 个向量分别有 (0, 1, 2, 3, 4) 个解. 唯一的有效谜题如右图所示（解法见附录 E）.

427. 下面是一个带有 8×15 条白色圆圈线索的谜题（解法见附录 E）:

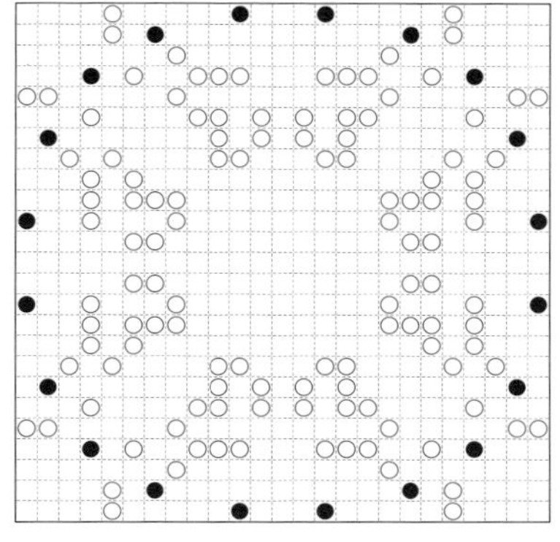

结果表明，习题 423 的方法有问题，它严重偏离重点，要花很长时间才能证明只有一个解．不过，我们可以利用对称性，将算法 C 修改如下：每当在搜索树的最右边分支上进行颜色设置时，都可以一同强制执行所有与之对称的设置．这样一来，只要主项进行了适当的排序，就可以在大约 36 Mμ 内证明唯一性．［本习题的灵感来自尼科利公司的 *Giant Logic Puzzles for Geniuses* (Puzzlewright Press, 2016), #53. ］

428. （由尼古拉 · 贝卢霍夫解答）当 $n \bmod 4 = 0$ 时，$3n-12$ 条黑色圆圈线索即足够；当 $n \bmod 4 = 1$ 时，$5n-21$ 条白色圆圈线索即足够．（这里的常数 3 和 5 是可能的最佳系数吗？）

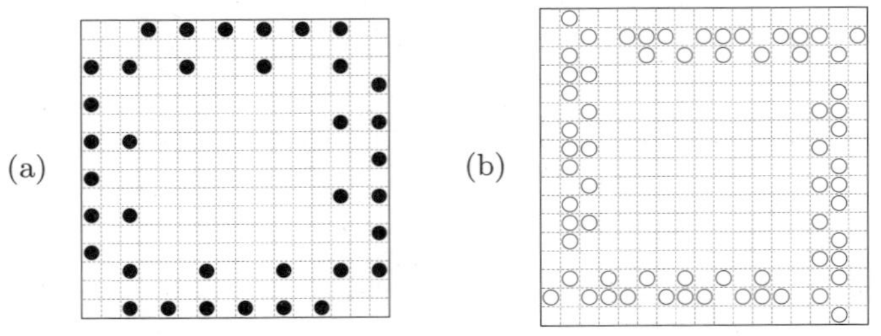

429. (a) 顺带一提，这里的每个谜题都是最小谜题（每条线索都不可或缺）．

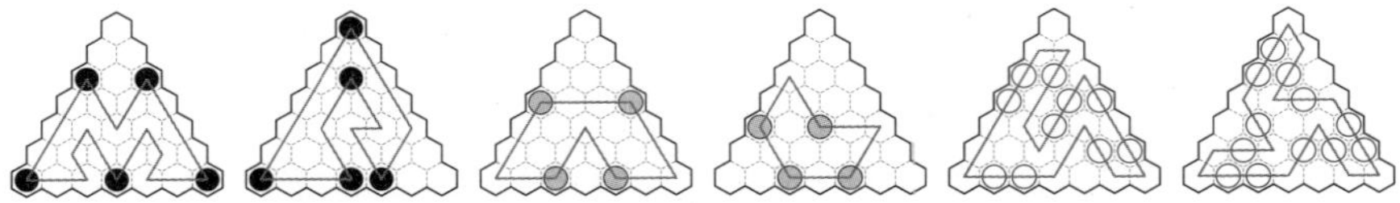

(b) 事实上，每种情况下都有两种可能的颜色的排列组合．

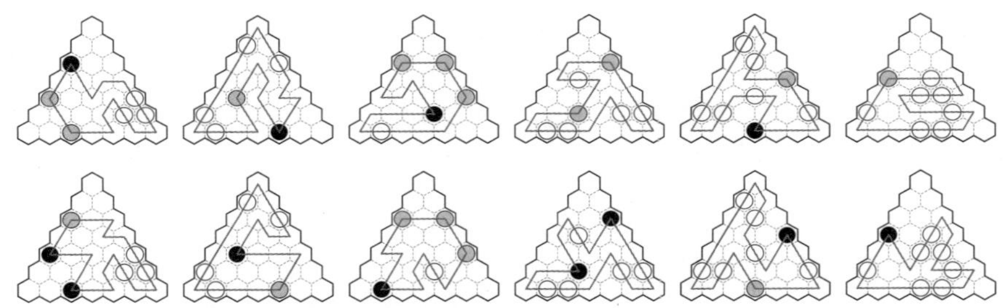

430. (a) 右下角必须填 5．其他单元格的填法见附录 E．

(b) 对于所有 n 和 k，置 $c_{nk} \leftarrow 0$．现在，对于 $3 \leqslant x < 512$，执行如下步骤：置 $k \leftarrow n \leftarrow 0$；对于 $0 \leqslant t < 9$，如果 $x \mathbin{\&} (1 \ll t) \neq 0$，则置 $k \leftarrow k+1$ 和 $n \leftarrow n+t+1$；最后，如果 $k > 1$，则置 $C_{nkc_{nk}} \leftarrow x$ 和 $c_{nk} \leftarrow c_{nk}+1$．现在，总和为 n 的 k 个数字即为 C_{nkj}，其中 $0 \leqslant j < c_{nk}$．

当 (n,k) 为 $(20,4)$ 或 $(25,5)$ 时，c_{nk} 取最大值 12．注意，当 $1<k<8$ 时，$c_{nk} = c_{(45-n)(9-k)}$．当 $c_{nk}=1$ 时的情况被称为“限制性”或“魔法块”，当它们出现时会非常有用（不过我们的例子中没有）．

(c) 中间的数字必须是 798（首先是一个小于 9 的奇数，然后是 9，最后是一个偶数）．

(d) (b) 中的表格可将数和谜题转换为广义数和谜题．为每个待填入数字的单元格引入主项 ij．假设有 H 个横向块，并假设横向块 h 有 c_h 个组合 X_{hp}，且长度为 k_h，其中，$1 \leqslant h \leqslant H$ 且 $1 \leqslant p \leqslant c_h$．为 $x \in X_{hp}$ 引入 $c_h k_h$ 个主项 H_{hpx}，表示横向块 h 的第 p 个组合中的元素．（比如，在我们的例子中，第一个横向块的主项是 H_{111}, H_{114}, H_{122}, H_{123}，因为两个组合分别是 $\{1,4\}$ 和 $\{2,3\}$．）同样，为纵向块 v 的第 q 个组合 Y_{vq} 引入主项 V_{vqy}，其中，$1 \leqslant v \leqslant V$ 且 $1 \leqslant q \leqslant d_v$．

同时，引入副项 H_h 和 V_v，其中，$1 \leqslant h \leqslant H$ 且 $1 \leqslant v \leqslant V$，即每个横向块或纵向块一个．这些项的“颜色”代表所选择使用的组合．

单元格 ij 的选项是“$ij\mathrm{H}_{hpx}$ $\mathrm{H}_h{:}p\mathrm{V}_{vqx}$ $\mathrm{V}_v{:}q$”，其中，h 和 v 分别表示包含单元格 ij 的横向块和纵向块，且有 $1 \leqslant p \leqslant c_h$，$1 \leqslant q \leqslant d_v$，$x \in X_{hp} \cap Y_{vq}$．（因此，在我们的例子中，左上空白单元格的选项为“11 H_{111} $\mathrm{H}_1{:}1$ V_{111} $\mathrm{V}_1{:}1$”“11 H_{114} $\mathrm{H}_1{:}1$ V_{124} $\mathrm{V}_1{:}2$”“11 H_{122} $\mathrm{H}_1{:}2$ V_{122} $\mathrm{V}_1{:}2$”．集合的交集可以通过位映射 X_{hp} 和 V_{vq} 很容易计算出来．）

我们还需要其他选项来“吸收”未使用的组合. 这些选项是“$\bigcup\{\mathrm{H}_{hpx} \mid x \in X_{hp}\}\ \mathrm{H}_h{:}p'$”，其中，$1 \leqslant p, p' \leqslant c_h$ 且 $p \neq p'$；“$\bigcup\{\mathrm{V}_{vqy} \mid y \in Y_{vq}\}\ \mathrm{V}_v{:}q'$”，其中，$1 \leqslant q, q' \leqslant d_v$ 且 $q \neq q'$.（因此，在我们的例子中，$h = 1$ 的选项是“$\mathrm{H}_{111}\ \mathrm{H}_{114}\ \mathrm{H}_1{:}2$”“$\mathrm{H}_{122}\ \mathrm{H}_{123}\ \mathrm{H}_1{:}1$”.）这种具有启发性的结构值得仔细研究.

431. 由于有两种完成左中部的方法和另外 9 种完成左下角的方法，因此本谜题共有 18 个解.（根据谜题给出的条件，能够唯一确定的数字如下所示.）我们可以固定大部分数字，从而提取出两个小得多的问题，然后像习题 433 中那样插入一些通配符，直到获得唯一解. 下图是一个合适的修正版，它改变了原谜题中的 7 条线索，解法见附录 E.（在这个问题中，预处理大大提高了集中度，将搜索树的结点数从 1.15 亿减少到了仅 343.）

■	6\	13\	19\	27\	■	41\	18\	7\	■	32\	10\	13\	21\
\27	3	7	8	9	\8	5	1	2	\29	5	7	9	8
\11	1	2	3	5	17\13	6	2	5	26\16	4	2	1	9
\41	2	4	5	6	7	8	9	15\18	8	2	1	3	4
■	32\	15\38	2	3	4	9	6	8	5	1	10\	17\	32\
\22	3	2	1	4	5	7	10\23	7	4	3	1	2	6
\10			7\	41\7	1	4	2	42\29	9	8	2	3	7
\18		4		5	14\7	2	1	4	28\28	9	7	4	8
\26		5	4	6		11\14	7	3	4	15\	32\16	7	9
\23	5			4		8	24\22	5	7	3	4	1	2
■	12\	15\	9\37	2	1	3	6	7	9	4	5	13\	16\
\24					8	6\41	7	9	8	2	6	4	5
\14					\22	5	9	8	\14	1	8	2	3
\30					\9	1	2	6	\29	5	9	7	8

■	6\	13\	19\	27\	■	41\	18\	7\	■	32\	10\	13\	21\
\27					\8				\29				
\11					17\13				26\16				
\41								15\18					
■	30\	15\38									10\	17\	32\
\22							10\23						
\5			7\	41\7				42\29					
\18					14\7				28\28				
\26						11\14				15\	32\16		
\26							24\22						
■	10\	17\	9\37									13\	16\
\25						6\41							
\14					\22				\14				
\29					\9				\29				

[芬克早在 1935 年 9 月就获得了十字和谜题的版权，见 *Canadian Patent Office Record and Register of Copyrights and Trade Marks* **63** (1935), 2253.]

432. (a) 我们可以通过只考虑“受限增长串”作为解，来节省很多时间（见 7.2.1.5 节）. 也就是说，我们可以假设最上面一行是“12”；然后第二行是“213”“234”“312”“314”或“34x”，其中 $1 \leqslant x \leqslant 5$，等等. 总共有 (5, 28, 33, 11, 1) 个这样的串，其最大元素分别为 (3, 4, 5, 6, 7). 因此，我们知道可以用 $5 \times 9^{\underline{3}} + 28 \times 9^{\underline{4}} + 33 \times 9^{\underline{5}} + 11 \times 9^{\underline{6}} + 9^{\underline{7}} = 1\,432\,872$ 种方式填充空位. 利用算法 7.2.1.2L 建立的 9! 种排列，我们可以从这些受限增长串中快速计算出 1 432 872 个由块的和所构成的序列. 这些序列中恰好有 78 690 个（大约占 5.5%）是唯一的，且定义了一个数和谜题.

每个数和谜题都有一个对偶谜题，这个对偶谜题可以通过将长度为 k 的块的线索之和从 s 改为 $10k - s$，并将每条数字线索从 d 改为 $10 - d$ 来获得. 因此，如果图 (a) 所示类别的谜题是由横向块之和及纵向块之和 $s_1s_2s_3/t_1t_2t_3$ 定义的，那么它的对偶谜题则是由横向块之和及纵向块之和 $(20-s_1)(30-s_2)(20-s_3)/(20-t_1)(30-t_2)(20-t_3)$ 定义的. 对角线对称性也使得 $s_1s_2s_3/t_1t_2t_3$ 等价于 $s_3s_2s_1/t_3t_2t_1$ 和 $t_1t_2t_3/s_1s_2s_3$. 因此，从每个序列中最多可以获得 8 个等价谜题. 一共有 9932 个本质上不同的谜题，其中只有一个具有 4 种对称性，即 6 15 14/14 15 6. 有 190 个谜题有一种对称性，其余的 9741 个谜题都是不对称的.（当然，不对称的谜题更难解开，因为对称谜题会有一个对称解.）习题 430 中的例子 5 19 6/6 10 14 是不对称的，但因为这个谜题的右下角有一个走法唯一的棋步，所以其实也相对容易. 最简单的，有 4 个走法唯一的棋步的谜题是 4 15 12/12 15 4 和 4 15 16/12 15 8，这两个谜题都是对称的. 共有 4011 个非对称谜题没有走法唯一的棋步，其中，570 个谜题没有“魔法块”①. 谜题 6 19 6/8 11 10 是最难的，因为根据习题 430(d) 的答案，这个谜题能使算法 C 的搜索树中的结点数达到最大（79 个）.

(b) 同样，这个图示有 $2 \times 9^{\underline{3}} + 42 \times 9^{\underline{4}} + 186 \times 9^{\underline{5}} + 234 \times 9^{\underline{6}} + 105 \times 9^{\underline{7}} + 18 \times 9^{\underline{8}} + 9^{\underline{9}} = 43\,038\,576$ 个由块的和所构成的序列，其中 6840 个（$\approx 0.016\%$）是唯一的. 根据对称性 $s_1s_2s_3/t_1t_2t_3 \mapsto s_2s_1s_3/t_1t_2t_3$, $s_3s_2s_1/t_1t_2t_3$, $s_1s_2s_3/t_2t_1t_3$, $s_1s_2s_3/t_3t_2t_1$, $t_1t_2t_3/s_1s_2s_3$, $(30-s_1)(30-s_2)(30-s_3)/(30-t_1)(30-t_2)(30-t_3)$，这 6840 个序列产生了 49 个等价类. 在这 49 个谜题中，除 3 个谜题外，其余谜题都是不对称的；7 11 20/7 11 20 和 7 19 20/7 19 20 是自转置的，而 7 15 23/10 15 20 是自对偶的. 这些谜题并不出色，因为它们都至少有一个走法唯一的棋步，可以根据 7 和 20（或其对偶）的对应关系而推出.

① 见习题 430(b) 的答案. ——译者注

（要找到一个空格能组成 4×4 网格的数和谜题是非常困难的．但约翰・德勒伊特在 2010 年发现了 5 种本质上不同的方法．比如，11 15 23 29/12 15 23 28 的搜索树有 488 个结点，所以这是个不错的小挑战．）

433. 对习题 430(d) 的答案的构建方式稍作扩展，就可引入“通配符”块．我们可以不指定这些块的长度，并以 $\{1,\cdots,9\}$ 的通用组合作为这些块的 X 或 Y．项 H_{h1x} 或 V_{v1y} 是副项而非主项．现在，算法 C 输出了 89 638 个解（用时 150 Mμ），而在相应的和序列中，有 12 071 个 $s_1\cdots s_7/t_1\cdots t_7$ 只出现了一次，从而产生有效谜题．[最简单的谜题 16 4 18 $(d{+}14)$ 16 16 16/9 34 24 6 d 12 15（$7\leqslant d\leqslant 9$）的搜索树只有 47 个结点．16 4 20 18 16 16 15/9 22 24 6 17 12 15 等中等难度的谜题需要 247 个结点．而最难的谜题 16 4 23 19 16 16 13/9 25 24 6 17 11 15 需要 1994 个结点．]

（作者尝试了 10 000 次实验，每次实验都在该图的所有 21 个空格内随机填入数字，并记录图中所有横向块/纵向块之和．平均而言，这 10 000 个问题大约有 75 个解，标准差约为 1200．只有 5 个可以产生有效的谜题．最难的一个谜题是 15 3 21 16 27 8 10/9 22 28 11 21 5 4，它需要 1168 个结点．）

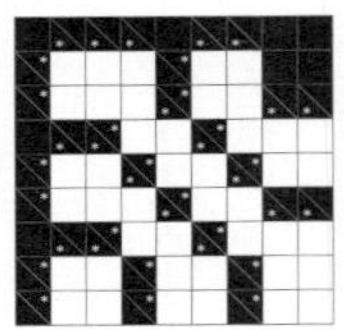

434. 在 700 Mμ 内，一个有 64 个变量和 124 487 个结点的 BDD 表征了 93 158 227 648 个解．尼古拉・贝卢霍夫在 2018 年证明了这样的谜题最多有 38 个块，如右图所示．他的证明方式是列出所有具有 38 个或更多块的情况．他还观察到 $n\times n$ 数和谜题的最大块数是 $n^2/3-O(n)$，这是利用了类似的构造，以及除了靠近边界的情况外，(i,j) 为黑 $\iff (i+j)\bmod 3=0$.

435. 这个谜题的搜索树有 566 个结点（见附录 E）.

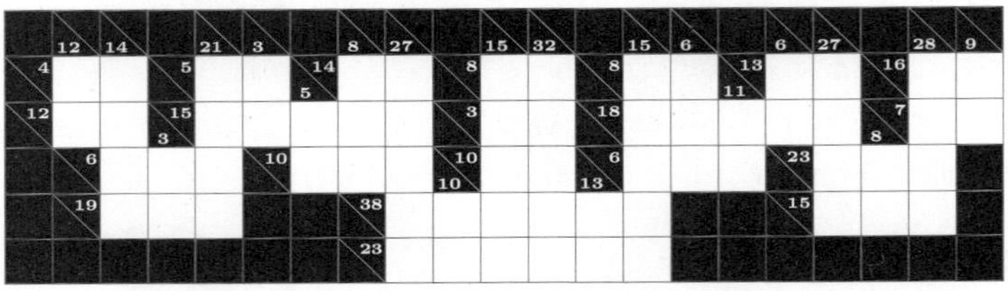

436. (a) 任何带有黑色“种子”单元格的解，当这个单元格变为白色时依然是解.

(b) 有一个非“关节点”单元格的解，当这个单元格变为黑色时依然是解.

437. 引入主项 * 使种子单元格为白色，并为每个在第 i 行第 j 列出现不止一次的字母 c 引入主项 Ric 和 Cjc．为每个单元格 (i,j) 引入副项 ij，其中，$0\leqslant i<m$ 且 $0\leqslant j<n$．比如，谜题 436(α) 的第一个选项是“* 01:0 02:0 10:0 13:0 14:0 21:0 31:0 32:0”.

假设第 i 行中，第 $j_1,\cdots,j_t$ 列包含字母 c，其中 $t>1$．那么 Ric 通常有 $t+1$ 个选项“Ric ij_1:e_1 $\cdots$ ij_t:e_t u_1:0 $\cdots$ u_s:0”，其中，$e_1+\cdots+e_t\geqslant t-1$ 且 $\{u_1,\cdots,u_s\}$ 是被着色为 1 的单元格的非种子邻居．但是，如果该选项会给同一项分配两种颜色，那么这个选项会被去除．如果 $i=1$、$t=3$ 且 $j_1j_2j_3=123$，则只有一个选项“R1c 11:1 12:0 13:1 01:0 03:0 10:0 14:0 21:0 23:0”（但删除了给种子单元格设置颜色为 0 的元素），因为其他 3 个选项存在矛盾.

当然，与 Cjc 对应的选项是相似的．比如，谜题 436(α) 中 C3L 的选项为“C3L 23:0 33:1 34:0”和“C3L 33:0 23:1 22:0 24:0”.

（顺便注意一下，这个 XCC 问题是 2SAT 问题的一个特例．因此，这个问题可以在线性时间内求解．此外，根据定理 7.1.1S，任意 3 个解的中位数也是一个解——这真是一个奇怪的事实！）

438. 这里的基本思想是去除那些会将任何白色单元格与第一个种子单元格之间的连接切断的部分解．可以通过为每项的记录增加新的字段，从而维护一棵以该种子为根的三重链接生成树，来确保连通性．在回溯过程撤销单元格涂黑操作时，无须撤销对生成树的更改．任何在当前非黑色单元格上的生成树都是符合条件的.

[这种方法可以进行修补，以处理没有种子的罕见情况．为确保唯一性，还应如习题 436(b) 一样，对每个解的关节点进行测试．霍普克罗夫特和塔扬的双连通分量算法可以有效地做到这一点．见 7.4.1.2 节；另见斯坦福图库的第 90 ~ 99 页．]

439. (a) 性质 (ii) 指出，U 是一个顶点覆盖（或等价于 $V\setminus U$ 是独立的）．因此，(i) 和 (ii) 共同说明 U 是一个连通顶点覆盖．加上性质 (iii)，我们就得到了一个最小连通顶点覆盖．[最小连通顶点覆盖由迈

克尔 · 加里和戴维 · 约翰逊在 *SIAM J. Applied Math.* **32** (1977), 826–834 中提出，他们证明了判断最大阶数为 4 的平面图是否具有给定大小的连通顶点覆盖是 NP 完全的.]

(b) 这就是习题 436(b) 的要旨. [尼古拉 · 贝卢霍夫构造性地证明了每一个 $m \times n$ 数壹覆盖（$m, n > 1$）都能解出至少一个有效谜题，且这个谜题使用的字母表最多有 $\max(m, n)$ 个字母.]

440. 错误（如果每个 A 在其所在的列都不唯一）. 考虑 $\begin{array}{|c|c|c|}\hline \mathtt{A}&\mathtt{B}&\mathtt{A}\\\hline \mathtt{B}&\mathtt{C}&\mathtt{A}\\\hline \mathtt{A}&\mathtt{C}&\mathtt{C}\\\hline\end{array}$ 或 $\begin{array}{|c|c|c|c|c|c|c|}\hline \mathtt{0}&\mathtt{A}&\mathtt{B}&\mathtt{C}&\mathtt{D}&\mathtt{A}&\mathtt{1}\\\hline \mathtt{B}&\mathtt{2}&\mathtt{3}&\mathtt{4}&\mathtt{5}&\mathtt{6}&\mathtt{D}\\\hline \mathtt{B}&\mathtt{A}&\mathtt{B}&\mathtt{C}&\mathtt{D}&\mathtt{A}&\mathtt{D}\\\hline\end{array}$.

441. 当 $n = 1$ 时，任何一个字母 a 都是有效谜题. 当 $n > 1$ 时有如下可能性：(i) aαa，其实 α 是所有由 $n-2$ 个不同字母组成且包含一个 a 的字符串（因此有 $(n-2)d^{\underline{n-2}}$ 个谜题）；(ii) aαb，其中 $\mathtt{a} \ne \mathtt{b}$，$\alpha$ 是所有由 $n-2$ 个不同字母组成且包含 a 和 b 的字符串（因此有 $(n-2)^2 d^{\underline{n-2}}$ 个谜题）. 共有 $(n-2)^2 d^{\underline{n-2}}$ 个有效谜题.

442. 与习题 7.1.4–55 的答案和习题 7.1.4–225 的答案类似的“基于边界”的算法将为连通顶点覆盖的所有补集 $V \setminus U$ 的 f 家族生成未缩减的 ZDD，再根据算法 7.1.4R 的变式得到 ZDD. 然后，习题 7.1.4–237 的答案的 NONSUB 子例程将为 $f^{\uparrow}$ 生成 ZDD，即数壹覆盖的补集（潜在解的黑色单元格）. 在最复杂的情况下，$m = n = 9$，一个大小为 203 402 的未缩减 ZDD 被迅速缩减至 55 038 个结点. 然后，通过 550 Gμ 的计算，可为最大黑色单元格的家族生成大小为 1 145 647 的 ZDD.

这些 ZDD 可以方便地计数和生成数壹覆盖. 我们获得的总数如下：

$$\begin{pmatrix}
1 & 2 & 1 & 1 & 1 & 1 & 1 & 1 & 1\\
2 & 4 & 6 & 12 & 20 & 36 & 64 & 112 & 200\\
1 & 6 & 11 & 30 & 75 & 173 & 434 & 1054 & 2558\\
1 & 12 & 30 & 110 & 382 & 1270 & 4298 & 14\,560 & 49\,204\\
1 & 20 & 75 & 382 & 1804 & 7888 & 36\,627 & 166\,217 & 755\,680\\
1 & 36 & 173 & 1270 & 7888 & 46\,416 & 287\,685 & 1\,751\,154 & 10\,656\,814\\
1 & 64 & 434 & 4298 & 36\,627 & 287\,685 & 2\,393\,422 & 19\,366\,411 & 157\,557\,218\\
1 & 112 & 1054 & 14\,560 & 166\,217 & 1\,751\,154 & 19\,366\,411 & 208\,975\,042 & 2\,255\,742\,067\\
1 & 200 & 2558 & 49\,204 & 755\,680 & 10\,656\,814 & 157\,557\,218 & 2\,255\,742\,067 & 32\,411\,910\,059
\end{pmatrix}$$

有关这些迷人模式的更多统计数据也值得关注：

$$\begin{pmatrix}
[1..1] & [1..1] & [2..2] & [2..2] & [2..2] & [2..2] & [2..2] & [2..2] & [2..2]\\
[1..1] & [1..1] & [1..2] & [2..2] & [2..3] & [2..3] & [3..4] & [3..4] & [3..5]\\
[2..2] & [1..2] & [2..4] & [2..4] & [3..6] & [4..6] & [4..8] & [5..8] & [5..10]\\
[2..2] & [2..2] & [2..4] & [4..5] & [4..7] & [5..8] & [6..9] & [7..10] & [8..12]\\
[2..2] & [2..3] & [3..6] & [4..7] & [5..9] & [6..10] & [8..12] & [9..14] & [10..15]\\
[2..2] & [2..3] & [4..6] & [5..8] & [6..10] & [8..12] & [9..14] & [11..16] & [12..18]\\
[2..2] & [3..4] & [4..8] & [6..9] & [8..12] & [9..14] & [11..17] & [12..19] & [14..21]\\
[2..2] & [3..4] & [5..8] & [7..10] & [9..14] & [11..16] & [12..19] & [14..21] & [16..24]\\
[2..2] & [3..5] & [5..10] & [8..12] & [10..15] & [12..18] & [14..21] & [16..24] & [18..27]
\end{pmatrix}
\begin{pmatrix}
1 & 0 & 1 & 1 & 1 & 1 & 1 & 1 & 1\\
0 & 0 & 0 & 0 & 0 & 0 & 0 & 0 & 0\\
1 & 0 & 3 & 2 & 5 & 1 & 6 & 2 & 10\\
1 & 0 & 2 & 0 & 2 & 0 & 2 & 0 & 2\\
1 & 0 & 5 & 2 & 10 & 2 & 21 & 1 & 46\\
1 & 0 & 1 & 0 & 2 & 0 & 1 & 0 & 2\\
1 & 0 & 6 & 2 & 21 & 1 & 48 & 1 & 150\\
1 & 0 & 2 & 0 & 1 & 0 & 1 & 0 & 3\\
1 & 0 & 10 & 2 & 46 & 2 & 150 & 3 & 649
\end{pmatrix}$$

左边的矩阵显示了有多少黑色单元格可以出现在数壹覆盖上. 右边的矩阵显示了有多少个数壹覆盖同时具有水平对称性和竖直对称性. 当 $m \ne n$ 时，这种具有对称性的覆盖在之前的总数中只计算一次，而不对称的覆盖则计算两次或 4 次. 当 $m = n$ 时，此类覆盖被计算一次（如果有 8 重对称性）或两次（如果没有 8 重对称性）. 分别有 (1, 0, 1, 0, 2, 0, 2, 0, 11) 个 $n \times n$ 数壹覆盖具有 8 重对称性. 当 $m = n$ 时，还可能出现下列类型的 4 重对称性：具有 90° 旋转对称（但不是 8 重对称）的情况有 (0, 0, 0, 1, 1, 3, 11, 30, 106) 对；关于两条对角线均对称（但不是 8 重对称）的情况有 (0, 0, 0, 0, 0, 1, 4, 9, 49) 对. 图 A–6 展示了对称数壹覆盖“选美比赛”中的一些优胜者.

当 m 和 n 都是偶数时，不可能实现 4 重水平对称和竖直对称，因为这会迫使中心附近至少有 12 个白色单元格. 容易证明，$2 \times n$ 数壹覆盖的数量满足递推规律 $X_n = 2X_{n-2} + 2X_{n-3}$，以 $\Theta(r^n)$ 的方式增长，其中 $r \approx 1.769\,29$.

443. （由尼古拉 · 贝卢霍夫解答）假设有 s 个黑色单元格，其中，a 个位于内部，b 个在边上但不在角上，c 个位于角上. 可以证明 $b + 2c \leqslant m + n + 2 - [m\text{ 为偶数}] - [n\text{ 为偶数}] - [mn\text{ 为奇数}]$. 因此 $P_m \,\square\, P_n \,|\, U$

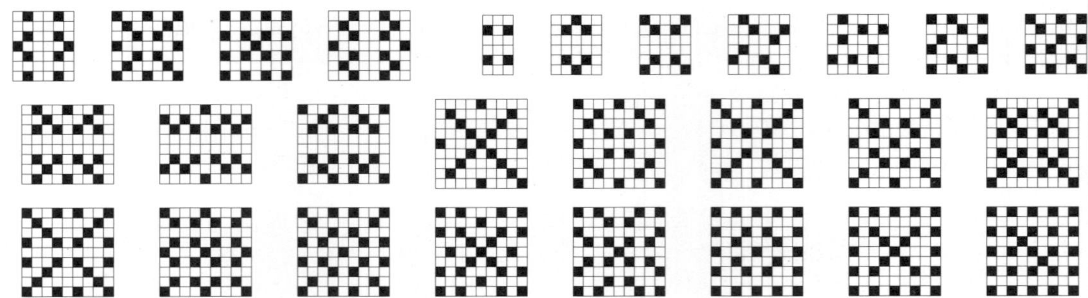

图 A–6 有趣的数壹覆盖图集

中边的数量为 $m(n-1)+(m-1)n-4a-3b-2c=2mn-m-n-4s+b+2c\leqslant 2mn-4s+1$. 但是，因为 $P_m \,\square\, P_n\,|\,U$ 是连通的，所以其至少有 $mn-s-1$ 条边.

[贝卢霍夫还证明，黑色单元格的数量总是至少为 $mn/5-O(m+n)$. 我们可以在 $i+2j$ 是 5 的倍数时涂黑单元格 (i,j)（也许再多涂黑几个单元格），从而得到一个小的数壹覆盖. 这个覆盖最多有 $mn/5+2$ 个黑色单元格.]

444. 不能. 根据习题 443，解中某一行最多有 $\lfloor (n^2/3+2)/n \rfloor$ 个黑色单元格. 当 $n>5$ 时，黑色单元格最多有 $n/3$ 个，此时该行中 $2n/3$ 个元素为白色. 反之，右图所示的 $n=9$ 的谜题可以推广到 $3k\times 3k$，其中 $k>1$.（这是对尼古拉 · 贝卢霍夫的构造的简化. 请注意，每个非零元素都是种子.）

0	0	1	0	2	3	0	4	5
0	1	0	2	3	0	4	5	0
1	6	2	3	0	4	5	0	0
0	2	3	6	4	5	0	0	1
2	3	0	4	5	0	0	1	0
3	0	4	5	6	0	1	0	2
0	4	5	0	0	1	6	2	3
4	5	0	0	1	0	2	3	0
5	0	0	1	0	2	3	6	4

445. 考虑下图中的棋盘 (α)，如果将小写字母改成大写字母，则它就是一个与 (ii) 相对应的无种子谜题.（小写字母便于我们理解“无种子”这一概念，因为它们表示我们想涂黑的单元格.）当每一个黑色单元格都有一个不同的字母需要隐藏时，无种子谜题就必须在每一个白色单元格 (i,j) 中填写一个第 i 行或第 j 列中的隐藏字母.

给定一个数壹覆盖，它的“RC 问题”是在每个白色单元格中放入 R 或 C，使得每一行中 R 的数目最多等于该行中黑色单元格的数目，C 的情况也类似，只不过是针对列. 棋盘 (β) 显示了对应于 (α) 的 RC 问题的解，这是解决 (ii) 的 RC 问题的 4 种方法之一.

假设一个数壹覆盖上有 s 个黑色单元格，其 RC 问题的每个解最多有 s 个白色单元格标记为 R，最多有 s 个标记为 C. 因此，对于一个 $n\times n$ 覆盖，我们必有 $s\geqslant n^2/3$. 由此，根据习题 443，当 $n=6$ 时，s 必然是 12. 尤其是，模式 (i) 不可能导出无种子谜题. 另外，当我们说“最多”时，等式必须成立.

我们很容易将 RC 问题表述为 MCC 问题，方法是为每个白色单元格 (i,j) 引入一个主项 ij，并为每个非白色的行 i 和列 j 引入主项 R_i 和 C_j. 比如，在模式 (ii) 的问题中，对于项 23，我们有两个选项“23 R_2”和“23 C_3”. C_3 的重数为 2.（这实际上是一个二分匹配问题. 我们之所以使用算法 M，只是因为存在多重性.）

棋盘 (γ) 显示了一个从相同的 RC 解 (β) 出发，但与 (α) 不同的无种子谜题. 事实上，(β) 会产生 $3!1!2!2!1!3!\times 3!1!2!2!1!3!=20\,736$ 个不同的无种子谜题，因为每一行和每一列所选的字母可以任意排列.

所有这样的排列都会产生有效的谜题. 证明：12 个字母中的每一个都出现了 3 次. 为了解开谜题，我们必须至少将每个字母涂黑一次，同时保持白色的连通性. 一种成功的解法是一石二鸟，任何其他方法都会涂黑 13 个或更多的单元格. 但是 6×6 数壹覆盖的黑色单元格不会超过 12 个.

模式 (iii) 有 8 个 RC 解，每个解有 20 736 个无种子谜题.

模式 (iv) 没有 RC 解. 但模式 (v) 有唯一的 RC 解 (δ)，该谜题共有 $3!0!3!2!1!3!\times 2!2!1!3!1!3!=62\,208$ 个无种子谜题，其中一个是 (ϵ).

(α) 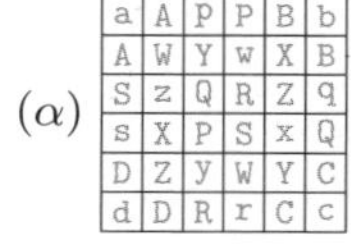

a	A	P	P	B	b
A	W	Y	w	X	B
S	z	Q	R	Z	q
s	X	P	S	x	Q
D	Z	y	W	Y	C
d	D	R	r	C	c

(β) 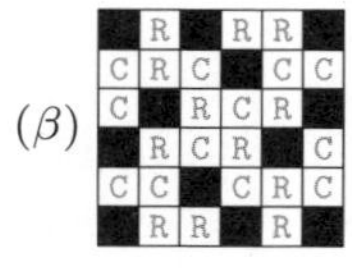

	R		R	R	
C	R	C		C	C
C		R	C	R	
	R	C	R		C
C	C		C	R	C
	R	R		R	

(γ) 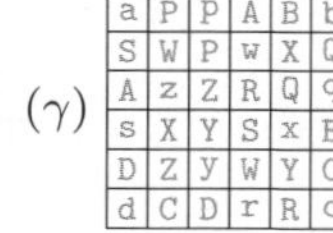

a	P	P	A	B	b
S	W	P	w	X	Q
A	z	Z	R	Q	q
s	X	Y	S	x	B
D	Z	y	W	Y	C
d	C	D	r	R	c

(δ) 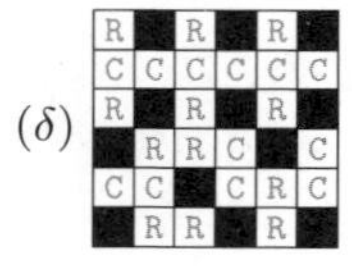

R		R		R	
C	C	C	C	C	C
R		R		R	
	R	R	C		C
C	C		C	R	C
	R	R		R	

(ϵ) 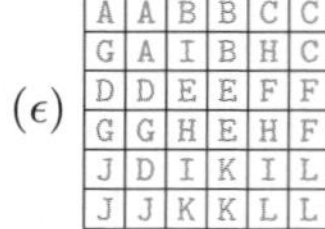

A	A	B	B	C	C
G	A	I	B	H	C
D	D	E	E	F	F
G	G	H	E	H	F
J	D	I	K	I	L
J	J	K	K	L	L

（尼古拉 · 贝卢霍夫证明了存在有效的 $n \times n$ 无种子谜题 $\iff n \bmod 6 = 0$.）

446. 根据习题 442 的答案，一共只有 1804 个数壹覆盖，但确切的概率似乎难以计算. 然而，用数百万个随机数进行的实验令人信服地表明，概率约为 0.0133. 八进制下的概率下降到约为 0.0105，十六进制下的概率下降到约为 0.0060. 十进制似乎是这个问题的“最佳点”.（另外，对于 4×4 谜题，十进制下的概率约为 0.0344；对于 6×6 谜题，概率仅约为 0.0020.）

447. 存在，当 $2 \leqslant m \leqslant 4$ 且 $n = 6$ 时.（约翰在 2017 年发现了 4×6 的情况，同时为自然常数 e 发现了 5×5 的情况. 2×6、3×2 和 4×5 的情况也适用于自然常数 e. 由习题 443，我们可以假设 $m, n \leqslant 15$.）

448. 答案只有两个.（还有一个漂亮的 6×6 谜题，其中只有一个不太常见的词.）

T	A	S	T	E
U	P	P	E	R
F	R	I	A	R
T	O	R	S	O
S	N	E	E	R

I	D	L	E	D
S	W	E	A	R
L	E	A	S	E
E	L	V	E	S
S	L	E	D	S

S	C	H	E	M	A
H	A	U	L	E	D
I	S	S	U	E	D
R	E	T	A	K	E
T	I	L	T	E	R
S	N	E	E	R	S

449. 一些类似的谜题如下：约翰在 1990 年的电影《小鬼当家》（这个名字很贴切）中注意到 (i)；他还在《钦定本圣经：路加福音》第 9 章第 56 节中发现了 (ii). 乔治 · 西歇尔曼在《亨利四世》第五幕第四场第 119 行中法尔斯塔夫的著名对白中发现了 (iii). 高德纳在《具体数学》第 278 页[①]的涂鸦中找到了 (iv)，还在 *Computing in Science and Engineering* **2**, 1（2000 年 1 月/2 月）第 2 页上找到了 (v)，即弗朗西斯 · 沙利文的一句鼓舞人心的话. 例 (vi) 出现在上述期刊第 1 卷的封面上. 大小同样为 11×3 的例 (vii) 表明，一个漂亮的数壹谜题可以包含小写字母、空格和标点符号. 这个谜题引用了塞缪尔 · 罗杰斯的诗歌《人类生活》（*Human Life*，1819 年）.

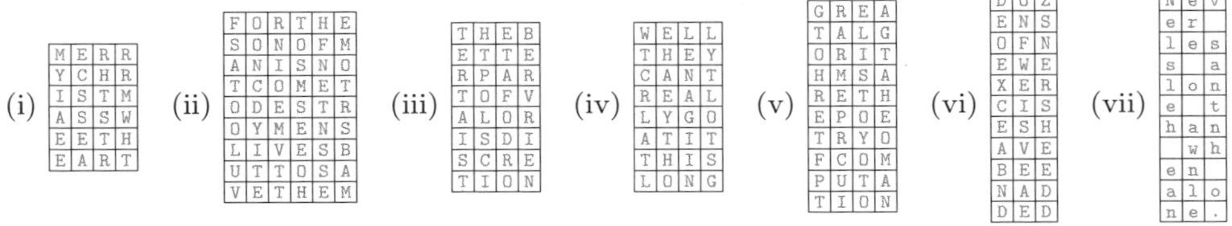

由文学作品片段构成且长于 80 个字符的数壹谜题由加里 · 麦克唐纳于 2023 年首次报告：（$7 \times 12 = 84$）“he stood and carefully examined the sky, to ascertain the time of night from the altitudes of the stars.”[②] [托马斯 · 哈代，《远离尘嚣》（1874 年）.]（$11 \times 8 = 88$）“ ‘$\cdots$ But talk to me of poverty and wealth, and there indeed we touch upon realities.’ ‘My De-ar, this is becoming Awful — ’ ”[③] [查尔斯 · 狄更斯，《我们共同的朋友》（1864 年）.]（$10 \times 10 = 100$）“shall never forget his flying Henry’s kite for him that very windy day last Easter — and ever since his particular kindness.”[④] [简 · 奥斯汀，《爱玛》（1816 年）.]

450. 解由 25 项 {`tot`, `tibi`, $\cdots$, `caelo`, 1a, 1b, 1c, $\cdots$, 5a, 5b, 5c, 6a, 6b} 和 80 个选项“`tot` 1a”“`tot` 1b 1c”$\cdots$“`tot` 4b 4c”“`tot` 5a”“`tot` 6a”“`tot` 6b”；“`tibi` 1b 1c”“`tibi` 1c 2a”$\cdots$“`tibi` 5c 6a”；$\cdots$“`sidera` 1a 1b 1c”$\cdots$“`sidera` 5a 5b 5c”；“`caelo` 1a 1b 1c”“`caelo` 1b 1c 2a”$\cdots$“`caelo` 4b 4c 5a”“`caelo` 6a 6b”组成.

---

① 此处为英文原书的页码，中译本（人民邮电出版社 2013 年 4 月出版）的对应页码为 233. ——编者注

② 译文为：“他站着仔细观察天空，通过星星的高度来确定夜晚的时间.”——译者注

③ 译文为：“‘……（不要）和我谈起穷和富，那样我们就真得接触现实了.’‘我亲～爱的，这可是越来越可怕了——’”——译者注

④ 译文为：“（我）永远不会忘记去年复活节那个大风天，他为亨利放风筝的情景，以及他的专门好意.”——译者注

7.2.2.2 节

1. (a) $\varnothing$（没有子句）. (b) $\{\epsilon\}$（一个空子句）.

2. 令 $1 \leftrightarrow$ 懒惰，$2 \leftrightarrow$ 快乐，$3 \leftrightarrow$ 不健康，$4 \leftrightarrow$ 舞者. 根据这些报告，我们得到了相应的子句 $\{314, \bar{1}42, 3\bar{4}2, \bar{2}4\bar{3}, \bar{1}3\bar{2}, \bar{2}3\bar{1}, \bar{1}\bar{4}\bar{3}\}$，这与 (7) 中的 R' 相符合. 因此，所有已知的平卡斯星人都快乐地起舞，并且均不懒惰. 但是，我们对他们的健康状况一无所知.（我们可能会疑惑旅行者为什么要描述这么多空集.）

3. 如果我们置 $q = \lfloor n/p \rfloor$，那么有 $f(j-1,n) + f(k-1,n)$，其中，$f(p,n) = \sum_{d=1}^{q}(n-pd) = p\binom{q}{2} + q(n \bmod p) \approx n^2/(2p)$.

4. 这些约束条件是不可满足的，当且仅当我们移除其中的一个子集，它要么是 $\{357, 456, \bar{3}\bar{5}\bar{7}, \bar{4}\bar{5}\bar{6}\}$，要么是 $\{246, 468, \bar{2}\bar{4}\bar{6}, \bar{4}\bar{6}\bar{8}\}$，要么是 $\{246, 357, 468, \bar{4}\bar{5}\bar{6}\}$，要么是 $\{456, \bar{2}\bar{4}\bar{6}, \bar{3}\bar{5}\bar{7}, \bar{4}\bar{6}\bar{8}\}$.

5. 上界 $W(3,k) = e^{O(\log k)^{11}}$ 可由詹德 · 凯利和拉古 · 梅卡令人惊讶的成果而得，见 arXiv:2302.05537 [math.NT]，共 79 页. 同样令人惊讶的超多项式下界 $W(3,k) = k^{\Omega(\log k/\log\log k)}$ 由本 · 格林和扎克 · 亨特分别在 *Forum of Mathematics, Pi* **10** (2022), e18:1–51 和 *Combinatorica* **42** (2022), 1231–1252 中证明.

6. 令每个 x_i 以概率 $p = (2\ln k)/k$ 等于 0，并且令 n 至多为 $k^2/(\ln k)^3$. 有两种类型的“不良事件”：A_i，即 3 个等间距的 0，发生的概率为 $P = p^3$；A'_j，即 k 个等间距的 1，发生的概率为 $P' = (1-p)^k \leqslant \exp(-kp) = 1/k^2$. 在非平衡依赖图中（它是一个二部图），每个 A_i 至多与 $D = 3k^3/((k-1)(\ln k)^3)$ 个结点 A'_j 相邻；每个 A'_j 至多与 $d = \frac{3}{2}k^3/(\ln k)^3$ 个结点 A_i 相邻. 根据定理 L，我们希望对所有足够大的 k 值，$P \leqslant y(1-x)^D$ 和 $P' \leqslant x(1-y)^d$ 对某些 x 和 y 成立.

选择 x 和 y，使得 $(1-x)^D = 1/2$ 和 $y = 2P$. 那么 $x = \Theta((\log k)^3/k^2)$ 且 $y = \Theta((\log k)^3/k^3)$. 因此 $(1-y)^d = \exp(-yd + O(y^2 d)) = O(1)$.［参见托马斯 · 布朗、布鲁斯 · 迈克尔 · 兰德曼和亚伦 · 罗伯逊，*J. Combinatorial Theory* **A115** (2008), 1304–1309.］

7. 是的，对于所有 n，当 $x_1x_2x_3\cdots = 001001001\cdots$ 时可以满足.

8. 比如，对于 $1 \leqslant i \leqslant n$ 和 $0 \leqslant a < b$，令 $x_{i,a}$ 表示 $x_i = a$. 那么相关的子句为 $x_{i,0} \vee \cdots \vee x_{i,b-1}$（$1 \leqslant i \leqslant n$）；以及 $\bar{x}_{i,a} \vee \bar{x}_{i+d,a} \vee \cdots \vee \bar{x}_{i+(k_a-1)d,a}$（$1 \leqslant i \leqslant n-(k_a-1)d$，$d \geqslant 1$）. 可选地包括子句 $\bar{x}_{i,a} \vee \bar{x}_{i,a'}$（$0 \leqslant a < a' < b$）.（只要相关的子句是可满足的，我们也可以通过必要时使一些变量取反来满足可选的子句.）

［瓦茨拉夫 · 赫瓦塔尔发现 $W(3,3,3) = 27$. 考里尔的论文展示了 $W(2,4,8) = 157$、$W(2,3,14) = 202$、$W(2,5,6) = 246$、$W(4,4,4) = 293$，并列出了许多更小的值.］

9. 当 $k \bmod 6 = (0,1,2,3,4,5)$ 时，$W(2,2,k) = 3k-(2,0,2,2,1,0)$. 当 $k \perp 6$ 时，序列 $2^{k-1}02^{k-1}12^{k-1}$ 达到最大；当 $k \bmod 6 = 3$ 时，序列 $2^{k-1}02^{k-1}12^{k-3}$ 达到最大；当 $k \bmod 6 = 4$ 时，序列 $2^{k-1}02^{k-2}12^{k-1}$ 达到最大；其他情况下，序列 $2^{k-1}02^{k-2}12^{k-2}$ 达到最大.［参见布鲁斯 · 迈克尔 · 兰德曼、亚伦 · 罗伯逊和克莱顿 · 卡尔弗，*Integers* **5** (2005), A10:1–A10:11，其中还确定了许多其他 $W(2,\cdots,2,k)$ 的值.］

10. 如果原始变量为 $\{1,\cdots,n\}$，那么令新变量为 $\{1,\cdots,n\} \cup \{1',\cdots,n'\}$. 新问题有正子句 $\{11',\cdots,nn'\}$. 它的负子句构造如下：如果 $2\bar{6}7\bar{9}$ 是一个原始子句，那么新的负子句为 $\bar{2}'\bar{6}\bar{7}\bar{9}'$. 它与原始问题是等价的，因为可以通过消解掉带撇的变量从新问题得到原始问题.

［实际上，可以构造一个大小为 $O(m+n)$ 的等价单调问题，其中，当且仅当 $(\bar{x}_1 \vee \cdots \vee \bar{x}_k)$ 是一个负子句时，$(x_1 \vee \cdots \vee x_k)$ 是一个正子句. 这样的“非全等 SAT”问题等价于超图二着色问题. 参见拉兹洛 · 洛瓦兹，*Congressus Numerantium* **8** (1973), 3–12；汉斯 · 克莱内 · 比宁和西奥多 · 莱特曼，*Propositional Logic* (Cambridge Univ. Press, 1999), §3.2, Problems 4–8.］

11. 对于每个变量 i，匹配形式为 ij' 和 ij'' 的顶点的唯一方法是选择其所有真三元组或所有假三元组.

此外，匹配 $j'1$ 的唯一方法是选择子句 j 的一个可满足性三元组. 假设 $\bar{l}_k j$ 属于所选三元组，那么我们也必须选择文字 l_k 的真三元组. 因此完美匹配意味着可满足的子句.

反之，如果所有子句都被满足，其中，l_k 在子句 j 中为真，那么总有恰好两种方法将 $\bar{l}_k j$ 与 $j'1$ 匹配，同时将 wj、xj、yj、zj 和另外两个 $\bar{l}j$ 顶点与 $j'2$, $\cdots$, $j'7$ 匹配.（这是一个美妙的构造！注意，没有顶点出现在超过 3 个三元组中.）

12. 等式 (13) 表示 $S_1(y_1,\cdots,y_p)=S_{\geqslant 1}(y_1,\cdots,y_p)\wedge S_{\leqslant 1}(y_1,\cdots,y_p)$. 如果 $p\leqslant 4$，那么使用 $\bigwedge_{1\leqslant j<k\leqslant p}(\bar{y}_j\vee\bar{y}_k)$ 来表示 $S_{\leqslant 1}(y_1,\cdots,y_p)$；否则可以通过子句 $S_{\leqslant 1}(y_1,y_2,y_3,t)\wedge S_{\leqslant 1}(\bar{t},y_4,\cdots,y_p)$ 来递归地编码 $S_{\leqslant 1}(y_1,\cdots,y_p)$，其中，$t$ 是一个新变量.（这种方法比习题 7.1.1–55(b) 的答案节省了一半的辅助变量.）

注记：兰福德问题只包含主项；在具有非主项的精确覆盖问题中，这些非主项只需要约束 $S_{\leqslant 1}(y_1,\cdots,y_p)$.

13. (a) $S_1(x_1,x_2,x_3,x_4,x_5,x_6)\wedge S_1(x_7,x_8,x_9,x_{10},x_{11})\wedge S_1(x_{12},x_{13})\wedge S_1(x_{14},x_{15},x_{16})\wedge S_1(x_1,x_7,x_{12},x_{14})\wedge S_1(x_2,x_8,x_{13},x_{15})\wedge S_1(x_1,x_3,x_9,x_{16})\wedge S_1(x_2,x_4,x_7,x_{10})\wedge S_1(x_3,x_5,x_8,x_{11},x_{12})\wedge S_1(x_4,x_6,x_9,x_{13},x_{14})\wedge S_1(x_5,x_{10},x_{15})\wedge S_1(x_6,x_{11},x_{16})$.

(b) 当选项交叉多次时会出现重复子句. 如果我们为每对交叉选项 (i,j) 生成子句 $\bar{x}_i\vee\bar{x}_j$，就可以避免它们.

(c) 用这种方法生成 *langford*(4) 时，它有 16 个变量上的 85 个不同的子句，即 $(x_1\vee x_2\vee x_3\vee x_4\vee x_5\vee x_6)\wedge(x_7\vee x_8\vee x_9\vee x_{10}\vee x_{11})\wedge\cdots\wedge(x_6\vee x_{11}\vee x_{16})\wedge(\bar{x}_1\vee\bar{x}_2)\wedge(\bar{x}_1\vee\bar{x}_3)\wedge\cdots\wedge(\bar{x}_{15}\vee\bar{x}_{16})$.

但 *langford*′(4) 不能使用 (b) 中的技巧. 它有 20 个变量上的 85 个（非不同的）子句. 如果我们用 1′、2′……表示辅助变量，那么它们将以 123456、$\bar{1}\bar{2}$、$\bar{1}\bar{3}$、$\bar{1}\bar{1}'$、$\bar{2}\bar{3}$、$\bar{2}\bar{1}'$、$\bar{3}\bar{1}'$、$1'\bar{4}$、$1'\bar{5}$、$1'\bar{6}$、$\bar{4}\bar{5}$、$\bar{4}\bar{6}$、$\bar{5}\bar{6}$……开始，其中两个子句（$\bar{1}\bar{3}$ 和 $\bar{4}\bar{6}$）是重复的.（顺带一提，*langford*′(12) 有 1548 个子句、417 个变量、3600 个文字.）

14.（由玛丽恩 · 休尔解答）这些子句有时有助于集中搜索. 如果我们试图用 n 种颜色（或者说鸽子）对完全图 K_n 进行着色，那么当 v_1 已经等于 1 时，我们不希望再浪费时间尝试 $v_2=1$.

当存在冗余子句时，SAT 的其他实例通常运行得更慢，因为需要对数据结构进行更多更新.

我们也可以采取相反的方法，用 nd 个子句替换 (17). 这些子句强制每个颜色类都是一个核（参见习题 21）. 这样的子句有时可以加速不可着色性的证明.

15. 共有 $N=n(n+1)$ 个顶点 (j,k)，其中，$0\leqslant j\leqslant n$ 且 $0\leqslant k<n$. 如果 $(j,k)=(1,0)$，那么我们对 $x\leqslant i<n$ 定义 (j,k) — (n,i)，其中，$x=\lfloor n/2\rfloor$. 否则我们定义以下边：当 $j<n$ 且 $k<n-1$ 时，(j,k) — $(j+1,k+1)$；当 $j<n$ 且 $j\neq k$ 时，(j,k) — $(j+1,k)$；当 $k<n-1$ 且 $j\neq k+1$ 时，(j,k) — $(j,k+1)$；当 $j=0$ 时，(j,k) — $(n,n-1)$；当 $k<n-1$ 且 $j=k$ 时，(j,k) — $(n-j,0)$；当 $j>0$ 且 $j=k$ 时，(j,k) — $(n+1-j,0)$；当 $k=n-1$ 且 $0<j<k$ 时，(j,k) — $(n-j,n-j-1)$；当 $k=n-1$ 且 $0<j<n$ 时，(j,k) — $(n+1-j,n-j)$. 最后还有 $(0,0)$ — $(1,0)$ 和 $(0,0)$ — (n,i)（$1\leqslant i\leqslant x$）. 这样总共有 $3N-6$ 条边.（这是一个极大平面图，参见习题 7–46.）

16. 对于所有 $n\geqslant 3$，都有唯一的大小为 4 的团，即 $\{(0,n-2),(0,n-1),(1,n-1),(n,n-1)\}$. 除了 $(0,0)$ 和 $(1,0)$，其他所有顶点都被形成长度为 4 或更长（通常为 6）的诱导环的相邻顶点包围. [参见让-路易 · 洛里埃，*Artificial Intelligence* **10** (1978), 117.]

17. 令 *mcgregor*(n) 表示图的子句 (15) 和 (16). 为对称阈值函数的变量添加子句 (18) 和 (19) 来限制颜色 1 的变量 v_1 的数量；第 k 个顶点 x_k 可以由习题 20 的答案中的顺序指定. 然后，如果可以满足这些子句及单元子句 s_r^N，其中，$N=n(n+1)$，我们就证明了 $f(n)<r$. 同理，如果可以满足这些子句及 $\bar{s}_r^N$，我们就证明了 $g(n)\geqslant r$. 指定 4 个团顶点的颜色的额外单元子句将加速计算：应该运行 4 种情况，每种情况下，某一个团顶点被着上颜色 1. 如果这 4 种情况都不可满足，我们就证明了 $f(n)\geqslant r$ 或 $g(n)<r$. 使用不同的 r 值进行二分查找将确定最优解.

为了加快 $g(n)$ 的速度，首先找到一个最大独立集而不是一个完整的四着色方案；然后注意到对于 $f(n)$ 的着色已经达到了这个最大值.

结果是，当 $n=(3,4,\cdots,16)$ 时，$f(n)=(2, 2, 3, 4, 5, 7, 7, 7, 8, 9, 10, 12, 12, 12)$，$g(n)=(4, 6, 10, 13, 17, 23, 28, 35, 42, 50, 58, 68, 77, 88)$.

18. 假设 $n\geqslant 4$，首先为顶点 (j,k) 分配以下“默认颜色”：若 $j\leqslant k$，则为 $1+(j+k)\bmod 3$；若 $k<j/2$，则为 $1+(j+k+1-n)\bmod 3$；否则为 $1+(j+k+2-n)\bmod 3$. 然后对特殊顶点进行以下更改：若 $n\bmod 6$ 等于 0 或 5，则将顶点 $(1,0)$ 着色为 2，否则着色为 3. 顶点 $(n,n-1)$ 着色为 4. 对于 $k\leftarrow 0$ 到 $n-2$，若顶点 (n,k) 的默认颜色与顶点 $(0,0)$（当 $k\leqslant n/2$ 时）或顶点 $(1,0)$（当 $k>n/2$ 时）的颜色匹配，则将其颜色更改为 4. 最后，对于 $1\leqslant j<n/2$，再次根据 $n\bmod 6$ 进行如下着色.

情况 0：顶点 $(2j, j-1)$ 着色为 4，顶点 $(2j+1, j)$ 着色为 1.

情况 1：顶点 $(2j, j)$ 着色为 4，顶点 $(2j+1, j)$ 着色为 2.

情况 2：顶点 $(2j, j)$ 着色为 4，顶点 $(2j+1, j)$ 着色为 1. 同时 $(n, n-2)$ 着色为 1，$(n-1, n-3)$ 着色为 4.

情况 3、4、5：顶点 $(2j+1, j)$ 着色为 4.

举例来说，$n = 10$ 的着色方案（由布赖恩特找到）如图 A–7(a) 所示.

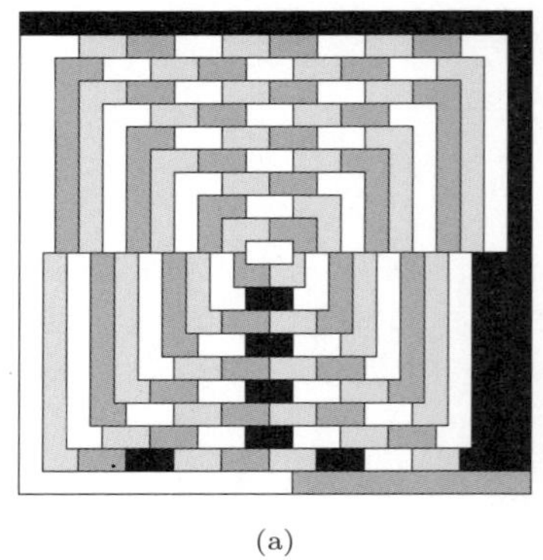

(a)

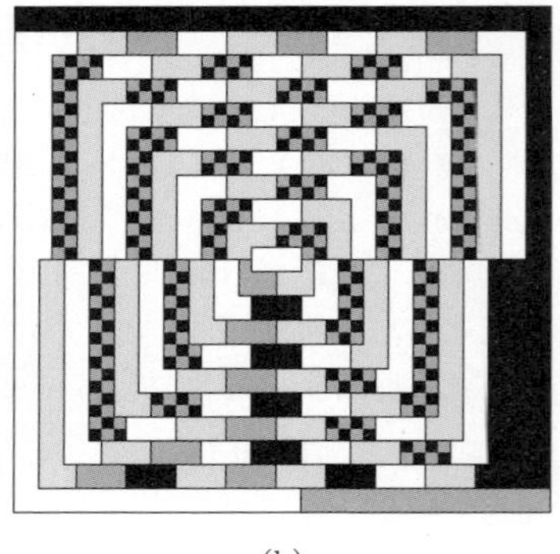

(b)

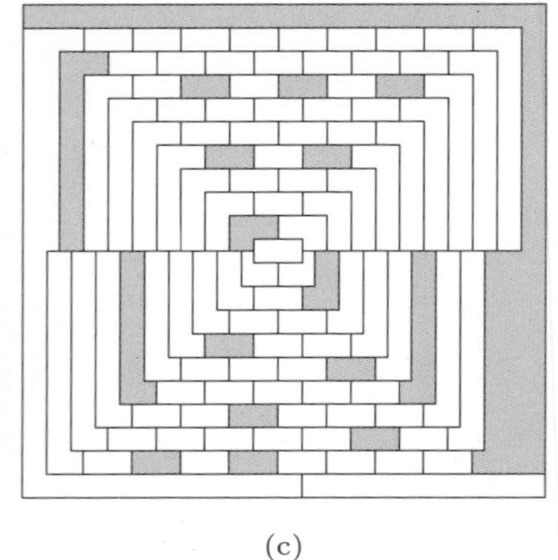

(c)

图 A–7 麦格雷戈图的着色方案和核

颜色分布为 $(\lfloor n^2/3\rfloor, \lfloor n^2/3\rfloor, \lfloor n^2/3\rfloor, 5k) + ((0,1,k,-1), (1,k,1,0), (-1,k+1,1,2), (0,k,1,2), (1,k+1,1,2), (0,2,k+1,3))$，其中，$n \bmod 6 = (0,1,2,3,4,5)$，$k = \lfloor n/6\rfloor$. 由于这种构造实现了 $n \leqslant 16$ 时 $f(n)$ 和 $g(n)$ 的最优值，因此它可能对所有 n 都是最优的. 此外，$g(n)$ 的值与所有已知情况下的最大独立集的大小相符. 进一步的猜想是，只要 $n \bmod 6 = 0$ 且 $n > 6$，最大独立集就是唯一的.

19. 使用 *mcgregor*(n) 的子句，并为每个顶点引入 $(v_1 \vee v_2 \vee v_3 \vee \bar{v}_x) \wedge (v_1 \vee v_2 \vee v_4 \vee \bar{v}_x) \wedge (v_1 \vee v_3 \vee v_4 \vee \bar{v}_x) \wedge (v_2 \vee v_3 \vee v_4 \vee \bar{v}_x)$，再加上要求至少 r 个顶点 v_x 为真的子句 (20) 和 (21). 为 4 个团顶点分配唯一的颜色.（这里只需要一种分配来打破对称性，而不是 4 种，因为 $h(n)$ 是比 $f(n)$ 或 $g(n)$ 更对称的性质.）这些子句是可满足的，当且仅当 $h(n) \geqslant r$. 如果我们还提供要求每个颜色类都是一个核的子句（参见习题 21），那么 SAT 计算过程将更快.

这样可以很容易地得到 $n = (3, 4, \cdots, 8)$ 时的值 $h(n) = (1, 3, 4, 7, 9, 13)$. 此外，如果将习题 18 的答案中的颜色类 4 扩展为一个合适的核，我们就可以得到 $h(9) \geqslant 17$ 和 $h(10) \geqslant 23$. $n=10$ 的结果如图 A–7(b) 所示，它很好地展示了原始麦格雷戈着色问题的 2^{23} 个解.

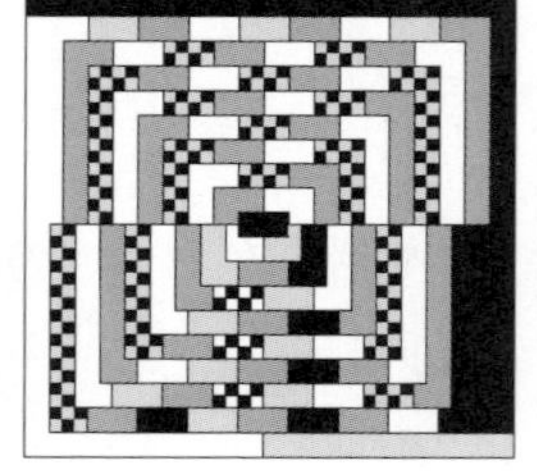

一个优秀的 SAT 求解器还能表明 $h(9) \leqslant 18$ 和 $h(10) \leqslant 23$，从而证明 $h(10) = 23$. 2013 年，阿明 · 比埃尔的求解器证明了 $h(9) = 18$，并发现了右图所示的这个出人意料的解.（本习题受到了弗兰克 · 伯恩哈特的启发，他在 1975 年将类似图 A–7(b) 的图发给了马丁 · 加德纳. 他的图展示了 2^{21} 个解.）

20. 将习题 15 的答案中的顶点 (j, k) 按以下顺序排列：$(n, n-1)$；$(0, n-1), (0, n-2), \cdots, (0, 0)$；$(1, n-1), (1, n-2), \cdots, (1, 1)$；$\cdots$；$(n-2, n-1), (n-2, n-2)$；$(n-1, n-2), (n-2, n-3), \cdots, (2, 1)$；$(n-1, n-1)$；$(2, 0), (3, 1), \cdots, (n, n-2)$；$(3, 0), (4, 1), \cdots, (n, n-3)$；$(1, 0)$；$(4, 0), \cdots, (n, n-4)$；$\cdots$；$(n-1, 0), (n, 1)$；$(n, 0)$. 然后，如果 $V_t = \{v_0, \cdots, v_{t-1}\}$，那么让“边境” F_t 包含所有属于 V_t 的顶点，这些顶点至少有一个相邻顶点不属于 V_t. 我们可以假设 (v_0, v_1, v_2) 被着色为 $(0, 1, 2)$，因为它们是四团的一部分.

如果我们知道 F_{t-1} 的相应计数，就可以枚举所有在 F_t 上有给定颜色序列的 V_t 的四着色方案. 此处所述的顺序确保 F_t 中的元素不会超过 $2n-1$ 个. 实际上，对于任意给定的 t，至多有 3^{2n-2} 种颜色序列是可行的. 由于 3^{18} 小于 4 亿，因此进行这些增量计算是完全可行的. 总数（使用约 6 GB 内存和大约 5000 亿次内存访问的计算后）为 898 431 907 970 211.

当 $n=10$ 时，这个问题太大，以至于无法有效地使用 BDD 方法处理，但是可以使用 $n\leqslant 8$ 的 BDD 来检查算法. 这些边界本质上代表了这个问题所对应的 QDD 的逐层切片. $3\leqslant n\leqslant 9$ 时的四着色方案数分别为 6、99、1814、107 907、9 351 764、2 035 931 737、847 019 915 170.

21. 对于图 G 的每个顶点都有一个布尔变量 v，核由以下子句来刻画：(i) 当 $u\,—\,v$ 时，$\bar u\vee\bar v$；(ii) 对于所有 v，$v\vee\bigvee_{u\,—\,v}u$. 添加对称阈值函数 $S_{\leqslant r}(x_1,\cdots,x_N)$ 对应的子句，我们可以找到使得所有子句都可满足的最小的 r 值. 图 76 中的图对于 $r=17$ 是可满足的，其 46 个大小为 17 的核中的一个如图 A–7(c) 所示.

（对于这个问题，BDD 方法较慢，但它们枚举了所有520 428 275 749 个核，以及生成函数 $46z^{17}+47\,180z^{18}+\cdots+317z^{34}+2z^{35}$.）

22. 需要 8 种颜色. 着色方案 $\substack{12771\\22788\\33668\\34655\\14451}$ 是“平衡”的，其中每种颜色至少使用 3 次.

23. 将 x_k 写作 k，并将 s_j^k 写作 $\substack{k\\j}$. 由 (18) 和 (19) 得到的子句为 $\substack{\bar1\,1\\1\,2}$、$\substack{\bar1\,1\\2\,3}$、$\substack{\bar2\,2\\1\,2}$、$\substack{\bar2\,2\\2\,3}$、$\substack{\bar3\,3\\1\,2}$、$\substack{\bar3\,3\\2\,3}$、$\substack{\bar4\,4\\1\,2}$、$\substack{\bar4\,4\\2\,3}$；$\bar1^{1}_{1}$、$\bar2^{1}_{2}$、$\bar3^{1}_{3}$、$\bar2^{\bar1\,2}_{1\,1}$、$\bar3^{\bar1\,2}_{2\,2}$、$\bar4^{\bar1\,2}_{3\,3}$、$\bar3^{\bar2\,3}_{1\,1}$、$\bar4^{\bar2\,3}_{2\,2}$、$\bar5^{\bar2\,3}_{3\,3}$、$\bar4^{\bar3\,4}_{1\,1}$、$\bar5^{\bar3\,4}_{2\,2}$、$\bar6^{\bar3\,4}_{3\,3}$、$\bar5^{\bar4}_{1}$、$\bar6^{\bar4}_{2}$、$\bar7^{\bar4}_{3}$.

同理，(20) 和 (21) 定义了子句 $\bar7^{6}_{1}$、$\bar6^{6}_{1}$、$\bar6\bar7^{6}_{2}$；$\bar5^{5}_{1}$、$\bar4^{5}_{1}$、$\bar4\bar5^{5}_{2}$；$\bar3^{4}_{1}$、$\bar2^{4}_{1}$、$\bar2\bar3^{4}_{2}$；$\bar1^{3}_{1}$、$\substack{\bar6\,3\\1\,1}$、$\substack{\bar6\\1}\bar1^{3}_{2}$、$\substack{\bar6\,3\\2\,2}$、$\substack{\bar6\\2}\bar1^{3}_{3}$；$\substack{\bar5\,2\\1\,1}$、$\substack{\bar4\,2\\1\,1}$、$\substack{\bar5\,2\\2\,2}$、$\substack{\bar4\,2\\2\,2}$、$\substack{\bar4\,\bar5\,2\\1\,1\,2}$、$\substack{\bar4\,\bar5\,2\\1\,2\,3}$、$\substack{\bar4\,\bar5\,2\\2\,1\,3}$、$\substack{\bar4\,\bar5\,2\\2\,2\,4}$；$\substack{\bar2\,\bar3\\4\,1}$、$\substack{\bar2\,\bar3\\3\,2}$、$\substack{\bar2\,\bar3\\2\,3}$. 因此，当 $(n,r)=(7,4)$ 时，这种基于树的方法显然需要一个额外的变量和两个额外的子句. 下一道习题将展示，(18) 和 (19) 并没有真正地胜出！

24. (a) 子句 $(\bar b_1^2\vee\bar b_r^3)$ 会出现，当且仅当 $t_3=r$ 且 $t_3\leqslant n/2$.

(b) 比如，当 $n=11$ 且 $r=5$ 时，$t_3=\min(r,4)<r$.

(c) 在这种情况下，t_k 是结点 k 下的叶结点数，并且在消除纯文字后，幸存下来的唯一辅助变量是 $b_{t_k}^k$. 最终只有 $n-1$ 个子句幸存了下来，即 $(\bar b_{t_{2k}}^{2k}\vee\bar b_{t_{2k+1}}^{2k+1}\vee b_{t_k}^k)$（$1<k<n$），以及 $(\bar b_{t_2}^2\vee\bar b_{t_3}^3)$.

(d) 如果 $2^k\leqslant n\leqslant 2^k+2^{k-1}$，我们有 $(n',n'')=(n-2^{k-1},2^{k-1})$；如果 $2^k+2^{k-1}\leqslant n\leqslant 2^{k+1}$，我们有 $(n',n'')=(2^k,n-2^k)$.（注意 $n''\leqslant n'\leqslant 2n''$.）

(e) 在这种完全平衡的情况下（这是最容易分析的情况），没有纯文字被移除. 我们得到 $a(2^k,2^{k-1})=(k-1)2^k$ 和 $c(2^k,2^{k-1})=(2^{k-2}+k-1)2^k$.

(f) 可以证明 $a(n,r)=(r\leqslant n''?\ b(n',r)+b(n'',r)\text{: }r\leqslant n'?\ b(n',n'')+b(n'',n'')\text{: }b(n',n-r)+b(n'',n-r))$，其中，$b(1,1)=0$ 且对于 $n\geqslant 2$，$b(n,r)=r+b(n',\min(r,n'))+b(n'',\min(r,n''))$. 同理，$c(n,r)=(r\leqslant n''?\ r+f(n',0,r)+f(n'',0,r)\text{:}r\leqslant n'?\ n''+f(n',r-n'',r)+f(n'',0,n'')\text{: }n-r+f(n',r-n'',n')+f(n'',r-n',n''))$，其中，$f(n,l,r)=\sum_{k=l+1}^{r}\min(k+1,n''+1,n+1-k)+(r\leqslant n''?\ r+f(n',0,r)+f(n'',0,r)\text{:}r\leqslant n'?\ n''+f(n',0,r)+f(n'',0,n'')\text{: }r<n?\ n-r+f(n',0,n')+f(n'',0,n'')\text{:}f(n',(n'+l)\dot-r,n')+f(n'',(n''+l)\dot-r,n''))$ 对于 $n\geqslant 2$ 成立且 $f(1,0,1)=0$. 所需的结果可以通过对这些递推关系进行归纳得到.

顺带一提，三元分支可以做到进一步的节约. 比如，我们可以用 6 个变量 b_1^2、b_2^2、b_3^2、b_1^3、b_2^3、b_3^3，以及它们上的 17 个子句来处理 $n=6$、$r=3$ 的情况.

25. 我们从 (18) 和 (19) 得到 $2n-4$ 个变量上的 $5n-12$ 个子句，它们具有类似于格的简单结构. 但是 (20) 和 (21) 产生了一个更复杂的类似于树的模式，其中有 $2n-4$ 个变量. $\lfloor n/2\rfloor$ 个结点覆盖了两个叶结点. 因此，我们得到 $\lfloor n/2\rfloor$ 个有 3 个子句的结点、$n\bmod 2$ 个有 5 个子句的结点、$\lceil n/2\rceil$ 个有 7 个子句的结点，以及来自 (21) 的 2 个子句，总共是 $5n-12$ 个（假设 $n>3$）. 实际上，在这两种情况下，除了 $n-2$ 个子句，其余的子句都是二元子句.

26. 设想边界条件 $s_j^0=1$、$s_j^{r+1}=0$、$s_0^k=0$（$1\leqslant j\leqslant n-r$ 且 $1\leqslant k\leqslant r$）. 这些子句表明 $s_1^k\leqslant\cdots\leqslant s_{n-r}^k$ 且 $x_{j+k}s_j^k\leqslant s_j^{k+1}$. 因此，通过对 j 和 k 进行归纳，可以证明提示.

置 $j=n-r$ 和 $k=r+1$ 可以表明，当 $x_1+\cdots+x_n\geqslant r+1$ 时，我们无法满足新的子句. 反之，如果可以通过 $x_1+\cdots+x_n\leqslant r$ 满足 F，那么我们可以通过置 $s_j^k\leftarrow[x_1+\cdots+x_{j+k-1}\geqslant k]$ 来满足 (18) 和 (19).

27. 与上一个答案类似，但设想 $b_0^k=1$、$b_{r+1}^1=0$. 通过对 j 和 $n-k$ 进行归纳（从 $k=n-1$ 开始，然后是 $k=n-2$，以此类推）来证明提示.

28. 比如，当 $n=5$ 时，$\bar{x}_1+\cdots+\bar{x}_n\leqslant n-1$ 的子句是 $(x_1\vee s_1^1)$、$(x_2\vee\bar{s}_1^1\vee s_1^2)$、$(x_3\vee\bar{s}_1^2\vee s_1^3)$、$(x_4\vee\bar{s}_1^3\vee s_1^4)$、$(x_5\vee\bar{s}_1^4)$. 我们可以假设 $n\geqslant 4$；然后，前两个子句可以被替换为 $(x_1\vee x_2\vee s_1^2)$，最后两个子句可以被替换为 $(x_{n-1}\vee x_n\vee\bar{s}_1^{n-2})$，从而得到 $n-3$ 个辅助变量上的 $n-2$ 个长度为 3 的子句.

29. 我们可以假设 $1\leqslant r_1\leqslant\cdots\leqslant r_n=r<n$. 如果我们还要求当 $k=r_i+1$ 且 $j=i-r_i$ 时 s_j^k 为假，那么事实上辛兹的子句 (18) 和 (19) 可以很好地完成这项任务.

30. 这些子句现在为 $(\bar{s}_j^k\vee s_{j+1}^k)$、$(\bar{x}_{j+k}\vee\bar{s}_j^k\vee s_j^{k+1})$、$(s_j^k\vee\bar{s}_j^{k+1})$、$(x_{j+k}\vee s_j^k\vee\bar{s}_{j+1}^k)$. 因此，它们定义了 $s_j^k=[x_1+\cdots+x_{j+k-1}\geqslant k]$；隐含地，$s_0^k=s_j^{r+1}=0$ 且 $s_j^0=s_{n-r+1}^k=1$. 在习题 23 的答案中，新子句为 ${}^{1\,\bar2}_{1\,1}$、${}^{2\,\bar3}_{1\,1}$、${}^{3\,\bar4}_{1\,1}$、${}^{1\,\bar2}_{2\,2}$、${}^{2\,\bar3}_{2\,2}$、${}^{3\,\bar4}_{2\,2}$、${}^{1\,\bar2}_{3\,3}$、${}^{2\,\bar3}_{3\,3}$、${}^{3\,\bar4}_{3\,3}$；$1^{\bar1}_{1}$、$2^{\bar2}_{1}$、$3^{\bar3}_{1}$、$4^{\bar4}_{1}$、$2^{1\,\bar1}_{1\,2}$、$3^{2\,\bar2}_{1\,2}$、$4^{3\,\bar3}_{1\,2}$、$5^{4\,\bar4}_{1\,2}$、$3^{1\,\bar1}_{2\,3}$、$4^{2\,\bar2}_{2\,3}$、$5^{3\,\bar3}_{2\,3}$、$6^{4\,\bar4}_{2\,3}$、4^{1}_{3}、5^{2}_{3}、6^{3}_{3}、7^{4}_{3}.

对于 (20) 和 (21)，当结点 k 下方有 $l_k>1$ 个叶结点时，我们可以将 $b_j'^k$ 与 $\bar{b}_{l_k+1-j}^k$ 对应起来. 从而 b_j^k 为真，当且仅当结点 k 下方的叶结点有大于或等于 j 个 1. 比如，习题 23 的答案得到了新的子句 $7^{\bar6}_{2}$、$6^{\bar6}_{2}$、$67^{\bar6}_{1}$；$5^{\bar5}_{2}$、$4^{\bar5}_{2}$、$45^{\bar5}_{1}$；$3^{\bar4}_{2}$、$2^{\bar4}_{2}$、$23^{\bar4}_{1}$；$1^{\bar3}_{3}$、${}^{6\,\bar3}_{2\,3}$、$1^{6\,\bar3}_{2\,2}$、${}^{6\,\bar3}_{1\,2}$、$1^{6\,\bar3}_{1\,1}$；${}^{4\,\bar2}_{2\,4}$、${}^{5\,\bar2}_{2\,4}$、${}^{4\,\bar2}_{1\,3}$、${}^{4\,5\,\bar2}_{2\,2\,3}$、${}^{5\,\bar2}_{1\,3}$、${}^{4\,5\,\bar2}_{1\,2\,2}$、${}^{4\,5\,\bar2}_{2\,1\,2}$、${}^{4\,5}_{1\,1}$；${}^{2\,3}_{4\,1}$、${}^{2\,3}_{3\,2}$、${}^{2\,3}_{2\,3}$.

此外，(20) 和 (21) 可以通过更弱的约束 $r'\leqslant x_1+\cdots+x_n\leqslant r$ 以相同的方式统一. 举例来说，如果我们希望有 $2\leqslant x_1+\cdots+x_7\leqslant 4$，那么可以简单地将上一段的最后 4 个子句替换为 ${}^{4\,5\,\bar2}_{1\,1\,1}$、${}^{2\,3}_{2\,1}$、${}^{2\,3}_{1\,2}$. 相反，根据 (18) 和 (19) 的约定，这些更弱的约束将生成相当数量的新子句，即 ${}^{1\,\bar2}_{1\,1}$、${}^{1\,\bar2}_{2\,2}$、${}^{1\,\bar2}_{3\,3}$、${}^{1\,\bar2}_{4\,4}$、${}^{1\,\bar2}_{5\,5}$ 和 $1^{\bar1}_{1}$、$2^{\bar2}_{1}$、$3^{2\,\bar2}_{1\,2}$、$3^{1\,\bar1}_{2\,3}$、$4^{2\,\bar2}_{2\,3}$、$4^{1\,\bar1}_{3\,4}$、$5^{2\,\bar2}_{3\,4}$、$5^{1\,\bar1}_{4\,5}$、$6^{2\,\bar2}_{4\,5}$、6^{1}_{5}、7^{2}_{5}，但这些子句包含新变量 ${}^{1}_{4}$、${}^{1}_{5}$、${}^{2}_{4}$、${}^{2}_{5}$.

31. 我们可以使用 (10) 的第二行的约束，以及习题 30 的约束，强制 $x_1+\cdots+x_n=r$. 然后，我们寻找使得这个问题可满足的 n，同时使得该问题在 $x_n=0$ 时不可满足. 可以使用以下较小的数值来检查计算结果：

r =	1	2	3	4	5	6	7	8	9	10	11	12	13	14	15	16	17	18	19	20	21	22	23	24	25	26	27
$F_3(r)$ =	1	2	4	5	9	11	13	14	20	24	26	30	32	36	40	41	51	54	58	63	71	74	82	84	92	95	100
$F_4(r)$ =	1	2	3	5	6	8	9	10	13	15	17	19	21	23	25	27	28	30	33	34	37	40	43	45	48	50	53
$F_5(r)$ =	1	2	3	4	6	7	8	9	11	12	13	14	16	17	18	19	24	25	27	28	29	31	33	34	36	37	38
$F_6(r)$ =	1	2	3	4	5	7	8	9	10	12	13	14	15	17	18	19	20	22	23	24	25	26	29	32	33	35	36

此外，如果再利用先前计算的值 $F_t(1)$, $\cdots$, $F_t(r-1)$，那么可以实现显著的加速. 比如，当 $t=3$ 且 $r\geqslant 5$ 时，我们必须有 $x_{a+1}+\cdots+x_{a+8}\leqslant 4$，其中，$0\leqslant a\leqslant n-8$，因为 $F_3(5)=9$. 这些额外的子区间约束与习题 30 的约束完美契合，因为 $x_{a+1}+\cdots+x_{a+p}\leqslant q$ 对于 $0\leqslant a\leqslant n-p$ 成立能推出 $\bar{s}_{b+p-q}^k\vee s_b^{k-q}$ 对于 $0\leqslant b\leqslant n+1-p+q-r$ 和 $q<k\leqslant r$ 成立.

我们还可以利用左右对称性，当 r 为奇数时添加单元子句 $\bar{s}_{\lceil(n-r)/2\rceil}^{\lceil r/2\rceil}$；当 n 和 r 都为偶数时添加 $s_{n/2-r/2+1}^{r/2}$.

适合作为基准的例子是计算 $F_3(27)$ 或 $F_4(36)$. 但对于大规模的情况，基于 SAT 的一般方法似乎无法与最好的专用回溯程序竞争. 比如，加文 · 西奥博尔德和鲁道夫 · 尼博尔斯基已经得到了 $F_3(41)=194$，这似乎远远超出了这些想法的能力范围.

［参见保罗 · 埃尔德什和保罗 · 图兰，*J. London Math. Soc.* (2) **11** (1936), 261–264; errata, **34** (1959), 480；小塞缪尔 · 斯坦德菲尔德 · 瓦格斯塔夫，*Math. Comp.* **26** (1972), 767–771. ］

32. 使用 (15) 和 (16)，以及可选的 (17)，但是除非 $j\in L(v)$，否则省略变量 v_j.

33. 为了用 k 种颜色对图进行双重着色，将 (15) 改为 k 个子句 $v_1\vee\cdots\vee v_{j-1}\vee v_{j+1}\vee\cdots\vee v_k$，其中，$1\leqslant j\leqslant k$；同理，长度为 $k-2$ 的 $\binom{k}{2}$ 个子句将得到三重着色. 小例子表明，对于 $l\geqslant 2$，C_{2l+1} 可以用 5 种颜色进行双重着色：$\{1,2\}\bigl(\{3,4\}\{5,1\}\bigr)^{l-1}\{2,3\}\{4,5\}$；此外，当 $l\geqslant 3$ 时，用 7 种颜色足以进行三重着色：$\{1,2,3\}\bigl(\{4,5,6\}\{7,1,2\}\bigr)^{l-2}\{3,4,5\}\{6,7,1\}\{2,3,4\}\{5,6,7\}$. 下面的习题证明了这些着色方案实际上是最优的.

34. (a) 显然，我们可以找到一个使用 $q\chi(G)$ 种颜色的 q 重着色方案. 麦格雷戈图有一个四团，因此 $\chi^*(G)\geqslant 4$.

(b) 如果我们令 $\lambda_j=\sum_{i=1}^{p}[S_j$ 是颜色为 i 的顶点的集合$]/q$，那么任何使用 p 种颜色的 q 重着色方案都会得到一个分数精确覆盖问题的解. 反之，线性方程的理论告诉我们，总是存在一个最优解，其中，$\{\lambda_1,\cdots,\lambda_N\}$ 是有理数；当每个 $q\lambda_j$ 是整数时，这样的解将得到一个 q 重着色方案.

(c) 当 n 为偶数时，$\chi^*(C_n)=\chi(C_n)=2$；并且 $\chi^*(C_{2l+1})\leqslant 2+1/l=n/\alpha(C_{2l+1})$，因为存在一个使用 n 种颜色的 l 重着色方案，如前一道习题所示. 此外，一般有 $\chi^*(G)\geqslant n/\alpha(G)$：$n=\sum_v\sum_j\lambda_j[v\in S_j]=\sum_j\lambda_j|S_j|\leqslant\alpha(G)\sum_j\lambda_j$.

(d) 对于提示，设 $S=\{v_1,\cdots,v_l\}$，其中，顶点按颜色排序. 由于顶点 v_j 属于 C_i，且 $|C_i|\geqslant|\{v_j,\cdots,v_l\}|$，因此我们有 $t_{v_j}\leqslant 1/(l+1-j)$.

因此，$\chi(G)\leqslant k=\sum_v t_v=\sum_v t_v\sum_j\lambda_j[v\in S_j]=\sum_j\lambda_j\sum_v t_v[v\in S_j]\leqslant\sum_j\lambda_j H_{\alpha(G)}$.

[参见戴维 · 斯蒂夫勒 · 约翰逊，*J. Computer and System Sci.* **9** (1974), 264–269；拉兹洛 · 洛瓦兹，*Discrete Math.* **13** (1975), 383–390. 分数覆盖的概念归功于安东尼 · 约翰 · 威廉 · 希尔顿、理查德 · 雷多和西德尼 · 哈布伦 · 斯科特，*Bull. London Math. Soc.* **5** (1973), 302–306.]

35. (a) 下面的双重着色方案证明了 $\chi^*(G)\leqslant 7/2$；并且它是最优的，因为 NV 及其相邻顶点诱导出轮图 W_5.（注意，$\chi^*(W_n)=1+\chi^*(C_n)$.）

(b) 通过前一道习题的 (c) 部分，我们有 $\chi^*(G)\geqslant 25/4$. 此外，有一个使用 25 种颜色的四重着色方案：

```
AEUY ABUV BCVW CDWX DEXY
AEFJ ABFG BCGH CDHI DEIJ
FJKO FGKL GHLM HIMN IJNO
KOPT KLPQ LMQR MNRS NOST
PTUY PQUV QRVW RSWX STXY
```

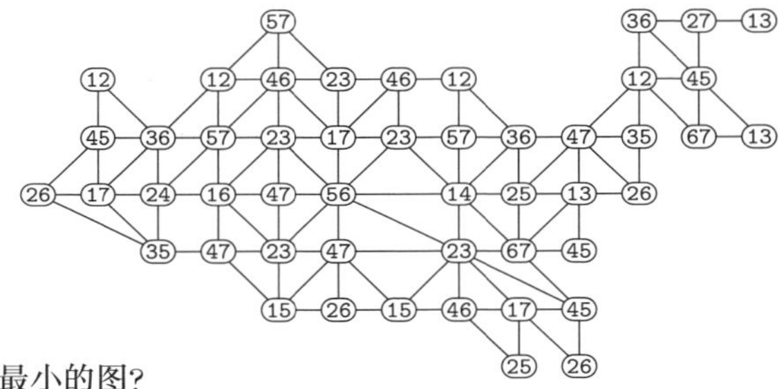

$\overline{C_5\boxtimes C_5}$ 是否是使得 $\chi^*(G)<\chi(G)-1$ 的最小的图?

36. 类似于 (16) 的几个二元颜色约束产生了相应的 SAT 问题. 我们还可以假设右上角的顶点被着色为 0，因为该区域与其他 $n+4=14$ 个顶点相邻；至少需要 $n+6$ 种颜色. 其他地方的约束并不是很紧（参见习题 38(b)）. 因此，我们很容易为所有阶数大于 4 的麦格雷戈图得到使用 $n+6$ 种颜色的最优无线电着色方案，如下图所示. 当 n 为 3 或 4 时，第 $n+7$ 种颜色是充分且必要的.

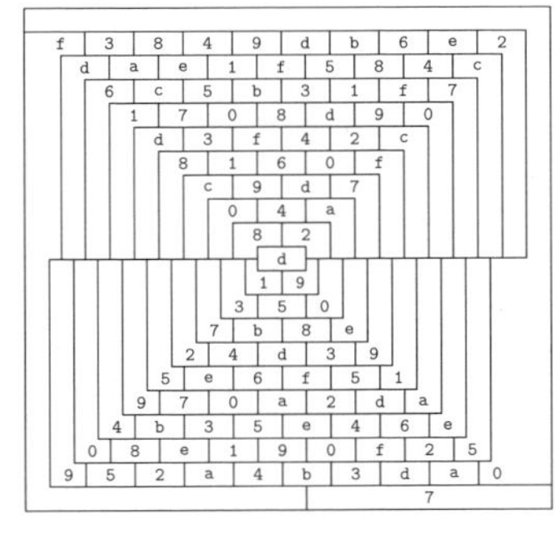

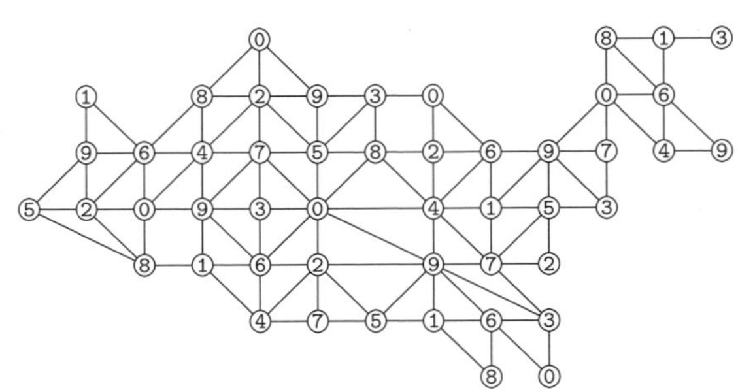

37. 此处展示的十着色方案是最优的，因为密苏里州（MO）的度数为 8.

38. 通过查看 $n=10$ 时的解 [比如，可以快速通过算法 W（WalkSAT）求解]，我们很容易发现一般情况下仍有效的模式：(a) 令 (x,y) 的颜色为 $(2x+4y)\bmod 7$（当 $n\geqslant 3$ 时，7 种颜色显然是必要的）；(b) 令 (x,y,z) 的颜色为 $(2x+6y)\bmod 9$（当 $n\geqslant 4$ 时，9 种颜色显然是必要的）.

39. 令 $f(n)$ 表示最少连续颜色的数量. SAT 求解器可以轻松验证对于 $n=(0,1,2,3,4,5)$，$f(n)=(1,3,5,7,8,9)$. 此外，我们可以利用对称性来证明 $f(6)>10$：可以假设 000000 的颜色为 0，并且 000001, $\cdots$, 100000 的颜色是递增的；这样对于后者只剩下 3 种可能性. 最后，我们可以通过找到一个只使用颜色 $\{0,1,3,4,6,7,9,10\}$ 的解来验证 $f(6)=11$.

但是，我们只知道 $f(7)$ 大于或等于 11 且小于或等于 15.

[$L(2,1)$ 标记是由杰罗尔德 · 罗宾逊 · 格里格斯和叶光清命名的，他们在 *SIAM J. Discrete Math.* **5** (1992), 586–595 中开创了这一理论. 最佳已知上界，包括 $f(2^k-k-1)\leqslant 2^k$ 这一结论，是由马歇尔 · 安德鲁 · 惠特尔西、约翰 · 伯里克利 · 乔治斯和戴维 · 惠特尔西 · 莫罗得到的，他们还解决了习题 38(a)，参见 *SIAM J. Discrete Math.* **8** (1995), 499–506.]

40. 不是. 可满足的情况是 $z=0, 1, 2, 3, 4, 5, 6, 7, 8, 9, 10, 12, 14, 15, 21$.（如果我们还要求 $(x_m\vee\cdots\vee x_2)\wedge(y_n\vee\cdots\vee y_2)$，那么这个说法就是正确的.）

41. 有 mn 个 AND 用于形成 x_iy_j. 一个包含 t 位的二进制数最初将使用 $(t-1)/2$ 个加法器为下一个二进制数生成 $\lfloor t/2\rfloor$ 个进位.（比如，$t=6$ 将调用 2 个全加器和 1 个半加器.）$bin[2]$, $bin[3]$, $\cdots$, $bin[m+n+1]$ 各自的 t 值为 $(1, 2, 4, 6, \cdots, 2m-2, 2m-1, \cdots, 2m-1, 2m-2, 2m-3, \cdots, 5, 3, 1)$，其中，$2m-1$ 出现了 $n-m$ 次. 因此总共有 $mn-m-n$ 个全加器和 m 个半加器. 我们总共得到了 $mn+2(mn-m-n)+m$ 个 AND、$mn-m-n$ 个 OR、$2(mn-m-n)+m$ 个 XOR.

42. 三元 XOR 需要四元子句，但中位数函数只需要三元子句：

$$\begin{array}{llll}
(t\vee u\vee v\vee \bar{x}) & (t\vee u\vee \bar{v}\vee x) & & \\
(t\vee \bar{u}\vee \bar{v}\vee \bar{x}) & (t\vee \bar{u}\vee v\vee x) & (t\vee u\vee \bar{y}) & (\bar{t}\vee \bar{u}\vee y) \\
(\bar{t}\vee u\vee \bar{v}\vee \bar{x}) & (\bar{t}\vee u\vee v\vee x) & (t\vee v\vee \bar{y}) & (\bar{t}\vee \bar{v}\vee y) \\
(\bar{t}\vee \bar{u}\vee v\vee \bar{x}) & (\bar{t}\vee \bar{u}\vee \bar{v}\vee x) & (u\vee v\vee \bar{y}) & (\bar{u}\vee \bar{v}\vee y)
\end{array}$$

这些子句分别指定了 $x\leqslant t\oplus u\oplus v$、$x\geqslant t\oplus u\oplus v$、$y\leqslant\langle tuv\rangle$、$y\geqslant\langle tuv\rangle$.

43. $n=2$ 时，$x=y=3$ 是可行的，但是 $3\leqslant n\leqslant 7$ 的情况是不可满足的. 对于所有 $n\geqslant 8$，我们可以使用 $x=3(2^{n-2}+1)$，$y=7(2^{n-3}+1)$.（这样的解并不罕见. 比如，当 $n=32$ 时，$(x,y)=($#`C4466223`, #`E26E7647`$)$ 是 293 个解中的一个.）

44. 通过查看 x 或 y 中最多有 6 个 0 的全部 $\binom{N+1}{2}\approx 6600$ 亿种情况来快速探查这个问题. 这里，$N=\binom{32}{26}+\binom{32}{27}+\cdots+\binom{32}{32}$. 这揭示了非凡的结果 $x=2^{32}-2^{26}-2^{22}-2^{11}-2^8-2^4-1$，$y=2^{32}-2^{11}+2^8-2^4+1$，二者的乘积为 $2^{64}-2^{58}-2^{54}-2^{44}-2^{33}-2^8-1$. 现在，一个 SAT 求解器通过表明 32×32 位乘法子句在进一步约束 $\bar{x}_1+\cdots+\bar{x}_{32}+\bar{y}_1+\cdots+\bar{y}_{32}+\bar{z}_1+\cdots+\bar{z}_{64}\leqslant 15$ 的情况下是不可满足的来完成这个任务.（在作者使用算法 L 的实验中，LIFO 版本的子句比 FIFO 版本的快得多. 作者通过分别使用 $x_k\cdots x_1=01^{k-1}$ 和 $y_k\cdots y_1=1^k$ 来打破对称性.）

45. 使用分解问题中 $xy=z$ 的子句，其中，$m=\lfloor t/2\rfloor$，$n=\lceil t/2\rceil$，以及 $x_j=y_j$（$1\leqslant j\leqslant m$）；如果 $m<n$，那么附加一个单元子句 $(\bar{y}_n)$.

46. 最大的两个（$285\,000\,288\,617\,375^2$ 和 $301\,429\,589\,329\,949^2$）有 97 位；下一个二进制回文平方数（$1\,178\,448\,744\,881\,657^2$）有 101 位. [这个问题对于 SAT 求解器来说不太容易；数论在此处发挥了更大的作用. 事实上，迈克尔 · 科里安德发现了一种很好的方法来找到所有 n 位的例子，而只需考虑 $O(2^{n/4})$ 种情况，因为一个二进制数的左半部分和右半部分几乎被其平方的左四分之一和右四分之一强制. 前 8 个二进制回文平方数是由古斯塔夫 · 詹姆斯 · 西蒙斯在 *JRM* **5** (1972), 11–19 中发现的；参见 OEIS 序列 A003166 以获取更多的结果.]

47. 每条导线有一个"顶部"和一个"底部". 导线的顶部有 $n+g+2h$ 个，底部有 $m+2g+h$ 个. 因此，导线的总数是 $n+g+2h=m+2g+h$，并且我们必须有 $n+h=m+g$.

48. 这些导线计算 $q^1\leftarrow q$、$q^2\leftarrow q$、$x\leftarrow p\oplus q^1$、$y\leftarrow q^2\oplus r$、$z\leftarrow x\oplus y$. 令 p 表示"p 固定为 1"，而 $\bar{p}$ 表示"p 固定为 0". 模式 $pqr=000$ 检测到 p、q^1、q^2、r、x、y、z；001 检测到 p、q^1、q^2、$\bar{r}$、x、$\bar{y}$、$\bar{z}$；010 检测到 p、$\bar{q}^1$、$\bar{q}^2$、r、$\bar{x}$、$\bar{y}$、z；011 检测到 p、$\bar{q}^1$、$\bar{q}^2$、$\bar{r}$、$\bar{x}$、y、$\bar{z}$；100 检测到 $\bar{p}$、q^1、q^2、r、$\bar{x}$、y、$\bar{z}$；101 检测到 $\bar{p}$、q^1、q^2、$\bar{r}$、$\bar{x}$、$\bar{y}$、z；110 检测到 $\bar{p}$、$\bar{q}^1$、$\bar{q}^2$、r、x、$\bar{y}$、$\bar{z}$；111 检测到 $\bar{p}$、$\bar{q}^1$、$\bar{q}^2$、$\bar{r}$、x、y、z. 注意，q 的固定故障是不可检测的（因为 $z=(p\oplus q)\oplus(q\oplus r)=p\oplus r$），但我们可以检测到其克隆 q^1 和 q^2 上的故障.（在图 77 中会发生相反的情况.）

像 $\{100,010,001\}$ 这样的 3 个模式足以检测到所有可检测的故障.

49. 比如，可以发现故障 b_3^2、$\bar{c}_1^2$、$\bar{s}^2$ 和 $\bar{q}$ 只能被模式 $y_3y_2y_1x_2x_1 = 01111$ 检测出；$\bar{a}_2^2$、$\bar{a}_3^2$、$\bar{b}_3^2$、$\bar{p}$、$\bar{c}_2^2$ 和 $\bar{z}_5$ 只能被 11011 或 11111 检测出.

所有覆盖集可以通过构建一个有 99 个正子句的 CNF 来找到，每个子句对应一个可检测的故障. 比如，$\bar{z}_5$ 的子句是 $x_{27} \vee x_{31}$，而 x_2^2 的子句是 $x_4 \vee x_5 \vee x_{12} \vee x_{13} \vee x_{20} \vee x_{21} \vee x_{28} \vee x_{29}$. 为了找到最小覆盖，我们可以通过为这些子句构建一个 BDD，或使用一个 SAT 求解器并加入额外的子句（比如 (20) 和 (21)）来限制正文字的数量. 正好有 14 个最小集（每个有 5 个模式），其中最值得记住的是 $\{01111, 10111, 11011, 11101, 11110\}$.（实际上，每个最小集至少包含这 5 个模式中的 3 个.）

50. 带撇的受损导线变量是 x_2'、b_2'、b_3'、s'、p'、q'、z_3'、c_2'、z_4'、z_5'. 这些导线还有带井号的变量 $x_2^\sharp$、$b_2^\sharp$……$z_5^\sharp$；我们还需要带井号的变量 $x_2^{1\sharp}$、$x_2^{3\sharp}$、$x_2^{4\sharp}$、$b_2^{1\sharp}$、$b_2^{2\sharp}$、$b_3^{1\sharp}$、$b_3^{2\sharp}$、$s^{1\sharp}$、$s^{2\sharp}$、$c_2^{1\sharp}$、$c_2^{2\sharp}$，用于扇出导线. 这些带撇的变量由像 $(\bar{p}' \vee a_3) \wedge (\bar{p}' \vee b_2') \wedge (p' \vee \bar{a}_3 \vee \bar{b}_2')$ 这样的子句定义，它对应于 $p' \leftarrow a_3 \wedge b_2'$. 这些子句被添加到文中 (23) 之后列出的 49 个子句之后. 然后，有两个子句 (25) 用于 10 个带撇且带井号变量中的 9 个；然而，在 x_2 的情况下，我们使用单元子句 $(x_2') \wedge (\bar{x}_2)$，因为变量 $x_2^\sharp$ 并不存在. 有 5 个扇出子句 (26)，即 $(\bar{x}_2^{1\sharp} \vee x_2^{3\sharp} \vee x_2^{4\sharp}) \wedge (\bar{b}_2^\sharp \vee b_2^{1\sharp} \vee b_2^{2\sharp}) \wedge \cdots \wedge (\bar{c}_2^\sharp \vee c_2^{1\sharp} \vee c_2^{2\sharp})$. 有 11 个子句 $(\bar{x}_2^{3\sharp} \vee b_2^\sharp) \wedge (\bar{x}_2^{4\sharp} \vee b_3^\sharp) \wedge (\bar{b}_2^{1\sharp} \vee s^\sharp) \wedge \cdots \wedge (\bar{b}_3^{2\sharp} \vee z_5^\sharp) \wedge (\bar{c}_2^{2\sharp} \vee z_5^\sharp)$ 用于门的受损输入. 最后还有 $(x_2^{1\sharp}) \wedge (z_3^\sharp \vee z_4^\sharp \vee z_5)$.

51. 作者在 2013 年发现的含 196 个模式的完整集合包括 (x, y) 的输入 $(2^{32}-1, 2^{31}+1)$ 和 $(\lceil 2^{63/2} \rceil, \lceil 2^{63/2} \rceil)$，以及文中提到的两个数论模式. 在计算乘积时需要很长的时间来进位.

52. 对于 $1 \leqslant i \leqslant M$，子句是 $(z_{1,2} \vee z_{2,2} \vee \cdots \vee z_{M,2}) \wedge (\bar{z}_{i,2} \vee \bar{q}_{i,1}) \wedge (\bar{z}_{i,2} \vee \bar{p}_{i,2}) \wedge (\bar{z}_{i,2} \vee \bar{q}_{i,3}) \wedge (\bar{z}_{i,2} \vee \bar{p}_{i,4}) \wedge \cdots \wedge (\bar{z}_{i,2} \vee \bar{q}_{i,20})$. 在第 k（$1 \leqslant k \leqslant P$）种情况中，$z$ 的第 2 个下标是 k.

53. 左侧是 π 的二进制展开，右侧是 e 的二进制展开，每次 20 位.

对于所有 20 位数 x，一种定义 $f(x)$ 的方法是写作 $\pi/4 = \sum_{k=1}^{\infty} u_k/2^{20k}$ 和 $\mathrm{e}/4 = \sum_{l=1}^{\infty} v_l/2^{20l}$，其中，每个 u_k 和 v_l 都是 20 位数. 令 k 和 l 是使得 $x = u_k$ 和 $x = v_l$ 成立的最小的数. 那么 $f(x) = [k \leqslant l]$.

事实上，方程 (27) 被刻意设计出来维持魔术般的幻觉：许多简单的布尔函数与表 2 中的数据一致，即使我们要求每个四项 DNF 都有 3 个文字. 但只有两个函数（如 (27)）具有额外的性质：通过使用 u_k 和 v_l（k 和 l 分别取到 22 和 20），它们实际上与上一段中对 $f(x)$ 的定义在另外 10 种情况下一致！人们几乎可以开始怀疑 SAT 求解器已经发现了 π 和 e 之间的一个深刻的新联系.

54. (a) 函数 $\bar{x}_1 x_9 x_{11} \bar{x}_{18} \vee \bar{x}_6 \bar{x}_{10} \bar{x}_{12} \vee \bar{x}_4 x_{10} \bar{x}_{12}$ 匹配表 2 的全部 16 行；但添加第 17 行会使得三项 DNF 变得不可能.

(b) 21 行是不可能的，但 (27) 满足 20 行.

(c) $\bar{x}_1 \bar{x}_5 \bar{x}_{12} x_{17} \vee \bar{x}_4 x_8 \bar{x}_{13} \bar{x}_{15} \vee \bar{x}_6 \bar{x}_9 \bar{x}_{12} x_{16} \vee \bar{x}_6 \bar{x}_{13} \bar{x}_{16} x_{20} \vee x_{13} x_{14} \bar{x}_{16}$ 匹配 28 行，这是最大值.（顺带一提，对于足够大的 M，这个问题是没有意义的，因为方程 $f(x) = 1$ 可能没有恰好 2^{19} 个解.）

55. 使用 (28)~(31) 且 $p_{i,j} = 0$ 对于所有 i 和 j 成立，并且引入类似于 (20) 和 (21) 的子句来确保 $q_{i,1} + \cdots + q_{i,20} \leqslant 3$，可以得到如下解：

$$f(x_1, \cdots, x_{20}) = \bar{x}_1 \bar{x}_7 \bar{x}_8 \vee \bar{x}_2 \bar{x}_3 \bar{x}_4 \vee \bar{x}_4 \bar{x}_{13} \bar{x}_{14} \vee \bar{x}_6 \bar{x}_{10} \bar{x}_{12}.$$

（不存在每项长度任意且项数小于或等于 4 的单调递增解.）

56. 我们可以仅从变量的一个子集中一致地定义 f，当且仅当左侧的任何条目与右侧的任何条目在这些坐标位置上不一致. 比如，前 10 个坐标不够充分，因为左侧顶部条目的前 10 位与右侧第 14 个条目相同. 前 11 个坐标是充分的（尽管右侧两个条目的前 12 位实际上是一致的）.

如习题 53 的答案所示，令左侧的向量为 $\boldsymbol{u}_k$ 且右侧的向量为 $\boldsymbol{v}_l$，从而形成一个 256×20 矩阵，其行为满足 $1 \leqslant k, l \leqslant 16$ 的 $\boldsymbol{u}_k \oplus \boldsymbol{v}_l$. 这个问题是可解的，当且仅当我们可以找到 5 列，使得该矩阵的任何行都不是 00000. 这是一个经典的*覆盖问题*（但行和列互换）：我们要找到覆盖每一行的 5 列.

一般来说，这样一个 $m \times n$ 覆盖问题对应于一个 SAT 实例，它有 m 个子句和 n 个变量 x_j，其中，x_j 表示“选择第 j 列”. 对于某一特定行的子句是该行包含 1 的每列 j 的 x_j 的 OR. 比如，在表 2 中，我

们有 $\boldsymbol{u}_1 \oplus \boldsymbol{v}_1 = 01100100111101111000$，因此第一个子句是 $x_2 \vee x_3 \vee x_6 \vee \cdots \vee x_{17}$. 为了用最多 5 列覆盖，我们需要根据 (20) 和 (21) 添加适当的子句；这给出了 75 个变量上的 396 个子句，其总长度为 2894.（当然，$\binom{20}{5}$ 仅为 15 504；我们不需要一个 SAT 求解器来完成这个简单的任务！与此同时，算法 D 仅需要执行 57.8 万次内存访问，而算法 C 在 353 Kμ 内找到了一个答案.）

一共有 12 个解：我们可以将位置限制为坐标 x_j，其中，j 属于 $\{1,4,15,17,20\}$、$\{1,10,15,17,20\}$、$\{1,15,17,18,20\}$、$\{4,6,7,10,12\}$、$\{4,6,9,10,12\}$、$\{4,6,10,12,19\}$、$\{4,10,12,15,19\}$、$\{5,7,11,12,15\}$、$\{6,7,8,10,12\}$、$\{6,8,9,10,12\}$、$\{7,10,12,15,20\}$ 或 $\{8,15,17,18,20\}$.（顺带一提，如果按覆盖集的大小计数，那么 BDD 方法表明覆盖问题的解数的生成函数为 $12z^5+994z^6+13\,503z^7+\cdots+20z^{19}+z^{20}$.）

57. 表 2 给出了一个 20 个变量的布尔函数，它有 $2^{20}-32$ 个“不关心取值”. 习题 56 展示了如何将它嵌入到仅有 5 个布尔变量的部分定义函数中，并且给出了 12 种方式. 因此，我们有 12 张真值表：

```
11110110 0*1*010* 10000111 10*0*1*0    00100101 11110*0* 1011**** **0**00*
011*011* 1*110100 10*001*1 1000**10    100*1**0 11*00010 1100**0* *0**0101
011*1*11 010*100* 10*0*000 *101*011    **1*1000 1*101100 1*100*10 0*****1*
10101110 0*100*1* 1*001*00 1**00***    1*1*1*10 10001100 0*101*1* **1*0*10
10101110 0*1*0*10 1*0*1*00 0**01***    1*01*00* 1101*0*0 0011*11* 1*100*0*
1*01110* 00**110* 11**0*00 10*****0    001*1001 *1**1*1* 11*0*010 01011001
```

其中，第 10 张真值表给出了 $f(x)=((x_8\oplus(x_9\vee x_{10}))\vee((x_6\vee x_{12})\oplus\bar{x}_{10}))\oplus x_{12}$.

58. 这些子句是可满足的，只要其他子句是可满足的（除了 $f(x)$ 对于所有 x 都等于 0 的平凡情况），因为我们不需要在同一项中同时包含 x_j 和 $\bar{x}_j$. 此外，它们将可能性空间减少到原来的 $1/(3/4)^N$. 因此，它们似乎是值得的.（此外，至少在小规模试验中，对于算法 C 而言，它们对运行时间的影响似乎可以忽略不计.）

59. $f(x)\oplus\hat{f}(x)=x_2\bar{x}_3\bar{x}_6\bar{x}_{10}\bar{x}_{12}(\bar{x}_8\vee x_8(x_{13}\vee x_{15}))$ 是一个有 7 个解的八变量函数. 因此，概率等于 $7/256=0.027\,343\,75$.

60. 给定 32 个随机选择的 $f(x)$ 值，一个典型的例子得到

$$\hat{f}(x_1,\cdots,x_{20})=x_4\bar{x}_7\bar{x}_{12}\vee\bar{x}_6x_8\bar{x}_{11}x_{14}x_{20}\vee\bar{x}_9\bar{x}_{12}x_{18}\bar{x}_{19}\vee\bar{x}_{13}\bar{x}_{16}\bar{x}_{17}x_{19},$$

这当然是完全错误的；它与 $f(x)$ 不同的概率为 $102\,752/2^{18}\approx 0.392$. 然而，使用 64 个训练值，我们可以得到

$$\hat{f}(x_1,\cdots,x_{20})=x_2\bar{x}_{13}\bar{x}_{15}x_{19}\vee\bar{x}_3\bar{x}_9\bar{x}_{19}\bar{x}_{20}\vee\bar{x}_6\bar{x}_{10}\bar{x}_{12}\vee\bar{x}_8x_{10}\bar{x}_{12}.$$

它更接近 $f(x)$，二者不同的概率仅为 $404/2^{11}\approx 0.197$.

61. 我们可以添加 24 个子句 $(p_{a,1}\vee q_{a,1}\vee p_{a,2}\vee\bar{q}_{a,2}\vee p_{a,3}\vee\bar{q}_{a,3}\vee\cdots\vee p_{b,1}\vee q_{b,1}\vee\cdots\vee p_{c,1}\vee q_{c,1}\vee\cdots\vee p_{d,1}\vee q_{d,1}\vee\cdots\vee\bar{p}_{d,10}\vee q_{d,10}\vee\cdots\vee p_{d,20}\vee q_{d,20})$，其中，每个子句对应 $abcd$ 关于 $\{1,2,3,4\}$ 的一个排列；由此产生的子句只能由其他函数 $f(x)$ 满足.

但是在更大的例子中，情况变得更复杂，因为一个函数可以有许多等价的短 DNF 表示. 要判定由 p 和 q 的特定设置 $p'_{i,j}$ 和 $q'_{i,j}$ 描述的函数是否唯一，一般的方案可能是添加更复杂的子句. 这些子句说明 $p_{i,j}$ 和 $q_{i,j}$ 给出了不同的解，并且可以通过

$$\bigvee_{i=1}^{M}\bigwedge_{j=1}^{N}((\bar{p}_{i,j}\wedge\bar{x}_j)\vee(\bar{q}_{i,j}\wedge x_j))\ \oplus\ \bigvee_{i=1}^{M}\bigwedge_{j=1}^{N}((\bar{p}'_{i,j}\wedge\bar{x}_j)\vee(\bar{q}'_{i,j}\wedge x_j))$$

的切廷编码来生成.

62. 作者的初步实验采用了 $N=20$ 且 $p=1/8$. 结果似乎表明，需要更多的数据点才能通过这种方法收敛，但 SAT 求解器的运行速度大约快了 9 倍. 因此，局部有偏的数据点似乎更可取，除非观察隐藏函数的成本相对较高.

顺带一提，在这些实验中，$x^{(k)}=x^{(k-1)}$ 的概率相对较高（$(7/8)^{20}\approx 0.069$）. 因此，$y^{(k)}=0$ 的情况被忽略了.

63. 使用 (24) 中的切廷编码，我们可以很容易地构造 $2r+2n-1$ 个变量上的 $6r+2n-1$ 个子句. 当且仅当 α 未能对二进制序列 $x_1\cdots x_n$ 进行排序时，这些子句才是可满足的. 比如，当 $\alpha=[1{:}2][3{:}4][1{:}3][2{:}4][2{:}3]$ 时，子句为 $(x_1\vee\bar{l}_1)\wedge(x_2\vee\bar{l}_1)\wedge(\bar{x}_1\vee\bar{x}_2\vee l_1)\wedge(\bar{x}_1\vee h_1)\wedge(\bar{x}_2\vee h_1)\wedge(x_1\vee x_2\vee\bar{h}_1)\wedge\cdots\wedge(l_4\vee\bar{l}_5)\wedge(h_3\vee\bar{l}_5)\wedge(\bar{l}_4\vee\bar{h}_3\vee l_5)\wedge(\bar{l}_4\vee h_5)\wedge(\bar{h}_3\vee h_5)\wedge(l_4\vee h_3\vee\bar{h}_5)\wedge(g_1\vee g_2\vee g_3)\wedge(\bar{g}_1\vee l_3)\wedge(\bar{g}_1\vee\bar{l}_5)\wedge(\bar{g}_2\vee l_5)\wedge(\bar{g}_2\vee\bar{h}_5)\wedge(\bar{g}_3\vee h_5)\wedge(\bar{g}_3\vee\bar{h}_4)$. 它们是不可满足的，因此 α 总是正确地排序.

64. 这里，我们将颠倒前一个答案的策略，并构造当它们描述一个排序网络时是可满足的子句：令变量 $C_{i,j}^t$ 表示时刻 t 处比较器 $[i{:}j]$ 的存在性，其中，$1\leqslant i<j\leqslant n$ 且 $1\leqslant t\leqslant T$. 同时，相应地调整 (20) 和 (21)，定义变量 $B_{j,k}^t$，其中，$1\leqslant j\leqslant n-2$ 且 $1\leqslant k\leqslant n$，以及子句

$$(\overline{B}_{2j,k}^t\vee\overline{B}_{2j+1,k}^t)\wedge(\overline{B}_{2j,k}^t\vee B_{j,k}^t)\wedge(\overline{B}_{2j+1,k}^t\vee B_{j,k}^t)\wedge(B_{2j,k}^t\vee B_{2j+1,k}^t\vee\overline{B}_{j,k}^t).\qquad(*)$$

在这个公式中，我们将 $\{C_{1,k}^t,\cdots,C_{k-1,k}^t,C_{k,k+1}^t,\cdots,C_{k,n}^t\}$ 代入 $n-1$ 个“叶结点”$\{B_{n-1,k}^t,\cdots,B_{2n-3,k}^t\}$. 这些子句禁止比较器在时刻 t 发生冲突，并且当且仅当第 k 行未被使用时，才会使 $B_{1,k}^t$ 为假.

如果 $\boldsymbol{x}=x_1\cdots x_n$ 是任意二进制向量，令 $y_1\cdots y_n$ 是对 $\boldsymbol{x}$ 进行排序的结果（$(y_1\cdots y_n)_2=2^{\nu\boldsymbol{x}}-1$）. 下面的子句 $F(\boldsymbol{x})$ 编码了比较器 $C_{i,j}^t$ 实现 $\boldsymbol{x}\mapsto\boldsymbol{y}$ 这一事实：$(\overline{C}_{i,j}^t\vee\overline{V}_{\boldsymbol{x},i}^t\vee V_{\boldsymbol{x},i}^{t-1})\wedge(\overline{C}_{i,j}^t\vee\overline{V}_{\boldsymbol{x},i}^t\vee V_{\boldsymbol{x},j}^{t-1})\wedge(\overline{C}_{i,j}^t\vee V_{\boldsymbol{x},i}^t\vee\overline{V}_{\boldsymbol{x},i}^{t-1}\vee\overline{V}_{\boldsymbol{x},j}^{t-1})\wedge(\overline{C}_{i,j}^t\vee V_{\boldsymbol{x},i}^t\vee V_{\boldsymbol{x},j}^{t-1}\vee\overline{V}_{\boldsymbol{x},j}^{t-1})\wedge(\overline{C}_{i,j}^t\vee V_{\boldsymbol{x},j}^t\vee\overline{V}_{\boldsymbol{x},i}^{t-1})\wedge(\overline{C}_{i,j}^t\vee V_{\boldsymbol{x},j}^t\vee\overline{V}_{\boldsymbol{x},j}^{t-1})\wedge(B_{1,i}^t\vee\overline{V}_{\boldsymbol{x},i}^t\vee V_{\boldsymbol{x},i}^{t-1})\wedge(B_{1,i}^t\vee V_{\boldsymbol{x},i}^t\vee\overline{V}_{\boldsymbol{x},i}^{t-1})$，其中，$1\leqslant i<j\leqslant n$ 且 $1\leqslant t\leqslant T$；在这个公式中，我们将 x_j 代入 $V_{\boldsymbol{x},j}^0$，并将 y_j 代入 $V_{\boldsymbol{x},j}^T$，从而简化了边界条件.

此外，当 $\boldsymbol{x}$ 有 i 个前导 0 时，我们可以移除所有变量 $V_{\boldsymbol{x},i}^t$；当 $\boldsymbol{x}$ 有 j 个后置 1 时，我们可以移除所有变量 $V_{\boldsymbol{x},j}^t$，分别用 0 和 1 代替它们来进一步简化.

最后，对于任意初始比较器序列 $\alpha=[i_1{:}j_1]\cdots[i_r{:}j_r]$，$T$ 个进一步的并行阶段将产生一个排序网络，当且仅当子句 $(*)$ 以及对所有由 α 产生的 $\boldsymbol{x}$ 的 $\bigwedge_x F(\boldsymbol{x})$ 同时可满足.

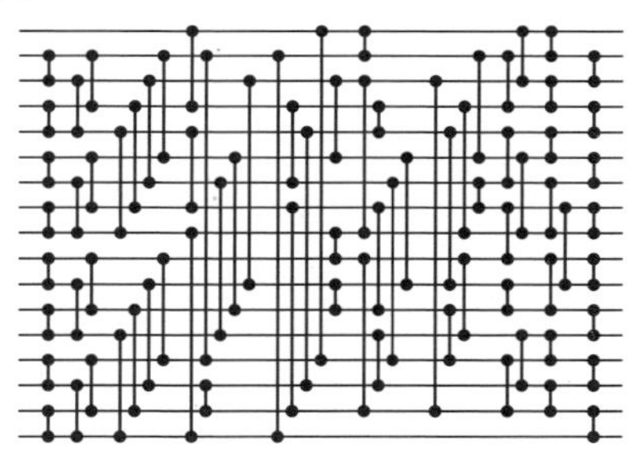

置 $n=9$，$\alpha=[1{:}6][2{:}7][3{:}8][4{:}9]$，$T=5$. 如果忽略已经排序的 10 个向量 $\boldsymbol{x}$，那么我们将得到 5175 个变量上的 85 768 个子句. 算法 C 在执行大约 2 亿次内存访问后发现它们是不可满足的；因此 $\hat{T}(9)>6$.（然而，算法 L 在这些子句上表现得非常糟糕.）置 $T\leftarrow 6$ 很快得到 $\hat{T}(9)\leqslant 7$. 丹尼尔 · 本达拉和雅各布 · 扎沃德尼 [*LNCS* **8370** (2014), 236–247] 使用这种方法实际证明了 $\hat{T}(11)=8$ 和 $\hat{T}(13)=9$. 瑟斯顿 · 埃勒斯和迈克 · 米勒进一步扩展了这个想法 [*LNCS* **9136** (2015), 167–176]，然后证明了 $\hat{T}(17)=10$，并展示了这里给出的令人惊讶的最优网络.

65. (a) 目标是用 CNF 表达转移方程. 有 $\binom{8}{4}$ 个子句，如 $(\bar{x}'\vee\bar{x}_a\vee\bar{x}_b\vee\bar{x}_c\vee\bar{x}_d)$，每个表示一种选择 4 个邻居 $\{a,b,c,d\}\subseteq\{\text{NW},\text{N},\cdots,\text{SE}\}$ 的方式. 还有 $\binom{8}{7}$ 个子句，如 $(\bar{x}'\vee x_a\vee\cdots\vee x_g)$，每个表示一种选择 7 个邻居的方式. 还有 $\binom{8}{6}$ 个子句，如 $(\bar{x}'\vee x\vee x_a\vee\cdots\vee x_f)$，每个表示一种选择 6 个邻居的方式. 还有 $\binom{8}{3}$ 个子句，如 $(x'\vee\bar{x}_a\vee\bar{x}_b\vee\bar{x}_c\vee x_d\vee\cdots\vee x_h)$，每个表示补充 3 个邻居. 最后还有 $\binom{8}{2}$ 个子句，如 $(x'\vee\bar{x}\vee\bar{x}_a\vee\bar{x}_b\vee x_c\vee\cdots\vee x_g)$，每个表示补充两个邻居并省略其他任何一个邻居. 总共有 $70+8+28+56+28=190$ 个子句，平均长度为 $(70\times5+8\times8+28\times8+56\times9+28\times9)/190\approx7.34$.

(b) 这里，我们令 $x=x_{ij}$，$x_{\text{NW}}=x_{(i-1)(j-1)}$，$\cdots$，$x_{\text{SE}}=x_{(i+1)(j+1)}$，$x'=x'_{ij}$. 有 7 类辅助变量 $a_k^{ij},\cdots,g_k^{ij}$，每一类都有两个子变量. 这意味着后代的和大于或等于 k. 对于变量 a，$k\in\{2,3,4\}$；对于 b 和 c，$k\in\{1,2,3,4\}$；对于 d、e、f、g，$k\in\{1,2\}$.

a^{ij} 的子变量是 $b^{(i|1)j}$ 和 c^{ij}. b^{ij} 的子变量是 $d^{i(j-(j\&2))}$ 和 $e^{i(j+(j\&2))}$. c^{ij} 的子变量是 $f^{i'j'}$ 和 g^{ij}，其中，如果 i 是奇数，那么 $i'=i+2$ 且 $j'=(j-1)\mid 1$，否则 $i'=i$ 且 $j'=j-(j\,\&\,1)$. d^{ij} 的子变量是 $x_{(i-1)(j+1)}$ 和 $x_{i(j+1)}$. e^{ij} 的子变量是 $x_{(i-1)(j-1)}$ 和 $x_{i(j-1)}$. f^{ij} 的子变量是 $x_{(i-1)j}$ 和 $x_{(i-1)(j+1)}$. 最后，g^{ij} 的子变量是 $x_{i'j}$ 和 $x_{i''j''}$，其中，$i'=i+1-((i\,\&\,1)\ll 1)$；并且如果 i 是奇数，那么 $(i'',j'')=(i+1,j\oplus1)$，否则 $(i'',j'')=(i-1,j-1+((j\,\&\,1)\ll1))$.（好吧，这不太优雅，但是有效！）

如果 p 的子变量是 q 和 r，那么定义 p_k 的子句是 $(p_k \vee \bar{q}_{k'} \vee \bar{r}_{k''})$，其中 $k'+k''=k$，以及 $(\bar{p}_k \vee q_{k'} \vee r_{k''})$，其中 $k'+k''=k+1$. 在这些子句中，我们省略 $\bar{q}_0$ 或 $\bar{r}_0$；当 q 或 r 的后代少于 m 个时，我们也省略 q_m 或 r_m.

比如，这些规则通过以下 6 个子句定义了 d_1^{35} 和 d_2^{35}：

$$(d_1^{35} \vee \bar{x}_{26})、(d_1^{35} \vee \bar{x}_{36})、(d_2^{35} \vee \bar{x}_{26} \vee \bar{x}_{36})、(\bar{d}_1^{35} \vee x_{26} \vee x_{36})、(\bar{d}_2^{35} \vee x_{26})、(\bar{d}_2^{35} \vee x_{36}).$$

仅当 i 是奇数时，才定义变量 b_k^{ij}；仅当 i 是奇数且 $j \bmod 4 < 2$ 时，才定义变量 d_k^{ij} 和 e_k^{ij}；仅当 $i+j$ 是偶数时，才定义变量 f_k^{ij}. 因此，忽略边界点的细微修正的话，每个细胞 (i,j) 的辅助变量总数等于 $3+4/2+4+2/4+2/4+2/2+2=13$，而不再是 19，类型为 a 到 g，因为我们采用了共享机制；每个细胞的子句总数定义为 $21+16/2+16+6/4+6/4+6/2+6=57$，而不再是 77.

最后，我们通过 6 个子句从 a_2^{ij}、a_3^{ij}、a_4^{ij} 定义 x'_{ij}：

$$(\bar{x}'_{ij} \vee \bar{a}_4^{ij})、(\bar{x}'_{ij} \vee a_2^{ij})、(\bar{x}'_{ij} \vee x_{ij} \vee a_3^{ij})、(x'_{ij} \vee a_4^{ij} \vee \bar{a}_3^{ij})、(x'_{ij} \vee \bar{x}_{ij} \vee \bar{y}_{ij})、(y_{ij} \vee a_4^{ij} \vee \bar{a}_2^{ij}),$$

其中，y_{ij} 是另一个辅助变量（仅用于避免大小为 4 的子句）.

66. (a) 的所有解可以由一个有 8852 个结点的 BDD 表示，从中，我们可以得到生成函数 $38z^{28}+550z^{29}+\cdots+150z^{41}$ 来枚举它们（总计算时间仅约为 1.5 亿次内存访问）. 然而，(b) 最适合 SAT，$\boldsymbol{X}_0$ 必须至少有 38 个活细胞. 典型的答案是

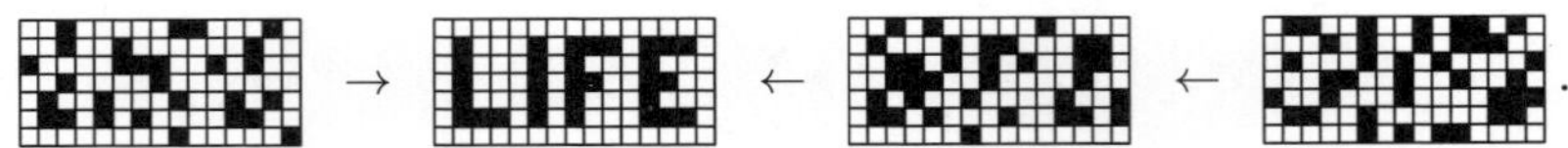

67. 或者 会在时刻 1 于左下角产生 (37) 中的 $\boldsymbol{X}_0$. 但是长度为 22 是不可能的：当 $r=4$ 时，我们可以验证 $\boldsymbol{X}_4$ 中的所有活细胞都位于某个 3×3 子矩阵中. 然后当 $r=22$ 时，我们只需要排除 $\left(\binom{9}{3}+\binom{9}{4}+\binom{9}{5}\right)\times 6=2016$ 种可能性，每种可能性对应于每个本质上不同的 3×3 子矩阵中的每个可行的 $\boldsymbol{X}_4$.

68. 作者相信 $r=12$ 是不可能的，但他的 SAT 求解器尚未能验证这个猜想. 当然，$r=11$ 是可以实现的，因为我们可以在文中的第 5 个例子之前加入

→ → → .

69. 因为只有 8548 种本质上不同的 4×4 位图（参见 7.2.3 节），所以详尽的枚举并不困难. 较小的稳定模式经常出现，所以它们都已经被命名.

(a) 块 槽 舟 船 蛇 蜂巢 航母 驳船 条 吞噬者 长舟 长船 池塘

(b) 闪烁 时钟 蟾蜍 灯塔

↔ ↔ ↔ ↔

（滑翔机也被认为是稳定的，不过它不是振荡器.）

70. (a) 在定子中有 3 个活邻居的细胞将继续存活.

(b) $4\times n$ 棋盘不适用；图 A–8 展示了 5×8 的例子.

(c) 同样，具有最小矩形的最小权重解如图 A–8 所示. 这些转子的振荡器在更大的棋盘上很常见. 每种类型的第一个例子分别由理查德 · 施罗皮尔（1970 年）、戴维 · 白金汉（1972 年）、罗伯特 · 温赖特（1985 年）发现.

71. 令变量 $\boldsymbol{X}_t = x_{ijt}$ 表示时刻 t 的配置，并假设我们要求 $\boldsymbol{X}_r = \boldsymbol{X}_0$. 有 $q=8r$ 个自同构 σ，使得 $\boldsymbol{X}_t \mapsto \boldsymbol{X}_{(t+p) \bmod r}\tau$，其中，$0 \leqslant p < r$ 且 τ 是方形网格的 8 种对称性之一.

任何 $N=n^2r$ 个变量的全局置换都会由定理 E 得到一个规范形式. 我们在这里要求解满足按字典序小于或等于其在自同构下等价的 $q-1$ 个解.

如 (16g) 所示，这样的字典序测试可以通过引入 $(q-1)(3N-2)$ 个长度不超过 3 的新子句来实现，并且它通常可以由推论 E 大大简化.

一方面，这些额外的子句可以显著加快不可满足性的证明. 另一方面，如果一个问题有大量的解，那么它们也可能减缓搜索过程.

在实践中，通常最好只使用部分规范的解，只使用一些自同构，并且只对一些变量要求字典序.

72. (a) 图 A–8 展示的两个 7×7 振荡器分别由罗伯特 · 温赖特（瞬时钳，1972 年）和阿希姆 · 弗拉门坎普（果酱，1988 年）发现.

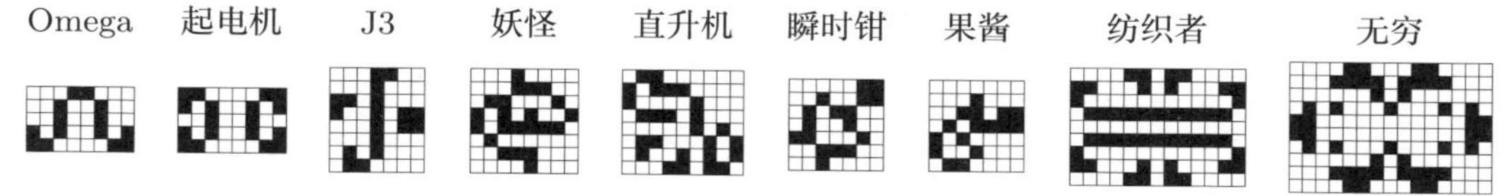

图 A–8 值得注意的周期为 2 或 3 的最小振荡器

(b) 这里最小的例子是 9×13 和 10×15；前者有 4 个围绕着长稳定线的 L 型转子. 你还可以发现具有完整八重对称性的 10×10 实例和 13×13 实例.（当使用习题 65(b) 编码这种对称问题时，我们只需要计算变量 x_{tij} 的转移，其中，$1\leqslant i\leqslant\lceil m/2\rceil$ 且 $1\leqslant j\leqslant\lceil n/2\rceil$；其他每个变量都与这些变量中的一个相同. 然而，辅助变量 $a^{ij}, \cdots, g^{ij}$ 不应以这种方式进行合并.）

(c, d) 冠军重量级选手具有小转子. 多么酷的四向蛇舞！

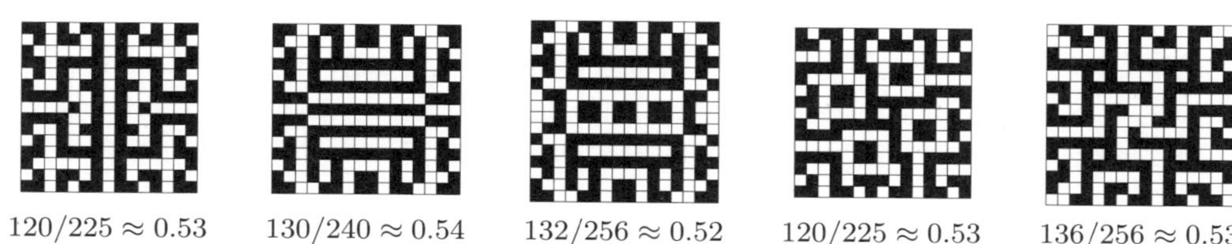

$120/225\approx 0.53$　$130/240\approx 0.54$　$132/256\approx 0.52$　$120/225\approx 0.53$　$136/256\approx 0.53$

73. (a) 它们既没有 3 个 A 类邻居，也没有 3 个 B 类邻居.

(b) 图 A–9 展示了两个例子，它们被尽可能紧密地放在一个 12×15 盒子中. 这个模式由拉尔夫 · 威廉 · 高斯珀于 1971 年前后发现，它被称为凤凰，因为它的活细胞反复死亡和复活. 它是最小的流动触发器；用相同的思路可以得到次小的流动触发器（也见于图 A–9），它的大小为 10×12.

(c) 非空细胞来自一个 1×4 环面；棋盘来自一个 8×8 环面. 以下是一些令人惊奇的 $m\times n$ 方案，以满足小的 m 和 n 的约束：

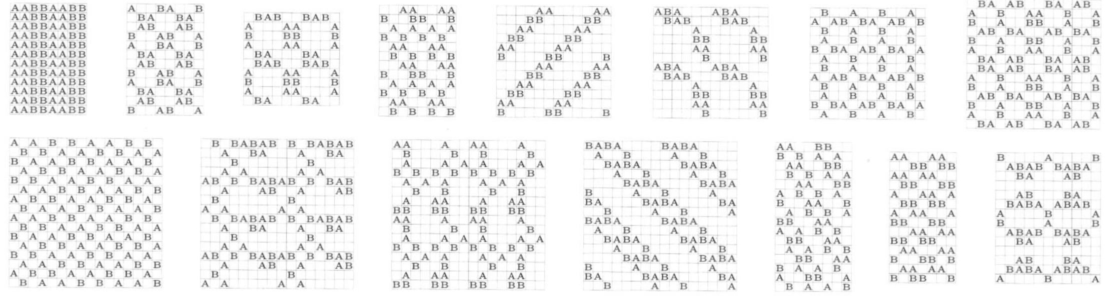

注意，这些图案中的几个暗示了无限一维的例子. 事实上，棋盘可以通过将 AABB 对角线放在一起来制作.

74. 如果一个 A 类细胞有多于一个 A 类邻居或 B 类细胞有多于一个 B 类邻居，那么我们称该细胞为*污染细胞*. 考虑最上面一行中有一个污染细胞的情况，并考虑该行中最左边的污染细胞. 我们可以假设该细胞属于 A 类，且其在模式 STU VAW XYZ 中的邻居是 S、T、U、V、W、X、Y、Z. 这 8 个邻居中有 3 个属于 B 类，且至少有 4 个属于 A 类. 需要考虑以下几种情况.

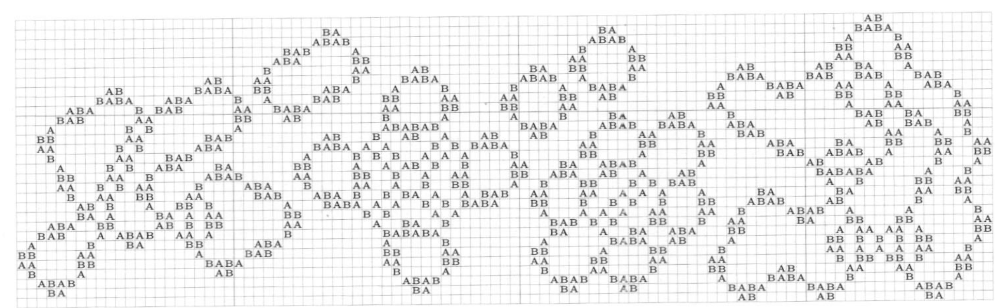

图 A–9 流动触发器：对黑客工作区的地板进行铺设的理想方式

情况 1：W = X = Y = Z = A. 这样一来，我们肯定有 S = U = V = B 和 T = 0（空白），因为 S、T、U、V 不是污染细胞. V 的 3 个左邻居不能属于 A 类，因为 V 已经有 3 个 A 类邻居了；它们也不能属于 B 类，因为 V 不是污染细胞. 因此，污染细胞 X（其下方的 3 个细胞中必须有两个 B 类邻居）也不能有两个或更多的 A 类邻居.

情况 2：T = A 或 V = A. 如果 T = A，那么 X = Y = Z = A，且 V 和 W 都不能属于 B 类.

情况 3：$S \neq A$，U = A. 这样一来，W 不能属于 B 类，且 S 必须是污染细胞.

情况 4：S = A，$U \neq A$. W、X、Y、Z 中至少有一个属于 B 类且至少有 3 个属于 A 类，因此它们中恰好有 3 个属于 A 类. 这个 B 类细胞不能是 Y，因为 Y 有 4 个 A 类邻居. 它也不能是 W 或 Z：这将导致 V 为空白，因此 T = U = B，从而 W = A，Z = B. 由于 W 是污染细胞，因此它的右邻居中至少有两个属于 A 类，这与 Z = B 矛盾.

因此在情况 4 中，X = B. T 或 V 也属于 B 类，另一个为空白. 假设 T 为空白. V 的 3 个左邻居不能属于 A 类. 因此，它们要么都属于 B 类（污染了 S 左边的细胞），要么都是空白. 在后一种情况下，T 的上邻居必须是 BBA，因为 T 为空白. 但这样会污染 T 上面的 B. 如果 V 为空白，那么对称的论证同样适用.

情况 5：S = U = A. 这样一来，$W \neq A$，且 $\{X, Y, Z\}$ 中至少有两个属于 A 类. 现在，Y = Z = A 强制 T = V = X = B 且 W 为空白，并污染了 V.

同理，X = Y = A 强制 T = W = Z = B 且 V 为空白. 这种情况更难应对. Y 的 3 个下邻居必须是 AAB，否则一个 B 将被 4 个 A 包围. 但是这样一来，X 的左邻居就是 BBB，因此 V 的左邻居也是 BBB，从而污染了中间的一个.

因此最终，情况 5 能推出 X = Z = A. T、V、W 或 Y 中有一个为空白，其他 3 个属于 B 类. 空白不能是 T，因为 T 的 3 个上邻居不能属于 A 类. 它也不能是 W 或 Y，因为 V 和 T 不是污染细胞. 因此 T = W = Y = B 且 V 为空白. S 的左邻居不能属于 A 类，因为 S 不是污染细胞. 因此 X 左边的细胞必须属于 A 类，且 X 必须至少有 4 个 A 类邻居. 但这是不可能的，因为 Y 已经有 3 个了.

对角相邻的 A 类细胞是罕见的.（事实上，它们不会出现在大小为 15×18 或 16×17 的矩形网格中.）但是勤奋的读者可以在图 A–9 中找到它们，该图展示了在大网格中可能出现的各种图案.

75. 令在时刻 $p-2$、$p-1$、p 存活的细胞分别属于 X 类、Y 类、Z 类，考虑出现活细胞的最上面一行. 不失一般性地说，该行最左边的细胞属于 Z 类. Z 下面的细胞不能属于 Y 类，因为那个 Y 将有 3 个 X 类邻居和 4 个 Y 类邻居，再加上 Z 和左边的空白.

因此，图必须看起来像 ZYX YXYX，其中，Z 的 3 个前继和最上面的 Y 都被填充了. 但是没有空间放置最上面的 X 的 3 个前继.

76. 已知最小的例子是由詹森 · 桑默斯于 2012 年发现的一个 28×33 图案，此处给出了它的图示，其中，字母 $\{F, A, B\}$、$\{B, C, D\}$、$\{D, E, F\}$ 分别表示在 $t \bmod 3$ 等于 0、1、2 时存活的细胞. 他的巧妙构造得到了基于一个 7×24 环面的无限解. 此外，还存在一个令人惊奇的无限 7×7 环面图案，但我们对于其他情况还知之甚少.

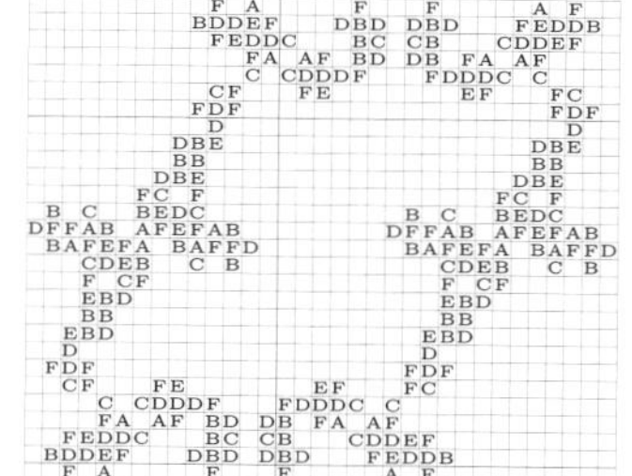

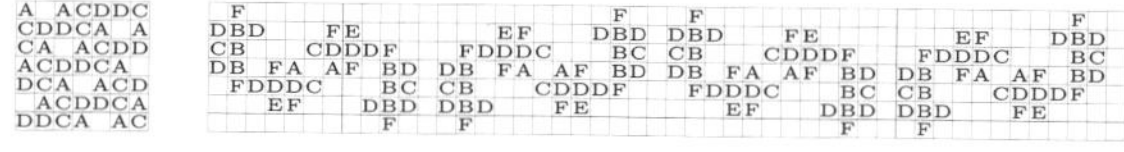

77. 如果 $\boldsymbol{X}_0$（和 $\boldsymbol{X}_5$）的第 4 行的前 4 个细胞包含 a、b、c、d，那么我们需要 $a+b \neq 1$、$a+b+c \neq 1$、$b+c+d \neq 2$，用子句形式表示为 $\bar{a} \vee b$、$a \vee \bar{b}$、$b \vee \bar{c}$、$\bar{c} \vee d$、$\bar{b} \vee c \vee \bar{d}$.

同理，设第 5 列的最后 4 个元素为 (f, g, h, i)，则我们需要 $f+g+h \neq 2$、$g+h+i \neq 2$、$h+i \neq 2$. 这些条件简化为 $\bar{f} \vee \bar{g}$、$\bar{f} \vee \bar{h}$、$\bar{g} \vee \bar{\imath}$、$\bar{h} \vee \bar{\imath}$.

78. 图 A–10 中的“9^2 噬菌体”是一个最小的例子.

79.（由托马斯 · 格哈德 · 洛奇解答）一场激烈的战斗在所有战线上进行. 当尘埃最终在时刻 1900 落定时，有 11 架滑翔机逃离现场（1 架向原始的东北方向，3 架向西北方向，5 架向西南方向，2 架向东南方向），留下了 16 个块、1 个槽、2 根条、3 只舟、4 只船、8 个蜂巢、1 个池塘、15 个闪烁和 1 只蟾蜍.（非常推荐用一个合适的程序来观察这个过程.）

80. 我们在 10×10 和 11×11 的棋盘上取得了成功，其中，$\boldsymbol{X}_8 = \boldsymbol{X}_9$，参见图 A–10. 最小的例子“对称吞噬者 19”有一个近亲“对称吞噬者 20”，后者由两个块和两艘航母组成，其布局简单且得当.（它们中的第一个也被称为“吞噬者 2”，它由戴维 · 白金汉于 20 世纪 70 年代初发现；另一个由斯蒂芬 · 西尔弗于 1998 年发现.）如果在当前显示位置的基础上向右移动一个或两个细胞，或向左移动一个细胞，那么它们都可以额外获得吞噬滑翔机的能力.

需要注意的是，滑翔机的对角线轨迹并不会穿过像素的角点，将其平分. 滑翔机的对称轴实际上穿过像素边的中点，从而切割出面积为 1/8 像素的小三角形. 因此，任何关于对角线对称的吞噬者都会吞噬两条相邻轨迹上的滑翔机. 图 A–10 中有两个吞噬者是特殊的，因为它们有 4 倍的效率. 此外，“对称吞噬者 20”还可以从相反方向吞噬，并且它的任意一艘航母都可以被交换到靠近块的另一个位置.

81. 两个吞噬者构成了“超对称吞噬者 14”（见图 A–10）；而“超对称吞噬者 22”更窄.

9^2 噬菌体

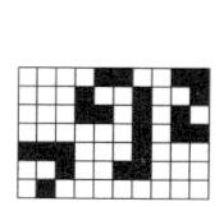

对称吞噬者 19

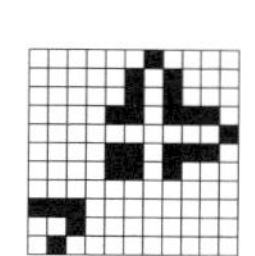

对称吞噬者 20

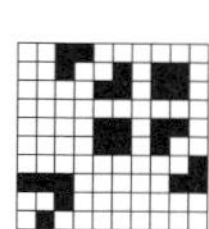

超对称吞噬者 14

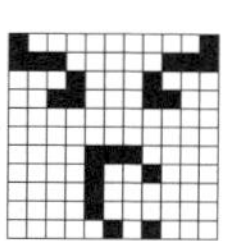

超对称吞噬者 22

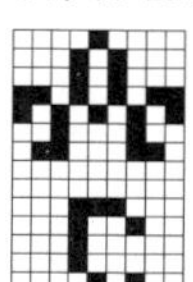

图 A–10 能吞噬滑翔机和宇宙飞船的最小静止生命的各种例子

82. (a) 如果 $\boldsymbol{X} \to \boldsymbol{X}'$，那么只有当 $\sum_{i'=i-1}^{i+1} \sum_{j'=j-1}^{j+1} x_{i'j'} \geqslant 3$ 时，才有 $x'_{ij} = 1$.

(b) 使用相同的不等式，并对 j 进行归纳.

(c)（由康威给出提示的证明，1970 年）在转移

$$\boldsymbol{X} = \quad \to \quad \to \quad = \boldsymbol{X}''$$

中，我们必须在 $\boldsymbol{X}'$ 的中心有 ，因此必须在 $\boldsymbol{X}$ 的左下角有 . 但是这样的话，$\boldsymbol{X}'$ 的中心就是 .

83. 对于 $0 \leqslant t \leqslant r = f(i_0, j_0)$，使用以单元格 (i_0, j_0) 为中心的 $(2r+1-2t) \times (2r+1-2t)$ 网格 x_{tij}. 假设当 $f(i,j) > t$ 时，$x_{tij} = 0$. 如果 $(i_0, j_0) = (1, 2)$，那么只有 14 个 x_{3ij} 可以是活细胞，即当 (i,j)

为 $(-2\,.\,.-1,2)$、$(-2\,.\,.\,0,1)$、$(-2\,.\,.\,1,0)$、$(-2\,.\,.\,2,-1)$ 时. 当 $(i_0,j_0)=(1,2)$ 时，考虑习题 65 的答案中编码状态转移的方式，可以得到 1316 个变量上的 5031 个易于满足的子句，其中包括单元子句 x_{612}. 在这些变量中，有 106 个是辅助变量.

84. (a) 使用并合适地放置滑翔机，使其尖端位于 $(0,0)$.

(b) 类似地，使宇宙飞船在最短时间内到达这些细胞.

(c) 考虑宽度为 $2n+1$ 的模式 $A_n=$ 和 $B_n=$ ，这里绘制了 $n=3$ 的情况. 当 $j \bmod 4\in\{1,2\}$ 时，B_j 有效；当 $j \bmod 4\in\{2,3\}$ 时，A_j 和 B_{j-1} 有效；当 $j \bmod 4\in\{0,3\}$ 时，A_{j-1} 有效.

(d) 模式 在时刻 3 组装出合适的滑翔机.

(e) 一个 SAT 求解器找到了这里展示的模式，它发射了合适的宇宙飞船（以及一些在 $t=5$ 时消失的建筑垃圾）.

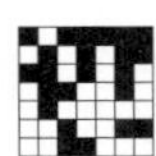

（似乎 $f^*(i,j)=f(i,j)$ 对于所有的 i 和 j 都成立. 但是目前最好的一般结果是 $f^*(i,j)=f(i,j)+O(1)$，它基于类似于蒂姆 · 科的“最大”的空间填充构造. 目前甚至没有已知的方法可以证明一些特殊情况，如 $f^*(j,2j)=6j$ 对于所有 $j\geqslant 0$ 成立的情况. 然而，最近有一个惊人的突破：截至 2024 年 2 月，托马斯 · 洛奇已经验证了当 $i\leqslant 6$ 或 $j\leqslant 6$ 时所有单元格 (i,j) 的相等性.）

85. (a) 设 $\boldsymbol{X}$ 是 12×12 位图. 我们必须证明习题 65 中的子句 $T(\boldsymbol{X},\boldsymbol{X}')$，以及给定模式中的 92 个单元子句 $x'_{23}, \bar{x}'_{24}, x'_{25}, \cdots$ 是不可满足的.（模式是对称的；但是生命游戏的规则经常会从非对称的状态产生对称的状态.）因此，需要排除 2^{144-8} 个可能的前驱状态. 幸运的是，算法 C 只需少于 100 Mμ 即可完成这个任务.

(b) 大多数状态有数千个前驱状态（见下一道习题），因此算法 C 几乎总是可以在 500 Kμ 内找到一个前驱状态. 比如，通过为 2^{36} 个模式中的每一个快速找到前驱状态，可以证明 6×6 伊甸园不存在.（利用对称性，实际上只需要尝试 $2^{36}/8$ 个模式.）此外，如果按格雷码序遍历这些模式，那么每一步只改变一个假定的单元子句 $\pm x'_{ij}$ 的正负性，算法 C 的机制会变得更快，因为它倾向于找到相邻问题的相邻解. 因此，每秒就可以满足数千个模式，从而使这个任务可行.

然而，对于 10×10 位图，这种方法是行不通的，因为 $2^{100}\gg 2^{36}$. 但是我们可以通过尝试大约 $2^{25}/2$ 个模式并再次使用格雷码来找到所有具有 90° 旋转对称性的 10×10 伊甸园. 啊哈：8 个这样的模式没有前驱状态，其中 4 个对应于给定的孤儿模式.

[参见克里斯蒂安 · 哈特曼、玛丽恩 · 休尔、基斯 · 奎克布姆和阿兰 · 诺埃尔，*Electronic J. Combinatorics* **20**, 3 (2013), #P16, 1–19. 爱德华 · 福雷斯特 · 穆尔首次在 *Proc. Symp. Applied Math.* **14** (1962), 17–33 中针对许多种元胞自动机非构造性地证明了伊甸园的存在性.]

86. 位图内的 8×8 部分之外的 80 个细胞可以有 $N=11\,984\,516\,506\,952\,898$ 种选择方式.（一个大小为 53 464 的 BDD 证明了这一点.）因此答案是 $N/2^{100-64}\approx 174\,398$.

87. 与其使用下标 t 和 $t+1$，我们不如将 $\boldsymbol{X}\to\boldsymbol{X}'$ 的转移子句写成 $(@\vee\overline{\mathrm{A0}}\vee \mathrm{A0}')$ 的形式. 假设爱丽丝的状态为 $\{\alpha_1,\cdots,\alpha_p\}$ 且鲍勃的状态为 $\{\beta_1,\cdots,\beta_q\}$. 子句 $(@\vee\bar{\alpha}_i\vee\alpha'_i)$ 和 $(\overline{@}\vee\bar{\beta}_i\vee\beta'_i)$ 表示，除非某人被碰撞，否则其状态不会改变. 如果状态 α 对应于指令“可能跳转至 s”，那么子句 $(\overline{@}\vee\bar{\alpha}\vee\alpha'\vee s')$ 定义了碰撞后下一个可能的状态. “临界，跳转至 s”或“置 $v\leftarrow b$，跳转至 s”对应的类似子句为 $(\overline{@}\vee\bar{\alpha}\vee s')$. 同时，当 $b=1$ 时，后者还生成子句 $(\overline{@}\vee\bar{\alpha}\vee v')$；当 $b=0$ 时，后者生成子句 $(\overline{@}\vee\bar{\alpha}\vee\bar{v}')$. 指令“若 v 则跳转至 s_1，否则跳转至 s_0”生成 $(\overline{@}\vee\bar{\alpha}\vee\bar{v}\vee s'_1)\wedge(\overline{@}\vee\bar{\alpha}\vee v\vee s'_0)$. 对于每个变量 v，如果指令令 v 的状态为 $\alpha_{i_1},\cdots,\alpha_{i_h}$，那么子句

$$(\overline{@}\vee v\vee\alpha_{i_1}\vee\cdots\vee\alpha_{i_h}\vee\bar{v}')\ \wedge\ (\overline{@}\vee\bar{v}\vee\alpha_{i_1}\vee\cdots\vee\alpha_{i_h}\vee v')$$

编码了 v 不会被其他指令改变这一事实.

鲍勃的程序也会生成类似的子句，但是它们使用 @，而不是 $\overline{@}$；并且使用 β，而不是 α.

顺带一提，当考虑 (40) 之外的其他协议时，类似于 (41) 的初始状态 $\boldsymbol{X}_0$ 是通过将爱丽丝和鲍勃置于他们可能的最小状态，并将所有共享变量设置为 0 来构造的.

88. 比如，除了 A0_0、B0_0、$@_0$、A1_1、B0_1、A1_2、B1_2、A1_3、B2_3、$@_3$、A2_4、B2_4、$@_4$、A3_5、B2_5、l_5、A3_6、B3_6、l_6，让其他所有变量都为假.

89. 不能. 我们可以找到与前一道习题中的子句相对应的反例：A0_0、B0_0、A0_1、B1_1、A0_2、B2_2、b_2、$@_2$、A1_3、B2_3、b_3、A1_4、B3_4、b_4、A1_5、B4_5、b_5、$@_5$、A2_6、B4_6、a_6、b_6、$@_6$、A5_7、B4_7、a_7、b_7、A5_8、B2_8、a_8、b_8、l_8、A5_9、B5_9、a_9、b_9、l_9.

该协议是作者最初为令人着迷的互斥问题引入的［参见 *CACM* **9** (1966), 321–322, 878］. 关于这个问题，迪杰斯特拉曾说："已经证明了一系列试验性解决方案是错误的."

90. 在 (43) 中，如果爱丽丝移动到 A1，然后只要鲍勃被碰撞就保持在 B0，那么爱丽丝会在 (47) 中的 $p=1$ 和 $r=3$ 的情况下饥饿. 正文提到的 (45) 中的 $\text{A2}\wedge\text{B2}$ 死锁对应于 (47) 中的 $p=4$ 和 $r=6$. 并且在 (46) 中，连续移动到 B1, (B2, A1, A2, B3, B1, A4, A5, A0)$^\infty$ 将使可怜的鲍勃饥饿.

91. 不具有可能/临界状态的循环 (47) 肯定会使爱丽丝饥饿. 反之，给定 (i)、(ii)、(iii)，假设当 $t\geqslant t_0$ 时，爱丽丝没有处于可能/临界状态，并令 $t_0<t_1<t_2<\cdots$ 是满足 $@_{t_i}=1$ 但对于至少一个 t_i 和 t_{i+1} 之间的 t 有 $@_t=0$ 的时刻. 那么我们必须有 $\boldsymbol{X}_{t_i}=\boldsymbol{X}_{t_j}$ 对于某些 $i<j$ 成立，因为状态的数量是有限的. 因此，存在一个 $p=t_i$ 和 $r=t_j$ 的饥饿循环.

92. 对于 $0\leqslant i<j\leqslant r$，我们需要编码条件 $\boldsymbol{X}_i\neq\boldsymbol{X}_j$ 的子句. 为爱丽丝或鲍勃的每个状态 σ 引入新变量 σ_{ij}，为每个共享变量 v 引入新变量 v_{ij}. 然后断言至少有一个新变量为真.（对于协议 (40)，这个子句将是 $(\text{A0}_{ij}\vee\cdots\vee\text{A4}_{ij}\vee\text{B0}_{ij}\vee\cdots\vee\text{B4}_{ij}\vee l_{ij})$.）同时为每个 σ 断言二元子句 $(\bar\sigma_{ij}\vee\sigma_i)\wedge(\bar\sigma_{ij}\vee\bar\sigma_j)$，为每个 v 断言三元子句 $(\bar v_{ij}\vee v_i\vee v_j)\wedge(\bar v_{ij}\vee\bar v_i\vee\bar v_j)$.

转移子句也可以进行简化，因为我们不需要允许 $\boldsymbol{X}_{t+1}=\boldsymbol{X}_t$ 的情况. 举例来说，我们可以在 (42) 的子句 $(@_t\vee\overline{\text{B0}_t}\vee\text{B0}_{t+1}\vee\text{B1}_{t+1})$ 中忽略 B0_{t+1}，并且可以完全忽略子句 $(@_t\vee\overline{\text{B1}_t}\vee\bar l_t\vee\text{B1}_{t+1})$.

［如果 r 足够大，那么通过排序网络可以使用 $O(r(\log r)^2)$ 个子句进行编码. 这个方法由丹尼尔·克勒宁和奥菲尔·斯特里奇曼在 *LNCS* **2575** (2003), 298–309 中提出. 然而，最实用的方案似乎是根据需要逐个添加 ij 约束. 参见尼克拉斯·埃恩和尼克拉斯·瑟伦松的论文 *Electronic Notes in Theoretical Computer Science* **89** (2003), 543–560.］

93. 举例来说，对于 (50) 中的 Φ，我们可以使用 $(x_1\vee x_2\vee\cdots\vee x_{16})\wedge(\bar x_1\vee\overline{\text{A0}'})\wedge\cdots\wedge(\bar x_1\vee\overline{\text{A6}'})\wedge(\bar x_2\vee\overline{\text{B0}'})\wedge\cdots\wedge(\bar x_2\vee\overline{\text{B6}'})\wedge(\bar x_3\vee\text{A0}')\wedge(\bar x_3\vee a')\wedge\cdots\wedge(\bar x_{16}\vee\text{B6}')\wedge(\bar x_{16}\vee\bar b')$.

94. $(\boldsymbol{X}\to\boldsymbol{X}'\to\cdots\to\boldsymbol{X}^{(r)})\wedge\Phi(\boldsymbol{X})\wedge\Phi(\boldsymbol{X}')\wedge\cdots\wedge\Phi(\boldsymbol{X}^{(r-1)})\wedge\neg\Phi(\boldsymbol{X}^{(r)})$.［这个重要的技术被称为"$k$ 归纳"，参见玛丽·希兰、萨特南·辛格和贡纳尔·斯托尔马克，*LNCS* **1954** (2000), 108–125. 比如，可以将子句 $(\overline{\text{A5}}\vee\overline{\text{B5}})$ 添加到 (50) 中，并通过 3 归纳证明得到的公式 Φ.］

95. 根据不变量，临界步骤满足 $a=b=1$，因此它们没有前驱.

96. $\text{A5}_2\wedge\text{B5}_2\wedge a_2\wedge b_2\wedge\bar l_2$ 的唯一前驱是 $\text{A5}_1\wedge\text{B4}_1\wedge a_1\wedge b_1\wedge\bar l_1$，而后者的唯一前驱是 $\text{A5}_0\wedge\text{B3}_0\wedge a_0\wedge b_0\wedge\bar l_0$. l_2 的情况类似.

但是没有不变量的话，我们可以找到任意长的路径以到达 $\text{A5}_r\wedge\text{B5}_r$. 实际上，最长的这种简单路径有 $r=33$：从 $\text{A2}_0\wedge\text{B2}_0\wedge\bar a_0\wedge\bar b_0\wedge l_0$ 开始，我们可以连续将爱丽丝和鲍勃碰撞到状态 A3、A5、A6、A0、A1、A2、A3、B3、B4、A5、B3、A6、B4、A0、B3、A1、A2、A3、A5、A6、A0、A1、A2、B4、A3、A5、A6、A0、B5、A1、A2、A3、A5，从未重复之前的状态.（当然，所有这些状态都无法从真实的 $\boldsymbol{X}_0$ 到达，因为它们都不满足 Φ.）

97. 不可以. 去掉每个人到达 $\text{A6}\wedge\text{B6}$ 的最后一步，就得到了到达 $\text{A5}\wedge\text{B5}$ 的路径.

98. (a) 假设 $\boldsymbol{X}_0\to\cdots\to\boldsymbol{X}_r=\boldsymbol{X}_0$ 是非纯的，且对于某些 $0\leqslant i<j<r$ 有 $\boldsymbol{X}_i=\boldsymbol{X}_j$. 我们可以假设 $i=0$. 如果两个循环 $\boldsymbol{X}_0\to\cdots\to\boldsymbol{X}_j=\boldsymbol{X}_0$ 或 $\boldsymbol{X}_j\to\cdots\to\boldsymbol{X}_r=\boldsymbol{X}_j$ 中的任何一个是非纯的，那么它会更短.

(b) 在这些状态中，她必须曾经处于 A0 或 A5.

(c) 对于 $1\leqslant t\leqslant r$，生成子句 $(\bar g_0)$、$(\bar g_t\vee g_{t-1}\vee @_{t-1})$、$(\bar h_0)$、$(\bar h_t\vee h_{t-1}\vee\overline{@_{t-1}})$、$(\bar f_t\vee g_t)$、$(\bar f_t\vee h_t)$、$(\bar f_t\vee\alpha_0\vee\bar\alpha_t)$、$(\bar f_t\vee\bar\alpha_0\vee\alpha_t)$、$(\bar f_t\vee v_0\vee\bar v_t)$、$(\bar f_t\vee\bar v_0\vee v_t)$；以及 $(f_1\vee f_2\vee\cdots\vee f_r)$. 这里，

v 遍历所有共享变量，α 遍历所有可能出现在饥饿循环中的状态.（比如，对于协议 (49) 而言，爱丽丝的状态将被限制为 A3 和 A4，但鲍勃的状态则没有限制.）

(d) 通过习题 92，只使用可能出现在协议 (49) 的饥饿循环中的状态，我们可以确定最长简单路径的长度为 15. 并且当 $r = 15$ 且使用不变量 (50) 时，(c) 中的子句是不可满足的. 因此，唯一可能的饥饿循环由两个简单的纯循环组成，而这些循环很容易排除.

99. 不变量断言定义了每个状态下 a 和 b 的值. 因此，互斥性就像习题 95 中那样得到了证明. 对于无饥饿性，我们可以从任何使爱丽丝饥饿的循环中排除状态 A0、A6、A7、A8. 但我们还需要证明状态 $\mathrm{A5}_t \wedge \mathrm{B0}_t \wedge l_t$ 是不可能的；否则，当鲍勃可能跳转时，爱丽丝可能会饥饿. 为此，我们可以将 $\neg((\mathrm{A6}\vee\mathrm{A7}\vee\mathrm{A8})\wedge(\mathrm{B6}\vee\mathrm{B7}\vee\mathrm{B8}))\wedge\neg(\mathrm{A8}\wedge\bar{l})\wedge\neg(\mathrm{B8}\wedge l)\wedge\neg((\mathrm{A3}\vee\mathrm{A4}\vee\mathrm{A5})\wedge\mathrm{B0}\wedge l)\wedge\neg(\mathrm{A0}\wedge(\mathrm{B3}\vee\mathrm{B4}\vee\mathrm{B5})\wedge\bar{l})$ 添加到不变量 $\Phi(\boldsymbol{X})$ 中. 通过允许状态的最长简单路径的长度为 42；并且当 $r = 42$ 时，习题 98(c) 中的子句是不可满足的. 注意，当设置共享变量 l 时，爱丽丝和鲍勃从不会竞争，因为状态 A7 和 B7 不能同时出现.

（参见在正文中引用的迪杰斯特拉的 *Cooperating Sequential Processes*.）

100. 鲍勃会因步骤 B1, (A1, A2, A3, B2, A4, B3, A0, B4, B1)$^\infty$ 而饥饿. 但是与上一题的答案类似的论证可以表明爱丽丝不会饥饿.

[这个协议显然保证了互斥，就像习题 95 中那样. 它在 20 世纪 70 年代末由詹姆斯 · 爱德华 · 伯恩斯和莱斯利 · 兰波特分别独立设计，作为只使用 N 个共享位且涉及 N 个玩家的协议的一个特例. 参见 *JACM* **33** (1986), 337–339.]

101. 下面这个解决方案基于加里 · 林恩 · 彼得森在 *ACM Transactions on Programming Languages and Systems* **5** (1983), 56–65 中为 N 个进程设计的优雅协议.

A0. 可能跳转至 A1.
A1. 置 $a_1 \leftarrow 1$，跳转至 A2.
A2. 若 b_2 则跳转至 A2，否则跳转至 A3.
A3. 置 $a_2 \leftarrow 1$，跳转至 A4.
A4. 置 $a_1 \leftarrow 0$，跳转至 A5.
A5. 若 b_1 则跳转至 A5，否则跳转至 A6.
A6. 置 $a_1 \leftarrow 1$，跳转至 A7.
A7. 若 b_1 则跳转至 A8，否则跳转至 A9.
A8. 若 b_2 则跳转至 A7，否则跳转至 A9.
A9. 临界，跳转至 A10.
A10. 置 $a_1 \leftarrow 0$，跳转至 A11.
A11. 置 $a_2 \leftarrow 0$，跳转至 A0.

（爱丽丝和鲍勃可能需要一个应用来帮助他们处理这个问题.）

B0. 可能跳转至 B1.
B1. 置 $b_1 \leftarrow 1$，跳转至 B2.
B2. 若 a_1 则跳转至 B2，否则跳转至 B3.
B3. 置 $b_2 \leftarrow 1$，跳转至 B4.
B4. 置 $b_1 \leftarrow 0$，跳转至 B5.
B5. 若 a_2 则跳转至 B5，否则跳转至 B6.
B6. 置 $b_1 \leftarrow 1$，跳转至 B7.
B7. 若 a_1 则跳转至 B8，否则跳转至 B12.
B8. 若 a_2 则跳转至 B9，否则跳转至 B12.
B9. 置 $b_1 \leftarrow 0$，跳转至 B10.
B10. 若 a_1 则跳转至 B11，否则跳转至 B6.
B11. 若 a_2 则跳转至 B10，否则跳转至 B6.
B12. 临界，跳转至 B13.
B13. 置 $b_1 \leftarrow 0$，跳转至 B14.
B14. 置 $b_2 \leftarrow 0$，跳转至 B0.

102. 比如，对于“B5. 若 a 则跳转至 B6，否则跳转至 B7”，它的子句应该是

$$(@ \vee \overline{\mathrm{B5}} \vee \bar{a} \vee \alpha_1 \vee \cdots \vee \alpha_p \vee \mathrm{B6}') \wedge (@ \vee \overline{\mathrm{B5}} \vee a \vee \alpha_1 \vee \cdots \vee \alpha_p \vee \mathrm{B7}') \wedge (@ \vee \overline{\mathrm{B5}} \vee \mathrm{B6}' \vee \mathrm{B7}'),$$

其中，$\alpha_1, \cdots, \alpha_p$ 是爱丽丝设置 a 的状态.

103. 比如，参见任意一期 *SICOMP* 的封面，或者自 1970 年以来的 *SIAM Review* 的封面.

104. 假设 $m \leqslant n$. 显然，当 $m = n$ 时是不可能的，因为所有 4 个角都必须被占据. 当 m 是奇数且 $n = m + k + 1$ 时，在第一列和最后一列放置 m 个象，然后在中间行的中间列放置 k 个象. 当 m 是偶数且 $n = m + 2k + 1$ 时，在第一列和最后一列放置 m 个象，然后在列 $m/2 + 2j$ 的中间行放置两个象，其中 $1 \leqslant j \leqslant k$. 当 m 和 n 都是偶数时，没有解，因为每种颜色的最大独立象数是 $(m + n - 2)/2$.［参见鲁道夫 · 伯格哈默，*LNCS* **6663** (2011), 103–106.］

105. (a) 我们必须对 t 对 ij 有 $(x_{ij}, x'_{ij}) = (1,0)$，对另外 t 对 ij 有 $(0,1)$；否则 $x_{ij} = x'_{ij}$. 因此有 2^{mn-2t} 个解.

(b) 使用 $2mn$ 个变量 y_{ij}, y'_{ij}，其中，$1 \leqslant i \leqslant m$ 且 $1 \leqslant j \leqslant n$，以及二元子句 $(\bar{y}_{ij} \vee \bar{y}'_{ij})$，再加上 $m+n+2(m+n-1)$ 组类似于 (20) 和 (21) 的基数约束，来强制每行、每列和每条对角线 L 满足平衡条件 $\sum\{y_{ij}+\bar{y}'_{ij} \mid ij \in L\} = |L|$.

(c) 当 $\min(m,n) < 4$ 时，$T(m,n)=1$，因为在这种情况下，只有零矩阵符合要求. 如果值足够小的话，那么可以通过回溯来枚举其他值（其渐近表现目前是未知的）.

n =	4	5	6	7	8
$T(4,n)$ =	3	7	17	35	77
$T(5,n)$ =	7	31	109	365	1367
$T(6,n)$ =	17	109	877	6315	47 607
$T(7,n)$ =	35	365	6315	107 637	1 703 883
$T(8,n)$ =	77	1367	47 607	1 703 883	66 291 089

(d) 假设 $m \leqslant n$. 对于某些满足 $1 < t \leqslant k/2 \leqslant m/2$ 的 t 和 k，任何具有非零第一行和非零第一列的解满足除 $y_{1t} = -y_{t1} = y_{(k+1-t)1} = -y_{kt} = y_{k(k+1-t)} = -y_{(k+1-t)k} = y_{tk} = -y_{1(k+1-t)}$ 之外的所有条目均为零. 因此答案是 $2\sum_{k=4}^{m}\lfloor k/2-1\rfloor(m+1-k)(n+1-k)$，当 $q = \lfloor m/2 \rfloor$ 时，它简化为 $q(q-1)(4q(n-q)-5n+2q+3+(m \bmod 2)(6n-8q-5))/3$.

（在 $(m,n)=(25,30)$ 的情况下，答案是 36 080. 因此，一幅随机的 25×30 图像将有平均 $36\,080/256 \approx 140.9$ 个体层成像等价的“邻居”，它们与该图像在恰好 8 个像素位置上不同. 图 79 有 5 个这样的邻居，其中一个如习题 111 的答案所示.）

(e) 我们可以使除主对角线之外的所有条目均为非零（见下文）. 这是最优的，因为对于 $a_1, a_3, \cdots, a_{4n-1}, b_1, b_3, \cdots, b_{4n-1}$ 的对角线都必须包含一个位置不同的 0. 因此答案是 $2n(n-1)$.（但是奇数大小的棋盘的最大值是未知的. 对于 $m=n=(5,7,9)$，答案分别是 $(6,18,33)$.）

```
0+++---0     0+++0---0     0++--00     0++--00
-0++--0+     ----+++0+     --++000     --++000
--0+-0++     0-+-+--++     0+--00+     0+-0-0+
---00+++     ++-++0---     -00+0-+     -0-+00+
+++00---     -+-+--0++     +0-0+0-     +000+--
++0-+0--     +0-0+0+--     +0+0-0-     +0+-00-
+0--++0-     --+--+++0     0--0++0     0--0++0
0---+++0     ++++-0---
             0-0--+++0
```

(f) 最小的反例是 7×7（见上文）.

106. 在一个 $m \times n$ 问题中，我们必须有 $0 \leqslant r_i \leqslant n$、$0 \leqslant c_j \leqslant m$ 和 $0 \leqslant a_d, b_d \leqslant \min\{d, m, n, m+n-d\}$. 因此，假设 $m \leqslant n$，可能性的总数 B 是 $(n+1)^m(m+1)^n((m+1)!\,(m+1)^{n-m}m!)^2$. 当 $(m,n)=(25,30)$ 时，它约为 3×10^{197}. 由于 $2^{750}/B \approx 2\times 10^{28}$，因此我们得出结论：一个“随机”的 25×30 数字体层成像问题通常有超过 10^{28} 个解.（当然还有其他约束. 比如，$\sum r_i = \sum c_j = \sum a_d = \sum b_d$ 这一事实至少将 B 减小了一个因子 $(n+1)(m+1)^2$.）

107. (a) $(r_1,\cdots,r_6) = (11,11,11,9,9,10)$；$(c_1,\cdots,c_{13}) = (6,5,6,2,4,4,6,5,4,2,6,5,6)$；$(a_1,\cdots,a_6) = (11,10,9,9,11,11)$；$(b_1,\cdots,b_{12}) = (6,1,6,5,7,5,6,2,6,5,7,5)$.

(b) 还有另外两个，即以下图案及其左右翻转.

［参考文献：保卢斯 · 格迪斯，*Sipatsi* (Maputo: U. Pedagógica, 2009)，第 62 页，图案 #122.］

108. 下面给出了众多可能性中的 4 种.

109. F1. ［初始化.］找到一个解 $y_1\cdots y_n$，或者如果问题不可满足则终止. 然后置 $y_{n+1} \leftarrow 1$ 和 $d \leftarrow 0$.

F2. ［增大 d.］置 d 为使得 $y_j = 1$ 的最小的 j，且 $j > d$.

F3. ［完成?］若 $d > n$，则以 $y_1\cdots y_n$ 作为答案终止.

F4. ［尝试更小的.］尝试通过额外的单元子句来迫使 $x_j = y_j$（$1 \leqslant j < d$）和 $x_d = 0$. 若成功，置 $y_1\cdots y_n \leftarrow x_1\cdots x_n$. 返回至 F2. ▌

更好的方法是将类似的过程整合到求解器中，参见习题 275.

110. 算法 B 直接给出了它们.

```
00111111101110111110010111110111101111111011101101111111111001011111011110111111001110111111110111
111111111011111111001100111111001110111111110101111111110111101111111001100111110110111101111111
```

111. 这类问题似乎为 SAT 求解器提供了一系列优秀的（尽管有时是难以应对的）基准测试. 建议的例子有以下解：

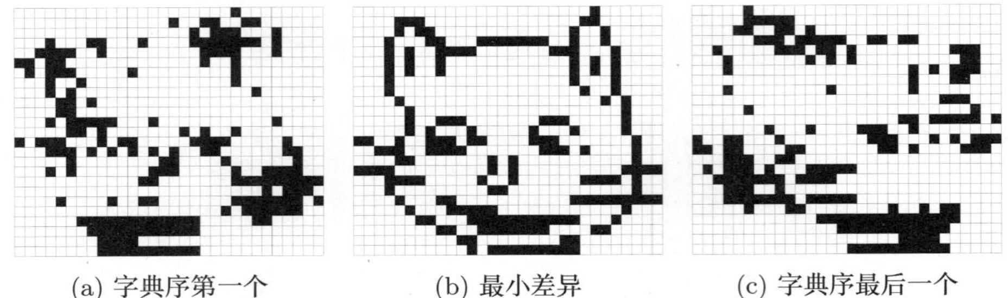

(a) 字典序第一个　　(b) 最小差异　　(c) 字典序最后一个

找出 (a) 中的某几个条目绝非易事. 如果我们基于从中心向外螺旋的车路径的字典序排序（因此有利于中间大部分是 0 或 1 的解），那么情况会变得更加困难：

(a) 螺旋车路径　　(b) 螺旋序第一个　　(c) 螺旋序最后一个

截至 2013 年，这里的许多条目尚未被 SAT 求解器解决，不过 IP 求解器并不会遇到太大困难. 事实上，埃贡 · 巴拉斯、马泰奥 · 菲斯凯蒂和阿里戈 · 扎内特的“纯字典序切平面”程序 [*Math. Programming* **A130** (2011), 153–176; **A135** (2012), 509–514] 在这类问题上表现得尤为出色.

112. 相对紧的上界和下界同样是有趣的.

113. 给定一个带有二元约束 $\boldsymbol{C}_{JK}=\boldsymbol{X}_{*JK}$、$\boldsymbol{R}_{IK}=\boldsymbol{X}_{I*K}$、$\boldsymbol{P}_{IJ}=\boldsymbol{X}_{IJ*}$ 的 $N\times N\times N$ 列联问题，我们可以构造一个等价的 $n\times n$ 数字体层成像问题，其中 $n=N^2+N^3+N^4$，方法如下：首先构造一个四维张量 $\boldsymbol{Y}_{IJKL}=\boldsymbol{X}_{(I\oplus L)JK}$，其中 $I\oplus L=1+(I+L-1)\bmod N$，并且注意到 $\boldsymbol{Y}_{*JKL}=\boldsymbol{Y}_{IJK*}=\boldsymbol{X}_{*JK}$、$\boldsymbol{Y}_{I*KL}=\boldsymbol{X}_{(I\oplus L)*K}$、$\boldsymbol{Y}_{IJ*L}=\boldsymbol{X}_{(I\oplus L)J*}$. 然后对于 $1\leqslant i,j\leqslant n$，定义 x_{ij} 如下：当 $i=I-N^2K+N^3L$、$j=NJ+N^2K+N^3L$ 时，$x_{ij}=\boldsymbol{Y}_{IJKL}$，否则 $x_{ij}=0$. 这个规则是有意义的，因为如果 $1\leqslant I,I',J,J',K,K',L,L'\leqslant N$ 且 $I-N^2K+N^3L=I'-N^2K'+N^3L'$ 且 $NJ+N^2K+N^3L=NJ'+N^2K'+N^3L'$，我们有 $I\equiv I'\pmod N$. 因此 $I=I'$，$K\equiv K'$，从而有 $K=K'$，$L=L'$，$J=J'$.

在这种对应下，当 $i=I-N^2K+N^3L$ 时，边缘和为 $r_i=\boldsymbol{Y}_{I*KL}$；当 $j=NJ+N^2K+N^3L$ 时，边缘和为 $c_j=\boldsymbol{Y}_{*JKL}$；当 $d+1=I+NJ+2N^3L$ 时，边缘和为 $a_d=\boldsymbol{Y}_{IJ*L}$；当 $d-n=I-NJ-2N^2K$ 时，边缘和为 $b_d=\boldsymbol{Y}_{IJK*}$，否则为零. [参见萨拉 · 布鲁内蒂、阿尔贝托 · 德尔 · 隆戈、彼得 · 格里茨曼和斯文 · 德 · 弗里斯，*Theoretical Comp. Sci.* **406** (2008), 63–71.]

114. (a) 从 $x_{7,23}+x_{7,24}=x_{7,23}+x_{7,24}+x_{7,25}=x_{7,24}+x_{7,25}=1$，我们推断出 $x_{7,23}=x_{7,25}=0$ 和 $x_{7,24}=1$，从而揭示了 $n_{7,23}=n_{7,25}=5$. 现在 $x_{6,23}+x_{6,24}=x_{6,24}+x_{6,25}=x_{4,24}+x_{5,24}+x_{6,24}+x_{6,25}=1$，因此 $x_{4,24}=x_{5,24}=0$ 揭示了 $n_{4,24}=n_{5,24}=2$. 所以 $x_{6,23}=x_{6,25}=0$，剩下的部分就易如反掌了.

(b) 令 $y_{i,j}$ 表示“单元格 (i,j) 已经被安全探测，揭示了 $n_{i,j}$”. 对于所有满足 $x_{i,j}=0$ 的 i,j，考虑通过将 $\bar{y}_{i,j}$ 附加到每个对称函数 $\left[\sum_{i'=i-1}^{i+1}\sum_{j'=j-1}^{j+1}x_{i',j'}=n_{i,j}\right]$ 的子句后所获得的子句 C. 还要包括 $(\bar{x}_{i,j}\vee\bar{y}_{i,j})$. 此外，如果我们知道地雷的总数 N 的话，那么还要包括对称函数 $S_N(x)$ 的子句.

对于任意不包含地雷的单元格子集 F，子句 $C_F=C\wedge\bigwedge\{y_{i,j}\mid(i,j)\in F\}$ 恰好由与数据 $\{n_{i,j}\mid(i,j)\in F\}$ 一致的地雷配置满足. 因此单元格 (i,j) 是安全的，当且仅当 $C_F\wedge x_{i,j}$ 是不可满足的.

对算法 C 的简单修改可以用来“增长”F，直到不能再添加更多安全单元格为止：给定 C_F 的一个解，其中，在根层级（第 0 层）既没有得到 $x_{i,j}$ 也没有得到 $\bar{x}_{i,j}$，我们可以尝试通过使用补值作为第 1 层的决策来找到一个“翻转”解. 可以找到这样的一个解，当且仅当翻转值是一致的；否则未翻转值将在第 0 层被强制. 通过改变默认的极性，我们可以偏好一次翻转多个变量的解. 每当在根层级新推导出一个文字 $\bar{x}_{i,j}$ 时，我们都可以强制 $y_{i,j}$ 为真，从而将 (i,j) 添加到 F 中. 当为 C_F 获得了一组解，并且这些解涵盖了每个未强制的 $x_{i,j}$ 的两种设置时，我们就陷入了僵局.

对于问题 (i)，我们从 $F=\{(1,1)\}$ 开始. 问题 (iv) 本身只揭示了右下角的 56 个单元格. 其他结果分别如下所示（它们中的每个都可以在 6 Gμ 内解得）：

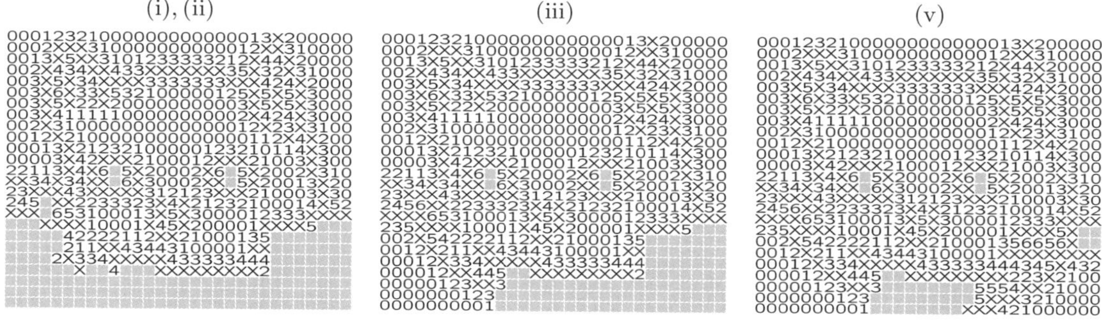

注意，柴郡猫那著名的微笑违背了只凭逻辑的原则，需要很多额外的猜测！

［扫雷游戏的某些问题是 NP 完全和 coNP 完全的，参见凯耶、斯科特、斯泰厄和范 · 罗阿，*Math. Intelligencer* **22**, 2 (2000), 9–15；**33**, 4 (2011), 5–17. ］

115. 给定地雷的总数为 10，对前一道习题中的算法进行数千次运行后可以得出，当第一次猜测分别在角落、边缘中心或中心时，成功概率分别为 0.490 ± 0.007、0.414 ± 0.004、0.279 ± 0.003.

116. 最小的是习题 69(b) 的答案中的“时钟”. 其他值得注意的可能性是

以及图 A–9 中的“凤凰”.

117. (a) 令 $x_0=x_{n+1}=0$，并且让 (a,b,c) 分别表示 $x_0x_1\cdots x_{n+1}$ 的子串 $(01,10,11)$ 的出现次数. 那么 $a+c=b+c=\nu x$，$c=\nu^{(2)}x$. 因此 $a=b=\nu x-\nu^{(2)}x$ 是连续段的数目.

(b) 在这种情况下，完全二叉树只有 $n-1$ 个叶结点，对应于 $\{x_1x_2,\cdots,x_{n-1}x_n\}$. 因此，我们要在 (20) 和 (21) 中将 n 替换为 $n-1$.

子句 (20) 在 $t_k>3$ 时保持不变. 当 $t_k=2$ 时，它们变为 $(\bar{x}_{2k-n+1}\vee\bar{x}_{2k-n+2}\vee b_1^k)\wedge(\bar{x}_{2k-n+2}\vee\bar{x}_{2k-n+3}\vee b_1^k)\wedge(\bar{x}_{2k-n+1}\vee\bar{x}_{2k-n+2}\vee\bar{x}_{2k-n+3}\vee b_2^k)$. 当 $t_k=3$ 时，我们有 $2k=n-1$，它们变为 $(\bar{b}_1^{2k}\vee b_1^k)\wedge(\bar{x}_1\vee\bar{x}_2\vee b_1^k)\wedge(\bar{b}_2^{2k}\vee b_2^k)\wedge(\bar{b}_1^{2k}\vee\bar{x}_1\vee\bar{x}_2\vee b_2^k)\wedge(\bar{b}_2^{2k}\vee\bar{x}_1\vee\bar{x}_2\vee b_3^k)$.

子句 (21) 在 $n>3$ 时保持不变.

(c) 现在叶结点代表 $\overline{x_ix_{i+1}}=\bar{x}_i\vee\bar{x}_{i+1}$. 因此，当 $t_k=2$ 时，我们将 (20) 改为 $(x_{2k-n+1}\vee b_1^k)\wedge(x_{2k-n+2}\vee b_1^k)\wedge(x_{2k-n+3}\vee b_1^k)\wedge(x_{2k-n+2}\vee b_2^k)\wedge(x_{2k-n+1}\vee x_{2k-n+3}\vee b_2^k)$. 当 $t_k=3$ 时，有 8 个子句：$(\bar{b}_1^{2k}\vee b_1^k)\wedge(x_1\vee b_1^k)\wedge(x_2\vee b_1^k)\wedge(\bar{b}_2^{2k}\vee b_2^k)\wedge(\bar{b}_1^{2k}\vee x_1\vee b_2^k)\wedge(\bar{b}_1^{2k}\vee x_2\vee b_2^k)\wedge(\bar{b}_2^{2k}\vee x_1\vee b_3^k)\wedge(\bar{b}_2^{2k}\vee x_2\vee b_3^k)$.

118. 令 $p_{i,j}$ = [第 i 行第 j 列的像素应该被覆盖]，并且当 $p_{i,j}=p_{i,j+1}=1$ 时引入变量 $h_{i,j}$，当 $p_{i,j}=p_{i+1,j}=1$ 时引入变量 $v_{i,j}$. 子句为：(i) 当 $p_{i,j}=1$ 时，$(h_{i,j}\vee h_{i,j-1}\vee v_{i,j}\vee v_{i-1,j})$，省略其中不存在的变量；(ii) 当 $p_{i,j}=1$ 时，$(\bar h_{i,j}\vee\bar h_{i,j-1})$、$(\bar h_{i,j}\vee\bar v_{i,j})$、$(\bar h_{i,j}\vee\bar v_{i-1,j})$、$(\bar h_{i,j-1}\vee\bar v_{i,j})$、$(\bar h_{i,j-1}\vee\bar v_{i-1,j})$、$(\bar v_{i,j}\vee\bar v_{i-1,j})$，省略其变量不同时存在的子句；(iii) 当 $p_{i,j}+p_{i,j+1}+p_{i+1,j}+p_{i+1,j+1}\geqslant 3$ 时，$(h_{i,j}\vee h_{i+1,j}\vee v_{i,j}\vee v_{i,j+1})$，省略其中不存在的变量.（这个例子有 2874 个变量上的 10 527 个子句，但是可以很快地解决.）

119. l 和 $\bar l$ 之间存在对称性，l 和 $10-l$ 之间也存在对称性. 因此，我们只需要考虑 $l=(1,2,3,4,5)$，分别出现 $(4,4,6,6,8)$ 次. 最小的结果是 $F\,|\,5=\{123,\ 234,\ 678,\ 789,\ 246,\ 468,\ 147,\ 369,\ \bar1\bar2\bar3,\ \bar2\bar3\bar4,\ \bar3\bar4,\ \bar4\bar6,\ \bar6\bar7,\ \bar6\bar7\bar8,\ \bar7\bar8\bar9,\ \bar1\bar3,\ \bar2\bar4\bar6,\ \bar3\bar7,\ \bar4\bar6\bar8,\ \bar7\bar9,\ \bar1\bar4\bar7,\ \bar2\bar8,\ \bar3\bar6\bar9,\ \bar1\bar9\}$.

120. 正确.

121. 主要的关注点是在步骤 A3 的中间通常会发现一个空子句. 在撤销这个中断之前所做的更改时，必须进行部分回溯.

A3. [移除 $\bar l$.] 置 $p\leftarrow$ F$(\bar l)$（F$(l\oplus 1)$，见 (57)）. 每当 $p\geqslant 2n+2$ 时，置 $j\leftarrow$ C(p)、$i\leftarrow$ SIZE(j)，并且若 $i>1$，则置 SIZE$(j)\leftarrow i-1$、$p\leftarrow$ F(p). 但若 $i=1$，则中断该循环，置 $p\leftarrow$ B(p)；然后每当 $p\geqslant 2n+2$ 时，置 $j\leftarrow$ C(p)、$i\leftarrow$ SIZE(j)、SIZE$(j)\leftarrow i+1$、$p\leftarrow$ B(p)；最后跳转至 A5.

A4. [抑制包含 l 的子句.] 置 $p\leftarrow$ F(l). 每当 $p\geqslant 2n+2$ 时，置 $j\leftarrow$ C(p)、$i\leftarrow$ START(j)、$p\leftarrow$ F(p)，对于 $i\leqslant s<i+$ SIZE$(j)-1$，置 $q\leftarrow$ F(s)、$r\leftarrow$ B(s)、B$(q)\leftarrow r$、F$(r)\leftarrow q$ 且 C(L(s)) $\leftarrow$ C(L(s)) -1. 然后置 $a\leftarrow a-$ C(l)、$d\leftarrow d+1$，并返回至 A2.

A7. [激活包含 l 的子句.] 置 $a\leftarrow a+$ C(l) 和 $p\leftarrow$ B(l). 每当 $p\geqslant 2n+2$ 时，置 $j\leftarrow$ C(p)、$i\leftarrow$ START(j)、$p\leftarrow$ B(p)，对于 $i\leqslant s<i+$ SIZE$(j)-1$，置 $q\leftarrow$ F(s)、$r\leftarrow$ B(s)、B$(q)\leftarrow$ F$(r)\leftarrow s$，且 C(L(s)) $\leftarrow$ C(L(s)) $+1$.（链接在此处翩翩起舞.）

A8. [撤销移除 $\bar l$.] 置 $p\leftarrow$ F$(\bar l)$. 每当 $p\geqslant 2n+2$ 时，置 $j\leftarrow$ C(p)、$i\leftarrow$ SIZE(j)、SIZE$(j)\leftarrow i+1$、$p\leftarrow$ F(p). 然后返回至 A5. ▌

122. 纯文字在我们想找到所有解时会出现一些问题，因此我们不在此处利用它们. 事实上，事情变得更简单了：我们只需要行动代码 1 和行动代码 2.

A1*. [初始化.] 置 $d\leftarrow 1$.

A2*. [访问或选择.] 如果 $d>n$，那么访问由 $m_1\cdots m_n$ 定义的解，并跳转至 A6*. 否则置 $l\leftarrow 2d+1$ 和 $m_d\leftarrow 1$.

A3*. [移除 $\bar l$.] 从所有活跃子句中移除 $\bar l$；但是若这样做将使得一个子句为空，则跳转至 A5*.

A4*. [抑制包含 l 的子句.] 抑制所有包含 l 的子句. 然后置 $d\leftarrow d+1$，并返回至 A2*.

A5*. [再尝试.] 如果 $m_d=1$，那么置 $m_d\leftarrow 2$ 和 $l\leftarrow 2d$，并返回至 A3*.

A6*. [回溯.] 如果 $d=1$，终止. 否则置 $d\leftarrow d-1$ 和 $l\leftarrow 2d+(m_d\,\&\,1)$.

A7*. [激活包含 l 的子句.] 激活所有包含 l 的子句.

A8*. [撤销移除 $\bar l$.] 在所有包含 $\bar l$ 的活跃子句中恢复 $\bar l$，然后返回至 A5*. ▌

在步骤 A4* 和 A7* 中不再需要更新满足 $k<2n+2$ 的 C(k) 的值.

123. 比如，我们可能有

$p=$	0	1	2	3	4	5	6	7	8	9	10	11	12	13	14	15	16	17	18	19	20
L$(p)=$	3	9	7	8	7	5	6	5	3	4	3	8	2	8	6	9	6	4	7	4	2

且 START$(j)=21-3j$ 对 $0\leqslant j\leqslant 7$ 成立. $W_2=3$、$W_3=7$、$W_4=4$、$W_5=0$、$W_6=5$、$W_7=1$、$W_8=6$、$W_9=2$. 此外，在这种情况下，LINK$(j)=0$ 对 $1\leqslant j\leqslant 7$ 成立.

124. 置 $j \leftarrow W_{\bar{l}}$. 当 $j \neq 0$ 时，子句 j 中应该有一个除 $\bar{l}$ 之外的文字被监视，因此我们进行如下操作：置 $i \leftarrow \texttt{START}(j)$、$i' \leftarrow \texttt{START}(j-1)$、$j' \leftarrow \texttt{LINK}(j)$、$k \leftarrow i+1$. 每当 $k < i'$ 时，置 $l' \leftarrow \texttt{L}(k)$；若 l' 不为假（如果 $|l'| > d$ 或 $l' + m_{|l'|}$ 是偶数，见 (57)），则置 $\texttt{L}(i) \leftarrow l'$、$\texttt{L}(k) \leftarrow \bar{l}$、$\texttt{LINK}(j) \leftarrow W_{l'}$、$W_{l'} \leftarrow j$、$j \leftarrow j'$，并退出 k 上的循环；否则置 $k \leftarrow k+1$ 并继续该循环. 然而，如果 k 达到 i'，那么我们无法停止监视 $\bar{l}$. 因此，我们置 $W_{\bar{l}} \leftarrow j$，退出 j 上的循环，并跳转至步骤 B5.

125. 像习题 122 的答案中的 A2* 和 A4* 那样修改步骤 B2 和 B4.

126. 从活跃环 (6 9 7 8) 开始，我们将找到单元子句 9（因为 9 出现在 8 之前）；子句 $\bar{9}3\bar{6}$ 将变为 $\bar{6}3\bar{9}$；活跃环将变为 (7 8 6).

127. 之前：11414545；之后：1142.（然后是 11425 等.）

128.

活跃环	$x_1x_2x_3x_4$	单元子句	选择	改变的子句
(1 2 3 4)	- - - -		$\bar{1}$	$21\bar{3}$
(2 3 4)	0 - - -		$\bar{2}$	$\bar{3}12, 32\bar{4}$
(3 4)	0 0 - -	$\bar{3}$	$\bar{3}$	$\bar{4}23, 431$
(4)	0 0 0 -	$4, \bar{4}$	回溯	
(3 4)	0 - - -		2	$\bar{3}\bar{2}4$
(3 4)	0 1 - -	$\bar{4}$	$\bar{4}$	$341, \bar{1}42$
(3)	0 1 - 0	$3, \bar{3}$	回溯	
(4 3)	- - - -		1	$4\bar{1}2, \bar{2}\bar{1}3$
(2 4 3)	1 - - -		$\bar{2}$	
(4 3)	1 0 - -	4	4	$32\bar{4}, 1\bar{4}\bar{2}$
(3)	1 0 - 1	$3, \bar{3}$	回溯	
(4 3)	1 - - -		2	$3\bar{1}\bar{2}$
(4 3)	1 1 - -	3	3	$4\bar{2}\bar{3}, 1\bar{3}2, \bar{4}3\bar{1}$
(4)	1 1 1 -	$4, \bar{4}$	回溯	

129. 置 $j \leftarrow W_l$，然后在 $j \neq 0$ 时执行以下步骤：(i) 置 $p \leftarrow \texttt{START}(j)+1$；(ii) 若 $p = \texttt{START}(j-1)$，则返回 1；(iii) 若 $\texttt{L}(p)$ 为假（如果 $x_{|\texttt{L}(p)|} = \texttt{L}(p)\,\&\,1$），则置 $p \leftarrow p+1$ 并重复 (ii)；(iv) 置 $j \leftarrow \texttt{LINK}(j)$. 若 j 变为零，则返回 0.

130. 置 $l \leftarrow 2k+b$、$j \leftarrow W_l$、$W_l \leftarrow 0$，并在 $j \neq 0$ 时执行以下步骤：(i) 置 $j' \leftarrow \texttt{LINK}(j)$、$i \leftarrow \texttt{START}(j)$、$p \leftarrow i+1$；(ii) 每当$\texttt{L}(p)$为假时，置 $p \leftarrow p+1$（见习题 129 的答案. 这个循环将在 $p = \texttt{START}(j-1)$ 之前结束）；(iii) 置 $l' \leftarrow \texttt{L}(p)$、$\texttt{L}(p) \leftarrow l$、$\texttt{L}(i) \leftarrow l'$；(iv) 置 $p \leftarrow W_{l'}$ 和 $q \leftarrow W_{\bar{l}'}$，若 $p \neq 0$ 或 $q \neq 0$ 或 $x_{|l'|} \geqslant 0$，则跳转至 (vi)；(v) 若 $t = 0$，则置 $t \leftarrow h \leftarrow |l'|$ 和 $\texttt{NEXT}(t) \leftarrow h$，否则置 $\texttt{NEXT}(|l'|) \leftarrow h$、$h \leftarrow |l'|$、$\texttt{NEXT}(t) \leftarrow h$（这样做会将 $|l'| = l' \gg 1$ 插入环中作为其新表头）；(vi) 置 $\texttt{LINK}(j) \leftarrow p$ 和 $W_{l'} \leftarrow j$（这样做会将 j 插入到 l' 的监视列表中）；(vii) 置 $j \leftarrow j'$.

（这里的棘手部分是要记住步骤 (v) 中的 t 可能为零.）

131. 比如，作者尝试选择一个使得 $s_{2k} \cdot s_{2k+1}$ 最大的变量 x_k，其中，s_l 是 l 的监视列表的长度加上 ε，并且参数 ε 等于 0.1. 这将 *waerden*(3, 10; 97) 的运行时间减少到了 1398 亿次内存访问，有 860 万个结点. 对于 *langford*(13)，效果则不那么明显：562 亿次内存访问，有 1080 万个结点. 而如果选择最小的 $s_{2k} \cdot s_{2k+1}$，则需要 990 亿次内存访问.

132. 不可满足的子句 $(\bar{x}_1 \vee x_2)$, $(x_1 \vee \bar{x}_2)$, $(\bar{x}_3 \vee x_4)$, $(x_3 \vee \bar{x}_4)$, $\cdots$, $(\bar{x}_{2n-1} \vee x_{2n})$, $(x_{2n-1} \vee \bar{x}_{2n})$, $(\bar{x}_{2n-1} \vee \bar{x}_{2n})$, $(x_{2n-1} \vee x_{2n})$ 导致算法在遇到矛盾之前需要检查 $x_1, x_3, \cdots, x_{2n-1}$ 的所有 2^n 种设置，并反复回溯.

（顺带一提，连续的行动代码构成了一个漂亮的图案. 如果所给子句是随机排序的，那么算法运行速度会显著提高，但它仍显然需要非多项式时间. 此时算法运行时间的增长率为多少？）

133. (a) 对于 n 变量的 SAT 问题，可以通过考虑所有 3^n 个部分赋值，“自底向上”地使用 $\Theta(n3^n)$ 的时间和 $\Theta(3^n)$ 的空间计算出最优回溯树. 在这个九变量问题中，如果先在 x_3 和 x_5 上分支，然后在 x_6

上分支（如果 $x_3 \neq x_5$），那么我们将得到一棵具有 67（最小值）个结点的树；其他所有结点中都会出现单元子句.

(b) 类似地，最坏的树有 471 个结点. 但是如果要求算法尽可能地先在一个单元子句上分支，那么最坏的大小是 187.（先在 x_1 上分支，然后在 x_4 上分支，最后在 x_7 上分支，从而避免一些单元子句的机会.）

134. 令每个 BIMP 表由字段 ADDR、BSIZE、CAP 和 K 访问，其中，ADDR 是 MEM 中能够存储 CAP 项的块的起始地址，且 $\text{CAP} = 2^{\text{K}}$；ADDR 是 CAP 的倍数，BSIZE 是当前使用的项数. 初始情况下，$\text{CAP} = 4$，$\text{K} = 2$，$\text{BSIZE} = 0$，且 ADDR 是 4 的倍数. 因此，$2n$ 个 BIMP 表最初占用 $8n$ 个空位. 如果 MEM 有 2^M 项的空间，那么这些表可以被分配来使得双向链表 AVAIL[k] 最初对任意 k 都包含 a_k（0 或 1）个大小为 2^k 的可用块，其中，$2^M - 8n = (a_{M-1} \cdots a_1 a_0)_2$.

当 $\text{BSIZE} = \text{CAP}$ 且我们需要增大 BSIZE 时，需要调整大小. 置 $a \leftarrow \text{ADDR}$、$k \leftarrow \text{K}$、$\text{CAP} \leftarrow 2^{k+1}$，并让 $b \leftarrow a \oplus 2^k$ 为 a 的伙伴的地址. 如果 b 是大小为 2^k 的空闲块，那么比较容易处理：我们将 b 从 AVAIL[k] 中移除；然后如果 $a \,\&\, 2^k = 0$，那么不需要做任何事情，否则我们将 BSIZE 项从块 a 复制到块 b 并置 $\text{ADDR} \leftarrow b$.

在不太幸运的情况下，即当 b 要么被保留，要么大小小于 2^k 时，我们将置 p 为 AVAIL[k'] 中第一个块的地址，其中，AVAIL[t] 对于 $k < t < k'$ 是空的（如果超出了 MEM 的容量，我们就会惊慌失措）. 在将 p 从 AVAIL[k'] 中移除后，我们将分离出新的大小为 $2^{k+1}, \cdots, 2^{k'-1}$ 的空闲块（如果 $k' > k+1$）. 最后，我们将 BSIZE 项从块 a 复制到块 p，置 $\text{ADDR} \leftarrow p$，并将 a 放入 AVAIL[k] 中.（我们不需要尝试将 a 与其伙伴"合并"，因为伙伴不是空闲的.）

135. 它们是 BIMP($\bar{l}$) 中文字的补.

136. 之前是 $\{(1,2),(4,2),(4,5),(5,1),(5,7),(6,9)\}$；之后是 $\{(1,2),(4,2),(6,9)\}$.

137. 如果 TIMP 表中的 p 指向对 (u,v)，那么将其写为 $u = \text{U}(p)$ 和 $v = \text{V}(p)$.

(a) 置 $N \leftarrow n - G$、$x \leftarrow \text{VAR}[N]$、$j \leftarrow \text{INX}[X]$、$\text{VAR}[j] \leftarrow x$、$\text{INX}[x] \leftarrow j$、$\text{VAR}[N] \leftarrow X$、$\text{INX}[X] \leftarrow N$. 然后对 $l = 2X$ 和 $l = 2X+1$，以及所有在 TIMP(l) 中的 p，执行以下操作：置 $u \leftarrow \text{U}(p)$、$v \leftarrow \text{V}(p)$、$p' \leftarrow \text{LINK}(p)$、$p'' \leftarrow \text{LINK}(p')$；$s \leftarrow \text{TSIZE}(\bar{u}) - 1$、$\text{TSIZE}(\bar{u}) \leftarrow s$、$t \leftarrow$ TIMP($\bar{u}$) 的第 s 对. 若 $p' \neq t$，则通过以下方式交换对：置 $u' \leftarrow \text{U}(t)$、$v' \leftarrow \text{V}(t)$、$q \leftarrow \text{LINK}(t)$、$q' \leftarrow \text{LINK}(q)$、$\text{LINK}(q') \leftarrow p'$、$\text{LINK}(p) \leftarrow t$、$\text{U}(p') \leftarrow u'$、$\text{V}(p') \leftarrow v'$、$\text{LINK}(p') \leftarrow q$、$\text{U}(t) \leftarrow v$、$\text{V}(t) \leftarrow \bar{l}$、$\text{LINK}(t) \leftarrow p''$、$p' \leftarrow t$. 然后置 $s \leftarrow \text{TSIZE}(\bar{v}) - 1$、$\text{TSIZE}(\bar{v}) \leftarrow s$、$t \leftarrow$ TIMP($\bar{v}$) 的第 s 对. 若 $p'' \neq t$，则通过以下方式交换对：置 $u' \leftarrow \text{U}(t)$、$v' \leftarrow \text{V}(t)$、$q \leftarrow \text{LINK}(t)$、$q' \leftarrow \text{LINK}(q)$、$\text{LINK}(q') \leftarrow p''$、$\text{LINK}(p') \leftarrow t$、$\text{U}(p'') \leftarrow u'$、$\text{V}(p'') \leftarrow v'$、$\text{LINK}(p'') \leftarrow q$、$\text{U}(t) \leftarrow \bar{l}$、$\text{V}(t) \leftarrow u$、$\text{LINK}(t) \leftarrow p$.

注意，我们不会抑制 TIMP(l) 的当前对. 直到算法需要撤销刚刚进行的交换时，它们才会被访问.

(b) 在 VAR 和每个 TIMP 表中，活跃条目会首先出现. 随后是非活跃条目，其顺序与它们被交换出去的顺序相同，因为非活跃条目永远不会参与交换. 因此，我们可以通过简单地增加活跃条目的计数来重新激活最近被交换出去的条目. 然而，我们必须小心地以与交换相反的顺序进行"虚拟撤销交换".

因此，对于 $l = 2X+1$ 和 $l = 2X$，以及所有在 TIMP(l) 中的 p，按照 (a) 中的相反顺序进行操作. 我们置 $u \leftarrow \text{U}(p)$、$v \leftarrow \text{V}(p)$、$\text{TSIZE}(\bar{v}) \leftarrow \text{TSIZE}(\bar{v}) + 1$、$\text{TSIZE}(\bar{u}) \leftarrow \text{TSIZE}(\bar{u}) + 1$.

（因为在步骤 L12 中有 $N + E = n$，所以自由变量的数量 N 会隐式地增加，从而无须对 VAR 或 INX 进行任何操作. 这些基于交换的高效技术是"稀疏集表示"的例子，参见 7.2.2–(16) ~ 7.2.2–(23).）

138. 因为 $\bar{v} \in \text{BIMP}(\bar{u})$，(62) 将被用来使 u 近似为真. 那个循环也会使 v 近似为真，因为 $v \in \text{BIMP}(u)$ 等价于 $\bar{u} \in \text{BIMP}(\bar{v})$.

139. 引入一个类似于 ISTAMP 的新变量 BSTAMP，并在每个文字 l 的数据中引入一个类似于 IST(l) 的新字段 BST(l). 在步骤 L9 开始时，置 $\text{BSTAMP} \leftarrow \text{BSTAMP} + 1$，然后对 $l = \bar{u}$ 和所有 $l \in \text{BIMP}(\bar{u})$，置 $\text{BST}(l) \leftarrow \text{BSTAMP}$. 现在，若 $\text{BST}(\bar{v}) \neq \text{BSTAMP}$ 且 $\text{BST}(v) \neq \text{BSTAMP}$，则对所有 $w \in \text{BIMP}(v)$ 执行以下操作：若 w 在语境 NT 中被固定（它必须被固定为真，因为 $\bar{w}$ 蕴涵 $\bar{v}$），则不进行任何操作；若 $\text{BST}(\bar{w}) = \text{BSTAMP}$，则以 $l \leftarrow u$ 执行 (62) 并在 w 上退出循环（因为 $\bar{u}$ 蕴涵 w 和 $\bar{w}$）；否则，若 $\text{BST}(w) \neq \text{BSTAMP}$，则将 w 附加到 BIMP($\bar{u}$) 中，并将 u 添加到 BIMP($\bar{w}$) 中.（当然，在需要时会调用 (63).）

然后再次增大 BSTAMP，并将 u 和 v 反转后执行相同的操作.

140. 遗憾的是，不可能：我们可能在搜索树的 $\Omega(n)$ 层中的每层都会更改 BSIZE $\Omega(n)$ 次. 然而，ISTACK 中的条目数永远不会比所有 BIMP 表中的单元格总数（习题 134 的答案中的 2^M）大.

141. 假设在步骤 L5 中，ISTAMP $\leftarrow$ (ISTAMP $+ 1) \bmod 2^e$. 如果在该操作之后有 ISTAMP $= 0$，那么我们可以安全地置 ISTAMP $\leftarrow 1$，并对 $2 \leqslant l \leqslant 2n+1$ 置 IST$(l) \leftarrow 0$.（类似的说明也适用于习题 139 的答案中的 BSTAMP 和 BST(l).）

142. （在步骤 L2 中设置 BRANCH$[d]$ 之后，以下的操作在输出中使用"$|$"来标记没有做决策的搜索层.）置 BACKL$[d] \leftarrow F$ 和 $r \leftarrow k \leftarrow 0$，并在 $k < d$ 时执行以下操作：每当 $r <$ BACKF$[k]$ 时，输出"$6 + (R_r \mathbin{\&} 1)$"并置 $r \leftarrow r+1$. 若 BRANCH$[k] < 0$，则输出"$|$"；否则输出"2BRANCH$[k] + (R_r \mathbin{\&} 1)$"并置 $r \leftarrow r+1$. 每当 $r <$ BACKL$[k+1]$ 时，输出"$4 + (R_r \mathbin{\&} 1)$"并置 $r \leftarrow r+1$. 然后置 $k \leftarrow k+1$.

143. 下面的解决方案将 KINX 和 KSIZE 分别视为未修改的算法中的 TIMP 和 TSIZE. 它以一种更微妙的方式处理 CINX 和 CSIZE：如果子句 c 的原始大小为 k，且其中有 j 个文字已经变为假而没有一个变为真，那么 CSIZE(c) 将等于 $k-j$，但非假文字不一定会出现在列表 CINX(c) 的开头. 一旦 j 达到 $k-2$，或其中有一个文字变为真，子句 c 就会变为非活跃状态并从所有自由文字的 KINX 表中消失. 直到撤销抑制子句 c 的文字的固定时，算法才会再次查看 CINX(c) 或 CSIZE(c). 因此，一个大子句是非活跃的，当且仅当它已经被满足（包含一个真文字）或已经变为二元子句（至多有两个非假文字）.

我们只需修改涉及 TIMP 的 3 个步骤. 修改后的步骤 L1 被称为 L1′，它以一种直接的方式输入大子句.

步骤 L7′ 通过先使包含 L 的所有活跃大子句变为非活跃状态，来从数据结构中移除先前的自由变量 X. 对于 KINX(L) 中的每个 KSIZE(L) 数 c，以及对于 CINX(c) 中的每个 CSIZE(c) 自由文字 u，我们通过以下方式将 c 从 u 的子句列表中交换出去：置 $s \leftarrow$ KSIZE$(u) - 1$ 和 KSIZE$(u) \leftarrow s$；找到 $t \leqslant s$，使得 KINX$(u)[t] = c$；若 $t \neq s$，则置 KINX$(u)[t] \leftarrow$ KINX$(u)[s]$ 和 KINX$(u)[s] \leftarrow c$.（*启发法*：如果与 c 的原始大小相比，剩余的自由文字的数量很小，比如原始的 15 或 20 个文字已经变为假，那么当 c 被变为非活跃状态时，剩余的非假文字可以有用地被交换到 CINX(c) 的前 CSIZE(c) 个位置. 当 CSIZE(c) 最多为原始大小的 θ 倍时，作者在实验中实现了这样的操作，其中，参数 θ 通常等于 25/64.）

然后，步骤 L7′ 更新了 L 变为假的子句：对于 KINX$(\bar{L})$ 中的每个 KSIZE$(\bar{L})$ 数 c，置 $s \leftarrow$ CSIZE$(c) - 1$ 和 CSIZE$(c) \leftarrow s$；如果 $s = 2$，找到 CINX(c) 中的两个自由文字 (u, v)，将它们交换到该列表的前几个位置，将它们放在一个临时栈中，并像上面那样将 c 从 u 和 v 的子句列表中交换出去.

最后，步骤 L7′ 对临时栈中的所有 (u, v) 执行步骤 L8′ = L8.（在步骤 L1′ 之后，该栈的最大大小将是所有 l 的 KSIZE(l) 的最大值，因此我们会在步骤 L1′ 中为该栈分配内存.）

在步骤 L12′ 中，我们置 $L \leftarrow R_E$ 和 $X \leftarrow |L|$，并按如下方式重新激活包含 X 的子句：对于 KINX$(\bar{L})$ 中的每个 KSIZE$(\bar{L})$ 数 c，按照与 L7′ 相反的顺序进行操作，置 $s \leftarrow$ CSIZE(c) 和 CSIZE$(c) \leftarrow s+1$；若 $s = 2$，则将 c 重新交换到 v 和 u 的子句列表中，其中，$u =$ CINX$(c)[0]$ 且 $v =$ CINX$(c)[1]$. 对于 KINX(L) 中的每个 KSIZE(L) 数 c，以及对于 CINX(c) 中的每个 CSIZE(c) 自由文字 u，再次按照与 L7′ 相反的顺序进行操作，将 c 重新交换到 u 的子句列表中. 后一个操作只是简单地将 KSIZE(u) 增加 1.

ParamILS 建议在 (195) 中将 α 从 3.5 改为 0.001.

144. 错误. 当且仅当补文字 $\bar{l}$ 不出现在任何子句中时，$h'(l) = 0.1$.

145. 由对称性可知，在深度 0 时，$h(l) = h(\bar{l}) = h(10 - l)$ 对 $1 \leqslant l \leqslant 9$ 成立，且 BIMP 表为空. 前 5 轮的改进分别给出了 $(h(1), \cdots, h(5))$ 约等于 $(4.10, 4.10, 6.10, 6.10, 8.10)$、$(5.01, 4.59, 6.84, 6.84, 7.98)$、$(4.80, 4.58, 6.57, 6.57, 8.32)$、$(4.88, 4.54, 6.72, 6.67, 8.06)$ 和 $(4.85, 4.56, 6.63, 6.62, 8.23)$，它们缓慢地收敛到极限

$$(4.858\,102\,13,\ 4.551\,601\,11,\ 6.667\,619\,20,\ 6.636\,996\,98,\ 8.167\,780\,57).$$

但当 $d = 1$ 时，$(h(1), h(\bar{1}), \cdots, h(4), h(\bar{4}))$ 的逐步改进值是不稳定且发散的：(2.10, 9.10, 3.10, 6.60, 3.10, 13.60, 4.10, 11.10)、(5.63, 3.37, 9.24, 2.57, 5.48, 5.67, 8.37, 4.87)、(1.42, 10.00, 2.31, 10.42, 1.28, 17.69, 1.94, 16.07)、(8.12, 1.43, 12.42, 1.30, 7.51, 2.41, 12.02, 1.81)、(0.32, 14.72, 0.42, 16.06, 0.30, 26.64,

0.43, 24.84). 它们最终在偏向正文字或负文字的极限之间振荡:

$$(0.1017,\ 20.6819,\ 0.1027,\ 21.6597,\ 0.1021,\ 32.0422,\ 0.1030,\ 33.0200)\quad 和$$
$$(8.0187,\ 0.1712,\ 11.9781,\ 0.1361,\ 11.9781,\ 0.2071,\ 15.9374,\ 0.1718).$$

（受调查传播的启发而得的等式 (6_4) 和 (6_5) 最初出现在希德 · 米因德斯、鲍里斯 · 德 · 威尔德和玛丽恩 · 休尔 2010 年的未发表工作中. 上面的计算表明我们不必太在意 $h(l)$，尽管它似乎能在实践中产生一些良好的结果. 作者的实现还会在 (6_5) 的右侧超过一个阈值参数 Θ 时置 $h'(l) \leftarrow \Theta$，其中，Θ 的默认值为 20.0. ）

146. 使用简单的公式 $h(l) = \varepsilon + \texttt{KSIZE}(\bar{l}) + \sum_{u\in\texttt{BIMP}(l),\,u\ 自由} \texttt{KSIZE}(\bar{u})$ 可以获得一些不错的结果，它估计了当 l 变为真时可能发生的大子句减少的数量. 参数 ε 通常被设置为 0.001.

147. ∞、600、60、30、30.

148. 一方面，对于一个容易的问题，我们不在乎是在 2 秒内还是在 0.000 002 秒内解决它. 另一方面，如果一个问题困难到只能通过前瞻且花费不合理的时间来求解，那么我们不妨面对这样一个惨淡的事实，即我们无论如何都不能解决它. 当 $d = 60$ 时，前瞻 60 个变量是没有意义的，因为我们无法在任何合理的搜索树中处理超过 2^{50} 个结点.

149. 主要的想法是为每个变量 x 维护一个二进制字符串 SIG(x)，它表示 x 参与的搜索树中的最高结点. 令 $b_j = [\texttt{BRANCH}[j] = 1]$，并在步骤 L2 开始时置 $\sigma \leftarrow b_0 \cdots b_{d-1}$，在步骤 L4 开始时置 $\sigma \leftarrow b_0 \cdots b_d$. 这样一来，$x$ 将参与到步骤 X3 中，当且仅当 SIG(x) 是 σ 的前缀.

当在步骤 L9 中有 $x = |u|$ 或 $x = |v|$ 时，我们通过置 SIG(x) $\leftarrow \sigma$ 来更新 SIG(x)，除非 SIG(x) 是 σ 的前缀. 我们选择 SIG(x) 的初始值，以免它成为 σ 的前缀.

（注意，在回溯时不需要改变 SIG(x). 在实践中，我们可以安全地只维护 σ 的前 32 位和每个字符串 SIG(x) 的前 32 位，以及它们的准确长度，因为不必进行精确的前瞻计算. 在习题 143 的答案中，更新不是在步骤 L9 中进行的，而是在步骤 L7′ 中进行的. 这些更新是对出现在任何包含首次缩短的 $\overline{L}$ 的大子句中的文字 $u \neq \overline{L}$ 而进行的. ）

150. 在深度 22 处断言 7 也会以 22 固定 $\bar{1}$，因为有子句 $\bar{1}\bar{4}\bar{7}$. 然后 $\bar{1}$ 会以 22 固定 3 和 9，这将以 22 固定 $\bar{2}$ 和 $\bar{6}$，然后是 $\bar{8}$；并且子句 258 会变为假. 因此 $\bar{7}$ 变为典型为真；(6_2) 使得 3、6、9 都变为典型为真，这与 $\bar{3}\bar{6}\bar{9}$ 矛盾.

151. 比如，以下是一个这样的排列.

l:	2	$\bar{8}$	9	3	$\bar{1}$	6	$\bar{7}$	$\bar{4}$	4	7	$\bar{6}$	1	$\bar{3}$	$\bar{9}$	8	$\bar{2}$
$o(l)$:	4	2	10	14	6	16	8	12	22	26	18	28	20	24	32	30

（以这种方式获得的有向图被称为“维数小于或等于 2 的偏序”或*排列偏序集*. 我们在习题 5.1.1–11 中曾见过它们，其中，弧的集合被表示为一组*逆*. 排列偏序集有许多好的性质，我们将在 7.4.2 节中研究它们. 如果反转列表的顺序并取偏移的补，箭头的方向就会随之反转. 在 6 个元素上的 238 个连通偏序集中，除了两个例外，其余都是排列偏序集. 遗憾的是，当排列偏序集不是森林时，它们在前瞻中的表现不尽如人意. 比如，在以 10 固定“9”及其后续结果之后，我们希望在以 14 固定“3”时从 R 栈中移除这些文字，参见 (7_1). 但是当以 6 固定“$\bar{1}$”时，我们又希望重新把它们添加回来. ）

152. 单个子句是一个例子，如“12”或“123”，但是在步骤 X3 之前，步骤 X9 中的自治测试会解决这个问题. 然而，子句 $\{12\bar{3}, 1\bar{2}3, \bar{1}2\bar{3}, \bar{1}\bar{2}3, 245, 3\bar{4}\bar{5}\}$ 是好的例子：在深度 0 时，在 x_1 上分支，深度 1 时发现了一个自治，其中，x_2 和 x_3 都为真但返回 $l = 0$. 然后在深度 2 时会发现所有子句都被满足了，尽管自由变量 x_4 和 x_5 都是新手.

（事实上，没有自由参与者意味着固定为真的文字形成了一个自治. 如果对于任何自由文字 l，TSIZE(l) 不为零，那么存在某个子句没有被满足. 除非某个自由文字 l 有一个未固定的文字 $l' \in$ BIMP(l)，否则所有子句都被满足. ）

153. 将 CAND 数组转换为一个堆，使得具有*最小*评分 $r(x)$ 的元素 x 位于顶部.（参见 5.2.3 节. 但是从 0 开始索引，使得 $r(\texttt{CAND}[k]) \leqslant \min(r(\texttt{CAND}[2k{+}1]), r(\texttt{CAND}[2k{+}2]))$. ）然后，当 $C > C_{\max}$ 时，删除堆顶元素（CAND[0]）.

154. 在子森林中，子结点 $\longrightarrow$ 父结点关系将是 $d \longrightarrow c \longrightarrow a$、$b \longrightarrow a$、$\bar{c} \longrightarrow \bar{d}$，以及 $\bar{a} \longrightarrow \bar{c}$ 或 $\bar{a} \longrightarrow \bar{b}$. 以下是一个使用后者的合适序列：

$$\begin{array}{rcccccccc} \text{前序} & \bar{b} & a & b & c & d & \bar{d} & \bar{c} & \bar{a} \\ 2\cdot\text{后序} & 2 & 10 & 4 & 8 & 6 & 16 & 14 & 12 \end{array}.$$

155. 首先通过从 BIMP 表中提取一部分弧，在 $2C$ 个候选文字上构造依赖图.（这个计算不需要精确，因为我们只是计算启发式. 可以对考虑的弧的数量设定一个上界，这样我们就不会在这里浪费太多时间. 然而，关键点在于弧 $u \longrightarrow v$ 存在，当且仅当 $\bar{v} \longrightarrow \bar{u}$ 也存在.）

然后应用塔扬的算法 [参见 7.4.1.2 节，或斯坦福图库的第 512 ~ 519 页]. 如果一个强连通分量对某个 l 同时包含 l 和 $\bar{l}$，那么以矛盾结束. 否则，如果一个强连通分量包含多于一个文字，那么选择一个具有最大 $h(l)$ 的代表 l；该分量中的其他文字将 l 视为它们的父结点. 需要小心地确保 l 是一个代表，当且仅当 $\bar{l}$ 也是一个代表.

结果将是一个按拓扑序排列的候选文字序列 $l_1 l_2 \cdots l_S$，其中有 $l_i \longrightarrow l_j$，当且仅当 $i > j$. 计算每个 l_j 的“高度”，即从 l_j 到一个汇点的最长路径的长度. 每个高度为 $h > 0$ 的文字都有一个高度为 $h-1$ 的前驱，我们让这样一个前驱成为它在子森林中的父结点. 每个高度为 0 的文字（一个汇点）都有一个空父结点. 现在，双序（参见习题 2.3.1–18）遍历该子森林可以轻松地以前序构建 LL 表，同时以后序填充 LO 表.

156. 如果 $\bar{l}$ 不出现在 F 的任何子句中，那么 $A = \{l\}$ 显然是一个自治.

157. 显然，任意一个可满足赋值都是一个自治. 但更重要的是，$\{1,2\}$ 是 $F = \{1\bar{2}3, \bar{1}24, \bar{3}\bar{4}\}$ 的一个自治.

158. BIMP(l) 和 TIMP(l) 都将为空，因此当算法 X 在 l 上前瞻时，w 将等于零. 因此，l 将在深度 $d = 0$ 处被强制为真.（但是，在 $d > 0$ 处的子问题中出现的纯文字不会被检测到，除非它们是预先选择的候选文字.）

159. (a) 错误（考虑 $A = \{1\}$，$F = \{1, 2, \bar{1}2\}$）. 但是，如果我们假设 $F\,|\,A$ 被计算为一个多重集（这样在这个例子中，$F\,|\,A$ 将是 $\{2,2\} \not\subseteq F$），那么它是正确的.

(b) 正确：假设 $A = A' \cup A''$，$A' \cap A'' = \varnothing$，$A''$ 或 $\overline{A}''$ 触及 $F\,|\,A'$ 中的 C. 那么 $C \cap A' = \varnothing$ 且 $C \cup C' \in F$，其中 $C' \subseteq \overline{A}'$. 由于 A 或 $\overline{A}$ 触及 $C \cup C'$，从而 $C \cup C'$ 中的某个 a 在 A 中，因此 $a \in A''$.

160. (a) 如果全灰子句是可满足的，则让所有黑色文字为真.（顺带一提，这里所建议的示例着色方案在 (7) 中的效果很好.）

(b) 给定任何一组严格不同的文字 A，若 $l \in A$，则将 l 涂成黑色；若 $\bar{l} \in A$，则涂成白色；否则涂成灰色. 那么 A 是一个自治，当且仅当条件 (a) 成立. [参见爱德华 · 阿列克谢耶维奇 · 赫希，*Journal of Automated Reasoning* **24** (2000), 397–420.]

161. (a) 如果 F' 是可满足的，那么 F 也是可满足的. 如果 F 是可满足的且至少有一个蓝色文字为假，那么 F' 也如此. 如果 F 是可满足的且所有蓝色文字为真，那么让所有黑色文字为真（但保持灰色文字不变）. 然后 F' 被满足，因为 F' 的每个包含黑色文字或蓝色文字的子句都为真，所以每个包含白色文字的子句也为真；剩下的每个子句中的文字只有橙色和灰色且它们都包含至少一个为真的灰色文字. [黑蓝条件等价于 A 是一个条件自治，即 $F\,|\,L$ 的自治. 切廷的“扩展归结”概念是一个特例，因为 A 和 L 的文字不需要出现在 F 中. 参见塞尔日 · 珍妮科特、劳伦 · 奥克苏索夫和安托万 · 劳齐，*Revue d'intelligence artificielle* **2** (1988), 41–60，第 6 节；奥利弗 · 库尔曼，*Theoretical Comp. Sci.* **223** (1999), 1–72，第 3、4 和 14 节.]

(b) 我们可以添加或删除任何子句 $C = (a \vee \bar{l}_1 \vee \cdots \vee \bar{l}_q)$，其中，所有包含 $\bar{a}$ 的子句也包含 l_1…… 或 l_q，而不影响可满足性.（这样的子句被称为与 a 相关的“阻塞”子句，因为当与包含 $\bar{a}$ 的子句进行归结时，它只会产生重言式.）

(c) 如果 A 是 $F\,|\,l$ 的一个自治，那么我们可以添加或删除任意或所有子句 $(\bar{l} \vee a_1), \cdots, (\bar{l} \vee a_p)$，而不影响可满足性. 也就是说，如果 A 几乎是一个自治，那么我们便可以这样做，因为每个触及 $\overline{A}$ 但不触及 A 的子句都包含 l.

(d) 每当包含 $\bar{a}$ 的每个子句也包含 l 时，我们就可以添加或删除子句 $(\bar{l} \vee a)$，而不影响可满足性.

162. 构造一个“阻塞有向图”，其中有弧 $l' \hookrightarrow l$，当且仅当包含文字 $\bar{l}$ 的每个子句也包含 l'.（如果 l 是一个纯文字，那么 $l' \hookrightarrow l$ 对所有 l' 成立. 这种情况可以单独处理. 否则，kSAT 问题中的所有入度都小于 k，并且阻塞有向图可以在 $O(k^2 m)$ 步内构造，其中，m 是子句数.）

(a) $(l \vee l')$ 是一个阻塞二元子句，当且仅当有 $\bar{l} \hookrightarrow l'$ 或 $\bar{l}' \hookrightarrow l$.（因此在这种情况下，我们可以将 $\bar{l} \longrightarrow l'$ 和 $\bar{l}' \longrightarrow l$ 添加到有向依赖图中.）

(b) 同时，$A = \{a, a'\}$ 是一个自治，当且仅当有 $a \hookrightarrow a' \hookrightarrow a$.（此外，任何满足 $t > 1$ 的强连通分量 $\{a_1, \cdots, a_t\}$ 都是一个大小为 t 的自治.）

163. 考虑递推关系 $T_n = 1 + \max(T_{n-1}, T_{n-2}, 2U_{n-1})$，$U_n = 1 + \max(T_{n-1}, T_{n-2}, U_{n-1} + V_{n-1})$，$V_n = 1 + U_{n-1}$，其中 $n > 0$，且 $T_{-1} = T_0 = U_0 = V_0 = 0$. 我们可以证明 T_n、U_n、V_n 是步骤数的上界，其中，U_n 对应于已知 F 包含非三元子句的情况，V_n 对应于 $s = 1$ 且从 R3 进入 R2 的情况：T_{n-1} 和 T_{n-2} 对应于步骤 R2 中的自治简化；否则，因为至少有一个子句包含 $\bar{l}_s$，所以 R3 中的递归调用的成本是 U_{n-1}，而不是 T_{n-1}. 我们还有 $V_n = 1 + U_{n-1}$，而不是 $1 + T_{n-1}$，因为前一步 R3 要么包含 l_2 而不包含 l_1，要么包含 $\bar{l}_1$ 而不包含 $\bar{l}_2$.

斐波那契数给出了该递推关系的解：$T_n = 2F_{n+2} - 3 + [n=0]$，$U_n = F_{n+3} - 2$，$V_n = F_{n+2} - 1$.［算法 R 是布克哈德 · 莫尼恩和埃瓦尔德 · 斯佩肯梅尔在 *Discrete Applied Mathematics* **10** (1985), 287–295 中设计的一个程序的简化版本，同时他们在那篇论文中引入了“自治”这个术语. 斯坦福大学的学生胡安 · 布尔内斯早在 1976 年就发现了一个斐波那契数界的 3SAT 算法. 然而，他的方法并不吸引人，因为它还需要 $\Omega(\phi^n)$ 的空间.］

164. 如果 $k<3$，那么 $T_n=n$ 是一个上界，因此我们可以假设 $k \geqslant 3$. 令 $U_n = 1 + \max(T_{n-1}, T_{n-2}, U_{n-1} + V_{n-1,1}, \cdots, U_{n-1} + V_{n-1,k-2})$，$V_{n,1} = 1 + U_{n-1}$，$V_{n,s} = 1 + \max(U_{n-1}, T_{n-2}, U_{n-1} + V_{n-1,s-1})$，其中 $s > 1$，$V_{n,s}$ 对应于从 R3 进入 R2 的条目. 在 $V_{n,s}$ 的公式中使用 U_{n-1} 是合理的，因为前一步 R3 要么包含 l_{s+1} 而不包含 l_s，要么包含 $\bar{l}_s$ 而不包含 $\bar{l}_{s+1}$. 可以通过归纳证明 $V_{n,s} = s + U_{n-1} + \cdots + U_{n-s}$，$U_n = V_{n,k-1}$，$T_n = U_n + U_{n-k} + 1 = 2U_{n-1} + 1$（如果 $n \geqslant k$）. 比如，当 $k = 4$ 时运行时间的界由泰波那契数给出，其增长率 $1.839\,29^n$ 源自方程 $x^3 = x^2 + x + 1$ 的根.

165. 例子中的子句 $\bar{1}\bar{3}\bar{4}$ 告诉我们 $1, 3, 4 \notin A$. $13\bar{6}$ 意味着 $6 \notin A$. 但 $A = \{2, 5\}$ 是有效的，因此它是最大的. 总是存在一个最大（而不仅仅是极大）的正自治，因为正自治的并集仍是正自治.

F 的每个子句 $(v_1 \vee \cdots \vee v_s \vee \bar{v}_{s+1} \vee \cdots \vee \bar{v}_{s+t})$（这些 v 是正的）告诉我们 $v_1 \notin A$ 且 $v_s \notin A$ 意味着 $v_{s+j} \notin A$（$1 \leqslant j \leqslant t$）. 因此它本质上生成了 t 个霍恩子句，其核是所有不在任何正自治中的正文字. 算法 7.1.1C 的一个简单变体可以在线性时间内找到这个核，即我们可以修改步骤 C1 和 C5 以从 F 的单个子句中得到 t 个霍恩子句.

（通过对变量的子集取补集，并禁止另一个子集，我们可以找到包含于任何给定严格不同文字集中的最大自治 A. 本习题归功于奥利弗 · 库尔曼、维克多 · 维克托 · 马雷克和米列克 · 特鲁什钦斯基的未发表工作.）

166. 首先假设 $\texttt{PARENT}(l_0) = \Lambda$，因此在 X9 开始时有 $H(l_0) = 0$（见 X6）. 由于 $l_0 = \texttt{LL}[j]$ 在语境 T 中没有被固定，因此有 $R_F = l_0$（见 (62)）. 并且 $A = \{R_F, R_{F+1}, \cdots, R_{E-1}\}$ 是一个自治，因为没有任何一个被 A 或 $\overline{A}$ 触及的子句完全为假或包含两个未固定文字. 因此，我们可以强制 l_0 为真（这就是“以 $l \leftarrow l_0$ 执行步骤 X12”所表达的意思）.

另外，如果 $w = 0$ 且 $\texttt{PARENT}(l_0) = p$（因此在 X6 中 $H(l_0) = H(p) > 0$），那么集合 $A = \{R_F, \cdots, R_{E-1}\}$ 是关于 $F|p$ 的一个自治. 因此，根据黑蓝原理，附加子句 $(l_0 \vee \bar{p})$ 不会使子句变得更不可满足.（注意，$(\bar{l}_0 \vee p)$ 已经是一个已知子句. 因此在这种情况下，l_0 本质上被设为等于其父结点.）

因此，作者的实现中进一步包括了步骤

$$\texttt{VAL}[|l_0|] \leftarrow \texttt{VAL}[|p|] \oplus ((l_0 \oplus p) \mathbin{\&} 1), \qquad (*)$$

这将 l_0 的真值度提升到 p 的真值度. 这一步违反了不变关系 (71)，但实际上算法 X 并不依赖于 (71).

167. 如果在前瞻时文字 l 在语境 T 中被固定，那么它可以由 l_0 推出. 在步骤 X11 中，有一种情况是 l 也可以由 $\bar{l}_0$ 推出. 因此，如果 l 还不是典型为真，那么我们可以强制其为真. 在步骤 X6 中，$\bar{l}_0$ 可以由 l_0 推出，因此 l_0 必须为假.

168. 下面的方法在 march 求解器中表现良好：若 $F = n$，则成功地终止.（在算法 L 的这一步中，F 是已固定变量的数量，这些变量都真实为真或真实为假.）否则，找到 $l \in \{\texttt{LL}[0], \cdots, \texttt{LL}[S-1]\}$，使得

$l \bmod 2 = 0$ 且 $(H(l)+0.1)(H(l+1)+0.1)$ 最大. 若 l 是固定的，则置 $l \leftarrow 0$.（在这种情况下，尽管 U 现在为零，但算法 X 至少找到了一个强制文字. 我们希望在再次分支之前进行另一次前瞻.）否则，若 $H(l) > H(l+1)$，则置 $l \leftarrow l+1$.（一个简化较少的子问题往往更容易满足.）

169. 当 a 和 b 为正数时，函数 $f(x) = \mathrm{e}^{-ax} + \mathrm{e}^{-bx} - 1$ 是凸函数且递减，且它有唯一的根 $\ln \tau(a,b)$. 使用牛顿法来求解这个方程时，可以通过计算 $x' = x + f(x)/(a\mathrm{e}^{-ax} + b\mathrm{e}^{-bx})$ 来改进近似值 x. 注意，x 小于根，当且仅当 $f(x) > 0$；此外，$f(x) > 0$ 意味着 $f(x') > 0$，因为 $f(x') > f(x) + (x'-x)f'(x)$ 对凸函数 f 成立. 特别是，因为 $f(0) = 1$ 且 $0' = 1/(a+b)$，所以有 $f(1/(a+b)) > 0$，因此我们可以按照以下步骤进行操作.

K1. [初始化.] 置 $j \leftarrow k \leftarrow 1$ 和 $x \leftarrow 1/(a_1 + b_1)$.

K2. [完成?]（此时，(a_j, b_j) 是 (a_1, b_1), $\cdots$, (a_k, b_k) 中最好的，且 $\mathrm{e}^{-a_j x} + \mathrm{e}^{-b_j x} \geqslant 1$.）若 $k = s$，则终止. 否则，置 $k \leftarrow k+1$ 和 $x' \leftarrow 1/(a_k + b_k)$.

K3. [寻找 α 和 β.] 若 $x' < x$，交换 $j \leftrightarrow k$ 和 $x \leftrightarrow x'$. 然后置 $\alpha \leftarrow \mathrm{e}^{-a_j x'}$ 和 $\beta \leftarrow \mathrm{e}^{-b_j x'}$. 若 $\alpha + \beta \leqslant 1$，返回至 K2.

K4. [牛顿化.] 置 $x \leftarrow x' + (\alpha + \beta - 1)/(a_j\alpha + b_j\beta)$、$\alpha' \leftarrow \mathrm{e}^{-a_k x'}$、$\beta' \leftarrow \mathrm{e}^{-b_k x'}$、$x' \leftarrow x' + (\alpha' + \beta' - 1)/(a_k\alpha' + b_k\beta')$，然后返回至 K3. ▌

（当 $u < v$ 时，浮点数计算应满足 $\mathrm{e}^u \leqslant \mathrm{e}^v$ 和 $u + w \leqslant v + w$.）

170. 如果这个问题是不可满足的，那么塔扬的算法会发现属于同一个强连通分量的 l 和 $\bar{l}$. 如果这个问题是可满足的，则算法 X 会找到自治（因为 w 总是零），从而强制所有深度为 0 的文字的值.

171. 它防止在同一搜索树结点上对同一个文字进行两次双重前瞻.

172. 当算法 Y 正常结束时，我们有 $T = \texttt{BASE} + \texttt{LO}[j]$，尽管 BASE 已经改变. 这种关系在算法 X 中被假定为不变关系.

173. 文中报告的运行使用了非优化参数（参见习题 513），进行了 29 194 670 次双重前瞻（执行步骤 Y2），并在步骤 Y8 中有 23 245 231 次跳转至 X13（因此在大约 80% 的情况下成功强制 l_0 为假）. 禁用算法 Y (i) 将运行时间从 0.68 万亿次内存访问增加到 1.13 万亿次内存访问，有 2430 万个结点. 禁用"卷绕"(ii) 将运行时间增加到 0.85 万亿次内存访问，有 1330 万个结点. 令 $Y = 1$，它只在算法 Y 中禁用"卷绕"，从而实现 0.72 万亿次内存访问，有 1130 万个结点.（顺带一提，算法 X 的循环在常规运行中有 40% 的"卷绕"，平均值为 0.62，最大值为 12；算法 Y 的循环有 20% 的"卷绕"，平均值为 0.25；仅有 28 次达到了最大值 $Y = 8$.）禁用前瞻森林 (iii) 给出了令人惊讶的好结果：0.70 万亿次内存访问，850 万个结点；虽然结点变少了（因此前瞻的区分性更强），但重复的努力导致每个结点花费的时间更多了，尽管没有计算强连通分量.（与随机 3SAT 问题比起来，有大量二元子句的结构化问题会生成更有帮助的森林.）禁用补偿归结 (iv) 几乎没有什么影响：0.70 万亿次内存访问，990 万个结点. 但禁用"意外收获"(v) 将成本提高到 0.89 万亿次内存访问和 1350 万个结点. 在随机的 $l \in \texttt{LL}$ 上分支 (vi) 使运行时间飙升到 40.20 万亿次内存访问，有 59 470 万个结点. 最后，完全禁用算法 X (vii) 是一场灾难，它会导致估计的运行时间远远超过 10^{20} 次内存访问.

习题 175 中的较弱的启发法会得到 3.09 万亿次内存访问和 3590 万个结点.

174. 如果将 Y 设置为一个如 PT 一般巨大的值，那么将永远不会到达步骤 Y2.（但对于 (ii) ~ (vii)，必须更改程序，而不是使用现有的参数.）

175. 通过置 $K_2 = 1$ 和 $K_s \leftarrow \gamma K_{s-1} + 0.01$（$s$ 介于 3 和最大子句大小之间），预先计算权重.（额外的 0.01 保证了它不会等于零.）(72) 的第 3 行必须改为"考虑 $\texttt{KINX}(\bar{L})$ 中的所有 c"，其意思是："置 $s \leftarrow \texttt{CSIZE}(c) - 1$；若 $s \geqslant 2$，则置 $\texttt{CSIZE}(c) \leftarrow s$ 和 $w \leftarrow w + K_s$；否则，若 c 的所有文字都被固定为假，则设置一个标志；否则，若 c 的某个文字 u 没有被固定（只会有一个），则将其放入一个临时栈中."在执行 (72) 的最后一行之前，如果设置了标志，则跳转至 CONFLICT；否则，对于临时栈中的每个未固定的 u，置 $W_i \leftarrow u$ 和 $i \leftarrow i+1$，并以 $l \leftarrow u$ 执行 (62)；如果临时栈中的某个 u 被固定为假，则跳转至 CONFLICT.（在这种更一般的设置中，"意外收获"是这样一个子句：由于 l_0 被固定为真，因此其除了一个文字外，其他所有的文字都被固定为假.）

当然，这些对 CSIZE 的更改需要被撤销；一个从子句中“虚拟”移除的模拟假文字必须被虚拟地放回. 幸运的是，不变关系 (71) 使得这个任务易如反掌：在步骤 X5 中置 $G \leftarrow F$，并在 (72) 的最开始插入以下恢复循环：“当 $G > F$ 时，置 $u \leftarrow R_{G-1}$；若 u 在语境 T 中被固定，则终止；否则置 $G \leftarrow G-1$，并对所有 $c \in \mathtt{KINX}(\bar{u})$，将 CSIZE($c$) 增大 1.” 在步骤 X7 或 X13 中终止算法 X 之前，应该以 $T \leftarrow$ NT 执行这个恢复循环.

（不能再使用习题 166 的答案中的额外步骤 (*)，因为 (71) 现在起着至关重要的作用.）

算法 Y 的改动基本上与算法 X 一致.

[参见奥利弗 · 库尔曼，Report CSR 23-2002 (Swansea: Univ. of Wales, 2002), §4.2.]

176. (a) a_j — a_{j+1}、a_j — b_j、a_j — b_{j+1}、b_j — c_j、b_j — d_j、c_j — d_j、c_j — e_j、d_j — f_j、e_j — d_{j+1}、e_j — f_{j+1}、f_j — c_{j+1}、f_j — e_{j+1}.

(b) 当 j 为偶数时，$(t_j, u_j, v_j, w_j, a_j, b_j, c_j, d_j, e_j, f_j)$ 的颜色为 $(1,2,1,1,1,2,1,3,3,2)$；当 j 为奇数时，颜色为 $(2,1,2,2,3,2,3,1,1,2)$. 下界是显然的.

(c) 顶点 a_j、e_j、f_j 不能都有相同的颜色，因为 b_j、c_j、d_j 有不同的颜色. 令 α_j 表示 $a_je_jf_j$ 的颜色. 那么 $\alpha_j = 112$ 意味着 $\alpha_{j+1} = 332$ 或 233；$\alpha_j = 121$ 意味着 $\alpha_{j+1} = 233$ 或 323；$\alpha_j = 211$ 意味着 $\alpha_{j+1} = 323$ 或 332；$\alpha_j = 123$ 意味着 $\alpha_{j+1} = 213$ 或 321. 因为 $\alpha_1 = \alpha_{q+1}$，所以 α_1 的颜色必须是不同的，我们可以假设 $\alpha_1 = 123$. 但当 j 为偶数时，α_j 将是一个奇排列.

[参见鲁弗斯 · 艾萨克斯，*AMM* **82** (1975), 233–234. 伊曼纽尔斯 · 格林伯格的未发表笔记表明他在 1972 年也独立地研究了图 J_5.]

177. 当 $q > 1$ 时，$V_j = \{a_j, b_j, c_j, d_j, e_j, f_j\}$ 有 20 个独立子集，其中有 8 个不包含 $\{b_j, c_j, d_j\}$，而有 4 个包含 b_j. 设 $\boldsymbol{A}$ 为一个 20×20 转移矩阵，它指示了对于每个独立子集 $R \subseteq V_j$ 和 $C \subseteq V_{j+1}$，$R \cup C$ 是否独立. 那么 I_q 等于 $\boldsymbol{A}^q$ 的迹；前 8 个值分别等于 8、126、1052、11 170、112 828、1 159 416、11 869 768、121 668 290. $\boldsymbol{A}$ 的特征多项式为 $x^{12}(x^2-2x-1)(x^2+2x-1)(x^4-8x^3-25x^2+20x+1)$，其非零根为 $\pm 1 \pm \sqrt{2}$ 且分别约等于 -2.91、-0.05、$+0.71$、$+10.25$；因此 $I_q = \Theta(r^q)$，其中，$r \approx 10.248\,111\,66$ 是主根. 注记：对于 $1 \leqslant q \leqslant 8$，$L(J_q)$ 的核数分别为 2、32、140、536、2957、14 336、70 093、348 872，其增长率约为 4.93^q.

178. 使用第一种顺序，搜索树的前 $18k$ 层基本上表示了子图 $\{a_j, b_j, c_j, d_j, e_j, f_j \mid 1 \leqslant j \leqslant k\}$ 的所有三着色方案；并且根据习题 176 的答案，有 $\Theta(2^k)$ 种着色方案. 但使用第二种顺序，前 $6kq$ 层基本上表示了图的所有独立集；并且根据习题 177 的答案，有 $\Omega(10.2^k)$ 个独立集.

在实验中，当 q 为 9、19 和 29 时，使用第一种顺序，算法 B 分别需要 154 万次内存访问、15.7 亿次内存访问和 1.61 万亿次内存访问来证明不可满足性；但使用第二种顺序，$q = 5$ 时就需要 1580 亿次内存访问！额外要求颜色类为核的子句（参见习题 14 的答案）将时间缩短为了 4.92 亿次内存访问.

算法 D 在这个问题序列上表现得很糟糕：当 $q = 19$ 时，即使使用“好”的顺序，它也需要 376 亿次内存访问. 并且当 $q = 29$ 时，其循环工作方法在深度为 200 或更深的许多变量上，以某种方式将“好”的顺序转变为“坏”的顺序. 即使在这个问题上花费了一拍次内存访问后，它也没有任何完成的迹象！

算法 L 对于顺序并不敏感. 当 q 为 9、19 和 29 时，它分别需要 242 万次内存访问、20.1 亿次内存访问和 1.73 万亿次内存访问. 因此，它似乎需要 $\Theta(2^q)$ 步，而且随着 q 的增长，它会略慢于算法 B. 不过，习题 232 表明，一个有先见之明的前瞻程序在理论上可以做得更好.

算法 C 在这里大获全胜，如图 92 所示.

179. 这是一个直接的精确覆盖问题. 如果我们根据每个坐标中出现的星号的个数对解进行分类，那么恰好有 (10, 240, 180, 360, 720, 480, 1440, 270, 200, 480) 个解分别是 (00088, 00268, 00448, 00466, 02248, 02266, 02446, 04444, 22228, 22246) 类型.

通过取补，我们可以看出有 4380 种选择 8 个子句的方法是不可满足的. 因此 $q_8 = 1 - 4380/\binom{80}{8} = 1 - 4380/28\,987\,537\,150 \approx 0.999\,999\,8$.

180. 使用 N 个变量 y_j，每个变量对应一个可能的子句 C_j，函数 $f(y_1, \cdots, y_N) = [\bigwedge\{C_j \mid y_j = 1\}$ 是可满足的$]$ 等于 $\bigvee_x f_x(y)$，其中，$f_x(y) = [x$ 满足 $\bigwedge\{C_j \mid y_j = 1\}]$ 等于 $\bigwedge\{\bar{y}_j \mid x$ 使得 C_j 不

成立}. 比如，当 $k=2$ 且 $n=3$ 时，如果 C_1、C_7、C_{11} 分别是子句 $(x_1 \vee x_2)$、$(x_1 \vee \bar{x}_3)$、$(x_2 \vee \bar{x}_3)$，则 $f_{001}(y_1,\cdots,y_{12}) = \bar{y}_1 \wedge \bar{y}_7 \wedge \bar{y}_{11}$.

每个函数 f_x 都有一个非常简单的 BDD，但显然 2^n 个 f_x 的 OR 并不简单. 这个问题是一个很好的例子，其中没有明显的子句变量排序，但筛选方法可以显著减小 BDD. 事实上，对于 $k=3$ 和 $n=4$，可以巧妙地排序子句变量，使得对应的 BDD 只有 1362 个结点. 对于 $k=3$ 且 $n=5$，作者最好的结果是 2 155 458 个结点，其生成函数的系数（参见习题 7.1.4–25）是想求的 Q_m.

最大的计数 $Q_{35} = 3\,449\,494\,339\,791\,376\,514\,416$ 太过巨大，以至于我们不可能通过回溯法枚举 35 个子句的相关集合.

181. 上一道习题本质上计算了生成函数 $\sum_m Q_m z^m$；现在我们想要双生成函数 $\sum_{l,m} T_{l,m} w^l z^m$，其中，$T_{l,m}$ 是选择 m 个不同的 k 子句使得这些子句恰好被 l 个向量 $x_1\cdots x_n$ 满足的方法数. 为此，我们不是取简单函数 f_x 的 OR，而是计算包含所有对称布尔函数 $S_l(f_{0\cdots 0},\cdots,f_{1\cdots 1})$（对于 $0 \leqslant l \leqslant 2^n$）的 BDD 基，具体如下（参见习题 7.1.4–49）：考虑下标 x 为二进制整数，使得函数为 f_x（$0 \leqslant x < 2^n$）. 对于 $-1 \leqslant l \leqslant 2^n$，除 $S_0 = 1$ 之外，从 $S_l = 0$ 开始. 然后对 $x = 0,\cdots,2^n-1$（按此顺序）执行以下操作：对 $l = x+1,\cdots,0$（按此顺序）置 $S_l = f_x ?\, S_{l-1} \colon S_l$.

在此计算之后，S_l 的生成函数将为 $\sum_m T_{l,m} z^m$. 在作者的实验中，筛选算法为 $k=3$ 且 $n=5$ 的 80 个子句找到了一个排序，使得当 x 达到 24 时，只需要约 600 万个结点；然而之后，筛选花费的时间太长，所以就被关闭了. 最终的 BDD 基约有 8700 万个结点，其中许多结点在各个函数 S_l 之间共享. 总运行时间约为 220 亿次内存访问.

182. $T_0 = 32$、$T_1 = 28$ 和 $T_m = 0$（$71 \leqslant m \leqslant 80$）. 否则 $\min T_m < \max T_m$.

183. 令 $t_m = \Pr(T_m = 1)$，假设我们逐个获得子句，直到得到一个不可满足的集合. 如果 t_m 变得相当大，那么表明我们可能刚刚积累了一个唯一可满足的集合.（该概率为 $2^{-k} N \sum_m t_m/(N-m)$. 当 $k=3$ 且 $n=5$ 时，它约等于 0.8853.）

然而，除了图 85 和图 86 都是钟形曲线，且在特定值 m 处倾向于相对较大或较小，似乎没有明显的数学联系. 图 86 中的概率之和为 1；但图 85 中的概率之和没有明显的意义.

当 n 很大时，我们很少能遇到唯一可满足的集合. 对于某些函数 f，停止前最后一个集合几乎必然至多有 $f(n)$ 个解；但最小的 f 增长速度如何? [相关想法参见戴维·约翰·奥尔德斯，*J. Theoretical Probability* **4** (1991), 197–211.]

184. 概率 $\hat{q}_m$ 等于 $\widehat{Q}_m/N^m$，其中，$\widehat{Q}_m$ 计数满足 $C_1 \wedge \cdots \wedge C_m$ 的选择 $(C_1,\cdots,C_m)$. 包含 t 个不同子句的选择数是 $t!\left\{ {m \atop t} \right\}$ 乘以 Q_t，因为 $\left\{ {m \atop t} \right\}$ 枚举了集合分划，参见式 3.3.2–(5).

185. $\hat{q}_m = \sum_{t=0}^{N} \left\{ {m \atop t} \right\} t!\, q_t \binom{N}{t} / N^m \geqslant q_m \sum_{t=0}^{N} \left\{ {m \atop t} \right\} t! \binom{N}{t} / N^m = q_m$.

186. $\sum_m \sum_t \left\{ {m \atop t} \right\} t!\, q_t \binom{N}{t} N^{-m}$ 可以对 m 求和，因为由式 1.2.9–(28) 可知 $\sum_m \left\{ {m \atop t} \right\} N^{-m} = 1/(N-1)^{\underline{t}}$. 同理，式 1.2.9–(28) 的导数表明 $\sum_m m \left\{ {m \atop t} \right\} N^{-m} = (N/(N-1) + \cdots + N/(N-t))/(N-1)^{\underline{t}}$.

187. 在这种特殊情况下，$q_m = [0 \leqslant m < N]$ 且 $p_m = [m = N]$，因此 $S_{n,n} = N = 2^n$（且方差为零）. 由 (78) 可知 $\widehat{S}_{n,n} = N H_N$；事实上，集券检验（习题 3.3.2–8）是这种情形的一种等价描述.

188. 现在 $q_m = 2^m n^{\underline{m}}/(2n)^{\underline{m}}$. 因为 $N = 2n$，所以由 (78) 可知 $\widehat{S}_{1,n} = \sum_{m=0}^{n} 2^m n^{\underline{m}}/(2n-1)^{\underline{m}}$. 等式 $2^m n^{\underline{m}}/(2n-1)^{\underline{m}} = 2q_m - q_{m+1}$ 令人惊讶地表明 $\widehat{S}_{1,n} = (2q_0 - q_1) + (2q_1 - q_2) + \cdots = 1 + S_{1,n}$；并且 $\widehat{S}_{1,n} - 1 = \frac{2n}{2n-1} S_{1,n-1}$. 因此，通过归纳法，我们得到（更令人惊讶的）闭合式

$$S_{1,n} = 4^n \Big/ \binom{2n}{n}, \qquad \widehat{S}_{1,n} = 4^n \Big/ \binom{2n}{n} + 1.$$

因此，在平均意义下，随机 1SAT 问题在 $\sqrt{\pi n} + O(1)$ 个子句后几乎必然不可满足.

189. 使用作者的实验性 BDD 实现中的自动筛选方法，当 $k=3$ 且 $n=50$ 时，对于一个包含 m 个不同子句的序列，BDD 结点数在 m 从 1 增加到约 30 时超过了 1000，并且在 m 略大于 100 时达到约 500 000 的峰值. 然后，当 $m=150$ 时，BDD 结点数往往降至约 50 000，当 $m=200$ 时仅约为 500.

当 n 太大时，BDD 方法会失效，但在这种方法适用时，我们可以计算 m 步后剩余的解的总数. 在作者的测试中，当 $k=3$、$n=50$ 且 $m=200$ 时，这个数从约 25 变化到约 2000.

190. 比如，$S_1(x_1,\cdots,x_n)$ 不能用$(n-1)$CNF 表示：所有长度为 $n-1$ 且被 $S_1(x_1,\cdots,x_n)$ 蕴涵的子句，也被 $S_{\leqslant 1}(x_1,\cdots,x_n)$ 蕴涵.

191. 令 $f(x_0,\cdots,x_{2^n-1})=1$，当且仅当 $x_0\cdots x_{2^n-1}$ 是 n 变量布尔函数在 kCNF 表示下的真值表. 这个函数 f 是 2^n 个约束 $c(t)$ 的合取，对于 $0\leqslant t=(t_0\cdots t_{2^n-1})_2<2^n$，$c(t)$ 为以下条件：如果 $x_t=0$，那么 $\bigvee\{x_y \mid 0\leqslant y<2^n, (y\oplus t)\,\&\,m=0\}$ 等于 0 对于某个满足 $\nu m=k$ 的 n 位模式 m 成立. 通过组合这些约束，我们可以计算 f 的 BDD，当 $n=4$ 且 $k=3$ 时，它有 880 个结点，且有 43 146 个解.

我们有以下类似于 7.1.1 节中的结果：

	$n=0$	$n=1$	$n=2$	$n=3$	$n=4$	$n=5$	$n=6$
1CNF	2	4	10	28	82	244	730
2CNF	2	4	16	166	4170	224 716	24 445 368
3CNF	2	4	16	256	43 146	120 510 132	4 977 694 100 656

如果我们考虑互补和置换下的等价性，那么这些计数如下.

1CNF	2	3	4	5	6	7	8
2CNF	2	3	6	14	45	196	1360
3CNF	2	3	6	22	253	37 098	109 873 815

192. (a) $S(p)=\sum_{m=0}^{N}p^m(1-p)^{N-m}Q_m$. (b) 由习题 1.2.6–40 和习题 1.2.6–41，我们有 $\int_0^N(t/N)^m(1-t/N)^{N-m}\,\mathrm{d}t=N\mathrm{B}(m+1,N-m+1)=\frac{N}{N+1}/\binom{N}{m}$，因此 $\overline{S}_{k,n}=\frac{N}{N+1}\sum_{m=0}^{N}q_m=\frac{N}{N+1}S_{k,n}$. [参见贝拉 · 博洛巴什，*Random Graphs* (1985)，定理 II.4.]

194. 类似地，证明当 $\alpha>\limsup_{n\to\infty}S_{3,n}/n$ 时，随机 3SAT 子句几乎总是不可满足的问题也是开放的.

195. $\mathrm{E}\,X=2^n\Pr(0\cdots 0$ 满足所有$)=2^n(1-2^{-k})^m=\exp\bigl(n\ln 2+m\ln(1-2^{-k})\bigr)<2\exp(-2^{-k-1}n\ln 2)$. 因此 $S_k(\lfloor(2^k\ln 2)n\rfloor,n)=\Pr(X>0)\leqslant\exp(-\Omega(n))$. [*Discrete Applied Math.* **5** (1983), 77–87. 相反，在 *J. Amer. Math. Soc.* **17** (2004), 947–973 中，迪米特里斯 · 阿奇利奥普塔斯和尤瓦尔 · 佩雷斯使用二阶矩原理证明了，$(2^k\ln 2-O(k))n$ 个随机 kSAT 子句几乎总是可由一个满足 $\nu\boldsymbol{x}\approx n/2$ 的向量 $\boldsymbol{x}$ 满足. 对“覆盖赋值”(见习题 364) 的细致研究，得到了尖锐界限

$$2^k\ln 2-\frac{1+\ln 2}{2}-O(2^{-\frac{k}{3}})\leqslant\liminf_{n\to\infty}\alpha_k(n)\leqslant\limsup_{n\to\infty}\alpha_k(n)\leqslant 2^k\ln 2-\frac{1+\ln 2}{2}+O(2^{-\frac{k}{3}}).$$

参见阿明 · 科贾-奥格兰和康斯坦丁诺斯 · 帕纳吉奥图，*Advances in Math.* **288** (2016), 985–1068.]

196. $\alpha n+O(1)$ 个随机 kSAT 子句不包含 t 个给定变量的概率为 $\bigl((n-t)^{\underline{k}}/n^{\underline{k}}\bigr)^{\alpha n+O(1)}=\mathrm{e}^{-kt\alpha}(1+O(1/n))$. 令 $p=1-(1-\mathrm{e}^{-k\alpha})^k$. 根据容斥原理，第一个子句是容易的，概率为 $p(1+O(1/n))$；前两个子句都是容易的，概率为 $p^2(1+O(1/n))$. 因此，若 $X=\sum_{j=1}^{m}[$子句 j 是容易的$]$，我们有 $\mathrm{E}\,X=pm+O(1)$ 和 $\mathrm{E}\,X^2=p^2m^2+O(m)$. 因此，根据切比雪夫不等式，$\Pr(|X-pm|\geqslant r\sqrt{m})=O(1/r^2)$.

197. 由斯特林近似，$\ln q(a,b,A,B,n)=nf(a,b,A,B)+g(a,b,A,B)-\frac{1}{2}\ln 2\pi n-(\delta_{an}-\delta_{(a+b)n})-(\delta_{bn}-\delta_{(b+B)n})-(\delta_{An}-\delta_{(a+A)n})-(\delta_{Bn}-\delta_{(A+B)n})-\delta_{(a+b+A+B)n}$，其中，$\delta_n$ 为正且递减. 并且因为 $q(a,b,A,B,n)\leqslant 1$，所以我们有 $f(a,b,A,B)\leqslant 0$. O 估计在 $0<\delta\leqslant a,b,A,B\leqslant M$ 时是均匀的.

198. 考虑所有 N^M 个长度为 M 的 3SAT 子句的序列中的一个，其中 $N=8\binom{n}{3}$ 且 $M=5n$. 由习题 196，除了概率 $O(n^{-1/2})$，它将包含 $g=5(1-(1-\mathrm{e}^{-15})^3)n+O(n^{3/4})$ 个容易子句. 这些子句虽然很少见，但不会影响可满足性；并且将它们插入到 $r=M-g$ 个其他子句中的所有 $\binom{M}{g}$ 种方法是等可能的. 因此它们倾向于平滑地转变.

令 $l\leqslant r$ 为最大的使得前 l 个非容易子句可满足的 l，并令 $p(l,r,g,m)$ 为从包含 g 个绿球和 r 个红球的瓮中抽取 m 个球时，至多 l 个球为红球的概率. 对所有 N^M 个序列求和，有 $S_3(m,n)=\sum p(l,r,g,m)/N^M$ 和 $S_3(m',n)=\sum p(l,r,g,m')/N^M$.

为了完成证明，我们将证明

$$p(l,r,g,m+1)=p(l,r,g,m)-O(n^{-1/2})\qquad 其中\ 3.5n<m<4.5n.$$

因此 $S_3(m+1,n)=S_3(m,n)-O(n^{-1/2})$，$S_3(m,n)-S_3(m',n)=O((m'-m)n^{-1/2})$. 注意，当 $m<l$ 或 $m>(l+g)$ 时，$p(l,r,g,m)=p(l,r,g,m+1)$. 因此，我们可以假设 l 在 $3.4n$ 和 $4.6n$ 之间. 并且当 m 从 l 增加到 $l+g$ 时，差式

$$d_m=p(l,r,g,m)-p(l,r,g,m+1)=\frac{\binom{m}{l}\binom{r+g-m-1}{r-l-1}}{\binom{r+g}{r}}=\frac{\binom{m}{l}\binom{r+g-m}{r-l}}{\binom{r+g}{r}}\frac{r-l}{r+g-m}$$

具有递减比率 $d_m/d_{m-1}=(m/(m-l))((l+g+1-m)/(r+g-m))$. 因此，$\max d_m$ 出现在 $m\approx l(r+g)/r$ 处，此时比率约等于 1. 现在习题 197 适用于 $a=l/n$，$b=\rho g/n$，$A=(r-l)/n$，$B=(1-\rho)g/n$，$\rho=l/r$.

［戴维 · 布鲁斯 · 威尔逊在 *Random Structures & Algorithms* **21** (2002), 182–195 中证明了，类似的方法可以应用于许多其他阈值现象.］

199. (a) 给定所需的字母 $\{a_1,\cdots,a_t\}$，有 m 种方法放置最左边的 a_1，然后有 $m-1$ 种方法放置最左边的 a_2，以此类推；有最多 N 种方法填充剩下的 $m-t$ 个槽.

(b) 由容斥原理，有 $(N-k)^m$ 个单词不包含 k 个字母.

(c) 根据式 1.2.6–(53)，我们有 $N^{-m}\sum_k\binom{t}{k}(-1)^k\sum_j\binom{m}{j}N^{m-j}(-k)^j=\sum_j\binom{m}{j}(-1)^{j+t}N^{-j}A_j$，其中，$A_j=\sum_k\binom{t}{k}(-1)^{t-k}k^j=\left\{{j\atop t}\right\}t!$.

200. (a) 不可满足的有向图必须包含一个强连通分量，该分量包含一条路径

$$\bar{l}_t\longrightarrow l_1\longrightarrow\cdots\longrightarrow l_t\longrightarrow l_{t+1}\longrightarrow\cdots\longrightarrow l_l=\bar{l}_t,$$

其中，l_1，$\cdots$，l_t 是严格不同的. 如果我们将 s 设置为最小的下标，使得 $|l_{s+1}|=|l_u|$ 对于某个满足 $1\leqslant u<s$ 的 u 成立，那么该路径会产生一个 s-陷阱 $(C;t,u)$.

(b) 否：$(x\vee y)\wedge(\bar{y}\vee x)\wedge(\bar{x}\vee y)$ 和 $(x\vee y)\wedge(\bar{y}\vee x)\wedge(\bar{x}\vee\bar{y})$ 都是可满足的.

(c) 应用习题 199(a)，令 $t=s+1$，$N=2n(n-1)$；注意 $m^{\underline{s+1}}\leqslant m^{s+1}$.

201. (a) 置 $(l_i,l_{i+1})\leftarrow(x_1,x_2)$ 或 $(\bar{x}_2,\bar{x}_1)$，其中 $0\leqslant i<2t$（因此有 $4t$ 种方法）.

(b) 置 $(l_i,l_{i+1},l_{i+2})\leftarrow(x_1,x_2,x_3)$ 或 $(\bar{x}_3,\bar{x}_2,\bar{x}_1)$，其中 $0\leqslant i<2t$；同时置 $(\bar{l}_1,l_t,l_{t+1})$ 或 $(l_{t-1},l_t,\bar{l}_{2t-1})\leftarrow(x_1,x_2,x_3)$ 或 $(\bar{x}_3,\bar{x}_2,\bar{x}_1)$（如果 $t>2$，则总共有 $4t+4$ 种方法）.

(c) 置 (l_1,l_{t-1},l_t) 或 $(\bar{l}_{2t-1},\bar{l}_{t+1},\bar{l}_t)\leftarrow(x_1,x_{t-1},x_t)$ 或 $(\bar{x}_{t-1},\bar{x}_1,x_t)$（4 种方法）.

(d) 对于 $1\leqslant i\leqslant t$，置 l_i 或 $\bar{l}_{2t-i}\leftarrow x_i$ 或 $\bar{x}_{t-i}$（4 种方法，前提是你正确理解了这里的记号）.

(e) 由 (a) 可知，有 $2t\times4t=8t^2$ 种方法.

(f) 结合 (b) 和 (c) 可知，当 $t>2$ 时，$N(3,2)=(2t+2)\times(4t+4)+2\times4=8(t^2+2t+2)$. 由 (d) 可知 $N(t,t)=8$，并且 $N(2t-1,2t)=8$，这是指定 $2t$ 个子句的 t 蛇的数目.（顺带一提的是，当 $t=5$ 时，生成函数 $\sum_{q,r}N(q,r)w^qz^r$ 为 $1+200w^2z^1+(296w^3+7688w^4)z^2+(440w^4+12800w^5+55488w^6)z^3+(640w^5+12592w^6+66560w^7+31104w^8)z^4+(8w^5+736w^6+8960w^7+32064w^8+6528w^9)z^5+(32w^6+704w^7+4904w^8+4512w^9)z^6+(48w^7+704w^8+1232w^9)z^7+(64w^8+376w^9)z^8+80w^9z^9+8w^9z^{10}$.）

(g) 其他 l 可以以最多 $2^{2t-1-q}(n-q)^{\underline{2t-1-q}}=R/(2^qn^{\underline{q}})$ 种方法设置.

(h) 我们可以假设 $r<2t$. 选中的 r 个子句被分成连通分量，这些分量要么是路径，要么是一个“中心”分量. 该分量要么包含 $(\bar{x}_0\vee x_1)$ 和 $(\bar{x}_{t-1}\vee x_t)$，要么包含 $(\bar{x}_t\vee x_{t+1})$ 和 $(\bar{x}_{2t-1}\vee x_0)$. 因此，q 等于 r 加上分量数，如果中心分量包含一个环，那么再减去 1. 如果中心分量存在，那么我们必须置 $l_t\leftarrow x_t$ 或 $\bar{x}_t$，并且有最多 8 种方法完成该分量的映射. 我们有 $N(r,r)=16(r+1-t)$ 对 $t<r<2t$ 成立.

对于 $k>0$ 的路径，可以以最多 $\binom{2t+2}{2k}$ 种方法选择，因为我们要选择起点和终点，并且它们可以以最多 $2^kk!\binom{2t+2}{2k}$ 种方法映射；因此它们贡献了 $\sum_{k>0}O(t^{4k}k/(k!^3n^k))=O(t^4/n)$ 到 $(2n)^rp_r$. 非环形中心分量可以以 $\Theta(t^4)$ 种方法选择，它也贡献了 $O(t^4/n)$.

202. (a) $m(m-1)\cdots(m-r+1)/m^r\geqslant1-\binom{r}{2}/m$；当 $r\leqslant m<2n(n-1)$ 时，$(2n(n-1)-r)^{m-r}/(2n(n-1))^{m-r}\geqslant1-(m-r)r/(2n(n-1))$；并且这两个因子都小于或等于 1.

(b) 式 (95) 中关于 $r=0$ 的项是 1 加上一个可忽略的误差. $O(t^4/n)$ 对 $r>0$ 的贡献是 $O(n^{4/5+1/6-1})$，因为 $\sum_{r\geqslant0}(1+n^{-1/6})^{-r}=n^{1/6}+1$. 并且当 $r\geqslant t$ 时，式 (96) 对式 (95) 的贡献是指数级小的，因为此时我们有 $(1+n^{-1/6})^{-t}=\exp(-t\ln(1+n^{-1/6}))=\exp(-\Omega(n^{1/30}))$. 最后，根据二阶矩

原理 MPR–(22)，$S_2(\lfloor n+n^{5/6}\rfloor, n) \leqslant 1-\Pr(X>0) \leqslant 1-(\mathrm{E}\,X)^2/(\mathrm{E}\,X^2) = 1-1/((\mathrm{E}\,X^2)/(\mathrm{E}\,X)^2) = 1-1/(1+O(n^{-1/30})) = O(n^{-1/30})$.

203. (a) 由对称性，$\mathrm{E}\,X = d^n\,\mathrm{E}\,X(1,\cdots,1)$；并且因为每个 q 子句集为假的概率为 p，所以 $\mathrm{E}\,X(1,\cdots,1) = (1-p)^m$. 因此，当 $r\ln(1-p)+1<0$ 时，$\mathrm{E}\,X = \exp((r\ln(1-p)+1)n\ln d)$ 是指数级小的，并且我们知道 $\Pr(X>0) \leqslant \mathrm{E}\,X$.

(b) 给定 $X(1,\cdots,1)=1$，令 $\theta_s = \binom{s}{2}/\binom{n}{2} = \frac{s(s-1)}{n(n-1)}$，并考虑一个随机约束集. 以概率 θ_s，u 和 v 的颜色都为 1 且约束为真；但以概率 $1-\theta_s$，这种情况发生的概率为 $\binom{d^2-2}{q}/\binom{d^2-1}{q}$. 因此 $p_s = (\theta_s+(1-\theta_s)(d^2-pd^2-1)/(d^2-1))^m$.

(c) 由不等式和对称性，我们有 $\Pr(X>0) \geqslant d^n(1-p)^m/\mathrm{E}(X \mid X(1,\cdots,1)=1)$；并且分母为 $\sum_{s=0}^{n}\binom{n}{s}(d-1)^{n-s}p_s$. 因为 $p_s < (\theta_s+(1-\theta_s)(1-p))^m = (1-p+\theta_s p)^m < p'_s$，所以我们可以将 p_s 替换为更简单的值 $p'_s = (1-p+ps^2/n^2)^m$. 并且我们可以将简化后的和除以 $d^n(1-p)^m$.

(d) 因为当 $s \leqslant 3n/d$ 时 $s^2/n^2 = O(1/d^2)$，所以我们有 $\sum_{s=0}^{3n/d} t_s = \mathrm{e}^{O(m/d^2)}\sum_{s=0}^{3n/d}\binom{n}{s}(\frac{1}{d})^s(1-\frac{1}{d})^{n-s}$. 由习题 1.2.10–22，这个和大于或等于 $1-(\mathrm{e}^2/27)^{n/d}$；以及关键的假设为 $\alpha > \frac{1}{2}$，这使得 $m/d^2 \to 0$.

(e) 递增和递减之间的过渡发生在 $x_s \approx 1$ 时；并且当 $s=\sigma n$ 时，我们有

$$x_s = \frac{n-s}{s+1}\,\frac{1}{d-1}\left(1+\frac{(2s+1)p}{(1-p)n^2+ps^2}\right)^m \approx \exp\!\left(\ln\frac{1-\sigma}{\sigma}+\left(\frac{2pr\sigma}{1-p+p\sigma^2}-1\right)\ln d\right).$$

令 $f(\sigma) = 2pr\sigma/(1-p+p\sigma^2)-1$. 注意，因为 $p \leqslant \frac{1}{2}$，所以 $f'(\sigma)>0$ 对于 $0 \leqslant \sigma < 1$ 成立. 并且我们对 r 的选择使得 $f(\frac{1}{2}) < 0 < f(1)$. 令 $g(\sigma) = f(\sigma)/\ln\frac{\sigma}{1-\sigma}$，我们寻找使得 $g(\sigma) = 1/\ln d$ 的 σ 值. 因为 $g(1/N) \approx -f(0)/\ln N \geqslant 1/\ln N$，$g(\frac{1}{2}\pm 1/N) \approx \mp f(\frac{1}{2})N/4$，$g(1-1/N) \approx f(1)/\ln N$，所以有 3 个这样的根.

(f) 在第 2 个峰值处，其中 $s = n-n/d^{f(1)}$，我们有（见习题 1.2.6–67）

$$t_s < \left(\frac{ned}{n-s}\right)^{n-s}\left(\frac{1}{d}\right)^n\left(1+\frac{p}{1-p}\right)^m = \exp((-\epsilon+O(1/d^{f(1)}))n\ln d),$$

这呈指数级小. 并且当 $s=3n/d$ 时，$t_s < (\frac{ne}{sd})^s\mathrm{e}^{O(m/d^2)} = O((\mathrm{e}/3)^{3n/d})$ 也呈指数级小. 因此 $\sum_{s=3n/d}^{n} t_s$ 呈指数级小.

[该推导也适用于随机约束为 k 元的情况，其中，$q=pd^k$ 且 $\alpha > 1/k$. 参见 *J. Artificial Intelligence Res.* **12** (2000), 93–103.]

204. (a) 如果涉及变量 x_j 的原始文字 $\pm x_j$ 以符号 σ_h 对应于 $\sigma_1 X_{i(1)}, \cdots, \sigma_p X_{i(p)}$，那么添加子句 $(-\sigma_h X_{i(h)} \vee \sigma_{h^+} X_{i(h^+)})$，其中 $h^+ = 1+(h \bmod p)$，以确保一致性.（该变换由克雷格 · 阿龙 · 托维提出，它即使在退化情况下也有效. 比如，若 $m=1$ 且给定子句为 $(x_1 \vee x_1 \vee \bar{x}_2)$，则变换后的子句为 $(X_1 \vee X_2 \vee X_3)$, $(\bar{X}_1 \vee X_2)$, $(\bar{X}_2 \vee X_1)$, $(X_3 \vee \bar{X}_3)$.）

(b)（由爱德华 · 韦恩解答）如下 35 个变量上的 44 个子句是可满足的，当且仅当每个变量都为假：$a_i \vee \bar{b}_i \vee c_i$, $\bar{a}_i \vee \bar{b}_i \vee c_i$, $\bar{b}_i \vee \bar{c}_i \vee \bar{d}_i$, $\bar{c}_i \vee d_i \vee e_i$, $d_i \vee \bar{e}_i \vee f_i$, $\bar{e}_i \vee \bar{f}_i \vee \bar{g}_i$, $\bar{f}_i \vee g_i \vee h_i$, $\bar{f}_i \vee g_i \vee \bar{h}_i$（$i \in \{1,2\}$）；$b_1 \vee b_2 \vee \bar{A}$, $A \vee B \vee \bar{C}$, $A \vee \bar{B} \vee D$, $A \vee \bar{D} \vee E$, $\bar{B} \vee \bar{D} \vee \bar{E}$, $B \vee C \vee \bar{F}_1$, $C \vee \bar{E} \vee G_1$, $C \vee F_1 \vee \bar{G}_1$；$F_j \vee G_j \vee \bar{F}_{j+1}$, $F_j \vee G_j \vee \bar{G}_{j+1}$（$1 \leqslant j \leqslant 6$）；$D \vee E \vee \bar{a}_1$, $F_2 \vee G_2 \vee \bar{a}_2$, $F_3 \vee G_3 \vee \bar{h}_1$, $F_4 \vee G_4 \vee \bar{h}_2$, $a_1 \vee h_1 \vee \bar{d}_1$, $a_2 \vee h_2 \vee \bar{d}_2$, $F_5 \vee G_5 \vee \bar{g}_1$, $F_6 \vee G_6 \vee \bar{g}_2$.

(c) 添加 (b) 中的子句，以及子句 $F_j \vee G_j \vee \bar{F}_{j+1}$、$F_j \vee G_j \vee \bar{G}_{j+1}$（$7 \leqslant j \leqslant \lceil 3m/2\rceil+3$）到 (a) 中的 $4m$ 个子句. 我们可以将文字 $\{F_7, G_7, \cdots\}$（它们总是为假）插入到大小为 2 的子句中，而无须使用任何变量 5 次，从而得到 $N \approx 7m+30$ 个变量上的至多 $(7m+39)$ 个三元子句.

205. (a) 在 $F_0 = \{\epsilon\}$, $F_1 = F_0 \sqcup F_0$, $F_2 = F_0 \sqcup F_1$, $F_3 = F_0 \sqcup F_2$, $F_4 = F_3 \sqcup F'_3$, $F_5 = F_4 \sqcup F''_4$ 之后，总是将新变量插入到 4 个可能最短的子句中，我们得到 $F_5 = \{345, 2\bar{3}4, 1\bar{2}\bar{3}, \bar{1}\bar{2}\bar{3}, 3'\bar{4}5, 2'\bar{3}'\bar{4}, 1'\bar{2}'\bar{3}', \bar{1}'\bar{2}'\bar{3}', 3''4''\bar{5}, 2''\bar{3}''4'', 1''\bar{2}''\bar{3}'', \bar{1}''\bar{2}''\bar{3}'', 3'''\bar{4}'''\bar{5}, 2'''\bar{3}'''\bar{4}'', 1'''\bar{2}'''\bar{3}''', \bar{1}'''\bar{2}'''\bar{3}'''\}$.

(b) 令 $F_0 = \{\epsilon\}$, $F_1 = F_0 \sqcup F_0$, $F_2 = F_0 \sqcup F_1$, $F_3 = F_0 \sqcup F_2$, $F_4 = F_0 \sqcup F_3$, $F_5 = F_1 \sqcup F_4$, $F_6 = F_0 \sqcup F_5$, $F_7 = F_0 \sqcup F_6$, $F_8 = F_4 \sqcup F'_7$, $F_9 = F_0 \sqcup F_8$, $F_{10} = F_7 \sqcup F'_9$, $F_{11} = F_7 \sqcup F'_{10}$, $F_{12} = F_0 \sqcup F_{11}$, $F_{13} = F_9 \sqcup F''_{12}$, $F_{14} = F_{10} \sqcup F^{(3)}_{12}$, $F_{15} = F_{12} \sqcup F^{(4)}_{14}$, $F_{16} = F_{13} \sqcup F^{(6)}_{14}$, $F_{17} = F_{14} \sqcup F^{(7)}_{15}$, $F_{18} = F_{16} \sqcup F^{(13)}_{17}$.

（这里，$x^{(3)}$ 表示 x'''，其他同理.）那么 F_{18} 包含 234 个变量上的 257 个不可满足的四元子句.

［是否存在更短的解法？这个问题最早由伊特卡 · 斯特布恩在她的硕士论文中解决（布拉格：查尔斯大学，1994 年），她使用了 449 个子句. $\sqcup$ 方法由什洛莫 · 霍里和斯特凡 · 谢德尔在 *Theoretical Computer Science* **337** (2005), 347–359 中提出，他们给出了每个变量至多出现 7 次的不可满足的 5SAT 问题. 当每个子句的大小为 5 时，是否可以用 6 来取代 7 还不为人所知. 见张天玮、托马什 · 派特勒和斯特凡 · 谢德尔，arXiv:2405.16149 [cs.DM] (2024)，共 25 页. ］

206. 假设 F 和 F' 是最小不可满足的，并删除 $F\sqcup F'$ 中一个由 F' 产生的子句，那么我们可以在 x 为真时满足 $F\sqcup F'$.

反之，如果 $F\sqcup F'$ 是最小不可满足的，那么 F 和 F' 不能都是可满足的. 假设 F 是不可满足的，但 F' 被 L' 满足. 删除 $F\sqcup F'$ 中一个由 F' 产生的子句是可满足的，当且仅当 x 为真；但此时我们可以用 L' 来满足 $F\sqcup F'$. 因此 F 和 F' 都是不可满足的. 最后，如果 $F\setminus C$ 是不可满足的，那么 $(F\sqcup F')\setminus(C\,|\,\bar{x})$ 也是不可满足的，因为任何解都要么满足 $F\setminus C$，要么满足 F'.

207. $C(x,y,z;a,b,c)=\{x\bar{a}b,y\bar{b}c,z\bar{c}a,abc,\bar{a}\bar{b}\bar{c}\}$ 中的 5 个子句可以归结为一个子句 xyz. 因此 $C(x,y,y;1,2,3)\cup C(x,\bar{y},\bar{y};4,5,6)\cup C(\bar{x},z,z;7,8,9)\cup C(\bar{x},\bar{z},\bar{z};a,b,c)$ 是一个解.［岩间一雄和高木和哉在 *DIMACS* **35** (1997), 315–333 中注意到，16 个子句 $\{\bar{x}\bar{y}\bar{z}\}\cup C(x,x,x;1,2,3)\cup C(y,y,y;4,5,6)\cup C(z,z,z;7,8,9)$ 中，每个变量恰好出现 4 次，并证明了 12 个子句中不会出现这样的情况.］

208. 对习题 207 的答案中的 20 个子句中除一个之外的所有子句进行 m 次克隆，并把其余的 $3m$ 个克隆文字放入习题 204(a) 的答案中的 $3m$ 个二元子句中. 这样做给出了 $23m$ 个三元子句，其中每个文字恰好出现两次，除了 $3m$ 个文字 $\bar{X}_i$ 只出现一次.

为了完成解答，我们通过引入总是可满足的额外子句来“填充”这些文字. 比如，我们可以引入 $3m$ 个新变量 u_i，并添加新子句 $\bar{X}_iu_i\bar{u}_{i+1}$（$1\leqslant i\leqslant 3m$）和 $\{u'_{3j}u'_{3j+1}u'_{3j+2},\bar{u}'_{3j}\bar{u}'_{3j+1}\bar{u}'_{3j+2}\}$（$1\leqslant j\leqslant m$，对下标取模 $3m$），其中，u'_i 表示“i 为偶数? u_i: $\bar{u}_i$”.

209. 因为任何 t 个子句中 kt 个文字的多重集至少包含 t 个不同的变量，所以根据“婚姻定理”（定理 7.5.1H），我们可以为每个子句选择一个不同的变量，从而轻松满足每个子句.［*Discr. Applied Math.* **8** (1984), 85–89.］

210.［皮奥特 · 伯曼、马雷克 · 卡尔平斯基和亚历山大 · 戴维 · 斯科特，*Electronic Colloquium on Computational Complexity* (2003), TR22.］这个答案使用了魔数 $\varepsilon=\delta^7\approx 1/58$，其中，$\delta$ 是 $\delta((1-\delta^7)^6+(1-\delta^7)^7)=1$ 的最小根. 我们将为每个变量分配随机值，使得 Pr[所有子句都被满足] >0.

令 $\eta_j=(1-\varepsilon)^j/((1-\varepsilon)^j+(1-\varepsilon)^{13-j})$，并观察到 $\eta_j\leqslant\delta(1-\varepsilon)^j$ 对 $0\leqslant j\leqslant 13$ 成立. 如果变量 x 出现 d^+ 次，$\bar{x}$ 出现 d^- 次，令 x 以概率 η_{d^-} 为真，以概率 $1-\eta_{d^-}=\eta_{13-d^-}\leqslant\delta(1-\varepsilon)^{13-d^-}\leqslant\delta(1-\varepsilon)^{d^+}$ 为假.

令 $\mathrm{bad}(C)=[$子句 C 因随机赋值为假$]$，并如习题 351 中那样构造这些事件的非平衡依赖图. 如果子句 $C=(l_1\vee\cdots\vee l_7)$ 中的文字在 d_1, $\cdots$, d_7 个其他子句中具有相反的符号，那么，因为 C 至多有 $d_1+\cdots+d_7$ 个邻居，所以我们有

$$\Pr(\mathrm{bad}(C))\leqslant(\delta(1-\varepsilon)^{d_1})\cdots(\delta(1-\varepsilon)^{d_7})=\varepsilon(1-\varepsilon)^{d_1+\cdots+d_7}\leqslant\varepsilon(1-\varepsilon)^{\mathrm{degree}(C)}.$$

在为每个事件 bad(C) 指定参数 $\theta_i=\varepsilon$ 的情况下，由定理 L 可知 Pr[所有 m 个子句都被满足] $\geqslant(1-\varepsilon)^m$.

［参见海蒂 · 格鲍尔、蒂博尔 · 绍博和加博尔 · 陶尔多什在 *JACM* **63** (2016), 43:1–43:32 中关于 kSAT（$k\to\infty$）的渐近结果.］

211. 如果给定 n 个变量上的 m 个子句，使得 $3m=4n$，那么令 $N=8n$. 考虑 N 种“颜色”，分别以 jk 或 $\overline{jk}$ 命名，其中，$1\leqslant j\leqslant n$ 且 k 是包含 $\pm x_j$ 的 4 个子句之一. 令 σ 为颜色的一个排列，由包含相同变量的四环组成，它满足以下性质：(i) $(jk)\sigma=jk'$ 对某个 k' 成立；(ii) $(\overline{jk})\sigma=\overline{(jk)\sigma}$.

K_N 的名为 jk 的 $4n$ 个顶点各自具有颜色列表

$$L(jk,1)=\{jk,\overline{jk}\},\quad L(jk,2)=\{jk,(jk)\sigma\},\quad L(jk,3)=\{\overline{jk},(jk)\sigma\}.$$

对每个子句 k，K_N 的其余 $3m$ 个顶点分别以 a_k、b_k、c_k 命名. 如果该子句为 $x_2 \vee \bar{x}_5 \vee x_6$，那么其颜色列表为

$$L(a_k,1)=\{2k,\overline{5k},6k\},\quad L(b_k,1)=L(c_k,1)=\{2k,\overline{2k},5k,\overline{5k},6k,\overline{6k}\};$$
$$L(a_k,2)=\{\overline{(2k)\sigma}\},\quad L(b_k,2)=\{\overline{(5k)\sigma}\},\quad L(c_k,2)=\{\overline{(6k)\sigma}\};$$
$$L(a_k,3)=\{\overline{(2k)\sigma^2},(2k)\sigma\},\quad L(b_k,3)=\{\overline{(5k)\sigma^2},(5k)\sigma\},\quad L(c_k,3)=\{\overline{(6k)\sigma^2},(6k)\sigma\}.$$

那么，$K_N \,\Box\, K_3$ 是可列表着色的，当且仅当子句是可满足的.（比如，$(jk,1)$ 被着为 $jk \iff ((jk)\sigma,1)$ 被着为 $(jk)\sigma \iff (a_k,1)$ 不被着为 jk.）

212. (a) 令 $x_{ijk}=1$，当且仅当 $X_{ij}=k$. [*注记*：另一个等价的问题是找到选项 $\{\{\mathrm{P}ij,\mathrm{R}ik,\mathrm{C}jk\}\mid p_{ij}=r_{ik}=c_{jk}=1\}$ 的一个精确覆盖. 这个问题是三维匹配问题的一个特例. 顺带一提，三维匹配问题可以表述为：给定 (y_{ijk})，找到一个二元张量 (x_{ijk})，使得 $x_{ijk}\leqslant y_{ijk}$ 且 $x_{i**}=x_{*j*}=x_{**k}=1$.]

(b) 当 $\boldsymbol{r}=\boldsymbol{c}=\begin{pmatrix}1100\\0110\\0011\\1001\end{pmatrix}$ 且 $\boldsymbol{p}=\begin{pmatrix}1010\\1100\\0101\\0011\end{pmatrix}$ 时，$c_{31}=c_{32}=r_{13}=r_{14}=0$ 迫使 $x_{13*}=0\neq p_{13}$.

(c) 令 $L(I,J)=\{1,\cdots,N\}$（$M<I\leqslant N$，$1\leqslant J\leqslant N$）. 众所周知（定理 7.5.1L），一个拉丁矩形总是可以扩展为一个拉丁方.

(d) 将所有元素按集合 $\{1,\cdots,N\}\cup\bigcup_{I,J}\{(I,J,K)\mid K\in L(I,J)\}$ 进行编号. 满足 $K=\min L(I,J)$ 的元素 (I,J,K) 被称为*表头*. 令 $p_{ij}=1$，当且仅当 (i) $i=j=(I,J,K)$ 不是表头；或 (ii) $i=(I,J,K)$ 是表头且 $j=J$ 或 $j=(I,J,K')$ 不是表头；或 (iii) $j=(I,J,K)$ 是表头且 $i=I$ 或 $i=(I,J,K')$ 不是表头. 令 $r_{ik}=c_{ik}=1$，当且仅当 (i) $1\leqslant i,k\leqslant N$；或 (ii) $i=(I,J,K)$ 且 $k=(I,J,K')$，且如果 i 不是表头，那么"$K'=K$ 或 K' 是 $L(I,J)$ 中最大的小于 K 的元素". [*参考文献*：*SICOMP* **23** (1994), 170–184.]

213. 提示的概率为 $(1-(1-p)^{n'}(1-q)^{n-n'})^m$，其中 $n'=b_1+\cdots+b_n$. 因此如果 $p\leqslant q$，那么每个 x 满足每个子句的概率至少为 $(1-(1-p)^n)^m$. 除非 n 很小或 m 很大，否则这个概率非常大：如果 m 小于 α^n，其中，α 是任何小于 $1/(1-p)$ 的常数，那么当 $n>-1/\lg(1-p)$ 时，概率 $(1-(1-p)^n)^m>\exp(\alpha^n\ln(1-(1-p)^n))>\exp(-2(\alpha(1-p))^n)>1-2(\alpha(1-p))^n$ 是指数接近于 1 的. 没有人需要 SAT 求解器来求解如此简单的一个问题.

即使 $p=q=k/(2n)$ 使得每个子句的平均长度为 k，一个子句为空（因此不可满足）的概率也为 $\mathrm{e}^{-k}+O(n^{-1})$；事实上，一个子句有恰好 r 个元素的概率为泊松概率 $\mathrm{e}^{-k}k^r/r!+O(n^{-1})$. 因此这个模型并不相关. [参见约翰 · 佛朗哥，*Information Proc. Letters* **23** (1986), 103–106.]

214. (a) $T(z)=z\mathrm{e}^z+2T(pz)(\mathrm{e}^{(1-p)z}-1)$.

(b) 如果 $f(z)=\prod_{m=1}^{\infty}(1-\mathrm{e}^{(p-1)z/p^m})$ 且 $\tau(z)=f(z)T(z)\mathrm{e}^{-z}$，那么我们有 $\tau(z)=zf(z)+2\tau(pz)=zf(z)+2pzf(pz)+4p^2zf(p^2z)+\cdots$.

(c) 参见菲利普 · 雅凯、查尔斯 · 克内斯尔和沃伊切赫 · 斯潘科夫斯基，*Combinatorics, Probability, and Computing* **23** (2014), 829–841. [序列 $\langle T_n\rangle$ 由艾伦 · 特里 · 戈德堡在 *Courant Computer Science Report* **16** (1979), 48–49 中首次研究.]

215. 因为任意给定的 $x_1\cdots x_l$ 是 $(8\binom{n}{3})^m$ 种可能情况中的 $(8\binom{n}{3}-\binom{l}{3})^m$ 种的一个部分解，所以第 l 层平均包含 $P_l=2^l(1-\frac{1}{8}l^3/n^3)^m$ 个结点. 当 $m=4n$ 且 $n=50$ 时，最大的层为 $(P_{31},P_{32},\cdots,P_{36})\approx(6.4,6.9,7.2,7.2,6.8,6.2)\times10^6$，树的平均总大小 $P_0+\cdots+P_{50}$ 约为 8560 万.

如果 $l=2tn$ 且 $m=\alpha n$，那么 $P_l=2^{f(t)n}$，其中 $f(t)=2t+\alpha\lg(1-t^3)+O(1/n)$（$0\leqslant t\leqslant 1/2$）. 最大值 $f(t)$ 出现在 $\ln 4=3\alpha t^2/(1-t^3)$ 时，此时 $t=t_\alpha=\beta-\frac{1}{2}\beta^4+\frac{5}{8}\beta^7+O(\beta^{10})$，其中 $\beta=\sqrt{\ln 4/(3\alpha)}$. 比如，$t_4\approx0.334$. 现在

$$\frac{P_{L+k}}{P_L}=\exp\Bigl(-\frac{\gamma k^2}{n}+O\Bigl(\frac{k}{n}\Bigr)+O\Bigl(\frac{k^3}{n^2}\Bigr)\Bigr),\quad \gamma=\frac{(\ln 2)^2}{6\alpha}\Bigl(1+\frac{2}{t_\alpha^3}\Bigr),\quad 当\ L=2t_\alpha n\ 时;$$

通过交换尾部，树的期望总大小为 $\sqrt{\pi n/\gamma}\,P_L(1+O(1/\sqrt{n}))$.

[这个问题最早由辛西娅 · 安 · 布朗和小保罗 · 沃尔顿 · 珀德姆在 *SICOMP* **10** (1981), 583–593 中，以及由哈立德 · 穆罕默德 · 布格拉拉和辛西娅 · 安 · 布朗在 *Inf. Sciences* **40** (1986), 21–37 中研究.]

216. 如果搜索树有 q 个二路分支，那么它的结点数少于 $2nq$；我们将找出 $\mathrm{E}\,q$ 的一个上界．考虑在给前 l 个变量 $x_1, \cdots, x_l$ 赋值后，以及由于单元子句强制而给另外 s 个变量 $y_1, \cdots, y_s$ 赋值后的这些分支；这些分支出现在第 $t = l + s$ 层．这些值可以有 2^t 种赋值方式，且 y 可以有 $\binom{n-1-l}{s}$ 种选择方式．对于 $1 \leqslant i \leqslant s$，$m$ 个给定子句必须包含 $j_i \geqslant 1$ 个从 $F = \binom{t-1}{2}$ 中选择的子句（可重复），这些子句从其他已知值中强制确定了 y_i 的值．其余的 $m - j_1 - \cdots - j_s$ 个子句必须从 $R = 8\binom{n}{3} - sF - \binom{t}{3} - 2\binom{t}{2}(n-t)$ 个剩余子句中选择，这些子句既不完全为假也不会强制任何进一步的赋值．因此，二路分支的期望数至多为

$$P_{lt} = 2^t\binom{n-l-1}{s}\sum_{j_1,\cdots,j_s \geqslant 1}\binom{m}{j_1,\cdots,j_s,m-j}\frac{F^j R^{m-j}}{N^m},\ j = j_1 + \cdots + j_s,\ N = 8\binom{n}{3},$$

其中关于 $0 \leqslant l \leqslant t < n$ 求和．令 $b = F/N$ 且 $c = R/N$；关于 $j_1, \cdots, j_s$ 的和为

$$m!\,[z^m]\,(\mathrm{e}^{bz}-1)^s\mathrm{e}^{cz} = \sum_r\binom{s}{r}(-1)^{s-r}(c+rb)^m = s!\,c^m\sum_q\binom{m}{q}\left\{{q \atop s}\right\}\left(\frac{b}{c}\right)^q.$$

当 $m = 200$ 且 $n = 50$ 时，这些 P_{lt} 值几乎都很小，仅在 $l \geqslant 45$ 且 $t = 49$ 时大于 100；$\sum P_{lt} \approx 4404.7$．

如果 $l = xn$ 且 $t = yn$，那么 $b \approx \frac{3}{8}y^2/n$ 且 $c \approx 1 - \frac{1}{8}(3(y-x)y^2 + y^3 + 6y^2(1-y))$．$[z^{\alpha n}]\,(\mathrm{e}^{\beta z/n} - 1)^{\delta n}\mathrm{e}^{\gamma z}$ 的渐近值可以通过鞍点法求得：令 ζ 满足 $\beta\delta\mathrm{e}^\zeta/(\mathrm{e}^\zeta-1)+\gamma = \alpha\beta/\zeta$，且令 $\rho^2 = \alpha/\zeta^2 - \delta\mathrm{e}^\zeta/(\mathrm{e}^\zeta-1)^2$．那么答案约为 $(\mathrm{e}^\zeta-1)^{\delta n}\mathrm{e}^{\gamma\zeta n/\beta}\sqrt{n}/(\sqrt{2\pi}\rho\beta(\zeta n/\beta)^{\alpha n+1})$．

［关于精确公式和下界，参见 *SICOMP* **12** (1983), 717–733．根据亨利 · 米歇尔 · 梅让、亨利 · 莫雷和格雷戈尔 · 雷诺在 *SICOMP* **24** (1995), 621–649 中的研究，当 $\alpha < 4.5$ 时，找到所有解的总时间约为 $(2(\frac{7}{8})^\alpha)^n$．］

217. 正确，除非 l 和 $\bar{l}$ 都出现在 A 或 B 中（使得 A 或 B 为重言式）．若 L 是严格相异的文字的集合，且它覆盖了 A 和 B，则我们知道 A 或 B 或 L 都不包含 l 和 $\bar{l}$，因此 $L \setminus \{l,\bar{l}\}$ 覆盖了 $(A \setminus \{l,\bar{l}\}) \cup (B \setminus \{l,\bar{l}\}) = C$．（然而，如果 $C \supseteq A$ 或 $C \supseteq B$，则该归结的推广是无用的，因为一个大的子句比它的任何子集都更容易覆盖．因此我们通常假设 $l \in A$ 且 $\bar{l} \in B$，且 C 不是重言式，如文中所述．）

218. $x?\ B{:}\ A$．（因此 $(x \vee A) \wedge (\bar{x} \vee B)$ 总是蕴涵 $A \vee B$．）

219. 如果 C' 或 C'' 是重言式（$\wp$），我们定义 $\wp \diamond C = C \diamond \wp = C$．否则，如果存在唯一的文字 l 使得 C' 形如 $l \vee A'$ 且 C'' 形如 $\bar{l} \vee A''$，我们定义 $C' \diamond C'' = A' \vee A''$，如文中所述．如果存在两个或更多这样的严格不同的文字，我们定义 $C' \diamond C'' = \wp$．如果不存在这样的文字，我们定义 $C' \diamond C'' = C' \vee C''$．

（该运算显然是可交换的但不是可结合的．比如，$(\bar{x} \diamond \bar{y}) \diamond (x \vee y) = \wp$，而 $\bar{x} \diamond (\bar{y} \diamond (x \vee y)) = \epsilon$．）

220. (a) 正确：如果 $C \subseteq C'$、$C' \subseteq C''$ 且 $C'' \neq \wp$，那么 $C' \neq \wp$．因此 C 的每个文字都出现在 C' 和 C'' 中．［包含关系的概念可以追溯到休 · 麦科尔的论文，*Proc. London Math. Soc.* **10** (1878), 16–28．］

(b) 正确：否则我们必然有 $(C \diamond C') \vee \alpha \vee \alpha' \neq \wp$、$C \neq \wp$、$C' \neq \wp$ 且 $C \diamond C' \neq C \vee C'$．因此存在一个文字 l，使得 $C = l \vee A$ 且 $C' = \bar{l} \vee A'$，且 $A \vee A' \vee \alpha \vee \alpha'$ 中的文字严格不同．因此，无论 α 或 α' 是否包含 l 或 $\bar{l}$，结果都很容易验证．（注意，我们总是有 $C \diamond C' \subseteq C \vee C'$．）

(c) 错误：$\bar{x}y \subseteq \wp$ 但 $x \diamond \bar{x}y = y \not\subseteq x = x \diamond \wp$．同样，$\epsilon \subseteq \bar{x}$ 但 $x \diamond \epsilon = x \not\subseteq \epsilon = x \diamond \bar{x}$．

(d) 如果 $C \neq \epsilon$，这样的例子是可能的：我们有 $x, \bar{x} \vdash y$（也有 $x, \bar{x} \vdash \wp$），尽管从 x 和 $\bar{x}$ 通过归结只能得到 x、$\bar{x}$ 和 ϵ．（另外，$F \vdash \epsilon$，当且仅当存在 F 的否证链 (104)．）

(e) 给定一条归结链 $C'_1, \cdots, C'_{m+r}$，我们可以构造另一条链 $C_1, \cdots, C_{m+r}$，其中对 $1 \leqslant i \leqslant m+r$ 有 $C_i \subseteq C'_i$．事实上，如果 $i > m$ 且 $C'_i = C'_j \diamond C'_k$，很容易看出 $C_j \diamond C_j$、$C_k \diamond C_k$ 或 $C_j \diamond C_k$ 中的一个会包含 C'_i．

(f) 由 (e)，只需证明 $\alpha_1 = \cdots = \alpha_m = \alpha$ 的情况．通过归纳，我们可以假设 $\alpha = l$ 是单个文字．给定一条归结链 $C_1, \cdots, C_{m+r}$，我们可以构造另一条链 $C'_1, \cdots, C'_{m+r}$，使得对 $1 \leqslant i \leqslant m$ 有 $C'_i = C_i \vee l$，对 $m+1 \leqslant i \leqslant m+r$ 有 $C'_i \subseteq C_i \vee l$，且当 $C_i = C_j \diamond C_k$ 时，有 C'_i 等于 C'_j、C'_k 或 $C'_j \diamond C'_k$．

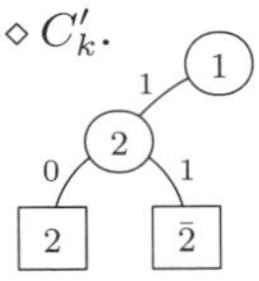

221. 算法 A 识别出"1"是一个纯文字，但随后发现矛盾，因为其他两个子句是不可满足的．归结否证只使用了其他两个子句．（这是一个不必要的分支的例子．事实上，纯文字永远不会出现在否证树中，因为它不能被消除，参见下一道习题．）

222. 如果自治集合 A 满足 C，那么它也会满足从标记为 C 的源结点到 ϵ 的路径上的每个子句，因为所有被满足的文字不可能同时消失. 对于逆命题，参见 *Discrete Appl. Math.* **107** (2000), 99–137，定理 3.16.

223. （作者认为这个陈述是正确的，但未能构造出一个正式的证明.）

224. 对于每个标签为公理 $F|\bar{x}$ 中的公理 A 的叶结点，如果它不是 F 的公理，那么将其标签改为 $A\cup x$；同时在这个叶结点的所有祖先标签中也包含 x. 这样我们得到一棵叶结点被标记为 F 的公理的归结树. 如果有任何标签发生了改变，那么根结点标记为 x；否则它仍然标记为 ϵ.

[参见约翰 · 艾伦 · 鲁宾逊，*Machine Intelligence* **3** (1968), 77–94.]

225. 如果子句 A 的一棵正则归结树至少有一个结点在 A 中的某个变量上进行归结，则称它是笨拙的. 对于 A 的一棵笨拙树 T，总能将其转换为某个子句 $A'\subseteq A$ 的一棵非笨拙正则树 T'，其中，T' 比 T 小. 证明：假设 T 是笨拙的，但它的子树都不是. 不失一般性地说，我们可以找到一个子树序列 $T_0,\cdots,T_p,T_1',\cdots,T_p'$，其中 $T_0=T$，且对于 $1\leqslant j\leqslant p$，T_{j-1} 是由 T_j 和 T_j' 在变量 x_j 上归结得到的，此外 $x_p\in A$. 我们可以假设 T_j 和 T_j' 的标签分别为 A_j 和 A_j'，其中 $A_j=x_j\cup R_j$ 且 $A_j'=\bar{x}_j\cup R_j'$，因此 $A_{j-1}=R_j\cup R_j'$. 令 $B_p=A_p$，对于 $j=p-1,p-2,\cdots,1$，若 $x_j\notin B_{j+1}$，则令 $B_j=B_{j+1}$. 否则通过将 B_{j+1} 与 A_j' 归结得到 B_j. 通过归纳可知 $B_j\subseteq x_p\cup A_{j-1}$. 因此 $B_1\subseteq x_p\cup A_0=A$，且我们已经用一棵比 T 小的非笨拙树推导出了 B_1.

现在我们可以证明比要求的更多：如果 T 是推导出子句 A 的任意归结树，且 $A\cup B$ 是包含 A 的任意子句，那么存在一棵不大于 T 的非笨拙正则归结树 T_r，它可以推导出某个子句 $C\subseteq A\cup B$. 通过对 T 的大小进行归纳证明：假设 $A=A'\cup A''$ 是在 T 的根处通过将标记子树 T' 和 T'' 的子句 $x\cup A'$ 与 $\bar{x}\cup A''$ 归结得到的. 找到非笨拙正则树 T_r' 和 T_r''，它们分别推导出 C' 和 C''，其中 $C'\subseteq x\cup A'\cup B$ 且 $C''\subseteq\bar{x}\cup A''\cup B$. 如果 $x\in C'$ 且 $\bar{x}\in C''$，我们通过在 x 上归结 T_r' 和 T_r'' 得到所需的 T_r. 否则我们可以令 $C=C'$ 且 $T_r=T_r'$，或令 $C=C''$ 且 $T_r=T_r''$.（将这个构造应用到 (105) 中的高度不正则归结是很有趣的.）

226. 最初 α 是根结点，$C(\alpha)=\epsilon$，$\|\alpha\|=N$，且 $s=0$. 如果 α 不是叶结点，我们有 $C(\alpha)=C(\alpha')\diamond C(\alpha'')$，其中，对某个变量 x 有 $x\in C(\alpha')$ 且 $\bar{x}\in C(\alpha'')$. 证明者选择 x，若延迟者令 $x\leftarrow 0$ 则令 $\alpha\leftarrow\alpha'$，若令 $x\leftarrow 1$ 则令 $\alpha\leftarrow\alpha''$. 否则 $\min(\|\alpha'\|,\|\alpha''\|)\leqslant\|\alpha\|/2$，且证明者可以继续进行.

227. 通过对变量个数 n 进行归纳证明：如果 F 包含空子句，游戏结束，延迟者得分为 0，且根结点标记为 0. 否则证明者指定 x，延迟者考虑 $F|x$ 和 $F|\bar{x}$ 的否证中根结点的最小可能标签 (m,m'). 如果 $m>m'$，回答 $x\leftarrow 0$ 可以保证得到 m 分；而回答 $x\leftarrow *$ 并不会更好，因为 $m'+1\leqslant m$. 如果 $m<m'$，回答 $x\leftarrow 1$ 可以保证得到 m' 分；如果 $m=m'$，回答 $x\leftarrow *$ 可以保证得到 $m+1$ 分. 因此，最优的延迟者总能得到至少等于证明者构造的否证树任何分支的根结点标签那么多的分数. 反之，如果证明者总是指定最优的 x，延迟者就不可能做得更好.

（本习题由奥利弗 · 库尔曼提出. 可以通过考虑所有 3^n 个可能的部分赋值来“自底向上”计算最优分数，如习题 133 的答案所示.）

228. 我们只需要假设 (100) 中的传递性子句 T_{ijk} 满足 $i<j$ 且 $k<j$.（另外，注意当 $i=j$ 或 $k=j$ 时，T_{ijk} 是重言式，因此它们对归结来说是无用的.）

229. 使用二元关系的解释，这些子句表明 $j\not\prec j$，当 $i\leqslant k$ 且 $j<k$ 时，传递律“$i\prec j$ 且 $j\prec k$ 意味着 $i\prec k$”成立，且每个 j 都有一个后继使得 $j\prec k$. 后一个公理与 m 的有限性结合意味着必然存在一个环 $j_0\prec j_1\prec\cdots\prec j_{p-1}\prec j_p=j_0$.

考虑一个这样的最短环，并重新编号下标，使得 $j_p=\max\{j_0,\cdots,j_p\}$. 我们不可能有 $p\geqslant 2$，因为 (100′) 意味着 $j_{p-2}\prec j_p$，这会产生一个更短的环. 因此 $p=1$，但这与 (99) 相矛盾.

230. 如正文所述，将公理记作 I_j、T_{ijk} 和 M_{jm}. 如果省略了 I_{j_0}，令所有 i 和 j 的 $x_{ij}=[j=j_0]$. 如果省略了 $T_{i_0j_0k_0}$，令所有 $i\notin A=\{i_0,j_0,k_0\}$ 的 $x_{ij}=[j\in A]$；同时令 $x_{i_0j}=[j=j_0]$，$x_{j_0j}=[j=k_0]$，且（如果 $i_0\neq k_0$）$x_{k_0j}=[j=i_0]$. 最后，如果省略了 M_{j_0m}，令 $x_{ij}=[p_i<p_j]$，其中 $p_1\cdots p_m=1\cdots(j_0-1)(j_0+1)\cdots mj_0$.（同样的构造也表明习题 228 的答案中的子句是最小不可满足的.）

231. 因为 $G_{11}=M_{1m}$，我们可以假设 $j>1$. 然后有 $G_{(j-1)j}=G_{(j-1)(j-1)}\diamond I_{j-1}$. 如果 $1\leqslant i<j-1$，我们有 $G_{ij}=(\cdots((G_{(j-1)j}\diamond A_{ijj})\diamond A_{ij(j+1)})\diamond\cdots)\diamond A_{ijm}$，其中 $A_{ijk}=G_{i(j-1)}\diamond T_{i(j-1)k}=G_{ij}\vee\bar{x}_{(j-1)k}$. 这些子句使得我们可以推导出 $B_{ij}=(\cdots((G_{ij}\diamond T_{jij})\diamond T_{ji(j+1)})\diamond\cdots)\diamond T_{jim}=G_{jj}\vee\bar{x}_{ji}$（$1\leqslant i<j$），从中我们得到 $G_{jj}=(\cdots((M_{jm}\diamond B_{1j})\diamond B_{2j})\diamond\cdots)\diamond B_{(j-1)j}$. 最后 $G_{mm}\diamond I_m=\epsilon$.

232. 只需展示一棵深度为 $6\lg q+O(1)$ 的回溯树即可. 通过对至多 6 个变量进行分支，我们可以找到习题 176(c) 的答案中的颜色三元组 α_1.

假设我们知道 $\alpha_j=\alpha$ 且 $\alpha_{j+p}=\alpha'$，其中，α' 不能从 α 经过 p 步得到. 这在初始时对 $j=1$、$\alpha=\alpha'=\alpha_1$ 和 $p=q$ 成立. 如果 $p=1$，再多几个分支就会找到矛盾. 否则，至多 6 个分支就能确定 α_l，其中 $l=j+\lfloor p/2\rfloor$. 要么 α_l 不能从 α 经过 $\lfloor p/2\rfloor$ 步到达，要么 α' 不能从 α_l 经过 $\lceil p/2\rceil$ 步到达，或者两者都成立. 如此递归处理.

233. $C_9=C_6\diamond C_8$, $C_{10}=C_1\diamond C_9$, $C_{11}=C_3\diamond C_{10}$, $C_{12}=C_7\diamond C_{10}$, $C_{13}=C_4\diamond C_{11}$, $C_{14}=C_2\diamond C_{12}$, $C_{15}=C_{13}\diamond C_{14}$, $C_{16}=C_5\diamond C_{15}$, $C_{17}=C_6\diamond C_{15}$, $C_{18}=C_8\diamond C_{15}$, $C_{19}=C_{12}\diamond C_{17}$, $C_{20}=C_{11}\diamond C_{18}$, $C_{21}=C_{16}\diamond C_{19}$, $C_{22}=C_{20}\diamond C_{21}$.

234. 对于任何不允许证明者违反 (107) 的询问，回答 $x_{jk}\leftarrow *$. 那么，证明者只有在每个巢穴都被询问过之后才能违反 (106).

235. 令 $C(k,A)=(\bigvee_{j=0}^{k}\bigvee_{a\in A}x_{ja})$，从而 $C(0,\{1,\cdots,m\})=(x_{01}\vee\cdots\vee x_{0m})$ 且 $C(m,\varnothing)=\epsilon$. 该链由 m 个阶段组成，对于 $k=1,\cdots,m$，第 k 阶段首先从第 $k-1$ 阶段的子句推导出子句 $\bar{x}_{ka}\vee C(k-1,A)$，其中，$A$ 是 $\{1,\cdots,m\}\setminus a$ 的所有 $(m-k)$ 元子集，每个这样的子句需要与 (107) 进行 k 次归结. 第 k 阶段最后推导出 $C(k,A)$，其中，A 是 $\{1,\cdots,m\}$ 的所有 $(m-k)$ 元子集，每个都使用一次与(106) 的归结和 $k-1$ 次与该阶段开始时子句的归结.（见 (103).）因此第 k 阶段总共涉及 $\binom{m}{m-k}(k^2+k)$ 次归结.

比如，当 $m=3$ 时，归结依次得到 $\overline{11}\,02\,03$, $\overline{12}\,01\,03$, $\overline{13}\,01\,02$; $01\,02\,11\,12$, $01\,03\,11\,13$, $02\,03\,12\,13$（第 1 阶段）; $\overline{21}\,02\,11\,12$, $\overline{21}\,02\,12$, $\overline{21}\,03\,11\,13$, $\overline{21}\,03\,13$, $\overline{22}\,01\,12\,11$, $\overline{22}\,01\,11$, $\overline{22}\,03\,12\,13$, $\overline{22}\,03\,13$, $\overline{23}\,01\,13\,11$, $\overline{23}\,01\,11$, $\overline{23}\,02\,13\,12$, $\overline{23}\,02\,12$; $01\,11\,21\,22$, $01\,11\,21$, $02\,12\,22\,23$, $02\,12\,22$, $03\,13\,23\,22$, $03\,13\,23$（第 2 阶段）; 以及 $\overline{31}\,11\,21$, $\overline{31}\,21$, $\overline{31}$, $\overline{32}\,12\,22$, $\overline{32}\,22$, $\overline{32}$, $\overline{33}\,13\,23$, $\overline{33}\,23$, $\overline{33}$; $32\,33$, 33, ϵ（第 3 阶段）.

[斯蒂芬 · 亚瑟 · 库克于 1972 年构造了这样的链（未发表）.]

236. 公理的对称性应该允许对 $m=2$ 的情况进行计算机穷举验证，对 $m=3$ 的情况可能也是如此. 这个构造看起来确实很难被超越. 库克于 1972 年猜想，任何最小长度的归结证明都必须满足这样的性质：对于 $\{1,\cdots,m\}$ 的每个子集 S，至少存在一个子句 C，使得 $\bigcup_{\pm x_{jk}\in C}\{k\}=S$.

237. 思路是对于 $0\leqslant j<m$ 和 $1\leqslant k<m$ 定义 $y_{jk}=x_{jk}\vee(x_{jm}\wedge x_{mk})$，从而将鸽巢数从 $m+1$ 减少到 m. 我们添加 $6m(m-1)$ 个新子句

$$(x_{jm}\vee z_{jk})\wedge(x_{mk}\vee z_{jk})\wedge(\bar{x}_{jm}\vee\bar{x}_{mk}\vee\bar{z}_{jk})\wedge(\bar{x}_{jk}\vee y_{jk})\wedge(y_{jk}\vee z_{jk})\wedge(x_{jk}\vee\bar{y}_{jk}\vee\bar{z}_{jk}),$$

其中涉及 $2m(m-1)$ 个新变量 y_{jk} 和 z_{jk}. 将这些子句记为 A_{jk}, $\cdots$, F_{jk}.

现在，如果 P_j 表示 (106)，H_{ijk} 表示 (107)，我们想要用归结来推导出 $P_j'=(y_{j1}\vee\cdots\vee y_{j(m-1)})$ 和 $H_{ijk}'=(\bar{y}_{ik}\vee\bar{y}_{jk})$. 首先，$P_j$ 可以与 D_{j1}, $\cdots$, $D_{j(m-1)}$ 归结得到 $P_j'\vee x_{jm}$. 接下来，$P_m\diamond H_{jmm}=x_{m1}\vee\cdots\vee x_{m(m-1)}\vee\bar{x}_{jm}$ 可以与 $G_{jk}=C_{jk}\diamond E_{jk}=\bar{x}_{jm}\vee\bar{x}_{mk}\vee y_{jk}$（$1\leqslant k<m$）归结得到 $P_j'\vee\bar{x}_{jm}$. 再进行一步归结就得到了 P_j'.（这些操作由直观的“含义”指导.）

从 $B_{jk}\diamond F_{jk}=x_{jk}\vee x_{mk}\vee\bar{y}_{jk}$ 出发，与 H_{ijk} 和 H_{imk} 归结后得到 $Q_{ijk}=\bar{x}_{ik}\vee\bar{y}_{jk}$. 然后 $(Q_{ijk}\diamond F_{ik})\diamond A_{ik}=x_{im}\vee\bar{y}_{ik}\vee\bar{y}_{jk}$，记为 R_{ijk}. 最后，$(R_{jik}\diamond H_{ijm})\diamond R_{ijk}=H_{ijk}'$ 即为所需.（在形成 R_{jik} 时，我们需要满足 $j>i$ 的 Q_{jik}.）

我们用了 $5m^3-6m^2+3m$ 步归结将鸽巢数从 $m+1$ 减少到 m. 重复这个过程，直到 $m=0$，每次使用新的 y 和 z 变量，最终得到 ϵ，总共约需 $\frac{5}{4}m^4$ 步.

[参见斯蒂芬 · 亚瑟 · 库克，*SIGACT News* **8**, 4 (October 1976), 28–32.]

238. 函数 $(1-cx)^{-x}=\exp(cx^2+c^2x^3/2+\cdots)$ 是递增的且大于 e^{cx^2}. 令 $c=\frac{1}{2n}$、$W=\sqrt{2n\ln r}$ 和 $b=\lceil W\rceil$ 使得 $f\leqslant r<\rho^{-b}$. 同样，当 $n\geqslant w(\alpha_0)^2$ 且 $r\geqslant 2$ 时，有 $W\geqslant w(\alpha_0)$，因此 $w(\alpha_0\vdash\epsilon)\leqslant W+b\leqslant\sqrt{8n\ln r}+1$，这就是我们想要的. 引理中的"$-2$"处理了 $r<2$ 时出现的平凡情况.

（重要的是要意识到在归纳证明中我们不改变 n 或 W. 顺带一提，在约束条件 $r=(1-W/(2n))^{-b}$ 下，$W+b$ 的精确最小值出现在

$$W=2n(1-\mathrm{e}^{-2T(z)})=4nz+\frac{2nz^3}{3}+\cdots,\quad b=\frac{\ln r}{2T(z)}=(\ln r)\Big(\frac{1}{2z}-\frac{1}{2}-\frac{z}{4}-\cdots\Big),$$

其中，$z^2=(\ln r)/(8n)$ 且 $T(z)$ 是树函数. 因此似乎引理 B 的证明支持更强的结果 $w(\alpha_0\vdash\epsilon)<\sqrt{8n\ln r}-\frac{1}{2}\ln r+1$.）

239. 令 α_0 由所有长度为 n 的非重言式子句组成，共有 2^n 个. 最短的否证是以这些叶结点为基础的完全二叉树，因为每个非重言式子句都必须出现. 算法 A 表明 2^n-1 次归结足以否证 n 个变量上的任何子句，因此 $\|\alpha_0\vdash\epsilon\|=2^n-1$，这就是最坏情况.

240. 如果 A' 有 t 个元素且 $\partial A'$ 少于 t 个元素，那么其邻居对应的 $5t$ 个整数 f_{ij} 必须包含至少 $2t$ 个重复出现的值.（实际上至少有 $2t+1$ 个重复，因为 $2t$ 个重复出现的值会在边界中留下至少 t 个元素. 但用 $2t$ 计算更简单，而且我们只需要一个比较粗略的界.）

因此存在这样的 A' 的概率 p_t 小于 $\binom{m+1}{t}\binom{5t}{2t}(\frac{3t}{m})^{2t}$，因为有 $\binom{m+1}{t}$ 种方式选择 A'，$\binom{5t}{2t}$ 种方式选择重复的位置，而且，相比于总共的 m^{2t} 种可能，在这些位置上最多有 $(3t)^{2t}$ 种填充方式. 另外，当 $t\leqslant\frac{1}{2}m$ 时，$\binom{m+1}{t}=\binom{m}{t}+\binom{m}{t-1}<2\binom{m}{t}$.

根据习题 1.2.6–67，我们有 $p_t\leqslant 2(\frac{m\mathrm{e}}{t})^t(\frac{5t\mathrm{e}}{2t})^{2t}(\frac{3t}{m})^{2t}=2(ct/m)^t$，其中 $c=225\mathrm{e}^3/4\approx 1130$. 且 $p_0=p_1=0$. 因此，对于 $t\leqslant m/3000$，p_t 的和小于 $2\sum_{t=2}^{\infty}(c/3000)^t\approx 0.455$；所以满足强扩张条件的概率大于 0.544.

241. 如果 $0<|A'|\leqslant m/3000$，我们可以将其中一个元素放入一个巢穴 $b_k\in\partial A'$ 中. 然后我们可以用同样的方式放置其他元素，因为 b_k 不是它们的邻居.

242. 定理 B 的证明在添加这些新公理后仍然有效.

243. (a) F' 有 t 个元素且 $V(F')$ 少于 t 个元素的概率至多为 $\binom{\alpha n}{t}\binom{n}{t}(\frac{t}{n})^{3t}\leqslant(\frac{\alpha\mathrm{e}^2t}{n})^t$. 该量对于 $1\leqslant t\leqslant\lg n$ 的和为 $O(n^{-1})$，对于 $\lg n\leqslant t\leqslant n/(2\alpha\mathrm{e}^2)$ 的和也是如此.

(b) 如果 (a) 中的条件成立，那么根据定理 7.5.1H，存在从 F' 到 $V(F')$ 的匹配，因此我们可以通过逐个赋值其变量来满足 F'. 如果 F 是不可满足的，那么我们需要调用超过 $n/(2\alpha\mathrm{e}^2)$ 个公理.

(c) F' 有 t 个元素且 $2|V(F')|-3|F'|<\frac{1}{2}|F'|$ 的概率 p_t 至多为 $\binom{\alpha n}{t}\binom{n}{\lambda t}(\frac{\lambda t}{n})^{3t}\leqslant(\alpha\mathrm{e}^{1+\lambda}\lambda^{3-\lambda}(t/n)^{1/4})^t$，其中 $\lambda=\frac{7}{4}$. 我们有 $(\mathrm{e}^{1+\lambda}\lambda^{3-\lambda})^4<10^6$，因此当 $t\leqslant n'$ 时，$p_t<c^t$，其中 $c<1$，且 $\sum_{t=n'/2}^{n'}p_t$ 是指数级小的.

(d) 由于 $n'<n/(2\alpha\mathrm{e}^2)$，每个否证几乎必然包含一个子句 C，其中 $n'/2\leqslant\mu(C)<n'$. C 依赖的最小公理集 F' 满足 $|F'|=\mu(C)$. 设 k 是仅在 F' 的一个公理中出现的"边界"变量的个数. 如果 v 是这样一个变量，那么我们可以使 C 和包含 v 的公理为假，而 F' 的其他公理为真，因此 V 必须包含 v 或 $\bar v$. 我们有 $|V(F')|=k+|\text{非边界}|\leqslant k+\frac{1}{2}(3|F'|-k)$，因为每个非边界变量至少出现两次. 因此确乎必然有 $k\geqslant 2|V(F')|-3|F'|\geqslant n'/4$.（注意这个论述与定理 B 的证明的相似之处.）

244. 我们有 $[A\cup B]^0=[A]^0[B]^0\cup[A]^1[B]^1$ 且 $[A\cup B]^1=[A]^0[B]^1\cup[A]^1[B]^0$，其中，集合连接的含义是显而易见的. 这些关系在 $A=\varnothing$ 或 $B=\varnothing$ 时也成立，因为 $[\varnothing]^0=\{\epsilon\}$ 且 $[\varnothing]^1=\varnothing$.

245. (a) 当以 $\bar e_{uv}$ 为条件时，只需从 G 中删除边 u — v. 当以 e_{uv} 为条件时，还要对 $l(u)$ 和 $l(v)$ 取反. 图可能变得不连通. 在这种情况下，将恰好有两个分量，它们的标签之和分别为偶数和奇数. 偶分量的公理是可满足的，可以丢弃.

比如，$\alpha(G)\,|\,\{b,\bar e\}$ 对应于，而 $\alpha(G)\,|\,\{b,e\}$ 对应于. 在第一种情况下，我们丢弃左分量，在第二种情况下丢弃右分量.

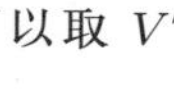

(b) 若 $C\in\alpha(v)$，我们可以取 $V'=\{v\}$，并且有 $\mu(\epsilon)=|V|$，因为对于所有 $u\in V$，公理 $\bigcup_{v\in V\setminus u}\alpha(v)$ 都是可满足的.

(c) 若 $u \in V'$ 且 $v \notin V'$，存在一个值，使得 C 和 $\alpha(u)$ 的某个公理为假，而使得所有 $w \in V' \setminus u$ 的 $\alpha(w)$ 为真，因为 $|V'|$ 是最小的. 令 $e_{uv} \leftarrow \bar{e}_{uv}$ 将使 $\alpha(u)$ 为真，而不影响公理 $\alpha(w)$（它不包含 e_{uv}）.

(d) 根据 (b)，$\alpha(G)$ 的每个否证必须包含一个子句 C，满足 $\frac{1}{3}m \leqslant \mu(C) < \frac{2}{3}m$. 相应的 V' 满足 $|V'|/(|V'| + |\partial V'|) < (\frac{2}{3} + 8)/9$，因此 $|\partial V'| > \frac{1}{26}|V'|$.

[性质 (i) 很有趣但与此证明无关. 注意当 G 是立方图时，$\alpha(G)$ 恰好有 $n = 3m/2$ 个变量上的 $\frac{8}{3}n \approx 2.67n$ 个 3SAT 子句，每个文字出现 4 次. 切廷于 1966 年证明了 $\alpha(G)$ 的正则归结否证的下界，那时还不知道具有性质 (iii) 的图. 阿拉斯代尔 · 厄克哈特在 *JACM* **34** (1987), 209–219 中证明了一般归结的下界，这里给出的简化论证归功于本-萨松和维格德森. 尽管同样的公理可以通过模 2 的线性方程轻松否证，但 $\alpha(G)$ 需要指数长的否证链，这相当于证明了回溯是处理线性方程的糟糕方法. 对于无穷多个素数 q，可以通过斯坦福图库的算法找到合适的拉马努金图 $raman(2,q,3,0)$. 我们也可以用多重图 $raman(2,q,1,0)$ 和 $raman(2,q,2,0)$ 得到相同的下界. 7.4.3 节将详细探讨扩张图.]

246. 让我们用 $[a_1 \cdots a_k]^\ell$ 表示习题 244 中所说的 $[\{a_1,\cdots,a_k\}]^\ell$. 对于新变量 x、y、z，我们可以引入 $\{xa, x\bar{b}, \bar{x}\bar{a}b, y\bar{a}, yb, \bar{y}a\bar{b}, zx, zy, \bar{z}\bar{x}\bar{y}\}$，并对这些子句进行归结得到 $[zab]^1$，这意味着 $z = a \oplus b$. 因此，当 z 是一个新变量时，我们可以假设"$z \leftarrow a \oplus b$"是"扩展归结硬件"的一个合法基本操作. 此外，使用 $z_0 \leftarrow 0$（子句 $[z_0]^1$，也就是 $\bar{z}_0$），以及当 $k \geqslant 1$ 时使用 $z_k \leftarrow z_{k-1} \oplus a_k$，我们可以在 $O(k)$ 步内计算 $a_1 \oplus \cdots \oplus a_k$.

设顶点 v 的边变量 $E(v)$ 为 $a_1,\cdots,a_d$，其中，d 是 v 的度. 我们通过置 $s_{v,0} \leftarrow 0$、$s_{v,k} \leftarrow s_{v,k-1} \oplus a_k$ 和 $s_v \leftarrow s_{v,d}$ 来计算 $s_v \leftarrow a_1 \oplus \cdots \oplus a_d$. 我们可以在 $O(2^d)$ 步内将 s_v 与公理 $\alpha(v)$ 归结，得到单子句 $[s_v]^{l(v)\oplus 1}$，意味着 $s_v = l(v)$. 对 v 求和，这些操作总共需要 $O(N)$ 步.

另外，我们也可以计算 $z_n \leftarrow \bigoplus_v s_v$ 并得到零（"$\bar{z}_n$"）. 通过巧妙的方法，即预先知道 G，我们实际上可以在 $O(mn)$ 步内计算它：从任意顶点 v 开始，置 $z_1 \leftarrow s_v$（更准确地说，对于 $0 \leqslant k \leqslant d$，置 $z_{1,k} \leftarrow s_{v,k}$）. 对于 $1 \leqslant j < n$，给定 z_j 及其所有子变量 $z_{j,k}$，我们计算 $z_{j+1} \leftarrow z_j \oplus s_u$，其中，$u$ 是满足 $s_{u,1} = z_{j,1}$ 的未使用顶点. 我们可以将边按某个顺序排列，使得如果 z_j 与 s_u 有 p 个共同的边变量，那么 $z_{j,k} = s_{u,k}$ 对 $1 \leqslant k \leqslant p$ 成立. 假设 z_j 和 s_u 的其他变量分别为 $a_1,\cdots,a_q$ 和 $b_1,\cdots,b_r$，我们想将它们合并成序列 $c_1,\cdots,c_{q+r}$，它们在之后使用 z_{j+1} 时会用到. 因此我们置 $z_{j+1,0} \leftarrow 0$、$z_{j+1,k} \leftarrow z_{j+1,k-1} \oplus c_k$、$z_{j+1} \leftarrow z_{j+1,q+r}$.

从上一段构造的子句中，归结可以推导出对于 $1 \leqslant k \leqslant p$ 有 $[z_{j,k}s_{u,k}]^1$，因此有 $[z_{j+1,0}z_{j,p}s_{u,p}]^1$（$z_{j+1,0} = z_{j,p} \oplus s_{u,p}$）. 此外，如果 $c_k = a_i$，且我们知道 $z_{j+1,k-1} = z_{j,s} \oplus s_{u,t}$，其中 $s = p + i - 1$ 且 $t = p + k - i$，那么归结可以推导出 $z_{j+1,k} = z_{j,s+1} \oplus s_{u,t}$. 当 $c_k = b_i$ 时也有类似的公式. 因此归结得到所需的 $z_{j+1} \leftarrow z_j \oplus s_u$. 最终我们从单子句 $s_v = l(v)$ 推导出 z_n 和 $\bar{z}_n$.

247. 对 $\{12, \bar{1}2, \bar{1}\bar{2}\}$ 消除 x_2 得到 $\{\bar{1}\}$，然后消除 x_1 得到 $\varnothing$. 因此这 5 个子句是可满足的.

248. 我们有 $F(x_1,\cdots,x_n) = (x_n \vee A_1') \wedge \cdots \wedge (x_n \vee A_p') \wedge (\bar{x}_n \vee A_1'') \wedge \cdots \wedge (\bar{x}_n \vee A_q'') \wedge A_1''' \wedge \cdots \wedge A_r''' = (x_n \vee G') \wedge (\bar{x}_n \vee G'') \wedge G'''$，其中，$G' = A_1' \wedge \cdots \wedge A_p'$、$G'' = A_1'' \wedge \cdots \wedge A_q''$ 和 $G''' = A_1''' \wedge \cdots \wedge A_r'''$ 仅依赖于 $\{x_1,\cdots,x_{n-1}\}$. 因此 $F' = (G' \vee G'') \wedge G'''$，且 $G' \vee G'' = \bigwedge_{i=1}^{p} \bigwedge_{j=1}^{q} (A_i' \vee A_j'')$ 的子句是消除 x_n 的归结式.

249. 如在正文中学习 $C_7 = \bar{2}\bar{3}$ 后，我们置 $d \leftarrow 2$、$l_2 \leftarrow \bar{2}$、$C_j = 2\bar{3}$，学习 $C_8 = \bar{3}$，并置 $d \leftarrow 1$、$l_1 \leftarrow \bar{3}$. 然后 $l_2 \leftarrow \bar{4}$（仅举例），且 $l_3 \leftarrow \bar{1}$、$l_4 \leftarrow \bar{2}$. 现在 $C_i = 1234$ 已被证伪. 在 $l_4 \leftarrow 2$ 和 $C_j = 1\bar{2}$ 之后，我们学习 $C_9 = 134$，置 $l_3 \leftarrow 1$，并学习 $C_{10} = 134 \diamond \bar{1}3 = 34$. 最后 $l_2 \leftarrow 4$，我们学习 $C_{11} = 3$；$l_1 \leftarrow 3$，并学习 $C_{12} = \epsilon$.

250. $l_1 \leftarrow 1$、$l_2 \leftarrow 3$、$l_3 \leftarrow \bar{2}$、$l_4 \leftarrow 4$；学习 $\bar{1}2\bar{3}$；$l_3 \leftarrow 2$、$l_4 \leftarrow 4$；学习 $\bar{1}\bar{2}\bar{3}$ 和 $\bar{1}\bar{3}$；$l_2 \leftarrow \bar{3}$、$l_3 \leftarrow \bar{2}$、$l_4 \leftarrow 4$；学习 $\bar{1}23$；$l_3 \leftarrow 2$、$l_4 \leftarrow 4$；学习 $\bar{1}\bar{2}3$、$\bar{1}3$、$\bar{1}$；$l_1 \leftarrow \bar{1}$、$l_2 \leftarrow 3$、$l_3 \leftarrow \bar{4}$、$l_4 \leftarrow 2$；学习 $1\bar{3}4$；$l_3 \leftarrow 4$、$l_4 \leftarrow \bar{2}$、$l_4 \leftarrow 2$.

251. 算法 I 具有这样的性质：当学习到新子句 $l_{i_1} \vee \cdots \vee l_{i_k}$ 时，如果 $i_1 < \cdots < i_k = d$ 且从步骤 I4 返回到 I2，那么 $\bar{l}_{i_1},\cdots,\bar{l}_{i_{k-1}}, l_{i_k}$ 都在栈中. 这些文字限制了我们利用新子句的能力. 因此，如果不进行比斯托尔马克更多的归结，似乎不可能解决这个问题.

然而，我们可以按如下方式进行. 令 M''_{imk} 为子句 $x_{m1} \vee \cdots \vee x_{m(k-1)} \vee x_{ik} \vee \cdots \vee x_{i(m-1)} \vee \bar{x}_{im}$，其中 $1 \leqslant i, k < m$. 用 ij 表示 x_{ij}，对于 $m = 3$ 的过程从将 $\overline{11}$、$\overline{12}$、13、$\overline{21}$、$\overline{22}$、23、$\overline{31}$、$\overline{32}$、33 放入栈中开始. 然后步骤 I3 有 $C_i = I_3$，步骤 I4 有 $C_j = M_{33}$，因此步骤 I5 学习 $I_3 \diamond M_{33} = M_{32}$. 步骤 I4 现在将 $\overline{32}$ 改为 32 并选择 $C_j = T_{232}$，因此 I5 学习 $M_{32} \diamond T_{232} = M''_{232}$. 步骤 I4 将 $\overline{31}$ 改为 31 并选择 $C_j = T_{231}$，现在我们学习 $M''_{232} \diamond T_{231} = M''_{231}$. 接下来，我们学习 $M''_{231} \diamond M_{23} = M_{22}$，在将 $\overline{22}$ 改为 22 后，我们还学习 M_{21}.

栈现在包含 $\overline{11}$、$\overline{12}$、13、21. 我们添加 $\overline{31}$、$\overline{32}$，并继续学习 $M_{32} \diamond T_{132} = M''_{132}$、$M''_{132} \diamond T_{131} = M''_{131}$、$M''_{131} \diamond M_{13} = M_{12}$. 栈现在包含 $\overline{11}$、12，我们实质上已将 m 从 3 减小到 2.

以类似的方式，$O(m^2)$ 次归结将学习 $i = m-1, \cdots, 1$ 的 $M_{i(m-1)}$，并且它们将在栈中留下 $\bar{x}_{11}$, $\cdots$, $\bar{x}_{1(m-2)}$, $x_{1(m-1)}$，以便这个过程可以继续.

252. 不能. 变量消除过程会产生大量诸如 $\bar{x}_{12} \vee \bar{x}_{23} \vee \cdots \vee \bar{x}_{89} \vee x_{19}$ 这样的子句. 尽管这些子句是有效的，但它们本质上没有任何帮助.

然而，习题 373 证明，如果我们仅考虑习题 228 中的传递性子句，那么证明确实可以在多项式时间内完成.

253. 当我们遵循一系列强制性的移动时，会出现冲突：

t	L_t	层	理由	t	L_t	层	理由
0	$\bar{6}$	1	Λ	5	$\bar{7}$	2	$\bar{5}7\bar{9}$
1	4	1	46	6	$\bar{1}$	2	$\bar{1}5\bar{9}$
2	5	2	Λ	7	8	2	678
3	$\bar{3}$	2	$\bar{3}4\bar{5}$	8	2	2	123
4	9	2	369	9	$\bar{2}$	2	$\bar{2}5\bar{8}$

现在 $\bar{2}5\bar{8} \to \bar{2}5\bar{8} \diamond 123 = 13\bar{5}\bar{8} \to 13\bar{5}67 \to 3\bar{5}67\bar{9} \to 3\bar{5}6\bar{9} \to 3\bar{5}6 \to \bar{4}\bar{5}6$，因此我们学到了 $\bar{4}\bar{5}6$（可以简化为 $\bar{5}6$，因为如习题 257 所解释的，$\bar{4}$ 是“冗余的”）.

置 $L_2 \leftarrow \bar{5}$，其理由为 $\bar{4}\bar{5}6$ 或 $\bar{5}6$，现在强制在第 1 层得到 7, $\bar{1}$, 3, 9, $\bar{2}$, $\bar{8}$, 8，这个冲突很快让我们学到了单元子句 6.（接下来我们将开始第 0 层，置 $L_0 \leftarrow 6$. 在第 0 层不需要给出“理由”.）

254. 通过推导出第 1 层的 3, 2, 4, $\bar{4}$，它将找到 $\bar{2}\bar{4} \diamond 4\bar{3} = \bar{2}\bar{3}$ 和 $\bar{2}\bar{3} \diamond 2\bar{3} = \bar{3}$，学习到 $\bar{3}$.（或者在推导出 $\bar{2}$ 后就可能学习到 $\bar{3}$.）然后它将在第 0 层推导出 $\bar{3}$, $\bar{1}$, 2, $\bar{4}$.

255. 例如，$\{\bar{1}\bar{2}\bar{4}, \bar{2}\bar{3}\bar{5}, 456, 45\bar{6}\}$.［由于在文中描述的过程中学习到的子句 c' 只包含冲突层 d 中的一个文字 l，因此，$\bar{l}$ 在路径中的位置被称为“唯一蕴涵点”（UIP）. 如果 l 不是其所在层的决策文字，那么我们可以用 l 的理由归结 c' 并找到另一个 UIP. 但是，每次新的归结可能会增加 b 数组并限制回跳的数量. 因此，我们在第一个 UIP 处停止.］

256. 如果它为假，那么文字 50, 26, $\cdots$, 30 都为真，因此 $\overline{25}$、23 和 29 也为真，这是一个冲突. 因此，我们可以通过从 $\overline{23}\,\overline{26} \cdots \overline{50}$ 开始，并与 23 25 27、25 27 29 和 $\overline{25}\,\overline{30} \cdots \overline{70}$ 进行归结来得到“∗∗”.（类似地，并且更简单的是，通过归结 $\overline{11}\,\overline{16} \cdots \overline{56}$ 与 31 61 91、41 66 91 和 56 61 66 来学习 (122).）

257. (a) 假设在第 d'（$d' > 0$）层上的 $\bar{l}'$ 是冗余的，那么 l' 的理由中的某个 l'' 也在第 d' 层上，且 l'' 要么在 c 中，要么是冗余的. 对路径位置使用归纳法.

(b) 我们可以假设在归结冲突时使用的戳记值 s 是 3 的倍数，且所有戳记都小于或等于 s. 如果已知 $\bar{l}$ 是冗余的，我们可以用 $\texttt{S}(|l|) \leftarrow s+1$ 给文字 l 打上戳记，或者如果已知 $\bar{l}$ 是非冗余的且不在 c 中，那么用 $s+2$ 打上戳记.（这些戳记作为“备忘录缓存”，以避免重复工作.）在构建 c 时，我们也可以给层级打戳记. 如果第 d' 层恰好有一个 b_i，那么置 $\texttt{LS}[d'] \leftarrow s$；如果有多于一个，那么置 $\texttt{LS}[d'] \leftarrow s+1$.

对于 $1 \leqslant j \leqslant r$，$\bar{b}_j$ 是冗余的，当且仅当 $\texttt{LS}[\mathit{lev}(b_j)] = s+1$ 且 $\mathit{red}(\bar{b}_j)$ 为真，其中 $\mathit{lev}(l) = \texttt{VAL}(|l|) \gg 1$，且 $\mathit{red}(\bar{l})$ 是如下递归过程：“若 l 是决策文字，返回假. 否则设 $(l \vee \bar{a}_1 \vee \cdots \vee \bar{a}_k)$ 是 l 的理由. 对于 $1 \leqslant i \leqslant k$ 且 $\mathit{lev}(a_i) > 0$，若 $\texttt{S}(|a_i|) = s+2$，返回假；若 $\texttt{S}(|a_i|) < s$ 且 $\texttt{LS}[\mathit{lev}(a_i)] < s$ 或 $\mathit{red}(\bar{a}_i)$ 为假，则置 $\texttt{S}(|a_i|) \leftarrow s+2$ 并返回假. 但若这些条件都不成立，则置 $\texttt{S}(|l|) \leftarrow s+1$ 并返回真.”

［参见艾伦 · 范格尔德，*LNCS* **5584** (2009), 141–146.］

258. 这个说法在表 3 中是正确的，但一般情况下是错误的. 实际上，考虑表 3 的后续内容：决策 $L_{44}=\overline{57}$ 导致需要检查 57 的监视列表，因此由于子句 15 57 36、78 57 36、87 57 27，会以某种顺序迫使 15、78 和 87（以及其他文字）. 然后 $\overline{96}$ 将被子句 $\overline{96}\,\overline{87}\cdots\overline{15}$ 强制得到，且在强制时，该子句的第二个文字将是 $\overline{15}$，与路径顺序无关，前提是该子句的监视文字是 $\overline{96}$ 和 $\overline{15}$（使其对 $\overline{78}$ 和 $\overline{87}$ 不可见）.

259. 当 $0.7245<\rho<0.7548$ 时，$1+\rho^6+\rho^7<\rho+\rho^2$ 成立.（实际上可以有任意数量的交叉点：考虑多项式 $(1-\rho-\rho^2)(1-\rho^3-\rho^6)(1-\rho^9-\rho^{18})$.）

260. 首先，为了在堆中获得一个随机排列，我们可以使用算法 3.4.2P 的变体：对于 $k\leftarrow 1, 2, \cdots, n$，令 j 为区间 $[0\,..\,k-1]$ 中的一个随机整数，并置 HEAP$[k-1]\leftarrow$ HEAP$[j]$、HEAP$[j]\leftarrow k$. 然后对于 $0\leqslant j<n$，置 HLOC(HEAP$[j]$) $\leftarrow j$.

接下来，置 $F\leftarrow 0$，且对于 $2\leqslant l\leqslant 2n+1$，置 $W_l\leftarrow 0$ 和 $c\leftarrow 3$. 对每个输入子句 $l_0l_1\cdots l_{k-1}$ 执行以下操作：若 $k=0$，或者若 $k=1$ 且 $0\leqslant$ VAL($|l_0|$) $\neq l_0\,\&\,1$，则终止并报告失败；若 $k=1$ 且 VAL($|l_0|$) <0，则置 VAL($|l_0|$) $\leftarrow l_0\,\&\,1$、TLOC($|l_0|$) $\leftarrow F$、$F\leftarrow F+1$；若 $k>1$，则对于 $0\leqslant j<k$，置 MEM$[c+j]\leftarrow l_j$，同时置 MEM$[c-1]\leftarrow k$、MEM$[c-2]\leftarrow W_{l_0}$、$W_{l_0}\leftarrow c$、MEM$[c-3]\leftarrow W_{l_1}$、$W_{l_1}\leftarrow c$、$c\leftarrow c+k+3$.

最后，置 MINL $\leftarrow$ MAXL $\leftarrow c+2$（为第一个学习到的子句的前导部分预留两个单元格用于额外数据）. 当然，我们还必须确保 MEM 足够大.

261. （在本答案中，l_j 是 MEM$[c+j]$ 的简写.）置 $q\leftarrow 0$ 且 $c\leftarrow W_{\bar l}$. 每当 $c\neq 0$ 时，执行以下操作：置 $l'\leftarrow l_0$；若 $l'\neq\bar l$（因此 $l_1=\bar l$），则置 $c'\leftarrow l_{-3}$；否则置 $l'\leftarrow l_1$、$l_0\leftarrow l'$、$l_1\leftarrow\bar l$、$c'\leftarrow l_{-2}$、$l_{-2}\leftarrow l_{-3}$ 且 $l_{-3}\leftarrow c'$. 若 VAL($|l_0|$) $\geqslant 0$ 且 VAL($|l_0|$) $+\,l_0$ 为偶数（l_0 为真），则执行以下步骤：

$$\text{若 } q\neq 0\text{，则置 MEM}[q-3]\leftarrow c\text{，否则置 } W_{\bar l}\leftarrow c\text{. 然后置 } q\leftarrow c. \qquad (*)$$

否则置 $j\leftarrow 2$. 每当 $j<l_{-1}$、VAL($|l_j|$) $\geqslant 0$ 且 VAL($|l_j|$) $+\,l_j$ 为奇数时，置 $j\leftarrow j+1$. 若此时 $j<l_{-1}$，则置 $l_1\leftarrow l_j$、$l_j\leftarrow\bar l$、$l_{-3}\leftarrow W_{l_1}$、$W_{l_1}\leftarrow c$. 但若 $j=l_{-1}$，则执行上述 $(*)$. 若 VAL($|l_0|$) $\geqslant 0$ 则跳转至步骤 C7，否则置 $L_F\leftarrow l_0$ 等（见步骤 C4）且 $c\leftarrow c'$.

最后，当 $c=0$ 时，执行上述 $(*)$ 以终止 $\bar l$ 的新监视列表.

262. 为了在步骤 C6 中删除 $k=$ HEAP[0]，执行以下操作：置 $h\leftarrow h-1$ 且 HLOC(k) $\leftarrow -1$. 若 $h=0$ 则停止. 否则置 $i\leftarrow$ HEAP$[h]$、$\alpha\leftarrow$ ACT(i)、$j\leftarrow 0$、$j'\leftarrow 1$，然后每当 $j'<h$ 时执行以下操作：置 $\alpha'\leftarrow$ ACT(HEAP$[j']$)，若 $j'+1<h$ 且 ACT(HEAP$[j'+1]$) $>\alpha'$，则置 $j'\leftarrow j'+1$ 且 $\alpha'\leftarrow$ ACT(HEAP$[j']$)；若 $\alpha\geqslant\alpha'$，则置 $j'\leftarrow h$，否则置 HEAP$[j]\leftarrow$ HEAP$[j']$、HLOC(HEAP$[j']$) $\leftarrow j$、$j\leftarrow j'$ 且 $j'\leftarrow 2j+1$. 然后置 HEAP$[j]\leftarrow i$ 且 HLOC(i) $\leftarrow j$.

在步骤 C7 中，置 $k\leftarrow|l|$、$\alpha\leftarrow$ ACT(k)、ACT(k) $\leftarrow\alpha+$DEL、$j\leftarrow$ HLOC(k)，且若 $j>0$ 则执行上浮操作："重复循环，置 $j'\leftarrow(j-1)\gg 1$ 且 $i\leftarrow$ HEAP$[j']$，ACT(i) $\geqslant\alpha$ 时退出，否则置 HEAP$[j]\leftarrow i$、HLOC(i) $\leftarrow j$、$j\leftarrow j'$，且 $j=0$ 时退出. 然后置 HEAP$[j]\leftarrow k$ 且 HLOC(k) $\leftarrow j$."

为了在步骤 C8 中插入 k，置 $\alpha\leftarrow$ ACT(k)、$j\leftarrow h$、$h\leftarrow h+1$. 若 $j=0$，则置 HEAP[0] $\leftarrow k$ 且 HLOC(k) $\leftarrow 0$. 否则执行上浮操作.

263. （假设 LS 数组初始为零，本答案还设置了习题 257 的答案中需要的层级戳记 LS$[d]$.）如习题 262 的答案所述，令"撞击 l"表示"将 ACT($|l|$) 增加 DEL". 另外令 $blit(l)$ 为如下子例程："若 S($|l|$) $=s$，则什么也不做. 否则置 S($|l|$) $\leftarrow s$、$p\leftarrow lev(l)$. 若 $p>0$，则撞击 l. 然后若 $p=d$，则置 $q\leftarrow q+1$. 否则置 $r\leftarrow r+1$、$b_r\leftarrow\bar l$、$d'\leftarrow\max(d',p)$，且若 LS$[p]\leqslant s$，则置 LS$[p]\leftarrow s+[\text{LS}[p]=s]$."

当从步骤 C4 进入步骤 C7 时，假设 $d>0$，置 $d'\leftarrow q\leftarrow r\leftarrow 0$、$s\leftarrow s+3$、S($|l_0|$) $\leftarrow s$，撞击 l_0，并对 $1\leqslant j<k$ 执行 $blit(l_j)$. 还要置 $t\leftarrow\max($TLOC($|l_0|$)$,\cdots,$TLOC($|l_{k-1}|$)$)$. 然后，每当 $q>0$ 时，置 $l\leftarrow L_t$、$t\leftarrow t-1$. 若 S($|l|$) $=s$，则置 $q\leftarrow q-1$，且若 $R_l\neq\Lambda$，则令子句 R_l 为 $l_0l_1\cdots l_{k-1}$ 并对 $1\leqslant j<k$ 执行 $blit(l_j)$. 最后置 $l'\leftarrow L_t$，且每当 S($|l'|$) $\neq s$ 时置 $t\leftarrow t-1$ 且 $l'\leftarrow L_t$.

现在可以按习题 257 的答案中的方法检查新子句是否有冗余. 为了在步骤 C9 中安装它，注意一个微妙之处：我们必须监视一个在第 d' 层上定义的文字. 因此我们置 $c\leftarrow$ MAXL、MEM$[c]\leftarrow\bar l'$、

$k \leftarrow 0$、$j' \leftarrow 1$，且对 $1 \leqslant j \leqslant r$，若 $\mathtt{S}(|b_j|) = s$，则置 $k \leftarrow k+1$ 并执行如下操作：若 $j' = 0$ 或 $lev(b_j) < d'$，则置 $\mathtt{MEM}[c+k+j'] \leftarrow \bar{b}_j$；否则置 $\mathtt{MEM}[c+1] \leftarrow \bar{b}_j$、$j' \leftarrow 0$、$\mathtt{MEM}[c-2] \leftarrow W_{\bar{l}'}$、$W_{\bar{l}'} \leftarrow c$、$\mathtt{MEM}[c-3] \leftarrow W_{\bar{b}_j}$、$W_{\bar{b}_j} \leftarrow c$. 最后置 $\mathtt{MEM}[c-1] \leftarrow k+1$、$\mathtt{MAXL} \leftarrow c+k+6$.

264. 我们可以维护一个“历史代码”数组，当设置 L_F 时将 H_F 设为 0、2、4 或 6，然后使用 $H_t+(L_t\&1)$ 作为表示路径位置 t 的行动代码，其中 $0 \leqslant t < F$. 历史代码 6、4 和 0 分别适用于步骤 C1、C4 和 C6. 在步骤 C9 中，如果 l' 是决策文字则使用代码 2，否则使用代码 6.

（当路径被刷新和重启时，这些行动代码并不会按字典序增加，因此它们不能像在其他算法中那样很好地显示进度.）

265. (1) 当路径上的文字 L_t（其中 $G \leqslant t < F$）变为真，但 $\overline{L}_t$ 的监视列表尚未被检查时. (2) 如果 l_0 为真，使得子句 c 被满足，那么当 l_1 变为假时，步骤 C4 不会从 l_1 的监视列表中移除 c.（这种行为是合理的，因为在回溯步骤 C8 中 l_1 变为自由之前，c 不会被再次检查.）(3) 成为 l_0 的理由的子句仍然保留在其假文字 l_1 的监视列表中. (4) 在完整运行期间，触发冲突的子句被允许保持其两个监视文字都为假.

一般来说，为假的监视文字必须在其子句中所有文字的最高路径层次上被定义.

266. 若 U 是一个在 0 和 1 之间的均匀随机数且 $U < p$，则执行以下操作：置 j 为满足 $0 \leqslant j < h$ 的随机整数，并置 $k \leftarrow \mathtt{HEAP}[j]$. 若 $j = 0$ 或 $\mathtt{VAL}(k) \geqslant 0$，则使用普通的 C6，否则在 k 上分支（且不必从堆中移除 k）.

267. 与算法 L 一样，每个文字 l 都有一个顺序表 $\mathtt{BIMP}(l)$，其中包含所有满足 $\bar{l} \vee l'$ 是二元子句的文字 l'. 此外，当传播算法因为 $l' \in \mathtt{BIMP}(l)$ 而置 $L_F \leftarrow l'$ 时，我们可以置 $R_{l'} \leftarrow -l$，而不是使用正的子句编号作为“理由”.（注意，如果二元子句在 BIMP 表中有隐式表示，那么它就不必在 MEM 中显式表示. 作者的算法 C 实现仅使用 BIMP 表来加速原始输入中出现的二元子句. 这样做的好处是简单，因为可以为每个表永久分配所需的确切空间. 学习到的二元子句在实践中相对罕见. 因此，它们通常可以用监视文字来处理，而不必提供在算法 L 中很重要的复杂伙伴系统方案.）

这里更精确地说明了如何使用 BIMP 加速内部循环. 我们希望尽快执行二元传播，因为它们很快. 因此我们引入了一个类似于 (62) 的广度优先探索过程：

$$\begin{aligned}&\text{置 } H \leftarrow F\text{；处理 } l'\text{，其中 } l' \in \mathtt{BIMP}(l_0)\text{；}\\&\text{每当 } H < F \text{ 时，置 } l_0 \leftarrow L_H\text{、}H \leftarrow H+1\text{，}\\&\quad\text{并且处理 } l'\text{，其中 } l' \in \mathtt{BIMP}(l_0).\end{aligned}\qquad(**)$$

这里，“处理 l'”的意思是：“若 l' 为真，则什么也不做；若 l' 为假，则带着冲突子句 $\bar{l} \vee l'$ 转到 C7；否则置 $L_F \leftarrow l'$、$\mathtt{TLOC}(|l'|) \leftarrow F$、$\mathtt{VAL}(|l'|) \leftarrow 2d+(l'\&1)$、$R_{l'} \leftarrow -l$、$F \leftarrow F+1$.”我们在习题 261 的答案中置 $c \leftarrow c'$ 之前执行 (**). 此外，我们在步骤 C1 中 $G \leftarrow 0$ 之后以及步骤 C6 和 C9 中 $F \leftarrow F+1$ 之后置 $E \leftarrow F$. 如果在步骤 C4 中 $G \leftarrow G+1$ 之后有 $G \leqslant E$，那么我们就用 $l_0 \leftarrow \bar{l}$ 执行 (**).

习题 263 的答案可以以一种直接的方式修改，使得当 R_l 具有负值 $-l'$ 时，“子句 R_l”被视为二元子句 $(l \vee \bar{l}')$.

268. 如果 $\mathtt{MEM}[c-1] = k \geqslant 3$ 是子句 c 的大小，且 $1 < j < k$，那么我们可以通过以下操作删除 $\mathtt{MEM}[c+j]$ 中的文字 l：置 $k \leftarrow k-1$、$\mathtt{MEM}[c-1] \leftarrow k$、$l' \leftarrow \mathtt{MEM}[c+k]$、$\mathtt{MEM}[c+j] \leftarrow l'$、$\mathtt{MEM}[c+k] \leftarrow l+f$，其中，$f$ 是一个标记（通常为 2^{31}），用于区分已删除的文字和普通文字.［当当前层级 d 为 0 时不需要执行此操作，因此我们可以假设删除前 $k \geqslant 3$ 且 $j > 1$. 标记是必要的，这样对整个子句集的全局操作（如清除算法）就可以安全地跳过已删除的文字. MEM 中的最后一个子句后面应该跟着 0，这是一个已知的未标记元素.］

269. (a) 如果当前子句包含一个文字 $l = \bar{L}_t$，它不在平凡子句中，且 t 最大，那么用 $R_{\bar{l}}$ 归结当前子句，并重复此过程.

(b) $(\bar{u}_1 \vee b_j) \wedge (l_j \vee \bar{l}_{j-1} \vee \bar{b}_j)$ （$1 \leqslant j \leqslant 9$），$(l_0 \vee \bar{u}_2 \vee \bar{u}_3) \wedge (\bar{l}_9 \vee \bar{l}_8 \vee \bar{b}_{10})$；$l' = l_0$.

(c) 如果 $r \geqslant d'+\tau$，其中，τ 是一个正参数，那么学习平凡子句，而不是学习 $(\bar{l}' \vee \bar{b}_1 \vee \cdots \vee \bar{b}_r)$.（监视文字应为 $\bar{l}'$ 和 $\bar{u}_{d'}$.）

注意，此过程的学习比简单回溯的算法 D 更复杂，即使当平凡子句总是被替换（$\tau = -\infty$）时也是如此，因为当 $d' < d+1$ 时，它提供了回跳.

270. (a) 考虑子句 $3\bar{2}$, $4\bar{3}\bar{2}$, $5\bar{4}\bar{3}\bar{1}$, $6\bar{5}\bar{4}\bar{1}$, $\bar{6}\bar{5}\bar{4}$，初始决策为 $L_1 \leftarrow 1$ 和 $L_2 \leftarrow 2$. 然后 $L_3 \leftarrow 3$，理由为 $R_3 \leftarrow 3\bar{2}$. 类似地，$L_4 \leftarrow 4$、$L_5 \leftarrow 5$. 如果 $L_6 \leftarrow 6$，冲突子句 $\bar{6}\bar{5}\bar{4}$ 允许我们将 R_6 加强为 $\bar{5}\bar{4}\bar{1}$. 但如果 $L_6 \leftarrow \bar{6}$，且 $R_{\bar{6}} \leftarrow \bar{6}\bar{5}\bar{4}$，我们就不会注意到 $6\bar{5}\bar{4}\bar{1}$ 可以被加强. 然而在任何情况下，我们都可以在学习子句 $\bar{2}\bar{1}$ 之前，将 R_5 加强为 $\bar{4}\bar{3}\bar{1}$.

(b) 在对 R_l 的文字执行 $blit(l_j)$ 之后，我们知道 $R_l \setminus l$ 包含在 $\{\bar{b}_1, \cdots, \bar{b}_r\}$ 中，$q+1$ 个在层级 d 被标记的未归结假文字也是如此.（习题 268 确保了 $p \neq 0$ 在每个 $blit$ 中成立.）因此，如果 $q+r+1 < k$ 且 $q > 0$，我们可以动态地包含子句 R_l.

在这种情况下，可以使用习题 268 的答案中的程序从 $c = R_l$ 中删除 l. 复杂之处在于，$l = l_0$ 是一个监视文字（在该答案中 $j = 0$），且所有其他文字都为假. 删除 l 后，监视一个在路径层级 d 定义的假文字 l' 将是必要的. 因此我们找到最大的 $j' \leqslant k$，使得 $\mathtt{VAL(MEM[}c+j'\mathtt{])} \geqslant 2d$，并置 $l' \leftarrow \mathtt{MEM[}c+j'\mathtt{]}$. 如果 $j' \neq k$，我们还置 $\mathtt{MEM[}c+j'\mathtt{]} \leftarrow \mathtt{MEM[}c+k\mathtt{]}$. 我们可以假设 $j' > 1$. 最后，在按习题 268 的答案置 $\mathtt{MEM[}c\mathtt{]} \leftarrow l'$ 和 $\mathtt{MEM[}c+k\mathtt{]} \leftarrow l+f$ 后，我们还要从监视列表 W_l 中删除 c，并将其插入到 $W_{l'}$ 中.

[这种改进通常可以节省 1% ~ 10% 的运行时间，但有时节省更多. 它于 2009 年由两个研究小组独立发现：参见韩孝贞和法比奥 · 索门齐，*LNCS* **5584** (2009), 209–222；优素福 · 哈马迪、赛义德 · 贾布尔和拉赫达尔 · 萨伊斯，*Int. Conf. Tools with Artif. Int.* (ICTAI) **21** (2009), 328–335.]

271. 我们只在当前子句 C_i 不是平凡子句（见习题 269）且 C_{i-1} 的第一个文字不出现在路径上时才检查是否可以丢弃.（事实上，经验表明几乎所有被允许的丢弃都属于这种情况.）因此，设 C_{i-1} 为 $l_0 l_1 \cdots l_{k-1}$，其中 $\mathtt{VAL(}|l_0|\mathtt{)} < 0$. 我们要判定 $\{\bar{l}', \bar{b}_1, \cdots, \bar{b}_r\} \subseteq \{l_1, \cdots, l_{k-1}\}$ 是否成立.

诀窍是使用已经设置好的戳记字段. 置 $j \leftarrow k-1$ 和 $q \leftarrow r+1$，每当 $q > 0$ 且 $j \geqslant q$ 时执行以下操作：若 $l_j = \bar{l}'$，或者若 $0 \leqslant \mathtt{VAL(}|l_j|\mathtt{)} \leqslant 2d'+1$ 且 $\mathtt{S(}|l_j|\mathtt{)} = s$，则置 $q \leftarrow q-1$. 在任何情况下都置 $j \leftarrow j-1$. 然后在 $q = 0$ 时丢弃.

272. 反射并不像看起来那么容易实现，除非 C 是单元子句，因为 C^R 必须被小心地放置在 MEM 中，并且必须与路径保持一致. 此外，经验表明最好不要学习每个已学习子句的反射，因为过多的子句会使单元传播变慢. 然而，作者通过在步骤 C9 返回到 C3 之前执行下面的操作获得了令人鼓舞的结果，这些操作仅在 C 的长度不超过给定参数 R 时执行.

将 C^R 的文字等级赋值为 $\mathrm{rank}(l)$，其中，若 l 在路径上，则 $\mathrm{rank}(l) = \infty$；若 $\bar{l}$ 在层次 $d'' < d'$ 的路径上，则 $\mathrm{rank}(l) = d''$；否则 $\mathrm{rank}(l) = d$. 设 u 和 v 是两个最高等级的文字，且 $\mathrm{rank}(u) \geqslant \mathrm{rank}(v)$. 将它们放在 C^R 的前两个位置，以便它们被监视. 若 $\mathrm{rank}(v) > d'$，则不做进一步操作. 否则，若 $\mathrm{rank}(v) < d'$，则回跳到层次 $\mathrm{rank}(v)$ 并置 $d' \leftarrow \mathrm{rank}(v)$. 若 $\mathrm{rank}(u) = \mathrm{rank}(v) = d'$，则将 C^R 作为冲突子句处理，以 $c \leftarrow C^R$ 转到步骤 C7.（这是一个罕见事件，但确实可能发生.）否则，若 u 不出现在当前路径上，则置 $L_F \leftarrow u$、$\mathtt{TLOC(}|u|\mathtt{)} \leftarrow F$、$R_u \leftarrow C^R$、$F \leftarrow F+1$.（此时可能有 $F = E+2$.）

（比如，当 $R \leftarrow 6$ 时，此方法大约将 $waerden(3,10;97)$ 和 $waerden(3,13;160)$ 的运行时间减半，其中参数如 (193) 中设置，但 $\rho \leftarrow 0.995$ 除外.）

类似的想法也适用于子句 $langford(n)$，以及一般情况下，输入子句具有阶为 2 的自同构的情形.

273. (a) 我们可以通过在步骤 C5 中 F 达到 n 后继续运行，将算法 C 转换为“子句学习机器”：不再终止，而是基本上回到步骤 C1 重新开始，只是要保留当前收集的子句，并将 OVAL 极性重置为随机位. 大小不超过参数 K 的学习子句应写入文件. 当找到给定数量的短子句或超过给定时间限制时停止.

比如，作者首次尝试寻找 $W(3,13)$ 时遇到了以下情况：将此算法应用于 $waerden(3,13;158)$，令 $K=3$，超时限制为 30 Gμ（十亿次内存访问），得到 5 个子句 65 68 70, 68 78 81, 78 81 90, 78 79 81, 79 81 82. 因此可以将 15 个子句 65 68 70, 66 69 71, $\cdots$, 81 83 84 及其 15 个反射 96 93 91, 95 92 90, $\cdots$, 80 78 77 添加到 $waerden(3,13;160)$ 中. 然后习题 272 中的算法“C^{R}”在经过额外的 107 Gμ 后证明这个增广集合是不可满足的. 在第二个实验中，对 $waerden(3,13;159)$ 使用 $K=2$ 得到 3 个二元子句 76 84、81 86 和 84 88. 通过移位和反射得到 12 个二元子句，它们与 $waerden(3,13;160)$ 一起被 C^{R} 在另外 80 Gμ

内否证.（作为比较，算法 $\mathrm{C^R}$ 在大约 120 Gμ 内独立否证了 $waerden(3,13;160)$，而算法 C 和算法 L 都用了大约 270 Gμ.）从可满足的子问题中学习有用子句的最优策略还远未明确，特别是因为运行时间变化很大. 但这种方法确实显示出前景，尤其是在更困难的问题上——当可以投入更多时间进行初步学习时.

(b) 从可满足的实例（比如 $\boldsymbol{X}_0 \to \boldsymbol{X}_1 \to \cdots \to \boldsymbol{X}_{r-1}$，其中不要求 $\boldsymbol{X}_0$ 是初始状态）中学到的短子句，可以通过移位来帮助否证 $\boldsymbol{X}_0 \to \boldsymbol{X}_1 \to \cdots \to \boldsymbol{X}_r$.

274. 通过谨慎处理，可以（而且必须）避免循环推理. 但作者对这些想法（以及相关的"更优冲突"概念）进行的详细实验令人失望，它们在运行时间上并没有超越更简单的算法. 然而，艾伦 · 范格尔德提出的一个有趣想法 [*Journal on Satisfiability, Boolean Modeling and Computation* **8** (2012), 117–122] 展现出了一些前景.

275. 当找到一个解时，令 k 为满足 $x_k = 1$ 且 x_k 的值不在第 0 层赋值的最小数. 若不存在这样的 k，则停止. 否则，我们可以在第 0 层强制变量 x_1 到 x_{k-1} 都取它们当前的值，因为我们知道这不会导致问题变得不可满足. 因此我们固定这些值，并在第 1 层试探性地以决策"$x_k = 0$"重新开始求解过程. 如果发生冲突，我们就知道在第 0 层有 $x_k = 1$；如果没有冲突，我们就得到一个 $x_k = 0$ 的解. 无论哪种情况，我们都可以增大 k.（这个方法比习题 109 的答案中的方法要好得多，因为每个学习子句都持续有效.）

276. 正确. 单元传播本质上将 $F \wedge L$ 转换为 $F\,|\,L$.

277. 否则 $F \wedge C_1 \wedge \cdots \wedge C_{t-1} \vdash_1 \epsilon$ 失败（单元传播不会开始）.

278. 比如，$(46, \bar{5}6, \bar{5}4, 6, 4, \epsilon)$.（六步是必要的.）

279. 正确，因为依赖图包含一个满足 $l \longrightarrow^* \bar{l} \longrightarrow^* l$ 的文字 l.

280. (a) 这些子句被满足，当且仅当 $x_1 \cdots x_n$ 中至少有 j 个 0 和至少有 k 个 1 时. [问题 $cook(k,k)$ 是由斯蒂芬 · 亚瑟 · 库克于 1971 年提出的（未发表）.]

(b) 对于 $t = 1, 2, \cdots, j$，取 $\{1, \cdots, n-1-t\}$ 上的所有正 $(j-t)$ 元子句.

(c) 假设第一个决策是 $L_0 \leftarrow x_n$. 算法将继续执行，就像输入是 $cook(j,k)\,|\,x_n = cook(j, k-1)$ 一样. 此外，对于这些子句，它最初学习到的每个子句都将包含 $\bar{x}_n$. 因此，通过归纳，单元子句 $(\bar{x}_n)$ 将是第 $\binom{n-2}{j-1}$ 个学习到的子句. 所有先前学习到的子句都被这一个子句所包含，因此它们不再有价值. 剩余的问题是 $cook(j,k)\,|\,\bar{x}_n = cook(j-1, k)$，所以算法将在再学习 $\binom{n-2}{j-2}$ 个子句后结束.

同理，如果第一个决策是 $L_0 \leftarrow \bar{x}_n$，那么第 $\binom{n-2}{j-2}$ 个学习到的子句将是 (x_n).

281. 斯托尔马克的否证对应于序列 $(M'_{jk1}, M'_{jk2}, \cdots, M'_{jk(k-1)}, M_{j(k-1)})$，其中 $j = 1, \cdots, k-1$ 且 $k = m, m-1, \cdots, 1$.（可以省略 $M'_{jk(k-1)}$.）

282. 首先学习排除子句 (17). 在接下来的子句中，我们将用 a_j、b_j 等作为 $a_{j,p}$、$b_{j,p}$ 等的简写，其中，$1 \leqslant p \leqslant 3$ 是一个特定的颜色. 注意到这 $12q$ 条边出现在 $4q$ 个三角形中，即 $\{b_j, c_j, d_j\}$、$\{a_j, a_{j'}, b_{j'}\}$、$\{f_j, e_{j'}, c_{j'}\}$、$\{e_j, f_{j'}, d_{j'}\}$，其中 $1 \leqslant j \leqslant q$ 且 j' 是 $j+1 \pmod q$. 对于每个这样的三角形 $\{u, v, w\}$，学习 $(\bar{u}_{p'} \vee v_p \vee w_p)$，然后学习 $(u_p \vee v_p \vee w_p)$，其中 p' 是 $p+1 \pmod 3$.

现在对于 $j = 1, 2, \cdots, q$，学习 $(a_j \vee f_j \vee a_{j'} \vee e_{j'})$、$(a_j \vee e_j \vee a_{j'} \vee f_{j'})$、$(e_j \vee f_j \vee e_{j'} \vee f_{j'})$、$(\bar{a}_j \vee \bar{e}_j \vee \bar{e}_{j'})$、$(\bar{a}_j \vee \bar{f}_j \vee \bar{f}_{j'})$、$(\bar{e}_j \vee \bar{f}_j \vee \bar{a}_{j'})$，以及另外 18 个子句:

$$(\bar{u}_1 \vee \bar{v}_1 \vee u'_j \vee v'_j)、(\bar{u}_2 \vee \bar{v}_2 \vee u'_{j'} \vee v'_{j'}), \qquad \text{若 } j \geqslant 3 \text{ 为奇数;}$$
$$(\bar{u}_1 \vee \bar{v}_1 \vee \bar{u}'_j)、(\bar{u}_2 \vee \bar{v}_2 \vee \bar{u}'_{j'}), \qquad \text{若 } j \geqslant 3 \text{ 为偶数.}$$

这里，$u, v \in \{a, e, f\}$ 且 $u', v' \in \{a, e, f\}$ 产生 (u, v, u', v') 的 3×3 种选择. 然后我们准备学习子句 $(\bar{a}_j \vee \bar{e}_j)$、$(\bar{a}_j \vee \bar{f}_j)$、$(\bar{e}_j \vee \bar{f}_j)$（$j \in \{1, 2\}$）以及子句 $(a_j \vee e_j \vee f_j \vee a_{j'})$、$(a_j \vee e_j \vee f_j)$（$j \in \{1, q\}$）. 所有这些子句都要关于 $1 \leqslant p \leqslant 3$ 进行学习.

接下来，对于 $j = q, q-1, \cdots, 2$，学习 $(\bar{a}_j \vee \bar{e}_j)$、$(\bar{a}_j \vee \bar{f}_j)$、$(\bar{e}_j \vee \bar{f}_j)$（$1 \leqslant p \leqslant 3$），然后学习 $(a_{j-1} \vee e_{j-1} \vee f_{j-1} \vee a_j)$、$(a_{j-1} \vee e_{j-1} \vee f_{j-1})$（$1 \leqslant p \leqslant 3$）. 现在我们已经建立了提示中的所有子句.

最终结果包含以下内容（$1 \leqslant p \leqslant 3$）：对于所有满足 $\{p, p', p''\} = \{1, 2, 3\}$ 的 p' 和 p'' 的选择（因此有两种选择），以及对于 $j = 2, 3, \cdots, q$，学习以下 3 个子句，

$(\bar{a}_{1,p} \vee \bar{e}_{1,p'} \vee \bar{a}_{j,p} \vee e_{j,p''})$、$(\bar{a}_{1,p} \vee \bar{e}_{1,p'} \vee \bar{a}_{j,p'} \vee e_{j,p})$、$(\bar{a}_{1,p} \vee \bar{e}_{1,p'} \vee \bar{a}_{j,p''} \vee e_{j,p'})$， j 为偶数；

$(\bar{a}_{1,p} \vee \bar{e}_{1,p'} \vee \bar{a}_{j,p} \vee e_{j,p'})$、$(\bar{a}_{1,p} \vee \bar{e}_{1,p'} \vee \bar{a}_{j,p'} \vee e_{j,p''})$、$(\bar{a}_{1,p} \vee \bar{e}_{1,p'} \vee \bar{a}_{j,p''} \vee e_{j,p})$， j 为奇数；

然后学习 $(\bar{a}_{1,p} \vee \bar{e}_{1,p'})$. 最后学习 $\bar{a}_{1,p}$.

[实际上，这些子句并非都是必需的. 比如，b、c 和 d 的排除子句并未被使用. 这个证书并不假设 $fsnark(q)$ 的对称性破缺单元子句 $b_{1,1} \wedge c_{1,2} \wedge d_{1,3}$ 存在. 事实上，这些子句对它的帮助并不大. 算法 C 实际学习到的子句要长得多，且有些混乱（事实上非常神秘），很难看出“啊哈”时刻究竟在何时.]

283. 一个相关的问题是，当 $q \to \infty$ 时，学习到的子句的期望长度是否为 $O(1)$. 注记：习题 7.2.2.3–232 中有进一步的信息.

284. 为方便起见，我们可以将 $F \cup C_1 \cup \cdots \cup C_t$ 中的每个单元子句 (l) 表示为二元子句 $(l \vee \bar{x}_0)$，其中，x_0 是一个始终为真的新变量. 我们借用算法 C 的一些数据结构，即路径数组 L、理由数组 R，以及与每个变量相关联的字段 TLOC、S、VAL. 当 x_k 被强制为真、强制为假或未被强制时，我们分别置 VAL(k) 为 0、1 或 -1.

为了验证子句 $C_i = (a_1 \vee \cdots \vee a_k)$，我们首先置 VAL($j$) $\leftarrow 0$（$0 \leqslant j \leqslant n$）、$L_0 \leftarrow 0$、$L_1 \leftarrow \bar{a}_1$……$L_k \leftarrow \bar{a}_k$、$E \leftarrow F \leftarrow k+1$、$G \leftarrow 0$，以及对于 $0 \leqslant p < F$，置 VAL($|L_p|$) $\leftarrow L_p \,\&\, 1$. 然后我们像在算法 C 中那样执行单元传播，期望在 $G = F$ 之前达到冲突.（否则验证失败.）

当子句 $c = l_0 \cdots l_{k-1}$ 在 $\bar{l}_0$ 已经被强制的情况下强制 l_0 时，就会出现冲突. 现在我们模仿步骤 C7（参见习题 263），但操作要简单得多：标记 c，对于 $0 \leqslant j < k$，置 S($|l_j|$) $\leftarrow i$，并置 $p \leftarrow \max($TLOC($|l_1|$)$, \cdots,$ TLOC($|l_{k-1}|$)$)$. 现在，当 $p \geqslant E$ 时，我们置 $l \leftarrow L_p$、$p \leftarrow p-1$. 若 S($|l|$) $= i$，我们还要“与 l 的理由进行归结”，具体如下：令子句 R_l 为 $l_0 l_1 \cdots l_{k-1}$，标记 R_l，并对于 $1 \leqslant j < k$，置 S($|l_j|$) $\leftarrow i$.

[韦茨勒、休尔和亨特提出了一个有趣的改进，虽然他们的算法更复杂，但通常会标记明显更少的子句：在进行单元传播时优先考虑已标记的子句，就像算法 L 在处理较长子句的蕴涵式时优先考虑二元蕴涵式那样（参见 (62)）.]

285. (a) $j = 77$, $s_{77} = 12 + 2827$, $m_{77} = 59$, $b_{77} = 710$.

(b) $j = 72$, $s_{72} = 12 + 2048$, $m_{72} = 99 + 243 + 404 + 536 = 1282$, $b_{72} = 3 + 40 + 57 + 86 = 186$.（当 $\alpha = \frac{1}{2}$ 时，RANGE 统计数据相当粗略，因为许多不同的签名会产生相同的结果.）

(c) $j = 71$, $s_{71} = 12 + 3087$, $m_{71} = 243$, $b_{71} = 40$.

286. 最大值 738 仅由 $\alpha = \frac{15}{16}$ 的 RANGE 导向解达到，不过我们也可以选择性地包含 $a_{pq} = 0$ 的签名 $(6, 0)$ 和 $(7, 0)$.（这个解优化了子句选择的最坏情形，因为所述问题隐式地假设了次要启发式是不好的. 然而，如果我们假设基于子句活跃度的制胜方案至少与随机选择一样好，那么 $\alpha = \frac{15}{16}$ 得到的期望值 $738 + 45 \times \frac{10}{59} \approx 745.6$ 不如 $\alpha = \frac{9}{16}$ 得到的期望值 $710 + 287 \times \frac{57}{404} \approx 750.5$ 好.）

287. 当在步骤 C7 中检测到冲突（且 $d > 0$）时，继续如同步骤 C3 一般执行；但要记住在每个层次 d 中首次检测到冲突的子句 C_d.

最终步骤 C5 会发现 $F = n$. 如果我们正在进行一次完整运行（原因是，我们想清除一些子句），那么此时子句会获得它们的 RANGE 分数.（然而有时，在一开始或者刚重启后进行几次完整运行也是有用的，因为可能会学习到一些有价值的子句.）

可以按照 d 递减的顺序，以常规方式从记住的子句 C_d 中学习新子句，但只在最低的这种层次上考虑“平凡”子句（见习题 269）. 我们必须跟踪所有这些冲突中的最小回跳层次 d'. 并且，如果有几个新子句具有相同的 d'，那么我们必须记住所有在最终回跳后将被放置在路径末尾的文字.

288. 步骤 C5 启动一次完整运行，从而最终发现 $F = n$. 此时如果没有出现任何冲突（虽然这种情况不太可能），我们就成功完成了. 否则，对于 $0 \leqslant d < n$，置 LS[d] $\leftarrow 0$，并对于 $1 \leqslant j < 256$，置 $m_j \leftarrow 0$. 每个已学习子句 c 的活跃度 ACT(c) 作为一个 32 位浮点数被保存在 MEM[$c-5$] 中. 对于所有按递增顺序排列的已学习子句 c，假设 c 的文字为 $l_0 l_1 \cdots l_{s-1}$，以下步骤计算 RANGE(c)，它将作为整数存储在 MEM[$c-4$] 中.

若 $R_{l_0} = c$，置 RANGE$(c) \leftarrow 0$. 否则置 $p \leftarrow r \leftarrow 0$，然后对 $0 \leqslant k < s$ 执行以下操作：置 $v \leftarrow$ VAL$(|l_k|)$. 若 $v < 2$ 且 $v + l_k$ 为偶数，置 RANGE$(c) \leftarrow 256$ 并退出关于 k 的循环（因为 c 永久被满足，所以是无用的）. 若 $v \geqslant 2$ 且 LS[$lev(l_k)$] $< c$，置 LS[$lev(l_k)$] $\leftarrow c$ 和 $r \leftarrow r + 1$. 然后，若 $v \geqslant 2$ 且 LS[$lev(l_k)$] $= c$ 且 $l_k + v$ 为偶数，置 LS[$lev(l_k)$] $\leftarrow c + 1$ 和 $p \leftarrow p + 1$. 当 k 达到 s 后，置 $r \leftarrow \min(\lfloor 16(p + \alpha(r - p)) \rfloor, 255)$、RANGE$(c) \leftarrow r$ 和 $m_r \leftarrow m_r + 1$.

对所有新学习的子句 c，给定 ACT$(c) \leftarrow 0$ 和 RANGE$(c) \leftarrow 0$，现在归结冲突（参见习题 287 的答案）并回跳到路径层次 0.（一轮清除是一个主要事件，它类似于春季大扫除. 这个过程中可能出现 $d' = 0$ 的情况，此时一个或多个文字已被添加到路径层次 0 中，且它们的后续结果尚未被探索.）按照 (124) 中的定义找到中间范围 j，其中，T 是当前已学习子句总数的一半. 如果 $j < 256$ 且 $T > s_j$，找到 $h = T - s_j$ 个满足 RANGE$(c) = j$ 且 ACT(c) 尽可能小的子句，并将它们的范围碰撞至 $j + 1$.（要做到这一点，可以将前 $m_j - h$ 个子句放入堆中，然后在遇到剩余的 h 个子句时反复碰撞最不活跃的子句. 参见习题 6.1–22.）

最后，按 c 递增的顺序，再次遍历所有已学习的子句 c. 若 RANGE$(c) > j$，则忽略 c，否则将其复制到一个新位置 $c' \leqslant c$ 上.（此时也可以移除当前在层次 0 定义的永久假文字；因此子句在 MEM$[c' - 1]$ 中的大小可能小于 MEM$[c - 1]$. 虽然可能性很小，但这种方式可以将已学习的子句简化为单元子句，甚至可能变为空子句.）活跃度得分应从 MEM$[c - 5]$ 复制到 MEM$[c' - 5]$；但 RANGE(c) 以及 MEM$[c - 2]$ 和 MEM$[c - 3]$ 中的监视链接不需要复制.

如习题 260 的答案所述，当复制完成后，所有监视列表都应该从头开始重新计算，包括原始子句和保留的已学习子句.

289. 通过归纳，对于所有 $k \geqslant 0$，有 $y_k = (2 - 2^{1-k})\Delta + (2(k-2) + 2^{2-k})\delta$.

290. 置 $k \leftarrow$ HEAP[0]；然后，若 VAL$(k) \geqslant 0$，则如习题 262 的答案所述，从堆中删除 k，并重复这个循环.

291. 因为第 18 层上的传播导致了 (115)，所以 OVAL(49) 将等于偶数 36.

292. 如果 AGILITY $\geqslant 2^{32} - 2^{13}$，那么式 (127) 要么减去 $2^{19} - 1$，要么加 1. 因此，存在极小的可能性，AGILITY 会从 $2^{32} - 1$ 溢出到 2^{32}，即零.（但即使发生溢出——尽管这是难以置信的——也不会造成灾难性后果. 因此，作者不会试图修复程序中的这个“漏洞”.）

293. 维护整数 $u_{\rm f}$、$v_{\rm f}$、$\theta_{\rm f}$，其中，$\theta_{\rm f}$ 有 64 位. 初始时 $u_{\rm f} = v_{\rm f} = M_{\rm f} = 1$. 当步骤 C5 中 $M \geqslant M_{\rm f}$ 时，执行以下操作：置 $M_{\rm f} \leftarrow M_{\rm f} + v_{\rm f}$. 若 $u_{\rm f} \,\&\, {-u_{\rm f}} = v_{\rm f}$，则置 $u_{\rm f} \leftarrow u_{\rm f} + 1$、$v_{\rm f} \leftarrow 1$、$\theta_{\rm f} \leftarrow 2^{32}\psi$；否则置 $v_{\rm f} \leftarrow 2v_{\rm f}$ 和 $\theta_{\rm f} \leftarrow \theta_{\rm f} + (\theta_{\rm f} \gg 4)$. 若 AGILITY $\leqslant \theta_{\rm f}$，则刷新.

294. 比如，我们有 $g_{1100} = \frac{z}{3}(g_{0100} + g_{1000} + g_{1110})$ 且 $g_{01*1} = 1$. 解为 $g_{00*1} = g_{01*0} = g_{11*1} = A/D$，$g_{00*0} = g_{10*1} = g_{11*0} = B/D$，$g_{10*0} = C/D$，其中 $A = 3z - z^2 - z^3$，$B = z^2$，$C = z^3$，$D = 9 - 6z - 3z^2 + z^3$. 因此总的生成函数为 $g = (6A + 6B + 2C + 2D)/(16D)$；我们得到 $g'(1) = 33/4$，$g''(1) = 147$. 所以均值 $\text{mean}(g) = 8.25$，方差 $\text{var}(g) = 87.1875$，标准差约为 9.3.

295. 考虑所有由不同的 $\{i, j, k\}$ 组成的 $3\binom{n}{3}$ 个子句 $\bar{x}_i \vee x_j \vee x_k$，再加上两个额外的子句 $(\bar{x}_1 \vee \bar{x}_2 \vee \bar{x}_3) \wedge (\bar{x}_4 \vee \bar{x}_5 \vee \bar{x}_6)$，使得 $0 \cdots 0$ 成为唯一解. 只有后面这两个子句会导致定理 U 的证明中的变量 X_t 和 Y_t 相互偏离.［参见赫里斯托斯·帕帕季米特里乌，*Computational Complexity* (1994)，问题 11.5.6. 这些子句也会给许多其他 SAT 算法带来麻烦.］

296. 提示中的比值 $2(2p+q+1)(2p+q)/(9(p+1)(p+q+1))$ 在 $p \approx q$ 时（更准确地说，当 $p = q - 7 + O(1/q)$ 时）约等于 1，且 $f(q+1, q+1)/f(q, q) = 2(n-q)(3q+3)^3/(27(q+1)^2(2q+2)^2)$ 在 $q \approx n/3$ 时约等于 1. 最后，当 $n = 3q$ 时，根据斯特林近似，有 $f(n/3, n/3) = \frac{3}{4\pi n}(3/4)^n(1 + O(1/n))$.

297. (a) 由式 7.2.1.6–(18) 和式 7.2.1.6–(24) 可得 $G_q(z) = (z/3)^q C(2z^2/9)^q = G(z)^q$，其中 $G(z) = (3 - \sqrt{9 - 8z^2})/(4z)$.［参见 *Algorithmica* **32** (2002), 620–622.］

(b) $G_q(1) = 2^{-q}$ 是 Y_t 在某个有限时间 t 内实际达到 0 的概率.

(c) 如果过程 Y 确实停止了，那么 $G_q(z)/G_q(1) = (2G(z))^q$ 描述了停止时间的分布. 因此假定它终止时，$G'_q(1)/G_q(1) = 2qG'(1) = 3q$ 是随机游走的平均长度.（顺带一提，方差等于 $24q$. 一个不能快速完成的 Y 游走者很可能注定永远徘徊.）

(d) 过程 Y 的停止时间 T 的生成函数为 $T(z)=\sum_q\binom{n}{q}2^{-n}G_q(z)$；由 (b)，$T$ 以概率 $T(1)=(\frac{3}{4})^n$ 是有限的. 如果我们仅考虑这种情况，那么均值 $T'(1)/T(1)$ 等于 n；而马尔可夫不等式告诉我们 $\Pr(T\geqslant N\,|\,\text{算法终止})\leqslant n/N$.

(e) 当给定可满足的子句时，算法以概率 $p>\Pr(T<N)\geqslant(1-n/N)(3/4)^n$ 成功. 所以当 $N=2n$ 时，在 $K(4/3)^n$ 次尝试后失败的概率小于 $\exp(K(4/3)^n\ln(1-p))<\exp(-K(4/3)^np)<\exp(-K/2)$.

298. 将 (129) 中的 1/3 和 2/3 改为 $1/k$ 和 $(k-1)/k$. 这样做的效果是将 $G(z)$ 改为 $(z/k)C((k-1)z^2/k^2)$，其中 $G(1)=1/(k-1)$ 且 $G'(1)=k/((k-1)(k-2))$. 和之前一样，$T(1)=2^{-n}(1+G(1))^n$ 且 $T'(1)/T(1)=nG'(1)/(1+G(1))$. 因此这个推广的推论 W 表明，当我们以 $N=\lfloor 2n/(k-2)\rfloor$ 运行算法 P $K(2-2/k)^n$ 次时，成功的概率大于 $1-e^{-K/2}$.

299. 在这种情况下，$G(z)=(1-\sqrt{1-z^2})/z$，因此 $G(1)=T(1)=1$. 但是 $G'(1)=\infty$，所以我们必须使用不同的方法. 当 $N=n^2$ 时失败的概率等于

$$\begin{aligned}\frac{1}{2^n}\sum_{p,q}\binom{n}{q}\frac{q}{2p+q}\binom{2p+q}{p}\frac{[2p+q>n^2]}{2^{2p+q}}&=\sum_{t>n^2}\frac{2^{-n-t}}{t}\sum_p\binom{n}{t-2p}\binom{t}{p}(t-2p)\\&\leqslant\sum_{t>n^2}\frac{2^{-n-t}}{t}\binom{t}{\lfloor t/2\rfloor}\sum_p\binom{n}{t-2p}(t-2p)=\frac{n}{4}\sum_{t>n^2}\frac{2^{-t}}{t}\binom{t}{\lfloor t/2\rfloor}\\&<\frac{n}{4}\sum_{t>n^2}\sqrt{\frac{2}{\pi t^3}}=\frac{n}{\sqrt{8\pi}}\int_{n^2}^{\infty}\frac{dx}{\lceil x\rceil^{3/2}}<\frac{n}{\sqrt{8\pi}}\int_{n^2}^{\infty}\frac{dx}{x^{3/2}}=\frac{1}{\sqrt{2\pi}}.\end{aligned}$$

[参见赫里斯托斯 · 帕帕季米特里乌，*Computational Complexity* (1994)，定理 11.1.]

300. 在这个算法中，除了 C 和 N，用大写字母命名的变量表示固定大小（比如 64 位）的位向量；每一位的位置代表一次独立的试验. 记号 U_r 表示一个随机位向量，其中每一位独立地以概率 $1/r$ 取值为 1，且与其他所有位以及之前所有的 U 值无关. 在算法 P 的这个变体中，每一位的位置翻转次数最多只能近似等于 N.

P1′. [初始化.] 对 $1\leqslant i\leqslant n$，置 $X_i\leftarrow U_2$. 同时置 $t\leftarrow 0$.

P2′. [开始遍历.] 置 $Z\leftarrow 0$ 和 $j\leftarrow 0$.（在 Z 中记录已翻转的位置.）

P3′. [移至下一个子句.] 若 $j=m$，跳转至 P5′. 否则置 $j\leftarrow j+1$.

P4′. [翻转.] 令 C_j 为子句 $(l_1\vee\cdots\vee l_k)$. 置 $Y\leftarrow\bar{L}_1\,\&\cdots\&\,\bar{L}_k$，其中，若 $l_i=x_h$ 则 L_i 表示 X_h，若 $l_i=\bar{x}_h$ 则 L_i 表示 $\bar{X}_h$.（因此 Y 在违反子句 C_j 的位置上有 1.）置 $Z\leftarrow Z\,|\,Y$ 和 $t\leftarrow t+(Y\,\&\,1)$. 然后对 $r=k,k-1,\cdots,2$，置 $Y'\leftarrow Y\,\&\,U_r$、$L_r\leftarrow L_r\oplus Y'$、$Y\leftarrow Y-Y'$. 最后置 $L_1\leftarrow L_1\oplus Y$ 并返回至 P3′.

P5′. [完成?] 若 $Z\neq -1$，成功地终止：一个解由位 $(X_1\,\&\,B)\cdots(X_n\,\&\,B)$ 给出，其中 $B=\bar{Z}\,\&\,(Z+1)$. 若 $t>N$，失败地终止. 否则返回至 P2′. ▌

步骤 P4′ 中的技巧使得每个文字的违反位以概率 $1/k$ 被翻转，从而以无偏的方式分配了 Y 中的那些 1.

301. 在实践中，我们可以假设所有子句的大小都是有限的，比如在步骤 P4′ 中 $k\leqslant 4$. 子句也可以按大小排序.

一个传统的随机数生成器产生 U_2；并且可以使用 $U_2\,\&\,U_2$ 来得到 U_4. 对于其他情况，可以使用习题 3.4.1–25 中的方法. 比如，

$$U_2\,\&\,(U_2\,|\,(U_2\,\&\,(U_2\,|\,(U_2\,\&\,(U_2\,|\,(U_2\,\&\,(U_2\,|\,(U_2\,\&\,U_2))))))))$$

是一个充分接近 U_3 的近似. 步骤 P1′ 中需要的随机数必须有着极高的质量；但在步骤 P4′ 中使用的随机数不需要特别精确，因为它们的大多数位是无关的. 我们可以预计算后者，为 U_2、U_3、U_4 各自制作 2^d 个值的表，并如下面的代码所示，通过表索引 `U2P`、`U3P`、`U4P` 循环使用它们，其中 `UMASK` $=2^{d+3}-1$. 每当步骤 P2′ 开始对子句进行新的遍历时，`U2P`、`U3P` 和 `U4P` 的值都应该被初始化为（真正的）随机位.

下面是内循环（步骤 P4′）关于 $k=3$ 的子句的示例代码. 内存位置 `L` $+8(i-1)$ 处的全字是存储 X_h 的内存地址，若需要取补，则加 1；如果 l_2 为 $\bar{x}_3$，那么地址 `X` $+3\times 8+1$ 将位于 `L` $+8$ 处，其中，`L` 是一个全局寄存器. 寄存器 `mone` 保存常量 -1.

```
LDOU $1,L,0    addr(L1)   XOR  $9,$6,$0  L̄3       STOU $6,$3,0   |L3|⊕Y'
LDOU $4,$1,0   |L1|       AND  $7,$7,$8           SUBU $7,$7,$0
LDOU $2,L,8    addr(L2)   AND  $7,$7,$9  Y        LDOU $0,U2,U2P
LDOU $5,$2,0   |L2|       OR   Z,Z,$7    Z|Y      ADD  U2P,U2P,8
LDOU $3,L,16   addr(L3)   AND  $0,$7,1   Y&1      AND  U2P,U2P,UMASK
LDOU $6,$3,0   |L3|       ADD  T,T,$0    new t    AND  $0,$0,$7  U2&Y
ZSEV $0,$1,mone           LDOU $0,U3,U3P          XOR  $5,$5,$0
XOR  $7,$4,$0  L̄1         ADD  U3P,U3P,8          STOU $5,$2,0   |L2|⊕Y'
ZSEV $0,$2,mone           AND  U3P,U3P,UMASK      SUBU $7,$7,$0
XOR  $8,$5,$0  L̄2         AND  $0,$0,$7  U3&Y     XOR  $4,$4,$7
ZSEV $0,$3,mone           XOR  $6,$6,$0           STOU $4,$1,0   |L1|⊕Y  ▌
```

302. 假设文字在内部的表示方式与算法 A 相同，且所有子句都具有严格不同的文字. 事实上，一种高效的实现需要比文中所述更多的数组：我们需要准确地知道哪些子句包含任意一个给定的文字，就像我们需要知道任意一个给定子句的文字一样.

W4. [选择 l.] 置 $g \leftarrow [U \geqslant p]$、$c \leftarrow \infty$、$j \leftarrow z \leftarrow 0$，然后当 $j < k$ 时执行以下操作：置 $j \leftarrow j+1$. 若 $c_{|l_j|} < c$ 且 $c_{|l_j|} = 0$ 或 $g = 1$，则置 $c \leftarrow c_{|l_j|}$ 和 $z \leftarrow 0$. 若 $c_{|l_j|} \leqslant c$，置 $z \leftarrow z+1$，并且若 $zU < 1$，则也置 $l \leftarrow l_j$.（这里每个随机分数 U 应该彼此相互独立.）

W5. [翻转 l.] 置 $s \leftarrow 0$. 对于每个包含 l 的子句 C_j，按如下方式使子句 C_j 更"开心"：置 $q \leftarrow k_j$、$k_j \leftarrow q+1$；若 $q = 0$，置 $s \leftarrow s+1$ 且从 f 数组中删除 C_j（见下文）；或若 $q = 1$，减少 C_j 的关键变量的成本（见下文）. 然后置 $c_{|l|} \leftarrow s$ 和 $x_{|l|} \leftarrow \bar{x}_{|l|}$. 对于每个包含 $\bar{l}$ 的子句 C_j，按如下方式使子句 C_j 更"不开心"：置 $q \leftarrow k_j - 1$、$k_j \leftarrow q$；若 $q = 0$，将 C_j 插入 f 数组（见下文）；或若 $q = 1$，增加 C_j 的关键变量的成本（见下文）. 置 $t \leftarrow t+1$ 并返回至 W2. ▌

为了将 C_j 插入 f 中，我们置 $f_r \leftarrow j$、$w_j \leftarrow r$、$r \leftarrow r+1$（如步骤 W1 所示）. 要删除它，我们置 $h \leftarrow w_j$、$r \leftarrow r-1$、$f_h \leftarrow f_r$、$w_{f_r} \leftarrow h$.

当我们想在步骤 W5 中更新 C_j 的关键变量的成本时，我们知道 C_j 恰好有一个为真的文字. 因此，如果 C_j 的文字按顺序出现在主数组 M 中，很容易定位关键变量 $x_{|M_i|}$：我们只需置 $i \leftarrow$ START(j)；然后当 M_i 为假时（当 $x_{|M_i|} = M_i \,\&\, 1$ 时），置 $i \leftarrow i+1$.

当我们要增加 $c_{|M_i|}$ 时，一个小的改进会有所帮助：如果 $i \neq$ START(j)，交换 $M_{\text{START}(j)} \leftrightarrow M_i$. 这个改进显著缩短了后续减少 $c_{|M_i|}$ 时的搜索时间.（事实上，在作者对随机 3SAT 问题的实验中，它使总运行时间缩短了超过 5%.）

303. 在这种情况下，$D = 3 - z - z^2 = A/z$，并且我们有 $g'(1) = 3$ 且 $g''(1) = 73/4$. 因此 $\text{mean}(g) = 3$ 且 $\text{var}(g) = 12.25 = 3.5^2$.

304. 如果 $\nu x = x_1 + \cdots + x_n = a$，那么有 $a(n-a)$ 个不满足的子句，因此有两个解，即 $0\cdots0$ 和 $1\cdots1$. 如果 $x_1 \cdots x_n$ 不是解，那么算法 P 会分别以概率 $\frac{1}{2}$ 将 a 改变为 $a\pm1$. 因此，未来翻转的概率生成函数 g_a 在 $a = 0$ 或 $a = n$ 时为 1，在其他情况下为 $z(g_{a-1}+g_{a+1})/2$. 总的生成函数为 $g = \sum_a \binom{n}{a} g_a/2^n$. 显然 $g_a = g_{n-a}$.

习题 MPR–105 确定了 g_a 并证明了翻转的平均次数 $g'_a(1)$ 等于 $a(n-a)$（$0 \leqslant a \leqslant n$）. 因此 $g'(1) = 2^{-n}\sum_{a=0}^{n}\binom{n}{a}g'_a(1) = \frac{1}{2}\binom{n}{2}$.

现在转向算法 W，同样令 $x_1 + \cdots + x_n = a$，当 $x_i = 1$ 时 x_i 的成本为 $a-1$，当 $x_i = 0$ 时为 $n-a-1$. 因此在这种情况下 $g_1 = g_{n-1} = z$. 并且对于 $2 \leqslant a \leqslant n-2$ 且 $a \neq n/2$，我们以概率 q 向一个解靠近，以概率 p 远离一个解，其中 $p+q = 1$ 且 $p = p'/2 \leqslant 1/2$；这里 p' 是算法 W 的贪心避免参数. 因此对于 $2 \leqslant a \leqslant n/2$，我们有 $g_a = g_{n-a} = z(qg_{a-1} + pg_{a+1})$.

如果 $p' = 0$，即这个游走是 100% 贪心的，那么算法 W 会以 $g_a = z^a$ 的方式收敛到解. 在这种情况下，由 $p = 1/2$ 的习题 1.2.6–68 可知 $g'(1) = n/2 - m\binom{n}{m}/2^n = n/2 - \sqrt{n/2\pi} + O(1)$. 另外，如果 $p' = 1$，即这个游走只在 $a = 1$ 或 $a = n-1$ 时是贪心的，那么我们几乎处于与算法 P 相同的情况，只不过 n 减小

了 2. 在这种情况下，$g'(1)=2^{-n}\sum_{a=1}^{n-1}\binom{n}{a}(1+(a-1)(n-2)-(a-1)^2)=n(n-5)/4+2+(2n-4)/2^n$；贪心取得了胜利.

当 p' 从 0 增大到 1 时会发生什么？让我们将 n 减 2，并对 $1\leqslant a\leqslant n/2$ 使用规则 $g_a=z(qg_{a-1}+pg_{a+1})$. 这种计算类似于我们在算法 P 中所做的计算，只不过现在 $p\leqslant 1/2$ 而不是 $p=1/2$. 函数 t_k 和 u_k 可以如习题 MPR–105 中那样定义；但新的递推关系是 $t_{k+1}=(t_k-pz^2t_{k-1})/q$ 和 $u_{k+1}=(u_k-pz^2u_{k-1})/q$. 因此

$$T(w)=\frac{q-pw}{q-w+pz^2w^2};\qquad U(w)=\frac{q-(1-qz)w}{q-w+pz^2w^2}.$$

对 z 求导，然后令 $z=1$，可以得到

$$t'_k(1)=\frac{2pq(1-(p/q)^k)}{(q-p)^2}-\frac{2pk}{q-p},\qquad u'_k(1)=\frac{(2p-(p/q)^k)q}{(q-p)^2}-\frac{2p(k-1/2)}{q-p}.$$

由此可得，对于 $0\leqslant a\leqslant n/2$，当 n 为偶数时，$g'_a(1)=a/(q-p)-2pq((p/q)^{m-a}-(p/q)^m)/(q-p)^2$；当 n 为奇数时，$g'_a(1)=a/(q-p)-q((p/q)^{m-a}-(p/q)^m)/(q-p)^2$. 当 $n=1000$ 且 $p'=(0.001, 0.01, 0.1, 0.5, 0.9, 0.99, 0.999)$ 时，总的结果分别约为 (487.9, 492.3, 541.4, 973.7, 4853.4, 44 688.2, 183 063.4).

305. 这个额外的小子句完全调转了情况！现在只有一个解，而且当 $\nu x>n/2$ 时，贪心策略会失败，因为它一直试图让 x 远离解. 为了详细分析这个新情况，我们需要 $3(n-1)$ 个生成函数 g_{ab}，其中 $a=x_1+x_2$ 且 $b=x_3+\cdots+x_n$. 翻转的期望次数将等于 $g'(1)$，其中 $g=2^{-n}\sum_{a=0}^{2}\sum_{b=0}^{n-2}\binom{2}{a}\binom{n-2}{b}g_{ab}$.

算法 P 的行为有些飘忽不定，因为在步骤 P2 中找到的不满足子句取决于子句的顺序. 最有利的情况出现在 $a=2$ 时，因为我们可以通过处理特殊子句 $\bar{x}_1\vee\bar{x}_2$ 将 a 减小到 1. 任意其他子句增加或减少 $a+b$ 的可能性相等. 因此最优情况的生成函数最大化达到 $a=2$ 的机会：$g_{00}=1$，$g_{01}=\frac{z}{2}(g_{00}+g_{11})$，$g_{02}=\frac{z}{2}(g_{01}+g_{12})$，$g_{10}=\frac{z}{2}(g_{00}+g_{20})$，$g_{11}=\frac{z}{2}(g_{10}+g_{21})$，$g_{12}=\frac{z}{2}(g_{11}+g_{22})$，且 $g_{2b}=zg_{1b}$. 解满足 $g_{1b}=(z/(2-z^2))^{b+1}$；且我们得到 $\mathrm{mean}(g)=183/32=5.718\,75$.

最坏情况出现在 $g_{20}\neq zg_{10}$ 且 $g_{21}\neq zg_{11}$ 时；比如我们可以取 $g_{20}=\frac{z}{2}(g_{10}+g_{21})$，$g_{21}=\frac{z}{2}(g_{20}+g_{22})$，再加上最优情况的其他 7 个方程. 从而 $g_{01}=g_{10}=z(4-3z^2)/d$，$g_{02}=g_{11}=g_{20}=z^2(2-z^2)/d$ 且 $g_{12}=g_{21}=z^3/d$，其中 $d=8-8z^2+z^4$. 总的来说，$g=(1+z)^2(2-z^2)/(4d)$ 且 $\mathrm{mean}(g)=11$.

（这个分析可以扩展到 n 更大的情况：用前一道习题的记号，最坏情况的结果是 $g_{ab}=g_{a+b}=(z/2)^{a+b}t_{n-a-b}/t_n$，平均需要 $n(3n-1)/4$ 次翻转. 最优情况与之前一样满足 g_{1b}. 因此当 $z=1$ 时，$g'_{0b}=3b+2-2^{1-b}$，$g'_{1b}=3b+3$ 且 $g'_{2b}=3b+4$. 因此最优平均翻转次数是线性的，并且 $\mathrm{mean}(g)=\frac{3}{2}n-\frac{8}{9}(3/4)^n$.）

当我们使用算法 W 时，这个分析会变得更有趣，但也会更复杂. 如上一道习题的答案，令 $p=p'/2$ 且 $q=1-p$. 显然，$g_{00}=1$，$g_{01}=g_{10}=zg_{00}$，$g_{02}=\frac{z}{2}(g_{01}+g_{12})$ 且 $g_{22}=zg_{12}$；但其他 4 种情况需要一些思考. 我们有

$$g_{11}\;=\;\frac{z}{4}((\tfrac{1}{2}+q)(g_{01}+g_{10})+g_{12}+2pg_{21}),$$

这是因为 $x_1x_2x_3x_4=1010$ 的成本为 1211，不满足的子句为 $(\bar{x}_1\vee x_4)$, $(\bar{x}_3\vee x_4)$, $(\bar{x}_1\vee x_2)$, $(\bar{x}_3\vee x_2)$；在前面两个子句中，每个变量都以相同概率被翻转，但在后面两个子句中，x_2 以概率 p 被翻转，其余变量以概率 q 被翻转. 一个类似但更简单的分析表明，$g_{21}=\frac{z}{4}(g_{11}+3g_{22})$ 且 $g_{20}=\frac{z}{5}(3g_{10}+2g_{21})$.

最有趣的情况为 $g_{12}=\frac{z}{3}(pg_{02}+2pg_{11}+3qg_{22})$，其中成本为 2122，存在问题的子句为 $(\bar{x}_1\vee x_2)$, $(\bar{x}_3\vee x_2)$, $(\bar{x}_4\vee x_2)$. 如果 $p=0$，那么算法 W 将总是决定翻转 x_2；但随后我们将在下一次翻转后回到状态 12.

事实上，令 $p=0$ 可以得到 $g_{00}=1$，$g_{01}=g_{10}=z$，$g_{02}=\frac{1}{2}z^2$，$g_{11}=\frac{3}{4}z^2$，$g_{20}=\frac{3}{5}z^2+\frac{3}{40}z^4$，$g_{21}=\frac{3}{16}z^3$，$g_{12}=g_{22}=0$. 因此总的加权和为 $g=(40+160z+164z^2+15z^3+3z^4)/640$. 注意，在这种情况下，贪心随机游走在超过 4 次翻转后从未成功，因此我们应该令 $N=4$，并在每次失败后重新开始. 成功的概率为 $g(1)=191/320$.（事实上，这一策略相当不错：它在平均 $1577/382\approx 4.13$ 次翻转并选择随机起始值 $x_1x_2x_3x_4$ 大约 320/191 次后成功.）

如果 p 是正数，无论多么小，当 $N=\infty$ 时，成功概率都为 $g(1)=1$. 但 g 的分母为 $48-48z^2+26pz^2+6pz^4-17p^2z^4$，并且我们可以得到 $\mathrm{mean}(g)=(1548+2399p-255p^2)/(1280p-680p^2)=$

$(6192+4798p'-255p'^2)/(2560p'-680p'^2)$. 在这个公式中，取 $p' = (0.001, 0.01, 0.1, 0.5, 0.9, 0.99, 0.999)$ 会分别得到近似值 (2421.3, 244.4, 26.8, 7.7, 5.9, 5.7, 5.7).

[对于 $n = 12$ 的计算表明，当 $p = 0$ 时，g 是 8 次多项式，并且满足 $g(1) \approx 0.51$ 且 $g'(1) \approx 2.40$. 因此，令 $N = 8$ 将在平均 16.1 次翻转和 1.95 次初始化后成功. 当 $p > 0$ 时，我们有 $g'(1) \approx 1.635p^{-5} + O(p^{-4})$（$p \to 0$），并且上面考虑的 p' 的 7 个值分别得到 $(5 \times 10^{16}, 5 \times 10^{11}, 5 \times 10^6, 1034.3, 91.1, 83.89, 83.95)$ 次翻转——令人惊讶的是，它们不是关于 p' 单调递减的. 这些 WalkSAT 统计数据可以与算法 P 的 17.97 ~ 105 次翻转相比较.]

306. (a) 由于 $l(N) = E_N + (1-q_N)(N + l(N))$，我们有 $q_N l(N) = E_N + N - Nq_N = p_1 + 2p_2 + \cdots + Np_N + Np_{N+1} + \cdots + Np_\infty = N - (q_1 + \cdots + q_{N-1})$.

(b) 如果 $N = m + k$ 且 $k \geqslant 0$，我们有 $E_N = m^2/n$，$q_1 + \cdots + q_{N-1} = km/n$，$q_N = m/n$. 因此 $l(N) = n + k(n-m)/m$.

(c) 如果 $N \leqslant n$，那么 $l(N) = (N - \binom{N}{2}/n)/(N/n) = n - \frac{N-1}{2}$；否则 $l(N) = l(n) = \frac{n+1}{2}$.

(d) 从 $q_N = p_1(N - q_1 - \cdots - q_{N-1})$ 和 $q_{N+1} = p_1(N + 1 - q_1 - \cdots - q_N)$，我们可以推出 $p_{N+1} = p_1(1 - q_N)$，因此 $1 - q_{N+1} = (1-p_1)(1-q_N)$. 所以这是一个几何分布，对于 $t \geqslant 1$，它满足 $p_t = p(1-p)^{t-1}$.（$l(1) = l(2) = \cdots$ 这一事实被称为几何分布的“无记忆性质”.）

(e) 任意选择 $p_1, \cdots, p_n$，使得 $q_n = p_1 + \cdots + p_n \leqslant 1$. 然后，如同 (d) 中的论证，对于 $N \geqslant n$，$p_{n+1}, p_{n+2}, \cdots$ 由 $1 - q_N = (1 - 1/l(n))^{N-n}(1-q_n)$ 定义.

(f) 由于 $l(n+1) - l(n) = (n - (q_1 + \cdots + q_n))(1 - 1/q_n) \leqslant 0$，我们必然有 $q_n = 1$ 且 $l(n) = l(n+1)$.（$l(n) < l(n+1)$ 的情况不可能发生.）

(g) 令 $x = p_1$ 且 $y = p_2$. 根据 (f)，这些条件等价于 $0 < x \leqslant x + y < 1$ 且 $x(3 - 2x - y) > 1$. 因此 $0 < (2x-1)(1-x) - xy \leqslant (2x-1)(1-x)$；我们通过先选择 $\frac{1}{2} < x < 1$，然后选择 $0 \leqslant y < (2x-1)(1-x)/x$ 可以得到一般的解.

(h) 如果 $N^* = \infty$ 且 $l(n) < \infty$，那么我们可以找到 n'，使得 $q_{n'} l(n') = p_1 + 2p_2 + \cdots + n'p_{n'} + n'p_{n'+1} + \cdots + n'p_\infty > l(n)$. 因此对于所有 $N \geqslant n'$，有 $l(N) \geqslant q_N l(N) \geqslant q_{n'} l(n') > l(n)$.

(i) 对于 $k \geqslant 0$，我们有 $q_{n+k} = k/(k+1)$，因此 $l(n+k) = (k+1)(n + H_k)/k$. 最小值出现在 $l(n+k) \approx l(n+k-1)$ 时，即当 $n \approx k - H_k$ 时，因此 $k = n + \ln n + O(1)$. 比如，当 $n = 10$ 时，最优截断值为 $N^* = 23$.（注意 $E_\infty = \infty$，但在这种情况下 $l = l(N^*) \approx 14.194$.）

(j) 令 $p_t = [t > 1]/2^{t-1}$. 那么 $l(N) = (3 - 2^{2-N})/(1 - 2^{1-N})$ 减小为 3.

(k) 显然 $l \leqslant L$. 对于 $N \leqslant L$，我们有 $l(N) = (N - (q_1 + \cdots + q_{N-1}))/q_N \geqslant (N - (1 + \cdots + (N-1))/L)/(N/L) = L - (N-1)/2 \geqslant (L+1)/2$. 同理，对于 $N = \lfloor L \rfloor + k + 1$，我们有 $l(N) \geqslant N - (1 + \cdots + \lfloor L \rfloor + kL)/L = \lfloor L + 1 \rfloor (1 - \lfloor L \rfloor/(2L)) \geqslant (L+1)/2$.

307. (a) $\mathrm{E}\, X = E_{N_1} + (1 - q_{N_1})(N_1 + \mathrm{E}\, X')$，其中，$X'$ 是序列 $(N_2, N_3, \cdots)$ 的步数. 对于数值结果，从 $j \leftarrow 0$、$s \leftarrow 0$、$\alpha \leftarrow 1$ 开始；然后，当 $\alpha > \epsilon$ 时，置 $j \leftarrow j + 1$ 和 $\alpha \leftarrow (1 - q_{N_j})\alpha$，并置 $s \leftarrow s + E_{N_j} + \alpha N_j$.（这里 ϵ 是一个很小的数.）

(b) 令 $P_j = (1 - q_{N_1}) \cdots (1 - q_{N_{j-1}}) = \Pr(X > T_j)$，并注意到 $P_j \leqslant (1 - p_n)^{j-1}$，其中 $n = \min\{t \mid p_t > 0\}$. 由于 $q_N l(N) = E_N + (1 - q_N)N$，我们有

$$\begin{aligned}\mathrm{E}\, X &= q_{N_1} l(N_1) + (1 - q_{N_1})\big(q_{N_2} l(N_2) + (1 - q_{N_2})\big(q_{N_3} l(N_3) + \cdots\big)\big) \\ &= \sum_{j=1}^{\infty} P_j q_{N_j} l(N_j) = \sum_{j=1}^{\infty} (P_j - P_{j+1}) l(N_j).\end{aligned}$$

(c) $\mathrm{E}\, X \geqslant \sum_{j=1}^{\infty} (P_j - P_{j+1}) l(N^*) = l$.

(d) 我们可以假设 $N_j \leqslant n$ 对所有 j 成立；否则该策略会更差. 关于提示，对于 $1 \leqslant m \leqslant n$，令 $\{N_1, \cdots, N_r\}$ 包含 r_m 个 m，并设 $t_m = r_m + \cdots + r_n$. 如果 $t_m < n/(2m)$，那么失败的概率为 $(1 - m/n)^{t_m} \geqslant 1 - t_m m/n > 1/2$. 因此，对于所有 m，我们有 $t_m \geqslant n/(2m)$，且 $N_1 + \cdots + N_r = t_1 + \cdots + t_n \geqslant nH_n/2$.

现在，存在某个 m，使得前 $r-1$ 次试验在 $p^{(m)}$ 上失败的概率大于 $\frac{1}{2}$. 对于这个 m，我们有 $\mathrm{E}\,X > \frac{1}{2}(N_1+\cdots+N_{r-1}) \geqslant \frac{1}{2}(N_1+\cdots+N_r-n)$.

308. (a) $2^{a+1}-1$；并且（由归纳法）对于 $0\leqslant b<2^a-1$，有 $S_{2^a+b}=S_{b+1}$.

(b) (131) 中的序列 (u_n,v_n) 有 $1+\rho k$ 个元素满足 $u_n=k$；由式 7.1.3–(61)，有 $\rho 1+\cdots+\rho n=n-\nu n$. 从双生成函数 $g(w,z)=\sum_{n\geqslant 0} w^{\nu n}z^n=(1+wz)(1+wz^2)(1+wz^4)(1+wz^8)\cdots$，我们可以推出 $\sum_{k\geqslant 0} z^{2k+1-\nu k}=zg(z^{-1},z^2)$.

(c) $\{n \mid S_n=2^a\}=\{2^{a+1}k+2^{a+1}-1-\nu k \mid k\geqslant 0\}$，因此 $\sum_{n\geqslant 0} z^n[S_n=2^a]=z^{2^{a+1}-1}g(z^{-1}, z^{2^{a+1}})=z^{2^{a+1}-1}(1+z^{2^{a+1}-1})(1+z^{2^{a+2}-1})(1+z^{2^{a+3}-1})\cdots$.

(d) 当 2^a 第 2^b 次出现时，对于 $0\leqslant c\leqslant a+b$，$2^c$ 已经出现了 $2^{a+b-c}-[c>a]$ 次. 因此 $\Sigma(a,b,1)=(a+b-1)2^{a+b}+2^{a+1}$.

(e) 精确值为 $\sum_{c=0}^{a+b} 2^{a+b-c}2^c+\sum_{c=1}^{\rho k} 2^{a+b+c}$；且 $\rho k\leqslant \lambda k=\lfloor \lg k\rfloor$.

(f) 如果我们惩罚算法，使其除了使用特定的截断值 $N=2^a$ 之外，永远不会成功，那么所述公式为 $\mathrm{E}\min_k\{\Sigma(a,b,k) \mid \Sigma(a,b,k)\geqslant X\}$.

(g) 我们有 $Q\leqslant (1-q_t)^{2^b}\leqslant (1-q_t)^{1/q_t}<\mathrm{e}^{-1}$，因此 $\mathrm{E}\,X<(a+b-1)2^{a+b}+2^{a+1}+\sum_{k=1}^{\infty}(a+b+2k-1)2^{a+b}\mathrm{e}^{-k}=2^{a+b}((a+b)\mathrm{e}/(\mathrm{e}-1)+\mathrm{e}(3-\mathrm{e})/(\mathrm{e}-1)^2+2^{1-b})$. 此外，由习题 306(k)，我们有 $2^{a+b}<8l-4l[b=0]$.

309. 不是——远不是这样. 如果算法 C 要满足习题 306 的假设，它就必须进行完全重启：它不仅要从路径中刷新所有文字，还必须忘记它已经学到的所有子句，并重新初始化随机堆.（但是勉强倍增在拉斯维加斯算法之外似乎也能很好地工作.）

310. 可以使用类似于 (131) 的方法：令 $(u_1',v_1')=(1,0)$；然后定义 $(u_{n+1}',v_{n+1}')=(u_n'\ \&\ {-u_n'}=1\ll v_n'?\ (\mathrm{succ}(u_n'),0)\colon (u_n',v_n'+1))$. 这里的"succ"是斐波那契编码的后继函数，它在习题 7.1.3–158 的答案中由 6 个位运算定义. 最后，对于 $n\geqslant 1$，令 $S_n'=F_{v_n'+2}$.（这个序列 $\langle S_n'\rangle$ 和 $\langle S_n\rangle$ 一样，是"良平衡的"，因此如习题 308 所述，它是通用的. 比如，当 F_a 第一次出现时，对于 $2\leqslant c\leqslant a$，F_c 恰好出现了 F_{a+2-c} 次.）

311. 由于 $\langle R_n\rangle$ 在这些测试中表现得出人意料地好，因此我们有必要考虑它的斐波那契类比：如果 $f_n=\mathrm{succ}(f_{n-1})$ 是 n 的二进制斐波那契编码，那么我们称 $\langle\rho' n\rangle=\langle\rho f_n\rangle=(0,1,2,0,3,0,1,4,0,\cdots)$ 为"斐波那契尺函数"，并令 $\langle R_n'\rangle=(1,2,3,1,5,1,2,8,1,\cdots)$ 为"斐波那契尺"，其中 $R_n'=F_{2+\rho' n}$.

当 $m=1$ 和 $m=2$ 时，$(E_S,E_{S'},E_R,E_{R'})$ 的结果分别为 $(315.1,357.8,405.8,502.5)$ 和 $(322.8,284.1,404.9,390.0)$. 因此当 $m=1$ 时，S 优于 S' 优于 R 优于 R'；而当 $m=2$ 时，S' 优于 S 优于 R' 优于 R. 然而，对于更大的 m，情况却相反：当 $m=90$ 时，R 优于 R' 优于 S 优于 S'；而当 $m=89$ 时，R' 优于 R 优于 S' 优于 S.

总的来说，勉强方法在 m 较小时表现出色，更"激进"的尺方法则随着 m 的增长而表现得更好：当 $n=100$ 时，S 优于 R，当且仅当 $m\leqslant 13$；S' 优于 R'，当且仅当 $m\leqslant 12$. 当 m 是 2 的幂或略小于 2 的幂时，倍增方法最佳；当 m 是斐波那契数或略小于斐波那契数时，斐波那契方法最佳. 对于 S 和 R，最坏情况出现在 $m=65=2^6+1$ 时（分别为 1402.2 和 845.0）；对于 S' 和 R'，最坏情况出现在 $m=90=F_{11}+1$ 时（分别为 1884.8 和 805.9）.

312. $T(m,n)=m+b2^b h_0(\theta)/\theta+2^b g(\theta)$，其中 $b=\lceil \lg m\rceil$，$\theta=1-m/n$，$h_a(z)=\sum_n z^n[S_n=2^a]$，$g(z)=\sum_{n\geqslant 1} S_n z^n=\sum_{a\geqslant 0} 2^a h_a(z)$.

313. 如果翻转文字 l，那么未满足子句的数量会增加 $|l|$ 的成本，并减少包含 l 的未满足子句的数量，而后者至少为 1.

考虑下面这些有趣的子句，它们有唯一解 0000：

$$x_1\vee \bar x_2,\ \bar x_1\vee x_2,\ x_2\vee \bar x_3,\ \bar x_2\vee x_3,\ x_3\vee \bar x_4,\ \bar x_3\vee x_4,\ \bar x_1\vee \bar x_4.$$

从 0110 开始，算法"上坡"到 1110 或 0111.

314. （由布拉姆·科恩解答，2012 年）考虑以下 10 个子句：$\bar{1}\bar{2}34\bar{5}67$, $\bar{1}2\bar{3}4\bar{5}67$, $123\bar{4}5$, $123\bar{4}6$, $123\bar{4}7$, $\bar{1}\bar{2}\bar{3}\bar{4}$, $\bar{1}\bar{2}\bar{3}\bar{5}$, $\bar{1}\bar{2}\bar{3}\bar{6}$, $\bar{1}\bar{2}\bar{4}\bar{5}$, $\bar{1}\bar{2}\bar{4}\bar{6}$，以及通过循环置换 (1234567) 得到的另外 60 个子句. 所有权重 $\nu\boldsymbol{x}=2$ 的二元 $\boldsymbol{x}=x_1\cdots x_7$ 都有通向权重 3 的无成本翻转，但没有通向权重 1 的无成本翻转. 由于唯一解的权重为 0，因此当 $\nu\boldsymbol{x}>1$ 时，算法 W 会永远循环.（是否存在更小的例子？）

315. 任意满足 $0\leqslant p<1/2$ 的值都可以，因为图的每个连通分量要么是 K_1，要么是 K_2.

316. 不是. 对于 $0\leqslant\theta<1$，当 $\theta=1/(d+1)$ 时，$\max\theta(1-\theta)^d$ 等于 $d^d/(d+1)^{d+1}$.（但是对于 $d>2$，定理 J 的确是习题 356(c) 中改进版本的定理 L 的推论.）

317. 将顶点编号，使得顶点 1 的相邻顶点是 2, $\cdots$, d'，并令 $G_j=G\setminus\{1,\cdots,j\}$. 那么 $\alpha(G)=\alpha(G_1)-\Pr(A_1\cap\overline{A}_2\cap\cdots\cap\overline{A}_m)$，且后一个概率小于或等于 $\Pr(A_1\cap\overline{A}_{d'+1}\cap\cdots\cap\overline{A}_m)=\Pr(A_1\mid\overline{A}_{d'+1}\cap\cdots\cap\overline{A}_m)\alpha(G_{d'})\leqslant p\alpha(G_{d'})$.

令 $\rho=(d-1)/d$. 因为顶点 $j+1$ 在 G_j 中的度数小于 d，所以由归纳法，我们可以证明 $\alpha(G_j)>\rho\alpha(G_{j+1})$ 对于 $1\leqslant j<d'$ 成立. 如果 $d'=1$，那么 $\alpha(G)\geqslant\alpha(G_1)-p\alpha(G_1)>\rho\alpha(G_1)>0$. 如果 $d'\leqslant d$，那么 $\alpha(G)\geqslant\alpha(G_1)-p\alpha(G_{d'})>\alpha(G_1)-p\rho^{1-d'}\alpha(G_1)\geqslant\alpha(G_1)-p\rho^{1-d}\alpha(G_1)=\rho\alpha(G_1)>0$. 否则我们必须有 $d'=d+1$，且顶点 1 的度数为 d，以及 $\alpha(G)>\alpha(G_1)-p\rho^{-d}\alpha(G_1)=\frac{d-2}{d-1}\alpha(G_1)\geqslant 0$.

318. 令 $f_n=M_G(p)$，其中，G 是一棵有 t^n 个叶结点的完全 t 叉树. 因此对于 $0\leqslant k\leqslant n$，G 在距离根结点 k 处有 t^k 个顶点. 从而

$$f_0=1-p,\qquad f_1=(1-p)^t-p,\qquad \text{且}\quad f_{n+1}=f_n^t-pf_{n-1}^{t^2}\ \text{对}\ n>1\ \text{成立.}$$

由定理 S，只需证明 $f_n\leqslant 0$ 对某个 n 成立即可.

关键想法是令 $g_0=1-p$ 且 $g_{n+1}=f_{n+1}/f_n^t=1-p/g_n^t$. 假设 $g_n>0$ 对所有 n 成立，我们有 $g_1<g_0$ 且当 $g_n<g_{n-1}$ 时有 $g_n-g_{n+1}=p/g_n^t-p/g_{n+1}^t>0$. 因此 $\lim_{n\to\infty}g_n=\lambda$ 存在，且 $0<\lambda<1$. 此外 $\lambda=1-p/\lambda^t$，所以 $p=\lambda^t(1-\lambda)$. 但这样 $p\leqslant t^t/(t+1)^{t+1}$（见习题 316 的答案，其中 $\theta=1-\lambda$）.

（然而，必须承认，在 n 非常大之前通常不会达到极限. 比如，即使 $t=2$ 且 $p=0.149$，我们也要等到 $n=45$ 才有 $f_n<0$. 因此，当 G 必须至少有 2^{45} 个顶点时，这个 p 值才会对引理 L 来说太大.）

319. 令 $x=1/(d-1)$. 因为 $\mathrm{e}^x>1+x=d/(d-1)$，所以 $\mathrm{e}>(d/(d-1))^{d-1}$.

320. (a) 当 $p_1=\cdots=p_m=p$ 时，令 $f_m(p)$ 为默比乌斯多项式. 我们有 $f_m(p)=f_{m-1}(p)-pf_{m-2}(p)$，通过归纳可以证明，当 $p=1/(4\cos^2\theta)$ 时，$f_m(1/(4\cos^2\theta))=\sin((m+2)\theta)/((2\cos\theta)^{m+1}\sin\theta)$. 当 $m\to\infty$ 时，阈值减小到 1/4.

(b) $1/(4\cos^2\frac{\pi}{2m})$；默比乌斯多项式 $g_m(p)=f_{m-1}(p)-pf_{m-3}(p)$ 满足与 $f_m(p)$ 相同的递推关系，且当 $p=1/(4\cos^2\theta)$ 时等于 $2\cos m\theta/(2\cos\theta)^m$.

（用经典切比雪夫多项式表示，$g_m(p)=2p^{m/2}T_m(1/(2\sqrt{p}))$ 且 $f_m(p)=p^{(m+1)/2}U_{m+1}(1/(2\sqrt{p}))$.）

321. 令 $\theta=(2-\sqrt{2})/2$, $\theta'=\theta(1-\theta)=(\sqrt{2}-1)/2$，且 $c=(p-\theta)/(1-\theta)$. 习题 345 的答案中的方法给出了 $(\Pr(\overline{A}\overline{B}\overline{C}\overline{D}),\Pr(A\overline{B}\overline{C}\overline{D}),\Pr(AB\overline{C}\overline{D}),\Pr(A\overline{B}C\overline{D}),\Pr(ABC\overline{D}),\Pr(ABCD))=(0,\theta'(1-c)^3,$ $2\theta'(1-c)^2c,\theta^2(1-c)^2+2\theta'(1-c)^3,\theta^2(1-c)c+3\theta'(1-c)c^2,\theta^2c^2+4\theta'c^3)$. 其他情况与这 6 种情况对称. 当 $p=3/10$ 时，这 6 个概率约为 $(0,0.200\,92,0.004\,08,0.088\,15,0.000\,92,0.000\,02)$.

322. (a) 令 $a_j=\sum_i w_i[ij\in A]$, $b_j=\sum_k y_k[jk\in B]$, $c_l=\sum_k y_k[kl\in C]$, $d_l=\sum_i w_i[li\in D]$. 当 $X=j$ 且 $Z=l$ 时，在 W 和 Y 中分配事件的最佳方式为

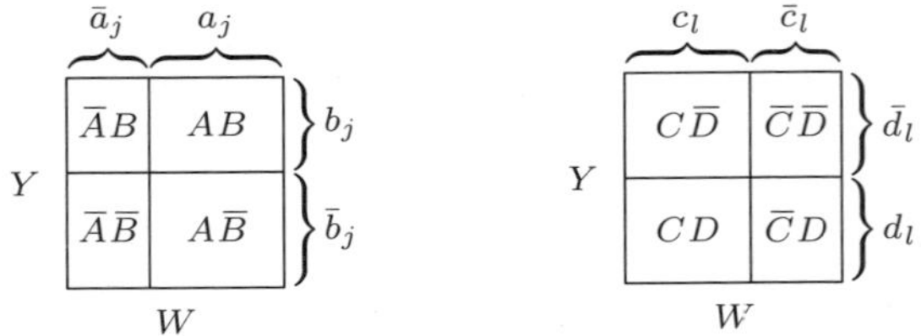

因此 $\Pr(\overline{A}\cap\overline{B}\cap\overline{C}\cap\overline{D})=\sum_{j,l}x_jz_l((\bar{a}_j+\bar{d}_l)\dot{-}1)((\bar{b}_j+\bar{c}_l)\dot{-}1)$，它等于零，当且仅当对所有满足 $x_jz_l>0$ 的 j 和 l，有 $a_j+d_l\geqslant 1$ 或 $b_j+c_l\geqslant 1$.

(b) 由于 $\sum_j x_j(a_j,b_j)=(p,p)$，点 (p,p) 位于点 (a_j,b_j) 的凸包中. 因此必存在点 $(a,b)=(a_j,b_j)$ 和 $(a',b')=(a_{j'},b_{j'})$，使得从 (a,b) 到 (a',b') 的线段与区域 $\{(x,y)\mid 0\leqslant x,y\leqslant p\}$ 相交；换言之，$\mu a+(1-\mu)a'\leqslant p$ 且 $\mu b+(1-\mu)b'\leqslant p$. 类似地，我们可以找到 c, d, c', d', ν.

(c) 事实：如果 $a\geqslant\frac{2}{3}$ 且 $b'\geqslant\frac{2}{3}$，那么 $\mu=\frac{1}{2}$. 因此，$a=b'=\frac{2}{3}$ 且 $a'=b=0$. 还要注意到存在 16 种对称性，它们由以下变换生成：(i) $a\leftrightarrow b$，$c\leftrightarrow d$；(ii) $a\leftrightarrow a'$，$b\leftrightarrow b'$，$\mu\leftrightarrow 1-\mu$；(iii) $c\leftrightarrow c'$，$d\leftrightarrow d'$，$\nu\leftrightarrow 1-\nu$；(iv) $a\leftrightarrow d$，$b\leftrightarrow c$，$\mu\leftrightarrow\nu$.

如果 $c\leqslant c'$ 且 $d\leqslant d'$，或者如果 $c\leqslant\frac{1}{3}$ 且 $d\leqslant\frac{1}{3}$，那么我们可以（通过对称性）假设该事实成立；这给出了所有约束的一个满足 $c=d=c'=d'=\frac{1}{3}$ 的解.

对于剩余的解，我们可以假设 $a,b'>\frac{1}{3}>a',b$. 假设从 (a,b) 到 (a',b') 的线段与从 $(0,0)$ 到 $(1,1)$ 的线段在点 (α,α) 处相交；将 a, b, a', b' 除以 3α 得到一个解，其中 $\mu a+(1-\mu)a'=\mu b+(1-\mu)b'=\frac{1}{3}$. 类似地，我们可以假设 $d,c'>\frac{1}{3}>d',c$ 且 $\nu c+(1-\nu)c'=\nu d+(1-\nu)d'=\frac{1}{3}$. 因此，$a+d\geqslant 1$ 且 $b'+c'\geqslant 1$. 对称性也允许我们假设 $a+d'\geqslant 1$. 特别地，$a>\frac{2}{3}$；且根据该事实，$b'<\frac{2}{3}$. 所以 $a'+d\geqslant 1$，$d>\frac{2}{3}$，$c'<\frac{2}{3}$.

现在延长连接 (a,b) 到 (a',b') 和 (c,d) 到 (c',d') 的线段，这可以通过增加 a, b', c', d 同时减少 a', b, c, d'，直到 $a'=1-d$ 且 $a=1-d'$，且要么 $a=1$ 或 $b=0$ 要么 $d=1$ 或 $c=0$ 来完成. 满足 $b'+c'\geqslant 1$ 的此类解只有一个，即当 $a=d=1$、$a'=b=c=d'=0$、$b'=c'=1/2$、$\mu=\frac{1}{3}$、$\nu=\frac{2}{3}$ 时.

(d) 对于第一个解，我们可以令 W, X, Y, Z 分别在 $\{0,1,2\}$, $\{0,1\}$, $\{0,1,2\}$, $\{0\}$ 上均匀分布；且令 $A=\{10,20\}$、$B=\{11,12\}$、$C=\{00\}$、$D=\{00\}$.（比如，$WXYZ=1110$ 给出事件 B.）第二个解与第一个相同，但用 (X,Y,Z,W) 替换 (W,X,Y,Z). 注意到该解也适用于 P_4，其中阈值确实是 $\frac{1}{3}$. [参见 *STOC* **43** (2011), 242.]

323. *cbc*. 在这个简单情况下，我们只需消除 c 后跟 a 的所有字符串.

324. 对于 $1\leqslant j\leqslant n$，以及每个满足 $v=x_j$ 或 v — x_j 的 v，令 $i\prec j$ 对每个满足 $v=x_i$ 的 $i<j$ 成立.（如果有多个 i 满足条件，只考虑最大的一个就足够了. 一些作者用“依赖图”这个术语来表示这种偏序关系.）等价于 α 的迹对应于关于 $\prec$ 的拓扑排序，因为这些字母的排列恰好是保持堆垛的置换.

比如，在 (136) 中，当 $x_1\cdots x_n=bcebafdc$ 时，我们有 $1\prec 2$、$1\prec 4$、$2\prec 4$、$4\prec 5$、$3\prec 6$、$2\prec 7$、$3\prec 7$、$2\prec 8$、$4\prec 8$、$7\prec 8$. 算法 7.2.1.2V 产生 105 个解，从 12345678（*bcebafdc*）到 36127485（*efbcdbca*）.

325. 每个这样的迹 α 都产生一个无环定向，方法是当 u 在 α 的堆垛中出现在较低层时，令 $u\longrightarrow v$. 反之，任何无环定向的拓扑排序都是等价的迹，因此它们是一一对应的. [参见艾拉 · 马丁 · 盖塞尔, *Discrete Mathematics* **232** (2001), 119–130.]

326. 正确：x 与 y 可交换，当且仅当 y 与 x 可交换.

327. 每个迹 α 由其高度 $h=h(\alpha)\geqslant 0$ 和 h 个链表 $L_j=L_j(\alpha)$（$0\leqslant j<h$）表示. L_j 中的元素是 α 的堆垛中第 j 层的字母；这些字母具有不相交的领土，且我们保持每个列表按字母顺序排列，从而使得表示是唯一的. 这样一来，表示 α 的规范字符串为 $L_0L_1\cdots L_{h-1}$.（比如，在 (136) 中，我们有 $L_0=be$、$L_1=cf$、$L_2=bd$、$L_3=ac$，且规范表示为 *becfbdac*.）我们还将集合 $U_j=\bigcup\{T(a)\mid a\in L_j\}$ 维护为位向量；比如在 (136) 中，它们是 $U_0=$ #36、$U_1=$ #1b、$U_2=$ #3c、$U_3=$ #78.

要将 α 乘以 β，对 $k=0,1,\cdots,h(\beta)-1$（按此顺序），以及对每个字母 $b\in L_k(\beta)$（按任意顺序）执行以下操作：置 $j\leftarrow h(\alpha)$；然后当 $j>0$ 且 $T(b)\mathbin{\&}U_{j-1}(\alpha)=0$ 时，置 $j\leftarrow j-1$. 若 $j=h(\alpha)$，则将 $L_j(\alpha)$ 置空，置 $U_j(\alpha)\leftarrow 0$ 且 $h(\alpha)\leftarrow h(\alpha)+1$. 将 b 插入 $L_j(\alpha)$ 中，并置 $U_j(\alpha)\leftarrow U_j(\alpha)+T(b)$.

328. 对 $k=h(\beta)-1,\cdots,1,0$（按此顺序），以及对每个字母 $b\in L_k(\beta)$（按任意顺序）执行以下操作：置 $j\leftarrow h(\alpha)-1$；当 $j>0$ 且 $T(b)\mathbin{\&}U_j(\alpha)=0$ 时，置 $j\leftarrow j-1$. 若 b 不在 $L_j(\alpha)$ 中则报告失败. 否则从该列表中移除 b 并置 $U_j(\alpha)\leftarrow U_j(\alpha)-T(b)$；若 $U_j(\alpha)$ 现在为零，则置 $h(\alpha)\leftarrow h(\alpha)-1$.

若没有失败，则结果 α 就是答案.

329. 对 $k=0,1,\cdots,h(\alpha)-1$（按此顺序），以及对每个字母 $a\in L_k(\alpha)$（按任意顺序）执行以下操作：若 a 不在 $L_0(\beta)$ 中则报告失败；否则从该列表中移除 a，置 $U_0(\beta)\leftarrow U_0(\beta)-T(a)$，并重规范化表示 β.

重规范化包含以下步骤：置 $j \leftarrow c \leftarrow 1$，当 $U_{j-1}(\beta) \neq 0$ 且 $c \neq 0$ 时，若 $j = h(\beta)$ 则终止；否则置 $c \leftarrow 0$ 且 $j \leftarrow j+1$，然后对 $L_{j-1}(\beta)$ 中的每个字母 b，若 $T(b) \mathbin{\&} U_{j-2}(\beta) = 0$，则将 b 从 $L_{j-1}(\beta)$ 移至 $L_{j-2}(\beta)$，并置 $U_{j-2}(\beta) \leftarrow U_{j-2}(\beta) + T(b)$、$U_{j-1}(\beta) \leftarrow U_{j-1}(\beta) - T(b)$、$c \leftarrow 1$；最后，若 $U_{j-1}(\beta) = 0$，则置 $U_{i-1}(\beta) \leftarrow U_i(\beta)$ 和 $L_{i-1}(\beta) \leftarrow L_i(\beta)$（$j \leqslant i < h(\beta)$），并置 $h(\beta) \leftarrow h(\beta) - 1$.

若没有失败，则结果 β 就是答案.

330. 令领土全集为 $V \cup E$，即图 G 的顶点和边的并集，且令 $T(a) = \{a\} \cup \{\{a,b\} \mid a — b\}$.［热拉尔 · 泽维尔 · 维耶诺在 1985 年称这个子图为*海星*.］另外，我们可以让每个集合 $T(a)$ 只包含两个元素，当且仅当 $G = L(H)$ 是某个多重图 H 的线图时. 此时 G 的每个顶点 a 对应于 H 中的一条边 $u — v$，且我们可以令 $T(a) = \{u, v\}$.

［*注记*：最小的非线图是"爪形图" $K_{1,3}$. 由于线图 G 中的独立顶点集对应于 H 中的不相交边集（也称为 H 的*匹配*），因此 G 的默比乌斯多项式也被称为 H 的"匹配多项式". 这类多项式在理论化学和物理学中十分重要. 当所有领土满足 $|T(a)| \leqslant 2$ 时，根据习题 341，(149) 中的多项式 $M_G^*(z)$ 的所有根都为正实数. 但是 $M_{\text{claw}}(z,z,z,z) = 1 - 4z + 3z^2 - z^3$ 有复根，约为 0.317 672 和 $1.341\,16 \pm 1.161\,54\mathrm{i}$.］

331. 如果字符串 α 包含 $k > 0$ 个子串 ac，那么有 2^k 种方式将 α 分解为因子 $\{a, b, c, ac\}$，且在展开式中，$+\alpha$ 和 $-\alpha$ 各出现恰好 2^{k-1} 次. 因此我们得到了所有不包含 ac 的子串的和.

332. 不是：如果 b 与 a 和 c 可交换，但 $ac \neq ca$，那么我们处理的是不包含相邻对 ba 或 cb 的字符串. 因此 cab 符合条件，但它等价于较小的字符串 bca.（某些图确实定义了具有所述性质的迹，正如我们在 (135) 和 (136) 中看到的那样. 通过下一道习题，我们可以得出结论：该性质成立，当且仅当在冲突图 G 中，不存在 3 个字母 $a < b < c$ 满足 $a \not— b$、$b \not— c$ 且 $a — c$. 因此，这些字母可以排列成合适的线性顺序，当且仅当 G 是一个余可比图，参见 7.4.2 节.）

333. 为了证明 $\sum_{\alpha \in A, \beta \in B} (-1)^{|\beta|} \alpha\beta = 1$，令 $\gamma = a_1 \cdots a_n$ 为任意非空字符串. 如果 γ 不能分解为 $a_1 \cdots a_k \in A$ 且 $a_{k+1} \cdots a_n \in B$ 的形式，那么 γ 不会出现. 否则 γ 恰好有两种这样的分解方式：一种是 k 取最小可能值，另一种是 k 恰好比前者大 1. 这两种分解在求和中相互抵消.［*Discrete Mathematics* **14** (1976), 215–239；*Manuscripta Mathematica* **19** (1976), 211–243. 另见拉尔夫 · 弗罗伯格，*Mathematica Scandinavica* **37** (1975), 29–39.］

334. 等价地说，我们要生成字母表 $\{1, \cdots, m\}$ 上所有长度为 n 的字符串，这些字符串需要满足以下准则（它加强了习题 332 中的相邻字母测试）：如果 $1 \leqslant i < j \leqslant n$, $x_i \not— x_j$, $x_{i+1} \not— x_j$, $\cdots$, $x_{j-1} \not— x_j$，那么 $x_i \leqslant x_j$.［参见阿纳托利 · 瓦西里耶维奇 · 阿尼西莫夫和高德纳，*Int. J. Comput. Inf. Sci.* **8** (1979), 255–260.］

T1.［初始化.］置 $x_0 \leftarrow 0$ 且 $x_k \leftarrow 1$（$1 \leqslant k \leqslant n$）.

T2.［访问.］访问迹 $x_1 \cdots x_n$.

T3.［寻找 k.］置 $k \leftarrow n$. 当 $x_k = m$ 时置 $k \leftarrow k-1$. 若 $k = 0$ 则终止.

T4.［在 x_k 上前进.］置 $x_k \leftarrow x_k + 1$ 且 $j \leftarrow k-1$.

T5.［x_k 是否有效?］若 $x_j > x_k$ 且 $x_j \not— x_k$，返回至 T4. 若 $j > 0$、$x_j < x_k$ 且 $x_j \not— x_k$，置 $j \leftarrow j-1$ 且重复此步骤.

T6.［重置 $x_{k+1} \cdots x_n$.］当 $k < n$ 时执行以下操作：置 $k \leftarrow k+1$ 且 $x_k \leftarrow 1$；当 $x_{k-1} > x_k$ 且 $x_{k-1} \not— x_k$ 时，置 $x_k \leftarrow x_k + 1$. 然后跳转至 T2. ▌

335. 给定这样一个排序，我们有 $M_G = \det(\boldsymbol{I} - \boldsymbol{A})$，其中，$\boldsymbol{A}$ 的第 u 行第 v 列的项为 $v[u \geqslant v$ 或 $u — v]$. 在给定的例子中，在展开第一列后，行列式为

$$\det\begin{pmatrix} 1 & -b & -c & 0 & 0 & 0 \\ 0 & 1-b & 0 & -d & 0 & 0 \\ 0 & -b & 1-c & -d & -e & 0 \\ 0 & -b & -c & 1-d & 0 & -f \\ 0 & -b & -c & -d & 1-e & -f \\ 0 & -b & -c & -d & -e & 1-f \end{pmatrix} + \det\begin{pmatrix} -a & -b & -c & 0 & 0 & 0 \\ 0 & 1 & c & -d & 0 & 0 \\ 0 & 0 & 1 & -d & -e & 0 \\ 0 & 0 & 0 & 1-d & 0 & -f \\ 0 & 0 & 0 & -d & 1-e & -f \\ 0 & 0 & 0 & -d & -e & 1-f \end{pmatrix},$$

然后从右侧行列式的所有其他行中减去第一行. 因此这个规则满足递推关系 (142).

[使用习题 334 的答案中对字典序最小迹的描述，这个结果也由麦克马洪主定理（习题 5.1.2–20）而得. 由定理 5.1.2B，这样的迹与多重集置换一一对应，其两行表示中不包含 $\substack{v\\u}$（当 $v > u$ 且 $v \not- u$ 时）. 当 G 不是余可比图时，是否存在类似的行列式表达式?]

336. (a) 如果 α 是图 G 的迹，而 β 是图 H 的迹，那么我们有 $\mu_{G\oplus H}(\alpha\beta) = \mu_G(\alpha)\mu_H(\beta)$. 因此 $M_{G\oplus H} = M_G M_H$. (b) 在这种情况下，如果 $\beta = \epsilon$，那么 $\mu_{G—H}(\alpha\beta) = \mu_G(\alpha)$；如果 $\alpha = \epsilon$，那么其等于 $\mu_H(\beta)$；否则为零. 因此 $M_{G—H} = M_G + M_H - 1$.

[这些规则确定了 G 为余图时，M_G 的递归计算（参见习题 7–90）. 特别是，完全二部图和完全 k 部图，其默比乌斯级数形式较为简单，比如当 $G = K_{3,2,1}$ 时，$M_G = (1-a)(1-b)(1-c)+(1-d)(1-e)+(1-f)-2$.]

337. 将 M_G 中的 a 替换为 $a_1 + \cdots + a_k$，得到 $M_{G'}$.（G' 的每个迹都是通过给 G 的迹中的 a 添加下标而得到的.）

338. 只需对定理 F 的证明做些小的修改：我们限制 α 为不包含 $\boldsymbol{A}$ 中元素的迹，并通过让 a 成为 γ 的堆垛中最小的 $\notin \boldsymbol{A}$ 的字母来定义 α' 和 β'. 如果 γ 中没有这样的字母，那么其只有一个因子分解，$\alpha = \epsilon$. 否则，我们可以将互相抵消的因子分解相配对.（顺带一提，所有源在 $\boldsymbol{A}$ 中的迹的和必须以相反的顺序写成：$M_G^{-1} M_{G\setminus \boldsymbol{A}}$.）

339. (a) 对于 x_j 进行"下推"操作，并从地面上分解出得到的内容.

(b) 分解出标签最小的角锥，并对剩余的部分重复操作.

(c) 这是一个关于标号对象的通用卷积原理 [参见爱德华 · 安东 · 本德和杰 · 罗伯特 · 戈德曼，*Indiana Univ. Math. J.* **20** (1971), 753–765]. 比如，当 $l = 3$ 时，从 3 个标号角锥得到长度为 n 的标号迹的方法数为 $\sum_{i,j,k}\binom{n}{i,j,k}P_iP_jP_k/3! = n!\sum_{i,j,k}(P_i/i!)(P_j/j!)(P_k/k!)/3!$，其中，求和下标满足 $i+j+k = n$. 我们将和除以 3! 以确保顶部的角锥标签是递增的.

(d) 对于 $l = 0, 1, 2, \cdots$，求 (c) 中等式的和.

(e) 由定理 F，$T(z) = \sum_{n\geqslant 0} t_n z^n = 1/M_G(z)$，并且 $P(z) = \sum_{n\geqslant 1} p_n z^n/n$. 注记：如果我们保留字母名称，例如写作 $M_G(z) = 1 - (a+b+c)z + acz^2$，而不是 $M_G(z) = 1 - 3z + z^2$，那么形式幂级数 $-\ln M_G(z)$ 中 z^n 的系数给出了长度为 n 的角锥，但这仅在交换代数的意义下（而不是迹代数）成立. 比如，从 $\sum_{k\geqslant 1}(1 - M_G(z))^k/k$ 中使用迹代数得到的 z^3 的系数包含非角锥项 $bac/6$.

340. 设 $w((i_1 \cdots i_k)) = (-1)^{k-1}a_{i_1i_2}a_{i_2i_3}\cdots a_{i_ki_1}$；从而在给定的例子中，$w(\pi) = (-a_{13}a_{34}a_{42}a_{21})(-a_{57}a_{75})(a_{66})$. 根据行列式的定义，排列多项式变为 $\det \boldsymbol{A}$.（如果省略 $(-1)^{k-1}$，我们将得到积和式.）

341. 当 $n = 2$ 时，提示是正确的，因为前两个对合多项式是 $w_{11}x$ 和 $w_{11}w_{22}x^2 - w_{12}$. 并且存在一个递推关系：$W(S) = w_{ii}xW(S\setminus i) - \sum_{j\neq i} W(S\setminus\{i,j\})$.

因此，我们可以通过归纳证明存在 $n+1$ 个根 $s_1 < r_1 < \cdots < r_n < s_{n+1}$：令 $W_n(x)$ 是关于 $\{1,\cdots,n\}$ 的多项式. $W_{n+1}(x)$ 是 $w_{(n+1)(n+1)}xW_n(x)$ 减去 n 个多项式 $w_{(n+1)j}W(\{1,\cdots,n\}\setminus j)$，每个多项式的根 $q_k^{(j)}$ 都被 W_n 的根很好地夹在中间. 此外，对于 $1 \leqslant k \leqslant n/2$ 有 $q_{n-k}^{(j)} = -q_k^{(j)}$ 且 $r_{n+1-k} = -r_k$. 从而得出 $W_{n+1}(r_n) < 0$，$W_{n+1}(r_{n-1}) > 0$，以此类推可以得到 $(-1)^kW_{n+1}(r_{n+1-k}) > 0$ 对 $1 \leqslant k \leqslant n/2$ 成立. 此外，当 n 为偶数时，$W_{n+1}(0) = 0$；当 $n = 2k-1$ 时，$(-1)^kW_{n+1}(0) > 0$；并且对于所有足够大的 x 有 $W_{n+1}(x) > 0$. 因此，想求的 s_k 存在. [参见海林曼和利布，*Physical Review Letters* **24** (1970), 1412.]

342. 如果我们用 $a_{i_1i_2}a_{i_2i_3}\cdots a_{i_ki_1}$ 替换 $(i_1 \cdots i_k)$（类似于习题 340 的答案，但没有 $(-1)^{k-1}$），那么 M_{G_n} 将变成 $\det(\boldsymbol{I} - \boldsymbol{A})$. 将 a_{ij} 替换为 $a_{ij}x_j$，得到的是麦克马洪主定理中的行列式. 并且如果 $x_1 = \cdots = x_n = x$，我们将得到多项式 $\det(\boldsymbol{I} - x\boldsymbol{A})$，其根是 $\boldsymbol{A}$ 的特征多项式的根的倒数.

343. 习题 336 的答案中的公式表明，对于余图 G，$M_G(p_1,\cdots,p_m)$ 在任意 p_j 减小时都会增大. 唯一不是余图且顶点数小于或等于 4 的图是 P_4（参见习题 7–90）；从而 $M_G(p_1,p_2,p_3,p_4) = 1 - p_1 - p_2 - p_3 - p_4 + p_1p_3 + p_1p_4 + p_2p_4 = (1-p_1)(1-p_3-p_4) - p_2(1-p_4)$. 在这种情况下，我们也可以得出结论：$M_G(p_1,\cdots,p_4) > 0$ 意味着 $(p_1,\cdots,p_4) \in \mathcal{R}(G)$. 但是，当 $G = P_5$ 时，我们会发现 $M_G(1-\epsilon, 1-\epsilon, \epsilon,$

$1-\epsilon, 1-\epsilon) > 0$ 对 $0 \leqslant \epsilon < \phi^{-2}$ 成立；然而，因为 $M_G(0,0,\epsilon,1-\epsilon,1-\epsilon) = -(1-\epsilon)^2$，所以 $(1-\epsilon, 1-\epsilon, \epsilon, 1-\epsilon, 1-\epsilon)$ 从不属于 $\mathcal{R}(G)$.

344. (a) 如果某些最小项，比如 $B_1\overline{B}_2\overline{B}_3B_4$，具有负的"概率"，那么 $p_1p_4 \times (1-\pi_2-\pi_3+\pi_{23}) < 0$. 因此 $M_G(0,p_2,p_3,0) < 0$ 违反了 $\mathcal{R}(G)$ 的定义.

(b) 事实上，不仅如此：如果 $i \not\!\!-\, j$ 对于 $i \in I$ 和 $j \in J$ 成立，并且 $I \cap J = \varnothing$，那么 $\pi_{I\cup J} = \pi_I\pi_J$.

(c) 由 (140) 和 (141)，它等于 $M_G(p_1[1\in J], \cdots, p_m[m \in J])$. 这个重要的事实，已经隐式地在 (a) 的解中给出了，它意味着 $\beta(G \mid J) > 0$ 对所有 J 成立.

(d) 将"$G|J$"简单地写作"J"，我们将通过对 $|J|$ 归纳证明 $\alpha(i\cup J)/\beta(i\cup J) \geqslant \alpha(J)/\beta(J)$ 对 $i \notin J$ 成立. 令 $J' = \{j \in J \mid i \not\!\!-\, j\}$. 由 (133)，我们有

$$\alpha(i\cup J) = \alpha(J) - \Pr\Bigl(A_i \cap \bigcap_{j\in J}\overline{A}_j\Bigr) \geqslant \alpha(J) - \Pr\Bigl(A_i \cap \bigcap_{j\in J'}\overline{A}_j\Bigr) \geqslant \alpha(J) - p_i\alpha(J'),$$

并且，$\beta(i\cup J) = \beta(J) - p_i\beta(J')$. 从而，$\alpha(i\cup J)\beta(J) - \alpha(J)\beta(i\cup J) \geqslant (\alpha(J)-p_i\alpha(J'))\beta(J) - \alpha(J)(\beta(J) - p_i\beta(J')) = p_i(\alpha(J)\beta(J') - \alpha(J')\beta(J))$，并且因为 $J' \subseteq J$，所以通过归纳证明该表达式大于或等于 0.

（这个论证证明了，只要 $(p_1, \cdots, p_m)$ 导致一个合法的概率分布并且 $\beta(G) > 0$，那么引理 L 便成立，因此这样的概率在 $\mathcal{R}(G)$ 中.）

(e) 因为 $\beta(J)/\beta(J') \geqslant \prod_{j\in J\setminus J'}(1-\theta_j)$，所以通过归纳，我们有 $\beta(i\cup J) = \beta(J) - \theta_i\beta(J')\prod_{i -\!\!- j}(1-\theta_j) \geqslant \beta(J) - \theta_i\beta(J')\prod_{j\in J\setminus J'}(1-\theta_j) \geqslant (1-\theta_i)\beta(J)$.

345. （由亚历山大 · 戴维 · 斯科特和艾伦 · 戴维 · 索克尔解答）设 $p'_j = (1+\delta)p_j$，其中，$\delta \leqslant 0$ 是 $(p_1, \cdots, p_m)$ 的松弛量. 那么 $M_G(p'_1, \cdots, p'_m) = 0$，但如果任何 p'_j 减小，它将变为正数. 根据习题 344 的构造定义事件 $B'_1, \cdots, B'_m$. 令 $C_1, \cdots, C_m$ 是独立的二元随机变量，使得 $\Pr(C_j = 1) = q_j$，其中 $(1-p'_j)(1-q_j) = 1-p_j$. 然后事件 $B_j = B'_j \vee C_j$ 满足所需的条件：$\Pr(B_i \mid \overline{B}_{j_1} \cap \cdots \cap \overline{B}_{j_k}) = \Pr(B_i \mid \overline{B}'_{j_1} \cap \cdots \cap \overline{B}'_{j_k}) = \Pr(B_i) = p_i$；且 $\Pr(B_1 \vee \cdots \vee B_m) \geqslant \Pr(B'_1 \vee \cdots \vee B'_m) = 1$.

346. (a) 由 (144)，$K_{a,G}$ 是图 $G \setminus a$ 中概率的所有迹之和. 这些迹的源是 a 的相邻顶点. 减小 p_j 不会减小任何迹.

(b) 假设顶点 $a = 1$ 的相邻顶点为 $2, \cdots, j$. 如果我们已经递归地计算了 $M_{G\setminus a^*}$ 和 $M_{G\setminus a}$，并发现 $(p_{j+1}, \cdots, p_m) \in \mathcal{R}(G\setminus a^*)$ 且 $(p_2, \cdots, p_m) \in \mathcal{R}(G\setminus a)$，那么我们可以得知 $K_{a,G}$；并且 (a) 中的单调性意味着 $(p_1, \cdots, p_m) \in \mathcal{R}(G)$，当且仅当 $aK_{a,G} < 1$.

比如，习题 335 中的图 $G = $ （顶点 a–b，c–d，e–f 组成的梯形图）可以按照以下方式处理：

$$\begin{aligned}
M_{abcdef} &= M_{bcdef}\Bigl(1-a\frac{M_{def}}{M_{bcdef}}\Bigr) = (1-a')(1-b')\cdots(1-f'), & a' &= \frac{a}{(1-b')(1-c')},\\
M_{bcdef} &= M_{cdef}\Bigl(1-b\frac{M_{cef}}{M_{cdef}}\Bigr) = (1-b')(1-c')\cdots(1-f'), & b' &= \frac{b(1-c'')}{(1-c')(1-d')},\\
M_{cdef} &= M_{def}\Bigl(1-c\frac{M_{f}}{M_{def}}\Bigr) = (1-c')(1-d')(1-e')(1-f'), & c' &= \frac{c}{(1-d')(1-e')},\\
M_{cef} &= M_{ef}\Bigl(1-c\frac{M_{f}}{M_{ef}}\Bigr) = (1-c'')(1-e')(1-f'), & c'' &= \frac{c}{(1-e')},\\
M_{def} &= M_{ef}\Bigl(1-d\frac{M_{e}}{M_{ef}}\Bigr) = (1-d')(1-e')(1-f'), & d' &= \frac{d(1-e'')}{(1-e')(1-f')},\\
M_{ef} &= M_{f}\Bigl(1-e\frac{M_{\epsilon}}{M_{f}}\Bigr) = (1-e')(1-f'), & e' &= \frac{e}{(1-f')},\\
M_{e} &= M_{\epsilon}\Bigl(1-e\frac{M_{\epsilon}}{M_{\epsilon}}\Bigr) = (1-e''), & e'' &= e,\\
M_{f} &= M_{\epsilon}\Bigl(1-f\frac{M_{\epsilon}}{M_{\epsilon}}\Bigr) = (1-f'), & f' &= f,
\end{aligned}$$

其中，$M_\epsilon = 1$.（左边的方程式是自顶向下推出的，右边的方程式则是自底向上计算的. 我们有 $(a, b, \cdots, f) \in \mathcal{R}(G)$，当且仅当 $f' < 1$, $e'' < 1$, $e' < 1$, $\cdots$, $a' < 1$.）当子图不连通时，更好的是使用规

则 $M_{G\oplus H} = M_G M_H$（习题 336）来以另一种顺序遍历这个图：

$$\begin{aligned}
M_{cdabef} &= M_{dabef}\Big(1-c\frac{M_b M_f}{M_{dabef}}\Big) = (1-c')(1-d')\cdots(1-f'), &\quad c' &= \frac{c}{(1-a')(1-d')(1-e')},\\
M_{dabef} &= M_{ab}M_{ef}\Big(1-d\frac{M_a M_e}{M_{ab}M_{ef}}\Big) = (1-d')(1-a')(1-b')(1-e')(1-f'), &\quad &（见下）\\
M_{ab} &= M_b\Big(1-a\frac{M_\epsilon}{M_b}\Big) = (1-a')(1-b'), &\quad a' &= \frac{a}{(1-b')},\\
M_a &= M_\epsilon\Big(1-a\frac{M_\epsilon}{M_\epsilon}\Big) = (1-a''), &\quad a'' &= a,\\
M_b &= M_\epsilon\Big(1-b\frac{M_\epsilon}{M_\epsilon}\Big) = (1-b'), &\quad b' &= b,
\end{aligned}$$

其中，$d' = dM_a M_\epsilon/(M_{ab}M_{ef}) = d(1-a'')(1-e'')/((1-a')(1-b')(1-e')(1-f'))$，并且 M_{ef}, M_e, M_f, M_ϵ 与之前相同．通过这种方法，我们通常可以在线性时间内解决问题．［参见亚历山大·戴维·斯科特和艾伦·戴维·索克尔，*J. Stat. Phys.* **118** (2005), 1151–1261, §3.4.］

347. (a) 假设 $v_1 — v_2 — \cdots — v_k — v_1$ 是一个诱导环．我们可以假设 $v_1 \succ v_2$．然后，通过对 j 进行归纳，我们必须有 $v_1 \succ \cdots \succ v_j$ 对于 $1 < j \leqslant k$ 成立．这是因为，如果 $v_{j+1} \succ v_j$，由 $(*)$，我们将有 $v_{j+1} — v_{j-1}$．但是现在 $v_k — v_1$ 蕴涵 $k = 3$.

(b) 令顶点集为 $\{1,\cdots,m\}$，每个顶点 a 的领土集为 $T(a) \subseteq U$，其中 $1 \leqslant a \leqslant m$；并且令 U 是一棵树，使得每个 $U \mid T(a)$ 都是连通的．令 U_a 是 $T(a)$ 在 U 中的最小公共祖先.（因此 $T(a)$ 的结点出现在以 U_a 为根的子树的顶部.）由于 $U_a \in T(a)$，当 $U_a = U_b$ 时，我们有 $a — b$.

将 U 中的祖先关系写作 $s \succ_U t$，我们现在将 $a \succ b$ 定义为 $U_a \succ_U U_b$ 或 $U_a = U_b$ 且 $a < b$．那么 $(*)$ 将被满足：如果 $t \in T(a) \cap T(b)$，我们有 $U_a \succ_U t$ 和 $U_b \succ_U t$，因此 $U_a \succeq_U U_b$ 或 $U_b \succeq_U U_a$，从而 $a \succ b$ 或 $b \succ a$．如果 $a \succ b \succ c$ 且 $t \in T(a) \cap T(c)$，我们有 $U_a \succeq_U U_b \succeq_U U_c$；从而 $U_b \in T(a) \cap T(b)$，这是因为 U_b 位于 U 中 t 和 U_a 之间的唯一路径上且 $T(a)$ 是连通的.

(c) 按任意顺序处理结点，使得当 U_a 是 U_b 的真祖先时，a 在 b 之前被消除．这将只会导致在子问题中，算法不需要"双撇"变量.

比如，使用 $(a,b,\cdots,g)$ 代替 $(1,2,\cdots,7)$ 以匹配习题 346 中的记号．假设 U 是一棵以 p 为根的树，边为 $p — q$, $p — r$, $r — s$, $r — t$，并且 $T(a) = \{p,q,r,t\}$, $T(b) = \{p,r,s\}$, $T(c) = \{p,q\}$, $T(d) = \{q\}$, $T(e) = \{r,s\}$, $T(f) = \{s\}$, $T(g) = \{t\}$．那么 $a \succ b \succ c \succ d$, $c \succ e \succ f$, $e \succ g$．算法计算 $M_{abcdefg} = (1-a')M_{bcdefg}$，$M_{bcdefg} = (1-b')M_{cdefg}$，等等，其中 $a' = aM_f/M_{bcdefg}$，$b' = bM_{dfg}/M_{cdefg} = b(M_d M_f M_g)/(M_{cd}M_{ef}M_g)$，等等.

一般来说，树序保证了不需要"双撇"变量．因此，对于每个顶点 v，公式可以简化为 $v' = v/\prod_{u — v,\, v \succ u}(1-u')$.

(d) 比如，在 (c) 中，我们有 $p_1 = a$, $\cdots$, $p_7 = g$, $\theta_1 = a'$, $\cdots$, $\theta_7 = g'$．θ 的值由给定的方程唯一定义（取决于序 $\succ$）；并且我们在任何情况下都有 $M_G(p_1,\cdots,p_m) = (1-\theta_1)\cdots(1-\theta_m)$．［韦斯利·佩格登，*Random Structures & Algorithms* **41** (2012), 546–556.］

348. 对于某些 θ，至少有一个奇点位于 $z = \rho e^{i\theta}$．如果 $0 < r < \rho$，幂级数 $f(z) = \sum_{n=0}^{\infty} f^{(n)}(re^{i\theta})(z - re^{i\theta})^n/n!$ 的收敛半径为 $\rho - r$．如果 $z = \rho$ 不是奇点，$\theta = 0$ 的收敛半径将超过 $\rho - r$．但是，$|f^{(n)}(re^{i\theta})| = |\sum_{m=0}^{\infty} m^{\underline{n}} a_n (re^{i\theta})^{m-n}| \leqslant f^{(n)}(r)$．［*Mathematische Annalen* **44** (1894), 41–42.］

349. 典型的生成函数为 $g_{0000001} = 1$；$g_{0110110} = z(g_{0100110} + g_{0101110} + g_{0110110} + g_{0111110})/4$（在情况 1 中）或 $g_{0110110} = z(g_{0000110} + g_{0010110} + g_{0100110} + g_{0110110})/4$（在情况 2 中）．在情况 1 中，这 128 个线性方程有满足分母包含一个或多个多项式 $4 - z$, $2 - z$, $16 - 12z + z^2$, $4 - 3z$, $64 - 80z + 24z^2 - z^3$, $8 - 8z + z^2$ 的解（参见习题 320）；在情况 2 中，分母为 $4 - z$ 的幂.

令 $g(z) = \sum_x g_x(z)/128$，那么在情况 1 中，$g(z) = 1/((2-z)(8-8z+z^2))$，均值为 7，方差为 42；在情况 2 中，$g(z) = (1088 - 400z + 42z^2 - z^3)/(4-z)^6$，均值为 $1139/729 \approx 1.56$，方差为 $1\,139\,726/729^2 \approx 2.14$.

（上界 $E_1+\cdots+E_6$ 由情况 1 的分布实现，因为它与路径图 (148) 的极端分布 P_6 相匹配. 顺带一提，如果情况 1 从 $n=7$ 一般化到任意的 n，那么均值为 $n(n-1)/6$，方差为 $(n+3)(n+2)n(n-1)/90$. ）

350. (a) N 的生成函数为 $\prod_{k=1}^{n}(1-\xi_k)/(1-\xi_k z)$. 因此，一般地说，均值和方差分别为 $\sum_{k=1}^{n}\xi_k/(1-\xi_k)$ 和 $\sum_{k=1}^{n}\xi_k/(1-\xi_k)^2$. 特别地，均值为 (i) n；(ii) $n/(2n-1)$；(iii) $n/(2^n-1)$；(iv) $H_{2n}-H_n+\frac{1}{2n}=\ln 2+O(1/n)$；(v) $\frac{1}{2}(\frac{1}{n+1}+\frac{1}{2n}-\frac{1}{2n+1})=\frac{1}{2n}+O(1/n^2)$. 情况 (i) 中的方差是 $2n$；否则，它的渐近值与均值相同，即乘以 $1+O(1/n)$.

(b) 在这种情况下，均值和方差分别为 $\xi/(1-\xi)$ 和 $\xi/(1-\xi)^2$，其中 $\xi=\Pr(A_m)=1-(1-\xi_1)\cdots(1-\xi_n)$. 这个值 ξ 等于 (i) $1-2^{-n}$；(ii) $1-(1-\frac{1}{2n})^n=1-\mathrm{e}^{-1/2}+O(1/n)$；(iii) $1-(1-2^{-n})^n=n/2^n+O(n^2/4^n)$；(iv) $1/2$；(v) $1/(2n+2)$. 因此，均值分别为 (i) 2^n-1；(ii) $\mathrm{e}^{1/2}-1+O(1/n)$；(iii) $n/2^n+O(n^2/4^n)$；(iv) 1；(v) $1/(2n+1)$. 方差分别为 (i) 4^n-2^n；(ii) $\mathrm{e}-\mathrm{e}^{1/2}+O(1/n)$；(iii) $n/2^n+O(n^2/4^n)$；(iv) 2；(v) $1/(2n+1)+1/(2n+1)^2$.

(c) 由于 G 是 $K_{n,1}$，习题 336 和习题 343 意味着 $(\xi_1,\cdots,\xi_n,\xi)\in\mathcal{R}(G)$，当且仅当 $\xi<\frac{1}{2}$. 这个条件在 (ii)、(iii) 和 (v) 的情况下成立.

351. （由莫泽和陶尔多什解答）如果存在一种变量的设置使得 A_i 为假且 A_j 为真，那么我们要求 i —— j，前提是对 Ξ_j 变量的一些变化可能会使 A_i 为真. 并且 $i\leftrightarrow j$ 的情况也是如此.

（在有向非平衡依赖图上同样可以证明局部引理，参见诺加 · 阿隆和乔尔 · 哈罗德 · 斯潘塞，*The Probabilistic Method* (2008), §5.1. 但是，我们用来分析算法 M 的迹的理论是基于无向图的，目前尚不知晓对于有向图情况的算法扩展. ）

352. 习题 344(e) 的答案，其中 $M_G=\beta(i\cup J)$ 且 $M_{G\setminus i}=\beta(J)$，证明了 $M_{G\setminus i}/M_G\geqslant 1-\theta_i$.

353. (a) 在情况 1 中有 $n+1$ 个排序的字符串，即 0^k1^{n-k}（$0\leqslant k\leqslant n$）. 在情况 2 中有 F_{n+2} 个解（比如，参见习题 7.2.1.1–91）.

(b) 在路径 P_{n-1} 上，至少有 $2^nM_G(1/4)$ 个解. 由习题 320，我们有 $M_G(1/4)=f_{n-1}(1/4)=(n+1)/2^n$. 因此，情况 1 与下界相匹配.

(c) 没有非平衡依赖. 因此，相关的图 G 是 $n-1$ 个顶点的空图；由习题 336，$M_G(1/4)=(3/4)^{n-1}$；事实上，$F_{n+2}\geqslant 3^{n-1}2^{2-n}$.

354. 对 (151) 求导并置 $z\leftarrow 1$.

355. 如果 $A=A_j$ 是图 G 的一个孤立顶点，那么 $1-p_jz$ 是 (149) 中的多项式 $M_G^*(z)$ 的一个因子，因此 $1+\delta\leqslant 1/p_j$，并且 $E_j=p_j/(1-p_j)\leqslant 1/\delta$. 否则 $M_G(p_1,\cdots,p_{j-1},p_j(1+\delta),p_{j+1},\cdots,p_m)=M_G^*(1)-\delta p_jM_{G\setminus A^*}^*(1)>M_G^*(1+\delta)=0$. 因此 $E_j=p_jM_{G\setminus A^*}^*(1)/M_G^*(1)>1/\delta$.

356. (a) 我们通过对 $|S|$ 进行归纳来证明提示. 当 $S=\varnothing$ 时，这是显然的；否则，令 $X=S\cap\bigcup_{i\in U_j}U_j$ 且 $Y=S\setminus X$. 由 (133)，我们有

$$\Pr(A_i\mid\overline{A}_S)=\frac{\Pr(A_i\cap\overline{A}_X\cap\overline{A}_Y)}{\Pr(\overline{A}_X\cap\overline{A}_Y)}\leqslant\frac{\Pr(A_i\cap\overline{A}_Y)}{\Pr(\overline{A}_X\cap\overline{A}_Y)}\leqslant\frac{\Pr(A_i)\Pr(\overline{A}_Y)}{\Pr(\overline{A}_X\cap\overline{A}_Y)}=\frac{\Pr(A_i)}{\Pr(\overline{A}_X\,|\,\overline{A}_Y)}.$$

假设 i 属于团 $U_{j_0},\cdots,U_{j_r}$，其中 $j=j_0$. 令 $X_0=\varnothing$，$X_k=(S\cap U_{j_k})\setminus X_{k-1}$，$Y_k=Y\cup X_1\cup\cdots\cup X_{k-1}$（$1\leqslant k\leqslant r$）. 我们有 $\Pr(A_l\mid\overline{A}_{Y_k})\leqslant\theta_{lj_k}$（$l\in X_k$），这是因为当 $X_k\neq\varnothing$ 时，$|Y_k|<|S|$. 因此 $\Pr(\overline{A}_{X_k}\mid\overline{A}_{Y_k})\geqslant(1+\theta_{ij_k}-\Sigma_k)$. 从而由链式法则（习题 MPR–14），$\Pr(\overline{A}_X|\overline{A}_Y)=\Pr(\overline{A}_{X_1}|\overline{A}_{Y_1})\Pr(\overline{A}_{X_2}|\overline{A}_{Y_2})\cdots\Pr(\overline{A}_{X_r}|\overline{A}_{Y_r})\geqslant\prod_{k\neq j,i\in U_k}(1+\theta_{ik}-\Sigma_k)$. 提示得以证明.

最后，对于 $1\leqslant k\leqslant t$，令 $W_k=U_1\cup\cdots\cup U_k$. 提示意味着

$$\begin{aligned}\Pr(\overline{A}_1\cap\cdots\cap\overline{A}_m)&=\Pr(\overline{A}_{W_1})\Pr(\overline{A}_{W_2}\mid\overline{A}_{W_1})\cdots\Pr(\overline{A}_{W_t}\mid\overline{A}_{W_{t-1}})\\&\geqslant(1-\Sigma_1)(1-\Sigma_2)\cdots(1-\Sigma_t)>0.\end{aligned}$$

(b) 定理 S 中的极端事件 $B_1,\cdots,B_m$ 满足 (a) 中的提示. 因此 $\Pr(B_i\mid\bigcap_{k\notin U_j}\overline{B}_k)\leqslant\theta_{ij}$ 对于所有 $i\in U_j$ 成立；从而 $q_i=\Pr(B_i\mid\bigcap_{k\neq i}\overline{B}_k)\leqslant\theta_{ij}/(1+\theta_{ij}-\Sigma_j)$. 此外，(152) 中的 $E_i=q_i/(1-q_i)$，这是因为 $q_i=p_iM_{G\setminus i^*}/M_{G\setminus i}$.

(c) 令 $U_1,\cdots,U_t$ 为 G 的边，且当 $U_k=\{i,j\}$ 时，有 $\theta_{ik}=\theta_i$. 那么 $\Sigma_k=\theta_i+\theta_j<1$，并且 (a) 中的充分条件为每当 i —— k 时，$\Pr(A_i)\leqslant\theta_i\prod_{j\neq k,i\text{—}j}(1-\theta_j)$ 成立.（但需要注意，定理 M 并不适用于这些更大的 p_i.）

［迦叶波 · 科利帕卡、马里奥 · 塞盖迪和徐一新，*LNCS* **7408** (2012), 603–614.］

357. 如果 $r>0$，那么我们有 $x=r/(1-p)$，$y=r/(1-q)$. 但是 $r=0$ 只可能出现在图 94 的轴上：要么 $(p,q)=(0,1)$，$x=0$，$0<y\leqslant 1$，要么 $(p,q)=(1,0)$，$0<x\leqslant 1$，$y=1$.

358. 假设 $x\geqslant y$（因此 $p\geqslant q$ 且 $x>0$）. 那么 $p\leqslant r$，当且仅当 $1-y\leqslant y$.

359. 不再通过公式 (154) 来计算 π_l，而是将其表示为两个数 (π_l^+,π_l')，其中，π_l^+ 是非零因子的乘积，π_l' 是零因子的数量. 从而，(156) 中需要的 $\pi_{\bar l}$ 为 $\pi_{\bar l}^+[\pi_{\bar l}'=0]$；若 $\eta_{C\to l}=1$，则 $\pi_l/(1-\eta_{C\to l})$ 等于 $\pi_l^+[\pi_l'=1]$，否则等于 $\pi_l^+[\pi_l'=0]/(1-\eta_{C\to l})$. 在 (157) 中，可以使用类似的方法将 $\prod_{l\in C}\gamma_{l\to C}$ 中的零因子分离出来.

360. 我们可以假设 $\eta_3=0$. 由于 $\pi_l=1$ 意味着 $\eta_{C\to l}=\gamma_{\bar l\to C}=0$，我们有 $\eta_{C\to 1}=\eta_{C\to\bar 2}=\eta_{C\to 3}=\eta_{C\to\bar 4}=\gamma_{\bar 1\to C}=\gamma_{2\to C}=\gamma_{\bar 3\to C}=\gamma_{4\to C}=0$ 对于所有的 C 成立. 因此，正如 (159)，所有的 $\eta_{C\to l}$ 值中除了 3 个以外都是 0；令 x、y、z 表示这 3 个例外. 此外，令 $\eta_{\bar 1}=a$，$\eta_2=b$，$\eta_4=c$，$\eta_{\bar 3}=d$. 从而 $\pi_{\bar 1}=(1-a)(1-x)$、$\pi_2=(1-b)(1-y)$、$\pi_4=(1-c)(1-z)$ 且 $\pi_{\bar 3}=1-d$. 如果 $x=d(b+cd(1-b)+ad^2(1-b)(1-c))/(1-d^3(1-a)(1-b)(1-c))$，那么我们就得到了一个不动点. 如果 d 等于 0 或 1，那么 $x=y=z=d$.（是否有其他不动点，比如满足 $\pi_1\neq 1$ 的不动点？）

361. 这些 π 和 γ 也将是 0 或 1，并且我们排除 $\pi_l=\pi_{\bar l}=0$ 的情况. 因此每个变量 v 都是 1、0 或 $*$，这取决于 $(\pi_v,\pi_{\bar v})$ 是 $(0,1)$、$(1,0)$ 还是 $(1,1)$.

对变量赋值 1、0 或 $*$ 的任何操作都是允许的，只要每个子句至少有一个为真的文字或两个为 $*$ 的文字.（这种部分赋值被称为“覆盖”，即使在不可满足的子句中通常也是可能的，参见习题 364.）所有的调查消息 $\eta'_{C\to l}=\eta_{C\to l}$ 都等于 0，除非子句 C 只有 l 作为其唯一的非假文字. 增强消息 η_l 可以是 0 或 1，除非 l 为真（$\pi_l=0$）且所有消息 $\eta_{C\to l}$ 都为 0.

若我们还想要 $\eta_l'=\eta_l$，可以在 (158) 中取 $\kappa=1$ 且 $\eta_l=1-\pi_l$.

362. 创建一个链表 L，它包含所有需要强制为真的文字，这些文字也包括原始问题中的单元子句中的所有文字. 只要 L 不为空，就执行以下步骤：从 L 中移除一个文字 l；移除所有包含 l 的子句；并从所有剩余的子句中移除 $\bar l$. 如果这些子句中的任何一个因此被简化为单个文字，记作 (l')，那么检查是否 l' 或 $\bar l'$ 已经存在于 L 中. 若 $\bar l'$ 存在，则意味着出现了矛盾；我们必须要么以失败终止，要么以增加的 ψ 重新开始步骤 S8. 但若 $\bar l'$ 和 l' 都不存在，则将 l' 放入 L 中.

363. (a) 正确. 事实上，这是算法 C 的一种重要的不变性.

(b) $W(001)=1$，$W(***)=p_1p_2p_3$，否则 $W(x)=0$.

(c) 陈述 (i) 和 (iii) 是正确的，但 (ii) 不是；考虑 $x=10*$、$x'=00*$ 和子句 123.

(d) $\{1,\bar 2,\bar 3\}$ 的所有 8 个子集，除 $\{\bar 2,\bar 3\}$ 之外都是稳定的，这是因为 x_1 在 100 中受到了约束. 其他 7 个子集按照右图进行部分排序.（右图展示了 L_7，这是非模的最小下半模格.）

(e)

$x_2x_3=$	00	01	$0*$	10	11	$1*$	$*0$	$*1$	$**$
$x_1=0$	0	q_1q_2	0	q_1q_3	$q_1q_2q_3$	$q_1q_2p_3$	0	$q_1p_2q_3$	$q_1p_2p_3$
$x_1=1$	q_2q_3	$q_1q_2q_3$	$q_1q_2p_3$	$q_1q_2q_3$	$q_1q_2q_3$	$q_1q_2p_3$	$q_1p_2q_3$	$q_1p_2q_3$	$q_1p_2p_3$
$x_1=*$	0	$p_1q_2q_3$	$p_1q_2p_3$	$p_1q_2q_3$	$p_1q_2q_3$	$p_1q_2p_3$	$p_1p_2q_3$	$p_1p_2q_3$	$p_1p_2p_3$

(f) 一个解是 $\{\bar 1\bar 23\bar 4\bar 5,\bar 14,\bar 25,\bar 34\bar 5,\bar 3\bar 45\}$.（对于这些子句，部分赋值 $\{3\}$ 是稳定的，但它在 $\{1,2,3,4,5\}$ 下面是“不可达”的.）

(g) 如果 $L=L'\setminus l$ 且 $L'\in\mathcal{L}$，但 $L\notin\mathcal{L}$，那么引入子句 $(x_l\vee\bigvee_{k\in L'}\bar x_k)$.

(h) 正确. 因为 $L'=L\setminus l'$ 且 $L''=L\setminus l''$，其中，$|l'|$ 和 $|l''|$ 关于 L 都是无约束的. 一个关于 L 无约束的变量关于 L 的任何子集也是无约束的.

(i) 假设 $L'=L'^{(0)}\prec\cdots\prec L'^{(s)}=\{1,\cdots,n\}$ 且 $L''=L''^{(0)}\prec\cdots\prec L''^{(t)}=\{1,\cdots,n\}$. 使用 (h) 对 $i+j$ 进行归纳可以证明，$L'^{(s-i)}\cap L''^{(t-j)}$ 对于 $0\leqslant i\leqslant s$ 和 $0\leqslant j\leqslant t$ 是稳定的.

(j) 只需要考虑 $L=\{1,\cdots,n\}$ 的情况. 假设无约束变量是 x_1, x_2, x_3. 由归纳法，这个和等于 $q_1q_2q_3+p_1+p_2+p_3-(p_1p_2+p_1p_3+p_2p_3)+p_1p_2p_3=1$，其中需要使用“容斥原理”来补偿多次计数的项. 类似的论证也适用于任何数量的无约束变量.

注记：参见费德里科 · 阿迪拉和埃利萨 · 马内瓦，*Discrete Mathematics* **309** (2009), 3083–3091. 当 $p_k+q_k\leqslant 1$ 对所有 k 成立时，(j) 中的和小于或等于 1，这是因为它是单调的. 由 (i)，L 以下的稳定集形成了一个下半模格，满足

$$L'\wedge L''=L'\cap L'' \quad 且 \quad L'\vee L''=\bigcap\{L'''\mid L'''\supseteq L'\cup L'' 且 L'''\sqsubseteq L\}.$$

埃利萨 · 马内瓦和阿利斯泰尔 · 辛克莱在 *Theoretical Comp. Sci.* **407** (2008), 359–369 中注意到，随机可满足性问题是可满足的概率小于或等于 $\mathrm{E}\sum W(X)$，即给定分布的部分赋值总权重的期望，这是由于 (j) 中的等式；这使得他们得到了比之前已知的更尖锐的界限.

364. (a) 这是正确的，当且仅当所有子句的长度为 2 或更长.

(b) 001 和 $*{*}*$ 是覆盖，当在前一道习题中有 $q_1=\cdots=q_n=0$ 时，它们是具有非零权重的部分赋值. 只有 001 是一个核.

(c) $*{*}*$ 是唯一的覆盖，也是唯一的核；$W(0101)=W(0111)=q_3$.

(d) 事实上，每个稳定的部分赋值 L' 都有唯一的覆盖 L，满足 $L\sqsubseteq L'$，即 $L=\bigcap\{L''\mid L''\sqsubseteq L'$，通过（以任意顺序）相继移除不受约束的文字而得$\}$.

(e) 如果 L' 和 L'' 是相邻的，那么我们有 $L'\cap L''\sqsubseteq L'$ 且 $L'\cap L''\sqsubseteq L''$.

(f) 不是必要条件. 比如，子句 $\{\bar1\bar234,\ \bar12\bar34,\ \bar123\bar4,\ 1\bar2\bar34,\ 1\bar23\bar4,\ 12\bar3\bar4\}$ 定义了 $\overline{S}_2(x_1,x_2,x_3,x_4)$；它们有两个团簇，但只有一个空核.

［阿尔弗雷多 · 布朗斯坦和里卡尔多 · 泽基纳在 *J. Statistical Mechanics* (June 2004), P06007:1–18 中引入了覆盖赋值的概念.］

365. 如果 L 是 (8) 中的任意 6 个解之一，并且 q 是奇数，那么 $qL-d$ 对于 $0\leqslant d<q$ 和 $8q-d\leqslant n<9q-d$ 是一个覆盖赋值.（如果 $L=\{\bar1,\bar2,3,4,\bar5,\bar6,7,8\}$，那么部分赋值 $3L-1=\{\bar2,\bar5,8,11,\overline{14},\overline{17},20,23\}$ 适用于 $n\in[23\,..\,25]$.）因此所有 $n>63$ 都“被覆盖”了.（是否所有非空 $waerden(3,3;n)$ 的覆盖都具有这种形式？）

366. 通过归结消除变量 1 (x_1)，得到页予规则 $\bar x_1\leftarrow(x_2\vee\bar x_3)\wedge(x_3\vee x_4)$，以及新子句 $\{2\bar34,2\bar3\bar4,234,\bar234\}$. 然后消除 2 ($x_2$)，得到 $x_2\leftarrow(x_3\vee x_4)\wedge(\bar x_3\vee x_4)$ 以及新子句 $\{34,\bar34\}$. 现在 4 (x_4) 是纯的，所以 $x_4\leftarrow 1$，并且 $F'=\varnothing$ 是可满足的.（不论 x_3 取何值，按照页予规则的逆向顺序都会使 $x_4\leftarrow 1$, $x_2\leftarrow 1$, $x_1\leftarrow 0$.）

367. （我们可以选择两个赋值中更方便的那个，比如选择更短的那个，这是因为任何一个都是有效的页予规则.）任意一个解都会满足 $\bar x$ 右侧的所有子句或 x 右侧的所有子句，或者两者都满足. 如果一个解既使 $C_i\setminus x$ 为假，又使 $C'_j\setminus\bar x$ 为假，那么它就使 $C_i\diamond C'_j$ 为假.

在任何一种情况下，变量 x 的值都会满足所有子句 $C_1,\cdots,C_a,C'_1,\cdots,C'_b$.

368. 如果 (l) 是一个子句，那么包含会移除所有包含 l 的其他子句. 然后，归结（当 $p=1$ 时）将从其所有 q 个子句中移除 $\bar l$，以及 (l) 本身.

369. 令 $C_i=(l\vee\alpha_i)$ 且 $C'_j=(\bar l\vee\beta_j)$. 对于 $1<i\leqslant p$ 且 $r<j\leqslant q$，每个被省略的子句 $C_i\diamond C'_j=(\alpha_i\vee\beta_j)$ 都是多余的，这是因为它是非省略子句 $(\alpha_i\vee\bar l_1),\cdots,(\alpha_i\vee\bar l_r),(l_1\vee\cdots\vee l_r\vee\beta_j)$ 通过超归结而得的结果.（因为我们本质上用 $|l|$ 的定义替换了 $|l|$，所以这种技术被称为“替换”.）

370. $(a\vee\bar c)\wedge(b\vee c)$.（参见 7.1.1–(27) 之后的讨论. 一般地说，一个高级预处理器会以对偶形式使用 DNF 最小化理论，来寻找非冗余的最小 CNF 形式. 然而，这些技术在本节考虑的预处理例子中并未实现.）

371. 首先，消除变量 1，用 8 个新子句替换原本的 8 个子句：$23\bar4\bar7$, $\bar2\bar347$, $23\bar5\bar9$, $\bar2\bar359$, $3\bar45\bar7$, $\bar34\bar57$, $4\bar57\bar9$, $\bar45\bar79$. 然后，消除 8，替换另 8 个子句为 8 个新子句：$2\bar45\bar6$, $\bar24\bar56$, $25\bar6\bar7$, $\bar2\bar567$, $25\bar7\bar9$, $\bar2\bar579$, $46\bar7\bar9$, $\bar4\bar679$. 接着是自包含：$23\bar4\bar7\mapsto 23\bar7$（通过 234）、$3\bar45\bar7\mapsto 35\bar7$（345）、$357\mapsto 35$ （$35\bar7$）；并且 35 包含于 345, $35\bar7$. 进一步的自包含产生 $23\bar5\bar9\mapsto 23\bar9$, $\bar2\bar359\mapsto\bar2\bar39$, $\bar2\bar579\mapsto\bar279$, $\bar24\bar56\mapsto\bar246$, $246\mapsto 46$；并且 46 包含于 456, $46\bar7\bar9$, $\bar246$. 类似地，$\bar2\bar567\mapsto\bar267$, $\bar45\bar79\mapsto\bar459$, $\bar2\bar347\mapsto\bar2\bar37$, $\bar34\bar57\mapsto\bar3\bar57$, $\bar3\bar5\bar7\mapsto\bar3\bar5$；并且 $\bar3\bar5$ 包

含于 $\bar{3}4\bar{5}$, $\bar{3}57$. $2\bar{4}5\bar{6} \mapsto 2\bar{4}\bar{6}$, $\bar{2}\bar{4}6 \mapsto \bar{4}6$；并且 $\bar{4}6$ 包含于 $\bar{4}5\bar{6}$, $2\bar{4}6$, $\bar{4}679$. 此外 $256\bar{7} \mapsto 26\bar{7}$, $45\bar{7}9 \mapsto 45\bar{9}$, $25\bar{7}\bar{9} \mapsto 27\bar{9}$.

第二轮变量消除将首先消除 4，使用习题 369 将 6 个子句替换为 4 个：$23\bar{6}$, $\bar{2}36$, 569, $5\bar{6}\bar{9}$. 然后消除 3；同样通过习题 369 将 10 个子句变为 8 个：$25\bar{6}$, $\bar{2}56$, $25\bar{7}$, $\bar{2}57$, $25\bar{9}$, $\bar{2}59$, $5\bar{6}\bar{9}$, $\bar{5}69$. 并且包含 2 或 $\bar{2}$ 的 10 个子句最终变为 4 个：$567\bar{9}$, $5\bar{6}79$, $\bar{5}67\bar{9}$, $\bar{5}\bar{6}79$.

消除 7 和 9 后，只剩下 4 个子句，即 56, $5\bar{6}$, $\bar{5}6$, $\bar{5}\bar{6}$；它们很快产生了矛盾.

372. (这个问题出乎意料地困难.) 子句 $\{\bar{1}5, \bar{1}6, \bar{2}5, \bar{2}6, \bar{3}7, \bar{3}8, \bar{4}7, \bar{4}8, 123, 124, 134, 234, 567, 568, 578, 678\}$ 是否已经尽可能地“小”了？

373. 使用 (102) 中的记号，消除 $x_{1m}, x_{2m}, \cdots, x_{mm}$ 产生新的子句 M'_{imk}，其中 $1 \leqslant i, k < m$，以及 $M_{m(m-1)}$. 然后消除 $x_{m(m-1)}$ 得到 $(M_{i(m-1)} \vee M_{m(m-2)})$，其中 $1 \leqslant i < m$. 使用 $M'_{im1}, \cdots, M'_{im(m-2)}$，这个子句自包含于 $M_{i(m-1)}$. 而且 $M_{i(m-1)}$ 包含每个 M'_{imk}，因此我们已经将 m 降至了 $m-1$.

374. 如 (57) 所示，变量被编号为 1 到 n，文字被编号为 2 到 $2n+1$. 但是，我们现在将子句编号为 $2n+2$ 到 $m+2n+1$. 类似于算法 A，子句的文字将存储在单元格中，但这里需要增加额外的链接：每个单元格 p 不仅包含一个文字 L(p)、一个子句编号 C(p) 和指向相同文字的其他单元格的前向/后向指针 F(p) 和 B(p)，而且还包含指向同一*子句*中的其他单元格的左/右指针 S(p) 和 D(p).（想象“左边”和“右边”.）单元格 0 和 1 保留用于特殊用途；对于 $2 \leqslant l < 2n+2$，单元格 l 作为包含文字 l 的双向链表的表头；对于 $2n+2 \leqslant c < m+2n+2$，单元格 c 作为包含子句 c 中元素的双向链表的表头；对于 $m+2n+2 \leqslant p < M$，单元格 p 要么未来才使用，要么用于记录当前活跃子句的文字和子句数据.

空闲单元格通过全局指针 AVAIL 访问. 想要在 AVAIL $\neq 0$ 时获取一个新的 $p \Leftarrow$ AVAIL，我们置 $p \leftarrow$ AVAIL 和 AVAIL $\leftarrow$ S(AVAIL)；但如果 AVAIL $= 0$，我们置 $p \leftarrow M$ 和 $M \leftarrow M+1$（假设 M 永远不会太大）. 想要释放通过左链接连接的从 p' 到 p'' 的一个或多个单元格，置 S(p') $\leftarrow$ AVAIL 和 AVAIL $\leftarrow p''$.

因此，可以通过以下方式计算包含文字 l 的活跃子句数 TALLY(l)：置 $t \leftarrow 0$ 和 $p \leftarrow$ F(l)；当非 $lit(p)$ 时，置 $t \leftarrow t+1$ 和 $p \leftarrow$ F(p)；置 TALLY(l) $\leftarrow t$；这里“$lit(p)$”表示“$p < 2n+2$”. 类似地，用“$cls(p)$”表示“$p < m+2n+2$”，通过如下类似的循环计算子句 c 中的文字数 SIZE(c)：置 $t \leftarrow 0$ 和 $p \leftarrow$ S(c)；当非 $cls(p)$ 时，置 $t \leftarrow t+1$ 和 $p \leftarrow$ S(p)；置 SIZE(c) $\leftarrow t$. 在初始化后，TALLY 和 SIZE 可以动态更新，以反映局部变化.（TALLY(l) 和 SIZE(c) 可以在 L(l) 和 C(c) 中维护.）

为了便于归结，要求每个子句的文字从左到右递增；换言之，当 $p =$ S(q) 且 $q =$ D(p) 时，我们必须有 L(p) $<$ L(q)，除非 $cls(p)$ 或 $cls(q)$. 但是，文字列表中的子句不需要以任何特定的顺序出现. 当 C(p) $=$ C(p') 且 C(q) $=$ C(q') 时，我们甚至可能有 C(F(p)) $>$ C(q)，但 C(F(p')) $<$ C(q').

为了便于包含，给每个文字 l 分配一个 64 位的签名 SIG(l) $= (1 \ll U_1) \mid (1 \ll U_2)$，其中，$U_1$ 和 U_2 是独立的随机 6 位数. 然后，每个子句 c 都被分配了一个签名，它是其文字的签名的按位 OR：置 $t \leftarrow 0$ 和 $p \leftarrow$ S(c)；当非 $cls(p)$ 时，置 $t \leftarrow t \mid$ SIG(L(p)) 和 $p \leftarrow$ S(p)；置 SIG(c) $\leftarrow t$.（参见 6.5 节关于布卢姆叠加编码的讨论.）

(a) 为了将 c 与 c' 归结，其中 c 包含 l，c' 包含 $\bar{l}$，本质上，我们是想进行一次列表合并. 置 $p \leftarrow 1$、$q \leftarrow$ S(c)、$u \leftarrow$ L(q)、$q' \leftarrow$ S(c')、$u' \leftarrow$ L(q')，并且每当 $u+u' > 0$ 时执行以下操作：若 $u = u'$，copy(u) 并 bump(q, q')；若 $u = \bar{u}' = l$，bump(q, q')；若 $u = \bar{u}' \neq l$，不成功地终止；否则若 $u > u'$，copy(u) 并 bump(q)；否则 copy(u') 并 bump(q'). 这里“copy(u)”表示“置 $p' \leftarrow p$、$p \Leftarrow$ AVAIL、S(p') $\leftarrow p$、L(p) $\leftarrow u$”；“bump(q)”表示“置 $q \leftarrow$ S(q)；若 $cls(q)$ 置 $u \leftarrow 0$，否则置 $u \leftarrow$ L(q)”；“bump(q')”是类似的，但它使用 q' 和 u'；“bump(q, q')”表示“bump(q) 并 bump(q')”. 当子句 c 和 c' 归结为一个重言式时，不成功地终止；若 $p \neq 1$，我们首先将从 p 到 S(1) 的单元格释放到空闲存储区，然后置 $p \leftarrow 0$. 以 $u = u' = 0$ 成功地终止意味着归结后的子句由从 p 到 S(1) 的单元格组成，它们仅通过 S 指针链接.

(b) 寻找 C 中使得 TALLY(l) 最小的文字 l. 置 $p \leftarrow$ F(l)，每当非 $lit(p)$ 时，执行以下操作：置 $c' \leftarrow$ C(p)；若 $c' \neq c$、$\sim$SIG(c') & SIG(c) $= 0$ 且 SIZE(c') $\geqslant$ SIZE(c)，执行详细的包含测试；然后置 $p \leftarrow$ F(p). 详细测试从 $q \leftarrow$ S(c)、$u \leftarrow$ L(q)、$q' \leftarrow$ S(c')、$u' \leftarrow$ L(q') 开始，并且每当 $u' \geqslant u > 0$ 时，执行以下步骤：每当 $u' > u$ 时，bump(q')；然后，若 $u' = u$，bump(q, q'). 当循环终止时，c 包含于 c'，当且仅当 $u \leqslant u'$.

(c) 使用 (b)，但置 $p \leftarrow$ F$(l=\bar{x}?\ x\colon l)$，并使用 ((SIG(c) & ∼SIG$(\bar{x})$) | SIG(x)) 来替代 SIG(c). 同时，通过在“置 $u \leftarrow$ L(q)”每次出现之后插入“若 $u=\bar{x}$ 则置 $u \leftarrow x$”来修改详细测试.

[(b) 中的算法归功于阿明 · 比埃尔，*LNCS* **3542** (2005), 59–70, §4.2. “误击”是指进行了详细测试但没有检测到实际的（自）包含，这种情况在实践中发生的频率往往不到 1%.]

375. 令每个文字 l 有另一个字段 STAMP(l)，其初始值为零；并且令 s 为一个全局的“时间戳”，其初始值也为零. 为了进行测试，置 $s \leftarrow s+1$ 和 $\sigma \leftarrow 0$；然后，对所有使得 $(\bar{l}\bar{u})$ 为一个子句的 u，置 STAMP$(u) \leftarrow s$ 和 $\sigma \leftarrow \sigma \mid$ SIG(u). 若 $\sigma \neq 0$，置 $\sigma \leftarrow \sigma \mid$ SIG(l)，并遍历所有包含 l 的子句 c，执行以下操作：若 SIG(c) & $\sim\sigma = 0$ 且 c 的每个文字 $u \neq l$ 都满足 STAMP$(u) = s$，则退出并置 $C_1 = c$ 和 $r =$ SIZE$(c) - 1$. 若已经找到 C_1，置 $s \leftarrow s+1$，且对 c 中的所有 $u \neq l$，置 STAMP$(\bar{u}) \leftarrow s$. 然后，在习题 369 的记号下，子句 $(\bar{l} \vee \beta_j)$ 隐式地满足 $j \leqslant r$，当且仅当 β_j 是一个满足 STAMP$(u) = s$ 的单个文字 u.

给定一个变量 x，首先测试条件 $l = x$；若失败，则尝试 $l = \bar{x}$.

376. 首先，给予最高优先级的是单元条件和纯文字消除这两种操作，这些操作易如反掌. 给每个变量 x 两个新的字段：STATE(x) 和 LINK(x). 一个包含所有这些容易的选择的“待办栈”开始于 TODO 并紧随 LINK，直到到达 Λ. 这些非零状态为 FF（强制为假）、FT（强制为真）、EQ（静默消除）和 ER（归结消除）. 只有当 STATE(x) 是 FF、FT 或 EQ时，变量 x 才会出现在待办栈中.

每当检测到满足 STATE$(|l|) = 0$ 的单元子句 (l) 时，置 STATE$(|l|) \leftarrow (l\,\&\,1?\,$FF: FT$)$、LINK$(|l|) \leftarrow$ TODO、TODO $\leftarrow |l|$. 但是，若 STATE$(|l|) = (l\,\&\,1?\,$FT: FF$)$，我们就终止，因为这些子句是不可满足的.

每当检测到满足 TALLY$(\bar{l}) = 0$ 的文字 $\bar{l}$ 时，若 STATE$(|l|) = 0$，我们执行与上述相同的操作. 但是，若 STATE$(|l|) = (l\,\&\,1?\,$FT: FF$)$，我们简单地置 STATE$(|l|) \leftarrow$ EQ，而无须终止.（在这种情况下，TALLY(l) 同样等于 0. ）

为了清空待办栈，每当 TODO $\neq \Lambda$ 时，我们执行以下操作：置 $x \leftarrow$ TODO 和 TODO $\leftarrow$ LINK(x)；若 STATE$(x) =$ EQ，则什么都不做（不需要页予规则来消除 x）；否则置 $l \leftarrow ($STATE$(x) =$ FT$?\,x\colon\bar{x})$，输出页予规则 $l \leftarrow 1$，使用双向链表来删除包含 l 的所有子句，并从所有子句中删除 $\bar{l}$.（这些删除操作更新了字段 TALLY 和 SIZE，因此它们经常为待办栈贡献新的条目. 注意，如果子句 c 失去了一个文字，那么我们必须重新计算SIG(c). 如果子句 c 消失了，我们置 SIZE$(c) \leftarrow 0$，并且不再使用 c. ）

包含和强化处于下一优先级. 我们给每个子句 c 一个新的字段 LINK(c)，该字段非零，当且仅当 c 出现在“利用栈”中. 这个栈从 EXP 开始并紧随 LINK，直到到达非零的哨兵值 Λ'. 所有子句最初都被放置在利用栈中. 随后，无论是在单元条件或自包含中，每当从子句 c 中删除文字 $\bar{l}$ 时，我们都会测试 LINK$(c) = 0$；如果它成立，我们就通过置 LINK$(c) \leftarrow$ EXP 和 EXP $\leftarrow c$ 将 c 放回栈中.

为了清空利用栈，我们首先清空待办栈. 然后，每当 EXP $\neq \Lambda'$ 时，置 $c \leftarrow$ EXP 和 EXP $\leftarrow$ LINK(c)，并且若 SIZE$(c) \neq 0$，我们执行以下操作：删除被 c 包含的子句；清空待办栈；若 SIZE(c) 仍然非零，强化 c 可以改进的子句，清空待办栈，并置 TIME$(c) \leftarrow T$（见下文）.

所有这些操作都甚至发生在我们考虑变量消除之前. 但是，变量消除的轮次形成了“外层级”的计算. 每个变量 x 还有另一个字段 STABLE(x)，该字段为零，当且仅当我们不需要尝试消除 x. 该字段最初等于零，但当 x 被消除或其消除被放弃时置为非零. 它在每个变量之后被“触及”时重置为零，即当 x 或 $\bar{x}$ 出现在被删除或自包含的子句中时.（特别地，每个出现在由归结而得的新子句中的变量都会被触及，因为它将出现在至少一个被新子句替换的子句中. ）

如果一轮消除变量失败，或者如果它消除了所有变量，我们就完成了. 但是，还有其他工作要做，因为新子句经常可以被包含或加强.（事实上，某些新子句可能是重复的. ）因此，我们再引入两个额外的字段：TIME(l) 用于每个文字，TIME(c) 用于每个子句，它们的初始值为零. 令 T 为当前消除轮次的编号. 对所有被归结所替换的子句中的所有文字 l，置 TIME$(l) \leftarrow T$，并且 TIME$(c) \leftarrow T$ 也如上所述被适当地设置.

再引入另一个字段 EXTRA(c)，其初始值为零. 每当 TIME$(c) \leftarrow T$ 时，它被重置为零；当 c 被替换为新子句时，它被置为 1. 对于每个在轮次 T 结束时使得 STATE$(|l|) = 0$ 且 TIME$(l) = T$ 的文字 l，对所有包含 l 的子句 c，置 EXTRA$(c) \leftarrow$ EXTRA$(c) + 4$；对所有包含 $\bar{l}$ 的子句 c，置 EXTRA$(c) \leftarrow$ EXTRA$(c) \mid 2$. 然后，我们遍历所有满足 SIZE$(c) > 0$ 且 TIME$(c) < T$ 的子句 c. 若 SIZE$(c) =$ EXTRA$(c) \gg 2$，移除所有包含 c 的子句，并清空利用栈. 同时，若 EXTRA$(c)\,\&\,3 \neq 0$，我们或许可以使用 c 来强化其他子句——

除非 EXTRA(c) & $1=0$ 且 EXTRA$(c) \gg 2 <$ SIZE$(c)-1$. 当 EXTRA(c) & $1=0$ 时，使用 l 的自包含不需要进行尝试，除非 TIME$(\bar{l})=T$ 且 EXTRA$(c) \gg 2=$ SIZE$(c)-[$TIME$(l)=T]$. 最后，我们重置 EXTRA(c) 为零（即使 TIME$(c)=T$）.［参见尼克拉斯 · 埃恩和阿明 · 比埃尔，*LNCS* **3569** (2005), 61–75.］

377. 图 G 中的每个顶点 v 对应于 F 中的变量 v_1, v_2, v_3；每条边 $u — v$ 对应于子句 $(\bar{u}_1 \vee v_2)$, $(\bar{u}_2 \vee v_3)$, $(\bar{u}_3 \vee \bar{v}_1)$, $(u_2 \vee \bar{v}_1)$, $(u_3 \vee \bar{v}_2)$, $(\bar{u}_1 \vee \bar{v}_3)$. F 的有向依赖图中的最长路径形如 $t_1 \to u_2 \to v_3 \to \bar{w}_1$ 或 $t_1 \to \bar{u}_3 \to \bar{v}_2 \to \bar{w}_1$，其中，$t — u — v — w$ 是图 G 中的一个游走.

［类似的方法将找到给定有向图中长度为 r 的定向环的问题简化为找到某个有向依赖图中的失败文字的问题. 环检测问题有着悠久的历史，参见诺加 · 阿隆、拉斐尔 · 尤斯特和尤里 · 兹威克，*Algorithmica* **17** (1997), 209–223. 因此，任意用于判定是否存在失败文字且快得惊人的算法——当 $m=O(n)$ 且矩阵乘法的时间复杂度为 $O(n^{\omega})$ 时，比 $n^{2\omega/(\omega+1)}$ 更快的算法——将得到可用于其他问题且快得惊人的算法.］

378. 页予规则 $l \leftarrow l \vee (\bar{l}_1 \wedge \cdots \wedge \bar{l}_q)$ 会将 $F \setminus C$ 的任何解转换为 F 的一个解.［参见马蒂 · 贾维萨洛、阿明 · 比埃尔和玛丽恩 · 休尔，*LNCS* **6015** (2010), 129–144.］

（在实践中，有时可能会移除数万个阻塞子句. 比如，排除子句 (17) 在着色问题中都是被阻塞的. 同样，在故障测试中出现的许多子句也是被阻塞的. 然而，作者还没有看到一个单一的例子，证明阻塞子句消除在与 1–4 号变换结合使用时会产生实质性的帮助，因为这些变换本身已经非常强大了.）

379. （由奥利弗 · 库尔曼解答）一般而言，任意一个子句集 F 可以被另一个子句集 F' 替换，只要存在一个变量 x，使得从 F 中消除 x 的结果与从 F' 中消除 x 的结果完全相同. 在这种情况下，消除 a 具有这个性质，而且不需要任何页予规则.

380. (a) 反自包含将其弱化为 $(a \vee b \vee c \vee d)$，然后弱化为 $(a \vee b \vee c \vee d \vee e)$，它被 $(a \vee d \vee e)$ 所包含.（一般而言，我们可以证明，从 C 的反自包含导致一个包含子句，当且仅当 C 可从其他子句中确认.）

(b) 我们再次将其弱化为 $(a \vee b \vee c \vee d \vee e)$；但现在我们发现它被 c 所阻塞.

(c) 在 (a) 中不需要任何页予规则，但在 (b) 中，我们需要 $c \leftarrow c \vee (\bar{a} \wedge \bar{b})$.［休尔、贾维萨洛和比埃尔在 *LNCS* **6397** (2010), 357–371 中将这称为“非对称消除”.］

381. 由对称性，我们将移除最后一个子句.（如果没有它，给定的子句表明 $x_1 \leqslant x_2 \leqslant \cdots \leqslant x_n$；如果有它，给定的子句表明所有变量相等.）更一般地说，假设对于 $1 \leqslant j < n$，除了 $(\bar{x}_j \vee x_{j+1})$，每个包含 $\bar{x}_j$ 的子句对于某些 $i < j$ 也包含 x_n 或 $\bar{x}_i$. 对于 $1 \leqslant j < n-1$，我们可以弱化 $(x_1 \vee \cdots \vee x_j \vee \bar{x}_n)$ 为 $(x_1 \vee \cdots \vee x_{j+1} \vee \bar{x}_n)$. 最后，$(x_1 \vee \cdots \vee x_{n-1} \vee \bar{x}_n)$ 可以被消除，因为它被 x_{n-1} 所阻塞.

尽管我们只消除了一个子句，但事实上需要 $n-1$ 个页予规则来撤销这个过程：$x_1 \leftarrow x_1 \vee x_n$; $x_2 \leftarrow x_2 \vee (\bar{x}_1 \wedge x_n)$; $x_3 \leftarrow x_3 \vee (\bar{x}_1 \wedge \bar{x}_2 \wedge x_n)$; $\cdots$; $x_{n-1} \leftarrow x_{n-1} \vee (\bar{x}_1 \wedge \cdots \wedge \bar{x}_{n-2} \wedge x_n)$.［因为 $x_1 \leqslant \cdots \leqslant x_n$ 在任何解中都成立，所以反序应用这些规则可以将其简化为 $x_j \leftarrow x_j \vee x_n$（$1 \leqslant j < n$）.］

［参见休尔、贾维萨洛和比埃尔，*EasyChair Proc. in Computing* **13** (2013), 41–46.］

382. 参见玛丽恩 · 休尔、马蒂 · 贾维萨洛和阿明 · 比埃尔，*LNCS* **6695** (2011), 201–215.

383. (a) 在学习步骤中，令 $\Phi'=\Phi$ 和 $\Psi'=\Psi \cup C$. 在遗忘步骤中，令 $\Phi'=\Phi$ 和 $\Psi=\Psi' \cup C$. 在硬化步骤中，令 $\Phi'=\Phi \cup C$ 和 $\Psi=\Psi' \cup C$. 在软化步骤中，令 $\Phi=\Phi' \cup C$ 和 $\Psi'=\Psi \cup C$. 在这 4 种情况下，容易验证 $(\text{sat}(\Phi) \iff \text{sat}(\Phi \cup \Psi))$ 蕴涵 $(\text{sat}(\Phi) \iff \text{sat}(\Phi') \iff \text{sat}(\Phi' \cup \Psi'))$，其中，$\text{sat}(G)$ 表示“G 是可满足的”，这是因为 $\text{sat}(G \cup G') \implies \text{sat}(G)$. 因此这些断言是不变的.

(b) 每个页予规则都允许我们后退一步，直到达到 F.

(c) 因为 $\Phi=(x)$ 和 $\Phi \setminus (x)=1$ 都是可满足的，并且页予规则无条件地使 x 为真，所以第一步（软化）是可以的. 但是，因为当 $\Phi \cup \Psi=(x)$ 且 $C=(\bar{x})$ 时，$\text{sat}(\Phi \cup \Psi)$ 并不意味着 $\text{sat}(\Phi \cup \Psi \cup C)$，所以第二步（学习）是有缺陷的.（这个例子解释了为什么学习的标准不是简单的“$\text{sat}(\Phi) \implies \text{sat}(\Phi \cup C)$”，这是因为它本质上是为了软化.）

(d) 可以，这是因为 C 对 $\Phi \cup \Psi$ 也是可确认的.

(e) 在软化后可以. 因为 $\Phi \setminus C \vdash C$，所以不需要页予规则.

(f) 无论是否被包含，软子句都可以被丢弃. 要丢弃一个被软子句所包含的硬子句，首先硬化软子句. 要丢弃一个被另一个硬子句 C' 所包含的硬子句 C，先弱化 C，然后丢弃它.（弱化步骤显然是可行的，不需要页予规则.）

(g) 如果 C 包含 $\bar{x}$ 且 C' 包含 x，以及 $C\setminus\bar{x}\subseteq C'\setminus x$，我们可以学习软子句 $C\diamond C'=C'\setminus x$，然后像 (f) 中那样使用它来包含 C'.

(h) 忘记所有包含 x 或 $\bar{x}$ 的软子句. 然后，令 $C_1,\cdots,C_p$ 为包含 x 的硬子句，$C'_1,\cdots,C'_q$ 为包含 $\bar{x}$ 的硬子句. 学习所有（软）子句 $C_i\diamond C'_j$，然后硬化它们. 注意，它们并不包含 x. 使用页予规则 $x\leftarrow x\vee\overline{C}_i$ 弱化每个 C_i，然后忘记它们；也使用页予规则 $x\leftarrow x\wedge C'_j$ 弱化并忘记每个 C'_j.（可以证明，(161) 中的任一页予规则都是充分的.）

(i) 每当 $\Phi\cup\Psi$ 是可满足的时候，$\Phi\cup\Psi\cup\{(x\vee z),(y\vee z),(\bar{x}\vee\bar{y}\vee\bar{z})\}$ 也是可满足的，这是因为我们总是可以置 $z\leftarrow\bar{x}\vee\bar{y}$.

［*参考文献*：马蒂 · 贾维萨洛、玛丽恩 · 休尔和阿明 · 比埃尔，*LNCS* **7364** (2012), 355–370. 注意，由习题 368，(f) 和 (h) 证明了使用单元条件的合理性.］

384. 每当有一个满足 $\Phi\setminus C$ 且否定 C 的解时，我们都可以证明通过使 l 为真，Φ 会被满足. 因此，使用页予规则 $l\leftarrow l\vee\overline{C}$ 软化 C 是可行的.

为了证明这个断言，需要注意到只有在包含 $\bar{l}$ 的硬子句 C' 中可能出现问题. 但是，如果给定解中 C' 的所有其他文字都为假，那么 $C\diamond C'$ 的所有文字都为假. 这与假设 $(\Phi\setminus C)\wedge\overline{C\diamond C'}\vdash_1\epsilon$ 矛盾.

（这样的子句 C 是关于 $\Phi\setminus C$ “归结可确认的”. 阻塞子句是一个非常特殊的例子. 类似地，我们可以安全地学习任何关于 $\Phi\cup\Psi$ 归结可确认的子句.）

385. (a) 正确. 这是因为当 $l\in C$ 时，$\overline{C}\wedge l\vdash_1\epsilon$.

(b) $\bar{1}$ 是蕴涵的，而不是可确认的；$\bar{1}2$ 是可确认的，而不是被吸收的；$\bar{1}23$ 是被吸收的.

(c, d) 如果 C 是任何子句且 l 是任何文字，那么 $F\wedge\overline{C}\vdash_1 l$ 蕴涵 $F'\wedge\overline{C}\vdash_1 l$，这是因为 F 中的单元传播延续至 F' 中的单元传播.

386. (a) 在有用轮中，当在第 d 层做出决策 $\bar{l}$ 时，路径中恰好包含 $\mathrm{score}(F,C,l)$ 个文字. 从随后的冲突中学到的子句至少会导致一个新文字在第 d' 层（$d'<d$）被推出.

(b) 当 F 增长时，分数不会减少.

(c) 对于每个 $l\in C$，至多需要 n 个有用轮使得 $\mathrm{score}(F,C,l)=\infty$.

(d) 假设 $F=(a\vee\bar{d})\wedge(a\vee b\vee e\vee l)\wedge(\bar{a}\vee c)\wedge(\bar{b})\wedge(c\vee d\vee\bar{e}\vee l)$ 且 $C=(a\vee b\vee c\vee d\vee l)$. 有用的决策序列是 $(\bar{a},\bar{c},\bar{l})$、$(\bar{c},\bar{l})$、$(\bar{d},\bar{a},\bar{c},\bar{l})$、$(\bar{d},\bar{c},\bar{l})$，它们分别以概率 $\frac{1}{10}\frac{1}{6}\frac{1}{4}$、$\frac{1}{10}\frac{1}{4}$、$\frac{1}{10}\frac{1}{8}\frac{1}{6}\frac{1}{4}$、$\frac{1}{10}\frac{1}{8}\frac{1}{4}$ 发生.

一般来说，如果需要做出决策且 $\overline{C}$ 中有 j 个元素不在路径上，那么随机选择决策文字的概率至少为

$$f(n,j)=\min\Bigl(\frac{j-1}{2n}f(n-1,j-1),\ \frac{j-2}{2(n-1)}f(n-2,j-2),\ \cdots,\ \frac{1}{2(n-j+2)}f(n-j+1,1),\ \frac{1}{2(n-j+1)}\Bigr)=\frac{(j-1)!}{2^j n^{\underline{j}}}.$$

(e) 吸收每个子句 C_i 所需的等待时间的上界由一个几何分布给出，其均值小于或等于 $4n^{|C_i|}$，至多重复 $|C_i|n$ 次.

参考文献：克诺特 · 皮帕兹里萨瓦和阿德南 · 达尔维什，*Artif. Intell.* **175** (2011), 512–525；阿尔贝特 · 阿策里亚斯、约翰内斯 · 克劳斯 · 菲希特和马克 · 瑟利，*J. Artif. Intell. Research* **40** (2011), 353–373.

387. 我们可以假设 G 和 G' 没有孤立顶点. 令变量 vv' 表示 v 对应于 v'. 我们需要子句 $(\overline{uv'}\vee\overline{vv'})$（$u<v$）和 $(\overline{vu'}\vee\overline{vv'})$（$u'<v'$）. 此外，对于 G 中的每个 $u<v$ 且 $u\,—\,v$，我们为 G' 中的每条边 $u'\,—\,v'$ 引入辅助变量 $uu'vv'$，并添加子句 $(\overline{uu'vv'}\vee uu')\wedge(\overline{uu'vv'}\vee vv')\wedge(\bigvee\{uu'vv'\mid u'\,—\,v'\in G'\})$. 变量 vv' 和 $uu'vv'$ 可以被限制在 $\mathrm{degree}(u)\leqslant\mathrm{degree}(u')$ 和 $\mathrm{degree}(v)\leqslant\mathrm{degree}(v')$ 的情况下.

388. (a) 完全图 K_k 能否被嵌入到 G 中？(b) 具有 n 个顶点的图 G 能否被嵌入到完全 k 部图 $K_{n,\cdots,n}$ 中？(c) 循环图 C_n 能否被嵌入到 G 中？

389. 这类似于图嵌入问题，其中，G' 是 4×4（王 ∪ 马）图且 G 由边 T — H、H — E、E — ␣……N — G 定义．然而，我们允许 $v\neq w$ 时 $v'=w'$ 且标签必须匹配．通过将“PROGRAMMING”改为“PROGRAMXING”或“PROGRAXMING”可以避免相邻的 M．

算法 C 仅需不到 10 兆次内存访问即可找到下面的第一个解．此外，如果空格也可以移动，那么算法将很快找到只需 5 次马步（最少）的解或 17 次马步（最多）的解．

U	P	C	F
M	M	O	␣
I	T	R	A
N	G	E	H

M	M	I	N
A	P	O	G
H	R	␣	F
U	T	E	C

H	N	U	F
E	M	O	I
G	T	␣	P
A	R	M	C

390. 令 $d(u,v)$ 表示顶点 u 和 v 之间的距离．那么 $d(v,v)=0$ 且 $u\neq v$ 时，有

$$d(u,v)\leqslant j+1 \iff d(u,w)\leqslant j \text{ 对于某个 } w\in N(v)=\{w\mid w — v\} \text{ 成立}.$$

在 (a) 和 (d) 中，我们为每个顶点 v 和 $0\leqslant j\leqslant k$ 引入变量 v_j．在 (c) 中，我们为 $0\leqslant j<n$ 引入变量．但是在 (b)、(e)、(f) 中，我们只使用 n 个变量，$\{v\mid v\in V\}$．

(a) 仅当 $v_j\leqslant[d(s,v)\leqslant j]$ 时，子句 $(s_0)\wedge\bigwedge_{v\in V\setminus s}((\bar v_0)\wedge\bigwedge_{j=0}^{k-1}(\bar v_{j+1}\vee\bigvee_{w\in N(v)}w_j))$ 被满足．因此，仅当 $d(s,t)\leqslant k$ 时，额外子句 (t_k) 被满足．反之，如果 $d(s,t)\leqslant k$，那么通过置 $v_j\leftarrow[d(s,v)\leqslant j]$ 可以满足所有子句．

(b) 存在一条从 s 到 t 的路径，当且仅当存在 $H\subseteq V$，使得 $s\in H$、$t\in H$ 且诱导图 $G|H$ 中每个顶点 v 的度数为 $2-[v=s]-[v=t]$．（从 s 到 t 的最短路径上的顶点给出一个这样的 H．反之，给定 H，我们可以找到 H 中的顶点 v_j，使得 $s=v_0 — v_1 — \cdots — v_k=t$．）

我们可以使用关于二元变量 $v=[v\in H]$ 的子句来表示这个标准，即通过断言 $(s)\wedge(t)$，以及确保 $\Sigma(v)=2-[v=s]-[v=t]$ 对所有 $v\in H$ 成立的子句，其中，$\Sigma(v)=\sum_{w\in N(v)}w$ 是 $G|H$ 中 v 的度数．对于每个 v，这样的子句的数量至多为 $6|N(v)|$，因为我们可以将 $\bar v$ 添加到 (18) 和 (19) 的每个 $r=2$ 的子句中，并且 $|N(v)|$ 个额外子句将排除 $\Sigma(v)<2$ 的情况．子句的总数为 $O(m)$，因为 $\sum_{v\in V}|N(v)|=2m$．

（一些类似但更简单的替代方案并不起作用，比如 (i) 要求 $\Sigma(v)\in\{0,2\}$ 对所有 $v\in V\setminus\{s,t\}$ 成立，或 (ii) 要求 $\Sigma(v)\geqslant 2$ 对所有 $v\in H\setminus\{s,t\}$ 成立：反例分别为 (i) s[图] t 和 (ii) s[图] t．在另一种更烦琐的解决方案中，可以为 G 的每条边关联一个布尔变量．）

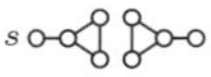

(c) 令 s 为任意顶点．以 $k=n-1$ 使用 (a)，再对所有 $v\in V\setminus s$，添加 (v_{n-1})．

(d) 仅当 $v_j\geqslant[d(s,v)\leqslant j]$ 时，子句 $(s_0)\wedge\bigwedge_{j=0}^{k-1}\bigwedge_{v\in V}\bigwedge_{w\in N(v)}(\bar v_j\vee w_{j+1})$ 被满足．因此，当 $d(s,t)\leqslant k$ 时，额外的单元子句 $(\bar t_k)$ 也不能被满足．反之，如果 $d(s,t)>k$，则我们可以置 $v_j\leftarrow[d(s,v)\leqslant j]$．

(e) $(s)\wedge(\bigwedge_{v\in V}\bigwedge_{w\in N(v)}(\bar v\vee w))\wedge(\bar t)$．

(f) 令 s 为任意顶点．使用 $(s)\wedge(\bigwedge_{v\in V}\bigwedge_{w\in N(v)}(\bar v\vee w))\wedge(\bigvee_{v\in V\setminus s}\bar v)$．

[类似的构造也适用于有向图和强连通性．本习题的 (d)~(f) 部分由玛丽恩 · 休尔提出．值得注意的是，(a) 和 (c)~(f) 实际上构造了重命名的霍恩子句，它们具有非常高的效率（参见习题 444）．]

391. (a) 令 $d-1=(q_{l-1}\cdots q_0)_2$．每当 $q_i=0$ 时，为了确保 $(x_{l-1}\cdots x_0)_2<d$，我们需要子句 $(\bar x_i\vee\bigvee\{\bar x_j\mid j>i,\ q_j=1\})$，对于 y 也一样．

为了确保 $x\neq y$，引入子句 $(a_{l-1}\vee\cdots\vee a_0)$，其中，$a_{l-1}\cdots a_0$ 是辅助变量；对于 $0\leqslant j<l$，引入子句 $(\bar a_j\vee x_j\vee y_j)\wedge(\bar a_j\vee\bar x_j\vee\bar y_j)$（见 (172)）．

(b) 现在 $x\neq y$ 通过长度为 $2l$ 的子句来实现，它们说明 $x=y=k$ 不会对 $0\leqslant k<d$ 成立．比如，当 $l=3$ 且 $k=5$ 时，合适的子句是 $(\bar x_2\vee\bar y_2\vee x_1\vee y_1\vee\bar x_0\vee\bar y_0)$．

(c) 对于 $0\leqslant k<2d-2^l$，使用 (b) 中的子句，再对于 $d\leqslant k<2^l$，使用表明不会有 $(x_{l-1}\cdots x_1)_2=(y_{l-1}\cdots y_1)_2=k-2^{l-1}$ 的长度为 $2l-2$ 的子句．（当 $d=2^l$ 时，(b) 和 (c) 中的编码是相同的．）

[参见艾伦 · 范格尔德，*Discrete Applied Mathematics* **156** (2008), 230–243.]

392. (a) ［谜题 (ii) 由萨姆 · 劳埃德在 1904 年 11 月 13 日的《波士顿先驱报》中引入；他在其 *Cyclopedia* (1914) 第 27 页中表示，他在 9 岁时便创作了类似于 (i) 的谜题！谜题 (iv) 是由亨利 · 欧内斯特 · 迪德尼设计的，见 *Strand* **42** (1911) 第 108 页，此处稍作修改．谜题 (iii) 来自格拉巴尔丘克一家的 *Big, Big, Big Book of Brainteasers* (2011), #196．谜题 (v) 是由谢尔盖 · 格拉巴尔丘克于 2015 年设计的．］

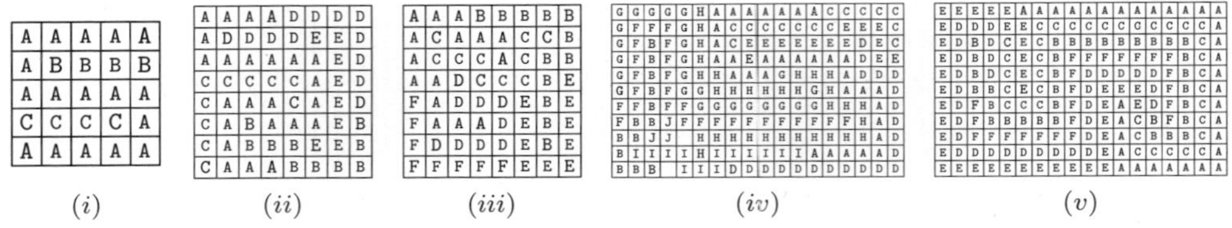

(i)　　(ii)　　(iii)　　(iv)　　(v)

(b) ［谜题 (vi) 是奇偶换位排序的一个实例，参见习题 5.3.4–37．如果只有 8 列，而不是 (vi) 中的 9 列，那么 8 种反序连接就不可能实现，因为这个排列有太多的逆序．］

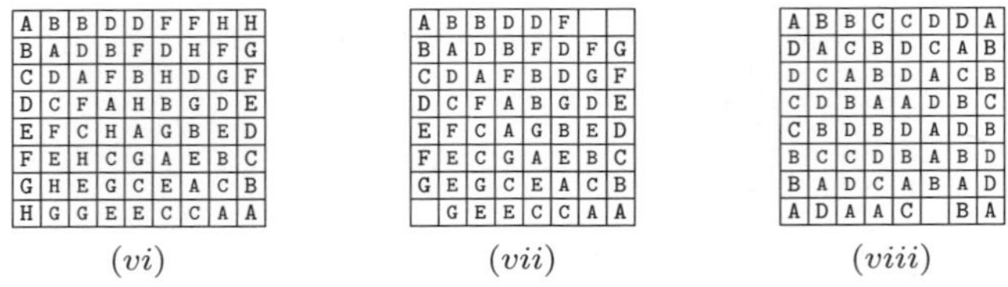

(vi)　　(vii)　　$(viii)$

(c) 令 $d_j = \sum_{i=1}^{j}(|T_i|-1)$ 和 $d = d_t$．我们为 $1 \leqslant i \leqslant d$ 引入变量 v_i，为 $1 \leqslant j \leqslant t$ 和 $d_{j-1} < i \leqslant d_j$ 引入以下子句：$(\bar{v}_{i'} \vee \bar{v}_i)$（$1 \leqslant i' \leqslant d_{j-1}$）；对变量 v_i，使用习题 390(b) 的子句，其中，s 是 T_j 的第 $(i-d_{j-1})$ 个元素，t 是最后一个元素．这些子句确保集合 $V_j = \{v \mid v_{d_{j-1}+1} \vee \cdots \vee v_{d_j}\}$ 是不交的，并且 V_j 包含一个连通分量 $S_j \supseteq T_j$．

每当 T_j 是单元集 $\{v\}$ 时，我们同样断言 $(\bar{v}_i)$ 对于 $1 \leqslant i \leqslant d$ 成立．

［对于更一般的"施泰纳树打包"问题，参见马丁 · 格勒切尔、亚历山大 · 马丁和罗伯特 · 魏斯曼特尔，*Math. Programming* **78** (1997), 265–281．］

393. 类似于习题 392(c) 的答案中的构造方法使用 5 个不同的 8×8 图，其中，每个图对应一个白黑对 S_j 的走法．但是我们需要跟踪使用的边，而不是顶点，以防止相互交叉的边．可以通过使用额外的子句来排除这种情况．

394. 我们称这些子句为 *langford'''*(n)．［史蒂文 · 普雷斯特维奇在 *Trends in Constraint Programming* (Wiley, 2007), 269–274 中描述了类似的方法．］一些典型的结果如下所示．

	变量	子句	算法 D	算法 L	算法 C	
langford'''(9)	206	1157	131 Mμ	18 Mμ	22 Mμ	(UNSAT)
langford'''(13)	403	2935	1425 Gμ	44 Gμ	483 Gμ	(UNSAT)
langford'''(16)	584	4859	713 Kμ	42 Mμ	343 Kμ	(SAT)
langford'''(64)	7352	120 035	（巨大）	（大）	71 Mμ	(SAT)

395. 每个顶点 v 的颜色都有二元公理子句 $(\bar{v}^{j+1} \vee v^j)$（$1 \leqslant j < d-1$），如 (164) 所示．对于图中的每条边 $u — v$，我们希望有 d 个子句 $(\bar{u}^{j-1} \vee u^j \vee \bar{v}^{j-1} \vee v^j)$（$1 \leqslant j \leqslant d$），当 $j=1$ 时省略 $\bar{u}^0$ 和 $\bar{v}^0$，当 $j=d$ 时省略 u^d 和 v^d．

［顺序编码在图着色问题中出乎意料地有用．这一现象首次被田村直之、多贺明子、北川哲和番原睦则在 *Constraints* **14** (2009), 254–272 中观察到．］

396. 首先，对于 $1 \leqslant j < d$，我们有 $(\bar{x}^{j+1} \vee x^j)$ 和 $(\overline{\hat{x}^{j+1}} \vee \hat{x}^j)$．然后，我们有"通道"子句，以确保对于 $0 \leqslant j < d$，有 $j \leqslant x < j+1 \iff j\pi \leqslant x\pi < j\pi+1$：

$$(\bar{x}^j \vee x^{j+1} \vee \hat{x}^{j\pi}) \wedge (\bar{x}^j \vee x^{j+1} \vee \overline{\hat{x}^{j\pi+1}}) \wedge (\overline{\hat{x}^{j\pi}} \vee \hat{x}^{j\pi+1} \vee x^j) \wedge (\overline{\hat{x}^{j\pi}} \vee \hat{x}^{j\pi+1} \vee \bar{x}^{j+1}).$$

（边界条件下的子句应该被缩短或省略，因为 x^0 和 $\hat{x}^0$ 总是为真，而 x^d 和 $\hat{x}^d$ 总是为假. 对于每个 x，我们会得到 $6d-8$ 个子句.）

对于图的每个顶点对应的子句，以及基于相邻顶点和团的子句，我们得到了 $n\times n$ 皇后图的 n 着色编码，它包含 $2(n^3-n^2)$ 个变量和 $\frac{5}{3}n^4+4n^3+O(n^2)$ 个子句. 相比之下，单个团和仅使用 (162) 的编码包含 n^3-n^2 个变量和 $\frac{5}{3}n^4-n^3+O(n^2)$ 个子句. 当 n 等于 7、8、9 时，使用算法 C 和单个团的典型运行时间分别为 323 Kμ、13.1 Mμ、706 Gμ；而使用双重团时，分别为 252 Kμ、1.97 Mμ、39.8 Gμ.

当 π 是标准的管风琴排列 $(0\pi,1\pi,\cdots,(d-1)\pi)=(0,2,4,\cdots,5,3,1)$ 而不是其逆时，双重团提示不知何故会无效. 在作者的实验中，当 $n=8$ 时，随机选择 π 会在一半的情况下显著改善运行时间；但在 1/3 的情况下，它们几乎没有任何效果.

注意，对于 $d=4$ 的示例 π，我们有 $x^1=\bar{x}_0$、$x^3=x_3$、$\hat{x}^1=\bar{x}_2$、$\hat{x}_3=x_1$. 因此，直接编码实际上会作为这种冗余表示的一部分而存在，并且对应于二团 $\{u,v\}$ 的提示 $(\bar{u}^3\vee\bar{v}^3)\wedge(u^1\vee v^1)\wedge(\overline{\hat{u}^3}\vee\overline{\hat{v}^3})\wedge(\hat{u}^1\vee\hat{v}^1)$ 等价于 (16). 但是当 $\{u,v,w\}$ 是一个三角形时，对应的提示 $(u^2\vee v^2\vee w^2)\wedge(\bar{u}^2\vee\bar{v}^2\vee\bar{w}^2)\wedge(\hat{u}^2\vee\hat{v}^2\vee\hat{w}^2)\wedge(\overline{\hat{u}^2}\vee\overline{\hat{v}^2}\vee\overline{\hat{w}^2})$ 提供了额外的逻辑推理能力.

397. 对于 $0\leqslant j<d$，我们有 $(p-2)d$ 个二元子句 $(\bar{y}_j^{i+1}\vee y_j^i)$（$1\leqslant i<p-1$），以及 $(2p-2)d$ 个子句 $(\bar{x}_i^j\vee x_i^{j+1}\vee y_j^i)\wedge(\bar{x}_{i-1}^j\vee x_{i-1}^{j+1}\vee\bar{y}_j^i)$（$1\leqslant i<p$）. 此外，提示子句 $(x_0^{p-1}\vee\cdots\vee x_{p-1}^{p-1})\wedge(\bar{x}_0^{d-p+1}\vee\cdots\vee\bar{x}_{p-1}^{d-p+1})$ 同样有效.

（这种设置对应于将 p 只鸽子放入 d 个巢穴中，因此我们通常可以假设 $p\leqslant d$. 如果 $p\leqslant 4$，最好使用类似于习题 395 中的 $\binom{p}{2}d$ 个子句. 注意，当 $p=d$ 时，我们得到了一个有趣的排列表示. 在这种情况下，y 是其逆排列；因此，对应于 $y_j=i\implies x_i=j$ 的 $(2d-2)p$ 个额外子句也是有效的，两个关于 y 的提示子句同样如此.）

一个相关但与 x 的直接编码相结合的想法，由伊恩 · 金特和彼得 · 奈廷格尔在 *Proceedings of the International Workshop on Modelling and Reformulating Constraint Satisfaction Problems* **3** (2004), 95–110 中提出.

398. 我们可以构造 $(3p-4)d$ 个包含 y_j^i 的二元子句，如习题 397 所示. 但最好只有 $(3p-6)d$ 个子句，用于至多为一约束 $x_{0k}+x_{1k}+\cdots+x_{(p-1)k}\leqslant 1$（$0\leqslant k<d$）.

399. (a) d^2-t 个（二元）既判子句，或 $2d$ 个支持子句（总长度为 $2(d+t)$）.

(b) 如果单元传播从 $(\bar{u}_i\vee\bar{v}_j)$ 推导出 $\bar{v}_j$，我们得知 u_i. 因此，(17) 对所有 $i'\neq i$ 都给出了 $\bar{u}_{i'}$，并且 $\bar{v}_j$ 由包含它的支持子句得出.

(c) 如果单元传播从其支持子句推导出 $\bar{v}_j$，我们得知对所有 $i\neq j$ 都有 $\bar{u}_i$. 因此，(15) 给出了 u_j，并且 $\bar{v}_j$ 由 (16) 得出. 或者，如果单元传播从该支持子句推导出 u_i，我们得知 v_j 和对所有 $i'\notin\{i,j\}$ 都有 $\bar{u}_{i'}$. 因此，$\bar{u}_j$ 由 (16) 得出，u_i 由 (15) 得出.

(d) 考虑一个没有合法对的平凡例子. 单元传播永远不会从二元既判子句中开始，但是（单元）支持子句会推导出所有结果. 一个更现实的例子是 $d=3$，除了 $(1,1)$ 和 $(1,2)$，所有对都是合法的. 此时，我们有 $(15)\wedge(17)\wedge(\bar{u}_1\vee\bar{v}_1)\wedge(\bar{u}_1\vee\bar{v}_2)\wedge(\bar{v}_3)\nvdash_1\bar{u}_1$，但是 $(15)\wedge(17)\wedge(\bar{u}_1\vee v_3)\wedge(\bar{v}_3)\vdash_1\bar{u}_1$.

既判子句由所罗门 · 沃尔夫 · 戈龙布和伦纳德 · 丹尼尔 · 鲍默特在 *JACM* **12** (1965), 521–522 中引入. 支持编码由伊恩 · 金特在 *European Conf. on Artificial Intelligence* **15** (2002), 121–125 中引入，它基于西蒙 · 卡西夫的工作 *Artificial Intelligence* **45** (1990), 275–286.

400. 这个问题有 n 个变量 $q_1,\cdots,q_n$，每个变量有 n 个值. 因此，有 n^2 个布尔值，其中 $q_{ij}=[q_i=j]=$[第 i 行第 j 列有一个皇后]. q_i 和 q_j 之间的约束是 $q_i\notin\{q_j,q_j+i-j,q_j-i+j\}$. 因此，这里有 n 个至少为一子句，以及 $(n^3-n^2)/2$ 个至多为一子句，还有 n^3-n^2 个支持子句或 $n^3-n^2+\binom{n}{3}$ 个既判子句. 在这个问题中，每个支持子句至少有 $n-2$ 个文字，因此支持编码的规模非常大.

由于这个问题很容易被满足，因此 WalkSAT 算法值得一试. 当 $n=20$ 时，算法 W 通常在不到 500 次翻转后就能从既判子句中找到解；其运行时间约为 500 Kμ，其中大约有 200 Kμ 用于读取输入. 然而，使用支持子句时，它需要大约 10 倍的翻转次数和大约 20 倍的内存访问次数才能取得成功.

使用算法 L 的效果明显更差：使用既判子句时，它需要 50 Mμ；使用支持子句时，它需要 11 Gμ. 算法 C 在这场比赛中取得了胜利：使用既判子句时，它只需约 400 Kμ；使用支持子句时，它只需约 600 Kμ.

当然，$n = 20$ 时的问题还相对温和；让我们考虑 $n = 100$ 时的皇后问题，此时有 10 000 个变量和超过 100 万个子句．算法 L 已经不在讨论范围内，在作者的实验中，它甚至在 $20\,\mathrm{T}\mu$ 后都丝毫没有接近解的迹象！但算法 W 通过既判子句在 $50\,\mathrm{M}\mu$ 内解决了这个问题，并且只需大约 5000 次翻转．算法 C 再次取得胜利，它只需 $29\,\mathrm{M}\mu$ 便解决了这个问题．使用支持子句时，需要输入近一亿个文字，因此算法 W 无法有效地求解这个问题；但算法 C 能够在大约 $200\,\mathrm{M}\mu$ 后完成这个任务．

事实上，在这个问题中，既判子句允许我们省略至多为一子句，因为不论在什么情况下，同一行中的两个皇后总是会被排除在外．这个技巧可以将算法 W 在 $n = 100$ 时的运行时间改进到 $35\,\mathrm{M}\mu$．

我们还可以像为行附加支持子句那样，为列附加支持子句．这个想法大约将搜索空间缩小了一半，但没有带来任何改进，因为必须处理的子句的数量增加了一倍．*总结*：支持子句并没有很好地支持 n 皇后问题．

[然而，如果我们使用算法 D 的一种直接扩展（参见习题 122）来寻找 n 皇后问题的所有解而不是仅仅停留在第一个解上，那么在这种情况下，支持子句在作者的实验中明显表现得更好．]

401. (a) $y^j = x^{2j-1}$．(b) $z^j = x^{3j-1}$．一般来说，$w = \lfloor (x+a)/b \rfloor \iff w^j = x^{bj-a}$．

402. (a) $\bigwedge_{j=1}^{\lfloor d/2 \rfloor}(\bar{x}^{2j-1} \vee x^{2j})$；(b) $\bigwedge_{j=1}^{\lceil d/2 \rceil}(\bar{x}^{2j-2} \vee x^{2j-1})$；省略 $\bar{x}^0$ 和 x^d．

403. (a) $\bigwedge_{j=1}^{d-1}(\bar{x}^j \vee \bar{y}^j \vee z^j)$；(b) $\bigwedge_{j=1}^{d-1}((\bar{x}^j \vee z^j) \wedge (\bar{y}^j \vee z^j))$；(c) $\bigwedge_{j=1}^{d-1}((x^j \vee \bar{z}^j) \wedge (y^j \vee \bar{z}^j))$；(d) $\bigwedge_{j=1}^{d-1}(x^j \vee y^j \vee \bar{z}^j)$．

404. $\bigwedge_{j=0}^{d-a}(\bar{x}^j \vee x^{j+a} \vee \bar{y}^j \vee y^{j+a})$．（如常，省略上标为 0 或 d 的文字．）

405. (a) 如果 $a < 0$，我们可以用 $(-a)\bar{x}$ 替换 ax，用 $c + a - ad$ 替换 c，其中，$\bar{x}$ 由 (165) 给出．如果 $b < 0$，也可以使用类似的简化．a、b 或 c 等于 0 的情况是平凡的．

(b) 我们有 $13x + 8\bar{y} \leqslant 63 \iff 13x + 8\bar{y} \geqslant 64$ 不成立 $\iff$ (P_0 或……或 P_{d-1}) 不成立 $\iff$ P_0 不成立且……且 P_{d-1} 不成立，其中，P_j = "$x \geqslant j$ 且 $\bar{y} \geqslant \lceil (64-13j)/8 \rceil$"．这个方法得到了 $\bigwedge_{j=0}^{7}(\bar{x}^j \vee y^{8-\lceil (64-13j)/8 \rceil})$，它可以化简为 $(\bar{x}^1 \vee y^1) \wedge (\bar{x}^2 \vee y^3) \wedge (\bar{x}^3 \vee y^4) \wedge (\bar{x}^4 \vee y^6) \wedge (\bar{x}^5)$．（注意，我们也可以定义 P_j = "$\bar{y} \geqslant j$ 且 $x \geqslant \lceil (64-8j)/13 \rceil$"，但是会得到一种效率较低的编码 $(\bar{x}^5) \wedge (y^7 \vee \bar{x}^5) \wedge (y^6 \vee \bar{x}^4) \wedge (y^5 \vee \bar{x}^4) \wedge (y^4 \vee \bar{x}^3) \wedge (y^3 \vee \bar{x}^2) \wedge (y^2 \vee \bar{x}^2) \wedge (y^1 \vee \bar{x}^1)$；我们最好区分系数较大的变量．）

(c) 类似地，$13\bar{x} + 8y \leqslant 90$ 给出 $(x^5 \vee \bar{y}^7) \wedge (x^4 \vee \bar{y}^5) \wedge (x^3 \vee \bar{y}^4) \wedge (x^2 \vee \bar{y}^2) \wedge (x^1)$．（关于 (b) 和 (c) 都合法的 (x, y) 对分别是 $(1,1)$、$(2,3)$、$(3,4)$、$(4,6)$．）

(d) 当 $a \geqslant b > 0$ 且 $c \geqslant 0$ 时，$\bigwedge_{j=\max(0,\lceil (c+1-b(d-1))/a \rceil)}^{\min(d-1,\lceil (c+1)/a \rceil)}(\bar{x}^j \vee \bar{y}^{\lceil (c+1-aj)/b \rceil})$．

406. (a) $(\bigwedge_{j=\lceil (a+1)/(d-1) \rceil}^{\lfloor \sqrt{a+1} \rfloor}(\bar{x}^j \vee \bar{y}^{\lceil (a+1)/j \rceil})) \wedge (\bigwedge_{j=\lceil (a+1)/(d-1) \rceil}^{\lceil \sqrt{a+1} \rceil - 1}(\bar{x}^{\lceil (a+1)/j \rceil} \vee \bar{y}^j))$．

(b) $(\bigwedge_{j=l+1}^{\lfloor \sqrt{a-1} \rfloor + 1}(x^j \vee y^{\lfloor (a-1)/(j-1) \rfloor + 1})) \wedge (\bigwedge_{j=l+1}^{\lceil \sqrt{a-1} \rceil}(x^{\lfloor (a-1)/(j-1) \rfloor + 1} \vee y^j)) \wedge (x^l) \wedge (y^l)$，其中 $l = \lfloor (a-1)/(d-1) \rfloor + 1$．（这两个公式都属于 2SAT．）

407. (a) 我们总是有 $\lfloor x/2 \rfloor + \lceil x/2 \rceil = x$，$\lfloor x/2 \rfloor + \lfloor y/2 \rfloor \leqslant \frac{x-y}{2} \leqslant \lfloor x/2 \rfloor + \lfloor y/2 \rfloor + 1$，以及 $\lceil x/2 \rceil + \lceil y/2 \rceil - 1 \leqslant \frac{x+y}{2} \leqslant \lceil x/2 \rceil + \lceil y/2 \rceil$．（类似的推理可以证明巴彻的奇偶归并网络的正确性，参见式 5.3.4–(3)．）

(b) 对于 u 和 v，甚至对于 z，都不需要引入类似 (164) 的公理子句．因此，尽管如果需要的话可以添加这些子句，但是此处不会计算它们．令 $a_d = d^2 - 1$ 为初始方法中子句的数量，那么当 $a_{\lceil d/2 \rceil} + a_{\lfloor d/2 \rfloor + 1} + 3(d-2) < a_d$，即当 $d \geqslant 7$ 时，新方法会得到更少的子句．（$d = 7$ 时，新方法只包含 45 个子句，而不是 48 个；但是它引入了 10 个新的辅助变量．）在渐近意义下，我们可以使用 $3t2^t + O(2^t) = 3d \lg d + O(d)$ 个子句和 $d \lg d + O(d)$ 个辅助变量处理 $d = 2^t + 1$ 的情况．

(c) $x + y \geqslant z \iff (d-1-x) + (d-1-y) \leqslant (2d-2-z)$．因此，我们可以考虑类似但使用补文字的方法（$x^j \mapsto \bar{x}^{d-j}$，$y^j \mapsto \bar{y}^{d-j}$，$z^j \mapsto \bar{z}^{2d-1-j}$）．[参见田村直之、多贺明子、北川哲和番原睦则，*Constraints* **14** (2009), 254–272；罗伯托·阿辛、罗伯特·尼乌文赫伊斯、阿尔伯特·奥利韦拉斯和昂里克·罗德里格斯–卡博内尔，*Constraints* **16** (2011), 195–221．]

408. (a) 否．最优加工周期为 11，可以通过如下方式（或通过左右反射）实现．

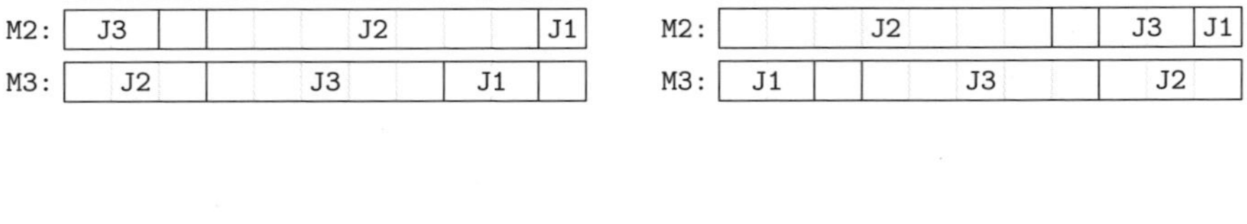

```
M1: |    |         J1          |    |     J3     |
M2: |  J3  |    |       J2          |  J1 |
M3: |   J2   |       J3       |  J1   |    |

M1: |   J3    |          J1             |    |
M2: |            J2              |  J3  | J1 |
M3: |  J1  |    |        J3        |   J2    |
```

(b) 如果 j 是机器 i 处理的最后一个作业，那么该机器必须在小于或等于 $\sum_{k=1}^{n} w_{ik}+\sum_{k=1}^{m} w_{kj}-w_{ij}$ 的时刻完成，因为当机器 i 空闲时，作业 j 会使用其他机器.［参见戴维·伯纳德·施莫伊斯、克利福德·斯坦和乔尔·魏因，*SICOMP* **23** (1994), 631.］

(c) 显然，$0 \leqslant s_{ij} \leqslant t-w_{ij}$. 如果 $ij \neq i'j'$ 但 $i=i'$ 或 $j=j'$，那么每当 $w_{ij}w_{i'j'} \neq 0$ 时，我们必须有 $s_{ij}+w_{ij} \leqslant s_{i'j'}$ 或 $s_{i'j'}+w_{i'j'} \leqslant s_{ij}$.

(d) 当 $w_{ij}>0$ 时，引入布尔变量 s_{ij}^{k}，其中 $1 \leqslant k \leqslant t-w_{ij}$，以及公理子句 $(\bar{s}_{ij}^{k+1} \vee s_{ij}^{k})$，其中 $1 \leqslant k < t-w_{ij}$. 然后对所有相关的 i、j、i' 和 j'，如 (c) 中所述，包含以下子句：对于 $0 \leqslant k \leqslant t+1-w_{ij}-w_{i'j'}$，如果 $ij<i'j'$，那么断言子句 $(\bar{p}_{iji'j'} \vee \bar{s}_{ij}^{k} \vee s_{i'j'}^{k+w_{ij}})$；如果 $ij>i'j'$，那么断言子句 $(p_{i'j'ij} \vee \bar{s}_{ij}^{k} \vee s_{i'j'}^{k+w_{ij}})$. 在这些三元子句中，第一个需要省略 $\bar{s}_{ij}^{0}$，最后一个需要省略 $s_{i'j'}^{t+1-w_{i'j'}}$.

［这种方法由田村直之、多贺明子、北川哲和番原睦则在 *Constraints* **14** (2009), 254–272 中引入，它成功解决了 2008 年时几个一直难以被所有其他方法解决的开放车间调度问题.］

由于任何有效调度的左右反射同样有效，因此我们可以从 p 个变量中任选一个变量并断言 $(p_{iji'j'})$，从而节约一个因子 2.

(e) 如果检查时隙 $0, k, 2k, \cdots$，那么我们可以从 $\boldsymbol{W}$ 和 $\boldsymbol{T}$ 的任何一个调度中得到 $\lfloor\boldsymbol{W}/k\rfloor$ 和 $\lceil\boldsymbol{T}/k\rceil$ 的一个调度.（通过这一观察，我们可以通过首先处理更简单的问题来缩小寻找最优加工周期的范围. $\lfloor\boldsymbol{W}/k\rfloor$ 和 $\boldsymbol{T}/k$ 的变量和子句的数量约为 $\boldsymbol{W}$ 和 $\boldsymbol{T}$ 的 $1/k$，运行时间也遵循这个比例. 比如，作者通过如下方式解决了一个非平凡的 8×8 问题：首先处理 $\lfloor\boldsymbol{W}/8\rfloor$ 的情况，并得到了相应结果 (U, S, U)，其中 $t=(128,130,129)$，"U" 表示 "不可满足"，"S" 表示 "可满足"，运行时间约为 $(75,10,1250)$ 兆次内存访问；然后处理 $\lfloor\boldsymbol{W}/4\rfloor$ 的情况，相应的结果为 (S, U, U)，其中 $t=(262,260,261)$，运行时间约为 $(425,275,325)$；接着处理 $\lfloor\boldsymbol{W}/2\rfloor$ 的情况，得到了相应结果 (U, S, U)，其中 $t=(526,528,527)$，运行时间约为 $(975,200,900)$；最后处理 $\boldsymbol{W}$ 的情况，结果为 (U, S, S)，其中 $t=(1058,1060,1059)$，运行时间约为 $(2050,775,300)$；从而确定了 1059 为最优加工周期，并且大部分工作是在较小规模的子问题上完成的.）

注记：通过注意到在证明 t 可满足时学到的任何子句在 t 减小时同样有效，可以进一步加快计算. 通过使用克里斯泰勒·盖雷和克里斯蒂安·普林斯在 *Annals of Operations Research* **92** (1999), 165–183 中提出的以下方法，可以生成一些困难的随机问题：首先，将工作时间 w_{ij} 设定为尽可能接近的值，使得行和与列和为常数 s；然后，随机选择行 $i \neq i'$ 和列 $j \neq j'$，通过置 $w_{ij} \leftarrow w_{ij}-\delta$、$w_{i'j} \leftarrow w_{i'j}+\delta$、$w_{ij'} \leftarrow w_{ij'}+\delta$、$w_{i'j'} \leftarrow w_{i'j'}-\delta$（$\delta \leqslant w_{ij}$ 且 $\delta \leqslant w_{i'j'}$），将 δ 单位的权重从 i 和 j 转移到 i' 和 j'；这个操作显然保持了行和与列和. 在 $p\cdot\min\{w_{ij},w_{i'j'}\}$ 和 $\min\{w_{ij},w_{i'j'}\}$ 之间随机选择 δ，其中，p 是一个参数. 在进行 r 次这样的转移后，我们得到最终的权重. 盖雷和普林斯建议对于 $n \geqslant 6$ 选择 $r=n^3$ 和 $p=0.95$；但是其他选择也可以得到一些有用的基准测试.

409. (a) 如果 $S \subseteq \{1,\cdots,r\}$，令 $\Sigma_S=\sum_{j\in S} a_j$. 我们可以假设作业 n 按顺序在机器 1、2、3 上运行. 因此最小加工周期为 $2w_{2n}+x$，其中，x 是大于或等于 $\lceil(a_1+\cdots+a_r)/2\rceil$ 的最小的 Σ_S. 众所周知，找到这样的 S 是 NP 难的［参见理查德·曼宁·卡普，*Complexity of Computer Computations* (New York: Plenum, 1972), 97–100］. 因此，开放车间调度问题是 NP 完全问题.

(b) 加工周期 $w_{2n}+w_{4n}$ 是可实现的，当且仅当 $\Sigma_S=(a_1+\cdots+a_r)/2$ 对某些 S 成立. 否则，我们可以通过在机器 1 上按顺序运行作业 $1,\cdots,n$，并令 $s_{3(n-1)}=0$ 和 $s_{4n}=w_{2n}$ 来实现加工周期 $w_{2n}+w_{4n}+1$；此外，如果机器 1 在时刻 w_{2n} 正在运行作业 j，那么 $s_{2j}=w_{2n}+w_{4n}$. 其他作业可以很容易地调度.

(c) 显然，$\lfloor 3n/2\rfloor-2$ 个时隙是必要且充分的.（如果 $\boldsymbol{W}$ 的所有行和与列和均等于 s，那么最小加工周期是否可能大于或等于 $\frac{3}{2}s$？）

(d) "紧的" 加工周期 s 总是可以实现的：通过重新为作业编号，我们可以假设 $a_j \leqslant b_j$ 对 $1 \leqslant j \leqslant k$ 成立，$a_j \geqslant b_j$ 对 $k<j\leqslant n$ 成立，$b_1=\max\{b_1,\cdots,b_k\}$，$a_n=\max\{a_{k+1},\cdots,a_n\}$. 如果 $b_n \geqslant a_1$，那么机器 1 可以按顺序运行作业 $(1,\cdots,n)$，而机器 2 运行 $(n,1,\cdots,n-1)$；否则 $(2,\cdots,n,1)$ 和 $(1,\cdots,n)$ 就足够了.

如果 $a_1+\cdots+a_n\neq b_1+\cdots+b_n$，我们可以增大 a_n 或 b_n，以使它们相等. 然后，我们可以添加一个“虚拟”作业，其中 $a_{n+1}=b_{n+1}=\max\{a_1+b_1,\cdots,a_n+b_n\}\dot{-}s$，并按上述方法在 $O(n)$ 步内得到一个最优调度.

(a)、(b)、(d) 中的结果归功于特奥菲洛 · 冈萨雷斯和萨尔塔杰 · 萨尼，他们在 *JACM* **23** (1976), 665–679 中引入并命名了开放车间调度问题. (c) 是冈萨雷斯后续提出的（未发表的）观察和开放问题.

410. 像在 (23) 中那样使用半加器和全加器，我们可以引入中间变量 w_j，使得 $(x_2x_1x_0)_2+(x_2x_1x_000)_2+(x_2x_1x_0000)_2+(\bar{y}_2\bar{y}_1\bar{y}_0000)_2\leqslant(w_7w_6\cdots w_0)_2$，然后要求 $(\bar{w}_7)\wedge(\bar{w}_6)$. 以较慢的方式，我们依次计算 $(c_0z_0)_2\geqslant x_0+x_2$、$(c_1z_1)_2\geqslant x_0+x_1+\bar{y}_0$、$(c_2z_2)_2\geqslant c_0+z_1$、$(c_3z_3)_2\geqslant x_1+x_2+\bar{y}_1$、$(c_4z_4)_2\geqslant c_1+c_2+z_3$、$(c_5z_5)_2\geqslant x_2+\bar{y}_2+c_3$、$(c_6z_6)_2\geqslant c_4+z_5$、$(c_7z_7)_2\geqslant c_5+c_6$；然后有 $w_7w_6\cdots w_0=c_7z_7z_6z_4z_2z_0x_1x_0$. 以更慢的方式，每一步 $(c_iz_i)_2\geqslant u+v$ 展开为 $z_i\geqslant u\oplus v$ 和 $c_i\geqslant u\wedge v$；每一步 $(c_iz_i)_2\geqslant t+u+v$ 展开为 $s_i\geqslant t\oplus u$、$p_i\geqslant t\wedge u$、$z_i\geqslant v\oplus s_i$、$q_i\geqslant v\wedge s_i$、$c_i\geqslant p_i\vee q_i$. 在子句级别上，$t\geqslant u\wedge v\iff(t\vee\bar{u}\vee\bar{v})$；$t\geqslant u\vee v\iff(t\vee\bar{u})\wedge(t\vee\bar{v})$；$t\geqslant u\oplus v\iff(t\vee\bar{u}\vee v)\wedge(t\vee u\vee\bar{v})$.（当不等式取代等式时，大约只需要 (24) 中的一半. 习题 42 提供了改进策略.）

最终我们会得到 44 个二元子句和三元子句，以及 $(\bar{c}_7)\wedge(\bar{z}_7)$. 单元传播并移除具有纯文字 z_0、z_2、z_4、z_6 的子句化简了这个结果. 但是，习题 405 中的顺序编码显然要好得多. 只有当整数足够大时，如下一道习题所示，对数编码才会变得有吸引力.［参见约翰内斯 · 彼得 · 瓦尔纳斯，*Information Processing Letters* **68** (1998), 63–69.］

411. 使用 $m+n$ 个新变量表示一个辅助数 $w=(w_{m+n}\cdots w_1)_2$. 按照习题 41 中的方法得到对应于乘积 $xy=w$ 的子句，但是如习题 410 的答案所述，只保留大约一半的子句. 得到的 $9mn-5m-10n$ 个子句在 $w=xy$ 时是可满足的；并且每当它们是可满足的时候，我们都有 $w\geqslant xy$. 现在进一步添加 $3m+3n-2$ 个子句，如 (169) 所示，以确保 $z\geqslant w$. $z\leqslant xy$ 的情况是类似的.

412. 在这方面，混合基数表示同样十分有趣，参见尼克拉斯 · 埃恩和尼克拉斯 · 瑟伦松，*J. Satisfiability, Bool. Modeling and Comp.* **2** (2006), 1–26；丹生智也、田村直之和番原睦则，*LNCS* **7317** (2012), 456–462.

413. 只有一个这样的公式，即 $\bigwedge_{\sigma_1,\cdots,\sigma_n\in\{-1,1\}}(\sigma_1x_1\vee\sigma_1y_1\vee\cdots\vee\sigma_nx_n\vee\sigma_ny_n)$. 证明：某个子句必须只包含正文字，因为 $f(0,\cdots,0)=0$. 这个子句必须是 $(x_1\vee y_1\vee\cdots\vee x_n\vee y_n)$；否则在 f 为真的情况下，它将为假. 类似的论证表明每个子句 $(\sigma_1x_1\vee\sigma_1y_1\vee\cdots\vee\sigma_nx_n\vee\sigma_ny_n)$ 都必须出现. 对于 f，没有一个子句可以同时包含 x_j 和 $\bar{y}_j$，或者同时包含 $\bar{x}_j$ 和 y_j.

414. 首先消除 a_{n-1}，然后消除 a_{n-2}，以此类推，得到 2^n-1 个子句.（对于 $x_1\cdots x_n<y_1\cdots y_n$，类似结果为 $2^n+2^{n-1}+1$. 一个预处理器可能会消除 a_{n-1}.）

415. 对于 $1\leqslant k\leqslant n$，构造表示“a_{k-1} 蕴涵 $x_k<y_k+a_k$”的子句：

$$\Big(\bar{a}_{k-1}\vee\bigvee_{j=1}^{d-1}(\bar{x}_k^j\vee y_k^j)\Big)\wedge\Big(\bar{a}_{k-1}\vee a_k\vee\bigvee_{j=0}^{d-1}(\bar{x}_k^j\vee y_k^{j+1})\Big),\qquad \text{省略 } \bar{x}_k^0 \text{ 和 } y_k^d;$$

也省略 $\bar{a}_0$. 对于关系 $x_1\cdots x_n\leqslant y_1\cdots y_n$，我们可以省略包含纯文字 a_n 的 d 个子句. 但是对于关系 $x_1\cdots x_n<y_1\cdots y_n$，我们希望 $a_n=0$，因此省略 a_n 和 $d-1$ 个子句 $(\bar{a}_{n-1}\vee\bar{x}_n^j\vee y_n^j)$.［子句 (169) 出自卡雷姆 · 艾哈迈德 · 萨卡拉，*Handbook of Satisfiability* (2009), Chapter 10, (10.32).］

416. 其他子句为 $\bigwedge_{i=1}^m((u_i\vee\bar{v}_i\vee\bar{a}_0)\wedge(\bar{u}_i\vee v_i\vee\bar{a}_0))$ 和 $(a_0\vee a_1\vee\cdots\vee a_n)$.［参见阿明 · 比埃尔和罗伯特 · 布鲁梅尔，*Proceedings, International Conference on Formal Methods in Computer Aided Design* **8** (IEEE, 2008), 4 pages [FMCAD 08].］

417. 4 个子句 $(\bar{s}\vee\bar{t}\vee u)\wedge(\bar{s}\vee t\vee v)\wedge(s\vee\bar{t}\vee\bar{u})\wedge(s\vee t\vee\bar{v})$ 确保了 s 为真，当且仅当 $t?\,u\!:v$ 为真. 但是当翻译一个分支程序时，我们只需要前两个子句，如 (173) 所示，因为其他两个子句在初始步骤中会被阻塞. 移除它们会使得其他两个子句在第二步中被阻塞.

418. 当 $n=3$ 时，h_n 的一个从 I_{11} 开始的合适的分支程序是 $I_{11}=(\bar{1}?\,21\!:22)$，$I_{21}=(\bar{2}?\,31\!:32)$，$I_{22}=(\bar{2}?\,32\!:33)$，$I_{31}=(\bar{3}?\,0\!:42)$，$I_{32}=(\bar{3}?\,42\!:43)$，$I_{33}=(\bar{3}?\,43\!:1)$，$I_{42}=(\bar{1}?\,0\!:1)$，$I_{43}=(\bar{2}?\,0\!:1)$. 通过 (173) 可以得到关于第 i（$1\leqslant i\leqslant m$）行的以下子句：$(r_{i,1,1})$；$(\bar{r}_{i,k,j}\vee x_{ik}\vee r_{i,k+1,j})\wedge(\bar{r}_{i,k,j}\vee\bar{x}_{ik}\vee r_{i,k+1,j+1})$，

其中 $1 \leqslant j \leqslant k \leqslant n$；$(\bar r_{i,n+1,1}) \wedge (r_{i,n+1,n+1})$ 和 $(\bar r_{i,n+1,j+1} \vee x_{ij})$，其中 $1 \leqslant j < n$. 对于第 j（$1 \leqslant j \leqslant n$）列的子句也是类似的：$(c_{i,1,1})$；$(\bar c_{j,k,i} \vee x_{kj} \vee c_{j,k+1,i}) \wedge (\bar c_{j,k,i} \vee \bar x_{kj} \vee c_{j,k+1,i+1})$，其中 $1 \leqslant i \leqslant k \leqslant m$；$(\bar c_{j,m+1,1}) \wedge (c_{j,m+1,m+1})$ 和 $(\bar c_{j,m+1,i+1} \vee x_{ij})$，其中 $1 \leqslant i < m$.

419. (a) 恰好有 $n-2$ 个解：$x_{ij} = [j=1][i \neq m-1] + [j=2][i=m-1] + [j=k][i=m-1]$，其中 $2 < k \leqslant n$.

(b) 恰好有 $m-2$ 个解：$\bar x_{ij} = [j>1][i=m-1] + [j=1][i=m-2] + [j=1][i=k]$，其中 $1 \leqslant k < m-2$ 或 $k=m$.

420. 从 (24) 开始：$(\bar x_1 \vee x_2 \vee s) \wedge (x_1 \vee \bar x_2 \vee s) \wedge (x_1 \vee x_2 \vee \bar s) \wedge (\bar x_1 \vee \bar x_2 \vee \bar s)$；$(x_1 \vee \bar c) \wedge (x_2 \vee \bar c) \wedge (\bar x_1 \vee \bar x_2 \vee c)$；$(\bar s \vee x_3 \vee t) \wedge (s \vee \bar x_3 \vee t) \wedge (s \vee x_3 \vee \bar t) \wedge (\bar s \vee \bar x_3 \vee \bar t)$；$(s \vee \bar c') \wedge (x_3 \vee \bar c') \wedge (\bar s \vee \bar x_3 \vee c')$；$(\bar c) \wedge (\bar c')$. 传播 $(\bar c)$ 和 $(\bar c')$，得到 $(\bar x_1 \vee \bar x_2) \wedge (\bar s \vee \bar x_3)$；移除包含子句 $(\bar x_1 \vee \bar x_2 \vee \bar s)$ 和 $(\bar s \vee \bar x_3 \vee \bar t)$；移除阻塞子句 $(s \vee x_3 \vee \bar t)$；移除包含纯文字 t 的子句；将 s 重命名为 a_1.

421. 从 (173) 开始：$(\bar a_5 \vee x_1 \vee a_4) \wedge (\bar a_5 \vee \bar x_1 \vee a_3) \wedge (\bar a_4 \vee \bar x_2 \vee a_2) \wedge (\bar a_3 \vee x_2 \vee a_2) \wedge (\bar a_3 \vee \bar x_2) \wedge (\bar a_2 \vee \bar x_3) \wedge (a_5)$. 传播 (a_5).

422. (a) x_1 蕴涵 $\bar x_2$，然后蕴涵 a_1，再然后蕴涵 $\bar x_3$；x_2 蕴涵 $\bar x_1$，然后蕴涵 a_1，再然后蕴涵 $\bar x_3$.

(b) x_1 蕴涵 a_3，然后蕴涵 $\bar x_2$，再然后蕴涵 a_2，最后蕴涵 $\bar x_3$；x_2 蕴涵 $\bar a_3$，然后蕴涵 $\bar x_1$、a_4、a_2、$\bar x_3$.

423. 否. 考虑 $x_1?\ (x_2?\ x_3{:}\ x_4){:}\ (x_2?\ x_4{:}\ x_3)$ 以及 $L = (\bar x_3) \wedge (\bar x_4)$. 但是阿比奥、甘奇、迈耶-艾希伯格和斯塔基 [*LNCS* **9676** (2016), 1–17] 已经证明，如果 $(\bar a_j \vee a_l \vee a_h)$ 被添加到 (173) 中，那么总是可以实现弱强制. 此外，总是可以通过习题 436 中定义的额外子句构造一个强制编码. 注意，在存在失败文字测试的情况下，弱强制对应于强制.

424. 子句 $\bar 1\bar 3\bar 4$ 是冗余的（在有 $\bar 1 2\bar 3$ 和 $2\bar 3\bar 4$ 的情况下），但它不能被省略，因为 $\{\bar 2\bar 3, 2\bar 3, 12\} \not\vdash_1 \bar 3$. 子句 $2\bar 3\bar 4$ 同样是冗余的（在有 $\bar 1\bar 3\bar 4$ 和 12 的情况下），但它可以被省略，因为 $\{\bar 1\bar 4, 34, 1\} \vdash_1 \bar 4$，$\{\bar 1\bar 3, 34, 1\} \vdash_1 \bar 3$，$\{\bar 1 2, \bar 1, 12\} \vdash_1 2$.

425. 如果 x 在核中，那么 $F \vdash_1 x$，因为算法 7.1.1C 进行了单元传播. 否则，当所有核变量为真且所有非核变量为假时，F 被满足.

426. (a) 正确. 假设包含 a_m 的子句是 $(a_m \vee \alpha_i)$（$1 \leqslant i \leqslant p$）和 $(\bar a_m \vee \beta_j)$（$1 \leqslant j \leqslant q$），那么 G 包含 pq 个子句 $(\alpha_i \vee \beta_j)$. 如果 $F|L \vdash_1 l$，我们希望证明 $G|L \vdash_1 l$. 如果从 $F|L$ 开始的单元传播不涉及 a_m，那么这是显然的. 否则，如果 $F|L \vdash_1 a_m$，那么单元传播已经使一些 α_i 为假；在从 $F|L$ 开始的每个后续传播步骤中，如果使用了 $(\bar a_m \vee \beta_j)$，那么从 $G|L$ 开始的传播步骤可以使用 $(\alpha_i \vee \beta_j)$. 当 $F|L \vdash_1 \bar a_m$ 时，类似的论证也成立.

（顺带一提，辅助变量的消除同样保持了“诚实”.）

(b) 错误. 令 $F = (x_1 \vee x_2 \vee a_1) \wedge (x_1 \vee x_2 \vee \bar a_1)$，$L$ 为 $\bar x_1$ 或 $\bar x_2$.

427. 假设 $n = 3m$，令 f 为对称函数 $[\nu x < m$ 或 $\nu x > 2m]$. f 的素子句是 $N = \binom{n}{m,m,m} \sim 3^{n+3/2}/(2\pi n)$ 个由 m 个正文字和 m 个负文字构成的 OR. 有 $N' = \binom{n}{m-1,m,m+1} = \frac{m}{m+1}N$ 种方式来指定 $x_{i_1} = \cdots = x_{i_m} = 1$ 和 $x_{i_{m+1}} = \cdots = x_{i_{2m-1}} = 0$；这种部分赋值意味着 $x_j = 1$ 对 $j \notin \{i_1, \cdots, i_{2m-1}\}$ 成立. 因此，在任何强制 f 的素子句集中，$m+1$ 个子句 $(\bar x_{i_1} \vee \cdots \vee \bar x_{i_m} \vee x_{i_{m+1}} \vee \cdots \vee x_{i_{2m-1}} \vee x_j)$ 中至少有一个必须出现. 根据对称性，任何这样的集合都必须包含至少 N'/m 个素子句.

此外，f 可由 $O(n^2)$ 个强制子句来表征（参见习题 436 的答案）.

428. (a) $(y \vee z_{j1} \vee \cdots \vee z_{jd})$，其中 $1 \leqslant j \leqslant n$；$(\bar x_{ij} \vee \bar z_{ik} \vee \bar z_{jk})$，其中 $1 \leqslant i < j \leqslant n$，$1 \leqslant k \leqslant d$.

(b) 想象一个电路，其中有 $2N(N+1)$ 个门 g_{lt}，每个门对应 G_{nd} 的每个文字 l 和每个 $0 \leqslant t \leqslant N$，它表示在只给定变量 x_{ij} 的值的情况下，文字 l 在 t 轮单元传播后为真. 因此，如果 $l = x_{ij}$ 且 x_{ij} 为真，或者 $l = \bar x_{ij}$ 且 x_{ij} 为假，那么置 $g_{l0} \leftarrow 1$；否则 $g_{l0} \leftarrow 0$. 并且

$$g_{l(t+1)} \leftarrow g_{lt} \vee \bigvee \{ g_{\bar l_1 t} \wedge \cdots \wedge g_{\bar l_k t} \mid (l \vee l_1 \vee \cdots \vee l_k) \in G_{nd} \}, \qquad \text{对于 } 0 \leqslant t < N.$$

给定 x_{ij} 的值，文字 y 被蕴涵，当且仅当图不存在 d 着色方案；并且至多进行 N 轮就能取得进展. 因此，存在一条关于 $g_{yN} = \bar f_{nd}$ 的单调链.

[本习题由塞缪尔·巴斯和理查德·威廉斯于 2014 年提出，它基于马修·格温和奥利弗·库尔曼的一个类似构造.]

429. 令 Σ_k 为以结点 k 为根的子树下叶结点中已赋值的 x 的和. 单元传播将自叶结点向根结点迫使 $b_j^k \leftarrow 1$，其中 $1 \leqslant j \leqslant \Sigma_k$. 然后，它将自根结点向下迫使 $b_j^k \leftarrow 0$，其中 $j = \Sigma_k + 1$，因为 $r = \Sigma_2 + \Sigma_3$ 且 (21) 在 k 等于 2 或 3 时开始这个过程.

430. 想象边界条件如习题 26 的答案中那样，并假设 $x_{j_1}, \cdots, x_{j_r}$ 已被赋值为 1，其中 $j_1 < \cdots < j_r$. 单元传播先迫使 $s^k_{j_k+1-k} \leftarrow 1$（$1 \leqslant k \leqslant r$），然后迫使 $s^k_{j_k-k} \leftarrow 0$（$r \geqslant k \geqslant 1$）. 因此，未赋值的 x 被迫为 0.

431. 等价地说，$x_1 + \cdots + x_m + \bar{y}_1 + \cdots + \bar{y}_n \leqslant n$，因此我们可以使用 (18) ~ (19) 或 (20) ~ (21).

432. 可以证明习题 404(b) 的答案中的子句是强制的. 但是当 $a > 1$ 时，习题 404(a) 的答案中的子句则不是强制的. 如果 $a = 2$ 并且我们假设 $\bar{x}^2$，那么单元传播并不会得到 y^2.

433. 是的. 比如，想象部分赋值 $x = 1{*}{*}{*}10{*}{*}1$，$y = 10{*}00{*}1{*}{*}$. 那么 y_3 必须为 1；否则我们将得到 $10010001 \leqslant x \leqslant y \leqslant 100001111$. 在这种情况下，从对应于 $1 \leqslant \langle a_1 01\rangle$、$a_1 \leqslant \langle a_2 \bar{x}_2 0\rangle$、$a_2 \leqslant \langle a_3 \bar{x}_3 y_3\rangle$、$a_3 \leqslant \langle a_4 \bar{x}_4 0\rangle$、$a_4 \leqslant \langle a_5 00\rangle$ 的子句开始的单元传播将迫使 $a_1 = 1$、$a_2 = 1$、$a_4 = 0$、$a_3 = 0$、$y_3 = 1$.

一般地说，如果给定的部分赋值与 $x \leqslant y$ 一致，那么我们必须有 $x{\downarrow} \leqslant y{\uparrow}$，其中，$x{\downarrow}$ 和 $y{\uparrow}$ 是通过将 x 和 y 中所有未赋值的变量分别改为 0 和 1 而得到的赋值. 如果该部分赋值迫使某个 y_j 为特定值，那么该值必须为 1；事实上我们必须有 $x{\downarrow} > y'{\uparrow}$，其中，$y'$ 类似于 y，但 $y_j = 0$ 而不是 $y_j = *$. 如果 $x_j \neq 1$，单元传播将迫使 $a_1 = \cdots = a_{j-1} = 1$、$a_k = \cdots = a_j = 0$、$y_j = 1$ 对某个 $k \geqslant j$ 成立.

因为 $x \leqslant y \iff \bar{y} \leqslant \bar{x}$，所以当 x_i 被强制时，类似的注记同样适用.

434. (a) 显然，p_k 等价于 $\bar{x}_1 \wedge \cdots \wedge \bar{x}_k$，$q_k$ 等价于 $\bar{x}_k \wedge \cdots \wedge \bar{x}_n$，$r_k$ 意味着恰好从 x_k 开始的一个长度为 l 的 1 的串.

(b) 当 $l = 1$ 时，如果 $x_k = 1$，单元传播将推出 $\bar{p}_j$（$j \geqslant k$）和 $\bar{q}_j$（$j \leqslant k$），因此 $\bar{r}_j$ 对 $j \neq k$ 成立；然后 r_k 被强制，使得 $x_j = 0$ 对所有 $j \neq k$ 成立. 反之，$x_j = 0$ 迫使 $\bar{r}_j$；如果这对所有 $j \neq k$ 都成立，那么 r_k 被强制，从而使得 $x_k = 1$.

但是当 $l = 2$ 且 $n = 3$ 时，这些子句未能通过单元传播迫使 $x_2 = 1$. 当 $l = 2$、$n = 4$ 且 $x_3 = 1$ 时，它们也未能迫使 $x_1 = 0$.

435. 当 l 较小时，下面这个具有 $O(nl)$ 个子句的构造方法十分令人满意：从习题 434(a) 中关于 p_k 和 q_k（但不包括 r_k）的子句开始；还包括 $(\bar{x}_k \vee p_{k-l})$（$l < k \leqslant n$），以及 $(\bar{x}_k \vee q_{k+l})$（$1 \leqslant k \leqslant n - l$）. 接着附加 $(\bar{p}_{k-l} \vee \bar{q}_{k+l} \vee x_k)$（$1 \leqslant k \leqslant n$），省略 $j < 1$ 时的 $\bar{p}_j$ 和 $j > n$ 时的 $\bar{q}_j$. 最后，附加

$$(x_k \vee \bar{x}_{k+1} \vee x_{k+d}) \qquad \text{对 } 0 \leqslant k < n \text{ 和 } 1 < d < l \tag{$*$}$$

省略 $j < 1$ 或 $j > n$ 时的 x_j.

为了将其减少到 $O(n \log l)$ 个子句，假设 $2^{e+1} < l \leqslant 2^{e+2}$，其中 $e \geqslant 0$. 如果 $\bar{x}_{k-d}$ 能推出 $y_k^{(e)}$（$1 \leqslant d \leqslant \lfloor l/2 \rfloor$）且 $\bar{x}_{k+d}$ 能推出 $z_k^{(e)}$（$1 \leqslant d \leqslant \lceil l/2 \rceil$），那么子句 $(*)$ 可以被替换为 $(\bar{x}_k \vee \bar{y}_k^{(e)} \vee \bar{z}_k^{(e)})$（$1 \leqslant k \leqslant n$）. 为了实现后者，我们为 $1 \leqslant k \leqslant n$ 和 $0 \leqslant t < e$ 引入子句 $(\bar{y}_k^{(t)} \vee y_k^{(t+1)})$、$(\bar{y}_{k-2^t}^{(t)} \vee y_k^{(t+1)})$、$(\bar{z}_k^{(t)} \vee z_k^{(t+1)})$、$(\bar{z}_{k+2^t}^{(t)} \vee z_k^{(t+1)})$、$(x_{k-1} \vee y_k^{(0)})$、$(x_{k+2^e-1-\lfloor l/2 \rfloor} \vee y_k^{(0)})$、$(x_{k+1} \vee z_k^{(0)})$、$(x_{k-2^e+1+\lceil l/2 \rceil} \vee z_k^{(0)})$，并总是省略 $j < 1$ 或 $j > n$ 时的 x_j、$\bar{y}_j$ 或 $\bar{z}_j$.

436. 令变量 q_k（$0 \leqslant k \leqslant n$）和 $q \in Q$ 表示状态序列，并且当 $1 \leqslant k \leqslant n$ 且 T 包含形如 (q', a, q) 的三元组时，令 t_{kaq} 表示一个转移. 对于 $1 \leqslant k \leqslant n$ 子句 F 如下所示：(i) $(\bar{t}_{kaq} \vee x_k^a) \wedge (\bar{t}_{kaq} \vee q_k)$，其中 x_k^0 表示 $\bar{x}_k$，x_k^1 表示 x_k；(ii) $(\bar{q}_{k-1} \vee \bigvee\{t_{kaq'} \mid (q, a, q') \in T\})$（$q \in Q$）；(iii) $(\bar{q}_k \vee \bigvee\{t_{kaq} \mid (q', a, q) \in T\})$；(iv) $(\bar{x}_k^a \vee \bigvee\{t_{kaq} \mid (q', a, q) \in T\})$；(v) $(\bar{t}_{kaq'} \vee \bigvee\{q_{k-1} \mid (q, a, q') \in T\})$（$a \in A$，$q' \in Q$）；(vi) $(\bar{q}_0)$（$q \in Q \backslash I$），$(\bar{q}_n)$（$q \in Q \backslash O$）.

显然，如果 $F \vdash_1 \bar{x}_k^a$，那么没有字符串 $x_1 \cdots x_n \in L$ 可以满足 $x_k = a$. 反之，假设 $F \not\vdash_1 \bar{x}_k^a$，特别地，假设 $F \not\vdash_1 \epsilon$. 为了证明强制性，我们希望证明 L 中的某个字符串满足 $x_k = a$. 出于便利，我们称文字 l 为“非伪”的，前提是 $F \not\vdash_1 \bar{l}$. 因此，我们可以假设 x_k^a 是非伪的.

由 (iv) 可知，存在一个 $(q',a,q)\in T$ 使得 t_{kaq} 是非伪的. 因此，由 (i) 可知，q_k 是非伪的. 如果 $k=n$，那么根据 (vi) 有 $q\in O$；否则，由 (ii) 可知，某些 $t_{(k+1)bq'}$ 是非伪的，因此 x_{k+1}^b 是非伪的. 此外，由 (v) 可知，存在一个 $(q'',a,q)\in T$ 使得 q''_{k-1} 是非伪的. 如果 $k=1$，那么有 $q''\in I$；否则，由 (iii) 可知，某些 $t_{(k-1)cq''}$ 是非伪的，因此 x_{k-1}^c 是非伪的. 继续这种推理方式，我们将得到 $x_1\cdots x_n\in L$ 且 $x_k=a$（如果 $k<n$，那么 $x_{k+1}=b$；如果 $k>1$，那么 $x_{k-1}=c$）.

即使我们向 F 添加单元子句以将一个或多个 x 赋值，上述证明仍然成立. 因此，F 是强制的. [参见法希姆 · 巴克斯，*LNCS* **4741** (2007), 133–147.]

举例来说，习题 434 中的语言 L_2 产生了 $20n+4$ 个子句，其中包含 $8n+3$ 个辅助变量：$F=\bigwedge_{k=1}^n((\bar t_{k00}\vee\bar x_k)\wedge(\bar t_{k00}\vee 0_k)\wedge(\bar t_{k11}\vee x_k)\wedge(\bar t_{k11}\vee 1_k)\wedge(\bar t_{k12}\vee x_k)\wedge(\bar t_{k12}\vee 2_k)\wedge(\bar t_{k02}\vee\bar x_k)\wedge(\bar t_{k02}\vee 2_k)\wedge(\bar 0_{k-1}\vee t_{k00}\vee t_{k11})\wedge(\bar 1_{k-1}\vee t_{k12})\wedge(\bar 2_{k-1}\vee t_{k02})\wedge(\bar 0_k\vee t_{k00})\wedge(\bar 1_k\vee t_{k11})\wedge(\bar 2_k\vee t_{k02}\vee t_{k12})\wedge(x_k\vee t_{k00}\vee t_{k02})\wedge(\bar x_k\vee t_{k11}\vee t_{k12})\wedge(\bar t_{k00}\vee 0_{k-1})\wedge(\bar t_{k11}\vee 0_{k-1})\wedge(\bar t_{k12}\vee 1_{k-1})\wedge(\bar t_{k02}\vee 2_{k-1}))\wedge(\bar 1_0)\wedge(\bar 2_0)\wedge(\bar 0_n)\wedge(\bar 1_n)$.

这种通用构造方法产生的子句通常可以通过预处理来显著简化，以消除辅助变量（参见习题 426）.

437. 现在，每个变量 x_k 都变成了一组变量，其中有 $|A|$ 个变量 x_{ka}（$a\in A$）. 使用类似于 (15) 和 (17) 的子句来确保只赋一个值. 如果我们只是在整个过程中用“x_{ka}”替换“x_k^a”，那么相同的构造和相同的证明仍然有效.（注意，单元传播通常会推导出部分信息，例如 $\bar x_{ka}$，意味着 $x_k\ne a$，不过 x_k 的确切值可能仍是未知的.）

438. 令 $l_{\leqslant j}=l_1+\cdots+l_j$. 通过以下自动机，习题 436 可以完成任务：$Q=\{0,1,\cdots,l_{\leqslant t}+t-1\}$，$I=\{0\}$，$O=\{l_{\leqslant t}+t-1\}$；$T=\{(l_{\leqslant j}+j,\ 0,\ l_{\leqslant j}+j)\mid 0\leqslant j<t\}\cup\{(l_{\leqslant j}+j+k,\ 1,\ l_{\leqslant j}+j+k+1)\mid 0\leqslant j<t,\ 0\leqslant k<l_{j+1}\}\cup\{(l_{\leqslant j}+j-1,\ 0,\ l_{\leqslant j}+j-[j=t])\mid 1\leqslant j\leqslant t\}$.

439. 我们显然需要子句 $(\bar x_j\vee\bar x_{j+1})$（$1\leqslant j<n$）；并且我们可以以 $r=t$ 来使用 (18) 和 (19)，以便在 1 的数量达到 t 时强制为 0. 困难的部分是从 0 的部分模式中强制为 1. 如果 $n=9$ 且 $t=4$，那么只要知道 $x_3=x_7=0$，我们就可以得出 $x_4=x_6=1$.

有一种有趣且有效的修改(18) 和 (19) 的方法，即对于 $1\leqslant j<2t-1$ 和 $1\leqslant k\leqslant n-2t+1$，使用子句 $(\bar t_j^k\vee t_{j+1}^k)$，以及对于 $1\leqslant j\leqslant t$ 和 $0\leqslant k\leqslant n-2t+1$，使用子句 $(x_{2j+k-1}\vee\bar t_{2j-1}^k\vee t_{2j-1}^{k+1})$，其中需要省略 $\bar t_{2j-1}^0$ 和 t_{2j-1}^{n-2t+2}.

440. 一种方便的做法是引入 $\binom{n+1}{2}|N|$ 个变量 P_{ik}，其中 $P\in N$ 且 $1\leqslant i\leqslant k\leqslant n$，以及 $\binom{n+1}{3}|N|^2$ 个变量 QR_{ijk}，其中 $Q,R\in N$ 且 $1\leqslant i<j\leqslant k\leqslant n$，不过这些变量几乎都将被单元传播消除. 子句如下：(i) $(\overline{QR}_{ijk}\vee Q_{i(j-1)})\wedge(\overline{QR}_{ijk}\vee R_{jk})$；(ii) $(\overline{P}_{kk}\vee\bigvee\{x_k^a\mid P\to a\in U\})$；(iii) 若 $i<k$ 则 $(\overline{P}_{ik}\vee\bigvee\{QR_{ijk}\mid i<j\leqslant k,\ P\to QR\in W\})$；(iv) $(\bar x_k^a\vee\bigvee\{P_{kk}\mid P\to a\in U\})$；(v) 若 $i>1$ 或 $k<n$ 则 $(\overline{P}_{ik}\vee\bigvee\{PR_{i(k+1)l}\mid k<l\leqslant n,R\in N\}\vee\bigvee\{QP_{hik}\mid 1\leqslant h<i,Q\in N\})$；(vi) $(\overline{QR}_{ijk}\vee\bigvee\{P_{ik}\mid P\to QR\in W\})$；(vii) $(\overline{P}_{1n})$，其中 $P\in N\setminus S$.

强制性的证明可以通过扩展习题 436 的答案中的论证来完成：假设 x_k^a 是非伪的，那么某个 P_{kk} 且 $P\to a$ 也是非伪的. 每当 P_{ik} 是非伪的且 $i>1$ 或 $k<n$ 时，某个 $PR_{i(k+1)l}$ 或 QP_{hik} 也是非伪的. 因此，某个“更大”的 P'_{il} 或 P'_{hk} 也是非伪的. 并且如果 P_{1n} 是非伪的，那么我们有 $P\in S$.

此外，我们可以“向下”进行：每当 P_{ik} 是非伪的且 $i<k$ 时，存在 QR_{ijk} 使得 $Q_{i(j-1)}$ 和 R_{jk} 都是非伪的；另外，如果 P_{kk} 是非伪的，那么存在 $a\in A$ 使得 x_k^a 是非伪的. 因此，x_k^a 是非伪的这一假设已经表明了存在 $x_1\cdots x_n\in L$ 且 $x_k=a$.

[参见克劳德 · 盖伊 · 坎佩尔和托比 · 沃尔什，*LNCS* **4741** (2007), 590–604.]

441. 参见奥利维耶 · 巴约、雅辛 · 布夫哈德和奥利维耶 · 鲁塞尔，*LNCS* **5584** (2009), 181–194.

442. (a) $F\,|\,L_q^-=F\,|\,l_1\,|\cdots|\,l_{q-1}\,|\,\bar l_q$ 包含 ϵ，当且仅当 $F\,|\,l_1\,|\cdots|\,l_{q-1}$ 包含 ϵ 或单元子句 (l_q).

(b) 如果 $F\not\vdash_1 l$ 且 $F\,|\,\bar l\vdash_1\epsilon$，那么失败文字消除技术将把 F 化简为 $F\,|\,l$ 并继续寻找进一步的化简方法. 因此，我们有 $F\vdash_2 l$，当且仅当单元传播加上失败文字消除能推导出 ϵ 或 l.

(c) 对 k 进行归纳. 当 $k=0$ 时，两个陈述都是显然的. 假设我们由 $l_1,\cdots,l_p=\bar l$ 可以得到 $F\vdash_{k+1}\bar l$，且对于 $1\leqslant q\leqslant p$，有 $F\,|\,L_q^-\vdash_k\epsilon$. 如果 $p>1$，我们有 $F\,|\,l\,|\,L_q^-\vdash_k\epsilon$ 对 $1\leqslant q<p$ 成立；由此可得 $F\,|\,l\vdash_{k+1}l_{p-1}$ 和 $F\,|\,l\vdash_{k+1}\bar l_{p-1}$. 如果 $p=1$，我们有 $F\,|\,l\vdash_k\epsilon$. 因此 $F\,|\,l\vdash_{k+1}\epsilon$ 在这两种情况下均成立.

给定 $F \vdash_{k+1} l'$ 和 $F \vdash_{k+1} \bar{l}'$，我们现在要证明 $F\,|\,l \vdash_{k+1} \epsilon$ 和 $F \vdash_{k+2} \epsilon$. 如果 $F\,|\,L_q^- \vdash_k \epsilon$ 对 $1 \leqslant q \leqslant p$ 成立且 $l_p = l'$，那么我们可以得知 $F\,|\,L_q^- \vdash_{k+1} \epsilon$. 此外，我们可以假设 $F \not\vdash_{k+1} \bar{l}$，因此 $l \neq \bar{l}_q$ 对 $1 \leqslant q \leqslant p$ 成立且 $l \neq l_p$. 如果 $l = l_q$ 对某个 $q < p$ 成立，那么 $F\,|\,l\,|\,L_r^- \vdash_k \epsilon$（$1 \leqslant r < q$）且 $F\,|\,L_r^- \vdash_k \epsilon$（$q < r \leqslant p$）；否则 $F\,|\,l\,|\,L_q^- \vdash_k \epsilon$（$1 \leqslant q \leqslant p$）. 在这两种情况下均有 $F\,|\,l \vdash_{k+1} l'$ 且 $F \vdash_{k+2} l'$. 一个本质上相同的论证可以证明 $F\,|\,l \vdash_{k+1} \bar{l}'$ 且 $F \vdash_{k+2} \bar{l}'$.

(d) 正确，可以由 (c) 中的最后一个关系证明.

(e) 如果 F 的所有子句都有超过 k 个文字，那么 $L_k(F)$ 是空的. 因此 $L_0(R') = L_1(R') = L_2(R') = \varnothing$. 但是对于 $k \geqslant 3$，$L_k(R') = \{\bar{1}, 2, 4\}$；比如，因为 $R'\,|\,1 \vdash_2 \epsilon$，以及 $R'\,|\,1 \vdash_2 3$ 和 $R'\,|\,1 \vdash_2 \bar{3}$ 有 $R' \vdash_3 \bar{1}$.

(f) 如果 N 是所有子句的总长度，那么单元传播可以在 $O(N)$ 步内完成. 这处理了 $k = 1$ 的情况. 对于 $k \geqslant 2$，程序 $P_k(F)$ 调用了 $P_{k-1}(F\,|\,x_1)$、$P_{k-1}(F\,|\,\bar{x}_1)$、$P_{k-1}(F\,|\,x_2)$，等等，直到它找到 $P_{k-1}(F\,|\,\bar{l}) = \{\epsilon\}$ 或为 F 的每个变量都尝试了两个文字. 在后一种情况下，P_k 返回 F. 在前一种情况下，如果 $P_{k-1}(F\,|\,l)$ 也是 $\{\epsilon\}$，P_k 返回 $\{\epsilon\}$；否则返回 $P_k(F\,|\,l)$. 集合 L_k 包含了我们将 F 化简为 $F\,|\,l$ 的所有文字，除非 $P_k(F) = \{\epsilon\}$.（在后一种情况下，每个文字都在 L_k 中.）

为了验证这个程序的正确性，我们必须说明测试文字的顺序并不重要. 如果 $F\,|\,\bar{l} \vdash_k \epsilon$ 且 $F\,|\,\bar{l}' \vdash_k \epsilon$，由 (c) 我们有 $F\,|\,l\,|\,\bar{l}' \vdash_k \epsilon$ 和 $F\,|\,l'\,|\,\bar{l} \vdash_k \epsilon$，因此 $P_k(F\,|\,l) = P_k(F\,|\,l\,|\,l') = P_k(F\,|\,l'\,|\,l) = P_k(F\,|\,l')$.

[参见奥利弗 · 库尔曼，*Annals of Math. and Artificial Intell.* **40** (2004), 303–352.]

443. (a) 如果 $F\,|\,L \vdash \epsilon$，那么对所有文字 l 都有 $F\,|\,L \vdash l$. 因此如果 $F \in \mathrm{PC}_k$，我们有 $F\,|\,L \vdash_k l$、$F\,|\,L \vdash_k \bar{l}$ 和 $F\,|\,L \vdash_k \epsilon$，从而证明了 $\mathrm{PC}_k \subseteq \mathrm{UC}_k$.

假设 $F \in \mathrm{UC}_k$ 且 $F\,|\,L \vdash l$，那么 $F\,|\,L\,|\,\bar{l} \vdash \epsilon$，并且有 $F\,|\,L\,|\,\bar{l} \vdash_k \epsilon$. 因此 $F\,|\,L \vdash_{k+1} l$，从而证明了 $\mathrm{UC}_k \subseteq \mathrm{PC}_{k+1}$.

可满足子句集 $\varnothing$、$\{1\}$、$\{1, \bar{1}2\}$、$\{12, \bar{1}2\}$、$\{12, \bar{1}2, 1\bar{2}, \bar{1}\bar{2}3\}$、$\{123, \bar{1}23, 1\bar{2}3, \bar{1}\bar{2}3\}$、$\{123, \bar{1}23, 1\bar{2}3, \bar{1}\bar{2}3, 12\bar{3}, \bar{1}2\bar{3}, 1\bar{2}\bar{3}, \bar{1}\bar{2}\bar{3}4\}$……证明了 $\mathrm{PC}_k \neq \mathrm{UC}_k \neq \mathrm{PC}_{k+1}$.

(b) $F \in \mathrm{PC}_0$，当且仅当 $F = \varnothing$ 或 $\epsilon \in F$.（这可以对 F 中的变量数目进行归纳证明，因为 $\epsilon \notin F$ 意味着 F 没有单元子句.）

(c) 如果 F 只有一个子句，那么它属于 UC_0. 更有趣的例子有 $\{1\bar{2}, \bar{1}2\}$、$\{1234, \bar{1}\bar{2}\bar{3}\bar{4}\}$、$\{123\bar{4}, 12\bar{3}4, 1\bar{2}34, \bar{1}234\}$、$\{12, \bar{1}\bar{2}, 34\bar{5}, \bar{3}\bar{4}5\}$，等等. 一般地说，$F$ 属于 UC_0，当且仅当它包含其所有素子句.

(d) 正确，可以通过对 n 进行归纳证明：如果 $F\,|\,L \vdash l$，那么 $F\,|\,L\,|\,\bar{l} \vdash \epsilon$ 且 $F\,|\,L\,|\,\bar{l}$ 中最多有 $n-1$ 个变量，从而 $F\,|\,L\,|\,\bar{l} \in \mathrm{PC}_{n-1} \subseteq \mathrm{UC}_{n-1}$. 因此我们有 $F\,|\,L\,|\,\bar{l} \vdash_{n-1} \epsilon$ 和 $F\,|\,L \vdash_n l$.

(e) 错误，由 (c) 中的例子可知.

(f) $R' \in \mathrm{UC}_2 \setminus \mathrm{PC}_2$. 比如，我们有 $R'\,|\,1 \vdash_2 2$ 和 $R'\,|\,1 \vdash_2 \bar{2}$.

[参见马修 · 格温和奥利弗 · 库尔曼，arXiv:1406.7398 [cs.CC] (2014)，共 67 页.]

444. (a) 对变量取补不会影响算法的行为，因此我们可以假设 F 由未重命名的霍恩子句组成. 这样一来，当执行步骤 E2 时，F 的所有子句都将是长度大于或等于 2 的霍恩子句. 通过令所有剩余变量为假，这样的子句总是可满足的. 因此，步骤 E3 无法找到 $F \vdash_1 l$ 和 $F \vdash_1 \bar{l}$.

(b) 比如，$\{12, \bar{2}3, 1\bar{2}\bar{3}, \bar{1}23\}$.

(c) SLUR 识别的每个不可满足的 F 都必须属于 UC_1. 反之，如果 $F \in \mathrm{UC}_1$，那么我们可以证明，每当执行步骤 E2 时，F 是可满足的且属于 UC_1.

[本质上，相同的论证可以证明一个广义算法，它在步骤 E1 和步骤 E3 中使用 $\vdash_k$ 而不是 $\vdash_1$，且总是仅当 $F \in \mathrm{UC}_k$ 时对 F 进行分类. 见马修 · 格温和奥利弗 · 库尔曼，*Journal of Automated Reasoning* **52** (2014), 31–65.]

(d) 如果步骤 E3 在 $F\,|\,l$ 上的单元传播和在 $F\,|\,\bar{l}$ 上的单元传播交替进行，且当其中一个分支完成而在另一个分支中未检测到 ϵ 时停止，那么当使用类似于算法 L 的数据结构时，其运行时间与用于存储 F 的单元格数成正比.（这是克劳斯 · 特鲁姆珀的一个未发表的想法.）

[SLUR 是约翰 · 斯图尔特 · 施利普夫、弗雷德 · 索尔 · 安内克斯坦、约翰 · 文森特 · 佛朗哥和拉马苏布拉曼尼安 · 帕图 · 斯瓦米纳坦提出的，参见 *Information Processing Letters* **54** (1995), 133–137.]

445. (a) 由于字典序约束 (169) 是强制的，因此一个简洁的证书是 $(\bar{x}_{1m}, \bar{x}_{2m}, \cdots, \bar{x}_{(m-1)m}, \bar{x}_{2(m-1)}, \bar{x}_{3(m-1)}, \cdots, \bar{x}_{(m-1)(m-1)}, \bar{x}_{3(m-2)}, \bar{x}_{4(m-2)}, \cdots, \bar{x}_{(m-1)(m-2)}, \cdots, \bar{x}_{(m-1)2}, \varnothing)$. 前 $m-1$ 步可以被替换为“x_{0m}”.

(b) $(\bar{x}_{(m-1)1}, \bar{x}_{(m-2)2}, \cdots, \bar{x}_{1(m-1)}, \varnothing)$.

(c) $(x_{01}, x_{12}, \cdots, x_{(m-2)(m-1)}, \varnothing)$.

446. $Z(m,n)-1$，因为一个四环对应一个四方.

447. 给定一般的 m 和 n，对于 $1 \leqslant i < i' < i'' \leqslant m$ 和不同的 $\{j, j', j''\} \subseteq \{1, \cdots, n\}$，我们可以将 $m^3n^3/3!$ 个约束 $(\bar{x}_{ij} \vee \bar{x}_{i'j} \vee \bar{x}_{i'j'} \vee \bar{x}_{i''j'} \vee \bar{x}_{i''j''} \vee \bar{x}_{ij''})$ 添加到 (184) 中. 当 $m=n=8$ 时，这里显示的有 19 条边的图是有效的；此外，仅在 4 亿次内存访问后，算法 C 证明了具有 20 条边且围长大于或等于 8 的不可满足性（利用字典序行/列对称性）.

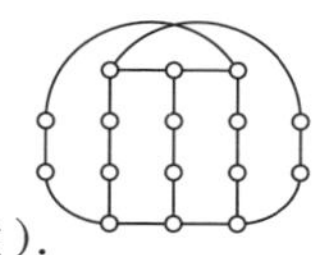

448. 每对点最多可以同时出现在一条线上. 如果这些线分别包含 $l_1, \cdots, l_n$ 个点，那么我们有 $\binom{l_1}{2} + \cdots + \binom{l_n}{2} \leqslant \binom{m}{2} = 3n$. 一个施泰纳三元系可以取到等号，其中 $l_1 = \cdots = l_n = 3$. 由于当 $l \geqslant l'+2$ 时有 $\binom{l-1}{2} + \binom{l'+1}{2} < \binom{l}{2} + \binom{l'}{2}$，我们不能有 $l_1 + \cdots + l_n > 3n$，因此 $Z(m,n) = 3n+1$.

[如果 m 是偶数且 $\binom{m}{2} = 3n$，那么我们不能用三元组覆盖所有的点对，因为没有点可以在超过 $(m-2)/2$ 个三元组中出现. 丹尼尔 · 霍斯利在 2015 年证明了在这种情况下 $Z(m,n) = 3n + \lfloor 1 - m/14 \rfloor$.]

449. 先尝试满足 $x_{ij} = x_{ji}$ 的对称解是明智的，它大致将变量数减少一半；然后可以很快找到下面的矩阵. 当 n 等于 9、12、13 时，这样的解是不存在的（当 n 等于 15 和 16 时，如果我们坚持最上面一行有 5 个 1，那么也不存在解）. 当 $n=13$ 时的情况对应于阶数为 3 的射影平面；实际上，阶数为 q 的射影平面等价于一个最大无四方矩阵，其中，$m=n=q^2+q+1$ 且 $Z(n,n) = (q+1)n+1$.

```
11100000
10011000
10000110
01010100
01000011
00110001
00101010
00001101
```

```
111100000
100011100
100000011
010010010
010001001
001010001
001000110
000101010
000100101
```

```
1111000000
1000110000
1000001100
1000000011
0100101010
0100000101
0010100001
0010010110
0001100100
0001011001
```

```
11110000000
10001100000
10000011100
10000000011
01001010010
01000001001
00101001000
00100110001
00100000110
00011000101
00010101010
```

```
111100000000
100011100000
100000011000
100000000111
010010010100
010001001010
010000100001
001010001001
001000110010
000110000010
000101010001
000100101100
```

```
1111000000000
1000111000000
1000000111000
1000000000111
0100100100100
0100010010010
0100001001001
0010100010001
0010010001100
0010001100010
0001100001010
0001010100001
0001001010100
```

```
11110000000000
10001110000000
10000001110000
10000000001110
01000100001001
01001001000100
01000010100010
00100101000010
00100010011000
00100000100101
00011000101000
00010100010100
00010011000001
00001000010011
```

```
111100000000000
100011100000000
100000011100000
100000000011110
010010010010000
010001001001000
010000000100101
001010001000011
001001010000100
001000100110000
000110000101000
000101000010001
000100101000100
000100010000010
000000110001001
```

```
1111000000000000
1000111000000000
1000000111100000
1000000000011100
0100100100010000
0100010010001010
0100000001000101
0010100010000100
0010010100000001
0010001001001000
0010000000110010
0001100000101001
0001010001010000
0001001100000110
0000010000100100
0000001010010001
```

450. 为了证明提示，可以将一元子句 $(\bar{x}_{15})$ 添加到其他子句中；很快便能证明这个问题是不可满足的，因此没有线包含超过 4 个点. 另外，包含少于 3 个点的线是不可能的，因为 $Z(9,10) = 32$. 同样的论证表明每个点必须属于 3 条或 4 条线. 因此恰好有 4 条线包含 4 个点，同时恰好有 4 个点位于这样的线上.

如果 $p \in l$ 且 l 是一条四点线，那么包含 p 的其他线必须包含剩下的 6 个点中的 2 个. 而这 4 条四点线总共包含至少 $4 \times 4 - \binom{4}{2} = 10$ 个点. 因此，由鸽巢原理可知，这 4 条四点线中的每一条恰好包含这 4 个四线点中的一个.

下面我们称这 4 个四线点为 $\{a,b,c,d\}$，称这 4 条四点线为 $\{A,B,C,D\}$. 其他点可以称为 $\{ab,ac,ad,bc,bd,cd\}$，其中，$A=\{a,ab,ac,ad\}$，$B=\{b,ab,bc,bd\}$，$C=\{c,ac,bc,cd\}$，$D=\{d,ad,bd,cd\}$. 其他线可以称为 $\{AB,AC,AD,BC,BD,CD\}$；并且我们有 $AB=\{a,b,cd\}$，$AC=\{a,c,ad\}$，等等.

451. 由前一道习题可知，每一种颜色都可以被唯一确定. 因此，我们只需要解决剩下的 66 个方格的二着色问题，并同时避免 0 四方和 1 四方. 当 $\sum x_{ij}$ 为奇数时，这个问题是不可满足的. 然后作者手动构造了一个 $33+33+33$ 的解，他利用了每个颜色类都不能使用被删除的方格这一事实. [参见梅 · 贝雷辛、尤金 · 莱文和约翰 · 温恩，*The College Mathematics Journal* **20** (1989), 106–114 以及封面；杰罗姆 · 路德 · 刘易斯，*JRM* **28** (1997), 266–273.]

452. 任何满足该条件的一个解都必须针对每种颜色恰好有 81 个方格，因为理查德 · 诺瓦科夫斯基在 1978 年证明了 $Z(18,18) = 82$. 这里展示的解是由伯恩德 · 斯坦巴赫和克里斯蒂安 · 波斯特霍夫在 *Multiple-Valued Logic and Soft Computing* **21** (2013), 609–625 中找到的，他们利用了 $90°$ 旋转对称性.

453. (a) 如果 $R\subseteq\{1,\cdots,m\}$ 且 $C\subseteq\{1,\cdots,n\}$，令 $V(R,C)=\{u_i\mid i\in R\}\cup\{v_j\mid j\in C\}$. 如果 $\boldsymbol{X}$ 是可分解的，那么不存在一条从 $V(R,C)$ 中的一个顶点到一个不属于 $V(R,C)$ 的顶点的路径. 因此，该图不是连通的. 反之，如果图不是连通的，那么令 $V(R,C)$ 为其连通分量之一. 因此有 $0<|R|+|C|<m+n$，并且我们已经将 $\boldsymbol{X}$ 分解了.

(b) 一般来说是错误的，除非 $\boldsymbol{X}'$ 的每一行和每一列都包含一个正元素. 否则，根据字典序的定义，显然是正确的.

(c) 正确：直和显然是可分解的. 反之，令 $\boldsymbol{X}$ 可通过 R 和 C 分解. 我们可以假设 $1\in R$ 或 $1\in C$；否则我们可以用 $\{1,\cdots,m\}\setminus R$ 和 $\{1,\cdots,n\}\setminus C$ 替换 R 和 C. 令 $i\geqslant 1$ 和 $j\geqslant 1$ 是使得 $i\notin R$ 且 $j\notin C$ 的最小的数，那么对于 $1\leqslant i'<i$，有 $x_{i'j}=0$；对于 $1\leqslant j'<j$，有 $x_{ij'}=0$. 现在字典序约束迫使 $x_{i'j'}=0$（$1\leqslant i'<i$，$j'\geqslant j$；以及 $i'\geqslant i$，$1\leqslant j'<j$）. 因此 $\boldsymbol{X}=\boldsymbol{X}'\oplus\boldsymbol{X}''$，其中 $\boldsymbol{X}'$ 的大小为 $(i-1)\times(j-1)$，$\boldsymbol{X}''$ 的大小为 $(m+1-i)\times(n+1-j)$.（需要考虑 $i=1$ 或 $j=1$ 或 $i=m+1$ 或 $j=n+1$ 的退化情况，但它们也是有效的. 这个结论允许我们"读取"字典序排列矩阵的块分解.）

参考文献：阿道夫 · 马德尔和奥托 · 穆茨鲍尔，*Ars Combinatoria* **61** (2001), 81–95.

454. 我们有 $f(x)\leqslant f(x\tau)\leqslant f(x\tau\tau)\leqslant\cdots\leqslant f(x\tau^k)\leqslant\cdots$，最终可以得到 $x\tau^k=x$.

455. (a) 是的，因为 C 只会导致 1001 和 1011 不再成为解. (b) 不是，因为 F 可能只能通过 0011 来满足. (c) 是的，和 (a) 一样，尽管 (187) 可能不再像那种情况那样是 $F\wedge C$ 的自同态. (d) 是的，如果 0110 是一个解，那么 0101 和 1010 也是解.（当然，本习题是刻意设计的：除非对解集合有更多了解，否则我们不太可能知道像 (187) 这样奇怪的映射是 F 的自同态.）

456. 只有 $(1+2\times 7)\times(1+2)\times(1+8)=405$ 种，占 65 536 种可能性的大约 0.62%.

457. 我们有 $\min_{0\leqslant k\leqslant 16}(k^k16^{16-k})=6^6 16^{10}\approx 51.3\times 10^{15}$. 对于一般的 n，当 $k=2^n/\mathrm{e}+O(1)$ 时会达到最小值. 它等于 $2^{2^n(n-x)}$，其中 $x=1/(\mathrm{e}\ln 2)+O(2^{-n})<1$.

458. 为一个自治中的每个变量赋值，使得包含这些变量的所有子句都被满足，同时保持所有其他变量不变. 这样的操作是一个自同态.（比如，考虑使一个纯文字为真的操作.）

459. 当 $i=0$ 或 $j=0$ 时，$\mathrm{sweep}(\boldsymbol{X}_{ij})=-\infty$. 对于 $1\leqslant i\leqslant m$ 和 $1\leqslant j\leqslant n$，我们有 $\mathrm{sweep}(\boldsymbol{X}_{ij})=\max(x_{ij}+\mathrm{sweep}(\boldsymbol{X}_{(i-1)(j-1)}),\mathrm{sweep}(\boldsymbol{X}_{(i-1)j}),\mathrm{sweep}(\boldsymbol{X}_{i(j-1)}))$.

[设矩阵中的 1 为 $x_{i_1j_1},\cdots,x_{i_rj_r}$，其中 $1\leqslant i_1\leqslant\cdots\leqslant i_r\leqslant m$，且当 $i_{q+1}=i_q$ 时有 $j_{q+1}<j_q$. 理查德 · 斯坦利（未发表）观察到，$\mathrm{sweep}(\boldsymbol{X})$ 是当使用罗宾逊-申斯泰德-高德纳算法将序列 $n-j_1,\cdots,n-j_r$ 插入一张初始为空的表时出现的行数.]

460. 我们引入辅助变量 s_{ij}^t，当 $\mathrm{sweep}(\boldsymbol{X}_{ij})>t$ 时，它们为真. 此外，它们在 $t<0$ 时隐式为真，在 $t=k$ 时为假. 对于 $1\leqslant i\leqslant m$、$1\leqslant j\leqslant n$ 和 $0\leqslant t\leqslant\min(i-1,j-1,k)$，子句如下：若 $i>1$ 且 $t<k$，$(\bar{s}_{(i-1)j}^t\vee s_{ij}^t)$；若 $j>1$ 且 $t<k$，$(\bar{s}_{i(j-1)}^t\vee s_{ij}^t)$；以及 $(\bar{x}_{ij}\vee\bar{s}_{(i-1)(j-1)}^{t-1}\vee s_{ij}^t)$. 从最后一个子句中省略 $\bar{s}_{0(j-1)}^{t-1}$、$\bar{s}_{(i-1)0}^{t-1}$、$\bar{s}_{(i-1)(j-1)}^{-1}$ 和 s_{ij}^k，如果它们存在的话.

461. $\bigwedge_{i=1}^{m-1}\bigwedge_{j=1}^{n-1}(x_{ij}\vee\bar{c}_{(i-1)j}\vee c_{ij})\wedge\bigwedge_{i=1}^{m}\bigwedge_{j=1}^{n-1}(\bar{c}_{(i-1)j}\vee\bar{x}_{ij}\vee x_{i(j+1)})$，省略 $\bar{c}_{0j}$. 这些子句处理了 τ_1；对于 τ_2，交换 $i\leftrightarrow j$ 和 $m\leftrightarrow n$.

462. 令 $\widetilde{\boldsymbol{X}}_{ij}$ 表示 $\boldsymbol{X}$ 的最后 $m+1-i$ 行和最后 $n+1-j$ 列；令 $t_{ij}=\mathrm{sweep}(\boldsymbol{X}_{(i-1)(j-1)})+\mathrm{sweep}(\widetilde{\boldsymbol{X}}_{(i+1)(j+1)})$. 对于 τ_1，我们必须证明给定 $1+t_{ij}\leqslant k$ 时有 $1+t_{i(j+1)}\leqslant k$. 这是正确的，因为当第 j 列以 $i-1$ 个零开始时，$\mathrm{sweep}(\boldsymbol{X}_{(i-1)j})=\mathrm{sweep}(\boldsymbol{X}_{(i-1)(j-1)})$，并且我们有 $\mathrm{sweep}(\widetilde{\boldsymbol{X}}_{(i+1)(j+2)})\leqslant\mathrm{sweep}(\widetilde{\boldsymbol{X}}_{(i+1)(j+1)})$.

令 $\boldsymbol{X}'=\boldsymbol{X}\tau_3$，其相关的扫描和为 t'_{ij}. 如果 $1+t_{ij}\leqslant k$、$1+t_{i(j+1)}\leqslant k$、$1+t_{(i+1)j}\leqslant k$ 和 $t_{(i+1)(j+1)}\leqslant k$，我们必须证明 $t'_{ij}\leqslant k$ 和 $1+t'_{(i+1)(j+1)}\leqslant k$. 关键是 $\mathrm{sweep}(\boldsymbol{X}'_{ij})=\max(\mathrm{sweep}(\boldsymbol{X}_{(i-1)j}),\mathrm{sweep}(\boldsymbol{X}_{i(j-1)}))$，因为 $x'_{ij}=0$. 此外，$\mathrm{sweep}(\widetilde{\boldsymbol{X}}'_{(i+1)(j+1)})\leqslant 1+\mathrm{sweep}(\widetilde{\boldsymbol{X}}_{(i+2)(j+1)})$.

（注意，τ_1 和 τ_2 实际上可能会减小扫描和，但 τ_3 会保持它.）

463. 如果第 $i+1$ 行完全为零但第 i 行不是，那么可以应用 τ_2. 因此，全零行出现在顶部. 由 τ_1 可知，第一个非零行的所有 1 都在右边.

假设第 1 行到第 i 行有 $r_1, \cdots, r_i$ 个 1，它们都在右边且 $r_i > 0$. 由 τ_2 可知，有 $r_1 \leqslant \cdots \leqslant r_i$. 若 $i < n$，我们可以将 i 加 1，使其变为 $i+1$，因为由 τ_1 可知，当 $j \leqslant n - r_i$ 时，我们不能有 $x_{(i+1)j} > x_{(i+1)(j+1)}$；由 τ_3 可知，当 $j > n - r_i$ 时，它不成立.

因此所有的 1 都聚集在右边和底部，就像被分割的图表，但是旋转了 180°；扫描是其“德菲方块”的大小（见 7.2.1.4 节的图 48）. 因此，给定扫描为 k，1 的最大数量是 $k(m+n-k)$.

［当 $i < i'$ 且 $j < j'$ 时，在偏序 $(i,j) \prec (i',j')$ 下，扫描小于或等于 k 的二元矩阵对应于所有长度小于或等于 k 的集合. 柯蒂斯 · 格林和丹尼尔 · 杰 · 克莱特曼已经在 *J. Combinatorial Theory* **A20** (1976), 41–68 中研究过这种“斯佩纳 k 族”的重要格性质和拟阵性质. ］

464. 根据习题 462 的答案，τ_1 可以被加强为 τ_1'，它置 $x_{i(j+1)} \leftarrow 1$ 但保持 $x_{ij} = 1$. 同理，τ_2 可以被加强为 τ_2'. 这些自同态保持扫描但增大了权重，因此它们不能应用于权重最大的矩阵.（实际上，可以证明，扫描为 k 的最大权重二元矩阵恰好等价于从第 m 行最左边的单元到第 1 行最右边的单元的 k 条不交最短路径. 因此，扫描为 k 的每个整数矩阵都是 k 个扫描为 1 的矩阵的和.）

465. 如果不是，那么存在一个长度为 $p > 1$ 的循环 $x_0 \to x_1 \to \cdots \to x_p = x_0$，其中 $x_i \tau_{uv_i} \mapsto x_{i+1}$. 令 uv 为 $\{uv_1, \cdots, uv_{p-1}\}$ 中最大的元素. 那么循环中的其他 τ 都不能改变边 uv 的状态. 但是该边的状态必须至少改变两次.

（见定理 7.2.2.1S 中的更一般的结果.）

466. 注意，如果 $m \geqslant 2$，那么 v_{11} 必须为真. 否则，通过单元传播，我们会逐步迫使 h_{11}、v_{21}、h_{22}、v_{32}……直到在棋盘的边缘得到矛盾. 通过类似的论证，如果 $m \geqslant 4$，那么 v_{31} 也必须为真. 因此，整个第一列必须用竖直线填充，除了 m 为奇数时的底行.

接着我们可以证明，除了 n 为偶数时的最右列，第 1 行的其余部分都用水平线填充，以此类推.

当 m 和 n 都是偶数时，唯一解使用 v_{ij}，当且仅当 $i+j$ 为偶数且 $1 \leqslant j \leqslant \min(i, m-i, n/2)$，或 $i+j$ 为奇数且 $v_{i(n+1-j)}$ 被使用了. 当 m 为奇数时，在 $(m-1) \times n$ 的解下方添加一行水平线. 当 n 为奇数时，从 $m \times (n+1)$ 的解中移除最右列的竖直线.

467. 8×7 覆盖是 7×8 覆盖（如右图所示）关于其西南-东北对角线的镜像. 这两个解是仅有的解.

468. (a) 对于 6×6、8×8……16×16，算法 C 的典型运行时间略有改善：39 Kμ、368 Kμ、4.3 Mμ、48 Mμ、626 Mμ、8 Gμ.

(b) 现在它们变得更好了，但仍然呈指数级增长：30 Kμ、289 Kμ、2.3 Mμ、22 Mμ、276 Mμ、1.7 Gμ.

469. 比如 (v_{11})、(v_{31})、(v_{51})、(h_{12})、(h_{14})、(v_{22})、(v_{42})、(h_{23})、(v_{33})、ϵ.

470. 不可能存在长度为 $p > 1$ 的循环 $x_0 \to x_1 \to \cdots \to x_p = x_0$，因为其配对被改变的最大顶点总是得到越来越小的配对.

471. 我们必须将 $2n$ 与 1 配对，然后将 $2n-1$ 与 2 配对……最后将 $n+1$ 与 n 配对.

472. 我们可以按 1 ~ mn 将顶点编号，使得每个四环都按照所需的方式切换. 比如，我们可以使得 $(i,j) < (i,j+1) \iff (i,j) < (i+1,j) \iff (i,j) \bmod 4 \in \{(0,0), (0,1), (1,1), (1,2), (2,2), (2,3), (3,3), (3,0)\}$. 在 4×4 情况下，这样的编号方式如右图所示.

16	15	1	2
4	14	13	3
5	6	12	11
9	7	8	10

473. 对于每个长度为偶数的循环 $v_0 — v_1 — \cdots — v_{2r-1} — v_0$，其中 $v_0 = \max v_i$ 且 $v_1 > v_{2r-1}$，都断言 $(\overline{v_0 v_1} \vee v_1 v_2 \vee \overline{v_2 v_3} \vee \cdots \vee v_{2r-1} v_0)$.

474. (a) $(2n) \cdot (2n-2) \cdot \cdots \cdot 2 = 2^n n!$.

(b) $(17\bar{3})(\bar{1}\bar{7}3)(25\bar{2}\bar{5})(4\bar{4})(6)(\bar{6})$.

(c) 使用 0, 1, $\cdots$, f 表示四元组 0000, 0001, $\cdots$, 1111，我们必须有 $f(0) = f(9) = f(5)$、$f(2) = f(\mathrm{b}) = f(7)$、$f(4) = f(8) = f(\mathrm{d})$、$f(6) = f(\mathrm{a}) = f(\mathrm{f})$. 换言之，$f$ 的真值表必须形如 $abcdeagceagcfehg$，其中 $a, b, c, d, e, f, g, h \in \{0, 1\}$. 因此有 2^8 个这样的 f.

(d) 将 (c) 中的“=”改为“≠”. 不存在这样的真值表，因为 (191) 包含奇数长度的循环；但是所有反对称性循环的长度必须都是偶数.

(e) 128 个二进制七元组被划分为 16 条“轨道” $\{x, x\sigma, x\sigma^2, \cdots\}$，其中有 8 条大小为 12，另外 8 条大小为 4. 比如，其中一条大小为 4 的是 $\{0011010, 0010110, 0111110, 0110010\}$；一条大小为 12 的是 $\{0000000, 0011101, \cdots, 1111000\}$. 因此有 2^{16} 个具有这种对称性的函数，以及 2^{16} 个具有这种反对称性的函数.

475. (a) $2^{n+1}n!$ 个（如果 f 有 a 个自同构及反自同构，那么有 $2^{n+1}n!/a$ 个）.

(b) $(x\bar{z})(\bar{x}z)$，因为 $(x \vee y) \wedge (x \oplus z) = (\bar{z} \vee y) \wedge (\bar{z} \oplus \bar{x})$. 这令人惊讶.

(c) 一般地说，如果 σ 是任意一个具有长度为 l 的循环的排列，并且 p 是 l 的一个素因子，那么 σ 的某个幂将有一个长度为 p 的循环.（对于所有素数 $q \neq p$，重复将 σ 提升到 q 的幂，直到所有循环的长度都是 p 的幂. 然后，如果剩下的最长循环的长度是 p^e，计算 p^{e-1} 次幂.）

(d) 假设 $f(x_1, x_2, x_3)$ 有对称性 $(x_1\bar{x}_2x_3)(\bar{x}_1x_2\bar{x}_3)$. 那么 $f(0,0,0) = f(1,1,0) = f(0,1,1)$，$f(1,1,1) = f(0,0,1) = f(1,0,0)$，因此 $(x_1\bar{x}_2)(\bar{x}_1x_2)$ 是一种对称性.

(e) 类似的论证表明 $(ux)(vw)(\bar{u}\bar{x})(\bar{v}\bar{w})$ 是一种对称性.

(f) 如果 σ 是 f 的反对称性，那么 σ^2 是一种对称性. 如果 f 有一种非平凡的对称性，那么根据 (c)，它有素数阶的对称性 p. 如果 $p \neq 2$，那么根据 (d) 和 (e)，除非 $n > 5$，否则它有 2 阶对称性.

(g) 令 $f(x_1, \cdots, x_6) = 1$，当且仅当 $x_1 \cdots x_6 \in \{001000, 001001, 001011, 010000, 010010, 010110, 100000, 100100, 100101\}$.（对于 $n = 7$，另一个有趣的例子满足 $f = 1$，当且仅当 $x_1 \cdots x_7$ 是 0000001、0001101 或 0011101 的循环移位. 有 21 种对称性.）

476. 我们需要指定 n 个变量上的 r 步链的子句，它有单一输出 x_{n+r}. 对于 $0 < t < t' < 2^n$，引入新变量 $\Delta_{tt'} = x_{(n+r)t} \oplus x_{(n+r)t'}$（参见 (24)）. 然后对于每个带符号对合 σ，而不是对于恒等式，我们需要一个子句，它表示“σ 不是 f 的对称性”，即 $(\bigvee\{\Delta_{tt'} \mid t < t' \text{ 且 } t' = t\sigma\})$.（这里，$t$ 被认为与其二进制表示 $(t_1 \cdots t_n)_2$ 相同，参见习题 477.）

此外，如果 σ 没有不动点——σ 满足 $x_i \mapsto \bar{x}_i$ 至少对一个 i 成立——我们还需要做更多的工作：在 (b) 中，我们需要一个子句，它表示“σ 不是反对称性”，即 $(\bigvee\{\overline{\Delta}_{tt'} \mid t < t' \text{ 且 } t' = t\sigma\})$. 但是在 (a) 中，我们需要额外的变量 a_j（$1 \leqslant j \leqslant T$），其中，$T$ 是没有不动点的带符号对合的数量. 我们附加子句 $(a_1 \vee \cdots \vee a_T)$，同时对于所有当 σ 对应于索引 j 时满足 $t < t'$ 和 $t' = t\sigma$ 的 t，附加子句 $(\bar{a}_j \vee \Delta_{tt'})$. 这些子句表示“至少存在一个带符号对合是反对称性”.

当 $n \leqslant 3$ 时没有解. (a) 的答案是 $(((x_1 \oplus x_2) \vee x_3) \wedge x_4) \oplus x_1$ 和 $((((\bar{x}_1 \oplus x_2) \wedge x_3) \oplus x_4) \wedge x_5) \oplus x_1$. 在这两种情况下，带符号对合 $(1\bar{1})(2\bar{2})$ 显然是反对称性. (b) 的答案是 $((x_1 \oplus x_2) \vee x_3) \wedge (x_4 \vee x_1)$ 和 $(((x_1 \wedge x_2) \oplus x_3) \wedge x_4) \oplus (x_5 \vee x_1)$.（是否存在一个适用于所有 n 的简单公式？）

477. 对于 $1 \leqslant h \leqslant m$、$n < i \leqslant n + r$ 和 $0 < t < 2^n$，使用以下变量：$x_{it} = (x_i$ 的真值表的第 t 位$)$；$g_{hi} = [g_h = x_i]$；$s_{ijk} = [x_i = x_j \circ_i x_k]$，其中 $1 \leqslant j < k < i$；$f_{ipq} = \circ_i(p, q)$，其中 $0 \leqslant p, q \leqslant 1$ 且 $p+q > 0$.（我们不需要 f_{i00}，因为在一条正规链中的每个操作都将接受 $(0,0) \mapsto 0$.）真值表计算的主要子句为

$$(\bar{s}_{ijk} \vee (x_{it} \oplus a) \vee (x_{jt} \oplus b) \vee (x_{kt} \oplus c) \vee (f_{ibc} \oplus \bar{a})), \quad \text{其中 } 0 \leqslant a, b, c \leqslant 1 \text{ 且 } 1 \leqslant j < k < i.$$

在某些特殊情况下，我们可以进行简化：如果 $b = c = 0$，那么当 $a = 0$ 时可以省略整个子句，当 $a = 1$ 时可以省略项 f_{i00}. 此外，如果 $t = (t_1 \cdots t_n)_2$ 且 $j \leqslant n$，那么（不存在的）变量 x_{jt} 事实上将具有已知的值 t_j；同样，我们可以根据 b 和 t 的值来决定省略整个子句还是项 $(x_{jt} \oplus b)$. 比如，通常有 8 个包含 s_{ijk} 的主要子句；但是当 $t < 2^{n-2}$ 时，只有一个包含 s_{i12} 的子句，即 $(\bar{s}_{i12} \vee \bar{x}_{i1})$，因为 x_1 和 x_2 的真值表都以 2^{n-2} 个 0 开头.（如果我们定义了额外的变量 f_{i00} 和 x_{jt} 并用单元子句固定它们的值，那么所有这些简化都可以由一个预处理器完成.）

还有一些更普通的子句用来固定输出，即 $(\bar{g}_{hi} \vee \bar{x}_{it})$ 或 $(\bar{g}_{hi} \vee x_{it})$（取决于 $g_h(t_1, \cdots, t_n)$ 等于 0 还是 1）；还有 $(\bigvee_{i=n+1}^{n+r} g_{hi})$ 和 $(\bigvee_{k=1}^{i-1} \bigvee_{j=1}^{k-1} s_{ijk})$，它们用来确保每个输出都出现在链中且每个步骤都有两个操作数.

可以有选择性地再添加一些额外的子句，它们可以大大缩小可能性空间：$(\bigvee_{k=1}^{m} g_{ki} \vee \bigvee_{i'=i+1}^{n+r} \bigvee_{j=1}^{i-1} s_{i'ji} \vee \bigvee_{i'=i+1}^{n+r} \bigvee_{j=i+1}^{i'-1} s_{i'ij})$ 确保步骤 i 至少被使用一次；$(\bar{s}_{ijk} \vee \bar{s}_{i'ji})$ 和 $(\bar{s}_{ijk} \vee \bar{s}_{i'ki})$（$i < i' \leqslant n + r$）避免重复应用一个操作数.

最后，我们可以用子句 $(f_{i01} \vee f_{i10} \vee f_{i11})$、$(f_{i01} \vee \bar{f}_{i10} \vee \bar{f}_{i11})$、$(\bar{f}_{i01} \vee f_{i10} \vee \bar{f}_{i11})$ 来排除平凡的二元操作.（但要注意：$n < i \leqslant n+r$ 的这些子句将使得在少于 3 步的情况下无法计算出平凡函数 $g_1 = 0$.）$(\bar{s}_{ijk} \vee f_{i01} \vee \bar{x}_{it} \vee x_{jt})$ 等子句是正确的，但在实践中没有太大帮助.

478. 我们可以坚持要求 (j,k) 在步骤 $n+1, \cdots, n+r$ 中按词根顺序出现. 比如，一个像 $x_8 = x_4 \oplus x_5$ 这样的链步骤永远不会跟在 $x_7 = x_2 \wedge x_6$ 之后. 对于 $n < i < n+r$，若 $1 \leqslant j' < j < k = k' < i$ 或 $1 \leqslant j < k$ 且 $1 \leqslant j' < k' < k < i$，子句为 $(\bar{s}_{ijk} \vee \bar{s}_{(i+1)j'k'})$.（如果 $(j,k) = (j',k')$，那么我们还可以进一步要求 $f_{i01}f_{i10}f_{i11}$ 在字典序上小于 $f_{(i+1)01}f_{(i+1)10}f_{(i+1)11}$. 但是作者没有做到这一点.）

此外，如果 $p<q$ 且当 x_p 与 x_q 交换时每个输出函数保持不变，那么我们可以坚持要求 x_p 在 x_q 之前作为操作数使用. 这些子句为

$$(\bar{s}_{ijq} \vee \bigvee_{n<i'<i} \bigvee_{1\leqslant j'<k'<i'} [j'=p \text{ 或 } k'=p]\, s_{i'j'k'}), \text{ 每当 } j \neq p \text{ 时.}$$

比如，当将习题 477 的答案应用于全加器问题时，它产生了 M_r 个子句和 N_r 个变量，其中，$(M_4, M_5) = (942, 1662)$ 且 $(N_4, N_5) = (82, 115)$. 上述对称性破缺策略，其中 (p,q) 为 $(1,2)$ 和 $(2,3)$，将子句数量增加到 M'_r，其中 $(M'_4, M'_5) = (1025, 1860)$. 算法 C 在使用 (M_4, M'_4) 个子句后报告了“unsat”，花费 $(1015, 291)$ 千次内存访问；在使用 (M_5, M'_5) 个子句后报告了“sat”，花费 $(250, 268)$ 千次内存访问. 对于更大的问题，这样的对称性破缺在证明不可满足性时能够显著加速，但不利于可满足的实例.

479. (a) 使用前一道习题的答案中的记号，我们有 $(M_8, M'_8, N_8) = (14\,439, 17\,273, 384)$ 且 $(M_9, M'_9, N_9) = (19\,719, 24\,233, 471)$. 对于“sat”的情况，使用 M_9 和 M'_9 个子句的运行时间分别为 $(16, 645, 1259)$ 和 $(66, 341, 1789)$ 百万次内存访问. 这些统计数据是使用不同的随机种子进行的 9 次运行所需的时间，表示 (最小值, 中位数, 最大值). 对于“unsat”的情况，使用 M_8 和 M'_8 个子句的运行时间截然不同：$(655\,631, 861\,577, 952\,218)$ 和 $(8858, 10\,908, 13\,171)$. 因此，7.1.2–(28) 中的 $s(4) = 9$ 是最优的.

(b) 尽管 7.1.2–(29) 看上去十分优美，但 $s(5) = 12$ 不是最优的. 在 680 Gμ 的计算后，可以证明 $N_{11} = 957$ 个变量上的 $M_{11} = 76\,321$ 个子句是“sat”的，并得到一条令人惊讶的链：

$$\begin{array}{lll} x_6 = x_1 \oplus x_2, & x_{10} = x_6 \vee x_7, & \\ x_7 = x_1 \oplus x_3, & x_{11} = x_4 \oplus x_9, & x_{14} = \bar{x}_8 \wedge x_{11}, \\ x_8 = x_4 \oplus x_5, & x_{12} = x_9 \oplus x_{10}, & z_1 = x_{15} = x_{10} \oplus x_{14}, \\ x_9 = x_3 \oplus x_6, & z_0 = x_{13} = x_5 \oplus x_{11}, & z_2 = x_{16} = x_{12} \wedge \bar{x}_{15}. \end{array}$$

花费 1773 Gμ 的计算后得到 $(M'_{10}, N_{10}) = (68\,859, 815)$ 的结果是“unsat”；通过附加单元子句 $(g_{3(15)})$，可以将这个时间缩短到 3090 亿次内存访问，因为 $C(S_{4,5}) = 10$.

因此，通过计算 $(u_1u_0)_2 = x_5 + x_6 + x_7$、$(v_2v_1z_0)_2 = x_1 + x_2 + x_3 + x_4 + u_0$、$(w_2z_1)_2 = u_1 + v_1$、$z_2 = v_2 \oplus w_2$，我们可以在仅仅 $5 + 11 + 2 + 1 = 19$ 步内计算出 $x_1 + \cdots + x_7$.

(c) 求解器在 6 Mμ 内就为 $(M_8, N_8) = (6068, 276)$ 找到了一个优美的 8 步解：

$$\begin{array}{llll} x_4 = x_1 \vee x_2, & x_6 = x_3 \oplus x_4, & x_8 = x_3 \oplus x_5, & S_1 = x_{10} = x_6 \wedge x_8, \\ x_5 = x_1 \oplus x_2, & \overline{S}_0 = x_7 = x_3 \vee x_4, & S_3 = x_9 = \bar{x}_6 \wedge x_8, & S_2 = x_{11} = x_7 \oplus x_8. \end{array}$$

$(M'_7, N_7) = (5016, 217)$ 的相应问题在 97 Mμ 内被证明是不可满足的.

(d) 通过使用 7.1.2 节中图 9 的最优布尔链，独立计算 S 的总成本为 $3+7+6+7+3 = 26$. 因此，通过使用足迹启发法，作者惊讶地发现了一条 9 步链，用于计算 S_1、S_2 和 S_3：

$$\begin{array}{lll} x_5 = x_1 \oplus x_2, & x_8 = x_5 \oplus x_7, & S_2 = x_{11} = \bar{x}_8 \wedge x_9, \\ x_6 = x_1 \oplus x_3, & x_9 = x_6 \vee x_7, & S_3 = x_{12} = x_8 \wedge \bar{x}_{10}, \\ x_7 = x_3 \oplus x_4, & x_{10} = x_2 \oplus x_9, & S_1 = x_{13} = x_8 \wedge x_{10}. \end{array}$$

这条链可以在 13 步内解决问题 (d)；但是 SAT 技术可以在 12 步内完成：

$$\begin{array}{lll} x_5 = x_1 \oplus x_2, & x_9 = x_6 \vee x_7, & S_1 = x_{13} = x_8 \wedge x_{10}, \\ x_6 = x_1 \oplus x_3, & x_{10} = x_2 \oplus x_9, & S_4 = x_{14} = x_1 \wedge \bar{x}_{11}, \\ x_7 = x_3 \oplus x_4, & x_{11} = x_5 \vee x_9, & \overline{S}_0 = x_{15} = x_4 \vee x_{11}, \\ x_8 = x_5 \oplus x_7, & S_3 = x_{12} = x_8 \wedge \bar{x}_{10}, & S_2 = x_{16} = \bar{x}_8 \wedge x_{11}. \end{array}$$

算法 C 可以通过长时间的计算（110 340 亿次内存访问）来证明不存在一个 11 步解，在这个过程中学习了 99 999 379 个子句.

(e) 这个（在 342 Gμ 内找到的）解与习题 7.1.2–80 中的下界相匹配:

$$x_7 = x_1 \oplus x_2,\quad x_8 = x_3 \oplus x_4,\quad x_9 = x_1 \oplus x_5,\quad x_{10} = x_6 \oplus x_8,$$
$$x_{11} = x_4 \oplus x_{10},\quad x_{12} = x_5 \oplus x_{10},\quad x_{13} = x_8 \vee x_{11},\quad x_{14} = x_7 \oplus x_{12},$$
$$x_{15} = \bar{x}_9 \wedge x_{12},\quad x_{16} = x_{13} \oplus x_{15},\quad x_{17} = x_{14} \wedge x_{16}.$$

(f) 这个（在 7471 Gμ 内找到的）解也与该下界相匹配:

$$x_7 = x_1 \wedge x_2,\quad x_8 = x_1 \oplus x_2,\quad x_9 = x_3 \oplus x_4,\quad x_{10} = x_5 \wedge x_6,$$
$$x_{11} = x_5 \oplus x_6,\quad x_{12} = x_4 \oplus x_{11},\quad x_{13} = x_9 \oplus x_{11},\quad x_{14} = x_9 \vee x_{12},$$
$$x_{15} = x_8 \oplus x_{13},\quad x_{16} = x_{10} \oplus x_{14},\quad x_{17} = x_7 \oplus x_{16},\quad x_{18} = x_{15} \vee x_{17}.$$

这里，x_{18} 是正规函数 $\overline{S}_{0,4} = S_{1,2,3,5,6}$. 我们以一步之差打败了习题 7.1.2–28.

(g) 算法几乎瞬间（1.2 亿次内存访问）找到了一个有 $t(3) = 12$ 步的解；但是 11 步解太过稀少（在 3010 亿次内存访问内，结果仍是“unsat”）.

480. (a) 令 $x_1x_2x_3x_4 = x_lx_ry_ly_r$. z_l 和 z_r 的真值表分别为 0011010010001000 和 01∗∗1∗00∗011∗011，其中，这些 ∗（“不关心取值”）通过简单地省略习题 477 的答案中对应的子句 $(\bar{g}_{hi} \vee \pm x_{it})$ 来处理.

通过不到 10 亿次内存访问的计算就能证明一个 6 步电路是不可满足的. 以下是一个仅用 30 Mμ 就能找到的 7 步电路: $x_5 = x_2 \oplus x_3$，$x_6 = x_3 \vee x_4$，$x_8 = x_1 \oplus x_6$，$x_7 = x_1 \vee x_5$，$x_9 = x_6 \oplus x_7$，$z_l = x_{10} = x_7 \wedge x_8$，$z_r = x_{11} = x_3 \oplus x_9$.（参见习题 7.1.2–60，其中有一个基于不同编码的 6 步解.）

(b) 如果 $x_4x_5 = y_ly_r$，我们现在有真值表 z_l = 00110100010010000100100010000011、z_r = 01∗∗1∗001∗00∗0111∗00∗011∗01101∗∗. 算法在 69 亿次内存访问内找到了许多 9 步解中的一个: $x_6 = x_1 \oplus x_2$，$x_7 = x_2 \oplus x_5$，$x_8 = x_4 \oplus x_6$，$x_9 = \bar{x}_4 \wedge x_7$，$x_{10} = x_1 \oplus x_9$，$x_{11} = x_8 \vee x_9$，$x_{12} = x_3 \oplus x_{10}$，$z_r = x_{13} = x_3 \oplus x_{11}$，$z_l = x_{14} = x_{11} \wedge \bar{x}_{12}$.

在 190 Gμ 的计算后，仅有 8 步的电路所对应的子句被证明是不可满足的.（顺带一提，习题 7.1.2–60 的编码没有 9 步解.）

(c) 令 c_n 为计算 $(x_1 + \cdots + x_n) \bmod 3$ 的表示 z_lz_r 的最小成本. 那么 $(c_1, c_2, c_3, c_4) = (0, 2, 5, 7)$，且 $c_{n+3} \leqslant c_n + 9$. 因此，对于所有 $n \geqslant 2$ 有 $c_n \leqslant 3n - 4$.［这个结果是由阿里斯特 · 科热夫尼科夫、亚历山大 · 谢尔盖耶维奇 · 库利科夫和格里高利 · 雅罗斯拉夫采夫得到的，他们的论文 *LNCS* **5584** (2009), 32–44 同样启发了习题 477 ~ 479.］

猜想：对于 $n \geqslant 3$ 和 $0 \leqslant a \leqslant 2$，计算（单个）函数 $[(x_1 + \cdots + x_n) \bmod 3 = a]$ 的最小成本是 $3n - 5 - [(n + a) \bmod 3 = 0]$.（这对于 $n \leqslant 5$ 是正确的. 当 $n = 6$ 且 $a = 0$ 时，下面给出了一个由阿明 · 比埃尔于 2014 年发现的 12 步计算: $x_7 = x_1 \oplus x_2$，$x_8 = x_3 \oplus x_4$，$x_9 = x_1 \oplus x_5$，$x_{10} = x_3 \oplus x_5$，$x_{11} = x_2 \oplus x_6$，$x_{12} = x_8 \oplus x_9$，$x_{13} = x_8 \vee x_{10}$，$x_{14} = x_7 \oplus x_{13}$，$x_{15} = \bar{x}_{12} \wedge x_{13}$，$x_{16} = \bar{x}_{11} \wedge x_{14}$，$x_{17} = x_{11} \oplus x_{15}$，$\overline{S}_{0,3,6} = x_{18} = x_{16} \vee x_{17}$. 当 $n = 6$ 且 $a \neq 0$ 时，虽然已经非常接近当今求解器的极限，但结果仍然是未知的. $C(S_{1,4}(x_1, \cdots, x_6))$ 等于多少？）

481. (a) 由于 $z \oplus z' = \langle x_1x_2x_3 \rangle$ 且 $z' = x_1 \oplus x_2 \oplus x_3$，这个电路被称为“改进的全加器”. 它的构造成本比普通的全加器少一次计算，因为 $z' = (x_1 \oplus x_2) \oplus x_3$ 且 $z = (x_1 \oplus x_2) \vee (x_1 \oplus x_3)$.（它是习题 7.1.2–28 中更一般的情况下 $u = 0$ 的特殊情况.）(b) 中描述了一个“改进的双全加器”.

(b) 函数 z_2 有 20 个“不关心取值”，因此有许多 8 步解（尽管 7 步不可能），比如 $x_6 = x_1 \oplus x_5$，$x_7 = x_2 \oplus x_5$，$z_3 = x_8 = x_3 \oplus x_6$，$x_9 = x_4 \oplus x_6$，$x_{10} = x_1 \vee x_7$，$x_{11} = \bar{x}_3 \wedge x_9$，$z_2 = x_{12} = x_6 \oplus x_{11}$，$z_1 = x_{13} = x_{10} \oplus x_{11}$.

(c) 令 $y_{2k-1}y_{2k} = [\![x_{2k-1}x_{2k}]\!]$，只需证明二进制表示 $\Sigma_n = \nu[\![y_1y_2]\!] + \cdots + \nu[\![y_{2n-1}y_{2n}]\!] + y_{2n+1}$ 可以在 $8n$ 步内计算. 当 $n = 1$ 时，4 步就足够了. 否则，令 $c_0 = y_{2n+1}$，我们可以以 $\nu[\![y_{4k-3}y_{4k-2}]\!] + \nu[\![y_{4k-1}y_{4k}]\!] + c_{k-1} = 2\nu[\![z_{2k-1}z_{2k}]\!] + c_k$ （$1 \leqslant k \leqslant \lfloor n/2 \rfloor$）来计算 z 的位. 如果 n 为偶数，$\Sigma_n =$

$2(\nu[\![z_1z_2]\!]+\cdots+\nu[\![z_{n-1}z_n]\!])+c_{n/2}$；如果 n 为奇数，$\Sigma_n=2(\nu[\![z_1z_2]\!]+\cdots+\nu[\![z_{n-2}z_{n-1}]\!]+z_n)+c'$，其中 $\nu[\![y_{2n-1}y_{2n}]\!]+c_{\lfloor n/2\rfloor}=2z_n+c'$．这两种情况的成本都是 $4n$．通过归纳可以证明剩下的和至多需要 $8\lfloor n/2\rfloor$ 步．[参见叶夫根尼 · 杰缅科夫、阿里斯特 · 科热夫尼科夫、亚历山大 · 谢尔盖耶维奇 · 库利科夫和格里高利 · 雅罗斯拉夫采夫，*Information Processing Letters* **110** (2010), 264–267.]

482. (a) 当 k 为奇数时，$\sum_{j=1}^{k}(2y_j-1)$ 是奇数，且当 $k=1$ 时为 ±1.

(b) 按照习题 29 和习题 30 的方式调整辛兹的基数子句，我们只需要辅助变量 $a_j=s_j^{j-1}$、$b_j=s_j^j$ 和 $c_j=s_j^{j+1}$，因为 $s_j^{j+2}=0$ 且 $s_{j+2}^j=1$．从而子句为：对于 $1\leqslant j<t/2-1$，有 $(\bar b_j\vee a_{j+1})\wedge(\bar c_j\vee b_{j+1})\wedge(b_j\vee\bar c_j)\wedge(a_{j+1}\vee\bar b_{j+1})$；对于 $1\leqslant j<t/2$，有 $(\bar y_{2j-2}\vee a_j)\wedge(\bar y_{2j-1}\vee\bar a_j\vee b_j)\wedge(\bar y_{2j}\vee\bar b_j\vee c_j)\wedge(\bar y_{2j+1}\vee\bar c_j)\wedge(y_{2j-2}\vee\bar c_{j-1})\wedge(y_{2j-1}\vee c_{j-1}\vee\bar b_j)\wedge(y_{2j}\vee b_j\vee\bar a_{j+1})\wedge(y_{2j+1}\vee a_{j+1})$，省略了 $\bar a_1$、c_0 和两个包含 y_0 的子句.

(c) 使用 (b) 中的构造，以及 $y_j=x_{jd}$（$1\leqslant d\leqslant n/3$）和独立辅助变量 $a_{j,d}$、$b_{j,d}$、$c_{j,d}$．另外，假设 $n\geqslant720$，通过断言单元子句 (x_{720}) 来打破对称性．（这比简单地断言 (x_1) 要好得多.）

鲍里斯 · 科涅夫和阿列克谢 · 利西察证明了这个问题是可满足的，当且仅当 $n<1161$ [*Artificial Intelligence* **224** (2015), 103–118]，从而证明了保罗 · 埃尔德什的一个著名猜想的 $C=2$ 的情况 [*Michigan Math. J.* **4** (1957), 291–300，问题 9]．使用习题 512 的参数，算法 C 可以在 6000 亿次内存访问内证明 $n=1161$ 的不可满足性.

483. 使用如 (15) 中的直接编码，其中，v_{jk} 表示 v_j 的颜色为 k，我们可以生成子句 $(\bar v_{jk})$（$1\leqslant j<k\leqslant d$）和 $(\bar v_{j(k+1)}\vee\bigvee_{i=k}^{j-1}v_{ik})$（$2\leqslant k<j\leqslant n$）．一个类似但稍微简单的方案是使用顺序编码，其中，v_{jk} 表示 v_j 的颜色大于 k．[参见拉马尼、马尔可夫、萨卡拉和阿卢尔，*Journal of Artificial Intelligence Research* **26** (2006), 289–322．比如，顶点可以按照 $\mathrm{degree}(v_1)\geqslant\cdots\geqslant\mathrm{degree}(v_n)$ 的方式排序.]

不难使用 c 种（这是最少的）颜色对米切尔斯基图 M_c 进行着色，而无须打破任何对称性．比如，具有 191 个顶点的图 M_{12} 会得到 36 852 个变量上的 2 446 271 个子句（总长度为 490 万）．然而，算法 C、算法 W 和算法 L 分别在 260 万、5.23 亿和 122.00 亿次内存访问内找到了 12 种颜色的解．对称性破缺子句实际上会耽误计算过程，因为这些子句要长得多．不过，当我们尝试只使用 $c-1$ 种颜色时，这些子句非常有帮助：算法 C 证明 M_6 不能被五着色所需的运行时间从 124 Gμ 降到了 32 Mμ．此外，算法 L 在这里表现得更好：对于该问题，其运行时间从 7.5 Gμ 降到了 28 Mμ.

484. (a) 类型 (iii) 的行动会成功，当且仅当 v_1 — v_4、v_2 — v_4、v_2 — v_3.

(b) 对于 $0\leqslant t<n-1$，我们有子句 $(\bigvee_{k=1}^{n-t-1}q_{t,k}\vee\bigvee_{l=1}^{n-t-3}s_{t,l})$，以及对于 $1\leqslant i<j<n-t$、$1\leqslant k<n-t$、$1\leqslant l<n-t-2$ 的以下子句：$(\bar q_{t,k}\vee x_{t,k,k+1})$；$(\bar q_{t,k}\vee\bar x_{t+1,i,j}\vee x_{t,i',j'})$；$(\bar s_{t,l}\vee x_{t,l,l+3})$；$(\bar s_{t,l}\vee\bar x_{t+1,i,j}\vee x_{t,i'',j''})$．这里，$i'=i+[i\geqslant k]$，$j'=j+[j\geqslant k]$，$\{i'',j''\}$ 是 $\{i+[i\geqslant l+3]+3[i=l],j+[j\geqslant l+3]+3[j=l]\}$ 的最小值和最大值．最后，对于所有满足 $v_i\not\!\!-\,v_j$ 的 $1\leqslant i<j\leqslant n$，有一个单元子句 $(\bar x_{0,i,j})$.

（这些子句实质上计算了 $[G$ 是可淬火的$]$，它是 G 的邻接矩阵中对角线上方的 $\binom{n}{2}$ 个元素的一个单调布尔函数．这个函数的素蕴涵元对应于某些生成树，当 n 等于 1、2、3、4、5、6、7……时，分别有 1、1、2、6、28、164、1137……）

485. 令 $t'=t+1$．交换性的实例有：若 $k<k'$，$(q_{t,k},q_{t',k'})\leftrightarrow(q_{t,k'+1},q_{t',k})$；若 $l+2<l'$，$(s_{t,l},s_{t',l'})\leftrightarrow(s_{t,l'+1},s_{t',l})$；若 $k<l'$，$(q_{t,k},s_{t',l'})\leftrightarrow(s_{t,l'+1},q_{t',k})$；若 $l+2<k'$，$(s_{t,l},q_{t',k'})\leftrightarrow(q_{t,k'+1},s_{t',l})$；$(s_{t,l},s_{t',l})\leftrightarrow(q_{t,l+3},s_{t',l})$．它们可以通过附加子句 $(\bar q_{t,k'+1}\vee\bar q_{t',k})$, $(\bar s_{t,l'+1}\vee\bar s_{t',l})$, $\cdots$, $(\bar q_{t,l+3}\vee\bar s_{t',l})$ 来破缺.

在 $(q_{t,k},q_{t',k})\leftrightarrow(q_{t,k+1},q_{t',k})$ 和 $(s_{t,k+1},q_{t',k})\leftrightarrow(q_{t,k+1},s_{t',k})$ 这两种情况中，自同态同样存在，前提是这两对转移都是合法的．它们通过子句 $(\bar q_{t,k+1}\vee\bar q_{t',k}\vee\bar x_{t,k,k+1})$ 和 $(\bar q_{t,k+1}\vee\bar s_{t',k}\vee\bar x_{t,k+1,k+4})$ 来说明.

486. 这个游戏是图淬火的一个特例，因此我们可以利用前两道习题．在没有使用对称性破缺子句的前提下，算法 C 在 12 亿次内存访问的计算之后找到了一个解．当加入对称性破缺子句后，运行时间降至大约 8500 万次内存访问．类似地，在不使用或使用对称性破缺子句的情况下，算法 C 分别在 15 Gμ 或 400 Mμ 的计算后可以发现 A♣ × J♣ 之后的 17 张牌的问题是不可满足的.（A♣ ×× 10♣ 也会失败.）

这些 SAT 问题分别有 (1242, 20 392, 60 905)、(1242, 22 614, 65 590)、(1057, 15 994, 47 740)、(1057, 17 804, 51 571) 个 (变量, 子句, 单元)，并且算法 A、算法 B、算法 D 或算法 L 不能轻松解决它们. 在某一个解中，$q_{0,11}$ 和 $s_{0,7}$ 都为真，因此提供了两种获胜的方式，接着是 $q_{1,15}$、$s_{2,13}$、$q_{3,12}$、$s_{4,10}$、$s_{5,7}$、$q_{6,7}$、$s_{7,5}$、$q_{8,5}$、$s_{9,4}$、$q_{10,5}$、$s_{11,3}$、$q_{12,3}$、$s_{13,1}$、$s_{14,1}$、$q_{15,1}$、$q_{16,1}$.

注记：假如你在荒岛上迷失并且手头恰好有一副扑克牌，那么这个略微令人上瘾的游戏提供了打发时间的有趣方式. 如果你成功将原本的 18 堆牌减少到一堆，那么你可以继续发 17 张牌，尝试将新的 18 堆牌减少. 如果再次成功，那么你还可以用 17 张牌进行第 3 次尝试，因为 $52 = 18+17+17$. 连续 3 次胜利就是大满贯.

在一项对一万次随机发牌的研究中，只有 4432 次是可赢的. 计算时间（包括对称性破缺）变化很大：在可满足的情况下，从 1014 Kμ 到 37 Gμ（中位数为 220 Mμ）；在其他情况下，从 46 Kμ 到 36 Gμ（中位数为 848 Mμ）. 在这组中，最难的可赢和不可赢的发牌分别是

9♠ 7♣ 3♣ K♢ 7♠ 3♡ 2♢ 8♣ 6♡ J♢ 8♠ 2♡ 6♠ 4♢ 5♠ 4♡ 10♢ Q♠ 和

A♡ Q♡ 2♢ 9♢ 7♣ 7♢ 8♡ K♣ 3♢ 10♣ 3♣ 3♠ Q♠ 8♣ 2♣ K♠ 6♢ 5♣.

1989 年，斯坦福大学研究生问题研讨班的学生调查了这个游戏［参见肯尼斯 · 安德鲁 · 罗斯和高德纳，Report STAN-CS-89-1269 (Stanford Univ.，1989)，问题 1］. 罗斯提出了一个有趣的问题，至今仍未被解决：是否存在一个包含（比如说）9 张“毒牌”的序列，使得所有以这些牌开始的游戏都会失败?

“虚度年华”游戏有许多其他名称，包括“巴别塔”“伦敦塔”“手风琴”“玛土撒拉”“双跳”. 阿尔伯特 · 霍奇斯 · 莫尔赫德和杰弗里 · 莫特 · 史密斯曾在 *The Complete Book of Solitaire and Patience Games* (1949), 61 中建议移动时不要太过贪心.

487. 8 个皇后中的每一个至少要攻击 14 个空单元格. 因此当皇后占据顶行时，$|\partial S|$ 取得最小值 $8\times 14 = 112$. 当皇后是独立的时，八皇后问题的所有解都满足 $|\partial S| \leqslant 176$. 最大的 $|\partial S|$ 等于 184，比如可以在图 A–11(a) 中对称地实现这个最大值. [这个问题完全不适合 SAT 求解器，因为图中有 728 条边. 最佳的方法是使用旋转门格雷码（算法 7.2.1.3R）遍历所有 $\binom{64}{8}$ 种可能性，因为当删除或插入一个皇后时，$|\partial S|$ 的增量变化很容易计算. 这种方法的总运行时间只有 6010 亿次内存访问.]

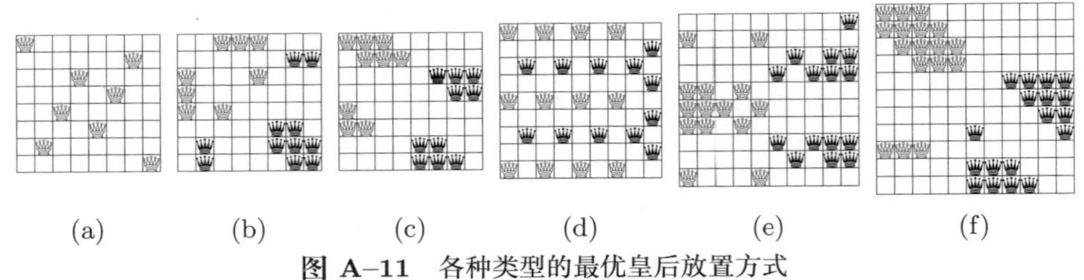

图 A–11 各种类型的最优皇后放置方式

$|\partial_{\text{out}}S|$ 的最大值显然是 $64-8=56$. 最小值是 45，对应于特顿问题. 可以在图 A–11(b) 中对称地实现这个最小值，留下 $64-8-45=11$ 个未受攻击的单元格（用黑皇后表示）. 在这种情况下，SAT 求解器取得胜利：旋转门方法需要 9530 亿次内存访问，但 SAT 方法在只进行了 2.2 Gμ 的计算后就表明了 44 不可能. 使用后续习题中的对称性约简，尽管有 789 个变量和 4234 个子句，但是运行时间还可以进一步降至 900 Mμ. [给定 $|S|$，对于 $n\times n$（$n \leqslant 8$）棋盘，伯恩德 · 施瓦茨科普夫在 *Die Schwalbe* **76** (August 1982), 531 中计算了最小 $|\partial_{\text{out}}S|$ 的所有解. 贝尔纳 · 勒梅尔和帕维尔 · 维图欣斯基在两篇写于 2011 年的文章中综述了特顿问题的扩展. 对于 $n > 16$，有一些关于最优解的猜想，但尚未被证实.]

对于 8 个皇后的所有集族 S，平凡地有 $|\partial_{\text{in}}S| = 8$.

488. 令变量 w_{ij} 和 b_{ij} 分别表示单元格 (i,j) 中有白皇后和黑皇后. 当 $(i,j)=(i',j')$ 或 $(i,j) — (i',j')$ 时，添加子句 $(\bar{w}_{ij} \vee \bar{b}_{i'j'})$. 此外，如果每支军队至少有 r 个皇后，那么根据 (20) 和 (21) 添加子句，以确保 $\sum w_{ij} \geqslant r$ 和 $\sum b_{ij} \geqslant r$. 我们可以基于定理 E 选择性添加子句，以确保顶行的 w 个变量中有 k 个在字典序上大于或等于 15 个对称变体中对应的 k 个变量.（如果 $k=3$，我们可能要求 $w_{11}w_{12}w_{13} \geqslant b_{1n}b_{2n}b_{3n}$，从而部分地打破对称性.）

对于 $3 \leqslant n \leqslant 13$，已知最大军队规模为 (1, 2, 4, 5, 7, 9, 12, 14, 17, 21, 24)，参见 OEIS 序列 A250000. 当 n 等于 3、4、6、8、10、11 和 13 时，实际上可以额外包含一个黑皇后. 解见图 A–11. 图 A–11(d) 展示的构造可以推广到当 $n = 4q + 1$ 时，$2q(q + 1)$ 个皇后的军队，而图 A–11(c) 展示了另一类构造，它实现了更高的渐近密度 $\frac{7}{48}n^2$.

当 $n = 8$ 且 $r = 9$ 时，算法 C 通常在约 1000 万次内存访问内找到解（$k = 0$），或在约 3000 万次内存访问内找到解（$k = 3$）；但当 $r = 10$ 时，它通常在约 1800 Mμ（$k = 0$）、850 Mμ（$k = 3$）、550 Mμ（$k = 4$）或 600 Mμ（$k = 5$）内证明不可满足性. 因此，在这种情况下，破缺对称性约束对证明不可满足性是有帮助的，但对于更容易的可满足性问题则没有太大帮助. 另外，当 n 更大时，额外的约束对于可满足和不可满足的变体都有所帮助. 当 $n = 10$ 或 $n = 11$ 时，“最佳点”出现在 $k = 6$ 时；此时，若 $r = 15$ 或 $r = 18$，则算法分别在约 185 Gμ 和 3500 Gμ 后就能证明不可满足性.［芭芭拉 · 玛丽 · 史密斯、卡伦 · 伊丽莎白 · 彼得里和伊恩 · 金特在 *LNCS* **3011** (2004), 271–286 中使用 CSP 方法获得了类似的结果.］

［这个问题由斯蒂芬 · 安利在他的 *Mathematical Puzzles* (1977) 问题 C1 中提出. 他提到了 $n \leqslant 30$ 的解，尽管这些解是他通过手算而得的，但它们至今仍未被打败. 关于共存军队规模 r 和 s 的一般化，另见马丁 · 加德纳，*Math Horizons* **7**, 2 (November 1999), 2–16. 丹尼尔 · 梅尔茨 · 凯恩已经证明了，如果 $r = 3q^2+3q+1$，那么 s 的最大值渐近地等于 $n^2-(6q+3)n+O(1)$，见 arXiv:1703.04538 [math.CO] (2017)，共 19 页.］

489. $T_0 = 1$，$T_1 = 2$，$T_n = 2T_{n-1} + (2n-2)T_{n-2}$（参见 5.1.4–(40)）. 生成函数 $\sum_n T_n z^n/n!$ 和渐近值参见习题 5.1.4–31.

490. 是的. 比如，使用带符号排列 $\bar{4}13\bar{2}$，我们可以假设某个解对每个自同态都满足 $\bar{x}_4x_1x_3\bar{x}_2 \leqslant \bar{x}'_4x'_1x'_3\bar{x}'_2$，因为字典序最小解 $\bar{x}_4x_1x_3\bar{x}_2$ 具有这个性质. 注意，带符号排列 $\bar{1}\bar{2}\cdots\bar{n}$ 将“$\leqslant$”转变为“$\geqslant$”.

491. 令 σ 是排列 $(1\,2\,3\,4\,\bar{1}\,\bar{2}\,\bar{3}\,\bar{4})$. 那么 $\sigma^4 = (1\,\bar{1})(2\,\bar{2})(3\,\bar{3})(4\,\bar{4})$；根据定理 E，我们只需要寻找满足 $x_1x_2x_3x_4 \leqslant \bar{x}_1\bar{x}_2\bar{x}_3\bar{x}_4$ 的解. 因此，我们可以添加子句 $(\bar{x}_1)$ 而不影响可满足性.

（事实上，我们可以断言 $x_1 = x_2 = x_4 = 0$，因为当 σ 被写为状态的排列时，0000 和 0010 是两个八环中的字典序最小元素.）

一般地说，如果一个自同构 σ 是文字的排列，其拥有一个环同时包含变量 v 和 $\bar{v}$，那么我们可以通过为 v 分配一个固定值来简化问题，然后将讨论范围限制为那些不改变 v 的自同构.（参见 7.2.1.2 节关于西姆斯表的讨论.）

492. 假设 $x_1\cdots x_n$ 满足 F 的所有子句；我们要证明 $(x_1\cdots x_n)\tau = x'_1\cdots x'_n$ 也满足所有子句. 这很容易：如果 $(l_1\vee\cdots\vee l_k)$ 是一个子句，那么我们有 $l'_1 = l_1\tau, \cdots, l'_n = l_n\tau$；并且我们知道 $(l_1\tau\vee\cdots\vee l_k\tau)$ 为真，因为它被 F 的一个子句所包含.［参见斯特凡 · 谢德尔，*Discrete Applied Math.* **130** (2003), 351–365.］

493. 使用全局排序 $p_1\cdots p_9 = 543219876$ 和推论 E，我们可以添加子句来断言 $x_5 = 0$ 和 $x_4x_3x_2x_1 \leqslant x_6x_7x_8x_9$. 即使我们只规定较弱的关系 $x_4 \leqslant x_6$，很快也会遇到矛盾，因为这将迫使 $x_6 = 1$.

494. 习题 475(d) 表明，$(uv)(\bar{u}\bar{v})$ 是底层布尔函数的一种对称性，尽管不一定是子句集 F 的对称性.（这一观察结果由阿卢尔、拉马尼、马尔可夫和萨卡拉在已引用的论文中提出.）其他对称性使我们可以断言 (i) $(\bar{x}_i \vee x_j) \wedge (\bar{x}_j \vee \bar{x}_k)$，(ii) $(\bar{x}_i \vee \bar{x}_j) \wedge (\bar{x}_j \vee \bar{x}_k)$，(iii) $(\bar{x}_i \vee \bar{x}_j) \wedge (\bar{x}_j \vee x_k)$.

495. 比如，假设 $m = 3$ 且 $n = 4$. 那么变量可以被称为 11、12、13、14、21……34；并且我们给它们一个全局排序：11、12、21、13、22、31、14、23、32、24、33、34. 为了断言 $21\,22\,23\,24 \leqslant 31\,32\,33\,34$，我们使用交换第 2 行和第 3 行的对合；当以省略符号的形式 (192) 表示时，这个对合是 $(21\,31)(22\,32)(23\,33)(24\,34)$. 类似地，出于交换第 2 列和第 3 列的对合 $(12\,13)(22\,23)(32\,33)$，我们可以断言 $12\,22\,13 \leqslant 13\,23\,33$. 对于任意相邻的行或列，相同的论证都成立. 我们可以通过取补所有变量来将“$\leqslant$”替换为“$\geqslant$”.

对于一般的 m 和 n，考虑任何全局排序，其中，当 $1 \leqslant i \leqslant i' \leqslant m$ 和 $1 \leqslant j \leqslant j' \leqslant n$ 时，x_{ij} 在 $x_{i'j'}$ 之前或等于 $x_{i'j'}$. 交换相邻行的操作使全局字典序递增，当且仅当它使上行字典序递增；列也是如此.

［参见安娜 · 卢比，*SICOMP* **16** (1987), 854–879. 矩阵的元素不必仅为 0 或 1.］

496. 不正确. 这种推理会“证明”m 只鸽子无法被放入 m 个巢穴中. 谬误在于，他对行和列的排序并没有同时与单一的全局排序保持一致，正如前一道习题所示.

497. 一个有 71 719 个结点的 BDD 可以轻易地计算总数 818 230 288 201 及其生成函数 $1+z+3z^2+8z^3+25z^4+\cdots+21\,472\,125\,415z^{24}+31\,108\,610\,146z^{25}+\cdots+10\,268\,721\,131z^{39}+6\,152\,836\,518z^{40}+\cdots+24z^{60}+8z^{61}+3z^{62}+z^{63}+z^{64}$.（$z^{39}$ 和 z^{40} 相对较小的系数有助于解释为什么在 (185)~(186) 中选择了 $\geqslant$；稀疏解的问题倾向于选择 $\geqslant$.）

［7.2.3 节中的波利亚定理表明存在 14 685 630 688 个不等价矩阵；将其与 $2^{64}\approx 1.8447\times 10^{19}$（未进行任何对称性约简）进行比较.］

498. 考虑全局排序 x_{01}, x_{11}, $\cdots$, x_{m1}；x_{12}, x_{22}, $\cdots$, x_{m2}, x_{02}；x_{23}, x_{33}, $\cdots$, x_{m3}, x_{03}, x_{13}；$\cdots$；$x_{(m-1)m}$, x_{mm}, x_{0m}, $\cdots$, $x_{(m-2)m}$. 存在一种列对称性，它固定所有位于 $x_{(j-1)j}$ 之前的元素，并执行 $x_{(j-1)j}\mapsto x_{(j-1)k}$.

499. 不可以. 习题 498 的答案中不寻常的全局排序与普通的字典行列排序不一致.［同样，类似的子句 $(x_{ii}\vee\bar{x}_{ij})$（$1\leqslant i\leqslant m$ 且 $i<j\leqslant n$）也不能被添加到 (185) 和 (186) 中. 没有一个 $m=n=4$ 且 $r=9$ 的无四方矩阵能同时满足所有这些约束.］

500. 如果 F_0 有一个解，那么它有一个使 l 为真的解. 但 $(F_0\cup F_1)|l$ 可能是不可解的.（比如，令 $F_0=(\bar{x}_1\vee x_2)\wedge(\bar{x}_2\vee x_1)$，它具有对称性 $\bar{1}\bar{2}$. 因此，我们可以取 $S=(\bar{x}_1)$ 和 $l=\bar{x}_1$. 将它与 $F_1=(x_1)$ 相结合.）

501. 令 x_{ij} 表示单元格 (i,j) 中的一个皇后，其中 $1\leqslant i\leqslant m$ 且 $1\leqslant j\leqslant n$. 同时令 $r_{ij}=[x_{i1}+\cdots+x_{ij}\geqslant 1]$ 且 $r'_{ij}=[x_{i1}+\cdots+x_{i(j+1)}\geqslant 2]$，其中 $1\leqslant i\leqslant m$ 且 $1\leqslant j<n$. 使用 (18) 和 (19)，我们可以很容易地构造约 $8mn$ 个子句. 这些子句根据 x 来定义 r，并确保 $x_{i1}+\cdots+x_{in}\leqslant 2$. 因此 $r'_{i(n-1)}=[x_{i1}+\cdots+x_{in}=2]$；将这个条件称为 r_i.

对于列 j，以及对于满足 $i+j=d+1$ 或 $i-j=d-n$ 的对角线（$1\leqslant i\leqslant m$、$1\leqslant j\leqslant n$ 和 $1\leqslant d<m+n$），可以很容易地建立类似的条件 c_j、a_d 和 b_d. 条件 (ii) 对应于 mn 个子句 $(x_{ij}\vee r_i\vee c_j\vee a_{i+j-1}\vee b_{i-j+n})$.

最后，我们有 (20) 和 (21) 中的子句来确保 $\sum x_{ij}\leqslant r$.

当 $m=n$ 时，下界 $r\geqslant n-[n \bmod 4=3]$ 已经由亚历克 · 史蒂文 · 库珀、奥列格 · 博格丹 · 皮库尔科、约翰 · 罗杰 · 施密特和格雷戈里 · 桑德斯 · 沃灵顿在 *AMM* **121** (2014), 213–221 中建立，他们还使用回溯法证明了在 11×11 棋盘上有 $r\geqslant 12$. 搭配上对称性破缺，SAT 方法可以更快地得到这个结果（大约经过 9 万亿次内存访问的计算）；但是当 m 和 n 很大时，就像图 79 所示的体层成像问题一样，这个问题最好使用整数规划技术来解决.

如果我们将左上角标记为白色，那么对于所有 $n>2$，似乎存在 $m=n=r-1$ 且所有皇后都在白色方块上的解，并且它们几乎可以立即被找到. 然而，具有一般性的模式并不显然. 事实上，当 n 为奇数时，似乎可以坚持要求所有皇后都出现在奇数行和奇数列中.

以下是较小棋盘上的一些最优放置示例. 对于 8×9、8×10、8×13、10×10 和 12×12 的解同样分别适用于大小为 8×8、9×10、8×12、9×9 和 11×11 的棋盘.

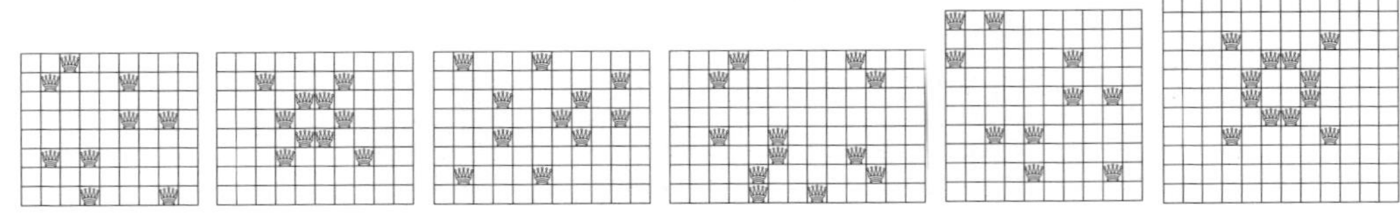

这种在 10×10 棋盘上的十皇后放置方式可以用“魔术序列”$(a_1,\cdots,a_5)=(1, 3, 7, 5, 9)$ 来描述，因为皇后出现在位置 (a_i,a_{i+1}) 和 (a_{i+1},a_i)（$1\leqslant i<n/2$）以及 (a_1,a_1) 和 $(a_{n/2},a_{n/2})$. 类似地，魔术序列 (1, 3, 9, 13, 15, 5, 11, 7, 17) 和 (9, 3, 1, 19, 5, 11, 15, 25, 7, 21, 23, 13, 17) 也描述了 $n=18$ 和 $n=26$ 的最优放置方式. 没有其他已知的魔术序列；当 $n=34$ 时不存在这样的魔术序列.

502. 对每个 j，使用 (20) 和 (21)，为关系 $x_1^{(j)}+\cdots+x_n^{(j)}\leqslant r_j$ 构造独立的基数约束，其中 $x_k^{(j)}=(s_{jk}?\ \bar{x}_k\colon x_k)$.

503. 长度为 n 的二进制向量的汉明距离 $d(x,y)=\nu(x\oplus y)$ 满足 $d(x,y)+d(\bar{x},y)=n$. 因此，不存在使得 $d(x,s_j)\geqslant r_j+1$ 对所有 j 成立的 x，当且仅当不存在使得 $d(\bar{x},s_j)\leqslant n-1-r_j$ 对所有 j 成立的 x.［参见马克·卡尔波夫斯基，*IEEE Transactions* **IT-27** (1981), 462–472.］

504. (a) 假设 $n\geqslant 4$. 对于长度为 $2n$ 的字符串，我们有 $d(z,w)+d(z,\bar{w})=2n$. 因此 $d(z,w)\leqslant n$ 且 $d(z,\bar{w})\leqslant n$，当且仅当 $d(z,w)=d(z,\bar{w})=n$. 每个满足 $z_{2k-1}\neq z_{2k}$（$1\leqslant k\leqslant n$）的字符串 z 都满足 $d(z,w_j)=n$（$1\leqslant j\leqslant n$）. 反之，如果 $d(z,w_j)=d(z,w_k)=n$ 且 $1\leqslant j<k\leqslant n$，那么 $z_{2j-1}+z_{2j}=z_{2k-1}+z_{2k}$. 因此，如果 $z_{2j-1}=z_{2j}$ 对某个 j 成立，那么 z 为 $00\cdots0$ 或 $11\cdots1$. 这与 $d(z,w_1)=n$ 相矛盾.

(b) 对于每个满足 (a) 的字符串 $\hat{x}=\bar{x}_1x_1\bar{x}_2x_2\cdots\bar{x}_nx_n$，我们有 $d(\hat{x},y)=2\bar{l}_1+2\bar{l}_2+2\bar{l}_3+n-3$. 它小于或等于 $n+1$，当且仅当 $(l_1\vee l_2\vee l_3)$ 被满足.

(c) 令 $s_j=w_j$ 和 $r_j=n$（$1\leqslant j\leqslant 2n$）；令 $s_{2n+k}=y_k$ 和 $r_{2n+k}=n+1$（$1\leqslant k\leqslant m$），其中，y_k 是 (b) 中 F 的第 k 个子句的字符串. 这个系统有一个最接近的字符串 $\hat{x}=\bar{x}_1x_1\bar{x}_2x_2\cdots\bar{x}_nx_n$，当且仅当 $x_1\cdots x_n$ 满足每个子句.［如果我们在每个 s_j 后附加位 $[n<j\leqslant 2n]$，那么可以获得所有字符串长度为 $2n+1$ 且所有 r_j 都等于 $n+1$ 的类似构造. 参见莫提·弗朗西斯和阿米·利特曼，*Theory of Computing Systems* **30** (1997), 113–119.］

(d) 常规模式 11000000, 00110000, 00001100, 00000011, 00111111, 11001111, 11110011, 00000011，其距离小于或等于 4；对于子句，01011000, 00010110, 01000101, 10010001, 10100100, 00101001, 10001010，以及可能的 01100010，其距离小于或等于 5.

505. （对于 $k=0,1,\cdots,n-1$，可以置 j 为 $[0\,.\,.\,k]$ 中均匀分布的整数，并且置 INX[$k+1$] $\leftarrow j$；同时若 $j=k$，则置 VAR[k] $\leftarrow k+1$，否则置 $i\leftarrow$ VAR[j]、VAR[k] $\leftarrow i$、INX[i] $\leftarrow k$、VAR[j] $\leftarrow k+1$.）使用 9 个随机种子，D3 的典型运行时间为 (1241, 873, 206, 15, 748, 1641, 1079, 485, 3321) Mμ. 对于不可满足的 K0，变化要小得多，即 (1327, 1349, 1334, 1330, 1349, 1322, 1336, 1330, 1317) Mμ；对于可满足的 W2，变化甚至更小，即 (172, 192, 171, 174, 194, 172, 172, 170, 171) Mμ.

506. (a) 几乎正确：这个和是长度大于或等于 2 的子句的总数，因为每个长度为 k 的这种子句为 $\binom{k}{2}$ 条边的权重贡献了 $1/\binom{k}{2}$.

(b) 对于“残缺” 12×12 棋盘的 $12^2-2=142$ 个单元格中的每一个，当该单元格可以被 k 块潜在的多米诺骨牌 $\{v_1,\cdots,v_k\}$ 覆盖时，它会贡献一个正子句 $(v_1\vee\cdots\vee v_k)$ 和 $\binom{k}{2}$ 个负子句 $(\bar{v}_i\vee\bar{v}_j)$. 因此，当多米诺骨牌 u 和 v 在一个可以用 2、3 或 4 种方式覆盖的单元格中重叠时，它们之间的权重分别为 2、4/3 或 7/6. 恰好有 6 个单元格可以用 2 种方式覆盖（恰好有 10^2 个单元格可以用 4 种方式覆盖）.

（一方面，图 95 中所有边的最大权重是 37/6，出现在 K6 中的 20 对顶点之间. 另一方面，X3 中的 213 064 条边中有 95 106 条的权重为微小的 1/8646，并且其中 200 904 条的权重最多为其两倍.）

507. 比如，考虑从 (24) 中得到的子句 $(u\vee\bar{t})$、$(v\vee\bar{t})$、$(\bar{u}\vee\bar{v}\vee t)$、$(u\vee\bar{t}')$、$(v\vee\bar{t}')$、$(\bar{u}\vee\bar{v}\vee t')$. 从 $t=1$ 开始的前瞻会得到“意外收获” $(\bar{t}\vee t')$，从 $t'=1$ 开始的前瞻会得到 $(\bar{t}'\vee t)$. 因此，算法 L 知道 t 等于 t'.

508. 根据 (194)，清除参数为 $\Delta_{\rm p}=1000$ 和 $\delta_{\rm p}=500$. 因此，当执行第 k 次清除阶段时，我们大约学习了 $1000k+500\binom{k}{2}$ 个子句. 在学习了 $1000L$ 个子句后，我们大约执行了 $(\sqrt{16L+9}-3)/2$ 个阶段. 当 $L=323$ 时，这个值约为 34.5.（准确值确实等于 34.）

509. 一种解决过拟合的方法是随机选择训练样本. 在这种情况下，这种随机性本身已存在，因为在训练时使用了不同的随机种子.

510. (a) 从图 96、图 97 或表 7 中可以看出，在中位数排名中，T1 < T2 < L6. 因此，T2 遮挡了 L6 和 T1.

(b) 类似地，L8 < M3 < Q2 < X6 < F2 < X4 < X5；X6 遮挡了 L8 和 X4.

(c) X7 遮挡了 K0、K2 和（间接遮挡）A2，因为 K2 遮挡了 K0 和 A2.

511. (a) 9 次随机运行分别仅用时 $(4.9, 5.0, 5.1, 5.1, 5.2, 5.2, 5.3, 5.4, 5.5)$ Mμ.

(b) 现在，每次随机运行在经过一万亿次内存访问后均被中止.（对于这种差异，或者图 97 中 P4 的剧烈波动，目前尚无理论解释.）

(c) 不进行预处理时，时间分别为 $(0.2,\cdots,0.5,\cdots,3.2)\,\mathrm{M}\mu$；进行预处理时，时间分别为 $(0.3,\cdots,0.5,\cdots,0.7)\,\mathrm{M}\mu$.

512. 2015 年使用 ParamILS 进行的一次训练运行建议了以下参数配置：

$$\alpha=0.7,\ \rho=0.998,\ \varrho=0.99995,\ \Delta_{\mathrm{p}}=100000,\ \delta_{\mathrm{p}}=2000,\qquad \tau=10,\ w=1,\ p=0,\ P=0.05,\ \psi=0.166667. \tag{$*$}$$

它们得到了图 A–12 中出色的结果.

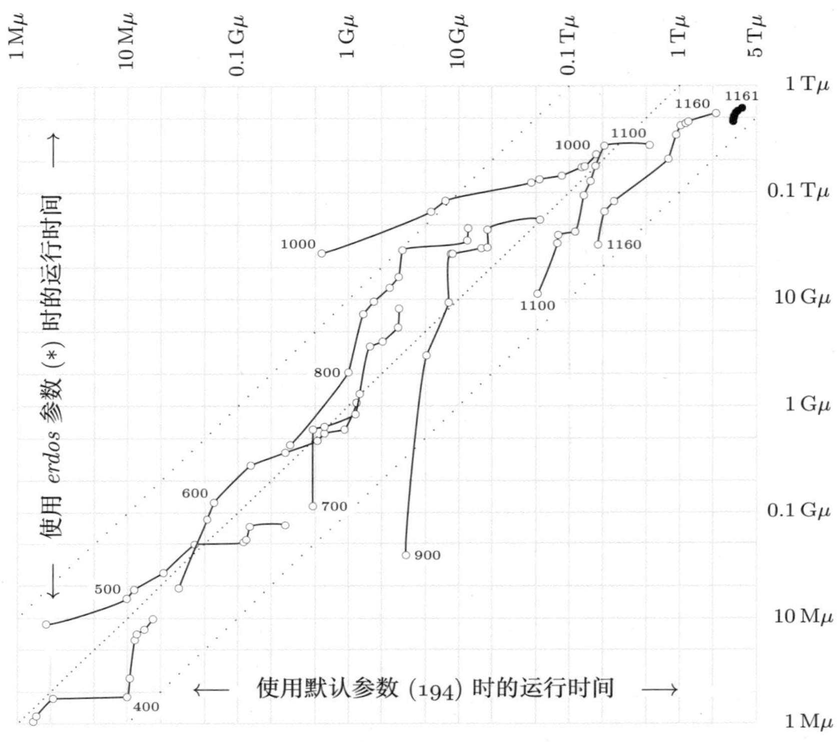

图 A–12　分别在有无特殊参数调优的情况下，算法 C 的运行时间

513. 在对 $rand(3,1062,250,314159)$ 进行训练后，ParamILS 选择了 (195) 中的参数值 $\alpha=3.5$ 和 $\Theta=20.0$，以及明显不同的有利于双重前瞻的参数值，即 $\beta=0.9995$ 和 $Y=32$.（在准备习题 173 时，作者使用了未调优的参数值 $\alpha=3.3$、$\beta=0.9985$、$\Theta=25.0$ 和 $Y=8$.）

514. ParamILS 建议使用 $p=0.85$ 和 $N=5000n$. 这将给出运行时间的中位数约为 $690\,\mathrm{M}\mu$.（但是这些参数在大多数其他问题上给出了极其糟糕的结果.）

515. 使用变量 S_{ijk} 表示解中的单元格 (i,j) 包含 k，Z_{ij} 表示谜题中的单元格 (i,j) 是空白的. 这 729 个 S 变量受到 $4\times81\times\bigl(1+\binom{9}{2}\bigr)=11988$ 个类似 (13) 的子句的约束. 根据条件 (i)，我们只需要 41 个变量 Z_{ij}. 条件 (ii) 需要 15 个子句，比如 $(Z_{11}\vee\cdots\vee Z_{19})$、$(Z_{11}\vee\cdots\vee Z_{51}\vee Z_{49}\vee\cdots\vee Z_{19})$、$(Z_{15}\vee\cdots\vee Z_{55})$、$(Z_{44}\vee Z_{45}\vee Z_{46}\vee Z_{54}\vee Z_{55})$，其中，相同的 Z 通过 (i) 确定. 同理，条件 (iii) 需要 28 个子句，比如 $(\bar Z_{11}\vee\bar Z_{12}\vee\bar Z_{13})$、$(\bar Z_{11}\vee\bar Z_{21}\vee\bar Z_{31})$、$(\bar Z_{45}\vee\bar Z_{55})$. 条件 (vi) 由 34992 个子句强制执行，比如 $(\bar S_{111}\vee\bar Z_{11}\vee\bar S_{122}\vee\bar Z_{12}\vee\bar S_{412}\vee\bar Z_{41}\vee\bar S_{421}\vee\bar Z_{42})$.

对于条件 (iv) 和 (v)，我们引入辅助变量 $V_{ijk}=S_{ijk}\wedge\bar Z_{ij}$，表示 k 在 (i,j) 中可见；$R_{ik}=V_{i1k}\vee\cdots\vee V_{i9k}$，表示 k 在第 i 行可见；$C_{jk}=V_{1jk}\vee\cdots\vee V_{9jk}$，表示 k 在第 j 列可见. 还有 $B_{bk}=\bigvee_{\langle i,j\rangle=b}V_{ijk}$，表示 k 在第 b 宫可见. 这里，$\langle i,j\rangle=1+3\lfloor(i-1)/3\rfloor+\lfloor(j-1)/3\rfloor$. 那么 $P_{ijk}=Z_{ij}\wedge\bar R_{ik}\wedge\bar C_{jk}\wedge\bar B_{\langle i,j\rangle k}$ 表示 k 是填充单元格 (i,j) 的一种可能方式且没有冲突. 这 1701 个辅助变量由 8262 个子句定义.

条件 (iv) 是通过每个 i 和 j 的 9 个九元子句来强制执行的，表示我们不能使得 $\{P_{ij1},\cdots,P_{ij9}\}$ 中恰好有一个为真. 条件 (v) 类似，通过 3 组长度为 9 的 81×9 个子句来强制执行，比如，其中一个子句是

$$(P_{417}\vee P_{427}\vee P_{437}\vee P_{517}\vee \bar{P}_{527}\vee P_{537}\vee P_{617}\vee P_{627}\vee P_{637}).$$

（“我们显然不需要通过使用单元格 (5,2) 将 7 放入第 4 宫.”）

最后，通过断言单元子句 $(S_{1kk})\wedge(\bar{Z}_{11})\wedge(Z_{12})$，可以有效地打破部分对称性. 总共有 2471 个变量、58 212 个子句、351 432 个单元格.

（这个问题由丹尼尔 · 克勒宁提出. 它有不计其数的解，并且每五六个解中就大约有一个能够唯一地完成 S 变量的设置. 因此，我们可以通过或多或少地随机添加额外的单元子句，如 $(S_{553})\wedge(\bar{Z}_{17})$，来获得任意多的“困难数独”谜题，然后通过舞蹈链排除不确定的情况. 这些子句可以通过算法 L 或算法 C 轻松处理，但通常对于算法 D 来说过于困难. 然而，该算法在仅完成 9.3 Gμ 的工作后，确实能找到下面唯一可完成的解 (a). ）

如果我们加强条件 (iii)，现在要求没有一个宫包含有多个空白的行或列，那么条件 (vi) 就变得多余了. 我们得到如下的解 (b)，尽管有 58 条已知线索，但无须强制性的操作仍能唯一地完成. 尽管如此，这个谜题相当简单，只有 2、4、7 尚未填写.

```
1....6.8.      1.3.56.89      1.3.5.7..      1.3.56.89
5.87214.6      59738.61.      .5.79...1      68.3.91.5
.6.38.2.1      68.1.93.5      7....125.      .9518.63.
84...3..5      956.318.7      ..1..5.76      3.896..51
..5.6.8..      .315.896.      ..5.7.1..      .195.836.
6..8...42      2.896.153      47.1..5..      56..319.8
3.6.48.2.      8.96.5.31      .185....7      .56.9381.
4.76321.8      .65.13298      5...87.1.      8.16.5.93
.8.5....4      31.89.5.6      ..7.1.8.5      93.81.5.6
```

(a)　　(b)　　(c)　　(d)

我们也可以尝试通过要求每个选择至少有 3 种方式来加强条件 (iv) 和 (v)，而不仅仅是两种. 这样我们就得到了像 (c) 这样的解. 然而，遗憾的是，这个解可以通过 1237 种方式完成. 即使像 (b) 中那样也加强条件 (iii)，我们仍然能得到像 (d) 这样的解，它可以通过 12 种方式完成. 目前尚不知有任何能以唯一方式完成的数独谜题具有如此普遍的三重模糊性.

516. 这个猜想可以用几种等价的形式表达. 拉塞尔 · 因帕利亚佐和拉马莫汉 · 帕图里在 *J. Comp. Syst. Sci.* **62** (2001), 367–375 中定义了 $s_k=\inf\{\lg\tau\mid$ 我们知道一个在 τ^n 步内求解 kSAT 问题的算法 $\}$，并提出了指数时间假设：$s_3>0$. 他们还定义了 $s_\infty=\lim_{k\to\infty}s_k$，并证明了 $s_k\leqslant(1-d/k)s_\infty$，其中，$d$ 是某个正常数. 他们猜想 $s_\infty=1$，这就是强指数时间假设. 后来，人们给出了另一种表述［克里斯托弗 · 卡拉布罗、拉塞尔 · 因帕利亚佐和拉马莫汉 · 帕图里，*IEEE Conf. on Comput. Complexity* **21** (2006), 252–260］：“如果 $\tau<2$，那么存在一个常数 α，使得没有已知的随机化算法能够在 τ^n 步内求解每个含有不超过 αn 个子句的 SAT 问题，其中，n 是变量的数量.”

517. (a)（由君特 · 罗特解答）将第 j 个三元子句 $(l_j\vee l'_j\vee l''_j)$ 替换为 3 个三元方程 $l_j+a_j+c_j=1$、$\bar{l}'_j+a_j+b_j=1$、$\bar{l}''_j+c_j+d_j=1$，其中，a_j、b_j、c_j 和 d_j 是新变量.

(b) 当且仅当 $l_1+\cdots+l_j+t=1$ 且 $l_{j+1}+\cdots+l_k+\bar{t}=1$ 时，通过使用 $l_1+\cdots+l_k=1$，可以移除长度大于 3 的等式，其中，t 是一个新变量. 此外，如果 a、b、c 和 d 是新变量，且 $a+b+d=a+c+\bar{d}=1$，那么可以通过使用 $l+l'=1\iff l+l'+a=1$ 和 $l=1\iff\bar{l}+b+c=1$ 来加强短等式.

［作为更一般结果的一个特例，托马斯 · 杰罗姆 · 谢费尔在 *STOC* **10** (1978), 216–226 中证明了 3 取 1 SAT 的 NP 完全性. ］

518. (a) $\boldsymbol{A}=\begin{pmatrix}\boldsymbol{x}&\boldsymbol{y}&\boldsymbol{y}\\ \boldsymbol{y}&\boldsymbol{x}&\boldsymbol{y}\\ \boldsymbol{y}&\boldsymbol{y}&\boldsymbol{x}\end{pmatrix}$，其中 $\boldsymbol{x}=\begin{smallmatrix}-1&0\\1&0\end{smallmatrix}$，$\boldsymbol{y}=\begin{smallmatrix}1&1\\-1&1\end{smallmatrix}$.

(b) 两次出现在 n 个变量行和 n 个变量列中；一次出现在 $3m$ 个输出行和 $3m$ 个输入列中；从未出现在 $3m$ 个输入行和 $3m$ 个输出列中.

(c) 由 (a) 可知，每种在不同的行和列中选择 2 的方式对于行列式的贡献为零，除非在每个子句中，所选输入的子集非空且与所选输出匹配. 在后一种情况下，它贡献了 $16^m 2^n$. [参见阿米尔 · 本 · 多尔和沙伊 · 哈莱维, *Israel Symp. Theory of Computing Systems* **2** (IEEE, 1993), 108–117.]

519. 在求解对应于 D1 和 D2 的不可满足性问题时，它的运行时间中位数为 2099 Mμ（输给了 *factor_fifo* 和 *factor_lifo*）. 对应于 D3 和 D4 的可满足性问题是不稳定的（如图 97 所示），运行时间中位数为 903 Mμ（同时胜过了 *factor_fifo* 和 *factor_lifo*）.

520. （由斯文 · 马拉赫于 2015 年解答，他使用了求解器 X 和 Y，其中，X 是 CPLEX 12.6，Y 是 GUROBI 6，两者都强调混合整数规划可行性、固定目标函数和解限制为 1. ）在单线程 Xeon 计算机上，设置 30 分钟的时间限制，X 和 Y 都无法解决以下 46 个问题中的任何一个：A1、A2、C1、C2、C3、C4、C5、C6、C8、D1、D2、E1、E2、F1、F2、G1、G2、G5、G6、G7、G8、K7、K8、M5、M7、M8、O1、O2、P0、P1、P2、Q7、S3、S4、T5、T6、T7、T8、W2、W4、X1、X3、X5、X6、X7、X8.（特别是，这个列表包括对算法 C 来说非常简单的 P0、S4 和 X1. ）另外，X 和 Y 都在不到一秒的时间内解决了 *langford* 问题 L3 和 L4. 这两个问题对算法 C 来说是最困难的.

算法 C 在类似的 Xeon 计算机上每分钟大约执行 20 Gμ. 在这些实验中，除了一些问题（如 K0、K1、K2、L3、L4 和 P4）以及一些简单的问题（如 B2），它显著优于几何方法.

当然，我们必须记住，表 6 中的特定子句不一定是使用 IP 求解器解决相应组合问题的最佳方法，就像它们也不一定是 SAT 求解器的最佳编码一样. 我们这里只是在比较黑盒子句求解的速度.

521. 赛义德 · 贾布尔、杰里 · 隆拉克、拉赫达尔 · 萨伊斯和雅各布 · 萨尔希在 *Int. J. Artificial Intelligence Tools* **27**, 8 (2018), 1850033:1–19 中对各种简单方案进行了综述.

522. 对于长度为 T 的循环，我们可以引入 $27T$ 个变量 xyz_t，其中 $1 \leqslant x, y, z \leqslant 3$ 且 $0 \leqslant t < T$，表示顶点 (x, y, z) 在路径中占据位置 t. 当 $xyz = x'y'z'$ 且 $t \neq t'$ 或当 $xyz \neq x'y'z'$ 且 $t = t'$ 时，二元排除子句 $\neg xyz_t \vee \neg x'y'z'_{t'}$ 将确保路径中没有顶点出现两次，以及没有两个顶点占据相同的位置. 以下的邻接子句指定了一条有效路径：

$$\neg xyz_t \vee \bigvee\{x'y'z'_{(t+1) \bmod T} \mid 1 \leqslant x', y', z' \leqslant 3 \text{ 且 } |x'-x| + |y'-y| + |z'-z| = 1\}.$$

我们通过引入 36 个变量 $a!b*$、$ba!*$、$a!*b$、$b*a!$、$*a!b$、$*ba!$（$1 \leqslant a \leqslant 2$ 且 $1 \leqslant b \leqslant 3$）来表示阴影. 比如，$a!*b$ 表示 (x, z) 坐标的阴影在 (a, b) 和 $(a+1, b)$ 之间有一个转移. 当 $x < 3$ 且 $t' \equiv t \pm 1$（模 T）时，这些变量出现在三元子句中，例如 $(\neg xyz_t \vee \neg(x+1)yz_{t'} \vee x!*z) \wedge (\neg xyz_t \vee \neg(x+1)yz_{t'} \vee x!y*)$. 为了排除环，我们添加如下子句：

$$\neg 1!1* \vee \neg 2!1* \vee \neg 31!* \vee \neg 32!* \vee \neg 2!3* \vee \neg 22!* \vee \neg 1!2* \vee \neg 11!*.$$

这个子句排除了示例图中的环. 对于每个阴影中的 13 个简单循环，我们有 39 个这样的用以排除环的子句.

最后，在验证了没有一个解可以避免所有 8 个角之后，通过不失一般性地断言单元子句 121_{T-1}、111_0、112_1，我们可以打破对称性.

显然，T 必须是一个偶数，因为该图是一个二部图. 此外，$T < 27$. 如果使用习题 12 中的排除方法，那么当 $T = 16$ 时，我们将得到 6264 个子句、822 个变量和 17 439 个单元格；当 $T = 24$ 时，我们将得到 9456 个子句、1242 个变量和 26 199 个单元格. 这些子句对于算法 D 来说太难了. 但是，对于任何给定的 T，算法 L 几乎可以立即解决它们；当且仅当 $T = 24$ 时，它们是可满足的，而且在这种情况下有两个本质上不同的解. 约翰 · 里卡德（他大约在 1990 年于剑桥大学引入了这个问题）提出了其中一个循环，它具有极其优美的对称性，因此被用作彼得 · 温克勒的书 *Mathematical Mind-Benders* (2007) 的封面插图. 它可以用差分序列 $(322\bar{3}133\bar{1}\bar{2}112\bar{3}\bar{2}23\bar{1}\bar{3}312\bar{1}\bar{1}\bar{2})$ 表示，其中，“k”和“$\bar{k}$”分别将坐标 k 增大 1 和减小 1. 另一个不对称的解可以用 $(3321\bar{2}1\bar{3}\bar{3}1221\bar{2}323\bar{1}\bar{1}31\bar{2}\bar{1}3\bar{2})$ 表示.

523. （由彼得 · 温克勒解答）对于满足 $1 \leqslant x \leqslant m$、$1 \leqslant y \leqslant n$、$1 \leqslant z \leqslant 2$ 的坐标 (x, y, z)，任何拥有无环阴影的循环都必须至少包含两步 $(x, y, 1)$ — $(x, y, 2)$ 和 $(x', y', 1)$ — $(x', y', 2)$. 我们可以假设 $x < x'$ 且 $x' - x$ 是最小的. $m \times 2$ 阴影包含 $(x, 1)$ — $(x, 2)$ 和 $(x', 1)$ — $(x', 2)$，以及（比如）路径 $(x, 1)$ — $\cdots$ — $(x', 1)$，但不包含边 $(x'', 2)$ — $(x''+1, 2)$，其中 $x \leqslant x'' < x'$. 在 $m \times n$ 阴影中，从

(x,y) 到 (x',y') 的唯一最短路径包含某条边 (x'',y'') — $(x''+1,y'')$. 因此，$(x'',y'',1)$ — $(x''+1,y'',1)$ 必须在循环中出现两次.

524. 这个问题涉及的子句与循环路径的子句非常相似，但更简单. 我们有 $T=27$，且没有“环绕”条件. 在典型情况下，该问题包含 1413 个变量、10 410 个子句和 28 701 个单元格. 算法 L 再次表现出色，只需要 10 亿到 20 亿次内存访问即可处理多个基于起点和终点打破对称性的情况. 有 4 个本质上不同的解，每个解都可以假设从 111 开始：一个以 333 结束，另一个以 133 结束，还有一个以 113 结束，最后一个以 223 结束. 使用上面的差分序列表示，它们分别为：$332\bar3\bar32331\bar3\bar3\bar233\bar2\bar3\bar31332\bar3\bar3233$（这是反射三元码）、$31\bar3133\bar1\bar1211\bar3\bar3\bar131\bar3231\bar3133\bar1\bar1$、$32\bar3231\bar3\bar23\bar2\bar3132\bar3233\bar2\bar2\bar122\bar1\bar2\bar2$、$1122\bar1\bar1\bar213\bar1211\bar2\bar2\bar1\bar1311122\bar1\bar1\bar21$.

［这样的路径，以及更一般的拥有无环阴影的生成树，是由奥斯卡 · 范德文特于 1983 年发明的，他称之为“空心迷宫”，参见 *The Mathemagician and Pied Puzzler* (1999), 213–218. 他的神秘人谜题基于 $P_5 \square P_5 \square P_5$ 上的一条令人惊奇的哈密顿路径，该路径具有无环阴影. ］

525. 截至 2015 年 7 月，作者得到的最佳解有 100 个变量、400 个子句和 1200 个文字（单元格）. 它基于习题 245 中切廷的例子，通过应用于一个几乎随机的、在 50 个顶点上围长为 6 的 4 度正则图而得出. 切廷的构造包含一个奇顶点和 49 个偶顶点，生成了 400 个 4SAT 子句，这些子句确实非常具有挑战性. 通过进一步要求每个偶顶点在由为真的边所指定的子图中的度数必须恰好为 2，可以将其简化为 3SAT 问题.［参见克拉斯 · 乔纳斯 · 马克斯特罗姆，*J. Satisfiability, Boolean Modeling and Comp.* **2** (2006), 221–227. ］

这个简化后的问题仍然非常具有挑战性：算法 L 用 3.3 Tμ 的计算证明了它是不可满足的，为此算法 C 需要 1.9 Tμ.［但是，通过应用习题 473 中的自同态（通过添加 142 个长度为 6 的子句来打破对称性），运行时间分别降至 263 Mμ 和 949 Mμ. ］

还有一类小而难的问题值得一提，尽管它不符合本习题的规定［参见伊沃尔 · 斯彭斯，*ACM J. Experimental Algorithmics* **20** (2015), 1.4:1–1.4:14］：每个三维匹配问题的实例，其作为精确覆盖问题的表示形式包含 $3n$ 项和 $5n$ 个选项，其中每项有 5 个选项，每个选项包含 3 项，可以表示为一个包含 $3n$ 个变量、$10n$ 个二元子句和 $2n$ 个五元子句的 SAT 问题，因此总共仅有 $30n$ 个文字. 当 $n=40$ 时，这个 5SAT 问题与上述 3SAT 问题具有相同数量的文字；然而，如果匹配问题是不可满足的，那么它要困难得多.（在 2014 年的竞赛中击败了所有 SAT 求解器的这类问题对应于一个三维匹配实例，但舞蹈链方法几乎可以瞬间解决该实例：算法 7.2.2.1X 仅需不到 60 Mμ 就可以证明其不可满足性. 另外，如果我们用 $3n$ 个五元至少为一子句和 $3n \times 10$ 个二元至多为一子句来对该三维匹配问题进行编码，如 (13) 所示，而不是仅使用 $2n$ 个至少为一子句和 $n \times 10$ 个至多为一子句，则算法 L 将表现得几乎与舞蹈链一样出色. ）

526. 我们通过对 $|F|$ 进行归纳来证明可以使得至多有 $w(F)$ 个子句不被满足，其中 $w(F)=\sum_{C\in F} 2^{-|C|}$：如果多重集 F 的所有子句都为空，那么我们有 $w(F)=|F|$，此时结果成立. 否则假设变量 x 出现在 F 中. 若 $w(\{C \mid x \in C \in F\}) \geqslant w(\{C \mid \bar{x} \in C \in F\})$，则令 $l=x$；否则令 $l=\bar{x}$. 简单的计算可以表明 $w(F\,|\,l) \leqslant w(F)$.［*J. Computer and System Sciences* **9** (1974), 256–278，定理 3. ］

附录A　数值表

表 1　常用于标准子例程和计算机程序分析中的数值（精确到小数点后 40 位）

$$\sqrt{2} = 1.41421\ 35623\ 73095\ 04880\ 16887\ 24209\ 69807\ 85697-$$
$$\sqrt{3} = 1.73205\ 08075\ 68877\ 29352\ 74463\ 41505\ 87236\ 69428+$$
$$\sqrt{5} = 2.23606\ 79774\ 99789\ 69640\ 91736\ 68731\ 27623\ 54406+$$
$$\sqrt{10} = 3.16227\ 76601\ 68379\ 33199\ 88935\ 44432\ 71853\ 37196-$$
$$\sqrt[3]{2} = 1.25992\ 10498\ 94873\ 16476\ 72106\ 07278\ 22835\ 05703-$$
$$\sqrt[3]{3} = 1.44224\ 95703\ 07408\ 38232\ 16383\ 10780\ 10958\ 83919-$$
$$\sqrt[4]{2} = 1.18920\ 71150\ 02721\ 06671\ 74999\ 70560\ 47591\ 52930-$$
$$\ln 2 = 0.69314\ 71805\ 59945\ 30941\ 72321\ 21458\ 17656\ 80755+$$
$$\ln 3 = 1.09861\ 22886\ 68109\ 69139\ 52452\ 36922\ 52570\ 46475-$$
$$\ln 10 = 2.30258\ 50929\ 94045\ 68401\ 79914\ 54684\ 36420\ 76011+$$
$$1/\ln 2 = 1.44269\ 50408\ 88963\ 40735\ 99246\ 81001\ 89213\ 74266+$$
$$1/\ln 10 = 0.43429\ 44819\ 03251\ 82765\ 11289\ 18916\ 60508\ 22944-$$
$$\pi = 3.14159\ 26535\ 89793\ 23846\ 26433\ 83279\ 50288\ 41972-$$
$$1^\circ = \pi/180 = 0.01745\ 32925\ 19943\ 29576\ 92369\ 07684\ 88612\ 71344+$$
$$1/\pi = 0.31830\ 98861\ 83790\ 67153\ 77675\ 26745\ 02872\ 40689+$$
$$\pi^2 = 9.86960\ 44010\ 89358\ 61883\ 44909\ 99876\ 15113\ 53137-$$
$$\sqrt{\pi} = \Gamma(1/2) = 1.77245\ 38509\ 05516\ 02729\ 81674\ 83341\ 14518\ 27975+$$
$$\Gamma(1/3) = 2.67893\ 85347\ 07747\ 63365\ 56929\ 40974\ 67764\ 41287-$$
$$\Gamma(2/3) = 1.35411\ 79394\ 26400\ 41694\ 52880\ 28154\ 51378\ 55193+$$
$$e = 2.71828\ 18284\ 59045\ 23536\ 02874\ 71352\ 66249\ 77572+$$
$$1/e = 0.36787\ 94411\ 71442\ 32159\ 55237\ 70161\ 46086\ 74458+$$
$$e^2 = 7.38905\ 60989\ 30650\ 22723\ 04274\ 60575\ 00781\ 31803+$$
$$\gamma = 0.57721\ 56649\ 01532\ 86060\ 65120\ 90082\ 40243\ 10422-$$
$$\ln \pi = 1.14472\ 98858\ 49400\ 17414\ 34273\ 51353\ 05871\ 16473-$$
$$\phi = 1.61803\ 39887\ 49894\ 84820\ 45868\ 34365\ 63811\ 77203+$$
$$e^\gamma = 1.78107\ 24179\ 90197\ 98523\ 65041\ 03107\ 17954\ 91696+$$
$$e^{\pi/4} = 2.19328\ 00507\ 38015\ 45655\ 97696\ 59278\ 73822\ 34616+$$
$$\sin 1 = 0.84147\ 09848\ 07896\ 50665\ 25023\ 21630\ 29899\ 96226-$$
$$\cos 1 = 0.54030\ 23058\ 68139\ 71740\ 09366\ 07442\ 97660\ 37323+$$
$$-\zeta'(2) = 0.93754\ 82543\ 15843\ 75370\ 25740\ 94567\ 86497\ 78979-$$
$$\zeta(3) = 1.20205\ 69031\ 59594\ 28539\ 97381\ 61511\ 44999\ 07650-$$
$$\ln \phi = 0.48121\ 18250\ 59603\ 44749\ 77589\ 13424\ 36842\ 31352-$$
$$1/\ln \phi = 2.07808\ 69212\ 35027\ 53760\ 13226\ 06117\ 79576\ 77422-$$
$$-\ln\ln 2 = 0.36651\ 29205\ 81664\ 32701\ 24391\ 58232\ 66946\ 94543-$$

表 2　常用于标准子例程和计算机程序分析中的数值（40 位十六进制数）

“=”左边的是十进制数

$0.1 =$	0.1999 9999 9999 9999 9999 9999 9999 9999 9999 999A−
$0.01 =$	0.028F 5C28 F5C2 8F5C 28F5 C28F 5C28 F5C2 8F5C 28F6−
$0.001 =$	0.0041 8937 4BC6 A7EF 9DB2 2D0E 5604 1893 74BC 6A7F−
$0.0001 =$	0.0006 8DB8 BAC7 10CB 295E 9E1B 089A 0275 2546 0AA6+
$0.00001 =$	0.0000 A7C5 AC47 1B47 8423 0FCF 80DC 3372 1D53 CDDD+
$0.000001 =$	0.0000 10C6 F7A0 B5ED 8D36 B4C7 F349 3858 3621 FAFD−
$0.0000001 =$	0.0000 01AD 7F29 ABCA F485 787A 6520 EC08 D236 9919+
$0.00000001 =$	0.0000 002A F31D C461 1873 BF3F 7083 4ACD AE9F 0F4F+
$0.000000001 =$	0.0000 0004 4B82 FA09 B5A5 2CB9 8B40 5447 C4A9 8188−
$0.0000000001 =$	0.0000 0000 6DF3 7F67 5EF6 EADF 5AB9 A207 2D44 268E−
$\sqrt{2} =$	1.6A09 E667 F3BC C908 B2FB 1366 EA95 7D3E 3ADE C175+
$\sqrt{3} =$	1.BB67 AE85 84CA A73B 2574 2D70 78B8 3B89 25D8 34CC+
$\sqrt{5} =$	2.3C6E F372 FE94 F82B E739 80C0 B9DB 9068 2104 4ED8−
$\sqrt{10} =$	3.298B 075B 4B6A 5240 9457 9061 9B37 FD4A B4E0 ABB0−
$\sqrt[3]{2} =$	1.428A 2F98 D728 AE22 3DDA B715 BE25 0D0C 288F 1029+
$\sqrt[3]{3} =$	1.7137 4491 23EF 65CD DE7F 16C5 6E32 67C0 A189 4C2B−
$\sqrt[4]{2} =$	1.306F E0A3 1B71 52DE 8D5A 4630 5C85 EDEC BC27 3436+
$\ln 2 =$	0.B172 17F7 D1CF 79AB C9E3 B398 03F2 F6AF 40F3 4326+
$\ln 3 =$	1.193E A7AA D030 A976 A419 8D55 053B 7CB5 BE14 42DA−
$\ln 10 =$	2.4D76 3776 AAA2 B05B A95B 58AE 0B4C 28A3 8A3F B3E7+
$1/\ln 2 =$	1.7154 7652 B82F E177 7D0F FDA0 D23A 7D11 D6AE F552−
$1/\ln 10 =$	0.6F2D EC54 9B94 38CA 9AAD D557 D699 EE19 1F71 A301+
$\pi =$	3.243F 6A88 85A3 08D3 1319 8A2E 0370 7344 A409 3822+
$1^\circ = \pi/180 =$	0.0477 D1A8 94A7 4E45 7076 2FB3 74A4 2E26 C805 BD78−
$1/\pi =$	0.517C C1B7 2722 0A94 FE13 ABE8 FA9A 6EE0 6DB1 4ACD−
$\pi^2 =$	9.DE9E 64DF 22EF 2D25 6E26 CD98 08C1 AC70 8566 A3FE+
$\sqrt{\pi} = \Gamma(1/2) =$	1.C5BF 891B 4EF6 AA79 C3B0 520D 5DB9 383F E392 1547−
$\Gamma(1/3) =$	2.ADCE EA72 905E 2CEE C8D3 E92C D580 46D8 4B46 A6B3−
$\Gamma(2/3) =$	1.5AA7 7928 C367 8CAB 2F4F EB70 2B26 990A 54F7 EDBC+
$e =$	2.B7E1 5162 8AED 2A6A BF71 5880 9CF4 F3C7 62E7 160F+
$1/e =$	0.5E2D 58D8 B3BC DF1A BADE C782 9054 F90D DA98 05AB−
$e^2 =$	7.6399 2E35 376B 730C E8EE 881A DA2A EEA1 1EB9 EBD9+
$\gamma =$	0.93C4 67E3 7DB0 C7A4 D1BE 3F81 0152 CB56 A1CE CC3B−
$\ln \pi =$	1.250D 048E 7A1B D0BD 5F95 6C6A 843F 4998 5E6D DBF4−
$\phi =$	1.9E37 79B9 7F4A 7C15 F39C C060 5CED C834 1082 276C−
$e^\gamma =$	1.C7F4 5CAB 1356 BF14 A7EF 5AEB 6B9F 6C45 60A9 1932+
$e^{\pi/4} =$	2.317A CD28 E395 4F87 6B04 B8AB AAC8 C708 F1C0 3C4A+
$\sin 1 =$	0.D76A A478 4867 7020 C6E9 E909 C50F 3C32 89E5 1113+
$\cos 1 =$	0.8A51 407D A834 5C91 C246 6D97 6871 BD29 A237 3A89+
$-\zeta'(2) =$	0.F003 2992 B55C 4F28 88E9 BA28 1E4C 405F 8CBE 9FEE+
$\zeta(3) =$	1.33BA 004F 0062 1383 7171 5C59 E690 7F1B 180B 7DB1+
$\ln \phi =$	0.7B30 B2BB 1458 2652 F810 812A 5A31 C083 4C9E B233+
$1/\ln \phi =$	2.13FD 8124 F324 34A2 63C7 5F40 76C7 9883 5224 4685−
$-\ln\ln 2 =$	0.5DD3 CA6F 75AE 7A83 E037 67D6 6E33 2DBC 09DF AA82−

在本书中进行相关分析时，我们遇到了几个没有标准名字的重要常数．式 7.2.2.1–(86) 和习题 MPR–19(d) 的答案已经把这些常数计算到小数点后 40 位.

表 3 对于小的 n 值，调和数、伯努利数和斐波那契数的值

n	H_n	B_n	F_n	n
0	0	1	0	0
1	1	1/2	1	1
2	3/2	1/6	1	2
3	11/6	0	2	3
4	25/12	−1/30	3	4
5	137/60	0	5	5
6	49/20	1/42	8	6
7	363/140	0	13	7
8	761/280	−1/30	21	8
9	7129/2520	0	34	9
10	7381/2520	5/66	55	10
11	83711/27720	0	89	11
12	86021/27720	−691/2730	144	12
13	1145993/360360	0	233	13
14	1171733/360360	7/6	377	14
15	1195757/360360	0	610	15
16	2436559/720720	−3617/510	987	16
17	42142223/12252240	0	1597	17
18	14274301/4084080	43867/798	2584	18
19	275295799/77597520	0	4181	19
20	55835135/15519504	−174611/330	6765	20
21	18858053/5173168	0	10946	21
22	19093197/5173168	854513/138	17711	22
23	444316699/118982864	0	28657	23
24	1347822955/356948592	−236364091/2730	46368	24
25	34052522467/8923714800	0	75025	25
26	34395742267/8923714800	8553103/6	121393	26
27	312536252003/80313433200	0	196418	27
28	315404588903/80313433200	−23749461029/870	317811	28
29	9227046511387/2329089562800	0	514229	29
30	9304682830147/2329089562800	8615841276005/14322	832040	30

对于任何 x，令 $H_x = \sum_{n\geqslant 1}\left(\frac{1}{n} - \frac{1}{n+x}\right)$. 于是

$$
\begin{aligned}
H_{1/2} &= 2 - 2\ln 2,\\
H_{1/3} &= 3 - \tfrac{1}{2}\pi/\sqrt{3} - \tfrac{3}{2}\ln 3,\\
H_{2/3} &= \tfrac{3}{2} + \tfrac{1}{2}\pi/\sqrt{3} - \tfrac{3}{2}\ln 3,\\
H_{1/4} &= 4 - \tfrac{1}{2}\pi - 3\ln 2,\\
H_{3/4} &= \tfrac{4}{3} + \tfrac{1}{2}\pi - 3\ln 2,\\
H_{1/5} &= 5 - \tfrac{1}{2}\pi\phi^{3/2}5^{-1/4} - \tfrac{5}{4}\ln 5 - \tfrac{1}{2}\sqrt{5}\ln\phi,\\
H_{2/5} &= \tfrac{5}{2} - \tfrac{1}{2}\pi\phi^{-3/2}5^{-1/4} - \tfrac{5}{4}\ln 5 + \tfrac{1}{2}\sqrt{5}\ln\phi,\\
H_{3/5} &= \tfrac{5}{3} + \tfrac{1}{2}\pi\phi^{-3/2}5^{-1/4} - \tfrac{5}{4}\ln 5 + \tfrac{1}{2}\sqrt{5}\ln\phi,\\
H_{4/5} &= \tfrac{5}{4} + \tfrac{1}{2}\pi\phi^{3/2}5^{-1/4} - \tfrac{5}{4}\ln 5 - \tfrac{1}{2}\sqrt{5}\ln\phi,\\
H_{1/6} &= 6 - \tfrac{1}{2}\pi\sqrt{3} - 2\ln 2 - \tfrac{3}{2}\ln 3,\\
H_{5/6} &= \tfrac{6}{5} + \tfrac{1}{2}\pi\sqrt{3} - 2\ln 2 - \tfrac{3}{2}\ln 3.
\end{aligned}
$$

一般地说，当 $0 < p < q$ 时（见习题 1.2.9–19），

$$H_{p/q} = \frac{q}{p} - \frac{\pi}{2}\cot\frac{p}{q}\pi - \ln 2q + 2\sum_{1\leqslant n<q/2}\cos\frac{2pn}{q}\pi\cdot\ln\sin\frac{n}{q}\pi.$$

附录B　记号索引

在下列内容中，未作说明的字母的意义如下：

j, k	整数值算术表达式
m, n	非负整数值算术表达式
p, q	二进制值算术表达式（0 或 1）
x, y	实数值算术表达式
z	复数值算术表达式
f	整数值函数、实数值函数或复数值函数
G, H	图
S, T	集合或者多重集
$\mathcal{F}, \mathcal{G}$	集族
u, v	图的顶点
α, β	符号串

定义位置是本卷中的页码或其他各卷中的小节号．许多其他的符号，如 n 个顶点上的完全图 K_n，出现在本书末尾的主索引中，也见主索引中的“符号约定”．

形式符号	含　义	定义位置
$V \leftarrow E$	将表达式 E 的值赋给变量 V	§1.1
$U \leftrightarrow V$	交换变量 U 和 V 的值	§1.1
$\boldsymbol{A}_n$ 或 $\boldsymbol{A}[n]$	线性数组 $\boldsymbol{A}$ 的第 n 个元素	§1.1
$\boldsymbol{A}_{mn}$ 或 $\boldsymbol{A}[m,n]$	矩形数组 $\boldsymbol{A}$ 的第 m 行第 n 列元素	§1.1
$(R?\ a\colon b)$	条件表达式：如果 R 为真，表示 a；如果 R 为假，表示 b	276
$[R]$	关系 R 的特征函数：$(R?\ 1\colon 0)$	§1.2.3
δ_{jk}	克罗内克 δ：$[j=k]$	§1.2.3
$[z^n]\,f(z)$	幂级数 $f(z)$ 中 z^n 的系数	§1.2.9
$z_1 + z_2 + \cdots + z_n$	n 个数的和（n 甚至可以是 0 或 1）	§1.2.3
$a_1 a_2 \cdots a_n$	n 个元素的积，或者由 n 个元素组成的串或向量	
$(x_1, \cdots, x_n)$	由 n 个元素组成的向量	
$\langle x_1 x_2 \cdots x_{2k-1} \rangle$	中位数（排序后的中间值）	§7.1.1
$\sum_{R(k)} f(k)$	使得关系 $R(k)$ 为真的所有 $f(k)$ 之和	§1.2.3
$\prod_{R(k)} f(k)$	使得关系 $R(k)$ 为真的所有 $f(k)$ 之积	§1.2.3
$\min_{R(k)} f(k)$	使得关系 $R(k)$ 为真的所有 $f(k)$ 之最小值	§1.2.3
$\max_{R(k)} f(k)$	使得关系 $R(k)$ 为真的所有 $f(k)$ 之最大值	§1.2.3
$\bigcup_{R(k)} S(k)$	使得关系 $R(k)$ 为真的所有 $S(k)$ 之并集	
$\sum_{k=a}^{b} f(k)$	$\sum_{a\leqslant k\leqslant b} f(k)$ 的简写	§1.2.3
$\{a \mid R(a)\}$	使得关系 $R(a)$ 为真的所有 a 的集合	
$\sum\{f(k) \mid R(k)\}$	$\sum_{R(k)} f(k)$ 的另一种写法	
$\{a_1, a_2, \cdots, a_n\}$	集合或多重集 $\{a_k \mid 1 \leqslant k \leqslant n\}$	

形式符号	含　义	定义位置
$[x\,..\,y]$	闭区间：$\{a \mid x \leqslant a \leqslant y\}$	§1.2.2
$(x\,..\,y)$	开区间：$\{a \mid x < a < y\}$	§1.2.2
$[x\,..\,y)$	半开区间：$\{a \mid x \leqslant a < y\}$	§1.2.2
$(x\,..\,y]$	半闭区间：$\{a \mid x < a \leqslant y\}$	§1.2.2
$\lvert S\rvert$	基数：集合 S 的元素个数	
$\lvert x\rvert$	x 的绝对值：$(x \geqslant 0?\ x\colon -x)$	
$\lvert z\rvert$	z 的绝对值：$\sqrt{z\bar{z}}$	§1.2.2
$\lvert\alpha\rvert$	α 的长度：如果 $\alpha = a_1a_2\cdots a_m$ 则为 m	
$\lvert l\rvert$	文字 l 的基变量：$\lvert v\rvert = \lvert\bar{v}\rvert = v$	155
$\lfloor x\rfloor$	x 的下整，最大整数函数：$\max_{k\leqslant x} k$	§1.2.4
$\lceil x\rceil$	x 的上整，最小整数函数：$\min_{k\geqslant x} k$	§1.2.4
$x \bmod y$	mod 函数：$\bigl(y = 0?\ x\colon x - y\lfloor x/y\rfloor\bigr)$	§1.2.4
$\{x\}$	小数部分（用于蕴涵实数值而非集合的范畴）：$x \bmod 1$	§1.2.11.2
$x \equiv x' \pmod{y}$	同余关系：$x \bmod y = x' \bmod y$	§1.2.4
$j\backslash k$	j 整除 k：$k \bmod j = 0$ 且 $j > 0$	§1.2.4
$S \setminus T$	集合差：$\{s \mid s$ 在 S 中且 s 不在 T 中$\}$	
$S \setminus t$	$S \setminus \{t\}$ 的简写	
$G \setminus U$	删除集合 U 中的顶点后的 G	§7
$G \setminus v$	删除顶点 v 后的 G	§7
$G \setminus e$	删除边 e 后的 G	§7
$G\,/\,e$	边 e 收缩为一个点后的 G	§7.2.1.6
$S \cup t$	$S \cup \{t\}$ 的简写	
$S \uplus T$	多重集的和，例如 $\{a,b\} \uplus \{a,c\} = \{a,a,b,c\}$	§4.6.3
$\gcd(j,k)$	最大公因数：$(j{=}k{=}0?\ 0\colon \max_{d\backslash j,d\backslash k} d)$	§1.1
$j \perp k$	j 与 k 互素：$\gcd(j,k) = 1$	§1.2.4
$\boldsymbol{A}^{\mathrm{T}}$	矩形数组 $\boldsymbol{A}$ 的转置：$\boldsymbol{A}^{\mathrm{T}}[j,k] = \boldsymbol{A}[k,j]$	
α^{R}	串 α 的左右反转	
α^{T}	分划 α 的共轭	§7.2.1.4
x^y	x 的 y 次方（当 $x > 0$ 时）：$\mathrm{e}^{y \ln x}$	§1.2.2
x^k	x 的 k 次方：$\bigl(k \geqslant 0?\ \prod_{j=0}^{k-1} x\colon 1/x^{-k}\bigr)$	§1.2.2
x^-	x 的逆（或倒数）：x^{-1}	§1.3.3
$x^{\overline{k}}$	x 的 k 次升幂：$\Gamma(x+k)/\Gamma(k) = \bigl(k \geqslant 0?\ \prod_{j=0}^{k-1}(x+j)\colon 1/(x+k)^{\overline{-k}}\bigr)$	§1.2.5
$x^{\underline{k}}$	x 的 k 次降幂：$x!/(x-k)! = \bigl(k \geqslant 0?\ \prod_{j=0}^{k-1}(x-j)\colon 1/(x-k)^{\underline{-k}}\bigr)$	§1.2.5
$n!$	n 的阶乘：$\Gamma(n+1) = n^{\underline{n}}$	§1.2.5
$\binom{x}{k}$	二项式系数：$(k < 0?\ 0\colon x^{\underline{k}}/k!)$	§1.2.6
$\binom{n}{n_1,\cdots,n_m}$	多项式系数（当 $n = n_1 + \cdots + n_m$ 时）	§1.2.6
$\left[{n \atop m}\right]$	斯特林循环数：$\sum_{0<k_1<\cdots<k_{n-m}<n} k_1\cdots k_{n-m}$	§1.2.6
$\left\{{n \atop m}\right\}$	斯特林分划数：$\sum_{1\leqslant k_1\leqslant\cdots\leqslant k_{n-m}\leqslant m} k_1\cdots k_{n-m}$	§1.2.6

形式符号	含　义	定义位置
$\left\langle {n \atop m} \right\rangle$	欧拉数：$\sum_{k=0}^{m}(-1)^k\binom{n+1}{k}(m+1-k)^n$	§5.1.3
$\left\| {n \atop m} \right\|$	n 的恰好有 m 个部分的分划数：$\sum_{1\leqslant k_1\leqslant\cdots\leqslant k_m}[k_1+\cdots+k_m=n]$	§7.2.1.4
$(\cdots a_1a_0.a_{-1}\cdots)_b$	基数为 b 的位置表示：$\sum_k a_kb^k$	§4.1
$\Re z$	z 的实部	§1.2.2
$\Im z$	z 的虚部	§1.2.2
$\overline{z}$	复共轭：$\Re z-\mathrm{i}\,\Im z$	§1.2.2
$\neg p$ 或 $\sim p$ 或 $\overline{p}$	补：$1-p$	§7.1.1
$\sim x$ 或 $\overline{x}$	按位补	§7.1.3
$p\wedge q$	布尔合取（与）：pq	§7.1.1
$x\wedge y$	最小值：$\min\{x,y\}$	§7.1.1
$x\mathbin{\&}y$	按位 AND	§7.1.3
$p\vee q$	布尔析取（或）：$\overline{\overline{p}\,\overline{q}}$	§7.1.1
$x\vee y$	最大值：$\max\{x,y\}$	§7.1.1
$x\mid y$	按位 OR	§7.1.3
$p\oplus q$	布尔互斥析取（异或）：$(p+q)\bmod 2$	§7.1.1
$x\oplus y$	按位 XOR	§7.1.3
$x\dot{-}y$	饱和减，x 点减 y：$\max\{0,x-y\}$	§1.3.1′
$x\ll k$	按位左移：$\lfloor 2^kx\rfloor$	§7.1.3
$x\gg k$	按位右移：$x\ll(-k)$	§7.1.3
$x\ddagger y$	用于交错二进制位的“拉链函数”，x 拉链 y	§7.1.3
$\log_b x$	x 的以 b 为底的对数（$x>0$、$b>0$ 且 $b\neq 1$）：使得 $x=b^y$ 的 y	§1.2.2
$\ln x$	自然对数：$\log_{\mathrm{e}}x$	§1.2.2
$\lg x$	以 2 为底的对数：$\log_2 x$	§1.2.2
λn	以 2 为底的对数尺度（当 $n>0$ 时）：$\lfloor\lg n\rfloor$	§7.1.3
$\exp x$	x 的指数：$\mathrm{e}^x=\sum_{k=0}^{\infty}x^k/k!$	§1.2.9
ρn	直尺函数（当 $n>0$ 时）：$\max_{2^m\backslash n}m$	§7.1.3
νn	位叠加和（当 $n\geqslant 0$ 时）：$\sum_{k\geqslant 0}\big((n\gg k)\mathbin{\&}1\big)$	§7.1.3
$\langle X_n\rangle$	无穷序列 X_0, X_1, X_2, $\cdots$（这里的字母 n 是符号的一部分）	§1.2.9
$f'(x)$	f 在 x 处的导数	§1.2.9
$f''(x)$	f 在 x 处的二阶导数	§1.2.10
$H_n^{(x)}$	x 阶调和数：$\sum_{k=1}^{n}1/k^x$	§1.2.7
H_n	调和数：$H_n^{(1)}$	§1.2.7
F_n	斐波那契数：$(n\leqslant 1?\ n\colon F_{n-1}+F_{n-2})$	§1.2.8
B_n	伯努利数：$n!\,[z^n]\,z/(\mathrm{e}^z-1)$	§1.2.11.2
$\det(\boldsymbol{A})$	方阵 $\boldsymbol{A}$ 的行列式	§1.2.3
$\mathrm{sign}(x)$	x 的符号：$[x>0]-[x<0]$	

形式符号	含　义	定义位置
$\zeta(x)$	ζ 函数：$\lim_{n\to\infty} H_n^{(x)}$（当 $x>1$ 时）	§1.2.7
$\Gamma(x)$	Γ 函数：$(x-1)!=\gamma(x,\infty)$	§1.2.5
$\gamma(x,y)$	不完全 Γ 函数：$\int_0^y \mathrm{e}^{-t}t^{x-1}\mathrm{d}t$	§1.2.11.3
γ	欧拉常数：$-\Gamma'(1)=\lim_{n\to\infty}(H_n-\ln n)$	§1.2.7
e	自然对数的底：$\sum_{n\geqslant 0}1/n!$	§1.2.2
π	圆周率：$4\sum_{n\geqslant 0}(-1)^n/(2n+1)$	§1.2.2
∞	无穷大：大于任何数	
Λ	空链（不指向地址的指针）	§2.1
$\varnothing$	空集（没有元素的集合）	
ϵ	空串（长度为 0 的串）	
ϵ	单元族：$\{\varnothing\}$	§7.1.4
ϕ	黄金分割比[①]：$(1+\sqrt{5})/2$	§1.2.8
$\varphi(n)$	欧拉 φ 函数：$\sum_{k=0}^{n-1}[k\perp n]$	§1.2.4
$x\approx y$	x 近似等于 y	§1.2.5
$G\cong H$	G 同构于 H	§7
$O(f(n))$	当变量 $n\to\infty$ 时，$f(n)$ 的大 O	§1.2.11.1
$O(f(z))$	当变量 $z\to 0$ 时，$f(z)$ 的大 O	§1.2.11.1
$\Omega(f(n))$	当变量 $n\to\infty$ 时，$f(n)$ 的大 Ω	§1.2.11.1
$\Theta(f(n))$	当变量 $n\to\infty$ 时，$f(n)$ 的大 Θ	§1.2.11.1
$\overline{G}$	图 G 的补图（或一致超图）	§7
G^T	有向图 G 的反向图（将“$\longrightarrow$”改为“$\longleftarrow$”）	§7.2.2.3
$G\mid U$	受限于集合 U 的顶点的图 G	§7
$u \mathrel{-\!\!-} v$	u 邻接于 v	§7
$u \not\mathrel{-\!\!-} v$	u 不邻接于 v	§7
$u\longrightarrow v$	有一条从 u 到 v 的有向边	§7
$u\longrightarrow^* v$	传递闭包：从 u 可以到达 v	§7.1.3
$d(u,v)$	从 u 到 v 的距离	§7
$G\cup H$	G 和 H 的并图	§7
$G\oplus H$	G 和 H 的直和（并置）	§7
$G \mathrel{-\!\!-} H$	G 和 H 的联合	§7
$G\longrightarrow H$	G 和 H 的有向联合	§7
$G\,\square\, H$	G 和 H 的笛卡儿积	§7
$G\otimes H$	G 和 H 的直积（并合）	§7
$G\boxtimes H$	G 和 H 的强积	§7
$G\,\triangle\, H$	G 和 H 的奇积	§7
$G\circ H$	G 和 H 的字典积（合成）	§7
e_j	基本族：$\{\{j\}\}$	§7.1.4
$\wp$	全域族：给定全域的全部子集	§7.1.4

① 在中国，我们常用黄金分割数，即 $(\sqrt{5}-1)/2\approx 0.618$. ——编者注

形式符号	含　义	定义位置
$\mathcal{F}\cup\mathcal{G}$	族的并：$\{S \mid S\in\mathcal{F}$ 或 $S\in\mathcal{G}\}$	§7.1.4
$\mathcal{F}\cap\mathcal{G}$	族的交：$\{S \mid S\in\mathcal{F}$ 且 $S\in\mathcal{G}\}$	§7.1.4
$\mathcal{F}\setminus\mathcal{G}$	族的差：$\{S \mid S\in\mathcal{F}$ 且 $S\notin\mathcal{G}\}$	§7.1.4
$\mathcal{F}\oplus\mathcal{G}$	族的对称差：$(\mathcal{F}\setminus\mathcal{G})\cup(\mathcal{G}\setminus\mathcal{F})$	§7.1.4
$\mathcal{F}\sqcup\mathcal{G}$	族的联合：$\{S\cup T \mid S\in\mathcal{F}, T\in\mathcal{G}\}$	§7.1.4
$\mathcal{F}\sqcap\mathcal{G}$	族的交叉：$\{S\cap T \mid S\in\mathcal{F}, T\in\mathcal{G}\}$	§7.1.4
$\mathcal{F}\boxplus\mathcal{G}$	族的异或：$\{S\oplus T \mid S\in\mathcal{F}, T\in\mathcal{G}\}$	§7.1.4
$\mathcal{F}/\mathcal{G}$	族的商（余子式）	§7.1.4
$\mathcal{F} \bmod \mathcal{G}$	族的余数：$\mathcal{F}\setminus(\mathcal{G}\sqcup(\mathcal{F}/\mathcal{G}))$	§7.1.4
$\mathcal{F}\,\S\,k$	族的对称化，如果 $\mathcal{F}=e_{j_1}\cup e_{j_2}\cup\cdots\cup e_{j_n}$	§7.1.4
$\mathcal{F}^{\uparrow}$	$\mathcal{F}$ 的极大元素集：$\{S\in\mathcal{F} \mid T\in\mathcal{F}$ 且 $S\subseteq T$ 蕴涵 $S=T\}$	§7.1.4
$\mathcal{F}^{\downarrow}$	$\mathcal{F}$ 的极小元素集：$\{S\in\mathcal{F} \mid T\in\mathcal{F}$ 且 $S\supseteq T$ 蕴涵 $S=T\}$	§7.1.4
$\mathcal{F}\nearrow\mathcal{G}$	非子集：$\{S\in\mathcal{F} \mid T\in\mathcal{G}$ 蕴涵 $S\not\subseteq T\}$	§7.1.4
$\mathcal{F}\searrow\mathcal{G}$	非超集：$\{S\in\mathcal{F} \mid T\in\mathcal{G}$ 蕴涵 $S\not\supseteq T\}$	§7.1.4
$\mathcal{F}\swarrow\mathcal{G}$	子集：$\{S\in\mathcal{F} \mid T\in\mathcal{G}$ 蕴涵 $S\subseteq T\}=\mathcal{F}\setminus(\mathcal{F}\nearrow\mathcal{G})$	§7.1.4
$\mathcal{F}\nwarrow\mathcal{G}$	超集：$\{S\in\mathcal{F} \mid T\in\mathcal{G}$ 蕴涵 $S\supseteq T\}=\mathcal{F}\setminus(\mathcal{F}\searrow\mathcal{G})$	§7.1.4
$\boldsymbol{X}\cdot\boldsymbol{Y}$	向量 $\boldsymbol{X}=x_1x_2\cdots x_n$ 和 $\boldsymbol{Y}=y_1y_2\cdots y_n$ 的点积： $x_1y_1+x_2y_2+\cdots+x_ny_n$	§7
$\boldsymbol{X}\subseteq\boldsymbol{Y}$	向量 $\boldsymbol{X}=x_1x_2\cdots x_n$ 和 $\boldsymbol{Y}=y_1y_2\cdots y_n$ 的包含： 对于 $1\leqslant k\leqslant n$ 有 $x_k\leqslant y_k$	§7.1.3
$\alpha(G)$	G 的独立数	§7
$\gamma(G)$	G 的控制数	381
$\kappa(G)$	G 的顶点连通度	§7.4.1.3
$\lambda(G)$	G 的边连通度	§7.4.1.3
$\nu(G)$	G 的匹配数	§7.5.5
$\chi(G)$	G 的色数	§7
$\omega(G)$	G 的团数	§7
$c(G)$	G 的生成树的数量	§7.2.1.6
$C'\diamond C''$	两个子句 C' 和 C'' 的归结	276
$\Pr\big(S(X)\big)$	当 X 是随机变量时，命题 $S(X)$ 为真的概率	§1.2.10
$\mathrm{E}\,X$	随机变量 X 的期望值：$\sum_x x\Pr(X=x)$	§1.2.10
$\operatorname{var} X$	随机变量的方差：$\mathrm{E}\big((X-\mathrm{E}\,X)^2\big)$	2
$\Pr\big(A\,\vert\,B\big)$	当 B 给定时 A 的条件概率：$\Pr(A$ 且 $B)/\Pr(B)$	1
$\mathrm{E}(X\,\vert\,Y)$	当 Y 给定时 X 的期望值	2
▌	算法、程序、证明的结束标志	§1.1

然而，在最后，我*还是*将一个方程写进了书中，
那就是爱因斯坦的著名方程：$E=mc^2$.
我希望这不会将我的潜在读者吓跑一半.
——斯蒂芬 · 霍金，《时间简史》（1987 年）

附录C　算法、定理、引理、推论和程序索引

算法 7.2.2B, 26.
算法 7.2.2B*, 28.
算法 7.2.2C, 38–39.
算法 7.2.2E, 41.
推论 7.2.2E, 41.
定理 7.2.2E, 40.
算法 7.2.2L, 30.
算法 7.2.2O, 332–333.
算法 7.2.2R, 341–342.
算法 7.2.2R′, 342.
算法 7.2.2W, 28.
算法 7.2.2.1C, iii, 76–77.
算法 7.2.2.1$C^{\$}$, iii, 94, 97–99.
引理 7.2.2.1D, 89.
定理 7.2.2.1E, 85.
算法 7.2.2.1G, 349–350.
算法 7.2.2.1I, 344–345.
算法 7.2.2.1M, iii, 82–83.
算法 7.2.2.1N, 106.
算法 7.2.2.1P, iii, 92–93.
定理 7.2.2.1S, 91.
算法 7.2.2.1X, iii, 58–59.
算法 7.2.2.1$X^{\$}$, 94, 97–99.
算法 7.2.2.1Z, iii, 100.
算法 7.2.2.2A, iii, 176–177, 474.
算法 7.2.2.2A*, 474.
算法 7.2.2.2B, iii, 178.
引理 7.2.2.2B, 200.
定理 7.2.2.2B, 201.
算法 7.2.2.2C, iii, 208–209.
定理 7.2.2.2C, 195–197.
算法 7.2.2.2D, iii, 180.
算法 7.2.2.2E, 296.
推论 7.2.2.2E, 244.
定理 7.2.2.2E, 242.
算法 7.2.2.2F, 471.
定理 7.2.2.2F, 222.
定理 7.2.2.2G, 210.
算法 7.2.2.2I, 203.
定理 7.2.2.2J, 219.
算法 7.2.2.2K, 481.
定理 7.2.2.2K, 226.
算法 7.2.2.2L, iii, 184–185.
算法 7.2.2.2L^0, 185.
算法 7.2.2.2L′, iii, 477.
引理 7.2.2.2L, 219.
定理 7.2.2.2L, 219.
算法 7.2.2.2M, 220.
定理 7.2.2.2M, 220.
算法 7.2.2.2P, 215–216.
算法 7.2.2.2P′, 501.
程序 7.2.2.2P′, 502.
算法 7.2.2.2R, 271.
定理 7.2.2.2R, 199.
算法 7.2.2.2S, iii, 228.
定理 7.2.2.2S, 224.
算法 7.2.2.2T, 508.
定理 7.2.2.2U, 216–217.
算法 7.2.2.2W, iii, 217, 502.
推论 7.2.2.2W, 217.
算法 7.2.2.2X, 189.
算法 7.2.2.2Y, 190–191.

关于蒲柏翻译的荷马史诗《伊利亚特》，有一个奇特的诗句索引，
列出了所有使用明喻的地方.
——亨利 · 本杰明 · 惠特利,《什么是索引？》（1878 年）

附录D　组合问题索引

本附录的目的在于为本书讨论的主要问题提供简要的描述，并且把每个问题的描述同在主索引中可以找到的名称联系起来. 在这些问题中，有的能够有效地求解，而其他的看来通常是非常困难的，不过它们在特殊情况下也许是容易的. 本附录中没有问题复杂性的指示.

组合问题往往变化不定，呈现多种形式. 比如，图和超图的某些性质等价于 01 矩阵的其他性质；至于 0 和 1 的 $m \times n$ 矩阵本身，可以看成它的索引变量 (i,j) 的布尔函数，用 0 表示 FALSE 并且用 1 表示 TRUE. 每个问题还有多种风格：有时我们仅对某些确定的约束条件问及是否存在解；但是通常要求至少求一个显式解，或者力求计算解的数目或访问全部解. 我们经常要求一个解在某种意义下是最优的.

在下面的清单中——它旨在有用而绝不是完备的——每个问题或多或少以正式的术语表述为“寻找”某个期望对象的任务. 这种特征描述后跟的是非正式的解释（在括号和引号内），随后还可能有进一步的注解.

任何通过有向图说明的问题也自动适用于无向图，除非有向图必须是无环的，因为一条无向边 $u — v$ 等价于两条有向边 $u \longrightarrow v$ 和 $v \longrightarrow u$.

- 可满足性: 给定 n 个布尔变量的布尔函数 f，寻找使得 $f(x_1, \cdots, x_n) = 1$ 的布尔值 $x_1, \cdots, x_n$.（“要是可能的话，证明 f 可能为真.”）

- kSAT: 当 f 是子句的合取时的可满足性问题，其中每个子句是最多 k 个文字 x_j 或 $\bar{x}_j$ 的析取.（“所有子句都可能为真吗?”）2SAT 和 3SAT 的情形是最重要的. 另一个重要的特例是 f 为霍恩子句的合取，这时每个子句最多含有一个非负的文字 x_j.

- 布尔链: 给定 n 个布尔值 $x_1, \cdots, x_n$ 的一个或多个布尔函数，寻找 $x_{n+1}, \cdots, x_N$，使得对于 $n < k \leqslant N$ 的每个 x_k 是对于某个 $i < k$ 且 $j < k$ 的 x_i 和 x_j 的布尔函数，而且每个给出的这种函数或者是常数，或者等于对于某个 $l \leqslant N$ 的 x_l.（“构造一个没有转移的直线式程序，计算一组给出的共用中间值的函数.”）（“利用不限制扇出的 2 输入布尔门，建立从输入 $0, 1, x_1, \cdots, x_n$ 计算一组给定输出的电路.”）目标通常是最小化 N.

- 广义字链: 类似于布尔链，但是用按位运算和（或）对整数的模 2^d 算术运算，而不是对布尔值的布尔运算；给定的 d 值可以是任意大的.（“一次处理若干相关的问题.”）

- 布尔规划: 给定 n 个布尔变量的布尔函数 f. 同时给出权值 $w_1, \cdots, w_n$，寻找布尔值 $x_1, \cdots, x_n$，使得 $f(x_1, \cdots, x_n) = 1$ 且 $w_1x_1 + \cdots + w_nx_n$ 是尽可能大的值.（“f 怎样才能满足最大的结果?”）

- 匹配: 给定图 G，寻找不相交边的集合.（“这样配对顶点，使得每个顶点最多有一个对偶.”）目标通常是寻找尽可能多的边；一个“完全匹配”包含所有的顶点. 在一个一部有 m 个顶点而另一部有 n 个顶点的二部图中，匹配等价于在 0 和 1 的 $m \times n$ 矩阵中选择 1 的集合，在每一行最多选择一个 1 且在每一列最多选择一个 1.

- 指派问题: 二部图匹配的一种推广，加上与每条边相关的权值；匹配的总权值应该达到最大值.（“如何将任务分配给人员才是最佳的?”）等价地说，我们希望选择 $m \times n$ 矩阵的元素，在每一行最多选择一个元素且在每一列最多选择一个元素，使得选择的元素之和尽可能大.

- 覆盖: 给定 0 和 1 的矩阵 $\boldsymbol{A}_{jk}$，寻找行的集合 R，使得对于所有 k 有 $\sum_{j \in R} \boldsymbol{A}_{jk} > 0$.（“在每一列标记一个 1 并且选择已经做标记的所有行.”）等价地说，给定一个单调布尔函数的子句，寻找它的一个蕴涵. 目标通常是最小化 $|R|$.

- 精确覆盖: 给定 0 和 1 的矩阵 $\boldsymbol{A}_{jk}$，寻找行的集合 R，使得对于所有 k 有 $\sum_{j \in R} \boldsymbol{A}_{jk} = 1$.（“用相互正交的行覆盖.”）完全匹配问题等价于寻找转置的关联矩阵的一个精确覆盖.

- 独立集: 给定一个图或超图 G，寻找一个顶点集 U，使得诱导图 $G \mid U$ 没有边.（“选择不相关的顶点.”）目标通常是最大化 $|U|$. 典型的特例包括当 G 是皇后在棋盘上移动的图时的八皇后问题，以及无三点共线问题.

- 团: 给定一个图 G，寻找一个顶点集 U，使得诱导图 $G\,|\,U$ 是完全图.（“选择相互邻接的顶点.”）等价地说，寻找 $\overline{G}$ 中的一个独立集. 目标通常是最大化 $|U|$.

- 顶点覆盖: 给定一个图或超图，寻找一个顶点集 U，使得每条边至少包含 U 的一个顶点.（“标记某些顶点，使得没有留下未标记的边.”）等价地说，寻找转置的关联矩阵的一个覆盖. 或者等价地说，寻找 U，使得 $V\setminus U$ 是独立的，其中，V 是所有顶点的集合. 目标通常是最小化 $|U|$.

- 控制集: 给定一个图，寻找一个顶点集 U，使得不在 U 中的每个顶点都与 U 的某个顶点邻接.（“哪些顶点全部在它们的一步之内?”）经典的五皇后问题是当 G 是棋盘上的皇后移动图时的特例.

- 核: 给定一个有向图，寻找顶点集 U 的一个独立集，使得不在 U 中的每个顶点都是 U 的某个顶点的前导顶点.（“在有 2 个选手的游戏中，你的对手能够迫使你停留在什么独立位置?”）如果图是无向的，那么一个核等价于一个极大独立集，并且等价于同时是极小的和独立的控制集.

- 着色: 给定一个图，寻找把它的顶点拆分成 k 个独立集的方法.（“用 k 种颜色给顶点着色，不对邻接顶点着同样的颜色.”）目标通常是最小化 k.

- 最短路径: 给定每段弧都有相关权值的有向图中的顶点 u 和 v，寻找一条从 u 到 v 的定向路径的最小总权值.（“确定最佳路线.”）

- 最长路径: 给定每段弧都有相关权值的有向图中的顶点 u 和 v，寻找一条从 u 到 v 的定向路径的最大总权值.（“什么路线是最蜿蜒曲折的?”）

- 可达性: 给定有向图 G 中的一个顶点集 U，寻找所有顶点 v，使得对于某个 $u\in U$ 有 $u\longrightarrow^{*} v$.（“哪些顶点出现在从 U 中开始的路径上?”）

- 生成树: 给定一个图 G，寻找一棵同样顶点上的自由树 F，使得 F 的每条边都是 G 的一条边.（“选择刚好能够连接所有顶点的边.”）如果每条边都有相关的权值，那么最小生成树是一棵总权值最小的生成树.

- 哈密顿路径: 给定一个图 G，寻找一条同样顶点上的路径 P，使得 P 的每条边都是 G 的一条边.（“找出一条同每个顶点恰好相遇一次的路径.”）当 G 是棋盘上的马的移动图时，这是经典的马踏棋盘问题. 假设 G 的顶点是组合对象（例如元组、排列、组合、分划或树），当它们相互“接近”时是邻接的. 哈密顿路径通常被称为格雷码.

- 哈密顿圈: 给定一个图 G，寻找一个同样顶点上的圈 C，使得 C 的每条边都是 G 的一条边.（“找出一条同每个顶点恰好相遇一次并且回到起点的路径.”）

- 旅行商问题: 当给定的图的每条边都有相关的权值时，寻找一个总权值最小的哈密顿圈.（“访问每个对象的最廉价的方法是什么?”）如果给定的图没有哈密顿圈，那么我们通过对每条不存在的边赋予非常大的权值 W 来把它扩充为完全图.

- 拓扑排序: 给定一个有向图，寻找用不同的整数 $l(x)$ 标识每个顶点 x 的一种方法，使得 $x\longrightarrow y$ 蕴涵 $l(x)<l(y)$.（“把顶点置于一行内，使每个顶点位于它的所有后继顶点的左边.”）这样一种标识是可能的，当且仅当给出的有向图是无环的.

- 最优线性排列: 给定一个图，寻找用不同的整数 $l(x)$ 标识每个顶点 x 的一种方法，使得 $\sum_{u\relbar\relbar v}|l(u)-l(v)|$ 尽可能小.（“把顶点置于一行内，最小化产生的边长之和.”）

- 背包问题: 给定权值序列 $w_1,\cdots,w_n$、阈值 W，以及值序列 $v_1,\cdots,v_n$，寻找 $K\subseteq\{1,\cdots,n\}$，使得 $\sum_{k\in K} w_k\leqslant W$ 和 $\sum_{k\in K} v_k$ 达到最大值.（“可以携带多少价值?”）

- 正交阵列: 给定正整数 m 和 n，寻找一个 $m\times n^2$ 阵列，它带有条目 $A_{jk}\in\{0,1,\cdots,n-1\}$，并且具有 $j\neq j'$ 且 $k\neq k'$ 蕴涵 $(A_{jk},A_{j'k})\neq(A_{jk'},A_{j'k'})$ 的性质.（“构造 n 进制数字的 m 个不同的 $n\times n$ 矩阵，使得当任何两个矩阵叠加时出现 n^2 个所有可能的数字对.”）$m=3$ 的情况对应于一个拉丁方，$m>3$ 的情况对应于 $m-2$ 个相互正交的拉丁方.

- 最近共同先辈: 给定一片森林的结点 u 和 v，寻找结点 w，使得 u 和 v 的每个兼容先辈也是 w 的兼容先辈.（“从 u 到 v 的最短路径在何处改变方向?”）

- <u>区域最小值查询</u>: 给定数列 $a_1, \cdots, a_n$，对于 $1 \leqslant i < j \leqslant n$，寻找每个子区间 $a_i, \cdots, a_j$ 内的最小元素.（“解答关于任何给定区域内的最小值的所有可能的查询.”）7.1.3 节的习题 150 和习题 151 证明这个问题等价于寻找最近共同先辈.
- <u>通用圈</u>: 给定 b, k, N，寻找 b 进制数字 $\{0, 1, \cdots, b-1\}$ 的元素 $x_0, x_1, \cdots, x_{N-1}, x_0, \cdots$ 的一个循环序列，它具有这样的性质：一种类型的所有组合排列是由连续的 k 元组 $x_0x_1\cdots x_{k-1}, x_1x_2\cdots x_k, \cdots, x_{N-1}x_0\cdots x_{k-2}$ 给出的.（“用循环方式显示所有可能的排列.”）如果 $N = b^k$ 并且所有可能的 k 元组都出现，那么结果被称为德布鲁因圈；如果 $N = \binom{b}{k}$ 并且 b 个对象的所有 k 组合都出现，那么它是组合的一个通用圈；如果 $N = b!$、$k = b - 1$ 并且所有的 $(b-1)$ 变差以 k 元组的形式出现，那么它是排列的一个通用圈.

在大多数情况下，我们能够给出一个完整描述问题的
集合论定义，尽管出于简明性之需时，
常导致问题背后的直观性有些难以理解.

——迈克尔 · 加里和戴维 · 约翰逊，*A List of NP-Complete Problems*（1979 年）

附录E　习题解答中谜题的答案

除非明确指出，否则这里的所有答案都对应于 7.2.2.1 节中的习题.

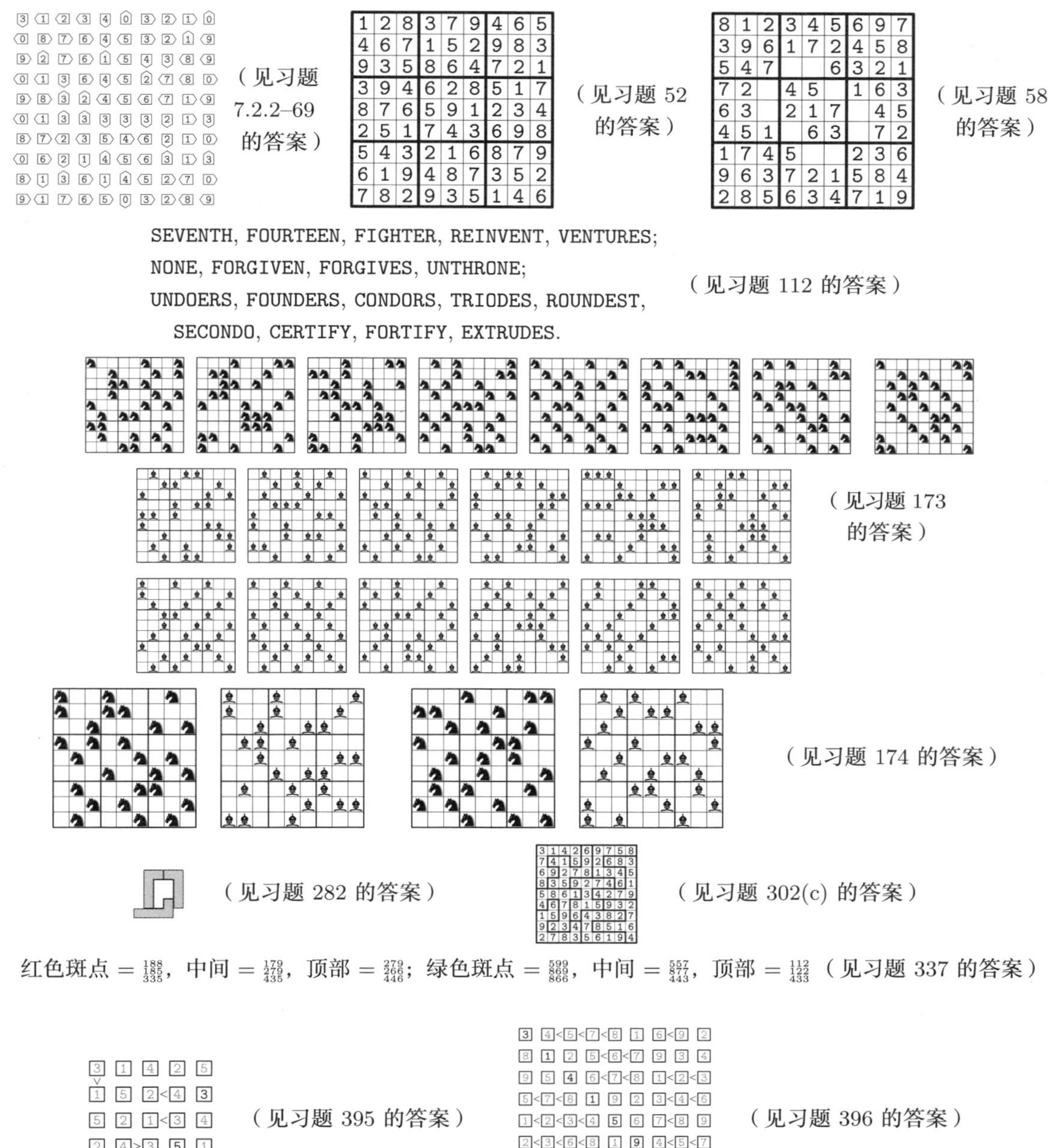

（见习题 7.2.2–69 的答案）

1	2	8	3	7	9	4	6	5
4	6	7	1	5	2	9	8	3
9	3	5	8	6	4	7	2	1
3	9	4	6	2	8	5	1	7
8	7	6	5	9	1	2	3	4
2	5	1	7	4	3	6	9	8
5	4	3	2	1	6	8	7	9
6	1	9	4	8	7	3	5	2
7	8	2	9	3	5	1	4	6

（见习题 52 的答案）

8	1	2	3	4	5	6	9	7
3	9	6	1	7	2	4	5	8
5	4	7			6	3	2	1
7	2		4	5		1	6	3
6	3		2	1	7		4	5
4	5	1		6	3		7	2
1	7	4	5			2	3	6
9	6	3	7	2	1	5	8	4
2	8	5	6	3	4	7	1	9

（见习题 58 的答案）

SEVENTH, FOURTEEN, FIGHTER, REINVENT, VENTURES;
NONE, FORGIVEN, FORGIVES, UNTHRONE;
UNDOERS, FOUNDERS, CONDORS, TRIODES, ROUNDEST,
SECONDO, CERTIFY, FORTIFY, EXTRUDES.

（见习题 112 的答案）

（见习题 173 的答案）

（见习题 174 的答案）

（见习题 282 的答案）

3	1	4	2	6	9	7	5	8
7	4	1	5	9	2	6	8	3
6	9	2	7	8	1	3	4	5
8	3	5	9	2	7	4	6	1
5	8	6	1	3	4	2	7	9
4	6	7	8	1	5	9	3	2
1	5	9	6	4	3	8	2	7
9	2	3	4	7	8	5	1	6
2	7	8	3	5	6	1	9	4

（见习题 302(c) 的答案）

红色斑点 $=\substack{188\\185\\335}$，中间 $=\substack{179\\279\\435}$，顶部 $=\substack{279\\266\\446}$；绿色斑点 $=\substack{599\\869\\866}$，中间 $=\substack{557\\877\\443}$，顶部 $=\substack{112\\122\\433}$（见习题 337 的答案）

3 1 4 2 5
1 5 2<4 3
5 2 1<3 4
2 4>3 5 1
4 3 5 1<2

（见习题 395 的答案）

3 4<5<7<8 1 6<9 2
8 1 2 5<6<7 9 3 4
9 5 4 6<7<8 1<2<3
5<7<8 1 9 2 3<4<6
1<2<3<4 5 6 7<8 9
2<3<6<8 1 9 4<5<7
6<8<9 3<4<5 2 7 1
7<9 1 2<3<4 5 6 8
4 6<7<9 2<3 8 1 5

（见习题 396 的答案）

3: 3	14×: 7	2	15+: 5	1	9: 9	2÷: 4	8	6: 6
5: 5	35+: 6	8: 8	9	9+: 3	1	7: 7	9+: 2	4
32×: 8	9	7	1	5	384×: 2	6	4	3
4	1	9	2	6: 6	8	2−: 5	3	64+: 7
1	4	3	6	2	5	8	7	9
2	3−: 8	5	38+: 7	9	4	3	6	1
6	3	1	8	32×: 4	7: 7	9: 9	50×: 5	2
28+: 7	8+: 2	6	4: 4	8	19+: 3	1	9	5
9	5	4	3	7: 7	6	16×: 2	1	8

（见习题 403 的答案）

23	24	31	32	6	5	14	13
22	30	25	17	7	15	4	12
21	29	18	26	16	8	3	11
20	19	28	27	1	2	9	10

（见习题 407 的答案）

1	2	3	4	5	6
28	29	16	17	7	19
27	15	30	8	18	20
14	26	9	31	21	36
13	10	25	22	32	35
11	12	23	24	34	33

;

3	2	7	6	11	10
1	4	5	8	9	12
23	21	20	18	13	15
24	22	19	17	16	14
27	25	31	30	33	36
26	28	29	32	35	34

.

（见习题 408 的答案）

60	30	31	32	33	34	35	41	40	39
59	61	29	26	27	54	53	36	42	38
62	58	25	28	55	97	52	93	37	43
63	24	57	56	98	96	94	51	92	44
23	64	84	85	86	99	95	91	50	45
22	21	65	83	100	87	88	90	49	46
19	20	66	67	82	81	80	89	48	47
18	69	68	74	75	1	79	3	5	6
70	17	73	76	14	78	2	4	7	9
71	72	16	15	77	13	12	11	10	8

（见习题 409 的答案）

3	2	2	2	2	2
2	2	2	2	3	2
2	2	2	2	2	2
2	2	2	2	2	2
2	3	2	2	2	2
2	2	2	2	2	3

（见习题 411 的答案）

（见习题 415 的答案）

（见习题 416 的答案）

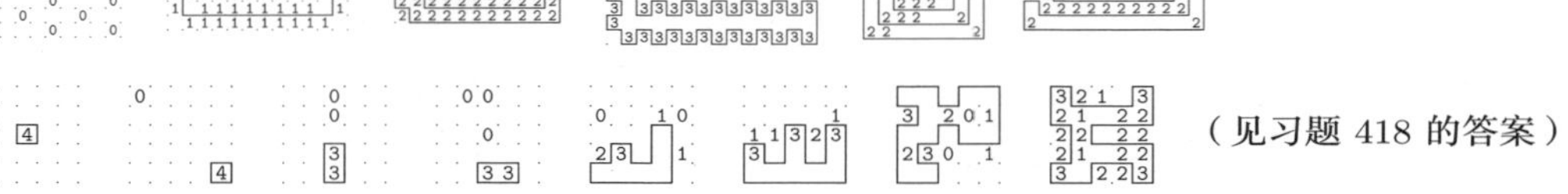

（见习题 418 的答案）

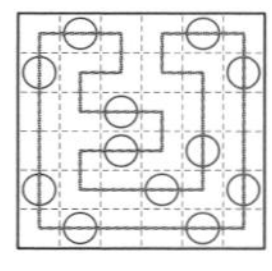

（见习题 424 的答案）

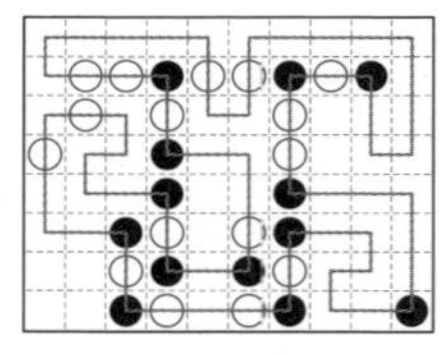

（见习题 426 的答案）

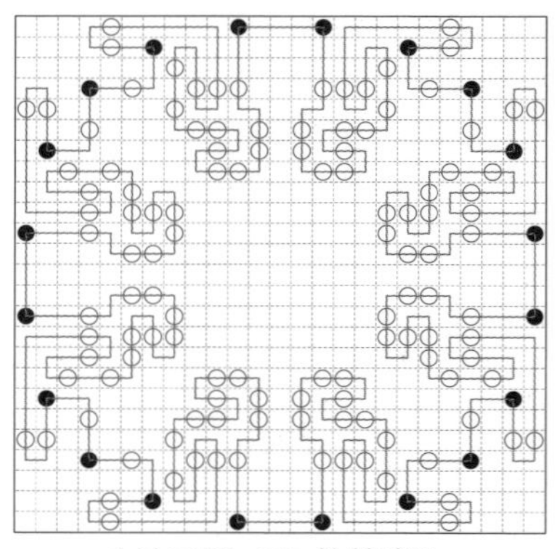

（见习题 427 的答案）

	6\	13\	19\	27\		41\	18\	7\		32\	10\	13\	21\
\27	3	7	8	9	\8	5	1	2	\29	5	7	9	8
\11	1	2	3	5	17\13	6	2	5	26\16	4	2	1	9
\41	2	4	5	6	7	8	9	15\18	8	2	1	3	4
	30\	15\38	2	3	4	9	6	8	5	1	10\	17\	32\
\22	3	2	1	4	5	7	10\23	7	4	3	1	2	6
\5	4	1	7\	41\7	1	4	2	42\29	9	8	2	3	7
\18	9	3	2	4	14\7	2	1	4	28\28	9	7	4	8
\26	8	5	4	6	3	11\14	7	3	4	15\	32\16	7	9
\26	6	4	1	5	2	8	24\22	5	7	3	4	1	2
	10\	17\	9\37	2	1	3	6	7	9	4	5	13\	16\
\25	1	6	3	7	8	6\41	7	9	8	2	6	4	5
\14	2	3	1	8	\22	5	9	8	\14	1	8	2	3
\29	7	8	5	9	\9	1	2	6	\29	5	9	7	8

（见习题 431 的答案）

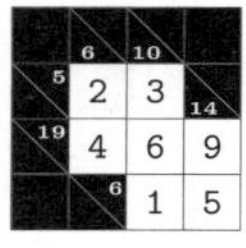

（见习题 430(a) 的答案）

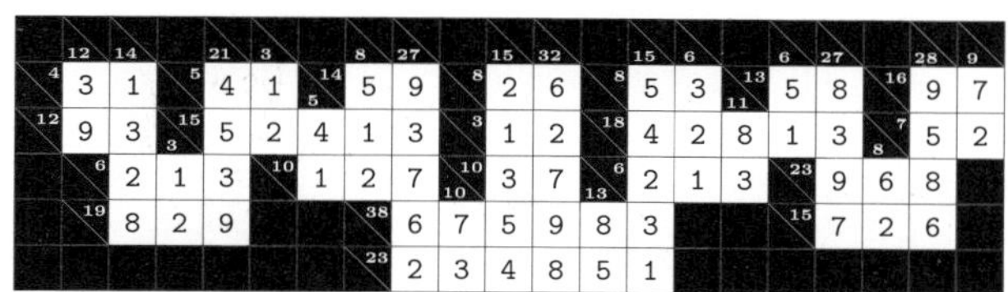

（见习题 435 的答案）

3	1	4	1	5	9
2	6	5	3	5	8
9	7	9	3	2	3
8	4	6	2	6	4

（见习题 447 的答案）

B	E	I	N	G	I	N	A	M	I
N	O	R	I	T	Y	E	V	E	N
A	M	I	N	O	R	I	T	Y	O
F	O	N	E	D	I	D	N	O	T
M	A	K	E	Y	O	U	M	A	D

（见习题 449）

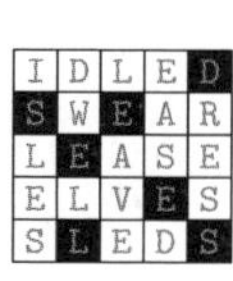

（见习题 448 的答案）

（见习题 449 的答案）

凭良心说，我们这些聪明人，真是造了很多孽.

——莎士比亚（《皆大欢喜》，第五幕，第一场，第 11 行）

人名索引

阿巴罗斯，(= Barlow, David Stewart) Abaroth, 419.
阿贝尔，Niels Henrik Abel, 74–75.
阿比奥，Ignasi Abío Roig, 527.
阿策里亚斯，Albert Perí Atserias, 520.
阿达马，Jacques Salomon Hadamard, 74–75, 427.
阿德勒，Oskar Samuel Adler, 357.
阿迪拉，Federico Ardila Mantilla, 516.
阿尔斯韦德，Rudolf Friedrich Ahlswede, 311.
阿格拉沃尔，A. Agrawal, 330.
阿克曼，Eyal Ackerman, 433.
阿拉瓦，Mikko Juhani Alava, 219.
阿里斯托芬，Aristophanes of Athens, son of Philippus, vii.
阿列赫诺维奇，Michael (Misha) Valentinovich Alekhnovich, 46.
阿隆，Noga Mordechai Alon, 295, 320, 369, 514, 519.
阿卢尔，Fadi Ahmed Aloul, 244, 537, 539.
阿伦斯，Wilhelm Ernst Martin Georg Ahrens, 29, 46, 330, 382, 383.
阿尼西莫夫，Anatoly Vasilievich Anisimov, 510.
阿皮尔 · 昂泽莱，Jean Appier dit Hanzelet, 201.
阿奇利奥普塔斯，Dimitris Achlioptas, 486.
阿萨克利，Walaa Asakly, 389.
阿潄光宙，Mitsuhiro Ase, 447.
阿辛，Roberto Javier Asín Achá, 524.
埃德加，Gerald Arthur Edgar, 417.
埃恩，Niklas Göran Eén, iv, 209, 232.
埃恩，Niklas Göran, Eén, 289, 471, 519, 526.
埃尔德什，Pál (= Paul) Erdös, 460.
埃尔德什，Pál (= Paul) Erdős, 219, 220, 240, 246, 311, 537.
埃尔顿，John Hancock Elton, III, 308, 309.
埃尔基斯，Noam David Elkies, 401.
埃尔米特，Charles Hermite, 74–75.
埃尔莫，Elmo, 49.
埃根伯格，Florian Eggenberger, 5.
埃亨，Stephen Thomas Ahearn, 382.
埃克勒，Albert Ross Eckler, Jr., 333, 366.
埃勒斯，Thorsten Ehlers, 465.
埃隆，Ruby Charlene Little Hall Emlong, 421.
埃瑟，Peter Friedrich Esser, 373, 410, 419.
埃舍尔，Maurits Cornelis Escher, 416.
爱丽丝，Alice, 10, 49, 170–174, 266–267, 305, 470–472.
爱泼斯坦，David Arthur Eppstein, 85, 123.
爱因斯坦，Albert Einstein, 554.
艾哈迈德，Tanbir Ahmed, 158, 272.
艾萨克斯，Rufus Philip Isaacs, 484.
安布鲁斯特，Franz Owen Armbruster, 44.
安德烈，Pascal André, 260.
安利，Eric Stephen Ainley, 418, 539.
安内克斯坦，Fred Saul Annexstein, 530.
安田宜仁，Norihito Yasuda, 103, 402.
昂泽莱，参见 阿皮尔 · 昂泽莱，Jean Appier dit Hanzelet, 201.
奥贝恩，Thomas Hay O'Beirne, 132, 137, 373, 415, 418.
奥布里，John Aubrey, 345.
奥德林奇科，Andrew Michael Odlyzko, 325.
奥德马尔，Gilles Audemard, 213.
奥迪耶，Marc Odier, 376.
奥尔波宁，Olli Pekka Orponen, 219.
奥尔德斯，David John Aldous, 310, 485.
奥尔森，EvaMarie Olson, 441.
奥格尔，Leslie Eleazer Orgel, 32.
奥克苏索夫，Laurent Oxusoff, 481.
奥勒顿，Richard Laurance Ollerton, 325.
奥里弗耶，Léon François Antoine Aurifeuille, 166.
奥利韦拉斯，Albert Oliveras i Llunell, 524.
奥斯汀，Jane Austen, 455.
奥威尔，George (= Blair, Eric Arthur) Orwell, 154.

巴贝奇，Charles Babbage, 47, 332.
巴彻，Kenneth Edward Batcher, 524.
巴蒂亚，Rajendra Bhatia, 306.
巴恩斯，Frank William Barnes, 426.
巴尔达西，Carlo Baldassi, 229.
巴赫，Johann Sebastian Bach, 53.
巴克斯，Fahiem Bacchus, 213, 528.
巴克斯特，Glen Earl Baxter, 23, 325, 433.
巴克斯特，Nicholas Edward Baxter, 143.
巴拉斯（布拉特），Egon Balas (Blatt), 45.
巴拉斯，Egon Balas (Blatt), 474.
巴雷奎特，Gill Barequet, 433.
巴里，Harry Barris, 55.
巴斯，Samuel Rudolph Buss, 277, 527.
巴特利，William Warren, III Bartley, 258.
巴韦尔，Brian Robert Barwell, 419.
巴亚多，Roberto Javier, Jr. Bayardo, 260.
巴约，Olivier Bailleux, 161, 175, 262, 264, 269, 295, 529.
白金汉，David John Buckingham, 467, 469.
邦德加德，Thorleif Bundgård, 421.
邦德里耶，Cyril Banderier, 326.
邦奇，Steve Raymond Bunch, 29.
保尔斯，Emil Pauls, 330.
保罗，Jerome Larson Paul, 158.
鲍勃，Bob, 10, 170–174, 266–267, 305, 470–472.
鲍尔，Richard John Bower, 426.
鲍尔，Walter William Rouse Ball, 300.
鲍默特，Leonard Daniel Baumert, 45, 342, 523.
北川哲，Satoshi Kitagawa, 522, 524, 525.
贝策尔，Max Friedrich Wilhelm Bezzel, 45.
贝尔，George Irving, III Bell, 428, 430.
贝尔蒂尔，Denis Berthier, 353.
贝尔曼，Richard Ernest Bellman, vi.
贝克，Andrew Baer Baker, 233.
贝克尔，Joseph D. Becker, 429.
贝雷辛，May Beresin, 531.
贝利，Andrew Welcome Spencer Baillie, 423.
贝卢霍夫，Nikolai Ivanov Beluhov, iv, 123, 149, 150, 386, 400, 444, 446, 449, 452, 454.
贝伦斯，Walter Ulrich Behrens, 66, 108.
贝内德克，György Mihály Pál (= George Mihaly Pal) Benedek, 443.
贝塞尔，Friedrich Wilhelm Bessel, 412.
贝斯利，Serena Sutton Besley Tollefson, 423.
贝特，Hans Albrecht Bethe, 230.
贝耶，René Beier, 326.
贝叶斯，Thomas Bayes, 11.
本-萨松，Eli Ben-Sasson, 201, 278, 495.
本 · 多尔，Amir Ben-Dor, 544.
本达拉，Daniel Bundala, 465.
本德，Edward Anton Bender, 412, 511.
本杰明，Herbert Daniel Benjamin, 132, 133, 410, 419.
本内特，Frank Ernest Bennett, 358.
彼得-奥思，Christoph Peter-Orth, 402.

彼得里，Karen Elizabeth Jefferson Petrie, 539.
彼得森，Gary Lynn Peterson, 173, 248, 267, 472.
彼得森，Julius Peter Christian Petersen, 122, 384.
比埃尔，Armin Biere, iv, 208, 216, 232, 258, 260, 289, 458, 518–520, 526, 536.
比当古 · 维迪加尔 · 莱唐，Ricardo Bittencourt Vidigal Leitão, 364, 367, 368.
比恩，Richard Bean, 440.
比勒，Joe Peter Buhler, 304.
比勒，Michael David Beeler, 415.
比奈梅，Irénée Jules Bienaymé, 3.
比内，Jacques Philippe Marie Binet, 24, 322.
比特纳，James Richard Bitner, 29, 45, 436.
比约克隆德，John Nils Andreas Björklund, 125, 390.
比约纳，Anders Björner, 312.
宾，R. H. Bing, 304.
波茨，Charles Anthony Potts, 403.
波尔，Marvin Cohen Paull, 274.
波利亚，George Pólya, 5.
波利亚，György (= George) Pólya, vii, 15–17, 313, 314, 322, 327, 330.
波斯特尔，Helmut Postl, 144, 146, 415, 432, 437.
波斯特霍夫，Christian Posthoff, 531.
波瓦，Maurice James Povah, 409.
伯恩哈特，Frank Reiff Bernhart, 458.
伯恩赛德，William Burnside, 373, 385.
伯恩斯，James Edward Burns, 472.
伯格，Alban Maria Johannes Berg, 113.
伯格哈默，Rudolf Berghammer, 472.
伯利坎普，Elwyn Ralph Berlekamp, 73, 168, 420.
伯曼，Piotr Berman, 489.
伯姆，Max Joachim Böhm, 259.
伯努利，Daniel Bernoulli, 313.
伯努利，Jacques (= Jakob = James) Bernoulli, 12, 15, 17, 45, 226, 548, 552.
伯努利，Nicolas (= Nikolaus) Bernoulli, 313.
伯特兰，Joseph Louis François Bertrand, 74–75.
博丁顿，Paul Stephen Boddington, 377.
博尔格斯，Christian Borgs, 198.
博雷尔，Émile Félix Édouard Justin Borel, 74–75.
博罗金，Allan Bertram Borodin, 46.
博洛巴什，Béla Bollobás, 198, 320, 486.
博纳奇纳，Maria Paola Bonacina, 258.
博帕纳，Ravi Babu Boppana, 295.
博特曼斯，Jacobus (= Jack) Petrus Hermana Botermans, 339.
博耶，Christian Boyer, 352.
博伊德，Stephen Poythress Boyd, 310, 330.
博伊斯，William Martin Boyce, 325.
布蒂利耶，Cédric Grégory Marc Boutillier, 401.
布尔，George Boole, 258.
布尔内斯，Juan Bautista Bulnes-Rozas, 482.
布夫哈德，Yacine Boufkhad, 161, 175, 260, 262, 264, 269, 295, 529.
布坎普，Christoffel Jacob Bouwkamp, 403, 424, 425.
布拉德利，Milton Bradley, 375.
布莱克，Archie Blake, 259.
布莱克韦尔，David Harold Blackwell, 313.
布莱谢，Aubrey Blecher, 389.
布赖恩特，Randal Everitt Bryant, 160, 458.
布朗，Cynthia Ann Blocher Brown, 178, 180, 259, 276, 490.
布朗，John O'Connor Brown, 304.
布朗，Thomas Craig Brown, 456.
布朗斯坦，Alfredo Braunstein, 227, 516.
布劳沃，Andries Evert Brouwer, 356.
布雷什-奥本海姆，Joshua Buresh-Oppenheim, 46.
布里格斯，Preston Briggs, 35.
布卢姆，Burton Howard Bloom, 517.
布鲁梅尔，Robert Daniel Brummayer, 526.
布鲁内蒂，Sara Brunetti, 474.
布鲁因，Nicolaas Govert de Bruijn, 436.
布伦南，Charlotte Alix Brennan, 389.
布罗，Michael Buro, 259.
布罗德尔，Andrei Zary Broder, 319, 320.
布罗奇，Alastair Brotchie, 362.
布洛克，Cecil Joseph Bloch, 431.
布思罗伊德，Michael Roger Boothroyd, 374.
布斯凯-梅卢，Mireille Françoise Bousquet-Mélou, 51, 357.

蔡斯，Jennifer Tour Chayes, 198.
查波瓦洛夫，Alexandre Vasilievich Chapovalov, 386.
查波瓦洛夫，Maxim Alexandrovich Chapovalov, 386.
查尔斯 · 达尔文，Charles Robert Darwin, 25.
查特吉，Sourav Chatterjee, 43, 322.
查瓦斯，Joël Chavas, 227.
陈宏宇，Hongyu Chen, 433.
陈中宽，Chung-Kuan Cheng, 433.
茨维滕，Joris Edward van Zwieten, 184.
凑真一，Shin-ichi Minato, 103, 402.
村田洋，Hiroshi Murata, 433.

达 · 芬奇，Leonardo di ser Piero da Vinci, 160.
达达，Luigi Dadda, 162, 246, 263, 294.
达尔，Brutus Cyclops Dull, 301.
达尔维什，Adnan Youssef Darwiche, 209, 520.
达拉，William Darrah, 381.
达梅罗，Valentina Damerow, 327.
达文波特，Harold Davenport, 322.
戴金，David Edward Daykin, 311.
戴维斯，Horace Chandler Davis, 306.
戴维斯，Martin David Davis, 162, 180, 259.
丹尼尔，Samuel Daniel, 303.
丹切夫，Stefan Stoyanov Dantchev, 243.
丹生智也，Tomoya Tanjo, 526.
道勒，Robert Wallace Montgomery Dowler, 140.
道奇森，Charles Lutwidge (= Carroll, Lewis) Dodgson, i, 258–259.
道森，Thomas Rayner Dawson, 292, 386, 419.
德 · 弗里斯，Sven de Vries, 474.
德 · 威尔德，Boris de Wilde, 480.
德布林，Wolfgang Döblin (= Vincent Doeblin), 318.
德布鲁因，Nicolaas Govert de Bruijn, 69, 103, 130, 141, 436.
德尔 · 隆戈，Alberto Del Lungo, 474.
德菲，William Pitt Durfee, 532.
德海德，参见 迈尔 · 奥夫 · 德海德，Friedhelm Meyer auf der Heide, 327.
德金，Frederik Michel Dekking, 350.
德卡特布兰奇（很可能是 C. A. B. 史密斯的笔名），Filet de Carteblanche, 44.
德克尔，Theodorus Jozef Dekker, 267.
德克特，Rina Kahana Dechter, 209.
德肯，Gilles Maurice Marceau Dequen, 260.
德拉努瓦，Henri-Auguste Delannoy, 357.
德拉瓦莱普桑，Charles Jean Gustave Nicolas de La Vallée Poussin, 320.
德莱斯特，Marie-Pierre Delest, 412.
德勒伊特，Johan de Ruiter, 50, 154, 352, 451.
德迈纳，Erik Dylan Anderson Demaine, 412.
德迈纳，Martin Lester Demaine, 412.
德蒙莫尔，Pierre Rémond de Montmort, 313.
德摩根，Augustus De Morgan, 47, 332.
德沃金，Morris Joseph Dworkin, 390.
德耶尼施，Carl Friedrich Andreevitch de Jaenisch, 79, 329.
狄更斯，Charles John Huffam Dickens, 455.
笛福，Daniel Defoe (= Daniel Foe), viii.

笛福，Daniel Foe (= Daniel Defoe), viii.
笛卡儿，René Descartes, v, 119, 370.
迪阿梅尔，Jean-Marie Constant Duhamel, 327.
迪德尼，Henry Ernest Dudeney, 67, 246, 332, 349, 405, 521.
迪格斯，Leonard Digges, viii.
迪杰斯特拉，Edsger Wybe Dijkstra, 172, 471, 472.
迪克，William Brisbane Dick, 300.
迪吕克，Serge Dulucq, 325, 433.
迪亚科尼斯，Persi Warren Diaconis, 43, 322.
迪亚兹，José Maria (= Josep) Díaz Cort, 195.
棣莫弗，Abraham de Moivre, 16, 314.
蒂默曼斯，Eduard Alexander (= Edo) Timmermans, 411.
蒂斯金，Alexander Vladimirovich Tiskin, 426.
丁剑，Jian Ding, 196.
丢番图，Diophantus of Alexandria, 121, 373.
杜波依斯，Olivier Dubois, 260.
杜布，Joseph Leo Doob, 5, 8, 17, 22, 315.
杜富尔，Mark Dufour, 184.
杜威，Melville (= Melvil) Louis Kossuth Dewey, 329.
渡边知己，Tomomi Watanabe, 433.
多布里切夫，Mladen Venkov Dobrichev, 354.
多布鲁申，Roland L'vovich Dobrushin, 318.
多贺明子，Akiko Taga, 522, 524, 525.
多拉多，El Dorado, 15.
多里，Joseph Edward Dorie, 424.
多伊尔，Arthur Ignatius Conan Doyle, 212.

厄恩斯特，George Werner Ernst, 339.
厄尔，Christopher Francis Earl, 431.
厄克哈特，Alasdair Ian Fenton Urquhart, 495.
厄珀法尔，Eliezer (= Eli) Upfal, 316, 326.
厄斯特高，Patric Ralf Johan Östergård, 407, 426.
恩格尔哈特，Matthias Rüdiger Engelhardt, 29, 329.

法尔斯塔夫，John Falstaff, 455.
法里，Sivy Farhi, 421, 425.
法伊格，Uriel Feige, 309, 323.
番原睦则，Mutsunori Banbara, 522, 524–526.
范 · 罗阿，Iris van Rooij, 475.
范茨维滕，Joris Edward van Zwieten, 184.
范德蒙德，Alexandre Théophile Vandermonde, 305.
范德塔克，Peter van der Tak, 215.
范德瓦尔登，Bartel Leendert van der Waerden, 158, 248, 252, 257–258, 268–271, 280, 301.
范德韦特林，Arie [= Aad] van de Wetering, 107, 352, 354, 409–411, 416.
范德文特，Mattijs Oskar van Deventer, 545.
范登贝格，Lieven Lodewijk André Vandenberghe, 310.
范格尔德，Allen Van Gelder, 211, 496, 500, 521.
范赫托格，Martien Ilse van Hertog, 433.
范马伦，Hans van Maaren, 184, 191.
菲尔波特，Wade Edward (born Chester Wade Edwards) Philpott, 117, 357, 374.
菲尔兹，Dorothy Fields, 55.
菲利普斯，Roger Neil Phillips, 381.
菲斯凯蒂，Matteo Fischetti, 474.
菲希特，Johannes Klaus Fichte, 520.
菲谢蒂，Matteo Fischetti, 350, 396.
斐波那契，Leonardo Fibonacci, 552.
斐波那契，Leonardo Fibonacci, of Pisa (= Leonardo filio Bonacii Pisano), 10, 16, 101, 129, 283, 314, 507, 548.
费杜，Jean-Marc Fédou, 357.
费尔贝恩，Rhys Aikens Fairbairn, 403.
费尔贝克，Cornelis Coenraadt Verbeek, 386.
费尔德曼，Gary Michael Feldman, 373.
费尔南德斯 · 德拉维加，Wenceslas Fernandez de la Vega, 196.
费尔南德斯 · 朗，Hilario Fernández Long, 373.
费勒，Willibald (= Vilim = Willy = William) Feller, 313.
费勒斯，Norman Macleod Ferrers, 135.
费马，Pierre de Fermat, 162.
芬克，Federico [= Friedrich] Fink, 374.
芬克，Jacob Ewert Funk, 152, 451.
芬克尔，Raphael Ari Finkel, 46.
冯 · 门登，Nicolai Alexandrovitch von Mengden, 25.
冯德拉克，Jan Vondrák, 323.
佛朗哥，John Vincent Franco, 259, 274, 490, 530.
弗拉门坎普，Achim Flammenkamp, 467.
弗拉内尔，Jérôme Franel, 330.
弗拉若莱，Philippe Patrick Michel Flajolet, 347, 412.
弗莱 · 圣马里，Camille Flye Sainte-Marie, 362.
弗莱彻，John George Fletcher, 69.
弗朗西斯，Moti Frances, 541.
弗朗西永，Jean Paul Francillon, 422.
弗里德古特，Ehud Friedgut, 196.
弗里德兰，Shmuel Friedland, 320.
弗里德曼，Bernard Friedman, 16.
弗里德曼，Erich Jay Friedman, 381, 411.
弗里尔，John Hookham Frere, vii.
弗里曼，Jon William Freeman, 260.
弗里曼，Lewis Ransome Freeman, 26.
弗里兹，Alan Michael Frieze, 319.
弗伦奇，Richard John French, 423.
弗罗贝纽斯，Ferdinand Georg Frobenius, 74–75.
弗罗伯格，Ralf Lennart Fröberg, 510.
弗罗斯特，Daniel Hunter Frost, 209.
弗洛伊德，Robert W Floyd, 36.
弗特勒纳，Cyril Furtlehner, 227.
福阿塔，Dominique Cyprien Foata, 221, 223, 286.
福尔摩斯，Thomas Sherlock Scott Holmes, 54, 212.
福格尔，Julian Fogel, 436.
福克斯-爱泼斯坦，Eli Fox-Epstein, 418.
福泰因，Cornelis Marius Fortuin, 14.
富伦多夫，Georg Fuhlendorf, 406.

盖雷，Christelle Guéret-Jussien, 525.
盖塞尔，Ira Martin Gessel, 509.
盖伊，Michael John Thirian Guy, 73, 168, 420.
盖伊，Richard Kenneth Guy, 73, 169, 240, 388, 408, 415, 420, 424.
甘奇，Graeme Keith Gange, 527.
冈珀茨，Benjamin Gompertz, 86, 389.
冈萨雷斯-莫里斯，Germán Antonio González-Morris, 340, 358, 444.
冈萨雷斯，Teófilo Francisco González-Arce, 525.
高德纳，Donald Ervin Knuth, i–iv, 39, 45, 46, 53, 61, 65–67, 85, 98, 99, 103, 155, 165–167, 169, 196, 212–214, 229, 247, 255, 257, 316, 320, 328, 331, 336, 341, 342, 348, 351, 352, 354, 356–358, 366, 370, 381, 383, 393–399, 402, 415–417, 421, 424, 426, 433, 437, 441, 442, 446, 448, 449, 451, 455, 462, 463, 465, 466, 471, 477, 479, 482, 485, 492, 498–500, 502, 504, 510, 519, 523–525, 531, 532, 535, 538, 545.
高精兰，Nancy Jill Carter Knuth, 53, 132.
高木和哉，Kazuya Takaki, 489.
高斯，Carl Friedrich Gauss, 45, 329.
戈德堡，Allen Terry Goldberg, 259, 490.
戈德堡，Eugene Isaacovich Goldberg, 211, 260.
戈德曼，Jay Robert Goldman, 511.
戈登，Basil Gordon, 32.
戈登，Leonard Joseph Gordon, 366, 367, 429.
戈尔茨坦，Michael Milan Goldstein, 339.

戈尔登贝格， Mark (= Meir) Alexandrovich Goldenberg, 436.
戈龙布， Solomon Wolf Golomb, 32, 45, 67, 68, 71, 132, 342, 404, 407, 416, 523.
戈塞特， John Herbert de Paz Thorold Gosset, 349.
戈塞特， William Sealy Gosset, 324.
戈特弗里德， Alan Toby Gottfried, 371, 376.
格鲍尔， Heidi Maria Gebauer, 489.
格迪斯， Paulus Pierre Joseph Gerdes, 473.
格拉巴尔丘克， Petro (= Peter) Serhiyovych Grabarchuk, 355, 522.
格拉巴尔丘克， Serhiy Oleksiyovych Grabarchuk, 135, 355, 522.
格拉巴尔丘克， Serhiy Serhiyovych Grabarchuk, 522.
格拉姆， Jørgen Pedersen Gram, 74–75.
格莱舍， James Whitbread Lee Glaisher, 74–75.
格勒切尔， Martin Grötschel, 522.
格雷码， Frank Gray, 470.
格里， Elbridge Gerry, 109.
格里茨曼， Peter Gritzmann, 474.
格里菲斯， John Stanley Griffith, 32.
格里格斯， Jerrold Robinson Griggs, 462.
格里梅特， Geoffrey Richard Grimmett, 310.
格里奇曼， Norman Theodore Gridgeman, 338.
格林， Curtis Greene, 533.
格林鲍姆， Branko Grünbaum, 402, 405.
格林鲍姆， Steven Fine Greenbaum, 236.
格林伯格， Emanuels Donats Frīdrihs Jānis Grīnberg (= Grinberg), 484.
格伦辛， Dieter Grensing, 401.
格特， Allan Gut, 328.
格特， Andreas Goerdt, 196.
格温， Matthew Simon Gwynne, 238, 527, 530.
葛立恒， Ronald Lewis Graham, 304, 325, 431, 433.
根岑， Gerhard Karl Erich Gentzen, 202.
宫本哲也， Tetsuya Miyamoto, 441.
贡德朗， Michel Gondran, 397, 398.
古尔德， Henry Wadsworth Gould, 86, 124, 388.
古尔德， Wayne Gould, 353.
古尔登， Ian Peter Goulden, 412.
古杰， David John Goodger, 419.
古鲁斯瓦米， Venkatesan Guruswami, 323.
顾钧， Gu Jun, 216.

哈代， Godfrey Harold Hardy, 327.
哈代， Thomas Hardy, 455.
哈格吕普， Uffe Valentin Haagerup, 328.
哈吉贾希， MohammadTaghi Hajiaghayi, 195.
哈肯， Armin Haken, 201, 202.
哈莱维， Shai Halevi, 544.
哈里斯， Robert Scott Harris, 66, 355, 356.
哈马迪， Youssef Hamadi, 499.
哈梅克， William Hamaker, 426.
哈密顿， William Rowan Hamilton, 43, 120, 443.
哈默斯利， John Michael Hammersley, 45.
哈塞尔格罗夫， Colin Brian Haselgrove, 403.
哈塞尔格罗夫， Jenifer Wheildon-Brown (= Leech, Jenifer) Haselgrove, 89, 403, 407.
哈斯韦尔， George Henry Haswell, 375.
哈特， Johnson Murdoch Hart, 433.
哈特曼， Christiaan Hartman, 470.
哈沃尔-哈塔卜， Jean Jabbour-Hattab, 321.
海林曼， Ole Jan Heilmann, 511.
海耶斯， Brian Hayes, 64.
海因， Piet Hein, 69, 70, 139, 420, 429.
海兹， Horace Hydes, 375.
韩孝贞， Hyojung Han, 499.
汉明， Richard Wesley Hamming, 105, 540.
汉森， Frans Hansson, 67, 68, 133, 405, 409, 423, 424.
汉斯库姆， David Christopher Handscomb, 45.
豪布里希， Jacob Godefridus Antonius (= Jacques) Haubrich, 376.
何文轩， Boon Suan Ho, 449.
荷马， Homer, 154, 555.
赫尔德， Ludwig Otto Hölder, 24, 327.
赫里斯托菲季斯， Demetres Christofides, 312.
赫托格， Martien Ilse van Hertog, 433.
赫瓦塔尔， Václav (= Vašek) Chvátal, 158, 196, 197, 202, 456.
赫维茨， Adolf Hurwitz, 74–75, 330.
赫希， Edward Alekseevich Hirsch, 481.
黑尔斯， Alfred Washington Hales, 304.
黑文， G Neil Haven, 259.
亨利， James Marston Henle, 356, 441.
亨特， Warren Alva, Jr. Hunt, 501.
亨泽尔， Kurt Wilhelm Sebastian Hensel, 74–75.
胡斯， Holger Hendrik Hoos, iv, 255–257, 261, 283.
胡特， Frank Roman Hutter, 255, 261.
怀曼， Max Wyman, 347.
怀特豪斯， Francis Reginald Beaman Whitehouse, 375.
黄炜华， Wei-Hwa Huang, iv, 103, 365.
惠特尔西， Marshall Andrew Whittlesey, 462.
惠特利， Henry Benjamin Wheatley, 555.
霍顿， Robert Elmer Horton, 277.
霍恩， Alfred Horn, 260, 288, 297, 482, 521.
霍尔·埃隆， Ruby Charlene Little Hall Emlong, 421.
霍尔， Charles Antony Richard Hoare, 103.
霍尔， Marshall Hall, Jr., 45.
霍夫丁， Wassily (= Wassilij) Hoeffding, 7, 12, 17, 324.
霍夫曼， Dean Gunnar Hoffman, 141, 427.
霍夫曼， Louis Hoffmann (= Angelo John Lewis), 50, 380, 422, 423.
霍金， Stephen William Hawking, 554.
霍金斯， Harry Hawkins, 406.
霍里， Shlomo Hoory, 489.
霍普克罗夫特， John Edward Hopcroft, 452.
霍斯利， Daniel James Horsley, 531.
霍斯塔德， Johan Torkel Håstad, 323.

基鲁西斯， Lefteris Miltiades Kirousis, 195.
基奇纳， William Kitchiner, 54.
基希霍夫， Gustav Robert Kirchhoff, 74–75.
吉巴特， Norman Edlo Gibat, 365.
吉贝尔， Olivier Patrick Serge Guibert, 325, 433.
吉尔伯特， Edgar Nelson Gilbert, 364, 365.
吉格斯， B. H. Jiggs（Baumert, Hales, Jewett, Imaginary, Golomb, Gordon, Selfridge 的笔名）, 38.
吉拉特， David Gilat, 315.
吉林克， Theodorus Geerinck, 425.
吉伦， Marcel Robert Gillen, 408.
吉尼布尔， Jean Ginibre, 14.
季布雷茨， Marek Tyburec, 370.
加德纳， Erle Stanley Gardner, 26.
加德纳， Martin Gardner, ii, 66, 70, 160, 170, 301, 355, 378, 403, 406, 407, 415–418, 420, 421, 433, 436, 458, 539.
加恩斯， Howard Garns, 62.
加芬克尔， Robert Shaun Garfinkel, 103, 357.
加拉格， Robert Gray Gallager, 230.
加里， Michael Randolph Garey, 9, 452, 558.
加施尼格， John Gary Gaschnig, 45.
加西亚-莫利纳， Héctor García-Molina, 132.
贾布尔， Saïd Jabbour, 499, 544.
贾格尔， Michael Philip “Mick” Jagger, 155.
贾维萨洛， Matti Juhani Järvisalo, 238, 260, 519, 520.

杰弗里昂，Arthur Minot Geoffrion, 45.
杰克逊，David Martin Rhŷs Jackson, 412.
杰勒姆，Mark Richard Jerrum, 276.
杰利斯，George Peter Jelliss, 419.
杰缅科夫，Evgeny Alexandrovich Demenkov, 536.
杰普森，Charles Henry Jepsen, 382, 435.
金，Benjamin Franklin King, Jr., 26.
金，Scott Edward Kim, 145, 436, 437.
金斯伯格，Matthew Leigh Ginsberg, 245, 260.
金斯利，Hannah Elizabeth Seelman Kingsley, 342.
金特-布鲁恩希尔斯，Ronald Odilon Bondewijn Kint-Bruynseels, 422.
金特，Ian Philip Gent, 523, 539.
金元信彦，Nobuhiko Kanamoto, 444.
金正汉，Jeong Han Kim, 198.
进藤欣也，Yoshiya Shindo, 422.

卡波里斯，Alexis Constantine Flora Kaporis, 195.
卡茨，Daniel Jason Katz, 440.
卡德纳，Franz Kadner, 133.
卡蒂埃，Pierre Émile Cartier, 221, 223, 286.
卡尔波夫斯基，Mark Girsh Karpovsky, 540.
卡尔弗，Clayton Lee Culver, 456.
卡尔平斯基，Marek Mieczysław Karpiński (= Karpinski), 489.
卡尔森，Ingwer Curt Carlsen, 401.
卡尔森，Noble Donald Carlson, 421.
卡夫纳，Nicholas John Cavenagh, 330.
卡拉布罗，Christopher Matthew Calabro, 543.
卡莱，Gil Kalai, 320.
卡利茨，Leonard Carlitz, 285.
卡利雅，Jacques Carlier, 260.
卡伦贝格，Olav Herbert Kallenberg, 314.
卡罗尔，Lewis (= Dodgson, Charles Lutwidge) Carroll, i, 258–259.
卡马卡尔，Narendra Krishna Karmarkar, 167.
卡马特，Anil Prabhakar Kamath, 167.
卡普，Richard Manning Karp, 196, 316, 525.
卡普兰，Craig Steven Kaplan, 132.
卡普兰斯基，Irving Kaplansky, 347.
卡萨诺瓦，Giacomo Girolamo Casanova de Seingalt, 313.
卡斯特莱恩，Pieter Willem Kasteleyn, 14.
卡塔兰，Eugène Charles Catalan, 74–75, 313, 345, 412.
卡特布兰奇（很可能是 C. A. B. 史密斯的笔名），Filet de Carteblanche, 44.
卡特尔，Peter Friedrich Catel, 405.
卡特勒，William Henry Cutler, 382, 434, 437.
卡托纳，Gyula (Optimális Halmaz) Katona, 240.
卡西夫，Simon Kasif, 523.
开尔文，Lord [= William Thomson, 1st Baron Kelvin] Kelvin, 69.
凯恩，Daniel Mertz Kane, 539.
凯莱，Arthur Cayley, 50, 347.
凯勒，Michael Keller, 110, 358, 410, 419.
凯勒，Robert Marion Keller, 221.
凯利，John Beckwith Kelly, 436.
凯耶，Richard William Kaye, 475.
坎农，James Weldon Cannon, 358.
坎佩尔，Claude-Guy Quimper, 529.
坎泰利，Francesco Paolo Cantelli, 310, 326.
康奈利，Robert Connelly Jr., 315.
康托尔，Georg Ferdinand Ludwig Philipp Cantor, 74–75.
康威，John Horton Conway, 68, 73, 117, 131, 136, 168, 266, 374, 403, 420, 421, 469.
考茨，Henry Alexander Kautz, 218, 260.
考茨，William Hall Kautz, 386.
考里尔，Michal Kouřil, 158, 456.
柯尔莫哥洛夫，Andrei Nikolaevich Kolmogorov, 7.
柯西，Augustin Louis Cauchy, 22, 322, 324.
科，Timothy Vance Coe, 470.
科恩，Bram Cohen, 218, 508.
科恩，Henry Lee Cohn, 401.
科芬，Stewart Temple Coffin, 427.
科弗，Thomas Merrill Cover, 10, 306.
科贾-奥格兰，Amin Coja-Oghlan, 486.
科里安德，Michael Johannes Heinrich Coriand, 462.
科利帕卡，Kashyap Babu Rao Kolipaka, 226, 284, 515.
科林斯，Stanley John “Alfie” Collins, 137.
科米萨尔斯基，Andrzej Komisarski, 304.
科涅夫，Boris Yurevich Konev, 537.
科帕蒂，Swastik Kopparty, 323.
科热夫尼科夫，Arist Alexandrovich Kojevnikov, 536.
科瓦莱夫斯基，Waldemar Hermann Gerhard Kowalewski, 379.
克拉尔纳，David Anthony Klarner, 357, 401, 412, 425, 436.
克拉克，Andrew Leslie Clarke, 419.
克拉克，Arthur Charles Clarke, 131, 404.
克拉克，Edmund Melson, Jr. Clarke, 260.
克拉克森，James Andrew Clarkson, 327.
克莱曼，Mark Philip Kleiman, 325.
克莱内 · 比宁，Hans Gerhard Kleine Büning (= Kleine-Büning), 259.
克莱特曼，Daniel J (Isaiah Solomon) Kleitman, 533.
克莱因 · 布宁，Hans Gerhard Kleine Büning, 456.
克莱因伯格，Jon Michael Kleinberg, 323.
克劳福德，James Melton, Jr. Crawford, 233, 245.
克勒贝尔，Michael Steven Kleber, 338.
克勒宁，Daniel Heinrich Friedrich Emil Kroening, 471.
克里克，Francis Harry Compton Crick, 32.
克鲁索，Robinson Crusoe (= Kreutznaer), viii.
克罗内克，Leopold Kronecker, 550.
克罗宁，Daniel Heinrich Friedrich Emil Kroening, 543.
克内斯尔，Charles Knessl, 490.
克诺普，Konrad Hermann Theodor Knopp, 74–75.
克诺普夫马赫，Arnold Knopfmacher, 389.
肯德尔，David George Kendall, 313.
肯尼迪，Michael David Kennedy, 29.
肯沃西，Craig Kenworthy, 421.
库尔贝克，Solomon Kullback, 20, 321, 337.
库尔曼，Oliver Kullmann, 158, 238, 258, 272, 277, 481, 482, 484, 492, 519, 527, 530.
库格拉尔，Khaled Mohamed Bugrara, 490.
库克，Matthew Makonnen Cook, 338.
库克，Stephen Albert Cook, 493.
库克，Stephen Arthur Cook, 203, 204, 259, 279, 500.
库利科夫，Alexander Sergeevich Kulikov, 536.
库珀，Alec Steven Cooper, 540.
库斯特斯，William Adam Kustes, 421.
奎克，Jonathan Horatio Quick, 15, 47, 301.
奎克布姆，Cornelis (= Kees) Samuël Kwekkeboom, 470.
奎坦斯，Jocelyn Alys Quaintance, 86.
奎因，Willard Van Orman Quine, 258, 259.
昆泽尔，Ekkehard Künzell, 425.

拉格尔，Franz Ragaller, 66.
拉加万，Prabhakar Raghavan, 317.
拉克，Harald Räcke, 327.
拉克斯达尔，Albert Lee Laxdal, 38.
拉拉斯，Efthimios George Lalas, 195.
拉腊比，Tracy Lynn Larrabee, 165, 264.

拉里， Cora Mae Larrie, 17.
拉马尼， Aarthi Ramani, 244, 537, 539.
拉马努金 · 延加，Srinivasa Ramanujan Iyengar, 278.
拉莫斯， Antonio Ramos, 215.
拉莫斯， Henrique Ramos, 365.
拉姆齐，Frank Plumpton Ramsey, 220.
拉森， Michael Jeffrey Larsen, 401.
莱布勒，Richard Arthur Leibler, 20, 321, 337.
莱顿-布朗，Kevin Eric Leyton-Brown, 255, 261.
莱弗里， Angus Lavery, 140, 423.
莱默，Derrick Henry Lehmer, 46, 364, 365.
莱特曼，Theodor August Lettmann, 456.
莱韦斯克，Hector Joseph Levesque, 195.
莱文， Eugene Levine, 531.
莱文， Jack Levine, 412.
莱因戈尔德，Edward Martin Reingold, 45, 435.
赖尔登，John Francis Riordan, 347.
兰波特， Leslie B. Lamport, 174, 472.
兰道，Edmund Georg Hermann Landau, 74–75.
兰德尔， Dana Jill Randall, 401.
兰德曼，Bruce Michael Landman, 456.
兰福德，Charles Dudley Langford, 118, 126–129, 262, 376, 377, 395, 457.
兰平， John Ogden Lamping, 351.
朗，Hilario Fernández Long, 373.
劳埃德， Samuel Loyd, 521.
劳里亚， Massimo Lauria, 199.
劳齐，Antoine Bertrand Rauzy, 259, 481.
勒贝尔，Daniel Claude Yves Le Berre, 260.
勒梅尔，Bernard François Camille Lemaire, 538.
勒伊特，Johan de Ruiter, 50, 154, 352, 451.
雷多， Richard Rado, 461.
雷克豪，Robert Allen Reckhow, 204.
雷蒙 · 德蒙莫尔，Pierre Rémond de Montmort, 313.
雷尼， Alfréd Rényi, 311.
雷诺，Antoine André Louis Reynaud, 327.
雷诺， Gérard Reynaud, 491.
雷森迪， Mauricio Guilherme De Carvalho Resende, 167.
李初民， Chu Min Li, 260.
李维斯特，Ronald Linn Rivest, 157, 198, 262, 270, 301, 357, 412.
李未， Wei Li, 275.
理查兹，Keith Richards, 155.
理查兹，Matthew John Richards, 430.
里德， Bruce Alan Reed, 196, 197.
里德，Dalmau, Robert John (= Bobby) Reid, 381.
里德， Michael Reid, 405, 422, 436.
里卡德，John Robert Rickard, 544.
里梅斯泰，Peter Ritmeester, 108.
里普夫，Robert Iosifovich Ripoff, 160.
里奇 -特森吉，Federico Ricci-Tersenghi, 230.
里森， Henry Reason, 380.
里斯， Marcell (= Marcel) Riesz, 74.
里斯， Søren Møller Riis, 243.
里苏埃尼奥，Manuel María Risueño Ferraro, 374.
里温， Igor Rivin, 330, 351.
利布， Elliott Hershel Lieb, 511.
利普希茨，Rudolph Otto Sigismund Lipschitz, 9.
利特尔伍德，John Edensor Littlewood, 327.
利特曼，Ami Litman, 541.
利西察，Alexei Petrovich Lisitsa, 537.
列克斯廷什，Eduards Riekstiņš, 368.
林登，James Albert Lindon, 406.
刘江枫，Andrew Chiang-Fung Liu, 436.
刘丽， Lily Li Liu, 322.
刘易斯，Angelo John Lewis (= Louis Hoffmann), 50, 380, 422, 423.
刘易斯，Charles Howard Lewis, 415.
刘易斯，Jerome Luther Lewis, 531.
刘易斯， Meriwether Lewis, 26.
泷泽清， Kiyoshi Takizawa, 428.
隆拉克， Jerry Lonlac, 544.
娄星亮，Xingliang David Lou, 345.
卢比，Michael George Luby, 219, 282.
卢卡奇，Eugene (= Jenő) Lukács, 306.
卢卡斯，François Édouard Anatole Lucas, 45, 111, 330, 347, 357, 391.
卢克斯，Eugene Michael Luks, 245.
芦ヶ原伸之，Nobuyuki (= Nob) Yoshigahara, 423.
鲁宾逊，John Alan Robinson, 202, 231, 492.
鲁塞尔，Olivier Michel Joseph Roussel, 260, 529.
鲁塞尔， Yves Roussel, 376.
伦格，Carl David Tolmé Runge, 74–75.
伦农，William Frederick Lunnon, 438.
罗宾逊，Gilbert de Beauregard Robinson, 532.
罗伯茨， Fred Stephen Roberts, 263.
罗伯逊， Aaron Jon Robertson, 456.
罗伯逊，Edward Lowell, III Robertson, 339.
罗德里格斯-卡博内尔， Enric Rodríguez Carbonell, 524.
罗尔， Jeffrey Soden Rohl, 102.
罗杰斯， Douglas George Rogers, 412.
罗杰斯， Leonard James Rogers, 24, 327.
罗杰斯， Samuel Rogers, 455.
罗摩克里希南， Kajamalai Gopalaswamy Ramakrishnan, 167.
罗森布鲁斯，Arianna Wright Rosenbluth, 45.
罗森布鲁斯，Marshall Nicholas Rosenbluth, 45.
罗森塔尔，Haskell Paul Rosenthal, 25, 328.
罗斯， Kenneth Andrew Ross, 538.
罗斯， Sheldon Mark Ross, 4, 310.
罗素， Ed (“Red Ed”) Russell, 353, 368.
罗特， Günter (= Rothe, Günther Alfred Heinrich) Rote, 543.
罗伊， Amitabha Roy, 245.
罗伊尔， Gordon Royle, 64.
洛德，Nicholas John Lord, 307.
洛夫兰，Donald William Loveland, 180, 259.
洛格曼，George Wahl Logemann, 180, 259.
洛里埃，Jean-Louis Laurière, 398, 457.
洛奇，Tomas Gerhard Rokicki, iv, 469, 470.
洛瓦斯， László Lovász, 220.
洛瓦兹， László Lovász, 456, 461.
洛乌， Jørgen Lou, 427.

马德尔， Adolf Mader, 532.
马迪根，Conor Francis Madigan, 260.
马丁， Alexander Martin, 522.
马尔可夫（老）， Andrei Andreevich Markov (= Markoff), the elder, 3, 13, 74–75, 282, 315, 316, 322.
马尔可夫，Igor Leonidovich Markov, 244, 537, 539.
马尔钦凯维奇， Jósef Marcinkiewicz, 25.
马根， Avner Magen, 46.
马克斯-席尔瓦，João Paulo Marques da Silva (= Marques-Silva), 260.
马克斯特罗姆，Klas Jonas Markström, 545.
马克西姆，Oriel Dupin Maximé, 108, 356.
马拉赫， Sven Mallach, 544.
马勒， Kurt Mahler, 306, 338.
马雷克， Victor Wiktor Marek, 482.
马里诺， Raffaele Marino, 230.
马利克， Sharad Malik, 260.
马伦，Hans van Maaren, 184, 191.
马洛，Thomas William Marlow, 417.
马内瓦，Elitza Nikolaeva Maneva, 288, 516.
马歇尔， William Rex Marshall, 436.

马修斯，Harry Mathews, 362.
马祖尔凯维奇，Antoni Wiesław Mazurkiewicz, 221.
迈尔·奥夫·德海德，Friedhelm Meyer auf der Heide, 327.
迈克尔，T. S. (born Todd Scott) Michael, 426.
迈耶-艾希伯格，Valentin Christian Johannes Kaspar Mayer-Eichberger, 527.
麦格雷戈，William Charles McGregor, 160, 161, 246, 262–263, 457, 458.
麦基尔罗伊，Malcolm Douglas McIlroy, 332, 333.
麦考尔，McCall, 54, 572.
麦科尔，Hugh McColl (= MacColl), 491.
麦克迪阿梅德，Colin John Hunter McDiarmid, 9.
麦克法伦，Courtney Parsons McFarren, 421.
麦克马洪，Percy Alexander MacMahon, 77, 78, 93, 115–119, 130, 371, 373, 374, 379, 511.
麦克唐纳，Gary McDonald, 367, 455.
麦库姆，Jared Bruce McComb, 380.
麦奎尔，Gary Mathias McGuire, 64, 107.
麦奎因，James Buford MacQueen, 314.
曼伯，Udi Manber, 46.
曼苏尔，Toufik Mansour, 389.
曼泰（西伯特），Bodo Manthey (Siebert), 327.
芒罗，James Ian Munro, 339.
梅班，Palmer Croasdale Mebane, 446.
梅尔霍恩，Kurt Mehlhorn, 326.
梅尔滕斯，Stephan Mertens, 196.
梅克莱，Milan Jovan Merkle, 326.
梅林，Robert Hjalmar Mellin, 74–75, 276.
梅珀姆，Michael Andrew Mepham, 353.
梅切尔斯基，Jan Mycielski, 115, 369.
梅让，Henri-Michel Méjean, 491.
梅森，Perry Mason, 26.
梅乌斯，Jean Meeus, 407, 410, 423.
梅扎德，Marc Jean Marcel Mézard, 196, 227, 230.
门德尔松，Nathan Saul Mendelsohn, 358.
门登，Nicolai Alexandrovitch von Mengden, 25.
蒙德里安，Piet (= Mondriaan, Pieter Cornelis) Mondrian, 143.
蒙莫尔，Pierre Rémond de Montmort, 313.
蒙塔纳里，Andrea Montanari, 230.
米岑马赫，Michael David Mitzenmacher, 319, 320, 326.
米尔斯，Burton Everett Mills, 259.
米库辛斯基，Jan Stefan Geniusz Mikusiński, 422.
米勒，George Arthur Miller, 427.
米勒，Jeffrey Charles Percy Miller, 393.
米勒，Mike Müller, 465.
米勒，Rolf Karl Mueller, 203, 259.
米努，Michel Minoux, 397.
米切，Dieter Wilhelm Mitsche, 195.
米切尔，David Geoffrey Mitchell, 195.
米歇尔，Bastian Michel, 369.
米因德斯，Sid Mijnders, 480.
闵可夫斯基，Hermann Minkowski, 24, 74–75, 327.
摩根，Christopher Thomas Morgan, 426.
摩根，John William Miller Morgan, 421.
摩根斯顿，Detlef Morgenstern, 167.
莫尔赫德，Albert Hodges Morehead, 538.
莫尔斯，Harold Calvin Marston Morse, 306.
莫拉莱达，Jorge Alfonso Moraleda Oliván, 305.
莫雷，Henri Morel, 491.
莫里斯，Robert Morris, 365.
莫利纳里，Rory Benedict Molinari, 445.
莫罗，David Whittlesey Mauro, 462.
莫尼恩，Burkhard Monien, 482.
莫塞尔，Elchanan Mossel, 288.
莫斯科维奇，Matthew Walter Moskewicz, 260.
莫特·史密斯，Geoffrey Arthur Mott-Smith, 538.
莫泽，Leo Moser, 347, 388.
莫泽，Robin Alexander Moser, 221, 514.
默比乌斯，August Ferdinand Möbius, 132, 223, 284, 285, 511.
默里，Rick Murray, 421.
默瑟，Leigh Mercer, 403.
缪尔，Thomas Muir, 347.
穆茨鲍尔，Otto Adolf Mutzbauer, 532.
穆尔，Edward Forrest Moore, 470.
穆尔穆莱，Ketan Dattatraya Mulmuley, 319.
穆特瓦尼，Rajeev Motwani, 316, 317.

纳尔逊，Harry Lewis Nelson, 117, 374.
纳夫罗茨基，Kurt Nawrotzki, 318.
纳皮尔，John Napier, 162.
纳皮尔，John, Laird of Merchiston Napier, 294.
纳钦，David Rodriguez Nacin, 386.
纳希尔，Julie Ann Baker Nahil, iv.
奈廷格尔，Peter William Nightingale, 523.
瑙克，Franz Christian Nauck, 45.
内姆豪瑟，George Lann Nemhauser, 103.
内托，Otto Erwin Johannes Eugen Netto, 74–75.
尼博尔斯基，Rodolfo Niborski, 460.
尼克松，Dennison Nixon, 424.
尼曼，John Niemann, 423.
尼乌文赫伊斯，Robert Lukas Mario Nieuwenhuis, 524.
涅梅拉，Ilkka Niilo Fredrik Niemelä, 238.
牛顿，Isaac Newton, 307.
努伊，Wilhelmus (= Wim) Antonius Adrianus Nuij, 435.
诺埃尔，Alain Noels, 470.
诺贝尔，Parth Talpur Nobel, 330.
诺滕布姆，Thijs Notenboom, 416.
诺瓦科夫斯基，Richard Joseph Nowakowski, 240, 531.
诺维科夫，Yakov Andreevich Novikov, 211, 260.
诺伊曼，Peter Neumann, 307.

欧拉，Leonhard Euler, 306, 314, 389, 439, 553.
欧文，Brendan David Owen, 419.
欧文，Mark St. John Owen, 430.
欧文，Robert Wylie Irving, 276.

帕克，Ernest Tilden Parker, 44.
帕克兄弟，George Swinnerton, Brothers Parker, 70, 420.
帕里西，Giorgio Leonardo Renato Parisi, 230.
帕纳吉奥图，Konstantinos Panagiotou Panagiotou, 486.
帕帕季米特里乌，Christos Harilaos Papadimitriou, 216, 217, 502, 503.
帕特南，Hilary Whitehall Putnam, 162, 180, 259.
帕图里，Ramamohan Paturi, 543.
派特勒，Tomáš Peitl, 489.
庞加莱，Jules Henri Poincaré, 304.
佩尔，John Pell, 345.
佩尔热，Zoltan Perjés, 378.
佩尔斯，Rudolf Ernst Peierls, 230.
佩格登，Wesley Alden Pegden, 287, 513.
佩雷尔曼，Grigori Yakovlevich Perelman, 304.
佩雷斯-吉梅内斯，Xavier Pérez-Giménez, 195.
佩雷斯，Yuval Peres, 486.
佩利，Raymond Edward Alan Christopher Paley, 20, 320.
佩龙，Oskar Perron, 74–75.
佩曼特尔，Robin Alexander Pemantle, 351.
佩斯蒂奥，Jules Pestieau, 403, 407.
配对排序技巧，pairwise ordering trick 使, 147.
皮尔斯，Charles Santiago Sanders Peirce, 124.
皮尔斯，John Franklin Pierce, Jr., 103.
皮尔逊，Karl (= Carl) Pearson, 307.

皮库尔科，Oleg Bohdan Pikhurko, 540.
皮帕兹里萨瓦，Thammanit (= Knot) Pipatsrisawat, 209, 520.
皮乔托，Henri (= Enrico) Picciotto, 418.
皮塔西，Toniann Pitassi, 46.
皮特尔，Boris Gershon Pittel, 316, 351.
皮特曼，James William Pitman, 308.
皮亚诺夫斯基，Lech Andrzej Pijanowski, 109.
平特，Ron Yair Pinter, 433.
泊松，Siméon Denis Poisson, 13, 21, 312, 324, 490.
珀尔，Judea Pearl, 230.
珀莱宁，Antti Ensio Pöllänen, 426.
珀塞尔，Michael Purcell, 304.
蒲柏，Alexander Pope, 555.
普德拉克，Pavel Pudlák, 199.
普吉特，Jean-François Puget, 245.
普莱斯特德，David Alan Plaisted, 236.
普雷斯特维奇，Steven David Prestwich, 522.
普林斯，Christian Prins, 525.
普林斯海姆，Alfred Israel Pringsheim, 225, 286.
普鲁塞尔，Thomas Bernd Preußer, 29, 329.
普罗普，James Gary Propp, 317, 401.

齐夫科维奇，Zdravko Živković, 119.
齐格蒙德，Antoni Zygmund, 20, 25, 320.
齐梅尔松，Mark Boris Tsimelzon, 261.
齐默尔曼，Paul Vincent Marie Zimmermann, 330.
契尔沃年基斯，Alexey Yakovlevich Chervonenkis, 23.
浅尾仁彦，Yoshihiko Asao, 438.
乔斯林，Julian Robert John Jocelyn, 77, 379.
乔治斯，John Pericles Georges, 462.
乔治亚迪斯，Evangelos Georgiadis, 306.
切比雪夫，Pafnutii Lvovich Chebyshev (= Tschebyscheff), 13, 304, 310, 312, 318, 320, 325, 486.
切比雪夫，Pafnuty Lvovich Chebyshev (= Tschebyscheff), 3, 7.
切斯特顿，Gilbert Keith Chesterton, 304.
切廷，Gregory Samuelovich Tseytin, 162, 202, 203, 212, 236, 261, 263, 277, 279, 290, 294, 298, 462, 465, 481, 495, 526, 545.
琼斯，Alec Johnson Jones, 350.
琼斯，Kate Jones (= Katalin Borbála Éva Ingrid Adrienne née Eyszrich), 372, 374.
丘库，Mihai Adrian Ciucu, 401.

仁保洋二，Yoji Goff Niho, 335.

萨尔瓦尼，Domenico Salvagnin, 350.
萨尔希，Yakoub Salhi, 544.
萨卡拉，Karem Ahmad Sakallah, 244, 260, 526, 537, 539.
萨克斯，Horst Sachs, 369.
萨姆森，Edward Walter Samson, 203, 259.
萨尼，Sartaj Kumar Sahni, 525.
萨伊斯，Lakhdar Saïs, 499, 544.
塞茨，Simo Sakari Seitz, 219.
塞尔曼，Bart Selman, 195, 218, 260.
塞盖迪，Márió Szegedy, 226, 284, 515.
塞格，Gábor Szegő, vii.
塞迈雷迪，Endre Szemerédi, 202.
塞缪尔斯，Stephen Mitchell Samuels, 12, 309.
塞奇威克，Robert Sedgewick, 347, 412.
桑默斯，Jason Edward Summers, 469.
桑垣焕，Akira Kuwagaki, 429.
桑兹，George William (= Bill) Sands, 435.
瑟利，Marc Thurley, 520.
瑟伦松，Niklas Kristofer Sörensson, 209, 279, 471, 526.
瑟斯顿，Edwin Lajette Thurston, 377.
沙里卡尔，Moses Samson Charikar, 319.
沙利特，Jeffrey Outlaw Shallit, 350.
沙利文，Francis Edward Sullivan, 455.
沙伊德勒，Christian Scheideler, 327.
莎士比亚，William Shakespeare (= Shakspere), 154, 561.
绍博，Sándor Szabó, 426.
绍博，Tibor András Szabó, 489.
绍莫什，Michael Somos, 389.
舍恩伯格，Arnold Franz Walter Schoenberg, 113.
舍尔普胡伊斯，Berend Jan Jakob (= Jaap) Scherphuis, 380.
舍宁，Schöning, 217.
申斯泰德，Craige Eugene (= Ea Ea) Schensted, 532.
圣马里，参见 弗莱 · 圣马里，Camille Flye Sainte-Marie, 362.
施蒂尔特耶斯，Thomas Jan Stieltjes, 74–75.
施拉格，Robert Carl Schrag, 260.
施勒德，Friedrich Wilhelm Karl Ernst Schröder, 358.
施利普夫，John Stewart Schlipf, 530.
施利亚赫特，Ilya Alexander Shlyakhter, 539.
施罗皮尔，Richard Crabtree Schroeppel, 306, 467.
施密特，John Roger Schmitt, 540.
施莫伊斯，David Bernard Shmoys, 524.
施奈德，Wolfgang Schneider, 429.
施皮尔曼，Daniel Alan Spielman, 24.
施塔佩尔，Filip Jan Jos Stappers, iv, 353, 386, 442.
施泰纳，Jacob Steiner, 240, 358, 522, 531.
施特恩，Moritz Abraham Stern, 74–75.
施特拉森，Volker Strassen, 318.
施瓦茨，Benjamin Lover Schwartz, 139, 421.
施瓦茨，Eleanor Louise Schwartz, 417.
施瓦茨，Karl Hermann Amandus Schwarz, 322.
施瓦兹科普夫，Bernd Schwarzkopf, 538.
史密斯，Barbara Mary Smith, 539.
史密斯，Cedric Austen Bardell Smith, 44.
矢田礼人，Ayato Yada, 444.
矢野龙王，Tatsuo = Ryuoh Yano, 441, 447.
舒伯特，Dirk Wolfram Schubert, 350.
舒尔特-吉尔斯，Ernst Franz Fred Schulte-Geers, iv, 11, 305, 309, 315.
舒马赫，Heinrich Christian Schumacher, 45, 329.
朔尔茨，Robert Arno Scholtz, 334.
斯蒂克尔，Mark Edward Stickel, 260.
斯科特，Alexander David Scott, 489, 512, 513.
斯科特，Allan Edward Jolicoeur Scott, 475.
斯科特，Dana Stewart Scott, 403.
斯科特，Sidney Harbron Scott, 461.
斯科维尔，Richard Arthur Scoville, 285.
斯克鲁钦，Thomas Scrutchin, 415.
斯克耶恩，Skjøde Skjern, 421.
斯莱，Allan Murray Sly, 196.
斯利森科，Anatol Olesievitch Slisenko (= Slissenko), 202.
斯隆，Neil James Alexander Sloane, 106, 350, 388.
斯洛克姆，Gerald Kenneth (= Jerry) Slocum, 339.
斯洛托贝尔，Gerrit Jan Slothouber, 71.
斯马特，Nigel Paul Smart, 373.
斯迈利，Dan Smiley, 421.
斯奈德，Thomas Marshall Snyder, 66, 365.
斯内维利，Hunter Saint Clair Snevily, 158.
斯潘科夫斯基，Wojciech Szpankowski, 490.
斯潘塞，Joel Harold Spencer, 220, 514.
斯佩肯梅尔，Ewald Speckenmeyer, 259, 482.
斯佩纳，Emanuel Sperner, 533.
斯彭斯，Ivor Thomas Arthur Spence, 545.
斯皮策，Frank Ludvig Spitzer, 23.
斯皮格尔塔尔，Edwin Simeon Spiegelthal, 342.

斯普拉格，Thomas Bond Sprague, 29, 46.
斯塔尔，Daniel Victor Starr, 365.
斯塔基，Peter James Stuckey, 527.
斯塔杰，Gert Wolfgang Stadje, 315.
斯塔姆，Hermann Stamm-Wilbrandt, 260.
斯泰厄，Ulrike Stege, 475.
斯泰因豪斯，Władysław Hugo Dyonizy Steinhaus, 422.
斯坦，Clifford Seth Stein, 524.
斯坦，Sherman Kopald Stein, 358, 426.
斯坦巴赫，Heinz Bernd Steinbach, 531.
斯坦利，Richard Peter Stanley, 401, 532.
斯特布恩，Jitka Stříbrná, 489.
斯特德，Walter Stead, 134, 416.
斯特勒，Arthur Newell Strahler, 277.
斯特里奇曼，Ofer Strichman, 471.
斯特林，James Stirling, 49, 116, 274, 316, 351, 486, 551.
斯特鲁伊克，Adrian Struyk, 416.
斯特罗斯，Charles David George Stross, iii.
斯特扎克，David Robert Stirzaker, 310.
斯通，Richard Andrew Stong, 364.
斯图茨勒，Thomas Günter Stützle, 255.
斯托尔马克，Gunnar Martin Natanael Stålmarck, 200, 260, 277, 471, 495, 500.
斯托克，David Geoffrey Stork, 305.
斯瓦米纳坦，Ramasubramanian (= Ram) Pattu Swaminathan, 530.
斯威夫特，Howard Raymond Swift, 375.
松井知己，Tomomi Matsui, 350.
苏格拉底，son of Sophroniscus of Alopece Socrates, 258.
苏宇瑞，Francis Edward Su, 154.
孙妮克，Nike Sun, 196.
索尔，Norbert Werner Sauer, 325.
索尔金，Gregory Bret Sorkin, 195.
索克尔，Alan David Sokal, 512, 513.
索门齐，Fabio Somenzi, 499.

塔扬，Robert Endre Tarjan, 188, 452, 481, 483.
泰勒，Brook Taylor, 17.
泰特，Peter Guthri Tait, 347.
坦陶，Till Tantau, 327.
汤普森，Joseph Mark Thompson, 66.
汤泽一之，Kazuyuki Yuzawa, 444.
陶布，Mark Lance Taub, iii, iv.
陶尔多什，Éva Tardos, 323.
陶尔多什，Gábor Tardos, 221, 489, 514.
特顿，William Harry Turton, 300.
特尔保伊，Tamás Terpai, 321.
特劳布，Joseph Frederick Traub, 336.
特雷布拉，Stanisław Czesław Trybuła, 304.
特雷莫，Charles Pierre Trémaux, 45.
特鲁姆珀，Klaus Truemper, 530.
特鲁什钦斯基，Mirosław (= Mirek) Janusz Truszczyński, 482.
滕尚华，Shang-Hua Teng, 24.
藤吉邦洋，Kunihiro Fujiyoshi, 433.
田村直之，Naoyuki Tamura, 234, 292, 522, 524–526.
田岛宏史，Hiroshi Tajima, 234.
图厄，Axel Thue, 306.
图格曼，Bastian Tugemann, 64.
图兰，Pál (= Paul) Turán, 460.
图沙尔，Jacques Touchard, 347.
托恩，Adrianus Nicolaas Joseph Thoen, 107, 352, 354, 411, 416.
托尔比恩，Pieter Johannes Torbijn, 134, 386, 410.
托尔斯泰，Lev Nikolayevich Tolstoy, 154.
托尔松，Linda Marie Torczon, 35.
托维，Craig Aaron Tovey, 276, 488.

瓦蒂利亚克斯，Charles Auguste Watilliaux, 139.
瓦尔德，Abraham (= Ábrahám) Wald, 16, 315.
瓦尔迪，Ilan Vardi, 330.
瓦尔纳斯，Johannes (= Joost) Pieter Warners, 526.
瓦格纳，Stephan Wagner, 389.
瓦贡，Stanley Wagon, 426.
瓦普尼克，Vladimir Naumovich Vapnik, 23.
瓦塞尔曼，Alfred Wassermann, 407.
瓦西列夫斯卡 · 威廉斯，Virginia Panayotova Vassilevska Williams, 289.
万利斯，Ian Murray Wanless, 330.
王福春，Fu Traing Wang, 418.
王浩，Hao Wang, 116.
王毅，Yi Wang, 322.
威尔逊，David Bruce Wilson, 198, 274, 317, 487.
威廉 · 格拉茨玛，William Petrus Albert Roger Stephaan Graatsma, 71.
威廉斯，Richard Ryan Williams, 527.
威廉斯，Virginia Panayotova Vassilevska Williams, 289.
维迪加尔 · 莱唐，Ricardo Bittencourt Vidigal Leitão, 364, 367, 368.
维恩，John Venn, 338.
维格德森，Avi Wigderson, 201, 278, 316, 495.
维林加，Siert Wieringa, 258.
维舍斯，George Vernon Neville-Neil III (= Kode Vicious), iii.
维舍斯，Kode Vicious (= George Vernon Neville-Neil III), iii.
维图欣斯基，Pavel Viktorovich Vitushinskiy, 538.
维耶诺，Gérard Michel François Xavier Viennot, 221, 222, 224, 285, 412, 510.
维佐克，Bernhard Walter Wiezorke, 428, 429.
韦茨勒，Nathan David Wetzler, 212, 501.
韦恩，Edward James William Wynn, 488.
韦尔茨尔，Emmerich Oskar Roman (= Emo) Welzl, 282.
韦尔奇，Lloyd Richard Welch, 32.
韦尔斯，Mark Brimhall Wells, 45.
韦格尔，Peter Heinrich Weigel, 368, 422, 441.
韦莱，Joséphine née Quart Ouellet, 365.
韦穆特，Udo Wilhelm Emil Wermuth, iv.
韦特林，Arie [= Aad] van de Wetering, 107, 352, 354, 409–411, 416.
梶谷洋司，Yoji Kajitani, 433.
魏尔施特拉斯，Karl Theodor Wilhelm Weierstrass (= Weierstraß), 74–75.
魏斯曼特尔，Robert Weismantel, 522.
魏因，Joel Martin Wein, 524.
温恩，John Arthur, Jr. Winn, 531.
温克勒，Peter Mann Winkler, 309, 544.
温赖特，Martin James Wainwright, 288.
温赖特，Robert Thomas Wainwright, 78, 79, 265, 381, 382, 467.
温莎，Aaron Andrew Windsor, 335, 336, 367.
温思罗普，Andrews, William Winthrop, 332.
温特，Ferdinand Winter, 379.
温文杜，Wen-jin Woan, 412.
文德尔，James Gutwillig Wendel, 326.
文斯，Andrew Joseph Vince, 417.
翁嫩，Sr. Hendrik Onnen, 29.
沃恩，Theresa Elizabeth Phillips Vaughan, 285.
沃尔蒂耶娃，Alexandra Borisovna Goultiaeva, 213.
沃尔夫，Elias Wolff, 423.
沃尔科夫，Stanislav Evgenyevich Volkov, 321.
沃尔克普，David William Walkup, 322.
沃尔什，Toby Walsh, 529.

沃克，Robert John Walker, 26, 28, 29, 45.
沃利斯，John Wallis, 387.
沃灵顿，Gregory Saunders Warrington, 540.
沃罗诺伊，Georgii Fedoseevich Voronoï, 427.
乌里，Dario Uri, 374.
乌利波，Oulipo, 362.
乌西斯金，Zalman Philip Usiskin, 304.
吴峻恒，Jun Herng Gabriel Goh, 449.
吾妻一兴，Kazuoki Azuma, 7, 17, 324.
伍兹，Donald Roy Woods, 51, 342.
武井由智，Yoshinori Takei, 319.

希尔，Gerald Allen Hill, 421.
希尔伯特，David Hilbert, 74–75, 436.
希尔顿，Anthony John William Hilton, 461.
希兰，Mary Sheeran, 471.
希勒，James Bergheim Shearer, 220, 224, 284.
西奥博尔德，Gavin Alexander Theobald, 460.
西尔弗，Stephen Andrew Silver, 265, 469.
西尔克，Torsten Jürgen Georg Sillke, 141, 424, 428, 436.
西尔维斯特，James Joseph Sylvester, 74–75, 307.
西马蒂，Alessandro Cimatti, 260.
西蒙，Laurent Dominique Simon, 213, 260.
西蒙斯，Gustavus James Simmons, 462.
西姆金，Menahem Michael Simkin, 47.
西瓦里奥，Gilles Civario, 64.
西歇尔曼，George Leprechaun Sicherman, iv, 136, 405, 409, 416, 419, 422, 427, 430, 455.
西野正彬，Masaaki Nishino, 103, 402.
夏皮罗，Louis Welles Shapiro, 412.
夏原正典，Masanori Natsuhara, 340.
项洁，Jieh Hsiang, 258.
小高斯珀，Ralph William Gosper, Jr., 170, 306, 417, 467.
小亨特，Warren Alva Hunt, Jr., 212.
小霍尔，Marshall Hall, Jr., 45.
小霍格特，Verner Emil Hoggatt, Jr., 325.
小佩格，Edward Taylor Pegg, Jr., 381.
小佩格，Edward Taylor, Jr. Pegg, 416, 419.
小珀德姆，Paul Walton Purdom, Jr., 178, 180, 259, 276, 490.
小萨维奇，Richard Preston Savage, Jr., 304.
小瓦格斯塔夫，Samuel Standfield Wagstaff, Jr., 460.
筱崎隆宏，Takahiro Shinozaki, 319.
肖茨，William Frederic Shortz, 361.
肖尔，Peter Williston Shor, 401.
肖索，Frederick Alvin Schossow, 44.
谢德尔，Stefan Hans Szeider, 489, 539.
谢弗，Thomas Jerome Schaefer, 543.
谢勒，Karl Scherer, 431.
谢泼德，Geoffrey Colin Shephard, 402, 405.
欣钦，Alexander Yakovlevich Khinchin, 25, 328.
辛格，Satnam Singh, 471.
辛格尔顿，Colin Raymond John Singleton, 121.
辛克莱，Alistair Sinclair, 219, 282, 516.
辛兹，Carsten Michael Sinz, 160, 245, 249, 262, 295, 460, 537.
熊全治，Chuan-Chih Hsiung, 418.
休尔，Marienus (= Marijn) Johannes Hendrikus Heule, iv, 184, 187, 191, 212, 215, 232, 238, 258, 262, 272, 302, 457, 470, 480, 501, 519–521.
休谟，David Hume, 155.
徐林，Lin Xu, 261.
徐一新，Yixin Xu, 515.
许可，Ke Xu, 275.

雅恩，Fritz Jahn, 357.
雅卡尔，Paul Jaccard, 319.
雅凯，Philippe Pierre Jacquet, 490.
雅罗斯拉夫采夫，Grigory Nikolaevich Yaroslavtsev, 536.
岩间一雄，Kazuo Iwama, 489.
延森，Johan Ludvig William Valdemar Jensen, 13, 23, 74–75, 310, 315, 321, 327.
姚波，Bo Yao, 433.
姚期智，Andrew Chi-Chih Yao, 336, 435.
野下浩平，Kohei Noshita, 102, 417.
叶光清，Roger Kwan-Ching Yeh, 462.
一松宏，Hirosi Hitotumatu, 102.
伊东利哉，Toshiya Itoh, 319.
伊斯门，Willard Lawrence Eastman, 48, 334.
因迪克，Piotr Józef Indyk, 324.
因帕利亚佐，Russell Graham Impagliazzo, 46, 199, 543.
永田昌明，Masaaki Nagata, 103, 402.
尤斯特，Raphael Yuster, 519.
约德，Michael Franz Yoder, 328.
约翰逊，David Stifler Johnson, 9, 303, 452, 461, 558.
约库什，William Carl Jockusch, 401.

泽基纳，Riccardo Zecchina, 196, 227, 516.
扎比，Ramin David Zabih, 351.
扎兰凯维奇，Kazimierz Zarankiewicz, 239, 245, 297.
扎内特，Arrigo Zanette, 474.
扎普，Hans-Christian Zapp, 401.
扎沃德尼，Jakub Závodný, 465.
詹姆斯 · 怀特，Phyllis Dorothy James White, 9.
詹森，Carl Svante Janson, iv, 307, 315, 317, 320.
张瀚涛，Hantao Zhang, 258, 260.
张霖涛，Lintao Zhang, 260.
张天玮，Tianwei Zhang, 489.
赵颖，Ying Zhao, 260.
珍妮科特，Serge Jeannicot, 481.
钟金芳蓉，Fan Rong King Chung Graham, 325.
朱克曼，David Isaac Zuckerman, 219, 282.
朱允山，Yunshan Zhu, 260.
竹中贞夫，Sadao Takenaka, 429.
兹威克，Uri Zwick, 519.
祖卡，Livio Zucca, 419.
佐勒，Christian Sohler, 327.

索引

有一个简单的索引，
所以可以毫不拖延地找到你想要的任何东西.
——《麦考尔烹饪书》（1963 年）

当一条索引所指的页码包括相关习题时，请参考习题的答案了解更多信息. 习题答案的页码未编入索引，除非其中有未曾涉及的主题.

#（数字符号，表示十六进制常数，如 #c0ffee），v.
∂S（边界集合），201–202, 300.
$\Longrightarrow$：蕴涵, 245, 292, 523.
$\Longleftrightarrow$：当且仅当, 159, 524, 526, 528.
$\varnothing$（空集），456.
χ 临界图, 115.
$\delta_{\rm f}, \Delta_{\rm f}$（刷新参数），216.
$\delta_{\rm p}, \Delta_{\rm p}$（净化阈值参数），254–257.
ϵ（空字符串），223.
ϵ（空子句），157.
γ（欧拉常数），546, 547.
  随机数源, 40, 306.
Γ 函数, 389.
Λ（空链接），343.
λx ($\lfloor \lg x \rfloor$), v, 442.
$\mu(C)$（子句复杂度），202, 278.
νx（1 的数量），参见 位叠加和, v, 11, 312, 340, 535.
ϕ（黄金比例），106, 374, 546, 547.
  随机数源, 10, 40, 284.
π（圆周率），546, 547.
  随机数源, 11, 39, 48, 51, 63, 66, 97, 98, 106, 108, 122, 129, 134, 146–149, 151, 153, 154, 164, 192, 241, 248, 272, 325, 446, 463, 542.
π 参考, 42.
π 函数, 236–237, 295.
ψ（灵活性阈值），216, 254–257, 282.
ρ（变量活跃度的阻尼因子），279.
ρ（强化的阻尼系数），229–230.
ρx（直尺函数），v, 105, 442.
$\tau(a, b)$ 函数, 272.
ε（启发式得分中的偏移量），256.
ϖ_n, 85.
ϖ_n（第 n 个贝尔数），86, 387, 440.
ϱ（子句活跃度的阻尼因子），214.
$\wp$（幂集，所有子集的族），312, 445.
$\wp$（重言式，永真子句），156, 157, 201, 203, 300, 481, 517.
k 阶独立, 1.
L_7 格, 515.
AVAIL 栈, 517.
STAMP(l) 字段, 518.
blit, 497, 499.
0 起始的索引, 63, 352.
01 矩阵，参见 矩阵，01 矩阵, 83.
$\{0,1,2\}$ 矩阵, 123.
$\{0,1,2,3\}$ 矩阵, 387.
1SAT 问题, 194, 273.
1 的连续段, 175, 269, 296.
2SAT 问题, 194, 196–198, 219, 235, 270, 272, 274, 281–282, 452, 524.
2 度正则图, 44, 50, 122.
2 着色，超图 2 着色, 456.
2 字母单词, 342.
3CNF, 273.
3SAT 问题, 156, 192–196, 202, 203, 217–219, 229–230, 259, 263, 272, 273, 278, 301–303, 363, 495.
3 度正则图, 272, 278.
3 字母单词, 342.
4SAT 问题, 194, 196, 275, 545.
4 度正则图, 545.
4 环, 91, 242–243, 392, 489, 530, 534.
4 面对称性, 146, 265, 385, 453.
4 字母单词, 32, 80, 128.
4 字母码字, 32–39.
5 × 5 × 5 立方体, 140.
5SAT 问题, 196, 201, 489, 545.
5 字母单词, 31, 50, 51, 122, 128, 131.
6SAT 问题, 196.
6 字母及以上长度的单词, 31.
7SAT 问题, 196, 276.
8 个邻居（国王移动），122, 148.
8 面对称性, 146, 151, 355, 444, 453.
12 音列, 113.
16 皇后问题, 61, 94, 128, 130.
60° 旋转对称性, 438.
64 皇后问题, 396.
90° 旋转对称性, 46, 105, 144, 146, 265, 355, 375, 396, 419, 453, 470, 531.
100 个测试样例, 245–254.
100 组子句, 303.
120° 旋转对称性, 438.
180° 旋转对称性（中心对称性），120, 143, 144, 146, 355, 373, 376, 385, 407, 410, 438.
3 取 1 SAT 问题, 543.
666（兽之数），52, 134.
∞ 皇后问题, 106.

AAAI：美国人工智能协会（成立于 1979 年）；人工智能促进协会（自 2007 年起），209.
Ace Now 游戏, 6, 16.
ACT 得分, 254–255.
ACT(c), 214.
ACT(k), 208–210, 215–216, 260.
Acta Mathematica, 74–75.
AGILITY 变量, 216, 282.
AND 运算, 163, 165.
ARCS(v)（顶点 v 的第一条弧），52, 343.
ATPG：自动生成测试模式，参见 故障测试, 162, 257, 264.
阿达马变换, 427.
阿尔罕布拉宫, 416.
阿兹特克菱形, 130, 132, 401.
埃尔德什差异模式, 246, 299, 302.
安全距离, 134.
安全组合拼图，参见 愚人圆盘, 339.
鞍点法, 124, 491.
按列排序, 400.
按位或, 106.
按位与, 106, 331.

按行排序, 400.
暗榫, 139.
凹函数, 3, 310, 327.
奥里弗耶分解, 166.

$B(p_1, \cdots, p_m)$，参见 多元伯努利分布, 12.
$B_{m,n}(p)$，参见 累积二项分布, 12.
$B_n(p)$，参见 二项分布, 12.
BDD 基, 485.
BDD：约化的有序二元决策图, 4, 168, 236–237, 260, 264, 273, 295, 301, 311, 438, 449, 452, 459, 463, 464, 466, 470, 486.
BerkMin 求解器, 260.
BEST 表, 98.
BIMP，二元蕴含表, 498.
BOUND 字段, 83, 122.
BST(l) 字段, 478.
BSTAMP 计数器, 478.
八边形, 119.
八皇后问题, 45, 175, 349, 538.
八联骨牌, 140.
八面对称性, 146, 151, 355, 444, 467.
八面体, 116, 136, 429.
巴别塔, 538.
巴克斯特排列, 23, 433.
摆动函数, 196, 276.
百万次内存访问（Mμ）, 470.
斑点拼图, 423.
斑马谜题, 113.
板块（迹论）, 222–224.
板块堆, 221.
版权, 451.
半对称拟群, 358.
半皇后, 330.
半加器, 161, 162, 526.
半阶乘（$n!!$）, 25.
半距离, 350.
半模格, 516.
半十字, 426.
半字：32 位量, 391.
包裹多面体, 117, 136, 374.
包络级数, 311.
保可满足性的映射, 240–245.
饱和加与饱和减, v, 17–19.
饱和三进制加法, 333.
北极圈, 401.
备忘录缓存, 100, 203, 496.
备忘录技术, 496.
悖论, 51, 313.
背包问题
  偏序背包问题, 281.
被标记的顶点, 342.
贝尔数, 387, 440.
贝塞尔函数，广义的, 412.
贝塔分布, 12.
贝叶斯网络, 230.
本质上不同（不等价），也见 对称性破缺, 369, 378.
笨拙树, 492.
彼得森图, 122, 384.
比较，字典序, 235, 243–245.
比较器模块, 248, 264.
比奈梅不等式, 3.
比赛, 259–261.
比特地区, 109.
壁纸, 118, 136, 405.
必需的项, 74.
必要的赋值, 190, 272.
避开子矩阵, 239–240.
编篮工艺师, 268.
编码理论, 32.
编码为子句, 159–162, 169, 232–237, 262, 300, 467, 471, 545.
  三态编码, 299.
编译器, 37.
边际成本, 99.
边界, 351, 436, 453.
边界变量, 494.
边界标记, 48.
边界和房间, 144–145.
边界集合, 201–202, 300.
边界框, 109.
边连接立方体, 427.
变量, 155.
  引入新变量, 203.
变量的场, 228, 287.
变量交互图, 245–247, 301.
变量消除, 230–232, 237, 258, 279, 289–290, 294, 516, 518, 519, 529.
变量状态独立衰减和启发式, 260.
标号迹, 285.
标号角锥, 285.
标记位, 498.
标准差：方差的平方根, 41, 193, 323, 502.
表格, 135.
表示坐标系
  八面体坐标, 372.
  笛卡儿坐标, 370.
  偶数/奇数坐标, 371.
  重心坐标, 370, 380.
表头元素, 490.
宾果游戏, 10.
并查算法, 447.
并行编程, 46.
并行乘法器, 164–166.
并行方法, 258.
并行进程, 170, 174, 252, 258.
波浪数独, 66.
波利亚
  定理, 540.
  瓮模型, 5, 15–17, 314.
伯恩赛德引理, 373, 385.
伯纳德 · 弗里德曼的瓮, 16.
伯努利
  分布，多元伯努利分布, 12, 15, 17, 226.
补偿归结, 185, 270, 272.
补文字, 244, 524.
不必要的分支, 199, 491.
不变量断言, 173–174, 189, 248, 267, 339, 482, 483, 515, 519.
不等式谜题, 146–147.
不等式谜题的强线索, 146–147.
不等式谜题的弱线索, 146–147.
不等式谜题的上下界, 146.
不对称的, 105.
不对称的解, 349.
不关心取值, 464, 536.
不交最短路径, 533.
不可分解的矩阵, 297.
不可见结点, 102.
不可交换变量, 285.
不可满足公式, 155.
不可满足核, 456.
不可满足性阈值, 227.
不可满足性证书, 210–212, 281, 291, 297, 298.
不确定的语句, 341.
不确定性处理, 171, 267, 301.
不同的文字, 156.
不完全贝塔函数, 12.

不相关的序列, 314.
不相交的集合, 44.
不相交国王路径, 114.
不相连的形状, 145, 365.
不一致子句， 参见 不可满足公式, 155.
布尔公式, 155.
布尔函数, 4, 166–167, 311, 312, 438.
  单调函数, 312, 354, 442, 537.
布尔函数的等价, 299.
布尔函数的对偶, 258, 295, 311.
布尔函数的计算, 299, 464.
布尔链, 161, 164, 236, 246, 295, 299.
部分分式, 323.
部分赋值, 179, 288, 477.
部分回溯, 476.
部分拉丁方构造, 276.

C-SAT 求解器, 260.
CDCL（由冲突驱动的子句学习）求解器, 204–212, 237, 252, 279.
  与前瞻求解器比较, 249–252, 302.
  与前瞻求解器相结合, 258.
Chaff 求解器, 209, 260.
CNF： 合取范式, 162, 235, 236, 279, 294, 335, 463, 465.
commit(p, j), 101, 370.
commit$'(p, j)$, 394.
coNP 完全问题, 156, 475.
cook 子句, 281.
cover$'(i)$, 75, 101.
CPLEX 系统, 175, 544.
CPU：中央处理器（一个计算机线程）, 252.
CSP: 约束满足问题, 78, 113, 539.
CTH字段, 370.
CUTOFF, 360.
彩虹, 108, 387.
彩色立方体, 78.
参与者, 187, 190, 271.
残缺棋盘, 243, 246, 298, 541.
草图, 19.
测度论, 315.
测试模式， 参见 故障测试, 162, 246.
层（价值层）, 205–208.
插入操作, 34.
插入堆, 497.
差分序列, 544.
差异模式, 246, 302.
柴郡猫, 174–176, 248.
长方体, 69, 119, 423.
超八面体对称性, 438.
超边, 104.
超多项式小, 9, 317.
超固体五联骨牌, 427.
超归结, 200, 493, 516.
超级 dip, 334.
超级多米诺骨牌, 77.
超级多姆拼图, 375.
超级数独, 108, 115.
超级正反面拼图, 375.
超几何函数, 324, 325.
超立方体, 386.
超平铺, 370, 371.
超时, 251.
超图, 104.
  2 着色, 456.
超图着色, 115.
超越数, 306.
车连通, 114, 153, 292.
车路径, 474.
车移动, 122, 395.
撤销, 28, 30, 36–38, 48, 55, 184–186, 484.
撤销纯化某项, 98, 370, 399.
撤销调整, 82.
撤销覆盖某项, 58, 98, 101.
撤销删除, 55, 103.
撤销隐藏某选项, 58, 98, 399.
乘法
  二进制乘法, 161, 164–166, 246, 263, 264, 294.
乘法公平的序列, 16, 314.
城堡, 134.
成本, 40, 93–99, 103, 337.
成本的阈值, 98.
诚实表示, 238, 527.
尺倍增, 283.
冲突, 254, 260.
冲突的字母对, 222.
冲突图, 411.
冲突子句, 205, 211.
冲突子句， 也见既判子句, 293.
重复边, 420.
重复使用路径, 215.
重复项, 123.
重复选项, 123.
重复子句, 194.
重命名的霍恩子句, 297, 521.
重启, 172.
重新标记， 重新映射, 375.
重新划分选区, 109.
重新开始, 219, 231, 254, 260.
  并刷新文字, 215–216, 254, 260, 281, 282, 498.
重新缩放的活跃度得分, 209.
重言式问题, 156, 157, 258.
重言子句（$\wp$）, 156, 157, 201, 203, 481, 491, 492.
抽样， 有放回的抽样和无放回的抽样, 22–23, 194–195, 393.
初始状态 X_0, 168, 169, 171, 174, 266, 470.
触发器, 191, 256.
触及的变量, 518.
触及的子句, 190.
传播， k 阶, 296, 530.
传播算法, 341.
传播完备性， 参见 UC_1, 296.
传递律, 199, 492.
串, 439.
串的前缀, 392.
纯化某项, 98, 129, 370, 399.
纯文字, 178–180, 182, 189, 203, 259, 262, 271, 276, 476, 481, 491, 516, 518, 526, 527, 532.
纯文字消除, 518.
纯循环, 267.
戳记（时间戳）, 37–39, 48, 184, 206, 208, 270, 279, 391, 478, 499, 518.
磁带, 180.
磁带记录, 180.
词方, 47, 152.
  历史, 333.
  双重, 111, 333.
词方的历史, 333.
词根顺序, 47, 534.
次加性, 9, 202.
次数， 多元多项式的次数, 20.
从堆中删除, 497.
从三维到二维的投影, 139.
从右向左的最大值, 325.
从左向右的最大值, 325.
从左向右最大值或最小值, 24.
存在量词, 203.
错误推理, 167, 539.

d-基表示, 294.
$d^+(v)$（顶点 v 的出度）, 339, 364, 439.
DFAIL字段, 191, 272.
Dfalse（条件为假）文字, 191.
dips, 48.
DLINK 字段, 57.
DLX 算法, 103.
DNF：析取范式, 166–167, 248, 464, 516.
DPLL（戴维斯、帕特南、洛格曼、洛夫兰）算法, 180–182, 204, 259.
  带有前瞻机制的 DPLL 算法, 185.
Drive Ya Nuts 拼图游戏, 117.
DT（双重真值）, 191.
Dtrue（条件为真）文字, 191.
打包整数, 402.
打破对称性，参见 对称性破缺, 368, 537.
打破对角线，参见 环绕, 46.
大偏差，参见 尾部不等式, 6, 13.
大数定律, 324.
大写字母, 50.
大于, 438.
大子句, 271.
代表, 417.
带符号排列, 243, 298, 300, 438.
带符号映射, 300.
待办栈, 518.
戴尔 Precision 3600 工作站, iv.
单边估计, 13.
单侧多边形, 93.
单侧多形, 132, 133, 135, 414–416.
单侧四联骨牌, 133.
单侧四弯块, 137.
单侧五联骨牌, 132, 133, 405.
单词矩形, 30–32, 47, 77, 128, 153.
单词立方体, 333.
单词楼梯谜题, 111, 130.
单词搜索, 73.
单词搜索谜题, 110, 114, 130, 359.
单点固定故障, 162–166, 246, 264.
单调布尔函数, 4.
单调函数, 286.
  布尔函数, 264, 312, 442, 537.
单调蒙特卡罗方法, 317.
单调子句, 158, 261.
单对称的皇后图案, 349.
单联骨牌, 67, 70, 381, 410.
单联立方, 69.
单链表, 102.
单菱形, 135.
单人纸牌游戏, 109.
单位元, 110, 126.
单斜形, 137.
单一前瞻单元归结, 297.
单元编码, 460.
单元表示（= 顺序编码）, 233–235, 246, 252, 526, 537.
单元表示的补充, 235.
单元传播（$\vdash_1$）, 183, 205, 207, 209, 211, 229, 232–234, 237–238, 260–261, 279, 280, 288, 293, 295, 296, 499, 527, 529, 533.
单元格的奇偶性, 131–135, 384, 405, 408, 409.
单元格和块, 402.
单元条件, 231, 289, 518, 520.
单元子句, 478.
单元子句（= 一元子句）, 157, 159, 162, 165, 179, 180, 183, 207, 211, 259, 270, 281, 335, 462, 501, 544.
道勒盒子, 140.
德布鲁因环, 77, 111, 130.
德菲方块, 532.
德累斯顿大学, 307.
德累斯顿工业大学, 29, 307.
德摩根定律, 156.
地板铺设, 468.
地雷, 269.
等边三角形, 117.
  坐标系, 116, 137.
等差数列, 157, 246.
  避免；也见 $waerden(j,k;n)$, 263.
等和的编码, 295.
等价关系, 388.
等价类（迹论）, 222.
等价算法, 447.
等间距的 1, 157, 246.
等距投影
  非等距投影, 139.
等腰三角形, 374.
等腰直角三角形, 137.
笛卡儿积, v.
笛卡儿坐标, 119, 370.
棣莫弗的鞅, 16.
第 0 层, 205, 207, 254, 280, 496.
递归, 81, 83, 86.
递归公式的不动点, 341.
递归算法, 46, 56, 176, 258, 293, 336, 341, 496.
递归与迭代的对比, 46.
递推关系, 86–88, 124, 276, 313, 317, 325, 338, 347, 454, 482.
典型真值（PT）, 184, 189.
点，抽象的点, 239.
点积，向量的点积, 17, 22.
点减运算（$x \dot{-} y = \max\{0, x-y\}$）, v.
点减运算（$x \dot{-} y = \max\{0, x-y\}$）, 17–19, 228, 326, 383, 459.
电路，布尔电路, 162, 236–237.
电路，布尔电路，也见 布尔链, 162, 246.
电路中的导线, 162–166, 264.
电路中的门, 236–237, 252, 264.
电影, 139.
调查传播, 196, 227–230, 288, 480.
调查问卷, 51.
调和数，分数, 315.
调试, 216.
调整, 81.
调整参数, 229–230, 254–258, 302.
调整数据结构的大小, 478.
调整自己, 261.
迭代式局部搜索, 255.
迭代与递归的对比, 329.
顶点, 104.
顶点 v 的出度（$d^+(v)$）, 339, 361, 364, 439.
顶点不相交路径, 130, 401.
顶点的度数, 461.
顶点的入度, 361.
顶点覆盖问题, 345, 452.
顶点匹配, 118.
顶点着色的四面体, 120.
定向环检测, 519.
定向路径, 557.
定义域, 26, 46, 47.
丢番图方程, 121, 373.
丢弃的数据, 42.
丢弃上次学到的子句, 212, 280.
动态包含, 254, 280.
动态存储分配, 270.
动态规划, vi, 409.
动态排序, 33, 43, 45, 49, 340.
动态最短路径, 49.
毒牌, 538.
独立集合, 122, 160, 273.

独立事件, 2.
独立随机变量, 1, 6, 7, 11–13, 17, 314.
  k 阶独立, 1, 11.
独立子问题, 43.
度数, 461.
度数序列, 137.
杜布鞅, 8, 17, 22.
短浮点数, 391.
断言子句, 参见 强制子句, 205.
堆插入, 497.
堆叠板块, 222.
堆垛（empilement）, 222, 284, 509.
堆和, 276.
堆排序的数组, 98.
堆删除, 497.
堆数据结构, 480.
对变量进行排列和（或）取补的操作, 参见 带符号排列, 243, 438.
对称布尔函数, 13, 485, 486, 516, 527.
  S_1, 159.
  $S_{\leqslant 1}$, 参见 至多为一约束, 159.
对称函数, 299, 475.
对称化, 随机变量的对称化, 24.
对称解, 531.
对称来自不对称, 170, 470.
对称线索位置, 150.
对称性, 59, 61, 73, 116, 118, 241, 265, 371, 385, 405, 420.
对称性类型, 146, 438.
对称性破缺, 30, 36, 49, 105, 115, 116, 131, 132, 141, 144, 158, 239–246, 299, 300, 329, 355, 368, 373, 381, 402–405, 407, 410, 420, 421, 423, 429, 449, 457, 458, 460–462, 501, 525, 537, 538, 540, 543–545.
对称性约简, 89, 538.
对称性子句, 239, 280.
对称阈值函数, 参见 基数约束, 161, 262, 457, 459, 486.
对合, 带符号对合, 244–245, 300.
对合多项式, 集合的对合多项式, 286.
对角线（斜率 ±1）, 20, 26, 46, 61, 356.
对角线元素, 174–176.
对偶, 104, 419.
对偶解, 29, 30, 47, 419.
对偶排列问题, 125.
对偶线性规划问题, 398.
对偶有向生成树, 53.
对数凹序列, 12, 21, 383.
对数编码, 233–234, 246, 248, 294.
对数凸序列, 21.
队列, 162, 334, 337.
多棒, 137.
多方形菱形, 参见 多斜形, 137.
多精度常数, 546–548.
多聚物, 418.
多困境, 430.
多里立方体, 424.
多丽丝（Doris）® 拼图, 377.
多联骨牌, 67, 105, 109, 117, 135, 146.
多联骨牌数独, 66.
多联骨牌中的洞, 132, 411.
多联立方, 69, 105, 138, 146.
多联立方的交叉, 141.
多菱形, 135, 137, 146.
多六球, 143.
多六形, 136, 146.
多米诺骨牌, 67, 109, 135, 442.
  风车, 135.
  平铺, 130, 243, 246, 248, 269.
多米诺萨, 109.
多面体, 包裹, 117, 374.
多平台, 143.
多忝, 427.
多球, 141–143.
多球中的金字塔, 142–143.
多商品流, 292.
多弯块, 137.
多线, 参见 多棒, 137.
多项式
  在迹论中, 223.
多项式, 也见 切比雪夫多项式, 可靠性多项式, 20, 125, 508.
多项式定理, 328.
多斜形, 137.
多形, 131, 137, 416.
  带有方格图案的, 131, 133.
多形的多形, 133, 136, 137.
多形的放大, 133.
多元伯努利分布, 12, 15, 17.
多元全正性, 参见 FKG 不等式, 14.
多元素, 也见 五元素, 52.
多枣, 427.
多重划分为不同的多重集合, 123.
多重集合, 24, 107, 123, 157.
多重集置换, 511.
多重匹配（Multimatch）® 拼图, 372, 374, 376.
多重染色覆盖, 79, 102.
多重图, 20, 420, 495.
多重线性函数, 224.
多重着色覆盖, i.
惰性数据结构, 178–183, 207, 280, 497.

e（自然常数）
  随机数源, 40, 154, 164, 463.
Eleven 博客, 353.
俄罗斯方块, 67, 222.
恶魔立方体, 139.
蒽, 136, 142.
二部图, 107, 201, 297, 345, 544.
二部图匹配问题, 87, 126, 130, 276.
二叉树, 144.
二叉搜索树, 20, 103, 351.
二分查找, 360, 457.
二分结构, 227.
二阶矩原理, 4, 13, 14, 20, 198, 310, 486, 488.
二进制表示, 11, 105.
二进制乘法, 161.
二进制加法, 246.
二进制矩阵, 239–242.
二进制矩阵, 参见 01 矩阵, 22.
二进制奇偶校验, 11.
二进制数字系统, 162, 233.
二进制译码器, 299.
二聚体平铺, 358.
二面体群, 78, 371, 373.
二十个问题, 52.
二十面体, 正二十面体, 374, 416.
二维匹配问题（2DM）, 参见 二部图匹配问题, 87, 107, 113, 392.
二项分布, 12, 20, 21, 310, 323, 325, 326.
二项卷积, 21, 511.
二项式系数, 274, 325.
二项树, 42.
二元递推关系, 459.
二元分划, 50.
二元关系, 199.
二元矩阵, 276.
二元随机变量, 2–4, 10–13, 21, 23.
二元向量, 21, 91.

二元艺术公司, 381.
二元约束, 113, 292.
二元缊涵表（BIMP）, 183–188, 254, 270.
二元缊涵图，参见 有向依赖图, 188, 260.
二元运算, 110, 126, 352, 438.
二元运算的乘法表, 110, 352.
二元张量列联问题, 269.
二元字符串, 301.
二元子句, 157, 159, 183, 254, 261, 280.

F-五联骨牌，参见 R-五联骨牌, 68.
factor_fifo(m,n,z), 162, 164, 246, 303.
factor_lifo(m,n,z), 162, 246.
factor_rand(m,n,z,s), 162, 303.
FIFO：先进先出, 162.
FKG 不等式, 5, 14, 226, 312.
forty-two..., 255.
FPGA 设备：现场可编程门阵列, 29.
*fsnark*子句, 210, 246, 273, 281.
FT 数组, 81.
发散级数, 389.
发生阈值，图的发生阈值, 284.
翻转, 69, 118, 132, 373, 375, 403, 404, 406.
反波浪, 373.
反对称性, 298.
反馈机制, 191, 238.
反射对称性, 36, 78, 244, 265, 280, 329, 355, 373, 375–376, 411.
反射三元码, 545.
反射字符串, 128.
反向词典, 47.
反向单元传播, 211.
反向列表, 34, 38.
反转, 313.
反最大元素子句, 199, 204, 232, 277, 279, 289.
泛化的多联骨牌, 137.
范德蒙德矩阵, 305.
范德瓦尔登数，参见 $W(k_0,\cdots,k_{b-1})$, 158, 244, 268–271.
范德瓦尔登问题, 205–208, 212–215, 232, 248, 252, 257–258, 268–271, 301.
方差，随机变量的方差, 2, 18, 42, 49, 51, 124, 194, 282, 287, 322, 502.
  总方差定律, 23.
方法 I, 203.
方法 IA, 204, 279.
方格图案的染色, 72.
方形解剖拼图, 143.
方形三角形, 415.
芳烃, 136.
房间和边界, 144–145.
访问一个对象, 26, 28, 30, 39, 58, 76, 82, 342.
放宽约束, 45, 107, 175.
菲, 136, 142.
非传递骰子, 10.
非对称的, 299.
非对称消除, 519.
非对称重言式，参见可确认子句, 290.
非负系数, 286.
非负下鞅, 315.
非负相关的随机变量, 14.
非构造性证明, 470.
非互相攻击的皇后, 121.
非交叉路径, 292.
非亏减运算，参见 点减运算, v.
非敏锐偏好启发式, 81, 346, 358, 392, 404, 411, 413.
非平衡依赖图, 220, 221, 284, 287, 456, 489.
非全等 SAT, 456.
非确定性多项式时间, 259.
非确定性有限状态自动机, 296.
非冗余的合取范式, 516.
非色性矩形, 297.
非同构解, 49.
非伪, 528.
非直五联骨牌, 131.
非终结符, 296.
非周期字符串, 32, 48, 334.
非主项, 106.
非自反关系, 199.
非子集 $f \nearrow g$, 445.
斐波那契
  尺函数, 507.
  斐波那契数, 283, 314.
  数, 101, 129, 548.
  骰子, 10.
  鞅, 16.
斐波那契尺, 507.
斐波那契数, 482.
葩, 136, 142.
费勒斯图, 135.
分布函数, 326.
分布式计算, 29.
分部求和技巧, 194.
分而治之, 44.
分划, 46, 50.
  多重集合的分划, 123.
  集合分划, 85, 104, 116, 127, 424.
  整数分划, 135.
分解的约简, 143–145.
分解精确覆盖问题, 70, 87, 92, 103, 115, 137, 141, 380, 400, 407, 409, 414, 433.
分解问题, 43–45, 50, 51, 343, 462.
分界点，参见 可满足性阈值, 195.
分块而治之方法, 258.
分块设计, 240.
分量，参见 连通分量, 121.
分数精确覆盖, 263.
分数着色数, 263.
分形, 417.
分支程序, 294, 295.
分支的选择，参见 MRV 启发法，非敏锐偏好启发法，敏锐偏好启发法, 365.
分支启发法，也见 决策文字, 238, 270.
封闭路径, 149.
蜂巢, 47.
蜂王, 47, 352.
风车, 143–145, 426, 432, 433.
风车数独, 355.
风琴管序, 61.
凤凰, 475.
否证，也见 不可满足性证明, 198–203.
否证链, 200, 491.
否证树, 277.
浮点算术, 483, 501.
  溢出, 209.
符号约定, v, 550–554.
  $\langle xyz\rangle$（中位数）, v, 162, 263.
  $\pm v$（v 或 $\bar v$)）, 156.
  $\|\alpha \vdash C\|$, 201.
  $|l|$（文字变量）, 156.
  $C' \diamond C''$（归结）, 198, 276.
  $C \subseteq C'$（包含于）, 277.
  $F \mid L$（给定 L 的 F）, 176, 281.
  $F \mid l$（给定 l 的 F）, 176, 231.
  $F \vdash_1 l$, 237.
  $F \vdash_1 \epsilon$, 211, 281.
  $F \vdash C$（F 蕴涵 C）, 202, 277, 278.
  $G \oplus H$（直和）, 297.

$w(\alpha)$, 201.
$w(\alpha \vdash \epsilon)$, 201.
$x \dot{-} y$（点减运算）, v.
$x\dot{-}y$（点减运算）, 17–19, 228, 326, 459.
辅助变量, 159, 160, 165, 166, 168, 203, 232, 238, 242, 263, 273, 292–295, 457, 520, 537.
副项, 60, 65, 69, 79, 80, 90, 105, 126, 127, 345–346, 355, 387, 402–404, 406, 412, 421.
活动列表, 345, 347.
副项死亡, 347, 407.
复合, 313.
复用操作（u? v: w）, 294, 485.
父结点， 树的父结点, 53.
覆盖赋值, 288, 486, 515.
覆盖某项, 56, 98.
覆盖所有点, 20.
覆盖问题, 79, 156, 368, 464.
覆盖字符串, 301.
负 k-子句, 281.
负的辅助变量, 238.
负二项分布， 累积, 12.
负文字, 156.
负相关的随机变量, 15, 306.
负载平衡, 46.

Gμ, 61.
Gμ：十亿次内存访问, 459.
每分钟, 544.
GB_GATES 程序, 165.
go to 语句, 370.
GRAND TIME 谜题, 66.
GUROBI 系统, 544.
改进的全加器, 246, 536.
概率方法, 219.
概率分布, 124.
伯努利分布, 12, 15, 17.
多元伯努利分布, 12, 15, 17.
二项分布, 12, 20, 21.
广义累积二项分布, 12.
几何分布, 17, 21.
柯西分布, 22.
累积二项分布, 12–13.
累积负二项分布, 12.
泊松分布, 13, 21, 312.
学生 t 分布, 324.
整数柯西分布, 22.
概率分布函数, 326.
概率估计, 3.
概率空间, 1, 23.
概率密度， 相对, 20.
概率生成函数, 12, 23, 316, 323, 324.
盖上当前时间戳, 37, 48.
高度， 二叉树的高度, 50, 345.
高速缓存, 174.
割规则, 202.
割集, 445.
戈塞特 t 分布（= 学生 t 分布）, 324.
鸽巢原理, 200.
子句, 200–202, 239, 245, 277, 278, 297, 301, 457, 523.
格, 533.
部分赋值的格, 288.
格雷码, 470, 538.
给定的文字（$F \mid l$ 或 $F \mid L$）, 176.
给定的文字（$F|l$ 或 $F|L$）， 也见 单元条件, 231, 269.
根结点, 39.
更好的理由, 280.
更新, 85, 124–126, 360.
公理子句, 198, 234, 522.
公平的设计, 66, 108.
公平的序列, 6, 8, 16, 314, 324.
公主, 133.
共存皇后军队, 300.
共轭分划, 125.
共轭子群, 438.
共享资源, 21–22.
估计解的个数, 42–43.
孤立顶点, 405, 520.
古尔德， 亨利 · 沃兹沃思
古尔德数, 124.
固定故障， 单点, 246.
固定文字, 184.
故障测试, 162–166, 246, 264, 519.
卦限, 382.
关节点, 97, 154, 452.
关联矩阵, 104.
关于两条对角线的反射, 144.
关于两条对角线均对称, 105, 453.
关于序列的鞅, 6.
关于序列公平的, 6.
关注的焦点, 88–90, 103, 126, 187, 208, 362, 449, 450.
《官方英语拼字游戏玩家词典》, 31, 47, 111, 342.
管风琴, 53.
管风琴排列, 292.
管风琴音色, 53.
灌铅的骰子, 20.
广播, 292.
广度优先搜索, 106, 184, 189, 209, 258, 330, 498.
广群， 参见 二元运算, 352, 438.
广义环面, 405, 415.
广义累积二项分布, 12.
广义数和谜题, 152.
归并网络, 524.
归结, 481.
归结（$C' \diamond C''$）, 259.
归结的推广, 491.
归结否证， 也见 不可满足性证明, 198–203, 211, 243, 277.
归结可确认子句, 520.
归结链, 200–202, 277.
归结链的宽度, 201–202.
归结证明的有向无环图, 198–200.
归结子句, 198–207, 211, 258, 259, 289, 294, 489, 516.
实现, 289.
归纳法证明， 机器证明, 174, 471.
规范解, 70, 105.
双对, 126–127, 132.
规范排列, 51.
砖块, 141.
规范形式, 265, 353, 377, 509.
规范字符串, 509.
规划, 260.
国际象棋, 160.
国际象棋图, 292.
国王联通性, 292.
国王连通, 417.
国王路径, 42, 43, 46, 49, 114.
哈密顿路径, 43, 444.
国王移动, 122, 148, 262, 291.
过拟合, 302.
过奇偶性论证, 331.

HAKMEM, 306, 415.
HEAP 数组, 282, 502.
hide$''''(p)$, 399.
hide$'''(p)$, 394.
hide$'(p)$, 75, 101, 129.
H 网格, 417.

哈密顿
  哈密顿路径, 43.
哈密顿， 威廉 · 罗恩
  哈密顿圈, 120.
哈密顿路径, 148, 303.
哈密顿圈, 120, 291, 443, 448.
嗨达图谜题 ®, 148–149.
海星图, 510.
汉明距离, 105, 540.
合并器, 252, 302.
合取范式, 162, 235, 236, 279.
  非冗余的合取范式, 516.
合取素式, 238.
核, 484.
核， 霍恩子句的核, 482.
核赋值, 288.
核化, 91.
赫尔德不等式, 24.
赫克 · 洛斯公司, 376.
黑白原理, 271.
黑客, 468.
黑蓝原理, 271.
黑色单元格和白色单元格, 408, 410.
宏指令, 69.
候选变量, 260, 481.
后处理器, 231.
后进先出, 162.
后退标示, 45.
后向与前向, 18.
后序, 188–189, 481.
互不攻击的皇后, 248.
互斥协议, 248, 266–267.
互素函数 $\varphi(n)$， 欧拉 φ 函数, 364.
互信息, 20.
花瓣推进器, 361.
花瓣形, 136, 137, 415.
花状蛇鲨图, 210, 272, 277, 281.
华盛顿纪念碑拼图， 参见 愚人圆盘, 339.
化学家, 136.
环检测问题, 519.
环路, 120, 149–152.
环路的签名, 445, 447–449.
环面, v, 46, 113, 118, 262, 265, 370, 405, 469.
  3 维, 141, 425.
环绕, 46.
环形的平铺, 116, 377.
缓存命中, 100.
缓存友好的数据结构, 33.
缓转弯, 151.
幻方, 352.
幻掩码, 306.
皇后, 300.
皇后， 参见 n 皇后问题, 121, 175.
皇后， 参见 n 皇后问题, 26.
皇后放置, 301.
皇后军队, 300.
皇后控制问题, 79.
皇后图, 105, 115, 234–235, 246, 251, 292, 300, 382.
皇后移动, 122.
皇家水族馆十三谜题, 50.
黄金比例（ϕ）, 106, 374, 546, 547.
  随机数源, 10, 40, 284.
恢复与更新, 28, 33.
回看， 参见 回跳, 206.
回路（从顶点到自身的弧或边）, 20.
回收子句, 208, 254.
回溯, 473, 485.
回溯程序设计, 26–55, 58, 98, 121, 157, 176–182, 206, 238, 258, 260, 276, 297, 352, 367, 433, 442, 460, 495, 499.
  变体结构, 343.
  高效, 329.
回溯树， 也见 搜索树, 27, 43, 46, 61, 105, 270, 330, 337, 360.
  估计树的大小, 41, 43.
回跳, 45, 206, 210, 214, 260, 496, 499, 501.
回退点, 37.
回文词, 263, 264, 332.
汇：没有后继顶点的顶点, 224, 392, 405, 481.
  分量, 241–243.
汇编语言, 69.
婚姻定理, 489.
混合基数数字系统, 526.
活动扳手原则, 245, 301.
活锁, 172–173.
活跃的列表元素, 34.
活跃度得分, 126, 208, 214–216, 254–255, 260, 279.
活跃环, 180.
活跃路径, 165.
伙伴系统, 183, 270, 498.
霍顿-斯特勒数, 277.
霍恩核, 295.
霍恩子句, 260, 288, 297, 482, 521.
  霍恩子句的核, 482.
  重命名的霍恩子句, 297, 521.
霍夫丁-吾妻一兴不等式, 7, 8, 17, 324.

IBM 1620 计算机, 29.
IBM 704 计算机, 342.
IBM System 360-75 计算机, 29.
IEEE 会刊, v.
ILP， 参见 整数规划问题, 45, 303, 396, 435.
ILS：迭代式局部搜索, 255.
INX 数组, 185.
IP：整数规划, 175, 303, 396, 435, 540.
IST(l) 域, 185.
ISTACK 数组, 185.
ISTAMP 计数器, 185, 270.

基本位置, 136, 137, 142, 402, 412, 430, 438.
基数约束, 161, 175, 238, 240, 246, 252, 262, 463, 466, 473, 540.
  区间, 460.
基于树的前瞻， 参见 前瞻森林, 188.
基准, 69, 182, 266, 273, 407, 460.
  100 个测试样例, 245–254.
基准测试, 474, 525.
迹（广义字符串）, 221–227, 512, 514.
迹的乘法, 222, 284.
迹的除法, 223.
迹的高度, 222.
迹的右除法, 223, 284.
迹的右因子, 284.
迹的长度, 222.
迹的左除法, 223, 284.
迹的左因子, 284, 285.
迹论中的角锥, 224, 285.
迹论中的依赖图, 509.
迹论中的圆锥, 224.
迹图, 222.
饥饿, 173–174, 248, 266, 267.
即刻疯狂, 44, 50, 120, 378.
吉帕齐图案, 268.
急转弯, 151.
极大不等式, 7, 16.
极大平面图, 457.

极端分布, 225, 226, 286.
极客艺术, 248–249, 412, 424.
极小极大解, 110, 332, 360, 361, 395.
极性, 156, 209, 216, 499.
级数相关系数, 269.
集合的表示, 443.
集合分划, 46, 85, 104, 116, 127, 310, 377, 424, 485.
集合分划，参见 精确覆盖问题, i, 56.
集合分划的尾部, 86, 124, 388.
集合分划的最后一个块, 86.
集合覆盖, 128.
集合族, 14, 104.
集合族的并（$\mathcal{F} \sqcup \mathcal{G}$）, 14.
集合族的交（$\mathcal{F} \sqcap \mathcal{G}$）, 14.
集族, 445.
集族的最小元素, 445, 448.
几何分布, 17, 21, 323, 506, 520.
几何平均与算术平均, 24, 316.
几何数独, 66.
几乎必然, 9, 17, 22, 275, 278, 316.
寄存器, 28.
既判子句, 234, 293.
计算复杂性, 336.
《计算机程序设计艺术》, ii, 24, 248.
《计算机程序设计艺术》问题, 248.
加工周期, 293.
加利福尼亚大学, 29.
加利福尼亚大学洛杉矶分校, 29.
加强子句, 231, 280, 518.
加权排列, 285.
加权图, 53.
加权项, 129.
加权因式分解, 425.
加州理工学院, 358.
家庭匹配问题, 104, 400.
假文字优先, 180, 181.
尖锐阈值, 196, 274.
监视文字, 178–182, 207–208, 260, 270, 280, 497–499.
间隔结点, 57, 127, 345, 393, 394, 398.
减少子句，也见 子句集的简化, 176, 231, 269.
简单路径, 42, 49, 148, 173–174, 267, 443.
简单循环, 267.
渐近, 10.
渐近方法, 14, 22, 273, 276, 287, 347, 352, 477, 491, 494, 539.
将 $\{1, \cdots, n\}$ 映射到 $\{1, \cdots, m\}$, 116.
将矩形分解为矩形, 143–145.
将三项映射到两位码, 299.
将一种多形简化为另一种多形, 419.
交叉, 381.
交错根，多项式的交错根, 286.
交互的方式, 74.
交互式方法, 268, 366.
交换到前面, 478, 504.
交换律, 110, 176, 300, 317, 491.
　部分可交换性, 222.
交换尾部, 321, 326, 389, 490.
角落到角落的路径, 49.
阶乘生成函数, 347.
阶理想, 354.
阶为 r, 244.
截断参数, 187, 271.
截断策略, 39.
截断误差, 95, 395.
截断性质, 26, 28, 33, 46.
截断阈值, 98, 129.
截断原理, 30.
截塔八面体, 143.
结点, 61.
结点的度, 39.
结合律, 126, 491.
结合区组设计, 157.
解的交集, 369.
解的数量, 193.
解剖：将一个结构分解为子结构, 143.
解剖的阶数, 144.
金字神秘拼图, 429.
仅用纸和笔的方法, 39.
近似真值（NT）, 184–186.
进度保存，参见 相位保存, 209.
进度报告, 61.
进位, 162, 235, 463.
进制表示, 35.
惊喜, 150.
精确覆盖的差异度, 105.
精确覆盖的颜色控制，参见 XCC 问题, 147, 426.
精确覆盖问题, i, 56–59, 83, 96, 102, 103, 106, 128, 147, 156, 158–159, 177, 262, 302, 339, 378, 409, 457, 484, 490, 545.
　成对（完美匹配），也见 多米诺骨牌平铺, 242–244.
　分数精确覆盖问题, 263, 398.
　含三元组（三维匹配问题，3DM）, 261.
　极端问题, 124, 130.
　均匀, 105.
　严格的精确覆盖问题, 83, 84.
　最小成本精确覆盖问题, 93–99, 103.
精确覆盖问题的算法
　修改, 110.
　最小成本, i, 93–95, 97–99.
精确染色覆盖, 74, 94.
精确着色覆盖, i.
经验标准差, 358.
经验概率, 23.
经验性能测量, 252–254.
竞赛, 259–261, 545.
竞争解决, 21–22.
镜像, 140.
九皇后的问题, 107.
九联骨牌, 109, 134, 137–139, 355, 357.
就绪列表, 180.
局部变量, 57.
局部等价性, 90–91.
局部引理, 219–227, 261, 276, 287.
局部最大值, 22.
橘子，堆叠, 141–142.
矩，概率分布的矩, 24.
矩形网格, 149–154.
矩阵，01 矩阵, 22, 83, 103–106, 123, 239–242, 269.
矩阵乘法, 519.
矩阵的积和式, 302, 511.
矩阵的迹：对角元素的和, 484.
矩阵的迹：其对角线元素的和, 241.
矩阵的扫描线, 241–242, 298.
矩阵问题的银弹, 242.
《具体数学》, 326, 455.
巨型连通分量, 121.
巨型强连通分量, 196.
拒绝法, 40, 336.
聚合随机游走, 18.
锯齿谜题, 117.
锯齿数独, 66, 107, 108, 134.
卷积，序列的卷积, 21, 343.
卷积原理, 511.
决策树，见搜索树, 254.
决策文字, 205, 210, 254, 260.
绝对收敛, 2.
均匀采样误差, 23.
均匀分布, 17–21, 24, 282, 321.

均匀偏差：在 0 和 1 之间均匀分布的随机实数, 20, 22.
均匀随机数, 336.
均匀探测, 319.

k-团, 14, 220.
k 向排序, 105.
K_n（完全图）, 87, 91, 101, 124, 127, 278, 298, 457, 520.
Kμ, 233.
Kμ: 千次内存访问, 470.
Kadon 企业, 429.
kSAT 问题, 156, 194–196, 272, 274, 302.
k 归纳, 471.
卡登企业（Kadon Enterprises）, 373, 377.
卡斯塔单词, 368.
卡塔兰数, 313, 345, 412.
开店调度问题, 248.
开放车间调度, 293.
坎泰利不等式, 310, 326.
柯尔莫哥洛夫不等式, 7.
柯西分布, 22.
可淬火的图, 300.
可达性，图中的可达性, 154, 291, 392, 445, 448.
可达性算法, 445.
可达子集, 52–53.
可翻转的谜题, 448, 450.
可翻转的珍珠谜题, 450.
可分解的矩阵, 297.
可归结子句, 287.
可见结点, 402.
可交换随机变量, 314.
可靠性多项式, 4, 12, 13, 221.
可列表解码码, 323.
可满足赋值, 155, 270, 289, 481.
可满足公式, 155.
  性能差异, 183.
可满足性概率, 192–198.
可满足性问题
  可满足性阈值, 195–198, 487.
可满足性阈值, 227, 275.
“可能” 状态, 171.
可逆存储技术, 37, 49.
可确认子句, 290, 519.
可视化, 245–247.
可下载的程序, iii, 433.
可选的项, 74.
可选停止原则, 6, 315.
可演奏的声音, 53.
克雷 2 号计算机, 264.
空部分赋值, 288.
空集 $\varnothing$, 456.
空列表, 477.
空列表的表示法, 34, 38, 181.
空心迷宫, 545.
空字符串（ϵ）, 223.
空子句, 456.
空子句（ϵ）, 157.
口香糖机问题, 309.
库尔贝克，所罗门
  散度（$D(y||x)$）, 20–21.
库格尔金字塔拼图, 429.
夸德里尔牌戏, 357.
块，数和谜题, 152–153.
块对角矩阵, 297.
块分解, 532.
块和单元格, 402.
块码, 32.
快速精神分裂, 50.
宽字计算, 282.
困难数独, 302.
困难性层次, 296, 298.
扩展的十六进制记号, 68, 402.
扩展的十六进制数字, 68, 402.
扩展归结, 203, 212, 261, 277, 279, 290, 481.
扩张图, 201, 495.
括号, 46.
括号记法, 2.
括号性质, 311.

$L(2,1)$ 标记，图的 $L(2,1)$ 标记, 263.
L-bert 大厅, 139.
L-五联骨牌，参见 Q-五联骨牌, 68.
l_1 范数（$\|\cdots\|_1$）, 324.
$langford(n)$, 159, 182–183, 186, 246, 262.
$langford'(n)$, 159, 246, 262, 499.
$langford''(n)$, 233.
$langford'''(n)$, 522.
Le Nombre Treize，参见 皇家水族馆十三谜题, 50.
LEN 字段, 57, 83, 122.
LLINK 字段, 55, 57, 103.
L 型四联骨牌, 70.
垃圾回收, 55.
拉丁方阵, 44, 66, 146, 442.
拉丁矩形构造, 276.
拉马努金图，也见 *raman* 图, 278.
拉姆齐定理, 220.
拉斯维加斯算法, ii, 282, 283.
莱布勒，理查德 · 阿瑟
  散度（$D(y||x)$）, 20–21.
兰福德对, 29–30, 47, 59, 89, 93, 94, 99, 102, 104, 126–129, 158, 159, 182, 252, 254, 262.
兰福德问题, 105, 232, 254, 292, 457, 544.
乐喜方块拼图, 50.
了解概率分布, 23.
类 UNIX 约定, 402.
类似 X 射线的投影, 175.
累积二项分布, 12–13, 336.
棱柱, 137, 138.
离散的圆形, 133.
离散动力系统, 168.
离散概率, 1.
李维斯特
  子句 R, 198, 301.
理论与实践, 242, 352.
理由, 205–206, 208, 213, 281, 288, 496.
里森制造公司，亨利 · 里森, 380.
利普希茨条件, 9.
利用栈, 518.
历史注记, 26, 29, 45–46, 69, 102–103, 327, 347, 365, 373–377, 379, 382, 402, 405, 415, 423, 441, 444, 447.
立方数，n^3 形式的数, 78.
立方体, 50, 117, 119.
  包裹, 132.
  坐标, 119.
立方体：大盒子内部的 1 × 1 × 1 立方, 69.
立方体中的洞, 139.
立方图（3 度正则图）, 272, 278, 495.
立面, 139.
联合不等式, 11.
联合分布, 11, 20, 327.
联合熵, 20.
连分数, 412.
连通的图, 297.
连通分量, 114, 121–122, 128, 129, 137, 367, 397.
连通谜题, 292.
连通性测试, 291.
连通子集, 51, 142.

连续的 1, 225, 296, 514.
链, 533.
链表, 334.
链接操作, 82.
链接起舞, 476.
链式法则，条件概率的链式法则, 11, 306, 514.
两层骨牌, 135.
两个堆栈, 443.
两级电路最小化, 516.
两两独立的随机变量, 1, 11.
两字母块码, 48.
量化布尔公式, 203, 279, 341.
列， 项是列, 103.
列表的表头, 177.
列表合并, 495, 517.
列表合并排序, 398.
列表头, 55.
列表着色， 图的列表着色, 263, 276.
列对称, 301.
列对称性, 239.
列和, 19, 276.
列联表， 二元列联表, 269.
  三维列联表, 276.
临界区, 172–173.
邻接矩阵, 537.
灵活性水平, 216, 254, 282.
灵活性系数, 227.
灵活性阈值（ψ）, 216, 282.
菱形, 135, 137, 374, 415.
  阿兹特克菱形, 130, 132, 401.
  平铺, 130.
菱形十二面体, 427.
零点定理， 组合, 20.
零元子句（ϵ）, 157.
领土集, 222, 284.
流蛇分形, 417.
留数定理, 22, 324.
六边形, 47, 119, 136.
  坐标, 136.
六边形紧密堆积, 143.
六边形网格, 136.
六联骨牌, 67, 108, 133, 134.
六联立方, 423.
六联形, 415.
龙序列, 370.
楼面图, 144–145, 325.
楼梯形多边形, 135.
漏洞, 168, 502.
卢卡斯数, 391, 400.
路径, 291.
路径（算法 7.2.2.2C 的基本数据结构）, 204–207, 213, 254, 288, 499.
路径， 简单路径, 42.
路径的投影, 303.
路径的阴影, 303.
路径多米诺骨牌, 120–121.
路径图 P_n, 222, 284.
路由， 不交的, 292.
孪生树结构, 144.
乱序约束, 342.
乱序字谜, 51, 342.
伦敦塔, 538.
轮廓，搜索树的轮廓, 27, 31, 50, 276, 336, 360, 383.
轮图（W_n）, 461.
罗森塔尔不等式, 25.
螺旋, 474.
螺旋桨, 417, 428.
逻辑谜题， *也见* 数独, 146–154.
裸单和裸对, 107, 352, 393.
Mμ, 233.
Mμ： 百万次内存访问, 470.
magmas， *参见* 二元运算, 352, 438.
`march` 求解器, 187, 482.
MAXSAT 下界, 303.
MCC 问题： 多重染色覆盖, 102, 121–123, 358, 367, 368, 382, 392, 410, 411, 454.
MCC 问题： 多重着色覆盖, i.
`MEM`， 内存单元数组, 34–39, 207, 254, 280.
mems, 61, 254.
mem（μ）： 一次 64 位内存访问, 28, 182.
mex（最小排斥）函数, 350.
MiniSAT, 209.
`MMIX` 计算机, iii, 282.
$m \times n$ 的平行四边形, 370.
mone（-1）, 503.
MPR： 重温预备数学知识, iii, 1–25.
MRV 启发法, 45, 59, 64, 69, 77, 84, 88, 98, 104–106, 126, 129, 131, 347, 362, 390, 400, 402.
Multimatch® 拼图, 372, 374, 376.
玛土撒拉单人纸牌, 538.
码字， 无逗点码字, 32–33, 47–49.
马尔可夫（老）， 安德烈 · 安德烈耶维奇
  不等式, 13, 282, 315, 316, 322, 503.
马尔可夫不等式, 3, 4, 503.
马尔钦凯维奇不等式, 25.
麦格雷戈图, 246, 262–263, 457, 458.
《麦考尔烹饪书》, 54, 572.
麦克马洪的三角问题, 93, 115, 116, 130.
麦克马洪主定理, 511.
枚举简单环路, 445.
梅林变换, 276.
梅切尔斯基图, 115.
没有主项的选项, 105.
每个第 k 项成本, 129.
每个文字的子句， *也见* 子句密度, 275.
每日一谜, 133.
每子句一个可满足性, 302.
美宝乐（Mayblox）拼图, 379.
美国地图, 129.
美国接壤州, 96–97, 99, 263.
美国锯齿数独, 66.
美国总统, 114.
门德尔松三元组, 358.
蒙特卡罗估计, 40, 45, 49, 95, 110, 369, 371, 374.
蒙特卡罗算法, ii, 39, 317.
谜题, i.
  非常难解的谜题, 437.
谜题设计, 117.
米库辛斯基立方体, 422.
米切尔斯基图, 300.
密铺, 416.
幂等元素, 110.
幂级数, 310, 326.
蜜蜂， 蜂王, 47.
绵羊, 147.
勉强倍增, ii, 216, 219, 283.
勉强斐波那契序列, 283.
面心立方晶格, 141, 430.
妙词谜题, 365.
敏锐偏好启发法, 90, 104, 365, 366, 383.
闵可夫斯基不等式, 24.
明确霍恩子句, 288, 295.
命中集问题, 345.
摸索, 110, 358.
模 4 奇偶性, 299.
模 3 加法, 246.
模格, 515.
模型检测, 168.

模型检测问题, 300.
魔法块, 450, 451.
魔术, 463.
魔术序列, 540.
末日函数, 83, 84.
莫尔斯常量, 306.
默比乌斯，奥古斯特·费迪南德
　多项式, 223, 284, 508, 510.
　函数, 223.
　级数, 223, 284, 285.
默比乌斯带, 132.
默认的参数, 229, 255–257.
默认值
　门电路的默认值, 163.

N（项的数量）, 346.
N_1（主项的数量）, 60.
N-五联骨牌，参见 S-五联骨牌, 68.
n 立方体, 263, 273.
NAND 运算, 203.
NEXT(a)（初始顶点与 a 相同的下一条弧）, 52, 343.
NONSUB 子程序, 453.
NP 难度问题和 NP 完全问题, 9, 50, 106, 113, 135, 148, 155, 156, 224, 259, 269, 276, 301, 302, 350, 434, 452, 475, 525.
NT（近似真值）, 184–186.
n 蜂王问题, 47, 352.
n 皇后问题（独立皇后）, 26–29, 39–41, 45–46, 60, 62, 89, 93, 94, 99, 102, 105, 106, 121, 126, 248, 293, 351, 442.
n 皇后问题（皇后控制问题）, 79, 121.
n 立方, 218, 386.
n 联骨牌, 67, 108, 134, 343.
n 音列, 113.
n 元组, 46.
n 字母单词, iii, 31.
纳诺宾果游戏, 10.
耐心, 300.
内部成本, 129.
内部零, 21, 322.
内处理, 231, 290.
内存单元, 34, 177, 252–254.
内存限制，历史, 334.
内存溢出, 34, 37.
内核子句, 246.
内循环, 329.
尼科利公司, 63, 438, 441, 444, 449.
拟群, 358.
拟阵, 533.
匿名博客, 448.
逆排列, 23, 34, 125, 244, 480, 523.
逆平面划分, 401.
牛顿法, 483.
纽约, 97, 129.
农业, 66.

OEIS®：整数序列的在线百科全书®（oeis.org）, 350, 377, 388, 389, 418, 462, 538.
OR 运算, 163, 165.
OSPD4:《官方英语拼字游戏玩家词典》, 31, 47, 111, 342.
OVAL数组, 214–216, 254, 499, 502.
欧拉-冈珀茨常数, 86.
欧拉常数（γ）, 546, 547.
　随机数源, 40, 306.
欧拉数, 314.
偶-奇自同态, 298.
偶对称, 438.
偶排列, 438.
偶数/奇数坐标, 149, 371, 373, 374, 377, 378, 412, 416, 419, 423, 425.
耦合, 18–19.
　与过去的耦合, 317.

$P_m \boxtimes P_n$（国王走法图）, 443.
$P_0()$, 26.
P=NP（？）, 155.
ParamILS, 255, 479, 542.
PC_k 层次, 296, 298.
petamems: 10^{15} 次内存访问, 101.
$prod(m,n)$, 164–166, 246, 264.
PSATO 求解器, 258.
PT（典型真值）, 184, 189.
Pyradox 拼图, 428.
排除, 64, 438.
排除子句, 159, 171, 233, 246, 262, 275, 278, 500, 519, 544.
排好序的选项，参见 配对排序技巧, 348.
排列, 23, 29, 46, 87, 90, 113, 115, 118, 125, 143, 239, 451, 523.
　带符号，参见 带符号排列, 243, 298, 300, 438.
　多重集的排列, 109.
　加权排列, 285.
排列的上升, 325, 433.
排列的下降, 325, 433.
排列的运行, 314.
排列多项式，集合的排列多项式, 286.
排列偏序集, 480.
排列中的环结构, 125, 241, 298, 534.
排序, 360, 398, 402, 439.
排序网络, 248, 471.
派达图谜题, 444.
旁观者，参见 容易子句, 274.
胖子句, 201.
抛掷硬币, 9, 16, 17, 49, 323.
炮弹, 141.
配对排序, 61, 105.
配对排序技巧, 348.
碰撞处理, 171–173.
皮尔斯三角形, 124.
皮亚诺夫斯基单人纸牌，参见 多米诺萨, 109.
偏序, 509.
偏序关系, 19, 199, 248, 345, 533.
偏序集, 480.
偏序集，参见 偏序关系, 248.
偏置信息, 228.
拼布图案, 467.
平凡可满足子句, 156.
平凡子句, 254–257, 280, 499, 501.
平方数，n^2 形式的数, 78.
平衡染色, 105.
平衡珍珠谜题的解, 449.
平均律, 113.
平均情形的界，参见 算法分析, 24.
平均运行时间, 251.
平均值，参见 期望值, 24, 251.
平卡斯星人, 261.
平面多球, 142.
平面划分, 400–401.
平面图, 96, 444.
平面图中的面, 444.
平面五联立方, 140.
平铺, 104.
　用多米诺骨牌平铺, 130, 242, 298.
平铺的方面, 402.
平铺平面, 118, 372.
平铺整个平面, 118.
平行骨牌, 135.

平行六面体, 69.
平行四边形, 370.
平行四边形多联骨牌, 130, 135.
瓶颈优化，参见 极小极大解, 110, 332, 395.
评分者, 340.
泊松，西梅翁 · 德尼
  概率分布, 13, 21, 312, 490.
  泊松试验, 312.
破碎的行, 22.
葡萄糖测量，参见 文字块距离, 213.
铺设地板, 468.

QDD：拟 BDD, 459.
七联立方, 423.
七菱形, 415.
七巧板, 418.
期望值, 2–5.
期望值，也见 条件期望, 11–14.
奇偶归并网络, 524.
奇偶换位排序, 522.
奇偶数, 306.
奇偶相关子句, 298, 545.
奇排列, 484.
奇数/偶数坐标，参见 偶数/奇数坐标, 149, 371, 373, 374, 377, 378, 412, 416, 419, 423, 425.
棋盘, 42–46, 49, 70, 79, 122, 132, 137, 169, 175, 240, 265, 300, 375, 408.
骑士和象数独, 122.
骑士移动, 43, 122, 248, 291.
启发式, 481.
启发式得分
  变量的启发式得分, 187–191, 204, 208, 256.
  子句的启发式得分, 213–214, 254–257.
千万次内存访问（Kμ）, 470.
前向与后向, 18.
前瞻的嵌套阶段, 186, 188–189.
前瞻的探索阶段, 186, 189–190.
前瞻的预选阶段, 272.
前瞻求解器, 199, 232, 259, 297.
  与 CDCL（由冲突驱动的子句学习）求解器比较, 249–252, 302.
前瞻森林, 188–190, 271–272, 290.
前瞻性, 33, 38, 45, 49.
嵌入, 291.
嵌入的图, 110.
嵌套的杂色解剖, 146, 432.
嵌套括号, 46, 411.
强对称性, 116.
强解, 91, 127, 132.
强精确覆盖, 91.
强连通分量, 188, 196, 241, 260, 362, 482, 521.
强平衡的序列, 299.
强迫, 92.
强三色性, 132, 406, 409, 412.
强指数时间假设, 302, 543.
强制, 127.
强制表示, 237–239, 295, 296, 530.
强制文字, 191.
强制子句，参见 单元传播, 205.
切比雪夫，帕夫努季 · 利沃维奇
  不等式, 13, 325, 486.
  切比雪夫单调不等式, 312.
  切比雪夫多项式, 304, 318, 508.
切比雪夫不等式, 7.
切平面, 303.
切廷编码, 162, 168, 236, 263, 294, 465.
  半切廷编码, 462, 526.
亲和力得分, 121.
倾斜正方形的旋转, 419.

清除无用的子句, 212–215, 254, 260, 281, 290, 302, 303, 498.
清理, 360.
求和，有理求和, 22.
球，堆叠, 141–142.
球和瓮, 486.
球体的紧密堆积, 141–142.
区间，实轴上的区间, v, 23, 79, 318.
区间图, 224, 286.
全等对, 136.
全对称拟群, 358.
全加器, 161, 162, 263, 299, 526, 535.
全局变量, 46, 92, 370, 391, 399, 445.
全局排序, 540.
全异约束，参见 至多为一约束, 292, 363.
全音程的音列, 113.
全字：64 位量, 391, 443, 503.
权衡取舍, 254–257.
确定性的算法, 251.
确乎必然, 10, 17, 21, 49, 126, 275, 278, 305, 327.
群, 358.

$\mathcal{R}(G)$（局部引理的边界）, 220, 224.
raman 图, 495.
rand, 186, 195, 248, 272, 302.
RANGE 得分, 254–257.
RB 模型, 275.
RC 问题, 454.
Riesz, 74.
RLINK 字段, 55, 57, 103.
RT（真实真值）, 184–186.
染色论证, 71.
扰动数据, 24.
热切数据结构, 179, 183, 280.
热身运行, 254.
人口, 97.
人口普查数据, 97.
日本箭头谜题, 113, 340.
容斥, 309, 311, 320, 390, 486, 487, 516.
容易子句, 274.
冗余表示, 292.
冗余的文字, 207, 279–280, 496, 497.
冗余线索，删除, 150–151.
如果-那么-否则操作（$u?\ v{:}\ w$）, 276, 485.
软子句, 290.
弱对称性, 116.
弱多联立方, 141.
弱解, 149, 154.
弱强制, 295.

$S_{\leqslant r}(x_1,\cdots,x_n)$ 和 $S_{\geqslant r}(x_1,\cdots,x_n)$，参见 基数约束, 161.
$S_1(y_1,\cdots,y_p)$, 159.
$S_{\geqslant m}$（对称阈值函数）, 13.
SAT 的测试样例, 245–254.
  内容摘要, 246–248.
SAT 求解器的比较, 484.
SAT 问题的困难实例, 303.
SATexamples.tgz, iii, 247.
SATzilla 求解器, 260–261.
SAT：可满足性问题, 156.
SAT 求解器, 126, 155, 335, 354, 387, 405, 411, 426, 446, 462.
Say Red, 315.
SCRABBLE® 英语拼字游戏, 128.
SGB 格式中的应用字段, 342.
SGB，参见 斯坦福图库, 164, 481.
SIAM, 472.
simplex 图, 119–120, 130, 263, 428.

SLACK 字段, 83, 122.
SLS： 随机局部搜索, 216.
SLUR 算法, 238, 297.
SWAC 计算机, 29.
s 链, 197.
s 陷阱, 197, 274.
三倍, 133.
三点不共线问题, 115.
三段论, 258.
三角形, 116.
三角形， 坐标系, 116, 137.
三角形邻居, 430.
三角形网格, 119, 137, 151, 263.
三角形珍珠谜题, 151.
三进制数, 235.
三联骨牌, 67, 117, 133, 142, 143, 409.
三联立方, 69, 140.
三菱形, 135.
三六球, 430.
三六形, 142.
三球, 142–143.
三色性, 132, 406, 409, 412.
三十面体, 374.
三团（3-团）, 13, 289.
三腿支架, 141.
三维可视化, 245–247.
三维匹配问题（3DM）, 87, 109, 125, 261, 490, 545.
三位一体, 126, 392.
三斜形, 137.
三选一可满足性, 302.
三元约束, 113.
三元蕴涵表（TIMP）, 184–187.
三元运算, 162.
三元子句, 157, 159, 184.
三重链接树, 351, 452.
三重三联骨牌, 117.
三轴对称性, 438.
散度， 库尔贝克-莱布勒散度, 20–21, 337.
散列法, 8, 17, 399.
散列函数, 399.
扫雷游戏, 269.
色块, 116.
色数 $\chi(G)$, 115, 273.
森林, 189, 224, 286.
筛选, 485.
删除, 35, 103.
删除操作, 30, 335.
闪烁状态变量, 267.
扇出门, 162–166, 264.
商标, 67.
熵, 20, 21, 23.
  相对熵, 20.
上下文无关语言, 296.
上鞅, 7, 317.
哨兵值, 518.
蛇鲨图, 210, 281.
蛇舞, 265.
蛇形路径, 122.
蛇形循环, 122, 135.
舍入误差, 395.
射影平面, 531.
深度优先搜索, 45, 258, 397.
神秘人, 545.
神秘文本, 51.
升级, 44, 45.
生成规则, 296.
生成函数, 12, 18, 20, 23, 48, 124, 125, 135, 223, 226, 276, 282–283, 310, 311, 313, 317, 324, 336, 337, 343, 347, 357, 399, 459, 464, 485, 494, 540.
  指数生成函数, 285.
生成树, 452, 545.
生命游戏, 168–170, 246, 264–266, 269.
  触发器, 265, 269.
  定子, 265.
  对称吞噬者, 469.
  凤凰, 467.
  孤儿, 266.
  光速, 266.
  航母, 466, 469.
  滑翔机, 169, 265, 470.

  对称, 469.
  静止生命, 170, 469.
  块, 466, 469.
  流动路径, 169, 265.

  触发器, 265.
  普遍性, 168.
  吞噬者, 170.
  稳定模式, 170, 466.
  细胞数, 169.
  伊甸园, 266.
  宇宙飞船, 266, 470.
  长寿者, 170.
  振荡器, 170, 265.
  周期性规律, 170.
  转子, 265.
生日, 85.
生日悖论, 194.
圣杯, 422.
圣彼得堡悖论, 313.
圣诞节, 78.
《圣经》金句, 455.
失败文字, 232, 289, 296, 527.
施泰纳， 雅各布
  三元系, 240, 358, 531.
  树打包, 522.
施瓦茨不等式, 322.
诗意的许可, 332.
十二菱形, 136.
十二面体, 117, 374.
十六进制常数, v, 547.
十六进制数字, 148.
十亿次内存访问（Gμ）, 459.
  每分钟, 544.
十字和谜题, 152.
十字路口, 132.
实根， 多项式的实根, 286, 510.
实践与理论, 242, 352.
实数轴的区间 I, 3.
实心五联骨牌, 140.
使用 ZDD 的舞蹈链, 99–103.
事件, 1.
手风琴单人纸牌, 538.
手工, 226.
手性对, 69, 77, 140, 142, 373, 378, 423, 430.
首次调整, 82.
受损导线, 165, 463.
受限的变量， 在部分赋值中, 288.
受限鸽巢原理, 201.
受限增长串, 13, 127, 300, 329, 370, 377, 388, 440, 451.
受支持的集合, 14.
书图, 255.
输出状态, 296.
输入和输出, 251.
输入状态, 296.
数独, 62–67, 86, 106, 108, 114, 126, 129, 146, 346, 352, 393.

设置程序, 352.
数独解, 66, 93, 107, 115, 352.
数独谜题, 106, 107.
数独中的宫, 108.
数独中的三元组, 107.
数独中的最小行， 参见 数独中的三元组, 107.
数和谜题, 130, 146, 152–153.
数和谜题的对偶谜题, 451.
数和谜题中的通配符, 451.
数回谜题, 146, 149–150.
数据降维, 324.
数据结构, 27–29, 32, 35, 39, 48, 92, 144, 177–182, 230–232, 289, 501, 530.
数据流, 324.
数论, 162, 166, 462.
数学家, 74.
数学游戏, ii.
数壹覆盖, 154.
数壹谜题, 153–154.
数值表, 546–549.
贝尔数（ϖ_n）, 86.
伯努利数（B_n）, 548.
调和数（H_n）, 548–549.
范德瓦尔登数（$W(j,k)$）, 158, 280.
斐波那契数（F_n）, 283, 314, 514, 548.
古尔德数（$\widehat{\varpi}_n$）, 86, 124.
数字体层成像, 248, 267–269.
数字填空, 62.
数组， 三维数组, 378.
树插入, 433.
树的杜威十进制记法, 329.
树方法, 258.
树函数, 494.
树序图, 286.
树状归结, 198–200, 277.
树作为平行骨牌, 135.
刷新文字并重新开始, 215–216, 254, 260, 281, 282, 498, 507.
双边对称性， 参见 双轴对称性, 146, 438.
双对： 覆盖相同项的两对选项, 90–91, 100, 126–127, 403, 409, 414.
双对角线对称性, 144, 146.
双阶乘， 参见 半阶乘, 25.
双联骨牌, 67, 109, 442.
双联立方, 69.
双连通分量, 137, 452.
双跳, 538.
双骰谜题, 423.
双向链表, 55, 103, 177, 517, 518.
双斜形, 137.
双序, 481.
双因素， 诱导, 149.
双重词方, 111, 154, 333.
双重对称的皇后图案, 128, 349.
双重计数, 385–386.
双重前瞻, 256, 260, 541, 542.
双重染色, 248.
双重十字, 342.
双重团提示, 246, 292.
双重着色, 263.
双重真值（DT）, 191.
双轴对称性, 146, 438.
水平对称性和竖直对称性, 453.
税款, 99, 129.
顺序编码, 233–235, 246, 252, 291–294, 526, 537.
顺序分配, 48.
顺序列表, 33–36, 183–184, 270, 443.
顺序一致性, 174.
斯科尔-莫尔公司, 376.
斯佩纳 k 族, 533.
斯坦福大学, 538.
斯坦福大学信息实验室, iv.
斯坦福人工智能实验室, 373.
斯坦福图库, iii, 80, 119, 142, 164, 165, 495.
图和有向图的 SGB 格式, 52.
斯特勒数， 参见 霍顿-斯特勒数, 277.
斯特林， 詹姆斯
近似, 486.
循环数, 49.
子集数, 116, 274, 351, 485, 491.
死胡同, 149.
死锁, 172–173.
四棒, 137.
四比特协议, 248.
四分形拼图, 429.
四分形平铺, 77, 116.
四分之一旋转对称性， 参见 90° 旋转对称性, 46, 146, 375, 396, 419, 531.
四宫数独, 107.
四函数定理, 14.
四皇后的问题, 105.
四联骨牌, 67, 69, 131–134, 419.
四联骨牌的命名, 131.
四联立方, 69, 140.
四六形, 118, 137.
四面对称性, 146, 265, 332.
四面体, 142, 428.
四球, 142–143.
四色定理, 160.
四弯块, 137.
四维匹配问题（4DM）, 87.
四位一体, 392.
四斜形, 137, 419.
松弛变量, 60.
松弛量, 337, 512.
在迹论中, 225.
松弛选项, 397.
松散兰福德对, 47.
搜索树, 27, 30, 39, 46, 61, 180–182, 254, 277, 330, 337, 341, 360.
最优搜索树, 270.
搜索树的直和 $T \oplus T'$, 88.
搜索树中的结点, 182, 210, 254.
搜索树中的叶结点, 87.
搜索重排， 参见 动态排序, 33, 340.
素串, 32.
素数, 390.
素数方块, 94–95, 98.
素数方块问题, 94–95, 98, 128.
素蕴涵元，布尔函数的素蕴涵元, 4, 311, 354, 442, 537.
素子句, 238, 295, 527, 530.
算法 L^0, 186, 272.
算法分析, 8, 17–18, 24, 48, 83–86, 125, 129, 282–283, 287.
算法平滑分析, 24.
算术和几何平均不等式, 24, 309, 316, 427.
算术溢出, 95, 190, 502.
随机变量, 1–18, 40.
随机采样, 39.
随机单词, 274.
随机对象的生成, 317.
随机多米诺骨牌放置, 109.
随机符号, 25.
随机化输入, 301, 358, 477.
随机解， 精确染色覆盖问题, 130.
随机精确覆盖问题, 106.
随机局部搜索, 216.
随机决策变量, 254–257, 280.

随机可满足性问题, 192–198, 227, 274, 276.
　kSAT, 194–196, 272, 274, 302.
　2SAT, 275.
　3SAT, 202, 203, 219, 272, 278, 301–303.
随机排列, 13, 24, 497.
随机三元子句, 192.
随机试验，也见 蒙特卡罗估计, 375.
随机数, 258.
随机数生成器, 317, 503.
随机算法, 17, 105, 126, 216.
随机图, 13, 15, 220.
随机位, 8, 49.
随机位，有偏的, 503.
随机选择, 164, 381.
随机游走, 18, 23, 49, 216–220, 255, 504.
　r 循环上的随机游走, 18, 318.
　聚合随机游走, 18.
所有解, 270, 524.
索玛块, 138, 139.
索玛立方, 70, 72, 137–139, 402, 429.
索玛图, 137.
索引, 114.

Tμ, 69.
Tau 函数, 272.
TIP(a)（弧 a 的末端顶点）, 52, 343.
TOP 字段, 57.
Tot tibi ···（可排列的诗歌）, 45, 154.
Treengeling 求解器, 252.
tweak′, 82.
T 网格, 137.
t 蛇, 197, 198, 274.
T 型四联骨牌, 70.
t 元选票数, 315.
塔, 141.
拓扑排序, 222, 345, 509.
榻榻米平铺, 132, 144–145, 248, 269, 358,
　　405, 412, 431.
泰波那契数, 482.
泰勒公式, 17.
贪婪的皇后, 106.
贪心算法, 263, 294, 398.
特里福利亚（Trifolia）® 谜题, 373.
特丽克尔（Trioker）拼图, 376.
特殊形状, 139.
特许权使用, 53.
特征多项式，矩阵的特征多项式, 286.
特征函数, 22.
提示, 292.
提示子句, 234, 246.
体层成像, 174–176, 248, 267–269, 540.
体层成像平衡的矩阵, 268.
体心立方晶格, 430.
替换, 516.
替换原则, 231.
填充, 68, 104.
填充基定理, 436.
填字谜题, 114.
田纳西大学, 29.
条件操作（$F \mid l$ 和 $F \mid L$）, 176, 231, 269.
条件对称性，参见 自同态, 241.
条件分布, 321.
条件概率, 1, 11, 312.
条件期望, 2, 12–16.
　不等式, 13, 14, 275, 311.
条件期望不等式, 4.
条件为假（Dfalse）文字, 191.
条件为真（Dtrue）文字, 191.
条件自治, 481, 482.
跳舞的滑梯, 445.
跳转到循环的中间位置, 370, 394.
停机问题, 259.
停止规则, 6, 7, 16.
停止时间, 194–195, 274.
通道子句, 522.
通用图, 295.
通用选项, 92.
通用循环, 363.
同构的二元运算, 358.
同痕的二元运算, 352, 354.
同时读/写, 267.
同时写/写, 267.
同态嵌入, 291.
同态像, 44.
同心十字谜题, 361.
同质的谜题, 150, 151.
统计力学, 227.
统计学, 42.
头结点, 103, 399.
投影向量, 445–449.
骰子, iv, 10, 20, 140.
凸包, 509.
凸多边形, 119, 137, 414–415.
　在三角形网格中（*simplex*）, 119–120, 130, 142, 428.
凸多联骨牌, 109.
凸函数, 3, 7, 12, 13, 16, 23, 310, 316, 328, 483.
　严格凸函数, 321.
凸三角形区域, 401.
凸组合, 310, 324.
图案设计, 132.
图布局, 245–247.
图淬火, 246, 300, 537.
图的补, 262.
图的多值染色, 233.
图的核（最大独立集）, 122, 234, 262, 361,
　　382, 457, 458.
图的连接, 285.
图的强积（$G \boxtimes H$）, 122, 262.
图的围长, 297, 545.
图的直径, 420.
图的最短路径, 521.
　动态最短路径, 49.
图厄常量, 306.
图公理, 202, 278, 298, 545.
图或矩阵的直和, 285, 297.
图嵌入, 520.
图着色, 105, 115, 132, 159–161, 233–235, 292,
　　300, 387, 411, 519.
　多重着色, 263.
　分数着色, 263.
　皇后问题, 105, 234–235, 246.
　无线电着色, 263.
图着色约束, 292.
图中的距离 $d(u,v)$, 521.
　汉明距离, 540.
　在平面中, 94.
图中的可达性, 154, 291, 392, 445, 448.
图中的匹配：不相交边的集合, 276, 494, 510.
　完美匹配, 87, 90, 101, 129.
图中的匹配多项式, 510.
图中的完美匹配, 87, 90, 101, 124, 127, 129, 298, 390.
图中的游走, 519.
涂鸦, 455.
团, 13, 115, 234, 285, 289, 291, 292, 300, 411, 461.
　团覆盖, 287.
团簇, 289.
团局部引理, 287.
团提示, 234.

团占优者, 121, 382.
退化树, 345.
椭圆, 401.

UC_k 层次, 296, 530.
UIP：唯一蕴涵点, 260, 496.
ULINK 字段, 57.
uncover$'(i)$, 75, 101.
UNDO 栈, 37.
unhide$''''(p)$, 399.
unhide$'(p)$, 75, 101, 129.
untweak$'$, 82.

v 可达子集, 52–53.
VAL数组（在算法 7.2.2.2C 中）, 213–216, 482.
VAR 数组, 185.
Vier Farben Block 拼图, 425.
VLSI 布局, 433.
VSIDS：变量状态独立衰减和启发式, 260.

W 型墙, 138–139.
$W(k_0,\cdots,k_{b-1})$（范德瓦尔登数）, 158, 257, 261, 268–271, 280.
$waerden(j,k;n)$ 问题, 158, 180, 183, 184, 186–189, 248, 252, 257–258, 261, 280, 289, 301.
WalkSAT 算法, 218–219, 229–230, 255, 282–283, 302, 462, 523, 537.
WARP-30 拼图, 429.
WORDS(n)，前 n 个最常见的五字母英语单词, 31, 51, 80, 154, 367.
瓦尔德方程, 16.
瓦普尼克-契尔沃年基斯维度, 23.
外部成本, 96, 129.
外环面, 113, 363.
弯曲的三联立方, 140, 438.
弯曲谜题, 114.
弯型三联骨牌, 67, 70.
完成率, 62, 105.
完美 n 音列, 114.
完美包装拼图, 427.
完美分解矩形, 145.
完美匹配, 104.
完全 k 部图, 511, 520.
完全 t 叉树, 284.
完全不相关的序列, 314.
完全对称的平面划分, 400.
完全二部图 $K_{m,n}$, 90, 297, 390, 511, 514.
完全二叉树, 161, 262, 494.
完全图 K_n, 87, 91, 101, 124, 127, 278, 298, 457, 520.
完全运行, 214, 281, 498.
万亿次内存访问（Tμ）, 30, 31, 404, 540.
万字饰, 444.
网格图（$P_m \,\square\, P_n$）, 20, 51–53, 242, 263, 276.
  列表着色, 276.
  有向网格图, 53.
网格图案, 169–170, 175–176, 265, 269.
  旋转 45°, 135, 268.
网络中的流, 19.
网站, 247, 319.
微分方程, 388.
微笑, 444, 475.
唯一解, 106, 338, 429, 430.
唯一可满足子句, 193, 485.
唯一余数, 63, 64, 106, 438.
唯一蕴涵点, 260, 496.
维恩图, 338.
维数 $\leqslant$ 2 的偏序, 480.
伪布尔约束，参见 阈值函数, 296.
尾部不等式, 6, 13, 17, 22, 322, 323, 336.
位操作, 106.
位叠加和（νx）：二进位之和, v, 11, 21, 111, 299, 312, 340, 465, 535.
位叠加加法, 340.
位图, 168, 266.
位向量, 442.
位运算, 29, 46, 61, 64, 121, 152, 164, 282, 284, 340, 450, 517.
  AND (&), 参见 AND 运算, 163, 450.
  OR (|), 参见 OR 运算, 163.
  XOR ($\oplus$), 参见 XOR 运算, 163, 517.
未标记的分划, 116.
文字, 155, 244.
  刷新, 215.
文字的初步猜测, 254–257.
文字的高度, 481.
文字的签名, 517.
文字的依赖, 205.
文字块距离, 213, 214.
稳定的部分赋值, 288.
稳定的排序, 402.
稳定扩展, 364.
瓮和球, 486.
我不确定, 114.
沃比冈湖骰子, 10.
沃罗诺伊区域, 427, 430.
屋顶, 142.
无逗点码, 32–33, 45, 47–49.
无法解决的问题, 258.
无分支计算, 503.
无故障矩形分解, 132, 143, 356, 432.
无环定向, 284.
无环阴影, 303.
无记忆性质, 506.
无尽链条拼图, 120, 380.
无穷均值, 313.
无三角形的图, 115.
无三角形图, 289.
无四方的矩阵, 239–240, 245, 530, 540.
无玩家游戏, 168.
无线电着色, 263.
无线索锯齿数独, 108.
无线索字谜, 51.
无限性引理, 116.
无限循环, 505.
无向图与有向图的对比, 53.
无序的顺序列表, 34.
无序集, 334.
无与伦比的解剖, 145.
无种子的数壹谜题, 154.
五边形, 117.
五皇后的问题, 79, 121.
五角谜题, 423.
五联骨牌, 67, 89, 93, 99, 109, 117, 127, 128, 130, 131, 133, 134, 140, 141, 148, 410, 416, 424.
  超固体, 427.
  实体, 140.
  最短对策, 407.
五联骨牌 Q, 145.
五联骨牌 X, 430.
五联骨牌 Y, 89, 93, 126, 141, 145.
五联骨牌的命名, 68, 131, 148.
五联立方, 69, 140, 422.
五菱形, 135, 136.
五元素, 51.
舞蹈链, 30, 158, 543, 545.
  有时很慢, 381.
误差线, 42.
误击, 518.

X2C 问题, 86.
X2C 问题：两个集合的精确覆盖, 127.
X3C 问题, 86.
X4C 问题, 86.
XC 问题，*参见* 精确覆盖问题, i.
XCC 问题：精确染色覆盖, 74, 78, 94, 100, 102, 113, 146–154, 356, 368, 426.
XCC 问题：精确着色覆盖, i.
Xeon 计算机, 544.
XOR 运算, 163, 165.
吸收子句, 290.
析取范式, 166–167, 248, 259.
稀疏, 56.
稀疏编码，*参见* 直接编码, 233.
稀疏二元向量, 21.
稀疏集表示, 35, 478.
西姆斯表, 539.
习题难度编号, vii.
习题说明, vi–vii.
洗牌, 1.
细枝末节（Nitty Gritty）拼图, 376.
下半模格, 515.
下降变换, 231.
下降归结, 232, 289.
下界和上界, 146.
下鞅, 7, 16.
先进先出, 162.
先序, 188–189, 481.
先验概率与后验概率, 21, 336.
纤细多联骨牌, 134.
鲜花力量谜题, 361.
弦图, 286.
贤贤谜题 ®, 146–148.
贤贤谜题中的笼子, 147–148.
显性数对, 65.
线，抽象的线, 239.
线圈：蛇形循环, 135, 386.
线条拼图, 381.
线图, 273, 510.
线性不等式, 145, 293, 294.
线性方程组, 104, 175, 495.
线性规划问题, 175, 398, 435.
线性扩展，见拓扑排序, 509.
相变, 195–196, 274.
相关不等式
  COST, 98.
相关的随机变量, 314.
相关性不等式, 14.
相交图, 222, 284.
相连的形状, 145.
相邻瓷砖的连接系统, 373.
相同的选项, 122.
相位保存, 209.
像素图像，*也见* 网格图案, 175, 469.
象限, 382, 411.
象移动, 122, 268.
项，*也见* 副项, i, 56, 74, 102, 103.
项的多重性, 357, 380, 381, 410, 411, 413, 429.
项的活跃列表, 56.
消除对称性, 68, 69, 429.
消零二元决策图（ZDD）, 43, 49, 103, 444, 445, 453.
消息传递, 227–230, 288.
小多联骨牌, 134.
小工具, 261, 303, 349.
小鸡、鸡蛋和母鸡, 13.
效率：相当快, 152.
协方差, 2, 14, 312.
协议，随机协议, 21–22.
斜费勒斯板, 135.
斜四联骨牌, 70.
斜向矩形, 137.
斜形图案的对偶, 419.
斜杨表, 135.
写缓冲区, 174.
新恶魔立方体, 422.
新手变量, 187.
新颜色阈值, 370.
新英格兰, 96, 97, 129, 397.
欣钦不等式, 25.
信道分配, 263.
信念传播, 230.
信息增益, 20–21.
星形多面体, 374.
形式幂级数, 326.
行，选项是行, 103.
行动, 33.
行动代码, 177–180, 182, 271, 280, 476.
行和与列和, 19, 276, 427.
行列式, 285, 286, 325, 511.
性别, 415.
性质：逻辑命题（关系）, 26, 46.
修补和更新算法, 76.
修改算法 7.2.2.1C 和相关算法, 110, 154, 369, 449.
袖扣图案, 515.
虚度年华纸牌游戏, 300.
虚拟撤销交换, 478.
序列, 202.
悬挂顶点：度数为 1 的顶点, 420.
旋涡, 136.
旋转, 78, 142, 438.
旋转对称性, 265, 531.
旋转对称性，*参见* 60° 旋转对称性，90° 旋转对称性，120° 旋转对称性，180° 旋转对称性, 46, 396, 438.
旋转和反射, 143.
旋转门格雷码, 538.
旋转世纪拼图，*参见* 愚人圆盘, 339.
选美比赛, 132.
选民, 109.
选票数, 217.
选区划分不当, 109.
选项, i, 56, 74, 102, 103.
选项的预处理, 91–93, 95, 127–128, 400, 441, 442, 445, 446, 450.
  成本, 99.
选择要覆盖的项目，*参见* MRV 启发法，非敏锐偏好启发法，敏锐偏好启发法, 365.
学生, 340.
学生 t 分布（= 威廉·西利·戈塞特 t 分布）, 324.
学习布尔函数, 166–167, 248.
学习子句, 205–207, 211–212, 254, 260, 290.
  序列, 211, 280.
循环 DPLL 算法, 181.
循环列表, 180.
循环排列, 117, 118, 285.
循环体的运行时间, 17.
循环图 C_n, v, 263, 284, 520.
循环移位, 32.
训练集, 167, 255–257, 264, 302.

压缩，*参见* 清除无用的子句, 281.
压缩的字典树, 332.
严格不同的文字, 156, 157, 197.
严格不同文字, 288.
严格的精确覆盖问题, 83, 84, 123.
严格约简图案, 143, 434.
延迟绑定纸牌, 246, 300.
延迟者, 199–200, 277.
延森，约翰·卢兹维·威廉·瓦尔德马尔

不等式, 13, 23, 310, 315, 321, 327.
颜色, 450.
颜色编码, 74.
颜色的对称性, 78.
颜色的冒号表示, 74.
颜色控制的精确覆盖， 参见 XCC 问题, i, 73–77, 92, 102, 111, 113, 134, 356, 402.
对于 MCC 问题, 80.
颜色之间的对称, 300.
掩码, 329.
验证， 也见 不可满足性证明, 168.
鞅, 5–9, 20, 49, 309.
鞅差， 参见 公平的序列, 6.
鞅的子序列, 15.
杨表, 135.
样本方差, 42.
野生动物, 248–249.
页予规则, 231–232, 289–290, 518.
一阶矩原理, 4, 13, 274, 275.
一阶逻辑, 202, 259.
一元表示, 293.
一元约束, 113.
一元子句， 参见 单元子句, 157.
一致部分赋值, 179.
一致的部分赋值, 288.
一致子句， 参见 可满足公式, 155.
伊利诺伊大学, 29.
依赖图（事件的依赖图）, 220, 287.
依赖于一个变量, 264.
移位序列, 21.
遗忘子句， 参见 清除无用的子句, 290.
已关闭的列表, 36.
异或， 三元, 263.
意外收获, 189, 272, 302, 483.
抑制列表, 38, 49, 337.
益智数独 ABC, 108.
议会, 109.
因特网, iii, vi.
因子分解， 另见放宽约束的子问题, 107.
音级, 113.
音乐, 53, 113.
隐藏的单步移动, 106.
隐藏的数学家, 74.
隐藏某选项, 58, 98, 399.
隐单和隐对, 107, 352.
隐加权位函数, 294.
隐式枚举, 45.
应该进去, 114.
英国国家语料库, 31, 342.
英语单词, iii, 51, 80, 128.
英语拼字游戏 SCRABBLE®, 128.
硬子句, 290.
用两位码表示三态, 299.
优化, 45.
优惠券收集, 17, 323, 485.
优先分支树, 46.
优雅, 466.
幽灵五联骨牌, 411.
游戏, 10, 109.
由冲突驱动的子句学习, 204–210, 258.
邮票折叠, 386.
邮政编码, 66.
有多少, 114.
有界差分法, 8.
有界模型检测, 168–174, 260, 280.
有界排列问题, 87, 125, 130.
有理求和, 22.
有偏分布, 49.
有偏随机位, 503.
有偏随机游走, 49, 337.
有限基定理, 145.
有限状态自动机, 296.
有向树, 53, 241.
有向图, 48, 241, 284, 285, 339, 439, 521.
有向图的稳定标签, 339.
有向图与无向图的对比, 53.
有向网格图, 53.
有向无环图, 392, 405.
归结证明的有向无环图, 198–200.
有向依赖图（文字的有向依赖图）, 188, 260, 290, 482, 500, 519.
有向蕴涵图, 196–197, 270.
有效的部分赋值, 288.
有效的谜题, 147–148.
有效评分, 340.
有序 ZDD, 131, 399.
有序分割成不同的部分, 152.
右连续函数, 326.
右拧, 146.
右拧四联立方, 70.
右移, 21.
诱导子图, 122, 129, 361, 521.
诱惑者， 参见 即刻疯狂, 44.
余可比图, 510, 511.
余图, 286, 511.
愚人节, 160.
愚人圆盘, 50, 339.
雨石谜题, 349.
阈值, 61.
阈值函数, 296.
阈值现象, 487.
预处理的轮次, 127.
元胞自动机, 168, 470.
元组, 46.
原根， 素数的原根, 365.
原始的杂色解剖, 146.
原位删除, 58, 280.
原子事件, 1.
圆周率（π）, 546, 547.
随机数源, 11, 39, 48, 51, 63, 66, 97, 98, 106, 108, 122, 129, 134, 146–149, 151, 153, 154, 164, 192, 241, 248, 272, 325, 446, 463, 542.
圆周率日谜题, 50, 364.
圆柱形瓷砖, 376, 377.
圆桌, 104, 130, 391.
圆桌座位, 130.
源：没有前置顶点的顶点, 224, 405, 512.
约化的 ZDD, 131.
约束满足问题, 78, 113.
蕴涵式的共识, 259.
运筹学, 103.
运行时间, 39, 61.
估计, 39–42, 545.
平均值与中位数, 251.
最坏情形, 24.
运行时间比较, 537.
运行时间估计, 110.

Z（最后一个间隔结点的地址）, 58, 346.
$Z(m,n)$（扎兰凯维奇数）, 239–240, 297.
ZDD（消零二元决策图）, 43, 49, 103, 129–131, 444, 445, 453.
ZSEV（为偶数时复制否则清零）, 503.
杂色解剖, 143–145.
在 kCNF 表示下的布尔函数, 486.
在堆中上浮, 497.
在线算法, 129.
在选项中撤销提交, 101, 370.

在字典序上大于, 91.
噪声数据, 301.
扎兰凯维奇无四方问题, 239–240, 245.
栅栏, 132, 147.
粘滞值， 参见 相位保存, 209.
詹生不等式, 3.
栈, 37, 127, 162, 184–186, 334, 439.
张量, 276.
长度为偶数的循环, 533.
爪型四联立方, 70.
爪形图, 510.
这些名字, 114.
鹧鸪谜题, 78, 79, 121, 381.
珍珠谜题, 146, 149–151.
真实真值（RT）, 184–186.
真值表, 258–259, 299, 464, 486, 533.
真值度, 184–186, 482.
真祖先, 286.
拯救绵羊, 147.
整数的因数分解, 123.
整数多线性表示， 参见 可靠性多项式, 12.
整数分划, 46, 50, 135.
整数规划问题, 45, 175, 303, 350, 396, 435, 540.
整数柯西分布, 22.
整数序列的在线百科全书®，OEIS®（oeis.org）, 350, 377, 388, 389, 418, 462, 538.
帧, 33.
政治区划, 109.
正 j-子句, 281.
正方形, 137.
正方形的对称性, 121.
正方形四联立方, 71, 423.
正规函数, 536.
正规链, 534.
正交 4×4 矩阵, 142.
正交列表, 47.
正面和反面谜题, 117.
正三角形六拼图, 118, 136, 417.
正态偏差, 324.
正文字, 156, 272.
正相关的随机变量, 14, 306.
正则表达式, 295, 296, 352.
正则归结, 198, 277, 495.
正则图与多重图, 20.
正自治, 272.
证明记录， 参见 不可满足性证书, 210.
证明者-延迟者游戏, 199–200, 277.
支持子句, 234, 246, 293.
支架, 141.
支配集， 也见 5 皇后问题, 382.
支配结点, 89.
直 n 联骨牌, 355.
直尺函数 ρ, v, 105.
直接编码, 233, 246, 292, 523, 537.
直四联立方, 423.
直型三联骨牌, 67, 70, 135, 402.
直型三联骨牌：1×3, 143.
指数级小， 也见 超多项式小, 322.
指数生成函数, 124, 347.
指数时间, 270.
指数时间假设, 543.
指数行为, 88.
指向对, 353.
纸牌, 1, 6, 11, 300.
制胜, 214, 501.
智能化设计, 168, 264.
置换群的轨道, 241, 533.
至多为一约束, 159, 232–234, 237, 238, 252, 262, 275, 292, 500, 523, 524, 544.
至少为一约束, 292.
中点不等式, 524.
中断计数, 218.
中位数， 随机变量的中位数, 12, 23, 324.
中位数函数（$\langle xyz \rangle$）, v, 20, 162, 263, 452.
中位数运行时间, 234, 251–254.
中心对称下的补, 144.
中心对称性, 105, 120, 143, 146, 355, 385, 407, 410, 438.
中序遍历, 144.
种子， 数壹谜题, 153, 454.
众数， 概率分布中的众数, 22.
重力稳定结构, 139, 140, 422.
重尾, 22, 358.
重心坐标, 141–142, 370, 380.
重要性抽样, 21, 45.
周期序列, 48.
周期字符串, 32, 35.
轴向对称性, 146, 438.
主变量, 238.
主项, 60, 79, 106.
主项的顺序, 61, 105.
专利, 44, 70, 77, 260, 357, 375–377, 379, 407, 415, 423, 427, 429.
砖块, 69, 141.
转移规则, 296.
转移矩阵, 484.
转置对称, 95, 115, 440.
装箱问题, 9.
状态之间的转移, 168–174, 470.
准独立的参数, 390.
准均匀精确覆盖问题, 105.
字典树, 31, 47, 331, 395.
字典树， 压缩的, 332.
字典树的签名, 331.
字典序, 26, 45, 48, 106, 127–128, 157, 175, 178, 222, 235, 239, 242–245, 248, 294, 297, 301, 418, 428.
字典序行（列）对称性, 239–240, 531.
字典序最小（或最大）的解, 243–245, 268, 280, 538.
字典序最小：字典中最小的元素, 243, 538, 539.
字典序最小的迹, 285, 511.
字符串的反转, 94, 114.
字符串的逆, 128.
字符串泛化为迹, 222.
字母, 108.
字母的邻接对， 避免, 509.
字母方块, 50, 115.
自包含, 231, 289, 290, 516, 517.
自等价的数独解, 93.
自底向上算法, 512.
自顶向下算法, 512.
自动机， 也见 元胞自动机, 529.
自动筛选, 485.
自动生成测试模式， 参见 故障测试, 162, 257, 264.
自对偶, 440.
自对偶填充, 426.
自回避游走, 46, 51.
自然常数（e）
  随机数源, 40, 154, 164, 463.
自适应控制, 191, 256.
自同步块码, 32.
自同构， 也见 对称性破缺, 115, 241, 243, 300, 353, 354, 356, 374–376, 378, 379, 437, 467, 499.
自同态, 241–244, 297, 537, 545.
自同态的不动点, 298.
自我引用, 50, 52.
自由 ZDD, 399.
自由文字与自由变量, 185, 208.
自支撑的索玛结构, 139.

自治, 212, 271, 272, 277, 298, 480, 482, 483.
自治测试, 480.
自治原则, 189.
子长方体, 145.
子串, 48.
子集和问题, 525.
子矩阵, 239–242, 298.
子句的包含关系, 203, 204, 231, 279, 280, 289–290, 301, 518, 527.
  实现, 289.
子句的签名, 213–214, 281.
子句的预处理, 230–232, 237, 289–290, 302, 526, 529, 534.
子句活跃度得分, 214, 501.
子句集的简化，也见 子句的预处理, 231.
子句密度：每个变量的子句数, 195, 543.
子句消除，也见 清除无用的子句, 290, 303.
子句学习算法, 279.
子句证明，参见 不可满足性证书, 211.
子立方体, 273.
子模集函数, 312.
子区间约束, 460.
子群, 438.
子森林, 188.
子树, 40.
子图, 110.
子问题的签名, 100–102, 402.
总方差定律, 23.
总期望定律, 23.
纵横填字谜题图表, 114.
纵横填字游戏, 152.
纵横字谜，组合，参见 填字谜题, 114.
足迹启发法, 535.
祖先, 189.
组合，生成组合, 46, 348.
组合，数和谜题, 152.
组合零点定理, 20.
组合式求解器, 261.
阻尼因子, 126, 191, 208, 216, 254–257, 279.
阻塞的项, 92.
阻塞有向图, 481.
阻塞自包含, 289.
阻塞子句, 236, 481, 519, 520, 526, 527.
  消除, 289.
  阻塞二元子句, 272.
最大成本解, 133, 407.
最大独立集, 122, 224, 457, 458.
最大独立集，参见 图的核, 382.
最大流最小割定理, 19, 445.
最大元素，族 f 的最大元素（$f^{\uparrow}$）, 199, 248, 281, 453–454.
最多的 1, 264.
最坏情况界限, 48.
最坏情形, 501.
最近字符串, 246, 301.
最难的数独谜题, 107.
最少线索谜题, 150–151, 450.
最小不可满足子句集, 275, 277.
最小成本精确覆盖问题, 93–99, 103, 128–129, 407.
最小覆盖, 463.
最小公倍数, 19.
最小公共祖先, 513.
最小化独立排列族, 19, 319.
最小排斥（mex）, 350.
最小散列算法, 319.
最小项, 299, 309.
最小余值启发法，参见 MRV 启发法, 45, 59, 64, 69, 77, 84, 88, 98, 104–106, 350, 362, 390, 400, 402.
最小支配搜索树, 89, 126.
最长的简单路径, 173, 471.
左连续函数, 326.
左拧, 146, 438.
左拧四联立方, 70, 438.
左移, 21.
左右对称性, 146, 329, 355.
作业车间问题, 293.
坐标, 136.